Ciência Ambiental

Terra, um Planeta Vivo

gen
Grupo
Editorial
Nacional

SÉTIMA EDIÇÃO

Ciência Ambiental

Terra, um Planeta Vivo

Daniel B. Botkin

Professor emérito do Departamento de Ecologia, Evolução e Biologia Marinha
University of California, Santa Barbara

Presidente do Center for the Study of the Environment, Santa Barbara, Califórnia

Edward A. Keller

Professor de Ciências Ambientais e Ciências da Terra
University of California, Santa Barbara

Tradução

Francisco Vecchia

Capítulos 1 ao 14, 19 ao 23, 25 ao 29, Apêndice e Glossário

Luiz Claudio de Queiroz Faria

Capítulos 15 ao 18 e 24

Revisão Técnica

Marcos José de Oliveira

Mestre pelo Programa de Pós-graduação em Ciências da Engenharia Ambiental (PPG-SEA)
Engenheiro Ambiental (EESC – USP)

Francisco Vecchia

Livre-docente pela Escola de Engenharia de São Carlos, Universidade de São Paulo (EESC – USP)
Doutor em Ciências pelo Programa de Pós-graduação em Geografia, Faculdade de Filosofia, Letras e Ciências Humanas, Universidade de São Paulo (FFLCH – USP)
Professor da Escola de Engenharia da São Carlos, Universidade de São Paulo (EESC – USP)
Vice-diretor do Centro de Recursos Hídricos e Ecologia Aplicada (CRHEA) e vice-coordenador do Programa de Pós-graduação em Ciências da Engenharia Ambiental (PPG-SEA) Universidade de São Paulo

Travessa do Ouvidor, 11
Rio de Janeiro, RJ – CEP 20040-040
Tels.: 21-3543-0770 / 11-5080-0770
Fax: 21-3543-0896
ltc@grupogen.com.br
www.grupogen.com.br

Capa: Studio Gráfico Vinci Design Gráfico LTDA-ME

Editoração Eletrônica: Genesis

CIP-BRASIL. CATALOGAÇÃO-NA-FONTE
SINDICATO NACIONAL DOS EDITORES DE LIVROS, RJ

B766c

Botkin, Daniel B.
Ciência ambiental : Terra, um planeta vivo / Daniel B. Botkin, Edward A. Keller ; tradução Francisco Vecchia, Luiz Claudio de Queiroz Faria. - revisão técnica Marcos José de Oliveira, Francisco Vecchia. - [Reimpr.]. - Rio de Janeiro : LTC, 2018.
il.

Tradução de: Environmental science : Earth as a living planet, 7th ed
Apêndices
Contém glossário
Inclui bibliografia e índice
ISBN 978-85-216-1878-2

1. Ciência ambiental. 2. Ecologia humana. I. Keller, Edward A., 1942- II. Título. III. Título: Terra, um planeta vivo.

11-2196. CDD: 363.7
CDU: 502/504

DEDICATÓRIAS

Para minha irmã, Dorothy B. Rosenthal

fonte de inspiração, apoio, ideias, recomendação de leituras e,
principalmente, uma das melhores e mais rigorosas críticas.

Dan Botkin

e

Para Valery Rivera

pela imensa contribuição para este livro e
por ser fonte de inspiração de nosso trabalho e vida.

Ed Keller

Sobre os Autores

Foto de Maguire Neblet

Daniel B. Botkin é presidente do Centro de Estudos de Ciências Ambientais. É professor emérito de Ecologia, Evolução e Biologia Marinha, na University of California, em Santa Barbara, EUA, onde leciona desde 1978 e foi diretor do Programa de Estudos Ambientais de 1978 a 1985. Por mais de quatro décadas, o professor Botkin tem atuado ativamente na aplicação da ecologia na gestão ambiental. Recebeu os prêmios Mitchell International para o desenvolvimento sustentável e o Fernow para silvicultura internacional. Foi eleito para o Hall da Fama da Ciência Ambiental no estado da Califórnia.

Graduado em Física e Biologia, o professor Botkin é líder na aplicação de tecnologias avançadas para o estudo do meio ambiente. Criou o modelo de plantio de floresta com espaçamento amplamente utilizado, orientou pesquisas sobre as espécies em extinção, a caracterização de áreas naturais, a biosfera e os problemas ambientais globais, incluindo, também, os possíveis efeitos ecológicos do aquecimento global.

O professor Botkin presta consultoria: ao Banco Mundial em relação às florestas tropicais, à diversidade biológica e às questões de sustentabilidade; à Fundação Rockefeller quanto às questões ambientais globais; ao governo de Taiwan em relação às abordagens para solução de problemas ambientais; ao estado da Califórnia quanto ao desvio de água no Lago Mono. Participou como conselheiro principal da National Geographic Society na edição centenária do mapa *The Endangered Earth* ["A Terra Ameaçada"]. Conduziu o estudo sobre salmões e seu hábitat natural, para os estados do Oregon e da Califórnia.

Publicou diversos artigos e livros sobre questões ambientais. Seus últimos livros publicados foram: *Beyond The Stoney Mountains: Nature in the American West from Lewis and Clark to Today* (Oxford University Press), *Strange Encounters: Adventures of a Renegade Naturalist* (Penguin/Tarcher), *The Blue Planet* (Wiley); *Our Natural History: The Lessons of Lewis and Clark* (Oxford University Press); *Discordant Harmonies: A New Ecology for the 21st Century* (Oxford University Press) e *Forest Dynamics: An Ecological Model* (Oxford University Press).

Botkin já trabalhou na Yale School of Forestry and Environmental Studies (1968-1974). Foi membro da equipe do Centro de Ecossistemas do Laboratório de Biologia Marinha de Woods Hole, em Massachusetts (EUA) de 1975 a 1977. Graduou-se pela University of Rochester, fez mestrado pela University of Wisconsin e doutorado pela Rutgers University.

Edward A. Keller foi diretor dos Programas de Ciências Ambientais e de Ciências Hidrológicas, de 1993 a 1997. É professor de ciências da Terra, na University of California, em Santa Barbara, onde leciona processos da superfície terrestre, geologia ambiental, ciências ambientais, bacias hidrográficas e engenharia geológica. Antes de ingressar na faculdade em Santa Barbara, lecionou geomorfologia, estudos ambientais e ciências da Terra na University of North Carolina, em Charlotte. Foi professor visitante em Hartley de 1982 a 1983 na University of Southampton, professor convidado, em 2000, na Emmanuel College da Cambridge University, na Inglaterra. Recebeu o prêmio Easterbrook Distinguished Scientist da Sociedade Americana de Geologia, em 2004.

Keller dedicou-se à pesquisa em três áreas: estudos de estratigrafia e tectônica Quaternária e as suas relações com terremotos, deformações ativas e processos de formação de montanhas; processos hidrológicos e incêndios naturais nos ambientes de chaparral no Sudeste da Califórnia; e necessidades físicas do hábitat para trutas-arco-íris ameaçadas de extinção no sudeste da Califórnia. Recebeu várias subvenções do Centro de Pesquisa em Recursos Hídricos para estudar os processos fluviais e do Centro de Terremotos do Sudeste da Califórnia e Investigação Geológica dos Estados Unidos para o estudo de riscos de terremotos.

Publicou inúmeros artigos científicos e é autor dos livros-textos: *Environmental Geology, Introduction to Environmental Geology* (com Nicholas Pinter) e *Active Tectonics* (Prentice-Hall). Possui bacharelado em Geologia e Matemática pela California State University, em Fresno; mestrado em Geologia pela University of California e doutorado em Geologia pela Purdue University.

Prefácio

O que É Ciência Ambiental?

A ciência ambiental é formada por um grupo de ciências que procura explicar como a vida é mantida na Terra, o que causa problemas ambientais e como esses problemas podem ser resolvidos.

Por que esse Estudo É Importante?

- O homem depende do meio ambiente, pois só pode viver em ambientes com determinadas características e com certa variedade de recursos disponíveis. Em razão de a tecnologia e a ciência atuais propiciarem à humanidade o poder de destruir o meio ambiente, é necessário compreender como este funciona para que seja possível viver de acordo com suas restrições.
- O homem sempre foi fascinado pela natureza, de modo mais abrangente, pelo meio ambiente. Desde a invenção da escrita, três questões são recorrentes no tocante à relação homem e meio ambiente:

  Como seria o meio ambiente se permanecesse intocado pelo homem?
  Quais são os efeitos provocados pelo homem no meio ambiente?
  Quais são os efeitos provocados pelo meio ambiente no homem?

A ciência ambiental é a forma atual de se buscar as respostas para essas questões.

- O homem aproveita-se do meio ambiente, mas para mantê-lo agradável, é preciso entendê-lo sob o ponto de vista científico.
- O meio ambiente melhora a qualidade da vida humana, visto que um ambiente saudável propicia a longevidade e a satisfação pessoal.
- Isso é fascinante.

O que É a "Ciência" na Ciência Ambiental?

Vários ramos da ciência são importantes para a ciência ambiental, entre eles: biologia (especialmente a ecologia, parte da biologia, que trata da relação entre os seres vivos e o seu meio ambiente), geologia, hidrologia, climatologia, meteorologia, oceanografia e as ciências dos solos (pedologia, edafologia).

Qual a Diferença entre a Ciência Ambiental e as demais Ciências?

A ciência ambiental:

- engloba muitas ciências.
- abrange tanto as ciências, quanto se vincula a campos não científicos relacionados com o modo de atribuir valor ao meio ambiente, da filosofia ambiental à economia ambiental.
- trata ainda de inúmeros temas que provocam intensas reações emocionais nas pessoas e, por essa razão, torna-se objeto de embates políticos e de intensos sentimentos de rejeição às informações científicas.

Qual o Seu Papel como Estudante e como Cidadão?

Independente do ponto de vista, o papel de cada ser humano é compreender como pensar amplamente nas questões ambientais para conseguir tomar suas próprias decisões.

Quais as Profissões que Cresceram a Partir da Ciência Ambiental?

Muitas profissões se desenvolveram a partir da atual inquietação quanto às questões ambientais ou têm sido ampliadas e agregadas pelas ciências ambientais. Entre estas estão gestão de parques, manejo de animais selvagens e gestão de regiões despovoadas; projeto e planejamento urbano; projeto e planejamento paisagístico; uso e conservação sustentável dos recursos naturais.

Objetivos deste Livro

Ciência Ambiental: Terra, um Planeta Vivo proporciona uma introdução atualizada ao estudo do meio ambiente. O conteúdo é apresentado segundo uma perspectiva interdisciplinar necessária para tratar com sucesso dos problemas ambientais. O objetivo é ensinar aos estudantes como pensar em todos os aspectos das questões ambientais.

Pensamento Crítico

É necessário fazer mais do que, simplesmente, identificar e discutir problemas e soluções ambientais. Para ser eficaz, é preciso distinguir entre o que é e o que não é ciência. Em seguida, é necessário adquirir habilidades ligadas ao pensamento crítico. Dada sua relevância, o Capítulo 2 foi elaborado especificamente para tratar desse assunto. Seguindo essas diretrizes, *Ciência Ambiental* foi projetado para apresentar seu conteúdo em formato factual e imparcial. O objetivo é ajudar os estudantes a pensarem em todos os aspectos dessas questões, em vez de influenciá-los com opiniões pessoais. Para atingir tal propósito, ao final de cada capítulo é apresentada a seção *Questões para Reflexão Crítica*. O pensamento crítico é enfatizado nos capítulos, em discussões analíticas de cada assunto, nas avaliações de perspectivas e na integração de temas importantes posteriormente descritos em detalhes.

Abordagem Interdisciplinar

Ciência Ambiental possui uma abordagem interdisciplinar dos assuntos tratados. Isto porque a ciência ambiental integra diversas disciplinas, incluindo as ciências naturais, além de áreas da antropologia, economia, história, sociologia e filosofia do meio ambiente. Boas ideias e informações são igualmente relevantes para tratar com sucesso dos problemas ambientais, mas também se deve observar os contextos históricos e culturais nos quais as decisões ligadas ao meio ambiente são tomadas. Assim, a ciência ambiental incorpora leis, impactos e planejamento ambientais à área das ciências naturais.

Temas

O livro adota a filosofia de que existem seis linhas de investigação particularmente importantes para a ciência ambiental. Esses temas-chave estão entrelaçados ao longo de todo o livro.

Os seis temas-chave são detalhadamente discutidos no Capítulo 1. Há uma revisão de cada um deles ao final de cada capítulo e lhes é dada mais ênfase nos boxes *Detalhamento*, destacados por seis símbolos distintos para representar o assunto mais importante do capítulo para debate. Em muitos casos, há mais de um tema relevante.

População Humana

O acelerado crescimento populacional humano é o principal problema subjacente aos problemas ambientais. Fundamentalmente, esses problemas não poderão ser resolvidos, a menos que a população humana global atinja um patamar que possa ser sustentado pelo meio ambiente. Acredita-se que a educação é fundamental para resolver a questão populacional, pois à medida que as pessoas se tornam mais instruídas e a taxa de alfabetização aumenta, o crescimento populacional tende a diminuir.

Sustentabilidade

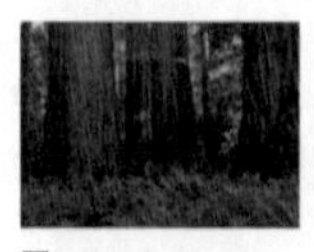

A sustentabilidade é um termo que recentemente adquiriu popularidade. De modo geral, significa dizer que os recursos devem ser utilizados de forma que continuem disponíveis. Entretanto, o termo é utilizado de forma vaga, o que faz com que os especialistas se esforcem para torná-lo claro. Alguns definem a sustentabilidade como a capacidade de assegurar que as gerações futuras tenham as mesmas oportunidades de acesso aos atuais recursos que o planeta oferece. Outros argumentam que ela se refere às formas de desenvolvimento economicamente viáveis, que não agridam o meio ambiente e que sejam socialmente justas. Todos concordam que se deve aprender como preservar os recursos ambientais de maneira que eles continuem beneficiando tanto a humanidade quanto os outros seres vivos do planeta.

Perspectiva Global

Até recentemente era comum acreditar que as atividades antrópicas alteravam ou impactavam o meio ambiente apenas local ou, no máximo, regionalmente. Atualmente, sabe-se que as atividades humanas podem afetá-lo em nível global. Uma ciência emergente conhecida como ciência dos sistemas terrestres procura a compreensão fundamental de como o meio ambiente do planeta funciona como um sistema global. Esse entendimento pode então ser aplicado para auxiliar na resolução de problemas ambientais globais. O surgimento dessa ciência inaugurou uma nova área de investigação para docentes e estudantes.

Mundo Urbano

Um número cada vez maior de pessoas está vivendo em áreas urbanas. Infelizmente, os centros urbanos têm sido negligenciados, e a sua qualidade ambiental tem sofrido as consequências. É exatamente nesse espaço onde se encontram o maior nível de poluição do ar, os problemas com aterros sanitários e outros impactos ambientais. No passado, os estudos desses impactos ambientais estavam mais concentrados nas regiões selvagens do que na zona urbana. No futuro, deve-se redirecionar o foco para as cidades e seu entorno a fim de torná-las ambientes mais habitáveis.

Homem e Natureza

As pessoas parecem sempre interessadas, impressionadas, fascinadas, satisfeitas e curiosas com relação ao meio ambiente. Por que essa conduta é apropriada? Como ela pode ser mantida? Sabe-se que as ações antrópicas e que a própria civilização afetam o meio ambiente desde a escala espacial local (a rua onde você mora) até a escala planetária (o buraco na camada de ozônio atmosférica que pode afetar toda a vida no planeta).

Ciência e Valores

Encontrar soluções para os problemas ambientais envolve mais do que a simples coleta de fatos e a compreensão de questões científicas sobre um assunto específico. Isso também está ligado aos sistemas de valores e às questões de justiça social. Para resolver problemas ambientais é necessário compreender quais os valores envolvidos e as soluções potenciais socialmente justas. Dessa forma, pode-se aplicar o conhecimento científico aos problemas específicos e, então, descobrir soluções aceitáveis.

Organização

O livro está dividido em oito segmentos principais. O primeiro fornece uma visão ampla dos temas mais relevantes abordados em *Ciência Ambiental*, o método científico e o pensamento crítico sobre o meio ambiente (Capítulos 1 e 2). O segundo segmento apresenta o estudo da Terra como um sistema, enfatizando como funcionam os sistemas e os ciclos bioquímicos básicos do planeta (Capítulo 3). O terceiro segmento focaliza a vida e o meio ambiente, incluindo tópicos como população humana, ecossistemas, diversidade biológica, produtividade biológica e fluxos de energia, resposta à restauração e recuperação de ecossistemas alterados (Capítulos 4 a 10).

O quarto segmento apresenta os recursos vivos do ponto de vista sustentável e os tópicos abrangidos incluem o abastecimento mundial de alimentos, agricultura e meio ambiente, espécies abundantes e ameaçadas, ecologia florestal, manejo e conservação de espécies nos oceanos, saúde ambiental, toxicologia e desastres naturais (Capítulos 11 a 16). O quinto segmento apresenta e discute os princípios básicos de energia, combustíveis fósseis e o meio ambiente, energias alternativas e energia nuclear (Capítulos 17 a 20). O sexto segmento trata do abastecimento, uso e distribuição de água, e também do tratamento de águas poluídas (Capítulos 21 e 22). O sétimo segmento preocupa-se com a atmosfera, desde questões globais referentes ao clima, ao aquecimento global e à destruição da camada de ozônio estratosférico, passando pelas questões de escala regional, como a chuva ácida, até as questões locais, incluindo a poluição do ar urbano e a poluição interna em ambientes construídos (Capítulos 23 a 25). O oitavo segmento trata das relações entre sociedade e meio ambiente. Os tópicos incluem economia ambiental, ambiente urbano, gestão integrada de resíduos, recursos minerais e o meio ambiente, planejamento e impacto ambiental, e como é possível alcançar a sustentabilidade (Capítulos 26 a 29).

Recursos Especiais

Ao elaborar *Ciência Ambiental* os autores buscaram um projeto que englobasse vários recursos especiais para auxiliar professores e estudantes no intercâmbio de informações. Entre eles estão:

- Cada capítulo possui um **Estudo de Caso** na sua introdução, cujo propósito é atrair os estudantes para o assunto abordado e suscitar questões importantes afeitas aos temas. Por exemplo, no Capítulo 24, que trata da poluição do ar, o estudo de caso aborda as questões referentes à poluição do ar durante os Jogos Olímpicos de Verão em Pequim e propõe o seguinte tema: "O que causa a poluição do ar e como é possível reduzi-la?" Os **Objetivos de Aprendizado** também estão localizados na abertura dos capítulos para auxiliar os estudantes a se concentrarem nos assuntos mais relevantes e no que devem compreender ao final da leitura do **capítulo**.
- **Detalhamento** rotula os módulos especiais de aprendizagem que apresentam informações minuciosas sobre um determinado conceito ou questão. Por exemplo, o Detalhamento 5.1 (Matéria e Energia) discute alguns princípios físicos-químicos fundamentais. Muitos desses recursos especiais contêm dados e figuras para enriquecer a compreensão do leitor e estão vinculados aos demais assuntos do livro.
- Próximo ao final de cada capítulo, as **Questões para Reflexão Crítica** são apresentadas visando estimular a discussão sobre o meio ambiente e ajudar os estudantes a compreenderem como abordá-las, estudá-las e avaliá-las. Por exemplo, o Capítulo 27 apresenta o urso polar enfrentando a perda do hábitat e a determinação de quando uma espécie pode ser considerada em extinção. A questão do Capítulo 6 examina as fronteiras entre os ecossistemas e de como as decisões sobre a gestão da vida, da vida selvagem e dos recursos naturais são definidas e tomadas.
- Após o Resumo, uma seção especial, **Revisão de Temas e Problemas** reforça os seis temas principais do livro-texto.
- As **Questões para Estudo** fornecem para cada capítulo uma ajuda no estudo, enfatizando o pensamento crítico.
- **Leituras Complementares** são sugeridas nos capítulo para que os estudantes possam ampliar o seu conhecimento pela leitura de fontes de informação adicionais (tanto impressas quanto eletrônicas) referentes ao meio ambiente.
- As **Referências** que aparecem no livro-texto são fornecidas ao final do livro em formato de notas, cuja numeração remete à citação no texto. Acredita-se na importância de que os livros-textos introdutórios mencionem cuidadosamente as fontes de informação utilizadas. A função delas é orientar os estudantes na identificação de estudiosos cujos trabalhos sejam indispensáveis e ajudá-los a elencar referências necessárias para leituras e pesquisas complementares.

Alterações na Sétima Edição

A ciência ambiental é um conjunto de campos do conhecimento científico em rápido processo de desenvolvimento. A compreensão científica sobre o meio ambiente se altera rapidamente, assim como as categorias de ciência e as formas de conexão entre estas e o modo de vida. O mesmo ocorre com o meio ambiente: as populações aumentam; as espécies se tornam ameaçadas ou livres de extinção iminente; as atitudes humanas mudam. Para se manter atualizado, um livro-texto de ciências ambiental necessita de constantes atualizações.

Outras mudanças e recursos especiais nesta sétima edição incluem:

- A reorganização e a atualização do Capítulo sobre o aquecimento global, apresentando uma abordagem mais equilibrada deste tópico fundamental da ciência ambiental.
- O antigo Capítulo *Ozônio* foi inserido no Capítulo 24 para incrementar o tratamento do tema poluição ambiental.
- Novas fotografias e figuras.
- Novos e atualizados conteúdos nas seções Estudos de Caso, Detalhamento e Questões para Reflexão Crítica.

Estudos de Caso Atualizados

Cada capítulo inicia com um **Estudo de Caso** que fornece exemplos específicos para os estudantes sobre o tema. Nesta sétima edição, destaca-se a substituição de alguns estudos de caso que trazem questões atuais, mais integrados aos capítulos do livro-texto.

Questões para Reflexão Atualizadas

Os capítulos terminam com uma discussão sobre uma questão relacionada ao meio ambiente e com questões de reflexão crítica direcionadas aos estudantes. Esse recurso foi projetado para auxiliar os estudantes no desenvolvimento do pensamento crítico e a análise dos assuntos abordados.

Agradecimentos

A conclusão deste livro só foi possível graças à cooperação e ao trabalho de inúmeras pessoas. A todas elas que voluntariamente ofereceram as suas sugestões e o encorajamento a este esforço, oferecemos nosso sincero reconhecimento e gratidão. Agradecemos igualmente a nossos colegas que trouxeram contribuições.

Apreciamos muito o trabalho de nossos editores Cindy Rhoades, Rachel Falk e Merillat Staat da John Wiley & Sons, pelo apoio, incentivo, assistência e trabalho profissional. Estendemos os nossos agradecimentos: a nossa editora de produção Janet Foxman, que realizou um grande trabalho e forneceu importantes contribuições em diversas áreas; a Hope Miller, pelo belo projeto gráfico do texto e pela notável capa;* a Ellinor Wagner pela pesquisa fotográfica; a Anna Melhorn pela elaboração das ilustrações; e a Heather Johnson e à empresa Elm Street Publishing Services pela sua excelente assistência e edição. Nossos agradecimentos também se direcionam à assistência editorial prestada por Alissa Etrheim. O amplo pacote de multimídia foi reforçado graças ao empenho de Linda Muriello e Daniela DiMaggio.†

Destacamos a importância para a elaboração deste livro das pessoas que o leram, capítulo a capítulo, e fizeram valiosos comentários e críticas. Esse é um trabalho especialmente difícil devido à ampla variedade dos temas abordados no texto. Acreditamos, ainda, que o livro não alcançaria pleno êxito, não fosse a colaboração de todas essas pessoas. A esses revisores agradecemos especialmente:

Revisores das Edições Anteriores

Marc Abrams, Pennsylvania State University
John All, Western Kentucky University
Diana Anderson, Northern Arizona University
Robert J. Andres, University of North Dakota
Marvin Baker, University of Oklahoma
Michele Barker-Bridges, Pembroke State University (NC)
James W. Bartolome, University of California, Berkeley
Susan Beatty, University of Colorado, Boulder
David Beckett, University of Southern Mississippi
Brian Beeder, Morehead State University
Mark Belk, Brigham Young University
Mary Benbow, University of Manitoba
Kristen Bender, California State University, Long Beach
Anthony Benoit, Three Rivers Technical Community College
William B.N. Berry, University of California, Berkeley
Renée E. Bishop, Penn State Worthington Scranton
Alan Bjorkman, North Park University
Christopher P. Bloch, Texas Tech University
Grady Blount, Texas A&M University, Corpus Christi
Charles Bomar, University of Wisconsin—Stout
Gary Booth, Brigham Young University
John Bounds, Sam Houston State University
Jason E. Box, Ohio State University
Vincent Breslin, SUNY, Stony Brook
Bonnie Brown, Virginia Commonwealth University
Grace Brush, Johns Hopkins University
Kelly D. Cain, University of Wisconsin
John Campbell, Northwest Community College (WY)
Rosanna Cappellato, Emory University
Annina Carter, Adirondack Community College
Ann Causey, Prescott College (AZ)
Simon Chung, Northeastern Illinois State
W.B. Clapham, Jr., Cleveland State University
Richard Clements, Chattanooga State Technical Community College
Thomas B. Cobb, Bowling Green State University
Peter Colverson, Mohawk Valley Community College
Terence H. Cooper, University of Minnesota
Harry Corwin, University of Pittsburgh
Nate Currit, Pennsylvania State University
Rupali Datta, University of Texas at San Antonio
William Davin, Berry College
Craig Davis, Ohio State University
Craig Davis, University of Colorado
Jerry Delsol, Modesto Junior College
David S. Duncan, University of South Florida
Jim Dunn, University of Northern Iowa
Jean Dupon, Menlo College
David J. Eisenhour, Morehead State University
Brian D. Fath, Towson University
Richard S. Feldman, Marist College
Robert Feller, University of South Carolina
Deborah Freile, Berry College
Andrew Friedland, Dartmouth College
Nancy Goodyear, Bainbridge College
Douglas Green, Arizona State University
Paul Grogger, University of Colorado
James H. Grosklags, Northern Illinois University
Herbert Grossman, Pennsylvania State University
Gian Gupta, University of Maryland
Lonnie Guralnick, Western Oregon University
Raymond Hames, University of Nebraska
John P. Harley, Eastern Kentucky University
Syed E. Hasan, University of Missouri
Bruce Hayden, University of Virginia
David Hilbert, San Diego State University
Joseph Hobbs, University of Missouri
Alan Holyoak, Manchester College
Donald Humphreys, Temple University
Walter Illman, The University of Iowa
Dan F. Ippolito, Anderson University
James Jensen, SUNY, Buffalo
David Johnson, Michigan State University
S. B. Joshi, York University
Frances Kennedy, State University of West Georgia
Eric Keys, Arizona State University
John Kinworthy, Concordia University
Thomas Klee, Hillsborough Community College
Mark Knauss, Shorter College
Ned Knight, Linfield College
Peter Kolb, University of Idaho

* Para a edição original em inglês. (N.E.)
† Para a edição original em inglês. (N.E.)

Steven Kolmes, University of Portland
Allen H. Koop, Grand Valley State University
Janet Kotash, Moraine Valley Community College
Matthew Laposata, Kennesaw State University
Ernesto Lasso de la Vega, International College
Henry Levin, Kansas City Community College
Hugo Lociago, University of California, Santa Barbara
Don Lotter, Imperial Valley College
Tom Lowe, Ball State University
Tim Lyon, Ball State University
John S. Mackiewicz, University at Albany, State University of New York
Stephen Malcolm, Western Michigan University
Mel Manalis, University of California, Santa Barbara
Heidi Marcum, Baylor University
Eric F. Maurer, University of Cincinnati
Timothy McCay, Colgate University
Mark A. McGinley, Monroe Community College
Deborah L. McKean, University of Cincinnati
James Melville, Mercy College
Chris Migliaccio, Miami-Dade Community College-Wolfson
Earnie Montgomery, Tulsa Junior College, Metro Campus
Michele Morek, Brescia University
James Morris, University of Southern Carolina
Kathleen A. Nolan, St. Francis College
Walter Oechel, San Diego State University
C. W. O'Rear, East Carolina University
Nancy Ostiguy, Pennsylvania State University
Stephen Overmann, Southeast Missouri State University
Martin Pasqualetti, Arizona State University
William D. Pearson, University of Louisville
Clayton Penniman, Central Connecticut State University
Julie Phillips, De Anza College
David Pimental, Cornell University
John Pratte, Kennesaw State University
Maren L. Reiner, University of Richmond
Randall, Repic, University of Michigan, Flint
Bradley R. Reynolds, University of Tennessee at Chattanooga
Jennifer M. Rhode, Georgia College and State University
Donald C. Rizzo, Marygrove College
Carlton Rockett, Bowling Green State University
Angel Rodriguez, Broward Community College
John Rueter, Portland State University
Robert M. Sanford, University of Southern Maine
Jill Scheiderman, SUNY, Dutchess Community College
Jeffrey Schneider, SUNY, Oswego
Peter Schwartzman, Knox College
Roger Sedjo, Resources for the Future, Washington, D.C.
Christian Shorey, University of Iowa
Joseph Simon, University of South Florida
Daniel Sivek, University of Wisconsin
James H. Speer, Indiana State University
Lloyd Stark, Pennsylvania State University
Meg Stewart, Vassar College
Richard Stringer, Harrisburg Area Community College
Janice Swab, Meredith College
Laura Tamber, Nassau Community College (NY)
Jeffrey Tepper, Valdosta State University
Michael Toscano, Delta College
Richard Vance, UCLA
Richard Waldren, University of Nebraska, Lincoln
Sarah Warren, North Carolina State University
William Winner, Oregon State
Bruce Wyman, McNeese State University
Carole L. Ziegler, University of San Diego
Ann Zimmerman, University of Toronto
Richard Zingmark, University of South Carolina

Revisores desta Edição

David Aborn, University of Tennessee, Chattanooga
John All, Western Kentucky University
Mark Anderson, University of Maine
Walter Arenstein, Ohlone College
Daphne Babcock, Collin County Community College
Colleen Baxter, Georgia Military College
Laura Beaton, York College
Elizabeth Bell, Mission College
Leonard K. Bernstein, Temple University
William Berry, University of California
Joe Beuchel, Triton College
Charles Blalack, Kilgore College
Rene Borgella, Ithaca College
Judy Bramble, DePaul University
Scott Brame, Clemson University
Joanne Brock, Kennesaw State University
Robert Brooks, Pennsylvania State University
Robert I. Bruck, North Carolina State University
Elaine Carter, Los Angeles City College
Jennifer Cole, Northeastern University
Jeff Corkill, Eastern Washington University
Kelley Crews, University of Texas
Ellen Crivella, University of Phoenix
Michael L. Denniston, Georgia Perimeter College
Richard Feldman, Marist College
James L. Floyd, Community College of Baltimore County
Carey Gazis, Central Washington University
Kelley Hodges, Gulf Coast Community College
Marie Johnson, United States Military Academy
Gwyneth Jones, Bellevue Community College
Jerry H. Kavouras, Lewis University
Dawn G. Keller, Hawkeye Community College
Deborah Kennard, Mesa State College
Jon Kenning, Creighton University
Julie Kilbride, Hudson Valley Community College
Chip Kilduff, Rensselaer Polytechnic Institute
Rita Mary King, The College of New Jersey
Sue Kloss, Lake Tahoe Community College
John Kraemer, Southeast Missouri State University
Kim Largen, George Mason University
Ernesto Lasso de la Vega, Edison College
Mariana Leckner, American Military University
Jeanne Linsdell, San Jose State University
John. F. Looney, Jr., University of Massachusetts, Boston
Stephen Luke, Emmanuel College
T. Anna Magill, John Carroll University
Steven Manis, Mississippi Gulf Coast Community College
Bryan Mark, Ohio State University
Susan Masten, Michigan State University
Michael D. McCorcle, Evangel University
Kendra McSweeney, Ohio State University
Jason Neff, University of Colorado, Boulder
Zia Nisani, Antelope Valley College
Jill Nissen, Montgomery College
Natalie Osterhoudt, Broward Community College
Stephen R. Overmann, Southeast Missouri State University
Steven L. Peck, Brigham Young University

Clayton Penniman, Central Connecticut State University
John Pichtel, Ball State University
Frank X. Phillips, McNeese State University
Thomas E. Pliske, Florida International University
Rosann Poltrone, Arapahoe Community College
Michelle Pulich Stewart, Mesa Community College
Maren Reiner, University of Richmond
Bradley Reynolds, University of Tennessee, Chattanooga
Veronica Riha, Madonna University
Melinda S. Ripper, Butler County Community College
Thomas K. Rohrer, Carnegie Mellon University
Julie Sanford, Cornerstone University
Robert M. Sanford, University of Southern Maine
Joseph Shostell, Pennsylvania State University, Fayette
Patricia Smith, Valencia Community College
Richard T. Stevens, Monroe Community College
Iris Stewart-Frey, Santa Clara University
Steven Sumithran, Eastern Kentucky University
Karen Swanson, William Paterson University
Todd Tarrant, Michigan State University
Tracy Thatcher, Cal Poly, San Luis Obispo
Michael Toscano, San Joaquin Delta College
Thomas Vaughn, Middlesex Community College
Charlie Venuto, Brevard Community College
Wes Wood, Auburn University
Jeffery S. Wooters, Pensacola Junior College

Daniel B. Botkin

Edward A. Keller

Material Suplementar

Este livro conta com os seguintes materiais suplementares:

- Slides: Ilustrações da obra, (acesso restrito a docentes);
- Advanced Placement Guide: Manual didático de apoio ao conteúdo do livro-texto, (acesso restrito a docentes);
- Biology News Finder: Links de notícias sobre Biologia, (acesso restrito a docentes);
- Clicker Questions: Conjunto de questões a ser usado em sala de aula, (acesso restrito a docentes);
- Flashcards and Glossary: Arquivos em formato (.mht) direcionado a atividades realizadas on-line, (acesso restrito a docentes);
- Instructor's Manual: Contém dicas para ministrar aulas organizadas em tópicos, (acesso restrito a docentes);
- Instructor's Manual - Answers to End of Chapter Questions: Respostas para questões de final de capítulo, (acesso restrito a docentes);
- Lecture PowerPoint: Slides com conteúdo programático para apresentação em sala de aula, (acesso restrito a docentes);
- Testbank: Conjunto de testes, (acesso restrito a docentes);
- Web Links: Contém lista e descrição de links sugeridos para consulta de acordo com cada capítulo, (acesso restrito a docentes);
- Debates sobre Meio Ambiente: Questões para debates, (acesso livre);
- Questões para Reflexão Crítica: Contém questões para desenvolvimento de pensamento crítico e links sugeridos para consulta, (acesso livre);
- Gabaritos do Teste de Múltipla Escolha: Respostas para os testes de múltipla escolha, (acesso livre);
- Teste de Múltipla Escolha: Testes para cada capítulo, (acesso livre);
- How to Make a Difference: Contém tópicos para discussão, (acesso livre);
- Regional Essays: Contém textos sobre diversas regiões do mundo, (acesso livre);
- Virtual Field Trips: Apresenta temas para debate com questões relevantes aos temas propostos e links sugeridos para consulta, (acesso livre).

O acesso ao material suplementar é gratuito. Basta que o leitor se cadastre em nosso *site* (www.grupogen.com.br), faça seu *login* e clique em GEN-IO, no menu superior do lado direito. É rápido e fácil.
Caso haja alguma mudança no sistema ou dificuldade de acesso, entre em contato conosco (sac@grupogen.com.br).

GEN-IO (GEN | Informação Online) é o repositório de materiais suplementares e de serviços relacionados com livros publicados pelo GEN | Grupo Editorial Nacional, maior conglomerado brasileiro de editoras do ramo científico-técnico-profissional, composto por Guanabara Koogan, Santos, Roca, AC Farmacêutica, Forense, Método, Atlas, LTC, E.P.U. e Forense Universitária.
Os materiais suplementares ficam disponíveis para acesso durante a vigência das edições atuais dos livros a que eles correspondem.

Sumário geral

Capítulo 1
Temas-chave em Ciências Ambientais

Capítulo 2
A Ciência como Forma de Conhecimento: Pensamento Crítico sobre o Meio Ambiente

Capítulo 3
O Panorama Global: Sistemas de Mudanças

Capítulo 4
A População Humana e o Meio Ambiente

Capítulo 5
Os Ciclos Biogeoquímicos

Capítulo 6
Ecossistemas e Manejo de Ecossistemas

Capítulo 7
Diversidade Biológica

Capítulo 8
Biogeografia

Capítulo 9
A Produtividade Biológica e os Fluxos de Energia

Capítulo 10
Ecologia de Restauração

Capítulo 11
Produção de Alimentos Suficientes para o Mundo: Como a Agricultura Depende do Meio Ambiente

Capítulo 12
Efeitos da Agricultura no Meio Ambiente

Capítulo 13
Florestas, Parques e Paisagens

Capítulo 14
Animais Selvagens, Peixes e Espécies Ameaçadas

Capítulo 15
Saúde Ambiental, Poluição e Toxicologia

Capítulo 16
Desastres Naturais e Catástrofes

Capítulo 17
Energia: Algumas Noções Básicas

Capítulo 18
Os Combustíveis Fósseis e o Meio Ambiente

Capítulo 19
Energias Alternativas e o Meio Ambiente

Capítulo 20
Energia Nuclear e o Meio Ambiente

Capítulo 21
Gestão, Uso e Abastecimento de Água

Capítulo 22
Poluição e Tratamento da Água

Capítulo 23
Atmosfera, Clima e Aquecimento Global

Capítulo 24
Poluição do Ar

Capítulo 25
Poluição do Ar Interior

Capítulo 26
Minerais e o Meio Ambiente

Capítulo 27
O Capital e a Percepção Ambiental: Economia e as Questões Ambientais

Capítulo 28
Meio Ambiente Urbano

Capítulo 29
Gestão de Resíduos

Sumário

Capítulo 1 Temas-chave em Ciências Ambientais 1

ESTUDO DE CASO Camarões, Mangues e Caminhonetes: As Inter-relações Globais e Locais Indicam as Principais Preocupações com o Meio Ambiente 2

1.1 Temas Fundamentais da Ciência Ambiental 3

DETALHAMENTO 1.1 **Breve História sobre o Meio Ambiente** 4

1.2 Crescimento da População Humana 4
- A Família de John Eli Miller 4
- O Rápido Crescimento Populacional 4
- Fome e Crise de Alimentos 5

1.3 A Sustentabilidade e a Capacidade de Suporte 7
- Sustentabilidade: O Objetivo Ambiental 7
- Em Busca da Sustentabilidade: Alguns Critérios 8
- A Capacidade de Suporte da Terra 8

1.4 Uma Perspectiva Global 9

1.5 Um Mundo Urbano 9

1.6 O Homem e a Natureza 9

1.7 Ciência e Valores 11
- Princípio da Precaução 12

QUESTÕES PARA REFLEXÃO CRÍTICA COMO PRESERVAR OS RECIFES DE CORAIS DO MUNDO? 13
- Atribuindo Valores ao Meio Ambiente 14

Resumo 14

Revisão de Temas e Problemas 15

Termos-Chave 15

Questões para Estudo 16

Leituras Complementares 16

Capítulo 2 A Ciência como Forma de Conhecimento: Pensamento Crítico sobre o Meio Ambiente 17

ESTUDO DE CASO Pássaros no Lago Mono: Aplicação da Ciência para Resolver um Problema Ambiental 18

2.1 Compreendendo o que É Ciência (e o que Não É) 19
- Ciência Como Forma de Conhecimento 19

DETALHAMENTO 2.1 **Breve História sobre a Ciência** 20
- Contestação 21

DETALHAMENTO 2.2 **O Caso dos Misteriosos Círculos em Plantações** 22
- Suposições da Ciência 23
- A Natureza das Comprovações Científicas 23

2.2 Medições e Incertezas 24
- Breve Consideração sobre Números na Ciência 24
- Tratando das Incertezas 24

DETALHAMENTO 2.3 **Medição do Carbono Armazenado na Vegetação** 25
- Exatidão e Precisão 26

2.3 Observações, Fatos, Inferências e Hipóteses 26

2.4 Breves Considerações sobre Criatividade e Reflexão Crítica 28

2.5 Equívocos sobre a Ciência 29
- Teoria na Ciência e na Linguagem 29
- Ciência e Tecnologia 29
- Ciência e Objetividade 29
- Ciência, Pseudociência e Ciência de Fronteiras 29

2.6 Questões Ambientais e o Método Científico 30
- Exemplo: O Condor-da-califórnia 30
- Algumas Alternativas para a Experimentação Direta 31
- Evidência Histórica 31
- Catástrofes Recentes e Distúrbios Tomados como Experimentos 32

2.7 A Ciência e o Processo de Tomada de Decisões 33

2.8 Aprendendo sobre a Ciência 33

2.9 A Ciência e os Meios de Comunicação 33

DETALHAMENTO 2.4 **Avaliando a Cobertura da Mídia** 34

Resumo 34

QUESTÕES PARA REFLEXÃO CRÍTICA COMO DECIDIR EM QUE ACREDITAR COM RESPEITO ÀS QUESTÕES AMBIENTAIS? 35

Revisão de Temas e Problemas 36

Termos-Chave 36

Questões para Estudo 36

Leituras Complementares 37

Capítulo 3 O Panorama Global: Sistemas de Mudanças 38

ESTUDO DE CASO A Reserva Nacional de Amboseli 39

3.1 Sistemas e Retroalimentação 41
- Retroalimentação 41
- Estabilidade 43

3.2 Crescimento Exponencial 43

EXERCÍCIO DE APLICAÇÃO 3.1 44

3.3 A Unidade Ambiental 45
- Exemplo Urbano 45
- Exemplo Florestal 45

3.4 Uniformitarismo 45

3.5 Mudanças e Equilíbrio nos Sistemas 46

3.6 A Terra e a Vida 47

EXERCÍCIO DE APLICAÇÃO 3.2 48

3.7 A Terra como um Sistema Vivo 49

3.8 Ecossistemas 50
- A Essência dos Ecossistemas 50
- A Hipótese de Gaia 50

3.9 Por que a Solução de Problemas Ambientais É Frequentemente Difícil 51

QUESTÕES PARA REFLEXÃO CRÍTICA A HIPÓTESE DE GAIA É CIENTÍFICA? 52

Resumo 53

Revisão de Temas e Problemas 53

Termos-Chave 54

Questões para Estudo 54

Leituras Complementares 54

Capítulo 4
A População Humana e o Meio Ambiente **55**

ESTUDO DE CASO Terremotos e Ciclones 56

4.1 Como as Populações se Alteram ao Longo do Tempo: Concepções Básicas sobre a Dinâmica Populacional 57
- Conceitos Básicos 57
- Estrutura Etária 57

EXERCÍCIO DE APLICAÇÃO 4.1 58

4.2 Tipos de Crescimento Populacional 59
- Crescimento Exponencial 59
- Breve História do Crescimento da População Humana 59

■ DETALHAMENTO 4.1 **Crescimento da População Humana** 61

■ DETALHAMENTO 4.2 **Quantas Pessoas Viveram na Terra?** 62

4.3 Taxas Atuais de Crescimento da População Humana 62

4.4 Previsão do Crescimento Populacional Futuro 62
- Aumento Exponencial e o Tempo de Duplicação 62
- A Curva Logística de Crescimento 63
- A Previsão do Crescimento Populacional Humano Aplicando a Curva Logística 64

4.5 A Transição Demográfica 64

4.6 População e Tecnologia 64

4.7 A População Humana, a Qualidade de Vida, e a Capacidade de Suporte da Terra 66
- Efeitos Potenciais dos Avanços da Medicina na Transição Demográfica 66

■ DETALHAMENTO 4.3 **A Profecia de Malthus** 67
- Taxas de Mortalidade Humana e a Ascensão das Sociedades Industriais 67
- A Longevidade e Seus Efeitos no Crescimento Populacional 69

4.8 O Fator Limitante 70
- Conceitos Básicos 70

4.9 Como Atingir o Crescimento Populacional Zero? 70
- A Idade do Primeiro Parto 70
- Controle de Natalidade: Biológico e da Sociedade 70
- Programas Nacionais para a Redução das Taxas de Natalidade 71

QUESTÕES PARA REFLEXÃO CRÍTICA QUAL A POPULAÇÃO MÁXIMA QUE A TERRA PODE SUPORTAR? 72

Resumo 73

Revisão de Temas e Problemas 73

Termos-Chave 74

Questões para Estudo 74

Leituras Complementares 75

Capítulo 5
Os Ciclos Biogeoquímicos **76**

ESTUDO DE CASO O Lago Washington 77

5.1 Como São os Ciclos Químicos 78
- Ciclos Biogeoquímicos 78

■ DETALHAMENTO 5.1 **Matéria e Energia** 79
- Reações Químicas 80

■ DETALHAMENTO 5.2 **Um Ciclo Biogeoquímico** 82

5.2 Questões Ambientais e Ciclos Biogeoquímicos 82

5.3 Vida e Ciclos Biogeoquímicos: Fatores Limitantes 83

5.4 Conceitos Gerais Voltados para os Ciclos Biogeoquímicos 84

5.5 O Ciclo Geológico 84
- O Ciclo Tectônico 84
- O Ciclo Hidrológico 85
- O Ciclo das Rochas 87

5.6 Ciclagens Biogeoquímicas em Ecossistemas 89
- Ciclos Ecossistêmicos de um Metal e de um Não metal 90
- Ciclagem Química e o Equilíbrio da Natureza 90

5.7 Alguns Ciclos Químicos Fundamentais 91
- O Ciclo do Carbono 91

■ DETALHAMENTO 5.3 **Fotossíntese e Respiração** 93
- O Ciclo do Nitrogênio 95
- O Ciclo do Fósforo 96

Resumo 98

QUESTÕES PARA REFLEXÃO CRÍTICA COMO AS ATIVIDADES HUMANAS ESTÃO AFETANDO O CICLO DO NITROGÊNIO? 99

Revisão de Temas e Problemas 99

Termos-Chave 100

Questões para Estudo 100

Leituras Complementares 101

Capítulo 6
Ecossistemas e Manejo de Ecossistemas **102**

ESTUDO DE CASO A Conexão dos Frutos de Carvalho 103

6.1 O Ecossistema: Sustentáculo da Vida na Terra 105
- Características Básicas dos Ecossistemas 106
- Comunidades Ecológicas e Cadeias Alimentares 106

■ DETALHAMENTO 6.1 **Ecossistemas de Fontes Termais no Parque Nacional de Yellowstone** 107
- Cadeia Alimentar Terrestre 109
- Cadeia Alimentar Marinha 109
- A Teia Alimentar da Foca-da-groelândia 109

6.2 Os Efeitos da Comunidade 110

6.3 Como Saber Distinguir um Ecossistema? 113

 **QUESTÕES PARA REFLEXÃO CRÍTICA COMO SÃO DEFINIDAS AS FRONTEIRAS DE UM ECOSSISTEMA?** 114

6.4 Manejo de Ecossistemas 114

Resumo 115

Revisão de Temas e Problemas 115

Termos-Chave 116

Questões para Estudo 116

Leituras Complementares 116

Capítulo 7
Diversidade Biológica 117

 **ESTUDO DE CASO Lobos Removidos da Lista de Espécies Ameaçadas - Sucesso ou Fracasso na Conservação de uma Espécie em Extinção?** 118

7.1 O que É Diversidade Biológica 119
- Por que Valorizar a Natureza? As Oito Razões 119
- As Bases Científicas para Compreender a Biodiversidade 119

7.2 Evolução Biológica 119
- Mutação 120
- Seleção Natural 121

DETALHAMENTO 7.1 **Seleção Natural: Os Mosquitos e o Parasita da Malária** 122
- Migração e Isolamento Geográfico 122
- Deriva Genética 123

7.3 Conceitos Básicos sobre Diversidade Biológica 124

7.4 A Evolução da Vida na Terra 125

7.5 A Quantidade de Espécies na Terra 129

7.6 Por que Existem Tantas Espécies? 131
- Interações entre as Espécies 131
- O Princípio da Exclusão Competitiva 131

7.7 Nichos: Coexistência de Espécies 132
- Profissões e Lugares: O Nicho Ecológico e o Hábitat 132
- Monitorando os Nichos 134
- Simbiose 134
- Predação e Parasitismo 135

7.8 Fatores Ambientais que Influenciam a Diversidade 136

7.9 Engenharia Genética e Algumas Questões Recentes sobre Diversidade Biológica 138
- Questões Ambientais Entendidas como Questões de Informação 138

 **QUESTÕES PARA REFLEXÃO CRÍTICA URSOS POLARES E AS RAZÕES PARA VALORIZAR A BIODIVERSIDADE** 139

Resumo 139

Revisão de Temas e Problemas 140

Termos-Chave 140

Questões para Estudo 140

Leituras Complementares 141

Capítulo 8
Biogeografia 142

 **ESTUDO DE CASO Reintrodução de uma Espécie Rara** 143

8.1 Por que a Introdução de Espécies Novas na Europa Foi Tão Popular Tempos Atrás? 144

8.2 Domínios de Wallace: Províncias Bióticas 144

8.3 Biomas 146

8.4 Padrões Geográficos de Vida no Continente 149

8.5 A Biogeografia Insular 149

DETALHAMENTO 8.1 **Um Corte Transversal Biogeográfico da América do Norte** 150

8.6 Biogeografia e o Homem 152

8.7 Biomas da Terra 153

8.8 A Geografia da Vida no Planeta Terra 155
- Tundra 155
- Taiga ou Florestas Boreais 156
- Florestas Decíduas de Clima Temperado 156
- Florestas de Clima Temperado 156
- Bosques de Clima Temperado 157
- Chaparrais de Clima Temperado 157
- Pradarias de Clima Temperado 158
- Florestas Tropicais 158
- Florestas Tropicais Sazonais e Savanas 159
- Desertos 159
- Zonas Úmidas 159
- Água Doce 160
- Áreas Entremarés 160
- Mar Aberto 161
- Bentos 161
- Ressurgências 161
- Fontes Hidrotermais 161

 **QUESTÕES PARA REFLEXÃO CRÍTICA CONTROLE DE ESPÉCIES INVASORAS NOS GRANDES LAGOS** 162

Resumo 162

Revisão de Temas e Problemas 163

Termos-Chave 164

Questões para Estudo 164

Leituras Complementares 164

Capítulo 9
A Produtividade Biológica e os Fluxos de Energia 165

 **ESTUDO DE CASO A Importância da Lenha** 166

9.1 Quanto se Pode Crescer? 166

9.2 Produção Biológica 166
- Dois Tipos de Produção Biológica 166

EXERCÍCIO DE APLICAÇÃO 9.1 167

EXERCÍCIO DE APLICAÇÃO 9.2 168
- Produção Bruta e Líquida 168

9.3 Fluxo de Energia 169

EXERCÍCIO DE APLICAÇÃO 9.3 170

9.4 O Limite Máximo da Abundância de Vida 170
- As Leis da Termodinâmica 170

DETALHAMENTO 9.1 **A Segunda Lei da Termodinâmica** 171

DETALHAMENTO 9.2 **Eficiências Ecológicas** 172
- Eficiência Energética e Eficiência de Transferência 172

9.5 Alguns Exemplos de Fluxos de Energia 173
- Fluxo de Energia em uma Cadeia Alimentar de um Campo Abandonado 173
- Fluxo de Energia em Córregos ou Rios 173

QUESTÕES PARA REFLEXÃO CRÍTICA A POPULAÇÃO PODE COMER MENOS NA CADEIA ALIMENTAR? 174
Fluxo de Energia em Ecossistemas Marinhos 175
Fluxo de Energia Quimiossintética no Oceano 175
Resumo 175
Revisão de Temas e Problemas 176
Termos-Chave 176
Questões para Estudo 177
Leituras Complementares 177

Capítulo 10
Ecologia de Restauração 178

ESTUDO DE CASO As Mãos que Esculpiram o Berço da Civilização: A Destruição e a Possível Restauração do Pantanal Tigre-Eufrates 179
10.1 Recuperar para o quê? 180
O Equilíbrio da Natureza 182
Selvas nas *Boundary Waters Canoe Area*: Um Exemplo de Naturalidade da Transformação 180
Objetivos da Restauração: O que É "Natural"? 180
10.2 O que É Necessário Recuperar? 182
Zonas Úmidas, Rios e Córregos 182
Recuperação de Pradarias 182
10.3 Quando a Natureza se Autorrestaura: O Processo de Sucessão Ecológica 183
Padrões de Sucessão 183
■ DETALHAMENTO 10.1 **Um Exemplo de Sucessão Secundária Florestal** 184
Sucessão, em Suma 186
10.4 A Sucessão e a Ciclagem Química 187
10.5 Mudanças de Espécies na Sucessão: Espécies Pioneiras Preparam o Caminho para Espécies Posteriores? 188
■ DETALHAMENTO 10.2 **Alterações na Ciclagem Química Durante uma Perturbação** 189
Facilitação 189
Inibição 189
Diferenças de Histórias da Vida 190
Isolamento Crônico 190
10.6 Aplicação de Conhecimentos Ecológicos na Recuperação de Solos e de Ecossistemas Severamente Danificados 191

QUESTÕES PARA REFLEXÃO CRÍTICA COMO AVALIAR ECOSSISTEMAS CONSTRUÍDOS? 192
Resumo 193
Revisão de Temas e Problemas 193
Termos-Chave 194
Questões para Estudo 194
Leituras Complementares 194

Capítulo 11
Produção de Alimentos Suficientes para o Mundo: Como a Agricultura Depende do Meio Ambiente 195

ESTUDO DE CASO Biocombustíveis e Porcos 196
11.1 É Possível Alimentar o Mundo? 197
11.2 Como Ocorre a Morte Causada pela Fome 199
11.3 O que É Comido e o que É Cultivado 201
Plantações 201
Aquicultura 201
11.4 Perspectivas Ecológicas na Agricultura 203
11.5 Fatores Limitantes 204
11.6 Perspectivas da Agricultura 205
11.7 O Aumento da Produtividade 207
A Revolução Verde 207
Irrigação Aperfeiçoada 207
11.8 Agricultura Orgânica 207
■ DETALHAMENTO 11.1 **Métodos de Agricultura Tradicional** 208
11.9 Alternativas para a Monocultura 208
■ DETALHAMENTO 11.2 **Futuros Avanços Potenciais na Agricultura: Novas Linhagens Genéticas e Híbridos** 209
11.10 Redução da Alimentação na Cadeia Alimentar 210
11.11 Alimentos Geneticamente Modificados: Biotecnologia, Agricultura e Meio Ambiente 211
11.12 Mudanças Climáticas e Agricultura 213

QUESTÕES PARA REFLEXÃO CRÍTICA HAVERÁ ÁGUA SUFICIENTE PARA A PRODUÇÃO DE ALIMENTOS PARA A POPULAÇÃO EM CRESCIMENTO? 214
Resumo 215
Revisão de Temas e Problemas 216
Termos-Chave 216
Questões para Estudo 217
Leituras Complementares 217

Capítulo 12
Efeitos da Agricultura no Meio Ambiente 218

ESTUDO DE CASO Fazenda Cedar Meadow 219
12.1 Como a Agricultura Altera o Meio Ambiente 219
12.2 O Enigma da Aração 219
12.3 A Erosão dos Solos 220
■ DETALHAMENTO 12.1 **Solos** 221
12.4 O que Acontece com Solos Erodidos: Sedimentos Causam Problemas ao Meio Ambiente 223
Tornando os Solos Sustentáveis 223
Plantio em Curvas de Nível 223
Agricultura de Plantio Direto 224
12.5 O Controle de Pragas 224
12.6 A História dos Pesticidas 224
12.7 Manejo Integrado de Pragas 225
Monitoramento de Pesticidas no Meio Ambiente 226
■ DETALHAMENTO 12.2 **DDT** 227
12.8 Lavouras Geneticamente Modificadas 228
Novos Híbridos 228
O Gene de Restrição de Uso 229
Transferência de Genes de uma Forma de Vida para Outra 229

12.9 Pastagens em Pastos Naturais: Benefício ou Prejuízo ao Meio Ambiente? 230
Uso Tradicional e Industrial de Pastoreios e Pastagens 231
A Biogeografia de Animais de Criação 231
A Capacidade de Suporte de Terras para Pastagens 231
12.10 Desertificação: Efeitos Regionais e Impactos Globais 232
Causas dos Desertos 232
Prevenção da Desertificação 233
12.11 A Agricultura Altera a Biosfera? 233

QUESTÕES PARA REFLEXÃO CRÍTICA O ARROZ PODE SER PRODUZIDO EM REGIÕES SECAS? 234
Resumo 235
Revisão de Temas e Problemas 235
Termos-Chave 236
Questões para Estudo 236
Leituras Complementares 237

Capítulo 13
Florestas, Parques e Paisagens 238

ESTUDO DE CASO Refúgio Nacional da Vida Selvagem da Baía Jamaica 239
13.1 Conflitos Modernos a Respeito de Florestas e de Recursos Florestais 240
13.2 A Vida de uma Árvore 242
Como Cresce uma Árvore 242
Nichos de Árvores 243
13.3 A Concepção de Silvicultores sobre a Floresta 243
13.4 Abordagens de Manejo Florestal 244
Corte Raso 244
Testes Experimentais de Corte Raso 244
Plantação Florestal 245
13.5 Silvicultura Sustentável 245
O que É Sustentabilidade e como Aplicá-la às Florestas? 245
Certificação de Práticas Florestais 246
13.6 Perspectivas Mundiais sobre Florestas 246
Áreas de Florestas no Mundo, Produção e Consumo Mundial de Recursos Florestais 246
13.7 Desmatamento: Um Dilema Global 248
História do Desmatamento 249
Causas do Desmatamento 249
O Déficit Mundial de Lenha 250
Desmatamento Indireto 250
13.8 Parques, Reservas Naturais e Regiões Selvagens 250
DETALHAMENTO 13.1 **Silvicultura Comunitária** 251
Uma Breve História dos Parques Explica por que Eles Foram Implantados 252
Conflitos no Manejo de Parques 253
Qual a Dimensão Adequada para Parques? 254
Conservação de Regiões Selvagens 254
Conflitos no Manejo de Regiões Selvagens 255

QUESTÕES PARA REFLEXÃO CRÍTICA AS FLORESTAS TROPICAIS CONSEGUEM SOBREVIVER AOS PEDAÇOS? 256
Resumo 257
Revisão de Temas e Problemas 257
Termos-Chave 258
Questões para Estudo 258
Leituras Complementares 259

Capítulo 14
Animais Selvagens, Peixes e Espécies Ameaçadas 260

ESTUDO DE CASO O Desastre do Salmão: Cancelamento da Temporada de Pesca ao Salmão-rei. Pode-se Evitar a Sua Extinção? 261
14.1 Introdução 262
14.2 Manejo de Espécies Raras de Animais Selvagens Tradicionais 262
DETALHAMENTO 14.1 **Razões para a Preservação de Espécies Ameaçadas (e de Toda Vida na Terra)** 263
Complementações sobre a Curva Logística de Crescimento 264
Exemplo de Problemas com a Curva Logística 266
14.3 Histórias Contadas pelo Urso-cinzento e pelo Bisão: Questões de Manejo de Animais Selvagens que Exigem Novas Abordagens 266
O Urso-cinzento 266
O Bisão Norte-americano 267
14.4 Abordagens Aperfeiçoadas para o Manejo de Animais Selvagens 269
Séries Temporais e Limites Históricos de Variação 269
Estrutura Etária como Informação Aplicável 269
Consumo como uma Estimativa Numérica 271
DETALHAMENTO 14.2 **A Preservação das Baleias e de Outros Mamíferos Marinhos** 272
14.5 A Indústria da Pesca 274
A Redução das Populações de Peixes 275
A Pesca Nunca Será Sustentável? 278
14.6 A Situação Atual das Espécies Ameaçadas 278
14.7 Como as Espécies se Tornam Ameaçadas e Extintas? 279
14.8 Como as Pessoas Provocam as Extinções e Afetam a Diversidade Biológica? 280
DETALHAMENTO 14.3 **As Causas da Extinção** 281
As Boas Notícias: Espécies cuja Situação Melhorou 281
As Espécies Podem Ser Abundantes Demais? Se Sim, o que se Deve Fazer? 282
14.9 O *Kirtland's Warbler* e a Mudança Ambiental 282
14.10 Ilhas Ecológicas e Espécies Ameaçadas 283
14.11 Utilização de Relações Espaciais na Preservação de Espécies Ameaçadas 284

QUESTÕES PARA REFLEXÃO CRÍTICA DEVEM-SE REINTRODUZIR LOBOS NO PARQUE ADIRONDACK? 285
Resumo 286
Revisão de Temas e Problemas 286
Termos-Chave 287
Questões para Estudo 287
Leituras Complementares 288

Capítulo 15
Saúde Ambiental, Poluição e Toxicologia **289**

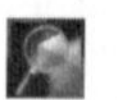
ESTUDO DE CASO Desmasculinização e Feminilização de Rãs no Meio Ambiente 290

15.1 Fundamentos 291
Terminologia 292
Medição da Quantidade de Poluição 293

15.2 Categorias de Poluentes 293
Agentes Infecciosos 293
Metais Pesados Tóxicos 293

DETALHAMENTO 15.1 **As Fundições de Sudbury: Uma Fonte Pontual** 294
Vias Tóxicas 295

DETALHAMENTO 15.2 **Mercúrio e o Desastre de Minamata, Japão** 297
Compostos Orgânicos 297
Poluentes Orgânicos Persistentes 298
Agentes Hormonalmente Ativos (AHAs) 298

DETALHAMENTO 15.3 **Dioxina: a Grande Incógnita** 299
Radiação 300
Poluição Térmica 300
Particulados 301
Amianto 302
Campos Eletromagnéticos 302
Poluição Sonora 302
Exposição Voluntária 303

15.3 Efeitos Gerais dos Poluentes 303
Conceito de Dose-Resposta 305
Curva de Dose-Resposta (DL-50, DE-50 e DT-50) 305
Efeitos Limiares 306
Tolerância 307
Efeitos Agudos e Crônicos 307

15.4 Análise de Riscos 307

QUESTÕES PARA REFLEXÃO CRÍTICA O CHUMBO NOS AMBIENTES URBANOS CONTRIBUI PARA O COMPORTAMENTO ANTISSOCIAL? 308

Resumo 309
Revisão de Temas e Problemas 310
Termos-Chave 310
Questões para Estudo 311
Leituras Complementares 311

Capítulo 16
Desastres Naturais e Catástrofes **312**

ESTUDO DE CASO O Furacão Katrina, a Pior Catástrofe Natural da História dos Estados Unidos 313

DETALHAMENTO 16.1 **O Processo e a Formação de Furacões** 318

16.1 Eventos Perigosos, Desastres e Catástrofes 320

16.2 Desastres e Catástrofes: Ponto de Vista Histórico 322

DETALHAMENTO 16.2 **Deslizamento de Terra em La Conchita, em 2005** 323

16.3 Conceitos Fundamentais sobre Eventos Naturais Perigosos 324

16.4 Os Processos Naturais Possuem Funções de Utilidade Naturais 324

16.5 Eventos Perigosos São Previsíveis 326

DETALHAMENTO 16.3 **O *Tsunami* da Indonésia** 327

16.6 Relações Existentes entre Eventos Perigosos e entre os Ambientes Físicos e Biológicos 331

16.7 Eventos Perigosos que Antes Produziam Desastres Agora Produzem Catástrofes 332
Transformações de Uso do Solo e Riscos Naturais 334

16.8 Riscos Oriundos de Eventos Perigosos Podem Ser Avaliados 334

16.9 O Efeitos Adversos dos Eventos Perigosos Podem Ser Minimizados 334
Resposta Ativa *versus* Reativa 334
Impacto e Recuperação de Desastres e Catástrofes 335
Perceber, Evitar e se Ajustar Diante dos Eventos Perigosos 336

16.10 O que se Espera do Futuro com Relação aos Desastres e Catástrofes? 338

QUESTÕES PARA REFLEXÃO CRÍTICA COMO RECONSTRUIR NOVA ORLEANS? 340

Resumo 340
Revisão de Temas e Problemas 340
Termos-Chave 341
Questões para Estudo 341
Leituras Complementares 342

Capítulo 17
Energia: Algumas Noções Básicas **343**

ESTUDO DE CASO Política Energética nos Estados Unidos: Da Crise de Energia de Costa a Costa à Produção de Energia Independente 344

17.1 Perspectivas da Energia 345
As Crises Energéticas na Grécia Antiga e em Roma 345
Energia, Hoje e Amanhã 345

17.2 Noções Básicas sobre Energia 346

17.3 Eficiência Energética 347

DETALHAMENTO 17.1 **Unidades de Energia** 349

17.4 Fontes e Consumo de Energia 349
Combustíveis Fósseis e Fontes Alternativas de Energia 350
Consumo de Energia nos EUA 350

17.5 Conservação, Aumento da Eficiência e Cogeração de Energia 351
Projeto de Edifícios 352
Energia nas Indústrias 352
Projeto de Automóveis 352
Valores, Escolhas e Conservação de Energia 352

17.6 Políticas Energéticas 353
Caminho Rígido e Caminho Flexível 354
Energia para o Futuro 354
Gestão Sustentável e Integrada de Energia 355

DETALHAMENTO 17.2 **Microusinas de Energia** 356

QUESTÕES PARA REFLEXÃO CRÍTICA HÁ ENERGIA SUFICIENTE PARA SER UTILIZADA? 357

Resumo 358
Revisão de Temas e Problemas 358
Termos-Chave 359
Questões para Estudo 359
Leituras Complementares 359

Capítulo 18
Os Combustíveis Fósseis e o Meio Ambiente **360**

ESTUDO DE CASO Pico do Petróleo: Mito ou Realidade? 361

18.1 Combustíveis Fósseis 362
18.2 Petróleo Cru e Gás Natural 363
Extração do Petróleo 363
O Petróleo no Século XXI 364
Gás Natural 366
Metano em Camadas de Carvão 366
Hidratos de Metano 367
Efeitos Ambientais do Petróleo e do Gás Natural 367
■ DETALHAMENTO 18.1 **O Refúgio Nacional da Vida Selvagem no Ártico: Perfurar ou Não Perfurar** 369
18.3 Carvão Mineral 370
Mineração do Carvão e o Meio Ambiente 372
■ DETALHAMENTO 18.2 **A Mina Trapper** 374
Transporte de Carvão 376
Perspectivas para o Carvão 376
O Comércio de Licenças 377
18.4 Xisto Betuminoso e Areias Betuminosas 377
Xisto Betuminoso 377
Areias Betuminosas 378

QUESTÕES PARA REFLEXÃO CRÍTICA QUAIS SERÃO AS CONSEQUÊNCIAS DO PICO DO PETRÓLEO? 379

Resumo 379
Revisão de Temas e Problemas 380
Termos-Chave 381
Questões para Estudo 381
Leituras Complementares 381

Capítulo 19
Energias Alternativas e o Meio Ambiente **382**

ESTUDO DE CASO Energia Solar Mesmo em Lugares Pouco Ensolarados 383

19.1 Introdução às Fontes Alternativas de Energia 383
Limitações das Energias Renováveis 383
Benefícios das Energias Alternativas 384
19.2 Energia Solar 384
Energia Solar Passiva 385
Energia Solar Ativa 385
Coletores Solares 385
Energia Fotovoltaica 386
Geradores Térmicos Solares 387
Energia Solar e Meio Ambiente 388
19.3 Conversão da Eletricidade Proveniente de Energia Renovável para um Combustível que Possa Ser Queimado e Possa Abastecer Veículos 388
■ DETALHAMENTO 19.1 **Células de Combustível – Uma Alternativa Atrativa** 389
19.4 Energia Hidráulica 390
Pequenas Centrais Hidrelétricas (PCHs) 390
Energia Hidrelétrica e o Meio Ambiente 390
19.5 Energia dos Oceanos 391
19.6 Energia Eólica 391
Fundamentos da Energia Eólica 392
Energia Eólica e o Meio Ambiente 393
Perspectivas da Energia Eólica 393
19.7 Biocombustíveis 393
Biocombustíveis e a História Humana 394
Biocombustíveis e o Meio Ambiente 394
Energia Geotérmica 395
Sistemas Geotérmicos 395
Energia Geotérmica e o Meio Ambiente 396
Perspectivas da Energia Geotérmica 396

QUESTÕES PARA REFLEXÃO CRÍTICA COMO AVALIAR FONTES ALTERNATIVAS DE ENERGIA? 397

Resumo 398
Revisão de Temas e Problemas 398
Termos-Chave 399
Questões para Estudo 399
Leituras Complementares 399

Capítulo 20
Energia Nuclear e o Meio Ambiente **400**

ESTUDO DE CASO Indian Point: Uma Usina Nuclear Pode Operar Próximo a uma das Maiores Cidades da América do Norte? 401

20.1 Energia Nuclear 401
Reatores de Fissão Nuclear 401
■ DETALHAMENTO 20.1 **Decaimento Radioativo** 403
Sustentabilidade e Energia Nuclear 405
Reatores de Leito de Esferas 406
Reatores de Fusão Nuclear 408
20.2 Energia Nuclear e Meio Ambiente 409
Problemas da Energia Nuclear 409
■ DETALHAMENTO 20.2 **Doses e Unidades de Radiação** 410
Efeitos de Radioisótopos 412
Doses de Radiação e Saúde 413
20.3 Acidentes em Usinas Nucleares 414
Three Mile Island 414
Chernobyl 414
20.4 Gestão do Resíduo Radioativo 416
Resíduo Radioativo de Baixo Nível 416
Resíduo Transurânico 416
Resíduo Radioativo de Alto Nível 416
Depósito de Resíduo Radioativo na Montanha Yucca 417
20.5 Perspectivas da Energia Nuclear 418

QUESTÕES PARA REFLEXÃO CRÍTICA QUAL O FUTURO DA ENERGIA NUCLEAR? 419

Resumo 420
Revisão de Temas e Problemas 420
Termos-Chave 421
Questões para Estudo 421
Leituras Complementares 421

Capítulo 21
Gestão, Uso e Abastecimento da Água 422

ESTUDO DE CASO Palm Beach, Flórida, EUA: Uso, Conservação e Reúso da Água 423

21.1 Água 424
- Breve Perspectiva Mundial 424
- Águas Subterrâneas e Rios 425
- Interações entre Água Superficial e Subterrânea 427

21.2 Abastecimento de Água: Um Exemplo Norte-americano 427
- Padrões de Precipitação e Escoamento Superficial das Águas da Chuva 427
- Secas 428
- Problemas e Utilização de Água Subterrânea 429
- Dessalinização como Fonte de Água 429

21.3 Uso da Água 430
- Transporte da Água 430
- Tendências de Uso da Água 433

21.4 Conservação da Água 435
- Uso na Agricultura 435
- Uso Doméstico 436
- Uso Industrial e nos Processos de Produção 436
- Consciência e Uso de Água 436

DETALHAMENTO 21.1 **O Abastecimento de Água em Áreas Urbanas nos EUA É Problemático** 437

21.5 Sustentabilidade e Gestão dos Recursos Hídricos 437
- Uso Sustentável da Água 437
- Sustentabilidade das Águas Subterrâneas 437
- Gestão dos Recursos Hídricos 438
- Plano Diretor para a Gestão dos Recursos Hídricos 438
- A Gestão dos Recursos Hídricos e o Meio Ambiente 439

21.6 Zonas Úmidas 439
- Funções de Utilidade Natural das Zonas Úmidas 439
- Recuperação de Zonas Úmidas 441

21.7 Barragens e o Meio Ambiente 441
- Canais 442
- Remoção de Barragens 442

DETALHAMENTO 21.2 **A Hidrelétrica de Três Gargantas** 444

21.8 Canalização e o Meio Ambiente 444

21.9 O Rio Colorado: Gestão dos Recursos Hídricos e o Meio Ambiente 445

QUESTÕES PARA REFLEXÃO CRÍTICA QUAL A UMIDADE DAS ZONAS ÚMIDAS? 446

21.10 A Escassez Mundial de Água Relacionada ao Abastecimento de Alimentos 447

Resumo 448

Revisão de Temas e Problemas 448

Termos-Chave 449

Questões para Estudo 449

Leituras Complementares 449

Capítulo 22
Poluição e Tratamento da Água 450

ESTUDO DE CASO **Baía dos Porcos na Carolina do Norte** 451

22.1 Poluição da Água 452

DETALHAMENTO 22.1 **Quanto Custa a Água Tratada de Nova York?** 454

22.2 Demanda Bioquímica de Oxigênio (DBO) 455

22.3 Doenças Transmitidas pela Água 456
- Epidemia em Milwaukee, Wisconsin 457
- Coliformes Fecais 457
- Epidemia em Walkerton, Ontário 458

22.4 Nutrientes 458
- Eutrofização 458

DETALHAMENTO 22.2 **Eutrofização Cultural no Golfo do México** 460

22.5 Petróleo 461
- *Exxon Valdez*: Baía do Canal Príncipe William, Alasca 461
- *Jessica*: Ilhas Galápagos 462

22.6 Sedimentos 462

22.7 Drenagem de Minas Ácidas 463

22.8 Poluição de Águas Superficiais 463
- Redução da Poluição de Águas Superficiais 464

22.9 Poluição de Águas Subterrâneas 465
- Princípios da Poluição de Águas Subterrâneas: Um Exemplo 466

DETALHAMENTO 22.3 **Água para Uso Doméstico: O Quanto É Saudável?** 467
- Estuário de Long Island, Nova York 467

22.10 Tratamento de Águas Residuárias 468
- Fossas Sépticas 468
- Estações de Tratamento de Águas Residuárias 469

DETALHAMENTO 22.4 **Porto de Boston: Limpeza de um Tesouro Nacional** 471

22.11 Aplicação de Águas Residuárias no Solo 471
- O Ciclo de Purificação e Conservação de Águas Residuárias 471
- Águas Residuárias e Zonas Úmidas 473

22.12 Reúso de Água 474

22.13 Poluição da Água e Leis Ambientais 475

QUESTÕES PARA REFLEXÃO CRÍTICA COMO RIOS POLUÍDOS PODEM SER RECUPERADOS? 476

Resumo 477

Revisão de Temas e Problemas 478

Termos-Chave 479

Questões para Estudo 479

Leituras Complementares 479

Capítulo 23
Atmosfera, Clima e Aquecimento Global 480

ESTUDO DE CASO Na Grã-Bretanha, Alguns Animais e Plantas Estão se Adaptando ao Aquecimento Global 481

23.1 A Origem da Questão do Aquecimento Global 481

DETALHAMENTO 23.1 **A Ciência do Sistema Terrestre e a Mudança Global** 483
- Um Pouco da História Científica 483

23.2 A Atmosfera 484
- A Estrutura da Atmosfera 484
- Os Processos Atmosféricos: Temperatura, Pressão e Regiões Globais de Alta e de Baixa Pressão 485

Processos de Remoção de Substâncias da Atmosfera 486
O que Faz a Terra se Aquecer 486

23.3 Tempo e Clima 487
O Clima Está Sempre Mudando 487
As Causas das Mudanças Climáticas 488

DETALHAMENTO 23.2 **Mudança Climática Durante o Auge da Última Glaciação, 22.000 Anos Atrás** 492
Ciclos Solares 491
A Transparência da Atmosfera Afeta o Tempo e o Clima 491

23.4 O Efeito Estufa 493
Como Funciona o Efeito Estufa 493
O Papel dos Principais Gases do Efeito Estufa na Mudança Climática 495
Mudança Climática e Retroalimentação 495

DETALHAMENTO 23.3 **Os Principais Gases do Efeito Estufa** 496
O Efeito dos Oceanos nas Mudanças Climáticas 497
O El Niño e o Clima 498

23.5 Prevendo o Futuro do Clima 498
Simulação por Computador 498

23.6 Como Seria o Mundo com o Aquecimento Global 499
Mudanças no Clima 499

23.7 Efeitos Potenciais Ambientais, Ecológicos e Sociais do Aquecimento Global 500
Mudanças na Vazão de Rios 500
Elevação do Nível do Mar 500
Geleiras e as Banquisas Polares 501
Mudanças na Diversidade Biológica 501
Efeitos na Saúde Humana 503

23.8 Ajustes ao Aquecimento Global Potencial 503

QUESTÕES PARA REFLEXÃO CRÍTICA O PRINCÍPIO DA PRECAUÇÃO PODERIA SER APLICADO AO AQUECIMENTO GLOBAL? 504
Acordos Internacionais para Mitigar o Aquecimento Global 505

Resumo 506
Revisão de Temas e Problemas 506
Termos-Chave 507
Questões para Estudo 507
Leituras Complementares 507

Capítulo 24
Poluição do Ar 508

ESTUDO DE CASO A Poluição do Ar e os Jogos Olímpicos de Pequim em 2008 509

24.1 Breve História da Poluição do Ar 510
24.2 Fontes Fixas e Móveis de Poluição do Ar 511
24.3 Efeitos Gerais da Poluição do Ar 511
24.4 Poluentes do Ar 512
Poluentes Primários e Secundários, Naturais e Humanos 514
Poluentes-padrão 514
Poluentes Tóxicos do Ar 518

DETALHAMENTO 24.1 **Chuva Ácida** 519

24.5 Variabilidade da Poluição do Ar 522
Las Vegas: Particulados 522
Névoa Seca que Vem de Longe 523

24.6 Poluição do Ar Urbano 523
Influências da Meteorologia e da Topografia 523
Potencial para a Poluição do Ar Urbano 524
Smog 525
Tendências Futuras para as Áreas Urbanas 526

24.7 Controle da Poluição 527
Controle da Poluição: Particulados 527
Controle da Poluição: Automóveis 527
Controle da Poluição: Dióxido de Enxofre 528

24.8 Legislação e Padrões de Poluição do Ar 529
Emendas do Ar Limpo de 1990 529
Padrões de Qualidade do Ar 529

24.9 Custos do Controle da Poluição do Ar 531

24.10 Depleção do Ozônio 532
Radiação Ultravioleta e Ozônio 532
Medição do Ozônio Estratosférico 534

24.11 Depleção do Ozônio e os CFCs 534
Emissões e Usos de Produtos Químicos Destruidores do Ozônio 534
Química Simplificada do Cloro Estratosférico 535
O Buraco do Ozônio na Antártida 536
Nuvens Estratosféricas Polares 536
Um Buraco na Camada de Ozônio no Ártico? 537
Depleção do Ozônio nos Trópicos e nas Latitudes Médias 538
O Futuro da Destruição do Ozônio 538
Efeitos Ambientais 538
Questões de Gestão 539

DETALHAMENTO 24.2 **Alterações Sazonais nos Índices de UV: Implicações para a Destruição do Ozônio Antártico** 540

QUESTÕES PARA REFLEXÃO CRÍTICA PRODUTOS SINTÉTICOS E O BURACO DE OZÔNIO: POR QUE HOUVE CONTROVÉRSIA? 541

Resumo 542
Revisão de Temas e Problemas 543
Termos-Chave 543
Questões para Estudo 544
Leituras Complementares 544

Capítulo 25
Poluição do Ar Interior 545

ESTUDO DE CASO Formaldeído nas Casas Móveis: Furacão Katrina 546

25.1 Fontes da Poluição do Ar Interior 547
25.2 Aquecimento, Ventilação e Sistemas de Ar Condicionado 550
25.3 Caminhos, Processos e Forças Motrizes 550
25.4 Ocupantes de Edificações 551
Pessoas Particularmente Suscetíveis 551

DETALHAMENTO 25.1 **Secretaria de Veículos a Motor em Massachusetts: Síndrome do Edifício Enfermo** 552
Sintomas da Poluição do Ar Interior 552
Edifícios Enfermos 571

25.5 A Fumaça Ambiental do Tabaco 553
25.6 Gás Radônio 553

DETALHAMENTO 25.2 **O Gás Radônio É Perigoso?** 554
Geologia e Gás Radônio 556
Como o Gás Radônio entra nas Casas e em Outras Edificações? 556
Técnicas de Proteção contra o Gás Radônio para Casas e Outras Edificações 556

25.7 Poluição do Ar Interior e Edifícios Verdes 557
25.8 Controle da Poluição do Ar Interior 557

 **QUESTÕES PARA REFLEXÃO CRÍTICA A VENTILAÇÃO DOS AVIÕES É ADEQUADA?** 558

Resumo 559

Revisão de Temas e Problemas 559

Termos-Chave 560

Questões para Estudo 560

Leituras Complementares 560

Capítulo 26
Minerais e o Meio Ambiente 561

 **ESTUDO DE CASO Golden, Colorado: Mina a Céu Aberto se Torna Campo de Golfe** 562

26.1 A Importância dos Minerais para a Sociedade 562

26.2 Como se Formam os Depósitos Minerais? 562
- Distribuição dos Recursos Minerais 563
- Limites das Placas Tectônicas 563
- Processos Ígneos 564
- Processos Sedimentares 564
- Processos Biológicos 565
- Processos de Intemperismo 565

26.3 Reservas e Recursos 565

26.4 Classificação, Disponibilidade e Utilização dos Recursos Minerais 566
- Disponibilidade de Recursos Minerais 567
- Consumo de Minerais 567
- Suprimento de Recursos Minerais nos EUA 567

26.5 Impactos do Desenvolvimento da Mineração 567
- Impactos Ambientais 568
- Impactos Sociais 569

26.6 Minimização do Impacto Ambiental Associado ao Desenvolvimento da Mineração 569

■ DETALHAMENTO 26.1 **Jardins Butchart do Canadá: Do Feio para o Éden** 571

 **QUESTÕES PARA REFLEXÃO CRÍTICA A MINERAÇÃO COM MICRORGANISMOS PROTEGE O MEIO AMBIENTE?** 572

26.7 Minerais e Sustentabilidade 572

Resumo 573

Revisão de Temas e Problemas 574

Termos-Chave 574

Questões para Estudo 575

Leituras Complementares 575

Capítulo 27
O Capital e a Percepção Ambiental: Economia e as Questões Ambientais 576

 **ESTUDO DE CASO Hambúrgueres de Baleia ou Conservação das Baleias, ou Ambos?** 577

27.1 A Importância Econômica do Meio Ambiente 578

27.2 O Meio Ambiente como Bem de Uso Comum 578

27.3 Baixa Taxa de Crescimento e Consequente Baixa Renda como Fator de Exploração 580

27.4 Externalidades 581

27.5 Capital Natural, Intangíveis Ambientais e Utilidades Ecossistêmicas 582
- Funções de Utilidade Pública da Natureza 582
- Valorando a Beleza da Natureza 582

27.6 Como Valorar o Futuro? 583

27.7 Análise de Risco-Benefício 584
- Aceitabilidade de Riscos e Custos 584

■ DETALHAMENTO 27.1 **Análise de Riscos-benefícios e o DDT** 586

27.8 Questões Globais: Quem Arca com os Custos? 587

27.9 Como Atingir uma Meta? Instrumentos de Política Ambiental 587
- Custos Marginais e Controle de Poluentes 587

■ DETALHAMENTO 27.2 **Fazendo a Política Funcionar: Recursos Pesqueiros e Instrumentos de Política** 590

 **QUESTÕES PARA REFLEXÃO CRÍTICA INDÚSTRIA DA PESCA NOS EUA: COMO TORNÁ-LA SUSTENTÁVEL?** 591

Resumo 592

Revisão de Temas e Problemas 592

Termos-Chave 593

Questões para Estudo 593

Leituras Complementares 593

Capítulo 28
Meio Ambiente Urbano 594

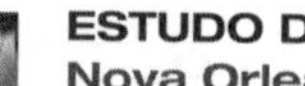 **ESTUDO DE CASO Deve-se Tentar Recuperar Nova Orleans?** 595

28.1 A Vida na Cidade 596

28.2 A Cidade como um Sistema 597

28.3 Local e Posição: a Localização das Cidades 598
- Importância do Local e da Posição 598

■ DETALHAMENTO 28.1 **O Naufrágio de Veneza** 599

28.4 Planejamento Urbano e o Meio Ambiente 600
- Planejamento Urbano para Defesa e Beleza 600
- O Parque Urbano 600

■ DETALHAMENTO 28.2 **As Cidades e a Linha de Escarpa** 601

■ DETALHAMENTO 28.3 **História Ambiental das Cidades** 603

■ DETALHAMENTO 28.4 **Breve História do Planejamento Urbano** 604

28.5 A Cidade como um Meio Ambiente 605
- O Balanço de Energia de uma Cidade 605
- O Clima e a Atmosfera Urbana 605
- Energia Solar nas Cidades 605
- A Água no Ambiente Urbano 605

■ DETALHAMENTO 28.5 **Projetar com a Natureza** 607
- Solos na Cidade 607
- Poluição na Cidade 607

28.6 A Natureza na Cidade 607
- As Cidades e Seus Rios 607
- Vegetação em Cidades 608
- Animais Selvagens 609
- "Selvas" Urbanas: A Cidade como Hábitat para a Fauna e para Espécies Ameaçadas 609
- Pestes Animais 611

QUESTÕES PARA REFLEXÃO CRÍTICA COMO CONTROLAR A EXPANSÃO URBANA? 612
- Controle de Pestes 612

Resumo 613
Revisão de Temas e Problemas 613
Termos-Chave 614
Questões para Estudo 614
Leituras Complementares 614

Capítulo 29
Gestão de Resíduos 614

ESTUDO DE CASO Tesouros do Telefone Celular 616

29.1 Conceitos Iniciais da Disposição de Resíduos 617

DETALHAMENTO 29.1 **Ecologia Industrial** 618

29.2 Tendências Modernas 618

29.3 Gestão Integrada de Resíduos 618
- Reduzir, Reusar e Reciclar 619
- Reciclagem de Esgotos 620

29.4 Gestão de Materiais 620

29.5 Gestão de Resíduos Sólidos 621
- Composição dos Resíduos Sólidos 621
- Disposição no Local 621
- Compostagem 622
- Incineração 622
- Lixões (Aterros Inadequadamente Controlados) 622
- Aterros Sanitários 622

DETALHAMENTO 29.2 **Justiça Ambiental: Demografia dos Resíduos Perigosos** 623
- Redução dos Resíduos Produzidos 626

29.6 Resíduos Perigosos 626

DETALHAMENTO 29.3 **Resíduo Eletrônico: Um Problema Ambiental Crescente** 627

DETALHAMENTO 29.4 **Desastre de Love Canal** 628

29.7 Legislações sobre Resíduos Perigosos 629
- Ato de Conservação e Recuperação dos Recursos 629
- Ato de Responsabilidade, Compensação e Resposta Ambiental Ampla 629
- Outras Legislações 630

29.8 Gestão de Resíduos Perigosos: Disposição no Solo 630
- Aterros Seguros 630
- Aplicação no Solo: Decomposição Microbiológica 630
- Represamento Superficial 632
- Disposição Profunda 632
- Resumo dos Métodos de Disposição no Solo 632

29.9 Alternativas para a Disposição no solo de Resíduos Perigosos 633
- Redução na Fonte 633
- Reciclagem e Recuperação de Recursos 633
- Tratamento 633
- Incineração 633

29.10 Despejo nos Oceanos 633

DETALHAMENTO 29.5 **Plásticos nos Oceanos** 635

29.11 Prevenção à Poluição 636

QUESTÕES PARA REFLEXÃO CRÍTICA A RECICLAGEM PODE SER UMA INDÚSTRIA FINANCEIRAMENTE VIÁVEL? 637

Resumo 638
Revisão de Temas e Problemas 638
Termos-Chave 639
Questões para Estudo 639
Leituras Complementares 639

Apêndice 640
Glossário 644
Créditos das Fotos 659
Notas 661
Índice 675

Ciência Ambiental

Terra, um Planeta Vivo

Capítulo 1

Temas-chave em Ciências Ambientais

OBJETIVOS DE APRENDIZADO

Determinados temas são básicos para a ciência ambiental. Após a leitura deste capítulo deve-se saber:

- Que o homem e a natureza estão intimamente interligados.
- Por que o rápido crescimento populacional é o principal problema ambiental.
- O que é sustentabilidade e por que se deve aprender a preservar os recursos ambientais.
- Como os seres humanos afetam o meio ambiente de todo o planeta.
- Por que os ambientes urbanos carecem de atenção.
- Por que as soluções para os problemas ambientais envolvem a elaboração de juízos de valor baseados no conhecimento científico.
- O que é o princípio da precaução e por que ele é tão importante.

A rica diversidade da vida no e ao redor dos recifes de corais está ilustrada nesta fotografia do Mar Vermelho, Egito.

ESTUDO DE CASO

Camarões, Mangues e Caminhonetes: Inter-relações Globais e Locais Indicam as Principais Preocupações com o Meio Ambiente

Maitri Visetak possui uma pequena gleba de terra ao longo da costa sul da Tailândia; ele queria melhorar a vida de sua família e obteve êxito. A crescente demanda por camarões como comida de luxo e a sobrepesca de camarões no mar impulsionaram o crescimento no mercado mundial para camarões em tanques de criação de uma indústria de $1,5 bilhão de dólares, há 30 anos, para um negócio, hoje, de $8 bilhões. No início dos anos de 1990, Visetak começou a criar camarões em dois pequenos tanques de criação (0,2 hectare/0,5 acre; Figura 1.1*a*). Em dois anos ele conseguiu acumular capital suficiente para comprar duas caminhonetes – na Tailândia, uma clara indicação de sucesso financeiro. Nessa época, entretanto, os seus tanques estavam contaminados com dejetos de camarões, antibióticos, fertilizantes e pesticidas. Os camarões não podiam mais viver nos tanques de criação. E havia um efeito ainda mais devastador: os contaminantes provenientes dos tanques ameaçavam a sobrevivência das árvores dos manguezais (Figura 1.1.*b*). Da mesma maneira que milhares de criadores de camarões no sul da Ásia, Índia, África e América Latina, Visetak pensou na hipótese de substituir os seus tanques de criação por outros mais novos.

Maitri Visetak tenta manter a sua família da melhor maneira possível, mas juntamente com outros milhares criadores de camarões no mundo, ele está contribuindo inconscientemente para destruir os manguezais litorâneos, um dos ecossistemas mais preciosos do mundo. As florestas do litoral fornecem uma barreira significativa contra as ondas decorrentes de tempestades e em relação aos *tsunamis* (enormes ondas do mar, quase sempre provocadas por grandes terremotos que, repentinamente, elevam do fundo do mar). Na medida em que grandes ondas se movem em direção às florestas litorâneas, elas têm a sua velocidade reduzida, diminuem o tamanho e a distância que avançam pelo solo também é reduzida. Metade das florestas dos manguezais do mundo foi destruída e, com elas, a principal fonte de alimentos para as populações humanas desses lugares e, ainda, regiões tropicais de procriação da vida marinha do mundo. O Programa de Meio Ambiente das Nações Unidas estima que um quarto da destruição dos mangues pode ser atribuído à criação de camarões. Ambientalistas têm se alarmado e, em muitas áreas, a população local tem protestado contra a produção de camarões em tanques de criação. Com a expectativa de aumento da população mundial de 6,8 para 9,4 bilhões de habitantes, para a metade do século XXI, a preocupação com relação às florestas mundiais dos manguezais está crescendo.[1–6]

(*a*)

(*b*)

Figura 1.1 ■ Sustentabilidade. (*a*) Criadouros de camarões em tanques como estes ameaçam a sobrevivência das florestas dos manguezais existentes. (*b*) Mangues nas margens do rio Índio, Ilha de Dominica, Caribe. As árvores dos manguezais crescem em áreas alagadas dos litorais. Suas raízes especiais podem sobreviver imersas nas águas dos oceanos durante os períodos de marés altas e podem ficar expostas, secando ao sol, durante as marés baixas. Os brejos formados pelos manguezais oferecem abrigo para muitos tipos de vida marinha e são importantes para a pesca comercial em diversas regiões do mundo.

O relato sobre Maitri Visetak ilustra um dos principais temas da ciência ambiental. Primeiro, o homem e a natureza estão intimamente interligados e mudanças em um deles provocam mudanças no outro. Segundo, o crescimento populacional é um dos principais geradores de problemas ambientais. Terceiro, o desenvolvimento industrial e a urbanização resultam em sérias consequências ambientais. Quarto, a utilização não sustentável dos recursos naturais deve ser substituída por práticas sustentáveis. Quinto, as alterações locais podem provocar efeitos globais. Sexto, as questões ambientais envolvem valores e atitudes, assim como o conhecimento científico. O relato de Maitri Visetak ilustra também importantes problemas que devem ser enfrentados: quais as ações individuais contribuem para a degradação ambiental? Quais as atitudes, individuais e coletivas, que as pessoas podem ter para limitar os danos ambientais?

1.1 Temas Fundamentais da Ciência Ambiental

O estudo dos problemas ambientais e de suas soluções nunca foi tão importante. A sociedade atual, em 2009, está presa ao uso do petróleo. A produção tem diminuído enquanto o consumo tem aumentado, e a população mundial aumenta em mais de 70 milhões de habitantes a cada ano. A emergente crise energética está produzindo uma crise econômica, uma vez que tudo o que é produzido a partir do petróleo (fertilizantes, alimentos e combustível) aumenta a um preço acima do que muitas pessoas podem pagar. Energia e problemas econômicos convertem-se em preocupações ambientais sem precedentes, desde o nível local até o global.

No início da era moderna – em 1 d.C. – o número de habitantes no mundo era provavelmente de 100 milhões de pessoas, um terço da atual população dos Estados Unidos. Em 1960 o mundo possuía 3 bilhões de habitantes. A população mundial mais que dobrou nos últimos 40 anos, chegando hoje aos 6,8 bilhões de pessoas. Nos Estados Unidos, o crescimento da população é frequentemente evideciado quando se viaja. O ruído dos congestionamentos do tráfego urbano, as filas longas para entrar nos parques nacionais, e as dificuldades para se conseguir ingressos para atrações populares são todas elas sintomas de um crescimento da população. Se as recentes taxas de crescimento da população humana se mantiverem, o número total de habitantes poderá atingir 9,4 bilhões em 2050. O problema é que a Terra não cresceu em tamanho e a abundância de seus recursos também não aumentou. De que forma, então, pode a Terra manter todas essas pessoas? E qual o número máximo de habitantes que podem sobreviver na Terra – não somente por um curto período de tempo, mas *sustentado* por um longo tempo?

Estimativas de quantos habitantes o planeta pode sustentar variam de 2,5 a 40 bilhões de pessoas (um número impossível com as tecnologias atuais). Por que as estimativas variam tão amplamente? Porque a resposta depende de qual qualidade de vida que as pessoas estão dispostas a aceitar. Além do limite para a população humana, de cerca de 4 a 6 bilhões de pessoas, a qualidade de vida diminui. Quantos habitantes a Terra pode suportar depende da *ciência e dos valores* e é também uma questão sobre *o homem e a natureza*. Quanto mais amontoada estiver a população da Terra, cada vez menores serão os espaços e os recursos para as plantas e os animais selvagens, menos selvas, áreas para recreação e outras paisagens da natureza – e mais rapidamente os recursos da Terra serão consumidos. A resposta depende também de como a população se distribui na Terra – se estiver concentrada predominantemente em cidades ou uniformemente distribuída por todo o território.

Ainda que o meio ambiente seja complexo e as questões ambientais, por vezes, pareçam abranger um incontrolável número de tópicos, a ciência ambiental se resume aos tópicos centrais anteriormente mencionados: a população humana, a urbanização e a sustentabilidade inseridas em uma perspectiva global. Essas questões devem ser avaliadas sob a luz das inter-relações entre a natureza e a população. E as respostas, fundamentalmente, dependem tanto da natureza quanto da ciência.

Por essa razão, este livro aborda a ciência ambiental por meio de seis temas inter-relacionados:

- *Crescimento populacional humano* (o problema ambiental).
- *Sustentabilidade* (o objetivo ambiental).
- *A perspectiva global* (resolver os inúmeros problemas ambientais exige uma solução global).
- *Um mundo urbanizado* (a maioria das pessoas vive e trabalha em áreas urbanas).
- *Homem e natureza* (o homem compartilha uma história em comum com a natureza).
- *Ciência e valores* (a ciência fornece soluções. Cada solução escolhida também é, em parte, um juízo de valor).

Pode-se perguntar, "Se isso é tudo a ser aprendido, o que há no restante deste livro?" (Leia o Detalhamento 1.1.) A resposta resulta da antiga expressão: "O diabo está nos detalhes." A solução para os problemas ambientais específicos exige conhecimento específico. Os seis temas propostos auxiliam a ter um panorama geral e fornecem um valioso pano de fundo. O estudo de caso de abertura ilustra as ligações entre os temas e a importância dos detalhes. O criador de camarões, Maitri Visetak, não causaria sério problema ambiental se ele fosse o único criador de camarões. É o enorme número de pessoas que consomem camarões e os que necessitam de trabalho que transformam esse problema de ordem local em outro mais amplo, de amplitude global.

Neste capítulo são introduzidos os seis temas com exemplos sintéticos, mostrando as articulações entre eles e tocando na importância do conhecimento específico, que será a preocupação fundamental deste livro. Inicia-se com o tema do crescimento da população mundial humana.

DETALHAMENTO 1.1

Breve História sobre o Meio Ambiente

Uma breve explicação histórica pode ajudar a clarificar o que é pretendido realizar. Até antes de 1960, poucas pessoas tinham ouvido falar sobre a palavra *ecologia*, e o termo *meio ambiente* significava pouco como uma questão política ou social. Em seguida, como um marco divisório, veio a publicação de um livro de Rachel Carson, *Silent Spring* (Houghton Mifflin, Boston, 1960, 1962).* Quase na mesma época, vários eventos ambientais importantes ocorreram, como o derramamento de petróleo ao longo das costas do sul da Califórnia e em Massachusetts, além de alta divulgação da ameaças de extinção de muitas espécies, incluindo baleias, elefantes e pássaros canoros. O meio ambiente se tornou uma questão popular.

Como acontece com qualquer problema social ou político, relativamente poucas pessoas reconheceram, em princípio, a importância ambiental. Aqueles que reconheceram, acharam necessário salientar os problemas – enfatizando os aspectos negativos – a fim de chamar a atenção pública para as questões ambientais. Acrescentando às limitações das abordagens iniciais aos problemas ambientais, houve falta de conhecimento científico e experiência prática. As ciências ambientais estavam na sua infância. Alguns indivíduos consideraram a ciência como parte do problema.

Os primórdios do ambientalismo moderno foram marcados por confrontos entre os rotulados ambientalistas e os rotulados antiambientalistas. Em poucas palavras, os ambientalistas acreditavam que o mundo estivesse em perigo. Para eles o desenvolvimento econômico e social significava a destruição do meio ambiente e, consequentemente, o fim da civilização, a extinção de muitas espécies e, talvez, a extinção dos seres humanos. A solução dos ambientalistas era uma nova concepção de mundo que dependesse somente em segunda instância dos fatos, do intelecto e da ciência. Em contraste, novamente em poucas palavras, os antiambientalistas acreditavam que o progresso e a saúde social e econômica eram necessários – quaisquer que fossem os efeitos ambientais – se as pessoas e a civilização estivessem prosperando. Pela perspectiva deles, os ambientalistas representavam uma visão perigosa e extrema, com foco no meio ambiente em detrimento das pessoas – uma ênfase que eles pensavam que poderia destruir os alicerces da civilização e conduzir à ruína o estilo de vida moderno.

Atualmente, a situação mudou. Pesquisas de opinião pública revelam que as pessoas ao redor do mundo classificam o meio ambiente entre as questões sociais e políticas mais importantes. Não há mais a necessidade de provar que problemas ambientais são sérios.

Progresso significativo tem sido obtido em várias áreas da ciência ambiental (embora a compreensão científica do meio ambiente ainda esteja distante do saber necessário). Avanços também têm sido realizados com a criação de diretrizes de legislação para a gestão do meio ambiente, proporcionando, assim, uma nova base de abordagem das questões ambientais. Este é o momento maduro de buscar soluções verdadeiramente duradouras e mais racionais para os problemas ambientais.

*Rachel Carson. **Primavera Silenciosa**. São Paulo: Melhoramentos, 1964. (N.T.)

1.2 Crescimento da População Humana

A Família de John Eli Miller

John Eli Miller era um cidadão americano, comum, exceto por uma razão – quando morreu em Middlefield, Ohio, na metade do século XX, ele era o responsável pela maior família nos Estados Unidos (Figura 1.2). Ele tinha sobrevivido com cinco filhos, 61 netos, 338 bisnetos e seis tataranetos. Durante a sua vida, John Miller testemunhou uma explosão populacional familiar. O que talvez tenha sido ainda mais notável foi o fato de que a explosão começou com uma família de apenas 7 filhos – nada tão incomum para o século XIX nos Estados Unidos.[7]

Durante a maior parte da vida de John Miller, a sua família não foi incomum em tamanho. O fato é que viveu o suficiente para descobrir o que uma simples multiplicação pode fazer e, além disso, viveu em um tempo em que a taxa de mortalidade infantil, de crianças e de jovens adultos era bem reduzida, quando comparada com as taxas de mortalidade ao longo da história da maioria das populações humanas. Dos sete filhos de John Miller que nasceram, cinco sobreviveram a ele; dos 63 netos, 61 sobreviveram; e 341 dos bisnetos (nascidos de 55 netos casados – uma média de pouco mais de 6 netos por cada filho) – 338 também sobreviveram ao bisavô.

A família de John Miller enfatiza um fator fundamental da atual explosão populacional. A tecnologia moderna, a medicina moderna e o abastecimento de alimentos, vestuário e habitação têm contribuído para o decréscimo das taxas de mortalidade e para o aumento da taxa líquida de crescimento populacional. Como consequência, a população humana aumentou consideravelmente, ameaçando o meio ambiente.

O Rápido Crescimento Populacional

O crescimento mais dramático na história do crescimento populacional humano ocorreu na última parte do século XX e continua até hoje, no início do século XXI. Conforme anteriormente mencionado, apenas nos últimos 40 anos, a população humana mundial mais que dobrou em número, aumentando de 2,5 para cerca de 6,7 bilhões de pessoas. A Figura 1.3 ilustra a rápida explosão da população humana, às vezes, denominada como bomba populacional.[8] A figura subdivide o crescimento por região.

O crescimento populacional humano é, de forma significativa, *o problema mais relevante* para o meio ambiente. Muitos dos atuais danos causados ao meio ambiente são, direta ou indiretamente, consequências do elevado número de pessoas na Terra e de sua taxa de crescimento. Conforme será abordado no Capítulo 4, no qual se observa a questão da população humana com melhores detalhes, na maior parte da história da humanidade, a população total era menor e a

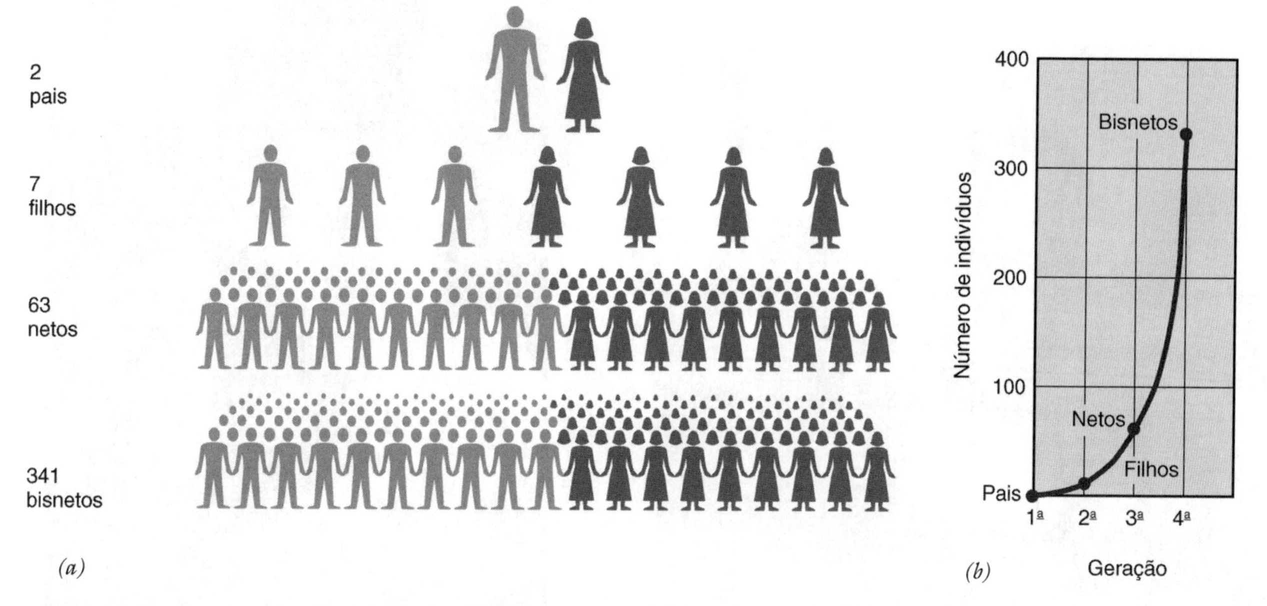

Figura 1.2 ■ A bomba populacional se iniciou com fagulhas pequenas. (*a*) Uma árvore genealógica simplificada de quatro gerações da família de John Eli Miller. (*b*) A explosão populacional da família de John Eli Miller está demonstrada pela forma do gráfico.

taxa média de crescimento, de longo prazo, era relativamente menor do que a atual taxa de crescimento.[9,10]

Ainda que seja habitual pensar o crescimento populacional de forma contínua, sem declínios ou flutuações, o crescimento da população humana não tem seguido um ritmo constante. Por exemplo, grandes declínios ocorreram durante o período da Peste Negra ao longo do século XIV. Cidades foram totalmente abandonadas, a produção de alimentos diminuiu e, na Inglaterra, um terço da população morreu em uma única década.[11]

Fome e Crise de Alimentos

A fome é uma das consequências que ocorre quando a população humana ultrapassa a capacidade de sua fonte de recursos ambientais. A fome tem ocorrido na África, em décadas recentes. Na metade dos anos de 1970, em consequência de uma seca na região de Sahel, ao sul do deserto do Saara, 500.000 africanos morreram de fome e vários milhões ficaram permanentemente afetados pela desnutrição.[12] A inanição na África recebeu a atenção mundial apenas 10 anos depois, nos anos de 1980.[13,14]

A fome na África tem múltiplas causas relacionadas. Uma delas, como indicado, é a seca. Ainda que a seca não seja novidade para a África, é recente a atual proporção da população afetada pela seca. Além disso, os desertos parecem expandir-se, em parte, devido às mudanças no clima, mas, igualmente, devido às atividades humanas. As pobres práticas agrícolas têm aumentado a erosão do solo, e a devastação de florestas pode estar contribuindo para tornar o meio ambiente ainda mais seco. O controle e a destruição de alimentos têm sido, às vezes, utilizados como arma em conflitos políticos (Figura 1.4). A desnutrição atualmente contribui para a morte de 6 milhões de crianças por ano. Países subdesenvolvidos ou em desenvolvimento sofrem, na maioria, com a desnutrição, que é medida pelo baixo peso para idade (conforme ilustrado pela Figura 1.5).[15]

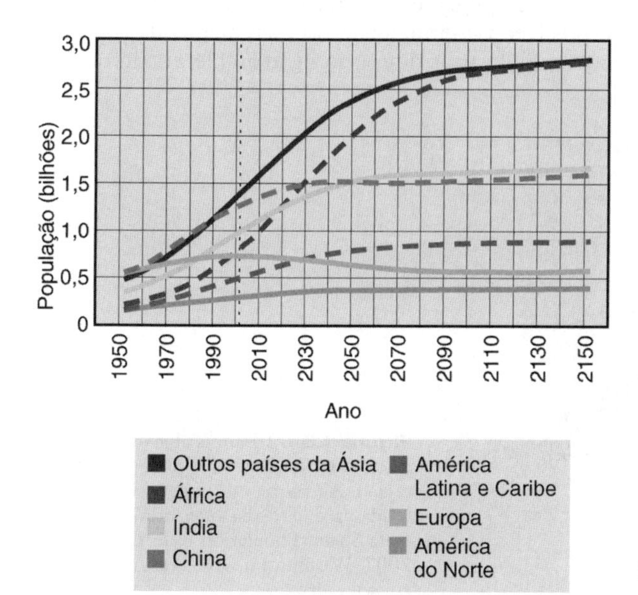

Figura 1.3 ■ A população cresce desde 1950 projetada até o ano de 2150 para as principais regiões do mundo, considerando um cenário de fertilidade média. A população da África quase se quadruplicará. A única região importante em que a população, pela projeção, decairá com o tempo é a Europa – de 728 milhões para 595 milhões de habitantes, uma queda de 18% em 155 anos. (*Fonte*: Population Division, Department of Economic and Social Affairs, United Nations Secretariat, *World Population Projections to 2150* [New York: United Nations, 1998].)

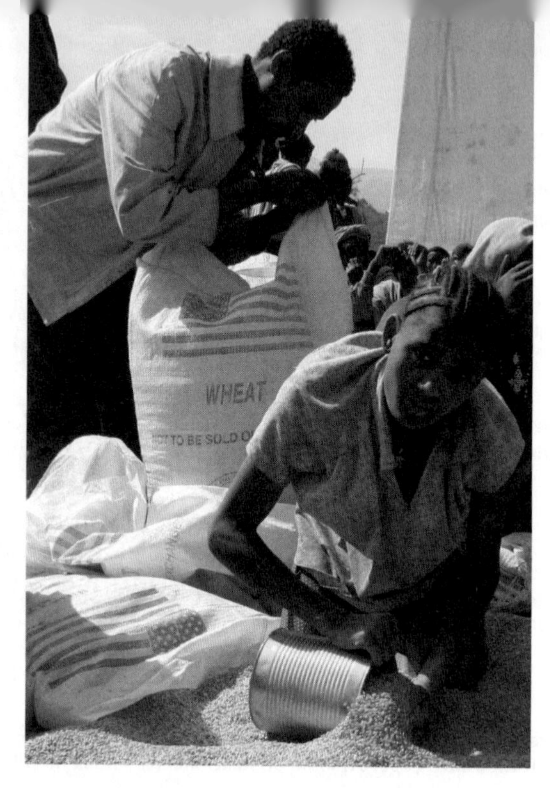

Figura 1.4 ■ Valores e ciência. As condições sociais afetam o meio ambiente e vice-versa. Conflitos políticos na Somália (ilustrado por um garoto portando uma arma de fogo, fotografia à esquerda) interromperam a produção e a distribuição de alimentos, levando à fome. A superpopulação, as mudanças climáticas e os métodos improdutivos de produção agrícola, igualmente, conduziram a população à fome, o que, por sua vez, promoveram conflitos. A escassez tem sido comum em regiões da África desde os anos de 1980, conforme ilustra a distribuição de alimentos por agências de auxílio humanitário.

A fome na África ilustra outro tema-chave: o homem e a natureza. As pessoas afetam o meio ambiente e, vice-versa, o meio ambiente também afeta as pessoas. Igualmente afeta a agricultura e a agricultura também afeta o meio ambiente. O crescimento da população humana na África tem ultrapassado severamente a capacidade do solo em fornecer alimentos em quantidade suficiente e, ainda, ameaça a sua produtividade futura.

A emergente crise mundial de alimentos, na primeira década do século XXI, não é causada pelas guerras ou pelas secas, mas pelo custo crescente dos alimentos. Itens básicos como o arroz, o milho e o trigo aumentaram os seus custos de tal forma que os países de economia subdesenvolvida e em desenvolvimento estão experimentando uma crise séria. Em 2007 e 2008, tumultos devido à falta de alimentos ocorreram em diversas regiões do mundo, incluindo México, Haiti, Egito, Iêmen, Bangladesh, Índia, e o Sudão (Figura 1.6). A elevação dos preços do petróleo utilizado para a produção de alimentos (em fertilizantes, transporte, lavouras etc.) foi responsabilizada, juntamente com o redirecionamento da safra de milho para a produção de biocombustíveis. Essa situação ainda envolve outro tema-chave: ciência e valores. O conhecimento científico tem contribuído para aumentar a produção da agricultura, para melhor compreensão do crescimento populacional e o que é necessário para preservar os recursos naturais. Com esse conhecimento, torna-se obrigatório tomar uma decisão: O que é mais importante, a sobrevivência da população atual ou a conservação do meio ambiente, dos quais dependem a produção futura de alimentos e a própria vida humana?[16] Para responder a essa questão se exigem *juízos de valor*, a informação e o conhecimento com os quais se fazem tais julgamentos. Por exemplo, deve-se determinar se é possível a continuidade do incremento da produção agrícola sem destruir o próprio meio ambiente, do qual depende

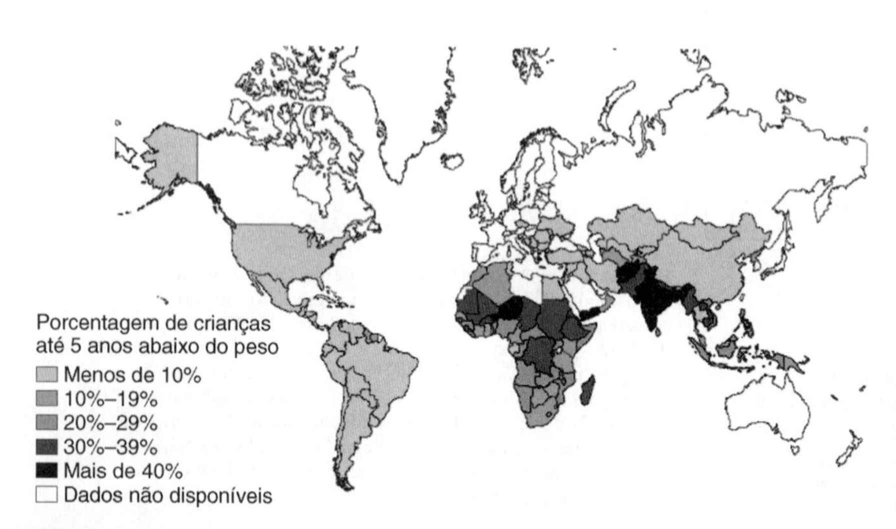

Figura 1.5 ■ Crianças abaixo do peso com menos de cinco anos de idade distribuídas por região. A maioria está concentrada em países de renda baixa e média (*Fonte*: World Population Data Sheet. Population Reference Bureau, 2007. Washington D.C. acessado em 19/05/08 em www.prb.org.)

(a)

(b)

Figura 1.6 ■ Tumultos provocados pelas altas nos preços dos alimentos em 2007. (*a*) Haiti e (*b*) Bangladesh.

a agricultura e, sem dúvida, a persistência da vida na Terra. Colocado de outra forma, uma investigação científica, técnica, fornece fundamento para um juízo de valor.

A população humana continua a crescer, mas os efeitos antrópicos sobre o meio ambiente estão crescendo ainda mais rapidamente.[17] Os seres humanos não podem escapar às leis do crescimento populacional, que é discutido em diversos capítulos. A questão mais ampla sobre ciência e valores é: O que será feito com relação ao aumento da população da espécie humana e de seu impacto no planeta e no futuro dos seres humanos?

1.3 A Sustentabilidade e a Capacidade de Suporte

Os relatos da família de Eli Miller e das recentes crises de fome e alimentos trazem à tona uma das principais questões ambientais de nosso tempo: Qual é o número máximo de pessoas que a Terra pode sustentar? Isto é, qual é a capacidade de suporte sustentável à vida humana da Terra? Boa parte deste livro tratará do conhecimento que ajuda a responder essa questão. Entretanto, há um pequeno receio de que estão sendo utilizados recursos ambientais renováveis mais rapidamente do que eles podem ser repostos – ou seja, utilizam-se esses recursos de forma *insustentável*. Em geral, exploram-se as florestas e a pesca mais rapidamente do que elas podem se reproduzir, eliminando habitats de espécies em extinção e de regiões selvagens ainda mais rápido do que elas conseguem se repovoar. Extraem-se minerais, petróleo e água subterrânea sem a preocupação necessária de respeitar os seus limites ou a necessidade de sua reciclagem. Como resultado, atualmente ocorre a falta de alguns recursos e uma expectativa de maior escassez no futuro. Evidentemente, deve-se aprender como conservar os recursos ambientais, de forma que eles continuem fornecendo benefícios para as pessoas e para os demais seres vivos de nosso planeta.

Sustentabilidade: O Objetivo Ambiental

A declaração ambiental dos anos de 1990 foi "salvar nosso planeta". Realmente estaria em risco a sobrevivência da Terra? Na longa jornada da evolução planetária é certo que a Terra sobreviverá a nós. O Sol provavelmente deve durar outros 7 bilhões de anos e se todos os seres humanos forem extintos nos próximos anos, a vida floresceria no planeta. As intervenções que têm sido feitas na paisagem, na atmosfera e nos recursos hídricos permaneceriam por poucas centenas ou milhares de anos, mas (por um modesto período de tempo) seriam purificadas por processos naturais. O que preocupa, na qualidade de ambientalistas, é a qualidade do ambiente *humano* para os que hoje vivem na Terra e para os seus filhos.

Ambientalistas concordam que a sustentabilidade deve ser alcançada, mas não se tem claro, hoje, como realizá-la. Em parte porque a palavra é utilizada com diferentes significados, frequentemente levando à confusão, e devido às pessoas que trabalham com objetivos contrários. **Sustentabilidade** se refere aos recursos e ao seu meio ambiente. Neste livro, a sustentabilidade possui duas definições científicas: (1) **consumo sustentável de recurso**, tal como um suprimento sustentável de madeira, significa que a mesma quantidade daquele recurso pode ser extraída cada ano (ou outra safra intermediária) para um período de tempo ilimitado ou específico sem diminuir a capacidade dos recursos em produzir o mesmo nível de safra. (2) Um **ecossistema sustentável** é um ecossistema do qual se explora um recurso que se mantém ainda capaz de manter suas propriedades e funções essenciais.

Socialmente, pode-se definir sustentabilidade como a capacidade de assegurar que gerações futuras tenham iguais oportunidades de acesso aos recursos que o planeta oferece ou (no mínimo) que as futuras gerações tenham direito a um meio ambiente modificado pelo homem não mais danificado do que hoje. Outros argumentariam que a sustentabilidade se refere a modelos de desenvolvimento economicamente viáveis, que não agridam o meio ambiente e que sejam socialmente justos (isto é, o desenvolvimento é justo para todos). Dois aspectos são particularmente importantes para a compreensão do que é sustentabilidade:[18]

- Sustentabilidade tem um propósito para um longo período não especificado.
- Crescimento sustentável é um paradoxo; como todo e qualquer crescimento constante (porcentagem fixa de crescimento por ano) produz grandes números em modes-

tos períodos de tempo. (Ver o Capítulo 4 – Crescimento Exponencial.) Outros tipos de crescimento são possíveis – por exemplo, crescimento econômico, crescimento da energia eólica ou da energia solar ou, ainda, a recuperação de uma espécie em extinção.

Um dos paradigmas ambientais do século XXI será a sustentabilidade, mas como ela será obtida? Começa-se a considerar o que é conhecido como a *economia global sustentável*. Por economia, os ambientalistas entendem como a gestão cuidadosa e a utilização racional do planeta e de seus recursos, analogamente à administração financeira e de mercadorias aplicadas pelos economistas. Focando-se no conceito de uma economia global sustentável presume-se que sob as condições atuais a economia global *não* é sustentável. O aumento da população tem resultado em poluição do solo, do ar e da água de tal forma que os ecossistemas dos quais as pessoas dependem estão em risco de colapso. Quais são então os atributos de uma economia sustentável na era da informação?[18]

- Populações de humanos e de outros organismos vivendo em harmonia com os sistemas naturais de suporte como: o ar, a água e o solo (incluindo os ecossistemas).
- Uma política enérgica que não polua a atmosfera, que não cause mudanças climáticas tais como o aquecimento global ou o presente risco inaceitável (uma decisão política ou social).
- Um plano para recursos renováveis, tais como recursos hídricos, florestas, pastos, solos agricultuáveis e pesca, que não esgote os recursos ou danifique os ecossistemas.
- Plano para os recursos não renováveis que não prejudique desde o meio ambiente local até o global, enquanto assegure que uma parte dos recursos é deixada para as gerações futuras.
- Um sistema social, jurídico e político dedicado à sustentabilidade com mandato democrático para produzir tal qual ocorre na economia.

Reconhecendo o fato de que a população é um problema ambiental, deve-se ter em mente que a economia global sustentável não será construída baseada em uma população global completamente estável. Ao contrário, tal economia exige uma clara compreensão de que o tamanho da população humana flutuará dentro de um limite estável, necessário para manter relações saudáveis com os outros componentes do meio ambiente.

Para se obter uma economia global sustentável é necessário:[18]

- Desenvolver uma estratégia efetiva de controle populacional. Isso requer, ao menos, melhor educação para as pessoas, uma vez que alfabetização e crescimento populacional são inversamente relacionados.
- Reestruturação completa dos programas de energia. Uma economia global sustentável é provavelmente inviável se estiver baseada na utilização de combustíveis fósseis. Novos planos de energia deverão utilizar o conceito de política integrada de energia, com forte ênfase em fontes de energia renováveis (como energia solar e energia eólica). Finalmente, a conservação de energia deve ocupar um lugar de destaque nos planos de gerenciamento de energia.
- Constituir um planejamento econômico, incluindo o desenvolvimento de uma política de impostos que incentive o controle populacional e a utilização criteriosa dos recursos. O auxílio financeiro para países em desenvolvimento é absolutamente necessário para diminuir a enorme diferença entre os países ricos e os pobres.
- Implementar mudanças sociais, jurídicas, políticas e educacionais que garantam a manutenção da qualidade local, regional e global do meio ambiente. Este deve ser um compromisso sério que toda a população mundial deve se esforçar para conseguir.

Em Busca da Sustentabilidade: Alguns Critérios

Considerando que se deseja fomentar um futuro sustentável significa reconhecer que hábitos e práticas atuais não são sustentáveis. Sem dúvida que, persistindo nas rotas atuais de superpopulação, de consumo excessivo de recursos e de aumento da poluição, não se atingirá a sustentabilidade. Necessita-se do desenvolvimento de novos conceitos que determinem os interesses industriais, sociais e ambientais em um sistema integrado e harmonioso. Em outras palavras, necessita-se o desenvolvimento de novos paradigmas – um novo padrão – como alternativa ao modelo atual de funcionamento da sociedade e de criação de riqueza.[19] O novo paradigma deve ser descrito da seguinte maneira:[20]

- Deve ser evolucionário ao contrário de revolucionário. O desenvolvimento de um futuro sustentável exigirá uma evolução nos valores que envolvem estilos de vida, assim como justiça social, econômica e ambiental.
- Este novo paradigma deve ser inclusivo e não exclusivo. Todas as nações da Terra devem ser incluídas. Isto significa elevar o padrão de vida da população mundial, de forma sustentável e que não comprometa o meio ambiente.
- Proativo e não reativo. É preciso planejar para se transformar e para atender a eventos tais como os problemas populacionais, carência de recursos, desastres naturais, ao invés de esperar que eles nos surpreendam para então reagir. Isto pode envolver a aplicação do Princípio da Precaução, discutido na Seção 1.7 – Ciência e Valores.
- Atraindo e não atacando. As pessoas devem ser atraídas para o novo paradigma por que ele é correto e justo. Todos os que defendem o meio ambiente não podem assumir uma postura hostil, mas devem, ao contrário, procurar atrair as pessoas em direção à sustentabilidade por meio de argumentos científicos que sejam ouvidos e de valores adequados.
- Auxiliando os desamparados, não tirando vantagem. Isto envolve questões de justiça ambiental. Todos têm o direito de viver e de trabalhar em ambientes limpos e seguros. Os trabalhadores em todo o mundo precisam receber salários suficientes para sustentar suas famílias. A exploração de trabalhadores com o objetivo de reduzir os custos de produção de bens, produtos ou de incrementar a oferta de alimentos degrada a todos.

A Capacidade de Suporte da Terra

A **capacidade de suporte** é um conceito relacionado à sustentabilidade. É sempre definida como o número máximo de indivíduos de determinada espécie que podem ser sustentados por um dado ambiente, sem diminuir a capacidade do meio ambiente de suportar igual quantidade no futuro.

Há limites para a potencialidade da Terra em suportar os seres humanos. Utilizando-se o potencial total fotossintético da Terra com a eficiência e a tecnologia hoje existentes para suportar os 6,8 bilhões de habitantes, a Terra não poderia suportar mais que 15 bilhões de pessoas. Assim, seria possível compartilhar o solo com poucas pessoas a mais.[21,22] Quando se pergunta "Qual é o número máximo de habitantes que a Terra pode suportar?", pergunta-se, na verdade, qual é capacidade máxima de indivíduos que a Terra pode sustentar – e, igualmente, questiona-se sobre o significado de sustentabilidade.

Conforme anteriormente mencionado, a capacidade de suporte desejável para a sustentação humana depende, em parte, dos valores. Deseja-se que os nossos descendentes vivam o tempo que lhes resta em ambientes aglomerados, sem a oportunidade de desfrutar os cenários da Terra e a diversidade da vida? Ou espera-se que nossos descendentes tenham uma vida de melhor qualidade e de boa saúde? Uma vez definidos os objetivos para a qualidade de vida desejada, é possível utilizar as informações científicas para compreender o significado da capacidade de suporte e como se pode alcançá-la.

1.4 Uma Perspectiva Global

O reconhecimento de que, em todo mundo, a civilização pode modificar globalmente o meio ambiente é relativamente recente. Conforme será detalhadamente discutido em capítulos posteriores, os cientistas agora acreditam que as emissões dos poluentes químicos da era moderna estão alterando a camada superior de ozônio da atmosfera. Acreditam também que a queima de combustíveis fósseis aumenta a concentração dos gases do efeito estufa na atmosfera, o que pode provocar mudanças no clima da Terra. Essas mudanças atmosféricas sugerem que as atitudes de inúmeros grupos de pessoas de várias regiões do mundo afetam o meio ambiente do mundo inteiro.[23] Outra ideia nova a ser explorada, em capítulos posteriores, é a de que formas de vida não humanas também afetam o meio ambiente de todo planeta e o têm alterado ao longo de vários bilhões de anos. Essas duas ideias novas têm afetado profundamente a abordagem das questões ambientais.

A percepção das interações globais entre a vida e o meio ambiente levou ao desenvolvimento da **Hipótese de Gaia**, concebida pelo químico inglês James Lovelock e pelo biólogo norte-americano Lynn Margulis. A Hipótese de Gaia (discutida no Capítulo 3) preconiza que o meio ambiente em nível global tem sido profundamente alterado pela vida ao longo de sua história na Terra e que essas alterações têm servido para aprimorar as chances pela continuidade da vida. Posto que a vida afeta globalmente o meio ambiente, a Terra tem ambientes diferentes dos planetas sem vida.

1.5 Um Mundo Urbano

Parcialmente devido ao rápido crescimento da população humana e, em parte, devido às mudanças ou aos avanços tecnológicos, a humanidade está se tornando uma espécie urbana e os efeitos sobre o meio ambiente são cada vez mais reflexos da vida urbana (Figura 1.7*a*). Juntamente com o desenvolvimento econômico surge a urbanização; as pessoas migram das fazendas para as cidades e, até mesmo, para as áreas da periferia urbana. Grandes centros urbanos e cidades aumentam em tamanho. Uma vez que as cidades normalmente se localizam próximas aos rios e ao longo da faixa litorânea, a expansão urbana frequentemente ocupa áreas férteis agricultáveis de planícies, assim como ocupa as regiões litorâneas, que são importantes habitats para inúmeras espécies raras e em extinção. Na medida em que as áreas urbanas se expandem, as zonas úmidas (pantanais) são ocupadas, florestas devastadas e o solo impermeabilizado com pavimentações e edifícios.

Nos países desenvolvidos, cerca de 75% da população vive em áreas urbanas e 25% nas regiões rurais. No entanto, em países em desenvolvimento, apenas 40% da população são moradores da cidade. Em 2008, pela primeira vez, mais da metade da população da Terra estava morando em áreas urbanas. Estima-se que, por volta de 2025, quase dois terços da população – 5 bilhões de habitantes – estarão vivendo em cidades. Apenas poucas áreas urbanas, em 1950, possuíam populações acima de 4 milhões de habitantes. Em 1999, Tóquio, no Japão, era a cidade mais populosa do mundo. Em 2015, Tóquio ainda será a maior cidade do mundo, com uma população estimada em 28,9 milhões de habitantes. O número de **megacidades** – com áreas urbanas com pelo menos 10 milhões de habitantes – aumentou de dois (Nova York e Londres), em 1950, para 22 (Figura 1.7*b*), em 2005 (incluindo Los Angeles e Nova York) (Figura 1.8). A maioria das megacidades está nos países em desenvolvimento. Estima-se que em 2015 a maioria das megacidades estará na Ásia.[24,25]

No passado, as organizações ambientais, muitas vezes, focavam-se em problemas não urbanos – regiões selvagens, espécies em extinção, recursos naturais, incluindo as florestas, a pesca e a vida silvestre. Ainda que eles permaneçam como problemas importantes, no futuro deve-se enfatizar os ambientes urbanos e seus efeitos no restante do planeta.

1.6 O Homem e a Natureza

Depara-se, hoje, com o limiar da maior mudança na abordagem dos problemas ambientais. Existem duas vertentes de abordagem. Uma delas é assumir que os problemas ambientais resultam de ações humanas e que a solução para eles é, basicamente, interromper essas ações baseado no conceito, popularizado há 40 anos, de que as pessoas estão dissociadas da natureza. Essa abordagem produziu inúmeros avanços, mas, igualmente, muitos insucessos. Isto enfatizou o confronto e o sentimentalismo. Caracterizou-se pela falta de compreensão dos fatos fundamentais sobre o meio ambiente e de como os sistemas ecológicos naturais funcionam, assim como a disposição em fundamentar as soluções em ideologias políticas e nos velhos mitos sobre a natureza.

O segundo ponto de vista é começar com a análise científica de uma controvérsia ambiental e passar do confronto para a cooperação na resolução dos problemas. Isso está de acordo com a conexão entre o homem e a natureza e oferece o potencial de soluções bem-sucedidas e duradouras para as questões ambientais. Um dos objetivos deste livro é introduzir os estudantes no caminho da segunda perspectiva proposta.

O homem e a natureza estão intimamente integrados. Um afeta o outro. As pessoas dependem da natureza de diversas formas. Dependem diretamente da natureza para a obtenção de inúmeros recursos materiais, tais como a madeira, a água e o oxigênio do ar. Dependem indiretamente da natureza por meio do que se denomina "funções de serviço público". Por exemplo, o solo é necessário para as plantas e, consequentemente, para todos os seres humanos e demais seres vivos

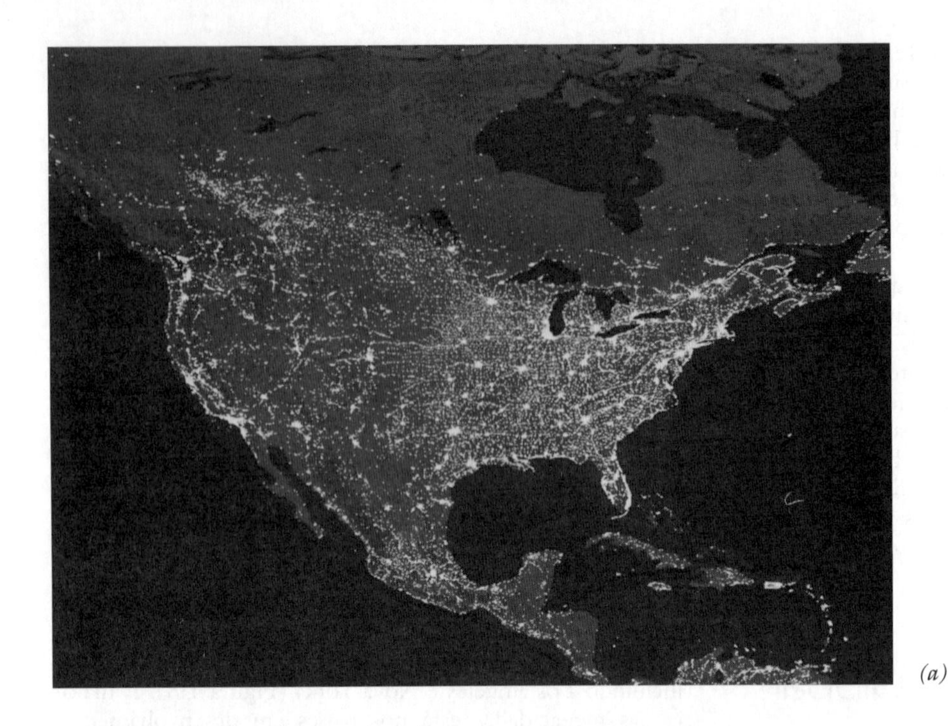

(a)

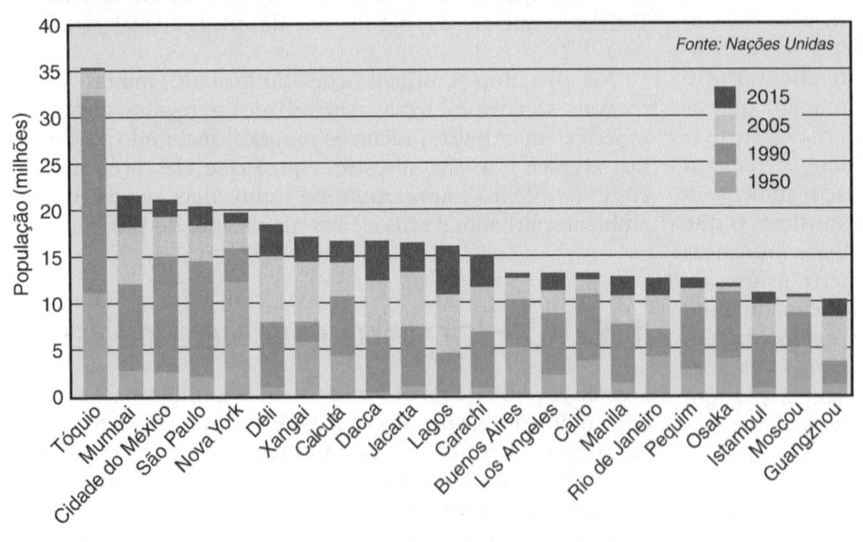

(b)

Figura 1.7 ■ (*a*) Um mundo urbanizado e uma perspectiva global. Vista espacial noturna dos Estados Unidos destaca o brilho das luzes nas áreas urbanizadas. O número de áreas urbanas reflete a urbanização desse país. (*b*) Megacidades por volta de 2015. (*Fonte*: Nações Unidas e o estado do mundo 2007. World Wach Institute.)

Figura 1.8 ■ Fotografia aérea de Los Angeles mostra a ampla extensão urbana desta megacidade.

(a) *(b)*

Figura 1.9 ■ (*a*) Seção transversal do solo; (*b*) as minhocas estão entre os inúmeros animais do solo responsáveis pela sua fertilidade e sua estrutura.

(Figura 1.9); a atmosfera proporciona um clima no qual se pode viver; a camada de ozônio na alta atmosfera protege dos danos causados pela radiação ultravioleta; as árvores absorvem certa quantidade de poluentes do ar; os pântanos podem purificar a água. Dependem também da natureza para apreciar a beleza e para a recreação – para necessidades humanas interiores – como as pessoas sempre tiveram.

Simultaneamente, a natureza é afetada pelo homem. Há longo tempo, desde quando as pessoas dispuseram de ferramentas, incluindo o fogo, elas transformaram a natureza frequentemente de forma conveniente e que se tem considerado "natural". Pode se perguntar se é natural para os seres vivos a alteração de seu meio ambiente. Elefantes derrubam árvores, transformando florestas em pastos e pessoas desmatam para fazer plantações (Figura 1.10). O que se pode dizer o que é mais natural? De fato, poucos seres vivos *não* alteram o seu meio ambiente.

As pessoas souberam disso há muito tempo, porém a ideia de que poderiam transformar a natureza em benefício próprio se tornou impopular nas últimas décadas do século XX. Nessa época o termo *meio ambiente* sugeria algo distante – fora de alcance – de forma que as pessoas foram consideradas externas à própria natureza. Hoje, as ciências ambientais indicam como o homem e a natureza se conectam – e de que maneira isso é benéfico para ambos.

Figura 1.10 ■ Áreas desmatadas por elefantes africanos, Parque Nacional de Tsavo, Quênia.

Considerando-se como cada vez mais se reconhece a importância do meio ambiente, as pessoas tornam-se mais focadas no planeta Terra. As pessoas procuram passar mais tempo próximas à natureza em atividades espirituais e de recreação. Acreditam no envolvimento com a Terra e que não estão isoladas dela. E, também, entendem a necessidade de celebrar uma comunhão com a natureza, uma vez que se luta pela sustentabilidade.

A maioria das pessoas reconhece que se deve buscar a sustentabilidade não somente do meio ambiente, mas, além disso, nas atividades econômicas, de forma que a humanidade e o meio ambiente possam sobreviver conjuntamente e em cooperação. A dicotomia do século XX está se dirigindo a uma nova integração: a ideia de que um ambiente sustentável e uma economia igualmente sustentável possam ser compatíveis – o homem e a natureza estão entrelaçados, e que o sucesso de uma depende do sucesso da outra.

1.7 Ciência e Valores

Decidir o que fazer com um dado problema ambiental envolve ambos a ciência e os valores, conforme já visto. Deve-se decidir o que se pretende para o meio ambiente. Para essa escolha, deve-se primeiro saber o que é possível. Isso requer conhecer e compreender as implicações dos dados científicos. Uma vez determinadas as opções possíveis, pode-se selecionar alguma dentre elas. O que se escolhe é determinado pelos valores. Um exemplo de juízo de valor em face ao problema ambiental humano no mundo é a escolha entre a vontade de um determinado indivíduo ter muitos filhos e a necessidade de se encontrar uma forma de limitar a população mundial.

Uma vez definido um objetivo com base no conhecimento e nos valores, deve-se encontrar uma maneira de atingir esse objetivo. Essa etapa também exige conhecimento. Quanto mais poderosa e tecnologicamente avançada a civilização humana, mais conhecimento é necessário. Por exemplo, os métodos de pesca hoje existentes tornam possível pescar uma quantidade enorme de salmões-rei (*chinook*) do rio Columbia, e a demanda por salmões motiva a pesca de quantidades cada vez maiores. Para determinar se a pesca do salmão é sustentável, deve-se conhecer qual é a sua população atual e quantos existiram no passado. Devem-se também compreender os

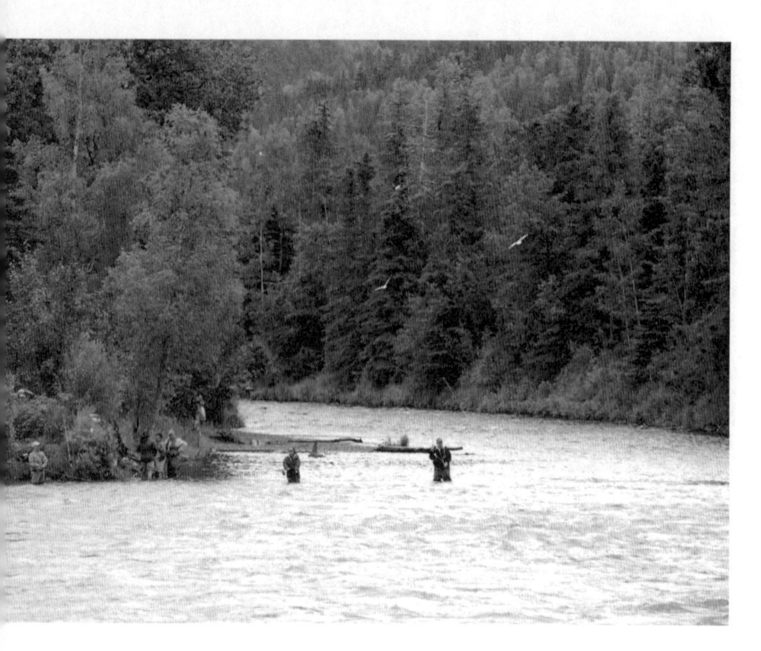

Figura 1.11 ■ Nativos americanos pescando salmões no rio Columbia.

processos de nascimento e de crescimento desse peixe, as suas necessidades de alimentação, o seu *habitat*, o seu ciclo de vida e assim por diante – todos os fatores que determinam, enfim, a abundância de salmões no rio Columbia.

Considerando-se, em contraposição, a situação de quase dois séculos atrás. Quando Lewis e Clark fizeram a primeira expedição no rio Columbia, encontraram inúmeros pequenos vilarejos de nativos americanos que dependiam, em grande parte, da pesca para alimentação (Figura 1.11). A população humana era pequena e os métodos de pesca eram simples. As maiores quantidades de peixes que conseguiam pescar, provavelmente, não impuseram nenhum risco de extinção aos salmões. Essas populações podiam pescar sem a compreensão científica em relação aos números e processos. (Este exemplo não sugere que sociedades pré-científicas não possuíam apreço pela ideia de sustentabilidade. Pelo contrário, muitas das denominadas sociedades pré-científicas tinham forte convicção com relação aos limites de exploração.)

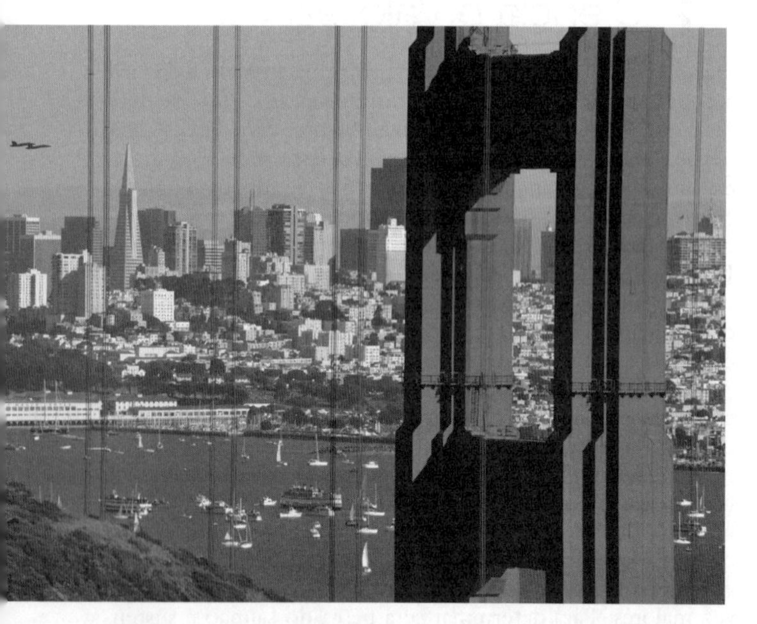

Figura 1.12 ■ Vista panorâmica da enseada da cidade de São Francisco, que adotou o Princípio da Precaução.

Princípio da Precaução

Ciência e valores se tornam vanguarda quando se busca qual a atitude tomar em relação a um dado problema ambiental, pelo qual a ciência apenas domina parcialmente. Isso frequentemente ocorre porque toda a ciência não é definitiva e está sujeita à análise de dados novos, ideias e testes de hipóteses. Mesmo com cuidadosa pesquisa científica, pode ser difícil, até mesmo impossível, provar com certeza absoluta como as relações entre as atividades humanas e outros processos físicos e biológicos conduzem a problemas ambientais, locais e globais, tais como o aquecimento global, a redução da camada de ozônio na alta atmosfera, a perda da biodiversidade, a extinção de espécies e a redução dos recursos. Por essa razão, em 1992, no Rio de Janeiro, a Conferência das Nações Unidas para o Meio Ambiente e o Desenvolvimento (CNUMAD)* registrou como um de seus princípios o que hoje se define como o **Princípio da Precaução**. Basicamente, o princípio diz que quando há ameaça de sério risco, talvez até mesmo irreversível, de danos ambientais, não se devem esperar provas científicas para se tomar atitudes preventivas que evitem potenciais prejuízos ao meio ambiente.

O Princípio da Precaução requer reflexão crítica sobre a vasta diversidade de preocupações ambientais, tais como a fabricação e a utilização de produtos químicos, incluindo pesticidas, herbicidas e remédios; a utilização de combustíveis fósseis e de energia nuclear; e a alteração do uso do solo de uma forma para outra (por exemplo, de rural para urbano); e a gestão da vida de plantas e de animais selvagens, da pesca e das florestas.[26]

Uma questão fundamental na aplicação do Princípio da Precaução é a de quantas evidências científicas se devem ter antes de tomar qualquer atitude com relação a determinado problema ambiental. O princípio reconhece a necessidade de se avaliarem todas as evidências científicas disponíveis e de se traçarem as conclusões provisórias, enquanto se continuam as investigações científicas para o fornecimento de dados adicionais ou de informações mais confiáveis. Por exemplo, quando se consideram problemas de saúde ambiental relacionados ao uso de pesticidas, podem se obter inúmeras informações científicas, no entanto, com lacunas, inconsistências e outras incertezas científicas. Aqueles favoráveis à continuação da aplicação de pesticidas podem argumentar que não existem provas suficientes para banir essa prática. Outros podem argumentar que provas absolutas de segurança são necessárias antes da utilização de um novo pesticida. Aqueles que advogam em favor do Princípio da Precaução argumentariam que se deve continuar investigando, mas, para se ter uma posição segura, não se deve esperar para tomar medidas de precaução custo-benefício para prevenir danos ambientais ou problemas de saúde.

O que constitui uma medida de custo-benefício? Certamente seria preciso analisar os custos e os benefícios de se tomar uma decisão peculiar, ao contrário de se não tomar atitude alguma. Outras análises econômicas podem também ser convenientes.[26,27]

O Princípio da Precaução surge como uma ferramenta nova para a gestão ambiental e foi adotado pela cidade de São

*Conhecida também como ECO-92, Rio-92, Cúpula da Terra, Cúpula do Rio ou Conferência do Rio. (N.T.)

QUESTÕES PARA REFLEXÃO CRÍTICA

Como Preservar os Recifes de Corais do Mundo?

Os recifes de corais estão entre as maiores, mais antigas, mais diversas e das mais bonitas comunidades de plantas e animais. Eles são também um dos mais produtivos ecossistemas do mundo.[28] Atualmente, inúmeros recifes de corais estão seriamente danificados ou em risco de extinção. Cientistas estimam que aproximadamente 10% dos recifes já foram destruídos, enquanto outros 30% estão ameaçados. O maior risco para os recifes resulta dos efeitos das atividades humanas, diretas e indiretas. Quase 60% dos recifes do mundo estão ameaçados pelas atividades humanas, em escala espacial local e regional, incluindo o desenvolvimento em regiões litorâneas, a pesca predatória, a superexploração dos recursos e a poluição do mar.

As temperaturas superficiais dos oceanos estão se elevando, prevendo-se acréscimo de 1 a 2°C por volta de 2010. O aumento da temperatura acredita-se que esteja ocorrendo devido ao aquecimento global e, em parte, pela queima de enormes quantidades de combustíveis fósseis. O aquecimento da superfície dos oceanos da ordem de 1°C pode produzir o surgimento de algas que estão em simbiose com os corais e são essenciais para a eliminação das cores dos corais. A morte das algas resulta na perda das cores dos corais, tornando-se assim esbranquiçados. Na medida em que a temperatura da água dos oceanos aumenta ela também se torna mais ácida, pois mais CO_2 presente na atmosfera penetra no oceano e combina-se com a água para produzir ácido carbônico: $CO_2 + H_2O \rightarrow H_2CO_3$. Quanto mais ácida, a água pode dissolver e alvejar o carbonato de cálcio ($CaCO_3$), incluindo os corais. Enquanto que certo branqueamento é reversível, um prolongado aumento da temperatura superficial dos oceanos pode causar danos irreversíveis.[28]

Os pedaços de corais que a maioria das pessoas conhece por meio da compra de *souvenirs* e de peças de joalheria são esqueletos de pedra calcária secretados por colônias de animais da mesma família da anêmona marinha e da água-viva. Como seus parentes, esses pequenos animais corais ou pólipos utilizam tentáculos equipados com células urticantes para conseguir alimentos. Além disso, os pólipos conseguem se nutrir por meio da fotossíntese das algas que vivem em suas células. Quando os pólipos morrem seus esqueletos permanecem intactos enquanto uma nova geração de indivíduos excreta novo material. Dessa forma, os recifes crescem vagarosamente por acreção. Os recifes de corais que existem atualmente têm de 5.000 a 10.000 anos de idade. Assumindo a força das ondas, os recifes de corais protegem a linha costeira da erosão, uma função que está estimada em $50.000 dólares por ano, por metro quadrado. Ainda, os recifes podem fornecer aos humanos recursos vivos (peixes) e serviços (turismo, proteção do litoral) no valor de $375 bilhões de dólares por ano.

Os recifes de corais fornecem abrigos para uma enorme quantidade de plantas e animais. Aproximadamente 25% de todos os organismos marinhos, cerca de 1 milhão de espécies, estão associados aos recifes de corais. Organismos existentes nos corais são fontes de inúmeros produtos químicos e remédios úteis e os cientistas estão atualmente buscando por novos produtos. As espécies de animais e de plantas encontrados próximos aos recifes de corais estão ligadas de maneira tão intrincada, de forma que somente a remoção de uma ou duas espécies pode causar um colapso catastrófico. Por exemplo, a pesca exagerada nas águas das Ilhas Cook no Pacífico Sul, nos anos de 1980, retirou a maioria dos peixes-papagaio e ouriços-do-mar dos recifes, que se alimentam de algas. Logo, as algas cresceram por cima do recife e a comunidade inteira da vida no recife entrou em colapso.

Os recifes de corais têm sido há longo tempo a principal fonte de proteína para milhões de pessoas que vivem em países tropicais, com um número atual de 1 bilhão de pessoas. Devido aos métodos modernos de transporte e de preservação, peixes e outros organismos comestíveis retirados dos recifes de corais são hoje alimento de um número de pessoas cada vez maior. De fato, os peixes de recifes representam cerca de 15% do volume total de pesca mundial. Infelizmente, devido à superexploração dos recifes em todo o mundo, algumas espécies são hoje raras e em extinção.

Alguns consumidores, especialmente nos países asiáticos, valorizam a alimentação por peixes que estão vivos quando chegam aos restaurantes. A demanda por peixes de aquários também estimula a demanda por peixes vivos. Para se obter peixes vivos, muitos pescadores utilizam dinamite para atordoar os peixes ou cianeto para envenená-los temporariamente. Ambos os métodos podem matar ou prejudicar outros organismos e o processo de dinamitar pode destruir o próprio recife. Quando os peixes estão alojados em fendas nos recifes, os pescadores podem usar varas para fisgar através dos corais de forma que eles possam alcançar os peixes. Entretanto, a pesca não é a única ameaça aos recifes de corais. As rochas de calcário que formam a massa dos recifes são, algumas vezes, escavadas para servirem como material de construção. Milhões de turistas de todos os lugares do mundo que se aglomeram nas áreas de recifes para pescar, nadar, mergulhar e desfrutar desses locais constituem uma ameaça adicional. Mas, talvez, a grande ameaça aos recifes de corais venha do incremento da população nos trópicos. Densidades populacionais superiores aos da costa de Nova Jersey (cerca 500 pessoas por metro quadrado) são encontradas em regiões da Ásia tropical e do Caribe. Meio bilhão de pessoas vive dentro de uma área de um quilômetro quadrado de recifes de corais. Em muitas áreas, esgoto parcialmente ou não tratado é lançado próximo às praias. O escoamento de águas superficiais oriundas de áreas de desmatamento e de loteamentos aumenta a sobrecarga de sedimentos e de poluição. A degradação dos recifes de corais na baía de Kaneohe no Havaí devido ao esgoto e a outros escoamentos foi dramaticamente revertida, nos anos de 1980, quando o esgoto foi desviado para o mar aberto. Mas, com o aumento da urbanização e com o crescimento populacional ao redor da baía nos anos de 1990, a recuperação se tornou lenta e talvez revertida.

Perguntas para Reflexão Crítica

1. Como a situação atual dos recifes de corais do mundo ilustra cada um dos seis temas-chave deste livro?

2. Quais são as justificativas utilitárias, ecológicas, estéticas e morais para a preservação dos recifes de corais?

3. Se o meio de vida de Maitri Visetak dependesse da pesca, em vez de criar camarões em reservatórios, como ele reagiria à preservação dos recifes de corais? Quais as providências poderiam ser tomadas para atender as suas necessidades, mas que, ao mesmo tempo, preservassem os recifes de corais nessa área?

4. Quais atitudes você pode assumir no dia a dia que contribuiriam para a preservação dos recifes dos corais?

Francisco (Figura 1.12) e pela União Europeia. Sempre existirão argumentos sobre o que constitui um conhecimento científico suficientemente adequado para o processo de tomada de decisões. No entanto, o Princípio da Precaução, ainda que seja de difícil aplicação, está se tornando parte habitual da análise ambiental com respeito às questões de proteção do meio ambiente e da saúde ambiental. Isso exige a aplicação do princípio da unidade ambiental e a previsão das potenciais consequências antes que elas ocorram. O Princípio da Precaução é um instrumento *proativo*, e não *reativo*. Isso significa a possibilidade de utilizá-lo quando se percebe a manifestação de um problema real que ainda está surgindo, em lugar de reagir a um grande problema que já tenha ocorrido.

Atribuindo Valores ao Meio Ambiente

Como podem ser estabelecidos valores para qualquer aspecto ambiental? Como escolher entre dois interesses distintos? O valor do meio ambiente tem por base oito justificativas: a utilitária (materialista), ecológica, estética, recreativa, inspirativa, criativa, moral e cultural.

A **justificativa utilitária** entende alguns aspectos ambientais como valoráveis em função de que eles favorecem economicamente alguns indivíduos ou é diretamente necessário à sobrevivência humana. Por exemplo, os manguezais pantanosos fornecem camarões, base do sustento de pescadores citados no estudo de caso de abertura. A **justificativa ecológica** significa que um ecossistema é necessário para a sobrevivência de algumas espécies que interessam ao homem, ou que o sistema por si só fornece alguns benefícios. Por exemplo, os manguezais pantanosos fornecem o habitat para os peixes e, ainda que as árvores dos pântanos não sejam comidas, comem-se os peixes que dependem delas. Por essa razão, a conservação dos manguezais é ecologicamente importante. E, além disso, os manguezais fornecem o habitat para muitas espécies não comerciais, algumas em extinção. Outro exemplo, a queima de carvão e de petróleo aumenta a quantidade dos gases de efeito estufa na atmosfera, o que pode levar a uma mudança no clima que, por sua vez, pode afetar toda a Terra. Tais razões ecológicas constituem a base para a conservação da natureza que é essencialmente esclarecido por interesse próprio.

A **justificativa estética** se refere à apreciação da beleza da natureza. Por exemplo, muitas pessoas acham as paisagens selvagens bonitas e gostariam de viver em um mundo com essas regiões do que sem elas. Uma maneira de se apreciar a beleza da natureza é procurar recreação ao ar livre. As justificativas estéticas e de recreação estão adquirindo uma base legal. O estado do Alasca reconhece que as lontras-marinhas têm importante papel relacionado à recreação: as pessoas observam e fotografam as lontras e desfrutam assisti-las em seu ambiente natural (*justificativa de recreação*). Inúmeros exemplos ilustram a importância dos valores estéticos do meio ambiente. Quando pessoas estão sofrendo após a morte de um ente querido, normalmente elas buscam locais externos gramados, com árvores e flores e, por essa razão, são decorados os túmulos. A conservação da natureza pode ser utilizada em seu próprio benefício para o espírito humano (*justificativa inspirativa*) – para beneficiar o que é, às vezes, denominado ego interior. A natureza é uma ajuda para a criatividade humana (*justificativa criativa*). Artistas e poetas, entre outros, encontram uma fonte de inspiração em seu contato com a natureza. Essa é uma razão frequente de as pessoas gostarem da natureza, mas que é raramente utilizada em argumentos ambientais oficiais. Apesar de que discussões populares sobre questões ambientais possam fazer os elementos estéticos, recreativos e de inspiração parecerem superficiais como justificativas para a conservação da natureza, de fato, a presença da beleza próxima das pessoas é de profunda importância. Frederick Law Olmsted, um dos grandes paisagistas norte-americano, argumentava que o plantio de vegetação fornece benefícios médicos, psicológicos e sociais, e que são essenciais à vida na cidade.[21]

A **justificativa moral** se relaciona com a convicção de que vários aspectos ambientais têm o direito de existir e que é obrigação moral da humanidade permitir que continuem existindo. Argumentos morais têm sido estendidos para inúmeros organismos não humanos, para ecossistemas inteiros e, até mesmo, para objetos inanimados. Por exemplo, o historiador Roderick Nash escreveu um artigo intitulado "As pedras têm direitos?", onde discute tal justificativa moral.[29] E a Carta Mundial dos Direitos da Natureza, da Assembleia Geral das Nações Unidas, assinada em 1982, declara que as espécies têm o direito moral de existir.

A análise dos valores ambientais é o foco de nova disciplina conhecida como ética ambiental. Outra preocupação da ética ambiental trata do compromisso com as gerações futuras: deve-se ter obrigações morais em deixar o meio ambiente em boas condições para descendentes ou existe liberdade total de utilizar os recursos ambientais até o ponto de sua completa exaustão, no período de nossas vidas?

RESUMO

- Seis tópicos, ou temas, acompanharam este texto: a urgência da questão populacional, a importância dos ambientes urbanos, a necessidade pela sustentabilidade dos recursos, a importância de uma perspectiva global, a relação entre o homem e a natureza, e o papel da ciência e dos valores no processo de tomada de decisões.
- O homem e a natureza estão entrelaçados. Um afeta o outro.
- A população humana cresceu a uma taxa sem precedentes na história ao longo do século XX. O crescimento populacional é o problema ambiental essencial.
- Sustentabilidade, a meta ambiental, é um processo de longo prazo para manter um ambiente de qualidade para as gerações futuras. A sustentabilidade está se tornando um paradigma ambiental importante para o século XXI.
- Quando o impacto da tecnologia se combina com o impacto populacional, o impacto no meio ambiente é multiplicado.
- Em um mundo urbano crescente, deve-se focar maior atenção nos ambientes das cidades e nos efeitos das cidades no restante do meio ambiente.
- Determinar a capacidade de suporte da Terra para a população e para os níveis de sustentabilidade para o consumo de recursos é difícil, porém é crucial quando se pretende planejar eficazmente as necessidades futuras. Estima-se que a capacidade de suporte da Terra varia de 2,5 a 40 bilhões

de pessoas, porém cerca de 15 bilhões é o limite máximo com a tecnologia atual. As diferenças de capacidade se relacionam com a qualidade de vida desejada para as pessoas – quanto pior a qualidade de vida, maior o número de pessoas que podem ser suportadas pelo planeta.

- A consciência de como as pessoas em nível local afetam globalmente o meio ambiente dá crédito para a hipótese de Gaia. As gerações futuras necessitarão de uma perspectiva global dos problemas ambientais.
- Atribuir valores para vários aspectos do meio ambiente exige conhecimento e compreensão da ciência, mas, igualmente, depende de decisões relativas aos usos e estética do meio ambiente e dos comprometimentos morais para com os outros seres vivos e para com as futuras gerações.
- O Princípio da Precaução está se consolidando como um novo e poderoso instrumento para a gestão ambiental.

REVISÃO DE TEMAS E PROBLEMAS

População Humana

O que é mais importante: a qualidade de vida de uma pessoa hoje ou a qualidade de vida das futuras gerações?

População Humana

O que é mais importante: recursos em abundância hoje – tanto quanto se deseja e se possa obter – ou a persistência desses recursos para futuras gerações?

Perspectiva Global

O que é mais importante: a qualidade de cada ambiente local ou a qualidade do ambiente global – do meio ambiente de todo o planeta?

Mundo Urbano

O que é mais importante: criatividade e inovação humana, incluindo arte, humanidades e ciências, ou a sobrevivência de determinadas espécies em extinção? Isso deve ser sempre relativo a uma contradição ou existem caminhos para se obter ambos?

Homem e Natureza

Se a ação humana alterou o meio ambiente durante longo tempo em que as espécies estiveram na Terra, o que é então "natural"?

Ciência e Valores

A natureza sabe melhor, logo não se tem que perguntar nunca quais as metas ambientais se deve procurar, ou necessita-se de conhecimento sobre o meio ambiente, de maneira que possam ser feitos melhores juízos conhecidas as informações disponíveis?

TERMOS-CHAVE

capacidade de suporte
consumo sustentável de recursos
ecossistema sustentável
Hipótese de Gaia
justificativa ecológica
justificativa estética
justificativa moral
justificativa utilitária
megacidades
Princípio da Precaução
sustentabilidade

QUESTÕES PARA ESTUDO

1. Por que há uma convergência entre energia, economia e meio ambiente?
2. De que forma os efeitos que atuam sobre o meio ambiente de alguém que mora em uma grande cidade são diferentes dos efeitos de alguém que vive em uma fazenda? De que forma os efeitos são similares?
3. Programas foram criados para fornecer alimento das nações ocidentais para as populações de famintos da África. Algumas pessoas argumentam que tais programas de alimentação, que podem gerar benefícios de curto prazo, na verdade, aumentam a ameaça de inanição no futuro. Quais são os prós e os contra em relação aos programas internacionais de alimentação?
4. Por que há uma crise emergente de alimentos diferente de qualquer outra do passado?
5. Quais dos itens, a seguir, são problemas ambientais globais? Por quê?
   a. O crescimento da população humana.
   b. A *furbish lowsewort*, uma pequena angiosperma encontrada no estado do Maine, EUA. É tão rara que foi vista apenas por poucas pessoas e é considerada em extinção.
   c. A baleia-azul, listada como uma espécie em extinção pelo Ato Norte-Americano de Proteção aos Mamíferos Marinhos.
   d. Um carro com ar-condicionado.
   e. Portos e litorais seriamente poluídos na maioria dos portos oceânicos.
6. Como se pode determinar a capacidade de suporte da Terra?
7. É possível que todo o solo da Terra se tornará em uma grande cidade no futuro? Se não, por que não? Em que dimensão a resposta depende de:
   1. Considerações ambientais globais.
   2. Informação científica.
   3. Valores.

LEITURAS COMPLEMENTARES

Botkin, D. B. 2000. *No Man's Garden: Thoreau and a New Vision for Civilization and Nature*. Washington, D.C.: Island Press. Discute inúmeros dos temas centrais deste livro, com ênfase especial nos valores e na ciência e, ainda, em um mundo urbanizado. A vida e os trabalhos de Henry David Thoreau ilustram abordagens que podem ser benéficas no tratamento das questões ambientais atuais.

Botkin, D. B. 1990. *Discordant Harmonies: A New Ecology for the 21st Century*. New York: Oxford University Press. Uma análise dos mitos que permanecem ocultos nas tentativas de resolver problemas ambientais.

Leopold, A. 1949. *A Sand County Almanac*. New York: Oxford University Press. Talvez, juntamente com o livro *Primavera Silenciosa* de Rachel Carson, seja um dos livros que mais influenciaram os tempos de pós-Segunda Guerra e pré-Guerra do Vietnã com relação aos valores do meio ambiente. Leopold define e elucida a ética do território e escreve poeticamente sobre a estética da natureza.

Lutz, W. 1994. *The Future of World Population*. Washington, D.C.: Population Reference Bureau. Uma síntese das informações atuais sobre tendências da população e cenários futuros sobre fertilidade, mortalidade e migração.

Montgomery, D. K. 2007. Dirt: The Erosion of Civilizations. University of California Press. Berkeley, Calif.

Nash, R. F. 1988. *The Rights of Nature: A History of Environmental Ethics*. Madison: University of Wisconsin Press. Uma Introdução à Ética Ambiental.

Capítulo 2

A Ciência como Forma de Conhecimento: Pensamento Crítico sobre o Meio Ambiente

OBJETIVOS DE APRENDIZADO

A ciência é um processo de refinamento da compreensão da natureza por meio de constante questionamento e de investigação ativa. É mais do que uma coleção de fatos a ser memorizada. Após a leitura deste capítulo, deve-se saber:

- Pensar sobre as questões ambientais exige um pensamento científico.
- O conhecimento científico é obtido por meio de observações da natureza, seja por observações adicionais, seja por experimentos, que podem, inclusive, ser refutados.
- A compreensão científica não é estática, mas se altera ao longo do tempo na medida em que novos dados, observações, teorias e testes se tornam disponíveis.
- Os raciocínios, dedutivo e indutivo, são diferentes, porém, ambos, são utilizados pelo pensamento científico.
- Todos os processos de medição envolvem algum nível de aproximação – ou seja, a incerteza – e medições sem uma declaração sobre o seu grau de incerteza não têm sentido algum.
- A tecnologia, a aplicação do conhecimento científico, não é ciência, mas a ciência e a tecnologia interagem entre si, estimulando o crescimento recíproco.
- A tomada de decisões sobre questões ambientais envolve sociedade, política, cultura, economia e valores, assim como informação científica.

As formas de vida parecem tão incríveis e tão bem adaptadas ao meio ambiente que maravilham a todos pela maneira como se desenvolveram. Essa questão conduz à busca pela compreensão das distintas formas de conhecimento.

ESTUDO DE CASO

Pássaros no Lago Mono: Aplicação da Ciência para Resolver um Problema Ambiental

O lago Mono é um enorme lago de água salgada na Califórnia, EUA, bem a leste de Serra Nevada, que atravessa essas montanhas a partir do Parque Nacional de Yosemite (Figura 2.1). Mais de um milhão de pássaros se utilizam deste lago; alguns se alimentam e nele fazem os seus ninhos, outros fazem uma parada em suas rotas migratórias para se alimentarem. No interior do lago, artêmias (pequenos crustáceos) e larvas de moscas crescem em abundância, fornecendo alimentação aos pássaros. As artêmias e as larvas de moscas, por sua vez, alimentam-se das algas e das bactérias que crescem nesse lago (Figura 2.2).

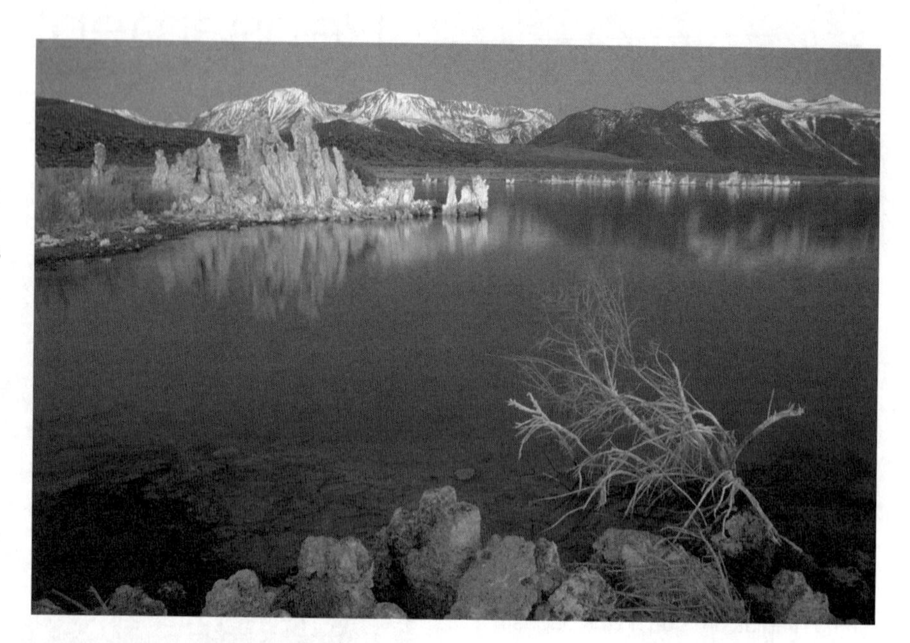

Figura 2.1 ■ Lago Mono.

O lago resistiu por milhares de anos em um clima desértico devido aos riachos de Serra Nevada — alimentados por chuvas e geleiras das montanhas que correm em sua direção. Porém, nos anos 1940, a cidade de Los Angeles desviou toda a água dos riachos — água maravilhosamente limpa e transparente — para o fornecimento de 17% do abastecimento de água da cidade. O lago começou a secar: de uma superfície de aproximadamente 24.300 hectares, na década de 1940, não passava de 16.200 nos anos 1980.

Grupos ambientalistas manifestaram preocupações de que o lago se tornaria rapidamente tão salgado e alcalino que, em pouco tempo, todas as artêmias e moscas morreriam, impedindo os pássaros de se alimentar e de fazer os seus ninhos. O belo lago se tornaria uma paisagem lamentavelmente desagradável – muito semelhante ao que ocorreu com o mar de Aral na Ásia Central.* O Departamento de Água de Los Angeles argumentou que não haveria motivos para preocupações, uma vez que as chuvas continuariam caindo diretamente no interior do lago e, juntamente com o escoamento das águas subterrâneas, forneceriam volume suficiente de água para o lago. "Salvem o Lago Mono" se tornou um adesivo popular na Califórnia e o debate sobre o seu futuro se estendeu por mais de uma década.

Informações científicas foram necessárias para responder as seguintes questões-chave: Sem a contribuição da água fornecida pelos riachos, como ficaria o tamanho do lago? O lago se tornaria muito salgado e alcalino para as artêmias, para as larvas de moscas e para as algas e bactérias? Caso fosse verdade, quando ocorreria?

*O mar de Aral é um lago de água salgada localizado no Cazaquistão. Já foi o quarto maior lago do mundo com aproximadamente 70.000 km² de superfície. Hoje, praticamente reduzido a 10% de sua dimensão original, se encontra em avançado processo de desertificação. Está previsto que até o final de 2010 não haverá mais água. (N.T.)

O estado da Califórnia instituiu uma comissão científica para estudar o futuro do Lago Mono. Essa comissão descobriu que duas partes cruciais do conhecimento necessário para responder a essas questões não haviam sido estudadas: o tamanho e a forma da bacia hidrográfica a qual pertence o lago (para que se determinasse o volume do lago e, partir dessa informação, saber como seriam alteradas a sua salinidade e a sua alcalinidade) e a taxa de evaporação da água do lago (para então determinar a rapidez com que o lago se tornaria, irreversivelmente, seco para manter a existência de vida em seu interior). Pesquisas foram encomendadas para responder a essas questões. As respostas: Sim, o lago se tornaria tão pequeno e, por isso, muito salgado para as artêmias e para as larvas de moscas, para as algas e bactérias, o que deveria ocorrer por volta de 2003.[1] Com essa informação científica nas mãos, a justiça decidiu que Los Angeles deveria interromper com a maior parte do desvio das águas que corriam em direção ao lago Mono. Até 2008, o lago ainda não havia recuperado o nível exigido pela justiça, indicando que o desvio da água havia sido prejudicial para o lago e para o seu ecossistema.

Informações científicas alertaram os californianos quando e o que aconteceria. *O que fazer* em relação ao lago foi uma questão de valores. Ao final, as decisões baseadas em valores e no conhecimento científico foram tomadas pelas cortes de justiça, ao impedir o desvio da água para o abastecimento da cidade, dos riachos que corriam em direção ao lago. Os pássaros, a paisagem, as artêmias e as larvas de moscas foram salvos.

A ciência forneceu o conhecimento sobre o que poderia acontecer e quais as abordagens de gestão seriam possíveis. Esse conhecimento foi combinado com os valores sobre o homem e a natureza para optar por atitudes e por políticas.[2]

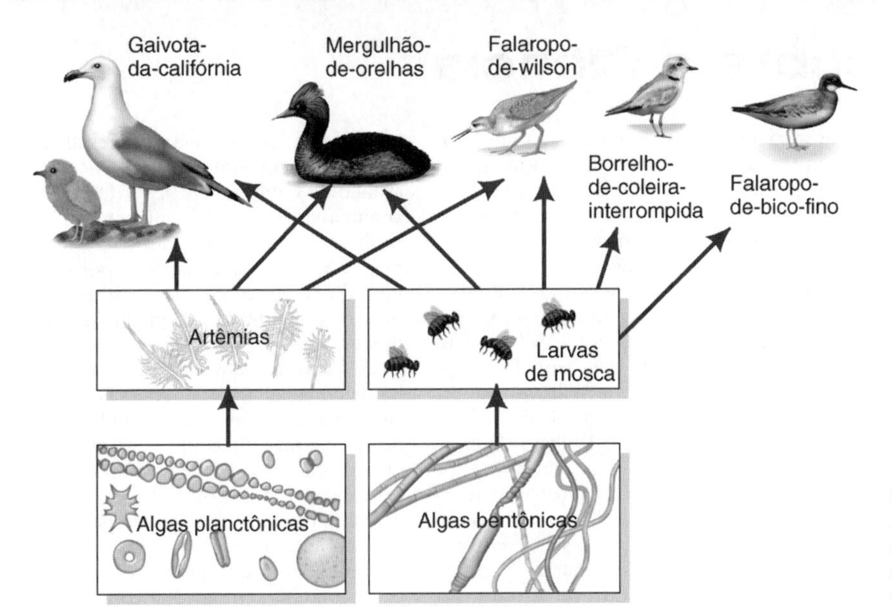

Figura 2.2 ■ A cadeia alimentar do lago Mono. As setas indicam quem se alimenta de quem. Somente cinco espécies de pássaros são os maiores predadores. O lago é um dos ecossistemas mais simples que existem.

2.1 Compreendendo o que É Ciência (e o que Não É)

A civilização moderna depende da ciência e de suas aplicações — dos *iPods* às armas atômicas. Portanto, é necessário compreender o que é ciência e o que não é. "O que é ciência?" tornou-se objeto de manchete, em janeiro de 2005, quando o Conselho Escolar de Dover, na Pensilvânia, EUA, sugeriu que a teoria denominada "projeto inteligente" fosse ensinada juntamente com a teoria científica da evolução. Em dezembro de 2005, uma Corte Federal de Justiça declarou que esta prática era inconstitucional, alegando que o "projeto inteligente" era um ponto de vista religioso e que, por isso, não se tratava de ciência e que crenças religiosas não poderiam ser ensinadas nos cursos de biologia como alternativa à teoria da evolução.*

Portanto, o que é ciência e como ela se diferencia de outras formas de conhecimento? E o que é *ciência ambiental*?

Ciência como Forma de Conhecimento

A complexidade das ciências ambientais suscita várias questões: Como é possível entender os fenômenos ecológicos? Como se deve assumir uma abordagem científica para as grandes e antigas questões sobre a natureza, a fonte de elevada admiração pela complexidade da vida e da surpreendente capacidade de adaptação dos seres vivos? Como buscar respostas para questões práticas, como o efeito das ações antrópicas sobre a natureza e quais as atitudes que o homem deve tomar na resolução dos problemas ambientais?

Para começar a resolver o problema da compreensão científica da vida e do meio ambiente é necessário revisar os fundamentos do método científico e considerar de que forma a ecologia pode se ajustar a esse modelo, e como isso pode ser necessário para elencar novos modelos.

A ciência tem uma longa história na civilização ocidental (ver o Detalhamento 2.1). Ciência é um processo, uma forma de conhecimento. Resulta em conclusões, generalizações e, ocasionalmente, em teorias científicas ou até mesmo em leis científicas. Isso compreende um conjunto de pontos de vista. As pessoas frequentemente confundem o processo científico com um conjunto estabelecido de pontos de vista — os resultados. Mas a ciência não se orienta somente por meio de um conjunto estabelecido de pontos de vista, senão por um conjunto de pontos de vista que, em um dado momento, permite explicar todo o conhecimento observado sobre um tipo de fenômeno e que possibilite fazer previsões sobre esse tipo de fenômeno.

A ciência é um processo de descoberta — um processo contínuo cuja essência é o aprimoramento das ideias. Muitas vezes, o fato de as ideias científicas se modificarem parece frustrante. Por que os cientistas não concordam com qual a melhor alimentação para o homem? Por que um elemento químico é considerado perigoso ao meio ambiente por um período de tempo e, em seguida, não é mais assim considerado? Por que cientistas acreditam, em uma década, que as queimadas sejam perturbações indesejáveis ao meio ambiente e, em uma década posterior, decidem que elas sejam importantes e naturais? Está se caminhando para o aquecimento global ou não? Não bastaria os cientistas encontrarem a verdade para cada uma dessas questões, de uma vez por todas, e concordarem com isso?

Em vez de buscar respostas por meio da ciência para essas questões, é mais correto pensar na ciência como uma permanente aventura de se melhorar progressivamente as conjecturas e as aproximações de como funciona o mundo. Às vezes, algumas mudanças nas ideias são pequenas e o contexto geral permanece o mesmo. Em outras, a ciência experimenta uma revolução fundamental nas ideias.

A ciência é uma forma de se observar e procurar o entendimento do mundo. Começa com as observações sobre o mundo natural, tais como: Quantos pássaros fazem ninho no lago Mono? Quais espécies de algas vivem no lago? Sob quais condições as algas sobrevivem? A partir dessas observações,

*Laurie Goodstein e Kenneth Chang contribuíram com este texto reportando de Nova York o artigo "Issuing Rebuke, Judge Rejects Teaching of Intelligent Design", *New York Times*, 21 de dezembro de 2005.

DETALHAMENTO 2.1

Breve História sobre a Ciência

O pensamento científico sobre o meio ambiente é tão antigo quanto à própria ciência, que teve seu início nas antigas civilizações da Babilônia e do Egito. Nessas regiões, a observação do meio ambiente era conduzida, primeiro, por razões práticas, como o plantio das culturas, ou por razões religiosas, de como utilizar as posições dos planetas e das estrelas na predição de eventos. Estas práticas antigas se diferem da ciência moderna por não haver distinção entre ciência e tecnologia, e entre ciência e religião. Como será apresentada neste capítulo, a ciência é uma forma de conhecimento. A tecnologia é a maneira de se obter os benefícios e a satisfação de necessidades físicas. Na atual situação científica, a tecnologia se tornou a aplicação do conhecimento científico para a realização de algum propósito prático.

Por causa do interesse pelas ideias, na Grécia Antiga foi desenvolvida uma abordagem mais teórica da ciência. O conhecimento, por si só, em vez de possuir finalidade prática, tornou-se o objetivo principal. Na mesma época, a abordagem filosófica grega começou a direcionar a ciência à filosofia, afastando-a da religião.

Geralmente, considera-se que o estabelecimento das bases da ciência moderna teve início entre o final do século XVI e início do século XVII, com o desenvolvimento do método científico por William Gilbert (magnetismo), por Galileu Galilei (física dos movimentos) e por William Harvey (circulação sanguínea). Ao contrário dos cientistas clássicos que os antecederam — questionaram "Por quê?" no sentido de "Para que propósito?" — estes cientistas fizeram importantes descobertas perguntando "Como?" no sentido de "Como isso funciona?" Galileu foi também pioneiro no uso de observações numéricas e de modelos matemáticos. O método científico, que se provou rapidamente bem-sucedido no avanço do conhecimento, foi descrito explicitamente por Francis Bacon, em 1620. Embora não tenha sido um cientista empírico, Bacon reconheceu a importância do método científico e os seus escritos contribuíram bastante para a promoção da pesquisa científica.[3]

A herança cultural proporciona, então, inúmeras maneiras de se pensar o meio ambiente, incluindo a forma cotidiana de se pensar e a maneira como pensam os cientistas (Tabela 2.1). Existem muitas semelhanças entre os modos cotidianos e científicos de pensamento, logo, todos são capazes de pensar cientificamente. Por outro lado, existem diferenças cruciais. Ignorar estas diferenças pode conduzir, em geral, a conclusões inválidas e, consequentemente, a sérios erros nas decisões sobre o meio ambiente.

Tabela 2.1 **Conhecimento na Vida Cotidiana Comparado com o Conhecimento na Ciência**

Fator na	*Vida Cotidiana* *e na*	*Ciência*
Objetivo	Conduzir a uma vida satisfatória (implícito)	Saber, predizer e explicar (explícito)
Requisitos	Conhecimento contextual específico; sem conjunto de inferências complexas; pode tolerar ambiguidades e falta de precisão	Conhecimento geral; sequência lógica e complexa de inferências; deve ser preciso e sem ambiguidades
Resolução de problemas	Por meio de discussão, comprometimento e consenso	Por meio da observação, experimentação, lógica
Compreensão	Adquirido espontaneamente por meio da interação com o mundo e com as pessoas; critérios não estão bem definidos	Deliberadamente perseguida; critérios nitidamente especificados
Validação	Assumida, não há forte necessidade de checagem; baseada em observações, senso comum, tradição, autoridades, especialistas, costumes sociais, fé	Deve ser checada; baseada em replicações, evidências convergentes, comprovações formais, estatística, lógica
Organização do conhecimento	Rede de conceitos adquiridos por meio da experiência; pontual, não integrada	Bem organizada, coerente, hierárquica, lógica; global, integrada
Aquisição do conhecimento	Percepção, padrões, qualitativa; subjetiva	Além de regras formais, procedimentos, símbolos, estatística, modelos mentais; objetiva
Controle de qualidade	Correção informal de erros	Requisitos estritos na eliminação de erros e exibição de suas fontes

Fonte: Baseada em F. Reif e J. H. Larkin, "Cognition in Scientific and Everyday Domains: Comparison and Learning Implications," *Journal of Research in Science Teaching* 28(9), pp. 733-760. Direitos autorais © 1991 por National Association for Research in Science Teaching. Reimpressão permitida por John Wiley & Sons.

os cientistas formulam as hipóteses que, por sua vez, podem ser verificadas. Por exemplo, as artêmias morrem quando a salinidade da água atinge três vezes a salinidade da água do mar. A ciência moderna não trata de atributos que não podem ser comprovados pela observação, tais como a finalidade da vida ou a existência de um ser sobrenatural. A ciência igualmente não trata de questões que envolvem valores, tais como padrões de beleza ou questões do bem ou do mal — por exemplo, se a paisagem do lago Mono é bonita. Ambos, os valores e a ciência, são importantes, como ilustra o estudo de caso do lago Mono; que explica por que essa peculiar relação é um dos temas-chave deste livro. O critério pelo qual se decide quando uma dada proposição está no campo da ciência é: *Se é possível, pelo menos, em princípio, contestar a afirmação.*

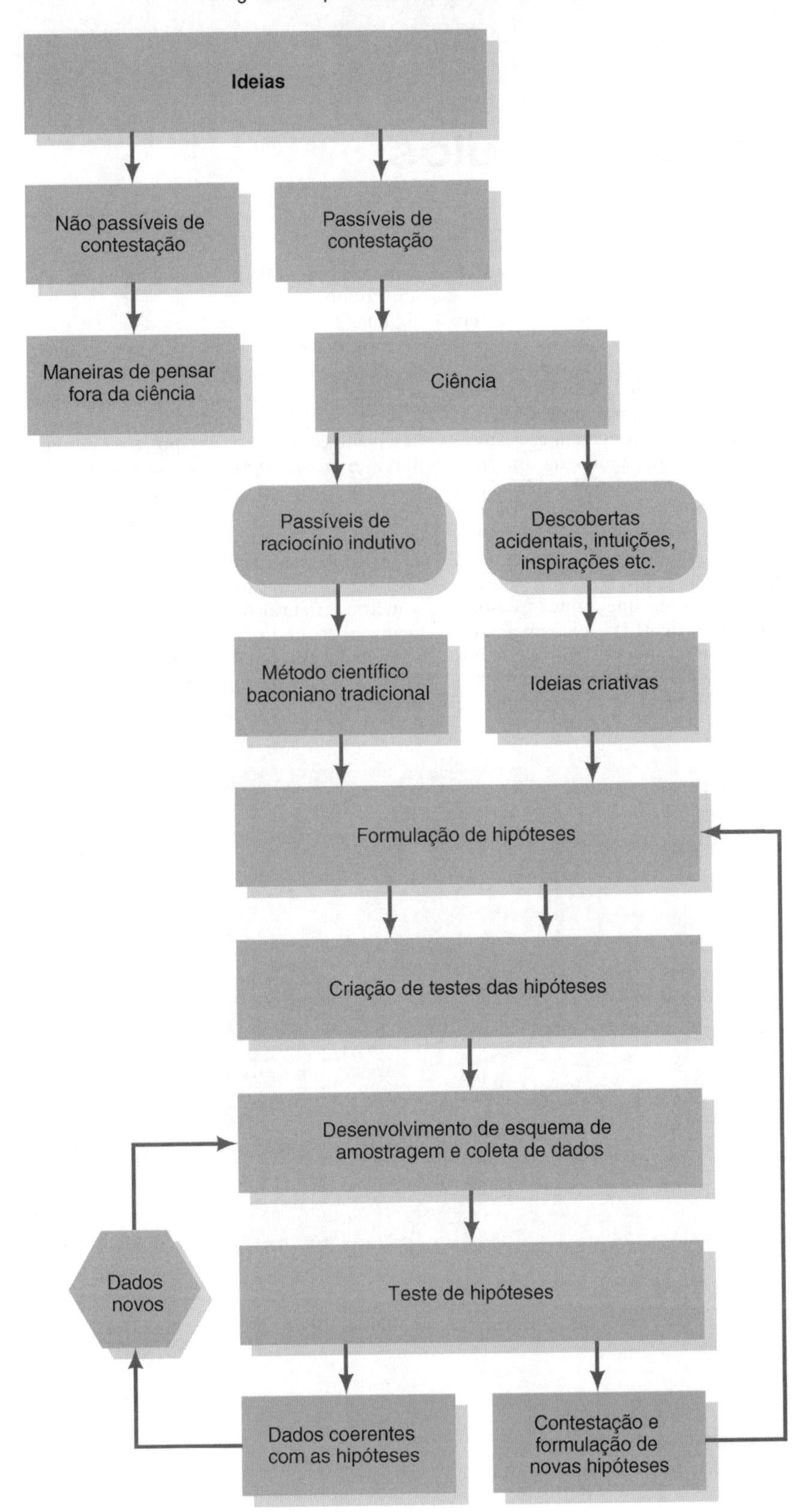

Figura 2.3 ■ Diagrama esquemático do método científico, exibindo as etapas tradicionais e não tradicionais, conforme explicado no texto.

Contestação

De modo geral, hoje em dia, aceita-se que a essência do método científico seja a **contestação** (ver Figura 2.3, diagrama que será útil ao longo de todo este capítulo). Uma afirmação pode ser considerada científica caso seja possível apontar um método por meio do qual essa afirmação possa ser contestada, refutada. Dessa forma, se é possível imaginar um experimento que permita contestar um dado enunciado ou afirmação, logo essa afirmação pode ser considerada científica. Se não for possível imaginar nenhum tipo de experimento passível de contestação, esse enunciado é considerado não científico. Por exemplo, considere o caso dos misteriosos círculos em plantações discutidos no Detalhamento 2.2. Uma

DETALHAMENTO 2.2

O Caso dos Misteriosos Círculos em Plantações

Ao longo de 13 anos, padrões circulares apareceram "misteriosamente" em lavouras de grãos no sul da Inglaterra (Figura 2.4). Explicações sugeridas incluíam a aparição de seres extraterrestres, de forças eletromagnéticas, de redemoinhos de vento e de pessoas zombeteiras. O mistério resultou na criação de um jornal e de uma organização de pesquisa liderada por um cientista, assim como na publicação de livros, revistas e na formação de grupos dedicados exclusivamente aos círculos nas plantações. Cientistas da Grã-Bretanha e do Japão trouxeram equipamentos para estudar esses estranhos padrões. Então, em setembro de 1991, dois homens confessaram ter criado os círculos. Eles entravam nas plantações ao longo dos caminhos feitos pelos tratores (para disfarçar as suas pegadas) e arrastavam tábuas sobre as plantações. Durante a confissão, eles demonstraram a técnica utilizada para os repórteres e para alguns especialistas desses círculos em plantações.[4,5]

Apesar da confissão, algumas pessoas ainda continuaram acreditando que os círculos nas plantações possuíam outras causas alternativas. Organizações continuaram a existir e, atualmente, possuem páginas na Internet. Por exemplo, uma reportagem publicada na Internet, em 2003, alegava que um "relâmpago alaranjado estranho" foi visto em uma noite e que os círculos apareceram em uma plantação no dia seguinte.[4,6]

Como é possível que tantas pessoas, incluindo alguns cientistas, tenham levado e, ainda, estarem levando a sério os círculos em plantações na Inglaterra? A resposta é que eles não compreenderam devidamente o método científico e se empenharam em um discurso falacioso — até certo ponto, algumas pessoas querem acreditar em causas misteriosas para a existência dos círculos, escolhendo ignorar os métodos e as análises científicas padrão. A falha de alguns em não pensar, criticamente, sobre os círculos nas plantações não causa prejuízo algum, porém o mesmo tipo de raciocínio aplicado a outros problemas, como os problemas ambientais sérios, pode implicar consequências graves. Dois tipos de falhas em relação ao método científico são ilustrados pelo caso dos círculos nas plantações: Primeiro, o método científico é utilizado incorretamente e, segundo, a informação científica é rejeitada por opção pessoal. Essas duas falhas ocorrem nos problemas de ordem ambiental.

(*a*)

(*b*)

Figura 2.4 ■ (*a*) Um círculo visto do alto em uma plantação no Vale Pewsey, sul da Inglaterra, em julho de 1990. (*b*) Figuras em plantações vistas do céu exibem padrões característicos.

página da Internet divulgou que algumas pessoas acreditavam que esses círculos representavam um "contato espiritual", ou seja, "projetado para despertar as pessoas para uma realidade e um contexto mais amplo e profundo, que não é outra coisa senão a da alma coletiva da Terra". Se é ou não verdade, isso não parece ser uma afirmação pronta para ser refutada. A afirmação de que "a paisagem do lago Mono é bonita" também não é refutável. Por outro lado, a afirmação de que "mais de 50% das pessoas que visitam o lago Mono acham a paisagem linda" pode ser verificada por uma pesquisa de opinião pública e, por essa razão, pode ser tratada como uma afirmação científica — na verdade, como uma hipótese (discutida posteriormente).

Existem inúmeras maneiras de se olhar o mundo, tais como a perspectiva religiosa, a estética e as de caráter moral. Elas não são científicas, todavia, porque essas afirmações não são propícias para a refutação com base no senso científico; elas estão baseadas, em última instância, na fé, nos credos, na cultura e nas escolhas pessoais. A diferença entre um enunciado científico e um não científico não é o juízo de valor — a diferença não tem a pretensão de insinuar que a ciência é o único tipo "bom" do conhecimento. A distinção é simplesmente filosófica sobre as formas de conhecimento e de lógica. Afirmar que essas outras maneiras de se conceber o mundo não são científicas não significa denegri-las. Cada forma de concepção de mundo oferece maneiras distintas de percepção e de dar sentido ao mundo e, cada uma delas, é valiosa.

Suposições da Ciência

A ciência faz suposições seguras sobre o mundo natural. Para entender o que é ciência, é preciso estar atento a essas suposições.

- Eventos no mundo natural seguem padrões que podem ser entendidos por meio de observações cuidadosas e de análises científicas, que serão posteriormente descritas.
- Esses padrões básicos e as regras que descrevem suposições são os mesmos em todo o universo.
- A ciência está baseada em um tipo de raciocínio conhecido como *indutivo*, que começa com observações específicas sobre o mundo e se estende para as generalizações.
- Generalizações estão sujeitas a testes e experimentos que podem comprová-las. Se tal teste ou experimento não pode ser concebido, então a generalização não pode ser tratada como enunciado científico.
- Ainda que novas evidências possam comprovar teorias científicas existentes, a ciência nunca pode fornecer provas absolutas da verdade de suas teorias.

A Natureza das Comprovações Científicas

Uma das fontes de sérios mal-entendidos sobre ciência é o uso da palavra *comprovação*, que a maioria dos estudantes se depara em matemática, particularmente, na geometria. A comprovação em matemática e em lógica envolve raciocínio desde as definições iniciais e os enunciados. Se a conclusão logicamente decorre dessas **premissas**, a conclusão é considerada comprovada. Esse processo é conhecido como **raciocínio dedutivo**. Um exemplo de raciocínio dedutivo é o do seguinte silogismo ou séries de afirmações lógicas conectadas. *Premissa: Uma linha reta é a menor distância entre dois pontos. Premissa: A linha de A até B é a menor distância entre os pontos A e B. Conclusão: Portanto, a linha de A até B é uma linha reta.* Note que a conclusão neste silogismo* resulta diretamente das premissas estabelecidas.

Comprovações por dedução não requerem que as premissas sejam verdadeiras, somente que o raciocínio seja absolutamente seguro e infalível. Válidas logicamente, afirmações falsas podem, no entanto, resultar de falsas premissas, como no seguinte exemplo: *Premissa: humanos são os únicos seres que utilizam ferramentas. Premissa: o pica-pau tentilhão utiliza ferramentas. Conclusão: Logo, o pica-pau tentilhão é um ser humano.*

Nesse caso, a afirmação conclusiva deve ser verdadeira se ambas as afirmações, ou enunciados anteriores, forem verdadeiras. Entretanto, é sabido que esta conclusão não só é falsa como também ridícula. Se a segunda afirmação é verdadeira

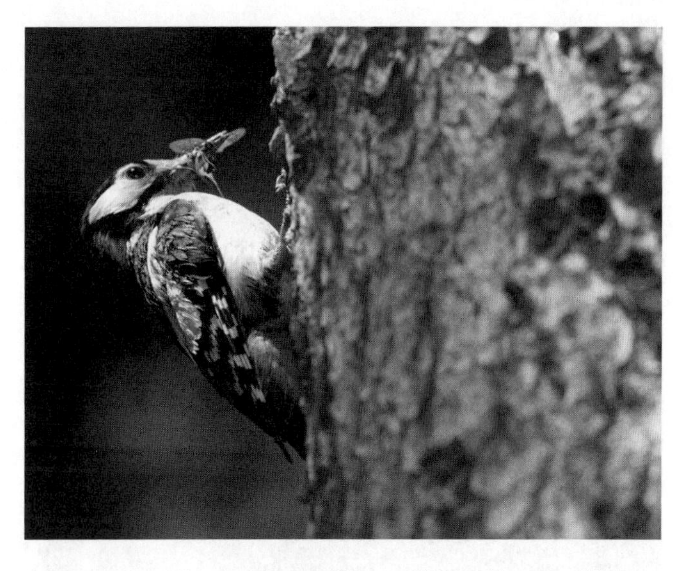

Figura 2.5 ■ Um pica-pau tentilhão nas Ilhas Galápagos utiliza um graveto para remover insetos de buracos na árvore, demonstrando o uso de ferramentas por animais não humanos. Uma vez que a ciência está baseada em observações, suas conclusões somente são tão verdadeiras quanto as premissas das quais elas são deduzidas.

(o que é, de fato, verdade), então a primeira não pode ser verdadeira. A conclusão de que um pássaro — o pica-pau tentilhão, que usa a ponta do espinho dos cactos para retirar insetos dos galhos ou sob a casca de tronco das árvores (Figura 2.5) – seja um ser humano, pela lógica, obedece ao silogismo, no entanto, desobedece ao senso comum.

As regras da lógica dedutiva determinam apenas o processo de transição das premissas para a conclusão. Ao contrário, a Ciência exige, não só o raciocínio lógico, mas, igualmente, a formulação correta das premissas. Retomando o exemplo do pica-pau tentilhão, para serem consideradas científicas as três afirmações deveriam ser condicionalmente expressas (com reservas):

> *Se os seres humanos são os únicos seres que fabricam instrumentos*
> *e*
> *o pica-pau tentilhão é um fabricante de ferramentas*
> *então*
> *o pica-pau tentilhão é um ser humano.*

Quando se formulam generalizações baseadas em número de observações, está se empregando o **raciocínio indutivo**. Para ilustração, um dos pássaros que faz ninho no lago Mono é o mergulhão-de-orelhas (ou mergulhão-de-pescoço-preto). As "orelhas" são um leque de penas douradas localizadas na parte de trás dos olhos dos machos, durante a estação de acasalamento. Define-se que pássaros com essas penas douradas são mergulhões-de-orelhas (Figura 2.6). Se sempre se observar que no período de reprodução os mergulhões machos têm esse leque de penas, é possível afirmar de maneira indutiva "Todos os mergulhões-de-orelhas, machos, têm penas douradas no período de acasalamento". Na verdade, o que se quer dizer é que "Todos os mergulhões-de-orelhas, machos, *observados* durante o período de acasalamento, têm penas douradas". Não se sabe quando uma nova observação, no período de acasalamento, pode revelar um pássaro semelhante em tudo ao mergulhão-de-orelhas, exceto pela falta das penas douradas. Isso não é impossível; e pode ocorrer em algum lugar, devido a uma mutação.

*Segundo o *aristotelismo*, o raciocínio dedutivo é estruturado formalmente a partir de duas proposições, ditas premissas, das quais, por inferência, se obtém necessariamente uma terceira, chamada de conclusão (p. ex.: "todos os homens são mortais; os gregos são homens; logo, os gregos são mortais"), de acordo com o *Dicionário Houaiss da língua portuguesa*, editora Objetiva Ltda., 2001. (N.T.)

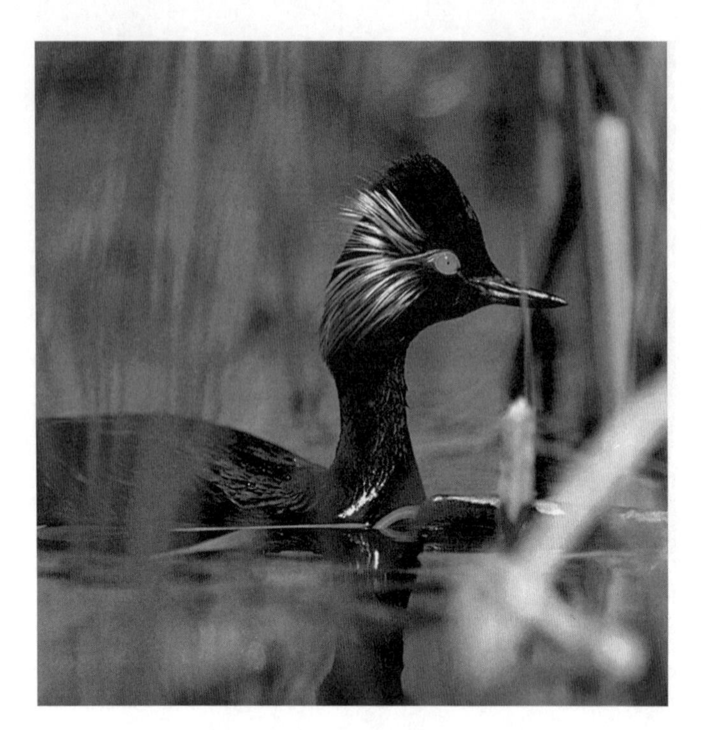

Figura 2.6 ■ Mergulhão-de-orelhas macho.

A comprovação no raciocínio indutivo é, sem dúvida, muito diferente do que a comprovação no raciocínio dedutivo. Quando se diz que algo está comprovado por indução, na verdade, significa que há um elevado grau de certeza ou de probabilidade. A **probabilidade** é uma forma de expressão da certeza (ou de incerteza) — estimativa de quanto são boas as observações realizadas e da confiança depositada nas predições.

Quando se possui um grau de confiança bastante elevado nas conclusões de caráter científico, muitas vezes se esquece de apresentar o grau de certeza ou de incerteza. No lugar de se afirmar "Existe uma probabilidade de 99,9% que ...", normalmente é dito "Foi provado que ..." Infelizmente, inúmeras pessoas interpretam isso como um enunciado dedutivo, considerando a conclusão como absolutamente verdadeira, o que tem conduzido a muitos mal-entendidos sobre questões científicas. Embora a ciência comece pelas observações e, portanto, pelo raciocínio indutivo, o raciocínio dedutivo é útil para ajudar os cientistas a analisarem se as conclusões, baseadas no processo indutivo, são logicamente válidas. *O raciocínio científico combina a indução e a dedução* — distintas, porém, formas complementares de pensamento.[7]

O que se acaba de descrever é o método científico clássico. Muitas vezes, os avanços da ciência, porém, tem início em um momento de intuição - um salto de imaginação, que, então, são submetidos ao processo indutivo gradativo. Alguns cientistas realizaram importantes avanços por estarem no lugar certo e na hora certa, e por possuírem o conhecimento adequado na hora certa. Por exemplo, a penicilina foi descoberta "por acidente", em 1928, quando Alexander Fleming estava estudando a bactéria piogênica (produtora de pus) *Staphylococcus aureus*. Uma cultura dessas bactérias foi acidentalmente contaminada pelo fungo verde *Penicillium notatum*. Fleming notou que a bactéria não se desenvolvia nessas áreas da cultura onde cresceu o fungo verde. Ele isolou o mofo, cultivou-o em um meio fluido e assim descobriu que ele produzia uma substância que matava muitas das bactérias que causavam doenças. Eventualmente, essa descoberta conduziu outros pesquisadores no desenvolvimento de agentes injetáveis para tratar de doenças. *Penicillium notatum* é um fungo comum encontrado no pão velho. Não há dúvidas de que outros já tinham visto esse fungo, até talvez tenham notado que outros crescimentos estranhos no pão não se proliferavam na presença do *Penicillium notatum*. Isso necessitou do conhecimento e da habilidade de observação de Fleming para que esse golpe de "sorte" pudesse ocorrer.

2.2 Medições e Incertezas

Breve Consideração sobre Números na Ciência

As informações científicas são comunicadas de diversas formas. Uma delas é a palavra escrita que transmite sínteses, análises e conclusões. Quando se adicionam números em uma análise, obtém-se uma nova dimensão de compreensão que vai além do entendimento qualitativo e da síntese de um problema. Aplicando-se números e análise estatística é possível visualizar as relações por meio de gráficos e fazer previsões. Isso também permite analisar a força de uma relação e, em alguns casos, descobrir uma nova relação.

Os leigos geralmente têm mais fé na exatidão das medições do que os cientistas. Os cientistas têm em mente que cada medição é somente uma aproximação. As medições são limitadas; elas dependem dos instrumentos utilizados e daqueles que os manipulam. As incertezas das medições são inevitáveis, elas podem ser minimizadas, mas nunca completamente eliminadas. Uma vez que todas as medições apresentam níveis de incertezas, uma medição não tem o menor sentido a não ser que esteja acompanhada por uma estimativa de sua incerteza.

Considere a explosão do ônibus espacial *Challenger*, em 1986, o primeiro acidente significativo de um ônibus espacial, que parece ser o resultado da falha dos anéis de borracha que tinham, supostamente, a função de manter conectadas partes do foguete. Imagine um cenário hipotético no qual é dado a um engenheiro o anel de borracha utilizado para selar combustíveis gasosos no ônibus espacial. O engenheiro será responsável por determinar a flexibilidade dos anéis sob diferentes condições de temperaturas para responder às seguintes questões: "Sob qual temperatura os anéis se tornariam frágeis, quebradiços e sujeitos a falhas?" e "Sob qual(is) temperatura(s) se tornariam inseguros para incendiar o ônibus espacial?".

Após a realização de alguns testes, o engenheiro informa que a borracha se torna quebradiça a $-1°C$ ($30°F$). É seguro lançar um ônibus espacial a $0°C$ ($32°F$)? Nessa situação, não se têm informações suficientes para responder à questão. Pode-se presumir que os dados de temperatura podem apresentar alguns graus de incertezas, porém, não se tem ideia de sua ordem de grandeza. As incertezas são de $\pm 5°C$, $\pm 2°C$ ou $\pm 0{,}5°C$? Para tomar uma decisão razoavelmente segura e economicamente sólida sobre o lançamento de um ônibus espacial, deve-se conhecer o grau de incerteza das medições.

Tratando das Incertezas

Existem duas fontes de incertezas. Uma delas é a variabilidade inerente da natureza. A outra é o fato de que toda medição apresenta algum erro. As incertezas das medições e de outras imprecisões que ocorrem em experimentos são denominadas

DETALHAMENTO **2.3**

Medição do Carbono Armazenado na Vegetação

Várias pessoas têm sugerido que uma solução parcial para o aquecimento global poderia ser um amplo e massivo plantio mundial de árvores. As árvores absorvem o dióxido de carbono (um dos gases que contribuem para o efeito estufa) da atmosfera no processo de fotossíntese. Devido a sua prolongada vida, as árvores podem armazenar carbono por décadas, até mesmo por séculos. No entanto, qual a quantidade de carbono que pode ser armazenada? Muitos livros e relatórios publicados, ao longo dos últimos 20 anos, continham números representativos do total de carbono armazenado pela vegetação da Terra, no entanto, todos eles foram apresentados sem qualquer estimativa de erro (Tabela 2.2). Os resultados obtidos, sem as estimativas de incertezas, carecem de significado, uma vez que as decisões de caráter ambiental têm sido tomadas em função deles.

Estudos recentes têm minimizado os erros, substituindo palpites, conjecturas, suposições e extrapolações por técnicas científicas de amostragem, similares aos procedimentos utilizados na previsão de resultados eleitorais. Mesmo esses dados refinados não teriam sentido, todavia, sem uma estimativa de erro. Os novos resultados evidenciam que as estimativas anteriores estavam três ou quatro vezes maiores, expressivamente superestimando o armazenamento de carbono na vegetação e, assim também, a contribuição do plantio de árvores na compensação do aquecimento global.

Tabela 2.2 **Estimativas da Biomassa sobre a Superfície do Solo na Floresta Boreal da América do Norte**

Fonte	*Biomassa*[a] *(kg/m²)*	*Carbono*[b] *(kg/m²)*	*Biomassa Total*[c] *(10⁹ toneladas)*	*Carbono Total*[c] *(10⁹ toneladas)*
Este estudo[d]	4,2 ± 1,0	1,9 ± 0,4	22 ± 5	9,7 ± 2
Estimativas anteriores[e]				
1	17,5	7,9	90	40
2	15,4	6,9	79	35
3	14,8	6,7	76	34
4	12,4	5,6	64	29
5	5,9	2,7	30	13,8

Fonte: D. B. Botkin e L. Simpson, "The First Statistically Valid Estimate of Biomass for a Large Region", *Biogeochemistry 9* (1990): 161-274. Reimpressão permitida por Kluwer Academic, Dordrecht, The Netherlands.

[a]Os valores desta coluna correspondem à biomassa total sobre a superfície do solo. Os dados provenientes de estudos anteriores fornecendo o valor total da biomassa foram ajustados aplicando a hipótese de que 23% da biomassa total se localizam nas raízes, no subsolo. A maioria das referências utiliza essa porcentagem; Leith e Whittaker utilizam o valor de 17%. Adotou-se o maior valor, neste livro, para fornecer uma comparação mais conservadora.

[b]Considera-se que o carbono compreenda 45% da biomassa total, segundo R. H. Whittaker, *Communities and Ecosystem* (New York: Macmillan, 1974).

[c]Considerou-se a nossa estimativa da extensão geográfica da floresta boreal da América do Norte: 5.126.427 km² (324.166 mi²).

[d]Baseado em levantamento estatisticamente válido; somente plantas lenhosas (árvores) acima do solo.

[e]Faltando estimativas de erro. Fontes de avaliações anteriores, por número: (1) G. J. Ajtay, P. Ketner e P. Duvigneaud, "Territorial Primary Production and Phytomass", em B. Bolin, E. T. Degens, S. Kempe e P. Ketner, eds., *The Global Carbon Cycle* (New York: Wiley, 1979), pp. 129-182. (2) R. H. Whittaker e G. E. Likens, "Carbon in the Biota," em G. M. Woodwell e E. V. Pecam, eds., *Carbon and the Biosphere* (Springfield, Va.: National Technical Information Center, 1973), pp. 281-300. (3) J. S. Olson, H. A. Pfuderer e Y. H. Chan, *Changes in the Global Carbon Cycle and the Biosphere*, ORNL/EIS-109 (Oak Ridge, Tenn.: Oak Ridge National Laboratory, 1978). (4) J. S. Olson, I. A. Watts e L. I. Allison, *Carbon in Live Vegetation of Major World Ecosystems*, ORNL-5862 (Oak Ridge, Tenn.: Oak Ridge National Laboratory, 1983). (5) G. M. Bonnor, *Inventory of Forest Biomass in Canada* (Petawawa, Ontario: Canadian Forest Service, Petawawa National Forest Institute, 1985).

erros experimentais. Os erros que ocorrem de forma constante, tais como aqueles que resultam da calibração incorreta de instrumentos, são *erros sistemáticos.*

Os pesquisadores tradicionalmente incluem uma discussão sobre os erros experimentais quando divulgam os resultados. Frequentemente, a análise dos erros leva a consideráveis entendimentos e, ocasionalmente, até mesmo a grandes descobertas. Por exemplo, a existência do oitavo planeta do sistema solar, Netuno, foi descoberta quando pesquisadores investigavam inconsistências aparentes — "erros" observados — na órbita do sétimo planeta, Urano. As incertezas das medições podem ser reduzidas pelo aperfeiçoamento dos instrumentos utilizados e pela exigência de procedimentos padronizados na realização de experimentos. Podem ainda ser reduzidos pela utilização de experimentos cuidadosamente projetados e por procedimentos estatísticos apropriados. Contudo, as incertezas são inerentes a cada medição e nunca podem ser totalmente eliminadas. É difícil conviver com incertezas, mas estas são a essência da natureza, bem como são as características intrínsecas das medições e da própria ciência. É necessário aplicar a compreensão das incertezas nas medições para a leitura crítica de relatórios científicos, sejam em revistas científicas ou em jornais populares ou revistas (ver o Detalhamento 2.3).

Exatidão e Precisão

Uma pessoa herdou uma porção de terra em uma ilha, a certa distância da costa do estado de Maine, EUA. No entanto, os registros históricos não estavam claros sobre os limites da propriedade e, a fim de vender alguma parte do terreno e determinar onde terminavam as terras do vizinho e começavam as suas, essa pessoa teria que encontrar um bom mapa com o qual todos estivessem de acordo. Havia diferenças de opinião com respeito aos limites das propriedades. De fato, alguns afirmavam que um dos limites passava pelo meio da casa, o que teria causado muitos problemas! Então essa pessoa contratou um agrimensor para determinar exatamente quais eram os limites da propriedade.

Os registros com relação às fronteiras originais datados do início do século XIX estavam confusos. As descrições das demarcações relatavam, "começando na boca do córrego Marsh a leste das barras nas pedras e em uma estaca". Mas, ao longo do tempo, o riacho, a foz do riacho e as pedras haviam se movido e a estaca tinha desaparecido. As descrições continuavam "em direção ao sul, descendo cento e trinta metros dali até uma estaca e pedras". O agrimensor foi claro quanto à distância total, mas o "sul" não estava muito especificado, a estaca havia desaparecido e a área estava repleta de pedras. Dessa forma, exatamente, onde e em qual direção estariam os verdadeiros limites? (Esse método de delimitação era comum no início do século XIX, na Nova Inglaterra, região nordeste dos EUA. Um dos levantamentos de Nova Hampshire, dessa época, começa assim "onde eu e você estivemos de pé ontem". Outro se inicia "começando com o buraco no gelo [no curral]").

O agrimensor do século XXI solicitado para determinar os verdadeiros limites da propriedade utilizou a tecnologia mais sofisticada de equipamentos — teodolitos eletrônicos, dispositivos GPS — então, dessa forma, foi capaz de medir as linhas da divisa com precisão na ordem dos milímetros. Seria possível medir novamente essas linhas e retornar às mesmas localizações prévias, com precisão de milímetros. Mas, uma vez que o ponto de partida original não pôde ser determinado, em um raio de alguns metros, o agrimensor não pôde informar onde estava a linha divisória correta; que estava em algum lugar em torno de 10 metros do limite originalmente medido. Portanto, o resultado final foi que, mesmo utilizando equipamentos criteriosos, sofisticados e de alta tecnologia, ninguém conseguiu descobrir quais eram, de fato, as linhas divisórias originais.

Os cientistas diriam que o trabalho do agrimensor moderno foi preciso, porém não foi exato. *Exatidão* refere-se ao que se sabe; *precisão* refere-se ao quão bem se realiza a medição. Assim, como nesse exemplo de medição dos limites da propriedade, há uma diferença fundamental. Em alguns casos, determinadas medições têm sido cuidadosamente realizadas, por muitas pessoas, por longos períodos de tempo e valores admitidos, consensualmente aceitos, têm sido determinados. Nesse tipo de situação, a *exatidão* significa a magnitude com a qual uma medição corresponde a um valor admitido. *Precisão* significa os graus de exatidão com as quais uma grandeza é medida. No exemplo das terras em Maine, pode-se dizer que as novas medições não tiveram exatidão em comparação ao valor prévio ("admitido").

Ainda que um pesquisador necessite fazer experimentos da maneira mais precisa possível, a experiência em Maine, de delimitação de terras, torna evidente que é igualmente importante não relatar medições com precisão maior do que se pode garantir. Agir dessa forma conduziria a uma compreensão equivocada de ambos os conceitos, de precisão e de exatidão.

2.3 Observações, Fatos, Inferências e Hipóteses

É fundamental distinguir as observações das inferências, que são ideias baseadas em observações. **Observações**, princípio fundamental da ciência, podem ser feitas por meio de qualquer um dos cinco sentidos humanos ou por instrumentos que medem grandezas, que estão além do que permitem os sentidos. Uma **inferência** é uma generalização que surge de um conjunto de observações. Quando há consenso geral, ou quase, sobre o que é observado, isso é considerado geralmente um **fato**.

É possível observar que uma substância é branca, composta por um material cristalino, com gosto adocicado. Pode-se *inferir* somente por essas observações que essa substância é o açúcar. Antes de esta inferência ser aceita como um fato, entretanto, ela deve ser submetida a outras comprovações. Confundir observações com inferências e aceitar inferências não comprovadas como fatos são tipos de pensamentos negligentes, muitas vezes, expressos pela seguinte frase: "a força do pensamento a torna assim".*

Quando pesquisadores desejam comprovar uma inferência, convertem-na em um enunciado que possa ser contestado. Esse tipo de enunciado é conhecido como **hipótese**. Uma hipótese continua sempre aceita até que se prove o contrário. Se uma hipótese não foi contestada, ela ainda continua não sendo verdadeira no sentido dedutivo; ela foi apenas considerada provavelmente verdadeira até, ou ao menos, que evidências contrárias tenham sido encontradas.

Tipicamente, hipóteses assumem a forma de enunciados *se-então*. Por exemplo, um pesquisador que busca compreender como o crescimento de uma planta se altera com a quantidade de luz incidente. As taxas de fotossíntese são medidas sob intensidades variadas de luz (Figura 2.7). A taxa de fotossíntese é denominada **variável dependente**, porque é afetada e, devido a isso, depende da quantidade de luz que, por sua vez, é denominada **variável independente**. A variável independente é, em determinadas ocasiões, denominada **variável manipulável**, considerando que o pesquisador, deliberadamente, altera ou manipula essa variável. A variável dependente é, portanto, considerada como uma **variável de resposta** — aquela que responde às mudanças nas variáveis manipuladas.

Conforme as árvores vão crescendo, existem inúmeras **variáveis** durante o processo. Algumas variáveis, como a posição da Estrela do Norte, podem ser consideradas irrelevantes. Outras, como a duração das horas de sol (insolação), são potencialmente relevantes. No teste de hipóteses, um pesqui-

*Trecho retirado de uma fala da peça de Hamlet, de Shakespeare: "Não há coisa alguma que seja boa ou ruim, o pensamento é que a torna assim", diz Hamlet opinando sobre uma prisão, Ato II, Cena II. (N.T.)

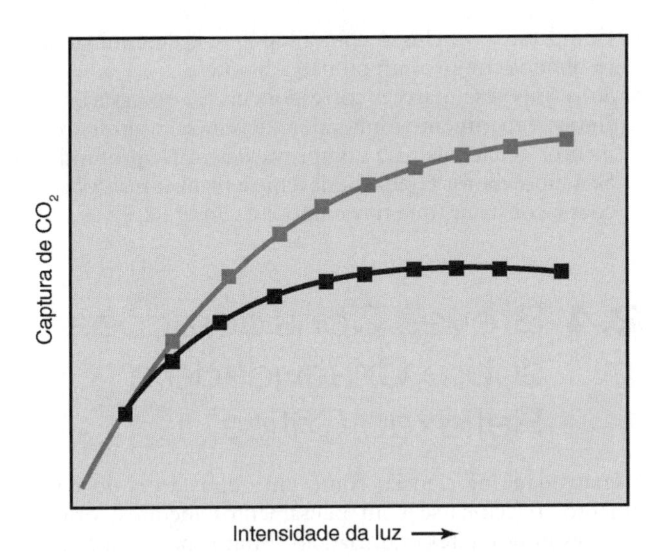

Figura 2.7 ■ Variáveis dependente e independente. Os efeitos da luz na fotossíntese. A fotossíntese, neste diagrama, é representada pela captura de dióxido de carbono (CO_2). A luz é a variável independente e a captura é a variável dependente. As linhas cinza e negrito representam duas plantas com respostas diferentes à luz.

sador tenta manter constantes todas as variáveis relevantes, com exceção das variáveis dependentes e independentes. Essa prática é conhecida como *controle de variáveis*. Em um **experimento controlado**, o experimento é comparado com um padrão ou controle — uma duplicação exata do experimento exceto pela condição da variável que está sendo testada (variável independente). Qualquer diferença no resultado (da variável dependente) entre o experimento e o controle pode ser atribuída ao efeito da variável independente.

Um aspecto fundamental da ciência, mas, frequentemente, omitido nas descrições do método científico, trata-se da necessidade de se definir ou de se descrever as variáveis por meio de expressões exatas, que possam ser compreendidas por todos os pesquisadores. A forma menos ambígua para se definir ou descrever uma variável é exatamente a mesma maneira que outro pesquisador teria que proceder para repetir as medições das variáveis. Tais definições são denominadas **definições operacionais**. Antes de conduzir um experimento, ambas as variáveis, dependente e independente, devem ser definidas operacionalmente. As definições operacionais permitem a outros pesquisadores reproduzir exatamente os experimentos e verificar os resultados inicialmente relatados.

Um pesquisador, durante a execução de um experimento, deve anotar e registrar os valores de entrada (variáveis independentes) e os de saída (variáveis dependentes). Esses valores são denominados *dados*. Podem ser numéricos, **dados quantitativos**, ou não numéricos, **dados qualitativos**. No exemplo anterior, os dados qualitativos seriam as espécies de árvores; os quantitativos seriam os valores da massa em gramas ou dos diâmetros em centímetros.

O conhecimento em uma dada área da ciência cresce quanto mais hipóteses são verificadas e comprovadas. Em função das hipóteses serem continuamente verificadas e avaliadas por outros pesquisadores, a ciência possui um sistema inerente de autocorreção. Pesquisadores aplicam o conhecimento acumulado para fomentar e desenvolver **explicações** consistentes e coerentes por meio de hipóteses geralmente aceitas. Às vezes, uma explicação é apresentada como um modelo. Um **modelo** é "uma idealização deliberadamente simplificada da natureza".[8] Pode ser um modelo físico funcional (maquete), um modelo gráfico, um conjunto de equações matemáticas ou uma simulação por computador. Por exemplo, o corpo de engenheiros do Exército dos Estados Unidos possui um modelo físico (maquete) da Baía de São Francisco, aberto ao público para visitação. É uma miniatura em um grande aquário, com a topografia da baía reproduzida em escala, na qual a água escoa segundo o padrão das marés. Em outro local, o Corpo do Exército desenvolveu modelos matemáticos e simulações em computador, que visam explicar alguns aspectos desse fluxo peculiar de água.

Na medida em que novos conhecimentos são acumulados, os modelos necessitam de revisão ou mesmo de substituição, com o objetivo de encontrar modelos mais consistentes e melhor adaptados à natureza.[8] A simulação da atmosfera por computador tem se tornado importante na análise científica sobre a possibilidade do aquecimento global. Simulações por computador têm se tornado importante para os sistemas biológicos, também, tal como para as simulações do crescimento de florestas (Figura 2.8). *Modelos que oferecem explicações amplas e fundamentais de inúmeras observações são denominados* **teorias**.

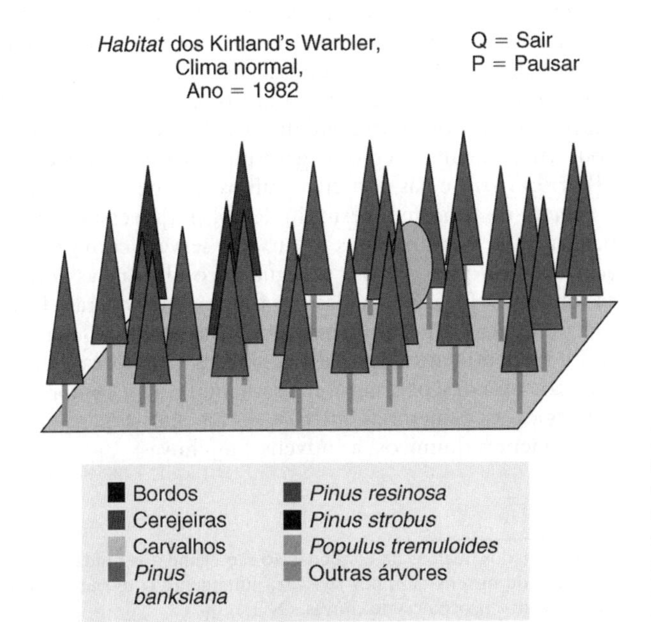

Figura 2.8 ■ Um exemplo de simulação computacional do crescimento florestal. Aqui se mostra uma representação com árvores distintas, cujo crescimento é previsto ano a ano, dependendo das condições ambientais. Nesta simulação há somente três tipos de árvores. A importância deste tipo de modelo está crescendo nas ciências ambientais. (*Fonte*: De *JABOWA-II* por D. B. Botkin. Direitos autorais © 1993 por D. B. Botkin. Utilizado com permissão da Oxford University Press, Inc.)

As ideias debatidas nesta seção se referem normalmente a como o **método científico** pode ser apresentado como uma sequência de passos:

1. Fazer observações e elaborar uma pergunta sobre as observações.
2. Fomentar uma tentativa de resposta para essa questão — uma hipótese.
3. Projetar um experimento controlado para comprovar a hipótese (o que implica identificar e definir as variáveis dependentes e independentes).
4. Coletar dados de forma organizada, por meio de tabelas, por exemplo.
5. Interpretar visualmente os dados por meio de gráficos, aplicando quantitativamente análise estatística ou outros métodos.
6. Chegar uma conclusão a partir dos dados.

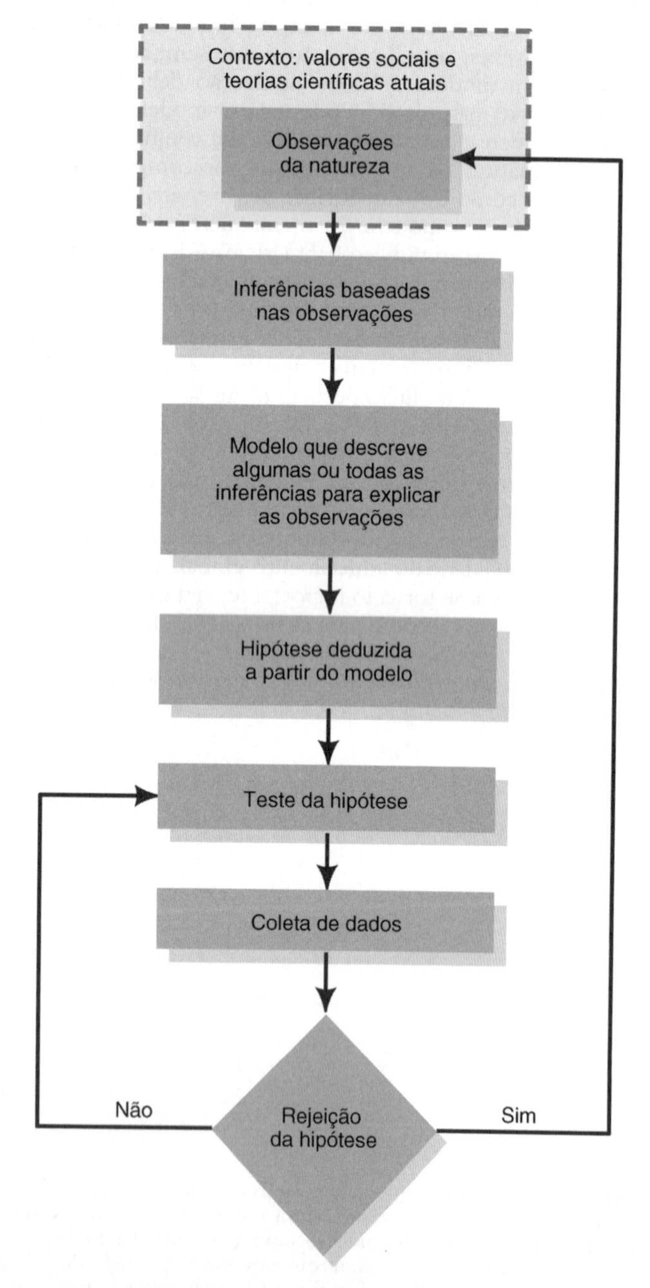

Figura 2.9 ■ Pesquisa científica como um processo de retroalimentação. (*Fonte*: Modificada de C. M. Pease e J. J. Bull, *Bioscience* 42 [Abril 1992]: 293–298.)

7. Comparar a conclusão com a hipótese e determinar se os resultados comprovam ou não a hipótese.
8. Se a hipótese parece corresponder às observações em alguns experimentos limitados, devem-se realizar experimentos adicionais para comprovações mais aprofundadas. Se a hipótese for rejeitada, devem-se realizar mais observações e construir uma nova hipótese (Figura 2.9).

2.4 Breves Considerações sobre Criatividade e Reflexão Crítica

A criatividade na ciência, como em outras áreas do conhecimento, relaciona-se com pensamentos inéditos, originais (aqueles nunca antes enunciados). Muitos possuem a habilidade para serem criativos, mas na atividade científica essa qualidade auxilia as pessoas a serem intensivamente curiosas sobre como as coisas funcionam. Muitas vezes a criatividade surge como inspiração ou ideia repentina — tal como uma possível resposta para uma velha pergunta. Suponha a busca do entendimento de o porquê determinadas espécies de árvores estarem morrendo em uma determinada região. Pode-se ter um palpite criativo de que isso ocorre devido à ação antrópica provocada pela chuva ácida (a chuva ácida decorre da poluição do ar; ver Capítulo 24). Essa é uma hipótese que exige comprovação e é, nesta etapa, que a reflexão crítica entra em ação na aplicação do método científico. Para pensar de forma crítica, pensa-se nas maneiras de testar as hipóteses formuladas e de aplicar habilidades criativas para formular hipóteses alternativas que serão igualmente testadas. Sintetiza-se o que é conhecido sobre as perguntas elaboradas, então os dados são coletados e analisados na tentativa de comprovar ou contestar as hipóteses. Devem ser examinados todos os lados do problema, avaliando cada um deles em termos de evidências disponíveis — dados físicos, químicos e biológicos — e, assim, deve ser obtida uma tentativa de conclusão.

Pode-se, inclusive, pensar crítica e criativamente sobre um problema ambiental particular, sem coletar os seus próprios dados e hipóteses testadas. Nesse caso, obtêm-se e sintetizam-se dados disponíveis, analisam-se os dados em termos de suas incertezas, examinam-se todos os lados do problema na extensão mais ampla possível e esboça-se uma tentativa de conclusão. Alguns pesquisadores fizeram importantes descobertas criativas reexaminando os dados coletados para outros propósitos. Por exemplo, a coleta de dados sobre a abundância de minúsculos organismos marinhos unicelulares (*Foraminifera*) e das partículas sulfurosas que eles produzem e liberam na atmosfera permitiu descobrir que essas pequenas partículas de componentes de enxofre servem como núcleos, ao redor dos quais o vapor de água se condensa e as gotículas se formam.* Essas partículas são fundamentais para a formação de nuvens que produzem as chuvas sobre os oceanos e sobre os continentes, quando as nuvens se deslocam em sua direção. Essa descoberta foi fundamental para a compreensão das conexões planetárias entre os oceanos, os organismos, os componentes químicos, as nuvens e as chuvas.

*Denominados núcleos de condensação são elementos fundamentais na formação de nuvens que, por sua vez, juntamente com outros fatores, determinam a ocorrência de chuvas. (N.T.)

2.5 Equívocos sobre a Ciência

O método científico, conforme foi descrito, não leva em consideração as diferenças entre as várias disciplinas da ciência. A lógica da pesquisa não é a mesma na física, por exemplo, como é na biologia. De fato, dentro da própria biologia, as indagações com respeito à evolução diferem de forma significativa das indagações feitas pela ecologia. É muito mais realístico falar dos *métodos das ciências* do que do **método científico**.

Teoria na Ciência e na Linguagem

Uma confusão comum sobre ciência surge da confusão entre a utilização da palavra *teoria* na ciência e na linguagem do dia a dia. Uma **teoria científica** é uma conjectura principal que relata e explica muitas observações, e está baseada em uma grande quantidade de evidências. Ao contrário, no emprego cotidiano, uma teoria pode ser um palpite, uma suposição, uma hipótese, uma previsão, uma noção, uma crença. É comum ouvir a frase "É só uma teoria". Isso pode fazer sentido na linguagem cotidiana, leiga, mas não na linguagem científica. De fato, teorias têm enorme prestígio e são consideradas a maior realização científica.[9]

Enganos adicionais surgem quando pesquisadores utilizam a palavra *teoria* para vários sentidos diferentes.[7] Por exemplo, é possível encontrar referências sobre: uma teoria atualmente aceita, amplamente suportada, como a teoria da evolução pela seleção natural; uma teoria descartada, tal como a teoria da herança de caracteres adquiridos; uma nova teoria, a exemplo da teoria da evolução de organismos multicelulares por simbiose; e um modelo tratando de uma área específica da ciência, como a teoria da ação enzimática.[9]

Um dos mais importantes equívocos, sobre o método científico, pertence à relação entre a pesquisa e a teoria. Ainda que a teoria seja sempre apresentada como em estado de contínua investigação e desenvolvimento, na verdade, as teorias orientam as pesquisas. As inúmeras observações que um cientista realiza ocorrem no contexto de teorias existentes. Às vezes, as discrepâncias entre as observações e as teorias aceitas se tornam tão grandes que revoluções científicas acontecem; as velhas teorias se tornam obsoletas e são descartadas, enquanto são substituídas por novas teorias ou significativamente revisadas.[10]

Ciência e Tecnologia

Outro equívoco sobre a ciência ocorre quando a ciência é confundida com a tecnologia. Conforme anteriormente mencionado, ciência é a busca da compreensão da natureza e do mundo físico material, enquanto a tecnologia é a aplicação do conhecimento científico com vistas ao benefício humano. A ciência, normalmente, conduz aos desenvolvimentos tecnológicos, da mesma forma que novas tecnologias contribuem com descobertas científicas. O telescópio foi inicialmente utilizado como instrumento tecnológico, auxiliar à navegação, porém, quando Galileu o utilizou para estudar o céu, o telescópio se tornou uma nova fonte de um conhecimento científico. Este conhecimento estimulou a tecnologia para a construção de telescópios, levando à produção de instrumentos cada vez melhores, e, consequentemente, promovendo mais avanços na astronomia.

Embora de utilidade recíproca, a ciência pode ser limitada pela tecnologia disponível. Antes da invenção do microscópio eletrônico, os cientistas estavam limitados a ampliações da ordem de 1.000 vezes e estudavam objetos da ordem de um décimo de micrômetro de tamanho. (Um micrômetro é igual a 1/1.000.000 de metro, ou 1/1.000 de milímetro.) O microscópio eletrônico, a base da ciência moderna, foi igualmente o resultado da ciência. Sem o conhecimento científico prévio sobre feixes de elétrons e sobre como focá-los, o microscópio eletrônico não teria sido desenvolvido.

A maioria das pessoas não entra em contato direto com a ciência na vida cotidiana; em vez disso, as pessoas entram em contato com os produtos da ciência — dispositivos tecnológicos como computadores, *iPods* e fornos de micro-ondas. Logo, as pessoas tendem a confundir os produtos da ciência com a ciência propriamente dita. Na medida em que se estuda a ciência, tornam-se mais evidentes as diferenças entre a ciência e a tecnologia.

Ciência e Objetividade

Um mito sobre a ciência é o mito da objetividade ou da neutralidade da ciência em relação a valores — a ideia de que cientistas são capazes de serem totalmente objetivos e independentes de seus valores pessoais e da cultura em que eles vivem, e que a ciência lida apenas com fatos objetivos. A objetividade é certamente a meta dos cientistas, mas é irrealista acreditar que eles podem ser totalmente isentos de influências de seus contextos sociais e valores pessoais. Uma visão mais realista é admitir que os cientistas possuem preconceitos e tentam identificá-los em vez de ignorá-los. Em alguns casos, essa situação é análoga aos erros em medições. Isso é inevitável, e a melhor maneira de se lidar com este fato é reconhecer e estimar os seus efeitos.

Para ilustrar com exemplos de como os valores pessoais e sociais afetam a ciência, basta observar as recentes controvérsias ambientais, como adoção ou não de padrões mais rigorosos para a emissão de poluentes pelos veículos automotores. A engenharia genética, a energia nuclear, a preservação de espécies ameaçadas ou em extinção, entre outros temas, todos envolvem conflitos de interesses nos contextos da ciência, da tecnologia e da sociedade.

A ideia de que a ciência não é completamente neutra, livre de valores, não significa que pensamentos distorcidos e deturpados são aceitos na ciência. Ainda é importante a reflexão crítica e lógica da ciência, e os problemas sociais relacionados. Se não fossem os elevados padrões de comprovação que sustentam os preceitos da ciência, haveria o risco de serem aceitas ideias sem fundamentos sobre o mundo. Se houver confusão entre o desejo de se acreditar em algo e a evidência para se acreditar, estará fragilizada a base científica para a tomada de decisões sobre questões ambientais críticas — decisões que poderão resultar em consequências amplas e sérias.

Ciência, Pseudociência e Ciência de Fronteiras

Na realidade, algumas ideias apresentadas como científicas não são científicas, porque são inerentemente não testáveis, falta o suporte empírico ou estão baseadas em raciocínio incorreto ou em pobre metodologia científica. Tais ideias são classificadas como **pseudocientíficas** (*pseudo* significa "falsa").

Ideias pseudocientíficas originam-se de fontes variadas, conforme exibido na Figura 2.10. Com mais pesquisas, entretanto, alguns destes modelos de fronteira podem ser aceitos pelo campo da ciência e novas ideias tomarão os seus lugares no avanço da fronteira.[11] A pesquisa pode não suportar outras hipóteses na fronteira e elas serão descartadas pelos pesquisadores.

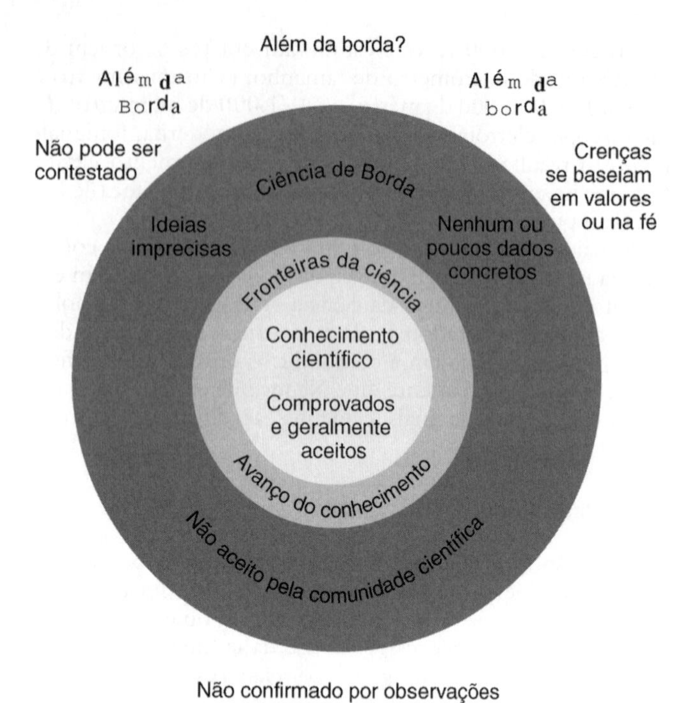

Figura 2.10 ■ Além da borda? Um diagrama dos diferentes tipos de conhecimentos e de ideias.

Inúmeras pessoas continuam acreditando em ideias científicas descartadas ou em pseudociência. Por exemplo, ainda que os pesquisadores ou cientistas já tenham descartado há muito tempo a noção de que movimentos dos corpos celestes poderiam afetar as personalidades e os destinos das pessoas, muitos ainda acreditam que a astrologia é científica (36% dos norte-americanos acreditam que a astrologia é "muito" ou "um tipo" científico[a]).[12] É interessante saber que muito do que os astrólogos aprenderam sobre o movimento das estrelas e dos planetas era tão preciso que se tornou a base para a astronomia, o estudo científico dos céus. Partes da astrologia se tornaram cientificamente aceitas e partes se tornaram pseudociência.

A ciência aceita pode fundir-se com a ciência de fronteiras, o que, por sua vez, pode se fundir com ideias ainda mais extraordinárias, ou a ciência de borda. Ideias realmente malucas podem ser consideradas além da borda.

Ainda que os pesquisadores não tenham problemas em distinguir entre a ciência aceita e a pseudociência, eles têm problemas para identificar as ideias na fronteira que serão aceitas e as ideias que serão relegadas à pseudociência. Essa confusão surge porque a ciência é um processo contínuo de investigação. Essa ambiguidade nas fronteiras da ciência induz muita gente a aceitar algumas ciências de fronteiras, antes que elas tenham sido definitivamente comprovadas; e a confundir pseudociência com ciência de fronteiras. (Ver a discussão sobre a Hipótese de Gaia no Capítulo 3.)

2.6 As Questões Ambientais e o Método Científico

As ciências ambientais lidam com sistemas especialmente complexos e que incluem um conjunto novo de ciências. No entanto, o processo de pesquisa científica nem sempre tem seguido, nitidamente, o método científico formal, anteriormente discutido neste capítulo. Muitas vezes, as observações não são utilizadas para desenvolver hipóteses formais. Experimentos controlados em laboratórios têm sido exceções, e não regra. Diversas pesquisas na área ambiental têm sido limitadas às observações de processos e de eventos em campo difíceis de serem submetidos a experimentos controlados.

As pesquisas ambientais apresentam vários obstáculos para seguir o método científico clássico. O longo período de tempo de muitos processos ecológicos em relação ao tempo da vida humana, ao tempo da vida profissional e aos anos de pesquisa oferece subsídios para levantar problemas de estabelecimento dos enunciados que podem, na prática, serem submetidos à contestação. O que fazer se uma comprovação teórica feita por observação direta levasse um século ou mais? Outros obstáculos incluem as dificuldades em elaborar **controles experimentais** adequados nos estudos de campo, na criação de experimentos de laboratórios com a necessária complexidade e no desenvolvimento de teorias e modelos para sistemas complexos. Por meio deste texto, serão apresentadas as diferenças entre o modelo científico "padrão" e a abordagem que atualmente tem sido utilizada nas ciências ambientais.

Exemplo: o Condor-da-califórnia

Um problema da área ambiental que tem se apresentado de difícil investigação, utilizando o método científico tradicional, é o do condor-da-califórnia, o maior pássaro norte-americano em termos de envergadura. Nos anos 1970, a população total dessa espécie havia totalizado 22 indivíduos. Esse pássaro nunca existiu em abundância desde a ocupação europeia na América do Norte, e a sua população em número decaia ano a ano. No início da década de 1980 várias sugestões foram feitas sobre o que fazer para salvar essa espécie da extinção.

Uma delas foi a remoção de todos os condores das áreas selvagens, naturais, e a tentativa de reproduzi-los em cativeiro, no zoológico. Dessa forma, uma vez aumentado o número de aves, algumas delas poderiam ser reintroduzidas na natureza. Outra sugestão foi a de se aprimorar o habitat dos condores, especialmente fornecendo mais alimento e revertendo maiores superfícies em sua área de distribuição nativa em pradarias, por meio de queimadas controladas. As áreas de pradarias* eram predominantes no *habitat* dos condores antes da colonização europeia. Sobre grande parte dessa área natural dos condores, as queimadas foram suprimidas ao longo do século XX e, com isso, as áreas antes de pradarias relativamente abertas foram revertidas em matagais com moitas densas, denominadas chaparral.** É difícil para os condores, sobretudo, aos de maior envergadura, pousar e alçar voo nos chaparrais densos e, também, é difícil a visualização das carcaças de animais mortos, dos quais eles se alimentam.

Em tese, os pesquisadores poderiam, por um lado, retirar metade dos 22 condores remanescentes nas áreas nativas e tentar a reprodução dessa espécie em cativeiro e, por outro,

*Pradarias – regiões de pastagem, áreas com solo coberto por grama ou vegetação rasteira, pasto, savana etc. Áreas onde os condores podem facilmente alçar voo e pousar livremente. (N.T.)

**N.T. Chaparral – tipo de vegetação caracterizada por arbustos e subarbustos, com pequenas árvores esparsas retorcidas. (N.T.)

(a)

(b)

Figura 2.11 ■ (*a*) Condor no programa de reprodução em cativeiro. (*b*) Condores reintroduzidos no seu *habitat* natural.

deixar a metade remanescente em áreas naturais, porém com modificações. Entretanto, um total de 22 indivíduos foi considerado muito reduzido para se obter alguma chance de sobrevivência e uma abordagem experimental para testar dois diferentes métodos de tratamento dos condores parecia muito arriscada. Ao final, todos os condores foram capturados e o programa de reprodução em cativeiro teve início (Figura 2.11).

Por volta de 1990, os condores se reproduziram em número suficiente e, naquele momento, acreditou-se na tentativa segura de reintrodução de alguns indivíduos na natureza. Hoje existem mais de 300 condores, 158 reintroduzidos na natureza.[13] No início de sua reintrodução, os condores tiveram problemas para encontrar e consumir alimentos, tornando-se dependentes de alimentação suplementar, além de não se reproduzirem no ambiente natural. Houve certa preocupação se os indivíduos nascidos no zoológico seriam capazes de se cuidarem por si mesmos. Mas, em 2003, o primeiro filhote de condor fecundado na natureza se emplumou com sucesso e até hoje seis filhotes já nasceram nas áreas selvagens. Além disso, os condores começaram a encontrar alimentos por conta própria, ainda que o projeto de reintrodução continuasse fornecendo a alimentação suplementar. Portanto, parece que a reintrodução do condor-da-califórnia vem se tornando um sucesso e isso exemplifica como se pode ajudar espécies em perigo de extinção, incluindo quais os tipos de trabalho e os conhecimentos científicos exigidos para que se tornem bem-sucedidos.

Para resumir esta discussão, pode-se descobrir que as ciências ambientais – ciências novas tratando de fenômenos complexos – estão repletas de questões sem respostas e que, muitas dessas questões, não parecem abertas ao método científico tradicional. Requerem novas abordagens que mantenham a chave essencial do método científico: a habilidade de contestar enunciados. A significativa quantidade de questões não respondidas e a dificuldade em respondê-las podem parecer desanimadoras. Mas elas também podem ser vistas com uma aventura na qual a dúvida e a incerteza são maravilhosos desafios. O físico Richard Feynman, famoso ganhador do Prêmio Nobel, manifestou essa ideia quando disse, "Não se pode entender a ciência e as suas relações a menos que se compreenda e aprecie [a ciência] como uma grande aventura de nosso tempo. Não se vive o presente sem compreender que isso se trata de uma aventura formidável e uma coisa ao mesmo tempo selvagem e excitante".[14] As ciências ambientais devem ser abordadas com esse espírito e deve-se procurar um conjunto de métodos científicos que permitirão responder a essas indagações fascinantes.

Algumas Alternativas para a Experimentação Direta

De que forma os pesquisadores da área ambiental têm tentado responder a essas difíceis questões? Muitas abordagens têm sido adotadas, incluindo a utilização de registros históricos e observações de distúrbios e catástrofes recentes.

Evidência Histórica

Os ecologistas têm feito uso de ambos os registros históricos, os humanos e os ecológicos. Um exemplo clássico é o estudo da história dos incêndios em *Boundary Waters Canoe Área* (BWCA), em Minnesota (EUA), uma região de pouco mais de 400.000 hectares de floresta boreal, com rios e lagos, bastante conhecida pela atividade recreativa da canoagem.

Murray ("Bud") Heinselman viveu próximo às BWCA por longo tempo de sua vida e contribuiu para que ela fosse declarada área de preservação ambiental. Cientista da área de ecologia florestal, Heinselman se propôs a determinar os padrões de incêndios já ocorridos nessa área selvagem. Esses padrões são importantes para a sua manutenção. Se a área nativa se caracteriza pela ocorrência de incêndios com uma frequência específica, então pode-se deduzir que essa frequência é necessária para a manutenção dessa área em seu estado mais "natural" possível.

Heinselman aplicou três tipos de dados históricos: os registros escritos, os registros de anéis do tronco de árvores e os registros de materiais queimados (depósitos orgânicos fósseis e pré-fósseis). As árvores das florestas boreais, como a maioria

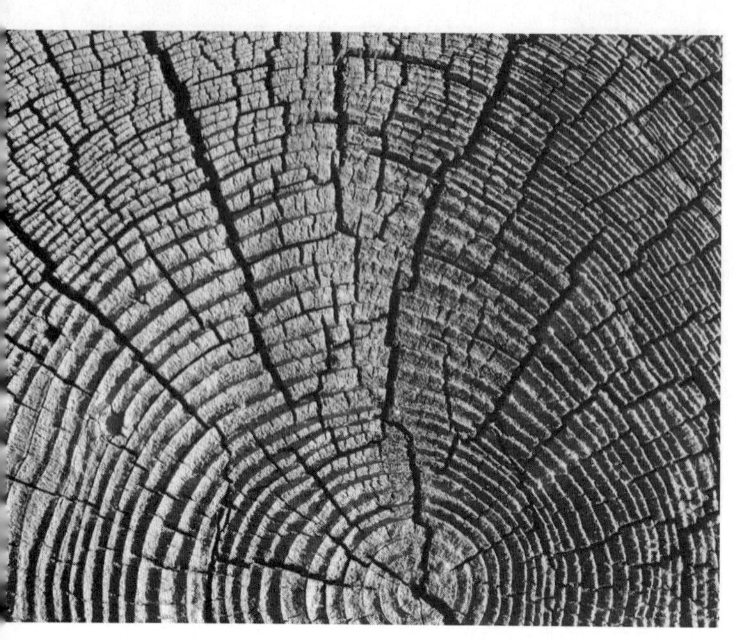

Figura 2.12 ■ Seção transversal do tronco de uma árvore mostrando os seus anéis e as cicatrizes gravadas pelo fogo dos incêndios. As análises desses anéis e cicatrizes permitiram aos pesquisadores datarem os incêndios e a média de tempo entre cada um deles.

árvores coníferas ou angiospermas (plantas que florescem), produzem anéis de crescimento anual. Se ocorrer um incêndio, ele provoca queimaduras na casca das árvores e deixa uma cicatriz, da mesma forma que uma queimadura provoca uma cicatriz na pele humana. A árvore cresce sobre a cicatriz, criando um novo anel de crescimento a cada ano (a Figura 2.12 mostra cicatrizes de incêndios em anéis de árvores em seção transversal do tronco). Examinando a seção transversal dos troncos de árvores é possível determinar a data de cada incêndio e o número de anos decorridos entre cada incêndio. Por meio dos registros escritos e dos anéis de troncos de árvores, Heinselman descobriu que, desde o século XVII, a floresta das BWCA havia se incendiado, em média, uma vez a cada século. Entretanto, a frequência de incêndios ocorridos variou ao longo do tempo. Além disso, a datação do carvão vegetal enterrado, utilizando carbono-14, revelou que os incêndios ocorridos poderiam ser determinados por mais de 30.000 anos.[15]

Os três tipos de registros históricos forneceram importantes evidências sobre os incêndios na história da BWCA. Na época em que Heinselman realizou os seus estudos, a hipótese inicial era a de que os incêndios eram ruins para as florestas e que deveriam ser contidos. A evidência histórica forneceu uma contestação dessa hipótese. Mostrou que os incêndios são naturais e parte integrante do processo de existência da floresta e demonstrou, ainda, que as florestas têm sobrevivido aos incêndios por longos períodos de tempo. Dessa maneira, a utilização de informações históricas satisfez o requisito básico do método científico — a possibilidade de contestar uma hipótese ou enunciado. As evidências históricas são fontes fundamentais que podem ser utilizadas para a verificação de hipóteses científicas na ecologia.

Catástrofes Recentes e Distúrbios Tomados como Experimentos

As grandes catástrofes, algumas vezes, fornecem algum tipo de experimento ecológico. A erupção vulcânica do Monte Santa Helena, em 1980, forneceu tal experiência, destruindo a vegetação e a fauna silvestre sobre vasta área. A recuperação das plantas, dos animais e do ecossistema que se seguiu a essa erupção permitiu aos pesquisadores melhor compreensão da dinâmica dos sistemas ecológicos e, além disso, forneceu algumas surpresas. A maior delas foi a rapidez com a qual a vegetação se recuperou e de como a fauna silvestre retornou para o ambiente local das montanhas. Por outro lado, a recuperação seguiu os padrões esperados de sucessões ecológicas (ver Capítulo 10). Um exemplo mais recente de catástrofe, objeto

(a)

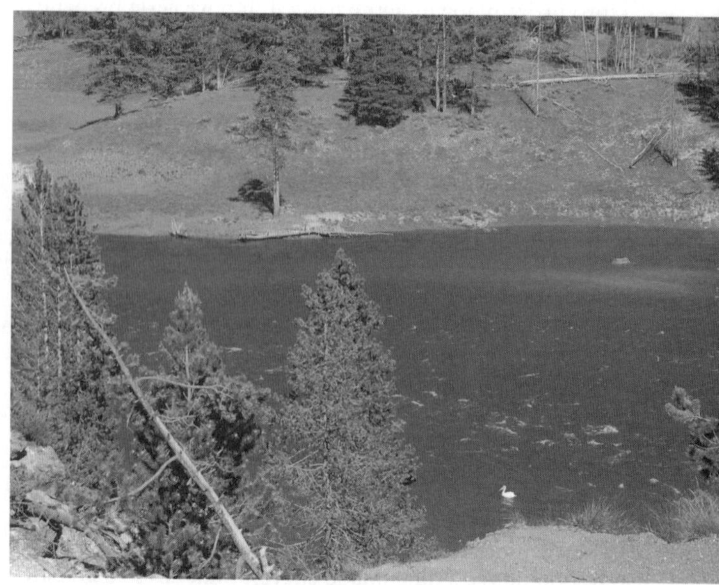

(b)

Figura 2.13 ■ Área florestal do Parque Nacional de Yellowstone (*a*) durante e (*b*) depois do incêndio de 1988. O fogo representou um evento catastrófico, porém, provocado por causas naturais.

de pesquisa ecológica, foi o incêndio no Parque Nacional de Yellowstone, em 1988 (Figura 2.13).

É fundamental destacar que quanto maior a quantidade e melhor a qualidade dos dados ecológicos existentes antes de cada catástrofe, muito mais poderá ser aprendido por meio da resposta do sistema ecológico em relação ao acontecimento. Tal fato exige constante e cuidadoso monitoramento ambiental.

2.7 A Ciência e o Processo de Tomada de Decisões

Como o método científico, o processo de tomada de decisões é, às vezes, apresentado em uma série de etapas:

1. Formular um enunciado ou uma hipótese clara sobre a questão a ser decidida.
2. Reunir as informações científicas relacionadas às questões.
3. Listar todas as alternativas para as formas de ação.
4. Prever as consequências positivas e negativas para cada forma de ação e a probabilidade de cada consequência ocorrer.
5. Ponderar as alternativas e escolher a melhor solução.

Tal procedimento é um ótimo guia para a tomada de decisões racionais, mas isso assume uma simplicidade nem sempre encontrada nas questões do mundo real. É difícil a antecipação de todas as consequências de uma atitude ou de uma forma de ação e as consequências não previstas estão na raiz de muitos problemas ambientais. Muitas vezes, as informações científicas estão incompletas e, mesmo, em contradição. Por exemplo, o inseticida DDT faz com que as cascas dos ovos de pássaros que se alimentam de insetos tornem-se tão finas que os embriões em formação morrem. Quando pela primeira vez se aplicou o DDT, essa decorrência não havia sido prevista. Somente quando populações de espécies, tal como o pelicano-pardo, tornaram-se ameaçadas que começaram as preocupações com esse fato.

Em face das informações incompletas, contradições científicas, conflito de interesses e sentimentalismo, como podem ser tomadas as decisões de caráter ambiental? É necessário começar com as evidências científicas de todas as fontes relevantes e com a estimativa das incertezas de cada uma delas. Onde os pesquisadores discordam sobre a interpretação de dados, é possível desenvolver um consenso ou uma série de previsões baseadas em diferentes interpretações. Os impactos dos cenários necessitam ser identificados e os riscos associados, com cada um deles, devem ser analisados em comparação aos benefícios. Evitar sentimentalismos, resistir às frases feitas e às propagandas é essencial para o desenvolvimento de abordagens ecológicas sensatas para as questões ambientais. Em última instância, entretanto, as decisões ambientais são decisões de caráter político, negociadas por meio de processos políticos. Políticos raramente são pesquisadores profissionais; geralmente, são líderes políticos e cidadãos comuns. Consequentemente, a educação científica deles em negociações políticas e de negócios, tanto quanto de qualquer cidadão, é crucial.

2.8 Aprendendo sobre a Ciência

A ciência é um processo ilimitado de descobertas sobre o mundo e a natureza. Ao contrário, os textos e as aulas sobre ciência são, normalmente, resumos das respostas que chegam por meio desse processo e os testes e compromissos da ciência são exercícios na busca da resposta certa.

Portanto, estudantes frequentemente consideram a ciência como um conjunto de fatos para memorização e veem as aulas e os textos como fontes autoritárias da verdade absoluta sobre o mundo. Por outro lado, os pesquisadores enxergam o conhecimento científico como uma verdade que é atualmente aceita, sempre sujeita a mudanças conforme surgem novas observações e interpretações. Os estudantes tendem a não questionar o conteúdo dos livros-textos e das aulas, ainda que a essência da ciência seja o questionamento e a avaliação crítica de verdades consentidas.

2.9 A Ciência e os Meios de Comunicação

A maior parte dos relatos na imprensa sobre questões científicas tratam dos assuntos de novas descobertas, ciência de borda e pseudociência. É fundamental analisar as afirmações de tais reportagens para decidir em qual categoria devem ser colocadas. Escutar e ler criticamente exige cuidadoso pensamento sobre o quanto uma afirmação está baseada em observações e em dados, em interpretações objetivas de dados, em interpretação baseadas na experiência de algum especialista da área ou em opiniões subjetivas.

A necessidade de avaliação crítica se aplica às afirmações feitas por pesquisadores ou cientistas, tanto quanto para outras fontes. Por um lado, pesquisadores treinados na análise de dados examinam de forma mais qualificada que o público em geral e podem decidir sobre determinadas questões complexas; por outro, conforme anteriormente discutido, pesquisadores possuem valores, interesses e contextos culturais que podem influenciar as suas interpretações dos dados e induzir distorções nas suas afirmações ou enunciados. A situação é complicada pelo fato de que inúmeros pesquisadores se tornam "pesquisadores-midiáticos" cujas opiniões são solicitadas em uma ampla variedade de temas, muitos dos quais não pesquisaram como cientistas ou estudaram como pesquisadores. A opinião de especialistas deve ser necessariamente ouvida, mas recorrer aos pesquisadores como autoridades, fora de suas áreas de conhecimento, é uma atitude contrária à natureza antiautoritária da ciência.

DETALHAMENTO 2.4

Avaliando a Cobertura da Mídia

As questões, a seguir, auxiliarão na avaliação de uma reportagem sobre ciência:[14]

1. Em que área se insere a reportagem? Um periódico científico, um jornal de prestígio, uma revista científica popular ou um tabloide?
2. A reportagem está baseada em observações de fatos recentes? As observações foram realizadas por mais de uma pessoa? Poucas pessoas?
3. As fontes da reportagem estão especificamente identificadas? Foram citados os pesquisadores, os jornais científicos ou as organizações científicas?
4. A reportagem fornece evidências de que as declarações são aceitas por outros membros da comunidade científica?
5. As evidências quanto às declarações parecem suficientes? Existem evidências contraditórias que poderiam contrabalançar as evidências apresentadas na reportagem?
6. As afirmações seguem logicamente a partir das evidências? As afirmações violam as razões (por exemplo, mulher de 99 anos dá a luz a um bebê). Existe uma explicação mais simples para as observações?
7. Existe uma razão válida para suspeitar de tendências e de distorções da fonte ou de quem escreveu a reportagem?
8. É possível descrever o fio condutor do pensamento que orienta a reportagem desde a evidência até a declaração?

A percepção da ciência como uma coleção de fatos pode levar os estudantes a enxergarem a ciência como de difícil compreensão e memorização. Ao contrário, os pesquisadores enfatizam a utilização dos fatos na formação de ilustrações coerentes do mundo que tem o poder de explicar inúmeros fenômenos. Essas ilustrações (modelos, teorias etc.) são tão poderosas que os pesquisadores acreditam que são fáceis de se lembrar e esperam que os estudantes também acreditem nisso.

Aprender sobre a ciência exige a resolução de problemas. Aqui, igualmente, as atitudes dos estudantes e dos cientistas também são diferentes. Apesar de os estudantes olharem para as fórmulas, problemas e algoritmos como auxiliares na resolução de problemas, os pesquisadores olham para os princípios gerais, reflexões críticas e para a criatividade.

Incentiva-se neste livro o aprendizado das ciências ambientais de uma maneira ativa, estimulando a reflexão crítica ao que é apresentado no texto, ao que se ouve, ao que se vê e ao que se lê — incluindo o próprio livro-texto. Incentiva-se, igualmente, qualquer tentativa de compreensão do que é ciência — suas suposições, métodos e limitações — e a aplicação desse conhecimento no estudo das ciências ambientais. Mais que tudo, espera-se que não se perceba os fatos de maneira isolada, a serem aprendidos por repetição, mas que sejam percebidas as conexões entre os fatos, pois eles refletem a interdependência e a unidade do meio ambiente.

RESUMO

- A ciência é um caminho para refletir criticamente sobre o mundo. O seu objetivo se traduz pela compreensão de como o mundo e a natureza funcionam. As decisões sobre questões ambientais começam com o exame da relevância das evidências científicas. Contudo, as decisões de caráter ambiental também necessitam de cuidadosas análises das consequências econômicas, sociais e políticas. As soluções também refletirão os valores religiosos, éticos e estéticos.
- A ciência se inicia com observações meticulosas do mundo natural, a partir das quais os pesquisadores formulam hipóteses. Sempre que possível, os pesquisadores verificam as hipóteses por meio de experimentos controlados.
- Apesar de o método científico ser frequentemente descrito como uma série de passos prescritos, é melhor pensar a ciência como um roteiro geral para o pensamento científico com inúmeras variações.
- O conhecimento científico é adquirido por meio do raciocínio indutivo, no qual as conclusões gerais estão baseadas em observações específicas. As conclusões advindas por meio da indução nunca podem ser provadas com certeza absoluta. Devido à natureza indutiva da ciência, é possível contestar hipóteses, mas não é possível prová-las com 100% de certeza.
- Medições são aproximações que podem ser mais ou menos exatas, dependendo dos equipamentos de medição e das pessoas que manipulam esses instrumentos. Uma medição só tem significado quando acompanhada por uma estimativa do grau de incerteza ou erro.
- Exatidão nas medições representa a magnitude com que as medições concordam com o valor aceito.
- Um enunciado geral que relata ou explica um conjunto significativo de hipóteses é denominado teoria. As teorias são os grandes êxitos da ciência.
- A reflexão crítica pode auxiliar a distinguir a ciência da pseudociência. Pode também auxiliar no reconhecimento de possíveis influências por parte de pesquisadores ou por parte da imprensa. A reflexão crítica engloba o questionamento e a síntese do que é aprendido, com objetivo de alcançar o conhecimento ao contrário de, meramente, adquirir informação.

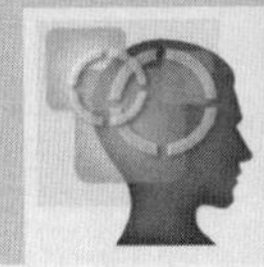

QUESTÕES PARA REFLEXÃO CRÍTICA

Como Decidir em que Acreditar com Respeito às Questões Ambientais?

Como decidir aceitar as afirmações em textos de jornais e revistas sobre as questões ambientais? Elas estariam baseadas em evidências científicas e elas seriam lógicas? A evidência científica está baseada em observações, porém, os informes da imprensa, frequentemente, valem-se, na maioria dos casos, mais de inferências (interpretações) do que em evidências. Distinguir as inferências das evidências é um primeiro passo para a avaliação crítica de artigos. Segundo, é importante considerar a fonte de uma afirmação. A fonte se baseia em uma organização ou publicação científica de reputação? A fonte possui interesses que poderiam influenciar as afirmações? Quando as fontes não são citadas, é impossível julgar a consistência das afirmações. Se uma afirmação se baseia em uma evidência científica apresentada, logicamente, a partir de uma fonte confiável e imparcial, é oportuno aceitar a afirmação provisoriamente, na espera de melhores informações. Uma prática da aptidão à avaliação crítica pode ser feita por meio da leitura do artigo do quadro e das perguntas para reflexão crítica.

Perguntas para Reflexão Crítica

1. Qual a principal afirmação feita pelo artigo?

2. Qual a evidência que o autor apresenta para garantir a afirmação?

3. A evidência está baseada em observações e a fonte sobre a evidência é de confiança e imparcial?

4. O argumento da afirmação, baseada ou não em evidências, é lógica?

5. Você aceitaria ou rejeitaria a afirmação?

6. Mesmo que as afirmações fossem bem sustentadas pelas evidências, baseadas em autoridades respeitáveis, por que você as aceitaria apenas provisoriamente?

PISTA ENCONTRADA PARA O MISTÉRIO DO SAPO DEFORMADO

POR MICHAEL CONLON

Agência de Notícias Reuters (como impresso no *Toronto Star*)
6 de Novembro de 1996

Um produto químico aplicado no controle de mosquitos poderia estar ligado às deformidades encontradas nos sapos em determinadas regiões da América do Norte, uma vez que a fonte do fenômeno permanece um mistério. "Estamos ainda no ponto onde obtivemos muitas evidências que estamos tentando seguir, mas nenhum sinal de fumaça", diz Michael Lannoo da Universidade Estadual de Ball, em Muncie, Indiana. "Existe um enorme número de produtos químicos que estão sendo aplicados no meio ambiente e não entendemos quais são os subprodutos desses produtos químicos", diz Lannoo, que dirige a divisão norte-americana da força-tarefa internacional sobre o Declínio da População de Anfíbios.

Ele diz que um dos produtos químicos suspeitos foi o Metopreno, que produz um subproduto semelhante ao retinoico, substância importante para o crescimento. "O ácido retinoico produz em laboratório todas ou a maior parte das deformações nos membros dos anfíbios que estamos observando na natureza", ele diz. "Isso não significa dizer que é o que está ocorrendo. Mas é a melhor suposição do que pode estar acontecendo." Metopreno é utilizado no controle de mosquitos, entre outras coisas, diz Lannoo.

Tanto o declínio como as deformações nas populações de anfíbios são preocupantes porque os sapos e as criaturas correlatas são considerados espécies "sentinelas" que podem fornecer alertas antecipados sobre riscos para a vida humana. A pele dos anfíbios é permeável, o que os coloca em risco particular de contaminação por substâncias que existem na água.

Lannoo diz que as deformidades nos membros dos sapos são relatadas muito antes de 1750, porém a taxa de deformação manifestada, atualmente, é sem precedentes para algumas espécies. Algumas mostram anormalidades que afetaram mais da metade da população de dadas espécies que vivem em determinadas áreas, ele acrescenta. Ele diz que duvida que um parasita que poderia ter causado algumas das deformidades nos sapos na Califórnia foi também responsável por problemas semelhantes em Minnesota e em regiões próximas. Sapos deformados foram reportados em Minnesota, Wisconsin, Iowa, Dakota do Sul, Missouri, Califórnia, Texas, Vermont e Quebec. As deformidades relatadas incluíram pernas deformadas, membros extras e olhos fora do lugar ou falta deles.

REVISÃO DE TEMAS E PROBLEMAS

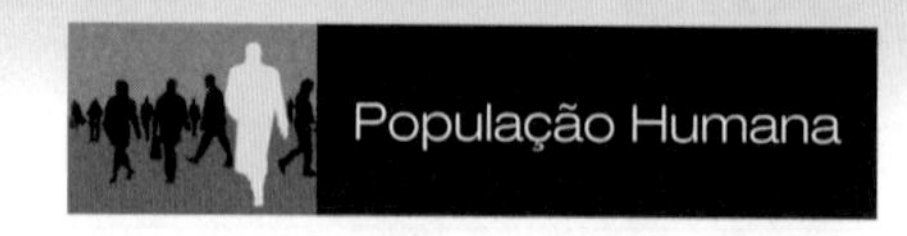

Este capítulo resume o método científico, que é essencial para a análise e para a resolução de problemas ambientais. O método científico é crucial para a compreensão do problema da população humana e desenvolvimento de abordagens sólidas para a sustentabilidade. A perspectiva global sobre o meio ambiente surge de novas descobertas das ciências ambientais. A importância do crescimento do mundo urbanizado é melhor compreendida com o auxílio das investigações científicas. As soluções para os problemas ambientais necessitam da noção de valores e de conhecimento. A compreensão do método científico é particularmente importante para o entendimento da conexão entre valores e conhecimento, incluindo as relações entre o homem e a natureza. Fundamentalmente, as decisões de caráter ambiental são decisões políticas negociadas em processos políticos. Os políticos frequentemente carecem de compreensão suficiente sobre o que é o método científico, portanto, conduzem a conclusões falsas. A incerteza é parte da ciência e da natureza da experimentação. Deve-se aprender a aceitar a incerteza como parte da tentativa de conservar e de utilizar os recursos naturais.

TERMOS-CHAVE

contestação
controles experimentais
dados qualitativos
dados quantitativos
definições operacionais
experimento controlado
explicações
fato
hipótese
inferência
método científico
modelo
observações
premissas
probabilidade
pseudocientífico
raciocínio dedutivo
raciocínio indutivo
teoria científica
teorias
variáveis
variáveis de resposta
variável dependente
variável independente
variável manipulável

QUESTÕES PARA ESTUDO

1. Quais dos seguintes enunciados são científicos e quais não são? Qual o critério adotado, em cada caso, para a sua decisão?
   a. A quantidade de dióxido de carbono na atmosfera está aumentando.
   b. Os condores são feios.
   c. Os condores estão ameaçados de extinção.
   d. Atualmente existem 280 condores.
   e. Círculos nas plantações são avisos da Terra que devemos ter atitudes melhores.
   f. Círculos nas plantações podem ser feitos por pessoas.
   g. O destino do lago Mono é o mesmo destino do mar de Aral.

2. Qual a conclusão lógica para cada um dos seguintes silogismos? Quais conclusões correspondem à realidade observada?
   a. Todos os homens são mortais. Sócrates é um homem.
   Portanto, ______________________
   b. Todas as ovelhas são pretas. A ovelha de Maria é branca.
   Portanto, ______________________
   c. Todas as amazonas são mulheres. Nenhum homem é amazona.
   Portanto, ______________________
   d. Todos os elefantes são animais. Todos os animais são seres vivos.
   Portanto, ______________________

3. Quais das seguintes afirmações são respaldadas pelo método de raciocínio dedutivo e quais são pelo raciocínio indutivo?
   a. O Sol nascerá amanhã.
   b. O quadrado da hipotenusa de um triângulo retângulo é igual à soma dos quadrados dos outros dois lados (catetos).
   c. Somente os cervos machos possuem chifres.
   d. Se $A = B$ e $B = C$, então $A = C$.
   e. A força líquida que atua em um corpo é igual a sua massa multiplicada pela sua aceleração.

4. O valor aceito para o número de polegadas em um centímetro é de 0,3937 (1 cm = 0,3937 in.). Dois estudantes marcaram um centímetro em um pedaço de papel e então mediram o comprimento usando uma régua em polegadas. O estudante A encontra um comprimento igual a 0,3827 in., e o estudante B encontra um valor igual a 0,39 in. Qual medição tem maior exatidão? Qual é a mais precisa? Se o estudante B obtivesse o comprimento de 0,3900 in., qual seria a sua resposta?
5. **a.** Um professor oferece para cada um de cinco estudantes uma barra de metal e pede a eles que meçam o seu comprimento. As medidas obtidas são 5,03, 4,99, 5,02, 4,96 e 5,00 cm. Como você pode explicar a variação entre as medidas? Elas representam erros sistemáticos ou randômicos?
   b. No dia seguinte, o professor oferece aos estudantes as mesmas barras, porém, diz a eles que as barras se contraíram porque ficaram no refrigerador. Na verdade, a diferença de temperatura seria muito pequena para afetar o comprimento das barras. A medição dos estudantes, na mesma ordem da parte (a), foi 5,01, 4,95, 5,00, 4,90 e 4,95 cm. Por que as medições foram diferentes das do dia anterior? O que isso ilustra em termos de ciência?
6. Identifique as variáveis dependentes e as independentes em cada um dos seguintes casos:
   a. Mudança na taxa de respiração em resposta ao exercício.
   b. O efeito do tempo de estudo nas notas.
   c. A probabilidade de pessoas expostas à fumaça dos cigarros contrair câncer de pulmão.
7. **a.** Identifique um avanço tecnológico que resultou de uma descoberta científica.
   b. Identifique uma descoberta científica que seja resultado de um avanço tecnológico.
   c. Identifique um dispositivo tecnológico que você tenha utilizado hoje. Quais descobertas científicas foram necessárias antes que o dispositivo pudesse ser desenvolvido?
8. Quais os erros ou equívocos contidos em cada uma das seguintes conclusões?
   a. Um biscoito da sorte contém a afirmação "Um feliz acontecimento ocorrerá em sua vida". Quatro meses depois, você encontra uma nota de cem dólares. Você conclui que a sorte estava correta.
   b. Uma pessoa afirma que extraterrestres visitaram a Terra em períodos pré-históricos e influenciaram o desenvolvimento cultural dos seres humanos. Como evidência, a pessoa aponta as ideias de muitos grupos sobre os seres que vieram do espaço e realizaram fantásticas façanhas.
   c. Uma pessoa observa que animais de cor clara quase sempre vivem em superfícies de cor clara, enquanto grupos de cor escura, da mesma espécie, vivem em superfícies escuras. A pessoa conclui que as superfícies claras provocam a cor clara nos animais.
   d. Uma pessoa conhece três pessoas que ficaram menos resfriadas desde que começaram a ingerir vitamina C de forma regular. A pessoa então conclui que a vitamina C previne resfriados.
9. Encontre um artigo de jornal sobre um tema de controvérsia. Identifique algumas palavras carregadas no artigo — ou seja, palavras que expressem uma reação emocional ou um juízo de valor.
10. Identifique algumas questões sociais, econômicas, estéticas e éticas relacionadas com recentes controvérsias na área ambiental.

LEITURAS COMPLEMENTARES

American Association for the Advancement of Science (AAAS). 1989. *Science for All Americans.* Washington, D.C.: AAAS. Este relatório se refere ao conhecimento, habilidades e atitudes que os estudantes necessitam para se tornarem cientificamente cultos.

Botkin, D. B. 2001. *No Man's Garden: Thoreau and a New Vision for Civilization and Nature.* Washington, D.C.: Island Press. O autor discute como a ciência pode ser aplicada ao estudo da natureza e aos problemas associados com a dualidade homem e natureza. O autor ainda discute os temas ciência e valores.

Grinnell, F. 1992. *The Scientific Attitude.* New York: Guilford. Exemplos de pesquisas da área biomédica são utilizados para ilustrar o processo científico (observações, hipóteses e experimentações) e de como os pesquisadores interagem entre si e com a sociedade.

Kuhn, Thomas S. 1996. *The Structure of Scientific Revolutions.* Chicago: University of Chicago Press. Esse é um clássico moderno na discussão do método científico, particularmente voltado às transições primordiais nas novas ciências, como as ciências ambientais.

McCain, G., and E. M. Segal. 1982. *The Game of Science.* Monterey, Calif.: Brooks/Cole. Os autores apresentam um olhar vivo da subcultura da ciência.

Sagan, C. 1995. *The Demon-Haunted World.* New York: Random House. O autor argumenta que o pensamento irracional e a superstição ameaçam as instituições democráticas e discute a importância do pensamento científico na civilização globalizada.

Capítulo 3

O Panorama Global: Sistemas de Mudanças

Reserva Nacional de Amboseli, Quênia, África. Os elefantes constituem importante espécie para as atividades de ecoturismo. A montanha ao fundo é o monte Kilimanjaro.

OBJETIVOS DE APRENDIZADO

As mudanças em sistemas podem ocorrer naturalmente ou podem ser induzidas pelo homem. Os sistemas ecológicos são complexos e inúmeras interações ocorrem dentro deles, entre espécies e entre espécies e o meio ambiente. Essas interações podem ter efeitos com grandes repercussões que, muitas vezes, não são óbvios à primeira vista. Após a leitura deste capítulo, deve-se saber:

- Por que as soluções para os inúmeros problemas ambientais envolvem o estudo de sistemas e das taxas de mudança.
- Como as retroalimentações positivas e negativas operam em um sistema.
- Quais são as implicações do crescimento exponencial e do tempo de duplicação.
- Os distúrbios naturais e as mudanças nos sistemas tais como florestas, rios e recifes de corais são importantes para a continuidade de suas existências.
- O que é um ecossistema e por que a manutenção da vida na Terra é uma das características de um ecossistema.
- O que é a Hipótese de Gaia e como a existência de vida na Terra tem afetado a própria Terra.
- O que é o Princípio do Uniformitarismo e como pode ser utilizado para antecipar mudanças futuras.
- Por que o Princípio da Unidade Ambiental é importante no estudo de problemas do meio ambiente.
- Por que os problemas ambientais são de difícil resolução.
- Como as atividades humanas amplificam os efeitos de desastres naturais.

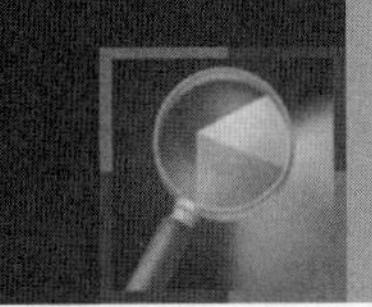

ESTUDO DE CASO

A Reserva Nacional de Amboseli

As alterações no meio ambiente são frequentemente causadas por uma complexa rede de interações entre os seres vivos e, entre os seres vivos e o meio ambiente. No processo de determinação da causa de uma mudança, em particular, a resposta mais óbvia pode não ser a resposta correta. A Reserva Nacional de Amboseli é um caso em questão. Em um curto período de tempo, de poucas décadas, essa reserva localizada na região sul do Quênia, aos pés do monte Kilimanjaro (Figura 3.1), foi submetida a uma mudança ambiental significativa. A compreensão de fatores físicos, biológicos e humanos — e de como esses fatores estavam ligados — foi necessária para a explicação do que ocorreu.

Antes da primeira metade dos anos 1950, bosques de acácia-farinhenta (*Acacia xanthophloea*) — em sua maior parte constituída por árvores de acácia e de vegetação rasteira associada juntamente com arbustos — predominavam na região e forneciam *habitat* para mamíferos como kudus, babuínos, macacos-verdes, leopardos e impalas. Então, iniciando nos anos 1950 e acelerando-se nos anos 1960, esses bosques foram desaparecendo, sendo substituídos por vegetação rasteira e moitas, que forneceram o *habitat* típico para animais de planícies, tais como as zebras e os gnus. Desde meados da década de 1970 a Reserva de Amboseli ficou reduzida apenas a pastos com moitas dispersas e poucas árvores.

A perda do *habitat* dos bosques foi inicialmente atribuída ao povo Masai, pelo uso excessivo das terras para pastagem de gado (Figura 3.2), e também aos elefantes, pelos danos causados às árvores (Figura 3.3). Porém, os pesquisadores da área ambiental rejeitaram essas hipóteses como as principais causas das mudanças ambientais. O trabalho cuidadoso desses pesquisadores mostrou que as mudanças nas chuvas e no solo foram os principais responsáveis, no lugar dos habitantes locais e dos elefantes.[1,2] Como os pesquisadores chegaram a essa explicação?

Durante décadas recentes, a temperatura média diária aumentou drasticamente e a pluviosidade anual igualmente aumentou, porém continuou a variar, de ano a ano, por um fator de quatro, não seguindo qualquer padrão de regularidade.[1,2] O aumento da pluviosidade está geralmente associado ao abundante crescimento de árvores, ao contrário do que ocorreu em Amboseli.

Por que os pesquisadores rejeitaram as hipóteses do uso excessivo das terras para pastagem e os danos causados pelos elefantes como causa exclusiva das mudanças em Amboseli? Os investigadores ficaram surpreendidos ao notar que a maioria das árvores mortas estava em área não utilizada para pastagens de gado desde 1961, que ocorreu antes do principal declínio no meio ambiente dos bosques. Além disso, inúmeros bosques que tiveram menor declínio apresentavam maior densidade de habitantes e de gado. Essas observações indicaram que a utilização excessiva do solo para pastagens não era a responsável pela perda das árvores.

Os danos causados pelos elefantes foram cogitados como o principal responsável, uma vez que eles haviam, em algumas áreas, descascado mais de 83% das árvores e tinham derrubado várias outras menores e mais novas. Entretanto, os pesquisadores concluíram que os elefantes representaram um papel apenas secundário na alteração do *habitat*. Considerando que a densidade das acácias-farinhentas e das outras plantas de bosques diminuiu, proporcionalmente os danos causados pelos elefantes se elevaram. Em outras palavras, os danos causados pelos elefantes se relacionavam com alguns outros fatores determinantes na mudança do *habitat*.[1]

A Figura 3.1 mostra a fronteira da reserva e as principais unidades geológicas. O parque está localizado em antigo leito de um lago, cujas reminiscências incluem a inundação sazonal do Lago Amboseli e algumas terras alagadiças (pântanos). O monte Kilimanjaro é um conhecido vulcão, composto por camadas alternadas de rocha vulcânica e depósitos de cinzas vulcânicas. As chuvas que atingem às encostas do Kilimanjaro se infiltram no material vulcânico (tornando-se águas subterrâneas) e lentamente descem pelas encostas para saturar o leito do lago, eventualmente aflorando na primavera, na terra pantanosa sazonalmente inundada. As águas subterrâneas se tornam muito salinas (salgadas) na medida em que são percoladas através do leito do lago, uma vez que o sal armazenado nos sedimentos desse leito se dissolve facilmente quando os sedimentos estão úmidos. Uma parcela da elevação da temperatura pode ser imputada ao aquecimento global, no entanto, o aquecimento foi muito significativo para ser o resultado somente do aquecimento global.

Em função de grande parte do solo ter sido transformado em terras para agricultura, as encostas do monte Kilimanjaro,

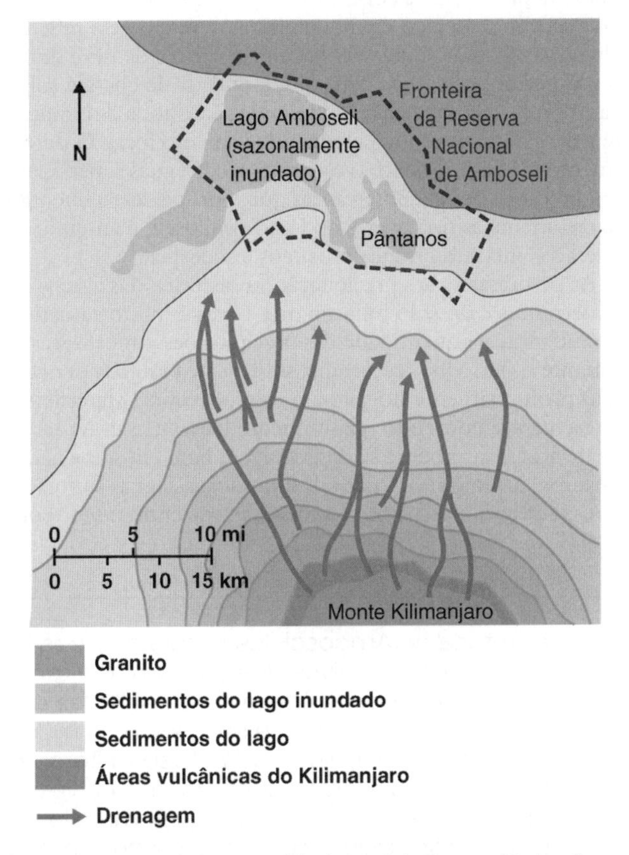

Figura 3.1 ■ Geologia e morfologia geral da Reserva Nacional de Amboseli, sul do Quênia, África, e monte Kilimanjaro. (*Fonte*: Conforme T. Dunn e L. B. Leopold, *Water in Environmental Planning* [San Francisco: Freeman, 1978].)

Figura 3.2 ■ Indivíduo da etnia Masai praticando a pastagem de gado na Reserva Nacional de Amboseli, Quênia. As atividades de pastagem foram prematuramente responsabilizadas pelo desaparecimento dos bosques de acácia-farinhenta.

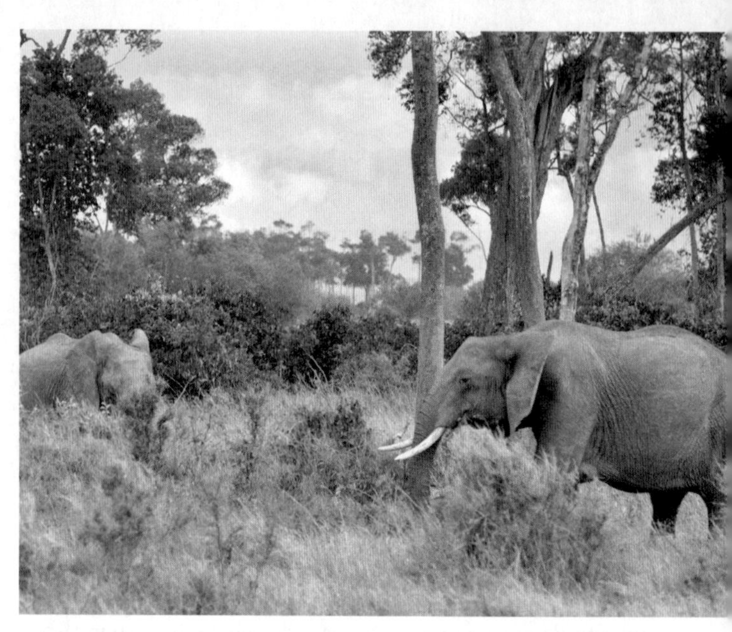

Figura 3.3 ■ Elefante se alimentam das cascas de árvores. Os danos causados às arvores pelos elefantes foi considerado um dos fatores responsáveis pelo desaparecimento do *habitat* de bosques na Reserva Nacional de Amboseli. Entretanto, os elefantes desempenharam um papel relativamente pequeno, quando comparado com as oscilações do clima e das águas subterrâneas.

acima de Amboseli, apresentam menor cobertura de florestas do que há 25 anos. O desaparecimento das árvores expôs o solo de cor escura que, por essa razão, absorve maior quantidade de energia solar o que, por sua vez, pode causar o aquecimento local. Como decorrência, houve uma diminuição significativa da neve e na cobertura de gelo das partes mais altas das encostas e do pico da montanha. A neve e o gelo refletem a luz solar. Uma vez que a cobertura de gelo e de neve diminui, expondo solo escuro, maior quantidade de energia solar é absorvida pela superfície, aquecendo-a. Logo, a diminuição de gelo e de neve causará algum aquecimento local. O derretimento do gelo abastece o escoamento de águas superficiais em direção às águas subterrâneas que, por sua vez, alimenta sazonalmente as primaveras do Lago Amboseli, mantendo os níveis da água subterrânea próximos à superfície.[3]

As pesquisas sobre precipitação, o histórico das águas subterrâneas e do solo indicam que a área é muito suscetível às mudanças na quantidade das precipitações atmosféricas. Durante o período seco, a água subterrânea salgada penetra mais profundamente no solo e o solo próximo à superfície apresenta um conteúdo relativamente baixo de sal. As árvores de acácia-farinhenta se desenvolvem bem em solos não salgados. Ao longo dos períodos úmidos, as águas subterrâneas se elevam próximas à superfície, trazendo o seu teor de sal, penetrando na região das raízes das árvores e matando-as. O nível das águas subterrâneas subiu cerca de 3,5 m em consequência dos anos úmidos, atípicos, que ocorreram na década de 1960. As análises do solo confirmaram que as árvores que mais sofreram danos foram aquelas associadas à elevada salinidade do solo. Na medida em que as árvores morriam, elas eram substituídas pela vegetação rasteira e por moitas também rasteiras e tolerantes ao teor de sal.[1,2]

Avaliações dos registros históricos de antigos exploradores europeus, estimadas pelos pastores de Masai e pelas flutuações dos níveis d'água de outros lagos, no leste africano, indicam que antes de 1890 houve outro período de chuvas acima do normal e, da mesma forma, ocorreu a perda de áreas de bosque. Dessa maneira, os pesquisadores concluíram que os ciclos de precipitação, maiores ou menores, alteram a hidrologia e as condições do solo, o que, por sua vez, mudam a vida dos animais e das plantas da região.[1] A continuidade dos ciclos de períodos úmidos e secos pode ser esperada. Associadas a isso ocorrerão as mudanças no solo, na distribuição de plantas, na abundância e nos tipos de animais presentes.[1]

A história de Amboseli ilustra que diversos fatores operam conjuntamente em ecossistemas naturais e os motivos que causam as alterações podem ser sutis e complexos. A história igualmente mostra como pesquisadores ambientais procuram resolver o problema da sequência de eventos que seguem uma mudança específica. Em Amboseli, os ciclos de precipitação, mais ou menos intensos, alteraram a hidrologia e as condições do solo, o que, por sua vez, provocaram as mudanças na vegetação e na vida animal da região. Para compreender o que acontece em ecossistemas naturais, não se pode buscar a resposta a partir de um único fator. Devem-se olhar o sistema inteiro e todos os fatores que, conjuntamente, influenciam no que acontece na vida. Neste capítulo serão examinados os sistemas ambientais e as alterações que ocorrem como resultado de processos naturais ou de ação antrópica.

3.1 Sistemas e Retroalimentação

Nas ciências ambientais, deve-se lidar com vários sistemas que se estendem do simples até o complexo. Deve-se, no entanto, entender os sistemas e como as diferentes partes dos sistemas interagem umas com as outras. Essa discussão sobre sistemas se inicia pela definição do que é um sistema e de como ele pode operar.

Um **sistema** é um conjunto de componentes ou partes que funcionam de forma integrada para se comportar como um todo. Um simples organismo (como o corpo humano) é um sistema, assim como é uma estação de tratamento de esgoto, uma cidade (Figura 3.4) e um rio (Figura 3.5). Em uma escala bem diferente, a Terra toda é um sistema.

Os sistemas podem ser abertos ou fechados. Em um **sistema aberto** uma quantidade de energia ou matéria (sólida, líquida ou gasosa) se transfere para dentro ou para fora do sistema. O oceano é um sistema aberto com relação à água, porque a água se desloca da atmosfera para o oceano e, vice-versa, do oceano para a atmosfera. Ao contrário, em um **sistema fechado**, tais transferências não ocorrem. A Terra é um sistema fechado (para quase todos os propósitos) com relação à matéria.

Os sistemas respondem às entradas de dados ou estímulos (*inputs*) e possuem saídas ou respostas (*outputs*). O corpo humano, por exemplo, é um sistema complexo. Se alguém está caminhando e se depara com um urso-cinzento, a presença do urso é um estímulo (*input*). O corpo reage a esse estímulo: o nível de adrenalina presente no sangue aumenta, os batimentos cardíacos se aceleram e os cabelos, assim como os pelos dos braços, podem ficar arrepiados. A reação mais provável — talvez seja afastar-se vagarosamente do urso — é uma resposta ou *output*. Denominam-se tais respostas reações ou retroalimentação.

Retroalimentação

A **retroalimentação** (*feedback*) ocorre quando uma parte do sistema se altera, então essas alterações afetam outras partes do sistema que, por sua vez, afetam a primeira. Uma mudança "realimenta" outra mudança. De outra forma, as retroalimentações ocorrem quando as respostas do sistema também se aplicam na forma de estímulo e, por essa razão, conduz a outras mudanças no sistema. Um bom exemplo de retroalimentação é o controle da temperatura do corpo humano. Quando exposta ao Sol, a pele se aquece e esse aumento da temperatura afeta a percepção sensorial (estímulo) do organismo. Mantendo-se ao Sol, o corpo responde fisiologicamente: os poros da pele se dilatam e ocorre o efeito refrescante devido à evaporação do suor. O resfriamento é uma resposta (*output*) e é, ao mesmo tempo, estímulo (*input*) para a percepção sensorial. Pode-se, também, responder de forma comportamental: devido à sensação de calor (estímulo), deslocar-se para a sombra e a temperatura da pele retorna ao normal.

Figura 3.4 ■ O Lago Michigan, o Lincoln Park e a cidade de Chicago formam um conjunto de muitos sistemas complexos e interativos que incluem o próprio sistema urbano, seu ar, sua água e seus recursos terrestres. Os sistemas urbanos estão se tornando particularmente importantes na ciência ambiental porque cada vez mais pessoas vivem em áreas urbanas.

Figura 3.5 ■ O Rio Owens, no lado leste da Serra Nevada, na Califórnia, é um sistema que inclui água, sedimentos, vegetação e animais como peixes e insetos que funcionam juntos como um todo.

Nesse exemplo, um aumento na temperatura é seguido por uma resposta que leva à diminuição na temperatura. Esse é um exemplo de **retroalimentação negativa**, na qual um aumento na resposta (*output*) produz uma posterior diminuição. A retroalimentação negativa é autorreguladora ou estabilizadora; habitualmente, mantém um sistema em condição relativamente constante.

A **retroalimentação positiva** ocorre quando um aumento na resposta (*output*) conduz a outros incrementos nessa resposta. Um começo de incêndio em uma floresta fornece um exemplo de retroalimentação positiva. A madeira pode, no início, estar ligeiramente úmida e por isso não queima muito bem. Uma vez iniciado o incêndio, a madeira próxima às chamas se torna totalmente seca e começa a queimar, o que, por sua vez, seca um volume ainda maior de madeira, resultando em um incêndio de proporção ainda maior. Quanto maior a proporção do incêndio, maior a quantidade de madeira que se torna seca e mais rapidamente aumenta o incêndio. A retroalimentação positiva, muitas vezes denominada "um ciclo vicioso", é desestabilizadora.

Os danos ambientais podem ser especialmente sérios quando a sua utilização ambiental leva a uma retroalimentação positiva. Por exemplo, o uso de veículos fora de estrada (*off-road*) — incluindo bicicletas — pode resultar em retroalimentações positivas em relação à erosão do solo (Figura 3.6). Esses veículos, com pneus projetados para aderir firmemente

Figura 3.7 ■ Danos provocados por veículos fora de estrada* em plantas raras que vivem em dunas costeiras perto de San Luis Obispo, Califórnia. Note os rastros dos pneus em direção ao campo de dunas.

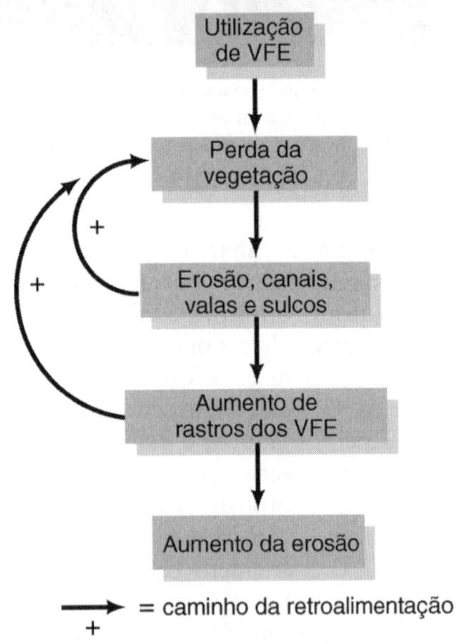

Figura 3.6 ■ Como o uso de veículos fora de estrada (*off-road*) produz retroalimentação positiva, aumentando a erosão do solo.

no solo, erodem o solo e desenraizam as plantas, aumentando ainda mais a taxa de erosão. (Arrancar as plantas é um exemplo de retroalimentação positiva por si só.)

Quanto mais o solo é exposto, a água que por ele escorre esculpe sulcos e valas. Motoristas dos veículos fora de estrada evitam os sulcos e as valas, desviando-se para os lados que não estão ainda erodidos e, dessa forma, acabam alargando as trilhas que, consequentemente, vão permitir a formação de novos buracos no solo (mais retroalimentação positiva). Os sulcos, por si só, causam um aumento da erosão porque concentram o escoamento das águas superficiais e apresentam inclinação lateral íngreme. Uma vez formados, os sulcos tendem a aumentarem no comprimento, na largura e na profundidade, provocando ainda mais erosão (Figura 3.7). Habitualmente, uma área de uso intensivo para veículos fora de estrada pode se tornar um terreno baldio com buracos e solo erodido. A retroalimentação positiva tem provocado cada vez mais o agravamento desse tipo de situação.

Algumas situações envolvem ambas as retroalimentações, a positiva e a negativa. As mudanças na população humana em cidades grandes ilustram como exemplo, conforme apresentado na Figura 3.8. A retroalimentação positiva, que aumenta a população nas cidades, pode ocorrer quando as pessoas percebem melhores oportunidades nas cidades e têm a esperança de conseguir melhores condições de vida. Quanto maior o número de pessoas que vão para as cidades, maiores podem ser as oportunidades, levando a uma migração ainda maior para as cidades. Isso aconteceu na China. A retroalimentação negativa pode resultar nos casos em que multidões de pessoas nas cidades provocam o aumento da poluição do ar e da água, enfermidades, crime e desconforto. Isso incentiva as pessoas a migrarem das cidades para áreas rurais.

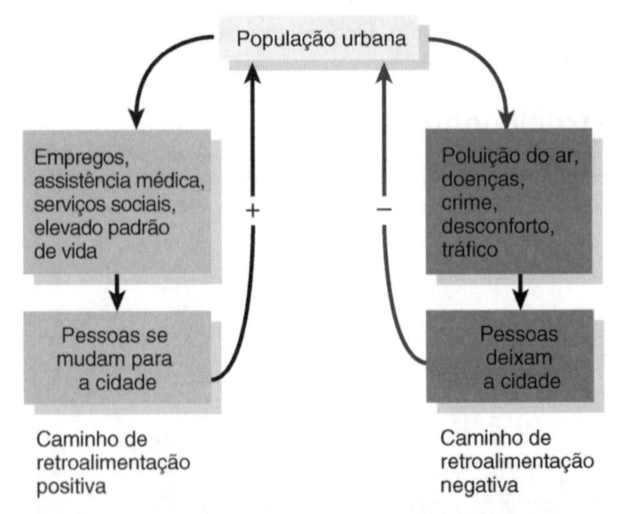

Figura 3.8 ■ Caminhos potenciais de retroalimentação positiva e negativa nas mudanças da população humana em grandes cidades. O lado esquerdo da figura mostra que, com o aumento na oferta de empregos, assistência médica e padrão elevado de vida, aumenta-se a população com o êxodo rural. Inversamente, o lado direito da figura mostra que o aumento da poluição do ar, das doenças, dos crimes e do desconforto e do tráfico tendem a reduzir o aumento da população devido ao êxodo urbano. (*Fonte:* Modificado de M. Maruyama. "The Second Cybertics: Deviation-Amplifying Mutual Causal Processes," *American Scientist* 51 [1963]:164–670. Reimpresso com permissão de *American Scientist*, maganize of Sigma Xi, The Scientific Research Society.)

*Veículos *off-road* é o termo comumente utilizado no Brasil para designar veículos com capacidade para transitar em estradas de terra ou em outras condições inadequadas quando comparadas às estradas pavimentadas. (N.T.)

Na prática da habilidade de reflexão crítica, pode-se perguntar, "A retroalimentação negativa é geralmente desejável e a retroalimentação positiva é geralmente indesejável?". Refletindo sobre essa questão, pode-se notar que, uma vez que a retroalimentação negativa é autorreguladora, ela pode, em alguns casos, não ser desejável. O período no qual as retroalimentações positivas e negativas ocorrem é um fator da maior importância. Por exemplo, supondo que haja interesse no restabelecimento dos lobos do Parque Nacional de Yellowstone, seria esperada uma retroalimentação positiva no momento em que aumentasse o número de lobos. (Quanto maior o número de lobos, maior o crescimento exponencial de sua população.) A retroalimentação positiva pode ser desejável devido às mudanças desejadas que ela produz.

Estabilidade

Outro importante conceito sobre os sistemas é a estabilidade. De maneira mais simples, um sistema estável é aquele que tem uma condição de permanência que se altera apenas se houver uma perturbação e que retorna à condição inicial se a causa da perturbação acaba. O pêndulo de relógio de cuco tem este tipo de estabilidade. Quando está parado, o pêndulo aponta para baixo. Quando acionado, novamente oscila e segue em frente, eventualmente, pousando sobre a posição vertical. Um sistema com retroalimentação positiva é instável.

É comum acreditar-se que sistemas ecológicos naturais tenham esse tipo de estabilidade — que eles podem retornar ao seu estado inicial se perturbados nesse estado. Vários capítulos deste livro discutem se os sistemas ecológicos são ou não estáveis.

Pode-se imaginar um sistema em estado considerado estável, porém indesejável. Um rio poluído em uma cidade é bom exemplo. O escoamento superficial de águas (*runoff*) no ambiente urbano e seus poluentes associados, assim como derivados de petróleo e outros produtos químicos existentes nas ruas, ao entrar no sistema do rio podem, por meio de mecanismos de retroalimentação negativa, atingir um estado estável entre a água e os poluentes no rio. No entanto, a maioria das pessoas consideraria esse sistema como indesejável. Um projeto de recuperação do canal poderia ser implantado para o controle dos poluentes, por meio da coleta e do tratamento, antes que fossem despejados no rio. Como resultado, o rio poderia atingir um novo estado ecologicamente mais desejável.

Pode-se perceber que a noção de ser desejável a retroalimentação, positiva ou negativa, estável ou instável, depende do sistema e das mudanças potenciais. Apesar disso, alguns dos principais problemas ambientais atualmente enfrentados resultam dos mecanismos de retroalimentações positivas que estão fora de controle. Isso inclui a utilização de recursos e o crescimento populacional.

3.2 Crescimento Exponencial

Um exemplo particularmente importante de retroalimentação positiva acontece com o **crescimento exponencial**. Dito claramente, o crescimento é exponencial quando ocorre a uma taxa constante por um período de tempo (em vez de uma *quantidade* constante). Por exemplo, supondo existir \$1.000 no banco e que cresça a 10% ao ano. No primeiro ano, \$100 de juros serão adicionados à conta. No segundo, se ganha mais porque há os 10% ganhos computados para o novo montante, \$1.100. Quanto maior a quantia, maiores serão os juros ganhos, de forma que o dinheiro (ou a população, ou qualquer outra unidade em quantidade) aumenta por quantidades cada vez maiores. Quando se elabora um gráfico no qual o crescimento está em curso, a curva que se obtém é em forma de J (Curva J). Ela se parece com uma

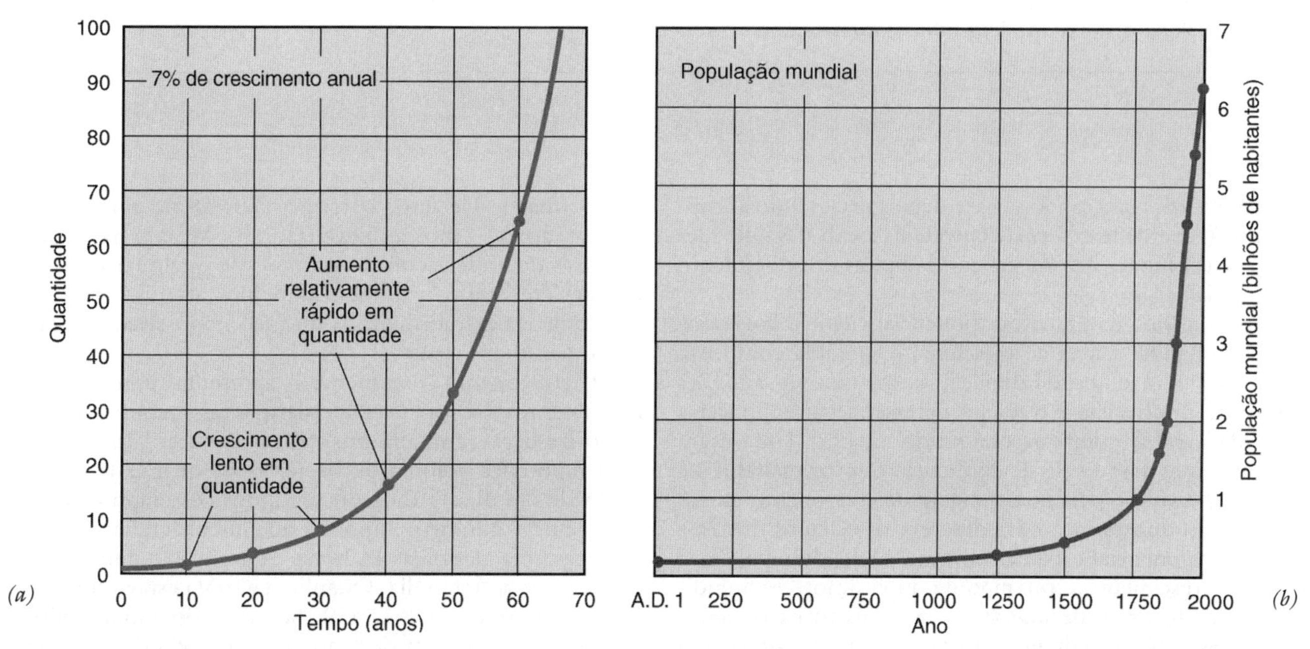

Figura 3.9 ■ (*a*) Curva idealizada ilustrando o crescimento exponencial. A taxa de crescimento é constante em 7% e o tempo necessário para dobrar essa quantidade é constante em 10 anos. Note-se que o crescimento é lento no início e muito rápido após alguns tempos de duplicação. Por exemplo, a quantidade varia de 2 para 4 (aumento absoluto de 2) para a duplicação de 10 para 20 anos. Aumentou de 32 para 64 (aumento absoluto de 32) durante a duplicação de 50 para 60 anos. (*b*) O aumento da população nos últimos 2.000 anos. (*Fonte*: Dados do Departamento de Estado dos EUA.)

EXERCÍCIO DE APLICAÇÃO 3.1

Crescimento Exponencial

Se a quantidade de alguma coisa (por exemplo, o número de pessoas na Terra) aumenta ou diminui em fração fixa por unidade de tempo, cujo símbolo é k (por exemplo, $k = +0{,}02$ por ano), então a quantidade está mudando exponencialmente. Com valor positivo de k, ocorre crescimento exponencial. Com valores negativos para k, ocorre decaimento exponencial.

Crescimento com taxa R é definido como a mudança percentual por unidade de tempo — que é $k = R/100$. Assim, se $R = 2\%$ por ano, então $k = +0{,}02$ por ano.

A equação que descreve o crescimento exponencial é

$$N = N_0 \, e^{kt}$$

onde N é o valor futuro do que estiver sendo calculado; N_0 é o valor atual; e, logaritmo natural, é constante que vale 2,71828; k foi definido antes; e t é o número de anos sobre os quais o crescimento deve ser calculado. Essa equação pode ser resolvida utilizando-se uma simples calculadora e, assim, várias questões ambientais interessantes podem ser respondidas. Por exemplo, suponha que se deseja saber qual será a população mundial no ano de 2020, considerando que a população, em 2003, era de 6,3 bilhões de habitantes e que está crescendo a uma taxa constante de 1,36% ao ano ($k = 0{,}0136$). Pode-se estimar N, a população mundial para o ano de 2020, pela aplicação da referida equação:

$$\begin{aligned} N &= (6{,}3 \times 10^9) \times e^{(0{,}0136 \times 17)} \\ &= 6{,}3 \times 10^9 \times e^{0{,}2312} \\ &= 6{,}3 \times 10^9 \times 2{,}71828^{0{,}2312} \\ &= 7{,}94 \times 10^9 \text{ ou } 7{,}94 \text{ bilhões de habitantes} \end{aligned}$$

O tempo de duplicação para uma quantidade sujeita ao crescimento exponencial (por exemplo, aumento em 100%) pode ser calculado pela seguinte equação:

$$2\,N_0 = N_0^{ekT_d}$$

onde T_d é o tempo de duplicação.

Substituindo o logaritmo natural de ambos os lados

$$\ln 2 = kT_d \text{ e } T_d = \ln 2/k$$

Então, lembrando que $k = R/100$

$$\begin{aligned} T_d &= 0{,}693/(R/100) \\ &= 100\,(0{,}693)/R \\ &= 69{,}3/R \text{ ou aproximadamente } 70/R \end{aligned}$$

Esse resultado é a regra geral adotada — que o tempo de duplicação é aproximadamente 70 dividido pela taxa de crescimento. Por exemplo, se $R = 10\%$ por ano, então $T_d = 7$ anos.

A história das bactérias nas garrafas (veja no texto), obviamente tomada como hipotética, ilustra o poder do crescimento exponencial. O crescimento exponencial e o tempo de duplicação serão novamente abordados no Capítulo 4, quando será considerado o crescimento da população humana. Aqui, simplesmente se nota que muitos sistemas existentes na natureza mostram crescimento exponencial por um período de tempo, o que torna importante a capacidade para reconhecê-los. De maneira espacial, é fundamental reconhecer o crescimento exponencial em um ciclo de retroalimentações positivas, uma vez que o acompanhamento de mudanças pode ser muito difícil de se controlar ou de parar.

---

rampa de *skate*, começando suave e depois se elevando abruptamente. (A verdadeira forma depende da escala das unidades da curva.) A Figura 3.9 mostra curvas típicas de crescimento exponencial.

O cálculo do crescimento exponencial envolve dois fatores relacionados: a taxa de crescimento, medida como um percentual, e o tempo de duplicação, medido em anos. O **tempo de duplicação** é o tempo necessário para duplicar a quantidade ou o valor que está sendo medido. Uma regra útil é a de que o intervalo de duplicação é aproximadamente igual a 70 dividido pela porcentagem de crescimento anual. O Exercício de Aplicação 3.1 descreve os cálculos do crescimento exponencial e explica por que 70 dividido pela taxa anual de crescimento é o tempo de duplicação. O entendimento de álgebra e de logaritmos naturais torna o exemplo interessante. No entanto, os princípios gerais são o mais importante.

O crescimento exponencial é uma retroalimentação positiva e incompatível com a sustentabilidade, que é um processo de longo prazo (de décadas até centenas de anos ou até mais). De fato, o termo *crescimento sustentável* é um paradoxo — uma autocontradição. Mesmo nas modestas taxas de crescimento, o número de qualquer coisa que estiver crescendo exponencialmente atingirá eventualmente níveis extraordinários que são impossíveis de serem mantidos.[4,5]

O crescimento exponencial apresenta consequências interessantes (e, por vezes, alarmantes), conforme ilustrado na ficção contada por Albert Bartlett.[4] Imaginando uma hipotética colônia de bactérias na qual cada bactéria se divide em duas a cada 60 segundos (o tempo de duplicação é de 1 minuto). Suponha que uma bactéria seja colocada em uma garrafa às 11 horas. A garrafa (o mundo dela) estará cheia ao meio dia. Quando a garrafa estava cheia pela metade? A resposta é 11h59. Se você fosse uma bactéria dentro da garrafa, em que momento perceberia que estava ficando sem espaço? Não há uma única resposta para essa pergunta. Considere que às 11h58 a garrafa estava 75% vazia e que, às 11h57, estava 88%. Agora, suponha que às 11h58 algumas bactérias com discernimento (clarividentes) perceberam que a população estava ficando sem espaço e começaram a procurar por novas garrafas. Suponha que essas bactérias fossem capazes de encontrá-las e de se deslocarem para mais três garrafas. Quanto tempo elas gastariam? Dois minutos mais. Elas ficariam sem espaço às 12h02. Se houvessem encontrado outras 16 garrafas, quanto tempo mais elas teriam?

3.3 A Unidade Ambiental

A discussão de reações negativas e positivas determina uma etapa para outro conceito fundamental da área ambiental: a **unidade ambiental**. De uma maneira simples, unidade ambiental significa dizer que é impossível mudar apenas uma coisa; tudo afeta tudo. Claro que isso é algo exagerado. O conceito não é absolutamente verdadeiro; por exemplo, a extinção de uma espécie de caracóis, na América do Norte, é pouco provável que seja capaz de alterar o fluxo do rio Amazonas. No entanto, muitos aspectos do ambiente natural estão fortemente ligados. Mudanças em uma das partes de um sistema frequentemente produzem efeitos secundários e terciários dentro do sistema e, também, provocam efeitos em sistemas adjacentes. A Terra e os seus ecossistemas são entidades complexas sobre as quais quaisquer ações podem resultar em efeitos diferentes e variados. O estudo de caso da Reserva Nacional de Amboseli é um bom exemplo do princípio da unidade ambiental. É possível encontrar inúmeros outros exemplos de circunstâncias naturais e construídas pelo homem.

Exemplo Urbano

Considere as mudanças ocorridas nas cidades do centro-oeste norte-americano, tais como Chicago e Indianápolis, em relação à mudança principal do uso do solo, com a conversão das florestas ou das terras agriculturáveis para as de desenvolvimento urbano. A limpeza do solo para uso urbano aumenta o escoamento superficial das águas das chuvas (*runoff*) e a quantidade de sedimentos carreados do solo (erosão do solo). O aumento do escoamento superficial nas ruas e o sedimento erodido do terreno exposto, durante o período de construção, afetam o tipo e a configuração do leito do rio. O rio carrega mais sedimentos e parte dele é depositada no fundo do leito, reduzindo a profundidade do canal e aumentando o risco de inundações.

Eventualmente, quanto mais o solo é pavimentado, a quantidade de sedimento erodido do solo diminui, o escoamento superficial aumenta ainda mais e os ribeirões se readaptam a uma carga menor de sedimentos (a quantidade de sedimentos transportados pelo ribeirão) e ao escoamento superficial maior. A readaptação é a forma de retroalimentação negativa inerente aos rios e ribeirões.

A urbanização é, igualmente, capaz de poluir os ribeirões ou, senão, de alterar a qualidade da água. O aumento de sedimento fino torna a água turva e o escoamento superficial, contendo elementos ou produtos químicos existentes nas ruas e nos terrenos, polui os ribeirões. Essas mudanças afetam o sistema biológico dos ribeirões, nas margens e nas áreas adjacentes. Dessa forma, a conversão do uso do solo pode provocar uma série de mudanças no meio ambiente e cada mudança é suscetível a provocar mudanças adicionais.

Exemplo Florestal

A interação entre bosques, ribeirões e peixes no Noroeste Pacífico fornece outro exemplo de unidade ambiental. Na floresta de sequoias do nordeste da Califórnia e sudeste do Oregon, grandes pedaços de restos de madeira, tais como troncos de árvores e raízes, são necessários para consolidar e manter próximas todas as piscinas naturais em pequenos ribeirões (Figura 3.10). Grandes pedaços de sequoia caem naturalmente dentro dos ribeirões e parcialmente bloqueiam o curso d'água, produzindo lagoas de águas profundas. Essas lagoas fornecem boa parte do *habitat* para os filhotes dos salmões, que passam parte de suas vidas nos ribeirões antes de migrarem para o oceano.

Antes era prática comum remover os pedaços de madeira dos ribeirões porque se acreditava que isso poderia bloquear a migração dos salmões adultos que procuravam retornar aos locais de desova. Hoje, sabe-se que essa prática degrada o *habitat* dos peixes. Os projetos de recuperação de ribeirões, atualmente, com frequência, preveem grandes pedaços de madeira nos leitos de ribeirões para melhorar o *habitat* dos peixes. O papel dos grandes pedaços de madeira nos processos afeitos aos ribeirões e ao *habitat* dos salmões ilustra a importância do estudo das relações entre os sistemas físicos e biológico para auxiliar no fornecimento das condições de sustentabilidade para as populações de peixes. Tais estudos estão na essência das ciências ambientais.

3.4 Uniformitarismo

A Terra e as suas formas de vida mudaram diversas vezes, porém o processo necessário para a manutenção da vida e do meio ambiente, propício à vida, tem acontecido durante a maior parte da história da Terra. O princípio de que os processos físicos e biológicos, constantemente formando e modificando

Figura 3.10 ■ Processos fluviais são significativamente modificados pela queda dos troncos de sequoias. O grande tronco da árvore, na parte central da fotografia, provocou a formação de uma pequena piscina natural, que representa ótimo *habitat* para peixes.

a Terra, podem auxiliar na explicação da história geológica e evolucionária da Terra, trata-se do princípio conhecido como **uniformitarismo**. Pode-se mais facilmente enunciá-lo como "o presente é a chave do passado". Por exemplo, se um depósito de pedregulhos e areia encontrado no topo de uma montanha é similar aos pedregulhos e às areias encontradas em um vale próximo, pode-se inferir, pelo uniformitarismo, que houve um tempo em que existiu um riacho em um vale onde hoje é o topo da montanha.

O uniformitarismo foi primeiramente proposto, em 1785, pelo cientista escocês James Hutton, conhecido como o pai da geologia. Charles Darwin ficou impressionado com o conceito do uniformitarismo que acabou penetrando em suas ideias sobre a evolução biológica. Atualmente, o uniformitarismo é considerado um dos princípios mais importantes das ciências biológicas e da Terra.

O uniformitarismo não reivindica ou mesmo propõe que a magnitude ou a frequência dos processos naturais se mantenham constantes. Obviamente, alguns processos não são retroativos a todo o período geológico. Por exemplo, a atmosfera terrestre, no princípio, não continha oxigênio livre. Entretanto, nos últimos bilhões de anos, os continentes, os oceanos e a atmosfera têm sido semelhantes ao que são hoje em dia. Supõe-se que os processos físicos e biológicos que configuram e modificam a superfície da Terra não têm se modificado significativamente durante esse período. Para ser útil do ponto de vista ambiental, o princípio do uniformitarismo deve ser mais do que a chave para o passado. Deve-se mudar a atitude e considerar que o estudo dos processos do passado e do presente é a chave do futuro. O que significa que se pode assumir que no futuro os mesmos processos físicos e biológicos irão operar, ainda que as taxas possam variar de acordo com a maneira com que o meio ambiente é influenciado pelas mudanças naturais e pelas ações antrópicas. Recentes formações geológicas como as praias (Figura 3.11) e lagos continuarão a aparecer e desaparecer em resposta às tempestades, incêndios, erupções vulcânicas e terremotos. A extinção de animais e de plantas continuará apesar das atividades humanas e assim como por sua causa. Deve-se aprimorar a habilidade de previsão sobre o que o futuro pode trazer e o uniformitarismo pode contribuir nessa tarefa.

Figura 3.11 ■ Esta praia na ilha de Bora Bora, na Polinésia francesa, é um exemplo de formação geológica recente, vulnerável a mudanças bruscas causadas por tempestades e outros processos naturais.

3.5 Mudanças e Equilíbrio nos Sistemas

Uniformitarismo, então, propõe que mudanças em sistemas naturais podem ser previsíveis. Parte-se aqui para uma análise de como os sistemas podem se alterar. Isso inclui examinar a relação entre os estímulos e as respostas dos sistemas.

Onde o estímulo (*input*) dentro de um sistema é igual à resposta (*output*) (Figura 3.12*a*), não há nenhuma alteração no tamanho do reservatório (a quantidade daquilo que estiver sendo medida) e o sistema é considerado em **estado estacionário** (e por definição, conforme anteriormente discutido, esse sistema está em condição de equilíbrio permanente, ou seja, estável). O estado estacionário é um equilíbrio dinâmico, porque a matéria ou a energia entram e saem do sistema em quantidades iguais. Os processos opostos ocorrem com taxas iguais. Um estado aproximadamente estacionário pode ocorrer em escala global, como exemplifica o balanço de radiação solar, no processo de entrada e saída de energia na Terra, ou, em uma escala mais reduzida como a de uma universidade, onde os calouros entram e os formandos saem, aproximadamente na mesma taxa.

Quando o estímulo (*input*) em um sistema é menor que a resposta (*output*) (Figura 3.12*b*), o tamanho do reservatório diminui. Por exemplo, se um recurso, tal como a água subterrânea, é consumido mais rapidamente do que pode ser

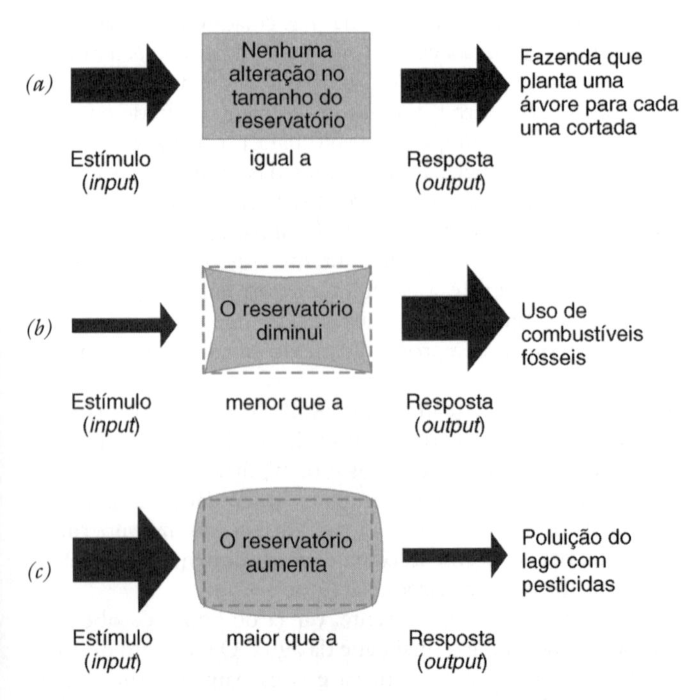

Figura 3.12 ■ Principais maneiras em que um reservatório ou um estoque de alguma matéria pode se alterar. (*Fonte*: Modificada de P. R. Ehrlich, A. H. Ehrlich e J. P. Holven, *Ecoscience: Population, Resources, Environment*, 3rd ed. [San Francisco: W. H. Freeman, 1977].) A linha (*a*) representa as condições do estado estacionário, a linha (*b*) e a (*c*) são exemplos de alterações no reservatório, negativas e positivas.

reposto, naturalmente ou não, esse recurso pode se esgotar. Ao contrário, em um sistema onde o estímulo (*input*) é maior do que a resposta (*output*) (Figura 3.12*c*), o reservatório crescerá. Entre os exemplos estão o acúmulo de metais pesados nos lagos e a poluição da água subterrânea.

Utilizando as taxas de mudança ou a análise de estímulo–resposta de sistemas é possível chegar a uma média do tempo de permanência de objetos ou de matéria em movimento por um sistema. O **tempo médio de permanência** é a quantidade média de tempo necessário que leva uma parte do reservatório de um material específico na passagem pelo sistema. Para computar o tempo médio de permanência, quando o tamanho do reservatório e a taxa de transferência são constantes, divide-se o tamanho total do reservatório pela taxa média de transferência desse reservatório. Por exemplo, suponha que a universidade anteriormente mencionada tenha 10.000 alunos. A cada ano, 2.500 calouros iniciam algum curso e 2.500 terminam. O tempo médio de permanência é 10.000 dividido por 2.500, isto é, 4 anos.

O conceito de tempo médio de permanência tem importantes implicações para os sistemas ambientais. Um sistema, tal como um pequeno lago com uma entrada e uma saída e com grande taxa de transferência de água, apresenta um curto tempo de permanência. (Ver o Exercício de Aplicação 3.2.) Por um lado, isso torna o lago especialmente vulnerável às mudanças se, por exemplo, um poluente for introduzido. Por outro, o poluente deixa rapidamente o lago. Os sistemas amplos com uma taxa lenta de transferência de água, como os oceanos, apresentam um longo tempo de permanência e são muito menos vulneráveis às mudanças rápidas. Entretanto, uma vez poluído, sistemas amplos com taxas lentas de transferências são difíceis de serem limpos. Observando-se mais cuidadosamente os sistemas de estímulos e de respostas percebe-se que os estímulos (*inputs*) de um sistema podem ser considerados como causas e as respostas (*outputs*) como efeitos. Por exemplo, adiciona-se fertilizante à base de nitrogênio em um pomar de laranjas. A adição do fertilizante é um estímulo (ou a causa) e a resposta (ou o efeito) é expresso pelo número de laranjas que as árvores produzem.

Se a relação entre causa (*input*) e efeito (*output*) é diretamente proporcional para todos os valores, então se denomina essa relação *linear*. Estímulos e repostas associados com retroalimentações em um sistema podem resultar em relações entre causas e efeitos que são *não lineares* e, por isso, podem ocorrer *atrasos* na resposta.[5] Algumas relações em sistemas são lineares em um intervalo específico de estímulo mas, além desse intervalo, podem se tornar não lineares. Por exemplo, aplicando-se 0,25 kg de fertilizante para cada pé de laranja, a safra aumenta 5%; aplicando-se 0,50 kg por árvore, a safra aumenta 10%; e aplicando agora 0,75 kg de fertilizante por árvore, a safra aumenta 15%. A relação é linear para esses valores de entrada (*input*) de fertilizantes, porém, o que ocorreria ao aplicar 50 kg de fertilizante por árvore na expectativa de um aumento de 1.000% na safra? Provavelmente, isso provocaria danos ou mataria as árvores e a safra seria zero!

Sobre o intervalo de 0,25 para 50 kg, então, a relação entre causa e efeito se altera. Pode-se ainda notar atrasos na resposta. Quando se adiciona o fertilizante, por exemplo, leva-se um tempo para que ele penetre no solo e seja absorvido pelas árvores. Inúmeras reações para estímulos ambientais (incluindo alterações na população humana; poluição do solo, d'água e do ar; e a utilização de recursos) são não lineares e podem implicar atrasos que podem ser identificados uma vez que se dispõe a entender e a resolver problemas ambientais.

A compreensão de estímulo e resposta, de retroalimentações positivas e negativas, de sistemas estáveis e instáveis e de sistemas em estado estacionário proporciona uma diretriz para interpretar algumas das mudanças que podem afetar os sistemas. Uma ideia que tem sido utilizada e defendida no estudo do meio ambiente é que os sistemas naturais que ainda não foram afetados pelas ações antrópicas tendem na direção de algum tipo de estado estacionário ou de equilíbrio dinâmico. Algumas vezes isso é chamando de ***equilíbrio da natureza***.* De fato, retroalimentações negativas operam em inúmeros sistemas naturais e podem tender a manter o sistema em equilíbrio. Apesar disso, é necessário investigar com que frequência o modelo de equilíbrio concretamente se aplica.

Examinando-se em detalhes sistemas ecológicos naturais em uma variedade de episódios, torna-se evidente que o estado estacionário ou de equilíbrio dinâmico raramente é obtido ou mantido por um longo período de tempo. Preferencialmente, os sistemas são caracterizados não somente por perturbações de indução antrópica, mas também por perturbações naturais (algumas vezes de macroescala, como as perturbações denominadas desastres naturais, tais como enchentes e incêndios). Dessa forma, mudanças ao longo do tempo podem ocorrer. De fato, pesquisas de tais sistemas variados como florestas, rios e recifes de corais indicam que perturbações devido a eventos naturais como tempestades, inundações e incêndios são necessários para a manutenção desses sistemas, como será visto em capítulos posteriores. A lição ambiental é que os ***sistemas se alteram naturalmente***. Para a administração de sistemas visando à melhoria do meio ambiente é necessário obter uma compreensão adequada sobre os seguintes tópicos:[6,7]

Os tipos de perturbações e de mudanças que são suscetíveis de acontecer.
Os períodos de tempo nos quais a mudanças ocorrem.
A importância de cada mudança para a produtividade de longo prazo do sistema.

Esses conceitos estão no centro da compreensão dos princípios da unidade e da sustentabilidade ambiental.

3.6 A Terra e a Vida

Retoma-se, neste tópico, a discussão mais geral sobre sistemas, com base em uma abordagem mais diretamente focada na Terra como um planeta vivo. A Terra foi formada há aproximadamente 4,6 bilhões de anos, quando uma nuvem de gás interestelar, conhecida como nebulosa, entrou em colapso, criando a protoestrelas e o sistema planetário. A vida na Terra começou cerca de 1 bilhão de anos depois (3,5 bilhões de anos atrás) e desde aquele tempo tem afetado profundamente

*O equilíbrio na natureza remete ao conceito de *Homeostase*, definida por Walter Bradford Cannon, em 1932, que representa a capacidade de um sistema, aberto ou fechado, regular seu ambiente interno ao manter uma condição estável e constante, tendendo e retomando ao equilíbrio quando perturbado por meio de mecanismos de ajustes de retroalimentação. (N.T.)

EXERCÍCIO DE APLICAÇÃO 3.2

Tempo Médio de Permanência (TMP)

O *tempo médio de permanência* (TMP) para um elemento ou componente químico é um conceito fundamental para a avaliação de inúmeros problemas ambientais. TMP é definido como a relação entre o tamanho de um reservatório ou tanque de qualquer material — por exemplo, a quantidade de água existente em um reservatório — pela taxa de transferência através desse reservatório. A equação é:

$$\text{TMP} = V/Q$$

onde V é o tamanho (volume) do reservatório e Q é a taxa de transferência.

Conhecendo-se o TMP para um dado componente químico presente no meio ambiente — como, por exemplo, um poluente no ar, água ou solo — permite uma compreensão quantitativa mais apurada com respeito a esse poluente. Pode-se ainda avaliar melhor a natureza e a extensão do poluente, no tempo e no espaço, ajudando no desenvolvimento de estratégias para reduzir ou eliminar esse poluente.

Analisando o exemplo simples da Figura 3.13 que mostra o esquema do Big Lake, um reservatório de água represada por uma barragem. O lago possui três rios que despejam uma vazão de entrada conjunta de 10 m^3/s de água e um exutório que libera outros 10 m^3/s. A taxa de evaporação da água é considerada desprezível para este exemplo simplificado. Um poluente de água, EMTB (éter metil-terc-butílico), também está presente no lago. O EMTB é adicionado à gasolina para auxiliar na redução de emissão do monóxido de carbono. Ele é tóxico: em baixas concentrações de 20–40 μg/L (milésimos de gramas por litro) na água, tem o odor de terebintina (aguarrás) e provoca náuseas em algumas pessoas. O EMTB se dissolve facilmente na água e, portanto, é transportado por ela. As fontes de EMTB no Big Lake são as águas de escoamento superficial de chuvas provenientes dos postos de gasolina existentes na Cidade do Lobo, gasolina derramada no solo ou no próprio lago e dos barcos que possuem motores de combustão à gasolina. Diversas perguntas podem ser enunciadas com respeito à água e à presença de EMTB no Big Lake:

1. Qual é o TMP da água no lago?
2. Qual a quantidade de EMTB no lago, a taxa (quantidade por tempo) de EMTB que é lançada no lago e o TMP de EMTB no lago? Como a água e o EMTB se movimentam juntos, seus TMPs deveriam ser os mesmos — e isso pode ser verificado.

O TMP da Água no Big Lake

Para fazer esses cálculos, utilize a multiplicação de fatores e as conversões contidas nos Apêndices B e C no final do livro.

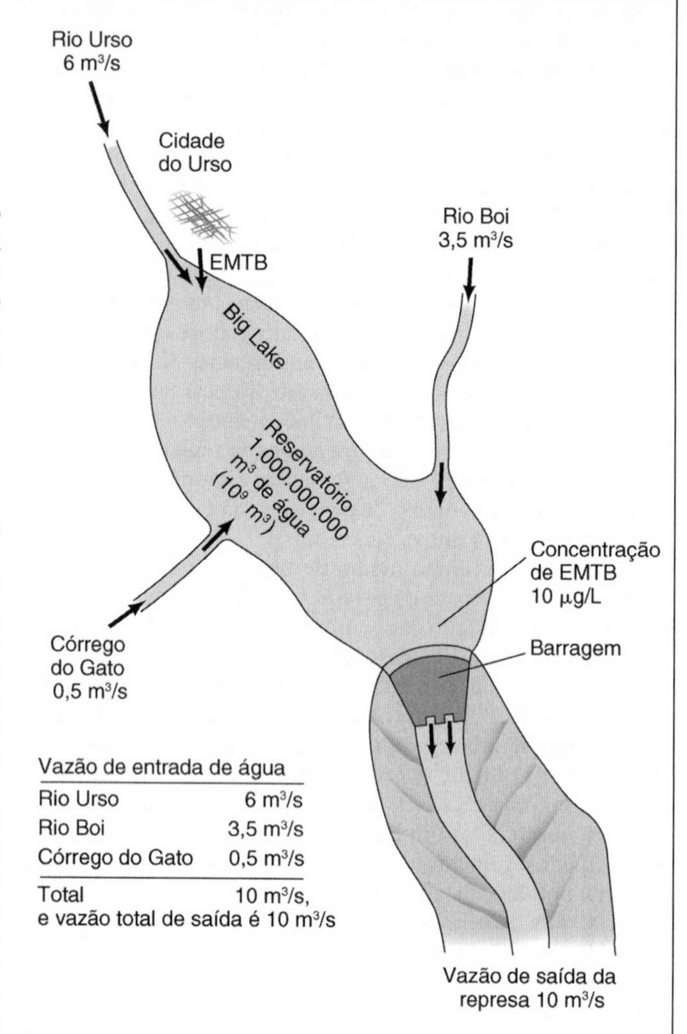

Figura 3.13 ■ Diagrama esquemático de um sistema de lago contaminado com EMTB.

$$\text{TMP}_{\text{água}} = \frac{V}{Q} = \text{TMP}_{\text{água}} = \frac{1.000.000.000 \text{ m}^3}{10 \text{ m}^3/\text{s}}$$

$$\text{ou } \frac{10^9 \text{ m}^3}{10 \text{ m}^3/\text{s}}$$

As unidades m^3 se cancelam e

$$\text{TMP} = 1.000.000.000 \text{ segundos ou } 10^8 \text{ s}$$

Convertendo 10^8 s para anos:

$$\frac{\text{segundos}}{\text{ano}} = \frac{60 \text{ segundos}}{1 \text{ minuto}} \times \frac{60 \text{ minutos}}{1 \text{ hora}} \times \frac{24 \text{ horas}}{1 \text{ dia}} \times \frac{365 \text{ dias}}{1 \text{ ano}}$$

Cancelando as unidades envolvidas e multiplicando, são 31.536.000 segundos/ano, o que equivale a

$$3{,}1536 \times 10^7 \text{ segundos/ano}$$

(Continua)

(Continuação)

Portanto, o TMP para o Big Lake é

$$\frac{100.000.000\ s}{31.536.000\ s/ano} \text{ ou } \frac{10^8\ s}{3{,}1536 \times 10^7\ s/ano}$$

O TMP para o Big Lake é 3,17 anos.

TMP para o EMTB no Big Lake

A concentração de EMTB na água próxima à represa é medida e vale 10 μg/L. Portanto, a quantidade total de EMTB no lago (tamanho do reservatório ou tanque de EMTB) é o produto do volume de água contida no lago e da concentração de EMTB:

$$10^9\ m^3 \times \frac{10^3\ L}{m^3} \times \frac{10\ \mu g}{L} = 10^{13}\ \mu g \text{ ou } 10^7\ g$$

o que é 10^4 kg ou 10 toneladas de EMTB.

A saída de água do Big Lake é de 10 m^3/s, que contém 10 μg/L de EMTB; a taxa de transporte de EMTB (g/s) é

$$EMTB/s = \frac{10\ m^3}{s} \times \frac{10^3\ L}{m^3} \times \frac{10\ \mu g}{L} \times \frac{10^{-6}\ g}{\mu g} = 0{,}1\ g/s$$

Uma vez considerados iguais os valores da vazão de entrada e de saída, logo ambos valem 0,1 g/s.

$$TMP_{EMTB} = \frac{V}{Q} = \frac{10^7\ g}{0{,}1\ g/s} = 10^8\ s, \text{ ou } 3{,}17 \text{ anos}$$

Dessa forma, conforme se suspeitava, os TMPs da água e do EMTB são os mesmos. Isso resulta porque o EMTB é dissolvido na água. Se ficasse preso ao sedimento no lago, o TMP_{EMTB} seria ainda muito maior. Produtos químicos em reservatórios maiores ou com taxas de transporte menores tendem a possuir TMPs maiores. Neste exercício calculou-se o TMP da água do Big Lake, assim como a vazão de entrada, a quantidade total e o TMP do EMTB.

o planeta. Desde que a vida surgiu, inúmeras espécies de organismos têm evoluído, florescido e, por outro lado, outras espécies têm sido extintas, deixando apenas os seus fósseis para o registro de sua existência na história.

Vários milhões de anos atrás ocorreram as origens evolucionárias para a provável dominação humana na Terra. Eventualmente, entretanto, como em todas as outras espécies, os registros de fósseis deixaram evidências de que todos, inclusive os seres humanos, irão desaparecer no futuro. O breve período da humanidade na história da Terra pode não ser particularmente significativo. No entanto, para os que hoje vivem na Terra e para as gerações humanas que ainda estão por vir, a maneira pela qual atualmente se afeta o meio ambiente é fundamental.

As atividades antrópicas aumentam e diminuem a magnitude e a frequência de alguns processos naturais do planeta Terra. Por exemplo, rios podem se encher e inundar as adjacências de áreas rurais indiferentes às atividades humanas, porém a magnitude e a frequência das inundações podem ser fortemente aumentadas ou diminuídas pelas ações antrópicas. No intuito de previsão dos efeitos de longo prazo desses tipos de processos, tais como as inundações, deve-se estar preparado para determinar como atividades futuras mudarão as taxas dos processos físicos.

De um ponto de vista biológico e geológico, sabe-se que o destino final de todas as espécies é a extinção. Porém, as ações antrópicas têm apressado esse destino para muitas espécies. Na medida em que a população humana tem aumentado, um aumento paralelo na extinção de espécies tem ocorrido. Estas extinções estão intimamente ligadas às mudanças de uso do solo — para a utilização na agricultura e para o uso urbano, que alteram as condições ecológicas de uma dada área. Algumas espécies são domesticadas ou cultivadas e, assim, o seu número aumenta; enquanto outras são removidas como pragas.

3.7 A Terra como um Sistema Vivo

O planeta Terra tem sido profundamente alterado pelos seres que a habitam. O ar, os oceanos, os solos e as rochas sedimentares da Terra estão muito diferentes do que seriam em um planeta sem vida. De muitas maneiras, a vida ajuda a controlar a constituição do ar, dos oceanos e dos solos.

A vida interage com o seu meio ambiente em diversos níveis. Uma simples bactéria existente no solo interage com o ar, com a água e com as partículas do solo ao seu redor, dentro de um volume de fração de centímetro cúbico. Uma floresta ocupando centenas de quilômetros quadrados interage com grandes volumes de ar, de água e de solo. Todos os oceanos, toda a baixa atmosfera e toda a camada superficial da parte da sólida Terra são afetados pela vida.

Um termo geral, **biota**, é utilizado para se referir a todas as coisas vivas (animais e plantas, incluindo os microrganismos) existentes em uma determinada área — desde um aquário até um continente, até a Terra como um todo. A região da Terra onde ocorre a vida é denominada **biosfera**. Ela se estende desde as profundezas oceânicas até o topo das montanhas. A biosfera inclui ainda todo o tipo de vida, desde a baixa atmosfera e os oceanos, rios, lagos, solos e os sedimentos sólidos que ativamente trocam matéria com vida. O termo *biosfera* é também utilizado com o significado de sistema que engloba e sustenta todo tipo de vida, não somente onde a vida existe (o *habitat* global para a vida), mas a combinação de todas as características que levam a permanência da vida. Neste livro, o termo se aplica em ambos os casos.

Todas as coisas vivas exigem energia e matéria. Na biosfera, a energia é recebida do Sol e do interior da Terra e é utilizada e liberada na ciclagem da matéria.

Para a compreensão do que é necessário para a manutenção da vida, considere as seguintes questões: Como uma pequena parte da biosfera poderia ser isolada do resto e ainda assim manter a vida? Suponha a colocação de partes da biosfera em um contêiner de vidro, vedando-o. Qual o conjunto mínimo de conteúdo manteria a vida? Colocando uma simples planta em um contêiner contendo ar, água e algum tipo de solo, a planta pode produzir açúcar a partir da água e do dióxido de carbono existente no ar. Pode, também, produzir vários componentes orgânicos, incluindo proteínas e tecido lenhoso, a partir dos açúcares e dos componentes inorgânicos existentes no solo. Mas nenhuma planta verde pode decompor os seus próprios produtos e reciclar a matéria. Com o tempo a planta morreria.

É sabido que não há nenhum tipo de organismo simples, população ou espécie que, ao mesmo tempo, produza toda a sua alimentação e que recicle completamente todos os seus produtos metabólicos. Para a manutenção da vida devem existir diversas espécies dentro de um ambiente que englobe os meios fluidos — ar e água — para transportar matéria e energia. Tal ambiente é o ecossistema, próximo tema fundamental de discussão.

3.8 Ecossistemas

Um **ecossistema** é uma comunidade de organismos e o seu ambiente físico, no qual fluem os ciclos de matéria (elementos químicos) e de energia. É um princípio fundamental de que *a vida sustentada na Terra é uma característica dos ecossistemas*, não de populações ou de organismos individuais ou mesmo de espécies únicas.

A Essência dos Ecossistemas

O termo *ecossistema* é aplicado às áreas de todos os tamanhos, desde a menor poça de água até uma grande floresta ou mesmo toda a biosfera terrestre. Ecossistemas apresentam profundas diferenças em sua composição — ou seja, no número e no tipo de espécies, nos tipos e nas proporções referentes aos constituintes não biológicos e no nível de variação no tempo e no espaço. Por vezes, as fronteiras de um ecossistema estão bem definidas, como a transição entre os oceanos e as costas rochosas ou de um lago com a mata ao seu redor. Muitas vezes, também, as fronteiras não são tão precisas, são vagas como na sutil mudança gradual de uma floresta para uma pradaria em Minnesota e em Dakota, ou mesmo, de pastos para as savanas ou florestas no leste da África. O que é comum a todos os ecossistemas não é a estrutura física — tamanho, forma, variações de fronteiras — mas a existência dos processos já mencionados com relação aos fluxos de energia e aos ciclos de elementos químicos. Os ecossistemas podem ser naturais ou artificiais. Uma lagoa construída como parte de uma estação de tratamento de esgoto é um ecossistema artificial. Os ecossistemas podem ser naturais ou gerenciados e o tipo de gerenciamento ou gestão pode variar sobre uma ampla variedade de ações. A agricultura pode ser tomada como uma gestão particular de determinados tipos de ecossistemas.

Os ecossistemas naturais realizam muitas funções de utilidade pública para todos. A água residuária de residências e de indústrias, muitas vezes, é tratada e convertida em água potável, por meio de sua passagem por ecossistemas naturais, a exemplo de alguns tipos de solos. Os poluentes, tais quais aqueles contidos na fumaça de fábricas ou do escapamento de automóveis são frequentemente sequestrados pelas folhas das árvores ou convertidos em componentes inócuos pelas florestas.

A Hipótese de Gaia

Na discussão da Terra considerada como um sistema — a vida em seu meio ambiente, a biosfera e os ecossistemas — remete à indagação de quanto a existência de vida na Terra tem afetado o planeta. Mais recentemente, a **Hipótese de Gaia** — em referência a Gaia, deusa grega Mãe Terra — tem se tornado tema de calorosos debates.[8] A Hipótese de Gaia enuncia que a vida manipula o meio ambiente para a sua própria manutenção. Por exemplo, alguns pesquisadores acreditam que as algas que flutuam próximas à superfície dos oceanos influenciam a pluviosidade nos mares e a quantidade de carbono contido na atmosfera, desse modo, afetam significativamente o clima global. Deduz-se, então, que o planeta Terra é capaz de se autorregular fisiologicamente.

De acordo com James Lovelock, um pesquisador britânico que vem desenvolvendo a Hipótese de Gaia desde o início dos anos 1970, a ideia de que a Terra é um planeta vivo provavelmente é tão antiga quanto a própria humanidade.[8] James Hutton, cuja teoria do uniformitarismo foi anteriormente debatida, enunciou em 1785 que ele acreditava que a Terra era um superorganismo e comparou o ciclo de nutrientes dos solos e das rochas nos leitos dos rios e ribeirões à circulação do sangue em um animal.[8] Nessa metáfora, os rios são as artérias e as veias, enquanto as florestas são os pulmões, e os oceanos, o coração da Terra.

A Hipótese de Gaia é, na verdade, uma série de hipóteses. A primeira delas é a de que a vida, desde a sua concepção, tem afetado fortemente o meio ambiente planetário. Poucos pesquisadores discordariam disso. A segunda hipótese sustenta que a vida tem alterado o meio ambiente terrestre de uma forma que tem permitido a própria existência e manutenção da vida. Seguramente, existe alguma evidência de que a vida tem tido tal efeito no clima da Terra. Uma extensão popular da Hipótese de Gaia é a de que a vida *deliberadamente* controla o ambiente global. Poucos pesquisadores aceitam essa ideia.

A Hipótese de Gaia estendida pode, no entanto, apresentar algum mérito no futuro. As pessoas cada vez mais se conscientizam de que causam efeitos ou danos ao planeta, alguns dos quais influenciam nas mudanças futuras do meio ambiente global. Dessa forma, o conceito de que as pessoas podem conscientemente fazer a diferença no futuro do planeta não é um ponto de vista extremo como já se chegou a imaginar. O futuro estado do meio ambiente humano pode depender, em parte, de ações realizadas hoje e nos próximos anos. Este aspecto da Hipótese de Gaia exemplifica o tema-chave da reflexão crítica global, que foi introduzida no Capítulo 1.

As decisões tomadas na gestão global do meio ambiente dependem dos valores tanto quanto dependem da compreensão de como a Terra funciona (outro tema-chave do Capítulo 1). Com isso em mente, pode-se explorar em grande profundidade como os processos humanos estão relacionados com as mudanças ambientais.

3.9 Por que a Solução de Problemas Ambientais É Frequentemente Difícil

As principais partes do sistema ambiental global são: a hidrosfera, a litosfera, a biosfera e a atmosfera. Todos são sistemas abertos, o que significa que todos eles trocam matéria e energia, entre si, por meio de suas fronteiras. O sistema global é de difícil análise e compreensão, por inúmeras razões, incluindo: (1) respostas não lineares; (2) atrasos entre causas e efeitos; (3) retroalimentações positivas e negativas; e (4) fronteiras maldefinidas.

1. **Respostas não lineares** incluem o crescimento exponencial, que podem ocorrer em curtos intervalos ou períodos de tempo, especialmente para espécies e populações, e uma diversidade de outras respostas, o que engloba as taxas de captura de produtos químicos por elementos vivos, e a taxa na qual o dióxido de carbono contido na atmosfera se dissolve em lagos, rios e oceanos. O crescimento exponencial será discutido no Capítulo 4; é suficiente afirmar, neste momento, que esse tipo de crescimento dos elementos vivos pode provocar grandes mudanças em curtos intervalos de tempo.

2. **Atraso** é a demora que ocorre entre a causa e o aparecimento de seus efeitos. (Igualmente se refere ao tempo decorrido entre a ocorrência de um estímulo e uma resposta.) Se o atraso é longo, particularmente quando comparado ao período de existência humana (ou a capacidade de manter a atenção ou a habilidade para continuar medindo e monitorando), pode-se falhar na determinação de qual é a causa e qual é o efeito. Pode-se até acreditar que a possível causa não seja a ocorrência de um efeito prejudicial, uma vez que, na realidade, o efeito está apenas atrasado (demorando). Por exemplo, a derrubada de árvores em florestas situadas em encostas íngremes pode aumentar a probabilidade e a taxa de erosão, porém, em comparação com ambientes secos, esse fato pode não se tornar evidente até o momento em que chova pesado, o que pode não acontecer ao longo de um período extenso de anos após o início da derrubada de árvores.

Se o atraso for pequeno, as consequências são mais fáceis de identificar. Por exemplo, a emissão de um gás altamente tóxico por uma fábrica que tenha provocado efeitos imediatos na saúde da população da vizinhança dessa fábrica.

Algumas vezes, atrasos demorados podem ultrapassar o limite e levar ao **excesso e colapso**.[5,9] Por exemplo, a Figura 3.14 mostra relação entre a capacidade de suporte e a população humana. A capacidade de suporte começa sendo muito maior do que a população humana (mundial), porém, assim que o crescimento exponencial ocorre, a população excede a capacidade de suporte e, dessa forma, excede igualmente os limites de sustentação. Isso, ao final, resulta no colapso da população para um nível inferior. A nova capacidade de suporte também é reduzida. O atraso é o tempo de crescimento exponencial da população antes do momento em que supera a capacidade de suporte. Um cenário similar pode ser postulado para a exploração das espécies de peixes e de árvores.

3. *Consequências irreversíveis.* As consequências adversas de mudanças ambientais não necessariamente induzem a consequências irreversíveis. Algumas sim, entretanto, e estas podem induzir a problemas particulares. Quando se aborda a questão de decorrências irreversíveis, significa dizer consequências que não podem ser facilmente corrigidas em uma escala humana de décadas ou de algumas centenas de anos. Um bom exemplo disso é o da erosão do solo ou o da derrubada de florestas adultas. Com relação à erosão do solo, as consequências para a produtividade das safras podem não ser alcançadas, até que as plantações não tenham mais as suas raízes em solo produtivo, com os nutrientes necessários para a produção de uma safra. Pode ocorrer um longo atraso na erosão do solo até que isso ocorra, porém, uma vez erodido, o solo pode levar centenas ou milhares de anos para se recuperar e se formar novamente — e, dessa forma, as consequências são irreversíveis.[5] De maneira similar, com a derrubada de florestas adultas, quando essas florestas são ceifadas podem ser necessários centenas de anos para que elas sejam recuperadas. Atrasos podem ser ainda maiores se os solos forem danificados ou erodidos devido à retirada da madeira.

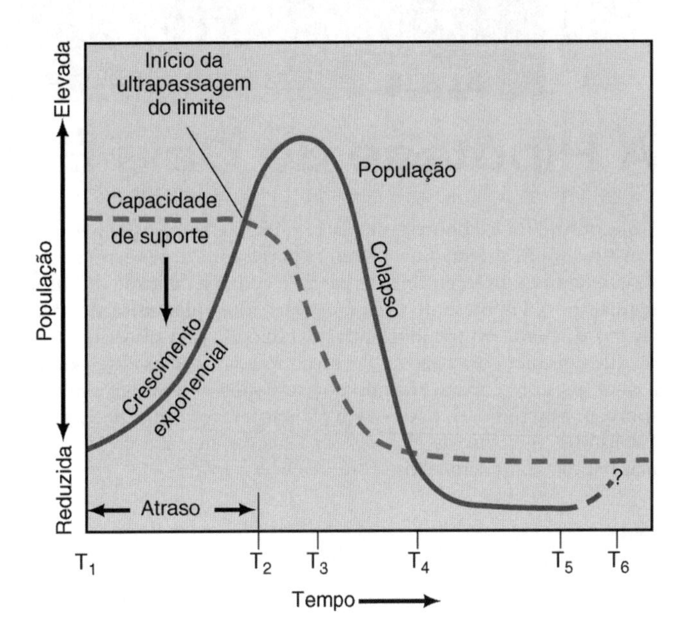

Figura 3.14 ■ O conceito de ultrapassagem do limite, ilustrando a influência do crescimento exponencial, atraso e colapso na capacidade de suporte. A capacidade de suporte começa relativamente elevada, porém, como o crescimento exponencial aumenta a população acima da capacidade de suporte, ultrapassam-se os limites e a população entra em colapso. Se o dano causado ao meio ambiente ocorre como resultado do uso abusivo e provoca danos aos recursos dos quais a capacidade de suporte depende, então a capacidade de suporte também entra em colapso, conforme se mostra neste gráfico. (*Fonte*: Modificado de D. H. Meadowns e outros 1992.)

Em resumo, percebe-se que o crescimento exponencial, o longo período de atraso e a possibilidade de consequências irreversíveis possuem implicações especiais para problemas ambientais e para encontrar soluções para esses problemas. Reconhece-se, neste momento, o perigo do crescimento exponencial e se dá conta que quando eles estão combinados, com prolongados atrasos e consequências irreversíveis, deve-se prestar atenção especial à busca de soluções. Dessa forma, novamente percebe-se a importância do princípio da unidade ambiental, que afirma que uma atividade ou mudança muitas vezes conduz a uma sequência de mudanças, muitas das quais difíceis de reconhecer. O reconhecimento do atraso e da irreversibilidade das consequências associadas ao crescimento exponencial é primordial na resolução dos problemas ambientais.

QUESTÕES PARA REFLEXÃO CRÍTICA

A Hipótese de Gaia É Científica?

De acordo com a Hipótese de Gaia, a Terra e todas as coisas vivas constituem um sistema único, com as partes interdependentes entre si, com comunicação entre essas partes e com a habilidade de autorregulação. A Hipótese de Gaia e os seus componentes são ciência, ciência de borda ou pseudociência? A Hipótese de Gaia é algo mais do que uma metáfora atrativa? Possui conotação religiosa? Responder a essas questões é mais difícil do que responder a questões similares sobre, por exemplo, os círculos em plantações, conforme descrito no Capítulo 2. A análise da Hipótese de Gaia compele a tratar de algumas das ideias fundamentais sobre a ciência e a vida.

Perguntas para Reflexão Crítica

1. Quais são as principais hipóteses incluídas na Hipótese de Gaia?
2. Que tipo de evidência poderia sustentar tais hipóteses?
3. Quais dessas hipóteses podem ser testadas?
4. Cada uma dessas hipóteses é ciência, ciência de borda ou pseudociência?
5. Alguns cientistas criticaram James E. Lovelock, que formulou a Hipótese de Gaia, por ter utilizado o termo *Gaia*. Lovelock respondeu que é melhor do que se referir ao "sistema cibernético biológico com tendências homeostáticas". O que essa frase quer dizer?
6. Quais são os pontos fracos e fortes da Hipótese de Gaia?

Algumas mudanças trazidas pelas atividades humanas envolvem particularmente processos lentos — no mínimo do ponto de vista humano — com efeitos cumulativos. Por exemplo, em meados do século XIX, a população iniciou o desmatamento das florestas do Michigan. Era comum acreditar-se que as florestas eram tão extensas que seria impossível derrubar toda ela antes que, novamente, pudesse crescer e retornar ao que era anteriormente. Porém, com muita gente cortando árvores em áreas diferentes e, muitas vezes, isoladas, em menos de 100 anos quase toda floresta foi devastada, com exceção dos 100 hectares restantes. Outro exemplo: desde o início da Revolução Industrial, as populações de inúmeras regiões começaram a queimar combustíveis fósseis, porém, somente a partir da segunda metade do século XX os efeitos globais se tornaram amplamente evidentes. Diversos locais de pesca indicavam uma capacidade elevada de fornecimento de peixes por muitos anos. Porém, repentinamente, na visão acadêmica pelo menos — por vezes em um ano ou em poucos anos — espécies inteiras de peixes sofreram um drástico aniquilamento. Em tais casos, danos de longo prazo podem ocorrer. Tem sido difícil identificar quando a pesca é superexplorada e, uma vez instalada, o que pode ser feito sobre isso, de forma que a pesca possa ser retomada em tempo para que os pescadores continuem com seu trabalho. Um exemplo famoso é o da pesca de anchovas em toda costa do Peru. O que foi a maior região pesqueira do mundo na pesca de anchovas, em poucos anos sofreu um declínio tão grande que a pesca comercial se tornou ameaçada. O mesmo fato ocorreu com os pescadores de Georges Banks e Grand Banks no oceano Atlântico.

Pode-se perceber por meio desses poucos exemplos que os problemas ambientais são geralmente complexos, envolvendo uma variedade de formas de conexão entre os principais componentes e no interior de cada um deles.

As mudanças podem ser caóticas. Isso ocorre quando algumas mudanças pequenas são ampliadas, resultando em um comportamento ou atividade complexa ou, talvez, periódica. A Teoria do Caos é uma modelação ou descrição matemática do comportamento de uma variedade de sistemas, incluindo flutuações de populações e de mudanças no padrão da circulação geral da atmosfera. Um sempre citado exemplo hipotético é o de que o bater das asas de um beija-flor no Brasil causa, por meio de uma série de eventos amplificados, um furacão em Miami. Ainda que esse exemplo pareça improvável de ocorrer na natureza, inúmeras surpresas são encaradas quando se considera os sistemas naturais da Terra. Por exemplo, mudanças nas temperaturas do oceano Pacífico provocam grandes alterações em tempestades, enchentes e outros desastres naturais em escala de abordagem global (ver Capítulo 23).

Conforme disposto, um dos objetivos da compreensão do papel dos processos humanos nas mudanças ambientais é o de auxiliar na gestão global do meio ambiente. Para realizar isso é necessário ser capaz de prever as mudanças antes que elas ocorram. Porém, como os exemplos anteriores demonstraram, as grandes previsões apresentam desafios. Ainda que algumas mudanças sejam antecipadas, outras chegam em forma de surpresas. Sabendo como aplicar os princípios da unidade ambiental e do uniformitarismo com mais destreza, melhor será a habilidade em antecipar as mudanças que, de outra forma, chegariam como surpresas.

RESUMO

- Um sistema é um conjunto de partes ou componentes que funcionam juntos como um todo. Estudos na área ambiental lidam com sistemas complexos em todos os níveis e as soluções para os problemas ambientais frequentemente envolvem a compreensão de sistema e de taxas de mudanças.
- Os sistemas respondem aos estímulos (*inputs*) e possuem respostas (*outputs*). A retroalimentação é um tipo especial de resposta do sistema. Retroalimentação positiva é desestabilizadora, enquanto reações negativas tendem a estabilizar ou a induzir a condições mais constantes em um sistema.
- O relacionamento entre o estímulo (causa) e a resposta (efeito) de sistemas pode ser não linear e pode envolver atrasos. O princípio fundamental da unidade, de maneira simplificada, garante que todos afetam a todos. Isso enfatiza as conexões entre as partes dos sistemas.
- O princípio da unidade ambiental, estabelecido de forma simples, afirma que tudo o que ocorre afeta todo o resto, enfatizando a ligação entre as partes do sistema.
- O princípio do uniformitarismo pode auxiliar na previsão das condições ambientais futuras com base no passado e no presente.
- Um aspecto particularmente importante da retroalimentação positiva é o crescimento exponencial, no qual o aumento pelo período de tempo é uma fração constante ou porcentagem da quantidade atual. O crescimento exponencial envolve dois fatores: a taxa de crescimento e o tempo de duplicação.
- As mudanças nos sistemas podem ser estudadas por meio da análise de estímulo–resposta. O tempo médio de permanência é a média do tempo para que todo o reservatório, de um dado material ou substância, possa ser reciclado pelo sistema.
- A vida na Terra se iniciou há cerca de 3 bilhões de anos e desde essa época tem se alterado profundamente no planeta. A vida sustentável na Terra é uma característica não de organismos individuais ou de populações, mas de ecossistemas — comunidades locais de populações em interação e seus ambientes não biológicos.
- O termo genérico *biota* se refere a todos os seres vivos e *biosfera* é a denominação para todas as regiões da Terra onde existe vida.
- A Hipótese de Gaia assegura que a vida na Terra, por meio de um sistema complexo de retroalimentações positivas ou negativas, regula o ambiente planetário para auxiliar na manutenção da vida.
- O crescimento exponencial, atrasos longos e a possibilidade de mudanças irreversíveis, se combinados, tornam difíceis as soluções de problemas ambientais.

REVISÃO DE TEMAS E PROBLEMAS

A população humana na Terra está vivenciando uma variedade de mecanismos de retroalimentações positivas para uma população em crescimento. De particular preocupação estão os aumentos locais e regionais da densidade populacional (número de pessoas por unidade de área), que extenua os recursos e leva ao sofrimento humano e ao prejuízo econômico.

Sustentabilidade

A retroalimentação negativa é estabilizadora. Se for necessário obter a sustentabilidade da população humana e utilizar os recursos de forma sustentável, então será necessário estabelecer ou iniciar uma série de retroalimentações negativas dentro dos sistemas agrícolas, urbanos e industriais.

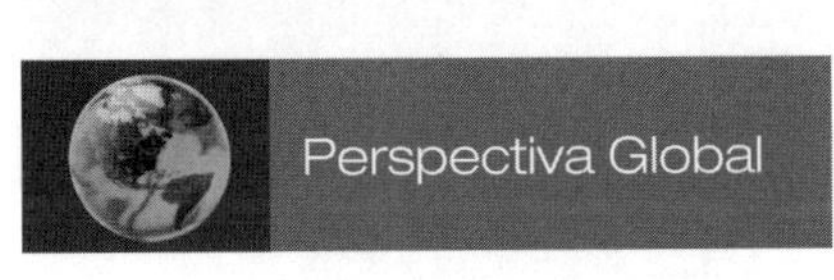

Este capítulo apresentou a Terra como um sistema. Uma das áreas mais promissoras de pesquisa ambiental ainda permanece na investigação das relações entre os processos físicos e biológicos em escala de abordagem global. Muitas dessas relações devem ser descobertas quando da busca para a resolução de problemas ambientais afeitos a questões tais como o aquecimento global potencial, destruição da camada de ozônio e disposição de lixo tóxico.

Os conceitos de unidade ambiental e de uniformitarismo são particularmente apropriados para ambientes urbanos, onde as mudanças no uso do solo resultam em uma variedade de alterações que afetam os processos físicos e bioquímicos.

O homem e a natureza estão ligados de formas complexas em sistemas que estão constantemente em mudança. Algumas mudanças não estão relacionadas com as ações antrópicas, porém, muitas delas estão — e as mudanças causadas pelo homem desde a escala local até a escala global estão se acelerando.

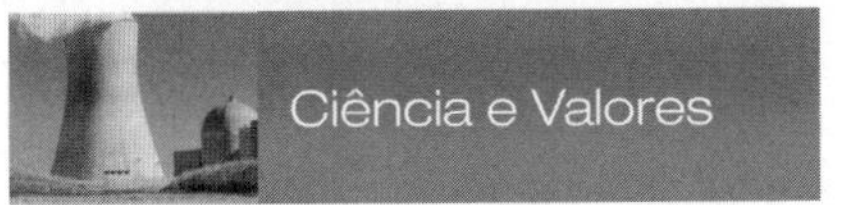

A discussão da Hipótese de Gaia faz lembrar que persiste o pouco conhecimento sobre como o planeta Terra funciona e de como os sistemas físicos, biológicos e químicos se relacionam. Essa compreensão será direcionada, em parte, pelos valores adotados para o meio ambiente e o bem-estar dos demais seres vivos.

TERMOS-CHAVE

atraso
biosfera
biota
crescimento exponencial
ecossistema
estado estacionário
excesso e colapso
Hipótese de Gaia
respostas não lineares
retroalimentação
retroalimentação negativa
retroalimentação positiva
sistema
sistema aberto
sistema fechado
tempo de duplicação
tempo médio de permanência
unidade ambiental
uniformitarismo

QUESTÕES PARA ESTUDO

1. Como o relato da história da Reserva Nacional de Amboseli exemplifica o princípio da unidade ambiental?
2. Qual é a diferença entre as retroalimentações positivas e negativas na visão sistêmica? Dê um exemplo para cada caso.
3. Qual o principal ponto em relação ao crescimento exponencial? O crescimento exponencial é bom ou ruim?
4. Por que a ideia de equilíbrio em sistemas é algo equivocado tendo em vista as questões do meio ambiente? Sempre é possível atingir um equilíbrio na natureza?
5. Por que o conceito de ecossistema é tão importante no estudo das ciências ambientais? Deveria causar preocupação os distúrbios em ecossistemas? Sob quais circunstâncias se deveria preocupar ou não?
6. A Hipótese de Gaia é uma afirmação verdadeira de como a natureza funciona ou é apenas uma metáfora? Explique.
7. Como utilizar o princípio do uniformitarismo para auxiliar na avaliação dos problemas ambientais? É possível utilizar esse princípio no auxílio de avaliação das consequências potenciais da superpopulação na Terra?
8. Por que o excesso e colapso ocorrem e o que poderia ser feito para prevenir ou evitá-los?

LEITURAS COMPLEMENTARES

Botkin, D. B., M. Caswell, J. E. Estes, and A. Orio, (Eds.), 1989. *Changing the Global Environment: Perspectives on Human Involvement.* N.Y. Academic Press, Um dos primeiros livros a resumir os efeitos de ações antrópicas que inclui aspectos globais e o uso de imagens de satélite e tecnologias computadorizadas avançadas.

Bunyard, P., ed. 1996. *Gaia in Action: Science of the Living Earth.* Edinburgh: Floris Books. Este livro apresenta pesquisas com implicações da Hipótese de Gaia.

Lovelock, J. 1995. *The Ages of Gaia: A Biography of Our Living Earth.* New York: Norton. Este livreto explica a Hipótese de Gaia, apresentando o caso de que a vida afeta bastante o planeta e, de fato, pode regulá-lo para o benefício da vida.

Capítulo 4

A População Humana e o Meio Ambiente

OBJETIVOS DE APRENDIZADO

Em 2005, furacões, terremotos e tsunamis causaram inúmeras mortes e, juntamente com o aparecimento da gripe aviária e de outras doenças, pareciam anunciar futuras grandes catástrofes para a humanidade. Mas a população humana tem crescido rapidamente, parecendo estável por décadas. O que está acontecendo? Como considerar o crescimento da população e as possíveis ameaças a sua sobrevivência? Após a leitura deste capítulo, deve-se saber:

- Ao final das contas, não existem soluções de longo prazo para os problemas ambientais, a menos que a população humana pare de crescer.
- Duas questões primordiais sobre o crescimento populacional envolvem o que controla a sua taxa de crescimento e quantos habitantes a Terra pode suportar.
- O rápido crescimento da população tem ocorrido com pequena ou nenhuma alteração no tempo máximo da expectativa de vida dos indivíduos.
- Os procedimentos médicos avançados e as melhorias no tratamento sanitário, o controle de organismos disseminadores de doenças e o atendimento às necessidades humanas têm diminuído as taxas de mortalidade e acelerado a taxa líquida de crescimento da população humana.
- Os países com elevado padrão de vida têm obtido, mais rapidamente, menores taxas de natalidade em relação aos países com baixo padrão de vida.
- Ainda que não seja previsível, com absoluta certeza, qual será a futura capacidade de suporte para os seres humanos na Terra, a compreensão da dinâmica da população humana pode auxiliar no exercício de previsões úteis.

Um tsunami *atingindo um centro urbano.*

ESTUDO DE CASO

Terremotos e Ciclones

No dia 12 de maio de 2008, um terremoto devastador atingiu a China, matando entre 70.000 e 80.000 pessoas. As notícias sobre esse desastre se espalharam rapidamente e o mundo pode perceber o sofrimento das inúmeras pessoas que sobreviveram, perdendo amigos e familiares. Porém, esse desastre tornou-se ainda mais trágico pelo fato de que a população da China, que havia atingido o número de 1,34 bilhão de pessoas em 2007, estava crescendo a uma taxa de cerca de 35.000 pessoas por dia, de forma que, sob a perspectiva de população total, o número de mortes causadas pelo terremoto seria reposto em dois ou três dias. E isto é, para um crescimento populacional menor que 1% ao ano, considerado uma taxa de crescimento baixa. Quando as mortes ocorrem devido às catástrofes naturais, parentes e amigos dos mortos sofrem bastante e, como a população mundial aumenta, a quantidade de sofrimento também aumenta.

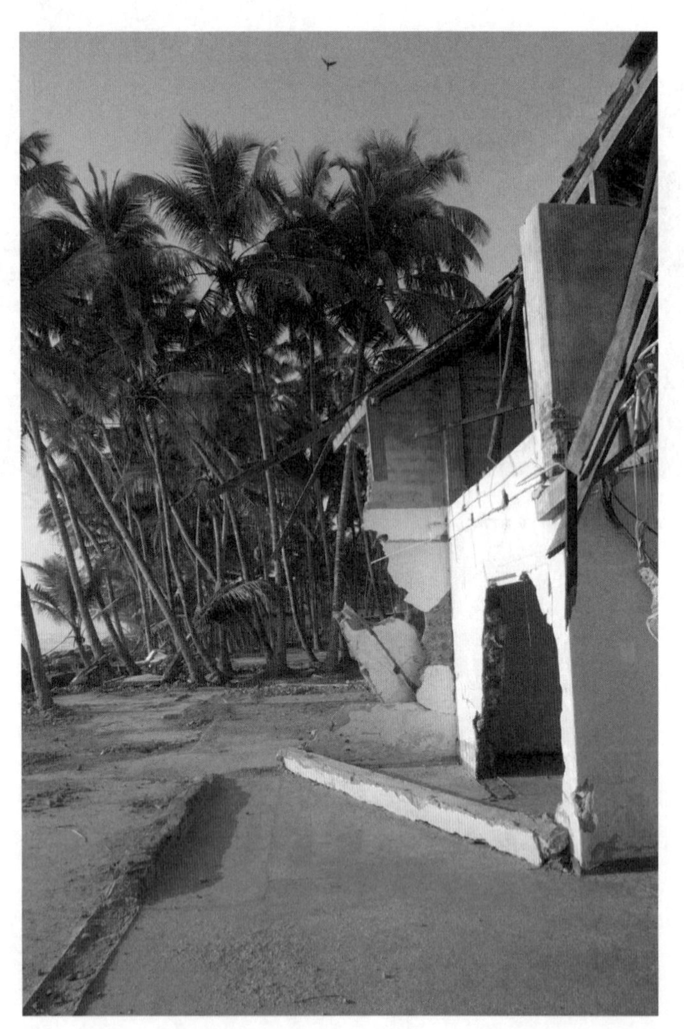

Figura 4.1 ■ Estragos promovidos pela passagem de um ciclone.

Um desastre similar ocorreu, em Myanmar, em maio de 2008, quando o ciclone Nargis (que na América do Norte foi denominado furacão) matou 78.000 pessoas nesse país e afetou a vida de outras 2,4 milhões. A população de Myanmar é composta por 48 milhões de habitantes e a sua atual taxa de crescimento anual é de 0,9%, igualmente considerada pequena. Porém, a população está crescendo em torno de 435.000 habitantes por ano.[a] O aumento da população em dois meses apenas foi suficiente para repor o número de pessoas mortas pelo ciclone.

A população humana em todo o mundo, crescendo em uma taxa de apenas 1,2% ao ano, repõe o número de vidas humanas, nessas catástrofes, em poucos dias. Existem muitos seres humanos – 6,48 bilhões, segundo a última estimativa – que mesmo a uma reduzida taxa de crescimento adiciona à população mundial enorme número de habitantes: 84 milhões de pessoas por ano, em média, nascem 230.000 de pessoas por dia.

As catástrofes que aconteceram nos últimos anos estão começando a causar preocupação entre as pessoas, caso seja possível que a população mundial reverta sua tendência e não mais continue com o seu rápido crescimento. Um abalo sísmico no oceano, em 26 de dezembro de 2004, a oeste da costa da Sumatra, uma das principais ilhas da Indonésia, provocou um tsunami. Uma onda de tamanho excepcional destruiu inúmeras regiões costeiras e matou cerca de 230.000 pessoas na Indonésia, no Sri Lanka, no sul da Índia, na Tailândia e, em outros países, alguns bem distantes como a África do Sul. No outubro seguinte, outro abalo sísmico, de maiores proporções, abalou o Paquistão, matando cerca de 73.000 pessoas. Em 2005, a preocupação aumentou devido à possível pandemia que surgiu com a gripe aviária asiática, uma enfermidade virótica comum em pássaros, inicialmente, diagnosticada em aves domésticas, mas que está rapidamente se adaptando aos seres humanos.

O que está havendo com a população mundial? Essas catástrofes seriam apenas indícios de que o pior que ainda estaria por vir? A população humana teria excedido a sua capacidade de suporte na Terra? Quando a defesa do meio ambiente se tornou popular nos anos 1960 e 1970, os problemas decorrentes do crescimento populacional pareciam essenciais. Ao longo dos séculos, foram sempre levantadas às questões de que a população humana está crescendo, muito rapidamente, e se tornando muito grande e que, assim, as catástrofes são inevitáveis. Como saber se isso é verdade? Será possível saber? Como prever o que acontecerá com a quantidade de pessoas no futuro? A busca de uma compreensão básica de como a populacional humano cresce e se transforma ou se modifica, ao longo do tempo, é o propósito deste capítulo, fundamental para qualquer estudante da ciência ambiental.

4.1 Como as Populações se Alteram ao Longo do Tempo: Concepções Básicas sobre a Dinâmica Populacional

Conceitos Básicos

Uma **população** é um grupo de indivíduos da mesma espécie vivendo em uma mesma região ou produzindo descendentes e compartilhando informações genéticas. Uma **espécie** é um conjunto de indivíduos capazes de se reproduzirem. Uma espécie é constituída por populações. As cinco propriedades-chave de qualquer população são: abundância, que é o tamanho da população em um dado momento, no passado e no futuro; **taxa de natalidade**; **taxa de mortalidade**; **taxa de crescimento**; e **estrutura etária**. As pessoas que estudam o tema da população humana incluem os demógrafos humanos. Demografia é o estudo estatístico da população humana.

As populações se alteram ao longo do tempo e do espaço. O estudo geral das alterações ou transformações das populações é denominado **dinâmica populacional**. A rapidez com que as populações se alteram depende da taxa de crescimento, que é a diferença entre as taxas de natalidade e de mortalidade. (Ver na Tabela 4.1 os diversos termos úteis e o Exercício de Aplicação 4.1.)

Tabela 4.1 Terminologia sobre População Humana

Taxa bruta de natalidade: número de nascimentos dividido por 1.000 indivíduos por ano; o termo "bruto" se aplica porque a estrutura etária da população não é considerada no cálculo.

Taxa bruta de mortalidade: número de pessoas mortas dividido por 1.000 indivíduos por ano.

Taxa bruta de crescimento: número líquido somado por 1.000 indivíduos por ano; também é igual à taxa de natalidade bruta menos a taxa de mortalidade bruta.

Fertilidade: gravidez ou a capacidade de engravidar ou gerar filhos.

Taxa de fecundidade geral: número esperado de nascimentos com vida em um ano e dividido por 1.000 mulheres, com idade entre 15 e 49 anos, considerado o período de maternidade.

Taxa de natalidade específica por idade: número de nascimentos esperados por ano entre um determinado grupo de mulheres em idade fértil da população.

Taxa de fecundidade total (TFT): número médio da expectativa de nascimentos para uma mulher ao longo do período de maternidade.

Taxa de mortalidade específica por causa: número de mortes devido a uma causa dividido por um total de 100.000 mortes.

Taxa de incidência: número de pessoas que contraem uma enfermidade durante um período de tempo, geralmente medido em porcentagem (por 100 indivíduos).

Taxa prevalente: número de indivíduos afetados por uma enfermidade em um determinado período de tempo.

Taxa de casos fatais: porcentagem de indivíduos que morrem por terem contraído alguma enfermidade.

Morbidade: termo geral que significa a ocorrência de enfermidades e de doenças na população.

Taxa de crescimento natural (TCN): taxa de natalidade menos taxa de mortalidade, que implica a taxa anual de crescimento populacional não incluída a migração.

Tempo de duplicação: número de anos necessários para duplicar uma população, considerando constante a taxa de crescimento natural.

Taxa de mortalidade infantil: número anual de mortes de crianças com idade inferior a um ano de vida por cada 1.000 nascimentos.

Esperança de vida ao nascer: número médio de anos que um recém-nascido pode ter a esperança de viver em face dos níveis atuais de mortalidade.

PNB per capita: produto nacional bruto (PNB), que inclui o valor de toda produção interna e exportada, por pessoa.

Fonte: C. Haub and D. Cornelius, *World Population Data Sheet* (Washington, D.C.: Population Reference Bureau, 1998).

Estrutura Etária

Um importante fator no crescimento populacional é a estrutura etária da população, a proporção dos indivíduos de cada idade. A estrutura etária da população afeta as taxas de natalidade atual e a futura, as taxas de mortalidade e as taxas de crescimento; têm impacto no meio ambiente e implicações nas condições momentâneas e nas condições sociais e econômicas futuras.

Pode-se descrever uma estrutura etária como se ela fosse uma pilha de blocos, um para cada faixa etária, onde o tamanho de cada bloco é representado pelo número de indivíduos existentes nessa faixa etária (Figura 4.2). Ainda que as estruturas etárias possam assumir várias formas, quatro tipos principais são os mais importantes para a discussão deste tema: a pirâmide, a coluna, a pirâmide invertida (pesada em cima) e a coluna abaulada ou com protuberâncias (barriga). A estrutura etária piramidal é característica de populações com grande número de jovens e com elevada taxa de mortalidade para cada faixa etária – e, por essa razão, com reduzida expectativa de vida. A forma da coluna ocorre onde as taxas de natalidade e de mortalidade são reduzidas, havendo elevado porcentual de idosos. Uma coluna de forma abaulada ocorre se eventos, no passado, causaram elevadas taxas de natalidade ou de mortalidade a uma determinada faixa etária, mas não para outras faixas. A pirâmide invertida acontece quando a população é composta por mais idosos do que jovens.

Uma implicação econômica sobre a estrutura etária envolve o cuidado para com os idosos. Nas sociedades primitivas e pré-industriais, o tempo de expectativa de vida era reduzido, os mais jovens cuidavam de seus pais e, por isso, os pais se motivavam a ter mais filhos. Nas sociedades modernas e tecnológicas, o tamanho das famílias é menor e o custo com para cuidar dos idosos está distribuído pela sociedade por meio de impostos, de forma que aqueles que trabalham proporcionam os recursos financeiros para cuidar daqueles que não podem. Os pais tendem a ter melhores benefícios quando os seus filhos são bem formados e possuem trabalhos bem remunerados. Ao contrário, contando com uma família numerosa, nas quais os filhos possuem menos recursos, os pais tendem a ter poucos filhos e a investir mais naqueles que já tem. Isso torna possível o **crescimento populacional zero**. Entretanto, uma mudança

EXERCÍCIO DE APLICAÇÃO 4.1

Previsão da Mudança Populacional

O tamanho da população se altera devido à natalidade, mortalidade, imigração (chegadas de outros lugares) e emigração (partidas para outras partes). Pode-se deduzir uma fórmula para representar a mudança populacional:

$$P_2 = P_1 + (N - M) + (I - E)$$

onde P_1 é o número de indivíduos em uma população em um tempo 1, P_2 é o número de indivíduos dessa população em um tempo posterior 2, N é o número de nascimentos no período entre o tempo 1 e o tempo 2, M é o número de mortes desde o tempo 1 até o tempo 2, I é o número de entradas na forma de imigração e E é o número de partidas na forma de emigração.

Desprezando-se, por um momento, a imigração e a emigração, o quanto rapidamente uma população se altera depende da taxa de crescimento, que é a diferença entre a taxa de natalidade e a taxa de mortalidade (ver Tabela 4.1 para outros termos úteis). O crescimento da população humana é geralmente expresso na taxa por 1.000, denominada taxa bruta, no lugar da porcentagem, mais familiar, que é a taxa por 100. Por exemplo, em 1999, a taxa bruta de mortalidade nos Estados Unidos foi 9, o que significa que a cada 1.000 pessoas, 9 morreram. (A mesma informação expressa em termos de porcentagem é uma taxa de 0,9%.) Em 1999, a taxa bruta de natalidade nos Estados Unidos foi 15.[2] A taxa bruta de crescimento é a variação líquida – a taxa de natalidade menos a taxa de mortalidade. Dessa forma, a taxa bruta de crescimento, em 1999, nos Estados Unidos foi 6. Para cada 1.000 pessoas no início de 1999, havia 1.006 no final do ano. Ignorando ainda, neste momento, a imigração e a emigração, pode-se afirmar que a rapidez de crescimento da população depende da diferença entre as taxas de natalidade e de mortalidade. A taxa de natalidade (geralmente representada por um n) é a fração ou a porcentagem de nascimento por unidade de tempo. A taxa de mortalidade (m) é a porcentagem de indivíduos da população que morre por unidade de tempo. A taxa de crescimento (c) de uma população é, portanto:

$$c = (N - M)/P_t \text{ ou } c = C/P_t$$

Note que em ambos os casos, as unidades são números por unidade de tempo.

Lembrando do Capítulo 3 que o tempo de duplicação – o tempo que leva uma dada população para atingir o dobro do tamanho de sua população inicial – pode ser estimado pela equação:

$$T = 70/\text{taxa de crescimento anual}$$

onde T é o tempo de duplicação e a taxa de crescimento anual é expressa em porcentagem. Por exemplo, uma população crescendo 2% ao ano dobraria o seu tamanho em aproximadamente 35 anos.

As taxas de natalidade, de mortalidade e de crescimento podem ser calculadas pelo número de nascimentos e de mortes durante um período de tempo e, também, a população total, em dado momento, durante esse período de tempo. Fazendo P_t igual ao número total de indivíduos da população, a taxa de natalidade (n) é o número de nascimentos por unidade de tempo (N) dividido pela população total (P_t), ou

$$n = N/P_t$$

A taxa de mortalidade (m) é o número de mortes por unidade de tempo (M) dividido pela população total (P_t), ou

$$m = M/P_t$$

A taxa de crescimento (c) é o resultado do número de nascimentos menos o número de mortes por unidade de tempo dividido pelo número total da população (P_t), ou

$$c = (N - M)/P_t \text{ ou } c = C/P_t$$

É fundamental ter consistência na utilização da população no início, meio e fim do período. Habitualmente, utiliza-se o número inicial ou o intermediário.

Considere o exemplo: havia 19.700.000 de habitantes na Austrália, em meados de 2002, e o número de nascimentos era de 394.000, entre 2002 a 2003. A taxa de natalidade, n, calculada em meados de 2002 era de 394.000/19.700.000, ou seja, 2%. Durante o mesmo período houve 137.900 mortes; a taxa de mortalidade, m, foi de 137.900/19.700.000 ou 0,7%. A taxa de crescimento, c, foi (394.000 − 137.900)/19.700.000 ou 1,3%.[2]

A estrutura etária varia consideravelmente de nação para nação (Figura 4.2). A forma piramidal do Quênia ilustra um rápido crescimento populacional pesadamente ponderada para a juventude. Atualmente, nos países em desenvolvimento, cerca de 34% da população situa-se abaixo da faixa etária de 15 anos. Tal qual indica uma estrutura etária que a população crescerá muito rapidamente no futuro, quando os mais jovens atingirão a idade de se casarem e ter filhos e que, esse fato, sugere que o futuro para tal nação vai exigir mais postos de trabalho ou empregos para os jovens. Esse tipo de estrutura etária tem muitas outras implicações sociais que vão muito além do âmbito de estudo deste livro.

Em contraposição, a estrutura etária dos Estados Unidos se parece mais como uma coluna, evidenciando um crescimento lento da população, enquanto a pirâmide levemente pesada em cima (invertida), da Itália, mostra uma nação com crescimento populacional em declínio. Os mais idosos formam uma pequena porcentagem (3%) na população do Quênia, porém uma porcentagem muito maior na população dos Estados Unidos e da Itália (respectivamente, 13 e 17%).[2]

A estrutura etária fornece uma compreensão melhor do histórico da população, a sua condição atual e o seu provável futuro. Por exemplo, o rápido aumento no índice de natalidade (*baby boom*) que ocorreu após a II Guerra Mundial nos

(*Continua*)

(Continuação)

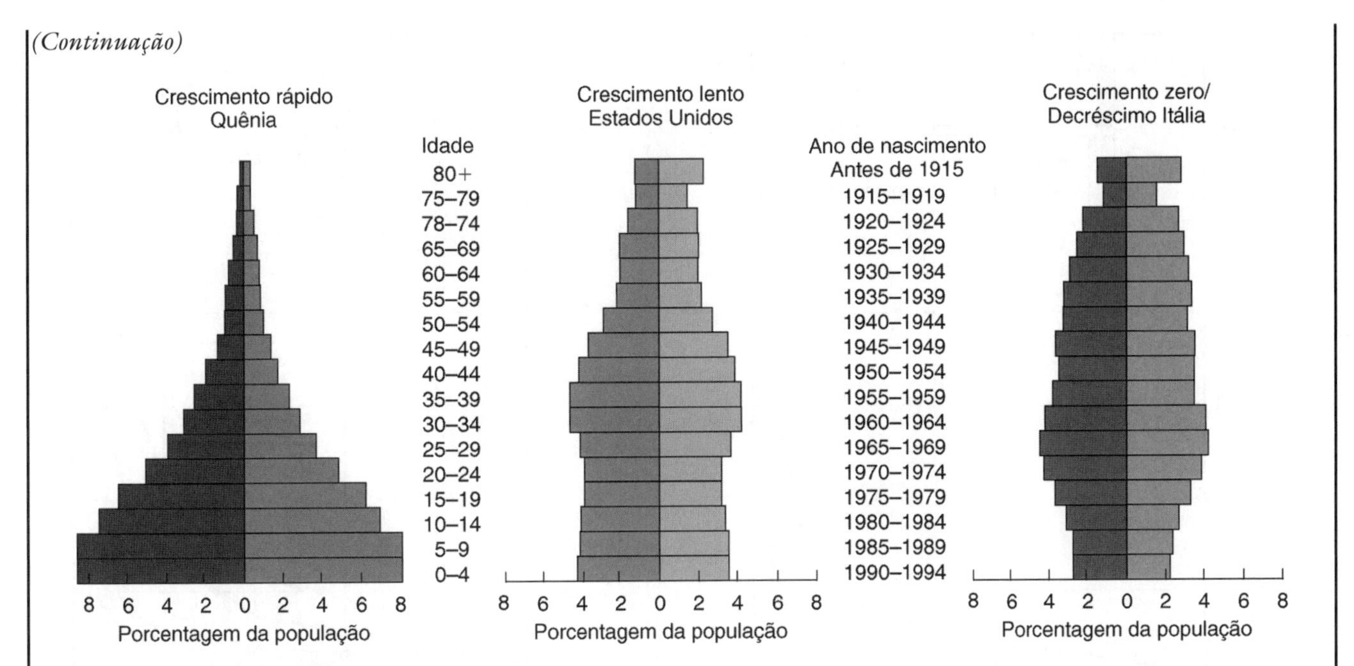

Figura 4.2 ■ Estrutura etária do Quênia, dos Estados Unidos e da Itália em 1995. As barras à esquerda de cada diagrama indicam os homens e as barras à direita indicam as mulheres. (*Fontes:* U.S. Bureau of the Census, "U.S. Population Estimates by Age, Sex, and Race: 1990 to 1995," PPL-41, February 14, 1996; Council of Europe, *Recent Demographic Developments in Europe 1997*, Table 1–1; United Nations, *The Sex and Age Distribution of the World Populations — The 1996 Revision*, 500–1.)

Estados Unidos (um grande aumento da natalidade de 1946 até 1964) produziu um pulso na população que pode ser visto como uma protuberância (ou barriga) na estrutura etária, especialmente para aqueles com idades entre 40 e 50 anos em 2000 (ver Figura 4.2). Uma barriga, secundária e menor, resulta dos descendentes do primeiro e rápido aumento do índice da natalidade, que pode ser notado pelo leve aumento nas faixas entre 5 e 15 anos de idade. Esse segundo pico mostra que o pulso no índice de natalidade está se movimentando na estrutura etária. Em cada idade, o aumento da natalidade aumenta a demanda por recursos sociais e econômicos; por exemplo, escolas estiveram abarrotadas quando os nascidos no período de aumento da natalidade estavam em idade escolar primária e secundária.

de uma estrutura etária jovem (como a do Quênia) para uma estrutura etária mais velha (como a da Itália) significa que uma porcentagem menor da população trabalha – e, dessa forma, menores tributos ficam disponíveis para o cuidado com os idosos. Uma população que tende vigorosamente a envelhecer causa problemas à nação. A maneira mais fácil para aumentar o volume de tributos é a de aumentar a porcentagem da população jovem e, desse modo, promover o rápido crescimento populacional. Assim, pressões econômicas de curto prazo em níveis nacionais podem conduzir a políticas públicas de suporte ao rápido crescimento populacional, que não estão nos interesses de longo prazo da nação.

4.2 Tipos de Crescimento Populacional

Crescimento Exponencial

Conforme discutido no Capítulo 3, uma população que experimenta um crescimento exponencial está aumentando em uma porcentagem constante, por unidade de tempo. A taxa de crescimento da população humana aumentou, porém variou ao longo da primeira metade do século XX, com um pico, entre 1965 a 1970, de 2,1% devido à melhoria no atendimento de saúde, na medicina e na produção de alimentos. Dessa forma, a população humana realmente aumentou a uma taxa ainda mais rápida do que a taxa de crescimento exponencial. Esse aumento na taxa de crescimento populacional sem dúvida estancou e a taxa de crescimento está, de modo geral, em declínio. Conforme mencionado, encontra-se atualmente na faixa de 1,2%.[2]

Breve História do Crescimento da População Humana

A história da população humana (ver o Detalhamento 4.1) pode ser vista como constituída por quatro fases principais:

1. Nos primórdios do período dos caçadores e dos coletores, a população humana total do mundo era provavelmente menor que poucos milhões de habitantes.
2. Um segundo período, que tem início com o surgimento da agricultura, permitiu uma densidade muito maior de indivíduos e assim o primeiro aumento significativo da população humana.
3. A Revolução Industrial, com melhorias nos serviços de saúde e fornecimento de alimentos, conduziu a um rápido crescimento na população humana.
4. Hoje, a taxa de crescimento populacional desacelerou nos países nas nações ricas e industrializadas, porém, continua a crescer rapidamente em muitos países pobres e menos desenvolvidos (Figuras 4.3 e 4.4).

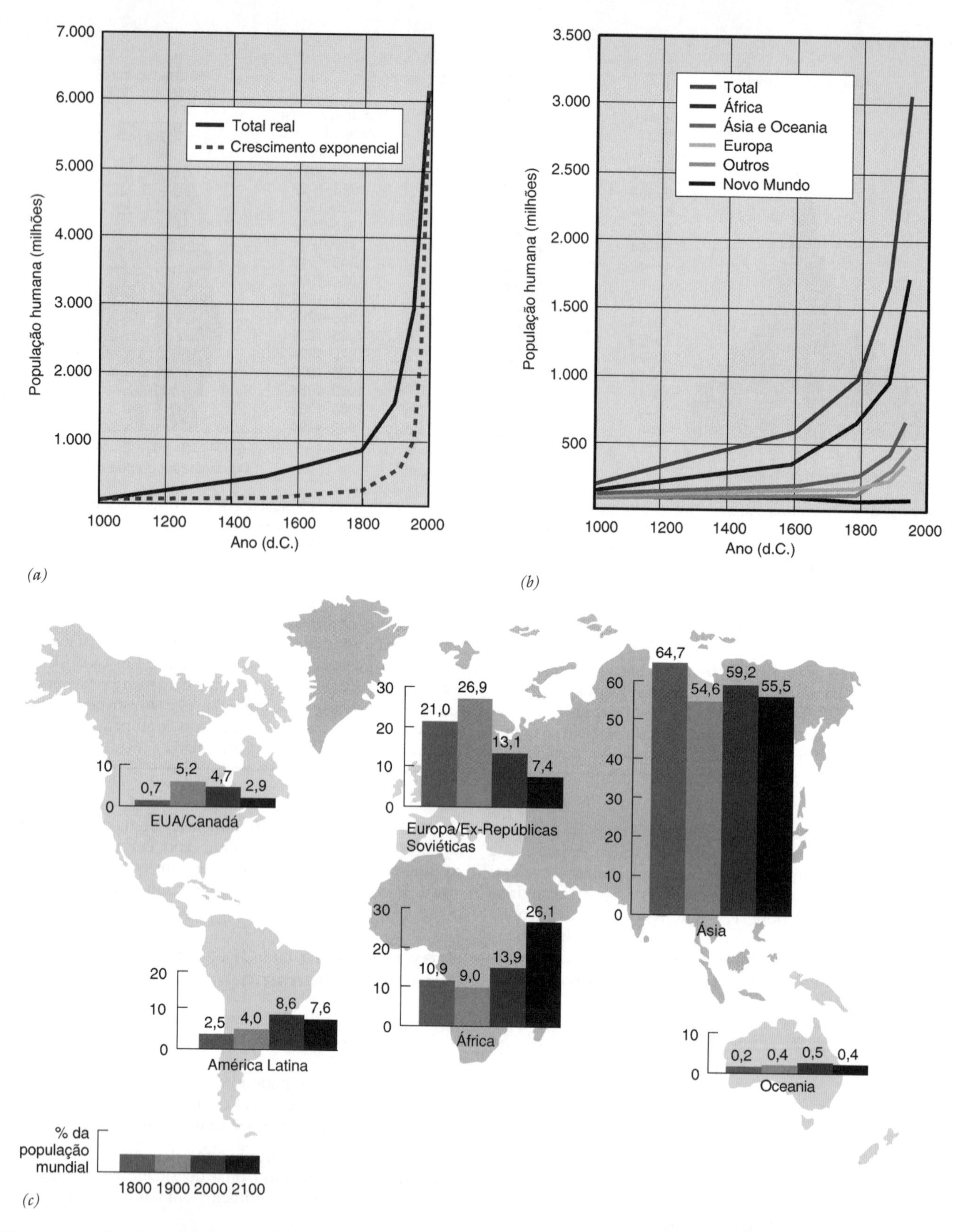

Figura 4.3 ■ População humana mundial desde o ano 1000 d.C. (*a*) O crescimento real comparado com uma curva exponencial. Nota-se que a taxa de crescimento da população humana tem ultrapassado a curva de crescimento exponencial. Na curva exponencial, a taxa líquida de crescimento é constante. Na realidade, a taxa líquida de crescimento cresceu como resultado de inúmeros fatores – o mais importante para o debate, um declínio na taxa de mortalidade. (*b*) A população humana desde o ano 1000 até 2000 d.C., dividida por regiões geograficamente mais significativas. (*c*) Taxas de crescimento da população humana, passada e estimada, por região geográfica e pela importância dos países. A principal feição deste gráfico é que, no século XXI, a maior parte do crescimento está ocorrendo nos países mais pobres, em desenvolvimento. As nações menos desenvolvidas somam, neste momento, 99% do crescimento populacional mundial.[1] (*Fontes*: M. M. Kent L. A. Crews, *World Populations: Fundamentals of Growth* [Washington, D.C.: Population Reference Bureau, 1990] e *2005 Population Data Sheet*, 2005, Population Reference Bureau, Washington, D.C.).

DETALHAMENTO 4.1

Crescimento da População Humana

Fase 1. Caçadores e Coletores

Desde a primeira evolução humana até os primórdios à agricultura.[3]

Densidade populacional: Cerca de 1 habitante por 130–260 km² nas áreas mais habitadas.

População humana total: bem menor do que um quarto de milhão, menor do que a população atual em cidades pequenas, como Hartford, Connecticut, EUA, e certamente inferior a vários milhões, significa número menor de habitantes do que hoje vivem em grandes cidades.

Taxa média de crescimento: a taxa média de crescimento ao longo de toda a história da humanidade é inferior a 0,00011% ao ano.

Fase 2. Agricultura Primitiva, Pré-industrial

A agricultura primitiva e pré-industrial tem início entre 9000 e 6000 a.C. e permanece, aproximadamente, até o século XVI.

Densidade populacional: Com a domesticação de animais e o cultivo agrícola (Revolução Neolítica), incluindo as transformações do nomadismo para o sedentarismo com a consolidação das vilas, a densidade da população humana aumentou fortemente, de cerca de 1 a 2 pessoas/km² ou mais, iniciando um segundo período na história da população humana. (Mesmo hoje, os povos primitivos que praticam a agricultura apresentam densidades populacionais muito superiores a dos caçadores e coletores.)

População humana total: Cerca de 100 milhões em 1 d.C. a 500 milhões em 1600 d.C. (ver Figura 4.3).

Taxa média de crescimento: Talvez cerca de 0,03% que foi suficientemente grande para aumentar a população humana de 5 milhões em 10.000 a.C. para cerca de 100 milhões no ano 1 d.C. O Império Romano representou em torno de 54 milhões. Do ano 1 d.C. para o ano 1000 d.C., a população aumentou de 200 a 300 milhões.

Fase 3. A Era da Máquina

Alguns especialistas dizem que esse período caracterizou a transição da idade da agricultura para a das sociedades com domínio da escrita, quando melhores recursos médicos junto às instalações e as medidas sanitárias foram fatores determinantes na redução da taxa de mortalidade.

População humana total: Cerca de 900 milhões em 1800, quase dobrando no século seguinte e duplicando novamente (para 3 bilhões) em 1960.

Taxa média de crescimento: Em 1600, cerca de 0,1% ao ano, com aumento na taxa de crescimento de cerca de 0,1% para cada 50 anos até 1950. Esse rápido crescimento ocorreu devido ao descobrimento das causas de enfermidades, da invenção das vacinas, dos melhoramentos nas instalações e das medidas sanitárias, entre outros avanços na medicina e na saúde. Incluem-se ainda os avanços na agricultura que levaram a um grande aumento na produção de alimentos, de abrigos e de vestuário.

Fase 4. A Era Moderna

População humana total: Atingindo e ultrapassando 6,6 bilhões de pessoas.

Taxa média de crescimento: A taxa de crescimento da população humana atingiu 2% na metade do século XX e diminui para 1,2%.[2]

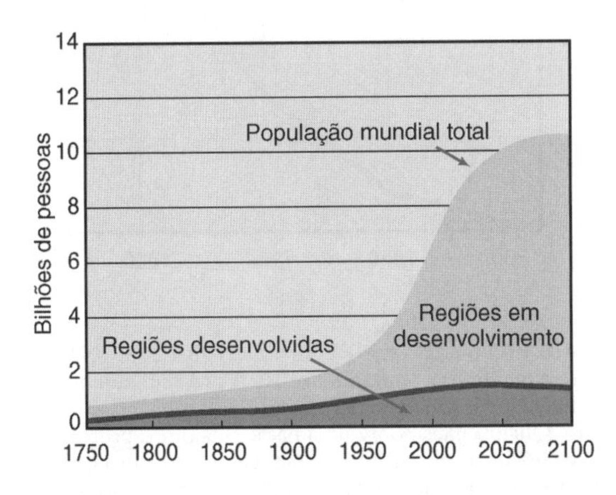

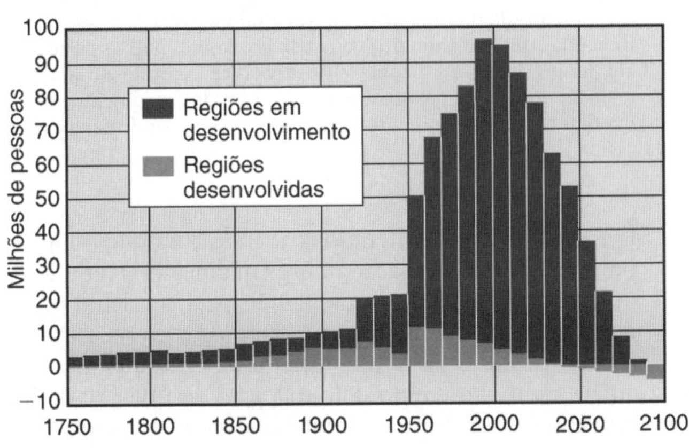

Figura 4.4 ■ Curva de crescimento logístico. A população mundial é mostrada como números totais (*a*) e o crescimento por década (*b*), dividida por situação de desenvolvimento, no período de 1750 a 2100. Por exemplo, durante a década de 1980 a 1990, 82 milhões de habitantes foram anualmente adicionados, uma somatória de 820 milhões de pessoas.

DETALHAMENTO **4.2**

Quantas Pessoas Viveram na Terra?

Quantas pessoas já viveram na Terra? Claro que, antes da história escrita, não houve nenhum censo. As primeiras estimativas da população na civilização ocidental foram empreendidas na época do Império Romano. Durante a Idade Média e ao longo do Renascimento, os denominados sábios ou eruditos estimaram, algumas vezes, o número de habitantes. O primeiro censo moderno foi realizado em 1655 nas colônias canadenses pelos franceses e ingleses.[4] A primeira série regular de censos realizados por um país começou na Suécia em 1750. Nos Estados Unidos, os censos são realizados a cada década, desde 1790. A maioria dos países começou bem depois. O primeiro censo russo, por exemplo, foi realizado em 1870. Mesmo atualmente, muitos países não realizam censos ou não o fazem de forma regular. A população da China começou apenas recentemente a ser conhecida com alguma precisão. No entanto, por meio do estudo dos povos primitivos modernos e aplicando os princípios da ecologia, foi possível obter uma ideia grosseira do número total de habitantes que poderiam ter vivido na Terra. Somando-se todos os valores, incluindo aqueles desde o início da história escrita, são estimados que aproximadamente 50 bilhões de habitantes já viveram na Terra.[5] Se isso for verdade, então, surpreendentemente, as mais de 6,6 bilhões das pessoas existentes, atualmente, representam mais do que 10% de todos as pessoas que já viveram na Terra.

É também interessante verificar a população total acumulada por toda a história da humanidade, que é explorada no Detalhamento 4.2.

4.3 Taxas Atuais de Crescimento da População Humana

Atualmente, os números da população mundial superam consideravelmente 6,6 bilhões de pessoas, com uma taxa de crescimento anual de aproximadamente 1,2% (ver Figuras 4.3 e 4.4). A essa taxa, 84 milhões de pessoas são adicionadas à população da Terra em apenas um ano, número superior ao da população em 2005 da Alemanha e mais do que duas vezes e meia a população do Canadá.[2] A população humana tende a variar fortemente entre as principais regiões do mundo (ver Figura 4.3) e entre países. Na Índia, a atual taxa de crescimento da população é de 1,7%; no norte da Europa varia em média 0,2%.[2] A taxa de crescimento da população norte-americana tem diminuído e hoje está em torno de 0,6% (Figura 4.5).

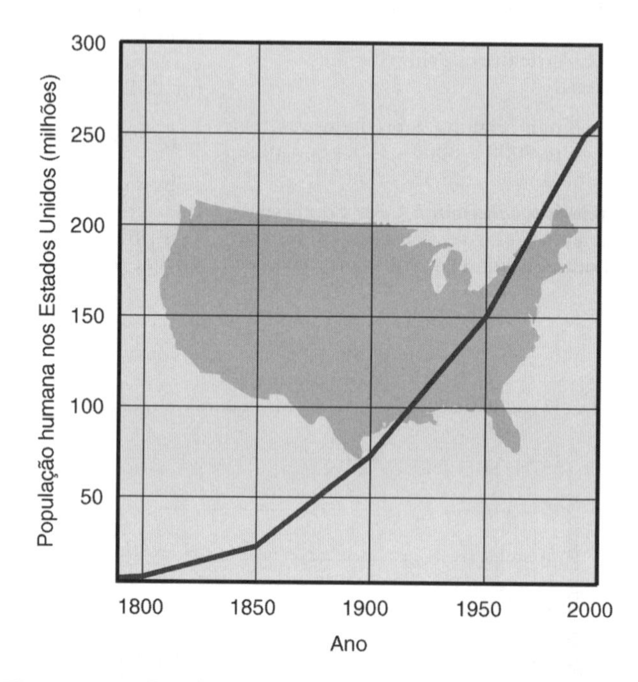

Figura 4.5 ■ População dos EUA entre 1790 a 2000. Note que a taxa de crescimento da população nos EUA está diminuindo. Deste modo, parece existir uma correlação entre pobreza e crescimento da população. Quanto mais pobre uma nação, maior é a probabilidade da taxa de crescimento da população ser elevada; quanto mais rica uma nação – e maior a média da renda *per capita* – menor é a taxa de crescimento da população. Uma vez que uma alta taxa de crescimento funciona contra o aumento na renda *per capita*, nações pobres ficam em perigo de retroalimentação positiva (ver Capítulo 3): quanto maior o número de pessoas, maior é a taxa de crescimento; quanto maior a taxa de crescimento, maior será o número de pessoas.

4.4 Previsão do Crescimento Populacional Futuro

Considerando o crescimento populacional humano uma questão primordial, torna-se fundamental o desenvolvimento de métodos para a previsão do que poderá ocorrer, no futuro, com relação à população mundial. Uma das abordagens mais simples é a do cálculo do tempo de duplicação.

Aumento Exponencial e o Tempo de Duplicação

Do Capítulo 3, sabe-se que o tempo de duplicação, um conceito frequentemente utilizado no debate sobre o crescimento populacional humano, é o tempo requerido para que o número de pessoas de uma população dobre em tamanho (ver o Exercício de Aplicação 4.1). A forma padrão para o cálculo do tempo de duplicação considera que a população cresce exponencialmente (possui uma taxa constante de crescimento). Pode-se, então, estimar o tempo de duplicação pela divisão de 70 pela taxa anual de crescimento tomada como porcentagem.

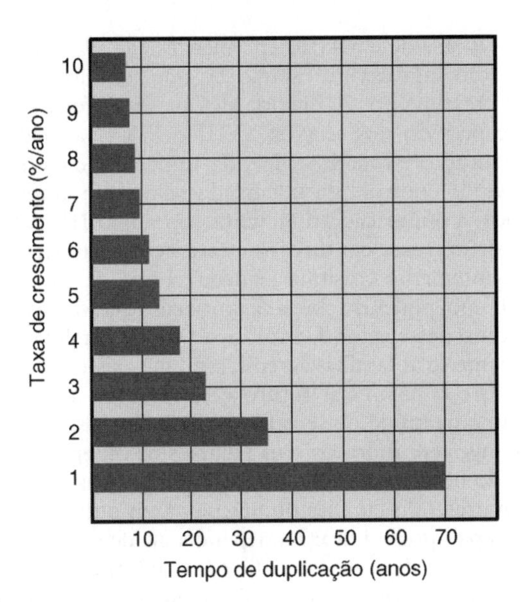

Figura 4.6 ■ O tempo de duplicação se altera rapidamente com a taxa de crescimento. Uma vez que a população humana mundial está crescendo a uma taxa entre 1% e 2%, espera-se que ela duplique nos próximos 35 a 70 anos.

A taxa de duplicação baseada no crescimento exponencial é muito sensível à taxa de crescimento; isto é, altera-se rapidamente na medida em que muda a taxa de crescimento (Figura 4.6). Alguns exemplos demonstram essa sensibilidade. Considerando o atual crescimento populacional da ordem de 0,6%, os Estados Unidos possuem um tempo de duplicação de 70 dividido por 0,6 ou 117 anos. Ao contrário, a taxa atual de crescimento da Nicarágua é de 2,7%, indicando para essa nação um tempo de duplicação de 26 anos. O norte da Europa, com uma taxa anual com cerca de 0,2%, possui um tempo de duplicação de 350 anos. O país mais populoso do mundo, a China, tem a mesma taxa de crescimento que os Estados Unidos e, portanto, os mesmos 117 anos de tempo de duplicação.[2]

Nenhuma população consegue indefinidamente sustentar ou suportar uma taxa de crescimento exponencial. Eventualmente a população não terá mais comida e nem espaço, tornando-se cada vez mais vulnerável às catástrofes, conforme já se pode observar. Uma população de 100 indivíduos crescendo a uma taxa de 5% ao ano, por exemplo, cresceria para 1 bilhão em menos de 325 anos. Se a população humana tivesse aumentado a essa taxa desde o início da história escrita, hoje seria maior do que todas as substâncias conhecidas do Universo.

A Curva Logística de Crescimento

Na teoria uma população que cresce exponencialmente aumenta de forma contínua, porém, isso não é possível na Terra, que tem limitações de tamanho. Se a população não pode aumentar indefinidamente, quais mudanças poderão ocorrer na população ao longo do tempo? Uma das primeiras sugestões feitas com respeito à população humana é a de que ela deve seguir uma curva suave, na forma de S (curva S), conhecida como **curva logística de crescimento**. A população cresceria exponencialmente apenas temporariamente. Depois disso, a taxa de crescimento gradualmente diminuiria (isto é, a população cresceria mais vagarosamente) até que um limite populacional superior, denominado **capacidade de suporte logístico**, fosse atingido (Figuras 4.4*a* e 4.7). Uma vez atingida a capacidade de suporte logístico, a população deveria permanecer dentro desse valor limite.

A curva logística de crescimento foi inicialmente proposta, em 1838, por um pesquisador europeu, P. F. Verhulst, como teoria para o crescimento de populações animais. Foi amplamente aplicada ao crescimento de inúmeras populações de animais, incluindo aquelas importantes no manejo de espécies selvagens, espécies ameaçadas e algumas da população de peixes (ver Capítulo 14), assim como, igualmente, foi aplicada à população humana. Infelizmente, há poucas evidências de que a população humana – ou qualquer população animal, nesse aspecto – siga concretamente essa curva de crescimento.

A curva logística admite hipóteses que não são realistas para seres humanos e para outros mamíferos. Essas hipóteses admitem uma constante ambiental, uma capacidade de suporte constante e uma população homogênea (na qual todos os indivíduos produzem efeitos idênticos entre si). A curva logística é particularmente improvável se a taxa de mortalidade continuar decrescendo devido aos avanços na assistência médica e na saúde, na medicina e no suprimento de alimentos. Uma vez beneficiada com tais benefícios, a população humana deve passar por uma transição demográfica para atingir o crescimento populacional zero, o que pode então levar a uma população estável. A transição demográfica será posteriormente discutida ainda neste capítulo.

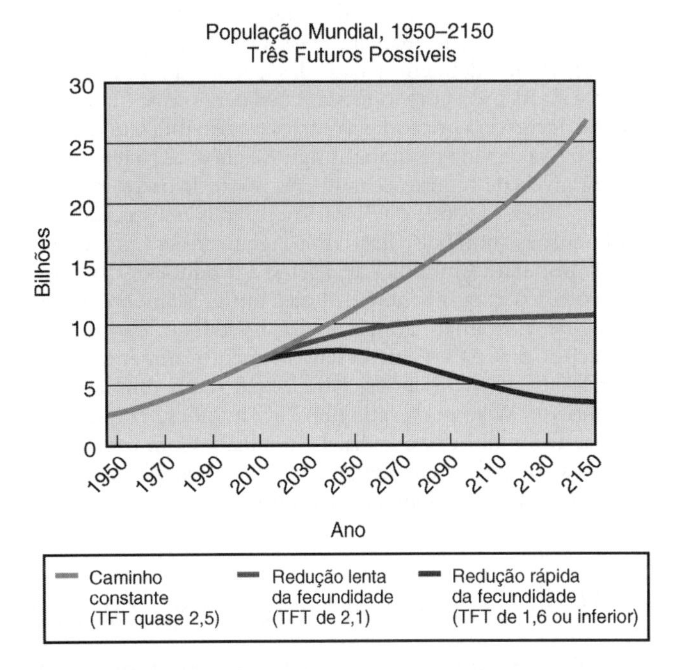

Figura 4.7 ■ Curvas logística e exponencial. Três possíveis projeções do crescimento populacional humano foram estimadas pelas Nações Unidas, utilizando a curva logística para três diferentes Taxas de Fecundidade Total (TFT, número esperado de filhos que uma mulher pode conceber durante a sua vida). A projeção constante admite que a taxa de crescimento de 1998 continuará inalterada, resultando em um crescimento exponencial. A projeção com a lenta redução da fecundidade admite que a fecundidade mundial diminuirá, atingindo o nível de reposição até o ano 2050 e que a população mundial estabilizará na faixa de 11 bilhões de habitantes no século XXII. A projeção com a rápida redução da fecundidade admite que a fertilidade mundial entrará em declínio no século XXI, atingindo um pico, com valor máximo de 7,7 bilhões de habitantes, em 2050, e caindo para 3,6 bilhões em 2150. Estas são curvas teóricas. A Taxa de Fecundidade Total tem permanecido elevada e o seu valor atualmente é de 2,7. (*Fonte*: The United Nations Population Division, 1998.)

A Previsão do Crescimento Populacional Humano Aplicando a Curva Logística

A curva logística, ainda que apresente imprecisões, tem sido o método mais utilizado para as previsões de longo prazo do tamanho das populações humanas em determinadas nações. Essa curva, em forma de S, primeiro se eleva abruptamente para o alto e então, a partir daí, altera a sua inclinação, voltando-se para a direção horizontal da capacidade de suporte (Figura 4.4*a*). O ponto no qual a curva se transforma é o denominado ponto de inflexão. Até que uma população tenha atingido o ponto de inflexão, não se pode projetar o tamanho logístico final. Infelizmente, para a realização desse cálculo, a população humana ainda não fez a curva ao redor do ponto de inflexão. Habitualmente, as previsões têm lidado com esse problema admitindo que a população, neste momento, está atingindo o ponto de inflexão. Essa prática padrão inevitavelmente conduz uma subestimação considerável do valor da população máxima. Por exemplo, uma das primeiras projeções do limitante superior da população dos Estados Unidos, realizada na década de 1930, considerou que o ponto de inflexão teria já ocorrido. Essa consideração resultou em uma estimativa que a população máxima dos Estados Unidos seria de aproximadamente 200 milhões de habitantes. Número há muito tempo superado; considerando que a população dos EUA ultrapassou a faixa dos 300 milhões.[6]

A Organização das Nações Unidas fez uma série de projeções baseadas nas atuais taxas de natalidade e de mortalidade, considerando de que maneira essas taxas se transformarão. Essas projeções definem a base das curvas apresentadas na Figura 4.7. As projeções logísticas consideram que (1) a mortalidade decrescerá por todas as partes e se estabilizará quando a expectativa de vida feminina atingir 82 anos; (2) a fertilidade atingirá níveis de reposição, também, por toda parte, entre os anos de 2005 e 2060; e (3) não ocorrerão mais catástrofes de dimensões mundiais. Essa abordagem projeta um equilíbrio da população mundial de 10,1–12,5 bilhões.[7] Os países desenvolvidos experimentarão, hoje, um crescimento populacional de 1,2 bilhão, atingindo até 1,9 bilhão, contudo, as populações dos países em desenvolvimento aumentarão de 4,5 milhões até 9,6 bilhões. Bangladesh (com uma área do tamanho do Wiscosin*) atingirá 257 milhões, enquanto a Nigéria, 453 milhões e a Índia, 1,86 bilhão. Com base nessas projeções, os países em desenvolvimento contribuirão com 95% do crescimento populacional mundial.[5,7]

4.5 A Transição Demográfica

A **transição demográfica** é um padrão de transformação de três estágios nas taxas de natalidade e de mortalidade, que ocorreu ao longo do processo de desenvolvimento industrial e econômico dos países ocidentais. Isso leva à diminuição do crescimento populacional. Uma diminuição na taxa de mortalidade é o primeiro estágio da transição demográfica (Figura 4.8).[3] Em um país não industrializado, as taxas de natalidade e as taxas de mortalidade são elevadas, e a taxa de crescimento é baixa.[7] Com a industrialização, os avanços na saúde e no saneamento se traduzem pela rápida redução da taxa de mortalidade. A taxa de natalidade permanece elevada, entretanto, a população ingressa no estágio II, um período de elevada taxa de crescimento. A maioria dos países europeus passou por esse período nos séculos XVIII e XIX. Na medida em que a educação e o padrão de vida aumentam e os métodos familiares de controle da natalidade se tornam amplamente utilizados, a população atinge então o estágio III. A taxa de natalidade decresce em direção à taxa de mortalidade, o que consequentemente ocasiona a queda da taxa de crescimento, com o tempo, podendo chegar a uma taxa de crescimento zero ou próximo desse valor. Contudo, a taxa de natalidade diminui somente se as famílias acreditarem que existe uma relação direta entre o bem-estar futuro e os recursos investidos na educação e na saúde de seus filhos. Tais famílias têm poucos filhos e investem todos os seus recursos na obtenção de educação e do bem-estar dessas poucas crianças. Historicamente, pais têm preferido famílias numerosas. Sem outras formas de apoio, os pais podem ficar na dependência de seus filhos para obterem algum tipo de "benefício social" quando se tornarem idosos, além do fato de os filhos auxiliarem de inúmeras maneiras: caçando, coletando comida e ajudando na agricultura familiar. A menos que uma mudança de atitude aconteça por parte dos pais – a menos que eles percebam melhores benefícios oriundos de poucos filhos bem-formados do que de muitos filhos sem nenhuma instrução – países enfrentam um problema para realizar a transição do estágio II para o estágio III (ver Figura 4.8*c*).

Alguns países desenvolvidos estão se aproximando do estágio III, mas ainda é uma questão em aberto se outros países em desenvolvimento farão a transição antes que ocorra um sério desastre populacional. *O ponto chave neste momento é considerar se a transição demográfica somente poderá se concretizar quando os pais tomarem consciência de que uma família pequena reverte em seu próprio benefício. Aqui se pode novamente perceber a conexão entre ciência e valores.* A análise científica pode mostrar o valor de pequenas famílias, mas esse conhecimento deve se tornar parte dos valores culturais para surtir algum efeito.

4.6 População e Tecnologia

O perigo que a população representa para o meio ambiente é resultado de dois fatores: do número de pessoas e do impacto que cada uma delas provoca ao meio ambiente. Quando havia reduzido número de pessoas sobre a Terra e o conhecimento tecnológico era limitado, o impacto humano provocado ocorria em escala local. Nessa condição, o uso abusivo dos recursos locais implicava poucos impactos, de pequena dimensão ou mesmo com consequências de curta duração. Atualmente, o problema fundamental refere-se ao elevado número de habitantes, e as tecnologias existentes são tão poderosas que as suas implicações sobre o meio ambiente são de influência e ordem global.

Uma forma elementar para caracterizar o impacto global da população humana sobre o meio ambiente está a seguir apresentada. O efeito ambiental global é o impacto médio de uma pessoa multiplicado pelo número total de indivíduos,[8] ou

$$T = P \times I$$

onde P é o tamanho da população – o número de indivíduos – e I é o impacto ambiental médio por cada indivíduo. O impacto provocado por indivíduo varia amplamente. O impacto médio

*Bangladesh possui uma área correspondente a pouco menos da metade da área do estado de São Paulo, Brasil. (N.T.)

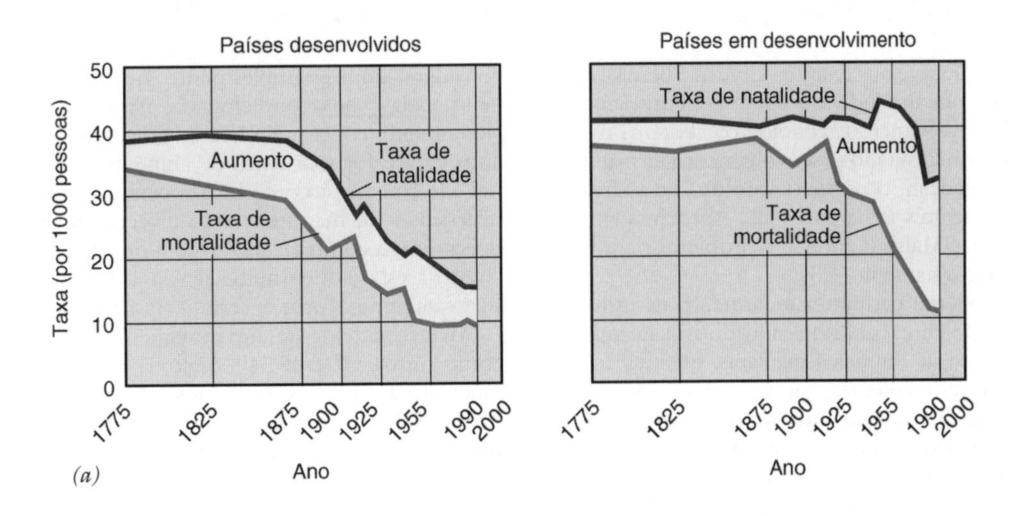

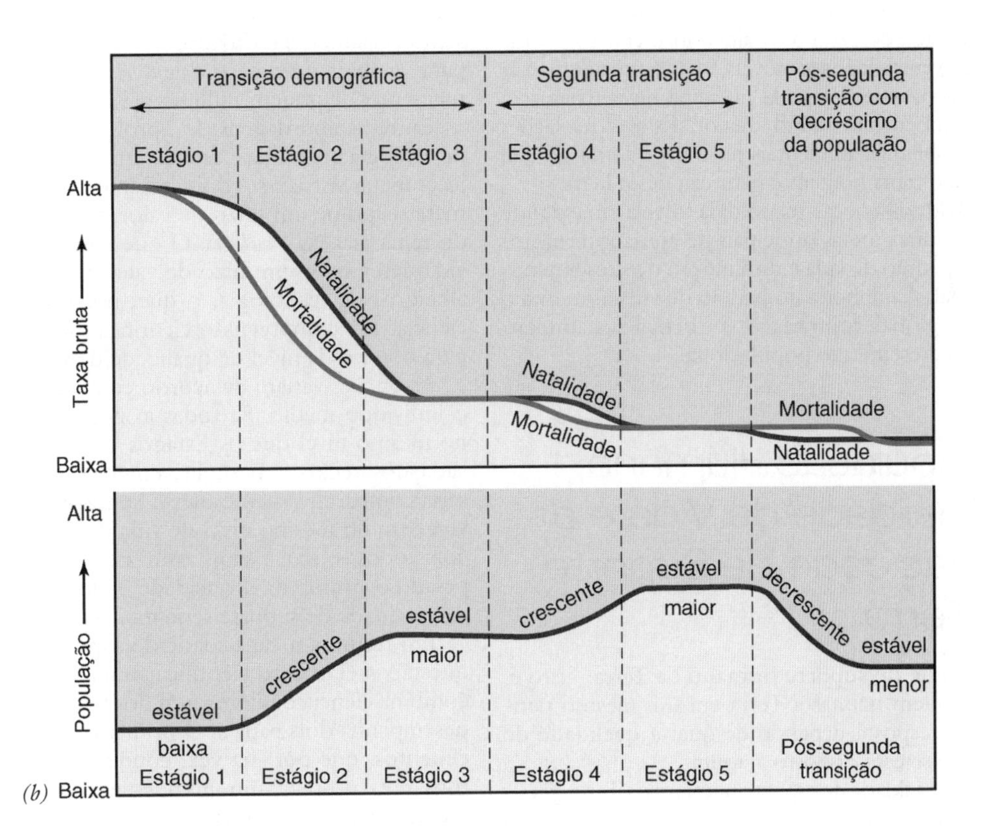

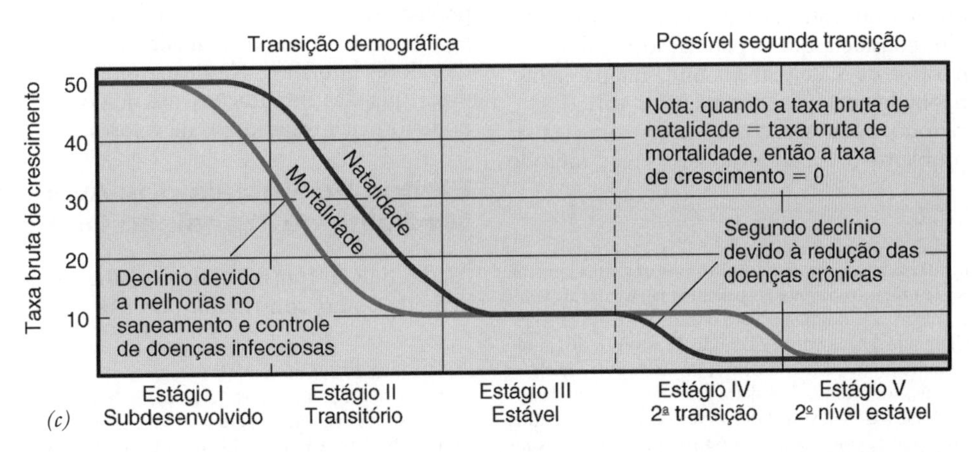

Figura 4.8 ■ A transição demográfica: (*a*) mudança das taxas de natalidade e de mortalidade entre 1775 e 2000 nos países desenvolvidos e em desenvolvimento. (*b*) resultando em mudança relativa da população; (*c*) teórica, incluindo possíveis quarto e quinto estágios que podem ocorrer no futuro. (*Fonte:* M. M. Kent and K. A. Crews, *World Population: Fundamentals of Growth* [Washington, D.C.: Population Reference Bureau, 1990]. Direitos autorais © 1990 de Population Reference Bureau, Inc. Reimpresso com permissão.)

por cada indivíduo que vive nos Estados Unidos é bem superior ao impacto causado por um indivíduo que vive em sociedades com reduzido desenvolvimento tecnológico. Porém, mesmo em países pobres e com limitado desenvolvimento tecnológico, a exemplo de Bangladesh, o número absoluto de indivíduos implica efeitos ambientais de larga escala. Aproximadamente há 200 anos, Thomas Malthus anteviu o problema da população humana (ver Detalhamento 4.3).

A tecnologia moderna permitiu um aumento na utilização dos recursos e, igualmente, habilitou indivíduos para impactarem o meio ambiente de inúmeras maneiras, quando comparado com os caçadores e coletores, ou mesmo indivíduos que praticavam uma agricultura incipiente com instrumentos rústicos de madeira ou de pedra. Por exemplo, antes da invenção dos clorofluorcarbonos (CFCs), que são utilizados como propelentes em latas de *spray* e como fluido refrigerante em geladeiras e equipamentos de ar condicionado, não havia ação antrópica na depleção da camada de ozônio na alta atmosfera. De forma similar, antes do advento dos automóveis,* havia uma demanda muito menor de aço, uma demanda pequena de petróleo e a poluição do ar também era muito menor. Essas correlações entre pessoas e problemas ambientais ilustram o tema global, assim como ilustra o tema homem e natureza deste livro.

A equação indivíduos-épocas-tecnologias revela uma grande ironia que envolve duas metas principais de ajuda internacional: melhorias do padrão de vida e diminuição do crescimento populacional global. A melhoria do padrão de vida aumenta o impacto ambiental global, contrariando os benefícios ambientais da redução do crescimento populacional.

4.7 A População Humana, a Qualidade de Vida e a Capacidade de Suporte da Terra

O que é a **capacidade de suporte humano** da Terra – isto é, quantas pessoas podem habitar a Terra em um mesmo período de tempo? A resposta depende de qual a qualidade de vida desejada e que se está disposto a aceitar.

Estimativas da capacidade de suporte humano da Terra geralmente envolvem dois métodos (ver a Questão para Reflexão Crítica deste capítulo). Em um método é aplicada a extrapolação do crescimento passado. Essa abordagem, conforme anteriormente discutido, considera que a população seguirá uma curva logística em forma de S, de maneira que, gradualmente, se estabilizará horizontalmente. (ver Figuras 4.4 e 4.7).

O segundo método pode ser considerado como o da abordagem de "problema de quebra-cabeças". Esse método considera, pura e simplesmente, quantas pessoas podem ser "encaixadas" ou acondicionadas na Terra, não levando suficientemente em conta a necessidade de continentes e de oceanos para o fornecimento de alimentos, água, energia, materiais de construção e de beleza cênica, conjuntamente com a necessidade de manutenção da diversidade biológica. Pode ser denominada como a "abordagem de sala de espera". Isso tem levado a estimativas muito elevadas do número total de pessoas que pode ocupar a Terra – algo em torno de 50 bilhões.

Mais recentemente, um movimento filosófico desenvolveu, como outro extremo, a "ecologia profunda". Essa filosofia especifica a preservação da biosfera como o primeiro imperativo moral para as pessoas. Os seus propositores argumentam que toda a Terra deve sustentar a vida. Consequentemente, tudo deve ser sacrificado para atingir a meta de manter a biosfera. As pessoas são consideradas agentes ativos de destruição da biosfera e, por essa razão, o número total de pessoas deveria ser drasticamente reduzido. Estimativas baseadas nessa lógica para se obter o número *desejável* de habitantes variam enormemente, de poucos milhões até um bilhão de pessoas.*

Entre as abordagens do "problema de quebra-cabeças" e de ecologia profunda existem várias opções. É possível estabelecer metas entre esses dois extremos, porém, cada uma dessas metas exprime um juízo de valor, lembrando-se, novamente, do tema *ciência e valores*. O que constitui uma qualidade de vida desejável é um juízo de valor. O tipo de vida possível é afetado pela tecnologia, o que, por sua vez, é afetado pela ciência. E a compreensão científica revela o que é necessário para obter cada nível de qualidade de vida.

As opções variam de acordo com a qualidade de vida para o indivíduo médio. Se todas as pessoas do mundo vivessem no mesmo nível que os Estados Unidos, com utilização elevada dos recursos naturais, então a capacidade de suporte seria comparativamente baixa. Se todas as pessoas do mundo vivessem no mesmo nível de vida das pessoas de Bangladesh, com todos os seus riscos, assim como toda a sua pobreza e o pesado consumo da diversidade biológica e da beleza natural, a capacidade de suporte seria muito maior.

Em resumo, a capacidade de suporte aceitável não é uma questão meramente científica; trata-se de uma questão que combina ciência e valores, um dos temas deste livro. A ciência desempenha dois papéis. O primeiro levando a novos conhecimentos, que por sua vez, conduzem às novas tecnologias, tornando possível um grande impacto por indivíduo nos recursos da Terra e uma densidade maior de seres humanos. Segundo, os métodos científicos podem ser utilizados para a previsão de uma provável capacidade de suporte, uma vez que seja definida a meta pela qualidade de vida média, em termos de valores humanos. Nesta segunda utilização a ciência pode dizer quais as implicações dos juízos de valor, porém, não pode fornecer esses juízos de valores.

Efeitos Potenciais dos Avanços da Medicina na Transição Demográfica

Ainda que a transição demográfica seja tradicionalmente definida como constituída por três estágios, os avanços no

*Lembrar também que havia, antes dos veículos automotores, uma enorme quantidade de fezes e de urina dos cavalos, espalhados pelas ruas e avenidas, pelas carroças ou demais veículos que faziam o transporte nas cidades. Portanto, sérios problemas de saneamento e de saúde. O advento dos automóveis e caminhões significou, naquele momento, um transporte limpo e sem problemas ambientais, sobretudo, de sujeira pelas ruas e avenidas. A apropriação dessa tecnologia (uso individual desses veículos, a falta de uma política eficiente de transportes coletivos e, por outro lado, a sua massificação para venda etc.) e o inadequado planejamento das cidades, com o passar dos anos, tornaram problema o que era solução para um sério problema ambiental. Some-se a isso a questão do crescimento populacional e o problema assume maiores proporções e de complexa solução. (N.T.)

*No texto original, a frase está inacabada. Complementamos o texto com base na seguinte referência "Sachs, Ignacs. The energetic revolution of the 21st Century. Estud. av. vol. 21 no.59 São Paulo Jan./Apr. 2007." (Disponível em: <http://www.scielo.br/scielo.php?pid=S0103-40142007000100004&script=sci_arttext&tlng=en#nt03>). Foi assumido o valor de 1 bilhão de pessoas como o número máximo da população desejável na linha da ecologia profunda. (N.T.)

DETALHAMENTO **4.3**

A Profecia de Malthus

Há quase 200 anos, o economista inglês Thomas Malthus apresentou, de forma eloquente, o problema da população humana. Portanto, escreveu há longo tempo que, por vezes, as pessoas imaginariam que suas concepções poderiam ficar desatualizadas e seus textos poderiam perder o contexto, porém, em 2008, Malthus retornou repentinamente às primeiras páginas de jornais, sendo destaque em artigos importantes no *New York Times* e no *Wall Street Journal*, entre outros meios de comunicação. Talvez seja porque eventos recentes, como as catástrofes naturais na Ásia à elevação dos preços do petróleo, dos alimentos e das mercadorias em geral, indiquem que o problema da população humana é concretamente um sério problema.

Malthus baseou os seus argumentos em três premissas básicas:[9]

- Os alimentos são necessários para a sobrevivência da população.
- "O desejo entre os sexos é necessário e permanecerá mais ou menos igual a sua situação atual" – de forma que bebês continuarão a nascer.
- O poder do crescimento populacional é infinitamente maior do que a capacidade da Terra em manter a subsistência.

Malthus concluiu que seria impossível a manutenção da multiplicação rápida da população humana, considerando-se a limitação dos recursos. As suas projeções do destino final da espécie humana foram terríveis, uma imagem tão sombria quanto os cenários pintados pelos mais extremos pessimistas da atualidade. O poder do crescimento populacional é tão grande, escreveu Malthus, que "as mortes prematuras devem de uma forma ou de outra afligir a raça humana. Os vícios da humanidade são ministros ativos e hábeis do despovoamento, mas se eles falharem, períodos susceptíveis às doenças, epidemias, pestilência e peste, fomentam em impressionante sequência, arrastando milhares e dezenas de milhares". Malthus reconheceu a possibilidade das ameaças de doenças potenciais como, por exemplo, a gripe aviária que representou preocupação recentemente. Caso esses falhem, os "gigantes episódios de fome espreitam na retaguarda e, repentinamente, causam a decadência da população humana devido à escassez de comida no mundo".

As afirmações de Malthus são bastante objetivas. Da perspectiva da ciência moderna, simplesmente mostrou que em um mundo finito nada pode crescer ou se expandir infinitamente, nem mesmo a população da espécie mais inteligente que já viveu na Terra. Os críticos de Malthus continuam apontando que as suas previsões ainda não se tornaram realidade. Sempre que as coisas se apresentaram de forma desalentadora, a tecnologia providenciou soluções, permitindo a vida em grandes densidades. Esses críticos têm argumentado que as tecnologias continuarão a salvar as pessoas do destino previsto por Malthus e que, por essa razão, não é necessário se preocupar com relação ao crescimento da população humana. Os defensores da tese de Malthus responderam relembrando das críticas aos limites de um mundo finito.

Quem está correto? Em última instância, em um mundo finito, Malthus deve estar correto sobre o resultado final do crescimento descontrolado. Ele pode ter se equivocado sobre o tempo; uma vez que não estimou a capacidade das mudanças tecnológicas para retardar o inevitável. Porém, ainda que algumas pessoas acreditem que a Terra possa suportar inúmeros habitantes, além do que atualmente já suporta, em longo prazo deverá se estipular um limitante superior. A questão básica que se apresenta é essa: como se pode conseguir uma população constante para o mundo ou, pelo menos, interromper o aumento do número de habitantes, de forma que seja mais benéfico para a maioria da população? Essa é, sem dúvida, uma das questões mais importantes que jamais a humanidade se deparou e que está se aproximando, cada vez mais, a hora de enfrentá-la.

tratamento de problemas crônicos de saúde, como doenças do coração, podem levar um país em estágio III para uma segunda redução na taxa de mortalidade. Isso pode provocar uma segunda fase transitória do crescimento populacional (estágio IV), no qual a taxa de natalidade deve permanecer constante, enquanto diminui a taxa de mortalidade. Uma segunda fase estável, de reduzido ou crescimento zero (estágio V), somente poderia ser atingida quando a taxa de natalidade fosse reduzida e se equiparasse à queda da taxa de mortalidade. Dessa forma, existe o perigo de uma nova aceleração do crescimento, mesmo em países industrializados que passaram pela transição demográfica padrão.

Os recentes avanços da medicina na compreensão do envelhecimento e da potencialidade da nova biotecnologia para aumentar tanto a longevidade média, quanto o tempo máximo de vida dos seres humanos, têm implicações fundamentais para o crescimento das populações humanas. Na medida em que esses avanços ocorrem na área médica, a taxa de mortalidade diminuirá e a taxa de crescimento aumentará ainda mais. Assim, a previsão que é positiva desde cada ponto de vista individual – uma vida mais longa, mais saudável e mais ativa – poderia ter efeitos negativos sobre o meio ambiente. Em consequência, é preciso decidir, enfim, entre as seguintes opções: parar com as pesquisas médicas que tratam de doenças crônicas de idosos na tentativa de aumentar o tempo de vida máximo das pessoas; reduzir a taxa de natalidade; ou não se fazer nada, na espera de que as previsões de Malthus se tornem realidade – pela fome, pelas catástrofes ambientais e pelas enfermidades epidêmicas que causam grandes e esporádicos episódios de morte para os seres humanos. A primeira hipótese parece desumana, porém, a segunda, é altamente controversa, portanto, não se fazer nada e esperar que as previsões de Malthus aconteçam concretamente implicam um futuro a todos indesejável. Para a população mundial essa é uma das questões mais importantes com respeito à ciência e aos valores, ao homem e à natureza.

Taxas de Mortalidade Humana e a Ascensão das Sociedades Industriais

Retomam-se, neste tópico, as considerações adicionais sobre o primeiro estágio na transição demográfica. Pode-se ter uma ideia do primeiro estágio comparando-se um país moderno e industrializado, como a Suíça, que possui uma taxa líquida de mortalidade de 8 por 1.000, com um país em desenvolvimento, como Serra Leoa, que tem uma taxa líquida de mortalidade de 24.[2] A medicina moderna tem reduzido significativamente as taxas de mortalidade por enfermidades em países como a Suíça, particularmente com relação às mortes causadas por doenças graves ou de caráter epidêmico.

Uma doença *grave* ou *epidêmica* rapidamente se manifesta na população, afetando uma porcentagem significativa e, depois, diminuindo ou quase desaparecendo, por um período de tempo, para então ressurgir mais tarde. As doenças epidêmicas são normalmente raras, porém, apresentam surtos e desencadeamentos ocasionais, persistindo enquanto uma grande parcela da população é infectada. Influenza, peste, sarampo, caxumba e a cólera são exemplos de enfermidades epidêmicas. Uma *doença crônica*, em contraposição, está sempre presente na população, habitualmente afetando em uma relativamente pequena, mas constante parcela da população. As doenças cardíacas, câncer e derrames são exemplos. A grande queda na porcentagem de mortes devido às doenças graves ou epidêmicas pode ser vista na comparação entre as causas de mortes, no Equador, em 1987 e nos Estados Unidos em 1900, 1987 e 1998 (ver Figura 4.9).[10] No Equador, um país em desenvolvimento, as doenças graves e aquelas cadastradas como "todas as outras" representaram cerca de 60% da mortalidade em 1987. Nos Estados Unidos, em 1987, essas doenças representavam apenas 20% da mortalidade. As doenças crônicas representavam 70% da mortalidade atual nos Estados Unidos. Ao contrário, esses valores representaram menos do que 20% das mortes nos Estados Unidos em 1900 e cerca de 33%, no Equador, em 1987. O Equador em 1987 então se assemelhava aos Estados Unidos de 1900, mais do que se assemelhava aos Estados Unidos em 1987 e 1998.

Ainda que o desencadeamento de enfermidades epidêmicas bem conhecidas tenha diminuído significativamente ao longo do último século nos países industrializados, existe atualmente a preocupação de que a incidência dessas enfermidades possa aumentar devido a vários fatores. Um deles é que, conforme a população humana cresce, indivíduos vivem em novos habitats, onde, antes disso, doenças desconhecidas ocorriam. Outro fator é o de que variedades de organismos causadores de doenças desenvolveram resistência aos antibióticos e a outros modernos mecanismos de controle.

Uma ampla visão do porquê as enfermidades são susceptíveis a aumentar derivam de uma perspectiva ecológica e evolucionária (que será explicada em capítulos posteriores). Colocado de maneira simples, a maioria dos 6,6 bilhões de habitantes da Terra constitui um imenso recurso e oportunidade para outras espécies: o ser humano representa um

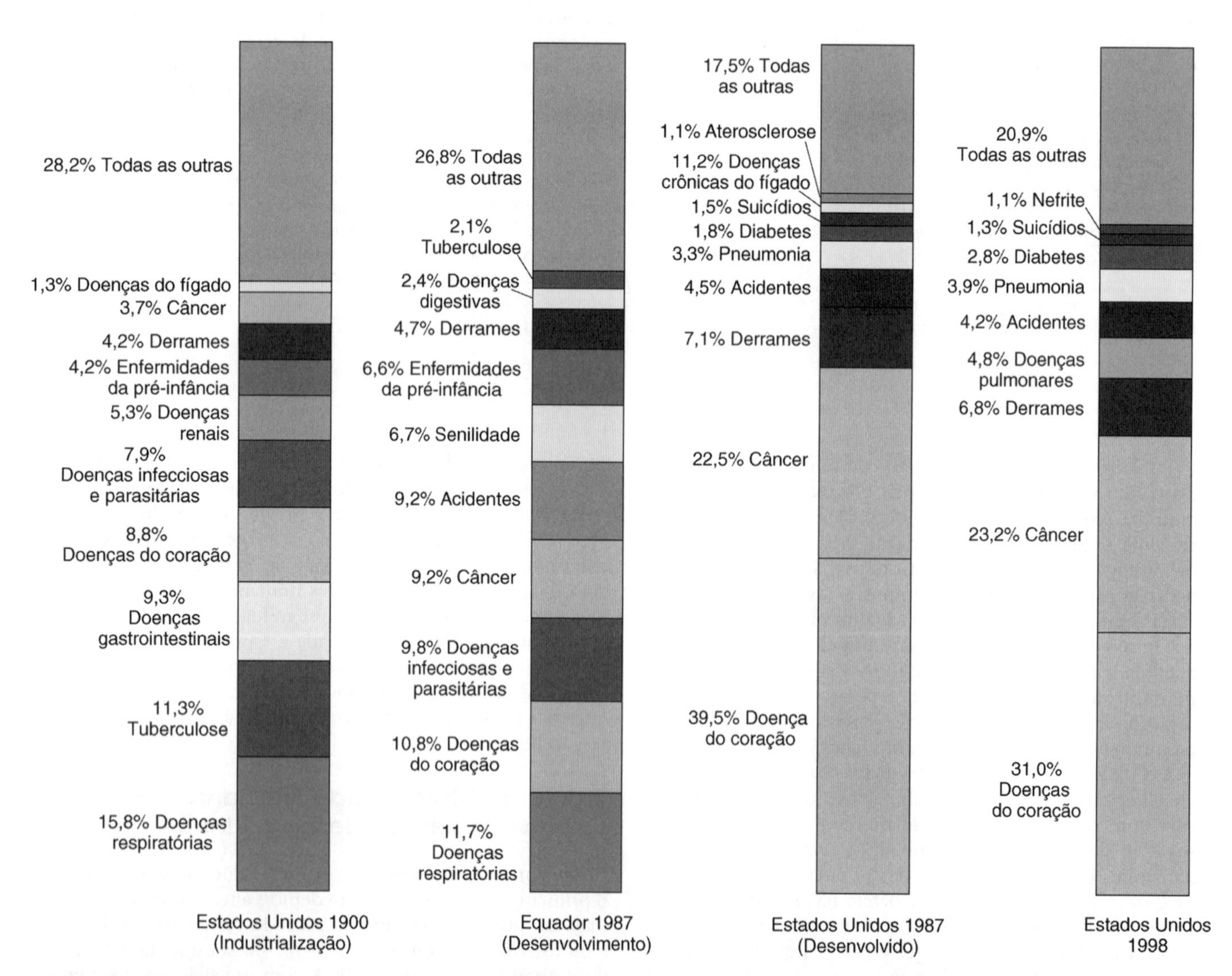

Figura 4.9 ■ Causas da mortalidade em países industrializados e em desenvolvimento. (*Fontes*: EUA 1900, Equador 1987 e EUA 1987 dados de M. M. Kent and K. A. Crews, *World Population: Fundamentals of Growth* [Washington, D. C.: Population Reference Bureau, 1990]. Direitos autorais © 1990 de Population Reference Bureau, Inc. Reimpresso com permissão. *National Vital Statistics Report* 48 [11], July 24, 2000.)

enorme hospedeiro e facilmente acessível. É ingenuidade pensar que outras espécies não se aproveitarão dessa oportunidade oferecida. A partir dessa perspectiva, o futuro promete mais enfermidades, ao contrário de poucas. Essa é uma perspectiva nova. Em meados do século XX, era comum se acreditar que a medicina moderna com o tempo curaria todas as doenças e a maioria da população viveria o máximo permitido pela expectativa de vida humana.

A ocorrência repentina de uma nova enfermidade em fevereiro de 2003, a síndrome respiratória aguda grave (SARS, do inglês *Severe Acute Respiratory Syndrome*), demonstrou que o atual sistema de transporte e a enorme população humana poderiam levar a uma rápida disseminação de enfermidades epidêmicas. Companhias aéreas diariamente transportam um vasto número de pessoas e mercadorias ao redor do mundo. A SARS se manifestou inicialmente na China, talvez propagada por meio de alguns animais selvagens para os seres humanos. Isso em parte aconteceu porque a China se tornou muito exposta aos viajantes de todas as partes do mundo, mais de 90 milhões de pessoas por ano recentemente visitaram esse país.[11] Ao final da primavera de 2003, a SARS havia se disseminado para mais de 20 países; mais de 8000 pessoas foram infectadas e 774 morreram. A ação rápida, liderada pela Organização Mundial da Saúde (OMS), conteve a doença que, neste momento, parece estar sob controle.[12]

O vírus Nilo Oeste é outro exemplo da rapidez e de como as doenças hoje são disseminadas e amplamente espalhadas. O vírus Nilo Oeste, antes de 1999, existia apenas na África, na Ásia Ocidental e Oriente Médio, mas não nas Américas. Relacionado às encefalites, o vírus Nilo Oeste é transmitido por mosquitos que picam pássaros, infectando-os, o que, por sua vez, bicam pessoas e as infectam. Esse vírus alcançou o Hemisfério Ocidental por meio desses pássaros infectados. Encontra-se neste momento disseminado em mais de 25 espécies de pássaros nativos dos Estados Unidos, incluindo os corvos, a águia-americana e o chapim-de-cabeça-negra (*Poecile atricapillus*) – pássaro que é um visitante usual dos locais provedores de alimentos no nordeste dos Estados Unidos. Por sorte, em seres humanos essa doença aparece e dura somente poucos dias e raramente provoca sintomas graves.[13] Em 2007, mais de 3600 pessoas nos Estados Unidos contraíram essa doença, a maioria na Califórnia e no Colorado, registrando 124 mortes.[12]

Estima-se que o vírus da gripe (gripe espanhola), de 1918, matou 50 milhões de pessoas em um ano, provavelmente o maior número de óbitos na história de qualquer outra epidemia humana. Espalhou-se ao redor do mundo no outono, infectando, sobretudo, adolescentes e jovens em particular. Muitos morreram em poucas horas! Na primavera de 1919, o vírus havia virtualmente desaparecido.[11] Em 2006, a Dra. Julie L. Gerberding, diretora do Centro de Controle e Prevenção de Doenças dos Estados Unidos, declarou que o vírus da gripe aviária poderia significar o surgimento de uma epidemia tão mortal e contagiosa quanto a gripe epidêmica de 1918.[12]

A Longevidade e Seus Efeitos no Crescimento Populacional

O **tempo máximo de vida** é a idade máxima possível, geneticamente determinada, que um indivíduo de uma espécie pode viver. A **expectativa de vida** é o número médio de anos que um indivíduo possui para a sua expectativa de vida em função da sua idade atual do indivíduo. (O termo é geralmente aplicado, sem qualificação, para expressar a expectativa de vida de um recém-nascido.) A expectativa de vida é muito maior em nações desenvolvidas e mais prósperas. A maior expectativa de vida atual é a do Japão (82 anos), Islândia (81 anos), Suécia (81 anos) e Austrália, Canadá, França, Itália, Noruega, Espanha e Suíça (ambas com 80 anos). Os Estados Unidos, o país mais rico do mundo, não está entre os 10 primeiros com respeito à expectativa de vida.[1] A menor expectativa de vida, na atualidade, é de 35 anos em Botsuana, Lesoto e Suazilândia. As 10 menores expectativas de vida tomadas por países estão todas na África. Tecnicamente, a expectativa de vida é um número específico para idade: cada categoria de idade, para cada população, possui sua própria expectativa de

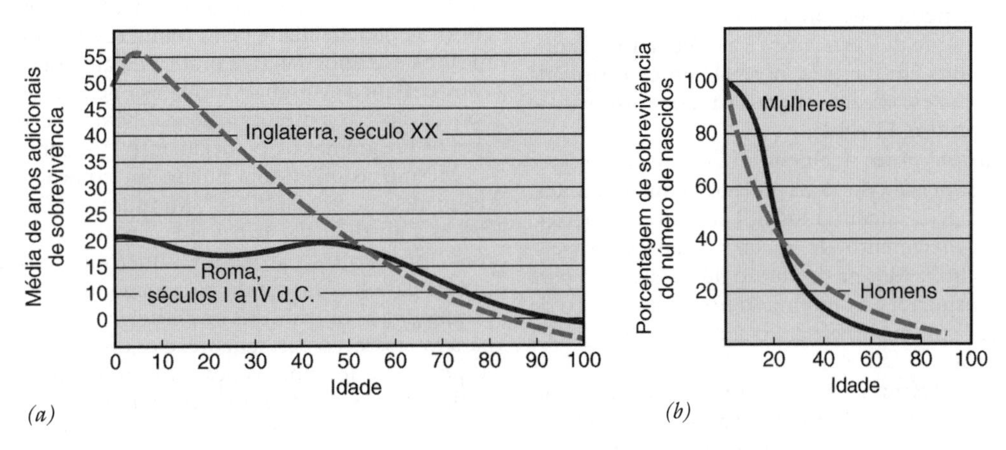

Figura 4.10 ■ (*a*) A expectativa de vida na Roma Antiga e na Inglaterra do século XX. Esse gráfico mostra o número adicional médio de anos que uma pessoa poderia viver depois de atingir uma determinada idade. Por exemplo, uma criança de 10 anos de idade, na Inglaterra, tem uma expectativa de viver por mais 55 anos; uma criança de 10 anos de idade em Roma poderia ter uma expectativa de vida de mais 20 anos. Entre os jovens, a expectativa de vida era maior no século XX na Inglaterra do que na Roma Antiga. Entretanto, os gráficos se cruzam nos 60 anos de idade. Um cidadão romano de 80 anos de idade poderia ter uma expectativa de vida maior do que um britânico, da mesma idade. O gráfico para os romanos foi reconstruído pelas idades encontradas nas lápides de túmulos. (*b*) Curva aproximada de sobrevivência para a Roma Antiga para os quatro primeiros quatro séculos d.C. A porcentagem de sobreviventes decresce rapidamente nos primeiros anos, refletindo as elevadas taxas de mortalidade para crianças na Roma Antiga. As mulheres tinham uma taxa de sobrevivência ligeiramente maior até a faixa dos 20 anos, a partir da qual os homens passavam a apresentar uma taxa ligeiramente superior. (*Fonte*: Modificado de G. E. Hutchinson, *An Introduction to Population Ecology* [New Haven, Conn.: Yale University Press, 1978]. Direitos autorais © 1978 de Yale University Press. Utilizado com permissão.)

vida. Em comparações gerais, entretanto, é utilizada a expectativa de vida a partir da data de nascimento.

Um aspecto surpreendente do segundo e do terceiro período da história da população humana é que o crescimento populacional ocorreu com pouca ou nenhuma alteração no tempo máximo de vida. O que se alteraram foram as taxas de natalidade, as taxas de mortalidade, as taxas de crescimento populacional, a estrutura etária e a expectativa média de vida. De fato, estudos sobre a data dos óbitos, que estão esculpidas em lápides, revelam que as possibilidades de uma pessoa na faixa de 75 anos de idade viver até os 90 anos eram maiores, na Roma Antiga, do que atualmente na Inglaterra (Figura 4.10). Esses estudos também indicam que as taxas de mortalidade eram muito maiores para a população jovem em Roma do que no século XX na Inglaterra. Na Roma Antiga, a expectativa de vida de um bebê de um ano de idade era cerca de 22 anos, enquanto no século XX, na Inglaterra era aproximadamente de 50 anos. A expectativa de vida no século XX, na Inglaterra, era maior do que na Roma Antiga para todas as idades até cerca de 55 anos, depois disso a expectativa de vida parece ter sido maior para os romanos do que foi o século XX para os britânicos. Isso sugeriria que inúmeros desastres da vida moderna podem estar concentrados nos idosos. As doenças provocadas pela poluição são um dos fatores dessa mudança.

4.8 O Fator Limitante

Conceitos Básicos

No planeta Terra, finito, as populações humanas serão, com o tempo, limitadas por alguns fatores ou combinação de fatores. Pode-se agrupar os fatores limitantes entre aqueles que afetam a população durante o ano em que se tornam limitantes (fatores de curto prazo), entre aqueles em que os efeitos se tornam aparentes depois de 1 ano e anterior aos 10 anos (fatores de médio prazo) e entre aqueles cujos efeitos não são aparentes por 10 anos (fatores de longo prazo). Alguns fatores se enquadram em mais de uma única categoria, podendo provocar efeitos de médio e de longo prazo.

Um fator importante de *curto prazo* é a interrupção da distribuição de alimentos em um país, normalmente ocasionada pela seca, ou por uma escassez de energia para o transporte de alimentos (ver Capítulos 11 e 12).

Fatores de *médio prazo* incluem a desertificação (ver Capítulo 12); a dispersão de determinados contaminantes, como os metais tóxicos encontrados nas águas e nos peixes; interrupção do fornecimento de recursos não renováveis, como metais raros utilizados na produção de ligas de aço para dispositivos de transporte; e a diminuição no fornecimento de lenha ou de outros combustíveis para o aquecimento e para a cocção de alimentos.

Os fatores de *longo prazo* incluem a erosão do solo, a diminuição nas reservas de água subterrânea e as mudanças climáticas. Mudanças nos recursos disponíveis por pessoa podem ser indicativos de se haver excedido a capacidade de suporte humano de longo prazo da Terra. Por exemplo, a extração de madeira atingiu um pico de 0,67 m^3/pessoa em 1967, a exploração de pescado com 5,5 kg/pessoa em 1970, a carne bovina com 11,81 kg/pessoa em 1977, a carne de ovino com 1,92 kg/pessoa em 1972, a lã com 0,86 kg/pessoa em 1960 e a safra de cereais de 342 kg/pessoa em 1977.[17] A produção per capita de cada um desses recursos, anterior a esses picos serem atingidos, havia crescido rapidamente.

4.9 Como Atingir o Crescimento Populacional Zero?

Até agora foram examinados diversos aspectos da dinâmica populacional. Retomando-se a questão anterior: como se pode obter o crescimento populacional zero? Essa seria a condição na qual a população humana, em média, nem aumenta nem diminui. Grande parte das preocupações ambientais tem sido focada na redução da taxa de natalidade humana e na diminuição do crescimento populacional.

A Idade do Primeiro Parto

A mais simples e uma das maneiras efetivas para tornar mais lento o crescimento populacional é retardar primeiro o parto.[18] Quanto mais as mulheres ingressam no mercado de trabalho e na medida em que os níveis de instrução e o padrão de vida aumentam, esse retardamento naturalmente ocorre. As pressões sociais que levam ao adiamento de casamentos e da maternidade podem também ser eficientes (Figura 4.11).

Nos países com elevadas taxas de natalidade os casamentos ocorrem mais cedo. No sul da Ásia e na África subsaariana, cerca de 50% das mulheres se casam com idades entre 15 e 19 anos. Em Bangladesh, as mulheres se casam, em média, aos 16 anos, enquanto no Sri Lanka a média de idade dos casamentos é de 25. O Banco Mundial estima que, se Bangladesh adotasse o padrão de casamento do Sri Lanka, as famílias poderiam reduzir, em média, 2,2 o número de filhos. O aumento na idade para o casamento poderia causar, em muitos países, uma queda de 40 a 50% no índice de fertilidade necessário para a obtenção do crescimento zero.

Controle de Natalidade: Biológico e da Sociedade

Outro método simples para a diminuição das taxas de natalidade é o da amamentação, que pode retardar o reinício da ovulação.[19] Isso é utilizado conscientemente como forma de controle da natalidade pelas mulheres em diversos países; em meados dos anos 1970, a prática da amamentação, de acordo com o Banco Mundial, forneceu melhor proteção contra a concepção em países em desenvolvimento do que conseguiram os programas de planejamento familiar.[7]

Mesmo assim, muita ênfase foi colocada na necessidade de planejamento familiar.[20] Métodos tradicionais abrangem desde a abstinência sexual até a indução da esterilidade por meio de agentes naturais. Os métodos modernos incluem pílulas para o controle de natalidade, que previne a ovulação por meio do controle dos níveis hormonais; técnicas cirúrgicas para esterilização permanente; e os dispositivos mecânicos. Os dispositivos de contracepção são amplamente utilizados em muitas partes do mundo, particularmente na Ásia Oriental, onde os dados mostram que 78% das mulheres os utilizam. Na África, somente 18% das mulheres utilizam esses dispositivos; na América Central e do Sul, os números estão entre 53% e 62%, respectivamente.[2]

O aborto é também largamente utilizado. Embora seja clinicamente seguro, em muitos casos, o aborto é um dos métodos mais controvertidos do ponto de vista moral. Ironicamente, é um dos mais importantes métodos de controle da natalidade em termos de seus efeitos nas taxas de natalidade – aproximadamente 46 milhões de abortos são praticados a cada ano.[21]

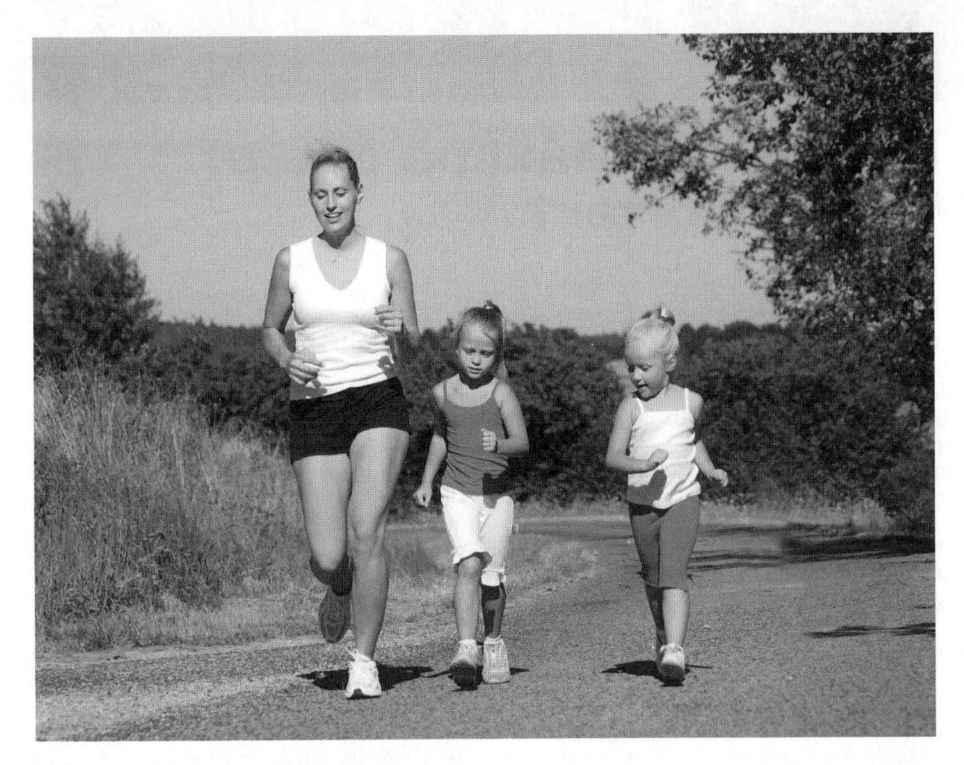

Figura 4.11 ■ Quanto mais as mulheres ingressam no mercado de trabalho e se dedicam à carreira profissional, a idade média do primeiro parto tende a aumentar. A combinação de um estilo de vida ativo, que inclui os cuidados com crianças, é ilustrada por esta foto de uma jovem mulher correndo com as filhas.

Programas Nacionais para a Redução das Taxas de Natalidade

A redução das taxas de natalidade exige uma mudança de atitude, o conhecimento dos métodos de controle da natalidade e a habilidade de proporcionar esses métodos. Conforme foi visto, uma mudança de atitude pode ocorrer simplesmente com a melhoria do nível de vida. Em vários países, entretanto, tem sido necessário oferecer programas formais de planejamento familiar para esclarecer sobre os problemas decorrentes do rápido crescimento populacional e para descrever os benefícios sobre a redução desse crescimento populacional para os indivíduos. Esses programas igualmente fornecem informações sobre os métodos de controle e oferecem o acesso a esses métodos.[24] A escolha entre os métodos existentes de controle populacional é uma questão que envolve conceitos morais, sociais e religiosos, que variam de país para país.

O primeiro país a adotar uma política oficial sobre crescimento populacional foi a Índia em 1952. Poucos países em desenvolvimento criaram programas oficiais de planejamento familiar antes de 1965. Desde esse ano, inúmeros programas similares vêm sendo introduzidos e o Banco Mundial emprestou 4,2 bilhões de dólares para mais de 80 países, no fornecimento de assistência econômica aos projetos de saúde para "reprodução".[21,24] Ainda que a maioria dos países tenha hoje algum tipo de programa de planejamento familiar, a sua eficiência varia enormemente. Uma grande variedade de enfoques tem sido utilizada, desde o simples fornecimento de melhores informações para a promoção e o fornecimento de métodos para o controle da natalidade, oferecendo recompensas e impondo penalidades. Gana, Malásia, Paquistão, Cingapura e as Filipinas têm utilizado uma combinação de métodos, que incluem limitações de subsídios para as crianças e os benefícios para a maternidade. A Tanzânia restringiu os serviços de maternidade gratuita para as mulheres, limitando-os para uma frequência de uma vez a cada três anos. A Cingapura não considera o tamanho da família na alocação de programas de habitação, de forma que famílias maiores ficam mais apertadas. A Cingapura também oferece prioridade no ingresso escolar para crianças oriundas de famílias menores.[6] Alguns países, incluindo Bangladesh, Índia e Sri Lanka, têm pago à população para voluntariamente optar pela esterilização. No Sri Lanka, essa prática foi aplicada somente às famílias com dois filhos e apenas quando uma declaração de consenso voluntário é assinada.

A China tem um dos mais antigos e efetivos programas de controle familiar. Em 1978, adotou uma política oficial para reduzir a sua população humana de 1,2% naquele ano até zero no ano 2000. Ainda que, nesse mesmo ano, a taxa de natalidade da China tenha se desacelerado para 1% ao ano, e não zero, o programa fez muito para frear a rápida taxa de crescimento. O programa chinês colocou ênfase em famílias de um único filho. O governo utilizou a educação instrutiva, uma rede de planejamento familiar que fornece as informações necessárias e os métodos de controle de natalidade, juntamente com um sistema de recompensas e penalidades.

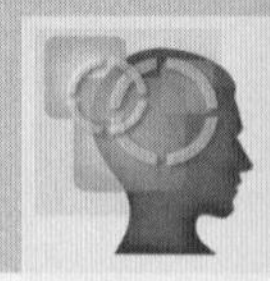

QUESTÕES PARA REFLEXÃO CRÍTICA

Qual a População Máxima que a Terra Pode Suportar?

A população humana é consideravelmente maior do que 6,6 bilhões de habitantes. As estimativas de quantos habitantes o planeta pode suportar abrange desde 2,5 até 40 bilhões. Por que as estimativas variam tão amplamente?

Uma estimativa de 2,5 bilhões pressupõe a manutenção da atual capacidade de produção de alimentos e que cada indivíduo se alimente tão bem quanto os norte-americanos atualmente fazem – que é de 30 a 40% calorias a mais do que o necessário. A estimativa de 40 bilhões pressupõe que todas as terras cultiváveis remanescentes do mundo possam ser utilizadas para a produção de alimentos, ainda que, de fato, a maioria delas seja muito fria ou muito seca. Qual seria uma capacidade de suporte realista? Quais os fatores que devem ser considerados para responder a essa questão?

Suprimento de Alimentos

O suprimento mundial de alimentos para a população humana é, obviamente, um importante fator na determinação da capacidade de suporte da Terra. E o mundo tem rapidamente se transformado com relação ao suprimento de alimentos, conforme discutido no Capítulo 11. A demanda por alimentos é uma função do número total de habitantes e do padrão de vida de cada indivíduo. Como o padrão de vida tem se elevado muito rápido, na China e na Índia, esses dois países mais populosos do mundo, as suas demandas por alimentos, especialmente pelos alimentos de alta qualidade, têm aumentado proporcionalmente. Além disso, o interesse cada vez maior com relação aos biocombustíveis têm aumentado a pressão sobre a agricultura. No século XX, as práticas modernas de agricultura levaram a safras abundantes de alimentos e em quantidade suficiente para alimentar toda a população. A fome foi causada não pela quantidade total, mas por problemas de distribuição de alimentos, como as causadas pelas decorrências de guerras, conflitos políticos e falta de meios de transporte. O notável incremento na produtividade, após 1950, foi resultado do desenvolvimento de variedades que propiciaram produção elevada, da utilização de fertilizantes, da aplicação de pesticidas e da duplicação do número de áreas férteis para o cultivo de produtos agrícolas. Se essas safras tivessem sido distribuídas de maneira justa e equilibrada, assim como todos tivessem se alimentado com base em uma dieta vegetariana, ela poderia ter sustentado 6 bilhões de pessoas. Uma vez que o a população mundial continuou crescendo, o consumo per capita de grãos vem sendo reduzido, desde 1984, quando estacionou em 346 kg por pessoa. Atualmente não se pode prever se a agricultura mundial pode ou não continuar alimentando todas as pessoas do mundo. Talvez, com base somente nessa premissa, a capacidade de suporte da Terra para a população humana já tenha sido atingida ou ultrapassada.

Recursos do Solo

Quase todo solo agriculturável disponível, aproximadamente 1,5 bilhão de hectares (3,7 bilhões de acres) já está sendo cultivado. Um incremento de 13% nas terras agriculturáveis ainda é possível, porém teria um custo elevado. A área cultivável destinada ao aumento das safras tem decaído desde 1950, para 1,7 hectare (4,2 acres) *per capita* e, provavelmente, continuará a diminuir para cerca de 1 hectare (2,5 acres) *per capita*, por volta de 2025, se a atual projeção da população for concretizada. Perde-se mais solo a cada ano devido à erosão (aproximadamente 26 bilhões de toneladas) do que é formado. Mais detalhes serão apresentados no Capítulo 11.

Recursos Hídricos

Água apropriada para beber e para irrigação perfaz apenas uma pequena proporção (menos que 3%) da água disponível na Terra. O nível freático dos reservatórios subterrâneos vem sendo esvaziado na ordem de 30 cm por ano, porém, está sendo reposto apenas cerca de 3 cm ou menos por ano. O consumo de água *per capita* varia de 350–1.000 L por dia, nos países desenvolvidos, para 2–5 L por dia, nas áreas rurais, onde as pessoas podem obter água diretamente dos ribeirões ou nascentes. Mais detalhes sobre este tema no Capítulo 21.

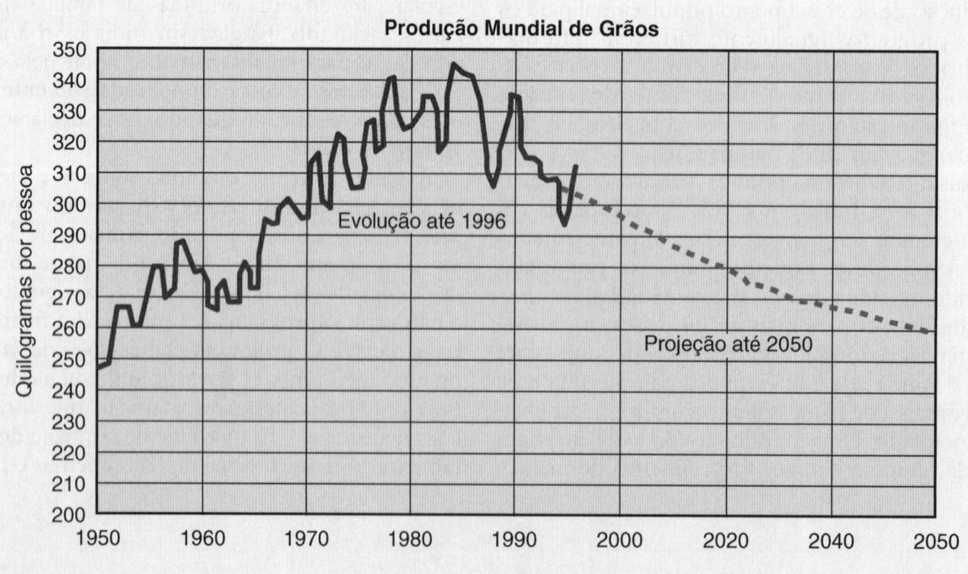

Figura 4.12 ■ Produção mundial de grãos por pessoa. O pico foi atingido em 1986. Atualmente, a demanda supera a produção. (*Fonte:* UNEP GRID ARENDAL, NORWAY http://maps.grida.no/go/graphic/grain_production_in_the_world_1950_1995_and_projection_for_2050)

Produção Líquida Primária

Os animais domésticos e a população humana consomem cerca de 4% da produção primária líquida das terras cultiváveis do mundo e 2% das áreas oceânicas. (Produção primária é discutida no Capítulo 9).

Densidade Populacional

A densidade populacional varia enormemente de 3.076 habitantes/km² na diminuta ilha de Malta até 66 habitantes/km² na África como um todo. Bangladesh possui 2.261 habitantes/km²; a Holanda 1.002 habitantes/km² e o Japão 869 habitantes/km².

Tecnologia

A capacidade de suporte não é somente uma questão do número de habitantes. Ela envolve também o impacto provocado nos recursos mundiais – mais criticamente nos recursos energéticos. Multiplicando-se a população pelo consumo *per capita* de energia, obtém-se uma medida relativa do impacto que as pessoas causam no meio ambiente. Por essa medida, cada norte-americano tem o impacto equivalente ao de 35 pessoas na Índia ou 140 pessoas em Bangladesh.

Perguntas para Reflexão Crítica

1. Alguns afirmam que a tecnologia da agricultura pode aprimorar a produção de alimentos, de forma que ela continue se superando ou, pelo menos, mantendo o ritmo de acordo com o crescimento da população e, desse modo, incrementando a capacidade de suporte da Terra acima dos 6 bilhões de habitantes. Quais evidências sustentam esse ponto de vista? Quais evidências a refutam?

2. A superfície continental do mundo é de aproximadamente 150 milhões de km². Qual seria a população mundial se a densidade média fosse de 400 habitantes/km²? Isso é uma base sólida para determinar a capacidade de suporte? Explique.

3. Em décadas recentes, alguns pesquisadores têm discutido se a limitação básica da capacidade de suporte é determinada pela população ou pela tecnologia. Qual é a sua posição e como você a justifica?

4. Quais os fatores, que somados aos seis citados neste item, devem ser considerados na determinação da capacidade de suporte do planeta?

RESUMO

- A população humana é a principal questão ambiental, porque a maioria dos impactos ambientais resultam do elevado número de habitantes na Terra e de seu grande poder de transformar o meio ambiente.
- Durante a maior parte da história da humanidade, a população humana e a sua taxa média de crescimento foram pequenas. O crescimento da população humana pode ser dividido em quatro fases principais. Ainda que a população tenha aumentado em cada fase, a situação atual é sem precedentes.
- Países em que a taxa de natalidade decresceu, experimentam uma transição demográfica marcada pela diminuição das taxas de mortalidade, seguida por uma queda das taxas de natalidade. Muitos países em desenvolvimento têm experimentado um decréscimo significativo em suas taxas de mortalidade, porém mantém taxas muito elevadas de natalidade. Persiste como questão se alguns desses países seriam capazes de atingir uma taxa de natalidade menor, antes de atingir os níveis desastrosos de superpopulações.
- A população máxima que a Terra pode suportar e o quanto numerosa a população pode se tornar representam questões controversas. As estimativas padrão indicam que a população humana alcançará de 10 a 16 bilhões de habitantes antes de se estabilizar.
- Como a população humana poderia se estabilizar ou ser estabilizada suscita questões que se referem à ciência e aos valores, ao homem e à natureza.
- Atrasos consideráveis nas respostas da população humana às mudanças nas taxas de natalidade e de mortalidade acontecem e afetam a estrutura etária da população. Uma população que atinge a fecundidade em nível de reposição continuará a crescer por diversas gerações.
- Uma das formas mais eficazes para diminuir a taxa de crescimento da população é diminuição da idade do primeiro parto. Isso também envolve relativamente poucas questões sociais e de valor.

REVISÃO DE TEMAS E PROBLEMAS

A discussão deste capítulo do livro reenfatizou o aspecto de que pode não existir soluções de longo prazo para os problemas ambientais a menos que a população humana pare de crescer em suas taxas atuais. Isso torna o problema da população humana uma prioridade alta.

Na medida em que a população humana continua a crescer é incerto que os recursos ambientais do planeta possam se tornar sustentáveis.

Ainda que a taxa de crescimento da população humana varie de nação para nação, os efeitos ambientais do rápido crescimento populacional humano, por toda parte, são globais. Por exemplo, o crescimento da utilização de combustíveis fósseis nos países ocidentais, desde o começo da Revolução Industrial, tem afetado todo o mundo. A demanda crescente por combustíveis fósseis e o aumento de sua utilização nos países em desenvolvimento possuem também um efeito global.

Mundo Urbano

Um dos maiores padrões no crescimento populacional humano é o do aumento da urbanização no mundo. As cidades não são autossuficientes, além de que estão articuladas com o ambiente ao seu redor dependendo, por isso, de seus recursos e impactando o meio ambiente em outro lugar. O desenvolvimento urbano frequentemente leva à ocupação de áreas naturais altamente valorizadas, particularmente porque as cidades estão localizadas, habitualmente, em locais onde a água, o transporte e os recursos materiais estão facilmente disponíveis.

Como em inúmeras espécies, a taxa de crescimento populacional humano é governada por leis fundamentais da dinâmica populacional. Não se pode escapar dessas regras básicas da natureza. O homem afeta significativamente o meio ambiente e a ideia de que *o crescimento populacional humano é a questão ambiental básica* ilustra a conexão profunda entre o homem e a natureza.

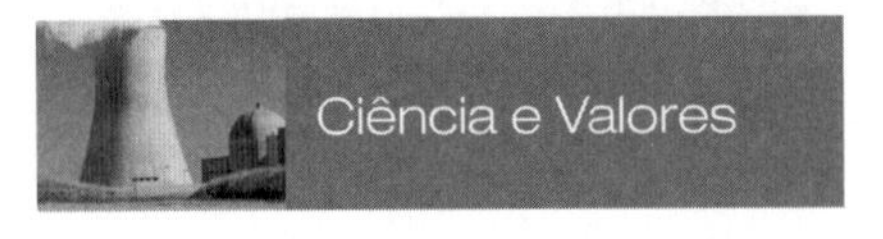

O problema da população humana exemplifica a conexão entre valores e conhecimento. O conhecimento científico e tecnológico tem auxiliado na cura de enfermidades, na diminuição das taxas de mortalidade e, por essa razão, contribui para o crescimento da população humana. Atualmente, a habilidade humana na previsão de seu crescimento populacional fornece muito conhecimento aproveitável, porém o que se fazer com esse conhecimento é objeto de intenso debate em todo mundo, porque os valores são muito importantes em relação ao controle da natalidade e ao tamanho da família. Pode-se resolver o problema da população humana somente por meio do confronto da conexão entre a maneira pela qual se valoriza a vida humana e o conhecimento científico disponível sobre a população humana e os seus efeitos sobre o meio ambiente.

TERMOS-CHAVE

capacidade de suporte humano
capacidade de suporte logístico
crescimento populacional zero
curva logística de crescimento
dinâmica populacional
espécie
estrutura etária
expectativa de vida
população
taxa de crescimento
taxa de mortalidade
taxa de natalidade
tempo máximo de vida
transição demográfica

QUESTÕES PARA ESTUDO

1. Quais são as principais razões para que a população humana, no século XX, tenha crescido tão rapidamente?
2. Por que é importante considerar a estrutura etária de uma população humana?
3. As três características de uma população são a taxa de natalidade, a taxa de crescimento e a taxa de mortalidade. Como cada uma delas tem sido afetada pelos avanços na (a) medicina, (b) agricultura e (c) indústria?
4. O que é entendido pela afirmação "O que é bom para um indivíduo nem sempre é bom para uma população"?
5. Do ponto de vista estritamente biológico, por que é difícil para uma população humana atingir um tamanho constante?
6. Quais fatores ambientais contribuem para o aumento das possibilidades de um desencadeamento de uma enfermidade epidêmica?
7. Por que é tão difícil prever o crescimento da população humana da Terra?
8. Antes do início da Revolução Industrial e dos principais avanços tecnológicos, quais os fatores que contribuíam para diminuir o tamanho das populações humanas?
9. Para quais dos seguintes itens pode ser atribuído o maior aumento na população humana desde o começo da Revolução Industrial: mudanças nas (a) taxas de natalidade, (b) taxas de mortalidade, (c) duração da vida ou (d) taxas de mortalidade entre idosos? Explique.
10. O que é a transição demográfica? Quando se poderia esperar a fecundidade de nível de reposição ser atingida? Antes, durante ou depois da transição demográfica?
11. Baseado na história das populações humanas, em vários países, o que se poderia esperar das seguintes opções para uma mudança conforme a renda per capita aumenta: (a) taxas de natalidade, (b) taxas de mortalidade, (c) tamanho médio da família e (d) estrutura etária da população? Explique.

LEITURAS COMPLEMENTARES

Brown, L. R., G. Gardner, and B. Halueil. 1999. *Beyond Malthus: Nineteen Dimensions of the Population Challenge*. New York: W. W. Norton. Uma discussão das mudanças recentes nas tendências da população humana e suas implicações.

Cohen, J. E. 1995. *How Many People Can the Earth Support?* New York: Norton. Uma discussão detalhada sobre o crescimento populacional humano, sobre a capacidade de suporte humano da Terra e os fatores que afetam a ambos.

Ehrlich, P. R., and A. H. Ehrlich. 2004. *One with Nineveh: Politics, Consumption, and the Human Future*. Washington, D.C.: Island Press. Uma discussão extensa sobre os efeitos da população humana nos recursos do mundo e sobre a capacidade de suporte da Terra para a espécie humana. O livro de Ehrlich de 1968, *The Population Bomb* (Ballantine Books, NY), desempenhou papel importante no início do movimento ambientalista moderno e, por essa razão, pode ser considerado um clássico.

Kessler, E., ed. 1992. "Population, Natural Resources and Development," *AMBIO* 21(1). Uma matéria especial do periódico *AMBIO* indicando inúmeros problemas a respeito do crescimento populacional humano e de suas implicações econômicas e ambientais. Inclui uma descrição de vários casos de estudo.

Massimo, Livi-Bacci. 2006. *A Concise History of World Population* (Paperback). Wiley Blackwell Publishers. Uma introdução muito bem escrita na área da demografia humana.

McKee, J. K. 2003. *Sparing Nature: The Conflict Between Human Population Growth and Earth's Biodiversity*. New Brunswick, N.J.: Rutgers University Press. Um dos poucos livros recentes sobre populações humanas.

Capítulo 5

Os Ciclos Biogeoquímicos

A cidade de Seattle, Washington, está localizada entre Puget Sound e o lago Washington da fotografia.

OBJETIVOS DE APRENDIZADO

A vida é composta por inúmeros elementos químicos que existem em quantidades adequadas, concentrações apropriadas e nas proporções ajustadas. Se essas condições não são satisfeitas, então a vida estará limitada. O estudo da disponibilidade química e dos ciclos biogeoquímicos é importante para a solução de muitos problemas ambientais. Após a leitura deste capítulo, deve-se saber:

- Quais são os principais ciclos biogeoquímicos.
- Quais são os principais fatores e processos que controlam os ciclos biogeoquímicos.
- Por que alguns elementos químicos possuem ciclos rápidos, enquanto outros elementos possuem ciclos lentos.
- Como cada componente fundamental do sistema global terrestre (a atmosfera, os recursos hídricos, as superfícies sólidas e a própria vida) está envolvido e relacionado com os ciclos biogeoquímicos.
- Como, habitualmente, operam os ciclos biogeoquímicos mais importantes para a vida, especialmente o ciclo do carbono.
- Como as atividades antrópicas afetam os ciclos biogeoquímicos.

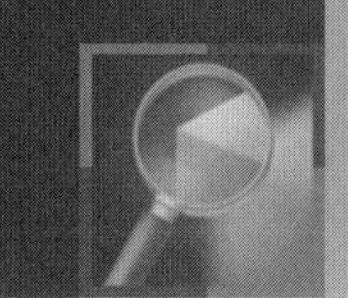

ESTUDO DE CASO

O Lago Washington

As atividades antrópicas podem, sem se dar conta, alterar o ciclo químico natural e impactar o meio ambiente. A ciência pode fornecer soluções potenciais, mas o sistema de valores impõe se realmente deseja-se obter essas soluções. A história a seguir sobre o lago Washington ilustra que efeitos adversos de ciclos químicos podem ser enfrentados e diminuídos.

A cidade de Seattle, Washington, localiza-se entre dois principais cursos de água — Puget Sound, de água salobra a oeste e, a leste, água doce do lago Washington (Figura 5.1*a*). No início da década de 1930, a água do lago Washington começou a ser utilizada para o lançamento de esgoto. Por volta de 1959, 11 estações de tratamento de esgoto haviam sido construídas ao redor do lago. Estas estações removiam organismos causadores de doenças e boa parte da matéria orgânica que antes era lançada no lago. A cada dia, 76.000 m^3 de esgoto tratado escoavam das estações em direção ao lago. Ribeirões menores que alimentam o lago traziam pequenas quantidades de águas residuais não tratadas. A resposta do lago à introdução de esgoto tratado provocou uma imensa proliferação de algas indesejáveis e de bactérias fotossintetizadoras, que reduziu a transparência da água e a paisagem geral do lago.[1]

A prefeitura de Seattle designou um comitê consultor para determinar o que poderia ser feito. Investigações científicas mostraram que o fósforo existente nas águas residuais tratadas havia estimulado o crescimento das algas e das bactérias. Apesar de que o processo de tratamento tivesse eliminado os organismos causadores de doenças, ele não removeu o fósforo, proveniente dos detergentes utilizados na lavagem caseira de roupas e de outras fontes urbanas. O fósforo, ao se misturar na água do lago, atuava como um fertilizante potente, introduzindo um problema químico para o ecossistema do lago.

Para a resolução do problema, o comitê consultor instruiu a prefeitura da cidade para descarregar as águas residuais proveniente da estação de tratamento do esgoto no Pudget Sound e não no lago. Pudget Sound é um grande corpo de água oceânica com uma taxa de troca rápida com o oceano Pacífico. Devido a essa rápida troca, o fósforo seria em pouco tempo diluído em uma concentração muito menor.

A mudança foi concretizada, por volta de 1968, e o lago se restabeleceu rapidamente. Em termos de análise entrada e saída (*input–output*), tema introduzido no Capítulo 3, o desvio das águas residuais, ricas em fósforo, efetivamente reduziu a quantidade de fósforo presente no ecossistema do lago e, por essa razão, a concentração de nutrientes na água do lago foi igualmente reduzida. Após um ano, a presença indesejada das algas havia sido reduzida e as águas superficiais se tornaram muito mais claras e transparentes do que estava há cinco anos antes. As concentrações de oxigênio, em águas profundas, aumentou instantaneamente em

(*a*)

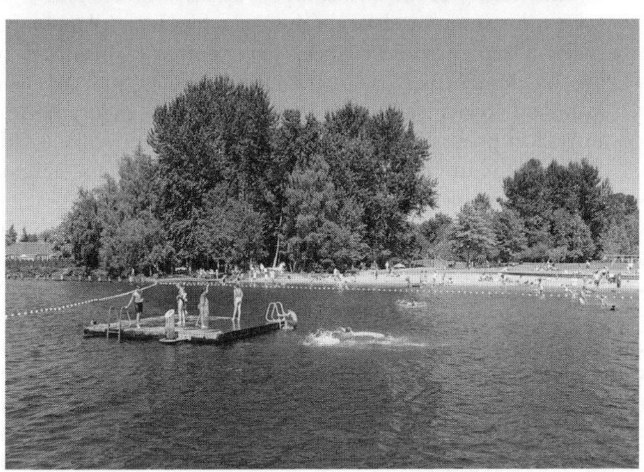

(*b*)

Figura 5.1 ■ (*a*) Vista aérea da região de Seattle, Washington, (cerca de 24.000 km^2). Os corpos d'água (p. ex., Puget Sound e lago Washington) são azul-escuros/pretos; as áreas urbanas (p. ex., Seattle) são rosa/azul-claras/verdes; áreas de florestas são verde-escuras; terras roçadas e limpas (derrubada de árvores) são rosa/amarelas; e as geleiras e neve no Monte Rainier e outras áreas são azul-claras. (*b*) O lago Washington, no verão de 1998, visto de uma praia popular de recreação na margem do lado leste.

níveis superiores aos observados em 1930, favorecendo um aumento no número de peixes.[1]

A urbanização ao redor do lago Washington (Figura 5.1*b*) continua a ser motivo de preocupação. O escoamento de águas superficiais (*runoff*) é uma fonte potencial de poluição da água que pode degradar a qualidade dos ribeirões e lagos quando atingidos.

O lago Washington é um grande lago existente em uma área densamente urbanizada. A sua água é de excelente qualidade para um lago urbano. No entanto, a boa qualidade da água não é uma garantia, considerando a história do lago e o crescimento urbano potencial. Durante o período da primavera, algas ainda florescem devido à introdução de nutrientes no lago por atividades antrópicas. Os herbicidas são introduzidos no lago por meio do escoamento das águas superficiais (*runoff*), assim como outros poluentes.

Dois rios principais fluem em direção ao lago Washington. No passado, esses rios apresentavam abundância de salmões-rei, porém, devido à perda do habitat e da pressão da pesca, a população desses peixes foi enquadrada na condição de espécie ameaçada. A restauração da população do salmão-rei envolveria os rios onde os salmões desovam e são criados, assim como o lago por onde eles se movimentam do e para o oceano. O ecossistema do lago igualmente inclui os salmões-vermelhos que desovam nos rios, mas se desenvolvem no lago. A sobrevivência dos jovens salmões-vermelhos no lago tem recentemente diminuído e estudos estão sendo realizados para entender o porquê.

O lago Washington, mesmo com todas essas melhorias, permanece vulnerável a outras mudanças. O futuro dos recursos hídricos e dos salmões está nas mãos da população de Seattle. São eles, em última instância, os responsáveis pela proteção e pela melhoria dos ecossistemas do lago para as futuras gerações. Dado o passado histórico, as atividades e os interesses atuais, eles parecem aptos para a tarefa.

A história do lago Washington ilustra a importância da compreensão de como a ciclagem química se processa nos ecossistemas. A história também confirma vários temas-chave do Capítulo 1. Na medida em que a população de Seattle aumentou, o mesmo ocorreu com o seu esgoto. A investigação científica sobre o lago e a descoberta do papel do fósforo refletiram o valor que a população tem pelo lago Washington. O reconhecimento da necessidade de ambientes de alta qualidade em áreas urbanas levou a população a desenvolver um plano para manter a qualidade da água de seu lago urbano. A população "atuou localmente" para resolver um problema de poluição da água e forneceu um exemplo positivo de redução da poluição.

5.1 Como São os Ciclos Químicos

A Terra é particularmente um bom planeta para a vida de um ponto de vista químico. A atmosfera contém grande quantidade de água e de oxigênio, que humanos e animais necessitam para respirar. Em muitos lugares, os solos são férteis, contendo os elementos químicos necessários para o crescimento das plantas; e o subsolo da Terra contém metais valiosos e combustíveis. É claro que algumas regiões da superfície do planeta não são tão favoráveis para a manifestação da vida em abundância — desertos com pouca água, desertos químicos (como as regiões no meio de oceanos) onde os nutrientes necessários para a vida não são abundantes e determinados solos nos quais alguns elementos químicos necessários para a vida são deficientes ou estão presentes outros elementos tóxicos para a vida.[2] As questões científicas que refletem os valores sobre a qualidade ambiental: Que tipos de processos químicos beneficiam ou agridem o meio ambiente, as pessoas e outras formas de vida? Como administrar os produtos químicos no ambiente para melhorar e manter os ecossistemas, desde a escala local até o nível global? Para responder a essas questões é necessário conhecer como os elementos químicos se processam (em ciclos de repetição). E este é o ponto de partida deste tópico.

Ciclos Biogeoquímicos

O termo *químico* aqui se refere a um elemento individual tal como o carbono (C) ou o fósforo (P) ou a uma substância composta, tal como a água (H_2O). (Ver o Detalhamento 5.1 sobre a discussão de matéria e energia.) Um **ciclo biogeoquímico** é a trajetória completa que uma substância ou elemento químico realiza através de quatro principais componentes ou reservatórios do sistema terrestre: a atmosfera, a hidrosfera (oceanos, rios, lagos, águas subterrâneas e geleiras), a litosfera (rochas e solos) e a biosfera (plantas e animais). O processo do ciclo biogeoquímico é *químico* porque são os elementos e as substâncias químicas que são processadas de forma cíclica ou repetitiva até o esgotamento de um dado processo; *bio-* porque o processo envolve a vida; e *geo-* porque um processo pode incluir a atmosfera, a água, as rochas e os solos.

Considere como exemplo um átomo de carbono (C) presente no dióxido de carbono (CO_2) emitido pela queima de carvão (que é constituído por plantas fossilizadas há milhões de anos). O átomo de carbono é lançado na atmosfera e então é absorvido por uma planta e, assim, incorporado a uma semente. A semente é comida por um rato. O rato é comido por um coiote e o átomo de carbono é expelido pelo processo digestivo na forma de excremento no solo. A decomposição do excremento permite que o carbono em questão adentre

Matéria e Energia

O universo, tal como se conhece, é constituído por duas entidades: matéria e energia. A matéria é o material que torna possível a existência do meio ambiente físico e biológico. A energia é definida como a capacidade de se realizar trabalho. A primeira lei da termodinâmica — também conhecida como a lei da conservação da energia ou a primeira lei da energia — afirma que a energia não pode ser criada ou destruída, mas pode mudar de uma forma para outra. Essa lei estipula que a quantidade total de energia no Universo é constante.

O Sol produz energia por meio de reações nucleares a elevadas temperaturas e pressões que transformam massa (uma medida da quantidade de matéria) em energia. À primeira vista, isso pode parecer uma violação da lei da conservação de energia. Entretanto, esse não é o caso, porque energia e matéria são intercambiáveis. Albert Einstein foi o primeiro a descrever a equivalência de energia e matéria em sua famosa equação $E = mc^2$, onde E é a energia, m é a massa e c é a velocidade da luz no vácuo, assim como no espaço cósmico (aproximadamente 300.000 km/s). O quadrado velocidade da luz implica um número muito grande, portanto, mesmo uma quantidade pequena de massa, quando convertida em energia, produz uma quantidade muito grande de energia.[3]

A energia, portanto, pode ser entendida como uma quantidade matemática abstrata que sempre é conservada. Isso significa que é impossível obter algo do nada quando se está lidando com energia; é impossível extrair mais energia de qualquer sistema do que a quantidade de energia que originalmente se adicionou a esse sistema. De fato, a segunda lei da termodinâmica afirma que não se pode jamais terminar com o mesmo nível de energia útil. Quando a energia é transformada de uma forma para outra, ela sempre se movimenta de uma forma mais proveitosa para uma menos proveitosa. Assim, como a energia se movimenta através de um sistema concreto e é transformada de uma forma para outra, a energia é conservada, mas se torna menos proveitosa e útil. O tema das duas leis da energia será retomado adiante na discussão sobre a energia nos ecossistemas (Capítulo 9) e na sociedade moderna (Capítulo 17).

Retoma-se agora a uma introdução sintética sobre os fundamentos da química da matéria, que auxiliará na compreensão dos ciclos biogeoquímicos. Um átomo é a menor parte de um elemento químico que pode tomar parte em uma reação química com outro átomo. Um elemento é uma substância química composta por átomos idênticos que não podem ser separados, em diferentes substâncias, por processos químicos habituais. A cada elemento químico é dado um símbolo. Por exemplo, para o elemento carbono é o C, assim como o P foi convencionado para o fósforo.

O modelo de um átomo (Figura 5.2) mostra três partículas subatômicas: nêutrons, prótons e elétrons. O átomo é visualizado na forma de um núcleo central composto por nêutrons (sem carga elétrica) e prótons (com carga positiva). Uma nuvem de elétrons, cada um deles com carga elétrica negativa, gira em torno do núcleo. O número de prótons no núcleo é único para cada elemento e é considerado o número atômico para cada elemento. Por exemplo, o hidrogênio (H) tem apenas um próton em seu núcleo e o seu número atômico é 1. O urânio possui 92 prótons em seu núcleo e o seu número atômico é 92. Uma lista de elementos conhecidos com os seus respectivos números atômicos é chamada de Tabela Periódica, conforme mostra a Figura 5.5.

Os elétrons no modelo atômico estão arranjados em camadas orbitais (representando os níveis de energia) e os elétrons mais próximos do núcleo estão mais ligados ao núcleo do átomo do que os das camadas mais externas. Os elétrons têm massa desprezível quando comparados com os nêutrons e os prótons; em consequência, quase toda a massa de um átomo está localizada em seu núcleo.

A somatória do número de nêutrons e de prótons no núcleo de um átomo é conhecida como peso atômico. Os átomos de um mesmo elemento sempre têm o mesmo número atômico (o mesmo número de prótons no núcleo), mas podem assumir diferen-

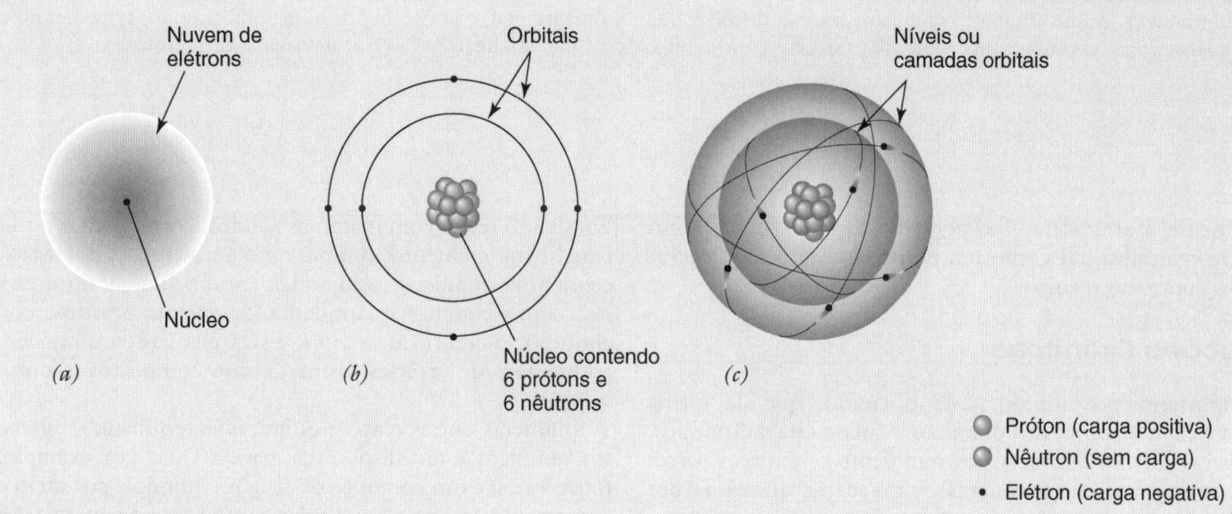

Figura 5.2 ■ (*a*) Diagrama idealizado mostrando a estrutura básica de um átomo, na forma de um núcleo circundado por uma nuvem de elétrons. (*b*) Modelo conceitual de um átomo de carbono com seis prótons e seis nêutrons no núcleo e seis elétrons orbitais em duas camadas de energia. (*c*) Vista tridimensional de (*b*). O tamanho proporcional do núcleo em relação ao tamanho dos níveis orbitais dos elétrons está bastante exagerado. (*Fonte*: Segundo F. Press e R. Siever, *Understanding Earth* [New York: Freeman, 1994].)

(Continua)

(Continuação)

tes números de nêutrons e, por essa razão, diferentes pesos atômicos. Dois átomos de um mesmo elemento com diferentes números de nêutrons em seus núcleos e diferentes pesos atômicos são conhecidos como isótopos desse elemento. Por exemplo, dois isótopos de oxigênio são ^{16}O e ^{18}O, onde 16 e 18 são os respectivos pesos atômicos. Ambos os isótopos têm número atômico 8, porém, o isótopo ^{18}O possui dois nêutrons a mais do que o isótopo ^{16}O. Um estudo como esse fornece um aprendizado muito útil sobre o funcionamento da Terra. Por exemplo, o estudo dos isótopos de oxigênio resultou em melhor compreensão de como o clima global tem se alterado. Esse tema está além dos propósitos da presente discussão, mas pode ser encontrado em muitos livros básicos de oceanografia.

Um átomo é quimicamente balanceado em termos de carga elétrica quando o número de prótons no núcleo é igual ao número de elétrons. Entretanto, um átomo pode perder ou ganhar elétrons, alterando o balanço da carga elétrica. Um átomo que perdeu ou ganhou elétrons é chamado de íon. Um átomo que perdeu um ou mais elétrons tem uma carga positiva líquida e é chamado de cátion. Por exemplo, o íon de potássio K^+ perdeu um elétron e o íon de cálcio Ca^{2+} perdeu dois elétrons. Um átomo que ganhou elétrons tem uma carga líquida negativa e é chamado de ânion. Por exemplo, O^{2-} é um ânion de oxigênio que ganhou dois elétrons.

Um composto é uma substância química constituída por dois ou mais átomos do mesmo ou de diferentes elementos químicos. A menor unidade de um composto químico é a molécula. Por exemplo, cada molécula de água contém dois átomos de hidrogênio e um átomo de oxigênio que são mantidos juntos por ligações químicas. Os minerais que formam as rochas são compostos, assim como a maioria das substâncias químicas encontradas nos estados sólidos, líquidos e gasosos do meio ambiente.

Os átomos que constituem um composto são mantidos juntos pelas *ligações químicas*. Os quatro tipos principais de ligações químicas são: covalente, iônica, de Van der Waals e metálica. É importante identificar que quando se fala de ligações químicas de componentes está se lidando com um tema complexo. Ainda que muitos compostos tenham mais de um tipo de ligação, inúmeros outros compostos têm mais de um tipo de ligação. Assumindo essa advertência, pode-se definir cada tipo de ligação.

Ligações covalentes resultam quando os átomos compartilham elétrons. Esse compartilhamento ocorre nos espaços entre os átomos e a força das ligações está relacionada ao número de pares de elétrons que são compartilhados. Importantes componentes do ambiente são mantidos juntos exclusivamente por ligações covalentes. O que inclui o dióxido de carbono (CO_2) e a água (H_2O). As ligações covalentes são mais fortes do que as *iônicas*, que se formam como resultado da atração entre cátions e anions. Um exemplo de componentes ambientalmente importantes com ligações iônicas é o sal de cozinha (halita) ou cloreto de sódio (NaCl). Os componentes com ligações iônicas como o cloreto de sódio tendem a ser solúveis em água e, assim, dissolvem-se facilmente, tal como ocorre com o sal de cozinha. As ligações de Van der Waals apresentam forças fracas de atração entre as moléculas que não estão ligadas umas às outras. Tais ligações são muito mais fracas do que as ligações covalentes ou iônicas. Por exemplo, o mineral grafite (a parte central nos lápis) é preto e composto de folhas de átomos de carbono que facilmente se rompem umas das outras, devido ao caráter fraco das ligações do tipo Van der Waals. Finalmente, as ligações metálicas são aquelas nas quais os elétrons são compartilhados, como nas ligações covalentes. No entanto, elas se diferem porque nas ligações metálicas os elétrons são compartilhados por todos os átomos componentes no conjunto sólido, ao contrário de átomos específicos. Isso resulta que os elétrons podem fluir. Por exemplo, o mineral e elemento ouro é um excelente condutor de eletricidade e, por isso, permite a fabricação de folhas finas (maleabilidade) porque os elétrons têm liberdade de movimento, fato característico de ligações metálicas.

Em síntese, no estudo do meio ambiente, deve-se preocupar com a matéria (elementos e compostos químicos) e a energia que se movimenta entre e dentro da maior parte dos componentes do sistema terrestre. Um exemplo é o do elemento carbono, que se movimenta pela atmosfera, hidrosfera, litosfera e biosfera em uma grande quantidade de compostos químicos. Isso inclui o dióxido de carbono (CO_2) e o metano (CH_4), que são gases presentes na atmosfera; o açúcar ($C_6H_{12}O_6$) nas plantas e nos animais; e os hidrocarbonetos complexos (compostos por hidrogênio e por carbono) presentes no carvão e nas jazidas de petróleo.

novamente a atmosfera. Ele pode novamente adentrar em outro organismo, tal como um inseto, que utilize o excremento como um recurso.

Reações Químicas

É importante reconhecer, nesta discussão, que da forma como ciclam os processos químicos a ênfase está na química. Inúmeras reações químicas ocorrem dentro e entre as partes vivas ou não vivas de ecossistemas. Uma **reação química** é um processo em que novos compostos químicos são formados a partir de elementos e de compostos que experimentam uma transformação química. Por exemplo, uma simples reação entre a água de chuva (H_2O) e o dióxido de carbono (CO_2), na atmosfera, produz ácido carbônico fraco (H_2CO_3):

$$H_2O + CO_2 \rightarrow H_2CO_3$$

Esse ácido reage com materiais sólidos, como rochas e solos, para liberar elementos químicos no ambiente. A liberação de elementos químicos inclui cálcio, sódio, magnésio e enxofre, com pequenas quantidades de metais pesados, como chumbo, mercúrio e arsênio. Esses elementos químicos se apresentam de diversas formas, como compostos e íons em solução.

Inúmeras outras reações químicas determinam se elementos químicos estão disponíveis para a vida. Por exemplo, a fotossíntese é um conjunto de reações químicas por meio das quais as plantas, com a luz solar como fonte de energia, converte o dióxido de carbono (CO_2) e a água (H_2O) em açúcar ($C_6H_{12}O_6$) e oxigênio (O_2). A equação geral para a fotossíntese é:

$$6CO_2 + 6H_2O \xrightarrow{\text{luz solar}} C_6H_{12}O_6 + 6O_2$$

A fotossíntese produz oxigênio como um subproduto e isso explica por que se tem oxigênio livre na atmosfera. Este tópico será posteriormente retomado neste capítulo (Detalhamento 5.3).

Após considerar as duas reações químicas e aplicar o pensamento crítico, é possível reconhecer que ambas as reações combinam água e dióxido de carbono, porém, os produtos de cada reação são muito diferentes: por um lado, o ácido carbônico é uma das combinações e o açúcar é outra. Como isso pode ocorrer? A resposta está na diferença fundamental entre a reação simples na atmosfera que produz ácido carbônico e a produção de açúcar e de oxigênio nas séries de reações da fotossíntese. As plantas que fazem a fotossíntese utilizam a energia do Sol, que elas absorvem por meio da clorofila. Dessa forma, a energia solar ativa é convertida na forma de energia química armazenada no açúcar.

Talvez, o caminho mais simples para pensar um ciclo biogeoquímico seja imaginá-lo como um fluxograma, que mostra onde um elemento químico está armazenado e suas trajetórias, ao longo das quais ele é transferido de um local de armazenamento para outro. (Ver Figura 5.3 e Detalhamento 5.2.) Os ciclos biogeoquímicos podem ser considerados em qualquer escala de abordagem espacial que for necessária, desde um singelo ecossistema até a Terra toda. É sempre útil considerar esse ciclo do ponto de vista holístico, ou seja, sob uma perspectiva global. O problema do aquecimento global potencial, por exemplo, pede uma compreensão dos processos de transferência de carbono que ocorrem (quanto entra e quanto sai) na atmosfera terrestre. Algumas vezes, é também útil considerar um processo dentro de um nível mais restrito, mais local, como no estudo de caso do lago Washington. A chave que unifica todos esses processos é o envolvimento de quatro componentes fundamentais do sistema terrestre: a litosfera, a atmosfera, a hidrosfera e a biosfera. Devido a sua natureza, os elementos químicos contidos nesses quatro componentes principais apresentam distintos tempos médios de armazenamento. Em geral, o tempo médio de permanência dos elementos químicos é longo nas rochas, curto na atmosfera e mediano na hidrosfera e na biosfera.

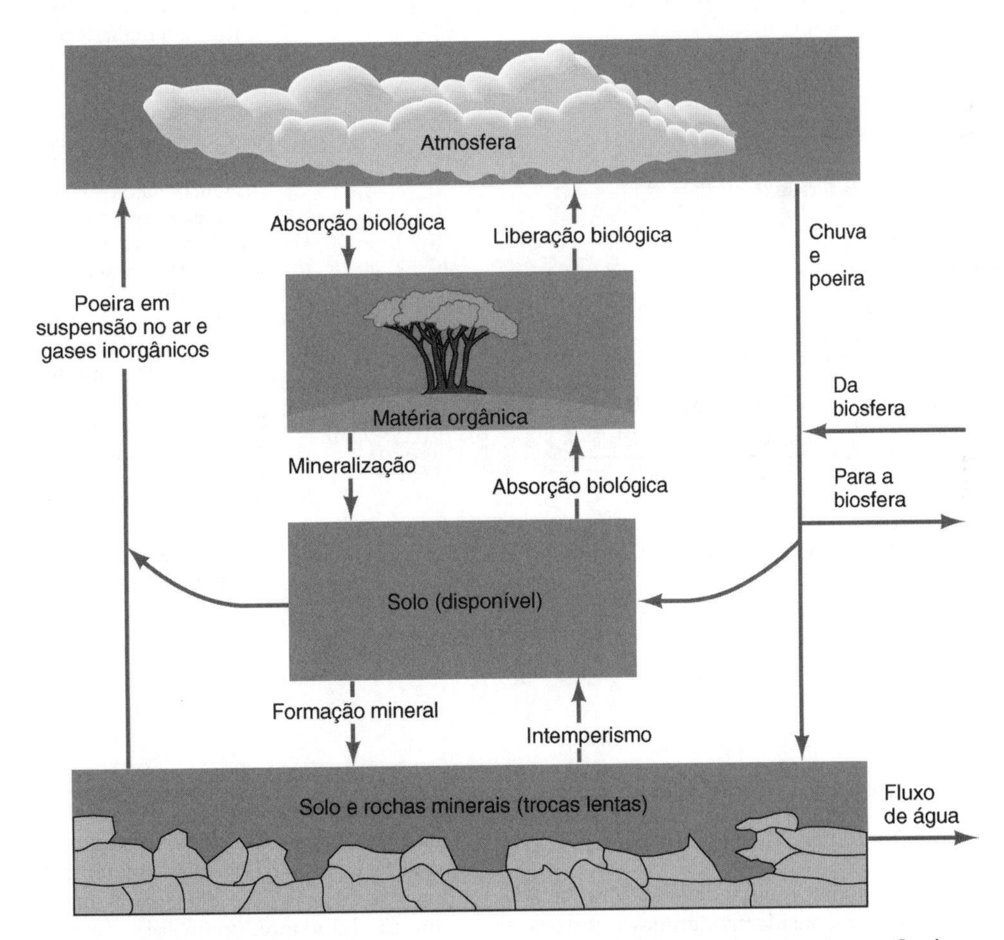

Figura 5.3 ■ Um processo generalizado da ciclagem de elementos ou compostos químicos em um ecossistema. Os elementos químicos recirculam dentro de um ecossistema ou trocam entre um ecossistema e a biosfera. Os organismos trocam elementos com o meio ambiente não vivo; alguns elementos são absorvidos e liberados para a atmosfera, enquanto outros são intercambiados com água, solo ou sedimentos. As partes de um ecossistema podem ser tomadas como compartimentos de armazenamento para os elementos químicos. Os elementos químicos se movimentam entre esses compartimentos em distintas taxas e permanecem dentro deles por diferentes intervalos médios de tempo. Por exemplo, o solo em uma floresta possui uma parte ativa, que rapidamente troca elementos químicos com organismos vivos e, uma parte inativa, que troca elementos químicos lentamente (conforme mostra a parte inferior do diagrama). Geralmente, a vida é favorável se os elementos químicos são mantidos dentro do ecossistema e não são perdidos por processos geológicos, tal como as erosões, que removem esses elementos do ecossistema.

DETALHAMENTO 5.2

Um Ciclo Biogeoquímico

A forma mais simples de visualizar um ciclo biogeoquímico é estabelecer um fluxograma, onde os compartimentos representam os locais onde um elemento químico é armazenado (denominados compartimentos de armazenamento) e as setas representam as trajetórias de transferência (Figura 5.4*a*). A taxa de transferência ou o fluxo é a quantidade por unidade de tempo que um elemento químico entra ou sai de um compartimento de armazenamento. Quando um elemento químico migra de um compartimento de armazenamento para outro compartimento, costuma-se dizer que o compartimento receptor é um depósito. Por exemplo, as florestas do mundo (que são compartimentos de armazenamento de carbono) podem funcionar como um depósito de carbono proveniente da atmosfera, sequestrando e armazenando o carbono na madeira, nas folhas e nas raízes. A quantidade de carbono transferida da atmosfera para as florestas em escala espacial global é o fluxo, que pode ser mensurado em unidades, como os bilhões de toneladas de carbono por ano.

Um ciclo biogeoquímico é geralmente esquematizado para um único elemento químico, porém, por vezes, é também esquematizado para um composto — por exemplo, água (H_2O). A Figura 5.4*b* mostra os elementos básicos de um ciclo biogeoquímico para a água, que representa três partes do ciclo hidrológico. A água é armazenada temporariamente em um lago (compartimento B). Ela entra o lago pela atmosfera (compartimento A) na forma de precipitação e, também, pelo solo, ao redor do lago, na forma de escoamento superficial (Compartimento C). A água deixa o lago na forma de evaporação, em direção à atmosfera ou ainda pelo escoamento superficial para riachos e ribeirões próximos, assim como na forma de fluxos de água subterrânea.

Em cada compartimento é possível identificar um intervalo de tempo médio que um átomo é armazenado antes de sua transferência. Isso é denominado tempo de permanência.

Como exemplo, considere um lago salgado sem nenhum processo de transferência, exceto a evaporação. Assuma que o lago contenha 3.000.000 m^3 de água e que a evaporação é de 3.000 m^3/dia. O escoamento superficial (*runoff*) para o interior do lago é também de 3.000 m^3/dia, de forma que o volume do lago permanece constante. Pode-se calcular o tempo de permanência médio da água no lago como o volume do lago dividido pela taxa de evaporação, ou seja, 3.000.000 m^3 dividido por 3.000 m^3/dia, que resulta em 1.000 dias (ou 2,7 anos).

Outro aspecto crucial do ciclo biogeoquímico é o conjunto de fatores ou processos que controlam o fluxo de um compartimento para outro. Para entender um ciclo biogeoquímico esses fatores e processos devem ser quantificados e compreendidos. Por exemplo, a noção de como a temperatura do ar e a velocidade do vento variam ao longo do lago é de fundamental importância para o entendimento da taxa de evaporação da água do lago.

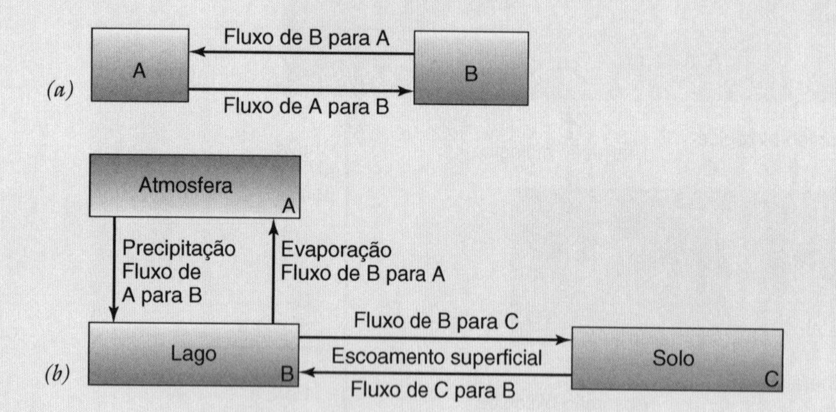

Figura 5.4 ▪ Partes básicas de um ciclo bioquímico. (*a*) A e B são compartimentos de armazenamento. Os elementos químicos fluem de um compartimento para o outro. (b) Alguns componentes do ciclo hidrológico.

5.2 Questões Ambientais e Ciclos Biogeoquímicos

Com uma ideia geral de como recirculam os elementos químicos, o próximo passo é considerar algumas questões ambientais que a ciência dos processos biogeoquímicos pode auxiliar a responder. Essas questões incluem os seguintes tópicos:

Questões Biológicas

- Quais fatores, incluindo os elementos químicos necessários à vida, estabelecem limites na abundância e no crescimento de organismos e de seus ecossistemas?
- Quais elementos químicos tóxicos poderiam representar tal adversidade que afetasse a abundância e o crescimento de organismos e de seus ecossistemas?
- Como é possível melhorar a produção de um recurso biológico desejável?
- Quais são as fontes de elementos químicos necessárias para a vida e como torná-las mais rapidamente disponíveis?
- Quais problemas ocorrem quando um elemento químico é muito abundante, como foi o caso do fósforo no lago Washington?

Questões Geológicas

- Quais processos físicos e químicos controlam o movimento e o armazenamento de elementos químicos no meio ambiente?
- Como se transferem os elementos químicos de um material sólido para a água, para a atmosfera e para diversos organismos?
- Como o armazenamento de longo prazo de elementos químicos (por milhares de anos ou mais) em rochas e solos

afetam os ecossistemas desde a escala de abordagem local para a escala global?

Questões Atmosféricas

- O que determina as concentrações de elementos e de componentes na atmosfera?
- Onde a atmosfera está poluída como resultado de atividades antrópicas, e como é possível alterar o ciclo biogeoquímico para diminuir a poluição?

Questões Hidrológicas

- O que determina se um corpo de água será biologicamente produtivo?
- Quando um corpo de água se torna poluído, como é possível alterar os ciclos biogeoquimicamente para diminuir a poluição e os seus efeitos?

5.3 Vida e Ciclos Biogeoquímicos: Fatores Limitantes

A primeira questão que precede a lista anterior se refere à necessidade de elementos químicos para a vida e os limites impostos por esses elementos químicos. Essa é a questão a seguir considerada.

Todos os seres vivos são feitos de elementos químicos, porém dos 103 elementos conhecidos, somente 24 são necessários para o processo de vida (Figura 5.5). Esses 24 elementos estão divididos em **macronutrientes**, elementos necessários em grandes quantidades para todas as formas de vida, e os **micronutrientes**, elementos igualmente necessários, em menores quantidades, para todas as formas de vida, ou em moderadas quantidades por algumas espécies de vida e não por todas as demais.

Os macronutrientes, por sua vez, incluem os *seis principais elementos* que formam os tijolos fundamentais para a existência de vida. Eles são o carbono, o hidrogênio, o nitrogênio, o oxigênio, o fósforo e o enxofre. Cada um deles exerce um papel especial nos organismos. O carbono é o tijolo básico dos compostos orgânicos. Juntamente com o oxigênio e o hidrogênio, o carbono forma os carboidratos. O nitrogênio, juntamente com esses três outros componentes, forma as proteínas. O fósforo é o "elemento energético", que ocorre nos compostos chamados ATP e ADP, fundamentais na transferência e na utilização da energia no interior das células.

Somando-se aos *seis principais elementos*, outros macronutrientes também exercem papéis importantes. O cálcio, por exemplo, é o elemento estrutural, presente nos ossos dos vertebrados, conchas ou crustáceos e nas paredes das células de árvores em formação. O sódio e o potássio são importantes na transmissão de sinais pelo sistema nervoso. Inúmeros dos metais necessários pelas coisas vivas são requeridos por enzi-

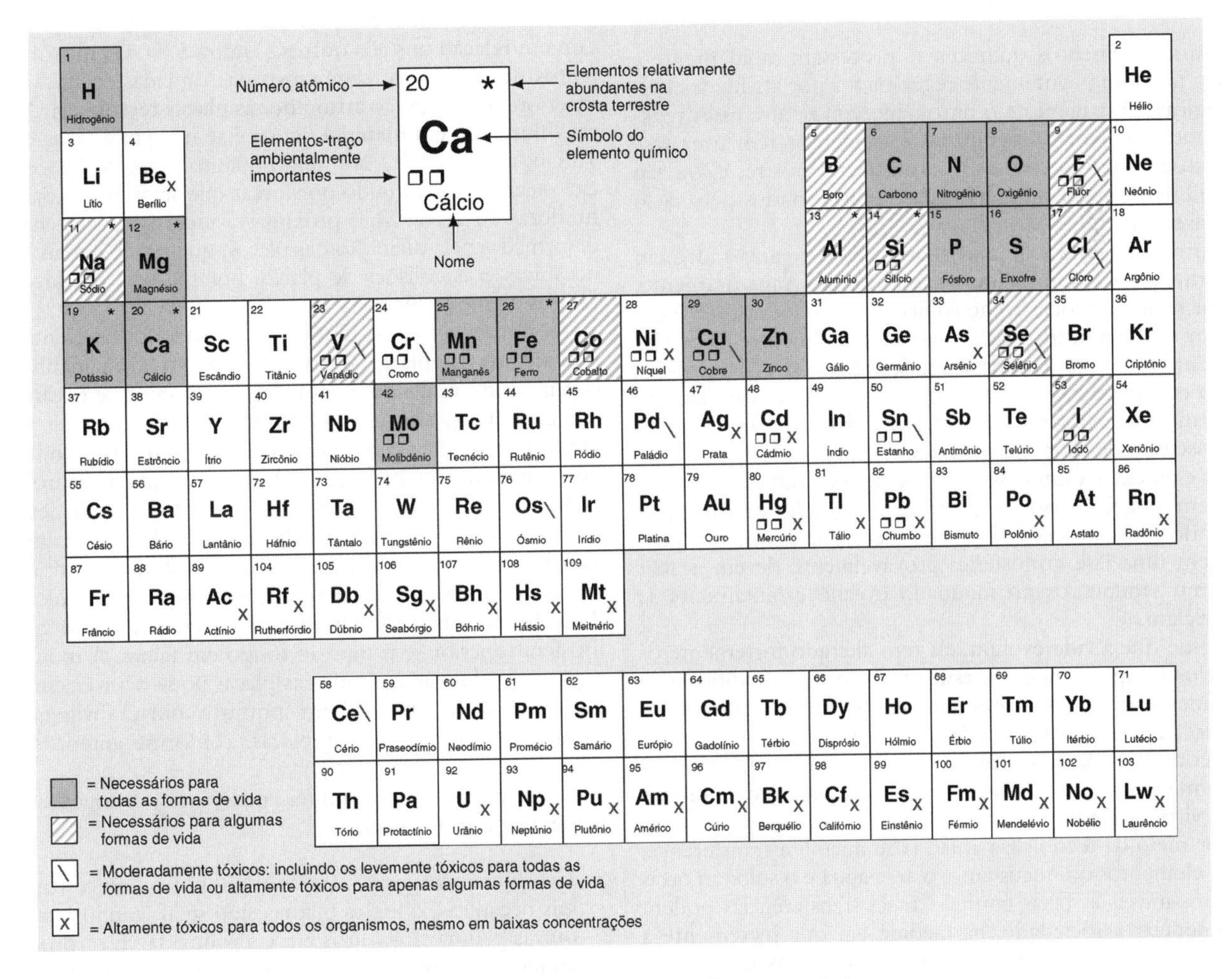

Figura 5.5 ■ Tabela periódica dos elementos químicos.

mas específicas. (Uma enzima é um componente orgânico complexo que atua como um catalisador — provocando ou aumentando a velocidade das reações químicas como as da digestão.)

Para que qualquer forma de vida sobreviva, os elementos químicos devem estar disponíveis nos momentos certos, em quantidades adequadas e em corretas concentrações com relação uns aos outros. Quando isso não acontece, um elemento químico ou substância pode se tornar um **fator limitante**, impedindo o crescimento de um indivíduo, população ou espécie, ou, até mesmo, causando a sua extinção local. Os fatores limitantes foram discutidos no Capítulo 4 e serão mais um pouco discutidos no Capítulo 11. Os elementos químicos podem também ser tóxicos para algumas formas de vida ou ecossistemas. O mercúrio, por exemplo, é tóxico mesmo em baixas concentrações. O cobre e muitos outros elementos são necessários em baixas concentrações para os processos de vida, porém, são tóxicos quando presentes em concentrações elevadas.

5.4 Conceitos Gerais Voltados para os Ciclos Biogeoquímicos

Ainda que existam inúmeros ciclos biogeoquímicos, assim como existem diversos elementos químicos, alguns conceitos gerais confirmam esses ciclos.

- Muitos elementos químicos se processam rapidamente e são também prontamente regenerados por atividades biológicas. O oxigênio e o nitrogênio estão entre esses regeneradores. Normalmente, esses elementos têm uma fase gasosa e estão presentes na atmosfera terrestre, e/ou são facilmente dissolvidos na água e transportados pelo ciclo hidrológico.
- Outros elementos químicos são facilmente amarrados em formas relativamente imóveis e retornam, vagarosamente, por meio de processos geológicos para os locais onde possam ser reutilizados pela vida. Habitualmente, esses elementos carecem de uma fase gasosa e não são encontrados em concentrações significativas na atmosfera. São também relativamente insolúveis em água. O fósforo é um exemplo desse tipo de elemento químico.
- Os elementos químicos de ciclos biogeoquímicos que possuem uma fase gasosa e que são armazenados na atmosfera tendem a se processar rapidamente. Aqueles que não possuem uma fase atmosférica provavelmente devem acabar como sedimentos no fundo do oceano e lentamente se reciclam.
- Desde que a vida evoluiu, ela tem alterado fortemente os ciclos biogeoquímicos e essa alteração tem modificado o planeta de muitas formas, como no desenvolvimento de solo fértil, do qual depende a agricultura.
- A continuidade do processo que controla os ciclos biogeoquímicos é essencial, em longo prazo, para a manutenção da vida na Terra.
- Por meio da tecnologia atual, já se iniciou a transferência de elementos químicos entre o ar, a água e o solo em taxas comparáveis às taxas naturais. Essas transferências podem beneficiar a sociedade, na medida em que incremente a produção agrícola, mas podem também provocar impactos ambientais, conforme ilustrado no caso de estudo de abertura do capítulo. Para se viver sabiamente no meio ambiente, deve-se reconhecer as consequências positivas e negativas da modificação dos ciclos biogeoquímicos. Portanto, deve-se procurar incrementar as consequências positivas e minimizar as negativas.

A discussão dos ciclos biogeoquímicos, além dos conceitos gerais anteriormente apontados, exige uma compreensão dos ciclos hidrológicos e geológicos. Os processos geológicos ligados aos ciclos dos elementos químicos na biosfera são de particular importância.

5.5 O Ciclo Geológico

Durante todos os 4,6 bilhões de anos da história da Terra, as rochas e os solos têm sido continuamente criados, mantidos, transformados e destruídos por processos físicos, químicos e biológicos. Coletivamente, os processos responsáveis pela formação e transformação dos materiais da Terra são denominados **ciclo geológico** (Figura 5.6). O ciclo geológico é mais bem descrito como um grupo de ciclos: tectônico, hidrológico, da camada rochosa e biogeoquímico.

O Ciclo Tectônico

O **ciclo tectônico** envolve a criação e a destruição de camadas sólidas externas da Terra, a litosfera. A litosfera possui uma espessura de cerca de 100 km e é subdividida em vários grandes segmentos denominados placas, que se movimentam em relação uns aos outros (Figura 5.7). Os movimentos lentos desses amplos segmentos das camadas rochosas mais exteriores da Terra são atribuídos às **placas tectônicas**. As placas "flutuam" em material denso e se movem a taxas de 2 a 15 cm/ano, ou seja, tão rápido quanto as unhas crescem. O ciclo tectônico é dirigido por forças que se originam das profundezas da Terra. Mais próximas à superfície, as rochas são deformadas pela dilatação das placas, que produzem as bacias oceânicas e as colisões de placas, por sua vez, produzem as cadeias de montanhas.

As placas tectônicas têm destacados efeitos ambientais. O movimento das placas altera a localização e o tamanho dos continentes, mudando a circulação atmosférica e oceânica e, por essa razão, alterando o clima. O movimento das placas também criou ilhas ecológicas pela ruptura de áreas continentais. Quando isso acontece, as formas de vida mais próximas estão isoladas umas das outras por milhões de anos, levando à evolução e ao surgimento de novas espécies. Finalmente, as fronteiras entre as placas são áreas geologicamente ativas, sendo que a maioria dos terremotos e das erupções vulcânicas dá-se nessas áreas. Os terremotos ocorrem quando a frágil litosfera superior se rompe ao longo das falhas. A movimentação de vários metros entre as placas pode ocorrer em poucos segundos ou minutos, em contraste com a movimentação lenta e mais profunda das placas, conforme anteriormente descrito.

Existem três tipos de limites entre placas: divergente, convergente e transformante.

- Um *limite divergente* (ou construtivo) acontece nas dorsais oceânicas, onde as placas estão se afastando umas das outras e uma nova litosfera é produzida. Esse processo, conhecido como expansão do fundo oceânico, produz as bacias oceânicas.

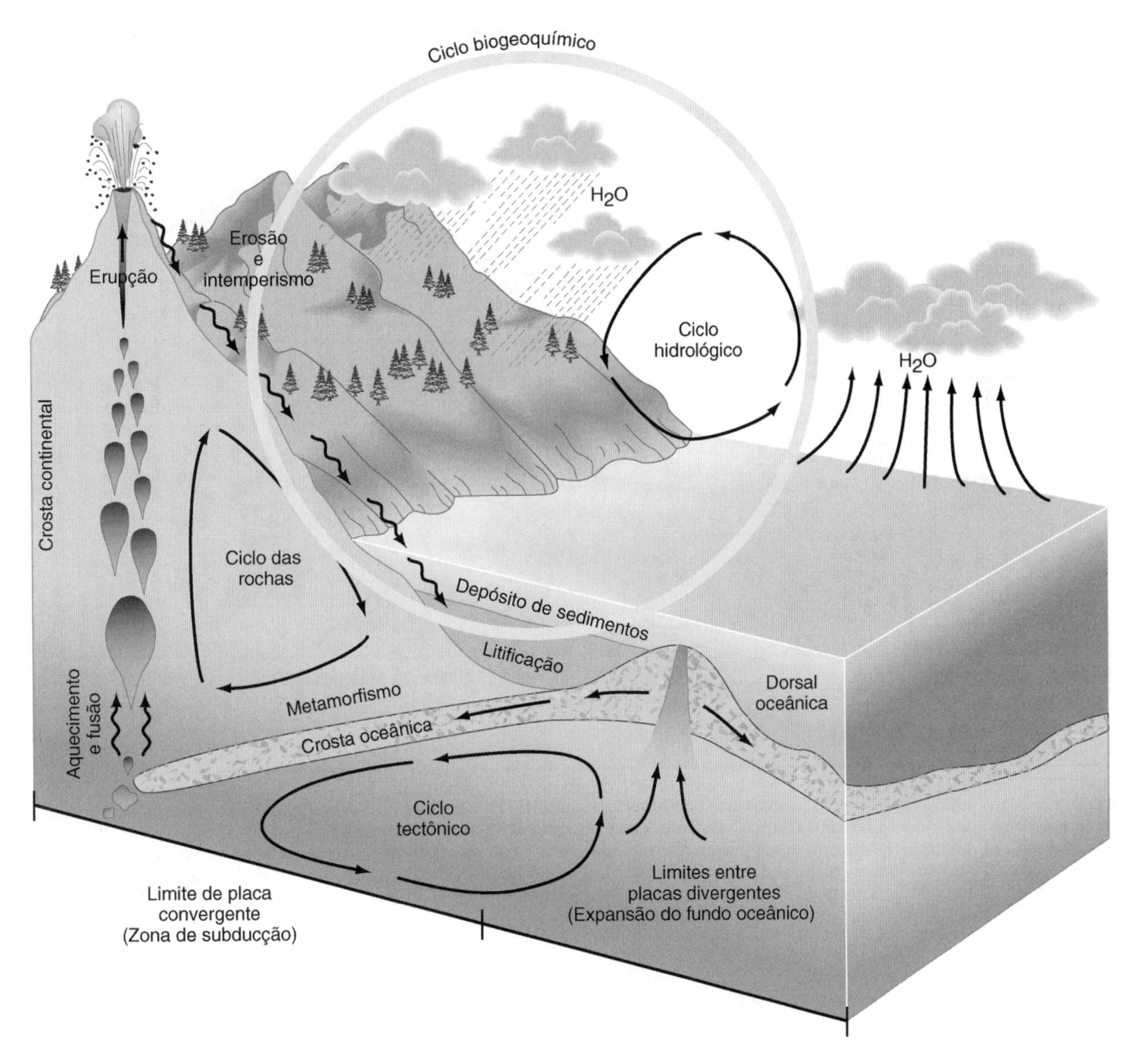

Figura 5.6 ■ Diagrama idealizado do ciclo geológico, incluindo os ciclos tectônico, hidrológico, das rochas e o biogeoquímico.

- Um *limite convergente* (ou destrutivo) acontece quando placas colidem. Ocorre uma zona de subducção quando uma placa, composta por rochas relativamente pesadas de bacias oceânicas, afunda (ou entram em subducção) logo abaixo de uma placa composta por rochas leves continentais. Esse tipo de convergência pode produzir uma cadeia de montanhas litorâneas, como a dos Andes na América do Sul. Quando duas placas, cada uma composta por rochas continentais leves, colidem, uma cadeia de montanhas continental como do Himalaia, na Ásia, pode ser formada.[4,5]
- Um *limite transformante* (ou conservativo) ocorre onde uma placa desliza sobre a outra. Um exemplo é a Falha de San Andreas, na Califórnia, EUA, que é a fronteira entre as placas da América do Norte e as do Pacífico. As placas do Pacífico estão se movendo para o norte relativamente às placas da América do Norte, cerca de 5 cm/ano. Como resultado, Los Angeles, está se movendo lentamente em direção a São Francisco, localizado a quase 500 km ao norte. Se essa movimentação continuar, em 10 milhões de anos, São Francisco será um subúrbio de Los Angeles.

O Ciclo Hidrológico

O **ciclo hidrológico** (Figura 5.8) é a movimentação da água dos oceanos para a atmosfera e para os continentes e de volta para os oceanos. Os processos envolvidos incluem a evaporação da água oriunda dos oceanos; as precipitações nos continentes; a evaporação nos continentes; o escoamento superficial dos ribeirões, dos rios e das águas subterrâneas percoladas. O ciclo hidrológico é impulsionado pela energia solar, que evapora a água proveniente dos oceanos, dos corpos de água doce, dos solos e da vegetação. De um total de 1,3 bilhão de km^2 da água existente na Terra, cerca de 97% estão nos oceanos e cerca de 2% estão nas geleiras e nas calotas polares. O restante se encontra em águas doces nos solos e na atmosfera. Ainda que isso represente somente uma

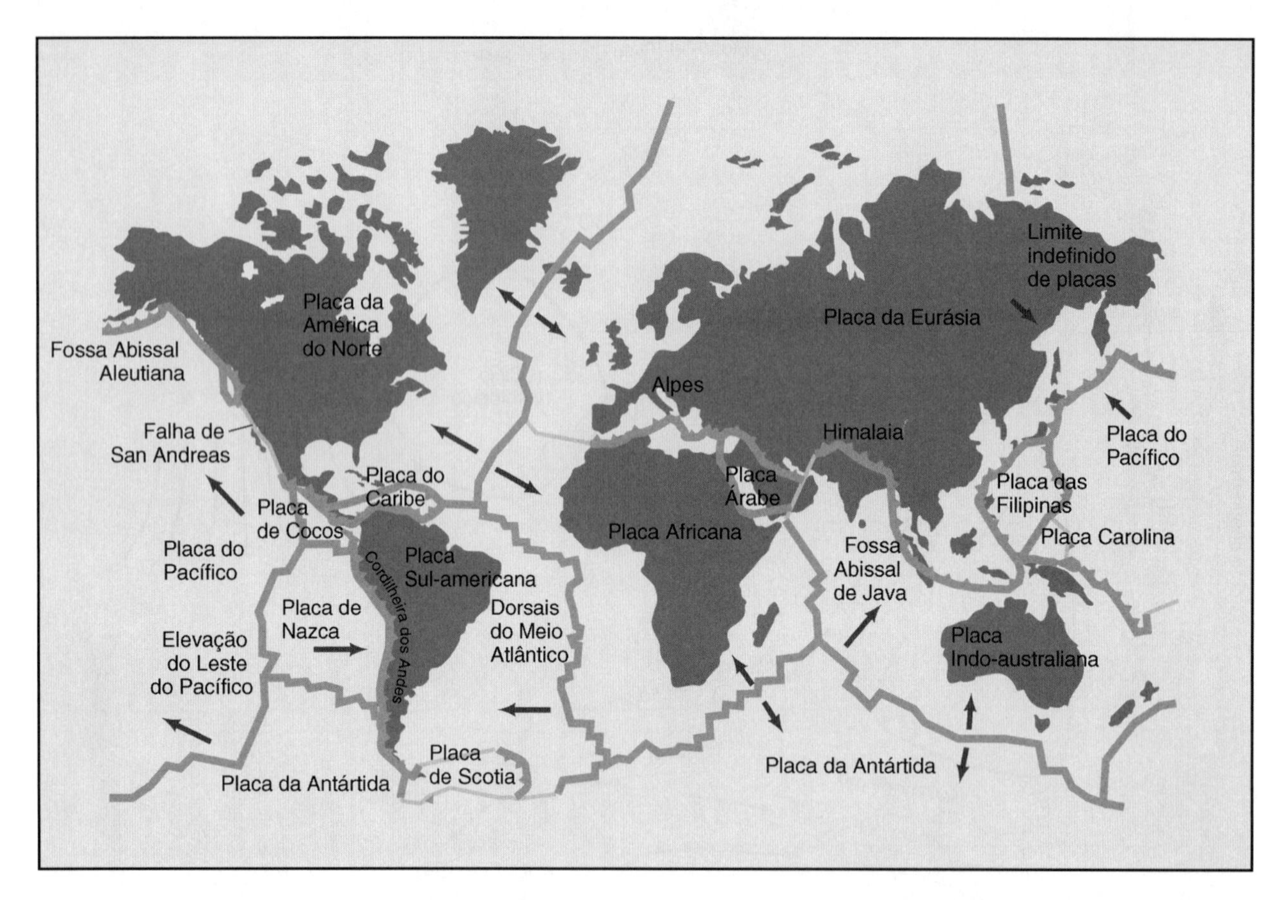

Figura 5.7 ■ Mapa generalizado das placas tectônicas da litosfera da Terra. Os limites entre placas divergentes estão mostrados com linhas grossas (por exemplo, as Dorsais do Meio Atlântico). Os limites convergentes estão mostrados com linhas pontiagudas (por exemplo, a Fossa Abissal Aleutiana). Os limites transformantes estão mostradas por linhas finas em cinza-claro (por exemplo, a Falha de San Andreas). As setas indicam as direções de movimentações relativas das placas. (*Fonte*: Modificado de B. C. Birchfiel, R. J. Foster, E. A. Keller, W. N. Melhorn, D. G. Brookins, L. W. Mintz e H. V. Thurman, *Physical Geology: The Structures and Process of the Earth* [Columbus, Ohio: Merril, 1982].)

parcela pequena da água que existe na Terra, a água presente nos solos é fundamental para a movimentação de elementos químicos, para esculpir a paisagem, provocar o intemperismo das rochas, transportar sedimentos e essencial no fornecimento de água para o consumo. A água contida na atmosfera — somente 0,001% do total sobre a Terra — circula rapidamente para produzir chuva e escoamento superficial dos recursos hídricos.

As taxas anuais de transferência dos compartimentos de armazenamento no ciclo hidrológico estão mostradas na Figura 5.8. Essas taxas de transferência definem um balanço global de água. Fazendo-se a soma das flechas ascendentes na figura e a soma das flechas descendentes, verifica-se que as duas somatórias têm o mesmo valor, 577.000 km^3/ano. De maneira similar, a precipitação nos continentes (119.000 km^3/ano) é equilibrada pela evaporação superficial do solo e pela evaporação da água percolada mais próxima à superfície do solo.

Especialmente importante sob uma perspectiva ambiental, as taxas de transferência nos continentes são pequenas relativamente ao que acontece nos oceanos. Por exemplo, a maior parte da água que evapora dos oceanos precipita novamente sobre os próprios oceanos. Nos continentes, a maior parte da água que cai, em forma de precipitação, tem origem na evaporação da água dos solos. Isso significa que a transformação no uso do solo, em escala regional, como a construção de grandes barragens ou reservatórios, pode alterar a quantidade de água evaporada na atmosfera e, com isso, mudar o local e a quantidade de chuvas — a água necessária para o aumento das safras e para o suprimento das cidades.* Além disso, o solo fica impermeabilizado com a pavimentação de amplas áreas urbanas, ocorrendo menos infiltração, e, consequentemente, as águas de chuvas escorrem mais rapidamente e em maior volume, dessa forma, aumentando as enchentes e provocando inundações. O fornecimento de água em cidades de regiões semiáridas, por meio de bombeamento de água subterrânea ou pelo transporte de água de montanhas distantes por meio de aquedutos (canais abertos), pode aumentar a evaporação, desse modo, incrementando a precipitação e a umidade de uma dada região.**

Pode-se perceber pela Figura 5.8 que a cada ano, aproximadamente, 60% da água que cai por precipitação no solo evapora-se e é absorvida pela atmosfera. Um componente menor (cerca de 40%) retorna aos oceanos por meio do escoamento superficial e subterrâneo. Essa pequena taxa anual de transferência de água fornece recursos para os rios e para as áreas urbanas e agricultura. Infelizmente, a distribuição das chuvas sobre os continentes está longe de ser uniforme. Isso resulta em escassez de água ou déficit hídrico em algumas regiões. Conforme a população humana aumenta, a escassez de água se tornará mais frequente nas regiões áridas e semiáridas, onde a água já não é naturalmente abundante.

Em escala de abordagem espacial local e regional, a unidade hidrológica principal da paisagem é a bacia hidrográfica (também denominada bacia de drenagem). Uma **bacia**

* e **Ver nota ao final deste capítulo com observação do tradutor. (N.E.)

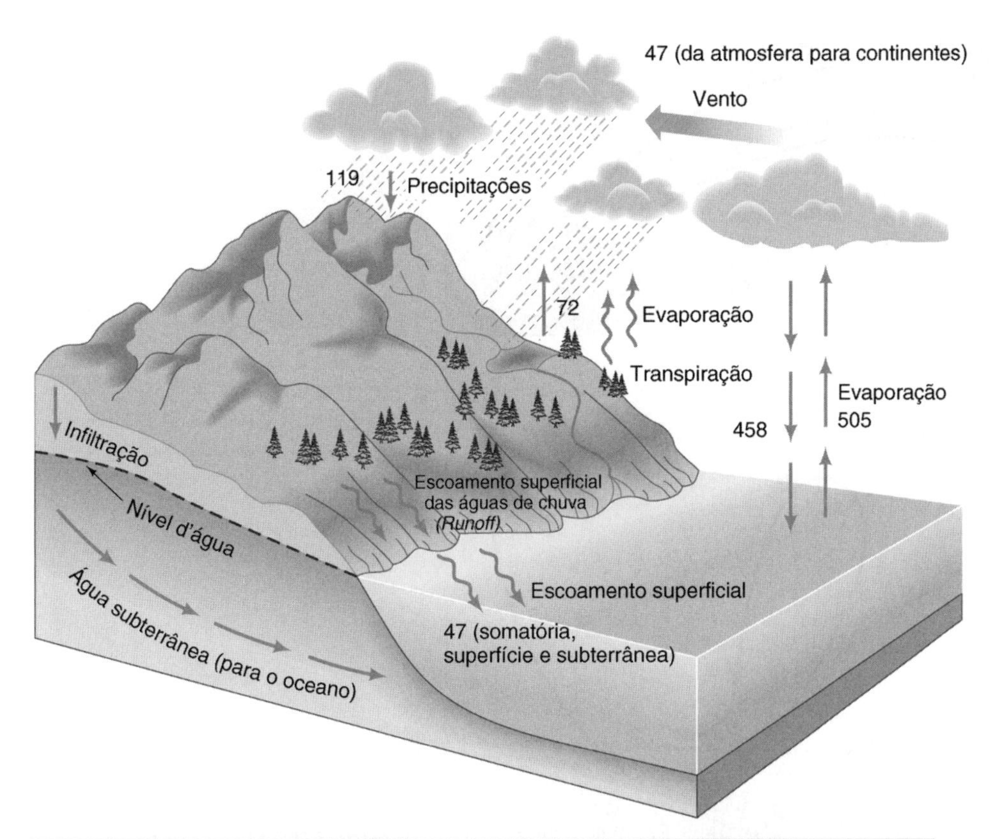

Compartimentos de Armazenamento de Água		
Compartimento	**Volume (milhares de km³)**	**Porcentagem do Total de Água**
Oceanos	1.338.000	96,5
Geleiras e calotas de gelo	24.064	1,74
Água subterrânea rasa	10.530	0,76
Lagos	176,4	0,013
Umidade do solo	16,5	0,001
Atmosfera	12,9	0,001
Rios	2,12	0,0002

Figura 5.8 ■ O ciclo hidrológico, mostrando a transferência de água (milhares de km^3/ano) dos oceanos até a atmosfera e desta até os continentes e, depois, retornando novamente aos oceanos. (*Fonte*: De P. H. Gleick, *Water in Crisis* [Nova York: Oxford University Press, 1993].)

hidrográfica é a região ou superfície que contribui para o escoamento superficial (*runoff*) de um dado rio ou ribeirão. O termo *bacia hidrográfica* é geralmente utilizado na avaliação das condições hidrológicas de uma área, como o fluxo de um ribeirão ou o escoamento da água pelas encostas das montanhas. As bacias de drenagem variam enormemente em tamanho, desde menos que um hectare (2,5 acres) até milhões de metros quadrados. Uma bacia hidrográfica normalmente recebe o nome de seu principal rio ou ribeirão, como bacia do rio Mississipi.

O Ciclo das Rochas

O **ciclo das rochas** consiste em vários processos que produzem as rochas e os solos. O ciclo das rochas depende do ciclo tectônico pela energia e do ciclo hidrológico pela água. Conforme mostrado na Figura 5.9, as rochas são classificadas como ígneas, sedimentares ou metamórficas. Esses tipos de rochas estão envolvidos em um processo de reciclagem em nível mundial. O calor interno do ciclo tectônico produz rochas ígneas, de materiais derretidos ou fundidos próximos da superfície, como a lava dos vulcões. Essas rochas recém-formadas se desintegram quando expostas na superfície. O congelamento da água, entre as fissuras das rochas, cria um processo físico de desintegração. A água aumenta o seu volume quando se congela, quebrando as rochas em pedaços. A desintegração física produz pedaços menores de rochas a partir das maiores, produzindo sedimentos como pedregulho ou cascalho, areia e silte. A decomposição química ocorre quando o ácido fraco na água dissolve elementos químicos das rochas. Os sedimentos e os elementos químicos dissolvidos são então transportados pela água, pelo vento e pelas geleiras.

Os materiais decompostos se acumulam no leito das bacias, assim como nos oceanos. Os sedimentos nas bacias sedimentares são compactados pela superposição de camadas de sedimentos e convertidos em rochas sedimentárias pela compactação e pela cimentação das partículas. Depois que as rochas de sedimentação são enterradas em profundidade suficiente (normalmente, dezenas a centenas de quilômetros), elas podem ser modificadas pelo calor, pela pressão ou por fluidos quimicamente ativos e transformadas em rochas metamórficas. As rochas profundamente enterradas podem ser transportadas até a superfície por meio de uma subelevação da crosta terrestre associada com placas tectônicas e então expostas ao intemperismo.

Pode-se verificar na Figura 5.9 que o processo de vida desempenha um papel importante no ciclo das rochas por meio da adição de carbono orgânico nas rochas. Por meio da adição de carbono orgânico são produzidas as rochas, como o calcário, composto em sua maior parte de carbonato de cálcio

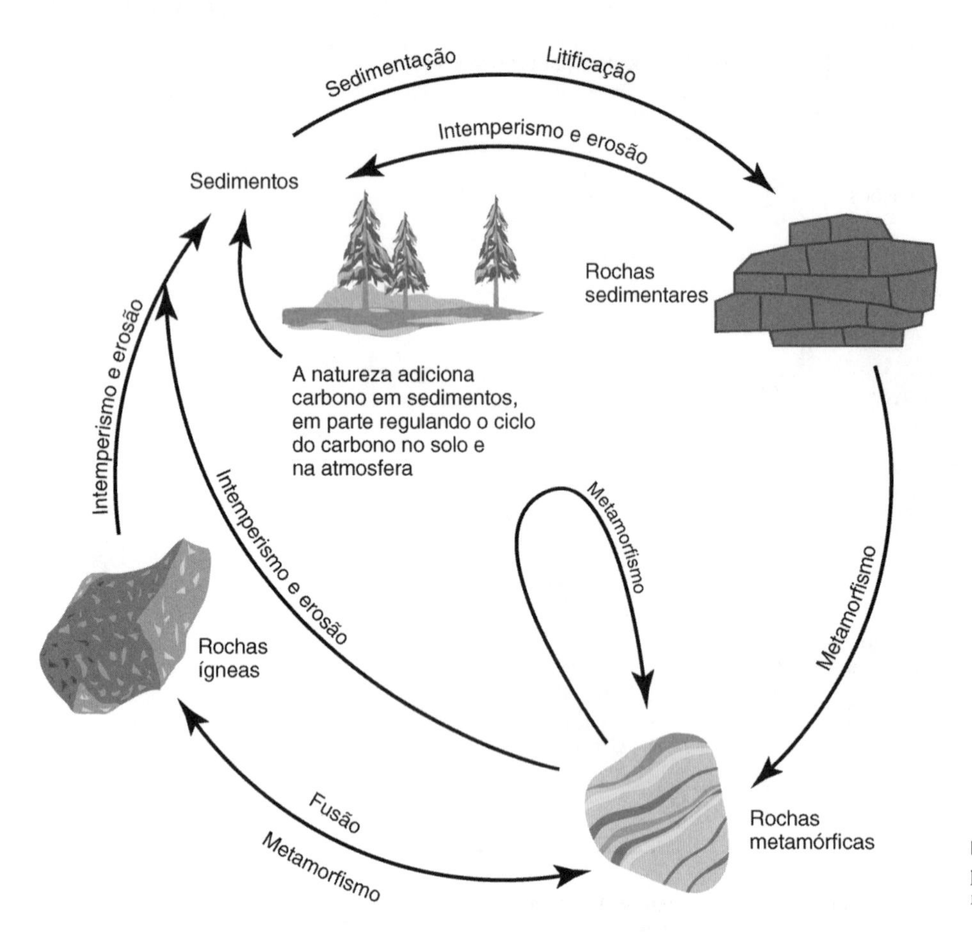

Figura 5.9 ■ O ciclo das rochas e os processos principais de alteração dos materiais, tal como a influência da vida.

Figura 5.10 ■ Em resposta à lenta ascensão tectônica da região, o rio Colorado sofreu erosão por meio das rochas sedimentares do platô do Colorado para produzir a espetacular paisagem do Grand Canyon. O rio recentemente tem sido modificado vigorosamente por represas e reservatórios acima e abaixo do Grand Canyon. Os sedimentos que antes eram carregados para o Golfo da Califórnia estão sendo agora depositados nos reservatórios. Como resultado da represa Glen Canyon, a água que flui pelo Grand Canyon é mais fria e mais limpa, provocando transformações na abundância dos bancos de areia e das espécies de peixes. A presença desse reservatório rio acima alterou a hidrologia e o meio ambiente do rio Colorado no Grand Canyon.

Figura 5.11 ■ Essa paisagem na República Popular da China mostra a Tower Karst, que são montes escarpados ou pináculos compostos de rochas de calcário. As pedras vêm sendo lentamente dissolvidas por meio da ação do intemperismo químico. Os pináculos e montanhas são remanescentes dos processos de intemperismo e da erosão.

(casca das conchas e ossos), assim como os recursos oriundos de combustíveis fósseis como o carvão.

Os processos de ascensão e de subsidência de placas tectônicas das rochas, juntamente com a erosão, produzem uma variação topográfica da Terra. O Grand Canyon do rio Colorado, no Arizona (Figura 5.10), esculpido principalmente por rochas sedimentares, é um exemplo. Outro exemplo é a Tower Karst na China (Figura 5.11); esse resistente bloco de calcário sobreviveu à exposição ao intemperismo e à erosão que removeu as rochas ao seu redor.

Esta discussão de ciclos geológicos enfatizou os processos tectônico, hidrológico e de formação de rochas. Pode-se agora iniciar a integração dos processos biogeoquímicos no quadro geral.

5.6 Ciclagens Biogeoquímicas em Ecossistemas

Quando se elaboram questões sobre quais elementos químicos poderiam limitar a abundância de um determinado organismo específico, população ou espécie, busca-se por respostas primeiramente no nível de ecossistema. Conforme exposto no Capítulo 3, um ecossistema é uma comunidade contendo distintas espécies e o seu meio ambiente físico no qual a energia flui e os elementos químicos se processam e recirculam. Os limites neste livro estabelecidos podem ser considerados de certa forma arbitrários, selecionados pela conveniência de medições e de análises. No solo, sempre se avaliam ciclos biogeoquimicamente para um elemento fundamental da paisagem, habitualmente uma bacia hidrográfica. Corpos de água doce — lagos, açudes e pântanos — são também convenientes hidrografias para a análise de ecossistemas e ciclos biogeoquímicos.

Em um ecossistema, os ciclos químicos se iniciam com estímulos (*inputs*) externos. No solo, estímulos químicos em um ecossistema vêm da atmosfera por meio das chuvas, pela areia transportada pelo vento (chamado de precipitação seca) e pelas cinzas vulcânicas decorrentes de erupções e do solo contíguo por meio de fluxos de ribeirões, das inundações e das águas subterrâneas de mananciais. Os ecossistemas oceânicos e de água doce possuem a mesma atmosfera e os mesmos estímulos terrestres (incluindo amplas nascentes submersas).

Figura 5.12 ■ O ciclo anual de cálcio em um ecossistema florestal. Os números circundados são as taxas de fluxo expressas em quilograma por hectare por ano. Os demais números são as quantidades armazenadas expressas em quilograma por hectare. Ao contrário do enxofre, o cálcio não possui fase gasosa, apesar de ele ocorrer em compostos na forma de partículas ou poeira. O cálcio é extremamente solúvel em água em sua forma inorgânica e é prontamente liberado pelos ecossistemas terrestres no transporte pela água. A informação deste diagrama foi obtida de Hubbard Brook Ecosystem. (*Fonte*: G. E. Likens, F. H. Bormann, R. S. Pierce, J. S. Eaton e N. M. Johnson, *The Biogeochemistry of a Forested Ecosystem*, 2nd ed. [New York: Springer-Verlag, 1995].)

Os ecossistemas oceânicos, além disso, possuem estímulos de correntes oceânicas e de fontes hidrotermais (quentes) em limites divergentes de placas.

Os elementos químicos se processam ou se transformam internamente dentro de um ecossistema através da água, do ar, das rochas, do solo e das cadeias alimentares por meio de transporte físico e de reações químicas. Com a morte de organismos, a decomposição por meio de reações químicas devolve os elementos químicos para outras partes do ecossistema. Além disso, organismos vivos liberam alguns elementos químicos diretamente dentro do ecossistema. A evacuação de fezes por animais e os frutos maduros que caem sobre o solo são dois exemplos.

Um ecossistema pode ceder elementos químicos para outro ecossistema. Por exemplo, os rios transportam elementos químicos dos continentes até os oceanos. Um ecossistema que apresenta pequena perda de elementos químicos pode funcionar em sua condição normal, por longos períodos, ao contrário de um ecossistema "que deixa vazar" e cede elementos químicos rapidamente. Todos os ecossistemas, entretanto, cedem ou perdem elementos químicos até certo ponto. Em consequência, todos os ecossistemas necessitam de algumas quantidades de elementos químicos externos.

Ciclos Ecossistêmicos de um Metal e de um Não Metal

Dentro de um ecossistema, elementos químicos distintos podem ter diferentes trajetórias, conforme ilustrado na Figura 5.12 para o cálcio e na Figura 5.13 para o enxofre. O ciclo do cálcio é típico de um elemento metálico e o do enxofre é típico de um elemento não metálico.

Uma diferença importante entre esses ciclos é que o cálcio, como a maioria dos metais, não produz gás na superfície terrestre. Por essa razão, o cálcio não se faz presente como gás na atmosfera. Ao contrário, o enxofre produz diversos gases, incluindo o dióxido de enxofre (o principal poluente do ar e componente da chuva ácida; ver Capítulo 24) e o sulfeto de hidrogênio (o gás dos pântanos ou de ovos podres, normalmente produzidos por meios biológicos).

Devido à existência de estados gasosos, o enxofre pode retornar a um ecossistema mais rapidamente do que o cálcio. Incrementos anuais de enxofre da atmosfera para um ecossistema florestal são dez vezes superiores aos do cálcio, conforme medições realizadas. Por essa razão, o cálcio e outros elementos químicos que não possuem fase gasosa são mais suscetíveis de se tornarem fatores limitantes.

Figura 5.13 ■ Ciclo anual do enxofre em um ecossistema florestal. Os números circundados representam as taxas dos fluxos em quilogramas por hectare por ano. Os demais números representam as quantidades armazenadas em quilogramas por hectare. O enxofre possui uma fase gasosa na forma de H_2S e SO_2. A informação deste diagrama foi obtida de Hubbard Brook Ecosystem.(*Fonte*: G. E. Likens, F. H. Bormann, R. S. Pierce, J. S. Eaton e N. M. Johnson, *The Biogeochemistry of a Forested Ecosystem*, 2nd ed. [New York: Springer-Verlag, 1995].)

Ciclagem Química e o Equilíbrio da Natureza

Para que a vida seja indefinidamente mantida em um ecossistema, energia deve ser constantemente adicionada e o armazenamento de elementos químicos essenciais não deve diminuir. Anteriormente já se discutiu a crença comum que, sem a interferência humana, a vida seria indefinidamente mantida em estado de equilíbrio permanente, ou seja, em "equilíbrio da natureza". Também já foi discutida a crença de que a vida tende a agir para preservar um meio ambiente propício para si mesma. Ambas as crenças presumem que os elementos químicos necessários para a vida existam em um estado de equilíbrio dinâmico dentro de um ecossistema.[6] Essas crenças podem ser reformuladas ou parafraseadas como hipóteses científicas: Sem a perturbação antrópica ou humana, o armazenamento líquido de elementos químicos em um ecossistema permanecerá constante ao longo do tempo. Entretanto, conforme mencionado, uma pequena fração dos elementos químicos armazenados em um ecossistema é inevitavelmente perdido e precisa ser reposto. Os ecossistemas estariam, então, sempre em um estado de equilíbrio dinâmico, permanente e constante em relação aos elementos químicos? Estudos indicam que eles não estão em equilíbrio devido às taxas de entrada e saída que não se balanceiam e, portanto, a concentração de alguns elementos químicos diminui ao longo do tempo.

5.7 Alguns Ciclos Químicos Fundamentais

Neste capítulo foram anteriormente indagados quais os elementos químicos limitam a plenitude da vida. Foi salientado que os elementos químicos necessários para a vida estão divididos em dois grupos principais: o dos macronutrientes, que são necessários a todas as formas de vida e em grande quantidade, e a dos micronutrientes, que são também necessários a todas as formas de vida em quantidades menores ou necessários apenas para determinadas formas de vida. Nesta seção, consideram-se os ciclos globais de três macronutrientes — carbono, nitrogênio e fósforo. O foco nesses três macronutrientes, em parte, deve-se ao fato de se constituírem como parte dos *seis principais elementos* que formam o alicerce da existência da vida. Cada um também se refere aos importantes problemas ambientais que têm chamado atenção desde o passado e que assim continuará no futuro.

O Ciclo do Carbono

O carbono é o elemento que sustenta todas as substâncias orgânicas, desde o carvão e o petróleo até o DNA (ácido desoxirribonucleico), o composto que carrega a informação genética. Apesar de ser imprescindível para a vida, o carbono não é um dos elementos químicos mais abundantes na crosta da Terra. Ele constitui apenas 0,032% do peso da crosta, posição distante do oxigênio (45,2%), silício (29,5%), alumínio (8,0%), ferro (5,8%), cálcio e magnésio (2,8%).[7,8]

As principais trajetórias e reservatórios de armazenamento do **ciclo do carbono** estão mostrados na Figura 5.14. Observe-se que o carbono tem uma fase gasosa que faz parte de seu ciclo. Essa fase ocorre na atmosfera terrestre na forma de dióxido de carbono (CO_2) e metano (CH_4), ambos, gases que provocam o efeito estufa (ver Capítulo 23). O carbono penetra na atmosfera pela respiração dos seres vivos, por incêndios que queimam compostos orgânicos e, ainda, por difusão a partir dos oceanos. O carbono é removido da atmosfera por meio da fotossíntese das plantas, pelas algas e pela fotossíntese de determinadas bactérias. (Ver Detalhamento 5.3.) Por todos os 3 bilhões de anos da história da Terra, a taxa de remoção de dióxido de carbono da atmosfera pelos processos biológicos excedeu a taxa de adição. Consequentemente, a atmosfera terrestre tem muito menos carbono do que teria se não houvesse vida na Terra.

O carbono existe nos oceanos de inúmeras formas inorgânicas, o que inclui o dióxido de carbono dissolvido como carbonato (CO_3^{2-}) e bicarbonato (HCO_3^-). O carbono também existe em compostos orgânicos de organismos marinhos e de seus derivados, como as conchas ($CaCO_3$). O carbono penetra no oceano a partir da atmosfera pela simples difusão do dióxido de carbono. O dióxido de carbono então se dissolve e é convertido em carbonato e bicarbonato. As algas marinhas e as bactérias fotossintetizadoras (cianobactérias ou algas azuis) retiram da água o que necessitam de carbono, em uma de suas formas. O carbono é transportado do solo dos continentes para os oceanos por meio dos rios e ribeirões na forma de carbono dissolvido, incluindo-se os componentes orgânicos e na forma de partículas orgânicas (partículas minúsculas de matéria orgânica). Os ventos igualmente transportam pequenos particulados orgânicos dos continentes para os oceanos. O transporte através dos rios e ribeirões constitui uma fração relativamente pequena do fluxo total de carbono em direção aos oceanos. Entretanto, nas escalas locais e regionais, a contribuição de carbono oriunda dos rios é importante para as áreas costeiras tais como os deltas e os sapais que, geralmente, são biologicamente muito produtivos.

O carbono penetra na biota por meio da fotossíntese e retorna para a atmosfera ou para a água pela respiração ou pelos incêndios. Quando os organismos morrem, a maior parte de sua matéria orgânica se decompõe em compostos inorgânicos, incluindo o dióxido de carbono. Certa quantidade de carbono pode ser enterrada onde não há oxigênio suficiente para tornar possível essa conversão ou onde as temperaturas são muito frias para a decomposição. Nesses locais, a matéria orgânica é armazenada. Por anos, décadas e séculos a armazenagem de carbono ocorre em pântanos, incluindo regiões de inundação em margens de rios, bacias hidrográficas, pântanos, sedimentos no fundo do mar e regiões próximas aos polos. Por longos períodos de tempo (milhares a milhões de anos), certas quantidades de carbono podem ser enterradas com sedimentos que se tornarão rochas sedimentares. Esse carbono é transformado em combustíveis fósseis como gás natural, petróleo e carvão. Quase todo carbono armazenado na litosfera ocorre como rochas sedimentares. A maior parte dela está na forma de carbonatos como calcário, sendo que a maior parte tem uma origem biológica direta.

O ciclo do dióxido de carbono entre os organismos terrestres e a atmosfera possui um grande fluxo. Aproximadamente 15% do total de carbono existente na atmosfera é anualmente retirado pela fotossíntese e liberado pela respiração nos continentes. Dessa forma, conforme já registrado, a vida possui um efeito amplo na química da atmosfera.

O Sumidouro Desconhecido (Não Identificado) de Carbono

Devido ao carbono formar dois dos mais importantes gases do efeito estufa — dióxido de carbono e metano — muitas pesquisas têm sido conduzidas para a compreensão do ciclo do carbono. Entretanto, em nível global, alguns temas-chave permanecem sem resposta. Por exemplo, o monitoramento dos níveis de dióxido de carbono, na atmosfera, ao longo de várias décadas passadas, indica que de aproximadamente

8,5 unidades liberadas por ano pelas atividades antrópicas na atmosfera, 3,2 unidades permanecem na própria atmosfera. Estima-se que cerca de 2,4 unidades se diluam no oceano. Isso deixa inexplicavelmente sobrando 2,9 unidades.[9,10] Centenas de milhões de toneladas de carbono ou mais são queimadas diariamente a partir de combustíveis fósseis e terminam em algum local desconhecido pela ciência. Os processos inorgânicos não são levados em conta para o destino desse **"sumidouro desconhecido de carbono"**. A fotossíntese tanto no mar quanto nos continentes, ou ambos, deve fornecer o fluxo adicional. Neste momento, entretanto, os pesquisadores não concordam em quais processos dominam ou em quais regiões da Terra esse fluxo de carbono está ocorrendo.

Por que os pesquisadores não concordam nesses temas básicos? Infelizmente, existem inúmeras incertezas. Por exemplo, quando são consideradas as incertezas nas medições do carbono, o sumidouro desconhecido de carbono tem um fluxo de 2,9 ± 1,1 bilhão de tonelada/ano. As incertezas dizem respeito a 40% do fluxo em suspeição. Incluindo as incertezas estimadas, produz-se a seguinte provisão no balanço global de carbono, para meados de 1990, em unidades de bilhões de toneladas de carbono (GtC) por ano.[11-13]

Aumento na atmosfera		Emissões de combustíveis fósseis		Emissões líquidas por transformações do uso do solo		Absorção pelos oceanos		Sumidouro desconhecido de carbono
3,2 ± 0,2	=	6,3 ± 0,4	+	2,2 ± 0,8	−	2,4 ± 0,7	−	2,9 ± 1,1

Desde o início da Revolução Industrial, na metade do século XIX, o desaparecimento não identificado tem aparentemente estabilizado o seu aumento em quantidade (Figura 5.17). Acredita-se que um possível sumidouro a ser considerado como parte do carbono sumido (cerca de 0,7 ± 0,8 bilhão

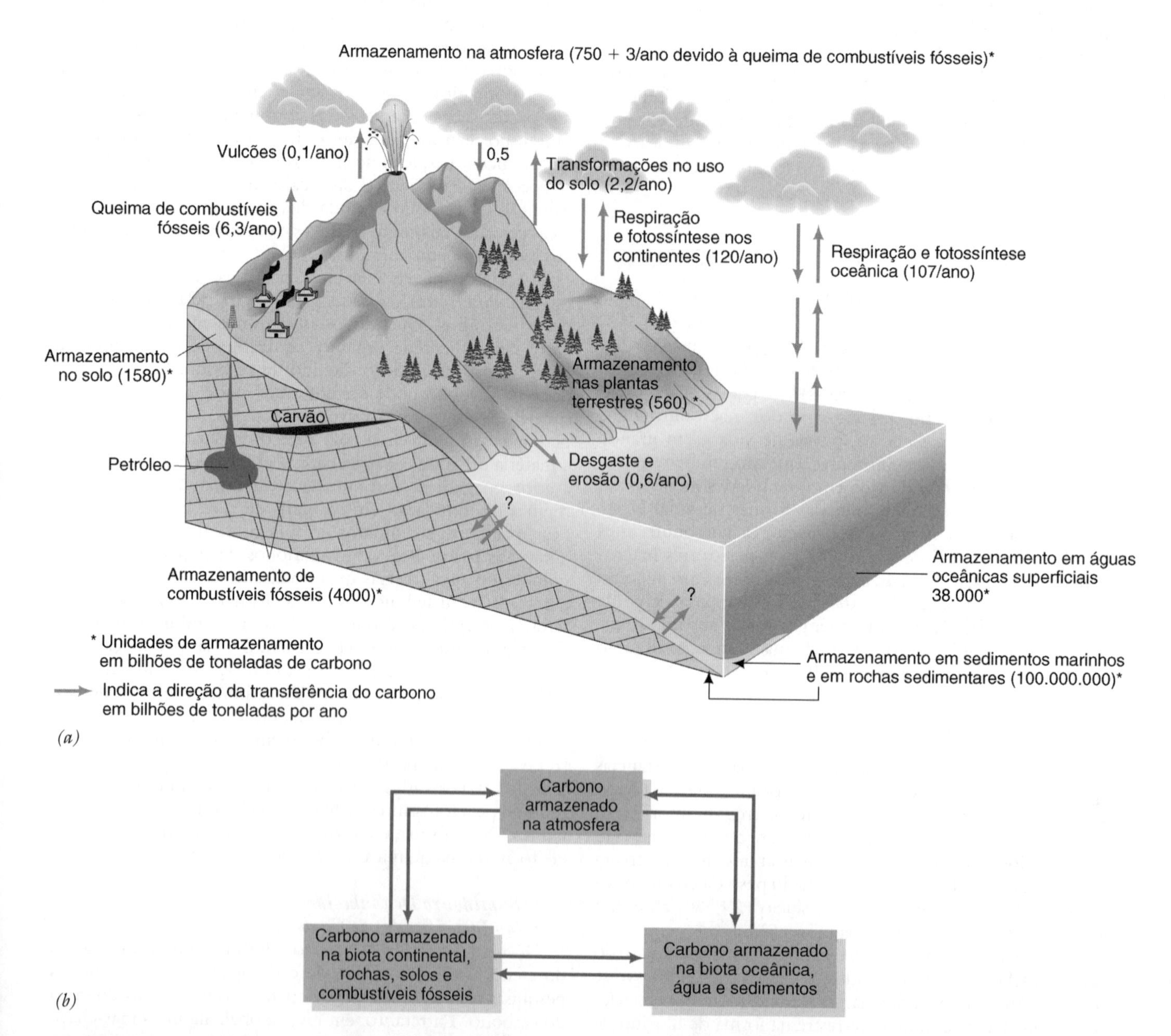

Figura 5.14 ■ (*a*) Ciclo global generalizado do carbono. (*b*) As partes do ciclo do carbono estão simplificadas para ilustrar a natureza cíclica da movimentação do carbono. (*Fonte*: Modificado de G. Lambert, *La Recherche* 18 [1987]: 782–783, com alguns dados de R. Hougton, *Bulletin of the Ecological Society of America* 74, nº 4 [1993]: 355–356 e R. Houghton, *Tellus* 55B, nº 2 [2003]: 378-390.)

Fotossíntese e Respiração

O dióxido de carbono participa dos ciclos biológicos por meio da fotossíntese, processo pelo qual as células de organismos vivos (como as plantas) convertem energia proveniente da luz solar em energia química através de uma série de reações químicas. Nesse processo, são combinados dióxido de carbono e água para dar origem aos compostos orgânicos desde açúcares e amido, tendo o oxigênio como subproduto (Figura 5.15). O carbono é retirado da biota viva por meio da respiração, processo em que compostos orgânicos são quebrados para liberar dióxido de carbono gasoso. Por exemplo, animais (incluindo as pessoas) captam o ar, que possui concentrações relativamente elevadas de oxigênio. O oxigênio é absorvido pelo sangue nos pulmões. Por meio da respiração, o dióxido de carbono é liberado para a atmosfera. A Figura 5.16 ilustra o papel da fotossíntese e da respiração, juntamente com outros processos, no ciclo do carbono em um lago.

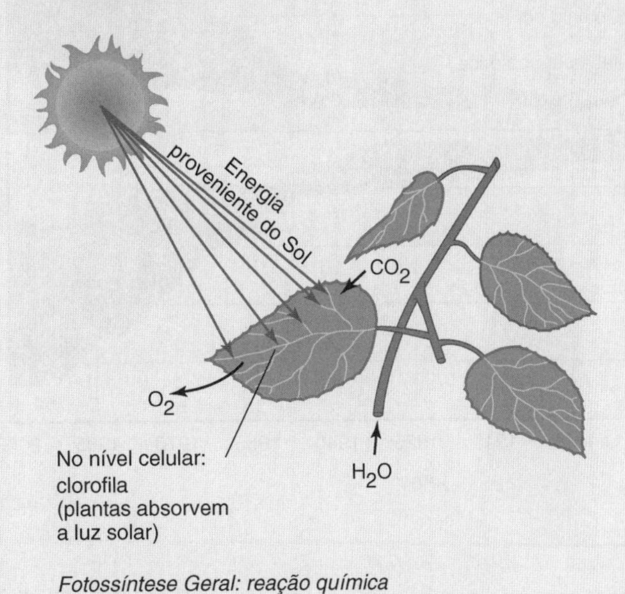

Figura 5.15 ■ Diagrama idealizado que ilustra a fotossíntese e as reações generalizadas em uma planta (árvore).

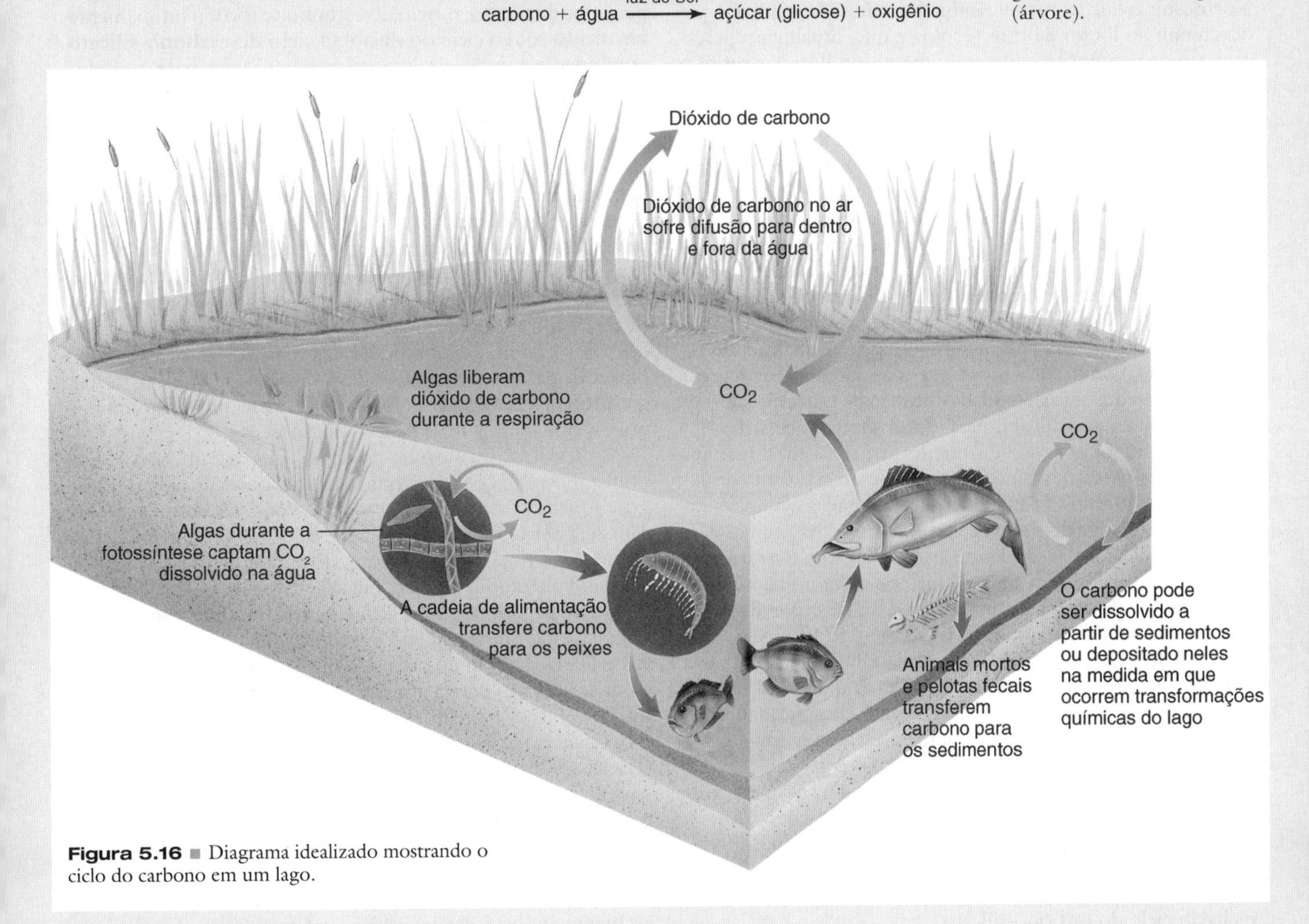

Figura 5.16 ■ Diagrama idealizado mostrando o ciclo do carbono em um lago.

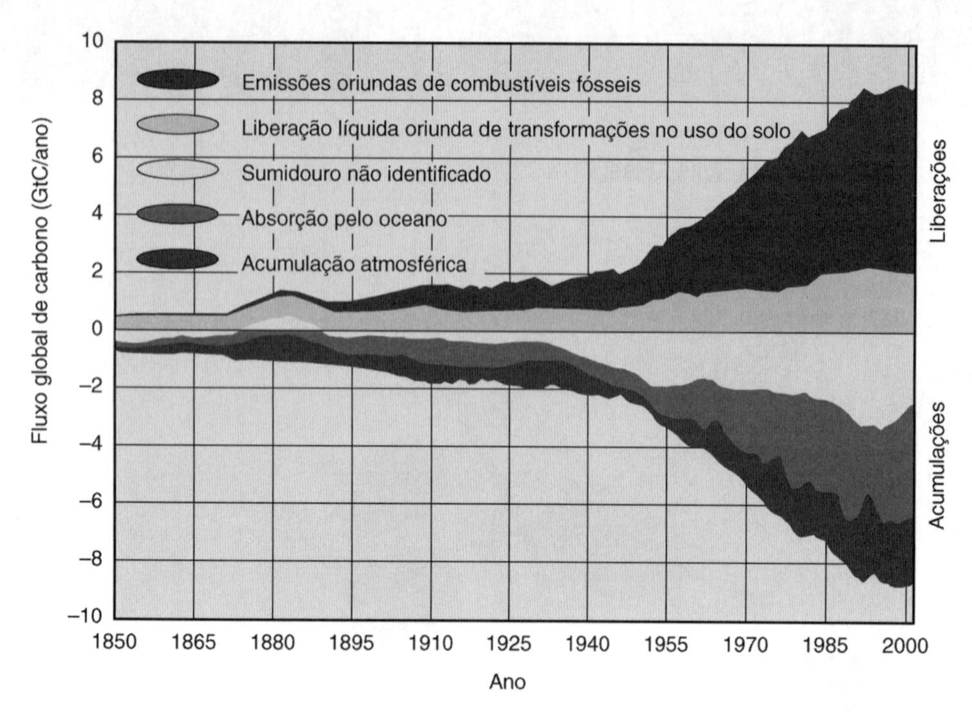

Figura 5.17 ■ Fluxo global de carbono, 1850–2000. O sumidouro desconhecido (não identificado) tem variado consideravelmente em décadas recentes. Modificado segundo Woods Hole Research Center, Global Carbon Cycle, "The Missing Carbon Sink", 2004.

de tonelada/ano) pode ser encontrado nos ecossistemas terrestres, incluindo-se as florestas e, em menor proporção, nos solos. Assume particular importância as florestas do Hemisfério Norte que estão se recuperando das safras de madeira que ocorreram ao longo de dois séculos e que, atualmente, crescem rapidamente. O rápido crescimento de florestas retira o carbono da atmosfera em uma taxa de aumento proporcional à adição de biomassa. Entretanto, os incêndios e o descongelamento de solos cobertos de gelo nas florestas boreais também liberam carbono, e não há certeza de se as florestas englobam uma redução líquida ou uma fonte líquida de carbono na atmosfera.[14] Isso é refletido pela ampla incerteza no fluxo terrestre de 0,7 ± 0,8 GtC por ano. A incerteza de ±0,8 unidade é maior do que o fluxo estimado de 0,7 unidade!

As duas maiores incertezas na estimativa dos fluxos de carbono são as taxas da transformação de uso do solo, especialmente as apuradas para a agricultura, e a quantidade de carbono nos compartimentos de armazenamento em ecossistemas afetados pelas atividades humanas, especialmente as apuradas para a agricultura, para as safras e as queimadas.[12,13] As incertezas serão reduzidas no futuro se houver maiores sucessos nas medições e no monitoramento das transformações do uso do solo (desmatamento, queimadas e limpeza do solo) e a estimativa do fluxo de carbono nos ecossistemas e na atmosfera. Devidos às mudanças no uso do solo e na queima de combustíveis fósseis, o sumidouro de carbono não é estático, mas se altera em escala temporal anual e por décadas. O fluxo do sumidouro atingiu 1 GtC em 1940, 2 GtC nos anos 1980, 3 GtC em meados dos anos 1990 e retornou às 2 GtC no ano 2000 (ver Figura 5.17).[12,13] A questão do sumidouro desconhecido de carbono ilustra a complexidade dos ciclos biogeoquímicos, especialmente aqueles em que a biota desempenha importante papel.

O ciclo do carbono continuará a ser uma importante área de pesquisa pelo seu significado nas investigações sobre o clima global, especialmente no que se refere ao aquecimento global.[15,16] Para melhor compreender esse tema retoma-se, a seguir, as interações entre ciclos do carbono e tectônicos por meio do ciclo do carbono-silicato.

O Ciclo do Carbono-Silicato

O carbono se transforma rapidamente na atmosfera, nos oceanos e na vida. Entretanto, geologicamente, por longos períodos de tempo, o ciclo do carbono se tornou intimamente envolvido com o ciclo do silício. O **ciclo do carbono-silicato** combinado é então de importância geológica para a estabilidade de longo prazo da biosfera por períodos superiores a meio bilhão de anos.[17]

O ciclo do carbono-silicato se inicia quando o dióxido de carbono na atmosfera se dissolve na água para formar ácido carbônico fraco (H_2CO_3) que se precipita na forma de chuva (Figura 5.18). Uma vez que a água levemente ácida percola pelo subsolo, ela dissolve as rochas e facilita a erosão de rochas ricas em silicato que são abundantes na Terra. Entre outros derivados, o intemperismo e a erosão produzem íons de cálcio (Ca^{2+}) e íons de bicarbonato (HCO_3^-). Esses íons penetram no solo, nas águas superficiais e, eventualmente, são transportados para os oceanos. Os íons de cálcio e de bicarbonato constituem a principal porção da carga de elementos químicos que os rios transportam para os oceanos.

Minúsculos organismos marinhos que boiam no oceano utilizam o cálcio e o bicarbonato para construir os seus abrigos. Quando esses organismos morrem, os abrigos deslocam-se para o fundo do oceano, onde se acumulam como sedimentos ricos em carbonato. Eventualmente, carregados pela movimentação de placas tectônicas, eles entram em uma região de subducção, onde são submetidos a um aumento de temperatura, pressão e derretimento parcial. O magma resultante libera dióxido de carbono, que é expelido pelos vulcões e então liberado para a atmosfera. Esse processo propicia um fluxo de carbono da litosfera para a atmosfera.

O ciclo do carbono-silicato de longo prazo (Figura 5.18) e o ciclo do carbono de curto prazo (Figura 5.14) se interagem para afetar os níveis de CO_2 e O_2 na atmosfera. Por exemplo, o material orgânico enterrado em um ambiente pobre em oxigênio provoca um aumento líquido da fotossíntese (que produz O_2), acima da respiração (que produz CO_2). Assim, se ocorre um incremento de material orgânico enterrado em ambientes pobres em oxigênio, a concentração do oxigênio

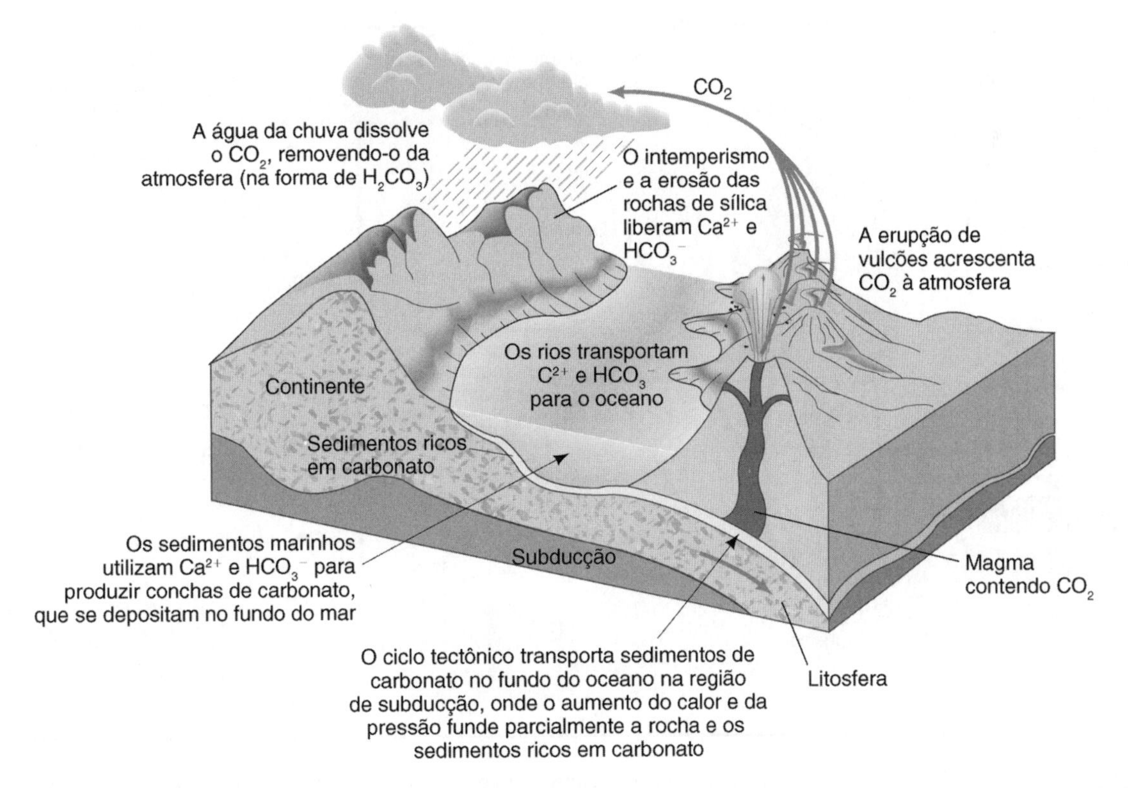

Figura 5.18 ■ Diagrama idealizado mostrando o ciclo do carbono-silicato. (*Fonte*: Modificado de J. E. Kasting, O. B. Toon e J. B. Pollack, "How Climate Evolved on the Terrestrial Planets", *Scientific American* 258 [1988]: 2.)

na atmosfera aumentará. Ao contrário, se o material orgânico enterrado escapa e é oxidado para produzir CO_2, então a concentração de CO_2 na atmosfera aumentará.[18] Mudanças de longo prazo no CO_2 e no O_2 têm sido profundamente importantes nos processos de transformações globais ao longo do tempo geológico, muito além do que normalmente se considera na ciência ambiental.

O Ciclo do Nitrogênio

O nitrogênio é essencial para a vida porque ele é necessário na produção das proteínas e do DNA. O nitrogênio livre (N_2 não combinado com nenhum outro elemento químico) constitui aproximadamente 80% do ar atmosférico. Entretanto, muitos organismos não podem utilizar diretamente esse nitrogênio. Alguns, como os animais, necessitam de nitrogênio em um composto orgânico. Outros, incluindo as plantas, as algas e as bactérias, podem absorver nitrogênio mesmo na forma de íons de nitrato (NO_3^-) ou íons de amônia (NO_4^+). Em função de o nitrogênio ser relativamente um elemento químico não reativo, poucos processos convertem o nitrogênio molecular em um desses compostos. A luz oxida o nitrogênio produzindo o óxido nítrico. Na natureza, todas as outras formas de conversão do nitrogênio molecular para formas biológicas utilizáveis são realizados por bactérias.

O **ciclo do nitrogênio** é um dos mais importantes e mais complexos ciclos globais (Figura 5.19). O processo de conversão inorgânica do nitrogênio molecular na atmosfera para amônia ou nitrato é denominado **fixação de nitrogênio**. Uma vez nessas formas, o nitrogênio pode ser utilizado pelas plantas nos continentes e pelas algas nos oceanos. Por meio de reações químicas, bactérias, plantas e algas podem então converter esses compostos de nitrogênios inorgânicos em orgânicos, assim o nitrogênio se torna disponível para a cadeia alimentar ecológica. Quando os organismos morrem, outras bactérias convertem os compostos orgânicos contendo nitrogênio de volta na forma de amônia, nitrato ou nitrogênio molecular, que retornam para a atmosfera. O processo que libera o nitrogênio fixo de volta para a forma de nitrogênio molecular é chamado de **desnitrificação**.

Quase todos os organismos dependem do nitrogênio convertido pelas bactérias. Alguns organismos desenvolveram relações simbióticas com essas bactérias. Por exemplo, as raízes da família das ervilhas possuem nódulos que fornecem um habitat para as bactérias. As bactérias recebem compostos orgânicos para se alimentarem a partir das plantas e, por sua vez, as plantas obtêm nitrogênio utilizável. Tais plantas podem crescer, de outra forma, em ambientes pobres em nitrogênio. Quando essas plantas morrem, elas contribuem fornecendo ao solo matéria orgânica rica em nitrogênio, desse modo, contribuindo para a fertilidade do solo. As árvores de Amieiros (*Alnus glutinosa*), igualmente, fazem a fixação do nitrogênio por meio de bactérias simbiontes em suas raízes. (Simbiontes são organismos que mantêm relações simbióticas.) Essas árvores crescem ao longo de ribeirões e as suas folhas ricas em nitrogênio caem dentro da água dos ribeirões, aumentando o fornecimento de elementos químicos de maneira biologicamente aproveitável para os organismos existentes em água doce.

As bactérias que fixam o nitrogênio são também simbiontes no estômago de alguns animais, particularmente nos ruminantes. Esses animais, que incluem búfalos, vacas, cervídeos, alces e girafas, têm um peculiar estômago de quatro câmaras. As bactérias fornecem mais da metade do total de nitrogênio necessário pelos animais, sendo o restante fornecido pelas proteínas existentes nas plantas que esses animais comem.

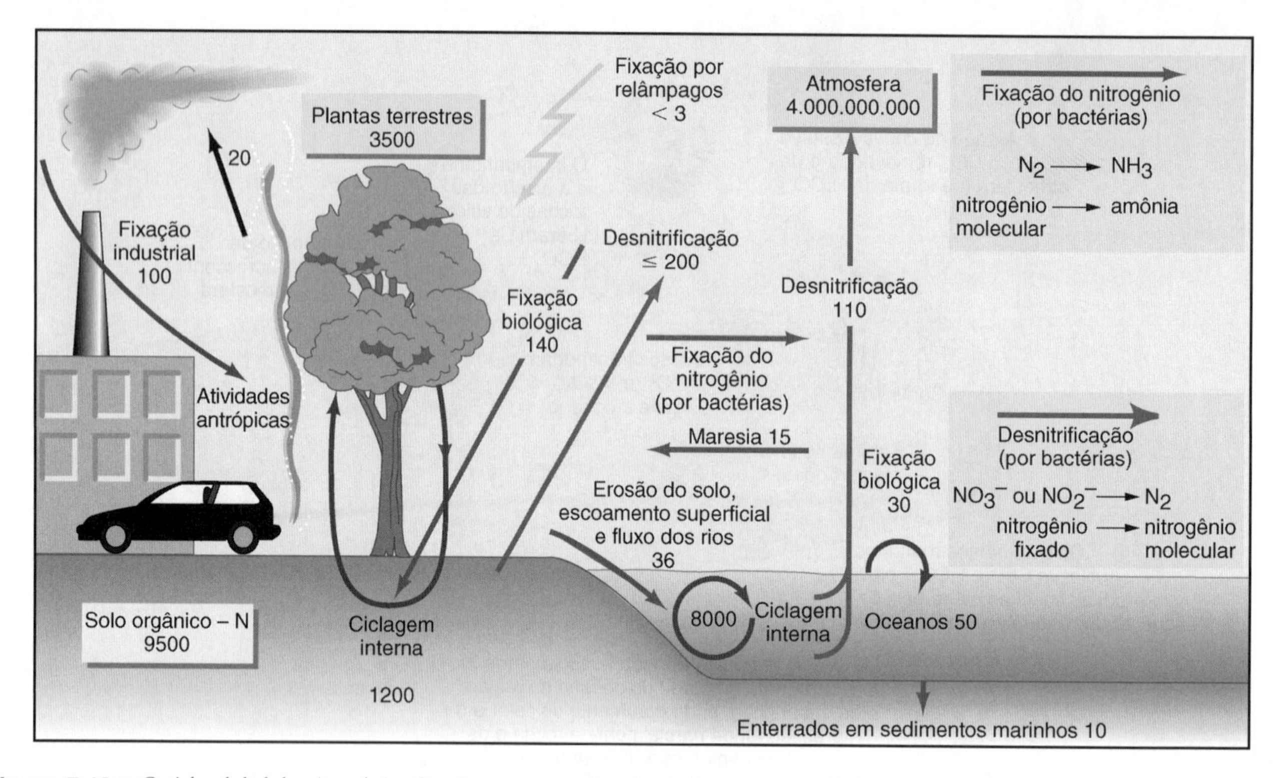

Figura 5.19 ■ O ciclo global do nitrogênio. Os números nos retângulos indicam as quantidades armazenadas e os números com setas indicam o fluxo anual, em 10^{12} g de N_2. Deve-se notar que a fixação industrial do nitrogênio é quase igual à fixação biológica global. (*Fonte*: Dados de R. Söderlund e T. Rosswall, em *The Handbook of Environmental Chemistry*, Vol. 1, Pt. B, ed. O. Hutzinger [New York: Springer-Verlag, 1982], e W. H. Schlosinger, *Biogeochemistry: An Analysis of Global Change* [San Diego: Academic Press, 1977], p. 386.)

Em termos de disponibilidade para a vida, o nitrogênio se enquadra em algum lugar entre o carbono e o fósforo. Assim como o carbono, o nitrogênio tem uma fase gasosa e é o principal componente da atmosfera terrestre. No entanto, ao contrário do carbono, não é muito reativo e a sua conversão depende fundamentalmente da atividade biológica. Dessa forma, o ciclo do nitrogênio não é apenas essencial para a vida, mas é, inclusive, impulsionado pela vida.

No início do século XX, os pesquisadores descobriram que processos industriais poderiam converter as moléculas de nitrogênio em compostos necessários para as plantas. Isso aumentou fortemente a disponibilidade de nitrogênio para fertilizantes. Atualmente, a fixação industrial do nitrogênio é a maior fonte comercial de fertilizantes à base de nitrogênio. A quantidade de nitrogênio fixado industrialmente é cerca de 50% da quantidade fixada na biosfera. O nitrogênio presente no escoamento superficial proveniente de uso na agricultura é um poluidor potencial da água.

O nitrogênio se combina com o oxigênio em atmosferas de alta temperatura. Como um dos resultados, inúmeros processos industriais modernos de combustão produzem óxido de nitrogênio. Esses processos incluem a queima de combustíveis fósseis em motores movidos a diesel e à gasolina. Assim, o óxido de nitrogênio, que é um poluente do ar, é indiretamente o resultado da atividade industrial e da tecnologia moderna. O óxido de nitrogênio desempenha um papel significativo na poluição urbana (ver Capítulo 24).

Em síntese, os compostos de nitrogênio são ora benéficos ora prejudiciais para a sociedade e para o meio ambiente. O nitrogênio é necessário a todas as formas de vida e os seus compostos são utilizados em vários processos tecnológicos e na agricultura. Porém, o nitrogênio é também uma fonte de poluição do ar e da água.

O Ciclo do Fósforo

O fósforo, um dos *seis principais elementos* químicos necessários em grandes quantidades por todas as formas de vida, é, com frequência, um nutriente limitante para o crescimento das plantas e das algas. No entanto, se o fósforo for muito abundante ele pode causar problemas ambientais, conforme ilustrado no relato do lago Washington que abriu este capítulo.

Ao contrário do carbono e do nitrogênio, o fósforo não possui fase gasosa na Terra (Figura 5.20). Por isso, o **ciclo do fósforo** é significativamente diferente dos ciclos do carbono e do nitrogênio. A taxa de transferência do fósforo no sistema terrestre é lenta quando comparada com as do carbono e do nitrogênio. O fósforo está presente na atmosfera somente em pequenas partículas de poeira. Além disso, o fósforo tende a formar compostos que são relativamente insolúveis em água. Consequentemente, o fósforo não é quimicamente alterado de forma rápida. Ele ocorre comumente no estado oxidado de fosfato, que se combina com o cálcio, potássio, magnésio e ferro para formar os minerais.

O fósforo entra na biota por meio de sua absorção como fosfato pelas plantas, algas e algumas bactérias. Em um ecossistema relativamente estável, boa parte do fósforo absorvido pela vegetação é devolvida ao solo quando as plantas morrem. Apesar disso, parte do fósforo é inevitavelmente perdida para os ecossistemas. Ele é transportado pelos rios em direção aos oceanos, na forma solúvel em água ou como partículas em suspensão.

Uma forma importante pela qual o fósforo ressurge dos oceanos para os continentes envolve a alimentação de pássaros nos oceanos, como no caso dos pelicanos chilenos. Esses pássaros se alimentam de peixes pequenos, particularmente de anchovas, as quais, por sua vez, se alimentam de minúscu-

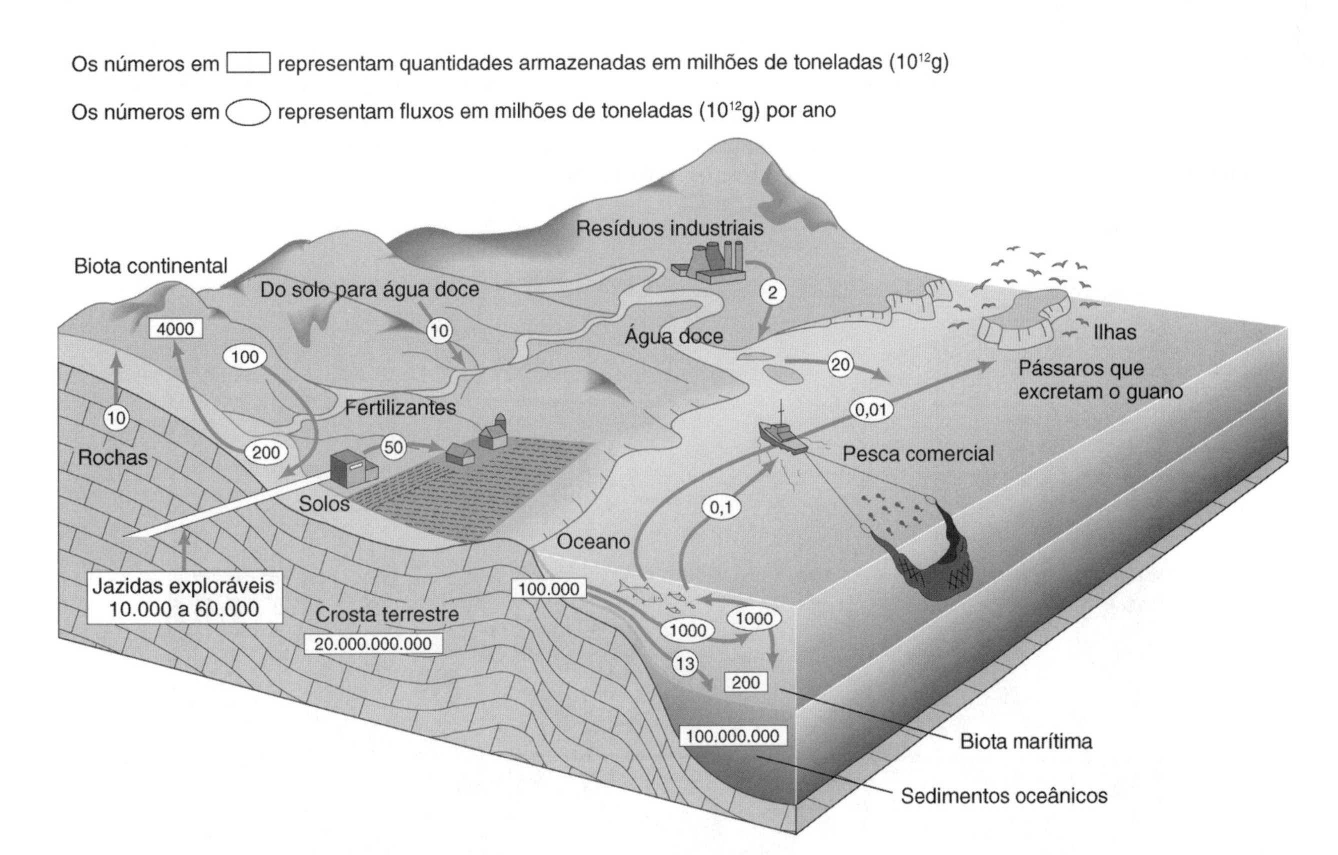

Figura 5.20 ■ O ciclo global do fósforo. O fósforo é reciclado no solo pela biota nos continentes, por processos geológicos que expõem as rochas ao intemperismo, pelos pássaros que produzem o guano e pelos seres humanos. Ainda que a crosta terrestre possua uma grande quantidade de fósforo, somente uma parte reduzida dele pode ser extraída pela mineração utilizando-se métodos convencionais. Portanto, o fósforo é um recurso de cada produção. Os valores da quantidade de fósforo armazenado ou em movimento (em fluxo) estão compilados por várias fontes. Estimativas são aproximadas na ordem da magnitude. (*Fontes*: Primariamente baseado em C. C. Delwiche e G. E. Likens, "Biological Response to Fossil Fuel Combustion Products", in *Global Chemical Cycles and Their Alterations by Man*, ed. W. Stumm [Berlin: Abakon Verlagsgesellschaft, 1977], pp. 73–88; e U. Pierrou, "The Global Phosphorous Cycle", in *Nitrogen, Phosphorus and Sulfur — Global Cycles*, eds. B. H. Svensson e R. Soderlund [Stockholm: *Ecological Bulletin*, 1976, pp. 75–88].)

los plânctons oceânicos. Os plânctons se proliferam onde os nutrientes, como o fósforo, estão presentes. Regiões oceânicas com correntes ascendentes conhecidas como ressurgências (ou afloramentos) carregam os nutrientes, incluindo o fósforo, de regiões oceânicas abissais para a superfície. Ressurgências ocorrem próximas aos continentes, onde os ventos predominantes sopram das regiões continentais litorâneas em direção aos oceanos, conduzindo as águas superficiais para longe da costa e permitindo que águas profundas aflorem e substituam aquelas inicialmente deslocadas. As ressurgências transportam muitos nutrientes, incluindo o fósforo, desde as grandes profundidades dos oceanos até a superfície.

Os pássaros que se alimentam de peixes se reproduzem e constroem os seus ninhos em ilhas distantes da costa, onde estão protegidos de predadores. Com o tempo, os locais desses ninhos ficam cobertos com excrementos, ricos em fósforo, denominados guano. Os pássaros se aninham aos milhares e os depósitos guano se acumulam ao longo dos séculos. Em climas relativamente secos, o guano se endurece em uma camada semelhante às rochas, podendo atingir mais de 40 metros de espessura. O guano resulta da combinação de processos biológicos e não biológicos. Sem os plânctons, os peixes e os pássaros, o fósforo poderia permanecer no oceano. Sem as correntes ascendentes, o fósforo não estaria disponível.

Os depósitos de guano foram, outrora, as principais fontes de fósforo para a fabricação de fertilizantes. Em meados de 1800, a incrível quantidade de 9 milhões de toneladas de depósitos de guano foi, anualmente, embarcada para Londres a partir de ilhas próximas ao Peru. Atualmente, a maior parte do fósforo utilizado em fertilizantes é proveniente da mineração de fósforo em rochas sedimentares que contem fósseis de animais marinhos. A mais rica mina em fosfato do mundo se localiza na Flórida (EUA), em Boney Valley, a 40 km a leste de Tampa. Entre 10 e 15 milhões de anos atrás, Boney Valley era a parte mais baixa de um mar pouco profundo onde viveram e morreram animais marinhos invertebrados.[19] Por meio de processos tectônicos, lentamente, Boney Valley foi levantado da crosta terrestre e, entre os anos 1880 e 1890, o fosfato mineral foi descoberto nesse local. Boney Valley hoje fornece mais que um terço da produção mundial de fosfato e três quartos da produção dos Estados Unidos da América do Norte.

O total das reservas norte-americanas de fósforo está estimado em 2,2 bilhões de toneladas, quantidade suficiente para suprir as necessidades do país por várias décadas. No entanto, se o preço do fósforo aumentar na mesma proporção em que os depósitos de alta qualidade estão sendo exauridos, o fósforo proveniente dos depósitos de baixa qualidade pode ser extraído com lucro. Na Flórida, estima-se que haja 8,1 milhões de toneladas de fósforo que ainda podem ser recuperadas pelos métodos de mineração existentes caso o preço seja apropriado.[19] A mineração, como é sabido, pode gerar efeitos negativos para o solo e para os ecossistemas. Por exemplo, em algumas minas de fósforo enormes buracos e depósitos de resíduos provocaram cicatrizes na paisagem, impactando os recursos hidrológicos e biológicos. O equilíbrio entre a necessidade de fósforo com os impactos ambientais adversos da mineração é uma questão ambiental crucial. Como consequência da extração do fosfato, o solo deteriorado pelos buracos abertos pela mineração do fosfato, mostrado na Figura 5.21, é recuperado na forma de campo de acordo com a lei na Flórida.

Figura 5.21 ■ Uma grande mina a céu aberto de fosfato na Flórida (similar a Boney Valley), com pilhas de material descartado acumulado. O solo, mostrado na parte superior da fotografia, foi recuperado e está sendo utilizado para pastagem.

RESUMO

- Os ciclos biogeoquímicos são a principal forma pelas quais importantes elementos para os processos e pela vida na Terra são transportados por meio da atmosfera, da hidrosfera, da litosfera e da biosfera.
- Os ciclos biogeoquímicos podem ser descritos como uma série de reservatórios ou compartimentos de armazenamento, e de caminhos* ou fluxos, entre os reservatórios.
- Geralmente, alguns elementos químicos recirculam rapidamente e são imediatamente regenerados por atividades biológicas. Aqueles elementos químicos cujos ciclos biogeoquímicos incluem uma fase gasosa na atmosfera tendem a reciclar mais rapidamente.
- As tecnologias modernas começaram a transformar e a transportar elementos químicos em reações biogeoquímicas em taxas comparáveis àquelas dos processos naturais. Algumas dessas atividades são benéficas para a sociedade, porém outras oferecem perigo.
- Para melhor preparar a gestão ambiental, deve-se reconhecer ambas as consequências, negativas e positivas, das atividades que transferem elementos químicos e que com elas lidam de forma apropriada.
- Os ciclos biogeoquímicos tendem a ser complexos e a biota da Terra está significativamente alterada pelas reações químicas por meio do ar, da água e do solo. Em longo prazo, a continuidade desses processos é essencial para a manutenção da vida na Terra.
- Todo ser vivo, planta ou animal, necessita de uma quantidade de elementos químicos. Esses elementos químicos devem estar disponíveis no tempo, na forma e na quantidade apropriadas.
- Os elementos químicos podem ser reutilizados e reciclados, porém, em qualquer ecossistema, alguns elementos químicos se perdem ao longo do tempo e devem ser repostos para que a vida no ecossistema seja preservada.
- A ocorrência de transformações ou de perturbações dos ecossistemas naturais é a norma. Um regime constante, no qual o armazenamento líquido de elementos químicos em um ecossistema não se altera com o tempo, não pode ser mantido.
- Existem inúmeras incertezas na medição tanto da quantidade de um elemento químico armazenado ou quanto da taxa de transferência entre os reservatórios. Por exemplo, o ciclo global do carbono inclui um grande sumidouro que a ciência ainda não está apta a identificar.

*Esses caminhos ou fluxos podem, também, ser entendidos como uma série de reações químicas. (N.T.)

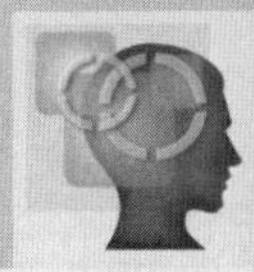

QUESTÕES PARA REFLEXÃO CRÍTICA

Como as Atividades Humanas Estão Afetando o Ciclo do Nitrogênio?

Pesquisadores estimam que a deposição de nitrogênio na superfície da Terra irá dobrar nos próximos 25 anos. O que está provocando esse aumento e como isso afetará o ciclo de nitrogênio?

A taxa natural de fixação do nitrogênio no solo é estimada em 140 teragramas (Tg) de nitrogênio por ano (1 teragrama = 1 milhão de toneladas). As atividades antrópicas, tais como a aplicação de fertilizantes, as drenagens de pântanos, a limpeza do solo para agricultura e a queima de combustíveis fósseis, estão provocando uma penetração adicional de nitrogênio no meio ambiente. Atualmente, as atividades humanas são responsáveis por mais da metade do nitrogênio fixado que é depositado no solo. Antes do século XX, o nitrogênio fixado era reciclado pelas bactérias sem a acumulação líquida. Entretanto, desde 1900, a utilização comercial de fertilizantes tem aumentado exponencialmente (ver o gráfico). Nitratos e amônia oriundos da queima de combustíveis fósseis têm aumentado cerca de 20% desde a última década. Esses estímulos (*inputs*) têm subjugado a parte desnitrificada do ciclo do nitrogênio e a capacidade das plantas em utilizar o nitrogênio fixado.

Os íons de nitrato, na presença do solo ou da água, podem formar ácidos nítricos. Junto a outros ácidos no solo, o ácido nítrico pode lixiviar elementos químicos importantes para o crescimento das plantas, como o magnésio e o potássio. Quando são exauridos esses elementos químicos, outros mais tóxicos como o alumínio podem ser liberados, causando danos às raízes das plantas. A acidificação do solo pelos íons de nitrato é também nociva aos organismos. Quando elementos químicos tóxicos são carregados até os ribeirões, eles podem matar os peixes. O excesso de nitratos nos rios e ao longo da costa litorânea pode provocar o crescimento exacerbado de algas, com efeitos semelhantes àqueles anteriormente descritos para o lago Washington. Elevados teores de nitrato em água potável oriunda de ribeirões ou de águas subterrâneas contaminadas por fertilizantes são perigosos para a saúde.

Os ciclos do nitrogênio e do carbono estão conectados, pois o nitrogênio é um componente da clorofila, molécula utilizada pelas plantas na fotossíntese. Devido ao nitrogênio ser um fator limitante para o solo, há previsões de que o aumento nos níveis globais de nitrogênio pode aumentar o crescimento das plantas.

Estudos recentes têm indicado, entretanto, que um efeito benéfico pelo aumento do nitrogênio seria efêmero. Como as plantas se utilizam do nitrogênio adicional, alguns outros fatores se tornariam limitantes. Quando isso acontecer, o crescimento das plantas se tornará lento, e o mesmo, ocorrerá com a absorção do dióxido de carbono. Um número maior de pesquisas será necessário para a compreensão das interações entre os ciclos do carbono e do nitrogênio e para a previsão dos efeitos das atividades antrópicas de longo prazo.

População mundial (bilhões): 0 1 2 3 4 5 6 7
Consumo de nitrogênio na forma de fertilizantes (megatoneladas de nitrogênio): 0 20 40 60 80 100
Ano: 1900 1925 1950 1975
■ População ■ Consumo de Nitrogênio

Perguntas para Reflexão Crítica

1. Compare a taxa das contribuições humanas para a fixação do nitrogênio com a taxa natural.

2. Como a mudança no uso de fertilizantes se relaciona com a transformação da população mundial? Por quê?

3. Desenvolva um diagrama para ilustrar as relações entre os ciclos de carbono e de nitrogênio.

4. Faça uma lista de possibilidades em que as atividades antrópicas podem ser modificadas para reduzir as contribuições humanas ao ciclo do nitrogênio.

REVISÃO DE TEMAS E PROBLEMAS

Devido à moderna tecnologia, transporta-se alguns elementos químicos por meio do ar, da água, do solo e da biosfera em taxas comparáveis àquelas dos processos naturais. Na medida em que a população mundial aumenta, o mesmo deve ocorrer com a utilização dos recursos naturais e, igualmente, com as taxas de transferência. Esse é um problema potencial porque, por eventualidade, a taxa de transferência para um particular elemento químico pode se tornar tão ampla, resultando talvez em poluição ambiental.

Sustentabilidade

Se for para garantir uma elevada qualidade ambiental, os principais ciclos biogeoquímicos devem transportar e armazenar os elementos químicos necessários para a manutenção saudável dos ecossistemas. Essa é uma das razões de o porquê o entendimento dos ciclos biogeoquímicos é tão importante. Por exemplo, a liberação do enxofre na atmosfera provoca a degradação da qualidade do ar em escalas espaciais locais e globais. Resulta disso a atitude dos Estados Unidos que está se esforçando para controlar essas emissões.

Perspectiva Global

Os principais ciclos biogeoquímicos discutidos neste capítulo são apresentados de um ponto de vista global. Por meio de investigações em andamento pesquisadores estão em busca de melhor compreensão de como funcionam os principais ciclos biogeoquímicos. Por exemplo, o ciclo do carbono e a sua relação com a queima de combustíveis fósseis e o armazenamento de carbono na biosfera e nos oceanos estão sendo intensamente pesquisados. Os resultados desses estudos colaboram com o desenvolvimento de estratégias para reduzir as emissões de carbono. Essas estratégias são implantadas em nível local, em usinas de geração de energia, em automóveis e caminhões que queimam combustíveis fósseis.

Mundo Urbano

A sociedade atual tem concentrado a utilização de recursos em áreas urbanas. Como resultado, a liberação de vários elementos químicos na biosfera, no solo, na água e na atmosfera é frequentemente maior em centros urbanos, resultando em ciclos biogeoquímicos que provocam problemas de poluição.

Homem e Natureza

Os seres humanos, como os outros animais, estão relacionados aos processos naturais e à natureza de forma complexa. Os ecossistemas são transformados por meio do uso do solo e da queima de combustíveis fósseis, ambos que alteram os ciclos biogeoquímicos, especialmente o ciclo do carbono que ancora a vida e afeta o clima da Terra.

Ciência e Valores

A devida compreensão dos ciclos biogeoquímicos está longe de estar completa. Existem grandes incertezas na medição dos fluxos dos elementos químicos tais como o nitrogênio, o carbono, o fósforo, entre outros. Estudam-se os ciclos biogeoquímicos porque se acredita que a sua compreensão permitirá resolver problemas ambientais. Os problemas primeiramente endereçados refletirão os valores da sociedade.

TERMOS-CHAVE

bacia hidrográfica
ciclo biogeoquímico
ciclo das rochas
ciclo do carbono
ciclo do carbono-silicato
ciclo do fósforo
ciclo do nitrogênio
ciclo geológico
ciclo hidrológico
ciclo tectônico
desnitrificação
fator limitante
fixação de nitrogênio
macronutrientes
micronutrientes
placas tectônicas
reação química
sumidouro desconhecido de carbono

QUESTÕES PARA ESTUDO

1. Por que é importante, para a ciência ambiental, a compreensão dos ciclos biogeoquímicos? Explique a resposta utilizando dois exemplos.
2. Quais são algumas das regras gerais que conduzem os ciclos biogeoquímicos, particularmente na transferência de materiais?
3. Identifique os principais aspectos do ciclo de carbono e os temas ambientais a ele associados.
4. Quais são as diferenças entre os ciclos geoquímicos do fósforo e do nitrogênio, e quais são as diferenças que importam à ciência ambiental?
5. Como pode o ciclo do carbono-silicato fornecer um mecanismo de retroalimentação negativa para controlar a temperatura da atmosfera terrestre?

LEITURAS COMPLEMENTARES

Berner, R. A., and E. K. Berner. 1996. *Global Environment: Water, Air, and Geochemical Cycles*. Upper Saddle River, N.J.: Prentice-Hall. Essa é uma ótima discussão sobre os ciclos geoquímicos ambientais, com foco voltado aos sistemas atmosféricos e hidrológicos da Terra.

Kasting, J. F., O. B. Toon, and J. B. Pollack. 1998. "How Climate Evolved on the Terrestrial Planets," *Scientific American* 258(2):90–97. Este artigo fornece uma boa discussão sobre o ciclo do carbono-silicato e do porquê de sua importância para a ciência ambiental.

Lerman, A. 1990. "Weathering and Erosional Controls of Geologic Cycles," *Chemical Geology* 84:13–14. Transporte natural de elementos dos continentes para os oceanos é em grande medida acompanhado pela erosão do solo e pelo transporte de material dissolvido pelos rios.

Post, W. M., T. Peng, W. R. Emanual, A. W. King, V. H. Dale, and D. L. DeAngelis. 1990. "The Global Carbon Cycle," *American Scientist* 78:310–326. Os autores descrevem o equilíbrio natural do dióxido de carbono na atmosfera e fazem uma revisão do motivo pelo qual o clima global influencia no equilíbrio.

Schlesinger, W. H. 1997. *Biogeochemistry: An Analysis of Global Change*, 2nd ed. San Diego: Academic Press. Este livro fornece uma abrangente e atualizada revisão das reações químicas no solo, nos oceanos e na atmosfera terrestre.

---

* e **Segundo a opinião do tradutor, a redação mais adequada para os trechos em questão seria:
Nos continentes a maior parte da água disponível na atmosfera é proveniente da evaporação e da transpiração. Essa água é a responsável pela manutenção da umidade do ar, que varia de acordo com o clima específico de cada região. Outra parcela de água existente nos continentes é proveniente da água evaporada pelos oceanos. Uma vez adicionada à umidade do local, a água proveniente dos oceanos pode atingir o ponto de saturação e, dessa forma, provocar precipitações. A disponibilidade hídrica originada pelos oceanos é transportada aos continentes pelas massas de ar, associada à circulação geral e regional da atmosfera em altas latitudes e por meio do deslocamento da Zona de Convergência Intertropical nas latitudes menores próximas ao Equador. Fatores geográficos locais, tais como a latitude e a continentalidade, a altitude e as condições orográficas, igualmente incluindo as regiões desérticas, a proximidade de oceanos e de grandes massas de vegetação, podem, em escala local, interferir nas condições climáticas e, portanto, afetar o regime de chuvas. As alterações no uso regional do solo, tais como grandes reservatórios e represas, podem modificar a quantidade de água evaporada para a atmosfera. No entanto, é improvável que tais transformações provoquem significativas alterações na quantidade de chuvas sobre os continentes. (...) A transposição de água para cidades do semiárido por bombeamento ou o transporte de água entre montanhas distantes por meio de aquedutos pode incrementar em escala local a evaporação. Dessa forma, pode aumentar a umidade do ar, porém igualmente em escala microclimática, o que é insuficiente para aumentar a precipitação na região, considerando-se que a magnitude do processo genético e natural das precipitações reside em escalas de abordagem espacial das ordens meso e macroclimáticas.

Capítulo 6

Ecossistemas e Manejo de Ecossistemas

Lago Silver no rio Cróton, Nova York, vista típica da floresta decidual temperada do leste da América do Norte, habitat *do cariacu ou veado-de-cauda-branca.*

OBJETIVOS DE APRENDIZADO

A vida na Terra é sustentada por ecossistemas, que variam enormemente, porém apresentam determinados atributos em comum. Após a leitura deste capítulo, deve-se saber:

- Por que o ecossistema é o sistema básico que suporta a vide e que permite a sua continuidade.
- O que são a cadeia alimentar, a teia alimentar e os níveis tróficos.
- O que está envolvido no conceito de manejo de ecossistemas.
- Como a conservação e a gestão do meio ambiente devem ser aprimoradas por meio do manejo de ecossistemas.
- Como os ecossistemas desempenham "funções de serviço público".

ESTUDO DE CASO

A Conexão dos Frutos de Carvalho

Quando crianças, a maioria das pessoas aprende que as bolotas (frutos do carvalho) crescem no interior de árvores de carvalho. De fato, as bolotas *não* crescem dentro das árvores, mas se tornam alimento para camundongos, esquilos, tâmias (esquilos com o dorso listrado) e veados-de-cauda-branca.

Nos bosques do nordeste dos Estados Unidos, onde os carvalhos são abundantes, grande quantidade de bolotas (Figura 6.1*a*) é produzida a cada três ou quatro anos. As bolotas são ricas em proteínas, gorduras e são excelente fonte de nutrição. Um suprimento constante de bolotas seria uma excelente base alimentar para os animais que vivem nos bosques.

A produção de bolotas é afetada pela quantidade de luz e de chuva, pelo padrão de temperaturas ao longo do ano e pela qualidade do solo. Pesquisadores deduzem que se os carvalhos produzissem a mesma quantidade de bolotas a cada ano, a população de animais que se alimenta delas cresceria de tal forma que poucas bolotas sobreviveriam.

Na realidade, a quantidade de bolotas produzida varia de ano para ano, com anos "gordos" — anos de produção elevada — ocorrendo ocasionalmente. Nos anos entre a produção excepcional de bolotas, a população de camundongos diminui. Com a próxima produção excepcional de bolotas, existirão mais bolotas do que podem ser comidas pelos seus consumidores, de forma que muitas bolotas sobrevivem para se tornarem carvalhos. Da mesma maneira, devido à abundância de comida, a população de camundongos aumenta.

Camundongos-de-pés-brancos (*Peromyscus leucopus*) (Figura 6.1*b*), semeadores de bolotas, também carregam carrapatos (Figura 6.1*c*). Quando os carrapatos se alimentam do sangue dos camundongos, eles injetam microrganismos responsáveis pela doença de Lyme entre os camundongos. As populações de camundongos são maiores durante o verão que segue uma produção recorde de bolotas, da mesma forma como ocorre com os carrapatos.

Nos estágios mais avançados do seu ciclo de vida, os carrapatos atacam outros animais, incluindo os veados (Figura 6.1*d*). Os veados se alimentam das folhas de carvalho (Figura 6.1*e*) e de bolotas e, assim, ao roçar as folhas,

(*a*) (*b*) (*c*) (*d*) (*e*) (*f*)

Figura 6.1 ■ O carrapato que é o transmissor da doença de Lyme (*c*) se alimenta dos camundongos-de-pés-brancos (*b*) e dos veados-de-cauda-branca (*d*). As folhas de carvalho (*e*) são um importante alimento para os veados (*d*) e para as larvas de mariposas-ciganas (*f*), enquanto as bolotas dos carvalhos (*a*) são importantes alimentos para os camundongos. Porém, os camundongos também comem as mariposas. Quanto mais camundongos, menos mariposas-ciganas, porém mais carrapatos.

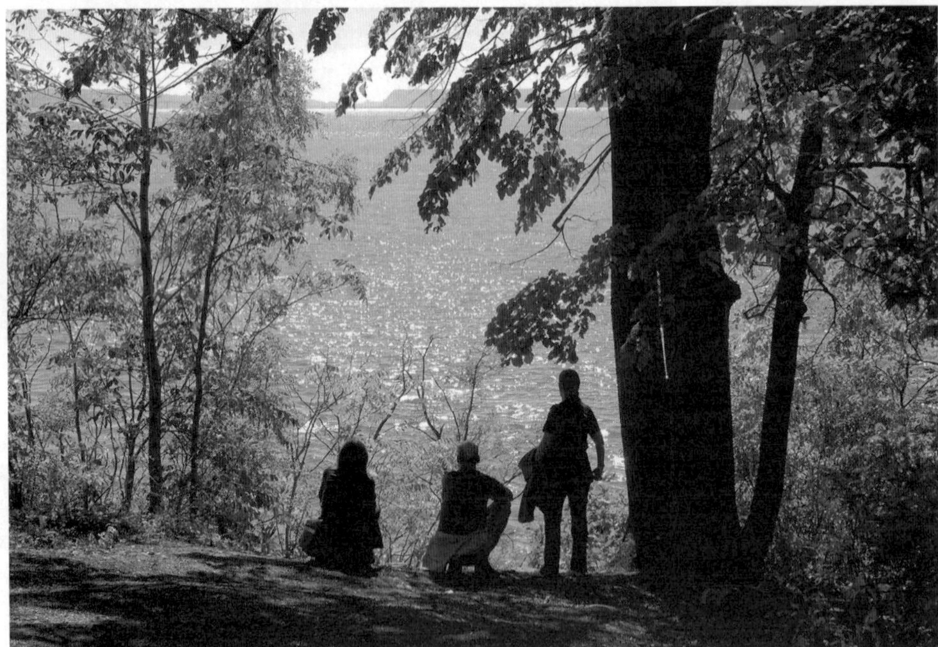

Figura 6.2 ■ A floresta decidual temperada, do leste dos Estados Unidos, é um recurso de recreação fundamental, conforme ilustrado por esses turistas observando de uma clareira desse tipo de floresta, o rio Hudson, Croton Point, Nova York. Isso torna a conexão da bolota mais do que um problema ambiental.

os carrapatos são depositados. Os carrapatos podem ser apanhados por pessoas que se encostam às plantas enquanto caminham. Se um carrapato infectado pica uma pessoa, ela pode contrair a doença de Lyme. Com o aumento da área de florestas e bosques e da elevação da população de veados, a doença de Lyme se tornou a doença mais comum transmitida por carrapatos nos Estados Unidos.[1,2] Entre 1993 e 2005, o número de casos de doença de Lyme diagnosticados por ano quase triplicou, atingindo mais de 25.000 em todo o país.[1]

Por que a área florestal aumentou? Começando nos tempos da colonização, as florestas no nordeste dos Estados Unidos foram derrubadas para dar lugar às fazendas e aos povoados, visando fornecer combustível e madeira para fins comerciais. Na medida em que o carvão, o petróleo e o gás substituíram a madeira como fonte primária de energia, assim como as fazendas se deslocaram para oeste, em direção às Grandes Planícies, mais férteis, as regiões que haviam sido desmatadas foram abandonadas. Em muitas regiões, o máximo do desmatamento ocorreu por volta de 1900. Desde então, as florestas têm novamente ressurgido.

Porém, retornando aos camundongos. Somando-se à alimentação de bolotas (e de outros grãos), os camundongos também se alimentam de insetos, incluindo as larvas de mariposas-ciganas (*Lymantria dispar*). As larvas das mariposas (Figura 6.1*f*) se alimentam de folhas de árvores, sendo particularmente apreciadoras das folhas de carvalho. Estudos indicam que nos anos em que as populações de camundongos são menores — os anos entre produções excepcionais de bolotas — as populações de mariposas podem aumentar drasticamente. Ao longo desses períodos de eclosão, as larvas de mariposas podem desnudar uma área, desfolhando totalmente as árvores. Os carvalhos que perderam todas ou a maior parte de suas folhas podem não produzir floradas excepcionais de bolotas.

Uma vez que as árvores perdem as suas folhas, mais luz solar atinge o solo, favorecendo o crescimento de sementes de muitas plantas que não floresceriam tão facilmente na floresta fechada e mais escura. Como resultado, outras espécies de árvores podem ganhar posição segura na floresta e alterar o perfil de suas espécies. É claro que, a próxima geração de larvas de mariposas encontrará dificuldades de alimentação e a sua população começará a diminuir novamente.

A abundância de bolotas atrai os veados para as florestas, onde eles pastam em plantas pequenas e arbustos. Os carrapatos desprendem-se dos veados e põem ovos nas camadas de folhas espalhadas pelo solo. Quando os ovos chocam as larvas atacam os camundongos e, assim, prossegue o ciclo da doença de Lyme. Os veados não comem brotos. Em áreas onde as populações de veados são densas, existem muitos brotos, mas poucas flores silvestres e arbustos são encontrados.

Os predadores são também afetados pela natureza periódica ou sazonal das safras de bolotas. Por exemplo, os pássaros que se alimentam das larvas de mariposas perdem uma fonte de alimentos quando essas populações estão reduzidas. Quando as populações de mariposas estão elevadas, no entanto, os ninhos de pássaros ficam mais expostos aos predadores devido à perda de tantas folhas.[2]

A conexão das bolotas ilustra inúmeras das características básicas dos ecossistemas e das comunidades ecológicas. Primeiro, todas as partes vivas da comunidade da floresta de carvalhos dependem dos elementos não vivos dos ecossistemas para a sua sobrevivência: água, solo, ar e da luz que fornece energia para a fotossíntese. Segundo, os membros de uma comunidade ecológica afetam os elementos não vivos do ecossistema. Quando as mariposas desnudam uma área, por exemplo, mais luz pode atingir o solo da floresta. Terceiro, os organismos vivos no ecossistema estão conectados em relações complexas que torna difícil alterar uma coisa sem que se alterem muitas outras. Quarto, as relações entre os membros de uma dada comunidade ecológica são dinâmicas e se transformam constantemente. Inúmeras espécies estão adaptadas a receber e a oferecer benefícios de um ambiente em transformação, conforme mostrado pelas vantagens fornecidas pelos carvalhos por meio da variação de produção das bolotas. Quinto, a implicação para o manejo de ecossistemas é que qualquer atitude de gestão envolve dilemas. Nesse caso, gerenciando a floresta para proteger as pessoas contra a doença de Lyme somente resulta em maior potencial de danos às mariposas.[3]

6.1 O Ecossistema: Sustentáculo da Vida na Terra

Tende-se a associar a vida com organismos individuais, pela óbvia razão de que os indivíduos estão vivos. Porém, a manutenção da vida na Terra exige mais do que indivíduos ou mesmo simples populações ou espécies. A vida é mantida pelas interações entre inúmeros organismos funcionando conjuntamente, em ecossistemas, interagindo por meio de seus ambientes físicos e químicos. A vida sustentada na Terra é, então, uma característica de ecossistemas, não de organismos individuais ou de populações.[3] Para compreender as questões ambientais importantes, tais como a conservação de espécies em extinção, sustentando recursos renováveis e minimizando os efeitos de substâncias tóxicas, deve-se entender determinados princípios básicos sobre ecossistemas.

Características Básicas dos Ecossistemas

Os ecossistemas possuem várias características fundamentais.

Estrutura
Um ecossistema é constituído por duas partes fundamentais: viva e não viva. Os elementos não vivos são os ambientes físico-químicos, englobando a atmosfera local — a água, e a parte mineral do solo (nos continentes) ou outras substâncias (na água). O elemento vivo, denominado **comunidade ecológica**, é o conjunto de espécies que interagem dentro do ecossistema.

Processos
Em um ecossistema devem ocorrer dois tipos básicos de processos: um ciclo de elementos químicos e um fluxo de energia.

Transformação
Um ecossistema se transforma ao longo do tempo e pode experimentar um desenvolvimento por meio de um processo chamado de **sucessão**, que está discutido no Capítulo 10. Os processos que ocorrem em um ecossistema são necessários para a vida da comunidade ecológica, porém, nenhum membro da comunidade pode sozinho desempenhar esses processos. Isso acontece porque, conforme afirmado, a vida sustentada na Terra é uma característica de ecossistemas e não de populações ou de organismo individuais. Pode-se verificar observando os ciclos em um ecossistema. Conforme mencionado no Capítulo 5, a ciclagem química é complexa. Cada elemento químico necessário para o crescimento e para a reprodução deve se tornar disponível para cada organismo no momento certo, na quantidade adequada e na proporção correta em relação aos outros elementos. Esses elementos químicos devem também ser reciclados — convertidos para uma forma reutilizável. Resíduos são convertidos em alimentos, que são convertidos em resíduos, que devem novamente ser convertidos em alimentos, com o ciclo se repetindo indefinidas vezes para o ecossistema permanecer viável e duradouro.

Para se realizar a circulação completa dos elementos químicos, diversas espécies devem interagir. Na presença de luz, plantas, algas e bactérias produzem açúcar a partir do dióxido de carbono e água. A partir do açúcar e de componentes inorgânicos, eles produzem inúmeros outros compostos orgânicos, incluindo proteínas e tecidos fibrosos de celulose. Porém, nenhuma planta pode decompor tecido de madeira de volta a sua forma original de compostos inorgânicos. Outras formas de vida — em princípio bactérias e fungos — podem decompor matéria orgânica; mas não podem produzir a sua própria comida. Ao contrário, eles obtêm energia e nutrição química a partir de tecidos mortos dos quais se alimentam.

Teoricamente, na sua forma mais simples, a comunidade ecológica em um ecossistema consiste em, pelo menos, uma espécie que produza a sua própria comida, a partir de compostos inorgânicos em seu meio ambiente, de outras espécies que decomponham os resíduos da primeira espécie, além de um meio fluido (ar, água ou ambos).

Retoma-se adiante uma discussão mais detalhada sobre as comunidades ecológicas — em particular, cadeia de alimentos em comunidades ecológicas.

Comunidades Ecológicas e Cadeias Alimentares

Foi identificada uma comunidade ecológica como um conjunto de espécies em interação que formam a parte viva de um ecossistema. Na prática, o termo *comunidade ecológica* é definido pelos ecologistas de duas formas. Um método é definir uma comunidade como um conjunto de espécies que *interagem* em um mesmo local e funcionam juntas para tornar possível a manutenção da vida. Esta é, essencialmente, a definição anteriormente utilizada. O problema com essa definição é que muitas vezes é difícil na prática identificar o conjunto inteiro de espécies em interação. Os ecologistas, por essa razão, podem utilizar uma definição pragmática ou operacional, na qual a comunidade é consistida por todas as espécies encontradas na área, sendo ou não conhecidas pelas suas interações. Animais em jaulas separadas em um zoológico podem ser considerados uma comunidade segundo essa definição.

Uma forma na qual os indivíduos de uma comunidade interagem é a de se alimentarem uns dos outros. Energia, elementos químicos e alguns compostos químicos são transferidos de criatura para criatura ao longo da **cadeia alimentar**, a ligação de quem se alimenta de quem. Nos casos mais complexos, essas ligações são denominadas **teia alimentar** (ou rede alimentar). Os ecologistas agrupam os organismos em teia alimentar em níveis tróficos. Um **nível trófico** consiste em todos aqueles organismos em uma teia alimentar que estão no mesmo nível de alimentação e distância da fonte de energia original. A fonte original de energia da maioria dos ecossistemas é o Sol. Em outros casos, é a energia de determinados compostos inorgânicos.

As plantas, algas e determinadas bactérias produzem açúcar por meio do processo de fotossíntese, utilizando somente a energia solar e o dióxido de carbono (CO_2) proveniente do ar, de maneira que são agrupados dentro do primeiro nível trófico. Os organismos do primeiro nível trófico, que produzem o seu próprio alimento, elementos químicos inorgânicos e uma fonte de energia são chamados de **autótrofos**. Os *herbívoros*, organismos que se alimentam de plantas, algas e de bactérias são membros do segundo nível trófico. Os *carnívoros*, que se alimentam de carne, se alimentam diretamente de herbívoros e formam parte do terceiro nível trófico. Os carnívoros que se alimentam dos carnívoros do terceiro nível trófico estão no quarto nível trófico e assim por diante. As cadeias e teias alimentares são geralmente muito complicadas e, por isso, difíceis de analisar. Uma análise bem detalhada em uma das mais simples cadeia alimentar está apresentada no Detalhamento 6.1. A seguir, analisam-se sucintamente algumas cadeias alimentares mais complicadas.

Ecossistemas de Fontes Termais no Parque Nacional de Yellowstone

Talvez o mais simples ecossistema natural seja uma fonte termal como aquela encontrada em bacias de gêiseres no Parque Nacional de Yellowstone.[4] Poucos organismos podem sobreviver nessas fontes de águas quentes, porque as condições ambientais são muito severas. A temperatura da água em algumas partes está próxima do ponto de ebulição. Além disso, algumas dessas fontes são muito ácidas e outras muito alcalinas; ambos os extremos o tornam um ambiente severo. Alguns dos organismos que conseguem sobreviver em fontes quentes são muito coloridos e dão a essas piscinas a impressionante aparência que as tornaram famosas (Figura 6.3).

Figura 6.3 ■ Uma das inúmeras fontes termais no Parque Nacional de Yellowstone. A coloração verde brilhante se origina das bactérias fotossintetizadoras, um dos poucos tipos de organismos que conseguem sobreviver nas temperaturas elevadas e nas condições químicas das fontes.

A água dessas fontes habitualmente possui uma ampla variação de temperaturas, desde quase em ebulição em pontos muitos próximos às fontes, até muito frias quando próxima das margens, especialmente durante o inverno, quando pode haver neve no solo, ao redor da fonte. Em uma fonte termal alcalina típica, as águas mais quentes atingem entre 70 e 80°C, ocorre uma coloração com tons verde-amarelados devido às bactérias verde-azuladas, um dos poucos tipos de organismos fotossintetizadores que podem sobreviver em fontes termais. Em águas ligeiramente menos quentes, entre 50 a 60°C, um denso tapete de bactérias e algas se acumulam, algumas chegando ter até 5 cm de espessura. Esses tapetes são formados por longas cadeias de bactérias e de algas. Na medida em que as águas das fontes saltam por esses tapetes, as longas cadeias de células capturam e prendem as algas unicelulares.

Primeiro Nível Trófico

As bactérias e as algas formam o primeiro nível trófico das fontes, que é composta por autótrofos — organismos que produzem o seu próprio alimento a partir de elementos químicos inorgânicos e de uma fonte de energia. Nas fontes termais, assim como na maioria das comunidades, a fonte de energia é a luz solar (Figura 6.4).

Segundo Nível Trófico

Algumas moscas da família *Ephydridae* habitam as áreas mais frias das fontes. Uma dessas espécies, *Ephydra bruesi*, deposita grandes quantidades de ovos rosa-alaranjados brilhantes em pedras e galhos que afloram acima do tapete. As larvas das moscas se alimentam de bactérias e de algas. Uma vez que essas moscas somente se alimentam de plantas, são herbívoras. Elas formam o segundo nível trófico.

Terceiro Nível Trófico

Outra mosca, da família *Dolichopodidae*, é carnívora e se alimenta de ovos e de larvas das moscas herbívoras. Libélulas, vespas, aranhas, cicindela (besouro colorido carnívoro, também conhecido como besouro-tigre) e uma espécie de pássaro, o borrelho-de-dupla-coleira (*Charadrius vociferus*), também

(Continua)

(Continuação)

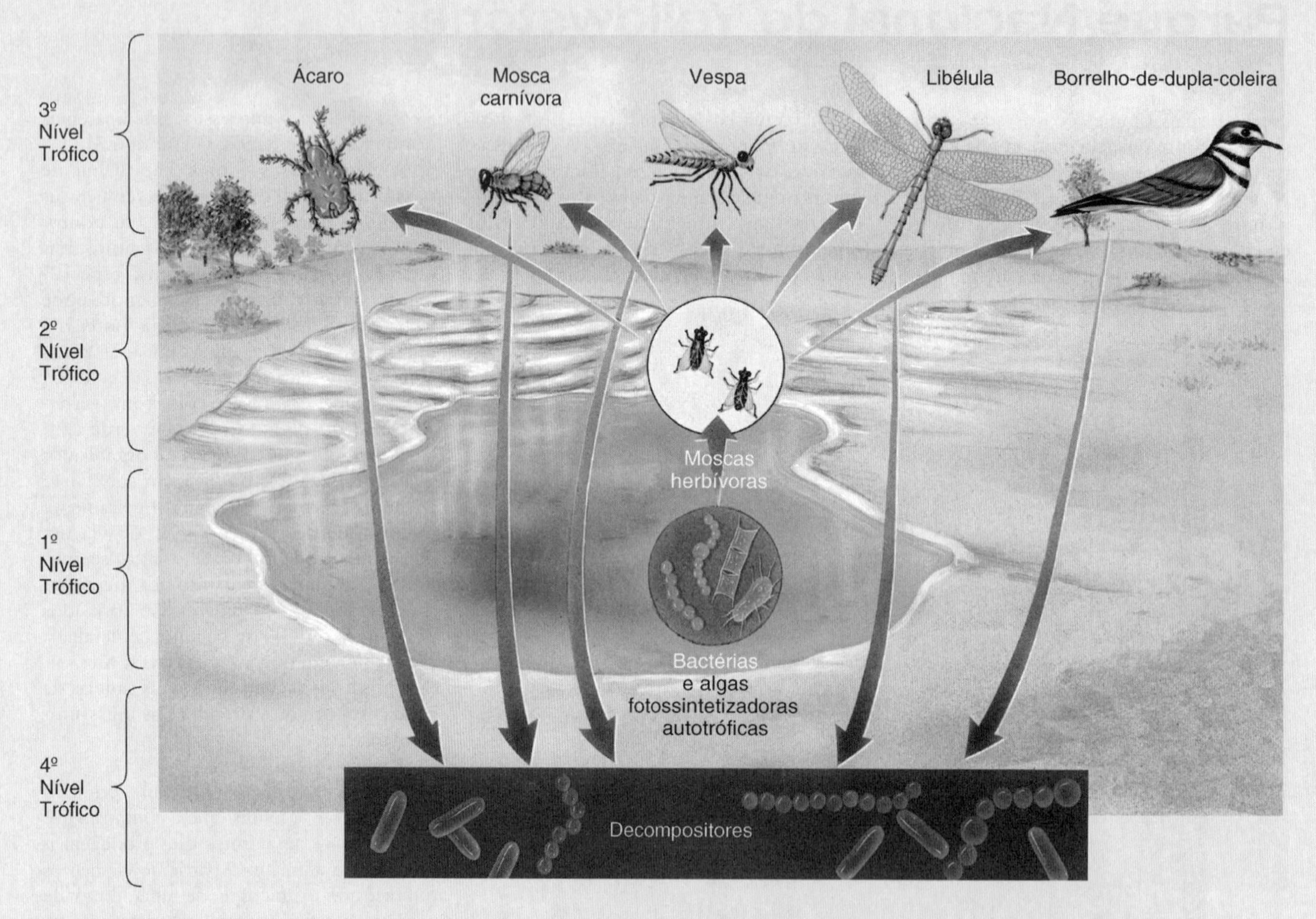

Figura 6.4 ■ Teia alimentar das fontes termais no Parque Nacional de Yellowstone. Ainda que essa seja uma das comunidades ecológicas mais simples em termos de número de espécies, um grande número delas é encontrado. Cerca de 20 espécies ao todo são importantes para este ecossistema. A comunidade ecológica que eles formam tem sido mantida por longos períodos nesse habitat pouco comum. Outro interessante aspecto dos ecossistemas de fontes termais é a dominação de espécies. As espécies dominantes são aquelas mais abundantes ou, de outro modo, as mais importantes para a comunidade. (Discute-se isso no Capítulo 7, em conexão com a diversidade biológica.) Conforme notado anteriormente, na comunidade das fontes termais, as espécies de bactérias ou algas dominantes se transformam com a temperatura; uma espécie domina as regiões e as fontes mais quentes e outras espécies dominam as águas menos quentes.

se alimenta de moscas herbívoras. As moscas herbívoras possuem um parasita, um ácaro vermelho, que se alimenta dos ovos de moscas e se movimenta agarrado aos corpos das moscas adultas. Outro parasita, uma pequena vespa, deposita os seus ovos no interior das larvas de moscas. Todos esses formam o terceiro nível trófico.

Quarto Nível Trófico

Os resíduos e os organismos mortos, em todos os níveis tróficos, servem de alimento para os decompositores, o que nas fontes termais são basicamente as bactérias. Esses formam o quarto nível trófico.

Toda a comunidade de organismos em fontes termais — bactérias e algas, moscas herbívoras, seres carnívoros e os decompositores — são mantidos por dois fatores: (1) luz do Sol, que fornece um estímulo (*input*) de energia utilizável para os organismos; e (2) um fluxo constante de água quente, que fornece sempre um novo e contínuo suprimento de elementos químicos necessários para a manutenção da vida e, além disso, um habitat no qual as bactérias e as algas podem sobreviver.

Devido à grande variedade de cores das algas, esse padrão espacial dominante é instantaneamente notado pelos visitantes. Ele foi impactante para um dos primeiros exploradores de Yellowstone, um caçador chamado Osborne Russel, que visitou as fontes em 1830 e 1840. Ele escreveu que uma fonte em ebulição, com cerca de 100 metros de um lado ao outro, tinha três cores distintas: "Do lado oeste até um terço do diâmetro era branco, no meio era vermelho fosco e o terço remanescente, à leste, azul-celeste brilhante."[5]

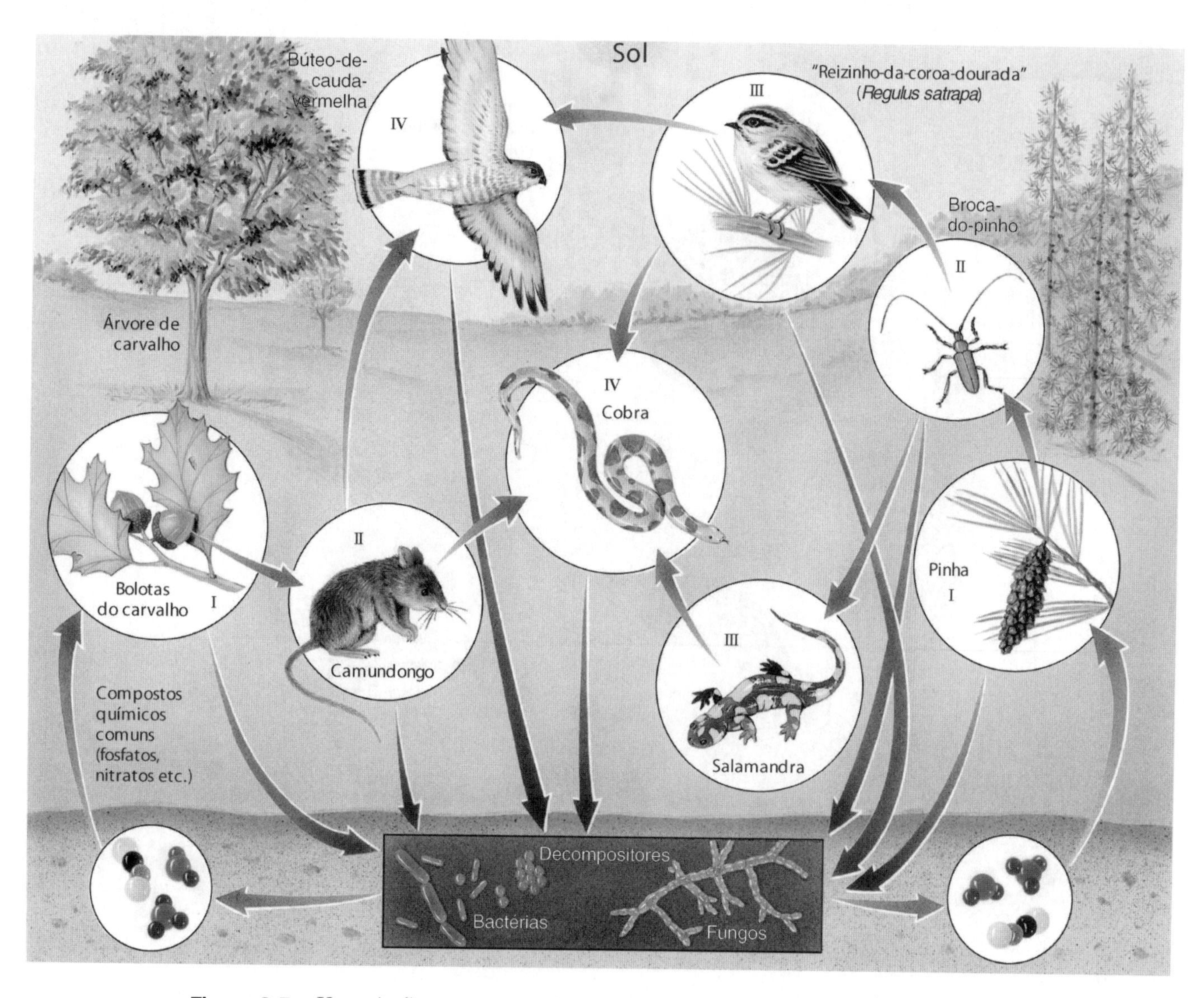

Figura 6.5 ■ Uma teia alimentar terrestre típica. Os números romanos identificam os níveis tróficos.

Cadeia Alimentar Terrestre

Um exemplo de cadeia alimentar terrestre e de níveis tróficos está exemplificado na Figura 6.5. Essa teia alimentar, de bosques temperados do norte, existia na América do Norte, antes da colonização europeia, e incluía seres humanos. O primeiro nível trófico, de seres autotróficos, inclui as gramíneas, as ervas e as árvores. O segundo nível trófico, dos herbívoros, inclui carrapatos, um inseto chamado de broca-do-pinho e outros animais (como os veados) não mostrados na figura. O terceiro nível trófico, dos carnívoros, inclui raposas e lobos, falcões e outros pássaros predadores, aranhas e insetos predadores. O homem é considerado *onívoro* (que se alimenta de animais e de plantas) e se alimenta de diversos níveis tróficos. Na Figura 6.5, o Homem estaria incluído no quarto nível trófico, o mais elevado nível do qual faria parte. Os **decompositores**, tais como as bactérias e fungos, se alimentam de resíduos e de organismos mortos. Os decompositores são também mostrados na figura no quarto nível.

Cadeia Alimentar Marinha

Nos mares e oceanos, as teias alimentares envolvem um maior número de espécies e tendem a possuir mais níveis tróficos do que existem nas fontes termais descritas no Detalhamento 6.1 ou no ecossistema terrestre anteriormente considerado. Em um ecossistema oceânico típico (Figura 6.6) microscópicas algas planctônicas unicelulares e bactérias planctônicas formam o primeiro nível trófico. Os pequenos invertebrados (chamados de *zooplânctons*) e alguns peixes se alimentam de algas e de bactérias, formando o segundo nível trófico. Outros peixes e invertebrados se alimentam desses herbívoros e formam o terceiro nível trófico. As grandes baleias filtram a água do mar para se nutrirem, se alimentando essencialmente de pequenos herbívoros zooplânctonicos (em sua maioria crustáceos) e, dessa forma, as baleias estão no terceiro nível. Alguns peixes e mamíferos marinhos, como as orcas (baleias carnívoras popularmente conhecidas como "baleias-assassinas"), alimentam-se por meio da predação de peixes e formam os mais elevados níveis tróficos.

A Teia Alimentar da Foca-da-groelândia

Na teoria, um diagrama de uma teia alimentar e de seus níveis tróficos parece simples e perfeita; porém, na realidade, as teias alimentares são complexas porque a maioria dos seres vivos

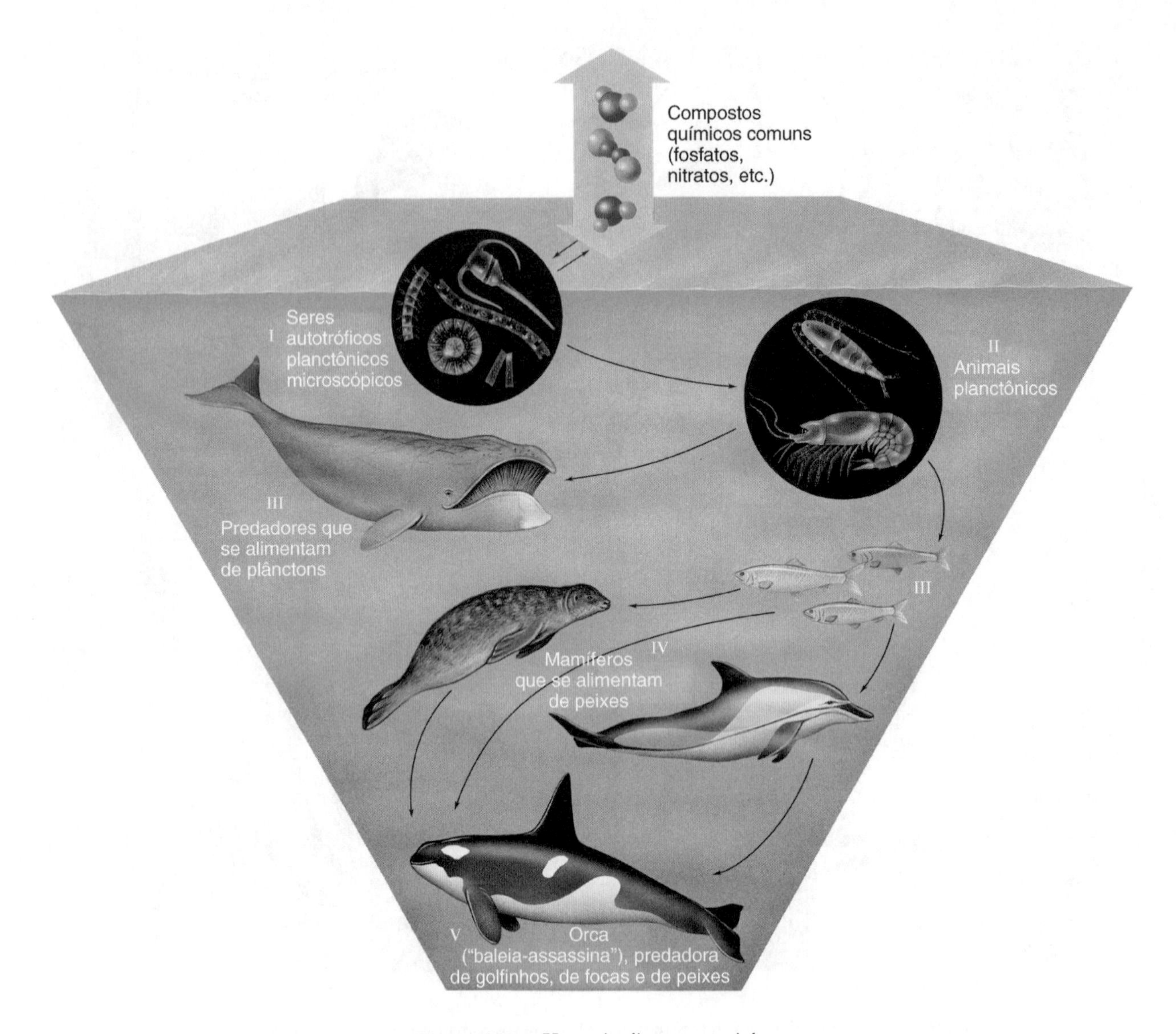

Figura 6.6 ■ Uma teia alimentar marinha.

se alimenta de diversos níveis tróficos. Por exemplo, considerando-se a teia alimentar da foca-da-groelândia (Figura 6.7). Essa é uma espécie de particular interesse devido ao grande número de filhotes que são caçados anualmente, no Canadá, por causa de sua pele branca, e isso se tornou uma ampla controvérsia sobre o tratamento humano para com os animais. Essa é uma razão pela qual a foca-da-groelândia tem sido estudada com atenção, de forma que seja possível mostrar a sua complexa teia alimentar.

A foca-da-groelândia é mostrada no quinto nível.[6] Ela se alimenta de linguados (*Pleuronectiformes*, quarto nível), que se alimenta de "peixes-lances-de-areia" (*Ammodytidae*, terceiro nível), que se alimenta de krill (*Euphausiacea*, segundo nível), que se alimenta de fitoplânctons (nível 1). Porém, a foca-da-groelândia, na verdade, alimenta-se em diversos níveis tróficos, desde o segundo até o quarto, e ela se alimenta de predadores de algumas de suas presas e, assim, torna-se uma competidora com algumas fontes de sua própria comida.[7] As espécies que se alimentam em diversos níveis tróficos são tipicamente classificadas como pertencentes ao nível trófico superior ao nível mais alto em que se alimentam. Dessa forma, coloca-se a foca-da-groelândia no quinto nível trófico.

6.2 Os Efeitos da Comunidade

As espécies podem interagir diretamente por meio da cadeia alimentar, conforme já foi visto. Elas também interagem diretamente por meio da simbiose e da competição, discutido no próximo capítulo. Porém, as espécies podem igualmente afetar outras espécies *indiretamente*, afetando uma terceira, uma quarta ou muitas outras espécies que, por sua vez, afetam a segunda espécie. Além disso, uma espécie pode afetar o meio ambiente não vivo que, então, afeta um grupo de espécies na comunidade. As transformações nesse grupo afetam outro grupo. Tais interações indiretas e mais complicadas são definidas como **interações em nível da comunidade**.

As interações em nível da comunidade são ilustradas pelas lontras-do-mar do oceano Pacífico. De fato, as interações em nível da comunidade das lontras-do-mar são o cerne de alguns argumentos em favor da conservação dessa espécie. As lontras se alimentam de mariscos, incluindo ouriços-do-mar e abalone (molusco comestível) (Figura 6.8*a*). As lontras-do-mar são originariamente pertencentes às amplas regiões da costa do oceano Pacífico, desde o norte do Japão, em direção

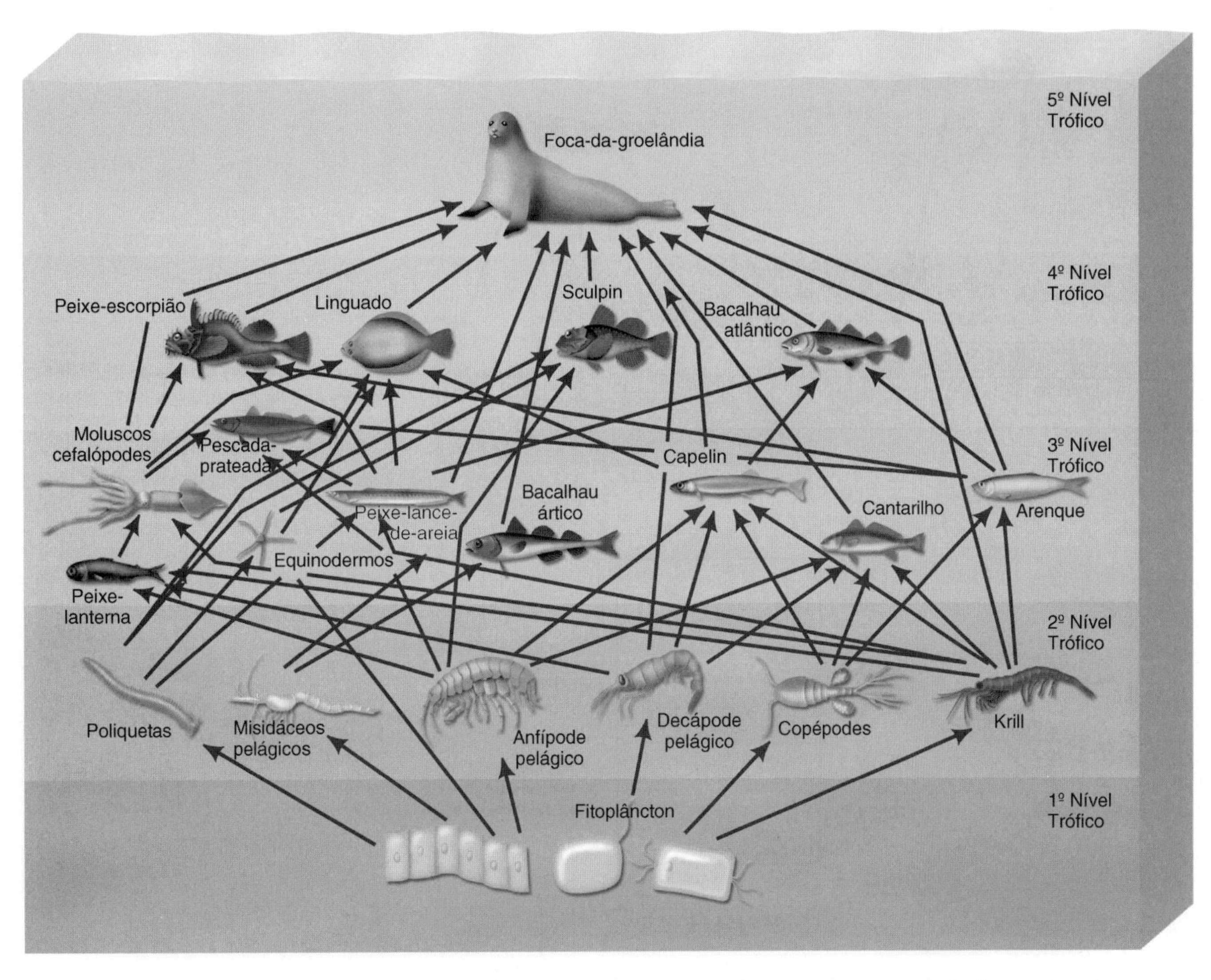

Figura 6.7 ■ Teia alimentar da foca-da-groelândia mostrando o quanto pode ser complexa uma rede de alimentação real.

ao nordeste da Rússia e as costas do Alasca e, para sul, em direção das costas da América do Norte até Morro Hermoso na Baja Califórnia e México.[9] As lontras foram quase extintas devido à caça comercial de exploração da pele, ao longo dos séculos XVIII e XIX; elas possuíam uma das mais finas peles do mundo. Por volta do final do século XIX, a existência de tão poucas lontras levou à suspensão da exploração comercial e se tornou preocupante a possibilidade de extinção dessa espécie.

Uma pequena população sobreviveu e, desde então, tem aumentado, de forma que atualmente o número de lontras chega a centenas de milhares — 3.000 na Califórnia, 14.000 no sudeste do Alasca e o resto espalhado por todo o Alasca.[8] De acordo com o Centro Marinho de Mamíferos, aproximadamente 2.000 lontras vivem ao longo da costa da Califórnia, algumas centenas em Washington e na Columbia Britânica, e 100.000 ao longo das Ilhas Aleutianas no Alasca. A população das lontras-do-mar em águas russas é de cerca de 9.000.[8] A proteção prevista em lei da lontra-do-mar pelo governo dos Estados Unidos da América do Norte iniciou em 1911 e continua sob o Ato de Proteção dos Mamíferos Marinhos de 1972 e do Ato de Espécies Ameaçadas de 1973. A lontra tem sido um foco de controvérsias e de pesquisas. Por um lado, os pescadores argumentam que a população de lontras se recuperou — de fato, recuperou bastante. Por esse ponto de vista, atualmente existem muitas lontras, e elas interferem na pesca comercial porque consomem grandes quantidades de abalone.[11] Por outro lado, os conservacionistas argumentam que as lontras têm importante papel no nível da comunidade, necessário para a sobrevivência de muitas espécies oceânicas. Argumentam que ainda existem poucas lontras para que esse papel possa ser mantido em níveis satisfatórios.

Qual é esse importante papel? É constituído por inúmeros efeitos na comunidade que resulta da alimentação das lontras sobre ouriços-do-mar. Os ouriços-do-mar são a comida preferida das lontras. Os ouriços, por sua vez, alimentam-se de um tipo de alga marinha, marrons e grandes, que formam as "florestas" submarinas, fornecendo importante habitat para muitas espécies. Os ouriços-do-mar roçam ao longo do fundo do leito, alimentando-se das bases fixadoras que aderem as algas ao substrato marinho. Quando as bases são comidas, as algas marrons flutuam livres e morrem.

Onde as lontras são abundantes, como na Ilha Amchitka, no arquipélago Aleutiano, os leitos de algas marrons são abundantes e existem poucos ouriços-do-mar (Figura 6.8*b*). Próximo à Ilha Shemya, com a ausência de lontras-do-mar, os ouriços-do-mar existem em abundância e a presença de algas marrons é reduzida (Figura 6.8*c*).[10] Uma remoção expe-

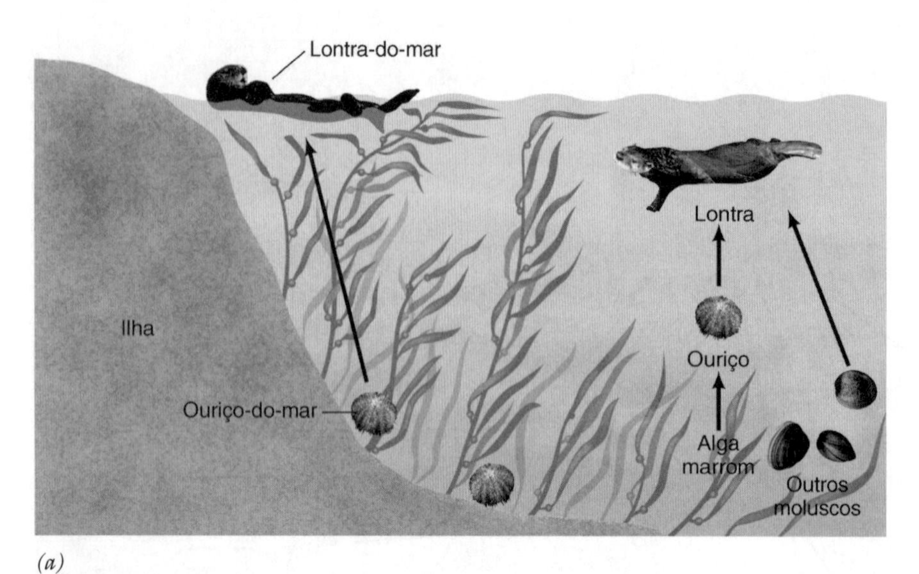

(a)

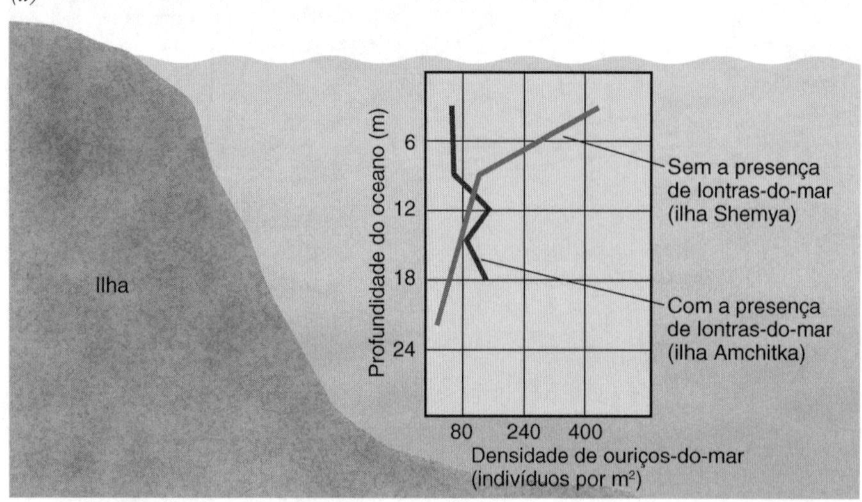

(b)

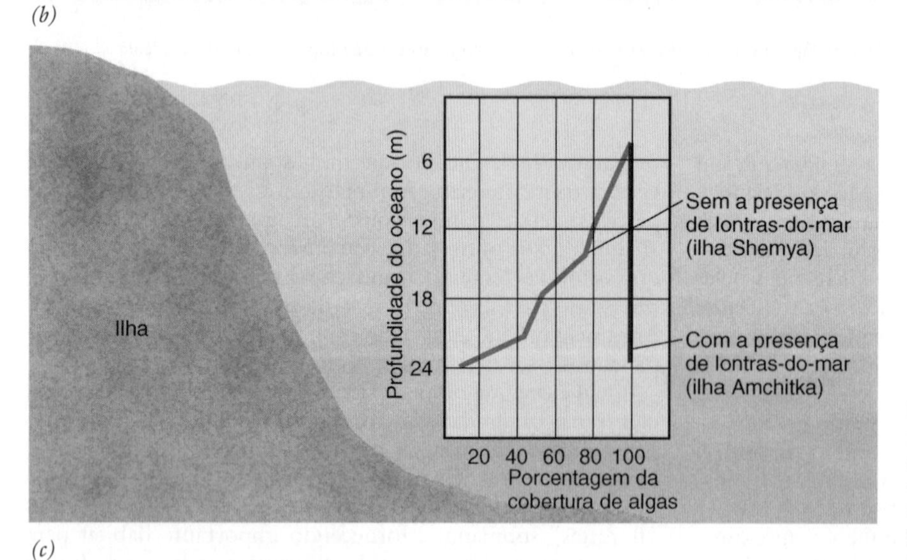

(c)

Figura 6.8 ■ O efeito das lontras-do-mar nas algas marrons. (*a*) Lontras-do-mar se alimentam de moluscos, incluindo ouriços-do-mar. Os ouriços se alimentam de algas marrons. Quando há lontras, existem poucos ouriços (*b*) e há algas marrons em abundância (*c*).

rimental dos ouriços-do-mar ocasionou um aumento de algas marrons.[12]

As lontras, portanto, afetam a abundância das algas marrons, mas a influência é indireta. As lontras-do-mar nem se alimentam das algas marrons e nem as protegem do ataque dos ouriços-do-mar. As lontras-do-mar reduzem o número de ouriços-do-mar. Com menos ouriços-do-mar, menos algas marrons são destruídas. Com mais algas marrons, há mais habitats para muitas outras espécies; logo, os ouriços-do-mar indiretamente aumentam a diversidade de espécies.[11,12] Dessa forma, as lontras-do-mar possuem um efeito em nível da comunidade. Esse exemplo mostra que tais efeitos podem ocorrer por meio das cadeias alimentares e podem alterar a distribuição e a abundância de espécies.

Uma espécie como a lontra-do-mar que possui amplos efeitos em sua própria comunidade ou ecossistema é denominada **espécie-chave** ou espécie essencial.[14] A sua remoção ou uma transformação no seu papel dentro do ecossistema altera a natureza básica da comunidade.

Os efeitos em nível da comunidade demonstram a realidade por trás do conceito de uma comunidade ecológica; eles mostram que determinados processos somente ocorrem porque há um conjunto de espécies se mutuamente interagindo. Esses efeitos igualmente sugerem que uma comunidade ecológica é mais do que a somatória de suas partes — uma percepção denominada *visão holística*. (Refere-se à discussão anterior sobre Unidade Ambiental do Capítulo 3.)

Apesar de sua importância, as interações em nível da comunidade são frequentemente difíceis de serem reconhecidas. Uma das dificuldades está na identificação de quando e como as espécies se interagem. As interações em nível da comunidade não são sempre tão evidentes como aquelas em que participam as lontras-do-mar. Mesmo nelas, consideráveis investigações científicas foram necessárias para a compreensão das interações. A essa complexidade, adiciona-se o conjunto de espécies que formam uma comunidade ecológica não está completamente estabelecido, mas varia dentro do mesmo tipo de ecossistema, de tempos em tempos e de lugar para lugar. Isso traz à tona a questão de como identificar ecossistemas.

6.3 Como Saber Distinguir um Ecossistema?

Um ecossistema é a entidade mínima que possui as propriedades necessárias para a manutenção da vida. Isso implica que um ecossistema seja genuíno e importante, e, por essa razão, deve-se ser capaz de facilmente identificá-lo. Entretanto, os ecossistemas variam enormemente em complexidade estrutural e em clareza ou visibilidade de suas fronteiras ou limites. Os ecossistemas se diferem em tamanho, da menor poça de água até a maior das florestas. Os ecossistemas e as suas comunidades se diferem na composição, desde um com poucas espécies em um pequeno lugar de uma fonte termal até um com inúmeras espécies interagindo sobre uma grande área oceânica. Além disso, os ecossistemas se diferenciam nos tipos e nas proporções relativas de seus constituintes não biológicos e em seus níveis de variação no tempo e no espaço.

Algumas vezes, as fronteiras dos ecossistemas estão bem definidas, como os limites entre um lago e a paisagem ao seu redor (Figura 6.9). Mas, às vezes, a transição de um ecossistema para outro é gradual, como na transição do deserto para floresta no topo das montanhas de São Francisco, no Arizona, e nas súbitas graduações das pradarias, dos campos para as savanas na África Oriental, e da floresta boreal para a tundra no extremo norte, onde as árvores se afinam gradualmente.

Um delineamento prático comumente utilizado para fronteiras de um ecossistema terrestre é a **bacia hidrográfica**. Dentro de uma bacia, qualquer chuva que atinja o solo escorre para o mesmo rio. A topografia (a configuração do solo) caracteriza a bacia. Quando uma bacia é utilizada para definir as fronteiras de um ecossistema, o ecossistema é unificado em termos de ciclos químicos. Alguns estudos clássicos experimentais de ecossistemas têm sido realizados em áreas experimentais de bacias florestadas do Serviço Florestal dos Estados Unidos, incluindo as florestas experimentais de Hubbard Brook, em Nova Hampshire (Figura 6.10) e de Andrews em Oregon. O que todos os ecossistemas possuem em comum não é o tamanho ou forma física particular, mas um processo já mencionado: o fluxo de energia e o processo de ciclagem dos elementos químicos. As comunidades ecológicas se transformam ao longo do tempo, e são as interações entre as espécies — um conjunto dinâmico de processos — a chave do conceito de comunidade.

Figura 6.9 ■ Algumas vezes, a transição de um ecossistema para outro é preciso e definido, como é na transição do lago para a floresta no lago Morraine, no Parque Nacional Banff, em Alberta, Canadá.

Figura 6.10 ■ A forma de V estampada nesta fotografia mostra o famoso estudo do ecossistema de Hubbard Brook. Aqui, uma bacia hidrográfica define o ecossistema, e a forma de V é um corte integral da bacia como parte do experimento.

QUESTÕES PARA REFLEXÃO CRÍTICA

Como São Definidas as Fronteiras de um Ecossistema?

As fronteiras entre ecossistemas podem ser muito bem ou gradualmente definidas. Aquelas consideradas bem definidas incluem os rios de água doce. Tais ecossistemas são, muitas vezes, estudados separadamente dos ecossistemas da vizinhança ao redor por pesquisadores com diferentes filiações metodológicas e distintos métodos de abordagem científica. Pesquisas sobre rios no sudeste do Alasca, nos quais o salmão desova, levantaram questões sobre a prática de estudar os ecossistemas terrestres e aquáticos separadamente.

Os salmões são peixes anádromos — peixes que saem do oceano, sobem a correnteza dos rios e desovam em água doce continental. No sudeste do Alasca, uma quantidade enorme de salmões desova em cerca de 5.000 rios e riachos. Ainda que os salmões nasçam em água doce, eles migram para o oceano, onde ocorre a maior parte de seu crescimento. Após esse período, retornam aos seus rios e riachos de origem, desovam e morrem. Visto de outra maneira, os salmões por essa razão, podem ser considerados um meio de transporte dos recursos do oceano para a água doce. Devido ao seu grande número, os salmões possuem potencial para fazer contribuições significativas para o conteúdo mineral e orgânico dos ribeirões. O salmão possui um teor elevado de gordura, quando comparado com muitos outros peixes e são, portanto, uma boa fonte de energia para os animais que são seus predadores. Além disso, a sua decomposição adiciona nitrogênio, fósforo, carbono, entre outros elementos químicos inorgânicos à água doce. Em um lago no Alasca, por exemplo, 24 milhões de peixes adicionam 170 toneladas de fósforo ao lago por ano — uma quantidade igual ou maior do que o padrão de aplicação de fertilizantes recomendado para árvores. Quando o peixe morre, as suas carcaças se decompõem, fornecendo nutrição para algas, fungos e bactérias. Os invertebrados se alimentam delas e dos pequenos pedaços em decomposição dos peixes. Outros peixes se alimentam dos invertebrados. Por fim, os ursos e outros carnívoros se alimentam dos salmões, vivos e mortos, durante a sua migração rio acima. Dessa forma, os nutrientes oriundos do salmão se incorporam ao solo e à vegetação da redondeza dos rios e ribeirões.

A desova de peixes possui elevadas proporções de isótopos pesados de nitrogênio e de carbono (^{15}N e ^{13}C). Eles podem ser utilizados para identificar a contribuição relativa dos peixes anádromos no conteúdo de carbono e de nitrogênio dos organismos na teia alimentar. Um desses estudos mostrou que a desova dos salmões contribuiu com 10,9% do carbono encontrado nos predadores invertebrados e 17,5% na folhagem de plantas ripárias. Enquanto não é surpresa encontrar em invertebrados aquáticos, que se alimentam de ovos e de pequenos salmões, grandes quantidades de nitrogênio obtidas do salmão, pesquisadores foram surpreendidos pelos elevados índices existentes na mata ciliar. Quando mamíferos terrestres e pássaros se alimentam de salmões, as suas fezes e qualquer carcaça não comida de salmão se decompõem, adicionando nutrientes ao solo, onde podem ser absorvidos pelas raízes das plantas. No sudeste do Alasca, mais de 40 espécies de mamíferos e de pássaros se alimentam de salmões. A migração dos salmões atrai grande número de predadores aos rios, riachos e lagos. Os salmões e outros peixes anádromos, nesse caso, surgem para ligar o oceano, a água doce e os solos em uma dimensão que está apenas começando a ser apreciada.

Perguntas para Reflexão Crítica

1. Considerando a intrincada conexão entre os ecossistemas aquáticos e terrestres ao longo dos rios e ribeirões de desova de salmões, como definir as fronteiras entre ecossistemas?

2. Quando salmões adultos chegam aos locais de desova além da quantidade necessária para manter a população, alguns são considerados excessivos. Como deveria a pesquisa aqui descrita afetar essa visão?

3. Alguns biólogos têm considerado o salmão uma espécie-chave. Considerando o que se sabe sobre espécie-chave, como argumentar a favor ou contra essa designação ou premissa?

4. Em anos recentes, o número de peixes anádromos ao longo da costa do Pacífico da América do Norte tem diminuído, de forma disparada, devido à pesca comercial predatória e à destruição de habitats. Quais os efeitos poderiam ser previstos sobre a possibilidade de danos causados à ecologia dos rios e ribeirões de água doce, e de suas áreas adjacentes?

5. Quais tipos de decisões de gestão ambiental com relação aos peixes e outras formas de vida naturais e florestas seguiriam do reconhecimento da conexão entre os ecossistemas aquáticos e terrestres?

6.4 Manejo de Ecossistemas

Os ecossistemas podem ser naturais e artificiais ou mesmo uma combinação de ambos. Um reservatório que forma parte de uma estação de tratamento de esgoto é um exemplo de um ecossistema artificial. Os ecossistemas podem também ser gerenciados, sendo possível incluir uma ampla variedade de ações. A agricultura pode ser considerada como um manejo parcial de determinados tipos ecossistemas (ver Capítulos 11 e 12), assim como as florestas podem ser gerenciadas por produtores de madeira (ver Capítulo 13). A preservação da vida natural é um exemplo de manejo parcial de ecossistemas (ver Capítulos 13 e 14).

Algumas vezes, quando se gerencia ou se domestica indivíduos ou populações, separam-se estes de seus respectivos ecossistemas. Os seres humanos fazem isso consigo mesmo (ver Capítulo 3). Quando se faz isso, devem ser substituídas as funções do fluxo de energia e os ciclos químicos dos ecossistemas de suas próprias ações. Isso é o que acontece em um zoológico, onde se deve fornecer a alimentação e a remoção dos dejetos para indivíduos apartados de seus meios naturais. O conceito de ecossistema, então, reside no cerne da gestão dos recursos naturais. Quando se tenta conservar espécies ou gerenciar recursos naturais, de forma que eles sejam sustentáveis, deve-se estar focado em seu ecossistema e ter a certeza que de continuam a operar. Caso contrário devem-se substituir ou suplementar as operações ou funções do ecossistema com ações externas ao meio. O gerenciamento de ecossistemas, entretanto, envolve mais do que compensações devido às transformações causadas aos ecossistemas. Isso significa gerenciar e conservar a vida na Terra, considerando os ciclos químicos, os fluxos de energia, as interações no nível da comunidade e as transformações naturais que ocorrem dentro dos ecossistemas.

RESUMO

- Um ecossistema é a mais elementar entidade que pode manter a vida. Em sua forma mais básica, um ecossistema consiste em várias espécies e em um meio fluido (ar, água ou ambos). O ecossistema deve manter dois processos — o ciclo dos elementos químicos e o do fluxo de energia.
- A parte viva de um ecossistema é a comunidade ecológica, um conjunto de espécies conectadas pela teia alimentar e pelos níveis tróficos. Uma teia ou uma cadeia alimentar descreve quem se alimenta de quem. Um nível trófico consiste em todos os organismos que estão no mesmo nível de estágio alimentar a partir da fonte inicial de energia.
- Os efeitos no nível de comunidade resultam da interação indireta entre espécies, tais como aquelas que ocorrem quando as lontras-do-mar influenciam a abundância dos ouriços-do-mar.
- Os ecossistemas são concretos e importantes, mas é, muitas vezes, difícil definir os limites de um ecossistema ou de identificar todas as interações que acontecem. O manejo de ecossistemas é considerado chave para a conservação exitosa da vida na Terra.

REVISÃO DE TEMAS E PROBLEMAS

A população humana depende de inúmeros ecossistemas que estão amplamente dispersos ao redor do mundo. A tecnologia moderna pode aparentar nos tornar independentes desses sistemas naturais. Na verdade quanto mais interações são estabelecidas por meio do transporte moderno e das comunicações, mais tipos de ecossistemas tornam o homem dependente. Consequentemente, o conceito de ecossistema é um dos mais importantes que se pode aprender neste livro.

O conceito de ecossistema está no cerne da gestão para sustentabilidade. Quando se tenta conservar espécies ou administrar recursos vivos, de forma sustentável, deve-se focar em seus ecossistemas e ter certeza que ele continua a funcionar.

O planeta Terra tem sustentado a vida por aproximadamente 3,5 bilhões de anos. Para compreender como a Terra, de forma holística, tem sustentado a vida por tão longo tempo, deve-se entender o conceito de ecossistema, porque o meio ambiente em um nível global deve encontrar os mesmos requisitos básicos que qualquer ecossistema em nível local.

As cidades estão inseridas em ecossistemas mais amplos. Mas, como qualquer sistema que suporta a vida, a cidade deve atender às necessidades básicas do ecossistema. Isso é realizado por meio das conexões entre as cidades e os ambientes circundantes da vizinhança. Juntos, isso funciona como ecossistema ou conjunto de ecossistemas. Para se compreender como pode ser possível criar cidades agradáveis e sustentáveis, deve-se compreender o conceito de ecossistema.

Os sentimentos desfrutados quando se caminha por um parque ou próximo à beleza de um lago são muito mais uma resposta em relação a um ecossistema como um todo do que em relação a espécies individuais. Isso ilustra a conexão profunda entre o homem e os ecossistemas. Igualmente, inúmeros efeitos que ocorrem na Natureza estão no nível de um ecossistema, não somente de espécies individuais.

O estudo de caso introdutório, abordando as bolotas, camundongos, veados e a doença de Lyme, ilustra as interações entre valores e conhecimento científico sobre ecossistemas. A ciência pode dizer como organismos de veados e de camundongos se interagem. Esse conhecimento suscita o confronto de escolhas. É desejada a existência de muitos veados e de camundongos, convivendo com a doença de Lyme? Deseja-se investir em recursos ecológicos e médicos para encontrar uma forma de melhor controlar essa doença? A escolha depende da adoção dos valores.

TERMOS-CHAVE

autótrofos
bacia hidrográfica
cadeia alimentar
comunidade ecológica
decompositores
espécie-chave
interações em nível da comunidade
nível trófico
sucessão
teia alimentar

QUESTÕES PARA ESTUDO

1. Qual é a diferença entre um ecossistema e uma comunidade ecológica?
2. De que forma um aumento no número de lontras-do-mar e uma mudança em sua distribuição geográfica beneficiaria os pescadores profissionais? De que forma essas mudanças causariam problemas aos pescadores?
3. Com base na discussão deste capítulo, pode-se esperar que um ecossistema altamente poluído possua muitas ou poucas espécies? São essas espécies-chave? Explique.
4. Quais das seguintes opções são ecossistemas? Quais são comunidades ecológicas? Quais não são nenhuma delas?

   Chicago

   Uma fazenda de 1.000 hectares em Illinois

   Uma estação de tratamento de esgoto

   O rio Illinois

   O lago Michigan

LEITURAS COMPLEMENTARES

Borman, F. H. e G. E. Likens. 1994. *Pattern and Process in a Forested Ecosystem.* New York: Springer-Verlag (2nd edition). Uma visão sintética de um ecossistema do carvalho, incluindo a sua estrutura, função, desenvolvimento e relação com perturbações.

Molles, M. C. *Ecology: Concepts and Applications.* New York, McGraw-Hill. Atualmente, esse é um dos mais populares textos introdutórios de ecologia.

Odum, Eugene e G. W. Barret. 2004. *Fundamentals of Ecology.* Duxbury, Brooks/Cole. O livro-texto de Odum foi um clássico, especialmente por fornecer uma das primeiras introduções sérias sobre ecologia de ecossistemas. Essa é a última atualização, do mais antigo trabalho autorizado, feita com o seu orientado.

Rockwood, L. L. 2006. *Introduction to Population Ecology.* Oxford, England: Blackwell Publishing Professional. Essa é uma nova introdução atualizada para uma parte da ecologia, crucial para o manejo de recursos naturais.

Capítulo 7

Diversidade Biológica

OBJETIVOS DE APRENDIZADO

A diversidade biológica se tornou um dos principais tópicos ambientais que provocam fortes reações emotivas — existem muitas notícias sobre espécies em extinção, perda da biodiversidade e suas causas. Este capítulo fornece uma introdução cientifica básica que auxiliará no entendimento das premissas dessas notícias, das causas e das soluções para o desapareciemtno de espécies.

O interesse pela variedade da vida na Terra não é novo; desde muito tempo as pessoas se admiram do quão maravilhoso se tornou a diversidade dos seres vivos na Terra. Essa diversidade se desenvolveu por meio da evolução biológica e é afetada pelas interações entre espécies e pelo meio ambiente. Após a leitura deste capítulo, deve-se saber:

- Como as mutações, a seleção natural, a migração e a tendência genética levaram à evolução de novas espécies.
- Por que as pessoas valorizam a diversidade biológica.
- Como as pessoas afetam a diversidade biológica: pela eliminação, redução ou alteração de habitats; pelas safras; pela introdução de novas espécies em locais onde nunca haviam antes vivido; e pela poluição do meio ambiente.
- Quando e por que a diversidade biológica é importante para os ecossistemas — como isso pode afetar a produção biológica, o fluxo de energia, o ciclo dos elementos químicos e os demais processos dos ecossistemas.
- Quais os problemas ambientais mais importantes estão associados com a diversidade biológica.
- Por que tantas espécies têm sido capazes de evoluir e de sobreviver.
- Os conceitos de nicho ecológico e de *habitat*.

O uivo dos lobos é um dos sons da vida selvagem e natural, de que alguns têm medo e outros têm amor, pois remete ao contato com a natureza.

ESTUDO DE CASO

Lobos Removidos da Lista de Espécies Ameaçadas — Sucesso ou Fracasso na Conservação de uma Espécie em Extinção?

No dia 21 de fevereiro de 2008, o governo federal dos Estados Unidos retirou o lobo-cinzento da lista de espécies ameaçadas. Habitualmente, isso significa que determinada espécie se recuperou e não mais se encontra em risco de extinção, o que é motivo para comemoração entre os ambientalistas. Porém, essa atitude levantou preocupações no lugar de comemorações entre as organizações ambientalistas. Rodger Schlickeisen, presidente do Defenders of Wildlife (Defensores da Vida Selvagem), afirmou que os planos atuais "parecem determinados somente a levar ao extermínio dramático e à necessidade de retorno imediato à lista de lobos ameaçados. Isso não está na lista de melhores intenções de ninguém". Isso ocorre porque uma vez fora da lista, os lobos podem ser caçados.

No dia 28 de março de 2008, a reinclusão dos lobos na lista foi efetivada. Em apenas três dias, três tinham sido atingidos e mortos. E, por volta de 3 de maio, 12 lobos haviam sido mortos. Os lobos são mortos quando se acredita que estão assediando ou ameaçando animais, em fazendas, ou quando estes são considerados troféus de caça. Em Wyoming (um dos 50 estados dos EUA), tomados como predadores, os lobos podem ser mortos a qualquer hora e de qualquer forma. "Tem ocorrido muito interesse e estímulo pelos caçadores em Sublette County" (município ou condado de County), disse Cat Urbigkit, um membro do Quadro de Predadores do Condado de Sublette, Wyoming, o que significava que os caçadores esportivos estavam procurando lobos como troféus. Nesse ínterim, um grupo de 12 organizações ambientalistas planejava processar o governo federal, argumentando que as populações de lobos ainda eram pequenas para serem consideradas a salvo de uma segunda rodada de extinção regional. Atualmente existem cerca de 5.200 lobos nos 48 estados mais ao sul do país, 1.200 lobos na região das Montanhas Rochosas e 4.000 na região dos Grandes Lagos. A lei federal permite que a população caia para 300 antes que o governo federal possa, de novo, interferir na proteção dos lobos. Antes da colonização europeia na América do Norte, os lobos provavelmente existiam em número de centenas de milhares, porém é difícil obter uma estimativa que soe científica.

Os lobos representam um conflito básico sob a ótica popular da natureza, vida selvagem e biodiversidade biológica. Para muitos, os lobos são um dos derradeiros símbolos da verdadeira natureza selvagem e a sua preservação, na Terra, tem um profundo significado cuja importância é inestimável. Para outros, os lobos são perigosos, assassinos de cordeiros, de bezerros e devem ser mortos. Segundo a zoologista Susan Crockford, da Universidade de Victória, British Columbia, Canadá, uma autoridade no estudo da evolução dos cães a partir dos lobos, "os lobos atacarão e matarão animais e cães em fazendas e, também, matarão pessoas em algumas condições", de forma que as pessoas têm uma boa razão para ter medo deles.

E, de forma mais genérica, todos sempre gostaram da grande diversidade da vida e têm admirado os seus animais maravilhosos, incluindo os grandes predadores. Porém, a natureza tem algo sempre a ser temido, e os lobos, de alguma maneira, trazem esse medo, como se aprende nas histórias infantis e no folclore, por exemplo, "Chapeuzinho Vermelho".

Com essa forte dualidade de sentimentos sobre os lobos, confrontam-se as questões básicas sobre a diversidade biológica: o que ela significa, qual o papel que a diversidade desempenha na sustentação da vida na Terra e como essa diversidade pode ser conservada? O capítulo é uma introdução a essas questões.[1]

Figura 7.1 ■ Lobo-cinzento da América do Norte.

7.1 O que É Diversidade Biológica?

A **diversidade biológica** se refere à variedade de formas de vida, expressas comumente como o número de espécies, em uma determinada área, ou o número de tipos genéticos em uma dada área. A preservação da diversidade biológica chama atualmente muito a atenção. Um dia se escuta falar sobre ursos polares nos noticiários, no dia seguinte algo sobre lobos ou salmões, ou sobre elefantes ou baleias. O que se pode fazer para a proteção dessas espécies que tem um significado muito importante para todos? O que é necessário fazer sobre a diversidade biológica em geral e para todas as formas de vida, com as pessoas gostando ou não delas?

E esse é um assunto científico ou não? Ou ele é até mesmo parcialmente científico? Isso é o que trata este capítulo. Introduz os conceitos científicos relativos à diversidade biológica, explica os aspectos da diversidade biológica que possuem base científica, diferencia os aspectos científicos daqueles não científicos e, desse modo, fornece uma base para a avaliação das questões da biodiversidade.

Por que Valorizar a Natureza? As Oito Razões

Antes de introduzir a discussão sobre as bases cientificas da biodiversidade e do papel da ciência em sua conservação, é necessário considerar por que as pessoas valorizam a diversidade biológica. Existem oito razões ou motivos pelas quais as pessoas valorizam a diversidade biológica: utilitarismo; serviço público; moral; teológico; estética; recreacional (lazer); espiritual e criatividade.

O utilitarismo significa que uma espécie ou grupo de espécies fornecem um produto com valor direto para as pessoas. O serviço público significa que a natureza e a sua diversidade fornecem algum serviço, tal como a absorção do dióxido de carbono ou a polinização das flores pelas abelhas, pássaros e morcegos, que são essenciais ou valiosos para a vida humana e que serão caros e de impossível reposição pela ação humana direta. O serviço público também se refere à ideia de que as espécies possuem papéis em seus ecossistemas e que alguns deles são necessários para a sobrevivência de seus ecossistemas, talvez até para sobrevivência de toda a vida. Pesquisas científicas informam quais as espécies possuem tais papéis em ecossistemas. Moral significa a crença de que as espécies têm o direito de existir, independentemente de seu valor para as pessoas. Teológico significa que algumas religiões valorizam a natureza e diretamente a sua diversidade, e uma pessoa que segue essa religião sustenta essa crença.

Estética, lazer, espiritual e criatividade tem a ver com as formas que a natureza e sua diversidade beneficiam imaterialmente as pessoas. Estes são frequentemente agrupados, mas aqui serão separados.

A estética se refere à beleza na natureza, incluindo a variedade da vida. Recreacional ou lazer é o que se vê — que as pessoas desfrutam entrar em contato com a natureza não somente porque é bonita de se admirar, mas, porque ela nos fornece atividade que se desfruta e que são saudáveis. Espiritual se refere à forma em que se toma contato com a natureza e sua diversidade tem emocionado as pessoas desde que a natureza e a sua diversidade foi descrita, uma exaltação emocional, muitas vezes, tomada como uma experiência religiosa. Criatividade se refere ao fato de que artistas, escritores e músicos encontram estímulo para a sua criatividade a partir da natureza e de sua diversidade.

A ciência auxilia diretamente na determinação de quais são as funções utilitárias e de serviços públicos da diversidade biológica. Pesquisas cientificas têm conduzido à descobertas que fornecem novos benefícios utilitários a partir da diversidade biológica. Por exemplo, pesquisas médicas levaram ao desenvolvimento da quimioterapia para o tratamento do câncer. Descobriu-se que o Taxol (nome comercial para o remédio Paclitaxel), elemento químico encontrado no cedro, possui propriedades quimioterápicas, o que levou à extração de cedros — uma espécie ameaçada de extinção.

E, curiosamente, a ascensão da era científica e industrial foi acompanhada por uma grande mudança na forma com que a natureza é avaliada. Por exemplo, antes desse tempo, quando as viagens pelas montanhas eram difíceis, as montanhas eram consideradas ameaçadoras. Porém, próximo à época dos poetas românticos, a viagem através dos Alpes tornou-se mais fácil e, repentinamente, os poetas começaram a apreciar o "prazer terrível" dos cenários montanhosos. Dessa forma, indiretamente, o conhecimento científico influencia as formas espirituais de se avaliar a diversidade biológica.

As Bases Científicas para Compreender a Biodiversidade

As discussões sobre a diversidade biológica são complicadas pelo fato de que as pessoas querem dizer várias coisas quando se fala dela. Pode-se querer dizer sobre a conservação de espécies únicas e raras, de uma variedade de habitats, sobre o número de variedades genéticas, do número de espécies ou da relativa abundância de espécies. Esses conceitos estão inter-relacionados, porém, cada um deles possui um significado distinto.

Os jornais e a televisão frequentemente cobrem o problema do desaparecimento de espécies ao redor do mundo e da necessidade de conservação dessas espécies. Antes de discutir de forma inteligente as questões envolvidas na preservação da diversidade da vida, deve-se compreender como essa diversidade se originou. Este capítulo primeiramente aponta os princípios da evolução biológica e, então, retorna à diversidade biológica propriamente dita: os seus significados distintos, como as interações entre as espécies aumentam ou diminuem a diversidade e como o meio ambiente afeta a diversidade.

7.2 Evolução Biológica

A primeira grande questão sobre a diversidade biológica é: Como isso tudo se originou? Essa é uma questão discutida desde muito tempo. Antes da ciência moderna, a diversidade da vida e as adaptações dos seres vivos ao seu meio ambiente pareciam ser muito prazerosas para ter se originado por acaso. A única explicação possível parecia ser que essa diversidade foi criada por Deus (ou pelos deuses). Todos eram fascinados por essa diversidade e estavam familiarizados com ela, conforme ilustrado pelo famoso tapete medieval "*The Hunting of the Unicorn*" (A Caça do Unicórnio). No exemplo mostrado na Figura 7.2, uma enorme variedade de plantas e de animais (incluindo sapos e insetos) está primorosa e detalhadamente representada. Exceto pelo unicórnio imaginário no centro, os desenhos do tapete são familiares aos naturalistas atualmente. O grande filósofo e escritor romano Cícero colocou isso de forma sucinta: "Quem não pode admirar esta harmonia das coisas, essa sinfonia da natureza que parece desejar o bem-estar do mundo?" Ele conclui que "tudo no mundo é ordenado maravilhosamente pela providência e sabedoria divinas para a segurança e proteção de todos nós".[2]

Com a ascensão da ciência moderna, no entanto, outras explicações se tornaram possíveis. No século XIX, Charles Darwin encontrou uma explicação que ficou conhecida como **evolução biológica**. A evolução biológica se refere à transformação de características intrínsecas de uma população, de geração para geração. Isso pode resultar em novas espécies — populações que não mais podem se reproduzir com os indivíduos da espécie de origem. Juntamente com a autorreprodução, a evolução biológica é uma das características que distinguem a vida de tudo mais que existe no universo.

A palavra *evolução* inserida no termo *evolução biológica* possui um significado especial. No contexto externo ao da biologia, *evolução* é utilizada, de modo geral, para significar a história e o desenvolvimento de algo. Por exemplo, críticos literários falam sobre a evolução do enredo de uma peça ou romance, o que significa o quanto a história vai se desdobrando e revelando. Geólogos falam sobre a evolução da história da Terra e das transformações geológicas que ocorreram ao longo dessa história. No campo da biologia, no entanto, a palavra possui um significado mais específico. A evolução biológica é um processo de mão única. Uma vez extinta uma espécie, ela está extinta para sempre. É possível mover uma máquina, tal como o relógio mecânico antigo, para frente e para trás. Mas quando uma nova espécie evolui, ela não pode retornar ao que foram os seus ancestrais.

Figura 7.2 ■ A diversidade da vida desde sempre foi admirada. Nesta foto, o tapete holandês da época medieval, "*A Caçada do Unicórnio*" (do final do século XIX), celebra a grande diversidade da vida. Com exceção do unicórnio mitológico, todas as plantas e animais mostrados são reais e pintados com grande precisão.

De acordo com a teoria da evolução biológica, novas espécies surgirão como resultado da competição por recursos e pela diferença entre indivíduos em suas adaptações às condições do ambiente. Uma vez que o meio ambiente continuamente se transforma, aqueles indivíduos melhor adaptados também de transformam. Conforme escreveu Charles Darwin, "Pode-se duvidar disso, do esforço que cada indivíduo precisa fazer para conseguir sobreviver, que a mínima variação na estrutura, nos hábitos ou nos instintos, adaptando aqueles indivíduos melhor do que as novas condições [ambientais] seriam em consequência do seu vigor e saúde? No esforço eles teriam uma *oportunidade* melhor para sobreviver; e aqueles de seus descendentes que herdassem a variação, seja essa tão sutil, terá também uma *chance* melhor". Soa plausível, porém, como ocorre essa evolução? Quatro processos levam à evolução: mutação, seleção natural, migração e deriva genética.

Mutação

Os genes, contidos nos cromossomos dentro das células, são hereditários, ou seja, transmitidos de uma geração para a próxima. Um *genótipo* é a composição genética de um indivíduo ou grupo. Os genes são constituídos de um componente químico complexo chamado de ácido desoxirribonucleico (DNA). O DNA, por sua vez, é composto por blocos químicos que formam um código, um tipo de alfabeto de informações. O alfabeto do DNA consiste em quatro letras (componentes específicos contendo nitrogênio, chamados de bases nitrogenadas), que estão combinados em pares: (A) adenina, (C) citosina, (G) guanina e (T) timina. A forma com que essas letras são combinadas em longas correntes determina a "mensagem" interpretada por uma célula para produzir compostos específicos.

Conjuntos dessas quatro bases nitrogenadas formam um **gene**, que é uma simples peça da informação genética. O número de pares de bases que formam um gene varia. Para tornar as coisas mais complexas, alguns pares de bases encontrados no DNA não são funcionais — eles não estão ativos e não determinam nenhum dos elementos químicos produzidos pela célula. Além disso, alguns genes afetam as atividades de outros, ligando ou não esses outros genes. E criaturas, como os seres humanos, possuem genes que limitam o número de vezes que uma célula pode se dividir — determinando assim a longevidade máxima.

Quando uma célula se divide, o DNA é reproduzido e cada nova célula recebe uma cópia. Algumas vezes, um erro na reprodução transforma o DNA e, assim, altera as características hereditárias. Algumas vezes um agente externo entra em contato com o DNA, alterando-o. A radiação, como os raios X e os raios gama, podem romper o DNA em partes ou alterar a sua estrutura química. Determinados elementos químicos também podem alterar o DNA. Da mesma forma como podem os vírus. Quando o DNA se altera, de alguma dessas formas, então se costuma dizer que houve uma **mutação**.

Em alguns casos, uma célula ou uma célula descendente com uma mutação não pode sobreviver (Figura 7.3*a* e *b*). Em outros casos, uma simples mutação agrega variabilidade às características hereditárias (Figura 7.3*c*). Mas somente em outros casos, indivíduos com mutações são tão diferentes de

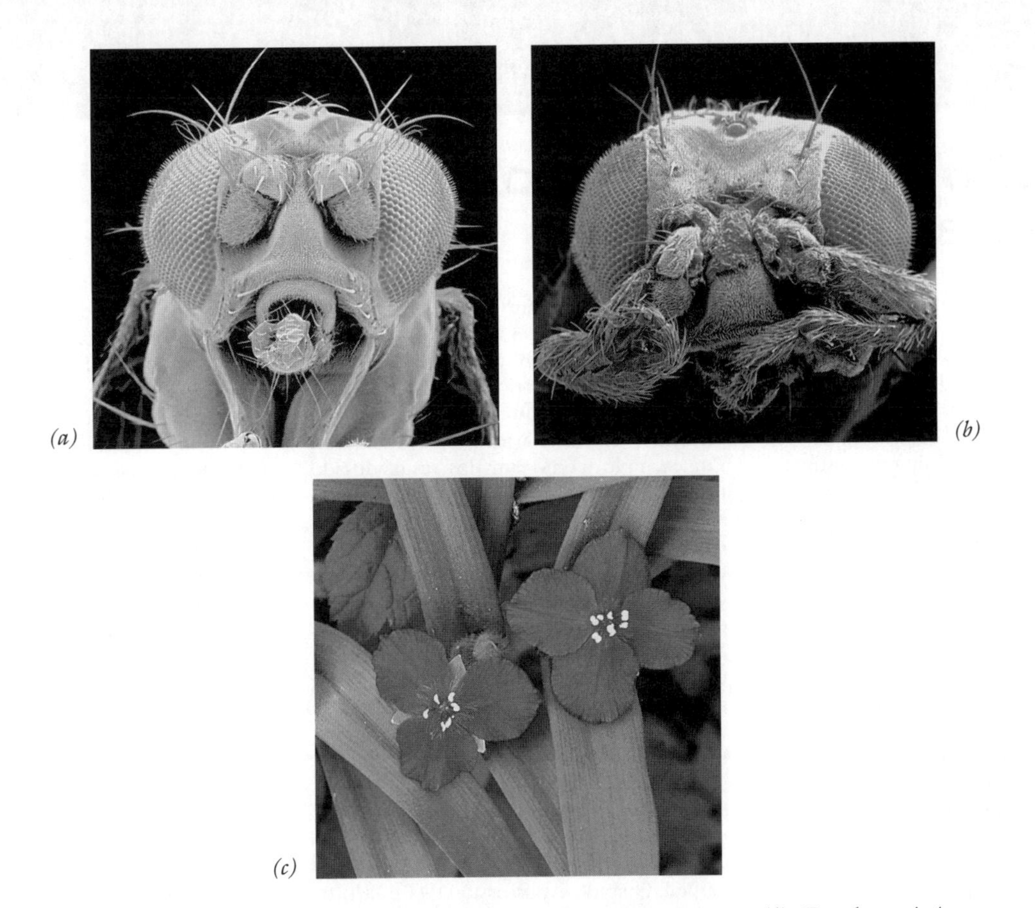

Figura 7.3 ■ Uma mosca de frutas comum (*a*) e uma mosca de frutas com mutação nas antenas (*b*). *Trandescantia* é uma pequena angiosperma utilizada nos estudos dos efeitos de mutações (*c*). A cor dos estames na flor (de rosa a claro) é o resultado de um único gene, que pode ser alterado quando esse gene sofre mutações induzidas por radiação ou por elementos químicos, como o cloreto de etileno.

seus antecessores que eles não podem se reproduzir com a descendência normal de sua espécie, dessa forma criando-se então uma nova espécie (Figura 7.3).

Seleção Natural

Quando ocorre uma variação em uma espécie, alguns indivíduos podem ser bem mais adaptados ao meio ambiente do que outros indivíduos. (As transformações não são sempre para melhor. As mutações podem resultar em uma nova espécie se essa espécie for ou não melhor adaptada, ao meio ambiente, do que as espécies que a originou.) A categoria de organismos cujas características biológicas os tornam aptos para sobreviver e reproduzir, em seu meio ambiente, deixa mais descendentes do que outros. Os seus descendentes formam uma ampla proporção da próxima geração e são mais "ajustados" e aptos ao meio ambiente. Esse processo de aumento da proporção de descendentes é chamado de **seleção natural**. Quais características hereditárias resultam em maior número de descendentes dependem de características específicas de um ambiente e, uma vez que o meio ambiente se transforma, ao longo do tempo, as características dos "ajustes" igualmente se transformarão. Em resumo, a seleção natural envolve quatro fatores básicos:

- Hereditariedade de traços ou feições de uma geração para a próxima e alguma variação nesses traços — que é a variabilidade genética.
- Variabilidade ambiental.
- Reprodução diferenciada que varia com o meio ambiente.
- Influência do meio ambiente na sobrevivência e na reprodução.

A seleção natural é ilustrada no Detalhamento 7.1, que descreve como os mosquitos portadores da malária desenvolvem resistência ao DDT e como os microrganismos que causam a malária desenvolvem resistência ao quinino, um tratamento para essa doença.

Conforme anteriormente explicado, quando a seleção natural ocorre ao longo do tempo, algumas características podem se alterar. O acúmulo dessas alterações pode ser tão significativo que a geração presente pode não mais conseguir se reproduzir com indivíduos que possuam a estrutura original do DNA, resultando em uma nova espécie. Uma **espécie** é um grupo de indivíduos que podem (no mínimo, ocasionalmente) se reproduzir uns com os outros.

Ironicamente, o isolamento geográfico podem também levar ao surgimento de novas espécies. Isso pode acontecer quando uma população de uma espécie migra para um habitat já ocupado por outra população dessa mesma espécie, assim, alterando a frequência genética nesse *habitat*. Por exemplo, essa alteração na frequência genética pode resultar da migração de sementes de plantas floridas sopradas pelo vento ou transportadas por pelos de mamíferos — se as sementes são depositadas em um novo *habitat*, o meio ambiente pode ser suficientemente diferente para favorecer genótipos não tão favorecidos quanto os da seleção natural no habitat de origem. A seleção natural, combinada com o isolamento geográfico e subsequente migração, pode então conduzir para novos genótipos dominantes e, eventualmente, a novas espécies.

DETALHAMENTO 7.1

Seleção Natural: Os Mosquitos e o Parasita da Malária

A malária representa uma grande ameaça a 2,4 milhões de pessoas — acima de um terço da população mundial — que vive em mais de 90 países, a maioria deles localizados nos trópicos. Nos Estados Unidos, a Flórida recentemente viveu um pequeno, mas sério surto de malária. Mundialmente, estima-se que 300 a 400 milhões de pessoas são infectadas a cada ano, sendo que 1,1 milhão delas morrem.[3] Somente na África, mais de 3.000 crianças morrem diariamente infectadas pela malária.[4] Trata-se da quarta maior causa de mortes de crianças em países em desenvolvimento. Houve época em que se imaginava que a doença era causada pela sujeira ou pelas más condições do ar (por isso que o nome *malária*, derivado do latim significa "mau ar"), a malária é, na verdade, causada por micróbios parasitas (quatro espécies do protozoário *Plasmodium*). Esses micróbios afetam e são transportados pelos mosquitos *Anopheles*, que, por sua vez, transmitem o protozoário para as pessoas. Uma solução para o problema da malária, então, seria a erradicação dos mosquitos *Anopheles*.

No final da 2ª Guerra Mundial, pesquisadores descobriram que o pesticida DDT era extremamente efetivo contra os mosquitos *Anopheles*. Eles descobriram, inclusive, que a cloroquina era altamente efetiva para eliminar os parasitas *Plasmodium*. (A cloroquina é um derivado artificial do quinino, um elemento químico encontrado na casca de árvores de quinino, que foi um dos primeiros tratamentos da malária.)

Em 1957, a Organização Mundial da Saúde (OMS) iniciou uma campanha de 6 bilhões de dólares para livrar o mundo da malária, utilizando uma combinação de DDT e a cloroquina. No princípio, a estratégia pareceu exitosa. Em meados dos anos 1960, a malária havia quase desaparecido ou sido eliminada em 80% das áreas-alvo. Entretanto, o sucesso teve vida curta. Os mosquitos começaram a adquirir resistência ao DDT e o protozoário se tornou resistente a cloroquina. Em muitas áreas tropicais, a incidência da malária tornou-se ainda pior. Por exemplo, como um dos resultados do programa da OMS, o número de casos no Sri Lanka caiu de 1 milhão para apenas 17 casos por volta de 1963. Porém, em meados de 1975, 600.000 casos foram reportados e o número real de casos que se acredita verdadeiro era quatro vezes superior. Atualmente existem 500 milhões de casos de malária e que resultam em 1 milhão de mortes por ano. A resistência dos mosquitos ao DDT se tornou generalizada e a resistência do protozoário a cloroquina atingiu 80% dos 92 países onde a malária era a maior causa de mortes.[3,5]

Os mosquitos e os protozoários desenvolveram resistência por meio da seleção natural. Quando expostos ao DDT e à cloroquina, os indivíduos suscetíveis morriam. A maioria dos organismos resistentes sobrevivia e transmitia os seus genes resistentes aos seus descendentes. Desde que os indivíduos suscetíveis morriam, eles deixavam poucos ou nenhum descendente e quaisquer descendentes deixados eram suscetíveis. Dessa forma, uma alteração no meio ambiente — a introdução antrópica do DDT e da cloroquina — provocou que um genótipo peculiar se tornasse dominante entre as populações.

Uma lição prática dessa experiência é que quando se pretende eliminar uma doença causada por alguma espécie, deve-se atacá-la completamente no princípio e destruir todos os indivíduos antes que a seleção natural permita a criação de resistência. Porém, algumas vezes, isso pode ser uma tarefa impossível, em parte devido à variação genética natural na espécie-alvo. Uma vez que agora a cloroquina se tornou generalizadamente não efetiva, novas drogas têm sido desenvolvidas para a prevenção da malária. Entretanto, a segunda e a terceira geração de drogas eventualmente se tornarão igualmente ineficazes, como resultado do mesmo processo de evolução biológica pela seleção natural. Esse processo é acelerado pela habilidade de rápida mutação do *Plasmodium*. Na África do Sul, por exemplo, o protozoário se tornou resistente à mefloquina, imediatamente após a droga se tornar disponível para tratamento da doença. Uma alternativa é o desenvolvimento de uma vacina contra o protozoário *Plasmodium*.

A biotecnologia tem tornado isso possível, mapeando a estrutura desses organismos causadores da malária. Pesquisadores estão constantemente mapeando a estrutura genética do *P. falciparum*, o mais mortal dos protozoários, e se espera finalizá-lo dentro de alguns anos. Dispondo dessa informação, espera-se criar uma vacina contendo uma variedade das espécies que seja benigna aos seres humanos, mas que produza uma reação de imunidade.[6] Paralelamente, os pesquisadores estão mapeando a estrutura genética do *Anopheles gambiae*, o mosquito hospedeiro. Esse projeto pode fornecer inspiração no campo da genética, que poderia prevenir o desenvolvimento da malaria no próprio mosquito. Além disso, poderiam ser identificados os genes associados à resistência aos inseticidas e fornecer pistas para o desenvolvimento de novos pesticidas.[6]

O desenvolvimento da resistência ao DDT pelos mosquitos e à cloroquina pelo *Plasmodium* são exemplos da evolução biológica que ocorrem. Os pesquisadores estão trabalhando, com a ajuda da biotecnologia, para compreender a estrutura química específica das características hereditárias.

Migração e Isolamento Geográfico

Algumas vezes, duas populações de uma mesma espécie se tornam geograficamente separadas uma das outras por um longo período de tempo. Durante esse tempo, as duas populações podem se transformar tanto que não mais podem se reproduzir entre elas, mesmo quando são novamente colocadas em contato. Nesse caso, duas novas espécies evoluíram a partir de espécies originais. Isso pode acontecer mesmo se as alterações genéticas não estiverem mais ajustadas, porém, simplesmente diferentes o suficiente para prevenir a reprodução. A **migração** tem sido um processo de evolução importante ao longo do tempo geológico (um período de tempo suficientemente longo para que as transformações geológicas ocorram).

A visita de Darwin às Ilhas Galápagos deram a ele a sua mais poderosa inspiração sobre a evolução biológica.[7] Lá ele encontrou muitas espécies de tentilhão (pássaro da família *Fringillidae*) que foram relatadas como espécie original encontrada em outros lugares. Em Galápagos, cada espécie estava adaptada a um nicho distinto.[8] Darwin sugeriu que os tentilhões isolados de outras espécies em continentes eventualmente se separaram em número de grupos, cada um adaptado a um papel mais especializado. Esse processo é chamado de **radiação adaptativa**.

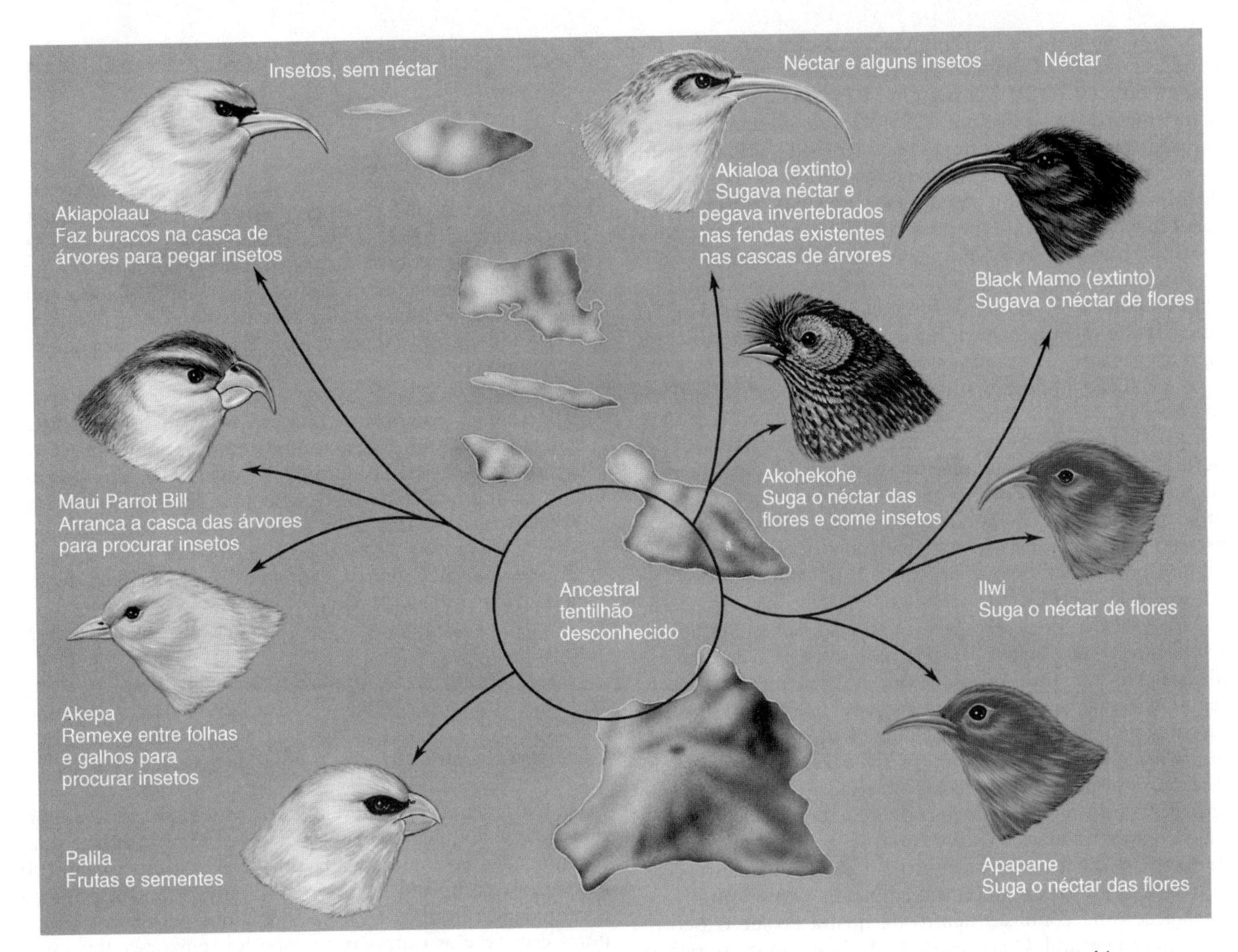

Figura 7.4 ■ A divergência evolucionária entre *honeycreepers* no Havaí. Dezesseis espécies de pássaros, cada um com um bico adaptado para a sua alimentação, evoluíram a partir de um mesmo ancestral. Nove dessas espécies estão aqui mostradas. As espécies se desenvolveram para se ajustarem aos nichos ecológicos que, no continente da América do Norte, havia previamente sido preenchido por outras espécies não muito próximas ou relacionadas ao predecessor. (*Fonte*: De C. B. Cox, I. N. Healey e P. D. Moore, *Biogeography* [New York: Halsted, 1973].)

Mais recentemente e mais acessível aos visitantes e turistas, pode-se encontrar radiação adaptativa nas ilhas do Havaí, onde um tipo de tentilhão ancestral evoluiu para várias espécies, incluindo comedores de sementes e frutos, comedores de insetos e comedores de néctares, cada um deles com o bico adaptado para o seu alimento específico (Figura 7.4).[9] Pode-se fazer diferentes generalizações sobre a diversidade das espécies nas ilhas, tais como as seguintes.

Deriva Genética

A **deriva genética** acontece quando transformações na frequência de um gene em uma dada população ocorrem não devido à mutação, seleção ou migração, mas simplesmente por casualidade. Uma forma de ocorrência é por meio do **efeito fundador**. O efeito fundador acontece quando um pequeno número de indivíduos está isolado de grandes populações; eles podem ter uma variação genética muito menor do que as espécies de origem (e normalmente é assim) e cada característica que a população isolada possui será afetada pelo acaso. Em ambos os casos, o efeito fundador e a deriva genética, os indivíduos podem não ser mais bem adaptados ao meio ambiente; de fato, podem ser mais pobremente adaptados ou neutramente adaptados. A deriva genética pode ocorrer em qualquer população pequena e, igualmente, pode apresentar problemas quando um grupo menor é, ao acaso, isolado da população principal.

Por exemplo, os carneiros-selvagens vivem nas montanhas dos desertos a sudoeste dos Estados Unidos e do México. No verão, esses carneiros se alimentam no cume das montanhas, onde é mais frio e mais úmido, e onde há mais vegetação. Antes da colonização europeia de alta densidade na região, os carneiros podiam se deslocar livremente e, muitas vezes, migrar de uma montanha para outra descendo para os vales e atravessando-os no inverno. Dessa forma, grande número de carneiros se cruzou. Com o desenvolvimento das fazendas de gado e de outras atividades humanas, inúmeras populações de carneiros-selvagens não puderam mais migrar por entre as montanhas atravessando os vales. Esses carneiros se tornaram isolados em grupos muito pequenos — usualmente, uma dúzia, mais ou menos, de forma que o acaso pôde desempenhar um papel amplo nas características hereditárias que permaneceram na população.

Isso aconteceu com uma população de carneiros-selvagens na ilha Tiburón (Tubarão), no México, que foi reduzida a uma população de 20 animais, em 1975, mas que aumentou grandemente para 650, em 1999. Devido à enorme recuperação, essa população de animais tem sido utilizada para repovoar outros habitats de carneiros-selvagens no nordeste do México. Porém, um estudo sobre o DNA mostra que a variabilidade genética é muito menor do que outras populações que têm sido estudadas no Arizona. Pesquisadores que estudaram essa população propõem que indivíduos de outras ilhas ecológicas de carneiros-selvagens isolados deveriam ser agregados a qualquer outro novo transplante, para restaurar algo do passado, de grande variação genética.[10]

A evolução biológica é tão diferente de outros processos que vale a pena despender um tempo adicional esmiuçando o tópico. Não existem regras simples as quais espécies devem seguir para ganhar ou para se manter no jogo da vida. Algumas vezes quando se tenta gerenciar espécies, considera-se que a evolução seguirá regras simples. Mas, as espécies pregam peças; adaptam-se ou falham ao adaptarem-se todo o tempo, por caminhos que não podem ser antecipados. Tais consequências inesperadas resultam da falha na compreensão integral de como as espécies têm evoluído em relação a sua condição ecológica. Todavia, continua-se a desejar e a planejar considerando-se que a vida e o seu meio ambiente seguirão regras simples. Isso é verdade até mesmo para os recentes trabalhos no campo da engenharia genética. *A complexidade é uma característica da evolução.* As espécies têm desenvolvido muitas adaptações, intrincadas e fantásticas, que têm permitido a sua sobrevivência e perpetuação. É essencial se dar conta de que essas adaptações se desenvolvem não de forma isolada, mas no contexto do relacionamento com outros organismos e com o meio ambiente. O meio ambiente estabelece uma condição dentro da qual a evolução ocorre pela seleção natural. O ecologista G. E. Hutchinson se referia a essa interação no título de um de seus livros "*The Ecological Theater and the Evolutionary Play*" (O Teatro Ecológico e a Peça Evolucionária). Nesse livro, a condição ecológica — o estado do meio ambiente e de outras espécies — é o cenário e o teatro no qual ocorre a seleção natural. Neste teatro, a seleção natural resulta em uma história da evolução interpretada sobre a história da vida na Terra.[11]

Em síntese, o que a teoria da evolução biológica contribui acerca da diversidade biológica? Aqui estão algumas de suas implicações:

- Desde que as espécies se desenvolveram e se desenvolvem, e desde que as espécies também estão continuamente em extinção, a diversidade biológica está constantemente se transformando, de modo que as espécies presentes em qualquer local podem se transformar ao longo do tempo.
- A adaptação não possui regras rígidas; as espécies se adaptam em resposta às condições ambientais e a complexidade é parte habitual da natureza. Não se pode esperar que as ameaças de uma espécie sejam necessariamente ameaças para outras.
- As espécies e as populações se tornam geograficamente isoladas de tempos em tempos, experimentando o efeito fundador e a deriva genética.
- As espécies estão constantemente se desenvolvendo e se adaptando às transformações do meio ambiente. Uma vez que estejam em problemas — tornando-se ameaçadas — é quando não conseguem se desenvolver e evolucionar suficientemente rápido para permanecerem no Meio Ambiente.

7.3 Conceitos Básicos sobre Diversidade Biológica

Explicados os princípios básicos da evolução biológica, pode-se retornar ao tema da diversidade biológica. O primeiro degrau no desenvolvimento de políticas públicas para a conservação biológica é ter claro o significado do termo. Isso não tem sido sempre o caso no passado, especialmente porque, conforme alertado anteriormente, a diversidade biológica tem significados diferentes para distintas pessoas. Neste livro e nas ciências ambientais, em geral, a diversidade biológica envolve os seguintes conceitos:

- *Diversidade genética*: o número total de características genéticas de uma determinada espécie, subespécie ou grupo de espécies. Em termos de engenharia genética e da nova compreensão de DNA, isso pode significar o total das sequências dos pares de bases do DNA; o número total de genes, ativos ou não; ou o número total de genes ativos.
- *Diversidade de habitat*: os diferentes tipos de habitats em uma dada unidade de área.
- *Diversidade de espécies*, o que, por sua vez, possui três qualidades:
  riqueza de espécies — número total de espécies;
  uniformidade de espécies — a abundância relativa das espécies;
  dominância de espécies — as espécies mais abundantes.

Para compreender as diferenças entre a riqueza, a uniformidade e a dominância das espécies, deve-se imaginar duas comunidades ecológicas, cada uma com 10 espécies e 100 indivíduos, conforme ilustrado na Figura 7.5. Na primeira comunidade (Figura 7.5*a*), 82 indivíduos pertencem a uma única espécie e as outras nove espécies remanescentes estão representadas cada uma delas por dois indivíduos. Na segunda comunidade (Figura 7.5*b*), todas as espécies são igualmente abundantes; cada uma, portanto, possui 10 indivíduos. Qual comunidade apresenta a maior diversidade?

Em princípio, alguém pode pensar que duas comunidades apresentam a mesma diversidade de espécies porque elas possuem o mesmo número de espécies. Entretanto, penetrando-se por ambas as comunidades, a segunda pareceria apresentar maior diversidade. Na primeira comunidade, na maioria das vezes, percebem-se somente os indivíduos das espécies dominantes (no caso mostrado na Figura 7.5*a*, elefantes), ela é mais heterogênea; provavelmente não se percebem, de forma alguma, as inúmeras outras espécies. Na segunda comunidade, mesmo um visitante casual perceberia inúmeras espécies em pouco tempo, pois possui uma distribuição mais homogênea e uniforme. A primeira comunidade pareceria possuir uma diversidade e uniformidade relativamente pequena até que fosse submetida a um cuidadoso estudo. Pode-se testar a probabilidade de se descobrir novas espécies em ambas as comunidades, movendo uma régua para qualquer direção nas Figuras 7.5*a* e 7.5*b* e contando o número de espécies que ele toca.

Como esses exemplos indicam, contando meramente o número de espécies não é suficiente para descrever a diversidade biológica. A diversidade das espécies tem a ver com a casualidade e a chance relativa de se perceber espécies tanto quanto ela tem a ver com o número real que se apresenta. Os ecologistas se referem ao número total de espécies em uma dada área como *riqueza de espécies*, a abundância relativa como *uniformidade de espécies* e a espécie mais abundante como *dominante*.

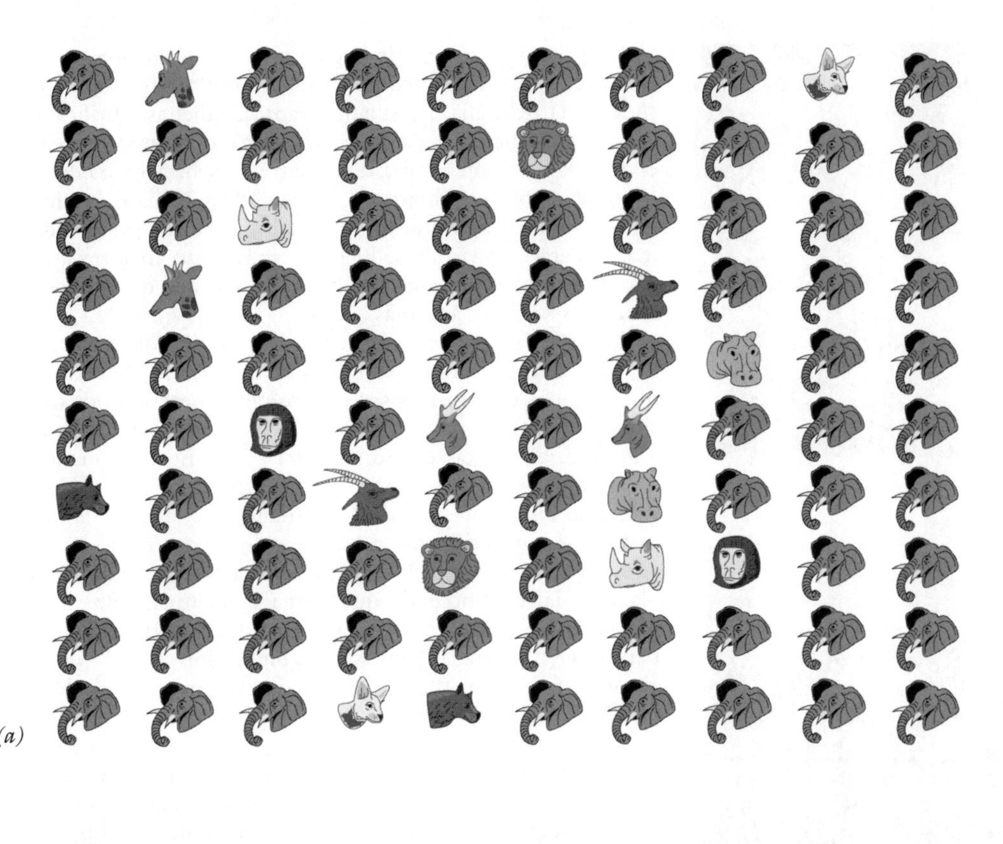

Figura 7.5 ■ Diagrama ilustrando a diferença entre a uniformidade das espécies, que é abundância relativa de cada uma das espécies, e a riqueza das espécies, que é o número total de espécies. As figuras (*a*) e (*b*) possuem o mesmo número de espécies, mas diferentes abundâncias relativas. Desloque uma régua através de cada diagrama e conte o número de espécies que a régua cruza. Faça isso inúmeras vezes e determine quantas espécies existem em cada diagrama, (*a*) e (*b*). Veja o texto que explica os resultados.

7.4 A Evolução da Vida na Terra

O próximo passo no desenvolvimento de políticas públicas para a conservação da diversidade biológica é compreender como essa diversidade se transformou no passado, ao longo da história da Terra. Para os mosquitos e seus parasitas da malária (ver Detalhamento 7.1), a evolução ocorreu rapidamente. Ao contrário, durante a maior parte da história da Terra, a evolução parece ter ocorrido, em média, muito mais lentamente.

Como se sabe a respeito da história da evolução? Em parte, devido ao estudo dos fósseis. Os primeiros e mais antigos fósseis conhecidos, com 3,5 bilhões de anos, são microrganismos que parecem ser formas ancestrais de bactérias e que os microbiologistas chamam de Archaea (Figura 7.6).[12]

Pelos 2 bilhões de anos seguintes somente tais formas de micróbios viveram na Terra. Surpreendentemente, esses organismos transformaram enormemente o meio ambiente glo-

(a)

(b)

Figura 7.6 ■ Primeiras vidas conhecidas: estromatólitos. (*a*) Rochas formadas por fósseis de 3,5 milhões de anos de um parente fotossintetizador da bactéria; (*b*) Formações atuais da mesma ou de bactérias similares na baía dos Tubarões, Austrália. Os fósseis ancestrais são uma combinação de camadas de bactérias e de materiais não biológicos. Dessa forma, constituem-se as formações atuais.

bal, alterando especialmente a química da atmosfera. A principal maneira que essa transformação se originou foi a partir da fotossíntese, uma capacidade que se desenvolveu ao longo desses 2 bilhões de anos. Como em todos os organismos fotossintezadores, esses primeiros organismos removeram o dióxido de carbono da atmosfera e liberaram nela enormes quantidades de oxigênio (o que ilustra o constante argumento de que a vida sempre tem transformado o meio ambiente em escala global). Isso conduziu a uma elevada concentração de oxigênio na atmosfera (hoje familiar a todos), estabelecendo o cenário ecológico para a evolução de novas formas de vida. O oxigênio livre permitiu a evolução da respiração, o que pavimentou o caminho para a respiração dos organismos, incluindo, eventualmente, os seres humanos.

Uma importante lição que se pode extrair desse antigo período da Terra é que o tipo de diversidade biológica da qual as pessoas têm mais consciência e que valorizam — animais e plantas especialmente — não existiam na vida na Terra nos primeiros 2 bilhões de anos. Em termos geológicos, o tipo de diversidade que as pessoas valorizam é um evento evolucionário relativamente recente. Como o personagem de histórias em quadrinhos Pogo e seus amigos teriam colocado, isso é um pensamento muito sereno.

Os primeiros fósseis de organismos multicelulares apareceram em rochas há aproximadamente 600 milhões anos no sudeste da Austrália. Possuíam carapaças, guelras, purificadores, vísceras eficientes e sistema circulatório e, dessa maneira, eram relativamente avançados. Entre eles haviam medusas, trilobitas, moluscos (mariscos, espécies de mexilhão), equinodermo (animal marinho invertebrado, como os ouriços-do-mar) e caracóis marinhos. Eles devem ter tido ancestrais que não aparecem nos fósseis conhecidos, mas nos quais evoluíram esses órgãos e sistemas.

Durante esse primeiro principal período de vida multicelular, chamado de período Cambriano, que durou até cerca de 500 milhões de anos, os seres vivos permaneceram nos oceanos. Quase 100 milhões de anos depois, durante o período Siluriano, as plantas evoluíram para a vida nos continentes. Ainda que existissem animais nos oceanos, se fosse possível voltar no tempo ao período Cambriano, encontrar-se-ia uma Terra que pareceria árida e estéril, pelo menos para o senso comum humano. Os solos na superfície pareceria mais com o planeta Marte de hoje, do que com a Terra atualmente.

De modo geral, os organismos multicelulares evoluíram para viver na terra, e para isso algumas "inovações" fundamentais, por assim dizer, tiveram que ocorrer, incluindo as seguintes:

- Suporte estrutural, necessário porque, enquanto organismos aquáticos se mantêm boiando sobre a água, no solo a gravidade se torna uma força concreta com a qual precisa competir.
- Um ambiente aquático interno, com um sistema de canalizações permitindo o acesso a todas as partes do organismo e dispositivos para a conservação da água contra as perdas para a atmosfera circundante.
- Recursos para trocas gasosas com o ar, em vez de trocas com a água.
- Um ambiente úmido para o sistema reprodutivo, essencial para todos os organismos sexualmente reprodutores.

Os primeiros peixes a se aventurarem na terra, um grupo obscuro denominado crossopterígeos (ou sarcopterígeos) (Figura 7.7), o fizeram no período Devoniano (cerca de 400 milhões de anos atrás). A partir deles surgiram os anfíbios. Os crossopterígeos possuíam diversas características que serviram para tornar essa transição possível. As suas barbatanas, por exemplo, eram pré-adaptadas como membros, completos com pequenos ossos para formar os membros.

Figura 7.7 ■ Desenho de um crossopterígeo, que viveu há milhões de anos e é a criatura que fez a transição do mar para a terra e, dessa forma, é o predecessor ou ancestral da espécie humana. (*Fonte*: Ralph E. Taggart, Professor, Department of Plant Biology, Department of Geological Sciences, Michigan State University http://taggart.glg.msu.edu/isb200/fish.htm.)

Figura 7.8 ■ Quando a vida alcançou a Terra, o que ocorreu no período Devoniano (420 a 360 milhões de anos). Esta ilustração mostra a reconstrução de uma paisagem devoniana com animais e plantas iniciando a ocupação da superfície continental. Sob a perspectiva humana, a paisagem poderia ser escassa e com uma diversidade relativamente pequena. À esquerda há um grupo de crinoides (animais que tinham proximidade com a estrela do mar). Esses flutuam em águas rasas. Próximo deles estão os corais e os braquiópodes (animais ancestrais que pareciam mariscos, porém não tão próximos). Diversas espécies de peixes ósseos estão nadando ou descansando na parte de baixo da areia. Ao lado direito estão dois peixes-escorpião e um outro peixe ancestral. (*Fonte*: http://www.palaeos.com/Paleozoic/Devonian.htm.graphic © from Naturmuseum Senckenberg [Centre for Biodiversity Research]).

Eles também possuíam orifícios nasais internos, peculiares aos animais com respiração aérea. Sendo peixe, os crossopterígeos já possuíam um sistema circulatório sanguíneo que estava adequado para começar a vida em terra firme (Figura 7.8). Os fósseis dos anfíbios aparecem mais tarde ainda no período Devoniano, cerca de 360 milhões de anos. A conservação da água, entretanto, nunca foi um ponto forte dos anfíbios: eles apresentam a pele permeável até hoje, o que é uma das razões por nunca terem se tornado independentes do ambiente aquático.

As primeiras plantas não possuíam sementes e, em seu começo, podiam apenas se reproduzir na água, de forma que estavam limitadas aos habitats ou ambientes úmidos. Essas plantas atingiram o seu ápice no domínio dos solos no período Carbonífero (ver os apêndices, no final do livro, onde estão as datas de todos esses períodos).

As plantas com sementes, as plantas que são mais familiares e mais importantes para todos — aquelas comestíveis que fornecem abrigo e que produzem a beleza da paisagem — se desenvolveram ao longo do período Devoniano, iniciando com as coníferas com sementes desprotegidas (plantas chamadas de *gimnospermas*, que significa "sementes nuas"). A última fronteira para as plantas — até agora, pelos menos — foram as estepes secas, as savanas e as pradarias. Elas não foram colonizadas até que a grama se desenvolvesse no final do período Cretáceo (entre 100 e 65 milhões de anos), e ocupando amplas áreas no período Terciário, cerca de 55 milhões de anos (Figura 7.9 e 7.10).[13]

Entre os animais e apesar de suas limitações, os anfíbios controlaram a terra por muitos milhões de anos durante o período Devoniano. Eles tiveram uma dificuldade que limitou a sua expansão em inúmeros nichos: eles nunca encontraram condições de reprodução para a vida em terra firme.

Na maioria das espécies, a fêmea do anfíbio põe os seus ovos na água, o macho os fertiliza após um ritual de acasalamento e os novos filhotes saem dos ovos como girinos. Como as plantas sem sementes, os anfíbios — com um pé na terra, por assim dizer — permaneceram presos à água para a reprodução. Alguns deles se tornaram bastante grandes (2 a 3 metros de comprimento). Um ramo evoluiu para se tornar réptil; os demais sobreviventes são rãs, sapos, tritão (espécie de salamandra), salamandras e cobras d'água que parecem ter decidido que, depois de tudo, preferiram uma vida de peixes.

Os répteis se libertaram sozinhos da água desenvolvendo um ovo que pode ser incubado fora da água e pela obtenção de uma pele impermeável. Essas duas "invenções" deram a eles a versatilidade para ocupar os nichos terrestres que os anfíbios haviam perdido devido a sua dependência em relação à água. O surgimento do ovo com uma casca resistente representou vantagens para a diversidade dos répteis, de mesma forma que as mandíbulas significaram um grande avanço para a diversidade dos peixes.

Originários dos pântanos de carvão do Carbonífero (cerca de 375 milhões de anos), no período Jurássico (185 milhões de anos depois) os répteis haviam se mudado para a terra firme, para o ar e voltado para a água (como verdadeiros monstros marinhos). Isso resultou na constituição de dois tipos de dinossauros (os maiores quadrúpedes que até agora andaram sobre a Terra) e originaram duas novas classes de vertebrados — os mamíferos e os pássaros (Figura 7.11).

Os mamíferos estavam, por várias formas, melhor equipados para ocupar os nichos terrestres do que os grandes répteis. É difícil distinguir uma simples "invenção" de mamíferos, comparada às mandíbulas dos peixes ou ao ovo dos

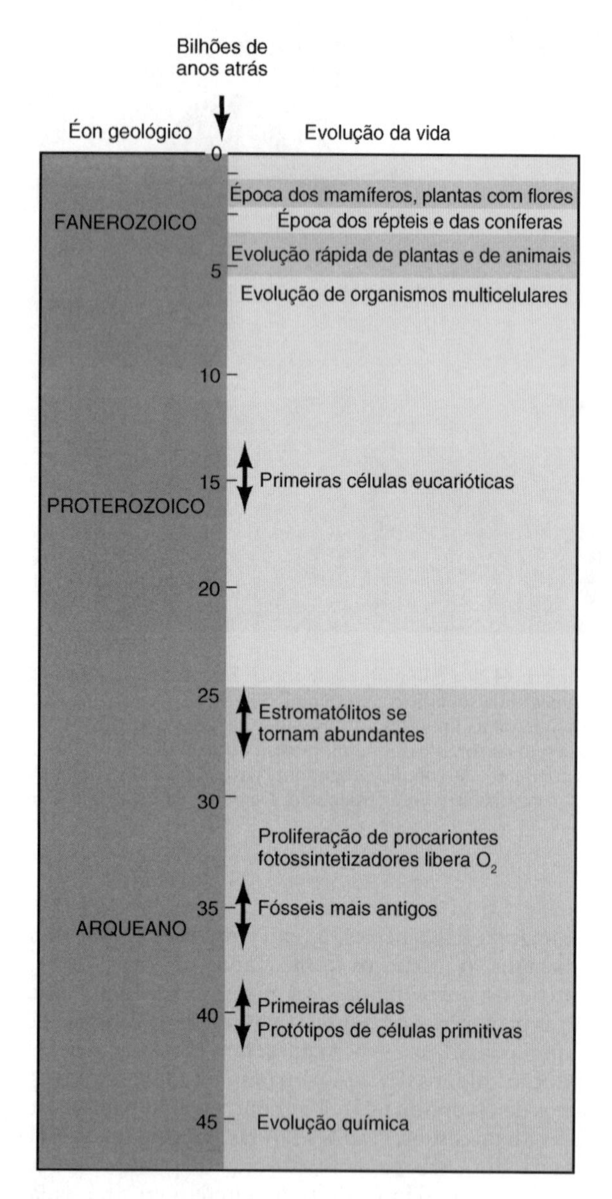

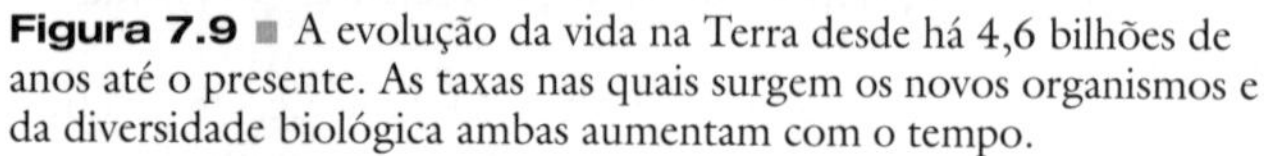

Figura 7.9 ■ A evolução da vida na Terra desde há 4,6 bilhões de anos até o presente. As taxas nas quais surgem os novos organismos e da diversidade biológica ambas aumentam com o tempo.

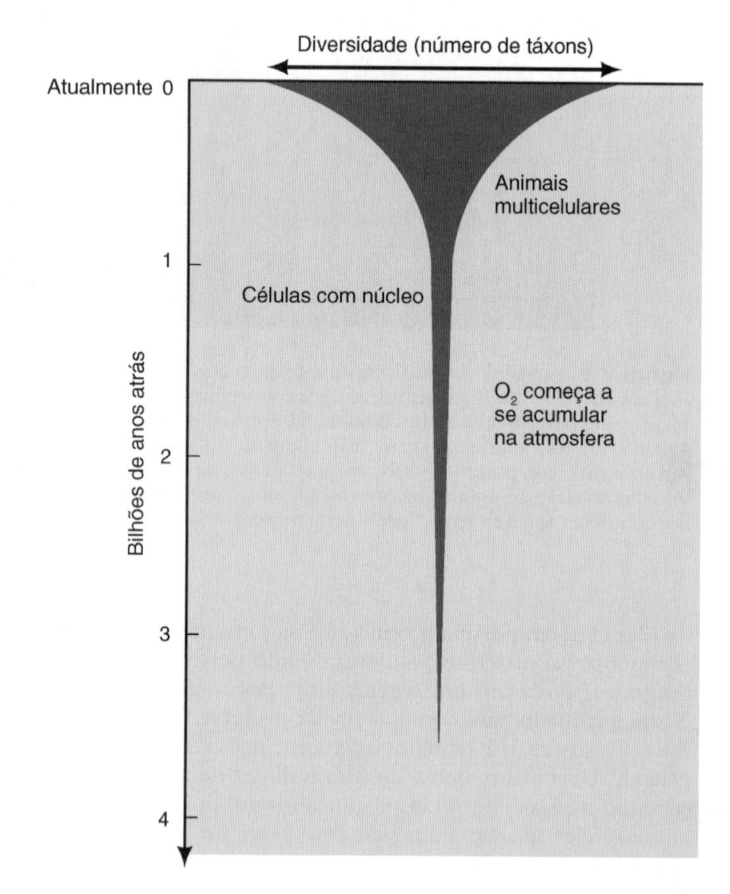

Figura 7.10 ■ Uma representação simplificada da diversidade global através do tempo geológico.

répteis; mamíferos que são quadrúpedes aperfeiçoados estão adaptados para uma vida mais versátil e mais rápida do que os répteis.

A "invenção" dos mamíferos é, talvez, exatamente isso: um conjunto de aperfeiçoamentos independentes, gerenciados por um cérebro mais capaz e sustentado por um metabolismo mais rápido. A placenta do útero é algumas vezes vista como a chave do êxito dos mamíferos, mas isso é concretamente apenas uma peça do equipamento exigido pela intrincada delicadeza do feto que nele vive, especialmente pelo seu cérebro.

Dessa forma, a vida se desenvolveu na Terra, propiciando o surgimento dos seres humanos, de uma forma mais geral, até o presente momento, onde se confronta com problemas sobre a grande diversidade da vida. O mecanismo da evolução biológica, a taxa na qual as espécies se desenvolveram e se extinguiram, e os tipos de ambientes nos quais as espécies se desenvolvem, fornecem conhecimento essencial para a compreensão das questões atuais sobre a diversidade biológica.

Ao longo da história da vida na Terra, a evolução geralmente prosseguiu de forma relativamente lenta, assim como a extinção de espécies. Porém, as maiores catástrofes, incluindo o choque de asteroides com a Terra, rapidamente transformaram o meio ambiente em nível global, extinguindo inúmeras espécies, em relativamente curto período de tempo, e criando nichos nos quais novas espécies então se desenvolveram (Figuras 7.11 e 7.12).

As transformações ambientais em muitas escalas de tempo e de espaço são uma das características do planeta Terra. As espécies têm se desenvolvido no interior desse meio ambiente e, a ele, têm se adaptado. Resultam então que inúmeras espécies necessitam determinados tipos e taxas de transformações. Quando se diminui ou se aumenta a velocidade das transformações ambientais, impõem-se riscos desconhecidos sobre as espécies.

Figura 7.11 ■ (*a*) Esqueleto do tiranossauro (*T. rex*); (*b*) A mais nova descoberta do ancestral do mamífero, no início de transição que viveu durante a época dos dinossauros.

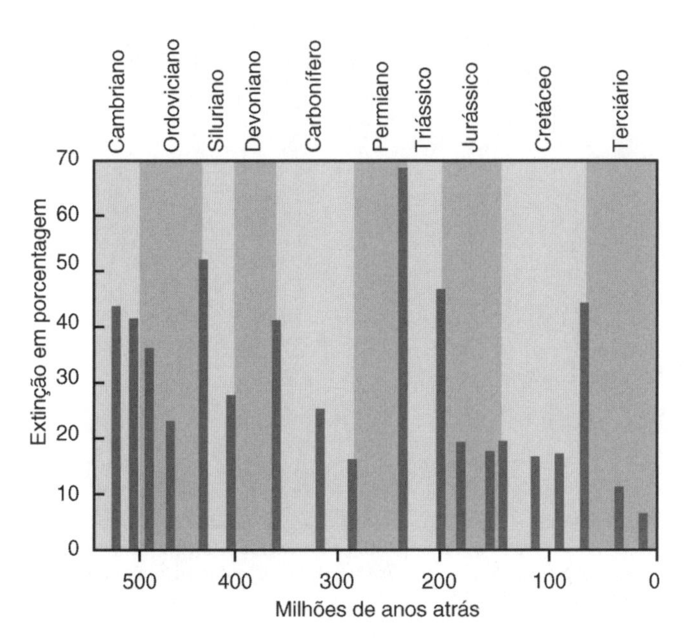

Figura 7.12 ■ Um número surpreendente de grandes eventos de extinção ocorreram durante os últimos 500 milhões de anos. A porcentagem de extinção foi determinada a partir do desaparecimento de gênero de animais com esqueletos.

7.5 A Quantidade de Espécies na Terra

Inúmeras espécies surgiram e desapareceram na Terra. Porém, quantas atualmente existem? Cerca de 1,5 milhão de espécies foram identificadas e descritas, mas os biólogos estimam que o número total seja provavelmente maior, com estimativas disponíveis indicando que devem existir cerca de 3 milhões de espécies (Tabela 7.1). Alguns biólogos acreditam em um número ainda muito, muito maior. Ninguém sabe o número exato porque novas espécies são descobertas o tempo todo, principalmente em áreas pouco exploradas, tais como as savanas e as florestas tropicais.

Por exemplo, na primavera de 2008, uma expedição financiada pela *Conservation International* (Conservação Internacional) e liderada por pesquisadores de universidades brasileiras descobriu 14 novas espécies nas proximidades da Estação Ecológica da Serra Geral do Tocantins, uma área protegida de 716.000 hectares no Cerrado, uma região de savana tropical remota no Brasil, considerada uma das áreas de maior biodiversidade do mundo. Foram encontrados oito peixes, três répteis, um anfíbio, um mamífero e um pássaro (Figura 7.13).[14]

No Laos, cinco novos mamíferos foram descobertos desde 1992: (1) o saola (*Pseudoryx nghetinhensis*, que não só é uma nova espécie de antílope, mas, também, representa um gênero previamente desconhecido; (2) o pequeno muntjac-preto (*Muntiacus crinifrons*); (3) o muntjac-gigante (*Muntiacus vuquangensis*. Os munjacs são pequenos cervos, também conhecidos como "veados que ladram"; o muntjac-gigante é assim denominado porque possui chifres grandes); (4) o coelho-de-sumatra ou coelho-listrado-de-sumatra (*Nesolagus netscheri*, cujos parentes mais próximos vivem na Sumatra); e (5) uma nova espécie de civeta (pequenos animais com aparência geral de um gato). O fato de um pequeno país, com uma longa história de invasões, apresentar tantas novas espécies de mamíferos e algumas delas não tão pequenos, indica o pouco que se tem conhecimento sobre a diversidade total na Terra. Mas, como pesquisadores, deve-se agir a partir do que se sabe, de forma que, neste livro, será focalizada a discussão sobre as 1,5 milhão de espécies identificadas e descritas até o presente momento (ver Tabela 7.1).

Inúmeras pessoas, frequentemente, pensam em termos dos dois principais tipos de vida: os animais e as plantas. Os pesquisadores, entretanto, agrupam os seres vivos com base nas relações de evolução — uma genealogia biológica. No passado recente, os pesquisadores classificaram a vida em cinco

Tabela 7.1 **Número de Espécies de acordo com Forma de Vida Principal (Para uma lista detalhada de espécies por grupo taxonômico, ver Apêndice)**

A. Número de Espécies de Acordo com Forma de Vida Principal

Forma de Vida	*Exemplo*	*Número Estimado* *Mínimo*	*Máximo*
Monera/Bactéria	Bactéria	4.800	10.000
Fungi	Fermento (levedura)	71.760	116.260
Líquen	Barba-de-velho	13.500	13.500
Protista/Protoctista	Ameba	80.710	194.760
Plantae	Bordo	478.865	529.705
Animalia	Abelhas	873.084	1.870.019
Total		1.522.219	2.734.244

B. Número de Espécies de Animais

Animais			
Insecta	Abelhas	668.050	1.060.550
Chondrichthyes	Peixes cartilagíneos (tubarões, arraias, etc.)	750	850
Osteichthyes	Peixes ósseos	20.000	30.000
Amphibia	Anfíbios	200	4.800
Reptilia	Répteis	5.000	7.000
Aves	Pássaros	8.600	9.000
Mammalia	Mamíferos	4.000	5.000
Total de animais	Total	873.084	1.870.019

Figura 7.13 ■ Uma nova espécie descoberta, chamada de "*fat-tailed mouse opossum*", ou "gambá-rato-de-rabo-gordo" (catita ou pequeno gambá do gênero *Thylamys*), foi uma das 14 novas espécies encontradas no Brasil.[14]

categorias ou reinos: animais, plantas, fungos, protistas e bactérias. Novas evidências sobre registros dos fósseis e estudos em biologia molecular indicam que pode haver formas mais apropriadas para descrever a vida tal como ela existe em três domínios principais, um denominado Eukaryota (ou Eukarya ou Eucarionte), que inclui animais, plantas, fungos e protistas (organismos unicelulares, principalmente); Bacteria e Archaea (ou Arquea).[12] A Eukarya possui células que incluem um núcleo e outras pequenas estruturas organizadas chamadas de organelas; Bacteria e Archaea não possuem organelas. (A Archaea antes era classificada no domínio Bacteria, porém elas possuem diferenças moleculares substanciais que indicam antigas divergências na hereditariedade — ver Figura 7.14.)

Frequentemente, o argumento se constitui de que a maior importância sobre a diversidade biológica reside no número total de espécies e que o objetivo principal da conservação biológica deveria ser a manutenção desse número no valor máximo, como é atualmente conhecido. Um ponto interessante e igualmente importante a ser considerado, com base na Tabela 7.1, é que a maioria das espécies na Terra são insetos (algo entre 668.000 e mais de 1 milhão) e plantas (entre 480.000 e 530.000) e, da mesma forma, existem inúmeras espécies de fungos (cerca de 100.000) e de protistas (cerca de 80.000 até 200.000). Ao contrário, os mamíferos (que incluem os seres humanos), tipo de animal mais celebrado na televisão e no cinema, possuem um exíguo número de 4.000 a 5.000, aproximadamente o mesmo dos répteis. Em relação aos números de espécies existentes na Terra, os mamíferos não parecem importar muito — representam menos de meio por cento de todos os seres vivos. Se o número total de espécies na Terra fosse o único critério para o que é de fato importante, os humanos não deveriam estar preocupados.

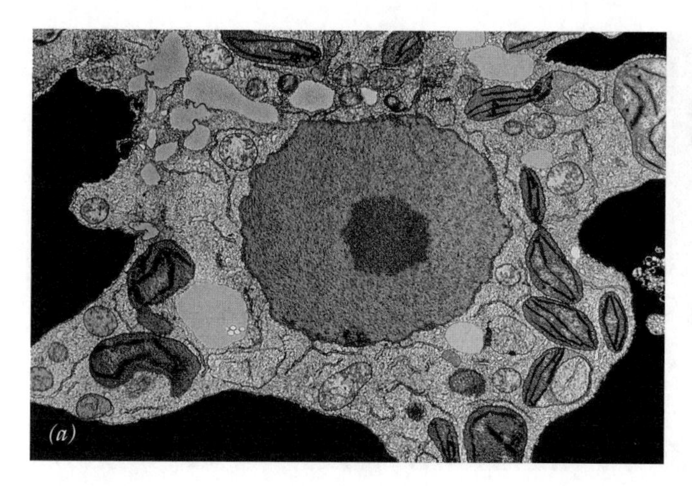
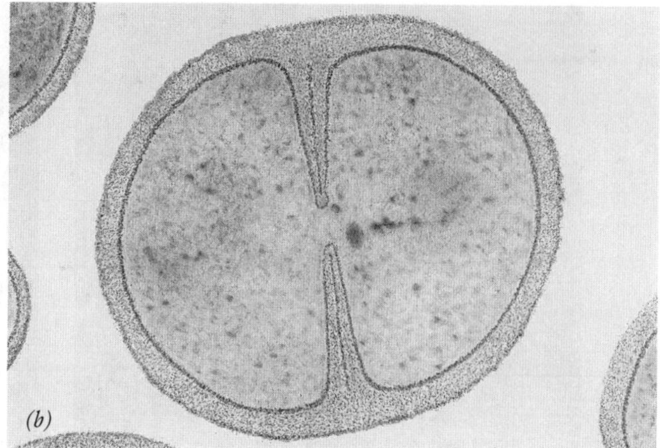

Figura 7.14 ■ Microfotografia de (*a*) uma célula eucarionte* e (b) uma célula de bactéria (procarionte**). Por meio dessas imagens é possível verificar que a célula eucarionte possui uma estrutura muito mais complexa, incluindo inúmeras organelas***.

7.6 Por que Existem Tantas Espécies?

Uma vez que as espécies competem entre si por recursos e de acordo com princípios da seleção natural, vencem os mais bem adaptados, por que os perdedores não desaparecem, restando apenas um número reduzido de ganhadores? Por exemplo, sabe-se pela discussão de ecossistemas (Capítulo 6) que a teia alimentar possui, no mínimo, quatro níveis — produtores, herbívoros, carnívoros e decompositores. Supondo que mais níveis de carnívoros sejam possíveis, de forma que a teia alimentar média tenha seis níveis. Existem cerca de 20 tipos principais de ecossistemas (discutido no Capítulo 8, "Biogeografia"). Então, alguém poderia adivinhar que o número total de vencedores na Terra seria somente 6 × 20, ou 120 espécies.

Sendo um pouco mais realista, poder-se-ia levar em consideração as diferenças mais importantes quanto ao aspecto climático, entre outros aspectos ambientais. Talvez fosse possível especificar 100 categorias ambientais: frio e seco, frio e úmido, morno e seco, morno e úmido, e assim por diante. Mesmo assim, poderia se esperar que dentro de cada categoria ambiental a exclusão por competição resultaria na sobrevivência de apenas poucas espécies. Permitindo seis espécies por categoria ambiental principal resultariam apenas 600 espécies. O que não é exatamente o caso. Como foi possível tantas espécies diferentes sobreviverem e como fazer tantas outras coexistirem? Uma parte da resposta reside nas diferentes formas nas quais os microrganismos se interagem e, a outra parte, reside no conceito de nicho ecológico.

Interações entre Espécies

Fundamentalmente, as espécies se interagem de três maneiras: competição, na qual o resultado é negativo para ambos os grupos; simbiose, que beneficia ambos os participantes; e a predação-parasitismo, na qual o resultado beneficia um em detrimento do outro. Cada tipo de interação afeta a evolução, a sobrevivência das espécies e toda a diversidade de vida.

O Princípio da Exclusão Competitiva

Ao lado do debate de que deveriam existir somente poucas espécies está o **princípio da exclusão competitiva** (ou Princípio de Gause), que afirma que *duas espécies que possuam exatamente as mesmas necessidades não podem coexistir exatamente no mesmo habitat.* Garret Hardin expressou essa ideia de forma mais sucinta: "Competidores estritamente rivais não podem coexistir".[15]

A história recente na Grã-Bretanha do esquilo-cinzento americano e do esquilo-vermelho britânico ilustra o princípio da exclusão competitiva (Figura 7.15). O esquilo-cinzento americano foi introduzido na Grã-Bretanha porque algumas pessoas que o achavam atrativo pensaram que seria uma adição agradável à paisagem. Dessa forma, a sua introdução não foi acidental, mas intencional. Na verdade, cerca de uma dúzia de tentativas foi realizada, a primeira delas talvez tenha ocorrido bem no início de 1830. Por volta de 1920, o esquilo-cinzento americano estava bem estabelecido na Grã-Bretanha e, entre 1940 e 1950, o seu número havia expandido enormemente.

Atualmente, o esquilo-cinzento americano é um problema; ele compete e está ganhando do esquilo-vermelho nativo. As duas espécies têm quase as mesmas exigências de habitat. Nos dias de hoje, existem 2,5 milhões de esquilos-cinzentos na Grã-Bretanha e somente 140.000 esquilos-vermelhos, a maioria dos quais estão na Escócia, onde o esquilo-cinzento é menos abundante.[16] Ainda que os esquilos-vermelhos costumam ser encontrados em bosques de árvores decíduas, através das planícies da Grã-Bretanha central e sudeste, agora são comuns somente no País de Gales, Northumberland (condado situado ao norte da Inglaterra) e Escócia, com esparsas populações espalhadas na Ânglia Oriental (leste da Inglaterra), na Ilha de Wight e nas ilhas em Poole Harbor, em Dorset (sul da Ingalterra).[17] Se a atual tendência continuar, o esquilo-vermelho pode desaparecer da Grã-Bretanha nos próximos 20 anos.

---

*Organismo composto de células que possuem núcleo e uma membrana (carioteca) que contém os cromossomos (característico de todas as células com exceção das células de bactérias e de outras formas de vida primitivas). (N.T.)

**Organismo unicelular que não possui núcleo, pois não há membrana nuclear que separa o material genético do citoplasma. Exemplo: bactérias e algas azuis. (N.T.)

***Pequeno órgão dentro de uma célula, estrutura subcelular especializada. (N.T.)

(a)

(b)

Figura 7.15 ■ (*a*) Esquilo-vermelho britânico, que está sofrendo competição externa pelos (*b*) esquilos-cinzentos americanos que foram introduzidos pelo homem na Grã-Bretanha.

Uma das razões para a alteração do equilíbrio dessas espécies pode ser porque a principal fonte de alimentos para os esquilos-vermelhos durante o inverno sejam as avelãs, enquanto a preferência para os esquilos-cinzentos sejam as bolotas (frutos do carvalho). Dessa forma, os esquilos-vermelhos possuem uma vantagem competitiva nas áreas com avelãs e os esquilos-cinzentos levam vantagem nas florestas de carvalho. Quando os esquilos-cinzentos foram introduzidos, os carvalhos eram árvores adultas dominantes na Grã-Bretanha; cerca de 40% das árvores plantadas eram carvalhos.

A introdução dos esquilos-cinzentos na Grã-Bretanha ilustra *uma das principais causas atuais de extinção para a diversidade biológica: a introdução de espécies pelo homem em novos habitats.* Competidores introduzidos frequentemente ameaçam as espécies nativas. No Capítulo 8, essa questão será novamente abordada.

Dessa forma, de acordo com o princípio da exclusão competitiva, competidores estritamente rivais, que se sustentam de maneira idêntica, não podem coexistir; um irá sempre excluir o outro. Isso não soa bem para a conservação de um nível elevado de diversidade biológica. Como tantas espécies conseguem sobreviver na Terra é, em parte, respondido pelo conceito de nicho ecológico.

7.7 Nichos: Coexistência de Espécies

O conceito de nicho explica como tantas espécies podem coexistir e esse conceito é introduzido mais facilmente por experimentos realizados com insetos pequenos e comuns — carunchos de farinha (*Tribolium*) que, como diz o nome, vivem na farinha de trigo. Carunchos de trigo formam bons objetos experimentais porque necessitam de apenas pequenos abrigos para viver na farinha de trigo e são de fácil crescimento (de fato, muito fácil; se não se armazena adequadamente a farinha em casa, poder-se-á ver pequenos carunchos, felizes da vida, comendo toda farinha).

O experimento com os carunchos de farinha de trigo funciona assim: um número especificado de carunchos de duas espécies é colocado em um pequeno recipiente com farinha — cada recipiente com o mesmo número de carunchos de cada espécie. Os recipientes são então submetidos a vários níveis de temperaturas e de umidade — alguns são frios e úmidos, outros quentes e secos. Periodicamente, os carunchos em cada recipiente são contados. Isso é muito fácil. O pesquisador apenas coloca a farinha sobre uma peneira que permite que o pó atravesse, mas não os carunchos. Assim, o pesquisador conta o número de carunchos de cada espécie e coloca-os de volta em seus recipientes para comerem, crescerem e se reproduzirem por um novo período. No devido tempo, uma das espécies sempre ganha — alguns de seus indivíduos continuam vivendo no recipiente, enquanto as outras espécies são extintas. Até agora, pareceria que deveria existir apenas uma espécie de *Tribolium*. Porém, a espécie que sobrevive depende da temperatura e da umidade. Uma espécie se dá bem quando está calor e úmido, a outra quando está quente e seco (Figura 7.16).

Curiosamente, quando as condições são intermediárias, algumas vezes uma espécie ganha e algumas vezes a outra, parecendo seguir uma distribuição randômica; porém, invariavelmente uma sobrevive, enquanto a outra se torna extinta. Dessa forma, o princípio da exclusão competitiva se aplica para esses carunchos. Ambas as espécies podem sobreviver em um ambiente complexo — uma que tenha habitat frio e úmido, tanto quanto tenha habitat quente e seco. Sem nenhuma ambientação, as espécies conseguem coexistir.

Os pequenos carunchos fornecem a chave para a compreensão da coexistência de muitas espécies. Espécies que necessitam dos mesmos recursos podem sobreviver por meio da utilização desses recursos sob condições ambientais distintas. Dessa forma, é a complexidade dos habitats que permite aos competidores estritamente rivais — e aos não tão rivais — a coexistirem,[18] porque eles evitam competir uns com os outros.

Profissões e Lugares: O Nicho Ecológico e o Habitat

Os carunchos da farinha são considerados do mesmo nicho ecológico funcional, o que significa que eles têm a mesma função ou *profissão* — comer farinha. Porém, eles possuem diferentes *habitats*. O local onde vive uma espécie é o seu **habitat**, mas o que ela faz para viver (sua profissão) é o seu **nicho ecológico**.[19] Considere um vizinho que seja motorista de ônibus. O

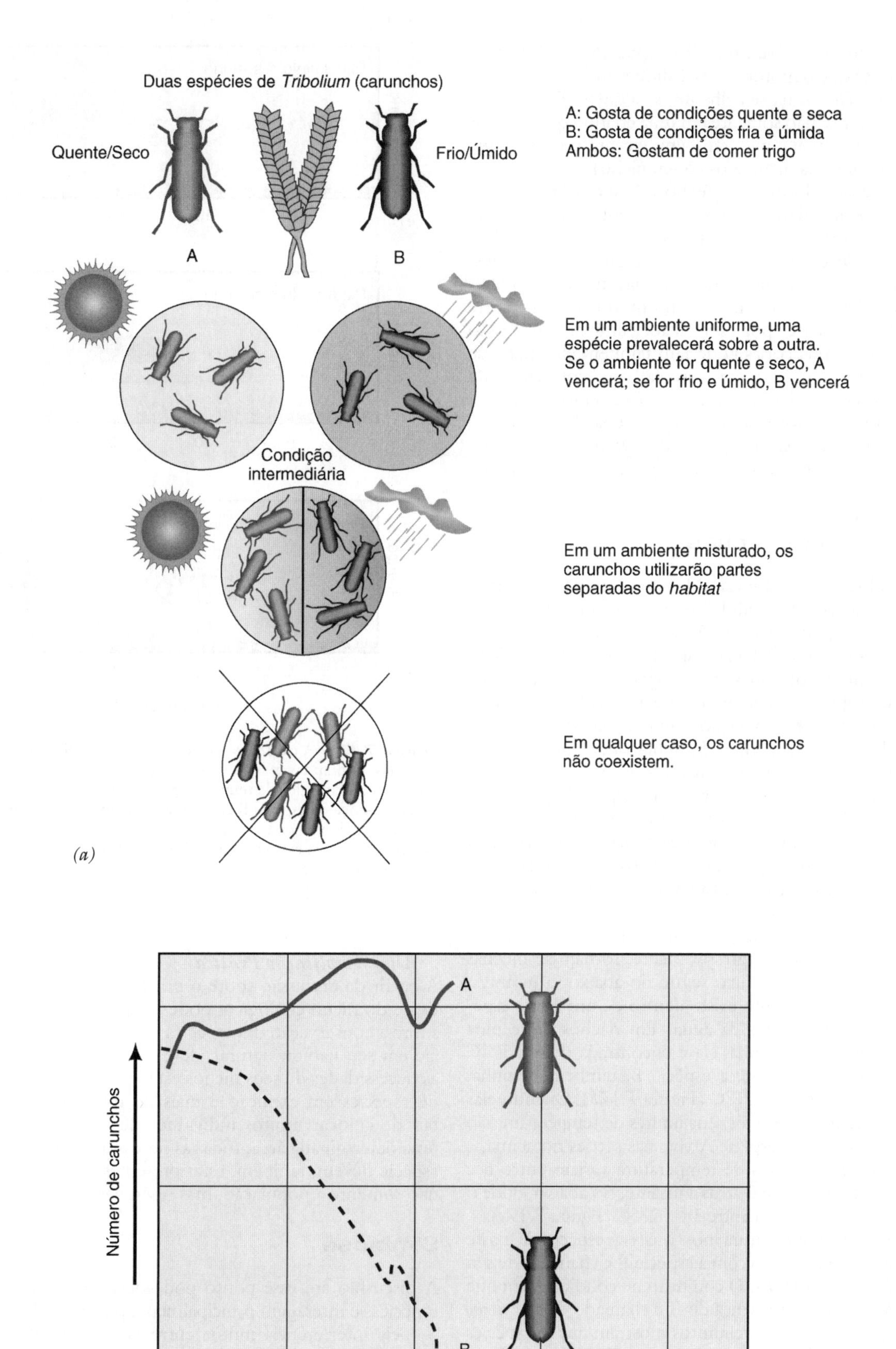

Figura 7.16 ■ Um experimento clássico com carunchos. Duas espécies de carunchos são colocadas em pequenos recipientes com farinha. Cada recipiente é mantido a uma temperatura e umidade específicas. Periodicamente, a farinha é peneirada e os carunchos são contados e, depois disso, retornam aos respectivos recipientes. A espécie que sobrevive é observada e contada. (*a*) O processo geral ilustra a exclusão competitiva entre essas espécies; (*b*) Resultados de um experimento específico, sob condição quente e seca.

local onde o motorista vive e trabalha é a cidade — é o habitat dessa pessoa. O que o motorista faz é dirigir um ônibus — esse é o seu nicho. De forma semelhante, se alguém diz, "lá vem um lobo", pensa-se não somente em uma criatura que vive nas florestas (o seu habitat), mas, também, em um predador que se alimenta de muitos mamíferos (o seu nicho).

A compreensão do que é o nicho de espécies é útil para a avaliação dos impactos do desenvolvimento ou das transformações no uso do solo. As transformações removeriam uma necessidade essencial para alguns nichos das espécies? Uma nova autoestrada que torna uma viagem de carro mais fácil poderia eliminar a rota do vizinho-motorista (uma parte essencial do habitat) e, por essa razão, eliminar a profissão (ou o nicho). Outras coisas poderiam também eliminar esse nicho. Suponha que uma nova escola fosse construída de forma que todas as crianças pudessem ir caminhando para a escola. Então, um motorista de ônibus seria desnecessário; esse nicho não mais existiria na cidade. Da mesma maneira, devastando uma floresta poderia afugentar as presas e eliminar o nicho dos lobos.

Monitorando os Nichos

O nicho ecológico é uma ideia útil, porém, os pesquisadores desejam ser capazes de medi-la — ou seja, torná-la quantitativa. Como se pode fazer isso? Como medir e monitorar uma profissão ecológica? Uma resposta é descrever o nicho como um conjunto de todas as condições sob as quais uma espécie pode sobreviver e levar adiante as suas funções vitais. Esse nicho medido é conhecido como o nicho hutchinsoniano, em homenagem a G. E. Hutchinson, o que primeiro sugeriu essa medição.[20] Isso é ilustrado pela distribuição de duas espécies de platelminto (verme de corpo achatado), um verme minúsculo que vive no fundo dos ribeirões de água doce. Um estudo de duas espécies desses pequenos vermes na Grã-Bretanha descobriu que alguns ribeirões continham uma das espécies, alguns outros continham outra espécie e, ainda, em outros rios, havia as duas.[18]

As águas do ribeirão são frias em sua nascente nas montanhas (a montante) e, progressivamente, tornam-se mornas na medida em que o seu fluxo segue rio abaixo (a jusante). Cada espécie de platelminto existe dentro de um limite específico para as temperaturas da água. Em riachos onde uma dada espécie A existe sozinha, ela é encontrada de 6 a 17°C (Figura 7.17*a*). Onde existe a espécie B, também, sozinha, ela é encontrada entre 6 e 23°C (Figura 7.17*b*). Quando elas ocorrem no mesmo riacho, os seus limites de temperatura são muito mais estreitos. A espécie A vive nas seções rio acima, a montante, onde os limites de temperatura variam entre 6 e 14°C e, a espécie B, vive nas áreas a jusante, rio abaixo, onde o limite de temperatura varia entre 14 a 23°C (Figura 7.17*c*).

Os limites de temperatura nos quais a espécie A existe quando não há competição com a espécie B é chamado de seu *nicho ideal de temperatura.* O conjunto de condições em que a espécie A persiste na presença de B é chamado de seu *nicho real de temperatura.* Os platelmintos mostram que as espécies dividem e compartilham os seus habitats, desde que utilizem recursos de diferentes partes.

É claro que a temperatura é somente um dos aspectos do meio ambiente. Os platelmintos possuem também necessidades em termos de acidez da água, entre outros fatores. Podem ser traçados gráficos para cada um desses fatores, mostrando o alcance dentro dos quais existem A e B. A coleção de todos esses gráficos constituiria a descrição hutchinsoniana completa do nicho de uma espécie.

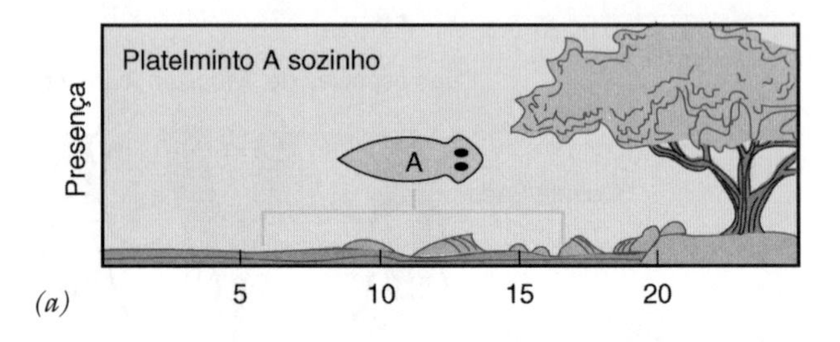

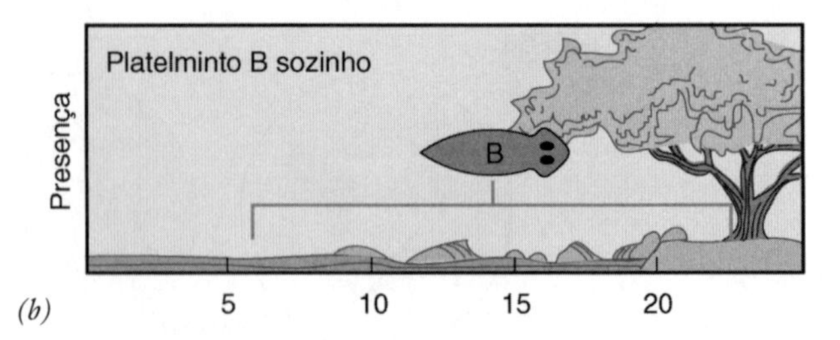

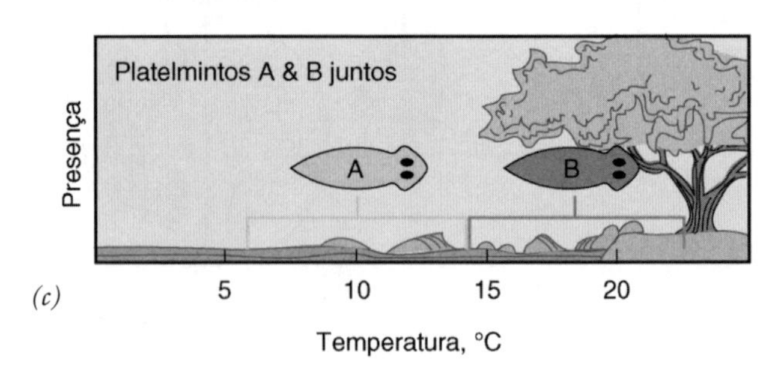

Figura 7.17 ■ A existência de platelmintos em ribeirões de água doce nas montanhas frias da Grã-Bretanha. (*a*) A presença da espécie A em relação ao valor da temperatura da água onde ela existe sozinha. (*b*) A presença da espécie B em relação à temperatura da água onde ela existe sozinha. (*c*) A variação da temperatura água para ambas as espécies onde elas existem juntas. Inspecione os três gráficos: qual é o efeito de uma espécie na outra?

Uma Implicação Prática

A partir da discussão sobre o princípio da exclusão competitiva e do nicho ecológico, pode-se aprender algo importante sobre a conservação das espécies: para se conservar uma espécie em seu habitat natural, deve-se ter certeza de que todas as necessidades de seus nichos estão presentes. A conservação de espécies em extinção é mais do que uma simples questão de colocar muitos indivíduos de uma dada espécie em uma determinada área; todas as necessidades para a vida dessa espécie devem, também, estar presentes — deve-se conservar não somente a população, mas o seu habitat e o seu nicho.

Simbiose

A discussão até esse ponto pode deixar a impressão que as espécies se interagem principalmente por meio da competição — pela interferência mútua entre as espécies. Porém a **simbiose** é também importante. Esse termo é derivado de uma palavra grega que significa "viver junto". Na ecologia, a simbiose descreve *uma relação entre dois organismos que é benéfica para ambos e aumenta as chances de sobrevivência dos organismos.* Cada parceiro na simbiose é chamado de **simbionte**.

A simbiose é generalizada e comum; a maioria dos animais e das plantas possui relações de simbiose com outras espécies. Os humanos possuem simbiontes — microbiologistas informam que cerca de 10% do peso do corpo de uma pessoa é

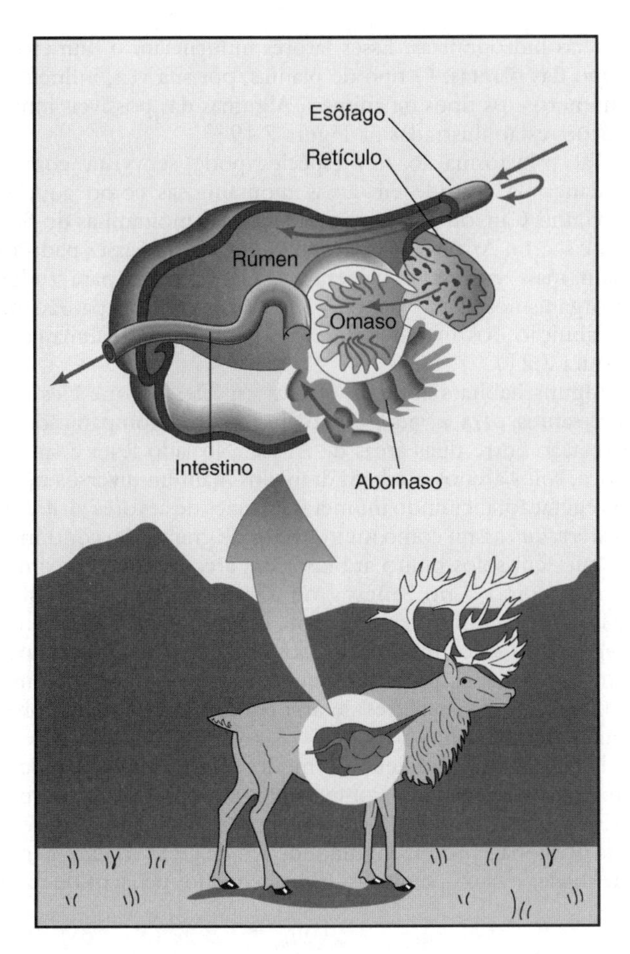

Figura 7.18 ■ O estômago de uma rena ilustra as complexas relações simbióticas. Por exemplo, nos ruminantes, as bactérias digerem tecido vegetal, com celulose, que a rena não conseguiria digerir de outra forma. O resultado significa comida para a rena e comida e abrigo para a bactéria, a qual não sobreviveria no ambiente local exterior.

verdadeiramente o peso de microrganismos simbiontes nos intestinos. A bactéria simbionte residente auxilia na digestão; o corpo humano fornece um habitat que supre todas as suas necessidades; e ambos são beneficiados. Toma-se consciência dessa comunidade intestinal quando ela se altera — por exemplo, quando se viaja para um país estrangeiro e se ingere novas variedades de bactérias. Então se experimenta uma bem conhecida enfermidade de viajantes, o distúrbio gastrointestinal.

Outro importante tipo de interação simbiótica ocorre entre determinados mamíferos e bactérias. Uma rena que se alimenta de tundra pode parecer estar sozinha, porém carrega com ela inúmeros companheiros. Como o gado, a rena é um ruminante, com um estômago de quatro câmaras (Figura 7.18) repleto de micróbios (um bilhão por centímetro cúbico). Nesse ambiente, parcialmente fechado, a respiração dos microrganismos consome o oxigênio ingerido pelo carneiro enquanto come. Outros organismos digerem a celulose, retiram nitrogênio do ar existente no estômago e transformam em proteínas. As espécies de bactérias que digerem as partes dos vegetais que as renas não conseguem digerir sozinhas (em particular, a celulose e a lignina das paredes das células no tecido vegetal) exigem um ambiente peculiar: elas podem sobreviver somente em ambientes sem oxigênio. Um dos poucos lugares da superfície da Terra onde tal ambiente existe é no interior do estômago de um ruminante.[21] As bactérias e as renas são simbiontes, cada um suprindo a necessidade do outro; e nenhum conseguiria viver sem o outro. Eles são, por essa razão, denominados simbiontes obrigatórios.

Uma Visão Ampla da Simbiose

Até agora se discutiu a simbiose em termos das relações fisiológicas entre organismos de distintas espécies. Porém, a simbiose é muito mais ampla e inclui relações sociais e de comportamento que beneficiam ambas as populações. Reportando-se ao caso de abertura deste capítulo, os cachorros são muitos mais abundantes que os lobos. Os lobos evitam os seres humanos e têm sido temidos e odiados por muitas pessoas; porém, os cachorros têm se dado muito bem com as pessoas devido à conexão comportamental com os seres humanos. Os cachorros se tornaram muito abundantes por serem amigos, úteis e companheiros. Essa é outra forma de simbiose.

O cultivo de plantas ilustra outro tipo de simbiose. As plantas dependem dos animais para espalhar as suas sementes e, por isso, desenvolveram relações de simbiose com eles. Isso explica por que as frutas são comestíveis; é a forma pela qual as plantas conseguem disseminar as suas sementes, conforme relatou Henry David Thoreau em seu livro *Faith in a Seed* (A Fé em Uma Semente).

Uma Implicação Prática

Pode-se perceber que a simbiose promove a diversidade biológica e que para salvar uma espécie da extinção não se deve apenas salvar o seu habitat e o seu nicho, porém, igualmente, os seus simbiontes. Isso indica outro ponto importante que se tornará cada vez mais evidente nos capítulos seguintes: a tentativa de salvar uma única espécie quase que invariavelmente conduz à conservação de um grupo de espécies, e não apenas uma única espécie ou um habitat físico em particular.

Predação e Parasitismo

A predação-parasitismo é a terceira maneira pela qual as espécies se interagem. Em ecologia, *a relação predador-parasita é tal que beneficia um indivíduo (o predador ou o parasita) e é prejudicial ao outro (a presa ou o hospedeiro)*. A *predação* ocorre quando um organismo (um predador) se alimenta de outro organismo vivo (presa), normalmente, de outras espécies. O *parasitismo* ocorre quando um organismo (o parasita) vive aderido ou dentro de outro (o hospedeiro) e depende dele para a sua existência, porém se torna uma contribuição inútil para o hospedeiro e pode prejudicá-lo.

A predação pode aumentar a diversidade das espécies de presas. Basta pensar no princípio da exclusão competitiva. Supõe-se que duas espécies estejam competindo em um mesmo habitat e que possuam as mesmas necessidades. Uma delas sairá ganhando. Porém, se um predador se alimenta da espécie mais abundante, ele pode evitar que esta espécie de presa prevaleça sobre a outra menos abundante. Ambas as espécies precisam sobreviver, considerando que, sem o predador, somente uma sobreviveria. Por exemplo, alguns estudos mostraram que um pasto moderadamente utilizado possui mais espécies de plantas do que um não utilizado. O mesmo parece ser verdade para as savanas e pradarias naturais. Sem os animais que pastam e as folhagens, as pradarias e savanas africanas deveriam possuir menos espécies de plantas.

Uma Implicação Prática

Os predadores e os parasitas influenciam a diversidade e podem aumentá-la.

7.8 Fatores Ambientais que Influenciam a Diversidade

As espécies não estão uniformemente distribuídas sobre a superfície da Terra; a diversidade varia muito de lugar para lugar. Por exemplo, suponha uma viagem ao exterior, e lá se realiza uma contagem de todas as espécies em um campo ou espaço aberto próximo de onde se está lendo este livro (o que seria um bom caminho para começar a aprender, por si só, sobre diversidade). O número de espécies encontrado dependerá do local em que estão elas sendo contadas. Alguém que vive no norte do Alasca ou no Canadá, Escandinávia ou Sibéria, provavelmente encontrará um número significativamente menor de espécies do que alguém que vive nas áreas tropicais do Brasil, Indonésia ou da África Central. A variação na diversidade é parcialmente uma questão de latitude — em geral, as maiores diversidades ocorrem em latitudes menores. A diversidade também varia dentro de áreas locais. Enumerando-se espécies em um ambiente relativamente disperso de um terreno abandonado de uma cidade, por exemplo, encontrar-se-á um número bastante diferente do relacionado em uma antiga floresta virgem. O padrão geográfico de ampla escala na distribuição de espécies, denominado *biogeografia*, é o tema do próximo capítulo. Por hora, volta-se o foco sobre alguns fatores que localmente influenciam a diversidade. A Tabela 7.2 sintetiza vários desses fatores.

As espécies e os ecossistemas que existem se transformam com o tipo de solo e com a topografia: inclinação, aspecto (a direção da fachada das vertentes), altitude e proximidade a bacias hidrográficas. Esses fatores influenciam o número e o tipo das plantas. O tipo de plantas, por sua vez, influencia o número e os tipos de animais. Algumas das possíveis inter-relações estão ilustradas na Figura 7.19.[22]

Tal transformação nas espécies pode ser vista com a mudança da altitude em áreas montanhosas como aquelas do Grand Canyon e nas proximidades das montanhas do São Francisco no Arizona (Figura 7.20). Ainda que esses padrões sejam mais visíveis na vegetação, eles existem para todos os organismos. Por exemplo, isso se observa no padrão de distribuição dos mamíferos africanos no monte Kilimanjaro (Figura 7.21).

Alguns habitats abrigam poucas espécies porque eles são estressantes para a vida, como ilustra uma comparação da vegetação entre duas áreas de África. No lado leste e sul da África, solos arenosos e bem drenados mantêm diversos tipos de vegetação, incluindo inúmeras espécies de árvores *Acacia* e *Combretum*, assim como muitos tipos de grama. Ao contrário, bosques em solos muito argilosos em áreas úmidas próximas de rios, como o rio Sengwa, no Zimbábue, são compostos quase que exclusivamente de uma espécie única chamada de *Mopane*. Os solos muito argilosos armazenam água e impedem que a maior parte do oxigênio atinja as raízes. Como resultado, apenas espécies de árvores com raízes pouco profundas sobrevivem.

Perturbações ambientais moderadas podem também aumentar a diversidade. Por exemplo, incêndios são perturbações comuns em muitas florestas e pradarias. Pequenos incêndios ocasionais produzem um mosaico de áreas recentemente queimadas e não queimadas. Esses pequenos pedaços de terra

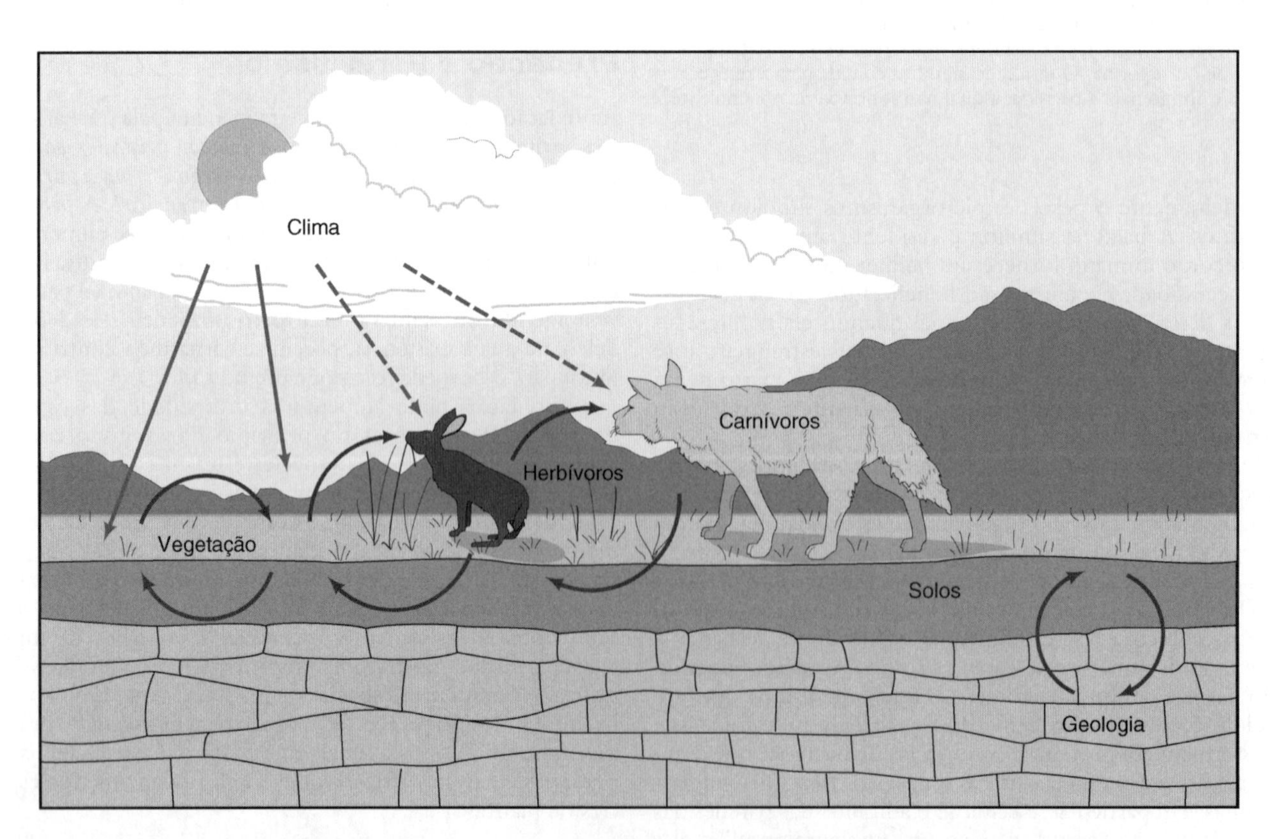

Figura 7.19 ■ As inter-relações entre clima, geologia, solos, vegetação e animais. O que vive depende de inúmeros fatores. Clima, características geológicas (tipo de camada rochosa/características topográficas) e a influência do solo na vegetação. A vegetação, por sua vez, influencia o solo e o tipo de animais que existirão. Os animais afetam a vegetação. As setas representam uma relação causal; o sentido segue da causa para o efeito. As setas pontilhadas indicam uma influência relativamente fraca e as setas contínuas uma influência relativamente forte.

Tabela 7.2	Alguns Fatores Fundamentais que Aumentam e Diminuem a Diversidade Biológica

A. Fatores que tendem a aumentar a diversidade

1. Um habitat fisicamente diverso.
2. Quantidades moderadas de perturbações (tal como incêndios ou tempestades em uma floresta ou um fluxo repentino de água de uma tormenta em um reservatório).
3. Uma pequena variação nas condições ambientais (temperatura, precipitação, suprimento de nutrientes, etc.).
4. Diversidade elevada em um nível trófico aumenta a diversidade em direção a outro nível trófico. (Inúmeros tipos de árvores fornecem habitat para muitos tipos de pássaros e de insetos.)
5. Um ambiente altamente modificado pela vida (por exemplo, um solo orgânico rico).
6. Etapas intermediárias de sucessão.
7. Evolução.

B. Fatores que tendem a diminuir a diversidade

1. Estresse ambiental.
2. Ambientes extremos (condições próximas ao limite que seres vivos podem suportar).
3. Uma limitação severa no suprimento de recursos essenciais.
4. Quantidades extremas de perturbações.
5. Introdução recente de espécies exóticas (espécies de outras regiões).
6. Isolamento geográfico (começando com uma ilha ecológica ou real).

favorecem diferentes tipos de espécies e aumentam a diversidade global. As pessoas, é claro, também afetam a diversidade. Em geral, a urbanização, a industrialização e a agricultura diminuem a diversidade, reduzindo e simplificando os habitats. (Observe, por exemplo, os efeitos da agricultura nos habitats, discutido no Capítulo 12). Além disso, ações antrópicas intencionalmente favorecem espécies específicas e manipulam populações para atender propósitos particulares, assim quando uma pessoa planta um gramado ou quando um fazendeiro planta uma monocultura sobre uma área ampla.

A maioria das pessoas não pensa as cidades como tendo algum tipo de efeito benéfico na diversidade biológica. Na verdade, o desenvolvimento das cidades tende a reduzir a diversidade biológica. Isso é, em parte, porque as cidades têm sido implantadas principalmente em locais adequados para estradas, em regiões ao longo de rios e próximas aos oceanos, onde a diversidade biológica é geralmente alta. Entretanto, em anos recentes, tem-se percebido que as cidades podem contribuir com modos importantes para a conservação da diversidade biológica.

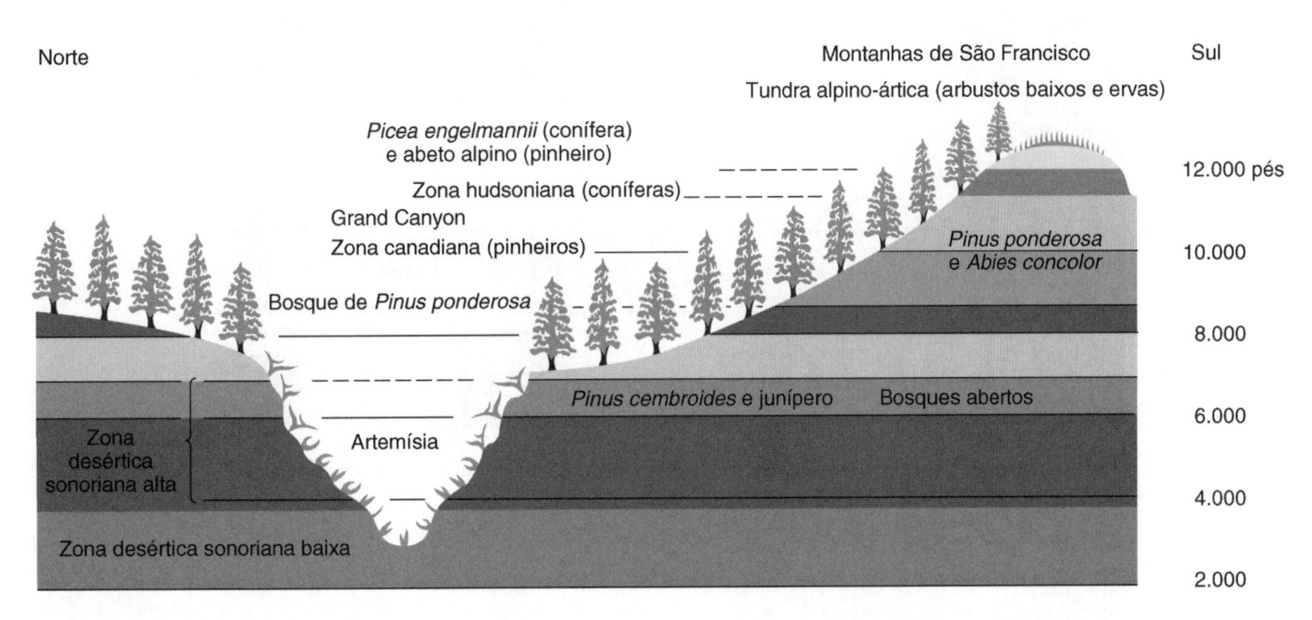

Figura 7.20 ■ A mudança na abundância relativa de uma espécie sobre uma área ou em uma distância é denominada *gradiente ecológico*. Tal alteração pode ser percebida com a mudança na altitude em áreas montanhosas. As regiões de altitude com vegetação estão mostradas, pela figura, no Gran Canyon, Arizona, e nas proximidades das montanhas de São Francisco. (*Fonte*: De C. B. Hunt, *Natural Regions of the United States and Canada* [San Francisco: W. H. Freeman, 1974], direitos autorais 1974 por W. H. Freeman.)

7.9 Engenharia Genética e Algumas Questões Recentes sobre Diversidade Biológica

A compreensão da evolução, atualmente, deve muito à ciência moderna da biologia molecular e da prática da engenharia genética, que está criando uma revolução no modo de pensar e lidar com o tema de espécies. Até o momento, os pesquisadores completaram o DNA para cinco novas espécies: a mosca-das-frutas (*Drosophila*); um verme nematoide (gênero de helmintos que compreende as minhocas) chamado de *C. elegans* (um minúsculo verme que vive na água); fermento ou levedura; uma pequena erva daninha (*Arabidopsis thaliana*), espécie de agrião; e o DNA dos seres humanos. Os pesquisadores se focaram nessas espécies também porque elas apresentam enorme interesse para os humanos ou porque são relativamente fáceis de estudar — também por possuírem poucos pares de bases (o verme nematoide) ou porque possuem características genéticas que são bem conhecidas (a mosca-das-frutas).

Questões Ambientais Entendidas como Questões de Informação

A quantidade de informações contida no DNA é enorme. O DNA do agrião é composto por 125 milhões de pares de bases e isso é relativamente pouco. Importantes plantas de cultivo possuem um número ainda maior de pares de bases. O arroz, por exemplo, possui 430 milhões e o trigo mais de 16 bilhões! Os pares de bases do agrião parecem se constituir de aproximadamente 25.000 genes, porém, muitos deles são duplicatas; dessa forma, provavelmente há cerca de 15.000 genes únicos que determinam como se parecerá o agrião. Isso serve para o mesmo número de genes nos vermes nematoides e nas moscas-das-frutas. Em comparação, o número de genes de seres humanos é estimado estar entre 30.000 e 300.000.

Uma Implicação Prática

Os pesquisadores agora podem manipular o DNA e podem, portanto, manipular as características hereditárias de plantações, bactérias e de outros organismos, dando-lhes novas combinações de características nunca antes encontradas e, consequentemente, demonstrando que as características são hereditárias e que podem ser alteradas, conforme previsão da teoria da evolução. Essas novas capacidades colocam novos problemas e reservam novas promessas para a diversidade biológica. Por um lado, é preciso ter a capacidade de auxiliar espécies raras e ameaçadas por meio do incremento de sua variabilidade genética ou pela superação algumas de suas características genéticas menos adaptativas que resultam da deriva genética. Por outro lado, pode-se inadvertidamente criar superpragas, predadores ou competidores de espécies ameaçadas. Tais organismos novos representam benefícios, contudo, deve-se tomar cuidado para não se colocar espécies novas e estranhas no meio ambiente, de modo que possam rapidamente se reproduzir, tornando-se pragas inesperadas. A engenharia genética apresenta novos desafios para o meio ambiente, conforme será discutido nos capítulos posteriores. (As implicações da engenharia genética serão discutidas nos Capítulos 11 e 13.)

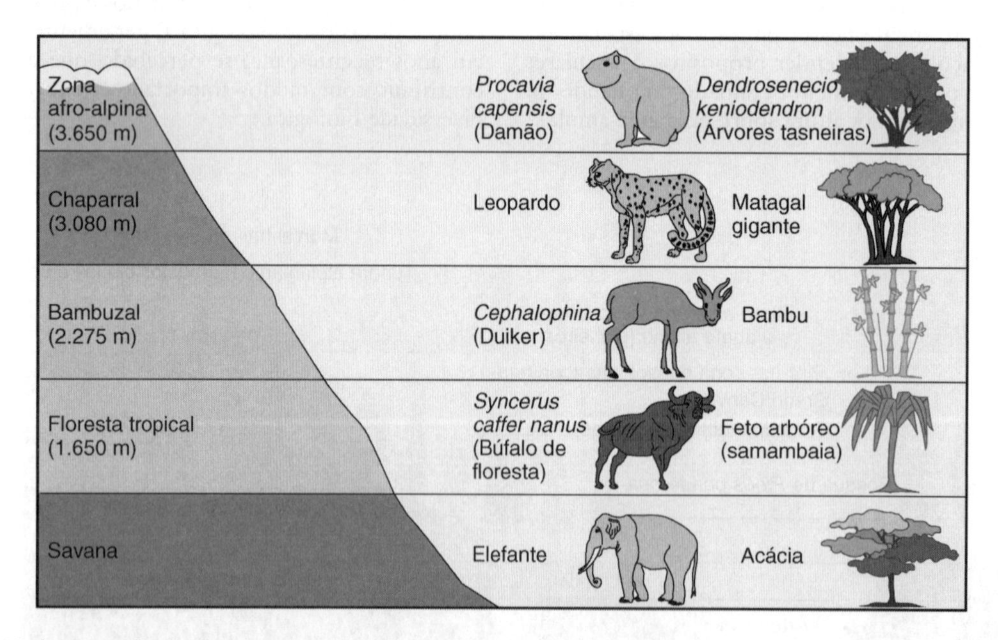

Figura 7.21 ■ Mudanças na distribuição de animais de acordo com a elevação em uma montanha típica no Quênia. (*Fonte*: C. B. Cox, I. N. Healey e P. D. Moore, *Biogeography* [New York: Halsted, 1973].)

QUESTÕES PARA REFLEXÃO CRÍTICA

Ursos Polares e as Razões para Valorizar a Biodiversidade

Em 2008, os ursos polares foram inseridos na lista de espécies em extinção sob o Ato de Espécies Ameaçadas dos Estados Unidos. Em nível mundial estima-se que entre 20.000 e 25.000 ursos polares vivem no Ártico, caçando e vivendo principalmente de focas-aneladas e focas-barbudas. De todos esses ursos, cerca de 5.000 vivem nos Estados Unidos. Relembre das razões pelas quais as pessoas valorizam a biodiversidade. Estude sobre ursos polares e decida quais dessas razões se aplicam a essa espécie. Particularmente, considere as seguintes questões.

Perguntas para Reflexão Crítica

1. Como um predador significativo, o urso polar é um elemento necessário em seu ecossistema? (Dica: considere o nicho ecológico do urso polar.)

2. Os esquimós, que vivem entre os ursos polares, os valorizam como elementos da diversidade de vida ártica? (Isso exigirá algum estudo adicional.)

3. Baseado no que foi aprendido, quais são as principais razões, das oito discutidas no começo do capítulo, para que o urso polar tenha sido inserido na lista de espécies ameaçadas?

Informação adicional sobre ursos polares podem ser encontradas nas referências a seguir:

Norma sobre Ursos Polares do Departamento do Interior dos Estados Unidos:
http://alaska.fws.gov/fisheries/mmm/polarbear/pdf/Polar_Bear_Final_Rule.pdf

Sobre Ursos Polares como Espécie, Seus Habitats e Necessidades:
Polar Bears: Proceedings of the 14th Working Meeting of the IUCN/SSC Polar Bear Specialist Group, 20-24 June 2005, Seattle, Washington, USA. Disponível no *website* da União Internacional para a Conservação da Natureza (International Union for the Conservation of Nature — IUCN): http://www.iucnredlist.org/search/details.php/22823/summ

Aquecimento Global e Ursos Polares:
Derocher, A.E., Nicholas J. Lunn e Ian Stirling (2004). "Polar Bears in a Warming Climate". Integer. Comp. Biol. 44: 13-176.

RESUMO

- Evolução biológica — as transformações nas características hereditárias de uma população de geração para geração — é responsável pelo desenvolvimento de inúmeras espécies de vida na Terra. Os quatro processos que conduzem à evolução são: mutação, seleção natural, migração e deriva genética.
- A diversidade biológica envolve três conceitos: diversidade genética (o número total de características genéticas), diversidade de habitats (a diversidade de habitats em uma dada unidade de área) e diversidade de espécies. A diversidade de espécies, por sua vez, envolve três ideias: riqueza das espécies (o número total de espécies), a uniformidade das espécies (a abundância relativa de espécies) e a dominância de espécies (a espécie mais abundante, dominante).
- Cerca de 1,4 milhão de espécies foram identificadas e descritas. Os insetos e as plantas constituem a maioria dessas espécies. Com melhores explorações, especialmente, nas regiões tropicais, aumentará o número de espécies identificadas, principalmente, de invertebrados e de plantas.
- As espécies estão engajadas em três tipos básicos de interações: competição, simbiose e predação-parasitismo. Cada tipo de interação afeta a evolução, a sobrevivência das espécies e a diversidade global da vida. É fundamental compreender que os organismos têm evoluído conjuntamente, de forma que, o predador, o parasita, a presa, o competidor e o simbionte têm se ajustado uns aos outros. A intervenção antrópica frequentemente interfere e descontrola esses ajustes.
- O princípio da exclusão competitiva afirma que duas espécies que possuam exatamente as mesmas necessidades não podem coexistir no mesmo habitat; uma deve sair ganhando e triunfar. A razão para que boa parte das espécies não morra fora da competição é que elas desenvolveram um nicho particular e, dessa forma, evitam a competição.
- O número de espécies em um determinado habitat é afetado por inúmeros fatores, incluindo a latitude, a altitude, a topografia, a severidade do ambiente e a diversidade de habitats. A predação e os distúrbios moderados, como os incêndios, podem, na verdade, aumentar a diversidade das espécies. O número de espécies também varia com o passar do tempo. É claro que as pessoas também afetam a diversidade.

REVISÃO DE TEMAS E PROBLEMAS

O crescimento das populações humanas tem causado a redução da diversidade biológica. Se a população humana continuar crescendo, as pressões sobre espécies ameaçadas irão continuar e a manutenção da diversidade biológica existente será um desafio cada vez maior.

Sustentabilidade

A sustentabilidade envolve mais do que a existência de muitos indivíduos de uma espécie. Para as espécies sobreviverem, as suas necessidades de existência devem estar satisfeitas e os seus habitats em boas condições. A diversidade de habitats capacita a sobrevivência de mais espécies.

Perspectiva Global

Por alguns bilhões de anos, a vida tem afetado o meio ambiente em escala global. Esses efeitos globais têm, por sua vez, afetado a diversidade biológica. A vida agregou oxigênio na atmosfera, removeu dióxido de carbono e, por essa razão, tornou possível a vida animal.

Mundo Urbano

As pessoas raramente pensam que as cidades possam ter algum efeito benéfico sobre a diversidade biológica. Entretanto, recentemente, tem havido uma crescente percepção de que as cidades podem contribuir com formas importantes para a conservação da diversidade biológica. Esse tópico será discutido no Capítulo 28.

Homem e Natureza

As pessoas têm sempre apreciado a diversidade da vida, porém, os seres humanos têm sido uma das maiores causas de perda da diversidade.

Ciência e Valores

Talvez nenhuma outra questão ambiental provoque mais debates, seja mais especificamente de argumentos do que sobre valores, ou tenha grande importância emocional para as pessoas do que a diversidade biológica. As preocupações com relação, especificamente, às espécies ameaçadas têm sido o cerne de inúmeras controvérsias políticas. O caminho para a resolução desses problemas e os debates envolve uma clara compreensão dos valores da questão, assim como o conhecimento sobre espécies e da necessidade de seus habitats e do papel da diversidade biológica na história da vida da Terra.

TERMOS-CHAVE

deriva genética
diversidade biológica
efeito fundador
espécie
evolução biológica
genes
habitat
migração
mutação
nicho ecológico
princípio de exclusão competitiva
radiação adaptativa
seleção natural
simbionte
simbiose

QUESTÕES PARA ESTUDO

1. Por que espécies introduzidas geralmente se tornam pestes (entre animais) ou pragas (nas plantações)?
2. Em qual dos seguintes planetas poderia se esperar maior diversidade de espécies? (a) Um planeta com intensas atividades tectônicas (b) Um planeta tectonicamente morto (Lembrando que atividades tectônicas se referem a processos geológicos que envolvem movimentos de placas tectônicas e de continentes, processos que levam à formação de montanhas e assim por diante.)
3. Você está conduzindo uma pesquisa sobre parques nacionais. Qual relação se esperaria descobrir entre o número de espécies de árvores e o tamanho dos parques?
4. Um administrador de parques de uma cidade ficou desprovido de recursos para comprar novas plantas. Como pode a força de trabalho dos funcionários do parque, por si só, ser utilizada para aumentar a diversidade de (a) árvores e (b) pássaros nos parques?
5. Uma praga de gafanhotos se instalou em uma fazenda. Pouco depois, inúmeros tipos pássaros chegaram para se alimentar dos gafanhotos. Quais as transformações que ocorrem na dominação animal e na diversidade? Comece antes da chegada da praga de gafanhotos e termine após vários dias da presença dos pássaros.

6. O que acontecerá com a biodiversidade global se (a) o pinguim-imperador se tornar extinto? (b) o urso-cinzento, também, torna-se extinto?
7. Qual a diferença entre *habitat* e nicho?
8. Existe mais de 600 espécies de árvores na Costa Rica, sendo que a maioria delas está nas florestas tropicais. O que poderia explicar a coexistência de tantas espécies com necessidades similares de recursos?
9. Qual das seguintes alternativas pode resultar em populações que sejam menos adaptadas ao ambiente do que estavam os seus predecessores?
   (a) Seleção natural
   (b) Migração
   (c) Mutação
   (d) Deriva genética

LEITURAS COMPLEMENTARES

Botkin, D. B. 2001. *No Man's Garden: Thoreau and a New Vision for Civilization and Nature*. Washington, DC: Island Press. Discute por que as pessoas têm valorizado a diversidade biológica, tanto do ponto vista científico quanto o cultural.

Charlesworth, B., e C. Charlesworth. 2003. *Evolution: A Very Short Introduction*. Oxford: Oxford University Press.

Darwin, C. A. 1859. *The Origin of Species by Means of Natural Selection, or the Preservation of Proved Races in the Struggle for Life*. London: Murray. Várias reimpressões. Um livro que marcou uma revolução no estudo e compreensão da existência da vida.

Dawkins, Richard. 2008. *The Selfish Gene*. New York: Oxford University Press, USA; 3rd edition. Atualmente considerado um clássico na discussão da evolução biológica para aqueles que não são especialistas na área.

Knoll, Andrew H. 2003. *The early history of life on earth: Reconstructing an elusive story: Life on a young planet: The first three billion years of evolution on Earth*. Princeton: Princeton University Press. Escrito por um dos maiores especialistas do mundo sobre a vida primitiva.

Leveque, C., e J. Mounolou. 2003. *Biodiversity*. New York: John Wiley.

Margulis, L., K. V. Schwartz, M. Dolan, K. Delisle, C. Lyons. 1999. *Diversity of Life: The Illustrated Guide to the Five Kingdoms*. Sudbury, MA: Jones & Barlett.

Novacek, M. J. (ed.). 2001. *The Biodiversity Crisis: Losing What Counts*. New York: An American Museum of Natural History Book. New York: New Press.

Capítulo 8

Biogeografia

Grous-americanos, maiores pássaros da América do Norte e entre as espécies mais ameaçadas, voam durante a sua migração anual.

OBJETIVOS DE APRENDIZADO

Se o objetivo for a conservação da diversidade biológica, é necessário entender, de maneira ampla, os padrões globais da biogeografia. Após a leitura deste capítulo, deve-se saber:

- Como o clima, o substrato rochoso e os solos afetam a geografia da vida.
- O que são regiões bióticas e como elas se diferenciam.
- Quando a introdução de uma espécie em um novo *habitat* é ou não oportuno.
- De que forma as placas tectônicas afetam a biogeografia.
- O que é biogeografia de uma ilha e no que isso implica a geografia geral da vida.
- O que são os padrões geográficos dos 17 maiores biomas da Terra.
- Como as pessoas afetam a geografia da vida.
- Como a introdução de espécies exóticas geralmente afeta os *habitats*.

ESTUDO DE CASO

Reintrodução de uma Espécie Rara

Em março de 2008, dois grous-americanos pousaram na fazenda de George West, a apenas oito quilômetros de Nashville, no Tennessee, uma das regiões de rápido crescimento nos Estados Unidos. Os grous-americanos são uma das mais raras e ameaçadas espécies; somente cerca de 500 indivíduos estão vivos, a maioria dos quais hiberna na Reserva da Vida Selvagem de Aransas, que é distante do Tennessee. Então se pergunta: o que os pássaros estão fazendo ali? Eles formam parte de um programa internacional de US$11 milhões, coordenado pelo Centro de Pesquisas Geológicas dos Estados Unidos, criado para reintroduzir os grous-americanos onde viveram há muito tempo, ao longo da rota leste de migração dos pássaros entre o Wisconsin e a Flórida central.[1]

Às vezes, conforme ilustra este incidente, busca-se transferir uma espécie para um *habitat* onde ela não vive ou que deixou de viver. Outras vezes, uma espécie introduzida não traz nada além de problemas e então um enorme esforço é despendido para removê-la. Como exemplo disso, nos anos 1980, uma delicada alga marinha chamada de *Caulerpa taxifolia* foi trazida de seu *habitat* natural, do oceano Pacífico, para um zoológico na Alemanha, onde foi cultivada e utilizada para adornar o aquário de água salgada, uma ação aparentemente inócua e inofensiva.[2] A alga foi um sucesso tão grande que mudas foram enviadas para outras instituições, incluindo o Museu Oceanográfico de Mônaco. Após cinco anos de sua introdução no museu, um infeliz incidente ocorreu: as algas foram inadvertidamente despejadas no mar Mediterrâneo durante uma limpeza do aquário. Esse acidente parecia ter sido inócuo, porém, para acreditar nisso, deve-se ignorar o tremendo poder das espécies em atuar como invasores.[3]

Uma vez liberada no Mediterrâneo, a *Caulerpa* rapidamente transformou o seu padrão de crescimento e se adaptou ao novo *habitat* ao longo da costa sul da França. Isso possivelmente ocorreu por meio de uma mutação ou pela hibridização com algas nativas ou, talvez, porque o seu código genético contivesse informações que permitiram assumir considerável plasticidade.

Seja qual for a explicação genética, atualmente a *Caulerpa* cresce cerca de seis vezes mais no Mediterrâneo do que em seu *habitat* natural, no oceano Pacífico, e ainda é tolerante às baixas temperaturas, sobrevivendo em águas com temperaturas da ordem de 10°C, bem menor quando comparada aos 21°C das águas de seu *habitat* natural.

Dentro de poucas décadas, a *Caulerpa* vai se espalhar pelo mar Adriático, ameaçando todo o Mediterrâneo com sua facilidade em reprimir e inibir outras algas competidoras. Ela ficou conhecida como "a alga assassina". Desenvolveu-se em rochas, na areia e no lodo, ao contrário da maioria das algas, que melhor se desenvolvem apenas em um único tipo de substrato. Ela sufocou as algas nativas na competição, eliminando-as. Além disso, a *Caulerpa* era tóxica para animais marinhos que se alimentam de algas, como os ouriços-do-mar.

Então, em 2000, a alga assassina foi encontrada próxima à praia de San Diego, Califórnia, e em Nova Gales do Sul, na Austrália.[4]

Mesmo quando mecanicamente removidas, as algas rapidamente se recuperam, formando camadas ainda mais densas. Pesquisadores buscam um método de controle biológico e, neste momento, estão estudando a liberação de uma lesma exótica. Assim, essa alga aparentemente inofensiva que graciosamente decorou o interior de aquários se transformou em um monstro invasor, afetando a vida das algas e dos animais no mar Mediterrâneo, com consequências para o comércio, para o lazer e recreação e para a paisagem.

Se a introdução intencional do grou-americano ou a introdução não intencional da alga causa resultados desagradáveis, como decidir se introduções de espécies em novos *habitats* são boas ou ruins? Para responder essa pergunta, deve-se compreender a biogeografia, a geografia da vida, como ela se realiza e o que isso causa.

Figura 8.1 ■ Grous-americanos.

Figura 8.2 ■ A alga "assassina", *Caulerpa taxifolia*, invadindo o mar Mediterrâneo.

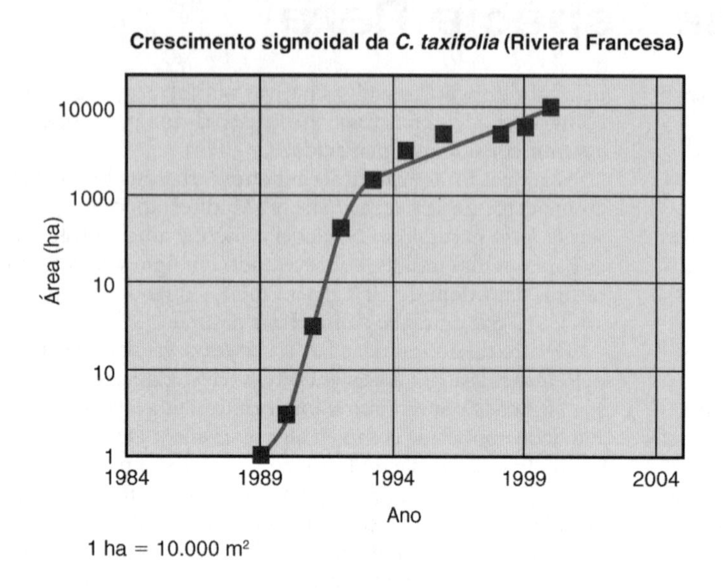

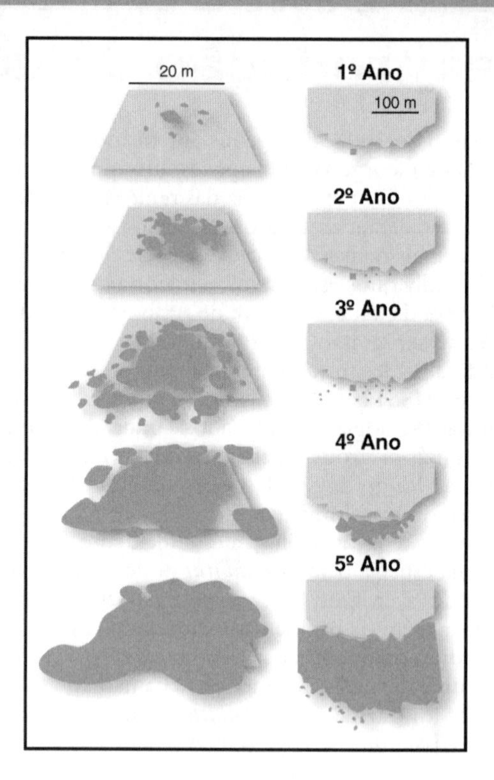

Figura 8.3 ■ Expansão isolada de uma mancha de *C. taxifolia* na Riviera Francesa (Cap Martin). (*Fonte*: Madl, P. e M. Yip [2005], Literature Review of *Caulerpa taxifolia*. Contribuição ao 31º BUFUS Newsletter.)

8.1 Por que a Introdução de Espécies Novas na Europa Foi Tão Popular Tempos Atrás?

Atualmente, a introdução pelo homem de espécies em novos *habitats* é um dos problemas mais preocupantes para a vida na Terra. A ironia é que algumas introduções, tais como plantas para o cultivo e as ornamentais, têm sido de grande benefício. Em 1749, Linnaeus,* um dos primeiros cientistas da botânica e o pai da taxonomia moderna das plantas, enviou um colega, Peter Kalm, para a América do Norte para coletar plantas para decoração de jardins na Europa. O clima da Europa Ocidental era similar ao clima de partes da China e do leste da América do Norte, exceto que essas duas áreas tinham uma variedade muito maior de espécies de plantas. Por essa razão, todos que desejavam jardins bonitos na Europa, durante o século XVIII, procuravam incrementar a vegetação nativa com árvores que dão flores, arbustos e ervas oriundas do Novo Mundo. No entanto, por que havia poucas espécies na Europa? Se as introduções de espécies exóticas são hoje um problema sério, por que então as introduções de plantas da América do Norte, na Europa, não foram problemáticas? Esse quebra-cabeça é explicado pelas teorias da **biogeografia** — padrões globais de ampla escala — começando com os conceitos de província biótica e de bioma.

*Linnaeus é o sobrenome de Carolus Linnaeus (1707-1778), botânico sueco que criou o sistema taxonômico biológico para a classificação das plantas. (N.T.)

8.2 Domínios de Wallace: Províncias Bióticas

Em 1876, o biólogo britânico Alfred Russell Wallace (codescobridor da teoria da evolução biológica com Charles Darwin) sugeriu que o mundo poderia ser dividido em seis regiões biogeográficas, com base nas características fundamentais dos animais encontrados em cada uma dessas áreas.[5] Wallace se referia a essas regiões como **domínios,** denominando-os Neoártico (América do Norte), Neotropical (Américas do Sul e Central), Paleártico (Europa, norte da Ásia e norte da África), Etíope ou Afro-tropical (Áfricas Central e do Sul), Oriental (o subcontinente indiano e a Malásia) e australiano. Essas biorregiões ficaram conhecidas como *Domínios de Wallace* (Figura 8.4). O reconhecimento desses padrões de amplitude mundial para espécies de animais foi o primeiro passo na compreensão da biogeografia.

Considerando-se mais profundamente a ideia da relação entre seres vivos — uma espécie de árvore genealógica. Todos os seres vivos estão classificados em grupos denominados **táxon** (unidades taxonômicas), normalmente tomando como referência as suas relações de evolução ou as similaridades de características. (Linnaeus, anteriormente mencionado, desempenhou um papel crucial em desenvolver esse conceito.) A

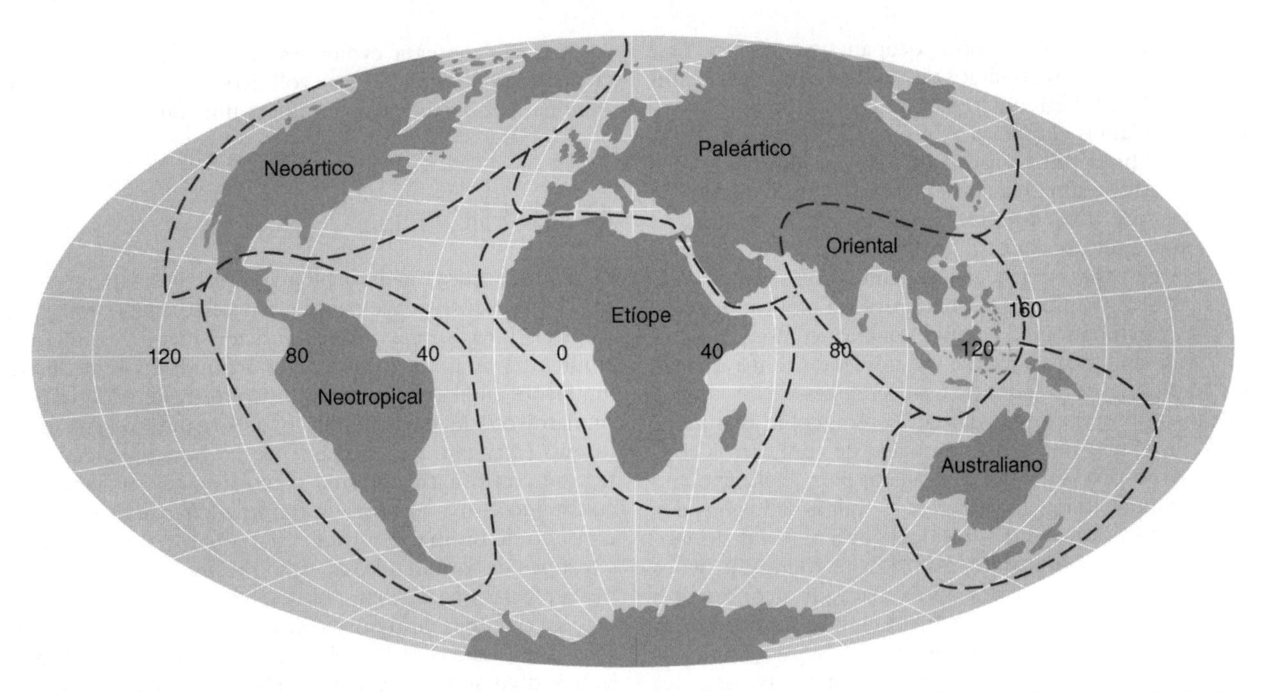

Figura 8.4 ■ As principais biorregiões ou domínios biogeográficos para os animais estão baseados em fatores genéticos. Em cada domínio, os vertebrados estão, em geral, mais proximamente relacionados uns aos outros do que em relação aos vertebrados que ocupam nichos semelhantes em outras biorregiões.

hierarquia desses grupos (desde o maior e mais abrangente ao menor e menos abrangente) se inicia com um domínio ou reino. O reino vegetal é constituído por divisões. O reino animal constitui-se de filos (singular: *phylum*). Um filo ou divisão é, por sua vez, constituído por classes, que são constituídas por ordens, as quais são constituídas por famílias, que são constituídas de gêneros, que são constituídos por espécies.

Em cada área biogeográfica principal (biorregião ou domínio de Wallace), determinadas famílias de animais são dominantes e os animais dessas famílias ocupam os nichos ecológicos (ver Capítulo 7). Os animais que ocupam um nicho ecológico específico de uma biorregião ou domínio são de diferentes linhagens genéticas do que aqueles que ocupam o mesmo nicho em outras biorregiões. Por exemplo, o bisão e o antilocapra estão entre os grandes mamíferos herbívoros da América do Norte. Roedores tais como as capivaras ocupam os mesmos nichos na América do Sul e os cangurus os ocupam na Austrália. Nas Áfricas Central e do Sul, inúmeras espécies,

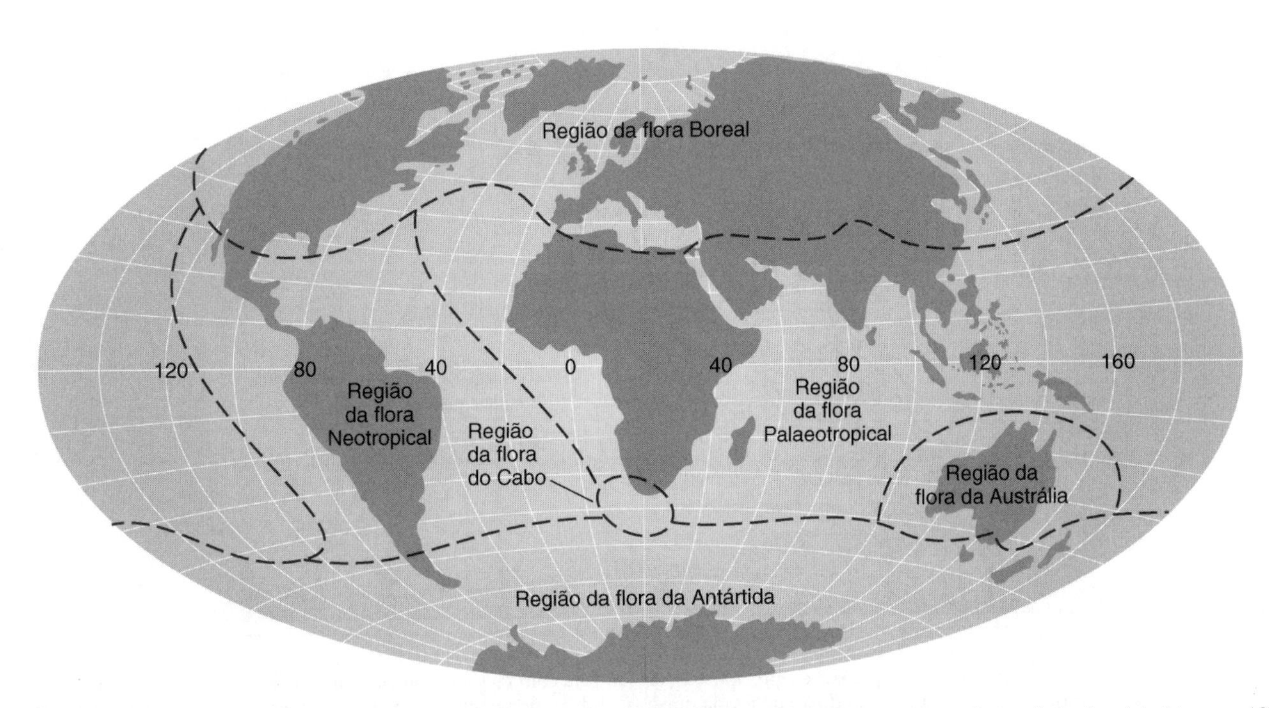

Figura 8.5 ■ Os principais reinos vegetais estão também baseados em fatores genéticos. Assim, as plantas de um dado domínio biogeográfico ou biorregião estão mais proximamente relacionadas entre si do que com as plantas de outras biorregiões.

incluindo as girafas e os antílopes, ocupam esses nichos. Esse é o conceito básico dos domínios de Wallace, que ainda é considerado válido e foi estendido para todas as formas de vida,[6] incluindo as plantas (Figura 8.5)[7,8] e os invertebrados. Esses domínios são hoje denominados **províncias bióticas**.[9] Uma província biótica é uma região habitada por um conjunto de características de taxa (espécies, famílias, ordens) delimitado por barreiras que previnem a disseminação dessas distintas formas de vida para outras regiões e, também, a imigração de espécies exóticas.[10] Então, em uma província biótica, os organismos compartilham uma herança genética comum, porém, podem viver em uma variedade de ambientes tanto quanto estão geneticamente isolados de outras regiões.

Essa foi a observação de Wallace. Porém, como isso aconteceu? Wallace não teve a oportunidade de conhecer o conceito moderno dos processos geológicos para explicar como distintos grupos biológicos puderam evoluir isolados uns dos outros. A explicação vigente considera que a deriva continental, causada pelo deslocamento das placas tectônicas, provoca periodicamente a separação e a aproximação dos continentes (ver a discussão no Capítulo 5).[11,12] A unificação dos continentes permitiu a miscigenação genética; a separação impôs o isolamento geográfico. A união continental e as conexões de terras permitiram aos organismos penetrarem em novos *habitats*. A separação dos continentes levou ao isolamento genético e à evolução de novas espécies.

Aha! Isso, no mínimo, explica parcialmente por que as introduções de espécies exóticas de uma região da Terra para outra podem causar problemas. Dentro de um domínio ou biorregião, as espécies são mais suscetíveis de se relacionarem, evoluírem e adaptarem, por longo tempo, no mesmo local. Mas quando o homem traz para casa uma espécie longínqua, está propenso a introduzir uma espécie sem relação ou com pouca relação com as espécies nativas. Essa espécie nova e não relacionada não consegue evoluir e se adaptar na presença de espécies nativas, e, assim, ajustes evolutivos e ecológicos ocorrerão. Algumas vezes a introdução implica um competidor superior.

8.3 Biomas

O bioma é outro padrão biogeográfico fundamental. Ele é um tipo de ecossistema, como um deserto, como uma floresta tropical, uma savana. O seu funcionamento assim ocorre: ambientes similares fornecem oportunidades semelhantes e limitações similares para a vida. Como resultado, ambientes similares conduzem à evolução de organismos em forma e função (mas não necessariamente na hereditariedade genética ou constituição interna) e ecossistemas similares. Isso é conhecido como a ***regra da similaridade climática*** e leva ao conceito de **bioma**. A estreita relação entre o meio ambiente e os tipos de formas de vida estão mostrados na Figura 8.6.

As plantas que crescem nos desertos da América do Norte e no leste da África ilustram a ideia de bioma (ver Figura 8.7). As plantas do deserto de Eufórbia, no sul da África, parecem similares às do deserto da América do Norte, porém não são estreitamente relacionadas entre elas. Elas pertencem a diferentes famílias biológicas. Geograficamente isoladas por 180 milhões de anos, foram submetidas a climas parecidos, o que impôs estresses similares e permitiram semelhantes oportunidades ecológicas. Em ambos continentes, as plantas do deserto evoluíram para se adaptarem a esses estresses e potenciais, tornando-se similares na aparência e prevalecendo em *habitats* parecidos.

As diferenças ancestrais entre essas plantas de aspecto parecido podem ser encontradas em suas flores, frutos e sementes, que se modificam muito pouco com o tempo e, dessa forma, fornecem os melhores indícios para a história genética

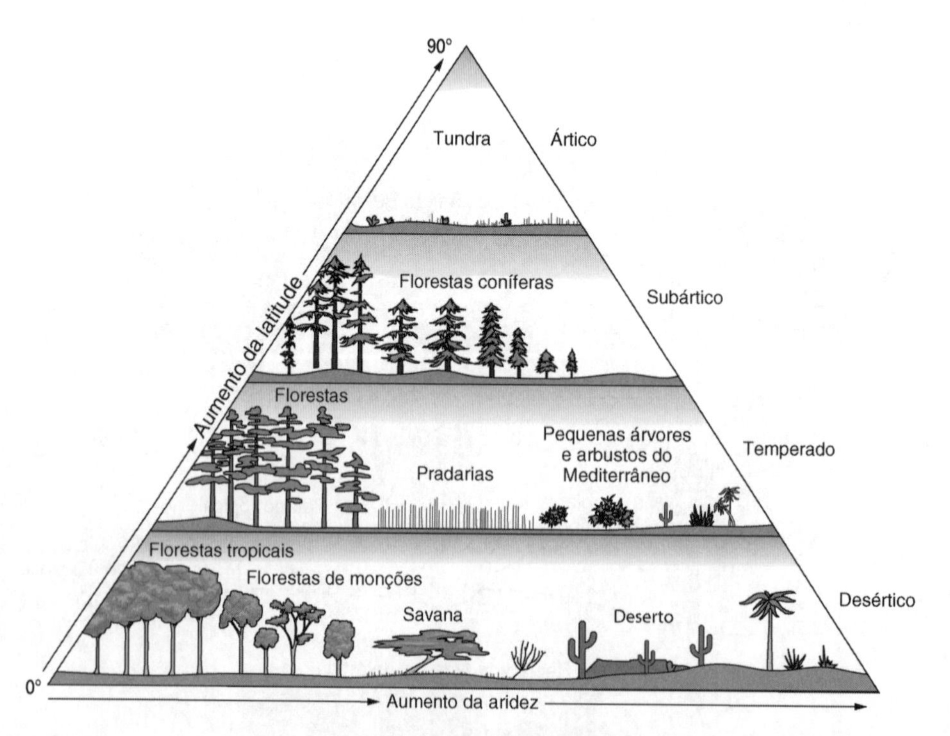

Figura 8.6 ■ Diagrama simplificado da relação entre a precipitação e a latitude com os principais biomas terrestres. Nesse caso, a latitude serve como indicadora das médias da temperatura do ar, de forma que a latitude pode ser substituída pela temperatura média neste diagrama. (*Fonte*: Figura 27-4, p. 293, do *Physical Geography of the Global Environment*, por Harm de Blij, Peter O. Muller e Richard S. Williams, editado por Harm de Blij, copyright 2004 pela Oxford University Press, Inc. Utilizado com a permissão da Oxford University Press, Inc.)

(a)

(b)

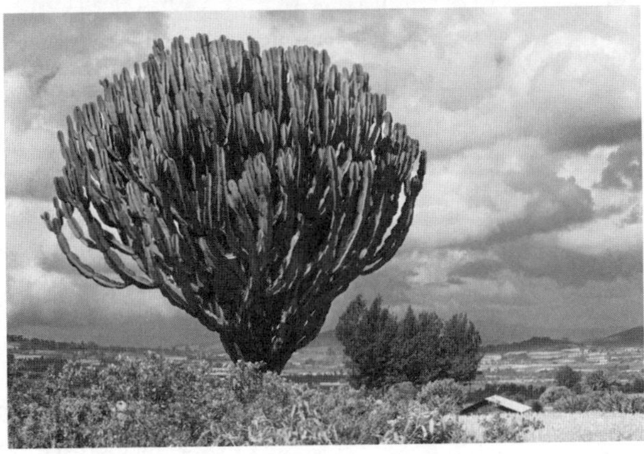

(c)

Figura 8.7 ▪ Evolução convergente. Dados tempo suficiente e climas similares em áreas diferentes, espécies semelhantes, no tipo e na forma, tenderão a surgir. A árvore de Josué (*a*) e o cacto saguaro (*b*) da América do Norte e do México parecem familiares à gigantesca eufórbia (*c*) do leste da África. Porém, essas plantas não possuem parentesco próximo. Suas formas parecidas resultam da evolução sob climas desérticos semelhantes, um processo conhecido como evolução convergente.

das espécies. A árvore de Josué, o cacto saguaro* da América do Norte e a eufórbia** gigante do sul e do leste da África são altos, possuem suculentos caules verdes que substituem as folhas como o principal local da fotossíntese e apresentam projeções pontiagudas, porém, essas plantas não têm parentesco próximo. A árvore de Josué é membro da família agave, o saguaro é membro da família dos cactos e a eufórbia é membro da família das euforbiáceas.

As formas similares resultam da evolução em climas desérticos semelhantes, um processo conhecido como **evolução convergente**. A eufórbia e a árvore de Josué pertencem ao mesmo bioma, porém em províncias bióticas diferentes. Elas funcionam de maneira similar e possuem o mesmo nicho, porém não têm parentesco próximos.

Dessa forma, aqui está a diferença entre uma província biótica e um bioma: uma província biótica está baseada em quem tem parentesco próximo de quem. Um bioma em nichos e *habitats*. Espécies da província biótica, em geral, são parentes mais próximos entre si do que com relação às espécies de outras províncias. Em duas diferentes províncias bióticas, o mesmo nicho ecológico será ocupado por espécies que desempenham uma função específica e que pode parecer semelhante uns aos outros, porém, possuem predecessores genéticos muito diferentes. Dessa forma, uma província biótica é uma unidade evolucionária. A forte relação entre o clima e a vida indica que, uma vez conhecido o clima de uma região, é possível estabelecer uma previsão acurada sobre qual o tipo de bioma será encontrado nessa região, qual será a sua massa aproximada (quantidade de matéria viva), qual será a sua produção e, ainda, quais serão os tipos e formas dos organismos dominantes.[12,13] A relação geral entre o tipo de bioma e os dois fatores climáticos mais importantes — a precipitação e a temperatura — está diagramado na Figura 8.8.

Outro processo importante que influencia a geografia da vida é a **evolução divergente**. Nesse processo, uma população é separada, geralmente por barreiras geográficas. Uma vez separadas em duas populações distintas, cada uma evolui separadamente, porém os dois grupos mantêm algumas características em comum. Acredita-se que o avestruz (nativo da África), a ema (nativa da América do Sul) e o emu* (nativo da Austrália) possuem um predecessor comum, porém evoluíram afastadas (Figura 8.9). Nas savanas abertas e nas pradarias, um pássaro grande que pode correr rapidamente, mas que se alimenta de pequenas sementes e de insetos, possui certas vantagens sobre outros organismos que buscam a mesma comida. Dessa forma, essas espécies mantiveram as mesmas caracterís-

*Variedade de cacto gigante, nativo, que existe no México e no sudoeste dos Estados Unidos, podendo viver até 150 anos e medir até 15 metros de altura. (N.T.)

**Planta africana da qual, por pressão, extrai-se um sumo, muito acre, utilizado na medicina como purgante. (N.T.)

*Tipo de avestruz da Austrália que não é capaz de voar; ave pernalta do gênero *Dromiceius*. (N.T.)

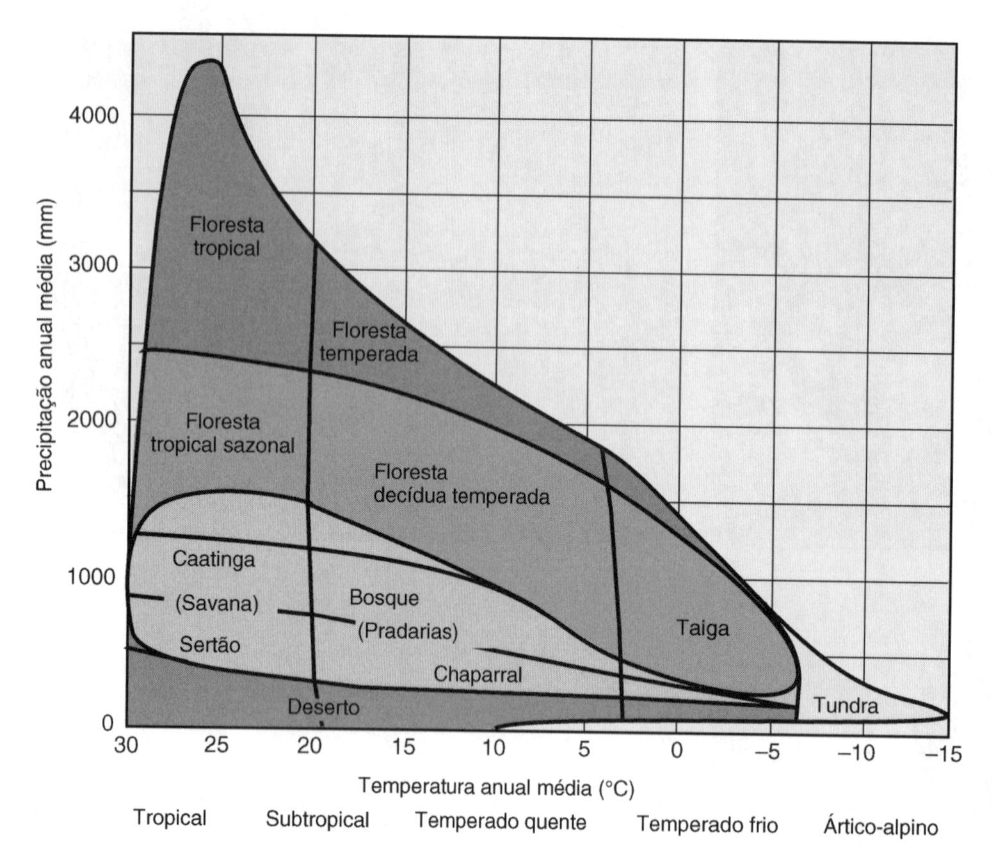

Figura 8.8 ■ Outra visão da relação entre o clima e a vegetação (compare com a Figura 8.4). Um padrão de tipos de vegetação em relação à precipitação e à temperatura. Os limites entre os tipos são aproximados. Note que os desertos estão sobre uma área em que as temperaturas variam com amplitude entre 5 e 30°C, contanto que a precipitação seja menor do que cerca de 500 mm/ano. Quanto mais quente o clima, mais precipitação é necessária para transformar o deserto em qualquer outro bioma. (*Fonte*: Adaptado de R. H. Whittaker, *Communities and Ecosystems*, 2ª ed. [New York: Macmillan, 1975].)

ticas em vastas áreas separadas. Ambas as evoluções, convergente e divergente, aumentaram a diversidade biológica.

As pessoas aplicam a evolução convergente quando elas trasladam plantas decorativas e benéficas ao redor do mundo. As cidades que se situam em climas semelhantes, em diferentes regiões do mundo, hoje compartilham muitas das mesmas plantas decorativas. A buganvília (conhecida também como primavera), arbusto de florescimento brilhante espetacular originário do sudeste da Ásia, decora cidades bastante distantes umas das outras, como Los Angeles e a capital do Zimbábue. Em Nova York e em seus subúrbios mais afastados, o bordo-da-Noruega, da Europa, e a árvore-do-céu e o gingko da China crescem ao longo e junto de plantas nativas como a *Liquidambar*, o bordo-de-açúcar e o carvalho-americano. As pessoas intencionalmente introduziram as árvores asiáticas e europeias.

(*a*)

(*b*)

(*c*)

Figura 8.9 ■ Evolução divergente. Esses três grandes pássaros (que não voam) evoluíram do mesmo ancestral, porém, hoje, são encontrados em regiões bastante separadas: (*a*) o avestruz na África, (*b*) a ema na América do Sul e (*c*) o emu na Austrália.

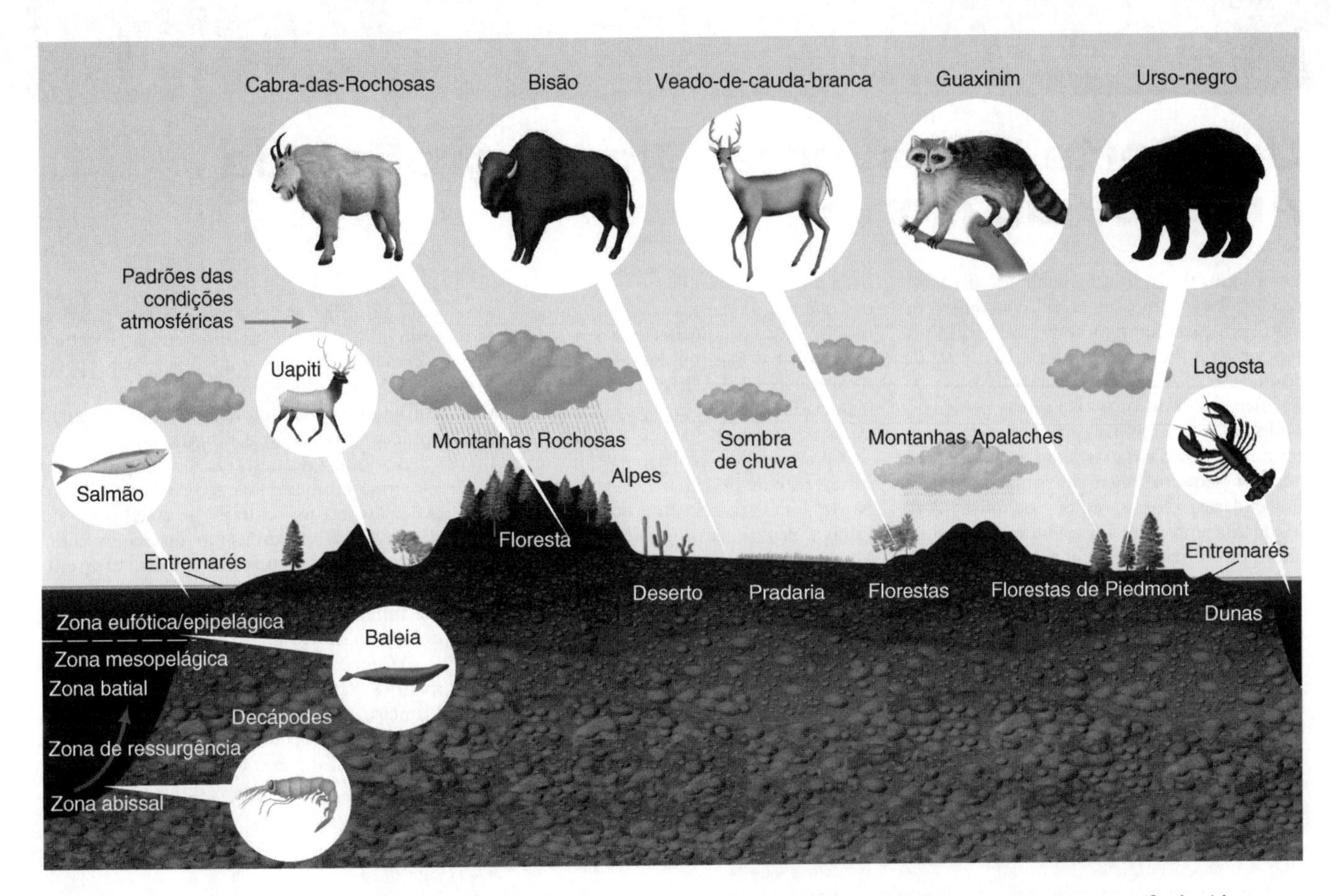

Figura 8.10 ■ Seção transversal generalizada da América do Norte mostrando as condições atmosféricas, o relevo e a geografia da vida. Espécies características de cada região são exibidas. Os padrões das condições atmosféricas variam no sentido de oeste para leste.

8.4 Padrões Geográficos de Vida no Continente

O debate do texto vem enfocando as similaridades continentais e diferenças entre as espécies e a diversidade biológica. Os mesmos conceitos — evolução convergente, evolução divergente, hereditariedade comum e ambientes similares — conduziram aos padrões geográficos nos continentes. A teoria da deriva continental fornece uma mostra de fotografias em movimento de enormes massas de terra movendo-se poderosamente sobre a superfície da Terra, isolando e misturando grupos de organismos e permitindo um aumento na diversidade das espécies. Se os continentes fossem uma parcela uniforme de terra, com climas homogêneos, haveria menos nichos ecológicos potenciais (ver Capítulo 7) e, por conseguinte, a diversidade biológica seria menor nos continentes.

O tectonismo de placas implicou continentes com topografia complexa, incluindo cadeias de montanhas e mudança nos padrões de drenagem e nos fundos de vale por onde correm os rios. Tais acidentes topográficos podem ser barreiras para a migração de espécies, levando ao isolamento geográfico nos continentes. Quando as Montanhas Rochosas começaram a se formar 90 milhões de anos atrás, elas criaram uma barreira para várias formas de vida não montanhosas. Como resultado disso — bem como as mudanças climáticas, algumas das quais resultaram em parte da formação das Montanhas Rochosas — a vegetação da Califórnia é bastante distinta da vegetação que se encontra em altitudes e latitudes similares a leste das Montanhas Rochosas.

Os padrões de vida de um continente são também afetados pela proximidade de um *habitat* junto ao oceano ou a outro grande corpo d'água, pelas correntes oceânicas próximas da costa e pela localização relativa às cadeias de montanhas, à latitude e à longitude. A Figura 8.10 mostra o padrão de vida de costa a costa (oeste a leste) da América do Norte (ver o Detalhamento 8.1).

8.5 A Biogeografia Insular

As inúmeras brincadeiras e histórias de pessoas vivendo na condição de náufragos em uma ilha estão baseadas em fatos sobre a biogeografia das ilhas. As ilhas têm menor número de espécies do que os continentes e, quanto menor a ilha, menor o número de espécies em média. Da mesma forma, quanto mais distante estiver a ilha do continente, menor será o número de espécies existentes. Essas duas observações formam a base de *teoria da biogeografia das ilhas.*

Podem-se fazer diversas generalizações sobre a diversidade das espécies em ilhas:

- As duas fontes de novas espécies em uma ilha são a migração do continente e a evolução de novas espécies no próprio local.
- As ilhas possuem menos espécies do que os continentes.

Um Corte Transversal Biogeográfico da América do Norte

Uma seção transversal generalizada da América do Norte mostra as relações entre os padrões das condições atmosféricas, da topografia e da biota (Figura 8.10). Fora da costa oeste dos Estados Unidos da bacia do Pacífico ocorrem os ecossistemas pelágicos, onde luz suficiente para a fotossíntese penetra no interior das águas. Essa região é povoada por pequenas algas predominantemente unicelulares. Outras regiões oceânicas com luz insuficiente para a fotossíntese são povoadas por animais que se alimentam de organismos mortos que afundam da superfície. Próximos da costa, particularmente em zonas de ressurgências, como ao longo da costa da Califórnia, existem algas em abundância, peixes, pássaros, moluscos e mamíferos marinhos. Onde as ondas e as marés alternadamente cobrem e descobrem as praias, uma longa e fina linha de ecossistemas da zona intertidal (entremarés) é encontrada, dominada por algas marinhas e outras algas grandes que estão fixas no fundo do oceano; por moluscos, como mexilhões, cirrípedes (crustáceos), abalones ou haliotes, caranguejos e outros invertebrados; e por aves limícolas (associadas a zonas úmidas costeiras), como o maçarico-das-rochas ou lavadeiras.

Os sistemas atmosféricos se movimentam geralmente de oeste para leste no Hemisfério Norte. Uma vez que as massas de ar são obrigadas a cruzar as montanhas da costa e as Montanhas Rochosas, elas são resfriadas e a umidade do ar se condensa para a formação de nuvens e a ocorrência de precipitações (efeito orográfico). A costa oeste é uma região de temperaturas moderadas porque a água possui elevada capacidade de armazenamento térmico e a presença do oceano Pacífico controla a temperatura do ar. A precipitação anual aumenta com a elevação nas encostas ocidentais das montanhas. No sul, movendo-se de leste para a costa sul da Califórnia, as precipitações permanecem reduzidas até que as montanhas forcem a ascensão do ar para condensar a maior parte de sua umidade. Em geral, mais frio, os cumes úmidos das montanhas proporcionam apoio e sustentação às florestas coníferas.

Ao longo da costa de Washington e do Oregon, temperaturas frescas, por todo o ano, favorecem chuvas pesadas próximo da costa, produzindo um incomum clima temperado de florestas tropicais. O exemplo melhor conhecido ocorre na Floresta Nacional de Olympia, no extremo noroeste do estado de Washington.

As encostas leste da região litorânea formam a tão falada "sombra de chuvas". Primeiro, o ar que passa sobre essas encostas a leste traz a maior parte da umidade para as montanhas; como consequência, torna-se seco na medida em que se dirige para o leste.

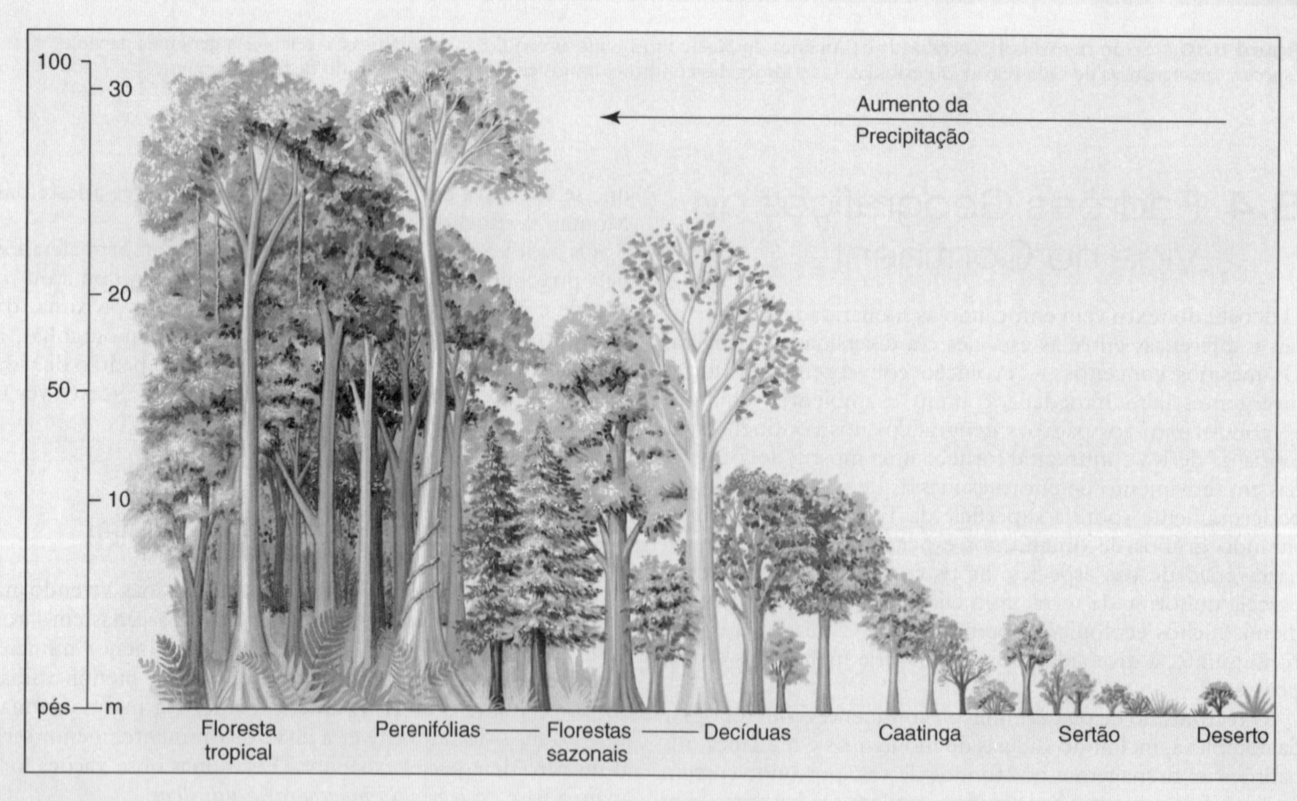

Figura 8.11 ■ Estresse ambiental e biogeografia. Determinados padrões globais podem ser encontrados na medida em que um ambiente se torna mais estressante. Esse diagrama mostra os efeitos do estresse provocado pela água. Onde as precipitações são copiosas, existe uma vegetação abundante com a presença de florestas de árvores altas e com a ocorrência de muitas espécies. Na medida em que as precipitações diminuem, o tamanho das plantas é menor, com árvores menores como arbustos e grama, da mesma forma ocorrendo com plantas espalhadas. A biomassa total diminui e, em geral, o número de espécies também é reduzido. Transformações similares acompanham o aumento de outros tipos de estresses, incluindo o estresse de certos poluentes. (*Fonte*: Adaptado de R. H. Whittaker, *Communities and Ecosystems*, 2ª ed. [Nova York: MacMillan, 1975].)

Além disso, o ar desce para regiões de menor altitude, é então aquecido e pode absorver maior quantidade de vapor d'água. Esse ar seco tende a absorver a umidade do solo, produzindo desertos como os de Utah, Califórnia, Arizona e do Novo México. Enquanto a precipitação anual na Península Olympic de Washington atinge 3750 mm/ano, a leste da Cordilheira das Cascatas chove 200 mm/ano.

O mesmo efeito ocorre nas Montanhas Rochosas. Menos que 160 km a oeste de Denver, nas Montanhas Rochosas, a precipitação anual é de 1000 mm. Nas Grandes Planícies, 160 km a leste de Denver, a precipitação anual é de somente 300 a 400 mm. A média anual da precipitação aumenta continuamente no lado leste: 500 mm na cidade de Dodge, no Kansas; 700 mm próximo de Lincoln, no Nebraska; e 900 mm próximo de Kansas City, Missouri.[14]

Os biomas refletem essas mudanças da precipitação. A leste de Denver existem pradarias de grama baixa, que se tornam pradarias de grama misturada (uma mistura de pradaria com grama baixa e alta) e, mais adiante, as pradarias de grama alta na medida em que se dirige para o lado leste. A precipitação atinge índices suficientes para manter florestas mais além em direção a leste, próximo à fronteira entre Dakota do Sul e Minnesota ao norte, onde a precipitação anual atinge 500 a 640 mm. De lá para a costa leste, predominam as florestas decíduas (dominadas por árvores caducas, ou caducifólias, que perdem as suas folhas durante o inverno) e a floresta boreal do lado leste da América do Norte.

Essas fronteiras ecológicas, tais como aquelas entre as pradarias, de grama alta e baixa, são algumas vezes tão sutis e delicadas que impressionam bastante os viajantes no oeste. Um desses viajantes, Josiah Gregg, escreveu em seu jornal, em 1831, que a oeste de Council Grove, no Kansas, na fronteira entre as pradarias de grama baixa e alta, a "vegetação de todas as espécies é mais restrita — as flores de cores vibrantes são mais raras e a madeira é escassa e de qualidade inferior", enquanto, no lado leste, encontrara as pradarias que tinham "uma aparência fina e produtiva, verdadeiramente rica e bonita".[14]

Os padrões descritos para os Estados Unidos ocorrem por todo o mundo. Alguns percebem as modificações de acordo com a elevação, desde os bosques quentes e adaptados à seca até os bosques úmidos e adaptados ao frio na Espanha, onde a faia e a bétula, característicos da Europa Meridional e do Norte (Alemanha, Escandinávia), são encontradas em altitudes elevadas, enquanto a tundra dos Alpes é encontrada nos cumes. Padrões similares ocorrem na Venezuela, onde as mudanças na altitude desde o litoral até 5000 metros de altitude nos cumes dos Andes são equivalentes a uma alteração de latitude da bacia amazônica até o extremo-sul do continente sul-americano. A sazonalidade das chuvas, assim como a quantidade total, sempre determina quais os ecossistemas existentes em uma região.

Dois outros conceitos gerais da biogeografia, ilustrados pelos padrões de latitude desde o Ártico até os trópicos e pelos padrões de altitude do topo das montanhas até os fundos de vale, são tais que (1) o número de espécies diminui na medida em que o ambiente se torna mais estressante, e (2) nos continentes, a altura da vegetação diminui na medida em que o ambiente se torna mais estressante (Figura 8.11). Esses conceitos se aplicam à maioria das condições de estresse, incluindo aquelas em que os seres humanos impõem pela introdução de poluentes no meio ambiente, diminuindo a fertilidade dos solos ou, ao contrário, empobrecendo os *habitats* e aumentando a taxa de perturbação no meio ambiente. A partir desses conceitos, pode-se predizer que regiões, continentais ou marítimas, altamente poluídas e perturbadas possuirão poucas espécies e que, nos continentes, as espécies dominantes de plantas terão pequena estatura.

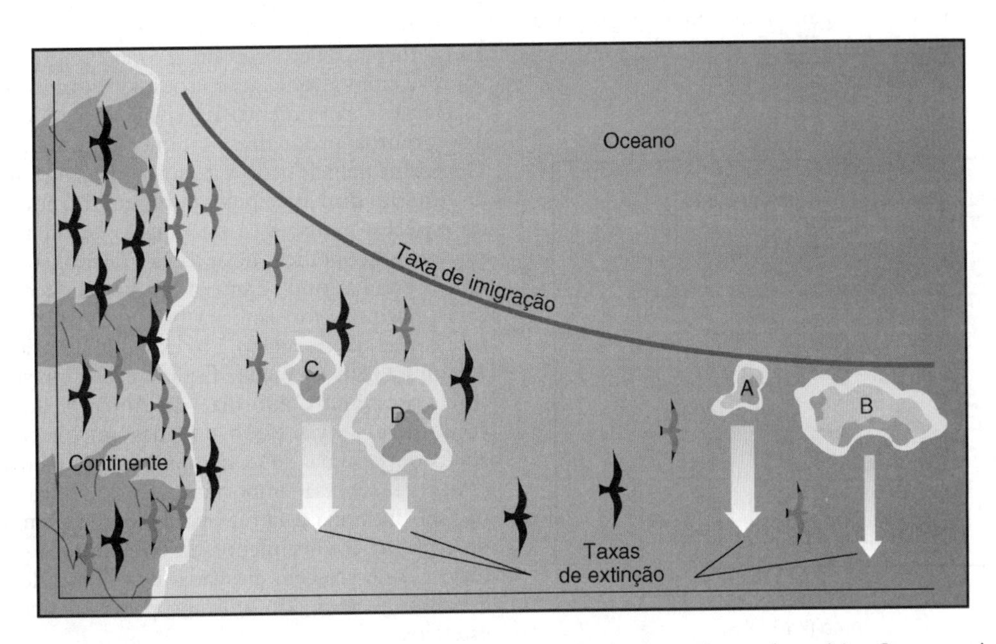

Figura 8.12 ■ Relação idealizada entre o tamanho das ilhas, a distância do continente e o número de espécies. Quanto mais próxima estiver uma ilha do continente, maior a probabilidade de ser encontrada por qualquer indivíduo e, dessa forma, maior a taxa de imigração. Quanto maior a ilha, maior a população que ela pode sustentar e maior a condição de sobrevivência de uma espécie — ilhas pequenas possuem elevada taxa de extinção. O número médio de espécies depende consequentemente das taxas de imigração e de extinção. Dessa forma, uma ilha pequena próxima do continente pode apresentar o mesmo número de espécies que uma ilha grande distante do continente. A espessura das setas representa a magnitude da taxa. (*Fonte*: Modificado de R. H. MacArthur e E. O. Wilson, *The Theory of Island Biogeography* [Princeton, NJ: Princeton University Press, 1967].)

- Quanto menor for a ilha, menor o número de espécies, conforme pode ser visto pelo número de répteis e de anfíbios em várias ilhas das Antilhas.
- Quanto mais distante estiver a ilha do continente, menor o número de espécies. (Figura 8.12).[15]

Por que essas generalizações ocorrem dessa forma? Ilhas menores tendem a possuir menos tipos de *habitat*. E alguns *habitats* de ilhas pequenas podem ser muito pequenos para comportar uma população suficientemente grande para ter uma boa chance de sobrevivência por longo tempo. Uma população pequena pode facilmente ser extinta por uma tempestade, enchente ou outro tipo de catástrofe ou perturbação. Todas as espécies estão sujeitas ao risco de extinção pela predação, doenças (parasitismo), competição, mudanças climáticas ou modificação no *habitat*. Geralmente, quanto menor for a população, maior o seu risco de extinção. E quanto menor for a ilha, menor a população de uma determinada espécie que pode ser suportada.

Quanto mais distante a ilha estiver do continente, mais difícil será para um organismo vencer essa distância. Além disso, uma ilha pequena é também um "alvo" pequeno, menos provável de ser encontrada por indivíduos de qualquer espécie.

Uma generalização final sobre a biogeografia insular é que, por um longo tempo, uma ilha tende a manter um número mais constante de espécies, que é o resultado da taxa pelas quais espécies são adicionadas menos a taxa pela qual elas se extinguem. Esses números seguem as curvas mostradas na Figura 8.13. Para qualquer ilha, o número de espécies de uma dada forma de vida pode ser previsto pelo tamanho da ilha e pela distância do continente.

Os conceitos de biogeografia das ilhas aplicam-se não somente às ilhas verdadeiras no oceano, mas, igualmente, às ilhas ecológicas. Uma **ilha ecológica** é um *habitat* menor, comparativamente, separado de um *habitat* principal do mesmo tipo. Por exemplo, um reservatório nos bosques de Michigan é uma ilha ecológica relacionado com os Grandes Lagos que margeiam o Michigan. Um pequeno grupo de árvores em uma pradaria é uma ilha florestal. Um parque na cidade é também uma ilha ecológica. Um parque na cidade é suficientemente grande para suportar uma população de determinada espécie? Para saber se é verdade, deve-se aplicar os conceitos de biogeografia das ilhas.

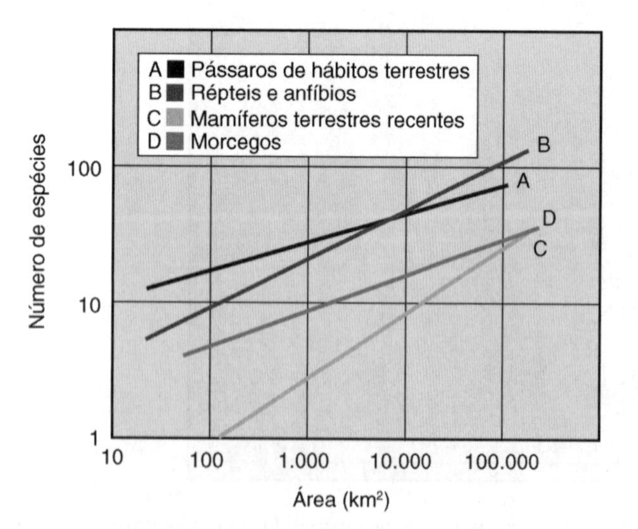

Figura 8.13 ■ As ilhas possuem menos espécies do que os continentes. Quanto maior a ilha, maior o número de espécies. Essa regra geral é mostrada pelo gráfico do número de espécies de pássaros, répteis e anfíbios, mamíferos terrestres e morcegos em ilhas caribenhas. (*Fonte*: Modificado de B. Wilcox, ed., *IUCN Red List of Threatned Animals* [Gland, Switzerland: IUCN, 1988].)

8.6 Biogeografia e o Homem

Verificou-se que a biogeografia afeta a diversidade biológica. As transformações na diversidade biológica, por sua vez, afetam o homem e os recursos necessários à vida dos quais todos os seres humanos dependem. Esses efeitos se estendem desde os indivíduos até as civilizações. Por exemplo, o último período glacial produziu dramáticos efeitos em plantas e em animais e, assim, nos seres humanos. A Europa e a Grã-Bretanha têm menos espécies de árvores nativas do que as outras regiões de clima temperado do mundo. Apenas 30 árvores são nativas da Grã-Bretanha (ou seja, elas antecederam os assentamentos humanos), embora atualmente centenas de espécies ainda cresçam por lá.

Por que existe tão reduzido número de árvores nativas na Europa e na Grã-Bretanha? Devido ao efeito combinado das mudanças climáticas e das condições geográficas das cadeias de montanhas europeias. Na Europa, as principais cadeias de montanhas se orientam no sentido leste-oeste, enquanto na América do Norte e na Ásia, as principais cadeias se orientam no sentido norte-sul. Ao longo dos últimos 2 milhões de anos, a Terra experimentou diversos episódios de glaciações continentais, quando congelaram vários quilômetros de espessura, expandindo-se do Ártico sobre a paisagem. Ao mesmo tempo, geleiras se formaram nas montanhas e desceram pelas encostas. As árvores na Europa foram encurraladas entre o gelo proveniente do norte e o gelo vindo das montanhas e não tinham muita proteção; muitas espécies foram extintas. Ao contrário, na América do Norte e na Ásia, na medida em que o gelo avançava, sementes de árvores puderam se espalhar no sentido sul, onde se fixaram e produziram novas plantas. Dessa forma, as espécies de árvores "migraram" para o sul e sobreviveram a todos os episódios de glaciação.[16]

Desde o surgimento da civilização moderna, esses antigos eventos produziram inúmeras consequências práticas. Conforme mencionado anteriormente, logo após a descoberta da América do Norte pelos europeus, iniciou-se a importação de **espécies exóticas** (a introdução de uma espécie em uma nova área geográfica) de árvores e de arbustos na Europa e na Grã-Bretanha, onde eram utilizadas na decoração de jardins, casas, parques, formando a base da maior parte da silvicultura comercial da região. Por exemplo, nos famosos jardins de Alhambra, em Granada, Espanha, os ciprestes-de-Monterey (ou cipreste-da-Califórnia) da América do Norte crescem como cercas vivas e são podadas em formas elaboradas. O abeto-de-Douglas (*Pseudotsuga*) e o pinheiro-de-Monterrey (*Pinus radiata*) são importantes árvores que fornecem madeira na Grã-Bretanha e na Europa. Esses são apenas dois exemplos de como o conhecimento da biogeografia — capaz de predizer o que crescerá em cada lugar, baseado na similaridade climática — tem sido utilizado para benefícios econômicos e estéticos.

Conforme mencionado no Capítulo 7, as pessoas alteram a biodiversidade principalmente: (1) pela caça, que pode ocasionar a extinção ou séria diminuição de uma dada espécie; (2) pela deterioração de *habitats*; e (3) pela introdução de espécies exóticas em novos *habitats*. Esse último é particularmente relevante para este capítulo.

A introdução de espécies exóticas por ação antrópica tem provocado resultados variados. Por um lado, os principais alimentos do mundo se originam de poucas espécies, sendo que essas espécies foram amplamente introduzidas pela ação humana. Sem essas introduções, não se poderia viver em grandes concentrações na maioria das cidades (ver Capítulo 12). O emprego de espécies exóticas também embelezou a paisagem. Além disso, muitos animais domésticos que são importantes para as pessoas, como os gatos e cachorros, são rotineiramente introduzidos em novos *habitats*. Por outro lado, o Estudo de Caso da abertura deste capítulo e a Questão para Reflexão Crítica mostram que as introduções de espécies exóticas em novos *habitats* têm frequentemente provocado consequências ecológicas desastrosas. Isso leva a algumas regras gerais:

- Se não houver uma razão muito boa para a introdução de uma espécie em novo *habitat*, não a faça.
- Na introdução de uma espécie em um novo *habitat*, faça-a com muito cuidado. Verificar primeiro quais as pestes e os parasitas naturais da espécie que se pretende introduzir. Algumas delas são essenciais para manter essa espécie dentro de um limite tolerável de abundância? Algumas delas são provavelmente capazes de provocar problemas a elas mesmas?

Na medida em que a tecnologia e os sistemas de transporte evoluem, inadvertidamente a introdução de espécies exóticas se torna mais corriqueira. Deve-se, por essa razão, aumentar a consciência quanto aos problemas associados a essas introduções, estar precavidos para saber quando uma introdução acontece, e prevenir quanto àquelas que são claramente indesejáveis ou cujos efeitos são desconhecidos.

8.7 Biomas da Terra

A Terra possui 17 biomas principais: tundra, taiga (florestas boreais), florestas decíduas temperadas, florestas temperadas, bosques temperados, chaparrais temperados, pradarias temperadas, florestas tropicais, florestas tropicais sazonais e savanas, desertos, zonas úmidas, água doce, áreas entremarés (intertidais), mar aberto, bentos, ressurgências e fontes hidrotermais. A primeira regra ao transferir espécies ao redor do planeta é: tal prática é menos provável de ser nociva, se a transferência de espécies ocorrer dentro de uma província biótica. A segunda regra é: a transposição de espécies dentro de um mesmo bioma de diferentes províncias bióticas é provável que seja nocivo. A terceira regra é: as transposições locais são menos prováveis de serem nocivas do que as globais (de um continente para outro). Isso não significa que se deve parar com todas as introduções de espécies, porém significa que tais introduções devem ser feitas com muita cautela, especialmente as introduções de uma parte do bioma para outra, através de continentes.

Para saber quando tais transposições são as prováveis causadoras de problemas, deve-se ter conhecimento dos biomas da Terra. A próxima parte deste capítulo descreve os principais biomas terrestres e as suas localizações. A Figura 8.14 mostra os principais biomas terrestres. Subtipos ocorrem no interior dos biomas principais. Os biomas são frequentemente denominados pela sua vegetação dominante (por exemplo, florestas coníferas, pradarias); pelo tipo e forma dominantes, ou fisionomia, dos organismos dominantes (florestas, bosques); ou pelas condições climáticas dominantes (deserto frio, deserto quente).

No caso de se imaginar que o conceito de bioma é abstrato, basta olhar a imagem da Terra tomada por um satélite do espaço (Figura 8.15). Os biomas ressaltam e configuram um padrão peculiar à superfície da Terra, um padrão que corresponde ao mapa mundial da distribuição das temperaturas no verão do Hemisfério Norte (ou inverno do Hemisfério Sul) (Figura 8.16) — mostrando que a importância do clima aos biomas, anteriormente discutido, é de fato uma realidade. Por exemplo, onde em julho a média da temperatura está acima de 30°C observam-se os desertos (Figuras 8.15 e 8.16) nas Américas e na África. As florestas boreais aparecem onde, em

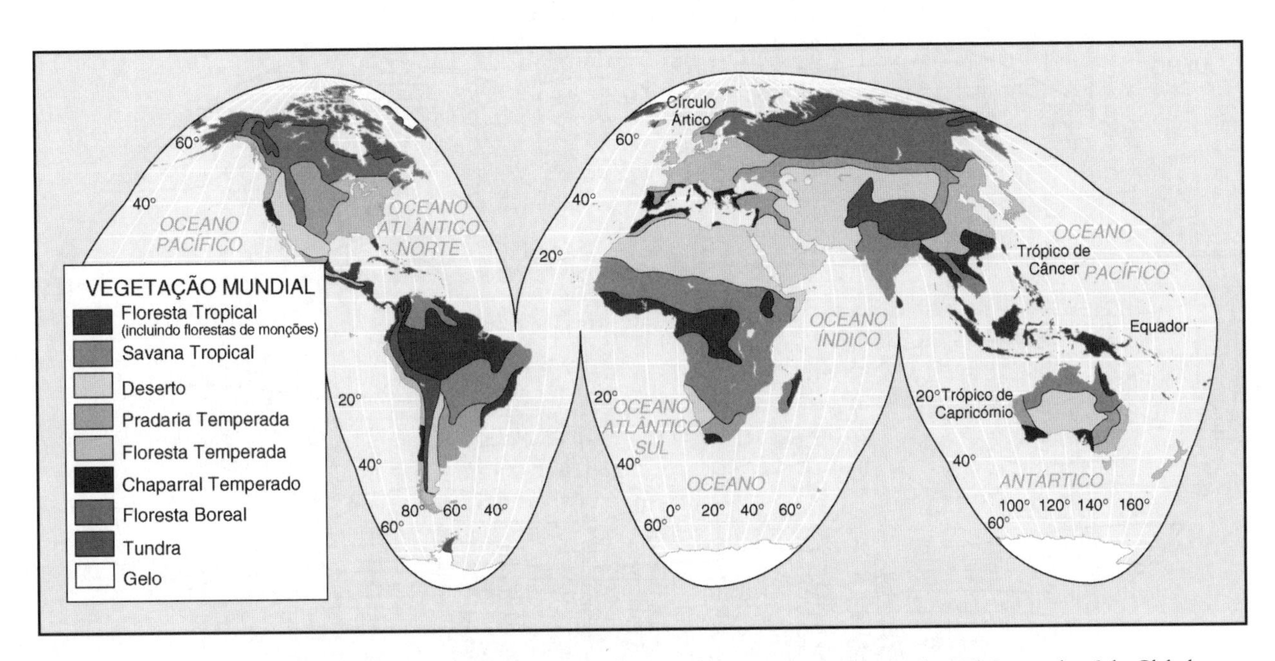

Figura 8.14 ■ Distribuição global dos principais biomas terrestres. (*Fonte*: Figura 27-1, p. 290, de *Physical Geography of the Global Environment* de Harm de Blij, Peter O. Muller e Richard S. Williams. Editado por Harm de Blij, copyright 2004 por Oxford University Press, Inc. Utilizado com a permissão da Oxford University Press, Inc.)

julho, as temperaturas médias estão abaixo de 20°C. Os padrões de precipitação combinados aos da temperatura conduzem a uma ainda mais próxima correspondência entre o clima e os biomas, conforme revelado pela vegetação. A vegetação é a forma de vida mais visível do espaço, no entanto, outras formas de vida possuem relações geográficas semelhantes.

O clima também se correlaciona com a produtividade biológica. Climas úmidos e quentes favorecem a alta produção de vegetação — desde que outros fatores, tais como a disponibilidade de elementos químicos que as plantas necessitam, não sejam limitantes. Os climas frios ou secos geralmente não permitem elevadas taxas de crescimento da vegetação.

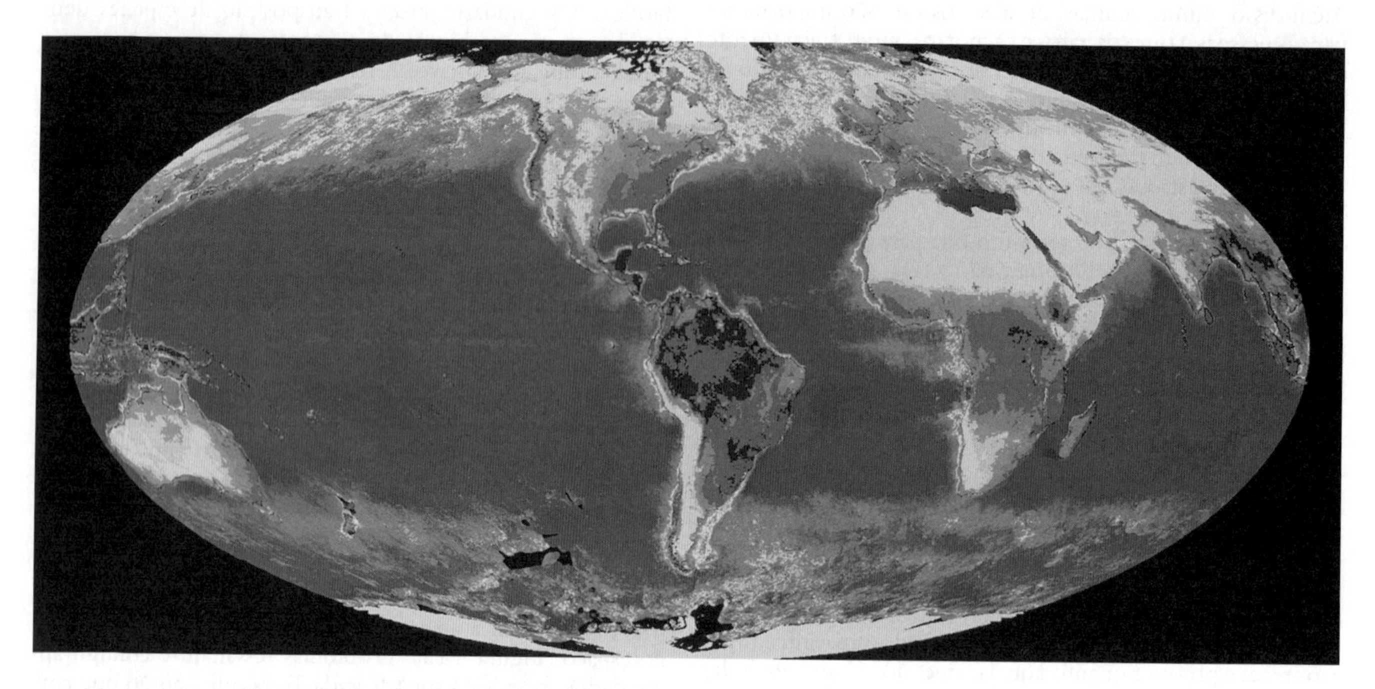

Figura 8.15 ■ Imagem obtida do espaço por satélite (Landsat da NASA) da vegetação da Terra.

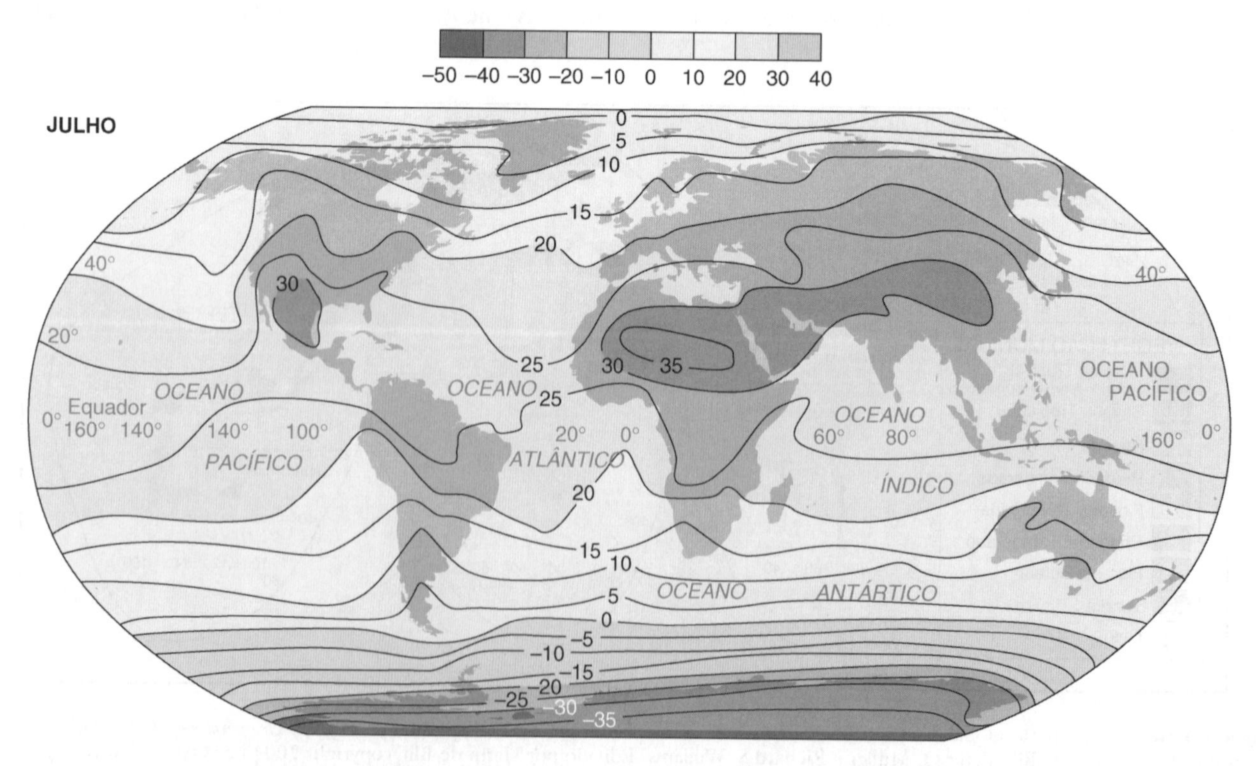

Figura 8.16 ■ Temperaturas do ar ao nível do mar, em graus Celsius (°C), para o mês de Julho.

A diversidade biológica varia entre os biomas. Um padrão geográfico que há muito tem intrigado e desconcertado os biólogos é o decaimento generalizado da diversidade biológica com o aumento da latitude. O México possui 23.000 espécies de angiospermas (plantas com flores). O Brasil, Colômbia, Peru, Madagascar, México, Índia, China, Indonésia e Austrália possuem cerca de 60% das espécies de plantas descritas existentes no mundo.[17] Ao contrário, as florestas boreais possuem relativamente uma diversidade biológica menor — enquanto centenas de espécies de árvores existem em uma floresta tropical, uma floresta boreal típica possui menos do que dez e, muitas vezes, não mais do que cinco espécies de árvores. As Planícies de Serengeti, no leste da África, possuem dezenas de espécies de mamíferos grandes, enquanto na floresta boreal existem menos do que dez — alces, cervos, ursos (uma ou duas espécies) e pumas.

O que explica esses padrões? Os ecologistas seguem no debate sobre a causa dos padrões latitudinais na diversidade biológica. A discussão até aqui indica uma teoria — simplesmente que quanto mais favoráveis as temperaturas e as precipitações para a vida, ocorrerá maior diversidade. No entanto, o mesmo padrão parece ocorrer nos oceanos, de forma que diversidade elevada não pode simplesmente estar vinculada à precipitação. Outra teoria é a de que quanto maior a *variabilidade* climática, menor a diversidade. De acordo com essa teoria, a temperatura e a precipitação nas florestas tropicais não só permanecem dentro dos limites ótimos para a vida, mas, igualmente, mantêm-se relativamente constantes ao longo do ano. Nas altas latitudes, como nas redondezas da cidade de Fairbanks, no Alaska, os verões são amenos — a temperatura diária pode ser cerca de 20°C — porém, no inverno, as temperaturas são muito baixas. A base dessa teoria reside no conceito de nicho (ver Capítulo 7). Parte da explicação parece estar no fato de que onde o ambiente varia enormemente, cada espécie deve ser generalista — adaptada à ampla variedade de condições ambientais — de forma que existem poucos nichos disponíveis. Onde as condições ambientais são relativamente constantes, as espécies podem se tornar especialistas, com uma estreita margem de tolerância e, dessa forma, podem dividir o ambiente em muitos nichos (ver a discussão de nichos hutchinsonianos no Capítulo 7).

No entanto, mais provavelmente o padrão é o resultado de diversos fatores, assim como há exceções para a regra geral de que climas mais ou menos constantes possuem relativamente diversidade maior. Por exemplo, em Israel, áreas por muito tempo afetadas pelos assentamentos humanos e pela pastagem de cabras e carneiros possuem diversidade de vegetação elevada. As causas dos padrões geográficos na diversidade biológica têm fascinado as pessoas por milhares de anos e uma discussão completa vai além do que é possível neste livro. É fundamental relembrar que esta é uma questão antiga, ainda não plenamente respondida, e pronta para no futuro receber novas ideias científicas.

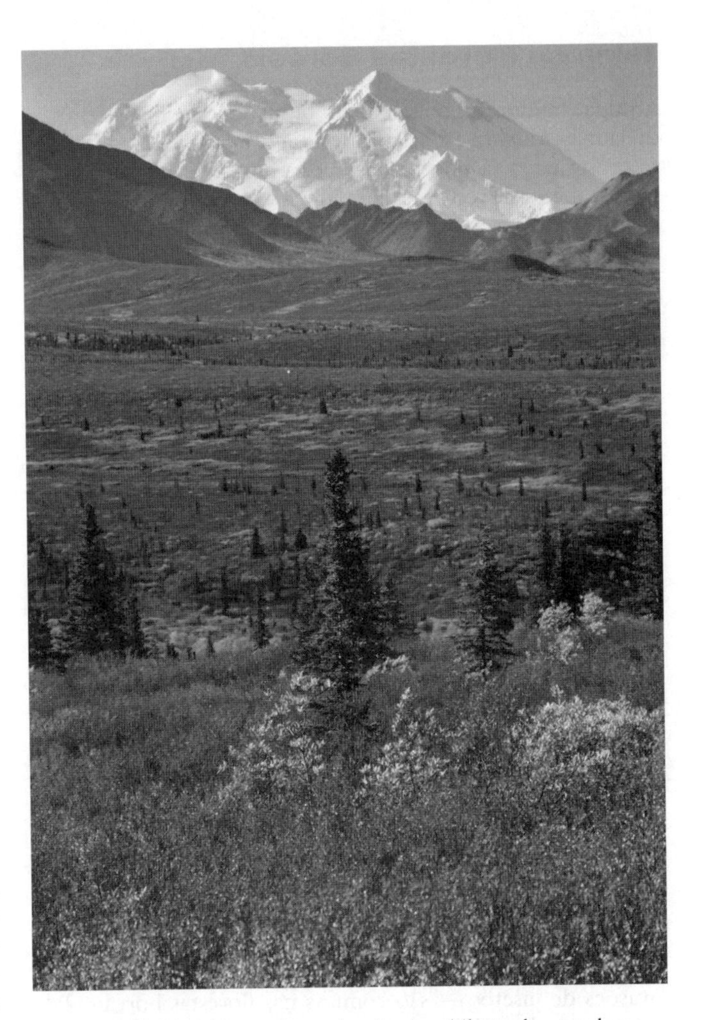

Figura 8.17 ■ O bioma da tundra. Aqui está ilustrada a tundra ártica no Parque Nacional Denali, no Alaska, com uma grande densidade de dríade-branca (*Dryas octopetala*) floridas.

8.8 A Geografia da Vida no Planeta Terra

No restante deste capítulo, faz-se um detalhamento dos 17 principais biomas terrestres.

Tundra

As **tundras** são planícies sem árvores que ocorrem em climas severos com reduzida precipitação e baixas temperaturas médias do ar (Figura 8.17). A vegetação dominante é constituída por grama e seus parentes (ciperáceos), musgos, líquen, arbustos anões com flores, e um tapete formado por plantas. Na medida em que o ambiente se torna mais rigoroso, arbustos anões e plantas semelhantes à grama dão passagem aos musgos e liquens e, finalmente, ocorre a exposição da superfície das rochas, com a presença ocasional de liquens. A tundra extrema existe na Antártida, onde o principal organismo terrestre, em algumas áreas, é o líquen que cresce entre as rochas, bem próximo à superfície.

Existem dois tipos de tundra: a ártica, que existe em altas latitudes; e a alpina, que existe em altitudes elevadas. A vegetação de ambas é semelhante, porém, os tipos de animais predominantes são diferentes. As tundras árticas possuem tipicamente mamíferos grandes, como as renas, assim como importantes mamíferos pequenos, pássaros e insetos. Nas tundras alpinas, os animais dominantes são roedores e insetos. Isso ocorre, em parte, porque as tundras alpinas ocupam áreas comparativamente menores e isoladas, enquanto as tundras árticas cobrem amplo território necessário para populações de mamíferos grandes.

Partes das tundras possuem uma camada de terra congelada, denominada de *permafrost* — solo permanentemente congelado — que é extremamente frágil. Quando perturbado por atividades como construção de rodovias, as áreas de terra congelada podem ser alteradas permanentemente ou levar longo tempo para se recuperarem.

Taiga ou Florestas Boreais

A **taiga**, ou floresta boreal, é um bioma que inclui as florestas de climas frios de altas latitudes e altitudes elevadas. As florestas de taiga são dominadas pelas coníferas, especialmente píceas, abetos, lariços e alguns pinheiros. Álamos (ou choupos) e bétulas são árvores importantes (Figura 8.18). Tipicamente, as florestas boreais formam densas plataformas de árvores relativamente pequenas, geralmente, com menos de 30 metros de altura. As florestas boreais cobrem extensas áreas de terra. A sua diversidade biológica é pequena — somente cerca de 20 espécies principais existem nas florestas boreais da América do Norte — porém, possuem algumas das mais preciosas árvores de valor comercial, tais como o "pinheiro-branco" (*Pinus strobus*), píceas de várias espécies e o cedro.

Devido ao fato de que a América do Norte e a Eurásia estiveram ligadas por pontes durante a última glaciação, os animais e a vegetação da floresta boreal puderam se disseminar amplamente. Dessa forma, as florestas boreais da América do Norte e da Eurásia compartilharam entre si a herança genética (províncias bióticas) e os climas semelhantes. O clima semelhante permitiu o domínio das formas de vida similares em tipo e forma (característica dos biomas). Os alces, por exemplo, são encontrados em ambos os continentes, assim como as pequenas plantas com flores denominadas *Saxifrata flagellaris*. Ressalte-se que na floresta boreal são coincidentes a província biótica e o bioma. Entre os animais predominantes das florestas boreais estão alguns mamíferos grandes (alces, veados, lobos e ursos), animais carnívoros pequenos (raposas), roedores pequenos (esquilos e coelhos), muitos insetos e pássaros migratórios, particularmente aves aquáticas e pássaros terrestres carnívoros, como corujas e águias.

Perturbações — especialmente incêndios, tempestades e invasões de insetos — são comuns nas florestas boreais. Por exemplo, todo milhão de acres da Boundary Waters Canoe, de Minnesota se incendeia (por meio de pequenos incêndios), em média, uma vez a cada século e a floresta que sobrevive ou permanece raramente possui mais do que 90 anos.

As florestas boreais possuem algumas das maiores áreas naturais remanescentes da Terra e que são apreciadas pela conservação da vida selvagem e pelos diferentes tipos de lazer ou recreação. As peles dos animais dos biomas boreais e da tundra possuem inestimável valor comercial, ainda que nos países ocidentais o valor reduziu-se drasticamente devido à questão da proteção dos animais.

Figura 8.18 ■ A floresta boreal e um alce, uma característica mamífera deste bioma.

Florestas Decíduas de Clima Temperado

As florestas temperadas existem em climas um pouco mais quentes do que das florestas boreais. Essas florestas, cujas árvores perdem suas folhas todos os anos, crescem por toda a América do Norte, Eurásia e Japão, apresentando muitos gêneros em comum, porém, de diferentes espécies. A vegetação dominante inclui altas árvores decíduas; bordos, faias, carvalhos, nogueiras e castanheiras são as espécies comuns, predominantemente mais altas do que as árvores da floresta boreal. Essas florestas são economicamente importantes tendo em vista suas árvores de madeira resistente e dura, utilizadas para a fabricação de móveis, entre outras coisas. As florestas decíduas temperadas estão entre os biomas mais modificados pelos seres humanos devido a sua existência em regiões há muito tempo dominadas pela civilização, incluindo consideráveis partes da China, Japão, Europa Ocidental, Estados Unidos e regiões urbanizadas do Canadá.

Os mamíferos grandes nesse bioma dependem das florestas jovens. Uma vez que a farta sombra provocada pelas florestas decíduas temperadas permite apenas o crescimento de uma vegetação rasteira nas proximidades do solo, existe escassa vegetação que os animais que vivem no solo podem desfrutar. Os animais dominantes, no entanto, tendem a ser pequenos mamíferos que vivem em árvores (como os esquilos) e aqueles (camundongos) que se alimentam de organismos do solo e de pequenas plantas. Os pássaros e os insetos são abundantes.

Existem poucos remanescentes intactos de florestas decíduas temperadas, sendo algumas delas importantes para a preservação da natureza. Como no caso do bioma da floresta boreal, os incêndios são naturais, característica recorrente, uma vez que a frequência de incêndios em muitas florestas decíduas temperadas é particularmente menor que nas florestas boreais. Nesse bioma, as culturas de caça e de coleta parecem ter contribuído para a frequência de incêndios em várias regiões.

Florestas de Clima Temperado

As florestas de clima temperado existem onde as temperaturas são moderadas e a precipitação é superior aos 2500 mm por ano. Tais florestas temperadas são raras, porém espetaculares. As árvores dominantes são as coníferas perenifólias, ou seja, plantas que mantêm as suas folhas durante todo o ano (folhagens perenes, persistentes), contrastando com as florestas decíduas temperadas, onde dominam as árvores decíduas com flores. Uma intrigante questão é por que as árvores com folhas perenes predominam nas florestas temperadas, porém não nas florestas decíduas temperadas. A melhor explicação parece ser devido aos invernos úmidos e relativamente moderados ou amenos nas chuvosas florestas temperadas, de forma que as árvores com folhas perenes levam vantagem — elas podem realizar a fotossíntese e crescer quando a temperatura, no inverno, permanece quente, acima do congelamento, enquanto as plantas decíduas não conseguem. Ao contrário, nas florestas decíduas temperadas, as temperaturas de inverno permanecem abaixo de zero e as coníferas estão em desvantagem — elas devem pagar os custos metabólicos da manutenção das acículas (folhas em forma de agulhas) verdes sem receber os benefícios metabólicos.[18]

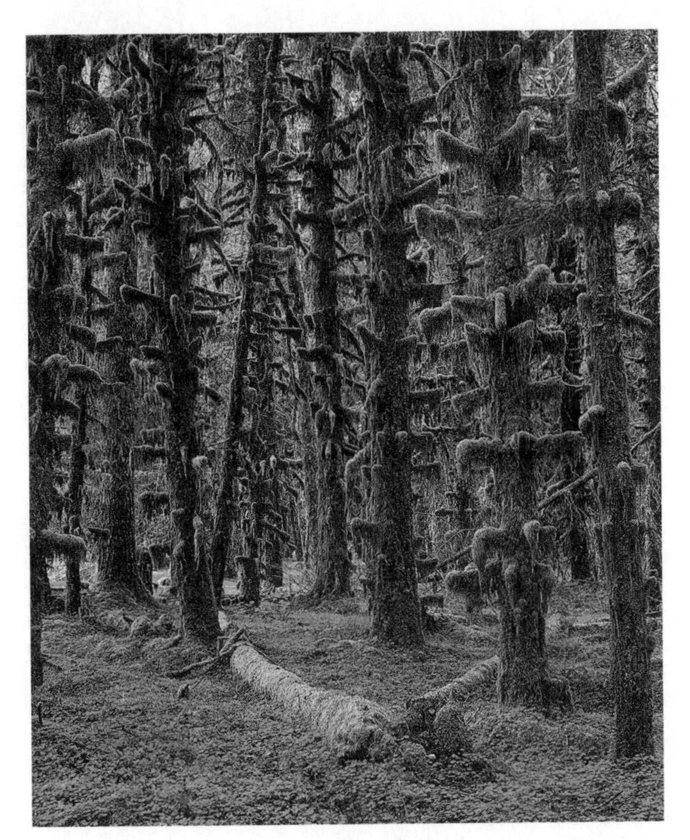

Figura 8.19 ■ Bioma de florestas temperadas. Musgos cobrem o abeto-de-Sitka (*Picea sitchensis*) no Parque Nacional Olympic, um famoso exemplo de floresta temperada do noroeste da América do Norte.

As florestas temperadas são florestas gigantes (Figura 8.19). No Hemisfério Norte, elas englobam as florestas de sequoias da Califórnia e do Oregon, onde existem as árvores mais altas do mundo, assim como as florestas do estado de Washington e das que estão próximas ao Canadá, dominadas por árvores tão grandes quanto os abetos-de-Douglas e os "cedros-do-oeste" (*Thuja plicata*). As árvores atingem uma altura superior a 70 metros e possuem vida longa. Os abetos-de-Douglas vivem mais de 400 anos, e as sequoias vivem vários milhares de anos.

As florestas temperadas também existem no Hemisfério Sul. As mais conhecidas delas são as florestas do oeste da Nova Zelândia. As árvores, nessa região, são tipicamente menores do que as da América do Norte.

Comparativamente, as florestas temperadas possuem baixa diversidade de plantas e de animais. Por quê? Em parte, devido ao abundante crescimento da vegetação dominante que produz sombras muito intensas sob as quais poucas outras plantas conseguem se desenvolver e, dessa forma, fornecem pouco alimento para os herbívoros.

Esse bioma é importante economicamente — sequoias, abetos e cedros são as maiores fontes de madeira na América do Norte. Também é culturalmente importante a casa de inúmeras tribos nativo-americanas que procuram manter as suas formas tradicionais de exploração dos recursos da floresta. Além disso, é um foco de preocupação com respeito à conservação biológica das antigas florestas magníficas, os inúmeros ribeirões e as espécies associadas, tais como o salmão, a "coruja-manchada" (*Strix occidentalis*) e o "mergulhão-mármore" (*Brachyramphus marmoratus*), um pássaro marinho que faz ninho nessas florestas.[19]

Bosques de Clima Temperado

Os bosques temperados existem em locais onde os padrões de temperaturas são como os das florestas decíduas, porém com o clima ligeiramente mais seco. Na América do Norte, tais áreas ocorrem desde o sul da Nova Inglaterra até a Geórgia, e também nas ilhas caribenhas. Os bosques temperados são dominados por pequenas árvores, como os pinheiros e os carvalhos perenifólios. Os dosséis florestais (copas das árvores) tendem a ser abertos, com amplos espaços entre as árvores, permitindo que considerável quantidade de luz atinja o solo. Essas áreas, geralmente agradáveis, são muito utilizadas para o lazer e recreação.

Os incêndios são perturbações comuns e inúmeras espécies, além de adaptadas, necessitam deles. Devido aos pinheiros típicos dessas áreas crescerem rapidamente e produzirem boa madeira para construção, celulose e papel, os bosques temperados são geralmente valiosos economicamente. Reflorestamentos ocorrem nesse bioma. A combinação prazerosa e agradável das árvores e da vegetação rasteira de gramíneas, conjuntamente com a abundância de alguns mamíferos grandes como o veado-mula nos pinheiros *Pinus ponderosa*, são argumentos mais que suficientes para se buscar a conservação biológica, colocando uma vez mais em destaque a ciência e os valores.

Chaparrais de Clima Temperado

Em climas secos ainda ocorrem matagais de clima temperado denominados **chaparrais**. Nesses bosques em miniatura predominam densos dosséis de arbustos que dificilmente ultrapassam poucos metros de altura. Os chaparrais existem em climas mediterrâneos — climas com reduzida pluviosidade, concentrada na estação fria. Eles são encontrados ao longo da costa da Califórnia e no Chile, África do Sul e na região mediterrânea. Enquanto somente cerca de 5% da superfície continental da Terra está nesse bioma, ele está entre os mais atrativos para as pessoas devido ao seu clima moderado e ensolarado. Além disso, ele tem sido modificado em todo o mundo pela ação antrópica, e poucos exemplares de chaparrais nativos ainda permanecem íntegros.

Habitualmente, a vegetação do chaparral é particularmente aromática; um exemplo é a sálvia. Alguns pesquisadores acreditam que os componentes aromáticos produzidos pelas plantas são um tipo de guerra química — que esses componentes são tóxicos para as plantas concorrentes e oferecem às plantas que os produzem uma vantagem adicional. Apesar de considerar essa explicação plausível é difícil aceitá-la como verdade e a sua comprovação ainda escapa aos pesquisadores. Existem poucos mamíferos grandes; os répteis e os pequenos mamíferos são os mais característicos. Os animais e as plantas desse bioma atualmente possuem pequeno valor econômico, porém o bioma é importante para as bacias hidrográficas e para o controle da erosão.

A vegetação está adaptada aos incêndios; muitas espécies rapidamente se regeneram e algumas promovem, de fato, a ocorrência de incêndios, produzindo abundante combustível na forma de ramos espalhados e galhos. Como resultado as copas raramente ultrapassam os 50 anos. Quando intensa precipitação sucede um incêndio, a erosão pode ser excepcionalmente severa até que a vegetação seja recuperada, protegendo novamente as encostas. Os matagais temperados tendem a ser os lugares favoritos para os assentamentos humanos, conforme ilustrado pela localização da Grécia Antiga e das civilizações romanas no Mediterrâneo. A contenção de incêndios nos chaparrais é particularmente importante para os matagais temperados, como se torna patente quase todo ano quando incêndios nos chaparrais e nas florestas coníferas queimam muitas casas na bacia de Los Angeles.

A vegetação dos bosques temperados de todo mundo é utilizada para a decoração de jardins públicos e particulares, ruas e outras áreas públicas em cidades, nesse bioma, por todo mundo.

Pradarias de Clima Temperado

As pradarias temperadas existem em regiões muito secas para as florestas e muito úmidas para os desertos. As espécies de plantas dominantes são as gramíneas e outras plantas com flores (ervas), muitas delas perenes e com raízes extensivamente desenvolvidas. As pradarias de clima temperado cobrem amplas áreas da Terra — ou cobriam antes que inúmeras delas se transformassem em terras para agricultura. Elas incluem as grandes pradarias da América do Norte (Figura 8.20), que originalmente cobriam mais áreas do que qualquer outro bioma nos Estados Unidos; as estepes da Eurásia; as planícies do leste e do sul da África; e os pampas na América do Sul.

Os solos possuem geralmente uma camada orgânica profunda, formada pela decomposição de raízes dos arbustos e da decomposição de troncos e folhas das plantas das pradarias. O resultado é um dos melhores solos para a agricultura. Em volume, a maior parte dos alimentos do mundo provém desse bioma — todos os grãos pequenos e a maior parte dos herbívoros grandes que têm casco e que fornecem alimento, incluindo o gado e o bisão norte-americano.

Na América do Norte, são raras as pradarias que não foram lavradas. Em anos recentes, consideráveis esforços têm sido feitos para a restauração das pradarias, uma tarefa de intenso trabalho. Anteriormente à colonização europeia, as pradarias da América do Norte se estendiam do centro de Minnesota em direção ao oeste até as Montanhas Rochosas e, do Texas e de Oklahoma na direção ao norte até a região central de Saskatchewan, no Canadá. Outras pradarias são encontradas em planícies elevadas no norte da Califórnia e a leste do Oregon e de Washington.

Figura 8.20 ■ Bioma de pradarias temperadas. A grande pradaria norte-americana foi uma das maiores áreas do mundo com pradarias temperadas antes da colonização europeia na América do Norte.

As pradarias são o abrigo da mais alta abundância e da maior diversidade de mamíferos de grande porte: os cavalos selvagens, asnos e antílopes da Eurásia; os outrora enormes rebanhos de bisões, que percorriam as pradarias do oeste norte-americano, juntamente com os antilocapras-americanos; os cangurus da Austrália; e os antílopes e outros herbívoros de grande porte da África. Evidências de fósseis indicam que as pradarias e os mamíferos que pastam evoluíram conjuntamente, com início há cerca de 60 milhões de anos. A vegetação das pradarias está adaptada a certos tipos de pastagem e os animais são importantes para a disseminação de sementes. Os animais, certamente, necessitam de pastagens que sejam comestíveis e de ervas (vegetação florida que não seja grama, árvores ou arbustos). Dessa forma, existe um tipo de simbiose entre os animais e as plantas desse bioma, que é essencial para a sua sobrevivência.

Os incêndios são naturais, uma característica recorrente e, na maioria das regiões, tanto o fogo quanto a pastagem são necessários para a sobrevivência da grama e das ervas. Se o fogo e a pastagem forem eliminados, a terra tende a se tornar pradarias desérticas, nas regiões mais secas, e bosques abertos nas áreas mais úmidas. Em muitas pradarias, a cultura de caça e da coleta parece ter contribuído para a frequência dos incêndios e, por isso, aumentado a área e a sobrevivência desse bioma.

Florestas Tropicais

As florestas tropicais se encontram onde a média da temperatura é elevada e relativamente constante ao longo de todo o ano, e onde as precipitações são elevadas e relativamente frequentes ao longo do ano. Tais condições ocorrem no norte da América do Sul, América Central, oeste da África, nordeste da Austrália, Indonésia, nas Filipinas, Bornéu, Havaí e regiões da Malásia. As florestas tropicais têm abrigado há muito tempo a cultura da caça e coleta, porém, poucas civilizações têm sido capazes de sobreviver nesse bioma.

As florestas tropicais são famosas pela sua diversidade de vegetação. Centenas de espécies de árvores podem ser encontradas apenas em alguns quilômetros quadrados. Normalmente, as árvores são muito altas e, algumas delas, como as palmeiras, se mantêm relativamente menores. Algumas plantas, como as bromélias e certos tipos de samambaias, crescem em árvores (Figura 8.21).

Figura 8.21 ■ Bioma de floresta tropical. A vegetação, que segue o rio Segama, em Bornéu, ilustra as planícies das florestas tropicais.

Aproximadamente dois terços das 300.000 espécies conhecidas de plantas com flores (angiospermas) ocorrem nas florestas tropicais.[17] De mesma forma, ocorre a concentração de muitas espécies de animais. Os mamíferos tendem a viver em árvores, no entanto, alguns deles vivem no solo. Os insetos e outros invertebrados são abundantes e evidenciam elevada diversidade. As florestas tropicais existem em algumas das mais remotas regiões da Terra e permanecem pouco conhecidas; acredita-se que possuam muitas espécies ainda não identificadas e catalogadas.

Exceto pela matéria orgânica morta sobre a superfície, os solos desse bioma tendem a ser muito pobres em nutrientes. A maioria dos elementos químicos (nutrientes) está armazenada e retida na própria vegetação, que evoluiu para sobreviver nesse meio ambiente; de outra forma, as chuvas rapidamente removeriam muitos elementos químicos necessários à vida.

Florestas Tropicais Sazonais e Savanas

As florestas tropicais sazonais existem nas baixas latitudes, onde a média da temperatura do ar é maior e relativamente constante ao longo do ano, assim como a precipitação é abundante, porém, sazonal. Tais florestas são encontradas na Índia e no sudeste da Ásia, África e na América Central e do Sul. Em áreas onde as quantidades de chuva são ainda menores, as savanas tropicais — pradarias com árvores espalhadas — são encontradas. Isso inclui a savanas da África, que, juntamente com as pradarias, possuem a maior abundância de mamíferos de grande porte ainda remanescentes no mundo. O número de espécies de plantas também é elevado.

As perturbações, incluindo os incêndios e os impactos de herbívoros na vegetação, são comuns, porém necessários à manutenção dessas áreas tais como as savanas; de outra forma, elas poderiam ser transformadas em bosques nas áreas mais úmidas ou em pradarias nas áreas mais secas. Em climas secos e suaves, as savanas são substituídas por pradarias, caracterizadas por vegetações de pequeno porte (arbustos), geralmente com reduzida abundância de vegetação e pequena densidade de animais vertebrados.

Desertos

Os desertos existem nas regiões mais secas onde a vegetação pode sobreviver, normalmente onde a precipitação é inferior aos 500 mm/ano. A maioria dos desertos — como o do Saara, no norte da África, e os desertos a sudoeste dos Estados Unidos (Figura 8.22), México e Austrália — ocorrem em baixas latitudes. No entanto, os desertos frios existem nas bacias e em áreas de Utah e de Nevada, incluindo regiões do oeste da Ásia.

A maioria dos desertos possui uma quantidade considerável de vegetação peculiar, assim como são particulares e especializados os animais vertebrados e invertebrados presentes nos desertos. Os solos geralmente têm pouco ou quase nada de matéria orgânica, porém possuem abundantes nutrientes e necessitam apenas de água para se tornarem muito produtivos. As perturbações são comuns na forma de incêndios ocasionais; tempo frio ocasional, incluindo repentinas e intensas chuvas, não frequentes, que causam inundações. Poucos mamíferos de grande porte habitam o deserto. Os animais que predominam nos desertos quentes são os vertebrados não mamíferos (cobras e répteis). Os mamíferos são normalmente de pequeno porte, como os "camundongos-cangurus" (*Microdipodomys*) dos desertos da América do Norte.

Zonas Úmidas

As zonas úmidas englobam os pântanos, marismas, brejos de água doce e marismas de água salgada. Todos têm em comum água parada: a água chega até a superfície e o solo é saturado com água (Figura 8.23). A água parada cria um solo especial com pouco oxigênio, de forma que a decomposição ocorre vagarosamente e somente plantas com raízes especiais podem sobreviver. Os brejos — lamaçais com a entrada de água por um riacho, mas sem um canal superficial de saída para a água — são caracterizados por um tapete de vegetação flutuante. Os pântanos e as marismas são zonas úmidas com entrada e saída superficial de água.

As plantas predominantes são de pequeno tamanho, variando desde pequenas árvores — como os manguezais de litorais, em

Figura 8.22 ■ Bioma deserto. Estes desertos estão no Monumento Nacional de Areias Brancas, no Novo México. Os desertos variam muito na quantidade de vegetação que contêm; nesse tipo de deserto é relativamente escassa, porém alguns não têm nenhuma vegetação.

Figura 8.23 ■ Bioma de zona úmida. Zonas úmidas incluem áreas de água parada e áreas com herbáceas, gramíneas, arbustos e árvores que podem suportar alagamento persistente ou frequente.

climas quentes, e as píceas e os lariços (árvores coníferas de países de clima temperado) do Norte — até arbustos, ciperáceas e musgos. Pequenas alterações na altura fazem uma diferença grande. Com pequenas elevações, as raízes podem obter oxigênio e as árvores pequenas podem se desenvolver; em áreas mais baixas, ocorrem poças de água com algas e musgos.

Ainda que as zonas úmidas ocupem apenas uma pequena porção de solo terrestre, elas são importantes para a biosfera. Em solos sem oxigênio, sobrevivem as bactérias que não podem viver em uma atmosfera com muito oxigênio. Essas bactérias realizam processos químicos, como a produção de metano e de sulfeto de hidrogênio, que provocam importantes efeitos na biosfera. Além disso, ao longo do tempo geológico, os ambientes de zonas úmidas produziram a vegetação que hoje é o carvão.

As marismas de água salgada são importantes áreas de reprodução para muitos animais do oceano e são abrigos para inúmeros invertebrados. Animais predominantes englobam os caranguejos e outros moluscos, como os mariscos. As marismas de água salgada são, portanto, um importante recurso econômico. Animais predominantes de zonas úmidas de água doce incluem inúmeras espécies de insetos, pássaros e anfíbios; poucos mamíferos são habitantes desse bioma. Os maiores pântanos das regiões mais quentes são famosos pelos répteis e cobras de grande porte, assim como pela sua enorme diversidade de mamíferos, onde a variação da topografia inclui pequenos planaltos.

Ainda que as zonas úmidas não sejam habitáveis pelos humanos devido à altura do lençol de água, esse bioma pode produzir muitas plantas comestíveis; plantas úteis para a fabricação de objetos como cestas e outros similares; e animais, incluindo os peixes, que fornecem alimentos. As zonas úmidas são frequentemente utilizadas para o lazer e recreação, além disso, é o bioma favorito para inúmeros naturalistas e conservacionistas. Henry Davis Thoreau adorava as zonas úmidas como o melhor de todos os tipos de biomas.[20]

Água Doce

Os lagos, os reservatórios, os rios e ribeirões de água doce formam uma porção muito pequena da superfície terrestre, porém são críticos para o fornecimento de água para as cidades, para as indústrias, para o lazer e para a agricultura e, dessa forma, desempenham funções ecológicas essenciais (Figura 8.24). Os rios e os ribeirões são também importantes para a biosfera como meio de transporte principal de materiais do continente para o oceano.

As algas que flutuam são predominantes, denominadas *phytoplankton*. No litoral e em áreas rasas estão as plantas com raízes, como as nenúfares e a vitória-régia, por exemplo. A vida animal é sempre abundante. Em alto-mar existem diversos pequenos animais invertebrados (coletivamente denominados *zooplankton*), ambos herbívoros e carnívoros e, ainda, muitas espécies de peixes e moluscos.

Os *estuários* — onde os rios desembocam, onde a água dos rios se mistura com a água do mar — são ricos em nutrientes. Eles usualmente sustentam uma abundância de peixes e são importantes para a reprodução de inúmeros peixes comercialmente valiosos. Além disso, muitas espécies que passam grande parte de seu ciclo de vida em outros biomas dependem da água doce para a reprodução ou para a alimentação, assim como para beber. Consequentemente, a água doce está entre os mais importantes biomas para a diversidade da vida. A água doce também está entre as áreas mais alteradas pelas atividades antrópicas, especialmente pela tecnologia moderna.

Figura 8.24 ■ Bioma de água doce.

Ao longo da maior parte da história da civilização, é reconhecida a importância da água doce, porém, ao mesmo tempo, os rios e ribeirões foram pesadamente utilizados como forma de descarte de resíduos. A força hidráulica foi uma das primeiras fontes de energia não biológicas e os rios foram, por muito tempo, meios de transporte. A obstrução de ribeirões e rios (por exemplo, pela construção de represas e de reservatórios), acompanhada da canalização para tornar mais fácil o transporte, provocou as maiores alterações em muitos cursos d'água.

Recentemente foi reconhecida a importância dos cursos d'água, especialmente dos mananciais, da vegetação das margens (zonas ripárias) e das zonas úmidas, assim uma mudança significativa ocorreu na atitude da civilização ocidental com relação aos ribeirões e rios. Para uma geração anterior, a força hidráulica era considerada uma das formas de produção de energia mais "limpa" e mais ambientalmente amigável. Atualmente, há um interesse crescente em proteger rios e ribeirões intactos em sua forma natural, onde canais complexos, remansos, meandros, áreas alagáveis (várzeas), lagos e piscinas naturais sazonais são importantes para os peixes, aves aquáticas e outras formas de vida selvagem. Muitos esforços de conservação são hoje despendidos para restaurar os cursos d'água. Por exemplo, durante o bicentenário da expedição de Lewis e Clark, entre 2004 e 2006, o rio Missouri se tornou o principal foco da recuperação e restauração de rios. No rio Missouri está presente um novo tipo de refúgio da vida selvagem, o Refúgio Nacional da Vida Selvagem de Big Muddy, que é uma série de meandros ao longo do rio, como miçangas em um colar de água. Engenheiros e ecólogos estão cooperando para recriar o complexo *habitat* em remansos de água nesses meandros, fornecendo *habitats* para peixes, pássaros e mamíferos.

Enquanto isso, entretanto, nos países em desenvolvimento, a energia hidráulica permanece como uma das fontes de energia menos custosas, sendo contínua a implantação de grandes reservatórios, a exemplo da Represa das Três Gargantas, na China, recentemente concluída. Pode-se esperar que conflitos ambientais pela água serão o principal foco de atenção nas próximas décadas.[21]

Áreas Entremarés

O bioma das áreas entremarés (ou intertidais) é constituído pelas áreas alternadamente ora expostas ao ar, durante a maré baixa, ora submersas pela água do mar, durante a maré alta

Figura 8.25 ■ Bioma intertidal. Uma área rochosa entremarés na costa atlântica da América do Norte.

(Figura 8.25). O constante movimento da água transporta nutrientes para dentro e para fora dessas áreas, que são geralmente ricas em vida e importantes por ser fonte direta de alimentos, assim como local de desova e de incubação para muitos alimentos marinhos importantes. Como resultado, são locais de importantes recursos econômicos. Algas de grande porte são encontradas nesses locais, desde a alga-marinha gigante de águas frias e temperadas até as algas dos recifes de corais nos trópicos. Pássaros e mariscos aderidos nas pedras, habitualmente abundantes, são importantes economicamente. As áreas litorâneas mais próximas, de água rasa, são com frequência importantes locais de procriação para inúmeras espécies de peixes e de mariscos (entre outros moluscos) geralmente, também, de significativa importância econômica.

As áreas à beira-mar e mais rasas do ambiente oceânico são mais suscetíveis à poluição oriunda do continente. Tais regiões são fortemente poluídas pelas atividades antrópicas, devido ao fato de que as grandes cidades e metrópoles tendem a se desenvolver na desembocadura dos principais rios e ao longo das praias em regiões litorâneas produtivas. Além disso, como uma das principais áreas de recreação e lazer, essas áreas são alvo de consideráveis transformações impostas pelo homem. Algumas das mais antigas leis ambientais referem-se aos direitos de exploração dos recursos desse bioma e, atualmente, os maiores conflitos legais continuam relacionados ao acesso às áreas de praias e à exploração de seus recursos biológicos.

Os distúrbios e perturbações são comuns nos biomas de áreas intertidais. De fato, muitas das variações extremas das condições ambientais ocorrem nesse bioma, entre as quais estão as alterações diárias no nível das praias com as marés, as mudanças sazonais entre as marés baixas e altas, e as tempestades oceânicas. A adaptação a essas perturbações é essencial para a sobrevivência dentro das áreas entremarés. Considere-se, por exemplo, os cirrípedes (crustáceos que vivem fixos em rochas, em cascos de embarcações, em pilares ou algas) ou mexilhões que, duas vezes ao dia, experimentam uma mudança de ambiente aquoso salino frio ou fresco para uma exposição direta à luz intensa do Sol e à oxigenação atmosférica elevada.

Mar Aberto

Denominado por *zona pelágica*, o bioma de mar aberto é representado pela água de todos os oceanos. As extensas áreas tendem a possuir pouco oxigênio e fósforo — desertos químicos com reduzida produtividade e diversidade de algas. Existem muitas espécies de animais de grande porte, porém em pequena densidade.

Bentos

A porção do fundo dos oceanos é denominada de *zona bentônica*, onde vivem os bentos — organismos que vivem no substrato, fixos ou não. A fonte principal de alimentos é a matéria orgânica morta que afunda na coluna d'água que está acima do fundo. As águas são muito escuras para fotossíntese, de forma que não existem plantas nesse local.

Ressurgências

As águas profundas dos oceanos são frias e escuras, assim a vida é escassa. Entretanto, essas águas são ricas em nutrientes porque inúmeras criaturas morrem nas águas da superfície e afundam. (Ver Capítulo 9 para uma discussão sobre fluxo de energia nos ecossistemas oceânicos.) Fluxos ascendentes ou descendentes de águas oceânicas profundas trazem os nutrientes até a superfície, permitindo o crescimento abundante de algas e, portanto, também de animais que dependem das algas. As ressurgências de águas oceânicas ocorrem na costa oeste da América do Norte, América do Sul, oeste da África e próximo das calotas de gelo do Ártico e da Antártida. Em algumas áreas, as águas profundas são trazidas à superfície pelos ventos que empurram as águas da costa para longe. Essas regiões de ressurgências estão entre as mais importantes para a pesca comercial.

Fontes Hidrotermais

As fontes hidrotermais, bioma recém-descoberto, existem nas profundezas oceânicas, onde os processos de placas tectônicas criam jatos de água quente com elevada concentração de compostos sulfurosos. Esses compostos sulfurosos fornecem a energia básica às bactérias quimiossintetizantes, que alimentam moluscos gigantes, vermes e outras formas incomuns de vida. A pressão da água é elevada e a sua temperatura varia desde o ponto de ebulição, nos jatos d'água, até valores muito frios (cerca de 4°C) das águas das profundezas oceânicas.

QUESTÕES PARA REFLEXÃO CRÍTICA

Controle de Espécies Invasoras nos Grandes Lagos

Um novo relatório estima que os governos federal, estadual e local (dos Grandes Lagos) estão gastando anualmente mais de US$15 bilhões para tentar controlar espécies introduzidas e invasivas nos Grandes Lagos. Esses lagos possuem 172 espécies nativas de peixes, no entanto, juntaram-se a elas mais 200 espécies exóticas introduzidas (de todos os tipos de organismos). Os efeitos negativos das espécies invasoras são estéticos, de lazer e econômicos. Os esportes e a pesca comercial nos lagos perfazem US$ 4 bilhões por ano.

O lazer por todas as praias do lago é afetado devido às invasões de ervas daninhas exóticas, como a salguerinha-roxa (*Lythrum salicaria*) e pela acumulação das carapaças dos exóticos mexilhões-zebra (*Dreissena polympha*). Os mexilhões obstruem a entrada e a saída de água nas tubulações. Peixes predadores exóticos se alimentam das espécies nativas, levando ao seu declínio.

Um dos responsáveis por trazer espécies exóticas para os lagos é a navegação internacional. Navios de carga têm esvaziado a água de seus lastros nos lagos. Esta água contém as espécies exóticas. Foi assim que o mexilhão-zebra chegou até os lagos. O Canal Sanitário e de Navegação de Chicago, um corpo d'água artificial, permitiu que um peixe exótico, o gobião-redondo (*Neogobius melanostomus*), penetrasse nos lagos. A lampreia-marinha (*Petromyzon marinus*), um peixe parasita do oceano Atlântico, conhecida também como peixe-vampiro, chegou aos lagos em 1921 por meio de outro canal. Ele se tornou um parasita do lago cuja pesca diminuiu de cerca de 2.300 toneladas anuais para 135 toneladas, ou seja, uma queda de 95%. A aquicultura e a agricultura nas redondezas dos lagos colaboram com as espécies exóticas.

Algumas introduções foram realizadas propositalmente, acreditando-se que elas seriam benéficas. A truta-arco-íris (*Oncorhynchus mykiss*, tipo de truta que habita o mar, porém retorna à água doce para se reproduzir) foi pela primeira vez introduzida no século XIX. Anualmente se introduzem salmões-rei (*Oncorhynchus tshawytscha*) nos lagos com o intuito de pescá-los. Ambos, a truta e o salmão, são os peixes preferidos pelos pescadores.

O que pode ser feito para controlar ou eliminar as espécies exóticas indesejáveis e, ao mesmo tempo, proteger as espécies nativas e as espécies introduzidas que são benéficas? A resposta para essa questão se divide em duas partes: (1) O que pode ser feito, com base na ciência, e (2) como concretizar essas coisas feitas, o que é um problema político e social. Entre os caminhos sugeridos estão (1) a promulgação de novas leis e regulamentações como aquelas de prevenção contra o esvaziamento dos lastros de água dos navios no lago; (2) a utilização de veneno para matar as espécies exóticas; (3) a introdução de parasitas exóticos das espécies praga; e (4) a contratação de serviços para coletar e eliminar as plantas e os animais exóticos.

Baseado no que se aprendeu neste capítulo, como você abordaria e conduziria a resolução desse complexo problema?

Perguntas para Reflexão Crítica

1. Suponha que você é o responsável por um programa de controle ou eliminação de pragas nos Grandes Lagos. Você tomaria uma abordagem espécie-por-espécie e focaria em uma ou duas espécies invasoras, ou tentaria encontrar um caminho que afetasse a biodiversidade como um todo?

2. Desenvolva um projeto, baseado no material deste capítulo e dos capítulos prévios.

3. Se nada for feito, qual poderia ser o resultado provável em longo prazo?

Informações adicionais podem ser encontradas nos seguintes *Web sites*:
http://glc.org/ans/aquatic-invasions/
http://www.glc.org/

RESUMO

- Para conservar a diversidade biológica, deve-se entender os padrões globais da ampla escala da vida. Isso é conhecido como biogeografia.
- O isolamento geográfico conduz à evolução de novas espécies. Os domínios de Wallace, ou províncias bióticas, são as principais divisões geográficas (por continentes, geralmente) baseadas em características fundamentais das espécies encontradas nesses domínios. As espécies que ocupam nichos específicos dentro de um domínio são de origens diferentes daquelas que ocupam os mesmos nichos em outros domínios.
- A regra da similaridade climática sustenta a ideia de que ambientes semelhantes conduzem à evolução da biota e das comunidades biológicas de modo similar em relação à forma e função exterior, porém, não na herança genética ou na constituição interna. Regiões climáticas similares com biota semelhante são conhecidas como biomas. Um bioma é um tipo de ecossistema; são exemplos os desertos, as savanas e as florestas tropicais.
- A evolução convergente acontece quando duas espécies geneticamente diferentes que habitam partes separadas de um bioma se desenvolvem ao longo de direções similares e possuem formas e funções externas semelhantes. E evolução divergente acontece quando diversas espécies evoluem de uma espécie ancestral comum, porém, se desenvolvem separadamente devido ao isolamento geográfico.
- O estudo da vida em ilhas tem conduzido à teoria da biogeografia insular que engloba diversos conceitos importantes. Um deles é o de que as ilhas possuem menos espécies do que os continentes devido a sua menor dimensão e por sua distância dos continentes. Outro conceito é o de que quanto menor a ilha e mais distante do continente, menor número de espécies a ilha terá.
- As ilhas ecológicas — *habitats* separados da parte principal do bioma — exibem as mesmas características de biodiversidade que as ilhas propriamente ditas. Quanto menor a ilha ecológica e maior a distância de seu "continente", menos espécies poderá suportar.

- A Terra possui 17 biomas principais, cada um deles com a sua própria característica, formas e tipos de vida predominantes. Os biomas variam em importância; alguns são de grande importância. A maioria dos biomas tem sido violentamente alterada pelas ações antrópicas. O entendimento das características principais desses biomas é fundamental para a conservação e a utilização sustentável de seus recursos.
- Espécies exóticas têm sido introduzidas há tempos em novos *habitats*, algumas vezes criando benefícios e, geralmente, criando novos problemas. A partir do estudo da biogeografia, determinadas regras gerais podem ser estabelecidas com respeito à introdução de novas espécies. A regra básica é essa: A menos que haja uma razão muito boa e clara para a introdução de uma espécie exótica em um novo *habitat*, não a faça; e tome precauções para prevenir introduções inadvertidamente de ocorrência indesejável e acidental.

REVISÃO DE TEMAS E PROBLEMAS

População Humana

A dispersão de seres humanos ao redor do mundo, nos últimos milhares de anos, tem sido o principal fator de alteração na biogeografia da Terra. Desde os tempos em que pessoas têm viajado e migrado para novas áreas, elas trazem consigo animais e plantas, juntamente com seus fungos e bactérias. A introdução dessas espécies em novas áreas produziu efeitos significativos nas espécies nativas, incluindo a extinção de algumas. As alterações antrópicas na paisagem estão aumentando devido ao avanço da tecnologia e ao crescimento da população, o que, também, altera a biogeografia. O comércio de produtos animais, como chifres de rinocerontes e o marfim dos elefantes, tem levado ao risco de extinção de algumas espécies. Atualmente, a nossa espécie é uma das maiores causas de alterações na biogeografia.

Sustentabilidade

Conforme se altera a biogeografia das espécies, afeta-se a sustentabilidade das sociedades humanas, da produção comercial de recursos vivos e da conservação da diversidade biológica. Quando se transfere uma espécie de uma região para outra, podem ser provocados efeitos significativos na sustentabilidade de espécies nativas. A orientação para o futuro, com respeito à biogeografia, é a cautela. Não se introduz novas espécies a menos que sejam essenciais e, dessa forma, fazendo-a cautelosamente, testando a introdução para ter certeza que as espécies não se tornarão uma praga.

Perspectiva Global

A biogeografia é uma das características globais fundamentais da vida na Terra. As habilidades para invadir e para sobreviver em novos ambientes são propriedades essenciais para a vida. Porém, enquanto a habilidade de invasão é uma força biológica positiva, ela também pode causar problemas. Em função dos seres humanos estarem espalhados por todo o mundo, eles são um fator global de grande influência na biogeografia.

Mundo Urbano

No mundo urbanizado várias espécies são transportadas, especialmente as plantas que possuem flores, para a decoração de cidades e para torná-las mais agradáveis. Quando feito cuidadosamente, de forma que as espécies introduzidas não se tornem pragas invasivas, isso pode melhorar a vida urbana. Linnaeus entendeu isso e promoveu as primeiras importações de plantas do Novo Mundo para ornamentar jardins nas cidades europeias. Frederick Law Olmsted, o pai do paisagismo na América do Norte, visualizou a vegetação mundial como uma "paleta" de cores com a qual se poderiam decorar as cidades. As cidades podem ser também um fator positivo na conservação da diversidade biológica. Algumas espécies, como o falcão-peregrino, têm sido introduzidas com sucesso em cidades e isso tem auxiliado na recuperação de espécies ameaçadas. Os jardins urbanos e os pequenos quintais de residências podem hospedar plantas que são raridades ameaçadas e que, por sua vez, podem fornecer alimentos para pássaros ameaçados e em extinção.

Homem e Natureza

Esse tema permeia toda a discussão da biogeografia. Em todo lugar que se vá, pode-se perceber os efeitos das ações antrópicas na distribuição geográfica da vida, desde os picos das montanhas até as ressurgências das profundezas oceânicas. As pessoas têm introduzido espécies em novos *habitats*, com resultados desejáveis e indesejáveis. Para prever se uma introdução será desejável, é necessário compreender os conceitos de províncias bióticas, de biomas e de biogeografia insular. A biogeografia é a chave para o entendimento de como as atividades humanas afetam a vida do planeta.

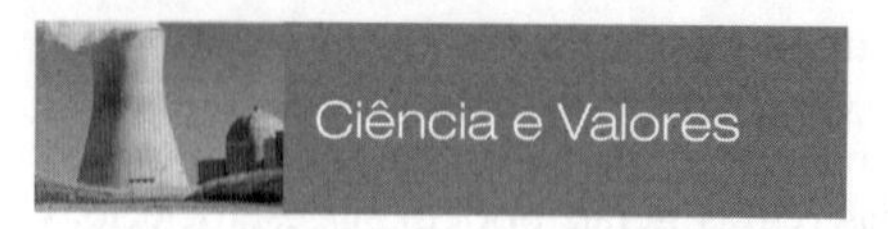

Os efeitos que os seres humanos provocam na biogeografia são revelados pelas pesquisas científicas, assim como as maneiras pelas quais esses efeitos são causados. Porém, a escolha entre introduzir uma espécie em um novo *habitat* ou permitir a extinção de espécies nativas onde se vive depende da adoção de valores. A ciência é necessária para dizer o que pode acontecer e para alertar sobre os futuros efeitos potenciais na distribuição das espécies. Com esse conhecimento, pode-se tomar as decisões baseadas em valores humanos.

TERMOS-CHAVE

biogeografia
bioma
chaparrais
domínios
espécies exóticas
evolução convergente
evolução divergente
ilha ecológica
província biótica
taiga
táxon (taxonômico)
tundra

QUESTÕES PARA ESTUDO

1. Elabore um projeto para a conservação da espécie ameaçada denominada píton-birmanesa. O projeto pode incluir a preservação natural, acordos internacionais de comércio, leis e a preservação de espécies em novos *habitats*. As metas são salvar as espécies em extinção e preservar contra a introdução de pragas em qualquer lugar do mundo.
2. Você foi designado para o serviço de encontrar um novo tipo de cultura de alimento, uma planta que deve fornecer alimento, porém, não pode se tornar uma praga onde é introduzida. Como você procuraria por esse cultivo e onde você iria procurar?
3. Paul Martin, um conhecido antropólogo, sugeriu que os elefantes africanos fossem reintroduzidos na América do Norte para substituir os mamutes e os mastodontes (mamífero extinto, semelhante ao mamute) que lá viveram outrora, porém, foram extintos ao final da última era glacial. Martin acredita que esses animais foram mortos por caçadores e que, por isso, é obrigação moral dos norte-americanos a reintrodução dos elefantes. Discuta essa hipótese, apresentando argumentos fundamentais prós e contras, com base na biogeografia.
4. No romance clássico de Júlio Verne, *A Ilha Misteriosa*, um grupo de norte-americanos se encontra isolado em uma ilha vulcânica habitada por cangurus e roedores parentes próximos das cotias da América do Sul. Por que essa situação é inverossímil e irrealista? O que tornaria possível essa coexistência?
5. O que você aprendeu sobre biogeografia que pode auxiliar na compreensão de por que existem tantas espécies na Terra? Faça uma lista dos principais fatores que levam a uma elevada diversidade.
6. Quais são as três formas pelas quais a ação antrópica tem alterado a distribuição dos seres vivos?
7. Da perspectiva da biogeografia, por que se dá muita importância para a preservação das florestas tropicais?
8. Quais ideias a partir da teoria da biogeografia insular poderiam explicar por que existem mamíferos grandes na tundra do Ártico, mas não na tundra dos Alpes?
9. Se você estivesse viajando para Marte, que é seco e possui grande amplitude térmica diária, e fosse procurar por alguma forma de vida, qual o tipo de bioma que você procuraria primeiro?
10. Suponha que você fosse construir uma espaçonave para viagens longas e estivesse planejando utilizar um sistema ecológico de suporte à vida — ou seja, utilizar ecossistemas para fornecer alimento; para reciclar o oxigênio, dióxido de carbono e a água; e para decomposição de resíduos. Quais biomas você acredita que seriam os mais importantes para levar? Você criaria um bioma "novo"?

LEITURAS COMPLEMENTARES

Elton, C. S. 2000. *The Ecology of Invasions by Animals and Plants*. New York: Oxford University Press. (Reimpresso com a introdução de Daniel Simberloff.) Obra clássica de um dos principais ecólogos do século XX.

Lomolino, Mark V., e James H. Brown. 2005. *Biogeography*, Third Edition. Sinauer Associates. A broad multidisciplinary view of the geography of life.

Lomolino, M. V. E., Dov F. Sax (ed.), James H. Brown (ed.) (2004). *Foundations of Biogeography: Classic Papers with Commentaries*. Chicago: University of Chicago Press. Uma compilação de algumas das obras clássicas sobre biogeografia.

MacArthur, R. H. e E. O. Wilson (2001). *The Theory of Island Biogeography*. Princeton, N.J.: Princeton University Press. Reimpressão de uma obra clássica sobre biogeografia, referida no presente capítulo.

Wilcove, David S. (2008). *No Way Home: The Decline of the World's Great Animal Migrations*. Washington, D.C.: Island Press.

Capítulo 9

A Produtividade Biológica e os Fluxos de Energia

OBJETIVOS DE APRENDIZADO

Para conservar e administrar com sucesso os recursos biológicos, deve-se compreender os conceitos básicos de energia, de fluxo de energia em ecossistemas e de produção biológica. Após a leitura deste capítulo, deve-se saber:

- O fluxo de energia determina o limite superior da produção de recursos biológicos.
- A primeira e a segunda lei da termodinâmica dizem quais os limites da produção e da eficiência de energia.
- A energia flui em sentido único em um ecossistema.
- Uma qualidade de vida básica é sua habilidade de criação de ordem a partir da energia em escala local.

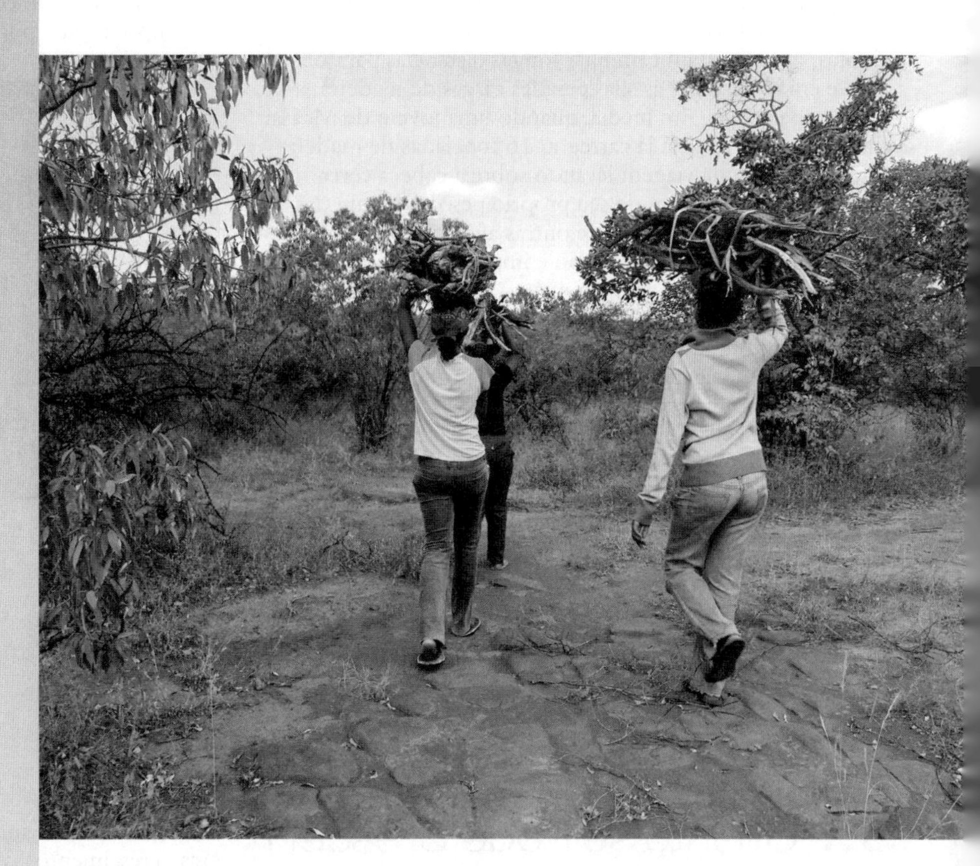

Inúmeras mulheres na África ainda caminham longas distâncias para coletar lenha, conforme mostra esta fotografia.

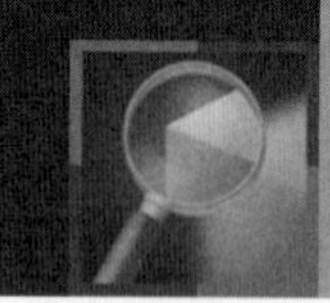

ESTUDO DE CASO

A Importância da Lenha

Em inúmeras partes do mundo, a madeira é a fonte primária de energia, tanto para o cozimento de alimentos, quanto para o aquecimento. Porém, com o aumento da população humana, a demanda por lenha continua a crescer. Por exemplo, a coleta de lenha para o cozimento de alimentos entre o povo Maasai, no Quênia, recai sobre mulheres e garotas, que precisam caminhar longas distâncias para buscá-la e então carregar as suas pesadas cargas de madeira, a pé, de volta para casa. Em média, quando uma jovem de Maasai chega aos 16 anos, ela já carregou 16 toneladas de madeira para casa, em cada viagem levando sobre a cabeça cerca de metade a dois terços de seu próprio peso. A labuta das mulheres do povo Maasai e de outras africanas para coletar lenha com as mãos aponta como é importante a produção de energia biológica para a vida humana, não só para a alimentação, mas para muitos outros aspectos da vida humana.[1]

Por todo o mundo, 1,4 bilhão de toneladas de combustível de origem vegetal (da madeira) são produzidas anualmente, que significa cerca de 5% da energia total utilizada no mundo.[2] No século XIX, a madeira foi a maior fonte de energia dos Estados Unidos, antes de ser substituída pelos combustíveis fósseis. E o novo movimento dos edifícios verdes (*green building*) nas nações desenvolvidas está conduzindo a uma maior utilização de fogões pequenos e eficientes. Tudo isso serve para dizer que a lenha ainda hoje é um importante combustível e a sua produção, portanto, é fundamental. O que determina como árvores produtivas, florestas ou qualquer tipo de vida pode ser? Esse é o tema desse capítulo.

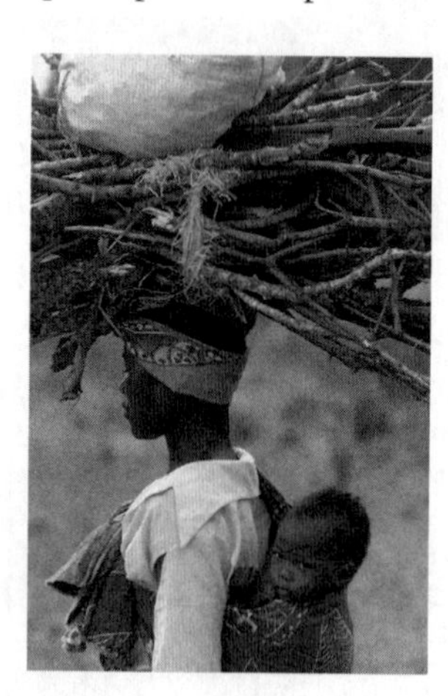

Figura 9.1 ■ Uma mulher de uma vila em Moçambique carregando lenha. As mulheres da vila transportam madeira em fardos em uma estrada suja no Parque Nacional de Gorongosa, Moçambique. A vila em que vivem está dentro do parque.

9.1 Quanto se Pode Crescer?

A determinação de quanta matéria orgânica pode ser produzida em qualquer período é importante para muitos tópicos ambientais, especialmente aqueles que se referem aos recursos biológicos. Quantos sacos de trigo pode um fazendeiro produzir no campo em um ano? Qual é o limite máximo de alimento que pode ser produzido para todas as pessoas da Terra? Qual é o limite do número de baleias no oceano? Qual é a produção máxima que pode se esperar das florestas?

Muitos fatores podem limitar o crescimento dos seres vivos, mas o limite ulterior na produção de matéria orgânica é o fluxo de energia. Para se estimar a produção real e a produção máxima possível de matéria orgânica de qualquer tipo, é necessário compreender os conceitos básicos de energia e o fluxo de energia nos ecossistemas.

9.2 Produção Biológica

A quantidade total de matéria orgânica existente na Terra ou em qualquer ecossistema ou área é denominada **biomassa**. A biomassa é geralmente expressa como a quantidade por unidade de área da Terra (por exemplo, grama por metro quadrado [g/m^2] ou tonelada por hectare [t/ha]).

A biomassa é aumentada por meio da produção biológica (crescimento). A transformação na biomassa no decorrer do tempo é denominada *produção líquida*. A **produção biológica** é a captação da energia disponível a partir do meio ambiente para a produção de componentes orgânicos nos quais essa energia é armazenada. Na fotossíntese, a energia ambiental é oriunda da luz visível. Essa luz é transformada em energia das ligações químicas dos componentes orgânicos. Essa captação é frequentemente chamada de energia de "fixação" e também, usualmente, se diz que o organismo "fixou" energia. Três medidas são utilizadas para a produção biológica: biomassa, energia armazenada e carbono armazenado. Tais medidas podem ser consideradas como as moedas da produção. (Relações gerais para o cálculo da produção estão nos Exercícios de Aplicação 9.1 e 9.2. As unidades comuns de medida da produção constam no apêndice.)

Dois Tipos de Produção Biológica

Existem dois tipos de produção biológica. Alguns organismos produzem a sua própria matéria orgânica a partir de uma fonte de energia e de componentes inorgânicos. Esses organismos, introduzidos na discussão sobre níveis tróficos no Capítulo 6, são chamados de **autotróficos** (aqueles que se autoalimentam). Os seres autotróficos englobam as plantas (aquelas que contêm clorofila), tais como as ervas, os arbustos

EXERCÍCIO DE APLICAÇÃO 9.1

Equações para Produção, Biomassa e Fluxo de Energia

Pode-se escrever uma relação geral entre a biomassa (B) e a produção líquida (PL):

$$B_2 = B_1 + PL$$

onde B_2 é a biomassa ao final do período de tempo, B_1 é quantidade de biomassa no início do período de tempo e PL é a transformação em biomassa durante o período de tempo (Figura 9.2). Dessa forma,

$$PL = B_2 - B_1$$

As equações gerais da produção são dadas como:

$$PB = PL + R$$
$$PL = PB - R$$

onde PB é a produção bruta, PL é a produção líquida e R é a respiração. As três formas de circulação de energia do fluxo de energia são biomassa, conteúdo de energia e conteúdo de carbono. A média de energia na vegetação é aproximadamente 21 quilojoules por grama (kJ/g). O conteúdo de energia da matéria orgânica varia. Ignorando ossos e conchas, o tecido de madeira contém a menor quantidade de energia por grama, cerca de 17 kJ/g; a gordura contém a maior parte, cerca de 38 kJ/g; os músculos contêm aproximadamente 21–25 kJ/g. As folhas e os brotos de plantas possuem 21–23 kJ/g e as raízes têm cerca de 19 kJ/g.[2]

O quilojoule (1 kJ = 1.000 J = 0,24 kcal) é a unidade adotada pelo Sistema Internacional (SI) e é a notação científica para energia e trabalho. Ela substitui a caloria ou quilocaloria dos primeiros estudos sobre fluxo de energia. A quilocaloria é a quantidade de energia necessária para aquecer um quilograma de água, em 1 grau Celsius (de 15,5 a 16,5°C). (A caloria, que representa um milésimo da quilocaloria, é a quantidade de energia necessária para elevar a temperatura de um grama de água em, também, um grau Celsius.) Note que a caloria citada nos livros de emagrecimento na verdade quer dizer quilocaloria, mas talvez, por conveniência, seja denominada na literatura popular caloria. Para manter-se em pé, ressalva-se que ninguém utiliza a "pequena" caloria, a menos que eles a denominem. Para comparação, uma maçã, em média, contém cerca de 419 kJ/g ou 100 kcal. A caloria é habitualmente utilizada em estudos sobre dietas; o joule é utilizado na física e na engenharia.

(*a*)

(*b*)

Figura 9.2 ■ Produção líquida: (*a*) Um campo de milho no final da época de crescimento; (*b*) o mesmo campo no início do crescimento das sementes. Em referência ao Exercício de Aplicação 9.1, pode-se imaginar a safra madura mostrada em (*a*) como B_2 e o campo no momento do crescimento das sementes (*b*) como B_1. A diferença entre (*a*) e (*b*) ilustra a produção primária líquida (PLP).

e as árvores; as algas, normalmente encontradas nas águas, porém, ocasionalmente, crescem na terra; e ainda certos tipos de bactéria que se desenvolvem na água.

A produção realizada pelos autótrofos é chamada de **produção primária**. A maioria dos autótrofos produz açúcar a partir da luz solar, do dióxido de carbono e da água em um processo denominado **fotossíntese**, que libera oxigênio livre (ver Exercícios de Aplicação 9.1 e 9.2). Algumas bactérias autotróficas podem retirar a energia de compostos inorgânicos de enxofre; essas bactérias são conhecidas como **quimioautotróficos**. Tais bactérias foram descobertas em fontes hidrotermais, em águas oceânicas profundas, onde elas fornecem a base para uma estranha comunidade ecológica. Os quimioautotróficos são também encontrados na lama dos pântanos, onde não existe oxigênio livre.

Outras formas de vida não conseguem produzir seus componentes orgânicos a partir dos inorgânicos e se alimentam de outros seres vivos. Eles são denominados **heterotróficos**. Todos os animais, incluindo os seres humanos, são heterotróficos, assim como são os fungos, muitos tipos de bactérias e de inúmeras outras formas de vida. A produção realizada pelos heterotróficos é chamada de **produção secundária** porque eles dependem da produção dos organismos autotróficos. Essa dependência é à base da cadeia alimentar descrita no Capítulo 6. (O fluxo de energia associado está diagramado na Figura 9.4.)

EXERCÍCIO DE APLICAÇÃO 9.2

Equivalência de energia

Para Aqueles que Produzem o Próprio Alimento (Autótrofos)

A fotossíntese — o processo pelo qual os autótrofos produzem açúcar a partir da luz solar, dióxido de carbono e água — é definida como:

$$6CO_2 + 6H_2O = C_6H_{12}O_6 + 6O_2$$

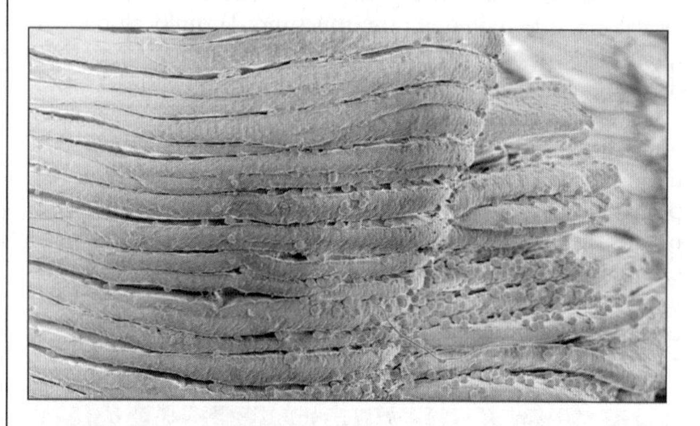

Figura 9.3 ■ Bactérias quimiossintetizantes em fontes hidrotermais no mar profundo.

A quimiossíntese (síntese de compostos orgânicos a partir de energia obtida por reações químicas) ocorre em determinados ambientes. Na quimiossíntese, a energia do sulfeto de hidrogênio (H_2S) é utilizada por certas bactérias para formar compostos orgânicos simples. A reação é diferente entre espécies e depende das características ambientais (Figura 9.3).

A produção líquida para os autótrofos é dada como:

$$PPL = PPB - R_a$$

onde *PPL* é a produção primária líquida, *PPB* é produção primária bruta e R_a é a respiração dos autótrofos.

Para Aqueles que Não Produzem o Próprio Alimento (Heterótrofos)

A produção secundária de uma população é dada como

$$PSL = B_2 - B_1$$

onde *PSL* é a produção secundária líquida, B_2 é a biomassa no tempo 2 e B_1 é a biomassa no tempo 1. A transformação em biomassa é o resultado da adição de peso nos indivíduos vivos, da adição dos recém-nascidos e da imigração e da perda por meio das mortes e da emigração. A utilização biológica de energia ocorre pela respiração, expressa de forma simples como

$$C_6H_{12}O_6 + 6O_2 = 6CO_2 + 6H_2O + \text{Energia}$$

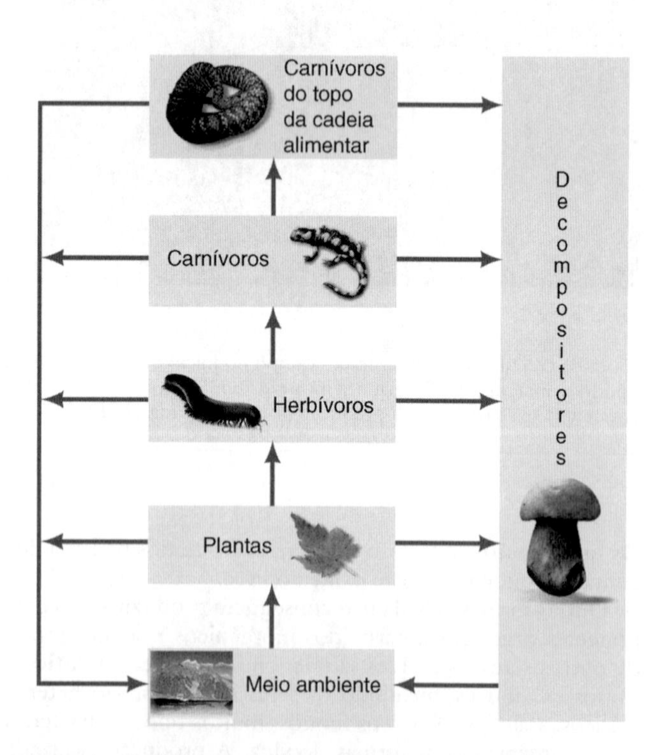

Figura 9.4 ■ Caminhos da energia através de um ecossistema. Energia útil flui do ambiente externo (o Sol) para as plantas, depois para os herbívoros, carnívoros e os carnívoros do topo da cadeia alimentar. A morte em cada nível transfere energia aos decompositores. A energia perdida na forma de calor retorna ao meio ambiente exterior.

Uma vez que um organismo tenha obtido matéria orgânica nova, a energia dessa matéria orgânica pode ser utilizada para realizar trabalho: para o movimento, para produzir novos tipos de compostos, para o crescimento, para a reprodução, para armazenamento ou para utilização futura. A utilização de energia de matéria orgânica pela maioria dos organismos heterotróficos e autotróficos é consumida pela **respiração**. Por meio da respiração, um composto orgânico é combinado com o oxigênio para liberar energia e produzir dióxido de carbono e água. (Ver Exercício de Aplicação 9.2.) O processo é similar à queima de compostos orgânicos, porém ocorre no interior das células a temperaturas muito menores, por meio de reações mediadas por enzimas. *A respiração é a utilização da biomassa para a liberação de energia que pode ser utilizada para a realização de trabalho.* A respiração devolve ao meio ambiente o dióxido de carbono que havia sido removido pela fotossíntese.

Produção Bruta e Líquida

A produção de biomassa e a sua utilização como uma fonte de energia pelos autótrofos engloba três etapas:

1. Um organismo produz matéria orgânica no interior de seu próprio corpo.
2. Ele utiliza alguma dessa nova matéria orgânica como combustível na sua respiração.
3. E armazena alguma parte dessa nova matéria orgânica para uso futuro.

A primeira etapa, produção de matéria orgânica antes da utilização, é denominada **produção bruta**. A quantidade deixada após a utilização é chamada de **produção líquida**.

Produção líquida = Produção bruta − Respiração.

A diferença entre a produção bruta e líquida é como a diferença entre o rendimento bruto e líquido de uma pessoa. O salário bruto é a quantidade que se é paga. O salário líquido é o que resta depois de descontados os impostos e outros custos fixos. A respiração é como as despesas necessárias que são exigidas a fim de se realizar o trabalho.

A produção bruta de uma árvore — ou de qualquer outra planta — é a quantidade total de açúcar que ela produz por meio da fotossíntese antes que qualquer uma seja utilizada. No interior das células vivas das plantas, parte do açúcar é oxidada na respiração. A energia é utilizada para converter em outros carboidratos, aqueles carboidratos em aminoácidos, aminoácidos em proteínas e tecidos novos das folhas. A energia é também utilizada para transportar material no interior da planta para as raízes, caules, flores e frutos. Parte da energia é perdida na forma de calor nos processos de transferência. Parte da energia é utilizada para formar outros compostos orgânicos em outros locais da planta: paredes de células, proteínas e assim por diante. Parte é armazenada nesses outras locais da planta para uso posterior. Para plantas que produzem madeira, como as árvores, parte desse armazenamento inclui madeira nova fixada no tronco, novos brotos que se desenvolverão nas folhas e flores no próximo ano e, também, novas raízes.

9.3 Fluxo de Energia

Energia é um conceito abstrato e difícil. Quando se consome eletricidade, pelo o quê se paga? Não se pode ver ou sentir a energia, mesmo assim tem-se que pagar por essa energia.[3]

À primeira vista, o fluxo de energia parece suficientemente simples: os seres humanos têm energia interna e a utiliza da mesma forma que uma máquina. Porém, se for aprofundar um pouco mais nesse tema, descobre-se uma importância filosófica: aprende-se o que distingue a vida e os sistemas que contêm vida do resto do universo.

Figura 9.5 ■ Tornando a energia visível. No alto: uma floresta de vidoeiro em New Hampshire, como se vê em uma fotografia normal (*a*) e a mesma floresta fotografada com uma película de filme em infravermelho (*b*). A cor vermelha (aqui representada em cinza-claro) significa a existência de mais calor; as folhas estão mais quentes do que a vizinhança devido ao aquecimento pelo Sol. Abaixo: um afloramento rochoso próximo, fotografado com uma película normal (*c*) e com uma película em infravermelho (*d*). O azul (aqui representado em cinza-escuro) significa que a superfície está fria. As pedras aparecem azuladas, indicando que estão mais frias do que as árvores ao redor.

EXERCÍCIO DE APLICAÇÃO 9.3

Equivalência de Ecossistemas

Para um ecossistema:

$$PBE = PPB$$

onde *PBE* é a produção bruta do ecossistema e *PPB* é a produção primária bruta.

$$R_e = R_a + R_h$$

onde R_e é a respiração líquida do ecossistema, R_a é a respiração de autotróficos e R_h é a respiração de heterotróficos.

$$PLE = PBE - R_e$$

onde *PLE* é a produção líquida do ecossistema, *PBE* é a produção bruta do ecossistema e R_e é a respiração líquida do ecossistema.

Ainda que na maioria das vezes a energia seja invisível, com películas fotográficas em infravermelho podem ser vistas as diferenças entre objetos frios e quentes e pode-se ver alguns fatores do fluxo de energia que afetam a vida. Fotos com películas de infravermelho, objetos quentes aparecem na cor vermelha e os objetos frios na cor azul. A Figura 9.5 mostra vidoeiros em uma floresta de New Hampshire, na qual são utilizadas películas comuns e películas de infravermelho, que mostram as folhas das árvores em vermelho-brilhante (*b* e *d*), indicando que foram aquecidas pelo Sol e que absorvem, refletem e reemitem a energia absorvida, enquanto o vidoeiro de casca branca permanece mais frio. A capacidade das folhas das árvores em absorver energia é essencial; ela é a fonte de energia que, em última instância, suporta ou mantém todas as formas de vida na floresta. A energia flui por meio da vida e o fluxo de energia é um conceito-chave.

Todas as formas de vida necessitam de energia. A energia é a capacidade para realizar trabalho, para a movimentação da matéria. Qualquer um que tenha feito regime de emagrecimento sabe que o peso expressa o delicado equilíbrio entre a energia absorvida pela ingestão dos alimentos e a energia despendida. A parte da energia não despendida é então armazenada. A utilização da energia, o ganho ou a perda de peso seguem as leis da física. Essa não é somente uma lei para os humanos, é igualmente verdade para todas as populações de seres vivos, de todos os ecossistemas, comunidades ecológicas e de toda a biosfera.

O **fluxo de energia no ecossistema** é o movimento da energia através de um ecossistema a partir do ambiente externo, por meio de uma série de organismos, e o retorno novamente ao ambiente externo. É um dos processos fundamentais comuns a todos os ecossistemas. A energia penetra em um ecossistema por duas formas. Uma delas é o caminho já discutido: a energia absorvida pelos organismos. No segundo caminho, a energia térmica é transferida por correntes de ar ou de água por meio da convecção, ou é transferida por condução através do solo, dos sedimentos e dos seres vivos de sangue quente. Por exemplo, quando uma massa de ar quente passa sobre uma floresta, a energia térmica é transferida do ar para o solo e para os organismos.

E quanto à produção no interior de um ecossistema? Foi dito anteriormente que a produção líquida é igual à produção bruta menos a respiração. Conforme essa afirmação, a relação é verdadeira não somente para um organismo individual, mas, também, para uma comunidade ecológica ou para um ecossistema (ver Exercício de Aplicação 9.3). Em um ecossistema, a produção bruta é simplesmente a produção bruta de todos os autotróficos. A produção líquida que ocorre em um ecossistema é a quantidade de biomassa adicionada, em algum período de tempo, após toda a utilização, incluindo a respiração dos seres autotróficos e heterotróficos.

9.4 O Limite Máximo da Abundância de Vida

O que, em última instância, limita a quantidade de matéria orgânica que pode ser produzida? O que limita a taxa máxima da produção? Quão próximo desse limite estão os ecossistemas, espécies, populações e indivíduos? Estão alguns deles próximos de serem os mais produtivos possíveis? A resposta está nas leis da termodinâmica.

As Leis da Termodinâmica

A *lei da conservação da energia* afirma que em qualquer transformação química ou física a energia não é criada nem destruída, mas simplesmente transformada de uma forma para outra. A lei de conservação da energia é também conhecida como a *primeira lei da termodinâmica* (discutida no Detalhamento 5.1). Se a quantidade total de energia é sempre conservada — se permanece sempre constante — então por que não se

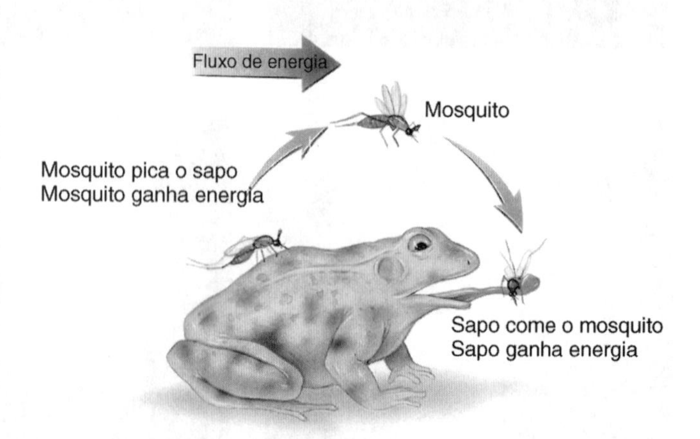

Figura 9.6 ■ Um ecossistema impossível. A energia sempre se transforma da forma mais útil e organizada para uma forma menos útil e desorganizada. Ou seja, a energia não pode ser completamente reciclada para o seu estado original, organizado, funcional e de elevada qualidade. Por essa razão, o sistema mosquito–sapo parará eventualmente quando não houver energia suficiente. (Há ainda mais uma razão mundana: somente mosquitos-fêmea necessitam de sangue e, mesmo assim, somente, para a reprodução. Os mosquitos, por sua vez, são herbívoros.)

DETALHAMENTO 9.1

A Segunda Lei da Termodinâmica

Para melhor compreender por que não se pode reciclar a energia, imagine um sistema fechado (um sistema que não recebe nenhuma entrada após a entrada inicial) contendo uma pilha de carvão, um reservatório de água, ar, um motor a vapor e um engenheiro (Figura 9.7). Suponha que o motor funcione como um torno mecânico que produza móveis. O engenheiro acende o fogo para ferver a água, fornecendo vapor para o funcionamento do motor. Assim que o motor funciona, o calor proveniente do fogo gradualmente aquece todo o sistema.

Quando o carvão é completamente queimado, o engenheiro não mais será capaz de ferver água e o motor não funcionará mais. A média da temperatura do sistema está, neste momento, maior do que a temperatura inicial. A energia contida no carvão está dispersa por todo o sistema, sendo a maior parte na forma de calor no ar. Por que o engenheiro não pode recuperar toda essa energia, recompactá-la, colocá-la no aquecedor e funcionar o motor? A resposta é dada pela segunda lei da termodinâmica. Os físicos descobriram que a utilização da energia nunca atinge 100% de eficiência. Sempre que trabalho útil é realizado, alguma energia é inevitavelmente convertida em calor. Para coletar toda a energia dispersa neste ambiente fechado seria necessária mais energia do que a recuperada.

O sistema imaginário proposto se inicia com um estado altamente organizado, com a energia compactada e concentrada no carvão. E termina em um estado menos organizado, com a energia dispersa por todo o sistema na forma de calor. A energia foi degradada e se diz que o sistema experimentou um decréscimo em sua ordem. A medida desse decréscimo em sua organização (a desordem da energia) é chamada de **entropia**. O engenheiro produziu alguns móveis, transformando uma pilha de tábuas em agradáveis e ordenadas mesas e cadeiras. O sistema obteve um aumento local em sua ordem (os móveis) à custa de um aumento geral da desordem (o estado de todo o sistema). Toda a energia de todos os sistemas tende a fluir na direção de estados de maior entropia.

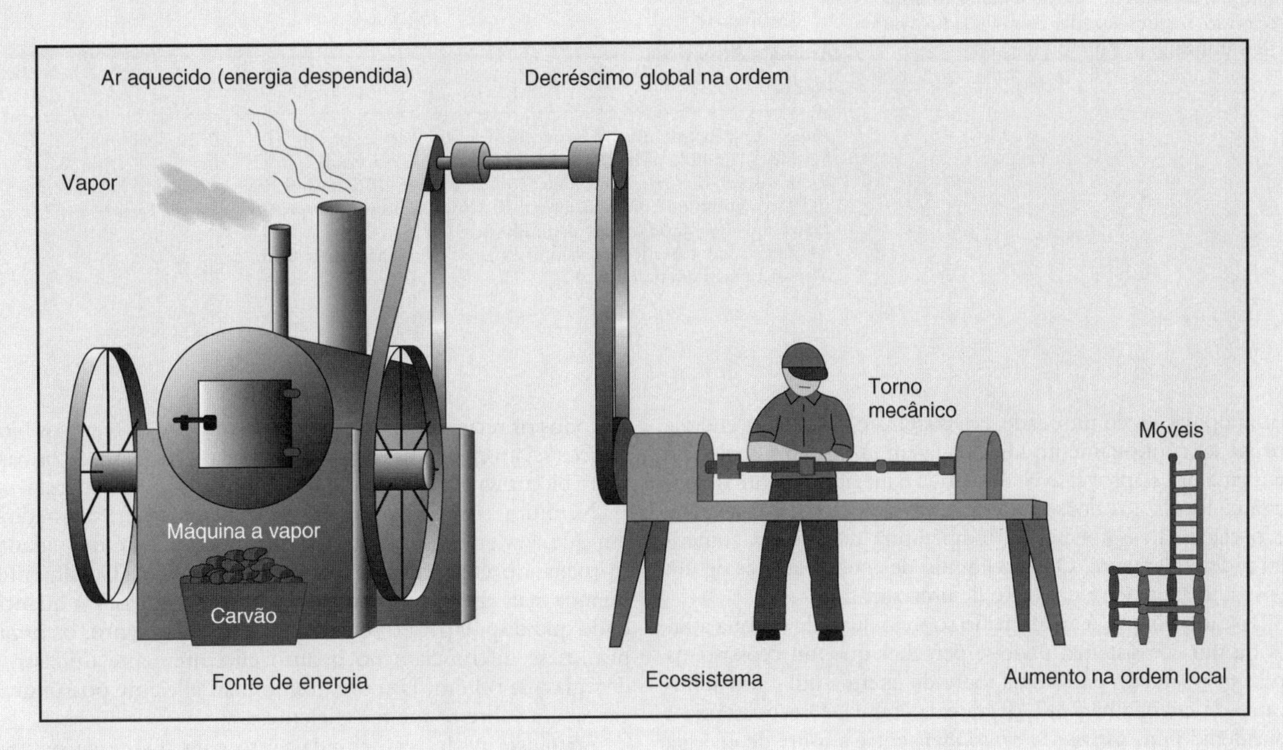

Figura 9.7 ■ Um sistema fechado para o fluxo de energia.

pode reciclar a energia no interior dos corpos? De forma semelhante, por que a energia não pode ser reciclada em ecossistemas e na biosfera?

Imagine como isso poderia funcionar, por exemplo, com sapos e mosquitos. Os mosquitos sugam o sangue dos vertebrados, incluindo os sapos. Considere um ecossistema imaginário fechado constituído de água, ar, uma pedra para os sapos sentarem, sapos e mosquitos. Nesse sistema os sapos obtêm a sua energia alimentando-se dos mosquitos e os mosquitos obtêm energia picando os sapos (Figura 9.6). Tal como um sistema fechado deveria funcionar como uma máquina biológica perpetuamente contínua. Ele poderia continuar indefinidamente sem a entrada de nenhuma matéria nova ou energia. Isso soa bem, porém, desafortunadamente, isso é impossível. Por quê? A resposta geral está na *segunda lei da termodinâmica*, que define como a energia se altera de forma.

Da discussão apresentada no Detalhamento 9.1, atinge-se uma nova compreensão de qualidade de vida básica.[4] É a capacidade de criar ordem em uma escala local que diferencia a vida do seu ambiente circundante não vivo. Essa capacidade exige a obtenção de energia de forma útil e, por isto, os seres se alimentam. Esse princípio é válido para cada nível ecológico: indiví-

DETALHAMENTO 9.2

Eficiências Ecológicas

A Tabela 9.1 mostra alguns valores para o aumento da eficiência, ou da eficiência da produção bruta (*P/C*), que é a razão entre o material produzido (*P* é a produção líquida) por um organismo ou população em relação ao material consumido (*C*). A quantidade consumida é normalmente muito menor do que a quantidade máxima disponível. As estimativas indicam, por exemplo, que menos de 1% a 20% das folhas disponíveis nas florestas e nos pântanos são anualmente consumidas pelos insetos que comem folhas.[8]

A Tabela 9.1 também fornece exemplos de eficiência de crescimento líquido ou eficiência da produção líquida (*P/A*). Essa é a razão entre o material produzido (*P*) e o material assimilado (*A*), que é menor do que o material consumido devido algum alimento absorvido ser descartado como resíduo ou jamais utilizado por um organismo.

Tabela 9.1 Eficiência Ecológica para Populações de Animais

	Eficiências Ecológicas (%)	
Tipos Tróficos	*Eficiência da Produção Líquida (P/A)*	*Eficiência da Produção Bruta (P/C)*
Animais Terrestres		
Microrganismos[a]	~40	
Invertebrados		
Herbívoros	20–40	8–27
Carnívoros	10–37	~34
Saprófagos	17–40	5–8
Vertebrados		
Herbívoros[a]	2–10	
Carnívoros[a]	2–10	
Animais Aquáticos		
Peixes[a,b]	—	1–7

Fontes: T. Penczak, *Comparative Biochemistry and Physiology* 101 (1992): 791–798; D. E. Reichle, "The Role of Soil Invertebrades in Nutrient Cycling", in U. Lohm e T. Persson, editores, *Ecological Bulletin* (Stockholm) 25 (1997): 145–156; e M. Schaefer, "Secondary Production and Decomposition", in E. Rohrig e B. Ulrich, editores, *Temperate Deciduous Forests*, vol. 7 of *Ecosystems of the World* (Amsterdam: Elsevier, 1991).

[a]Os dados estão baseados nos valores característicos para níveis tróficos e populações.

[b]Populações em um rio tropical.

duo, população, comunidade, ecossistema e biosfera. A energia precisa ser continuamente adicionada em um sistema ecológico de forma útil e aproveitável. A energia é inevitavelmente degradada na forma de calor, o qual deve ser liberado para o sistema. Se o calor não é liberado, a temperatura do sistema aumentará indefinidamente. O fluxo líquido de energia através de um ecossistema, então, é um fluxo de único sentido.

Baseado no que já foi afirmado sobre o fluxo de energia através de um ecossistema, pode-se perceber que um ecossistema pode estar situado entre uma fonte de energia útil e um sumidouro de energia não útil, degradada (calor). O ecossistema é considerado um *sistema intermediário* entre a fonte de energia e o sumidouro de energia. A fonte de energia, o ecossistema e o sumidouro de energia formam, juntos, um **sistema termodinâmico**. O ecossistema pode experimentar um aumento na ordem, chamado de *acréscimo local*, enquanto o sistema inteiro experimenta uma diminuição na ordem, chamado de *decaimento global*. (Note-se que o conceito de *ordem* possui um significado especial na termodinâmica, explicado no Detalhamento 9.1.) Para simplificar, a criação de uma ordem local envolve a produção de matéria orgânica. A produção de matéria orgânica necessita de energia; e a matéria orgânica armazena a energia.

Eficiência Energética e Eficiência de Transferência

Como os seres vivos utilizam energia eficientemente? Essa é uma questão importante para o gerenciamento e a conservação de todos os recursos biológicos. Deseja-se que os recursos biológicos sejam eficientes no uso de energia — para produzir bastante biomassa a partir de uma dada quantidade de energia.

Nenhum sistema pode ser 100% eficiente. Na medida em que a energia flui pela cadeia alimentar, ela é degradada, se tornando cada vez menos útil e disponível. Geralmente, quanto mais energia um organismo adquire, maior é a quantidade que dispõe para o seu próprio uso. Entretanto, os organismos se diferenciam no quanto eficientemente utilizam a energia que obtêm. Um organismo mais eficiente possui uma vantagem sobre os menos eficientes.

Eficiência pode ser definida tanto para o sistema natural quanto o artificial: máquinas, organismos de indivíduos, populações, níveis tróficos, ecossistemas e a biosfera.[5] *Eficiência energética* é definida como a razão entre saída e entrada dos sistemas, normalmente melhor definida como a quantidade de trabalho útil obtida de alguma quantidade de energia útil. A eficiência possui diferentes significados para distintas aplicações. Sob o ponto de vista de um fazendeiro, uma safra eficiente de plantação de milho é aquela que converte uma grande parcela de energia solar em açúcar e que utiliza pouco desse açúcar para produzir caules, raízes e folhagem. Em outras palavras, a safra mais eficiente é aquela em que sobra a maior parte da energia consumível no final do processo. A visão de um motorista de caminhão é exatamente ao contrário. Para ele, um caminhão eficiente utiliza tanta energia quanto possível de seu combustível e armazena a mínima energia possível (no seu consumo em sua exaustão). Quando se entende os organismos como alimento, define-se a eficiência como o fazendeiro, em termos de armazenamento de energia (produção líquida a partir da energia útil). Quando se é consumidor de energia, define-se a eficiência como o motorista do caminhão, em termos de como parcela do trabalho útil se realiza com a energia útil.

Uma medida ecológica usual de eficiência energética é chamada de **eficiência do nível trófico**, que é a razão entre a produção de um nível trófico em relação à produção do próximo nível trófico menor (ver Capítulo 6). Essa eficiência nunca é muito elevada. As plantas que realizam a fotossíntese convertem apenas de 1 a 3% da energia recebida do Sol durante o ano para a produção de novos tecidos. A eficiência com a qual os herbívoros convertem a energia potencialmente útil da planta é geralmente menor do que 1%, assim como a eficiência com a qual os carnívoros convertem herbívoros em energia de carnívoros. Comumente se escreve na literatura popular que a transferência é de 10% — por exemplo, que 10% da energia do milho pode ser convertida em 10% da energia de uma vaca. Entretanto, essa é uma eficiência ecológica sugestionada, ao contrário da eficiência natural, de nível trófico. Em ecossistemas naturais, os organismos em um nível trófico tendem a absorver muito menos energia do que a quantidade máxima disponível potencial para eles e utilizam mais energia do que armazenam para o próximo nível trófico.

Considere um exemplo. No Parque Nacional Isle Royale, uma ilha no Lago Superior, EUA, lobos se alimentam de alces na vida natural. Um grupo de 18 lobos mata em média um alce aproximadamente a cada dois dias e meio,[6] resultando em uma eficiência de nível trófico de lobos de cerca de 0,01%. Os lobos utilizam a maior parte da energia que obtêm alimentando-se de alces, especialmente na busca de presas.[7] Do ponto de vista dos lobos, lobos são eficientes, porém, sob o ponto de vista de alguém que queira se alimentar de lobos, eles parecem ineficientes.

A regra básica para a eficiência energética de nível trófico é que mais do que 90% (normalmente muito mais) de toda a energia transferida entre os níveis tróficos é perdida na forma de calor. Menos que 10% (aproximadamente 1% dos ecossistemas naturais) é fixada na forma de biomassa. Em ecossistemas altamente manejados, tal como fazendas, a eficiência pode ser maior. Porém, mesmo em tais sistemas, atinge-se uma média de 3,2 kg da matéria vegetal para produzir 0,45 kg de alimento comestível. O gado está entre os produtores menos eficientes, necessitando de cerca de 7,2 kg de matéria vegetal para produzir 0,45 kg de alimento comestível. As galinhas são as mais eficientes, utilizando aproximadamente 1,4 kg de matéria vegetal para produzir 0,45 kg de ovos ou alimento. Muita atenção tem-se voltado à ideia de que os humanos deveriam se alimentar em um nível trófico menor com a intenção de utilizar os recursos de forma mais eficiente (ver Questão para Reflexão Crítica, "A População Pode Comer Menos na Cadeia Alimentar?").

Muitas outras formas de eficiência energética são amplamente utilizadas em estudos ecológicos. Alguns deles estão descritos no Detalhamento 9.2.[9]

9.5 Alguns Exemplos de Fluxos de Energia

Vários exemplos de fluxo de energia em ecossistemas concluem este capítulo.

Fluxo de Energia em uma Cadeia Alimentar de um Campo Abandonado

Em um velho campo de Michigan, ratos silvestres se alimentam de ervas e da grama, e doninhas se alimentam de ratos silvestres (essa é apenas uma das inúmeras cadeias de alimentos que ocorre neste velho campo).[10] O primeiro passo do fluxo de energia é a fixação da energia luminosa por meio da fotossíntese nas folhagem da grama, ervas e arbustos. Nessa etapa, a energia luminosa é transformada e armazenada pelas plantas, na forma de açúcar ou de carboidratos. Lembrar que essa energia — a energia armazenada pelos seres autotróficos antes de ser utilizada — é chamada de produção primária bruta. Parte da energia é imediatamente utilizada pelas folhas para a manutenção de sua própria forma de vida em marcha. Conforme explicado anteriormente, a quantidade armazenada pelos autotróficos após o uso necessário é a produção primária líquida.

Conforme visto antes, somente uma pequena parcela da energia disponível para cada nível trófico é utilizada para a produção líquida para produção de novos tecidos. Uma grande parcela da energia disponível para cada nível trófico é utilizada pela respiração. No velho campo de Michigan, cerca de 15% da produção bruta da vegetação é utilizada pela respiração; 68% da energia absorvida pelos ratos silvestres é utilizada pela respiração e 93% da energia absorvida pelas doninhas é utilizada pela respiração. Somente uma parte do fluxo de energia no velho campo se movimenta pela cadeia alimentar da vegetação–ratos silvestres–doninhas. Uma das razões é que os ratos silvestres se alimentam apenas de sementes de plantas. A maior parte da energia permanece na vegetação até que seja transferida da vegetação morta para outros animais, fungos e bactérias pelo qual é denominado decompositor da cadeia alimentar.

Fluxo de Energia em Córregos ou Rios

Na maioria dos ecossistemas, a fixação original de energia ocorre no interior do ecossistema; entretanto, alguns ribeirões com água potável constituem uma exceção. A quantidade de matéria orgânica produzida pelas algas que vivem em um ribeirão é pequena em relação à quantidade de matéria orgânica que cai dentro dos ribeirões provenientes de folhas mortas e de ramos de vegetação no solo.[11] *Detritívoros* (organismos que se alimentam de matéria orgânica morta) são comuns nos ribeirões e se alimentam principalmente dessa vegetação depositada. Alguns desses animais são desfiadores que rompem as estruturas fibrosas das folhas; outros se alimentam dos pedaços menores.

Outros animais que pastam se movimentam pelas superfícies das rochas e raspam as algas que estão grudadas. Muitos predadores de riachos são larvas de insetos que vivem no solo, como as libélulas. Alguns animais capturam as suas presas no solo ou no ar, como é o caso das trutas que capturam insetos voadores.

Um caso extremo de uma cadeia alimentar baseada em entradas externas de comida existe na planície de inundação (várzea) da bacia do rio Amazonas, no qual os peixes se alimentam de frutas e sementes trazidas pelos ribeirões durante a estação das chuvas. Nesse caso, a produção de peixes herbívoros supera o que seria possível somente da produção aquática primária, rendendo em um abundante fornecimento de alimentos para as populações humanas da região.[11]

QUESTÕES PARA REFLEXÃO CRÍTICA

A População Pode Comer Menos na Cadeia Alimentar?

O conteúdo de energia da cadeia alimentar é frequentemente representada por uma *pirâmide de energia*, como aquela mostrada na Figura 9.8a para uma cadeia alimentar idealizada, hipotética. Na pirâmide de energia, cada nível da cadeia alimentar está representado por um retângulo cuja área é mais ou menos proporcional ao conteúdo de energia de cada nível. Para simplificação, a cadeia alimentar mostrada presume que cada ligação na cadeia tem uma e somente uma fonte de alimento.

Presume que se uma pessoa de 75 kg se alimentou de sapos (e algumas o fazem), ela necessitaria de 10 por dia ou 3.000 por ano (aproximadamente 300 kg). Se cada sapo se alimentou com 10 gafanhotos por dia, os 3.000 sapos necessitaram de 9.000.000 de gafanhotos por ano para suprir as suas necessidades energéticas, ou aproximadamente 9.000 kg de gafanhotos. Um aglomerado de gafanhotos desse tamanho necessitaria de 333.000 kg de trigo para sustentá-los por um ano.

Conforme ilustra a pirâmide, o conteúdo de energia diminui a cada nível mais elevado da cadeia alimentar. O resultado é que a quantidade de energia no topo da pirâmide está relacionada com o número de andares que a pirâmide possui. Por exemplo, se as pessoas se alimentam de gafanhotos em vez de sapos, cada pessoa poderia provavelmente comer 100 gafanhotos por dia. Os 9.000.000 gafanhotos poderiam alimentar 300 pessoas por dia, e não somente uma. Se, no lugar de gafanhotos, indivíduos se alimentassem de trigo, então 333.000 kg de trigo poderiam alimentar 666 indivíduos por um ano.

Esse argumento é frequentemente ampliado para sugerir que as pessoas deveriam novamente se tornar herbívoros (ou vegetarianos, no linguajar popular) e se alimentarem diretamente do menor nível de toda a cadeia alimentar, os autotróficos. Considere-se, entretanto, que os humanos podem se alimentar somente de partes das plantas. Os herbívoros podem se alimentar de partes que os humanos não podem comer e ainda de certas plantas que os humanos também não podem se alimentar. Quando as pessoas se alimentam desses herbívoros, a maior parte da energia armazenada nas plantas torna-se disponível para o consumo humano. O exemplo mais dramático disso é a cadeia alimentar aquática. Uma vez que as pessoas não podem digerir a maioria dos tipos de algas que são a base da maior parte da cadeia alimentar aquática, elas se alimentam de peixes que comem algas e de peixes que comem outros peixes. Assim, se as pessoas estiverem propensas a retornar inteiramente na forma de herbívoros, elas seriam excluídas de inúmeras cadeias alimentares. Além disso, existem grandes áreas na Terra onde a produção de safras danifica o solo, porém a pastagem por herbívoros não prejudica. Nesses casos, a conservação do solo e a diversidade biológica conduzem a argumentos que suportam o uso de pastagem de animais para alimentação humana. Isso determina uma questão ambiental: o quanto deve ser baixa a alimentação humana na cadeia alimentar?

Questões para Reflexão Crítica

1. Por que o conteúdo de energia diminui a cada nível mais elevado da cadeia alimentar? O que acontece com a energia perdida em cada nível?

2. O diagrama piramidal utiliza a massa como medida indireta do valor da energia para cada nível da pirâmide. Por que é apropriado utilizar a massa para representar o conteúdo de energia?

3. Utilizando a média de 21 quilojoules (kJ) de energia igual a 1 g de uma vegetação completamente seca (ver Exercício de Aplicação 9.3) e assumindo que o trigo se constitui de 80% de água, qual é o conteúdo de energia de 333.000 kg de trigo mostrado na pirâmide?

4. Faça uma lista dos argumentos ambientais a favor e contra a uma dieta eminentemente vegetariana para os humanos. Quais poderiam ser as consequências para a agricultura dos Estados Unidos se todos no país começassem a se alimentar na faixa mais baixa da cadeia alimentar?

5. Qual o nível de sua alimentação na cadeia alimentar? Você estaria disposto a se alimentar em um nível mais baixo? Explique.

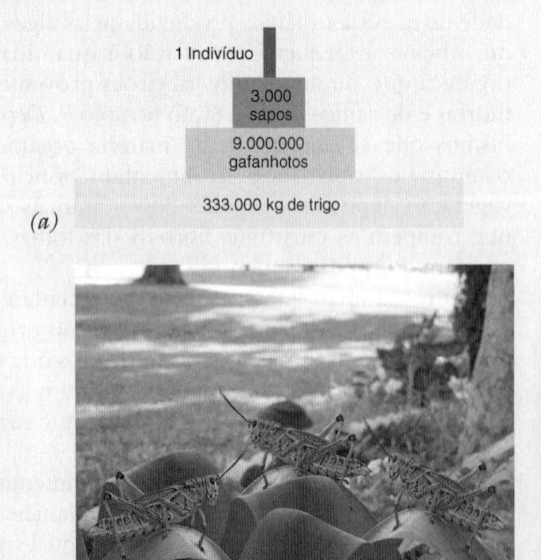

Figura 9.8 ■ (*a*) Pirâmide de energia. (*b*) Gafanhotos. (*c*) Sapos que comem gafanhotos.

Fluxo de Energia em Ecossistemas Marinhos

Inúmeras cadeias alimentares oceânicas começam com fitoplânctons que vivem perto da superfície oceânica, onde a luz solar penetra e os níveis de oxigênio são comparativamente elevados. Uma dessas cadeias de alimentação continua próxima da superfície do oceano onde uma variedade de animais se alimentam dessas algas — esses animais incluem minúsculos invertebrados flutuantes e algumas das enormes baleias da Terra, estas que varrem os plânctons enquanto nadam. Por sua vez, esses animais se alimentam de outros animais que vivem próximos à superfície ou gastam bastante de seu tempo em alto-mar.

Uma segunda e curiosa cadeia alimentar existe, principalmente, nas profundezas oceânicas. Ela começa na superfície com a produção de fitoplânctons e inclui alimentação na superfície dessas algas por pequenos animais invertebrados. Resíduos expelidos por esses animais, incluindo a matéria fecal e indivíduos mortos, afundam e descem até as profundezas oceânicas. Nesta região, animais adaptados à vida nas profundezas se alimentam dessa "chuva" de material orgânico produzido longe, muito acima de locais onde brilha a luz do Sol. É curioso e comparativamente um tipo de vida pouco conhecida, tão diferente do habitat humano, objeto de muita investigação e descoberta.

Figura 9.9 ■ Entre as criaturas mais curiosas da Terra estão os vermes gigantes que vivem nos respiradouros de fontes hidrotermais do oceano e que se alimentam de organismos quimiossintéticos.

Fluxo de Energia Quimiossintética no Oceano

Anteriormente, mencionou-se os organismos que produzem a sua própria comida pela energia de compostos de enxofre. Esse processo cria uma classe curiosa de cadeia alimentar nas profundezas oceânicas. Essa cadeia alimentar sustenta formas de vida que eram até pouco tempo desconhecidas. A base da cadeia alimentar é a *quimiossíntese*, na qual a fonte de energia não é a luz solar, porém, quentes compostos inorgânicos de enxofre emitidos das fontes hidrotermais do chão oceânico.

A água com alto teor de enxofre é expelida pelas fontes hidrotermais, de água quente, nas profundezas de 2.500 a 2.700 m, em áreas onde a lava corrente provoca a dilatação no fundo do mar. Uma rica comunidade biológica existe no e ao redor das fontes hidrotermais, incluindo grandes amêijoas brancas (moluscos pequenos formados por duas conchas) com diâmetro maior que 20 cm, mexilhões marrons e caranguejos brancos. Amêijoas e mexilhões filtram as bactérias quimioautotróficas e partículas de matéria orgânica morta existentes na água. Algumas comunidades de fontes hidrotermais contêm lapas, peixes-rosa, vermes tubulares e polvos. Entre as criaturas mais curiosas encontradas nas fontes hidrotermais estão os vermes gigantes, alguns com 3,9 m de comprimento (Figura 9.9).[12]

Grandes áreas do oceano possuem baixa produtividade; no conjunto total, entretanto, os oceanos concentram a maior parte da energia total fixada. As áreas altamente produtivas dos oceanos estão nas zonas de ressurgências, que ocorrem quando águas profundas, ricas em nutrientes provenientes da matéria orgânica morta, fluem para a superfície, permitindo crescimento abundante de algas e de bactérias que fazem fotossíntese. Herbívoros e carnívoros movimentam nutrientes orgânicos por meio da cadeia alimentar. Ainda que 1/1.000 da superfície oceânica possua zonas de ressurgências naturais, essas zonas concentram mais do que 44% dos peixes consumidos pela população humana do mundo.[13, 14]

RESUMO

- O estudo do fluxo de energia é importante na determinação dos limites do suprimento de alimentos e na produção de todos os recursos biológicos, tais como a madeira e a fibra.
- Em todo ecossistema, o fluxo de energia fornece a base de sustentação da vida e, assim, impõe um limite na abundância e na riqueza da vida. A quantidade de energia disponível para cada nível trófico na cadeia alimentar depende não somente da intensidade da fonte de energia, mas, igualmente, da eficiência com a qual a energia é transferida ao longo da cadeia alimentar.
- A energia é fixada pelos seres autotróficos — organismos que produzem o seu próprio alimento a partir da energia e de pequenos compostos inorgânicos. As energias iniciais provêm de duas fontes: da luz (principalmente, a luz solar) e de pequenos compostos de enxofre. As plantas, algas e algumas bactérias são autotróficas.

- Somente os seres autotróficos podem produzir o seu próprio alimento; todos os demais organismos são seres heterotróficos, ou seja, aqueles que necessitam de outros organismos para se alimentar.
- A produção biológica é a produção de matéria orgânica nova, que se mede como a transformação em biomassa, transformação na energia armazenada ou transformação no carbono armazenado. Outra forma de pensar a produção biológica é aquela em que considera a transformação em biomassa no decorrer do tempo.
- A produção bruta é a produção medida antes de qualquer utilização. A produção líquida é a quantidade armazenada (não utilizada) no final de um dado período de tempo. A respiração utiliza energia armazenada, de forma que a produção líquida é igual à produção bruta menos a respiração.
- As leis da termodinâmica conectam a vida com a ordem do universo. A segunda lei de termodinâmica afirma que a ordem sempre diminui quando qualquer processo concreto acontece no universo. A capacidade para a criação de ordem é a essência daquilo que se obtém a partir do alimento.
- A eficiência energética é a razão entre entradas e saídas ou a quantidade de trabalho útil obtido a partir de alguma quantidade de energia útil e disponível. A eficiência do nível trófico é a razão entre a produção de um nível trófico com a produção do próximo nível trófico inferior. Essa eficiência nunca é muito alta, frequentemente da ordem de 1%.

REVISÃO DE TEMAS E PROBLEMAS

População Humana

O limite máximo da população humana e o uso de recursos são dados pela energia disponível, ainda que muitos outros fatores possam estabelecer limites bem abaixo do máximo.

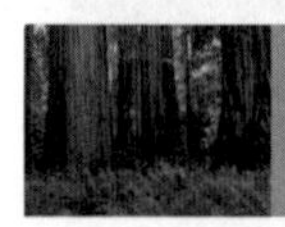

Sustentabilidade

O fluxo de energia ecológico estabelece um limite máximo à produção sustentável biológica.

Perspectiva Global

De uma perspectiva cósmica, a Terra é um planeta pequeno onde a vida consome o fluxo de energia de sentido único proveniente do Sol para criar a ordem da vida: organismos, espécies, ecossistemas e o meio ambiente de todo o planeta.

Mundo Urbano

Uma das características fundamentais da vida é que ela utiliza energia para criar ordem em uma escala local. De uma perspectiva ecológica, as cidades são um exemplo extremo desse processo.

Homem e Natureza

A eficiência do armazenamento energético é uma das primeiras preocupações práticas dos humanos em relação à vida. A abundante produção de vida é uma das qualidades que as pessoas mais apreciam na natureza.

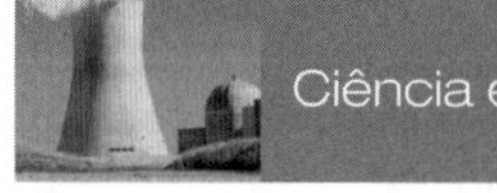

Ciência e Valores

Até que se conheçam os limites máximos da produção biológica, não se pode conhecer os limites práticos das safras e da utilização dos recursos vivos. O entendimento do fluxo de energia é fundamental para a compreensão dos limites das ações humanas e do que pode ser considerado um conjunto bom de atividades — ou seja, sustentável.

TERMOS-CHAVE

autotróficos
biomassa
eficiência do nível trófico
entropia
fluxo de energia no ecossistema
fotossíntese
heterotróficos
produção biológica
produção bruta
produção líquida
produção primária
produção secundária
quimioautotróficos
respiração
sistema termodinâmico

QUESTÕES PARA ESTUDO

1. Qual é a diferença entre produção bruta e produção líquida? E entre produção primária e secundária?
2. Qual o significado da afirmação "qualquer sistema vivo ou que contenha vida é sempre mais organizado (possui maior ordem) do que os seus ambientes não vivos"?
3. Siga a trilha do alimento que você come durante um dia e faça uma cadeia alimentar relacionando você com as fontes desses alimentos. Determine a biomassa (em gramas) e a energia (em kcal/g) que você comeu. Utilizando a média de 5 kcal/g, ou utilizando a informação contida na embalagem, ou considerando que sua produção líquida é 10% em termos de energia adquirida, quanta energia adicional deveria você armazenar ao longo do dia? Qual é o peso adquirido proveniente desse alimento ingerido?
4. Em referência à Questão 3, qual a quantidade de vegetais que você comeu durante um dia? Se vegetais são 1% eficientes na conversão da luz solar em matéria orgânica armazenada como produção líquida, quanta luz solar foi necessária para fornecer a vegetação que você absorveu ao longo do dia?

LEITURAS COMPLEMENTARES

Em relação aos inúmeros tópicos discutidos neste livro, o fluxo de energia e a produtividade têm uma longa história e as referências mais úteis e interessantes tendem a ser os clássicos publicados varias décadas atrás. Ainda que na maioria dos casos tentou-se fornecer as referências mais recentes, em relação a este tema acredita-se que algumas referências mais importantes e de fácil leitura estejam entre os primeiros trabalhos clássicos.

Blum, H. F. 1962. *Times's Arrow and Evolution.* New York: Harper & Row. Livro de fácil leitura que discute como a vida está conectada às Leis da Termodinâmica e por que isso é importante.

Gates, D. M. 1980. *Biophysical Ecology.* New York: Springer-Verlag. Uma discussão de como a energia existente no meio ambiente afeta a vida.

Morowitz, H. J. 1979. *Energy Flow in Biology.* Woodbridge, Conn.: Oxbow. A mais completa e organizada discussão disponível sobre a conexão entre energia e vida, em todos os níveis, desde as células aos ecossistemas e à biosfera.

Morowitz, H. J. 1981. "The Six Million Dollar Man." In *The Wine of Life and Other Essays on Societies, Energy, and Living Things.* New York: Bantam. Um ensaio divertido sobre a segunda lei da termodinâmica e sobre a vida.

Peterson, R. O. 1995. *The Wolves of Isle Royale: A Broken Balance.* Minocqua, Wis.: Willow Creek Press. Um relato em primeira mão da associação, de 25 anos, de Rolf Peterson, com um estudo de longa duração dos lobos selvagens do Parque Nacional de Isle Royale e sua presa principal, o alce.

Schrödinger, E. (ed. Roger Penrose). 1992. *What Is Life?: With Mind and Matter and Autobiographical Sketches (Canto).* Cambridge: Cambridge University Press. A afirmação original de como o uso de energia diferencia a vida de outros fenômenos no universo. Clássico de fácil leitura.

Sherman, K. 1990. *Large Marine Ecosystems: Patterns, Processes, and Yelds.* Portland, Ore.: Book News. Um livro baseado no Simpósio da AAAS (*American Association for the Advancement of Science*) que trata dos possíveis impactos das transformações globais da produtividade dos oceanos. Discute-se a gestão de amplos ecossistemas marinhos como unidades multinacionais, visando à sustentabilidade de obtenção da biomassa nas principais regiões costeiras.

Capítulo 10

Ecologia de Restauração

Pôr do Sol em Yosemite, Califórnia, EUA, um quadro do século XIX, pintado por Albert Bierstadt, ilustra a ideia do equilíbrio da natureza. A natureza é retratada como algo imutável (em um estado natural), de uma beleza admirável e sem a presença humana.

OBJETIVOS DE APRENDIZADO

A ecologia de restauração é um novo campo do conhecimento. Neste capítulo, são explorados os conceitos de restauração ecológica, com ênfase especial em como os ecossistemas se autorrecuperam por meio do processo de sucessão ecológica. Após a leitura deste capítulo deve-se saber:

- O que significa a restauração ecológica.
- Quais são os tipos de metas possíveis para a restauração ecológica.
- Quais as abordagens básicas, métodos e limites se aplicam à restauração.
- Como um ecossistema se restaura sozinho por meio da sucessão ecológica após uma perturbação.
- Qual o papel que as perturbações desempenham na sobrevivência dos ecossistemas.
- Como as forças físicas e os processos biológicos afetam o solo.
- Por que os ecossistemas não permanecem em um estado estável.

ESTUDO DE CASO

As Mãos que Esculpiram o Berço da Civilização: A Destruição e a Possível Restauração do Pantanal Tigre-Eufrates

O famoso berço da civilização, as terras entre os rios Tigre e Eufrates, é assim denominado devido à água dos rios e às áreas alagadas que, em conjunto, tornaram possível um dos primeiros locais apropriados à agricultura e, a partir disso, o início da civilização ocidental. Essa terra bem irrigada no meio de um grande deserto foi também uma das áreas biologicamente mais produtivas do mundo, utilizada por muitas espécies de animais selvagens, incluindo milhões de pássaros migratórios. Ironicamente, a enorme e famosa zona úmida entre esses dois rios, onde hoje é o Iraque, foi fortemente reduzida pela própria civilização que ajudou a estabelecer. "Pode-se verificar por meio das imagens de satélites que, por volta do ano 2000, todas as marismas foram excessivamente drenadas, exceto os 7% na fronteira do Iraque", afirma o Dr. Curtis Richardson, diretor do Centro de Zonas Úmidas da Universidade de Duke.[1] Vários eventos durante a Idade Moderna levaram à destruição de regiões pantanosas. Com início nos anos 1960, a Turquia e a Síria iniciaram a construção de represas a montante dos rios Tigre e Eufrates para prover irrigação e eletricidade. Atualmente, a quantidade supera 30 represas. Então, nos anos 1980, Saddam Hussein construiu diques e barragens para desviar a água das marismas a fim de extrair o petróleo sob essas áreas. Por pelo menos 5000 anos, o povo Ma'adan — os Árabes do Pântano — viveu nessas áreas alagadas. Porém, a Guerra Irã-Iraque (1980-1988) matou muitos deles e também aumentou a destruição das áreas palustres (Figuras 10.1*a* e *b*).

Recentemente, um novo campo do conhecimento científico, denominado **ecologia de restauração**, foi desenvolvido no âmbito da ecologia. O seu objetivo é restabelecer os ecossistemas danificados a alguns conjuntos de condições consideradas funcionais, sustentáveis e "naturais". Se as restaurações podem ser sempre exitosas é ainda uma questão aberta. Para alguns ecossistemas e espécies, o êxito se mostra atingível, porém, frequentemente, o sucesso tem exigido um grande esforço.

(*a*)

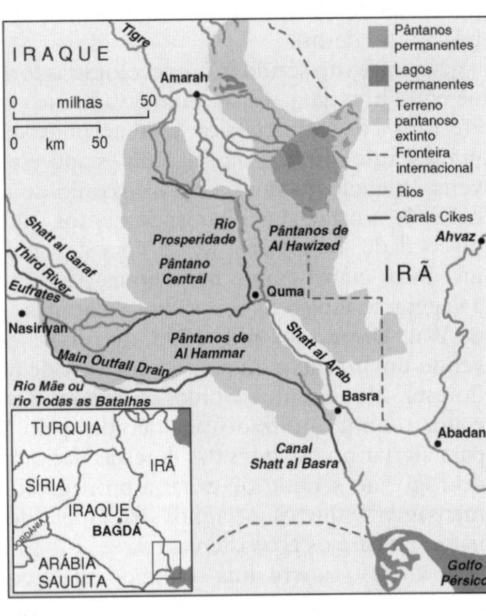

(*b*)

Figura 10.1 ■ (*a*) Um vilarejo de Árabes do Pântano, na famosa região pantaneira do Iraque, considerado um dos locais de origem da civilização ocidental. As pessoas nessa fotografia estão entre os 100.000 Ma'adans, aproximadamente, que hoje vivem em seus tradicionais vilarejos palustres, recém-retornados. Essas marismas estão entre as áreas biologicamente mais produtivas da Terra. (*b*) Mapa do Crescente Fértil, onde vivem os Árabes do Pântano, chamado de berço da civilização. É a região situada entre os rios Tigre (a leste) e o Eufrates (a oeste), onde hoje é o Iraque. Cidades históricas famosas, como Nínive, construídas nessa região se tornaram possíveis devido à existência de água e de solos férteis. A área cinza mostra a extensão original conhecida das marismas e o verde-brilhante a sua área atual. Hoje em dia, esforços vêm sendo mobilizados para essas terras úmidas férteis. De acordo com o Programa Ambiental das Nações Unidas, desde o início dos anos 1970, a área de terras úmidas aumentou 58%.[2] No entanto, alguns pesquisadores acreditam que tenha havido apenas pequena melhoria e que a questão permanece, assim como em inúmeros locais ao redor do mundo: é possível a restauração de ecossistemas pelas próprias pessoas que os modificaram vigorosamente? O propósito deste capítulo é fornecer um entendimento sobre o que é possível e o que pode ser feito para restaurar ecossistemas impactados.

10.1 Recuperar para o quê?

A ideia de restauração* ecológica levanta uma questão curiosa: recuperar para o quê?

O Equilíbrio da Natureza

Até a segunda metade do século XX, a ideia predominante da civilização ocidental era que cada área natural — uma floresta, uma pradaria, uma região entremarés — deixada sem perturbações humanas atingiria uma condição única de sobrevivência que persistiria indefinidamente. Essa condição, conforme mencionada no Capítulo 3, é conhecida como **equilíbrio da natureza**. Os princípios mais importantes da ideia de equilíbrio da natureza são os seguintes:

1. A natureza preservada, sem perturbações, atinge uma permanência de forma e de estrutura que perdura indefinidamente.
2. Se a natureza é perturbada e a força indutora de perturbação é removida, a natureza retorna ao mesmo estado de permanência inicial.
3. Nesse estado de permanência da natureza, existe uma "grande corrente de vida" com um local para cada criatura (um habitat e um nicho) e cada criatura em seu local apropriado.

Conforme discutido no Capítulo 3, essa é uma descrição de um sistema estável em estado permanente. Essas ideias têm suas raízes na filosofia grega e romana sobre a natureza, porém ainda desempenham um papel importante no ambientalismo moderno.

No início do século XX, os ecologistas formalizaram a ideia de equilíbrio da natureza. Afirmavam que a sucessão avançou até uma condição clássica, predeterminada, que denominaram **estágio clímax**, ou seja, um estado estável que sobreviveria indefinidamente e com o máximo de matéria orgânica, máximo armazenamento de elementos químicos e máxima diversidade biológica. Nessa época, acreditava-se que os incêndios eram sempre prejudiciais para a vida natural, para a vegetação e para os ecossistemas naturais. *Bambi*, um filme de Walt Disney dos anos 1930, expressava essa ideia, descrevendo um incêndio que causou a morte de muitos animais da floresta. Nos Estados Unidos, o *Smokey Bear* (Urso *Smokey*) é um símbolo utilizado por décadas pelo Serviço Florestal para alertar os visitantes das florestas nacionais quanto ao uso do fogo, no sentido de evitar a propagação de incêndios. A mensagem é que os incêndios são sempre nocivos para a vida natural e para os ecossistemas.

Tudo isso sugere uma crença de que o equilíbrio da natureza de fato existe. Porém, se isso fosse verdade, a resposta para a pergunta "Recuperar para o quê?" seria simples: recuperar para a condição permanente original, natural e estável. O método de restauração seria igualmente simples: saia do caminho e deixe que a natureza retome o seu curso. Desde a segunda metade do século XX, todavia, os ecologistas aprenderam que a natureza não é constante e que as florestas, pradarias — todos os ecossistemas — sofrem transformações. Além do mais, desde que as transformações são parte dos sistemas ecológicos naturais por milhões de anos, inúmeras espécies tem-se adaptado às transformações. De fato, muitas precisam de tipos específicos de transformações para poder sobreviverem.

O trato com as transformações — naturais ou induzidas por ações antrópicas — coloca questões sobre valores humanos, tanto quanto sobre ciência. Isso é ilustrado por incêndios em florestas, pradarias e chaparrais, que podem ser extremamente destrutivos para a vida humana e para propriedades. A compreensão científica nos diz que os incêndios são naturais e que algumas espécies necessitam deles. Porém, escolher em permitir que os incêndios ocorram ou mesmo colocar fogo é uma questão de valores. Em 1991 um incêndio iniciado em um chaparral, em Santa Bárbara, Califórnia, ficou queimando por somente 83 minutos, porém causou um prejuízo equivalente a US$500 milhões. Poucos anos mais tarde, um incêndio em Oakland, Califórnia, igualmente causou um prejuízo equivalente a US$1 bilhão. A restauração ecológica depende da ciência para descobrir quais as condições habituais naturais, o que é possível, e como objetivos distintos podem ser atingidos. A seleção de objetivos para a restauração é uma questão de valores humanos.

Selvas na *Boundary Waters Canoe Area*: Um Exemplo de Naturalidade da Transformação

Um dos melhores exemplos documentados de perturbações naturais é o papel dos incêndios na região norte dos Estados Unidos. A *Boundary Waters Canoe Area* — uma região com mais de 400.000 hectares (um milhão de acres) ao norte de Minnesota, designada como área de preservação pelo Ato de Preservação da Natureza dos Estados Unidos — exemplifica a natureza relativamente sem impactos de origem antrópica. A área não está mais aberta à exploração madeireira ou outras atividades que causem perturbações. Nos primórdios da exploração e colonização europeia da América do Norte, visitantes franceses viajaram por essa região caçando e comercializando peles de animais. Em alguns lugares, a exploração madeireira e a agricultura eram comuns no século XIX e no começo do século XX, porém, a maior parte da região encontrava-se relativamente intocada. Apesar da falta de intervenção humana, as florestas evidenciam um persistente histórico de incêndios. Os incêndios ocorrem em algum local das florestas quase anualmente e, em média, incendeiam-se totalmente uma vez a cada século. Os incêndios se espalham por amplas áreas, o suficiente para serem visíveis pelos satélites de sensoriamento remoto (Figura 10.2).

Quando incêndios ocorrem nas florestas da *Boundary Waters Canoe Area*, em ritmo e intensidades naturais, eles produzem alguns efeitos benéficos. Por exemplo, as árvores de florestas não incendiadas mostram-se mais suscetíveis aos ataques de insetos e as pragas. Por isso, pesquisas de caráter ecológico recentes indicam que a preservação da natureza depende das transformações e que as sucessões e as perturbações são processos contínuos. A paisagem é dinâmica.[3]

Objetivos da Restauração: O que É "Natural"?

Com o exemplo das terras úmidas e férteis do Iraque e das florestas da região de *Boundary Waters Canoe Area*, pode-se

*Neste capítulo os termos "restauração" e "recuperação" são utilizados indistintamente, porém, cabe ressaltar que são vocábulos que possuem sentidos diferentes. **Recuperação** é a restituição de um ecossistema ou de uma população silvestre degradada a uma condição não degradada, que pode ser diferente de sua condição original; e **Restauração** é restituição de um ecossistema ou de uma população silvestre degradada o mais próximo possível da sua condição original. (N.T.)

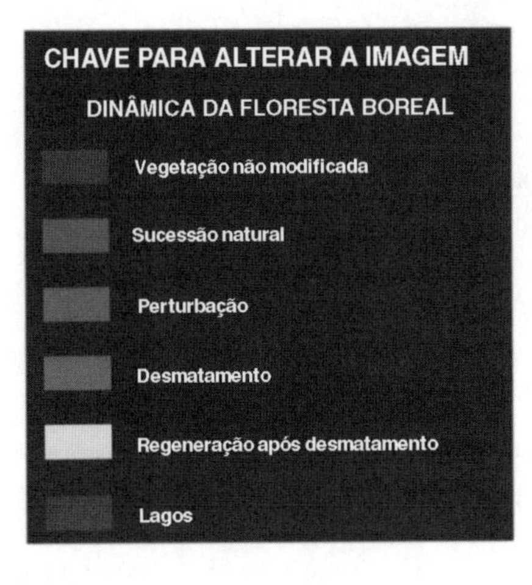

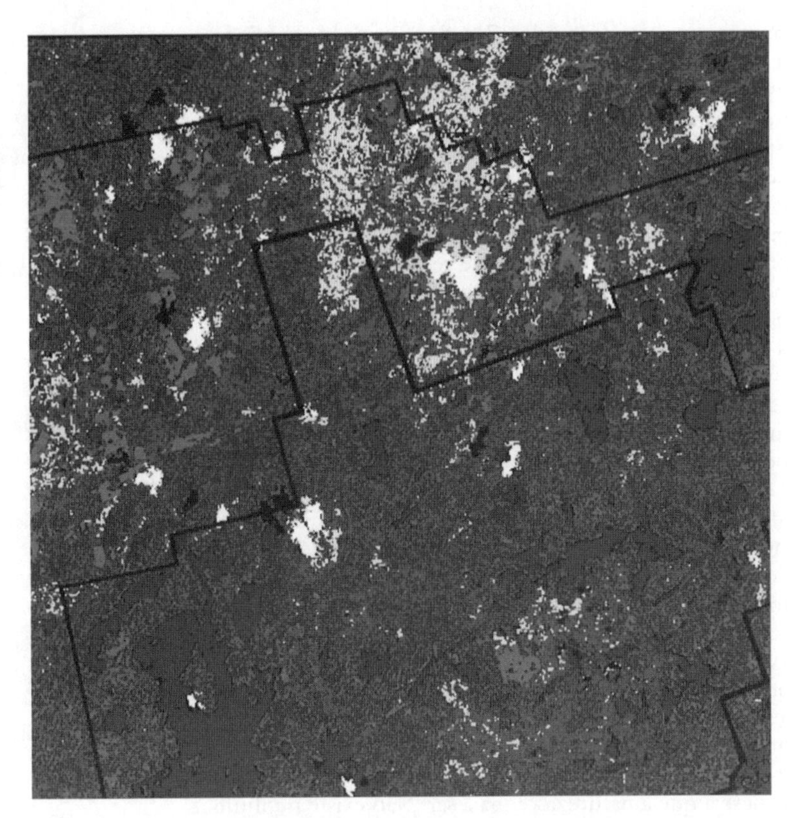

Figura 10.2 ■ Os incêndios florestais podem ser naturais ou provocados pelas pessoas. Esta figura mostra a transformação em uma ampla área da Floresta Nacional Superior em Minnesota, entre 1973 e 1983, conforme registrado pelo satélite Landsat. As linhas limítrofes na cor preta mostram um corredor onde a derrubada de árvores é permitida, cercado pela *Boundary Water Canoe Area* acima e abaixo. Essa é uma área protegida, de acesso apenas permitido para determinados tipos de atividades de lazer. O amarelo-brilhante mostra as áreas onde, em 1973, não havia árvores e que se recuperaram na condição de florestas jovens por volta de 1983. A maior parte dessa transformação ocorreu devido ao crescimento que se seguiu a um grande incêndio dentro e fora dessa reserva natural. As áreas vermelhas possuíam árvores em 1973, porém foram desmatadas em 1983. A maioria delas está fora da reserva natural e muitas desapareceram devido à extração de madeira (vermelho) e a alguns incêndios ou vendavais. As áreas verdes mostram as regiões com a presença de árvores em ambos os anos.[3]

agora retomar a questão: "Recuperar para o quê?" Se um ecossistema passa naturalmente por inúmeros estados diferentes e todos eles são "naturais", e também é natural a automodificação do ecossistema, incluindo alguns tipos de incêndios, então o que pode significar a "restauração" da natureza? E como pode a restauração, que envolve processos como os incêndios, ocorrer sem prejuízos demasiados para a vida humana e para as propriedades? É possível restaurar um sistema ecológico para qualquer uma de suas situações passadas e afirmar que isso é restauração natural e exitosa? Uma resposta frequentemente aceita é que a restauração significa restaurar um ecossistema para uma situação dentro do intervalo de variação histórica, com a capacidade de manutenção própria e de suas funções vitais, o que inclui a ciclagem de elementos químicos (ver Capítulo 5), o fluxo de energia (Capítulo 9) e a manutenção da diversidade biológica que

Tabela 10.1 Alguns Tipos de Restauração Possíveis

Objetivo	*Abordagem*
1. Pré-industrial	Manutenção dos ecossistemas como estavam em 1500 d.C.
2. Antes da colonização (p. ex., da América do Norte)	Manutenção dos ecossistemas como estavam em 1492 d.C.
3. Pré-agricultura	Manutenção dos ecossistemas como estavam em 5000 a.C.
4. Antes de qualquer impacto significativo provocado por seres humanos	Manutenção dos ecossistemas como estavam em 10.000 a.C.
5. Produção máxima	Independente de uma época específica
6. Diversidade máxima	Independente de uma época específica
7. Biomassa máxima	Independente de crescimento anterior
8. Preservação de uma espécie ameaçada específica	Qualquer estágio a que ela está adaptada
9. Intervalo de variação histórica	Criação do futuro de acordo com o conhecimento do passado

previamente existia (Capítulos 7 e 8). Segundo essa interpretação, a restauração ecológica significa a restauração de processos e de um conjunto de condições conhecidas que existiram para um dado ecossistema. A partir desse ponto de vista, podem ser examinadas as populações que sofreram reduções e ecossistemas que foram prejudicados, e, assim, tentar aprender o que está faltando. Portanto, agora busca-se recuperar o que está faltando.

Porém, uma grande variedade de respostas tem sido sugerida na tentativa de responder à questão. O que é restauração? Sob uma ótica mais extremista alguns argumentam que todos os impactos humanos na natureza são "não naturais" e, portanto, indesejáveis e que o único objetivo da restauração é devolver à natureza uma condição que existia previamente à influência humana. O antropólogo Paul S. Martin assume essa posição. Ele propõe que a única época "natural" verdadeira é aquela anterior à ocorrência de qualquer influência humana. Especificamente, ele sugere que a restauração para as condições de 10.000 a.C. — antes da agricultura — deveria ser o objetivo. Ele também sugere a introdução de elefantes africanos na América do Norte para substituir os mastodontes que foram extintos, argumenta ele, pela caça dos indígenas nativos.[4]

Porém, em geral, novas formas de pensamento sobre a restauração deixam em aberto a escolha, que é tema da ciência e valores. A ciência orienta sobre o que tem sido a natureza e o que ela pode se tornar; os valores humanos determinam o que se deseja que a natureza venha a ser. Não existe nenhuma condição única perfeita. No entanto, para alguns dos objetivos da Tabela 10.1, condições específicas são particularmente desejáveis. É possível recuperar um ecossistema de forma que na maioria do tempo possa suportar as condições que as pessoas desejam, por uma ou outra razão.

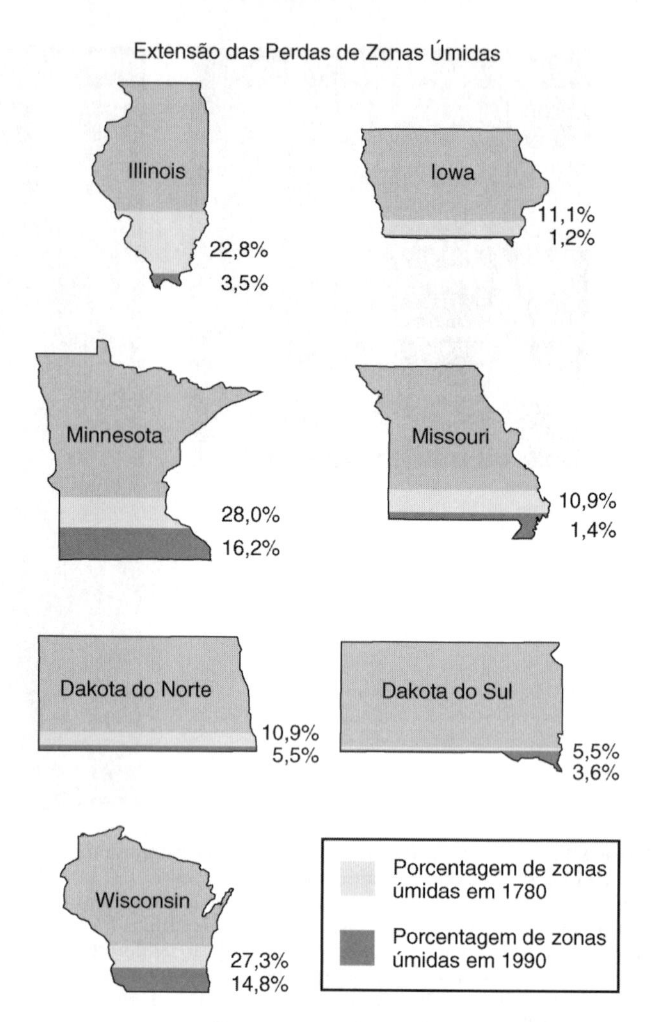

Figura 10.3 ■ A perda de zonas úmidas no centro-oeste dos Estados Unidos. Esses mapas ilustram a extensão das perdas, evidenciando que, em alguns estados, as perdas são ainda maiores. Por exemplo, estima-se que cerca de 90% das zonas úmidas na Califórnia foram perdidas. (*Fonte*: baseado em Scientific Assessment and Strategy Team, *Science for Floodplain Management into the 21st Century* [Faber, 1996], p. 84.)

10.2 O que É Necessário Recuperar?

Os ecossistemas de todos os tipos têm sofrido degradação e necessitam de restauração. Entretanto, certos tipos de ecossistemas têm sofrido especificamente ampla perda e degradação e são, por isso, focos de preocupação atual. Além das florestas e de zonas úmidas, atenção tem sido dada às pradarias, especialmente na América do Norte; ribeirões e rios, além das matas ciliares ao longo deles; lagos; e habitats de espécies ameaçadas e em extinção. Incluem-se também as áreas que se deseja recuperar por razões estéticas ou morais, o que demonstra uma vez mais que a restauração envolve a questão dos valores. Nesta seção, é brevemente discutida a restauração de zonas úmidas, rios, ribeirões e pradarias.

Zonas Úmidas, Rios e Córregos

Na América do Norte, grandes áreas de zonas úmidas, tanto de água doce quanto litorâneas, foram fortemente modificadas ao longo dos últimos 200 anos (Figura 10.3). Estima-se que a Califórnia, por exemplo, perdeu mais de 90% de suas zonas úmidas, tanto no interior como na região costeira, e a perda total dessas zonas nos Estados Unidos foi cerca de 50% (ver Capítulo 21). Não é somente nos Estados Unidos que estas áreas estão sendo degradadas; zonas úmidas são afetadas em todo o mundo.

Um dos maiores e mais caros projetos de restauração nos Estados Unidos é o da restauração do rio Kissimmee, na Flórida. Esse rio foi canalizado, ou retificado, pelo Corpo de Engenheiros do Exército dos Estados Unidos para permitir a passagem de navios pela Flórida. Entretanto, embora o rio e os seus ecossistemas adjacentes tenham sido fortemente modificados, a navegação nunca se desenvolveu e vários milhões de dólares deverão ser despendidos para recolocar o rio na forma original. A tarefa incluirá a restauração do fluxo sinuoso do canal do rio e a recolocação das camadas de solo na disposição anterior à canalização do rio (ver Capítulo 21).

O Parque Nacional de Everglades também é foco de vários esforços de restauração, e um grande empenho está em curso para restaurar as árvores dos pântanos do vale do Mississippi (ver discussão no Capítulo 14).

Recuperação de Pradarias

Conforme apontado no Capítulo 8, as pradarias já ocuparam mais regiões dos Estados Unidos do que qualquer outro tipo de ecossistema. Atualmente, somente uns poucos remanescentes de pradarias ainda existem.

A restauração de pradarias ocorre de duas maneiras. Em poucos lugares, existem pradarias originais que nunca foram aradas. Nesses casos, a estrutura do solo está intacta e a restauração é a mais simples. Uma das mais conhecidas dessas áreas é a pradaria Kanza, próxima a Manhattan, Kansas. Em outros lugares, onde a terra já foi arada, a restauração é mais complicada. No entanto, a restauração de pradarias recebeu atenção considerável nas últimas décadas e, com isso, a restauração em terras previamente aradas e utilizadas para agricultura está acontecendo nos estados do centro-oeste. A pradaria Allwine, que está dentro dos limites da cidade de Omaha, no Nebraska, vem sendo submetida à restauração de fazendas para pradarias por vários anos. A restauração de pradarias está igualmente ocorrendo em Chicago.

Uma peculiaridade sobre a história das pradarias é que, embora a maior parte das pradarias tenha sido transformada em solo agriculturável, isso não ocorreu ao longo das estradas de rodagem e ferrovias, de modo que estreitas faixas de pradaria nativa não explorada ainda remanescem nestas vias de transporte. Em Iowa, por exemplo, as pradarias já cobriram mais de 80% desse estado — 11 milhões de hectares (28 milhões de acres). Mais de 99,9% das regiões de pradaria foram transformadas em outros usos, principalmente a agricultura, porém ao longo das laterais das estradas existem 242.000 hectares (600.000 acres) de pradarias — mais do que em todo município, estado e parques nacionais de Iowa. Esses trechos remanescentes ao longo das rodovias e ferrovias fornecem alguns dos últimos habitats para plantas nativas, cujas sementes estão sendo utilizadas na restauração de pradarias em qualquer lugar de Iowa.[5]

10.3 Quando a Natureza se Autorrestaura: o Processo de Sucessão Ecológica

Discutiu-se a ação antrópica na restauração de ecossistemas danificados. Muitas vezes, o prejuízo foi causado pelo homem, porém, áreas naturais estão sujeitas a perturbações naturais. Temporais e incêndios, por exemplo, sempre fizeram parte do meio ambiente.[4] Se o dano não for tão significativo, a restauração de ecossistemas danificados pode também ocorrer naturalmente, por meio de um processo denominado **sucessão ecológica**. Algumas vezes, porém, a restauração leva mais tempo do que se desejaria.

Pode-se classificar a sucessão ecológica como primária ou secundária. A **sucessão primária** refere-se à criação inicial e ao desenvolvimento de um ecossistema onde jamais havia existido. A **sucessão secundária** refere-se à recriação de um ecossistema que se segue após perturbações. Na sucessão secundária, existem remanescentes de uma comunidade biológica preexistente, incluindo-se, entre outros, matéria orgânica e sementes. As florestas que se desenvolvem em regiões de escoamentos de lava resfriada (Figura 10.4*a*) e nas bordas no recuo de geleiras (Figura 10.4*b*) são exemplos de sucessão primária. As florestas que se desenvolvem em pastos abandonados ou na sequência de furacões, inundações ou incêndios são exemplos de sucessão secundária (ver Detalhamento 10.1).

A sucessão é um dos mais importantes processos ecológicos e os padrões de sucessão possuem inúmeras implicações de gestão. Podem-se ver exemplos de sucessão em todos os lugares. Quando um terreno é abandonado em uma cidade, o mato começa a crescer. Após alguns anos, arbustos e árvores podem ser encontrados; a sucessão secundária está acontecendo. Tanto o agricultor removendo ervas daninhas de sua cultura quanto o proprietário de uma casa removendo o mato do seu jardim estão lutando contra o processo natural de sucessão secundária.

Padrões de Sucessão

A sucessão ocorre na maioria dos ecossistemas e, quando isso acontece, segue determinados padrões gerais. Considera-se agora a sucessão em três casos clássicos envolvendo vegetações: (1) nas dunas de areia, de ambiente seco, ao longo das margens dos Grandes Lagos na América do Norte, (2) em um brejo na região norte e (3) em um campo de fazenda abandonada.

(*a*)

(*b*)

Figura 10.4 ■ Sucessão primária. (*a*) Florestas se desenvolvendo em escoamentos de lava resfriada no Havaí e (*b*) nas bordas no recuo de geleiras.

DETALHAMENTO **10.1**

Um Exemplo de Sucessão Secundária Florestal

Dentro de poucos anos após um campo ser abandonado, sementes de inúmeras espécies germinam, algumas de ervas daninhas de vida curta e algumas de árvores (Figura 10.5*a*). Após alguns anos, determinadas espécies, geralmente referidas como com espécies pioneiras, se estabelecem. Na região montanhosa de Lineham, Alberta, Canadá, o cedro vermelho é esse tipo de espécie pioneira (Figura 10.5*b*). Na Nova Inglaterra, o pinheiro branco, a cerejeira e o vidoeiro amarelo e branco são particularmente abundantes. Essas árvores crescem rapidamente sob a luz solar e conseguem distribuir amplamente as suas sementes. Por exemplo, as sementes do cedro vermelho são o alimento de pássaros que as distribuem; vidoeiros possuem sementes muito leves que são largamente espalhadas pelo vento. Após várias décadas, florestas de espécies pioneiras estão bem estabelecidas, formando uma densa cobertura de árvores (Figura 10.5*c*).

Uma vez formada a floresta inicial, outras espécies começam a crescer e se tornam importantes. Espécies dominantes típicas no nordeste dos Estados Unidos são o bordo e a faia. Essas árvores de sucessão posterior são de lento crescimento quando comparadas com as que já existiam na floresta, porém possuem outras características que as tornam bem adaptadas para os estágios posteriores da sucessão. Essas espécies são os que os silvicultores chamam de tolerantes à sombra: elas crescem relativamente bem na sombra profunda das florestas em processo de desenvolvimento.

Após três ou quatro décadas, a maioria das espécies de crescimento rápido atingiu a maturidade, deu frutos e morreu. Uma vez que não podem crescer nas sombras de uma floresta que se restabeleceu, elas não se recuperam. Por exemplo, depois de quatro ou cinco décadas uma floresta da Nova Inglaterra é uma rica mistura de vidoeiros, bordos, faias, entre outras espécies. As árvores variam em tamanho, porém aquelas que agora predominam são geralmente maiores do que as que predominavam em estágios anteriores. Depois de dois ou três séculos, uma floresta desse tipo será predominantemente composta por espécies tolerantes à sombra.

(*a*)

(*b*)

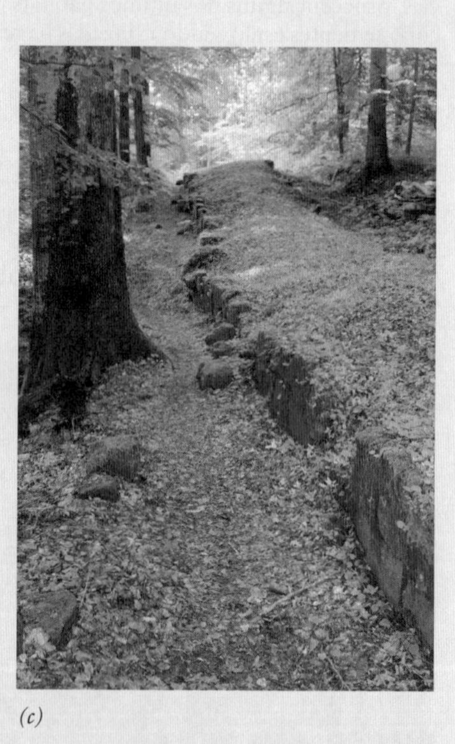

(*c*)

Figura 10.5 ■ Uma série de fotografias da sucessão em um pasto abandonado em Lineham: (*a*) um campo no segundo ano; (*b*) árvores novas de cedro vermelho, arbustos e outras plantas alguns anos depois de abandonado o campo; (*c*) floresta madura ao longo do muro de pedras de uma fazenda.

Sucessão nas Dunas

As dunas de areia estão continuamente em formação ao longo das margens arenosas e então são rompidas e destruídas por tempestades. Em Indiana, nas margens do lago Michigan, assim que uma duna é formada, gramíneas típicas aparecem. Esse capim tem adaptação especial às dunas instáveis. Bem sob a superfície, ele prolifera brotos com pontas afiadas (que machuca quando se pisa em um deles). As dunas com capim formam rapidamente uma rede complexa de brotos subterrâneos, entrelaçados quase como um tapete grosseiramente feito. Acima do solo, os talos realizam a fotossíntese e a gramínea cresce. Uma vez estabelecido o capim de dunas, os seus

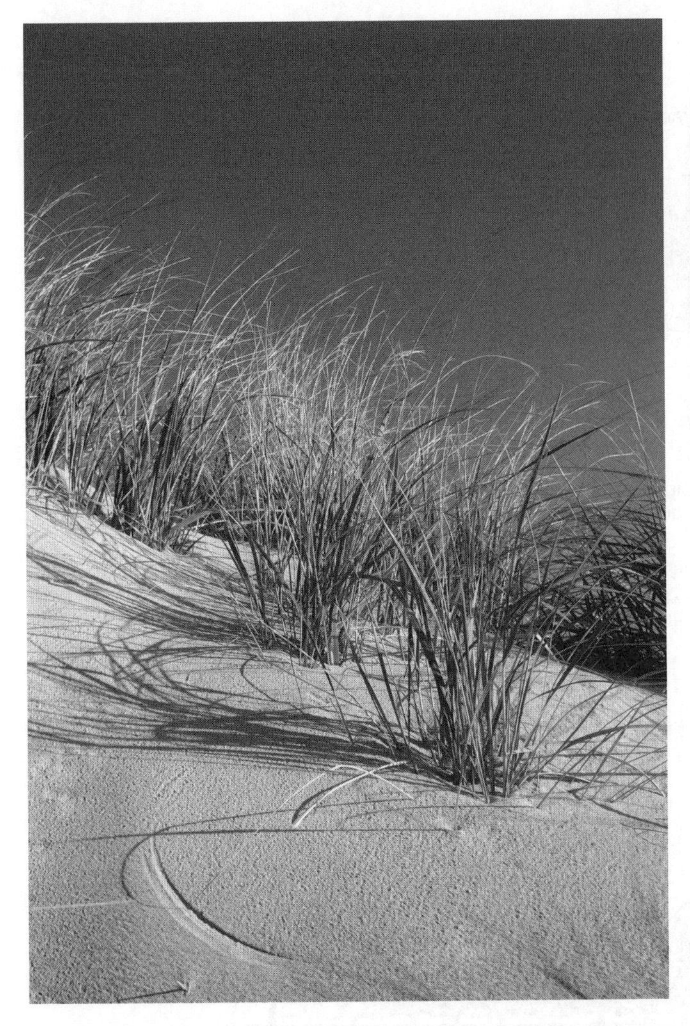

Figura 10.6 ■ Sucessão nas dunas das margens do lago Michigan. Brotos de capim de dunas aparecem espalhados na encosta, emergindo a partir de brotos subterrâneos.

Figura 10.7 ■ Brejo de Livingston, um brejo famoso na parte nordeste da península meridional de Michigan, EUA.

brotos estabilizam a areia e as sementes de outras plantas têm melhor oportunidade de germinar. As sementes germinam e crescem, iniciando o desenvolvimento de uma comunidade ecológica com muitas espécies. As plantas nesse estágio inicial tendem a ser pequenas, crescem bem sob a luz solar e resistem à severidade do meio ambiente — temperaturas elevadas no verão, temperaturas baixas durante o inverno e tempestades intensas.

Vagarosamente, as plantas maiores, tais como o cedro vermelho do leste e o pinheiro branco do leste, estão aptas a crescer nas dunas. Eventualmente, uma floresta se desenvolve, o que pode incluir espécies tais como faia e bordo. Tal tipo de floresta pode sobreviver por muitos anos, no entanto, em algumas vezes, uma tempestade severa pode desfazer até mesmo as dunas fortemente vegetadas e o processo começa novamente (Figura 10.6).

Sucessão no Brejo

Um brejo é um corpo d'água aberto com entradas superficiais — normalmente pequeno ribeirões — mas sem saídas ou exutórios superficiais. Como resultado, as águas de um brejo são calmas, fluindo vagarosamente. Muitos brejos que hoje existem originaram-se na forma de lagos que preencheram regiões com depressões, que, por sua vez, foram criados por geleiras durante a Era Glacial do Pleistoceno. A sucessão em um brejo no nordeste dos Estados Unidos, como o brejo em Michigan (Figura 10.7), inicia-se quando a ciperácea (erva gramínea) expele raízes flutuantes (Figuras 10.8*a*,*b*). Essas raízes formam uma complexa rede emaranhada, similar à formada pelas raízes das gramíneas de dunas. Os caules das ciperáceas crescem nas raízes e produzem fotossíntese. O vento sopra partículas sobre os tapetes flutuantes de vegetação, e desta maneira, um tipo de solo se desenvolve. Sementes de outras plantas terrestres se depositam neste manto e não afundam na água. Elas podem germinar. Os tapetes flutuantes se tornam mais espessos e todos os arbustos e árvores adaptados ao ambiente úmido crescem. Ao norte dos Estados Unidos, isso inclui espécies da família das amoras.

O brejo também é preenchido a partir do fundo, conforme os fluxos d'água carregam partículas finas e minúsculas de argila para o seu interior (Figura 10.8*b*, *c*). Em uma etapa final, o manto flutuante e os sedimentos do fundo se encontram, formando uma superfície sólida. Porém, antes disso, um brejo instável e movediço acontece. Pode-se caminhar nesse brejo ainda não consolidado; e se pular para cima e para baixo, todas as plantas ao redor irão sacudir e balançar. A camada de vegetação realmente flutua. Eventualmente, na medida em que o brejo é preenchido por cima e por baixo, árvores que podem suportar condições mais úmidas — como o cedro do nordeste, píceas e abetos — crescem. O brejo, inicialmente com água, se torna uma floresta de zona úmida.

Sucessão de Campo Abandonado

No nordeste dos Estados Unidos, uma grande porção de terra foi limpa e ocupada por fazendas nos séculos XVIII e XIX. Atualmente, a maior parte dessa terra foi abandonada pelos fazendeiros e permitiu o reflorestamento (ver Figura 10.5). As primeiras plantas que renasceram nas fazendas abandonadas foram pequenas plantas adaptadas às condições altamente severas e variadas de um campo limpo — uma ampla variação das temperaturas e da precipitação. Na medida em que as plantas se tornaram estabelecidas, outras plantas maiores se fixaram. Eventualmente, grandes árvores crescem, tais como bordo, faia, vidoeiro e pinheiro branco, formando uma floresta densa.

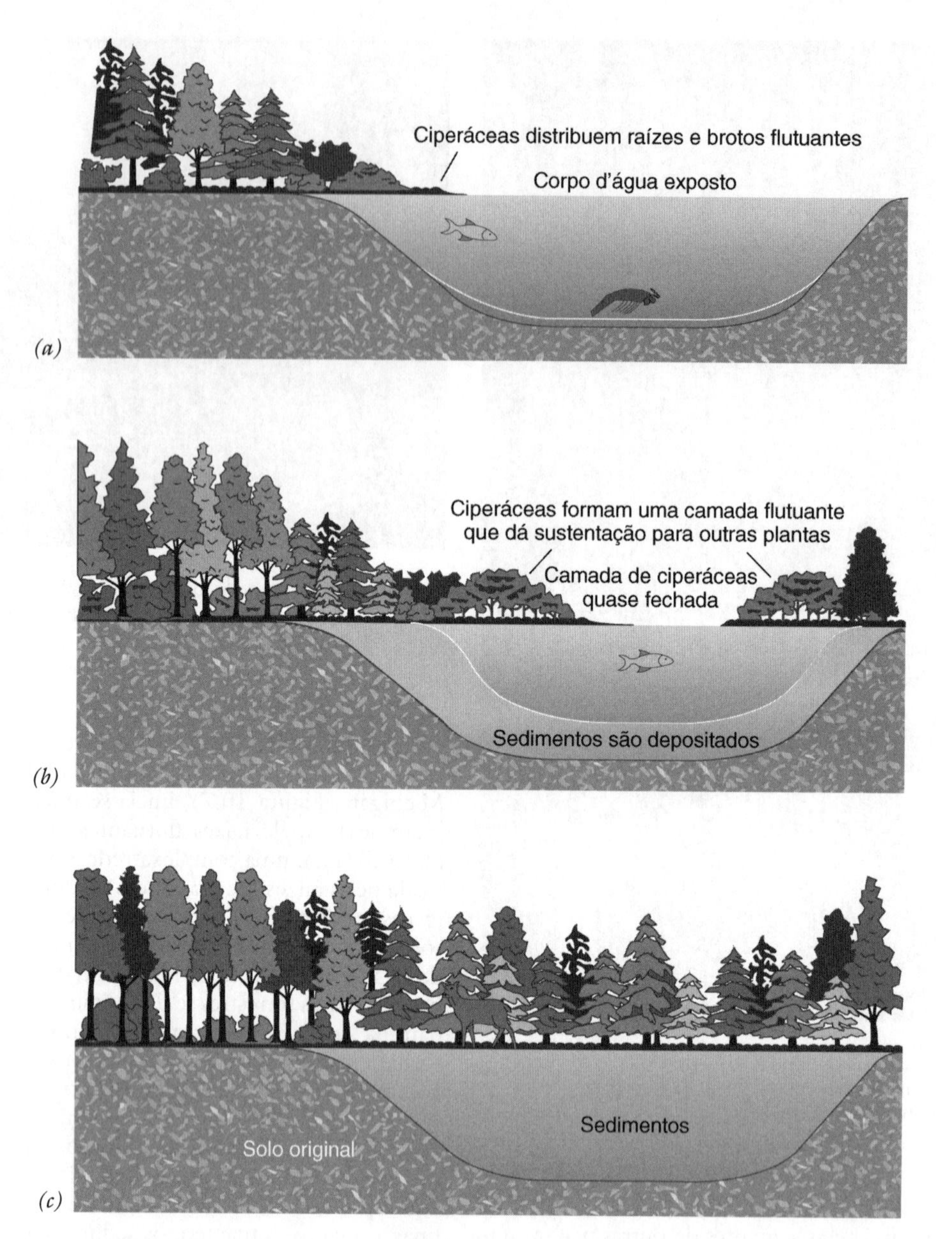

Figura 10.8 ■ Diagrama de sucessão em um brejo. (*a*) O corpo d'água exposto é transformado, por meio da (*b*) formação de uma camada flutuante de ciperáceas e pela deposição de sedimentos, em uma (*c*) floresta de zona úmida.

Sucessão, em Suma

Revisando esses três exemplos de sucessão ecológica envolvendo vegetações, pode-se perceber elementos comuns entre eles, mesmo quando os ambientes são diferentes. Os elementos comuns da sucessão em tais casos incluem o seguinte:

1. Um tipo inicial de vegetação especialmente adaptado às condições instáveis. Essas plantas são tipicamente pequenas em sua estatura, com adaptações que auxiliam na estabilização do meio ambiente físico.
2. Um segundo estágio com plantas ainda de menor estatura, crescendo rapidamente, com sementes que se espalham rapidamente.
3. Um terceiro estágio com plantas ainda pequenas, incluindo árvores, se introduzem e começam a dominar a área.
4. Um quarto estágio no qual se desenvolve uma floresta madura.

Ainda que estejam listados quatro estágios, é uma prática comum combinar os dois primeiros. Assim, são considerados como os primeiros, intermediários e últimos **estágios de sucessão**. Esses padrões gerais de sucessão podem ser encontrados na maioria dos ecossistemas, mesmo que as espécies sejam diferentes. Os estágios da sucessão são descritos aqui em termos da vegetação, mas de maneira similar, animais adaptados e outras formas de vida são associados a cada estágio. Outras propriedades desse processo de sucessão serão discutidas a seguir neste capítulo.

As características das espécies dos primeiros estágios são denominadas pioneiras, ou **espécies sucessoras iniciais**. Elas evoluíram e estão adaptadas às condições ambientais dos primeiros estágios sucessionais. As espécies de plantas que predominam nos estágios posteriores da sucessão, denominadas **espécies sucessoras tardias**, ou espécies sucessoras secundárias ou ainda comunidades clímax, tendem a apresentar um crescimento mais lento e uma vida mais longa. Essas espécies evoluíram e estão adaptadas às condições ambien-

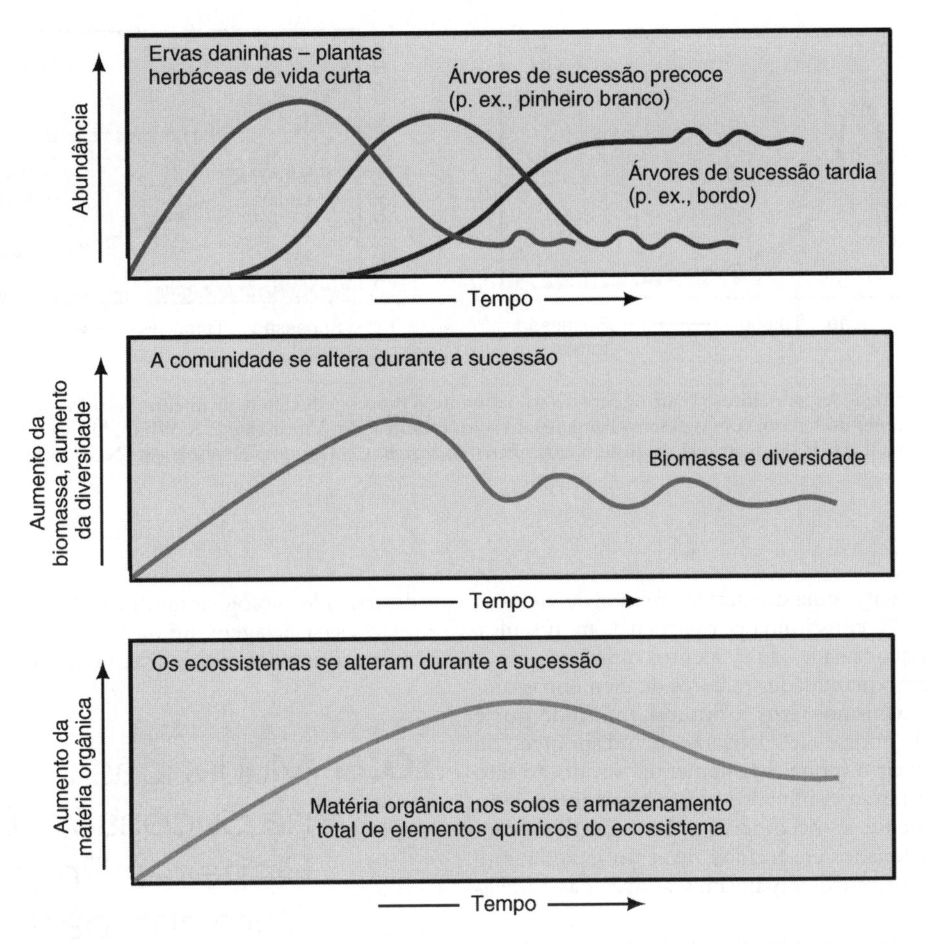

Figura 10.9 ■ Gráficos mostrando as alterações na biomassa e na diversidade causadas pela sucessão.

tais dos estágios posteriores. Por exemplo, elas crescem bem na sombra e possuem sementes que, ainda que não tenham ampla dispersão, podem certamente sobreviver por longo tempo.

Nos primeiros estágios da sucessão, ocorre o aumento da biomassa e da diversidade biológica (Figura 10.9). Nos estágios intermediários da sucessão, encontram-se árvores de muitas espécies e diferentes tamanhos. A produção bruta e a líquida (ver Capítulo 9) se alteram ao longo da sucessão: a produção bruta aumenta e a produção líquida diminui. A ciclagem dos elementos químicos também se altera: o material orgânico aumenta no solo, assim como a quantidade de elementos químicos armazenados no solo e nas árvores.[6] Na próxima seção as alterações na ciclagem química serão vistas mais detalhadamente.

10.4 A Sucessão e a Ciclagem Química

Um dos efeitos fundamentais da sucessão é a alteração no armazenamento dos elementos químicos necessários para a vida. No solo, o armazenamento de elementos químicos (incluindo o nitrogênio, o fósforo, o potássio e o cálcio, essenciais para as funções e o crescimento das plantas) geralmente aumenta durante a progressão desde os primeiros estágios da sucessão até os estágios intermediários. Há duas razões para que isso ocorra.

Primeiro, a matéria orgânica armazena elementos químicos; uma vez que ocorre o aumento da matéria orgânica no ecossistema, também haverá aumento do armazenamento de elementos químicos. Isso é verdade tanto para a matéria orgânica viva quanto para a morta. Além disso, inúmeras plantas possuem raízes nodulares que contêm bactérias que podem assimilar o nitrogênio atmosférico, que é então utilizado pelas plantas no processo conhecido como *fixação de nitrogênio.*

A segunda razão é indireta: a presença de matéria orgânica, viva e morta, ajuda a retardar a erosão. Ambos os solos, orgânico e inorgânico, podem ser perdidos pela erosão devido aos efeitos do vento e da água. A vegetação tende a prevenir essas perdas e, por conseguinte, provoca um aumento na matéria total armazenada.

A matéria orgânica presente no solo contribui de dois modos para o armazenamento de elementos químicos. Primeiro, ela contém elementos químicos por si só. Segundo, a matéria orgânica morta funciona como uma coluna de troca iônica que retém os íons metálicos que, de outra forma, seriam transportados pela água subterrânea na forma de íons dissolvidos e perdidos pelo ecossistema. Como regra geral, quanto maior o volume de solo e maior a porcentagem de matéria orgânica no solo, maior quantidade de elementos químicos será retida.

Entretanto, a quantidade de elementos químicos armazenados no solo depende não somente do volume total de solo, mas, igualmente, de sua capacidade de armazenamento para cada elemento. A capacidade de armazenamento de elementos químicos nos solos varia com o tamanho médio das partículas do solo. Os solos compostos principalmente por grandes partículas, como areia, possuem uma área superficial total

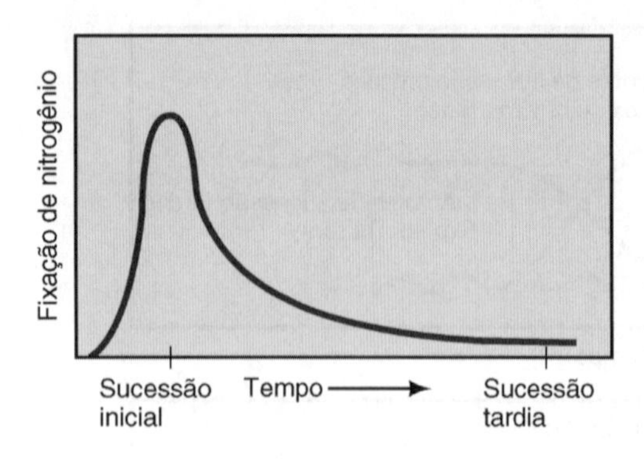

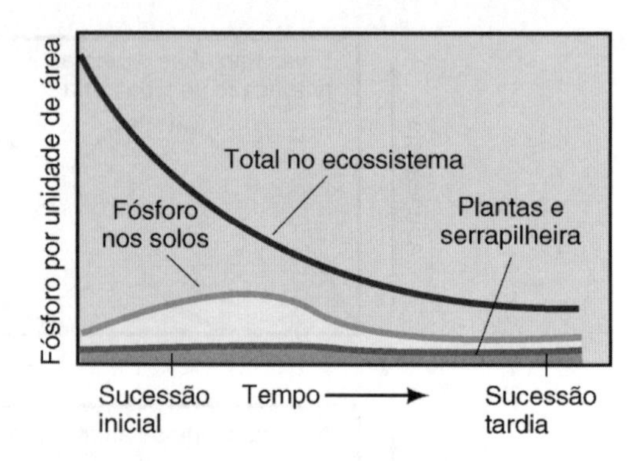

Figura 10.10 ■ (*a*) Alterações hipotéticas no nitrogênio do solo durante o processo de desenvolvimento do solo. (*b*) Alteração no total de fósforo no solo ao longo do tempo, com o desenvolvimento do solo. (*Fonte*: P. M. Vitousek e P. S. White, "Process Studies in Forest Sucession", em D. C. West, H. H. Shugart e D. B. Botkin, eds., *Forest Sucession: Concepts and Applications* [New York: Springer-Verlag, 1981], Figura 17.1, p. 269.)

menor e pode armazenar uma quantidade menor de elementos químicos. A argila, constituída por partículas minúsculas, armazena maiores quantidades de elementos químicos.

Os solos possuem quantidades maiores de elementos químicos do que os organismos vivos. Contudo, muito do que é armazenado no solo pode estar relativamente indisponível, ou apenas pode se tornar disponível lentamente, devido ao fato de os elementos estarem confinados em componentes complexos que lentamente se decompõem. Em contraposição, os elementos armazenados em tecidos vivos são rapidamente disponibilizados para outros organismos através das cadeias alimentares.

As taxas de ciclagem e o tempo médio de armazenamento são características dos sistemas (conforme discutido no Capítulo 3). Os solos armazenam mais elementos do que os tecidos vivos, porém, os reciclam em taxas mais lentas. O incremento de elementos químicos que ocorre nos estágios iniciais e intermediários da sucessão não continua indefinidamente. Se um ecossistema sobrevive, por um longo período, sem perturbações, ele experimentará uma lenta, porém limitada perda de elementos químicos armazenados. Dessa forma, o ecossistema irá lentamente decrescer e se tornar empobrecido — literalmente, esgotado — e assim menos capaz de suportar o rápido crescimento, a densidade de biomassa elevada e a diversidade biológica também elevada (Figura 10.10).[7] As alterações na ciclagem química durante perturbações e a recuperação sucessional estão discutidas no Detalhamento 10.2.

10.5 Mudanças de Espécies na Sucessão: Espécies Pioneiras Preparam o Caminho para Espécies Posteriores?

Para recuperar um ecossistema é importante compreender o que causa a substituição de uma espécie por outra durante o processo de sucessão. Se forem entendidas essas causas e efeitos, podem-se utilizá-las para melhor restaurar os ecossistemas. Espécies iniciais ou posteriores no processo de sucessão podem interagir de três maneiras: por meio de (1) facilitação, (2) inibição ou (3) diferenças de histórias de vida. Se não interagem, o resultado é conhecido como *isolamento crônico* (Tabela 10.2).[8,9]

Tabela 10.2 Padrões de Interação entre Espécies, Iniciais e Posteriores, na Sucessão

1. *Facilitação.* Uma espécie pode preparar o caminho para a próxima (e pode inclusive ser necessária para a ocorrência da próxima).
2. *Inibição.* Espécies sucessoras iniciais podem, por um tempo, impedir o estabelecimento de espécies sucessoras tardias.
3. *Diferenças de histórias de vida.* Uma espécie pode não afetar o tempo de estabelecimento de outra; duas espécies podem surgir em épocas diferentes durante a sucessão devido a diferenças na dispersão, germinação, crescimento e longevidade das sementes.
4. *Isolamento crônico.* A sucessão nunca ocorre, e as espécies que se estabelecem primeiro permanecem até a próxima perturbação.

Fonte: J. H. Connell e R. O. Slatyer, "Mechanism of Succession in Natural Communities e Their Role in Community Stability and Organization", *American Naturalist* III (1977): 1119-1144; S. T. A. Pickett, S. L. Collins e J. J. Armesto, "Models, Mechanism and Pathways of Succession", *Botanical Review* 53 (1987): 335-371.

DETALHAMENTO 10.2

Alterações na Ciclagem Química Durante uma Perturbação

Quando um ecossistema é perturbado pelo fogo, tempestades ou por atividades humanas ocorrem alterações na ciclagem química. Por exemplo, quando uma floresta é queimada, componentes orgânicos complexos, como a madeira, são convertidos em componentes inorgânicos menores, mais simples, incluindo o dióxido de carbono e os óxidos de nitrogênio e de enxofre. Alguns dos componentes orgânicos originários da madeira são perdidos para o ecossistema durante o incêndio, na forma de vapor, que escapa em direção à atmosfera e são largamente distribuídos, ou como partículas de cinzas que são levadas pelo vento. Parte dessas cinzas cai diretamente no solo. Esses componentes são altamente solúveis em água e rapidamente disponibilizados para a absorção pela vegetação. Consequentemente, imediatamente após o incêndio, aumenta-se a disponibilidade de elementos químicos. Isso é verdade mesmo se o ecossistema como um todo tenha sofrido uma perda líquida no total de elementos químicos armazenados.

Se significativa, parte da vegetação permanece viva após o fogo, então o incremento temporário repentino, ou *pulso*, dos novos elementos disponíveis, é rapidamente absorvido, particularmente se é seguido por uma moderada quantidade de chuva (suficiente para o crescimento adequado da vegetação, porém não tão excessiva para causar erosão). O pulso de nutrientes inorgânicos pode então conduzir a um pulso no crescimento da vegetação e a um aumento na quantidade armazenada de elementos químicos na vegetação. Isso, por sua vez, impulsiona o suprimento de alimentos nutritivos para os herbívoros, que consequentemente podem aumentar sua população. O pulso de elementos químicos no solo pode, portanto, apresentar efeitos que se propagam por toda a cadeia alimentar.

Outras perturbações no solo produzem efeitos similares aos dos incêndios. Por exemplo, tempestades severas, como furacões e tornados, derrubam e matam a vegetação. A vegetação se decompõe, aumentando a concentração de elementos químicos no solo, que se torna então disponível para o crescimento de uma nova vegetação. As tempestades igualmente produzem repercussões nas florestas: quando as árvores são arrancadas pela raiz, os elementos químicos que estavam na camada de solo próxima à raiz são trazidos para a superfície, onde se tornam mais rapidamente disponíveis.

O conhecimento das transformações na ciclagem química e da disponibilidade de elementos químicos no solo durante a sucessão pode ser útil na restauração de solos danificados. Sabe-se que os nutrientes devem estar disponíveis dentro da profundidade de enraizamento da vegetação. O solo deve conter matéria orgânica suficiente para reter os nutrientes. A restauração será mais difícil onde o solo tenha perdido a sua matéria orgânica e tenha sido lixiviada. Um solo lixiviado perde os seus nutrientes através da água que é drenada em seu interior, especialmente a água acidificada, dissolvendo e carregando elementos químicos. Solos pesadamente lixiviados, como aqueles submetidos à chuva ácida e a efluentes de mineração ácida, colocam desafios especiais para o processo de restauração do solo.

Facilitação

Nas sucessões em brejos e dunas, a primeira espécie de plantas — capim das dunas ou ciperáceas flutuantes — preparou o caminho para o surgimento de outras espécies. Isso é denominado **facilitação** (espécies primárias de sucessão facilitam a implantação de espécies de sucessão posterior; Figura 10.11*a*).

Sabe-se que a facilitação ocorre em florestas tropicais.[10] Espécies sucessoras iniciais aceleram o reaparecimento de condições microclimáticas que acontecem em uma floresta madura. Devido ao rápido crescimento das plantas sucessoras iniciais, a temperatura e a umidade relativa, aliadas à intensidade luminosa na superfície do solo nas florestas tropicais, podem atingir níveis similares aos de florestas tropicais maduras apenas após 14 anos.[6] Uma vez estabelecidas essas condições, as espécies que estão adaptadas às florestas com profundas sombras podem germinar e sobreviver.

O conhecimento do papel desempenhado pela facilitação pode ser útil para a restauração de áreas impactadas ou danificadas. As plantas que facilitam a presença de outras devem ser plantadas primeiro. Em regiões arenosas, por exemplo, o capim de dunas pode auxiliar na retenção do solo antes que tentativas sejam feitas para plantar arbustos grandes ou árvores.

Inibição

A facilitação nem sempre ocorre. Algumas vezes, em vez disso, determinadas espécies sucessoras iniciais interferem no acesso de outras espécies (Figura 10.11*b*). Por exemplo, nos antigos campos dos estados do centro-Atlântico, como os estados de Connecticut até Virgínia, entre as espécies iniciais da sucessão estão as gramas que formam uma cobertura densa, incluindo as gramas de pradarias, como o "capim-de-talo-azul" (*Schizachyrium scoparium*). Os caules vivos e mortos dessa grama formam uma espécie de tapete tão denso que as sementes de outras plantas não conseguem atingir o solo e, consequentemente, não germinam. O capim interfere e inibe a implantação de outras espécies — um processo natural denominado **inibição**.

A inibição, no entanto, não dura para sempre. Eventualmente, algumas interrupções ocorrem no tapete de capim — talvez devido à erosão da água de superfície, pela morte de um fragmento de capim por doença ou removido pelo fogo. Falhas no tapete de grama permitem que as sementes das árvores, como o cedro vermelho, atinjam o solo. O cedro vermelho é adaptado à sucessão primária porque as suas sementes são ampla e rapidamente disseminadas pelos pássaros que se alimentam delas e porque essa espécie pode crescer bem sob o brilho da luz das árvores em outras condições severas da sucessão primária. Uma vez nascido, o cedro vermelho inicia rapidamente seu crescimento tornando-se mais alto do que o capim, sombreando-o e impedindo que boa parte dele possa crescer. Assim, maior quantidade de solo é aberta e as gramas são gradativamente substituídas.

Em algumas regiões da Ásia, a inibição ocorre quando o bambu cresce e, em regiões tropicais onde cresce outra grama menor, a *Imperata*. Como o capim-de-talo-azul nos Estados Unidos, essa grama forma uma camada tão densa que outras sementes de sucessão tardia não conseguem atingir o solo, germinar ou obter luz, água e nutrientes suficientes para sobreviver. A *Imperata* também é substituída por ela mesma ou é substituída pelo bambu, o que, por sua vez, também substitui a si mesmo.[10] A *Imperata* e o bambu, uma vez estabelecidos, parecem capazes de sobreviver por longo tempo. Novamente, quando ocorrem buracos na cobertura dessa grama, outras espécies podem germinar, crescer e eventualmente uma floresta se desenvolver.

Diferenças de Histórias de Vida

Em outros casos, as espécies não afetam muito umas as outras. Em vez disso, as diferenças de histórias de vida das espécies permitem que algumas delas cheguem primeiro e cresçam rapidamente, enquanto outras chegam mais tarde e crescem mais vagarosamente. Um exemplo de tais **diferenças de histórias de vida** é a dispersão de sementes. As sementes de espécies da sucessão inicial são rapidamente transportadas pelo vento ou pelos animais e assim encontram uma falha mais cedo e crescem mais rapidamente do que as sementes de espécies de sucessão posterior. Em inúmeras áreas florestadas do leste da América do Norte, por exemplo, os pássaros comem os frutos da cerejeira e do cedro vermelho e em seus excrementos contêm as sementes, que são amplamente disseminadas.

Ao contrário, as espécies de sucessão final podem possuir histórias de vida que as tragam bem depois. Uma vez que o bordo, por exemplo, pode crescer em áreas abertas, as suas sementes levam tempo maior para se disseminar e as suas mudas podem tolerar a sombra. As faias produzem nozes grandes que armazenam bastante alimento para as mudas novas que estão germinando. Isso auxilia as mudas a se estabilizarem por si mesmas, em condições de sombras profundas de uma floresta até que ela seja capaz de se alimentar por meio da fotossíntese. Porém, essas sementes são pesadas e transportadas de forma relativamente lenta pelo processo de alimentação com sementes pelos animais.

Isolamento Crônico

A quarta possibilidade é que as espécies apenas não interagem e, assim, não há sucessão, conforme foi descrita. Isso resulta do

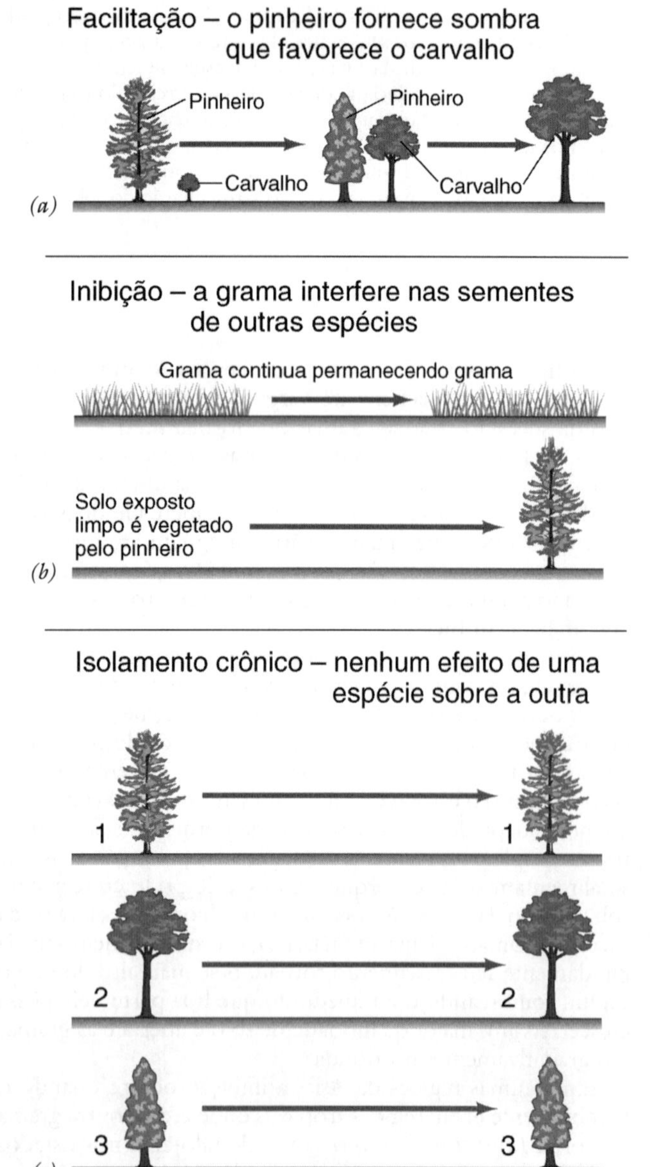

Figura 10.11 ■ Dois dos três padrões de interação entre espécies na sucessão ecológica. (*a*) Facilitação. Conforme Henry David Thoreau observou em Massachusetts há mais de 100 anos, os pinheiros fornecem sombra e atuam como "árvores enfermeiras" para os carvalhos. Os pinheiros favorecem as aberturas. Se não houvesse os pinheiros, poucos, ou nenhum carvalho sobreviveria. Dessa forma, os pinheiros facilitam a introdução dos carvalhos. (*b*) Inibição. Algumas gramas que crescem em áreas abertas formam densos tapetes que impedem as sementes de árvores atingirem o solo e germinarem. A grama interfere no surgimento de árvores. (*c*) Isolamento crônico. Espécies iniciais não auxiliam nem interferem em outras espécies; em vez disso, como em um deserto, o ambiente físico predomina.

isolamento crônico (Figura 10.11*c*), que ocorre em alguns desertos. Por exemplo, nos desertos quentes da Califórnia, Arizona e México, a maior parte das espécies de arbustos cresce em pequenos focos de moitas, que frequentemente são constituídas por indivíduos maduros com poucas mudas. Estas pequenas aglomerações isoladas tendem a sobreviver por longos períodos até que ocorra uma perturbação.[11] De forma similar, em ambientes altamente poluídos, uma sequência de substituições de espécies pode não ocorrer. Quais os tipos de transformações ocorrem durante a sucessão dependem do efeito recíproco ou da interação complexa entre a vida e o seu meio ambiente. A vida tende a desenvolver-se, ou acumular-se, enquanto os processos não biológicos do meio ambiente tendem a erodir e a degradar. Em ambientes severos, onde energia e elementos químicos necessários para a vida são limitados e as perturbações são frequentes, a degradação física do ambiente é dominante e a sucessão não acontece.

10.6 Aplicação de Conhecimentos Ecológicos na Recuperação de Solos e de Ecossistemas Severamente Danificados

Um exemplo de como a sucessão ecológica pode auxiliar na restauração de solos severamente danificados é o esforço que está sendo feito nas minas subterrâneas danificadas da Grã-Bretanha, onde a mineração causou uma vasta destruição do solo. Na Grã-Bretanha, onde algumas minas têm sido utilizadas desde a época medieval, aproximadamente 55.000 hectares foram danificados pela mineração. Recentemente, foram iniciados programas para remover poluentes tóxicos e rejeitos das minas, recuperando esses solos danificados em uma utilização biológica produtiva e restaurando o visual atrativo da paisagem.[12]

Uma área danificada por uma longa história de mineração situa-se no Parque Nacional Britânico de Peak District, onde o chumbo foi explorado desde a Idade Média e grande parte dos dejetos está a cinco metros de profundidade. As primeiras tentativas de restauração dessa área utilizaram uma moderna abordagem agrícola: pesadas aplicações de fertilizantes e o plantio de gramas de crescimento rápido para a revegetação do local. Essa grama se desenvolvia rapidamente no solo bom de uma fazenda e esperava-se que, com a adição de fertilizantes, ocorreria sua recuperação. Porém, após curto período de crescimento, a grama morreu. No solo pobre e lixiviado de seus nutrientes e desprovido de matéria orgânica, a erosão continuava e os fertilizantes que haviam sido incorporados logo foram lixiviados pelo escoamento superficial de águas. Como resultado, as áreas se tornaram novamente infecundas.

Quando falhou a abordagem agrícola, uma abordagem ecológica foi tentada, utilizando o conhecimento sobre sucessão ecológica. No lugar de se plantar grama de rápido crescimento, porém vulneráveis, os ecologistas plantaram grama nativa de crescimento lento, conhecidas por se adaptarem aos solos com deficiência mineral e às severas condições existentes em regiões devastadas. Na escolha dessas plantas, os ecólogos, com base em suas observações, optaram por vegetações que primeiro surgiram em regiões da Grã-Bretanha que haviam naturalmente experimentado a sucessão.[12] O resultado da abordagem ecológica tornou-se um sucesso de restauração de solos danificados.

Áreas pesadamente danificadas podem ser encontradas em muitas regiões. Restauração similar a essa da Grã-Bretanha foi realizada nos Estados Unidos para melhoria de solos danificados pela mineração a céu aberto. Em tais casos, a restauração, muitas vezes, dá-se durante o processo de mineração em vez de ocorrer subsequentemente. Métodos similares podem também ser utilizados para a restauração de áreas ocupadas por edificações nas cidades.

Figura 10.12 ■ Uma velha mina de chumbo na Grã-Bretanha, agora sendo recuperada. A restauração envolve o plantio de grama nativa de sucessão primária, adaptada aos solos com poucos nutrientes e com pequena estrutura física.

QUESTÕES PARA REFLEXÃO CRÍTICA

Como Avaliar Ecossistemas Construídos?

O que acontece quando a restauração de ecossistemas danificados não é uma opção? Em tais casos, dos responsáveis pelos danos devem ser exigidos o estabelecimento de ecossistemas alternativos para substituir os danificados.

Um exemplo envolveu algumas zonas úmidas de água salobra na costa de San Diego, Califórnia. Em 1984, a construção de um canal de controle de enchente e dois projetos para melhorar estradas danificaram uma área de arbustos em marismas de água salobra. Os projetos eram preocupantes porque a Califórnia tinha perdido 91% de suas áreas úmidas desde 1943 e as poucas marismas remanescentes estavam muito fragmentadas. Além disso, a área danificada fornecia abrigo para três espécies ameaçadas: a andorinha-do-mar-da-califórnia (*Sternula antillarum brownii*), a saracura-matraca (*Rallus longirostris levipes*) e uma planta chamada de "bico-de-pássaro-do-sapal" (*Cordylanthus maritimus*). O Departamento de Transportes da Califórnia, com financiamento do Corpo de Engenheiros do Exército e da Administração de Rodovias Federais, foi acionado para compensar os danos estabelecendo novas zonas úmidas no Refúgio Nacional da Vida Selvagem da Marisma de Sweetwater. Para preencher esses requisitos, oito ilhas, conhecidas como Marismas Conectoras e com uma área total de 4,9 hectares, foram construídas em 1984. Uma área adicional de 7 hectares, conhecida como Marisma de Nación, foi estabelecida em 1990.

Os objetivos para a marisma construída pelo Serviço de Pesca e Vida Selvagem dos Estados Unidos incluíam os seguintes pontos:

1. A criação de canais sujeitos aos movimentos das marés com peixes suficientes para fornecer alimento para andorinha-do-mar-da-califórnia.

2. O estabelecimento de uma população estável ou em crescimento da planta bico-de-pássaro-do-sapal por três anos.

3. Escolha do Pacific Estuarine Research Laboratory — PERL (Laboratório de Pesquisa do Estuário do Pacífico), na Universidade Estadual de San Diego, para monitorar o progresso dos objetivos e conduzir a pesquisa na marisma construída. Em 1997, o PERL relatou que os objetivos para as andorinhas-do-mar e para as plantas bico-de-pássaro-do-sapal foram atingidos, porém que a tentativa para estabelecer um habitat adequado para a saracura-matraca havia sido apenas parcialmente exitosa.

Durante a década passada, os pesquisadores do PERL conduziram amplas investigações na marisma construída para determinar as razões de seu sucesso limitado. Descobriram que as saracuras-matracas vivem, alimentam-se e fazem ninho em um capim de mais de 60 cm de altura. Os ninhos são construídos a partir de capins mortos entrelaçados e amarrados aos caules dos capins vivos, de forma que os ninhos podem permanecer acima da água na medida em que ela sobe e desce. Se o capim for muito curto, os ninhos não ficam suficientemente altos para evitar que sejam arrastados durante as marés altas.

Pesquisadores sugeriram que o solo granuloso utilizado para a construção das marismas não retinha a quantidade de nitrogênio necessária para que o capim pudesse crescer alto o suficiente. A adição de fertilizantes ricos em nitrogênio ao solo resultava em plantas mais altas nas marismas construídas, mas apenas se o fertilizante fosse adicionado de forma continuada.

Outro problema é que a diversidade e o número de invertebrados de grande porte, principal fonte de alimentos das saracuras-matracas,

Espécies	*Objetivos de Mitigação*	*Progressos no Cumprimento das Exigências*	*Situação em 2006*
Andorinhas-do-mar-da-califórnia	Canais para marés com 75% das espécies de peixes e 75% do número de peixes encontrados em canais naturais	Exigência atendida com sucesso	O SPVS recomendou a alteração de designação de espécies em extinção para espécies ameaçadas
Bico-de-pássaro-do-sapal	Por meio de reintroduções, no mínimo, 5 aglomerações (20 plantas cada) que permaneçam estáveis ou aumentem durante 3 anos	Não funcionou em ilhas construídas, porém uma população introduzida na marisma natural de Sweetwater prosperou por 3 anos (atingiu 140.000 plantas); continuação do monitoramento, pois as plantas estão propensas a sofrer flutuações drásticas na população	Ainda listada como espécie em extinção
Saracura-matraca	Sete parcelas enfileiradas (82 ha), cada qual com seu canal de marés com:	Construído	Ainda listado como espécie em extinção; em 2005, oito pássaros nascidos em cativeiro foram libertados
	a. Espécies forrageiras equivalentes a 75% de espécies invertebradas e 75% do número de invertebrados em áreas naturais	Exigência atendida com sucesso	
	b. Áreas de marismas com alta elevação para permitir às saracuras-matracas encontrarem refúgio durante a maré alta	Suficiente em 1996, mas dois habitats não se sustentaram em 1997	
	c. Marismas de baixa elevação para ninhos com 50% de cobertura de capim alto	Todos os habitats alcançaram as exigências quanto à altitude e seis careceram de capim alto suficientes	
	d. População de capim alto autossustentada por 3 anos	A altura das plantas pode ser aumentada com o uso contínuo de fertilizantes, porém a grama alta não é autossustentável	

Nota: SPVS significa Serviço de Pesca e Vida Selvagem dos Estados Unidos.

são menores nas marismas construídas do que nas naturais. Os pesquisadores do PERL suspeitam que isso também esteja relacionado aos baixos níveis de nitrogênio. Como o nitrogênio estimula o crescimento de algas e de plantas, que fornecem alimento para invertebrados de pequeno porte, que, por sua vez, são alimentos para invertebrados maiores, pequenas quantidades de nitrogênio podem afetar toda a cadeia alimentar.

Perguntas para Reflexão Crítica

1. Faça um diagrama da teia alimentar na marisma mostrando como as saracuras-matracas, o capim alto, os invertebrados e o nitrogênio estão relacionados.

2. O título de um artigo sobre o projeto da Marisma de Sweetwater em 17 de abril de 1998, na revista *Science*, declarou, "Restauração de zonas úmidas reprovada em teste do mundo real". Baseado nas informações disponíveis sobre o projeto, você concordaria ou não com esse julgamento? Explique a sua resposta.

3. Como você imagina que alguém pode decidir se um ecossistema construído seria uma restauração adequada para um ecossistema natural?

4. O termo *gestão adaptativa* se refere à utilização de pesquisa científica na gestão de ecossistemas. De que forma tem sido aplicada a gestão adaptativa no projeto da Marisma de Sweetwater? Quais as lições deste projeto poderiam ser utilizadas para programar projetos similares no futuro?

RESUMO

- A restauração de ecossistemas danificados é a nova e fundamental ênfase nas ciências ambientais e está sendo desenvolvida em um novo campo. A restauração envolve uma combinação de atividades humanas e processos de sucessão ecológica natural.
- Perturbações, alterações e variações no meio ambiente são naturais, sendo que os sistemas ecológicos e as espécies têm evoluído e se adaptado em resposta a essas mudanças.
- Quando os ecossistemas são perturbados, eles experimentam um processo de recuperação conhecida como sucessão ecológica, a organização e o desenvolvimento de um ecossistema. O conhecimento sobre a sucessão é importante na recuperação de áreas degradadas.
- Durante a sucessão, frequentemente existe um padrão evidente e repetido de transformações nas espécies. Algumas delas, denominadas espécies sucessoras iniciais, estão adaptadas para os primeiros estágios quando o ambiente é severo e variável, porém os recursos necessários devem estar disponíveis em abundância. Isso contrasta com os estágios finais da sucessão, quando os efeitos biológicos modificaram o ambiente e reduziram alguma variabilidade, mas também retiveram alguns recursos. Tipicamente, as espécies sucessoras iniciais são de rápido crescimento, enquanto as espécies sucessoras tardias são de crescimento lento e de vida longa.
- A biomassa, produção, diversidade e ciclagem química se transformam ao longo da sucessão. A biomassa e a diversidade têm pontos culminantes na metade da sucessão, aumentando primeiramente a um valor máximo, para então diminuir e variar com o tempo.
- As transformações nos tipos de espécies encontradas durante a sucessão podem ocorrer devido à facilitação, inibição ou simplesmente pelas diferenças de histórias de vida. Na facilitação, uma espécie prepara o caminho para outras espécies. Na inibição, uma espécie de sucessão inicial atrapalha e impede o estabelecimento de outras de sucessão tardia. As características da história de vida de espécies de sucessão tardia algumas vezes retardam a sua introdução em uma dada área.

REVISÃO DE TEMAS E PROBLEMAS

População Humana

Se o ecossistema é degradado a um ponto em que a restauração da perturbação é lenta ou que não se possa recuperar totalmente, então se reduz a capacidade de suporte dessas áreas para os seres humanos. Por essa razão, uma compreensão dos fatores que determinam a restauração de ecossistemas é importante para o desenvolvimento de uma população sustentável.

Sustentabilidade

A vida tende a se desenvolver e acumular; as forças não biológicas no meio ambiente tendem a degradar e destruir. Ao ajudar os ecossistemas a sobreviverem, promove-se a sustentabilidade. O solo intensamente degradado, como os solos danificados pela poluição ou sobrepastoreio, perde a capacidade de restauração — submetendo-se à sucessão ecológica. O conhecimento das causas da sucessão pode ser útil na restauração de ecossistemas e, por essa razão, auxiliando na sustentabilidade.

Perspectiva Global

Cada degradação do solo acontece localmente, porém tal degradação vem ocorrendo em todo o mundo desde o início da civilização. A degradação de ecossistemas é, portanto, neste momento, uma questão global.

Nas cidades, geralmente são eliminados ou danificados os processos de sucessão e a habilidade de os ecossistemas se recuperarem. Da maneira com que o mundo se torna cada vez mais urbano, deve-se aprender a manter esses processos nas cidades da mesma forma que nas áreas rurais. A restauração ecológica é um caminho importante para melhorar a vida nas cidades.

Homem e Natureza

A restauração é uma das formas mais importantes que se tem para compensar os efeitos indesejáveis que se produz na natureza.

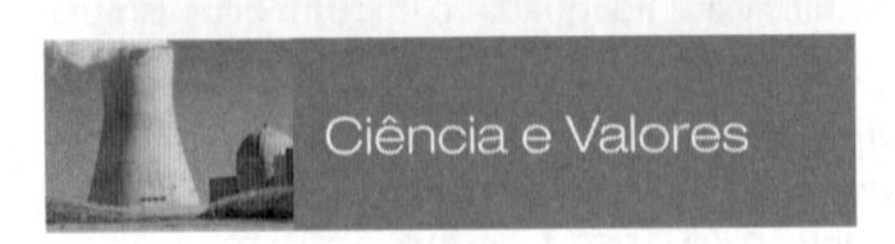

Devido aos sistemas ecológicos naturalmente experimentarem transformações e a existência em uma variedade de condições, não há nenhum estado "natural" para um ecossistema. Ao contrário, há um processo de sucessão, composto por todos os seus estágios. Além disso, ocorrem transformações mais importantes na composição dos ecossistemas ao longo do tempo. Enquanto cabe à ciência apontar quais são as condições possíveis e as que existiram no passado, selecionar essas condições é uma questão de valores. Valores e ciência estão intimamente integrados na restauração ecológica.

TERMOS-CHAVE

diferenças de história de vida
ecologia de restauração
equilíbrio da natureza
espécies sucessoras iniciais
espécies sucessoras tardias
estado clímax
estágios de sucessão
facilitação
inibição
isolamento crônico
sucessão ecológica
sucessão primária
sucessão secundária

QUESTÕES PARA ESTUDO

1. A agricultura tem sido descrita como a gestão do solo para mantê-lo no estágio de sucessão inicial. O que isso significa e como ele é atingido?
2. Sequoias do Canadá reproduzem com sucesso somente depois de perturbações (incluindo incêndios e alagamentos), porém, as sequoias individualmente podem viver mais de 1.000 anos. As sequoias são espécies sucessoras iniciais ou tardias?
3. Por que pode ser dito que a sucessão não ocorre em chaparrais desérticos (uma área onde a chuva é escassa e as únicas plantas são alguns arbustos adaptados à seca)?
4. Desenvolva um plano para recuperar um campo abandonado, em sua cidade, para torná-lo vegetado naturalmente e para uso como parque. Os materiais a seguir estão disponíveis: fardos de feno; fertilizantes artificiais; e sementes de flores anuais, de grama, de arbustos e de árvores.
5. Combustível tem vazado por muitos anos dos tanques de um posto de gasolina. Boa parte desse combustível exsudou até a superfície. Como resultado, o posto de gasolina foi abandonado e a vegetação cresceu. Quais os efeitos desse combustível no processo de sucessão?
6. Em referência às marismas do Iraque do caso de estudo de abertura deste capítulo, assuma que não haja esperança de mudar os desvios d'água dos inúmeros reservatórios a montante dos rios Tigre e Eufrates. Desenvolva um plano para recuperar as marismas, considerando particularmente a diminuição de zonas úmidas.
7. No início do século XX, um grande meteorito colidiu com a Terra na Sibéria e destruiu ampla área da floresta boreal. De que forma a restauração e a sucessão subsequentes a essa perturbação de larga escala poderiam ser diferentes de uma restauração e sucessão após um incêndio ter queimado uns poucos hectares da mesma floresta? (Ver Capítulo 8 para informações sobre florestas boreais.)

LEITURAS COMPLEMENTARES

Botkin, D. B. 1992. *Discordant Harmonies: A New Ecology for the 21st Century*. New York: Oxford University Press.

Botkin, D. B. 2001. *No Man's Garden: Thoreau and a New Vision for Civilization and Nature*. Washington, D.C.: Island Press.

Falk, Donald A., e Joy B. Zedler. 2005. *Foundations of Restoration Ecology*. Washington, D.C.: Island Press. Um novo e importante livro, escrito por dois dos maiores especialistas do mundo em restauração ecológica.

Higgs, E. 2003. *Nature by Design: People, Natural Process, and Ecological Restoration*. Cambridge, Mass.: MIT Press. Um livro que discute a perspectiva mais ampla em restauração ecológica, incluindo aspectos filosóficos.

Capítulo 11

Produção de Alimentos Suficientes para o Mundo: Como a Agricultura Depende do Meio Ambiente

OBJETIVOS DE APRENDIZADO

A grande questão acerca da agricultura e do ambiente é: é possível produzir comida suficiente para alimentar a população crescente da Terra e fazer isso sustentavelmente? Os principais desafios agrícolas enfrentados hoje são o de elevar a produtividade da terra, hectare por hectare; de distribuir a comida adequadamente ao redor do mundo; diminuir os efeitos ambientais negativos da agricultura; e evitar criar novos tipos de problemas ambientais à medida que a agricultura avança. Após a leitura deste capítulo, deve-se saber:

- O que significa ter uma perspectiva ecológica na agricultura.
- Como agroecossistemas diferem de ecossistemas naturais.
- Como o estoque de alimentos depende do meio ambiente.
- Como os fatores limitantes determinam a produtividade das culturas.
- Como o conceito de sustentabilidade se aplica à agricultura.
- Como a população humana crescente, a perda de solos férteis e a falta de água para irrigação podem afetar a escassez de alimentos ao redor do mundo.
- A importância relativa da produção e distribuição de alimentos.
- Os benefícios potenciais e efeitos ambientais de engenharia genética de plantas cultivadas.

Plantas crescendo em uma fazenda orgânica moderna.

ESTUDO DE CASO

Biocombustíveis e Porcos

Alfred Smith, um fazendeiro em Garland, Carolina do Norte, EUA, tem alimentado seus porcos com jujubas, amoras, balinhas, pedaços de banana, passas cobertas de iogurte, mamão seco e castanhas, de acordo com um artigo no *Jornal de Wall Street*.[1] Os porcos estão nessa dieta, diz Sr. Smith, porque a demanda pelo biocombustível etanol, produzido do milho e de outras culturas, elevou os preços das rações (o segundo maior custo na criação de animais) até um patamar que tornou mais barato alimentar os seus animais com suas guloseimas. Em 2007 ele comprou jujubas, balinhas e amoras suficientes para alimentar 5.000 porcos, economizando 40.000 dólares. Outros fazendeiros no centro-oeste dos EUA estão alimentando seus porcos e gado com biscoitos, alcaçuz, queijo, doces, batatas fritas, trigo congelado e potes de manteiga de amendoim. Próximo a Hershey, Pensilvânia, fazendeiros estão obtendo o cacau descartado e os doces de decorações da fábrica da Hershey e dando-os para seu gado comer.

O problema deles foi causado pela competição com as safras destinadas diretamente à produção de combustível.

Por muitas décadas, a produção mundial de alimentos excedeu a demanda, primariamente por causa da produção agrícola nos EUA e Canadá, dois integrantes de um número muito pequeno de nações possuidoras de um grande excedente agrícola. Porém, hoje a demanda por produção agrícola está crescendo rapidamente, devido à rápida elevação nos padrões de vida de muitas pessoas, devido ao crescimento contínuo da população humana e à competição com os cultivos realizados tendo como fim os biocombustíveis.

De acordo com a Organização das Nações Unidas para Agricultura e Alimentação (FAO, em inglês), o preço do trigo em fevereiro de 2008 estava 80% maior que no ano anterior, e o preço do milho havia aumentado 25%.[2] Os preços do trigo atingiram níveis recorde, dobrando seus custos médios em apenas poucos anos. Atualmente, 36 países estão sofrendo crises de escassez de alimentos.

Na República do Congo, três quartos da população está subnutrida, e em 25 nações pelo menos um terço da população está subnutrida, de acordo com a FAO (Figura 11.1).[3] Os estoques de trigo (a quantidade armazenada para venda e uso futuros) estão se aproximando do trigésimo ano consecutivo de baixa, em parte devido às secas australianas.[4] Uma crise mundial de alimentos se aproxima, de acordo com a FAO, a qual diz que 36 nações já enfrentam essa crise, com a África liderando a lista com 21 nações. Os preços mundiais de comida subiram quase 40% em 2007.

Repentinamente, as pessoas do mundo precisam de um grande aumento na produção de comida, em parte por causa do aumento da população humana, em parte por causa da competição entre plantios para comida e plantios para combustível, e em parte por causa das secas, inundações e outros impactos ambientais que reduziram a produção agrícola. O que pode ser feito para elevar a produção da agricultura de forma a responder a necessidade do mundo por comida e, secundariamente, sua necessidade por combustível? Esta é a questão deste capítulo: como a produção agrícola poderia aumentar, por quanto e a que custos, ambientais e econômicos.

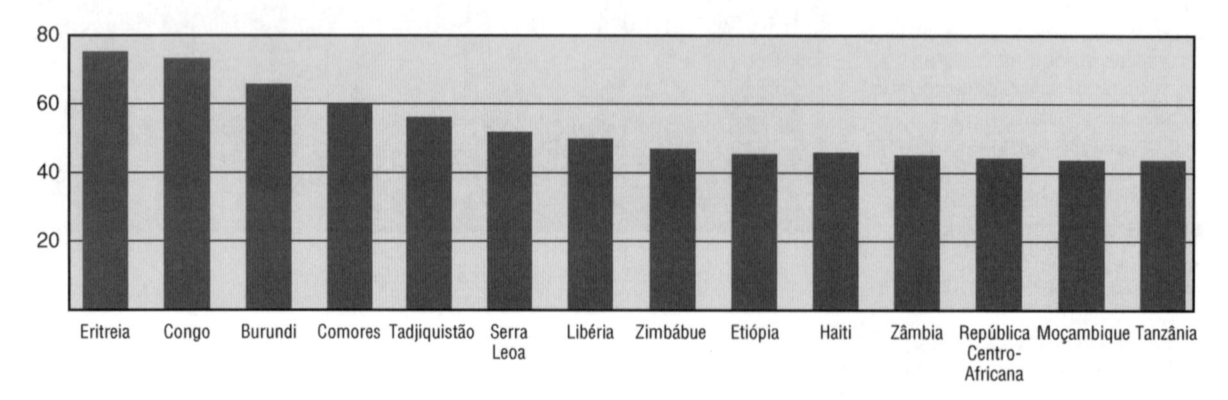

Figura 11.1 ■ Os povos mais subnutridos do mundo, de acordo com a Organização das Nações Unidas para Agricultura e Alimentação (FAO). Este gráfico mostra as nações com as maiores porcentagens de subnutridos. Destas 14 nações, 10 estão na África. Comores, a quarta nação com maior índice de subnutrição, é uma nação insular no oceano Índico. Das Américas, apenas o Haiti está neste grupo. (*Fonte*: Vocke, Gary. 2007. "Global Production Shortfalls Bring Record Wheat Prices". *Amber Waves*, November, 2007.)

As necessidades mundiais de comida ilustram os temas deste livro. Depara-se novamente que a população humana crescente é um problema subjacente e fundamental, que precisa ser observado sob uma perspectiva global. Os desejos e demandas do povo da China, incluindo uma melhoria na qualidade material de suas vidas, irão pressionar a produção mundial de alimentos. Isto leva a questões sobre a sustentabilidade da agricultura, tanto dentro de nações como em escala global, e, no fim, a decisões que envolvem valores e ciência.

11.1 É Possível Alimentar o Mundo?

É possível produzir comida suficiente para alimentar a crescente população humana da Terra? É possível praticar agricultura sustentavelmente, de forma que tanto a produção quanto o ecossistema agrícola permaneçam viáveis? Pode-se produzir comida sem danificar seriamente outros ecossistemas que recebem os resíduos da agricultura? Estas são questões ambientais básicas relativas à agricultura. Para respondê-las, é necessário primeiro entender como as safras crescem e quão produtivas elas podem ser — o que será abordado neste capítulo. Então será necessário considerar os efeitos ambientais da agricultura — questão a ser abordada no capítulo seguinte.

De todas as atividades humanas, a agricultura tem indiscutivelmente se mostrado como a mais sustentável, simplesmente porque as sociedades cultivaram o Vale do Nilo, o crescente fértil do Oriente Médio, os campos de arroz na China e um incontável número de outros lugares por milhares de anos. Poucas, se é que alguma, outras atividades humanas foram mantidas no mesmo lugar por tempo tão extenso.

Mesmo assim, grandes preocupações permanecem em relação à sustentabilidade da maior parte da agricultura. Onde houve cultivos sustentáveis, a agricultura alterou os ecossistemas locais. Talvez a mais notável exceção seja o Vale do Nilo: antes da construção da represa Aswan, inundações anuais depositavam novos solos todo ano, e a agricultura não perturbava esse processo. Na maioria dos lugares, no entanto, a agricultura empobrece o solo; fertilizantes e pesticidas afetam o solo, a água e os ecossistemas fluviais; muitas outras mudanças ocorrem e são descritas neste capítulo e no próximo.

A história da agricultura é uma série de tentativas humanas de superar os problemas e as limitações ambientais. Cada nova solução criava novos problemas ambientais, os quais, por sua vez, demandavam suas próprias soluções. Dessa forma, na busca pela melhoria de sistemas agrícolas, deve-se esperar alguns efeitos colaterais indesejáveis e estar pronto para confrontá-los.

Há ameaças para as terras disponíveis na produção agrícola, incluindo o desenvolvimento humano e as pressões por ele geradas no sentido de se construírem cidades e subúrbios e de se inundar terras para criação de novas fontes de energia hidrelétrica. Em 2005, o grande tsunami da Ásia lembrou ao mundo que catástrofes naturais afetam as terras cultivadas.

Figura 11.2 ■ Dezembro de 2004. Consequências de um tsunami. Campos de arroz destruídos na Indonésia.

Uma porcentagem surpreendentemente grande da área não submersa do planeta está dedicada à agricultura: aproximadamente 38% da área total, excluindo a Antártica — uma área aproximadamente do tamanho das Américas do Sul e do Norte combinadas — o suficiente para fazer da agricultura um bioma criado pelo homem (Tabela 11.1 e Figura 11.3).[5]

A porcentagem de terra na agricultura varia consideravelmente entre os continentes, de 22% da terra na Europa a 57% na Austrália. Nos Estados Unidos, os cultivos ocupam 18% da terra, com um adicional de 26% utilizado para pastos e pastagens naturais, o que totaliza 44% da terra sendo utilizada pela agricultura.

Aqui está um dos grandes problemas: no futuro, quando a população humana dobrar, a produção da agricultura deverá dobrar apenas para atender o presente nível de consumo de alimentos *per capita*, e há uma boa parte da população cujo consumo de comida não está nos níveis adequados. Se não houver um aumento na produtividade, uma área adicional equivalente a toda a América do Sul terá que ser cultivada. Onde será encontrada tal área? Pense sobre a biogeografia (Capítulo 8). Quais biomas seriam significativamente alterados? As terras mais adequadas para a agricultura já estão

Tabela 11.1 Terra, População e Agricultura, 2006

Local	*Área Total (km²)*	*População Humana (milhões)*	*Densidade Demográfica (hab./km²)*	*Área Plantada (km²)*	*Área Plantada por Pessoa (km²/ per capita)*	*Porcentagem da Área Plantada em Relação à Área Total*
Ásia	30.988.970	3.823	123,37	16.813.750	0,044	54%
África	29.626.570	850	28,69	11.460.700	0,135	39%
América Central e do Norte	21.311.580	507	23,79	6.189.030	0,122	29%
América do Sul	17.532.370	936	53,39	5.842.850	0,062	33%
Europa	22.093.160	362	16,39	4.836.410	0,134	22%
Austrália	7.682.300	19	2,47	4.395.000	2,313	57%
Mundo	130.043.970	6.301	48,45	49.734.060	0,079	38%

Fonte: Estatísticas de 2006 da FAO http://faostat.fao.org/faostat/
Nota: As informações estão disponíveis para safras até 2003; portanto, alguns valores populacionais irão diferir daqueles em outros locais deste capítulo, que se referem a 2005.

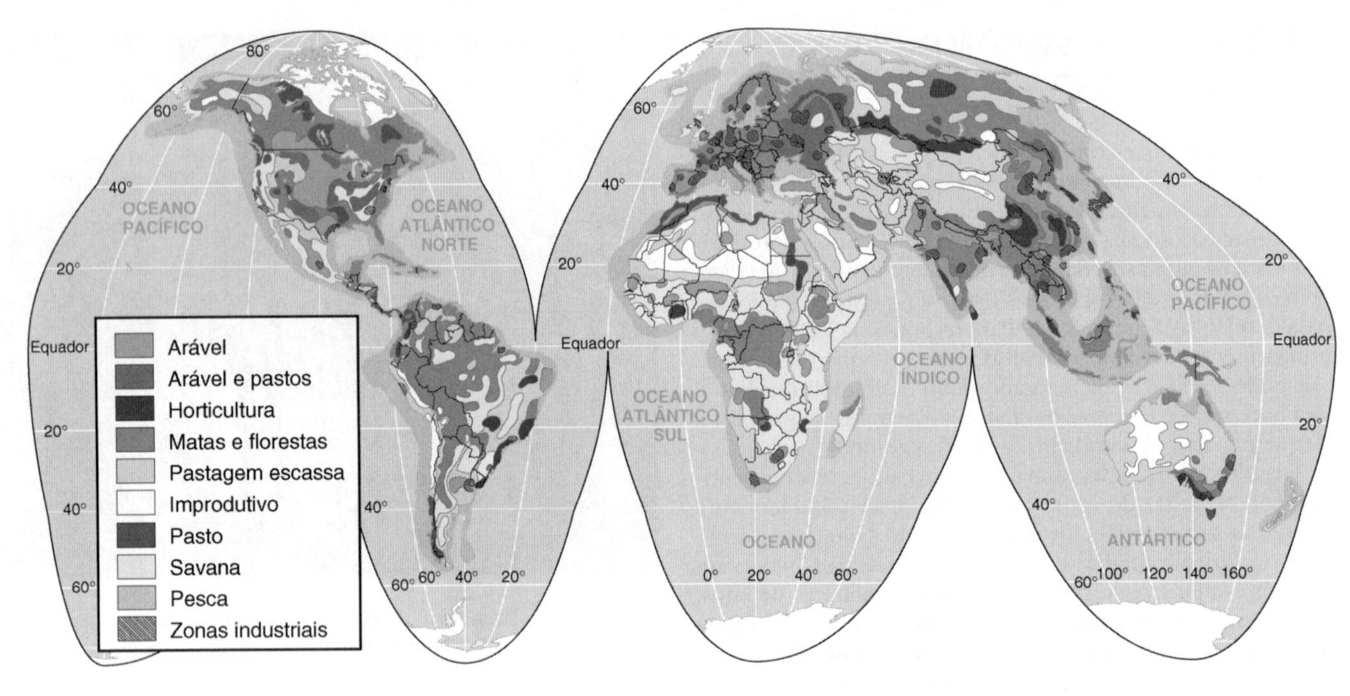

Figura 11.3 ■ Uso da terra mundial mostrando terra arável (agricultável). (*Fonte*: Phillips Atlas.)

direcionadas para essa atividade. E as terras agrícolas boas já estão sofrendo pressão para serem transformadas em cidades. À medida que a população humana aumenta, cidades continuarão a se expandir (ver Capítulo 28), e mais das melhores terras agrícolas serão convertidas para outros usos. Isto sugere que gerações futuras irão depender não de melhores terras e melhores condições de cultivo, mas sim do aumento de produtividade de terras cada vez menores e de menor qualidade. Este é um grande desafio.

No entanto, uma conferência realizada pela FAO no início de 2008, para considerar a vindoura crise mundial de alimentos, sugeriu que existem algumas grandes áreas que foram utilizadas na agricultura ou poderiam ser aproveitadas para agricultura. Em particular, a FAO notou que 23 milhões de hectares de terras de cultivo deixaram de ser utilizadas na produção na Europa Oriental e na região da Comunidade dos Estados Independentes (CEI), especialmente no Cazaquistão, Rússia e Ucrânia, e que pelo menos metade destas terras — 13 milhões de hectares — poderiam ser prontamente disponibilizadas para produzir com poucos impactos ambientais.[6] Para inserir essa informação no contexto, 10 estados do centro-oeste norte-americano têm, cada um, 4 milhões, ou mais, de hectares sendo cultivados — Iowa, Illinois, Dakota do Norte, Kansas, Texas, Minnesota, Nebraska, Dakota do Sul, Missouri e Indiana — portanto seria como adicionar o equivalente a três destes estados. Aproximadamente 135 milhões de hectares são utilizados na agricultura nos Estados Unidos, então esse uso seria também equivalente a aumentar a quantidade mundial de terras cultivadas por aproximadamente 4,5% da área utilizada nos Estados Unidos.[7]

O suprimento mundial de comida é também altamente afetado por atitudes e crises sociais, as quais afetam o ambiente e, consequentemente, a agricultura. Na África, as crises sociais desde 1960 incluíram mais de 20 grandes guerras e mais de 100 golpes.[8] Tal instabilidade social torna difícil a realização de agricultura contínua; na realidade, tal estado torna difícil a realização de qualquer agricultura, se não impossível.[9] Da mesma forma a agricultura é afetada pelas variações no clima, o pesadelo tradicional dos fazendeiros.[10,11]

Portanto, a chave para produção de alimentos no futuro parece ser o aumento da produção por área, provavelmente em terras cada vez piores, e com riscos de danos ambientais

Figura 11.4 ■ Fazenda irrigada na Arábia Saudita sendo vista do espaço. Apesar de produtiva em lugares onde a agricultura era anteriormente impossível, tal irrigação em áreas desertas elevou o consumo mundial de água.

cada vez maiores. Isso pode ser feito? Alguns agrônomos e corporações agrícolas acreditam que a produção por área continuará a aumentar, parcialmente devido aos avanços em engenharia genética. Esta nova metodologia, no entanto, dá origem a alguns problemas ambientais potenciais importantes, discutidos no Capítulo 12. Além disso, a produtividade elevada dependeu no passado de maior uso de água e fertilizantes (Figura 11.4). Água é um fator limitante em muitas partes do mundo e se tornará um fator limitante em mais áreas no futuro (Capítulos 21 e 22).

11.2 Como Ocorre a Morte Causada pela Fome

Pessoas "passam fome" de duas formas: subnutrição e desnutrição. Subnutrição resulta da falta de calorias suficientes na alimentação disponível, de tal forma que o indivíduo tem pouco ou nenhuma capacidade de se mover ou trabalhar e, eventualmente, morre por falta de energia. Desnutrição resulta de deficiência no consumo de um componente químico específico da alimentação, tal como proteínas, vitaminas, ou outros elementos químicos essenciais. Ambos são problemas globais.

Subnutrição generalizada se manifesta nas fomes que são óbvias, dramáticas e implacáveis. A desnutrição tem seus efeitos em longo prazo e é sorrateira. Mesmo que não morra imediatamente, a pessoa se torna menos produtiva que o normal e pode sofrer prejuízos permanentes e até mesmo dano cerebral. Entre os principais problemas da subnutrição estão: o marasmo, definhamento progressivo causado pela falta de proteínas e calorias; kwashiorkor, a falta de proteínas suficientes na dieta, a qual leva, na infância, à falha do desenvolvimento neural e, portanto, a deficiências na capacidade de aprendizado (Figura 11.5); e fome crônica, que ocorre quando as pessoas têm comida suficiente para permanecer vivas, porém não o suficiente para terem vidas satisfatórias e produtivas. Isso quer dizer que a produção mundial de alimentos deve garantir qualidade nutricional adequada, não somente quantidade.

O suprimento de proteínas tem sido o principal problema da qualidade nutricional. Animais são a fonte de proteínas mais facilmente acessível para a população, porém depender de animais para proteínas desencadeia uma série de questões de valores, incluindo ecológicos (É melhor comer os seres inferiores na cadeia alimentar?), ambientais (Os animais criados destroem o solo mais rapidamente que os cultivos?) e éticos (É moralmente certo comer animais?). A forma como as pessoas respondem a essas questões afeta as abordagens à agricultura e, dessa forma, os efeitos ambientais da agricultura. Novamente, a questão da ciência e dos valores surge.

Desde o final da Segunda Guerra Mundial, raramente algum ano passou sem uma crise de fome em algum lugar do mundo.[12] Emergências alimentares afetaram 34 países ao redor do mundo no final do século XX. Padrões climáticos variáveis na África, América Latina e Ásia, assim como o comércio inadequado de comida, contribuíram para essas crises.[13] Exemplos incluem a fome na Etiópia (1984–1985), Somália (1991–1993) e a crise de 1998 no Sudão (veja também o Capítulo 9). A África permanece o continente com a mais aguda escassez de comida, devido ao clima adverso e caos civil.[14] O problema da distribuição é claramente ilustrado por essas fomes recentes. A distribuição de comida falha porque pessoas pobres não podem comprar a comida nem

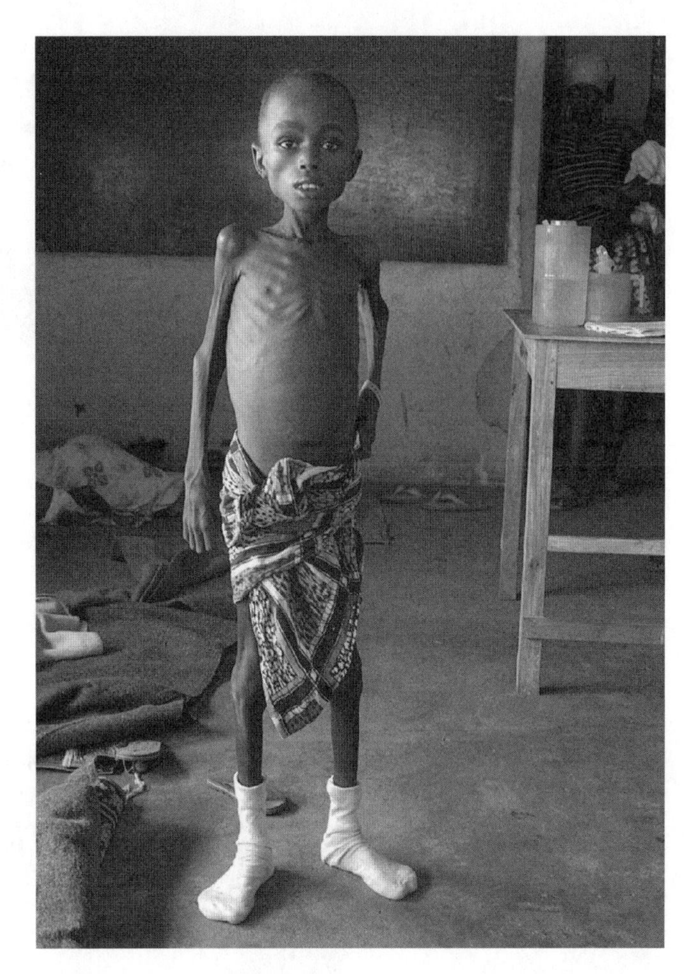

Figura 11.5 ■ Fotografia de uma criança sofrendo de kwashiorkor.

pagar pela sua entrega, porque o transporte é deficiente ou muito caro, ou porque a comida é negada por razões políticas ou militares. Apesar de existir um comércio internacional de alimentos considerável, a maior parte dele é realizado entre nações ricas.

Uma solução comum é a ajuda alimentar, onde uma nação fornece comida para outra, ou empresta dinheiro para comprar comida. Nos anos 1950 e 1960, apenas alguns poucos países industrializados forneceram essa ajuda, usando seus estoques excedentes de comida. Um dos picos de auxílio ocorreu na década de 1960, quando um total de 13,2 milhões de toneladas de comida por ano foram doadas. Uma crise alimentar mundial no início da década de 1970 alertou para a necessidade de uma maior atenção ao suprimento e estabilidade da produção de alimentos. Porém, durante a década de 1980, as doações totalizaram somente 7,5 milhões de toneladas. Um nível recorde de 15 milhões em 1992–1993 satisfez menos de 50% das necessidades calóricas mínimas das populações alimentadas. Se a ajuda alimentar for direcionada para, sozinha, acabar com a desnutrição, um quantidade estimada de 55 milhões de toneladas de alimentos será necessária até 2010 — mais que seis vezes a quantidade disponível em 1995.[15]

Quando um grupo de pessoas passa fome, o mundo sente tristeza por elas. Gestos humanitários são importantes, porém esses gestos, por si sós, não tem a capacidade de solucionar o problema alimentar do mundo. O auxílio é uma resposta de curto prazo. No longo prazo, quando a distribuição de alimentos se tornar o problema primário, a melhor solução será

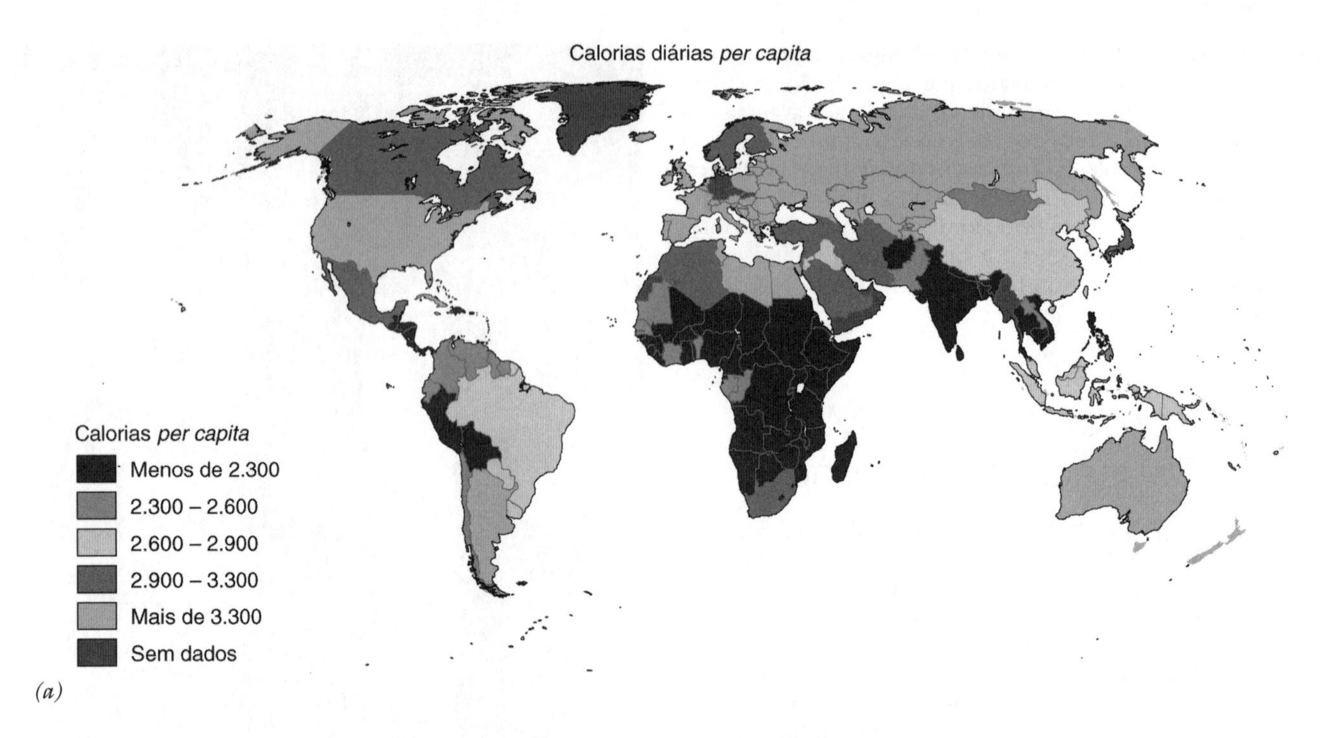

(*a*)

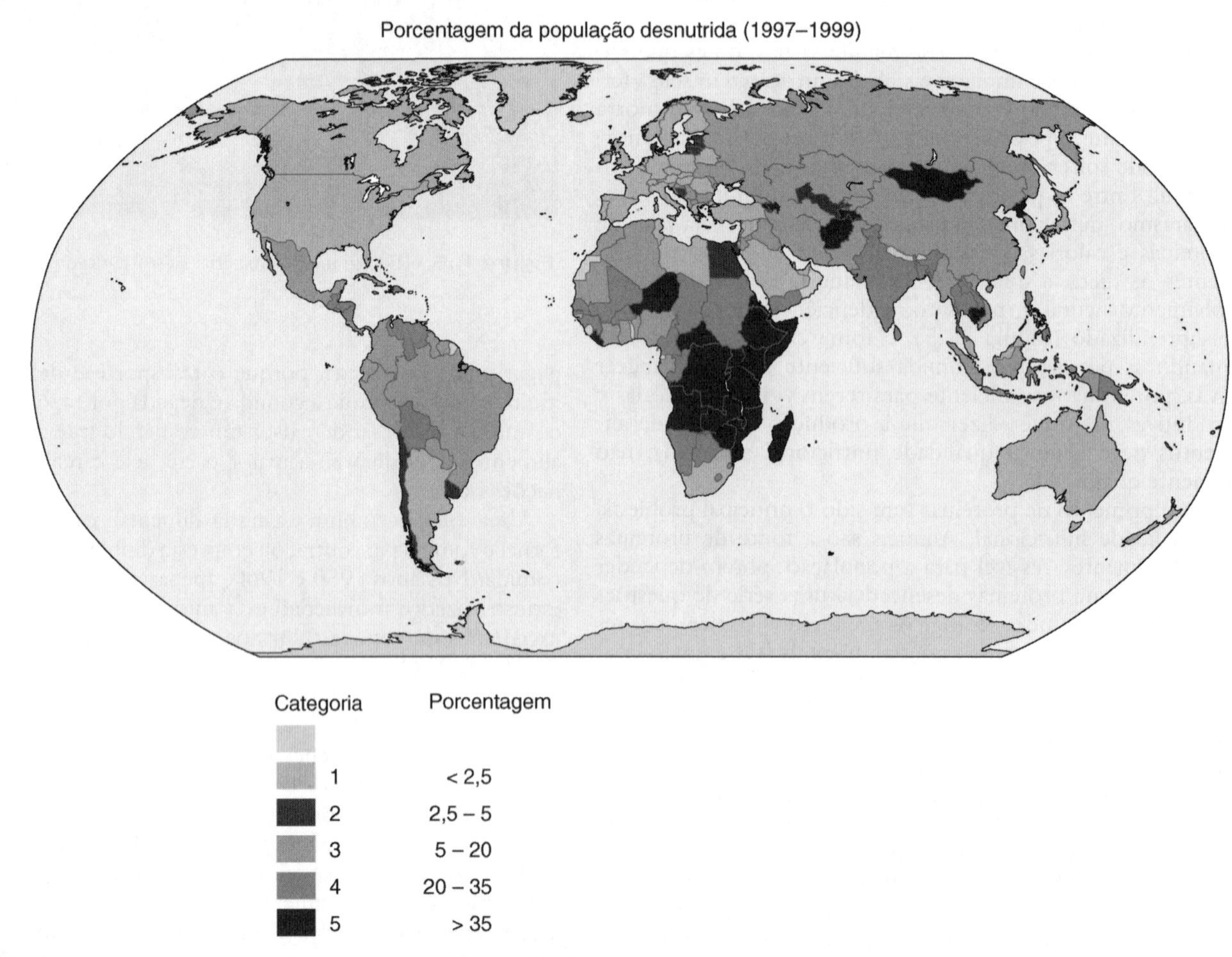

(*b*)

Figura 11.6 ■ (*a*) Consumo diário de calorias ao redor do mundo. (*b*) Onde as pessoas estão subnutridas. A porcentagem é a parte da população total do país que está subnutrida. (*Fonte*: World Resources Institute. Website: http://www.wri.org/.)

elevar a produção local de alimentos. Ironicamente, a ajuda alimentar pode agir contra a alta disponibilidade de comida cultivada localmente. Comida gratuita prejudica fazendeiros locais; eles não podem competir com isso. A disponibilidade de comida cultivada localmente também evita cortes bruscos na distribuição e a necessidade de se transportar comida por longas distâncias: a única solução completa para a fome é o desenvolvimento local de agricultura autossustentável. O velho ditado "Dê a um homem um peixe e alimente-o por um dia; ensine-o a pescar e alimente-o por toda a vida" é verdadeiro. É necessário desenvolver e ensinar técnicas agrícolas que possam ser mantidas por longos períodos de tempo sem esgotar os recursos.

11.3 O que É Comido e o que É Cultivado

Plantações

Do meio milhão de espécies de plantas na Terra, apenas cerca de 3.000 são utilizadas nos cultivos agrícolas e somente 150 espécies são cultivadas em larga escala. Nos Estados Unidos, 200 espécies são cultivadas. A maior parte da alimentação mundial é suprida por apenas 14 espécies. Em uma ordem aproximada de importância estas espécies são o trigo, arroz, milho, batata, batata-doce, mandioca, cana-de-açúcar, beterraba, feijão, soja, cevada, sorgo, coco e bananas (Figuras 11.7 e 11.8) Destas, seis fornecem mais de 80% das calorias consumidas pelos seres humanos, tanto direta quanto indiretamente.[16]

Algumas plantas, as forragens, são cultivadas para servir de comida na criação de animais. Estas incluem alfafa, sorgo e várias espécies de gramíneas cultivadas como ração. A alfafa é a mais importante alimentação animal cultivada nos Estados Unidos, que destinam 14 milhões de hectares para plantações de alfafa — metade do total mundial.

As pessoas criam, ao redor do mundo, 14 bilhões de galinhas, 1,3 bilhão de gado, mais de um bilhão de ovelhas, mais de um bilhão de patos, quase um bilhão de porcos, 700 milhões de cabras, mais de 160 milhões de búfalos-asiáticos e aproximadamente 18 milhões de camelos.[17] Fontes importantes de comida, esses animais têm um grande impacto na terra, como discutido no Capítulo 12. Interessantemente, a quantidade de gado no mundo tem aumentado um pouco, aproximadamente 0,2% nos últimos 10 anos; o número de ovelhas permaneceu aproximadamente o mesmo; e o número de cabras aumentou de 660 milhões em 1995 para 807 milhões em 2005. A produção de carne de vaca, no entanto, aumentou de 57 milhões de toneladas em 1995 para 63 milhões em 2005. Durante o mesmo período, a produção de carne de frango sofreu um aumento elevado, de 46 milhões de toneladas para 70 milhões de toneladas, e a carne de porco aumentou de 80 milhões para mais de 100 milhões de toneladas no período.[18]

A maior parte do gado vive em pastagens naturais ou pastos. As **pastagens naturais** fornecem comida para a alimentação dos animais sem a necessidade de aração e plantio; o **pasto** é arado e a forragem é plantada e colhida para fornecer alimentação para os alimentais. Mais de 34 milhões de km^2 ao redor do mundo são pastos permanentes — uma área maior que os tamanhos combinados do Canadá, dos Estados Unidos, Brasil, Argentina e Chile.[18]

Há um grande comércio mundial de grãos. Apenas os Estados Unidos, Canadá, Austrália e Nova Zelândia são grandes exportadores; as demais nações mundiais são importadoras. Em 2005, a produção mundial de grãos foi de 2,2 bilhões de toneladas, uma safra recorde.[18] A produção mundial de grãos foi de 0,8 bilhão de tonelada em 1961, alcançou 1 bilhão em 1966, então dobrou para 2 bilhões em 1996, um aumento notável em 30 anos. A produção, no entanto, permaneceu relativamente estável desde então. A pergunta que deve ser feita, e que não pode ser respondida no momento, é se isto significa que a capacidade mundial de transporte desses grãos foi alcançada ou simplesmente é a demanda que não está crescendo (Figura 11.9).

Aquicultura

Em contraste com a comida obtida na terra, a maior parte da alimentação obtida da água, tanto salgada como doce, ainda vem da caça e pesca. O meio ambiente e a pesca nas regiões

(*a*)

(*b*)

(*c*)

Figura 11.7 ■ Algumas das principais culturas do mundo, incluindo (*a*) trigo, (*b*) arroz e (*c*) soja. Veja o texto para uma discussão acerca da importância relativa das três culturas.

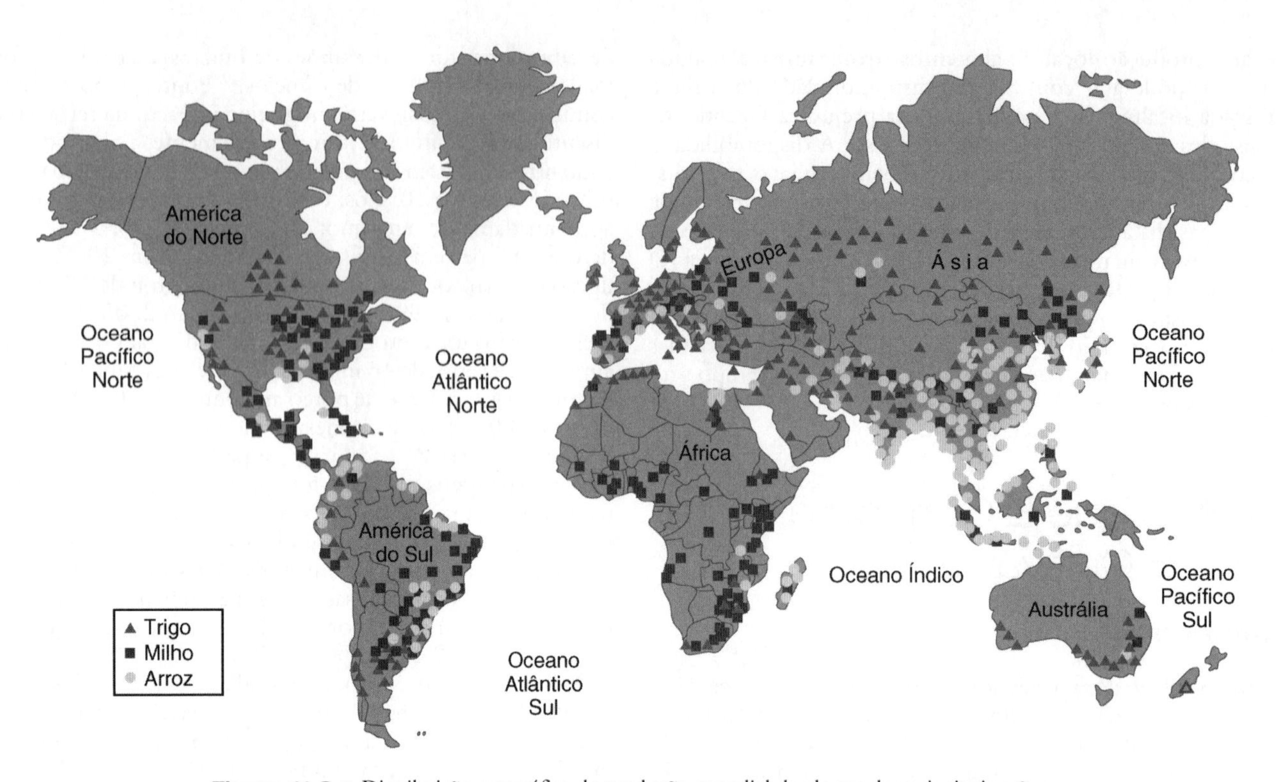

Figura 11.8 ■ Distribuição geográfica da produção mundial de alguns dos principais grãos.

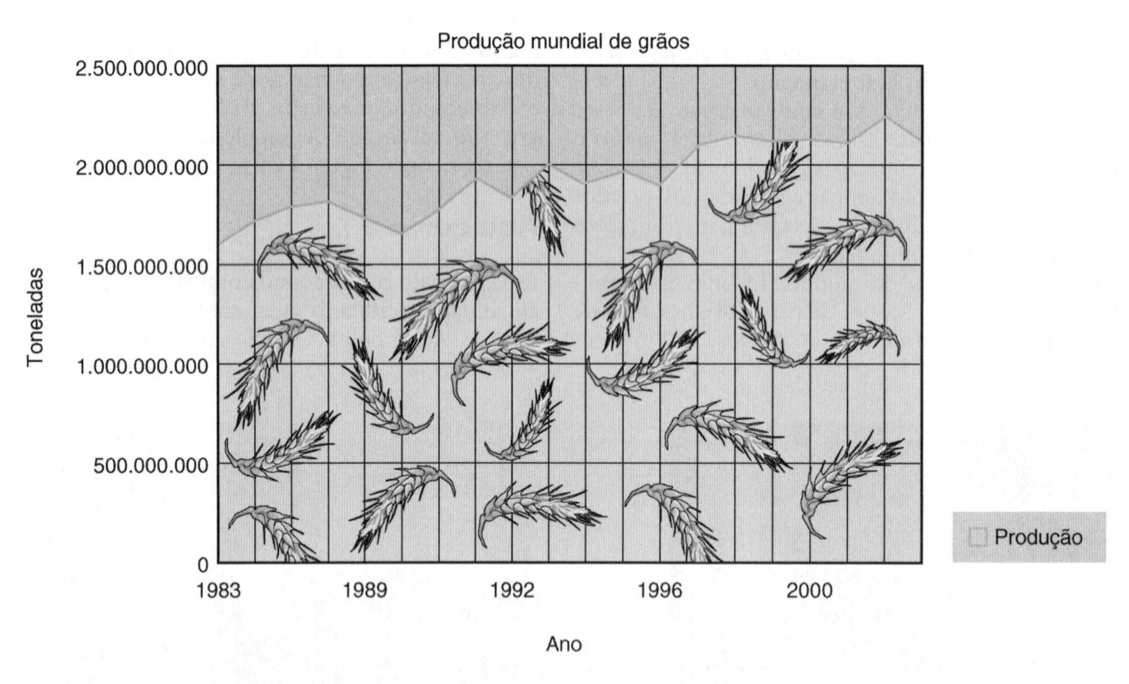

Figura 11.9 ■ Produção mundial de grãos desde 1983. (*Fonte*: Estatísticas da FAO, do website FAOSTATS.)

de criação de peixes são discutidos no Capítulo 14. A pesca de peixes livres não tem sido sustentável (veja o Capítulo 14), e a **aquicultura**, ou seja, a produção de comida em hábitats aquáticos — tanto marinhos quanto de água doce — é uma importante fonte de proteínas que está crescendo rapidamente, e poderia ser uma das principais soluções para a resolução do problema de qualidade nutricional. Produtos populares da aquicultura incluem carpas, tilápias, ostras e camarões, mas em muitas nações outras espécies são criadas e culturalmente importantes, tais como o buri (*Seriola quinqueradiata,* importante no Japão); lagostas (Estados Unidos); enguias e mexilhões (China); bagre (sul e centro-oeste dos Estados Unidos); salmão (Noruega e Estados Unidos); trutas (Estados Unidos); solhas, linguados e o *milkfish* do sudeste asiático (*Chanos chanos*, Grã-Bretanha); mexilhões (França, Espanha e países do sudeste asiático); e esturjão (Ucrânia). Algumas espécies — trutas e carpas — têm sido sujeitas a programas de cruzamento genético.[19]

Figura 11.10 ■ Uma fazenda de ostras em Poulsbo, Washington, EUA. Ostras são criadas em estacas artificiais na zona entremarés.

Apesar de relativamente nova nos Estados Unidos, a aquicultura tem uma longa história em outros lugares, especialmente na China, onde pelo menos 50 espécies são criadas, incluindo peixes, camarões, caranguejos, outros crustáceos, tartarugas marinhas e pepinos-do-mar (ou holotúrias, um tipo de animal marinho).[19] Na região chinesa de Sichuan, peixes são criados em mais de 100.000 hectares de campos de arroz alagados. Esta é uma antiga prática que pode ser traçada de volta até um tratado, sobre a criação de peixes, escrito por Fan Li em 475 a.C.[19]

A aquicultura pode ser extremamente produtiva, especialmente porque a água corrente traz alimento de fora para os tanques ou cercados. Apesar de a área da Terra que pode suportar aquicultura de água doce ser pequena, pode-se esperar que esse tipo de aquicultura aumente no futuro e se torne uma fonte mais importante de proteínas. Na China e em outros países asiáticos, os criadores geralmente cultivam várias espécies de peixe no mesmo tanque, explorando seus diferentes nichos ecológicos. Os tanques utilizados principalmente para a criação de carpas, um peixe que se alimenta no fundo dos reservatórios, também possuem vairões (pequenos peixes) que se alimentam na superfície, comendo folhas adicionadas aos tanques.

Algumas vezes os tanques utilizam recursos que seriam descartados, tais como água fertilizada retirada do tratamento de esgoto; alguns tanques existem em piscinas quentes naturais (Idaho, EUA) e contêm água aquecida utilizada no resfriamento de usinas de energia elétrica (Long Island, Nova York, EUA; Grã-Bretanha).[19]

Maricultura, a criação de peixe marinhos, apesar de produzir apenas uma pequena parte do total de peixes marinhos apanhados, cresceu rapidamente nas últimas décadas e provavelmente continuará a crescer. A maricultura de abalones e ostras, cuja produção natural é limitada, está aumentando. Nos Estados Unidos e Canadá, por exemplo, pesquisadores estão trabalhando para descobrir como atrair estes crustáceos em suas fases iniciais, móveis, para áreas onde eles possam ser convenientemente criados e explorados. Ostras e mexilhões são criados em balsas parcialmente submersas no oceano, uma prática comum no oceano Atlântico em Portugal e no Mediterrâneo na França. Uma vez que se alimentam por meio de filtragem, estes animais obtêm comida da água das correntes que passam por eles. Uma vez que uma pequena balsa é exposta a um grande volume de água, e, portanto, a um grande volume de comida, as balsas podem ser extremamente produtivas. Mexilhões criados em balsas nas baías da Galícia, Espanha, produzem 300 toneladas por hectare, enquanto os locais de exploração natural de crustáceos nos Estados Unidos produzem apenas cerca de 10 kg/ha.[19] Ostras e mexilhões são criados também em estacas artificiais na zona entremarés no estado de Washington, EUA (Figura 11.10).

11.4 Perspectivas Ecológicas na Agricultura

As plantações criam novas condições ecológicas (Figura 11.11) Estes **agroecossistemas** diferem dos ecossistemas naturais de seis maneiras:

- Na agricultura tenta-se acabar com a sucessão ecológica e manter os agroecossistemas em um estágio sucessional inicial (veja o Capítulo 10). A maior parte das plantas cultivadas são espécies sucessoras iniciais, o que quer dizer que elas se desenvolvem melhor quando a luz do Sol, a água e os nutrientes químicos no solo são abundantes. Sob condições naturais, as espécies de cultivo seriam eventualmente substituídas por espécies tardias. Impedir que os processos de sucessão natural ocorram requer tempo e esforço. A maior parte das culturas é plantada em terra limpa, a qual é então mantida livre de outras vegetações. Em contraste, quando a limpeza de uma área é causada por distúrbios naturais, tais como um incêndio ou uma tempestade, a vegetação retorna — primeiro as espécies sucessoras iniciais e, em seguida, as espécies tardias.
- Outro ponto no qual a maior parte dos agroecossistemas difere dos ecossistemas naturais é a **monocultura** — grandes áreas plantadas com uma única espécie ou até mesmo uma única subespécie, tal como um único híbrido de milho. A desvantagem da monocultura é que torna o cultivo inteiramente vulnerável a uma única doença ou a uma única mudança nas condições ambientais. O plantio repetido de uma única espécie pode reduzir as reservas de certos elementos essenciais contidos no solo, reduzindo, dessa forma, a fertilidade média do solo. Isto pode ser, em certo grau, neutralizado por fertilizantes artificiais e pela antiga prática da **rotação de culturas**. Na rotação de culturas, diferentes plantas são cultivadas alternadamente no mesmo campo,

Figura 11.11 ■ Como a agricultura altera um ecossistema. Ela converte ecossistemas complexos com uma alta diversidade de espécies e diversidade estrutural em uma monocultura de estrutura uniforme. O solo é altamente modificado. Veja o texto para informações adicionais sobre os efeitos da agricultura nos ecossistemas.

com o solo ocasionalmente sendo deixado em descanso. É deixado que uma superfície vegetal cresça no campo em descanso (algumas vezes plantada, outras vezes naturalmente germinada), a qual não é colhida por pelo menos uma estação. Geralmente a vegetação que cresce no campo em descanso é arada para adicionar fertilidade ao solo.

- Os cultivos são realizados em filas apertadas, o que facilita a vida das pragas, já que as plantas não têm lugar para se esconder. Em ecossistemas naturais, muitas espécies de plantas crescem misturadas em padrões complexos, de forma que se torna mais difícil para as pragas encontrar suas vítimas.
- A agricultura simplifica muito a diversidade biológica e as cadeias alimentares. A maior parte dos métodos de controle de pragas reduz a abundância e diversidade de predadores naturais e, dessa forma, torna os agroecossistemas mais suscetíveis a mudanças indesejadas.
- A aração é diferente de qualquer distúrbio natural do solo — nada na natureza repetida e regularmente remexe o solo em uma profundidade específica. A prática de arar expõe o solo à erosão e danifica sua estrutura física, levando ao declínio na matéria orgânica e a perda dos elementos químicos para a erosão. Isso é ilustrado pelos estudos no Condado de Santa Bárbara, Califórnia, EUA, de terras anteriormente aradas que foram abandonadas pela agricultura. Em vez de retornar às originais florestas de carvalho da Califórnia, a terra arada desenvolveu vegetação rasteira e arbustos ou passou por um processo de sucessão biológica dando origem às florestas de carvalho, mas muito mais lentamente que a terra não arada.
- A mais nova diferença é a modificação genética das plantas cultivadas — uma nova situação.

11.5 Fatores Limitantes

Solos agrícolas de alta qualidade têm todos os elementos químicos necessários para o crescimento das plantas e uma estrutura física que permite que tanto água quanto ar fluam livremente através do solo, ainda assim retendo a água. Os melhores solos agrícolas têm um elevado conteúdo orgânico e uma mistura de partículas sedimentares variadas. Partículas pequenas, especialmente argilas finas, ajudam a reter a umidade e os elementos químicos; partículas grandes, incluindo a areia e o seixo, ajudam no fluxo da água. Mas diferentes plantas necessitam de diferentes solos. Arroz de planície cresce em tanques inundados e precisa de solos altamente saturados com água, enquanto melancias crescem melhor em solos com muita areia. Os solos raramente têm tudo que um determinado cultivo necessita. A questão que um fazendeiro deve fazer é: O que precisa ser adicionado ou feito para fazer o solo se tornar mais produtivo para uma determinada plantação? A resposta tradicional é que, em qualquer momento, somente um fator é limitante. Se esse fator puder ser melhorado, o solo será mais produtivo; se aquele único fator não for alterado, nada mais fará diferença. A ideia de que um único fator determina o crescimento e, consequentemente, a presença de uma espécie é conhecido como a lei do mínimo de Liebig, referência a Justus von Liebig, um agricultor do século XIX que formulou essa ideia pela primeira vez. Ele sabia que os cultivos necessitavam de um número de nutrientes no solo e que as safras poderiam ser elevadas ao se adicionar estes nutrientes como fertilizantes. No entanto, o fator que causava um aumento variava de tempo em tempo e de lugar para lugar. Uma formulação geral da lei de Liebig é: O crescimento de uma planta é afetado por um **fator limitante** por vez — aquele cuja disponibilidade é a menor em comparação às necessidades da planta.

A realidade pode ser muito mais complicada. As plantas necessitam de aproximadamente 20 elementos químicos. Estes precisam estar disponíveis nas quantidades certas, nos momentos certos, nas proporções certas em relação um ao outro. É comum dividir estes elementos químicos vitais em dois grupos, macronutrientes e micronutrientes. Um **macronutriente** é um elemento químico essencial para todos os seres vivos em quantidades relativamente elevadas. Os macronutrientes são o enxofre, fósforo, magnésio, cálcio, potássio, nitrogênio, oxigênio, carbono e hidrogênio. Um **micronutriente** é um elemento químico exigido em pequenas quantidades — tanto em quantidades extremamente pequenas para todas as formas de vida ou moderadas para algumas formas de vida. Micronutrientes geralmente são metais mais raros, tais como molibdênio, cobre, zinco, manganês e ferro. (Macronutrientes e micronutrientes são também discutidos no Capítulo 4.)

Se Liebig estivesse sempre certo, então fatores ambientais iriam agir sempre um por um para limitar a distribuição das coisas vivas. Mas há exceções a essa regra. Por exemplo, o nitrogênio é um componente necessário de cada proteína e as proteínas são os blocos de construção fundamentais das células. Enzimas, que viabilizam muitas das reações celulares, contêm nitrogênio. Uma planta que recebe pouco nitrogênio e fósforo pode não conseguir sintetizar, em quantidade suficiente, as enzimas envolvidas na absorção e no consumo do fósforo. Elevar o nitrogênio recebido pela planta eleva a captura e o consumo de fósforo. Se isso é verdade, então os dois elementos têm um **efeito sinérgico**. Em um efeito sinérgico, uma mudança na disponibilidade de um recurso afeta a reação de um organismo a algum outro recurso.

Até agora foram discutidos os efeitos dos elementos químicos quando eles estão escassos. Mas também é possível ter abundantemente uma coisa boa — a maior parte dos elementos químicos torna-se tóxica quando eles estão presentes em concentrações muito altas. Como exemplo simples, as plantas morrem quando têm pouca água, porém também quando ela é suficiente para afogá-las, a não ser que elas tenham adaptações específicas para viver na água. De maneira análoga ocorre com os elementos químicos necessários para a vida. Nesta seção, foram discutidos os problemas da escassez; problemas do excesso serão abordados no Capítulo 15.

Quanto mais velho o solo, maior a probabilidade de não possuir traços de elementos, já que, à medida que o solo envelhece, seus elementos químicos tendem a ser carreados pela água, das camadas mais superficiais para as mais profundas (veja o Capítulo 10). Quando elementos químicos cruciais são transportados para baixo do alcance das raízes, o solo se torna infértil. Casos extremos de escassez de nutrientes no solo foram encontrados na Austrália, que tem alguns dos mais antigos solos do mundo — em terras que estiveram acima do nível do mar por muitos milhares de anos, ocorrendo, durante esse tempo, lixiviações severas. Algumas vezes, os elementos são necessários em quantidades extremamente baixas. Por exemplo, é estimado que, em certos solos australianos, adicionar aproximadamente 30 gramas de molibdênio a um campo aumenta a quantidade de grama gerada por 1 tonelada/ano. A ideia de um fator limitando o crescimento, originalmente usado em referência a plantas cultivadas, foi estendida por ecologistas para incluir todas as exigências vitais para todas as espécies em todos os hábitats.

11.6 Perspectivas da Agricultura

Podem-se identificar três principais abordagens tecnológicas à agricultura. Uma delas é a agricultura mecanizada moderna, onde a produção é baseada em tecnologia altamente mecanizada que possui uma alta demanda por recursos — incluindo terra, água e combustível — e faz pouco uso de tecnologia biológica. Outra abordagem é a agricultura sustentável, baseada nos recursos, a qual é baseada em tecnologia biológica e conservação de terra, água e energia. Um desdobramento da segunda é a produção de comida orgânica, onde as plantas são cultivadas sem substâncias químicas artificiais (incluindo pesticidas), onde a engenharia genética não é utilizada e métodos de controle ecológico são aplicados. A terceira modalidade é a bioengenharia. Na agricultura mecanizada, a produção é determinada pela demanda econômica e limitada por essa mesma demanda, não pelos recursos. Na agricultura sustentável, baseada nos recursos, a produção é limitada pela sustentabilidade e pela disponibilidade de recursos e a demanda econômica geralmente excede a produção (Figura 11.12).

A história da agricultura pode ser resumida de forma mais simplificada como consistindo em quatro estágios:

1. Agricultura sustentável, baseada nos recursos — e que agora é chamada de agricultura orgânica — foi introduzida aproximadamente há 10.000 anos.
2. Uma mudança para a agricultura mecanizada baseada na demanda ocorreu durante a Revolução Industrial dos séculos XVIII e XIX.
3. Um retorno para a agricultura sustentável começou no século XX, utilizando-se de novas tecnologias.
4. Hoje há um interesse crescente tanto em relação à agricultura orgânica quanto ao potencial uso em larga escala de plantas geneticamente modificadas (veja os Detalhamentos 11.1 e 11.2).

O que pode ser feito para ajudar a produção agrícola a acompanhar o crescimento populacional humano? Já que há

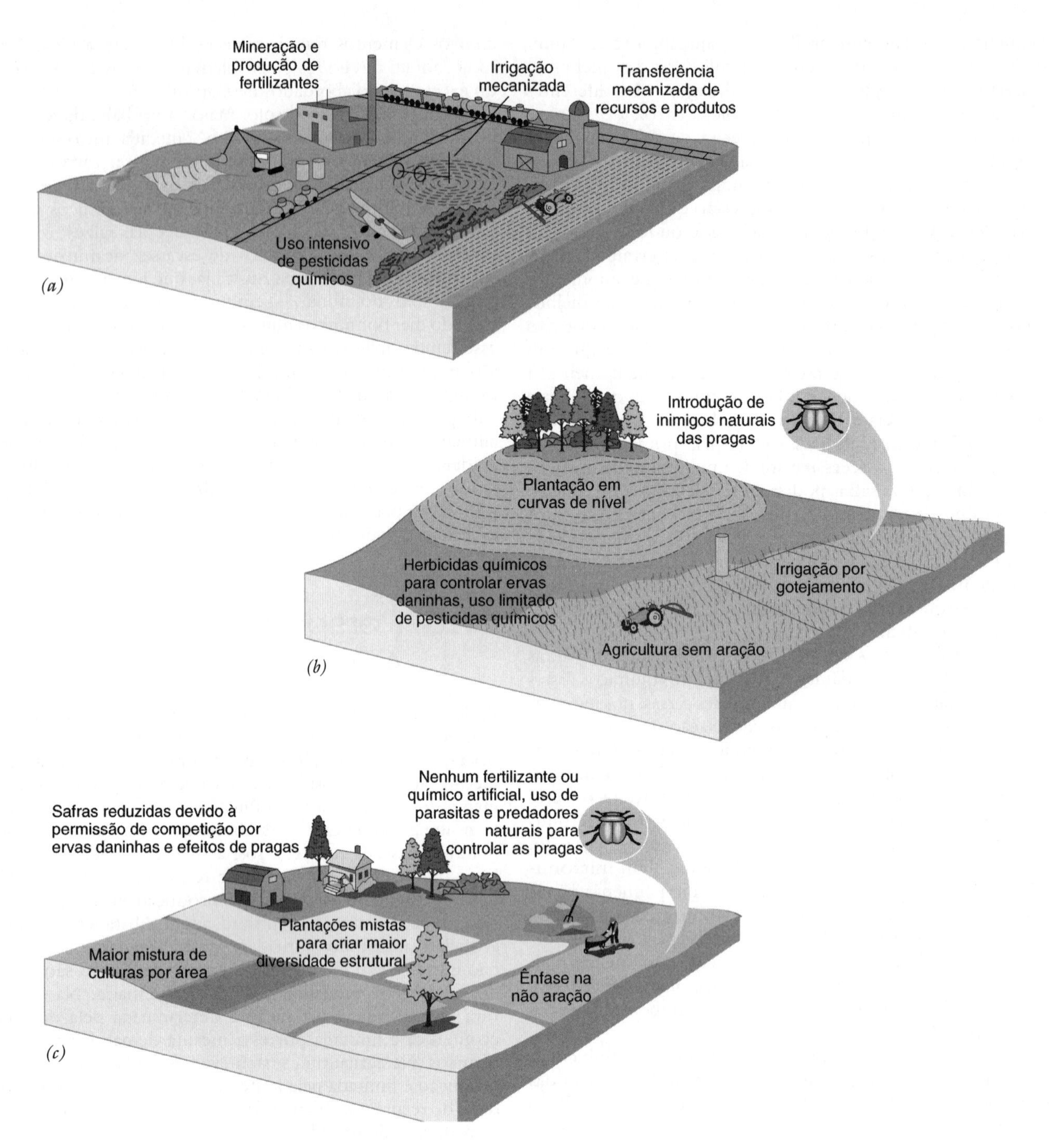

Figura 11.12 ■ Tecnologias agrícolas: (*a*) agricutura baseada na demanda, (*b*) agricultura baseada nos recursos e (*c*) uma fazenda orgânica.

tantas espécies de plantas, talvez algumas ainda não utilizadas possam fornecer novas fontes de alimentação e possam ser cultivadas em ambientes pouco usados para a agricultura. Aqueles interessados na conservação da diversidade biológica incitam a uma busca por novas plantas cultiváveis, com o argumento de que esta é uma justificativa útil para a conservação das espécies. É também sugerido que algumas dessas novas plantas teriam menos impacto no ambiente e, consequentemente, maior probabilidade de permitir a agricultura sustentável. Ao longo da extensa história da existência humana, estas espécies comestíveis foram encontradas e o seu número é pequeno. Pesquisas estão sendo realizadas para se encontrar novas plantas que têm sido consumidas localmente, mas cujo potencial para cultivo amplo e intenso ainda não tenham sido testadas. Entre os atuais candidatos estão guaiule, crambe, guandu (ou andu) e grãos de amaranto.[20]

11.7 O Aumento da Produtividade

Aumentos futuros na produção agrícola resultarão provavelmente do desenvolvimento de subespécies altamente produtivas das plantas. Durante o século XX, passos largos foram dados no sentido de aumentar a produtividade. Alguns desses avanços, os quais envolveram o desenvolvimento de novas linhagens híbridas, ficaram conhecidos como a revolução verde. Vários outros métodos de se elevar o suprimento de alimentos podem também ser promissores, apesar de sempre terem limitações.

A Revolução Verde

A **revolução verde** é o nome dado aos programas do pós-Segunda Guerra Mundial que levaram ao desenvolvimento de novas variações das plantas cultivadas, tendo maiores rendimentos, melhor resistência a doenças, ou maior capacidade de crescer em condições ruins. Um avanço da revolução verde foi o desenvolvimento de superespécies de arroz no Instituto Internacional de Pesquisas de Arroz nas Filipinas (veja a Figura 11.13). Apesar de a hibridização do arroz aumentar vastamente sua produtividade, as novas subespécies necessitam de um maior uso de fertilizantes e de 4 a 7 vezes mais água. E, em alguns casos, eles produziram um arroz que não foi considerado desejável para se comer. Outro desenvolvimento da revolução verde foram as subespécies de milho com resistência aprimorada às doenças, melhoria feita no Centro Internacional de Aperfeiçoamento de Milho e Trigo, no México.

Irrigação Aperfeiçoada

Melhores técnicas de irrigação podem aumentar a produtividade das plantas e reduzir o total de água. Irrigação por gotejamento — realizada com o uso canos em que a água pinga e escorre lentamente — reduz altamente a perda de água pela evaporação e aumenta, assim, a produtividade. No entanto, é caro e, logo, tem maior probabilidade de ser usado em nações desenvolvidas ou com excedente de recursos financeiros — em outras palavras, em alguns poucos dos países onde a fome não é mais severa. Algumas pessoas sugerem que no futuro haverá uma dependência crescente em agricultura artificial, tais como a *hidroponia*, que consiste no cultivo de plantas em soluções aquosas fertilizadas, em um substrato completamente artificial e em um ambiente artificial, tal como uma estufa. Essa abordagem é extremamente cara e improvável de ser efetiva nos locais onde a fome é maior.

11.8 Agricultura Orgânica

Para se tornar amplamente sustentável, a agricultura no futuro deverá ter um menor impacto no meio ambiente do que a agricultura no passado. A agricultura orgânica é geralmente sugerida como uma das soluções. À **agricultura orgânica** são tipicamente atribuídas três qualidades: é mais semelhante aos ecossistemas naturais que as monoculturas; minimiza os impactos ambientais negativos; e o alimento que resulta dessa técnica não contém componentes artificiais. De acordo com o Departamento de Agricultura dos EUA (USDA, em inglês), a agricultura orgânica tem sido um dos setores em maior crescimento na agricultura norte-americana, apesar de ainda ocupar uma pequena fração das fazendas do país e contribuir com uma pequena parte da renda da agricultura. Ao fim do século XX contribuiu com cerca de 6 bilhões de dólares — muito menos que a produção agrícola da Califórnia. Há por volta de 12.000 fazendeiros que praticam a agricultura orgânica nos EUA, e a quantidade está crescendo 12% ao ano.[22] O USDA iniciou em 2002 a certificação da agricultura orgânica; terras cultivadas por esse método mais que dobraram, e o número de fazendeiros certificando seus produtos cresceu 40%. Todos os fazendeiros de produtos orgânicos tiveram que ser, até 2002, certificados pelo USDA.[22] Nos Estados Unidos, mais de 525 mil hectares estão certificados como orgânicos. Na década de 1990, houve um aumento na quantidade de vacas leiteiras orgânicas, de 2.300 para 12.900, e as galinhas aumentaram de 44.000 para 500.000. Nos EUA, somente 0,01% da terra com cultivos de milho e soja era certificada em meados da década de 1990 como cultivada por sistemas orgânicos; Aproximadamente 1% das ervilhas secas e tomates estavam sendo cultivados organicamente e aproximadamente 2% das maçãs, uvas, alface e cenouras também. No final da década, quase um terço das plantações de trigo, ervas e vegetais mistos era cultivado sob condições de agricultura orgânica.[23]

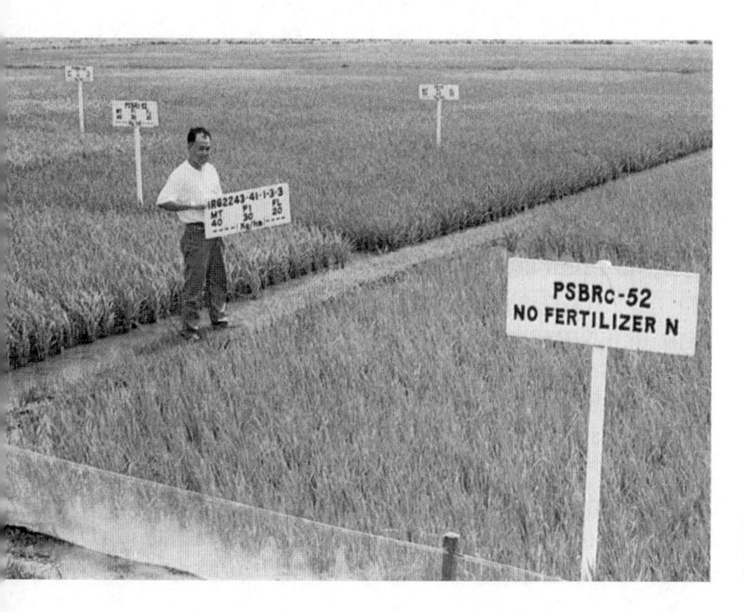

Figura 11.13 ■ Plantações de arroz experimentais no Instituto Internacional de Pesquisas de Arroz, Filipinas, demonstrando uma variação visual das plantas baseada no uso de fertilizantes.

DETALHAMENTO 11.1

Métodos de Agricultura Tradicional

Nos países industrializados localizados em zonas de clima temperado, há um longo histórico de aração para limpeza da terra para agricultura; mas em áreas tropicais, menos industrializadas, há um histórico de métodos agrícolas que dependem da limpeza da vegetação sem arar o solo. Em locais onde a perda de nutrientes do solo ocorre rapidamente após a limpeza, como em algumas florestas tropicais, a prática tradicional é cortar a floresta em pequenas porções, mas não completamente. Isto é chamado de agricultura de "corte e queima", e também de agricultura milpa, fang e de roça em diferentes partes do mundo (Figura 11.14). Alguns arbustos e plantas herbáceas são deixados. Várias plantas são cultivadas juntas entre a vegetação existente. A plantação é mantida e cultivada por alguns anos. Então é permitido que a floresta cresça novamente na terra. O processo natural de sucessão secundária — a recuperação e redesenvolvimento do ecossistema — é permitido. De fato, estas práticas agrícolas promovem o redesenvolvimento e elevam a conservação de elementos químicos no ecossistema. Após a floresta crescer novamente, o processo é repetido.

Este tipo de agricultura tem muitos nomes. É algumas vezes chamado de cultivação com repousos florestais ou de arbustos. Na América Latina, é chamada de agricultura milpa; Na Grã-Bretanha, agricultura de roça; na África Ocidental, agricultura fang. Neste tipo de agricultura, uma mistura de plantios é utilizada, incluindo raízes, caules e plantas de frutos. Por exemplo, na África Ocidental, a agricultura fang inclui inhame (uma raiz) e milho; no sudeste asiático, raízes são cultivadas juntamente com arroz e painço ou com arroz e milho.[21]

Em teoria, esse método poderia ser sustentável se a densidade populacional humana permanecesse baixa. Perdas com a erosão seriam minimizadas e o solo eventualmente recuperaria sua fertilidade. A vegetação preservada fornece futuras fontes de sementes. Quando a pressão demográfica humana está baixa, um maior tempo passa entre os períodos de utilização de qualquer área. Isto é conhecido como período longo de rotação. Sob altas pressões populacionais, tais como ocorre em muitos locais hoje, o período de rotação é muito menor, e a terra pode não ser capaz de se recuperar suficientemente de sua utilização anterior. Nestes casos, a produção não é sustentável.

Por muitos anos, especialistas em agricultura das nações desenvolvidas consideravam este método como um processo deficiente com produtividade baixa e de curto prazo, usado somente por povos primitivos. Agora é entendido que este tipo de agricultura é adequado para regiões de alto grau de precipitação, onde o solo rapidamente se torna pobre quando a terra é completamente limpa. A mistura de plantas também permite que diferentes espécies contribuam para a fertilidade do solo de diferentes maneiras. Algumas plantas perenes atrasam a erosão física; legumes nativos adicionam nitrogênio ao solo; e assim por diante.

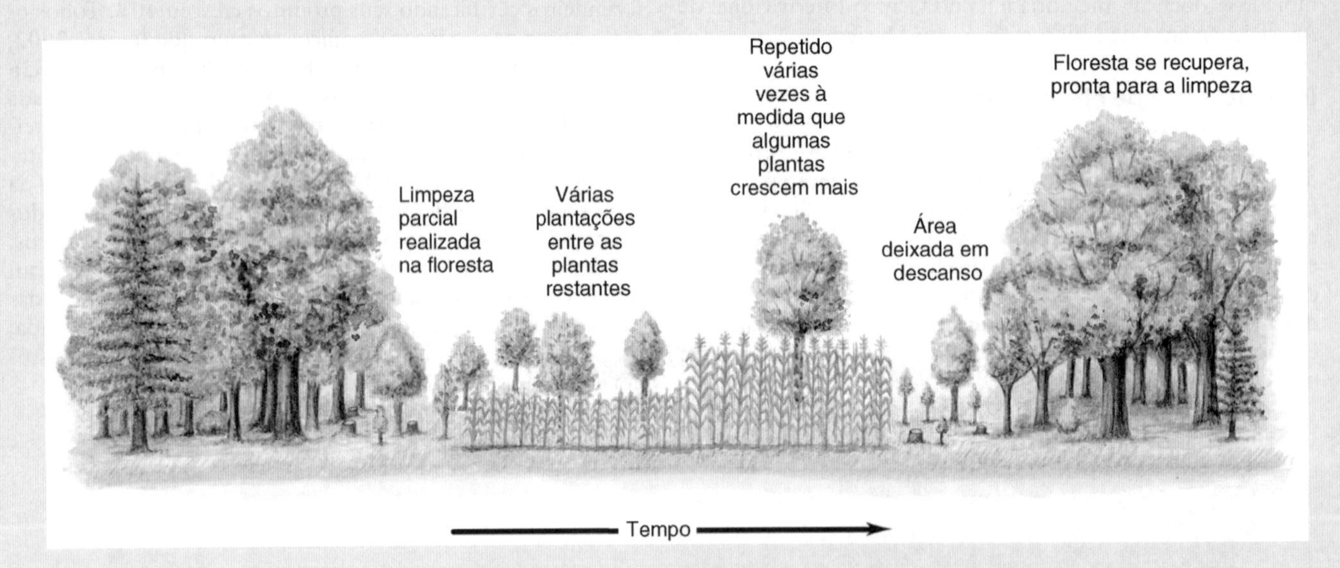

Figura 11.14 ■ Repouso de arbustos, também chamado de agricultura milpa, fang ou de roça. Ao longo do tempo, a sucessão secundária ocorrerá na terra parcialmente limpa pelo "corte e queima".

11.9 Alternativas para a Monocultura

Uma importante contrapartida está implícita na escolha de plantar um único híbrido. A cada ano, as companhias de semente se utilizam das previsões climáticas para a estação de cultivo e o conhecimento das mais prováveis subespécies de doenças e pragas na área a ser plantada. Elas então desenvolvem híbridos resistentes a essas subespécies, assim como adaptados ao clima previsto. Se as previsões estiverem corretas, a produção pode ser muito alta. Se as previsões estiverem incorretas, a produção na área inteira pode ser muito baixa.

Uma alternativa é plantar uma mistura de plantas e/ou uma ampla gama de genótipos em um determinado tempo e lugar. Esta abordagem é típica da agricultura pré-industrial ainda encontrada em muitos países em desenvolvimento, e é promovida hoje por fazendeiros de plantas orgânicas. A pro-

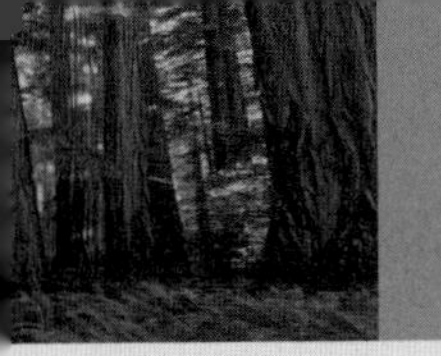

DETALHAMENTO **11.2**

Futuros Avanços Potenciais na Agricultura: Novas Linhagens Genéticas e Híbridos

Desde os primórdios, a agricultura afetou a genética de plantas e animais domesticados, à medida que pessoas selecionavam as raças que eram fáceis de criar e explorar. O ato de plantar e criar tornou certas espécies abundantes onde elas eram raras; portanto, a seletividade nessas atividades favoreceu certos genótipos (populações com certas características genéticas). Características que fazem de uma espécie ou genótipo um competidor mais fraco sob condições naturais algumas vezes fazem dele um produto de exploração mais desejável. Por exemplo, espécies selvagens de trigo perdem suas sementes quando amadurecem e são levemente sacudidos pelo vento ou por animais. Se for tentar cortar o caule desses tipos de trigo e levá-lo para casa, a maior parte das sementes cairá e poucas terão restado quando chegar. Esta é uma adaptação que ajuda a espalhar as sementes. Alguns espécimes de trigo selvagem têm uma mutação que faz com que as sementes permaneçam após perturbações. Na natureza, esses mutantes deixam menos descendentes e não persistem em termos de quantitativos populacionais; na natureza, esses mutantes são menos adaptados geneticamente (veja o Capítulo 7). Fazendeiros antigos escolheram esses mutantes por serem mais fáceis de coletar, transportar e usar. Dessa maneira, os humanos alteraram as pressões seletivas sobre o trigo e aceleraram a evolução de subespécies de trigo que são úteis para a humanidade, mas que não poderiam sobreviver por si sós naturalmente. Também poder-se-ia dizer que o resultado tem sido uma relação simbiótica entre os humanos e essas formas de trigo que seriam, de outra forma, menos competitivas.

As pessoas também domesticaram o trigo transferindo-o para hábitats aos quais ele não estava originalmente adaptado, desenvolvendo novas subespécies que poderiam persistir nestes ambientes e também mudando as condições ambientais do novo habitat para melhor corresponderem ao trigo.[23] O milho passou por um processo similar de domesticação. Animais domésticos foram cruzados para torná-los mais dóceis e melhores produtores de carne e dos laticínios demandados. A agricultura moderna levou esse processo adiante, com o frequente desenvolvimento intencional de híbridos de diferentes genótipos, criados para superar novas subespécies de doenças e mudanças no clima.

Novos Cultivos

O desenvolvimento de novos cultivos pela domesticação de espécies atualmente selvagens oferece potencial considerável. Apesar de ser improvável que os novos cultivos substituam, como principais fontes de alimento neste século, as espécies cultivadas atualmente, há grande interesse neles como forma de aumentar a produção em áreas marginais e elevar a produção de produtos não alimentícios, tais como alguns óleos. O desenvolvimento de novas espécies tem sido um processo contínuo na história da agricultura. Na medida em que as pessoas se espalhavam pelo mundo, novas plantas foram descobertas e transportadas de uma área para outra. O processo de introdução e aumento da produção continua.

Entre os prováveis candidatos para novos cultivos estão o amaranto pelas sementes e folhas; Leucaena, um legume útil para a alimentação animal; e o triticale, um híbrido sintético de trigo e centeio. Uma fonte promissora de novos cultivos é o deserto; nenhuma das 14 principais plantas cultivadas são plantas de regiões áridas ou semiáridas, ainda assim há vastas áreas de deserto e semideserto. Os Estados Unidos têm 200 milhões de hectares de pastagens áridas e semiáridas. Na África, na Austrália e na América do Sul as áreas são ainda maiores. Várias espécies de plantas podem ser cultivadas comercialmente sob condições áridas, permitindo o uso agrícola de um bioma que foi pouco utilizado dessa forma no passado. Exemplos disso são guaiule (uma fonte de borracha), jojoba (óleo), *Lesquerella* (óleo das sementes) e *Grindelia* (ervas daninhas com resina). Jojoba, um arbusto nativo do deserto norte-americano de Sonora, produz um óleo de altíssima qualidade, notavelmente resistente à degradação bacteriana, o que é útil em cosméticos e como um bom lubrificante. Jojoba agora é cultivada comercialmente na Austrália, Egito, Gana, Irã, Israel, Jordânia, México, Arábia Saudita e nos Estados Unidos.[24]

dução anual média é menor, mas reduz os riscos de produção muito baixa devido a acidentes. A monocultura troca a estabilidade de longo prazo pela oportunidade de obtenção de safras muito altas rapidamente. Qual abordagem escolher é uma questão de valores e, portanto, parte do tema ciência e valores. As regiões da Terra diferem muito em sua capacidade de produção agrícola. Entre os fatores que influenciam quais produtos serão produzidos em quais áreas estão tradição, acesso à tecnologia e recursos e políticas locais. No que se refere aos Estados Unidos, há diferenças altas entre a produção agrícola dos estados (Figura 11.15). A Califórnia tem a maior participação na produção agrícola dos Estados Unidos, totalizando 12,4 bilhões de dólares em 1998 e produzindo 36,4 milhões de toneladas de frutas, nozes e vegetais naquele ano.[25] Isso corresponde a aproximadamente metade de toda produção dos Estados Unidos. Boa parte da Califórnia seria seca demais para suportar essa produção se não fosse a irrigação.

Nos planaltos ao leste das Montanhas Rochosas (onde a pradaria originalmente cresceu), pastagens e fazendas irrigadas são comuns. Lá, campos irrigados são principalmente cultivados para produção de grãos (milho, trigo, etc.). Mais para o leste, no Nebraska, há áreas onde o trigo do inverno é o mais importante; o trigo da primavera é importante nas Dakotas. O centro-oeste é o cinturão do milho. Nos estados do norte, de Minnesota ao Maine, laticínios e feno para o gado são importantes. No sudeste, os principais cultivos incluem algodão, tabaco, legumes e frutas.

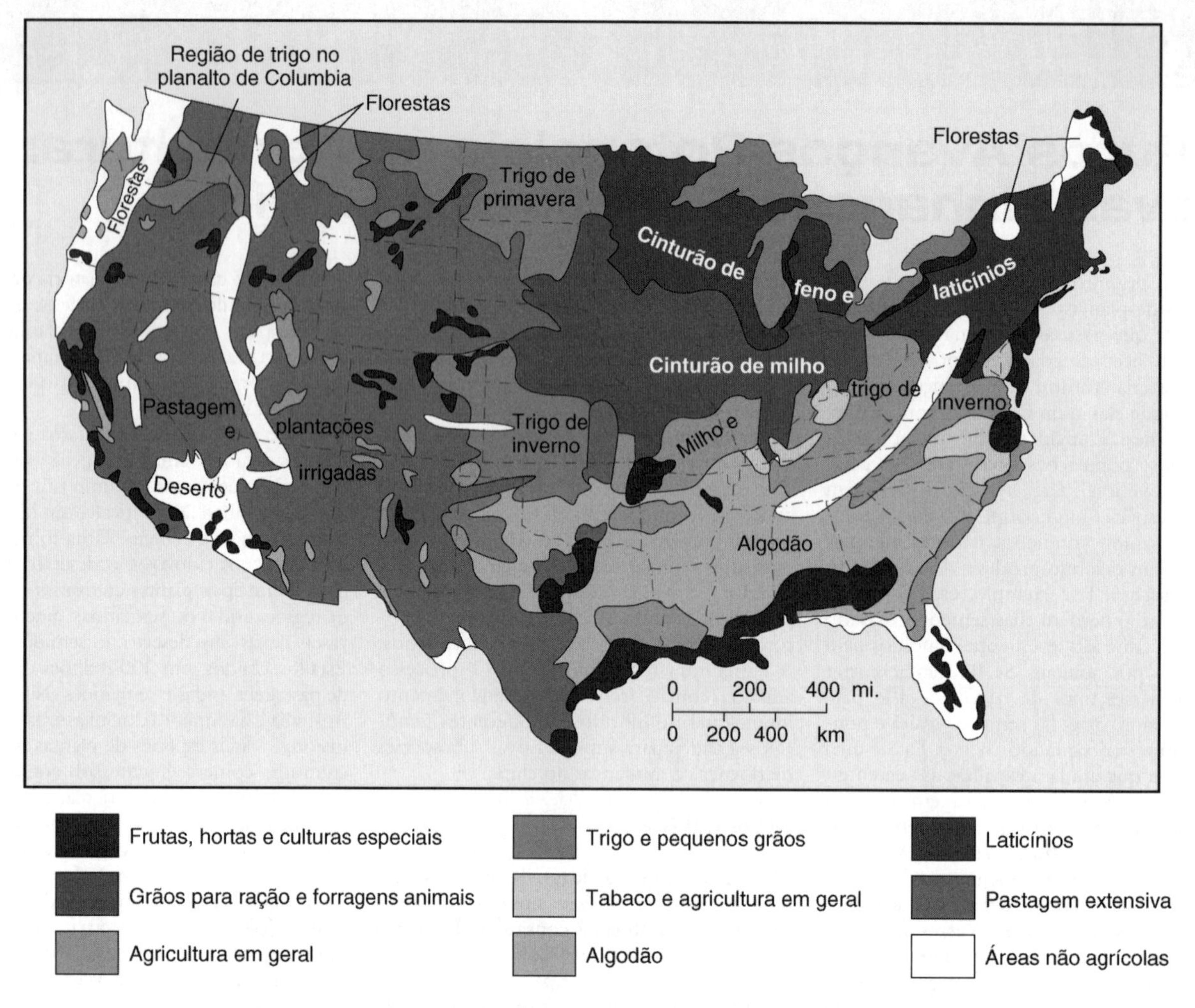

Figura 11.15 ■ Principais tipos de produção agrícola nos Estados Unidos.

11.10 Redução da Alimentação na Cadeia Alimentar

Algumas pessoas acreditam que é ecologicamente prejudicial utilizar animais domésticos como comida, sob o argumento de que comer níveis cada vez mais superiores da cadeia alimentar desperdiça muito mais comida por hectare. Este argumento é o seguinte (você se lembrará disso da Questão para Reflexão Crítica do Capítulo 9): nenhum organismo é 100% eficiente. Somente uma fração da energia adquirida pela alimentação é convertida em nova matéria orgânica. As plantas convertem de 1–10% da luz do Sol em comida, e vacas convertem somente 1–10% do feno e dos grãos em carne. Portanto, a mesma área poderia produzir de 10–100 vezes mais vegetação que carne por ano (veja a Questão para Reflexão Crítica do Capítulo 9). Isso é verdade para as melhores terras agrícolas, as quais possuem solos com alta fertilidade no nível superficial.

Tal como acontece com tantos problemas, no entanto, uma simples generalização não se aplica a todos os casos. Terras muito pobres para cultivos de alimentos podem ser utilizadas de forma excelente como pastagens, com gramas e plantas rasteiras que criações domésticas podem comer (Figura 11.16 e Figura 11.17). Estas terras se localizam em inclinações mais íngremes, com solos mais finos e com menos chuvas. Portanto, do ponto de vista da agricultura sustentável, há valor nos pastos. A abordagem mais sábia para a agricultura sustentável envolve uma combinação de diferentes usos da terra: uso das melhores terras agricultáveis para fazendas, aproveitando as mais pobres para pastos, e a não utilização das melhores terras para a produção de grãos voltada para a alimentação animal.

Outro problema com o argumento de que se deveria comer menos na cadeia alimentar é que a comida é mais que apenas calorias, e os animais são importantes fontes de proteínas e minerais. Animais fornecem a principal fonte de proteínas da dieta humana — 56 milhões de toneladas de proteína consumível por ano no mundo. Nos Estados Unidos, 75% da proteína, 33% da energia e a maior parte do cálcio e do fósforo na nutrição humana vêm de produtos animais.

Um terceiro fator que se deve manter em mente é que os animais domésticos geralmente são usados para outros fins, tais como aração, carga e transporte; e eles são fontes de lã e couro, assim como de comida. Ainda, seus excrementos são importantes fertilizantes e, em algumas áreas do mundo, representam um importante — algumas vezes o único — combustível para o fogo. Deste modo, o uso de animais como parte da produção de alimentos representa um aumento na eficiência.

Algumas pessoas mantêm dietas vegetarianas devido a problemas nutricionais específicos. Outras não comem carne devido a razões éticas, morais ou religiosas. Portanto, a decisão sobre o uso de animais como parte da produção de alimento é uma questão tanto de ciência quanto de valores.

Figura 11.16 ■ Considerações físicas e ecológicas no desenvolvimento de bacias hidrográficas — tais como declives, elevações, planícies alagáveis e locais de deltas de rio — limitam as terras disponíveis para agricultura.

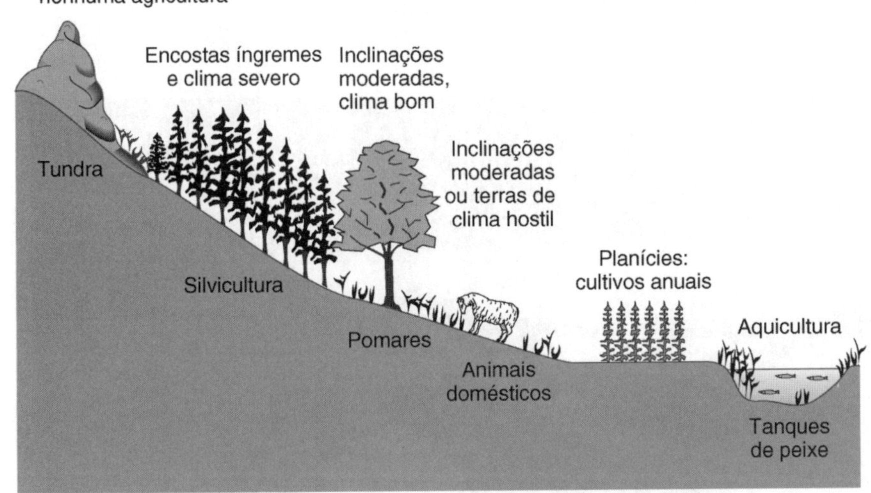

Figura 11.17 ■ Terras inapropriadas para a agricultura sustentável podem ser utilizadas para outros propósitos.

11.11 Alimentos Geneticamente Modificados: Biotecnologia, Agricultura e Meio Ambiente

A descoberta de que o DNA é o veículo universal da informação genética levou ao desenvolvimento de uma tecnologia completamente nova conhecida como engenharia genética. Agora que a química da hereditariedade é compreendida, cientistas têm sido capazes de desenvolver métodos para transferir características genéticas específicas de um indivíduo para outro, de uma população para outra e de uma espécie para outra. Isto levou à modificação genética das plantas, com grandes implicações para a agricultura. O desenvolvimento e uso de **culturas geneticamente modificadas (CGM)** deu início a novas controvérsias ambientais, assim como a promessas de elevada produção agrícola.

A engenharia genética na agricultura envolve várias práticas diferentes, as quais são agrupadas da seguinte forma: meios mais rápidos e eficientes de desenvolvimento de novos híbridos; a introdução do "gene de restrição de uso" (a ser discutido no capítulo seguinte); e as transferências de propriedades genéticas de tipos de vida amplamente divergentes. Estas três práticas apresentam problemas e potenciais bem diferentes. Dos três, a hibridização é a menos nova — a hibridização de cultivos já se tornou uma metodologia-padrão na agricultura moderna; a biotecnologia é uma nova forma de se criar híbridos, mas não um processo inteiramente novo. Em contraposição, a segunda e a terceira práticas nunca foram possíveis anteriormente.

Há considerável interesse no potencial da engenharia genética de desenvolver subespécies de plantas com características completamente novas. Um foco desta pesquisa é o desenvolvimento de novas plantas que tenham a mesma relação simbiótica encontrada em legumes (membros da família das ervilhas) de forma que elas possam "fixar" nitrogênio (converter o nitrogênio gasoso atmosférico a uma forma que possa ser usada por plantas verdes). Recorde que bactérias crescem nos nódulos das raízes dos legumes. As bactérias se alimentam de substâncias produzidas pelos legumes; em troca, as bactérias fixam nitrogênio. Legumes geralmente são encontrados em rotação de cultivos com outras plantas, de forma que o solo seja enriquecido em nitrogênio. Pode ser possível desenvolver uma nova subespécie de milho e de outras plantas que, juntamente com novas subespécies da bactéria, possam formar uma relação simbiótica de fixação de nitrogênio. Tal feito iria elevar a produção destas plantas e reduzir a necessidade de fertilizantes.

Outro objetivo da engenharia genética na agricultura é o desenvolvimento de subespécies com maior tolerância a secas, frio, calor e elementos químicos tóxicos. Por exemplo, um esforço é aplicado no desenvolvimento de trigo que seja resistente a altos níveis de alumínio, um elemento que tem efeitos negativos em muitas plantas.[26] Outro objetivo é criar plantas que produzam seus próprios pesticidas. Isso será discutido no próximo capítulo. Apesar de as modificações genéticas terem provado ser de grande benefício, elas envolvem limitações e preocupações ambientais. Estas, também, serão discutidas no próximo capítulo.

A área cultivada com plantas geneticamente modificadas tem crescido rapidamente desde os primeiros plantios em 1996 para mais de 577 milhões de hectares, quase 12% do total de terras cultivadas no mundo. A expansão anual de área cultivada com CGMs é de aproximadamente 50 milhões de hectares. Este rápido aumento provavelmente continuará (Figura 11.18). Entre as principais culturas geneticamente modificadas estão o milho, algodão, soja, colza (conhecido comercialmente como canola), abóbora e mamão.[30] Nos Estados Unidos é difícil para o consumidor médio evitar produtos agrícolas, alimentícios ou não, que tenham sido produtos de CGMs, dado que 80% da soja, quase um terço do milho e mais da metade das plantas que produzem óleo no Estados Unidos são geneticamente modificados;[27] além disso, atualmente não é possível separar produtos de CGMs de produtos que não são de CGMs quando eles chegam ao mercado. No entanto, plantas geneticamente modificadas têm sido plantadas em apenas 22 nações. Na Europa, a Espanha possui a maior área cultivada com tais produtos.

A questão a ser julgada é se os benefícios serão mais significativos que os efeitos indesejados (a serem discutidos no próximo capítulo). O que importa para a ciência ambiental é que o uso de plantas geneticamente modificadas está sendo realizado antes de seus efeitos ambientais serem bem entendidos. Como com muitas tecnologias da era industrial, a aplicação precedeu à investigação ambiental e ao pleno entendimento dos riscos. O desafio da ciência ambiental é obter uma compreensão dos efeitos ambientais das plantas geneticamente modificadas rapidamente.

Figura 11.18 ■ Plantas geneticamente modificadas têm criado algumas controvérsias consideráveis, como indicado por essa demonstração em um campo de milho em Villanueva de Gallego, nordeste da Espanha, em 2003. A frase na faixa significa, "Parem com a contaminação genética." Miguel Arias Canete, o Ministro espanhol da Agricultura, Comida e Pesca, está represetado próximo a uma espiga de milho gigante.

11.12 Mudanças Climáticas e Agricultura

As mudanças climáticas podem aumentar ou diminuir a produção em uma área, dependendo do clima atual, solo e topografia. Mas, no geral, uma mudança climática hoje tem maior probabilidade de diminuir a produção do que aumentá-la, porque no presente momento as áreas com os melhores solos no mundo também possuem climas adequados para a agricultura.

Se o aquecimento global ocorrer como previsto pelos modelos climáticos globais, estão previstos grandes transtornos para a agricultura.[28] O que são agora os melhores climas para a agricultura podem se deslocar para locais mais ao norte. Por exemplo, o clima do cinturão do milho do centro-oeste dos Estados Unidos, o qual é ótimo para a produção de milho, poderia se mover em direção ao norte, beneficiando o Canadá. Isto poderia ter um forte impacto na quantidade de grãos produzida porque os solos do Canadá geralmente não são tão apropriados como os do centro-oeste dos EUA para a produção de grãos. O aquecimento global também poderia levar a um aumento da evapotranspiração (perda de água do solo tanto por evaporação, quanto por transpiração das plantas) em muitas áreas de média latitude.[29] O fornecimento de água para irrigação se tornaria um problema ainda maior do que é hoje. Aqueles preocupados com o futuro da agricultura precisam considerar a possibilidade de aquecimento global em seus planejamentos. Plantas necessitam de água, e muito da agricultura moderna envolve irrigação (Figura 11.19). Fontes de água para irrigação incluem lençóis freáticos; desvio de rios e lagos próximos; e reservatórios artificiais. Projetos de irrigação de larga escala, porém, causam problemas ambientais (discutido no Capítulo 12). A construção de reservatórios altera o ambiente local. Alguns hábitats desaparecem. Os padrões de fluxo dos rios mudam e as taxas de erosão aumentam nas proximidades do reservatório (veja o Capítulo 21).

Figura 11.19 ■ Em 2005, a monção anual — a estação chuvosa — atrasou no norte da Índia e a seca resultante destruiu as plantações, como mostra a foto.

QUESTÕES PARA REFLEXÃO CRÍTICA

Haverá Água Suficiente para a Produção de Alimentos para a População em Crescimento?

Entre 2000 e 2025, cientistas estimam que a população mundial cresça de 6,6 bilhões para 7,8 bilhões,[33] aproximadamente dobrando o que era em 1974. Para acompanhar a população crescente, a Organização das Nações Unidas para Agricultura e Alimentação (FAO) prevê que a produção de alimentos terá que ser dobrada até 2025, e da mesma forma a quantidade de água consumida por essa produção. O suprimento de água fresca será capaz de atender essa elevada demanda, ou se tornará um limitante para a produção global de alimentos?

Plantas consomem água através da transpiração (perda de água pela folha como parte do processo fotossintético) e da evaporação das superfícies da planta e do solo. O volume de água consumido pelas plantações ao redor do mundo — incluindo água da chuva e de irrigação — é estimado em 3.200 bilhões de m³ por ano. Uma quantidade quase igual de água é consumida por outras plantas dentro e próximo aos campos agrícolas; portanto, são gastos 7.500 bilhões de m³ de água por ano para abastecer os agroecossistemas do mundo (veja a Tabela 11.2). Os pastos correspondem a outros 5.800 bilhões de m³, e a evaporação de água irrigada outros 500 bilhões de m³, totalizando 13.800 bilhões de m³ de água por ano gastos para a produção de comida, ou 20% da água evaporada e transpirada no mundo. Por volta de 2025, portanto, a humanidade estará se apropriando de quase metade de toda a água disponível à vida para a produção de alimentos para seu próprio uso. De onde virá a água adicional?

Apesar de a quantidade de água da chuva não poder ser elevada, pode ser mais eficientemente usada através de métodos agrícolas tais como plantação em terraços, com cobertura vegetal secundária, ou em contornos. De comida produzida globalmente, atualmente 40% vêm de terras irrigadas, e alguns cientistas estimam que o volume da água disponível para irrigação terá que triplicar até 2025 — um volume igual a 24 rios Nilo, ou 110 rios Colorado.[34] Uma economia significativa de água pode ser feita por meio de métodos de irrigação mais eficientes, tais como um sistema aprimorado de aspersores, irrigação por gotejamento, irrigação noturna e irrigação intermitente por gravidade.

Tabela 11.2 **Estimativa da necessidade de água na produção de alimentos e forragem animal**

Produto	*Litros/kg*
Batata	500
Trigo	900
Alfafa	900
Sorgo	1.110
Milho	1.400
Arroz	1.912
Soja	2.000
Carne de frango	3.500*
Carne bovina	100.000*

*Incluindo a água necessária para produção de ração e forragem/13. *Fonte:* D. Pimentel et al., "Water Resources: Agriculture, the Environment, and Society," *Bioscience* 4, nº 2 (February 1997): 100.

Água adicional pode ser desviada de outros usos para a irrigação. Mas isso pode não ser tão fácil quanto parece por causa das demais necessidades que a água atende. Por exemplo, se água fosse fornecida para as mais de 1 bilhão de pessoas que atualmente não possuem acesso a água potável, menos desse recurso estaria disponível para a agricultura. E os novos bilhões de pessoas que serão acrescidos à população mundial nas próximas décadas também precisarão de água. Os humanos já utilizam 54% da água dos rios no planeta. Aumentar este uso para mais de 70%, o que será necessário para alimentar a crescente população, pode resultar na perda de ecossistemas

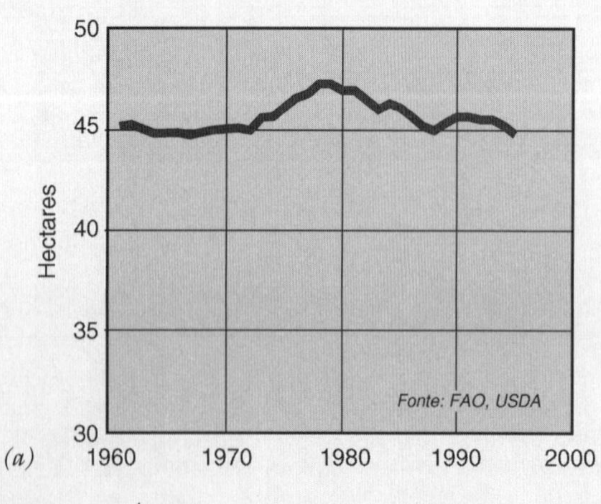

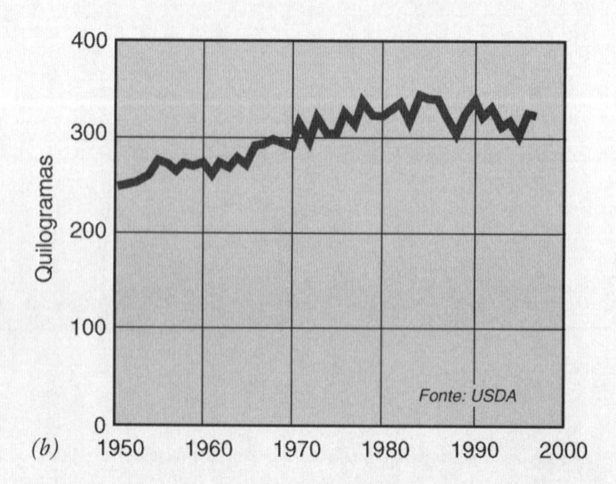

Figura 11.20 ■ (*a*) Área do mundo irrigada por mil pessoas, de 1961 a 1995. (*Fonte:* L. R. Brown, M. Renner e C. Flavin, *Vital Signs*: 1998 [New York: Norton, 1998], p. 47.) (*b*) Produção de grãos no mundo por pessoa, de 1950 a 1977. (*Fonte:* L. R. Brown, M. Renner e C. Flavin, *Vital Signs*: 1998 [New York: Norton, 1998], p. 29.)

de água doce, declínio nas regiões de pesca do mundo e extinção de espécies aquáticas.

Em muitos lugares, os lençóis freáticos e aquíferos estão sendo usados mais rapidamente do que são repostos — um processo que é insustentável em longo prazo. Muitos rios já são utilizados de forma tão intensa que o volume de água que deságua no oceano se reduziu a níveis muito baixos, chegando mesmo a não desaguar nada. Entre eles estão o Ganges e a maior parte dos rios na Índia, o Huang He (rio Amarelo) na China, o Chao Phraya na Tailândia, o Amu Dar'ya e o Syr Dar'ya na bacia do mar de Aral, e os rios Nilo e Colorado.

Há 200 anos, Thomas Malthus formulou a teoria de que a população cresce mais rápido que a capacidade do solo de fornecer alimentos e que, em algum momento, a população humana superaria o fornecimento de alimentos (veja o Detalhamento 4.3). Malthus ficaria surpreso ao saber que, pela aplicação da ciência e tecnologia à agricultura, a produção de alimentos tenha conseguido por tanto tempo acompanhar o crescimento populacional. Por exemplo, entre 1950 e 1995, a população mundial cresceu 122%, enquanto a produtividade dos grãos cresceu 141%. Desde 1995, no entanto, a produção de grãos desacelerou (veja a Figura 11.20), e a questão da possibilidade de que as teorias de Malthus sejam comprovadas no século XXI permanece. Serão a ciência e tecnologia capazes de solucionar o problema do fornecimento de água para o cultivo de alimentos para as pessoas? Ou a água se constituirá um fator limitante na produção agrícola?

Perguntas para Reflexão Crítica

1. Como as mudanças dos hábitos alimentares em países desenvolvidos podem afetar a disponibilidade de água?

2. Como o aquecimento global pode afetar as estimativas da quantidade de água necessária para produção agrícola no século XXI?

3. A retirada de água de aquíferos em uma taxa maior que a taxa de reposição da água é algumas vezes chamada de *mineração de água*. Por que você acha que esse termo é usado?

4. Muitos países em áreas quentes do mundo são incapazes de cultivar comida suficiente, como trigo, para alimentar suas populações. Consequentemente, eles importam trigo e outros grãos. De que forma isso é equivalente à importação de água?

5. Malthusianos são aqueles que acreditam que, cedo ou tarde, a não ser que o crescimento populacional seja aplacado, não haverá comida suficiente para a população mundial. Anti-malthusianos acreditam que a tecnologia irá salvar a humanidade do destino malthusiano. De ambos os pontos de vista, analise a questão do suprimento de água para a agricultura.

RESUMO

As questões ambientais básicas acerca da agricultura são: Pode-se produzir comida suficiente para alimentar a crescente população? Pode-se realizar as plantações sustentavelmente, de forma que tanto a produção como os ecossistemas agrícolas mantenham sua viabilidade? Pode-se produzir esta comida sem danificar seriamente outros ecossistemas que recebem dejetos da agricultura?

- A agricultura muda o ambiente; quanto mais intensa a agricultura, maiores são as mudanças.
- De uma perspectiva ecológica, a agricultura é uma tentativa de manter um ecossistema em seus primeiros estágios sucessionais.
- A história da agricultura pode ser vista como uma série de tentativas de superar as limitações e problemas ambientais. Cada nova solução criou novos problemas ambientais, que, por sua vez, exigiam suas próprias soluções.
- A agricultura simplifica intensamente os ecossistemas, criando cadeias alimentares pequenas e simples, resultando em grandes áreas cultivadas com uma única espécie ou subespécie genética dispostas em fileiras regulares, reduzindo a diversidade biológica e reduzindo o conteúdo orgânico e a fertilidade média dos solos.
- Essas simplificações tornam as fazendas vulneráveis às pestes, tanto predadores quanto parasitas.
- A biotecnologia torna a manipulação genética possível, criando formas completamente novas de se produzir novas plantas e novas subespécies dentro de uma planta. Isto possui o potencial para aumentar a produção e permitir a produção de novos produtos de plantas e animais domesticados, mas também cria novas ameaças ambientais e novas questões acerca da ciência e dos valores.
- No presente, a produção mundial de comida está em níveis adequados em quantidade e qualidade (valor nutricional) para alimentar a população humana. O moderno problema alimentar é resultado de dois fatores: o grande aumento das populações humanas, que supera as produções locais de alimentos em várias áreas, e a distribuição inadequada de comida pelo mundo.
- Hoje, a distribuição inadequada de comida é a mais importante causa da fome. No entanto, no futuro, se a população humana continuar a crescer, haverá um limite à capacidade da Terra de produzir comida suficiente.
- Se a população humana continuar a crescer a uma taxa similar à atual, ela irá dobrar nos próximos 100 anos, o que significa que a produção mundial de comida terá que dobrar só para fornecer a mesma quantidade e qualidade de comida por pessoa disponíveis hoje.
- À medida que os padrões de vida melhoram em nações como a China, a demanda por comida de melhor qualidade aumentará. Como resultado, a demanda de comida *per capita* irá crescer mais rapidamente que a população humana.
- No passado, a produção mundial de comida foi aumentada devido: (1) ao aumento da área destinada à produção de alimentos; e (2) o aumento na produtividade. O primeiro método foi dominante durante a maior parte da história humana; mas durante o século XX, os maiores aumentos foram devidos ao aumento da produtividade.
- Algumas das melhores terras para cultivo no mundo estão sendo desviadas da produção de alimentos para outros usos, incluindo urbanização e suburbanização.
- Futuros problemas ambientais globais poderão diminuir a produção mundial de alimentos. Estes problemas incluem

os possíveis efeitos do aquecimento global (Capítulo 23) e o possível transporte de pragas de uma parte do mundo para outra (Capítulo 8).

- Muitos especialistas em agricultura acreditam que a produtividade pode aumentar pelo uso de plantas geneticamente modificadas. No entanto, há preocupações no sentido de que essas plantas possam causar novos grandes problemas ambientais. A principal questão é se tal técnica trará benefícios suficientes que superem os prejuízos, ou se o contrário ocorrerá.

REVISÃO DE TEMAS E PROBLEMAS

População Humana

O problema alimentar atual é resultado do grande aumento na taxa de crescimento da população humana, que supera as produções locais de alimentos em muitas áreas, e um sistema inadequado de distribuição de alimentos para essa crescente população. O crescimento da população humana eventualmente será limitado pela produção total de comida.

Sustentabilidade

Um dos principais objetivos da agricultura deve ser alcançar uma produção sustentável de alimentos em qualquer lugar. Isto requer o desenvolvimento de métodos de cultivo que não danifiquem o solo, esgotem os suprimentos de água, causem a extinção de variantes selvagens das plantas cultivadas ou de espécies com o potencial para servir de alimento, ou causem poluição permanente da água. O mundo como um todo está se movendo de uma agricultura baseada na demanda para uma agricultura baseada nos recursos. A última é mais consistente com uma abordagem sustentável da agricultura. Olhando de uma perspectiva ecológica, a agricultura é uma tentativa de manter um ecossistema em um estágio específico, normalmente um estágio sucessional inicial de alta produtividade. Deste modo, a agricultura age contra os mecanismos naturais de sustentabilidade, sendo imprescindível haver compensação.

Perspectiva Global

A maior parte da comida do mundo é obtida de apenas 14 espécies de plantas. Um desafio para o futuro é buscar na diversidade da vida do planeta novas espécies que possam servir como alimento. A comida é um recurso global que é comercializada globalmente, e a disponibilidade de comida em qualquer região é resultado tanto da produção local, quanto dos mercados globais de alimentos.

Mundo Urbano

A artificialidade dos ambientes urbanos levou muitos dos habitantes das cidades a pensar que eles são independentes do meio ambiente. Mas quando a população urbana do Brasil passou fome, eles invadiram instalações de armazenamento de alimentos e causaram desordem social, ilustrando dessa forma a íntima conexão entre vida urbana e produção agrícola.

Homem e Natureza

A agricultura é uma das formas pelas quais o ser humano alterou a natureza. Através da agricultura, o homem alterou diretamente mais de 10% de toda superfície terrestre e indiretamente afetou uma área ainda maior. O desenvolvimento da agricultura permitiu que a população humana aumentasse muito, e a agricultura moderna é necessária para sustentar o grande número de pessoas na Terra.

Ciência e Valores

As questões éticas fundamentais do suprimento de alimentos são: Deve-se continuar a tentar alimentar mais e mais pessoas? Deve-se tentar isso com o risco de sacrificar hábitats de espécies não cultiváveis, ecossistemas naturais e as paisagens? Ou deve-se tentar limitar a população humana e também a produção total de alimentos?

TERMOS-CHAVE

agricultura orgânica
agroecossistema
aquicultura
culturas geneticamente modificadas
efeito sinérgico
fator limitante
macronutriente
maricultura
micronutriente
monocultura
pastagens naturais
pasto
revolução verde
rotação de culturas

QUESTÕES PARA ESTUDO

1. Qual será a melhor maneira de alimentar o mundo nos próximos 10 anos? E nos próximos 100 anos?
2. O depósito de lixo de uma cidade está repleto; alguns sugerem que a área seja transformada em uma fazenda. Quais fatores poderiam fazer do depósito uma boa área para uma fazenda e que fatores fariam dele uma área ruim?
3. Como o conhecimento sobre sucessão pode ser usado para tornar a agricultura sustentável?
4. A pecuária com animais selvagens — isso é, o cercamento de animais não domesticados — tem sido sugerida como uma forma de aumentar a produção de alimentos na África, onde a vida selvagem é abundante. Baseando-se neste capítulo, quais são as vantagens e desvantagens ambientais deste tipo de exploração?
5. Explique o que significa a seguinte declaração: O problema alimentar mundial é causado pela distribuição, não pela produção. Quais são as principais soluções para esse problema alimentar mundial?
6. Você é mandado para a floresta tropical amazônica para procurar por novas espécies para serem cultivadas. Em que tipos de hábitats você procuraria? Por quais tipos de plantas você procuraria?
7. Como a agricultura simplifica um ecossistema? De que maneiras esta simplificação é benéfica para o ser humano? De que maneiras ela representa um problema para um suprimento sustentável de alimentos?
8. Uma horta é plantada em um lote vago em uma cidade. Ervilhas e feijões crescem bem, mas tomate e alface crescem pouco. Qual é o provável problema? Como ele pode ser corrigido?
9. Uma segunda horta é plantada em outro lote vago. Nada cresce bem. Fora da cidade, em ambientes aparentemente similares, os vegetais crescem vigorosamente. O que pode explicar a diferença?
10. O método de agricultura orgânica poderia incluir organismos geneticamente modificados? Por que ou por que não?

LEITURAS COMPLEMENTARES

Berry, Wendell. 2004. *The Unsettling of America: Culture & Agriculture* (Paperback), Sierra Club Books. Originalmente publicado em 1977, considerado um clássico da literatura ambiental. O autor é um fazendeiro do Kentucky e um escritor tanto de ficção como de não ficção.

Clay, Jason. 2004. *World Agriculture and the Environment: A Commodity-by-Commodity Guide to Impacts and Practices*, Washington, D.C.: Island Press. Financiado pelo Fundo Mundial da Vida Selvagem, este livro é rico em informações sobre agricultura e é uma boa referência para a estante.

Cunfer, G. 2005. *On the Great Plains: Agriculture and Environment.* College Station: Texas A&M University Press. Usa a história da agricultura europeia aplicada às grandes planícies americanas como uma forma de discutir a interação entre a natureza e a agricultura.

Capítulo 12

Efeitos da Agricultura no Meio Ambiente

Gado pastando ao longo do alto do rio Missouri, poluindo-o com seu estrume e aumentando a erosão ao pisotear o solo perto do rio. Essa é uma maneira de a agricultura afetar o meio ambiente.

OBJETIVOS DE APRENDIZADO

A agricultura altera o ambiente de muitas maneiras, tanto local como globalmente. Após a leitura deste capítulo, deve-se saber:

- Como a agricultura pode levar à erosão do solo, quão grave é o problema, quais os métodos disponíveis para minimizar a erosão e como estes métodos têm reduzido a erosão do solo nos Estados Unidos.
- Como a agricultura pode esgotar a fertilidade do solo e por que a agricultura na maioria dos casos requer o uso de fertilizantes.
- Por que algumas terras são mais utilizadas para pastagens e como o sobrepastoreio* pode danificar o solo.
- O que causa a desertificação.
- Como a agricultura cria condições que tendem a promover a ocorrência de espécies de praga, a importância do controle de pragas (incluindo ervas daninhas) e os problemas associados aos pesticidas químicos.
- Como os métodos agrícolas alternativos — incluindo o manejo integrado de pragas, a agricultura de plantio direto, a policultura e outros métodos de conservação do solo — podem proporcionar grandes benefícios ambientais.
- Que a modificação genética de culturas pode melhorar a produção de alimentos e beneficiar o meio ambiente, mas, talvez, também poderá criar novos problemas ambientais.

*O sobrepastoreio pode ser definido como a prática de pastorear demasiadamente o gado por períodos de tempo muito longos, em solos não capazes de recuperar a sua vegetação, ou de pastorear ruminantes em solos inadequados ao pastoreio devido a alguns parâmetros físicos tais como o declive. O sobrepastoreio pode ocasionar a erosão do solo, a destruição da vegetação existente, entre outros problemas relacionados com esses processos. (N.T.)

ESTUDO DE CASO

Fazenda Cedar Meadow

As fazendas de 200 acres (81 hectares) de Steve Groff em Lancaster, Pensilvânia, utilizam a agricultura de plantio direto. Ele controla as ervas daninhas e as outras pragas mantendo algum tipo de cobertura vegetal — culturas ou alguma outra vegetação durante períodos de descanso do solo. Alguns dos campos na sua Fazenda Cedar Meadow não são lavrados há 15 anos. Resultado: menos pragas, de modo que os custos de agrotóxicos caíram quase 50%. Groff também relata que a erosão diminuiu, consideravelmente, enquanto a matéria orgânica do solo aumentou.[1]

Steve Groff não está sozinho em seus esforços para adotar práticas de gestão agrícola que reduzem a poluição e que melhoram a qualidade da água, otimizando seu balanço. Por exemplo, no Kansas, 36 agricultores participam do Projeto de Limpeza das Águas das Fazendas no Centro Rural do Kansas, que teve início em 1995. O objetivo do projeto é a exploração de uma forma benéfica tanto para o meio ambiente, quanto à economia da agricultura.[1] Cada vez mais agricultores em muitos outros estados estão utilizando os sistemas intensivos de pastagens rotativas e os agricultores norte-americanos não são os únicos que adotaram esta abordagem mais benigna ambientalmente e economicamente mais vantajosa para a criação de gado. Um estudo recente de 280 projetos de agricultura sustentável em 57 das nações mais pobres do mundo mostra que tais práticas agrícolas sustentáveis na produção agrícola aumentaram em média 79%. Ao mesmo tempo, como acontece na Fazenda Cedar Meadow, esses projetos estão tornando os solos mais sustentáveis e ajudando a biodiversidade.[2,3]

O pastejo rotacionado intensivo é apenas uma das muitas ações que podem ajudar os agricultores. Outros incluem a rotação de culturas, a compostagem de resíduos animais, o manejo integrado de pragas e de ervas daninhas, além de redesenhar a gestão de resíduos animais e dos sistemas de irrigação.

Este estudo de caso mostra que as práticas que são ambientalmente benignas podem ser economicamente vantajosas. Com a crescente necessidade mundial de culturas que estão sendo demandadas para alimentos e combustível, os efeitos ambientais da agricultura são suscetíveis de aumento. Na pressa de atender a demanda é provável que os atalhos sejam tomados de forma ambientalmente não adequada. Por tantas razões, a Fazenda Cedar Meadow fornece um importante exemplo. As vantagens ambientais de tais abordagens alternativas para a agricultura e os efeitos ambientais de diferentes formas de agricultura são os assuntos deste capítulo.

12.1 Como a Agricultura Altera o Meio Ambiente

A agricultura é tanto o maior triunfo da humanidade e da civilização como também fonte de alguns dos seus maiores problemas ambientais. A agricultura tem uma linhagem antiga, que remonta há milhares de anos, e desde então tem mudado o ambiente local.

Os efeitos ambientais da agricultura expandiram-se grandemente com a revolução científico-industrial. Os principais problemas ambientais que resultam da agricultura incluem a erosão do solo; o transporte e a deposição de sedimentos a jusante de rios; localmente, a poluição devido ao uso excessivo e efeitos secundários dos adubos e pesticidas; globalmente, a poluição de outros ecossistemas, dos solos, água e ar; o desmatamento; a desertificação; a degradação dos aquíferos; a salinização; o acúmulo de metais tóxicos; o acúmulo de compostos orgânicos tóxicos; e a perda de biodiversidade.

12.2 O Enigma da Aração

Não há nada na natureza como uma aração e há grandes diferenças entre os solos de uma floresta nunca antes arados e os solos de terrenos florestais que anteriormente foram arados e usados para as culturas de vários milhares de anos. Essas diferenças foram observadas e escritas por um dos criadores do moderno estudo do ambiente, George Perkins Marsh. Nascido em Vermont, no século XIX, que se tornou o embaixador norte-americano da Itália e Egito. Enquanto estava na Itália, ele ficou tão impressionado com as diferenças dos solos cultivados em Vermont e os solos que haviam sido cultivados há milhares de anos, na península itálica, que fez desse o principal tema em seu livro de referência "*Homem e Natureza*", publicado em 1864. O solo que ele observou na Itália fora floresta em tempos passados. Mas enquanto o solo de Vermont era rico em matéria orgânica e tinha camadas definidas, o solo de terras italianas possuía pouca matéria orgânica e não tinha camadas definidas (Figura 12.1).

Aqui está o enigma: seria de se esperar que a agricultura em solo fortemente modificado acabaria por se tornar insustentável, mas grande parte da terra na Itália e na França esteve em uso contínuo desde a época pré-romana e ainda é altamente produtiva. Como isto ocorre? E qual foi o efeito de longo prazo da agricultura sobre o meio ambiente? As respostas estão neste capítulo. Resumidamente, o solo mais alterado possui a maior quantidade (e gasto) de materiais que devem ser adicionados a cada ano, incluindo os fertilizantes, pesticidas e até mesmo a quantidade de água irrigada. Um agricultor enfrenta uma escolha clara: manter sua fazenda de tal modo que man-

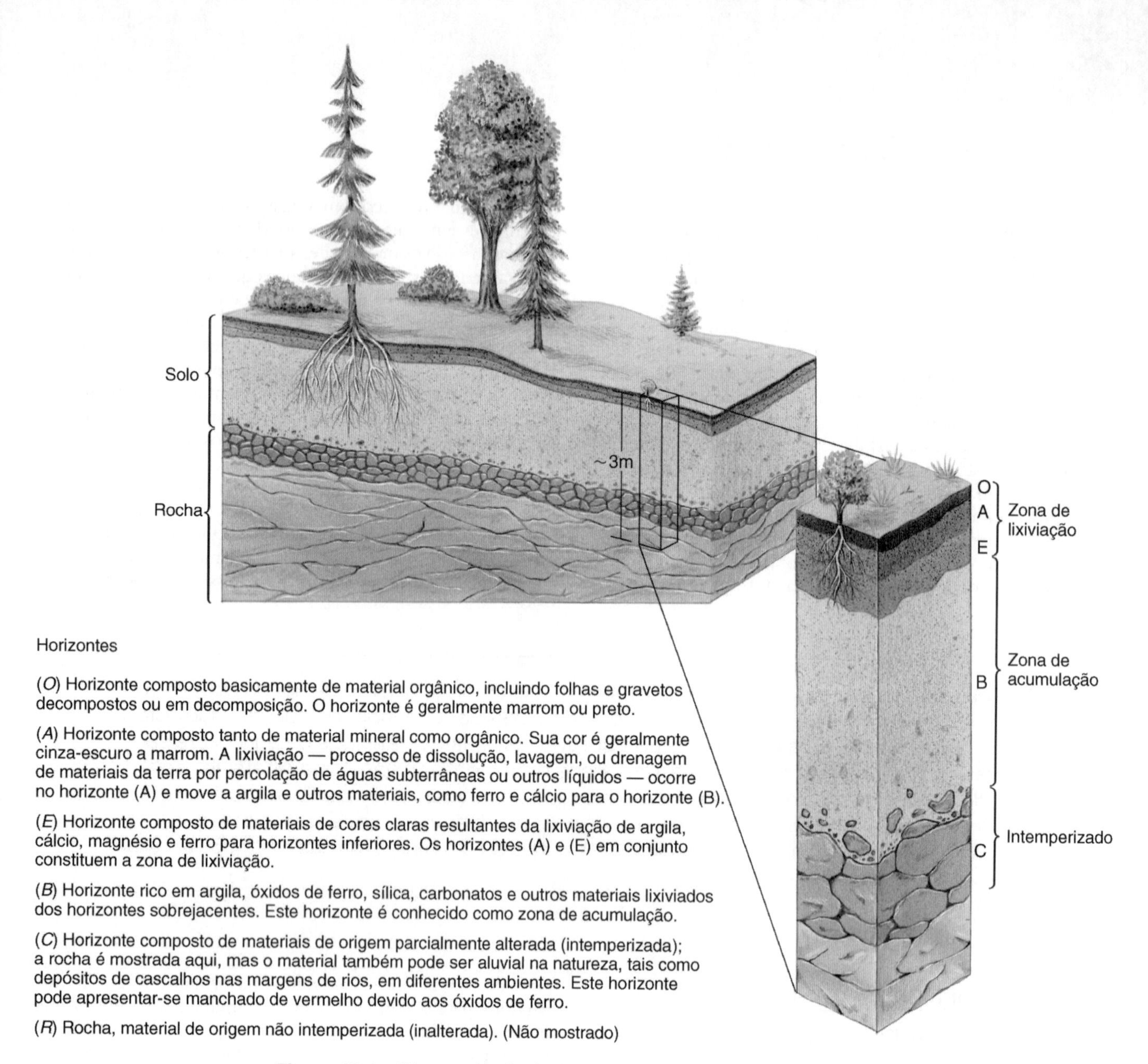

Figura 12.1 ■ Diagrama idealizado de um solo, mostrando os seus horizontes.

tenha o solo e a terra naturalmente fértil, ou gastar mais e mais para trazer para o solo o que lhe falta?

12.3 A Erosão dos Solos

O acontecimento do American Dust Bowl (fenômeno climático de tempestade de areia) da década de 1930 nos EUA aumenta o enigma sobre a aração. Os solos são o elemento-chave para uma agricultura sustentável. A agricultura facilmente danifica os solos (veja o Detalhamento 12.1). Quando o terreno é limpo de sua vegetação natural, tais como florestas ou pastagens, o solo começa a perder sua fertilidade. Parte disto ocorre devido à erosão física. A boa notícia é que, devido à melhoria das práticas agrícolas, as taxas de erosão do solo diminuíram nos Estados Unidos em 40%. Em 2001, o ano mais recente para o qual estão disponíveis dados do governo, 42 milhões de hectares se encontravam com erosão grave em excesso (Figura 12.2). No entanto, isto representa uma queda de 37% dos 69 milhões de hectares de 1982.[4]

Um exemplo notável: a área de drenagem de Coon Creek, Wisconsin, uma área de 360 km^2, tem sido fortemente cultivada por mais de um século. Essa bacia hidrográfica do córrego foi objeto de um estudo detalhado na década de 1930 pelo Serviço de Conservação do Solo dos Estados Unidos, e reestudada nas décadas de 1970 e 1990. As medições nestes três períodos mostraram que a erosão mais recente do solo foi de apenas 6% do que ocorreu na década de 1930.[5,6]

A má notícia é que, em geral, a taxa de diminuição é ainda maior do que a taxa de regeneração de solos novos.[3]

A erosão do solo tornou-se uma questão nacional nos Estados Unidos na década de 1930, quando a aração intensa do solo, combinada com uma grande seca, desagregou o solo que cobria extensas áreas. O solo foi levado pelo vento, criando uma tempestade de areia que soterrou casas e carros,

DETALHAMENTO **12.1**

Solos

Para a maioria das pessoas, os solos são apenas o que se pisa; não se pensa muito sobre eles — eles são apenas "sujos". Mas os solos são fundamentais para a vida na Terra, afetando a vida e sendo afetado por ela. Se olhar para eles bem de perto, os solos são extraordinários. Não se encontrará nada parecido com o solo da Terra em Marte, em Vênus ou na Lua. Por que não? Porque a água e a vida alteraram significativamente a superfície da Terra. Geologicamente, os solos são materiais terrestres modificados ao longo do tempo por processos físicos, químicos e biológicos, em uma série de camadas chamadas de *horizontes do solo*. Cada tipo de solo tem sua composição química própria. Os solos se desenvolvem por períodos de tempo muito longos, talvez milhares de anos. Cavando-se cuidadosamente um solo de modo a deixar uma parede vertical limpa, podem-se ver as camadas do solo. Em uma floresta do norte, o solo é escuro no topo, então existe uma camada de pó branco, pálido como a cinza, seguida de uma camada de cores vivas, que normalmente é muito mais profunda do que o branco e é geralmente alaranjada. Abaixo disso está um solo cuja cor se assemelha à do leito da rocha (que os geólogos denominam "material de origem", por razões óbvias). Chamam-se as camadas de *horizontes* (Figura 12.1).

Globalmente, a água flui para baixo através do solo. A água da chuva é, naturalmente, ligeiramente ácida, pois tem dióxido de carbono do ar dissolvido nela e, assim, forma o ácido carbônico, um ácido suave. A água da chuva tem um pH de cerca de 5,5. Como resultado, minerais como ferro, cálcio e magnésio são lixiviados dos horizontes superiores (A e E) e podem ser depositados em uma camada inferior (B). Os horizontes superiores são geralmente cheios de vida e são vistos pelos ecologistas como ecossistemas complexos ou unidades do ecossistema (horizontes O e A). A decomposição é o nome do processo que envolve fungos, bactérias e pequenos animais que sobrevivem do que é produzido e depositado na superfície por plantas e animais. A real decomposição química dos compostos orgânicos a partir da superfície é feita por bactérias e fungos, as grandes fábricas de produtos químicos da biosfera. Animais do solo, como minhocas, comem folhas, galhos e outros vestígios, quebrando-os em pedaços menores que são mais fáceis para os fungos e bactérias processarem. Os animais afetam a taxa de reações químicas no solo. Existem também os predadores dos animais do solo, para que haja uma cadeia alimentar ecológica no solo.

Os horizontes de solo mostrados na Figura 12.1 não estão necessariamente presentes em todos os solos. Solos muito recentes provavelmente possuirão apenas a camada superior (A), sobre o horizonte (C), enquanto solos maduros possivelmente terão quase todos os horizontes mostrados.

A *fertilidade do solo* é a capacidade do solo em suprir os nutrientes necessários para o desenvolvimento de plantas. Solos que se formaram com materiais geológicos recentes são geralmente ricos em nutrientes. Os solos das áreas tropicais úmidas podem ser fortemente lixiviados e relativamente pobres em nutrientes devido à elevada precipitação de chuvas. Em tais solos, os nutrientes podem ser reciclados pelos ricos horizontes orgânicos das camadas superiores; e se a cobertura florestal é retirada, o reflorestamento pode ser muito difícil (veja o Capítulo 13). Os solos que acumulam minerais de argila em determinadas regiões semiáridas podem inchar quando ficam molhados e encolher na medida em que secam, rachando estradas, muros, edifícios e outras estruturas. A expansão e contração dos solos nos Estados Unidos causam bilhões de dólares em danos materiais a cada ano.

Os solos com partículas de argila retêm bem a água e retardam o movimento da água devido aos espaços entre as partículas serem muito pequenas. Solos com grãos maiores, como areia ou cascalho, apresentam espaços relativamente grandes entre os grãos, o que ocasiona a passagem rápida da água por entre eles. Os solos com uma mistura de argila e areia podem reter água suficientemente para o crescimento das plantas, mas também para boa drenagem. Os solos com alto teor de matéria orgânica também retêm a água e os nutrientes químicos para o crescimento da planta. É uma vantagem ter uma boa drenagem, portanto um solo de textura granulada é um bom lugar para construir sua casa. Se for cultivar, será melhor em um solo de barro que tem uma mistura de várias granulometrias. Assim, o tipo de partículas presentes no solo é importante para determinar onde construir uma casa, onde cultivar, ou determinar a localização de instalações como os aterros, onde a retenção de poluentes no local é um requisito (veja o Capítulo 29).

Os solos granulados, especialmente aqueles compostos basicamente de areia, são particularmente suscetíveis à erosão pela água e pelo vento. Os solos compostos por grãos mais grossos (mais pesado) ou partículas finas, partículas que são geralmente mais coesas (mantidas juntas devido aos minerais argilosos), são mais resistentes à erosão.

É difícil pensar em um uso humano das terras próximas à superfície que não envolva a análise dos solos presentes. Como resultado, o estudo dos solos continua a ser uma parte importante das ciências ambientais.

destruiu muitas fazendas, muitas pessoas pobres, e causou uma grande migração de agricultores de Oklahoma e outros estados do oeste e centro-oeste para a Califórnia. As tragédias humanas do Dust Bowl ficaram famosas pelo romance de John Steinbeck, *The Grapes of Wrath* (As Vinhas da Ira) e, mais tarde, por um filme popular estrelado por Henry Fonda (Figura 12.3).

A terra que formou o Dust Bowl era parte da grande pradaria norte-americana, onde as gramíneas de raízes profundas criavam um solo muito orgânico de um metro ou mais de profundidade. A cobertura densa fornecida pelas gramas e o poder de fixação das raízes no solo protegiam o solo das forças erosivas da água e do vento. Quando a aração removeu estas raízes, o solo foi exposto diretamente ao Sol, à chuva e ao vento, o que deixou o solo mais "solto". Foi uma grande tragédia na época e uma lição que as pessoas acharam que seria lembrada para sempre. Mas o solo continua erodindo.

A introdução de máquinas pesadas de terraplenagem após a Segunda Guerra Mundial foi adicionada ao problema por prejudicar ainda mais a estrutura do solo, que é tão importante para a produção vegetal. As práticas de plantio direto descritas no estudo de caso, na abertura deste capítulo, auxiliam na redução desses danos.

Como a história do Dust Bowl deixa evidente, quando uma floresta ou pradaria é limpa para a agricultura, o solo se altera. O solo original se desenvolveu por um longo período; esse é normalmente rico em matéria orgânica e, portanto, rico em nutrientes químicos, e também oferece uma estrutura física favorável ao crescimento das plantas. Quando a vegetação original é retirada e o solo utilizado para lavouras, boa parte dessa matéria orgânica é colhida e removida, havendo menos entrada de matéria orgânica morta para o solo. Assim, o solo fica exposto à luz solar, aquecendo-se e aumentando a taxa de decomposição de sua matéria orgânica. Por estes motivos, a

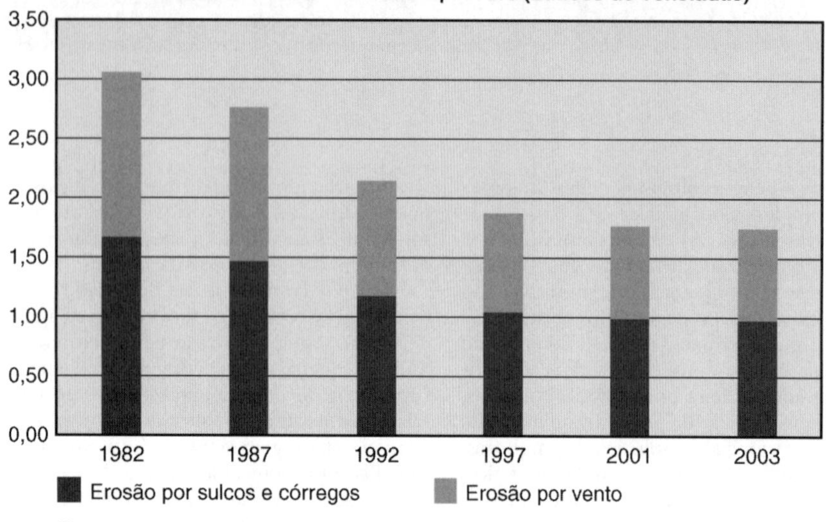

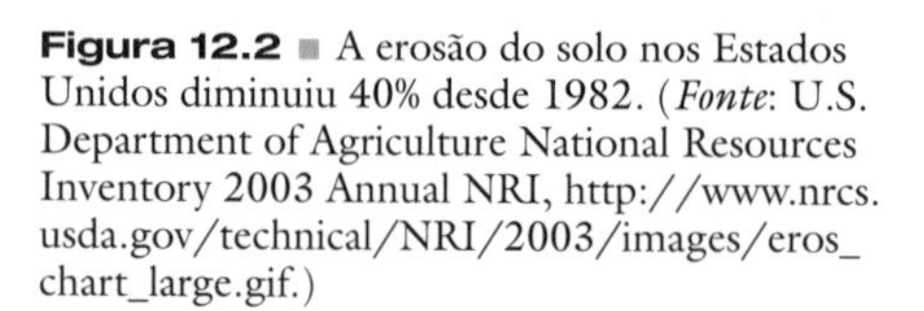
Figura 12.2 ■ A erosão do solo nos Estados Unidos diminuiu 40% desde 1982. (*Fonte*: U.S. Department of Agriculture National Resources Inventory 2003 Annual NRI, http://www.nrcs.usda.gov/technical/NRI/2003/images/eros_chart_large.gif.)

Figura 12.3 ■ O Dust Bowl. As práticas agrícolas ruins juntamente com uma grande seca criaram o Dust Bowl (tempestades de areia nos EUA), que durou cerca de 10 anos, durante a década de 1930. Terras altamente aradas e sem cobertura vegetal foram facilmente levantadas pelo vento seco, criando tempestades de poeira e enterrando casas.

quantidade de matéria orgânica diminui e a estrutura física do solo torna-se menos favorável ao crescimento das plantas.

Tradicionalmente, os agricultores combateram a queda de fertilidade com o uso de fertilizantes orgânicos, tais como o esterco animal. Esses têm a vantagem de aumentar tanto as características físicas quanto químicas do solo. Porém, os fertilizantes orgânicos podem conter desvantagens, especialmente no âmbito da agricultura intensiva em solos pobres. Em tais situações, eles não proveem suficientemente os elementos químicos necessários para substituir o que está perdido.

O desenvolvimento dos fertilizantes produzidos industrialmente, comumente chamados de fertilizantes "químicos" ou "artificiais", foi um fator importante no grande aumento na produção da agricultura no século XX. Um dos avanços mais importantes foi a invenção do processo industrial de converter o gás nitrogênio, presente na atmosfera, em nitrato para ser utilizado diretamente pela planta. O fósforo, outro importante elemento biológico, é extraído geralmente a partir de uma fonte fóssil de origem biológica, como depósitos de guano das aves nas ilhas utilizados para abrigo (Figura 12.4). A era científico-industrial proporcionou a mineração mecanizada de fosfatos e o transporte de longa distância que, a um custo, conduziu a um aumento de curto prazo na fertilidade do solo. Nitrogênio, fósforo e outros elementos são combinados em proporções apropriadas para culturas específicas em locais específicos.

Desde o fim da Segunda Guerra Mundial, a agricultura mecanizada tem danificado seriamente mais de 1 bilhão de hectares de solos. Isso representa em torno de 10,5% das melhores terras mundiais, equivalente às terras combinadas da China e Índia. Além disso, o sobrepastoreio e o desmatamento têm danificado aproximadamente 9 milhões de hectares ao ponto de a recuperação se tornar difícil; a restauração das áreas restantes irá requerer sérias ações.[7]

Nos Estados Unidos, desde o estabelecimento europeu, cerca de um terço do solo do país foi perdido, resultando em 80 milhões de hectares (198 milhões de hectares) que estão improdutivos ou apenas marginalmente produtivos.[7]

Figura 12.4 ■ Atobás em uma ilha de guano. As aves estão sobre excrementos de pássaros acumulados há séculos. Elas se alimentam de peixe e fazem seus ninhos em ilhas. Em climas secos, as suas fezes se acumulam e tem sido uma fonte importante de fósforo para a agricultura ao longo dos séculos.

12.4 O que Acontece com Solos Erodidos: Sedimentos Causam Problemas ao Meio Ambiente

O solo erodido de um local tem que ir para outro lugar. Grande parte percorre rios e riachos abaixo e é depositado em seus exutórios. Rios norte-americanos transportam cerca de 3,6 bilhões de toneladas de sedimento por ano, 75% provenientes de terras agrícolas. Isso é mais do que 11.300 kg de sedimentos para cada pessoa nos Estados Unidos. Deste total, 2,7 bilhões de toneladas por ano são depositados em reservatórios, rios e lagos. Eventualmente, estes sedimentos podem preencher de forma negativa águas produtivas, destruindo alguns locais de pescas. Nas águas tropicais, os sedimentos que entram no oceano podem destruir os recifes de coral perto da costa.

A sedimentação também possui efeitos químicos no ambiente. Nitratos, amônia, e outros fertilizantes transportados por outros sedimentos enriquecem as águas a jusante. Este enriquecimento chamado de *eutrofização*, promove o crescimento de algas. (A eutrofização é explicada e descrita no Capítulo 22, sobre poluição da água.) É um processo simples: fertilizantes, que foram produzidos para acelerar o crescimento das culturas, têm o mesmo efeito nas algas aquáticas. Mas as pessoas geralmente não querem água enriquecida com algas, uma vez que as algas mortas são decompostas por bactérias que, por sua vez, removem o oxigênio da água. Como resultado, o peixe não consegue sobreviver na água. A água se torna viscosa com um tapete marrom-esverdeado, desagradável para o lazer ou recreação e uma fonte inadequada de água potável. A eutrofização foi fortemente publicada em 2008, quando as massas de água na China ficaram cobertas com algas no momento em que os atletas estavam se preparando para usá-las para as corridas olímpicas. Os sedimentos podem transportar pesticidas químicos tóxicos.

Desde a década de 1930, a agricultura induzida pela sedimentação foi reduzida com a diminuição da taxa de erosão do solo. Mesmo assim, levando em consideração os custos da dragagem e do declínio da vida útil dos reservatórios, os danos causados por sedimentos custam aos Estados Unidos cerca de 500 milhões de dólares por ano.

Tornando os Solos Sustentáveis

Os solos se formam continuamente, mas normalmente de forma muito lenta. Em boas terras, uma camada de solo de 1 mm de espessura, mais fino que um pedaço de papel, se forma a uma taxa que varia de uma década a 40 anos. Nas melhores condições de agricultura — agricultura real e completamente sustentável — a quantidade de solo perdido nunca deve exceder a quantidade de solo novo produzido.

Nesse ponto da discussão, chega-se a uma resposta parcial à pergunta "Como a agricultura pôde ser sustentada por milhares de anos se o solo tem sido degradado?" Deve-se reconhecer uma distinção entre a sustentabilidade de um produto (nesse caso, as culturas) e a sustentabilidade do ecossistema. *Na agricultura, a produção agrícola pode ser sustentada, mas o ecossistema não pode ser.* E se o ecossistema não for sustentado, então as pessoas devem fornecer entradas adicionais de energia e de elementos químicos para substituir o que está perdido.

Plantio em Curvas de Nível

Os sulcos originados pela aração fazem caminhos para o fluxo de água, e se os sulcos seguirem o desnível do solo, a água se move rapidamente ao longo deles, aumentando a taxa de erosão. No **plantio em curva de nível**, a terra é arada perpendicularmente a esse desnível, o mais horizontalmente possível, seguindo as cotas altimétricas da região em questão.

Juntamente com a agricultura de plantio direto, as curvas de nível têm sido uma das formas mais eficazes para reduzir a erosão do solo. Isso foi demonstrado por uma experiência em terras inclinadas com plantação de batatas. Parte do terreno foi lavrada acompanhando os aclives e declives, e parte foi arada utilizando curvas de nível. Naquele ano, a primeira seção perdeu 32 toneladas/hectare do solo; a seção com curvas de nível perdeu apenas 0,22 tonelada/hectare. Dessa forma, levaria quase 150 anos para que a segunda seção erodisse a mesma quantidade que as terras tradicionalmente lavradas erodiram em um único ano! Além de reduzir drasticamente a erosão do solo, o plantio em curvas de nível demanda menos tempo e combustível. Mesmo assim, hoje a técnica de curva de nível é utilizada apenas em uma pequena fração da terras nos Estados Unidos. Por exemplo, dos 4 milhões de hectares de terras de cultivo de Minnesota, apenas 530.000 hectares utilizam esta técnica.

(*a*)

(*b*)

Figura 12.5 ■ Métodos agrícolas alternativos de aração e lavoura: (*a*) faixas de curva de nível em culturas no centro-oeste dos Estados Unidos; (*b*) agricultura de plantio direto. Ambos os métodos reduzem a erosão. O plantio direto, no entanto, requer o vasto uso de pesticidas.

Agricultura de Plantio Direto

Como o estudo de caso sugere, na introdução deste capítulo, uma maneira ainda mais eficiente para diminuir a erosão é evitar a completa aração do solo. A **agricultura de plantio direto** (também chamado de *lavoura de conservação*) envolve a não aração da terra, o uso de herbicidas e o manejo integrado de pragas (discutido mais tarde neste capítulo) para manter as ervas daninhas, e a permissão de que algumas ervas daninhas cresçam. Caules e raízes que não fazem parte da cultura comercial são deixados no campo para a decomposição no local (Figura 12.5*b*). Em contraste com o padrão de abordagem moderna, o objetivo de agricultura de plantio direto é o de suprimir e de controlar as ervas daninhas, mas não para eliminá-las em detrimento da conservação do solo. Mundialmente, a agricultura de plantio direto está crescendo, mas é praticada em apenas 5% das terras cultiváveis do mundo.[8] O Paraguai lidera o *ranking* mundial com 55% de suas terras agrícolas em plantio direto. Os Estados Unidos, com 17,5% em plantio direto, está atrás de muitas outras nações. Argentina tem 45%, Brasil 39%, e Canadá atingiu 30% em 2001, acima dos 24% de uma década anterior. Um benefício adicional da agricultura de plantio direto é que ela reduz a liberação de dióxido de carbono do solo que ocorre quando o solo é arado. Assim, a agricultura de plantio direto é uma forma de reduzir as emissões de gases de efeito estufa, que podem contribuir com o aquecimento global.

12.5 O Controle de Pragas

De um ponto de vista ecológico, as pragas, parasitas ou predadores são concorrentes indesejáveis. As principais pragas agrícolas são insetos que se alimentam principalmente das partes vivas das plantas, especialmente folhas e caules; nematoides (pequenos vermes) que vivem principalmente no solo e se alimentam de raízes e tecidos de outras plantas; doenças bacterianas e virais; plantas daninhas (plantas que competem com as culturas) e vertebrados (principalmente roedores e aves) que se alimentam de grãos ou frutas. Mesmo hoje, com tecnologias modernas, as perdas totais devido a todas essas pragas são enormes; nos Estados Unidos, as pragas representam uma perda estimada de um terço da colheita potencial e de cerca de um décimo do produto colhido. As perdas pré-colheita são oriundas da concorrência de ervas daninhas, doenças e herbívoros; perdas pós-colheita são em grande parte devido a herbívoros.[9,10]

Tende-se a pensar que a principal praga agrícola são os insetos, mas na verdade as ervas daninhas são o principal problema. A agricultura produz condições ambientais e ecológicas especiais que tendem a promover as ervas daninhas. Lembre-se de que o processo da agricultura é uma tentativa de (1) atrasar os processos naturais de sucessão ecológica, (2) evitar a migração de organismos para dentro de uma determinada área, e (3) impedir as interações naturais (incluindo a competição, predação e parasitismo) entre populações de diferentes espécies.

Devido ao fato de uma fazenda ser mantida em um estágio muito inicial de sucessão ecológica e ser enriquecida com fertilizantes e água, ela se torna um bom lugar não apenas para as culturas, mas também para outras plantas de início de sucessão. Essas anticulturas e, portanto, indesejáveis, são o que se chama de *ervas daninhas*. A erva daninha é apenas uma planta que se encontra em um lugar onde não se quer que ela esteja. Lembre-se de que as plantas de início de sucessão tendem a ser de crescimento rápido e possuem sementes facilmente levadas pelo vento ou propagadas por plantas e animais. Essas plantas se espalham e crescem rapidamente, a convite do hábitat aberto, para o início de sucessão.

Há cerca de 30 mil espécies de plantas daninhas e a cada ano uma fazenda típica é infestada por 10 a 50 espécies delas. As ervas daninhas competem com as culturas por todos os recursos: nutrientes, luz, água e espaço para crescer. Quanto mais plantas daninhas, menos cultura. Por exemplo, a produção de soja é reduzida em 60% se uma erva daninha, chamada de carrapichão (*Xanthium strumarium*), crescer três indivíduos por metro.[11]

12.6 A História dos Pesticidas

Antes da Revolução Industrial, os agricultores pouco podiam fazer para evitar as pragas, exceto removê-las quando apareciam ou usar métodos de produção que tendiam a diminuir sua densidade. Por exemplo, a agricultura corte-e-queima (também conhecida como agricultura de roça), que permitia que a sucessão ocorresse. A grande diversidade de plantas e o longo tempo entre a utilização de cada parcela reduzia a densidade de pragas (veja o Capítulo 11). Os agricultores pré-industriais também plantavam ervas aromáticas e outras vegetações que repeliam os insetos.

Com o início da agricultura baseada na ciência moderna, começou a procura por produtos químicos que reduzissem a abundância de pragas. Mais importante, procuraram por uma "bala mágica" — uma substância química (referida como um *pesticida de espectro reduzido*) que teria um único destino, apenas uma praga e não afetasse nada mais. Mas isso se mostrou inatingível. Conforme já visto, as coisas vivas têm muitas reações químicas em comum (veja os Capítulos 4 e 6), portanto, um produto químico que seja tóxico para uma espécie é suscetível de ser tóxico para outras. A história da pesquisa científica de pesticidas trata de uma busca por uma bala mágica cada vez melhor. Os primeiros produtos foram compostos inorgânicos simples, que eram extremamente tóxicos. Um dos primeiros foi o arsênio, um elemento químico tóxico a todos os seres, incluindo o homem. Havia a certeza de que era eficaz para exterminar pragas, porém matou organismos benéficos, assim como o seu manuseio era muito perigoso.

A segunda etapa no desenvolvimento de pesticidas começou na década de 1930 e envolveu *sprays* à base de petróleo e de produtos químicos naturais à base de plantas. Muitas plantas produzem substâncias químicas como uma defesa contra doenças e contra herbívoros, e esses pesticidas químicos são eficazes. A nicotina do tabaco é o agente primário de alguns inseticidas que são amplamente utilizados atualmente. No entanto, apesar de os pesticidas naturais da planta serem relativamente seguros, eles não foram tão eficientes como desejado.

A terceira fase no desenvolvimento de produtos foi o desenvolvimento de compostos orgânicos artificiais. Alguns, como o DDT, são pesticidas de amplo espectro, contudo mais eficazes que produtos químicos naturais de plantas. Estes produtos químicos têm sido importantes para a agricultura, mas efeitos ambientais inesperados têm surgido, e a bala mágica permaneceu inalcançada. Por exemplo, o aldrin e o dieldrin têm sido amplamente utilizados para controlar cupins, bem como pragas na cultura do milho, batatas e frutas. O dieldrin é aproximadamente 50 vezes mais tóxico para o homem que o DDT. Estes produtos químicos são projetados para permanecer no solo e continuar atuando por anos, porém são facilmente drenados pelos solos através das chuvas em flores-

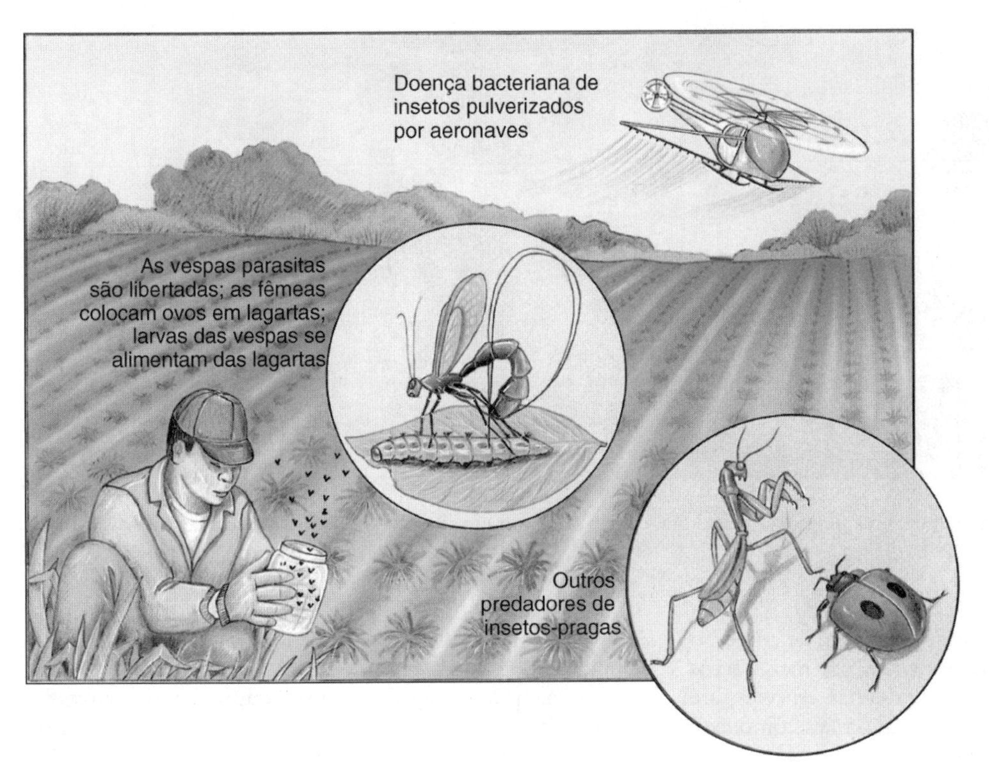

Figura 12.6 ■ Manejo integrado de pragas: o controle biológico de pragas. O objetivo é diminuir o uso de pesticidas artificiais, reduzir custos e controlar eficientemente as pragas.

tas tropicais. Portanto, eles se espalharam amplamente e são encontrados em organismos nas águas árticas. Esses produtos químicos são acumulativos no organismo humano.

Como resultado, uma quarta etapa no desenvolvimento dos pesticidas começou, retornando aos conhecimentos biológicos e ecológicos. Esse foi o início do **controle biológico** moderno, o uso de predadores e de parasitas biológicos para o controle de pragas. Um dos controles mais eficazes é uma bactéria denominada *Bacillus thuringiensis*, conhecida como BT, que provoca uma doença que afeta as lagartas e as larvas de outras pragas de insetos. Os esporos de BT são vendidos comercialmente (pode-se comprá-los em uma loja de jardinagem e usar este método para os jardins em casa). O BT tem sido uma das maneiras mais importantes para controlar as epidemias das mariposas-ciganas, uma mariposa cujas larvas, periodicamente, retiram a maior parte das folhas de grandes áreas florestais no leste dos Estados Unidos. O BT tem-se mostrado seguro e eficaz — seguro, pois provoca doença somente em insetos específicos e é inofensivo para o homem e outros mamíferos e, da mesma forma, por ser um "produto" biológico natural, a sua presença e a sua degradação não poluem.

Outro grupo de agentes eficazes de controle biológico são pequenas vespas que são parasitas de lagartas. As vespas colocam os seus ovos sobre as lagartas; as larvas dessas vespas se alimentam das lagartas, matando-as. Estas vespas tendem a ter relações muito específicas (uma espécie de vespa é parasita de uma única espécie de praga) e, assim, são eficazes e de espectro reduzido (Figura 12.6).

E na lista de espécies de controle biológico, não se pode esquecer das joaninhas, que são predadores de muitas pragas. Também é possível comprá-las em muitas lojas de jardinagem e libertá-las no jardim.

Outra técnica para controle de insetos envolve o uso de feromônios sexuais, substâncias químicas liberadas pela maioria das espécies de insetos adultos (geralmente do sexo feminino) para atrair membros do sexo oposto. Em algumas espécies, os feromônios têm-se mostrado eficazes até 4,3 km de distância. Esses produtos químicos foram identificados, sintetizados e utilizados como isca em armadilhas para insetos, em pesquisa sobre insetos, ou simplesmente para confundir os padrões de acasalamento dos insetos envolvidos.

12.7 Manejo Integrado de Pragas

Embora o controle biológico funcione bem, esse não tem resolvido todos os problemas com pragas agrícolas. Como resultado, um quinto estágio foi desenvolvido, conhecido como **manejo integrado de pragas** (MIP). O MIP utiliza uma combinação de métodos, incluindo o controle biológico, certos pesticidas químicos e alguns métodos de plantio das culturas. A ideia-chave subjacente ao MIP é que as pragas podem ser controladas e não completamente eliminadas. Isso se justifica por várias razões. Economicamente, torna-se cada vez mais caro eliminar uma porcentagem cada vez maior de uma praga, enquanto o valor de sua eliminação, em termos de preço de venda da produção, torna-se cada vez menor. Isso sugere a coerência econômica em deixar algumas pragas e eliminar apenas o necessário para fornecer o benefício. Além disso, permitir que algumas dessas pragas coexistam de forma controlada é menos prejudicial aos ecossistemas, solos, água e ar. Alguns gostam de pensar acerca do MIP como uma abordagem ecossistêmica da gestão de pragas, porque ele faz uso das características das comunidades ecológicas e ecossistemas conforme discutido nos Capítulos 4, 6 e 10.

Outra característica do MIP é a tentativa de evitar a monocultura de uma única cultura em linhas regulares. Estudos têm demonstrado que apenas a complexidade de um hábitat físico pode retardar a propagação de parasitas. Com efeito, pragas como a lagarta ou o ácaro estão tentando encontrar o seu caminho através de um labirinto. Se o labirinto é composto por

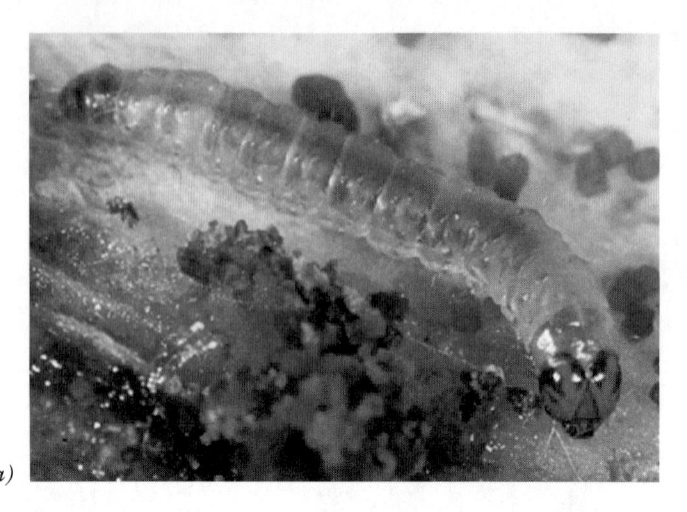

Figura 12.7 ■ As larvas da mariposa oriental, uma praga da fruticultura, é controlada por uma vespa parasita que ataca as larvas. (*a*) As larvas. (*b*) Maçãs danificadas pelas larvas da mariposa.

linhas regulares de algo além do que a praga gosta de comer, o problema do labirinto é facilmente resolvido, por mais parvos que sejam estes animais. Mas se existem várias espécies, até mesmo duas ou três, dispostas em um padrão mais complexo, as pragas gastam mais tempo para encontrar suas presas.

A agricultura de plantio direto e a agricultura de baixo impacto é outra característica do MIP, pois isso ajuda os inimigos naturais de algumas pragas a construírem os seus abrigos no solo (a aração destrói os hábitats desses inimigos de pragas).

O controle da mariposa oriental, ou grafolita (*Grapholita molesta*), que ataca várias culturas de frutas, é um exemplo desse tipo de gestão de controle biológico (Figura 12.7). A mariposa oriental era considerada uma presa de uma espécie de vespas, *Macrocentrus ancylivorus*,[9] e a introdução da vespa nos campos ajudou a controlar a população dessas mariposas. Curiosamente, nos campos de pessegueiros, a vespa foi mais eficaz quando os campos de morangos estavam próximos. Os campos de morangos forneciam um hábitat alternativo para a vespa, especialmente importante para a hibernação.[9] Tal como mostra esse exemplo, a complexidade espacial e da diversidade biológica também se tornaram parte da estratégia do manejo integrado de pragas.

Apesar do uso de pesticidas artificiais, eles são utilizados juntamente com outras técnicas. Assim, esses pesticidas podem ser poupadores e específicos. Isto também reduziria significativamente os custos para os agricultores no controle de pragas.

As atuais práticas agrícolas nos Estados Unidos envolvem uma combinação de abordagens, mas na maioria dos casos são mais restritos do que a estratégia de MIP. Os métodos de controle biológicos são utilizados de forma relativamente pequena. Eles representam a principal tática para o controle das pragas de vertebrados (ratos, ratazanas e aves) que se alimentam de alface, tomates e morangos, na Califórnia, mas não são técnicas amplamente utilizadas em culturas de grãos, algodão, batata, maçã ou melão. Os produtos químicos são os principais métodos de controle de pragas como insetos. Para as ervas daninhas, os principais controles são os métodos de cultura da terra. A utilização de material geneticamente mais resistente é importante para o controle de doenças no trigo, milho, algodão e de algumas hortaliças como alface e tomate.

Monitoramento de Pesticidas no Meio Ambiente

A utilização de pesticidas no mundo excede 2,5 bilhões de quilogramas, e nos Estados Unidos ultrapassa 680 milhões de quilogramas (Figura 12.8). O montante total pago por esses agrotóxicos é 32 bilhões de dólares no mundo e 11 bilhões de dólares nos Estados Unidos.[12]

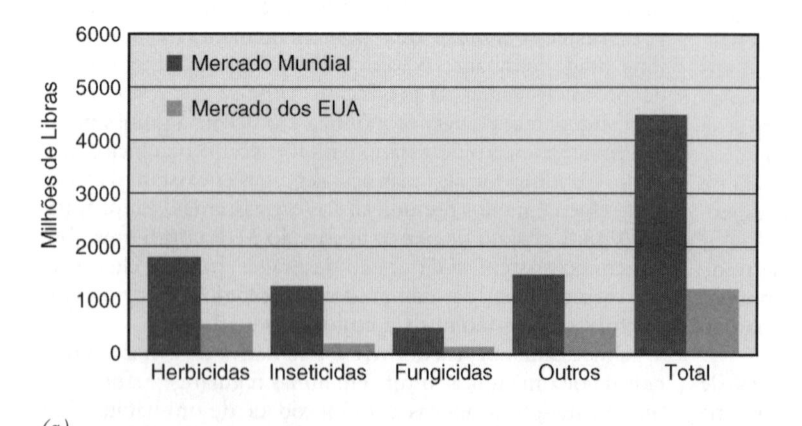

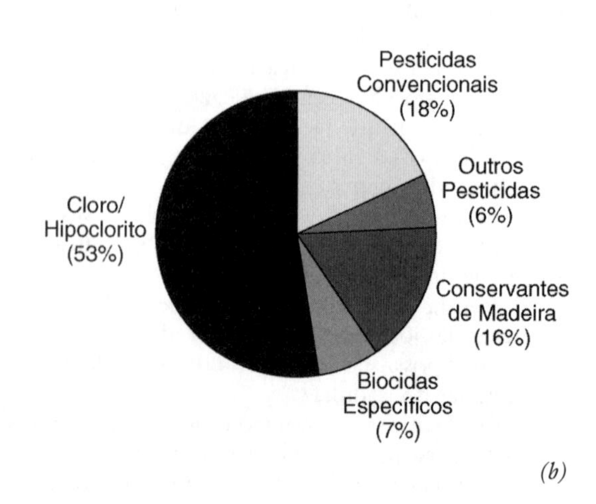

Figura 12.8 ■ Consumo mundial de pesticidas. (*a*) Quantidade total, (*b*) percentual por tipo principal. (*Fonte*: EPA [2006]. "2000–2001 Pesticide Market Estimates: Usage", EPA.)

DETALHAMENTO 12.2

DDT

Em 2006, a Organização Mundial da Saúde das Nações Unidas aprovou uma maior utilização do DDT na África para combater a malária. Essa decisão controversa é o evento mais recente na longa história do uso e abuso desse famoso pesticida. A verdadeira revolução nos pesticidas químicos — o desenvolvimento de pesticidas mais sofisticados — começou com o fim da Segunda Guerra Mundial e a descoberta do DDT e de outros hidrocarbonetos clorados, incluindo o aldrin e o dieldrin. Quando o DDT foi desenvolvido, na década de 1940, parecia que estava sendo procurada a "bala mágica", sem efeitos de curto prazo sobre as pessoas e mortal apenas aos insetos. Na época, os pesquisadores acreditavam que um produto químico não podia ser facilmente transportado do seu local de origem de aplicação, salvo se fosse solúvel em água. DDT não era muito solúvel em água e, portanto, não aparentava representar um perigo para o ambiente. O DDT foi amplamente utilizado até que três fatos foram descobertos.

- Ele tem efeitos de longo prazo sobre espécies desejáveis. Mais impressionante, ele diminuiu a espessura das cascas de ovos que se desenvolviam dentro dos pássaros.
- Ele é armazenado nos óleos e gorduras e é transferido através das cadeias alimentares quando um animal se alimenta do outro. Como é transferido por meio da cadeia alimentar, torna-se concentrado, portanto quanto mais alto for o nível dos organismos na cadeia, maior será a concentração de DDT. Esse processo é conhecido como concentração na cadeia alimentar ou biomagnificação (discutido em detalhes no Capítulo 15).
- O armazenamento do DDT em óleos e gorduras permite que o produto químico seja transferido biologicamente, mesmo que não seja muito solúvel em água.

Nas aves, o DDT e os produtos de sua degradação química (conhecido como DDD e DDE) afinaram as cascas dos ovos, fazendo com que eles se quebrassem facilmente, reduzindo o sucesso da reprodução. Isso foi especialmente grave nas aves que estão no topo da cadeia alimentar — os predadores que se alimentam de outros predadores, como a águia-de-cabeça-branca, a águia-pesqueira e o pelicano, que se alimentam de peixes que podem ser predadores de outros peixes.

Como resultado, o DDT foi proibido pela maioria dos países desenvolvidos — proibido nos Estados Unidos em 1971. Desde então, uma recuperação dramática ocorreu entre as populações das aves afetadas. O pelicano-marrom da Flórida e da costa da Califórnia, que havia se tornado raro e ameaçado de extinção, cuja reprodução estava restrita às ilhas onde o DDT não fora utilizado, tornou-se comum novamente. A águia tornou-se novamente abundante nas matas do norte, onde pode ser vista no Parque Nacional Voyageurs e na Boundary Waters Canoe Area, no norte de Minnesota. No entanto, o DDT ainda está sendo produzido nos Estados Unidos para o uso em países menos desenvolvidos e em desenvolvimento, especialmente aplicado ao controle da propagação dos mosquitos da malária.

O uso do DDT trouxe alguns benefícios. Foi o principal responsável por eliminar doenças graves como a malária e a febre amarela, reduzindo a incidência da malária nos Estados Unidos, que saiu de uma média de 250.000 casos por ano, antes do programa de pulverização, para menos de 10 por ano em 1950. Mesmo para essas aplicações, no entanto, a eficácia do DDT tem diminuído ao longo dos anos, pois muitas espécies de insetos desenvolveram resistência contra ela. No entanto, o DDT continua sendo utilizado porque é barato e suficientemente eficaz e, também, porque as pessoas se acostumaram a usá-lo. O Centro de Controle de Doenças dos Estados Unidos estima que entre 200 mil e mais de 1 milhão de pessoas morrem anualmente de malária, sendo que 75% delas são crianças africanas.[14] Cerca de 35.000 toneladas de DDT são anualmente produzidas em pelo menos cinco países e legalmente importadas e utilizadas em dezenas de nações, incluindo o México.

Embora as populações dos países desenvolvidos acreditem que estão livres dos efeitos do DDT, na realidade esse produto químico é transportado de volta para as nações industrializadas pelos produtos agrícolas das nações que ainda o utilizam. Além disso, as aves migratórias que passam parte do ano em regiões de malária ainda estão sujeitas ao DDT. Assim, apesar de ser proibido nos países desenvolvidos, o DDT continua sendo um problema mundial importante no controle de pragas. (O problema do uso nos países em desenvolvimento de pesticidas que foram banidos em outras nações não ocorre apenas com o DDT, mas também com outros produtos químicos.)

Com a proibição do DDT em países desenvolvidos, outros produtos químicos tornaram-se mais proeminentes, produtos químicos que se mostraram menos persistentes no ambiente. Entre a nova geração de inseticidas estão os organofosforados — produtos químicos que contêm fósforo, e afetam o sistema nervoso, são mais específicos e se deterioram mais rapidamente no solo. Portanto, eles não possuem a mesma persistência como o DDT. Mas eles são tóxicos para o homem e devem ser manuseados com muito cuidado por aqueles que vão aplicá-los.

Os pesticidas químicos criaram uma revolução na agricultura. No entanto, além dos efeitos ambientais negativos dos produtos químicos como o DDT, eles têm outros grandes inconvenientes. Um problema é o surto de pragas secundárias, que ocorrem após o uso prolongado (e, possivelmente, devido à utilização excessiva) de um pesticida. Surtos de pragas secundárias podem ocorrer de duas maneiras: (1) ao reduzir uma espécie-alvo, reduz-se a concorrência com uma segunda espécie, que depois floresce e se torna uma praga, ou (2) a praga desenvolve resistência aos pesticidas por meio da evolução e da seleção natural, que favorecem aqueles que têm uma maior imunidade ao produto químico. Essa resistência vem sendo desenvolvida em relação a muitos pesticidas. Por exemplo, o Dasanit (fensulfothion), um organofosforado introduzido pela primeira vez em 1970, para controlar as larvas que atacam as cebolas em Michigan, foi inicialmente bem-sucedido, mas agora é tão ineficaz que não é mais utilizado para essa cultura.

Uma vez aplicados, esses produtos químicos ou podem se decompor no local, ou ser levados pelo vento ou transportados pelas águas superficiais e subterrâneas, e ainda assim, continuar a se decompor. Às vezes, os produtos iniciais da decomposição (os primeiros produtos químicos ainda complexos oriundos do pesticida original) são tóxicos, como é o caso do DDT (ver o Detalhamento 12.2). Eventualmente, os compostos tóxicos decompõem-se em seus compostos inorgânicos originais ou simples, ou compostos orgânicos não tóxicos. No entanto, para alguns produtos químicos, isso pode levar um período muito longo.

Os herbicidas representam cerca de 60% dos pesticidas encontrados em águas norte-americanas. Surpreendentemente, pouco se sabe sobre a história das concentrações de pesticidas nos principais rios da América. Por exemplo, não existe um programa bem estabelecido para monitorar as mudanças de concentração de pesticidas no rio Missouri, um dos maiores rios do mundo, embora recentemente medições de concentração foram feitas no local.[13] O Missouri drena um sexto dos Estados Unidos, boa parte dessa porção corresponde aos principais estados agrícolas do país.

Onde todos esses pesticidas vão parar? Quanto tempo permanecem no ambiente, tanto no local onde foram aplicados, como a jusante dos rios e na direção do vento? Qual é a concentração deles nas águas? Para estabelecer normas úteis para os níveis de pesticidas no ambiente e compreender seu impacto ambiental é necessário monitorar tais concentrações. Normas de saúde pública e normas de efeitos ambientais foram criadas para alguns desses compostos. O Instituto Geológico dos Estados Unidos criou uma rede de monitoramento em 60 bacias hidrográficas como amostra de toda a nação. Essas são bacias hidrográficas médias e não correspondem a todos os fluxos dos rios mais importantes da nação, como é o caso da bacia hidrográfica do rio Platte, um importante afluente do rio Missouri.

Os herbicidas mais utilizados para o cultivo de milho, sorgo e soja ao longo do rio Platte foram o alachlor, a atrazina, a cianazina e o metolachlor, todos herbicidas organonitrogenados. O monitoramento do rio Platte perto de Lincoln, Nebraska, sugeriu que, durante os pesados escoamentos na primavera, concentrações de alguns herbicidas podem estar atingindo ou excedendo as normas estabelecidas de saúde pública. Mas essa pesquisa está apenas começando e é difícil chegar a conclusões definitivas quanto ao fato de as concentrações atuais estarem causando danos no abastecimento público de água ou de animais selvagens, peixes, algas de água doce, ou vegetação. Os avanços no conhecimento fornecem muitas informações, em uma base mais regular, da quantidade de compostos artificiais que estão presentes nas águas, no entanto os seus efeitos ambientais ainda não estão claramente definidos. Um programa mais amplo e eficaz para monitorar agrotóxicos na água e no solo é importante para fornecer uma base científica sólida para lidar com pesticidas.

12.8 Lavouras Geneticamente Modificadas

Relembrando do Capítulo 11, a modificação genética de organismos atualmente utiliza três métodos: (1) desenvolvimento mais rápido e eficiente de novos híbridos, (2) a introdução do "gene de restrição de uso" e (3) a transferência das propriedades genéticas de espécies de vida amplamente divergentes (Figura 12.9).

Cada um desses métodos representa diferentes problemas ambientais em potencial. Aqui, é preciso ter em mente uma regra geral para as ações ambientais: Se as ações que se tomam são semelhantes em natureza e na frequência das mudanças naturais, então os efeitos sobre o meio ambiente podem ser considerados benignos. Isso ocorre porque as espécies tiveram muito tempo para evoluírem e se adaptarem a essas mudanças. Em contrapartida, as alterações que são novas — que não ocorrem na natureza — são mais propensas de apresentarem efeitos ambientais negativos ou indesejáveis, tanto diretos quanto indiretos. Pode-se aplicar essa regra para as três categorias de culturas geneticamente modificadas.

Novos Híbridos

O desenvolvimento de híbridos dentro das espécies é um fenômeno natural (veja o Capítulo 7) e o desenvolvimento de híbridos para as grandes culturas, principalmente de pequenos grãos, foi um fator importante no grande aumento da produtividade da agricultura do século XX. Assim, do ponto de vista estritamente ambiental, a engenharia genética para desenvolver híbridos dentro de uma espécie é suscetível de ser tão benigna quanto o desenvolvimento de híbridos agrícolas tem sido com os métodos convencionais.

Há uma ressalva importante, no entanto. Algumas pessoas temem que a grande eficiência dos métodos de modificação genética possa produzir "super-híbridos" que, por serem tão produtivos, poderão crescer onde não são desejados e, assim, se tornar pragas. Há também a preocupação de que algumas das novas características híbridas possam ser transferidas por cruzamento com plantas estreitamente relacionadas (Figura 12.10). Isso poderia, inadvertidamente, criar uma "supererva daninha", cujo crescimento, sobrevivência ou persistência e a resistência aos pesticidas fossem difíceis de controlar. Outra preocupação ambiental é a de que novos híbridos poderiam ser desenvolvidos em terras cada vez mais marginais. O desenvolvimento de culturas em tais terras marginais poderia aumentar a erosão e a sedimentação e levar à diminuição da diversidade biológica em biomas específicos. Ainda, outro problema potencial é que os "super-híbridos" possam exigir muito mais fertilizantes, pesticidas e água. Isto poderia levar a uma maior poluição e a necessidade de maior irrigação.

Por outro lado, a engenharia genética poderá levar aos híbridos que requerem menos fertilizantes, pesticidas e água. Por exemplo, atualmente apenas os legumes (ervilhas e seus familiares) têm relações simbióticas com bactérias e fungos que lhes permitem fixar nitrogênio. Tentativas estão em andamento para transferir essa capacidade para outras culturas, de modo que mais tipos de culturas consigam enriquecer o solo com nitrogênio e que requeiram menor aplicação externa de fertilizantes nitrogenados.

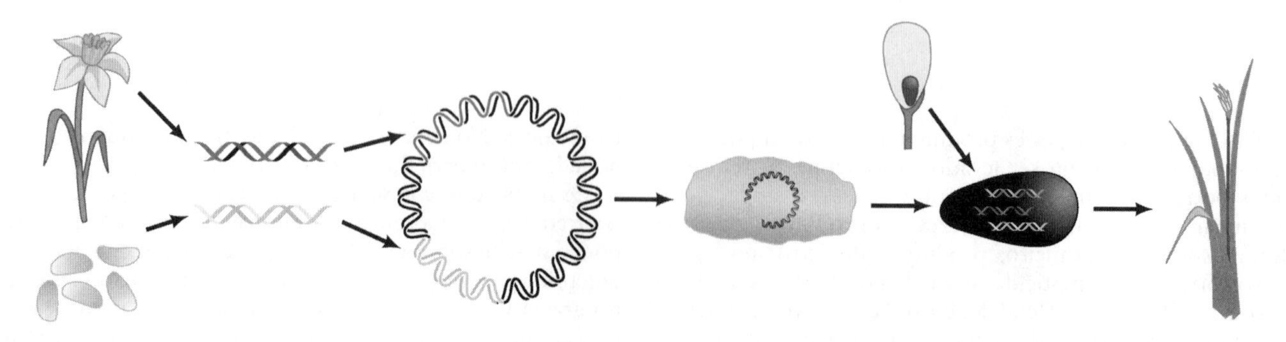

Figura 12.9 ■ Exemplo de como as culturas são geneticamente modificadas. (Ver texto para explicação.)

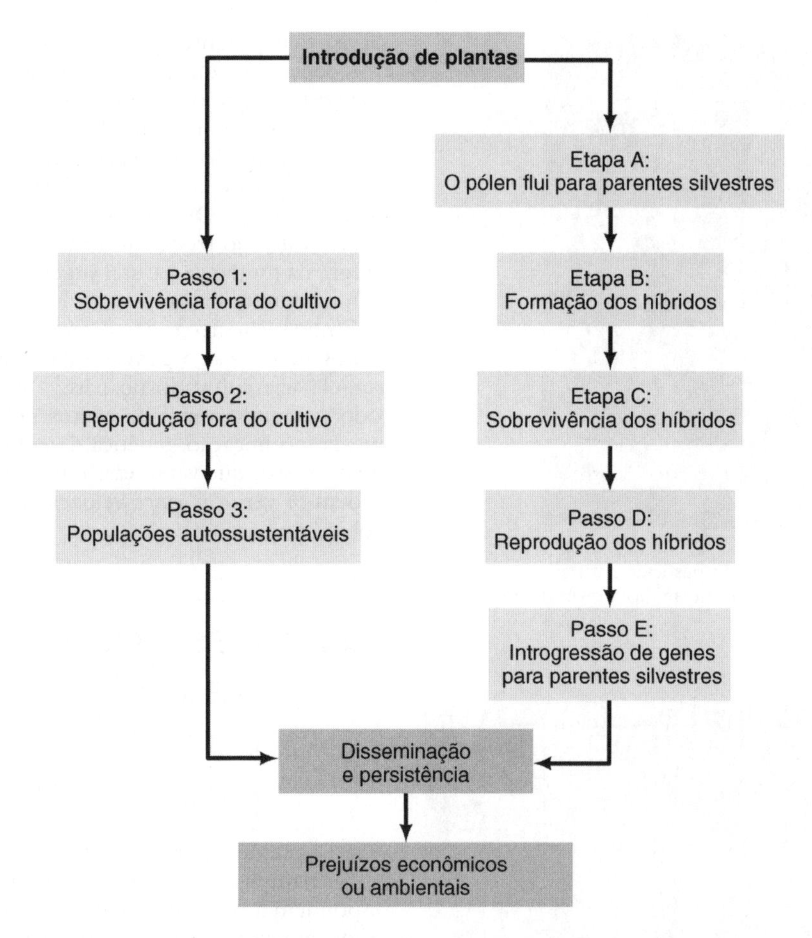

Figura 12.10 ■ Possíveis maneiras de disseminação das características genéticas de uma cultura modificada.

O Gene de Restrição de Uso

O **gene de restrição de uso** (gene terminal ou *terminator*) torna estéreis as sementes de uma cultura. Isso é feito por razões ambientais e econômicas. Em teoria, isso impede a propagação de uma cultura geneticamente modificada. Também protege o mercado para a empresa que o desenvolveu: os fazendeiros não conseguem deixar de comprar sementes e utilizar as sementes de algumas das suas colheitas híbridas no ano seguinte. Mas isso levanta problemas sociais e políticos. Agricultores de países menos desenvolvidos e os governos das nações que carecem de capacidade na área de engenharia genética temem que o gene de restrição de uso permita que os Estados Unidos e algumas de suas grandes corporações controlem o fornecimento mundial de alimentos. Observadores pessimistas acreditam que os agricultores das nações pobres deverão ser capazes de aumentar suas culturas para os próximos anos a partir de suas próprias sementes, pois eles não têm dinheiro para comprar novas sementes a cada ano. Isso não é diretamente um problema ambiental, mas pode se tornar um problema ambiental indiretamente ao afetar a produção total de alimentos do mundo, que então afeta a população humana e a forma como a terra é utilizada em áreas para a agricultura.

Transferência de Genes de uma Forma de Vida para Outra

A maioria das preocupações ambientais tem a ver com o terceiro método de modificação genética de espécies de culturas: a transferência de genes de um tipo de vida para outro. Isso é um efeito novo e, portanto, mais suscetível de apresentar efeitos negativos e indesejáveis. Em vários casos, este tipo de modificação genética levou a imprevistos e a efeitos ambientais indesejáveis. Talvez o mais conhecido envolva a batata e o milho, as lagartas que se alimentam dessas culturas, uma doença de lagartas que controla essas pragas e uma espécie em extinção, as borboletas-monarcas. Segue o que aconteceu.

Conforme discutido anteriormente, a bactéria *Bacillus thuringiensis* (BT) é um pesticida de sucesso, causador de uma doença em muitas lagartas. Com o desenvolvimento da biotecnologia, os cientistas agrícolas estudaram a bactéria e descobriram o produto químico tóxico e o gene que causa a sua produção no interior da bactéria. Esse gene foi então transferido para a batata e o milho de modo que as plantas biologicamente manipuladas produzissem seus próprios pesticidas. No primeiro momento, acreditou-se que foi dado um passo construtivo no controle de pragas, pois dessa forma já não era necessário pulverizar inseticida. No entanto, as batatas e o milho geneticamente modificados produziram a substância tóxica BT em todas as células — e não apenas nas folhas que as lagartas comiam, mas, também, nas batatas e no milho que eram vendidos como alimento, nas flores e no pólen. Isso tem um potencial, ainda não demonstrado, de criar problemas para as espécies que não são os alvos intencionais do BT (Figura 12.11).

Uma linhagem de arroz foi desenvolvida para produzir betacaroteno, importante na nutrição humana. O arroz, portanto, adicionou benefícios nutricionais importantes que

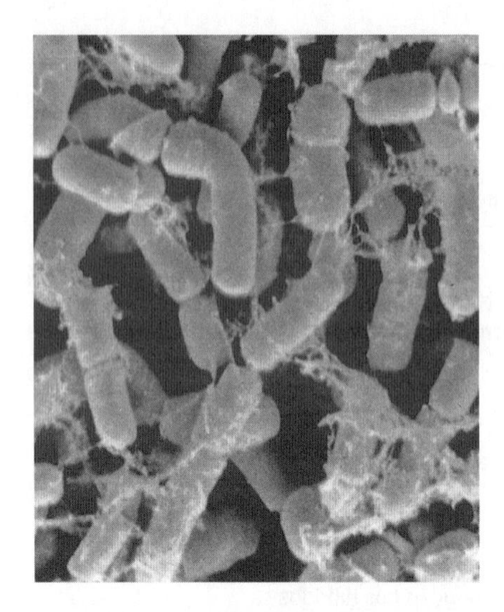

(*a*) Bactéria *Bacillus thuringiensis* (um pesticida natural). O gene que gerou os pesticidas (BT) foi colocado no milho através da engenharia genética.

(*b*) O milho BT contém seu próprio pesticida em todas as células da planta.

(*c*) O pólen do milho BT também é tóxico e, quando atinge a serralha, as borboletas monarcas que se alimentam desta podem morrer.

Figura 12.11 ■ O fluxo da toxina BT a partir de bactérias (*a*), para o milho por meio da engenharia genética (*b*), e a possível transferência ecológica de substâncias tóxicas para as borboletas-monarcas (*c*).

são particularmente valiosos para os povos pobres do mundo que dependem do arroz como alimento principal. O gene que permite que o arroz produza o betacaroteno provém de narcisos, mas as modificações que foram realmente necessárias na introdução de quatro genes específicos provavelmente seriam impossíveis de serem feitas sem as técnicas da engenharia genética. Ou seja, os genes foram transferidos entre as plantas que não trocariam genes na natureza. Mais uma vez, a regra da mudança natural sugere que se devem acompanhar atentamente tais ações.

Embora o arroz geneticamente modificado pareça ter efeitos benéficos, o governo da Índia se recusou a permitir que ele seja cultivado no país.[15] Há muita preocupação em todo o mundo sobre os efeitos políticos, sociais e ambientais da modificação genética de culturas. Esta é uma história em processo, que vai mudar rapidamente nos próximos anos. Podem-se verificar esses velozes acontecimentos no site eletrônico do livro.

12.9 Pastagem em Pastos Naturais: Benefício ou Prejuízo ao Meio Ambiente?

Quase metade da área terrestre do planeta é utilizada como pastos naturais e cerca de 30% da superfície continental correspondem à pastagem *árida*, onde o solo é facilmente danificado por pastagens, principalmente durante a seca (Figura 12.12). Nos Estados Unidos, mais de 99% das pastagens estão a oeste do rio Mississipi. Grande parte das pastagens do mundo está consideravelmente em mau estado devido ao sobrepastoreio. Nos Estados Unidos, as condições de pastagens melhoraram desde a década de 1930, especialmente em áreas de planalto. No entanto, terras perto de córregos e riachos continuam sendo fortemente afetadas pela pastagem.

As pastagens de gado atropelam as margens dos riachos e liberam seus resíduos na água corrente. Manter um ambiente

Figura 12.12 ■ Pastagem tradicional de ovelhas, uma prática que ocorre há milhares de anos e afeta quase metade da superfície continental.

marginal de alta qualidade requer que o gado seja cercado e mantido atrás de uma zona de amortecimento.

A parte superior do rio Missouri é famosa por seus belos penhascos brancos ou falésias, porém terras privadas ao longo do rio que são usadas para pastagem de gado tiram o esplendor cênico. O gado desce até o rio Missouri para beber água em número suficiente para danificar o solo ao longo do rio. O próprio rio fica carregado de estrume. Esses efeitos se estendem até uma área perto de uma reserva federal e uma parte cênica da parte superior do rio Missouri, e os turistas que viajam no Missouri têm reclamado. Nos últimos anos, aumentou o cercamento ao longo do alto rio Missouri, deixando apenas pequenas aberturas para permitir que o gado beba água, restringindo dessa forma os danos que eles podem causar às margens do rio.

Uso Tradicional e Industrial de Pastoreios e Pastagens

As práticas tradicionais de pastoreio e de produção industrial de animais domésticos têm efeitos diferentes sobre o meio ambiente. Na agricultura moderna e industrializada, os bovinos são inicialmente criados em campo aberto e, em seguida, transportados para o confinamento, onde são engordados para o mercado. Confinamentos se tornaram amplamente conhecidos nos últimos anos como fontes de poluição local. Os bovinos confinados ficam frequentemente em locais superlotados e são alimentados com grãos ou forragem transportados até o confinamento. O estrume se acumula em grandes montes. Quando chove, o estrume é transportado e contamina o córrego local. Confinamentos são populares entre os produtores de carne porque são econômicos para a produção rápida de carne de boa qualidade. No entanto, grandes confinamentos exigem o uso intensivo de recursos e têm efeitos negativos ao meio ambiente.

As práticas tradicionais de pastoreio, por comparação, afetam, sobretudo, o meio ambiente através de sobrepastoreio. As cabras são especialmente prejudiciais para a vegetação, mas todos os herbívoros domésticos podem destruir os pastos naturais. O efeito dos herbívoros domésticos no solo varia muito com a sua densidade em relação à precipitação pluviométrica e à fertilidade do solo. Em densidades baixas a moderadas, os animais podem até ajudar o crescimento da vegetação na superfície, por meio da fertilização do solo com suas fezes e estimulando o crescimento da planta ao aparar suas pontas, da mesma forma que a poda estimula o crescimento das plantas. Mas em altas densidades, a vegetação é consumida mais rapidamente que sua capacidade de crescimento e, deste modo, algumas espécies são perdidas e o crescimento das outras bastante reduzido.

A Biogeografia de Animais de Criação

O homem tem distribuído rebanhos de gado, ovelhas, cabras e cavalos, assim como outros animais domésticos, em todo o mundo e, em seguida, promovido o desenvolvimento desses animais em densidades que mudaram a paisagem. Povos pré-industriais fizeram essas introduções. Por exemplo, os colonos polinésios trouxeram porcos e outros animais domésticos para o Havaí e outras ilhas do Pacífico. Desde a idade de exploração pela civilização ocidental, a partir do século XV, os animais domésticos foram introduzidos na Austrália, Nova Zelândia e nas Américas. Cavalos, vacas, ovelhas e cabras foram trazidos para a América do Norte a partir do século XVI. A propagação do gado trouxe novas doenças animais e novas plantas daninhas, que chegaram junto aos cascos dos animais e em seus estrumes. As introduções de animais domésticos em novos hábitats têm muitos efeitos ambientais. Dois efeitos importantes são que (1) a vegetação nativa, não adaptada aos herbívoros introduzidos, pode ser fortemente reduzida e ameaçada de extinção; e (2) os animais introduzidos podem competir com os herbívoros nativos, reduzindo seu número para um ponto no qual eles também podem ser ameaçados de extinção.

Uma importante questão recente na produção de gado é a abertura de áreas de florestas tropicais e sua conversão em pastagens — por exemplo, na Amazônia brasileira. Em uma situação típica, a floresta é eliminada por queimadas e as culturas são cultivadas por cerca de quatro anos. Após esse período, o solo perde tanta fertilidade que as culturas não podem mais ser cultivadas economicamente. Os pecuaristas, em seguida, adquirem esses terrenos já desmatados e soltam o gado para sobreviver no clima quente e úmido. Após cerca de mais quatro anos, a terra já não pode mais suportar nem mesmo as pastagens e, logo, é abandonada. Nessas áreas, o pastoreio tem prejudicado muito a capacidade da terra para muitos usos, incluindo o crescimento da floresta.[16] Claramente, esta é uma abordagem insustentável para a agricultura e, portanto, indesejável.

A disseminação dos herbívoros domésticos ao redor do mundo é uma das principais formas pelo qual se tem transformado o ambiente através da agricultura. Com o aumento da população humana, juntamente com o aumento da renda e da expectativa de vida, aumenta-se a demanda por carne. Como resultado, pode-se esperar uma maior procura de pastos e de pastagens nas próximas décadas. Um grande desafio na agricultura será o desenvolvimento de formas de tornar a produção de animais domésticos sustentável.

A Capacidade de Suporte de Terras para Pastagens

A **capacidade de suporte** é o número máximo de uma espécie que pode viver por unidade de área sem diminuir a capacidade dessa população ou do seu ecossistema de manter esta mesma densidade no futuro. A capacidade de suporte do solo para gado varia com a precipitação de chuvas, topografia, tipo e fertilidade do solo.

Quando a capacidade é excedida, o solo está sobrepastoreado. O **sobrepastoreio** retarda o crescimento da vegetação, reduz a diversidade de espécies de plantas, leva à dominância

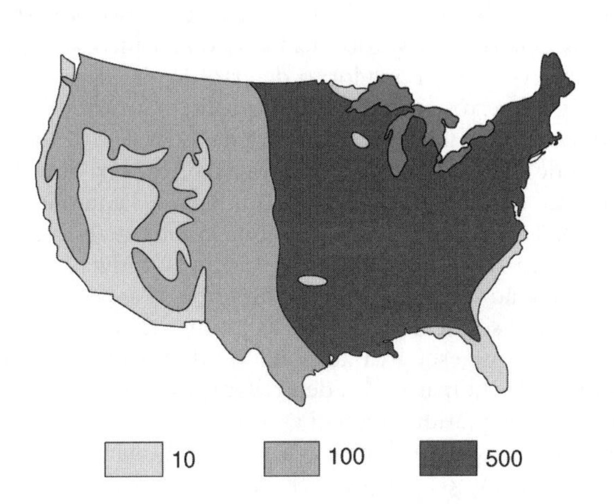

Figura 12.13 ■ Capacidade de suporte das pastagens nos Estados Unidos, em número médio de vacas por quilômetro quadrado. (*Fonte*: U.S. Department of Agriculture Statistics.)

de espécies de plantas que são relativamente indesejáveis para o gado, acelera a perda de solo por erosão, assim como a cobertura vegetal é reduzida e sujeita o solo a novos danos devido ao pisoteio do gado (Figura 12.13). O solo danificado não pode mais suportar a mesma densidade de gado.

Em áreas de precipitação moderada a alta, uniformemente distribuída ao longo do ano, o gado pode ser mantido em altas densidades; mas em regiões áridas e semiáridas a densidade diminui muito. Nos Estados Unidos, a capacidade de carga para as vacas diminui de 190/km^2 no leste para 40/km^2 na região que era pradaria e 4/km^2 ou menos nas regiões semiáridas e desérticas (Figura 12.13). No Arizona, por exemplo, a precipitação é baixa e o gado só pode ser mantido em baixas densidades — uma cabeça de gado por 7 a 10 hectares. Próximo a Paso Robles, Califórnia, em uma área onde a precipitação é de cerca de 25 cm/ano — isto é, no deserto semiárido — uma fazenda, onde o gado se alimenta em pastagens sem irrigação artificial ou fertilização, suporta uma cabeça por cerca de 6 hectares.

12.10 Desertificação: Efeitos Regionais e Impactos Globais

Desertos ocorrem naturalmente onde há pouca água para o crescimento substancial da planta. Devido ao fato de as plantas se distribuírem de forma bastante esparsa e serem improdutivas para criar um solo rico em matéria orgânica, o solo do deserto é sobretudo inorgânico, grosso e geralmente arenoso (ver a discussão da sucessão e dos solos no Capítulo 10). Quando a chuva cai, muitas vezes ela é intensa e, consequentemente, a erosão é severa. A principal condição climática que leva à desertificação é a precipitação reduzida ou incerta. Quanto mais quente o clima, maior é a necessidade de chuvas para converter a área de deserto para uma área não desertificada, como as pastagens. Porém, mesmo em climas mais frios ou em altitudes mais elevadas, os desertos podem se formar caso a precipitação seja muito baixa e não supra a vida das plantas esparsas. O fator crucial é a quantidade de água disponível no solo para o uso das plantas. Fatores que destroem a capacidade do solo para armazenar água podem criar um deserto.

A Terra tem cinco regiões naturais de desertos quentes, que se localizam principalmente entre as latitudes 15° e 30°, ao norte e ao sul do Equador. Incluem os desertos do sudoeste dos Estados Unidos e do México; na Costa do Pacífico, os desertos do Chile ao sul do Equador; o deserto de Kalahari ao sul da África; os desertos australianos, que cobrem a maior parte do continente; e a maior região desértica de todas — o deserto que se estende da costa atlântica do norte da África (o Saara) para o leste até os desertos da Arábia, Irã, Rússia, Paquistão, Índia e China.[16] Só a Europa carece de uma grande deserto quente, pois localiza-se ao norte da faixa desértica latitudinal.

Em relação ao clima, cerca de um terço da área terrestre do planeta deve ser de deserto, mas as estimativas apontam 43%. Acredita-se que esta área adicional de deserto seja resultado das atividades humanas.[13] A **desertificação** é a degradação das terras nas zonas áridas, semiáridas e áreas subúmidas-secas devido às mudanças no clima e às atividades humanas.[14]

A desertificação é um grave problema mundial. Ela afeta um sexto da população mundial (cerca de 1 bilhão de pessoas) e ameaça 4 bilhões de hectares, um terço da superfície terrestre.[16] Nos Estados Unidos, a desertificação ameaça 30% das terras. A degradação do solo provocada pelo homem alterou 73% dos pastos secos (3,3 bilhões de hectares), e a fertilidade do solo e a estrutura de 47% das áreas secas com chuvas para as culturas marginais. A degradação do solo também afeta 30% das áreas secas com alta densidade populacional e potencial agrícola.

Uma grande parte da desertificação ocorre em países mais pobres. Essas regiões incluem a Ásia, África e América do Sul. No mundo todo, 6 milhões de hectares de terra são perdidos por ano devido a esse processo, com uma perda econômica estimada de 40 bilhões de dólares. E o custo de recuperação dessas terras poderia chegar a 10 bilhões de dólares por ano.[17]

Causas dos Desertos

Algumas áreas da Terra são terras marginais, que ficam perto dos desertos; mesmo pequenas pastagens e a produção agrícola podem transformá-las em desertos. Nas regiões semiáridas, as chuvas são insuficientes para permitir que o solo produza mais vegetação do que o deserto e até mesmo a implantação de pequenas pastagens é um problema. As principais causas da desertificação humana são más práticas agrícolas, tais como

(*a*)

(*b*)

Figura 12.14 ■ (*a*) Voçorocas em terras limpas e aradas, ao sul da Austrália. (*b*) Canais agrícolas carregando cargas pesadas de sedimentos.

a não utilização do plantio em curva de nível ou *agricultura simples demais (rudimentar)*; sobrepastoreio (Figura 12.14); a conversão de pastos naturais em terras de cultivo nas áreas marginais onde a chuva não é suficiente para suportar as culturas de longo prazo; e práticas florestais pobres, incluindo o corte de todas as árvores de uma área marginal destinada ao crescimento de árvores.

No norte da China, as áreas que antes eram campos foram sobrepastoreadas e alguns desses pastos naturais foram convertidos em plantações. Ambas as práticas levaram à conversão do solo em deserto. Entre 1949 e 1980, cerca de 65.000 km^2 (uma área maior do que a Dinamarca) tornou-se deserto, além de 160.000 km^2 estarem ameaçadas de se tornarem desertos. Como resultado da desertificação, aumentou a frequência de tempestades de areia de cerca de três dias por ano na década de 1950 para uma média de 17 dias por ano na década seguinte e mais de 25 dias por ano no início da década de 1980.[18]

Áreas desérticas podem ser criadas em qualquer lugar através do envenenamento do solo. A intoxicação pode resultar da aplicação de pesticidas tóxicos persistentes ou outros produtos químicos orgânicos; a partir de processos industriais que conduzam à eliminação imprópria de produtos químicos tóxicos; e através de poluentes atmosféricos decorrentes da acidificação, geração excessiva de estrumes em confinamento e por derramamento de óleo ou produtos químicos. Todos estes processos podem envenenar os solos, forçando o abandono ou reduzindo o uso agrícola das terras. Mundialmente, os produtos químicos representam cerca de 12% de toda a degradação do solo. Ironicamente, a irrigação em zonas áridas também pode levar à desertificação. Quando a água da irrigação evapora, resíduos de sais são deixados para trás. Embora estes sais possam estar em concentrações muito baixas na água de irrigação, ao longo do tempo os sais podem se acumular no solo até o ponto de se tornarem tóxicos. Este efeito pode às vezes ser invertido se a irrigação for aumentada consideravelmente; o grande volume de água agora dissolve novamente os sais e os leva com ela, percolando até o lençol freático.

Prevenção da Desertificação

O primeiro passo na prevenção da desertificação é a detecção dos sintomas iniciais. Os principais sintomas da desertificação são os seguintes:

- Abaixamento do nível do lençol freático (os poços são escavados cada vez mais profundos).
- Aumento do teor de sal no solo.
- Redução das águas superficiais (rios e lagos com baixos níveis).
- Aumento da erosão do solo (o solo seco, ao perder sua matéria orgânica, começa a ser soprado por ventos e lavado por chuvas intensas).
- Perda de vegetação nativa (por não estar adaptada às condições desérticas, a vegetação nativa não consegue sobreviver por muito tempo).

A prevenção da desertificação se inicia com o monitoramento desses fatores. O acompanhamento dos aquíferos e dos solos é importante em terras agrícolas marginais. Quando forem observadas alterações indesejáveis, pode-se tentar controlar as atividades que produzem tais mudanças. Métodos apropriados de conservação do solo, manejo florestal e irrigação podem ajudar a prevenir a disseminação de desertos (veja os Capítulos 11 e 21 para uma discussão mais aprofundada sobre solos e práticas agrícolas e de irrigação). Além das práticas discutidas anteriormente, a boa conservação do solo inclui o uso de quebra-ventos (linhas estreitas de árvores que ajudam a retardar a velocidade do vento) para evitar a erosão eólica do solo. Uma paisagem com árvores tem uma boa chance de evitar a desertificação. Práticas que levam a desmatamento de zonas marginais devem ser evitadas. Reflorestamento, incluindo o plantio de quebra-ventos, deve ser incentivado.

12.11 A Agricultura Altera a Biosfera?

Há muito tempo já são percebidos os impactos locais e regionais da agricultura, porém, é recente a ideia de que a agricultura pode afetar todo o sistema terrestre de suporte à vida. Essa possibilidade atraiu a atenção no século XX, primeiramente com eventos como os que causaram o Dust Bowl americano, discutido anteriormente neste capítulo, o que levou alguns a especularem que essas catástrofes poderiam se tornar mundiais.[22] A ideia ganhou adeptos no final do século XX quando satélites e astronautas forneceram uma visão da Terra a partir do espaço e a ideia de uma ecologia global que começou a se desenvolver. Como a agricultura pode mudar a biosfera? Primeiro, a agricultura altera a cobertura do solo, resultando em mudanças na reflexão da luz pela superfície terrestre, na evaporação da água, na rugosidade da superfície e na taxa de troca de compostos químicos (como o dióxido de carbono) que são produzidos e removidos por seres vivos. Cada uma dessas alterações pode ocasionar efeitos climáticos regionais e globais.

Segundo, a moderna agricultura aumenta a concentração de dióxido de carbono (CO_2) de duas maneiras. Como um dos principais utilizadores de combustíveis fósseis, ele aumenta a concentração de dióxido de carbono na atmosfera, contribuindo para o acúmulo de gases de efeito estufa (discutidos em detalhe no Capítulo 23). Além disso, ao desmatar as terras para agricultura, a decomposição da matéria orgânica dos solos é acelerada, transferindo o carbono armazenado na matéria orgânica em dióxido de carbono, o que também aumenta a concentração de CO_2 na atmosfera.

A agricultura também pode afetar o clima por meio do fogo. Incêndios relacionados à limpeza do solo para a agricultura, especialmente em países tropicais, podem ter um impacto significativo no clima, pois lançam pequenas partículas para a atmosfera. Outro efeito global da agricultura resulta da produção artificial dos compostos nitrogenados para uso em fertilizantes, que podem levar a mudanças significativas nos ciclos biogeoquímicos globais (veja o Capítulo 3).

Finalmente, a agricultura afeta a diversidade de espécies. A perda de ecossistemas concorrentes (por causa da utilização das terras para fins agrícolas) reduz a diversidade biológica e aumenta o número de espécies ameaçadas de extinção.

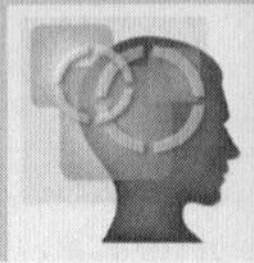

QUESTÕES PARA REFLEXÃO CRÍTICA

O Arroz Pode Ser Produzido em Regiões Secas?

A água é um recurso precioso, especialmente na Califórnia, onde a precipitação média é baixa (380 a 510 mm/ano), a população — 33 milhões — é grande e crescente, e a utilização da água na agricultura é elevada. (Os agricultores usam 46% da água do estado para irrigar 3,5 milhões de hectares, mais do que em qualquer outro estado.)[19,20]

Figura 12.15 ■ A rota de voo do Pacífico, utilizado por muitas aves que param em zonas úmidas agrícolas na Califórnia. (*Fonte*: California Rice Commission 2003.)

Com cidades e indústrias, sem mencionar os peixes e outros animais selvagens que precisam de água, as culturas em crescimento que requerem uma grande quantidade de água têm sido objeto de fortes críticas, especialmente porque grande parte da água que os agricultores recebem é subsidiada pelo governo. Alguns agricultores, como resposta, têm reduzido a área plantada de culturas que usam água intensivamente e substituído por culturas que requerem menos água, como frutas, legumes e nozes.

A Califórnia produz 20% do arroz do país, fazendo dela o segundo maior estado produtor de arroz nos Estados Unidos. O arroz produzido tem um valor de mercado de cerca de 215 milhões de dólares e utiliza água suficiente para abastecer um quarto da população do estado. Embora os produtores de arroz não sejam os maiores consumidores de água, visto que a evapotranspiração é muito baixa no estado, eles têm sido alvos de ataques, pois os campos alagados necessários para o cultivo de arroz são um lembrete visível da quantidade de água utilizada pela agricultura. Além da grande quantidade de água utilizada, a cultura de arroz teve outros efeitos ambientais adversos: seu intenso uso de pesticidas e herbicidas contamina rios e fontes de água potável, e a queima da palha deixada após a colheita contribui para a poluição do ar no vale.

Os produtores de arroz têm respondido a pressões de todas as formas para consertar suas ações. Na década de 1990, diminuíram o uso de água em 32% e o uso de pesticidas em 98%. Eles substituíram por pesticidas biodegradáveis; e têm diminuído a queima da palha ao arar o solo sobre a mesma e cultivando em seguida, ou alagando os campos durante o inverno, quando a evapotranspiração é muito menor e permite que a matéria orgânica se decomponha. Especialistas também estão tentando encontrar maneiras de proteger os salmões jovens — que passam pelos rios do Vale do Sacramento — de serem bombeados para os canais direcionados aos campos de arroz. Embora o desenho da água de rios possa ter um impacto negativo sobre o salmão, a liberação de água no final do inverno, quando os rios estão baixos, poderia ajudar a corrida dos salmões durante a primavera.

E os campos fornecem um hábitat úmido para muitas aves de migração e outras espécies, de modo que as inundações no inverno beneficiam uma diversidade ainda maior e com maior número de espécies. Aves aquáticas são de interesse especial, pois sua população caiu de 10 a 12 milhões em 1967 para 4 a 5 milhões em 1990, período em que o estado perdeu 90% de suas zonas úmidas para o desenvolvimento e para a agricultura. Cerca de 79% da destruição anual de áreas úmidas é atribuída às práticas agrícolas. A drenagem de zonas úmidas aumenta essa perda em cerca de 117 mil acres (47 mil hectares) por ano, dessa forma, a perda líquida de terras agrícolas é de 2,38 milhões de acres (96 milhões de hectares) por ano.[19]

Perguntas para Reflexão Crítica

1. A maioria das áreas onde o arroz é cultivado tem solo alcalino e duro, inadequado para outras culturas. Se o arroz não fosse cultivado nessa terra, provavelmente seria desenvolvido para a habitação. Cada hectare de arroz requer 60 hectares-centímetros* de água. Menos de 12 hectares-centímetros supre uma família de quatro pessoas durante um ano. Se os lotes de habitação tivessem uma área de um oitavo de hectare e todas as famílias alojadas possuíssem quatro membros, quantos hectares-centímetros de água por hectare de habitação seriam utilizados em um ano? O que consome mais: um hectare de arroz ou

*1 hectare-centímetro corresponde ao volume de uma coluna da água em uma área de 1 hectare (10.000 m^2) e com a altura dada em centímetros, equivalendo a aproximadamente 1.230 m^3 de água (1 m^3 = 1.000 litros). (N.T.)

um hectare de pessoas? De que forma o desenvolvimento imobiliário poderia afetar o hábitat da vida selvagem ainda preservado?

2. Os agricultores consideram que a presença de aves aquáticas em campos inundados acelera o apodrecimento da palha. Você consegue pensar em pelo menos duas razões para isso?

3. Embora as aves possam se alimentar de grãos de arroz em campos secos, elas conseguem uma dieta mais equilibrada se alimentando em campos inundados. Por que isto ocorre?

4. Duas incógnitas neste sistema são os efeitos de longo prazo da inundação sobre a capacidade do solo em suportar a cultura do arroz e os efeitos de longo prazo da inundação sobre as espécies de adaptadas às condições secas, tais como cascavéis e ratos. Qual é um modo científico de investigar uma destas perguntas?

5. As novas práticas de cultivo de arroz são referidas como "ganhar-ganhar".* O que se entende por essa expressão, em geral, e como essa situação ilustra o termo?

*Este termo é utilizado na teoria dos jogos. Um jogo do tipo "ganhar-ganhar" é aquele projetado de forma que todos possam lucrar com isso de uma maneira ou de outra. Na resolução de um conflito, a estratégia "ganhar-ganhar" é um processo de resolução de conflitos que visa atender a todos os disputantes, de modo que todos os participantes se beneficiam cooperativamente de alguma forma. (N.T.)

RESUMO

- A Revolução Industrial e a ascensão das ciências agrícolas levaram a uma revolução na agricultura, com muitos benefícios e alguns pontos negativos sérios. Estes pontos incluem um aumento na perda de solo, erosão e que resultam na sedimentação a jusante de rios, assim como a poluição do solo e da água com pesticidas, fertilizantes e metais pesados que estejam concentrados como resultado de irrigação.
- Fertilizantes modernos aumentaram significativamente a produtividade por unidade de área. A química moderna também tem levado ao desenvolvimento de uma vasta gama de pesticidas, que reduziram, mas não eliminaram, a perda de culturas devido às ervas daninhas, doenças e herbívoros.
- A maioria das agriculturas do século XX se baseou na mecanização e na utilização de energia abundante, com relativamente pouca atenção dada à perda de solos, aos limites das águas subterrâneas e aos efeitos negativos dos pesticidas químicos.
- O sobrepastoreio tem causado danos severos aos solos. É importante gerir adequadamente os animais, incluindo o uso de terras apropriadas para pastagem e criação de gado em uma densidade sustentável.
- A desertificação é um problema grave que pode ser causado por más práticas agrícolas e pela conversão de áreas de pastagens marginais em áreas de cultivo. A continuação da desertificação pode ser evitada por meio de melhorias das práticas agrícolas, de plantio de árvores como quebra-ventos, e de monitoramento da terra quanto aos sintomas de desertificação.
- Duas revoluções estão ocorrendo na agricultura, uma ecológica e outra genética. Na abordagem ecológica da agricultura, o controle de pragas dar-se-á pelo manejo integrado de pragas. A agricultura é abordada em termos de ecossistemas e biomas, considerando a complexidade desses sistemas. É enfatizada a conservação do solo por meio da agricultura de plantio direto e de plantio em curva de nível, juntamente com a conservação da água através de métodos discutidos no Capítulo 21. A revolução genética já é objeto de controvérsias, oferecendo benefícios e perigos ambientais. Os perigos irão ocorrer caso a modificação genética seja utilizada sem considerar o ecossistema, a paisagem, os biomas e o contexto global no qual for feita.

REVISÃO DE TEMAS E PROBLEMAS

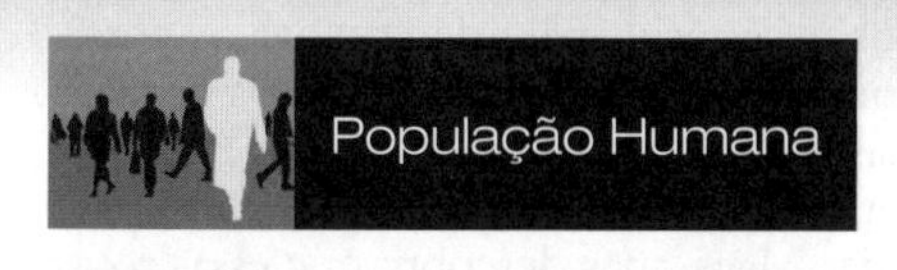

A agricultura é a maior e a mais antiga indústria do mundo; mais da metade de toda a população do mundo ainda vive em fazendas. Devido à produção, ao processamento e à distribuição de alimentos alterarem o meio ambiente e, por causa do tamanho da indústria, grandes efeitos sobre o meio ambiente são inevitáveis.

Sustentabilidade

Métodos agrícolas alternativos parecem oferecer a grande esperança de sustentação dos ecossistemas agrícolas e dos hábitats de longo prazo, porém, mais e melhores testes são necessários. Como mostra a experiência com a agricultura europeia, culturas podem ser produzidas nas mesmas terras por milhares de anos, enquanto os fertilizantes e a água suficientes estiverem disponíveis; no entanto, os solos e outros aspectos dos ecossistemas originais estão muito alterados — estes não são sustentáveis. *Na agricultura, a produção pode ser sustentável, mas o ecossistema pode não ser.*

A agricultura tem inúmeros efeitos globais. Ela altera a cobertura do solo, afetando o clima a nível regional e global, aumenta a concentração de dióxido de carbono na atmosfera e também o acúmulo de gases de efeito estufa, o que, por sua vez, afeta o clima (discutido em detalhes no Capítulo 23). Incêndios associados à limpeza do solo para a agricultura podem ter efeitos significativos no clima por causa de pequenas partículas que lançam à atmosfera. A modificação genética é uma nova questão global que possui não só efeitos ambientais, mas também efeitos políticos e sociais.

A revolução agrícola permite que cada vez menos pessoas consigam produzir cada vez mais alimentos, levando à maior produtividade por hectare. Livres da dependência da agricultura, as pessoas incham as cidades. Isso leva ao aumento dos efeitos urbanos sobre o solo. Assim, os efeitos agrícolas sobre o ambiente se estendem, indiretamente, até as cidades.

A agricultura é uma das formas mais diretas e de larga escala que o homem afeta a natureza. A própria sustentabilidade humana, bem como a sua qualidade de vida, depende muito de como se cultiva.

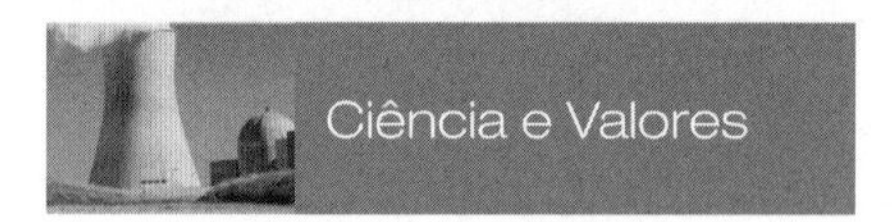

As atividades humanas têm prejudicado seriamente um quarto do total de terras do mundo, afetando um sexto da população mundial (cerca de 1 bilhão de pessoas). Seis milhões de hectares de terra por ano são perdidos para a desertificação. Uma grande parte da desertificação ocorre nos países mais pobres. Sobrepastoreio, desmatamento e destrutivas práticas de cultivo causaram tantos danos que a recuperação em algumas dessas áreas será difícil; a restauração das áreas restantes exigirá ações sérias. Um grande juízo de valor que se deve fazer no futuro é se as sociedades humanas irão alocar fundos para restaurar essas terras danificadas. A restauração requer conhecimentos científicos, tanto sobre as condições atuais, quanto sobre as ações necessárias para a restauração. Será que se vai buscar esse conhecimento e pagar os custos para isso?

TERMOS-CHAVE

agricultura de plantio direto
capacidade de suporte
controle biológico
desertificação
gene de restrição de uso
manejo integrado de pragas
plantio em curva de nível
sobrepastoreio

QUESTÕES PARA ESTUDO

1. Projete um esquema de manejo integrado de pragas para o uso em uma pequena horta no quintal de um lote urbano. Como esse esquema se diferenciaria de um MIP utilizado em uma grande fazenda? Quais aspectos do MIP não poderiam ser empregados? Como as estruturas artificiais de uma cidade poderiam ser aproveitadas para beneficiar o MIP?
2. Você recebe 10 bilhões de dólares para reduzir o número de mortes causadas por malária no mundo. (a) Você tem um ano para agir. (b) Você tem dez anos para agir. Em cada caso, faça um plano de ação, sendo específico sobre o uso de pesticidas.
3. Em que condições poderia uma pastagem de bovinos ser sustentável, enquanto um cultivo de trigo, não? Em que condições poderia uma manada de bisões constituir uma fonte sustentável de carne, enquanto vacas, não?
4. Escolha uma das nações da África que possua uma grande escassez de alimentos. Projete um programa para aumentar a sua produção de alimentos. Discuta o quão confiável esse programa poderia ser dadas as incertezas que a nação enfrenta.
5. Como se pode evitar um novo Dust Bowl nos Estados Unidos?
6. As culturas geneticamente modificadas deveriam ser consideradas como agricultura "orgânica"?
7. Um líder especialista propõe um programa importante e caro para aumentar hortas urbanas em todo o mundo. Ele afirma que esta é uma maneira de resolver a lacuna alimentar mundial. Decida se as hortas urbanas podem ser uma importante fonte de alimento. Na medida do possível, faça uso dos dados científicos apresentados neste capítulo e realize os cálculos necessários para determinar os possíveis aumentos na produção mundial de alimentos gerados pelas hortas urbanas.
8. Você está prestes a comprar um buquê de 12 rosas para sua mãe pelo Dia das Mães, mas descobre que essas rosas são geneticamente modificadas para lhes dar uma cor mais brilhante e para produzir um pesticida natural por meio da energia genética. Você compraria as flores? Explique e justifique a sua resposta com base no material apresentado neste capítulo.

LEITURAS COMPLEMENTARES

Mazoyer, Marcel, e Laurence Roudar. 2006. *A History of World Agriculture: From the Neolitic Age to the Current Crisis.* Monthly Review Press. Por dois professores franceses de agricultura, este livro defende que o mundo está prestes a chegar a uma nova crise agrícola, que pode ser entendida a partir da história da agricultura.

McNeely, J. A. e S. J. Scherr. 2003. *Ecoagriculture.* Washington, D.C.: Island Press.

Smil, V. 2000. *Feeding the World.* Cambridge, Mass.: MIT Press.

Terrence, J. Toy, George R. Foster e Kenneth G. Renard. 2002. *Soil Erosion: Processes, Prediction, Measurement, and Control.* New York: John Wiley.

Capítulo 13
Florestas, Parques e Paisagens

Refúgio da Vida Selvagem da baía Jamaica, em Nova York. A enorme reserva no nordeste dos EUA está à vista do Empire State. Mais de 300 espécies de pássaros foram observadas aqui.

OBJETIVOS DE APRENDIZADO

Florestas e parques estão entre as mais valiosas riquezas. Sua conservação e gerenciamento requerem que se entenda o conceito de paisagem como grupos de ecossistemas conectados entre si. Esta é a mais ampla visão que inclui populações, espécies e ecossistemas. Após a leitura deste capítulo, deve-se saber:

- Quais serviços ecológicos são providos por paisagens de diferentes tipos.
- Os princípios básicos de gerenciamento de um parque.
- Os princípios básicos de gerenciamento de florestas, incluindo seu contexto histórico.
- A importância dos parques e reservas naturais na conservação da natureza.

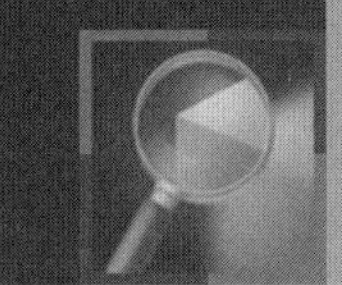

ESTUDO DE CASO

Refúgio Nacional da Vida Selvagem da Baía Jamaica

O maior santuário de pássaros no nordeste dos EUA é uma surpresa: o Refúgio Nacional da Vida Selvagem da baía Jamaica contém mais de 3.600 hectares — 35 km² de terra, totalizando, juntamente com a água, uma área de 80 km² — cuja paisagem pode ser vista do Empire State. A baía Jamaica é gerida pelo Serviço do Parque Nacional e pode-se chegar até ela por ônibus urbano ou metrô.[1] Mais de 300 espécies de pássaros, lá, podem ser vistas, inclusive o ibis-preto, comum mais ao sul, e o pilrito-de-bico-comprido, que se reproduz no norte da Sibéria. Assim como a própria cidade recebe pessoas transitando de um lugar a outro, o Refúgio da Vida Selvagem é um ponto de passagem fundamental para os pássaros. Na verdade, é uma das principais escalas durante a migração das aves do Atlântico.

É tão difícil perceber a natureza perto da cidade grande quanto realizar uma viagem pela região selvagem distante, mas, como há cada vez mais moradores urbanos, parques e reservas dentro das proximidades das cidades se tornam muito importantes. Além disso, cidades como Nova York normalmente são pontos centrais de passagem, não apenas para as pessoas, mas também para a vida selvagem, como ilustrado pelos muitos pássaros visitantes da baía Jamaica.

No século XIX, esta baía foi uma rica fonte de mariscos, mas esses foram pescados e o seu *habitat* destruído pelas muitas formas de desenvolvimento urbano.

(*a*)

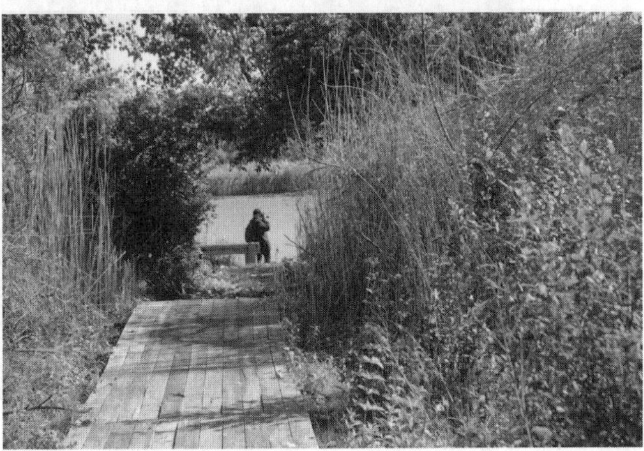

(*b*)

Figura 13.1 ■ (*a*) Mapa do Refúgio da Vida Selvagem da baía Jamaica. Pode-se ver como o refúgio é próximo de Manhattan, Nova York. (*b*) O Refúgio da Vida Selvagem da baía Jamaica é um local surpreendentemente bom para a observação de pássaros, visto que se encontram, na área, 325 espécies de pássaros

E como tantas outras áreas naturais, parques e reservas, o Refúgio da Vida Selvagem da baía Jamaica tem problemas. O estuário atualmente possui apenas a metade do tamanho que tinha na época colonial, e o refúgio de salinas está desaparecendo como relatam os alarmes ambientalistas. Algumas medidas foram tomadas, como a utilização de barreiras de proteção e canais dragados. Uma parte do terreno pantanoso desapareceu com a construção do aeroporto internacional Kennedy, apenas a alguns quilômetros de distância. As salinas e águas salobras da baía também foram danificadas por um grande fluxo de água doce do esgoto tratado. A água não seria um problema exceto pelo fato de ser doce, o que danifica o ecossistema da baía.

A ajuda pode estar a caminho. O plano de proteção à bacia hidrográfica está sendo escrito e o interesse por esse maravilhoso refúgio, próximo a Nova York, está crescendo. A boa notícia é que a bela visão da vida selvagem está no roteiro de mais de 10 milhões de viajantes. As áreas naturais, como as zonas úmidas, a baía perto de Nova York e as florestas e as pradarias da América do Norte estão sendo avaliadas, por algumas pessoas, de acordo com as mercadorias que podem ser obtidas, lucros que podem ser tirados da terra, enquanto outras pessoas valorizam a vida selvagem e a vegetação, o ecossistema natural, por todas as razões contidas no Capítulo 7, que aborda a diversidade biológica. Neste capítulo se discute os tipos de reservas naturais, como conservá-las e gerenciá-las, enquanto as pessoas se beneficiam de várias formas.

Quando os primeiros europeus começaram a se estabelecer no que é agora a cidade de Nova York e Long Island, no século XVII, encontraram uma paisagem definida e usada pelos índios Lenapes, que cultivavam, caçavam, pescavam e que fizeram as trilhas que levam Manhattan à baía Jamaica.[2] Grande parte das terras, especialmente as que se estendem para o norte, ao longo do rio Hudson, foi florestada e os seus recursos utilizados pelos Lenapes e outros índios. O uso dual das paisagens já estava presente — muitos recursos foram colhidos e outros apreciados pela sua beleza e variedade.

Apesar de toda a paisagem ter sido fortemente alterada, os dois tipos de usos da terra continuam acontecendo, gerando muitos conflitos que devem ser extintos. Neste capítulo, as florestas são enfocadas tanto como o melhor tipo de paisagem para a produção de produtos comercializáveis, quanto a sua importância na conservação biológica, na forma de variados tipos de parques e reservas naturais. Enfatiza-se que a produção ou a conservação e apreciação estética são subjacentes a todas as questões ambientais sobre as paisagens. O capítulo se inicia considerando tanto os recursos econômicos quanto a biodiversidade das florestas.

13.1 Conflitos Modernos a Respeito de Florestas e de Recursos Florestais

Nas últimas décadas, a conservação das florestas se tornou uma causa célebre internacional, especialmente a conservação das florestas primárias remanescentes — notavelmente das árvores gigantes das florestas tropicais norte-americanas do Pacífico Noroeste e todas as florestas tropicais (Figura 13.2). A prática de plantar árvores, no entanto, tem uma longa história como uma profissão. Tal plantio de árvores é chamado de **silvicultura** (do latim *silvus* para "floresta" e *cultura* para "cultivo").

A silvicultura tem sido muito praticada pelas pessoas por muito tempo, desde que se começaram a plantar as primeiras árvores, porém o desenvolvimento florestal, como uma atividade baseada na ciência e como uma profissão, nos moldes que se entende nos dias de hoje, começou a ser assim considerado no final do século XIX e começo do século XX. A primeira escola norte-americana moderna de formação do profissional florestal foi criada na Universidade de Yale, em torno da virada do século XX, estimulada pela crescente preocupação com o esgotamento dos recursos vivos da América.

Os conflitos modernos sobre as florestas se centram nas seguintes questões:

- As florestas deveriam ser utilizadas como um recurso para prover materiais para as pessoas e para a civilização ou, deveria apenas ser utilizada para conservação dos ecossistemas naturais e da diversidade biológica, incluindo especificamente espécies ameaçadas de extinção?
- A floresta pode cumprir essa dupla função concomitantemente em um mesmo tempo e em um mesmo espaço?

Figura 13.2 ■ Floresta temperada na ilha de Vancouver.

- Uma floresta pode ser gerida de forma sustentável, para cumprir uma ou outra função? Caso a resposta seja afirmativa, como?
- Qual o papel que as florestas desempenham no ambiente global, tais como os seus efeitos sobre o clima?

A Tabela 13.1 lista as principais questões em silvicultura.

As florestas sempre foram importantes para a população. De fato, as florestas e as civilizações sempre estiveram intimamente ligadas. Desde os primórdios da civilização — na verdade, desde as mais primitivas culturas humanas — a madeira é utilizada como um dos mais importantes materiais para construção e a principal fonte de combustível. As florestas forneceram material para os primeiros barcos e para os primeiros vagões. Ainda hoje, quase metade das pessoas no mundo depende da madeira para cozinhar e, no desenvolvimento das nações, a madeira continua sendo o principal combustível para o aquecimento.[3]

Tabela 13.1 Principais Questões em Silvicultura
Sustentabilidade: Como se pode alcançar uma silvicultura sustentável? (Esta é uma questão fundamental.)
Desmatamento: O desmatamento sempre é bom? Ele deveria ser permitido?
Florestas primárias: Todas as florestas primárias devem ser preservadas ou algum corte deveria ser permitido?
Plantações: As plantações são intrinsecamente ruins por envolverem manipulação intencional do solo para o crescimento de árvores, ou elas são a chave para o alcance dos objetivos da conservação biológica das florestas?
Zonas de proteção de recursos hídricos: Todas as zonas em torno de cursos d'água, como córregos e rios, devem ser arborizadas, mesmo quando não se tenha permissão de nenhuma supressão ou produção ou outras atividades destrutivas?
Florestas nacionais: A proposta de usar as florestas nacionais para provimento de fontes de madeira é interessante ou se deve focar a preservação dos recursos vivos? Qual é o papel da recreação das florestas nacionais?
Incêndios florestais: Quase todos os incêndios nas florestas são ruins, ocasionalmente são benéficos ou são frequentemente importantes ou essenciais para a floresta?
Certificação: A sociedade deveria certificar as práticas da silvicultura como sustentáveis? Se concordar com essa ideia, como isso deveria ser feito e quem deveria fazê-lo?
Escala de gestão: Qual seria a escala espacial e temporal apropriada para a gestão das florestas?
O papel da população: As pessoas deveriam participar da gestão das florestas? Se sim, quais os tipos de atividades, com que frequência e onde deveriam empreendê-las?

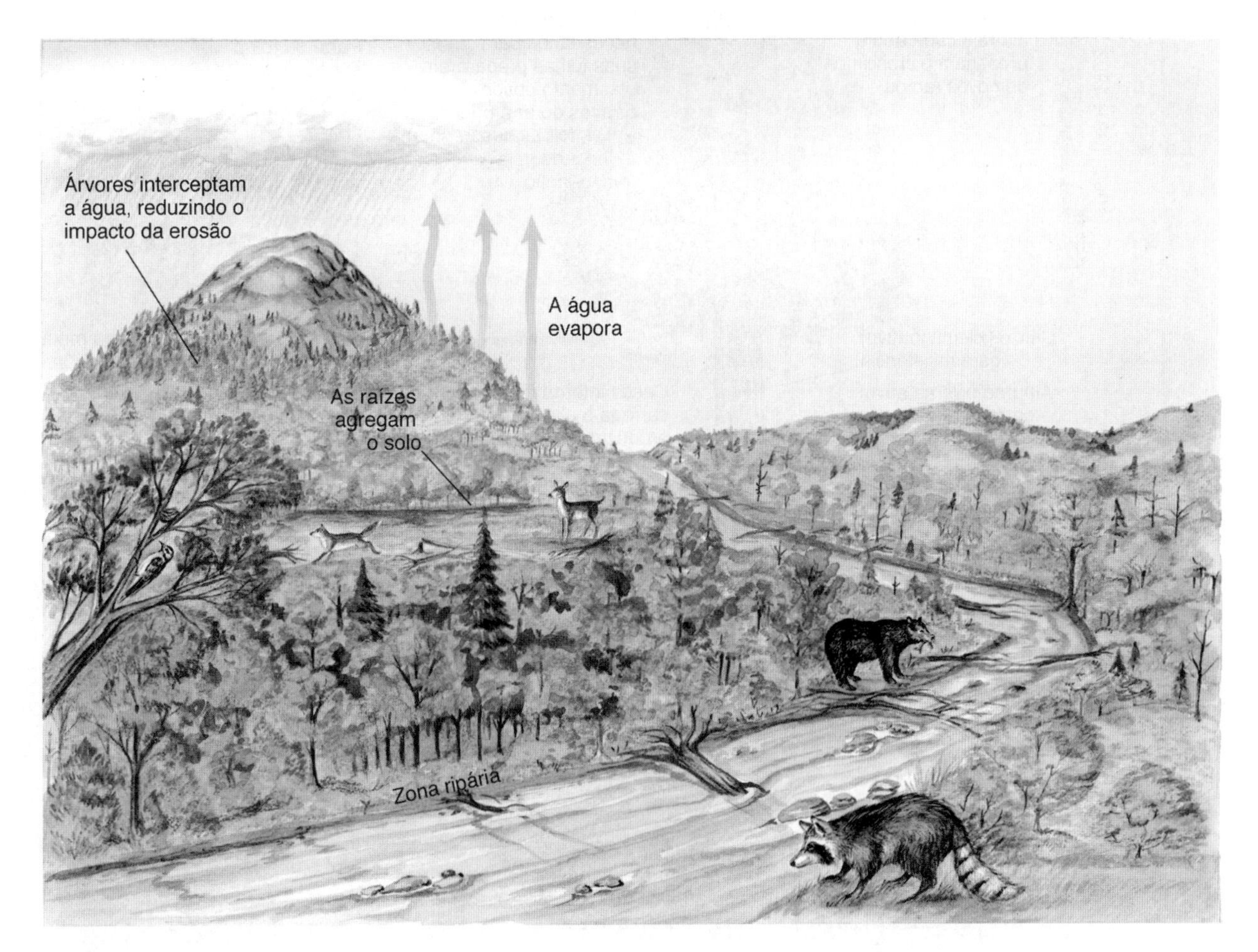

Figura 13.3 ■ Uma bacia hidrográfica com floresta, mostrando o efeito das árvores na evaporação da água, retardando a erosão e provendo o *habitat* da vida selvagem.

Ao mesmo tempo, as pessoas têm apreciado os aspectos espirituais e estéticos das florestas. Esta é a longa história das sagradas florestas olivais. Quando Julio César tentava conquistar Gália, onde se encontra hoje o sul da França, ele encontrou um inimigo difícil de vencer no campo de batalha, então ele queimou os bosques sagrados da sociedade para desmoralizá-lo. Como as florestas continham importância espiritual para os gauleses, a ação de César serviu como um exemplo primitivo de guerra psicológica. No Pacífico Noroeste, as grandes florestas de abeto-de-douglas proviam muitas necessidades vitais para os índios, da habitação aos barcos, mas também tinham grande relevância espiritual. As florestas beneficiam as pessoas e o ambiente indiretamente por meio do que se chama de **funções de utilidade pública**. As florestas retardam as erosões e equilibram a disponibilidade de água (Figura 13.3), melhorando o suprimento de água das principais bacias hidrográficas para as cidades. As florestas são habitadas por espécies em extinção e de vida selvagem. São importantes para a recreação, incluindo caminhadas, caçadas e o avistamento de pássaros e de animais selvagens. Em nível regional e global, as florestas são fatores significantes que afetam o clima.

Nos primeiros anos do século XX, a meta da silvicultura era a de maximizar o rendimento da safra de um único recurso. O ecossistema era uma preocupação pequena, e como não era o objetivo principal, não havia interesse comercial pelas espécies e a vida selvagem associada. Hoje, uma visão mais ampla domina, levando em consideração a sustentabilidade da extração de madeira e do ecossistema, e uma gama de objetivos que visam à gestão das florestas.

13.2 A Vida de uma Árvore

Para resolver as grandes questões da silvicultura, é preciso entender como as árvores crescem, como o ecossistema funciona e como os silvicultores gerenciam as florestas. Inicia-se com um breve resumo de como as árvores crescem.

Como Cresce uma Árvore

As folhas das árvores absorvem o gás carbônico do ar e a luz solar. Esses dois elementos, em combinação com a água transportada desde as raízes, abastecem as folhas com energia e elementos químicos para que estas realizem a *fotossíntese*. Por meio da fotossíntese, as folhas convertem gás carbônico e água em um açúcar simples e uma molécula de oxigênio. Esse açúcar simples é então combinado com outro elemento químico, que provê todos os componentes que a árvore necessita.

As raízes levam a água juntamente com elementos químicos dissolvidos em água e pequenos compostos inorgânicos, como nitrato ou amônia, necessários à fabricação de proteínas. Muitas vezes, o processo de extração de minerais e de compostos advindos do solo é auxiliado por relações simbió-

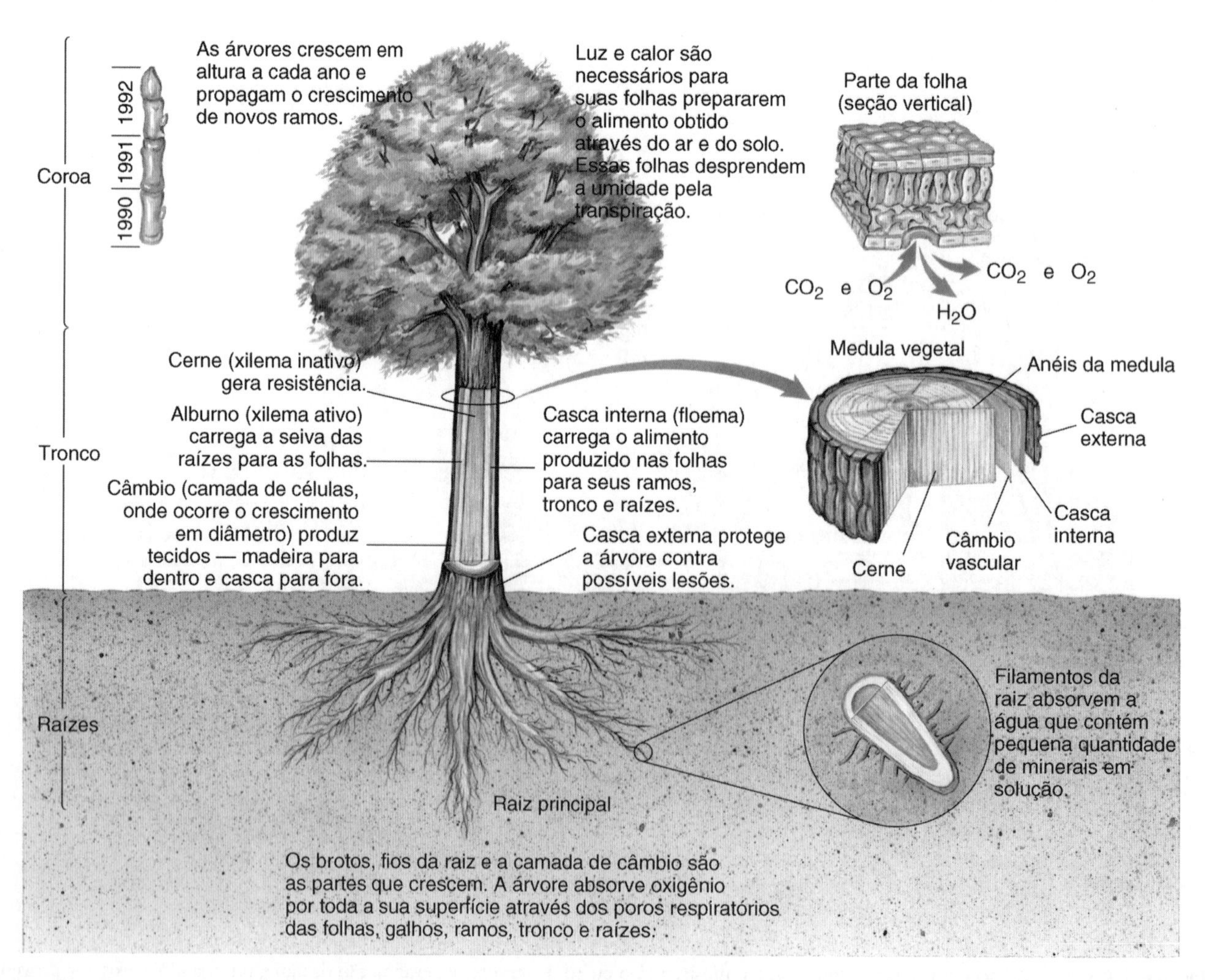

Figura 13.4 ■ Como as árvores crescem. (*Fonte*: C. H. Stoddard, *Essentials of Forestry Practice*, 3rd ed. [New York: Wiley, 1978].)

ticas entre as raízes das árvores e alguns fungos. As raízes das árvores liberam açúcares e outros componentes que são comidos pelos fungos, ao que esses respondem também beneficiando as árvores.

Folhas e raízes são conectadas por dois sistemas de transporte. O floema, no interior da parte viva da casca, transporta açúcares e outros compostos orgânicos em direção ao caule e às raízes. O xilema, no interior mais ao centro do caule (Figura 13.4), transporta água e moléculas inorgânicas em direção às folhas da árvore. A água é transportada para cima pelo efeito da energia proveniente da radiação solar, como se a árvore fosse uma poderosa máquina movida pelo Sol.

Nichos de Árvores

Cada espécie de árvore tem o seu próprio nicho (veja o Capítulo 6) e está adaptada às condições específicas do ambiente. Por exemplo, em uma floresta boreal (veja o Capítulo 8), um dos determinantes dos nichos das árvores é o teor de água do solo. Vidoeiros-brancos crescem bem em solos secos; abetos-balsâmicos crescem bem em locais bem regados; e o cedro-branco-do-norte cresce bem em pântanos (Figura 13.5).

Outra característica dos nichos de árvores é sua tolerância à sombra. Algumas árvores, como os vidoeiros e as cerejeiras, podem crescer apenas com luz do Sol em áreas abertas e, portanto, são encontradas em clareiras e chamadas de "intolerantes à sombra". Outras espécies, como o bordo e a faia, podem crescer em sombreamentos e são chamadas de "tolerantes à sombra".

A maioria das grandes árvores do oeste dos Estados Unidos requer abertura, condições de luz e certos tipos de distúrbios, a fim de germinar e sobreviver aos primeiros estágios de suas vidas. Isso inclui sequoias costeiras, que vencem a competição com outras espécies apenas se incêndios e inundações ocorrerem ocasionalmente; o abeto-de-douglas, que começa a crescer nas aberturas; e a sequoia-gigante, cujas sementes apenas germinam nuas em solo exposto, pois onde há uma espessa camada de folhas caídas, as sementes de sequoias não podem alcançar a superfície e morrem antes que possam germinar. Discutiram-se esses requisitos em termos um pouco diferentes no Capítulo 10. Outras árvores estão adaptadas para os primeiros estágios da sucessão, onde os locais são abertos e a luz do Sol brilha. Outras estão adaptadas para os estágios posteriores da sucessão, onde há muita densidade de árvores.

Entender os nichos das diferentes espécies de árvores auxilia na determinação de onde será melhor plantar para a produção comercial e onde elas podem contribuir melhor para a preservação biológica ou para a beleza da paisagem.

13.3 A Concepção de Silvicultores sobre a Floresta

Tradicionalmente, os silvicultores gerenciam árvores localizadas em povoamentos florestais. Um **povoamento florestal** é um termo informal que os silvicultores utilizam para se referirem a grupos de árvores, geralmente de uma mesma espécie ou grupo de espécies, sempre de mesmo estágio de sucessão. Os povoamentos florestais podem ter um tamanho de pequeno (metade de um hectare) a médio (próximo a 100 hectares). Os silvicultores classificam os povoamentos de acordo com a composição das árvores. Os dois principais tipos de povoamentos comerciais são os *povoamentos florestais de mesma idade*, onde todas as árvores iniciaram seu crescimento a partir de sementes e raízes germinadas no mesmo ano, e os *povoamentos florestais de idades diferentes*, os quais têm pelo menos três classes distintas de amadurecimento. Nos povoamentos de mesma idade, as árvores têm aproximadamente a mesma altura, mas são diferentes em termos de circunferência e vigor.

A floresta que nunca foi desmatada é denominada *floresta virgem*, algumas vezes **floresta primária**, ou coloquialmente *floresta antiga*. A floresta que foi desmatada e se regenerou é denominada **floresta secundária**. Apesar de o termo *floresta antiga* ter adquirido popularidade em debates bastante divulgados a respeito das florestas, esse não é um termo científico e não existe um consenso a respeito de seu significado exato. Outro importante termo de gestão é o **período de rotação**, tempo entre os cortes de um povoamento.

Silvicultores e ecologistas classificam as árvores de uma floresta como **dominantes** (mais altas, mais comuns e vigorosas), **codominantes** (razoavelmente comuns, partilha do dossel ou parte superior da floresta), **intermediárias** (formam uma camada de crescimento abaixo das dominantes) e **restringidas** (crescimento em sub-bosque). A produtividade da floresta varia de acordo com a fertilidade do solo, o suplemento de água e o clima local. Silvicultores classificam como **locais de qualidade** aqueles que têm a produção máxima de madeira que se pode produzir em um dado momento. Locais de qualidade podem declinar devido a uma gestão inadequada.

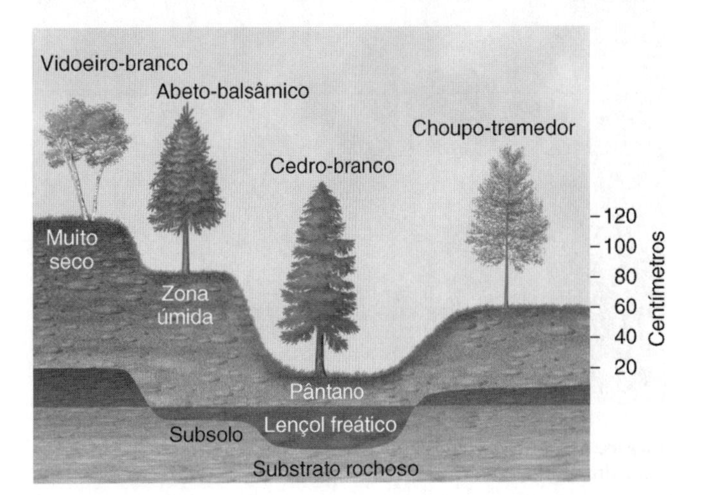

Figura 13.5 ■ Algumas características dos nichos de árvores. Espécies de árvores têm evoluído para se adaptarem a diferentes tipos de ambientes. Nas florestas boreais do norte, bétulas-brancas crescem em locais secos (e em locais de início de sucessão); o abeto-balsâmico cresce em solos úmidos e pantanosos; e o cedro-branco sempre cresce em solos úmidos dos pântanos do norte.

Embora as florestas sejam complexas e difíceis de gerir, uma vantagem que têm sobre muitos outros ecossistemas é que as árvores fornecem informações facilmente obtidas que podem ser de grande valia. Por exemplo, a idade e a taxa de crescimento das árvores podem ser mensuradas por três anéis. Nas florestas boreais e temperadas, as árvores produzem um anel de crescimento por ano.

13.4 Abordagens de Manejo Florestal

Gerir florestas pode envolver a remoção de malformações e de árvores improdutivas (ou selecionar outras árvores) para permitir o crescimento mais rápido da floresta, o plantio de sementes com controle genético, o controle de pestes e de doenças e a fertilização do solo. Os geneticistas florestais criam novas variedades de árvores, como os geneticistas agrícolas criam novas variedades de culturas. Pouco sucesso foi obtido no controle de doenças em florestas, que são causadas principalmente por fungos.

Corte Raso

O **corte raso** (Figura 13.6) é o corte de todas as árvores de uma área em um mesmo tempo. Corte seletivo, corte em faixa, corte protetor progressivo e o corte protetor de árvores sementeiras são alternativas para o corte raso. O **corte protetor progressivo** é a prática de se cortar primeiro árvores mortas e menos desejáveis e, depois, as árvores mais maduras. Como resultado, sempre se têm árvores jovens na floresta. O **corte protetor de árvores sementeiras** remove tudo, menos as árvores sementeiras (árvores maduras com boas características genéticas e alta produção de sementes), que promovem a regeneração da floresta. No **corte seletivo**, as árvores são marcadas individualmente e cortadas. Algumas vezes as árvores menores ou com malformação são seletivamente removidas. Essa prática é denominada **desbaste**. Em outros momentos, árvores de espécies ou de tamanhos específicos são removidas. Por exemplo, algumas empresas florestais na Costa Rica cortam apenas algumas das maiores árvores de mogno, deixando outras de menor valor para auxiliar na manutenção do ecossistema e permitindo que algumas das grandes árvores de mogno continuem provendo sementes para as futuras gerações.

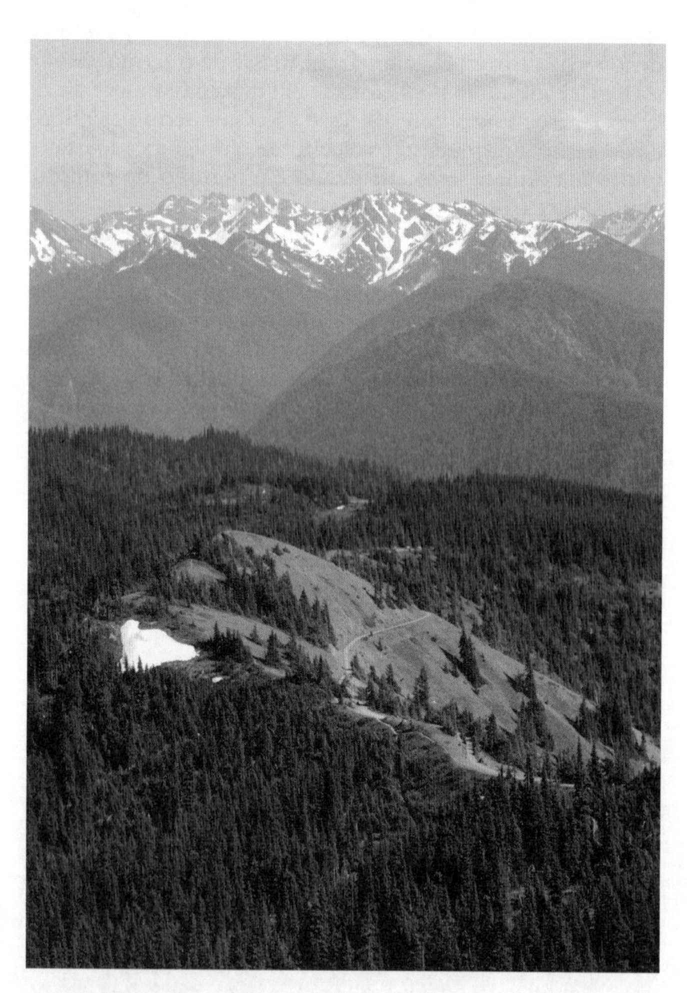

Figura 13.6 ■ Corte raso de uma floresta em Washington ocidental.

No **corte em faixa**, linhas estreitas de floresta são cortadas, formando corredores de madeira, que permitem a provisão de sementes. O corte em faixa oferece muitas vantagens.

Testes Experimentais de Corte Raso

Os pesquisadores têm testado os efeitos do corte raso, que é uma das práticas mais controversas.[4,5,6] Por exemplo, na floresta experimental em New Hampshire, sob os cuidados do Serviço Florestal Norte-Americano Hubbard Brook, uma bacia hidrográfica inteira sofreu o corte raso e a aplicação de herbicidas para evitar o reflorestamento natural por dois anos.[6] Os resultados foram dramáticos. A erosão aumentou e o padrão de escoamento de água mudou substancialmente. O solo exposto deteriorou rapidamente e a concentração de nitrato no fluxo de água excedeu os padrões de saúde pública. Em outro experimento do Serviço Florestal Norte-Americano H. J. Andrews, na floresta experimental do Oregon, o corte raso aumentou incrivelmente a frequência dos deslizamentos de terra, como ocorre na construção de grandes rodovias. Nessa floresta chove muito (aproximadamente 2.400 mm anualmente) e as árvores (principalmente abetos-de-douglas, cicuta-ocidental e abetos-do-pacífico) crescem muito, ficam altas e vivem por muito tempo.[7]

O corte raso também mudou a ciclagem química da floresta e causou ao solo a perda de elementos químicos essenciais para a vida. Exposto ao Sol e à chuva, o solo se tornou mais quente. Isso acelerou o processo de decomposição, com elementos químicos, como o nitrogênio, sendo convertidos mais rapidamente para a sua forma hidrossolúvel, que se perde facilmente na enxurrada durante as chuvas (Figura 13.7).[8]

O Serviço Florestal mostrou experimentalmente que o corte raso é uma prática ruim em áreas de chuva moderada com encostas íngremes. O pior efeito do corte raso resultou do abate de vastas áreas na América do Norte durante o século XIX e início do século XX.

O corte raso realizado em larga escala é desnecessário e indesejável para a melhor produção madeireira. No entanto, onde o chão é nivelado ou possui pequenas encostas, a chuva é moderada e as espécies desejáveis exigem áreas abertas para o crescimento, o corte raso em uma escala espacial apropriada pode ser uma maneira útil para regenerar espécies desejáveis. Dessa forma, o corte raso não é nem de todo bem, nem de todo mal para a produção de madeira e para o ecossistema da floresta. Seu uso deve ser avaliado caso por caso, levando-se em conta o tamanho dos cortes, o ambiente e a disponibilidade das espécies de árvores.

(a)

1 As árvores sombreiam o solo.

2 No sombreamento frio, a decomposição é lenta.

3 No sombreamento frio, a decomposição é lenta.

(b)

1 Galhos, entre outros materiais, se decompõem rapidamente em áreas quentes a céu aberto.

2 O solo é mais facilmente erodido sem as raízes das árvores.

3 O escoamento é maior sem a evaporação pelas árvores.

(c)

Figura 13.7 ■ Efeitos do corte raso na ciclagem química da floresta. Ciclagem química (*a*) na floresta primária e (*b*) após o corte raso. (*c*) Aumento da concentração de nitrato em córregos depois da derrubada e da queima das sobras (folhas, galhos e outros detritos das árvores). (*Fontes*: [*a*] e [*b*] adaptados de R. L. Fredriksen, "Comparative Chemical Water Quality — Natural and Disturbed Streams Following Logging and Slash Burning" em *Forest Land Use and Stream Environment* [Corvallis: Oregon State University, 1971], pp. 125–137.)

Plantação Florestal

Muitas vezes silvicultores realizam **plantações** de árvores, que são um povoamento de árvores da mesma espécie plantadas tipicamente em fileiras retas (Figura 13.8). Geralmente as plantações são fertilizadas, algumas vezes por helicópteros, e máquinas modernas realizam a colheita rápida — algumas retiram a árvore inteira com raiz e tudo. Plantações florestais são, assim, muito parecidas com a agricultura moderna. Uma gestão intensiva como essa é comum na Europa e em partes do noroeste dos Estados Unidos. Plantações florestais oferecem uma alternativa interessante para solucionar as pressões às florestas naturais. Se as plantações fossem realizadas onde a produção florestal é alta, logo uma porcentagem relativamente pequena de florestas plantadas do mundo poderia fornecer madeiras para todo o mundo. Por exemplo, florestas plantadas de alto rendimento produzem de 15 a 20 m^3/ha/ano de madeira. De acordo com essa estimativa, se as plantações ocorressem em locais de corte de madeira de florestas naturais que produzem aproximadamente 10 m^3/ha/ano, então 10% das plantações do mundo proveriam madeira suficiente para todo o mercado madeireiro mundial.[9] Isso reduziria a pressão sobre as florestas primárias, sobre as florestas importantes para a conservação biológica e sobre aquelas destinadas à recreação.

Figura 13.8 ■ Uma plantação moderna de floresta no sudeste dos Estados Unidos.

13.5 Silvicultura Sustentável

Ter uma **floresta sustentável** atualmente é o principal objetivo. Afirma-se em termos gerais que a silvicultura sustentável é aquela em que os recursos podem ser extraídos a um nível que não diminua a habilidade de o ecossistema florestal continuar provendo um mesmo nível de produção indefinidamente. Na verdade, a situação é mais complicada.

O que É Sustentabilidade e Como Aplicá-la às Florestas?

Têm-se dois tipos básicos de sustentabilidade ecológica: a sustentabilidade da extração de um recurso específico, que se desenvolve dentro de um ecossistema; e a sustentabilidade do ecossistema como um todo — e, portanto de muitas espécies, *habitats* e condições ambientais. Para as florestas, isso se traduz em sustentabilidade da extração de madeira e sustentabilidade da floresta como ecossistema. Esse assunto está sendo longamente discutido pelos silvicultores, pois faltam dados científicos para demonstrar que a sustentabilidade de qualquer tipo nunca foi alcançada nas florestas, exceto em poucos casos raros.

Certificação de Práticas Florestais

Se os dados não indicam se um determinado conjunto de práticas tem levado a sustentabilidade florestal, o que se pode fazer? A conduta geral nos dias de hoje é comparar as práticas atuais de corporações específicas ou agências governamentais com práticas que são vistas como condizentes com a sustentabilidade. Isso transforma um processo formal chamado de **certificação florestal**, em que existem organizações com a função principal de certificar as práticas florestais. A questão que se coloca é a de que ninguém realmente sabe se essas crenças estão corretas e se as práticas conduzirão realmente à sustentabilidade. O longo tempo de crescimento das árvores e a sequência de extrações são necessários para comprovar a sustentabilidade, portanto, essa só será comprovada no futuro. Apesar dessa limitação, a certificação florestal está se tornando comum. Como praticada hoje, é mais uma arte ou um ofício do que uma ciência de fato.

A preocupação mundial com a necessidade da sustentabilidade da floresta levou a tentativas internacionais para proibir as importações de madeira produzida a partir de supostas práticas florestais insustentáveis e ao desenvolvimento de um programa internacional de certificação de práticas florestais. Algumas nações europeias baniram a importação de algumas madeiras tropicais, e várias organizações ambientais manifestaram apoio a tais proibições.

Há um movimento gradual de chamar as florestas certificadas de práticas "sustentáveis", no lugar de se referir a "florestas bem manejadas" ou a "uma gestão aprimorada".[10,11]

Alguns pesquisadores começaram a propagar uma nova silvicultura, que inclui uma variedade de práticas que se acredita aumentarem a probabilidade de sustentabilidade. A ideia principal era aceitar as características dinâmicas da floresta — que, para se manter sustentável por longo prazo, pode ter que mudar em curto prazo. Uma das mais amplas preocupações com embasamento científico é considerar a gestão como um todo — a necessidade da gestão do ecossistema e o contexto ambiental. Os cientistas apontam que qualquer aplicação de um programa de certificação cria uma experiência e deve ser tratada de acordo. Portanto, qualquer novo programa que apoie práticas sustentáveis deve incluir, por comparação, áreas de controle onde não ocorram cortes e que incluam monitoramento científico adequado ao estado do ecossistema florestal.

13.6 Perspectivas Mundiais sobre Florestas

A vegetação de qualquer tipo pode afetar a atmosfera de quatro formas (Figura 13.9):

1. Pela mudança da cor da superfície e, portanto, a quantidade de luz solar refletida e absorvida.
2. Pelo aumento da quantidade de água transpirada e evaporada da superfície para a atmosfera.
3. Pela mudança da taxa de liberação de gases que provocam o efeito estufa, a partir da superfície da Terra para a atmosfera.
4. Pela mudança na "rugosidade do relevo", que afeta a velocidade do vento na superfície.

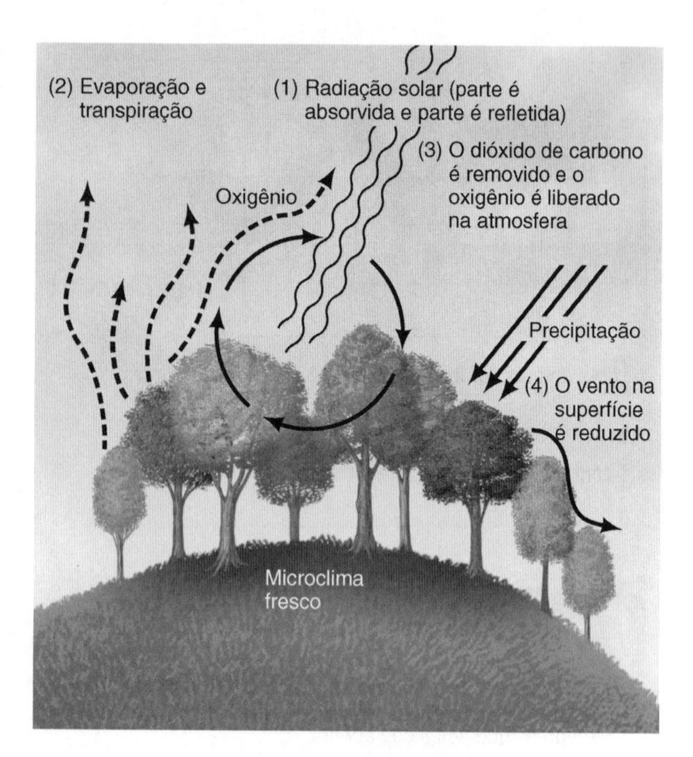

Figura 13.9 ■ Quatro formas por meio das quais a floresta (ou a área de vegetação) pode afetar a atmosfera: (1) a radiação solar é absorvida e refletida pela vegetação, mudando a provisão de energia local, em comparação com o ambiente não florestado; (2) evaporação e transpiração das plantas, ou seja, como a evapotranspiração, transferem a água para a atmosfera; (3) o dióxido de carbono é removido do ar e o oxigênio é liberado para a atmosfera através da fotossíntese das árvores (o dióxido de carbono é um gás associado ao efeito estufa e, portanto às mudanças climáticas, e reduzir este gás pode resfriar a atmosfera; veja o Capítulo 23); e (4) o vento na superfície é reduzido por causa da vegetação — especialmente pelas árvores — que produzem um relevo que retarda a velocidade do vento.

Em geral, a vegetação faz com que a superfície fique mais escura, então ela absorve mais luz e reflete menos, aquecendo a Terra. O contraste é especialmente forte entre as escuras folhas em forma de agulhas das coníferas e a neve no inverno das florestas do norte, e entre o verde-escuro do matagal e o solo amarelado de muitas áreas de clima semiárido. A vegetação em geral e as florestas em particular tendem a evaporar mais água do que as superfícies sem vegetação. Isso ocorre porque a área total da superfície de muitas folhas é, muitas vezes, maior do que a área de solo.

Este aumento da evaporação é bom ou mau? Essa resposta depende dos objetivos em questão. O aumento da evaporação significa menos água correndo na superfície. Isso reduz a erosão. Por outro lado, também significa menos água disponível para nosso próprio consumo e para a manutenção de fluxos. Em muitas situações os benefícios ecológicos e ambientais do aumento da evaporação superam as desvantagens.

Áreas de Florestas no Mundo, Produção e Consumo Mundial de Recursos Florestais

No início do século XX, o mundo continha aproximadamente 3,87 bilhões de hectares (14,7 milhões de quilômetros quadrados) de áreas florestadas, o que significa aproximadamente 26,6% da superfície da Terra (Figura 13.10).[12] Isto represen-

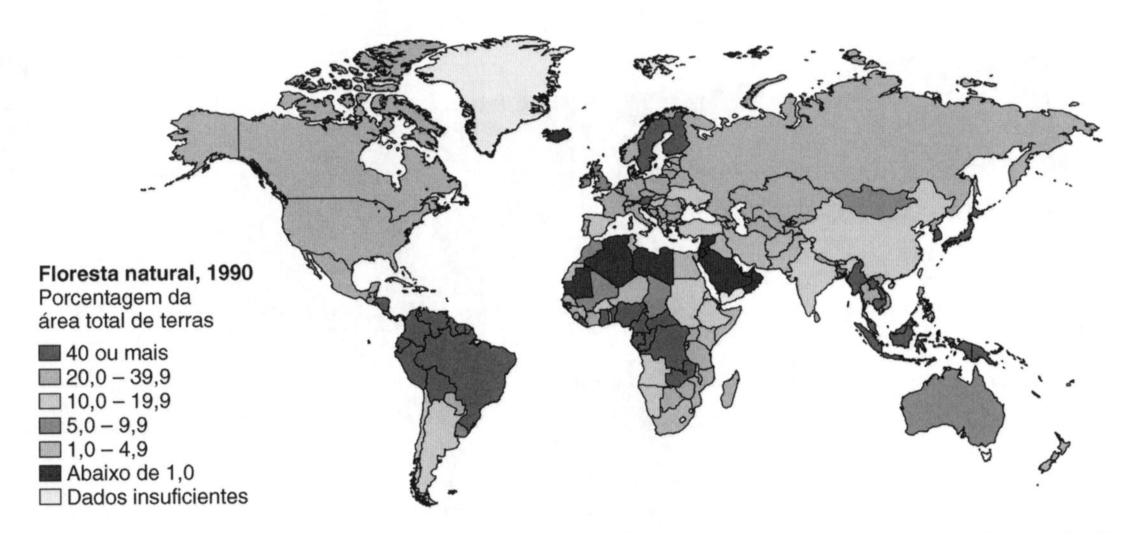

Figura 13.10 ■ A área florestada do mundo. Esse mapa mostra o percentual de áreas florestadas, por nação. (*Fonte: State of the World's Forest 2001* [Rome: U.N. Food and Agriculture Organization], disponível em http://www.fao.org/docrep/U8480E56.jpg.)

tava cerca de 0,6 hectare por pessoa. Em aproximadamente 1990, a área florestal disponível estava em cerca de 3,45 bilhões de hectares (13,1 milhões de quilômetros quadrados), mas diminuiu em relação aos 4 bilhões de hectares (15,2 milhões de quilômetros quadrados) em 1980. Os países diferem enormemente em relação a seus recursos florestais, de acordo com o potencial de suas terras e com o clima, em relação ao crescimento das árvores e da história do uso de suas terras ou desmatamento. Dez nações possuem dois terços das florestas de todo o mundo. Em ordem decrescente, estão: Rússia, Brasil, Canadá, Estados Unidos, China, Austrália, República Democrática do Congo, Indonésia, Angola e Peru (Figura 13.11).

Os países desenvolvidos são responsáveis por 70% da produção total do mundo e do consumo de produtos de madeira industrializados; países em desenvolvimento produzem e consomem aproximadamente 90% da madeira usada como lenha. Madeira para a construção, celulose e indústria de papel são responsáveis por cerca de 90% do comércio de madeira do mundo (o restante consiste em madeiras duras para mobiliário, tais como a teca, mogno, carvalho e bordo). A América do Norte é o maior fornecedor. O total da produção/consumo global está em torno de 1,5 bilhão de metros cúbicos anuais. (Para entender facilmente o que significa esse valor, um metro cúbico de madeira é um bloco com 1 metro em todos os seus lados. Um milhão de metros cúbicos seria um bloco de madeira com 1 metro de espessura em 1 quilômetro quadrado de área — ou, aproximadamente, 1 metro de espessura em uma área de 4.600 campos de futebol. A grande pirâmide de Gizé, no Egito, tem um volume de cerca de 2,5 milhões de metros cúbicos.)

Os Estados Unidos têm aproximadamente 212 milhões de hectares de florestas comerciais, o que significa uma capacidade de produção de, no mínimo, 1,4 m^3/ha de madeira por ano. A silvicultura comercial ocorre em muitas partes dos Estados Unidos. Aproximadamente 75% estão na parte leste do país

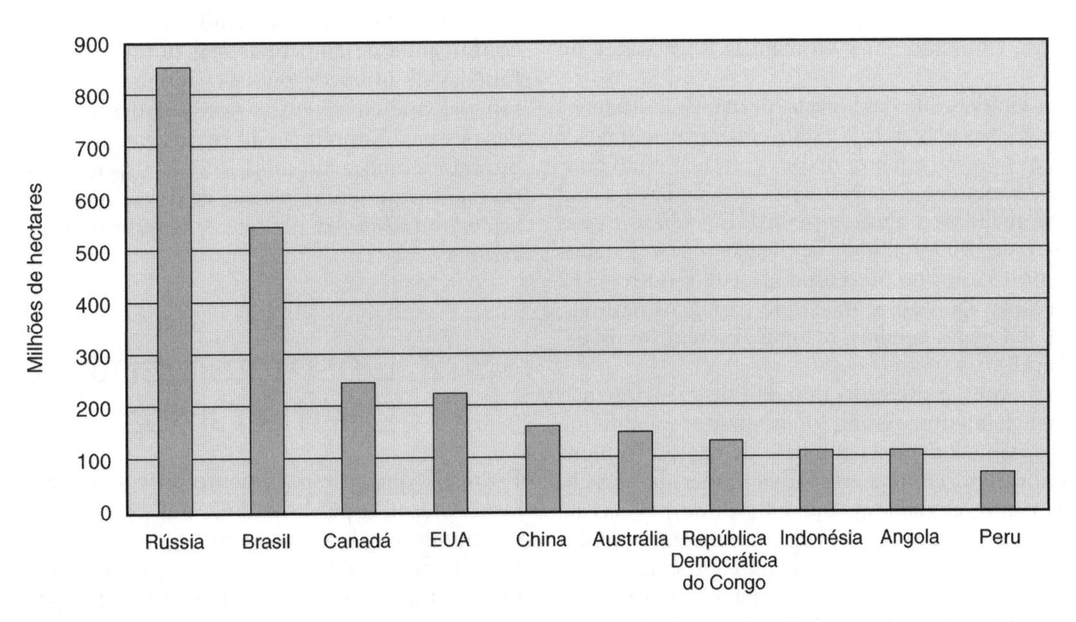

Figura 13.11 ■ Países com maiores áreas florestadas. (*Fonte:* http://www.mapsofworld.com/world-top-ten/countries-with-most-largest-area-of-forest.html, 24 de abril de 2006.)

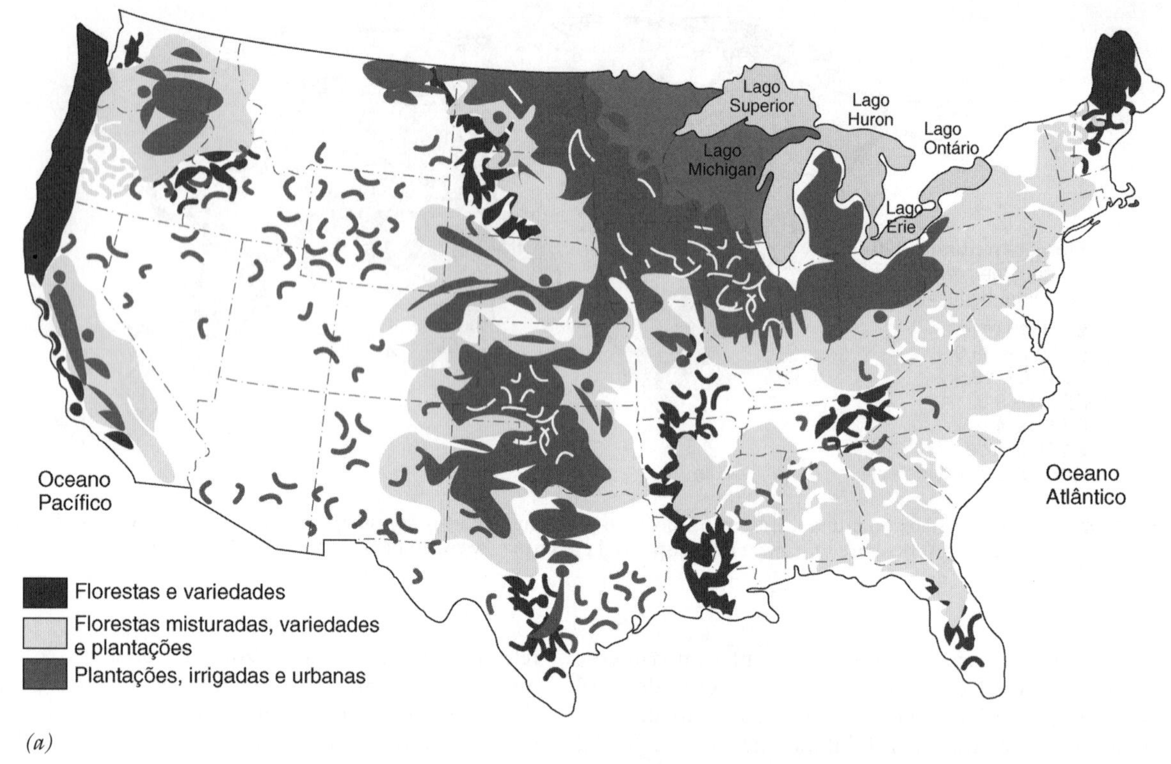

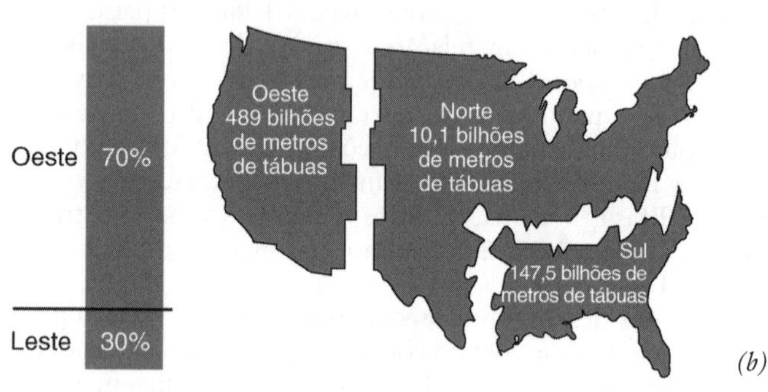

Figura 13.12 ■ Florestas e pastos nos EUA contíguo (48 estados): (*a*) uso do solo por área, (*b*) volume estimado de madeira extraída (conhecido como *volume de serraria*). No final do século XX, três quartos do comércio florestal nos 48 estados estavam no leste, mas 70% do volume de serraria estavam no oeste. Hoje, o volume de serraria está se deslocando para o leste, por causa das plantações florestais no sudeste. (*Fonte*: [*a*] Serviço Florestal dos Estados Unidos, 1980. [*b*] Serviço Florestal Norte-americano e C. H. Stoddard, *Essentials of Forestry Practice*, 3rd ed. [NewYork: Wiley, 1978].)

(divididos quase que equitativamente no sentido sul e norte). O restante está no oeste (Oregon, Washington, Califórnia, Montana, Idaho, Colorado e nas Montanhas Rochosas) e no Alasca.

Nos Estados Unidos, 70% das florestas de madeiras situam-se em propriedades privadas e 15% estão em terras federais.[13] Publicamente, as florestas em propriedades privadas estão principalmente nas Montanhas Rochosas e na Costa do Pacífico em locais de pouca qualidade e altitude elevada. Em adição a essas florestas, perto de 300 milhões de hectares nos Estados Unidos estão florestados no percentual de 10% e outros 312 milhões de hectares são pastos, incluindo pastagens naturais, matas, regiões selvagens, tundras, mangues costeiros e pradarias (Figura 13.12).[14]

Nos últimos anos, o mercado mundial de madeiras não cresceu substancialmente. Assim, o montante anualmente negociado (aproximadamente 1,5 bilhão de m^3, como mencionado anteriormente) é uma estimativa moderada quando se avalia a demanda advinda de 6,6 bilhões de pessoas na Terra com o presente padrão de vida. As questões fundamentais são: como as florestas na Terra podem continuar a produzir pelo menos essa quantidade de madeira por um período indefinido e se elas conseguirão essa produção, e como podem acompanhar a demanda de um mundo com aumento de população e crescimento do padrão de vida e se conseguirão acompanhar essa demanda. Enquanto isso, as florestas continuam a desempenhar suas outras funções, que incluem funções de utilidade pública, de conservação biológica e as funções que envolvem as necessidades estéticas e espirituais das pessoas. Em relação ao tema deste livro surge a seguinte questão: como a produção florestal poderá ser sustentável, ou mesmo aumentar, para satisfazer as necessidades da população *e também* da natureza? A resposta envolve ciência e valores.

13.7 Desmatamento: Um Dilema Global

Estima-se que o desmatamento provocou o aumento da erosão e causou a perda de 562 milhões de hectares de solos no mundo e que a perda anual é de 5 a 6 milhões de hectares.[15] O corte de florestas de um país afeta os outros países. O Nepal, um dos países mais montanhosos do mundo, perdeu mais da metade de suas florestas entre 1950 e 1980. O solo desestabilizado aumentou a frequência de deslizamentos,

(a)

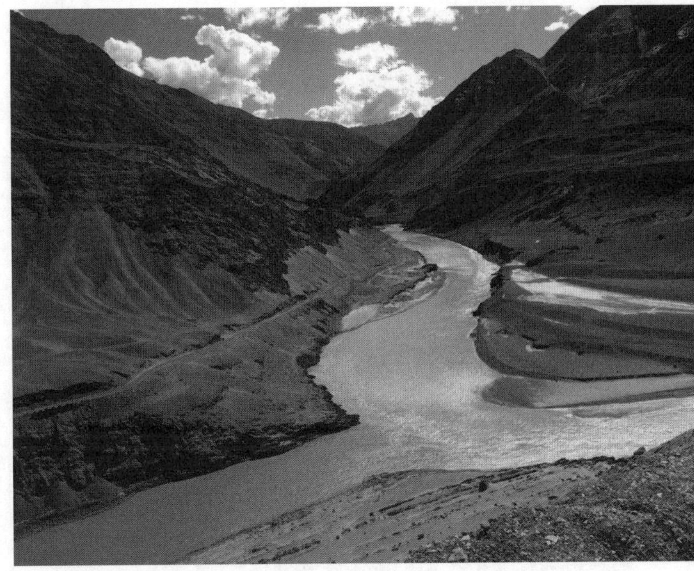

(b)

Figura 13.13 ■ (*a*) Plantação de pinheiros nas encostas íngremes do Nepal, para substituir as florestas que foram cortadas. Ao fundo está uma parte da floresta ainda não cortada, e o contraste entre a frente e o fundo da imagem sugere a intensidade do desmatamento que está ocorrendo. (*b*) O rio Indus no norte da Índia transporta uma carga pesada de sedimentos, como mostrado pelos depósitos dentro e ao longo da água que flui e pela cor de suas águas. Essa cena, próxima das nascentes, mostra a erosão que ocorre nos alcances superiores do rio.

a quantidade de escoamento e de carga de sedimentos nos rios. Alguns rios nepaleses alimentam outros rios que correm para a Índia (Figura 13.13). Enchentes recentes no vale do Ganges, Índia, provocaram danos materiais no valor de 1 bilhão de dólares em um ano, devido à perda de grandes bacias hidrográficas florestadas no Nepal e em outros países.[16] A perda da cobertura florestal no Nepal continua em uma taxa de aproximadamente 100.000 hectares por ano. Os esforços de reflorestamento repõem menos de 15.000 hectares por ano. Se as tendências presentes continuarem, um pequeno contingente de florestas permanecerá no Nepal, agravando, assim, definitivamente os problemas de inundações na Índia.[15,16]

É difícil determinar a taxa líquida mundial de mudanças dos recursos florestais. Alguns especialistas argumentam que essa taxa está aumentando, pois largas áreas da zona temperada, assim como do leste e do centro-oeste dos Estados Unidos, foram devastadas no século XIX e início do século XX e estão agora se regenerando. No entanto, a maioria dos especialistas discorda dessa afirmação. Uma vez que poucas florestas são geridas com sucesso para atingir a sustentabilidade, parece que o mais provável seja que as florestas do mundo estão sofrendo uma redução líquida, talvez bastante acelerada. Mas a verdade é que faltam informações básicas para que se possa realizar uma avaliação precisa. Não se tem acesso a informações a respeito de grandes coberturas florestais em áreas remotas com pouca visitação e estudo, o que mostra a dificuldade em dimensionar a quantidade total de área florestada. Apenas recentemente iniciaram-se alguns programas para obter estimativas mais precisas da distribuição e da abundância das florestas e estes sugerem que os métodos anteriores superestimaram a biomassa florestal entre 100 e 400%.[17]

Aceitando essas limitações, procura-se por uma melhor estimativa sugerindo que a taxa de desmatamento no século XXI é de 7,3 milhões de hectares por ano — ou uma perda de área igual ao tamanho do Panamá a cada ano. A boa notícia é que essa taxa é 18% menor que a média da perda anual de 8,9 milhões de hectares ocorrida na década de 1990.[18]

História do Desmatamento

Florestas foram cortadas no Oriente Próximo, Grécia e no Império Romano antes da Era Moderna. A Europa, como civilização avançada, continuou a remoção das florestas para o norte. Os registros fósseis indicam que os agricultores pré-históricos na Dinamarca devastaram as florestas de forma tão extensa que as primeiras plantas daninhas, espécies sucessoras iniciais, ocuparam grandes áreas. Nos tempos medievais, as florestas da Grã-Bretanha foram cortadas e algumas áreas florestadas foram eliminadas. Com a colonização do Novo Mundo, uma grande área da América do Norte foi devastada.[20]

A maior perda no século atual ocorreu na América do Sul, onde 1,74 milhão de hectares se perderam em média, por ano, desde 2000 (Figura 13.14*b*).[24] Algumas dessas florestas estão nos trópicos, em regiões montanhosas ou de grandes altitudes, locais difíceis de explorar antes do advento dos transportes e máquinas modernas.[23] O problema é especialmente grave nos trópicos por causa do crescimento populacional. As imagens de satélite oferecem uma nova forma para a detecção do desmatamento (Figura 13.14*a*).

Causas do Desmatamento

Historicamente, as duas razões mais comuns para as pessoas cortarem a floresta são: limpar o espaço para a agricultura e o estabelecimento, e para a utilização ou para o comércio de madeira serrada, produção de papéis e combustível. A exploração madeireira por empresas do ramo e os grandes cortes locais por moradores são os maiores responsáveis pelo desmatamento. A agricultura é a maior responsável pelo desmatamento no Nepal e no Brasil, e foi uma das maiores razões para a devastação florestal na Nova Inglaterra, durante o primeiro assentamento dos europeus.

(a)

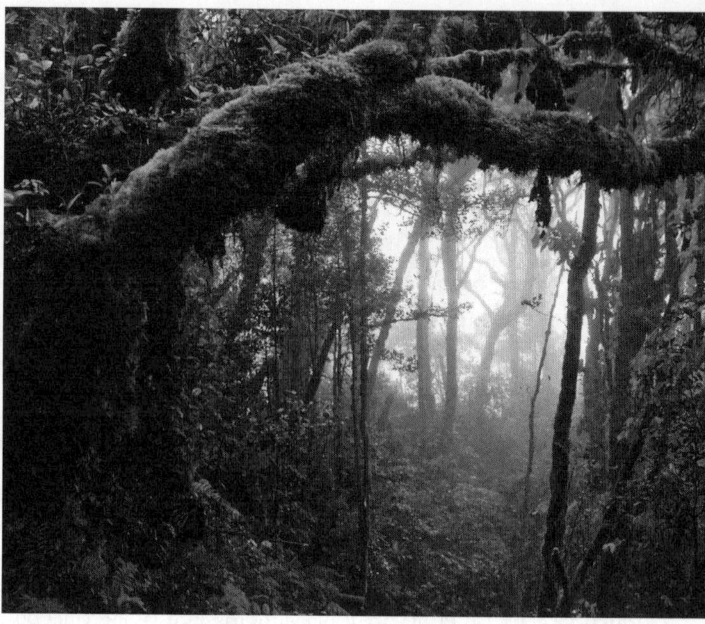

(b)

Figura 13.14 ■ (*a*) A imagem do satélite mostra a devastação da floresta tropical da Amazônia, no Brasil. A imagem está em falso infravermelho. Os rios são negros e a cor cinza-escura demonstra as folhas da floresta tropical. As linhas retas claras, mais brilhantes são os locais devastados pelas pessoas ao longo das estradas. Grande parte da devastação se deve à agricultura. O tamanho da imagem representa aproximadamente 100 km. (*b*) A floresta tropical sul-americana intacta com sua vegetação luxuriante com muitas espécies e uma complexa estrutura vertical. Esta é no Peru.

O Déficit Mundial de Lenha

Em muitas partes do mundo, a madeira é a principal fonte de energia. Aproximadamente 63% de toda a produção de madeira do mundo, ou 2,1 milhões de metros cúbicos, são utilizados como lenha. Essa provê 5% de toda a energia utilizada no mundo,[21] 2% da energia total comercializada nos países desenvolvidos, porém 15% da energia dos países em desenvolvimento, e é a maior fonte de energia de países da África subsaariana, da América Central e do sudeste continental da Ásia.[16]

Como a população humana cresce, o uso da lenha aumenta. Nessa situação, a gestão é essencial, inclusive o gerenciamento de florestas com o objetivo de crescimento. Contudo, a gestão bem planejada da lenha é a exceção e não a regra. Alguns projetos de sucesso, baseados na comunidade, são discutidos no Detalhamento 13.1.

Desmatamento Indireto

A causa mais sutil da perda de florestas é o desmatamento indireto — a morte de árvores por poluição e doenças. A chuva ácida e outros poluentes matam árvores em muitas áreas dentro ou próximas de países industrializados. Na Alemanha, fala-se em *Waldsterben* ("morte da floresta"). O governo alemão calcula que um terço das florestas do país sofreu danos: morte de árvores, amarelamento das folhas, ou brotos e galhos mal formados. As causas são obscuras, mas parecem envolver certo número de fatores, que incluem a chuva ácida, o ozônio e outros poluentes do ar que tendem a enfraquecer as árvores e a aumentar sua suscetibilidade às doenças. Esse problema se estende à Europa Central e é excepcionalmente agudo na Polônia, na República Tcheca e na Eslováquia. Na região de Nova Inglaterra, Estados Unidos, danos curiosos afetam o abeto-vermelho de forma similar.

Se o aquecimento global ocorrer conforme previsto pelos modelos globais de clima, os danos indiretos às florestas podem acontecer ao longo de vastas regiões, com grande mortalidade em diversas áreas e transformações importantes nas áreas de crescimento potencial de cada espécie de árvore.[22] O aquecimento global pode levar a alterações na combinação de temperatura e de chuvas, fatores necessários para várias espécies de árvores. Algumas espécies não mais crescerão nos locais em que hoje se desenvolvem, entretanto, a dimensão desse efeito é controversa.[23,24]

13.8 Parques, Reservas Naturais e Regiões Selvagens

No início do capítulo, o estudo de caso do Refúgio da Vida Selvagem da baía Jamaica sugere que governos normalmente protegem as paisagens da devastação e de outros usos potencialmente destrutivos por meio do estabelecimento de parques, de reservas naturais e designando legalmente áreas de região selvagem. Da mesma forma fazem algumas organizações privadas, entre elas a Nature Conservancy, a Nature Conservancy do sudoeste da Flórida e o Land Trust da Califórnia, que compram terras e as mantêm como reserva natural. Se o governo ou as áreas de conservação privadas são mais bem-sucedidos em alcançar os objetivos listados na Tabela 13.2 é um assunto de considerável controvérsia.

Parques, áreas naturais e regiões selvagens trazem benefícios dentro dos seus limites, mas também podem servir como corredores migratórios entre outras áreas naturais. Original-

DETALHAMENTO 13.1

Silvicultura Comunitária

Em muitas partes do mundo, as pessoas cortam florestas próximas para a satisfação das necessidades de pequenas comunidades. Isso é particularmente verdadeiro no desenvolvimento das nações, onde a lenha é necessária como principal combustível e constitui parte importante da utilização de energia. No passado, muitos departamentos florestais governamentais concentraram os seus esforços em transformar as florestas em propriedade do governo ou apenas policiaram as florestas de seus países. Agora, muitos perceberam que suas abordagens devem mudar.

Alguns países têm colocado nova ênfase na comunidade florestal, em que profissionais da silvicultura ajudam aldeões a desenvolver bosques ou florestas para a produção de pequena escala de produtos florestais como madeira, com o objetivo de alcançar algum tipo de colheita sustentável para atender às necessidades locais. A Organização das Nações Unidas para Agricultura e Alimentação (FAO) e o Banco Mundial dão suporte a esses programas. Como exemplo, em Malawi, África, o Banco Mundial e a FAO patrocinaram um projeto de reflorestamento, em que quase 40% das famílias plantaram árvores. Na Coreia do Sul, aldeões estão reflorestando o país em uma taxa de 40.000 hectares por ano.

Em silvicultura comunitária, boas práticas de gestão incluem limite de acesso; corte das espécies de crescimento mais lento e mais pobre, para promover o desenvolvimento de espécies utilizadas como lenha; uso de plantações; e aumento do suplemento de lenha com facilitação da renovação dos recursos. Algumas dessas práticas se confrontam com as atividades locais tradicionais ou encontram dificuldades para serem implantadas por outras razões.

Os esforços comunitários são expressivos, mas têm efeito pequeno sobre a escassez mundial de lenha. Isso não se aplica para as nações em desenvolvimento, que podem implantar em sua gestão políticas com sucesso para evitar sérios danos para suas florestas e terras. Se combustíveis alternativos não forem encontrados para as nações em desenvolvimento, os efeitos serão graves, não apenas para a terra, mas para toda a população.

Alguns sugerem para a questão do aquecimento global simplesmente mudaria a localização das florestas e não sua área total ou de produção. Entretanto, mesmo se o clima do novo local for propício ao crescimento da floresta, para movê-la para novas localizações, as árvores teriam de chegar a estas áreas. Isso levaria um longo tempo, pois mudanças na distribuição geográfica das árvores dependem, primeiramente, de sementes sopradas pelo vento ou carregadas por animais. Além do mais, para a produção manter-se tão elevada como agora, o clima e o solo precisariam atender às necessidades das árvores da floresta. Essa combinação de clima e de solo ainda é facilmente encontrada, mas pode se tornar difícil devido às mudanças climáticas.

Tabela 13.2 Objetivos dos Parques, Reservas Naturais e Áreas da Vida Selvagem

Os parques são tão antigos quanto à própria civilização. Os objetivos de gestão de parques e de reservas naturais podem ser sintetizados como se segue:

1. Preservação geológica paisagens únicas e lindas da natureza, como as cachoeiras do Niágara e o Grand Canyon
2. Preservação da natureza sem interferência humana (preservando regiões selvagens para sua própria finalidade)
3. Preservação da natureza em uma condição estudada para ser representante de algum tempo antes (por exemplo, os EUA antes do assentamento europeu)
4. Conservação da vida selvagem incluindo conservação de *habitats* e ecossistemas necessários
5. Conservação de espécies e *habitats* especificamente ameaçados
6. Conservação da diversidade biológica total da região
7. Defesa da vida selvagem para caça
8. Defesa da paisagem de beleza singular e incomum por motivos estéticos
9. Manutenção de áreas naturais representativas de todo o país
10. Manutenção para recreação ao ar livre, incluindo uma série de atividades, desde a vista do cenário à recreação em região selvagem (caminhada, esqui, escalada) e o turismo (excursões de carro ou ônibus, natação, acampamento)
11. Manutenção de áreas reservadas para a investigação científica, tanto como base para a gestão do parque, quanto para a busca de respostas às questões científicas fundamentais
12. Provisão de corredores e conexões entre áreas naturais separadas

mente, parques eram estabelecidos por meio de propostas específicas relacionadas ao terreno dentro dos limites do parque (o que será discutido mais adiante neste capítulo). No futuro, o desenho das grandes paisagens deve tornar-se mais importante e um foco maior para discussão, tendendo a uma combinação do uso da terra — incluindo parques, reservas e regiões selvagens.

Um **parque** é uma área reservada para o uso das pessoas, como uma **reserva natural** também o é, mas tem como proposição primária à conservação de algum recurso, tipicamente biológico. Todo parque ou reserva é uma ilha ecológica de um tipo de paisagem, cercada por um tipo diferente de paisagem, ou vários tipos diferentes.

Ilhas ecológicas e físicas têm qualidades ecológicas especiais (discussão em detalhes no Capítulo 8), e o conceito de ilha biogeográfica é utilizado no projeto e na gestão de parques. Especificamente, o tamanho do parque e a diversidade de *habitats* determinam o número de espécies que podem ser ali mantidas. Também, quanto mais distante o parque estiver de outros parques ou de fontes de espécies, menos espécies são ali encontradas. A forma do parque quase sempre determina quais são as espécies que conseguem sobreviver dentro dele.

Uma das mais importantes diferenças entre o parque e uma área verdadeiramente natural de região selvagem é que o primeiro tem fronteiras definidas. Essas fronteiras geralmente são arbitrárias de um ponto de vista ecológico, sendo estabelecidas por motivos políticos, econômicos ou históricos sem relação com o ecossistema natural. Na verdade, muitos parques se desenvolveram em áreas que deveriam ser consideradas baldias e utilizadas para outros propósitos.

Mesmo onde parques e as reservas com o objetivo da preservação de alguma espécie foram assentados com fronteiras geralmente arbitrárias, essas fronteiras têm causado problemas. Um exemplo é o Parque Nacional do lago Manyara, na Tanzânia, famoso por seus elefantes e que, em princípio, tinha suas fronteiras inadequadas para essa espécie habitar. Os elefantes gastavam parte do ano andando ao longo de declives íngremes acima do lago. Em outras épocas do ano eles desciam para o vale, de acordo com a disponibilidade de comida e de água. Essa migração anual era necessária para que os elefantes obtivessem comida de qualidade nutricional suficiente para o ano inteiro.

Quando o parque foi delimitado, fazendas foram estabelecidas ao longo de sua fronteira ao norte. Essas fazendas atravessavam as vias tradicionais dos elefantes provocando dois efeitos negativos. Primeiro, que os elefantes criaram conflitos diretos com os fazendeiros. Eles atravessavam as cercas das fazendas e se alimentavam das culturas de milho, entre outras, causando a destruição total. Segundo, sempre que os fazendeiros eram bem-sucedidos em manter os elefantes fora de suas propriedades, os animais não conseguiam alcançar seu local de alimentação, perto do lago. Quando se tornou claro que os limites do parque eram arbitrários e inadequados, adaptações foram feitas para alargar as fronteiras e incluir as rotas migratórias tradicionais. Isso atenuou os conflitos entre elefantes e fazendeiros.

Uma Breve História dos Parques Explica por que Eles Foram Implantados

A palavra francesa *parc* referia-se primeiramente a uma área fechada para manutenção de animais selvagens para serem caçados. Essas áreas eram de uso exclusivo da nobreza, excluindo o povo em geral. Um exemplo disso é o Parque Nacional Coto Doñana localizado ao sul da costa da Espanha. A princípio era uma casa de campo pertencente à nobreza e, hoje, é uma das mais importantes áreas naturais da Europa, usada por 80% dos pássaros migrantes entre a Europa e a África.

O primeiro e importante parque *público* da era moderna foi o Parque Victoria na Grã-Bretanha, autorizado em 1842. O conceito de **parque nacional**, que se propunha a incluir proteção à natureza tanto quanto acesso ao público, originalmente surgiu na América do Norte no século XIX.[24] O primeiro parque nacional do mundo foi o Parque Nacional de Yosemite, na Califórnia, criado a partir de um ato do presidente Lincoln, em 1864 (Figura 13.15). O termo *parque nacional*, entretanto, foi utilizado pela primeira vez pelo estabelecimento de Yellowstone, em 1872. A proposta do primeiro parque nacional nos EUA pretendia preservar a paisagem original do país, que Alfred Runte, historiador dos parques nacionais, se refere como um "monumentalismo". No século XIX, os norte-americanos consideravam seu parque nacional uma contribuição para a civilização, equivalente aos tesouros da arquitetura do Mundo Antigo, e solicitaram sua preservação pelo motivo de ser um orgulho nacional.[24]

Na segunda metade do século XX, a ênfase na gestão do parque se tornou mais ecológica, com objetivo de estabelecer a pesquisa científica e para a manutenção de exemplares representativos das áreas naturais. Por exemplo, em Zimbábue, o Parque Nacional de Sengwa (agora denominado Parque Nacional de Matusadona) estabeleceu a finalidade exclusiva de reserva para pesquisas científicas. Não há espaços turísticos e turistas não são permitidos. Essa proposta é para o estudo do ecossistema natural com muito pouca interferência humana, possibilitando que os princípios da vida selvagem e da gestão de regiões selvagens possam ser mais bem formulados e entendidos. Outros parques nacionais no leste e sul da África, incluindo aqueles do Quênia, Uganda, Tanzânia, Zimbábue e sul da África — se estabeleceram primeiramente para observação da vida selvagem e para conservação biológica.

Nos últimos anos o número de parques nacionais no mundo inteiro está crescendo rapidamente. A lei de estabe-

Figura 13.15 ■ O famoso vale principal do Parque Nacional Yosemite.

lecimento de parques nacionais na França foi a primeira a ser promulgada em 1960. Taiwan não tinha parques nacionais antes de 1980, mas agora tem seis. Nos Estados Unidos a área de parques estaduais e nacionais aumentou de menos de 12 milhões de hectares, em 1950, para aproximadamente 33,8 milhões de hectares hoje, com grande parte desse aumento devido ao estabelecimento de parques no Alasca.[25]

A conservação das áreas representativas de natureza de um país está crescendo com o objetivo comum de transformá-las em parques nacionais. Como exemplo, a meta do plano de parques nacionais da Nova Zelândia é incluir pelo menos uma área de cada um dos principais ecossistemas da nação, da costa marítima ao pico das montanhas.

Conflitos no Manejo de Parques

Os maiores conflitos relativos aos parques se referem ao seu tamanho, aos tipos e aos níveis de acesso e às atividades que serão realizadas. A ideia de um parque nacional, estadual, distrital ou municipal é bem aceita na América do Norte, mas os conflitos crescem a respeito do tipo de atividades e a intensidade das atividades que devem ser permitidas no parque.

(*a*)

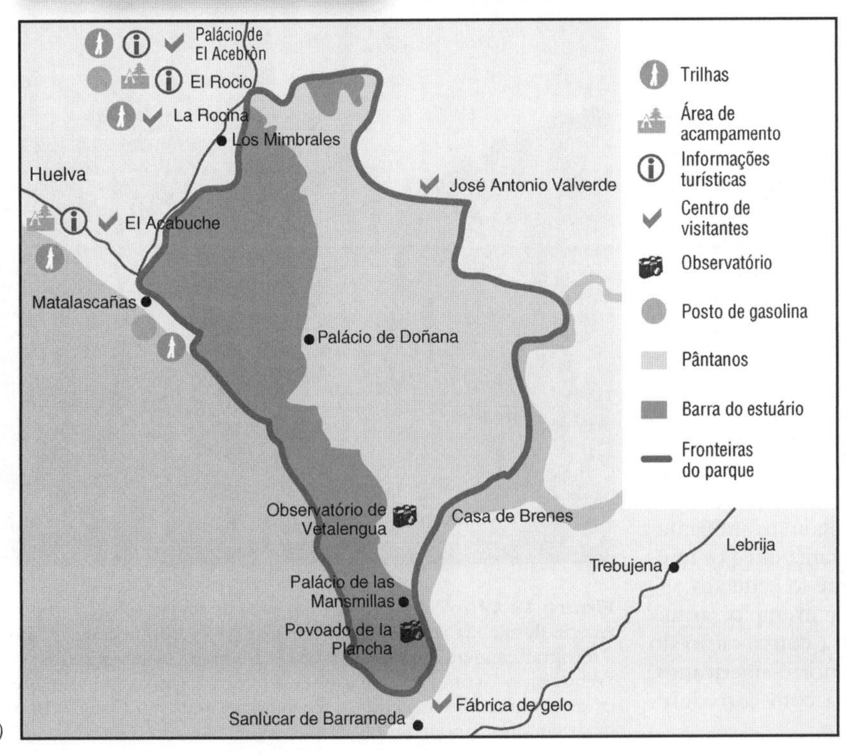

(*b*)

Figura 13.16 ■ (*a*) Flamingos estão entre os muitos pássaros que usam o Parque Nacional de Coto Doñana, o maior local de passagem das aves que migram da Europa para a África. (*b*) Mapa do Parque Nacional de Coto Doñana, Espanha. (*Fonte:* Colours of Spain. World Heritage Sites http://www.coloursofspain.com/travelguidedetail/17/andalucia_andalusia/world_heritage_sites_donana_national_park/.)

Frequentemente, a conservação biológica e as necessidades de espécies individuais requerem limitação do acesso humano, mas as pessoas reclamam o direito de poder visitar belas áreas, especialmente as mais desejáveis para recreação. Como em um exemplo recente, passeios no Parque Nacional de Yellowstone com motos de neve no inverno se tornaram populares, mas estes levaram à poluição atmosférica e sonora, e mancharam a experiência da beleza do parque para muitos visitantes. Em 2003, a Corte Federal determinou a proibição do uso de motos de neve dentro do parque.

Alfred Runte explica o cerne do conflito. "Esta luta não era contra os americanos que gostam de neve, mas sim contra a ideia de que nada vai aos parques nacionais", ele disse, "a Corte teve que nos lembrar que temos um padrão diferente, mais elevado para nossos parques nacionais. Nossa história é a prova de que ninguém perde quando ganha beleza. Nós procuramos locais para motos de neve, no entanto, locais sem elas também são necessários e esta é a grandeza duradoura de nossos parques nacionais".[26]

Muitos dos conflitos recentes relacionados a parques nacionais referem-se ao uso de veículos motorizados. O Parque Nacional de Voyageurs, ao norte de Minnesota, inaugurado em 1974 — muito recentemente comparado com outros parques nacionais —, ocupa uma área que antes era usada por uma variedade de veículos recreativos e que sustentava os meios de subsistência para a caça e para os guias de turismo de pesca, entre outros negócios relacionados ao turismo. Essas pessoas achavam que restringir o uso de veículos motorizados destruiria sua subsistência. O Parque Nacional Voyageurs possui 100 quilômetros de trilhas para motos de neve e está aberto para uma maior variedade de veículos motorizados para recreação que o Parque de Yellowstone.[26]

As interações entre as pessoas e a vida selvagem podem se tornar um problema. Enquanto muitas pessoas gostam de visitar parques para ver a vida selvagem, alguns animais selvagens, como o urso-pardo no Parque Nacional de Yellowstone, podem ser perigosos. Existia um conflito do passado entre conservar os ursos-pardos ou manter o parque tão aberto quanto possível para as possibilidades de recreação.

Qual a Dimensão Adequada para Parques?

Outra importante controvérsia na gestão de parques é qual a quantidade de paisagens que os parques ou as reservas naturais devem ter, considerando, especialmente, a meta da diversidade biológica.

Os parques isolam geneticamente as populações, por isso eles podem fornecer um *habitat* muito pequeno para a manutenção de uma população mínima em segurança. Se os parques têm a função de preservação biológica, eles devem se adequar em tamanho e na diversidade de *habitats* para manutenção de uma população grande o suficiente para evitar as graves dificuldades genéticas, que podem se desenvolver em pequenas populações. Uma alternativa, se necessário, é o gestor mover os indivíduos de uma espécie, por exemplo, o leão na reserva africana, de um parque para outro e, assim, manter a diversidade genética. Mas o tamanho do parque é a fonte dos conflitos, com os ambientalistas tipicamente querendo aumentar o seu tamanho e os interesses comerciais tipicamente querendo mantê-lo pequeno.

Proponentes do Wildlands Project, por exemplo, arguiram que amplas áreas são necessárias para a conservação do ecossistema, então a grandeza dos parques norte-americanos, como o Yellowstone, precisa ser conectada com corredores de conservação.

Nações diferem largamente na porcentagem da sua área total reservada como parques nacionais. A Costa Rica, um pequeno país com alta diversidade biológica, tem mais que 12% de suas terras em parques nacionais.[27] O Quênia, uma grande nação que também possui importantes recursos biológicos, tem 7,6% de suas terras em parques nacionais.[28] Na França, uma nação industrializada em que a civilização alterou a paisagem por mais de mil anos, apenas 0,7% de suas terras estão distribuídas em seis parques nacionais. Entretanto, a França tem 38 parques regionais que abarcam 11% (5,9 milhões de hectares) da área da nação.[28]

O total aproximado de áreas de reserva natural nos Estados Unidos é de mais que 104 milhões de hectares, aproximadamente 11,2% do total das terras norte-americanas.[29] A porcentagem de terra está dividida entre os estados em parques, reservas e outras áreas diversas de conservação. Os estados do oeste têm vários parques, ao passo que os seis estados do Grande Lago (Michigan, Minnesota, Illinois, Indiana, Ohio e Wisconsin), ocupando uma área em que caberiam juntas as áreas da França e da Alemanha, alocam menos que 0,5% do total das terras para os parques e menos que 1% para a áreas selvagens designadas.[30]

Conservação de Regiões Selvagens

Como um conceito legal moderno, uma **região selvagem** é uma área não perturbada pelas pessoas. Os únicos que podem entrar nessas áreas são visitantes, mas não permanecer nelas. A conservação da região selvagem é uma ideia nova introduzida na segunda metade do século XX. Essa conservação torna-se mais importante à medida que a população cresce e os efeitos da civilização tornam-se mais difundidos em todo o mundo (Figura 13.17).

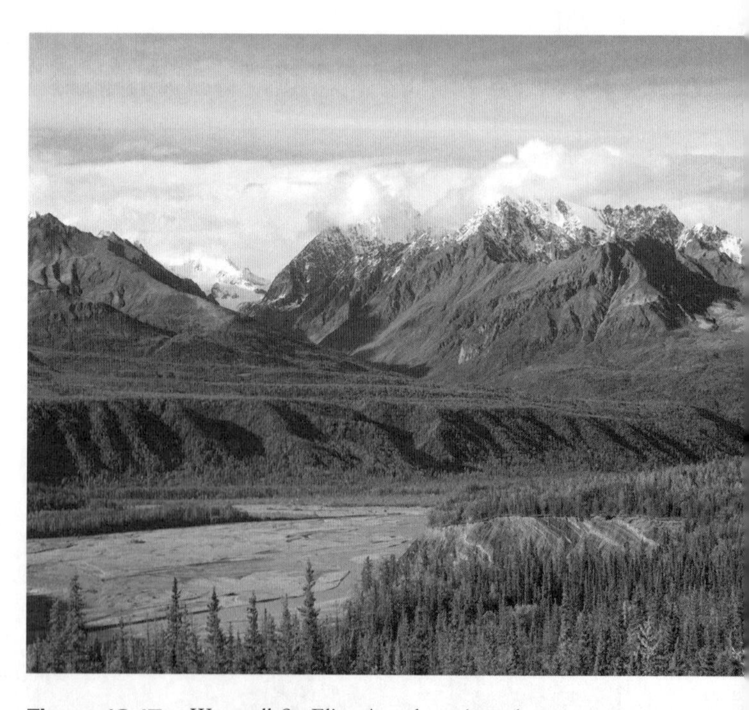

Figura 13.17 ■ Wrangell-St. Elias, área de região selvagem no Alasca, designada em 1980 e que abarca 3.674.000 hectares. Como a fotografia sugere, esta vasta área dá ao visitante a sensação de "selvagismo", como um lugar onde a pessoa é apenas um visitante e os seres humanos parecem não ter nenhum impacto. Esse é o tipo de lugar em que se pode ter o sentimento de selgavismo de Thoreau.

O Ato de Regiões Selvagens de 1964, nos EUA, é um ponto de referência na legislação, marcando a primeira vez em que uma região selvagem foi reconhecida pela lei nacional como um tesouro nacional a ser preservado. De acordo com esta lei, as regiões selvagens são consideradas "áreas de terras federais não desenvolvidas, mantendo seu caráter primitivo e sem influência de melhorias permanentes ou habitação humana, que são protegidas e manejadas de forma a preservar suas condições naturais". Regiões selvagens são aquelas em que (1) a marca da presença humana é invisível, (2) apresentam oportunidade de isolamento e de recreação livre e primitiva, e (3) apresentam no mínimo 2.000 hectares. A lei também reconhece que essas áreas são valiosas para os processos ecológicos, geológicos, educativos, de observação e história. O Ato de Regiões Selvagens requisitou alguns mapas e descrições dessas áreas, resultando na Revisão e Avaliação das Áreas Despovoadas do Serviço Florestal dos Estados Unidos (RARE I e RARE II), que avaliaram terras para incluí-las legalmente nas regiões selvagens.

Em outro e talvez no mais profundo sentido, o "selvagismo" é uma ideia e um ideal que pode ser experimentado em muitos locais, como nos jardins japoneses, que podem ocupar mais do que algumas centenas de metros quadrados. Henry David Thoreau fez a distinção entre "selvagismo" e "região selvagem". Ele pensou em região selvagem como um lugar físico e o selvagismo como um estado de espírito. Durante a sua viagem, através dos bosques do Maine na década de 1840, ele concluiu que uma região selvagem é um interessante lugar para visitar, mas não para morar. Ele gostava de fazer longas caminhadas pelos bosques e pântanos perto de sua casa nas cercanias de Concord, Massachusetts, onde foi capaz de experimentar um *sentimento* de selvagismo. Logo, Thoreau levantou a seguinte questão: Pode-se ter uma experiência verdadeira de selvagismo somente em uma grande área reservada, selvagem e intocada pela ação humana ou o sentimento de selvagismo pode acontecer em pequenas paisagens naturalistas, fortemente modificadas, tais como aquelas nas cercanias de Concord, no século XIX?[31]

Como Thoreau sugeriu, um parque naturalista, pequeno, deve ter mais valor como lugar de isolamento e de beleza do que algumas áreas de regiões selvagens mais tradicionais. No Japão, por exemplo, têm-se áreas de recreação despovoadas que ficam repletas de pessoas. O circuito de uma caminhada de dois dias conduz a um pântano de grande altitude, onde as pessoas podem ficar em cabanas pequenas. O lixo é removido da área por helicópteros. Pessoas que têm essa experiência relatam um sentimento de selvagismo.

De alguma forma, a resposta para a questão colocada por Thoreau é altamente pessoal. Deve-se descobrir por si mesmo que tipo de lugar natural ou naturalista supre as necessidades espirituais, estéticas e emocionais. Essa é ainda outra área em que os termos-chave "ciências" e "valores" são evidentes.

Países com grandes quantidades de regiões selvagens são a Nova Zelândia, Canadá, Suécia, Noruega, Finlândia, Rússia e Austrália; alguns países do leste e sul da África, alguns países da América do Sul, incluindo partes da Amazônia brasileira e peruana; as áreas montanhosas de grande altitude do Chile e Argentina; algumas das florestas tropicais remanescentes no interior do sudeste da Ásia, países da orla do Pacífico (parte de Bornéu, das Filipinas, Papua Nova Guiné e Indonésia). Além disso, regiões selvagens podem ser encontradas nas regiões polares, incluindo a Antártica, Groenlândia e Islândia.

Muitos países não têm áreas selvagens preservadas. Na língua dinamarquesa, a expressão *região selvagem* está desaparecendo, e essa expressão foi muito importante para sua língua ancestral.[32] Na Suíça, as regiões selvagens não são vistas como áreas de preservação. Por exemplo, o Parque Nacional na Suíça encontra-se à vista dos Alpes — que inspirou românticos poetas ingleses, do início do século XIX, a elogiarem o que viram em sua forma selvagem e anexar o adjetivo ***admirável*** ao que viram, o que significa que inspirava admiração nos espectadores. Mas o parque está em uma área que tem sido fortemente explorada por atividades como mineração e fundição desde a Idade Média. Todas as florestas são plantadas.[32]

Conflitos no Manejo de Regiões Selvagens

A definição legal de *região selvagem* vem sofrendo graves controvérsias. O sistema de regiões selvagens nos Estados Unidos começou em 1964, com 3,7 milhões de hectares sob o controle do Serviço Florestal dos Estados Unidos. Hoje, os Estados Unidos tem 633 áreas de região selvagem designadas legalmente, abrangendo 44 milhões de hectares — mais que 4% do país. Outros 81 milhões de hectares respondem sobre exigência legal e podem ser protegidos pelo Ato das Regiões Selvagens; metade dessa área pertence ao Alasca, incluindo uma enorme área individual, Wrangell-St. Elias (Figura 13.17), que abrange 3,7 milhões de hectares.[33,34]

Os interessados em desenvolver os recursos naturais de uma área, incluindo minérios e madeira, têm argumentado que as regras são desnecessariamente rigorosas, protegendo muita terra de exploração quando, segundo dizem, há uma abundância de vida selvagem em outras partes. Aqueles que desejam conservar áreas selvagens adicionais têm argumentado que a interpretação do Ato de Regiões Selvagens é muito branda e que as mineradoras e as madeireiras não se enquadram ao texto do Ato. Essas divergências são ilustradas pelo argumento sobre a perfuração no Refúgio Nacional da Vida Selvagem no Ártico, discutido no Capítulo 18, que ressurgiu com a subida do preço do petróleo.

A noção de manejo de regiões selvagens pode parecer um paradoxo — a verdadeira região selvagem não deveria necessitar de gestão. Na verdade, com o grande número de pessoas que há no mundo de hoje, as regiões selvagens precisam ser bem definidas, assentadas legalmente e controladas. Podem-se verificar os objetivos de gerenciamento de regiões selvagens por dois ângulos distintos: o ângulo da própria região selvagem e o ângulo das pessoas. Em primeira instância, o objetivo é preservar a natureza não perturbada por pessoas. Na segunda, a proposta é oferecer às pessoas a experiência do selvagismo, da contemplação e contato com a natureza.

A região selvagem legalmente designada pode ser vista como um extremo de um espectro da gestão de ambientes. O espectro inclui a preservação de qualquer atividade humana visível, parques designados para recreação ao ar livre, florestas para produção de madeira e vários tipos de recreação, reserva de caça e parques urbanos — e no outro extremo, as minas a céu aberto. Pode-se pensar em várias etapas intermediárias entre estas neste espectro.[33] Gerenciar regiões selvagens envolve tanto pequenas ações diretas quanto a minimização de qualquer influência humana. Ironicamente, uma das necessidades é controlar o acesso humano, de modo que um visitante tenha pouca, ou nenhuma sensação de que as outras pessoas estão presentes.

Considere, por exemplo, a Área da Região Selvagem de Desolation, na Califórnia, consistindo em mais de 24.200 hectares, que em um ano recebe mais de 250.000 visitantes. Os visitantes podem realmente ter uma experiência de selva-

QUESTÕES PARA REFLEXÃO CRÍTICA

As Florestas Tropicais Conseguem Sobreviver aos Pedaços?

Embora as florestas tropicais ocupem apenas cerca de 7% da área terrestre do mundo, elas fornecem *habitat* para pelo menos metade das espécies de plantas e de animais do mundo (Figura 13.14). Aproximadamente 100 milhões de pessoas vivem em florestas tropicais ou dependem delas para a sua subsistência. Das plantas tropicais têm-se produtos como o chocolate, nozes, frutas, gomas, café, madeira, borracha, pesticidas, fibras e corantes. Drogas usadas para controle de pressão alta, doença de Hodgkin, leucemia, esclerose múltipla e doença de Parkinson são extraídas de plantas tropicais e a ciência médica acredita que muitas mais estão para serem descobertas.

O maior interesse em florestas tropicais está focado no Brasil, onde se acredita ter mais espécies que em qualquer outra área geográfica. Estima-se que a taxa de destruição da floresta tropical brasileira está entre 6% e 12%, mas vários estudos mostram que a área de desmatamento não mensura adequadamente a destruição de *habitats*, porque os *habitats* ao redor também são afetados (Figura 13.14*a*). Por exemplo, a maior fragmentação da floresta leva a maior formação de efeitos de borda, que, por sua vez, aumenta o impacto sobre os organismos vivos. Os tais efeitos de borda variam de acordo com a espécie, as características da região circundante à floresta fragmentada e a distância entre os fragmentos. Por exemplo, a floresta circundada por fazendas é mais profundamente afetada que uma cercada por terras abandonadas em que o crescimento secundário presenteia com uma transição mais gradual entre a floresta e a área desmatada. Alguns insetos, pequenos mamíferos e muitos pássaros encontram a apenas 80 m uma barreira de movimento de um fragmento a outro, assim, um pequeno marsupial precisa cruzar distâncias de 250 m. Corredores entre áreas florestais também ajudam a diminuir os efeitos negativos do desmatamento para plantas e animais da floresta.

Perguntas para Reflexão Crítica

1. Assumindo um efeito de borda de 1 km, qual a área aproximada afetada por um desmatamento de 100 km² na forma de um quadrado, ou seja, com 10 km em cada lado? Se os 100 km² de área estão na forma de 10 retângulos, cada um com 10 km de comprimento e 1 km de largura, separados uns dos outros por uma distância de 5 km, qual o tamanho da área afetada?

2. Quais fatores ambientais na borda de um fragmento diferem dos fatores no centro? Como podem as diferenças afetar as plantas e animais na borda?

3. Por que uma simples regra de ouro, como assumir um efeito de borda de 1 km, é demasiadamente simplista como um modelo dos efeitos do desmatamento?

4. Fragmentos de floresta são algumas vezes comparados com ilhas. Quais os fatores que tornam essa comparação apropriada? E quais tornam a comparação imprópria?

gismo lá, ou a quantidade de pessoas para a realização da sensação trazida pela Região Selvagem está ultrapassada? Esse é um julgamento subjetivo. Se, em uma forma de pensar, todos os visitantes disserem apenas ter visto as suas próprias companhias e acreditarem que eles estavam sozinhos, então o atual número de visitantes não seria um problema para atingir a experiência. Sob outra forma de pensar, se cada visitante tiver o isolamento arruinado pela presença de estranhos, então a gestão falhou, não importando mesmo se tivesse poucas pessoas na área.

O estabelecimento de uma região selvagem e a sua gestão devem também levar em consideração as terras adjacentes e utilizadas. Uma área selvagem próxima a um lixão ou a locais onde se emite fumaça é, em termos, uma contradição. Se a região selvagem pode se localizar ao lado de um acampamento muito intenso ou de uma cidade é uma questão para ser resolvida pelos cidadãos.

Hoje, os envolvidos na gestão das regiões selvagens devem reconhecer que ocorreram mudanças nas áreas selvagens ao longo do tempo e que essas alterações devem ser autorizadas a acontecerem, desde que sejam naturais. Esse é um dos pontos de vista que mudou: antes se achava que a natureza intacta era imutável e deveria ser gerida de modo a não se alterar. Inclusive, essa argumentação é realizada com frequência na escolha de quais atividades podem ser permitidas em uma região selvagem, qual ênfase deve ser colocada sobre as atividades que dependem da região selvagem (a experiência do isolamento ou a observação de fauna tímida e esquiva) em vez de atividades que podem se realizar fora dessa região (como o esqui alpino).

A fonte de conflitos é que as áreas selvagens frequentemente contêm importantes recursos econômicos, incluindo madeira, minérios e fontes de energia. Têm ocorrido debates acalorados sobre se as regiões selvagens devem ser abertas para a extração de óleo e de minérios.

Outra controvérsia envolve a necessidade de estudar a região selvagem em função do desejo de deixar a natureza virgem. Aqueles em favor da pesquisa científica na região selvagem argumentam que o estudo é necessário para a conservação da região. O argumento oposto é que as pesquisas científicas contradizem a proposta da região designada de não sofrer os distúrbios causados pelas pessoas. Uma solução é estabelecer uma separação de reservas preservadas para a finalidade da pesquisa.

RESUMO

- No passado, a gestão de terras para a extração de recursos e a conservação da natureza eram principalmente de ordem local, com cada parcela de terra sendo considerada independentemente.
- Hoje, uma perspectiva de paisagem foi desenvolvida e as terras usadas para extração de recursos são vistas como parte de uma matriz que inclui terras separadas para a conservação da diversidade biológica e para a beleza da paisagem.
- Florestas estão entre os recursos renováveis mais importantes para a civilização. O manejo florestal visa a uma colheita sustentável e a sustentabilidade dos ecossistemas. Têm-se poucos exemplos de sucesso de sustentabilidade florestal. Como consequência desenvolveu-se o chamado "certificado de sustentabilidade florestal". Essa certificação envolve determinar quais os métodos parecem mais consistentes com a sustentabilidade e, em seguida, comparar a gestão de uma floresta específica com essas normas.
- O uso contínuo da lenha como um importante combustível no desenvolvimento das nações é a principal ameaça para a floresta, dado o rápido crescimento da população nessas áreas. Essa é a questão para as nações em desenvolvimento que podem implementar com sucesso um programa de gestão a tempo de prevenir sérios danos a suas florestas e graves efeitos para a sua população.
- O corte raso é a maior fonte de controvérsia em silvicultura. Algumas espécies de árvore requerem clareiras para reproduzirem-se e para crescerem, mas o alcance e o método do corte devem ser cuidadosamente analisados em termos das necessidades das espécies e do tipo de ecossistema florestal.
- Plantações manejadas adequadamente podem aliviar a pressão sobre as florestas naturais.
- O manejo de parques para a conservação biológica é relativamente uma nova ideia que começou a se propagar no século XIX. O gestor de um parque deve estar preocupado com a sua forma e o seu tamanho. Parques muito pequenos ou que possuem forma inadequada devem ter uma população reduzida de espécies, então se deve avaliar se o parque está apto para sustentar a continuidade da espécie.
- Um extremo especial na conservação de áreas naturais leva a gestão de regiões selvagens. Nos EUA, o Ato de Regiões Selvagens, de 1964, proveu bases legais à conservação dessas áreas. A gestão dessas áreas parece uma contradição — tentar preservar uma área não perturbada por pessoas requer que se interfira no acesso dos usuários e que se mantenha o estado natural da região, logo a área que não era perturbada por pessoas agora é.
- Parques, reservas naturais, regiões selvagens e a extração ativa de recursos da floresta afetam um ao outro. O padrão geográfico dessas áreas de paisagem, incluindo corredores e conexões entre diferentes tipos, é parte de um modelo apropriado para a conservação biológica e a extração de recursos florestais.

REVISÃO DE TEMAS E PROBLEMAS

As florestas fornecem os recursos essenciais para a civilização. Como a população humana cresce, deve-se aumentar cada vez mais a demanda desses recursos. Enfatiza-se a plantação de florestas como fonte de madeira, porque elas podem ser altamente produtivas. Isso liberará mais florestas para outros usos.

A sustentabilidade é a chave para a conservação e a gestão dos recursos da vida selvagem. Entretanto, a extração sustentável é poucas vezes alcançada quando se fala em produção madeireira e, assim, um ecossistema sustentável na extração florestal é muito raro. A sustentabilidade deve ser o foco central quando se pensa em recursos florestais no futuro.

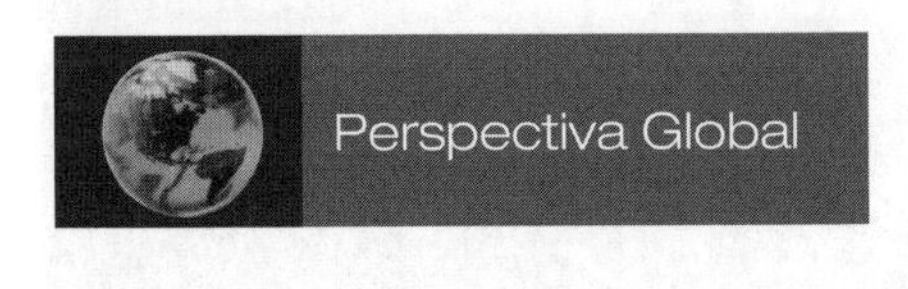

As florestas são recursos globais. O declínio da disponibilidade de produtos florestais, em uma região, afeta a taxa de extração e o valor econômico desses produtos em outras regiões. A diversidade biológica também é um recurso global. Como a população humana cresce, a conservação da diversidade biológica é proporcionalmente mais e mais dependente do estabelecimento legal de parques, reservas naturais e áreas de região selvagem.

Tende-se a pensar que as cidades são espaços à parte dos recursos vivos, mas os parques urbanos são importantes para tornar as cidades habitáveis e agradáveis. Se bem concebidos, eles também podem contribuir para a conservação dos recursos vivos selvagens.

As florestas oferecem os recursos essenciais e muitos as veem como algo sagrado, mas também sombrio e assustador. Hoje, valorizam-se as regiões selvagens e as florestas, porém raramente observa-se o valor de uma extração florestal sustentável. Então, o desafio para o futuro é reconciliar essa dualidade e alguns pontos de vista opostos, para que se possa desfrutar tanto do significado profundo das florestas, quanto de seus recursos importantes.

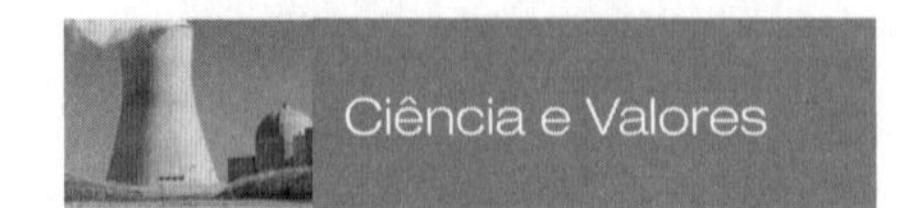

Muitos conflitos a respeito de parques, de reservas naturais e de regiões selvagens legalmente designadas também envolvem ciência e valores. A ciência diz o que é possível e o que é necessário para conservar, tanto as espécies específicas, quanto a diversidade biológica como um todo. Mas o que a sociedade deseja para áreas como essas é, no fim, uma questão de valor e experiência, influenciada pelo conhecimento científico.

TERMOS-CHAVE

certificação florestal
codominante
corte em faixa
corte protetor de árvores sementeiras
corte protetor progressivo
corte raso
corte seletivo
desbaste
dominantes
floresta primária
floresta secundária
floresta sustentável
funções de utilidade pública
intermediárias
locais de qualidade
parque
parque nacional
período de rotação
plantações
povoamento florestal
região selvagem
reserva natural
restringidas
silvicultura

QUESTÕES PARA ESTUDO

1. Quais conflitos ambientais podem surgir quando uma floresta é gerida para usos múltiplos de (a) o comércio de madeira, (b) a conservação da vida selvagem e (c) um divisor de águas para um reservatório? De que maneira a gestão para o uso de um pode beneficiar o outro em suas necessidades?
2. Quais são os argumentos a favor e contra a seguinte declaração: "O corte raso é natural e necessário para a gestão da floresta"?
3. Um parque de uma região selvagem pode ser usado para suprir água para uma cidade? Explique sua resposta.
4. Um parque está sendo planejado em uma região montanhosa e de muita chuva. Que considerações relacionadas ao ambiente devem ser apontadas, se o objetivo do parque é a preservação de espécies raras de veados? E se o objetivo for de recreação, incluindo caminhadas e caçadas?
5. Qual o efeito ambiental da diminuição do período médio de rotação nas florestas de 60 para 10 anos? Compare esses efeitos em (a) um bosque de clima seco com solo arenoso e (b) em uma floresta tropical.
6. Em uma nação pequena, mas densamente florestada, dois planos podem ser implementados para o manejo de florestas. No Plano A, toda floresta que será extraída encontra-se na região leste da nação, enquanto toda a floresta da região oeste será tratada como região selvagem, parques e reservas naturais. No Plano B, as pequenas áreas de florestas a serem exploradas estão distribuídas por todo o país, em vários casos elas estão adjacentes a parques, reservas e regiões selvagens. Qual plano você escolheria? Perceba que no Plano B as regiões selvagens terão áreas menores que no Plano A.
7. A menor região selvagem legalmente designada nos Estados Unidos é a ilha do Pelicano na Flórida (Figura 13.18), que abrange dois hectares. Ela poderia ser considerada uma *região selvagem* de acordo com a definição do Ato da Região Selvagem?

Figura 13.18 ■ Região Selvagem da ilha do Pelicano, Flórida. É a menor região selvagem legalmente designada nos EUA, abrangendo dois hectares.

LEITURAS COMPLEMENTARES

Botkin, D. C. 2001. *No Man's Garden: Thoureau and a New Vision for Civilization and Nature.* Washington, D.C.: Island Press.

Hendee, J. C. 2002. *Wilderness Management: Stewardship and Protection of Resources and Values.* Golden, Colo.: Fulcrum Publishing. Considerado como o trabalho clássico a respeito desse assunto.

Kimmins, J. P. 2003. *Forest Ecology*, 3rd ed. Upper Saddle River, N.J.: Prentice Hall. Um texto que se aplica à evolução recente da ecologia para os problemas práticos de gestão das florestas.

Runte, A. 1997. *National Parks: The American Experience.* Lincoln: Bison Books of the University of Nebraska. O livro clássico a respeito da história dos parques nacionais na América e as razões do seu desenvolvimento.

Capítulo 14

Animais Selvagens, Peixes e Espécies Ameaçadas

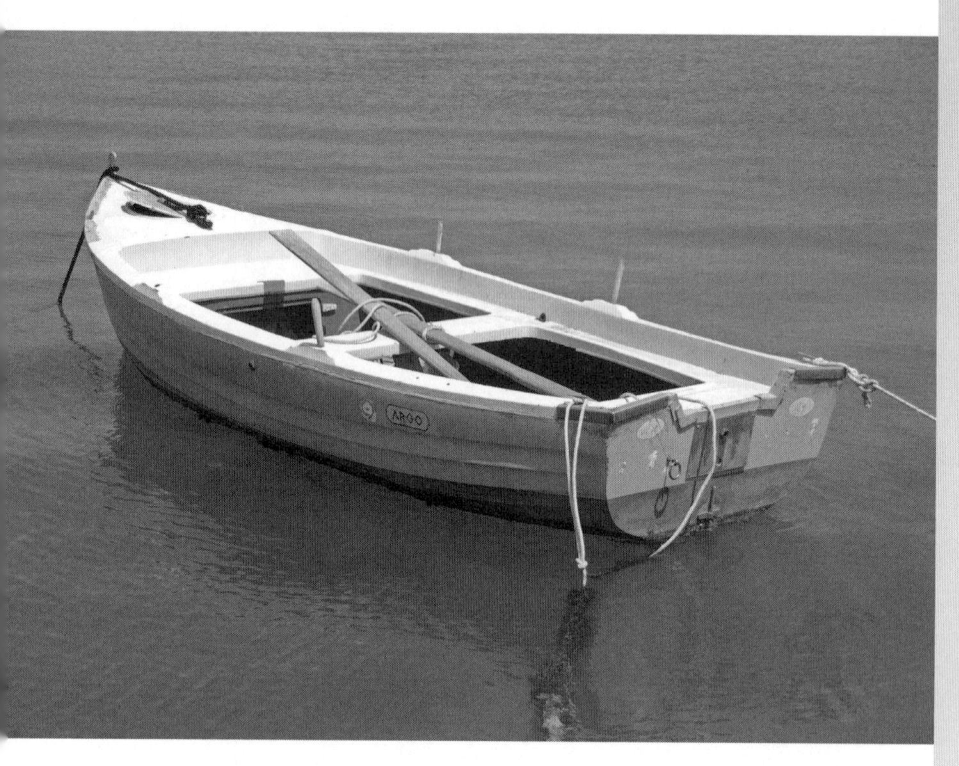

Um barco parado, geralmente utilizado por pescadores de salmão, sintetiza os problemas enfrentados por esses profissionais quando se encerra a temporada de pesca do salmão nos EUA, na Costa do Pacífico, e mais globalmente os problemas mundiais da pesca predatória, a destruição do hábitat e a poluição, que estão afetando os peixes e outros recursos encontrados ao redor do mundo.

OBJETIVOS DE APRENDIZADO

Animais selvagens, peixes e espécies ameaçadas de extinção estão entre as questões ambientais mais populares hoje em dia. As pessoas amam observar animais selvagens; muitas se divertem ou ganham a vida pescando ou dependem do peixe como uma parte importante da sua dieta. Desde o século XIX, o destino de espécies ameaçadas tem atraído a atenção pública. Pode-se pensar que por hora está sendo feito um bom trabalho de conservação e de gestão desses tipos de vida, mas não é suficiente. Este capítulo versa a respeito de como se está fazendo e de como se pode melhorar a conservação e a gestão de animais selvagens, peixes e espécies em extinção. Após a leitura deste capítulo, deve-se saber:

- Por que as pessoas querem a conservação de animais selvagens e em extinção.
- A importância do hábitat, dos ecossistemas e das paisagens na conservação dos animais em extinção.
- As causas atuais de extinção.
- Etapas para se alcançar a sustentabilidade de animais selvagens, peixes e espécies em extinção.
- Os conceitos de persistência de espécies, o rendimento máximo sustentável, a curva logística de crescimento, a capacidade de suporte, o ótimo rendimento sustentável e as populações mínimas viáveis.

ESTUDO DE CASO

O Desastre do Salmão: Cancelamento da Temporada de Pesca ao Salmão-rei. Pode-se Evitar a Sua Extinção?

Em 1º de maio de 2008, o Secretário do Comércio Carlos M. Gutierrez declarou que, "o comércio de peixes falhou com relação à pesca de salmão da costa oeste, devido ao retorno historicamente insuficiente", e ordenou o encerramento da temporada de pesca do salmão. Essa decisão sem precedentes, a primeira desde que a Califórnia e o Oregon tornaram-se estados, foi causada pela opinião de especialistas, visto que o número de salmões no rio Sacramento diminuiu drasticamente. A Figura 14.1*a* mostra um exemplo da contagem desses salmões, que influenciou essa decisão. Essa contagem foi realizada na barragem Red Bluff, responsável pela irrigação para parte do fluxo do rio Sacramento, completada em 1966. Lá, podia-se observar como os peixes passavam pela escada. Entre 1967 e 1969, uma média de mais de 85.000 salmões-rei adultos atravessaram a barragem. Em 2007, foram menos de 7.000.[1]

Enquanto a evidência da barragem Red Bluff parecia persuasiva, ocorreram graves problemas. Primeiro, porque o número de salmões varia muito de ano para ano, como pode ser observado no gráfico. Segundo, porque não existe um trajeto único e consistente em que todos os salmões possam ser contados no sistema do rio Sacramento e, em alguns lugares, as contagens são muito mais ambíguas, sugerindo que o número não deve ter caído tanto, como mostra a Figura 14.2.

Seria melhor que os gestores do salmão tivessem observado mais acuradamente e por mais tempo antes de decidir

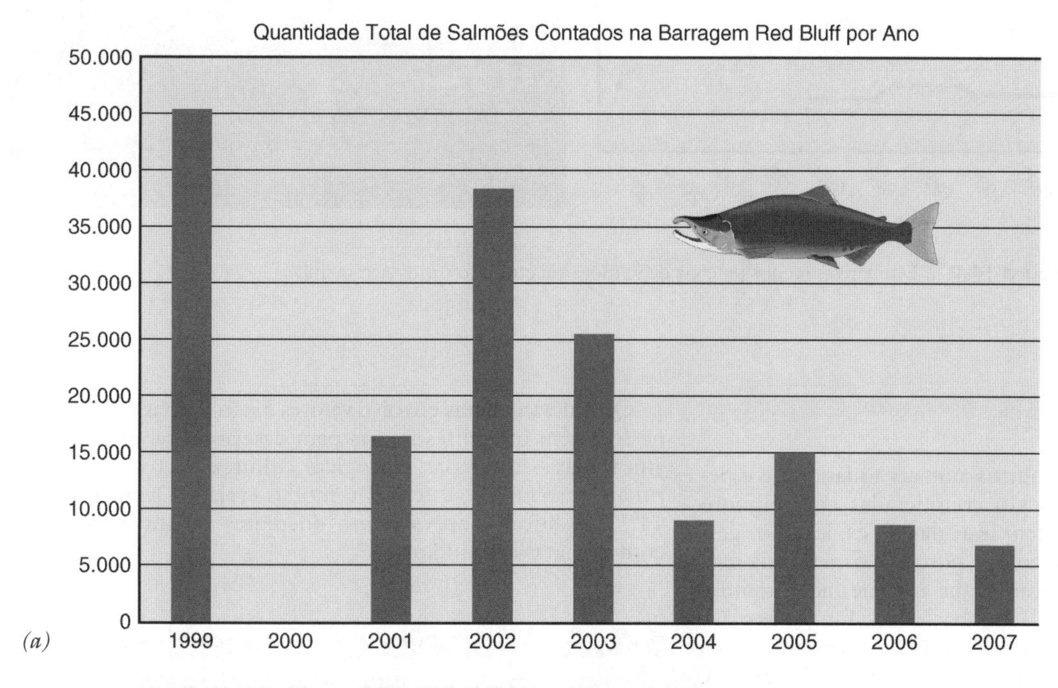

(*a*)

(*b*)

Figura 14.1 ■ Salmões no rio Sacramento. (*a*) Contagem na barragem Red Bluff, na cidade de Red Bluff, Califórnia, EUA, realizada entre 14 de maio e 15 de setembro, a cada ano, para verificar como os peixes atravessam as escadas da barragem. (*Fonte:* http://www.rbuhsd.k12.ca.us/~mpritcha/salmoncount.html.) (*b*) Foto da barragem Red Bluff.

errar pelo excesso de cautela com os peixes. Como o que o governador da Califórnia, Arnold Schwarzenegger, disse: "Essas restrições terão impactos significativos para o comércio e recreação de salmões oceânicos na Califórnia, e a pesca recreativa no rio do Central Valley resultará em perdas econômicas graves para o estado como um todo, incluindo um impacto econômico estimado em 255 milhões de dólares e a perda de aproximadamente 2.263 postos de trabalho."[2]

Foi provavelmente uma escolha difícil, que não deixa de ser um tipo esperado de decisão no que concerne à conservação de animais selvagens, peixes e espécies ameaçadas de extinção. Demasiadas vezes, o dado necessário para realizar a melhor e mais sábia escolha não está disponível. Conforme visto em capítulos anteriores, a população e o seu ambiente estão em constante mutação, então não se pode assumir que números simples e singulares representem o estado natural dos negócios. Veja o gráfico da quantidade de salmão na barragem. O que poderia ser considerado um número médio de salmões? É coerente o uso da média? Que decisão poderia ser tomada?

Este capítulo fornece a base necessária para conservar e gerir esses tipos de vida, e aponta questões importantes que defrontarão a sociedade no que diz respeito aos animais selvagens, peixes e espécies ameaçadas de extinção nas próximas décadas.

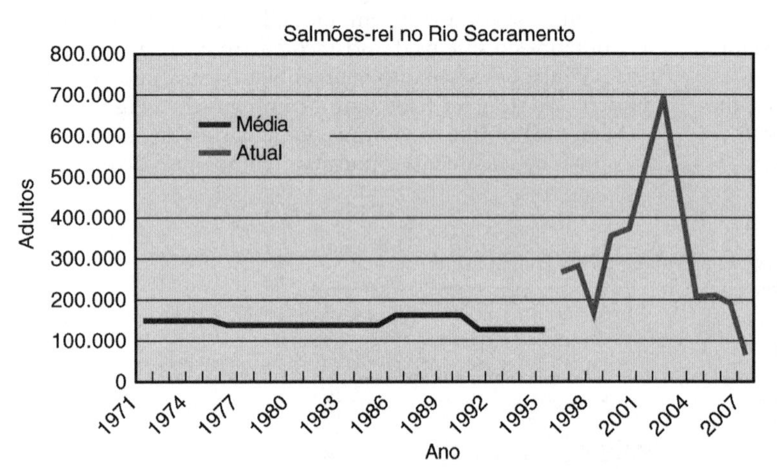

Figura 14.2 ■ Estimativas menos precisas de salmões-rei em todo o rio Sacramento.

14.1 Introdução

Animais selvagens, peixes e outros animais aquáticos, e espécies ameaçadas de extinção são consideradas em conjunto neste capítulo, porque elas têm histórias de exploração, gestão e de conservação semelhantes e porque a experiência moderna de gestão e conservação segue um mesmo caminho. Então, qualquer forma de vida, das bactérias e fungos às plantas e animais, pode ser ameaçada de extinção, mas o foco atual está na extinção de animais selvagens. Esse foco será mantido, mas é bom recordar quais são os princípios gerais aplicados a todas as formas de vida.

Quando se diz que espécies devem ser salvas, o que é exatamente isso que se chama de salvar? Existem quatro possibilidades de resposta:

1. Uma criatura selvagem em um hábitat selvagem, como um símbolo de primitivismo.
2. Uma criatura selvagem em hábitat gerenciado, possibilitando à espécie se alimentar e se reproduzir com pouca interferência e assim ser observada em hábitat naturalístico.
3. A população de um zoológico, com suas características genéticas mantidas em indivíduos vivos.
4. Apenas manter o material genético por meio de células congeladas, que contém o DNA da espécie, para futuras pesquisas científicas.

Qual dessas metas envolve valores e não apenas ciência? As pessoas têm diferentes razões para desejarem salvar espécies ameaçadas — utilitárias, ecológicas, culturais, recreativas, espirituais, inspirativas, estéticas e morais (veja o Detalhamento 14.1). Políticas e ações muito diferentes variam de acordo com as metas escolhidas.

14.2 Manejo de Espécies Raras de Animais Selvagens Tradicionais

Tentativas de aplicar ciência para a conservação e a gestão de animais selvagens e aquáticos, e, portanto, de animais em extinção, começaram por volta da virada do século XX, com a visão de cada espécie como uma população singular e isolada. Os pressupostos incluem o seguinte:

1. A população poderia ser representada por um número singular, seu tamanho total.
2. Em ambiente não perturbado por atividades humanas, a população poderia crescer até um tamanho fixo, o que é chamado de "capacidade de suporte".
3. O ambiente é constante, exceto nos casos de indução humana.

DETALHAMENTO 14.1

Razões para a Preservação de Espécies Ameaçadas (e de Toda a Vida na Terra)

Algumas razões importantes para a conservação de espécies ameaçadas podem ser classificadas como utilitárias, ecológicas, estéticas, morais e culturais.

Justificativa Utilitária

Justificativas utilitárias estão baseadas na consideração de que algumas espécies selvagens devem ser utilizadas pela humanidade e que, por esse motivo, é insensato destruí-las antes de se ter a chance de testar seu uso. Muitos dos argumentos da conservação de espécies ameaçadas e da diversidade biológica em geral têm focado nas justificativas utilitárias.

Uma justificativa utilitária é a necessidade da conservação da forma selvagem de grãos e de outros produtos. Organismos produtores de doença que atacam as culturas se modificam continuamente, desenvolvendo novas formas de doença, o que torna as culturas vulneráveis. Culturas como as de trigo e milho dependem da introdução contínua de novas características genéticas de estirpes selvagens para a criação de novos híbridos resistentes geneticamente às doenças.

Para essa justificativa é relatada a possibilidade de se encontrar novas safras entre as muitas espécies de plantas. Muitos produtos de horticulturas e correlatos vêm das florestas tropicais e as expectativas de se encontrar nelas novos produtos são grandes. Por exemplo, de 275 espécies encontradas em 1 hectare na floresta tropical peruana, 72 produtos foram rentáveis, com valor econômico direto.

Outra justificativa utilitária para a conservação biológica é que muitos compostos químicos importantes vieram de organismos selvagens. A Digitalina, uma droga importante no tratamento de certas doenças do coração, vem da dedaleira (*Digitalis purpurea*). A Aspirina é um derivado da casca do salgueiro (plantas do gênero *Salix*). Um exemplo recente foi a descoberta de uma substância química contra o câncer, denominada Taxol (nome comercial para paclitaxel), componente presente na casca da árvore teixo-do-pacífico (espécie do gênero *Taxus,* origem do nome do remédio). Medicamentos bem conhecidos derivam das florestas tropicais, incluindo drogas que combatem o câncer advindas da vinca (*Catharanthus roseus*), esteroides do inhame-mexicano (*Dioscorea mexicana*), drogas para o controle da hipertensão vêm da sarpagandha (*Rauwolfia serpentina*) e antibióticos que se originam de fungos tropicais.[25] Aproximadamente 25% das prescrições nos Estados Unidos, hoje em dia, contêm ingredientes extraídos de plantas vasculares. E essas representam apenas uma pequena fração das 500.000 espécies de plantas existentes estimadas. Outras plantas e organismos devem produzir compostos médicos utilizáveis que são ainda desconhecidos. Pesquisadores estão testando organismos marinhos para uso em drogas farmacêuticas. Os recifes de coral oferecem uma área promissora de estudos de seus componentes, já que muitas espécies produzem toxinas para autodefesa.

Aqui se tem outros exemplos: alguns medicamentos para o tratamento do HIV e do herpes vêm de recifes de coral esponjosos. Outras substâncias químicas de organismos dos recifes de coral estão sendo testadas clinicamente para o tratamento dos cânceres de mama, de fígado e da leucemia. O veneno de um caracol de recife de coral está em teste como analgésico, pois apresenta menor risco potencial de viciar que a morfina.[4]

Algumas espécies são diretamente utilizadas em pesquisas médicas. Por exemplo, o tatu, uma de apenas duas espécies animais conhecidas por contrair lepra, é utilizado para o estudo da cura dessa doença. Outros animais, como o caranguejo-ferradura (da família *Limulidae*) e as cracas, também são estudados devido aos componentes fisiologicamente ativos que produzem. Ainda outros devem ter aplicações similares e ainda não conhecidos.

Outra justificativa utilitária é que muitas espécies auxiliam no controle da poluição. As plantas, fungos e bactérias são removedores de substâncias tóxicas do ar, da água e dos solos. O dióxido de carbono e o dióxido de enxofre são removidos por vegetais, o monóxido de carbono é reduzido e oxidado pelos fungos e bactérias do solo, e o óxido nítrico é incorporado ao ciclo biológico do nitrogênio. Como as espécies variam em suas capacidades, a diversidade das espécies provê a melhor forma de controle da poluição.

O turismo também faz parte de outra justificativa utilitária. O ecoturismo está crescendo e é fonte de renda para muitos países em desenvolvimento. Os ecoturistas valorizam a natureza, incluindo as espécies ameaçadas, por motivos estéticos ou espirituais, mas o seu resultado pode ser utilitário.

Justificativas Ecológicas

Quando se raciocina que os organismos são necessários para a manutenção das funções do ecossistema e da biosfera, utiliza-se uma justificativa ecológica para a conservação desses organismos. Espécies individuais integram ecossistemas e a biosfera oferece função de utilidade pública essencial ou importante para a permanência da vida, isso porque elas são indiretamente necessárias à sobrevivência humana. Quando abelhas polinizam as flores, por exemplo, elas fornecem um benefício que seria difícil de suprir com trabalho humano. As árvores removem certos poluentes do ar e algumas bactérias do solo fixam nitrogênio, convertendo as moléculas de nitrogênio da atmosfera em nitrato e amônia, que podem ser utilizadas por outros seres vivos. Algumas funções que envolvem toda a biosfera lembram a perspectiva global sobre a conservação da natureza e de espécies específicas.

Justificativas Estéticas

As justificativas estéticas afirmam que a diversidade biológica aumenta a qualidade de vida, oferecendo algumas das maiores belezas e aspectos atraentes da existência humana. A diversidade biológica é uma qualidade importante da beleza da paisagem. Muitos organismos — pássaros, mamíferos de grande porte e plantas floridas, tanto quanto alguns insetos e animais oceânicos — são apreciados por sua formosura. Essa apreciação da natureza é antiga. Quaisquer que sejam as razões, povos primitivos durante o Pleistoceno desenharam pinturas em cavernas na França e na Espanha. Suas pinturas de animais selvagens foram feitas há 14.000 anos e são belíssimas. As pinturas incluem espécies que foram extintas como os mastodontes. Poesias, romances, peças, pinturas e esculturas muitas vezes celebraram a beleza da natureza. A apreciação da beleza da natureza é uma qualidade muito humana e é uma forte razão para a conservação das espécies em extinção.

Justificativas Morais

As justificativas morais se baseiam na crença de que as espécies têm o direito moral de existirem, independentemente de necessidades humanas e, consequentemente, no papel humano de administradores globais, tem-se a obrigação de promover a continuidade da existência das espécies e a conservação da diversidade biológica. Esse direito de existir está estabelecido na Carta Mundial para a Natureza, da Assembleia Geral Mundial das Nações Unidas, de 1982. O Ato das Espécies Ameaçadas de Extinção dos Estados Unidos também inclui estatutos concernentes aos direitos dos organismos à existência. Então, as justificativas morais para a conservação de espécies ameaçadas são parte do intento da lei.

(Continua)

(Continuação)

As justificativas morais têm raízes profundas na cultura, religião e sociedade humanas. Aqueles que se centram em análises de custo-benefício tendem a minimizar a justificativa moral, entretanto, o que não parece ter ramificações econômicas, tem. Mais e mais cidadãos do mundo afirmam a validade das justificativas morais e mais ações com efeitos econômicos são realizadas para defender a posição moral.

As justificativas morais têm crescido em popularidade nas últimas décadas, como indicado pelo interesse crescente no movimento da ecologia profunda, mencionado em capítulos anteriores. Arne Næss, um dos seus principais filósofos, explana: "O direito de toda forma [de vida] viver é um direito universal que não pode ser quantificado. Nenhuma espécie única de ser vivo tem mais direito particular de viver e se desdobrar que qualquer outra espécie."[5]

Justificativas Culturais

Certas espécies, algumas ameaçadas ou em extinção, são de grande importância para muitos povos indígenas, que dependem dessas espécies da fauna e da vegetação para obter comida, abrigo, ferramentas, combustíveis, materiais para roupas e medicamentos. A redução da diversidade biológica pode aumentar gravemente a miséria desses povos. Para o pobre povo indígena, que depende das florestas, pode não haver substituição razoável, exceto a assistência contínua dos projetos de desenvolvimento de fora, que supostamente um dia precisam terminar. Residências urbanas também compartilham os benefícios da diversidade biológica, embora nem sempre esses benefícios sejam percebidos, ou quando o são pode ser tarde demais (veja o Capítulo 28).

A percepção de animais selvagens e aquáticos foi formalizada na equação de crescimento logístico em forma de S (Figura 14.3), conforme discutido no Capítulo 4. Dessas ideias resultaram duas metas e a equação logística: para uma espécie que se pretende consumir, a meta seria o rendimento máximo sustentável (RMS); para uma espécie que se deseja conservar, a meta seria a espécie ter que chegar e manter a sua capacidade de suporte. O **rendimento máximo sustentável** foi definido como o tamanho da população pelo máximo rendimento da produção (medida quer como um aumento líquido do número de indivíduos da população ou como uma mudança líquida da biomassa) que permitiriam à população ser indefinidamente sustentável, sem diminuição de sua habilidade para prover o mesmo nível de produção. Mais simplesmente, a população foi vista como um fator que poderia manter, enquanto agente de produção, exatamente a mesma quantidade de produto, ano após ano.

Hoje, uma visão mais ampla está sendo desenvolvida. Reconhece-se que a população existe em ambiente com constantes mudanças (incluindo as induzidas pelo ser humano), que populações interagem e que é necessária a inclusão do contexto do ecossistema e da paisagem para a sua conservação e manejo (conforme visto no Capítulo 13). Com esses novos entendimentos, a meta para a extração dessas espécies é a sustentabilidade da população em um ecossistema sustentável. A meta para espécies ameaçadas ou em extinção é algumas vezes estabelecida como **população mínima viável**, que é a menor estimativa populacional que se pode indefinidamente conservar, assim como a sua variedade genética. Outras vezes, a meta é estabelecida de acordo com a *capacidade de suporte* e, em outras, pela *população sustentável ótima*.

Complementações sobre a Curva Logística de Crescimento

O conceito de máxima população sustentável ficou explícito por meio da curva de crescimento logístico, proposta primeiramente em 1838. Conforme visto no Capítulo 4, essa é uma curva em forma de S, que representa o crescimento da população através do tempo (veja as Figuras 14.3 e 14.4*a* e *b*). A curva de crescimento logístico abrange as seguintes ideias:

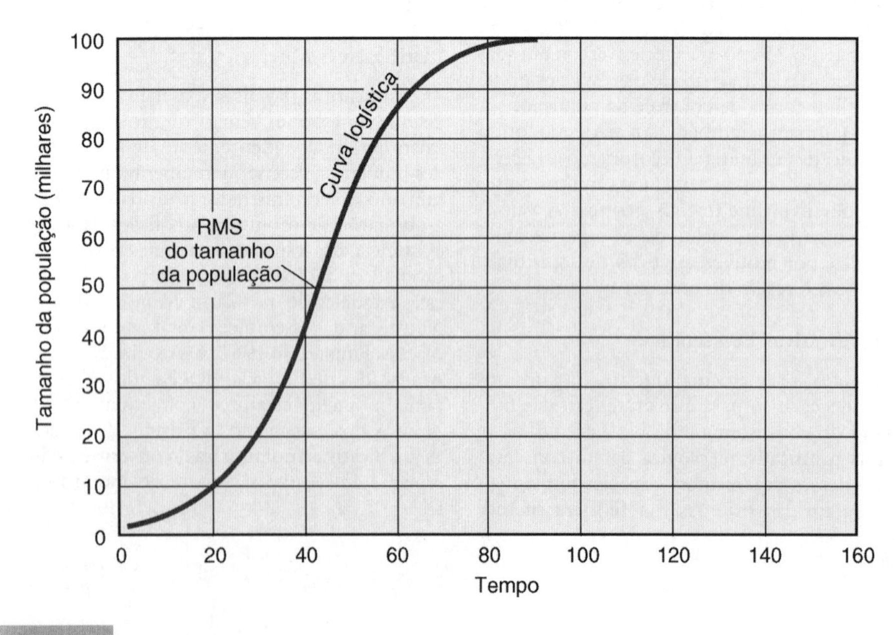

Figura 14.3 ■ A curva de crescimento logístico, que permanece como base para descrever e prever o crescimento da população animal. Embora ainda muito utilizada, ela raramente é confirmada e, frequentemente, mostra-se contraditória em relação aos dados. RMS é o ponto do rendimento máximo sustentável quando a população cresce logisticamente mais rápido.

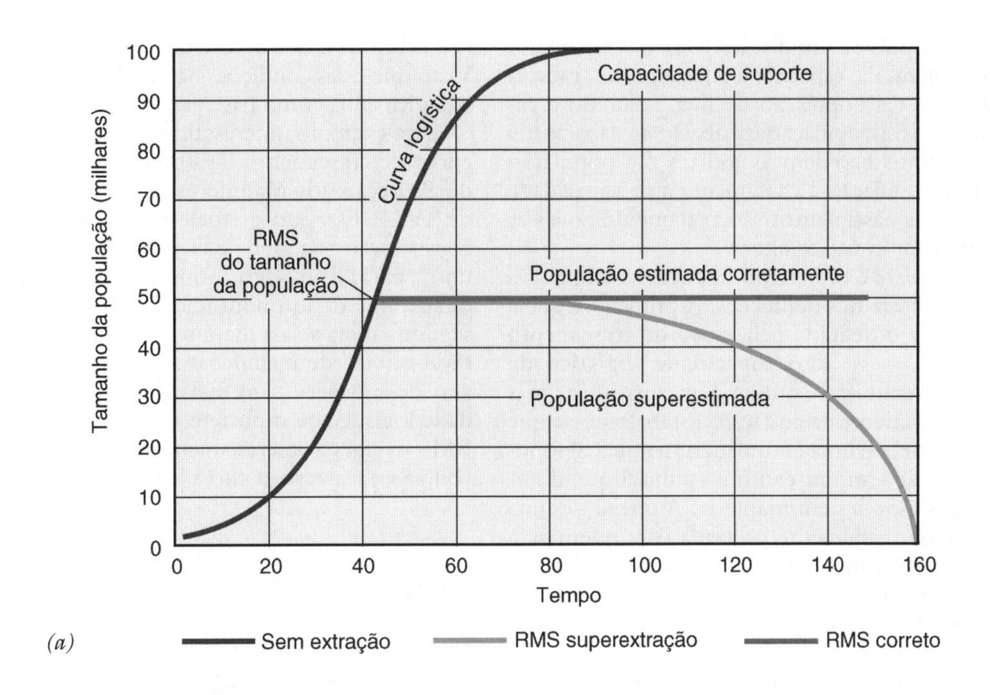

(*a*)

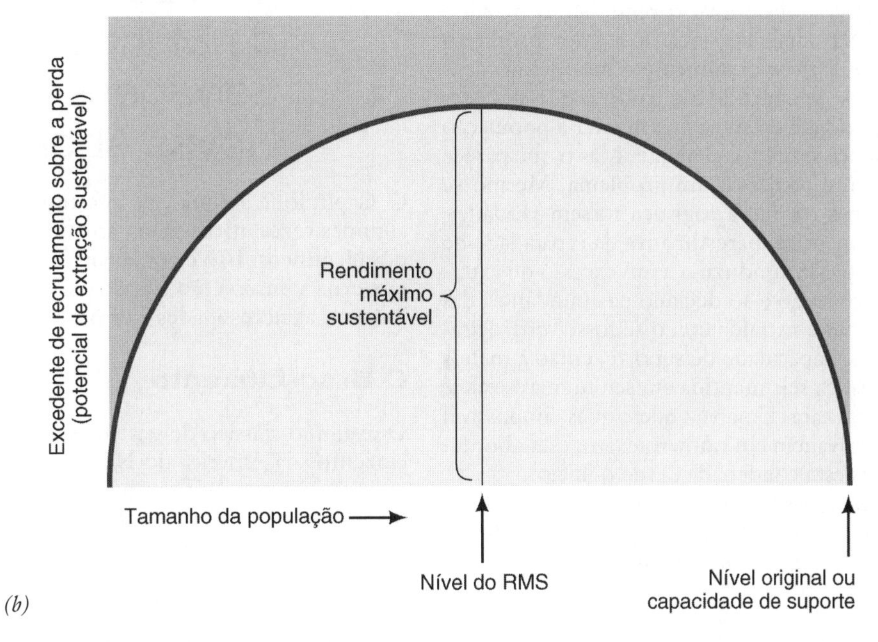

(*b*)

Figura 14.4 ■ (*a*) A curva de crescimento logístico mostra a capacidade de suporte e o rendimento máximo sustentável (RMS) da população (onde o tamanho da população é metade da capacidade de suporte). A figura mostra o que acontece com a população quando se assume o RMS e quando não. Suponha que a população cresça de acordo com a curva logística de um pequeno número para uma capacidade de suporte de 100.000, com uma taxa de crescimento anual de 5%. O rendimento máximo sustentável correto deveria ser 50.000. Quando a população atinge exatamente o rendimento máximo sustentável calculado, ela continua a ser constante. Mas, fazendo uma mistura das estimativas de tamanho da população (por exemplo, caso se acredite que ela é 60.000, quando ela tem apenas 50.000), então a extração será sempre muito maior e assim conduz-se a população para a extinção. (*b*) Outra visão da logística da população. O crescimento da população aqui é grafado em função do tamanho da população. O pico de crescimento quando a população é exatamente a metade da capacidade de suporte. Essa é uma consequência matemática da equação para a curva. Isso é raro se for observado na natureza.

- Quando a população é pequena em relação aos seus recursos, ela cresce a uma taxa quase exponencial.
- A competição entre indivíduos de uma mesma população retarda a taxa de crescimento.
- Quanto maior o número de indivíduos, maior a competição e maior a atraso na taxa de crescimento.
- Eventualmente, é alcançado o ponto que se denomina "capacidade logística de suporte", em que o número de indivíduos é exatamente o suficiente para os recursos disponíveis.
- Nesse nível, o número de nascimentos é igual ao número de mortes por unidade de tempo e a população é constante.
- A população pode ser descrita simplesmente por seu número total.
- Desse modo, todos os indivíduos são iguais.
- Assume-se que o ambiente é constante.

O resultado disso tudo é que *a população logística é estável em termos de sua capacidade de suporte* — portanto, retornará ao número original depois de um distúrbio. Se o crescimento populacional está além da capacidade de suporte, mortes excedem nascimentos e a população declina, voltando à capacidade de suporte. Se a população cai abaixo da capacidade de suporte, nascimentos excedem as mortes e a população cresce. Apenas se a população é exatamente a da capacidade de suporte, ou seja, os nascimentos são exatamente iguais às mortes, então a população não se altera.

Capacidade de suporte é um termo importante na gestão da vida selvagem. Ele traz três definições. A primeira é que a capacidade de suporte é definida pela curva de crescimento logístico. Denomina-se esse fato **capacidade logística de suporte**. A segunda definição contém a mesma ideia, mas não depende especificamente da equação. Estabeleceu-se que a **capacidade de suporte** é uma abundância, na qual a população pode se sustentar sem um efeito prejudicial que diminua a habilidade das espécies em mantê-la. A terceira é uma definição mais recente, geralmente utilizada para referir-se à **população sustentável ótima**, que é a população máxima que pode se sustentar indefinidamente sem a diminuição da habilidade de sustento dessas espécies ou de *seu hábitat ou ecossistema*, por um período de tempo específico.

Outro conceito-chave da curva logística de crescimento é o tamanho da população que provê o rendimento máximo sustentável (RMS). Na curva logística, a melhor produção ocorre quando a população é exatamente a metade da capacidade de suporte (veja a Figura 14.4). Tudo o que deve ser feito é calcular a capacidade de suporte e manter a população na metade, o que parece simples e elegante. Mas o que parece simples pode facilmente tornar-se um problema. Mesmo se os pressupostos básicos da curva logística fossem verdadeiros, o que não são, a menor superestimativa da capacidade de suporte e também do RMS conduziria a um excesso de extração, ao declínio na produção e ao declínio na abundância das espécies. Se a população é extraída como se fosse verdadeiramente a metade de sua capacidade de suporte, então a menos que a população logística seja mantida em seu número exato, o seu crescimento declinará. Uma vez que é quase impossível manter a população selvagem em número exato, esta abordagem de aproximações está condenada desde o início.

Apesar de suas limitações, a curva logística de crescimento foi utilizada para toda a vida selvagem, especialmente peixes e espécies ameaçadas de extinção, durante a maior parte do século XX.

Exemplo de Problemas com a Curva Logística

Suponha que você esteja em um cargo de gestão de um grupo de veados para a caça recreativa em um dos 50 estados dos EUA. Sua meta é manter a população em seu nível de RMS, como se pode ver na Figura 14.4, que ocorre exatamente na metade da capacidade de suporte. Nessa abundância, a população aumenta em um número maior durante certo período de tempo.

Para alcançar essa meta, primeiro é necessário determinar a capacidade logística de suporte. Você terá problemas imediatos, primeiro porque em poucos casos a capacidade de suporte pode ser determinada por meio de métodos científicos legítimos (veja o Capítulo 2) e, em segundo, sabe-se agora que a capacidade de suporte varia com as mudanças do ambiente. O procedimento no passado foi estimar a capacidade de suporte por métodos *não científicos* e então tentar manter a população na metade desse nível. Esse método requer cálculos precisos a cada ano. Também requer que o ambiente não varie, ou, se isso acontecer, que ocorra de forma a não afetar a população. Visto que essas condições não podem ser encontradas, a curva logística falha como base para gestão dos veados.

Um exemplo interessante da permanência poderosa da curva de crescimento logístico pode ser encontrado no Ato de Proteção aos Mamíferos Marinhos dos Estados Unidos, de 1972. Esse ato estabelece que sua meta primária seja a conservação "da saúde e da estabilidade do ecossistema marinho", parte da moderna introdução do ato, e logo isso parece estar longe de um bom início. Então o ato estabelece que a segunda meta seja a manutenção de uma "população sustentável ótima" de mamíferos marinhos. O que é isso? As palavras do ato permitem duas interpretações. Uma é a capacidade logística de suporte e a outra é o nível de população de RMS da curva de crescimento logístico. Então o ato leva de volta à estaca zero, à curva logística.

14.3 Histórias Contadas pelo Urso-cinzento e pelo Bisão: Questões de Manejo de Animais Selvagens que Exigem Novas Abordagens

O Capítulo 2 aponta que o estudo das ciências ambientais, algumas vezes, não está em acordo com os padrões dos métodos científicos. Isso é verdadeiro em diversos aspectos da gestão e da conservação da vida selvagem. Diversos exemplos ilustram as necessidades e os problemas.

O Urso-cinzento

O exemplo clássico de gestão de vida selvagem são os ursos-cinzentos da América do Norte. Como espécie ameaçada de extinção, os ursos-cinzentos são motivo de esforços por parte do Serviço de Peixes e Animais Selvagens dos Estados Unidos

Figura 14.5 ■ O urso-cinzento. Os relatos de Lewis e Clark foram utilizados para estimar sua população no início do século XIX.

para alcançar os requisitos do Ato das Espécies Ameaçadas de Extinção dos Estados Unidos, que inclui a restauração da população dos ursos-cinzentos.

Os ursos-cinzentos tornaram-se uma espécie ameaçada como resultado da caça e da destruição de seu hábitat. Eles são, indiscutivelmente, os animais norte-americanos mais perigosos, famosos por seus ataques a pessoas, sem causa definida e, por esse motivo, muitos foram eliminados. Os machos pesam em torno de 270 kg e as fêmeas cerca de 160 kg. Quando eles ficam em pé, apoiados em suas patas traseiras, medem aproximadamente 3 m de altura. Não admira que eles sejam assustadores (veja a Figura 14.5) Além disso, ou por causa disso, os ursos-cinzentos intrigam as pessoas. Assim, vê-los de uma distância segura se tornou uma recreação popular.

Em um primeiro relance, recuperar as populações de os ursos-cinzentos parece simplesmente suficiente. Mas então surge a questão: recuperar em função de quê? Uma resposta é em função da sua abundância no momento da descoberta e da colonização europeia na América do Norte. Porém, acontece que há muito pouca informação histórica a respeito da abundância dos ursos-cinzentos nesse tempo, então não é fácil determinar o seu número (ou a densidade dos ursos-cinzentos por área) para se considerar como meta de recuperação dessa população.

Contribuindo com as dificuldades, persiste a falta de uma boa estimativa atual da abundância de ursos-cinzentos. A menos que se saiba da presente abundância, não é possível saber até que ponto tentar "recuperar" a espécie para uma hipotética abundância passada. Mas, o urso-cinzento é difícil de estudar. Ele é grande, perigoso e tende a ser recluso. O Serviço de Peixes e Animais Selvagens dos Estados Unidos tenta contar os ursos-cinzentos no Parque Nacional de Yellowstone instalando câmeras fotográficas automáticas que são acionadas quando eles consomem uma isca. Essa pareceu ser uma boa ideia, mas os ursos-cinzentos não gostam dos flashes das câmeras e acabam por destruí-las.[6] No momento, não se tem uma boa estimativa do número presente desses animais. A Federação Nacional da Vida Selvagem listou 1.200 nos estados contíguos, 32.000 no Alasca e aproximadamente 25.000 no Canadá. Mas essas são estimativas imperfeitas.[6]

Como chegar a essas estimativas da população existente, neste momento, quando ninguém cogitou em contar os seus indivíduos? Sempre que possível, faz-se uso de registros históricos, conforme discutido no Capítulo 2. Pode-se obter uma estimativa imperfeita da abundância de ursos-cinzentos no começo do século XIX, por meio dos relatos das expedições de Lewis e Clark. Eles não listaram o número de animais selvagens, mas os viram. Eles simplesmente escreveram que tinham visto "muitos" bisões, alces e assim por diante. Mas os ursos-cinzentos são especialmente perigosos e tendem a viajar sozinhos, então Lewis e Clark anotavam cada avistamento, permitindo obter o número exato observado por eles. Naquela expedição, eles viram 37 ursos-cinzentos em um percurso de aproximadamente 1.600 quilômetros.[6]

Lewis e Clark viram ursos-cinzentos perto de onde hoje é Pierre, sul de Dakota, para onde agora é Missoula, em Montana. Os limites geográficos ao norte e ao sul do alcance dos ursos-cinzentos podem ser obtidos por meio de outros exploradores. Assumindo que Lewis e Clark podiam ver cerca de um quilômetro para cada lado de sua linha de viagem, em média, a densidade dos ursos é aproximadamente 1 urso por 100 km^2. Caso se estime que o alcance geográfico dos ursos era uma área de 830.000 km^2 nas montanhas e planícies do oeste, chega-se a uma população total de 830.000 $\times$ 0,01, ou aproximadamente 8.300 ursos.

Suponha que essa frase seja uma hipótese: "O número de ursos-cinzentos em 1805, onde agora é os Estados Unidos, era de 8.300." Essa é uma declaração aberta à refutação? Não, sem uma viagem no tempo. Portanto, essa não é uma declaração científica; pode apenas ser levada como uma questão educativa, ou mais formalmente, um pressuposto ou premissa. Ainda, as suas bases estão fundamentadas em documentos históricos, mas é melhor tê-las do que não ter nenhuma outra informação, desde que existam poucas alternativas para determinar se será utilizada. Pode-se utilizar esse pressuposto para criar um plano de restauração da abundância de ursos-cinzentos. Mas essa é a melhor abordagem?

Outra saída é se perguntar qual é o mínimo de população viável de ursos-cinzentos — esquecendo completamente qual foi a situação passada, e utilizando os conhecimentos modernos de dinâmica populacional e genética, juntamente com as necessidades alimentares e o potencial de produção desses alimentos. Estudos de populações existentes de ursos-marrons e cinzentos sugerem que apenas uma população, maior que 450 indivíduos, responde pela proteção com rápido crescimento.[7] Aplicando-se esse pressuposto, estimam-se quantos ursos parece um número "seguro" — esse é um número que carrega pequeno risco de extinção e perda da diversidade genética. Mais precisamente pode-se dizer que "Quantos ursos são necessários para que a probabilidade dos ursos-cinzentos tornarem-se extintos nos próximos dez anos (ou algum outro período que se considere razoável para um planejamento) seja menor que 1% (ou alguma outra porcentagem que se gostaria de utilizar)?" Com estudos apropriados, esses dados terão base científica. Considere esse tipo de frase como uma hipótese: "Uma população de 450 ursos (ou algum outro número) resulta em 99% de chance de que pelo menos um macho maduro e uma fêmea adulta estarão vivos daqui dez anos." Pode-se refutar essa informação e esperar por 10 anos para ver os resultados. Embora seja uma afirmação científica, é difícil tratar desse planejamento no presente.

O Bisão Norte-americano

Outro caso clássico de gestão de animais selvagens, ou de má gestão, é o falecimento do bisão-americano (Figura 14.6*a*). O bisão se aproximou da extinção no século XIX por duas razões. Ele era caçado porque casacos feitos de sua pele tinham se tornado moda na Europa. E também era morto como parte da guerra contra o povo da planície (Figura 14.6*b*). O coronel R. I. Dodge foi citado, em 1867, pelos seus dizeres "Morte a todos os bisões. Todo bisão morto é um índio a menos".[6]

Ao contrário do urso-cinzento, o bisão tem se recuperado, em grande parte por causa das fazendas que começaram a encontrar nesse animal um meio para aumentar a rentabilidade, vendendo a sua carne e outros produtos. A estimativa informal, incluindo os rebanhos privados e de fazendas públicas, é a de que há entre 200.000 a 300.000 animais dessa espécie e se diz que são encontrados em todos os estados norte-americanos, inclusive no Havaí — um hábitat muito diferente do original, nas planícies.[8] Aproximadamente 20.000 bisões selvagens vagueiam em terras públicas nos EUA e no Canadá.[10]

Quantos bisões existiam antes do assentamento europeu no oeste americano? Como diminuíram tanto em número? Registros históricos fornecem alguma ideia. Em 1865, o exército norte-americano, em resposta aos ataques indígenas, no outono de 1864, incendiou índios e bisões-americanos, matando grande quantidade dos animais.[9] A velocidade com que esses animais foram exterminados foi surpreendente, até mesmo para muitos dos envolvidos em caçá-los.

(a)

(b)

Figura 14.6 ■ (*a*) Uma fazenda de bisão nos Estados Unidos. Nos últimos anos, o interesse no crescimento das fazendas de bisões tem aumentado muito. Em parte, a meta é restaurar o bisão-americano para o razoável percentual de seu número antes da Guerra Civil. O bisão é criado não só porque as pessoas gostam desse animal, mas também porque existe um mercado crescente para a carne de bisão e outros produtos, incluindo tecidos feitos com o pelo do bisão. (*b*) Pintura que retrata os bisões caçados por George Catlin, de 1832 a 1833, na boca do rio Yellowstone.

Muitos escritores da época falaram de imensas manadas de bisões, mas poucos apontaram números mais exatos. Uma exceção foi o General Isaac I. Stevens que, em 10 de julho de 1853, fez um levantamento na direção da estrada de ferro transcontinental em Dakota do Norte. Ele e seus homens escalaram uma colina e viram "um grande espaço em sua frente" e "a cada metro quadrado uma manada de bisões o ocupava". Ele escreveu que "seu número foi estimado por diversas vezes, contando membros por quilômetro quadrado — alguns com somas bem altas, próximo a 500.000 membros. Não é um exagero afirmar que havia 200.000."[6] Ele sugeriu que apenas um rebanho tinha aproximadamente o mesmo número de bisões que existem hoje no total!

Uma das melhores tentativas de estimar o número de bisões em um rebanho foi do Coronel R. I. Dodge, que tomou um vagão de Forte Zarah para Forte Larned, no rio Arkansas, em maio de 1871, a distância de 55 quilômetros. Em pelo menos 40 desses quilômetros, ele se viu em um "cobertor escuro" de bisões. Dodge estimou que a massa de animais que ele viu em um dia totalizava 480.000 cabeças. Ele e seus homens viajaram para o topo de uma colina de onde estimou que pudesse ver de 10 a 15 quilômetros, e a partir desse ponto alto, via-se uma única massa sólida de bisões que se estendia por 40 quilômetros. Com até 25 animais por hectare, uma densidade particularmente não muito alta, o rebanho pode ter atingido de 2,7 a 8,0 milhões de animais.[6]

No outono de 1868, "um comboio viajava 190 quilômetros entre Ellsworth e Sheridan, vendo rebanhos continuamente, em densidade tão espessa que o maquinista teve que parar várias vezes, principalmente porque os bisões dificilmente saíam dos trilhos, mesmo com o apito e a fumaça."[9] Naquela primavera, o trem havia se atrasado por oito horas, enquanto um único rebanho passava "em um fluxo constante sem fim". Podem-se usar as contas de tais experiências para definir limites quanto ao número possível de animais à vista. No maior extremo, pode-se assumir que o trem bifurcou um rebanho circular com um diâmetro de 190 quilômetros. Essa manada cobriria 30.000 quilômetros quadrados, ou quase 3 milhões de hectares. Supondo que as pessoas exageraram na densidade dos bisões e existiam apenas 25 por hectare — a densidade moderada para um rebanho — um único rebanho teria 70 milhões de animais!

Alguns dirão que essa estimativa é provavelmente alta demais, porque um rebanho mais provavelmente teria formado uma ampla sinuosidade, a migração da linha, em vez de um círculo. A impressão permanece a mesma — havia um grande número de bisões no oeste americano, ainda em 1868, alcançando proporções de dezenas de milhões de animais e, provavelmente, 50 milhões ou mais. Ameaçadoramente, no mesmo ano, a ferrovia Kansas Pacífico anunciou uma "Grande Excursão Ferroviária e Caça ao Bisão".[9] Fala-se que muitos caçadores acreditavam que o bisão jamais seria ameaçado de extinção porque eles eram muitos. Essa crença era comum em relação a todos os recursos vivos da América no século XIX.

Tende-se a pensar que o ambientalismo é um movimento social e político do século XX; mas ao contrário, após a Guerra Civil, ocorreram grandes protestos em cada uma das legislaturas a respeito do abate do bisão. Em 1871, o Instituto Biológico dos Estados Unidos enviou Geoge Grinnell para examinar os rebanhos ao longo do rio Platte. Ele estimou que, se houvesse apenas 500.000 bisões remanescentes nessa região e que com a taxa de matança, então em vigor, os animais não durariam muito. No final da primavera de 1883, um rebanho estimado em 75.000 atravessou o rio Yellowstone, próximo a Miles City, em Montana, mas menos de 5.000 alcançaram a fronteira do Canadá.[12] Até o final daquele ano — somente 15 anos depois de o trem Kansas Pacífico sofrer atraso de 8 horas por causa de um enorme rebanho — apenas 1.000 bisões poderiam ser encontrados, 256 em cativeiro e aproximadamente 835 vagando pelas planícies. Em um curto período de tempo, havia apenas 50 bisões selvagens nas planícies.

Hoje, mais e mais fazendeiros estão procurando meios para manter os bisões, e o comércio da carne de bisão e de outros produtos relacionados está crescendo, juntamente com o aumento do interesse em restabelecer os rebanhos de bisão por motivos estéticos, espirituais e morais.

A história do bisão-americano faz ressurgir a questão do significado da "recuperação" de uma população. Mesmo com as estimativas brutas da abundância original, o número teria variado de ano a ano. Então, teria-se que "restaurar" não um número único de bisões, independentemente da capacidade de seu hábitat para apoiar a população, mas sim algo entre um intervalo de variação da abundância. Como se aproximar desse problema para obter uma estimativa do intervalo?

14.4 Abordagens Aperfeiçoadas para o Manejo de Animais Selvagens

O Conselho de Qualidade do Meio Ambiente dos Estados Unidos (um escritório dentro do Poder Executivo do Governo Federal dos EUA), o Fundo Mundial para a Vida Selvagem, a Sociedade Ecológica da América, o Instituto Smithsoniano e a União Internacional para a Conservação da Natureza (IUCN) propuseram quatro princípios de conservação da vida selvagem:

- Um fator de segurança em termos de tamanho de população para permitir as limitações do conhecimento e as imperfeições dos procedimentos. O interesse no consumo de uma população deve conduzir a não permissão do esgotamento dessa população até certo tamanho mínimo teórico.
- O interesse em toda comunidade de organismos e em todos os recursos renováveis para que as políticas desenvolvidas para uma espécie não provoquem o desperdício de outros recursos.
- A manutenção do ecossistema de que a vida selvagem faz parte, minimizando o risco de mudanças irreversíveis e dos efeitos adversos de longo prazo como resultado de seu uso.
- Monitoramento contínuo, análise e avaliação. A aplicação da ciência e a busca de conhecimento a respeito da vida selvagem de interesse e o seu ecossistema devem ser mantidos e os resultados disponibilizados ao público.

Esses princípios ampliam o escopo da gestão da vida selvagem de um foco restrito a uma única espécie para a inclusão de toda comunidade ecológica e ecossistema. Sugere-se uma rede segura em termos de tamanho de população, o que significa que a população não deve ser mantida exatamente no nível RMS ou reduzida para alguma abundância mínima teórica. Esses novos princípios proporcionam um ponto inicial para uma melhor abordagem da gestão da vida selvagem.

Séries Temporais e Limites Históricos de Variação

Como a história dos bisões-americanos ilustra, todos gostariam de ter uma estimativa da população no decorrer dos anos. Esse conjunto de estimativas é chamado de **séries temporais** e pode prover com uma medida do **intervalo da variação histórica** — o intervalo conhecido da abundância da população ou das espécies ao longo de algum intervalo de tempo passado. Tais registros existem para poucas espécies. Uma é a dos grous-americanos (Figura 14.7), o pássaro mais alto da América, que mede aproximadamente 1,6 m de altura. Como essa espécie se tornou muito rara e migrou como um bando, as pessoas começaram a contar a sua população total no final da década de 1930. Naquele momento foram vistos apenas 14 grous. Eles não apenas contaram o número total como também o número de nascimentos por ano. A diferença entre esses dois números forneceu o número de mortes por ano. E por meio dessa série temporal pode-se estimar a probabilidade de extinção.

A primeira estimativa da probabilidade de extinção baseada no intervalo de variação histórica realizou-se no início da década de 1970 e foi surpreendente. Embora os pássaros fossem poucos, a probabilidade de extinção era menor do que um em um bilhão. Como esse número pode ser tão pequeno? Utilizar o intervalo de variação histórica carrega consigo o pressuposto de que as causas de variação no futuro serão apenas aquelas que ocorreram durante o período histórico. Para os grous, uma catástrofe — como uma seca longa e sem precedentes em locais de invernada poderia causar o declínio da população, mas isso não foi observado no passado.

Mesmo com essa limitação, o método prevê informações inestimáveis. Infelizmente, no presente, a estimativa matemática da probabilidade de extinção é realizada para apenas um punhado de espécies. A boa notícia é que os grous selvagens em sua principal rota de voo devem continuar a aumentar e, em 2006, contou-se 214 pássaros.[11] Além disso, com a ajuda de diversas organizações governamentais ou não, a população oriental de grous foi estabelecida por meio de programas de melhoramento. O número alcançou 77 pássaros não migratórios na Flórida e 36 pássaros migratórios entre a Flórida e Wisconsin, sendo que o total de grous selvagens no mundo é de mais de 300. Além do mais, o Serviço de Peixes e Animais Selvagens dos Estados Unidos produziu grous em Patuxent, Maryland, tendo um total de 49, e a Fundação Internacional dos Grous fez o mesmo em Wisconsin, onde 29 grous vivem. Dessa forma, mais de 400 grous estão vivos, incluindo animais selvagens e em cativeiro.[12]

Estrutura Etária como Informação Aplicável

Como chave adicional para o sucesso de uma gestão da vida selvagem, tem-se o monitoramento da estrutura da idade da população (ver Capítulo 4), que pode prover muitos tipos diferentes de informação. Por exemplo, a estrutura etária da captura do salmão do rio Columbia, em Washington, por dois diferentes períodos, 1941-1943 e 1961-1963, são muito diferentes. No primeiro período, a maioria das capturas (60%) consistia de 4 anos, 3 anos e 5 anos de idade, compostas de 15% da população. Vinte anos depois, em 1961 e 1962, metade das capturas consistia de 3 anos de idade; o número relativo a 5 anos de idade declinou em 8%. O total de capturas diminuiu consideravelmente. Durante o período de 1941-1943, 1,9 milhões de peixes foram capturados. Durante o segundo período 1961-1963, o total de captura reduziu para 849.000, apenas 49% do total de capturas do período anterior. A mudança do número de captura para as idades mais jovens, juntamente com um declínio global das capturas, sugere que os peixes estavam sendo tão explorados que não estavam atingindo idades mais avançadas. Logo, uma mudança na estrutura da idade de uma população extraída é um dos primeiros sinais da superexploração e da necessidade de alterar a permissão para a captura.

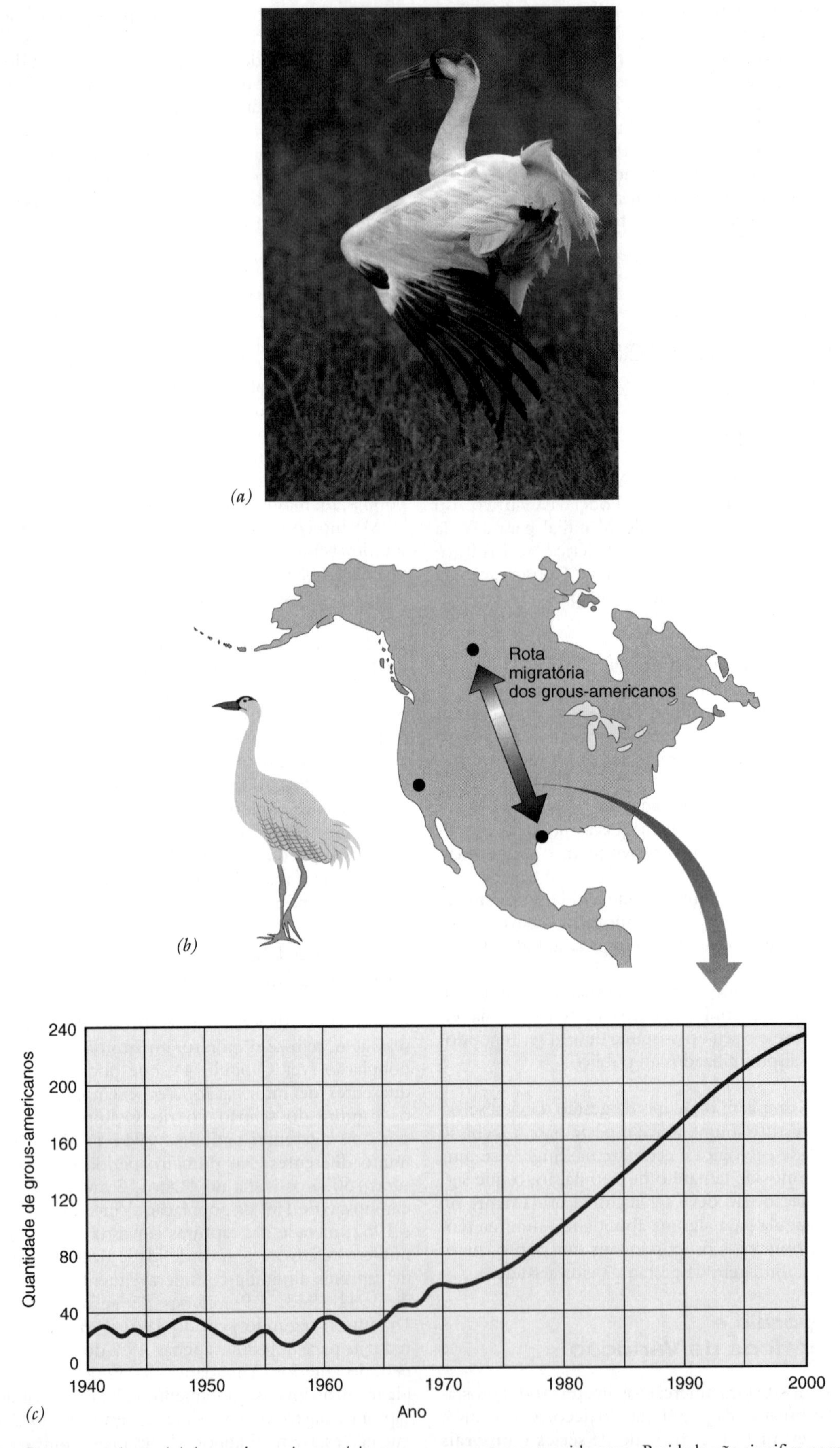

Figura 14.7 ■ O grou-americano (*a*) é uma das muitas espécies que sempre parecem ter sido raras. Raridade não significa necessariamente extinção, mas uma espécie rara, especialmente uma que tem sofrido uma diminuição rápida e significativa em sua abundância necessita de atenção e de avaliação como uma espécie ameaçada ou em perigo de tornar-se ameaçada de extinção; (*b*) rota de migração; e (*c*) mudanças na população de grous-americanos entre 1940 a 2000.

Consumo como uma Estimativa Numérica

Outro método de estimar populações de animais é utilizar a quantidade consumida. Registros do número de bisões mortos, pois não eram bem guardados, foram suficientes para dar alguma ideia da mortalidade desse animal. Em 1870, aproximadamente 2 milhões de bisões foram mortos. Em 1872, uma empresa em Dodge City, Kansas, trabalhou 200.000 couros. As estimativas se baseiam na soma dos relatórios de tais empresas, juntamente com suposições sobre quantos animais provavelmente foram mortos. Tais relatos foram tomados por pequenos operadores que sugerem que aproximadamente 1,5 milhão de couros foram enviados em 1872 e novamente em 1873.[9] Naqueles anos, a caça ao bisão era a principal atividade econômica em Kansas. Os índios também matavam grande número de bisões para seu próprio uso e para o comércio. Estimativas atingem 3,5 milhões de bisões mortos por ano, em todo o país, durante a década de 1870.[8] Naquela época, contavam-se pelo menos poucos milhões de bisões.

Outro caminho de contagem de indivíduos consumidos, usado para estimar previsões de abundância animal, é chamado de **captura por unidade de esforço**. Esse método assume que o mesmo esforço é exercido por todos os caçadores/extratores por unidade de tempo, visto que os caçadores possuem uma mesma tecnologia. Então, se é conhecido o tempo total despendido por um caçador/extrator e também o valor da captura por unidade de esforço, pode-se estimar o total da população. O método leva a estimativas brutas com um grande erro de observação, mas onde não há nenhuma outra fonte de informação pode oferecer uma compreensão razoável.

Uma aplicação interessante desse método é a reconstrução da extração de baleia-da-groenlândia (Figura 14.8*a*) e a estimativa de sua população total. Tomadas tradicionalmente pelos esquimós, as baleias-da-groenlândia foram os objetos dos baleeiros "ianques" ou americanos (Figura 14.8*b*) de 1820 até o começo da Primeira Guerra Mundial. (Veja o Detalhamento 14.2 para uma discussão geral a respeito de mamíferos marinhos.) Cada viagem de navio era registrada, portanto, é conhecido 100% de todos os navios que saíram para capturar as baleias. Além disso, em cada navio um registro diário foi mantido, onde se incluía o número de baleias capturadas, os seus tamanhos em termos de barris de petróleo, as condições do oceano, a visibilidade e as condições do gelo. Desses diários, 20% ainda existem e suas entradas estão sendo computadorizadas. Utilizando somente técnicas estatísticas brutas foi possível estimar a abundância das baleias-da-groenlândia, em 1820, como 20.000 ± 10.000. De fato, foi possível estimar o total de capturas de baleias e o total de captura de cada ano — e, portanto, toda a história da caça a essa espécie.

Em resumo, novos acessos à conservação e à gestão da vida selvagem incluem (1) intervalo da abundância histórica; (2) estimativas da probabilidade de extinção, embasadas no intervalo da abundância histórica; (3) uso das informações da estrutura etária; e (4) melhor uso dos indivíduos capturados ou consumidos como fontes de informação. Esses, juntamente com o entendimento dos ecossistemas e das paisagens, contextualizam as populações, melhorando a habilidade para conservar a vida selvagem.

(*a*)

(*b*)

Figura 14.8 ■ (*a*) A baleia-da-groenlândia; (*b*) navios de pesca de baleias no século XIX.

DETALHAMENTO **14.2**

A Preservação das Baleias e de Outros Mamíferos Marinhos

Registros fósseis mostram que os mamíferos marinhos foram originalmente habitantes em terra. Durante os últimos 80 milhões de anos, vários grupos distintos de mamíferos retornaram aos oceanos e submeteram-se a adaptações para a vida marinha. Cada grupo de mamíferos marinhos mostra um diferente grau de transição para vida oceânica. Compreensivelmente, a adaptação é maior para aqueles que começaram a transição há mais tempo. Alguns mamíferos marinhos — como os golfinhos, botos e grandes baleias — completaram sua entrada no ciclo de vida oceânico e tiveram órgãos e membros altamente adaptados para a vida na água. Eles não conseguem se mover na terra. Outros, como as focas e os leões marinhos, gastam parte do seu tempo na praia.

Baleias

As baleias se enquadram em duas categorias principais: as com cerdas (*Mysticeti*) e as com dentes (*Odontoceti*) (Figura 14.9*a* e *b*). A baleia cachalote é a única baleia de grande porte que tem dentes; as outras são baleias pequenas, golfinhos e botos. As outras grandes baleias, do grupo com cerdas, têm seus grandes dentes altamente modificados, parecidos com pentes gigantes. Tais cerdas, também chamadas de barbas ou barbatanas, agem como filtros de água. Baleias de barbas se alimentam por meio da filtragem dos plânctons oceânicos.

Desenhos de baleias são datados desde 2.200 a.C.[13] Esquimós se alimentam e se vestem com carne e produtos de baleias desde 1.500 a.C. No século IX, a caça às baleias por noruegueses foram relatadas pelos viajantes, cujas contas foram escritas na corte do rei inglês Alfred.

Os primeiros caçadores de baleias matavam esses grandes mamíferos a partir da costa, ou de pequenas embarcações perto da costa, mas gradualmente eles aventuraram-se mais longe do continente. Nos séculos XI e XII, Basques caçou baleias-francas-do-atlântico-norte em barcos abertos na baía de Biscaia, fora da costa oeste da França. As baleias eram transportadas para o processamento em terra e os barcos retornavam para a terra, uma vez que a busca de uma baleia era finalizada.

Eventualmente a caça às baleias tornou-se pelágica: os baleeiros seguiam para o mar aberto e procuravam por baleias com navios que permaneciam no mar por longos períodos. As baleias eram levadas para os barcos e ali processadas. Isso foi possível pela invenção de fornos e de caldeiras para extrair o óleo de baleia no mar. Assim, a caça às baleias pelágicas foi um produto da Revolução Industrial. Com essas invenções, a caça às baleias cresceu ao nível industrial. Frotas americanas se desenvolveram no século XVIII, na Nova Inglaterra; em meados do século XIX, os EUA dominaram a indústria, fornecendo a maioria dos navios e ainda mais tripulações de baleeiros.[15,16]

As baleias forneceram muitos produtos no século XIX. O óleo dela retirado era utilizado para cozinhar, lubrificar e como componente na fabricação de lâmpadas. Elas também forneciam os principais ingredientes para a produção de perfumes. Os dentes alongados (ou barbas de baleia), que permitem que esses animais filtrem as águas do oceano para se alimentar, são flexíveis e elásticos e foram usados na fabricação de espartilhos e de outros produtos, antes da invenção das molas de aço de baixo custo.

Embora no século XIX os navios baleeiros fossem mais famosos, populares devido às novelas tais como *Moby Dick*, maior número de baleias foram mortas no século XX do que no século XIX. O resultado em todo o mundo foi o declínio das principais espécies de baleias, tornando-se uma questão ambiental global.

A conservação das baleias é de interesse dos ambientalistas há alguns anos. Tentativas de controlar a caça às baleias começaram com a Liga das Nações, em 1924. O primeiro acordo, a Convenção para Regular a Caça às Baleias, foi assinado por 21 países em 1931. Em 1946, a conferência em Washington deu início à Comissão Internacional da Baleia (CIB) e, em 1982, a CIB estabeleceu uma moratória sobre a caça comercial às baleias. Atualmente, 12 de aproximadamente 80 espécies de baleias estão protegidas.[15]

A CIB está desempenhando um papel importante na redução (quase eliminação)

(*a*)

(*b*)

Figura 14.9 ■ (*a*) A baleia cachalote e (*b*) a baleia-azul.

(*Continua*)

(Continuação)

da captura comercial de baleias. Desde a sua formação, nenhuma espécie se tornou extinta, a captura total de baleias caiu e a exploração das espécies ameaçadas cessou. Espécies ameaçadas de extinção protegidas contra a caça têm tido histórias complicadas (veja a Tabela 14.1). As baleias-azuis parecem um pouco recuperadas, mas mantêm-se raras e ameaçadas de extinção. As baleias-cinzentas são agora relativamente abundantes, em um número de aproximadamente 26.000.[15] Contudo, a mudança do clima global, a poluição e a diminuição da camada de ozônio hoje oferecem riscos maiores para as populações de baleia do que a caça.

O estabelecimento da CIB foi o maior ponto de referência na conservação da vida selvagem. Representa uma das primeiras importantes tentativas de acordo entre um grupo de nações por motivo da extração de recursos biológicos. O encontro anual da CIB tornou-se um fórum para discussões internacionais a respeito de conservação, elaboração de princípios de máximo e ótimo rendimento sustentável e formulação de bases científicas para a exploração comercial. A CIB demonstrou que sempre uma comissão informal, cujas decisões são aceitas voluntariamente pelas nações, pode funcionar como uma poderosa força para a conservação.

No passado, cada população de mamíferos marinhos era tratada como se fosse isolada, representava um suplemento constante de comida e o seu objeto era somente os efeitos da extração humana. Ou seja, assumiu-se que o seu crescimento acompanhou a curva logística. Percebe-se agora que as políticas de gestão de mamíferos marinhos devem ser expandidas, incluindo os conceitos de ecossistema e o entendimento da interação populacional em suas formas complexas.

A meta de gestão de mamíferos marinhos é prevenir a extinção e manter largamente o tamanho das populações, no lugar de obter a produção maximizada. Por essa razão, o Ato de Proteção ao Mamífero Marinho promulgado nos EUA, em 1972, tem em suas metas a população sustentável ótima (PSO) e, principalmente, o máximo ou ótimo rendimento sustentável. Uma PSO significa o aumento populacional que pode ser indefinidamente sustentado, sem efeitos danosos na habilidade de a população ou ecossistema continuar a suportar esse mesmo nível.

Algumas das maiores baleias permanecem raras.

Golfinhos e Outros Pequenos Cetáceos

Entre as muitas espécies de pequenas "baleias", ou cetáceos, existem os golfinhos e os botos. Mais de 40 espécies destes estão sendo exploradas comercialmente ou sendo mortas inadvertidamente por outros esforços de pesca.[11] O caso clássico é a captura inadvertida dos golfinhos rotadores, pintados e comuns no Pacífico Oriental. Uma vez que esses carnívoros, mamíferos comedores de peixes, sempre se alimentam de atum-amarelo, um peixe muito comercializado, mais de 7 milhões de golfinhos foram pescados em redes e inadvertidamente mortos nos últimos 40 anos.[19]

A Comissão de Mamíferos Marinhos dos Estados Unidos e os pescadores comerciais têm cooperado, buscando métodos para reduzir a mortalidade dos golfinhos. Pesquisas do comportamento desses animais ajudaram no projeto de um novo tipo de rede que os prende menos. A tentativa de reduzir a sua mortandade ilustrou a cooperação entre pescadores, ambientalistas, agências do governo e indicou o papel da pesquisa científica na gestão de recursos renováveis.

O consumo total de peixes no mundo tem aumentado muito desde meados do século XX. A extração total foi de 35 milhões de toneladas em 1960. Isso mais que dobrou em apenas 20 anos (um crescimento anual de aproximadamente 3,6%) para 72 milhões de toneladas, em 1980, e desde então está crescendo para 132 milhões de toneladas, que parece estar se estabilizando.[20] O total global da pesca continua a subir por causa do aumento do número de barcos, de melhorias tecnológicas e de um especial aumento na produção de aquicultura, que também mais que dobrou entre 1992 e 2001, de aproximadamente 15 milhões de toneladas para mais de 37 milhões de toneladas. A aquicultura no presente provê mais que um quinto de todo o peixe consumido, 15% acima do que em 1992.[21]

Pesquisadores estimam que há 27.000 espécies de peixes e mariscos no oceano. As pessoas capturam muitas dessas espécies para comer, mas apenas poucos tipos representam a maioria dos pescados — anchovas, arenques e sardinhas proveem quase 20% do total (Tabela 14.2).

Tabela 14.1 Estimativas do Número de Baleias

É difícil contar baleias e a ampla gama de estimativas indica essa dificuldade. Das baleias com cerdas, as mais numerosas são as menores — a baleia-minke e a baleia-piloto. A única baleia grande e dentada é a cachalote, que, apesar de ser relativamente numerosa, é encontrada em poucas partes do oceano, comparativamente.

	Intervalo de Estimativas	
Espécie	*Mínimo*	*Máximo*
Baleia-azul	400	1.400
Baleia-da-groenlândia	6.900	9.200
Baleia-comum	27.700	82.000
Baleia-cinzenta	21.900	32.400
Baleia-jubarte	5.900	16.800
Baleia-minke	510.000	1.140.000
Baleia-piloto	440.000	1.370.000
Cachalote	200.000	1.500.000

Fonte: International Whaling Commission, August 29, 2006. http://www.iwcoffice.org/conservation/estimate.htm. A estimativa da Cachalote é da U.S. NOAA http://www.nmfs.noaa.gov/pr/species/mammals/cetaceans/spermwhale.htm

Tabela 14.2 Captura de Pescados no Mundo

Tipo	*Extração (milhões de toneladas)*	*Percentual*	*Percentual Acumulado*
Arenque, sardinha e anchova	25	19,23%	19,23%
Carpa e parentes	15	11,54%	30,77%
Bacalhau, pescada e arinca	8,6	6,62%	37,38%
Atum e seus parentes	6	4,62%	42,00%
Ostras	4,2	3,23%	45,23%
Camarões	4	3,08%	48,31%
Lulas e polvos	3,7	2,85%	51,15%
Outros moluscos	3,7	2,85%	54,00%
Amêijoas e parentes	3	2,31%	56,31%
Tilápias	2,3	1,77%	58,08%
Vieiras	1,8	1,38%	59,46%
Mexilhões e parentes	1,6	1,23%	60,69%
Subtotal	78,9	60,69%	
TOTAL DE TODAS AS ESPÉCIES	130	100%	

Fonte: National Oceanic & Atmospheric Administration World Fisheries.

14.5 A Indústria da Pesca

Peixes são importantes na dieta humana, provendo aproximadamente 16% das proteínas do mundo; são especialmente importantes como fontes de proteínas nos países em desenvolvimento. Os peixes oferecem 6,6% do alimento na América do Norte (onde as pessoas são menos interessadas em peixes do que se observa em outras áreas), 8% na América Latina, 9,7% no oeste europeu, 21% na África, 22% na Ásia e 28% no Extremo Oriente.

A pesca é um negócio internacional, mas poucos países dominam esse campo. Japão, China, Rússia, Chile e os Estados Unidos estão entre as maiores nações na exploração da pesca. E o comércio de peixes está concentrado em relativamente poucas áreas dos oceanos do mundo (Figura 14.10). Plataformas continentais, que representam apenas 10% dos oceanos, fornecem mais de 90% da extração de peixes. Eles são abundantes onde há comida em abundância e, ultimamente, onde há alta produção de algas, que são a base da cadeia alimentar marinha. As algas são mais abundantes em áreas com

Figura 14.10 ■ A principal indústria de pesca do mundo. As áreas mais escuras são áreas de pesca. Quanto mais escuras, maior a oferta de peixes e maior importância para a indústria de pesca. As pescarias mais importantes ocorrem nas ressurgências do oceano — locais em que as correntes se originam, trazendo águas ricas em nutrientes das profundezas do oceano. As ressurgências tendem a ocorrer próximas aos continentes.

(*a*)

(*b*)

(*c*)

Figura 14.11 ■ Alguns métodos modernos de pesca comercial. (*a*) Arrastão com grandes redes; (*b*) longas linhas para capturar peixes de águas profundas; (*c*) trabalhadores de um barco-fábrica.

relativamente altas concentrações de elementos químicos necessários para a vida, particularmente nitrogênio e fósforo. Essas áreas ocorrem mais comumente ao longo das plataformas continentais, particularmente em regiões de ressurgências induzidas pelo vento e às vezes muito próximas da costa.

Embora o total da captura de pescados marinhos tenha crescido durante os últimos 50 anos, os esforços necessários para capturar um peixe tem aumentado tanto quanto. Mais barcos pesqueiros com melhores equipamentos de navegação nos oceanos (Figura 14.11) justificam o porquê do aumento de capturas, apesar de a população de peixes estar em declínio.

A Redução das Populações de Peixes

Evidências de que as populações de peixes estão em declínio vieram da captura por unidade de esforço. A unidade de esforço varia de acordo com o tipo de peixe requerido. Para a captura de peixes marinhos com linhas e anzóis, a taxa geral caiu de 6 a 12 capturas de peixes por 100 anzóis — o sucesso típico de populações de peixes exploradas anteriormente — para 0,5 a 2 peixes por 100 anzóis, em apenas 10 anos depois (Figura 14.11*b*). Essas observações sugerem que a pesca se esgota rapidamente — um declínio de cerca de 80% em 15 anos (Figura 14.12). Muitos dos peixes consumidos pelo homem são predadores e, por motivos de pesca, a biomassa de grandes peixes predadores parece estar em apenas cerca de 10% em relação aos níveis pré-industriais. Essas mudanças indicam que a biomassa da maioria dos grandes peixes comerciais diminuiu consideravelmente, de modo que se está garimpando, de forma não sustentável, esses recursos vivos.

As espécies que sofrem esse declínio compreendem o bacalhau, linguado, atum, peixe-espada, tubarões e as arraias (Tabela 14.3).[16] As coletas estão diminuindo no Atlântico Norte, no qual a Plataforma Georges e o Grand Banks durante séculos forneceram algumas das maiores quantias de peixes. A captura do bacalhau-do-atlântico era de 3,7 milhões de toneladas em 1957, tendo o seu pico em 1974 com 7,1 milhões de toneladas, e então declinou para 4,3 milhões de toneladas em 2000, subindo ligeiramente para 4,7 milhões em 2001.[16] Os pesquisadores europeus apelaram para uma proteção total do bacalhau no Atlântico Norte e a União Europeia chegou perto de fazê-lo, mas, em vez disso, estabeleceu uma redução de 65% nas capturas permitidas para o bacalhau do Mar do Norte em 2004 e 2005.[16]

As vieiras (moluscos) no Pacífico Oeste mostraram um típico padrão de extração, começando baixo em 1964 com 200 toneladas, crescendo rapidamente para 5.887 toneladas em 1975, declinando para 1.489 em 1974, aumentando aproximadamente para 7.670 toneladas em 1993, e então declinando para 2.964 em 2002.[21] A exploração do atum e os seus assemelhados teve um pico no início da década de 1990 com aproximadamente 730.000 toneladas e caindo para 680.000 toneladas em 2000, um declínio de 14% (Figura 14.12).

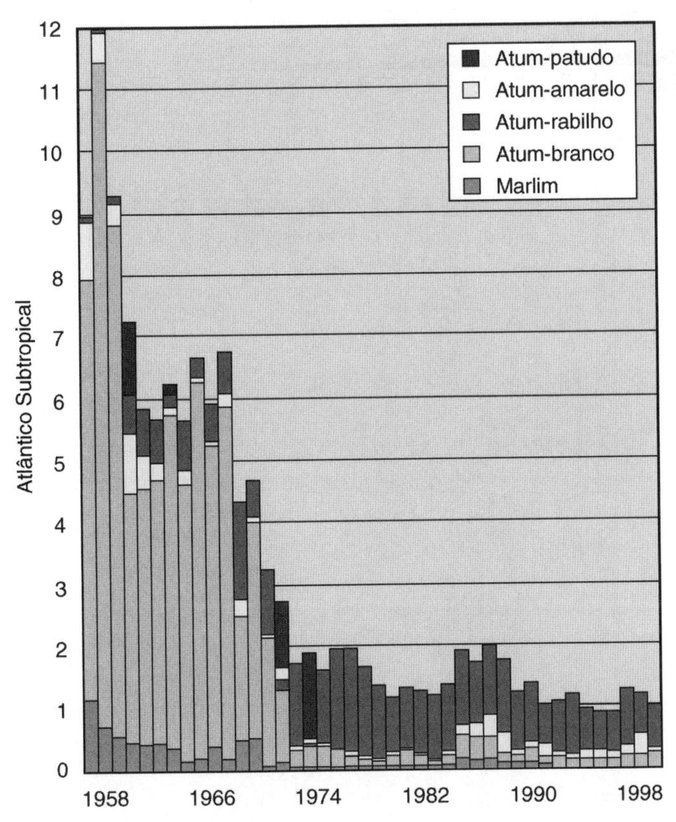

Figura 14.12 ■ A captura de atum diminuiu. A captura por unidade de esforço — representada neste caso como o número de peixes capturados por 100 anzóis — de atum e seus assemelhados no oceano Atlântico subtropical. O eixo vertical mostra o número de peixes capturados por 100 anzóis. A captura por unidade de esforço era de 12 em 1958, quando a moderna indústria de forte pesca de atum começou. Desde então a captura declinou rapidamente e, em 1974, era de aproximadamente 2. Esse padrão ocorreu mundialmente em todos os locais de pesca para essas espécies. (*Fonte:* Ransom A. Meyers e Boris Worm, "Rapid Worldwide Depletion of Predatory Fish Communities," *Nature* [May 15, 2003].)

Tabela 14.3 Problemas de Alguns dos Principais Pescados

Anchova: Pico alcançado em 1970 (10 milhões de toneladas) depois declinou.

Arenque-do-atlântico: Exploração tão grande que a natalidade diminuiu.

Bacalhau-ártico-norueguês: Alto nível de pesca, seguido de quatro anos de baixos números de bacalhau jovem.

Baixos estoques de arenque no mar do Norte: Gestores não conseguiram compreender os problemas do estoque e da restauração.

Arinca-do-atlântico-norte: Coletou-se uma média de 50.000 toneladas por muitos anos, aumentou para 155.000 em 1965 e 127.0000 em 1966; então caiu para 12.000 em 1971–1974. Em 1973, a Comissão de Pesca Internacional do Atlântico Noroeste (ICNAF) estabeleceu uma cota de 6.000 toneladas. Aparentemente a arinca poderia sustentar uma captura de 50.000 toneladas, mas quando a coleta foi triplicada a população diminuiu a um ponto em que apenas uma pequena quantia poderia ser sustentada.

Savelha: O pico de coleta foi de 712.000 toneladas em 1956, mas declinou para 161.400 em 1969. Especialistas em pesca acreditam que a queda foi devido à pesca excessiva.

Salmão: A diminuição ocorreu em todo lugar em que o salmão e os seus assemelhados usam preferencialmente a água doce para desovar. A diminuição do número de salmões foi provocada pela construção de barragens nos rios, canalizações, poluição, extração excessiva e pelas alterações no hábitat de vários tipos.

Sardinha-do-pacífico: Declinou catastroficamente da década de 1950 até a década de 1970.

Fonte: D. Cushing, *Fisheries Resources of the Sea and Their Management* (London: Oxford University Press, 1975).

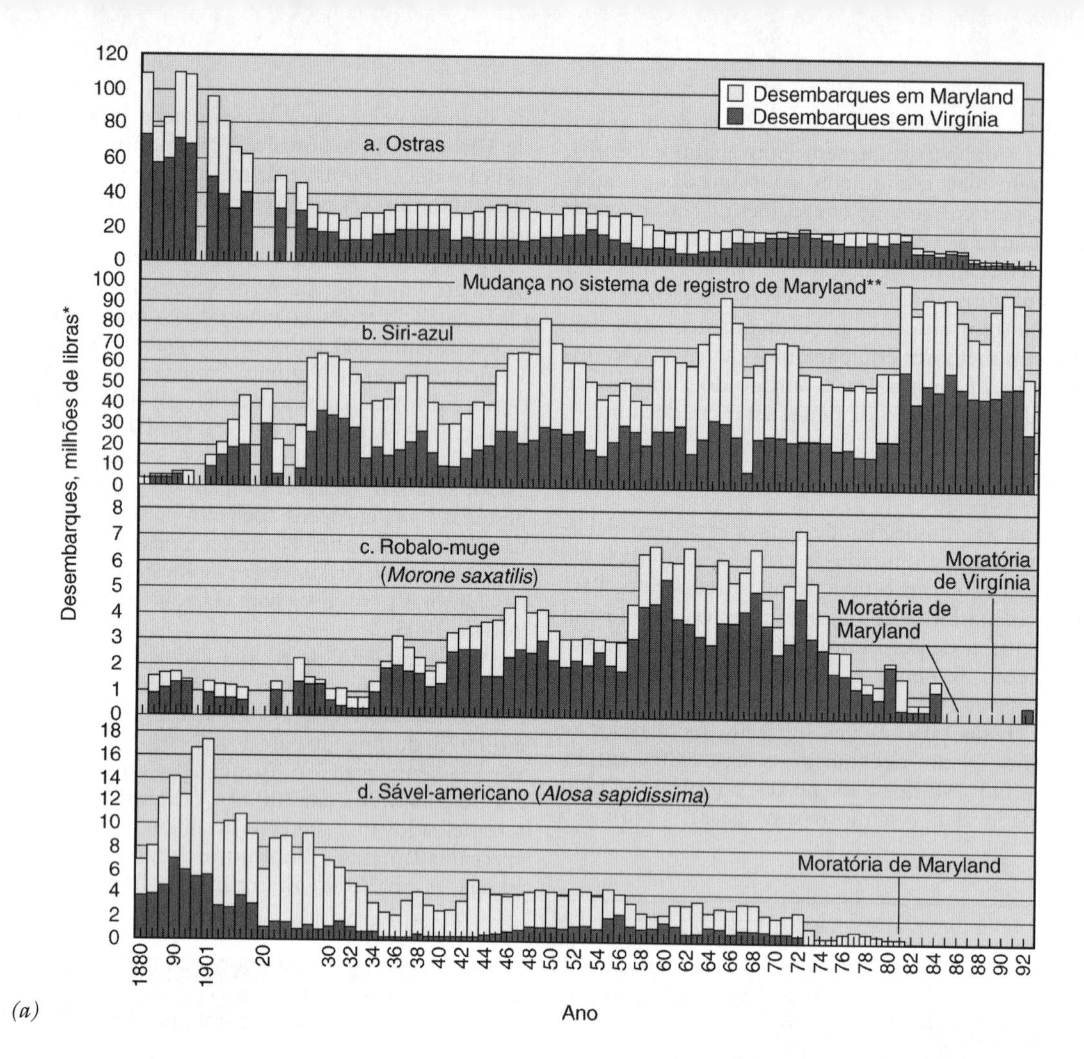

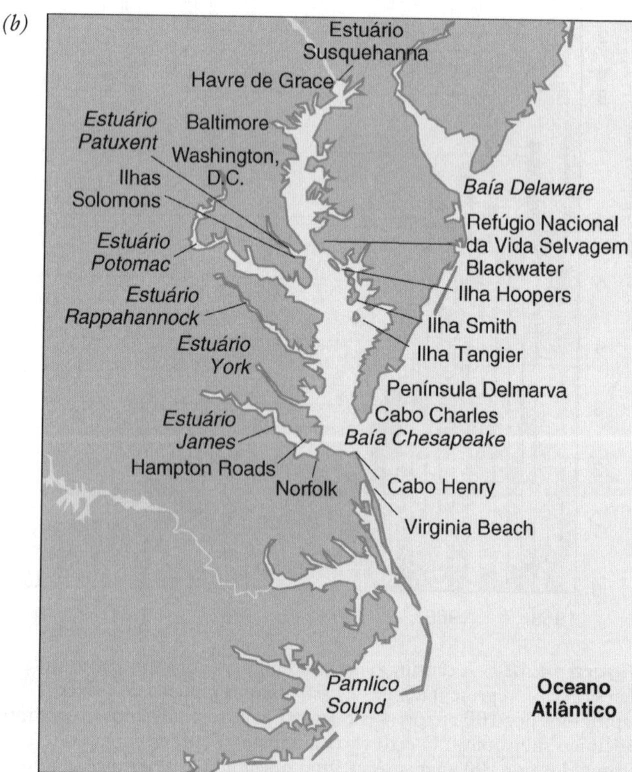

Figura 14.13 ■ (*a*) Peixes capturados na baía de Chesapeake. Ostras diminuíram drasticamente. (*Fonte:* The Chesapeake Bay Foundation.) (*b*) Mapa do estuário da baía de Chesapeake. (*Fonte:* U.S. Geological Survey, "The Chesapeake Bay: Geological Product of Rising Sea Level," 1998.)

* Uma libra corresponde a aproximadamente 454 gramas. (Observação: a conversão para a unidade de massa do sistema internacional de unidades, quilograma, não é possível diretamente neste caso, pois seria necessário alterar a escala do gráfico). (N.T.)

** No original, a sigla *ND* está errada. O correto seria *MD*, sigla do estado de Maryland. Da mesma forma está errada a sigla *WA*, que na verdade é *VA*, estado de Virgínia. O gráfico exibido no original está disponível, com as siglas corretas, no seguinte documento (página de numeração 265, ou sétima página do PDF): http://biology.usgs.gov/status_trends/static_content/documents/olrdocs/Coastal.pdf Repassar para correção aos editores do original. (N.T.)

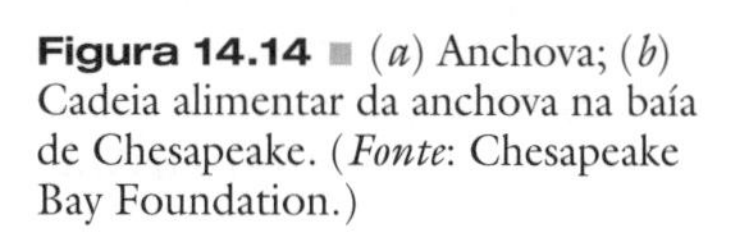

(a)

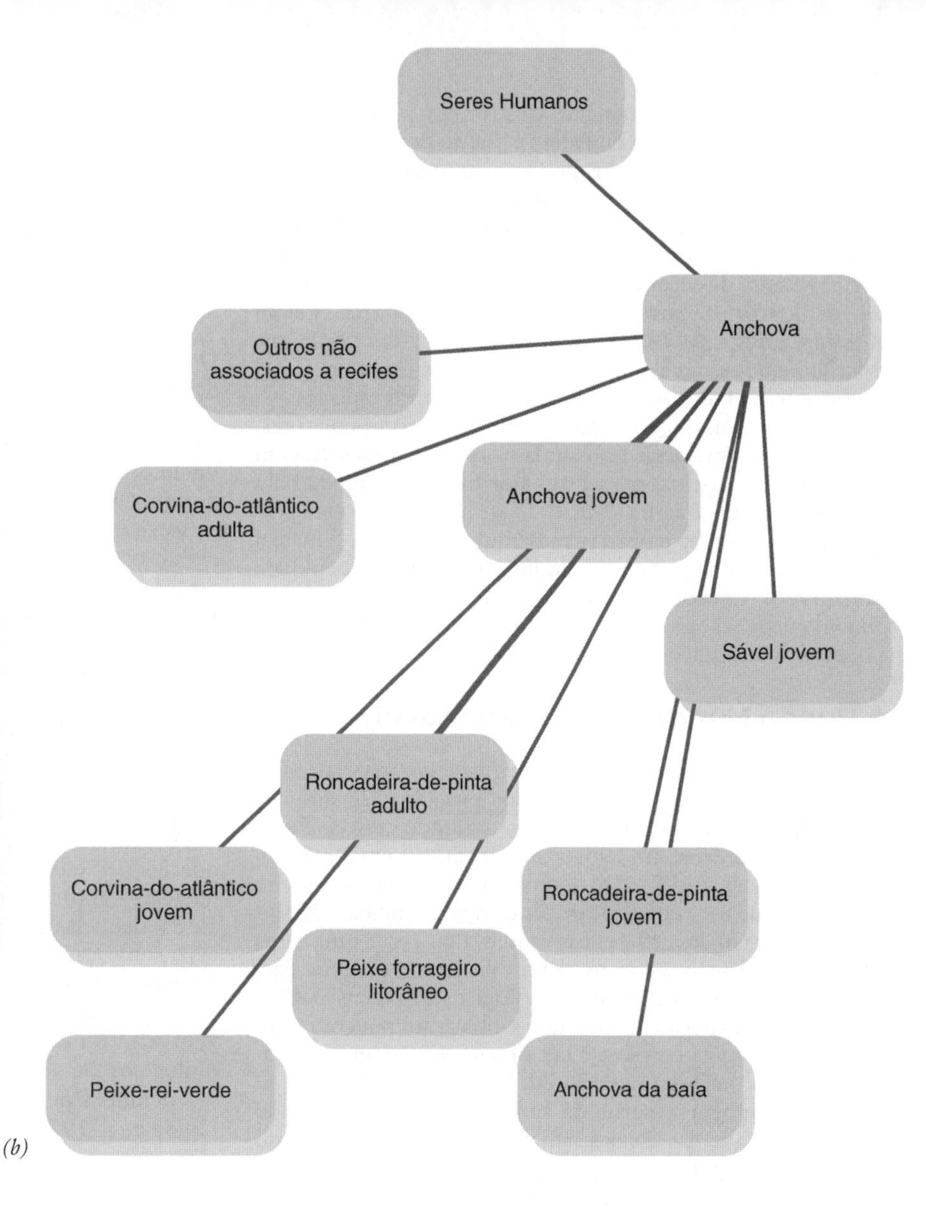

(b)

Figura 14.14 ■ (*a*) Anchova; (*b*) Cadeia alimentar da anchova na baía de Chesapeake. (*Fonte*: Chesapeake Bay Foundation.)

A baía de Chesapeake, maior estuário da América do Norte, foi uma das grandes regiões produtoras de pescado do mundo, famosa pelas ostras e caranguejos e como local para a reprodução e desova de anchovas, robalos e de muitas outras espécies com valor comercial (Figura 14.13). A baía, com 320 quilômetros de comprimento e 50 quilômetros de largura, drena uma área de mais de 165.000 km² dos estados de Nova York a Maryland e é alimentada por 48 rios largos, além de 100 outros pequenos.

Teias alimentares são igualmente complexas, acrescentando dificuldades à gestão das pescas na baía de Chesapeake. Típicas teias alimentares marinhas, como a cadeia alimentar da anchova, gerada e produzida na baía Chesapeake, mostra ligações com uma série de outras espécies, cada uma requisitando seu próprio hábitat dentro do espaço e dependendo de processos que possuem uma variedade de escalas de espaço e de tempo (Figura 14.14). Além dessa complexidade, a baía de Chesapeake é influenciada por muitos fatores relacionados às terras ao redor de sua bacia hidrográfica: o escoamento superficial das fazendas, incluindo as de frangos e perus que escoam águas altamente poluídas com fertilizantes e pesticidas; a introdução de espécies exóticas; a alteração direta dos hábitats devido à pesca e a construção de casas litorâneas. Para agravar a situação, existe a variada salinidade das águas da baía, havendo a água doce advinda dos rios e fluxos, água do mar do Atlântico e água salobra resultante da mistura das duas.

Determinar qual desses fatores, se houver, é responsável por uma grande mudança na quantidade de qualquer espécie de peixe é bastante difícil e, muito mais difícil, é encontrar uma solução que seja economicamente possível e que mantenha o nível tradicional de emprego da pesca na baía. Os recursos da pesca na baía de Chesapeake estão no limite do tempo cuja ciência ambiental talvez não tenha recursos pelos quais negociar atualmente. Restam teorias científicas inadequadas, especialmente com relação à abundância de peixes.

Ironicamente, essa crise surgiu por causa de um dos recursos vivos mais sujeitos à gestão embasada na ciência. Como isso aconteceu? Primeiro, porque a gestão havia se embasado fortemente na curva de crescimento logístico, cujos problemas já foram apresentados. Segundo, porque as pescarias são um recurso aberto, subjetivos aos problemas da "tragédia dos comuns", frase cunhada por Garret Hardin. Em um recurso aberto, muitas vezes em águas internacionais, o número de peixes a ser coletado pode ser limitado somente por tratados internacionais, que não são firmemente obrigatórios. Recursos abertos oferecem ampla oportunidade para extrações irregulares ou ilegais, ou contrárias aos acordos.

A exploração da nova pescaria normalmente ocorre antes da avaliação científica, então os peixes são esgotados, por um tempo, sem que existam informações confiáveis a respeito dessa exploração para ser avaliada. Ademais, alguns equipamentos de pesca são altamente destrutivos para o hábitat. Equipamentos de arrasto destroem o fundo do oceano, interferindo tanto no hábitat dos peixes quanto em sua comida. Longas linhas de pesca matam tartarugas marinhas e outros animais de superfície que não são alvo da pesca. Grandes redes de atum matam muitos golfinhos que estão à caça do atum.

Além disso, destaca-se a necessidade de melhorar os métodos de gestão, a extração de grandes predadores levanta questões a respeito das comunidades ecológicas oceânicas, especialmente se esses grandes predadores realizam um papel importante no controle da abundância de outras espécies.

Os seres humanos começaram como caçadores-coletores, e algumas culturas desse tipo ainda existem. A vida selvagem em terra firme costumava ser a maior fonte de comida para essas culturas. Ela é agora a menor fonte de alimento para pessoas das nações desenvolvidas, mas ainda constitui a principal fonte para algumas populações indígenas, como também para os esquimós. Em contraste, as nações desenvolvidas ainda são primariamente caçadoras-coletoras na extração de peixes (veja a discussão de aquicultura no Capítulo 11).

A Pesca Nunca Será Sustentável?

Quando se investe na pesca como um negócio, espera-se um crescimento razoável do negócio nos primeiros 20 anos. A coleta de peixes nos oceanos de todo o mundo cresceu de 39 milhões de toneladas, em 1964, para 68 milhões em 2003, um crescimento total de 77%. Do ponto de vista comercial, mesmo admitindo que toda coleta de peixes estivesse vendida, não significaria uma rápida melhora nas vendas. Pois essa é uma carga pesada para os recursos vivos. Aqui está uma lição geral para ser aprendida: poucos recursos biológicos selvagens podem sustentar uma extração no nível que satisfaça aos poucos requisitos para o negócio crescer. Logo, recursos biológicos selvagens não são um bom negócio em longo prazo. Aprende-se essa lição também a partir da história do bisão, discutido anteriormente, e das baleias também (veja o Detalhamento 14.2). Existem poucas exceções, tais como as algumas centenas de anos de comércio de peles pela Companhia da baía de Hudson, no norte do Canadá. Entretanto, a experiência passada sugere que os benefícios econômicos da sustentabilidade são improváveis no caso das principais populações selvagens.

Com isso em mente, pode-se incentivar a piscicultura e a aquicultura, discutidas nos Capítulos 11 e 12. Estas práticas têm sido um recurso importante de alimentação na China por séculos e é uma fonte cada vez mais importante de alimentos no nível mundial. Mas a aquicultura pode criar seus próprios problemas ambientais. Um dos temas mais conhecidos envolve os salmões-do-atlântico, a principal espécie de salmão criada para o comércio. Em 2000, o salmão-do-atlântico foi colocado na lista de espécies ameaçadas de extinção. Uma das explicações propostas para os problemas desta espécie é a maricultura extensiva desse peixe em locais como a costa de Maine. Observadores identificaram dois possíveis problemas. O primeiro é a poluição da água pelo excremento do salmão e pelo excesso de alimento, provocando riscos ao hábitat do salmão selvagem. O segundo se refere à reprodução entre salmões nativos e não nativos, que pode criar linhagens genéticas menos aptas para um determinado hábitat.

Em resumo, os peixes são importantes como alimentos e a sua extração no mundo todo é grande, mas as populações de peixes nos locais atuais de pesca estão declinando de forma generalizada, estão sendo facilmente exploradas e têm tido sua regeneração dificultada. Precisa-se desesperadamente de novas abordagens para realizar previsões de culturas aceitáveis e viáveis, que sejam estabelecidas nos acordos internacionais de limite à exploração. Este é o principal desafio ambiental, necessitando de soluções para a próxima década.

14.6 A Situação Atual das Espécies Ameaçadas

O atual modo de gerir o meio ambiente tem convertido grandes populações de animais selvagens, como os peixes, em espécies ameaçadas de extinção. A expansão do interesse público em espécies raras e ameaçadas, especialmente os mamíferos de grande porte e os pássaros, confirma que é este o momento de voltar a atenção para eles. Primeiro alguns fatos. O número de espécies de animais relacionados como ameaçados ou em extinção cresceu de aproximadamente 1.700 em 1988 para 3.800 em 1996, e 5.188 em 2004 (veja a Tabela 14.4).[18] A União Internacional para a Conservação da Natureza (IUCN) mantém uma lista de animais ameaçados ou em extinção em uma publicação conhecida como a *Lista Vermelha*. A *Lista Vermelha de Espécies Ameaçadas* da IUCN reporta que aproximadamente 20% de todas as espécies conhecidas de mamíferos, como também 12% dos pássaros conhecidos, 4% dos répteis, 31% dos anfíbios e 3% dos peixes, primariamente peixes de água doce, estão em risco de extinção.[18]

A *Lista Vermelha de Espécies Ameaçadas* da IUCN estima que 33.798 espécies de plantas vasculares (o tipo familiar de plantas — árvores, gramíneas, arbustos, ervas de floração), ou 12,5% daquelas conhecidas, estão recentemente sendo extintas ou ameaçadas.[3] A IUCN lista mais de 8.000, ou aproximadamente 3% delas (veja a Tabela 14.4).[18]

O que significa denominar as espécies de "ameaçadas" ou "em extinção"? Os termos podem ter significados estritamente biológicos ou legais. As palavras *ameaçadas* e *em extinção* são definidas pelo Ato das Espécies Ameaçadas dos Estados Unidos, de 1973. O Ato diz: "O termo *espécie em extinção*

Tabela 14.4 Quantidade de Espécies Ameaçadas

Forma de Vida	*Quantidade Ameaçada*	*Percentual das Espécies Conhecidas*
Vertebrados	5.188	9
Mamíferos	1.101	20
Pássaros	1.213	12
Répteis	304	4
Anfíbios	1.770	31
Peixes	800	3
Invertebrados	1.992	0,17
Insetos	559	0,06
Moluscos	974	1
Crustáceos	429	1
Outros	30	0,02
Plantas	8.321	2,89
Musgos	80	0,5
Samambaias e "Aliados"	140	1
Gimnospermas	305	31
Dicotiledôneas	7.025	4
Monocotiledôneas	771	1
Total de Animais e Plantas	**31.002**	**2%**

Fonte: Lista Vermelha da IUCN www.iucnredlist.org/info/tables/table1 (2004).

significa que a espécie está correndo risco de se extinguir em toda ou uma parte significativa de sua gama, com exceção de espécies da classe dos insetos determinadas pela secretaria como uma praga, cuja proteção ao abrigo das disposições da presente lei representaria um risco esmagador e primordial para o ser humano." Em outras palavras, caso certa espécie de insetos seja uma praga, deseja-se livrar deles. É interessante que insetos possam ser excluídos de proteções por essa definição legal, mas não há menção às doenças causadas por bactérias ou outros microrganismos.

O termo ***espécie ameaçada***, de acordo com o Ato "significa alguma espécie que está provavelmente tornando-se uma espécie em extinção dentro de previsões futuras, em toda ou uma parte significativa de sua gama".

14.7 Como as Espécies se Tornam Ameaçadas e Extintas?

Extinção é uma regra da natureza (veja a discussão a respeito da evolução biológica no Capítulo 7). **Extinção local** ocorre quando uma espécie desaparece de uma região ou de seu alcance, mas sobrevive em outro lugar. **Extinção global** significa que uma espécie não pode mais ser encontrada em lugar algum. Apesar de ser o último fato de toda espécie, a taxa de extinções varia muito de acordo com o tempo geológico e tem se acelerado desde a Revolução Industrial. Há

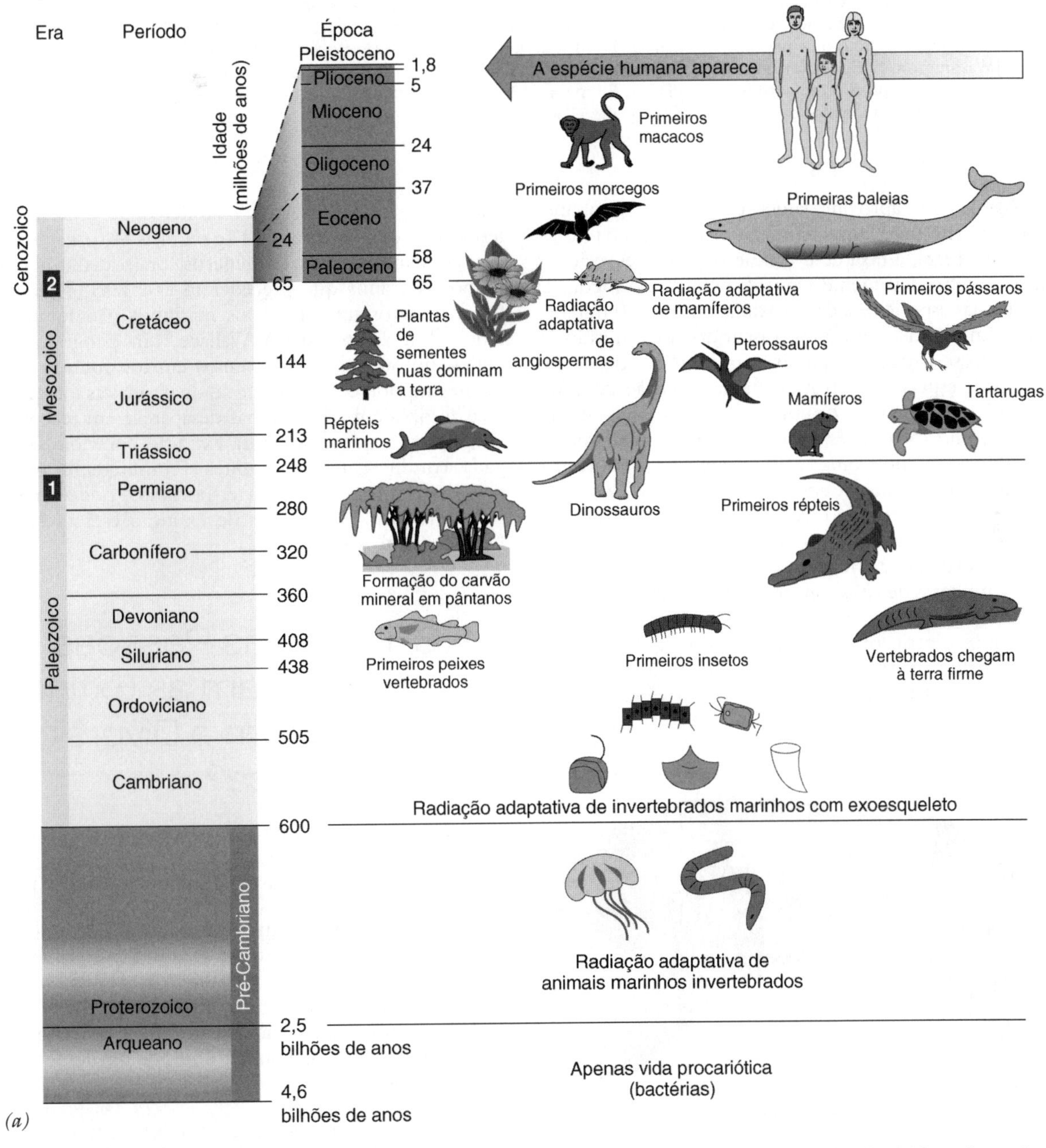

Figura 14.15 ■ (*a*) Breve história esquemática da evolução e da extinção da vida na Terra. Ocorreram períodos de rápida evolução de novas espécies e episódios de perdas catastróficas de espécies. Duas principais catástrofes foram as perdas durante o período Permiano, que incluiu 52% dos animais marinhos, bem como plantas terrestres e animais, e o desaparecimento dos dinossauros do Cretáceo. *(continua)*

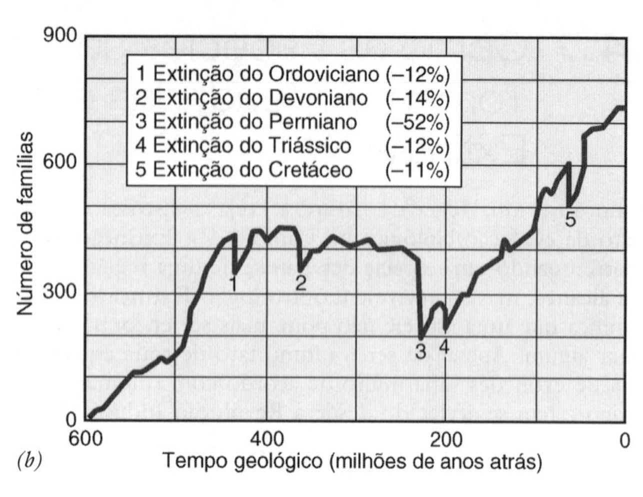

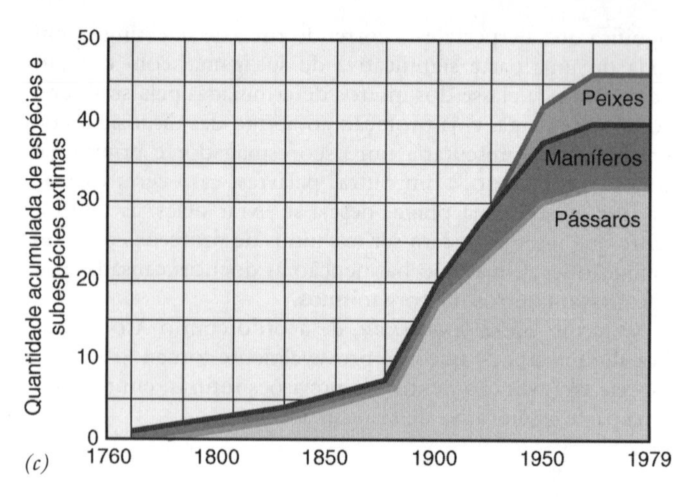

Figura 14.15 ▪ (*continuação*) (*b*) Gráfico do número de famílias de animais marinhos em registros fósseis, mostrando longos períodos de extremo aumento no número de famílias, pontuadas por breves períodos de principais declínios. (*c*) Espécies e subespécies de vertebrados extintos, entre 1760 e 1979. O número de espécies que se tornaram extintas cresceu rapidamente depois de 1860. Perceba que esse aumento é devido principalmente à extinção de pássaros. (*Fontes:* [*a*] D. M. Raup, "Diversity Crisis in the Geological Past", em E. O. Wilson, ed. Biodiversity [Washington, D.C.: National Academy Press, 1988], p. 53; derivado de S. M. Stanley, *Earth and Life through Time* (New York: W. H. Freeman, 1986.] Reimpresso com permissão. [*b*] D. M. Raup e J. J. Sepkoski, Jr., "Mass Extinctions in the Marine Fossil Record", *Science* 215 [1982]:1501–1502. [*c*] Council on Environmental Quality; dado adicional de B.Groombridge, England: IUCN, 1993].)

580 milhões de anos, aproximadamente uma espécie por ano, em média, se extinguia. Durante muito mais tempo da história da vida na Terra, a taxa de evolução de novas espécies se igualou ou excedeu levemente à taxa de extinção. A média da longevidade das espécies era de aproximadamente 10 milhões de anos.[19] Entretanto, conforme discutido no Capítulo 7, os registros fósseis sugerem que existem períodos de perdas catastróficas de espécies e outros de rápida evolução de novas espécies (veja as Figuras 7.9 e 14.15*a–c*), aos quais alguns se referem como "extinções pontuais". Aproximadamente há 250 milhões de anos, uma extinção em massa ocorreu e causou o desaparecimento de aproximadamente 53% de espécies de animais marinhos; há cerca de 65 milhões de anos, a maioria dos dinossauros se extinguiu. Intercaladamente com o episódio da extinção em massa, parecem existir períodos de centenas de milhares de anos com comparativamente pequena taxa de extinção.

Um exemplo intrigante de extinção pontual ocorreu há aproximadamente há 10.000 anos, durante a última grande glaciação continental. Naquela época ocorreu a extinção em massa de grandes pássaros e mamíferos: 33 gêneros de mamíferos grandes — pesando 50 kg ou mais — tornaram-se extintos, enquanto apenas 13 gêneros foram extintos nos 1 a 2 milhões de anos que precederam esse fato (Figura 14.16). Os mamíferos menores e os marinhos não foram tão afetados. Em 1876, Alfred Wallace, um geógrafo biológico inglês, notou que "nós vivemos em um mundo zoologicamente empobrecido, a partir do qual todas as formas maiores, mais ferozes e mais estranhas desapareceram recentemente". Foi sugerido que essa súbita extinção coincidiu com a chegada, em diferentes continentes e em diferentes tempos, das pessoas da Idade da Pedra e, portanto, pode ter sido causada pela caça.[20] As causas de extinção estão resumidas no Detalhamento 14.3.

Figura 14.16 ▪ Desenho de um felino dente-de-sabre extinto. O felino é um exemplo dos muitos mamíferos de grande porte que se tornaram extintos há aproximadamente 10.000 anos.

14.8 Como as Pessoas Provocam as Extinções e Afetam a Diversidade Biológica?

As pessoas se tornaram uma causa e um fator importante nos processos que levam as espécies a se tornarem ameaçadas ou extintas. Entre as maneiras de provocar a extinção têm-se:

- A caça ou a extração intencional (para fins comerciais, por esporte ou para o controle de espécies consideradas pestes).
- Perturbação ou eliminação de hábitats.
- A introdução de espécies exóticas, incluindo novos parasitas, predadores, ou competidores de uma espécie nativa.
- A poluição.

Ações antrópicas provocam as extinções há muito tempo, não apenas nos anos recentes. As populações primitivas provavelmente causaram extinção por causa da caça. Essa prática continua, especialmente no que se refere aos animais espe-

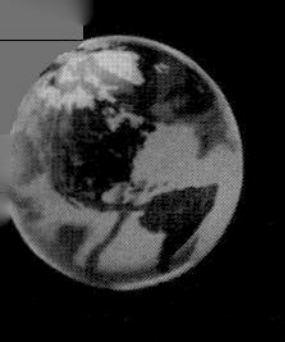

DETALHAMENTO 14.3

As causas da extinção

As causas da extinção estão geralmente agrupadas em quatro categorias de risco: risco populacional, risco ambiental, catástrofe natural e riscos genéticos. *Riscos* aqui significam a possibilidade que a espécie ou a população tem de se tornarem extintas por culpa de uma dessas causas.

Risco Populacional

Variações casuais em taxas populacionais (em taxas de nascimento e de mortalidade) podem causar a extinção de espécies com pequena abundância. Esse é o denominado *risco populacional*. Por exemplo, as baleias-azuis nadam por vastas áreas do oceano. Como a pesca primeiramente reduziu sua população total para tão somente algumas centenas de indivíduos, o sucesso individual da baleia-azul em encontrar companheiros provavelmente varia de ano para ano. Se em um ano muitas baleias não tiverem sucesso em encontrar companheiros, os nascimentos se reduzirão perigosamente. Tantas variações casuais em populações, típicas entre muitas espécies, podem ocorrer sem uma mudança no ambiente. Esse é um risco que se aplica especialmente a espécies que consistem em apenas uma única população em um hábitat. Modelos matemáticos de crescimento populacional podem ajudar a calcular o risco populacional e a determinar o tamanho mínimo viável da população.

Risco Ambiental

Muitos tipos de população podem ser afetados por mudanças no ambiente, que ocorrem dia a dia, mês a mês e ano a ano, sendo que geralmente as mudanças não são graves o suficiente para serem consideradas catástrofes ambientais. O risco ambiental envolve variações no ambiente físico ou biológico, incluindo vários predadores, presas, espécies simbióticas ou concorrentes. Em alguns casos, as espécies são tão raras e isoladas, que variações normais podem levar a sua extinção.

Por exemplo, Paul e Anne Ehrlich descreveram a extinção local de uma espécie de borboleta nas montanhas do Colorado.[21] Essas borboletas depositavam os seus ovos em botões fechados de uma única espécie de tremoceiro (um membro da família das leguminosas) e as lagartas eclodidas alimentavam-se das flores. Em um ano, entretanto, ocorreu um inverno muito tardio e o frio matou todos os botões dos tremoceiros, deixando as lagartas sem alimento, o que levou a sua extinção local. Se essa fosse a única população das borboletas, a espécie se tornaria extinta.

Catástrofes Naturais

Uma súbita mudança no ambiente que não seja por ação humana é uma catástrofe natural. Incêndios, grandes tempestades, terremotos e enchentes são catástrofes naturais da terra. Mudanças em correntes e em ressurgências são catástrofes oceânicas. Por exemplo, a explosão do vulcão na ilha de Krakatoa, na Indonésia em 1883, causou uma das piores histórias de catástrofe natural recente. A maior parte da ilha se explodiu em pedaços, levando à extinção local de muitas formas de vida dessa região.

Riscos Genéticos

Alterações prejudiciais em características genéticas não causadas por mudanças no ambiente externo são denominadas *riscos genéticos*.[36] As mudanças genéticas podem ocorrer em pequenas populações de variação genética reduzida, deriva genética e mutações (veja o Capítulo 7). Em uma pequena população, apenas algumas das características herdadas serão encontradas. As espécies ficam vulneráveis à extinção porque carecem de variedade ou porque as mutações podem se estabilizar na população.

Considere os últimos 20 condores em estado selvagem na Califórnia. É lógico que esse pequeno número era suscetível de ter menor variabilidade genética do que a população muito maior que existia há vários séculos. A vulnerabilidade dos condores cresceu. Suponha que os últimos 20 condores, por acaso, tenham características herdadas que os fazem menos hábeis para suportar a falta de água. Se deixá-los em estado selvagem, eles se tornarão mais vulneráveis à extinção do que uma população grande e com maior variedade genética.

cíficos que oferecem produtos valiosos, tais como o marfim dos elefantes e os chifres dos rinocerontes. Quando as pessoas aprenderam a usar o fogo, elas começaram a modificar amplas áreas de seu hábitat. O desenvolvimento da agricultura e o crescimento da civilização levaram ao rápido desmatamento e à transformação de outros hábitats. Mais tarde, as pessoas exploraram novas áreas, introduzindo espécies exóticas que posteriormente se tornaram grandes causadoras de extinção (veja o Capítulo 8), especialmente depois da viagem de Colombo para o Novo Mundo, da circum-navegação do globo por Fernão de Magalhães, e a expansão e a tecnologia resultante da civilização europeia. A introdução de milhares de novos elementos químicos no meio ambiente fez da poluição uma causa de crescentes extinções no século XX, e o controle da poluição provou ser um caminho de sucesso para ajudar algumas espécies.

A IUCN estimou que 75% das extinções de pássaros e de mamíferos, desde 1600, foram causadas por seres humanos. A caça é estimada como causadora de 42% das extinções de pássaros e 33% das de mamíferos. Segundo as estimativas, a atual taxa de extinção entre os maiores grupos de mamíferos é 1.000 vezes superior à taxa de extinção do período final do Pleistoceno.[22]

As Boas Notícias: Espécies cuja Situação Melhorou

Existem algumas boas notícias a respeito de espécies em extinção como resultado da atividade humana. O número de espécies em extinção previstas tem se reduzido pela recuperação de algumas como, por exemplo, os gansos-aleutianos-do-canadá. Outras espécies na mesma situação incluem:

- Os elefantes-marinhos, que diminuíram para aproximadamente uma dúzia de animais, em torno de 1900, agora existem em centenas de milhares.
- A lontra-marinha, que foi reduzida no século XIX para apenas uma centena e agora já está em 10.000 indivíduos.
- Muitas espécies de pássaros ameaçadas por causa de inseticidas DDT, o qual foi causador da redução da espessura das cascas de ovos e da incapacidade de reprodução. Com a eliminação do DDT nos EUA, muitas espécies de pássaros se recuperaram, incluindo a águia-de-cabeça-branca, o pelicano-pardo, o pelicano-branco, a águia-pescadora e o falcão-peregrino.
- A baleia-azul, a qual se imaginava uma população reduzida para aproximadamente 400 quando elas ainda eram ativamente perseguidas por várias nações. Hoje, 400 baleias-

azuis são sinalizadas anualmente no canal Santa Bárbara, ao longo da costa da Califórnia, uma fração considerável da população total.

- A baleia-cinzenta, que foi caçada até próximo de sua extinção, mas está se recuperando e é abundante ao longo da costa da Califórnia e em sua migração anual para o Alasca.

Desde que o Ato das Espécies Ameaçadas dos Estados Unidos tornou-se lei em 1973, 40 espécies estão se recuperando suficientemente para serem reclassificadas de "em extinção" para "ameaçadas" ou removidas completamente da lista. Além disso, o Serviço de Peixes e Animais Selvagens dos Estados Unidos — que, juntamente com o Serviço Nacional de Pesca Marinha dos Estados Unidos, administra o Ato das Espécies Ameaçadas de Extinção — lista 33 espécies que têm potencial para se reclassificarem em categorias melhores.

As Espécies Podem Ser Abundantes Demais? Se Sim, o que se Deve Fazer?

Às vezes, os seres humanos são muito bem-sucedidos em aumentar o número de espécies. Caso em questão: todos os mamíferos marinhos são protegidos nos EUA pelo Ato de Proteção aos Mamíferos Marinhos de 1972, que levou a melhorias na condição de muitos mamíferos marinhos. Os leões-marinhos hoje somam mais de 50.000 indivíduos e estão tão abundantes que provocam problemas locais.[22] Por exemplo, nos portos de São Francisco e de Santa Bárbara, leões-marinhos emergem para tomar sol em cima dos barcos e poluem a água com seus excrementos, próximo à costa. Em um caso, foram tantos leões-marinhos que subiram em um veleiro no porto de Santa Bárbara, que afundaram o barco, e alguns dos animais ficaram presos e se afogaram (para maiores informações a respeito de mamíferos marinhos, veja o Detalhamento 14.2).

Os pumas tornaram-se localmente abundantes. Na década de 1990, os eleitores da Califórnia aprovaram uma iniciativa que protegia os pumas em risco de extinção, mas não continha disposições para a gestão dos felinos no caso de estes se tornarem demasiadamente abundantes, exceto em casos de ameaça à vida humana e à propriedade. Poucas pessoas pensaram que o puma poderia se recuperar e se tornar um novo problema, mas em vários casos, em anos recentes, os pumas atacaram e mataram pessoas. Uma estimativa recente sugere que eles devem ser estar com uma população em torno de 4.000 a 6.000 indivíduos na Califórnia.[23] Esses ataques tornaram-se mais frequentes na medida em que as populações de pumas e de homens cresceram, visto que os homens constroem casas nos espaços que esses animais habitavam.

14.9 O *Kirtland's Warbler* e a Mudança Ambiental

Muitas espécies ameaçadas de extinção se adaptam à mudança ambiental e acabam por requerê-la. Quando as ações humanas eliminam aquela mudança, as espécies tornam-se ameaçadas de extinção. Esse fato ocorreu com os *Kirtland's warblers* (*Dendroica kirtlandii*), aves canoras semelhantes a mariquitas que nidificam em florestas de pinheiros no estado de Michigan, EUA (Figura 14.17). Em 1951, o *Kirtland's warbler* tornou-se a primeira ave canora nos EUA a ser objeto de um censo completo e apenas 400 machos foram encontrados. A preocupação com o crescimento dessa espécie começou na década de 1960 e aumentou quando apenas 201 machos foram encontrados no terceiro censo, em 1971.[24] Ambientalistas e pesquisadores tentaram entender o que estava causando o declínio que ameaçava para a extinção da espécie.

Os *Kirtland's warblers* são conhecidos por assentarem seus ninhos tão somente em florestas de pinheiros com 6 a 21 anos de vida. Nessa idade, as árvores possuem de 1,5 a 6 metros de altura e retêm os galhos mortos ao nível do solo. Os pinheiros são uma "espécie de fogo", ou seja, sobrevivem apenas em locais onde ocorrem incêndios periódicos. As pinhas dos pinheiros somente abrem depois de terem sido aquecidas pelo fogo. As árvores são intolerantes à sombra, com habilidade para crescer apenas quando suas folhas podem alcançar a luz do sol; assim, mesmo que as sementes fossem germinadas sob as árvores maduras, a semeadura não poderia crescer na sombra e morreria. Os pinheiros produzem uma abundância de

(*a*)

(*b*)

Figura 14.17 ■ (*a*) Um *Kirtland's warbler* e (*b*) seu hábitat de pinheiros.

galhos mortos, que algumas pessoas veem como uma adaptação evolutiva para promover o fogo, essencial para a sobrevivência da espécie.

Os *Kirtland's warblers,* por conseguinte, requisitam mudanças em intervalos mais curtos — as florestas se incendeiam a cada 20 ou 30 anos, que era aproximadamente a frequência de fogo na floresta de pinheiros no tempo do preestabelecimento.[25] No momento do primeiro assentamento europeu da América do Norte, os pinheiros cobriam a grande área que hoje é Michigan. Ainda recentemente, na década de 1950, estimava-se que os pinheiros cobriam cerca de 200.000 hectares nesse estado. Pequenas ou más-formações foram consideradas uma espécie ruim para o comércio de madeira e foram abandonadas. Mas muitos incêndios florestais sucederam as operações das madeireiras quando grandes quantidades de restos — galhos, ramos e outras partes economicamente indesejáveis das árvores — foram abandonadas na floresta. Em outras regiões, os incêndios foram utilizados para limpar o terreno dos pinheiros e promover o crescimento de mirtilos. Alguns especialistas pensam que a população de *Kirtland's warbler* atingiu seu pico no final do século XIX, como resultado desses incêndios. Depois de 1927, a supressão do fogo tornou-se uma prática e as pessoas foram encorajadas a substituir os pinheiros por espécies mais rentáveis economicamente. O resultado foi que as áreas propícias para a nidificação do *Kirtland's warbler* se encolheram.[29]

Embora isso possa parecer óbvio hoje em dia, não se sabia anteriormente que os *Kirtland's warblers* necessitavam que as florestas se incendiassem. Em 1926, um especialista escreveu que "incêndios devem ser o pior inimigo dos pássaros".[25] Apenas com a introdução do incêndios controlados, após defesa vigorosa de alguns ambientalistas e ornitólogos, foi mantido o hábitat dos *Kirtland's warblers.* O Plano de Recuperação dos *Kirtland's Warblers* — publicado pelo Departamento do Interior e pelo Serviço de Peixes e Animais Selvagens dos Estados Unidos em 1976, e depois atualizado em 1985 — determinou a criação de 15.000 hectares de um novo hábitat para os *Kirtland's warblers,* porque "a prescrição do fogo será a principal ferramenta utilizada para a criação de áreas de regeneração não comercializável de pinheiros em solos pobres".[25] Hoje, estima-se que existam 1.800 machos dessas aves canoras, sugerindo uma população total de 3.600 ou mais de *Kirtland's warblers.*[26]

(a)

(b)

(c)

Figura 14.18 ■ Ilhas ecológicas: (*a*) Central Park em Nova York; (*b*) o topo de uma montanha no Arizona, EUA, onde se encontram os carneiros-das-montanhas-rochosas; (*c*) um parque da vida selvagem na África.

14.10 Ilhas Ecológicas e Espécies Ameaçadas

A história dos *Kirtland's warblers* ilustra uma espécie que habita "ilhas ecológicas", em que os pinheiros estão isolados na faixa etária certa para que eles possam construir seus ninhos. Recordando as lições contidas no Capítulo 8, uma ilha ecológica é uma área biologicamente isolada em que as espécies que lá vivem não se misturam (ou misturam-se raramente) com outras populações da mesma espécie (Figura 14.18). O topo das montanhas e as lagoas isoladas são ilhas ecológicas. Ilhas geográficas reais também são ilhas ecológicas. Conhecimentos adquiridos dos estudos da biogeografia insular têm implicações importantes para a conservação de espécies ameaçadas e para o projeto de parques e de reservas com o objetivo de conservação biológica.

Quase todo parque é uma ilha biológica para algumas espécies. Um parque de uma cidade pequena entre edifícios pode ser uma ilha para árvores e para esquilos. No outro extremo, mesmo um grande parque nacional pode ser uma ilha ecológica. Por exemplo, a Reserva Nacional de Masai Mara na planície de Serengeti, que se estende da Tanzânia ao Quênia, na África Oriental, e outros grandes parques da vida selvagem, no oeste e leste da África, estão tornando-se ilhas de paisagem natural cercadas por assentamentos humanos. Leões e outros felinos de grande porte existem nesses parques como populações isoladas que deixaram de poder andar completamente livres para se misturarem em grandes áreas. Outros exemplos são ilhas de florestas virgens não cortadas pelas madeireiras e ilhas oceânicas em que a pesca intensa isolou partes das populações de peixes.

Quão grande uma ilha deve ser para garantir a sobrevivência de espécies? O tamanho varia de acordo com as espécies, mas pode ser calculado. Algumas ilhas, que parecem grandes, são pequenas para algumas espécies que se deseja conservar. Por exemplo, uma reserva foi abandonada na Índia na tentativa de reintroduzir o leão-indiano em uma área onde havia sido eliminado pela caça e por mudanças de padrões do uso da terra. Em 1957, um macho e duas fêmeas foram introduzidos dentro de 95 km² da reserva da floresta da Chakia, conhecida como Santuário de Chandraprabha. A introdução foi cuidadosamente realizada e a população foi anualmente contada. Eram quatro leões em 1958, cinco em 1960, sete em 1962 e onze em 1965, depois eles desapareceram e nunca mais foram vistos novamente.

Por que eles se foram? Embora 95 km² pareçam grandes para os humanos, os leões-indianos machos têm território de 130 km². Dentro desse território também há fêmeas e jovens. A população que poderia existir por um longo tempo necessitaria de um número tal de territórios, que uma reserva adequada requereria 640 a 1.300 km². Foram sugeridas muitas outras razões para o desaparecimento dos leões, incluindo moradores terem envenenado ou matado os leões a tiros, mas, independentemente da causa imediata, uma área muito maior da inicialmente criada era requerida para a permanência em longo prazo dos leões.

14.11 Utilização de Relações Espaciais na Preservação de Espécies Ameaçadas

O pica-pau-de-cocar-vermelho (*Picoides borealis*) (Figura 14.19*a*) é uma espécie ameaçada da América do Sul, tendo sido contados aproximadamente 15.000 indivíduos.[27] O pica-pau faz seus ninhos em madeira velha e morta ou em pinheiros mortos, e um de seus alimentos é o besouro da casca de pinheiro. Para conservar essa espécie de pássaro é necessário conservar o pinheiro. Mas os pinheiros velhos são casas para besouros, que por sua vez são pestes para as árvores e as danificam para o comércio de madeira. Apresenta-se um problema intrigante: como é possível conservar os pica-paus e o seu alimento (o que inclui o besouro da casca do pinheiro), mantendo também a floresta produtiva?

O clássico caminho do século XX era ver a relação entre o pinheiro, o besouro da casca e o pica-pau como uma cadeia alimentar (veja o Capítulo 6). Mas somente isso não resolve o problema. Uma nova abordagem é a de considerar as exigências do hábitat do besouro e do pica-pau. Esses requisitos são um pouco diferentes. Mas sobrepondo-se o mapa dos requisitos do hábitat de um ao mapa dos requisitos do outro, a co-ocorrência de hábitats pode ser comparada. Iniciando com tais mapas, torna-se possível projetar uma paisagem que permita a manutenção de todos os três: pinheiros, besouros e pássaros.

(*a*)

(*b*)

Figura 14.19 ■ (*a*) Pica-pau-de-cocar-vermelho, ameaçado de extinção e (*b*) o besouro da casca do pinheiro, alimento do pica-pau.

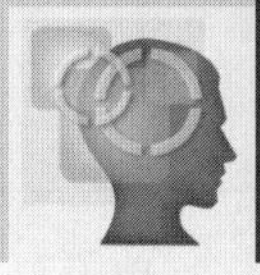

QUESTÕES PARA REFLEXÃO CRÍTICA

Devem-se Reintroduzir Lobos no Parque Adirondack?

Com uma área pouco acima de 24.000 km^2, o Parque Adirondack, ao norte de Nova York, é o maior parque dos 48 estados inferiores estadunidenses. Ao contrário da maioria dos parques, esse tem uma mistura de terras privadas (60%) e públicas (40%) e serve como moradia para 130.000 pessoas. Quando os primeiros colonizadores europeus chegaram a essa área, ela era, como muitas da América do Norte, habitada por lobos-cinzentos. Em 1960, os lobos tinham sido exterminados em todos os 48 estados, exceto no norte de Minnesota. O último avistamento oficial de um lobo em Adirondack ocorreu na década de 1890.

Embora o lobo-cinzento não esteja ameaçado de extinção global — existem mais de 60.000 no Canadá e Alasca — ele era um dos primeiros animais relacionados como ameaçado de extinção de acordo com o Ato das Espécies Ameaçadas, de 1973. Conforme requisitado, o Serviço de Peixes e Animais Selvagens dos Estados Unidos desenvolveu um plano para recuperação que incluía a proteção da população existente e a reintrodução dos lobos em áreas de região selvagem. O plano de recuperação teria sido um sucesso se a sobrevivência da população de lobos de Minnesota fosse assegurada e, pelo menos, outra população de mais de 200 lobos tivesse sido firmada com, no mínimo, 320 quilômetros de distância da população de Minnesota.

Antes desse plano, a população de lobos de Minnesota cresceu e alguns daquela população, tanto quanto outros lobos do sul do Canadá, ficaram dispersos no norte de Michigan e no Wisconsin, cada uma com uma população de aproximadamente 100 indivíduos, em 1998. Da mesma forma, 31 lobos do Canadá foram introduzidos no Parque Nacional de Yellowstone em 1995, e a população cresceu para mais de 100. No final de 1998, parecia quase certo que os critérios para a remoção do lobo da lista de espécies ameaçadas em breve seria cumprida.

Em 1992, quando o resultado do plano de recuperação era ainda incerto, o Serviço de Peixes e Animais Selvagens propôs investigar a possibilidade de reintroduzir lobos no norte do Maine e no parque Adirondack. Uma pesquisa feita com os residentes no estado de Nova York, em 1996, financiado pelos Defensores da Vida Selvagem, uma organização sem fins lucrativos, descobriu que 76% das pessoas que moravam no parque apoiavam a reintrodução. Entretanto, muitos residentes e organizações do parque se opuseram vigorosamente a reintrodução e questionaram a validade da pesquisa. A preocupação central era o perigo potencial para os humanos, para a pecuária e para animais domésticos e o impacto para a população de veados. Em resposta ao clamor público, os Defensores da Vida Selvagem estabeleceram um comitê de consulta aos cidadãos que iniciou dois estudos por especialistas externos, um levando em consideração os aspectos sociais e econômicos da reintrodução e outro com respeito à alimentação dos lobos, se haveria presas suficientes no local e um hábitat adequado para eles.

No quesito presas, os lobos se alimentam principalmente de alces, veados e castores. Como os alces retornaram à Adirondack recentemente, havia aproximadamente 40 deles, número muito menor do que a população necessária para o estabelecimento de lobos. Já os castores são abundantes em Adirondack, com uma população estimada em mais de 50.000. Como os lobos se alimentam preferencialmente de castores na primavera e a população de alces é pequena, a principal fonte de alimento em Adirondack seriam os veados.

Os veados prosperam em áreas de florestas de sucessão primária e hábitats de transição, ambas reduzidas em Adirondack, já que atividades madeireiras têm diminuído em florestas privadas e têm sido completamente eliminadas em terras públicas. Além do mais, o Parque Adirondack está no limite norte da zona de abrangência do veado-de-cauda-branca, onde invernos rigorosos podem significar alta mortalidade. A densidade dos veados em Adirondack, estimada em 3,25/km^2, é menor que a encontrada no hábitat de lobos em Minnesota, que também possui 8.500 alces. Se os veados fossem a única presa disponível, os lobos matariam entre 2,5 e 6,5% da população de veados, enquanto os caçadores abateriam aproximadamente 13% a cada ano. Determinar se a quantidade de presas seria suficiente para a população de lobos é complicado, pelo fato de que os coiotes se mudaram para Adirondack e ocuparam o nicho, que certa época era preenchido pelos lobos. Seria difícil prever se os lobos acrescentariam à morte de mais veados ou se substituiriam os coiotes, sem nenhum impacto líquido sobre a população de veados.

Uma área de 14.000 km^2, em várias partes do parque, condiz com a satisfação dos critérios estabelecidos para os hábitats adequados para os lobos, mas isso é aproximadamente a metade da área necessária para manter uma população de lobos em longo prazo. Baseado na densidade média e no peso dos veados, assim como no alimento requisitado pelos lobos, biólogos estimaram que esse hábitat suportaria aproximadamente 155 lobos. Entretanto, a comunidade humana está espalhada sobre o parque e muitos moradores estavam preocupados que os lobos não permaneceriam em terras públicas e colocariam em perigo os moradores locais, assim como transeuntes, turistas e caçadores. Da mesma forma, as terras privadas ao redor dos limites do parque, com sua grande densidade de veados, vacas leiteiras e pessoas, poderiam atrair os lobos.

Perguntas para Reflexão Crítica

1. Quem deveria tomar decisões a respeito da gestão de vida selvagem, no que se refere às questões como a do retorno dos lobos à Adirondack — pesquisadores, oficiais do governo ou a população?

2. Algumas pessoas defendem deixar a decisão para os lobos — que é esperar que eles se dispersem do sul do Canadá e no Maine para dentro do Adirondack. Estude o mapa do nordeste dos EUA e sudeste do Canadá. Qual é a probabilidade da recolonização natural de Adirondack pelos lobos?

3. Você acha que os lobos deveriam ser reintroduzidos em Adirondack? Se você morasse no parque, isso afetaria a sua opinião? Como a remoção dos lobos da lista de espécies ameaçadas afetaria sua opinião?

4. Alguns biólogos recentemente concluíram que lobos em Yellowstone e na região dos Grandes Lagos pertenceriam a uma subespécie (lobos-das-montanhas-rochosas) diferente daqueles que viviam anteriormente no nordeste dos EUA, os lobos-do-leste. Isso significa que o lobo-do-leste ainda está extinto nos 48 estados inferiores dos EUA. Isso afeta a sua opinião a respeito da reintrodução de lobos em Adirondack?

RESUMO

- Abordagens modernas para a gestão e a conservação da vida selvagem utilizam amplas perspectivas que consideram interações entre espécies, assim como os contextos do ecossistema e da paisagem.
- Necessita-se de certas informações para uma gestão bem-sucedida da vida selvagem para a extração, a conservação e a proteção de espécies em extinção. A mensuração da abundância total e dos nascimentos e de mortes, no decorrer de um longo período, é de grande ajuda. Precisa-se também conhecer o hábitat visto em termos espaciais e quantitativos. A estrutura de idade e outras características da população podem ajudar na gestão, previsão e conservação. Entretanto, ainda é difícil obter esses dados, especialmente as informações históricas.
- Uma meta comum da conservação da vida selvagem hoje é "restaurar" a abundância da espécie para números pretéritos, geralmente o número existente em épocas anteriores à influência da civilização tecnológica moderna. Informações a respeito da abundância em tempos anteriores são raramente encontradas. Algumas vezes, esses números podem ser estimados indiretamente — por exemplo, utilizando os registros de Lewis e Clark para a reconstrução da população de ursos-cinzentos em 1805, ou usando os diários de bordo de navios baleeiros. Além dessa complexidade, a abundância da vida selvagem muda a todo momento em sistemas naturais não influenciados pela civilização tecnológica moderna. E informações históricas nunca são submetidas a testes formais de refutação e, portanto, não podem ser qualificadas como científicas. Informações adequadas existem para relativamente poucas espécies.
- Outra abordagem é procurar a população mínima viável, a capacidade de suporte ou a população sustentável ótima ou a extração baseada em dados que podem atualmente ser obtidos e testados. Essa abordagem abandona a meta de restaurar as espécies para uma hipotética abundância passada.
- A boa notícia é que muitas espécies uma vez ameaçadas têm sido restauradas com sucesso para uma abundância que sugere que estão livres do risco de extinção. O sucesso é alcançado quando o hábitat é restaurado de forma a obter as condições requisitadas pela espécie. A conservação e a gestão da vida selvagem apresentam grandes desafios, mas também oferecem muitas recompensas de longa permanência e significado profundo para a população.

REVISÃO DE TEMAS E PROBLEMAS

População Humana

Hoje os seres humanos são os principais responsáveis pela extinção das espécies. As pessoas também contribuíram para as extinções no passado. Sociedades não industriais causaram extinção por causa de atividades como a caça e a introdução de espécies exóticas em novos hábitats. Com a exploração na época da Renascença e com a Revolução Industrial, a taxa de extinção acelerou. As pessoas alteraram hábitats muito rapidamente, atingindo grandes áreas. A eficiência da caça aumentou, da mesma forma que cresceu a introdução de espécies exóticas em novos hábitats. Na medida em que a população humana cresce, os conflitos a respeito de hábitat entre as pessoas e a vida selvagem aumentam. Mais uma vez, espera-se que os problemas da população humana se tornem subjacentes às questões ambientais.

Sustentabilidade

O cerne das questões que se referem aos recursos da vida selvagem é a sustentabilidade das espécies e do ecossistema do qual essas espécies fazem parte. Uma das questões-chave é saber se esses recursos podem ser sustentados em abundância constante. Em geral, assumiu-se que peixes e outras formas de vidas selvagens que são caçados por recreação, como os veados, podem ser mantidos em algum nível elevado e de constante produtividade. A produção constante é economicamente desejável porque ela proporcionaria um rendimento mais confiável e facilmente previsível a cada ano. Mas, apesar das tentativas de gestão direta, poucos recursos da vida selvagem são mantidos em níveis constantes. Novas ideias a respeito da variabilidade intrínseca de ecossistemas e de populações remetem à questão da suposição de que tais recursos podem ou devem ser mantidos em nível constante.

Perspectiva Global

Embora a extinção final de uma espécie tome espaço em um local, o problema da diversidade biológica e da extinção de espécies é global, devido ao aumento da taxa de extinção por todo o mundo e por causa do crescimento da população humana e de seus efeitos sobre os recursos da vida selvagem.

Tende-se a pensar os recursos da vida selvagem como existentes fora da cidade, mas reconhece-se o seu crescimento no ambiente urbano, tornando-se mais e mais importante na conservação da diversidade biológica. Isso é parcial porque as cidades agora ocupam muitos hábitats suscetíveis em torno do mundo, como o litoral e as zonas úmidas. Parques projetados adequadamente e plantações em quintais podem prover hábitats para algumas espécies ameaçadas. Conforme o mundo se torna crescentemente urbanizado, essa função da cidade assume grande relevância.

Animais selvagens, peixes e espécies ameaçadas de extinção são questões populares. Parece existir um profundo sentimento de conexão com os animais selvagens — os humanos gostam de vê-los e gostam igualmente de saber que eles ainda existem, mesmo que não se possa vê-los. Animais selvagens são sempre símbolos importantes para as pessoas, algumas vezes sagrados. A conservação da vida selvagem de todos os tipos é valiosa para o senso da humanidade, tanto para os indivíduos como para membros de uma civilização.

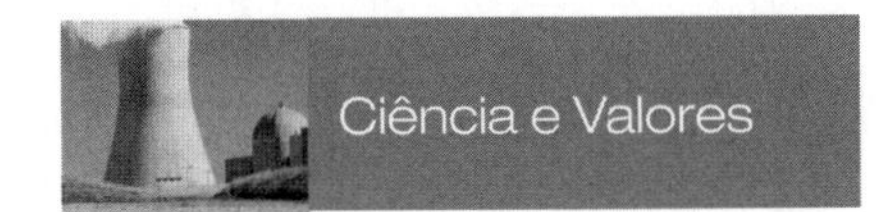

A razão pelas quais as pessoas desejam salvar espécies ameaçadas inicia-se com os valores humanos, incluindo valores assentados na continuação da vida e na função de utilidade pública dos ecossistemas. Entre as maiores controvérsias das questões ambientais em termos de valores são a conservação da diversidade biológica e a proteção de espécies ameaçadas. Os cientistas afirmam o que é possível com respeito à conservação das espécies, onde algumas podem sobreviver e outras não. Em última instância, entretanto, as decisões dos humanos acerca de onde focalizar os esforços na sustentabilidade dos recursos da vida selvagem dependem dos valores.

TERMOS-CHAVE

capacidade de suporte
capacidade logística de suporte
captura por unidade de esforço
extinção global
extinção local
intervalo da variação histórica
rendimento máximo sustentável
população mínima viável
população sustentável ótima
séries temporais

QUESTÕES PARA ESTUDO

1. Por que os humanos são tão malsucedidos em fazer dos ratos uma espécie ameaçada de extinção?
2. Qual é a maior causa de extinção (a) dos últimos tempos e (b) antes de os humanos existirem na Terra?
3. Conforme mencionado no texto, o Serviço de Peixes e Animais Selvagens dos Estados Unidos sugere três chaves indicativas para a situação do urso-cinzento: (1) reprodução suficiente para compensar a existência de níveis de mortalidade causada por humanos, (2) a distribuição adequada dos animais reproduzidos por toda a área e (3) um limite no total da mortalidade causada por humanos. Esses indicadores são o suficiente para assegurar a recuperação da espécie? O que você sugere?
4. Crie um plano para a produção sustentável de salmão conforme a discussão acerca de peixes no estudo de caso.
5. Este capítulo discutiu cinco justificativas para a preservação das espécies ameaçadas. Quais delas se pode aplicar diante do que se segue? (Você pode decidir o que não aplicar).
   a. Os rinocerontes-negros da África
   b. *Pedicularis furbishiae*, uma pequena planta florida da Nova Inglaterra, visto por poucas pessoas
   c. Um besouro novo, ainda sem nome, descoberto na floresta tropical amazônica
   d. Varíola
   e. Cepas selvagens de batata do Peru
   f. A águia-de-cabeça-branca
6. Localize uma ilha ecológica perto de onde você mora que possa visitar. Quais espécies são mais vulneráveis para a extinção local?
7. Ostras já foram abundantes nas águas em torno da cidade de Nova York. Crie um plano para restaurá-las ao número que poderia ser a base para a extração comercial.
8. Utilizando informações disponíveis em livrarias, determine qual a área mínima requisitada para uma população mínima viável dos que seguem:
   a. Felinos domésticos
   b. Guepardos
   c. Jacaré-americano
   d. Borboletas caudas-de-andorinha
9. Uma fazenda e uma reserva serão estabelecidas para abrigar bisões-americanos. A meta do proprietário da fazenda é mostrar que os bisões podem ser uma fonte melhor de carne do que o gado introduzido e, ao mesmo tempo, tem um efeito de detrimentos menor sobre a Terra. A meta da reserva é maximizar a abundância dos bisões. Como diferem os planos da fazenda e da reserva e em que pontos são similares?

LEITURAS COMPLEMENTARES

Botkin, D. B. 2001. *No Man's Garden: Thoreau and a New Vision for Civilization and Nature.* Washington, D.C.: Island Press. Um trabalho que discute profundamente a ecologia e as suas implicações para a conservação biológica, assim como as razões para a conservação da natureza, tanto da perspectiva científica quanto aquelas além da ciência.

Caughley, G. e A. R. E. Sinclair. 1994. *Wildlife Ecology and Management.* London: Blackwell Scientific. Um texto valioso baseado em novas ideias de gestão da vida selvagem.

"Estimating the Abundance of Sacramento River Juvenile Winter Chinook Salmon with Comparisons to Adult Escapement," Final Report Red Bluff Research Pumping Plant Report Series: Volume 5. Preparado por: U.S. Fish and Wildlife Service, Red Bluff Fish and Wildlife Office, 10950 Tyler Road, Red Bluff, CA 96080. Preparado para: U.S. Bureau of Reclamation, Red Bluff Fish Passage Program, P.O. Box 159, Red Bluff, CA 96080, July.

Mackay, R. 2002. *The Penguin Atlas of Endangered Species: A Worldwide Guide to Plants and Animals.* New York: Penguin. Um guia geográfico das espécies ameaçadas.

Pauly, D. J. Maclean e J. L. Maclean. 2002. *The State of Fisheries and Ecosystems in The North Atlantic Ocean.* Washington D.C.: Island Press.

Schaller, George B. e Lu Zhi (fotógrafos) 2002: *Pandas in the Wild: Saving and Endangered Species.* New York: Aperture Publisher. Um ensaio fotográfico a respeito dos esforços dos cientistas para salvar espécies ameaçadas de extinção.

Capítulo 15

Saúde Ambiental, Poluição e Toxicologia

OBJETIVOS DE APRENDIZADO

Podem surgir graves problemas de saúde ambiental e de doenças a partir dos elementos tóxicos existentes na água, no ar, no solo e até mesmo nas rochas em que se constroem moradias. Depois da leitura deste capítulo, deve-se saber:

- De que forma os termos tóxico, poluição, contaminação, carcinógeno, sinergismo e magnificação trófica são empregados na saúde ambiental.
- Quais são as classificações e as características dos grupos mais importantes de poluentes para a toxicologia ambiental.
- Por que há controvérsias e preocupações a respeito dos compostos orgânicos sintéticos como a dioxina.
- Se deve haver preocupação com a exposição aos campos eletromagnéticos produzidos pelo homem.
- O que é o conceito dose–resposta e como ele se relaciona com o DL-50, DT-50 e o DE-50, gradientes ecológicos e tolerância.
- Como funciona o processo de magnificação trófica e por que ele é importante em toxicologia.
- Por que os efeitos limiares das toxinas ambientais são importantes.
- O que é o processo de avaliação de risco em toxicologia e por que tais processos são difíceis e controversos.

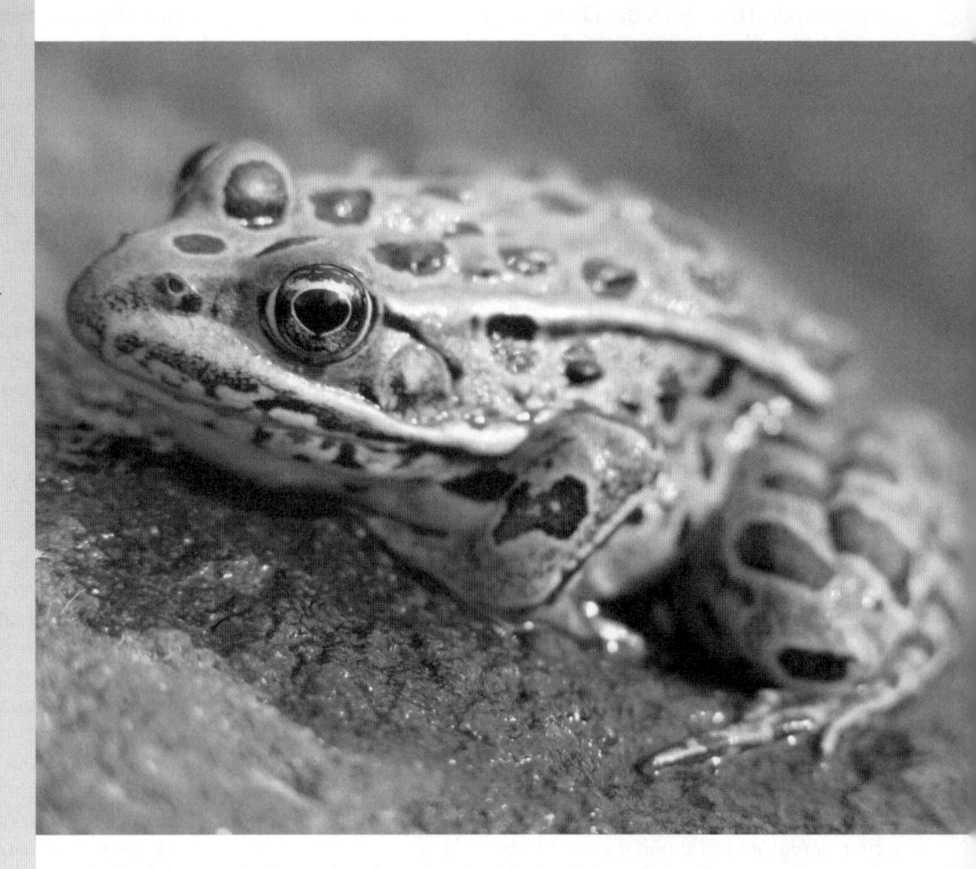

Na América, as rãs-leopardo selvagens têm sido afetadas pelos produtos químicos sintéticos lançados no ambiente.

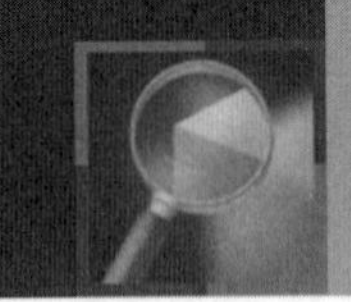

ESTUDO DE CASO

Desmasculinização e Feminilização de Rãs no Meio Ambiente

A história das rãs-leopardo selvagens (ver a foto da abertura) de uma série de áreas no centro-oeste dos Estados Unidos parece uma história de terror da ficção científica. Nas áreas afetadas, de 10% a 92% das rãs macho exibem anomalias gonadais, incluindo atraso no desenvolvimento e hermafroditismo, significando que possuem órgãos reprodutivos masculinos e femininos. Outras rãs possuem sacos vocais com crescimento atrasado. Como os sacos vocais são usados para atrair as rãs fêmeas, essas rãs têm menos probabilidade de se acasalar. Aparentemente, o que está provocando algumas dessas mudanças nas rãs macho é a exposição à atrazina, o herbicida mais utilizado hoje em dia nos Estados Unidos. O produto químico é um exterminador de ervas daninhas utilizado basicamente nas áreas rurais. A região dos Estados Unidos com a frequência mais elevada de inversão sexual (92% das rãs macho) está no Wyoming, ao longo do rio North Platte. A região não está próxima de nenhuma grande atividade agrícola e o uso da atrazina nesse local não é particularmente significante. As rãs hermafroditas são comuns porque o rio North Platte flui de áreas como o Colorado, onde a atrazina é comumente utilizada.

A quantidade de atrazina liberada no ambiente é estimada em aproximadamente 7,3 milhões de kg por ano. O produto químico se degrada no meio ambiente, porém o processo de degradação é mais demorado do que o ciclo de aplicação. Devido a sua aplicação contínua a cada ano, as águas da bacia do rio Mississipi, que irrigam cerca de 40% da parte inferior dos Estados Unidos, descarregam aproximadamente 0,5 milhão de kg de atrazina por ano no Golfo do México. A atrazina adere facilmente às partículas de poeira e tem sido encontrada na chuva, no nevoeiro e na neve. Em consequência disso, contaminou as águas subterrâneas e as águas de superfície nas regiões onde não é empregada. A Agência de Proteção Ambiental dos EUA – EPA (*Environmental Protection Agency*) – afirma que é aceitável até 3 partes por bilhão (ppb) de atrazina na água potável, mas nesta concentração ela afeta definitivamente as rãs que nadam na água. Outros estudos em nível mundial confirmaram isso. Na Suíça, por exemplo, onde a atrazina foi proibida, ela ocorre comumente em uma concentração em torno de 1 ppb, o que é suficiente para transformar algumas rãs macho em fêmea. Na verdade, aparentemente a atrazina pode provocar mudanças de sexo nas rãs, mesmo em concentrações tão baixas quanto um treze avos do nível estabelecido pela EPA para a água potável.

Particularmente interessante e importante é o processo que provoca as mudanças nas rãs-leopardo. A começar pela discussão do sistema endócrino, que é composto por glândulas que secretam hormônios internamente, diretamente na corrente sanguínea. Os hormônios endócrinos, tais como a testosterona e o estrogênio, são transportados pelo sangue para as partes do corpo que regulam e controlam as funções do crescimento e do desenvolvimento sexual. A testosterona das rãs macho é parcialmente responsável pelo desenvolvimento das características masculinas. Acredita-se que a atrazina altere um gene que transforma a testosterona em estrogênio (um hormônio sexual feminino). São os hormônios, não os genes, que regulam realmente o desenvolvimento e a estrutura dos organismos reprodutores.

As rãs são especialmente vulneráveis durante o seu desenvolvimento inicial, antes e na medida em que sofrem a metamorfose de girinos para rãs adultas. Essa mudança ocorre na primavera, quando os níveis de atrazina estão quase sempre no máximo nas águas de superfície. Aparentemente, uma única exposição ao produto químico pode afetar o desenvolvimento da rã. Com isso, o herbicida é conhecido como um desregulador hormonal.

Em um sentido mais amplo, as substâncias que interagem com os sistemas hormonais de um organismo, estejam ou não ligadas às doenças ou anomalias, são conhecidas como agentes hormonalmente ativos (AHAs). Esses AHAs têm a capaci-

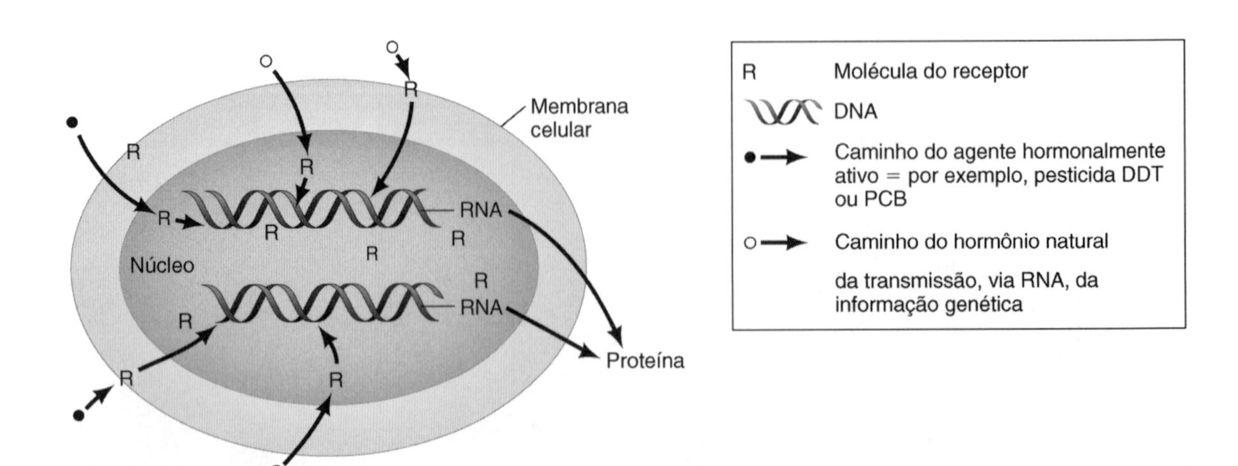

Figura 15.1 ■ Diagrama idealizado dos agentes hormonalmente ativos (AHAs) ligando-se aos receptores na superfície e no interior de uma célula. Quando os AHAs, juntamente com os hormônios naturais, transmitem informações para o DNA da célula, eles podem obstruir o papel dos hormônios naturais que produzem proteínas que, por sua vez, regulam o crescimento e o desenvolvimento de um organismo.

dade de ludibriar o corpo do organismo (neste caso, o da rã) para que ele acredite que o produto químico tem um papel a desempenhar no seu desenvolvimento funcional. Uma analogia com a qual se pode estar mais familiarizado é semelhante ao caso de um vírus de computador que ilude a máquina para aceitá-lo como parte integrante do sistema operacional. De modo similar aos vírus de computador, os AHAs interagem com um organismo e com os mecanismos de regulação do crescimento e do desenvolvimento, assim perturbando e desregulando as funções normais do crescimento.

A Figura 15.1 mostra o que acontece quando os AHAs – em particular, os desreguladores hormonais (tais como pesticidas e herbicidas) – são introduzidos no sistema. Os hormônios naturais produzidos pelo corpo enviam mensagens químicas para as células, onde se encontram receptores para as moléculas de hormônio no exterior e no interior das células. Esses hormônios naturais, por sua vez, transmitem instruções para o DNA da célula, direcionando no final das contas o desenvolvimento e o crescimento. Sabe-se que os produtos químicos, tais como pesticidas e herbicidas, podem também se ligar às moléculas do receptor e imitar ou obstruir o papel dos hormônios naturais. Assim, os desreguladores hormonais igualmente podem ser conhecidos como AHAs.[1-4]

A história das rãs-leopardo selvagens na América dramatiza a importância de se avaliar cuidadosamente o papel que os produtos químicos sintéticos desempenham no ambiente. As rãs e outros anfíbios estão em declínio em nível global e muitas pesquisas têm-se voltado para compreender a diminuição das populações desses animais. Os estudos para avaliar a extinção, passada ou iminente, desses organismos se focam frequentemente nos processos globais como as mudanças climáticas, mas a história das rãs-leopardo conduz a outro caminho, associado com o uso humano do ambiente natural. Da mesma forma, levanta uma série de questões mais perturbadoras: estaria-se participando de um experimento não planejado sobre como os produtos químicos sintéticos, tais como herbicidas e pesticidas, poderiam transformar os corpos dos seres vivos, talvez até mesmo os das pessoas? As mudanças nesses organismos, resultantes da exposição aos produtos químicos, limitam-se apenas a determinadas plantas e animais ou são precursoras do que se pode esperar no futuro em uma escala muito mais ampla? Será que haverá lembranças deste momento de compreensão de como um novo início nos estudos significativos que responderão a algumas destas perguntas importantes?

15.1 Fundamentos

Frequentemente, a **doença** se deve a um desequilíbrio resultante da má adaptação do indivíduo ao ambiente. A enfermidade ocorre de forma contínua, de um estado de saúde para um estado de doença. Entre esses dois estados, tem-se a *zona cinza* da saúde abaixo do ideal, a qual é um estado de desequilíbrio. Na zona cinza uma pessoa pode não ser diagnosticada com uma doença específica, mas pode não estar saudável.[5] Existem muitas zonas cinzas na saúde ambiental, tal como os muitos estados possíveis de saúde abaixo do ideal, a partir da exposição a produtos químicos sintéticos, incluindo: pesticidas; suplementos em alimentos processados, como corantes e conservantes; alteração química da estrutura do alimento, como a adição de gordura saturada artificial; exposição à fumaça do tabaco; exposição aos poluentes do ar, como o ozônio; exposição aos produtos químicos da gasolina e de muitos produtos domésticos de limpeza; e exposição aos metais pesados, como mercúrio ou chumbo. Como resultado da exposição aos produtos químicos no ambiente a partir da atividade humana, pode-se estar no meio de uma epidemia de doenças crônicas sem precedentes na história humana.[5]

A doença raramente tem uma relação única de causa e efeito com o ambiente. Ao contrário, a incidência de uma doença depende de vários fatores, incluindo o ambiente físico, o ambiente biológico e o estilo de vida. As ligações entre esses fatores, muitas vezes, estão relacionadas com outros fatores, tais como os hábitos locais e o nível de industrialização. As sociedades mais primitivas que vivem em locais menos urbanizados normalmente sofrem problemas de saúde ambiental diferentes dos que afetam as sociedades urbanas. Por exemplo, as sociedades industriais quase eliminaram doenças como a cólera, a disenteria e a febre tifoide.

As pessoas frequentemente se surpreendem ao aprender que a água que se bebe, o ar que se respira, o solo que se cultiva e as rochas com as quais se constroem as casas e os locais de trabalho podem afetar as chances de se vivenciar graves problemas de saúde ambiental e doenças (apesar de, conforme sugerido, as relações causais diretas entre o ambiente e as doenças serem difíceis de determinar). Ao mesmo tempo, os fatores ambientais que contribuem para as doenças – solo, rochas, água e ar – também podem influenciar as chances de sobrevivência mais longa e mais produtiva.

Muitas pessoas acreditam que o solo, a água ou o ar no estado natural devem ser bons e que, se as atividades humanas os transformaram ou os modificaram, eles se tornaram contaminados, poluídos e, portanto, ruins.[6] De modo algum essa é a história toda; muitos processos naturais, incluindo as tempestades de poeira, as enchentes e os processos vulcânicos, podem introduzir materiais prejudiciais aos seres humanos e a outros seres vivos no solo, na água e no ar.

(*a*) (*b*)

Figura 15.2 ■ (*a*) Em 1986, o lago Nyos na República dos Camarões, África, liberou dióxido de carbono que desceu pelas encostas dos morros, permanecendo nos lugares baixos, asfixiando animais e pessoas. (*b*) Animais asfixiados por dióxido de carbono.

Um trágico exemplo ocorreu na noite de 21 de agosto de 1986, quando houve uma liberação natural maciça de dióxido de carbono (CO_2) no lago Nyos, na República dos Camarões, África. Provavelmente, o dióxido de carbono foi inicialmente liberado pelos ventos vulcânicos no fundo do lago que ali acumularam ao longo do tempo. A pressão do lago sobrejacente manteve normalmente o gás dissolvido no fundo do próprio lago. No entanto, a água foi evidentemente agitada por um deslizamento ou pequeno terremoto e a água do fundo se moveu para cima. Quando o gás CO_2 atingiu a superfície do lago, rapidamente foi liberado na atmosfera. O gás CO_2, que é mais pesado do que o ar, fluiu para baixo, a partir do lago, e se estabeleceu nas vilas próximas, matando muitos animais e mais de 1.800 pessoas por asfixia (Figura 15.2). Estimou-se que a recorrência de um evento similar poderia acontecer em cerca de 20 anos, supondo que o dióxido de carbono continuasse ser liberado no fundo do lago.[7] Felizmente, um projeto financiado pelo Projeto de Redução de Desastres do Escritório de Relações Exteriores dos EUA (programado para ser concluído no início do século XXI) está inserindo tubulações no fundo do lago Nyos. A água rica em gás é bombeada para a superfície, e então o gás é retirado e liberado com segurança na atmosfera. Em 2001, foi instalado um sistema de alerta e um tubo de desgaseificação liberou um pouco mais de CO_2 do que escoava naturalmente dentro do lago. Dados recentes sugerem que atualmente o único tubo mal consegue dar conta de liberar o CO_2 que continua a entrar na base do lago, então, as 500.000 toneladas de gás que constituem o lago caíram apenas 6%. A essa taxa, pode levar de 30 a 50 anos para tornar o lago Nyos seguro. Nesse ínterim, pode ocorrer outra erupção.[8]

Terminologia

O que se quer dizer quando são utilizados os termos *poluição, contaminação, tóxico* e *carcinógeno*? Um ambiente poluído é o que está impuro, sujo ou de alguma maneira não está limpo. O termo **poluição** se refere a uma mudança indesejada no ambiente provocada pela introdução de materiais prejudiciais ou pela produção de condições prejudiciais (calor, frio, som). **Contaminação** possui um significado similar ao de *poluição* e implica tornar algo impróprio para um determinado uso por meio da introdução de materiais indesejáveis – por exemplo, a contaminação da água por resíduos perigosos. O termo **tóxico** se refere aos materiais (poluentes) que são venenosos para as pessoas e outros seres vivos. **Toxicologia** é a ciência que estuda os produtos químicos que sabidamente são tóxicos ou que poderiam ser tóxicos; os toxicologistas são os pesquisadores desse campo. Um **carcinógeno** é um tipo especial de toxina que aumenta o risco de câncer. Os carcinógenos estão entre as toxinas mais temidas e regulamentadas na sociedade atual.

Um conceito importante na consideração dos problemas da poluição é o **sinergismo**, a interação entre substâncias diferentes, resultando em um efeito total maior do que a soma dos efeitos de cada uma das substâncias. Por exemplo, tanto

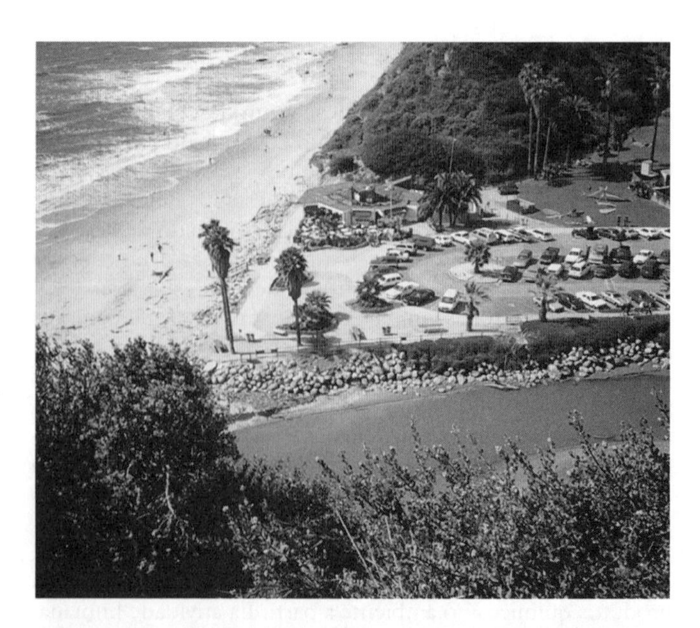

Figura 15.3 ■ Este córrego urbano no sul da Califórnia flui para o oceano Pacífico através de um parque costeiro. A água do córrego transporta com frequência um nível elevado de bactérias de coliformes fecais. Em consequência, o córrego é uma fonte pontual de poluição para a praia que, às vezes, é fechada para o banho em seguida aos eventos de escoamento.

o dióxido de enxofre quanto as partículas de pó do carvão são poluentes do ar. Cada um deles, isoladamente, pode causar efeitos adversos para a saúde, mas quando se combinam, assim como quando o dióxido de enxofre (SO_2) se adere ao pó do carvão, esse pó com SO_2 é inalado mais profundamente do que o dióxido de enxofre isoladamente, provocando danos maiores aos pulmões. Outro aspecto dos efeitos sinérgicos é que o corpo pode ser mais sensível a uma toxina se estiver sujeito simultaneamente a outras toxinas.

Os poluentes são introduzidos comumente no meio ambiente por meio de **fontes pontuais**, tais como as chaminés (ver o Detalhamento 15.1), as tubulações que descarregam em vias navegáveis, um riacho desaguando no oceano (Figura 15.3) ou derramamentos acidentais. As **fontes difusas**, também chamadas de *fontes não pontuais*, são mais difundidas sobre o solo e incluem o escoamento urbano e as **fontes móveis**, tais como a fumaça dos escapamentos de automóveis. As fontes difusas são de difícil isolamento e correção porque o problema muitas vezes está amplamente espalhado por uma região, como o escoamento agrícola que contém pesticidas (ver o Capítulo 22).

Medição da Quantidade de Poluição

Varia bastante a maneira como é relatada a quantidade ou a concentração de um determinado poluente ou toxina presente no ambiente. A quantidade de águas residuárias tratadas que entram na baía de Santa Mônica, na região de Los Angeles, é um número grande divulgado em milhões de litros por dia. A emissão de nitrogênio e de óxidos de enxofre no ar é igualmente um número grande divulgado em milhões de toneladas por ano. Pequenas quantidades de poluentes ou de toxinas no ambiente, como os pesticidas, são relatadas em unidades de partes por milhão (ppm) ou partes por bilhão (ppb). É importante lembrar que a concentração em ppm ou e ppb pode ser em volume, massa ou peso. Em alguns estudos toxicológicos, as unidades empregadas são miligramas de toxina por quilograma de massa corporal (1 mg/kg é igual a 1 ppm). A concentração também pode ser registrada como percentual. Por exemplo, 100 ppm (100 mg/kg) é igual a 0,01%. (Quantas ppm equivalem a 1%?)

Quando se trata da poluição da água, as unidades de concentração para um poluente podem ser miligramas por litro (mg/L) ou microgramas por litro (μg/L). Um miligrama equivale a um milésimo de grama, e um micrograma equivale a um milionésimo de grama. Para os poluentes da água que não causam mudanças significativas na densidade da água (1 g/cm^3), uma concentração de poluição de 1 mg/L é aproximadamente equivalente a 1 ppm. Os poluentes do ar são medidos comumente em unidades como microgramas de poluente por metro cúbico de ar ($\mu g/m^3$).

Unidades como ppm, ppb ou $\mu g/m^3$ refletem concentrações muito pequenas. Por exemplo, se tivesse que ser usado 3 g de sal para temperar a pipoca a fim de obter uma concentração de sal de 1 ppm relativa ao peso da pipoca, teria-se que cozinhar 3 toneladas de sementes de milho!

15.2 Categorias de Poluentes

Apresenta-se, a seguir, uma classificação parcial dos poluentes, de acordo com categorias arbitrárias. Exemplos de outros poluentes são discutidos em outras partes do livro.

Agentes Infecciosos

As doenças infecciosas, disseminadas a partir da interação entre os indivíduos e os alimentos, água, ar ou o solo, constituem alguns dos mais antigos problemas de saúde que a humanidade enfrenta. Atualmente, as doenças infecciosas têm o potencial de apresentar ameaças rápidas, tanto locais quanto globais, disseminando-se em questão de horas por meio de passageiros das companhias aéreas. A atividade terrorista também pode espalhar doenças. A inalação de antrax, causado por uma bactéria, enviada em pó por meio de envelopes pelo correio, no ano de 2001, matou várias pessoas. Novas doenças estão surgindo e as antigas podem emergir novamente. Apesar de se ter a cura de muitas doenças, não se têm vacinas confiáveis conhecidas para outras, tais como o HIV, hantavírus e a dengue.

Doenças que podem ser controladas por meio da manipulação do ambiente, tal como a melhoria do saneamento ou do tratamento da água, são classificadas como questões de saúde ambiental. Embora haja uma grande preocupação com as toxinas e os carcinógenos atualmente produzidos pela sociedade industrial, a maior mortalidade nos países em desenvolvimento é causada por doenças infecciosas ambientalmente transmitidas. Nos Estados Unidos, anualmente ocorrem milhares de casos de doenças causadas pela água e envenenamento por alimentos. Essas doenças podem ser espalhadas pelas pessoas, pelos mosquitos ou pulgas, ou pelo contato com alimentos, água ou solo contaminado. Elas também podem ser transmitidas pelos sistemas de ventilação das construções.

Alguns exemplos de doenças infecciosas transmitidas ambientalmente são:

- Legionelose, ou doença dos Legionários, que ocorre com frequência onde os sistemas de ar condicionado estão contaminados por organismos causadores da doença.
- Giardíase, uma infecção por protozoário do intestino delgado disseminada via alimentos, água ou pelo contato interpessoal.
- Salmonela, uma infecção bacteriana de intoxicação alimentar disseminada pela água ou pelos alimentos.
- Malária, uma infecção por protozoário transmitida por mosquitos.
- Borreliose de Lyme, ou doença de Lyme, transmitida por carrapatos.
- Criptosporidose, uma infecção por protozoário transmitida pela água ou pelo contato interpessoal (ver Capítulo 22).[10]
- Antrax, disseminada por atividades terroristas.

Às vezes ouve-se falar de epidemias nas nações em desenvolvimento. Um exemplo é o vírus Ebola, altamente contagioso na África, que provoca sangramento interno e externo resultando na morte de 80% das pessoas infectadas. Pode-se ter a tendência de se acreditar que tais epidemias são problemas exclusivos das nações em desenvolvimento. Essa crença pode causar uma falsa noção de segurança! Macacos e morcegos espalham o Ebola, mas a origem do vírus, na floresta tropical, ainda é desconhecida. Os países desenvolvidos, onde poderão ocorrer epidemias no futuro, deverão aprender com as experiências dos países em desenvolvimento. Para conseguir isso e evitar tragédias potencialmente globais, mais recursos devem ser direcionados para o estudo das doenças infecciosas em países em desenvolvimento.

Metais Pesados Tóxicos

Os principais **metais pesados** (metais com peso atômico relativamente elevado; ver o Capítulo 5) que apresentam perigo para a saúde das pessoas e para os ecossistemas incluem o mer-

DETALHAMENTO **15.1**

As Fundições de Sudbury: Uma Fonte Pontual

Um exemplo famoso de fonte pontual de poluição é fornecido pelas fundições que refinam os minérios níquel e cobre em Sudbury, Ontário. Sudbury contém um dos maiores depósitos do mundo de minério de níquel e de cobre. Uma série de minas, fundições e refinarias encontra-se em uma pequena área. As chaminés das fundições lançavam ao mesmo tempo grandes quantidades de partículas contendo metais tóxicos – incluindo arsênico, cromo, cobre, níquel e chumbo – na atmosfera, das quais uma boa parte ficava depositada localmente no solo, tornando-o em grande parte infértil. Além disso, como as áreas contêm uma alta porcentagem de enxofre, as emissões incluíam grandes quantidades de dióxido de enxofre (SO_2). Durante o pico de suas emissões, nos anos 1960, esse complexo era a maior fonte individual de emissão de dióxido de enxofre da América do Norte, emitindo 2 milhões de toneladas por ano.

Em 1969, foram criadas regulamentações compulsórias para melhorar a qualidade do ar local, forçando uma redução nas emissões. As concentrações de dióxido de enxofre foram localmente reduzidas em mais de 50% após 1972. Entretanto, as tentativas de minimizar o problema da poluição na vizinhança imediata da operação de fundição, aumentando a altura das chaminés, espalharam o problema na medida em que o vento transportava os poluentes para distâncias maiores. A fim de melhor controlar as emissões de Sudbury, o governo de Ontário estabeleceu padrões para reduzir as emissões para menos de 365.000 toneladas por ano até 1994 (cerca de 14% das emissões anteriores de 2.560.000 toneladas por ano). A meta foi alcançada reduzindo-se a produção das fundições e tratando as emissões para reduzir a poluição.[9]

Como consequência de anos de poluição, descobriu-se que o níquel contaminou os solos a 50 km das chaminés. As florestas, que no passado circundavam Sudbury, foram devastadas por décadas de chuva ácida (produzida pelas emissões de SO_2) e pela deposição de partículas contendo metais pesados. Uma área com aproximadamente 250 km² ficou quase desprovida de vegetação e o dano às florestas da região tem sido visível em uma área com aproximadamente 3.500 km² (ver Figura 15.4). Os efeitos secundários, além da perda da vegetação, incluem a erosão do solo e as mudanças radicais na química do solo, resultante do afluxo de metais pesados.

As reduções nas emissões de Sudbury permitiram que as áreas em sua redondeza começassem lentamente a se recuperar desses efeitos. Espécies de árvores, antes erradicadas em algumas áreas, começaram a crescer novamente. Recentes esforços de restauração incluíram o replantio de 7 milhões de árvores e 75 espécies de ervas, musgos e liquens – todos tendo contribuído para o aumento da biodiversidade. Os lagos danificados pela precipitação ácida na região estão se recuperando e, neste momento, suportam populações de plâncton e de peixes.[9] O caso das fundições de Sudbury, portanto, fornece um exemplo positivo de diminuição da poluição, enfatizando o tema-chave de se pensar globalmente, porém agir localmente, para diminuir a poluição do ar. Ele também ilustra o tema da ciência e dos valores: os pesquisadores e engenheiros podem projetar equipamentos para a redução da poluição, no entanto, gastar dinheiro na compra do equipamento reflete o valor que se dá ao ar limpo.

(*a*)

(*b*)

Figura 15.4 ■ (*a*) Lago St. Charles, Sudbury, Ontário, antes da recuperação. Observe as altas chaminés no fundo e a falta de vegetação em primeiro plano, resultantes da poluição do ar (deposição de ácidos e metais pesados). (*b*) Foto recente mostrando a retomada do crescimento e a recuperação.

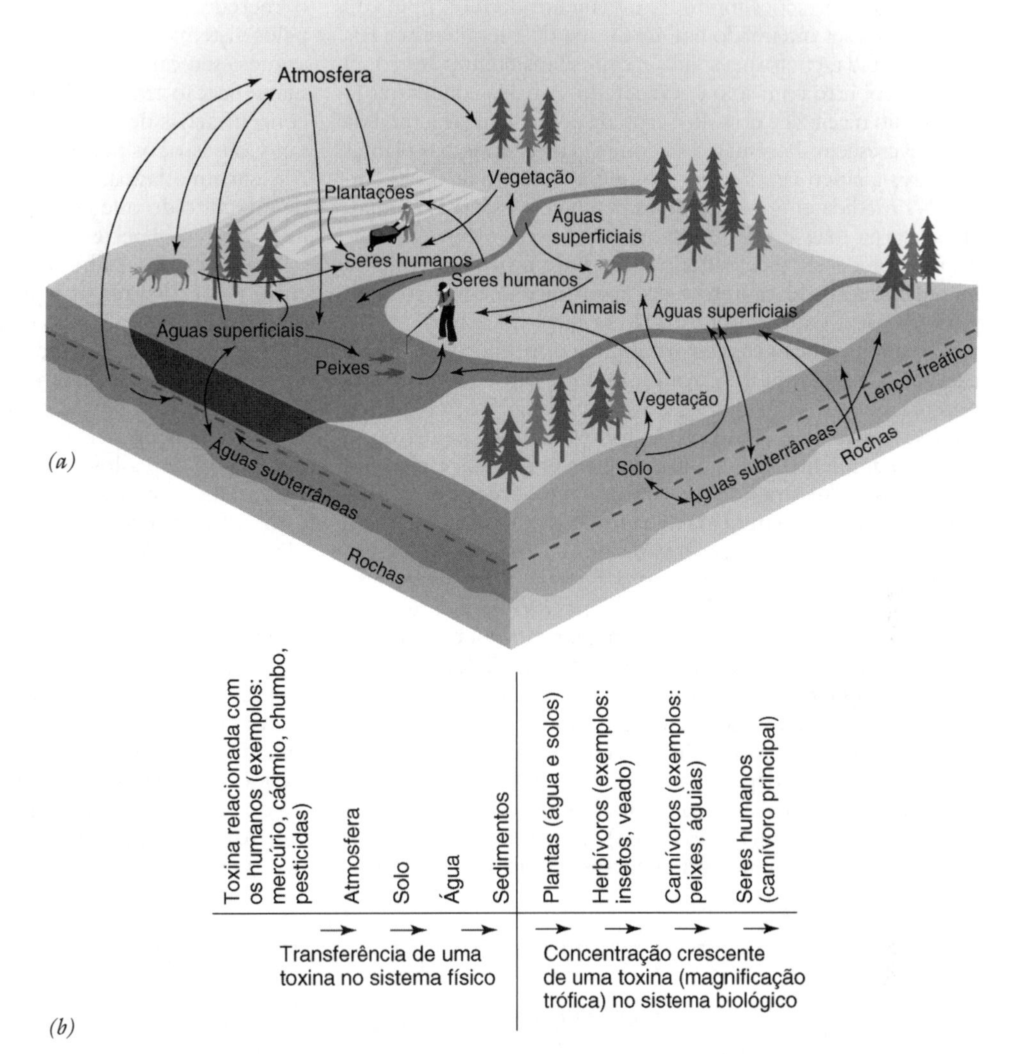

Figura 15.5 ■ (*a*) Vias complexas potenciais para os materiais tóxicos por meio do ambiente vivo e não vivo. Repare nas várias setas direcionadas para os seres humanos e outros animais, às vezes, em concentrações maiores à medida que percorrem a cadeia alimentar (*b*).

cúrio, chumbo, cádmio, níquel, ouro, platina, prata, bismuto, arsênico, selênio, vanádio, cromo e o tálio. Cada um desses elementos pode ser naturalmente encontrado no solo ou na água não contaminados pelos seres humanos. Cada metal possui aplicações na sociedade industrial moderna e cada um deles também é um subproduto da mineração, refino e do uso de outros elementos. Os metais pesados quase sempre produzem efeitos fisiológicos tóxicos diretos. Alguns são armazenados ou incorporados no tecido vivo, às vezes de forma permanente. Os metais pesados tendem a ser armazenados (acumulando-se ao longo do tempo) no tecido adiposo do corpo. Um pouco de arsênico por dia pode culminar em uma dose fatal – o assunto de mais de um mistério de assassinato.

O conteúdo de metais pesados em nossos corpos é conhecido como *carga corporal*. A carga corporal de elementos pesados tóxicos para um corpo humano médio (70 kg) é em torno de 8 mg para o antimônio, 13 mg para o mercúrio, 18 mg para o arsênico, 30 mg para o cádmio e 150 mg para o chumbo. O chumbo (do qual aparentemente não se tem qualquer necessidade biológica) tem uma carga corporal média cerca de duas vezes maior do que a dos demais metais combinados, refletindo a intensa utilização desse metal potencialmente tóxico.

O mercúrio, o tálio e o chumbo são muito tóxicos para os seres humanos. Há muito tempo eles são extraídos e utilizados, sendo bem conhecidas as suas propriedades tóxicas. O mercúrio, por exemplo, é o elemento do "Chapeleiro Maluco".* Em uma época, o mercúrio era utilizado para fazer chapéus de feltro rígidos; como o mercúrio danifica o cérebro, os chapeleiros na Inglaterra vitoriana eram conhecidos por agirem de maneira peculiar. Assim, o Chapeleiro Maluco em *Alice no País das Maravilhas*, de Lewis Carrol, tinha antecedentes reais na história.

Vias Tóxicas

Os elementos químicos liberados das rochas ou dos processos humanos podem se concentrar nos seres humanos (ver o Capítulo 5) por meio de muitas vias (Figura 15.5). Essas vias podem envolver o que se conhece como **magnificação trófica** – o acúmulo ou o aumento na concentração de uma substância no tecido vivo na medida em que ela percorre uma

*O Chapeleiro é um personagem fictício das Aventuras de Alice no País das Maravilhas, de Lewis Carroll. Ele é popularmente conhecido como o "Chapeleiro Maluco". (N.T.)

cadeia alimentar (também conhecida como *bioacumulação* ou *biomagnificação*). Por exemplo, o cádmio, que influencia o risco de doença cardíaca, pode entrar no meio ambiente, pela via das cinzas da queima de carvão. O cádmio existe no carvão em concentrações muito baixas (menos de 0,05 ppm). O carvão após ser queimado em uma usina de energia tem a sua cinza coletada, em forma sólida, e depositada em um aterro. O aterro é coberto com solo e revegetado. A baixa concentração de cádmio na cinza e no solo é captada pelas plantas na medida em que crescem. Porém, a concentração de cádmio nas plantas é de três a cinco vezes maior do que a concentração nas cinzas. Na medida em que o cádmio percorre a cadeia alimentar, ele se torna mais e mais concentrado. No momento em que é incorporado ao tecido das pessoas e de outros carnívoros, a concentração do cádmio é de, aproximadamente, 50 a 60 vezes maior do que a concentração original no carvão.

O mercúrio nos ecossistemas aquáticos proporciona outro exemplo de magnificação trófica. O mercúrio é um poluente potencialmente sério dos ecossistemas aquáticos, tais como lagoas, lagos, rios e oceanos. As fontes naturais de mercúrio no meio ambiente incluem as erupções vulcânicas e a erosão dos depósitos naturais de mercúrio, porém, preocupa-se mais com a contribuição humana de emissão de mercúrio no meio ambiente por meio de processos como a queima de carvão em usinas de energia, incineração de lixo e processamento de metais como o ouro. As taxas de emissão de mercúrio no ambiente através dos processos humanos são pouco compreendidas. Entretanto, acredita-se que as atividades humanas tenham dobrado ou triplicado a quantidade de mercúrio na atmosfera e que esteja crescendo cerca de 1,5% ao ano.[11]

Uma importante fonte de mercúrio em muitos ecossistemas aquáticos é a deposição a partir da atmosfera por meio da precipitação. A maior parte da deposição é de mercúrio inorgânico (Hg^{++}, mercúrio iônico). Uma vez depositado nas águas superficiais, o mercúrio penetra em ciclos bioquímicos complexos, podendo ocorrer um processo conhecido como *metilação*. A metilação transforma o mercúrio inorgânico em metilmercúrio $[CH_3HG]^+$ por meio da atividade bacteriana.

O metilmercúrio é muito mais prejudicial (tóxico) do que o mercúrio inorgânico, sendo eliminado mais lentamente pelos sistemas dos animais. À medida que o metilmercúrio segue o seu caminho através das cadeias alimentares, ocorre a magnificação trófica, de modo que são encontradas maiores concentrações de metilmercúrio bem acima na cadeia alimentar. Com isso, os peixes maiores que comem os peixes menores, em uma lagoa, contêm uma concentração mais elevada de mercúrio do que os peixes pequenos e os insetos aquáticos dos quais esses peixes se alimentam.

A Figura 15.6 exibe aspectos selecionados do ciclo do mercúrio nos ecossistemas aquáticos. A figura enfatiza a entrada do ciclo, da deposição do mercúrio inorgânico até a formação do metilmercúrio, a magnificação trófica e a sedimentação do mercúrio no fundo de um lago. Na saída do ciclo, o mercúrio que penetra nos peixes pode ser ingerido pelos animais que se alimentam de peixes e o sedimento pode liberar mercúrio através de vários processos, incluindo a ressuspensão na água, onde o mercúrio acaba entrando na cadeia alimentar ou é liberado na atmosfera através da volatilização (conversão do mercúrio líquido para uma forma de vapor).

A magnificação trófica também ocorre no oceano. Os peixes maiores, como o atum e o espadarte (peixe-espada), possuem elevadas concentrações de mercúrio, sendo recomendada a limitação do consumo desses peixes. Aconselha-se que mulheres grávidas não os comam.

A ameaça de envenenamento com mercúrio é bem disseminada. Milhões de crianças na Europa, nos Estados Unidos e em outros países industrializados possuem níveis de mercúrio que ultrapassam os padrões de saúde.[12] Mesmo as crianças em áreas remotas do norte distante estão expostas ao mercúrio através de sua cadeia alimentar.

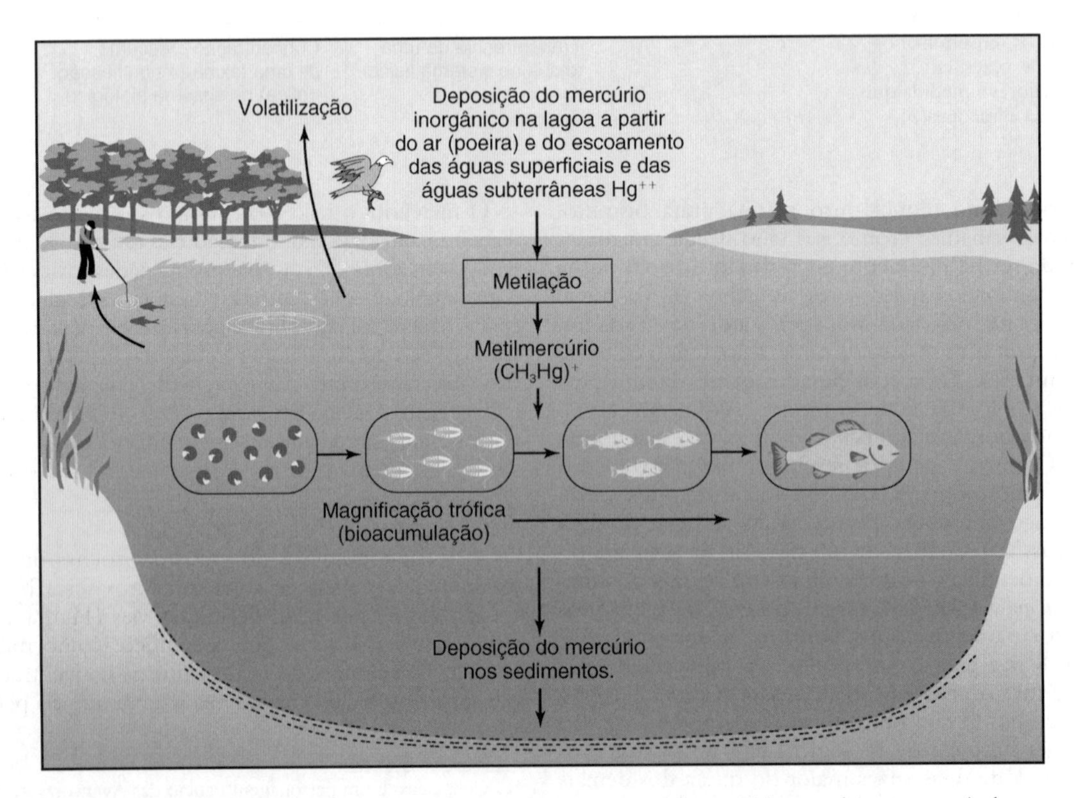

Figura 15.6 ■ Diagrama idealizado exibindo vias selecionadas para a movimentação do mercúrio para dentro e através de um ecossistema aquático. (*Fonte:* Modificado de G. L. Waldbott, *Health Effects of Environmental Pollutants,* 2nd ed. [St. Louis, MO: C. V. Mosby, 1978].)

DETALHAMENTO 15.2

Mercúrio e o Desastre de Minamata, Japão

Na cidade costeira japonesa de Minamata, situada na ilha Kyushu, começou a ocorrer uma enfermidade estranha em meados do século XX. Primeiro ela foi reconhecida nos pássaros que perdiam a coordenação e caíam no solo ou voavam em direção às construções, além dos gatos que enlouqueciam, correndo em círculos e espumando pela boca.[13] A afecção, conhecida pelos pescadores locais como "doença da dança dos gatos", afetou posteriormente as pessoas, particularmente as famílias dos pescadores. Os primeiros sintomas eram sutis: fadiga, irritabilidade, dores de cabeça, falta de sensibilidade nos braços e nas pernas e dificuldade de deglutição. Os sintomas mais graves envolviam os órgãos sensoriais; visão embaçada e campo visual restrito. As pessoas afetadas ficavam com dificuldades de audição e perdiam a coordenação muscular. Algumas se queixavam de um gosto metálico em suas bocas; suas gengivas inflamavam e elas sofriam de diarreia. Foram impetradas ações judiciais e aproximadamente 20.000 pessoas se declararam afetadas. No fim, segundo o governo japonês, quase 3.000 pessoas foram afetadas e perto de 1.800 morreram. As pessoas afetadas viviam em uma pequena área e boa parte das proteínas de sua dieta vinha do peixe da baía de Minamata.

Uma fábrica de cloreto vinílico na baía utilizava mercúrio em uma forma inorgânica em seus processos de produção. O mercúrio era liberado em resíduos descarregados na baía. O mercúrio forma poucos compostos orgânicos e acreditava-se que ele, apesar de venenoso, não chegaria às cadeias alimentares. Mas, o mercúrio inorgânico liberado pela fábrica era convertido pela atividade bacteriana existente na baía em metilmercúrio, um composto orgânico que acabou sendo muito mais prejudicial. Diferentemente do mercúrio inorgânico, o metilmercúrio passa facilmente pelas membranas celulares. Ele é transportado pelos eritrócitos percorrendo todo o corpo e adentra e danifica as células do cérebro.[14] Os peixes absorvem o metilmercúrio da água 100 vezes mais rápido do que absorvem o mercúrio inorgânico. (Não se sabia disso antes da epidemia no Japão.) Uma vez absorvido, o metilmercúrio é retido por duas a cinco vezes mais tempo do que o mercúrio inorgânico.

Em 1982, foram impetradas ações pelos demandantes afetados pelo mercúrio. Vinte e dois anos mais tarde, em 2004 – quase 50 anos depois dos primeiros casos de envenenamento – o governo do Japão aceitou um acordo de 700.000 dólares.

Os efeitos prejudiciais do metilmercúrio dependem de uma série de fatores, incluindo a quantidade ingerida e a rota de ingestão, a duração da exposição e as espécies afetadas. Os efeitos do mercúrio são retardados de três semanas até dois meses a partir do momento da ingestão. Caso cesse a ingestão de mercúrio, alguns sintomas podem desaparecer gradualmente, mas outros são difíceis de reverter.[14]

O episódio do mercúrio, em Minamata, ilustra quatro fatores principais que devem ser considerados na avaliação e no tratamento dos poluentes ambientais tóxicos.

Os indivíduos respondem de forma diferente à exposição à mesma dose, ou quantidade, de um poluente. Nem todos em Minamata reagiram da mesma maneira; houve variações mesmo entre aqueles expostos mais intensamente. Como não se pode prever exatamente como qualquer indivíduo irá reagir, precisa-se encontrar uma maneira de indicar uma resposta esperada de uma determinada porcentagem de indivíduos em uma população.

Os poluentes podem ter um limiar – isto é, um nível abaixo do qual os efeitos não são observáveis e acima do qual os efeitos tornam-se aparentes. Os sintomas apareceram nos indivíduos com concentrações de 500 ppb de mercúrio em seus corpos; não apareceram quaisquer sintomas mensuráveis nos indivíduos com concentrações significativamente menores.

Alguns efeitos são reversíveis. Algumas pessoas se recuperaram quando frutos do mar contendo mercúrio foram eliminados de sua dieta.

A forma química de um poluente, sua atividade e seu potencial para provocar problemas de saúde podem ser acentuadamente alterados por processos ecológicos e biológicos. No caso do mercúrio, sua forma química e sua concentração mudavam na medida em que o mercúrio passava pelas cadeias alimentares.

Fontes: Mary Kugler, R.N. Thousands poisoned, disabled, and killed. About.com. Created October 23, 2004. About.com. Conteúdo de condições relacionadas à saúde e doenças foram revisadas por uma Comissão de Revisão Médica. E também BBC News, "Japan remembers mercury victims." http://news.bbc.co.uk/go/pr/fr/-/2/hi/asia-pacific/4959562.stm Publicada em 2006/05/01 15:03:11 GMT ©BBC MM VIII.

Ao longo do século XX, foram registrados vários incidentes significativos envolvendo o envenenamento com metilmercúrio. Um deles, na baía de Minamata, no Japão, envolveu o lançamento industrial de metilmercúrio (ver o Detalhamento 15.2). Outro, no Irã, envolveu um fungicida à base de metilmercúrio utilizado para tratar sementes de trigo. Em cada um desses casos, centenas de pessoas morreram e milhares ficaram com sequelas.[11] Os casos da baía de Minamata e do Irã envolveram a exposição local ao mercúrio. O que tem sido relatado no Ártico, porém, enfatiza o mercúrio a nível global em uma região distante das fontes de emissão do metal tóxico. O povo Inuit, em Quanea, Groenlândia, vive acima do Círculo Ártico, longe de quaisquer rodovias, e dista 45 minutos de helicóptero do posto avançado mais próximo da sociedade moderna. Todavia, eles estão entre as pessoas quimicamente mais contaminadas do planeta, com 12 vezes mais mercúrio em seu sangue do que o recomendado nas orientações dos EUA. O mercúrio proveniente do mundo industrializado chega ao povo Inuit por meio do que eles comem. As baleias, focas e os peixes que consomem contêm mercúrio que está ainda mais concentrado no tecido e no sangue das pessoas. O processo de concentrações crescentes de mercúrio mais acima na cadeia alimentar é um exemplo de magnificação trófica.[12]

O que precisa ser feito para interromper a toxicidade do mercúrio em nível local ou global é simples. A resposta está na redução das emissões de mercúrio, capturando-o antes da emissão ou usando alternativas para o mercúrio na indústria. O sucesso exigirá a cooperação internacional e a transferência de tecnologia para países como China e Índia que, com seus impressionantes aumentos de produção, são os maiores usuários de mercúrio no mundo atual.[12]

Compostos Orgânicos

Compostos orgânicos são compostos de carbono produzidos naturalmente pelos organismos vivos ou sinteticamente pelos processos industriais humanos. É difícil generalizar os efeitos ambientais e na saúde dos compostos orgânicos produzidos artificialmente, porque existe uma quantidade grande demais desses compostos, há inúmeras aplicações para eles e que podem produzir tipos de efeitos muito diferentes.

Os **compostos orgânicos sintéticos** são utilizados nos processos industriais, no controle de pragas, na indústria farmacêutica e nos suplementos alimentares. Criou-se mais de 20 milhões de produtos químicos sintéticos e tantos outros novos estão surgindo em uma taxa em torno de 1 milhão por ano! A maioria não é produzida comercialmente, mas até 100.000 produtos químicos estão sendo usados hoje ou foram usados no passado. Uma vez usados e dispersados no ambiente, eles podem trazer riscos por décadas ou mesmo por centenas de anos.

Poluentes Orgânicos Persistentes

Alguns compostos sintéticos são chamados de **poluentes orgânicos persistentes**, ou **POPs**. Muitos deles foram produzidos pela primeira vez décadas atrás, quando não se conhecia o perigo que representavam para o ambiente, sendo que atualmente foram banidos ou restringidos (ver a Tabela 15.1 e o Detalhamento 15.3).

Os POPs possuem várias propriedades que os definem:[15]

- Possuem uma estrutura molecular baseada no carbono, contendo frequentemente cloro altamente reativo.
- A maior parte é produzida pelos humanos; ou seja, são produtos químicos sintéticos.
- São persistentes no ambiente; ou seja, não se degradam facilmente no ambiente.
- São poluidores e tóxicos.
- São solúveis em gordura e têm probabilidade de se acumular no tecido vivo.
- Ocorrem em formas que permite o transporte pelo vento, água e por sedimentos através de longas distâncias.

Por exemplo, considere as bifenilas policloradas (PCBs, *Polychlorinated Biphenyls*), que são óleos termoestáveis utilizados como isolante nos transformadores elétricos.[15] Uma fábrica no Alabama produziu PCBs, nos anos 1940, despachando-as para uma fábrica da General Electric em Massachusetts. Elas foram aplicadas em isoladores e montadas em postes em milhares de locais. Os transformadores se deterioraram ao longo do tempo. Alguns foram danificados por raios e outros danificados ou destruídos durante demolições. As PCBs vazaram para o solo ou foram transportadas por escoamentos superficiais para dentro de córregos e rios. Outras se combinaram com a poeira e foram transportadas pelo vento ao redor do mundo.

A poeira contendo PCBs depositou-se em lagoas, lagos ou rios, por onde penetrou na cadeia alimentar. Primeiro, ela penetrou nas algas junto aos nutrientes com os quais ela se combinou. Os insetos comeram as algas e, por sua vez, foram comidos por camarões e peixes. Em cada estágio ascendente da cadeia alimentar, a concentração das PCBs aumentou. Os peixes foram capturados e comidos pelos pescadores. Então, as PCBs foram passadas para as pessoas, onde se concentram no tecido adiposo e no leite materno.

Tabela 15.1 Poluentes Orgânicos Persistentes (POPs) Comuns Selecionados

Produto Químico	*Exemplo de Uso*
Aldrina[a]	Inseticida
Atrazina[b]	Herbicida
DDT[a]	Inseticida
Dieldrina[a]	Inseticida
Endrina[c]	Inseticida
PCBs[a]	Isolantes líquidos nos transformadores elétricos
Dioxinas	Subproduto da produção de herbicidas

Fonte: Parte dos dados provêm de Anne Platt McGinn, "Phasing Out Persistent Organic Pollutants", em Lester R. Brown et al., *State of the World 2000* (New York: Norton, 2000).
[a]Banido nos Estados Unidos e em muitos outros países.
[b]Degrada-se no meio ambiente. É persistente quando aplicado com frequência.
[c]Restrito ou banido em muitos países.

Agentes Hormonalmente Ativos (AHAs)

Os AHAs também são POPs. O estudo de caso da abertura discutiu a feminilização das rãs como resultado da exposição ao herbicida atrazina e pode-se revisar esse estudo de caso no contexto da discussão que aqui prossegue. Um corpo crescente de evidências científicas aponta para determinados produtos químicos no ambiente, conhecidos como **agentes hormonalmente ativos (AHAs)**, como portadores de um potencial para provocar anomalias no desenvolvimento e na reprodução dos animais, incluindo os seres humanos. Entre os AHAS, tem-se uma série de produtos químicos, tais como alguns herbicidas, pesticidas, ftalatos (compostos encontrados em muitos plásticos à base de cloro) e PCBs. Evidências que apoiam a hipótese de que os AHAs estão interferindo no crescimento e no desenvolvimento dos organismos provêm de estudos da fauna em campo e de estudos laboratoriais das doenças humanas, tais como cânceres de mama, próstata e ovário, bem como o desenvolvimento testicular anormal e as anomalias relacionadas com a tireoide.[2]

Além das rãs anteriormente discutidas, estudos da fauna incluem evidências de que as populações de crocodilos na Flórida que foram expostas aos pesticidas como o DDT exibem anomalias genitais e baixa produção de ovos. Os pesticidas também foram associados aos problemas reprodutivos em várias espécies de pássaros, incluindo as gaivotas, cormorões (biguá), pelicanos marrons, falcões e águias. Estão em andamento estudos sobre as panteras da Flórida, que aparentemente possuem baixas proporções de hormônios sexuais, que podem estar afetando sua capacidade de reprodução. Em resumo, os principais distúrbios que têm sido estudados na fauna se concentram nas anomalias que incluem o adelgaçamento das cascas dos ovos dos pássaros, o declínio das populações de vários animais e pássaros, a viabilidade reduzida da prole e as mudanças no comportamento sexual.[1]

Com relação às doenças humanas, muitas pesquisas têm sido realizadas sobre as ligações entre os AHAs e o câncer de mama por meio da exploração das relações entre os estrogênios ambientais e o câncer. Estão em andamento outros estudos para entender as relações entre as PCBs e o comportamento neurológico que resulta em mau desempenho nos testes de inteligência padrão. Finalmente, existe a preocupação de que a exposição das pessoas aos ftalatos, que são encontrados nos plásticos clorados, igualmente, esteja causando problemas. O consumo de ftalatos nos Estados Unidos é considerável, com a exposição mais elevada entre as mulheres em idade fértil. Os produtos que estão sendo testados como fontes de contami-

Dioxina: A Grande Incógnita

A dioxina, um poluente orgânico persistente (ou POP), pode ser um dos produtos químicos sintéticos mais tóxicos que há no ambiente. A história do estudo científico da dioxina e de sua regulação ilustra mais uma vez a interação entre a ciência e os valores. Apesar de a ciência não estar absolutamente certa sobre a toxicidade da dioxina para os seres humanos e para os ecossistemas, a sociedade fez uma série de julgamentos de valor envolvendo a regulação da substância. Há polêmica em torno desses julgamentos e certamente continuará a haver.

A dioxina é um cristal incolor constituído de oxigênio, hidrogênio, carbono e de cloro. Ela é classificada como um composto orgânico por conter carbono. São conhecidos cerca de 75 tipos de dioxinas (e compostos similares); eles se diferenciam uns dos outros pelo arranjo e pelo número de átomos de cloro na molécula.

Normalmente, a dioxina não é produzida de maneira intencional, mas é, sem dúvida, um subproduto resultante de reações químicas, incluindo a combustão de compostos que contêm cloro na produção de herbicidas.[16] Nos Estados Unidos, existem várias fontes de compostos similares à dioxina (especificamente, a dibenzo-*p*-dioxina policlorada [ou CDD] e os dibenzofuranos policlorados [ou CDFs]). Esses compostos são emitidos no ar por meio de processos como a incineração de resíduos urbanos (a fonte principal), incineração de lixo hospitalar, queima de gasolina e diesel nos veículos, queima de madeira como combustível e refino de metais como o cobre.

A boa notícia é que as emissões de CDDs e CDFs diminuíram cerca de 75% de 1987 a 1995. Entretanto, se está apenas no início do entendimento de muitas fontes de emissão de dioxinas no ar, água e solo, além das ligações e das taxas de transferência do transporte aéreo dominante para a deposição na água, no solo e na biosfera. Em muitos casos, as quantidades de dioxinas emitidas se baseiam mais na opinião de especialistas do que em dados de alta qualidade ou até mesmo em dados limitados.[17] Como resultado da incerteza científica, a controvérsia sobre a dioxina certamente continuará a existir.

Apesar de se saber que a dioxina é extremamente tóxica para os mamíferos, as suas ações no corpo humano não são bem conhecidas. O que se sabe é que a exposição suficiente à dioxina (geralmente a partir da carne ou do leite contendo o produto químico) produz uma condição na pele (uma espécie de acne) que pode ocorrer acompanhada pela perda de peso, distúrbios hepáticos e lesão nos nervos.[18]

Estudos sobre animais expostos à dioxina sugerem que alguns peixes, pássaros e outros animais são sensíveis até mesmo quando em pequenas quantidades. Como resultado, ela pode causar dano ambiental amplamente disseminado à fauna, incluindo defeitos congênitos e morte. No entanto, a concentração necessária para provocar riscos à saúde humana ainda é controversa. Estudos sugerem que os trabalhadores expostos a elevadas concentrações de dioxina por mais de um ano têm um risco maior de morrer de câncer.[19]

A EPA (Agência de Proteção Ambiental dos EUA) reclassificou recentemente a dioxina, passando-a de "provável" para "reconhecido" carcinógeno humano. Para a maioria das pessoas expostas, tais como as que mantêm uma dieta rica em gordura animal, a EPA coloca o risco de desenvolver câncer entre 1 em 1.000 e 1 em 100. Essa estimativa representa o maior risco possível para os indivíduos mais expostos. Para a maioria das pessoas, o risco será provavelmente muito menor ou quase zero.[20]

A EPA estabeleceu uma ingestão aceitável de dioxina em 0,006 pg por quilograma de peso corporal por dia (1 pg = 10^{-12} g; ver no Apêndice os prefixos e os fatores de multiplicação). Este nível é considerado muito baixo por alguns pesquisadores que argumentam que a ingestão aceitável deve ser de 100 a 1.000 vezes mais elevada, ou de aproximadamente 1 a 10 pg/dia.[19] A EPA acredita que estabelecer o nível alto assim poderia resultar em efeitos sobre a saúde. Porém, alguns pesquisadores afirmam que a falta de dados impede o estabelecimento de um limite específico de concentração da dioxina, no qual começam os riscos para a saúde.[21]

Conforme indicado por essas incertezas, a toxicidade da dioxina permanecerá obscura até que outros estudos retratem melhor o risco potencial.

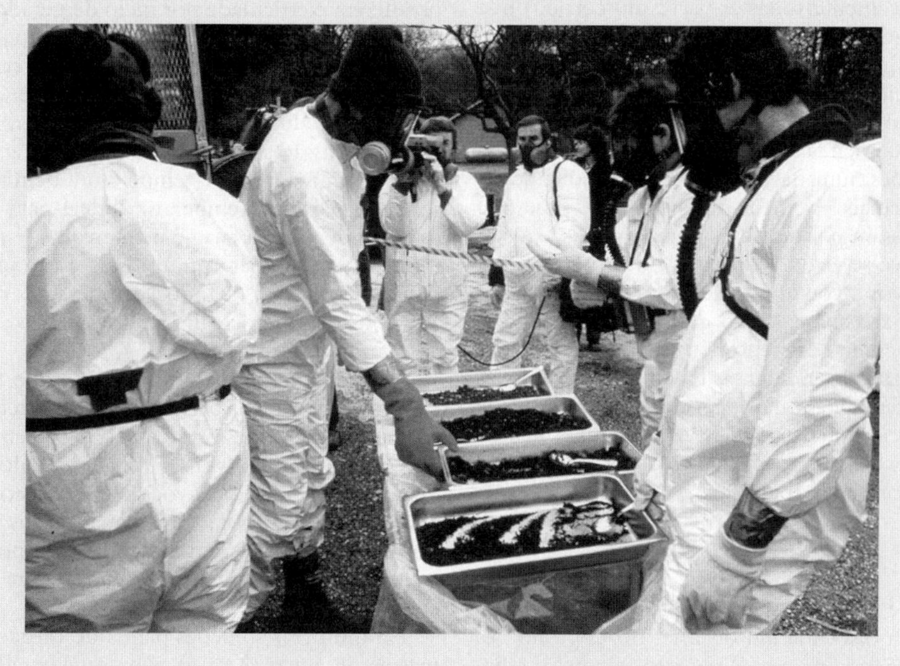

Figura 15.7 ■ Amostras de solo de Times Beach, Missouri, consideradas contaminadas por dioxina.

A dioxina é um produto químico estável e de longa duração, que está se acumulando no ambiente. A análise de sedimentos extraídos do fundo do Lago Superior sugere que a taxa de deposição da dioxina aumentou oito vezes de 1940 a 1970. Entretanto, desde então, as taxas caíram lentamente.[22] Ainda assim, não foi possível determinar de maneira segura, confiável e economicamente viável a limpeza de áreas contaminadas pela dioxina. Muitos locais antigos de descarte de resíduos estão contaminados pela dioxina; que também pode ser encontrada no solo e em córregos a vários quilômetros desses locais.

O problema da dioxina ficou bem conhecido em 1983 quando em Times Beach, Missouri, uma cidade ribeirinha a oeste de Saint Louis, com uma população de 2.400 pessoas, foi evacuada e comprada por 36 milhões de dólares pelo governo. A evacuação e a compra ocorreram após a descoberta de que o óleo aspergido pelas estradas da cidade para controlar a poeira continha dioxina e que a região inteira havia sido contaminada. Times Beach ganhou o título de cidade fantasma de dioxina (Figura 15.7). Hoje, os edifícios foram demolidos e tudo o que resta é uma área gramada e arborizada cercada por arame farpado. A evacuação desde então tem sido vista por alguns pesquisadores (incluindo quem ordenou a evacuação) como uma reação exagerada por parte do governo em relação a um risco reconhecido da dioxina.

A EPA convocou um grupo de pesquisadores para reavaliar o risco de exposição à dioxina para o ambiente e para as pessoas. Relatórios subsequentes concluíram que a dioxina é um provável carcinógeno humano e que a exposição reconhecidamente causa distúrbios nos sistemas endócrino, imune e reprodutivo. Contudo, não é uma ameaça de câncer disseminada e significativa para as pessoas em níveis comuns (muito baixos) de exposição.[23]

O risco de câncer para os trabalhadores expostos aos produtos químicos que contenham altas concentrações de dioxina pode ser ainda mais elevado do que se pensava.[23] Níveis muito baixos de dioxina lançados no meio ambiente podem provocar danos graves à fauna, sensível ao produto químico, causando potencialmente danos significativos aos ecossistemas.[24]

Conforme foi observado, a controvérsia sobre a toxicidade da dioxina não acabou.[25] Alguns pesquisadores ambientais argumentam que a regulação da dioxina deve ser mais rígida, enquanto as indústrias que produzem o composto argumentam que os perigos da exposição são superestimados.

nação incluem os perfumes e outros cosméticos, tais como os esmaltes para unha e o *spray* para cabelos.[1]

Em resumo, há boas evidências científicas de que alguns agentes químicos em concentrações suficientes afetarão a reprodução humana por meio da desregulação endócrina ou hormonal. O sistema endócrino é de importância fundamental porque constitui um dos dois sistemas principais (o outro é o sistema nervoso) que regulam e controlam o crescimento, o desenvolvimento e a reprodução. Nos seres humanos, o sistema endócrino é composto por um grupo de glândulas secretoras de hormônio, incluindo a tireoide, o pâncreas, a pituitária, os ovários (nas mulheres) e os testículos (nos homens). Os hormônios são transportados pela corrente sanguínea para praticamente todas as partes do corpo, onde agem como mensageiros químicos para controlar o crescimento e o desenvolvimento do corpo.[2]

A Academia Nacional de Ciências dos Estados Unidos concluiu uma revisão das provas científicas disponíveis relativas aos AHAs e recomenda o monitoramento contínuo da fauna e das populações humanas quanto ao desenvolvimento e a reprodução anormais. Além do mais, onde se sabe que espécies da fauna passam por declínios populacionais associados a anomalias, deve-se elaborar experimentos para estudar os fenômenos relativos à contaminação química. Em relação aos seres humanos, a recomendação é para estudos adicionais que irão documentar a existência ou não das correlações entre os AHAs e os cânceres humanos. Quando as associações são descobertas, a causalidade também deve ser investigada em termos de latência potencial, relações entre exposição e doença e indicadores de suscetibilidade às doenças de certos grupos de pessoas por idade e pelo sexo.[1]

Radiação

A radiação nuclear é aqui apresentada como uma categoria de poluição. Ela está discutida em detalhes no Capítulo 20, juntamente com a energia nuclear. Preocupa-se com a radiação nuclear porque a exposição demasiada está relacionada aos graves problemas de saúde, incluindo o câncer. (Ver no Capítulo 25, uma discussão sobre o gás radônio como um poluente do ar em ambientes fechados.)

Poluição Térmica

A **poluição térmica** ocorre quando o calor liberado na água ou no ar produz efeitos indesejáveis. A poluição térmica pode ocorrer como um evento súbito, agudo, ou como uma liberação de longo prazo, crônica. As liberações súbitas de calor podem ser resultantes de eventos naturais, tais como incêndios florestais e erupções vulcânicas, ou de eventos induzidos pelo homem, tal como uma queimada agrícola. As fontes principais de poluição térmica são as usinas termelétricas que produzem eletricidade por meio de geradores a vapor. O lançamento de grandes quantidades de água quente em um rio muda a temperatura média da água e a concentração de oxigênio dissolvido (a água quente tem menos oxigênio do que a água fria), alterando assim a composição das espécies do rio (ver a discussão sobre eutrofização no Capítulo 22). Toda espécie tem uma faixa de temperatura dentro da qual consegue sobreviver e uma temperatura ideal para viver. Em algumas espécies de peixe a faixa é pequena e, até mesmo, uma ligeira mudança na temperatura da água é um problema. Os peixes de lago se afastam quando a temperatura da água fica mais de 1,5°C acima do normal; os peixes de rio podem suportar um aumento em torno de 3°C.

O aquecimento da água do rio pode transformar as suas condições naturais e perturbar o ecossistema de várias maneiras. Os ciclos de desova dos peixes podem ser interrompidos e eles podem ter uma suscetibilidade às doenças intensificada; a água mais quente provoca estresse físico em alguns peixes e eles podem se tornar presas mais fáceis para os seus predadores; além disso, a água mais quente pode mudar o tipo e a abundância de alimento disponível para os peixes em várias épocas do ano.

Há inúmeras soluções para a descarga térmica crônica em massas de água. O calor pode ser liberado no ar por torres de arrefecimento (Figura 15.8) ou a água aquecida pode ser armazenada temporariamente até ser resfriada a temperaturas

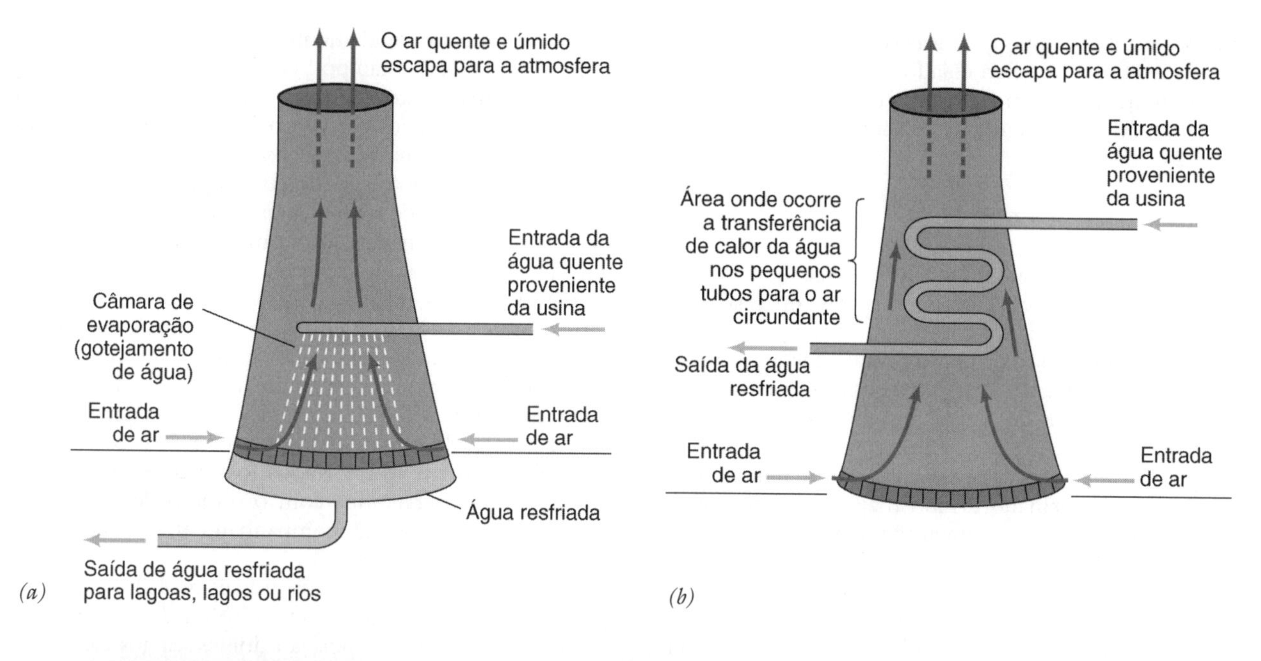

Figura 15.8 ■ Dois tipos de torres de resfriamento. (*a*) Torre de resfriamento úmido. O ar circula pela torre; a água quente escorre e evapora, resfriando a água. (*b*) Torre de resfriamento seco. O calor da água é transferido diretamente para o ar, que sobe e sai da torre. (*c*) Torres de resfriamento lançando vapor na usina de Didcot, Oxfordshire, Inglaterra.

normais. Algumas tentativas foram feitas para a utilização da água aquecida no cultivo de organismos de valor comercial, que requerem águas mais aquecidas. O calor residual de uma usina também pode ser absorvido e utilizado para uma série de finalidades, tal como o aquecimento de edifícios. (Ver no Capítulo 17 uma discussão sobre cogeração.)

Particulados

Particulados são pequenas partículas de poeira (incluindo a fuligem e as fibras de amianto) lançadas na atmosfera por muitos processos naturais e pelas atividades humanas. A agricultura moderna e a combustão de petróleo e do carvão adicionam quantidades consideráveis de particulados na atmosfera, assim como as tempestades de poeira, incêndios (Figura 15.9) e as erupções vulcânicas. As erupções de 1991 do Monte Pinatubo, nas Filipinas, foram as maiores erupções vulcânicas do século XX, lançando explosivamente enormes quantidades de cinzas vulcânicas, dióxido de enxofre e de outros materiais vulcânicos e de gases na atmosfera a até 30 km de altura. As erupções podem ter um impacto significativo no ambiente global e estão vinculadas às mudanças climáticas globais e à diminuição do ozônio estratosférico (ver Capítulos 23 e 26).

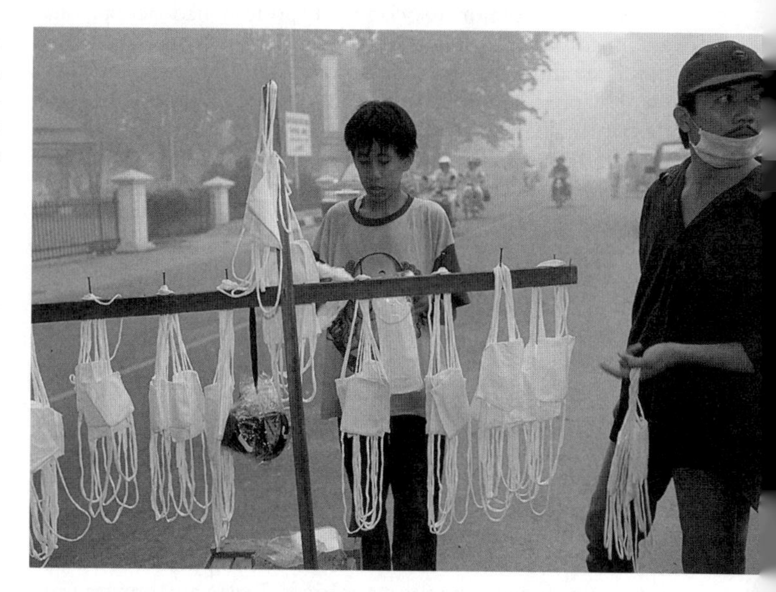

Figura 15.9 ■ Incêndios na Indonésia, em 1997, causaram graves problemas de poluição do ar. As pessoas aqui estão comprando máscaras cirúrgicas em uma tentativa de respirar um ar mais limpo.

Além disso, muitas toxinas químicas como os metais pesados entram na biosfera como particulados. Algumas vezes, as partículas não tóxicas se ligam a substâncias tóxicas, criando uma ameaça sinergética. (Ver a discussão sobre os particulados no Capítulo 24.)

Amianto

Amianto é um termo para inúmeros minerais que assumem a forma de partículas pequenas e alongadas, ou seja, fibras. O uso industrial do amianto contribuiu para a prevenção de incêndios e proporcionou proteção para o superaquecimento dos materiais. O amianto é também utilizado como isolamento para uma série de finalidades. Infelizmente, porém, o contato excessivo com o amianto levou à asbestose (uma doença pulmonar provocada pela inalação do amianto) e ao câncer em alguns trabalhadores industriais. Experimentos com animais demonstraram que o amianto pode fazer com que tumores se desenvolvam, caso as suas fibras se incorporarem ao tecido pulmonar.[24] Acredita-se que o risco relacionado a certos tipos de amianto, sob determinadas condições, é tão grave que medidas extraordinárias têm sido tomadas para diminuir a presença do amianto ou proibi-lo em caráter definitivo. O processo dispendioso de remoção do amianto dos edifícios antigos (particularmente das escolas) nos Estados Unidos é uma dessas medidas.

Existem vários tipos de amianto e eles não são igualmente perigosos. A forma mais comumente usada nos Estados Unidos é o amianto branco proveniente do mineral crisotila. Ele tem sido empregado como um material isolante ao redor de tubos, em pisos e forros de teto, e em revestimentos dos freios de automóveis e de outros veículos. Aproximadamente 95% dos amiantos hoje aplicados nos Estados Unidos são do tipo crisótilo. A maioria desses tipos de amianto foi extraída no Canadá e estudos sobre a saúde ambiental dos mineradores canadenses mostram que a exposição ao amianto de crisotila não é particularmente perigosa. Estudos envolvendo outros tipos de amianto (amianto azul) sugerem que a exposição a esse mineral pode ser muito perigosa e que, evidentemente, causa doenças pulmonares. Vários outros tipos de amianto também se mostraram nocivos.[24]

Há muito temor associado à exposição não ocupacional ao amianto de crisotila nos Estados Unidos. Quantias formidáveis de dinheiro têm sido gastas para removê-lo dos lares, escolas, prédios públicos e de outros locais, apesar do fato de não ter havido nenhuma doença relacionada ao amianto registrada entre as pessoas expostas à crisotila em circunstâncias não ocupacionais. Pensa-se agora que grande parte da remoção foi desnecessária e que o amianto de crisotila não apresenta um risco significativo à saúde. São necessárias mais pesquisas sobre os riscos à saúde de outras variedades de amianto, para melhor compreender o problema potencial e para traçar estratégias que visem eliminar potenciais problemas de saúde.

Campos Eletromagnéticos

Os **campos eletromagnéticos (CEMs)** fazem parte da vida diária nas cidades. Os motores elétricos, as linhas de transmissão de energia dos serviços públicos e os eletrodomésticos – como torradeiras, cobertores elétricos, computadores e celulares – produzem campos magnéticos. Existe atualmente uma controvérsia sobre se esses campos trazem riscos para a saúde.

Inicialmente, os pesquisadores não acreditavam que os campos magnéticos fossem prejudiciais, porque os campos decaem, gradual e rapidamente, com a distância para a fonte e as intensidades dos campos, com os quais a maioria das pessoas entra em contato, são relativamente fracas. Por exemplo, os campos magnéticos gerados pelas linhas de transmissão de energia ou por um terminal de computador são normalmente apenas 1% do campo magnético da própria Terra; diretamente debaixo das linhas de transmissão, o campo elétrico induzido no corpo é aproximadamente o mesmo que o corpo produz naturalmente dentro das células.

Vários estudos iniciais, porém, concluíram que as crianças expostas a CEMs de linhas de transmissão têm um risco maior de contrair leucemia, linfomas e cânceres do sistema nervoso.[28] Os pesquisadores concluíram que as crianças tão expostas têm de 1,5 a 3 vezes mais probabilidades de desenvolver câncer, do que as crianças com exposição muito baixa aos CEMs, porém os resultados foram questionados devido aos problemas percebidos com o projeto de pesquisa (problemas de amostragem, acompanhamento das crianças e da avaliação da exposição ao CEM).

Um estudo posterior analisou mais de 1.200 crianças, das quais aproximadamente a metade sofria de leucemia aguda. Foi preciso estimar a exposição doméstica aos campos magnéticos gerados pelas linhas de transmissão, nas proximidades nos lares atuais e nos anteriores dessas crianças. Os resultados desse estudo, que é a maior pesquisa do gênero até hoje, concluiu que não há associação entre a leucemia infantil e a exposição medida aos campos magnéticos.[25,26]

Outro estudo comparou a exposição aos campos magnéticos dos trabalhadores dos serviços públicos de fornecimento de energia com a incidência de câncer no cérebro e leucemia. Esse estudo revelou que a associação entre a exposição aos campos magnéticos e o câncer no cérebro e a leucemia não é forte nem estatisticamente significativa.[27]

Dizer que os dados não são estatisticamente significativos é outra maneira de afirmar que a relação entre a exposição e a doença não pode ser razoavelmente estabelecida, dado o banco de dados que foi analisado. Isso não quer dizer que dados adicionais em um estudo futuro não venham a descobrir uma relação estatisticamente expressiva. As estatísticas são capazes de prever a intensidade da relação entre as variáveis, como a exposição a uma toxina e a incidência de uma doença, mas não conseguem provar uma relação de causa e efeito entre essas variáveis.

Em resumo, apesar dos inúmeros estudos que foram concluídos a fim de avaliar as relações entre a doença e a exposição aos campos magnéticos, no ambiente urbano moderno, a questão ainda está em aberto. Parece haver alguma indicação de que os campos magnéticos podem causar problemas, mas até agora os riscos são relativamente pequenos e de difícil quantificação.

Poluição Sonora

Poluição sonora é o som indesejado. O som é uma forma de energia que viaja em ondas. Escuta-se o som porque os ouvidos respondem às ondas sonoras por meio das vibrações do tímpano. A sensação de sonoridade está relacionada com a intensidade da energia transportada pelas ondas sonoras, sendo medida em unidades de decibéis (dB). O limite inferior para a audição humana é 0 dB; o nível de som médio no interior de um domicílio está em torno de 45 dB; o som de um automóvel, cerca de 70 dB; e o som de um avião a jato decolando, por volta de 120 dB (ver Tabela 15.2). Um aumento de 10 vezes na intensidade de um determinado som acrescenta 10 unidades de decibel na escala. Um aumento de

Tabela 15.2 **Exemplos de Níveis Sonoros**

Fonte Sonora	*Intensidade do Som (dB)*	*Percepção Humana*
Limiar auditivo	0	
Farfalhar das folhas	10	Muito silencioso
Sussurro fraco	20	Muito silencioso
Domicílio comum	45	Silencioso
Tráfego leve (30 m de distância)	55	Silencioso
Conversa normal	65	Silenciosa
Motosserra (15 m de distância)	80	Moderadamente alta
Sobrevoo de um avião a jato a 300 m	100	Muito alto
Show de rock	110	Muito alto
Trovão (perto)	120	Desconfortavelmente alto
Decolagem de um avião a jato a 100 m	125	Desconfortavelmente alta
	140	Limiar da dor
Motor de foguete (perto)	180	Lesão traumática

100 vezes acrescenta 20 unidades de decibel.[13] A escala de decibel é logarítmica; ela aumenta exponencialmente como uma potência de 10. Por exemplo, 50 dB é 10 vezes mais alto do que 40 dB e 100 vezes mais alto do que 30 dB.

Os efeitos ambientais do ruído dependem não só da energia total, mas também da altura, frequência, padrão de tempo e duração da exposição ao som. Os ruídos muito altos (mais de 140 dB) causam dor e os níveis altos podem provocar perda auditiva permanente. O ouvido humano pode suportar um som de até 60 dB sem danos ou perda auditiva. Qualquer som acima de 80 dB é potencialmente perigoso. O barulho de um cortador de grama ou de uma motocicleta começará a danificar a audição após oito horas de exposição. Nos últimos anos, tem havido uma preocupação com os adolescentes (e idosos, em relação a essa questão) que sofreram alguma perda de audição permanente, em seguida à exposição prolongada ao rock amplificado (110 dB). Em um nível sonoro de 110 dB, pode ocorrer o dano auditivo após um tempo de exposição de apenas meia hora. Os sons altos no local de trabalho são outro perigo. Os níveis de ruído abaixo do nível de perda auditiva ainda podem interferir na comunicação humana e podem causar irritabilidade. O ruído na faixa de 50 dB a 60 dB é suficiente para interferir no sono, produzindo uma sensação de fadiga ao acordar.

Exposição Voluntária

A exposição voluntária às toxinas e aos produtos químicos potencialmente prejudiciais é chamada, às vezes, de exposição aos poluentes pessoais. Dentre esses, os mais comuns são o tabaco, o álcool e outras drogas. O uso e o abuso dessas substâncias levaram a várias doenças humanas, incluindo o óbito e a doença crônica; atividade criminosa, como direção perigosa e homicídio culposo; perda de carreira; crimes de rua; e a tensão nas relações humanas em todos os níveis.

Evidências científicas demonstraram que o uso do tabaco, em todas as suas formas, não só cria o hábito, como é perigoso para a saúde humana. O tabaco contém diversos componentes tóxicos, carcinógenos, radioativos e viciantes. Estima-se que 30% de todos os cânceres nos Estados Unidos estão ligados aos distúrbios relacionados ao fumo. Segundo a Sociedade Americana de Câncer, o consumo de cigarros é responsável por aproximadamente 80% dos cânceres de pulmão; o fumo passivo também é perigoso, assim como os produtos de tabaco, como o fumo de mascar. Embora o número de pessoas que fumam nos Estados Unidos, como uma porcentagem dos adultos, tenha diminuído nos últimos anos, os jovens e as pessoas nos países em desenvolvimento ainda estão se viciando em cigarros e charutos.

Muitas pessoas em sociedade utilizam álcool em reuniões e em comemorações sociais. Aproximadamente 70% de todos os adultos norte-americanos bebem um pouco de álcool, sendo que o uso moderado do álcool é legal e aceito pela sociedade. Entretanto, quando consumido sem moderação, o álcool causa problemas muito graves. Cerca de metade das mortes em acidentes de automóvel está relacionada ao uso de álcool pelos motoristas. Além disso, quantidades significativas de crimes violentos e de outras atividades criminosas são cometidas por pessoas sob a influência do álcool. Algumas pessoas acreditam que o álcool é a droga utilizada com mais exagero na sociedade contemporânea. Jovens não familiarizados com a toxicidade potencial do álcool morreram de overdose dessa substância (por exemplo, ao beberem 21 doses em seus aniversários de 21 anos). O alcoolismo crônico tem muitas consequências tóxicas, incluindo a insuficiência hepática e cardíaca.

Diversas drogas ilegais são comumente consumidas nos Estados Unidos e em outras partes do mundo. Essas drogas provocam vários efeitos em seus usuários, mas o resultado final é quase sempre a degradação da mente e/ou do corpo. As drogas ilegais são particularmente perigosas porque sua potência, composição e outras características químicas raramente estão sujeitas ao controle de qualidade. As drogas sintéticas têm despertado interesse particular nos últimos anos, pois são viciantes e capazes de provocar problemas de saúde e até mesmo a morte – em alguns casos – nos usuários de primeira viagem.

15.3 Efeitos Gerais dos Poluentes

Quase todas as partes do corpo humano são afetadas por algum poluente, como mostra a Figura 15.10*a*. Por exemplo, o chumbo e o mercúrio (lembre-se do Chapeleiro Maluco) afetam o cérebro; o arsênico afeta a pele; o monóxido de carbono, o coração; e o flúor, os ossos. A fauna também é afetada. Os locais dos efeitos dos principais poluentes na fauna estão mostrados na Figura 15.10*b*; os efeitos dos poluentes sobre as populações da fauna estão listados na Tabela 15.3.

As listas de toxinas potenciais e os locais do corpo afetados em seres humanos e em outros animais, na Figura 15.10, podem ser um pouco enganadores. Por exemplo, os hidrocarbonetos clorados, como a dioxina, são armazenados nas células adiposas dos animais, mas causam danos não só a essas células adiposas como, igualmente, ao organismo inteiro por meio da doença, pele danificada e defeitos congênitos. De modo similar, uma toxina que afeta o cérebro, tal como o mercúrio, causa uma ampla gama de problemas e de sintomas, como foi ilustrado no exemplo de Minamata, Japão (discutido no Detalhamento 15.2). O valor da Figura 15.10 está para auxiliar no entendimento dos efeitos adversos gerais da exposição excessiva aos produtos químicos.

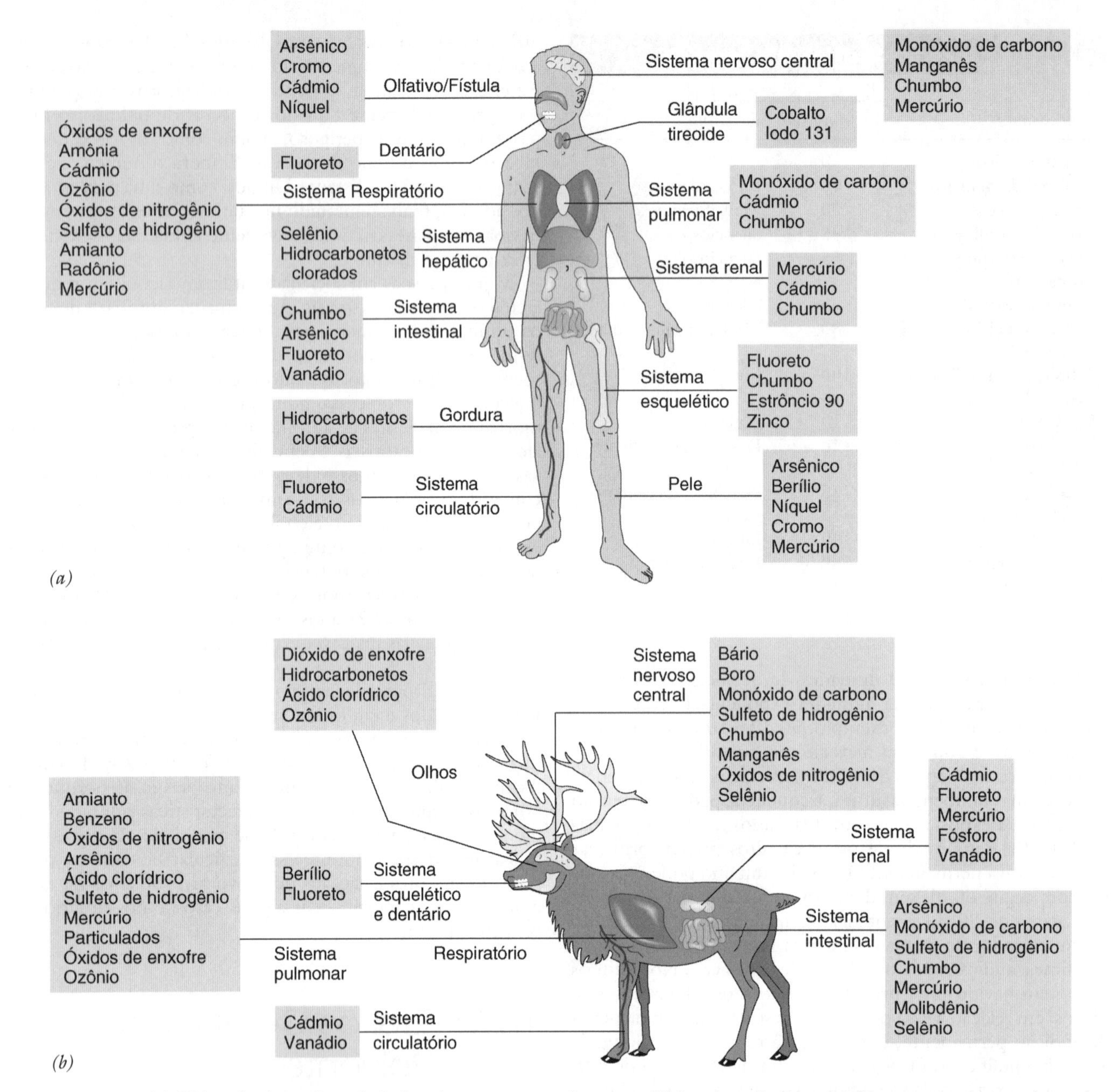

Figura 15.10 ■ (*a*) Efeitos de alguns dos principais poluentes nos seres humanos. (*b*) Locais conhecidos de efeitos provocados por alguns dos principais poluentes na fauna. (*Fontes*: [*a*] G. L. Waldbott, *Heath Effects of Environmental Pollutants*, 2nd ed. [St. Louis, MO: Mosby, 1978]. Copyright 1978 by C. V. Mosby. [*b*] J. R. Newman, *Effects of Air Emissions on Wildlife Resources*, U.S. Fish and Wildlife Services Program, National Power Plant Team, FWS/OBS-80/40 [Washington, D.C.: U.S. Fish and Wildlife Service, 1980].)

Tabela 15.3 **Efeitos dos Poluentes na Biodiversidade**

Efeito na População	*Exemplos de Poluentes*
Mudanças na abundância	Arsênico, amianto, cádmio, fluoreto, sulfeto de hidrogênio, óxidos de nitrogênio, particulados, óxidos de enxofre, vanádio, POPs[a]
Mudanças na distribuição	Fluoreto, particulados, óxidos de enxofre, POPs
Mudanças nas taxas de natalidade	Arsênico, chumbo, POPs
Mudanças nas taxas de natalidade	Arsênico, amianto, berílio, boro, cádmio, fluoreto, sulfeto de hidrogênio, chumbo, particulados, selênio, óxidos de enxofre, POPs
Mudanças nas taxas de crescimento	Boro, fluoreto, ácido clorídrico, chumbo, óxidos de nitrogênio, óxidos de enxofre, POPs

[a]Pesticidas, PCBs, agentes hormonalmente ativos, dioxina e DDT são exemplos (ver Tabela 15.1).
Fonte: J. R. Newman, *Effects of Air Emissions on Wildlife*, U.S. Fish and Wildlife Service, 1980. Biological Services Programa, National Power Plant Team, FWS/OBS-80/40, U.S. Fish and Wildlife Service, Washington, D.C.

Conceito de Dose–Resposta

Cinco séculos atrás, o médico e alquimista Paracelso escreveu que "tudo é venenoso, ainda que nada seja venenoso". Com isso, ele quis dizer essencialmente que uma substância em uma quantidade grande demais pode ser perigosa, ainda que em uma quantidade extremamente pequena ela possa ser relativamente inofensiva. Todo elemento químico possui um espectro de possíveis efeitos em um determinado organismo. Por exemplo, o selênio é necessário em pequenas quantidades para os seres vivos, mas pode ser tóxico ou aumentar a probabilidade de câncer no gado e na fauna quando existe em altas concentrações no solo. O cobre, o cromo e o manganês são outros elementos químicos necessários em pequenas quantidades para os animais, porém tóxicos em quantidades maiores.

Há muitos anos é reconhecido que o efeito de um determinado produto químico sobre um indivíduo depende de sua dose. Esse conceito é denominado **dose–resposta**. A dependência da dose pode ser representada por uma curva dose–resposta generalizada, tal como a exibida na Figura 15.11.

Quando várias concentrações de um produto químico presente em um sistema biológico são representadas em relação aos efeitos sobre o organismo, duas coisas ficam aparentes. Primeiro, as concentrações relativamente grandes são tóxicas e até mesmo letais (pontos *D*, *E* e *F*, na Figura 15.11). Segundo, as concentrações residuais podem ser benéficas para a vida (entre os pontos *A* e *D*); e a curva dose–resposta forma um platô de concentração de benefícios ideais entre dois pontos (*B* e *C*). Os pontos *A*, *B*, *C*, *D*, *E* e *F*, na Figura 15.11, são limiares importantes na curva dose–resposta. Infelizmente, as quantidades nas quais os pontos *E* e *F* ocorrem são conhecidas apenas para umas poucas substâncias, para poucos organismos, incluindo as pessoas; e o ponto *D*, muito importante, é quase desconhecido. As doses benéficas, prejudiciais ou letais podem diferir bastante para distintos organismos e são difíceis de serem caracterizadas.

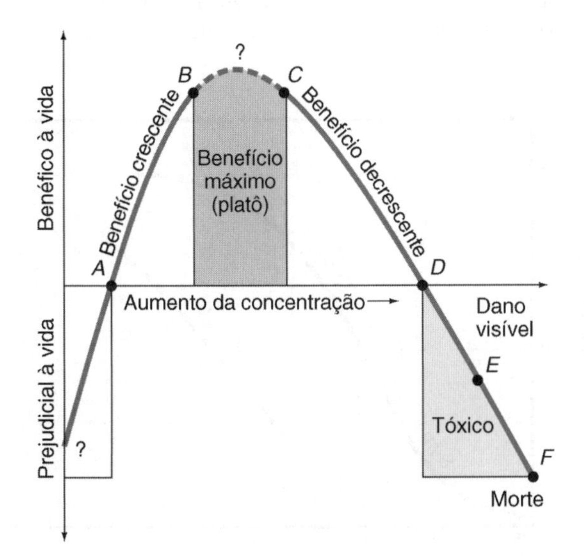

Figura 15.11 ▪ Curva de dose–resposta generalizada. As baixas concentrações de um produto químico podem ser prejudiciais à vida (abaixo do ponto *A*). À medida que a concentração do produto químico aumenta de *A* para *B*, aumenta o benefício à vida. A concentração máxima benéfica fica no platô de benefício (*B–C*). As concentrações acima desse platô proporcionam cada vez menos benefícios (*C–D*) e serão nocivas à vida (*D–F*) na medida em que as concentrações tóxicas forem alcançadas. O aumento das concentrações acima do nível tóxico pode resultar em morte.

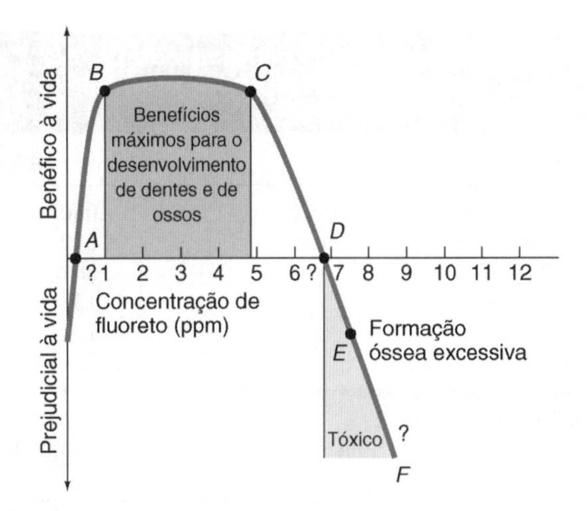

Figura 15.12 ▪ Curva de dose–resposta geral para o fluoreto mostrando a relação entre a concentração de fluoreto e o benefício fisiológico.

O flúor fornece um bom exemplo do conceito geral de dose–resposta. O flúor forma compostos fluoretados que previnem as cáries e promovem o desenvolvimento de uma estrutura óssea saudável. As relações entre as concentrações de fluoretos (em um composto de flúor, tal como o fluoreto de sódio, NaF) e a saúde exibem uma curva dose–resposta específica (Figura 15.12). O platô para uma concentração mais eficiente de fluoreto (do ponto *B* para o *C*) que reduz as cáries dentárias (cavidades) é de 1 ppm, aproximadamente, a menos de 5 ppm. Níveis superiores a 1,5 ppm não diminuem significativamente as cáries, mas aumentam a ocorrência de descoloração dos dentes. Concentrações de 4 a 6 ppm reduzem a prevalência de osteoporose, uma doença caracterizada pela perda de massa óssea; e os efeitos tóxicos são observados entre 6 e 7 ppm (ponto *D* na Figura 15.12).

Curva de Dose–Resposta (DL-50, DE-50 e DT-50)

Os indivíduos apresentam respostas diferentes aos produtos químicos e é difícil prever a dose que causará uma resposta em um determinado indivíduo. Por essa razão, é prático prever qual a porcentagem de uma população responderá a uma dose específica de um produto químico.

Por exemplo, a dose em que 50% da população entra em óbito chama-se dose letal 50 ou DL-50. A **DL-50** é uma aproximação bruta da toxicidade de um produto químico. É um índice macabro que não transmite adequadamente a sofisticação da toxicologia moderna e é pouco utilizado no estabelecimento de um padrão de toxicidade. Contudo, a determinação da DL-50 é exigida para os novos produtos químicos sintéticos como uma maneira de estimar seu potencial tóxico. A Tabela 15.4 registra, como exemplo, os valores de DL-50 nos roedores para produtos químicos selecionados.

A **DE-50** é a dose efetiva que causa um efeito em 50% da população de sujeitos observados. Por exemplo, a DE-50 da aspirina seria a dose que alivia as dores de cabeça em 50% das pessoas.[28]

A **DT-50** é definida como a dose tóxica para 50% da população. A DT-50 é utilizada com frequência para indicar respostas como a atividade enzimática reduzida, diminuição no sucesso reprodutivo ou o início de sintomas específicos, tais como perda de audição, náuseas ou fala arrastada.

Tabela 15.4	Valores Aproximados de DL-50 (em Roedores) para Agentes Selecionados
Agente	*DL-50 (mg/kg)*[a]
Cloreto de sódio (sal de cozinha)	4.000
Sulfato ferroso (para tratar anemia)	1.520
2,4D (herbicida)	368
DDT (inseticida)	135
Cafeína (no café)	127
Nicotina (no tabaco)	24
Sulfato de estricnina (usado para matar algumas pragas)	3
Toxina botulínica (nos alimentos estragados)	0,00001

[a]Miligramas por quilograma de massa corporal (classificada como peso corporal, embora não seja realmente um peso) administradas via oral nos roedores. Os roedores são usados comumente em tais avaliações, em parte porque são mamíferos (como os humanos), são pequenos, têm uma baixa expectativa de vida e sua biologia é bem conhecida.
Fonte: H. B. Schiefer, D. C. Irvine, e S. C. Buzik, *Understanding Toxicology* (New York: CRC Press, 1997).

Para um determinado produto químico, pode haver uma família inteira de curvas dose–resposta, como mostra a Figura 15.13. Qual a dose é de interesse depende do que está sendo avaliado. Por exemplo, para os inseticidas pode-se desejar conhecer qual é a dose que irá matar 100% dos insetos expostos; portanto, a DL-95 (a dose que mata 95% dos insetos) pode ser o nível mínimo aceitável. No entanto, quando se considera a saúde humana e a exposição a uma determinada toxina, quase sempre se busca saber qual é a DL-0 – a dose máxima que não causa morte alguma.[28] Quanto aos compostos potencialmente tóxicos como os inseticidas, que podem formar resíduos nos alimentos ou em suplementos alimentares, procura-se assegurar que os níveis esperados de exposição humana não venham a ter efeitos tóxicos conhecidos. Do ponto de vista ambiental, isso é importante devido às preocupações acerca do maior risco de câncer associado com a exposição aos agentes tóxicos.[28]

No caso dos fármacos utilizados para tratar uma doença particular, a eficiência dos mesmos como tratamento é de importância primordial. Além de conhecer o valor terapêutico (DE-50), é também importante conhecer a segurança relativa do fármaco. Por exemplo, pode haver uma sobreposição da dose terapêutica (DE) e da dose tóxica (DT) (ver Figura 15.13). Isto é, a dose que provoca uma resposta terapêutica positiva em alguns indivíduos pode ser tóxica para outros. Uma medida quantitativa da segurança relativa de um determinado fármaco é o ***índice terapêutico***, definido como uma proporção entre a DL-50 e a DE-50. Quanto maior o índice terapêutico, mais seguro é o fármaco.[29] Em outras palavras, um fármaco com uma grande diferença entre as doses letal e a terapêutica é mais seguro do que outro com uma diferença menor.

Efeitos Limiares

Relembrando o Detalhamento 15.2, um **limiar** é um nível abaixo do qual não ocorre qualquer efeito e acima do qual os efeitos começam a ocorrer. Se existir uma dose limiar ou limite de um produto químico, então a concentração desse produto químico no ambiente abaixo do limite é segura. Se não houver dose limite, então até mesmo a menor quantidade do produto químico apresenta algum efeito tóxico negativo (Figura 15.14).

A existência ou não de um efeito no limiar das toxinas ambientais é uma questão ambiental importante. Por exemplo, o Decreto Federal sobre Água Limpa dos Estados Unidos estabeleceu originalmente uma meta para reduzir a zero a descarga de poluentes na água. A meta implica que não existe algo como um efeito limiar, já que nenhum nível de toxina deve ser legalmente permitido. Entretanto, não é realista acreditar que se pode alcançar o nível zero de descarga de um poluente na água ou acreditar que se pode reduzir a zero a concentração dos produtos químicos comprovadamente carcinógenos.

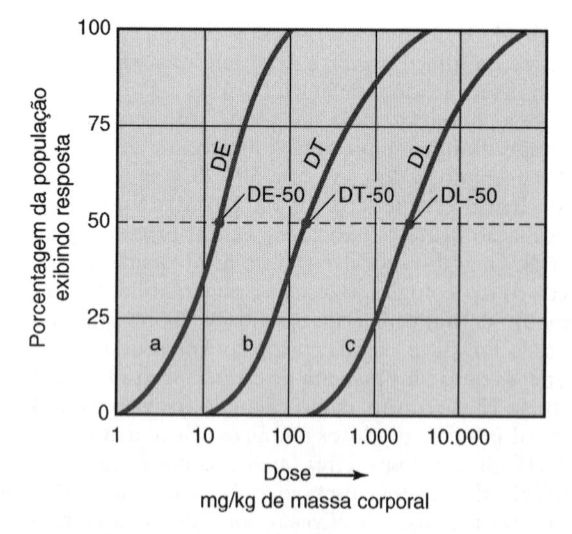

Figura 15.13 ■ Diagrama idealizado ilustrando uma família de curvas dose–resposta para um fármaco específico: DE (dose efetiva), DT (dose tóxica) e DL (dose letal). Repare na sobreposição de algumas partes das curvas. Por exemplo, na DE-50, uma porcentagem baixa das pessoas expostas a essa dose terão uma resposta tóxica, mas nenhuma morrerá. Na dose DT-50, cerca de 1% das pessoas expostas a essa dose morrerão.

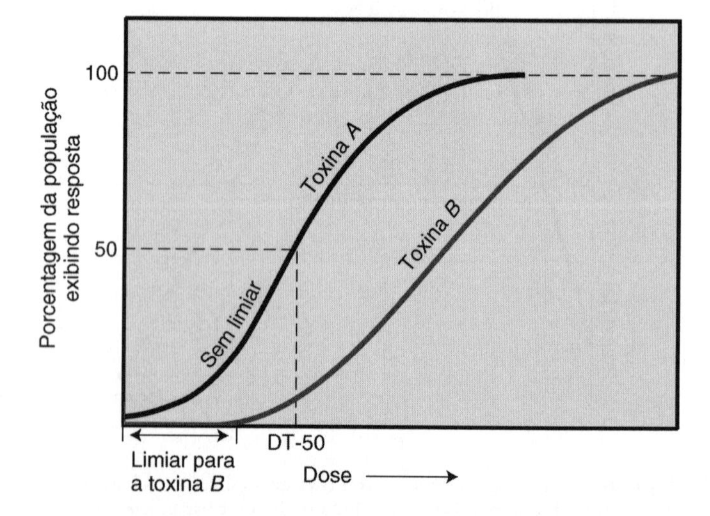

Figura 15.14 ■ Nessa curva de dose–resposta hipotética, a toxina *A* não possui um limiar; mesmo a menor quantidade tem algum efeito mensurável sobre a população. A DT-50 para a toxina *A* é a dose necessária para produzir uma resposta em 50% da população. A toxina *B* tem um limiar (parte plana da curva) onde a resposta é constante na medida em que a dose aumenta. Após a dose limite ser ultrapassada, a resposta aumenta.

Um problema na avaliação dos limitantes para os poluentes tóxicos é a dificuldade de contabilizar os efeitos sinérgicos. Pouco se sabe a respeito de se e como os limites poderiam mudar caso um organismo seja exposto a mais de uma toxina ao mesmo tempo ou a uma combinação de toxinas e outros produtos químicos, alguns dos quais benéficos. As exposições das pessoas aos produtos químicos no meio ambiente são complexas e estão apenas começando a compreensão e a condução de pesquisas sobre as possíveis interações e as consequências de exposições múltiplas.

Gradientes Ecológicos

Os efeitos dose–resposta diferem entre as espécies. Por exemplo, os tipos de vegetação que conseguem sobreviver mais próximas de uma fonte tóxica são quase sempre pequenas plantas com tempos de vida relativamente curtos (gramíneas, ciperáceas e espécies invasoras geralmente consideradas como pragas) que são adaptadas a ambientes hostis e altamente variáveis. Mais longe das fontes tóxicas, as árvores podem conseguir sobreviver. As mudanças na vegetação com a distância de uma fonte tóxica definem o **gradiente ecológico**.

Os gradientes ecológicos podem ser encontrados ao redor de fundições e em outras instalações industriais que lançam poluentes na atmosfera a partir de suas chaminés. Por exemplo, os padrões de gradientes ecológicos podem ser observados na área em torno das fundições em Sudbury, Ontário, discutidas anteriormente neste capítulo (Detalhamento 15.1). Perto das fundições, uma área que já foi uma floresta é agora uma mistura de entulho de pedras e de solo expostos, ocupados por pequenas plantas.

Tolerância

A capacidade de resistir ou suportar o estresse resultante da exposição a um poluente ou a uma condição prejudicial se chama **tolerância**. A tolerância pode se desenvolver para alguns poluentes em algumas populações, mas não para todos os poluentes em todas as populações.

A tolerância pode resultar de adaptações comportamentais, fisiológicas ou genéticas.

A *tolerância comportamental* resulta das mudanças de comportamento. Por exemplo, os camundongos aprendem a evitar armadilhas.

A *tolerância fisiológica* ocorre quando o corpo de um indivíduo se ajusta para tolerar um nível mais elevado de poluente. Por exemplo, em estudos no Laboratório de Estresse Ambiental, da Universidade da Califórnia, alunos foram expostos ao ozônio (O_3), um poluente do ar, muitas vezes, presente nas grandes cidades (Capítulo 24). Em princípio, os alunos experimentaram sintomas tais como irritação nos olhos e na garganta, e falta de ar. No entanto, depois de alguns dias, seus corpos se adaptaram ao ozônio e eles relataram que acreditavam não mais estar respirando ar contaminado com ozônio, apesar da concentração de O_3 continuar a mesma. Esse fenômeno explica por que algumas pessoas que respiram regularmente o ar poluído dizem que não notam a poluição. Naturalmente, isso não significa que o ozônio não esteja fazendo mal; ele está, especialmente, nas pessoas com problemas respiratórios preexistentes. Existem muitos mecanismos para a tolerância fisiológica, incluindo a *desintoxicação*, na qual o produto químico tóxico é convertido em uma formulação não tóxica e para o transporte interno da toxina em direção a uma parte do corpo na qual não seja prejudicial, tal como as células adiposas.

A *tolerância genética*, ou adaptação, resulta quando alguns indivíduos de uma população são naturalmente mais resistentes a uma toxina do que outros. Eles são menos prejudicados pela exposição e mais bem-sucedidos na reprodução. Os indivíduos resistentes transmitem essa resistência para as gerações futuras, que também serão mais bem-sucedidas na reprodução. A adaptação tem sido observada em algumas pragas de insetos após a exposição a alguns pesticidas químicos. Por exemplo, determinadas cepas de mosquitos causadores de malária agora são resistentes ao DDT (ver a discussão no Capítulo 12); e alguns organismos que causam doenças infecciosas mortais se tornaram resistentes aos antibióticos comuns como a penicilina.

Efeitos Agudos e Crônicos

Os poluentes podem gerar efeitos agudos ou crônicos. Um *efeito agudo* é aquele que ocorre logo após a exposição, normalmente a grandes quantidades de um poluente. Um *efeito crônico* ocorre durante um longo período, muitas vezes, como resultado da exposição a baixos níveis de um poluente. Por exemplo, uma pessoa exposta repentinamente a uma alta dose de radiação pode ser morta pela doença da irradiação logo após a exposição (um efeito agudo). Entretanto, essa mesma dose total recebida lentamente em pequenas quantidades, durante toda uma vida, pode provocar mutações e levar a enfermidades ou afetar o DNA da pessoa e da família (efeito crônico).

15.4 Análise de Riscos

A **análise de riscos** pode ser definida como o processo de determinação dos efeitos potenciais adversos à saúde ambiental nas pessoas expostas a poluentes e aos materiais potencialmente tóxicos (lembre-se da discussão sobre medições e métodos da ciência, no Capítulo 2). Geralmente, tal análise inclui quatro etapas:[30]

1. *Identificação do risco.* A identificação consiste na verificação de materiais para determinar se a exposição tem chances de provocar problemas à saúde ambiental. Um dos métodos utilizados é a investigação das populações de pessoas que tenham sido previamente expostas. Por exemplo, para entender a toxicidade da radiação produzida pelo gás radônio, os pesquisadores estudaram trabalhadores em minas de urânio. Outro método é o de realizar experimentos para testar os efeitos sobre os animais, tais como camundongos, ratos ou macacos. Esse método tem atraído críticas, cada vez mais contundentes, dos grupos de pessoas que acreditam que tais experimentos são antiéticos. Outra abordagem é a tentativa de entender como um determinado produto químico funciona em nível molecular das células. Por exemplo, pesquisas têm sido feitas para determinar como a dioxina interage com as células vivas para produzir uma resposta adversa. Após quantificar a resposta, os cientistas podem desenvolver modelos matemáticos para prever ou estimar o risco da dioxina.[19] Essa abordagem, relativamente nova, igualmente poderia ser aplicada a outras toxinas potenciais que funcionam em nível celular.
2. *Avaliação dose–resposta.* A etapa seguinte envolve a identificação das relações entre a dose de um produto químico (fármaco terapêutico, poluente ou toxina) e os efeitos sobre a saúde das pessoas. Alguns estudos envolvem a administração de doses bastante elevadas de um produto químico em animais. Os efeitos, tais como a doença ou os sintomas (erupção, desenvolvimento de tumor), são registrados para doses variadas e os resultados são utilizados para prever a resposta das pessoas. Isso é difícil e os resultados, por várias razões, são controversos por uma série de razões:

QUESTÕES PARA REFLEXÃO CRÍTICA

O Chumbo nos Ambientes Urbanos Contribui para o Comportamento Antissocial?

O chumbo é um dos metais tóxicos (prejudiciais ou venenosos) mais comuns no ambiente urbano, no centro das cidades, e pode estar ligado ao comportamento delinquente nas crianças. O chumbo é encontrado em todas as partes do ambiente urbano (ar, solo, tubulações mais antigas e em algumas tintas, por exemplo) e nos sistemas biológicos, incluindo as pessoas (Figura 15.15). Não há qualquer necessidade biológica aparente pelo chumbo, mas ele está suficientemente concentrado no sangue e nos ossos das crianças, que vivem nas áreas urbanas para causar problemas de saúde e de comportamento. Em algumas populações, mais de 20% das crianças possuem concentrações sanguíneas de chumbo maiores do que as consideradas seguras.

O chumbo afeta quase todos os sistemas corporais. A toxicidade aguda do chumbo pode ser caracterizada por vários sintomas, incluindo anemia, retardamento mental, paralisia, coma, convulsões, apatia, falta de coordenação motora, perda súbita das habilidades recentemente adquiridas e comportamento estranho. A toxicidade do chumbo é particularmente um problema para as crianças mais novas que, aparentemente, são mais suscetíveis do que os adultos ao envenenamento pelo chumbo. Em seguida à resposta tóxica aguda ao chumbo, algumas crianças manifestam comportamento agressivo e de difícil de controle.

A ocorrência de toxicidade do chumbo ou de envenenamento por esse metal tem implicações culturais, políticas e sociológicas. Há mais de 2.000 anos, o Império Romano produziu e utilizou quantidades impressionantes de chumbo por um período de várias centenas de anos. As taxas de produção chegavam a 55.000 toneladas por ano. Os romanos tinham uma ampla gama de aplicações para o chumbo. O chumbo era utilizado em vasos, onde uvas eram esmagadas e transformadas em xarope para fazer vinho, em copos e taças nos quais o vinho era bebido e como base para cosméticos e medicamentos. Nos lares dos romanos suficientemente abastados para ter água corrente, o chumbo era usado para fazer canos que transportavam a água. Tem-se argumentado que o envenenamento pelo chumbo, em meio à classe mais alta de Roma, foi parcialmente responsável pelo declínio do império. O envenenamento pelo chumbo resultou provavelmente em natimortos, deformidades e dano cerebral. Os estudos que analisam o conteúdo de chumbo nos ossos dos antigos romanos tendem a apoiar essa hipótese.

A ocorrência do chumbo nos núcleos de gelo glacial na Groenlândia também tem sido estudada. As geleiras têm uma camada de crescimento anual de gelo. As camadas mais antigas são soterradas pelas camadas mais novas, permitindo a identificação da idade de cada camada. Os pesquisadores perfuram as geleiras, extraindo amostras contínuas das camadas que se parecem com longos bastões sólidos de gelo glacial, denominados núcleos. As medições da concentração de chumbo dos núcleos mostram que durante o período do Império Romano, aproximadamente de 500 a.C. a 300 d.C., as concentrações de chumbo no gelo glacial são quatro vezes maiores do que ocorria antes e depois desse período. Isso sugere que a mineração e a fundição do chumbo no Império Romano acrescentavam pequenas partículas de chumbo na atmosfera que acabavam se estabelecendo nas geleiras da Groenlândia.

Então, a toxicidade do chumbo parece ter sido um problema por um longo tempo. Agora, uma hipótese emergente, interessante e potencialmente significativa é que nas crianças as concentrações de chumbo, abaixo dos níveis conhecidos por causarem dano físico, podem estar associadas a um maior potencial de comportamento antissocial e delinquente. Essa é uma hipótese testável. (Ver no Capítulo 2 uma discussão sobre hipóteses.) Caso a hipótese esteja correta, então uma parte dos crimes urbanos pode ser consequência da poluição ambiental!

Figura 15.15 ■ O chumbo nos solos urbanos (uma herança do uso de chumbo na gasolina no passado) ainda está concentrado onde as crianças provavelmente brincam. A tinta à base de chumbo nas construções mais antigas, tal como essas em Nova York, também continuam a ser um perigo para as crianças mais novas, que às vezes ingerem flocos de tinta.

Um estudo recente em crianças com idades entre 7 e 11 anos mediu a quantidade de chumbo nos ossos e a comparou com dados relativos ao comportamento durante um período de quatro anos. O estudo concluiu que uma concentração de chumbo acima da média nos ossos das crianças estava associada com um risco maior de distúrbio do déficit de atenção, comportamento agressivo e delinquência. O estudo levou em consideração fatores como a inteligência materna, a condição socioeconômica e a qualidade da educação infantil.

Perguntas para Reflexão Crítica

1. Qual é o ponto principal da discussão sobre o chumbo nos ossos das crianças e o comportamento decorrente?

2. Quais são os principais pressupostos desse argumento? Eles são razoáveis?

3. Que outras hipóteses poderiam ser propostas para explicar o comportamento?

A dose que provoca uma determinada resposta pode ser muito pequena e sujeita aos erros de medição.

Pode haver discussões sobre se existem ou não os limiares.

Experimentos em animais como ratos, camundongos ou macacos podem não ser diretamente aplicáveis aos seres humanos.

A avaliação deve se basear em probabilidades e na análise estatística. Apesar de os resultados estatisticamente significativos dos experimentos ou das observações serem aceitos como evidências para apoiar um argumento, a estatística não consegue estabelecer se a substância testada *provocou* a resposta observada.

3. *Avaliação da exposição.* A avaliação da exposição analisa a intensidade, a duração e a frequência da exposição humana a um determinado poluente químico ou toxina. O perigo para a sociedade é diretamente proporcional à população total exposta. O perigo para um indivíduo é geralmente maior quanto maior for a proximidade da fonte de exposição. Como a estimativa da dose–resposta, a avaliação da exposição é difícil e os resultados muitas vezes controversos, em parte devido às dificuldades de medir a concentração de uma toxina presente em doses tão pequenas, quanto partes por milhão, bilhão ou mesmo trilhão. Algumas questões que as avaliações de exposição tentam responder são:

   Quantas pessoas foram expostas a concentrações de uma toxina consideradas perigosas?

   O quanto de uma área foi contaminado pela toxina?

   Quais são os gradientes ecológicos para a exposição à toxina?

   Por quanto tempo as pessoas foram expostas a uma determinada toxina?

4. *Caracterização do risco.* Durante essa etapa final, a meta é delinear o risco à saúde em função da magnitude do potencial problema de saúde ambiental, que poderia resultar da exposição a um determinado poluente ou toxina. Para isso, é necessário identificar o perigo, concluir a estimativa da dose–resposta e ponderar a avaliação de exposição conforme foi aqui delineado. Essa etapa envolve todas as incertezas das etapas anteriores e mais uma vez os resultados têm chances de serem controversos.

Em resumo, a *análise de riscos* é difícil, dispendiosa e controversa. Cada produto químico é diferente e não há um método para determinar as respostas dos seres humanos a DEs ou DTs específicos. Os toxicologistas utilizam o método científico de comprovação da hipótese com experimentos (ver Capítulo 2), para obter previsões de como doses específicas de um produto químico podem afetar os seres humanos. Rótulos de advertência listando os potenciais efeitos colaterais pelo uso de uma medicação específica são exigidos por lei e essas advertências são o resultado de estudos toxicológicos para determinar a segurança de um fármaco. Finalmente, a análise de riscos exige que se façam julgamentos científicos e que se formulem ações a fim de ajudar na minimização dos problemas de saúde ambiental relacionados com a exposição humana aos poluentes e às toxinas.

O processo de *gerenciamento do risco* integra a análise de riscos com questões técnicas, legais, políticas, sociais e econômicas.[19] Os argumentos científicos relativos à toxicidade de um material em particular estão quase sempre abertos ao debate. Por exemplo, há um debate relativo sobre se o risco da dioxina é linear. Ou seja, os efeitos começam em níveis mínimos de exposição à dioxina gradualmente e aumentam ou existe um limite de exposição, além do qual ocorrem os problemas de saúde ambiental? (Ver o Detalhamento 15.3.)[19,24] É tarefa das pessoas nas agências governamentais apropriadas designadas para gerenciar o risco fazer julgamentos e tomar decisões com base na análise de riscos e depois adotar ações apropriadas para minimizar o perigo resultante da exposição às toxinas. Isso pode envolver a invocação do princípio da precaução discutido no Capítulo 1.

RESUMO

- A doença é um desequilíbrio entre um organismo e o ambiente. A doença raramente possui uma relação única de causa–efeito e há, muitas vezes, uma zona cinza entre o estado de saúde e o estado de doença.
- A poluição produz um estado impuro, sujo ou de algum outro modo não limpo. Contaminação significa tornar alguma coisa inadequada para um determinado uso pela introdução de materiais indesejados. Os materiais tóxicos são venenosos para as pessoas e outros seres vivos; toxicologia é o estudo dos materiais tóxicos. O sinergismo é um conceito importante no estudo dos problemas de poluição, pelo qual as ações das diferentes substâncias produzem um efeito combinado maior do que a soma dos efeitos individuais das substâncias.
- O modo pelo qual se mede a quantidade de um determinado poluente introduzido no ambiente ou a concentração desse poluente varia amplamente, dependendo da substância. As unidades comuns para expressar a concentração dos poluentes são partes por milhão (ppm) e partes por bilhão (ppb). Os poluentes do ar são medidos comumente em unidades tais como microgramas de poluente por metro cúbico de ar ($\mu g/m^3$).
- As categorias de poluentes ambientais incluem os elementos químicos tóxicos (particularmente os metais pesados), os compostos orgânicos, a radiação, o calor, os particulados, os campos eletromagnéticos e o ruído.
- Os compostos orgânicos de carbono são produzidos pelos organismos vivos ou sinteticamente pelos seres humanos. Os compostos orgânicos produzidos artificialmente podem produzir efeitos fisiológicos, genéticos ou ecológicos quando introduzidos no ambiente. Os compostos orgânicos variam de acordo com seus perigos potenciais: alguns são mais rapidamente degradados no meio ambiente do que outros; alguns têm maior possibilidade de sofrer magnificação trófica; e alguns são extremamente tóxicos, mesmo em concentrações muito baixas. Os compostos orgânicos que provocam sérias preocupações incluem os poluentes orgânicos persistentes (POPs), tais como os pesticidas, a dioxina, as bifenilas policloradas (PCBs) e os agentes hormonalmente ativos (AHAs).
- O efeito de um material químico ou tóxico sobre um indivíduo depende da dose. Também é importante determinar as tolerâncias dos indivíduos, bem como os efeitos agudos e crônicos dos poluentes e das toxinas.
- A análise de riscos envolve a identificação do perigo, a estimativa da dose–resposta, a avaliação da exposição e a caracterização do risco.

REVISÃO DE TEMAS E PROBLEMAS

Na medida em que a população total e a sua densidade aumentam, a probabilidade de que mais pessoas venham a ficar expostas a materiais perigosos também aumenta. Encontrar locais aceitáveis para o descarte de produtos químicos tóxicos também fica mais difícil conforme as populações aumentam e as pessoas vivem mais próximas das áreas industriais e dos locais de descarte dos resíduos.

Sustentabilidade

Assegurar que as gerações futuras herdem um ambiente relativamente despoluído, sem toxinas e saudável continua a ser um problema difícil. O desenvolvimento sustentável exige que o uso de produtos químicos e outros materiais não danifiquem o ambiente.

Perspectiva Global

O lançamento de toxinas no ambiente pode resultar em padrões globais de contaminação e de poluição. Isso é particularmente verdadeiro quando uma toxina ou um contaminante penetra na atmosfera, nas águas de superfície ou nos oceanos e se torna amplamente dispersado. Por exemplo, os pesticidas, herbicidas e metais pesados lançados na atmosfera, no meio-oeste dos Estados Unidos, podem ser transportados pelos ventos e depositados nas geleiras das regiões polares.

Mundo Urbano

Os processos de atividade industrial nas áreas urbanas concentram materiais potencialmente tóxicos que podem ser inadvertida, acidental ou deliberadamente lançados no meio ambiente. A exposição humana a vários poluentes – incluindo chumbo, amianto, particulados, produtos químicos orgânicos, radiação e ruído – frequentemente é maior nas áreas urbanas.

Homem e Natureza

A feminilização das rãs e de outros animais resultante da exposição aos agentes sintéticos ativos, por meio de hormônios (AHAs), é um alerta inicial ou uma bandeira vermelha de que está atrapalhando alguns aspectos básicos da natureza. Estão sendo realizados experimentos não planejados na natureza e as consequências para os humanos e para outros organismos vivos com os quais se compartilha o ambiente são mal compreendidas. O controle dos AHAs parece ser um candidato óbvio para a aplicação do princípio da precaução, discutido no Capítulo 1.

Ciência e Valores

Pretende-se valorizar tanto a vida humana quanto a não humana quando se está interessado em expandir o conhecimento relativo ao risco de exposição dos seres vivos aos produtos químicos, poluentes e toxinas nos ambientes, natural e artificial. Infelizmente, o conhecimento da análise de riscos é, muitas vezes, incompleto e a dose–resposta de muitos produtos químicos é mal compreendida.

As decisões que são tomadas com respeito à exposição aos produtos químicos tóxicos refletem os valores da sociedade. O maior controle dos materiais tóxicos nas residências e nos ambientes de trabalho é caro. Valoriza-se suficientemente a saúde dos trabalhadores nos países onde bens são manufaturados para que se paguem mais por esses bens, a fim de reduzir os perigos ambientais para esses trabalhadores em seus locais de trabalho?

TERMOS-CHAVE

agentes hormonalmente ativos (AHAs)
amianto
análise de riscos
campos eletromagnéticos (CEMs)
carcinógeno
compostos orgânicos
compostos orgânicos sintéticos
contaminação
DE-50
DL-50
doença
dose-resposta
DT-50
fontes difusas
fontes móveis
fontes pontuais
gradiente ecológico
limiar
magnificação trófica
metais pesados
particulados
poluentes orgânicos persistentes (POPs)
poluição
poluição sonora
poluição térmica
sinergismo
tolerância
tóxico
toxicologia

QUESTÕES PARA ESTUDO

1. Você acha que a hipótese de alguns crimes serem causados em parte pela poluição ambiental é válida? Por quê? Como a hipótese poderia ser melhor testada? Quais são as ramificações sociais dos testes?
2. Quais tipos de formas de vida teriam maior probabilidade de sobrevivência em um mundo altamente poluído? Quais seriam as suas características ecológicas gerais?
3. Alguns ambientalistas argumentam que não existe algo como um limiar para os efeitos da poluição. O que se entende por essa afirmação? Como você determinaria se isso fosse verdade para um produto químico específico e para uma espécie específica?
4. O que é magnificação trófica e por que ela é importante em toxicologia?
5. Você está perdido na Transilvânia, enquanto tenta localizar o castelo de Drácula. Sua única pista é que o solo ao redor do castelo possui uma concentração anormal, muito elevada, do metal pesado arsênico. Você vagueia em uma densa neblina, capaz de enxergar o chão apenas alguns metros à sua frente. Quais mudanças na vegetação podem alertar de que você está se aproximando do castelo?
6. Faça a distinção entre efeitos agudos e crônicos dos poluentes.
7. Elabore um experimento para testar se os tomates ou os pepinos são mais sensíveis à poluição pelo chumbo.
8. Por que é difícil estabelecer padrões para os níveis de poluição aceitáveis? Ao dar sua resposta, considere as razões físicas, climatológicas, biológicas, sociais e éticas.
9. Uma nova rodovia é construída através de uma floresta de pinheiros. Dirigindo ao longo dessa rodovia, você repara que os pinheiros mais próximos ficaram marrons e estão morrendo. Você estaciona no acostamento e caminha pela floresta. A cem metros de distância da rodovia, as árvores parecem intactas. Como você poderia traçar uma curva dose–resposta rudimentar a partir das observações diretas da floresta de pinheiros? O que mais seria necessário para conceber uma curva dose–resposta a partir da observação direta da floresta? O que mais seria necessário para conceber uma curva dose–resposta que pudesse ser empregada no planejamento da rota de uma outra rodovia?
10. Você acredita que o seu comportamento pessoal está colocando-o na zona cinza ou de saúde abaixo do ideal? Se estiver, o que você pode fazer para evitar a doença crônica no futuro?

LEITURAS COMPLEMENTARES

Amdur, M., J. Doull, e C. D. Klaasen, eds. 1991. *Casarett & Doull's Toxicology: The Basic Science of Poisons*, 4th ed. Tarrytown, N.Y.: Pergamon. Um trabalho abrangente e avançado sobre toxicologia.

Carson, R. 1962. *Silent Spring*. Boston: Houghton Mifflin. Um livro clássico sobre os problemas associados com as toxinas no meio ambiente.

Schiefer, H. B., D. G. Irvine, e S. C. Buzik. 1997. *Understanding Toxicology: Chemicals, Their Benefits and Risks*. Boca Raton, Fla.: CRC Press. Uma introdução concisa sobre a toxicologia, no que se refere à vida cotidiana, incluindo informações sobre pesticidas, produtos químicos industriais, resíduos perigosos e poluição do ar.

Travis, C. C., e H. A. Hattemer-Frey. 1991. "Human Exposure to Dioxin", *The Science of the Total Environment* 104:97–127. Um exame técnico abrangente da acumulação e da exposição à dioxina.

Capítulo 16

Desastres Naturais e Catástrofes

Danos no Sudoeste da China causados pelo terremoto na Província de Sichuan em maio de 2008.

OBJETIVOS DE APRENDIZADO

A pressão populacional, juntamente com as más decisões sobre o uso do solo, estão promovendo catástrofes em situações onde não costumavam provocar desastres. Após a leitura deste capítulo, deve-se saber:

- O que são eventos perigosos, desastres e catástrofes.
- Que os eventos perigosos naturais são processos naturais com funções de utilidade.
- Que os eventos perigosos são previsíveis.
- Que existem relações entre os eventos perigosos.
- Por que antigos desastres estão se transformando em catástrofes.
- Que o risco dos eventos perigosos pode ser estimado.
- Que os efeitos adversos dos eventos perigosos podem ser antecipados e minimizados.
- Os ajustes comuns aos eventos perigosos.

ESTUDO DE CASO

Furacão Katrina, a Pior Catástrofe Natural da História dos Estados Unidos

O furacão Katrina foi uma catástrofe, uma tragédia norte-americana. Certamente, pode ser considerado ambas. Foi um furacão de Categoria 5, no golfo do México, que enfraqueceu quando atingiu o continente e passou para uma tempestade de Categoria 3 (Figura 16.1). Os furacões se classificam em uma escala que varia de 1 a 5, e a cada nível de categoria, aumenta a velocidade do vento, assim como a maré de tempestade – uma parcela de água é empurrada pela tempestade, movendo-se em direção à costa juntamente com o furacão. Os furacões de Categorias 4 e 5 produzem catástrofes que causam grande destruição (veja o Detalhamento 16.1).

O furacão Katrina aproximou-se do continente no início da noite de 29 de agosto de 2005, cerca de 45 km a leste de Nova Orleans. O Katrina foi uma enorme tempestade que causou prejuízos graves em um raio de aproximadamente 160 km, a partir de seu centro. A tempestade produziu ondas de 3 a 6 m. A maior parte do litoral da Louisiana e do Mississippi foi devastada na medida em que as ilhas e as praias da barreira litorânea foram erodidas e casas destruídas. A princípio, pensou-se que a cidade de Nova Orleans havia novamente escapado por um triz, uma vez que o furacão não teve um impacto direto. No entanto, a situação se tornou uma catástrofe quando a água do lago Pontchartrain, conectado ao golfo ao norte da cidade, inundou Nova Orleans. Diques com barragens na parte superior, construídos para conter a água do lago e proteger as partes baixas da cidade, desmoronaram em dois locais e a água transbordou. Outro dique rompeu no lado da cidade voltado para o golfo, contribuindo para a inundação. Aproximadamente 80% de Nova Orleans ficou sob a água, da altura do joelho até o telhado das casas ou em profundidades ainda maiores. As pessoas que poderiam ter sido evacuadas, mas não foram, e as que não poderiam ser evacuadas, porque não havia transporte, enfrentaram o impacto da tempestade. Nova Orleans, com uma população em torno de 1,3 milhão de pessoas, se tornou uma catástrofe de proporções gigantescas. A única parte da cidade que não ficou inundada foi o bairro francês (Cidade Velha), área de Nova Orleans famosa pela sua música e pelo Mardi Gras (dia de carnaval católico, comemorado principalmente em Nova Orleans).

Aqueles que construíram Nova Orleans há mais de 200 anos perceberam que grande parte de sua área possuía baixa elevação e, portanto, optaram por locais mais elevados, localizados em diques naturais do rio Mississippi. Diques naturais formados pela deposição periódica de sedimentos decorrente do transbordamento do rio ao longo de milhares de anos. Os diques naturais são formações lineares paralelas ao curso do rio. Como são mais elevados do que o nível do solo adjacente, proporcionam alguma proteção natural contra inundações.

Entretanto, na medida em que os pântanos e brejos foram drenados, a cidade se expandiu para as áreas mais

Figura 16.1 ■ Furacão Katrina se aproximando da costa do Golfo no final de agosto de 2005.

baixas que apresentavam um risco muito maior de inundação. Grande parte da cidade situa-se em uma bacia natural e algumas partes estão localizadas a um metro ou mesmo abaixo do nível do mar (Figura 16.2). Já se sabia há muito tempo que se um grande furacão atingisse a cidade, diretamente ou quase, isso resultaria em grandes inundações e em perdas. Embora as advertências não tenham sido completamente ignoradas, os recursos não foram suficientes para a manutenção do dique e do sistema de barragens que protegiam as áreas baixas da cidade de um furacão Categoria 3.

Contribuindo para o problema, a região está afundando a taxas altamente variáveis de 1 a 4 m, a cada 100 anos. Ao longo de curtos períodos de tempo, é natural o rebaixamento de nível ou a acomodação de 50% a 70% em algumas áreas devido a processos geológicos (movimento ao longo das falhas) que formaram o golfo do México e o delta do rio Mississippi.[1] O rebaixamento foi de vários metros nos últimos 100 anos e durante esse período o nível do mar elevou-se em cerca de 20 cm. A elevação se deve em parte ao aquecimento global. Na medida em que as águas do golfo e do oceano se aquecem, elas se expandem, elevando o nível do mar. O rebaixamento dos solos é resultante de uma série de processos de ação antrópica, incluindo a extração de águas subterrâneas, de petróleo

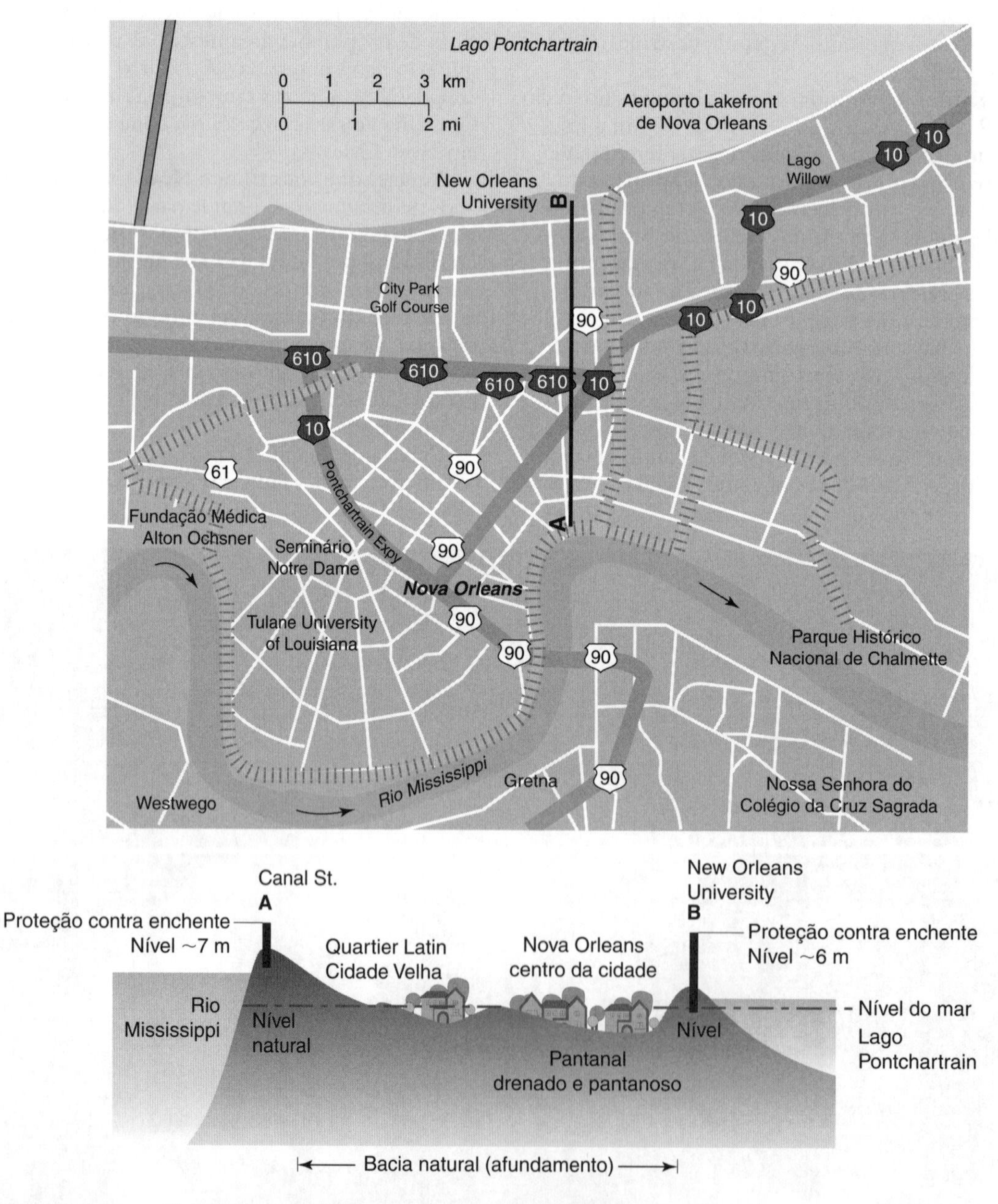

Figura 16.2 ■ Nova Orleans está localizada entre o lago Pontchartrain e o rio Mississippi, em uma área que está afundando. A cidade de Nova Orleans foi construída em um local de risco. Em consequência da perda dos brejos, da extração de petróleo e dos processos geológicos naturais, grande parte da área está afundando e se tornou mais vulnerável às enchentes nos últimos anos. Represas e diques nas margens do rio e do lago foram projetados para um furacão de Categoria 3 e seu alto nível de água associado. Infelizmente, o furacão Katrina em 2005 foi uma grande tempestade de Categoria 3 com uma ressaca de Categoria 5 e 80% da cidade ficou inundada.

e de gás, bem como o desaparecimento dos brejos de água doce, que se compactam e se afundam quando não recebem sedimentos do rio Mississippi ou por serem drenados. Como o rio Mississippi possui diques construídos pelo homem (aterros), os sedimentos não mais se acumulam nos brejos. Antes de os diques serem construídos no delta do rio Mississippi, a água das enchentes, com seus sedimentos, se espalhavam através do delta, ajudando a manutenção dos solos e das plantas dos brejos. Os brejos de água doce próximos de Nova Orleans foram em grande parte removidos durante as décadas passadas, substituídos por ecossistemas de água salgada na medida em que o nível do mar se elevou e o solo continuou a afundar. Os brejos de água doce são um amortecedor mais adequado contra os ventos e as ondas de ressaca do que os brejos de água salgada. As árvores altas como o cipreste e outras plantas, que crescem nos brejos de água salgada, agem como uma barreira que desacelera a água proveniente das ondas altas ou das marés de tempestade que penetram terra adentro. Sabe-se bem que uma das funções de utilidade natural tanto da água salgada quanto dos brejos costeiros é fornecer proteção para as áreas do interior contra as tempestades.

Os danos materiais do furacão Katrina e os custos para reabilitar ou reconstruir a área podem ultrapassar 100 bilhões de dólares, tornando-o o furacão mais caro da história dos Estados Unidos. Nunca se saberá quantas pessoas morreram, já que muitos corpos foram arrastados para o mar ou enterrados fundo demais para serem encontrados. O número oficial de mortos é de 1.836. A perda inicial de vidas e de propriedades, a partir dos danos provocados pelo vento e pela maré de tempestade, foi imensa. Comunidades litorâneas inteiras, juntamente com sua indústria pesqueira, desapareceram.

O furacão e a inundação subsequente colocaram em movimento uma série de eventos que causaram consequências ambientais significativas. Em seguida à inundação, milhares de casas e seus conteúdos foram encontrados em perda quase total, em extensa área de Nova Orleans (Figura 16.3). Pense no que existe dentro de uma casa ou de edifícios médios e, também, em automóveis que foram abandonados. Uma ampla variedade de produtos químicos, gasolina e petróleo foram lançados nas águas estagnadas que inundaram a cidade. A Figura 16.4 mostra uma pessoa caminhando pela água poluída. Além disso, refinarias de petróleo e outras instalações foram danificadas e os derramamentos de óleo foram inevitáveis. Depois que a água recuou, algumas partes de Nova Orleans ficaram cobertas com uma espessa lama oleosa. Agora, Nova Orleans tornou-se uma gigantesca sopa tóxica constituída na maior parte de material orgânico, incluindo corpos de animais e de pessoas, e tudo o que acompanha os seres humanos. As águas da inundação foram bombeadas para dentro do lago Pontchartrain, ao norte da cidade, que desemboca no golfo do México. Em tempos normais, teria sido ilegal despejar águas tóxicas dentro do lago e poluir o ambiente marinho!

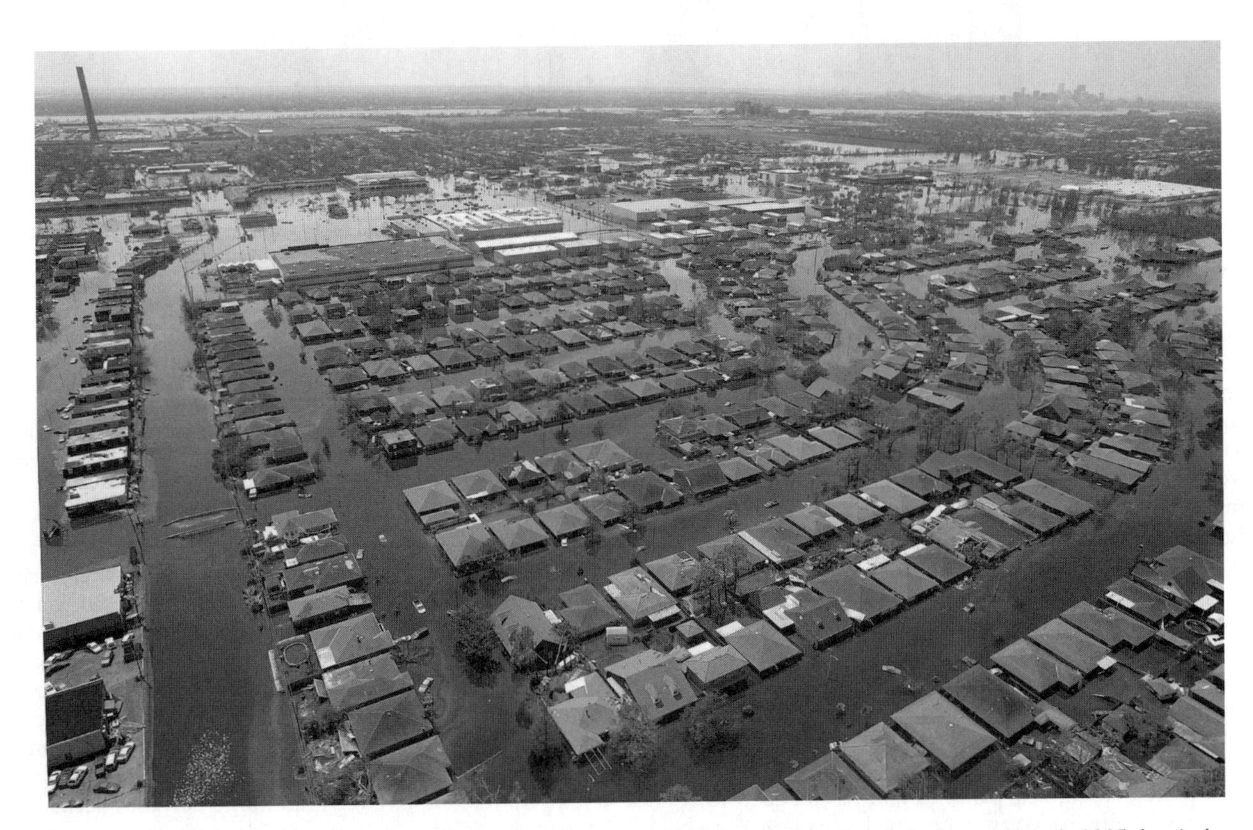

Figura 16.3 ■ Cidade inundada. Aqui se vê uma parte da cidade de Nova Orleans, que ficou inundada em setembro de 2005 depois do furacão Katrina. A água em nível mais alto passou por cima de algumas estruturas de proteção contra inundações, enquanto outras tiveram as laterais erodidas.

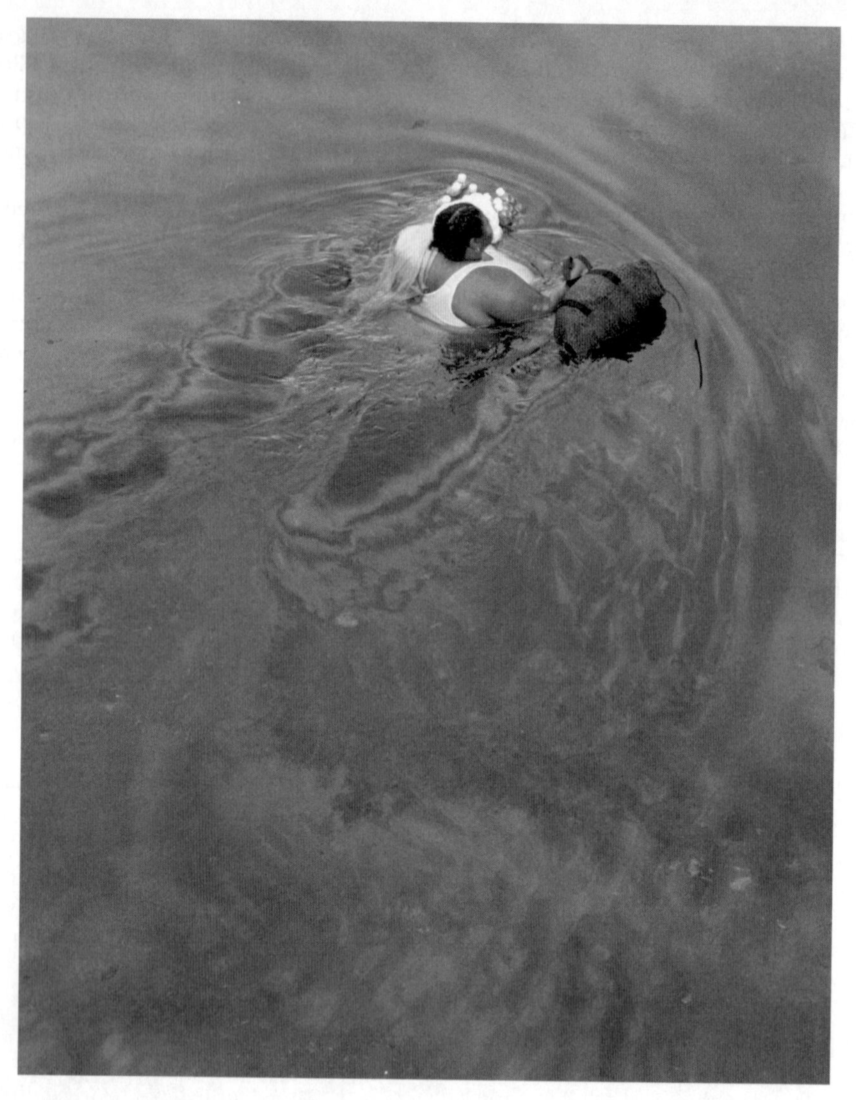

Figura 16.4 ■ As águas da inundação de Nova Orleans estavam poluídas. Uma pessoa caminha na água poluída em Nova Orleans. Todo tipo de material tóxico se misturou às águas da inundação, que formaram uma lagoa nas partes baixas da cidade. O óleo misturado à água veio provavelmente dos automóveis e de outros veículos.

Na medida em que a água tóxica desprovida de oxigênio entrou nas águas relativamente limpas, as águas do lago se tornaram poluídas. Quando a água saiu do lago, ela fluiu através de valiosas áreas rasas de água salgada, onde ostras foram colhidas por décadas. Felizmente, todavia, o volume de água do lago é suficientemente grande em relação ao volume de água poluída e existe uma circulação ativa para o golfo. Em consequência, ao contrário do que antes se temia, os poluentes foram aparentemente diluídos e dispersados, e um grande risco de poluição das águas ainda não se concretizou.

Há pouca dúvida de que Nova Orleans será reconstruída, embora um ano depois pouca reconstrução tenha começado. O povo de Nova Orleans é resiliente e espera-se que a maior parte dele retorne para essa famosa cidade histórica. Esperançosamente, todos aprenderam alguma lição com esse evento e medidas mais adequadas serão adotadas para impedir que esse tipo de catástrofe ocorra novamente no futuro. Por exemplo, nas áreas de inundações, mesmo com a futura falha dos diques, deverão ser construídos edifícios à prova de inundações, localizando as áreas habitadas no segundo andar e a garagem no andar de baixo.

O Corpo de Engenheiros do Exército dos Estados Unidos, responsável em grande parte pela proteção contra inundações de Nova Orleans, apresentou um relatório, em junho de 2006, relativo ao sistema de proteção contra furacões que evoluiu pouco a pouco, ao longo de décadas. Nesse relatório, o Corpo admitiu que o sistema de proteção contra inundações na verdade, era um sistema, uma vez que várias partes foram construídas em momentos diferentes e não compunham um sistema global. O Corpo está ciente de que foram cometidos equívocos no projeto de construção dos diques em barragens ao longo de várias décadas. O fracasso dessas estruturas construídas para proteger a cidade foi responsável pela maior parte da inundação resultante do furacão Katrina em 2005.

Algumas das conclusões mais importantes do relatório são:[2]

- A proteção contra furacões de Nova Orleans não funcionou como um sistema unificado. Não havia redundância de retaguarda (segunda linha de defesa) caso as estruturas primárias de controle de inundações falhassem. As estações de bombeamento projetadas para retirar as águas das inundações eram o único exemplo de um sistema redundante e não foram projetadas para funcionar em um furacão excepcional com inundações amplas.
- O furacão Katrina ultrapassou os critérios projetados para as estruturas de proteção contra inundações e, além disso, as estruturas não funcionaram conforme o esperado. Algumas falhas dos diques e das barragens resultaram do fato de que as águas da inundação passaram por cima deles; outros fracassaram devido às erosões em sua parte frontal. Os engenheiros admitiram que os solos utilizados na construção das defesas contra inundações algumas vezes foram inadequados, assim como ocorreu com as barragens rígidas, no topo dos diques, que permitiram que a água penetrasse e provocasse a falha da estrutura sem passar por cima da mesma.
- O sul da Louisiana está afundando mais rápido do que o estimado antes do Katrina e a altura das estruturas de proteção contra inundações não foi ajustada para o rebaixamento. Algumas das barragens e dos diques estavam até 1 m (3 pés) abaixo da elevação para a qual foram projetados.
- Na medida em que aumentou a compreensão sobre os furacões e sobre as marés de tempestade, as informações científicas aprimoradas não levaram à atualização do plano de controle de inundações. O pequeno ajuste que ocorreu foi fragmentado em vez de ser consistente e uniforme.
- As consequências da inundação foram generalizadas e maiores do que as de qualquer outro desastre anterior em Nova Orleans. As perdas foram tão grandes que por si só criaram um desafio para a recuperação. As consequências também foram concentradas. Mais de 75% das pessoas que morreram tinham mais de 60 anos e estavam concentradas nas áreas com a maior profundidade de inundação. Um grande número de mortes ocorreu entre os idosos porque eles, os pobres e os deficientes eram os menos capazes de fugir sem auxílio.
- As partes do sistema de proteção contra inundações e furacões que foram consertadas desde o Katrina, a um custo em torno de 800 milhões de dólares, são provavelmente a parte mais forte do sistema de proteção contra inundações até que todo o sistema seja atualizado. Até 2006, o nível de proteção continuava o mesmo de antes do furacão.

Para o Corpo de Engenheiros do Exército, admitir erros passados é um sinal encorajador nos esforços de melhor proteção contra futuras tempestades para a cidade de Nova Orleans e a região em sua vizinhança. Fazendo justiça ao Corpo, as estruturas de controle contra inundações são frequentemente carentes de recursos e, como aconteceu com Nova Orleans, a construção é distribuída ao longo dos anos. Esperançosamente, será finalmente construído um sistema de proteção contra furacões mais eficaz e mais forte para Nova Orleans e para outras cidades norte-americanas, localizadas na trajetória desses furacões.

A grande pergunta é: a inundação pode voltar a ocorrer mesmo que sejam construídas defesas mais altas e mais fortes? É claro que pode – quando uma grande tempestade ataca, o dano futuro é inevitável. Se os brejos de água doce forem restaurados e se for permitido que as águas do rio Mississippi fluam novamente através deles, estará restabelecido um novo amortecedor natural contra ventos e ondas. Conforme já mencionado, as árvores dos pântanos de água doce atuam como amortecedores que desaceleram os ventos e retardam o avanço das ondas provenientes do golfo. Cada 1,5 km de solo pantanoso pode diminuir as ondas em cerca de 25 cm.

São necessárias imensas somas de dinheiro para tornar Nova Orleans mais resistente às futuras tempestades. À luz dos muitos bilhões de dólares que são gastos após as catástrofes, seria prudente destinar o dinheiro de uma maneira proativa, a fim de proteger recursos importantes, particularmente aqueles em cidades mais importantes.

Os furacões podem ser observados e seguidos por imagens de satélite durante dias, há uma semana ou mais de sua chegada ao continente. Os pesquisadores também conseguem prever onde um furacão tem maior probabilidade de atingir a terra firme e as áreas mais prováveis de serem afetadas por futuros furacões. Segundo o que se aprendeu com o Katrina, viver em áreas reconhecidamente perigosas cobra um preço muito alto. Também se aprendeu que é necessário ser proativo no que diz respeito aos eventos perigosos naturais, particularmente aqueles com potencial de produzir catástrofes.

Ao longo deste capítulo, serão discutidos alguns dos princípios dos processos naturais que são perigosos e como eles produzem desastres e catástrofes. Por meio de relatos de casos, será explorado de que forma o mau uso do solo e a mudança nos usos do solo, quando combinados com o aumento populacional, aumentam significativamente o risco de alguns eventos perigosos.

DETALHAMENTO **16.1**

O Processo e a Formação dos Furacões

A palavra *furacão* (*hurricane*) deriva supostamente de uma palavra caribenha, que significa grande vento ou espírito do mal. Para ser considerado um furacão, uma tempestade deve apresentar ventos contínuos de pelo menos 120 km por hora. Os furacões são uma variação de um ciclone tropical, que é o termo geral para os enormes complexos de tempestade que giram em torno de uma área de baixa pressão e que se formam sobre águas quentes do oceano tropical.

Os furacões começam como perturbações tropicais, que são grandes áreas com condições atmosféricas instáveis, e que se espalham por um diâmetro de até 600 km. Dentro dessa área há uma massa organizada de tempestades, com uma baixa pressão, na qual o movimento da tempestade e a rotação da Terra provocam a rotação inicial. Uma vez classificada como depressão tropical, o tamanho e a força da tempestade aumentam na medida em que o ar quente e úmido é arrastado para a depressão, e começa a girar no sentido anti-horário no Hemisfério Norte e no sentido horário no Hemisfério Sul. À medida que a água quente se evapora sobre o mar e é arrastada para a tempestade, a sua energia aumenta. Especificamente, uma vez que a água do mar aquecida evapora, ela é transformada da forma líquida sobre o mar para a de vapor d'água (gás) em massa de ar da tempestade. Quando isso acontece, a energia potencial na forma de calor latente entra na tempestade. O calor latente da água é a quantidade de calor necessária para mudar o estado da água de líquido para gasoso. Quando essa mudança ocorre, há uma mudança na temperatura da atmosfera (por isso é calor latente). O calor latente é uma das principais fontes da potência de um furacão (velocidade do gasto energético). Quando ocorre a condensação (chuva), o calor latente é liberado, aquecendo o ar e tornando-o mais leve. Conforme o ar mais leve se eleva, mais energia da água é arrastada para dentro e o furacão aumenta em tamanho, força e intensidade. Se os ventos na depressão atingirem 63 km/h, essa depressão é chamada de tempestade tropical e recebe um nome.

Os furacões são tempestades de energia muito alta. O seu tamanho pode ser inacreditável e não é incomum observar um deles se movendo na direção dos Estados Unidos, que possui uma área aproximadamente do mesmo tamanho que o golfo do México, se prolongando da Flórida até o Texas. Um diagrama generalizado de um furacão é exibido na Figura 16.5*a*. O furacão tem faixas de tempestades giratórias e de nuvens de trovoadas com um olho, onde o ar desce pelo centro. Na medida em que o ar úmido gira dentro da tempestade, são produzidas faixas intensas de chuva. Quando um furacão passa por cima de uma ilha, a tempestade perde um pouco de sua energia e, muitas vezes, se enfraquece. Depois que uma tempestade atinge um continente e se move para o seu interior, ela se torna menos intensa e eventualmente se dissipa e se extingue, mas a tempestade e a chuva podem provocar o transbordamento de rios e os deslizamentos de terra no interior.

Os furacões são classificados com base em seu tamanho e intensidade (veja a Tabela 16.1). Existem cinco categorias, sendo a Categoria 1 o menor furacão, e a 5, o maior e potencialmente o mais prejudicial. No entanto, mesmo um furacão da Categoria 1 é considerado uma tempestade muito perigosa.

Os pesquisadores sabem quando um furacão está se formando porque as imagens de satélite mostram as depressões e as tempestades tropicais. Transformações podem ser percebidas para saber se vão se tornar furacões. A fim de verificar os dados de satélite, aviões especiais percorrem as tempestades registrando dados sobre velocidade do vento, temperatura do ar e pressão atmosférica. As trajetórias de alguns furacões de 2005 estão exibidas na Figura 16.5*b*.

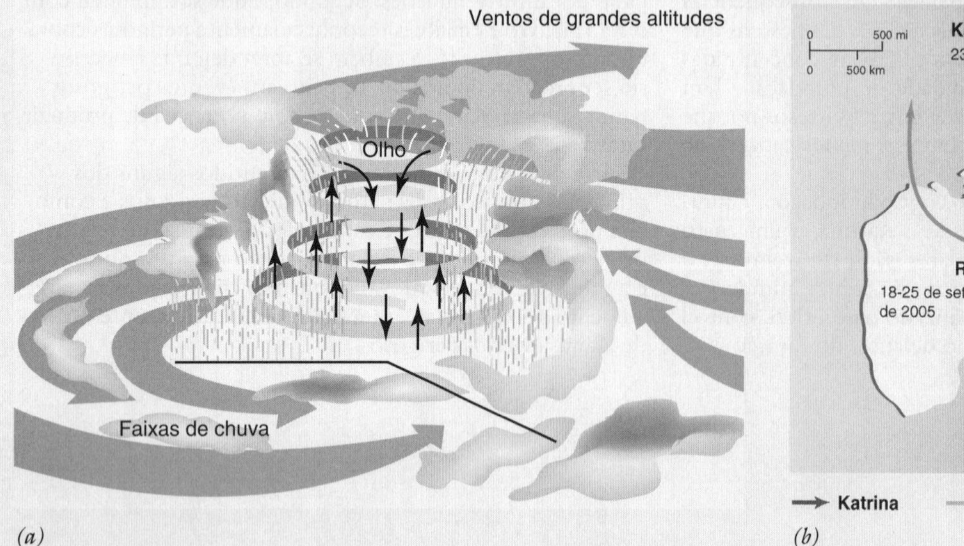

(*a*)

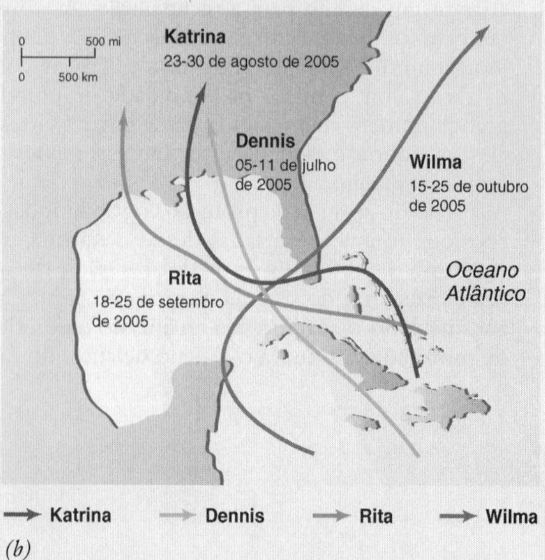

(*b*)

Figura 16.5 ■ (*a*) Diagrama generalizado de um furacão desenvolvido exibindo faixas de chuva, olho e padrões de fluxo de vento. (*Fonte:* NUAA, modificado segundo National Hurricane Center; R. W. Christopherson, *Geosystems*, 5th ed. Upper Saddle River, N.J.: Prentice-Hall, 2003.) (*b*) Trajetórias de quatro furacões em 2005. (*Fonte:* National Hurricane Center.)

Quando os furacões se aproximam do continente, quase sempre se desaceleram em águas rasas, mas caso encontrem águas mais quentes, aumentarão a sua intensidade. Um dos aspectos mais perigosos dos furacões não são os ventos em si, apesar de poderem ser letais, mas sim a maré de tempestade que provoca inundações costeiras. A maré de tempestade, um aumento local do nível do mar que ocorre quando os ventos do furacão empurram a água na direção da costa, pode apresentar alguns metros, acima de 10 m de altura, e causar prejuízos enormes. Caso uma tempestade aconteça durante a maré alta, essa maré de tempestade é ainda maior. A maioria das mortes, devido aos furacões, é provocada pela maré de tempestade, conforme as pessoas são afogadas ou atingidas por objetos sólidos. Quando a maré se move para a costa, ela não é uma linha alta avançando; em vez disso, parece mais com um aumento contínuo da altura do nível do mar à medida que o furacão se aproxima e atinge terra firme.

Tabela 16.1 Escala de Furacões de Saffir-Simpson

A Escala de Furacões de Saffir–Simpson é um sistema de classificação de 1 a 5 baseado na intensidade atual do furacão. Essa classificação é utilizada para dar uma estimativa do potencial de danos materiais e da inundação esperados, ao longo da costa, a partir da chegada do furacão à terra firme. A velocidade do vento é o fator determinante na escala, porque os valores da maré de tempestade (ressaca) são altamente dependentes do declive da plataforma continental por onde o furacão aporta.

FURACÃO DE CATEGORIA 1:

Ventos de 119 a 153 km por hora. Ressaca geralmente de 1,2 a 1,5 m acima do normal. Nenhum dano real às estruturas das construções. Danos basicamente às residências móveis não ancoradas, arbustos e árvores. Algum dano às placas mal construídas. Também, alguma inundação nas estradas costeiras e danos menores aos píeres. Os furacões Allison de1995 e Danny de 1997 eram furacões de Categoria 1 em seu pico de intensidade.

FURACÃO DE CATEGORIA 2:

Ventos de 154 a 177 km por hora. Ressaca geralmente de 1,8 a 2,4 m acima do normal. Alguns danos nos materiais de telhado, portas e janelas das construções. Dano considerável aos arbustos e árvores, com algumas árvores arrancadas. Dano considerável às residências móveis, placas mal construídas e píeres. As rotas de fuga litorâneas e das áreas baixas inundam de 2 a 4 horas antes da chegada do centro do furacão. Pequenas embarcações em ancoradouros desprotegidos rompem as amarras. O furacão Boonie de 1998 era um furacão de Categoria 2 quando atingiu a costa da Carolina do Norte e o furacão George de 1998 era um furacão de Categoria 2 quando atingiu a região de Florida Keys e, mais tarde, a costa do golfo do Mississippi.

FURACÃO DE CATEGORIA 3:

Ventos de 178 a 209 km por hora. Ressaca geralmente de 2,7 a 3,7 m acima do normal. Algum dano estrutural a pequenas residências e edifícios públicos, com uma quantidade mínima de perdas de paredes. Danos em arbustos e árvores, que perdem suas folhas e com as árvores grandes derrubadas. As residências móveis e as placas mal construídas são destruídas. As rotas de fuga nas partes baixas são interrompidas pela subida da água de 3 a 5 horas antes da chegada do centro do furacão. A inundação perto da costa destrói as estruturas pequenas, com as estruturas grandes sendo danificadas pelo impacto dos detritos flutuantes. O terreno continuamente com menos de 1,5 m acima do nível do mar pode ficar inundado 13 km ou mais para o interior. Pode ser necessária a evacuação das residências nas partes baixas a vários quarteirões da costa. Os furacões Roxanne de 1995, Fran de 1996 e Katrina em 2005 eram da Categoria 3 ao chegarem à terra firme na península de Yucatan (México), Carolina do Norte e costa do golfo, respectivamente.

FURACÃO DE CATEGORIA 4:

Ventos de 210 a 249 km por hora. Ressaca geralmente de 4 a 5,5 m acima do normal. Perdas maiores das paredes com perda total das estruturas dos telhados nas pequenas residências. Todos os arbustos, árvores e placas são arrancados. Destruição completa das casas móveis. Dano amplo em portas e janelas. Rotas de fuga nas partes baixas podem ser interrompidas pela subida da água de 3 a 5 horas antes da chegada do centro do furacão. Danos maiores aos andares inferiores das estruturas perto da costa. O terreno com menos de 3,1 m acima do nível do mar pode ficar inundado, exigindo a evacuação em massa das áreas residenciais para até 10 km em direção ao interior. O furacão Luis de 1995 era de Categoria 4 enquanto passou pelas ilhas Leeward; os furacões Felix e Opal de 1995 também alcançaram a Categoria 4 em seu pico de intensidade.

FURACÃO DE CATEGORIA 5:

Ventos acima de 249 km por hora. Ressaca geralmente com mais de 5,5 m acima do normal. Perda total dos telhados em muitas residências e fábricas. Algumas perdas totais de construções com pequenos edifícios públicos derrubados. Todos os arbustos, árvores e placas arrancados. Destruição completa das residências móveis. Graves e amplos danos às portas e janelas. Rotas de fuga nas partes baixas interrompidas pela subida da água de 3 a 5 horas antes da chegada do centro do furacão. Danos importantes aos andares inferiores de todas as estruturas situadas a menos de 4,6 m acima do mar dentro de 450 m de distância da costa. Pode ser necessária a evacuação em massa das áreas residenciais nas partes baixas dentro de 8 a 16 km da costa. O furacão Mitch de 1998 era de Categoria 5 em seu pico de intensidade sobre o oeste do Caribe. O furacão Wilma em 2005 foi um furacão de Categoria 5 em seu pico de intensidade, sendo o ciclone tropical atlântico mais forte já registrado.

16.1 Eventos Perigosos, Desastres e Catástrofes

Os processos naturais são transformações físicas, químicas e biológicas que alteram a paisagem. Alguns processos são internos, tais como terremotos ou erupções vulcânicas, produzidos por mudanças nas profundezas da Terra. Outros processos atuam próximos ou na superfície terrestre; entre estes, têm-se os deslizamentos de terra, as inundações, a erosão costeira, as tempestades violentas e os incêndios florestais.

A ciência de como a maioria dos processos naturais são produzidos é moderadamente bem conhecida. Os geocientistas e os cientistas atmosféricos desenvolveram a ciência necessária para um comportamento mais proativo na maneira com que os humanos devem se ajustar aos eventos perigosos naturais. Os denominadores comuns dos eventos naturais, amplamente destrutivos, como terremoto, erupção vulcânica, *tsunami*, deslizamento de terra, furacão, incêndio florestal e tornado, são o transporte de material (água, ar e solo) e o gasto de energia. As ondas de calor e a seca são dois outros eventos perigosos naturais mais bem relacionados às ligações do clima com os processos atmosféricos. Os eventos perigosos naturais mais devastadores são:

- **Terremoto:** Os terremotos acontecem quando se rompem as rochas que estão sob estresse devido aos processos terrestres internos, que produzem os continentes e as bacias oceânicas (veja as placas tectônicas no Capítulo 5), majoritariamente em profundidades de 10 a 15 km, ao longo de falhas (fraturas, planos na rocha com movimentos diferentes chamados de deslocamentos). Os terremotos liberam vastas quantidades de energia; eles são capazes de liberar mais energia do que uma grande explosão nuclear.
- **Erupção Vulcânica:** Os vulcões resultam da extrusão nas superfícies das rochas derretidas (magma). As erupções vulcânicas podem ser explosivas e violentas, ou podem ser fluxos de lava menos energéticos. Os vulcões ocorrem geralmente nas fronteiras entre as placas tectônicas (veja o Capítulo 5), onde processos geológicos ativos favorecem o derretimento das rochas e o movimento do magma para cima. Alguns vulcões também ocorrem em partes mais centrais das placas tectônicas, onde pontos quentes, bem abaixo, aquecem as rochas acima. As atividades vulcânicas no Parque Nacional de Yellowstone e nas ilhas Havaí são exemplos de pontos quentes.
- **Deslizamentos de Terra:** *Deslizamento de terra* é um termo geral para o movimento de solo e de rochas para baixo de uma encosta. Os deslizamentos de terra ocorrem quando forças motrizes que tendem a mover solo, rocha, vegetação, casas e outros materiais para baixo de uma encosta ultrapassam as forças de resistência que mantêm o material dessa encosta no lugar. As forças de resistência são produzidas pela resistência do material nas encostas e resultam do entrelaçamento de partículas de rocha e de solo, material de cimentação natural na rocha e no solo, ou raízes de plantas que unem os materiais da encosta e resistem ao movimento. Rochas fracas em encostas íngremes fornecem a combinação de grandes forças motrizes e forças de resistência tênues que favorecem o desenvolvimento de deslizamentos de terra. A força motriz dominante nas encostas é o peso de seus materiais, influenciado pela força gravitacional. Quanto mais íngreme a encosta e mais pesados os seus materiais, maiores são as forças motrizes. Os processos humanos que aumentam o ângulo da encosta (o quão íngreme ela é) aumentam as forças motrizes. As forças de resistência podem ser reduzidas aumentando-se a quantidade de água na encosta, ou removendo-se a vegetação que diminui a resistência das raízes do solo ou rochas.
- **Furacão:** Um furacão é uma tempestade tropical com ventos com velocidade que ultrapassa 120 km/h e que se movem através das águas oceânicas quentes dos trópicos. Os furacões reúnem e liberam imensas quantidades de energia na medida em que a água é transformada do estado líquido, sobre o oceano, para o de vapor na tempestade (veja o Detalhamento 16.1).
- **Tsunami:** Um *tsunami* é uma série de grandes ondas oceânicas produzidas depois que a água do oceano é súbita e verticalmente perturbada por processos tais como terremotos, erupções vulcânicas, deslizamentos de terra submarinos ou pelo impacto de um asteroide ou cometa (veja o Detalhamento 16.2). Mais de 80% de todos os *tsunamis* são produzidos por terremotos.
- **Incêndio Florestal:** O incêndio florestal é um processo de oxidação rápido e autossustentável que libera luz, calor, dióxido de carbono e outros gases, além de particulados na atmosfera. O combustível, a matéria vegetal, é rapidamente consumido durante os incêndios florestais (veja o Capítulo 5), auxiliando a manter um equilíbrio entre a produtividade das plantas e a decomposição nos ecossistemas. A causa primária do incêndio florestal periódico é a vegetação. Quando os micróbios no ambiente não são capazes de decompor as plantas com rapidez suficiente para equilibrar o ciclo do carbono, o fogo é necessário para proporcionar um equilíbrio em longo prazo.
- **Tornado:** Um tornado é uma nuvem em forma de cone, com ventos girando violentamente e que se estende de cima para baixo, das grandes células de tempestades com trovoadas para a superfície terrestre. Podem ocorrer tempestades rigorosas com trovoadas, quando uma massa de ar frio colide com outra massa mais quente. O vapor d'água na parte mais quente da atmosfera é forçado para cima, onde se resfria e produz precipitação. Quanto maior o volume de ar quente é arrastado para dentro, maiores ficam as nuvens da tempestade e a sua atividade aumenta em intensidade, formando linhas de atividade da tempestade (centenas de quilômetros de linhas de instabilidade muito grandes ou grandes células de corrente de ar ascendente, denominadas supercélulas). Nos Estados Unidos, os tornados se concentram nos estados com planícies entre as Montanhas Rochosas e os Montes Apalaches, onde geralmente são mais comuns as rigorosas tempestades com trovoadas. Algumas partes dessa região são chamadas de "alameda dos tornados".
- **Inundação:** Uma inundação é um fenômeno de alagamento relativamente rápido de uma área pela água. As inundações são produzidas por diversos processos que variam desde as pancadas de chuva ao derretimento de neve, ressacas provocadas por um furacão, um *tsunami* e uma ruptura das estruturas de proteção contra inundações. O alagamento ocorre na medida em que a água é transportada pela superfície da terra ou que inunda um determinado local. A enchente e o transbordamento dos rios, um dos perigos mais universalmente experimentados, dão forma à paisagem através da erosão e da deposição. A erosão produziu aspectos geográficos tão pequenos quanto os canais e tão grandes quanto o Grand Canyon do rio Colorado.
- **Onda de Calor:** Um período de dias ou de semanas com condições meteorológicas excepcionalmente quentes é

um fenômeno climático recorrente relacionado ao aquecimento da atmosfera e ao movimento das massas de ar. Tem sido levantada a hipótese de que o aquecimento global induzido pelo homem aumentou a quantidade e a intensidade das ondas de calor nos últimos anos.

- **Seca:** Um período de meses, ou mais comumente de anos, de clima excepcionalmente seco constitui uma seca. Esse fenômeno está relacionado com os ciclos naturais de anos chuvosos que se alternam com anos de seca. As razões para os ciclos de seca não são bem compreendidas, mas acredita-se que estejam relacionados com o aquecimento das águas oceânicas e a movimentação de grandes massas de ar. Acredita-se que as secas na Califórnia, por exemplo, se devem tanto às mudanças, de década em década, nas zonas de alta pressão que se formam no oceano Pacífico Central, quanto às correntes de jatos que permitem que as tempestades de inverno se estendam para o sul ou permaneçam mais ao norte. Os anos secos, no sul da Califórnia, ocorrem quando as faixas de tempestade permanecem ao norte da Califórnia por vários anos. As secas prolongadas nos estados do centro-oeste, tais como o *Dust Bowl* (ver Capítulo 12), que se desenvolveu em 1930 no Kansas e em outras regiões próximas, estão associadas com as tempestades de poeira gigantescas que ocorrem comumente nas regiões desérticas. As secas na África Central têm sido devastadoras para as populações humanas.

Como o termo sugere, os processos naturais são "naturais". Eles se tornam eventos perigosos, desastres ou catástrofes quando as pessoas interagem com eles ou quando vivem e trabalham nos lugares onde eles ocorrem. Define-se um **evento perigoso natural** como qualquer processo natural que seja uma ameaça potencial à vida humana e às propriedades. Os processos e os eventos por si só não representam um perigo, mas assim se tornam devido à intervenção antrópica no solo. Um **desastre** é um evento perigoso que ocorre durante um período de tempo limitado, em uma área geográfica definida. Uma definição operacional ou os critérios para um desastre natural é a morte de 10 ou mais pessoas; 100 ou mais afetadas; estado de emergência declarado; e requisição de ajuda internacional. Se algum desses atributos se aplicarem, um evento é considerado um desastre natural.[3,4] Quando a perda de vidas humanas e de propriedades é significativa, diz-se que ocorreu um desastre. Por fim, uma **catástrofe** é um desastre maciço que requer gastos significativos de dinheiro e de tempo para que ocorra a recuperação. O furacão Katrina, que inundou a cidade de Nova Orleans e danificou grande parte do litoral do Mississippi, em 2005, foi a catástrofe mais cara e prejudicial da história dos Estados Unidos. A recuperação dessa enorme catástrofe levará anos.

A Figura 16.6 retrata a ocorrência geral dos grandes eventos perigosos nos Estados Unidos. Grandes eventos como nevascas, tempestades de gelo e secas, assim como os incêndios florestais, não são exibidos. As secas, incêndios florestais e ondas de calor também produzem desastres e catástrofes. As secas dos anos 1960 aos anos 1980 causaram fome e mataram aproximadamente 1 milhão de pessoas na região do Sahel Africano durante esses anos.[5] Os incêndios florestais da Flórida até a costa do Pacífico e do Arizona–Califórnia ao Estado de Washington apresentam um maior risco de catástrofes. As ondas de calor são particularmente perigosas para os idosos e os jovens. Uma onda de calor em Chicago, no

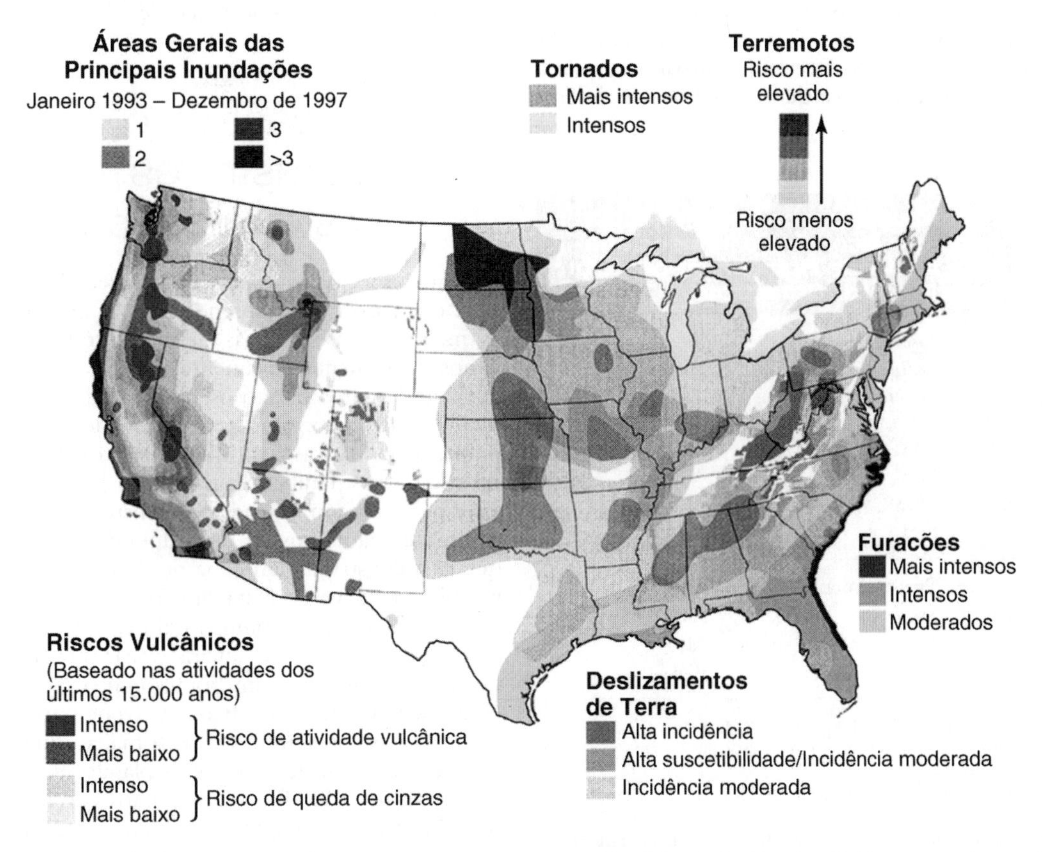

Figura 16.6 ■ Eventos perigosos selecionados dos Estados Unidos. Este mapa simplificado dos Estados Unidos mostra áreas sob risco de inundação, furacões, terremotos, deslizamentos de terra, tornados e erupções vulcânicas. (*Fonte:* U.S. Geologic Survey.)

ano de 1995, matou 465 pessoas, mas uma onda de calor na França, durante o verão de 2003, matou quase 15.000 pessoas. Hoje, as ondas de calor são consideradas o mais mortal de todos os riscos climáticos. Acredita-se que o aquecimento global esteja contribuindo para a frequência e a intensidade de ondas de calor, incêndios florestais, secas e de outros fenômenos climáticos perigosos (veja o Capítulo 23).

Nenhuma área dos Estados Unidos, aliás, do mundo, é considerada livre de riscos de eventos perigosos. Durante as últimas décadas, os desastres naturais como furacões, inundações e terremotos tiraram a vida de muitos milhões de pessoas. A perda anual de vidas devido a tais eventos em todo o mundo está em torno de 150.000, com as perdas financeiras ultrapassando muitos bilhões de dólares. Um único evento como um grande terremoto ou inundação pode ultrapassar os 100 bilhões de dólares. Não estão incluídas nessas estatísticas as perdas sociais como o emprego, a angústia mental e a menor produtividade, que são significativas, porém mais difíceis de quantificação.

A influência das atividades humanas sobre os eventos perigosos nos Estados Unidos está resumida na Tabela 16.2. Os episódios que geram as perdas de propriedade mais abrangentes não são necessariamente os mesmos que causam a maior perda de vidas humanas. Excluindo as ondas de calor e a seca, o maior número de mortes por ano devido aos eventos perigosos está vinculado aos tornados e às tempestades de vento, aos raios, furacões e às inundações. Há certa quantidade de interação entre os riscos. Por exemplo, os furacões quase sempre causam inundações no litoral e no interior. A perda de vidas em acontecimentos como os terremotos nos Estados Unidos é difícil de calcular. Quando ocorre um grande terremoto, uma série de pessoas pode morrer e os danos podem ser de várias dezenas de bilhões de dólares. Por exemplo, em 1994, o terremoto Northridge em Los Angeles (Figura 16.7) matou cerca de 60 pessoas e causou danos materiais de até 30 bilhões de dólares. Alguns especialistas em perdas em áreas urbanas sugerem que um grande terremoto urbano no sul da Califórnia poderia provocar cerca de 100 bilhões de dólares em prejuízos ao mesmo tempo em que mataria vários milhares de pessoas.

Figura 16.7 ■ Terremoto urbano na área de Los Angeles. O terremoto Northridge, em 1994, causou bilhões de dólares em danos materiais e a morte de 60 pessoas. O dano aqui exibido se refere ao sistema de autoestradas na área urbana de Los Angeles.

O custo econômico dos desastres naturais nos Estados Unidos está aumentando, basicamente porque a população está se mudando cada vez mais do interior para o litoral, onde tendem a ocorrer os eventos adversos. Como resultado, provavelmente as perdas de vidas e os danos materiais crescerão significativamente nas próximas décadas.

Tabela 16.2 — Eventos Perigosos Selecionados dos EUA: Ocorrência Influenciada pela Atividade Humana e Potencial para Produzir Catástrofe

Evento Perigoso	*Ocorrência Influenciada pela Atividade Humana*	*Potencial para Catástrofe*
Inundação	Sim	Alto
Terremoto	Sim[a]	Alto
Erupção Vulcânica	Não	Alto
Deslizamento de Terra	Sim	Médio
Furacão	Provavelmente	Alto[b]
Incêndio Florestal	Sim	Alto
Tornado	Provavelmente[c]	Alto
Raio	Provavelmente[d]	Baixo

[a]A atividade humana pode provocar pequenos terremotos.
[b]O aquecimento global com temperaturas mais elevadas dos mares aumenta a intensidade dos furacões.
[c]O aquecimento global pode aumentar a intensidade das tempestades, incluindo os tornados.
[d]O aquecimento global pode aumentar a intensidade das tempestades e a quantidade de quedas de raio.

16.2 Desastres e Catástrofes: Ponto de Vista Histórico

A bem conhecida (mas pouco compreendida) lição da história é que caso não se aprenda com as experiências passadas, as mesmas consequências destes episódios poderão causar danos e sofrimento novamente. Isto certamente é verdade no caso dos eventos perigosos naturais, que são eventos repetitivos. Em consequência, o estudo de sua história fornece informações básicas para qualquer programa de diminuição do risco. Basta lembrar-se da história de La Conchita, onde uma pequena comunidade foi construída em uma área que sofreu deslizamentos de terra durante mais de um século e que está construída em cima de depósitos de deslizamentos pré-históricos (veja o Detalhamento 16.2). Considere a inundação um dos mais comuns dentre todos os riscos para os seres humanos. Caso se queira avaliar o transbordamento de um determinado rio, um bom começo é avaliar o histórico de inundações desse rio. Isto envolveria o exame de registros de fluxo existentes, fotos aéreas tomadas durante os períodos de enchente e os depósitos e as plataformas produzidas por enchentes passadas. Em algumas partes do mundo, as pessoas têm registrado enchentes há séculos, senão por milhares de anos. No Egito, as pessoas mantêm registros cuidadosos das alturas das águas de enchentes há milênios, permitindo-lhes

Deslizamento de Terra em La Conchita, em 2005

Um pequeno balneário chamado de La Conchita, que significa "Pequena Concha" em espanhol, localizado a cerca de 80 km a noroeste de Los Angeles, Califórnia, foi vítima de um desastre em 10 de janeiro de 2005. Dez pessoas foram mortas e 30 casas foram destruídas ou danificadas, quando um estrondo com fluxo de detritos em movimento rápido (um tipo de deslizamento) ocorreu na parte superior do balneário (Figura 16.8). O fluxo de detritos foi uma reativação parcial de um deslizamento que ocorreu em 1995, destruindo várias casas, mas sem provocar fatalidades. O inverno de 2004–2005 foi particularmente chuvoso e houve algumas chuvas de alta intensidade. No entanto, nem os residentes nem as autoridades locais perceberam que outro deslizamento de terra era iminente. O que diferenciou o fluxo de detritos de 2005 do que ocorreu em 1995 foi a velocidade do fluxo, 45 km/h, e o fato de ter avançado sobre a comunidade, aprisionando algumas pessoas em suas casas e obrigando aquelas que conseguissem correr a salvar suas vidas.

Figura 16.8 ■ Deslizamento de terra com vítimas fatais. O deslizamento aqui exibido foi um movimento rápido encosta abaixo do material majoritariamente reativado de outro deslizamento que ocorreu em 1995.

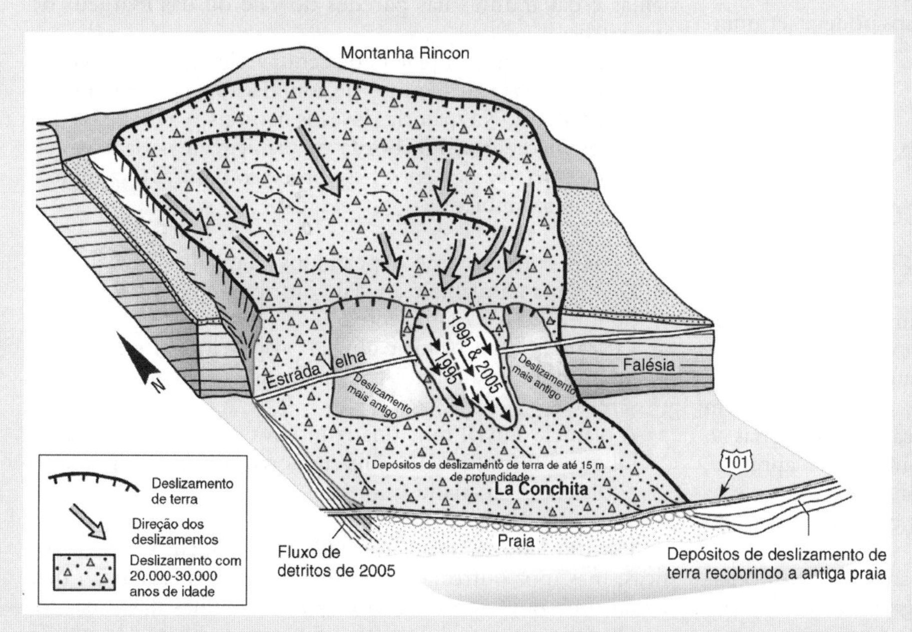

Figura 16.9 ■ Este diagrama de blocos simples mostra os deslizamentos de 1995 e 2005 em La Conchita, Califórnia. Esses dois deslizamentos na encosta íngreme atrás do balneário são uma pequena parte de um antigo deslizamento pré-histórico, muito maior, do qual algumas partes estão ativas. Tais deslizamentos grandes e complexos podem ser periodicamente reativados ao longo de milhares de anos.

La Conchita em 2005, com uma elevada encosta de 200 m atrás do balneário, apresentava um grave e permanente risco de deslizamento para as pessoas que ali moravam. Ela jamais deveria ter sido construída ao pé da encosta. Os deslizamentos de solo ocorreram nessa área durante aproximadamente 100 anos, ou pelo menos, desde que as pessoas começaram a acompanhar esses eventos. A comunidade foi construída sobre quase 15 m de antigos depósitos de deslizamento de terra. Os deslizamentos acima de La Conchita, para o leste e oeste, têm ocorrido há milhares de anos, muito antes de as pessoas terem resolvido construir suas casas de praia na base do penhasco.

Um estudo sobre La Conchita e a área circundante sugere que os fluxos de detritos e os deslizamentos de 1995 e 2005, bem como outros eventos, são parte de um deslizamento pré-histórico muito maior que não fora reconhecido quando ocorreram os eventos mais recentes (Figura 16.9). Embora não haja evidências de que o grande deslizamento pré-histórico esteja se movimentando como uma massa, partes estão claramente ativas, especialmente na margem oeste do deslizamento. A pergunta não é se, mas quando, irão ocorrer futuros deslizamentos de solo nas encostas acima de La Conchita.

Uma maneira de reduzir o risco para as pessoas e as propriedades seria transformar La Conchita em um parque costeiro. A sociedade como um todo poderia ajudar na realocação das pessoas por meio de uma compensação justa por suas valiosas propriedades costeiras, transformando um lugar vulnerável e arriscado em um recurso para as gerações futuras. Também se deve procurar ser diligentes no planejamento futuro do uso do solo, evitando o desenvolvimento insensato sobre o grande deslizamento pré-histórico acima de La Conchita. Um deslizamento pré-histórico similar, porém, de menor proporção, foi reativado na área de Malibu, Califórnia, em meados dos anos 1980, causando prejuízos de mais de 200 milhões de dólares.

prever quando as enchentes irão recuar e a sua provável altura. Tal conhecimento foi fundamental para prever o rendimento das culturas no Vale do Nilo. Na Grã-Bretanha, as pessoas marcavam a elevação das enchentes e o ano em que ocorreram nas paredes das catedrais. As altas marcas das águas, provenientes de enchentes do passado distante, ajudaram a ampliar o registro de inundações para a era moderna, quando se mede regularmente a elevação e a quantidade de água das enchentes. Reunindo todas essas informações históricas, pode-se chegar a indícios bem esclarecidos sobre o futuro do risco de inundações em um determinado local. Isto é, precisa-se fazer uma ligação entre os registros históricos e os registros pré-históricos, e as medições modernas para se obter dados mais exatos sobre o risco de inundações.

Figura 16.10 ■ Falhas de terremoto represam a água subterrânea, forçando-a para a superfície como nascentes ou oásis. A fotografia exibe um oásis com palmeiras ao lado da Falha de San Andreas, no Coachella Valley, Califórnia. Esses oásis servem como refúgio para várias plantas e animais, alguns dos quais ameaçados de extinção.

16.3 Conceitos Fundamentais sobre Eventos Naturais Perigosos

Alguns conceitos gerais úteis para a compreensão da natureza e o alcance dos processos e eventos naturais, e como eles poderiam ser reduzidos, minimizados ou eliminados, são:

- Os processos naturais possuem funções de utilidade naturais.
- Os eventos perigosos são previsíveis.
- Existem relações entre os eventos perigosos.
- Existem relações entre os diferentes eventos perigosos e entre os ambientes físicos e biológicos.
- Os eventos perigosos que antes produziam majoritariamente desastres agora estão produzindo catástrofes.
- Os eventos perigosos podem ser estimados.
- Os efeitos adversos dos eventos perigosos podem ser minimizados.

16.4 Os Processos Naturais Possuem Funções de Utilidade Naturais

A natureza proporciona uma série de funções de utilidade naturais para as pessoas e a biosfera. Por exemplo, as árvores aprisionam poeira e outros poluentes na superfície das folhas, ajudando a limpar o ar, e as plantas dos pantanais extraem nutrientes que, caso contrário, poderiam causar problemas ao ambiente. As plantas dos manguezais, conforme se aprende, também são um amortecedor natural contra os ventos e as ondas das tempestades que se deslocam para o interior do continente.

Os terremotos, associados com a construção das montanhas, produziram grande parte da topografia elevada e das belas paisagens da Terra. A topografia elevada aumenta a erosão e as forças que movem os sedimentos para as planícies e o oceano. O deslocamento nas falhas provoca terremotos e esmaga as rochas ao longo de um plano e falha. Abaixo da superfície, essa rocha comprimida e a sua transformação em argila pela erosão produzem uma barreira para a migração das águas subterrâneas, quase sempre forçando a água para a superfície na forma de infiltrações e de nascentes. Por exemplo, ao longo de algumas partes da Falha de San Andreas, no bastante árido Coachella Valley, podem ser observados oásis em pleno deserto, com piscinas de água transparente circundadas por palmeiras e, às vezes, habitadas por peixes raros (Figura 16.10). No sul da Califórnia, grande parte da água de baixo fluxo nos córregos montanhosos, que proporciona o *habitat* para a ameaçada truta arco-íris, é abastecida pela água que emerge do solo como nascentes e infiltrações ao longo das falhas e das fraturas nas paredes do vale ou das margens de um riacho.

Um rio e a região plana adjacente a ele, conhecida como *planície aluvial* (ou planície de inundação), constituem um sistema natural. Na maioria dos rios naturais, a água passa por cima das margens e transborda na planície aluvial aproximadamente uma vez por ano. Esse processo natural traz muitos benefícios ao ambiente.

- Água e nutrientes são depositados na planície aluvial.
- Depósitos na planície aluvial contribuem para a formação de solos ricos em nutrientes.
- Os pântanos na planície aluvial proporcionam um habitat importante para muitos pássaros, animais, plantas e outros seres vivos.
- A planície aluvial funciona como um cinturão verde natural que é distintamente diferente dos ambientes adjacentes e fornece diversidade ambiental.

Por um lado, as erupções vulcânicas podem ser catastróficas, mas, por outro lado, os vulcões que emergem do mar criam uma nova terra. Toda a cadeia das ilhas havaianas foi criada por processos vulcânicos ao longo de várias dezenas de milhões de anos (Figura 16.11). A cinza vulcânica também pode produzir solos jovens e férteis.

Enormes tempestades de poeira na África e na Ásia causam problemas e são um risco para a população. No lado positivo, a poeira pode ser transportada por milhares de quilômetros, enriquecendo os solos em partes distantes do planeta. Sem essa

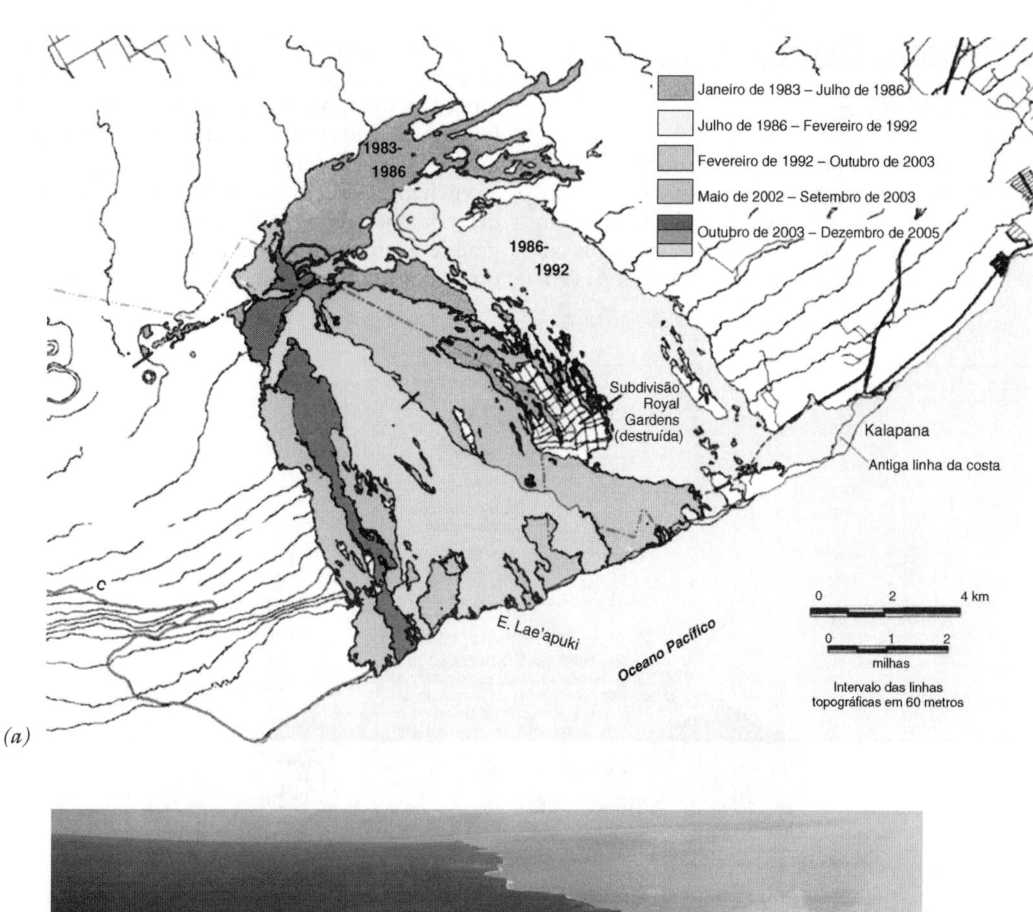

Figura 16.11 ■ Erupção vulcânica produzindo terra nova no Havaí, porém devastando várias comunidades. A atividade vulcânica na grande ilha do Havaí acrescentou uma quantidade considerável de terra à ilha nos últimos anos. Na realidade, a ilha inteira tem sido construída com rochas vulcânicas ao longo de um período de tempo geológico relativamente curto. (*a*) O mapa mostra os fluxos de 1983 a 2005; (*b*) foto do delta de lava em E. Lae Apunki em 6 de janeiro de 2006. Rachaduras perto das bordas sugerem que parte do delta, ou todo ele, irá desabar no mar. (*Fonte:* U.S. Geological Survey, 2006.)

nutrição periódica, os solos perderiam a sua fertilidade. Isso se mostrou verdadeiro nas ilhas havaianas, particularmente nas mais antigas, que há muito tempo teriam os nutrientes dos solos vulcânicos originais lixiviados do solo.

Os deslizamentos de terra, embora quase sempre prejudiciais, também fornecem algumas funções de utilidade. Por exemplo, um deslizamento de terra pode bloquear ou represar um vale, formando um lago nas montanhas onde, caso contrário, lagos seriam raros.

Em resumo, os processos físicos ligados ao ambiente biológico produzem uma paisagem variada. Sem a interferência periódica dos processos naturais, tais como terremotos, erupções vulcânicas e enchentes, os solos não seriam tão férteis, a água não estaria tão disponível, o solo não seria tão diversificado e a diversidade da vida seria menor. Também não se deseja negligenciar os importantes aspectos estéticos dos eventos naturais que produzem a topografia das montanhas, vales e paisagens marinhas.

16.5 Eventos Perigosos São Previsíveis

Eventos perigosos naturais são processos da natureza identificados e estudados por meio de métodos científicos estabelecidos. A maioria dos eventos e os processos perigosos podem ser mapeados onde ocorreram no passado e monitorados em termos da atividade atual. Com base na localização dos eventos passados, sua frequência, padrões de ocorrência e eventos precursores, alguns eventos perigosos podem ser previstos. Uma vez identificado um dado evento particular como um furacão, *tsunami* ou enchente, também é possível antecipar quando ele pode chegar a um local específico. Por exemplo, as enchentes do rio Mississippi na primavera em resposta ao derretimento da neve ou a uma tempestade regional muito grande é um evento previsível. É possível antecipar quando o rio atingirá o estágio de enchente e com que velocidade o

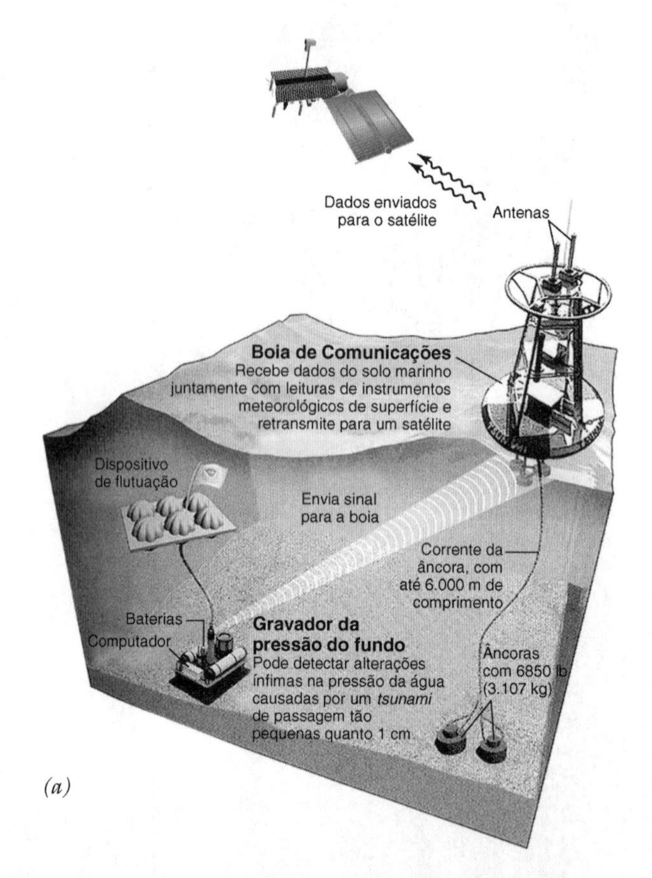

(*a*)

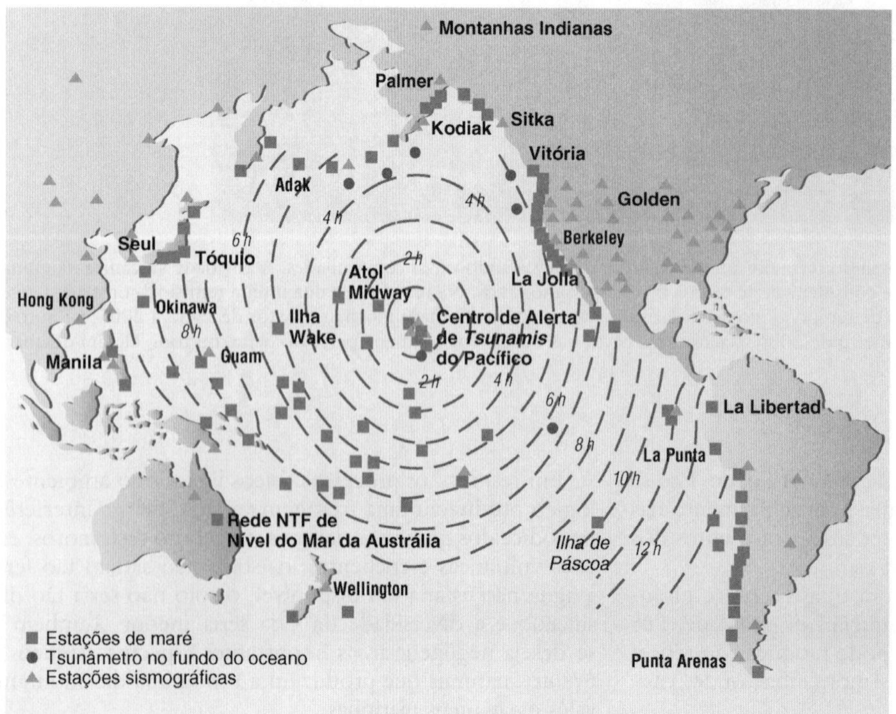

(*b*)

Figura 16.12 ■ (*a*) O sistema de alerta de *tsunami* inclui uma boia de superfície e um sensor de fundo. (*b*) O tempo de percurso (cada faixa é uma hora) para um *tsunami* gerado no Havaí. A onda chega a Los Angeles em cerca de 5 horas. Leva-se 12 horas para as ondas alcançarem a América do Sul. São exibidas as localizações de seis instrumentos para o acompanhamento de *tsunamis*. Outros estão sendo planejados para o Atlântico e o Caribe. (*Fonte:* NOAA.)

O *Tsunami* da Indonésia

O *tsunami* indonésio de 2004 provocou uma tomada de consciência do poder dessas ondas gigantes e do seu potencial de destruição. Em apenas algumas horas, cerca de 250.000 pessoas foram mortas e milhões ficaram desalojadas, na medida em que áreas litorâneas, uma após a outra, nas proximidades do oceano Índico, foram atingidas por uma série de ondas de *tsunami*, produzidas por um terremoto de magnitude 9, que ocorreu fora da costa da ilha indonésia de Sumatra. As ondas de *tsunami* vêm em série e as últimas ondas podem ser mais altas do que as primeiras. Quando as águas de uma onda recuam sobre a terra e fluem em direção ao mar, o fluxo desse retorno pode ser tão perigoso quanto a próxima onda que virá.[5]

Mais de três quartos das mortes ocorreram na Indonésia, que sofreu tanto com o tremor de terra do terremoto, que provocou o *tsunami*, quanto com o próprio *tsunami*. O local do terremoto e a geração do *tsunami*, e o seu deslocamento de várias horas estão exibidos na Figura 16.13. Repare que o tempo da geração do *tsunami* até a sua chegada na Somália foi de cerca de sete horas. Na Índia, foi de duas horas e em outros lugares foi mais cedo ou mais tarde, dependendo da distância do terremoto. O primeiro tsunâmetro (Figura 16.12*a*) para o oceano Índico foi implantado em dezembro de 2006, sendo instaladas sirenes ao longo de algumas áreas litorâneas em torno desse oceano para alertar as pessoas a respeito de um *tsunami*.

Os *tsunamis* (palavra japonesa traduzida como uma grande onda de porto) são produzidos por deslocamentos verticais súbitos da água do mar.[5] Eles podem ser deflagrados por vários tipos de eventos, tais como grandes terremotos que provocam o levantamento ou o rebaixamento rápido do solo marinho; deslizamentos de terra submarinos que podem ser resultado de um terremoto; desabamentos de um vulcão que desliza para dentro do mar; explosões vulcânicas submarinas; e impacto de um objeto extraterrestre, tal como um asteroide ou cometa no oceano. O impacto de um asteroide pode produzir um megatsunami (um tsunami enorme), cerca de 100 vezes mais alto do que o *tsunami* da Indonésia, podendo colocar em risco centenas de milhões de pessoas. Felizmente, a probabilidade de um grande impacto é muito baixa. Dentre as potenciais causas listadas anteriormente, os terremotos são de longe as mais comumente observadas. O processo é exibido pela Figura 16.14.

Durante o terremoto indonésio de 2004, o fundo do oceano foi subitamente levantado alguns metros ao longo de toda a linha de uma falha que possuía centenas de quilômetros de comprimento. O movimento nessa falha deslocou verticalmente toda a massa de água acima da ruptura. O súbito movimento ascendente da água do mar também produziu uma massa de água adjacente que se deslocou para baixo. O efeito foi similar ao de arremessar um pedregulho gigante em sua banheira e observar a propagação dos anéis ou das ondas de água. Na analogia da banheira, o pedregulho veio do alto, mas o resultado foi o mesmo e as ondas se irradiaram para fora, deslocando-se em alta velocidade pelo oceano Índico.

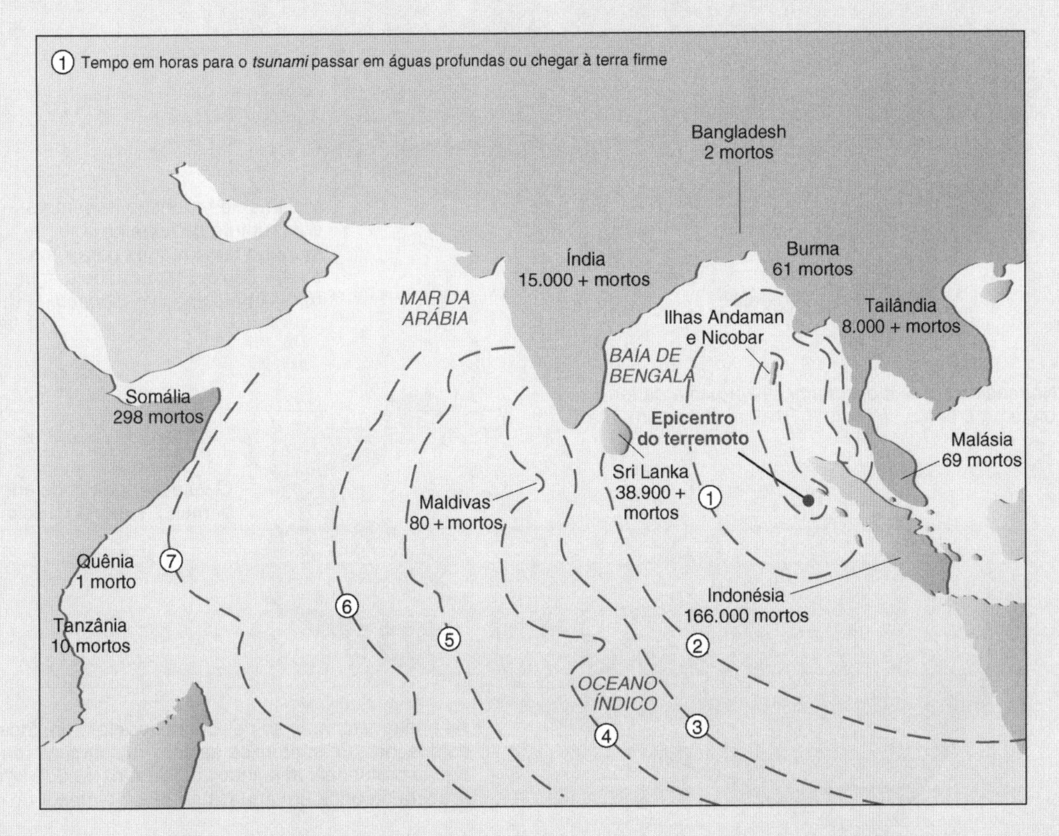

Figura 16.13 ■ Um *tsunami* em dezembro de 2004 matou cerca de 250.000 pessoas na Indonésia. Este mapa mostra o epicentro do terremoto de magnitude 9 que produziu o *tsunami* indonésio. É exibido o movimento das ondas do *tsunami* que devastaram muitas áreas no oceano Índico. Observe que as ondas levaram aproximadamente 7 horas para alcançar a Somália, onde quase 300 pessoas foram mortas. A maioria das mortes foi na Indonésia, onde as ondas chegaram apenas uma hora depois do terremoto. (*Fonte:* NOAA.)

(Continua)

(Continuação)

As ondas do *tsunami* em si são relativamente baixas em mar aberto, sendo menores do que 1 metro de altura, porém se deslocam a velocidade de um avião a jato (750 km/h). Quando uma onda de *tsunami* atinge a costa, a sua energia é comprimida entre as águas rasas, aumentando surpreendentemente a altura da onda. A Figura 16.15 mostra o *tsunami* avançando sobre uma área turística em Phuket, Tailândia, e a Figura 16.16 mostra as fotografias antes e depois de Banda Aceh, Indonésia. Repare que quase tudo foi destruído.

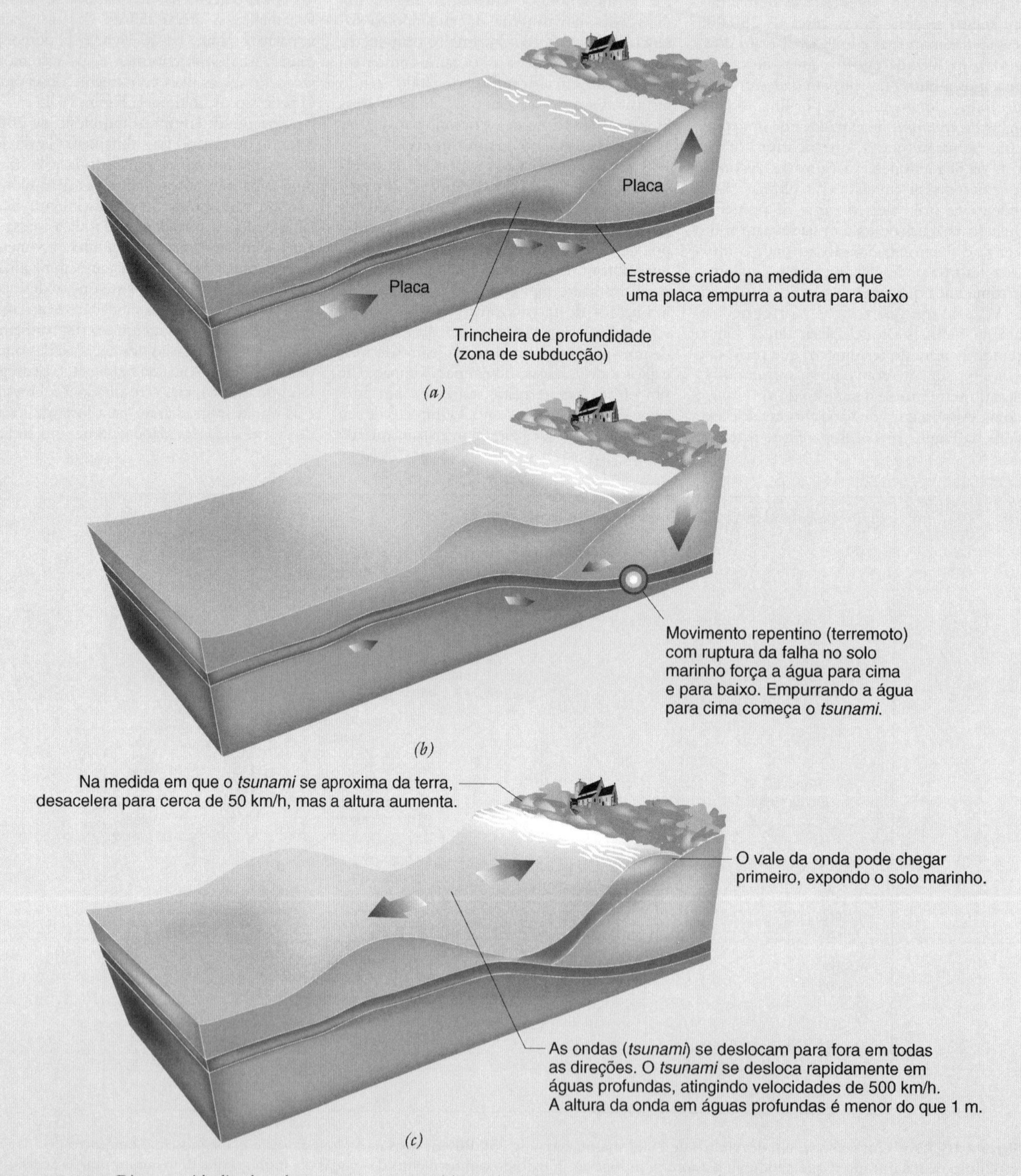

Figura 16.14 ■ Diagrama idealizado sobre como um *tsunami* é gerado por um terremoto. (*Fonte*: Modificado segundo E. A. Keller e R. H. Blodgett, *Natural Hazards*, [Upper Saddle River, N.J.: Prentice Hall, 2006].)

Algumas pessoas sobreviveram ao *tsunami* na Indonésia devido a sua educação ou ao seu conhecimento tribal. Alguns estudantes e profissionais perceberam que o recuo da água na área litorânea, onde estavam passando as férias, era um sinal de que a onda estava se aproximando. Em alguns casos, as pessoas foram alertadas por outras e conseguiram fugir para as partes mais elevadas. Alguns nativos da Indonésia possuem uma memória coletiva dos *tsunamis*, de modo que, quando ocorreu o terremoto, algumas pessoas aplicaram esse conhecimento e se deslocaram para locais mais altos. Esse conhecimento salvou tribos inteiras em algumas ilhas. Notavelmente, os elefantes salvaram um pequeno grupo, de cerca de 12 turistas, na Tailândia do *tsunami* de 2004.[7] No momento em que o terremoto se afastou da ilha de Sumatra na Indonésia, os elefantes começaram a emitir ruídos nervosos e ficaram agitados mais de uma vez, aproximadamente uma hora mais tarde. Os elefantes que não estavam levando turistas para passear arrebentaram suas correntes e correram para o interior. Os animais que tinham turistas a bordo para um passeio não responderam aos seus condutores e escalaram uma colina atrás de um refúgio à beira-mar, onde cerca de 4.000 pessoas em breve seriam mortas pelo *tsunami*. Quando os condutores reconheceram o *tsunami* que estava se aproximando, mais turistas foram colocados sobre os elefantes, que usaram suas trombas para colocar os turistas em suas costas (geralmente os turistas montam nos elefantes a partir de plataformas de madeira) e se deslocaram terra adentro. As ondas do *tsunami* avançaram cerca de 1 km para o interior a partir da praia e os elefantes pararam mais adiante, onde as ondas encerraram o seu caminho destrutivo.

Pode-se perguntar: os elefantes sabiam algo que as pessoas não sabiam? Como é sabido, os animais possuem uma capacidade sensorial diferente dos humanos. É possível que tenham ouvido o terremoto, já que ele gerou ondas sonoras em tons baixos, chamadas de som infrassônico. Algumas pessoas também foram capazes de sentir as ondas sonoras, mas não as perceberam como um risco. De forma diferente, os elefantes poderiam ter sentido o movimento real do solo, na medida em que ele vibrou com o terremoto e assim fugiram. Eles foram para o interior, que era o único trajeto que poderiam seguir. A ligação entre a capacidade sensorial do elefante e o seu comportamento é especulativa; todavia, o resultado final foi o salvamento de algumas vidas.

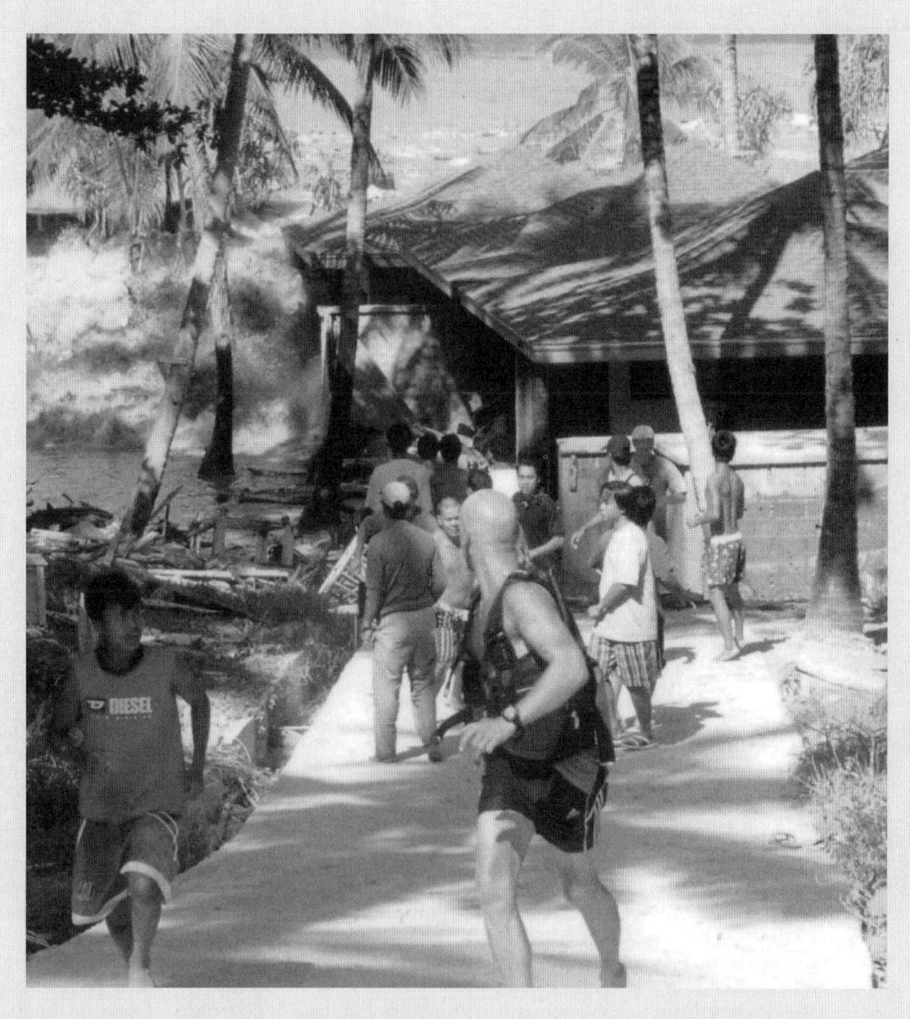

Figura 16.15 ■ Turistas correndo para salvar suas vidas. O homem em primeiro plano está olhando para trás e vendo o *tsunami*, correndo em sua direção, que é maior que a construção. O local é Phuket, Tailândia. Muitas das pessoas que viviam ali, bem como os turistas, inicialmente não pensaram que a onda inundaria a área em que estavam. Quando as ondas chegaram, acharam que seriam capazes de correr mais rápido do que a água que estava subindo. Em alguns casos, as pessoas escaparam, mas a maioria delas foi arrastada.

(Continua)

(Continuação)

Figura 16.16 ■ Construções urbanas completamente destruídas pelo *tsunami* indonésio de 2004. As fotografias exibidas aqui foram tiradas antes e depois do *tsunami* que atingiu a capital da província indonésia de Banda Aceh, na extremidade norte da ilha de Sumatra. Praticamente todas as construções foram danificadas ou destruídas. Repare ao longo da parte de cima da fotografia a praia com ampla erosão, deixando o que parece ser uma série de pequenas ilhas onde antes havia uma costa mais contínua. Esta área afundou como resultado do terremoto. As fotografias são imagens de satélite da Digita Globe.

rio provavelmente migrará vale abaixo na direção do golfo do México. Com relação aos terremotos, sabe-se que um dos lugares mais prováveis para a ocorrência de um grande terremoto é onde ele recentemente ocorreu. Isso porque os terremotos são frequentemente agrupados no tempo. Às vezes, os grandes terremotos apresentam eventos prenunciadores como pré-choques ou pequenos tremores que antecedem o evento principal. No entanto, a previsão em curto prazo para os terremotos permanece indefinida.

As erupções vulcânicas são previstas em períodos de tempo relativamente curtos porque um vulcão adormecido que não entrou em erupção há algumas centenas de anos, quase sempre desperta com eventos precursores característicos que sugerem uma erupção vindoura. Esses eventos incluem atividade de terremoto, liberação de gases, calor que derrete a neve e o gelo da superfície e o inchaço ou o crescimento da montanha.

O papel da estatística e da probabilidade é útil na avaliação da frequência de um determinado evento. Por exemplo, apesar de não ser possível prever quando será a próxima inundação e qual será o seu tamanho, os hidrologistas estudam as enchentes passadas para estimar a probabilidade de uma inundação de um dado tamanho (magnitude) ocorrer em um determinado ano ou mesmo em um determinado número de anos.

Uma grande inundação (alta magnitude) do interesse dos planejadores se denomina a "enchente dos 100 anos". Essa enchente é importante porque é utilizada para auxiliar na determinação das taxas de seguro de inundações e o zoneamento das planícies aluviais, a fim de restringir o desenvolvimento das áreas propensas a inundações e projetar defesas contra essas inundações. A enchente dos 100 anos é definida como a inundação com uma chance estimada de 1 em 100 (1%) de ocorrer em um determinado ano. A título de comparação, a enchente dos 50 anos tem uma chance de 1 em 50 (2%) de ocorrer em um determinado ano e uma enchente dos 10 anos tem uma chance de 10%. Entretanto, todas as vezes que uma enchente dos 100 anos ocorre, a possibilidade de ocorrência de outra enchente no ano seguinte permanece em 1%. Portanto, duas enchentes dos 100 anos podem ocorrer em anos seguidos ou mesmo em um determinado ano. Isto é similar a lançar uma moeda. Há uma chance de 50% de se obter cara ou coroa, em cada lançamento. Se você lançar e obtiver cara, a chance de lançar novamente e obter outra cara permanece em 50%.[6]

A probabilidade dos terremotos também pode ser calculada. A probabilidade se baseia em eventos passados, o seu tamanho ou magnitude e o tempo decorrido desde o último terremoto de interesse. Os cálculos das probabilidades de ocorrência de terremotos e outros eventos como a atividade vulcânica são mais difíceis, devendo ser feitas suposições diferentes das que se aplicam à probabilidade de uma enchente.

A probabilidade de enfrentar um furacão ou de saber onde ele atingirá a terra firme, depois de ter passado pelo oceano, também é calculada a partir da experiência dos furacões passados, utilizando cálculos matemáticos e estatísticos.

Outra variável importante na previsão e na alerta antecipada sobre eventos perigosos é a localização ou a geografia. Em uma escala global, sabe-se onde a maioria dos terremotos e dos vulcões tem probabilidade de ocorrer. Mapeiam-se regularmente os depósitos de deslizamentos de terra e, com base nesses dados, desenvolvem-se mapas de risco, mostrando onde provavelmente está o risco para as pessoas e propriedades. Pode-se prever com exatidão onde há probabilidade de ocorrer uma enchente com base no mapeamento do acidente geográfico conhecido, tal como a planície aluvial (terras planas adjacentes aos rios) e na observação do alcance das inundações recentes.

Algumas vezes é possível antecipar um evento e emitir um alerta, assim como se pode fazer com os *tsunamis* no oceano Pacífico, onde existe um sistema de alerta de *tsunami* (Figura 16.12). No entanto, não havia qualquer sistema de alerta de *tsunamis* no oceano Índico em 2005. O *tsunami* indonésio provocou uma perda de vidas humanas sem precedentes – cerca de 250.000 pessoas (veja o Detalhamento 16.3). Se houvesse um sistema de alerta de *tsunami* no oceano Índico similar ao do Pacífico, alertas teriam sido automaticamente disparados. Mesmo depois do terremoto, quando se sabia que um *tsunami* se dirigia para a África, as linhas de comunicação eram muito ruins e não conseguiram fornecer as informações para as pessoas no caminho das ondas.

16.6 Relações Existentes entre Eventos Perigosos e os Ambientes Físicos e Biológicos

Entender as ligações entre os eventos perigosos, os ambientes físicos e biológicos é uma parte importante da compreensão das consequências da ocorrência dos fenômenos naturais. Primeiro, os próprios eventos podem estar relacionados. Por exemplo, as erupções vulcânicas quase sempre provocam deslizamentos de terra. Quando o vale de um rio é bloqueado com lava ou quando depósitos de um deslizamento formam uma represa natural, a probabilidade de inundação aumenta quando a represa transborda ou é levada pela água. As erupções vulcânicas podem alterar profundamente a paisagem e os ecossistemas. A erupção do monte Santa Helena em 1980, por exemplo, perturbou gravemente a paisagem e os rios. Entretanto, a recuperação, desde 1980, tem sido surpreendente (Figura 16.17).

Furacões são imensas tempestades que produzem ventos em altitude e inundações costeiras. Quando os furacões se deslocam para o interior do continente, a chuva volumosa, intensa, pode provocar inundações e deslizamentos de terra na topografia montanhosa ou acidentada adjacente.

A ocorrência de grandes terremotos submarinos (discutidos anteriormente) está diretamente relacionada aos *tsunamis*. Os terremotos podem transformar todo o ambiente costeiro ao levantar o que era o leito do oceano, e submergir outras áreas de centenas a milhares de quilômetros quadrados ou mais.

Os fenômenos naturais perigosos estão relacionados com os materiais existentes no solo. Por exemplo, materiais como os solos e as rochas fracos estão propensos ao deslizamento de terra. As erupções vulcânicas de cinza quente no solo, onde derretem a neve e o gelo nos flancos de um vulcão, estão ligadas às correntes de lama e às inundações.

As ligações entre os eventos com o ambiente biológico também são comuns. Particularmente importantes são a perturbação dos ecossistemas e a fragmentação do *habitat* por parte dos eventos catastróficos. Em uma escala global, o impacto de um grande objeto extraterrestre pode provocar a extinção de muitas espécies. Em uma escala regional, tempestades, incêndios florestais, inundações e deslizamentos de terra perturbam os *habitats* e os ecossistemas ao longo de períodos de tempo variáveis. Os furacões provocam a erosão nas praias, rasgam a vegetação nos manguezais costeiros e nos pântanos. Essas atividades danificam os ecossistemas costeiros que podem levar anos para se recuperarem. As ressacas também podem provocar erosões nos recifes de coral

(a)

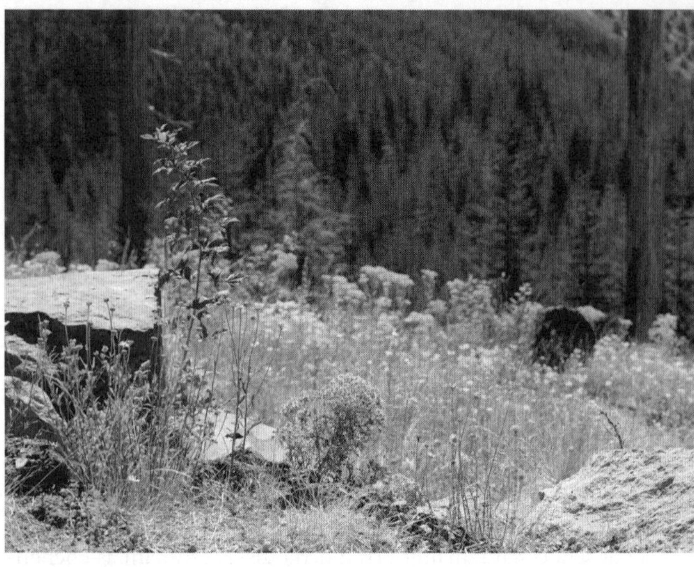

(b)

Figura 16.17 ■ Recuperação após a erupção de 1980 do monte Santa Helena no sudoeste de Washington. (*a*) Após a erupção, grande parte da região foi devastada na medida em que árvores foram arrancadas e a área transformada em uma paisagem de aspecto desolado. (*b*) Em várias décadas, desde a erupção mais importante, ocorre uma restauração natural considerável e a montanha cresceu devido ao acréscimo de novas rochas vulcânicas, embora o vulcão ainda apresente uma ameaça de futuras erupções.

próximos do litoral, perturbando o *habitat* dos organismos marinhos. Os incêndios nas florestas removem a vegetação, aumentando a erosão do solo e os deslizamentos de terra. O sedimento erodido adentra as correntes de água, preenchendo as piscinas naturais e, assim, danificam o *habitat* dos peixes. As inundações, quando severas, podem provocar uma extensa erosão nas margens que alargam o canal, removendo a vegetação dessas margens, que é um importante *habitat* para os pássaros e os mamíferos. O incêndio florestal periódico tem sido suficientemente frequente a ponto de ecossistemas inteiros terem se adaptado ao fogo. Algumas espécies de plantas se regeneram (brotam novos membros) depois do fogo e outras têm as sementes que precisam do fogo para viabilizá-las.

16.7 Eventos Perigosos que Antes Produziam Desastres Agora Produzem Catástrofes

Nas últimas dezenas de milhares de anos, os seres humanos passaram de uma espécie com poucos integrantes para mais de 6 bilhões de pessoas, nos dias de hoje. Nos primórdios da história humana, a sobrevivência era uma luta diária de acordo com a interação com o ambiente natural. Quando os humanos eram poucos e produziam pequenos efeitos nos processos do planeta, as perdas devido aos eventos ou processos perigosos não eram tão disseminadas quanto hoje. Contudo, durante os últimos 10.000 anos da história terrestre, os humanos cresceram radicalmente em quantidade. Particularmente importante foi o desenvolvimento das práticas agrícolas aproximadamente há 7.000 anos. Com uma base alimentar mais estável, a população humana aumentou para cerca de meio bilhão, com uma densidade centenas de vezes maior que a das pessoas que viviam no período dos caçadores-coletores anterior à agricultura. Aproximadamente em 1.800 d.C., estava-se no primeiro período industrial e a população havia dobrado para cerca de um bilhão. Com a industrialização, as cidades se tornaram maiores e acabou-se aprendendo mais sobre saneamento, auxiliando a população a crescer, até que hoje ultrapassa 6,6 bilhões.

Com o aumento da população humana, 15 cidades (regiões urbanas) com populações ultrapassando 10 milhões de pessoas se estabeleceram no planeta. A Tabela 16.3 relaciona os aumentos populacionais a partir de 1950 e que são projetados para 2015 nessas regiões urbanas. A maioria delas está em áreas vulneráveis aos vários riscos de eventos naturais adversos. Conforme a população cresceu (especialmente os pobres), as pessoas foram deslocadas para as áreas de maior risco, uma vez que os melhores locais para se construir já estavam ocupados. Algumas pessoas mais afluentes se deslocaram deliberadamente para áreas de maior risco, em busca de privacidade e de paisagens. Por exemplo, as colinas acima de Los Angeles, Califórnia, são íngremes, com vários deslizamentos de terra. O risco mais grave é o de incêndio florestal, que ocorre quase todas as décadas. Todavia, as pessoas, nem sempre conscientes dos riscos, optaram por construir, nesse local, casas luxuosas.

A título de exemplo de como as tendências da população podem aumentar a gravidade dos eventos perigosos naturais de desastre para catástrofe, basta considerar o vulcão Nevado del Ruiz, na Colômbia (Figura 16.18*a*). Quando o Nevado del Ruiz entrou em erupção, em 1845, ele produziu uma corrente de lama catastrófica que rugiu montanha abaixo, matando 1.000 pessoas no vale do rio Lagunilla. Os depósitos dessa corrente de lama produziram o nivelamento do solo no vale, atraindo as pessoas para lá. Assim, estabeleceu-se um centro agrícola. Em 1985, a população da cidade de Armero, que era o centro da atividade agrícola, havia crescido para cerca de 23.000. Em 13 de novembro de 1985, ocorreu uma catástrofe em Armero, quando o vulcão entrou uma vez mais em erupção e produziu uma grande corrente de lama que rugiu através do vale do rio. O fluxo não matou 1.000

Tabela 16.3 **Aumento Populacional de Várias Cidades (Regiões Urbanas) de 1950 Projetado para 2015 (em milhões)**

Cidade/Região Urbana	*População em 1950*	*População em 2000*	*População em 2015 (projetada)*
Tóquio, Japão	7	26	27
Mumbai (Bombaim), Índia	2,8	16	23
Lagos, Nigéria	1,0	9	16
Xangai, China	5	13	14
Jacarta, Indonésia	2,8	11	17
São Paulo, Brasil	2,3	18	21
Karachi, Paquistão	1,1	10	16
Beijing, China	1,7	11	12
Cidade do México, México	3,5	18	20
Dhaka, Bangladesh	4,0	13	23
Cidade de Nova York	12,0	17	18
Calcutá, Índia	4,5	13	17
Los Angeles	4,0	13	14
Cairo, Egito	2,1	9	12
Buenos Aires, Argentina	5,3	12	13
Seul, Coreia do Sul	1,0	10	20

(*Fonte:* United Nations www.un.org/esa/population/publications acessado em 22 de agosto de 2008)

(*a*)

(*b*)

Figura 16.18 ■ A erupção vulcânica dispara uma corrente de lama e de água que matou 21.000 pessoas. (*a*) Vulcão Nevado del Ruiz na Colômbia, visto do nordeste em 10 de dezembro de 1985, cerca de um mês depois da destruição de Armero. A pluma branca é uma erupção menor subindo da cratera do cume onde foram geradas grandes correntes de lama e água. Uma erupção anterior em 1845 também produziu uma enxurrada de lama desastrosa que matou cerca de 1.000 pessoas. (*b*) A cidade de Armero foi quase destruída após a erupção de 1985. O padrão retangular na parte de cima da fotografia mostra os contornos das fundações visíveis através dos depósitos finos de lama vulcânica, porém destrutivos. Este evento mostra como as catástrofes podem se repetir e se tornarem maiores se não houver atenção aos alertas e lições.

pessoas, como em 1845, mas 21.000, apagando do mapa a cidade de Armero (Figura 16.18*b*).

No evento de 1845, não houve alertas sobre a erupção vulcânica; em 1985, porém, ocorreu uma série de indícios precursores, incluindo aumentos na atividade sísmica e ondas de calor no ano anterior. Logo em julho de 1985, os vulcanólogos começaram a monitorar o vulcão e, quatro meses depois, concluíram um mapa dos riscos. Esse mapa e o seu relatório complementar previram os eventos de 13 de novembro. A estimativa do risco afirmou que haveria uma corrente potencial de lama prejudicial, caso ocorresse a erupção esperada. Em seguida à erupção, passaram-se duas horas até que a corrente de lama atingisse a cidade que foi, posteriormente, soterrada na medida em que as construções eram varridas de suas fundações e as pessoas eram mortas em grandes quantidades. O lado trágico da catástrofe do Nevado del Ruiz é que o evento havia sido previsto. Os mapas de risco que circularam foram majoritariamente ignorados. Se tivesse havido uma comunicação mais adequada entre a defesa civil e as cidades locais, além de melhor avaliação do risco, então Armero poderia ter sido evacuada e milhares de vidas poderiam ter sido salvas. Hoje existe um observatório permanente do vulcão. Felizmente, as lições aprendidas com o evento de 1985 ajudarão a minimizar a perda de vidas no futuro.[8,9]

Transformação do Uso do Solo e Riscos Naturais

O modo que se escolhe para o uso do solo apresenta um efeito direto na magnitude ou no tamanho, na frequência e na recorrência dos eventos que representam riscos. As transformações na paisagem, tal como transformar uma floresta em terras para a agricultura, para usos urbanos ou em área de corte de madeira pode transformar o que eram desastres em catástrofes. Isso é demonstrado por dois eventos em 1998: a enchente do rio Yangtze na China e o furacão Mitch na América Central.

As enchentes no rio Yangtze tiraram aproximadamente 4.000 vidas e provavelmente foram ampliadas em intensidade pela transformação da terra. Nos anos anteriores à enchente, cerca de 85% da floresta, na bacia superior do rio Yangtze, foi perdida como resultado da extração de madeira e do deslocamento da terra para usos agrícolas. Em consequência dessas mudanças no uso do solo, a quantidade e a intensidade dos escoamentos de água aumentaram e o alagamento se tornou muito mais comum.[9] A China acabou reconhecendo a causa do risco de inundação e baniu a extração de madeira na bacia superior do rio Yangtze, alocando vários bilhões de dólares para o reflorestamento. Como se pode aprender com os chineses, para diminuir os prejuízos provenientes de eventos perigosos naturais, é necessário praticar uma boa conservação do solo, com uma meta de desenvolvimento sustentável para garantir que as gerações futuras não vivam em um ambiente degradado que as deixarão sujeitas aos riscos naturais mais intensos.

Com relação ao furacão Mitch, ele destruiu grandes áreas na América Central, particularmente em Honduras, causando cerca de 11.000 mortes. Antes do furacão, aproximadamente a metade das florestas da nação havia sido extraída e ocorreu um grande incêndio. O desmatamento e o incêndio diminuíram a força de aderência dos materiais nas encostas dos morros, fazendo com que fossem levadas no momento em que chegaram as chuvas intensas do furacão. Juntamente com as encostas dos morros, foram destruídas as casas, estradas, fazendas, pontes e outros elementos de infraestrutura necessários para a existência humana.

O aprendizado da experiência da inundação do rio Yangtze, o cuidado com a paisagem, a conservação dos acidentes geográficos e dos ecossistemas são necessários, caso se queira aprender como viver em harmonia com os processos naturais. Agir de outra forma é fazer um convite à catástrofe.[9]

16.8 Riscos Oriundos de Eventos Perigosos Podem Ser Avaliados

Antes de se decidir o que fazer com respeito a um determinado evento perigoso, seja proteger os lares, cidades, nação ou região, precisa-se de uma boa noção de quais são os riscos. O **risco** de um determinado evento é definido como o produto da probabilidade de esse evento ocorrer vezes as consequências caso ele ocorra.[10] Determinar a probabilidade de um evento ocorrer é a parte mais difícil e controversa da avaliação de risco.

A determinação das consequências de um determinado evento é algo bem direto e envolve uma estimativa dos prejuízos e das perdas materiais com base em eventos particulares. Por exemplo, antes do furacão Katrina, foi publicada uma série de estudos prevendo o que aconteceria à Nova Orleans caso fosse atingida por um grande furacão. Esses estudos acertaram em cheio. Eles previram que a cidade, situada em uma parte baixa entre o lago Pontchartrain e o rio Mississippi, provavelmente seria inundada e as consequências da inundação seriam catastróficas. De modo similar, como visto no caso do vulcão Nevado del Ruiz, na Colômbia, os mapas de riscos e a análise afirmaram que resíduos e correntes de lama eram quase certos e que as consequências seriam catastróficas para os vales dos rios afetados. Nesse aspecto os estudos também acertaram na mosca. Por fim, também é fácil mapear o desenvolvimento nas planícies aluviais, tal como a que fica ao longo do rio Mississippi e estimar quais seriam as perdas se essas áreas fossem inundadas.

Mais complicado do que calcular a intensidade de perigo para um determinado evento natural é determinar o **risco aceitável**. Quando se fala sobre o risco aceitável, refere-se aos riscos que os indivíduos ou a sociedade (instituições) estão dispostos a correr. Por exemplo, a maioria das pessoas que dirige automóvel tem ciência e aceita os riscos potenciais de dirigir. Todavia, a maioria das pessoas aceita o risco pela conveniência de andar pela cidade e viajar. O risco de se machucar ou morrer em um acidente automobilístico é elevado em comparação com se machucar ou morrer em um acidente em uma usina nuclear. Entretanto, o risco de acidente em uma usina nuclear é inaceitável e, em consequência, as pessoas nos Estados Unidos se afastaram da energia nuclear. Em nível pessoal, frequentemente promovem-se escolhas em relação ao risco que se está disposto a correr. Por exemplo, sabe-se que os terremotos têm muito mais probabilidade de ocorrer na Califórnia do que em outras partes do país. Contudo, viver na Califórnia é um risco que milhões de pessoas aceitam e as razões para isso são muitas, variando do clima agradável até oportunidades de emprego específicas. O mesmo se poderia dizer sobre a costa leste, da Carolina do Norte até a Florida, e os estados do golfo, onde os furacões são comuns.

As instituições, assim como os bancos e o governo, abordam o problema de definir o risco aceitável, partindo de um ponto de vista econômico, em vez da percepção do risco de uma pessoa ou comunidade. O banco sempre perguntará quanto risco pode tolerar em relação às inundações. O governo federal pode exigir que qualquer propriedade que receba dele assistência financeira (empréstimos) não corra um risco de inundação acima de 1% por ano, ou seja, proteção até a (e inclusive) enchente dos 100 anos.[6]

Em resumo, a análise de risco é uma atividade crescente na avaliação dos desastres e das catástrofes naturais. Hoje se sabe mais como fazer a análise de risco e se tenta implementar respostas particulares ao risco percebido em níveis individual e social.

16.9 Os Efeitos Adversos dos Eventos Perigosos Podem Ser Minimizados

Resposta Ativa *versus* Reativa

As respostas aos eventos perigosos naturais que produzem desastres e catástrofes incluem a busca e resgate de pessoas, combate ao fogo e aprovisionamento de alimento de emergência, água e abrigo logo após o evento. Essas respostas são boas e obviamente necessárias, conforme visto no caso do furacão Katrina, além de fundamentais para fornecer suporte às pessoas que precisam ser resgatadas ou que ficaram desabrigadas por tais eventos. Porém, tem-se que passar para um pensamento de ordem superior em relação aos eventos perigosos e aprender como antecipá-los e ser mais proativos e preventivos. Dentre as opções proativas que antecipam os eventos que apresentam riscos, tem-se: (1) planejamento do uso do solo, a fim de limitar a construção em locais de riscos; (2) construção de estruturas resistentes a esses riscos, tais como barragens e diques; (3) proteção dos ecossistemas em planícies aluviais e pântanos litorâneos que proporcionam proteção natural contra os riscos;[9] e (4) planos bem elaborados para a evacuação e o socorro após um desastre. No caso de Nova Orleans, se brejos e pântanos, em torno da cidade e ao longo da costa, tivessem sido mantidos, os efeitos do vento e das ressacas teriam sido reduzidos. Além disso, se os recursos requisitados para melhorar o sistema de represas e diques tivessem sido alocados, a inundação poderia ter sido minimizada.

Os Estados Unidos não são o único país a fracassar na montagem de uma resposta rápida para desastres. Em 1995, um grande terremoto atingiu o Japão e se passaram vários dias até que o governo japonês agisse. Os governos, como as pessoas, podem entrar em choque diante de uma catástrofe. Todavia, melhor planejamento e preparação são fundamentais para a redução dos efeitos imediatos e em longo prazo de uma catástrofe.

Impacto e Recuperação de Desastres e Catástrofes

Os eventos perigosos surtem efeitos diretos e indiretos na sociedade. Os **efeitos diretos** envolvem as pessoas mortas, feridas, deslocadas, desalojadas ou de algum outro modo prejudicadas pelo evento. Os **efeitos indiretos** acompanham o desastre. Eles incluem com frequência as doações de dinheiro ou bens, abrigo para as pessoas, tributos para ajudar a financiar a recuperação e também o estresse emocional. Os efeitos diretos são vivenciados por relativamente poucos indivíduos, enquanto os efeitos indiretos podem afetar a sociedade como um todo.[11,12]

A Figura 16.19 apresenta uma visão generalizada da recuperação após um desastre. Repare que as primeiras semanas após um desastre quase sempre são consumidas em um estado de emergência, com a interrupção ou, ao menos, com a alteração das atividades normais. Nesse período, a energia pode estar desligada; a água pode ser bombeada das áreas mais baixas; e as pessoas estão sendo resgatadas e enviadas para abrigos. Esse período pode durar bem mais do que algumas semanas, dependendo da gravidade da catástrofe, mas, geralmente, dá lugar ao período de restauração. Inicialmente, há um retorno desigual dos serviços e a isto se segue à reconstrução, que pode levar vários anos.

É durante o período de planejamento da restauração e da reconstrução que se pode ser mais proativo, na tentativa de evitar riscos semelhantes no futuro. Um bom exemplo disso pode ser verificado com as enchentes de 1972, em Rapid City, Dakota do Sul. Enchentes abaixo de um reservatório de controle de inundações, a montante, mataram mais de 200 pessoas e destruíram muitas casas na planície aluvial. Infelizmente, a represa criou uma falsa sensação de segurança. Abaixo da represa havia um afluente para Rapid Creek e foi onde ocorreu a chuva intensa que provocou a enchente catastrófica. Em vez de passar rapidamente para a fase de restauração e de reconstrução, a população esperou várias semanas e pensou em uma solução que minimizasse o problema no futuro. Hoje, como resultado, Rapid City utiliza a terra e a planície aluvial de uma maneira inteiramente diferente da que fazia antes da enchente. Agora essa terra compõe-se de cinturões verdes, quadras de golfe e de outras atividades mais apropriadas para uma terra que tem chance de ser novamente inundada. Rapid City, Dakota do Sul, fez, portanto o que pôde para minimizar os riscos de enchentes.[13,14] Uma sobrevivente da enchente, quando perguntada se iria reconstruir sua casa, respondeu "Sim", apontando para uma área alta acima da planície aluvial, longe de futuras inundações!

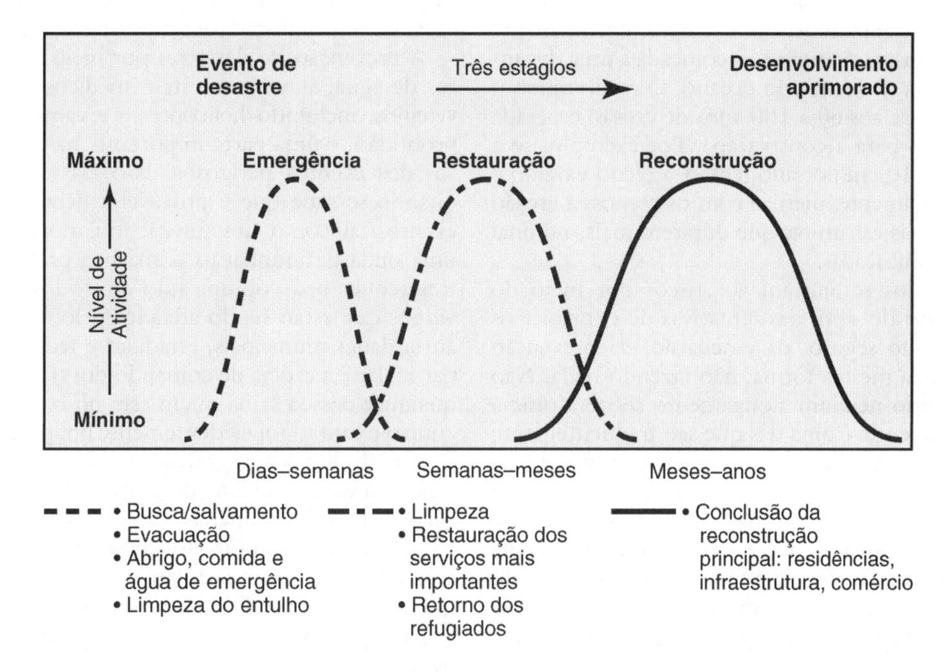

Figura 16.19 ■ A recuperação após os desastres pode levar anos. Tem-se aqui uma ideia generalizada do que acontece após um desastre, da emergência até a restauração e a reconstrução. O período de emergência dura de alguns dias a algumas semanas, seguindo-se as atividades de restauração, que podem levar vários meses ou mais. A parte mais demorada é a reconstrução, que pode durar vários anos ou mais. (*Fonte:* Modificado de R. W. Kates e D. Pijawka. *From Rubble to Monument: The Pace of Reconstruction* [Cambridge, Mass.: MIT Press, 1977].)

Perceber, Evitar e se Ajustar Diante dos Eventos Perigosos

Geralmente, as pessoas são otimistas em relação aos eventos perigosos naturais, preferindo acreditar que a sua encosta do morro nunca sofrerá um deslizamento ou que o seu rio jamais transbordará. O que se pode dizer a uma família que mora há 75 anos em uma casa, situada em uma planície aluvial para a qual se espera uma inundação da enchente dos 100 anos? Que eles vivem em uma área de riscos e que, simplesmente, têm tido a sorte de não haver sofrido antes uma inundação? O mesmo pode ocorrer para o deslizamento de terra. Após os deslizamentos de 1995 em La Conchita, Califórnia, muitas pessoas acreditaram que uma vez construída uma parede de retenção elas estariam seguras e poderiam retornar. Mas os geólogos alertaram que muito provavelmente os deslizamentos de terra voltariam a ocorrer e, de fato, aconteceram, em 2005, quando 10 pessoas perderam as suas vidas.

As cidades e os estados têm leis e regulamentações elaboradas para controlar o que pode ser construído em determinados locais. Na Califórnia, a Lei de Zoneamento da Falha do Terremoto de Alquist–Priolo, geralmente não permite a construção de casas dentro da faixa de 17 m das falhas ativas que podem se romper durante terremotos. Em muitos lugares, as planícies aluviais são controladas de modo que as pessoas não construam as suas casas em locais de risco. Por fim, os deslizamentos de terra têm sido reconhecidos em muitas áreas, particularmente no sul da Califórnia, onde são comuns; portanto, uma avaliação geológica detalhada de estabilidade da encosta é exigida antes da construção. Em alguns casos, as casas não podem ser construídas nas encostas consideradas instáveis, enquanto, em outros casos, são exigidas soluções de engenharia para estabilizar o local de uma casa.

Um dos melhores ajustes que se pode fazer em relação aos eventos perigosos naturais é evitá-los. Isso significa não construir casas em planícies aluviais, em locais de prováveis deslizamentos de terra ativos ou diretamente sobre as falhas ativas. O planejamento do uso do solo é uma das melhores ferramentas para evitar alguns riscos. Por exemplo, normalmente exige-se que uma construção nova seja colocada a uma distância mínima (chamada de recuo) do oceano. O recuo mínimo normalmente refere-se aos 60 a 100 anos de erosão esperada (a vida útil esperada para a construção). Por exemplo, se a taxa de erosão é de 10 cm por ano, então o recuo exigido é de 6 a 10 m. Naturalmente, mesmo com os recuos, a erosão continuará e, assim, as estruturas que durarem mais, no final das contas, ficarão ameaçadas.

Comumente, todos se ajustam aos riscos por meio do planejamento de uso do solo, das tentativas de controlar os processos naturais, do seguro, da evacuação, da prevenção contra desastres e, da mesma forma, não fazendo nada. Não consideram necessário nenhum alongamento sobre a última opção, mas, infelizmente, é uma das que são frequentemente adotadas em relação a muitos eventos naturais adversos. As pessoas sabem que os eventos vão ocorrer, são otimistas em relação ao futuro e supõem que não serão atingidas. Esse pode ser um pensamento arriscado e imprudente. As pessoas que fugiram de furacões anteriores ao longo da costa do golfo do Mississippi e recusaram-se a evacuar durante o furacão Katrina, mais tarde, reconheceram que foi a pior decisão que já tomaram.

O seguro representa um ajuste importante aos episódios naturais perniciosos. Ao comprar uma propriedade em uma área com probabilidade de inundação acima de 1% ao ano, pode ser exigida a compra de um seguro contra inundações para obter o empréstimo destinado à compra. Quem vive em uma área com atividade sísmica, existe a opção de adquirir um seguro contra terremotos. Um dos problemas com os programas de seguros contra inundações tem sido que as pessoas que os compram irão, depois das inundações, reconstruir as suas casas na mesma área de risco. Estão sendo adotadas medidas para tentar minimizar e evitar essa situação, apesar de que ainda se construam estruturas demais nas planícies aluviais sujeitas a inundações. Por exemplo, ocorreu uma enchente catastrófica ao longo do rio Mississippi em 1993, causando bilhões de dólares em prejuízos. Algumas cidades foram realocadas após a inundação; essa é certamente uma reação positiva. No entanto, não foi a única resposta. A região de St. Louis tinha regulamentos para as planícies aluviais, mas eram fracas. Depois da enchente de 1993, foram construídas mais de 20.000 novas casas e prédios na planície aluvial inundada pela enchente. Os residentes estão se baseando em novas estruturas de controle de inundação para proteger seus lares das enchentes. Essa estratégia pode não ser completamente bem-sucedida, na medida em que ocorrerão inundações maiores do que as que foram projetadas para a estrutura suportar. Além disso, com o tempo, os diques e as represas podem se enfraquecer e se tornar vulneráveis às falhas durante as enchentes. Uma série de comunidades chegou à conclusão de que para minimizar o risco a regulamentação deve estar associada aos controles estruturais.[15,16]

Uma medida importante às catástrofes é a evacuação. Como os furacões podem ser identificados dias ou semanas antes de sua chegada, a evacuação é uma decisão inteligente.

Antes do furacão Katrina, a maioria da população da costa do golfo e de Nova Orleans fugiu, porém, outros que não saíram não puderam fazê-lo porque não tinham automóveis, não tinham para onde ir ou mesmo não tinham dinheiro para o transporte. Em consequência do Katrina, estão sendo formulados planos de evacuação em ônibus; esses planos devem considerar aquelas pessoas que podem não ser capazes de fugir sem auxílio. Isso inclui as pessoas em hospitais, lares de idosos e outras instalações do gênero.

A prevenção de desastres por meio da qual os suprimentos de água, alimentos e itens médicos são armazenados em veículos, incluindo helicópteros e caminhões, que ficam de prontidão, é uma parte importante na minimização dos efeitos dos eventos perigosos. Isso é particularmente verdade quando se sabe que é provável a ocorrência de um grande evento, tal como um furacão ou movimento a jusante de uma onda de inundação. Uma boa prevenção contra desastres requer boa comunicação em todos os níveis, dos indivíduos que estão sendo afetados pelo evento perigoso até as autoridades municipais, estaduais e federais. De importância particular é a cadeia de comando dos trabalhos, de modo que qualquer pessoa saiba quem está no controle. A falta de um controle central foi evidentemente um problema na sequência do furacão Katrina e agravou muito as dificuldades de resgate, especialmente na cidade de Nova Orleans. As pessoas fora da catástrofe podiam apenas assistir a dor e o sofrimento dos habitantes de Nova Orleans durante o tempo que levou para realmente acontecer o resgate e o apoio adequados. Espera-se que se tenha aprendido com esta catástrofe e que nunca mais se passe por esse tipo de falha de comunicação na prevenção de desastres.

Um ajuste final aos riscos é a tentativa de controlá-los, construindo-se, por exemplo, barragens e diques para conter a água e reduzir a inundação. Os diques nada mais são do que paredões de barro (aterros) que permitem que o fluxo no rio seja mais elevado antes que transborde para a planície aluvial. Muitas pessoas têm sido levadas a acreditar que estão protegidas pelos diques, apenas para descobrir mais tarde que estão, na verdade, em uma área de risco. Isto é particularmente verdade para muitas áreas ao longo dos rios Mississippi e Missouri, mas também é comum em todo o mundo.

Na Califórnia, a montante de Sacramento, a capital do estado, o rio é propenso à inundação periódica. Nos últimos anos, muitas casas foram construídas atrás de diques (Figura 16.20*a*), algumas localizando-se entre a margem e o dique (Figura 16.20*b*). Inevitavelmente, muitas dessas casas um dia serão inundadas pelas enchentes. É irresponsabilidade do governo permitir esse tipo de desenvolvimento tão dis-

(*a*)

(*b*)

Figura 16.20 ■ Proprietários tranquilizados pela falsa sensação de segurança atrás dos diques do rio Sacramento, na Califórnia. (*a*) Casas construídas na planície aluvial atrás de um grande dique. A estrada está sobre o dique e o rio à esquerda. Essas casas são construções vulneráveis, estando sujeitas a uma potencial inundação futura. (*b*) Casa dentro de um dique com alguma proteção contra inundações. A área habitável da residência é elevada acima da planície aluvial. O rio fica à esquerda da residência.

seminado nas planícies aluviais ativas e, contudo, continua a fazê-lo em quase toda parte. A jusante de Sacramento, perto de Stockton, encontra-se uma área que já foi de brejos conhecidos como delta de Sacramento–San Joaquin, que hoje está drenada em grande parte para a lavoura. (Não é realmente um delta, mas isso é outra história.) Na medida em que os brejos foram drenados, os solos oxidaram e a terra afundou, criando uma bacia (similar à de Nova Orleans) protegida pelos diques. Se fosse o caso de se construir nessas terras, as novas casas estariam em uma área com grave risco de inundação, caso os diques não consigam segurar uma enchente ou que cedessem devido a um terremoto. Um terremoto perto do delta poderia também danificar o sistema que transporta a água para a agricultura e aos milhões de pessoas no sul da Califórnia.

16.10 O que se Espera do Futuro com Relação aos Desastres e Catástrofes?

A cada ano parece que se estabelecem novos recordes mundiais no que diz respeito às perdas econômicas, devido aos desastres e às catástrofes. Caso se examine a frequência de desastres por década, ver-se-á que o número de desastres aumentou significativamente no último meio século (Figura 16.21). Têm-se mais desastres e catástrofes, em parte porque

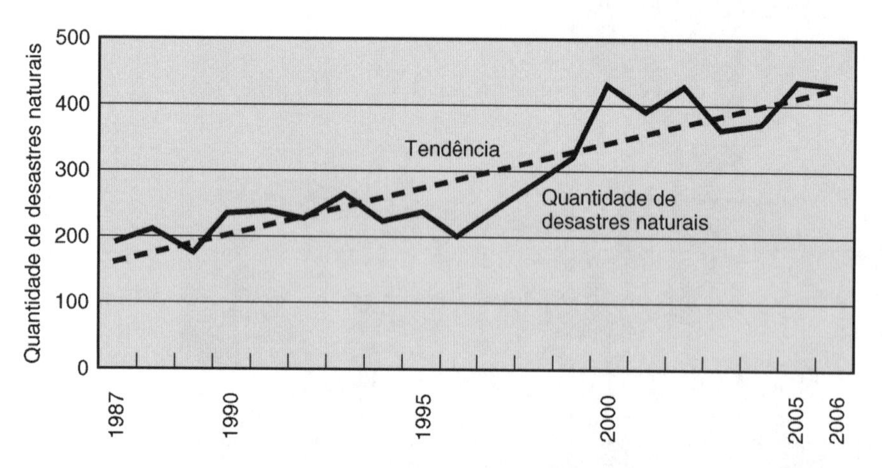

Figura 16.21 ■ Quantidade de desastres naturais entre 1987 e 2006. O aumento reflete o crescimento da população, com mais pessoas vivendo em áreas de risco, bem como o registro melhor das ocorrências. Modificado segundo CRED 2007. Scheuren, J-M e Guha-Sapir, D. Annual Disaster Statistical Review: Numbers and Trends 2006. Univ. of Louvain, Bruxelas, Bélgica.

(a)

(b)

Figura 16.22 ■ Um ciclone tropical destruiu ou danificou edifícios e a infraestrutura em Yangon (*a*) e áreas rurais (*b*) de Mianmar, matando cerca de 100.000 pessoas e desalojando aproximadamente 1 milhão de pessoas.

a população humana aumentou e mais pessoas estão vivendo em áreas de risco. Também, como resultado da pressão populacional, quase sempre se fazem escolhas inadequadas em relação ao uso do solo, escolhendo áreas propensas aos riscos de eventos frequentes, tais como enchentes, incêndios florestais e furacões. Definitivamente, pode-se estar diretamente afetando a gravidade de alguns eventos de risco. Por exemplo, a urbanização cobre a terra com construções, ruas, estacionamentos e calçadas. Em consequência, mais água escorre fora do solo e com maior rapidez. Um maior escoamento aumenta tanto o tamanho, quanto a frequência da enchente dos cursos d'água e de rios menores.

Como um segundo exemplo, os oceanos estão se tornando mais quentes, em parte como uma reação aos processos induzidos pelo homem. Consequentemente, mais energia é alimentada em tempestades. Embora a quantidade de furacões não tenha aumentado nas últimas décadas, o prejuízo aumentou. Com a probabilidade de mais catástrofes no futuro, tem-se que estar mais bem preparados para esses eventos. Nunca é demais repetir: antecipar-se aos eventos perigosos em vez de simplesmente reagir a eles ajudará a minimizar as perdas econômicas, a diminuir a dor e o sofrimento. Isto foi demonstrado tragicamente no início de maio de 2008, quando um grande terremoto atingiu a região de Sichuan, na China, matando mais de 80.000 pessoas (veja a fotografia de abertura) e quando um furacão (chamado de ciclone quando se forma no oceano Índico) atingiu Mianmar, no sudeste asiático, matando cerca de 140.000 pessoas (Figuras 16.22*a* e *b*). As áreas baixas ou o delta do rio Irrawaddy foram duramente atingidos. A resposta foi reativa, com o apelo por ajuda estrangeira, mas as autoridades do governo, a princípio, recusaram a maior parte da ajuda. Na China, o terremoto teve início no horário escolar e milhares de escolas, assim como outras construções, desabaram (Figura 16.23). Muitos edifícios de escolas não foram construídos para suportar o tremor e, com isso, ocorreu uma tragédia nacional.

Figura 16.23 ■ As equipes de resgate após o terremoto de 2008 estão procurando alunos de uma escola desmoronada em Dujiangyan, China.

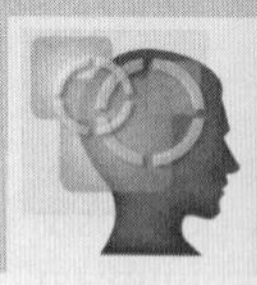

QUESTÕES PARA REFLEXÃO CRÍTICA

Como Reconstruir Nova Orleans?

A história do caso do furacão Katrina que quase destruiu a cidade de Nova Orleans, em 2005, provocou uma catástrofe de proporções gigantescas para os Estados Unidos. A questão não é se Nova Orleans deveria ser reconstruída, mas como deveria ser reconstruída. Depois de todo o empenho para escorar as defesas contra a inundação da cidade, hoje ela continua tão vulnerável às inundações quanto o era antes do furacão Katrina. No futuro, o solo continuará a afundar e o local onde está a cidade será sempre uma depressão em forma de bacia. O bairro francês, ou a "Cidade Velha", é relativamente seguro porque está na parte mais alta de um dique natural formado pelo rio Mississippi.

Nas partes mais baixas da cidade, continuam os debates sobre como a cidade deveria ser reconstruída. Essa reconstrução deveria incluir edifícios altos e dispendiosos, além de residências de luxo destinadas às pessoas mais abastadas? Ou deveria ser reconstruída nos mesmos moldes anteriores ao furacão, mas com uma proteção contra inundações mais aprimorada? Há o temor de que a cidade nunca mais volte a ser o que era e que, provavelmente, torne-se um lugar de imóveis caros para as pessoas ricas. Entretanto, é importante lembrar que, mesmo com o aprimoramento da proteção contra inundações, uma tempestade ainda maior pode provocar inundações no futuro. O problema é que grande parte da cidade está abaixo do nível do mar e a grande questão é: o que fazer com as áreas baixas? Alguns dizem que as casas deveriam ser à prova de inundações, construindo-se as garagens ao nível da rua e mantendo a estrutura principal, no segundo andar, acima do nível do mar.

Perguntas para Reflexão Crítica

1. Quais os tipos de estruturas deveriam ser utilizados na reconstrução de áreas inundadas pelo furacão Katrina?

2. Você espera que continue a haver problemas com as defesas anti-inundações da cidade? Se a resposta for sim, quais são os prováveis problemas e o que se pode fazer para minimizá-los?

3. Você acredita que a construção de casas e de outras edificações à prova de inundações é suficiente para proteger a cidade de futuros furacões? Justifique a sua resposta.

RESUMO

- Devido ao mau planejamento do uso do solo, combinado com uma população que não para de crescer, os eventos perigosos naturais e os desastres do passado estão se transformando em catástrofes com maior frequência. Um desastre é um evento perigoso que ocorre durante um intervalo de tempo relativamente curto, em uma área geográfica definida, com uma perda significativa de vidas humanas e de propriedades. Em contraste, uma catástrofe é um desastre maciço que exige enormes gastos de dinheiro e de tempo para a sua recuperação.
- Ao estudar os processos e os eventos perigosos naturais, é importante adotar um ponto de vista histórico. Examinando quando e onde ocorreram eventos adversos no passado e quais foram as consequências desses eventos, pode auxiliar em um preparo melhor para o futuro. Isso vale, particularmente, para os eventos perigosos que tendem a ocorrer repetidamente.
- Alguns dos conceitos fundamentais relacionados com a minimização das consequências dos eventos perigosos naturais são: (1) os eventos perigosos são previsíveis; (2) existem relações entre os diferentes eventos perigosos e entre os ambientes físicos e biológicos; (3) os eventos perigosos que antes produziram principalmente desastres agora estão produzindo catástrofes; (4) a avaliação ou análise de riscos pode ser estimada; e (5) os efeitos adversos dos eventos perigosos podem ser minimizados.
- As pessoas são otimistas em relação aos eventos perigosos naturais e à probabilidade de virem a sofrer danos; isso vale particularmente para os eventos que ocorrem raramente. Quanto mais as pessoas aprenderem sobre os riscos, consequentemente, maiores as chances de que elas respondam.
- Com os incessantes aumentos da população humana, mais estresse será colocado no ambiente natural na medida em que as pessoas procuram lugares para morar e trabalhar. Portanto, mais pessoas estarão sujeitas aos eventos perigosos naturais e, com isso, deve-se trabalhar mais para minimizar a perda de vidas humanas e de propriedades.

REVISÃO DE TEMAS E PROBLEMAS

Na medida em que a população cresce e as pessoas se deslocam para áreas de maior risco, os danos materiais e a perda de vidas humanas tendem a aumentar. O que antes eram desastres está se transformando em catástrofes.

Sustentabilidade

O uso que se faz dos recursos naturais não é sustentável e está expondo as pessoas a um risco maior em relação aos eventos perigosos naturais, tais como as inundações, deslizamentos de terra e furacões. Quando as florestas são desmatadas próximo às aglomerações humanas, o risco de desastres é maior, assim como aumenta o escoamento de água e os deslizamentos de terra se tornam mais frequentes.

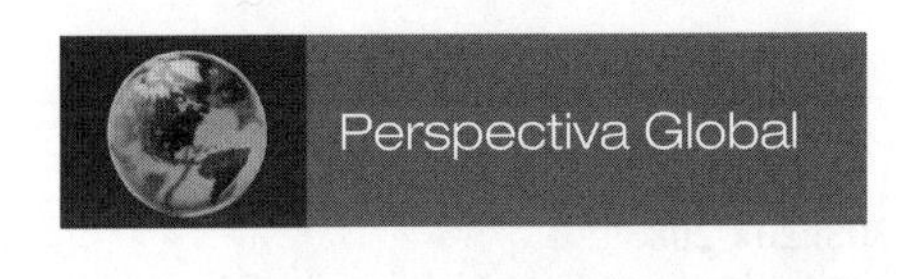

A mudança global, especialmente o aquecimento global induzido pelo homem, está aumentando a temperatura dos oceanos. Em virtude disso, se está alterando o ciclo hidrológico e mais energia é alimentada na atmosfera. Algumas das consequências são que os furacões estão se tornando aparentemente mais intensos, assim como as tempestades com trovoadas e os outros eventos climáticos adversos.

Cada vez mais pessoas estão se mudando para os centros urbanos nos Estados Unidos e no mundo todo. Uma maior concentração torna as pessoas mais vulneráveis aos eventos perigosos naturais que podem impactar um grande número de indivíduos. Um exemplo é o furacão Katrina, que inundou Nova Orleans.

Mais pessoas estão visitando lugares naturais em busca de atividades como caminhada, escalada e esqui. Na medida em que mais pessoas aderem a essas atividades, as mortes por queda de rochas e de avalanches estão aumentando. Por outro lado, quando cinturões verdes e parques são incorporados às áreas urbanas, ou seja, quando a natureza vai até os indivíduos, o vento é amenizado e o escoamento de água que produz enchentes é diminuído.

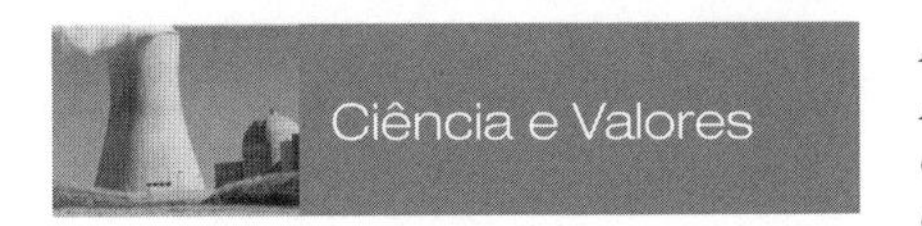

A ciência necessária para compreender os eventos perigosos naturais está madura. A redução dos impactos de eventos perigosos exigirá a promoção de uma alteração de valores. A principal transformação será a alocação dos recursos financeiros para diminuir os prejuízos dos eventos perigosos naturais e salvar vidas.

TERMOS-CHAVE

catástrofe
desastre
deslizamentos de terra
efeitos diretos
efeitos indiretos
erupção vulcânica
evento perigoso natural
furacão
incêndio florestal
inundação
onda de calor
risco
risco aceitável
seca
terremoto
tornado
tsunami

QUESTÕES PARA ESTUDO

1. Por que cada vez mais os desastres estão se tornando catástrofes?
2. Quais são as respostas típicas para os eventos perigosos naturais?
3. Qual é a diferença entre reagir e se antecipar aos eventos perigosos nos programas de redução do risco?
4. O aquecimento global tem alguma influência nos eventos perigosos tais como os furacões?
5. Quais foram as principais lições sociais, ambientais e econômicas aprendidas com o furacão Katrina, que devastou Nova Orleans em 2005?
6. Quais são algumas das funções de utilidade naturais dos eventos perigosos naturais?
7. Quando você acha que se deveria tentar controlar os processos naturais e quando poderia ser melhor aprender a viver com eles? Exemplos de controle dos processos naturais: construir uma represa para o controle de inundações ou restringir a ocupação nas planícies aluviais.
8. Quais são as tendências de mortes e de danos causados pelos eventos perigosos naturais?
9. Qual é o papel da história ao se tentar compreender os eventos perigosos naturais?
10. Quais os eventos perigosos naturais que podem ameaçar a sua comunidade ou campus? O que tem sido feito para avaliá-los e o que poderia ser feito para minimizar os riscos?
11. Você está assistindo a uma partida e futebol no estádio de sua universidade e é feito um anúncio comunicando que um tornado ou tempestade violenta está vindo em sua direção. A tempestade está a 20 milhas (32 quilômetros) de distância e se deslocando a 5 milhas (8 km/h); qual a atitude que você deveria tomar? Quais os fatores fariam parte da sua decisão?
12. Elabore um projeto de pesquisa para testar a hipótese de que as grandes cidades norte-americanas como Nova York, Chicago e Los Angeles são mais vulneráveis aos eventos perigosos naturais do que há 50 anos. Quais informações seriam necessárias e como você avaliaria isso?
13. Algumas ilhas do Pacífico são tão baixas que o aumento do nível do mar está ameaçando a sua existência. Como você avaliaria a vulnerabilidade de uma determinada ilha às tempestades violentas ou *tsunamis*?
14. A resposta das agências governamentais após o furacão Katrina tem sido criticada. O que você acha que poderia ser feito de maneira melhor para garantir que outra catástrofe como a do Katrina, que envolveu tantas pessoas, seja improvável?
15. O que se aprendeu com o furacão Katrina que poderia ser útil na avaliação das potentes catástrofes causadas por inundações, terremotos e erupções vulcânicas em outras partes do país?

LEITURAS COMPLEMENTARES

Bolt, B. A. 2004. *Earthquakes*, 5th ed. San Francisco: W. H. Freeman.

Decker, R. e B. Decker, 1998. *Volcanoes*, 3rd ed. New York: W. H. Freeman.

Keller, E. A. e R. H. Blodgett. 2006. *Natural Hazards*. Upper Saddle River, N. J.: Prentice-Hall.

Payne, S. J., P. L. Andrews e R. D. Laven. 1996. *Introduction to Wildland Fire*, 2nd ed. New York: John Wiley & Sons.

Pinter, N. 2005. "One Step Forward, Two Steps Back on U.S. Floodplains", *Science* 308: 207-208.

Yeats, R. S. 2001. *Living with Earthquakes in California: A Survivor's Guide*. Corvallis: Oregon State University Press.

Capítulo 17

Energia: Algumas Noções Básicas

OBJETIVOS DE APRENDIZADO

A compreensão das noções básicas sobre o que é energia, assim como das fontes e de suas aplicações, é essencial para o planejamento energético eficaz. Após a leitura deste capítulo, deve-se saber:

- Que a energia não é criada nem destruída, mas transformada de um tipo para outro.
- Por que em todas as transformações a energia tende a se transformar de uma forma mais aproveitável para outra menos aproveitável.
- O que é eficiência energética e por que ela está sempre abaixo de 100%.
- Que as pessoas nos países industrializados consomem uma parcela desproporcionalmente maior da energia mundial total e como a eficiência e a conservação da energia podem ajudar a fazer um melhor uso dos recursos energéticos globais.
- Por que alguns planejadores de energia propõem uma abordagem rígida de fornecimento de energia e outros propõem uma abordagem flexível e por que ambas as abordagens apresentam aspectos positivos e negativos.
- Por que é uma meta importante seguir na direção do planejamento energético global sustentável com o planejamento energético integrado.
- Quais elementos são necessários para desenvolver o planejamento energético integrado.

Capítulo original escrito com o auxílio de Mel S. Manalis.

Blecaute em Nova York ao anoitecer.

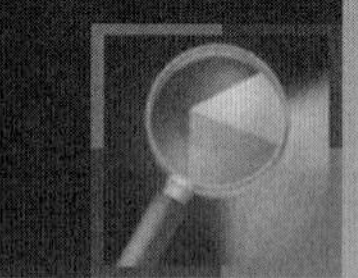

ESTUDO DE CASO

Política Energética nos Estados Unidos: Da Crise de Energia de Costa a Costa à Produção de Energia Independente

O blecaute mais sério (interrupção da energia elétrica) na história dos Estados Unidos ocorreu em 14 de agosto de 2003. A cidade de Nova York, juntamente com oito estados e parte do Canadá, ficaram subitamente sem energia elétrica, por volta das 16 horas. Mais de 50 milhões de pessoas foram afetadas, algumas presas em elevadores ou metrôs. As pessoas afluíam para as ruas de Nova York sem saber se a interrupção de energia devia-se ou não a um ataque terrorista. A energia foi restabelecida em 24 horas, na maioria dos lugares, mas o evento foi um choque energético que demonstra a dependência dos antigos sistemas de distribuição de energia e da geração centralizada de energia elétrica. Os terroristas não tiveram nada a ver com o blecaute, mas o evento causou prejuízos, ansiedade e perdas financeiras para milhões de pessoas.

Em 2001, a Califórnia enfrentou "blecautes intencionais" — cortes de energia elétrica que causaram perturbações nas residências e na indústria. Foi um "choque energético" que alarmou o país inteiro, de costa a costa, e provocou uma reflexão sobre a política energética dos Estados Unidos.

Um problema básico na Califórnia foi que, enquanto o crescimento econômico dos anos 1990 trouxe prosperidade e maior contingente de pessoas para o estado, a demanda por energia cresceu e poucas fontes novas foram disponibilizadas para satisfazê-la. As empresas de serviços públicos foram obrigadas a comprar "energia de emergência" de outros fornecedores, a preços muito altos (até 900% mais altos). Também tiveram que comprar gás natural, que estava aumentando de preço em todo o país. Por lei, as empresas de serviços públicos não podiam repassar os seus custos crescentes e afirmaram estar sendo levadas quase à falência.

A crise energética da Califórnia acendeu um debate no Congresso, resultando em uma nova política nacional de energia — algo que não acontecia desde os anos 1970. Os legisladores reconheceram que se poderia, em breve, deparar com uma crise similar, porém nacional. Alguns congressistas apoiam o chamado caminho rígido: construir mais usinas de energia à base de petróleo, gás natural, carvão e nuclear. Outros querem maior ênfase na conservação da energia e nas fontes alternativas de energia, tais como solar e eólica. Até 2006, o preço da energia na Califórnia e em todo o país permaneceu elevado e o choque foi um alerta.

Sete presidentes dos Estados Unidos, desde meados dos anos 1970, tentaram abordar os problemas energéticos e uma maneira de conquistar a independência de fontes externas de energia. Finalmente, no verão de 2005, o Projeto de Lei de Política Energética de 2005 foi aprovado pelo Congresso e sancionado pelo presidente, tornando-se lei.

Hoje, depende-se mais do que nunca do petróleo importado. Na verdade, desde os anos 1970, houve um aumento de 50% no consumo de gasolina (para o qual é destinada a maior parte do petróleo utilizado), enquanto a produção doméstica de petróleo caiu quase pela metade. Uma das razões tem sido a drástica diminuição da produção de petróleo no Alasca, que caiu para cerca de metade da quantidade habitual, do final dos anos 1980 até o início do século XXI. Os preços da gasolina subiram para mais de 4 dólares por galão em 2008. O gás natural seguiu um padrão similar em relação à produção e ao consumo desde o final da década de 1980. Hoje, as novas usinas de energia utilizam o gás natural como combustível porque a sua queima é limpa, resulta em menos poluentes e os Estados Unidos possuem suprimentos potenciais e abundantes de gás. O problema do gás natural será compatibilizar a produção com o consumo no futuro. O planejamento energético, em nível nacional, nos primeiros cinco anos do século XXI, foi marcado por um debate permanente sobre o abastecimento futuro, principalmente de combustíveis fósseis, incluindo o carvão, o petróleo e o gás natural. Os objetivos do planejamento se concentraram em prover uma oferta maior de carvão e de gás natural e, em menor grau, de petróleo. Os planejadores chegaram à conclusão de que, se os Estados Unidos quiserem satisfazer a sua demanda de eletricidade no ano 2020, mais de 1.000 novas usinas de energia elétrica deverão ser construídas. Trabalhando os números, isso significa construir cerca de 60 delas, por ano, entre hoje e 2020 — mais de uma instalação nova por semana!

A Lei de Política Energética de 2005 enfatizou que foram realizados progressos na conservação de energia e que continua o desenvolvimento de fontes alternativas de energia, tais como hidrogênio, solar e eólica. Os ambientalistas criticam o plano dizendo que ele favorece uma grande produção de energia centralizada em combustíveis fósseis e em fontes nucleares, com ênfase insuficiente nas fontes alternativas de energia. A energia alternativa nos Estados Unidos tem sido afetada pela retórica positiva, seguida de algum financiamento que vem sendo reduzido nos anos subsequentes. A chave para um verdadeiro planejamento energético é a diversidade das fontes de energia, com uma combinação melhor dos combustíveis fósseis e das fontes alternativas que, no final das contas, devem substituí-los. O que está claro é que, nas primeiras décadas do século XXI, ainda prevalecem as mudanças radicais no preço da energia, com seus cortes energéticos associados. Esse padrão continuará até a independência de fontes externas de energia. A utilização dos combustíveis fósseis que restam, particularmente dos combustíveis mais limpos como o gás natural, representará uma fase de transição para as fontes mais sustentáveis. Realmente é necessário um grande programa para o desenvolvimento de fontes como a eólica e a solar, muito mais vigorosamente do que tem sido feito até agora ou do que aparentemente será feito nos próximos anos. Se não houver capacidade de se realizar essa transição, já que a produção mundial oscila entre altos e baixos, então haverá uma crise energética sem precedentes na história da humanidade.

Essa história demonstra que os Estados Unidos se deparam com sérios problemas energéticos. Com isso em mente, exploram-se, neste capítulo, alguns dos princípios básicos associados com o que é a energia, quanta energia se consome e como se deveria gerenciar o consumo de energia visando o futuro.

17.1 Perspectivas da Energia

As crises de energia não são novidades. As pessoas têm problemas de energia há milhares de anos, remontando aos primórdios das culturas grega e romana.

As Crises Energéticas na Grécia Antiga e em Roma

O clima nas áreas costeiras da Grécia 2.500 anos atrás se caracterizava por verões quentes e invernos frios, analogamente aos dias de hoje. Para aquecer as suas casas no inverno, os gregos usavam aquecedores pequenos, à base da queima de carvão vegetal, que não eram muito eficientes. Considerando-se que o carvão vegetal é produzido pela queima de madeira, essa madeira era a fonte primária de energia, assim como é hoje para a metade da população mundial.

No século V a.C., a escassez de combustível se tornou comum e grande parte das florestas, em muitas partes da Grécia, ficou sem lenha. Como o suprimento local diminuiu, tornou-se necessário importar madeira de lugares distantes. Os olivais se transformaram em fonte de combustível, sendo transformados em carvão vegetal para serem queimados, diminuindo um recurso valioso. No século IV a.C., a cidade de Atenas tinha proibido o uso da madeira das olivas como combustível.

Por volta dessa época, os gregos começaram a construir as suas casas com a frente voltada para o sul, projetando-as de modo que o Sol mais inclinado e mais baixo, durante o inverno, entrasse pelas janelas e aberturas fornecendo calor. Ao contrário permitia que o Sol, mais alto ao longo do verão, fosse parcialmente bloqueado, diminuindo o ganho de calor no interior das casas. Escavações recentes de antigas cidades gregas sugerem que grandes áreas foram planejadas de forma que cada casa pudesse aproveitar o máximo da energia solar. O uso da energia solar pelos gregos no aquecimento das casas foi uma resposta lógica para o seu problema energético.[1]

O uso da madeira na Roma antiga é um pouco semelhante com o uso de petróleo e do gás nos Estados Unidos de hoje. Os cidadãos romanos abastados, há cerca de 2.000 anos, tinham aquecimento central em suas grandes residências, queimando até 125 kg de lenha por hora. Não é de se surpreender que os suprimentos locais de madeira tenham rapidamente se exaurido e que os romanos passassem a importar madeira das regiões periféricas. No final das contas, a madeira teve que ser importada de até 1.600 km de distância.[1]

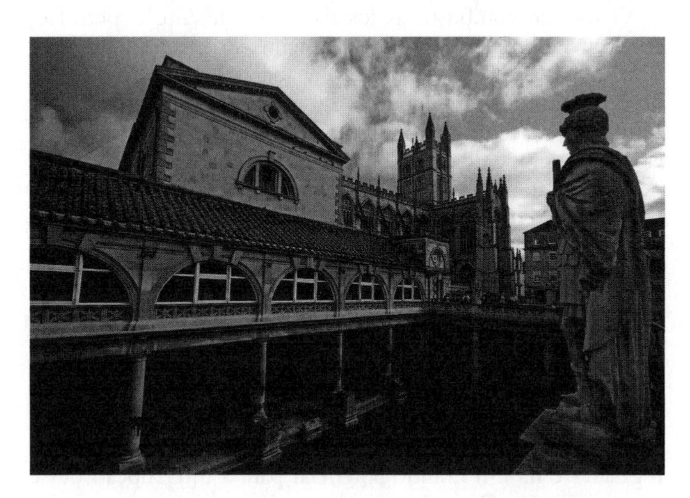

Figura 17.1 ■ Casa de banho romana (nível mais baixo) na cidade de Bath, Inglaterra. A orientação da casa de banho e a colocação das janelas são projetadas para maximizar os benefícios da energia solar passiva.

Os romanos adotaram o uso da energia solar pelas mesmas razões que os gregos, mas com uma aplicação muito maior e mais bem-sucedida. Os romanos utilizavam as janelas de vidro para aumentar a eficiência do aquecimento solar, desenvolveram estufas para cultivar alimentos durante o inverno e orientaram as grandes casas de banho públicas (algumas das quais acomodavam até 2.000 pessoas) a utilizarem energia solar passiva (Figura 17.1). Os romanos acreditavam que a luz solar nas casas de banho era saudável e isso também reduzia bastante os custos com combustível. O uso da energia solar na Roma antiga era disseminado e resultou em leis para proteger o direito de uma pessoa à energia solar. Em algumas áreas, era ilegal uma pessoa construir uma edificação que fizesse sombra em outra.[1]

Os antigos gregos e romanos passaram por uma crise energética em seus ambientes urbanos. Ao passarem para a energia solar, eles seguiram na direção do que hoje se denomina sustentabilidade. Trata-se do mesmo caminho atual, na medida em que os combustíveis fósseis estão se tornando escassos.

Energia, Hoje e Amanhã

A situação energética enfrentada pelos Estados Unidos e pelo mundo, nos dias de hoje, é de muitas formas similar à enfrentada pelos antigos gregos e romanos. O uso da madeira nos

Estados Unidos atingiu o seu pico por volta de 1880, quando o uso do carvão se tornou amplamente disseminado. Por sua vez, a utilização do carvão começou a diminuir após 1920, quando o petróleo e o gás começaram a ser disponibilizados. Hoje, depara-se com o pico global de extração do petróleo, o que era esperado para algo em torno de 2020. Os recursos de combustíveis fósseis, que levaram milhões de anos para se formar, poderão estar literalmente esgotados em apenas algumas centenas de anos.

As decisões que se tomam hoje irão afetar o uso da energia por gerações. Deveriam-se utilizar métodos de produção de energia complexos e centralizados, métodos de produção de energia mais simples e amplamente dispersados ou usar uma combinação dos dois? Quais as fontes de energia deveriam ser enfatizadas? Quais usos da energia deveriam ser enfatizados para obter maior eficiência? Como se pode contar com as atuais fontes de energia e proporcionar o desenvolvimento de uma política energética sustentável? Não há respostas fáceis.

O uso de combustíveis fósseis, especialmente o petróleo, resultou em melhorias no saneamento, medicina e agricultura. Essas melhorias ajudaram a viabilizar o aumento global da população humana que foi discutido em outros capítulos. Muitas pessoas estão vivendo mais tempo, com um padrão de vida mais elevado do que as pessoas que viveram em épocas anteriores. Entretanto, a queima de combustíveis fósseis impõe custos ambientais crescentes e que estão gerando preocupações que vão desde a poluição urbana até a mudança no clima global.

Uma coisa certa em relação ao cenário energético do futuro é que ele envolverá a convivência com a incerteza quando se trata de disponibilidade e do custo da energia. As fontes e os padrões de utilização de energia indubitavelmente mudarão. Podem-se esperar problemas com o fornecimento e o custo da energia, como resultado da demanda crescente e do fornecimento insuficiente. O abastecimento continuará a ser regulado e há um grande potencial para a interrupção desse abastecimento. Os embargos do petróleo podem causar um impacto econômico significativo nos Estados Unidos e em outros países; e uma guerra ou revolução em um país produtor de petróleo faria com que as exportações do combustível fossem significativamente reduzidas.

Está claro de que se precisa repensar toda a política energética norte-americana em termos de suas fontes, abastecimento, consumo e preocupações ambientais. Pode-se começar compreendendo fatos básicos sobre o que é energia.

17.2 Noções Básicas sobre Energia

O conceito de energia é um tanto abstrato; não se consegue vê-la ou senti-la, apesar de ter que pagar por ela.[2] Para entender a energia, é mais fácil começar com a ideia de força. Todos já tiveram a chance de experimentar uma força ao empurrar ou puxar algo. O vigor de uma força pode ser medido pelo quanto ela acelera um objeto.

Se o seu carro parar enquanto você estiver subindo uma ladeira e você tiver que empurrá-lo ladeira acima para o acostamento (Figura 17.2), você aplica uma força contra a gravidade que, caso contrário, faria o carro descer a ladeira. Se o freio estiver acionado, os freios, os pneus e os rolamentos poderiam esquentar com a fricção. Quanto maior a distância através da qual você exerce uma força empurrando o carro, maior a mudança na posição do carro e maior a quantidade de calor gerado pela fricção nos freios, pneus e rolamentos.

Em termos de física, exercer uma força ao longo da distância percorrida se denomina trabalho. Ou seja, **trabalho** é o produto de uma força multiplicado pela distância. Reciprocamente, energia é a capacidade de se realizar trabalho. Se você empurrar com força e o carro não se movimentar, você exerceu uma força, mas não realizou qualquer trabalho no carro (de acordo com a definição), mesmo que você fique bastante cansado e suado.[2]

Ao empurrar o carro parado, você o moveu contra a gravidade e fez com que algumas partes (freios, pneus e rolamentos) se aquecessem. Esses efeitos têm algo em comum: são formas de energia. Você converteu a energia química de seu corpo para a forma de energia de movimento do carro (energia cinética). Quando o carro está mais alto na ladeira, a energia potencial desse carro aumenta e o atrito produz energia térmica.

A energia pode ser, e, quase sempre, é convertida ou transformada de um tipo para outro, mas a energia total é sempre conservada. O princípio de que a energia não pode ser criada ou destruída, mas é sempre conservada, é conhecido como **Primeira Lei da Termodinâmica**. (Relembrar da discussão sobre matéria e energia no Capítulo 5 e a discussão detalhada sobre fluxo de energia na biosfera do Capítulo 9.) A Termodinâmica é a ciência que acompanha a energia na medida em que ela passa por várias transformações, de um

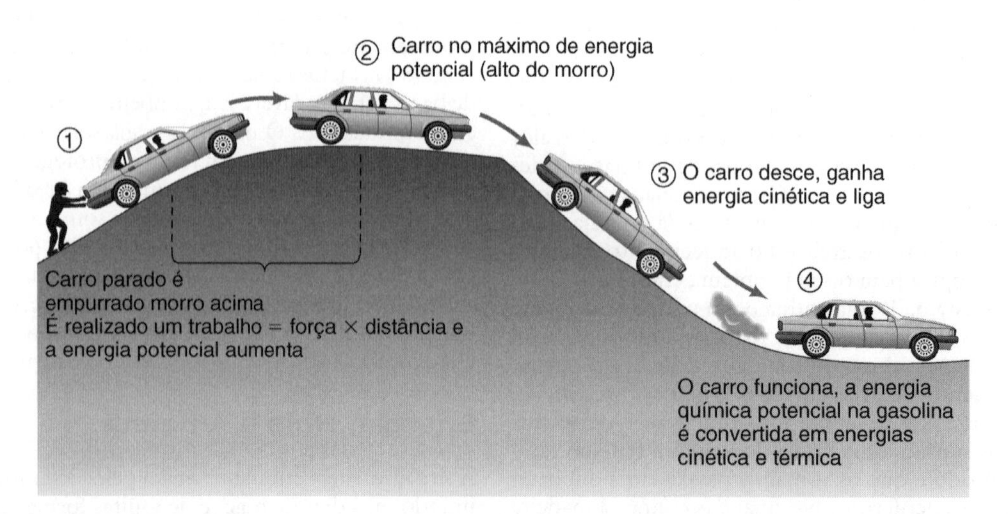

Figura 17.2 ■ Alguns conceitos básicos de energia, incluindo a energia potencial, energia cinética e energia térmica.

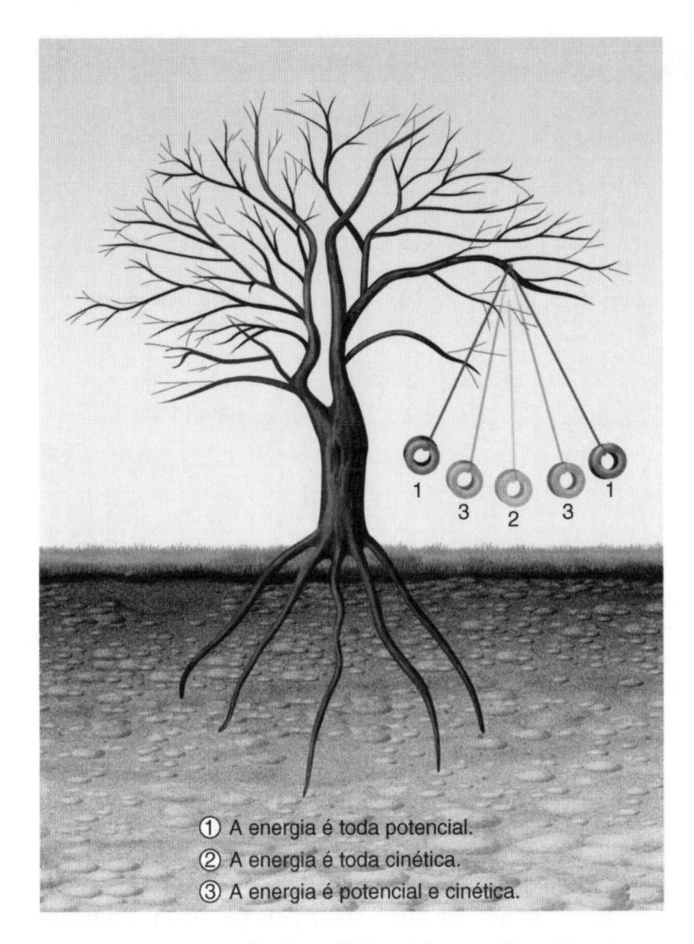

Figura 17.3 ■ Diagrama de um balanço de pneu ilustrando a relação entre as energias potencial e cinética.

tipo para outro. Utiliza-se a primeira lei para acompanhar a quantidade de energia.[3]

A fim de ilustrar a conversão de energia, pense em um balanço de pneu sobre um galho de uma árvore (Figura 17.3). Quando o balanço é mantido na posição mais alta, ele não está se movendo. Ele contém, porém, energia armazenada devido a sua posição. Refere-se a essa energia armazenada como *energia potencial*. Outros exemplos de energia potencial são a energia gravitacional da água represada; a energia química do carvão, do óleo combustível e da gasolina, bem como da gordura do corpo humano; e a energia nuclear, que está relacionada com as forças de ligação entre os núcleos dos átomos.[2]

O balanço de pneu, quando liberado de sua posição mais elevada, desloca-se para baixo. Na parte mais baixa a velocidade do balanço é máxima, não restando energia potencial. Nesse ponto, toda a energia do balanço é a energia de movimento, chamada de *energia cinética*. Na medida em que o balanço vai para a frente e para trás, a energia se altera continuamente entre as duas formas, potencial e cinética. Contudo, a cada movimento pendular, o pneu fica um pouco mais lento e sobe a uma altura um pouco menor, devido ao atrito criado pelo movimento do pneu e da corda através do ar e ao atrito do galho, onde a corda está amarrada na árvore. O atrito desacelera o balanço, gerando *energia térmica*, que é a energia do movimento aleatório dos átomos e moléculas. No final, toda a energia é convertida em calor e lançada no ambiente e o balanço fica parado.[2]

O exemplo do balanço ilustra a tendência da dissipação da energia e de sua transformação em energia térmica ou calor. Na realidade, os físicos descobriram que é possível transformar toda a energia gravitacional de um balanço de pneu (um tipo de pêndulo) em calor. Porém, é impossível transformar novamente toda a energia térmica, assim gerada, em energia potencial.

A energia é conservada no balanço de pneu. Toda a energia potencial gravitacional inicial foi transformada por meio do atrito em energia térmica, quando o balanço finalmente parou. Se a mesma quantidade de energia, na forma de calor, fosse devolvida para o balanço de pneu, você esperaria que ele recomeçasse a balançar? A resposta é não! O que é então utilizado? Não é a energia, porque ela sempre é conservada. O que se utiliza é a *qualidade* da energia – ou a capacidade da energia para realizar trabalho. Quanto mais alta a qualidade da energia, mais facilmente ela pode ser convertida em trabalho; quanto menor a qualidade da energia, mais difícil convertê-la em trabalho.

Esse exemplo ilustra outra propriedade fundamental da energia: a energia sempre tende a passar de uma forma mais utilizável (qualidade mais alta) para uma forma menos utilizável (qualidade mais baixa). Essa é a **Segunda Lei da Termodinâmica**, significando que, quando se utiliza a energia, diminui-se sua qualidade.

Voltando ao exemplo do automóvel parado, que agora você empurrou para o acostamento da estrada. Ao empurrar o carro um pouco para cima da ladeira, você aumentou a energia potencial dele. Pode-se convertê-la em energia cinética deixando-o descer a ladeira. Você engrena as marchas para religar o carro. Conforme o carro permanece em marcha lenta, a energia química potencial (da gasolina) é convertida em energia térmica residual e outras formas de energia, incluindo eletricidade para carregar a bateria e tocar o rádio.

Por que não se pode coletar o calor desperdiçado e utilizá-lo para alimentar o motor? Novamente, como diz a Segunda Lei da Termodinâmica, uma vez que a energia é degradada em calor de baixa qualidade, ela não pode readquirir a sua disponibilidade original ou grau energético. Quando se refere à energia térmica de baixa qualidade, diz-se, na verdade, que relativamente pequena quantidade dessa energia está disponível para realizar trabalho útil. A energia de alta qualidade, tal como a da gasolina, do carvão ou do gás natural, tem alto potencial para realizar trabalho útil. A biosfera continuamente recebe energia de alta qualidade proveniente do Sol e irradia calor de baixa qualidade para as profundezas do espaço.[2,3]

17.3 Eficiência Energética

Dois tipos fundamentais de eficiência energética derivam da primeira e da segunda lei da termodinâmica: a eficiência da primeira lei e a eficiência da segunda lei. A **eficiência da primeira lei** lida com a quantidade de energia, sem qualquer consideração sobre qualidade ou disponibilidade da mesma. Ela é calculada como a proporção entre a quantidade real de energia entregue onde é necessária e a quantidade de energia fornecida para satisfazer essa necessidade. As expressões para as eficiências são dadas como frações; a multiplicação da fração por 100 converte-a em porcentagem. Como exemplo, considere um sistema de calefação que mantém uma residência em uma temperatura desejada de 18°C quando a temperatura externa é de 0°C. O sistema de aquecimento, que queima gás natural, fornece uma unidade de energia térmica para a casa a cada 1,5 unidade de energia extraída da queima do combustível. Isso significa que ela tem uma eficiência da primeira lei de 1 dividido por 1,5, ou seja, 67% (ver outros exemplos na Tabela 17.1).[3] A "unidade" de energia para o sistema de calefação é arbitrária, para efeito da discussão; podem

Tabela 17.1 **Exemplos de Eficiências da Primeira e Segunda Leis**

Energia (Uso Final)	*Eficiência da Primeira Lei (%)*	*Calor Residual (%)*	*Eficiência da Segunda Lei (%)*	*Potencial de Economia*
Lâmpada incandescente	5	95		
Luz fluorescente	20	80		
Automóvel	20–25	75–80	10	Moderado
Usinas (elétricas): combustível fóssil e nuclear	30–40	60–70	30	Baixo a moderado
Queima de combustíveis fósseis (usada diretamente para o calor)	65	35		
Aquecimento da água			2	Muito alto
Aquecimento e refrigeração de ambiente			6	Muito alto
Toda a energia (EUA)	50	50	10–15	Alto

ainda ser utilizadas as unidades térmicas britânicas (Btu) ou algumas outras unidades (ver o Detalhamento 17.1).

As eficiências da primeira lei são ilusórias porque um valor elevado sugere (muitas vezes de forma incorreta) que pouco se pode fazer para poupar energia por meio de melhorias adicionais na eficiência. Esse problema é resolvido pela utilização da eficiência da segunda lei. A **eficiência da segunda lei** se refere ao quão bem adaptado é a utilização final da energia à qualidade da sua fonte. No exemplo do aquecimento residencial, a eficiência da segunda lei compararia a energia mínima necessária para aquecer a residência com a energia realmente utilizada pelo forno a gás. Se fosse calculada a eficiência da segunda lei (que está fora do escopo dessa discussão), o resultado seria 5% — muito abaixo da eficiência de 67% da primeira lei.[3] (O porquê disso será visto mais tarde.) A Tabela 17.1 também exibe algumas eficiências da segunda lei para os usos comuns da energia.

Os valores da eficiência da segunda lei são importantes porque os valores baixos indicam onde as melhorias na tecnologia e no planejamento de energia podem poupar quantidades significativas de energia de alta qualidade. A eficiência da segunda lei informa se a qualidade da energia é apropriada para a tarefa. Por exemplo, poder-se-ia usar um maçarico de acetileno para acender uma vela, mas um fósforo é bem mais eficiente (e mais seguro também).

Agora se pode entender por que a eficiência da segunda lei é tão baixa (5%) no exemplo de aquecimento residencial, anteriormente discutido. Essa baixa eficiência implica que o forno está consumindo muita energia de alta qualidade para executar a tarefa de aquecer a residência. Em outras palavras, a tarefa de aquecer a residência requer calor a uma temperatura relativamente baixa, próxima a 18°C, e não um calor com temperaturas acima de 1.000°C, tal como a gerada no interior do forno a gás. A energia de qualidade mais baixa, como a energia solar, poderia realizar a tarefa e resultando em uma maior eficiência da segunda lei, porque há uma melhor compatibilidade entre a qualidade da energia necessária e o uso para aquecimento residencial. Por meio de melhor planejamento energético, tal como adequar a qualidade do abastecimento de energia ao uso final, podem ser alcançadas as eficiências da segunda lei, resultando em economias substanciais de energia de alta qualidade.

O exame da Tabela 17.1 indica que as usinas geradoras de eletricidade possuem quase as mesmas eficiências da primeira e da segunda lei. Essas usinas geradoras são exemplos de *motores térmicos.* Um motor térmico produz trabalho a partir do calor. Hoje, a maior parte da eletricidade gerada no mundo é proveniente de motores térmicos que utilizam combustível nuclear, carvão, gás ou outros combustíveis. O próprio corpo humano (que é uma máquina térmica) constitui um exemplo de motor térmico, operando com uma capacidade (potência) de cerca de 100 watts (W) e alimentado indiretamente por energia solar. (Ver no Detalhamento 17.1 uma explicação sobre watts e outras unidades de energia.) O motor de combustão interna (utilizado nos automóveis) e o motor a vapor são outros exemplos de motores térmicos. Grande parte da energia mundial é usada em motores térmicos, com profundos efeitos ambientais, tais como a poluição térmica, a poluição urbana, a chuva ácida e o aquecimento global.

A eficiência máxima possível de um motor térmico, conhecida como *eficiência térmica*, foi descoberta pelo engenheiro francês Sadi Carnot, em 1824, antes de ser formulada a Primeira Lei da Termodinâmica.[4] Os motores térmicos modernos possuem eficiências energéticas que variam entre 60% e 80% da eficiência ideal de Carnot. As usinas de geração de energia elétrica modernas de 1.000 megawatts (MW) possuem eficiências térmicas que variam entre 30% e 40%; isto quer dizer que, pelo menos, 60% a 70% da alimentação de energia na usina é dissipada na forma de perda de calor. Por exemplo, suponha que a produção de energia elétrica de uma grande usina geradora seja de uma unidade de potência (tipicamente 1.000 MW). Para a produção de uma unidade de potência necessita-se de três unidades para a alimentação (tal como a queima de carvão) na usina e o processo completo produz duas unidades de calor residual, para uma eficiência térmica de 33%. O número significativo aqui é a perda de calor, de duas unidades, o que equivale a duas vezes a energia elétrica gerada.

A eletricidade pode ser gerada por grandes usinas que queimam carvão ou gás natural, por usinas que utilizam combustível nuclear ou por geradores menores, tais como fontes geotérmicas, solares ou eólicas (ver os Capítulos 18, 19 e 20). Uma vez gerada, a eletricidade alimenta a rede, que são as de linhas de transmissão ou sistema de distribuição. No final do processo, ela chega aos lares, lojas, fazendas e fábricas, onde ilumina, produz calor, aciona motores e outros maquinários usados pela sociedade. Na medida em que a eletricidade se desloca pela rede ocorrem perdas.[5] Os cabos que transportam a eletricidade (linhas de energia) possuem uma resistência natural ao fluxo elétrico. Conhecida como *resistividade elétrica*, essa resistência converte parte da energia elétrica existente nas linhas de transmissão em energia térmica, que é irradiada ao ambiente que circunda as linhas.

DETALHAMENTO **17.1**

Unidades de Energia

Quando se compra energia por kilowatt-hora (kWh), o que se está comprando? Diz-se que se está comprando energia, mas o que isso significa? Antes de mergulhar nos conceitos de energia e suas aplicações, é necessário definir algumas unidades básicas.

A unidade de energia fundamental no sistema métrico é o *joule*; 1 joule é definido como uma força de 1 newton* aplicada ao longo de uma distância de 1 metro. Para trabalhar com grandes quantidades, como o montante da energia consumida nos Estados Unidos em um determinado ano, utiliza-se a unidade *exajoule*, que equivale a 10^{18} (um bilhão de bilhões) de joules ou aproximadamente 1 quatrilhão (ou 10^{15}) de unidades térmicas britânicas (Btu), classificada como *quad*. Colocando esses números grandes em perspectiva, atualmente, os Estados Unidos consomem cerca de 100 exajoules (ou quads) de energia por ano e o consumo mundial está em torno de 425 exajoules (quads) anuais.

Em muitos casos, particularmente interessa a taxa de utilização da energia, ou *potência*, que é a energia dividida pelo tempo. No sistema métrico, a potência pode ser expressa em joules por segundo ou *watts*, W (1 joule por segundo é igual a 1 watt). Quando são necessárias unidades de potência maiores, pode-se utilizar multiplicadores, tais como o *quilo* (mil), *mega* (milhão) e *giga* (bilhão). Por exemplo, a taxa de produção de energia elétrica em uma usina nuclear moderna é de 1.000 megawatts (MW) ou 1 gigawatt (GW).

Às vezes, é útil empregar uma unidade de energia híbrida, tal como o watt-hora, Wh (lembre-se de que energia é a potência multiplicada pelo tempo). A energia elétrica é comumente expressa e vendida em *kilowatt-hora* (kWh ou 1.000 Wh). Essa unidade de energia representa 1.000 W aplicados por 1 hora (3.600 segundos), a energia equivalente de 3.600.000 J (3,6 MJ).

A energia elétrica média estimada em kilowatt-hora utilizada por vários eletrodomésticos ao longo de um ano é exibida pela Tabela 17.2. A energia anual total utilizada é a potência do aparelho multiplicada pelo tempo em que ele realmente é usado. Os aparelhos que mais consomem energia elétrica são os aquecedores de água, refrigeradores, secadoras de roupas e máquinas de lavar. Uma listagem de eletrodomésticos comuns e as quantidades de energia que eles consomem são úteis para identificar os aparelhos que poderiam auxiliar a poupar energia por meio da conservação ou da melhor eficiência.

*Um newton (N) é a força necessária para produzir uma aceleração de 1 m por segundo ao quadrado (m/s^2) em uma massa de 1 kg.

Tabela 17.2 **Uso Médio Estimado da Energia Elétrica por Ano dos Aparelhos Eletrodomésticos Típicos**

Aparelho	*Potência (W)*	*Média Anual de Horas Utilizadas*	*Energia Consumida Aproximada (kWh/ano)*
Relógio	2	8.760	17
Secadora de roupas	4.600	228	1.049
Secador de cabelos	1.000	60	60
Lâmpada incandescente	100	1.080	108
Lâmpada fluorescente compacta[a]	18	1.080	19
Televisão	350	1.440	504
Aquecedor de água (150 L)	4.500	1.044	4.698
Modelo de baixo consumo[a]	2.800	1.044	2.900
Torradeira	1.150	48	552
Lavadora de Roupas	700	144	1.008
Geladeira	360	6.000	2.160
Modelo de baixo consumo[a]	180	6.000	1.100

Fonte: Dados do U.S. Department of Energy e D. G. Kaufman e C. M. Franz, *Biosphere 2000: Protecting Our Global Environment* (New York: HarperCollins, 1993).
[a]Modelo mais novo e mais eficiente em termos de consumo de energia.

17.4 Fontes e Consumo de Energia

As pessoas que vivem nos países industrializados constituem uma porcentagem relativamente pequena da população mundial, mas consomem uma parcela desproporcional da energia total produzida no mundo. Os Estados Unidos, por exemplo, com apenas 5% da população mundial, utilizam aproximadamente 25% da energia total consumida no mundo. Existe uma relação direta entre o padrão de vida de um país (medido pelo produto interno bruto, PIB) e o consumo de energia *per capita*. Após o pico na produção de petróleo, esperado para 2020–2050, os estoques de petróleo e de gasolina serão reduzidos e mais caros. Antes disso, o uso desses combustíveis deve ser reduzido para minimizar a potencial mudança climática global. Como resultado, dentro dos próximos 30 anos, tanto os países desenvolvidos quanto os países em desenvolvimento precisarão encontrar maneiras inovadoras de se obter energia. No futuro, a afluência pode estar tão relacionada com o uso mais eficiente de uma variedade maior de fontes de energia, quanto com o consumo total de energia.

Combustíveis Fósseis e Fontes Alternativas de Energia

Atualmente, aproximadamente 90% da energia consumida nos Estados Unidos é proveniente do uso de petróleo, gás natural e carvão. Devido a sua origem orgânica, eles são chamados de combustíveis fósseis. São produzidos a partir de matéria vegetal e animal, sendo formas de energia solar armazenada que compõem parte da base dos recursos geológicos. São essencialmente não renováveis. Outras fontes de energia — que incluem a geotérmica, nuclear, hidrelétrica e solar, dentre outras — são classificadas como fontes alternativas de energia. O termo *alternativas* as especifica como fontes que poderiam, no futuro, substituir os combustíveis fósseis. Algumas das fontes alternativas, como a solar e a eólica, não são esgotadas pelo consumo, sendo conhecidas como *energias renováveis*.

A mudança para as fontes alternativas de energia pode ser gradual, já que os combustíveis fósseis continuam a ser utilizados, ou poderia ser acelerada em consequência da preocupação com os potenciais efeitos ambientais da queima de combustíveis fósseis. Independentemente do caminho que se adotar, uma coisa é certa: os recursos provenientes dos combustíveis fósseis são finitos. Foram necessários milhões de anos para formá-los, mesmo assim os combustíveis fósseis serão consumidos em apenas algumas centenas de anos da história humana. Usando até mesmo as previsões mais otimistas, a época do combustível fóssil que começou com a Revolução Industrial representará apenas cerca de 500 anos da história humana. Portanto, apesar de os combustíveis fósseis terem sido extremamente significativos no desenvolvimento da civilização moderna, a sua utilização será um evento de vida curta no espaço da história humana.

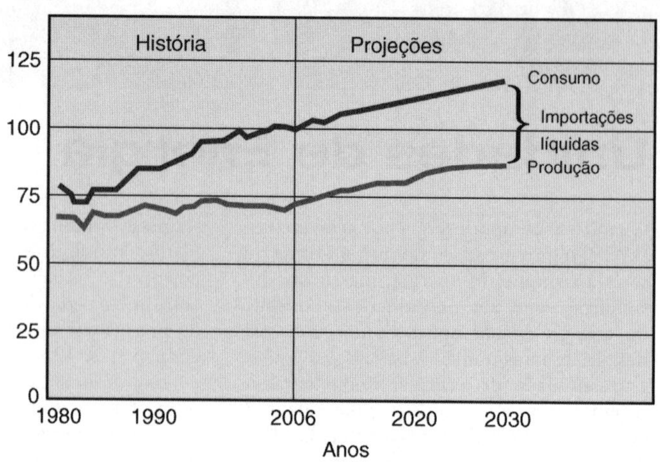

(*a*) Produção e consumo totais de energia, 1980–2030 (quatrilhões de Btu)

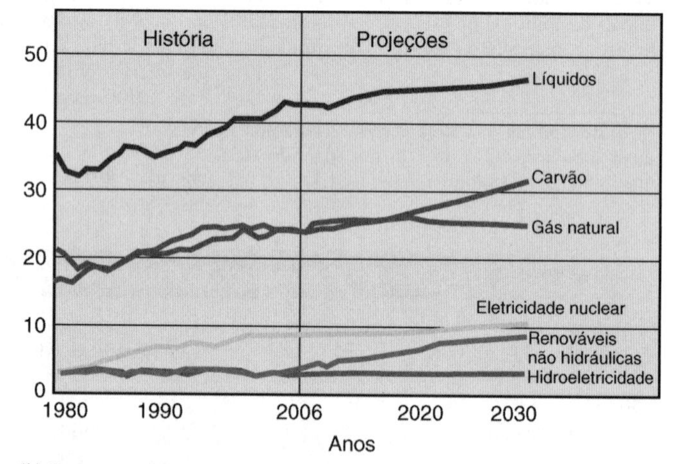

(*b*) Consumo de energia por combustível, 1980–2030 (quatrilhões de Btu)

Figura 17.4 ■ Energia dos Estados Unidos de 1980 até hoje e projetada para 2030. (*a*) Consumo e produção totais; (*b*) consumo por fonte. (*Fonte:* Department of Energy, Energy Information Agency, *Annual Report 2008*.) Estas previsões são conservadoras em termos dos aumentos esperados na energia alternativa (ver o capítulo sobre esse assunto).

Consumo de Energia nos EUA

O consumo de energia nos Estados Unidos da América do Norte, de 1950 a 2004, é exibido na Figura 17.4. A figura ilustra a preocupante dependência permanente nos três principais combustíveis fósseis (carvão, gás natural e petróleo). Aproximadamente, desde 1950 até o final dos anos 1970, o consumo de energia aumentou tremendamente, de cerca de 30 exajoules para 80 exajoules. (As unidades de energia estão definidas no Detalhamento 17.1.) Desde 1980, o consumo de energia aumentou apenas 20 exajoules. Essa situação é estimulante porque sugere que as políticas para aprimorar a conservação da energia, por meio de melhorias na eficiência (tal como exigir que os novos automóveis sejam mais eficientes no consumo de combustível e as construções sejam mais bem isoladas termicamente), têm sido, ao menos, parcialmente bem-sucedidas.

O que não está sendo exibido na figura, porém, é a tremenda perda de energia. Por exemplo, o consumo de energia nos Estados Unidos, em 1965, foi de cerca de 50 exajoules; desse total, aproximadamente a metade foi efetivamente utilizada. As perdas de energia foram de cerca de 50% (o número exibido na Tabela 17.1 para toda a energia). Em 2004, o consumo de energia nos Estados Unidos girou em torno de 100 exajoules e, novamente, cerca de 50% foi perdido nos processos de conversão. As perdas energéticas em 2004 foram quase equivalentes ao consumo de energia total em 1965! As maiores perdas energéticas estão associadas à produção de eletricidade e ao transporte.

A maioria das perdas relacionadas com a produção da eletricidade e o transporte ocorre por meio do uso de motores térmicos, que produzem calor residual que é perdido para o ambiente.

Outra maneira de examinar o uso da energia é olhar o fluxo generalizado da energia dos Estados Unidos para um determinado ano e pela utilização final (Figura 17.5). Os dados na Tabela 17.3 mostram que em 2000 foram importados consideravelmente mais petróleo do que se produziu e que o consumo de energia está equilibradamente distribuído entre três setores: residencial/comercial, industrial e transportes. Está claro que os Estados Unidos continuam, perigosamente, vulneráveis às mudanças nas situações mundiais que afetam a produção e a distribuição de petróleo bruto. A avaliação de todo o espectro de fontes potenciais de energia torna-se necessária para assegurar a disponibilidade de energia suficiente no futuro, mantendo simultaneamente a qualidade ambiental. Os padrões de consumo de energia também estão sob suspeita.

As previsões do Departamento de Energia dos Estados Unidos aqui exibidas sugerem que a dependência dos combustíveis fósseis, especialmente do petróleo e de gás importados, continuará até 2030, se os hábitos de utilização da energia não mudarem radicalmente.

Tabela 17.3	Fluxo de Energia Anual Generalizado (Aproximado) para os Estados Unidos em 2000								
Fonte de Energia	*Geração de Energia*[a]	+	*Importações Líquidas (Importações − Exportações)*	±	*Ajustes*[b]	=	*Energia Consumida*	*Consumida por Setor*	
Carvão	23,4		−0,8					Residencial/comercial	
Gás Natural	19,9		3,7					38,0	
Petróleo	12,4		22,8					Industrial	
Nuclear	8,0		0					33,0	
Hidrelétrica	2,2		0					Transporte	
Outras	5,8		0,3					27,0	
Total	71,7	+	26,0	±	0,3	=	98,0	98,0	

Fonte: OECD, Energy Information Administration, *Annual Energy Review* (Washington D.C.: U.S. Department of Energy, 2001).
[a]Exajoules (10^{18} J).
[b]Equilibra as contas para uma variedade de itens, incluindo o suprimento, a mistura de componentes e as mudanças de estoque não contabilizados.

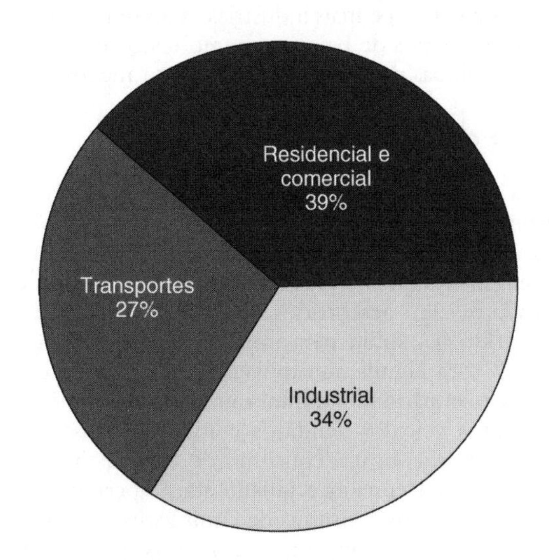

Figura 17.5 ■ Consumo de energia nos Estados Unidos por setor (aproximado). (*Fonte:* Energy Information Administration, *Annual Energy Review* [Washington D.C.: U.S. Department of Energy, 2000].)

17.5 Conservação, Aumento da Eficiência e Cogeração de Energia

Há um movimento para alterar os padrões de consumo de energia nos Estados Unidos por meio de medidas tais como a conservação, a maior eficiência energética e a cogeração. **Conservação** da energia se refere simplesmente a ter menos demanda energética. Em um sentido pragmático, isso tem a ver com ajustar as necessidades e a utilização de energia para maximizar a quantidade de energia de alta qualidade, necessária para realizar uma determinada tarefa. A maior **eficiência energética** envolve projetar equipamentos que gerem mais saída de energia a partir de uma determinada alimentação ou entrada de energia (eficiência da primeira lei) ou uma melhor compatibilidade entre as fontes de energia e a utilização final (eficiência da segunda lei).[6] A **cogeração** inclui uma série de processos elaborados para a captura e a utilização do calor residual, ao contrário do que simplesmente lançá-lo na atmosfera, na água ou em outras partes do ambiente como um poluente térmico. Um exemplo de cogeração encontra-se nas *termelétricas a gás natural de ciclo combinado* que produzem eletricidade de duas maneiras: ciclo de gás e ciclo de vapor. No ciclo de gás, o gás natural combustível é queimado em uma turbina a gás a fim de produzir eletricidade. No ciclo de vapor, o calor da exaustão da turbina a gás é utilizado para criar vapor que é alimentado em um gerador, com a finalidade de produzir mais eletricidade. Os ciclos combinados capturam o calor residual do ciclo de gás, quase duplicando a eficiência da usina, de cerca de 30% para 50–60%. A conservação da energia é particularmente atraente porque proporciona mais do que uma economia um-para-um (1:1). Lembre-se de que são necessárias três unidades de combustível, como o carvão, para produzir uma unidade de eletricidade (dois terços são de calor residual). Portanto, não utilizar (conservar) uma unidade de potência poupa três unidades de combustível!

Esses três conceitos — conservação, eficiência energética e cogeração da energia — estão todos interligados. Por exemplo, quando a eletricidade é gerada em grandes usinas termelétricas à base de carvão, grandes quantidades de calor podem ser lançadas na atmosfera. A cogeração, por meio do uso do calor residual, pode aumentar a eficiência global de uma usina típica de 33% para até 75%, reduzindo eficientemente as perdas de 67% para 25%.[6] A cogeração também envolve a geração da eletricidade como um subproduto dos processos industriais, que produzem vapor como parte de suas operações normais. Os otimistas que fazem previsões sobre energia estimam que no final das contas pode-se satisfazer aproximadamente a metade das necessidades de energia elétrica da indústria através da cogeração.[6] Outra fonte estimou que mais de 10% da capacidade de energia dos Estados Unidos poderia ser fornecida por meio da cogeração.

A eficiência média da primeira lei de apenas 50% (Tabela 17.1) ilustra que grandes quantidades de energia atualmente são perdidas na geração de eletricidade e no transporte de pessoas e bens. As inovações nos modos em que se gera a energia para uma determinada utilização podem auxiliar a impedir essa perda, aumentando as eficiências da segunda lei. Particularmente importantes serão os usos da energia com aplicações abaixo de 100°C, porque uma grande parcela do consumo total de energia dos Estados Unidos (para usos abaixo de 300°C) destina-se ao aquecimento de ambientes e da água (Figura 17.6).

Ao se considerar onde se devem concentrar os esforços a fim de se desenvolver melhor a eficiência energética, é importante olhar o cenário total de utilização da energia. Nos Estados Unidos, o aquecimento e a refrigeração de ambientes

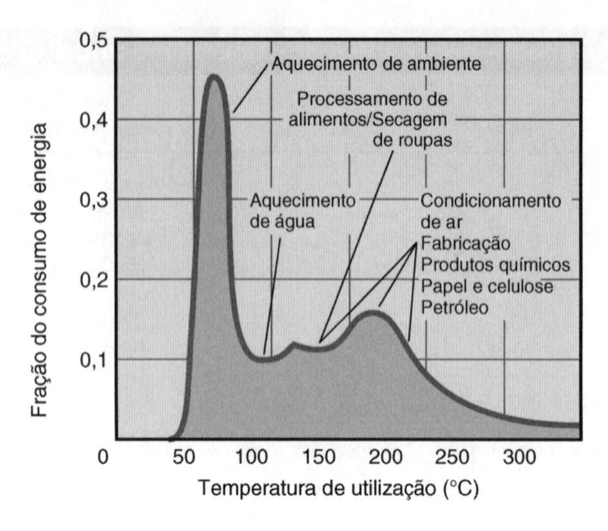

Figura 17.6 ■ Uso de energia abaixo de 300°C nos Estados Unidos. (*Fonte:* Los Alamos Scientific Laboratory, *LASL* 78–24, 1978.)

em residências e em escritórios, o aquecimento da água, os processos industriais (para gerar vapor) e os automóveis contribuem com quase 60% do uso total da energia. A título de comparação, o transporte por meio de trens, ônibus e aviões contribui com apenas 5%. Portanto, as áreas que deveriam ser visadas para o desenvolvimento com maior eficiência energética são o projeto de edifícios, o uso industrial da energia e o projeto de automóveis.[6,7] Deve-se observar, porém, que continua o debate com respeito ao grau de melhorias na eficiência e na conservação, que podem diminuir as demandas futuras por energia e a necessidade de uma maior produção, a partir das fontes tradicionais, tais como os combustíveis fósseis.

Projeto de Edifícios

Existe um espectro de possibilidades para aumentar a eficiência e a conservação da energia nos edifícios residenciais. Para as novas residências, a resposta é projetar e construir casas que minimizem o consumo da energia necessária para garantir uma vida confortável.[8] Por exemplo, pode-se projetar edifícios que tirem vantagem do potencial solar passivo, como fizeram os antigos gregos e romanos, assim como os nativos norte-americanos que habitavam os penhascos. (O sistema de energia solar passivo coleta o calor proveniente do Sol sem utilizar partes móveis.) Janelas e estruturas protuberantes podem ser posicionadas de modo que a protuberância faça sombra na janela e a proteja do Sol de verão, mantendo a casa fresca, enquanto permite que o Sol durante o inverno penetre pelas janelas e aqueça a casa.

O potencial para a economia de energia por meio do projeto arquitetônico para construções mais antigas é extremamente limitado. A posição do edifício no local já está estabelecida, a reconstrução e as modificações raramente têm um custo compensador. A melhor abordagem de conservação de energia para essas construções é o isolamento, a calafetação, a vedação de portas e janelas com fitas especiais, a instalação de toldos e janelas de tempestade, e a manutenção regular.

As edificações construídas para conservar energia são mais propensas a desenvolver problemas de poluição interna, já que os poluentes emitidos dentro das edificações ficam concentrados devido à menor ventilação. A poluição interna do ar está emergindo como um dos problemas ambientais mais graves. Os potenciais problemas podem ser reduzidos por melhores projetos para os sistemas de circulação do ar, que purificam o ar interno e insuflam ar puro e limpo (ver o Capítulo 25). A construção que incorpora princípios ambientais é mais dispendiosa devido aos honorários mais altos dos arquitetos e dos engenheiros, bem como aos elevados custos iniciais da construção. Todavia, seguir na direção de um projeto aprimorado de casas e edificações residenciais visando à conservação da energia continua a ser um esforço importante.

Energia nas Indústrias

O gráfico do consumo total de energia nos Estados Unidos (Figura 17.4) mostra que a taxa de crescimento da utilização de energia nivelou no início dos anos 1970. Todavia, a produção industrial de bens (automóveis, eletrodomésticos etc.) continuou a crescer significativamente! Hoje, a indústria norte-americana consome cerca de um terço da energia gerada. A razão para se ter conseguido maior produtividade com menor consumo de energia é que mais indústrias estão utilizando a cogeração e maquinários de baixo consumo energético, tais como motores e bombas projetados para consumir menos energia.[6,9]

Projeto de Automóveis

Melhorias contínuas têm sido feitas no desenvolvimento de automóveis de baixo consumo de combustíveis durante os últimos 30 anos. No início dos anos 1970, o automóvel americano médio queimava aproximadamente 1 litro de gasolina a cada 5,9 km percorridos. Em 1996, a quilometragem por litro (km/L) subiu para uma média de 7,4 na estrada e até 12,9 para alguns automóveis.[10] As taxas de consumo de combustível não melhoraram muito de 1996 a 1999. Em 2004, muitos veículos vendidos eram utilitários esportivos e caminhonetes, com um consumo de combustível de 2,6 a 5,3 km/L. Uma lacuna na regulamentação permite que esses veículos tenham um consumo de combustível maior do que o dos automóveis convencionais. Em consequência dos preços mais altos da gasolina, as vendas dos utilitários esportivos maiores diminuíram em 2006. Hoje, o consumo de alguns veículos híbridos (gasolina-elétrico) ultrapassa os 23,7 km/L na estrada e 15,8 km/L na cidade. Esse aprimoramento tem várias causas: maior eficiência e consequente conservação de combustível; carros menores, com motores construídos a partir de materiais mais leves[6]; e a combinação de um motor à combustão com um motor elétrico.[11] A demanda por veículos híbridos está crescendo rapidamente. Naturalmente, há um preço a ser pago por essa mudança. Os carros menores podem ser mais propensos a danos no caso de impacto e, à medida que os carros ficaram menores, os caminhões tenderam a continuar do mesmo tamanho ou a aumentar de tamanho. Consequentemente, a quantidade de acidentes graves entre carros e caminhões nos Estados Unidos aumentou.

Valores, Escolhas e Conservação de Energia

Um método de conservação de energia potencialmente eficaz é mudar o comportamento, usando menos energia. Isso envolve os valores e as escolhas que se fazem, agindo no nível local para abordar os problemas ambientais globais, tal como o aquecimento induzido pelo homem provocado pela queima de combustíveis fósseis. Por exemplo, ao fazer escolhas em relação à distância diária que se percorre para a escola ou o trabalho e que método de transporte se pode utilizar para chegar lá. Algumas pessoas andam mais de uma hora de carro para chegar ao trabalho, enquanto outras vão de bicicleta, caminham ou preferem o ônibus ou trem. Outras maneiras de modificar o comportamento para a conservação de energia incluem as seguintes:

- Usar o transporte solidário para ir e voltar à escola ou ao trabalho
- Comprar um carro híbrido (gasolina-elétrico)
- Apagar as luzes quando sair do ambiente
- Tomar banhos mais rápidos (conservar a água quente)
- Vestir um suéter e baixar o termostato durante o inverno
- Usar lâmpadas fluorescentes compactas de baixo consumo de energia
- Comprar eletrodomésticos de baixo consumo de energia
- Selar as correntes de ar nas edificações com fita de vedação e calafetação
- Garantir um isolamento térmico melhor para a casa
- Lavar as roupas em água fria sempre que possível
- Comprar alimentos locais para reduzir a energia no transporte de gêneros alimentícios
- Reduzir a potência em modo de espera (*standby*) dos dispositivos eletrônicos e eletrodomésticos usando extensões multiplicadoras de tomadas* e desligando-as quando não estiverem em uso

Que outras maneiras de modificar o comportamento ajudariam a poupar energia?

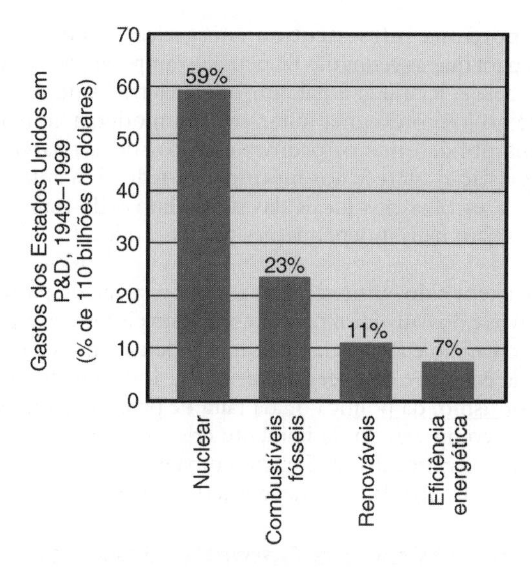

Figura 17.7 ■ Gastos dos Estados Unidos em pesquisa e desenvolvimento (P&D) de energia de 1949 a 1999 (como porcentagem de 110 bilhões de dólares). (*Fontes:* Energy Information Administration and Congressional Research Service; modificado de Nona Yeats, *Los Angeles Times*, 27 de fevereiro de 2001.)

17.6 Políticas Energéticas

A política energética norte-americana nos últimos 50 anos não se aproximou da autossuficiência energética. Importam mais petróleo do que nunca. Os Estados Unidos gastaram 110 bilhões de dólares em pesquisa e desenvolvimento (P&D) de energia de 1949 a 1999 (Figura 17.7). Quase 60% desse valor foi destinado à energia nuclear, que fornece apenas 11% da energia total nacional norte-americana. Mais de 20% foram destinados aos combustíveis fósseis. A energia renovável (eólica, solar, biomassa e geotérmica) e a eficiência energética receberam apenas 11% e 7%, respectivamente. Os investimentos em energia renovável estão lentamente se pagando. Apesar de as fontes de energias renováveis (água, solar e eólica) fornecerem apenas 4% da energia que se utiliza, elas estão aumentando rapidamente. Os dólares gastos em P&D para a eficiência energética resultaram em grandes retornos. A família média em 1978 consumia cerca de um terço de energia a mais do que em 2006. A economia resultou de algumas melhorias, como aparelhos de televisão, fornos, refrigeradores e automóveis mais eficientes.

No final dos anos 1990, os Estados Unidos gastavam cerca de 2 bilhões de dólares por ano em pesquisa e desenvolvimento no campo da energia. A título de comparação, 45 bilhões por ano foram para pesquisa e desenvolvimento na área militar. À medida que se olha para o futuro, deve-se tentar separar os gastos políticos e os de "fisiologismo" (dinheiro que os políticos arranjam para projetos em seus estados, distritos, independentemente do seu mérito) da política energética sólida que resultará na obtenção da sustentabilidade em relação à geração e ao uso da energia.

A Lei de Política Energética de 2005 foi a primeira declaração de política energética em mais de 10 anos. Algumas das disposições são:

1. **Promove as fontes convencionais de energia** Recomenda e apoia o uso de mais carvão e gás natural com o objetivo de reduzir a dependência da energia dos países estrangeiros.
2. **Promove a energia nuclear** Recomenda que os Estados Unidos recomecem a construir usinas nucleares em 2010. Reconhece que as usinas nucleares são capazes de gerar grandes quantidades de eletricidade sem emitir poluentes do ar ou gases do efeito estufa.
3. **Estimula a energia alternativa** Autoriza o apoio ou os subsídios para a energia eólica e outras fontes alternativas de energia, tais como geotérmica, hidrogênio e biocombustíveis (etanol e biodiesel). A legislação também reconhece, pela primeira vez na política energética norte-americana, a energia das ondas e das marés como tecnologia de energia renovável. A lei contém disposições para auxiliar a tornar a energia geotérmica mais competitiva com os combustíveis fósseis na geração de eletricidade. Ela também aumenta a quantidade de biocombustível (etanol) que deve ser misturada à gasolina vendida nos Estados Unidos.
4. **Promove medidas de conservação** Estabelece padrões de eficiência mais elevados para os prédios federais e os produtos domésticos. Direciona a atenção federal para recomendar padrões de baixo consumo de combustível para os carros, caminhões e utilitários esportivos. Os proprietários de imóveis podem reivindicar novos créditos fiscais para instalar janelas e eletrodomésticos que reduzam o consumo de energia. A legislação também proporciona um crédito fiscal para a compra de um veículo híbrido de baixo consumo de combustível ou de um veículo a diesel limpo.
5. **Promove a pesquisa** Autoriza a pesquisa para encontrar maneiras inovadoras de aprimorar as termelétricas a carvão e de ajudar a construir termelétricas mais limpas; desenvolver termelétricas com emissão zero; determinar como explorar as grandes quantidades de petróleo aprisionado no xisto e nas areias betuminosas; e desenvolver automóveis a hidrogênio não poluentes.

*Dispositivos com várias tomadas e, às vezes, com proteção contra surtos de tensão. Conta com um interruptor que permite desligar todas as tomadas de uma só vez, evitando que um ou mais aparelhos fiquem em *standby* e tenham que ser desligados um a um. (N.T.)

6. **Proporciona infraestrutura energética** Fornece incentivos para que as refinarias de petróleo ampliem as suas capacidades. A lei ajuda a garantir que a eletricidade seja recebida ao longo de uma infraestrutura moderna confiável e torna obrigatórios os padrões elétricos de confiabilidade. A legislação oferece aos funcionários federais a autoridade para a escolha dos locais das novas linhas de transmissão que sejam mais independentes da pressão local.

A lei tem sido criticada por conceder a maior parte dos incentivos e dos subsídios para os combustíveis fósseis, especialmente o carvão e a energia nuclear, em detrimento da conservação da energia e da energia alternativa. Independentemente do favoritismo, da política ou da falta de profundidade percebidos na compreensão da iminente crise de energia, a Lei de Política Energética de 2005 iniciou uma nova rodada de debates sobre o futuro da política energética norte-americana.

Caminho Rígido e Caminho Flexível

Hoje, a política energética está em uma encruzilhada. Uma via conduz ao que se denomina **caminho rígido**, que envolve a descoberta de grandes quantidades de combustíveis fósseis e a construção de usinas maiores. A adoção do caminho rígido significa dar continuidade à antiga ênfase na quantidade de energia que se consome. Nesse caso, o caminho rígido é mais confortável. Não requer um pensamento novo; nenhum realinhamento das condições políticas, econômicas ou sociais; e pouca antecipação das diminuições futuras na produção de petróleo.

As pessoas investiram pesadamente no uso continuado dos combustíveis fósseis e da energia nuclear em favor do caminho rígido. Elas argumentam que muita degradação ambiental, em todo o mundo, tem sido causada por aqueles que têm sido forçados a utilizar recursos locais, como a madeira, para obter energia. Como resultado, suas terras sofreram a perda da flora e da fauna e a erosão do solo (conforme foi discutido nos Capítulos 10 e 11). Elas argumentam que a maneira de solucionar esses problemas ambientais é fornecer energia barata e de alta qualidade, tal como os combustíveis fósseis ou a energia nuclear.

Nos países como os Estados Unidos, com recursos consideráveis de carvão, gás natural e petróleo, as pessoas que apoiam o caminho rígido argumentam que deveriam ser explorados esses recursos, enquanto se descobrem maneiras de reduzir o impacto ambiental de seu uso. Segundo esses proponentes do caminho rígido, deveria-se (1) deixar a indústria da energia desenvolver os recursos energéticos disponíveis e (2) deixar a indústria, livre das regulamentações governamentais, proporcionar um fornecimento estável de energia com menor dano ambiental total.

O plano energético norte-americano anterior sugerido pelo então presidente George W. Bush era, em grande parte, uma proposta de caminho rígido: descobrir e usar mais carvão, petróleo e gás natural; utilizar mais energia nuclear; e construir mais de 1.000 novas usinas de combustíveis fósseis nos próximos 20 anos. A economia de energia e o desenvolvimento de novas fontes alternativas de energia, ao mesmo tempo em que eram estimuladas, não eram consideradas de importância básica.

A segunda via da política energética se chama **caminho flexível**.[12] Amory Lovins, o cientista que definiu e patrocinou esse caminho flexível, diz que ele envolve alternativas energéticas que enfatizam a qualidade da energia, são renováveis e flexíveis, e são mais benignas para o ambiente do que as do caminho rígido. De acordo com a definição de Lovins, essas alternativas possuem as seguintes características:

- Dependem fortemente de recursos de energia renovável, tais como a luz solar, o vento e a biomassa (madeira e outras matérias vegetais).
- São diversas e adaptadas para a eficiência máxima sob circunstâncias específicas.
- São flexíveis, acessíveis e compreensíveis para muitas pessoas.
- São equivalentes em termos de qualidade da energia, distribuição geográfica e escala para as necessidades de uso final, aumentando a eficiência da segunda lei.

Lovins destaca que as pessoas não estão particularmente interessadas em ter uma determinada quantidade de petróleo, gás ou eletricidade entregue em suas casas; ao contrário, estão interessadas em possuir residências confortáveis, iluminação adequada, comida na mesa e energia para o transporte.[12] Segundo Lovins, apenas cerca de 5% dos usos finais requerem energia de alta qualidade como a eletricidade. Todavia, muita eletricidade é utilizada para aquecer as casas e a água. Lovins mostra que há um desequilíbrio entre o uso de reações nucleares em temperaturas extremamente elevadas e a queima de combustíveis fósseis em altas temperaturas simplesmente para satisfazer necessidades onde o aumento de temperatura necessário pode ser de apenas décimos de grau. Tais discrepâncias grandes são consideradas um desperdício e má alocação de energia de alta qualidade.

Energia para o Futuro

A disponibilidade dos estoques de energia e a demanda futura pela mesma são de difícil previsão porque os pressupostos técnicos, econômicos, políticos e sociais subjacentes às previsões estão constantemente se transformando. Além disso, as variações sazonais e regionais no consumo de energia também devem ser consideradas. Por exemplo, nas áreas com invernos frios e verões quentes e úmidos, o consumo de energia atinge o pico durante os meses de inverno, com um pico secundário no verão (o primeiro resultante do aquecimento e o último proveniente do uso de aparelhos de ar condicionado). As variações regionais nas fontes e no consumo de energia são significativas. Por exemplo, nos Estados Unidos como um todo, o setor de transportes utiliza cerca de um quarto da energia consumida. Entretanto, na Califórnia, onde as pessoas percorrem quase sempre longas distâncias até o trabalho, cerca de metade da energia é usada no transporte, ou seja, mais do que o dobro da média nacional. As fontes de energia também variam de acordo com a região. Por exemplo, no leste e no sul dos Estados Unidos, o combustível preferido das usinas é quase sempre o carvão, mas na costa oeste, as usinas tendem mais a queimar petróleo ou gás natural, ou a utilizar hidrelétricas em represas para gerar eletricidade.

As mudanças futuras nas densidades populacionais, como também as medidas de conservação intensivas, provavelmente transformarão os padrões existentes de utilização de energia. Isso pode envolver uma mudança para a maior dependência das fontes alternativas (particularmente as renováveis) de energia. Uma previsão em 1991 foi de que o consumo de energia nos Estados Unidos para o ano de 2030 poderia ser tão alto quanto 120 exajoules ou tão baixo quanto 60 exajoules (Figura 17.8, cenários A e C). O valor mais alto pressupõe pequenas mudanças nas políticas energéticas, enquanto o valor baixo pressupõe a implementação de políticas agressivas de conservação de energia. Desde 1990, os EUA se mantiveram em grande parte no caminho rígido. Salvo uma nova política energética que obrigue a conservação, o consumo continuará a crescer no futuro (cenário A na Figura 17.8). Até 2006, ainda estarão no caminho de crescimento do cenário A.

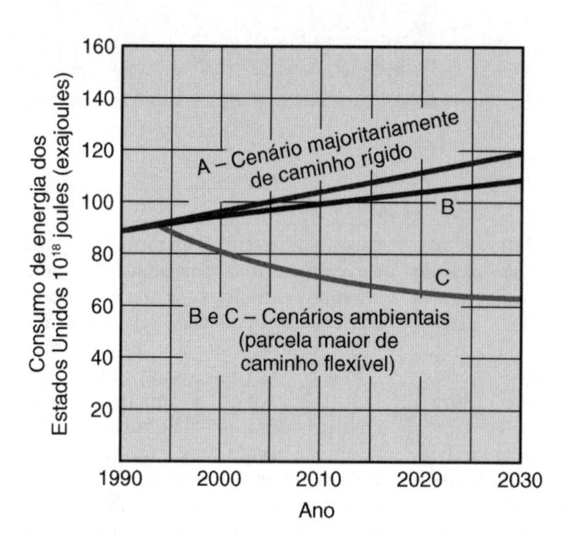

Figura 17.8 ■ Dois cenários possíveis futuros para os Estados Unidos. (*Fonte:* Modificado de Union of Concerned Scientists, 2001.) O cenário C a partir de 1991 foi excessivamente otimista. O cenário B é possível com a conservação intensiva.

Para traçar um cenário ambiental que também estabilizasse o clima em termos de aquecimento global, o uso de energia a partir de combustíveis fósseis teria que ser cortado em cerca de 50%. Uma razão para uma grande redução no uso de combustíveis fósseis não ocorrer tão rápido é que alguns políticos ainda não estão convencidos de que ocorrerá um aquecimento global significativo, resultante da queima de combustíveis fósseis. (O aquecimento global é discutido longamente no Capítulo 23.)

Ao longo dos últimos 30 anos, os cenários energéticos superestimaram consistentemente os padrões energéticos do futuro. Parece improvável que o consumo de energia, nos Estados Unidos, no ano 2030, venha a ser tão baixo quanto 60 exajoules e, também, é improvável que chegue aos 120 exajoules.

Os cenários de baixo consumo de energia para o futuro geralmente presumem uma diminuição moderada no consumo de energia, acompanhada por uma mudança na dependência dos EUA aos combustíveis fósseis para tecnologias de recursos energéticos alternativos e renováveis. As diminuições do uso da energia não precisam estar associadas com uma baixa qualidade de vida. Por exemplo, o Japão — e algumas nações ocidentais com padrões de vida tão elevados ou maiores do que os dos Estados Unidos — consome, significativamente, menos energia por pessoa do que os Estados Unidos. É necessário uma maior economia e uma utilização mais eficiente da energia, incluindo:[7]

- Planejamento mais eficiente do uso do solo em termos de consumo de energia que maximize a acessibilidade dos serviços e minimize a necessidade de transporte.
- Práticas agrícolas e escolhas pessoais que enfatizem (1) consumir mais alimentos cultivados localmente e, assim, reduzir o uso de energia para o transporte de produtos agrícolas e (2) consumir mais alimentos como legumes, grãos e cereais. Esses alimentos exigem menos energia total para serem produzidos do que a carne, o frango e o porco quando as culturas são mantidas para alimentar esses animais.
- Orientações industriais para as fábricas promovendo a economia de energia e minimizando a produção de resíduos.

Todas as projeções de fontes específicas de uso da energia no futuro devem ser consideradas especulativas. Talvez a mais especulativa de todas seja a ideia de que os EUA realmente possam satisfazer a maior parte das suas necessidades energéticas com fontes alternativas de energia renováveis, nas próximas décadas. De um ponto de vista energético, os próximos 20 a 30 anos, na medida em que caminhem para a produção máxima de petróleo, serão cruciais para os Estados Unidos e o resto do mundo industrializado.

A passagem do uso da energia de um caminho mais rígido para um mais flexível tem uma história longa, como se pode perceber pelo exemplo das antigas culturas, grega e romana. Na parte final do século XX, os Estados Unidos sofreram um choque devido à escassez de petróleo em 1973. Longas filas nas bombas de gasolina provocaram ansiedade em relação ao suprimento de energia e ao estilo de vida que depende de petróleo em abundância. O choque do petróleo de 1973 semeou nova pesquisa e desenvolvimento de fontes alternativas de energia. Também foi o ímpeto para o governo fornecer incentivos financeiros para a utilização de energia solar, eólica e outras fontes alternativas de energia. Porém, com a retorno do petróleo abundante e barato nos anos 1980, houve muito menos apoio governamental para a energia alternativa. Durante esse período, a China, com um quinto da população mundial, continuou a desenvolver a sua grande indústria emergente, queimando imensas quantidades de carvão. Hoje, os países industrializados do mundo estão ainda mais dependentes do petróleo importado do que nos anos 1970. A escassez e os preços mais elevados desse combustível são inevitáveis. Uma maneira de reduzir o consumo de petróleo poderia ser o estabelecimento de novos impostos sobre a energia (ver Questão para Reflexão Crítica, Capítulo 18).

As decisões que se tomarem a respeito da energia em um futuro bem próximo afetarão bastante o padrão e a qualidade de vida norte-americana. A partir de um ponto de vista otimista, existem informações e tecnologia necessária para assegurar um futuro brilhante, quente, iluminado e móvel — mas o tempo pode estar se esgotando e é preciso agir agora. Pode-se deixar as coisas como estão e conviver com os resultados da dependência atual dos combustíveis fósseis. Ou pode-se optar por construir um futuro de energia sustentável, baseado no planejamento cuidadoso, no pensamento inovador e em uma disposição para que os EUA saia da dependência do petróleo.

Gestão Sustentável e Integrada de Energia

O conceito de **gerenciamento energético integrado** reconhece que nenhuma fonte de energia sozinha pode fornecer toda a energia demandada pelos vários países do mundo.[13] Terá que ser empregada uma gama de opções que variam de região para região. Além do mais, a combinação de tecnologias e de fontes de energia envolverá tanto os combustíveis fósseis quanto as fontes alternativas e renováveis.

Um objetivo básico da gestão integrada de energia é seguir na direção do **desenvolvimento de energia sustentável** que é implementado em nível local. O desenvolvimento de energia sustentável possuiria as seguintes características:

- Proporcionaria fontes confiáveis de energia.
- Não provocaria destruição ou prejuízo grave aos ambientes global, regional ou local.
- Ajudaria a garantir que as futuras gerações herdem um ambiente de qualidade com uma parcela equitativa dos recursos do planeta.

Para implementar o desenvolvimento sustentável de energia, os líderes das várias regiões do mundo precisarão implementar

DETALHAMENTO **17.2**

Microusinas de Energia

É provável que a gestão sustentável da energia venha a incluir o conceito emergente de **microusinas de energia** — sistemas distribuídos menores para a geração de eletricidade. Esses sistemas não são novos. O inventor Thomas Edison obviamente previu que os sistemas de geração de eletricidade seriam dispersos; no final de 1890, muitas pequenas companhias de eletricidade estavam comercializando e construindo usinas, não raro localizadas nos porões das lojas e fábricas. Essas primeiras usinas usavam evidentemente os princípios de cogeração, uma vez que o calor residual era reutilizado para aquecer os prédios.[16] Imagine se os EUA tivessem seguido esse modelo inicial: as residências teriam sua própria geração de energia, as linhas de transmissão não estariam serpenteando pelas vizinhanças e poder-se-ia substituir os sistemas mais velhos e menos eficientes, como fizeram com os refrigeradores.

Ao contrário, no século XX as usinas de geração de eletricidade nos Estados Unidos ficaram maiores. Nos anos 1930, os países em industrialização criaram sistemas de fornecimento público baseados em grandes usinas centrais, como se encontra diagramado na Figura 17.9*a*. Hoje, porém, se está avaliando novamente os méritos dos sistemas distribuídos de energia, como mostra a Figura 17.9*b*.

As usinas grandes e centralizadas são coerentes com o caminho rígido, enquanto o sistema distribuído de energia está mais alinhado com o caminho flexível. Os dispositivos de microusinas de energia se baseiam fortemente em fontes renováveis de energia, tais como os ventos e a luz solar, que alimentam o sistema de rede elétrica exibido na Figura 17.9*b*. O uso de sistemas de microusinas no futuro está sendo estimulado porque são confiáveis e estão associados a menos prejuízos ambientais do que as grandes usinas termelétricas que queimam combustíveis fósseis.[16]

Os usos da microusinas estão emergindo tanto nos países desenvolvidos, quanto nos países em desenvolvimento. Nos países que carecem de uma capacidade de geração de energia centralizada, a geração de energia elétrica em pequena escala a partir do sol e dos ventos se tornou a opção mais econômica. Nas nações com um alto grau de industrialização, as microusinas podem emergir como um substituto potencial para as antigas usinas de geração de energia elétrica. Para que a microusina seja um fator significante na produção de energia, será necessária uma mudança nas políticas e nas regulamentações a fim de permitir que os dispositivos de microusinas sejam mais competitivos com a geração centralizada de energia elétrica. Independentemente dos obstáculos que os dispositivos de microusinas enfrentem, os sistemas distribuídos de energia, provavelmente, exercerão um papel importante no alcance da meta norte-americana de gestão sustentável e integrada da energia no futuro.

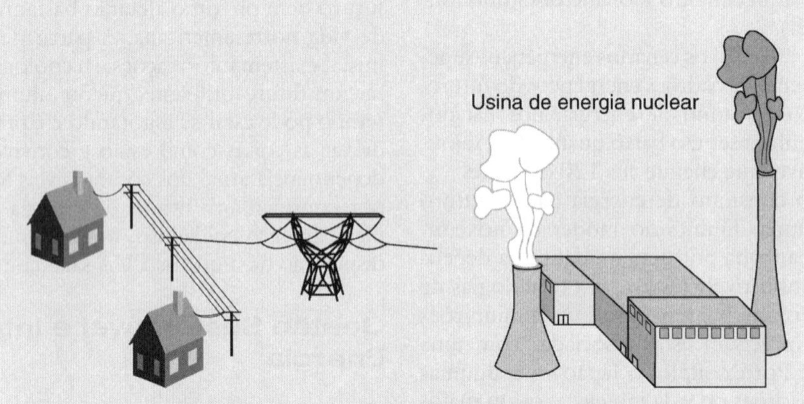

(*a*) Usina de energia central, combustível fóssil ou nuclear

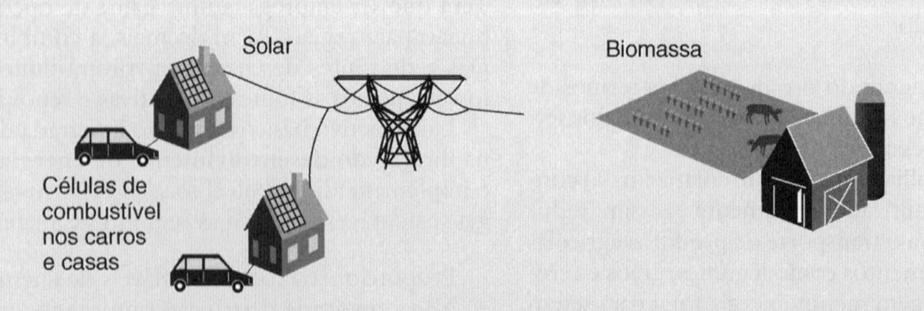

(*b*) Sistemas distribuídos de energia, solar, célula de combustível, eólica ou biomassa

Figura 17.9 ■ Diagrama idealizado comparando (*a*) um sistema energético centralizado, tais como os que são utilizados hoje nos países industriais desenvolvidos, com (*b*) um sistema energético distribuído, baseado na geração da eletricidade a partir da biomassa, eólica, solar e outras fontes, todas alimentadas no sistema de transmissão e distribuição. (*Fonte*: Modificado de S. Dunn, *Micropower, the Next Electrical Era*, Worldwatch Paper 151 [Washington, D.C.: Worldwatch Institute, 2000].)

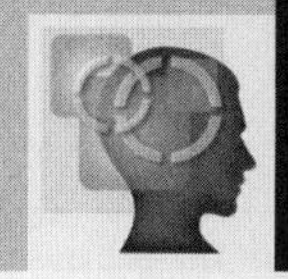

QUESTÕES PARA REFLEXÃO CRÍTICA

Há Energia Suficiente para Ser Utilizada?

Os países em desenvolvimento concentram a maior parte da população mundial (cerca de 5 bilhões dos 6 bilhões de pessoas) e um crescimento populacional mais veloz que o dos países desenvolvidos. A taxa média de utilização de energia dos indivíduos nos países em desenvolvimento é de 1,0 kW, enquanto a das pessoas nos países desenvolvidos é de 7,5 kW. Se for mantida a atual taxa de crescimento anual de 1,3%, a população mundial dobrará em 54 anos para 12 bilhões de pessoas. Mais pessoas significarão maior consumo de energia. Além disso, as pessoas nos países em desenvolvimento, provavelmente, consumirão mais energia *per capita* se pretenderem alcançar um padrão de vida mais elevado.

Com uma taxa média mundial de consumo de energia de 2,6 kW por pessoa, os 6 bilhões de pessoas do planeta consomem, anualmente, cerca de 16 trilhões de watts. Uma população de 12 bilhões com uma taxa média de consumo de energia *per capita* de 6,0 kW usaria cerca de cinco vezes a quantidade atual. O mundo pode suportar esse consumo de energia?

John Holdren, um especialista em energia, acredita que uma meta realista é que o consumo de energia anual *per capita* alcance 3 kW, com a população mundial chegando a 10 bilhões de indivíduos no ano 2100. Para atingir a meta, as nações em desenvolvimento podem aumentar as suas populações em não mais de 60% e o seu consumo de energia em não mais de 100%; as nações desenvolvidas podem aumentar a sua população em apenas 10% e terão que reduzir o seu consumo de energia em 2% a cada ano.

Perguntas para Reflexão Crítica

1. Qual seria a taxa de consumo de energia se as metas de Holdren se realizassem? Qual seria o total de energia necessário para que todas as pessoas no planeta tivessem um padrão de vida suportado por 7,5 kW por pessoa? Como esses totais se comparam com a atual taxa mundial de consumo de energia?

2. De que maneiras específicas a energia poderia ser utilizada mais eficientemente nos Estados Unidos? Compare a sua lista com a de seus colegas e compile uma lista da classe.

3. Além de aumentar a eficiência, que outras mudanças no consumo de energia poderiam ser necessárias para proporcionar uma taxa média de consumo de 7,5 kW por pessoa ou de 3,0 kW por pessoa no futuro?

4. Você consideraria a visão de Holdren sobre o futuro da energia um exemplo de caminho rígido ou flexível? Justifique.

planos energéticos com base nas condições locais e regionais. Os planos integrarão as fontes de energia mais apropriadas para uma determinada região, com potencial para economia, eficiência e com os usos finais desejados para essa energia. Tais planos reconhecerão que a preservação dos recursos pode ser rentável e que a degradação do ambiente juntamente com as más condições econômicas andam de mãos dadas.[14] Em outras palavras, a degradação do ar, da água e dos recursos da terra resultam no esgotamento dos ativos que, no fim das contas, diminuirão tanto o padrão quanto a qualidade de vida.

Um bom plano energético faz parte de uma política ambiental agressiva com o objetivo de produzir um ambiente de qualidade para as gerações futuras. Um bom plano deveria fazer o seguinte:[14]

- Proporcionar o desenvolvimento energético sustentável.
- Proporcionar massivamente eficiência e conservação de energia.
- Proporcionar a diversidade e a integração das fontes de energia.
- Proporcionar um equilíbrio entre a saúde econômica e a qualidade ambiental.
- Usar as eficiências da segunda lei como uma ferramenta de política energética (ou seja, esforçar-se para produzir um bom equilíbrio entre a qualidade da energia e seus usos finais).

Um plano como esse reconhece que as demandas por energia podem ser satisfeitas de formas ambientalmente preferíveis. Um elemento importante do plano envolve a energia utilizada pelos automóveis. Isso se constrói sobre as políticas dos últimos 30 anos para desenvolver motores híbridos, que são parcialmente elétricos e parcialmente à combustão interna, e aprimorar a tecnologia de combustível para reduzir tanto o consumo, quanto a emissão de poluentes do ar. Por fim, o plano deve influir no mercado por meio da determinação do preço que reflita o custo econômico de usar o combustível, bem como o seu custo para o ambiente. Em resumo, o plano deve ser uma declaração de gestão integrada da energia que siga na direção do desenvolvimento sustentável. Aqueles que desenvolvem tais planos reconhecem que a diversidade dos suprimentos de energia será necessária e que os componentes-chave são (1) as melhorias na eficiência e conservação da energia e (2) a equiparação da qualidade da energia com os usos finais.[14]

O padrão global de consumo de energia sempre crescente, liderado pelos Estados Unidos e outras nações, não pode ser sustentado sem um novo paradigma de energia que inclua transformações nos valores humanos, e não só um avanço na tecnologia. Optar por automóveis mais leves e com consumo de combustível mais baixo e viver em casas que consumam menos energia é coerente com um sistema energético sustentável, que se concentra em como fornecer e utilizar a energia para a melhoria do bem-estar humano. Um paradigma de energia sustentável estabelece e mantém múltiplas ligações entre a geração da energia, o consumo da energia, o bem-estar humano e a qualidade ambiental.[15] Ele também poderia envolver o uso da geração mais distribuída da energia (ver o Detalhamento 17.2).

RESUMO

- A Primeira Lei da Termodinâmica afirma que a energia não é criada nem destruída, mas é sempre conservada e transformada de uma forma para outra. Utiliza-se a primeira lei para acompanhar a quantidade de energia.
- A Segunda Lei da Termodinâmica diz que, na medida em que a energia é utilizada, ela sempre se transforma de uma forma mais utilizável (qualidade mais alta) para uma forma menos utilizável (qualidade mais baixa).
- Dois tipos fundamentais de eficiência energética derivam da primeira e da segunda lei da termodinâmica. Nos Estados Unidos, hoje as eficiências da primeira lei têm uma média de 50%, significando que cerca de 50% da energia gerada é devolvida ao ambiente como calor residual. As eficiências da segunda lei têm uma média de 10–15%, então há um alto potencial para poupar energia por meio de melhor compatibilização da qualidade das fontes de energia com seus usos finais.
- A conservação e as melhorias na eficiência da energia podem ter efeitos significativos no consumo de energia. São necessárias três unidades de um combustível como o petróleo para produzir uma unidade de eletricidade. Como resultado, cada unidade de eletricidade conservada ou poupada através da maior eficiência poupa três unidades de combustível.
- Existem argumentos para ambos os caminhos rígido e flexível. O primeiro tem uma longa história de sucesso e produziu o mais alto padrão de vida jamais experimentado. No entanto, as fontes atuais de energia estão provocando a degradação ambiental grave e não são sustentáveis. As fontes alternativas de energia do caminho flexível são renováveis, descentralizadas, diversas e flexíveis; proporcionam uma melhor adequação entre a qualidade da energia e o uso final; e enfatizam as eficiências da segunda lei.
- O gerenciamento sustentável e integrado da energia é necessário para fazer a transição dos combustíveis fósseis para outras fontes de energia. A meta é prover fontes de energia confiáveis que não causem prejuízos graves ao ambiente e garantir que as futuras gerações herdem um ambiente de qualidade.

REVISÃO DE TEMAS E PROBLEMAS

Os países industrializados e urbanizados do mundo geram e utilizam a maior parte da energia mundial. Na medida em que as sociedades se transformam de rurais para urbanas, geralmente as demandas por energia aumentam. Controlar o aumento da população humana é um fator importante na redução da demanda total por energia (demanda total é o produto da demanda média por pessoa e do número de pessoas).

Será impossível alcançar a sustentabilidade nos Estados Unidos caso persistam as políticas energéticas atuais. O uso atual dos combustíveis fósseis não é sustentável. É necessário repensar as fontes, os usos e a gestão da energia. A sustentabilidade é uma questão central em nossa decisão de continuar no caminho rígido ou mudar para o caminho flexível.

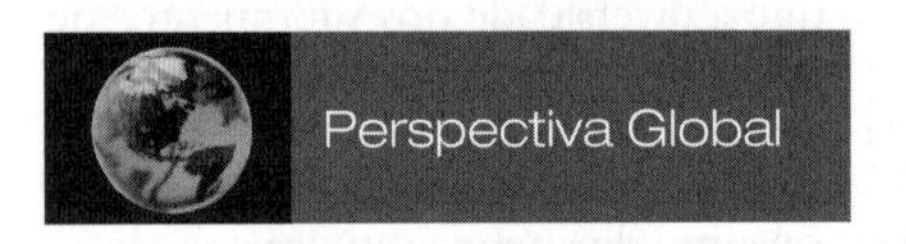

É importante compreender as tendências de geração e o consumo de energia no nível global caso se pretenda solucionar diretamente o impacto global da queima de combustíveis fósseis nos problemas de poluição do ar e aquecimento global. Além do mais, o uso dos recursos energéticos influencia bastante a economia global na medida em que esses recursos são transportados e utilizados em todo o mundo.

Uma grande parcela da demanda total de energia está nas regiões urbanas, tais como Tóquio, Beijing, Londres, Nova York e Los Angeles. A forma que se escolhe para controlar a energia nas regiões urbanas afeta profundamente a qualidade dos ambientes urbanos. A queima de combustíveis mais limpos resulta em poluição do ar muito menor. Isto tem sido observado em várias regiões urbanas, como em Londres. A queima de carvão em Londres já provocou uma poluição mortal do ar. Hoje, o gás natural e a eletricidade aquecem as residências e o ar é mais limpo. A queima de carvão em Beijing continua a provocar a poluição significativa do ar e problemas de saúde para milhões de pessoas que vivem lá.

No desenvolvimento e utilização de energia, os EUA estão mudando a natureza de algumas maneiras significativas. Por exemplo, a queima de combustíveis fósseis está alterando a composição da atmosfera, particularmente pela adição de dióxido de carbono. O dióxido de carbono está contribuindo para aquecer a atmosfera, a água e a terra (ver detalhes no Capítulo 23). Um planeta mais quente, por sua vez, está transformando o clima das regiões da Terra, os padrões do tempo e a intensidade das tempestades. O aquecimento está fazendo com que alguns insetos, como os mosquitos, se desloquem para os ambientes antes mais frescos, alterando os padrões das doenças transmitidas por mosquitos, tais como a malária e outras febres.

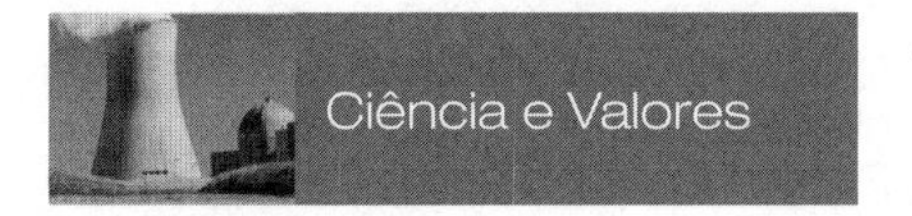

As pesquisas de opinião pública mostram consistentemente que as pessoas valorizam um ambiente de qualidade. Em resposta, os planejadores do setor energético estão avaliando como fazer um uso mais eficiente dos recursos energéticos atuais, praticar a conservação da energia e diminuir os efeitos ambientais adversos do consumo de energia. A ciência está fornecendo opções em termos de fontes e usos da energia; as escolhas que se fazem refletirão os valores.

TERMOS-CHAVE

caminho flexível
caminho rígido
cogeração
conservação
desenvolvimento de energia sustentável
eficiência da primeira lei
eficiência da segunda lei
eficiência energética
gerenciamento energético integrado
microusinas de energia
Primeira Lei da Termodinâmica
Segunda Lei da Termodinâmica
trabalho

QUESTÕES PARA ESTUDO

1. Que evidência apoia a noção de que apesar dos atuais problemas energéticos não serem os primeiros na história humana eles são únicos de outras maneiras?
2. Qual é a diferença de significado dos termos *energia*, *trabalho* e *potência*?
3. Compare e contraste as potenciais vantagens e desvantagens de uma grande mudança do desenvolvimento da energia do caminho rígido para o caminho flexível.
4. Você acaba de comprar uma ilha arborizada com 100 hectares em Puget Sound. Sua casa não possui isolamento e foi construída com madeira crua. Apesar de essa ilha receber um pouco de vento, as árvores com mais de 40 m de altura bloqueiam a maior parte dele. Você possui um gerador movido a diesel para produzir energia elétrica e a água quente é obtida através de um aquecedor elétrico mantido pelo gerador. O petróleo e o gás podem ser trazidos de barco. Que medidas você adotaria nos próximos cinco anos para diminuir o custo da energia que você usa com o menor dano ao ambiente natural da ilha?
5. Como a melhor adequação dos usos finais com as potenciais fontes resultaria em melhorias na eficiência energética?
6. Conclua uma auditoria da energia da edificação em que você mora e desenvolva recomendações que poderiam reduzir as contas de serviços públicos.
7. Como os planos que usam o conceito de gerenciamento energético integrado poderiam diferir entre as áreas de Los Angeles e da cidade de Nova York? Como esses dois planos poderiam diferir de um plano energético para a Cidade do México, que está se tornando rapidamente uma das maiores áreas urbanas do mundo?
8. Um cenário energético recente para os Estados Unidos sugere que nas próximas décadas as fontes de energia podem ser o gás natural (10%), a energia solar (30%), a hidrelétrica (20%), a eólica (20%), a biomassa (10%) e a geotérmica (10%). Você acha que este é um cenário provável? Quais seriam as maiores dificuldades e pontos de resistência ou controvérsia?

LEITURAS COMPLEMENTARES

Berger, J. J. 2000. *Beating the Heat.* Berkeley, Calif.: Berkeley Hills Books. Excelente panorama geral sobre todos os aspectos da energia e como eles se relacionam com o aquecimento global. Discute como se pode reduzir ou eliminar o aquecimento como uma ameaça ambiental.

Boyle, G., B. Everett e J. Ramage. 2003. *Energy Systems and Sustainability.* Oxford, UK: Oxford University Press. Um resumo excelente das fontes de energia, usos, consumo e sustentabilidade.

Fay, J. A. e D. S. Golomb. 2002. *Energy and the Environment.* New York: Oxford University Press. Um tratamento quantitativo dos princípios básicos da energia.

Lovins, A. B. 1979. *Soft Energy Path: Towards a Durable Peace.* New York: Harper & Row. Um livro interessante que apresenta o argumento para o caminho flexível. Sua mensagem é mais importante hoje do que quando foi escrito.

United Nations Development Program. 2000. *Energy and the Challenge of Sustainability.* New York: United Nations Development Program. Uma boa apresentação das fontes de energia e do desenvolvimento sustentável.

Capítulo 18

Os Combustíveis Fósseis e o Meio Ambiente

O petróleo é hoje o combustível mais importante, e trabalhar nos campos petrolíferos nunca foi fácil.

OBJETIVOS DE APRENDIZADO

A humanidade depende quase que completamente dos combustíveis fósseis (petróleo, gás natural e carvão) para atender suas necessidades energéticas. Entretanto, essas fontes não são renováveis e a sua produção e utilização provocam vários impactos ambientais graves. Após a leitura deste capítulo, deve-se saber:

- Por que podem ocorrer, nos EUA, problemas de abastecimento graves e sem precedentes com o petróleo e a gasolina nos próximos 20 a 50 anos.
- Como se formam o petróleo, o gás natural e o carvão.
- Quais são os efeitos ambientais da extração e da utilização do petróleo, gás natural e do carvão.

ESTUDO DE CASO

Pico do Petróleo: Mito ou Realidade?

As pessoas nos países mais ricos prosperaram e viveram mais, durante o século passado, em consequência da energia abundante e de baixo custo na forma de petróleo cru. Os benefícios do petróleo são inegáveis, mas os potenciais problemas também o são: desde a poluição do ar e da água até o aquecimento global. Em todo caso, estamos prestes a aprender como será a vida com o petróleo mais escasso e mais caro. A questão não é mais se o pico de extração ocorrerá, porém quando acontecerá e quais serão as consequências econômicas e políticas para a sociedade.[1] O pico de extração do petróleo, ou **pico do petróleo**, é o momento em que a metade do petróleo do planeta terá sido explorada.

A história global do petróleo, em termos de taxa de descobrimento e de consumo, é exibida na Figura 18.1. Observe que, em 1940, descobriu-se cinco vezes mais petróleo do que se consumiu; em 1980, a quantidade descoberta se igualou à quantidade consumida; e no ano 2000, o consumo de petróleo foi três vezes superior à quantidade descoberta. Obviamente, a tendência não é sustentável. O petróleo está sendo consumido rapidamente em relação aos novos recursos que estão sendo descobertos.

O conceito de pico de extração do petróleo está mostrado na Figura 18.2. Não há certeza de qual será o pico de extração, mas supõe-se que seja algo em torno de 40–50 bilhões de barris por ano e que esse pico será atingido em algum momento entre 2020 e 2050. Em 2004, a taxa de crescimento da extração do petróleo foi de 3,4%. Ultrapassar a taxa de extração atual, que está em torno de 31 bilhões de barris por ano (85 milhões de barris por dia), para 50 bilhões de barris por ano, em poucas décadas, é uma estimativa otimista que pode não se concretizar. Alguns executivos de empresas de petróleo acreditam que será difícil atingir os 40 bilhões de barris por ano. Nos últimos anos, a extração se estabilizou em 30 bilhões de barris por ano, levando-se a acreditar que o pico do petróleo está próximo.[3] Quando ocorre um pico de produção combinado com o aumento da demanda, surge uma lacuna entre a produção e a demanda. Se a demanda

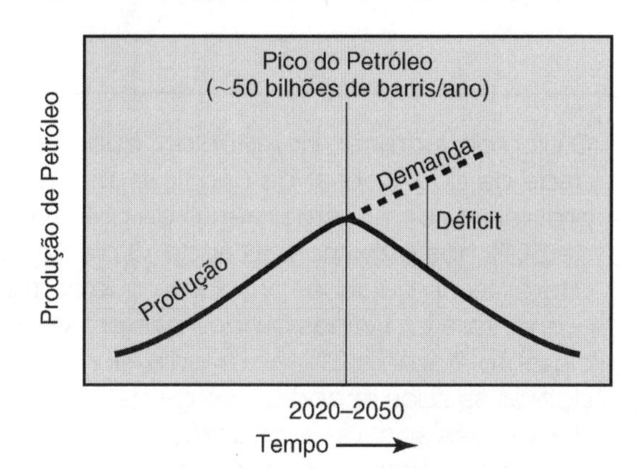

Figura 18.2 ■ Diagrama idealizado da produção mundial de petróleo e do pico em 2020 a 2050. Quando a produção não consegue satisfazer a demanda, surge a escassez.

exceder a oferta, o preço aumentará, como ocorreu em 2008. O preço de um barril de petróleo dobrou desde 2007 até meados de 2008 e o preço de um galão de gasolina, nos Estados Unidos, se aproximou de 5 dólares (Figura 18.3), o que provocou muita ansiedade e preocupação nos consumidores. Nos últimos meses de 2008, o preço do petróleo diminuiu mais de 50% em relação ao seu início mais elevado e os preços da gasolina caíram para menos de 2 dólares o galão. A instabilidade do preço do petróleo e da gasolina nos primeiros anos do século XXI reflete a incerteza do abastecimento relacionada às guerras e aos processos de refino/distribuição.

Agora, o mundo possui pouco tempo para se preparar para o futuro pico do petróleo e para utilizar os combustíveis fósseis, que se tem ao longo do tempo de transição, para outras fontes de energia. Se as pessoas não estiverem preparadas para o pico do petróleo, então haverá, provavelmente, perturbações na sociedade. No melhor cenário, a transição do petróleo não ocorrerá até que se tenham alternativas

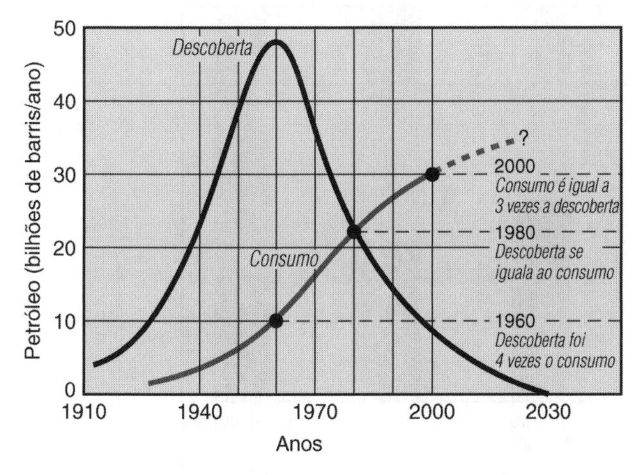

Figura 18.1 ■ A descoberta de petróleo atingiu seu pico em 1960 e o consumo ultrapassou as descobertas em 1980. Modificado de K. Aleklett, "Oil: A Bumpy Road Ahead", *World Watch 19:1* (2006):10–12.

Figura 18.3 ■ Posto de gasolina.

disponíveis a um custo competitivo.[2] As alternativas para os combustíveis líquidos incluem a conservação (utilizar menor quantidade); a produção de quantidades maciças de biocombustível a partir do milho, cana-de-açúcar e de outras culturas; a transformação das vastas reservas de carvão norte-americanas em combustível líquido; e o desenvolvimento de outras fontes convencionais de petróleo, incluindo as areias betuminosas e o xisto betuminoso. Com exceção da conservação, todas as demais alternativas trazem consequências ambientais potencialmente significativas. Retorna-se ao conceito de pico da extração do petróleo com um exercício em Questão para Reflexão Crítica ao final deste capítulo.

O pico de extração do petróleo, que está cada vez mais próximo, é um alerta para a sociedade de que, apesar de não ficar sem petróleo, ele se tornará muito mais caro. Haverá problemas de abastecimento de petróleo na medida em que a demanda aumentar em cerca de 50% nos próximos 30 anos. O pico de extração mundial do petróleo, quando ocorrer, será diferente de qualquer problema que se tenha enfrentado no passado. A população humana aumentará em vários bilhões nas próximas décadas e os países com economias em crescimento, como a China e a Índia, aumentarão o seu consumo de petróleo. A China espera dobrar as suas importações de petróleo nos próximos cinco anos! Em virtude disso, as derivações sociais, econômicas e políticas do pico de extração do petróleo serão enormes. Planejar agora para conservar o petróleo e para a transição em direção às fontes alternativas de energia será fundamental nas próximas décadas. Não é possível o mundo abandonar a era do petróleo até que as alternativas estejam firmemente estabelecidas. O restante deste capítulo discutirá os vários combustíveis fósseis e suas aplicações.

18.1 Combustíveis Fósseis

Os **combustíveis fósseis** são formas de energia solar armazenada. As plantas são coletoras de energia solar, porque podem convertê-la em energia química por meio da fotossíntese (veja o Capítulo 5). Os combustíveis fósseis mais importantes que se utilizam hoje foram criados a partir da decomposição biológica incompleta de matéria orgânica morta (composta em sua maioria por plantas terrestres e marinhas). Isso ocorreu quando a matéria orgânica enterrada, que não foi completamente oxidada, foi convertida por reações químicas ao longo de centenas de milhões de anos em petróleo, gás natural e carvão. Processos biológicos e geológicos em várias partes do ciclo geológico produzem rochas sedimentares nas quais se encontram esses combustíveis fósseis.[3,4]

Os principais combustíveis fósseis — petróleo cru, gás natural e carvão — são as fontes primárias de energia; em uma base mundial, eles fornecem aproximadamente 90% da energia consumida (Figura 18.4). Com exceção da Ásia, que utiliza muito carvão, o petróleo e o gás natural fornecem de 70 a 80% da energia primária. Outra exceção é o Oriente Médio, onde o petróleo e o gás fornecem quase a totalidade da energia. Este capítulo concentra-se basicamente nesses principais combustíveis fósseis. Também serão resumidamente discutidos dois outros combustíveis fósseis, o xisto betuminoso e as areias betuminosas, que podem se tornar cada vez mais importantes, na medida em que, as reservas de petróleo, gás natural e carvão se esgotarem.

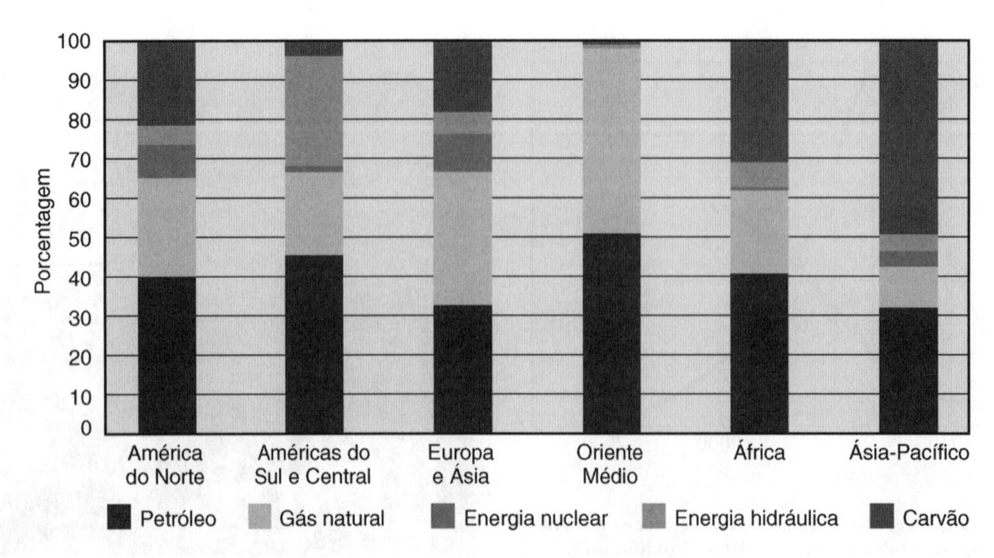

Figura 18.4 ■ Consumo mundial de energia, pelas fontes primárias, em 2006. (*Fonte:* Modificado de British Petroleum Company, *BP Statistical Review of World Energy* [London: British Petroleum Company, 2007].)

18.2 Petróleo Cru e Gás Natural

A maioria dos geólogos acredita na hipótese de que o **petróleo cru** (petróleo) e o **gás natural** são derivados de materiais orgânicos (na maior parte plantas) que foram enterrados com sedimentos marinhos ou sedimentos de lagos conhecidos como bacias sedimentares. O petróleo e o gás natural são encontrados ao longo de zonas tectônicas jovens, nos limites das placas, onde grandes bacias sedimentares têm mais probabilidade de ocorrerem (veja o Capítulo 5). No entanto, há exceções, tais como no Texas, no golfo do México e no mar do Norte, onde foi descoberto petróleo em bacias sedimentares longe dos limites das placas ativas.

O material de origem, ou *rocha de origem*, do petróleo e do gás natural é um sedimento de granulação fina (menos de 1/16 mm de diâmetro) e rico em matéria orgânica, enterrado a uma profundidade de pelo menos 500 m e submetido a pressões e temperaturas elevadas. A temperatura e a pressão elevadas iniciam a transformação química do material orgânico existente no sedimento em petróleo e em gás. A pressão elevada faz com que o sedimento seja comprimido; isso, juntamente com a temperatura elevada na rocha de origem, inicia a migração para cima do petróleo e do gás, que são relativamente leves, para um ambiente de pressão mais baixa (conhecido como *rocha reservatório*). A rocha reservatório tem granulação grossa e é relativamente porosa (possui mais e maiores interstícios ou espaços abertos entre os grãos). O calcário e o arenito poroso, que têm uma proporção relativamente elevada (cerca de 30%) de espaços vazios para armazenar petróleo e gás, são rochas reservatório comuns.

Conforme mencionado, o petróleo e o gás natural são leves; se a sua mobilidade ascendente não for bloqueada, eles escaparão para a atmosfera. Isso explica por que o petróleo e o gás, geralmente, não são encontrados em rochas geologicamente antigas. O petróleo e o gás em rochas com mais de meio bilhão de anos tiveram muito tempo para migrar para a superfície, onde devem ter evaporado ou erodido.[4]

Os campos de petróleo e de gás, dos quais se extraem recursos, são locais onde a migração ascendente natural do petróleo e do gás em direção à superfície é interrompida ou bloqueada pelo que se conhece como *barreiras* (Figura 18.5). A rocha que ajuda a formar as barreiras, conhecida como *rocha capeadora* ou *selante*, normalmente é uma rocha sedimentar de granulação muito fina, como o xisto, composta por partículas de silte e argila. Uma estrutura favorável da rocha, tal como a anticlinal (dobra em forma de arco), é necessária para formar as barreiras, como mostra a Figura 18.5. O conceito importante é o de que, a combinação da estrutura favorável da rocha com a existência de uma rocha capeadora permite que os depósitos de petróleo e gás se acumulem no ambiente geológico, onde depois serão descobertos e extraídos.[4]

Extração do Petróleo

Os poços de extração em um campo petrolífero extraem o petróleo por meio de métodos tanto primários quanto aprimorados. A *extração primária* envolve o simples bombeamento do petróleo dos poços, no entanto, esse método consegue extrair apenas cerca de 25% do petróleo existente no reservatório. Para aumentar a quantidade de petróleo extraído para cerca de 60%, são usados métodos aprimorados. Na extração *aprimorada*, injeta-se água ou produtos químicos no reservatório vapor, tais como o dióxido de carbono ou o gás nitrogênio, para impelir o petróleo para os poços, onde pode ser facilmente extraído por bombeamento.

Depois da água, o petróleo é o líquido mais abundante na parte superior da crosta terrestre. No entanto, a maioria das reservas de petróleo, conhecidas e comprovadas, está localizada em poucos campos. As reservas de petróleo comprovadas são a parte do recurso total que foram identificadas e que, atualmente, podem ser extraídas de forma rentável. Das reservas totais, 62% estão localizadas em 1% dos campos, sendo que os maiores campos estão no Oriente Médio (Figura 18.6*a*). O consumo de petróleo por pessoa é exibido na Figura 18.6*b*. Observe na legenda a utilização de energia na América do Norte. Apesar de novos campos de petróleo e gás natural terem sido recentemente descobertos (e continuarem sendo descobertos) no Alasca, México, América do Sul e em outras regiões do mundo, as reservas mundiais atualmente conhecidas podem se esgotar nas próximas décadas.

O recurso total sempre excede as reservas conhecidas; isto inclui o petróleo que não pode ser extraído de forma rentável e o petróleo do qual se suspeita que esteja presente, mas cuja presença ainda não foi comprovada. Algumas décadas atrás, a quantidade de petróleo que poderia ser extraída foi estimada em cerca de 1,6 trilhão de barris. Hoje, essa estimativa é de pouco mais de 3 trilhões de barris.[5] Os aumentos nas reservas comprovadas de petróleo nas últimas décadas devem-se

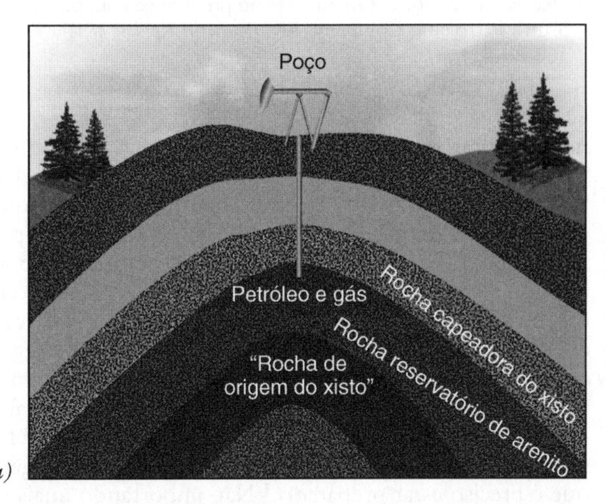

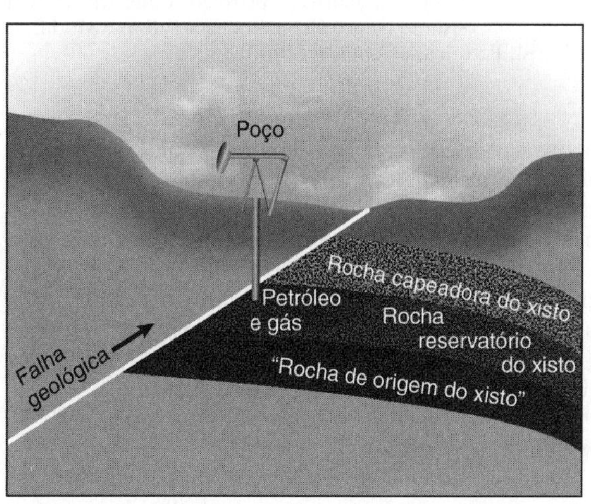

Figura 18.5 ■ Dois tipos de *barreiras* de petróleo e gás: (*a*) anticlinal e (*b*) falha geológica.

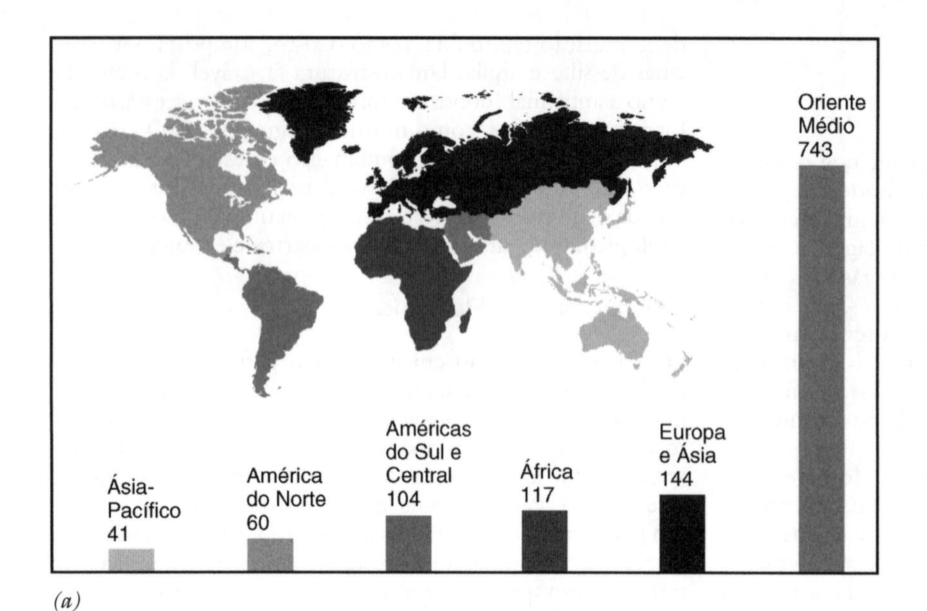

(*a*)

(*b*)

Figura 18.6 ■ (*a*) Reservas mundiais de petróleo comprovadas (bilhões de barris) em 2006. O Oriente Médio predomina com 62% das reservas totais. (*b*) Consumo de petróleo por pessoa. (*Fonte:* Modificado de British Petroleum Company, *BP Statistical Review of World Energy* [London: British Petroleum Company, 2007].)

basicamente às descobertas no Oriente Médio, Venezuela, Cazaquistão e outras regiões.

Como uma parcela tão grande do petróleo se encontra no Oriente Médio, as receitas do petróleo migraram para essa região, resultando em enormes desequilíbrios comerciais. A Tabela 18.1 mostra o grande comércio do petróleo. Os Estados Unidos importam petróleo da Venezuela, Oriente Médio, África, México, Canadá e da Europa. O Japão depende do petróleo do Oriente Médio e da África.

O Petróleo no Século XXI

Estimativas recentes das reservas comprovadas de petróleo indicam que, nas taxas de extração atuais, o petróleo e o gás natural durarão apenas algumas décadas.[6,7] A questão importante, porém, não é quanto tempo o petróleo provavelmente irá durar, nas taxas de extração atual e futura, mas quando ele atingirá o seu pico de extração. Isto é importante porque após o pico de extração haverá menos petróleo disponível, levando à escassez e aos embates de preço. A produção mundial de petróleo, conforme mencionado no estudo de caso de abertura sobre o pico do petróleo, provavelmente chegará ao máximo entre os anos 2020 e 2050, ao longo do tempo de vida de muitas pessoas que estão vivas hoje.[8] Mesmo aqueles que pensam que o pico de extração do petróleo em um futuro próximo é um mito reconhecem que o pico está chegando e que é preciso estar preparado.[2] Não importando quais previsões estejam corretas, há um tempo finito (algumas décadas

Tabela 18.1 Importações e Exportações de Petróleo em 2006

	Milhares de Barris por Dia			
	Importações de Petróleo Cru	*Importações de Derivados*	*Exportações de Petróleo Cru*	*Exportações de Derivados*
EUA	10.096	3.517	54	1.263
Canadá	849	281	1.784	545
México	–	421	1.958	143
Américas do Sul e Central	676	501	2.347	1.334
Europa	10.715	2.746	587	1.586
Ex-União Soviética	–	117	5.515	1.640
Oriente Médio	203	152	17.765	2.439
Norte da África	182	176	2575	651
Oeste da África	58	157	4.548	156
Leste e Sul da África	515	134	224	16
Oceania	504	291	132	86
China	2.928	959	194	283
Japão	4.190	1.011	–	115
Cingapura	1.060	1.167	17	1.219
Outras Regiões da Ásia-Pacífico	6.834	2.121	875	1.506
Não Identificado	–	–	235	769
Total Mundial	**38.810***	**13.751**	**38.810**	**13.751**

Fonte: British Petroleum Company, *BP Statistical Review of World Energy*, 2007.
* A produção mundial total é de aproximadamente 82 milhões de barris por dia.

ou talvez um pouco mais) para o devido ajuste às potenciais mudanças no estilo de vida e nas economias em uma era pós-petróleo.[8] Jamais ficar-se-á totalmente sem petróleo cru, no entanto, a população mundial depende do petróleo para gerar quase 40% de sua energia e a significativa escassez de petróleo causará enormes problemas.[9]

Considere o seguinte argumento de que se está caminhando rumo a uma potencial crise de disponibilidade de petróleo bruto:

- Aproxima-se o momento em que aproximadamente 50% do petróleo cru total disponível nos campos petrolíferos tradicionais será consumido.[8] Estudos recentes sugerem que cerca de 20% de petróleo a mais do previsto alguns anos atrás aguarda para ser descoberto e que há mais petróleo nos campos conhecidos do que antes se pensava. Entretanto, o volume de petróleo novo descoberto e extraído nos campos conhecidos não muda significativamente a data em que a produção mundial atingirá o pico e a produção começará a cair.[7] Este ponto é controverso. Alguns especialistas acreditam que a tecnologia moderna para exploração, perfuração e extração do petróleo garantirá um suprimento adequado de petróleo até um futuro distante.[5]
- As reservas comprovadas estão em torno de 1,2 trilhão de barris.[6] Estima-se que aproximadamente 2 trilhões de barris de petróleo cru possam ser extraídos dos recursos petrolíferos restantes. O consumo mundial hoje está em torno de 31 bilhões de barris por ano (85 milhões de barris por dia). Consome-se rapidamente o que restou.[2]
- Hoje, para cada três barris de petróleo que se consome, apenas se descobre um barril.[9] Em outras palavras, a demanda é quatro vezes superior do que a oferta. Porém, isso pode melhorar no futuro.[5]
- As estimativas que preveem um declínio na produção petrolífera se baseiam na quantidade estimada de petróleo que pode ser extraída (2 trilhões de barris, duas vezes as reservas comprovadas atuais), juntamente com projeções de novas descobertas e taxas de consumo futuras. Conforme mencionado, tem-se estimado que o pico de extração do petróleo cru, cerca de 40 bilhões de barris/ano, ocorrerá entre os anos 2020 e 2050.[1,2,7,9] A produção de 40 bilhões de barris/ano é um aumento em torno de 30% em relação a 2007. Se esse aumento é otimista ou pessimista depende da visão sobre a história pregressa do petróleo, que tem sobrevivido a várias carências previstas ou crenças de que o pico é inevitável, mais cedo ou mais tarde.[1,2] A maioria dos especialistas em petróleo acredita que o pico de extração está a apenas algumas décadas de distância.
- Nos Estados Unidos, espera-se que a produção de petróleo, como hoje se conhece, terminará por volta de 2090. A produção mundial de petróleo em 2100 estará praticamente esgotada.[9]

A análise da Tabela 18.1 sugere que as exportações mundias de petróleo equivalem aproximadamente à metade da produção mundial. Conclui-se que a outra metade é utilizada no próprio país em que é extraído. Um conceito que, talvez, seja tão relevante quanto o pico do petróleo pode ser o momento em que os países exportadores não tenham mais uma quantidade significativa de petróleo para exportar. Isto ocorrerá em diferentes países exportadores em diferentes momentos e, certamente, causará problemas de abastecimento e de demanda globais.

Qual seria uma resposta apropriada para a probabilidade das taxas de extração de petróleo diminuir a partir da metade do século XXI? Primeiro, precisa-se de um programa educacional para informar as pessoas e os governos a respeito do potencial colapso do petróleo cru e das consequências da escassez. Atualmente, muitas pessoas estão se baseando na ignorância ou na negação em face de uma situação potencialmente grave. O planejamento e as ações apropriadas são necessários para evitar confrontos militares (já houve uma guerra pelo petróleo), escassez de alimentos (petróleo utilizado para produzir fertilizantes dos quais a agricultura moderna depende) e perturbações sociais. Antes que ocorra a significativa escassez, é imprescindível desenvolver fontes alternativas de energia, tais como a energia solar e a eólica, e talvez poder contar mais com a energia nuclear. Esta é uma resposta proativa para uma situação potencialmente grave.

Gás Natural

Apenas se começou a séria busca pelo gás natural e a utilização desse recurso em todo o seu potencial. Uma razão para esse lento início está no fato de que o gás natural é transportado basicamente através de gasodutos e só nas últimas décadas eles foram construídos em grande quantidade. Na verdade, até há pouco tempo, o gás natural descoberto junto com o petróleo era simplesmente queimado como resíduo; em alguns casos, esta prática continua.[10]

A estimativa mundial da quantidade de gás natural que se pode extrair está em torno de 165 trilhões de metros cúbicos, o que na atual taxa de consumo deve durar aproximadamente 70 anos.[6] Recentemente, foi descoberta uma quantidade considerável de gás natural nos Estados Unidos e, nos níveis atuais de consumo desse país, espera-se que este recurso dure cerca de 30 anos. Além disso, novos estoques estão sendo descobertos em quantidades surpreendentemente grandes, particularmente em profundidades maiores do que aquelas onde se encontra o petróleo. Estimativas otimistas dos recursos totais sugerem que, nas taxas de consumo atuais, o estoque pode durar aproximadamente 120 anos.[3]

Esta possibilidade tem implicações importantes. O gás natural é considerado um combustível limpo; sua queima produz menos poluentes do que a do petróleo ou do que a do carvão, então ele gera menores problemas ambientais do que os demais combustíveis fósseis. Em virtude disso, ele está sendo considerado um possível combustível de transição dos outros combustíveis fósseis (petróleo e carvão) para a energia solar, eólica e hidrelétrica.

A despeito das novas descobertas e da construção de novos gasodutos, as projeções de longo prazo para um suprimento constante de gás natural são incertas. O estoque é finito e, nas atuais taxas de consumo, é apenas uma questão de tempo até que os recursos se esgotem.

Metano em Camadas de Carvão

O processo responsável pela formação do carvão inclui a decomposição parcial de plantas enterradas pelos sedimentos, que convertem lentamente a matéria orgânica em carvão. Esse processo também produz muito metano (gás natural), que é armazenado dentro do carvão.[11] O metano é armazenado nas superfícies de matéria orgânica no carvão e, como existem grandes superfícies internas nesse mineral, a quantidade de metano para um determinado volume de rocha é aproximadamente sete vezes mais do que poderia ser armazenado nos reservatórios de gás associados ao petróleo. Nos Estados Unidos, a quantidade estimada de metano em camadas de carvão supera 20 trilhões de metros cúbicos, com cerca de 3 trilhões de metros cúbicos que hoje poderiam ser extraídos economicamente, utilizando a tecnologia já existente. Isto equivale a cerca de cinco anos de estoque de metano, nas taxas de consumo atuais, nos Estados Unidos.[12]

Duas áreas dentro dos campos carboníferos desse país que estão produzindo metano são as montanhas Wasatch, em Utah, e a bacia do rio Powder, no Wyoming. A bacia do rio Powder é uma das maiores bacias de carvão do mundo e, atualmente, há uma expansão de energia ocorrendo no Wyoming que produz uma "corrida energética". A tecnologia para extrair o metano da camada de carvão é recente, mas está se desenvolvendo rapidamente. Até o início de 2003, havia aproximadamente 10.000 poços rasos produzindo metano na bacia do rio Powder e, segundo alguns, eventualmente haverá cerca de 100.000 poços. A grande vantagem dos poços de metano da camada de carvão é que eles devem ser perfurados com reduzida profundidade (cerca de 100 m). A perfuração pode ser feita com a tecnologia convencional para poços de água e o custo está em torno de 100.000 dólares por poço, comparado aos vários milhões de dólares por poço de petróleo.[13]

O metano de camadas de carvão é uma fonte de energia promissora que surge em um momento em que os Estados Unidos estão importando grandes quantidades de energia e buscam avaliar uma transição dos combustíveis fósseis para os combustíveis alternativos. Entretanto, há várias preocupações ambientais associadas ao metano de camadas de carvão, incluindo: (1) descarte dos grandes volumes de água produzidos durante a extração do metano; e (2) migração do metano, que pode contaminar o lençol freático ou migrar para as áreas residenciais.

Um benefício importante da queima do metano de camadas de carvão, assim como de outras fontes de metano, é que a combustão produz quantidades menores de dióxido de carbono quando comparado com a queima de carvão ou petróleo. Além do mais, a extração do gás metano, antes da mineração do carvão, reduz a quantidade desse gás que seria lançada na atmosfera. Tanto o metano quanto o dióxido de carbono são gases muito importantes para o efeito estufa e contribuem para o aquecimento global. Porém, como o metano produz muito menos dióxido de carbono, ele é considerado um dos principais combustíveis de transição dos combustíveis fósseis para as fontes alternativas de energia.

O descarte seguro da água salgada produzida no processo de extração do metano (os poços trazem para a superfície uma mistura de metano com rochas subsuperficiais) é uma preocupação ambiental, particularmente no Wyoming. Muitas vezes essa água é reinjetada na subsuperfície, porém, em alguns casos, a água flui para drenos de superfície ou é depositada em lagoas de evaporação.[12] Alguns dos conflitos ambientais ocorrem entre aqueles que produzem o metano a partir de poços e fazendeiros que tentam criar gado no mesmo local. Frequentemente, os fazendeiros não possuem direitos de lavra e, apesar de as empresas de energia poderem pagar taxas pelos poços, os recursos não são suficientes para cobrir os danos resultantes da extração do gás. O problema ocorre quando a água salgada produzida é descartada nos cursos d'água existentes nas proximidades, aumentando a salinidade dos mesmos. Então, os fazendeiros utilizam a água de superfície para irrigar as culturas para o gado e os solos ficam danificados pela água salgada, o que diminui a produtividade da cultura. Embora se argumente que, muitas vezes, a pecuária é uma atividade econômica precária e que os fazendeiros, na verdade, têm sido salvos pelo dinheiro novo proveniente do metano de camadas de carvão, muitos deles se opõem a essa extração sem uma garantia de que as águas salgadas serão descartadas com segurança. Também há preocupação com a sustentabilidade dos recursos hídricos, já que vastas quantidades de água são retiradas dos aquíferos subterrâneos. Em alguns casos, relatou-se que nascentes secaram após a extração de metano da camada de carvão na área.[13] Em outras palavras, a "mineração" do lençol freático para a extração do metano da camada de carvão removerá a água que, talvez, tenha levado centenas de anos para se acumular no ambiente subsuperficial.

Também existe a preocupação com a migração do metano para fora dos locais dos poços, possivelmente para áreas mais urbanas existentes nas proximidades. O problema é que o metano em seu estado natural é inodoro comparado com a variedade malcheirosa utilizada pelas residências, além de ser explosivo. Nos anos 1970, por exemplo, uma área urbana perto de Gallette, no Wyoming, foi evacuada devido ao metano que estava penetrando nas casas proveniente das minas de carvão próximas. Por fim, os poços de metano de camadas de carvão, com seus compressores e outros equipamentos necessários, geram poluição sonora. As pessoas que vivem em um raio de algumas centenas de metros das instalações de extração de metano da camada de carvão relataram uma grave e aflitiva poluição sonora.[13]

Em resumo, o metano da camada de carvão é uma tremenda fonte de energia. Trata-se de um combustível de queima relativamente limpa, mas a sua extração deve ser avaliada e estudada atentamente a fim de minimizar a degradação ambiental.

Hidratos de Metano

Abaixo do solo marinho, a cerca de 1.000 m de profundidade, existem depósitos de **hidratos de metano**, um composto branco parecido com o gelo e constituído por moléculas de gás metano (CH_4), na forma de "gaiolas" moleculares de água congelada. O metano se formou como resultado da digestão microbiana de matéria orgânica nos sedimentos do solo marinho e ficou aprisionado nessas gaiolas de gelo. Os hidratos de metano nos oceanos foram descobertos há mais de 30 anos e estão espalhados pelos oceanos Pacífico e Atlântico. Os hidratos de metano são também encontrados no solo; os primeiros a serem descobertos estavam nas camadas de solo congelado da Sibéria e da América do Norte, onde são conhecidos como gás dos pântanos.[14]

Os hidratos de metano no oceano são encontrados em áreas onde a água profunda e fria do mar proporciona alta pressão e temperaturas baixas. Eles não são estáveis em baixa pressão e temperaturas altas. Nas profundidades com menos de 500 m, os hidratos de metano rapidamente se decompõem e o gás metano é libertado das gaiolas de gelo, movendo-se verticalmente na forma de um fluxo de bolhas de metano (como balões ascendentes de hélio) para a superfície e para a atmosfera.

Em 1998, pesquisadores russos descobriram a liberação dos hidratos de metano na costa da Noruega. Durante a liberação, os cientistas documentaram a emissão de plumas de gás metano com até 500 m de altura a partir de depósitos de hidrato de metano no solo marinho. Parece que tem havido grandes emissões de metano do mar. A evidência física inclui campos de depressões, semelhantes às crateras provocadas por bombardeios, formando "cicatrizes" no fundo do mar, próximas aos depósitos de hidrato de metano. Algumas crateras têm até 30 m de profundidade e 700 m de diâmetro, sugerindo que foram criadas por rápidas, se não explosivas, erupções de metano.

Os hidratos de metano no ambiente marinho são uma potencial fonte de energia, com aproximadamente o dobro da energia de todos os depósitos conhecidos de gás natural, petróleo e de carvão do planeta.[14] Os hidratos de metano se mostram particularmente atraentes para países como o Japão, que dependem exclusivamente do petróleo e do carvão estrangeiros para suprir as suas necessidades de combustíveis fósseis. Infelizmente, a mineração dos hidratos de metano será uma tarefa difícil, pelo menos no futuro próximo. Os hidratos tendem a ser encontrados ao longo das partes mais baixas dos taludes continentais, onde a profundidade da água é quase sempre superior a 1 km. Os depósitos se estendem por mais de algumas centenas de metros nos sedimentos do fundo do oceano. A maioria das plataformas de perfuração não consegue operar com segurança nessas profundidades, logo será um desafio desenvolver um método para extrair e transportar o gás para o continente.

Efeitos Ambientais do Petróleo e do Gás Natural

Não há como escapar do fato de que a extração, o refino e o uso do petróleo — e, em menor grau, do gás natural — causem problemas ambientais bem conhecidos e documentados, tais como poluição do ar e da água, chuva ácida e aquecimento global. Os seres humanos ganharam muitos benefícios decorrentes da energia abundante e barata, mas a um custo para o ambiente global e para a saúde humana.

Extração

A criação de campos de petróleo e de gás envolve a perfuração de poços no solo continental ou abaixo do solo marinho (Figura 18.7). Os possíveis impactos ambientais no solo incluem:

- Uso da terra para construir amortecedores para poços, oleodutos/gasodutos e tanques de armazenagem e para implantar uma rede de estradas e outras instalações de produção.
- Poluição das águas de superfície e do lençol freático a partir de: (1) vazamentos de dutos quebrados ou de tanques contendo petróleo ou outros produtos químicos do campo petrolífero e (2) água salgada (salmoura) trazida para a superfície em grandes volumes com o petróleo. A salmoura é tóxica e pode ser descartada por evaporação em poços revestidos, nos quais podem ocorrer vazamentos. Alternativamente, a salmoura pode ser descartada bombeando-a para o interior do solo por meio de poços profundos de descarte, fora dos campos petrolíferos. Entretanto, os poços de descarte podem provocar a poluição do lençol freático (veja o Capítulo 29).
- Lançamento acidental de poluentes do ar, tais como os hidrocarbonetos e o sulfeto de hidrogênio (um gás tóxico).
- Subsidência do solo (afundamento) à medida que o petróleo e o gás são retirados.
- Perda ou perturbação e danos aos ecossistemas frágeis, tais como as regiões de zonas úmidas ou paisagens singulares. Este é o centro da controvérsia sobre o desenvolvimento dos recursos petrolíferos em ambientes primitivos, tais como o Refúgio Nacional da Vida Selvagem no Ártico, Alasca (veja o Detalhamento 18.1).

Os impactos ambientais associados à extração de petróleo no ambiente marinho incluem:

- Infiltração de petróleo no mar a partir das operações normais ou de grandes derramamentos acidentais, tais como explosões ou rupturas de tubulações.

(a)

(b)

Figura 18.7 ■ Perfurando petróleo (*a*) no deserto do Saara, na Argélia, e (*b*) óleo e gás, no oceano Pacífico.

- Liberação de lamas de perfuração (líquidos pesados injetados no furo durante o processo de perfuração para mantê-lo aberto) contendo metais pesados, como o bário, que pode ser tóxico para a vida marinha.
- Degradação estética resultante da presença das plataformas de perfuração de petróleo próximas à costa, que para alguns são feias.

Refino

O refino do petróleo e a sua transformação em produtos também geram impactos ambientais. Nas refinarias, o petróleo cru é aquecido de forma que os seus componentes possam ser separados e coletados (esse processo é chamado de *destilação fracionada* ou craqueamento térmico). Outros processos industriais são depois utilizados para a criação de produtos como a gasolina e o óleo combustível.

As refinarias também podem sofrer derramamentos acidentais e vazamentos lentos de gasolina e de outros produtos nos tanques de armazenamento e nos dutos. Ao longo de anos de operação, podem ser liberadas grandes quantidades de hidrocarbonetos líquidos, poluindo o solo e o lençol freático abaixo do local. Têm sido necessários projetos maciços de limpeza do lençol freático em várias refinarias da costa oeste dos EUA.

O petróleo cru e os seus produtos destilados são utilizados para produzir óleo fino, uma ampla variedade de plásticos e de produtos químicos orgânicos usados pela sociedade em quantidades imensas. Os processos industriais envolvidos na produção desses produtos químicos têm potencial para lançar vários poluentes no ambiente.

Distribuição e Uso

Alguns dos problemas ambientais mais abrangentes e relevantes associados ao petróleo e ao gás ocorrem quando o combustível é distribuído e consumido. O petróleo cru é transportado majoritariamente por dutos nos continentes ou por petroleiros através dos oceanos, sendo que ambos os métodos apresentam perigo de derramamento de petróleo. Por exemplo, uma bala de um rifle de alta potência perfurou o oleoduto Trans-Alasca, em 2001, provocando um derramamento de petróleo, pequeno, porém prejudicial. Além disso, fortes terremotos podem representar um futuro problema para os oleodutos. Entretanto, a engenharia adequada é capaz de minimizar o perigo provocado por esses eventos. O grande terremoto de 2002 ocorrido no Alasca rompeu o solo por vários metros no ponto em que ele atravessava o oleoduto Trans-Alasca. Devido ao seu projeto, o oleoduto suportou a ruptura do solo e não foi danificado, impedindo os prejuízos ambientais. Embora a maioria dos efeitos dos derramamentos de petróleo tenha uma vida relativamente curta (de dias até anos), os derramamentos no mar mataram milhares de aves marinhas, deterioraram temporariamente as praias e provocaram a perda de rendas provenientes do turismo e da pesca (veja o Capítulo 22).

A poluição do ar talvez seja o mais familiar e grave impacto ambiental associado ao uso (queima) do petróleo. A combustão da gasolina nos automóveis gera poluentes que contribuem para a poluição urbana. Os efeitos adversos da poluição urbana para a vegetação e para a saúde humana estão bem documentados e são discutidos detalhadamente no Capítulo 24.

O Refúgio Nacional da Vida Selvagem no Ártico: Perfurar ou Não Perfurar

O Refúgio Nacional da Vida Selvagem no Ártico (ANWR, *Arctic National Wildlife Refuge*) em Encosta Norte no Alasca é uma das poucas áreas selvagens primitivas remanescentes no mundo (Figura 18.8). O Serviço Geológico dos EUA estima que o refúgio contenha cerca de 3 bilhões de barris de petróleo de possível extração. Os Estados Unidos atualmente consomem cerca de 20 milhões de barris de petróleo por dia. Então, o ANWR poderia fornecer cerca de seis meses de abastecimento, caso fosse o único petróleo que os EUA utilizassem. Consumindo 1 milhão de barris diários para compor o fornecimento de petróleo, o estoque do ANWR duraria cerca de oito anos, uma quantidade muitas vezes superior do que poderia ser extraído, segundo a indústria do petróleo. Esta mesma indústria argumenta há muito tempo em favor da perfuração de petróleo no ANWR, mas a ideia foi impopular durante décadas entre muitos membros do público e do governo norte-americano, e nenhuma perfuração foi permitida. Quando George W. Bush, favorável à perfuração no AWNR, foi eleito presidente em 2000, a controvérsia em torno da perfuração veio à tona.

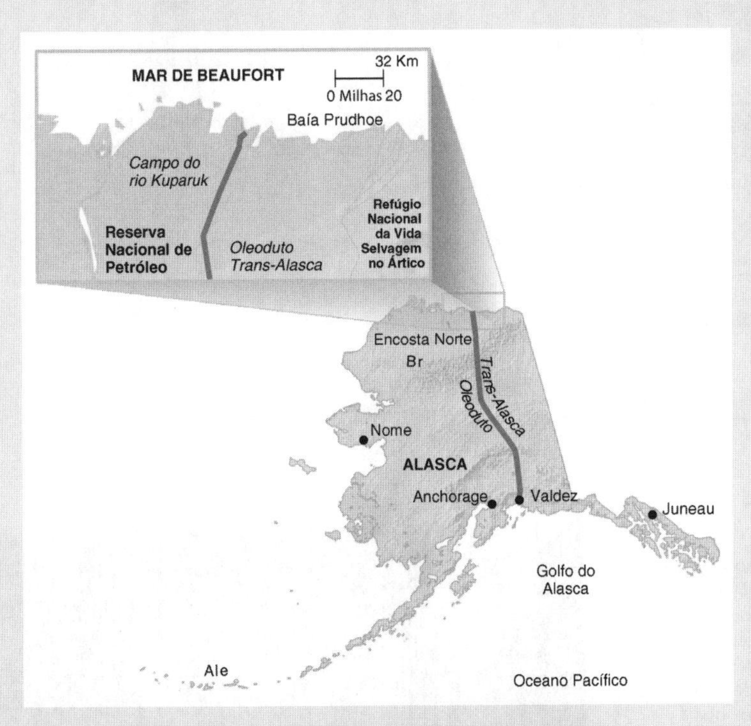

Figura 18.8 ■ O Refúgio Nacional da Vida Selvagem no Ártico, na Encosta Norte, Alasca, é valorizado pela paisagem, fauna e petróleo.

Argumentos Favoráveis à Perfuração no ANWR

Os favoráveis à perfuração de petróleo no refúgio apresentam os seguintes argumentos:

- Os Estados Unidos precisam de petróleo e sua extração o ajudará a ser mais independente do petróleo importado.
- O aumento de preços do petróleo sem precedentes, em 2008, está fornecendo um enorme incentivo econômico para o desenvolvimento das reservas domésticas de petróleo dos EUA.
- Novas instalações petrolíferas trarão empregos e dólares para o Alasca.
- As novas ferramentas para a avaliação da subsuperfície em busca de petróleo requerem muito menos células exploratórias.
- As novas práticas de perfuração provocam menor impacto no ambiente (Figura 18.9*a* e *b*). Entre elas, os EUA precisam: (1) construir estradas de gelo no inverno que derretem no verão, ao contrário da construção de estradas permanentes; (2) elevar os oleodutos a fim de permitir a migração dos animais (Figura 18.9*c*); (3) perfurar em várias direções a partir de uma localização central, reduzindo, dessa forma, o solo necessário para os poços; e (4) descartar os resíduos líquidos do campo petrolífero, devolvendo-os ao solo visando minimizar a poluição da superfície.
- A área de solo afetado será pequena em comparação com a área total.

Argumentos contra a Perfuração no ANWR

Os que se opõem à perfuração no ANWR argumentam que:

- Os progressos na tecnologia são irrelevantes para o fato de o ANWR dever ou não ser perfurado. Uma região selvagem deve permanecer selvagem! A perfuração transformará para sempre o ambiente primitivo da Encosta Norte.
- Mesmo com a melhor tecnologia, a exploração e o desenvolvimento do petróleo impactará o ANWR. A atividade intensa, mesmo durante o inverno, em estradas de gelo provavelmente perturbará a vida selvagem.
- As estradas de gelo são construídas com água das lagoas da tundra. Para construir uma estrada de 1 km de comprimento são necessários cerca de 3.640 m^3 de água.
- Os veículos pesados utilizados para a exploração produzem cicatrizes perma-

nentes no solo — mesmo que o solo esteja congelado quando os veículos atravessarem a superfície da tundra descampada.

- Podem ocorrer acidentes mesmo com as melhores instalações.
- O desenvolvimento do petróleo é inerentemente prejudicial, porque envolve um complexo maciço industrial de pessoas, veículos, equipamentos, oleodutos e instalações de apoio.

A decisão dos EUA com respeito ao ANWR refletirá, em um nível básico, ciência e valores. A nova tecnologia produzirá menor impacto ambiental a partir da perfuração do petróleo. A ação norte-americana será determinada pelo quanto eles valorizam a necessidade da energia proveniente do petróleo, em comparação com o quanto valorizam a preservação de um ambiente selvagem primitivo: perfurar ou não perfurar. Embora o plano energético presidencial clame pela perfuração no ANWR, o Congresso norte-americano votou, em 2005, pela não perfuração. O debate sobre perfurar ou não perfurar ainda não se encerrou. A crise do petróleo de 2008, que elevou o preço da gasolina a quase 5 dólares por galão, coloca o desenvolvimento de petróleo no ANWR novamente sob os holofotes.

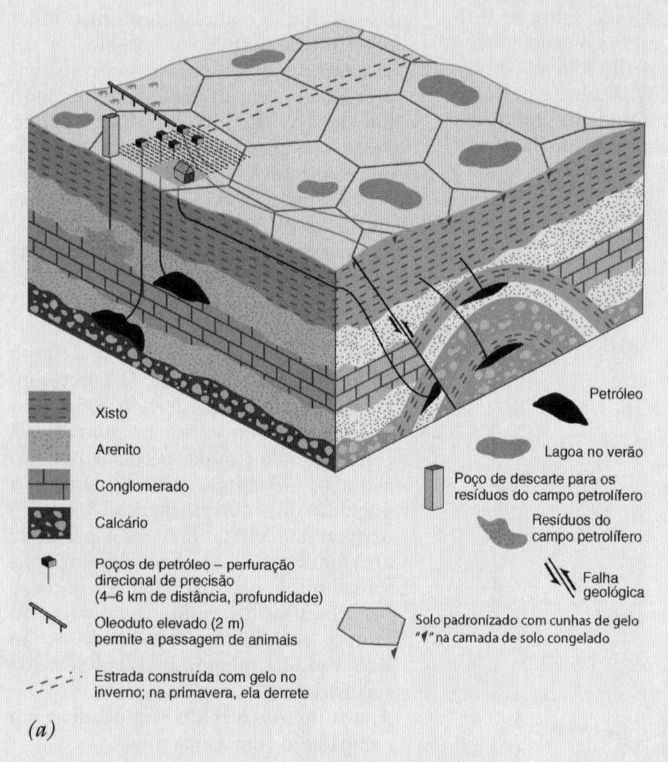

(*a*)

(*b*)

(*c*)

Figura 18.9 ■ (*a*) As pessoas favoráveis à perfuração no ANWR argumentam que a nova tecnologia pode reduzir o impacto do desenvolvimento de campos petrolíferos no Ártico: os poços localizam-se em uma área central e usam perfuração direcional; são construídas estradas de gelo durante o inverno, que derretem até se tornarem invisíveis no verão; os oleodutos são elevados para permitir que os animais, neste caso o caribu, migrem; e os resíduos dos campos petrolíferos e da perfuração são descartados subterraneamente a grandes profundidades. Veja no texto os argumentos contra a perfuração. (*b*) Poços de petróleo sendo perfurados no solo congelado (tundra), na Encosta Norte do Alasca. (*c*) Oleoduto perto do Refúgio Nacional da Vida Selvagem no Ártico, Alasca.

18.3 Carvão Mineral

A vegetação parcialmente decomposta, quando enterrada em um ambiente sedimentar, pode ser lentamente transformada em rocha sólida, quebradiça e carbonácea que se denomina **carvão mineral**. Esse processo é exibido pela Figura 18.10. O carvão mineral é, de longe, o combustível fóssil mais abundante existente no mundo, com um recurso natural total extraível em torno de 1.000 bilhões de toneladas (Figura 18.11). O consumo anual de carvão gira em torno de 4 bilhões de toneladas, o suficiente para cerca de 250 anos, de acordo com a atual taxa de utilização. Entretanto, se o consumo de carvão aumentar nas próximas décadas, o recurso não deve durar tanto tempo.[15]

O carvão mineral é classificado, de acordo com a sua energia e o seu conteúdo de enxofre, como antracito, betuminoso,

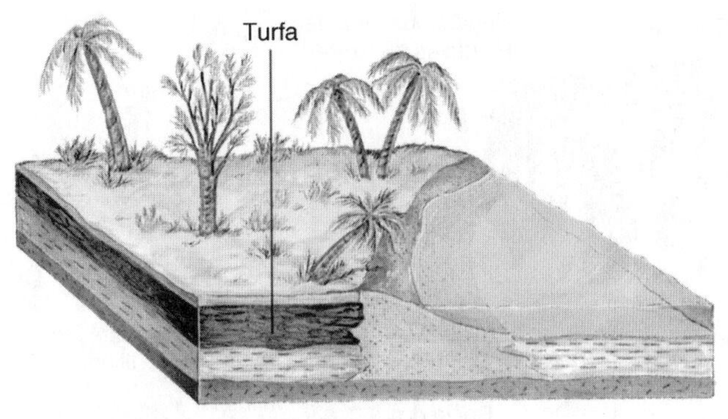

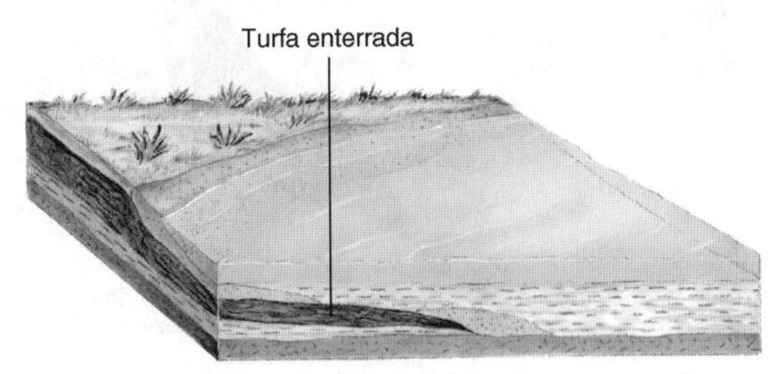

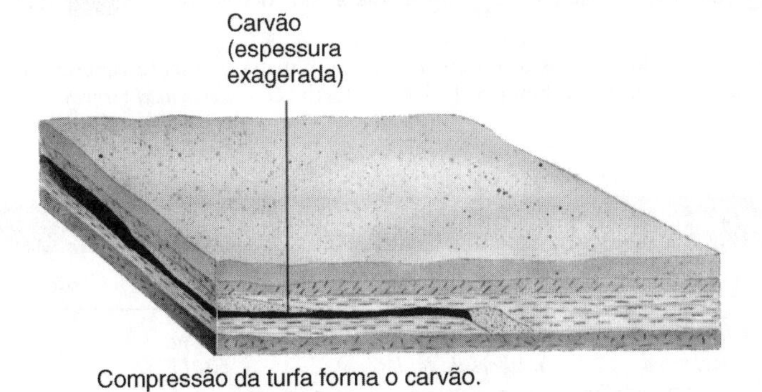

Figura 18.10 ■ Processo por meio do qual os resíduos vegetais enterrados (turfa) são transformados em carvão.

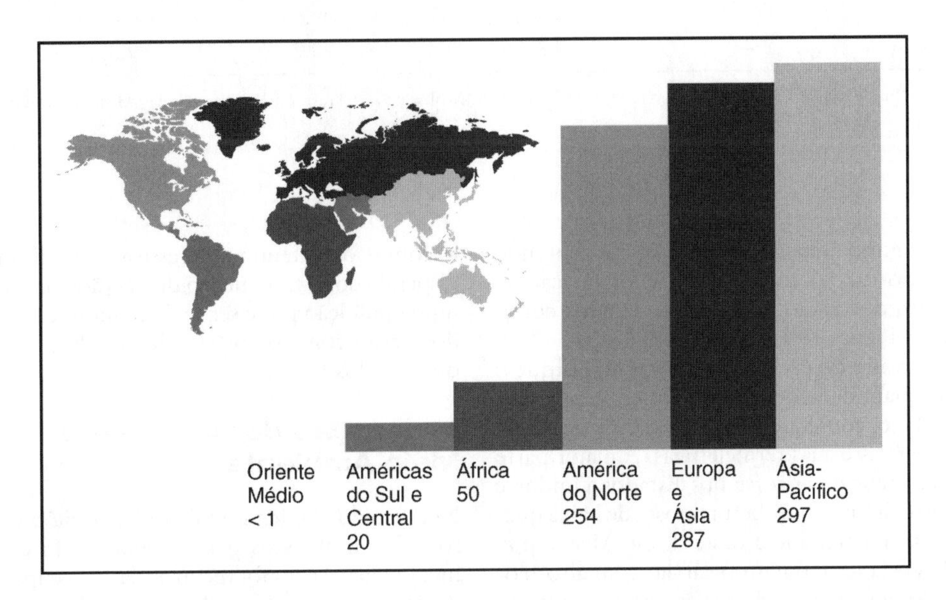

Figura 18.11 ■ Reservas mundiais de carvão (bilhões de toneladas) em 2006. (*Fonte*: British Petroleum Company, *BP Statistical Review of World Energy* [London: British Petroleum Company, 2007].)

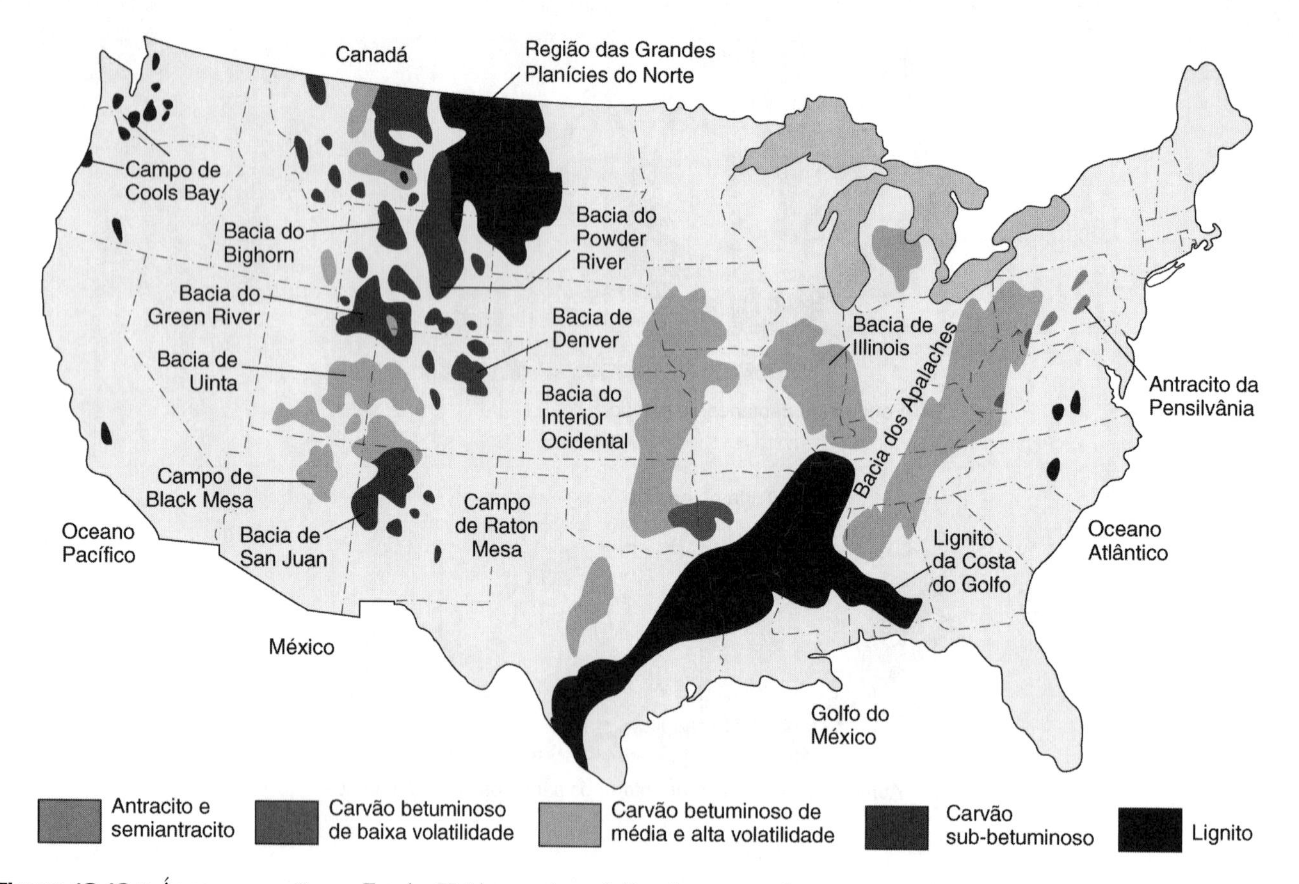

Figura 18.12 ■ Áreas com carvão nos Estados Unidos continental. Este é um mapa altamente generalizado e muitas ocorrências de carvão relativamente pequenas não são exibidas. (*Fonte:* S. Garbini e S. P. Schweinfurth, *U.S. Geological Survey Circular 979*, 1986.)

Tabela 18.2 Recursos de Carvão dos Estados Unidos

Tipo de Carvão	*Classificação Relativa*	*Conteúdo Energético (milhões de joules/kg)*	*Conteúdo de Enxofre (%)*		
			Baixo (0–1)	*Médio (1,1–3,0)*	*Alto (3+)*
Antracito	1	30–34	97,1	2,9	–
Carvão betuminoso	2	23–34	29,8	26,8	43,4
Carvão sub-betuminoso	3	16–23	99,6	0,4	–
Lignito	4	13–16	90,7	9,3	–

Fontes: U.S. Bureau of Mines Circular 8312, 1966: P. Averitt, "Coal" in D. A. Brobst e W. P. Pratt, eds., United States Mineral Resources, *U.S. Geological Survey, Professional Paper* 820, pp. 133–142.

sub-betuminoso ou lignito (veja a Tabela 18.2). O conteúdo energético é maior no carvão antracito e menor no carvão lignito. A distribuição do carvão nos Estados Unidos continental está exibida na Figura 18.12.

O conteúdo de enxofre do carvão é importante, porque o carvão com menor quantidade de enxofre emite menos dióxido de enxofre (SO_2) e, consequentemente, é mais desejável como combustível para as usinas termelétricas. A maior parte do carvão com baixo teor de enxofre nos Estados Unidos é proveniente do carvão lignito e sub-betuminoso, de baixa qualidade e baixa energia, encontrado a oeste do rio Mississippi. As termelétricas da costa leste tratam o carvão com alto teor de enxofre minerado em sua própria região, baixando o seu conteúdo de enxofre antes, durante ou depois da combustão e, com isso, evitando a excessiva poluição do ar. Embora seja dispendioso, o tratamento do carvão com o objetivo de diminuir a poluição pode ser mais econômico do que o transporte do carvão com baixo teor de enxofre, dos estados do oeste dos Estados Unidos.

Mineração do Carvão e o Meio Ambiente

Nos Estados Unidos, milhares de quilômetros quadrados de solo foram afetados pela mineração do carvão e somente a metade desse solo foi recuperada. A recuperação é o processo de restauração e de melhoria do solo afetado, quase sempre por meio de reforma da superfície e do reflorestamento (veja o Capítulo 10). Existem muitos depósitos de carvão não recuperados pertencentes às minas a céu aberto e que continuam a causar problemas ambientais. Devido à reduzida recuperação anterior aos anos 1960, já que a mineração começou muito antes disso, são comuns as minas abandonadas nos Estados Unidos. Uma mina de superfície abandonada, no Wyoming, há mais de 40 anos, causou uma perturbação tão intensa que a vegetação existente nos depósitos de resíduos ainda não se restabeleceu. Tais paisagens estéreis, arruinadas, enfatizam a necessidade de recuperação.[15]

Mineração a Céu Aberto

Mais da metade da mineração de carvão nos Estados Unidos é feita *a céu aberto*, um processo de mineração no qual a camada superior de solo e de rocha é retirada para se atingir a camada com carvão. A prática de mineração a céu aberto se iniciou no final do século XIX e tem aumentado, porque tende a ser mais barata e mais fácil do que a mineração subterrânea. Mais de 40 bilhões de toneladas de reservas de carvão estão hoje acessíveis às técnicas de mineração a céu aberto. Além disso, cerca de 90 bilhões de toneladas de carvão a até 50 m da superfície estão potencialmente disponíveis para essa mineração a céu aberto. É provável que mais e maiores minas a céu aberto sejam incrementadas à medida que se aumente a demanda por carvão.

O impacto de grandes minas a céu aberto varia de região para região, dependendo da topografia, do clima e das práticas de recuperação. Um sério problema nas regiões do leste dos Estados Unidos com elevados índices pluviométricos é a *drenagem ácida de minas* — a drenagem da água ácida dos locais dessas minas (veja o Capítulo 22). A drenagem ácida das minas ocorre quando a água de superfície (H_2O) se infiltra nos bancos de entulho (restos de rocha abandonados após a remoção do carvão). A água reage quimicamente com os minerais de sulfeto, como a pirita (FeS_2), um componente natural das rochas sedimentares que contêm carvão, produzindo ácido sulfúrico (H_2SO_4). Dessa maneira, o ácido polui os cursos d'água e os recursos hídricos subterrâneos (Figura 18.13). A água ácida igualmente drena as minas subterrâneas e as estradas que cortam as áreas onde o carvão e a pirita são abundantes, no entanto, o problema da drenagem ácida da mina é ampliado quando grandes áreas de material adulterado permanecem expostas às águas de superfície. A drenagem ácida da mina pode ser minimizada nas minas ativas canalizando-se

Figura 18.13 ■ O riacho Tar, próximo a Miami, Oklahoma, ficou laranja em 2003 devido à contaminação por metais pesados da drenagem ácida da mina.

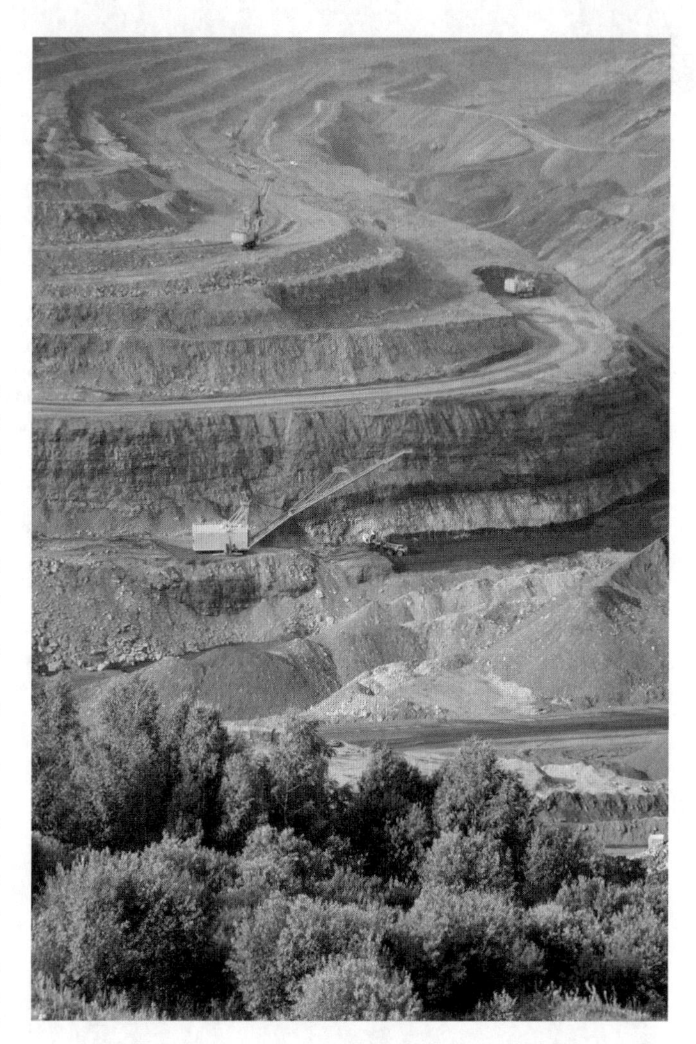

Figura 18.14 ■ Mina a céu aberto. O solo em segundo plano está sendo minerado e o solo verde, em primeiro plano, foi recuperado após a mineração.

o escoamento superficial ou as águas subterrâneas antes que penetrem na área de mineração e desviando-as ao redor dos materiais potencialmente poluentes.[16] No entanto, a dispersão não é viável nas regiões pesadamente mineradas, onde os bancos de entulho das minas não recuperadas podem cobrir centenas de quilômetros quadrados. Nessas áreas, a drenagem ácida da mina continuará a ser um problema de longo prazo.

Nas regiões áridas e semiáridas, os problemas da água associados com a mineração não são assim tão evidentes quanto nas regiões mais úmidas, porém o solo pode ser mais sensível às atividades relacionadas com a mineração, tais como a exploração e a construção de estradas. Em algumas regiões áridas do oeste e do sudoeste dos Estados Unidos, o solo é tão sensível que os rastros dos pneus podem perdurar por anos. (Na realidade, as trilhas das carroças do início da marcha para o oeste, segundo informações, ainda podem ser vistas em alguns locais.) Para complicar as coisas, os solos quase sempre são finos, a água é escassa e o trabalho de recuperação é difícil.

A mineração a céu aberto possui potencial para poluir ou danificar a água, o solo e os recursos biológicos. Contudo, as boas práticas de recuperação conseguem minimizar os prejuízos (Figura 18.14). As práticas de recuperação exigidas por lei variam de acordo com cada local. Alguns princípios de restauração são ilustrados no estudo de caso de uma mina de carvão moderna, no Colorado (veja o Detalhamento 18.2).

A Mina Trapper

A mina Trapper situada na encosta ocidental das Montanhas Rochosas, no norte do Colorado, é um bom exemplo de uma nova geração de grandes minas de carvão a céu aberto. A operação, em conformidade com as leis de mineração, é projetada para minimizar a degradação ambiental durante a mineração e para a recuperação do solo destinado à agricultura de sequeiro e o pastoreio de gado.

Ao longo de um período de 35 anos, a mina produzirá 68 milhões de toneladas de carvão, a partir de uma área de 20–24 km^2, a ser entregue a uma usina de 1.300 MW adjacente à mina. Hoje, a mina produz cerca de 2 milhões de toneladas de carvão por ano, energia suficiente para meio milhão de residências, aproximadamente. Quatro camadas de carvão, variando de 1 a 4 m de espessura, serão mineradas. As camadas são separadas por outras camadas de rocha, chamadas de materiais estéreis (rochas sem carvão), e há mais coberturas estéreis acima da primeira camada de carvão. A profundidade da camada estéril varia aproximadamente de 0 a 50 m.

Uma série de etapas está envolvida na mineração real. Primeiro, a escavadeira de terraplenagem e as raspadeiras são utilizadas para remover a vegetação e a camada superficial do solo de uma área com até 1,6 km de comprimento e 53 m de largura e, assim, o solo é estocado para a reutilização. Depois, a cobertura estéril é removida por uma caçamba de 23 m^3. Em seguida, as camadas de carvão expostas são perfuradas e dinamitadas para fragmentar o carvão, que é removido com uma retroescavadeira e carregado em caminhões (Figura 18.15). Por fim, a cova é preenchida, a camada superficial de solo é recolocada e o solo é cultivado ou retorna a ser pastagem.

Na mina Trapper, o solo é recuperado sem a aplicação artificial de água. A precipitação (principalmente de neve) é de aproximadamente 350 mm/ano, o suficiente para restabelecer a vegetação, contanto que haja uma quantidade suficiente de camada superficial de solo. O fato de a recuperação nesse local ser possível enfatiza um ponto importante sobre a recuperação: ela é específica para cada local. O que funciona em um local pode não se aplicar a outras áreas.

A qualidade da água e do ar é atentamente monitorada na mina Trapper. A água superficial é desviada ao redor dos poços da mina e a água subterrânea é interceptada enquanto os poços são abertos. Bacias de sedimentação, construídas a jusante do poço, permitem que os sólidos suspensos na água se depositem antes de a água ser descarregada nos cursos d'água locais. Apesar da possibilidade de a qualidade do ar da mina ser degradada pelo pó produzido pela explosão, transporte e pela classificação do carvão, o pó é minimizado pela aspersão regular da água nas estradas de terra.

A recuperação na mina Trapper foi bem-sucedida durante os primeiros anos de operação. Na realidade, o Departamento do Interior dos Estados Unidos nomeou-a como um dos melhores exemplos de recuperação de minas. Embora a recuperação aumente o custo do carvão em até 50%, ela se pagará com a produtividade de longo alcance do solo, já que ela é devolvida para a agricultura e para o pastoreio do gado. A fauna também prospera; a população local de renas aumentou significativamente e o solo recuperado é o lar do tetraz-de-rabo-fino (*Tympanuchus phasianellus*) uma espécie ameaçada. Por um lado, pode-se argumentar que a mina Trapper é única em sua combinação entre a geologia, a hidrologia e a topografia, o que permitiu uma recuperação bem-sucedida. Até certo ponto isso é verdade e, talvez, a mina Trapper represente uma perspectiva demasiadamente otimista, em se tratando da recuperação de minas, comparada a outros locais que apresentam condições menos favoráveis. Por outro lado, o sucesso da operação da mina demonstra que, com a cuidadosa escolha do local e com planejamento, o desenvolvimento dos recursos energéticos pode ser compatível com outros usos do solo.

(*a*)

(*b*)

Figura 18.15 ■ (*a*) Minerando uma camada de carvão exposta na mina Trapper, Colorado; e (*b*) o solo durante a sua restauração após a mineração. A camada superficial do solo (canto inferior direito) é espalhada antes do plantio da vegetação.

A mineração de carvão em grandes superfícies quase sempre é controversa. Uma das mais polêmicas tem sido a mina de Black Mesa, no Arizona, que produziu carvão para a grande usina Mojavi de 1-5 MW, em Laughlin, Nevada (144 km a sudeste de Las Vegas). O carvão era levado para a usina por um mineroduto de 440 km, que transportava carvão pulverizado misturado com água (lama). A mina, localizada na área Black Mesa, da reserva Hopi, foi a única fornecedora de carvão para a usina. O mineroduto utilizou mais de 3,8 bilhões de litros de água, por ano, bombeados do solo; a água que abastece as nascentes sagradas e a água destinada à irrigação. Tanto a mina quanto a usina suspenderam as operações em 31 de dezembro de 2005, estando em andamento uma avaliação ambiental.

A mineração de carvão nos Montes Apalaches, de West Virginia, é um importante componente na economia do estado. Entretanto, há uma crescente preocupação ambiental com a técnica de mineração conhecida como "remoção do topo da montanha" (Figura 18.16). Esse método de mineração, a céu aberto, é muito eficiente para a obtenção do carvão, uma vez que nivela o topo das montanhas e preenche os vales com as rochas residuais da mineração do carvão. Na medida em que os topos das montanhas são destruídos, o perigo de inundações aumenta, considerando que os vales são preenchidos com o resíduo das minas e a água residual tóxica permanece armazenada atrás das barragens de lama residual de carvão. Em outubro de 2000, ocorreu um dos piores desastres ambientais na história da mineração dos Montes Apalaches, no sudeste do Kentucky. Cerca de 1 milhão de metros cúbicos de lama negra de carvão, espessa e tóxica, produzida quando o carvão é processado, foram liberados no meio ambiente. Parte da base do reservatório, onde a lama estava sendo armazenada, desmoronou, permitindo que essa lama penetrasse em uma mina abandonada por baixo do represamento. A mina abandonada possuía aberturas para a superfície e a lama que dela emergiu fluiu pelos quintais das residências e pelas estradas para dentro de um curso d'água de drenagem do rio Big Sandy. Cerca de 100 km do curso d'água ficaram seriamente contaminados, matando várias centenas de milhares de peixes e outras formas de vida nele contidas. A mineração também produz quantidades volumosas de pó de carvão que se instalam nas cidades e nos campos, poluindo o solo e provocando ou facilitando doenças pulmonares, inclusive a asma. Protestos e reclamações de comunidades no trajeto da mineração que antes eram ignorados, agora, estão recebendo maior atenção por parte dos conselhos estaduais de mineração. Na medida em que as pessoas se tornam mais instruídas com respeito das leis de mineração, elas se tornam mais eficazes no confronto com as empresas de mineração, fazendo com que estas diminuam potenciais consequências adversas dessa atividade. No entanto, muito mais precisa ser feito. Em maio de 2002, um juiz federal dos EUA ordenou que o governo não permitisse mais que as empresas de mineração despejassem os resíduos da mineração nos cursos d'água e nos vales. A decisão confirmou as leis para proteger os cursos d'água e rios, porém a sentença foi anulada em janeiro de 2003. As pessoas a favor da mineração com remoção do topo da montanha enfatizaram o valor da atividade para a economia local e regional. Alegaram ainda que apenas o topo das montanhas era removido, deixando a maior parte da montanha com as cabeceiras de pequenos cursos d'água preenchidas com resíduos de mineração. Eles prosseguem afirmando que a recuperação pós-mineração produz terra nivelada para várias aplicações, como o desenvolvimento urbano, em uma região onde a terra nivelada se encontra quase exclusivamente nas planícies aluviais que têm poucas utilizações potenciais.

Figura 18.16 ■ A mineração com remoção do topo da montanha em West Virgínia tem sido criticada como nociva ao meio ambiente, pois a vegetação é removida, os canais dos cursos d'água são preenchidos com rochas e sedimentos, e o solo fica alterado para sempre.

Desde a adoção do Ato de Controle e Recuperação da Mineração de Superfície de 1977, o governo norte-americano exigiu que o solo minerado fosse restaurado para suportar seu uso pré-mineração. Os regulamentos também proíbem a mineração no solo primordialmente agrícola, e dá aos agricultores e pecuaristas a oportunidade de restringir ou de proibir a mineração em suas terras, mesmo não possuindo os direitos de lavra. A recuperação inclui o descarte dos resíduos, o contorno do terreno e o replantio da vegetação. A recuperação quase sempre é difícil, sendo improvável que venha a ser inteiramente bem-sucedida. Na verdade, alguns ambientalistas argumentam que as histórias de recuperações com sucesso são raras e que a mineração a céu aberto não deveria ser permitida nos estados semiáridos do sudoeste, porque a recuperação é incerta naquele ambiente frágil.

Mineração Subterrânea

A mineração subterrânea contribui com aproximadamente 40% do carvão mineral nos Estados Unidos. Além disso, as minas subterrâneas têm sido abandonadas, particularmente nas regiões carboníferas orientais dos Estados Unidos, situa-

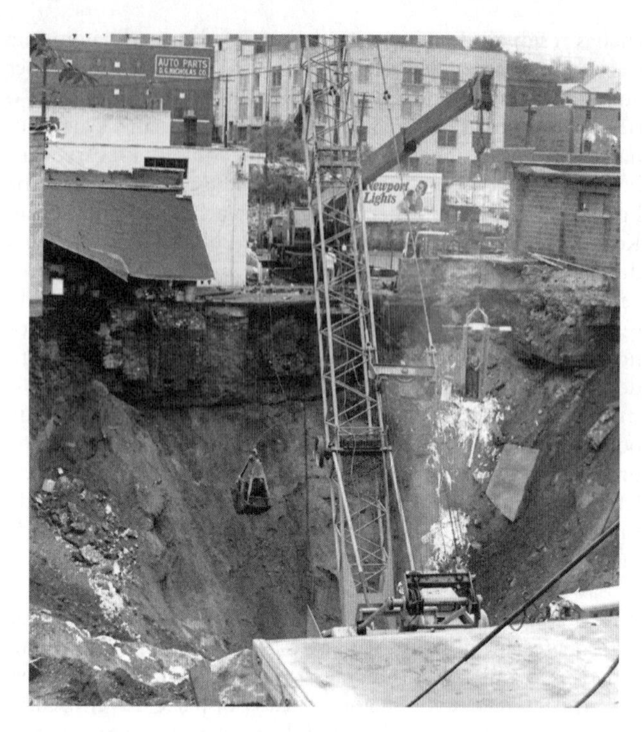

Figura 18.17 ■ Subsidência abaixo das minas de carvão no cinturão carbonífero dos Apalaches.

das nos Montes Apalaches. A mineração subterrânea do carvão é uma profissão perigosa; sempre há o perigo de desmoronamento, explosão e de incêndio. As doenças respiratórias são um risco, especialmente a doença do pulmão preto ou "doença dos mineiros de carvão", associada à exposição ao pó de carvão, que matou ou incapacitou muitos mineradores.

Alguns dos problemas ambientais associados com a mineração subterrânea são:

- A drenagem ácida das minas e o acúmulo de resíduos poluíram milhares de quilômetros de cursos d'água (veja o Capítulo 22).
- O afundamento do terreno pode ocorrer sobre as minas. O afundamento vertical ocorre quando o solo acima dos túneis das minas de carvão desaba, resultando quase sempre em um buraco em forma de cratera na superfície (Figura 18.17). As áreas de mineração de carvão na Pensilvânia e em West Virginia, por exemplo, são bem conhecidas pelos sérios problemas de afundamento. Nos últimos anos, um estacionamento e um guindaste desabaram dentro de um buraco sobre uma mina de carvão em Scranton, Pensilvânia; e danos causados por afundamento provocaram a condenação de muitos prédios em Fairmont, West Virgínia.
- Os incêndios nas minas de carvão subterrâneas podem ocorrer naturalmente ou podem ser deliberadamente provocados. Os incêndios podem expelir fumaça e vapores perigosos, fazendo com que as pessoas expostas a eles sofram de inúmeras doenças respiratórias. Por exemplo, em Centralia, Pensilvânia, um incêndio de lixo, em 1961, deixou os veios de carvão das vizinhanças em chamas. Ainda hoje continuam queimando e transformaram Centralia em uma cidade fantasma.

Transporte de Carvão

O transporte do carvão das áreas de mineração para os grandes centros populacionais, onde a energia se faz necessária, é uma questão ambiental relevante. Apesar de a possibilidade do carvão ser convertido no próprio local de produção em eletricidade, óleo ou gás sintético, essas alternativas possuem os seus próprios problemas. As termelétricas indispensáveis para converter o carvão em eletricidade necessitam de água para o resfriamento e nas regiões semiáridas, do oeste dos Estados Unidos, pode não haver água suficiente. Além do mais, a transmissão da eletricidade ao longo de grandes distâncias é ineficiente e dispendiosa (veja o Capítulo 17). A conversão do carvão em óleo ou em gás sintético também requer uma grande quantidade de água, além de o processo de conversão ser oneroso.[17]

Trens de carga e minerodutos de carvão (projetados para transportar carvão pulverizado com água) são as opções para o transporte do carvão através de grandes distâncias. Os trens são habitualmente utilizados e continuarão a sê-lo, porque proporcionam um transporte de custo relativamente baixo quando comparado ao dos minerodutos. As vantagens econômicas dos minerodutos são tênues, especialmente no oeste dos Estados Unidos, onde é difícil a obtenção de grandes volumes de água exigidos para transportar a lama de pó de carvão e água.[17]

Perspectivas para o Carvão

A queima do carvão produz quase 60% da eletricidade utilizada e aproximadamente 25% da energia total atualmente consumida nos Estados Unidos.[18] O carvão consiste em quase 90% das reservas de combustíveis fósseis nos Estados Unidos, que possui carvão suficiente para no mínimo várias centenas de anos. No entanto, uma séria preocupação foi levantada com respeito à queima do carvão. As enormes termelétricas que queimam carvão como combustível para a produção de eletricidade, nos Estados Unidos, são responsáveis por cerca de 70% das emissões totais de dióxido de enxofre, 30% dos óxidos de nitrogênio e 35% do dióxido de carbono. (Os efeitos desses poluentes são discutidos no Capítulo 24.)

A legislação que forma parte das Emendas do Ato do Ar Limpo de 1990, dos EUA, determinou que as emissões de dióxido de enxofre provenientes das termelétricas que queimam carvão fossem reduzidas em 70% a 90%, dependendo do conteúdo de enxofre do carvão, e que as emissões de óxido de nitrogênio fossem reduzidas em aproximadamente 2 milhões de toneladas anuais. Em consequência dessa legislação, as empresas de serviços públicos estão buscando desenvolver várias tecnologias novas, projetadas para reduzir as emissões de dióxido de enxofre e de óxidos de nitrogênio resultantes da queima do carvão. As opções que estão sendo utilizadas ou desenvolvidas são:[19]

- Limpeza química e/ou física do carvão antes da combustão.
- Novos projetos de caldeiras que permitam menores temperaturas de combustão, reduzindo as emissões de óxidos de nitrogênio.
- Injeção de material rico em carbonato de cálcio (como calcário pulverizado ou cal) aos gases que se seguem à queima do carvão. Essa prática, conhecida como **"lavagem de gás"**, remove os dióxidos de enxofre. No lavador — um componente grande e dispendioso de uma usina de energia — o carbonato reage com o dióxido de enxofre, produzindo sulfito de cálcio hidratado na forma de um lodo. O lodo tem que ser coletado e descartado, o que é um grande problema.
- Conversão do carvão em gás nas usinas (gás de síntese ou gasogênio, semelhante ao metano) antes da queima. Essa tecnologia está sendo testada na Usina Elétrica Polk, na Flórida. O gás de síntese, apesar de possuir uma queima

mais limpa do que o carvão, ainda é mais poluente do que o gás natural.

- Conversão de carvão em óleo combustível (gasolina ou diesel): há décadas é sabido como fazer óleo combustível a partir do carvão. Até agora, isso tem sido considerado caro demais. Hoje, a África do Sul está fazendo isso, produzindo mais de 150.000 barris de óleo combustível por dia a partir do carvão e a China está construindo uma usina na Mongólia. Nos Estados Unidos, poder-se-ia produzir 2,5 milhões de barris por dia, o que exigiria cerca de 500 milhões de toneladas de carvão por ano. Existem consequências ambientais, uma vez que o superaquecimento do carvão para produzir óleo combustível gera grande quantidade de dióxido de carbono (CO_2), um gás do efeito estufa.
- A educação do consumidor sobre conservação e eficiência da energia para diminuir a demanda energética e, assim, a quantidade de carvão queimado e de emissões liberadas.
- Desenvolvimento de usinas termelétricas à base de carvão com emissão zero de poluentes. As emissões de particulados, mercúrio, dióxidos de enxofre e de outros poluentes seriam eliminadas por processos químicos ou físicos. O dióxido de carbono seria eliminado pela sua injeção em grandes profundidades no solo ou por um processo químico para sequestrá-lo (ligá-lo quimicamente) com o cálcio ou o magnésio como um sólido. O conceito de emissão zero está em estágios experimentais de desenvolvimento.
- Linha de partida: na medida em que os preços do petróleo aumentam, o carvão está recebendo muita atenção para que se descubram maneiras de atenuar o choque econômico.

A escassez real de petróleo e do gás ainda pode demorar alguns anos, mas quando chegar ela pressionará a indústria do carvão a abrir mais e maiores minas, tanto nas camadas de carvão a leste, quanto a oeste dos Estados Unidos. A maior utilização do carvão terá impactos ambientais significativos por diversas razões:

1. Cada vez maior quantidade de solos será minerada a céu aberto e, com isso, exigirá uma restauração cuidadosa e onerosa.

2. Diferentemente do petróleo e do gás, a queima do carvão produz grandes quantidades de poluentes do ar, conforme já mencionado. Também são criadas as cinzas, que podem representar até 20% do carvão queimado; a escória de caldeira, uma cinza pétrea produzida no forno; e a lama de sulfito de cálcio, produzida pela remoção do enxofre por meio da lavagem. As termelétricas à base de carvão, nos Estados Unidos, atualmente produzem cerca de 90 milhões de toneladas desses materiais por ano. O sulfito de cálcio da lavagem pode ser utilizado para a fabricação do gesso (convertendo o sulfito de cálcio em sulfato de cálcio, que é a gipsita) e outros produtos. A gipsita está sendo utilizada para produzir gesso no Japão e na Alemanha. Entretanto, essa prática provavelmente não será muito utilizada nos Estados Unidos, onde o gesso pode ser produzido de forma mais barata, a partir dos abundantes depósitos naturais de gipsita. Outro produto residual, a escória de caldeiras, pode ser utilizado para preencher os percursos dos trilhos de trem e em projetos de construção. Todavia, cerca de 75% dos produtos da combustão do carvão, nos Estados Unidos, hoje, acabam em entulhos acumulados ou em aterros.[20]

3. A manipulação de grandes quantidades de carvão através de todos os estágios (mineração, processamento, expedição, combustão e descarte final das cinzas) terá efeitos ambientais potencialmente adversos. Entre eles, tem-se a degradação estética, o ruído, a poeira e — mais importante do ponto de vista da saúde — a liberação de elementos-traço nocivos ou tóxicos na água, no solo e no ar.

Parece improvável que o carvão seja abandonado no futuro próximo, nos Estados Unidos, porque há muito carvão e investiu-se muito tempo e dinheiro desenvolvendo recursos de carvão. Foi sugerido que os EUA deveriam promover o uso do gás natural em detrimento do carvão, porque a sua queima é muito mais limpa. Porém, há uma preocupação de que eles poderiam ficar dependentes das importações do gás natural. Não obstante, continua a ser um fato que o carvão seja o mais poluente de todos os combustíveis fósseis.

O Comércio de Licenças

Uma abordagem inovadora da gestão dos recursos de carvão norte-americanos e da diminuição da poluição é "o **comércio de licenças**". Nesse sistema, a Agência de Proteção Ambiental dos EUA concede às empresas de utilidade pública licenças comercializáveis para poluir. Uma licença vale para a emissão anual de uma tonelada de dióxido de enxofre. Na teoria, algumas empresas não precisariam de todas as suas licenças, porque utilizam carvão de baixo teor de enxofre ou porque possuem equipamentos instalados e métodos que reduziriam as suas emissões. As suas licenças extras podem então ser negociadas e vendidas por corretores para outras empresas de utilidade pública, que não consigam ficar dentro dos seus níveis de emissão alocados. A ideia é estimular a competição na indústria de utilidade pública e diminuir a poluição global por meio das forças econômicas do mercado.[19]

Alguns ambientalistas não se sentem confortáveis com o conceito de licença comercializável. Eles argumentam que, embora a compra e a venda possam ser rentáveis para ambas as partes na transação, é menos aceitável do ponto de vista ambiental. Eles acreditam que as empresas não deveriam ser capazes de comprar a sua saída dos problemas ambientais (veja mais detalhes no Capítulo 27).

18.4 Xisto Betuminoso e Areias Betuminosas

O xisto betuminoso e as areias betuminosas exercem um papel menor na composição atual de combustíveis fósseis disponíveis. Entretanto, eles podem ser mais relevantes no futuro quando o petróleo existente nos poços atuais se tornar escasso.

Xisto Betuminoso

O **xisto betuminoso** é uma rocha sedimentar de granulação fina, que contém matéria orgânica (querogênio). Quando aquecido a 500°C em um processo conhecido como *destilação destrutiva*, o xisto betuminoso resulta em quase 60 L de petróleo por tonelada de rocha. Não fosse pelo processo de aquecimento, o petróleo continuaria na rocha. O petróleo do xisto é um dos conhecidos **combustíveis sintéticos**,* que são

*Em inglês, são chamados de *synfuels* a partir das palavras *synthetic* (sintético) e *fuel* (combustível). (N.T.)

combustíveis líquidos ou gasosos derivados de combustíveis fósseis sólidos. As fontes mais conhecidas de xisto betuminoso, nos Estados Unidos, encontram-se na formação Green River, que ocupa uma área de aproximadamente 44.000 km² do Colorado, Utah e Wyoming.

Estimam-se os recursos mundiais totais e identificados de xisto betuminoso em uma quantidade equivalente a aproximadamente 3 trilhões de barris de petróleo. Porém, a avaliação da qualidade do petróleo e da viabilidade econômica da extração com a tecnologia atual não está concluída. Os recursos de xisto betuminoso, nos Estados Unidos, somam cerca de 2 trilhões de barris de petróleo, ou dois terços do total mundial. Desse montante, 90%, ou 1,8 trilhão de barris, está localizado no xisto betuminoso de Green River.[21]

O impacto ambiental da exploração do xisto betuminoso varia de acordo com a técnica de extração utilizada. Têm sido consideradas ambas as técnicas de mineração, superficial e subsuperficial.

A mineração superficial é atraente para os exploradores porque quase 90% do xisto betuminoso pode ser extraído, em comparação com menos de 60% pela mineração subterrânea. No entanto, o descarte dos resíduos será um grande problema para ambas as minerações, superficial e subsuperficial. Ambas exigem que o xisto betuminoso seja processado, ou *destilado* (triturado e aquecido), na superfície. O volume de resíduo ultrapassará o volume original de xisto minerado em 20% a 30%, graças ao fato de que a rocha triturada, devido aos espaços adicionados entre os fragmentos, possui maior volume do que a rocha sólida da qual ela provém. (Por exemplo, derrame um pouco de cimento em uma caixa de leite. Quando endurecer, retire o bloco de concreto da caixa e quebre-o em pequenos pedaços, usando um martelo. Depois, tente recolocar os pedaços na caixa. Você descobrirá que nem todos os pedaços cabem na caixa.) Portanto, as minas das quais o xisto é removido não conseguirão acomodar todo o resíduo e o seu descarte será um problema.[10]

Na década de 1970, esperava-se uma forte corrida pela exploração do xisto betuminoso. O interesse pelo xisto betuminoso foi incrementado pelo embargo do petróleo de 1973 e pelo medo da escassez permanente de petróleo cru. Da década de 1980 até meados da década de 1990, porém, muito petróleo barato ficou disponível e a exploração do xisto betuminoso foi colocada em banho-maria; é muito mais caro extrair um barril de petróleo do xisto betuminoso do que bombeá-lo de um poço. Porém, outros períodos de escassez de petróleo ocorrerão no futuro e há sinais de que voltar-se-á a cogitar mais uma vez o uso do xisto betuminoso. O recente aumento bastante acentuado no preço do petróleo provavelmente irá instigar o interesse pelo xisto betuminoso. Isto resultará em impactos ambientais, sociais e econômicos significativos nas áreas de exploração em consequência da rápida urbanização para abrigar uma grande força de trabalho, da construção das instalações industriais e de uma maior demanda de recursos hídricos.

Areias Betuminosas

As **areias betuminosas** são rochas sedimentares ou areias impregnadas com óleo de alcatrão, asfalto ou betume. O petróleo não pode ser extraído das areias betuminosas por meio de poços de bombeamento ou de outros métodos comerciais comuns, porque o óleo é demasiadamente viscoso para fluir com facilidade. O petróleo nas areias betuminosas é recuperado, primeiramente, pela mineração da areia (de difícil remoção) e, posteriormente, lavada com água quente para a separação do óleo.

Figura 18.18 ■ Mineração de areias betuminosas, ao norte de Fort McMurray, Alberta, Canadá. Uma grande retroescavadeira segura cerca de 100 toneladas de areia betuminosa. São necessárias 2 toneladas de areia betuminosa para produzir 1 barril de petróleo. A unidade de processamento pode ser vista em segundo plano.

Cerca de 75% dos depósitos mundiais conhecidos de areias betuminosas estão nas Areias Betuminosas de Athabasca, próximo de Alberta, Canadá. O recurso total canadense representa cerca de 2 trilhões de barris, porém não se sabe o quanto desse total poderá ser recuperado. A produção atual das Areias Betuminosas de Athabasca gira em torno de 1,5 milhão de barris de petróleo cru sintético por dia, o equivalente a cerca de 15% da produção de petróleo norte-americana.[22] Provavelmente, a produção aumentará para cerca de 3 milhões de barris por dia na próxima década.

Em Alberta, a areia betuminosa é minerada em uma grande mina a céu aberto (Figura 18.18). O processo de mineração é complicado pela frágil vegetação nativa, uma esteira saturada de água conhecida como *muskeg** — um tipo de pântano de difícil remoção, exceto quando congelado. A restauração desse ambiente frágil e naturalmente congelado (camada de solo congelado — permafrost) é difícil. Além disso, há um problema para o descarte dos resíduos, porque o material da areia minerada (conforme discutido no caso do xisto betuminoso) ocupa um volume maior que o do material não minerado. A superfície do solo após a mineração pode ficar até 20 metros mais elevada do que a superfície original. A mineração das areias betuminosas apresenta consequências ambientais que variam desde o rápido aumento da população humana, nas áreas de mineração, até a necessidade de recuperação do solo perturbado pela mineração. A abordagem canadense é de não exigir que o solo seja devolvido ao seu uso original, mas para alguma outra utilização equivalente, como uma floresta, antes de a mineração se tornar uma pastagem após a restauração.[23]

*Área pantanosa na região de tundra do Canadá, caracterizada pela presença de liquens, musgos e arbustos. (N.T.)

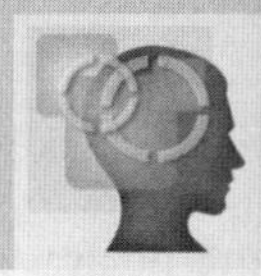

QUESTÕES PARA REFLEXÃO CRÍTICA

Quais Serão as Consequências do Pico do Petróleo?

Examine a Figura 18.19. Liste pelo menos quatro pontos que você consegue interpretar a partir do gráfico. O verão de 2008 acarretou preços recordes de petróleo. No final de maio, o preço subiu para 133 dólares por barril. Cada barril possui 117 litros. Ou seja, 1,14 dólar por litro de petróleo, antes de ser embarcado, refinado e tributado! Considere o seguinte:[24]

1. O petróleo dobrou de preço de 2007 para 2008 e depois caiu para cerca de 70 dólares por barril, na medida em que a demanda diminuiu. O preço continua muito instável.
2. A produção de grãos aumentou de cerca de 1,8 bilhão de toneladas para 2,15 bilhões de toneladas por ano, de 2002 a 2008.
3. O índice de preços globais dos alimentos aumentou cerca de 30% de 2007 a 2008. O açúcar aumentou cerca de 40% e os grãos 90%. O trigo, que custava 375 dólares por tonelada em 2006, subiu para mais de 900 dólares em 2008. Grandes atacadistas nos Estados Unidos, em 2008, estabeleceram limites para a quantidade de arroz que uma pessoa poderia comprar.
4. A produção mundial de biocombustíveis aumentou de 19 bilhões de litros, em 2005, para um pouco mais de 57 bilhões de litros em 2007. No final dos anos 1990, os Estados Unidos utilizaram cerca de 5% da produção de milho para biocombustível (etanol). Em 2007, 24% da produção foi utilizada para essa finalidade.
5. A rede de segurança mundial de estocagem de grãos em mãos diminuiu de 650 milhões de toneladas, em 2007, para 400 milhões de toneladas em 2008.

Perguntas para Reflexão Crítica

Supondo que os preços do petróleo continuarão instáveis:

1. Examine a Figura 18.19. Quais são os principais aspectos que se pode concluir a partir da leitura do gráfico? Dica: olhe atentamente para as formas das curvas e para as legendas. Seja sucinto.

2. Como as informações anteriores estão relacionadas? Dica: faça ligações entre a Figura 18.19 e os pontos de 1 a 5. Seja sucinto.

3. Quais serão as diferenças dos impactos econômicos potenciais e ambientais entre os países pobres e os países ricos.

4. Os Estados Unidos devem interromper a produção de milho voltada para a produção de biocombustível?

5. A fome, no futuro, ocorrerá devido ao aumento dos preços dos alimentos? Justifique sua resposta.

6. Você acredita que os motins por alimentos podem levar às guerras civis em alguns países?

7. Que soluções você pode propor para minimizar os impactos dos crescentes custos da energia vinculados à produção e ao preço dos alimentos?

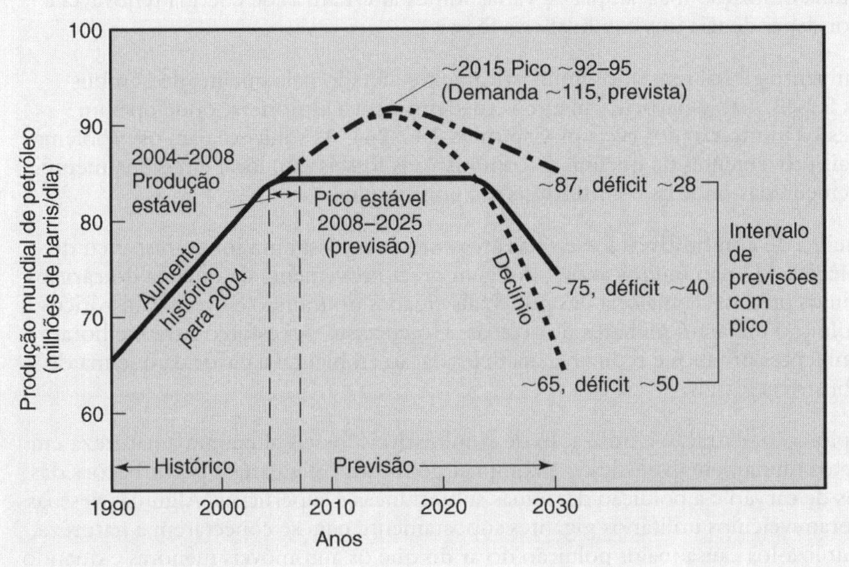

Figura 18.19 ■ Pico do petróleo com dois cenários: um pico longo e plano com a produção da forma que é hoje; e um pico mais protuberante por volta de 2015. Em ambos os casos ocorre escassez significativa (déficit entre a oferta ou a produção e a demanda). Dados de Roberts P. 2008. Tapped out. *National Geographic* (213): 6, 86–91.

RESUMO

- Os Estados Unidos têm um problema energético causado pela dependência dos combustíveis fósseis, especialmente do petróleo. Espera-se, para o período entre 2020 e 2050, que se atinja a produção global máxima (pico do petróleo), seguido por um declínio na sua produção. O desafio é planejar agora para o declínio do abastecimento de petróleo e para a mudança em direção às fontes alternativas de energia.
- Os combustíveis fósseis são formas de energia solar armazenada. A maior parte deles é oriunda da decomposição biológica incompleta de material orgânico morto, enter-

rado e convertido por complexas reações químicas no ciclo geológico.

- Como os combustíveis fósseis são não renováveis, deve-se desenvolver outras fontes para satisfazer as suas demandas energéticas. Deve-se decidir quando ocorrerá essa transição para os combustíveis alternativos e quais serão os impactos dessa transição.
- Os impactos ambientais relacionados ao petróleo e ao gás natural incluem os impactos associados com a exploração e o desenvolvimento (danos aos ecossistemas frágeis, poluição da água, poluição do ar e descarte de resíduos); os impactos associados com o refino e o processamento (poluição do solo, da água e do ar); e os impactos associados com a queima de petróleo e de gás para a obtenção de energia para os automóveis, geração de energia elétrica, utilização do maquinário industrial, aquecimento de casas e assim por diante (poluição do ar).
- O carvão é uma fonte de energia particularmente nociva para o ambiente. Os impactos ambientais associados à mineração, ao processamento, transporte e à utilização do carvão são muitos. Os problemas associados com a mineração incluem os incêndios, a subsidência, a drenagem ácida das minas e as dificuldades relacionadas à recuperação do solo. A queima do carvão pode liberar poluentes, incluindo os dióxidos de enxofre e de carbono. Finalmente, a queima do carvão produz um grande volume de produtos e de subprodutos da combustão, tais como as cinzas, a escória e o sulfito de cálcio (proveniente da lavagem). O objetivo ambiental em relação ao carvão é desenvolver uma usina sem emissão de poluentes.

REVISÃO DE TEMAS E PROBLEMAS

População Humana

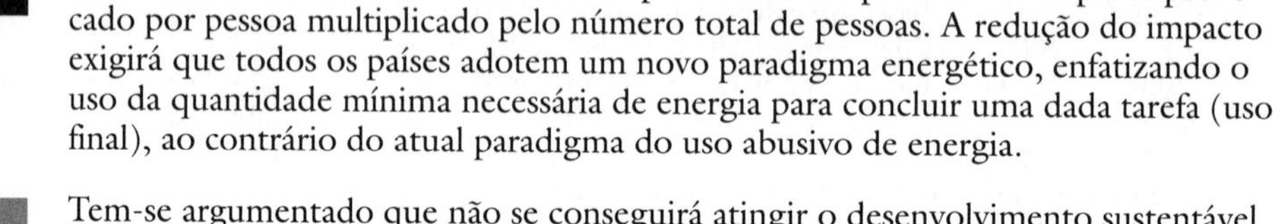

Na medida em que a população humana (particularmente em países desenvolvidos como os Estados Unidos) tem aumentado, também amplia-se o impacto total da utilização de combustíveis fósseis. O impacto total é o produto do impacto provocado por pessoa multiplicado pelo número total de pessoas. A redução do impacto exigirá que todos os países adotem um novo paradigma energético, enfatizando o uso da quantidade mínima necessária de energia para concluir uma dada tarefa (uso final), ao contrário do atual paradigma do uso abusivo de energia.

Sustentabilidade

Tem-se argumentado que não se conseguirá atingir o desenvolvimento sustentável e a manutenção da qualidade do ambiente para as futuras gerações caso continue o aumento do consumo de combustíveis fósseis. Atingir a sustentabilidade exigirá uma utilização mais ampla de várias fontes alternativas de energia renovável e menor dependência dos combustíveis fósseis.

Perspectiva Global

O ambiente global tem sido significativamente afetado pela queima de combustíveis fósseis. Isto é particularmente verdadeiro para a atmosfera, onde operam processos muito rápidos (veja os Capítulos 23 e 24). As soluções para os problemas globais provenientes da queima de combustíveis fósseis são, local e regionalmente, implementadas onde os combustíveis são consumidos.

Mundo Urbano

A queima de combustíveis fósseis nas áreas urbanas possui um longo histórico de problemas. Há não muitos anos, a fuligem preta proveniente da queima do carvão cobriu os prédios da maioria das principais cidades do mundo e eventos históricos de poluição mataram milhares de pessoas. Hoje, existe um esforço para melhorar os ambientes urbanos e reduzir a sua degradação ambiental a partir da queima de combustíveis fósseis.

Homem e Natureza

A exploração, extração e utilização de combustíveis fósseis alteraram a natureza em aspectos fundamentais — desde a composição da atmosfera até as perturbações das minas de carvão e a poluição das águas subterrâneas e superficiais. Algumas pessoas compram veículos utilitários gigantes supostamente para se conectarem a natureza, mas utilizá-los causa maior poluição do ar do que os automóveis menores e quando são utilizadas em trilhas (*off-road*), quase sempre degradam a natureza.

Ciência e Valores

As provas científicas dos efeitos adversos da queima de combustíveis fósseis estão bem documentadas. A controvérsia em relação ao seu uso está relacionada aos valores norte-americanos. Valoriza-se mais a queima de grandes quantidades de combustíveis fósseis para aumentar o crescimento econômico do que viver em um ambiente de qualidade? O crescimento econômico é possível sem prejudicar o ambiente; é possível desenvolver uma política energética sustentável que não prejudique o ambiente usando a tecnologia atual. É preciso transformações nos valores e estilos de vida relacionadas à produção e ao uso da energia, bem-estar humano e qualidade ambiental.

TERMOS-CHAVE

areias betuminosas
carvão mineral
combustíveis fósseis
combustíveis sintéticos
comércio de licenças
gás natural
hidratos de metano
lavagem de gás
petróleo cru
pico do petróleo
xisto betuminoso

QUESTÕES PARA ESTUDO

1. Supondo que a extração do petróleo atingirá o máximo por volta de 2020 e depois cairá cerca de 3% ao ano, quando a produção será a metade da produção de 2020? Quais poderiam ser as consequências? Por quê? Como essas consequências poderiam ser evitadas?
2. Compare as potenciais consequências ambientais da queima do petróleo, gás natural e do carvão.
3. Quais atitudes você pode tomar a nível pessoal para diminuir o consumo de combustíveis fósseis?
4. Quais problemas ambientais e econômicos poderiam resultar de uma transição rápida dos combustíveis fósseis para as fontes alternativas?
5. Quais são algumas das soluções técnicas para reduzir as emissões de poluentes do ar resultantes da queima de carvão? Quais são as melhores? Por quê?
6. O que você pensa sobre a ideia das licenças comercializáveis como uma solução potencial para reduzir a poluição resultante da queima de carvão?
7. Você acha que é possível desenvolver uma termelétrica à base de carvão com emissão zero de poluentes? E à base de gás natural?
8. Discuta como o crescente aumento do custo da energia está ligado ao fornecimento de alimentos e aos problemas ambientais.
9. Quais são as questões éticas associadas com os problemas de energia? Uma criança que deve nascer em 2050 é mais importante do que uma criança de hoje? Por quê?

LEITURAS COMPLEMENTARES

Boyl, G., Everett, B., e J. Ramage. 2003. *Energy Systems and Sustainability*, Oxford (UK): Oxford University Press. Ver a excelente discussão sobre combustíveis fósseis.

Fay, J. A., e D. S. Golomb, 2002. *Energy and the Environment*. New York: Oxford University Press. Veja os Capítulos 1–5 com respeito aos combustíveis fósseis.

Liu, P. I., 1993. *Introduction to Energy and the Environment*. New York: Van Nostrand Reinhold. Um bom resumo sobre fontes e temas de energia, com discussões sobre os efeitos ambientais de várias fontes de energia.

Miller, E. W., e R. M. Miller, 1993. *Energy and American Society: A Reference Handbook*. Broomfield, Colo.: ABC-CLIO. Acompanha os padrões de uso da energia desde os primórdios da história americana até os dias de hoje, e olha para as futuras fontes de energia.

Capítulo 19

Energias Alternativas e o Meio Ambiente

Este parque eólico em Tarifa, Espanha, tem uma capacidade de geração de 5 MW, que são produzidos por apenas 12 turbinas eólicas.

OBJETIVOS DE APRENDIZADO

Entre as alternativas aos combustíveis fósseis e energia nuclear existem os biocombustíveis, energia solar, energia hídrica, energia eólica e energia geotérmica. Algumas dessas alternativas já estão sendo utilizadas, e os esforços estão sendo feitos para desenvolver outras. Após a leitura deste capítulo, deve-se saber:

- As vantagens e desvantagens de cada tipo de energia alternativa.
- O que são sistemas de energia passivos, ativos e fotovoltaicos.
- Por que o hidrogênio pode ser um importante combustível do futuro.
- Por que é pouco provável que a energia hidráulica obtenha maior importância no futuro.
- Por que a energia eólica tem um potencial enorme, e como seu desenvolvimento e utilização podem afetar o ambiente.
- Se os biocombustíveis são capazes de substituir os combustíveis fósseis.
- O que é a energia geotérmica e como o seu desenvolvimento e utilização afetam o meio ambiente.

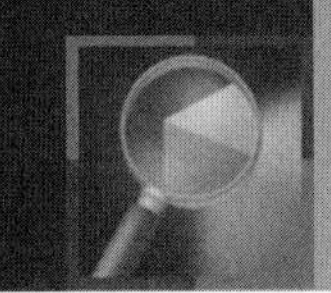

ESTUDO DE CASO

Energia Solar Mesmo em Lugares Pouco Ensolarados

Uma das maiores usinas de energia solar do mundo está em um campo na fria e nebulosa Baviera, Alemanha, onde pastam ovelhas de baixo de uma cultura atípica: uma série de retângulos pretos montados em tubos de metal que giram muito lentamente durante o dia, seguindo o sol como girassóis mecânicos. Esta instalação elétrico-solar gera 10 megawatts em 25 hectares. Sendo assim, proporcionalmente, apenas 3,5% da área da Alemanha poderia fornecer a energia solar equivalente a toda a energia consumida na Alemanha — carros, caminhões, trens, indústrias, tudo![1] Esta instalação é única, mas demonstra que atualmente a energia solar funciona, mesmo em lugares onde nem todos os dias são ensolarados para fornecer grandes quantidades de energia.

Figura 19.1 ■ Baviera, Alemanha, usina de energia solar de 10 megawatts.

19.1 Introdução às Fontes Alternativas de Energia

Conforme já foi visto, as fontes de energia primária são hoje os combustíveis fósseis, que abastecem cerca de 90% da energia consumida pela humanidade. Todas as outras fontes são consideradas energias alternativas e são divididas em energias renováveis e não renováveis. Fontes não renováveis de **energia alternativa** incluem a energia nuclear (discutida no Capítulo 20) e energia geotérmica (a energia proveniente das profundezas da Terra, decorrentes de processos geológicos). A energia nuclear não é renovável, pois requer um combustível mineral extraído da Terra. A **energia geotérmica** é considerada não renovável, na maior parte porque o calor pode ser extraído a partir da Terra mais rapidamente do que é naturalmente reabastecido (isto é, o consumo excede a produção; veja o Capítulo 3). As fontes renováveis são as de origem solar, dos rios (hidráulica), eólica, marítima e os biocombustíveis. Estes últimos são derivados da energia a partir de biomassa (culturas, madeira e assim por diante). As fontes de **energia renovável** — solar, hídrica, eólica e biomassa — são frequentemente discutidas como uma família, porque todas elas são derivadas da energia do sol (Figura 19.2). Elas são renováveis porque são regeneradas pelo sol dentro de um período de tempo útil para o homem.

A energia total que provavelmente o ser humano é capaz de extrair a partir das fontes alternativas de energia é enorme (Tabela 19.1). Por exemplo, a energia recuperável estimada a partir da energia solar é cerca de 75 vezes o atual consumo humano global anual de energia. A energia recuperável estimada apenas dos ventos é comparável ao consumo de energia global atual.

Tabela 19.1 Recursos-base Globais e Energia Recuperável para as Fontes Alternativas de Energia Selecionadas

Fonte	*Base de Recurso (TW)**	*Recurso Recuperável (TW)*
Solar	90.000	1.000
Eólica	300–1.200	10
Hídrica	10–30	2
Biomassa	30	10
Geotérmica	30	3

* 1 terawatt (TW) equivale a um trilhão de watts (10^{12} watts). A produção global de energia consumida é de cerca de 13 TW. Isso equivale a um consumo anual de cerca de 425 exajoules.

Fonte: Modificado de T. Jackson, and R. Lofstedt, "Royal Commission on Environmental Pollution, Study on Energy and the Environment," 1998. Accessado em 9/11/2000 em http://www.rcep.org.uk/studies/energy/98-6061/jackson.html

Limitações das Energias Renováveis

As energias renováveis podem não estar necessariamente sempre disponíveis quando se precisa delas. Fontes de energia renováveis, com exceção da biomassa e da energia hídrica (que podem ser armazenadas), são intermitentes, com variações diárias e sazonais no abastecimento. Essas variações se tornarão um problema quando essas energias renováveis representarem o suprimento de 40% do consumo total de energia. Acima de 40%, a variação natural periodicamente causará racionamento no fornecimento de energia. Como resultado, será necessário o desenvolvimento de sistemas de armazenamento de energia para suavizar as variações no fornecimento.

Fontes renováveis de energia não estão igualmente disponíveis em todos os locais. Portanto, alocar a produção de energia em locais adequados é importante. Por exemplo, nos Estados Unidos, os parques eólicos são especialmente atraen-

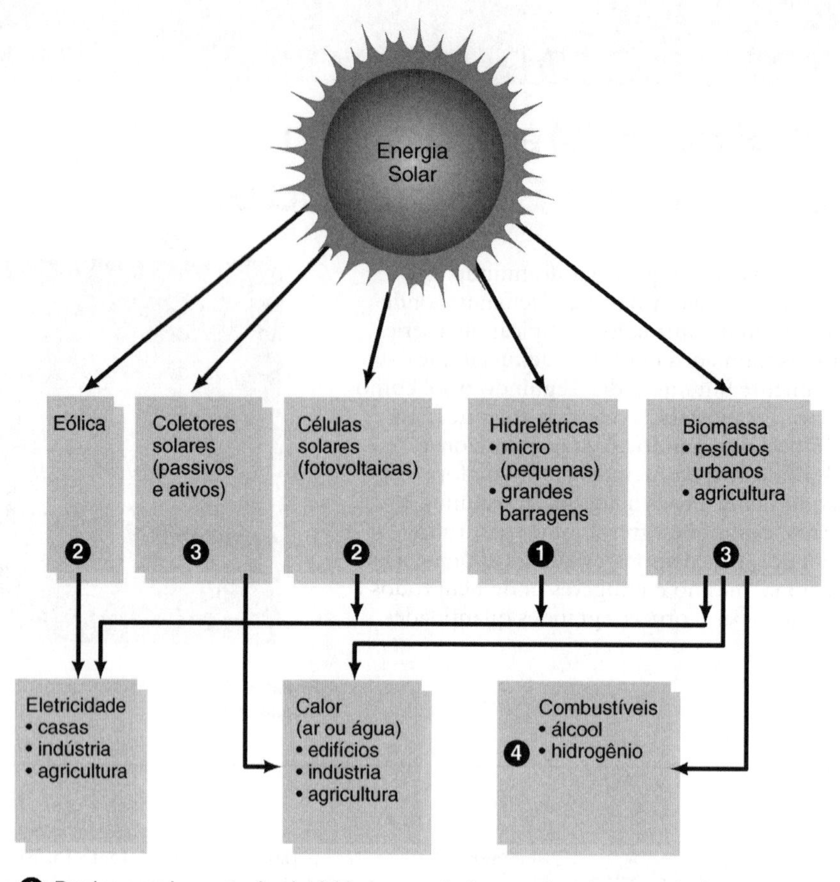

Figura 19.2 ■ Rotas dos vários tipos de energia solar renováveis.

tes nas Grandes Planícies, no noroeste e na Califórnia, onde o vento é forte e estável. Alguns parques eólicos gigantescos foram construídos e estão operando no Texas, por exemplo.

Atualmente, a energia solar é mais cara que a energia de combustíveis fósseis ou energia nuclear, em parte porque, no passado, subsídios federais foram muito menores que os concedidos aos combustíveis fósseis nacionais e à produção de energia nuclear.[1]

Instalações de energias renováveis competem com outros usos da terra e isto está causando algumas polêmicas.

Benefícios das Energias Alternativas

Fontes alternativas de energia são associadas com a mínima degradação ambiental. Em geral, por não haver combustível queimado, não aumentam a quantidade de dióxido de carbono na atmosfera. Fontes de energias renováveis, como solar e eólica, não causarão alterações climáticas nem aumentarão os níveis dos oceanos, que aumentaria a erosão costeira. Outra vantagem é que o tempo de espera necessário para a construção e instalação de usinas eólicas e solares é pequeno comparado com a construção das usinas de energia fóssil e nuclear.

Fontes alternativas de energia renovável, particularmente as energias solar e eólica, estão crescendo muito rapidamente. Pela primeira vez, tornou-se evidente que essas fontes de energia poderão competir com os combustíveis fósseis. Fontes alternativas de energia renovável são as melhores oportunidades para desenvolver uma política energética verdadeiramente sustentável que não irá prejudicar o planeta.

Esta seção forneceu uma breve introdução às fontes alternativas de energia. Em seguida, serão discutidas as fontes individuais e, quando apropriado, as vantagens e desvantagens ambientais de cada uma.

19.2 Energia Solar

O total de energia solar que atinge a superfície da Terra é enorme. Por exemplo, em uma escala global, 10 semanas de energia solar é aproximadamente equivalente à energia armazenada em todas as reservas conhecidas de carvão, petróleo e gás natural na Terra. A energia solar é absorvida na superfície da Terra a uma taxa média de 90 mil TW (1 TW é igual 10^{12} W), que representa cerca de 7.000 vezes a demanda mundial total de energia.[2] Nos Estados Unidos, em média, 13% da energia solar original que entra na atmosfera chega à superfície (equivalente a aproximadamente 177 W/m^2 em uma base contínua). A disponibilidade estimada durante todo o ano de energia solar nos Estados Unidos é mostrada na Figura 19.3. Entretanto, a energia solar acompanha características específicas do local, e observações detalhadas do local em potencial são necessárias para avaliar a variabilidade diária e sazonal do potencial de energia solar.[6]

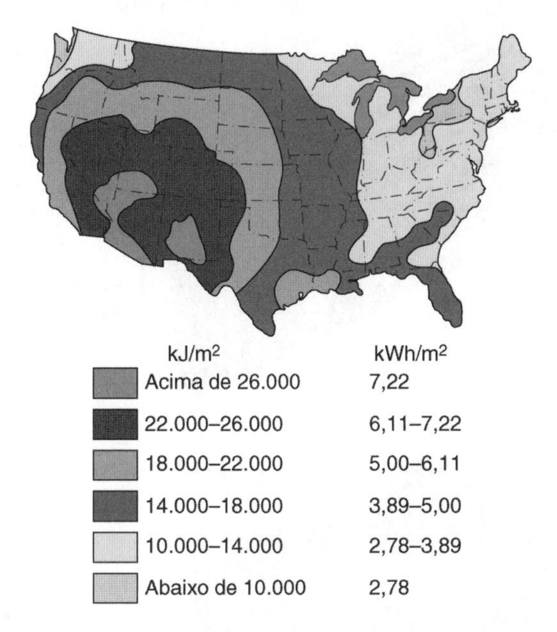

Figura 19.3 ■ Energia solar estimada para os Estados Unidos contíguos. (*Fonte*: Modificado de Solar Energy Research Institute, 1978.)

A energia solar pode ser utilizada através de sistemas solares passivos ou ativos. **Sistemas passivos de energia solar** não utilizam bombas ou outras tecnologias ativas para movimentar ar ou água. Em vez disso, normalmente estes fazem uso de projetos arquitetônicos que melhoram a absorção da energia solar (Figura 19.4). Desde o surgimento da civilização, muitas sociedades têm usado a energia solar passiva (veja o Capítulo 17). Por exemplo, arquitetos islâmicos tradicionalmente utilizaram a energia solar passiva em climas quentes para refrigerar edifícios.

Energia Solar Passiva

A energia solar passiva promove resfriamento em períodos quentes e retém o calor em períodos frios. Os métodos incluem (1) beiral em edifícios que bloqueiam os raios solares de verão (ângulo elevado), mas permitem que os raios solares de inverno (de baixo ângulo) penetrem e aqueçam os aposentos; (2) construção de uma parede que absorva a luz solar durante o dia e irradie o calor para aquecer os aposentos à noite; (3) plantio de árvores, que perdem as folhas durante o inverno, no lado ensolarado de um edifício. Esta sombra resfria o edifício no verão, e no inverno, com suas folhas caídas, permitem a passagem de luz solar para o edifício.

Milhares de edifícios nos Estados Unidos — não apenas no sudoeste ensolarado, mas em outras partes do país, como em Nova Inglaterra — atualmente usam sistemas solares passivos.[3]

Sistemas passivos de energia solar também fornecem iluminação natural para edifícios através de janelas e claraboias. Modernas janelas de vidro podem ter um vidro especial que transmite luz visível, bloqueia o infravermelho e promove o isolamento térmico.

Energia Solar Ativa

Sistemas ativos de energia solar requerem energia mecânica, como bombas elétricas, para circular o ar, água ou outros fluidos dos coletores solares para locais onde o calor é armazenado e, em seguida, bombeia-se para onde a energia é requerida.

Coletores Solares

Os **coletores solares** para fornecer aquecimento e água quente são geralmente constituídos de coberturas de placas planas de vidro em fundo negro, onde um fluido absorvente (água ou outro líquido) circula através de tubos (Figura 19.5). A radiação solar penetra o vidro e é absorvida pelo fundo preto. O

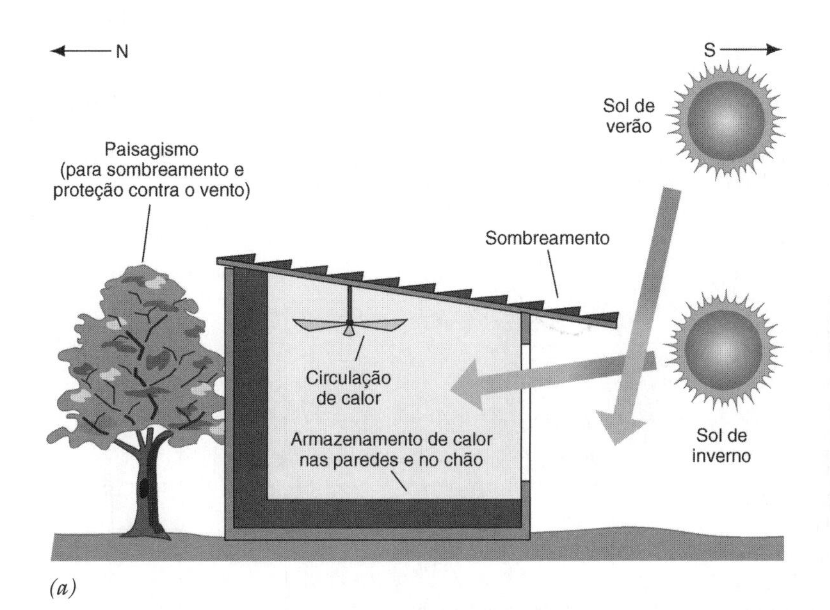

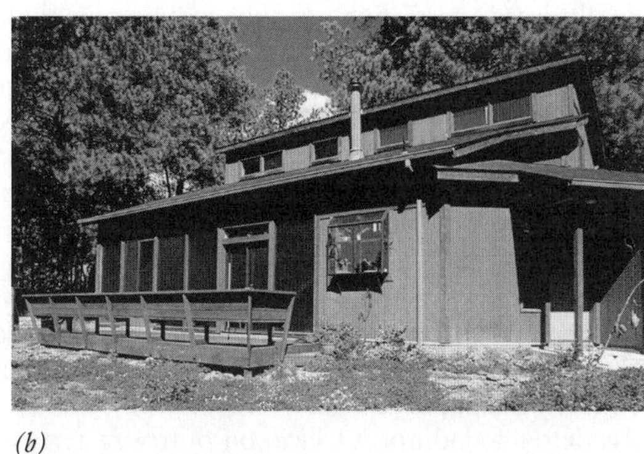

Figura 19.4 ■ (*a*) Elementos essenciais de projetos de dispositivos solares passivos. No auge do verão do Hemisfério Norte, a luz solar é bloqueada pela beirada, mas no inverno a luz solar entra de baixo da janela virada para o sul. Outras características são projetadas para facilitar o armazenamento e a circulação passiva de calor solar. (*b*) O projeto desta casa utiliza energia solar passiva. A luz solar entra pelas janelas e incide em uma parede de alvenaria especialmente projetada para tal, visto que é pintada de preto. A parede de alvenaria aquece e irradia o calor, mantendo-o na casa durante o dia e à noite. (*Fonte*: Moran, Morgan e Wiersma, *Introduction to Environmental Science* [New York: Freeman, 1986]. Direitos autorais de W. H. Freeman & Company. Reproduzido com permissão.)

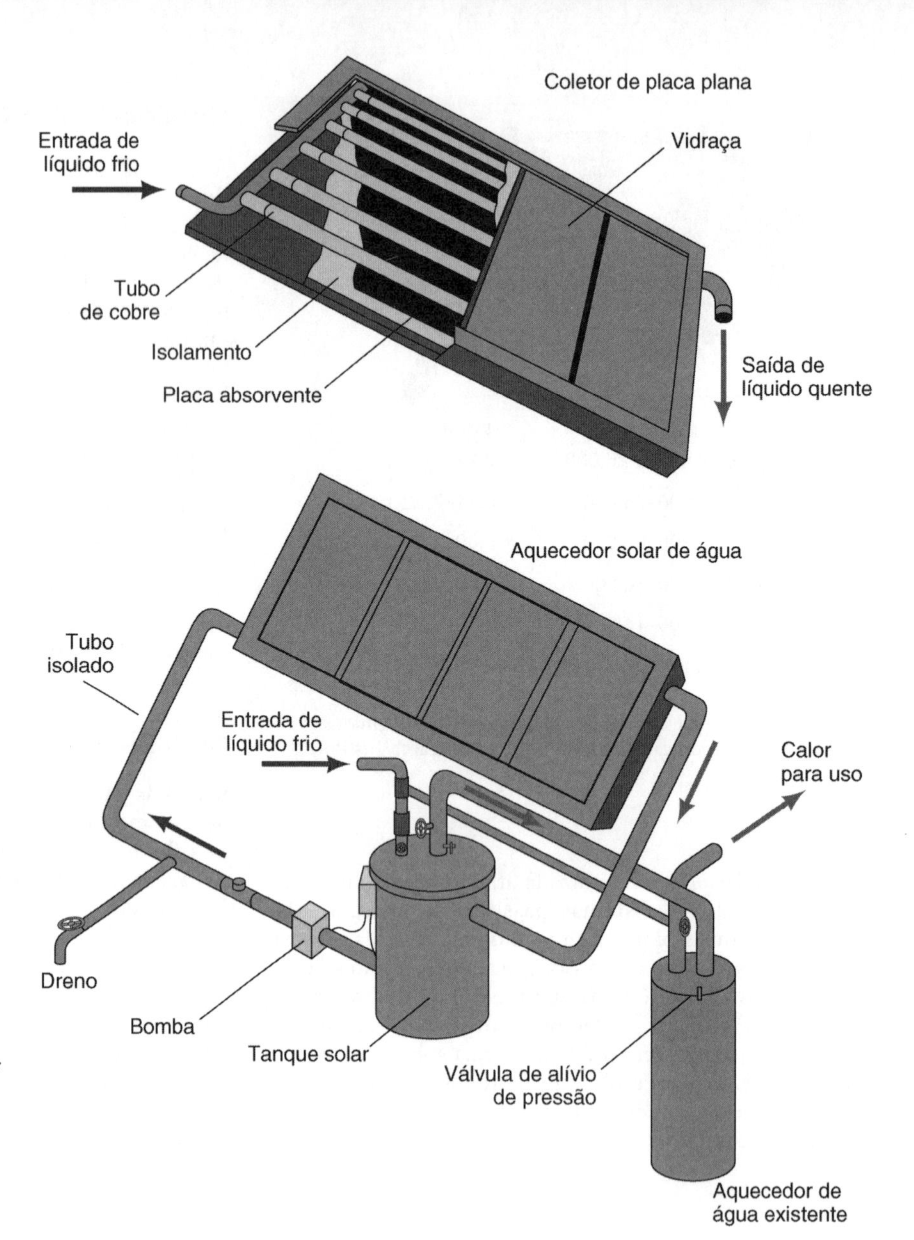

Figura 19.5 ■ Detalhes de um coletor solar de placa plana e de um aquecedor solar de água bombeada. Orientações relativas ao Hemisfério Norte. (*Fonte:* Farallones Institute, *The Integral Urban House* [San Francisco: Sierra Club Books, 1979]. Direitos autorais de Sierra Club Books, 1979. Reproduzido com permissão.)

calor é emitido a partir do material preto, aquecendo o fluido que passa e circula nos tubos.

Um segundo tipo de coletor solar é o coletor de tubo de vácuo. Seu projeto é similar ao do coletor de placa plana. A diferença é que cada tubo, juntamente com o seu fluido de absorção, passa por um tubo maior que ajuda a reduzir a perda de calor. O uso de coletores solares está tendo um crescimento muito rápido. O mercado global cresceu cerca de 50% entre 2001 e 2004. Sistemas solares para aquecimento de água nos Estados Unidos são economicamente viáveis, cujos retornos sobre o investimento variam de 4 a 8 anos.[4]

Energia Fotovoltaica

A **energia fotovoltaica** converte a luz solar diretamente em eletricidade (Figura 19.6). O sistema utiliza células solares, também chamadas de células fotovoltaicas, feitas de finas camadas de semicondutores (silício ou outros materiais) e de componentes eletrônicos em estado sólido com pouca ou nenhuma parte móvel. A energia fotovoltaica apresenta o maior crescimento mundial em fontes de energia, com uma taxa de crescimento de cerca de 35% ao ano (dobrando a cada dois anos). Nos Estados Unidos, a quantidade de energia fotovoltaica exportada aumentou 50% entre 2005 e 2006.[5] A indústria fotovoltaica deverá atingir 30 bilhões de dólares em tecnologia de células solares em 2010.[4] A tecnologia de células solares está avançando rapidamente. Enquanto há algumas décadas conseguia-se converter apenas cerca de 1% ou 2% da luz solar

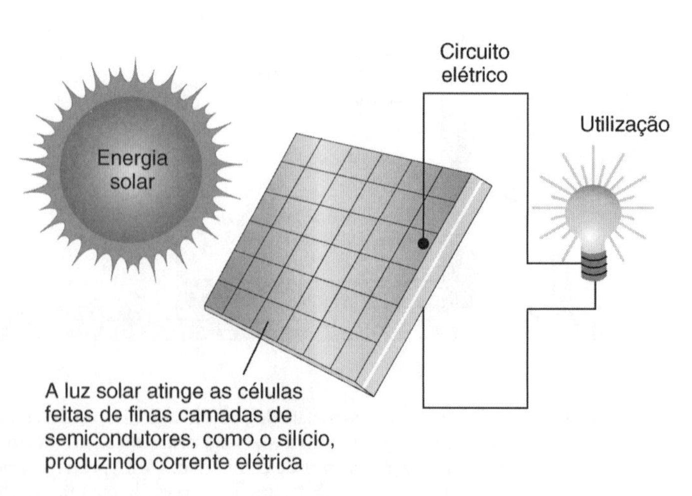

Figura 19.6 ■ Diagrama idealizado ilustrando como funcionam as células solares fotovoltaicas.

(*a*)

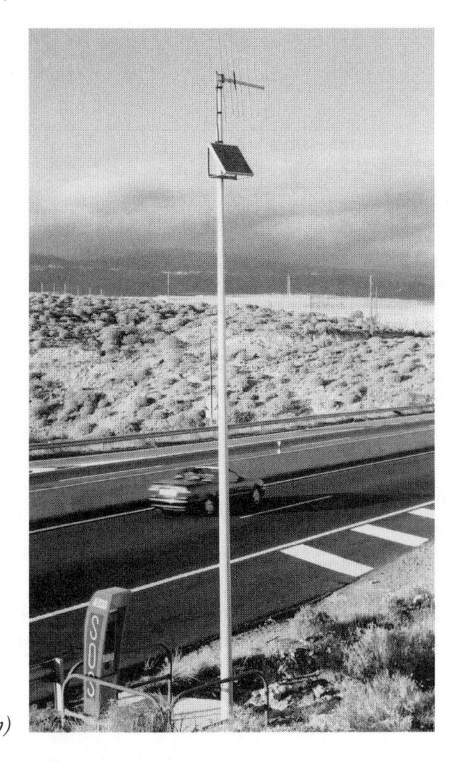

(*b*)

Figura 19.7 ■ (*a*) Os painéis de células fotovoltaicas são utilizados aqui para alimentar uma residência. (*b*) A energia fotovoltaica sendo usada para alimentar telefones de emergência ao longo de uma autoestrada na ilha de Tenerife, nas Ilhas Canárias.

em eletricidade, hoje consegue-se converter até 20%. As células são construídas em módulos padronizados, encapsulados em plástico ou vidro, que podem ser combinadas para produzir sistemas de vários tamanhos, de modo que a produção de energia possa ser configurada para o uso pretendido. A eletricidade é produzida quando a luz solar atinge a célula. As diferentes propriedades eletrônicas das camadas causam o fluxo dos elétrons para fora da célula através de fios elétricos.

A energia fotovoltaica tem uma variedade de usos, dividindo-se em instalações que produzem grandes quantidades de eletricidade e são conectadas a uma rede elétrica e aplicações fora da rede, geralmente muito pequenas. Isto inclui alimentação de satélites e veículos espaciais, além da alimentação de equipamentos elétricos tais como sensores de níveis de água, estações meteorológicas e telefones de emergência em áreas remotas (Figura 19.7).

A energia fotovoltaica está emergindo como um importante colaborador para os países em desenvolvimento que não têm capacidade financeira para construir redes elétricas ou grandes centrais de usinas elétricas que queimam combustíveis fósseis. Uma empresa de energia solar nos Estados Unidos está fabricando sistemas fotovoltaicos que alimentam lâmpadas e televisores com um custo de instalação de menos de 400 dólares por casa.[6] Cerca de meio milhão de casas, principalmente nas vilas que não estão ligadas a uma rede elétrica nacional, agora recebem eletricidade de células fotovoltaicas.[9] Os governos da Índia e dos Estados Unidos já anunciaram que serão instalados sistemas fotovoltaicos em um milhão de telhados em 2010.

O crescimento e as mudanças tecnológicas no âmbito da energia fotovoltaica sugerem que, no século XXI, a energia solar provavelmente se tornará uma indústria geradora de muitos gigawatt por ano, o que irá fornecer uma porção significativa da energia que é utilizada.

Geradores Térmicos Solares

Os geradores térmicos solares concentram a luz solar em recipientes de retenção de água. A água ferve e é usada para girar geradores elétricos convencionais movidos a vapor. Estes sistemas incluem torres de energia solar, mostrados na Figura 19.8. O primeiro teste em grande escala de utilização de luz solar visando a fervura da água para mover um gerador de vapor elétrico foi o "Solar One". Este projeto foi financiado pelo Departamento de Energia dos Estados Unidos, construído em 1981 pela Southern California Edison e operado por essa empresa, juntamente com o Departamento de Água e Energia de Los Angeles e a Comissão de Energia da Califórnia. A luz solar foi focalizada e concentrada no topo da torre por 1.818 grandes espelhos (cada um com cerca de 6 metros de diâmetro), que foram mecanicamente ligados uns aos outros e acompanhavam o sol.

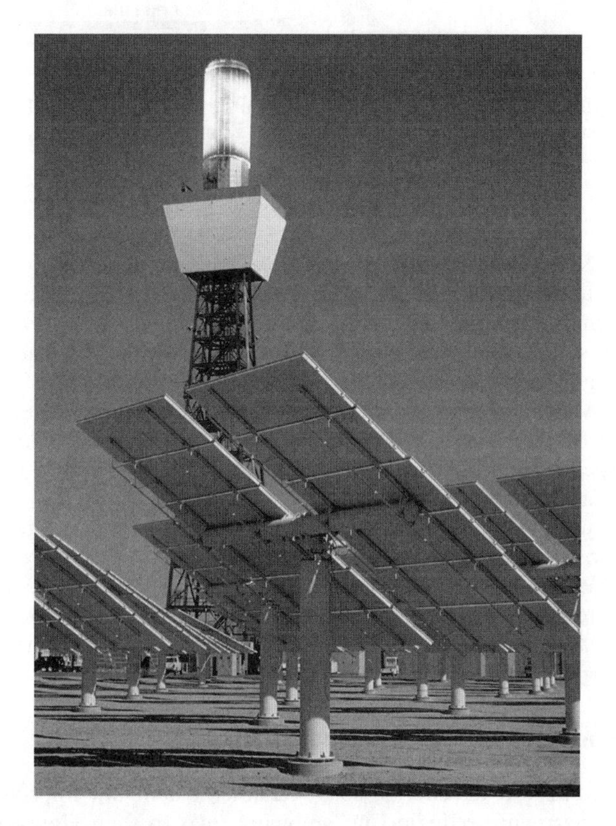

Figura 19.8 ■ Torre de energia solar em Barstow, Califórnia, EUA. A luz solar é refletida e concentrada no coletor central, onde o calor é usado para produzir vapor, que aciona turbinas que geram energia elétrica.

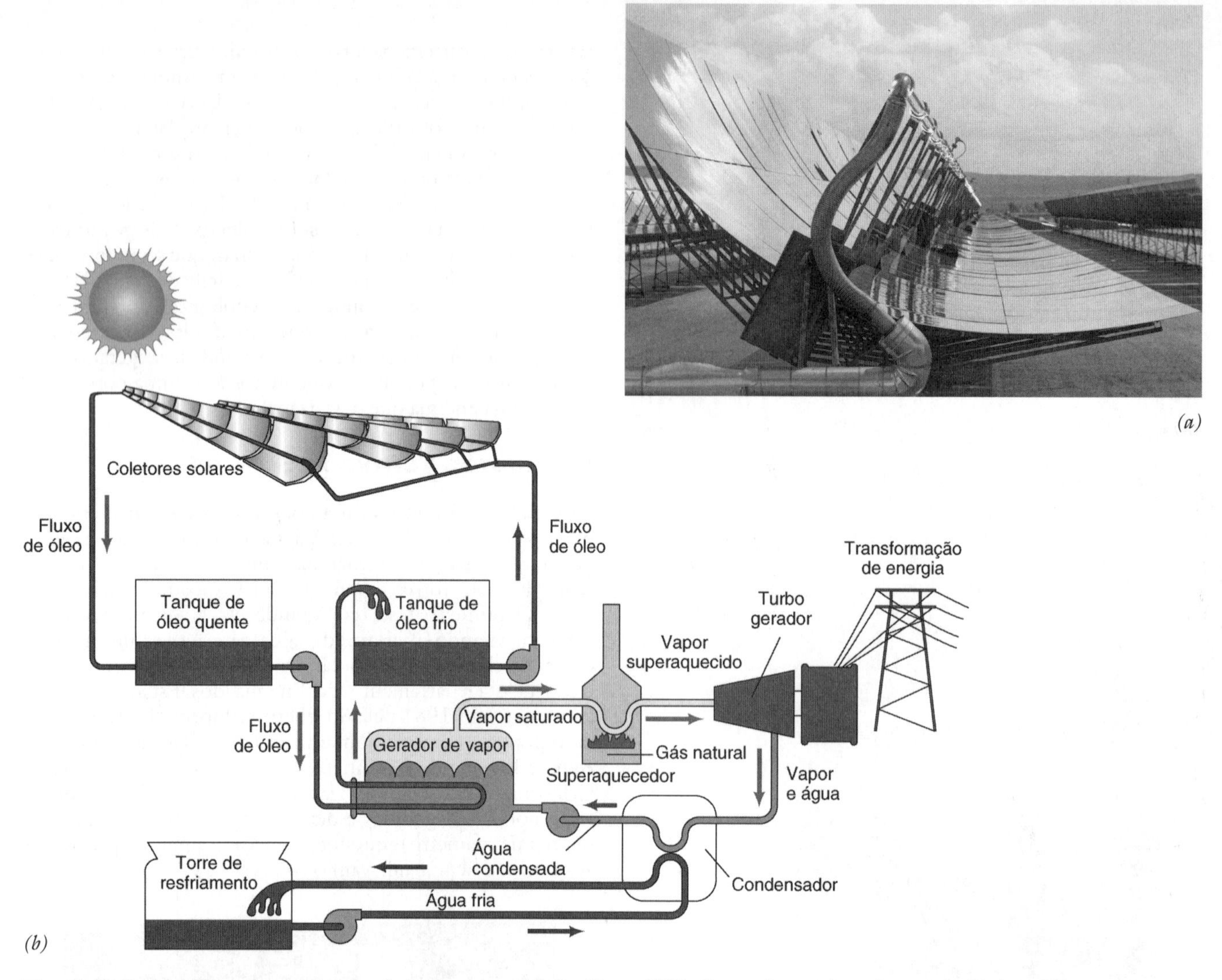

Figura 19.9 ■ (*a*) Usina de energia solar de Acciona, ao sul de Las Vegas, EUA. Os geradores solares de energia elétrica utilizam enormes superfícies lisas escurecidas para converter a luz solar em eletricidade. (*b*) Diagrama ilustrando como funciona o sistema LUZ. (*Fonte:* Cortesia da LUZ International.)

No final de 1999, esta torre de energia foi desativada, em parte porque a planta não era economicamente competitiva com outras fontes de energia elétrica. Novos geradores térmicos solares estão sendo construídos com grandes capacidades de geração de energia (Figura 19.9).

Mais recentemente, dispositivos que aquecem um líquido e produzem eletricidade a partir de vapor têm utilizado vários espelhos sem uma torre, onde cada espelho concentra a luz solar em um tubo contendo o líquido (como mostrado nas Figuras 19.8 e 19.9). Este é um sistema mais simples e tem sido considerado mais barato e mais confiável.

Espera-se que em breve o custo da eletricidade a partir de torres de energia seja reduzido o suficiente para ser economicamente competitivo com as fontes tradicionais de energia elétrica.[3]

Energia Solar e Meio Ambiente

A utilização da energia solar geralmente tem um impacto relativamente reduzido no ambiente, mas existem algumas preocupações ambientais. Uma delas é a grande variedade de metais, vidro, plásticos e fluidos utilizados na fabricação e utilização de equipamentos solares. Algumas dessas substâncias podem causar problemas ambientais por meio da produção e liberação acidental de materiais tóxicos.

19.3 Conversão da Eletricidade Proveniente de Energia Renovável para um Combustível que Possa Ser Queimado e Possa Abastecer Veículos

Uma pergunta óbvia sobre a energia solar, assim como a energia eólica, marítima, e hidrelétrica, é como converter esta energia em uma forma que seja facilmente transportada e possa alimentar motores de veículos. Basicamente, existem duas escolhas: armazenar a eletricidade em baterias e utilizá-la em veículos elétricos, ou transferir a energia da

DETALHAMENTO 19.1

Células de Combustível — Uma Alternativa Atrativa

A energia produzida pela queima de combustíveis fósseis, especialmente carvão e combustíveis utilizados em motores de combustão interna (automóveis, caminhões, navios e locomotivas), está associada a graves problemas ambientais. Como resultado, busca-se pelo desenvolvimento de tecnologias ambientalmente benignas e capazes de gerar energia.[7] Uma tecnologia promissora usa células de combustíveis, que produzem menos poluentes, são de baixo custo e têm o potencial de armazenar e produzir energia de alta qualidade.

As **células de combustível** são sistemas de geração de energia altamente eficientes que produzem eletricidade através da combinação de combustível e oxigênio em uma reação eletroquímica. O hidrogênio é o combustível mais comum, embora estejam disponíveis células de combustível que funcionam com metanol, etanol e gás natural. Tecnologias tradicionais de geração requerem a combustão de combustível, a fim de converter o calor resultante em energia mecânica (para mover pistões ou turbinas), e esta energia mecânica é, então, convertida em eletricidade. No entanto, com as células de combustível, a energia química é convertida diretamente em energia elétrica, aprimorando assim a segunda lei da eficiência (veja o Capítulo 17), além da redução das emissões nocivas.

Os componentes básicos de uma célula de combustível de hidrogênio são mostrados na Figura 19.10. O hidrogênio e o oxigênio são adicionados à célula de combustível em uma solução eletrolítica. Os reagentes permanecem separados um do outro e uma membrana de platina impede que elétrons fluam diretamente para o lado positivo da célula de combustível. Os elétrons são direcionados por um circuito externo.[7,8] O fluxo de elétrons a partir do eletrodo negativo para o positivo é desviado ao longo de seu caminho em um motor elétrico, e este fluxo fornece corrente para manter o motor funcionando. Para manter esta reação, o hidrogênio e o oxigênio são acrescentados conforme a necessidade. Quando o hidrogênio é usado em uma célula de combustível, o único resíduo é a água. A utilização de gás natural (CH_4) em células de combustível produz alguns poluentes, mas o valor é apenas cerca de 1% do que seria produzido pela queima de combustíveis fósseis em um motor de combustão interna ou uma usina de energia convencional.[9]

As células de combustível são limpas e eficientes, e podem ser dispostas em série para produzir a quantidade adequada de energia para uma determinada tarefa. Além disso, a eficiência de uma célula de combustível é largamente independente de seu tamanho e produção de energia. Por estas razões, as células de combustível são bem adaptadas para fornecer energia para os automóveis, casas e usinas de energia em grande escala. Elas também podem ser usadas para armazenar energia a ser utilizada somente quando necessário. As células de combustível são usadas em muitos locais. Por exemplo, elas alimentam ônibus no Aeroporto Internacional de Los Angeles e também em Vancouver, e fornecem calor e energia para a Base da Força Aérea de Vandenberg, na Califórnia.[10]

A Islândia, com a ajuda da União Europeia, está atualmente tentando se tornar a primeira economia energética baseada no hidrogênio. Embora a Islândia tenha enormes reservas de energia geotérmica que podem ser usadas para produzir o hidrogênio para células de combustível, ela não possui combustíveis fósseis. O passo mais importante será o de criar a infraestrutura necessária para o armazenamento, transporte e estações de abastecimento de hidrogênio, que é tão inflamável quanto à gasolina.[8]

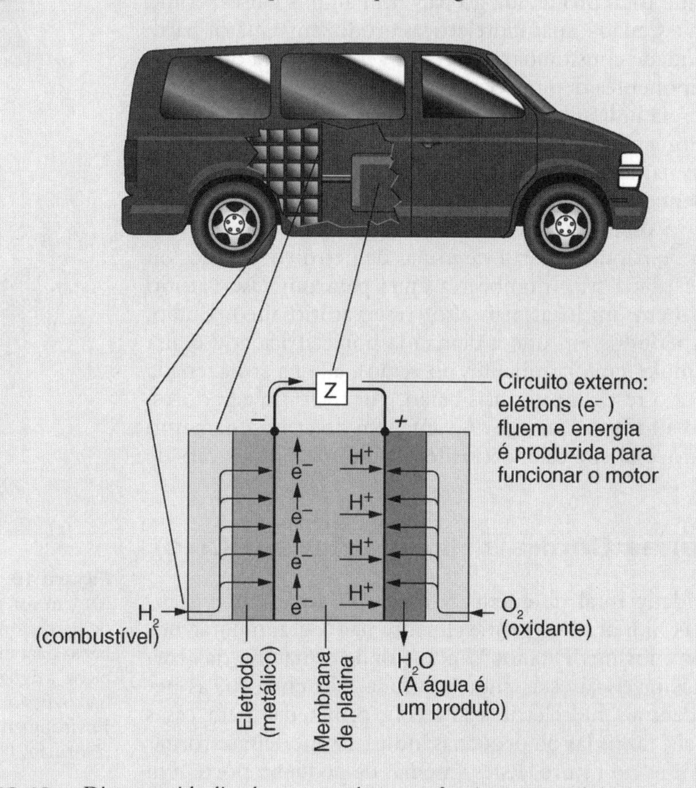

Figura 19.10 ■ Diagrama idealizado mostrando como funciona uma célula de combustível e sua aplicação para alimentação de um veículo.

eletricidade para combustíveis gasosos ou líquidos. Sobre esta última opção, o mais simples é por meio do gás hidrogênio. Uma corrente elétrica pode ser utilizada para separar a água em gás hidrogênio e gás oxigênio. O hidrogênio pode alimentar células de combustível (veja o Detalhamento 19.1), que são similares às pilhas, em que os elétrons fluem entre os polos negativo e positivo. No entanto, uma célula de combustível gera eletricidade em vez de apenas armazená-la como em uma pilha. O hidrogênio, como gás natural, pode ser transportado em gasodutos e armazenado em tanques; e pode ser produzido usando energia solar e outras fontes de energia renováveis. É um combustível limpo; o produto da combustão da queima do hidrogênio é a água, de modo que não contribui para o aquecimento global, poluição do ar, ou a chuva ácida (veja os Capítulos 23 e 24). O gás hidrogênio pode ser um importante combustível do futuro.[11] Ele também possibilita conversões químicas adicionais, combinando o hidrogênio com o carbono em dióxido de carbono para produzir metano e etanol, que também pode alimentar motores de veículos.

Melhorias tecnológicas na produção de hidrogênio são certas e o preço do combustível de hidrogênio provavelmente será reduzido substancialmente no futuro.[10]

19.4 Energia Hidráulica

A **energia hidráulica** é uma forma de energia solar armazenada que tem sido aproveitada com sucesso desde, pelo menos, a época do Império Romano. Rodas hidráulicas que convertem energia hidráulica em energia mecânica transformaram a Europa Ocidental durante a Idade Média. Durante os séculos XVIII e XIX, grandes rodas hidráulicas forneceram energia a moinhos de grãos, serrarias e outros maquinários nos Estados Unidos.

Hoje, usinas hidrelétricas utilizam a água armazenada nas barragens. Nos Estados Unidos, as usinas hidrelétricas geram cerca de 80.000 MW de energia elétrica — cerca de 10% da eletricidade total produzida no país. Em alguns países, como Noruega e Canadá, suas hidrelétricas produzem a maior parte da eletricidade consumida. A Figura 19.11*a* mostra os principais componentes de uma central hidrelétrica.

A energia hidráulica também pode ser usada para armazenar a energia produzida por outros meios, através do processo de armazenamento bombeado (Figura 19.11*b* e *c*). Durante o período em que a demanda por energia é baixa (por exemplo, à noite, no verão), a eletricidade produzida em excesso (em relação à demanda) a partir de usinas de petróleo, carvão, ou nuclear é usada para bombear a água para um reservatório localizado em um local mais alto (reservatório alto). Então, durante períodos em que a demanda por eletricidade é alta (por exemplo, em dias quentes no verão), a água armazenada reflui para o reservatório mais baixo, por meio de geradores, ajudando a fornecer energia. A vantagem do armazenamento bombeado está no calendário de produção e utilização de energia.

Pequenas Centrais Hidrelétricas (PCHs)

A quantidade total de energia elétrica produzida por grandes usinas hidrelétricas provavelmente não vai aumentar nos próximos anos nos Estados Unidos, onde a maioria das barragens aceitáveis já está sendo utilizada. No entanto, as pequenas centrais hidrelétricas (PCHs), projetadas para casas individuais, fazendas ou pequenas indústrias, podem se tornar mais comuns no futuro. Estes sistemas de pequeno porte têm potência inferior a 100 kW.[14]

Inúmeros sítios em muitas áreas têm potencial para a produção de energia elétrica em pequena escala. Isto é particularmente verdadeiro em áreas montanhosas, onde a energia potencial da água de córregos é frequentemente disponível. O desenvolvimento das PCHs é específico, dependendo da regulamentação local, da situação econômica e das limitações hidrológicas. A energia hidráulica pode ser usada para gerar tanto a potência elétrica como a potência mecânica para fazer funcionar máquinas; a sua utilização pode ajudar a reduzir o alto custo da importação de energia. Elas também podem permitir que pequenas operações se tornem mais independentes dos fornecedores de serviço público local.

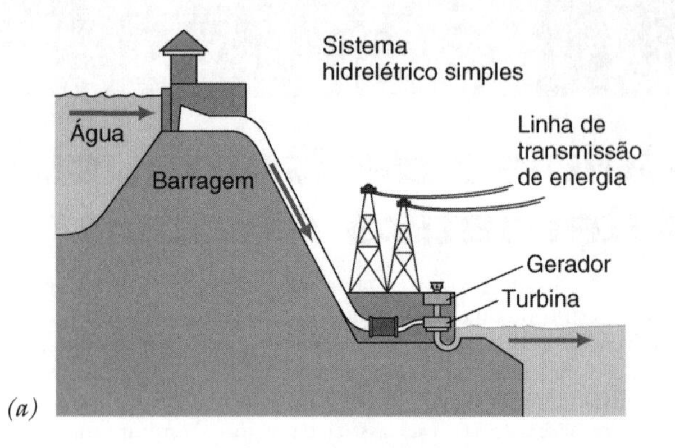

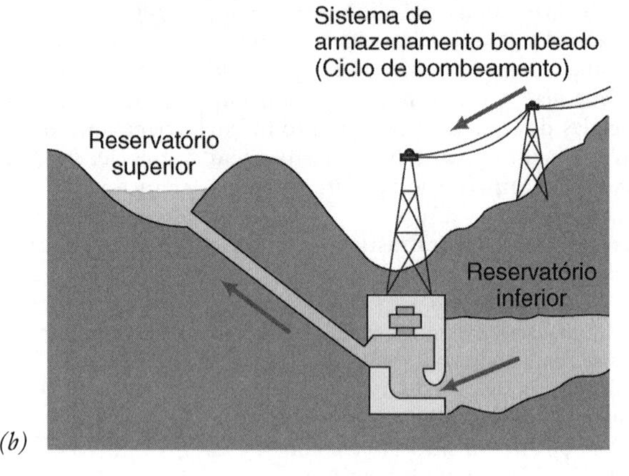

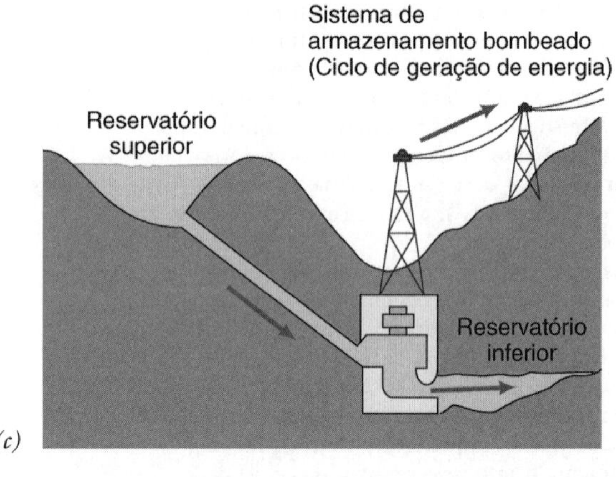

Figura 19.11 ■ (*a*) Componentes básicos de uma usina hidrelétrica. (*b*) Um sistema de armazenamento bombeado. Durante o período de baixo consumo, a água é bombeada a partir de um reservatório baixo para um reservatório mais elevado. (*c*) Durante períodos de picos, a água flui do reservatório mais alto para o reservatório mais baixo, passando por um gerador. (*Fonte*: Modificado de Council on Environmental Quality, *Energy Alternatives: A Comparative Analysis* [Norman: University of Oklahoma Science and Policy Program, 1975].)

Energia Hidrelétrica e o Meio Ambiente

A energia hidrelétrica é uma energia limpa; ela não requer nenhuma queima de combustível, não polui a atmosfera, não produz resíduos radioativos ou outros, e é eficiente. No entanto, há preços ambientais a se pagar (veja o Capítulo 21):

- Grandes barragens e reservatórios inundam extensas áreas de terra que poderiam ter outros usos. Por exemplo, cidades e terras agricultáveis podem ser perdidas.

- Barragens bloqueiam a migração de alguns peixes, como salmão, e as represas e reservatórios alteram intensamente os hábitats de muitas espécies de peixes.
- Barragens armazenam sedimentos que, de outra forma, chegariam ao mar e eventualmente reconstituiriam a areia nas praias.
- Por diversas razões, muitas pessoas não querem transformar rios selvagens em uma série de lagos.

Reservatórios com grandes áreas superficiais aumentam a evaporação de água em relação às condições pré-barragem. Em regiões áridas, perdas por evaporação de água dos reservatórios é mais significativa que nas regiões mais úmidas.

Por todas estas razões, e porque muitos locais que apresentam condições favoráveis já estão em uso com barragens instaladas, o provável crescimento em larga escala da energia hídrica no futuro (com exceção de algumas áreas, incluindo África, América do Sul e China) parece limitado. Com efeito, nos Estados Unidos, há um crescente movimento social para remover barragens. Centenas de barragens, especialmente aquelas com poucas funções úteis, estão sendo consideradas para a remoção; algumas já foram removidas (veja o Capítulo 21). O Departamento de Energia dos Estados Unidos prevê que a geração de energia elétrica a partir de grandes barragens hidrelétricas irá diminuir significativamente. Como mencionado, parece ser contínuo o interesse nas PCHs para fornecer ou eletricidade ou energia mecânica. No entanto, pequenas barragens e reservatórios tendem a encher mais rapidamente com sedimentos do que grandes reservatórios, tornando sua vida útil muito mais curta. Na verdade, muitas das barragens suscetíveis de serem removidas são aquelas de pequeno porte, preenchidas por sedimentos.

O desenvolvimento das PCHs pode afetar adversamente o ambiente dos córregos, bloqueando a passagem de peixes e alterando o fluxo a jusante; portanto, uma cuidadosa consideração deve ser dada para a construção destas barragens. Algumas pequenas barragens provocam mínimas degradações ambientais para além de locais específicos. No entanto, se o número de barragens na região é grande, o impacto total pode ser considerável. Este princípio aplica-se a muitas formas de tecnologia e desenvolvimento. O impacto de um desenvolvimento único pode ser quase insignificante em uma ampla região; mas ao se aumentar o número de empreendimentos, o impacto total pode tornar-se significativo.

19.5 Energia dos Oceanos

Muita energia está envolvida no movimento das ondas, das correntes e das marés nos oceanos. Muitos sonharam com o aproveitamento desta energia, porém este aproveitamento é bastante difícil, dadas as razões óbvias de que as tempestades oceânicas são destrutivas e as águas oceânicas corrosivas. O desenvolvimento mais bem-sucedido de utilização da energia do oceano tem sido a **energia das marés** (ou maremotriz). A energia hidráulica derivada das marés oceânicas pode ser rastreada desde a ocupação romana da Grã-Bretanha, nos tempos de Júlio César, quando os romanos construíram uma represa que capturava água proveniente de marés e a utilizavam para fluir através de uma roda d'água. Na Inglaterra do século X, as marés foram utilizadas para alimentar suas fábricas costeiras.[1] No entanto, apenas em alguns lugares com topografia favorável — como a da costa norte da França, a da baía de Fundy no Canadá e a do nordeste dos Estados Unidos — as marés são suficientemente fortes para produzir eletricidade comercial. As marés na baía de Fundy têm um alcance máximo de cerca de 15 metros. Um alcance mínimo de cerca de 8 metros parece ser necessário, com a tecnologia atual para o desenvolvimento da energia das marés.

Figura 19.12 ■ Usina maremotriz no rio Rance, próximo de Saint-Malo, França.

Para aproveitar a energia das marés, uma barragem é construída na entrada de uma baía ou estuário, criando um reservatório. À medida que a maré sobe (maré cheia), a água é inicialmente impedida de atravessar a barragem e entrar em direção à baía. Então, quando há água suficiente (a partir do lado oceânico onde está a maré alta) para rodar as turbinas, as comportas das barragens são abertas e a água flui através delas para dentro do reservatório (a baía), girando as pás das turbinas e gerando eletricidade. Quando o reservatório (a baía) está cheio, as comportas são fechadas, impedindo o fluxo reverso e mantendo a água no reservatório. Quando a maré abaixa (maré vazante), o nível da água nos reservatórios fica mais alto do que no oceano. Neste momento, as comportas são abertas para movimentar as turbinas (que são reversíveis) e energia elétrica é produzida quando a água é liberada do reservatório para o oceano. A Figura 19.12 mostra a usina maremotriz de Rance, na costa norte da França. Construída na década de 1960, é a primeira e maior usina moderna de marés. A usina tem capacidade para gerar cerca de 240.000 kW de potência a partir de 24 unidades geradoras espalhadas por toda a represa. Na usina de Rance, a maior parte da eletricidade é produzida a partir da maré vazante, que é mais fácil de controlar.

A energia das marés também causa impactos ambientais. A mudança na hidrologia de uma baía ou estuário causada pelo represamento pode afetar a vegetação e a fauna. A barragem restringe a passagem a montante e a jusante dos peixes. Além disso, os rápidos enchimento e esvaziamento periódicos da baía, causados pela abertura e fechamento das comportas devido às variações das marés, alteram rapidamente os hábitats para aves e outros organismos.

19.6 Energia Eólica

A **energia eólica**, como a energia solar, tem evoluído ao longo dos tempos, desde o início de civilizações chinesas e persas até a atualidade. O vento tem impulsionado os navios e alimentado os moinhos de vento para moer grãos e bombear água. No passado, milhares de moinhos de vento no oeste dos Estados Unidos foram usados para bombear a água para as fazendas. Mais recentemente, a energia eólica tem sido utilizada para gerar eletricidade.

Fundamentos da Energia Eólica

Os ventos são produzidos durante o aquecimento desigual da superfície da Terra, criando massas de ar com diferentes temperaturas e densidades. O potencial de energia a partir do vento é grande, e ainda há problemas com o seu uso, pois o vento apresenta grandes variações que dependem do tempo, do lugar e da intensidade.[17]

A prospecção de vento se tornou um importante esforço. Em escala nacional, as regiões com maior potencial de energia eólica estão na área noroeste da costa do Pacífico, na região costeira do nordeste dos Estados Unidos, e em um cinturão que se estende desde o norte do Texas até as Montanhas Rochosas e o estado da Dakota do Sul e do Norte. Outros bons locais incluem as zonas montanhosas na Carolina do Norte e no norte de Coachella Valley, ao sul da Califórnia. Um local com ventos cuja velocidade se estabiliza numa velocidade de 5 m/s ou superior é considerado uma boa prospecção para a geração de energia eólica.[7]

A direção, a velocidade e a duração do vento podem variar muito dependendo da topografia local e das diferenças de temperatura na atmosfera. Por exemplo, muitas vezes sua velocidade aumenta nas colinas e o vento pode ser canalizado através de uma passagem entre montanhas (Figura 19.13). O aumento da velocidade do vento sobre uma montanha é devido a uma convergência vertical do vento, enquanto em uma passagem o aumento ocorre, parcialmente, devido a uma convergência horizontal. A forma de uma montanha ou de uma passagem entre montanhas muitas vezes está relacionada com a geologia local ou regional, e a prospecção de áreas para a geração de energia eólica é um problema tanto geológico como geográfico e meteorológico. A principal tarefa na avaliação do potencial eólico de uma região ou local é colocar instrumentos que medem e monitoram a força, a direção e a duração do vento ao longo do tempo.

Melhorias significativas no tamanho das turbinas eólicas e na quantidade de energia produzida ocorreram a partir do final século XIX até aproximadamente 1950, quando muitos países europeus e os Estados Unidos se interessaram em geradores de larga escala impulsionados pelo vento. Nos Estados Unidos, milhares de pequenos geradores eólicos foram utilizados em fazendas. A maioria dessas pequenas turbinas gerava cerca de 1 kW de potência, que é considerado muito pouco para as necessidades de uma central de geração de energia. O interesse em energia eólica diminuiu durante várias décadas até antes dos anos 1970, devido à abundância de combustíveis fósseis a baixo custo; mais recentemente, o interesse na construção de turbinas eólicas foi retomado.

Hoje, a energia eólica é a forma mais barata de energia alternativa. A eletricidade produzida a partir da energia eólica custa normalmente menos que aquela gerada a partir do gás natural e carvão. A energia eólica global era uma indústria de 10 bilhões de dólares em 2004, empregando mais de 100.000

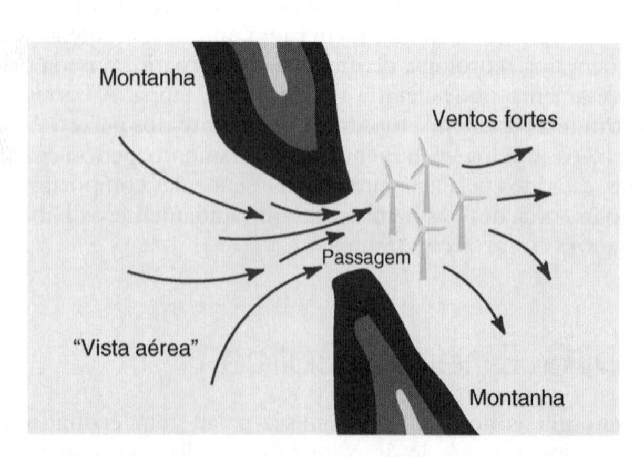

Figura 19.13 ■ Diagrama idealizado mostrando como a energia eólica é concentrada por topografia.

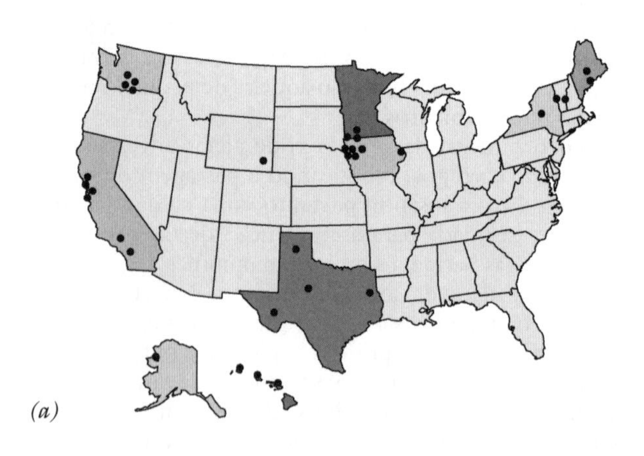

Figura 19.14 ■ (*a*) Localização dos principais projetos de energia eólica nos Estados Unidos. (*Fonte*: National Renewable Energy Laboratory.) (*b*) Turbinas em um campo eólico perto de Altamont, na Califórnia, uma região de passagem montanhosa a leste de São Francisco.

pessoas.[1] A capacidade de energia eólica norte-americana é de cerca de 7.000 MW nos locais mostrados na Figura 19.14*a*. Turbinas individuais e relativamente pequenas produzem de 60 a 75 kW de potência e estão dispostas em parques eólicos, que consistem em um conjunto de turbinas localizadas em passagens de montanhas (Figura 19.14*b*). A eletricidade produzida nesses locais está interligada às linhas de utilidade geral. Em 1998, os parques eólicos produziram eletricidade suficiente para abastecer a cidade de São Francisco, contribuindo significativamente com a rede de serviços públicos modernos. A energia eólica será provavelmente a segunda fonte de energia mais barata da Califórnia nos próximos anos, perdendo apenas para as hidrelétricas. Hoje, os parques eólicos da Califórnia produzem cerca de 1,5% da eletricidade do estado, mas essa participação está aumentando.

A energia eólica é atualmente utilizada em muitos lugares, inclusive no exterior. Grandes empresas de serviços públicos estão desenvolvendo a energia eólica em suas metas de longo prazo do planejamento energético. Em 1996, os Estados Unidos tinham o maior número de sistemas de potência eólica instalados do mundo. No entanto, em 2004, a Alemanha se tornou o líder, com mais de 16 mil MW instalados. A União Europeia produz 34 mil MW de energia eólica.[12] A capacidade total instalada de energia eólica do mundo é 48.000 MW. Para colocar isto em perspectiva, uma grande usina movida a combustíveis fósseis ou centrais nucleares produzem cerca de 1.000 MW.

Energia Eólica e o Meio Ambiente

A energia eólica tem algumas desvantagens:

- As turbinas, com suas hélices, matam aves (aves de rapina, como gaviões e falcões, são particularmente vulneráveis).
- Grandes fazendas eólicas utilizam extensas áreas de terra para estradas, hélices para os moinhos e outros equipamentos.
- As turbinas podem degradar recursos cênicos de uma área.

No entanto, ao considerar todo o contexto, a energia eólica tem um impacto ambiental relativamente baixo e seu uso continuado é certo.

Perspectivas da Energia Eólica

Nos últimos anos, a energia eólica vem crescendo em cerca de 30% ao ano, quase 10 vezes a taxa de crescimento do uso de petróleo. Acredita-se que há energia eólica suficiente no Texas, Dakota do Sul e Dakota do Norte para satisfazer as necessidades da eletricidade de todo os Estados Unidos. O potencial de energia eólica na Grã-Bretanha é mais do que o dobro da demanda atual por eletricidade.[18] Considere as implicações para as nações como a China. A China queima enormes quantidades de carvão a um alto custo ambiental, inclusive expondo milhões de pessoas a níveis perigosos de poluição do ar. Na China rural, a exposição à fumaça proveniente da queima de carvão nas residências aumentou nove vezes ou mais o risco de câncer de pulmão. A China poderia provavelmente dobrar sua atual capacidade de geração de eletricidade somente com o vento![13]

Como sugerido anteriormente, o poder do vento está sendo levado muito a sério. Embora a energia eólica atenda hoje menos de 1% da demanda mundial por eletricidade, a sua taxa de crescimento sugere que o vento poderá ser um importante fornecedor de energia num futuro relativamente próximo. Um cenário sugere que a energia eólica poderia fornecer 10% da eletricidade mundial nas próximas décadas e, no longo prazo, mais energia do que as hidrelétricas, que hoje representam cerca de 20% de eletricidade para o mundo todo.

A indústria de energia eólica criou milhares de postos de trabalho nos últimos anos; ela também está se tornando uma importante oportunidade de investimento. A tecnologia está produzindo turbinas eólicas mais eficientes, reduzindo deste modo o preço deste tipo de energia. Hoje, uma grande turbina eólica no seu estado-da-arte possui cerca de 100 metros de diâmetro (o comprimento de um campo de futebol), tão alto quanto um prédio de 30 andares, e produz cerca de 3 a 5 MW de eletricidade. Em algumas regiões, a energia gerada a partir do vento apresenta um preço competitivo com a eletricidade produzida a partir de usinas de carvão e gás natural. Por exemplo, uma das maiores fazendas eólicas do mundo está na fronteira entre Oregon e Washington. A instalação inclui mais de 450 turbinas situadas em cumes acima do rio Columbia. A potência total de 300 MW representa cerca de um terço do que se produz em uma usina movida por combustível fóssil ou uma grande usina nuclear.

19.7 Biocombustíveis

Biocombustível é a energia recuperada a partir da biomassa — matéria orgânica. Pode-se dividir os biocombustíveis em três grupos: lenha, resíduos orgânicos e culturas cultivadas para serem convertidas em combustíveis líquidos (Tabela 19.2).

Nos últimos anos, os biocombustíveis se tornaram controversos. Os biocombustíveis oferecem um benefício ou malefício líquido? Em resumo, (1) a utilização de resíduos como combustível é uma boa maneira de eliminá-los; (2) a lenha que se regenera naturalmente, ou nas plantações que requerem a entrada de pouca energia, continuará a ser uma importante fonte de energia, especialmente nos países em desenvolvimento; (3) embora tenha havido uma grande pressão de algumas empresas agrícolas e de alguns governos para promover o cultivo de culturas para serem convertidas em combustíveis líquidos, hoje essa é uma pobre fonte de energia. Grande parte das pesquisas científicas sobre biocombustíveis mostra que mais energia é necessária para se produzir o combustível do que é obtido. Em alguns casos, parece haver um benefício líquido, mas a produtividade de energia produzida por unidade de área é baixa, muito menor do que se pode obter a partir de energia solar e eólica.

Além disso, a conversão das terras de culturas alimentares para culturas de biocombustíveis parece ser uma das principais razões que fizeram os preços dos alimentos subir tão rapidamente em todo o mundo e já não haver mais excesso da produção mundial de alimentos em relação à quantidade demandada. A agricultura de biocombustíveis compete por água com todos os outros usos. E a produção dos principais biocombustíveis requer o uso pesado de fertilizantes artificiais e pesticidas.

Os biocombustíveis são cultivados para, supostamente, reduzir a produção de gases de efeito estufa, mas quando a vegetação natural é removida para que os biocombustíveis possam ser cultivados, pode ocorrer o oposto. A organização ambientalista Amigos da Terra afirma que até 8% das emissões mundiais anuais de CO_2 pode ser atribuído à drenagem e ao desmatamento de turfeiras, no sudeste da Ásia, para criar plantações de palmeiras. A organização estima que só na Indonésia 44 milhões de hectares foram desmatados para essas plantações, uma área equivalente a mais de 10% de todas as terras agrícolas dos Estados Unidos, tão grande quanto Oklahoma e maior que a Flórida.[1]

Tabela 19.2 **Exemplos Selecionados de Fontes de Energia de Biomassa, Usos e Produtos**

Fontes	*Exemplos*	*Usos/Produtos*	*Comentários*
Produtos florestais	Madeira, lascas	Queima direta,[a] carvão vegetal[b]	Atualmente a principal fonte de energia de países em desenvolvimento
Resíduos agrícolas	Cascas de coco, cana-de-açúcar, resíduos, sabugo de milho, cascas de amendoim	Queima direta	Fontes minoritárias
Culturas energéticas	Cana, milho, sorgo	Etanol (álcool),[c] gaseificação[d]	O etanol é uma das principais fontes de combustível para os automóveis no Brasil
Árvores	Óleo de palma	Biodiesel	Combustível para veículos
Resíduos animais	Esterco	Metano[e]	Utilizado para o funcionamento de máquinas agrícolas
Resíduos urbanos	Resíduos de papel, lixo orgânico e doméstico	Queima direta de metano a partir do tratamento de águas residuais ou de aterros sanitários[f]	Fontes minoritárias

[a] Principal conversão da biomassa.
[b] Segundo produto da queima da madeira.
[c] Etanol é um álcool produzido pela fermentação, onde leveduras convertem carboidratos em álcool nas câmaras de fermentação (destilaria).
[d] Biogás a partir da gaseificação é uma mistura de metano e dióxido de carbono produzido pela tecnologia de pirólise, que é um processo termoquímico que quebra biomassa sólida de carbono em um líquido parecido com óleo de carbono quase puro.
[e] Metano é produzido pela fermentação anaeróbica em um biodigestor.
[f] Naturalmente produzido em aterros por meio de fermentação anaeróbica.

Existem vantagens potenciais no uso de biocombustíveis. Uma delas é que determinados tipos de culturas, tais como as castanhas produzidas pelas árvores, podem fornecer um benefício energético líquido em ambientes que, de outros modos, são inadequados para a produção de alimentos. Por exemplo, em algumas remotas áreas montanhosas da China, a terra pode se tornar produtora de biocombustíveis. Mas este não é geralmente o caso.[1]

Biocombustíveis e a História Humana

A energia da biomassa é o mais antigo combustível utilizado pelo homem. Nossos ancestrais do Pleistoceno queimavam lenha dentro das cavernas para se aquecerem e cozinharem alimentos. Os biocombustíveis continuaram a ser uma importante fonte de energia durante a maior parte da história da civilização. Quando a América do Norte foi fundada, havia mais lenha que o necessário. As florestas foram desmatadas para agricultura, muitas vezes por anelamento das árvores (corte da casca em torno da base de uma árvore) para matá-las e, em seguida, queimavam-se as florestas.

Até o final do século XIX, a madeira era a principal fonte de combustível nos Estados Unidos. Durante meados do século XX, quando o carvão, petróleo e gás eram abundantes, a queima de madeira se tornou antiquada e pitoresca. A queima de madeira foi destinada ao prazer de uma lareira, que aquecia mais a chaminé que o espaço ao qual se interessava o aquecimento. Agora, com outros combustíveis atingindo o limite em abundância e produção, há um interesse renovado no uso de materiais orgânicos naturais como combustível.

Atualmente, mais de um bilhão de pessoas no mundo ainda usa a madeira como fonte primária de energia para aquecimento e cozimento.[14] A lenha é o combustível de biomassa mais conhecido e amplamente usado, mas existem muitos outros. Na Índia e outros países, o esterco de gado é queimado para cozinhar. A turfa, uma forma compactada de vegetação morta, fornece calor e combustível para cozinhar em países do norte europeu, como a Escócia, onde ele é abundante.

Biocombustíveis e o Meio Ambiente

O uso de biocombustíveis pode poluir o ar e degradar a terra. Para a maioria das pessoas, o cheiro de fumaça de uma única fogueira faz parte de uma experiência agradável ao ar livre, mas, sob determinadas condições meteorológicas, a fumaça da lenha de fogueiras ou lareiras em muitos vales estreitos pode levar à poluição do ar. A utilização da biomassa como combustível coloca pressão sobre um recurso já muito usado. A escassez mundial de lenha está afetando negativamente as áreas naturais e as espécies ameaçadas de extinção. Por exemplo, a necessidade de lenha tem ameaçado a floresta de Gir na Índia, o último habitat do leão-indiano (não confundir com o tigre-indiano). As florestas do mundo também irão diminuir se a necessidade de produtos florestais e combustível de biomassa florestal excederem a produtividade das florestas.

Se as culturas e recursos florestais forem geridos de forma adequada (para a sustentabilidade), pode ser possível tornar os biocombustíveis mais atraentes. As estimativas atuais para os Estados Unidos sugerem que muitos milhões de hectares de terras que não são adequados para a produção de alimentos poderiam ser utilizados para o cultivo de culturas de biomassa (árvores e outras plantas) com curtos tempos de rotação (tempo entre as colheitas). No entanto, as plantações florestais deverão ser gerenciadas para a sustentabilidade, porque o desmatamento acelera o processo de erosão do solo (solos sem cobertura vegetal erodem mais rapidamente). Quando pequenas partículas (argila e silte) provenientes da erosão do solo entram na corrente dos rios, a água torna-se turva e sua qualidade é afetada.

A queima de combustíveis derivados de biomassa em geral libera menos poluentes, como dióxido enxofre e óxidos de nitrogênio, do que a combustão de carvão e gasolina. No entanto, isso nem sempre é verdade quando se trata da queima de resíduos urbanos. Apesar de plásticos, vidro e materiais perigosos serem removidos antes da queima, alguns desses materiais inevitavelmente escapam do processo de triagem e são queimados, liberando poluentes atmosféricos, incluindo metais pesados. A queima do lixo urbano para recuperar energia é preferível para a eliminação em aterros. No entanto, a incineração de lixo concorre com a reciclagem, o que é preferível à eliminação ou à combustão.

Energia Geotérmica

A energia geotérmica é o calor natural do interior da Terra. Essa energia é extraída e levada para a superfície, sendo utilizada para aquecer os edifícios e gerar eletricidade. A ideia de se aproveitar o calor interno da Terra remonta há mais de um século. Em 1904, a energia geotérmica já era utilizada na Itália. Hoje, o calor interno natural da Terra está sendo usado para gerar eletricidade em 21 países, incluindo Rússia, Japão, Nova Zelândia, Islândia, México, Etiópia, Guatemala, El Salvador, Filipinas e Estados Unidos. A produção mundial total se aproxima de 9.000 MW (equivalente a nove grandes modernas usinas a carvão ou nuclear) — o dobro do que era produzido em 1980. Cerca de 40 milhões de pessoas recebem eletricidade a partir da energia geotérmica a um custo competitivo com o de outras fontes de energia.[15] Em El Salvador, a energia geotérmica está fornecendo 25% do total da energia elétrica utilizada. No entanto, em nível global, a energia geotérmica representa menos de 0,15% do total de fornecimento de energia.[15] A energia geotérmica pode ser considerada uma fonte de **energia não renovável,** pois as taxas de extração são maiores do que as taxas de reposição natural. No entanto, a energia geotérmica tem sua origem na produção de calor natural no interior da Terra, e apenas uma pequena fração do total da vasta base do recurso está sendo utilizada hoje. Embora a maioria da produção de energia geotérmica envolva o aproveitamento de fontes de altas temperaturas, as pessoas também estão usando a energia geotérmica de baixa temperatura das águas subterrâneas em algumas aplicações.

Sistemas Geotérmicos

A média do fluxo de calor do interior da Terra é muito baixa, cerca de 0,06 W/m^2. Este fluxo é insignificante em comparação com os 177 W/m^2 de luz solar que atinge a superfície terrestre. No entanto, em algumas áreas, o fluxo de calor é suficientemente alta para ser útil para a produção de energia.[15] Para a maior parte, o fluxo das áreas de alta temperatura ocorrem nas fronteiras de placas tectônicas (veja o Capítulo 5), incluindo sistemas de crista oceânica (limites de placas divergentes) e áreas onde as montanhas estão sendo levantadas e arcos de ilhas vulcânicas estão se formando (limites de placas convergentes). Uma dessas regiões localiza-se no oeste dos Estados Unidos, onde recentemente têm ocorrido atividades tectônicas e vulcânicas. Com base em critérios geológicos, vários tipos de sistemas geotérmicos (com temperaturas superiores a 80°C) têm sido definidos, e a base total estimada do recurso é maior do que as bases combinadas de combustíveis fósseis e energia nuclear. Fontes geotérmicas de baixa temperatura que não podem ser usadas para a produção de eletricidade podem ser úteis para o aquecimento de edifícios, de piscinas ou aquecimento do solo para ajudar na produção de culturas em estufas. Tais sistemas são extensivamente utilizados na Islândia.

Nos Estados Unidos, comunidades como a de Boise, Idaho e Klamath Falls, no Oregon, têm sistemas de aquecimento geotérmico. Um sistema geotérmico comum utiliza

Figura 19.15 ■ Campo Geotermal de Gêiseres, localizado ao norte de São Francisco, Califórnia. Os gêiseres são a maior operação de energia geotérmica do mundo e produzem energia diretamente do vapor.

convecção hidrotermal, onde a circulação de vapor e/ou água quente transfere o calor das profundezas para a superfície. Um exemplo é o Campo Geotermal de Gêiseres, um sistema geotérmico que se localiza a 145 km ao norte de São Francisco, onde são produzidos cerca de 1.000 MW de energia elétrica. Os gêiseres são a maior operação de energia geotérmica no mundo (Figura 19.15). Nos gêiseres, a água quente é mantida, em parte, pela injeção de águas residuárias tratadas provenientes de pedras quentes de áreas urbanas. Essas águas aquecidas vaporizam e são extraídas dos poços de produção geotérmicos para produzir eletricidade. As águas residuárias urbanas ajudam a sustentar a produção de eletricidade nas instalações de energia geotérmica dos gêiseres.

Pode surpreender saber que a maioria das águas subterrâneas pode ser considerada uma fonte de energia geotérmica. É geotérmica porque o fluxo normal de calor interno da Terra mantém a temperatura das águas subterrâneas, a uma profundidade de 100 metros, em cerca de 13°C. A água a 13°C é fria para um banho, mas em comparação com as temperaturas de inverno na maior parte dos Estados Unidos é quente e pode ajudar a aquecer a casa. Além disso, quando comparada com as temperaturas de verão de 30 a 35°C, a água subterrânea a 13°C é fria e pode ser usada para fornecer ar condicionado. No verão, o calor pode ser transferido do ar quente dos edifícios para a água subterrânea fria. No inverno, quando a temperatura externa é inferior a 4°C, o calor pode ser transferido da água subterrânea para o ar do edifício, reduzindo a necessidade de aquecimento de outras fontes. A tecnologia para transferência de calor já é bem dominada e disponível.

Energia Geotérmica e o Meio Ambiente

O desenvolvimento dos sistemas geotérmicos muitas vezes produz significativa poluição térmica dos efluentes quentes, que podem se tornar salinos ou altamente corrosivos. Outros problemas ambientais incluem o ruído no local, a emissão de gases e a perturbação do solo nos locais de perfuração, aterros, estradas, aquedutos e usinas de energia. A boa notícia é que a produção de energia geotérmica libera apenas cerca de 12% do dióxido de carbono e dióxido de enxofre se comparada ao que é liberado pela queima de carvão para produzir uma mesma quantidade de eletricidade.[16]

Além disso, o desenvolvimento da energia geotérmica não exige transporte em larga escala de matéria-prima ou refinação de produtos químicos, como o desenvolvimento de combustíveis fósseis. Adicionalmente, a energia geotérmica não produz poluentes atmosféricos associados à queima de combustíveis fósseis ou de resíduos radioativos associados à energia nuclear.

A energia geotérmica nem sempre é popular como, por exemplo, a produzida há anos na ilha do Havaí, onde processos vulcânicos ativos fornecem calor abundante próximo à superfície. Alguns argumentam que a exploração e o desenvolvimento da energia geotérmica degradam a floresta tropical com a construção e desenvolvimento de estradas, construção de instalações e perfuração de poços. Além disso, questões religiosas e culturais do Havaí referem-se à utilização da energia geotérmica. Por exemplo, algumas pessoas se ofendem com o uso "do ar e da água de Pele", a deusa do vulcão, para produzir eletricidade. Esta questão aponta para a importância de ser sensível aos valores e culturas dos povos locais em que o desenvolvimento está sendo planejado.

Perspectivas da Energia Geotérmica

Em 2008, os Estados Unidos produziram apenas 7.500 MW de energia geotérmica.[1] No entanto, caso sejam desenvolvidos, os recursos geotérmicos conhecidos nos Estados Unidos poderiam gerar cerca de 20.000 MW, que representa cerca de 10% da energia necessária para os estados do oeste.[17] Recursos geohidrotérmicos ainda não descobertos poderiam fornecer de forma conservadora quase quatro vezes esse montante (cerca de 10% da toda a capacidade elétrica dos EUA), aproximadamente o equivalente à eletricidade produzida atualmente a partir de energia hidráulica.[11]

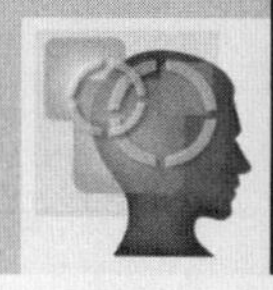

Como Avaliar Fontes Alternativas de Energia?

O mundo está entrando em uma nova era, um período de transição da dependência quase total de combustíveis fósseis para uma maior utilização de fontes alternativas de energias renováveis. Embora cada uma das alternativas ofereça uma saída para o dilema energético criado pelo crescimento populacional e desenvolvimento tecnológico, estas fontes também oferecem vantagens e desvantagens. Como podem ser avaliadas as alternativas e escolher a combinação correta de fontes de energia para as próximas décadas? Pode-se começar por compará-las com base nas características mais importantes: o custo, a geração de emprego ou desemprego, os impactos ambientais e o potencial de fornecimento de energia.

Perguntas para Reflexão Crítica

1. Com base no que você aprendeu neste capítulo sobre energia alternativa, avalie os impactos ambientais das fontes de energia listadas na tabela a seguir. Complete a última coluna da tabela. Você talvez queira subdividir a coluna em vantagens e desvantagens.

2. Usando números de 1 a 10, em que 10 representa o melhor e 1 o pior, atribua uma classificação a cada valor na tabela. Por exemplo, na coluna de redução de carbono, você pode atribuir uma nota 10 para eólica, pois resulta em redução de 100% das emissões de carbono. A energia térmica solar, então, poderia receber um pontuação de 8,4. Na avaliação de impacto ambiental, você terá que usar o seu julgamento para a atribuição de valores numéricos.

Uma forma de avaliar as diversas alternativas seria a de somar as pontuações de classificação para cada fonte de energia e ver qual recebeu a maior pontuação. No entanto, você pode achar que algumas das características são mais importantes que outras e, portanto, deve ser mais ponderado. Atribua um peso a cada coluna da tabela, levando em consideração a importância que você acredita que cada um deva ter na tomada de decisão. Por exemplo, se você acredita que os custos são mais importantes que as terras utilizadas, poderá atribuir um valor superior aos custos. A fim de poder comparar a sua avaliação com os de seus colegas, use frações decimais para os pesos, como 0,2. O total deve somar 1,0.

3. Agora, para cada fonte de energia, multiplique a sua pontuação de cada coluna pelo seu peso correspondente. Qual o resultado ponderado para cada fonte de energia? Qual a ordem decrescente de pontuação das fontes?

Com base nesta análise, que recomendações de política e pesquisa você daria para o governo de seu país sobre as fontes alternativas de energia?

Fonte de Energia	*Recurso Recuperável nos EUA*[a] *(exajaule/ano)*	*Custo por Centavos de Dólar em 1998*[b] *(por KWh)* 1988	2000	*Uso de Terras*[c] *(m²/GWh para 30 anos)*	*Redução de Carbono (%)*	*Custo da Não Emissão de Carbono*[d] *(US$/t)*	*Número de Empregos*[e] *(milhares por GWh/ano)*	*Impactos Ambientais*
Eólica	10–40	8	5	1.355	100	95	542	
Geotérmica	Pequeno	4	4	404	99	110	112	
Fotovoltaica	35	30	10	3.237	100	819	—	
Térmica solar	65	8	6	3.561	84	180	248	
Biomassa	13–26	5	ND	—	100[f]	125	—	
Carvão de ciclo combinado	—	6[g]	—	3.642	10	954	116	
Nuclear	—	15[h]	—	—	86	535	100	

[a] *Recurso recuperável* é uma medida da quantidade de energia que pode ser recuperada ou explorada. De M. Brower, *Cool Energy* (Washington, D.C.: Union of Concerned Scientists, 1990), p. 19.
[b] L. R. Brown, C. Flavin e S. Postel, *Saving the Planet* (New York: Norton, 1991), p. 27.
[c] Ibid., p. 60.
[d] Baseado em comparações com as usinas movidas a carvão existentes. De C. Flavin, "Slowing Global Warming," in *State of the World* (New York: W.W. Norton, 1990), p. 27.
[e] Brown et al., p. 62.
[f] Pressupõe-se que a quantidade de dióxido de carbono liberada na combustão será consumida pela vegetação replantada.
[g] C. Flavin, "Building a Bridge to a Sustainable Future," in *State of the World* (New York: Norton, 1992), p. 35.
[h] A. K. Reddy e J. Goldenberg, "Energy for the Developing World," *Scientific American* 263 (3)(1990):116.

RESUMO

- O uso de fontes alternativas de energia renovável, como a energia eólica e a solar, está crescendo rapidamente. Estas fontes de energia não causam poluição do ar, problemas de saúde ou mudanças climáticas. Elas representam a melhor oportunidade para substituir os combustíveis fósseis e desenvolver uma política energética sustentável.
- Os sistemas passivos de energia solar geralmente envolvem projetos arquitetônicos que melhoram a absorção de energia solar sem a necessidade de energia mecânica ou movimentação de peças.
- Alguns sistemas ativos de energia solar usam coletores solares para aquecer água para as casas.
- Sistemas para produção de calor e eletricidade incluem torres de energia e fazendas solares.
- A energia fotovoltaica converte a luz solar diretamente em eletricidade. Os sistemas fotovoltaicos utilizam células solares para inúmeras aplicações, como alimentação de equipamentos remotos.
- Experimentos estão em andamento para avaliar a viabilidade de usinas de energia fotovoltaica. Esta tecnologia emergente ainda continua cara.
- O gás hidrogênio pode se tornar um importante combustível no futuro, especialmente se utilizado em células de combustível.
- As hidrelétricas atualmente fornecem cerca de 10% do total de eletricidade produzida nos Estados Unidos. Com exceção de países em desenvolvimento, locais adequados para a construção de barragens já estão em plena utilização. As usinas hidrelétricas são limpas, porém há um caro preço ambiental a se pagar em termos de distúrbios do ecossistema, sedimentos que ficam retidos nos reservatórios, perda de rios selvagens e perda de terras produtivas.
- A energia eólica possui um enorme potencial como fonte de energia elétrica em muitos lugares do mundo. Inúmeras companhias estão usando energia eólica para compor sua matriz energética ou incluindo no seu planejamento energético de longo prazo. Dentre os impactos ambientais incluem a perda de terras agricultáveis para os campos eólicos e a morte de aves, assim como a degradação dos recursos cênicos.
- Os biocombustíveis existem sob três formas: lenha, resíduos e culturas cultivadas para a produção de combustíveis. A lenha é historicamente importante e ainda continua sendo em muitos países em desenvolvimento, além de áreas rurais de países desenvolvidos. Ela continuará sendo importante. A queima de resíduos para extração de energia é uma boa maneira de eliminá-los, pois são subprodutos benéficos. Plantas cultivadas para serem transformadas em biocombustíveis parecem ser consumidoras de energia líquida, ou fornecem somente um benefício marginal, com consideráveis custos ambientais, incluindo a concorrência por terra, água e fertilizantes, e uso de pesticidas artificiais. Atualmente, não representam uma boa opção de geração de energia.
- A energia geotérmica é o calor natural do interior da Terra utilizado como fonte de energia. Os efeitos ambientais para o desenvolvimento da energia geotérmica dependem das condições específicas do local e do tipo de calor utilizado (vapor, água quente ou água morna). A energia geotérmica pode envolver a eliminação de águas salinas ou corrosivas, bem como a geração de ruído no local, emissão de gases e marcas industriais no ambiente.

REVISÃO DE TEMAS E PROBLEMAS

Como a população humana continua aumentando, o mesmo acontece com a demanda e consumo total de energia no mundo. Os problemas ambientais relacionados ao aumento do consumo de combustíveis fósseis poderia ser minimizado através do controle da população humana, aumentando os esforços de conservação e usando as fontes alternativas de energias renováveis que não agridem tanto o meio ambiente.

O uso de combustíveis fósseis não é sustentável. A fim de planejar a sustentabilidade do ponto de vista energético, é necessário utilizar mais as fontes alternativas de energia que são naturalmente renováveis e não poluem ou danificam o ambiente. Agir de forma contrária é antitético ao conceito de sustentabilidade.

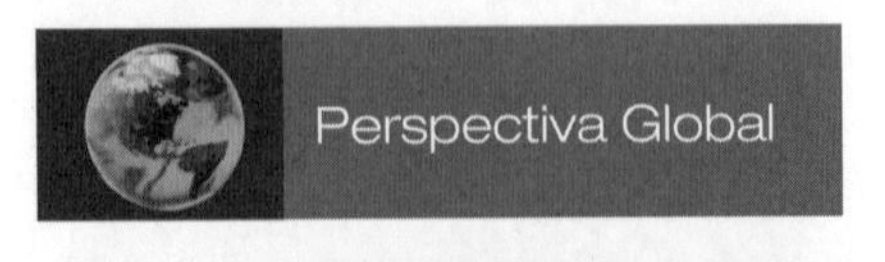

A avaliação do potencial de fontes alternativas de energia requer a compreensão sobre os sistemas globais da Terra e a identificação das regiões que possam produzir energia alternativa de alta qualidade para serem utilizadas nas regiões urbanas do mundo.

Fontes alternativas de energias renováveis terão espaço futuramente no ambiente urbano. Por exemplo, os telhados dos edifícios podem ser usados como coletores solares ou sistemas fotovoltaicos. Padrões de consumo de energia podem ser regulados por meio do uso de sistemas inovadores, tais como o armazenamento bombeado para aumentar a produção de energia elétrica quando a demanda em áreas urbanas estiver alta.

Fontes alternativas de energia, como a solar e a eólica, são percebidas por muitos ambientalistas como mais diretamente ligadas com a natureza se comparadas às fontes que utilizam combustíveis fósseis, energia nuclear, ou mesmo a energia hidráulica. Isso ocorre porque o desenvolvimento da energia solar e eólica requer menores modificações humanas no ambiente. As energias solar e eólica permitem viver em maior harmonia com o meio ambiente, e assim as pessoas se sentem mais ligadas ao mundo natural.

Ciência e Valores

Atualmente pensa-se seriamente em energias alternativas porque a qualidade ambiental é valorizada. Reconhecendo que a queima de combustíveis fósseis cria inúmeros e graves problemas ambientais e que o petróleo irá em breve tornar-se mais escasso, tenta-se aumentar o conhecimento científico e desenvolver tecnologias para atender às necessidades energéticas do futuro, minimizando os danos ambientais. A ciência e tecnologia atual podem levar a um futuro energético sustentável, mas terão que ser mudados os valores e os comportamentos da sociedade para alcançá-lo.

TERMOS-CHAVE

biocombustível
células de combustível
coletores solares
energia alternativa
energia das marés
energia eólica
energia fotovoltaica
energia geotérmica
energia hidráulica
energia não renovável
energia renovável
sistemas ativos de energia solar
sistemas passivos de energia solar

QUESTÕES PARA ESTUDO

1. Que tipo de incentivos governamentais poderiam ser usados para estimular o uso de fontes alternativas de energia? A expansão do uso dessas fontes geraria impactos de ordem econômica e social?
2. Sua cidade fica perto de um grande rio, cuja água tem temperatura quase constante, em torno de 15°C. Esta água poderia ser usada para arrefecer os edifícios no calor do verão? Como? Quais seriam os impactos ambientais?
3. Qual fonte tem, no futuro, maior potencial de geração de energia, a eólica ou a hidráulica? Qual delas causa mais problemas ambientais? Por quê?
4. Quais são alguns dos problemas associados à produção de energia a partir da biomassa?
5. Estamos no ano de 2500, e o petróleo e o gás natural são curiosidades raras que as pessoas veem nos museus. Considerando as tecnologias disponíveis hoje, qual seria o combustível mais sensato para utilização em aviões? Como este combustível seria produzido para minimizar os efeitos ambientais negativos?
6. Quando você acha que a transição dos combustíveis fósseis para outras fontes de energia vai (ou deveria) ocorrer? Defenda sua resposta.

LEITURAS COMPLEMENTARES

Botkin, D. B. (in press) *Power to the People: Solving the Energy Problem.* Chicago: Chicago Review Press (Spring 2009 publication).

Boyle, G. (2004). *Renewable Energy* (Paperback). NY: Oxford University Press.

Scudder, T. (2006). *The Future of Large Dams: Dealing with Social, Environmental, Institutional and Political Costs.* London: Earthscan. O autor foi membro de uma equipe do Banco Mundial que tentou construir uma nova barragem e reservatório no Laos que fossem ambiental e culturalmente corretos. O livro é um dos melhores resumos das atuais limitações da energia hidráulica.

Tillman, D., N. Stanley Harding (2004). *Fuels of Opportunity: Characteristics and Uses in Combustion Systems.* New York: Elsevier Science.

Capítulo 20

Energia Nuclear e o Meio Ambiente

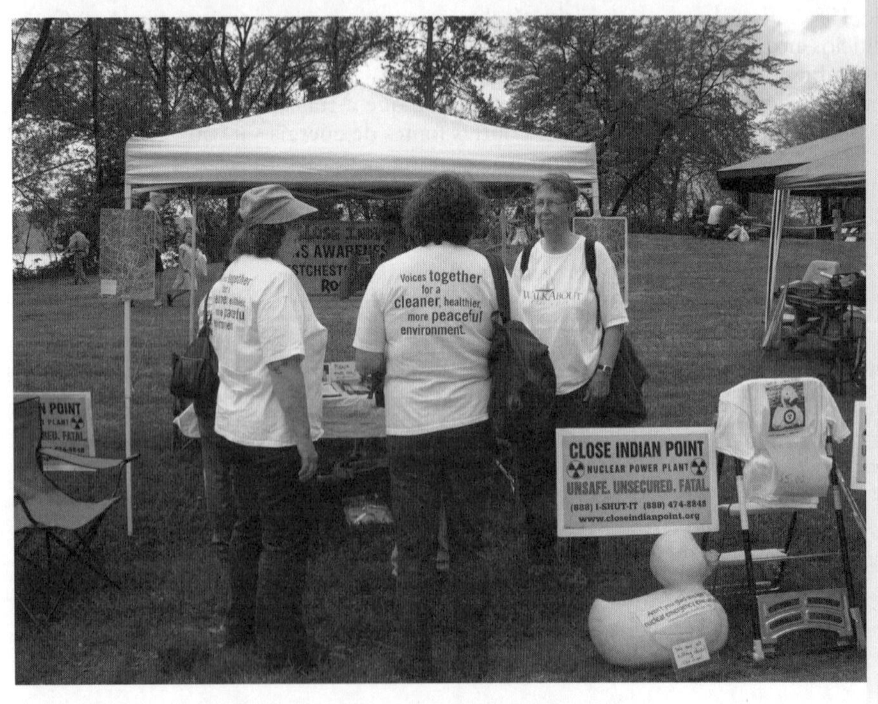

A usina nuclear de Indian Point, no rio Hudson, a 32,18 quilômetros de Nova York, deve ser relicenciada, e isto está gerando uma grande controvérsia sobre se este tipo de usina poderia estar próximo a dezenas de milhões de pessoas.

OBJETIVOS DE APRENDIZADO

Como uma das alternativas aos combustíveis fósseis, a energia nuclear gera muita controvérsia. Após a leitura deste capítulo, deve-se saber:

- O que é fissão nuclear e quais são os componentes básicos de uma usina nuclear.
- O que é a radiação nuclear e quais são os três principais tipos.
- Por que é importante saber o tipo de radiação e a meia-vida de radioisótopos particulares.
- Quais são as partes básicas do ciclo do combustível nuclear e como cada uma está relacionada com o ambiente.
- Como os radioisótopos afetam o ambiente e os principais percursos de materiais radioativos no meio ambiente.
- O que é o reator regenerador e por que ele é importante para o futuro da energia nuclear.
- Qual a relação entre as doses de radiação e a saúde.
- O que se tem aprendido com os acidentes em usinas nucleares.
- Como devem ser descartados, de forma segura, os materiais com altos níveis de radioatividade.
- Qual será o futuro provável da energia nuclear.
- Que a energia nuclear que produz energia elétrica sem emitir poluente atmosférico ou contribuir com o aquecimento global.

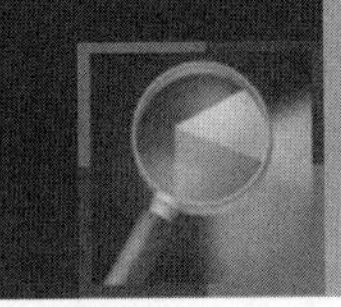

ESTUDO DE CASO

Indian Point: Uma Usina Nuclear Pode Operar Próximo a uma das Maiores Cidades da América do Norte?

Em 1974, o primeiro de três reatores nucleares foi construído na usina Indian Point em Buchanan, Nova York, a 38 km ao norte da cidade de Nova York (Figura 20.1). O segundo reator de Indian Point foi construído dois anos depois, e o terceiro um pouco mais tarde. A usina está em funcionamento desde então, com uma capacidade de 2.000 megawatts. Mas a licença da usina expirará em 2013 e 2015, e sob as leis dos Estados Unidos, as usinas de energia nuclear devem ser relicenciadas.

Vinte milhões de pessoas vivem dentro de um raio de 80 km da usina, e isso causa preocupação. Joan Leary Matthews, um advogado do Departamento de Conservação Ambiental do Estado de Nova York, disse que "não importa as chances de falhas em Indian Point, as consequências podem ser catastróficas de tal modo que seria horrível de se ponderar."[1]

A Comissão Reguladora Nuclear (CRN) anunciou o início do processo de relicenciamento da usina nuclear de Indian Point em 2 de Maio de 2007. Em 2008, o relicenciamento da planta se tornou uma controvérsia regional, ao encontrar oposição do governo do estado de Nova York, do condado de Westchester e de inúmeras organizações ambientais não governamentais. A fábrica opera há 22 anos, então qual o problema?

Tiveram alguns. Em 1980, uma das duas unidades da fábrica se encheu de água (erro de um operador). Em 1982, a tubulação de vapor de um gerador da mesma unidade apresentou vazamentos e lançou água radioativa. Em 1999, a fábrica parou de funcionar inesperadamente, mas os operadores não perceberam até o dia seguinte, quando as baterias, que automaticamente passaram a funcionar, esgotaram-se.

Mais recentemente, um transformador pegou fogo na segunda unidade, em abril de 2007. Águas radioativas vazaram para o lençol freático e a causa do vazamento foi difícil de ser encontrada. Os defensores da energia nuclear dizem: Qual é o problema? Estes são problemas menores e não houve até então um erro grande. Tudo que eles dizem é que a planta é segura. Mas outros, como o advogado-geral do Estado de Nova York, Andrew Cuomo, acreditam que o local é muito perigoso, e pediu à Comissão Reguladora Nuclear para negar o relicenciamento da Indian Point, alegando que ela possui "um longo e preocupante histórico de problemas".

O conflito em Indian Point ilustra o debate mundial sobre a energia nuclear. Com a crescente preocupação quanto ao uso de combustíveis fósseis, existem apelos para o uso de energia nuclear, acompanhado de velhos temores quanto ao seu uso.[2] Este capítulo fornece uma base para subsidiar decisões sobre se a energia nuclear poderia, e deve ser, o principal fornecedor de energia no futuro. Inicia-se com o básico sobre a natureza da energia nuclear.

O Ato da Política Energética de 2005 promove a energia nuclear e recomenda que os Estados Unidos iniciem o processo de construção de novas usinas nucleares em 2010.

A energia nuclear é uma das várias tecnologias que podem, eventualmente, substituir os combustíveis fósseis. Portanto, a energia nuclear, que não contribui para o aquecimento global, pode voltar a ser vista como uma importante fonte de energia, especialmente se questões como custo, disponibilidade de combustível nuclear, segurança e armazenamento de resíduos puderem ser resolvidas.[3]

A discussão da opinião pública sobre a energia nuclear sugere um dilema para os Estados Unidos. Este capítulo explora reatores nucleares, radiações, acidentes de gestão de resíduos e o futuro da energia nuclear.

20.1 Energia Nuclear

A **energia nuclear** é a energia do núcleo atômico. Dois processos nucleares podem ser usados para liberar essa energia para realizar trabalho: a fissão e a fusão. A **fissão** nuclear é a divisão dos núcleos atômicos, e a **fusão** nuclear é a fusão ou combinação de núcleos atômicos. Um subproduto de ambas as reações, fissão e fusão, é a liberação de enormes quantidades de energia. (Reveja a discussão da matéria e da energia no Detalhamento 5.1.)

A energia nuclear para uso comercial é produzida pela divisão de átomos em **reatores nucleares**, que são dispositivos que produzem fissão nuclear de forma controlada. Nos Estados Unidos, a quase totalidade destes reatores utiliza um tipo de óxido de urânio como combustível. A fusão nuclear ainda não é utilizada comercialmente, embora tenha sido testada em reatores de fusão experimentais.

Reatores de Fissão Nuclear

A primeira fissão nuclear controlada, demonstrada em 1942 pelo físico italiano Enrico Fermit da Universidade de Chicago, levou ao desenvolvimento de energia nuclear para a produção de energia elétrica. Hoje, além de usinas para fornecer energia elétrica para casas e indústrias, reatores nucleares alimentam submarinos, porta-aviões e navios quebra-gelo. A Rússia está construindo navios que contêm reatores para fornecer energia elétrica para as cidades costeiras, e os Estados Unidos estão projetando reatores para missões espaciais.

A fissão nuclear produz muito mais energia do que outras fontes, como a queima de combustíveis fósseis. Um quilograma de óxido de urânio produz calor equivalente a cerca de 16 toneladas de carvão, tornando o urânio uma fonte importante de energia nos Estados Unidos e no mundo.

Três tipos, ou isótopos, de urânio ocorrem na natureza: o urânio-238, que representa cerca de 99,3% de todo o urânio natural; o urânio-235, que representa cerca de 0,7%; e o urânio-234, que representa cerca de 0,005%. O urânio-235 e o urânio-238 são os dois isótopos radioativos de urânio. No entanto, é apenas o urânio-235 que possui o material naturalmente fissionável (ou *físsil*) e, portanto, ele é essencial para a produção de energia nuclear. O processamento de urânio (chamado de *enriquecimento*) para aumentar a concentração de urânio-235 de 0,7% para cerca de 3%, produz o urânio enriquecido, que é usado como combustível para a reação de fissão. A radiação e seus termos relacionados são explicados no Detalhamento 20.1.

Os reatores de fissão quebram o urânio-235 por bombardeamento de nêutrons (Figura 20.1). A reação produz nêutrons, fragmentos de fissão e calor. Os nêutrons liberados atingem outros átomos de urânio-235, liberando mais nêutrons, produtos de fissão e calor. Os nêutrons liberados são velozes e devem ser abrandados um pouco, ou *moderados*, para aumentar a probabilidade de fissão. Nos *reatores de água leve*, o tipo mais comumente usado nos Estados Unidos, a água comum é utilizada como moderador. Como o processo continua, uma reação em cadeia se desenvolve na medida em que mais e mais urânio é dividido, liberando mais nêutrons e mais calor.

A maioria dos reatores atualmente em uso consomem mais material fissionável do que produzem, e são conhecidos como **reatores térmicos**. O reator é parte do sistema de abastecimento que produz vapor para mover as turbinas geradoras e produzir eletricidade.[4] Portanto, o reator tem a mesma função que a caldeira que produz o calor nas usinas de combustão de carvão ou óleo (Figura 20.4).

A Figura 20.5 mostra os principais componentes de um reator: o núcleo (composto de combustível e moderador), hastes de controle, líquido refrigerador e o envoltório do reator. O núcleo do reator está vedado em um envoltório pesado, de aço inoxidável; em seguida, para a segurança e proteção extra, o reator fica todo contido em um edifício de concreto armado reforçado.

No núcleo do reator, os pinos de combustível – consistindo em pastilhas de urânio enriquecido dentro de tubos ocos (de 3 a 4 m de comprimento e menos de 1 cm de diâmetro) – são embalados conjuntamente (40.000 ou mais em um reator) em subconjuntos de combustível. Uma concentração mínima de combustível é necessária para manter o reator *crítico* – isto é, para conseguir uma reação em cadeia autossustentada. A reação em cadeia de fissão no núcleo é mantida estabilizada ao controlar o número de nêutrons que causam a fissão. As hastes de controle, que contêm materiais que capturam nêutrons, são usadas para regular a reação em cadeia. Ao mover as hastes de controle para fora do núcleo, a reação em cadeia aumenta; quando elas são movidas para dentro do núcleo, a reação fica mais lenta. A completa inserção das hastes de controle dentro do núcleo cessa a reação de fissão.[5]

A função do líquido refrigerador é remover o calor produzido pela reação de fissão. Este é um ponto importante: a taxa de geração de calor no combustível *deve coincidir* com a taxa na qual o calor é roubado pelo refrigerador. Todos os grandes acidentes nucleares ocorreram quando algo deu errado com

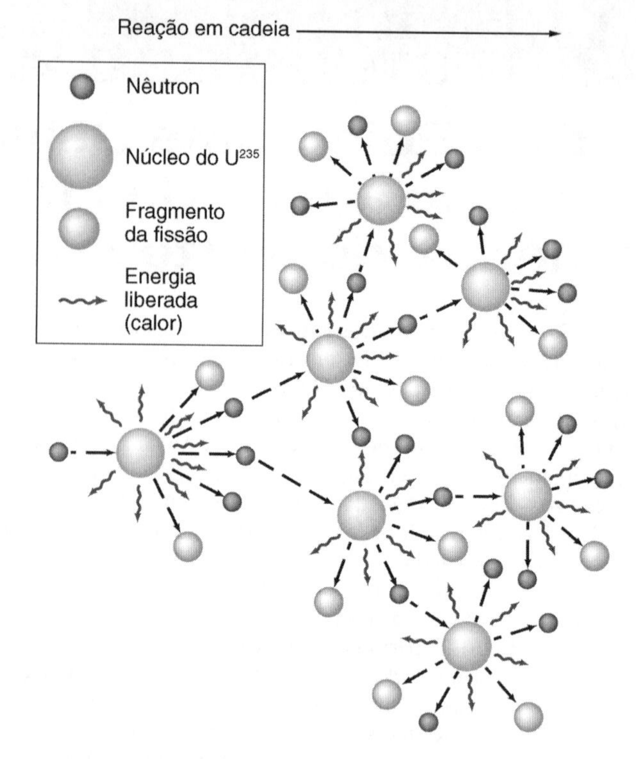

Figura 20.1 ■ Fissão do urânio-235. Um nêutron atinge o núcleo de U-235, produzindo fragmentos de fissão e nêutrons livres e liberando calor. Os nêutrons liberados podem, então, atacar outros átomos de U-235, liberando mais nêutrons, fragmentos de fissão e energia. Como o processo continua, desenvolve-se uma reação em cadeia.

esse equilíbrio, com o calor se tornando excessivo no núcleo do reator.[6] O **derretimento nuclear** geralmente se refere a um acidente nuclear no qual o combustível nuclear se torna tão quente que forma uma massa fundida que rompe o envoltório de contenção do reator e contamina o ambiente externo com radioatividade.

Outras partes do sistema de abastecimento de vapor nuclear são: os dutos, as serpentinas e as bombas primárias, que fazem circular o líquido refrigerador através do reator, extraindo o calor produzido pela fissão; e os trocadores de calor ou geradores de vapor, que utilizam os líquidos refrigeradores aquecidos na fissão para produzir o vapor (Figura 20.4*a*). Em reatores de água leve, a água é utilizada como refrigerador e como moderador.

Uma filosofia de projeto surgiu na indústria nuclear para construir reatores menos complexos, menores e mais seguros. Grandes usinas de energia nuclear, que produzem cerca de 1.000 MW de energia elétrica, exigem um extenso conjunto de bombas e equipamentos de apoio para garantir a refrigeração adequada disponibilizada para o reator. Reatores menores podem ser projetados com sistemas de refrigeração que funcionam por gravidade e, consequentemente, não são tão vulneráveis à falha das bombas causada por quedas de energia. Tais sistemas de refrigeração são ditos de *estabilidade passiva* e os reatores são considerados passivamente seguros.[9] Outra abordagem é o uso de gás hélio para resfriamento de reatores que possuem cápsulas de combustível especialmente projetadas para serem capazes de suportar temperaturas tão elevadas quanto 1800°C. A ideia é projetar a montagem de combustível de modo que não possa conter combustível suficiente para chegar a esta temperatura e, portanto, não experimentar uma fusão do núcleo.

Decaimento Radioativo

Para muitas pessoas, a radiação é um assunto cercado de mistério. Elas se sentem desconfortáveis com isso, aprendendo desde cedo que a energia nuclear pode ser perigosa por causa da radiação, e que partículas radioativas provenientes da detonação de bombas atômicas podem causar um sofrimento humano generalizado. Uma coisa que torna a radiação assustadora é que não se pode vê-la, saboreá-la, cheirá-la ou senti-la. Neste artigo, tenta-se desmistificar alguns aspectos relacionados ao assunto, discutindo o processo de radiação ou radioatividade.

Primeiro, é necessário entender que a radiação é um processo natural que vem ocorrendo desde a criação do universo. Compreender o processo de radiação envolve a compreensão dos *radioisótopos*, que são uma forma de elemento químico que, espontaneamente, sofre **decaimento radioativo**. Durante o processo de decaimento, o radioisótopo muda de um isótopo para outro e emite uma ou mais formas de radiação.

Relembrando do Capítulo 5, isótopos são elementos que apresentam o mesmo número atômico (número de prótons no núcleo), mas que variam em número de massa atômica (o número de prótons mais nêutrons no núcleo). Por exemplo, dois isótopos de urânio são $^{235}U_{92}$ e $^{238}U_{92}$. O número atômico de ambos os isótopos de urânio é 92 (veja a Tabela 5.1); porém, os números de massa atômica são 235 e 238. Os dois diferentes isótopos de urânio podem ser escritos como o urânio-235 e urânio-238, ou ^{235}U e ^{238}U.

Uma característica importante de um radioisótopo é a sua *meia-vida*, o tempo necessário para que metade de uma determinada quantidade do isótopo decaia para outra forma. Por exemplo, o urânio-235 possui uma meia-vida de 700 milhões de anos, um tempo muito longo! O radioativo carbono-14 tem uma meia-vida de 5.570 anos, que está na faixa intermediária, e o radônio-222 tem uma meia-vida relativamente curta, de 3,8 dias. Outros isótopos radioativos têm sua meia-vida ainda mais curta, por exemplo, o polônio-218, que tem uma meia-vida de cerca de 3 minutos; e outros ainda têm meia-vida tão curta quanto uma fração de segundo.

O principal ponto aqui é saber que cada isótopo radioativo tem a sua meia-vida própria, única e imutável. Isótopos com meia-vida muito curta estão presentes em apenas um breve período de tempo, enquanto aqueles com meia-vida longa permanecem no ambiente por longos períodos. A Tabela 20.1 ilustra o padrão geral para a deterioração em termos de meias-vidas decorridas e a fração restante. Por exemplo, supondo que se inicia com 1 g de polônio-218 com uma meia-vida de aproximadamente três minutos. Depois de decorridos três minutos, 50% do polônio-218 continuará existindo. Depois de cinco meias-vidas, ou 15 minutos, apenas 3% ainda estará presente, e depois de 10 meias-vidas (30 minutos), 0,1% ainda estará presente. Para onde foi o polônio? Ele decaiu para chumbo-214, outro isótopo radioativo, que tem uma meia-vida de cerca de 27 minutos. A progressão das mudanças associadas ao processo de decaimento é conhecida como *cadeia de decaimento radioativo*. Agora, supondo que se tenha começado com 1 g de urânio-235, com meia-vida de 700 milhões de anos. Após decorridas 10 meias-vidas, 0,1% do urânio ainda restará – mas esse processo levaria sete bilhões de anos.

Radioisótopos de meias-vidas curtas inicialmente são submetidos a um ritmo mais rápido de mudança (transformação nuclear) do que os radioisótopos de meias-vidas longas. Por outro lado, os radioisótopos de meias-vidas longas têm uma taxa inicial de transformação nuclear menos intensa e mais lenta, mas podem ser perigosos em longo prazo.[7]

Existem três tipos de radiação nuclear: *partículas alfa*, *partículas beta* e *radiação gama*. As partículas alfa consistem em dois prótons e dois nêutrons (núcleo de hélio), e tem a maior massa dos três tipos de radiação (Figura 20.2*a*). Como as partículas alfa têm uma massa relativamente elevada, elas não vão muito longe. No ar, as partículas alfa podem viajar aproximadamente de 5 a 8 cm de distância até parar. No entanto, no tecido vivo, que é muito mais denso que o ar, elas podem viajar apenas cerca de 0,005 a 0,008 cm. Por ser uma distância muito curta para causar danos às células vivas, as partículas alfa devem ser originadas bem perto das células. As partículas alfa podem ser barradas por uma folha de papel ou afins.

As partículas beta são elétrons e têm uma massa de 1/1.840 de um próton. O decaimento que gera partículas beta ocorre quando um dos prótons ou nêutrons no núcleo de um isótopo se altera espontaneamente. O que acontece é que um próton se transforma em um nêutron, ou um nêutron se transforma em um próton (Figura 20.2*b*). Como resultado deste processo, outra partícula, conhecida como neutrino, também é expulsa. O neutrino é uma partícula sem massa de repouso (a massa da partícula quando esta se encontra em repouso em relação a um observador).[8] Partículas beta podem alcançar distâncias muito maiores no ar que as partículas alfa, podendo ser bloqueadas por uma blindagem moderada, como uma fina folha de metal (alumínio) ou um bloco de madeira.

O terceiro e mais penetrante tipo de radiação é a radiação gama, proveniente do *decaimento gama*. Quando o decaimento gama ocorre, o raio gama, um tipo de radiação eletromagnética, é emitido a partir do isótopo. Os raios gama são semelhantes aos raios X, mas são mais enérgicos e penetrantes; eles viajam a maior distância média dentre todos os tipos de radiação. A proteção contra raios gama requer blindagem grossa, como cerca de um metro de concreto ou vários centímetros de chumbo.

Cada radioisótopo tem suas próprias características de emissões; alguns isótopos emitem apenas um tipo de radiação, enquanto outros emitem uma mistura. Além disso, os diferentes tipos de radiação têm diferentes toxicidades (graus ou intensidades de potencial de dano ou envenenamento). Em termos de saúde humana, e para a saúde dos outros organismos, a radiação alfa é a

(Continua)

Tabela 20.1 Padrão Generalizado de Decaimento Radioativo

Meia-vida Decorrida	*Fração Restante*	*Percentual Restante*
0	—	100
1	1/2	50
2	1/4	25
3	1/8	13
4	1/16	6
5	1/32	3
6	1/64	1,5
7	1/128	0,8
8	1/256	0,4
9	1/512	0,2
10	1/1024	0,1

(Continuação)

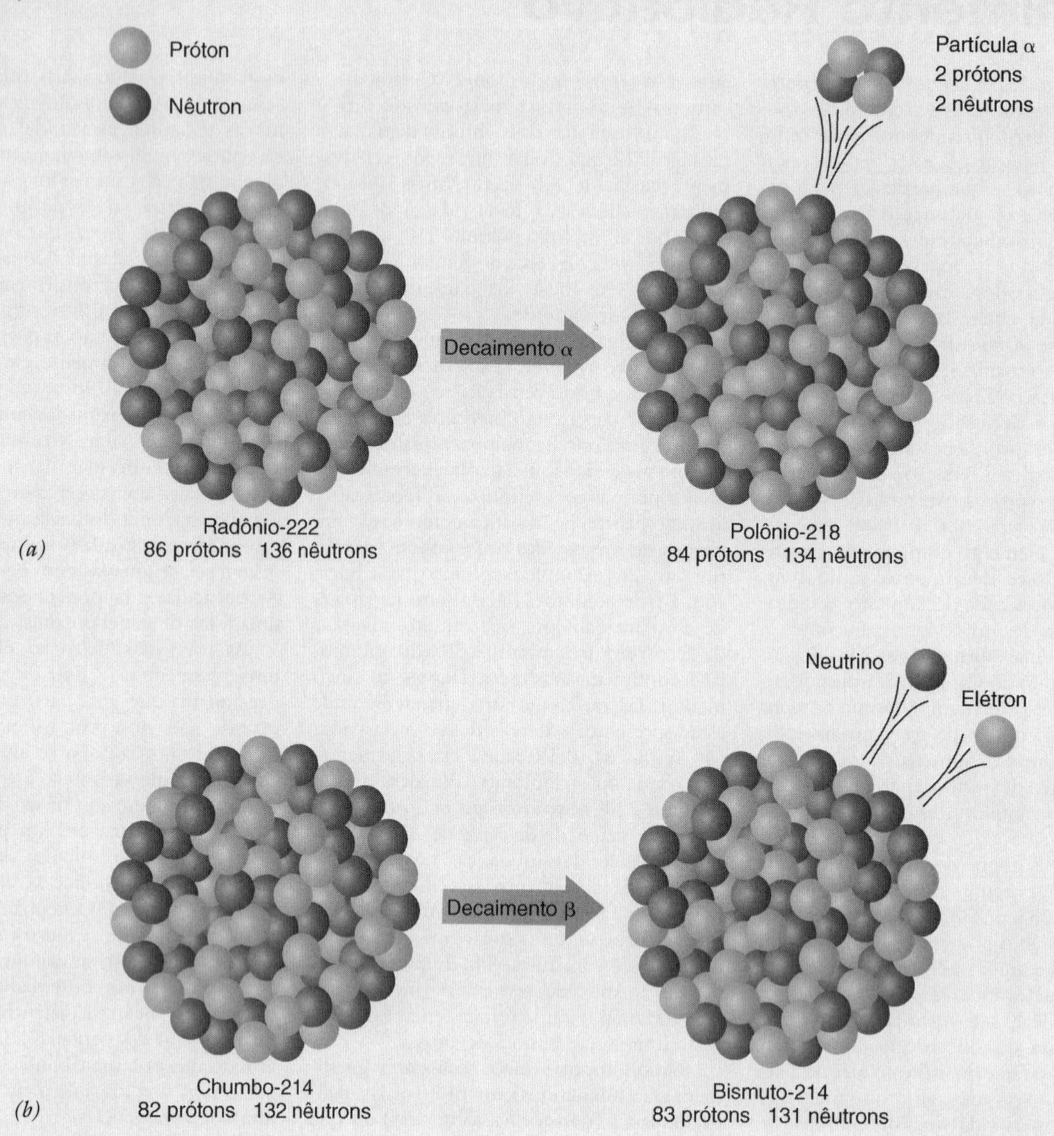

Figura 20.2 ■ Diagramas idealizados mostrando processos de decaimento (*a*) alfa e (*b*) beta. (*Fonte*: D. J. Brenner, *Radon: Risk and Remedy* [New York: Freeman, 1989]. Direitos autorais, 1989, de W. H. Freeman and Company. Reproduzido com permissão.)

mais tóxica ou perigosa quando inalada ou ingerida. Isto porque a radiação alfa é parada a uma distância muito curta por tecido vivo, e grande parte da radiação prejudicial é absorvida pelo tecido. Quando isótopos alfaemissores são armazenados em um contêiner, no entanto, são relativamente inofensivos. A radiação beta ocupa grau intermediário quanto a sua toxicidade, embora a radiação beta seja mais absorvida pelo corpo quando um emissor beta é ingerido. Emissores gama são tóxicos e perigosos dentro ou fora do corpo; mas quando são ingeridos, parte da radiação passa para fora do corpo.

Alguns radioisótopos, em especial os elementos muito pesados, como o urânio, sofrem uma série de etapas de decaimento radioativo (uma cadeia de decaimento), antes de finalmente se tornarem um isótopo estável não radioativo. Por exemplo, o urânio decai através de uma série de etapas até o isótopo estável de chumbo não radioativo. A cadeia de decaimento do urânio-238 (com meia-vida de 4,5 bilhões de anos) para o chumbo-206 estável é mostrada na Figura 20.3. Também são listadas as meias-vidas e os tipos de radiação que ocorrem durante as transformações. Nota-se que a cadeia de decaimento radioativo simplificado mostrado na Figura 20.3 envolve 14 transformações separadas e inclui vários radioisótopos ambientalmente importantes, incluindo o radônio-222, o polônio-218 e o chumbo-210. O decaimento de um isótopo radioativo para outro é muitas vezes expresso em termos de produtos pai e filho. Por exemplo, o urânio-238 é o produto pai do produto filho tório-234.

Em suma, quando se fala em decaimento radioativo, dois fatos importantes a lembrar são: (1) a meia-vida e (2) o tipo de radiação emitida.

Elementos Radioativos	Radiação emitida			Meia-vida		
	Alfa	Beta	Gama	Minutos	Dias	Anos
Urânio-238 ↓	☢		☢			4,5 bilhões
Tório-234 ↓		☢	☢		24,1	
Protactínio-234 ↓		☢	☢	1,2		
Urânio-234 ↓	☢		☢			247.000
Tório-230 ↓	☢		☢			80.000
Rádio-226 ↓	☢		☢			1.622
Radônio-222 ↓	☢				3,8	
Polônio-218 ↓	☢	☢		3,0		
Chumbo-214 ↓		☢	☢	26,8		
Bismuto-214 ↓		☢	☢	19,7		
Polônio-214 ↓	☢			0,00016 (segundo)		
Chumbo-210 ↓		☢	☢			22
Bismuto-210 ↓		☢			5,0	
Polônio-210 ↓	☢		☢		138,3	
Chumbo-206	Nenhuma			Estável		

Figura 20.3 ■ A cadeia de decaimento do urânio-238. (*Fonte*: F. Schroyer, ed., *Radioactive Waste*, 2ª impressão [American Institute of Professional Geologists, 1985].)

Sustentabilidade e Energia Nuclear

Sustentabilidade no que diz respeito à energia nuclear possui dois aspectos: (1) o papel da energia nuclear na criação de fontes alternativas de combustível e (2) a sustentabilidade do combustível nuclear em si. No primeiro caso, a energia nuclear pode ser usada para produzir o hidrogênio, a partir da água ou metano, para abastecer células de combustível em automóveis. A utilização do hidrogênio ajudaria na transição dos Estados Unidos da sua dependência do petróleo para uma fonte de energia menos prejudicial ao ambiente (hidrogênio). Este é um tema central de sustentabilidade, que tem como objetivo atender as necessidades energéticas no futuro sem prejudicar o meio ambiente. O segundo aspecto da sustentabilidade concernente à energia nuclear tem a ver com o combustível nuclear. Isto é especialmente importante porque o urânio utilizado na energia nuclear é um recurso não renovável.

As centrais nucleares estão se tornando cada vez mais seguras e econômicas. Mesmo sem construir novas unidades nos últimos 20 anos, as usinas nucleares fornecem uma quantidade crescente de energia elétrica. Desde o início de 1990, as usinas nucleares dos Estados Unidos aumentaram para mais de 23.000 MW de energia, o equivalente a 23 grandes usinas de combustível fóssil. Este aumento é resultado de uma utilização mais eficiente das atuais centrais nucleares e da redução do custo de produção de energia a partir de usinas nucleares.[10]

Os atuais reatores de água leve utilizam o urânio de forma pouco eficiente. Apenas cerca de 1% do urânio é usado no reator; os outros 99% acabam como resíduos. Portanto, os reatores atuais são parte do problema dos resíduos nucleares

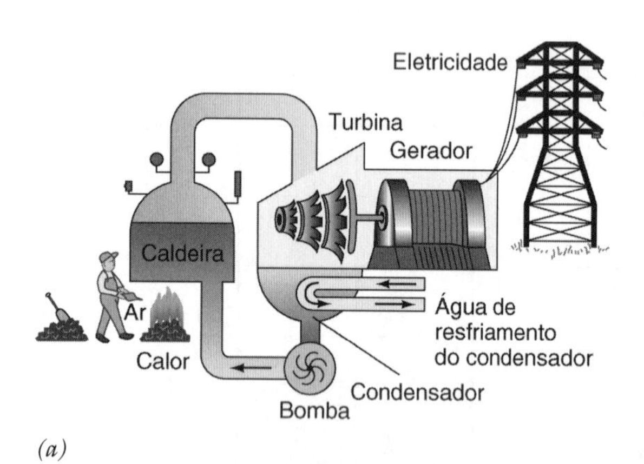

(a)

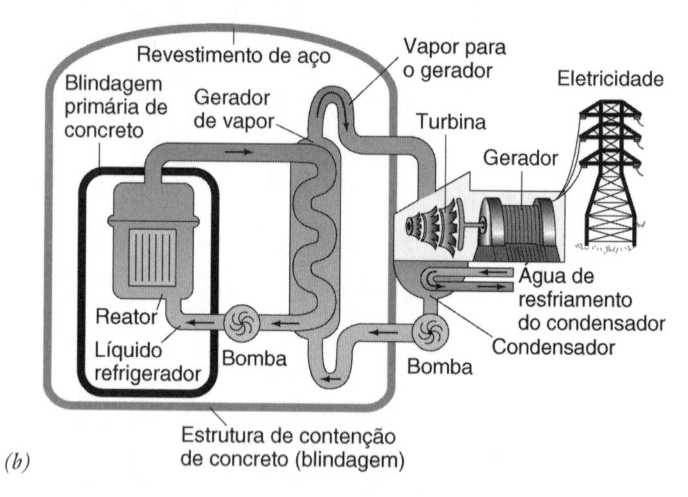

(b)

Figura 20.4 ■ Comparação entre (*a*) uma usina de energia movida a combustível fóssil e (*b*) uma usina nuclear com um reator de água fervente. Observa-se que o reator nuclear tem exatamente a mesma função que a caldeira na usina de energia de combustíveis fósseis. A usina movida a carvão (*a*) está localizada em Ratcliffe-on-Saw, em Nottinghamshire, Inglaterra, e a usina nuclear (*b*) está localizada em Leibstadt, na Suíça. (*Fonte*: American Nuclear Society, *Nuclear Power and the Environment*, 1973.)

e não uma solução de longo prazo para o problema energético. Uma forma de tornar a energia nuclear sustentável, pelo menos por centenas de anos, seria a utilização de um processo conhecido como *regeneração*. **Reatores regeneradores** são projetados para produzir mais combustível nuclear. Eles fazem isso através de um processo em que se transforma os resíduos de urânio, ou o urânio de baixo teor, em material físsil. Reatores regeneradores, se construídos em número suficiente (milhares), poderiam fornecer, por 2.000 anos, cerca de metade da energia atualmente produzida por combustíveis fósseis.[6]

A regeneração é, aparentemente, o futuro da energia nuclear, se a sustentabilidade em termos de combustível nuclear for o objetivo. Colocar os reatores regeneradores em funcionamento para produzir energia nuclear segura exigirá planejamento, pesquisa e desenvolvimento de reatores avançados. Além disso, o combustível para os reatores regeneradores terão de ser reciclados, assim como o combustível dos reatores convencionais deve ser substituído periodicamente. O que é necessário é um novo tipo de reator nuclear, com um sistema completo que inclua reatores, ciclo do combustível (especialmente de reciclagem e reprocessamento de combustível), e menor produção de resíduos. Tal reator novo é possível, mas exigirá a redefinição da política energética nacional e a transformação da produção de energia em novas direções. Resta saber se isso vai acontecer.

Reatores de Leito de Esferas

Um novo tipo de reator com resfriamento a gás, chamado de reator de esfera, tem sido sugerido, e um está sendo projetado e desenvolvido na África do Sul, mas nenhum deles ainda está instalado ou operando em qualquer lugar do mundo.[11] O projeto utiliza os elementos de combustível chamados de esferas, que são aproximadamente do tamanho de uma bola de bilhar (Figura 20.6). As esferas possuem externamente uma casca de grafite e, em seu interior, cerca de 15.000 partículas de combustível nuclear do tamanho de grãos de areia (óxido de

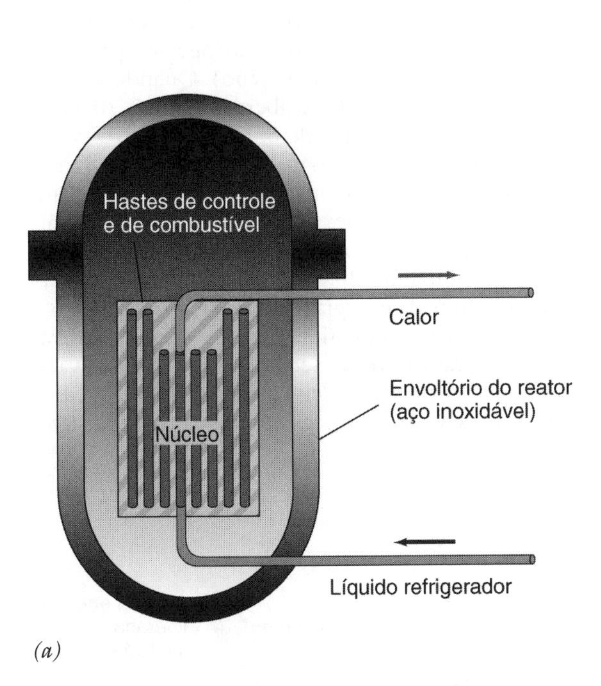

(*a*)

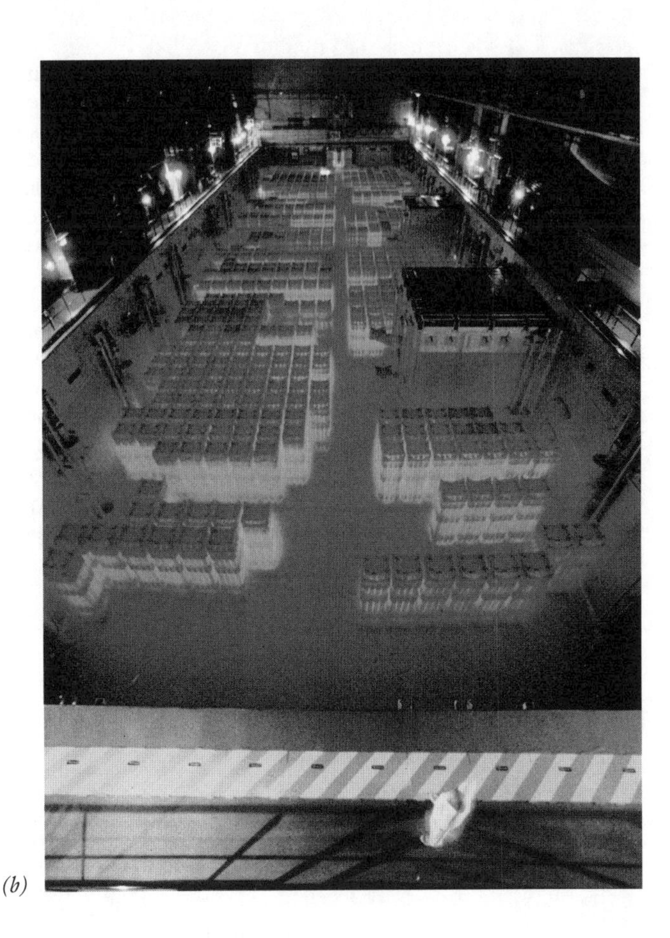

(*b*)

Figura 20.5 ■ (*a*) Principais componentes de um reator nuclear. (*b*) Elementos combustíveis incandescentes sendo armazenados na água em uma usina nuclear.

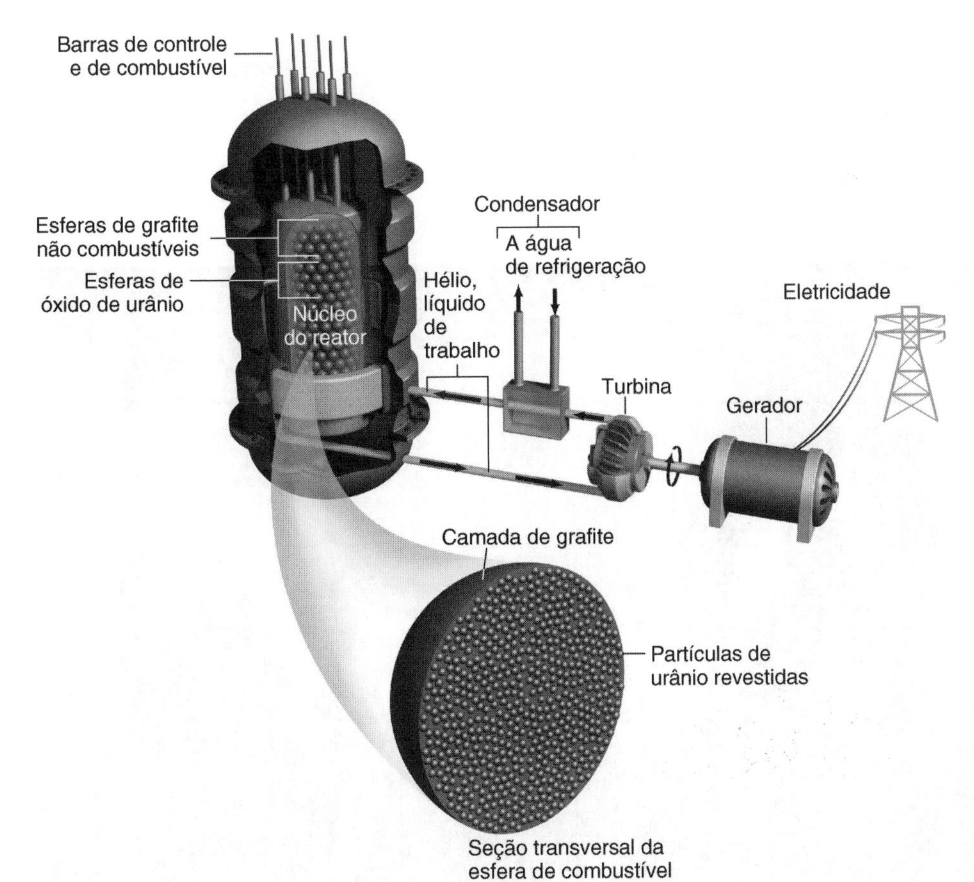

Figura 20.6 ■ Diagrama idealizado do reator nuclear de leito de esferas utilizado para fornecer energia elétrica. (*Fonte*: Modificado de J. A. Lake, R. G. Bennett e J. F. Kotek, "Next-Generation Nuclear Power," *Scientific American* [January 2002]: 73–81.)

urânio). Em torno de 300.000 esferas são carregadas em um recipiente de metal protegido por uma camada de grafite e aproximadamente 100.000 esferas de grafite não combustível são intercaladas com as esferas combustíveis para ajudar a controlar a produção de calor do reator. As esferas combustíveis alimentam o núcleo, abastecendo continuamente a reação nuclear. Assim que uma esfera esgota seu combustível, ela deixa o núcleo, e outra é inserida a partir do recipiente de armazenamento.

Analogicamente, é como uma máquina de chicletes, onde uma goma de mascar é removida e outra toma o seu lugar. Este é um recurso de segurança do reator, porque o núcleo, a qualquer momento, dispõe apenas da quantidade de combustível necessária para a produção adequada de energia. O reator de leito de esferas provavelmente será modular, com cada unidade produzindo cerca de 120 MW de potência, o que representa cerca de um décimo do que é produzindo por uma grande usina nuclear centralizada.

Reatores de Fusão Nuclear

Em contraste com a fissão, que envolve a divisão de núcleos pesados (tais como o urânio), a fusão envolve a combinação de núcleos de elementos leves (como hidrogênio) para formar elementos mais pesados (como o hélio). Quando a fusão ocorre, energia em forma de calor é liberada (Figura 20.7). A fusão nuclear é a fonte de energia do Sol e outras estrelas.

Em um reator hipotético de fusão, dois isótopos de hidrogênio – deutério e trítio – são injetados dentro da câmara de um reator, onde as condições necessárias para a fusão são mantidas. Os produtos da fusão do deutério–trítio (DT) incluem o hélio, produzindo 20% da energia liberada, e nêutrons, produzindo 80% da energia liberada (Figura 20.8).[12]

Várias condições são necessárias para que a fusão ocorra. Primeiro, a temperatura deve ser extremamente elevada (cerca de 100 milhões de graus Celsius para a fusão DT). Em segundo lugar, a densidade dos elementos de combustível

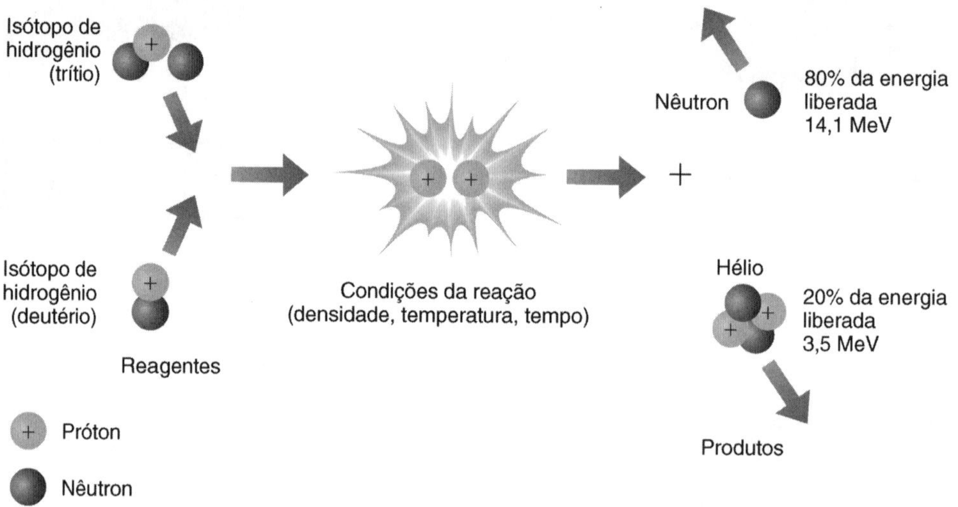

Figura 20.7 ■ Reação de fusão deutério–trítio (DT). (*Fonte*: Modificado de U.S. Department of Energy, 1980.)

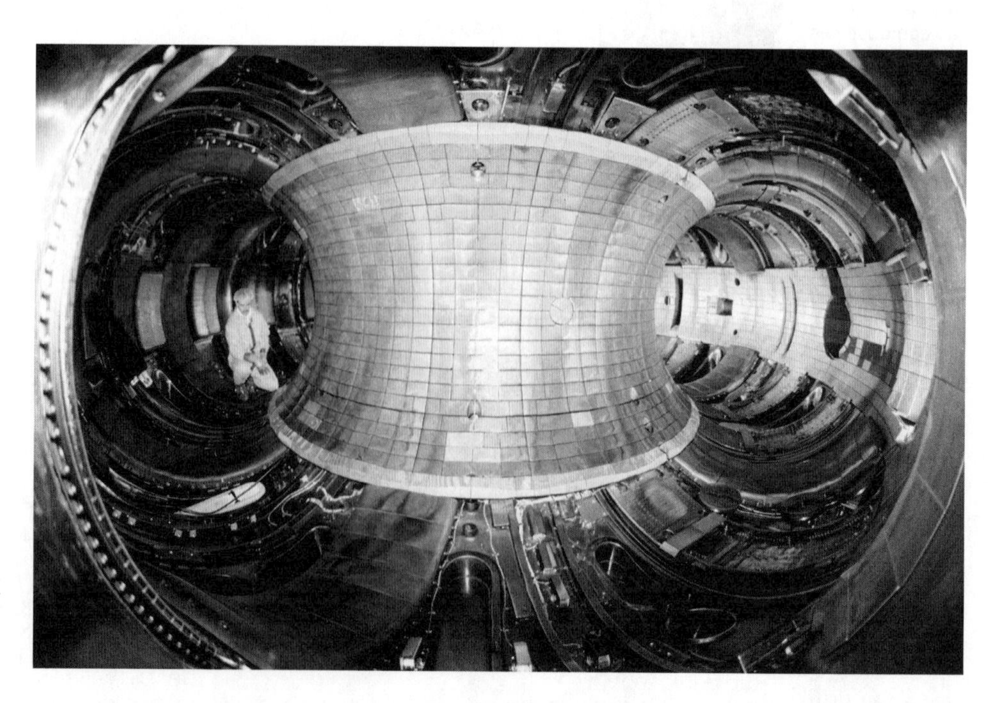

Figura 20.8 ■ Reator experimental de fusão nuclear que confina magneticamente o plasma a temperaturas muito elevadas.

também deve ser suficientemente elevada. Na temperatura necessária para a fusão, quase todos os átomos estão livres de seus elétrons, formando um plasma. Plasma é um material eletricamente neutro, que consiste em um núcleo com carga positiva, íons e elétrons carregados negativamente. Em terceiro lugar, o plasma deve ser confinado por tempo suficiente para garantir que a energia liberada pelas reações de fusão exceda a energia fornecida para manter o plasma.[12, 13]

A energia potencial disponível quando e se as usinas de energia de fusão nuclear forem desenvolvidas é quase inesgotável. Um grama de combustível DT (a partir de um fornecimento de água e de combustível lítio) tem a energia equivalente a 45 barris de petróleo. O deutério pode ser extraído a partir da água do oceano e o trítio produzido a partir de uma reação com o lítio em um reator de fusão. Já o lítio pode ser extraído de forma rentável a partir de fontes minerais abundantes.

Muitos problemas ainda precisam ser resolvidos antes que a fusão nuclear seja usada em larga escala. Pesquisas ainda estão na primeira fase, que envolve a física básica, testes de possíveis combustíveis (principalmente DT) e confinamento magnético do plasma.

20.2 Energia Nuclear e Meio Ambiente

O **ciclo do combustível nuclear** inclui os processos envolvidos na produção de energia nuclear – desde a extração e processamento de urânio até a fissão controlada –, o reprocessamento do combustível nuclear, a desativação das usinas e a eliminação dos resíduos radioativos. Durante o ciclo, a radiação pode entrar e afetar o meio ambiente (Figura 20.9). Para entender os efeitos ambientais das radiações, é importante estar familiarizado com as unidades usadas para medir a radiação e a quantidade ou dose de radiação que pode causar problemas à saúde. Estes temas serão explicados no Detalhamento 20.2.

Problemas da Energia Nuclear

Olhando um pouco mais detalhadamente os efeitos ambientais do ciclo do combustível nuclear (Figura 20.9):

- Minas de urânio e usinas produzem resíduos radioativos que podem poluir o meio ambiente. Existem casos em que os rejeitos radioativos de minas foram utilizados para a fundação e materiais de construção, contaminando habitações. (Rejeitos são materiais removidos pela atividade de mineração, mas não são tratados e geralmente permanecem no local.)
- O enriquecimento de urânio-235 e a fabricação de conjuntos de combustível também produzem resíduos que devem ser cuidadosamente manuseados e descartados.
- A seleção do local e a construção de usinas nucleares nos Estados Unidos têm sido extremamente controversa. A análise ambiental é extensa e cara, muitas vezes centrada sobre os riscos relacionados à probabilidade de eventos como terremotos.
- A usina ou reator é o local com o qual as pessoas estão preocupadas, porque é a parte mais visível do ciclo. É também o local dos acidentes já ocorridos, incluindo colapsos parciais que lançaram radiações nocivas para o meio ambiente.
- Atualmente os Estados Unidos não reprocessam o combustível gasto nos reatores para a recuperação do urânio e do plutônio. No entanto, muitos problemas estão associados à manipulação e eliminação de resíduos nucleares, discutido mais adiante neste capítulo.
- A eliminação de resíduos é uma parte controversa do ciclo nuclear, porque ninguém quer uma instalação que receba resíduos nucleares na vizinhança. Há uma preocupação pública generalizada de que os perigosos resíduos nuclea-

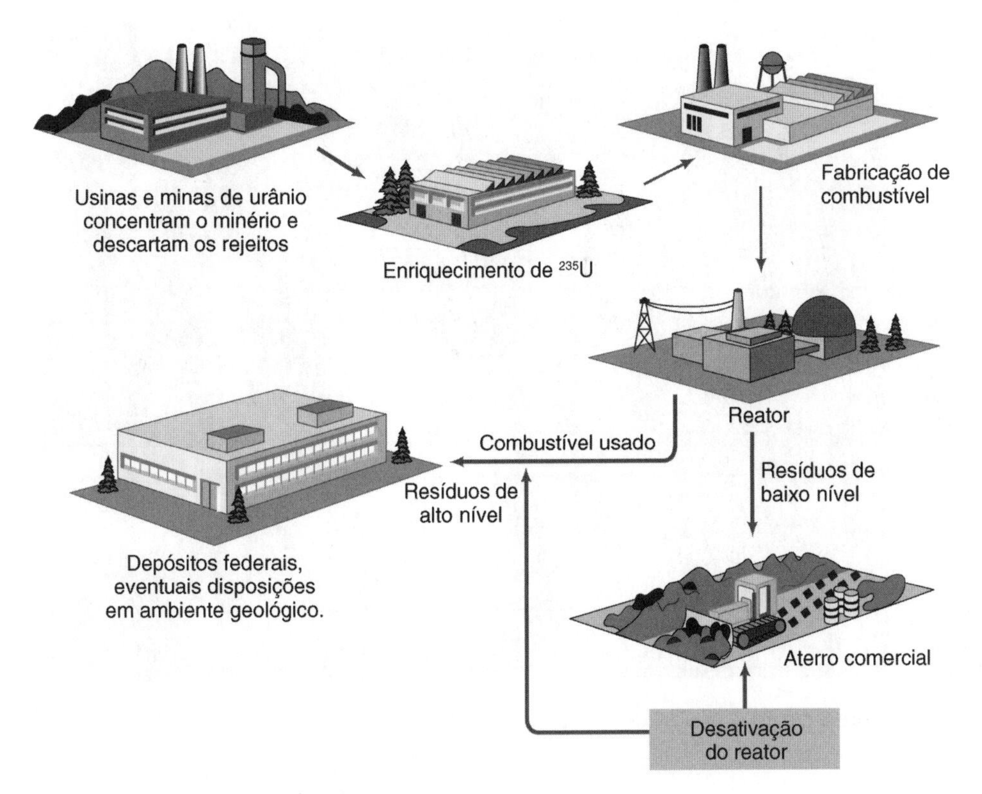

Figura 20.9 ■ Diagrama idealizado mostrando o ciclo do combustível nuclear para a indústria de energia nuclear norte-americana. Disposição de rejeitos, que devido ao seu grande volume podem ser mais tóxicos do que os resíduos de alto-nível, foram tratados com descaso no passado. (*Fonte*: Assessoria de Relações Industriais, A Indústria Nuclear, 1974.)

Doses e Unidades de Radiação

As unidades usadas para medir a radioatividade são complexas e um tanto confusas. No entanto, um conhecimento básico é útil para entender e falar sobre os efeitos da radiação no meio ambiente.

A unidade comumente usada para decaimento radioativo é o *curie* (Ci), equivalente a 37 bilhões de transformações nucleares por segundo.[7]

O curie é uma homenagem à Marie Curie e seu marido, Pierre, que descobriram o elemento rádio na década de 1890. Eles também descobriram o polônio, que mais tarde chamaram como tal em homenagem à pátria de Marie, a Polônia. Os efeitos nocivos das radiações não eram conhecidos na época, e Marie Curie e sua filha morreram de câncer induzido pela radioatividade.[8] Seu laboratório (Figura 20.10) até hoje ainda está contaminado.

No Sistema Internacional de Unidades (SI), a unidade normalmente utilizada para decaimento radioativo é o *becquerel* (Bq), que equivale a um decaimento radioativo por segundo. As unidades de medidas usadas frequentemente na discussão de isótopos radioativos, como o radônio-222, são becquerel por metro cúbico (Bq/m^3) e picocuries por litro (pC/L). Um picocurie é um trilionésimo (10^{-12}) de um curie. Becquerel por metro cúbico ou picocuries por litro, portanto, são medidas do número de decaimentos radioativos que ocorrem a cada segundo em um metro cúbico ou em um litro de ar.

Ao lidar com os efeitos ambientais da radiação, interessa mais saber sobre a dose efetiva de radiação emitida pela radioatividade. Essa dose geralmente é medida em termos de *rads* (rd) e *rems.* No Sistema Internacional, as unidades correspondentes são *grays* (Gy) e *sieverts* (Sv). Rads e grays são as unidades da dose absorvida de radiação; 1 gray equivale a 100 rads. Rems e sieverts são unidades de dose equivalente ou dose equivalente efetiva, onde 1 sievert é igual a 100 rems.[7] A energia retida por tecidos vivos que tenham sido expostos à radiação é chamada de ***dose de radiação absorvida***, que é de onde provém o termo ***rad*** (em inglês, ***radiation absorbed dose***). Como diferentes tipos de radiação têm diferentes poderes de penetração, resultando em diferentes graus de danos ao tecido vivo, o rad é multiplicado por um fator conhecido como a ***eficácia biológica relativa***, para calcular as unidades rem ou sievert. Quando são consideradas doses muito pequenas de radioatividade, o milirem (mrem) ou milisievert (mSv) – ou seja, um milésimo (0,001) de um rem ou sievert – é usado.[14] Para a radiação gama, a unidade comumente utilizada é a roentgen (R), ou, em unidades SI, coulombs por quilograma (C/kg).

As pessoas são expostas a uma variedade de fontes de radiação provenientes do céu, do ar e dos alimentos ingeridos (Figura 20.11). Qual é a radiação recebida pelo homem? Esta pergunta é geralmente feita por pessoas preocupadas com a radiação. A média norte-americana recebida é de cerca de 2 a 4 mSv/ano. Desse total, cerca de 1 a 3 mSv/ano (50% a 75%) é natural. As diferenças são principalmente devido à altitude e geologia. Mais radiação cósmica vinda do espaço sideral (que fornece cerca de 0,3 a 1,3 mSv/ano) é recebida em altitudes mais elevadas. Radiação das rochas e dos solos (como o granito e o xisto orgânico), contendo minerais radioativos, fornece cerca de 0,3 a 1,2 mSv/ano. A quantidade de radiação emitida a partir de rochas, solos e água pode ser muito maior em áreas onde o gás radônio (um gás radioativo que ocorre naturalmente) é liberado e alcança as casas. Como resultado, os estados montanhosos, que também têm uma abundância de rochas graníticas, como o Colorado, têm uma maior radiação natural do que estados que possuem abundância em rocha calcária e de baixa altitude, como a Flórida. Apesar deste padrão geral, em alguns locais da Flórida onde ocorrem depósitos de fosfato a radiação natural é acima da média, devido à concentração relativamente elevada de urânio encontrada em rochas de fosfato.[15]

A quantidade de radiação de origem humana recebida pelas pessoas é de cerca de 1,35 mSv/ano. Duas fontes naturalmente radioativas são o potássio-40 e carbono-14, que estão presentes nos corpos humanos e produzem cerca de 0,35 mSv/ano. O potássio é um eletrólito importante no sangue, e um isótopo de potássio (potássio-40) tem uma meia-vida muito longa. Embora o potássio-40 represente apenas uma pequena porcentagem do total de potássio do corpo, ele está presente em todas as pessoas, e por isso todos são ligeiramente radioativos. Como resultado, quem opta por compartilhar a vida com outra pessoa, está também exposto a um pouco mais de radiação.

Fontes de radiação de baixo nível nos processos humanos incluem: os raios X para fins médicos e odontológicos, que podem emitir uma média de 0,8 a 0,9 mSv/ano; testes de armas nucleares, com cerca de 0,04 mSv/ano; a queima de combustíveis fósseis como o carvão, óleo e gás natural, 0,03 mSv/ano; e usinas de energia nuclear (em condições normais de funcionamento), 0,002 mSv/ano.[14]

A profissão da pessoa e o seu estilo de vida também podem afetar a dose anual de radiação recebida. Quem voa frequentemente na altitude de aviões a jato recebe uma pequena dose adicional de radiação – cerca de 0,05 mSv para cada voo pelos Estados Unidos. Quem trabalha em uma usina de energia nuclear pode receber até cerca de 3 mSv/ano. Viver ao lado de uma usina nuclear acrescenta 0,01 mSv/ano, e ficar sentado em um banco

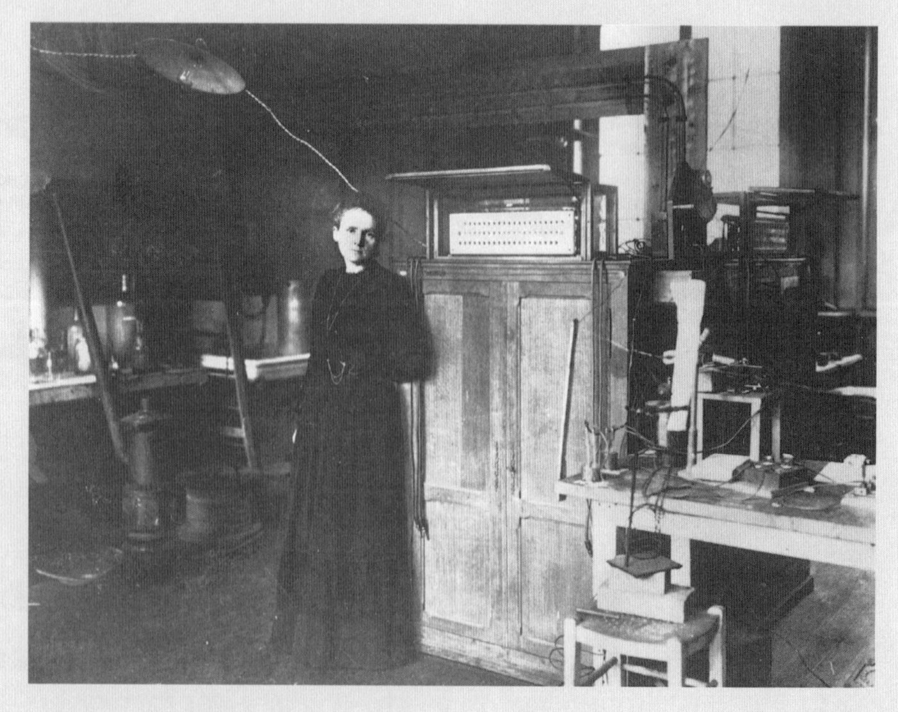

Figura 20.10 ■ Marie Curie em seu laboratório.

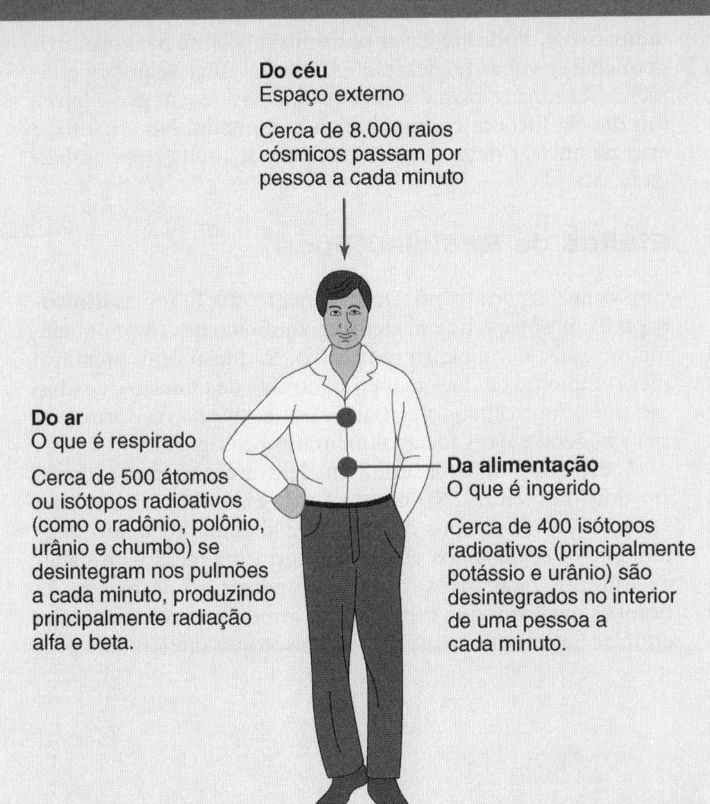

Figura 20.11 ■ As principais fontes de radiação natural são o céu, o ar que se respira e os alimentos ingeridos. (*Fonte*: Modificado de National Radiological Protection Board, *Living with Radiation*, 3rd ed. [Reading, England: National Radiological Protection Board, 1986].)

assistindo a um caminhão transportando resíduos nucleares passa a acrescentar 0,001 mSv na exposição anual. Fontes de radiação são resumidas na Figura 20.12*a*, pressupondo um total anual de 3 mSv/ano.[15, 16] A quantidade de radiação recebida em determinados locais de trabalho, tais como usinas de energia nuclear e laboratórios onde são produzidos os raios X, é rigorosamente acompanhada. Em tais locais, as pessoas usam crachás indicando a dose de radiação recebida.

A Figura 20.12*b* lista algumas das fontes comuns de radiação às quais as pessoas estão expostas. Observa-se que a exposição ao gás radônio pode se igualar à quantidade a que as pessoas foram expostas como resultado do acidente nuclear de Chernobyl, que ocorreu na União Soviética em 1986. Em outras palavras, em algumas casas, as pessoas estão expostas à mesma radiação vivenciada pelas pessoas evacuadas da zona de Chernobyl. (O gás radônio é discutido em detalhes no Capítulo 25.)

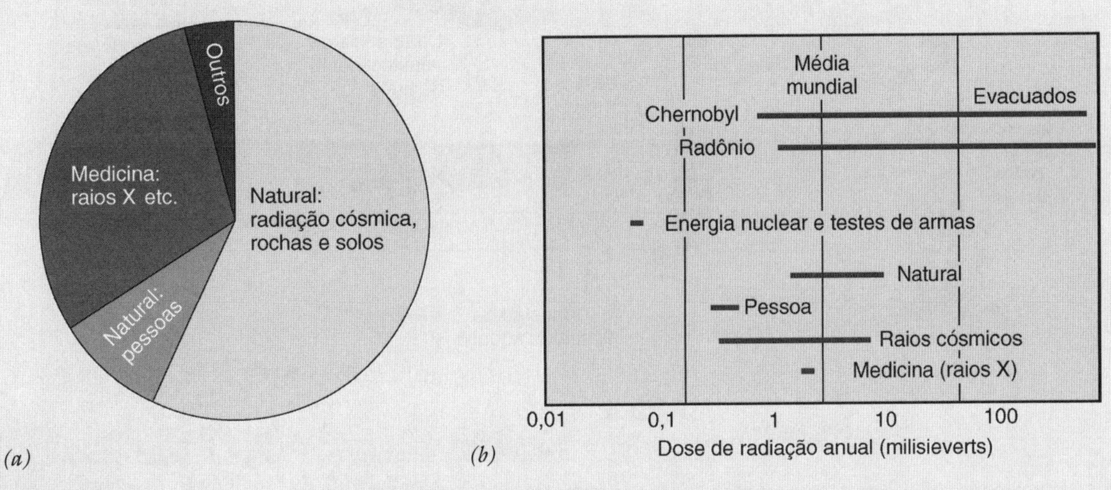

Figura 20.12 ■ (*a*) Fontes de radiação recebida pelas pessoas; assume-se uma dose anual de 3,0 mSv/ano, com 66% de origem natural e 33% de origem médica e outras (profissionais, testes de armas nucleares, televisão, viagens aéreas, detector de fumaça etc.). (*Fontes*: U.S. Department of Energy, 1999; *New Encyclopedia Britannica*, 1997. Radiation. V26, p. 487.) (*b*) Faixas de dose de radiação anual para pessoas a partir das principais fontes. (*Fonte*: Partes dos dados de A. V. Nero, Jr., "Controlling Indoor Air Pollution," *Scientific American* 258[5] [1998]: 42–48.)

res não podem ser adequadamente isolados no meio ambiente para o longo período de tempo (milhões de anos) no qual continuarão sendo perigosos.

- As centrais nucleares têm uma vida útil limitada de várias décadas. A desativação (encerramento do serviço) ou a modernização de uma planta é uma parte controversa do ciclo com o qual se tem pouca experiência. Máquinas contaminadas devem ser eliminadas ou armazenadas de forma a evitar danos ambientais. A desativação ou remontagem serão muito caras (talvez várias centenas de milhões de dólares), e é um aspecto importante do planejamento para a utilização da energia nuclear. O custo da desativação de um reator será maior que o custo de construção do mesmo.[17]

Além dos riscos do transporte e eliminação de material nuclear, existem riscos potenciais associados com o fornecimento de reatores para outras nações. Atividades terroristas e a possibilidade de governos irresponsáveis adicionarem mais riscos estão presentes como em nenhuma outra forma de produção de energia. Por exemplo, o Cazaquistão herdou da antiga União Soviética uma grande instalação para testes de armas nucleares, cobrindo centenas de quilômetros quadrados. Vários locais contêm altas concentrações pontuais de plutônio no solo, representando um problema sério de contaminação tóxica. A instalação apresenta também um problema de segurança. Há uma preocupação internacional de que esse plutônio venha a ser usado por terroristas para a produção de bombas sujas (explosivos convencionais que dispersam os materiais radioativos). Pode até haver plutônio suficiente para produzir pequenas bombas nucleares.[18] A energia nuclear pode certamente ser uma resposta para os problemas de energia, e talvez um dia ela forneça energia barata e ilimitada. No entanto, a energia nuclear deve vir acompanhada de muita responsabilidade.

Efeitos de Radioisótopos

Conforme explicado no Detalhamento 20.1, um **radioisótopo** é um isótopo de um elemento químico que, espontaneamente, sofre decaimento radioativo. Radioisótopos afetam o meio ambiente de duas maneiras: através da emissão de radiação que atinge outros materiais, e por entrar na via normal do ciclo mineral e das cadeias alimentares ecológicas.

A explosão de uma arma nuclear atômica causa danos em dois momentos. No momento da explosão, uma intensa radiação de vários tipos de energia é liberada, matando diretamente os organismos. A explosão gera grandes quantidades de isótopos radioativos, que são dispersos no ambiente. As bombas nucleares que explodem na atmosfera produzem uma enorme nuvem que transporta radioisótopos diretamente para

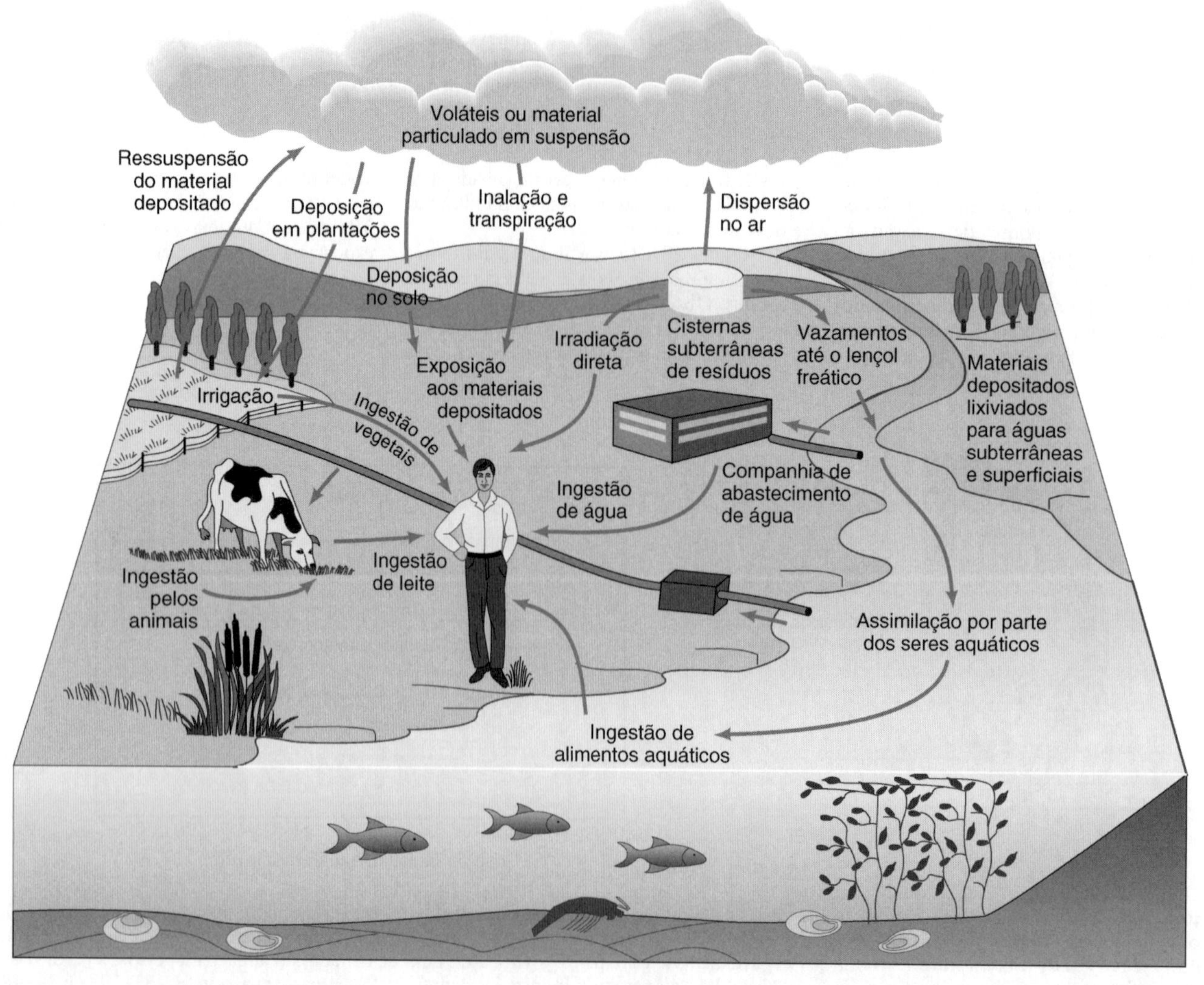

Figura 20.13 ■ Como substâncias radioativas alcançam o homem. (*Fonte*: F. Schroyer, ed., *Radioactive Waste*, 2ª impressão [American Institute of Professional Geologists, 1985].)

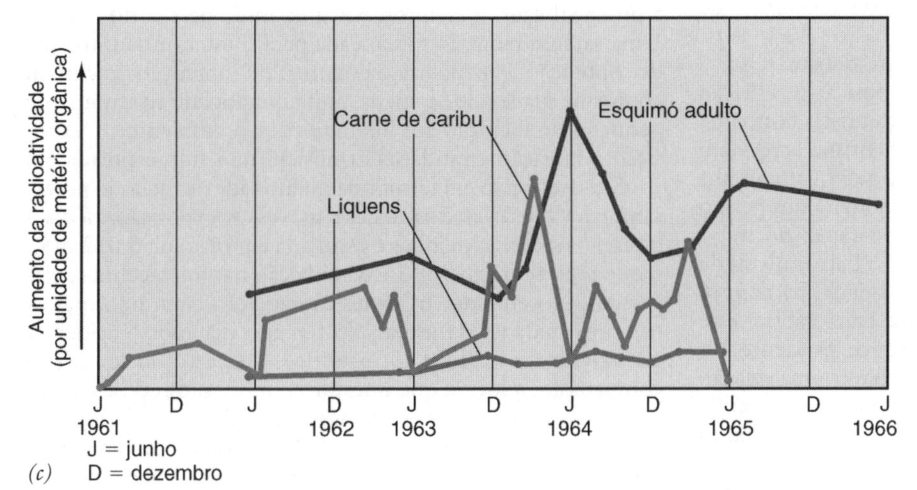

Figura 20.14 ■ O césio-137, liberado na atmosfera pelos testes de bombas atômicas, foi parte da cinza nuclear depositada no solo e nas plantas. (*a*) O césio caiu sobre os liquens, que foram consumidos por caribus. O caribu, por sua vez, foi consumido por esquimós. (*b*) Medições da concentração de césio nos liquens, caribus e esquimós na passagem de Anaktuvuk, Alasca. (*c*) O césio foi concentrado ao longo da cadeia alimentar. Picos de concentração ocorreram primeiramente nos liquens, em seguida nos caribus e por último nos esquimós. (*Fonte*: [*c*] W. G. Hanson, "Cesium-137 in Alaskan Lichens, Caribou, and Eskimos," *Health Physics* 13 [1967]: 383–389. Direitos autorais, 1967, de Pergamon Press. Reproduzido com permissão.)

a estratosfera, onde as partículas radioativas podem ser dispersas pelo vento. A *cinza nuclear* – o depósito destes materiais radioativos em todo o mundo – era um problema ambiental nas décadas de 1950 e 1960, quando os Estados Unidos, a ex-União Soviética, a China, a França e a Grã-Bretanha estavam testando e explodindo armas nucleares na atmosfera.

Os caminhos (Figura 20.13) de alguns destes isótopos ilustram a segunda maneira pela qual os materiais radioativos podem ser perigosos para o ambiente, pois eles podem entrar nas cadeias alimentares ecológicas. Considere um exemplo. Um dos radioisótopos emitido e enviado para a estratosfera por explosões atômicas era o césio-137. Este isótopo radioativo foi depositado em concentrações relativamente pequenas, mas amplamente dispersado na região ártica da América do Norte. Ele se depositou sobre o musgo-de-rena (*Cladonia rangiferina*), um líquen que é o alimento principal das renas (ou caribus) no inverno. A forte tendência sazonal nos níveis de césio-137 foi descoberta nos caribus; o nível era mais alto no inverno, quando o musgo-de-rena é o principal alimento, e mais baixo no verão. Esquimós que apresentaram uma alta percentagem de proteínas do caribu ingeriram o radioisótopo ao comer sua carne, e seus corpos também concentraram o césio. Quanto mais membros de um grupo dependem dos caribus como principal fonte de alimento, mais alto é o nível do isótopo em seus corpos (Figura 20.14).

É possível prever os caminhos que os radioisótopos seguirão no meio ambiente pois são conhecidos os caminhos normais dos isótopos não radioativos com as mesmas características químicas. O conhecimento sobre a biomagnificação e as movimentações em grande escala do ar e dos oceanos que transportam radioisótopos em toda a biosfera também ajudará a entender os efeitos dos radioisótopos.

Doses de Radiação e Saúde

A questão mais importante no estudo da exposição à radiação em pessoas consiste em determinar o ponto em que a exposição ou dose torna-se uma ameaça à saúde (veja o Detalhamento 20.2). Infelizmente, não há respostas simples para essa pergunta aparentemente simples. Sabe-se que uma dose de cerca de 5.000 mSv (5 sieverts) é considerada letal para 50% das pessoas expostas a ela. Exposição de 1.000 a 2.000 mSv é suficiente para causar problemas de saúde, incluindo vômitos, fadiga, aborto potencial de gestações de duração inferior a dois meses e esterilidade temporária no sexo masculino. A 500 mSv, danos fisiológicos são registrados. A máxima dose permitida de radiação por ano para os trabalhadores na indústria é de 50 mSv, o que é aproximadamente 30 vezes a radiação natural média recebida pelas pessoas.[14] Para a população em geral, a máxima dose anual permitida (para exposições raras) nos Estados Unidos é de 5 mSv, cerca de três vezes a radiação natural.[7] Para exposições contínuas ou frequentes, o limite para a população em geral é de 1 mSv.

A maioria das informações sobre os efeitos de altas doses de radiação em humanos provém de estudos de sobreviventes à detonação da bomba atômica no Japão ao final da II

Guerra Mundial. Também existem informações sobre pessoas expostas a altos níveis de radiação em minas de urânio, trabalhadores que pintavam mostradores dos relógios com tinta luminosa contendo rádio e aqueles tratados com terapia de radiação para tratamento de doenças.[19] Trabalhadores de minas de urânio que foram expostos a altos níveis de radiação têm apresentado câncer de pulmão com uma taxa significativamente maior do que a população em geral. Estudos têm mostrado que há uma demora de 10 a 25 anos entre o tempo de exposição e a manifestação da doença. A partir de 1917 em Nova Jersey, cerca de 2.000 jovens mulheres foram empregadas em serviços de pintura de mostradores dos relógios com tinta luminosa. Para manter afiadas as pontas de seus pincéis, elas lambiam as cerdas e depois, como resultado, engoliam o elemento rádio que estava contido na tinta. Em 1924, os dentistas de Nova Jersey relataram casos de necrose da mandíbula; no prazo de cinco anos o rádio foi identificado como a causa do problema. Muitas dessas mulheres morreram de anemia ou câncer ósseo.[8]

Embora haja um vigoroso e permanente debate sobre a natureza e a extensão da relação entre a exposição à radiação e a mortalidade por câncer, a maioria dos cientistas concorda que a radiação pode causar câncer. Alguns cientistas acreditam que existe uma relação linear, de tal forma que qualquer aumento na radiação além do nível natural produzirá um perigo adicional. Outros acreditam que o corpo é capaz de tratar com sucesso e recuperar-se quando exposto a baixos níveis de radiação, mas que os efeitos na saúde (toxicidade) tornam-se aparentes a partir de um certo limite. O veredicto sobre este assunto ainda não está definido, mas parece prudente ter uma visão conservadora e aceitar que pode haver uma relação linear. Infelizmente, em longo prazo os problemas de saúde relacionados à exposição crônica de baixo nível de radiação não são conhecidos, tampouco bem compreendidos.

A radiação tem um longo histórico no campo da medicina. Beber água com materiais radioativos remonta à época romana. Em 1899, os efeitos adversos da radiação foram estudados e já eram bem conhecidos; e naquele ano, o primeiro processo judicial por negligência no uso de raios X foi arquivado. No entanto, como a ciência demonstrou que a radiação pode destruir células humanas, foi um passo lógico concluir que beber água potável contendo material radioativo como o radônio poderia ajudar a combater doenças como o câncer de estômago. No início dos anos 1900, tornou-se popular o consumo de água contendo radônio e a prática foi apoiada pelos médicos, que afirmaram que não havia nenhum efeito tóxico conhecido. Embora hoje é sabido que esta afirmação é incorreta, a radioterapia que utiliza radiação para matar células de câncer em humanos tem sido utilizada com sucesso há vários anos.[8]

20.3 Acidentes em Usinas Nucleares

Embora a possibilidade de um terrível acidente nuclear ocorrer seja considerada muito baixa, essa probabilidade torna-se maior com o aumento do número de reatores em funcionamento. Por exemplo, segundo a meta da Comissão Regulatória Nuclear dos Estados Unidos, para o desempenho de um único reator a probabilidade de uma fusão do núcleo em grande escala em todo o ano não deve ser superior a 0,01% (uma chance em 10.000). No entanto, se houver 1.500 reatores nucleares (cerca de quatro vezes o total existente no mundo), uma fusão poderia ser esperada, em face da baixa probabilidade anual de 0,01%, a cada sete anos. Este é claramente um risco inaceitável.[6] Aumentar a segurança em cerca de 10 vezes resultaria em riscos menores e estes seriam mais gerenciáveis; mas ainda assim os riscos seriam consideráveis, devido às consequências potenciais caso eles ocorressem.

A seguir, discute-se os dois acidentes nucleares mais conhecidos, os quais ocorreram em Three Mile Island e Chernobyl. É importante compreender que estes acidentes graves ocorreram, em parte, devido a erros humanos.

Three Mile Island

Um dos eventos mais dramáticos da história dos Estados Unidos, em se tratando de poluição radioativa, ocorreu em 28 de março de 1979, na usina nuclear de Three Mile Island, próximo de Harrisburg, Pensilvânia. O mau funcionamento de uma válvula, juntamente com erros humanos (considerada a principal causa), resultou em uma fusão parcial do núcleo. Uma intensa radiação foi lançada para o interior da estrutura de contenção. Felizmente, a estrutura de contenção funcionou conforme planejado, e apenas uma quantidade relativamente pequena de radiação foi liberada para o ambiente. A exposição à radiação emitida na atmosfera tem sido estimada em 1 mSv, nível baixo em termos da quantidade de radiação necessária para causar efeitos tóxicos graves. A exposição média à radiação nas áreas vizinhas é estimada em cerca de 0,012 mSv, o que representa apenas 1% da radiação natural recebida pelas pessoas. No entanto, os níveis de radiação eram muito altos nas proximidades da usina. No terceiro dia após o acidente, 12 mSv/h foi medido ao nível do solo perto do local. Em comparação, a média que um norte-americano recebe é cerca de 2 mSv/ano a partir da radiação natural.

Devido aos efeitos crônicos de longo prazo causados pela exposição a baixos níveis de radiação não serem bem compreendidos, os efeitos da exposição ao acidente de Three Mile Island, embora aparentemente pequeno, são difíceis de se estimar. No entanto, o incidente revelou muitos problemas potenciais na forma como a sociedade norte-america tratou a energia nuclear. Historicamente, a energia nuclear foi relativamente segura, e o estado da Pensilvânia estava despreparado para lidar com o acidente. Por exemplo, não havia nenhuma agência estadual para ajudar no controle à radiação, e a Secretaria Estadual da Saúde não tinha sequer um único livro sobre medicina radioativa (a biblioteca de medicina fora desativada dois anos antes, por motivos orçamentais). Um dos principais impactos do incidente foi o medo; ainda não havia um escritório estadual de saúde mental e nenhum membro do pessoal do Departamento de Saúde foi autorizado a ocupar uma cadeira nas discussões importantes após o acidente.[20]

Chernobyl

A falta de preparação para lidar com um sério acidente na central nuclear foi drasticamente ilustrada pelos eventos que começaram a ocorrer na manhã de segunda-feira do dia 28 de abril de 1986. Trabalhadores de uma usina nuclear na Suécia, buscando freneticamente a fonte causadora dos elevados níveis de radiação perto desta fábrica, concluíram que não era esta instalação que estava vazando radiação. Pelo contrário, a radioatividade provinha da União Soviética, e chegava por meio dos ventos dominantes. Confrontados, os soviéticos anunciaram que um acidente havia ocorrido na usina nuclear de Chernobyl dois dias antes, em 26 de abril (Figura 20.15). Este foi o primeiro aviso para o mundo do pior acidente na história da geração de energia nuclear.

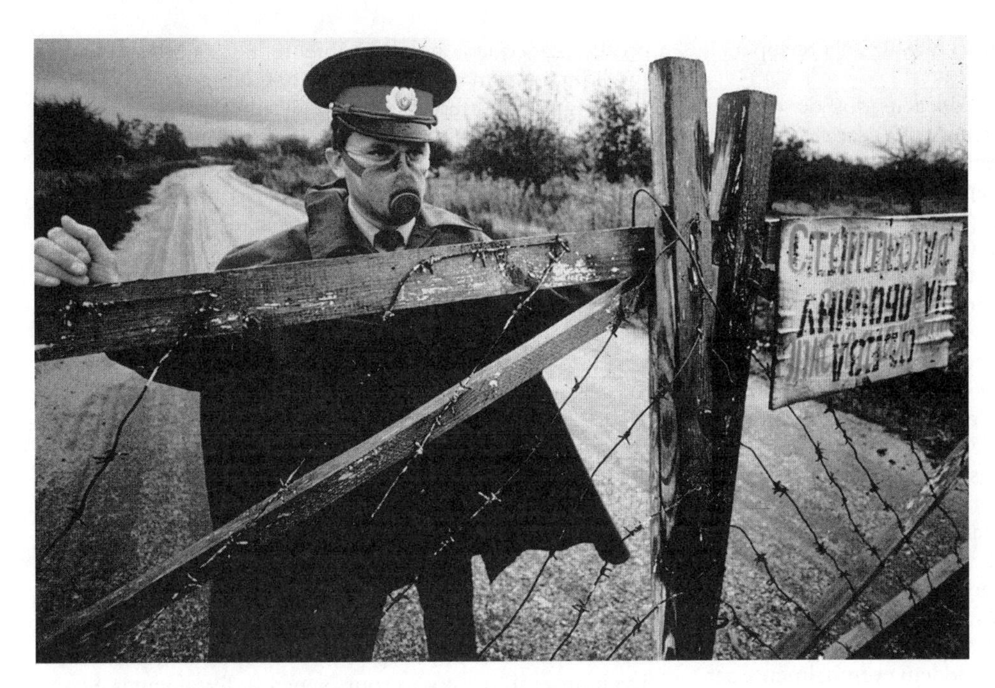

Figura 20.15 ■ Policial barrando a entrada de pessoas na zona evacuada, em 1986, como resultado do acidente nuclear de Chernobyl.

Especula-se que o sistema de resfriamento da água do reator de Chernobyl falhou como resultado de erro humano, fazendo com que a temperatura no núcleo do reator subisse para mais de 3.000°C, derretendo o combustível de urânio. Explosões removeram a cobertura do edifício ao longo do reator, e o grafite que envolvia os bastões de combustível utilizado para moderar as reações nucleares no núcleo entrou em combustão. A explosão produziu uma nuvem de partículas radioativas que foram lançadas para a atmosfera. Houve 237 casos confirmados de doenças por radiação aguda e 31 pessoas morreram de doenças provocadas pela radiação.[21]

Nos dias que sucederam o acidente, cerca de 3 bilhões de pessoas no Hemisfério Norte receberam diferentes quantidades de radiação de Chernobyl. Com exceção da zona de 30 km que circunda a usina de Chernobyl, a exposição humana mundial era relativamente pequena. Mesmo na Europa, onde a exposição foi mais acentuada, tal foi consideravelmente menor do que a radiação natural recebida durante um ano.[22]

Na zona de 30 km, aproximadamente 115.000 pessoas foram evacuadas, e cerca de 24.000 pessoas receberam uma dose de radiação média de 0,43 Sv (430 mSv). Este grupo de pessoas está sendo estudado com cuidado.

Era esperado, com base em resultados de sobreviventes da bomba japonesa, que cerca de 122 leucemias espontâneas ocorressem durante o período de 1986 a 1998.[21] Surpreendentemente, até o final de 1998 não houve aumento significativo na incidência da leucemia, mesmo entre aqueles mais expostos. Mas um aumento dessa doença pode ainda ser esperado futuramente.[22]

Estudos descobriram que, desde o acidente, o número de casos infantis de câncer de tireoide por ano vem aumentando em três países, Bielorrússia, Ucrânia e Federação Russa (aqueles mais afetados por Chernobyl). Em 1994, uma taxa combinada de 132 novos casos de câncer de tireoide foram identificados. Desde o vazamento em Chernobyl, um total de 1.036 casos de câncer de tireoide foram diagnosticados em crianças menores de 15 anos. Acredita-se que estes casos de câncer estão ligados à radiação liberada a partir do acidente, embora outros fatores, como a poluição ambiental, também possam desempenhar um papel. Prevê-se que uma pequena porcentagem do total aproximado de um milhão de crianças expostas à radiação eventualmente irão contrair o câncer de tireoide.[23]

Fora da zona de 30 km, o risco de contrair câncer é muito pequeno e não é detectado a partir de uma avaliação ecológica.[23] No entanto, de acordo com uma estimativas, Chernobyl acabará por ser responsável por cerca de 16.000 mortes em todo o mundo.[9]

A vegetação em um raio de 7 km da usina foi morta ou gravemente danificada devido ao acidente. Pinheiros examinados em 1990 ao redor de Chernobyl mostraram lesões importantes nos tecidos e ainda continham radioatividade. A distância entre os anéis anuais (uma medida do crescimento das árvores) tinha diminuído desde 1986.[24]

Cientistas retornaram à zona evacuada em meados de 1990 e encontraram, para sua surpresa, populações de animais prósperas e em expansão. Espécies como javali, veado, lontra, aves aquáticas e roedores pareciam estar vivendo uma explosão populacional na ausência de seres humanos. A população de javalis aumentou 10 vezes desde a evacuação. No entanto, estes animais podem estar pagando um preço genético para viver dentro da zona contaminada. Até agora, o benefício da exclusão dos seres humanos aparentemente supera os fatores negativos associados à contaminação radioativa.[25] A área agora se assemelha a uma reserva de animais selvagens.

Na área entorno de Chernobyl, materiais radioativos continuam a contaminar o solo, vegetação, águas superficiais e subterrâneas, apresentando um perigo para plantas e animais. A zona evacuada pode ficar inabitável por um tempo muito longo, a menos que seja encontrada uma maneira de remover a radioatividade.[21] Por exemplo, a cidade de Prypyat, a 5 km de Chernobyl, é uma "cidade fantasma". No momento do acidente, a população da cidade era de 48.000 habitantes. Hoje, ela se encontra abandonada, com blocos de apartamentos vazios e veículos enferrujados. Estradas estão rachando e as árvores crescendo como nova vegetação, transformando o solo urbano de volta em campos verdes. Casos de câncer de tireoide ainda estão aumentando, e o número de casos é muitas vezes maior para as pessoas que, quando crianças, viveram em Prypyat no momento do acidente. A história final de acidente nuclear mais grave do mundo ainda não está completamente terminada.[26] Estimativas do custo total do acidente de

Chernobyl variam muito, mas o custo provavelmente supera a casa dos 200 bilhões de dólares.

Embora os soviéticos tenham sido acusados de não ter dado atenção à segurança dos reatores e de usar equipamentos obsoletos, as pessoas ainda estão se perguntando se tal acidente poderia ter acontecido em outros lugares. Como existem várias centenas de reatores produzindo energia atualmente no mundo, a resposta é sim. Cerca de 10 acidentes lançaram partículas radioativas nos últimos 34 anos. Portanto, apesar de Chernobyl ser considerado o mais grave acidente nuclear até a atualidade, ele certamente não foi o primeiro, e provável não será o último. Embora a probabilidade de ocorrer um acidente grave seja muito pequena em um local particular, as consequências podem ser maiores, talvez resultando em um risco inaceitável para a sociedade. Esta realmente não é tanto uma questão científica, mas sim política, envolvendo uma questão de valores.

Os defensores da energia nuclear argumentam que esta é mais segura do que outras fontes de energia. Eles dizem que o número de mortes adicionais causadas pela poluição atmosférica resultante da queima de combustíveis fósseis é muito maior do que o número de vidas perdidas por acidentes nucleares. Por exemplo, as 16.000 mortes que podem eventualmente ser atribuídas a Chernobyl são inferiores ao número de mortes causadas anualmente pela poluição da queima de carvão.[9] Os argumentos contra a energia nuclear afirmam que, enquanto o homem continuar construindo usinas nucleares e controlá-las, haverá a possibilidade de acidentes. Pode-se construir reatores nucleares mais seguros, mas as pessoas continuarão cometendo erros, e os acidentes continuarão ocorrendo.

20.4 Gestão do Resíduo Radioativo

O exame do ciclo do combustível nuclear (Figura 20.9) ilustra algumas das fontes de resíduos que são eliminados como resultado da utilização da energia nuclear para a produção de eletricidade. Resíduos radioativos são subprodutos esperados quando a eletricidade é produzida em reatores nucleares; eles podem ser agrupados em três categorias gerais: os resíduos de baixo nível, os resíduos transurânicos e os resíduos de alto nível. Além disso, os rejeitos das minas de urânio e fábricas também devem ser considerados perigosos. No oeste dos Estados Unidos, mais de 20 milhões de toneladas de rejeitos abandonados continuarão produzindo radiação por pelo menos 100 mil anos.

Resíduo Radioativo de Baixo Nível

Resíduo radioativo de baixo nível contém uma concentração ou quantidade suficientemente baixa de radioatividade que não representa um risco ambiental significativo se for manuseado corretamente. Nos resíduos de baixo nível se inclui uma grande variedade de itens, tais como resíduos ou soluções de processamento químico; resíduos sólidos ou líquidos, lamas e ácidos de fábricas; equipamentos ligeiramente contaminados, ferramentas, plásticos, vidro, madeira e outros materiais.[27]

Resíduos de baixo nível têm sido enterrados em áreas de aterro próximas à superfície, em que as condições hidrológicas e geológicas foram pensadas para limitar severamente a migração de radioatividade.[27] No entanto, o monitoramento tem mostrado que vários locais nos Estados Unidos destinados aos rejeitos radioativos de baixo nível não têm fornecido a proteção adequada para o ambiente, e vazamentos de resíduos líquidos vêm poluindo as águas subterrâneas. De seis locais originais de aterro, três haviam sido desativados prematuramente em 1979 devido a vazamentos inesperados, problemas financeiros ou perda da licença. Em 1995, apenas dois depósitos de resíduos nucleares de baixo nível remanescentes permaneceram em operação nos Estados Unidos, um em Washington e outro na Carolina do Sul. Além disso, há uma instituição privada em Utah, controlada pela Envirocare, que aceita resíduos de baixo nível. A construção de novos aterros, como o Ward Valley, no sudeste da Califórnia, foi barrada pela forte oposição pública e controvérsias como, por exemplo, se resíduos radioativos de baixo nível podem ser eliminados com segurança, ou se continuam representando algum risco.[28]

Resíduo Transurânico

Resíduo transurânico é composto por elementos radioativos feitos pelo homem que apresentam número atômico maior que o do urânio. É produzido em parte pelo bombardeamento de nêutrons no urânio dentro de reatores, e inclui o plutônio, amerício e o einstênio. A maioria dos resíduos transurânicos é lixo industrial, tais como roupas, panos, ferramentas e equipamentos contaminados. Os resíduos são de baixo nível em termos de intensidade de radioatividade, mas o plutônio tem uma meia-vida longa e exige o isolamento do ambiente por cerca de 250.000 anos. A maioria dos resíduos transurânicos é gerada a partir da produção de armas nucleares e, mais recentemente, da limpeza das instalações de armas nucleares.

A partir do ano 2000, alguns resíduos transurânicos de armas nucleares passaram a ser transportados para um aterro perto de Carlsbad, Novo México. Os resíduos são isolados a uma profundidade de 655 m nas camadas de sal (rochas salinas) que possuem várias centenas de metros de espessura (Figura 20.16). As rochas salinas do Novo México têm várias vantagens:[29, 30, 31]

- O sal possui cerca de 225 milhões de anos e a área é geologicamente estável, com pouquíssima atividade sísmica.
- O sal não apresenta fluxo de água subterrânea e é de fácil mineração. Escavações no sal medindo cerca de 10 m de largura e 4 m de altura serão utilizadas para a eliminação dos resíduos.
- O sal da rocha flui lentamente nas aberturas minadas. Os espaços de armazenagem preenchidos com os resíduos serão fechados naturalmente pelo lento fluxo de sal num período de 75 a 200 anos, impermeabilizando os resíduos.

O aterro do Novo México é importante por ser o primeiro local de eliminação geológica para resíduos radioativos nos Estados Unidos. Ele é um projeto-piloto que será avaliado cuidadosamente. Segurança é a principal preocupação. Os procedimentos para o transporte de resíduos para o aterro da forma mais segura possível e o despejo nas instalações no subsolo já foram estabelecidos. Devido ao fato de os resíduos serem perigosos por muitos milhares de anos e à incerteza sobre as futuras culturas e línguas, o local foi claramente sinalizado com avisos acima e abaixo da superfície da terra, para não permitir que seja violado no futuro.[31]

Resíduo Radioativo de Alto Nível

Resíduo radioativo de alto nível consiste em combustível nuclear de origem comercial e militar; urânio e plutônio derivado de reprocessamento militar; e outros materiais radioativos de armas nucleares. É extremamente tóxico e há urgência para

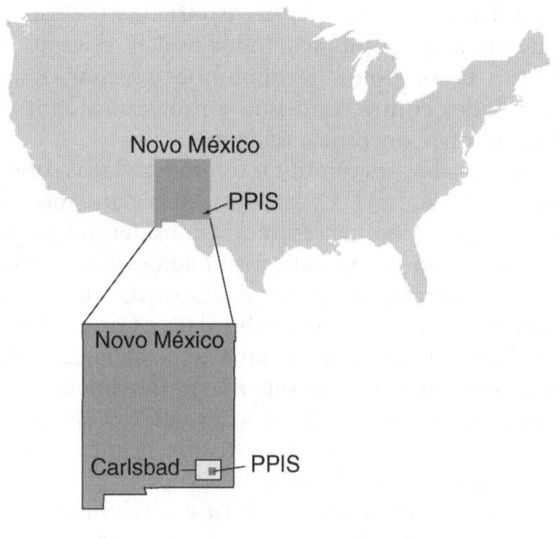

Figura 20.16 ■ Projeto-piloto do isolamento de resíduos (PPIS) no Novo México para o descarte de resíduos transurânicos. (*Fonte*: U.S. Department of Energy, 1999.)

encontrar uma forma de descarte deste material, em face do volume total acumulado de combustível utilizado. Atualmente, nos Estados Unidos, dezenas de milhares de toneladas de resíduos de alto nível estão sendo armazenados em mais de uma centena de locais em 40 estados. Setenta e dois destes locais destinam-se a reatores nucleares comerciais.[32, 33]

O armazenamento de resíduos de alto nível é, na melhor das hipóteses, uma solução temporária, além de que sérios problemas com os resíduos radioativos têm ocorrido nos locais onde eles estão sendo depositados. Apesar das melhorias nos tanques de armazenamento e outras instalações, eventualmente algum tipo de programa de eliminação deve ser iniciado. Alguns cientistas acreditam que o ambiente geológico pode fornecer o melhor e mais seguro confinamento para resíduos radioativos de alto nível. Outros discordam e criticam as propostas de eliminação em longo prazo de resíduos radioativos de alto nível em locais subterrâneos. Um programa abrangente de desenvolvimento para o descarte geológico deve ter os seguintes objetivos:[34]

- Identificação de locais que atendam a critérios geológicos gerais de estabilidade do solo e de lenta movimentação das águas subterrâneas com caminhos demorados de fluxo para a superfície.
- Intensa exploração do subsolo de possíveis locais para determinar positivamente características geológicas e hidrológicas.
- Previsões do comportamento desses locais com base nas situações geológicas e hidrológicas presentes, e hipóteses para futuras mudanças em variáveis como o clima, o fluxo das águas subterrâneas, a erosão e os movimentos do solo.
- Avaliação do risco associado a prognósticos diferentes.
- Tomada de decisões políticas com base nos riscos aceitáveis para a sociedade.

Depósito de Resíduo Radioativo na Montanha Yucca

Nos Estados Unidos, um dos focos dos debates sobre os resíduos radioativos é o plano para armazená-los nas profundezas da Montanha Yucca, Nevada.

O Ato da Política de Resíduos Nucleares de 1982 iniciou um programa de eliminação de resíduos nucleares de alto nível. Ao Departamento de Energia foi dada a responsabilidade de investigar vários locais em potencial e então recomendá-los. O ato de 1982 foi alterado em 1987; esta alteração, juntamente com o Ato de Energia de 1992, especificou que os resíduos de alto nível deveriam ser descartados nas profundezas subterrâneas dos depósitos geológicos de resíduos. Também foi definida uma área em Montanha Yucca, em Nevada, como o único local avaliado. O local continua controverso e nenhum resíduo radioativo foi enviado para lá. As previsões mais breves apontam que os resíduos começarão a ser ali depositados a partir de 2017. Os custos para construir as instalações alcançaram 77 bilhões de dólares.[33] Se o local estivesse apropriado, então ele poderia aceitar os resíduos de alto nível já a partir de 2010. A seguir estão algumas das principais questões a serem tratadas pelo Departamento de Energia sobre a Montanha Yucca:[34, 35]

- Avaliação da probabilidade de ocorrer erupções vulcânicas e suas consequências.
- Avaliação do risco de terremoto.
- Estimativa de mudanças no ambiente de armazenamento após longos períodos de tempo.
- Estimativa do tempo que o resíduo pode ser contido e os tipos e doses de radiação que podem escapar de contêineres de resíduos deteriorados.
- Avaliação de como o calor gerado pelos resíduos pode afetar a umidade interna e em torno do depósito, assim como a estrutura do depósito.
- Caracterização do fluxo de água subterrânea nas proximidades do depósito.
- Identificação e compreensão dos principais processos geoquímicos que controlam o transporte de materiais radioativos.

Um dos problemas iniciais é o transporte da quantidade atual de resíduos radioativos para o local. De acordo com os planos do governo norte-americano, cujo início estava previsto para 2010, cerca de 70.000 toneladas de resíduos nucleares altamente radioativos atravessarão todo o país em direção à Montanha Yucca, Nevada, transportados por caminhão e trem, de um a seis comboios, todos os dias, durante 24 anos. Estes trens e comboios de caminhões precisarão ser fortemente vigiados contra terroristas e protegidos, tanto quanto possível, no que concerne a acidentes.

Extensas avaliações científicas foram realizadas sobre o local em Montanha Yucca.[34] O uso desta área permanece controverso e está gerando uma resistência considerável por parte do estado e do povo de Nevada, assim como dos cientistas que não estão confiantes no plano. Algumas das questões científicas sobre a Montanha Yucca abordam os processos naturais e os perigos que podem permitir que materiais radioativos escapem, tais como erosão superficial, movimento das águas subterrâneas, terremotos e erupções vulcânicas. Em 2002, o Congresso votou pela concessão de uma licença da Montanha Yucca para a Comissão Regulatória Nuclear.

Uma das principais questões relativas à eliminação dos resíduos radioativos de alto nível é: Qual a credibilidade das previsões geológicas de longo prazo – aquelas que abrangem de vários milhares a alguns milhões de anos?[35] Infelizmente, não há nenhuma resposta fácil para esta questão, já que processos geológicos variam ao longo do tempo e espaço. O clima se altera com o passar de longos períodos de tempo, assim como áreas de erosão, deposição e atividade de água subterrânea. Por exemplo, grandes terremotos, mesmo a milhares de quilômetros de um determinado local, podem alterar permanentemente os níveis das águas subterrâneas. Os registros de terremotos para a maior parte dos Estados Unidos remontam apenas a algumas centenas de anos; portanto, estimativas de atividades sísmicas futuras são muito tênues.

A verdade é que os geólogos podem sugerir locais que foram relativamente estáveis no passado geológico, mas não podem absolutamente garantir a estabilidade futura. Isto significa que os políticos (e não os geólogos) precisam avaliar as incertezas das previsões em relação às questões políticas, econômicas e sociais.[35] No fim, o ambiente geológico pode ser considerado adequado para contenção segura de resíduos radioativos de alto nível, mas cuidados devem ser tomados para garantir que as melhores decisões possíveis sejam tomadas sobre esta questão tão importante e polêmica.

20.5 Perspectivas da Energia Nuclear

A energia nuclear como fonte de eletricidade está sendo seriamente avaliada. Defensores deste conceito argumentam que a energia nuclear é benéfica para o meio ambiente pelas seguintes razões:

- Não contribui para o aquecimento global através da liberação de dióxido de carbono (veja o Capítulo 23).
- Não causa os tipos de poluição atmosférica ou emissão de precursores (sulfatos e nitratos) que originam a chuva ácida (veja o Capítulo 24).
- Se os reatores regeneradores forem desenvolvidos para uso comercial, a quantidade de combustível disponível será muito maior.

Aqueles a favor da energia nuclear argumentam que é mais seguro do que outros meios de geração de energia e que deve-se construir muitas outras usinas nucleares no futuro. Este argumento baseia-se na compreensão de que essas usinas seriam muito mais seguras do que aquelas que estão em funcionamento hoje. Ou seja, se os reatores nucleares forem padronizados, tornando-se mais seguros e de menor dimensão, a energia nuclear poderia fornecer muita energia no futuro,[9] embora a possibilidade de acidentes e a eliminação do combustível usado serem ainda preocupantes.

A argumentação contra a energia nuclear está baseada em considerações políticas e econômicas, bem como na incerteza científica sobre questões de segurança. Os opositores apontam que cerca de 161 milhões de norte-americanos – mais da metade da população – vivem dentro de um raio de 120,70 quilômetros de uma das 104 centrais nucleares nos Estados Unidos. Eles se opõem à expansão da energia nuclear argumentando que a conversão de usinas a carvão em usinas nucleares, visando à redução das emissões de dióxido de carbono, exigirá um investimento gigantesco para que se tenha um impacto real. Isso é verdade. Além disso, críticos dizem que, como os reatores nucleares seguros ainda estão em fase de desenvolvimento, haverá um intervalo de tempo neste processo de transição. Como resultado, a energia nuclear não é suscetível de ter um impacto real sobre os problemas ambientais, como poluição atmosférica, chuva ácida e o potencial aquecimento global antes do ano de 2050. Além disso, o minério de urânio usado como combustível para os reatores nucleares convencionais é limitado. A Associação Internacional de Energia Nuclear estima que, se as centrais nucleares mantiverem o consumo ao nível que estavam em 2004, o combustível proveniente das reservas de urânio hoje conhecidas poderá durar até 85 anos. Mas se as nações construírem muitas novas usinas nas próximas décadas, as reservas conhecidas de minério de urânio serão exauridas muito mais rapidamente.[36] A energia nuclear se tornará, portanto, uma fonte de energia de longo prazo somente com o advento dos reatores regeneradores.

Outro argumento contra é o de que alguns países podem estar interessados na energia nuclear como um caminho para armas nucleares. O reprocessamento de combustível nuclear usado de uma usina produz plutônio, que pode ser usado para fabricar bombas nucleares. Há uma preocupação de que alguns países possam desviar o plutônio para fabricar armas, ou vendê-lo para outras nações, ou mesmo para terroristas, que fabricariam armas nucleares.[37]

Até 2001, as políticas de energia nuclear estavam perdendo espaço. Quase todos os cenários de energia estavam baseados na expectativa de que a energia nuclear continuaria a crescer de forma lenta ou até mesmo diminuir nos próximos anos. Desde o acidente de Chernobyl, muitos países na Europa vêm reavaliando o uso da energia nuclear e, na maioria dos casos, o número de usinas nucleares em construção foi significativamente reduzido. Na verdade, na Alemanha, onde cerca de um terço da eletricidade do país é produzida por vias nucleares, foi decidido que todas as usinas nucleares serão desativadas nos próximos 25 anos, quando se tornarem obsoletas.

A energia nuclear produz cerca de 8% da energia usada hoje nos Estados Unidos. Como mencionado anteriormente, não houve novos projetos de construção de centrais nucleares nos Estados Unidos. No entanto, pesquisas e desenvolvimento em centrais nucleares menores e mais seguras e reatores regeneradores estão avançando. Além disso, o Ato de Política Energética de 2005 sugere que o uso de energia nuclear deverá aumentar no futuro. A opção nuclear está novamente sendo avaliada em função dos problemas ambientais associados aos combustíveis fósseis. No entanto, os benefícios da energia nuclear devem ser equilibrados com a segurança e eliminação de resíduos, questões que tornaram a energia nuclear uma opção incerta para muitas pessoas. O pleno impacto do que começou em 1942, quando o átomo foi dividido pela primeira vez, ainda está para ser determinado.

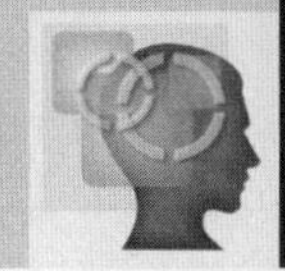

QUESTÃO PARA REFLEXÃO CRÍTICA

Qual o Futuro da Energia Nuclear?

A energia nuclear nos Estados Unidos e em todo o mundo se encontra numa encruzilhada no início deste século XXI. Embora nenhuma nova central nuclear tenha sido projetada nos Estados Unidos até 2002, 31 novas usinas estavam em construção no mundo. Aproximadamente 25% destas estavam na Índia. Em 2004 haviam 440 usinas em operação, produzindo em torno de 362 GW de energia elétrica. Cerca de 80% da eletricidade produzida na Lituânia e França é gerada a partir de fontes nucleares. A Figura 20.17*a* mostra o resultado das pesquisas de opinião pública, de 1975 a 2003, no qual as pessoas foram indagadas se eram favoráveis à construção de novas usinas nucleares nos Estados Unidos. A Figura 20.17*b* mostra a evolução, de 1983 a 2003, das pessoas nos Estados Unidos que são a favor ou contra a energia nuclear. Os resultados da subdivisão dos entrevistados, desde os totalmente a favor até os totalmente contra a energia nuclear, são mostrados na Figura 20.17*c*.

Perguntas para Reflexão Crítica

1. Como você interpreta a Figura 20.17*a*, a qual mostra o percentual de pessoas nos Estados Unidos que foram a favor da construção de mais usinas nucleares de 1975 a 2003? Como você considera que os efeitos dos acidentes nucleares e a crise energética na Califórnia em 2001 influenciaram no número de pessoas que defendem a construção de novas usinas?

2. Tente construir argumentos para aqueles que são totalmente a favor da energia nuclear e confronte com os argumentos daqueles que se opõem totalmente a ela.

3. Por que você acha que houve uma queda no número de pessoas que defendem a construção de mais usinas nucleares no período de 2001 a 2002?

4. Considerando todo o conteúdo deste capítulo e a Figura 20.17, qual é a sua opinião sobre o futuro da energia nuclear nos Estados Unidos e no mundo nas próximas décadas?

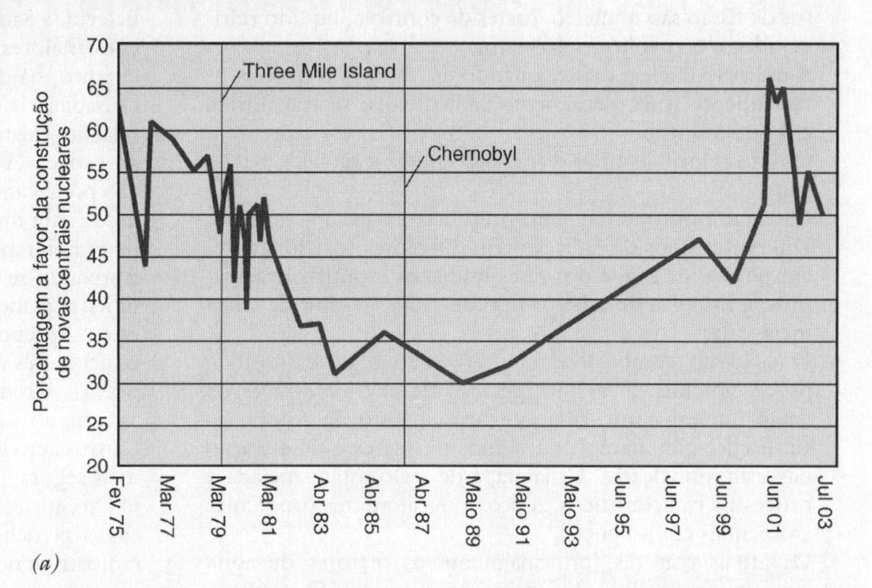

(*a*)

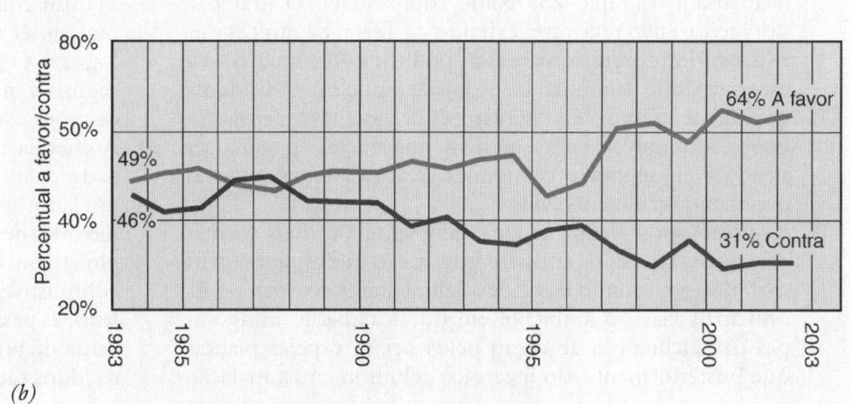

(*b*)

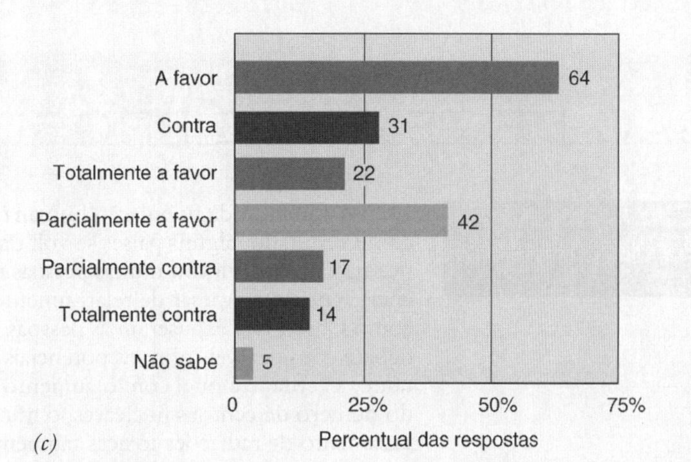

(*c*)

Figura 20.17 ■ (*a*) A opinião pública sobre a construção de novas usinas nucleares. (*Fonte*: E. A. Rosa e R. E. Dunlap, "Nuclear Power: Three Decades of Public Opinion," *Public Opinion Quarterly* 58 [1994]: 295–325 [e www.nei.org].) (*b*) Porcentagem de pessoas nos Estados Unidos que são a favor ou contra a energia nuclear, no período de 1983 a 2003. (*Fonte*: Nuclear Energy Institute, 2003.) (*c*) Resultados da pesquisa de 2003 mostrando como as pessoas nos Estados Unidos se sentem sobre a utilização da energia nuclear. (*Fonte*: Nuclear Energy Institute, 2003.)

RESUMO

- A fissão nuclear é o processo de divisão de um núcleo atômico em fragmentos menores. Quando a fissão ocorre, energia é liberada. Os principais componentes de um reator de fissão são o núcleo, hastes de controle, líquido refrigerador e o envoltório do reator.
- A radiação nuclear ocorre quando um radioisótopo espontaneamente sofre decaimento radioativo e se transforma em outro isótopo.
- Os três principais tipos de radiação nuclear são alfa, beta e gama.
- Cada radioisótopo tem a sua própria emissão característica. Diferentes tipos de radiação têm diferentes toxicidades; e, em termos da saúde dos seres humanos e outros organismos, é importante saber o tipo de radiação emitida e sua meia-vida.
- O ciclo do combustível nuclear consiste na extração e processamento de urânio, geração de energia através da fissão nuclear controlada, reprocessamento de combustível usado, eliminação de resíduos nucleares e desativação das usinas nucleares. Cada etapa do ciclo está associada a processos característicos, todos com diferentes problemas ambientais em potencial.
- Os atuais reatores (principalmente os reatores de água leve) usam o urânio-235 como combustível. O urânio é um recurso não renovável extraído da Terra. Se muitos outros reatores forem construídos, pode-se confrontar com a escassez deste combustível. A energia nuclear baseada na queima de urânio-235 em reatores de água leve, portanto, não é sustentável. Para que a energia nuclear passe a ser sustentável, segura e econômica, reatores regeneradores precisarão ser desenvolvidos.
- Radioisótopos afetam o meio ambiente de duas formas principais: através da emissão de radiação que atinge outros materiais e entrando nas cadeias alimentares ecológicas. As principais vias do ambiente em que a radiação atinge as pessoas incluem: a absorção pelos peixes e pelas plantas que posteriormente são ingeridos pelo homem; a inalação do ar; e a exposição a resíduos nucleares e ao ambiente natural.
- A dose–resposta para a radiação não é muito bem estabelecida. São conhecidas as doses–resposta para exposições maiores, quando ocorrem doenças ou mortes. No entanto, há discussões vigorosas sobre os efeitos na saúde causada pela exposição a baixos níveis de radiação e quais relações existem entre esta exposição e mortalidade devida ao câncer. A maioria dos cientistas acredita que a radiação pode causar câncer. Ironicamente, a radiação pode ser usada para matar células cancerosas, como em tratamentos de radioterapia.
- Aprendeu-se com os acidentes em centrais nucleares que é difícil se planejar para os fatores humanos. Pessoas cometem erros. Aprendeu-se também que o nível de preparação para os acidentes não está de acordo com o almejado. Algumas pessoas acreditam que o homem não está preparado para assumir a responsabilidade requerida pela energia nuclear. Outros acreditam que é possível projetar usinas de energia mais seguras, onde os acidentes graves serão impossíveis.
- O lixo nuclear transurânico agora está sendo eliminado em camadas rochosas salinas – a primeira eliminação de resíduos radioativos no ambiente geológico dos Estados Unidos.
- Há um consenso de que resíduos nucleares de alto nível podem ser eliminados de forma segura em ambientes geológicos. O problema tem sido encontrar um local que seja seguro e não condenável para as pessoas que tomam as decisões e aquelas que vivem na região.
- A energia nuclear está novamente sendo seriamente avaliada como uma alternativa aos combustíveis fósseis. Por um lado, apresenta vantagens na medida em que não emite dióxido de carbono, não contribui para o aquecimento global ou chuva ácida, e pode ser usada para produzir combustíveis alternativos como o hidrogênio. Por outro lado, as pessoas estão desconfortáveis com esta energia por causa de possíveis acidentes e problemas de eliminação de resíduos radioativos.

REVISÃO DE TEMAS E PROBLEMAS

Com o aumento da população humana, cresceu a demanda por energia elétrica; como resultado, alguns países se voltaram para a energia nuclear. A crise energética na Califórnia levou muitas pessoas nos Estados Unidos a repensar o valor da energia nuclear. Apesar de relativamente raros, os acidentes em centrais nucleares como Chernobyl expuseram as pessoas à grande quantidade de radiação. Há um debate considerável sobre os potenciais efeitos adversos desta radiação. Não obstante, a verdade é que, com o aumento da população mundial, e com o aumento do número de centrais nucleares, o número total de pessoas expostas a um possível vazamento de radiações tóxicas também irá aumentar.

Tem-se argumentado que o desenvolvimento da energia sustentável irá causar um retorno à energia nuclear, pois esta não contribui para uma variedade de problemas ambientais relacionados com a queima de combustíveis fósseis. Para que a energia nuclear contribua significativamente para o desenvolvimento de energia sustentável, no entanto, não se pode depender dos reatores que consomem rapidamente os recursos da Terra como urânio; em vez disso, será necessário o desenvolvimento de reatores regeneradores seguros.

O uso da energia nuclear se encaixa na gestão global para todo o espectro de fontes de energia. Adicionalmente, os testes de armas nucleares espalharam isótopos radioativos por todo o planeta, assim como os acidentes nucleares. Isótopos radioativos que alcançam rios e outras vias navegáveis podem, eventualmente, também podem chegar nos oceanos, onde a circulação oceânica pode dispersar mais tais isótopos.

O desenvolvimento da energia nuclear é um produto da tecnologia humana e do mundo urbano. Em alguns aspectos, ela está próxima do ápice das grandes realizações em termos de tecnologia.

As reações nucleares são a fonte de calor para o Sol e são processos fundamentais do universo. A fusão nuclear produz os elementos mais pesados do universo. O uso pelos humanos das reações nucleares em reatores para produzir energia útil é uma conexão com uma forma básica de energia na natureza. O abuso das reações nucleares em armas carrega a possibilidade de danificar ou mesmo destruir a natureza do planeta.

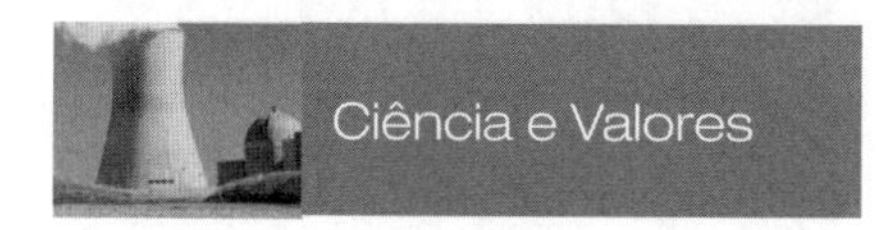

Existe uma boa dose de conhecimento sobre energia nuclear e os processos nucleares. No entanto, as pessoas ainda se mostram desconfiadas e, em alguns casos, assustadas – em parte pelo valor que elas colocam na qualidade do ambiente e na percepção de que a radiação nuclear é tóxica para o meio ambiente. Como resultado, o futuro da energia nuclear estará relacionado às decisões políticas baseadas, em parte, no risco aceitável para a sociedade. Vai depender também de pesquisas e desenvolvimento para produzir reatores nucleares muito mais seguros.

TERMOS-CHAVE

ciclo do combustível nuclear
decaimento radioativo
derretimento nuclear
energia nuclear
fissão
fusão
radioisótopo
reatores nucleares
reatores regeneradores
reatores térmicos
resíduo radioativo de alto nível
resíduo radioativo de baixo nível
resíduo transurânico

QUESTÕES PARA ESTUDO

1. Se a exposição à radiação é um fenômeno natural, por que estamos preocupados com isso?
2. O que é um isótopo radioativo e por que é importante conhecer a sua meia-vida?
3. Qual é a radiação que as pessoas normalmente recebem? Por que é variável?
4. Quais são as possíveis relações entre a exposição à radiação e os efeitos adversos à saúde?
5. Quais processos em nosso ambiente podem resultar em substâncias radioativas que atingem as pessoas?
6. Suponha que foi recomendado que resíduos nucleares de alto nível sejam eliminados no ambiente geológico da região em que vive. Como você faria para avaliar o local em potencial?
7. Há boas razões ambientais para desenvolver e construir novas usinas nucleares? Discuta os dois lados da questão.

LEITURAS COMPLEMENTARES

Nuclear Energy Agency (NEA) and Organization for Economic Co-Operation and Development (OECD). 1994. *Power Generation Choices: Costs, Risks, and Externalities.* Proceedings of an international symposium, Washington, D.C., September 23–24, 1993. NEA, OECD. Inclui discussão sobre a economia de energia nuclear *versus* outras fontes de energia.

Nuclear Energy Agency (NEA) and Organization for Economic Co-Operation and Development (OECD). 1995. *Environmental and Ethical Aspects of Long-Lived Radioactive Waste Disposal.* Proceedings of an international workshop, Paris, September 1–2, 1994. NEA, OECD. Texto abrangendo tópicos de políticas ambientais, considerações éticas e ambientais, análise custo-benefício e questões de eliminação de resíduos radioativos de longa duração.

U.S. Department of Energy, Office of Environmental Management. 1995. *Closing the Circle on the Splitting of the Atom.* Washington, D.c.: U.s. Department of Energy. Descrições dos problemas de segurança, ambientais e de saúde associados à produção de armas nucleares e como o Departamento de Energia dos EUA planeja lidar com o problema.

Wald, M. 2003 (March). "Dismantling Nuclear Reactors." *Scientific American*, pp. 60–69. Uma discussão aprofundada das medidas para a desativação de uma usina nuclear e algumas das dificuldades imprevistas.

World Health Organization. 1995. *Health Consequences of the Chernobyl Accident.* Geneva, Switzerland: World Health Organization. Um pequeno livro que abrange o acidente, a resposta, as consequências para a saúde, resultados e propostas de trabalhos futuros.

Young, J. P. e R. S. Yalow, eds. 1995. *Radiation and Public Perception: Benefits and Risks.* Washington, D.C.: American Chemical Society. Um olhar abrangente sobre a percepção pública dos riscos de radiação e efeitos da radiação sobre a saúde através de experimentos, exposição ocupacional, detonação atômica e acidentes em reatores nucleares.

Capítulo 21
Gestão, Uso e Abastecimento de Água

Uma garça-branca-grande no pântano Wakodahachee, perto de Palm Beach, Flórida. Fotografia de D. Botkin.

OBJETIVOS DE APRENDIZADO

Embora a água seja um dos recursos mais abundantes na Terra, alguns problemas e questões importantes envolvem a sua gestão. Após a leitura deste capítulo, deve-se saber:

- Por que a água é um dos principais recursos discutidos no século XXI.
- O que é balanço hídrico e por que isso é recorrente na análise dos problemas de gestão da água e possíveis soluções.
- O que é água subterrânea e quais problemas ambientais estão associados com o seu uso.
- Como a água pode ser conservada em casa, na indústria e na agricultura.
- Por que a gestão sustentável da água se tornará mais difícil com a crescente procura por ela.
- Quais impactos ambientais estão previstos em projetos tais como barragens, represas, canais e canalizações.
- O que é zona úmida, como ela funciona e por que é importante.
- Por que se está deparando com uma grande escassez global de água vinculada ao fornecimento de alimentos.

ESTUDO DE CASO

Palm Beach, Flórida, EUA: Uso, Conservação e Reúso de Água

O sudeste dos EUA experimentou uma das piores secas entre 2006 e 2008. Apesar da chuva excessiva ao sul da Flórida em março de 2008, ela não foi suficiente para acabar com a escassez que se deu ao longo dos anos. O furacão Fran trouxe de 150 a 300 mm de chuva para o sul da Flórida em agosto de 2008, aliviando a situação da seca. A escassez de água durante a seca em Palm Beach trouxe restrições e regras para o uso da água: a irrigação de gramados e a lavagem de carros deveriam acontecer apenas uma vez na semana, aos sábados ou aos domingos, dependendo se o número do endereço fosse par ou ímpar. Mesmo com as regras, ocorreram problemas com o uso de água, já que as pessoas a utilizam em diferentes quantidades.

Palm Beach possui grandes propriedades que usam uma enorme quantidade de água. Verificou-se que em uma propriedade de mais ou menos 6 hectares, durante um ano de seca contínua, usou em média 215.000 litros por dia. Essa água é comparável à quantidade de água utilizada, em um ano inteiro, por uma família de residência pequena em Palm Beach. Alguns proprietários usaram grandes volumes durante a seca, enquanto outros decidiram deixar suas propriedades marrons e fizeram o que podiam para conservá-la.[1]

Em face da escassez de água corrente e as projeções de grande escassez, o que poderia ser feito para aumentar o seu abastecimento? Para ajudar a solucionar este problema, a Flórida se voltou para os projetos de conservação de água, incluindo o aproveitamento de águas residuais das estações de tratamento de esgoto. A Flórida possui milhares de projetos de reciclagem, conquistando a liderança nacional em reúso de água e Palm Beach é a líder no sul da Flórida. Os métodos de conservação deste recurso incluem várias medidas para regular o uso do chuveiro e dos banheiros em casa, no trabalho e em construções públicas, para limitar a irrigação do gramado ou a lavagem carros, e para promover o paisagismo sem tanto uso de água. Como reação ao reaproveitamento de água, o país tem aproveitado aproximadamente 34 milhões de litros de água por dia, que é distribuída para parques, campos de golfe e casas por meio de canos diferenciados na cor roxa (a cor que indica água reaproveitada). Além disso, cerca de 4 milhões de litros por dia de águas residuais cuidadosamente tratadas estão sendo enviados ao pântano Wakodahachee (veja a fotografia de abertura) onde foram construídos (feitos pelos humanos) pântanos de aproximadamente 250 hectares. Os pântanos funcionam como filtros gigantes, onde as plantas de zonas úmidas e o solo usam e reduzem a concentração de nitrogênio e fósforo na água, tratando-a. Dois pântanos a mais estão sendo construídos perto de Palm Beach, alcançando um adicional de 7,5 milhões de litros por dia de tratamento de águas residuais, destinadas a se transformarem em água adicionada à base do recurso de água doce no sul da Flórida.

Os maiores benefícios do reúso da água são: (1) as pessoas que a usam na irrigação em sua propriedade ou em um campo de golfe economizam dinheiro porque ela é mais barata; (2) a água de reúso em propriedades, campos de golfe e parques possui nitrogênio e fósforo, que servem como fertilizantes; (3) o reúso de água aumenta o fornecimento de água potável para o resto da comunidade; e (4) a construção de zonas úmidas, que recebem águas residuais tratadas, ajuda o ambiente natural porque cria um hábitat para os animais selvagens, bem como proporciona espaços verdes em que as pessoas possam caminhar, ver pássaros e geralmente contemplar um cenário mais natural. (Veja a Figura 21.1.)[2]

Figura 21.1 ■ Passarela pra ver o pântano Wakodahachee perto de Palm Beach, Flórida, EUA.

A água é um recurso renovável limitado e crítico em várias regiões da Terra. Como resultado, ela é um dos maiores recursos discutidos no século XXI. Este capítulo debate o recurso hídrico em termos de abastecimento, uso, gestão e sustentabilidade. Também aborda questões ambientais importantes relativas à água: zonas úmidas, barragens, reservatórios, canalizações e inundações.

21.1 Água

Para entender a água como uma necessidade, um recurso ou como uma questão importante no problema de poluição, deve-se conhecer suas características, seu papel na biosfera e na sustentação da vida. A água é um líquido único; sem ela, a vida, como se conhece, seria impossível. Considere o seguinte:

- Comparada com outros líquidos comuns, a água tem uma alta capacidade de absorver e de armazenar calor. Esta capacidade possui um importante significado climático. A energia solar aquece os oceanos do mundo, que armazenam enorme quantidade de calor. O calor pode ser transferido para a atmosfera, desenvolvendo furacões e outras tempestades. O calor das correntes oceânicas, tal como acontece com a corrente do Golfo, aquece a Grã-Bretanha e o Oeste Europeu, fazendo com que estas áreas se tornem mais hospitaleiras para os seres humanos, o que, de outra maneira, seria impossível devido à alta latitude.
- A água é um solvente universal. Devido ao fato de que algumas fontes de águas naturais são levemente ácidas, elas podem dissolver uma grande quantidade de compostos, dos simples sais aos minerais, incluindo o cloreto de sódio (sal de cozinha comum) e carbonato de cálcio (calcita) em pedra calcária. A água também reage com compostos orgânicos complexos, incluindo alguns aminoácidos encontrados no corpo humano.
- Comparada a outros líquidos comuns, a água possui uma alta tensão superficial, propriedade extremamente importante em muitos processos físicos e biológicos que envolvem seu movimento ou armazenamento em pequenas aberturas ou em espaços de poros.
- Entre os compostos comuns, a água é a única em que as formas sólidas são mais leves que suas formas líquidas. (Ela se expande cerca de 8% quando se congela, tornando-se menos densa.) É por isso que o gelo flutua. Se o gelo fosse mais pesado que a água líquida, ele deveria afundar até o leito dos oceanos, lagos e rios. Se a água congelasse de baixo para cima, mares rasos, lagos e rios se tornariam sólidos gelados. Toda a vida na água morreria porque as células de organismos vivos são compostas principalmente por água, e se as membranas forem congeladas, as células se expandem e as paredes se rompem. Se o gelo fosse mais pesado que a água, a biosfera seria vastamente diferente do que ela é, e a vida, se existisse, seria enormemente alterada.[3]
- A luz do Sol penetra na água em profundidades variáveis, permitindo a vida a organismos fotossintéticos abaixo da superfície aquática.

Breve Perspectiva Mundial

O problema do abastecimento de água é o seguinte: observa-se uma crescente escassez de água no mundo que está relacionada com o fornecimento de alimentos. No final do capítulo

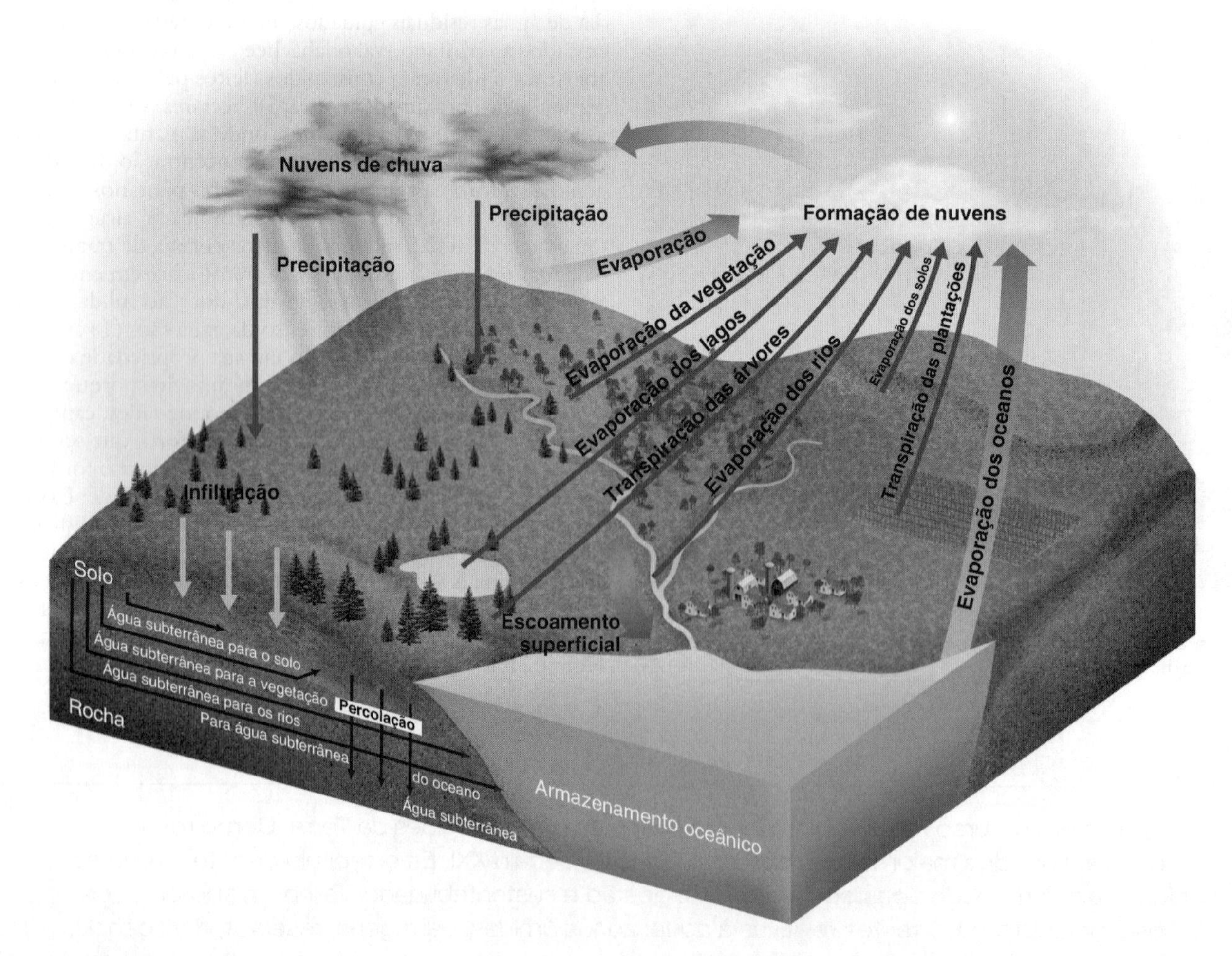

Figura 21.2 ■ O ciclo hidrológico, mostrando processos importantes e fluxos de água. (*Fonte*: Modificado de Council on Environment Quality and Department of State, *The Global 2000 Report to the President*, vol. 2 [Washington, D.C.].)

Tabela 21.1 O Abastecimento de Água no Mundo (Exemplos Selecionados)				
Localização	*Área Superficial (km^2)*	*Volume de Água (km^3)*	*Porcentagem do Total de Água*	*Estimativa de Tempo Médio de Permanência da Água*
Oceano	361.000.000	1.230.000.000	97,2	Milhares de Anos
Atmosfera	510.000.000	12.700	0,001	9 dias
Rios e córregos	—	1.200	0,0001	2 semanas
Água subterrânea (profundidade rasa, de até 0,8 km)	130.000.000	4.000.000	0,31	Centenas a milhares de anos
Lagos (água doce)	855.000	123.000	0,01	Dezenas de anos
Calotas de gelo e geleiras	28.200.000	28.600.000	2,15	Dezenas de milhares de anos ou mais

Fonte: U.S. Geological Survey.

se retornará a este importante conceito, prosseguindo com a discussão acerca do abastecimento, gestão e uso da água.

Uma revisão do ciclo hidrológico mundial, introduzido no Capítulo 5, é importante aqui. O processo principal no ciclo é a transferência global da água da atmosfera para a terra e para os oceanos e o seu regresso à atmosfera (Figura 21.2). A Tabela 21.1 lista uma quantidade relativa de água nos maiores compartimentos de armazenagem do ciclo. Verifica-se que mais de 97% da água da Terra concentra-se nos oceanos. O próximo grande compartimento de armazenamento de água são as calotas de gelo e as geleiras, que contêm outros 2%. Juntas, essas fontes armazenam mais de 99% do total de água e ambas são geralmente incompatíveis para o uso humano por causa de sua salinidade (água do mar) e por causa de sua localização (calotas de gelo e geleiras). Apenas cerca de 0,001% do total de água no mundo está na atmosfera. Entretanto esta quantia relativamente pequena no ciclo de água do mundo, com um tempo médio de permanência atmosférica de cerca de nove dias apenas, produz todo o recurso de água doce através da precipitação.

A água pode ser encontrada no estado líquido, sólido ou gasoso em toda a superfície da Terra ou em locais próximos dela. Dependendo de sua localização específica, o tempo de permanência pode variar de poucos dias a alguns milhares de anos (veja a Tabela 21.1). Entretanto, como anteriormente mencionado, mais de 99% da água da Terra em seu estado natural é indisponível ou inadequada ao uso pelo ser humano. Assim, a quantidade de água para todas as pessoas, plantas e animais da Terra corresponde a menos que 1% do total.

Uma vez que o tamanho da população mundial e da produção industrial aumentou muito, o uso da água também cresceu. O uso de água *per capita* no mundo, em 1975, era de 700 m^3/ano, ou 7.500 L/dia, e o uso total de água pelos humanos era cerca de 3.850 km^3/ano (ou $3{,}85 \times 10^{15}$ L/ano). Hoje o uso de água mundial é de 6.000 km^3/ano (ou 6×10^{15} L/ano), que é uma fração significativa da água doce disponível naturalmente.

Comparada com outros recursos, a água é usada em grandes quantidades. Na atualidade, o total de massa (ou peso) de água usada por ano é aproximadamente 1000 vezes a produção total de minerais do mundo, incluindo petróleo, carvão, minérios metálicos e não metálicos. Devido a sua grande abundância, a água geralmente é um recurso barato. Entretanto, no sudoeste dos EUA, o custo se mantém artificialmente baixo como resultado dos subsídios e programas governamentais.

Como a qualidade e a quantidade de água disponível, neste momento em particular, são altamente variáveis, a escassez de água ocorreu e provavelmente vai continuar a ocorrer cada vez mais. É possível que tudo isso resulte em sérios problemas econômicos e sofrimentos humanos.[4] No centro-leste e no norte da África, a água escassa já tem resultado em conflitos entre os países. A guerra pela água é uma possibilidade. O Conselho de Recursos Hídricos dos Estados Unidos estimou que o uso da água no país, no ano de 2020, deve exceder os recursos hídricos da superfície em 13%.[4] Portanto, uma questão central é: como se pode gerenciar, usar e tratar a água para manter um abastecimento adequado deste recurso para a população?

Águas Subterrâneas e Rios

Antes de prosseguir com as questões sobre abastecimento e gestão da água, devem ser introduzidos os conceitos de água subterrânea e superficial e os termos utilizados em sua discussão. A noção desta terminologia é importante para entender várias questões sobre o meio ambiente, seus problemas e soluções.

O termo **água subterrânea** geralmente se refere à água que se encontra abaixo do lençol freático, onde existem condições saturadas. A superfície acima da água subterrânea é denominada *lençol freático*.

Chuvas que caem na terra evaporam, deslocam-se pela superfície ou se movem para baixo dela, onde são transportadas para o subterrâneo. Locais subterrâneos para onde a água superficial se desloca e se infiltra são conhecidos como *zonas de recarga*. Lugares onde as águas subterrâneas fluem ou jorram subitamente para fora da superfície são conhecidas como *zonas de descarga* ou *pontos de descarga*.

A água vinda da superfície que se desloca no subterrâneo primeiro penetra através de espaços de poros (espaços vazios entre partículas do solo e fragmentos de rochas) presentes nos solos e rochas, região chamada de *zona não saturada* (ou zona de aeração, ou zona vadosa). Esta área é raramente saturada (nem todos os espaços de poros são preenchidos com água). A água, então, entra no sistema das águas subterrâneas, que é saturada (todos os espaços de poros são preenchidos com água).

Um *aquífero* é uma zona subterrânea ou porção de um material terrestre em que as águas subterrâneas podem ser obtidas (de um poço) sob uma taxa útil. Cascalho solto e areia, repletos de espaços de poros entre grãos e pedras ou algumas fraturas abertas, geralmente geram bons aquíferos. As águas subterrâneas geralmente se movem vagarosamente no aquífero, na taxa de centímetros ou metros por dia. Quando a água é bombeada do aquífero, o lençol freático sofre um rebaixamento em torno do poço, formando um *cone de depressão*. A Figura 21.3 mostra as principais características do sistema de águas superficiais e subterrâneas.

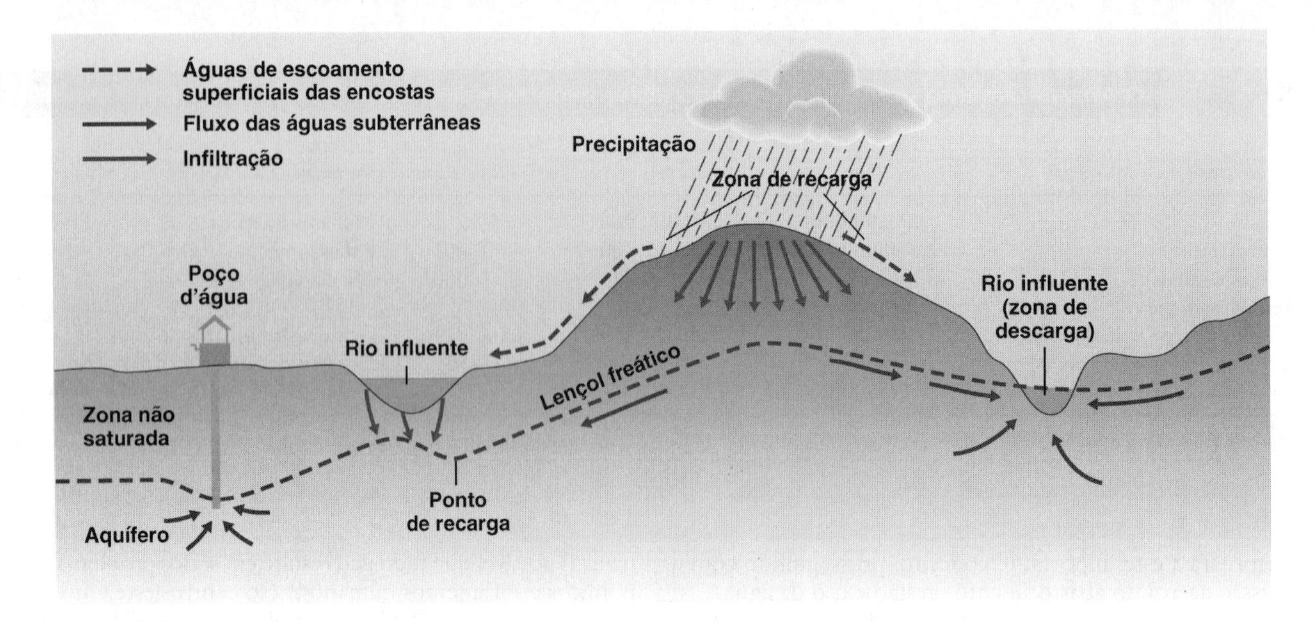

Figura 21.3 ■ Sistema de águas superficiais e subterrâneas.

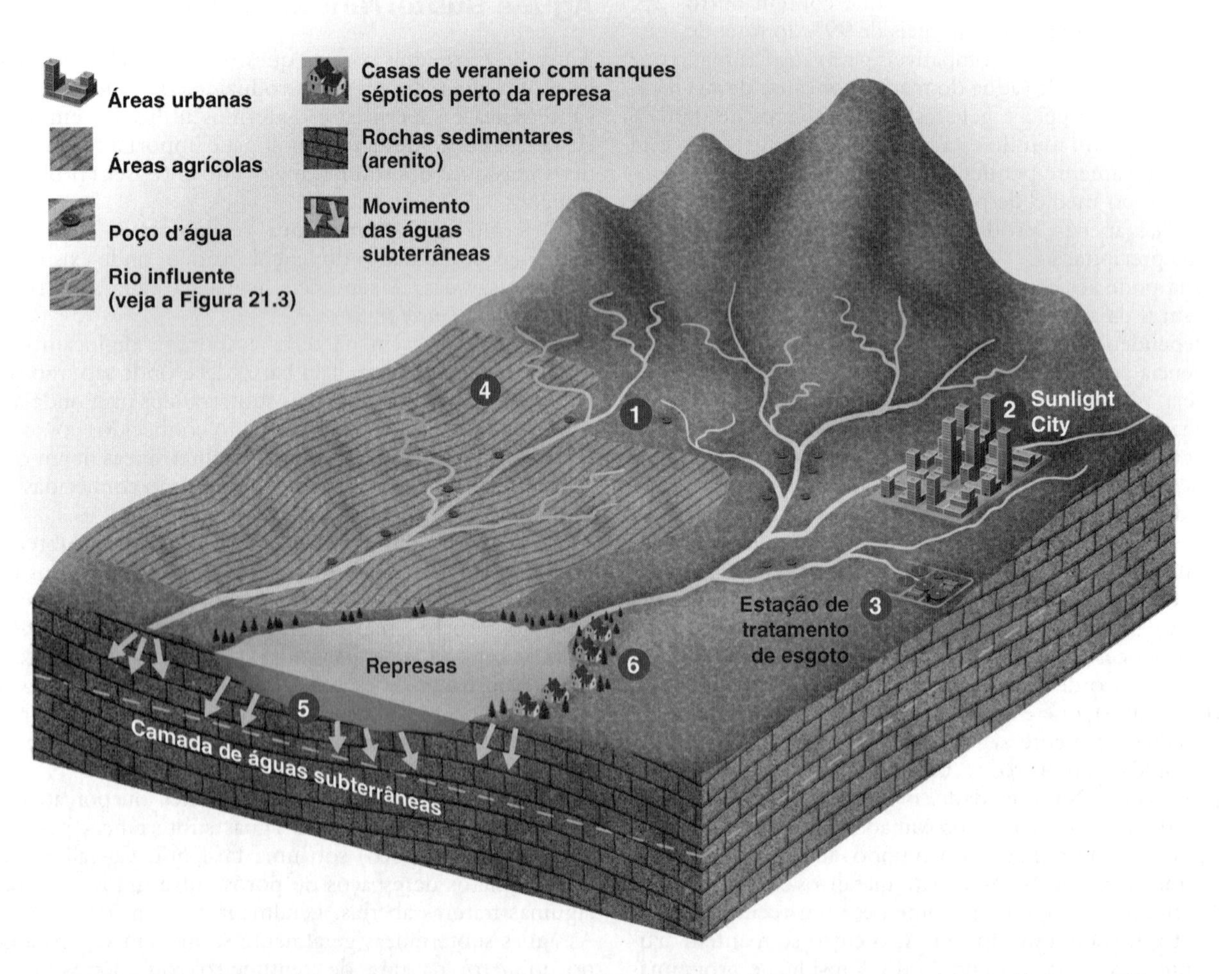

Figura 21.4 ■ Diagrama idealizado ilustrando algumas interações entre as águas superficiais e subterrâneas de uma cidade em ambiente semiárido com terras agrícolas adjacentes e represas. (1) A água bombeada por poços reduz o nível freático. (2) A urbanização aumenta o escoamento superficial para os rios. (3) O lançamento de águas residuárias tratadas despeja água rica em nutrientes nos rios, nas águas subterrâneas e nas represas. (4) A agricultura usa irrigação com água retirada de poços e o escoamento superficial dos campos para os rios contém nutrientes e fertilizantes. (5) A água da represa infiltra para as águas subterrâneas. (6) A água de fossas sépticas das casas penetram através dos solos em direção às águas subterrâneas.

Os rios podem ser classificados como influente ou efluente. Em um **rio efluente**, o fluxo d'água é mantido durante a estação seca pelo escoamento subsuperficial a partir de águas subterrâneas para o canal do rio. Um rio que tem água correndo o ano todo é chamado de rio perene. A maioria dos rios perenes possui seus fluxos durante todo o ano porque eles recebem constantemente águas subterrâneas que os sustentam. Um **rio influente** fica inteiramente acima do lençol freático e o seu fluxo só ocorre em resposta às precipitações. Ou seja, as águas do rio influente penetram para dentro das zonas subsuperficiais. Os rios influentes são chamados de rios efêmeros porque não permanecem com vazão durante o ano todo.

Um rio pode ter trechos com vazões perenes e outros que são efêmeros. Também podem existir trechos de rios conhecidos como intermitentes, que são uma combinação de rios efluentes e rios influentes, cuja vazão varia de acordo com a época do ano. Por exemplo: rios fluindo das montanhas para o mar ao sul da Califórnia possuem trechos perenes nas regiões montanhosas (a montante), onde são mantidas populações de trutas, e em outros trechos mais baixos (a jusante) as vazões são intermitentes de transição para condições de fluxo efêmero. Na costa, os rios podem receber águas subterrâneas salgadas ou doces, além de contribuições das marés dos oceanos, para se tornarem rios perenes.

Interações entre Água Superficial e Subterrânea

As águas superficiais e as subterrâneas interagem de várias maneiras, devendo ser consideradas parte de um mesmo recurso. Tanto os ambientes de água superficial natural – rios e lagos – como também os ambientes de água artificialmente construídos pela ação humana – reservatórios – têm vínculos fortíssimos com a água subterrânea. Por exemplo: a retirada das águas subterrâneas por bombas nos poços pode reduzir a vazão dos rios, abaixar o nível dos lagos, ou transformar a qualidade da água superficial. Reduzir a vazão dos rios que correm abaixo do nível das águas subterrâneas e transformar os rios perenes, que permanecem durante todo o ano, em rios influentes intermitentes. Similarmente, a retirada da água superficial pela captação em córregos e rios pode esgotar os recursos hídricos subterrâneos ou transformar a sua qualidade. O desvio das águas superficiais que recarregam as águas subterrâneas pode resultar no aumento da concentração de substâncias químicas dissolvidas das águas subterrâneas. Isso acontece porque substâncias químicas dissolvidas presentes nas águas não são diluídas pela mistura com as águas superficiais infiltradas. Enfim, a poluição das águas subterrâneas resulta na poluição da água superficial e vice-versa.[5]

Algumas interações entre as águas superficiais e subterrâneas nos ambientes semiáridos urbanos e agrícolas são apresentadas na Figura 21.4. O escoamento superficial urbano e agrícola aumenta o volume de água nas represas, e o bombeamento das águas subterrâneas para o uso urbano e agrícola diminui o nível freático. Além disso, a qualidade dessas águas superficiais e subterrâneas é reduzida pelo escoamento urbano e agrícola que adicionam fertilizantes, óleos presentes nas estradas e nutrientes de águas residuárias tratadas para os rios e águas subterrâneas.

21.2 Abastecimento de Água: um Exemplo Norte-americano

O abastecimento de água em um ponto particular da superfície da Terra depende de vários fatores no ciclo hidrológico, incluindo a taxa de evaporação, precipitação, transpiração (água em forma de vapor que entra na atmosfera e nas plantas pelos poros das folhas e pelos caules), vazão dos rios e fluxo subsuperficial. Um conceito muito usado nos estudos acerca de abastecimento de água é o de **balanço hídrico**, modo de administrar que equilibra as entradas e saídas e armazenamentos de água no sistema. O balanço simples e anual de água (precipitação − evaporação = escoamento superficial) para a América do Norte e para os outros continentes é apresentado na Tabela 21.2. A média total anual de produção de água (escoamento superficial) dos rios na Terra é de 47.000 km³, mas sua distribuição está longe de ser uniforme (veja a Tabela 21.2). Alguns escoamentos ocorrem em regiões relativamente inabitadas, tal como na Antártica, que produz cerca de 5% dos escoamentos superficiais totais da Terra. A América do Sul, que inclui a bacia amazônica relativamente inabitada, fornece cerca de 25% do total dos escoamentos. O escoamento total da América do Norte é cerca de dois terços da América do Sul. Infelizmente muitos escoamentos norte-americanos ocorrem em lugares de difícil acesso e regiões inabitadas, particularmente na parte norte do Canadá e do Alasca.

Tabela 21.2 **Balanço Hídrico Anual para os Continentes**[a]

	Precipitação		*Evaporação*		
Continente	*mm/ano*	*km³*	*mm/ano*	*km³*	*Vazão km³/ano*
América do Norte	756	18.300	418	10.000	8.180
América do Sul	1.600	28.400	910	16.200	12.200
Europa	790	8.290	507	5.320	2.970
Ásia	740	32.200	416	18.100	14.100
África	740	22.300	587	17.700	4.600
Austrália e Oceania	791	7.080	511	4.570	2.510
Antártica	165	2.310	0	0	2.310
Terra (toda área continental)	800	119.000	485	72.000	47.000[b]

[a] Precipitação – evaporação = vazão/16.
[b] A vazão superficial é 44.800, e o fluxo de água subterrânea é 2.200.
Fonte: I. A. Shiklomanov, "World Fresh Water Resources", in P.H. Gleick, Ed. *Water in crisis* (New York: Oxford University Press, 1993), p. 3–12.

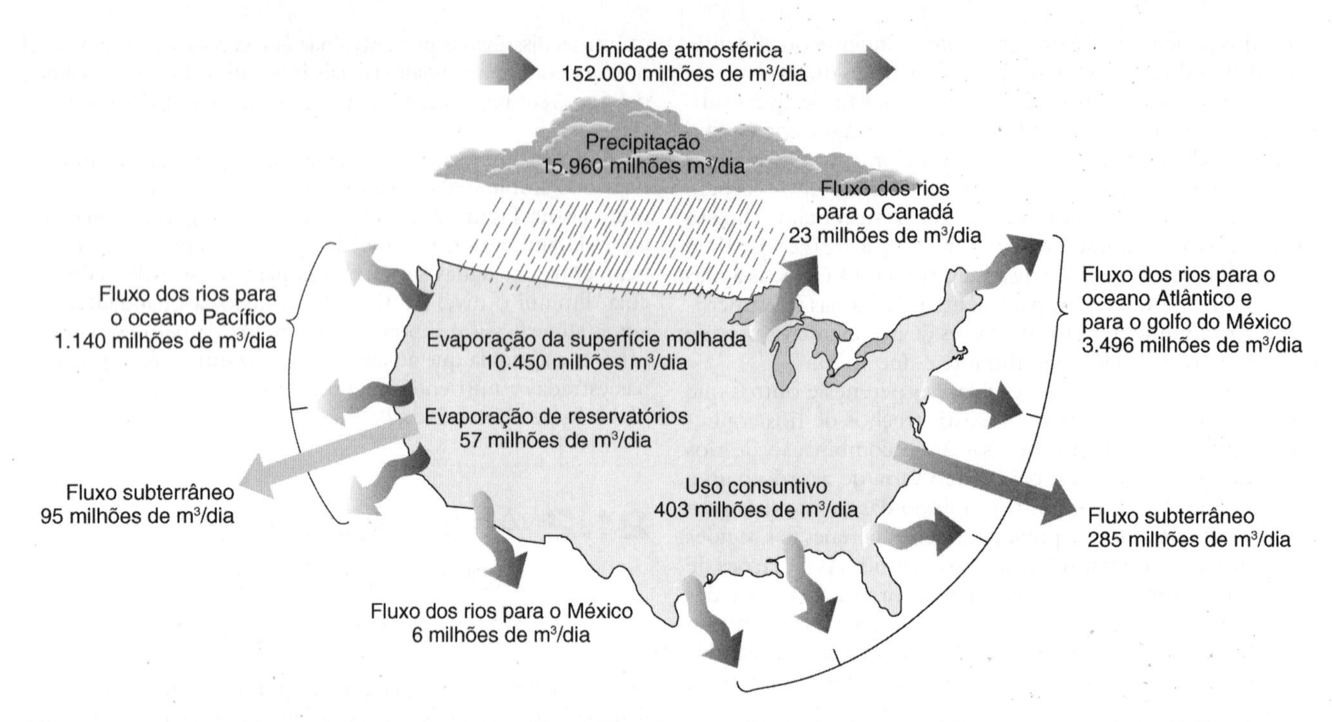

Figura 21.5 ■ Balanço hídrico para os Estados Unidos. (*Fonte:* Water Resources Council, *The Nation's Water Resources 1975–2000* [Washington, D.C.: Water Resources Council, 1978].)

O balanço hídrico diário para todo os EUA é apresentado na Figura 21.5. A quantidade de vapor d'água que passa sobre o país todos os dias é de aproximadamente 152 bilhões de m³; e, desse total, aproximadamente 10% caem como precipitação na forma de chuva, neve, granizo ou água-neve (neve parcialmente fundida). Aproximadamente 66% da precipitação evapora rapidamente ou é transpirada pela vegetação. Os 34% restantes entram no sistema de armazenamento da água superficial ou subterrânea, seguem para os oceanos ou atravessam as fronteiras entre os países, abastecem a população ou evaporam nas represas. Devido à variação natural das precipitações que causam também enchentes e secas, apenas uma porção das águas pode ser desenvolvida para uso intensivo (somente cerca de 50% é considerada adequada 95% do tempo).[4]

Padrões de Precipitação e Escoamento Superficial das Águas da Chuva

Colocando todas as informações em perspectiva, considere apenas a água do rio Missouri. Na média anual, a água que cai no rio Missouri é suficiente para cobrir os 33 milhões de hectares com 1 metro de profundidade – ou seja, 33 trilhões de litros. A média de uso de água nos Estados Unidos é de cerca de 380 litros por dia, por pessoa – bastante elevada quando comparada com a média mundial. As pessoas na Europa usam em média metade disso e, em algumas regiões, tais como a África subsaariana, são consumidos 20 litros por dia. A vazão do rio Missouri é suficiente para manter o uso de água doméstica e pública de aproximadamente 230 milhões de pessoas nos Estados Unidos, considerando a média de 380 litros por pessoa em um dia. Com um pouco de conservação e redução do uso *per capita* da água, o Missouri poderia suprir o abastecimento para todos, tão grande é a sua vazão. Não que as pessoas pudessem usar toda a água do Missouri, mas ao permanecer à margem do rio, ou observar de algum local como a vista de uma ponte que atravessa o rio, tem-se uma ideia de quanta água existe ali e que seria equivalente ao volume de abastecimento de toda a população norte-americana.

No desenvolvimento do balanço hídrico para gestão do uso desse recurso, é usual considerar a precipitação anual, bem como o padrão de escoamento. Problemas possíveis de acontecer em torno do abastecimento de água podem ser previstos nas áreas onde a média de precipitação e de escoamento são relativamente baixas, tais como as regiões áridas e semiáridas do sudoeste e as regiões das grandes planícies dos Estados Unidos. O abastecimento de água superficial nunca pode ser tão alto quanto à média do escoamento, porque nem todo escoamento pode ser armazenado satisfatoriamente. Não é possível o armazenamento total do escoamento por causa dos prejuízos da evaporação dos canais dos rios, açudes, lagos e represas. Como resultado, a escassez no abastecimento de água é comum em áreas com baixa precipitação natural e escoamento associado com forte evaporação. Nestas áreas, práticas sólidas de conservação são necessárias para garantir um abastecimento de água adequado.[4]

Secas

Devido às grandes variações regionais e anuais na vazão dos rios, até áreas com taxas altas de precipitação e escoamento podem sofrer periodicamente com as secas. Por exemplo, a seca dos últimos anos, no oeste dos Estados Unidos, produziu séria escassez de água. Felizmente, para o leste mais úmido dos Estados Unidos, a vazão dos rios tende a uma menor variação que em outras regiões e a seca é menos perceptível.[5] Não obstante, as secas do verão em alguns anos nos Estados Unidos, que estão ocorrendo desde os primeiros anos do século XXI, causam sofrimento e prejuízos de bilhões de dólares para a Geórgia e para Flórida (veja o estudo de caso da abertura deste capítulo).

Problemas e Utilização da Água Subterrânea

Aproximadamente metade da população dos Estados Unidos utiliza a água subterrânea como a principal fonte para beber. Calcula-se que essa fonte supra 20% de toda água utilizada. Felizmente o total da quantia de água disponível nos Estados Unidos é enorme. A quantidade de água subterrânea rasa, a 0,8 km da superfície da terra, é estimada entre 125.000 e 224.000 km^3. Para colocar em perspectiva, a menor estimativa da quantia de água subterrânea rasa é igual ao volume acumulado da descarga do rio Mississipi durante os últimos 200 anos. Entretanto, o alto custo da extração limita o total da quantidade de água subterrânea que pode ser economicamente recuperado.[4]

Em algumas partes dos Estados Unidos, a extração de água subterrânea por poços excede o fluxo natural de recarga do aquífero. Em tais casos de **superexploração**, ou extração abusiva, pode-se considerar a água como um recurso não renovável que está sendo *mineirada,* ou seja, sofrendo *mineração de água*. Isso pode resultar em muitos problemas, incluindo prejuízos ao ecossistema dos rios e a redução da produtividade da terra. A superexploração das águas subterrâneas constitui um sério problema na área das Planícies Altas de Oklahoma e Texas (que inclui parte de Kansas, Nebraska e parte de outros estados), como também na Califórnia, Arizona, Nevada, Novo México e em áreas isoladas da Louisiana, Mississippi, Arkansas e na região do Atlântico Sul.

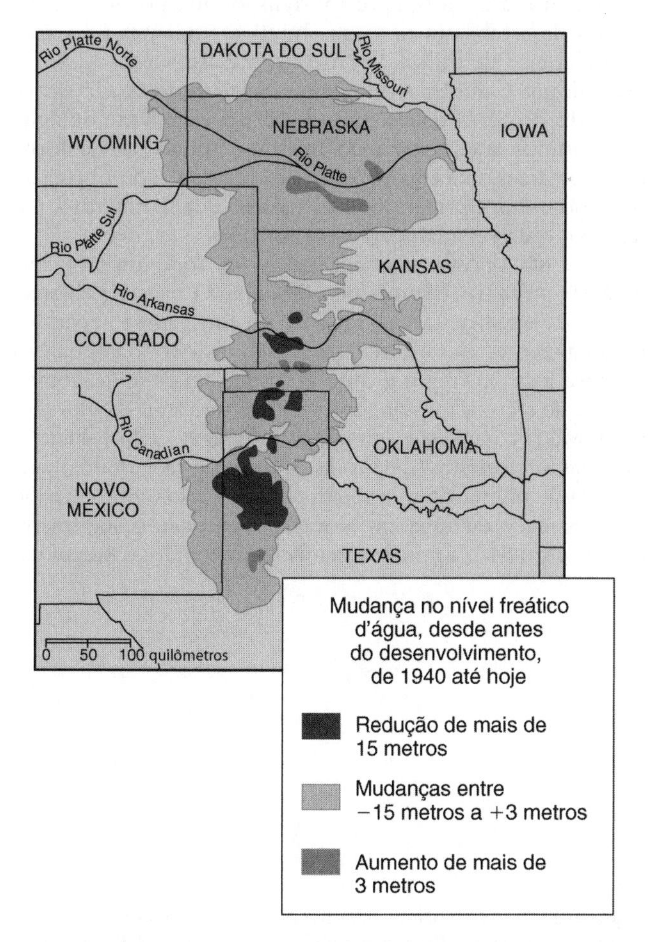

Figura 21.6 ■ Mudança no nível de água subterrânea como resultado da extração por bombeamento na região das Planícies Altas de Oklahoma e Texas (*Fonte:* U.S. Geological Survey.)

Na área das Planícies Altas de Oklahoma e Texas, a quantidade de extração abusiva por ano é aproximadamente igual ao fluxo natural do rio Colorado para o mesmo período.[4] O aquífero Ogallala (também chamado de aquífero das Planícies Altas), constituído de areias aquíferas e de pedregulho subjacentes a uma área de cerca de 400.000 km^2 de Dakota Sul até o Texas, é o principal recurso de água subterrânea nesta área. Embora ele retenha uma quantidade enorme de água subterrânea, elas são extraídas em algumas áreas a uma taxa 20 vezes maior que a taxa de sua reposição natural. O lençol freático, em algumas partes do aquífero, tem sofrido declínio em seu nível nos últimos anos (Figura 21.6), causando uma redução no rendimento do poço e um custo crescente de energia para bombear a água. O problema mais grave de esgotamento da água no aquífero Ogallala está nos locais em que a irrigação tem sido utilizada desde a década de 1940. Existe a preocupação de que, eventualmente, uma porção significativa de terra, agora sendo irrigada, pode tornar as fazendas em terras secas à medida que o recurso vai se esgotando.

Algumas vilas e cidades nas Planícies Altas começaram também a ter problemas no abastecimento de água. Ao longo do rio Platte, ao norte de Kansas, há abundância de água e os níveis de água subterrânea são altos (Figura 21.6). Mais ao sul, no sudoeste de Kansas e no enclave de estados no oeste do Texas, o nível d'água tem declinado e o estoque deve apenas prover o abastecimento por uma década, talvez nem isso. Em Ulysses, Kansas (com de 6.000 habitantes) e Lubbock, Texas (com 200.000 habitantes), a situação está se agravando. No sul de Ulysses, a fonte de Cimarrom, uma famosa piscina natural localizada ao longo da parte seca da trilha Santa Fé, secou há décadas atrás, devido à extração da água subterrânea. Isto era um indício do que estava por vir. Hoje as cidades de Ulysses e Lubbock enfrentam a escassez de água e milhões de dólares serão gastos para encontrar fontes alternativas.

Dessalinização como Fonte de Água

A água do mar é composta por aproximadamente 3,5% de sal, o que significa que a cada metro cúbico de água tem-se cerca de 40 kg de sal. A **dessalinização** é uma tecnologia para remover o sal nela contida e está sendo utilizada em várias centenas de usinas em torno do mundo. O conteúdo de sal deve ser reduzido a cerca de 0,05% para que a água possa ser usada como recurso de água doce. As grandes usinas de dessalinização produzem de 20.000 à 30.000 m^3 de água por dia. Hoje, há cerca de 15.000 usinas de dessalinização em operação distribuídas em mais de 100 países. Aperfeiçoar essa tecnologia significa reduzir seus custos.

O custo da dessalinização da água é muitas vezes maior ao que se paga pelo abastecimento de água tradicional nos Estados Unidos. A água dessalinizada possui um *valor local,* ou seja, o valor desse custo varia de acordo com a localização da usina, portanto o preço aumenta vertiginosamente em função da distância do custo do transporte. Uma vez que vários processos realizados para remoção do sal utilizam grande quantidade de energia, o custo da dessalinização também varia de acordo com o custo da energia. Por essas razões, a dessalinização da água permanecerá um processo caro que só será uma opção quando outras fontes alternativas de água não estiverem disponíveis.

A dessalinização também provoca um impacto ambiental. As usinas descartam o sal retirado em outros corpos d'água, como as enseadas, aumentando a salinidade do local e levando à morte as plantas e animais intolerantes ao excesso de sal. A descarga das usinas de dessalinização causa também grande flutuação no conteúdo de sal do ambiente local, o que prejudica o ecossistema.

21.3 Uso da Água

Na discussão sobre o uso da água, é importante fazer uma distinção entre uso consuntivo e uso não consuntivo. O **uso fora da fonte** refere-se à água removida da fonte (tal como um rio ou represa) para determinado uso. Boa parte dessa água retorna para a fonte depois de ser usada, por exemplo, a água utilizada no resfriamento de processos industriais é direcionada para lagoas que resfriam a água que depois é descarregada em rios, lagos e represas. O **uso consuntivo** é um tipo de uso fora da fonte em que a água é consumida por plantas e animais ou incorporada ao longo dos processos industriais. A água é absorvida pelos tecidos humanos ou por produtos, ou evapora durante o uso e não é devolvida à sua fonte.[5]

O **uso não consuntivo** inclui o uso dos rios para navegação, geração de energia hidrelétrica, manutenção de hábitats de peixes e animais selvagens e recreação. Esses usos múltiplos geralmente criam controvérsia porque cada condição diferente requer a prevenção de prejuízos ou efeitos danosos. Por exemplo, os peixes e os animais selvagens requerem certo nível d'água e uma taxa de fluxo para máxima produtividade biológica. Esses níveis e taxas são diferentes daqueles utilizados para geração de energia hidrelétrica, que requer grande flutuação na vazão para alcançar o poder necessário. De forma similar, o uso não consuntivo de água para peixes e animais selvagens provavelmente leva a um conflito com a demanda necessária para a navegação. A Figura 21.7 demonstra algumas dessas demandas de conflitos através do gráfico onde se podem notar as diferentes vazões ótimas para vários usos durante o ano. O uso não consuntivo de água para navegação é otimizado com uma vazão constante alta. Alguns peixes, no entanto, preferem fluxos maiores na primavera para desovar.

Outro problema do uso não consuntivo de água é a quantidade de água que pode ser removida do rio sem risco para o ecossistema. Essa é uma das questões do Noroeste Pacífico, onde os peixes, tais como as trutas-arco-íris e os salmões, são parcialmente ameaçados porque captações (remoção de água para agricultura, para a cidade e para outros usos) têm reduzido a vazão dos rios, colocando em risco a extensão do hábitat dos peixes.

O mar de Aral no Cazaquistão e Uzbequistão constitui um alerta para a conscientização dos riscos ambientais que podem ser causados pelas captações d'água para propósitos agrícolas. A captação das águas de dois rios que correm para o mar de Aral modificou um dos maiores lagos do mundo, tornando um ecossistema vibrante em um mar morto. O litoral atual é cercado por milhares de quilômetros quadrados de planícies de sal que se formaram conforme a superfície do mar sofreu redução de 90% nos últimos 50 anos (Figuras 21.8 e 21.9). O volume do mar foi reduzido em mais de 50%. O conteúdo do sal da água aumentou mais que o dobro em relação à água do mar e os peixes morreram, tal como ocorreu com o esturjão, importante componente da economia local. A poeira levantada por ventos de salinas secas está causando problemas de poluição do ar e o clima na região mudou, uma vez que o efeito moderador do mar foi reduzido. Os invernos têm sido mais frios e os verões mais quentes. Centros de pesca tais como o Muynak no sul e o Aralsk para o norte, que eram originalmente à beira do mar, estão agora muitos quilômetros para o interior (Figura 21.8). A perda da pesca com o declínio do turismo afetou a economia da região de forma drástica.

A restauração do pequeno porto ao norte no mar de Aral está em andamento. Uma barragem longa e baixa foi construída em todo o leito do lago ao sul de onde o rio Syr Darya entra no lago (veja a Figura 21.8). A conservação da água e a barragem estão produzindo melhorias importantes para o porto ao norte do lago, e algumas pescarias já estão retornando. O futuro do lago está melhorando, apesar de restarem muitos problemas.[6]

Transporte da Água

Em muitas partes do mundo, existem demandas dos rios para o fornecimento de água para agricultura e áreas urbanas. Essa não é uma tendência nova. Antigas civilizações, incluindo a romana e a dos americanos nativos, construíram canais e aquedutos para o transporte de água de rios distantes para onde fosse necessário. Na civilização moderna, assim como no passado, a água sempre foi transportada por longas distâncias de áreas com neve ou chuvas abundantes para áreas com alta taxa de utilização (usualmente áreas agrícolas). Por exemplo, na Califórnia, dois terços da vazão do estado ocorre ao norte do São Francisco, onde há um excedente de água. Nos últimos anos, canais do Projeto Hídrico da Califórnia transportaram uma enorme quantidade de água do norte para o sul do estado, principalmente para uso da agricultura, mas também cada vez mais para o uso urbano.

Na costa oposta, a cidade de Nova York importa água de áreas próximas há mais de 100 anos. O uso e o abastecimento de água nessa cidade mostram um padrão repetitivo. Originalmente, usava-se na cidade de Nova York a água subterrânea local, córregos e o rio Hudson. No entanto, como a população cresceu e o solo foi pavimentado, a água da superfície foi desviada para o mar, em vez de infiltrar no solo para repor as águas subterrâneas. Além disso, os locais por onde a água poderia se infiltrar no solo foram poluídos pelo esgoto urbano. A necessidade de água em Nova York excedeu o suprimento local e, em 1842, a primeira grande barragem foi construída.

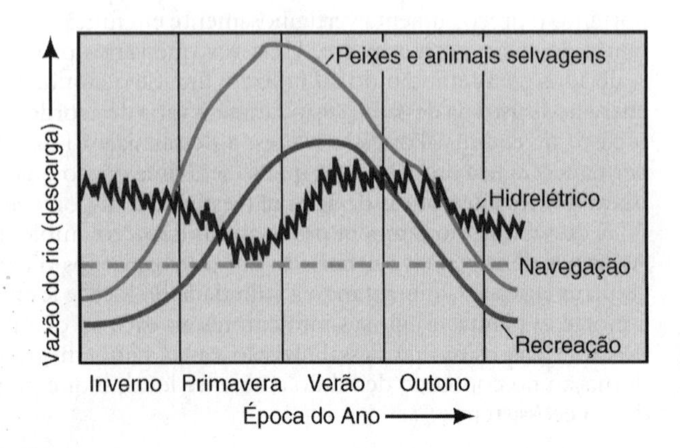

Figura 21.7 ■ Uso não consuntivo de água e vazões ótimas (volume de água que flui por segundo) para cada uso. A vazão é a quantidade de água que passa por uma determinada localização e é mensurada em metros cúbicos por segundo. Obviamente todas as necessidades não podem ser alcançadas simultaneamente.

Como a cidade se expandiu rapidamente de Manhattan a Long Island, a demanda hídrica aumentou. Os aquíferos rasos de Long Island eram a primeira fonte de água para beber, mas ela foi utilizada mais rápido do que a infiltração das chuvas pôde reabastecê-la. Ao mesmo tempo, as águas subterrâneas tornaram-se contaminadas com os poluentes urbanos e agrícolas e pelos vazamentos de água salgada ao subsolo do oceano. (A poluição subterrânea de Long Island é explorada com mais profundidade no próximo capítulo.) Uma grande barragem foi construída no rio Croton, em 1900. A expansão adicional da população criou um mesmo padrão: uso inicial de água subterrânea; poluição, salinização e uso exagerado dos recursos; e subsequente construção de novas e grandes barragens, mais e mais no interior de áreas florestadas.

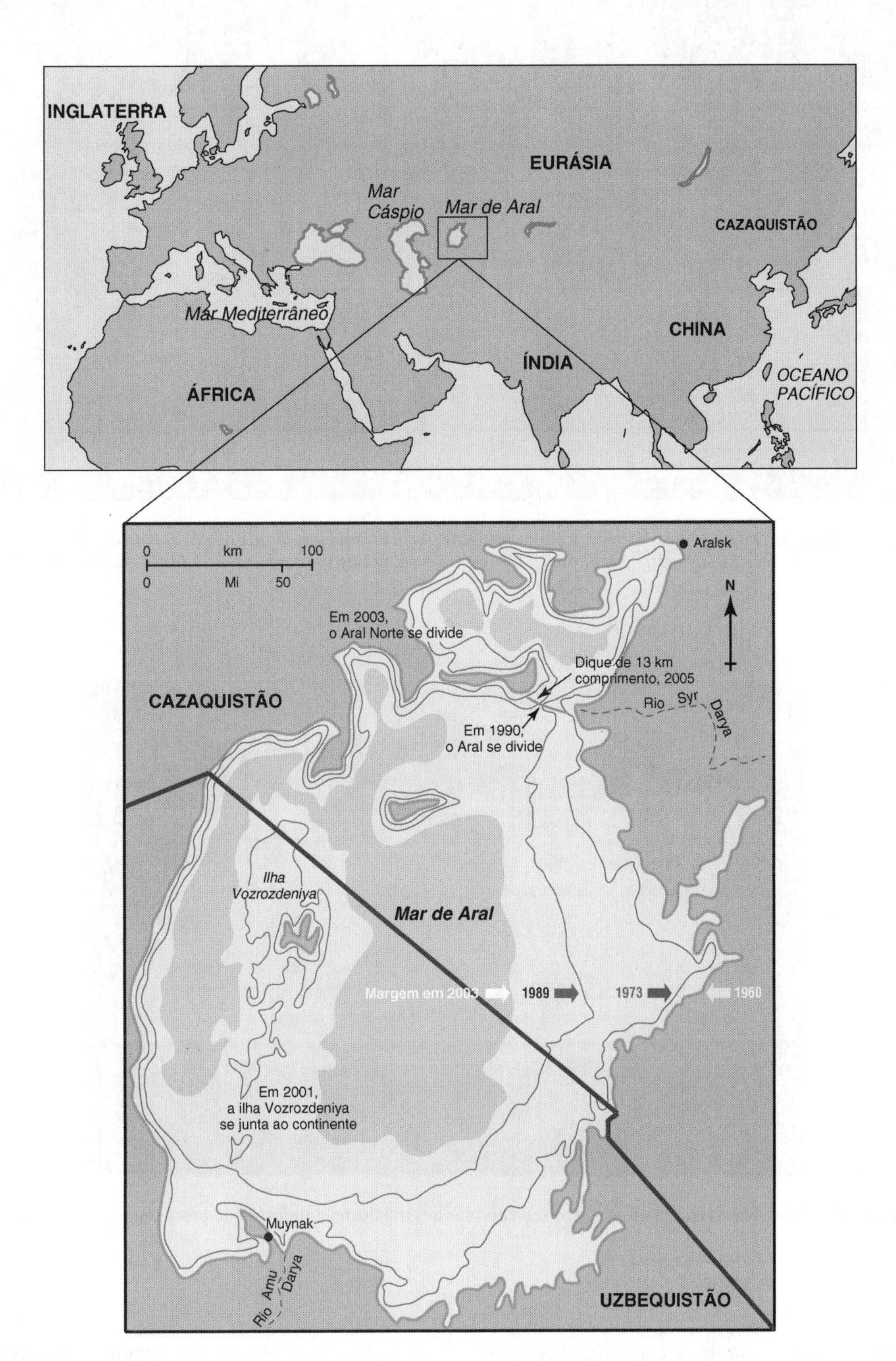

Figura 21.8 ■ Mar de Aral de 1960 a 2003. Um forte dique (barragem) de 13 km de comprimento foi construído em 2005 e o norte do lago teve sua área aumentada em18% e em profundidade 2 km em 2007. Com modificações posteriores unimaps.com, 2004.

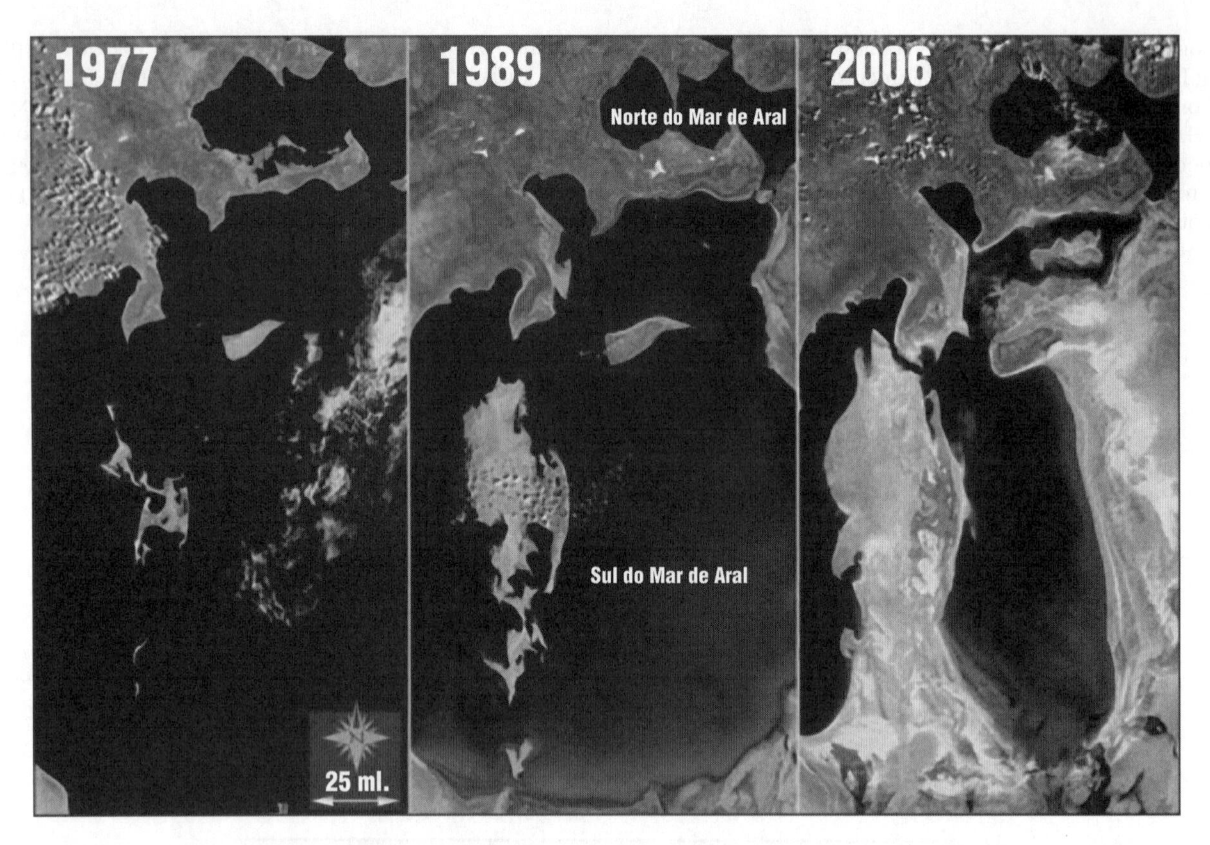

Figura 21.9 ■ Três imagens do mar de Aral, de 1977 a 2006. Até 2006, o mar tinha sido reduzido para cerca de 10% do seu tamanho original. As zonas úmidas em torno do mar foram reduzidas em até 85%; espécies de peixes diminuíram em 80%; e pássaros em 50%. (*Fonte*: NASA/GSFC.)

Figura 21.10 ■ Navio encalhado no leito seco do mar de Aral ilustra a indústria de pesca em colapso na região.

Em uma perspectiva mais ampla, o custo de obtenção da água para grandes centros urbanos advindas de longa distância, juntamente com competição quanto à disponibilidade de água de outras fontes e usuários, acabará por colocar um limite para o abastecimento de água da cidade. O custo da água aumenta devido à falta de medidas mais eficazes de conservação. Como ocorre com outros recursos, o suprimento de água é reduzido e a demanda de água cresce, estabelecendo assim o seu preço. Se esse tornar-se muito elevado, outras fontes mais custosas terão de ser desenvolvidas – por exemplo, bombeamento de poços profundos ou dessalinização.

Tendências de Uso da Água

As tendências das extrações de água doce e da população humana nos Estados Unidos, entre 1950 e 2000, são mostradas na Figura 21.11. Pode-se observar que o consumo de água da superfície excede em muito o da água subterrânea. Em adição, a captação tanto de águas superficiais quanto subterrâneas cresceu entre 1950 e 1980, atingindo o máximo total de aproximadamente 1,42 trilhão de litros por dia. Entretanto, desde 1980 a quantidade de água extraída diminuiu e se estabilizou. É animador que a água retirada tenha diminuído desde 1980 enquanto a população dos Estados Unidos continua a crescer. Isso sugere que melhorias foram feitas no que concerne à gestão e conservação da água.[7]

As tendências do consumo de água doce por categoria de uso nos Estados Unidos, de 1960 a 1995, são mostradas na Figura 21.12. Um exame do gráfico sugere que:

1. O principal uso da água está na irrigação e na indústria termelétrica. Excluindo o uso termelétrico, a agricultura foi responsável por 65% do total do consumo em 2000.
2. O uso da água para irrigação na agricultura cresceu cerca de 68% no período de 1950 a 1980. Decresceu e se estabilizou de 1985 a 2000. Essa diminuição se deve em parte à melhoria na eficiência das irrigações, ou tipo de cultura e ou custo mais alto de energia.
3. A água utilizada nas indústrias termelétricas diminuiu levemente no começo de 1980 e estabilizou desde 1985. Isso se deve à recirculação da água para o resfriamento em sistemas de circuitos fechados. Durante o mesmo período, a geração de energia elétrica em usinas cresceu mais de 10 vezes.
4. O uso de água para abastecimento público e rural continuou a crescer durante o período de 1950 a 2000, provavelmente devido ao crescimento da população humana.[9]

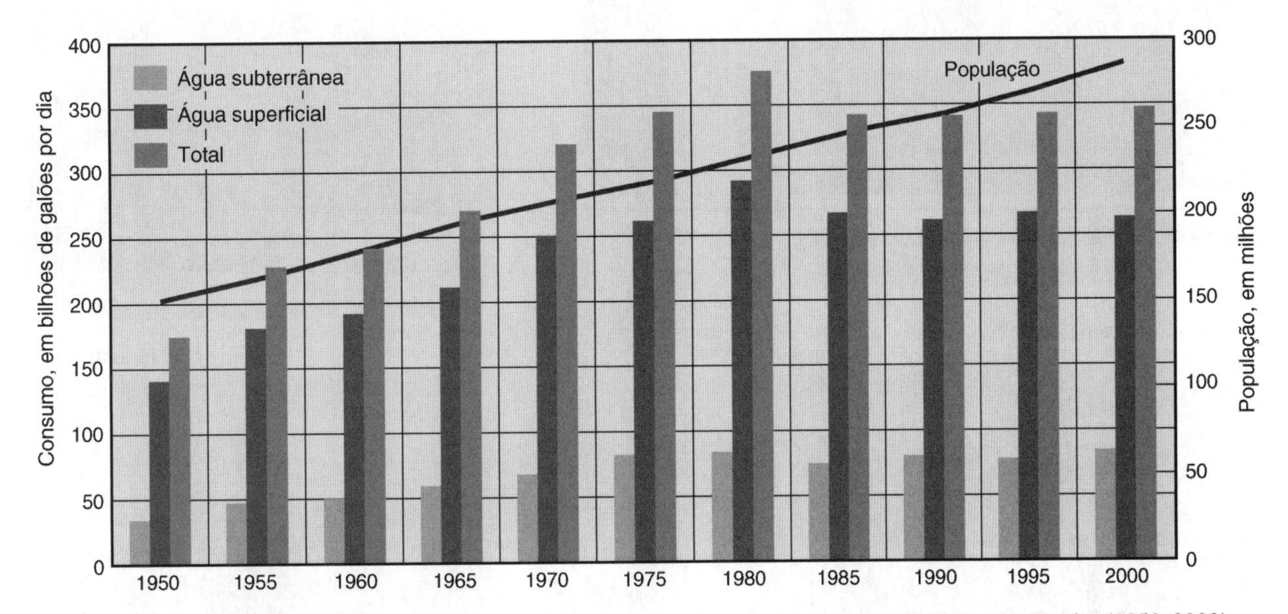

Figura 21.11 ■ Tendências da população humana e do consumo de águas subterrâneas e superficiais nos Estados Unidos (1950–2000). (*Fonte:* Hutson, S. S. et al. 2005. *Estimated Use of Water in the United States in 2000.* U.S. Geological Survey Circular 1268, 2000.)

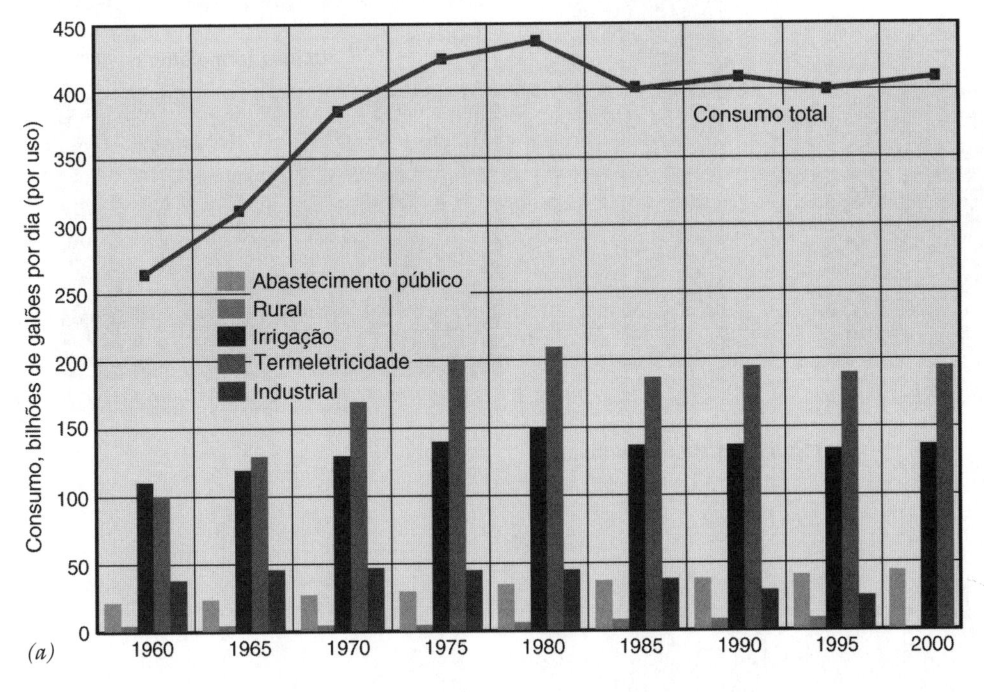

Figura 21.12 ■ (*a*) Tendências do consumo da água (doce e salina) por categoria de uso e consumo total (doce e salina) (1960–2000). (*Fonte:* Hutson, S. S. et al. 2005. *Estimated Use of Water in the United States in 1995.* U.S. Geological Survey Circular 1268, 2000.); (*b*) Detalhamento do uso da água nos Estados Unidos no ano 2000. (*Fonte:* U.S. Geological Survey.) *(continua)*

Abastecimento público, 11%

Consumo de água de abastecimento público, Condado de Bay, Flórida

Irrigação, 34%

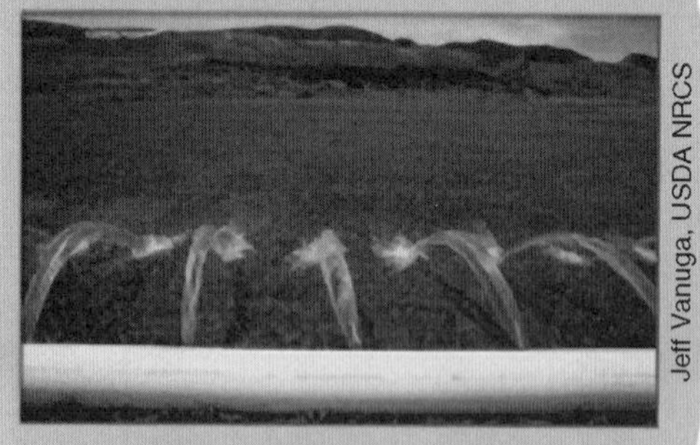

Irrigação por inundação por tubos fechados

Aquicultura, menos de 1%

Maior tanque de criação de trutas do mundo, Buhl, Idaho

Mineração, menos de 1%

Mina de pegmatita espodumena, Kings Mountain, Carolina do Norte

Uso doméstico, menos de 1%

Poço doméstico, Condado de Early, Geórgia

Pecuária, menos de 1%

Dessedentação animal, Condado de Rio Arriba, Novo México

Industrial, 5%

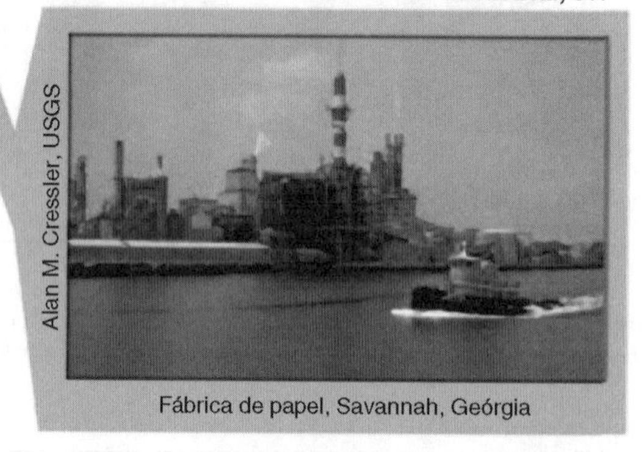

Fábrica de papel, Savannah, Geórgia

Usinas termelétricas, 48%

Torres de resfriamento, Condado de Burke, Geórgia

(b)

Figura 21.12 ■ *(continuação)*

21.4 Conservação da Água

A **conservação da água** é o uso cuidadoso e a proteção de seus recursos. Isso envolve tanto a quantidade de água usada quanto a sua qualidade. A conservação é um componente importante da sustentabilidade do uso da água. Uma vez que o campo da conservação da água está modificando rapidamente, é esperado que o número de inovações reduza o consumo de água total para diversos fins, apesar do consumo aumentar.[3]

Uso na Agricultura

Melhorias na irrigação (Figura 21.13) poderiam reduzir o consumo de água em 20 a 30%. Uma vez que a agricultura é o maior consumidor, essas melhorias seriam uma grande economia. Sugestões para a conservação agrícola incluem o seguinte:

- Tarifar a água utilizada pela agricultura de forma a encorajar sua conservação (subsidiar a água encoraja o uso excessivo).

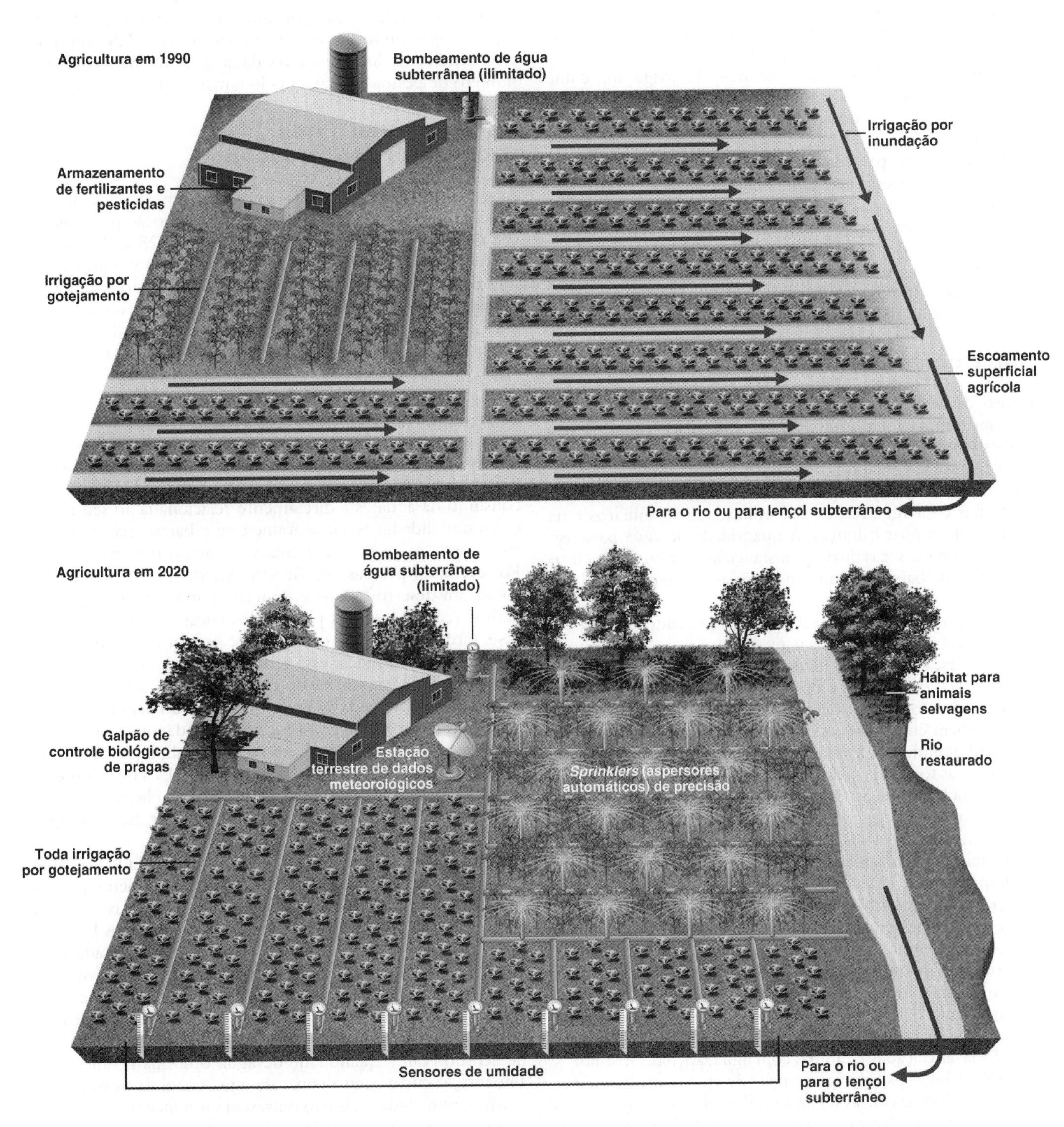

Figura 21.13 ■ Comparação das práticas agrícolas em 1990 com as que provavelmente serão realizadas em 2020. As melhorias estão na variedade dos procedimentos agrícolas, desde o controle de pestes biológicas até as aplicações mais eficientes de água irrigada para a restauração dos recursos hídricos e hábitat de animais selvagens. (*Fonte:* P. H. Gleick, P. Loh, S. V. Gomez, e J. Morrison, *California Water 2020, a Sustainable Vision* [Oakland, Calif.: Pacific Institute for Studies in Development, Environment, and Security, 1995].)

- Usar dutos ou canais cobertos que reduzam a infiltração e a evaporação.
- Monitorar e controlar por meio de computadores a liberação da água para obter uma eficiência máxima.
- Integrar o uso da água superficial e subterrânea para maior eficácia do uso do recurso total. Ou seja, irrigar com excesso de água da superfície quando esta estiver abundante; e também utilizar o excedente de água superficial para recarga dos aquíferos subterrâneos, mediante a aplicação em lagoas de infiltração ou injeção de poços especialmente concebidos. Quando o suprimento de água superficial for reduzido, utilizar a água subterrânea.
- Irrigar nos momentos em que a evaporação é mínima, isso é, à noite ou no início da manhã.
- Utilizar as melhorias dos sistemas de irrigação, como *sprinklers* (aspersores automáticos) ou irrigação por gotejamento, que sejam mais efetivas na aplicação da água às culturas.
- Melhorar o preparo da terra para a aplicação da água, isto é, melhorar o solo para aumentar a infiltração e reduzir o escoamento superficial. Usar palha para ajudar a reter água entre as plantas, onde for aplicável.
- Encorajar o desenvolvimento de culturas que requisitem menos água ou são mais tolerantes a sais, de tal modo que menos inundações periódicas de terras irrigadas sejam necessárias para retirar os sais acumulados no solo.

Uso Doméstico

O uso doméstico de água representa apenas cerca de 10% do consumo nacional total de água. Entretanto, como o uso doméstico está concentrado nas áreas urbanas, isto pode trazer problemas sérios em locais onde o suprimento de água é periódica ou normalmente escasso. (Veja o Detalhamento 21.1.) A maior parte da água nas casas é utilizada nos banheiros e na lavagem de roupas e louças. A quantidade de água para uso doméstico pode ser reduzida substancialmente com um custo relativamente baixo se forem aplicadas as seguintes medidas:

- Em regiões semiáridas, substituir os gramados por cascalhos decorativos e plantas nativas.
- Usar descargas de banheiro mais eficientes, tais como as de baixo consumo que demandam 6 litros ou menos por acionamento, e não a descarga padrão que utiliza 18 litros; e também chuveiros econômicos, de vazão reduzida, que distribuem menos água, mas em quantidade suficiente.
- Fechar as torneiras quando não for absolutamente necessário para lavar louças, escovar os dentes, fazer a barba etc.
- Acionar a descarga somente quando necessário.
- Reparar todos os vazamentos. Gotejamentos em tubos, torneiras, vasos sanitários e mangueiras de jardim causam desperdício de água. Um pequeno gotejamento pode desperdiçar muitos litros por dia; multiplicando isso por milhões de residências com vazamentos, encontra-se um grande volume de água desperdiçada.
- Comprar máquinas de lavar louça e máquinas de lavar roupa que minimizem o consumo de água.
- Tomar um banho demorado, mas com o chuveiro ligado somente quando necessário.
- Não lavar calçadas e rampas com água, apenas varrê-las.
- Considerar o uso de água cinza (de chuveiros, banheiras, pias e máquinas de lavar) para molhar plantas. A água cinza da máquina de lavar é mais fácil de usar, pois pode ser facilmente desviada antes de entrar em um dreno.
- Regar gramados e plantas no início da manhã, no final da tarde ou à noite, para reduzir a evaporação.
- Usar a irrigação por gotejamento e distribuir palhas e folhas mortas em torno das plantas dos jardins, para retenção de água.
- Plantar espécies de plantas resistentes à seca, pois elas requisitam menos água.
- Saber ler o hidrômetro para detectar vazamentos não observáveis e verificar o sucesso das medidas de conservação da água.
- Implementar o reúso de água (veja o estudo de caso no início deste capítulo).

Além dessas práticas, é importante incentivar políticas de tarifação da água onde o valor é maior após um nível de consumo referencial, cuja determinação é dada proporcionalmente pelo número de pessoas na casa e pelo tamanho da propriedade.

Uso Industrial e nos Processos de Produção

As medidas de conservação da água implementadas pelas indústrias podem ser melhores. Por hora, sua remoção para a geração de energia elétrica pode ser reduzida de 25 a 30% com o uso de torres de resfriamento que consomem menos ou até mesmo nada de água (isso já está em uso nos Estados Unidos). Fábricas e indústrias poderiam aumentar o tratamento e a recirculação da água, na própria unidade, bem como desenvolver novos equipamentos e processos que requisitem menos água.[4]

Consciência e Uso de Água

O abastecimento de água é um fator importante para determinar como muita água é utilizada. A consciência sobre o consumo da água está diretamente relacionada ao seu preço e disponibilidade. Se ela é abundante e barata, não se pensa em conservar. Se a água é escassa e cara, a postura é outra. Por exemplo, pessoas em Tucson, Arizona, percebem a área como um deserto (o que é de fato) e aproveitam as plantas nativas (cactos e outras plantas desérticas) em praças públicas e jardins residenciais. A água de Tucson, principalmente de origem subterrânea, está sendo mineirada, ou seja, usada em quantidade bem maior do que é reposta. Tucson também recebe certa porção da água do rio Colorado para irrigação e processos industriais e consome aproximadamente 409 litros por pessoa por dia. Não muito distante dali, a população da cidade de Phoenix usa aproximadamente 60% a mais, ou 662 litros por pessoa por dia. Em certas partes, chega-se a consumir até 3.780 litros de água por pessoa por dia para regar amoreiras e cercas-vivas altas.

Phoenix parece viver em um oásis como resultado do baixo custo da água. Já as pessoas em Tucson normalmente pagam cerca de 100% mais pela água do que as de Phoenix, onde as taxas estão entre as mais baixas do oeste dos Estados Unidos. A taxa de consumo da água em Tucson é estruturada para encorajar a conservação e algumas indústrias, inclusive consideram a conservação da água como uma medida de controle de custo.[9] Por exemplo, o preço da água residencial em Tucson (para uma família de quatro pessoas) aumenta de acordo com a quantidade de água utilizada no mês. Em Phoenix, o custo muito baixo da água encoraja as pessoas a consumirem ainda mais não representa um incentivo para sua a conservação. Na verdade, todos poderiam fazer como os moradores de Tucson: manter uma mentalidade de deserto. Isso é particularmente verdadeiro para grandes áreas urbanas como Los Angeles e San Diego, no sul da Califórnia.

DETALHAMENTO 21.1

O Abastecimento de Água em Áreas Urbanas nos EUA É Problemático

A população dos EUA continua crescendo e várias áreas urbanas estão experimentando ou experimentarão o impacto do crescimento da população em relação ao abastecimento adequado da água. Por exemplo:

- O sul da Califórnia, em particular San Diego e Los Angeles, apresenta um crescimento populacional acelerado e sua água precisa ser tratada rapidamente para o abastecimento local. Como resultado, a cidade de San Diego tem negociado com fazendeiros do oeste do Vale do Condado de Imperial a compra de água para as áreas urbanas. A cidade também está construindo usinas de dessalinização e está considerando o aumento na altura das barragens para possibilitar o armazenamento de mais água para uso urbano. O sul da Califórnia tem importado água de Serra Nevada para o norte. O abastecimento pode tornar-se mais variável conforme as mudanças climáticas (aquecimento global), e, como consequência, poderá haver menos neve e mais chuva. A neve derrete devagar e fornece mais água do que a chuva, que escoa rapidamente. Como resultado está planejada uma série de túneis de grande diâmetro que prontamente distribuiria o grande volume de água do norte para o sul da Califórnia durante períodos de escoamento rápido. Chama-se Projeto Abastecimento do Interior, que visa encher represas e reabastecer bacias de águas subterrâneas, fornecendo água durante os períodos de seca e para eventuais emergências.
- Em Denver, funcionários municipais, temendo futura escassez de água, propuseram uma medida de conservação estrita, que inclui limites na disponibilidade de água para regas de plantas ornamentais e na quantidade de grama que pode ser plantada em torno de novas casas.
- Chicago, a sétima área que mais cresceu nos EUA entre 1990 e 2000, apresenta graves problemas de insuficiência de água subterrânea, sofrendo recentemente uma seca.
- Tampa, Flórida, temendo escassez de água potável devido a seu crescimento contínuo, começou a operar uma usina de dessalinização em 2003, a qual produz aproximadamente 95 milhões de litros de água diariamente.
- Atlanta, Geórgia, a quarta área urbana que mais cresceu nos EUA no período de 1990 a 2000, espera que a demanda de abastecimento de água aumente como o resultado do crescimento da população, e espera encontrar novos caminhos para resolver essa questão.
- A cidade de Nova York, que importa água da Montanha Catskill, no norte do estado, declarou emergência devido a uma seca severa em 2002, o que levou a restrições para os seus mais de nove milhões de cidadãos.

Por meio destes exemplos, fica claro que embora não se possa dizer que há escassez de água nos EUA ou no mundo, já se observa o aparecimento desse problema em pequenas regiões, especialmente nas áreas urbanas crescentes do oeste semiárido e do sudoeste dos EUA.[8]

21.5 Sustentabilidade e Gestão dos Recursos Hídricos

A água é fundamental para a manutenção da vida e para a sustentação do sistema ecológico necessário à sobrevivência dos seres humanos. Como resultado, a água desempenha um papel importante no suporte do ecossistema, no desenvolvimento econômico, nos valores culturais e no bem-estar da comunidade. A gestão do uso da água para a sua sustentabilidade é um caminho para a solução do problema de escassez de água no mundo.

Uso Sustentável da Água

Da perspectiva de gestão do abastecimento e do uso da água, o uso **sustentável da água** pode ser definido como o modo de uso do recurso que permite à sociedade se desenvolver e florescer dentro de um futuro indefinido sem degradação de vários elementos do ciclo hidrológico ou do sistema ecológico que dependa dele.[10] Alguns critérios gerais para a sustentabilidade do uso da água são os seguintes:[10]

- Desenvolver recursos hídricos em volume suficiente para manter a saúde e o bem-estar humano.
- Fornecer recursos hídricos suficientes para garantir a saúde e a manutenção do ecossistema.
- Assegurar minimamente padrões de qualidade de água para os seus vários usuários.
- Assegurar que as ações humanas não ameacem ou reduzam a capacidade de renovação de longo prazo dos recursos hídricos.
- Promover tecnologias e práticas para o uso eficiente da água.
- Eliminar gradualmente as políticas tarifárias de água que subsidiam o uso ineficiente deste recurso.

Sustentabilidade das Águas Subterrâneas

O conceito de sustentabilidade, por sua natureza, envolve uma perspectiva de longo prazo. Com o recurso hídrico subterrâneo, o período de tempo para uma gestão efetiva de sustentabilidade é bem mais longo do que para outros recursos renováveis. A água superficial, por exemplo, pode ser substituída em um período de tempo relativamente pequeno. Em contraste, o desenvolvimento da água subterrânea pode tomar lugar em um prazo relativamente lento. Os efeitos do bombeamento de água subterrânea, em taxas maiores que a sua reconstituição natural, levam anos para serem reconhecidos. Da mesma forma, os efeitos da retirada de água subterrânea, tais como a secagem de nascentes ou a redução da vazão de rios, podem não ser reconhecidos após vários anos do início do bombeamento. Uma abordagem, em longo prazo, para a sustentabilidade com relação à água subterrânea frequentemente envolve o equilíbrio da retirada deste recurso com a sua recarga, componente relevante para a gestão da água.[11]

Gestão dos Recursos Hídricos

O gerenciamento do recurso hídrico para o seu abastecimento é uma questão complexa, que se tornará difícil devido ao aumento da demanda de água no futuro próximo. Tal dificuldade será mais aparente no sudoeste dos EUA e em outras partes áridas e semiáridas do mundo, onde a água está ou logo estará com uma demanda de abastecimento maior do que suporta. Opções para minimizar este problema incluem o abastecimento de água alternativa local e um melhor gerenciamento deste recurso. Em algumas áreas, a localização de novas fontes é improvável. Para resolver este problema, ideias originais estão sendo consideradas, tais como rebocar *icebergs* para as regiões onde a água doce será necessária. Aparentemente, a água se tornará muito mais cara no futuro; se o custo é certo, vários programas inovadores serão considerados.

Um método de gestão hídrica utilizado por muitos municípios norte-americanos é conhecido como ***abordagem de fontes variáveis de água***. Por exemplo, a cidade de Santa Bárbara, na Califórnia, tem desenvolvido uma abordagem de fonte variável de água que utiliza uma série de medidas inter-relacionadas para encontrar água para o presente e para o futuro. Detalhes do plano (apresentados na Figura 21.14) incluem a importação de água no estado, desenvolvimento de novas fontes, reúso de água e a instituição de um programa permanente de conservação. Em essência, as comunidades à beira-mar têm desenvolvido planos diretores para a água.

Plano Diretor para a Gestão dos Recursos Hídricos

Luna Leopold, um famoso hidrologista norte-americano, sugeriu que uma nova filosofia de gestão da água é necessária, sendo esta baseada na geologia, geografia e nos fatores climáticos, como também nos fatores econômicos, sociais e nas políticas tradicionais. Ele argumenta que a gestão de água não pode ser bem-sucedida enquanto for percebida ingenuamente do ponto de vista político e econômico.

A essência da filosofia de gestão da água de Leopold é que a água superficial e a subterrânea estão sujeitas ao fluxo natural ao longo do tempo. Em anos de muita chuva, há abundância de água superficial, e a superfície próxima às águas subterrâneas são reabastecidas. Durante os anos de seca, que devem ser esperados, mesmo que não possam ser previstos com exatidão, devem ser aplicados os planos específicos para o abastecimento de água em situações de emergência para minimizar as dificuldades momentâneas.

Por exemplo, águas subterrâneas em lugares variados no oeste dos EUA são muito profundas para serem bombeadas por meio de poços, não compensam economicamente ou são de má qualidade. Essas águas devem ser isoladas do presente ciclo hidrológico e, portanto, não estão sujeitas à recarga natural. Tal água deve ser utilizada somente quando a necessidade for grande. Entretanto, planos avançados para perfurar poços e conectá-los às linhas de água existentes são necessários se ela estiver pronta quando a necessidade surgir.

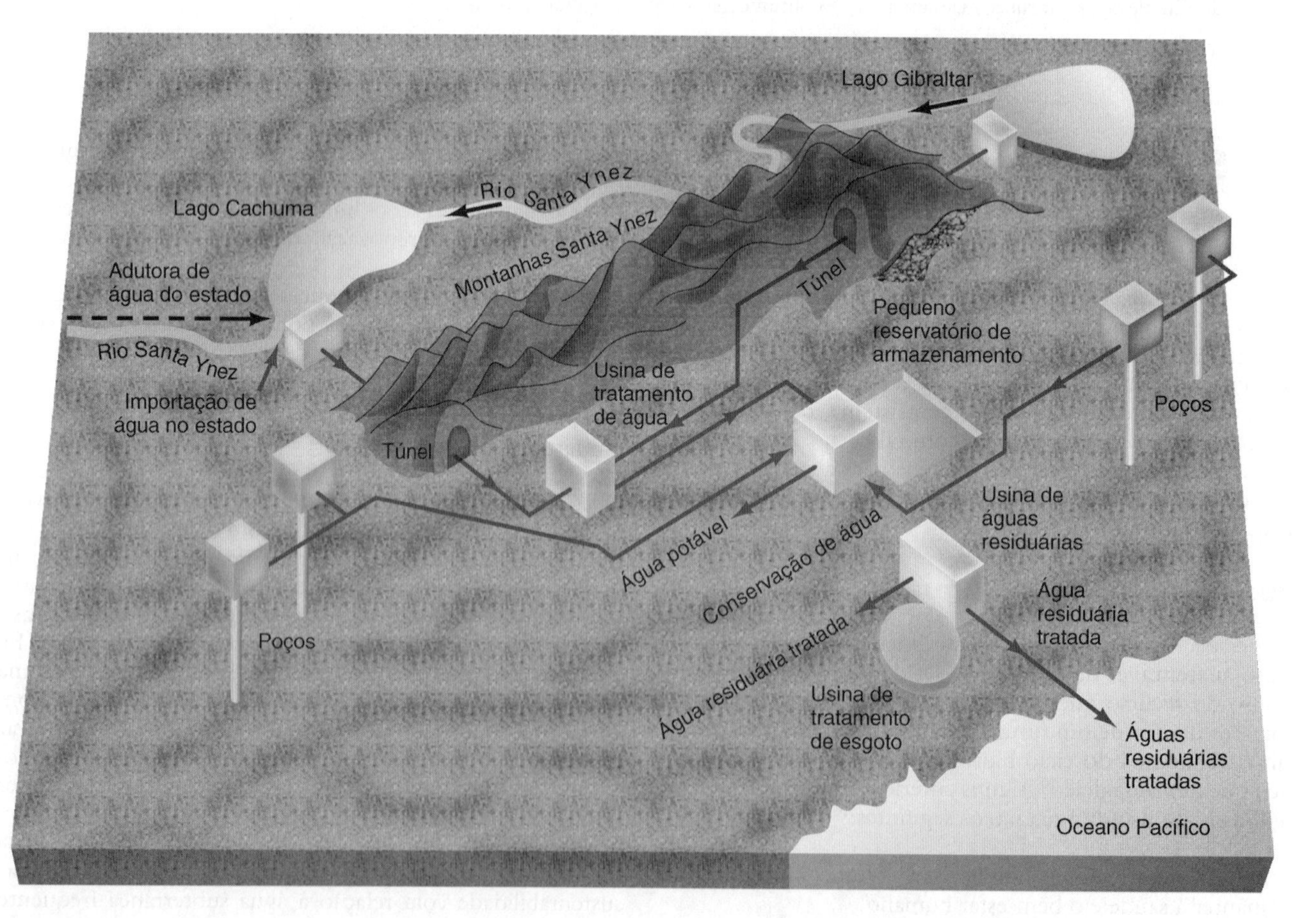

Figura 21.14 ■ Desenho esquemático do modelo de fonte variável de água (presente e futuro) para o abastecimento da cidade de Santa Bárbara, Califórnia. (*Fonte*: Santa Barbara City Council, 1991.)

Outro plano de emergência possível pode envolver o tratamento de águas residuárias. O uso de tal água em situações regulares pode ser bastante oneroso, mas planos avançados para reúso de águas tratadas durante emergências podem ser uma decisão sábia.

Finalmente, devem ser desenvolvidos planos para uso da água superficial quando disponíveis, e não se pode temer o uso de águas subterrâneas nos períodos de seca. Durante os anos de muita chuva, a recarga natural é tão boa quanto à artificial (o bombeamento do excesso de água superficial para o interior do solo), reabastecendo os recursos de água subterrânea. O plano de gestão da água reconhece que as abundâncias e deficiências na água são naturais e podem ser previstas.[12]

A Gestão dos Recursos Hídricos e o Meio Ambiente

Algumas áreas urbanas e agrícolas requerem água para ser distribuída próxima (e, em alguns casos, nem tão perto) às fontes. Para a distribuição da água, todo um sistema é necessário para o armazenamento de água e seu encaminhamento por meio de canais e aquedutos de represas. Consequentemente, barragens são construídas, zonas úmidas podem ser modificadas e rios podem ser canalizados para ajudar a controlar inundações. Frequentemente há uma boa dose de controvérsias em torno da captação e distribuição da água.

Os dias de desenvolvimento de longos projetos nos EUA, sem revisões públicas e ambientais, fazem parte do passado. A discussão sobre essas questões agora envolve vários grupos públicos e governamentais, com diferentes necessidades e preocupações. Tais grupos incluem desde setores agrícolas, que veem o desenvolvimento da água como crítico para o seu sustento, até grupos primariamente preocupados com a preservação dos animais selvagens e seu hábitat. É um sinal positivo observar que várias partes com interesses diversos na questão da água são encorajadas – e em alguns casos, requisitadas – para encontrar e comunicar seus desejos e preocupações. A seguir, serão descritos mais diretamente os assuntos de algumas dessas preocupações: zonas úmidas, barragens, canalizações e inundações.

21.6 Zonas Úmidas

Zonas úmidas é um termo abrangente para uma hidrografia tal como pântanos, marismas, brejos, poças de pradarias e piscinas vernais (depressões rasas que sazonalmente retêm água). Uma característica comum é que são úmidas em pelo menos uma parte do ano e por isso possuem um tipo particular de vegetação e solo. A Figura 21.15 apresenta vários tipos de zonas úmidas.

Zonas úmidas devem ser definidas como áreas que estão inundadas por água ou onde a terra é saturada para uma profundidade de poucos centímetros por pelo menos alguns poucos dias no ano. Três componentes mais usados para determinar a presença de zonas úmidas são: hidrologia, ou a quantidade de umidade; tipo de vegetação; e tipo de solo. Dessas, a hidrologia é frequentemente a mais difícil de definir, porque algumas zonas úmidas de água doce podem ficar molhadas por apenas alguns dias no ano. A duração da inundação ou saturação pode ser suficiente para o desenvolvimento de solos de zonas úmidas, que são caracterizadas por drenagem deficiente e falta de oxigênio e pelo crescimento da vegetação especialmente adaptada.[13]

(*a*)

(*b*)

(*c*)

Figura 21.15 ■ Alguns tipos de zonas úmidas: (*a*) visão aérea de parte de uma marisma na Flórida em um local costeiro; (*b*) pântano de ciprestes, com água superficial recoberta por um tapete de plantas aquáticas flutuantes (lentinhas-de-água), no nordeste do Texas; e (*c*) visão aérea de fazendas invadindo lagos de pradarias, em Dakota do Norte.

Funções de Utilidade Natural das Zonas Úmidas

Os ecossistemas das zonas úmidas podem servir para uma variedade de funções de utilidade naturais para outros sistemas e de utilidade pública para as pessoas, incluindo o seguinte:

- As zonas úmidas de água doce são uma esponja natural para a água. Durante a vazão de cheia dos rios, elas armazenam água, reduzindo as inundações a jusante. Após a enchente, elas vagarosamente libertam a água armazenada, alimentando as vazões baixas.
- Algumas zonas úmidas de água doce são importantes como áreas de recarga de águas subterrâneas (a água penetra no solo por uma poça de pradaria, por exemplo) ou descarga de águas subterrâneas (a água escoa em um pântano alimentado por nascentes).
- Zonas úmidas são o primeiro viveiro para os peixes, mariscos, pássaros aquáticos e outros animais. Estima-se que 45% dos animais em extinção e 26% das plantas em extinção ou vivem nas zonas úmidas ou dependem delas para a continuidade de sua existência.[13]
- As zonas úmidas são um filtro natural que ajuda a purificar a água; as plantas nas zonas úmidas representam uma rede que aprisiona sedimentos e toxinas.
- As zonas úmidas, frequentemente, são muito produtivas, locais onde vários nutrientes e substâncias químicas naturalmente sofrem ciclagens.
- As zonas úmidas costeiras atuam como um amortecedor para as zonas interiores contra tempestades e ondas altas.
- As zonas úmidas são um local importante de carbono orgânico; o carbono está armazenado na vida de plantas, animais e solos ricos em matéria orgânica.
- As áreas úmidas são esteticamente agradáveis às pessoas.

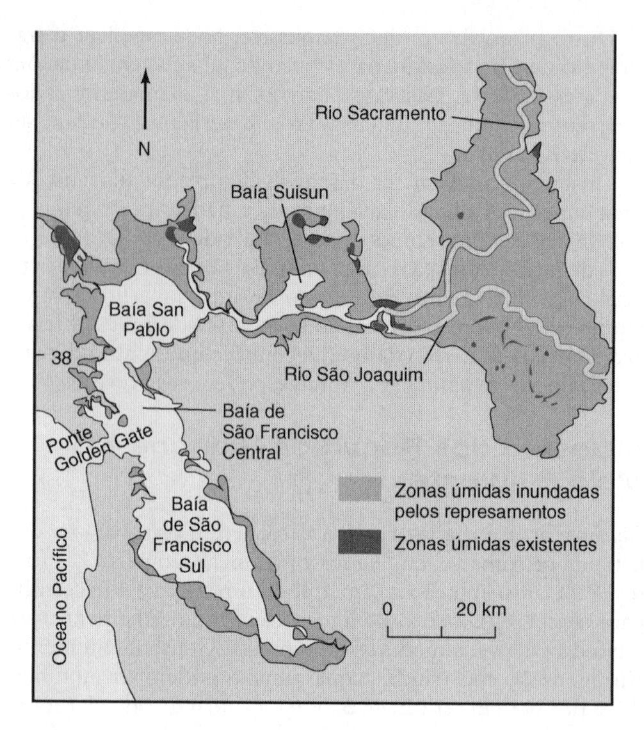

Figura 21.16 ■ Perda de áreas de marismas no estuário e bacia hidrográfica do rio São Francisco, desde aproximadamente 1850 até os dias de hoje. (*Fontes*: T. J. Conomos, ed. *San Francisco, the Urbanized Estuary* [San Francisco: American Association for the Advancement of Science, 1979]; F. H. Nichols, J. E. Cloern, S. N. Luoma e D.H. Peterson, "The modification of an Estuary," *Science* 231 [1986]: 567 –573. Direitos autorais, 1986, de American Association for the Advancement of Science.)

As zonas úmidas de água doce são tratadas por várias áreas. Um por cento do total das zonas úmidas norte-americanas é perdido a cada dois anos, e as zonas úmidas de água doce representam 95% desta perda. As zonas úmidas, como poças de pradaria no centro-oeste dos Estados Unidos e piscinas vernais no sul da Califórnia, são particularmente vulneráveis porque sua hidrologia é pobremente compreendida e estabelecer sua condição de zona úmida é mais difícil.[14] Passados mais de 200 anos, mais de 50% das zonas úmidas dos Estados Unidos desapareceram devido a represamentos ou drenagens para propósitos agrícolas ou para o desenvolvimento urbano e industrial. Talvez até 90% das zonas úmidas de água doce tenham desaparecido.

Embora muitos pântanos costeiros estejam protegidos atualmente nos Estados Unidos, as extensivas marismas de água salgada nos maiores estuários da nação – onde rios adentram no amplo oceano e são influenciados pelas marés – têm sido modificadas ou perdidas. Incluem-se deltas e estuários de rios grandes, tais como o Mississippi, Potomac, Susquehanna (baía de Chesapeake), Delaware e Hudson.[15] O estuário da baía de São Francisco, considerado o estuário mais modificado pela ação humana nos EUA atualmente, tem perdido praticamente todos os seus terrenos pantanosos para construção de diques e represamentos (Figura 21.16).[15] As modificações resultam não apenas do represamento e dos diques, mas também da perda de água. A água doce afluente tem sido reduzida em mais de 50%, transformando drasticamente a hidrologia das bacias em termos de características dos fluxos e da qualidade da água. Como consequência dessas modificações, as plantas e os animais na bacia hidrográfica têm-se modificado à medida que o hábitat dos peixes e algumas espécies de aves tem sido eliminado.[15]

O delta do rio Mississippi inclui algumas das maiores zonas úmidas costeiras dos Estados Unidos e do mundo. Historicamente, as zonas úmidas costeiras do sul de Louisiana foram mantidas pela inundação do rio Mississippi, que despejou água, sedimentos minerais e nutrientes para o ambiente costeiro. O sedimento mineral contribuiu para o acréscimo vertical (acúmulo e desenvolvimento biológico) das zonas úmidas. Os nutrientes se reforçaram pelo crescimento das plantas de zonas úmidas, cujo componente orgânico grosseiro (folhas, caules, raízes) também aumentou. O processo crescente contraria o processo que naturalmente inunda as zonas úmidas, incluindo um aumento lento no nível do mar e sedimentação (afundamento) devido à compactação. Se a taxa de inundação das zonas úmidas exceder a de acréscimo, a área sujeita à influência da água aumenta e as zonas úmidas são reduzidas.

Hoje, diques construídos pelo homem cortam o rio Mississippi, confinando o rio e direcionando as águas das inundações, sedimentos minerais e nutrientes para o golfo do México em vez de direcioná-las para as zonas úmidas costeiras. Desprovidas de água, sedimentos e nutrientes no ambiente costeiro onde o nível do mar é baixo, as zonas úmidas costeiras estão sendo eliminadas. O nível global do mar está aumentando de 1 a 2 mm por ano como resultado do aquecimento global natural e induzido pelo homem. A sedimentação local e regional na região do delta do rio Mississippi aliada ao aumento global do nível do mar produzem um aumento relativo do nível do mar de cerca de 12 mm por ano. Para evitar a diminuição das zonas úmidas costeiras, a taxa de acréscimo vertical necessária seria cerca de 13 mm por ano, o que atualmente é de apenas cerca de 5 a 8 mm por ano.[16]

Mais pessoas concordam que as zonas úmidas são valiosas e que são terras produtivas para os peixes e os animais selvagens. Porém, elas também são valiosas como terras potenciais para a atividade agrícola, exploração mineral e lugares de construção. A gestão de zonas úmidas está drasticamente necessitando de novos incentivos por parte dos proprietários de terras privados (que são os donos da maior parte das zonas úmidas nos EUA) no sentido de preservar as zonas úmidas, em vez de preenchê-las para o desenvolvimento da terra.[14] Estratégias de gerenciamento devem também incluir planos cuidadosos para a manutenção da quantidade e a qualidade da água necessária para as zonas úmidas florescerem ou pelo menos sobreviverem. Infelizmente, embora as leis governem os represamentos e as drenagens das zonas úmidas, não existe uma política de zonas úmidas para os Estados Unidos. Debates continuam com questões como o que constitui as zonas úmidas, e como os donos de propriedades podem ser compensados por preservá-las.[13,17]

Recuperação de Zonas Úmidas

Uma questão relacionada à gestão é a recuperação das zonas úmidas. Um grande número de projetos está tentando restaurar as zonas úmidas, com inúmeros bons resultados. O fator mais importante para ser considerado na maior parte dos projetos para restauração de marismas de água doce é a disponibilidade de água. Se a água estiver presente, o solo das zonas úmidas e a vegetação aparentemente estarão se desenvolvendo. A restauração de marismas de água salgada é mais difícil devido à complexa interação entre a hidrologia, suplemento de sedimentos, e vegetação, os quais permitem seu desenvolvimento. Estudos cuidadosos da relação entre o movimento dos sedimentos e o fluxo das águas nas marismas salinas estão fornecendo informações cruciais para a sua recuperação, o que torna mais provável o sucesso no restabelecimento da vegetação das marismas salinas. A recuperação de áreas úmidas tem se tornado um importante tópico nos Estados Unidos em função da do requerimento de mitigação relacionado aos estudos de impacto ambiental, conforme exigido no Ato da Política Ambiental dos Estados Unidos 1969. De acordo com o estabelecido na legislação, se as zonas úmidas são destruídas ou ameaçadas por um projeto em particular, o responsável pela atividade deve adquirir ou criar zonas úmidas adicionais em outros lugares para compensar os impactos.[13] Infelizmente, o estado da arte de recuperação não é adequado para assegurar que os projetos específicos de recuperação sejam bem-sucedidos.[18]

Construir zonas úmidas com o propósito de limpar o escoamento agrícola é uma ideia a ser colocada em prática em áreas onde o escoamento agrícola é extensivo. Zonas úmidas têm uma capacidade natural de remover excesso de nutrientes, decompor os poluentes e purificar a água. Diversas zonas úmidas estão sendo criadas na Flórida para remover nutrientes (especialmente fósforo) do escoamento agrícola e ajudar a recuperar as marismas da região de Everglades para um funcionamento mais natural. A região de Everglades é um enorme ecossistema de zonas úmidas que funciona como um rio raso e extenso que flui em direção ao sul, para o oceano, atravessando o sul da Flórida. Fertilizantes aplicados nas fazendas no norte de Everglades fluem diretamente dentro desses solos por meio do escoamento agrícola, perturbando o ecossistema. (O enriquecimento por fósforo causa uma mudança indesejada na qualidade da água e na vegetação aquática; ver a discussão da eutrofização no próximo capítulo.) A construção de zonas úmidas artificiais pelo homem é destinada a interceptar e reter os nutrientes, para que eles não entrem nem ameace as marismas de Everglades.[19]

No sul de Louisiana, a recuperação de zonas úmidas costeiras tem recentemente incluído a aplicação do tratamento de águas residuárias que adicionam nutrientes, nitrogênio e fósforo para acelerar o crescimento das plantas. Conforme as plantas crescem, os detritos orgânicos (caules, folhas e assim por diante) constroem no fundo das zonas úmidas levando a um crescimento vertical. Este crescimento ajuda a compensar o afundamento resultante do aumento relativo do nível do mar, mantendo e recuperando as zonas úmidas.[16]

21.7 Barragens e o Meio Ambiente

As barragens e os seus respectivos reservatórios geralmente são estruturas multifuncionais. Aqueles que apoiam a construção de barragens e reservatórios argumentam que estes podem ser utilizados tanto para atividades recreativas e para a geração de energia elétrica, tanto quanto para o controle de inundações e estabilidade maior no abastecimento de água. Entretanto, há muita dificuldades para conciliar seus usos diversos em um dado local. Por exemplo, a demanda de água para agricultura deve ser alta durante o verão, resultando em um abaixamento substancial do nível da água, que, por sua vez, leva ao surgimento de grandes áreas de lama ou de áreas sujeitas à erosão (Figura 21.17). Para uso recreativo não há necessidade de altos níveis de água e os terrenos lamacentos são desagradáveis do ponto de vista estético. Além disso, muita demanda de água pode causar rápidas mudanças no nível dos lagos, interferindo na vida de animais selvagens (principalmente os peixes) devido a danos ou limitações nas oportunidades de desova. Outro fato a se considerar é que as barragens e os reservatórios tendem a dar a falsa sensação de segurança para a vida ao redor dessa estrutura. As barragens podem falhar e se romper; enchentes podem se originar de rios afluentes que desembocam no rio principal acima da barragem; e as barragens podem não garantir a proteção da população diante de grandes inundações de magnitudes superiores às que foram utilizadas como base de cálculo no projeto de construção.

Os efeitos ambientais das barragens são considerados a seguir:

- Perda de terras, recursos culturais e biológicos na área do reservatório.

Figura 21.17 ■ Erosão ao longo da margem de um reservatório na Califórnia depois da retirada da água, expondo e tornando o solo vulnerável.

- As grandes barragens e reservatórios acarretam um risco potencial de inundação, caso se rompam.
- Acúmulo de sedimentos na barragem, que sem a barragem, seria transportado rio abaixo para áreas costeiras, onde forneceria areia para as praias. O sedimento retido igualmente reduz a capacidade de armazenamento da água, limitando a vida útil do reservatório.
- Mudanças na correnteza quanto à hidrologia e quanto ao transporte de sedimentos, alterando o ambiente de entrada no rio e os organismos que nele vivem.
- Fragmentação do ecossistema acima e abaixo do reservatório.
- Movimento restringido, rio acima e rio abaixo, de matéria orgânica, nutrientes e organismos aquáticos.

Por diversas razões – tais como deslocamento de pessoas, perda de terras, perda de animais selvagens e mudanças permanentemente adversas no rio em termos ecológicos e hidrológicos – muitas pessoas hoje são veementemente contra a ideia de transformar os rios restantes em uma série de reservatórios com barragens. Nos Estados Unidos, muitas barragens foram removidas recentemente, e outras estão em processo de remoção como resultado dos impactos ambientais que elas têm causado. Ao contrário, na China há o maior reservatório do mundo, conforme descrito no Detalhamento 21.2.

Há pouca dúvida de que se as práticas atuais no que se refere ao uso da água continuarem, serão necessários represas e reservatórios adicionais, e alguns poderão ser ampliados para aumentar o estoque de água. Entretanto, existem poucos locais propícios para a construção de novos reservatórios. Conflitos a respeito da construção de novas barragens e reservatórios ocorrerão. Os que têm uma perspectiva de utilizar o recurso hídrico em benefício humano verão locais para barragens como uma fonte para armazenamento de água, enquanto outros, com visão ecológica, verão esses locais como área para animais selvagens e para a recreação das futuras gerações. O conflito é comum porque bons locais para a construção de barragens são sempre ótimos em termos de paisagens de alta qualidade cênica.

Existe também o aspecto econômico das barragens: elas são caras para construir e operar. Elas são sempre construídas com dinheiro de impostos federais no oeste dos Estados Unidos, onde a água é subsidiada a baixo custo para a agricultura. Esse é um ponto de preocupação para alguns contribuintes no leste dos Estados Unidos, que não tem o subsídio federal. Talvez a diferença da estrutura de cobrança da água encorajasse a conservação e, assim, poucas novas barragens e reservatórios seriam necessários.

Canais

Água dos reservatórios rio acima pode ser encaminhada rio abaixo por meio de cursos de água naturais ou por canais e aquedutos. Canais não são hidrologicamente o mesmo que riachos ou rios, pois eles sempre têm margens planas e íngremes; assim, a água se move enganosamente rápida. Os canais são perigosos, pois atraem as crianças para nadar e animais para tentar atravessá-los. Logo, onde eles escoam, afogamentos de pessoas e animais são ameaças constantes.

A construção de um sistema de canais, especialmente em países em desenvolvimento, tem levado a graves problemas ambientais imprevistos. Por exemplo, quando a Grande Barragem foi completada em 1964, no rio Nilo, em Aswan, Egito, um sistema de canais foi construído para conduzir a água às áreas agrícolas. Os canais ficaram infestados de caracóis que carregavam a doença da esquistossomose (febre do caracol). Essa doença sempre foi um problema no Egito, mas a mudanças nas correntes de água rio Nilo liberaram mais caracóis a cada ano. A tremenda extensão dos canais de irrigação agora fornece um abrigo favorável à proliferação desses caracóis. A doença é debilitante e tão prevalente em algumas partes do Egito que praticamente toda a população de certas regiões pode ter sido afetada por ela.

Remoção de Barragens

Nos Estados Unidos, muitas barragens foram removidas recentemente, incluindo a barragem de Edwards próxima à cidade Augusta, Maine. A remoção da barragem de Edwards abriu aproximadamente 29 km de rio habitado para a migração de peixes, incluindo o salmão-do-atlântico, perca-listrada, sável, arenque e o esturjão-do-atlântico. Após a remoção, o rio Kennebec voltou com a vida de milhões de peixes migrando rio acima pela primeira vez em 160 anos.[22] A represa de Marmot no rio Sandy, no noroeste de Oregon, foi removida em 2007 (Figura 21.18). A barragem tinha 15 metros de altura, 50 metros de largura e estava preenchida por 750.000 m^3 de areia e cascalho. A remoção foi um experimento científico e ofereceu informações importantes para futuros projetos futuros de remoção. O salmão nadou rio acima novamente para desovar e pessoas em caiaques passaram por locais que ninguém atravessava há quase 100 anos.[23]

Um grande número de barragens norte-americanas (principalmente as pequenas) tem sido removido ou está em estágio de planejamento para remoção. As barragens de Elwha e de Glines Canyon no rio Elwha (construídas no início do século XVIII), Puget Sound, Washington, estavam programadas para serem destruídas em 2010. A maior das duas é a de Glines Canyon, que tem aproximadamente 70 metros de altura (a mais alta barragem a ser removida). A cabeceira do rio Elwha está localizada no Parque Nacional Olímpico e antes da construção da barragem havia muitos salmões e trutas prateadas. Como a barragem impede o acesso ao seu hábitat de desova, a população de peixes diminuiu consideravelmente. Muitos cardumes traziam nutrientes dos oceanos para os rios e paisagens. Ursos, pássaros e outros animais comiam o salmão e transferiam seus nutrientes para o ecossistema da floresta. Sem o salmão, os animais e a floresta sofrem. As barragens também acumulam sedimentos, impedindo que esses cheguem ao mar. Sem os sedimentos, as praias na foz do rio degradaram, causando perda de leitos de molusco. A barragem será removida em estágios para minimizar os impactos da liberação dos sedimentos. Assim, o rio fluirá livremente pela primeira vez em um século, e espera-se que o ecossistema possa se recuperar e apresentar peixes em maior quantidade.[24]

A barragem de Matilija, em funcionamento no condado de Ventura desde 1948, tem aproximadamente 190 metros de largura e 60 metros de altura. Sua estrutura encontra-se em condições precárias, apresentando vazamentos, rachaduras no concreto, além das condições precárias do reservatório, quase que preenchido por sedimentos. A barragem não serve a nenhum propósito útil e obstrui perigosamente a passagem das trutas-arco-íris para seu local tradicional de desova. O sedimento retido na barragem também reduz a alimentação natural das areias da praia, aumentando a erosão litorânea.

Os sedimentos presos trazem problemas para a remoção da barragem. Se ocorresse rapidamente, seria perigoso para o ambiente rio abaixo, que seria inundado e provocaria muitas mortes de organismos do rio, como peixes, rãs e salamandras. Se o sedimento for removido lenta e naturalmente, esse risco passa a ser minimizado.

O processo de remoção se iniciou com muita festa em outubro de 2000, quando uma seção de 27 metros foi removida do topo da barragem. O processo de remoção total pode levar anos, depois que os cientistas determinarem como remover com segurança o sedimento armazenado atrás da represa. O custo da barragem em 1948 foi de aproximadamente 300.000 dólares. O custo da remoção da barragem e de seus sedimentos será pelo menos dez vezes maior que o da construção.[25]

A percepção a respeito das barragens como estruturas permanentes, similares às pirâmides do Egito, tem mudado claramente. O que se aprendeu do estudo da remoção das barragens de Edwards no Maine, de Marmot em Oregon, e a de Matilija na Califórnia, será utilizado nos projetos de remoção de outras barragens. Os estudos também trouxeram importantes histórias para avaliação da restauração ecológica dos rios após a remoção de barragens. Em teoria, a remoção das barragens é simples, mas envolve problemas concretos relativos a sedimentos e água. A remoção acarreta em oportunidades de restauração de ecossistemas. Mas com as oportunidades vêm as responsabilidades.[23]

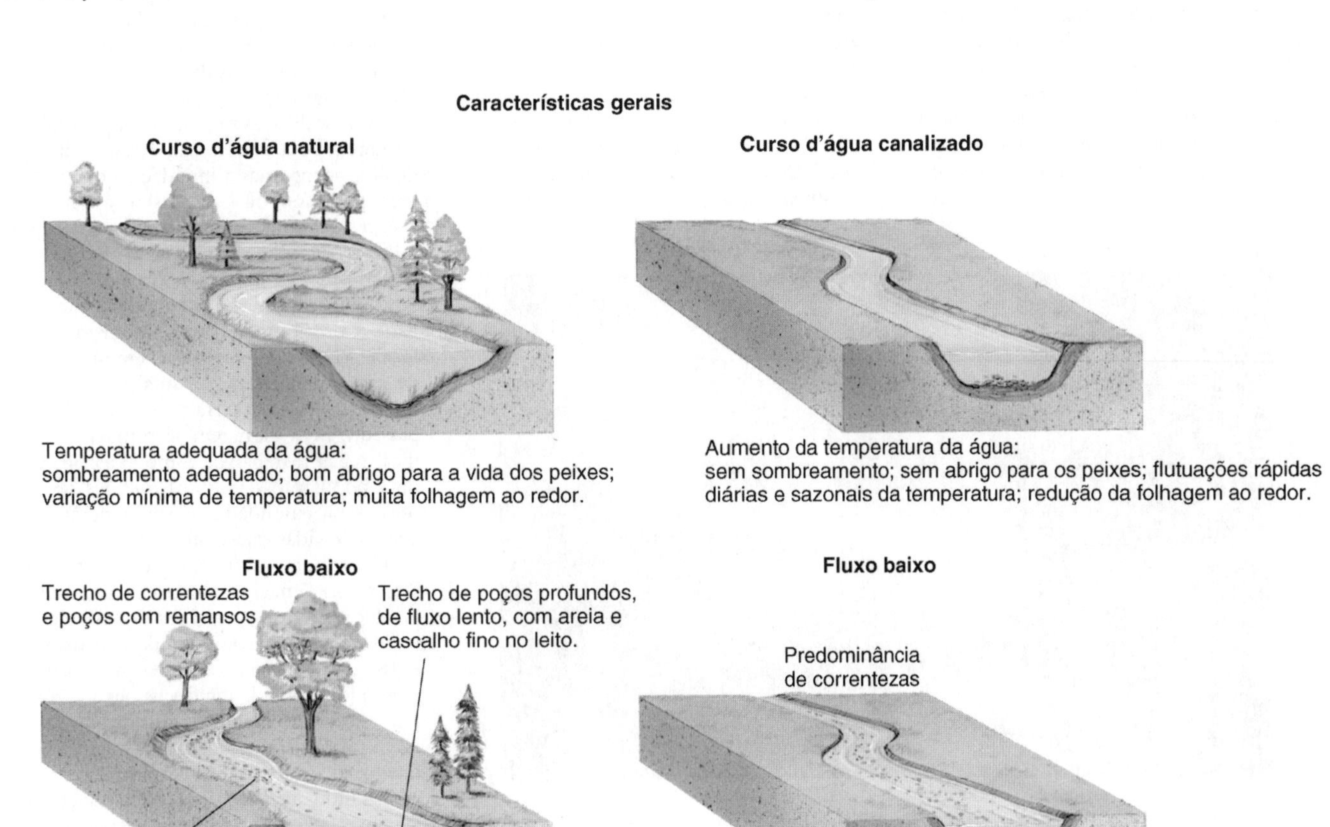

Figura 21.18 ■ Mostra-se aqui o último passo na remoção do concreto da Marmot Dam. Essa barragem de terra foi construída rio acima para desviar o rio da estrutura de concreto. A barragem de terra foi removida após a retirada do concreto.

DETALHAMENTO **21.2**

A Hidrelétrica de Três Gargantas

A despeito dos efeitos adversos conhecidos das grandes barragens, a maior do mundo está em construção na China. A hidrelétrica de Três Gargantas no rio Yangtze (Figura 21.19) tem inundado cidades, fazendas, sítios arqueológicos importantes e desfiladeiros muito cênicos, além de deslocar aproximadamente 2 milhões de pessoas de suas casas. No rio, hábitat de golfinhos ameaçados de extinção poderão ser danificados. Na terra, hábitats serão fragmentados e isolados, como os topos das montanhas que se tornarão ilhas em meio ao reservatório.

A barragem, que tem aproximadamente 185 metros de altura e mais de 1,6 km de largura, produz um reservatório de aproximadamente 600 km de extensão. O esgoto bruto e os poluentes industriais descarregados no rio chegam ao reservatório, logo, esse se torna severamente poluído. Desde que o reservatório tem sido preenchido há muitos anos, as encostas estão se tornando saturadas, aumentando o risco de desabamento. Grandes navios podem aumentar o problema, pois geram ondas (rastos) que podem aumentar a erosão das margens e causar vibração e agitação das rochas e das casas. Algumas casas mais antigas são provavelmente inseguras devido ao perigo do desabamento que evidentemente aumentou desde que o reservatório começou a se encher. Além disso, o rio Yangtze possui grande carga de sedimentos e teme-se que o fim do reservatório rio acima, onde os sedimentos são comumente depositados, ficará repleto de sedimentos, prejudicando os portos de transporte com altas profundidades. A barragem deve produzir uma falsa sensação de segurança às pessoas que moram em cidades localizadas rio abaixo. A presença da barragem pode encorajar o desenvolvimento de áreas propensas à inundação, que se tornam perigosas ou perdidas se a barragem e o reservatório forem inábeis para conter inundações no futuro. Se isso acontecer, a perda de propriedades e de vida aquática será maior do que se a barragem não existisse. Contribuindo para esse problema, a localização da barragem está em uma região de atividade sísmica, na qual terremotos e deslizamentos de terra foram comuns no passado. Se a barragem se romper, cidades localizadas rio abaixo, como Wushan, com uma população de alguns milhões de pessoas, serão inundadas e submergirão com perdas de vidas catastróficas.[20]

O atributo positivo da barragem e do reservatório gigantes será a capacidade de produção avaliada em 18.000 MW de eletricidade, o que equivale aproximadamente a 18 grandes usinas de queima de carvão. Como foi apontado em discussões anteriores, a poluição decorrente da queima de carvão é um problema sério na China. Alguns oponentes à construção da barragem apontam, entretanto, que uma série de barragens nos afluentes para o rio Yangtze poderiam produzir energia elétrica similar sem provocar danos ambientais antecipados para o rio principal.[21]

Figura 21.19 ■ Três Gargantas no rio Yangtze é uma paisagem de alto valor cênico. Aqui é mostrado o Wu Gorge, próximo a Wushan, um dos desfiladeiros inundados pelas águas do reservatório.

21.8 A Canalização e o Meio Ambiente

A **canalização** de rios consiste na retificação, aprofundamento, alargamento, limpeza, ou revestimento de canais de rios existentes. Essa é uma técnica de engenharia que foi utilizada no controle de inundações, melhorando a drenagem, controlando a erosão e melhorando a navegação.[25] O controle das inundações e melhoria da drenagem são os objetivos mais comuns em um projeto de canalização.

Nos Estados Unidos, milhões de quilômetros de rios foram alterados para canalização. No entanto essa prática também provoca efeitos danosos para o meio ambiente, como se segue:

- Degradação da qualidade hidrológica dos fluxos, transformando as sinuosidades de um córrego com poços (remansos profundos, com fluxo lento) e correntezas (fluxo rápido e raso) em canais retos, que possuem correntezas quase o tempo todo, resultando na perda de hábitats importantes para os peixes.
- Remoção da vegetação ao redor do curso d'água, o que leva à perda do hábitat de animais selvagens e do sombreamento das águas.
- Inundações rio abaixo onde o fluxo canalizado termina, porque a seção canalizada tem capacidade de carregar uma quantidade maior d'água para jusante do que o canal natural pode levar sem causar enchente ou inundação.
- Risco de perda de zonas úmidas (porque sua fonte de água é removida pela canalização, diminuindo o lençol freático e drenando a zona úmida).
- Degradação estética (os rios canalizados são menos atrativos que os naturais).

Como resultado de danos passados, os projetos de canalização agora requisitam revisão ambiental antes de sua implantação. Um estudo de caso referente a problemas com canalização envolvem o rio Kissimmee, na Flórida. A canalização do rio se iniciou em 1962. Após nove anos e 24 milhões de dólares gastos em construções, as sinuosidades do rio com muitos poços era convertida em uma vala reta de 83 km de distância. Infelizmente, a canalização não forneceu proteção esperada contra inundações, como também danificou um valioso habitat dos animais selvagens, contribuiu para problemas com a qualidade da água associados com a drenagem do solo e causou degradação estética. Então na década de 1990, os esforços se concentraram no retorno do rio a sua sinuosidade original. A restauração do rio Kissimmee deve se tornar o projeto de restauração mais ambicioso que se tentou nos Estados Unidos e seu custo excede o valor da canalização. O trabalho se iniciou em 16 km de um trecho do rio. Em 2001, 12 km do próximo trecho do canal de controle de inundação foram restaurados para 24 km do canal sinuoso e com zonas úmidas, trazendo o ecossistema a um estado mais próximo do natural.

21.9 O Rio Colorado: Gestão dos Recursos Hídricos e o Meio Ambiente

A história do rio Colorado enfatiza as ligações físicas, biológicas e do sistema social que estão no coração da ciência ambiental.

O Colorado é o maior rio do sudoeste dos Estados Unidos e se estende ao México, onde termina no golfo da Califórnia (Figura 21.20). Sua bacia hidrográfica ocupa aproximadamente 630.000 km^2. Considerando o seu tamanho, o rio tem uma vazão modesta. Entretanto, esse é um dos mais regulados e controversos corpos d'água do mundo. O fluxo total de água no rio era dividido entre vários usuários, incluindo sete estados norte-americanos e o México, pelo Pacto do Rio Colorado de 1922. O pacto não alocava água para finalidades ambientais, uma vez que na época não se considerava um conceito de gestão sustentável da água.

Hoje, a água do rio Colorado apenas ocasionalmente chega ao golfo da Califórnia – boa parte da água fica estocada em barragens e é utilizada rio acima. Como resultado, o ecossistema a jusante do rio e o delta, privados de água e nutrientes, estão danificados. O tamanho do delta foi reduzido de aproximadamente 7.500 km^2 para menos da metade, prejudicando a população de peixes e forçando a população nativa e dependente da pesca a migrar para outro local.

As complexas questões relacionadas à gestão da água para o rio Colorado ilustram o principal problema que também será observado em outras regiões semiáridas do mundo nos próximos anos: Como os escassos recursos relacionados à água estão sendo alocados? Como se pode controlar melhor a qualidade da água? Como se pode proteger o ecossistema dos rios? Não existem respostas fáceis para essas questões.

O rio Colorado origina-se nas montanhas Wind River, no estado de Wyoming, e em seus 2.300 km corre para o golfo da Califórnia, produzindo um dos mais espetaculares cenários do mundo. Oitocentos anos atrás, os americanos nativos que moravam na bacia do rio Colorado construíram um sofisticado sistema de distribuição de água. Na década de 1860, os colonos substituíram os restos dessa canalização primária por um novo sistema de irrigação.[26]

Os dois maiores reservatórios – represas de Hoover e de Glen Canyon – estocam aproximadamente 80% do total da

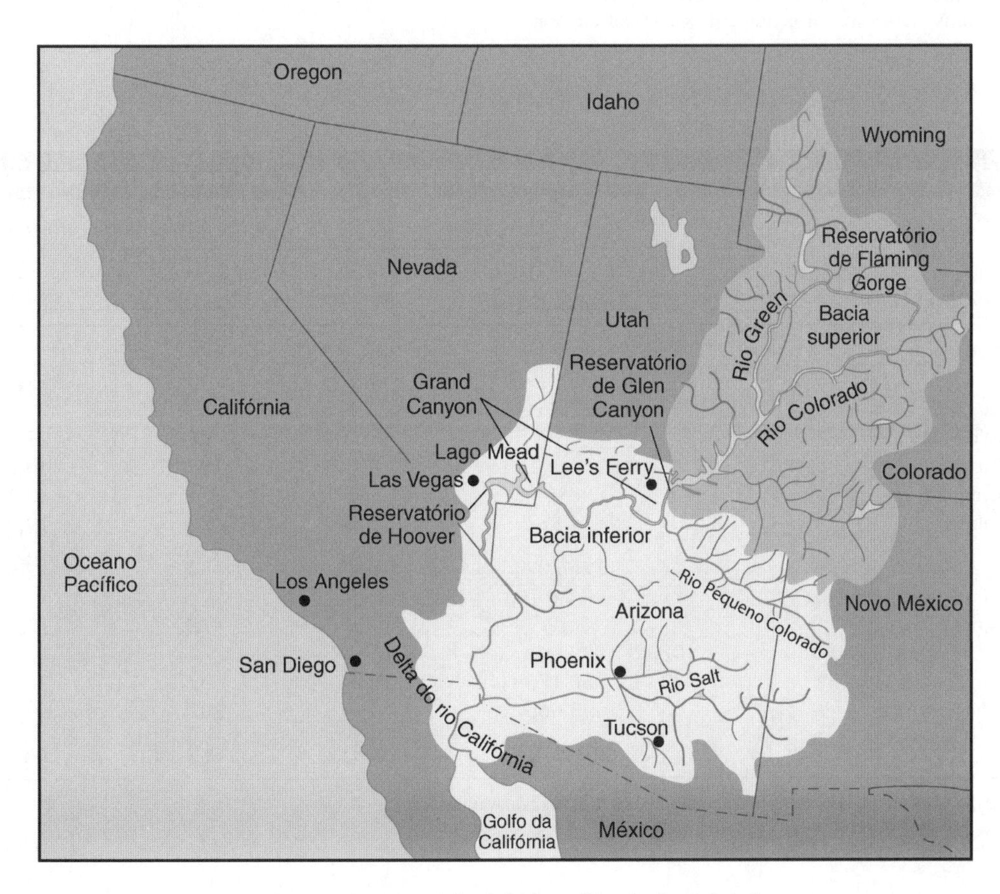

Figura 21.20 ■ A bacia hidrográfica do rio Colorado.

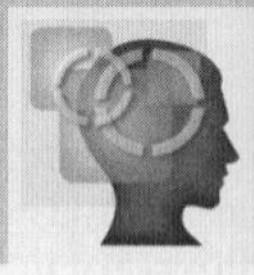

QUESTÃO PARA REFLEXÃO CRÍTICA

Qual a Umidade das Zonas Úmidas?

Áreas em que a terra se encontra com a água, seja doce ou salgada, são locais nos quais se encontram as zonas úmidas. Caracteristicamente, as zonas úmidas são cobertas por água na superfície ou possuem solos saturados de água. Feições de paisagens como brejos, pântanos, marismas, poças, charcos e atoleiros são zonas úmidas. Por muito tempo na história, as zonas úmidas foram consideradas baldias e destruídas para aterramento, drenagem e descarga de poluentes. Nos Estados Unidos, apenas 230 milhões dos 530 milhões de hectares de zonas úmidas que existiam na época do assentamento europeu permaneceram, e 40% deles sofrem de algum grau de poluição.

Hoje, entretanto, se reconhece o valor das zonas úmidas. Elas fornecem alimento, água e abrigo para peixes, crustáceos, aves aquáticas, animais de caça e muitos anfíbios e répteis. Além disso, o solo e as plantas no ambiente úmido purificam a água pela absorção e degradação de poluentes. Zonas úmidas também auxiliam na recarga dos estoques de águas subterrâneas, e por meio da retenção de água, controlam inundações e erosões. Um terço das espécies ameaçadas de extinção, dois terços dos peixes comercializáveis de água salgada e crustáceos, um terço dos pássaros, e quase todos os anfíbios dos Estados Unidos dependem das zonas úmidas. Elas estão entre as comunidades ecologicamente mais produtivas no mundo, muitas vezes mais produtivas que um milharal altamente fertilizado.

A proteção a essa comunidade única começa com a meta de preservação das zonas úmidas usadas por animais selvagens, particularmente patos, mas há proteção federal desde que foi ampliada para incluir a maioria das zonas úmidas restantes. Ainda assim, de 81.000 a 162.000 hectares de zonas úmidas são perdidos nos Estados Unidos a cada ano. Um problema particular são as zonas úmidas de água doce, muitas das quais localizadas em propriedades particulares. A recente política de nenhuma perda líquida de áreas úmidas tem sido elogiada por alguns cientistas ambientais, mas combatida por agricultores e criadores.

Particularmente controversas são as pequenas poças sazonais em áreas agrícolas do centro-oeste e norte das Grandes Planícies e outras áreas úmidas sazonais do oeste dos Estados Unidos, que podem não parecer zonas úmidas para o observador casual dessas áreas. Tais regiões, no entanto, fornecem hábitat para muitas espécies, incluindo aproximadamente metade dos 10 a 31 milhões de aves aquáticas que habitam os Estados Unidos. Críticos à aplicação das regras vetadas para poças dizem que se uma área não é suficientemente úmida para que patos aterrissem e espirrem a água, então ela não é molhada o suficiente para ser classificada como uma zona úmida.

Perguntas para Reflexão Crítica

1. Os resultados do estudo comparativo do uso pelos animais selvagens de zonas úmidas sazonais com o uso por animais selvagens de zonas úmidas que ficam permanentemente inundadas ou saturadas, no estuário de São Francisco, são mostrados na tabela a seguir. A que conclusão pode-se chegar a partir dos dados a respeito da importância das zonas úmidas sazonais para os animais selvagens no estuário? Quais dados adicionais seriam necessários para estender suas conclusões para as poças no centro-oeste dos Estados Unidos?

2. Algumas pessoas propuseram excluir da definição de zonas úmidas aquelas que são sazonais, cuja área equivale a 4,5 milhões de hectares. Qual a sua posição nesse sentido e por quê? Como você reconciliaria as necessidades conflitantes de fazendeiros e criadores com as necessidades de preservação do hábitat de animais selvagens?

3. De quais formas você acredita que uma diminuição substancial das zonas úmidas poderia afetar as populações de pássaros migratórios?

Área e Uso pelos Animais Selvagens das Zonas Úmidas no Estuário de São Francisco

	Área		*Uso pelos Animais Selvagens*	
Tipo de Zona Úmida	*hectares (ha)*	*%*	*Número de Espécies*	*%*[a]
Permanente	58.765	23		
Mangue	25.949	10,2	49	11,9
Marisma	17.964	7,1		
Salino de marés			95	23,1
Salobro			192	46,6
Maré de água doce			174	42,2
Lagoa salina	14.852	5,8	82	19,9
Sazonal	195.709	5,8	82	19,9
Marisma de diques e outros	34.467	13,5		
Marisma de diques			72	17,5
Outros			—	
Zonas úmidas drenadas	156.176	61,3	92	22,3
Matas ciliares	5.066	1,9	207	50,2
Total	**254.474**	**100**[b]	**412**	**100**

[a] Percentual do número total das espécies encontradas em todas as zonas úmidas
[b] Permanente + Sazonal = 100%

bacia hidrográfica (veja a Figura 21.20). O armazenamento total representa (com gestão cuidadosa) um amortecedor para muitos anos de abastecimento de água. Entretanto, se ocorrer uma grave seca nos anos vindouros, será impossível manter o abastecimento suficiente para todos os usuários.

A barragem de Glen Canyon foi completada em 1963. Do ponto de vista hidrológico, o rio Colorado modificou-se por causa da barragem. O rio foi amansado. A vazão mais alta foi reduzida, a média da vazão aumentou, e a vazão muda constantemente, devido aos requisitos para a geração de energia elétrica. Além de mudar a hidrologia, outros aspectos também foram alterados, incluindo as corredeiras; a distribuição dos sedimentos, os quais formaram bancos de areia, chamadas de praias pelos praticantes de canoagem; e a vegetação próxima à borda da água.[27] Os bancos de areia, importantes hábitats para animais selvagens, encolheram em tamanho e número devido à construção da barragem porque os sedimentos, que se moveriam rio abaixo, ficaram retidos no reservatório. Todas essas mudanças afetaram o Grand Canyon, que fica rio abaixo em relação à barragem.

Um degelo recorde nas Montanhas Rochosas em junho de 1983 forçou a liberação de cerca de 2.500 m^3 de água por segundo a partir da barragem de Glen Canyon – cerca de três vezes a quantidade liberada normalmente, similar à quantidade em inundações da primavera antes de a barragem ser construída. As inundações resultantes limparam o leito e as margens do rio, liberando os sedimentos estocados, reabastecendo os bancos de areia e rompendo algumas vegetações enraizadas.[28] Essa liberação de água foi benéfica para o ambiente do rio e demonstrou a importância das inundações na manutenção do sistema em um estado mais natural. Distúrbios naturais são necessários para que o ecossistema do rio cumpra sua função de sustentabilidade da bacia hidrográfica.

A título de experiência, uma inundação, com descarga de aproximadamente metade do tamanho do que ocorreu em 1983, foi deliberadamente executada por um período de uma semana em 1996. Entre 26 de março e 2 de abril, a água foi permitida fluir em vazão de plena enchente, e em seguida, o fluxo foi reduzido nos últimos dois dias, a fim de redistribuir o fornecimento de areia. A inundação resultou em 55 novos bancos de areia e aumentou o tamanho de 75% dos já existentes. Também auxiliou no rejuvenescimento de zonas úmidas e remansos, que são hábitats essenciais para os peixes nativos e algumas espécies ameaçadas de extinção.[28]

Essa liberação experimental de altas vazões d'água marcou um ponto de virada na gestão de rios – foi a primeira vez que o governo dos Estados Unidos abriu as comportas de uma barragem para melhorar o ecossistema do rio. Alguns cientistas se preocupam com o tempo reduzido de abertura das comportas e, logo, com o volume insuficiente de água liberada. A inundação foi considerada um sucesso, mas demorará algum tempo para que seja possível avaliar os resultados em longo prazo. Espera-se que os aprendizados adquiridos sejam utilizados na restauração de ambientes fluviais e na melhoria de ecossistemas de outros rios impactados pelas barragens. Hoje, o rio Colorado no Grand Canyon é mais acessível para a prática de canoagem e sua gestão quanto à recreação foi melhorada.

21.10 A Escassez Mundial de Água Relacionada ao Abastecimento de Alimentos

Como um ponto culminante neste capítulo, apresenta-se a hipótese de que atualmente se enfrenta uma crescente escassez de água ligada ao abastecimento de alimentos. Esse é um problema potencialmente muito sério. Poucos anos atrás, começou-se a compreender que a falta de água é aparentemente um indicador isolado de um modelo global. Em diversos lugares da Terra, as águas superficiais e subterrâneas estão sendo exploradas e esgotadas:

- A água subterrânea nos Estados Unidos, China, Índia, Paquistão, México e em muitos outros países está sendo superexplorada, ou seja, sofrendo mineração de água (usada tão rapidamente que não é possível renová-la) e então está sendo esgotada.
- Grandes corpos d'água – por exemplo, o mar de Aral – estão secando (veja as Figuras 21.8 a 21.10).
- Grandes rios, incluindo o Colorado nos Estados Unidos e o rio Amarelo na China, não despejam nada de água nos oceanos em algumas estações ou anos. Outros, como o Nilo na África, têm sua vazão para o oceano muito reduzida.

Durante a metade do último século, a demanda de água triplicou e a população humana mais que dobrou. Nos próximos 50 anos, é esperado que a população humana cresça em mais 2 ou 3 bilhões de pessoas. Há uma crescente preocupação de que não haverá água suficiente para cultivar os alimentos necessários para uma população de 8 a 9 bilhões que deverá habitar o planeta no ano de 2050. Portanto, a escassez de alimentos ligada aos recursos hídricos representa uma possibilidade real. O problema é que o uso crescente da água subterrânea e superficial para irrigação permitiu o aumento da produção de alimentos – principalmente culturas como arroz, milho e soja. Essa mesma fonte de água foi esgotada, e ocorrendo escassez de água nas regiões agrícolas, a escassez de comida deve acompanhá-la. A água também está ligada à geração de energia e à irrigação, que utiliza o bombeamento das águas subterrâneas. Como o custo de energia aumentou, o mesmo ocorre com o custo dos alimentos, o que torna o acesso mais difícil ao alimento comprado, especialmente nos países mais pobres. Esse cenário levou a diversos conflitos por comida em 2007 e 2008.

A solução para evitar a escassez de alimentos resultante do esgotamento dos recursos hídricos é recuperá-los. É necessário controlar o crescimento da população humana, conservar e sustentar os recursos hídricos. A boa notícia é que a solução é possível – mas levará tempo e precisa-se uma postura pró-ativa agora, antes que a comida se torne significantemente escassa. De toda essa discussão, uma das mais sérias e importantes questões relacionadas aos recursos ambientais do século XXI é a gestão e o abastecimento de água.

RESUMO

- A água é um líquido com características únicas que tornam a vida na Terra possível.
- Embora seja um dos recursos renováveis mais abundantes e importantes da Terra, mais de 99% da água no planeta está indisponível ou imprópria para beneficiar humanos devido a sua salinidade ou localização.
- O padrão de abastecimento de água e uso em algum ponto particular da superfície da Terra envolve interações e ligações entre os ciclos biológicos, hidrológicos e geológicos. Para avaliar os recursos hídricos e seus padrões de uso em uma região, deve-se desenvolver um balanço hídrico para definir a variabilidade natural e a disponibilidade da água.
- Durante as próximas décadas, espera-se que a água total retirada dos rios e dos lençóis subterrâneos diminua ligeiramente nos Estados Unidos, mas o consumo consuntivo aumentará devido às grandes demandas advindas do crescimento populacional e industrial.
- A captação da água dos rios compete com as necessidades de usos não consuntivos, como a manutenção dos hábitats dos peixes e de animais selvagens e a navegação, o que pode causar conflitos.
- A utilização da água subterrânea conduziu a inúmeros problemas ambientais, incluindo uma extração maior que a capacidade de regeneração, perda da vegetação ao redor do curso d'água e subsidências de terra.
- Como a agricultura é o setor que mais consome água, a conservação da água por ela utilizada produz efeitos significantes para a sustentabilidade do recurso. No entanto, é importante não só a prática de conservação da água no nível pessoal, mas também a cobrança de taxa para o abastecimento da água de modo a encorajar sua conservação e sustentabilidade.
- Faz-se necessária a criação de uma nova filosofia na gestão dos recursos hídricos que considere a sustentabilidade, a criação de usos alternativos e a variabilidade de fontes. O desenvolvimento de um plano diretor envolve a inclusão das fontes normais de água de superfície e subterrânea, programas de conservação e reúso de água.
- O desenvolvimento do abastecimento de água e facilidades para maior eficiência em sua remoção podem causar considerável degradação do meio ambiente; a construção de reservatórios, canais e canalizações de rios deve ser cuidadosamente considerada de acordo com os impactos ambientais potenciais.
- As zonas úmidas possuem uma variedade de funções em termos de ecossistema, que beneficiam outros ecossistemas e populações.
- O rio Colorado, no sudoeste dos Estados Unidos e no norte do México, é um dos rios mais regulados no mundo. Faz-se necessário entender as ligações entre os sistemas físicos, biológicos e sociais do rio é necessário para a gestão de seus recursos hídricos e ecossistemas.
- Atualmente a humanidade encontra-se diante de um crescimento global de escassez de água vinculado ao suprimento de alimentos.
- A gestão e o abastecimento de água são uma das questões mais importantes relacionadas a recursos no século XXI.

REVISÃO DE TEMAS E PROBLEMAS

A demanda de recursos hídricos aumenta de acordo com o crescimento populacional. Como resultado, se faz necessário um cuidado maior na gestão desse recurso na Terra, particularmente próximo aos centros urbanos.

Sustentabilidade

Os recursos hídricos do planeta são sustentáveis, desde que gerenciados corretamente e não utilizados em demasia, poluídos ou desperdiçados. Isso requer uma boa estratégia de gestão. Acredita-se que o movimento em prol do uso sustentável da água deve ser facilitado agora para evitar conflitos no futuro. Os princípios de gestão hídrica explicitados neste capítulo ajudam a delinear o que deve ser feito.

Perspectiva Global

O ciclo da água é um dos principais ciclos geoquímicos do planeta. É responsável pela transferência e armazenamento de água em escala global. Felizmente, nessa escala, a abundância total da água não é um problema. No entanto, assegurar que ela esteja disponível quando e onde for necessário de forma sustentável é um problema.

Mundo Urbano

Embora as áreas urbanas consumam apenas uma pequena porção dos recursos hídricos utilizados pelo ser humano, é nessas áreas que a escassez se faz mais aparente. Então os conceitos de gestão e conservação de água são críticos nessas regiões.

Homem e Natureza

Para muitas pessoas a água é um ícone na natureza. Ondas quebrando na praia, a água correndo em um rio, descendo uma cachoeira, ou refletindo em lagos, têm inspirado poetas e incontáveis gerações de pessoas a se conectar com a natureza.

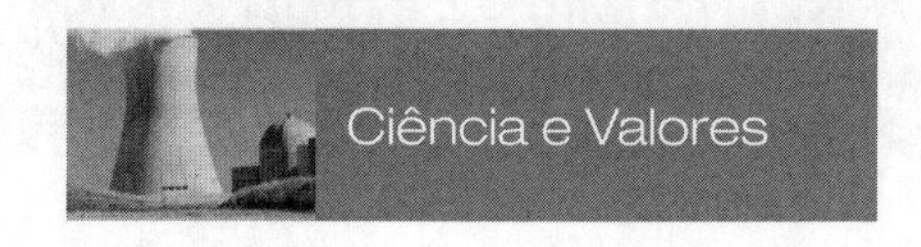

Os conflitos são o resultado de diferentes valores relacionados aos recursos hídricos. Valoriza-se tanto áreas naturais, como zonas úmidas e rios fluindo livremente, mas também se deseja recursos hídricos e proteção contra riscos como as inundações. Desse modo, deve-se aprender a se alinhar mais eficientemente com a natureza para minimizar os riscos naturais, mantendo a alta qualidade dos recursos hídricos e fornecendo a água necessária para o ecossistema do planeta. As inundações experimentais do rio Colorado discutidas neste capítulo são exemplos de uma nova prática de gestão de rio, baseada na ciência do entendimento dos processos do rio vinculados aos valores que reconhecem o desejo da sustentabilidade do Colorado como um rio vibrante e cheio de vida.

TERMOS-CHAVE

água subterrânea
balanço hídrico
canalização
conservação da água
dessalinização
rio efluente
rio influente
superexploração
uso consuntivo
uso fora da fonte
uso não consuntivo
uso sustentável da água
zonas úmidas

QUESTÕES PARA ESTUDO

1. Se a água é um dos recursos mais abundantes do planeta, por que nos preocupamos com sua disponibilidade no futuro?
2. De um ponto de vista nacional, é mais importante a conservação da água na agricultura ou nas áreas urbanas? Por quê?
3. Faça a distinção entre uso consuntivo e uso não consuntivo. Por que o uso não consuntivo é controverso?
4. Quais são os problemas ambientais mais importantes relativos ao uso de água subterrânea?
5. De que modo a comunidade pode melhorar a gestão de seus recursos hídricos?
6. Quais são os principais impactos ambientais associados à construção de barragens? Como se pode minimizá-los?
7. Quais os fatores mais importantes no planejamento da remoção de uma barragem?
8. Como podemos reduzir ou eliminar o crescimento global de escassez de água? Você acredita que essa escassez está relacionada ao suprimento de alimento? Por quê? Por que não?
9. Por que a água é uma questão importante no que se refere a recursos?

LEITURAS COMPLEMENTARES

Gleick, P. H. 2003. "Global Freshwater Resources: Soft-Path Solutions for the 21 st century", *Science* 302:1524–1528.

Gleick, P. H. 2000. *The World's Water 2000–2001.* Washington, D. C.: Island Press.

Graf, W. L. 1985. *The Colorado River.* Resource Publications in Geography. Washington, D. C.: Association of American Geographers. Um bom resumo da situação da água do rio Colorado.

James, W. e J. Neimczynowicz, eds. 1992. *Water, Development and the Environment,* Boca Raton, Fla.: CRC Press. Abrange problemas do suprimento de água imposto pelo crescimento populacional, incluindo escoamento superficial urbano, poluição, qualidade de água e gestão de recursos hídricos.

La Riviere, J. W. M. 1989. "Threats to the World's Water", *Scientific American* 261(3):80–84. Resumo do fornecimento e demanda de água e riscos para continuidade do abastecimento.

Spulber, N. e A. Sabbaghi. 1994. *Economics of Water Resources: From Regulation to Privatization.* London: Kluwer Academic. Discussões a respeito do abastecimento e demanda de água, poluição e suas consequências ecológicas, e a água no mercado.

Twort, A. C., F. M. Law, F. W. Crowley e D. D. Ratnayaka. 1994. *Water Supply,* 4th ed. Edward Arnold. Boa cobertura a respeito de tópicos sobre a água, desde hidrologia básica até a química da água, além de uso, gestão e tratamento da água.

Wheeler, B. D., S. C. Shaw, W. J. Fojt e R. A. Robertson. 1995. *Restoration of Temperate Wetlands.* New York: Wiley. Discussão sobre restauração de zonas úmidas em torno do mundo.

Capítulo 22

Poluição e Tratamento da Água

Destruição a leste de Burgaw, Carolina do Norte, durante uma inundação causada pelo furacão Floyd em 1999. A enchente inundou fazendas de suínos, matando milhares de animais. Suas carcaças, fezes e urina fluíram por casas, igrejas e escolas, causando um importante evento de poluição.

OBJETIVOS DE APRENDIZADO

A degradação dos recursos hídricos superficiais e subterrâneos é um problema sério, cujos efeitos não são totalmente conhecidos. Há uma série de medidas que podem ser tomadas para tratar a água e minimizar a poluição. Após a leitura deste capítulo, deve-se saber:

- Qual a constituição da água poluída e quais as principais categorias de poluentes existentes.
- Por que a falta de água potável livre de doença é o principal problema de poluição da água em muitas localidades ao redor do mundo.
- Como diferem as fontes pontuais e difusas de poluição da água.
- O que é a demanda bioquímica de oxigênio e por que ela é importante.
- O que é eutrofização, por que é um efeito do ecossistema e como a atividade humana pode causar a eutrofização cultural.
- Por que a poluição por sedimentos é um problema sério.
- O que é a drenagem ácida de minas e por que isso é um problema.
- Como os processos urbanos podem provocar a poluição dos aquíferos rasos.
- Quais são os diversos métodos de tratamento de esgoto e por que alguns são ambientalmente preferíveis a outros.
- Quais as leis ambientais existentes para proteger os recursos hídricos e os ecossistemas.

ESTUDO DE CASO

Baía dos Porcos na Carolina do Norte

O furacão Floyd atingiu a região de Piemonte, na Carolina do Norte, em setembro de 1999. A tempestade assassina tomou uma série de vidas, inundando muitas casas e forçando cerca de 48.000 pessoas a procurarem abrigos de emergência. A tempestade teve outro efeito bastante incomum. As enchentes continham milhares de suínos mortos juntamente com suas fezes e urina, fluindo através de escolas, igrejas, residências e empresas. O odor foi relatado como insuportável e a contagem das carcaças de suínos pode ter sido maior que 30.000. As águas da tempestade tinham inundado e lavado mais de 38 lagoas de suínos com até 950 milhões de litros de resíduos líquidos de suínos, que se misturaram às águas de riachos, rios e pântanos. Ao todo, aproximadamente 250 grandes fazendas comerciais de suínos foram inundadas, afogando os porcos cujas carcaças flutuaram e tiveram que ser recolhidas e destruídas (Figura 22.1).

Antes dessa catástrofe provocada pelo furacão Floyd, a indústria de criação de porcos na Carolina do Norte já havia se envolvido em um escândalo notificado por jornais e televisão — e até pelo programa *60 Minutos*. A Carolina do Norte tem um longo histórico na produção de suínos, cuja população aumentou de cerca de 2 milhões, em 1990, para quase 10 milhões em 1997. Naquela época, a Carolina do Norte tornou-se o segundo maior estado produtor do país.[1] Como o número de grandes fazendas comerciais de suínos cresceu, o estado permitiu que os criadores utilizassem a automação e muitos confinaram centenas ou milhares de porcos nas fazendas. Não houve restrições para a localização das fazendas e muitas foram construídas em várzeas.

Cada porco produz aproximadamente 2 toneladas de resíduos por ano. As varas da Carolina do Norte produziram aproximadamente 20 milhões de toneladas de resíduos por ano, principalmente esterco e urina, que foram lançados dos celeiros suínos em lagoas, abertas e sem impermeabilização, do tamanho de um campo de futebol. Regulamentações favoráveis, juntamente com disponibilidade de sistemas de disposição de resíduos baratos (lagoas), foram os responsáveis pelo enorme crescimento da população de porcos na Carolina do Norte durante a década de 1990.

Após o furacão, incineradores móveis foram levados à região dos porcos para queimar suas carcaças; mas a quantidade de porcos mortos era tão grande que os fazendeiros tiveram que enterrar alguns animais em covas rasas. Supunha-se realizar covas com no mínimo um metro de profundidade em terra seca, mas como não havia terra seca disponível, as covas foram escavadas e preenchidas em zonas

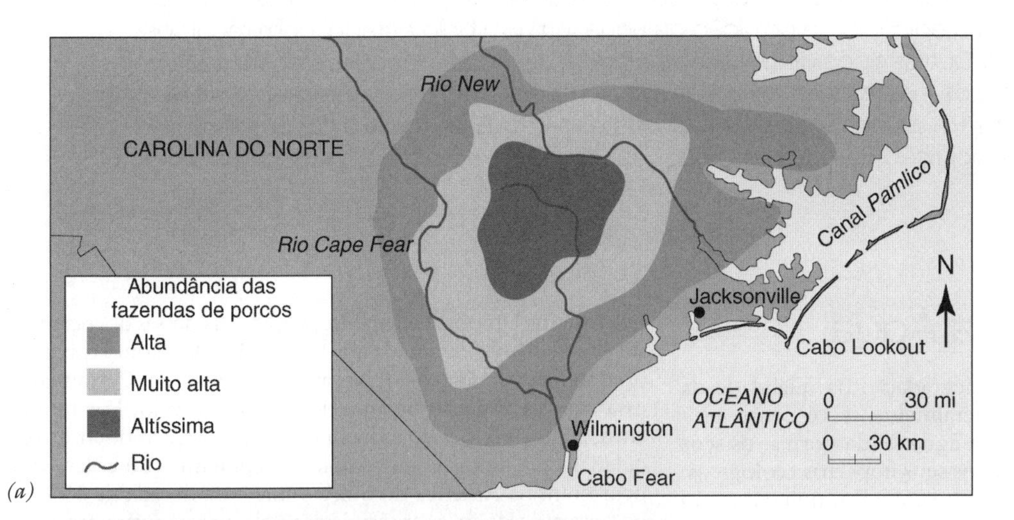

(*a*)

(*b*)

Figura 22.1 ■ "Baía dos Porcos" na Carolina do Norte. (*a*) Mapa das áreas inundadas pelo furacão Floyd em 1999, com a abundância relativa das fazendas de porcos. (*b*) Coleta de suínos mortos perto de Boulaville, Carolina do Norte. Os animais morreram afogados quando a enchente do rio Cape Fear inundou fazendas comerciais de suínos.

sujeitas a inundações. Como aquelas carcaças de porcos apodreceram, as bactérias escaparam através da água subterrânea e superficial por bastante tempo.

Os fazendeiros responsabilizaram o furacão pela catástrofe ambiental. Entretanto, foi claramente um desastre induzido pelo homem, visto que era facilmente previsível. Um aviso prévio foi dado em 1995, quando uma lagoa arrendada detentora de dejetos de porcos falhou e lançou aproximadamente 950 milhões de litros de fezes concentradas dos porcos rio abaixo, após a cidade de Jacksonville e no estuário do rio New. Os efeitos ambientais adversos, incluindo o derramamento sobre a vida marinha, duraram três meses.

A lição a ser aprendida nesse caso da "Baía dos Porcos" da Carolina do Norte é a de que existem vulnerabilidades às catástrofes ambientais causadas em grande escala pela indústria agropecuária. O crescimento econômico e a produção dos rebanhos animais devem ser planejados cuidadosamente, antecipando o surgimento de problemas e realizando a gestão de resíduos de modo a não poluir córregos, rios e estuários locais.

Essa lição da Carolina do Norte foi aprendida? Os fazendeiros têm muito dinheiro e amigos influentes no governo norte-americano. Incrivelmente, após o furacão, eles reivindicaram um bilhão de dólares em concessões para ajudar no reparo e na reconstrução das instalações de porcos, incluindo as lagoas de resíduos destruídas. Além disso, pediram isenções do Ato da Água Limpa por um período de seis meses para que os resíduos das lagoas de porcos pudessem ser descarregados diretamente no rio. Isso não foi permitido.[2] Levando em consideração as gestões futuras e levando em conta que a Carolina do Norte frequentemente é assolada por furacões, a não permissão para operar com porcos em planícies úmidas parece óbvia. Entretanto, esse foi apenas o primeiro passo. O conceito total da lagoa de resíduos precisa ser repensado e práticas alternativas de gestão de resíduos, colocadas em vigor, de modo a evitar a poluição das águas superficiais e subterrâneas.

O problema dos porcos da Carolina do Norte levou à formação da "Mesa Redonda dos Porcos", uma aliança cívica, da saúde e de grupos de ambientalistas para o controle da escala industrial da agropecuária suína. A partir de 2004, seus esforços, unidos a outros, resultaram em um mandato para a eliminação progressiva das lagoas de dejetos suínos e na expansão das regulamentações para exigir zonas de amortecimento de impactos entre criações de porcos e águas superficiais e poços de água. A aliança também suspendeu uma proposta de construção de um matadouro, que traria novos estabelecimentos de criação de porcos.

A "Baía dos Porcos" na Carolina do Norte produziu um desastre particularmente visível e sério, relacionado a um episódio de poluição da água, em um belo estado, com recursos naturais abundantes. Outros tipos de poluição da água, como as doenças transmitidas pelas águas de superfície e os inseticidas nas águas subterrâneas, são frequentemente muito mais difíceis de identificar sem amostragens cuidadosas e testes. Este capítulo discutirá as principais categorias de poluição da água e as opções, novas e tradicionais, de tratamento dos seus resíduos.

22.1 Poluição da Água

A poluição da água se refere à degradação da qualidade da água. Para definir a poluição, geralmente se vê o uso pretendido da água, até que ponto a água sai da norma, os seus efeitos sobre a saúde pública, ou os seus impactos ecológicos. Em uma visão de saúde pública ou ecológica, poluentes são substâncias biológicas, físicas ou químicas, que, identificadamente em excesso, são conhecidas por serem prejudiciais aos outros organismos vivos. São poluentes da água os metais pesados, sedimentos, alguns isótopos radioativos, bactérias como coliformes fecais, fósforo, nitrogênio, sódio entre outros elementos úteis (mesmo necessários), assim como certas bactérias patogênicas e vírus. Em algumas instâncias, o material pode ser considerado poluente para um segmento particular da população, embora não o seja para outros segmentos. Por exemplo, o sódio excessivo na forma de sal geralmente não é nocivo, mas pode ser para pessoas que possuem restrições a sal por motivos médicos.

Hoje, o problema primário da poluição da água no mundo é a falta de água potável, livre de doenças. No passado, as epidemias (surtos) de doenças trazidas pela água eram responsáveis por muitas mortes, como o cólera que matou milhares de pessoas nos Estados Unidos. Felizmente, a epidemia dessas doenças tem sido amplamente eliminada nos Estados Unidos, como resultado do tratamento da água potável antes do consumo. Certamente, essa não é a situação do mundo como um todo. Por muitos anos, alguns bilhões de indivíduos são expostos às doenças veiculadas pela água. Por exemplo, as epidemias de cólera que ocorreram na América do Sul, no início da década de 1990, e os surtos de doenças transmitidas pela água continuam recebendo tratamentos constantes em países desenvolvidos.

A qualidade da água determina o seu potencial de uso. Os principais usos d'água na atualidade se vinculam à agricultura, usinas termelétricas, processos industriais e abastecimento doméstico (veja o Capítulo 21). A água para uso doméstico deve ser livre de constituintes nocivos à saúde, como sedimentos finos (silte e argila), inseticidas, pesticidas, micróbios patogênicos, concentrações de metais pesados; não deve ter sabor desagradável e nem odores, e não pode provocar danos ao encanamento ou aos eletrodomésticos. A qualidade da água requerida para fins industriais varia muito, dependendo do processo envolvido. Alguns processos requerem água destilada, outros precisam de água não corrosiva ou livre de partículas que possam obstruir ou de outra forma danificar os equipamentos. Visto que a maioria da vegetação é tolerante a uma

Tabela 22.1 **Algumas Fontes e Processos de Poluição da Água**

Água Superficial	*Água Subterrânea*
Escoamento superficial urbano (óleo, produtos químicos, material orgânico etc.) (U, I, M)	Vazamentos de locais de depósito de resíduos (químicos, materiais radioativos, etc.) (I, M)
Escoamento superficial agropecuário (óleo, metais, fertilizantes, pesticidas etc.) (A)	Vazamentos de tanques e tubulações enterradas (gasolina, óleo etc.) (I, A, M)
Derramamento acidental de produtos químicos, incluindo óleo (U, R, I, A, M)	Infiltração de atividades agrícolas (nitratos, metais pesados, pesticidas, herbicidas etc.) (A)
Materiais radioativos (frequentemente envolvendo acidentes de trens ou caminhões) (I, M)	Intrusão de água salgada nos aquíferos costeiros (U, R, I, M)
Escoamento superficial (solventes, produtos químicos etc.) de regiões industriais (fábricas, refinarias, minas etc.) (I, M)	Infiltração de fossas e sistemas sépticos (R)
Vazamentos dos tanques de armazenamento de superfície ou gasodutos (gasolina, óleo etc.) (I, A, M)	Infiltração de água ácida proveniente das minas (I)
Sedimentos de fontes variadas, incluindo terras agrícolas e locais de construção (U, R, I, A, M)	Infiltração de pilhas de resíduos de minas (I)
Sedimentação do ar (de partículas, pesticidas, metais, etc.) em rios, lagos e oceanos (U, R, I, A, M)	Infiltração de pesticidas, nutrientes herbicidas, entre outros, de áreas urbanas (U)
	Infiltração de derramamentos acidentais (por exemplo, acidentes de trem ou caminhão) (I, M)
	Infiltração inadvertida de solventes e outros produtos químicos, incluindo materiais radioativos de regiões industriais ou de pequenos negócios (I, M)

Nota: U = urbano, R = rural, I = industrial, A = agrícola, M = militar.

gama relativamente ampla de qualidade de água, a água utilizada para fins agrícolas pode variar muito em propriedades físicas, químicas e biológicas.

Muitos processos diferentes e diversos materiais podem poluir águas superficiais ou subterrâneas. Alguns desses estão listados na Tabela 22.1. Todos os setores da sociedade (urbano, rural, industrial, agrícola e militar) podem contribuir para o problema da poluição da água. Muitos dos recursos resultam de escoamentos superficiais, vazamentos ou infiltrações de poluentes nas águas superficiais e subterrâneas. Os poluentes também são transportados pelo ar e depositados em corpos d'água.

O aumento populacional frequentemente resulta na introdução de mais poluentes no meio ambiente, bem como na demanda por recursos hídricos finitos.[4] Como resultado, vislumbra-se que várias fontes de água potável em diferentes lugares serão degradadas em um futuro próximo. Mais de um quarto do sistema de água potável dos norte-americanos sofreu ao menos uma violação dos padrões federais de saúde.[5] Aproximadamente 36 milhões de pessoas nos Estados Unidos foram abastecidas recentemente com água proveniente de sistemas que violaram (pelo menos um) os padrões federais de potabilidade da água.[6]

A Agência de Proteção Ambiental dos Estados Unidos colocou limites nos níveis de poluição da água para alguns (mas não todos) poluentes. Como resultado das dificuldades em determinar os efeitos da exposição a baixos níveis de poluentes, padrões de máxima concentração foram fixados para apenas uma pequena fração das mais de 700 substâncias identificadas como contaminantes de água potável. Se a poluição estiver presente em concentração maior que o limite estabelecido, então a água é insatisfatória para um uso específico. A lista dos poluentes selecionados (contaminantes) incluídos nos padrões da água potável dos Estados Unidos pode ser encontrada na Tabela 22.2.

A água extraída da superfície ou de fontes subterrâneas é tratada por filtração e cloração antes da distribuição aos usuários urbanos. Às vezes é possível utilizar o ambiente natural para filtrar a água como uma função de serviço público, reduzindo os custos de tratamento. (Veja o Detalhamento 22.1.)

O foco nas próximas seções serão os diversos poluentes da água, para enfatizar os princípios que se aplicam aos poluentes em geral. (Veja a Tabela 22.3 para categorias e exemplos de poluentes da água.) Outros poluentes da água foram discutidos em outras partes desse livro (por exemplo, metais pesados, químicos orgânicos e poluição térmica no Capítulo 15 e materiais radioativos no Capítulo 20). Antes de continuar a discussão a respeito de poluentes, se faz necessário considerar a demanda bioquímica de oxigênio e o oxigênio dissolvido; o oxigênio dissolvido não é um poluente, mas bastante necessário para a saúde do ecossistema aquático.

Tabela 22.2 **Padrões de Água Potável nos Estados Unidos**

Contaminante	*Nível Máximo de Contaminação (mg/L)*
Inorgânicos	
Arsênico	0,05
Cádmio	0,01
Chumbo	0,015 nível de ação[a]
Mercúrio	0,002
Selênio	0,01
Químicos orgânicos	
Pesticidas	
Endrin	0,0002
Lindano	0,004
Metoxicloro	0,1
Herbicidas	
2,4-D	0,1
2,4,S-TP	0,01
2,4,5-T (Silvex)	0,01
Químicos orgânicos voláteis	
Benzeno	0,005
Tetracloreto de carbono	0,005
Tricloroetileno	0,005
Cloreto de vinila	0,002
Organismos microbiológicos	
Bactérias coliformes fecais	1 célula/100 mL

[a] Nível de ação está relacionado com o tratamento da água com o objetivo de reduzir a concentração de chumbo para níveis saudáveis. Não existe um nível máximo de contaminação para o chumbo.
Fonte: U.S. Environmental Protection Agency (Agência de Proteção Ambiental dos EUA).

DETALHAMENTO **22.1**

Quanto Custa a Água Tratada de Nova York?

A floresta das Montanhas Catskill, no norte do estado de Nova York (Figura 22.2), fornece água para 9 milhões de nova-iorquinos. A sua área total é de aproximadamente 5.000 km², dos quais a cidade de Nova York possui menos de 8%. A água de Catskill historicamente sempre foi de alta qualidade, sendo considerada como um dos maiores suprimentos municipais de água dos Estados Unidos que não requisitava filtração extensiva. Claro, o que se diz aqui é sobre instalações para filtração industrial, onde a água entra, vinda de reservatórios e fontes subterrâneas, e é então tratada antes de ser distribuída para os usuários. No passado, a água de Catskill foi filtrada muito eficientemente por processos naturais. A água infiltra no solo como chuva, ou derretimento de neve ou gotas de árvores ou derretimento das encostas na primavera. A água então se move através do solo, nas rochas abaixo, como água subterrânea. Uma parte emerge para alimentar os córregos que fluem para os reservatórios. Durante sua jornada, a água passa por vários processos físicos e químicos que naturalmente a tratam e a filtram. Essas são funções de serviços naturais que o ecossistema da floresta Catskill fornece para as pessoas de Nova York.

Essa função de serviço foi concedida até aproximadamente a década de 1990, quando se tornou evidente que o abastecimento de água ficou vulnerável à poluição devido ao desenvolvimento descontrolado na bacia hidrográfica. Um problema particular do escoamento de construções e ruas, bem como do escoamento de sistemas sépticos que tratam o esgoto das casas e edifícios, é, em parte, a permissão para que a água com resíduos se infiltre através do solo. No momento, a Agência de Proteção Ambiental dos EUA advertiu a cidade de que a qualidade da água havia piorado e de que seria necessário construir uma estação de tratamento para filtrar a água. O custo dessas instalações foi estimado entre 6 e 8 bilhões de dólares, com um gasto anual de funcionamento de várias centenas de milhões de dólares. Como uma alternativa, a cidade de Nova York escolheu tentar melhorar a qualidade da água na fonte. A cidade construiu uma estação de tratamento de esgoto no norte do estado, nas Montanhas Catskill, com o custo de cerca de 2 bilhões de dólares. Parece a princípio um alto investimento, mas na verdade é apenas um terço do custo da construção de uma estação de tratamento para filtrar a água. Então a cidade escolheu investir no "capital natural" da floresta, esperando que continue sua função de serviço natural de oferecer água limpa. Ainda vai levar várias décadas para saber se a opção de Nova York funcionará no longo prazo.[3]

Têm sido identificados benefícios inesperados para a manutenção do ecossistema da floresta das Montanhas Catskill. Esses benefícios englobam atividades recreativas, particularmente a pesca, que é um empreendimento multibilionário no norte da cidade. Além dos pescadores de trutas, existem pessoas que desejam a experiência das Montanhas Catskill para observação dos animais selvagens, pássaros, e realizar caminhadas e esportes de inverno.

Pode-se perguntar por que a cidade tem sido bem-sucedida na sua tentativa inicial de manter a água de boa qualidade, quando possui apenas cerca de 8% da terra de onde ela se origina. A razão é que a cidade oferece incentivos financeiros para fazendeiros, proprietários e outros moradores da floresta no sentido de manter a alta qualidade dos recursos hídricos. Embora não seja um alto investimento, é suficiente para oferecer um senso de administração entre os donos da terra, e eles estão tentando cumprir as orientações que ajudam a proteger a qualidade da água. O poder real do estudo de caso da água das Montanhas Catskill para a cidade de Nova York é a valorização do ecossistema natural e de suas funções. Com uma pequena ajuda, muito do ecossistema pode oferecer uma variedade de serviços, incluindo qualidade de água e de ar.[3]

A cidade de Nova York não é a única cidade norte-americana que protege as bacias hidrográficas para a produção de água potável limpa e de alta qualidade, em lugar de construir e manter caras estações de tratamento de água. Outras cidades que utilizam a proteção da bacia hidrográfica para abastecimento de sua água são Boston, Massachusetts; Seattle, Washington; e Portland, no Oregon.

Figura 22.2 ■ As Montanhas Catskill, no norte do estado de Nova York, são um ecossistema e uma paisagem que fornecem água de alta qualidade para milhões de pessoas na cidade de Nova York como uma função de serviço natural.

Tabela 22.3	Categorias de Poluentes da Água	
Categoria de Poluentes	*Exemplos de Fontes*	*Comentários*
Matéria orgânica morta	Esgoto *in natura*, resíduos agrícolas, lixo urbano	Produz demanda bioquímica de oxigênio e doenças.
Patógenos	Excremento e urina humana e animal	Exemplos: recente epidemia de cólera na América do Sul e África; em 1993, epidemia da criptosporidiose em Milwaukee, Wisconsin. Veja a discussão de coliformes fecais na Seção 22.3.
Remédios	Águas residuárias urbanas, analgésicos, pílulas anticoncepcionais, antidepressivos, antibióticos	Produtos farmacêuticos liberados de estações de tratamento de esgoto estão contaminando rios e águas subterrâneas. Resíduos de hormônios ou imitadores hormonais estão causando problemas genéticos em animais aquáticos.
Químicos orgânicos	Uso agrícola de pesticidas e herbicidas (Capítulo 12); processos industriais que produzem dioxina (Capítulo 15)	Risco potencial ecológico significativo e problemas para a saúde humana. Muitos destes produtos químicos geram problemas de resíduos perigosos (Capítulo 29).
Nutrientes	Fósforo e nitrogênio de terras agrícolas e urbanas (fertilizantes) e águas residuárias do tratamento do esgoto	Principal causa de eutrofização artificial. Nitratos nas águas superficiais e subterrâneas podem causar poluição e danos ao ecossistema e às pessoas.
Metais pesados	Uso agrícola, urbano e industrial do mercúrio, chumbo, selênio, cádmio entre outros (Capítulo 15).	Exemplo: o mercúrio do processo industrial que é descarregado na água (Capítulo 15). Metais pesados podem causar danos significativos para o ecossistema e problemas à saúde humana.
Ácidos	Ácido sulfúrico (H_2SO_4) a partir do carvão ou de alguma mina de metal; processo industrial que dispõe ácidos impropriamente	A drenagem ácida de minas é um grande problema de poluição da água em muitas áreas de mineração de carvão, prejudicando os ecossistemas e provocando a deterioração dos recursos hídricos.
Sedimentos	Escoamento superficial de locais de construção, escoamento superficial agrícola e erosão natural	Reduzem a qualidade da água e resultam em perdas de recursos do solo
Calor (poluição térmica)	Aquecimento da água em usinas de energia e outras facilidades industriais	Provoca rupturas no ecossistema (Capítulo 15).
Radioatividade	Contaminação por usinas nucleares, militares e fontes naturais (Capítulo 20)	Normalmente relacionada com resíduos radioativos. Os efeitos para a saúde são vigorosamente debatidos (Capítulos 15 e 20).

22.2 Demanda Bioquímica de Oxigênio (DBO)

Materiais orgânicos mortos decaem nos rios, ou seja, são consumidos e decompostos. As bactérias, que conduzem tal decomposição, utilizam o oxigênio neste processo de autodepuração dos rios. Se há bastante atividade bacteriana, o oxigênio disponível na água pode ser reduzido a níveis tão baixos que pode provocar a morte de peixes e outros organismos. Um rio que contém pouco oxigênio é um ambiente pobre para os peixes e muitos outros organismos. Logo, um rio com um nível inadequado de oxigenação é considerado poluído por aqueles organismos que requerem oxigênio dissolvido acima do nível reduzido existente.

A quantidade de oxigênio requisitada por processos de decomposição bioquímica é chamada de **demanda bioquímica do oxigênio (DBO)**. A DBO é comumente utilizada na gestão da qualidade da água (Figura 22.3*a*). Ela mensura a quantidade de oxigênio consumido por microrganismos no processo de decomposição do material orgânico em pequenas amostras de água, que são analisadas em laboratório. A DBO é rotineiramente mensurada como parte dos testes de qualidade de água; particularmente é medida nos pontos de despejos nos rios e nas estações de tratamento das águas residuárias. Nas estações de tratamento, a DBO das águas residuárias é medida na entrada das linhas de esgoto, como também a água a jusante e a montante da estação. Essa prática permite comparações da DBO da água antes da estação, ou DBO natural, com a DBO que é despejada pela estação de tratamento.

O material orgânico morto — que produz a DBO — é adicionado aos córregos e rios a partir de fontes naturais (tais como folhas mortas de uma floresta), bem como os resíduos agrícolas e esgotos urbanos. Aproximadamente 33% de toda DBO dos rios é proveniente da atividade agrícola. Entretanto, as áreas urbanas, particularmente aquelas com antigos sistemas combinados de drenagem pluvial e transporte de esgoto (em que a água das chuvas e o esgoto urbano compartilham o mesmo sistema de tubulações), também aumentam consideravelmente a DBO nos rios. Isto acontece porque durante o período de altas vazões, quando as estações de tratamento de esgoto são inábeis de lidar com o volume total de água, o esgoto bruto misturado com o escoamento superficial da água de chuva ultrapassa a capacidade da estação e, então, é despejado sem tratamento nos córregos e rios.

Quando a DBO é alta, como sugerido anteriormente, a *concentração de oxigênio dissolvido* da água pode tornar-se baixa demais pra dar suporte à vida na água. A Agência de Proteção Ambiental dos EUA definiu que o limite para o alerta da poluição da água ocorre quando a concentração de oxigênio dissolvido for menor que 5 mg/L de água. A Figura

(*a*)

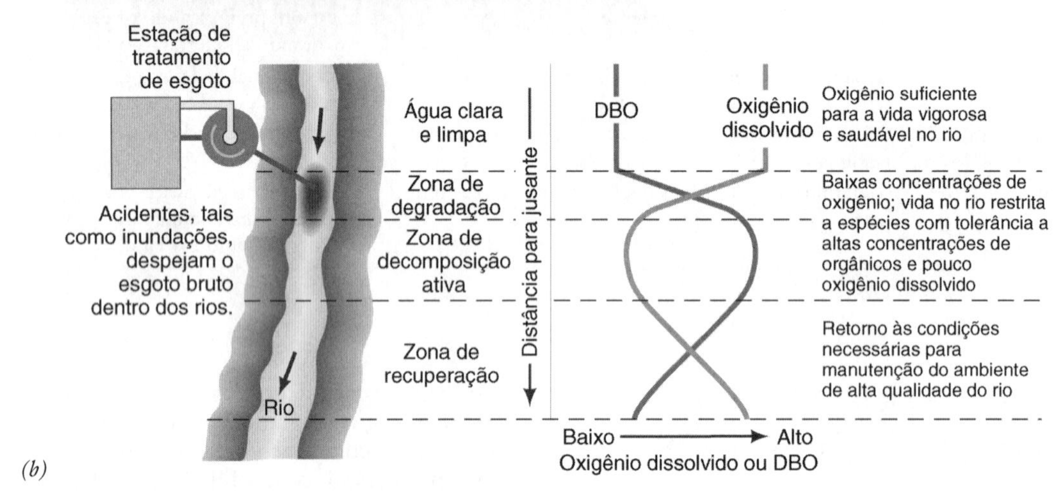

(*b*)

Figura 22.3 ■ (*a*) Agente de controle de poluição medindo a concentração de oxigênio dissolvido do rio Severn, perto de Shrewsbury, Inglaterra. (*b*) Relações entre o oxigênio dissolvido e a demanda bioquímica de oxigênio (DBO) em um rio que recebe um despejo de esgoto.

22.3*b* ilustra o efeito da DBO alta na quantidade de oxigênio dissolvido de um rio quando o esgoto bruto é resultado de um derramamento acidental. Três zonas são identificadas:

1. A *zona de degradação*, onde existe alta DBO. Conforme a decomposição da matéria orgânica ocorre na água, o oxigênio é utilizado pelos microrganismos e o teor de oxigênio dissolvido na água diminui.
2. A *zona de decomposição ativa*, onde o teor de oxigênio dissolvido atinge um mínimo, devido à rápida decomposição bioquímica de microrganismos, conforme os resíduos orgânicos são transportados rio abaixo.
3. A *zona de recuperação*, onde há o aumento do oxigênio dissolvido e a DBO é reduzida. Resíduos orgânicos provenientes do despejo de esgoto têm processos de decomposição que exigem mais oxigênio, enquanto os processos de fluxo natural reabastecem a água com oxigênio dissolvido. Por exemplo, com o movimento rápido da superfície da água, essa se mistura com o ar e o oxigênio entra na água.

Todo rio tem alguma capacidade de degradar resíduos orgânicos e se autodepurar. Os problemas resultam de quando o corpo d'água é sobrecarregado com demanda bioquímica de oxigênio de resíduos, ultrapassando os limites de autodepuração do rio.

22.3 Doenças Transmitidas pela Água

Conforme mencionado anteriormente, o problema primário da poluição da água no mundo, hoje, é a falta de água limpa, potável e livre de possíveis doenças de veiculação hídrica. Cada ano, particularmente em países pouco desenvolvidos, muitos bilhões de pessoas são expostas às doenças transmitidas pela água, cujos efeitos variam em gravidade, desde uma simples indisposição gástrica até a morte. No início da década de 1990, epidemias de cólera, uma grave doença transmitida pela água, provocou sofrimento generalizado e mortes na América do Sul.

Nos Estados Unidos, tende-se a não pensar muito em doenças trazidas pela água. Embora epidemias de doenças de veiculação hídrica historicamente tenham matado milhares de pessoas nas cidades norte-americanas, como em Chicago, os programas de saúde pública — por meio do tratamento da água potável, com o objetivo de remover os microrganismos causadores de doenças, e por impedir que o esgoto contamine o abastecimento de água — em grande parte eliminaram as epidemias. Como será visto, entretanto, a América do Norte não está imune às **epidemias** — ou ocorrências súbitas — de doenças veiculadas pela água.

Epidemia em Milwaukee, Wisconsin

O maior surto epidêmico de doença trazida pela água na história dos Estados Unidos ocorreu em abril de 1993 em Milwaukee, Wisconsin. A doença que provoca sintomas parecidos com os da gripe é uma doença gastrointestinal carregada por um microrganismo (um parasita) conhecido como *Cryptosporidium* (a doença é denominada *criptosporidiose)*. Entre 11 de março e 9 de abril, aproximadamente 400.000 pessoas de um total de 1,6 milhão de pessoas que habitavam a área de cinco condados adquiriram a doença após exposição ao *Cryptosporidium* através da água potável. A maior parte das pessoas que contraiu a doença sofreu por aproximadamente 9 dias, mas ela pode ser fatal para quem está com o sistema imunológico debilitado, como pacientes com câncer ou AIDS. Aproximadamente 100 pessoas morreram. O parasita é resistente à cloração e evidentemente passou por uma estação de tratamento de água. A fonte do parasita permanece desconhecida, mas possivelmente inclui a criação de gado ao longo dos rios e os matadouros e esgotos humanos que deságuam no porto de Milwaukee. É possível que as águas do escoamento superficial das chuvas e dos degelos da primavera tenham transportado o parasita ao lago Michigan, por onde entraram na estação de tratamento de água.[7,8]

O surto epidêmico em Milwaukee despertou a atenção relativa à qualidade da água potável norte-americana. Muitas outras cidades nos Estados Unidos, que utilizam fontes de água superficiais, eram tão vulneráveis quanto Milwaukee.[7] Na verdade, testes recentes sugerem que o *Cryptosporidium* está presente em 65% dos 97% das águas superficiais dos Estados Unidos.[9] Em maio de 1994, outro surto da mesma doença provocou a morte de 19 pessoas em Las Vegas.[6]

A epidemia em Milwaukee ocorreu mesmo com o tratamento de água reunindo todos os padrões estaduais e federais de qualidade. As orientações federais sempre foram rigorosas, mas ainda se pretende que os parasitas trazidos pela água, como o *Cryptosporidium*, sejam efetivamente removidos. Embora o *Cryptosporidium* seja muito resistente aos desinfetantes, pode ser removido por filtração. Melhorar as estações de tratamento de água é um mecanismo de custo efetivo para reduzir o tratamento das doenças transmitidas pela água. O preço da inatividade é muito alto. Considerando os custos altos das doenças e mortes associadas à contaminação da água potável, futuros investimentos em tecnologia e estações para tratamento da água são importantes serviços governamentais que devem ser considerados uma barganha.[6]

Coliformes Fecais

Por causa da dificuldade para monitorar diretamente os organismos que carregam doenças, utiliza-se a contagem das **bactérias coliformes fecais** como um padrão para mensurar e indicar o potencial de doenças. A presença de coliformes fecais na água indica que o material fecal de mamíferos ou pássaros está presente, logo, organismos que produzem doenças trazidas pela água também podem estar presentes. Coliformes fecais são geralmente (mas não sempre) bactérias inofensivas, constituintes normais dos intestinos humanos e de animais. Eles estão presentes em todo esgoto humano e animal. O limite utilizado pela Agência de Proteção Ambiental dos EUA é de no máximo 200 células de coliformes fecais por 100 mL de água para prática da natação; se os coliformes fecais estiverem próximos ao nível do limite, a água é considerada imprópria para nadar. Água com coliformes fecais é imprópria para beber.

Um tipo de coliforme fecal é a *Escherichia coli*, ou *E. coli*, responsável por causar doença e morte aos seres humanos. Os surtos são causados por carne contaminada servida em refeições, água e sucos contaminados. Um surto ocorreu devido à carne contaminada em uma cadeia de *fast-food* muito popular, em 1993. Em 1998, 26 crianças ficaram doentes, e uma morreu após visitar o parque aquático da Geórgia. Em julho de 1998, a comunidade de Alpine, no Wyoming, sofreu a principal epidemia devido à presença da *E. coli* no centro do abastecimento de água potável.[10] É claro que a *E. coli* pode ser uma ameaça real para a saúde humana e deve ser monitorada cuidadosamente.

Ameaças de doenças transmitidas pela água nas regiões litorâneas, assim como próximas a lagos e rios, são responsáveis por milhares de advertências e fechamentos de praias por ano nos Estados Unidos. Alertas de que nadar em determinados locais pode ser perigoso para a saúde são frequentemente colocados (Figura 22.4). Em muitos casos, os poluentes identificados são coliformes fecais, que podem indicar a presença de uma doença específica causada por vírus, como a hepatite. Poluentes das águas costeiras têm uma variedade de fontes, incluindo o escoamento superficial da água da chuva em ambientes urbanos, vazamentos de esgoto, transbordamentos ou falhas nas estações de tratamento de esgoto e vazamentos de esgoto residencial (tanques sépticos; veja a Seção 22.10). As comunidades costeiras, em muitas áreas, estão diante da perda potencial de receita originária do turismo, em consequência da interdição das praias. Como resultado, reforçou-se as investigações e análises das águas costeiras, o que já se tornou uma rotina. Conforme as fontes de poluição são identificadas, a gestão de planos está sendo desenhada e implementada para reduzir a ameaça da poluição e a futura interdição das praias.

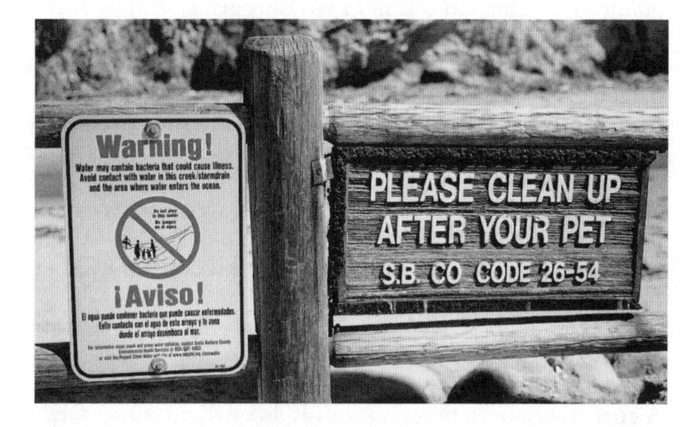

Figura 22.4 ■ Esta praia, no sul da Califórnia, está ocasionalmente interditada como resultado de contaminação por bactéria.

Epidemia em Walkerton, Ontário

Uma das mais sérias epidemias de *E. coli*, no Canadá se desenvolveu em maio de 2000 em Walkerton, em Ontário, uma cidade com aproximadamente 5.000 habitantes. A cepa de *E. coli* envolvida foi a mais perigosa encontrada no sistema digestivo de vacas. A provável causa da contaminação foi o estrume de vaca levado pela água para o sistema de abastecimento de água, durante fortes chuvas e inundações, em 12 de maio de 2000. A comissão local de utilidade pública sabia, em 18 de maio, que a água dos poços que servia a cidade estava contaminada por *E. coli*, mas não o reportou imediatamente às autoridades em saúde. As pessoas não foram avisadas de que deveriam ferver a água (para matar as bactérias) e assim não foi possível conter a epidemia. Em 26 de maio, cinco pessoas foram levadas a óbito, mais de 20 estiveram em unidades intensivas de tratamento e mais de 500 adoeceram com graves sintomas que incluíam cólicas, vômitos e diarreia. Idosos e crianças pequenas eram os mais vulneráveis às devastações provocadas pela doença, que pode danificar os rins. Duas das primeiras mortes foram de uma criança com dois anos de idade e de uma senhora de 82 anos. Finalmente, funcionários do governo assumiram a gestão do abastecimento de água e distribuíram água engarrafada.

A cidade de Walkerton experimentou um surto epidêmico real de doença trazida pela água. Os médicos alertaram para a possibilidade de haverem mais mortes, pois a medicina moderna pouco podia fazer para tratar a doença. O melhor conselho que eles podiam dar era o consumo de grandes quantidades de água potável e evitar a desidratação, deixando a infecção seguir seu curso. Logo as pessoas começaram a questionar as causas da epidemia. Na investigação conduzida pelas autoridades, uma das questões apontadas foi o atraso entre a identificação do problema potencial e a emissão de um aviso. Se as pessoas tivessem sido alertadas mais cedo, teria-se evitado que a doença atingisse tamanhas proporções. O surto também poderia ser detectado antes, se o governo de Ontário não tivesse cortado muitos dos testes no sistema público de abastecimento de água (a legislação anterior requeria mais testes). A principal lição aprendida com o ocorrido em Walkerton é que a população deve ser vigilante quanto aos testes no sistema de abastecimento de água e alertar a todos caso surja um problema em potencial.

Figura 22.5 ■ Bovinos em confinamento no Colorado. Grande número de bovinos em áreas pequenas acarreta na criação potencial de poluição nas águas superficiais e subterrâneas, por causa do escoamento superficial e infiltração de urina.

22.4 Nutrientes

Dois importantes nutrientes que provocam problemas de poluição na água são o fósforo e o nitrogênio, ambos liberados por fontes relacionadas ao uso da terra. As florestas têm concentrações baixas de fósforo e nitrogênio em seus corpos d'água. Nos rios urbanos, as concentrações desses nutrientes são grandes devido ao uso de fertilizantes, detergentes e produtos de estações de tratamento de esgoto. A mais alta concentração de fósforo e nitrogênio é encontrada nas áreas agrícolas, onde as fontes são os campos agrícolas cultivados e o confinamento de animais (Figura 22.5). Mais de 90% do nitrogênio total adicionado ao meio ambiente por atividade humana são provenientes da agricultura.

Eutrofização

A **eutrofização** é o processo através do qual um corpo d'água desenvolve alta concentração de nutrientes, como nitrogênio e fósforo (nas formas de nitrato e fosfato). Os nutrientes provocam o aumento do crescimento de plantas aquáticas em geral, bem como a produção de fotossíntese das bactérias azuis-esverdeadas e algas. As algas podem formar tapetes superficiais (Figura 22.6), sombreando a água e diminuindo a luminosidade para as algas abaixo da superfície e, portanto, reduzindo em muito a fotossíntese. As bactérias e algas morrem e à medida que se decompõem, a DBO aumenta, o oxigênio da água é consumido, e a concentração de oxigênio se reduz. Se o nível de oxigênio for insuficiente, outros organismos, como os peixes, também morrerão.

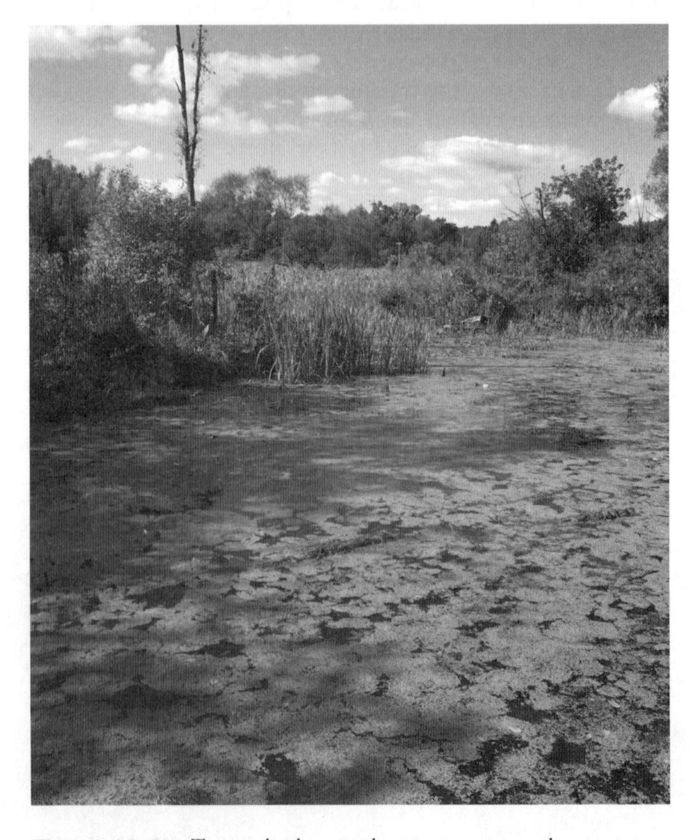

Figura 22.6 ■ Tapete de algas verdes mortas em uma lagoa em processo de eutrofização.

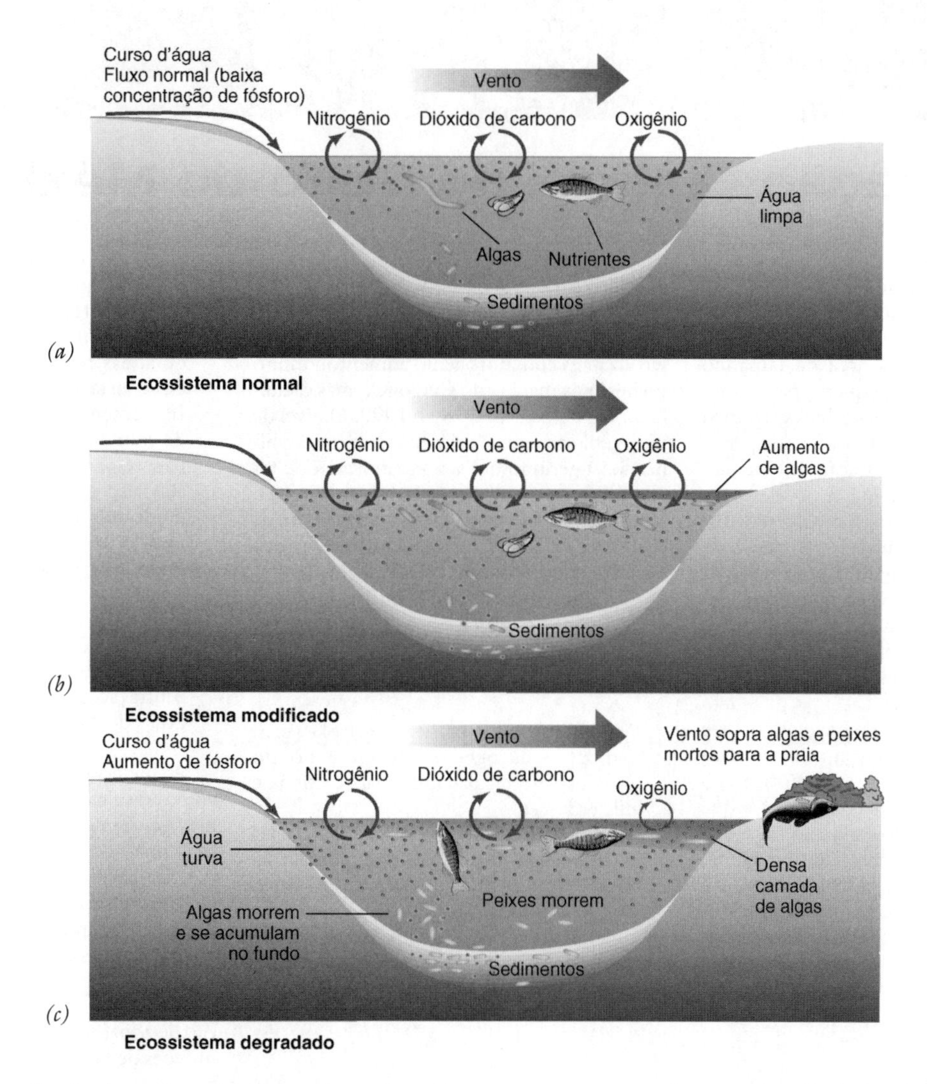

Figura 22.7 ■ A eutrofização de um lago. (*a*) Em um lago oligotrófico, ou com poucos nutrientes, a abundância das algas verdes é baixa e a água é limpa. (*b*) Fósforo é adicionado aos rios e entra no lago. As algas crescem porque são estimuladas e uma densa camada de algas se forma. (*c*) A camada de algas se torna tão densa que as algas do fundo morrem. As bactérias se alimentam das algas mortas e se utilizam do oxigênio. Finalmente, os peixes morrem sem oxigênio suficiente.

Os peixes não morrem intoxicados pelo fósforo. Se for adicionado fósforo à água de um aquário, onde só existam peixes, sem algas ou bactérias, a concentração de fósforo será a mesma que na cidade de Medical Lake, e os peixes não serão afetados. Os peixes morrem por causa da falta de oxigênio resultante de uma cadeia de eventos que foi iniciada com a entrada do fósforo e afetou o ecossistema como um todo. O efeito desagradável resulta das interações entre diferentes espécies, dos efeitos dos elementos químicos sobre as espécies em seu ambiente, e das condições ambientais (o lago e o ar acima dele). Isso é chamado de **efeito ecossistêmico**.

O processo de eutrofização de um lago é mostrado na Figura 22.7. O lago que possui naturalmente altas concentrações de elementos químicos necessários para a vida é chamado de *lago eutrófico*. Um lago com baixa concentração relativa de elementos químicos necessários para a vida é denominado *lago oligotrófico*. Lagos oligotróficos possuem água limpa e muito agradável para banhistas e pescadores, com pouca abundância relativa de vida. Lagos eutróficos têm abundância de vida, muitas vezes com tapetes de algas e bactérias e a água turva e desagradável.

Quando a eutrofização é acelerada por processos humanos, que adicionam nutrientes a corpos d'água, diz-se que ocorreu a **eutrofização cultural**. Problemas associados à eutrofização artificial de corpos d'água não estão restritos aos lagos (veja o Detalhamento 22.2). Nos últimos anos, cresceu a preocupação a respeito do despejo de esgoto de áreas urbanas para águas tropicais costeiras e a eutrofização cultural de recifes de corais.[13,14] Por exemplo, parte da famosa Grande Barreira de Corais da Austrália e de alguns recifes das ilhas havaianas está sendo danificada pela eutrofização.[15,16] O dano aos corais ocorre quando os nutrientes estimulam o crescimento das algas, que cobrem e sufocam os recifes de corais.

A solução para a eutrofização artificial é bastante simples e envolve assegurar que altas concentrações de nutrientes de fontes humanas não entrem em lagos e outros corpos d'água. Essa meta pode ser cumprida por meio da redução de poluentes, pelo uso de detergentes que não contenham fosfato, pelo controle do nível de nitrogênio no escoamento superficial agrícola e em terras urbanas, pela eliminação ou reutilização de águas residuárias tratadas. Além desses procedimentos, deve-se utilizar métodos mais avançados de tratamento da água, como os filtros especiais e tratamentos químicos que removem muitos dos nutrientes.

Eutrofização Cultural no Golfo do México

A cada verão, a chamada zona morta se desenvolve ao largo do ambiente da costa do golfo do México, ao sul da Louisiana. Essa zona varia em tamanho de cerca de 13.000 a 18.000 km², em uma área de tamanho aproximado ao de um pequeno país como o Kwait ou o estado de Nova Jersey. Dentro dessa zona as águas mais profundas geralmente têm menor concentração de oxigênio dissolvido (menos de 2 mg/L; o alerta de poluição da água ocorre se o oxigênio dissolvido tiver uma concentração de menos de 5 mg/L). Peixes e camarões podem nadar para fora dessa zona, mas os moradores das águas do fundo como mariscos, caranguejos e moluscos morrem. Acredita-se que seja o nitrogênio a causa mais significativa dessa zona morta (Figura 22.8).

A baixa concentração de oxigênio ocorre porque o nitrogênio gera a eutrofização cultural. As algas se proliferam, e conforme elas morrem, afundam e se decompõem, o que leva ao esgotamento do oxigênio na água. Acredita-se que as fontes de nitrogênio ocorrem porque a bacia hidrográfica do rio Mississipi é uma das mais ricas e mais produtivas em atividades agrícolas no mundo.

O rio Mississipi drena aproximadamente 3 milhões de quilômetros quadrados, que representam cerca de 40% da área de terra dos 48 estados que compõem os EUA. O uso dos fertilizantes com nitrogênio aumentou muito no início da metade do século XX, mas estabilizou nas décadas de 1980 e 1990. O nível de nitrogênio na água do rio está também estabilizado, sugerindo que a zona morta pode ter atingido seu tamanho máximo. Isso oferece o tempo necessário para estudar o problema da eutrofização cultural cuidadosamente e tomar decisões que a reduzam ou eliminem.

A redução parcial do nitrogênio (nitrato) atinge o golfo do México através do rio Mississipi e pode ser acompanhada pelas seguintes ações:[12]

- Modificação das práticas agrícolas para reduzir o nitrogênio que entra no rio pelo uso de fertilizantes mais efetivos e eficientes.
- Restauração e criação das zonas úmidas entre os campos agrícolas, pequenos córregos e rios, particularmente em áreas conhecidas por contribuírem com altas quantidades de nitrogênio. As plantas de zonas úmidas utilizam o nitrogênio, diminuindo a quantidade que entra no rio.
- Implementação do processo de redução de nitrogênio nas estações de tratamento de águas residuárias para vilarejos, cidades e instalações industriais.
- Implementação de um melhor controle de inundações no alto do rio Mississipi para reter água de enchentes nas planícies aluviais, onde o nitrogênio pode ser usado pela vegetação ripária.
- Desvio de enchentes de remansos e áreas úmidas costeiras do delta do rio Mississipi. No momento, as barragens no delta empurram a água do rio diretamente para o golfo. As plantas, na zona úmida costal, utilizarão o nitrogênio, reduzindo a concentração de nutrientes que alcança o golfo do México.

A melhoria das práticas agrícolas teria como resultado uma redução de 20% do nitrogênio que chega ao Mississipi. Isso exigiria uma redução de aproximadamente 20% dos fertilizantes utilizados, algo que os agricultores dizem que prejudicaria a produtividade. A restauração e criação de zonas úmidas de rios e matas ciliares manteriam a promessa da redução do nitrogênio dentro do rio em torno de 40%. Isso requereria uma combinação de zonas úmidas e florestas de cerca de 10 milhões de hectares, que representam aproximadamente 3,4% da bacia hidrográfica do rio Mississipi.[11] Uma área bastante extensa!

Não há solução fácil para a eutrofização cultural no golfo do México. Claramente, entretanto, uma redução na quantidade de nitrogênio que entra na região é necessária. Também é necessário ter um entendimento melhor dos detalhes do ciclo do nitrogênio na bacia hidrográfica do rio Mississipi e do delta. Aumentando essa compreensão, poderia-se monitorar o nitrogênio e desenvolver modelos matemáticos de fontes, sumidouros e taxas de transferência de nitrogênio. Com um melhor entendimento do ciclo do nitrogênio, uma estratégia de gestão para reduzir ou eliminar a zona morta pode ser criada e implementada.

A zona morta no golfo do México não é a única no mundo. Outras zonas mortas incluem o alto mar da Europa, China, Austrália, América do Sul e o nordeste dos Estados Unidos. Ao todo, aproximadamente outras 150 nos oceanos do mundo podem ser observadas. Muitas são bem menores que a do golfo do México. Da mesma forma que ocorre com o golfo do México, as outras zonas mortas se devem também ao esgotamento do oxigênio ocasionado pelo nitrogênio advindo do escoamento agrícola, um pouco da poluição industrial ou do escoamento superficial das áreas urbanas, especialmente do esgoto não tratado.

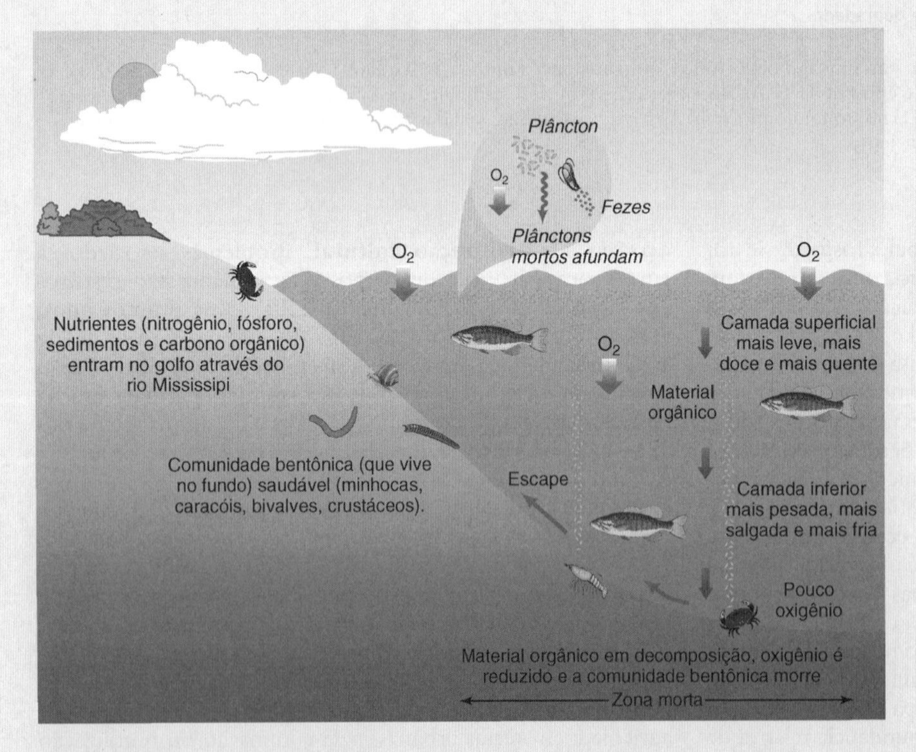

Figura 22.8 ■ Desenho idealizado mostrando alguns dos processos na zona morta. Baixa quantidade de oxigênio resultante da eutrofização cultural produz a zona morta. (*Fonte:* Modificado de U.S. Environmental Protection Agency. www.epa.gov, acessada em 30/05/2008.)

22.5 Petróleo

A descarga de petróleo na superfície da água — geralmente no oceano, mas também em terras e rios — tem causado os principais problemas de poluição. Vários grandes derramamentos de óleo, no processo de perfuração submarina de petróleo, ocorreram nos últimos anos. Entretanto, apesar de os derramamentos virarem manchete nos jornais, atividades de transporte de carga e de passageiros provavelmente liberam mais óleo pelo período de um ano do que o liberado pelo derramamento ocasional. Os impactos cumulativos desses derramamentos não são bem conhecidos.

Exxon Valdez: Baía do Canal Príncipe William, Alasca

Os maiores derramamentos de petróleo conhecidos foram causados por acidentes com petroleiros. Em 24 de março de 1989, o superpetroleiro *Exxon Valdez* encalhou no recife de Bligh, no Canal Príncipe William, ao sul da cidade de Valdez no Alasca. O petróleo bruto do Alasca, que havia sido embarcado no *Valdez* através do oleoduto trans-Alasca, despejou dos tanques rompidos do navio, cerca de 20.000 barris por hora. O petroleiro estava carregado com cerca de 1,2 milhão de barris de petróleo e em torno de 250.000 barris vazaram no canal. O vazamento poderia ter sido maior, mas felizmente uma parte do óleo foi transferida (bombeada para fora) para outro navio (Figura 22.9). O vazamento de *Exxon Valdez* produziu um escândalo ambiental que resultou na aprovação do Ato de Poluição por Petróleo de 1990 e em uma avaliação renovada da tecnologia de limpeza.[17,18]

Figura 22.9 ■ Acidente do petroleiro *Exxon Valdez*, no Canal Príncipe William (1989). O petróleo está sendo transferido a partir do *Exxon Valdez*, em vazamento, (à esquerda) para um navio menor, o *Exxon Baton Rouge* (à direita).

O escândalo ambiental resultou do derramamento de petróleo ter ocorrido em um dos ambientes marinhos ecologicamente mais primitivos e ricos no mundo.[17] Muitas espécies de peixes, pássaros e mamíferos marinhos estão presentes no Canal Príncipe William. O efeito do derramamento incluiu a morte de 13% das focas, 28% das lontras do mar e de 100.000 a 645.000 aves marinhas.[18]

Em três dias de vazamentos, os ventos começaram a espalhar a maré para além de qualquer esperança de contenção. Dos 250.000 barris de óleo derramados, 20% evaporaram e 50% ficaram depositados no litoral e apenas 14% foram coletados por desnatação (remoção da camada superficial) e recuperação dos resíduos. A extensão da mancha do petróleo, das bolas de alcatrão (formadas por componentes pegajosos e menos voláteis do petróleo) e do *mousse* (porção espessa e intemperizada de petróleo com a consistência de pudim mole) é mostrada na Figura 22.10.

Antes do vazamento do *Exxon Valdez*, acreditava-se que a indústria do petróleo era capaz de lidar com os vazamentos de óleo. Mais de 3 bilhões de dólares foram gastos para limpar o petróleo, entretanto, poucas pessoas ficaram satisfeitas com os

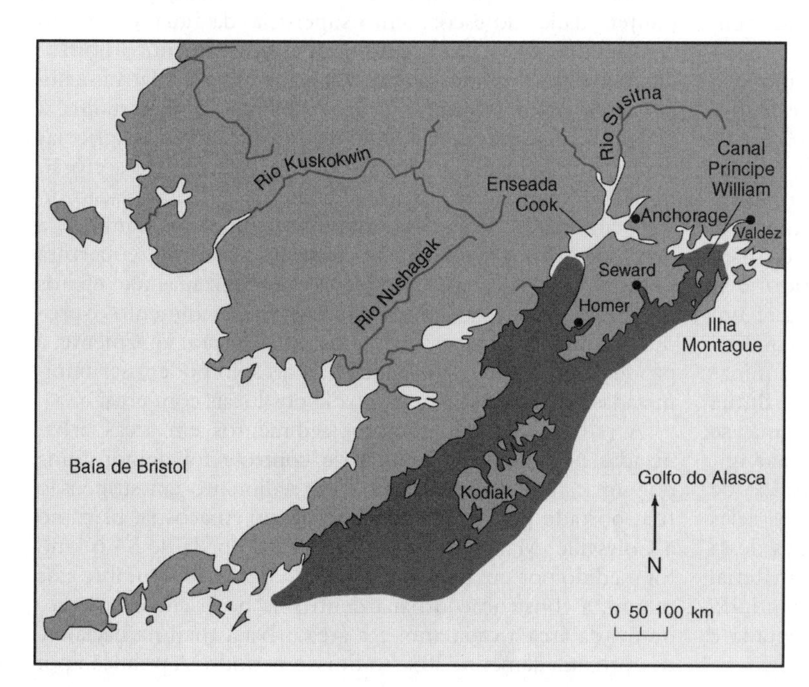

Figura 22.10 ■ Extensão do vazamento de petróleo no Alasca em 1989. (*Fonte:* Alaska Department of Fish and Game, 1989. *Alaska Fish and Game* 21(4), Special Issues.)

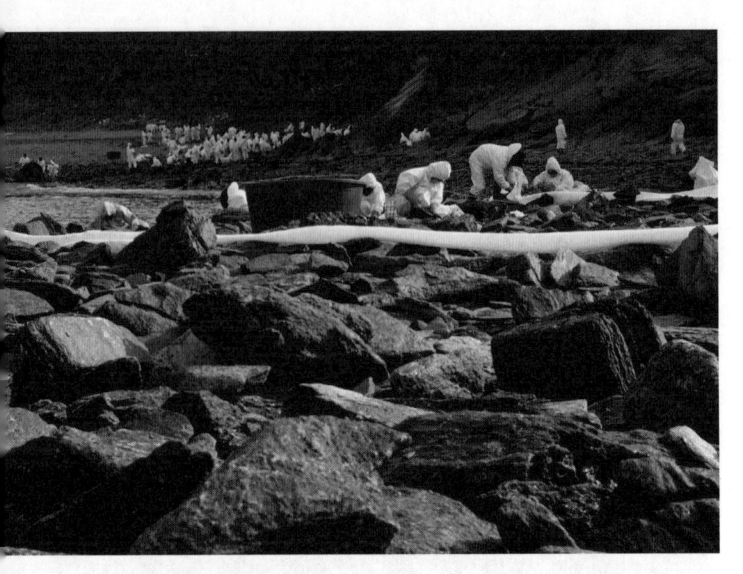

Figura 22.11 ■ Tentativa de limpar o petróleo das costas litorâneas da ilha Eleanor, Alasca, quatro meses depois do derramamento de óleo do *Exxon Valdez*.

resultados. Alguns cientistas argumentaram que a recuperação poderia ter sido mais rápida se outros métodos de limpeza tivessem sido utilizados, tais como a pulverização com alta pressão de água quente em rochas e praias. Argumentou-se, entretanto, que os organismos costeiros que vivem de baixo das pedras e que tinham sobrevivido ao impacto inicial do derramamento seriam mortos pela alta pressão e calor.[18] Não há duvida de que o trabalho de limpeza trouxe enormes problemas (Figura 22.11). Fotografias e vídeos dos trabalhadores tentando limpar pedras individualmente nas praias são um lembrete vívido da dificuldade e inutilidade virtual de se conseguir uma limpeza eficaz após um evento desta magnitude. Além disso, o derramamento interrompeu a vida das pessoas que moravam e trabalhavam nas proximidades do Canal Príncipe William.

O efeito em longo prazo das largas manchas de óleo é incerto. Sabe-se que esses efeitos podem perdurar por muitas décadas; os níveis tóxicos do petróleo foram identificados em marismas salinas 20 anos após um derramamento.[18]

O derramamento do *Exxon Valdez* demonstrou que a tecnologia para lidar com derramamentos de óleo é inadequada. O primeiro e mais importante passo é evitar o grande derramamento; o método mais eficaz para evitá-lo é usar petroleiros com casco duplo desenhados para minimizar o lançamento de petróleo em colisões e ruptura de tanques. O segundo mais importante passo é bombear o óleo para fora do petroleiro tão logo o acidente tenha ocorrido, evitando assim mais derramamentos no mar. Depois que um derramamento acontece, a porção de petróleo no mar deve ser contida por barreiras flutuantes e coletadas por máquinas desnatadeiras (o óleo é mais leve que a água e, assim, flutua na superfície), representando um esforço meritório; mas se as condições climáticas apresentarem ventos fortes e mar agitado, isso se torna quase impossível. Limpar o petróleo de pássaros e animais também é meritório, embora muitos deles morram pela ingestão de petróleo e pelas dificuldades dessa limpeza. O óleo na praia pode ser recolhido por material absorvente espalhado no mar, tais como palha, permitindo que o óleo seja absorvido e a palha oleosa seja coletada e adequadamente descartada.

Jessica: Ilhas Galápagos

Outro escândalo ambiental ocorreu em 22 de janeiro de 2001, quando um pequeno petroleiro, o *Jessica*, cometeu um erro de navegação ao largo da costa do Equador, próximo às ilhas Galápagos, e encalhou, derramando óleo diesel leve no oceano. Embora o derramamento (mais de 2.400 barris) fosse pequeno se comparado ao episódio do *Exxon Valdez* no Alasca, trouxe sérios problemas e o Equador precisou declarar estado de emergência. As ilhas Galápagos são tesouros ambientais e os ícones do meio ambiente, onde Charles Darwin trabalhou no desenvolvimento de sua teoria da evolução das espécies. Os Estados Unidos responderam rapidamente com os navios de sua guarda costeira, desenhados para bombear óleo de um petroleiro avariado. Uma parte do óleo foi lançado na praia de uma pequena ilha, ferindo pássaros, focas e outras espécies marinhas. A mancha de óleo se espalhou sobre 3.000 km^2 na primeira semana, mas felizmente foi carregada pelas correntes e pelos ventos alísios para longe das proximidades das Galápagos. O derramamento foi mais uma advertência sobre o uso de navios mais bem construídos com casco duplo e, se possível, o traçado de rotas dos petroleiros distantes das áreas de interesse ecológico.

22.6 Sedimentos

Sedimentos que consistem em fragmentos de rochas e de minerais, que vão desde partículas de areia grossa e cascalho superiores a 2 mm de diâmetro até partículas finas de areia, silte, argila e partículas coloidais ainda mais finas, podem gerar um problema de ***poluição por sedimentos***. Na verdade, pelo volume e massa, os sedimentos são os maiores poluentes da água. Em muitas áreas, bloqueiam córregos, preenchem lagos, reservatórios, lagoas, canais, valas de drenagem e portos; soterram vegetações; e geralmente criam um transtorno devido à dificuldade para sua remoção. A poluição por sedimentos é duplamente problemática: ela resulta da erosão, que esgota os recursos do terreno (solo) em seu local de origem (Figura 22.12), e ela reduz a qualidade das fontes de água nas quais se deposita.[19]

Muitas atividades humanas afetam os padrões, quantidades e intensidades do escoamento superficial da água, da erosão e da sedimentação. Rios em florestas naturalmente arborizadas podem ser quase estabilizados; isto é, há relativamente poucos processos erosivos e de sedimentação. Entretanto, a conversão de terras com cobertura florestal em áreas agrícolas geralmente aumenta a produção de sedimentos ou a erosão do solo. A aplicação dos procedimentos de conservação do solo em área agrícola pode minimizar, mas não eliminar, a perda de solo. A mudança de áreas agrícolas, com cobertura florestal, ou rurais para grandes áreas urbanizadas tem efeitos ainda mais drásticos. Grande quantidade de sedimentos é produzida durante a fase estrutural da urbanização. Felizmente, a produção de sedimentos e a erosão do solo podem ser minimizadas pelas medidas de controle nos locais com erosão.

A redução da poluição por sedimentos em áreas urbanizadas por meio de medida de controle foi demonstrada por um estudo em Maryland.[20] O sedimento em suspensão transportado pelo ramo noroeste do rio Anacostia, próximo a Colesville, Maryland, com uma área drenada de 54,6 km^2, foi medido por um período superior a dez anos. Durante esse tempo, a construção urbana dentro da bacia envolveu cerca de 3% da área a cada ano, e a área urbana total na bacia era de aproximadamente 20% no fim do período. A poluição por

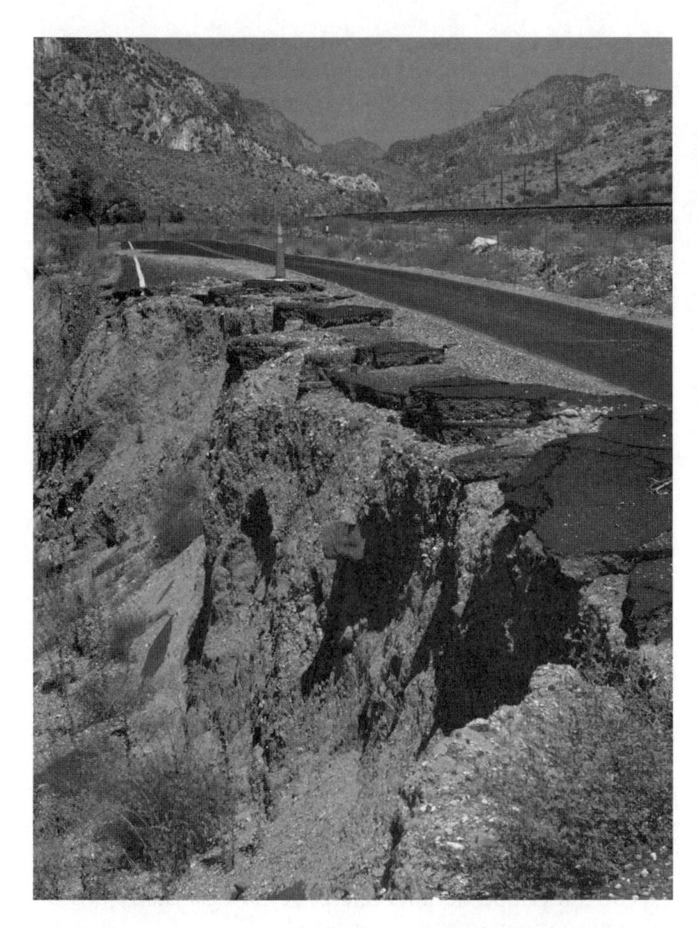

Figura 22.12 ■ Erosão do talude de uma estrada na Geórgia. A erosão produziu sulcos e removeu a vegetação. Os sedimentos podem ser transportados para outros lugares, onde degradam os recursos hídricos (córregos, rios, lagos e lagoas).

Figura 22.13 ■ A drenagem ácida de uma mina abandonada invade um pequeno canal de um rio e polui a água de superfície. Esse local se encontra nas montanhas do sudoeste do Colorado.

sedimentos causou problemas devido à quantidade de chuva e ao tipo de solo, o qual era altamente suscetível à erosão quando não protegido por uma cobertura vegetal, durante as tempestades da primavera e do verão.

O programa de controle de sedimentos reduziu a taxa de sedimentos em torno de 35%. Os princípios básicos do programa foram adaptar o desenvolvimento à topografia natural, expor quantidade mínima de solo, oferecer proteção temporária ao solo exposto, minimizar o escoamento superficial de áreas críticas e criar coberturas para o sedimento erodido nos locais de construção.[20]

22.7 Drenagem Ácida de Minas

O termo **drenagem ácida de minas** refere-se à água com alta concentração de ácido sulfúrico (H_2SO_4) que drena a partir de minas — minas de carvão, mas também da maior parte das minas de metais (cobre, chumbo e zinco). O carvão e as rochas que o contêm são associados com o mineral conhecido como ouro de tolo ou pirita (FeS_2), que é o sulfeto de ferro. Quando a pirita, que pode estar finamente espalhada nas rochas e nos carvões, entra em contato com oxigênio e água, ela se desagrega. O produto da intemperização química é o ácido sulfúrico. Além disso, a pirita é associada com depósitos de sulfetos metálicos, que, quando intemperizados, também produzem ácido sulfúrico. O ácido é produzido quando a água superficial ou subterrânea rasa atravessa ou se move para dentro e fora das minas ou dos rejeitos (Figura 22.13). Se a água ácida escoa para um rio natural, lagoa ou lago, ocorre uma poluição significativa e um dano ecológico. A água ácida é tóxica para as plantas e animais de um ecossistema aquático; há danos na produtividade biológica, e, assim, peixes e outros animais aquáticos podem morrer. Além disso, a água rica em ácido pode também infiltrar-se e poluir a água subterrânea.

A drenagem ácida de minas é um problema significativo de poluição da água em Wyoming, Indiana, Illinois, Kentucky, Tennessee, Missouri, Kansas e Oklahoma, e é provavelmente o problema de maior relevância para Virgínia Ocidental, Maryland, Pensilvânia, Ohio e Colorado. O impacto total é importante porque milhares de quilômetros de rios têm sido atingidos.

Minas abandonadas também podem causar sérios problemas. Por exemplo, a mineração subterrânea na área fronteiriça dos estados de Kansas, Oklahoma e Missouri levou à deposição de sulfureto contendo chumbo e zinco. A mineração na região começou no final do século XIX e terminou em algumas áreas na década de 1960. Quando as minas estavam operando, elas eram mantidas secas pelo bombeamento da água subterrânea que escoava. Entretanto, desde o encerramento de suas atividades, algumas foram inundadas e transbordaram em riachos próximos, poluindo afluentes com água rica em ácido. O problema foi tão grave na área de Tar Creek, em Oklahoma, que já foi uma vez considerada, pela a Agência de Proteção Ambiental dos Estados Unidos, o pior local de resíduos do país.

22.8 Poluição de Águas Superficiais

A poluição das águas superficiais ocorre quando um fluxo considerável de substâncias indesejáveis ou nocivas entra em um corpo d'água, excedendo a capacidade natural do corpo d'água remover o material indesejável, diluindo-o para uma concentração inócua ou convertendo-o em uma forma inofensiva.

Os poluentes da água, assim como outros poluentes, são categorizados conforme sua emissão, ou seja, a partir de fontes pontuais ou não pontuais (veja o Capítulo 15). **Fontes pontuais** são distintas e delimitadas, como a tubulação das

Figura 22.14 ■ Essa tubulação é uma fonte pontual de poluição química industrial invadindo um rio na Inglaterra.

indústrias ou de redes municipais que deságuam em córregos ou rios (Figura 22.14). Em geral, fontes pontuais de poluentes das indústrias são controladas através de um tratamento ou eliminação no local e são autorizadas por regulamentação. Fontes pontuais municipais também são autorizadas por regulamentação. Nas cidades mais antigas do nordeste e na área dos Grandes Lagos dos Estados Unidos, a maior parte das fontes pontuais refere-se às saídas dos sistemas de esgoto combinados. Como mencionado anteriormente, tais sistemas combinam os fluxos de águas pluviais com os das águas residuárias municipais. Durante as chuvas fortes, o grande volume do escoamento superficial pode exceder a capacidade do sistema de tratamento de esgoto, causando transbordamento e o despejo de poluentes nas águas superficiais mais próximas.

As **fontes não pontuais**, como o escoamento superficial, são difusas e intermitentes, sendo influenciadas por fatores como o uso da terra, o clima, a hidrologia, a topografia, a vegetação nativa e a geologia. Fontes difusas comuns nas áreas urbanas incluem o escoamento superficial das ruas ou campos, que contém todo tipo de poluentes, desde metais pesados a químicos e sedimentos. Fontes difusas rurais são geralmente associadas à agricultura, mineração ou silvicultura e são difíceis de monitorar ou controlar.

Redução da Poluição de Águas Superficiais

Do ponto de vista ambiental, as duas abordagens para lidar com a poluição da água de superfície são: (1) a redução das fontes, e (2) o tratamento da água para remover a poluição ou convertê-la em formas que possam ser eliminadas com segurança. Qual das opções utilizar depende das circunstâncias específicas do problema causado pela poluição. A redução das fontes é a forma ambientalmente preferível de lidar com os poluentes. Por exemplo, torres de refrigeração de ar, em vez de torres de resfriamento de água, podem ser utilizadas para eliminar o calor residual de usinas de energia, evitando assim a poluição térmica da água. O segundo método — o tratamento da água — é usado em diversos casos de poluição. O tratamento da água inclui cloração, para matar microrganismos como bactérias nocivas e filtração para remover metais pesados.

Há uma lista crescente de histórias bem-sucedidas de tratamento da poluição da água. Uma das mais notáveis foi a limpeza do rio Tâmisa, na Grã Bretanha. Por séculos, o esgoto de Londres foi jogado no rio, e assim, poucos peixes podiam ser encontrados rio abaixo, no estuário. Nas últimas décadas, entretanto, melhorias no tratamento da água levaram ao retorno de várias espécies de peixes, algumas há muito tempo não encontradas no rio.

Muitas grandes cidades nos Estados Unidos, como Boston, Miami, Cleveland, Detroit, Chicago, Portland e Los Angeles, cresceram nas margens de rios, que quase foram destruídos pela poluição e pelo concreto. Hoje, existem movimentos sociais em todo o país para restaurar rios urbanos e terras adjacentes e transformá-los em cinturões verdes, parques, ou outros locais de importância ambiental. Por exemplo, o rio Cuyahoga, em Cleveland, Ohio, foi tão poluído por volta de 1969 que faíscas de um trem próximo ao rio deixaram sua superfície em chamas, devido à quantidade de óleo nela contida! A queima de um rio norte-americano tornou-se um símbolo da crescente conscientização ambiental. O rio Cuyahoga, hoje, é mais limpo e não é mais inflamável. De Cleveland à Akron, o rio tem um lindo cinturão verde (Figura 22.15). Esse cinturão verde transformou parte do rio de esgoto para uma valorosa fonte pública e ponto focal para a renovação econômica e ambiental.[21] Entretanto, no centro de Cleveland e Akron, o rio recebe o fluxo industrial e parte ainda permanece poluída.

Nanotecnologia: É o uso de partículas extremamente pequenas de material (10^{-9}m de tamanho, aproximadamente 100 mil vezes mais finas que o fio de cabelo humano). As nanopartículas são designadas para um grande número de propósitos e podem capturar metais pesados como chumbo, mercúrio e arsênico da água. As nanopartículas têm uma área superficial considerável em relação a seu volume. Um centímetro cúbico de partículas tem uma área de superfície que excede um campo de futebol e pode carregar mais que 50% de seu próprio peso em metais pesados.[22]

Escoamento superficial urbano: Naturalização é uma tecnologia advinda da bioengenharia empregada no tratamento de esgoto urbano antes que este atinja os rios, lagos ou o oceano. O método é criar um "circuito fechado" na paisagem local que impeça o escoamento superficial de deixar a propriedade. Plantas podem formar "jardins de chuva" localizados abaixo de calhas verticais, e a drenagem de áreas de estacionamentos é direcionada para outros jardins em vez de voltados para a rua (Figura 22.16).[23] O escoamento superficial de cinco grandes complexos imobiliários, como o Manzaneta Village na University of California, em Santa Barbara, pode ser dirigido a biovaletas, ou valetas de biorretenção vegetadas, que são canais de infiltração vegetados por plantas típicas de zonas úmidas que removem os contaminantes da água antes de essa ser descarregada na lagoa do campus e, em seguida, no

Figura 22.15 ■ O rio Cuyahoga (em primeiro plano à esquerda) flui para Cleveland, Ohio (e o Canal Eire, à direita) está localizado no Parque Nacional Cuyahoga. No horizonte, a área industrial de Cleveland.

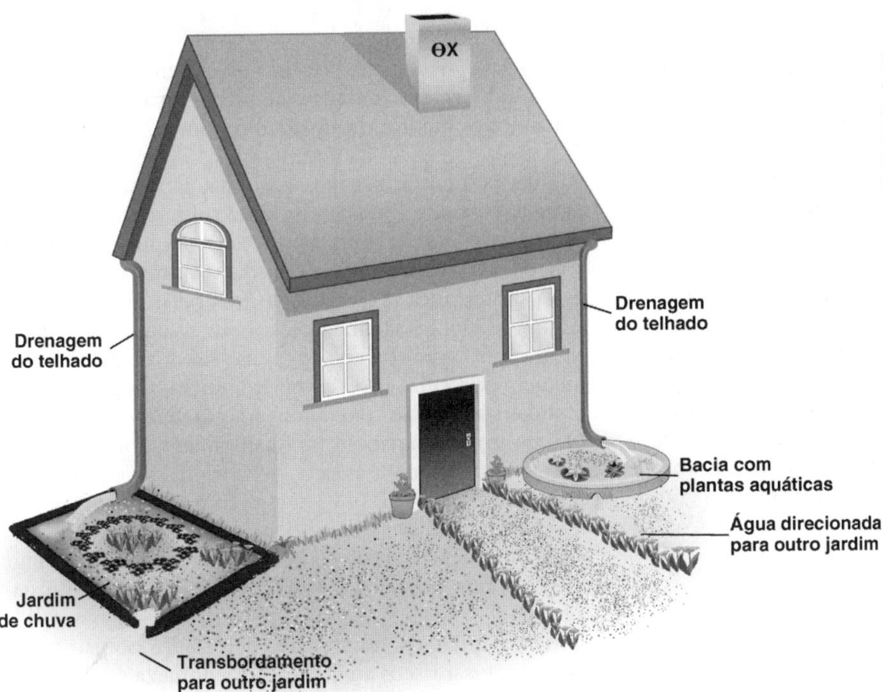

Figura 22.16 ■ A água do escoamento do telhado é parte de um circuito fechado, onde a água remanescente no local é utilizada para molhar o jardim. O escoamento de áreas de estacionamento é direcionado para outros jardins.

Figura 22.17 ■ Biovaletas e faixas de biorretenção vegetadas captam o escoamento superficial do complexo de dormitórios de Manzaneta Village da University of Califonia, em Santa Barbara. Plantas em biovaletas ajudam a filtrar a água e remover nutrientes que, em menor quantidade na água, deixam de causar eutrofização cultural.

oceano. A remoção de nutrientes auxiliou a reduzir a eutrofização cultural da lagoa (Figura 22.17).

22.9 Poluição de Águas Subterrâneas

Aproximadamente metade de toda a população dos Estados Unidos, hoje, depende de água subterrânea como principal fonte de água potável (água para uso doméstico é a discussão do Detalhamento 22.3). As pessoas acreditaram por muito tempo que a água subterrânea era, em geral, pura e segura para beber. Na verdade, a água subterrânea pode ser facilmente poluída por alguma das muitas fontes (veja a Tabela 22.1), e os poluentes, embora geralmente muito tóxicos, podem ser difíceis de serem reconhecidos (os processos relacionados à água subterrânea foram discutidos na Seção 21.1, caso deseje-se fazer uma revisão).

Atualmente, nos Estados Unidos, apenas uma pequena fração da água subterrânea foi reconhecida como seriamente contaminada; mas, conforme mencionado anteriormente, o problema pode tornar-se pior com o crescimento da população humana e o aumento da necessidade dos recursos hídricos. Já a extensão do problema aumenta progressivamente, conforme o teste das águas subterrâneas se torna mais comum. Por exemplo, Atlantic City e Miami são duas cidades da costa leste ameaçadas pela poluição da água subterrânea que está migrando lentamente para seus poços.

Estima-se que 75% dos 175.000 aterros sanitários norte-americanos conhecidos podem estar produzindo plumas de infiltrações de resíduos químicos perigosos que migram para as fontes de água subterrânea. Parece que inadvertidamente estão sendo conduzidos experimentos em larga escala dos efeitos à saúde humana decorrentes da exposição crônica a baixos níveis de substâncias químicas perigosas, porque muitas delas são tóxicas ou supostamente cancerígenas. O resultado final dos experimentos não será conhecido por muitos anos.[24] Preliminarmente, os resultados sugerem melhorias, antes que exploda a bomba-relógio escondida nos problemas de saúde.

Os riscos apresentados por um poluente específico da água subterrânea dependem de uma série de fatores, incluindo a concentração de toxicidade do poluente no ambiente e o grau de exposição das pessoas ou de outros organismos a eles.[25] (Veja a seção a respeito da avaliação de riscos no Capítulo 15.)

Princípios da Poluição de Águas Subterrâneas: Um Exemplo

Alguns princípios gerais da poluição das águas subterrâneas são ilustrados através de um exemplo. A poluição causada pelo vazamento de tanques subterrâneos de gasolina pertencentes a postos de gasolina é um problema ambiental bastante difundido, mas com o qual poucos se preocupavam até pouco tempo atrás. Hoje, no entanto, os tanques subterrâneos são rigorosamente regulamentados. Milhares de tanques velhos e com vazamento tem sido removidos nos Estados Unidos, e o solo e a água subterrânea circundantes têm sido tratados para remover a gasolina que vazou. A limpeza pode ser um processo muito caro, pois envolve a remoção e o descarte do solo (como um resíduo perigoso), além do tratamento da água por meio de um processo conhecido como extração de vapor (Figura 22.18). O tratamento também pode ser realizado sob a terra por microrganismos que degradam a gasolina. Esse processo é conhecido como **biorremediação** e é muito menos caro que a remoção, descarte e extração de vapor.

A poluição decorrente de um vazamento de tanque de gasolina subterrâneo enfatiza alguns pontos importantes a respeito dos poluentes da água subterrânea:

- Alguns poluentes, como a gasolina, são mais leves que a água e, portanto, flutuam na água subterrânea.
- Alguns poluentes têm fases múltiplas: líquida, vapor e dissolvida. A fase dissolvida combina quimicamente com a água subterrânea (por exemplo, o sal dissolvido na água).
- Alguns poluentes são mais pesados que a água e afundam ou se movem para baixo da água subterrânea. Exemplos incluem partículas e solventes de limpeza. Os poluentes que afundam podem se concentrar nos aquíferos subterrâneos.
- O método usado para tratar ou eliminar a poluição da água deve levar em conta as propriedades físicas e químicas do poluente e como elas interagem com a água de superfície ou subterrânea. Por exemplo, poços de extração que removem a gasolina de uma fonte de água subterrânea (Figura 22.18) tiram proveito do fato de que a gasolina flutua na água.
- Uma vez que os poluentes não detectados ou não tratados podem causar riscos ambientais, e a limpeza ou tratamento de poluentes da água subterrânea é muito caro, a ênfase deve ser principalmente na prevenção para que os poluentes não contaminem a água subterrânea.

A poluição da água subterrânea difere em muito da poluição da água superficial. Na água subterrânea muitas vezes falta oxigênio, situação que mata muitos tipos de microrganismos aeróbios (que necessitam de ambientes ricos em oxigênio), mas pode oferecer um lar feliz para variedades anaeróbias (que vivem em ambientes com deficiência de oxigênio). A separação de poluentes que ocorre no solo e no material a quase um metro abaixo da superfície não ocorre prontamente na água subterrânea. Além do mais, os canais através dos quais a água subterrânea se desloca são muito pequenos e variáveis. Então, a taxa de movimento em muitos casos é baixa, e a oportunidade de dispersão e diluição de poluentes é limitada.

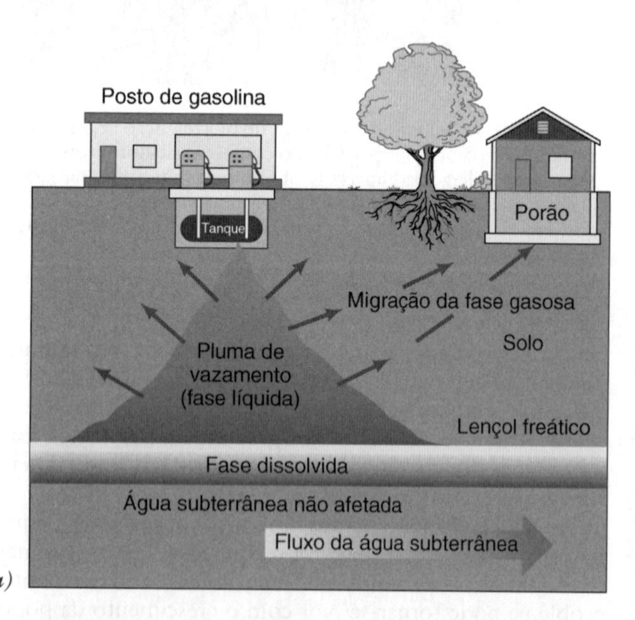

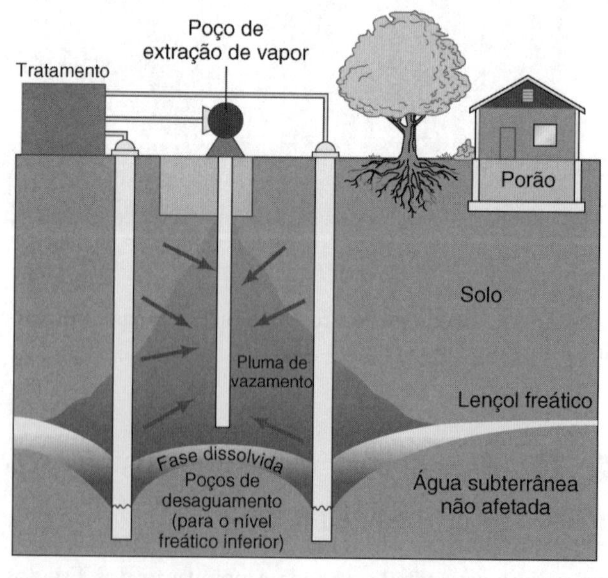

Figura 22.18 ■ O diagrama ilustra (*a*) o vazamento de um tanque de gasolina subterrâneo e (*b*) o conserto possível usando o sistema de extração de vapor. Nota-se que a gasolina líquida e o vapor de gasolina estão acima do lençol freático; uma pequena quantidade fica dissolvida na água. Todas as três fases dos poluentes (líquida, gasosa e dissolvida) flutuam na água subterrânea, que é mais densa. A extração também tira proveito dessa situação. A função do desaguamento de poços é retirar os poluentes de onde a extração for mais eficaz. (*Fonte:* Cortesia da University of California, Santa Barbara Vadose Zone Laboratory e David Springer.)

DETALHAMENTO 22.3

Água para Uso Doméstico: O Quanto É Saudável?

A água para uso doméstico nos Estados Unidos é retirada da superfície e do subsolo. Embora algumas fontes subterrâneas tenham uma qualidade de água mais alta e precisam de pouco ou de nenhum tratamento, a maioria das fontes é tratada conforme os padrões norte-americanos de tratamento de água potável (rever a Tabela 22.2).

Antes de tratada, a água é geralmente armazenada em reservatórios ou lagos especiais. O armazenamento permite aos sólidos, como sedimentos finos e materiais orgânicos, serem sedimentados, oferecendo limpidez à água. Em seguida, a água segue até uma estação de tratamento, onde é filtrada e clorada antes de ser distribuída individualmente para as casas. Uma vez nas casas das pessoas, a água pode receber tratamento adicional. Por exemplo, muitas pessoas passam a água da torneira por filtros de carvão antes de utilizá-la para beber e preparar alimentos.

Um crescente número de pessoas prefere não beber água de torneira, optando pela compra de garrafas de água para consumo pessoal. Como resultado, a produção de garrafas de água tornou-se uma indústria multibilionária.[6] Muitas dessas garrafas são de água filtrada e distribuída em recipientes plásticos. Recentemente, questões de saúde têm sido levantados quanto à lixiviação tóxica dos recipientes plásticos, especialmente se deixados expostos ao sol. O plástico quente pode desprender muito mais substâncias químicas dentro da água do que quando ele está frio. Em todo o caso, as garrafas de plástico devem ser utilizadas apenas uma vez, sendo a seguir recicladas.[26] Algumas pessoas preferem não beber água clorada ou que tenha passado por tubos metálicos. Além do mais, o abastecimento varia em limpidez, dureza (concentração de cálcio e magnésio) e sabor; e a avaliação da água local pode variar de acordo com o gosto das pessoas. Uma queixa comum a respeito da água de torneira é o sabor do cloro, que pode ocorrer com concentrações de cloro tão pequenas quanto 0,2–0,4 mg/L. As pessoas também podem temer a contaminação por concentrações mínimas de poluentes. A água potável nos Estados Unidos é uma das mais seguras do mundo; não há dúvidas de que o tratamento da água com cloro eliminou muitas doenças dela advindas, como a febre tifoide e o cólera, que anteriormente causavam sofrimento e morte nos países desenvolvidos e ainda o fazem muitas partes do mundo. Entretanto, é necessário conhecer muito mais a respeito dos efeitos em longo prazo da exposição a baixas concentrações de toxinas na água potável. Quão saudável é a água nos Estados Unidos? Ela é muito mais segura que há 100 anos, mas baixos níveis de contaminação (abaixo do que é considerado como perigoso) de substâncias químicas orgânicas e metais pesados é uma questão que requer a continuidade de pesquisas e avaliações.

Estuário de Long Island, Nova York

Outro exemplo — o estuário de Long Island, em Nova York — ilustra muitos problemas de poluição da água subterrânea e como eles afetam o abastecimento de água para a população. Dois condados de Long Island, em Nova York (Nassau e Suffolk), com alguns milhões de habitantes, dependem inteiramente da água subterrânea. Dois problemas principais associados à água subterrânea em Nassau são a intrusão de água salgada e a contaminação dos aquíferos rasos.[27] A intrusão de água salgada constitui um problema em muitas áreas costeiras do mundo (veja a Figura 22.19).

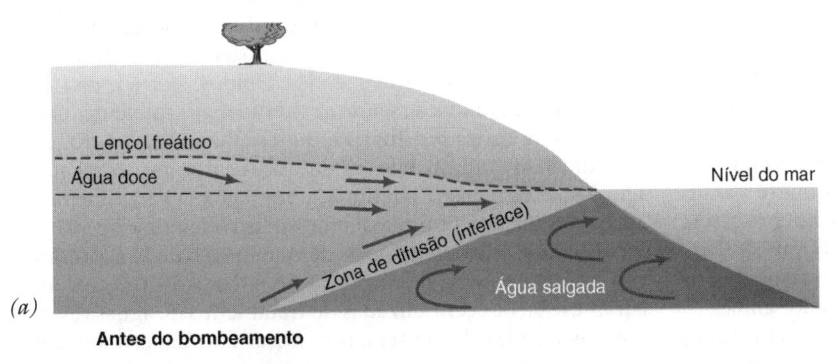

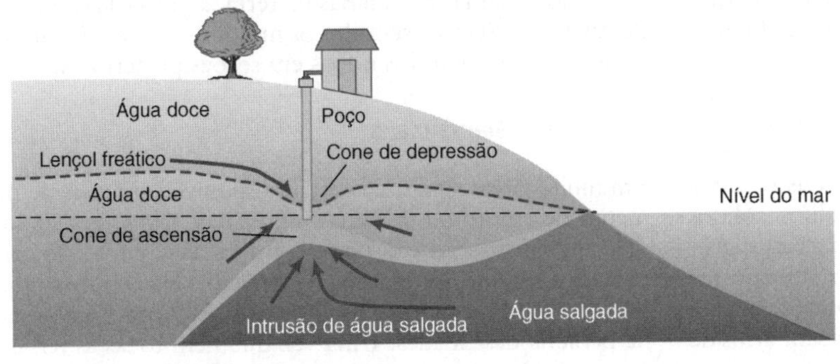

Figura 22.19 ■ Como pode ocorrer a intrusão de água salgada. O diagrama superior (*a*) mostra o sistema de água subterrânea próxima à área costal sob condições naturais, e o diagrama inferior (*b*) mostra um poço com um cone de depressão e um cone de ascensão. Se o bombeamento é intenso, o cone de ascensão pode ser puxado para cima, sugando a água salgada e conduzindo-a para o poço.

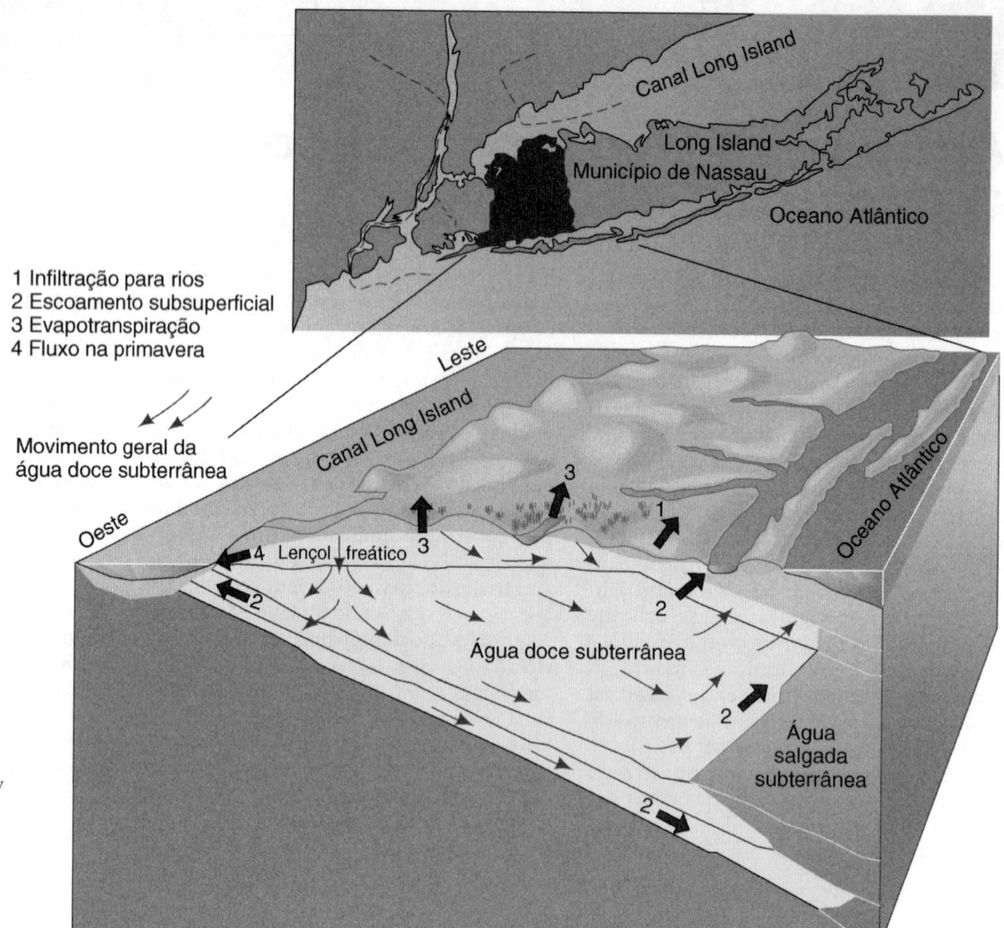

Figura 22.20 ■ O movimento geral da água doce subterrânea no condado de Nassau, em Long Island. (*Fonte:* G. L. Foxworth, Nassau County, Long Island, New York – Water Problems in Humid County, in G. D. Robinson and A. M. Spieke, eds., *Nature to Be Commanded,* U.S. Geological Survey Professional Paper 950, 1978, p. 55–68.)

A movimentação geral da água subterrânea sob condições naturais no condado de Nassau é ilustrada na Figura 22.20. A água subterrânea salgada tem sua migração restrita no interior da terra pela cunha grande de água doce que se desloca debaixo da ilha. Percebe-se também que os aquíferos estão em camadas, com aqueles mais próximos à superfície sendo mais salgados.

Apesar da enorme quantidade de água no sistema de águas subterrâneas do condado de Nassau, o bombeamento intensivo nos últimos anos fez com que os níveis de água caíssem 15 metros em algumas áreas. Como a água subterrânea é removida próxima às áreas litorâneas no subsolo, sua saída para o oceano diminui e permite que a água salgada migre para o continente. A intrusão da água salgada tornou-se um problema para a comunidade da costa sul, que agora deve bombear água subterrânea de um aquífero mais profundo, abaixo e isolado dos aquíferos rasos, onde existem problemas de intrusão salina.

O problema mais grave da água subterrânea em Long Island é a poluição dos aquíferos rasos associada à urbanização. Fontes de poluição no condado de Nassau incluem o escoamento superficial urbano, esgoto doméstico de fossas e tanques sépticos, sal usado para remover o gelo das estradas, resíduos sólidos e industriais. Esses poluentes entram na água superficial e então migram para baixo, especialmente em áreas de bombeamento intensivo e de redução dos níveis de água subterrânea.[27] Operações de deposição de resíduos sólidos municipais são fontes significativas de poluição para aquíferos rasos em Long Island, porque os poluentes (lixo) dispostos em solo arenoso sobre o aquífero raso rapidamente infiltram na água. Por essa razão, a maior parte dos aterros sanitários de Long Island foi fechada nas últimas duas décadas.

22.10 Tratamento de Águas Residuárias

A água usada para propósitos industriais e da rede municipal é frequentemente degradada durante o uso pela adição de sólidos em suspensão, como sais, nutrientes, bactérias e materiais que demandam oxigênio. Nos Estados Unidos, por lei, essa água deve ser tratada antes de ser devolvida ao meio ambiente. O **tratamento de águas residuárias**, ou tratamento de esgoto, custa aproximadamente 20 bilhões de dólares por ano aos Estados Unidos, e esse custo continua a aumentar. O tratamento de águas residuárias continuará a ser um grande negócio.

Os métodos convencionais de tratamento de águas residuárias incluem sistema de disposição em fossas sépticas em áreas rurais e estações centralizadas de tratamento de águas residuárias nas cidades. Recentemente, novas abordagens incluem a aplicação de águas residuárias na terra, a purificação e o reúso dessas águas. Serão discutidos os métodos convencionais nesta seção e alguns métodos novos em seções posteriores.

Fossas Sépticas

Em muitas áreas rurais, não estão disponíveis sistemas de tratamento de esgoto ou de águas residuárias. Como resultado, os sistemas individuais de disposição em fossas sépticas, não conectadas aos sistemas de esgoto, continuam a ser um método importante de disposição de esgoto, tanto em áreas rurais quanto na periferia das cidades. Uma vez que nem todas as terras são adequadas à instalação de sistemas de disposição em fossas sép-

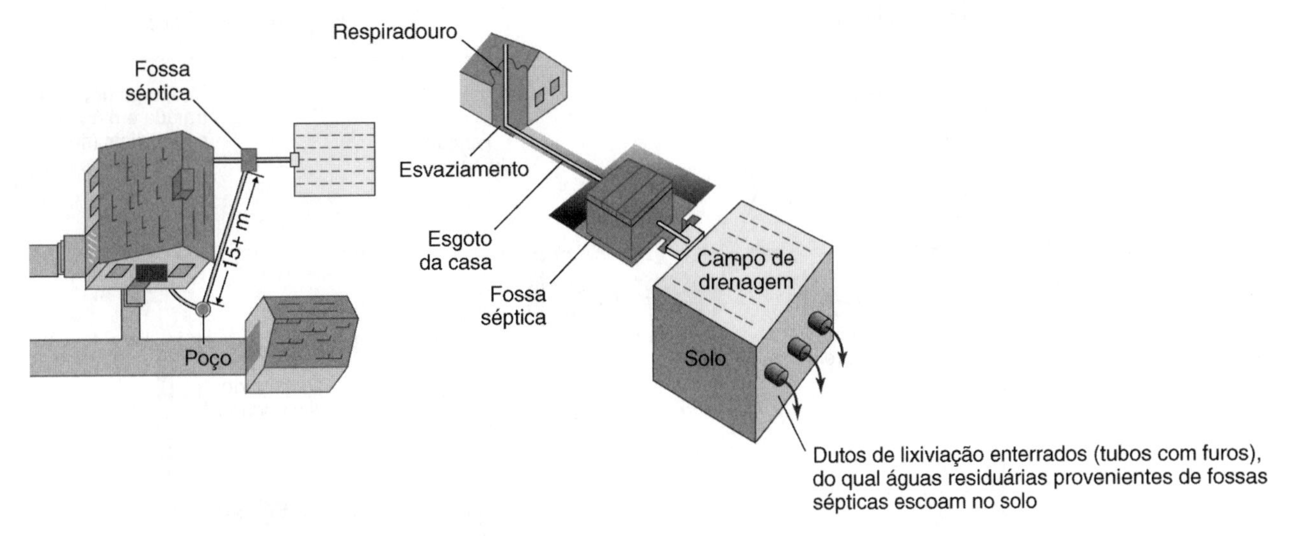

Figura 22.21 ■ Sistema de disposição de esgoto em fossas sépticas e localização dos campos de absorção em relação à casa e ao poço. (*Fonte:* Baseado em Indiana State Board of Health.)

ticas, é necessário avaliar cada local segundo a legislação antes de permitir sua instalação. Um comprador atento deve se certificar de que o local seja satisfatório para a instalação de fossas sépticas antes de adquirir propriedades em áreas rurais ou na periferia de uma região urbana onde esse sistema seja necessário.

As partes básicas do sistema de disposição em fossas sépticas são mostradas na Figura 22.21. O encanamento de esgoto de uma casa leva a uma fossa séptica subterrânea no jardim. A fossa é projetada para separar sólidos de líquidos, fazer a digestão (transformações bioquímicas) e armazenar material orgânico por um período de retenção, e permitir o líquido clarificado ser descarregado no campo de drenagem (campo de absorção) a partir de um sistema de tubulação através do qual o esgoto tratado infiltra no solo circundante. Como a água residuária se move através do solo, é tratada novamente por um processo natural de oxidação e filtração. Com o tempo, a água atinge qualquer fonte de água doce, sendo segura para outros usos.

Os campos de absorção de esgoto podem falhar por muitas razões. A causa mais comum está na incapacidade de bombear para fora do tanque séptico quando este está cheio de sólidos e com drenagem pobre de solo, permitindo a efluência à superfície em tempo de chuva. Quando o campo de absorção da fossa séptica falha, o resultado é a poluição das águas subterrâneas e superficiais. A solução para os problemas relacionados ao sistema de fossas sépticas inclui implantação de fossas sépticas em solos bem drenados, certificando-se de que os sistemas estejam dimensionados adequadamente, e a prática da devida manutenção e limpeza.

Estações de Tratamento de Águas Residuárias

Em áreas urbanas, o tratamento de água residuária ocorre em estações especialmente projetadas para receber o esgoto das casas, empresas e indústrias do município. O esgoto bruto é conduzido à estação por meio de uma rede de tubulações. Seguindo o tratamento, a água residuária é descarregada na água superficial do ambiente (rios, lagos ou oceano) ou, em alguns poucos casos, usada para outros propósitos, como na irrigação de plantações. Os principais objetivos do padrão de tratamento nas estações são reduzir a DBO e matar as bactérias com cloro. Um diagrama simplificado da estação de tratamento de águas residuárias é mostrado na Figura 22.22.

Os métodos de tratamento das águas residuárias são geralmente divididos em três categorias: **tratamento primário, tratamento secundário e tratamento avançado de águas residuárias**. Os tratamentos primário e secundário são requeridos por lei federal para todas as estações municipais nos Estados Unidos. Entretanto, as estações de tratamento podem se beneficiar de uma isenção e dispensar a instalação de tratamento secundário caso essa instalação imponha uma sobrecarga financeira. Em lugares onde o tratamento secundário não for suficiente para proteger a qualidade da água superficial em que a água tratada for lançada — por exemplo, um rio com espécies de peixes ameaçadas e que devem ser protegidas — deve ser necessário tratamento avançado.[28]

Tratamento Primário

O esgoto bruto chega à estação por meio de adutoras municipais de esgoto e primeiramente passa pelo processo de gradeamento, onde uma série de grades remove o material orgânico grande e flutuante. O esgoto entra então em uma caixa de areia, onde areia, pedras pequenas, cascalhos e assemelhados são removidos e depois descartados; e depois o esgoto segue para o decantador primário (ou tanque de sedimentação), onde os materiais particulados se sedimentam e formam uma lama ou lodo. Algumas vezes, substâncias químicas são utilizadas para ajudar no processo de decantação. Por fim, o lodo é removido e transportado para ser digerido em outro processo. O tratamento primário remove aproximadamente de 30% a 40% da DBO por volume de água residuária, principalmente na forma de sólido em suspensão e materiais orgânicos.[28]

Tratamento Secundário

Existem vários métodos de tratamento secundário,* mas aqui é descrito o tratamento mais comum nos Estados Unidos, conhecido como *lodos ativados*. Nesse procedimento, a água

*No Brasil, as estações de tratamento de esgoto utilizam, em sua maioria, sistemas com uso de diferentes tipos de lagoas de tratamento biológico, dentre elas: lagoas facultativas; lagoas anaeróbias seguidas por lagoas facultativas (sistema australiano); lagoas aeradas facultativas. A extensa área territorial e as condições climáticas favorecem o uso de lagoas no Brasil, já que é um método relativamente simples e barato, por não demandarem tanto o uso de energia elétrica (no caso das lagoas sem aeração). (N.T.)

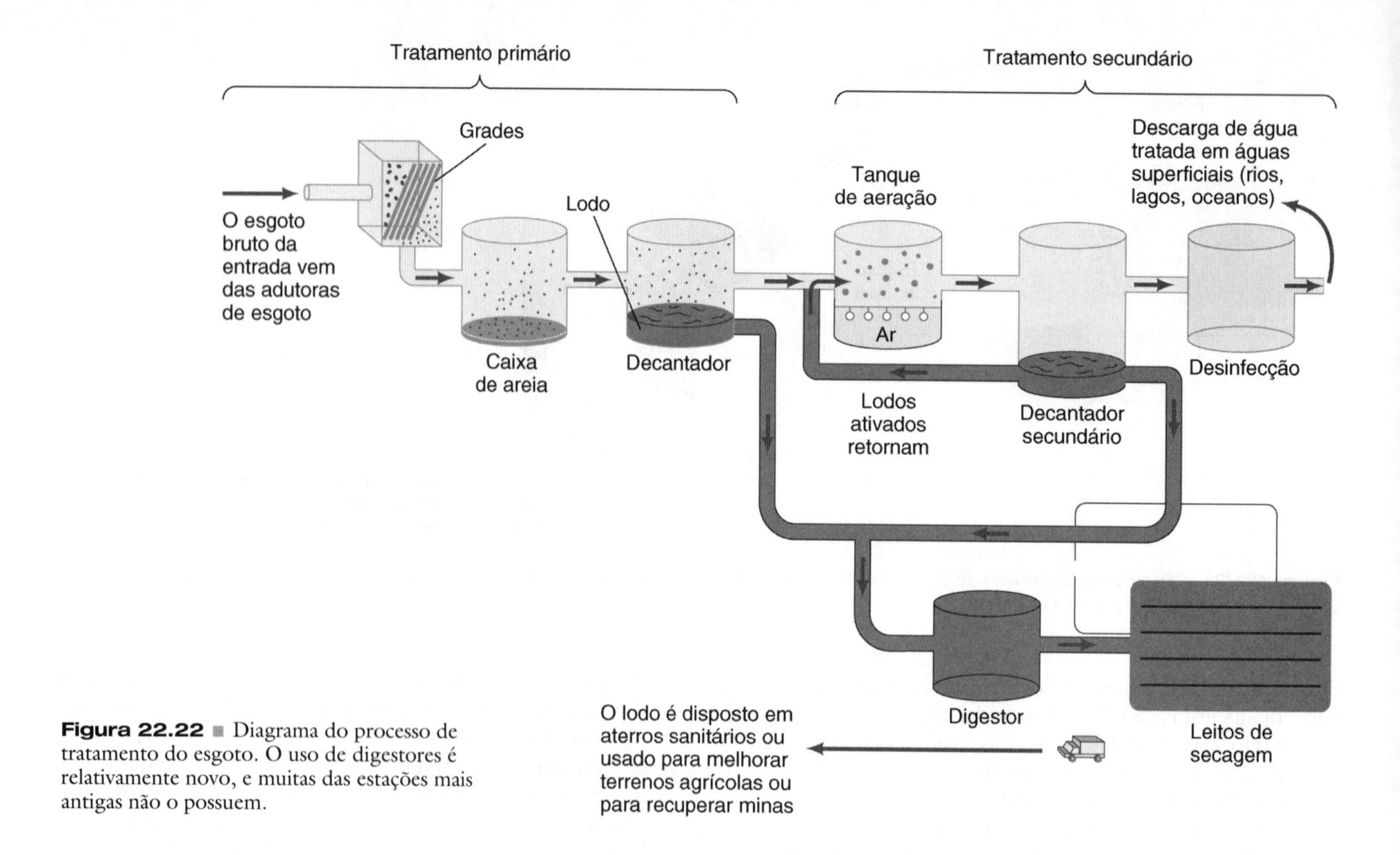

Figura 22.22 ■ Diagrama do processo de tratamento do esgoto. O uso de digestores é relativamente novo, e muitas das estações mais antigas não o possuem.

residuária do decantador primário entra no tanque de aeração (Figura 22.22), onde a água residuária é misturada com ar (que é bombeado) e com um pouco do lodo do decantador secundário. O lodo contém bactérias aeróbias que consomem material orgânico (DBO) dos resíduos. A água residuária entra então no decantador secundário, onde o lodo é removido. Uma parte do lodo ativado, rico em bactérias, é novamente recirculado e misturado no tanque de aeração, com o ar, e reutilizado na entrada de águas residuárias como um ativador. As bactérias são utilizadas repetidamente. Uma parte do lodo do decantador secundário, entretanto, é transportada para o digestor de lodo. Lá, juntamente com o lodo proveniente do decantador primário, ocorre seu tratamento por bactérias anaeróbias, que degradam ainda mais o lodo por meio de digestão microbiana.

O gás metano (CH_4) é um produto da digestão anaeróbia e pode ser usado nas estações como um combustível para movimentar equipamentos, gerar aquecimento e refrigeração de edifícios. Em alguns casos, o metano é queimado. A água residuária do decantador secundário é desinfetada, geralmente por cloração, para eliminar microrganismos causadores de doenças. A água residuária tratada é então descarregada em um rio, lago ou oceano, ou em alguns poucos casos, usada na irrigação de plantações (veja o Detalhamento 22.4). O tratamento secundário remove aproximadamente 90% da DBO que entra na estação de tratamento de esgoto.[28]

O lodo do digestor sofre um processo de secagem e adensamento, e então depois é depositado em um aterro sanitário ou aplicado como melhoria para o solo. Em alguns casos, as estações de tratamento em áreas urbanas ou industriais contêm muitos poluentes, como metais pesados, que não são removidos no processo de tratamento. O lodo dessas estações é poluído demais para ser usado em melhorias do solo e deve ser eliminado. Algumas comunidades, entretanto, necessitam de indústrias de pré-tratamento de esgoto para a remoção de metais pesados antes de o esgoto chegar à estação de tratamento; nesses casos, o lodo pode ser usado com maior segurança para correção do solo.

Tratamento Avançado de Esgoto

Como os tratamentos primário e secundário não removem todos os poluentes do esgoto, algum poluente adicional pode ser removido por um passo a mais de tratamento. Por exemplo: nutrientes como os fosfatos e nitratos químicos orgânicos, e metais pesados podem ser removidos por tratamentos específicos como os filtros de areia, os filtros de carbono, e componentes químicos que assistem no processo de remoção.[28] A água tratada é então lançada em água superficiais, ou pode ser usada para a irrigação de terras agrícolas ou propriedades municipais como campos de golfe, parques da cidade e terrenos que circundam as estações de tratamento de águas residuárias.

O tratamento avançado de águas residuárias constitui a melhor opção quando é particularmente importante manter a qualidade da água. Por exemplo, se a estação de tratamento despeja a água residuária tratada dentro de um rio e existe a preocupação de que os nutrientes remanecentes após o tratamento secundário possam causar danos ao ecossistema do rio (eutrofização), então o tratamento avançado pode ser utilizado para a redução desses nutrientes.

Tratamento com Cloro

Conforme mencionado, a cloração é frequentemente usada para a desinfecção da água como parte do tratamento de águas residuárias. O tratamento com cloro é muito eficaz para matar patógenos que historicamente têm causado sérias doenças de veiculação hídrica, responsáveis pela morte de muitos milhares de pessoas. Entretanto, uma descoberta potencial recente é que o tratamento com cloro produz uma pequena quantidade de produtos químicos, e alguns foram

DETALHAMENTO **22.4**

Porto de Boston: Limpeza de um Tesouro Nacional

A cidade de Boston está intimamente ligada à história da formação dos Estados Unidos. Os nomes de Samuel Adams e Paul Revere imediatamente vêm à mente dos norte-americanos quando se considera o final da década de 1700, período em que as colônias lutaram para obter independência da Inglaterra. Em 1773, Samuel Adams e um grupo de patriotas invadiram três navios ingleses e lançaram ao mar sua carga de chá no porto de Boston. A questão enfatizada pelos patriotas era a crença de que a taxação sobre o chá era inadequada, e o evento ficou conhecido como "A Festa do Chá de Boston". O chá derrubado no porto pelos patriotas não o poluiu, mas a cidade cresceu, e o escoamento de todo o tipo de lixo eventualmente o fez. Por aproximadamente 200 anos, o porto de Boston foi um local de disposição para o lançamento de esgoto, água residuária tratada e água contaminada por transbordamento de esgoto durante as tempestades na baía de Massachusetts. No final do século XX, ordens judiciais exigiram que medidas para limpeza da baía fossem tomadas.

Após estudos de áreas afastadas da costa da baía de Massachusetts, decidiu-se modificar as áreas de despejo de esgoto (chamadas de emissários) para mais distante do porto de Boston. A poluição do porto ocorreu porque os resíduos que eram lançados lá ficavam depositados em uma pequena e rasa área da baía de Massachusetts. Embora houvesse a ação vigorosa das marés entre o porto e a baía, o tempo de transporte era de uma semana e, logo, os emissários de esgoto foram suficientes para causar a poluição da água. Estudos da baía de Massachusetts sugerem que direcionando os emissários para mais distante da costa, onde a água é mais profunda e as correntes são mais fortes, reduziria o nível de poluição do porto de Boston.

Mover os emissários para mais distante da costa é certamente o passo na direção correta, mas a solução em longo prazo quanto à entrada de poluentes no ecossistema marinho requisitará medidas adicionais. Os poluentes da água, mesmo que lançados mais distante da costa, em áreas de maior circulação e maior profundidade, eventualmente acumularão e causarão danos ao ambiente. Como resultado, qualquer solução em longo prazo deve incluir redução das fontes de poluentes. Para esse fim, o Plano Regional de Tratamento de Esgoto de Boston incluiu uma nova estação de tratamento projetada para reduzir significativamente o nível de poluentes despejados dentro da baía. Isso reconhece que essa diluição por si mesma não pode resolver a gestão do problema do esgoto urbano. Transferir a localização dos emissários de esgoto para longe da costa, quando combinado com redução das fontes de poluentes, constitui um exemplo positivo de que é possível realizar uma gestão melhor do esgoto, levando à redução dos problemas ambientais.[29]

identificados como potencialmente perigosos para humanos e outros animais. Por exemplo, um estudo recente na Inglaterra revelou que, em alguns rios, espécies de peixes machos a jusante de estação de tratamento de esgoto apresentavam, ao mesmo tempo, óvulos e espermatozoides. Isso está relacionado provavelmente com a concentração de esgoto efluente e com o método de tratamento utilizado.[30] Evidências também sugerem que esses produtos na água trazem risco de desenvolvimento de câncer e outras consequências à saúde humana. O grau de risco é controverso e ainda está sendo debatido.[31]

22.11 Aplicação de Águas Residuárias no Solo

A prática de aplicar água residuária nas terras resulta da crença fundamental de que o esgoto é simplesmente um recurso fora do lugar. A aplicação na terra de esgoto humano não tratado foi praticada por centenas, senão por milhares de anos, antes do desenvolvimento das estações de tratamento de água residuária que resolveu o processo relativo à redução de DBO e o uso da cloração.

O Ciclo de Purificação e Conservação de Águas Residuárias

O sistema ideal de aplicação na terra é algumas vezes denominado **ciclo de purificação e conservação de águas residuárias** e é mostrado esquematicamente na Figura 22.23. As principais etapas do ciclo são listadas a seguir:

1. Retorno da água residuária tratada (após o tratamento primário) para conduzi-la via aspersores automáticos (*sprinklers*) ou outro sistema de irrigação.
2. Purificação natural por lenta percolação da água residuária dentro do solo, que eventualmente recarregará as fontes de água do subsolo com água limpa (uma forma avançada de tratamento).
3. Reúso da água tratada, que é bombeada para fora do subsolo para propósitos municipais, industriais, institucionais ou agrícolas.

A reciclagem da água residuária está sendo atualmente praticada em muitos locais nos Estados Unidos. Em larga escala, no programa de reciclagem da água residuária próximo a Muskegon e Whitehall, Michigan, o esgoto bruto de casas e indústrias é transportado por tubulações para a estação de tratamento, onde recebe tratamento primário e secundário. A água residuária (mais de 120 milhões de litros por dia) é então clorada e bombeada para dentro de uma rede de tubulações que transporta o efluente para uma série de equipamentos de irrigação por gotejamento, que, por sua vez, aplicam a água tratada em aproximadamente 2.000 hectares de milho, soja e alfafa. Após a infiltração no solo, a água residuária é coletada em um sistema de drenagem e transportada para o rio Muskegon para disposição final. O último passo é um tratamento avançado indireto que utiliza os ambientes naturais físicos e biológicos como um filtro. Esse sistema remove os principais poluentes potenciais, atingindo o padrão nacional dos EUA de qualidade da água.

Tecnologias para tratamento das águas residuárias são desenvolvidas rapidamente. Uma importante questão a ser levantada é: é possível desenvolver uma estação de tratamento

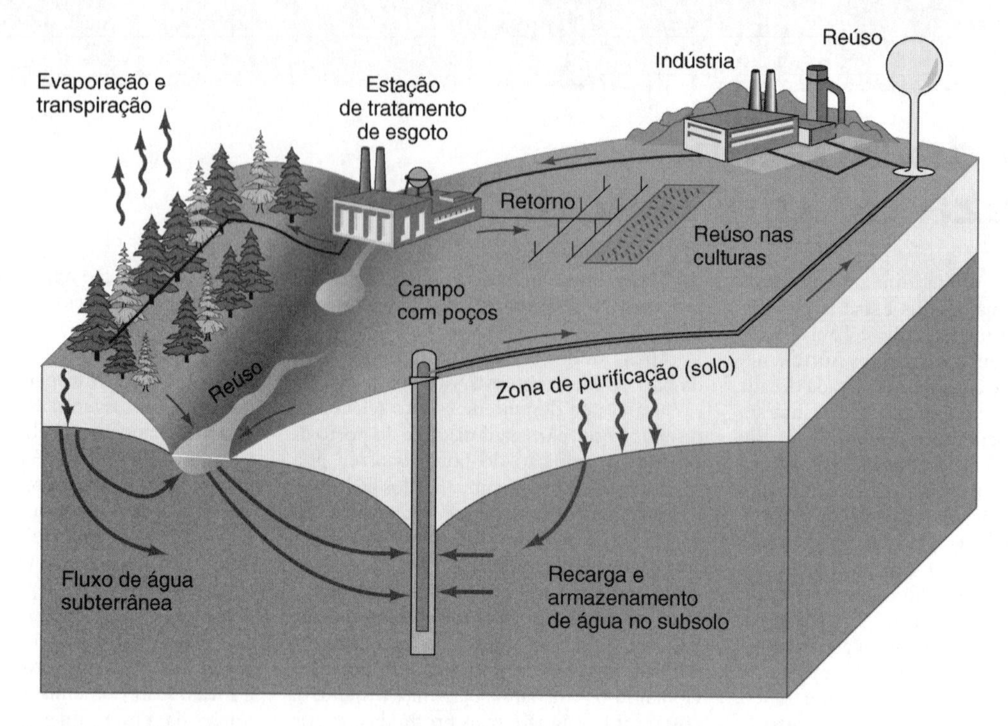

Figura 22.23 ■ O ciclo de purificação e conservação de água residuária. (*Fonte:* R. R. Parizek, L. T. Kardos, W. E. Sopper, E. A. Myers, D. E. Davis, M. A. Farrel e J. B. Nesbitt, "Pennsylvania State Studies: Waste Water Renovation and Conservation", *University Studies 23*. Copyright 1967 pela Pennsylvania State University. Reproduzido com permissão da Pennsylvania State University Press.)

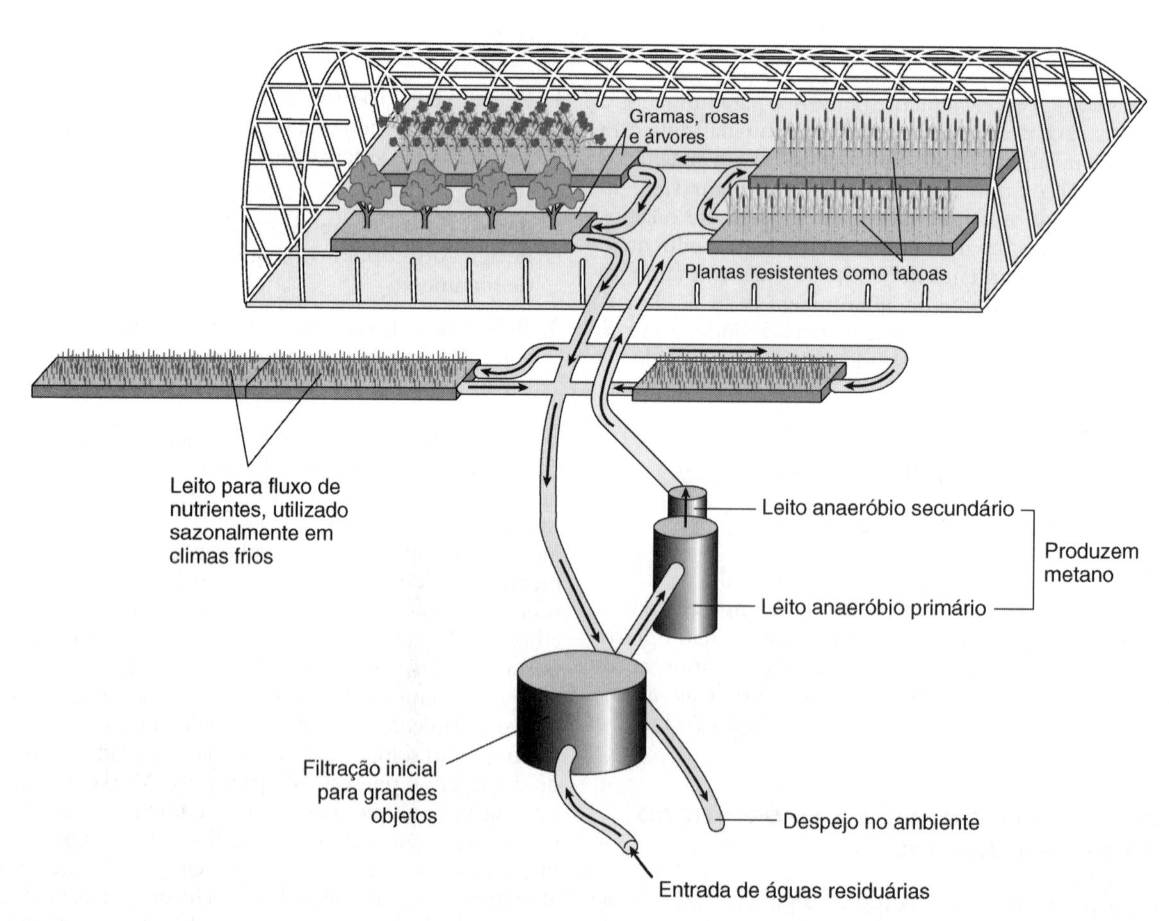

Figura 22.24 ■ Componentes de uma estação de tratamento para recuperação de recursos de águas residuárias. Neste modelo, dois recursos são recuperados: metano, que pode ser queimado para produção de energia a partir dos leitos anaeróbios; e plantas ornamentais, que podem ser comercializadas. (*Fonte:* Baseado em W. J. Jewell, "Resource-Recovery Wastewater Treatment", American Scientist [1994] 82:366–375.)

de esgoto adequada em termos ambientais, economicamente viável e fundamentalmente diferente das utilizadas hoje em dia? Uma ideia para esse tipo de estação, chamada de estação de tratamento para recuperação de recursos de águas residuárias, é mostrada na Figura 22.24. O termo *recuperação de recursos* aqui se refere à produção de recursos, incluindo gás metano (que pode ser queimado como combustível) e plantas e flores ornamentais de valor comercial.

O processo de recuperação de recursos nas estações de tratamento ocorre da seguinte maneira: primeiro, a água residuária flui para filtros que removem os componentes grandes; segundo, a água cai em processo anaeróbio (esse processo produz o gás metano); e, último, a água rica em nutrientes flui em superfície inclinada contendo plantas (essas utilizam os nutrientes e promovem a purificação da água). O processo consiste em limpar a água até o mesmo padrão obtido no tratamento secundário em uma estação de tratamento convencional. Se promover a purificação é necessário, então a água deverá ser processada por outras plantas antes de ser liberada no ambiente.

O tratamento de água residuária que utiliza o conceito de recuperação de recursos é um estágio experimental de uma pequena estação-piloto. Essa tecnologia pode superar muitos problemas, antes mesmo de ser amplamente utilizada. Primeiro, há um enorme investimento nas estações de tratamento de esgoto tradicionais, e os engenheiros e outros técnicos estão familiarizados com a forma de construí-las e operá-las. Segundo, os incentivos econômicos destinados a novas tecnologias são insuficientes. Terceiro (e talvez o mais importante) é que não há pessoal treinado suficientemente para projetar e operar novos tipos de estação de tratamento. Entretanto, isso pode mudar, visto que mais universidades estão desenvolvendo programas de Engenharia Ambiental que possuem uma visão ampla do desenvolvimento e aplicações tecnológicas.[32]

Águas Residuárias e Zonas Úmidas

As águas residuárias são aplicadas com sucesso em zonas úmidas artificiais ou naturais em diversos locais.[33-35] Áreas úmidas ou construídas pelo homem são potencialmente efetivas no tratamento dos problemas citados a seguir:

- Águas residuárias municipais de estações com tratamento primário e secundário (DBO, patógenos, fósforo, nitrato, sólidos suspensos, metais).
- Escoamento superficial pluvial (metais, nitrato, DBO, pesticidas, óleo).
- Águas residuárias industriais (metais, ácidos, óleo, solventes).
- Águas residuárias e escoamento superficial da agricultura (DBO, nitrato, pesticidas e sólidos suspensos).
- Águas de minas (metais, água ácida, sulfatos).
- Infiltração de águas subterrâneas de aterros sanitários (DBO, metais, óleo e pesticidas).

O tratamento da água residuária por meio de sistemas de zonas úmidas é particularmente atrativo para comunidades que encontram dificuldades em implantar estações de tratamento de água tradicionais. Por exemplo, a cidade de Arcata, no norte da Califórnia, fez uso de zonas úmidas como parte de seu sistema de tratamento de água. A água residuária chega principalmente de casas e em menor quantidade de indústrias madeireiras. Ela é tratada por meio de métodos primário e secundário convencionais, e é então clorada e desclorada antes de ser descarregada na baía Humboldt.[33]

Zona Úmida da Costa da Louisiana

O estado da Louisiana, com sua abundante zona úmida costeira, é líder em desenvolvimento de tratamento avançado usando zonas úmidas após o tratamento secundário (Figura 22.25). Águas residuárias ricas em nitrogênio e fósforo, quando aplicadas em zonas úmidas costeiras, estimulam a produção de plantas de zonas úmidas, melhorando, desse modo, a qualidade da água, devido ao uso desses nutrientes pelas plantas. Quando as plantas morrem, seu material orgânico (folhas, raízes e galhos) causa o crescimento vertical da zona úmida (ou acreção), equilibrando parcialmente a

(*a*)

(*b*)

(*c*)

Figura 22.25 ■ (*a*) Zona úmida do Pântano Pointe au Chene, cinco quilômetros ao sul de Thibodaux, Louisiana, que recebe água residuária; (*b*) um dos tubos de descarga lançando águas residuárias; (*c*) e ambientalistas realizando trabalho de campo no Pântano Pointe au Chene para avaliar a zona úmida.

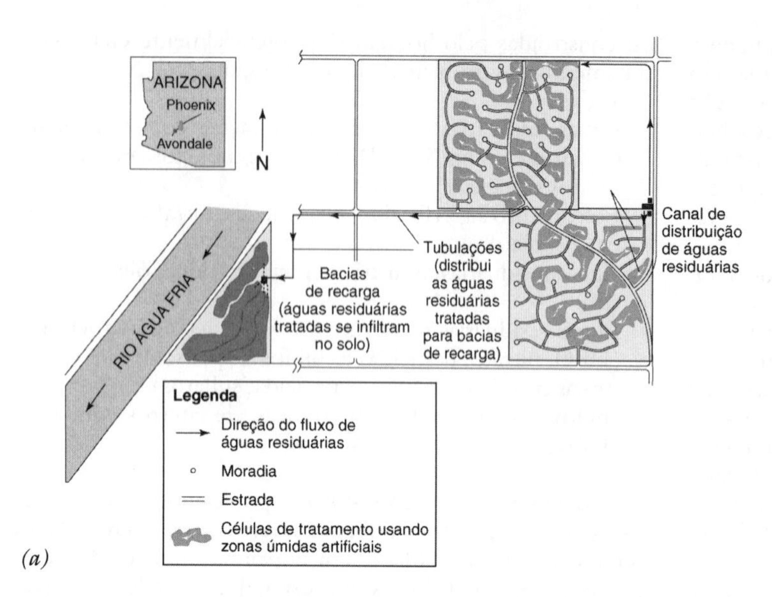

(*a*)

(*b*)

Figura 22.26 ■ (*a*) Mapa do projeto de zonas áridas artificiais para tratamento das águas residuárias agrícolas em Avondale (perto de Phoenix), Arizona; e (*b*) fotografia de zonas áridas integradas com o projeto habitacional (canto inferior à esquerda). (*Fonte*: Integrated Water Resources, Inc., Santa Barbara, Califórnia.)

perda das zonas úmidas com o aumento do nível do mar.[36] A aplicação das águas residuárias às zonas úmidas também tem significância econômica, visto que o investimento financeiro necessário é pequeno se comparado com o de tratamentos avançados nas estações de tratamento convencionais. Em um período acima de 25 anos, avalia-se uma economia de aproximadamente 40.000 dólares por ano.[35] Concluindo, a utilização de zonas úmidas isoladas, como aquelas da costa da Louisiana, é uma solução prática para melhorar a qualidade da água em pequenas e dispersas comunidades da zona costeira. Como o padrão de qualidade de água é rígido, o tratamento de água residuária por meio de zonas úmidas torna-se uma alternativa viável e efetiva mais rentável em comparação com o tratamento tradicional.[36,37]

Phoenix, Arizona: Zonas Úmidas Construídas

Zonas úmidas podem ser construídas em regiões áridas para o tratamento de águas de qualidade ruim. Por exemplo, em Avondale, Arizona, próximo a Phoenix, uma instalação de tratamento que utiliza zona úmida para o tratar águas residuárias agrícolas se situa em um condomínio residencial (Figura 22.26). As instalações foram projetadas para tratar eventualmente 17.000 m^3/dia de água. A água que entra nas instalações possui concentração de nitrato (NO_3) de 20 mg/L. A zona úmida artificial contém naturalmente bactérias que reduzem o nitrato para abaixo do nível máximo de contaminação que é de 10 mg/L. Seguindo o tratamento, a água flui por tubulações para recarregar a bacia próxima ao rio Água Fria, onde escoa para a terra, formando fonte de água subterrânea. As instalações de tratamento com uso de zonas úmidas custaram cerca de 11 milhões de dólares, aproximadamente metade do custo das instalações de estações tradicionais.

22.12 Reúso de Água

O **reúso de água** pode ser inadvertido, indireto ou direto. O *reúso inadvertido de água* ocorre quando a água é retirada, tratada, usada, tratada novamente e retorna ao meio ambiente seguida pela posterior retirada e uso. O uso inadvertido de água é muito comum e um fato na vida de milhões de pessoas que vivem próximo a grandes rios. Rio abaixo, outras comunidades retiram, tratam e consomem a água.

Vários riscos estão associados ao reúso inadvertido:

1. Tratamento inadequado leva ao fornecimento de água contaminada ou de má qualidade para os usuários que vivem a jusante dos rios.
2. Devido ao fato de todas as doenças causadas por vírus durante e após o tratamento não serem completamente conhecidas, os riscos à saúde associados à água tratada permanecem na incerteza.
3. A cada ano, novas substâncias químicas potencialmente perigosas são introduzidas no meio ambiente. Substâncias químicas nocivas são frequentemente detectadas na água, e se elas são ingeridas em pequenas concentrações por vários anos, seus efeitos na humanidade podem ser difíceis de serem avaliados.[33]

O *reúso indireto de água* é um esforço planejado. Um exemplo disso é o ciclo de purificação e conservação de águas residuárias, previamente discutido e ilustrado na Figura 22.23. Planos similares têm sido usados em muitos lugares no sudoeste dos EUA, onde vários milhões de metros cúbicos de águas residuárias tratadas por dia foram aplicados às áreas superficiais de recarga. As águas tratadas eventualmente entram nos reservatórios de águas subterrâneas, que depois poderão ser usadas com propósitos agrícolas e municipais.

O *reúso direto de água* se refere ao uso de águas residuárias tratadas que são canalizadas diretamente das estações de tratamento para uma atividade posterior. Em muitos casos, a água é usada na indústria, na atividade agrícola ou na irrigação de campos de golfe, campos institucionais (tais como os universitários) e parques. O reúso direto de água está crescendo rapidamente. Nas fábricas, o reúso direto de água em processos industriais é norma. Em Las Vegas, Nevada, novos hotéis, que usam uma grande porção de água de fontes, rios, canais e lagos são exigidos a tratar as águas residuárias e a reutilizá-las (Figura 22.27). O pouco reúso de água para con-

Figura 22.27 ■ O reúso de água em um hotel em Las Vegas, Nevada.

sumo humano (exceto em emergências) deve-se aos riscos e atitudes culturais negativas relacionadas ao tratamento de águas residuárias. Isto está mudando, entretanto, no condado de Orange, na Califórnia, onde um programa ambicioso de tratamento de água residuária está sendo elaborado. Tal programa processa 265 milhões de litros por dia para injetar águas residuárias tratadas dentro do sistema de águas subterrâneas, no subsolo, onde são posteriormente filtradas. A água é então bombeada para fora, depois tratada e usada nas casas e nos comércios.[38]

22.13 Poluição da Água e Leis Ambientais

Leis ambientais, leis voltadas para a conservação e uso de recursos naturais e controle de poluição, são muito importantes para o debate das questões ambientais e resultam em decisões sobre como melhorar a proteção do meio ambiente. Nos EUA, leis em nível federal, estadual e municipal direcionam estas questões.

As leis federais para proteger o recurso água retomam o Ato dos Rejeitos de 1899, decretado para tentar impedir a poluição em rios e lagos navegáveis. A Tabela 22.4 lista as leis mais antigas, que possuem o componente recurso/poluição hídrica. Cada um desses pedaços mais antigos da legislação teve um impacto significativo na questão da qualidade de água. Várias leis federais foram decretadas com o objetivo de tratar ou limpar os problemas causados pela poluição ou tratar as águas residuárias. Entretanto, há também um foco de prevenção para que os poluentes não entrem na água. Prevenir tem a vantagem de evitar não só os riscos ambientais, mas também tratamentos e limpeza mais custosos.

Do ponto de vista da poluição da água, em meados de 1990 os debates e controvérsias nos EUA ficaram intensos.

Tabela 22.4 Legislação Federal nos EUA Relativa à Água

Data	*Lei*	*Resumo*
1899	Ato dos Rejeitos	Protege as águas navegáveis da poluição.
1956	Ato Federal de Controle da Poluição e das Águas	Realça a qualidade do recurso água e previne, controla e elimina a poluição das águas.
1958	Ato Coordenado da Pesca e Vida Selvagem	Mandatos de projetos para a coordenação do recurso água tais como barragens, usinas de energia elétrica e maior controle de inundação coordenado com o Serviço de Pesca e Vida Selvagem dos EUA para a efetivação de medidas de conservação da vida selvagem.
1969	Ato Nacional da Política Ambiental	Requer estudo do impacto ambiental para ações federais (desenvolvimento) que afetam significativamente a qualidade do meio ambiente. Estão incluídas as barragens e represas, canalizações, usinas de geração de energia elétrica, pontes etc.
1970	Ato de Melhoria da Qualidade da Água	Expande o poder do ato de 1956 através do controle de óleos poluentes e poluentes perigosos e provê a pesquisa e desenvolvimento para eliminar a poluição dos Grandes Lagos e da drenagem ácida das minas.
1972 (alterado em 1977)	Ato Federal de Controle de Poluição das Águas (Ato da Água Limpa)	Busca limpar a água da nação. Fornece bilhões de dólares nas subvenções federais para estações de tratamento de esgoto. Encoraja inovações tecnológicas, incluindo métodos de tratamentos alternativos da água e recarga de aquífero com águas residuárias.
1974	Ato Federal da Água Potável Segura	Objetiva fornecer a todos os norte-americanos água potável segura. Conjuntos de níveis de contaminação para substâncias perigosas e patogênicas.
1980	Ato de Responsabilidade, Compensação e Resposta Ambiental Ampla	Estabelece um fundo para limpar locais de eliminação de resíduos perigosos, de modo a reduzir a poluição das águas subterrâneas.
1984	Emendas de Resíduos Sólidos e Perigosos ao Ato de Recuperação e Conservação de Recursos	Regulamenta as atividades dos tanques subterrâneos de combustíveis. Reduz a capacidade de poluição potencial das águas subterrâneas pela gasolina.
1987	Ato da Qualidade da Água	Estabelece uma política nacional para controle das fontes de poluição das águas. Importante no desenvolvimento de usinas de gestão estadual para controle das fontes de poluição da água.

QUESTÃO PARA REFLEXÃO CRÍTICA

Como Rios Poluídos Podem Ser Recuperados?

O rio Illinois nasce na parte nordeste do estado de mesmo nome e flui para o oeste e para o sul, drenando partes de Indiana e Wisconsin (veja a Figura 22.28). Do lago Michigan, que é conectado com o rio por um canal em Chicago para a confluência do rio com o Mississipi, há uma distância de 526 km. As planícies de inundação circundantes ao rio, uma mistura de pradarias e florestas de nogueiras de carvalho, são hoje usadas principalmente para o cultivo de plantações. No passado, entretanto, o rio era muito produtivo, especialmente na área mais baixa, com um percurso de 320 km; em 1908, foi responsável por 10% do total de peixes de água doce capturados nos EUA (11 milhões de quilos; 200 kg/ha). Por volta de 1970, o mesmo trecho de rio produziu meramente 0,32% do total de peixes de água doce (4,5 kg/ha). Os dois principais fatores responsáveis pela mudança de produtividade do rio Illinois são: o desvio do esgoto de Chicago, que antes era lançado no lago Michigan, para rio e para agricultura. Uma breve história dos eventos referentes à qualidade de água no rio Illinois é dada na Tabela 22.5.

Figura 22.28 ■ Bacia hidrográfica do rio Illinois.

Perguntas para Reflexão Crítica

1. Desenvolva uma hipótese para explicar porque a população de peixes atingiu o pico em 1908, e declinou após a construção do Canal de Navegação e de Despejo de Esgoto Sanitário de Chicago. Sua hipótese deverá explicar também a recuperação dos peixes nas décadas de 1920 e 1930 e as causas dos problemas ambientais das décadas de 1940 e 1950. Esboce um experimento controlado para testar sua hipótese.

2. Por que a qualidade da água mostra alguma melhoria em 1990, embora o Plano de Represas e Túneis ainda não havia sido completado? (Dica: veja a Tabela 22.5.)

3. A mais importante variável que afeta a vida dos rios são fontes de energia (a quantidade de material orgânico entrando nos rios a partir de fontes fora dela), qualidade da água e do hábitat, fluxo das águas e interações entre seres vivos. No caso do rio Illinois, quais variáveis são afetadas pela atividade humana? Para cada variável, cite exemplos de atividades específicas, seus efeitos ambientais e o que deveria ser feito para melhorar a qualidade das águas nos rios.

4. Há um conflito entre gestão do rio Illinois para as aves aquáticas e para os peixes. Por que isso ocorre? Como este conflito pode ser resolvido?

Tabela 22.5 História da Qualidade da Água no Rio Illinois

Ano	*Evento Crítico*	*Impacto Ambiental*
1854–1855	Depois de muita chuva, o esgoto não tratado de Chicago entrou no lago Michigan e a cidade consumiu a água contaminada	Epidemia de febre tifoide e de cólera em Chicago
1900	A construção do Canal de Navegação e de Despejo de Esgoto Sanitário de Chicago levou o esgoto do lago Michigan para dentro do rio Illinois	O esgoto entrou no rio Illinois e o rendimento comercial de peixe do rio alcançou o pico em 1908; na década de 1920, a população de peixes no rio declinou
1920–1940	Muitas cidades às margens do rio construíram estações de tratamento de esgoto	Alguma recuperação na população de peixes
1940–1960	A população cresceu rapidamente em Chicago e em outras cidades próximas ao rio; aumento da área agrícola	Níveis de oxigênio mais baixos no rio; após declínio na população de peixes; peixes de esporte e patos foram reduzidos nos remansos e lagos do rio
1977	Construção do Plano de Represas e Túneis de Chicago para capturar e tratar o transbordamento do esgoto	Alguma melhoria na qualidade da água em 1990, mas sem mudanças na turbidez ou fósforo total; aumento de sódio

O Congresso tentou, em 1994, reeditar as leis ambientais, incluindo o Ato da Água Limpa (de 1972 e alterado em 1977). O objetivo era dar maior flexibilidade às indústrias na escolha de como atender às normas ambientais relativas à poluição das águas. Os interesses das indústrias iam ao encontro de novas regulamentações mais eficientes para evitar o aumento na degradação ambiental, mas sem perder de vista a relação custo-benefício. Ambientalistas, por outro lado, consideravam a tentativa de reeditar o Ato da Água Limpa como um retrocesso na luta da nação para limpar os recursos hídricos. Aparentemente, o Congresso norte-americano tem interpretado incorretamente os valores da opinião pública nestas questões. Após várias pesquisas, ficou evidente que existe um grande apoio na limpeza do meio ambiente nos EUA, inclusive o fato de os usuários estarem dispostos a pagar pelo ar e água limpos. O Congresso continua a debater mudanças nas leis ambientais, porém, muito pouco foi resolvido.[39]

Em julho de 2000, o presidente dos EUA impôs novas regulamentações para a poluição de água, objetivando a proteção de milhares de rios e lagos das fontes difusas advindas da agricultura, indústria e fontes de poluição urbana. Os regulamentos estão sendo administrados pela Agência de Proteção Ambiental dos Estados Unidos, que trabalhará com comunidades locais e estaduais para desenvolver planos detalhados, com o objetivo de reduzir a poluição nos rios, lagos e estuários que hoje não apresentam o mínimo padrão de qualidade da água. As novas normas ambientais consideram as fontes difusas de poluição de água um sério problema, porque dificultam a regulação da poluição. O plano, que levará pelo menos 15 anos para ser implementado completamente, tem encontrado oposição no Congresso, junto a alguns grupos agrícolas, na indústria de utilidades e até mesmo na Câmara Comercial dos EUA. As principais objeções estão relacionadas ao fato de que os requerimentos serão muito caros (bilhões de dólares) e que os governos locais e estaduais são capazes de implementar suas próprias normas relativas à poluição de suas águas. Estas posturas marcam uma nova fase nas medidas de controle de poluição da água nos EUA.

RESUMO

- O principal problema da poluição da água no mundo de hoje é a falta de água potável, livre de doenças.
- A poluição da água é a degradação da qualidade que a torna inutilizável para seu uso pretendido.
- As principais categorias de poluentes da água incluem doenças causadas por microrganismos, material orgânico morto, metais pesados, substâncias químicas orgânicas, ácidos, sedimentos, calor e radioatividade.
- As fontes de poluentes podem ser pontuais, como as tubulações que despejam em corpos d'água, ou não pontuais (difusas), como os escoamentos superficiais, que são difusos e intermitentes.
- Eutrofização é o aumento natural ou induzido pelo homem da concentração de nutrientes na água, como o fósforo e o nitrogênio, necessários para os seres vivos. A alta concentração desses nutrientes pode causar uma explosão da população de bactérias fotossintéticas. Como as bactérias morrem e se degradam, reduz-se a concentração de oxigênio dissolvido na água, levando à morte dos peixes.
- Poluição por sedimentos é um problema em dobro: o solo se perde por causa da erosão, e a qualidade da água se reduz quando os sedimentos entram no corpo d'água.
- A drenagem ácida de minas é um grave problema de poluição da água, que ocorre quando a água e o oxigênio reagem com sulfetos, sempre associados a depósitos de carvão e sulfetos metálicos, formando o ácido sulfúrico. As drenagens de águas ácidas de minas ou rejeitos poluem a água e outros corpos, danificando os ecossistemas aquáticos e degradando a qualidade da água.
- Processos urbanos — por exemplo, a eliminação de resíduos em aterros, a aplicação de fertilizantes, e o despejo de produtos químicos, como o óleo de motor e tintas, podem contribuir para a contaminação de aquíferos. O bombeamento excessivo de aquíferos próximos aos oceanos pode trazer a água salgada, localizada abaixo da água doce, mais para a superfície, contaminando as fontes de água por um processo denominado intrusão de água salgada.
- O tratamento de águas residuárias em estações convencionais inclui tratamentos primário, secundário e ocasionalmente avançado. Em alguns locais, o ecossistema natural, como as zonas úmidas e solos, é usado como parte do processo de tratamento.
- Reúso da água é a norma para milhões de pessoas que vivem ao longo dos rios, onde várias estações de tratamento de esgoto lançam água residuária tratada de volta para o rio. Pessoas que retiram água a jusante do rio estão reutilizando as águas residuárias tratadas.
- O reúso da água industrial é uma regra para muitas indústrias.
- O uso deliberado de água residuária tratada para a irrigação de terras agrícolas, parques, campos de golfe e assemelhados está aumentando rápidamente à medida que se aumenta a demanda por água.
- Limpeza e tratamento da poluição das fontes de água superficiais e subterrâneas está em expansão e podem não ser completamente bem-sucedidos. Além do mais, os danos ambientais podem aparecer antes que se identifiquem e se tratem os problemas. Deve-se continuar focando na prevenção da entrada de poluentes na água como a meta da legislação sobre a qualidade da água.

REVISÃO DE TEMAS E PROBLEMAS

Neste capítulo ficou claro que o problema número um da poluição da água hoje em dia é a falta de água potável, livre de doenças. Esse problema tende a se agravar no futuro devido ao crescimento da população, particularmente nos países em desenvolvimento. Com o aumento populacional, prevê-se a continuidade da poluição da água oriunda de diferentes fontes relacionadas com a agricultura, a indústria e as atividades urbanas.

Nenhuma atividade humana que leva à poluição — como a construção de fazendas de porcos e a instalação de tratamento de resíduos em planícies úmidas, como discutido no estudo de caso, é a antítese da sustentabilidade. Recursos hídricos subterrâneos são relativamente fáceis de poluir, e uma vez degradados, podem permanecer poluídos por longo período de tempo. Logo, se é desejável deixar uma parte equitativa de água subterrânea para as futuras gerações, deve-se assegurar que esses recursos não sejam poluídos, degradados, ou tornarem-se inaceitáveis para o uso das pessoas e outros organismos vivos da Terra.

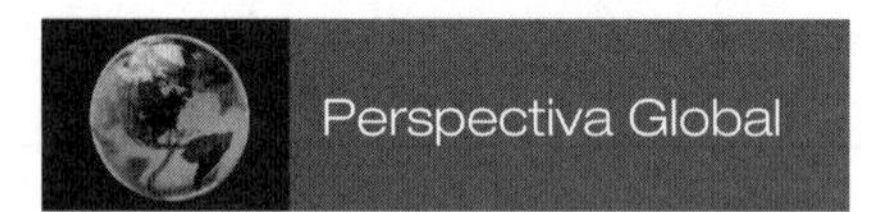

Muitos aspectos da poluição da água têm implicações globais. Por exemplo, alguns poluentes podem entrar na atmosfera e serem transportados por longas distâncias em torno do planeta, onde podem ser depositados e levar à degradação da qualidade da água. Exemplos incluem precipitações radioativas advindas de acidentes em usinas nucleares ou a detonação experimental de dispositivos nucleares. Poluentes advindos de rios podem invadir o oceano e circular em águas marinhas em torno das bacias oceânicas no mundo todo.

Áreas urbanas são centros de atividades que podem resultar em problemas graves de poluição. Um largo espectro de produtos químicos e organismos causadores de doenças presentes em amplas áreas urbanas podem invadir as águas superficiais e subterrâneas, poluindo-as. Um exemplo é a contaminação por bactérias das águas costeiras, que resultam no fechamento das praias. Muitas metrópoles cresceram ao longo das margens de rios, e a qualidade de suas águas, como resultado, tornou-se degradada. Esse é um sinal positivo de que algumas cidades norte-americanas têm seus rios qualificados como recursos valiosos, com o foco no ambiente e na renovação da economia. Então, os rios seguem cortando cinturões verdes em algumas cidades, com parques e sistemas de trilhas ao longo de corredores de rios. Exemplos incluem a cidade de Nova York; Cleveland, Ohio; San Antonio, Texas; Corvallis, Oregon; Sacramento e Los Angeles, Califórnia.

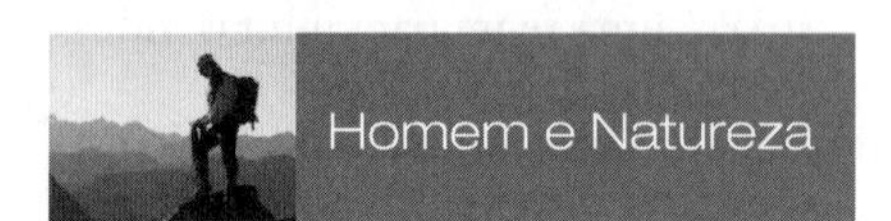

A poluição dos recursos hídricos ameaça as pessoas e o ecossistema. Quando as pessoas se conectam com a natureza, através do lançamento de resíduos em um rio, lago ou oceano, as pessoas estão fazendo o que outros animais fizeram durante milhões de anos — isso é natural. Por exemplo, um grande rebanho de hipopótamos em um pequeno lago pode poluir a água com seus dejetos, causando problemas para outros seres vivos. A diferença é que o ser humano entende as consequências do descarte de resíduos no meio ambiente, causando dano ambiental, e além disso sabe como reduzir esse impacto.

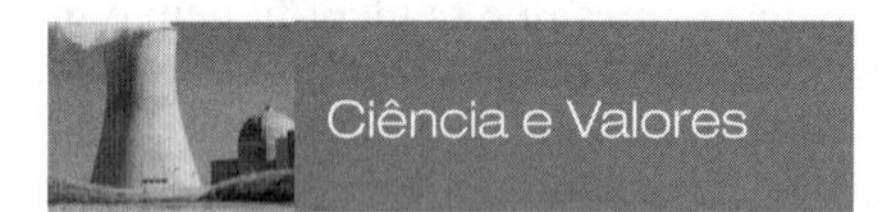

É claro que a população norte-americana valoriza muito o ambiente e particularmente a proteção de recursos essenciais como a água. Tentativas de enfraquecer os padrões de qualidade da água são mal vistas pela opinião pública. Essa também é uma preocupação considerável para proteção dos recursos hídricos necessários para a variedade de ecossistemas encontrados no planeta Terra. Essa preocupação tem levado a pesquisa e desenvolvimento de novas tecnologias para reduzir, controlar e tratar a poluição da água. Exemplos incluem o desenvolvimento de novos métodos de tratamento de esgoto e o amparo de leis e regulamentações que protejam os recursos hídricos.

TERMOS-CHAVE

biorremediação
coliformes fecais
demanda bioquímica de oxigênio (DBO)
drenagem ácida de minas
efeito ecossistêmico
epidemias
eutrofização
eutrofização cultural
fontes não pontuais
fontes pontuais
leis ambientais
purificação e conservação de águas residuárias
reúso da água
tratamento avançado de águas residuárias
tratamento de águas residuárias
tratamento primário
tratamento secundário

QUESTÕES PARA ESTUDO

1. Você acha que as epidemias de doenças veiculadas pela água serão mais ou menos comuns no futuro? Por quê? Quais são os locais com maior probabilidade para ocorrer epidemias?
2. O que foi aprendido no episódio do derramamento de petróleo do *Exxon Valdez* que pode ajudar a reduzir o número de derramamentos no futuro e seu impacto ambiental?
3. O que significa o termo *poluição da água* e quais são os principais processos que contribuem para a poluição da água?
4. Compare fontes pontuais e não pontuais (difusas) de poluição da água. Qual é a mais fácil de tratar e por quê?
5. Qual é o duplo efeito da poluição por sedimentos?
6. No verão, você compra uma casa com um sistema séptico que parece funcionar adequadamente. No inverno, o efluente vaza para a superfície. Qual poderia ser a causa ambiental para esse problema? Como esse problema poderia ser suavizado?
7. Descreva os principais passos do tratamento de águas residuárias (primário, secundário e avançado). O ecossistema natural pode executar alguma dessas funções? Quais?
8. Em uma cidade ao longo da costa oceânica, pássaros marinhos raros habitam um lago que faz parte da estação de tratamento de esgoto. Como isso pode acontecer? A água do lago da estação está poluída? Considere a questão do ponto de vista dos pássaros e do seu ponto de vista.
9. Como a água drenada de uma usina de carvão torna-se contaminada por ácido sulfúrico? Por que esse é um problema ambiental importante?
10. O que é eutrofização e por que ele é um efeito ecossistêmico?
11. Você acredita que a água potável que chega à sua casa é segura? Como você chegou a essa conclusão? Você se preocupa com os baixos níveis de contaminação da água por toxinas? Quais seriam as fontes de contaminação?
12. Você acha que nosso suplemento de água é vulnerável a ataques terroristas? Por quê? Por que não? Como poderia ser potencialmente minimizado?
13. Você gostaria que o tratamento de águas residuárias em sua casa para consumo pessoal fosse feito como no condado de Orange, na Califórnia? Por quê? Por que não?
14. Como você projetaria um sistema de armazenamento do escoamento superficial onde você mora antes de ele entrar e sair na rede pluvial?

LEITURAS COMPLEMENTARES

Borner, H., ed. 1994. *Pesticides in Ground and Surface Water.* Vol. 9 de *Chemistry of Plant Protection.* Nova York: Springer-Verlag. Ensaio a respeito do destino e efeitos dos pesticidas nas águas superficiais e subterrâneas, incluindo métodos para minimizar a poluição da água por pesticidas.

Dunne, T. e L. B. Leopold. 1978. *Water and Environmental Planning.* San Francisco: W. H. Freeman. Um bom resumo e exame detalhado dos recursos hídricos e seus problemas.

Hester, R. E. e R. M. Harrison, eds. 1996. *Agricultural Chemicals and the Environment.* Cambridge: Royal Society of Chemistry, Information Services. Uma boa fonte de informações a respeito do impacto da agricultura no ambiente, incluindo eutrofização e o impacto de produtos químicos na qualidade da água.

Manahan, S. E. 1991. *Environmental Chemistry.* Chelsea, Mich.: Lewis. Uma cartilha detalhada dos processos químicos pertinentes à ordenação ampla dos problemas ambientais, incluindo a poluição e o tratamento da água.

Newman, M. C. 1995. *Quantitative Methods in Aquatic Ecotoxicology.* Chelsea, Mich.: Lewis. Texto atualizado sobre o destino, efeitos e medições dos poluentes no ecossistema aquático.

Nichols, C. 1989. "Trouble at the Waterworks" *The progressive* 53: 33-35. Um relato conciso do problema do suprimento de água maculado nos Estados Unidos.

Rao, S. S., ed. 1993. *Particulate Matter and Aquatic Contaminants.* Chelsea, Mich.: Lewis. Apresentação dos princípios biológicos, microbiológicos e ecotoxicológicos associados a interações entre problemas de material particulado suspenso e contaminantes em ambientes aquáticos.

Capítulo 23
Atmosfera, Clima e Aquecimento Global

Urso polar caminhando sobre fina camada de gelo durante caçada por focas na baía de Hudson.

OBJETIVOS DE APRENDIZADO

A atmosfera terrestre é um sistema dinâmico, complexo, que se transforma continuamente. Após a leitura deste capítulo, deve-se saber:

- Qual a composição e a estrutura da atmosfera.
- Como funcionam os processos da circulação atmosférica e do clima.
- Como o clima se transformou ao longo da história da Terra.
- O que é o "efeito estufa" e quais são os principais gases do efeito estufa.
- O que é o aquecimento global e quais são as maiores evidências disso.
- Quais as consequências que o aquecimento global pode provocar e como adequar-se a essas mudanças.

ESTUDO DE CASO

Na Grã-Bretanha, Alguns Animais e Plantas Estão se Adaptando ao Aquecimento Global

O **aquecimento global** é definido como o aumento da média da temperatura do ar tomada próxima à superfície terrestre (atmosfera) e dos oceanos desde cerca de 1950. Uma das preocupações que surge sobre o aquecimento global é que ele pode causar o declínio ou a extinção de muitas espécies. Por exemplo, tem sido sugerido que cerca de 20 a 30% das espécies vegetais e animais avaliadas até agora são suscetíveis de terem aumentado o risco de extinção se incrementos na temperatura média global ultrapassarem 1,5 a 2,5°C.[1] Porém, dois dos mais antigos e longos estudos sobre quaisquer animais e plantas na Grã-Bretanha mostram que, no mínimo, alguns já estão se adaptando às recentes e rápidas mudanças climáticas. O primeiro trata-se de um estudo de 47 anos — o que o torna um dos mais antigos sobre quaisquer espécies de pássaros — do pássaro chapim-real (*Parus major*). Esse estudo mostra que essa espécie está respondendo comportamentalmente à rápida mudança climática. Isso tem a ver com a antecipação do ciclo de alimentação do pássaro, quando ele começa a comer certas larvas. Uma espécie de larva, que é um dos principais alimentos desses pássaros durante a postura dos ovos, tem surgido cada vez mais cedo na medida em que o clima esquenta. Em resposta, as fêmeas dessa espécie de pássaro estão colocando os seus ovos, em média, duas semanas antes do que era antes normal (Figura 23.1). Ambos, pássaros e larvas, estão se dando bem.

O segundo estudo, um dos mais antigos experimentos sobre como a vegetação responde às variações de temperatura e de precipitação, mostra que gramas rasteiras e arbustos de vida longa "são altamente resistentes às mudanças climáticas", de acordo com artigo científico publicado no *Proceedings of the National Academy of Sciences* (Anais da Academia Nacional de Ciências, EUA).[3] Os autores relatam que as mudanças nos regimes de temperatura e de chuvas ao longo dos últimos 13 anos "tiveram pequeno efeito sobre a estrutura e a fisionomia da vegetação."

Esses estudos demonstram o que os ecólogos conhecem há longo tempo e tem sido um dos focos de seus estudos, conforme descrito nos Capítulos 5, 6 e 7: indivíduos, populações e espécies têm evoluído com, estão adaptados e respondem às mudanças ambientais. Da mesma forma, conforme se aprendeu com o conceito de teoria dos nichos, cada espécie sobrevive dentro de um determinado limite de cada condição ambiental e, dessa forma, existem limites para as adaptações que qualquer uma das espécies pode fazer em curtos períodos de tempo. Mudanças mais significativas necessitam de evolução biológica, o que para animais e plantas de vida longa pode tomar um longo tempo. A questão de se a maioria das espécies é capaz de se adaptar suficientemente rápido ao aquecimento global é um dos debates mais acirrados desta temática.

Figura 23.1 ■ Esse bonito pássaro nativo da Grã-Bretanha, chapim-real, está se adaptando à rápida mudança climática.

23.1 A Origem da Questão do Aquecimento Global

Colocado de modo mais simplificado, a preocupação com o aquecimento global surge a partir de dois tipos de observações, sendo a primeira mostrada na Figura 23.2, a temperatura superficial média da Terra desde 1860 até hoje. Esse gráfico mostra uma elevação na década de 1930, aumentando significativamente a partir 1960, cerca de 0,2°C por década.

O segundo tipo de observação-chave é o monitoramento da concentração de dióxido de carbono na atmosfera, sendo o mais conhecido de todos o medido na montanha de Mauna Loa, no Havaí, por Charles Keeling, cuja variação ficou famosa como "curva de Keeling" (Figura 23.3). Tomadas a 3.500 metros de altitude em uma ilha suficientemente distante da maioria das ações antrópicas, essas medições fornecem uma excelente estimativa das condições da atmosfera. O monitoramento do dióxido de carbono em Mauna Loa faz parte da ciência do sistema da Terra, que tem como meta obter uma compreensão fundamental sobre como o planeta funciona como um sistema (veja o Detalhamento 23.1).[4]

O motivo de a curva de Keeling ser de interesse no debate sobre o aquecimento global (e a razão pela qual o Keeling iniciou as medições) tem a ver com uma teoria sobre a relação entre a química da atmosfera de um planeta e a temperatura

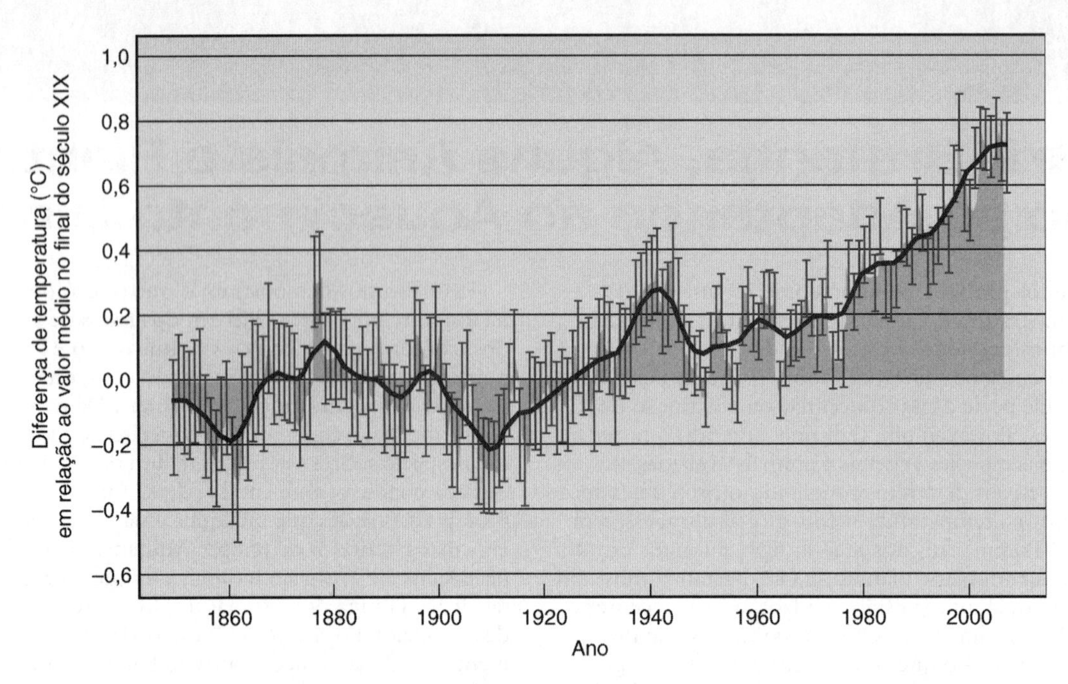

Figura 23.2 ■ Diferenças de temperatura entre a média no final do século XIX e dos anos entre 1860 e hoje. Esse gráfico mostra a diferença entre as temperaturas superficiais do mundo calculadas para cada ano e a média no final do século XIX. Os climatologistas que estudam as mudanças climáticas preferem geralmente olhar as diferenças de temperaturas em um dado momento comparado com um valor de referência, em vez de usar a temperatura real, por uma variedade de razões técnicas. (*Fonte*: Hadley Meteorological Center, Great Britain. http://www.metoffice.gov.uk/corporate/pressoffice/myths/2.html.)

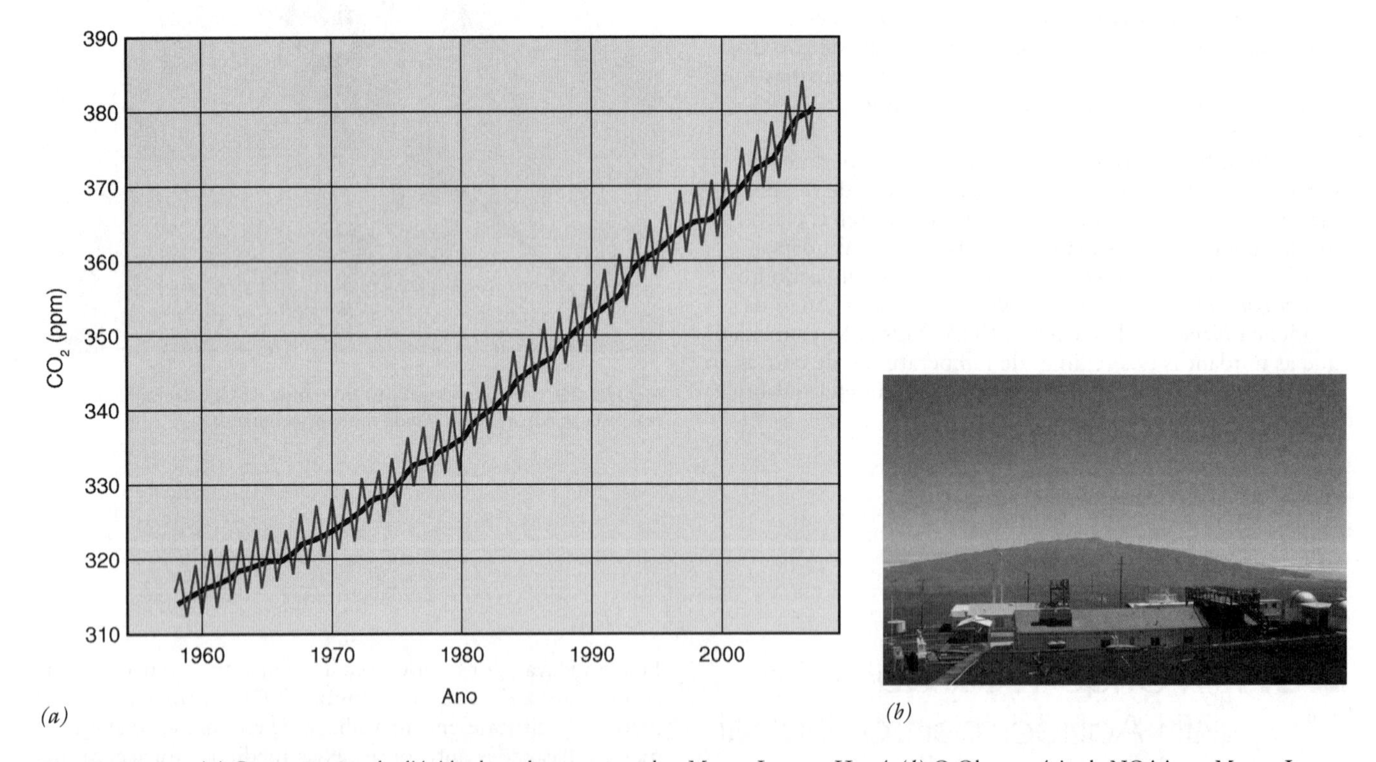

Figura 23.3 ■ (*a*) Concentrações de dióxido de carbono no ar sobre Mauna Loa, no Havaí; (*b*) O Observatório da NOAA em Mauna Loa, onde essas medições foram realizadas. (*Fontes*: (*a*) Encyclopedia of Earth, http://www.eoearth.org/article/Climate_change, in turn from Keeling, C. D. e T. P. Whorf. 2005. Atmospheric CO_2 records from sites in the SIO air sampling network. In *Trends: A Compendium of Data on Global Change*. Carbon Dioxide Information Analysis Center, Oak Ridge National Laboratory U.S. Department of Energy, Oak Ridge, Tenn., USA.)

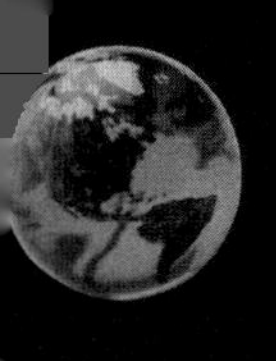

DETALHAMENTO 23.1

A Ciência do Sistema Terrestre e a Mudança Global

Até recentemente, pensava-se geralmente que as atividades humanas poderiam somente ocasionar mudanças na escala local ou, no máximo, alterações ambientais regionais. Agora se sabe que é de outra forma. O objetivo principal da ciência emergente conhecida como **ciência do sistema terrestre** é o de obter uma compreensão básica de como o planeta funciona como um sistema unificado. De um ponto de vista pragmático, as prioridades das pesquisas da ciência do sistema terrestre podem ser resumidas da seguinte maneira:

- Estabelecimento de pontos de medição ao redor do mundo para entender melhor os processos físicos, hidrológicos, químicos e biológicos que são significativos na história da Terra em uma variedade de escalas de tempo.
- Documentação das mudanças globais, especialmente aquelas que ocorreram em um período de tempo de várias décadas, que são de peculiar relevância ao ambiente humano.
- Desenvolvimento de modelos quantitativos úteis para a previsão futura de mudanças globais.
- Fornecimento de informações necessárias para o processo de tomada de decisões em escala regional e global.

Os principais instrumentos para o estudo das mudanças globais são:

- Avaliações dos registros geológicos, atmosféricos, oceanográficos e biológicos.
- Monitoramento das condições atuais da vida e do meio ambiente em escala global.
- Modelos matemáticos em uma variedade de escalas e níveis, incluindo modelos globais de circulação, atmosféricos e oceânicos, e modelos locais e regionais de populações de espécies ameaçadas.

História da Terra por meio de Rochas, Fósseis, Gelo e Águas Oceânicas

Os sedimentos depositados em margens de rios ou em planícies de inundação, em pântanos, no fundo dos mares e dos lagos podem ser lidos como um livro de história. Materiais orgânicos, como esqueletos, conchas, pólen, pedaços de madeira, folhas e outros pedaços de plantas, estão sempre depositados como parte dos sedimentos e podem transmitir informações valiosas no que diz respeito à história da Terra. O material orgânico pode ser datado para fornecer a cronologia necessária ao estabelecimento das mudanças passadas. Os sedimentos, especialmente os materiais orgânicos e os armazenados em camadas de gelo e em águas oceânicas profundas, podem ser utilizados para avaliar mudanças passadas e determinar onde, quais tipos de mudanças ocorreram e o quanto foram extensas essas mudanças para os seres vivos e para o meio ambiente.

Histórias Aprendidas com as Camadas de Gelo

A camada de gelo é formada pela neve. Na medida em que é enterrada sob outras camadas de neve, ela é recristalizada e sofre um aumento em sua densidade. O processo igualmente aprisiona bolhas de ar que contêm a concentração de dióxido de carbono existente na atmosfera na época em que se formou a camada de gelo. Dessa forma, a camada de gelo pode ser considerada como uma cápsula do tempo que armazena informação sobre a atmosfera no passado.

Para estudar o gelo, os pesquisadores extraem longos cilindros das camadas de gelo, chamados de testemunhos, e cuidadosamente fazem amostras com o ar aprisionado. Esse método tem sido utilizado para analisar o conteúdo de dióxido de carbono na atmosfera até mais de 160.000 anos atrás. Os testemunhos de gelo têm também produzido dados sobre a variação da radiação solar por meio da medição do acúmulo de isótopos que permitem uma correlação com as emissões do Sol, tais como o berílio-10 e ao carbono-14 existentes no gelo. Devido à transformação de neve para gelo tomar centenas de anos, existe um atraso entre a idade das bolhas aprisionadas e a idade do gelo. Isso pode explicar por que existe um atraso no tempo entre 500 a 1.000 anos entre a mudança da temperatura na atmosfera e o CO_2 e outros gases dentro das bolhas confinadas no gelo.

Monitoramento em Tempo Real

Monitoramento pode ser definido como a coleta regular de dados para objetivos específicos. O monitoramento começa com a coleta de informações de base — uma primeira pesquisa que diz quais as condições no início das medições. Por exemplo, monitora-se a chuva e o fluxo de água nos rios para avaliar a disponibilidade de água e o risco de enchente; as populações de vida selvagem e vegetação na terra; e os peixes, invertebrados, e algas nos oceanos e rios. São tiradas amostras dos gases, partículas e componentes químicos da atmosfera para se obter informações da composição da atmosfera. São medidas a temperatura, a composição e a química das águas dos oceanos.

Modelos Matemáticos

Os modelos matemáticos são parte da teoria científica (veja o Capítulo 2). Antes da era dos computadores, havia somente equações matemáticas, lápis e papel, mas hoje elas são uma combinação daquele tipo de teoria analítica e simulações de computador. Eles são tentativas de representar, matemática e qualitativamente, o que se acredita a respeito do entendimento sobre fenômenos do mundo real. Modelos da biosfera da Terra — o sistema de nosso planeta que inclui e sustenta a vida — são tentativas de reproduzir e prever mudanças importantes para a humanidade. As simulações de computador que têm atraído mais atenção são os **modelos de circulação global (MCGs)**, os quais tentam reproduzir e prever mudanças atmosféricas globais.

da superfície do planeta. A teoria, com origem no século XIX, é que certos gases na atmosfera poderiam prender o calor e aquecer um planeta.

Um Pouco da História Científica

Inicialmente, a ideia de aquecimento global não foi levada a sério pela maior parte dos cientistas. Parecia impossível que o ser humano pudesse estar afetando o planeta inteiro. Por exemplo, em 1938, o cientista G. S. Callendar estudou as medições da concentração do dióxido de carbono na atmosfera realizadas no século XIX e descobriu que elas eram consideravelmente inferiores às medições realizadas em seu tempo.[5] Ele fez alguns outros cálculos que sugeriram que as diferenças poderiam ser atribuídas à quantidade de dióxido de carbono adicionado à atmosfera pela combustão do carvão, do petróleo e do gás natural desde o início da Revolução Industrial. Assim como acontece hoje, a ideia criou controvérsia. Callendar foi criticado pelos seus colegas científicos por essa sugestão, alguns reprovando a noção simplesmente argumentando que os cientistas do século XIX não podiam realizar medições tão bem quanto os cientistas dos anos 1930, e que, portanto, elas estavam erradas. Foram necessárias as modernas medições, monitoramentos, estudos da história da Terra e novos conceitos para mudar a forma como os cientistas entendem a vida e seu ambiente em um nível global. Agora a ciência se volta a esse novo entendimento.

Para se entender a base científica do aquecimento global, é necessário que se entenda como a atmosfera e o clima funcionam e o que é o efeito estufa.

23.2 A Atmosfera

A **atmosfera** é a fina camada de gases que envolve a Terra. Estes gases estão quase sempre em movimento, às vezes ascendendo, algumas vezes descendo, a maior parte do tempo se movendo pela superfície da Terra. As moléculas de gás da atmosfera são mantidas próximas à superfície da Terra pela gravidade e empurradas para cima pela energia térmica — aquecimento — das moléculas. Aproximadamente 90% do peso da atmosfera está localizado nos primeiros 12 km acima da superfície da Terra. Os principais gases da atmosfera incluem nitrogênio (78%), oxigênio (21%), argônio (0,9%), dióxido de carbono (0,03%) e vapor d'água em concentrações variáveis nos quilômetros inferiores. A atmosfera também contém traços de ozônio, sulfeto de hidrogênio, monóxido de carbono, óxidos de nitrogênio e enxofre, e uma quantidade reduzida de pequenos hidrocarbonetos, assim como substâncias químicas artificialmente produzidas, tais como os clorofluorcarbonos (CFCs).

A atmosfera é um sistema dinâmico, que muda continuamente. É um sistema vasto e quimicamente ativo, energizado pela luz do Sol, afetado pelos compostos altamente energéticos emitidos pelas coisas vivas (por exemplo, oxigênio, metano e dióxido de carbono), e pelas atividades humanas industriais e agrícolas. Muitas reações químicas complexas ocorrem na atmosfera, mudando do dia para a noite e com os elementos químicos disponíveis.

A Estrutura da Atmosfera

Pode-se pensar que a atmosfera é simples e homogênea, já que ela é uma coleção de gases que se misturam e movem-se continuamente. Mas em vez disso, ela é surpreendentemente complicada. A atmosfera é composta de várias camadas verticais, começando no fundo com a troposfera, mais familiar aos humanos por ser onde passam a maior parte de suas vidas. Acima da troposfera está a estratosfera, a qual os humanos visitam ocasionalmente quando viajam de aviões a jato, e depois vêm várias outras camadas em altitudes mais elevadas, menos familiares à humanidade, cada uma delas caracterizada por um espectro de temperaturas e pressões (Figura 23.4).

A *troposfera*, que se estende do solo até cerca de 10 a 20 km de altitude, é onde os fenômenos climáticos ocorrem. Dentro da troposfera, a temperatura decresce com a elevação em média de aproximadamente 17°C na superfície para −60°C a uma elevação de 12 km. No topo da troposfera está uma camada fronteiriça chamada de tropopausa, a qual tem uma temperatura constante de aproximadamente −60°C e age como uma cobertura, ou isolante térmico, na troposfera, porque é onde quase todo o vapor d'água restante condensa.

Outra camada importante para a humanidade e para toda a vida é a *camada de ozônio estratosférica*, a qual se estende da tropopausa até uma elevação de aproximadamente 40 km, com a maior concentração de ozônio se localizando acima do equador, entre 25 e 30 km de altitude (Figura 23.4). O

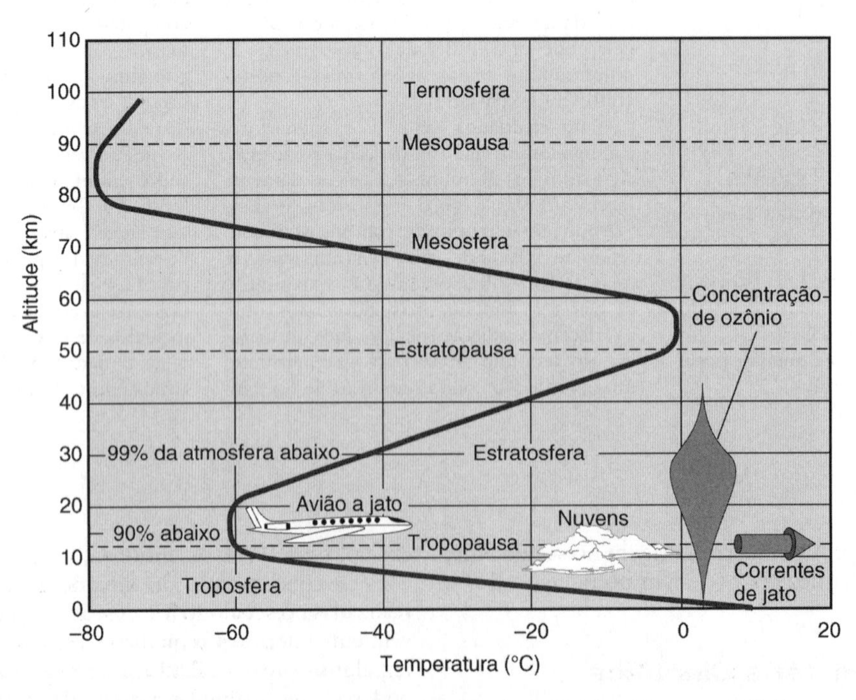

Figura 23.4 ■ Um diagrama idealizado da estrutura da atmosfera até a altitude de 110 km. Note que 99% da atmosfera (por peso) está abaixo dos 30 km, a camada de ozônio é mais grossa entre 25 e 30 km, e os fenômenos climáticos ocorrem abaixo dos 11 km — aproximadamente a elevação de um avião a jato. (*Fonte*: A. C. Duxbury e A. B. Duxbury, *An Introduction to the World's Oceans*, © 1997. Wm. C. Brown Publishers, 5th ed.)

ozônio estratosférico (O_3) protege a vida na atmosfera inferior, impedindo que ela receba doses prejudiciais de radiação ultravioleta (veja o Capítulo 24).

Os Processos Atmosféricos: Temperatura, Pressão e Regiões Globais de Alta e de Baixa Pressão

Duas importantes características da atmosfera são a pressão e a temperatura. A *pressão* representa a força por unidade de área. A pressão atmosférica é causada pelo peso aplicado pelos gases superiores naqueles que estão abaixo, e, portanto, diminui com a altitude. No nível do mar, a pressão atmosférica é de 10^5 N/m^2 (newtons por metro quadrado). Esta é a pressão barométrica com a qual a humanidade é familiarizada, sendo ela dada pelo meteorologista em unidades que equivalem à altura à qual uma coluna de mercúrio é elevada por dada pressão (mmHg). As pessoas também têm familiaridade com sistemas de baixas e altas pressões na atmosfera. Quando a pressão do ar está baixa, o ar tende a subir, esfriando à medida que sobe, e quando os vapores d'água se condensam são geradas nuvens e precipitação. Quando a pressão do ar é alta, ele se move para baixo, o que aquece o ar, transformando as gotas de água condensadas nas nuvens em vapor. Os sistemas de alta pressão, portanto, são limpos e ensolarados.

A *temperatura*, a qual é familiar aos humanos devido ao calor ou à frieza relativa dos materiais, é uma medida da energia termal, a qual é a energia cinética gerada pelo movimento dos átomos e moléculas em uma substância.

O vapor d'água contido no ar é outra característica importante da baixa atmosfera. Ele varia de 1% a 4% por volume, dependendo da temperatura do ar, da pressão do ar e da disponibilidade de vapor da superfície.

A atmosfera se move devido à rotação da Terra e ao aquecimento descompassado da atmosfera e da superfície do planeta. Estes fatores produzem padrões globais que incluem ventos predominantes e cinturões latitudinais de pressões atmosféricas altas e baixas, do equador aos polos (Figura 23.5). No geral, os cinturões ou células de baixa pressão se desenvolvem no equador, onde o ar é aquecido a maior parte do dia pelo Sol. O ar aquecido se move em direção a maiores latitudes e esfria, pois a temperatura é menor em maiores elevações e porque a luz solar é menos intensa em maiores latitudes. Quando chega a aproximadamente 30° de latitude, o ar que foi aquecido no equador se resfriou o bastante para ficar pesado e descer, criando uma região de alta pressão, com seus característicos céus ensolarados e baixos índices pluviométricos, formando uma célula de latitude onde muitos dos desertos do mundo são encontrados. Então o ar que desceu 30° de latitude move-se em direção aos polos, se aquece e sobe novamente, criando outra região de pressão geralmente baixa, cerca de 50° a 60° de latitude, criando novamente uma região nublada e de precipitação. Claro que as localizações exatas das áreas de ar ascendente (baixa pressão) e descendente (alta pressão) variam com a estação, na medida em que a posição do Sol se move para o norte e sul relativamente à superfície da Terra. Pode-se começar a entender que o que, à primeira vista, pareceria um simples recipiente de gases possui padrões complicados de movimento e que esses padrões mudam a todo o momento por uma variedade de razões determinadas por complexos fenômenos físicos de movimentos de gases e trocas de energia.

Os cinturões ou células latitudinais anteriormente descritos têm nomes, a maior parte dos quais vem da era das navegações, um exemplo sendo a "calmaria", um tipo de região no equador com pouco movimento do ar; ventos alísios ("ventos do comércio"), ventos do nordeste e do sudeste, importantes quando barcos à vela transportavam as mercadorias do mundo; e "latitudes dos cavalos", que são dois cinturões localizados em volta de aproximadamente 30° ao norte e ao sul do equador, tendo esses cinturões padrões de ar descendente e altas pressões.

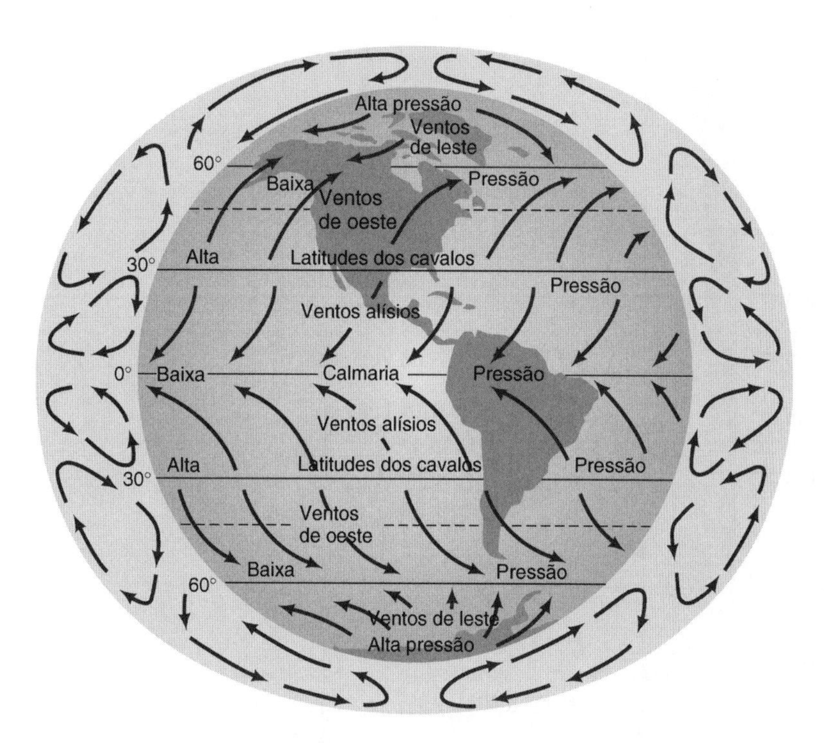

Figura 23.5 ■ Circulação generalizada da atmosfera. (*Fonte*: *Fundamentals of Air Pollution*, © 1973, Figura 5.5. Reimpressa com permissão de Addison-Wesley, Reading, Mass.)

Processos de Remoção de Substâncias da Atmosfera

O entendimento dos processos que removem matéria da atmosfera é importante na solução dos problemas de poluição da atmosfera. Quatro processos são responsáveis por remover da atmosfera as partículas e elementos químicos advindos da atividade humana:

- *Sedimentação:* partículas mais pesadas que o ar deixam de flutuar e se fixam ao solo devido à atração gravitacional da Terra. Por exemplo, partículas de erupções vulcânicas ou de queima de carvão que irão se depositar gradualmente ao solo.
- *Precipitação:* a precipitação (chuva, gelo ou neve) pode, física e quimicamente, lavar e retirar o material contido na atmosfera. Por exemplo, gotas de chuva se formam pela condensação de água em volta de pequenas partículas na atmosfera, trazendo essas mesmas partículas para a Terra juntamente com a precipitação. Dióxido de carbono se combina com a água na atmosfera para formar, pela seguinte reação, ácidos carbônicos fracos:

$$CO_2 + H_2O = H_2CO_3$$

Este processo remove efetivamente um pouco de dióxido de carbono da atmosfera e explica por que a precipitação natural é levemente ácida.

- *Oxidação:* a oxidação é uma reação na qual o oxigênio é quimicamente combinado com outra substância. O dióxido de enxofre (SO_2), por exemplo, oxida facilmente e se torna o trióxido de enxofre (SO_3), o qual se dissolve na água e forma o ácido sulfúrico.
- *Fotólise:* a radiação solar (luz) pode quebrar ligações químicas em um processo químico conhecido como fotólise (ou fotodissociação). O ozônio (O_3) na atmosfera, por exemplo, pode se decompor em O_2 como resultado da fotólise.

O que Faz a Terra se Aquecer

Quase toda a energia que a Terra recebe é fornecida pelo Sol (uma pequena quantidade vem do interior da Terra e uma quantidade ainda menor das forças de atrito advindas das revoluções realizadas pela lua em volta da Terra). A luz do Sol chega à Terra em uma ampla gama de radiação eletromagnética, desde ondas de rádio extremamente longas a ondas infravermelhas muito mais curtas, depois pelas ondas mais curtas da luz visível, além das ainda mais curtas ondas ultravioletas, e então seguidas pelas ondas de comprimentos cada vez mais curtas (Figura 23.6).

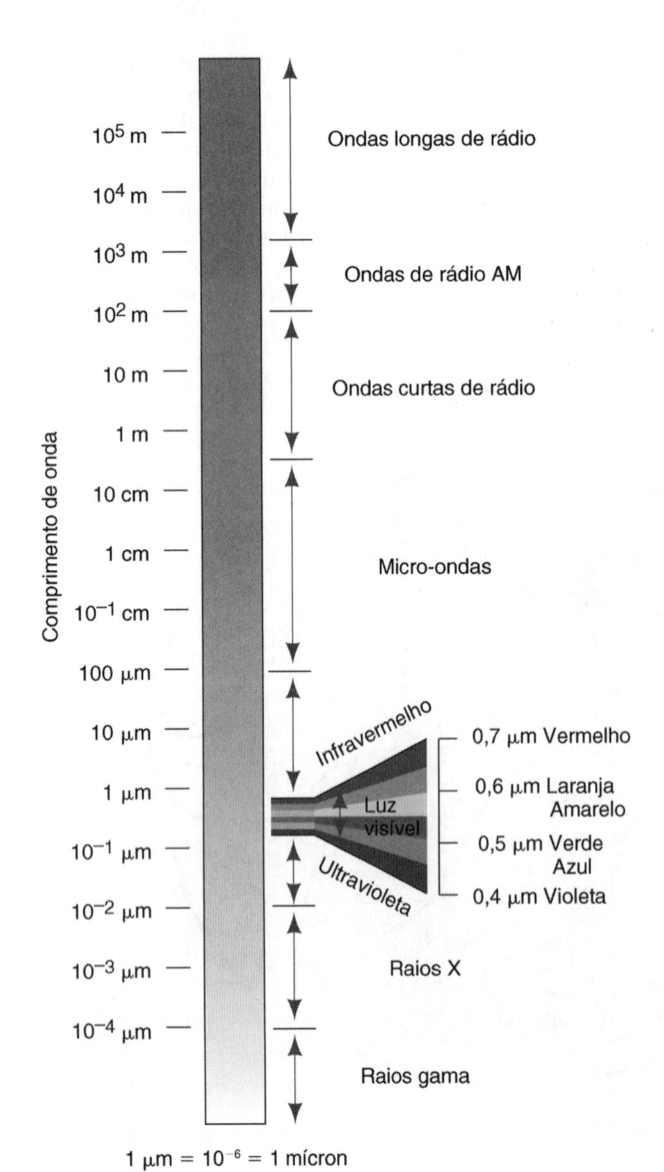

Figura 23.6 ■ Tipos de ondas eletromagnéticas que a Terra recebe.

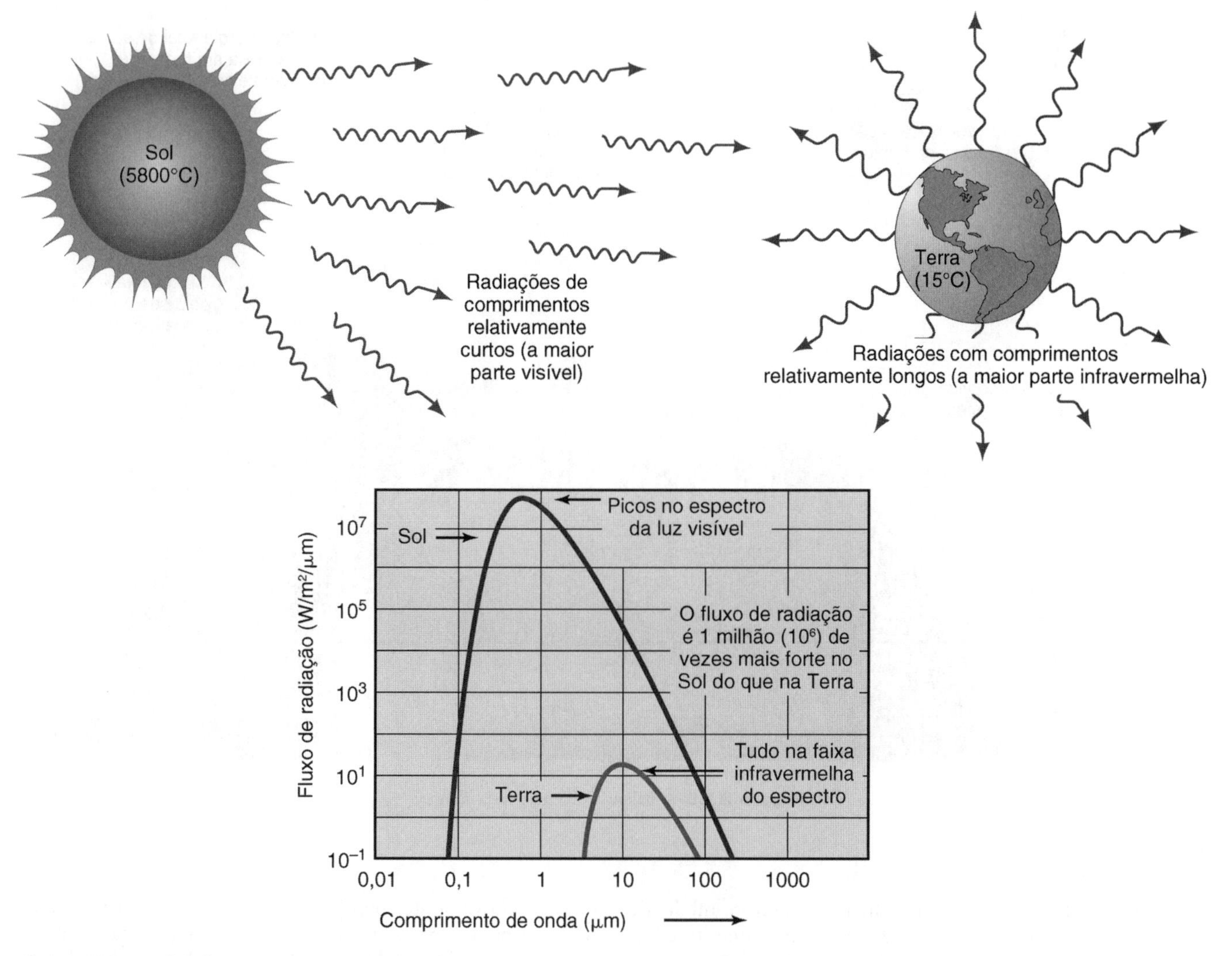

Figura 23.7 ■ O Sol, muito mais quente que a Terra, emite a maior parte de sua energia por meio de ondas na faixa do infravermelho e da luz visível. A Terra, mais fria, emite a maior parte de sua energia por meio de ondas infravermelhas.

A maior parte da radiação do Sol que chega à Terra está nos comprimentos de onda visível e infravermelho (Figura 23.7), enquanto a Terra, mais fria, irradia energia principalmente através de infravermelho. (Quanto mais quente a superfície do objeto, menor o comprimento médio de suas ondas. Por isso um fogo quente é azul e um fogo menos quente é vermelho.)

Sob condições normais, a atmosfera da Terra reflete aproximadamente 30% da energia eletromagnética (radiação) que vem do Sol e a atmosfera absorve aproximadamente 25%. Os 45% restantes chegam à superfície (Figura 23.8).

À medida que a superfície se aquece, ela irradia mais energia de volta para a atmosfera (uma parte da qual é absorvida nesse local) e então de volta para o espaço. A atmosfera aquecida irradia uma parte desta energia para o espaço sideral e uma parte dela para a superfície da Terra.

23.3 Tempo e Clima

O **tempo** (meteorológico) é o estado climático de curta duração, de curto prazo — durante uma hora, um dia, uma semana — na atmosfera próxima do chão: é a temperatura, pressão, nebulosidade, precipitação, vento. O **clima** é uma média do tempo e usualmente se refere às condições médias ao longo de longos períodos de tempo, se entendendo, no mínimo, por estações, mas mais frequentemente na escalas de anos ou décadas. Quando é dito que está quente e úmido em Nova York hoje ou chovendo em Seattle, está se falando de tempo. Quando se diz que Los Angeles tem invernos úmidos e frescos e verões quentes e secos, refere-se ao clima de Los Angeles.

Já que os climas são característicos de certas latitudes (e de outros fatores que serão discutidos mais tarde), eles são classificados principalmente por latitude — tropical, subtropical, latitude média (continental), subártico (continental) e ártico — mas também pela umidade, tais como úmido continental, mediterrâneo, monção, deserto e tropical úmido/seco (Figura 23.9). Recorde da discussão da biogeografia do Capítulo 8 de que climas similares produzem tipos similares de ecossistemas. Dessa forma, conhecendo o clima, pode-se fazer boas previsões sobre que tipo de vida será encontrada em determinados locais e que tipos de vida poderiam sobreviver se introduzidas nesses locais.

O Clima Está sempre Mudando

O clima está sempre mudando e isto tem acontecido em todos os períodos da história da Terra que os cientistas foram capazes de estudar. O Pré-cambriano, ocorrido por volta de

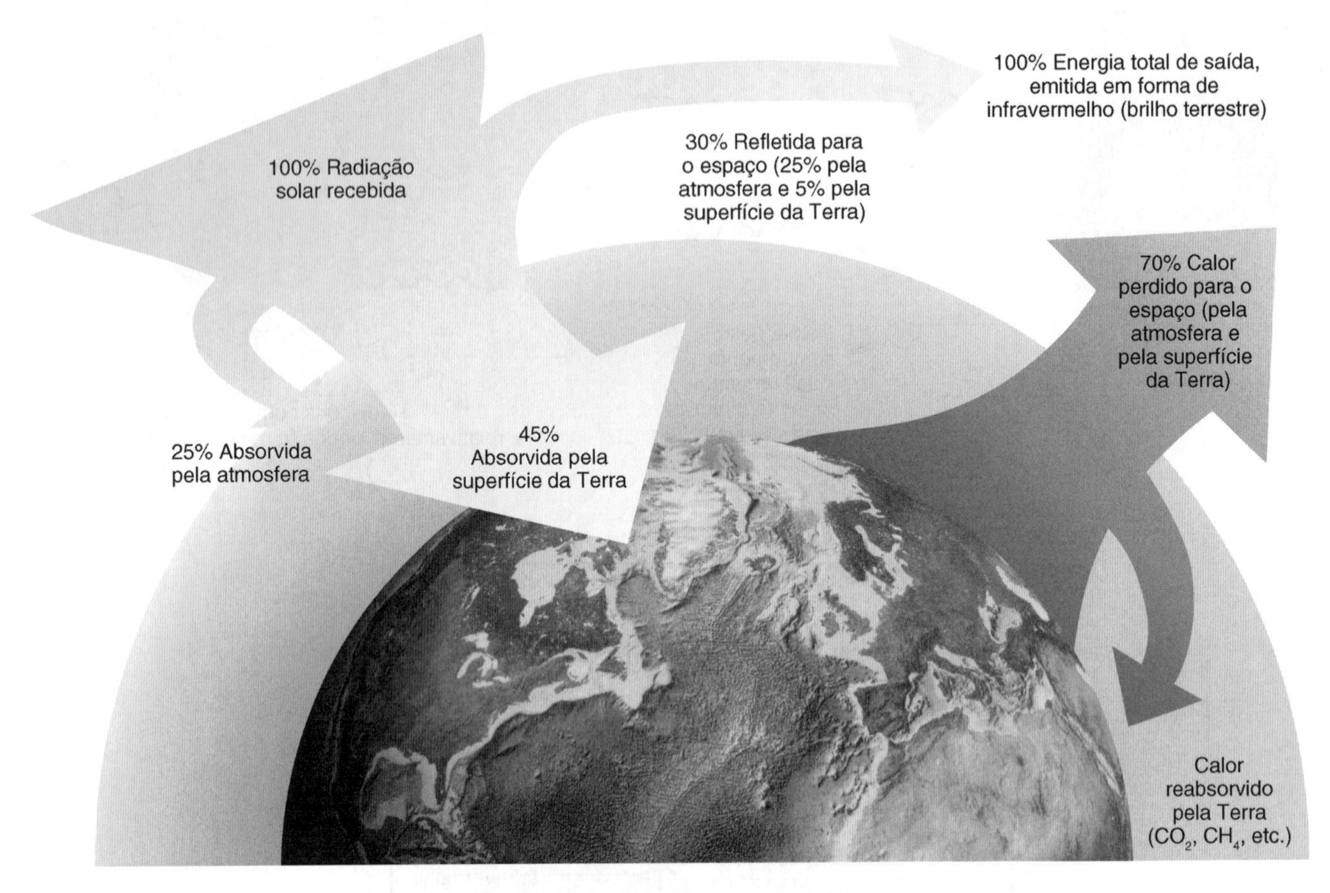

Figura 23.8 ■ Balanço de energia da Terra.

550 milhões de anos atrás, tinha uma temperatura média de 12°C. Então o clima se aqueceu até aproximadamente 22°C no Cambriano, esfriou bastante durante a transição entre o Ordoviciano e o Siluriano, aqueceu novamente no Devoniano, resfriou muito no fim do Carbonífero e aqueceu novamente no Triássico (Figura 23.10). Tem sido uma montanha-russa para a antiga superfície da Terra.

As mudanças climáticas têm continuado em tempos mais recentes, geologicamente falando. A temperatura média anual da Terra se elevou e se reduziu por vários graus Celsius ao longo dos últimos milhões de anos (Figura 23.11). Períodos de altas temperaturas envolvem períodos de tempo relativamente sem gelo (períodos interglaciais) sobre a maior parte da superfície do planeta; períodos de baixa temperatura envolvem eventos glaciais (Figura 23.11*a*, *b*).

As mudanças climáticas ao longo dos últimos 18.000 anos, durante a última grande glaciação continental, tiveram um grande efeito nas pessoas. A glaciação continental acabou aproximadamente há 12.500 anos, com um rápido aquecimento, talvez tão curto a ponto de durar algumas décadas.[6] Este fenômeno foi seguido de um breve resfriamento global ocorrido aproximadamente há 11.500 anos (Figura 23.11*c*). Mais recentemente, uma grande tendência de aquecimento de 1.100 d.C. a 1.300 d.C. (período medieval quente, Figura 23.11*c*, *d*), permitiu aos vikings colonizar a Islândia, a Groenlândia e a América do Norte. Quando as geleiras avançaram durante um período de resfriamento iniciado por volta de 1.400 d.C. (pequena era do gelo), os assentamentos vikings na América do Norte e em parte da Groenlândia foram abandonados.

Um período de aquecimento se iniciou por volta de 1850, perdurando até 1940, quando as temperaturas começaram a diminuir novamente, seguidos por um nivelamento da temperatura na década de 1950 e uma queda maior da temperatura durante a década de 1960. As últimas duas décadas foram as mais quentes desde que as temperaturas globais começaram a ser monitoradas.[7]

As Causas das Mudanças Climáticas

Somente a partir do século XIX que os cientistas começaram a entender que o clima se modificava bastante durante longos períodos de tempo e incluiu períodos de glaciações continentais. A percepção de que houve episódios glaciais e interglaciais começou em 1815, quando um aldeão suíço, J. P. Peeraudin, sugeriu a um engenheiro civil suíço, Ignaz Venetz-Sitten, que algumas das características dos vales das montanhas, incluindo as rochas e detritos do solo, eram resultantes das geleiras que, anteriormente, havia expandido suas encostas além de seus limites atuais. Impressionado com estas observações, Venetz-Sitten se apresentou a uma sociedade de história natural em Lucerna, em 1821, e sugeriu que as geleiras haviam se estendido, em algum tempo passado, consideravelmente além de seus atuais limites.

Inicialmente ele não foi levado a sério. Na realidade, o famoso geólogo Louis Agassiz, do século XIX, viajou aos Alpes para refutar essas ideias, mas, após ter visto a evidência, ele mudou de ideia e formulou uma teoria de glaciação continental. As evidências eram os detritos — rochas, solos — nas beiradas de geleiras existentes nas montanhas e o mesmo tipo de depósitos nas elevações inferiores. Ele percebeu que somente geleiras poderiam ter produzido os tipos de detritos que agora se depositam à distância do gelo. Foi logo reconhe-

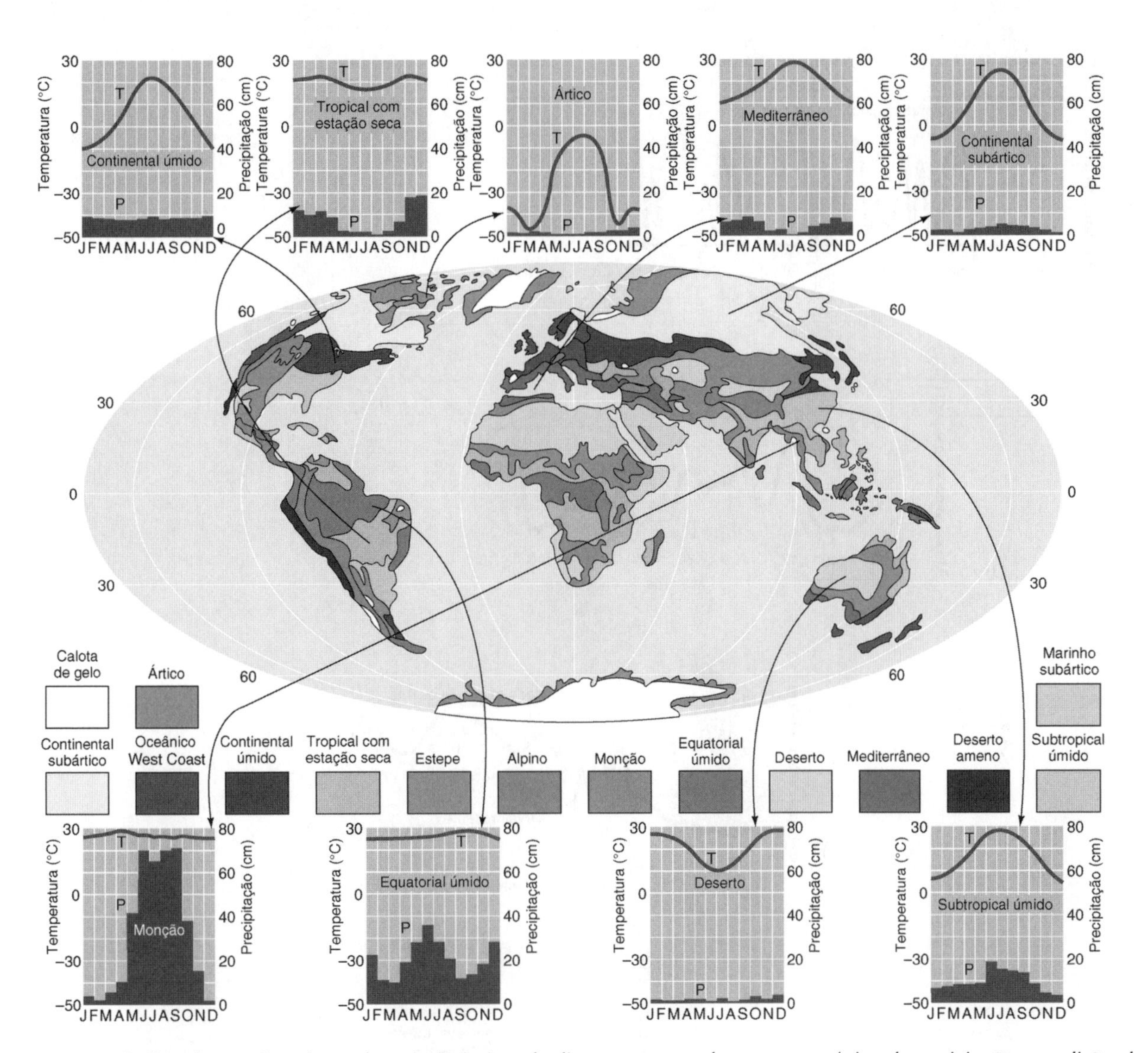

Figura 23.9 ■ O clima do mundo e alguns dos principais tipos de climas em termos de suas características de precipitação e condições de temperatura. (*Fonte*: Adaptado de W. M. Marsh e J. Dozier, Revelo, *Landscape* © 1981, John Wiley & Sons. Reimpresso com permissão de John Wiley & Sons, Inc.)

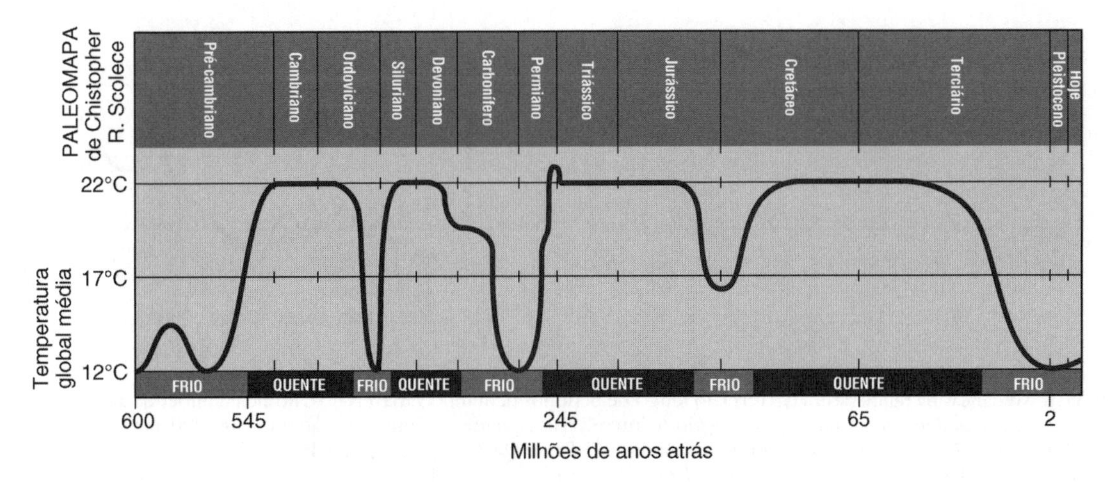

Figura 23.10 ■ 600 milhões de anos de mudanças climáticas.

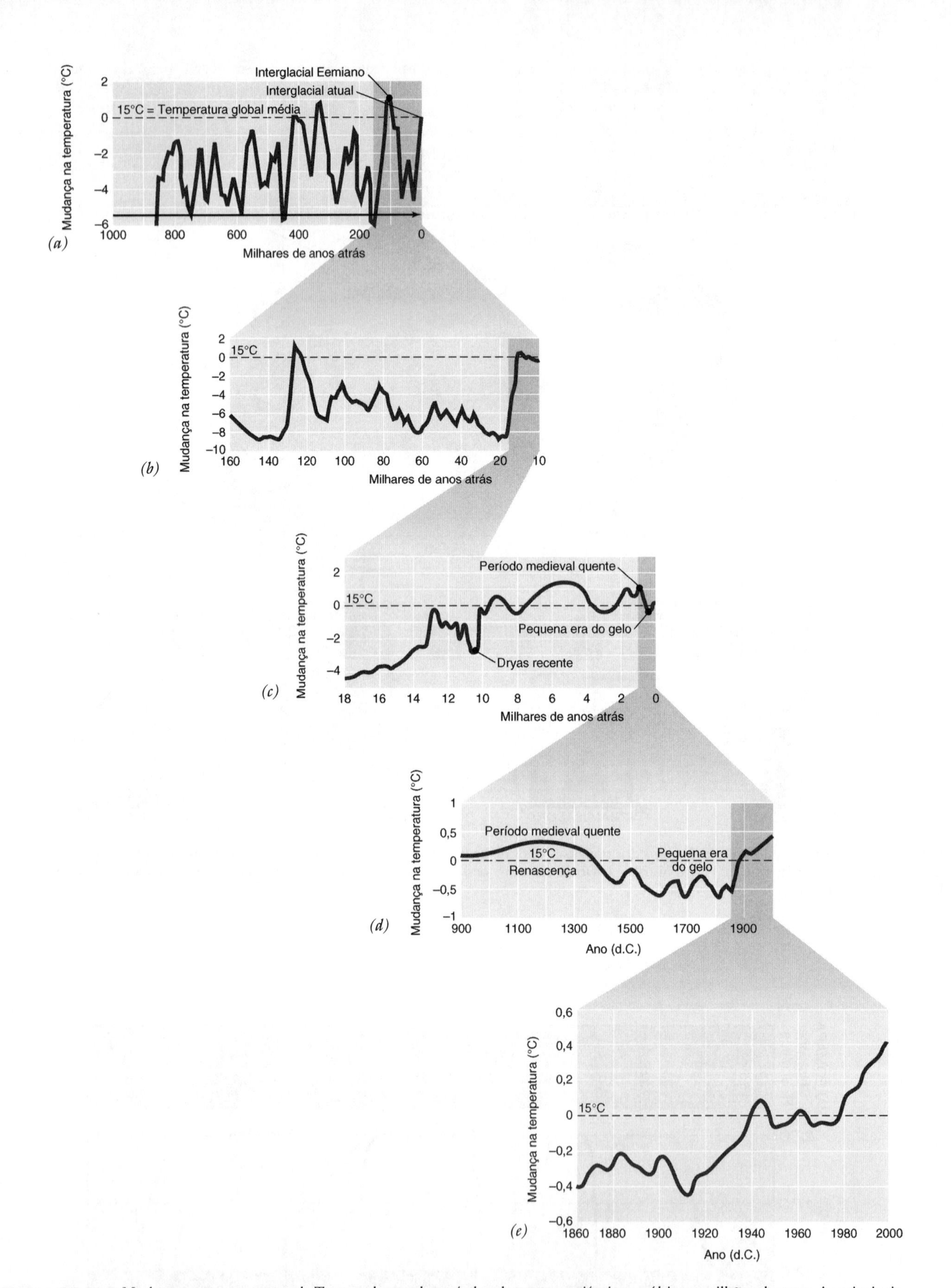

Figura 23.11 ■ Mudanças na temperatura da Terra ao longo de períodos de tempo variáveis nos últimos milhões de anos. As principais mudanças em (*a*) correspondem aos períodos glaciais (frio) e interglaciais (quente) ao longo dos últimos 800.000 anos. (*Fontes*: UCAR/DIES, "Science Capsule, Changes in the Temperature of the Earth" *Earth Quest* 5, nº 1 [Spring 1991]; Houghton, J. T., G. L. Jenkins, e J. J. Ephranns, eds. *Climate Change, the Science of Climate Change* [Cambridge: Cambridge University Press, 1996]; U.K. Meteorological Office, *Climate Change and Its Impacts: A Global Perspective*, 1997.)

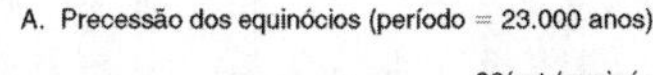

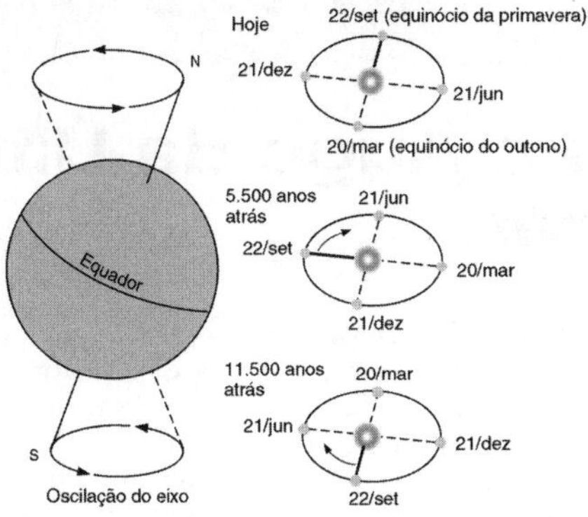

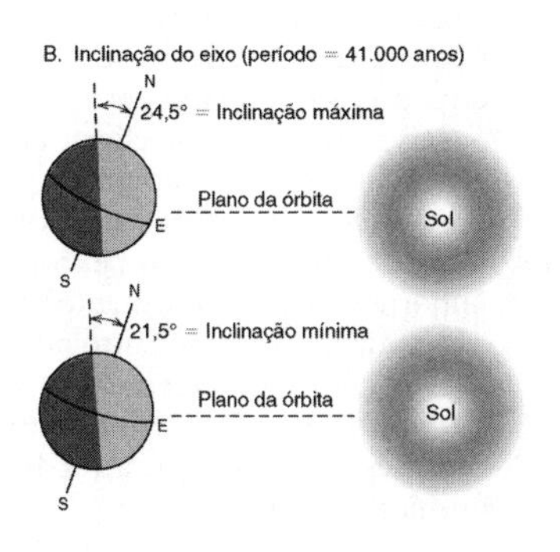

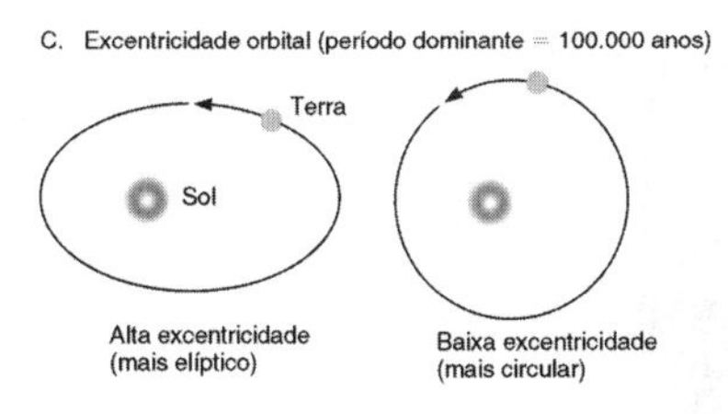

Figura 23.12 ■ A Terra oscila, altera seu eixo e tem uma órbita elíptica que muda também. (*Fonte*: Skinner, Porter e Botkin. *The Blue Planet*, John Wiley, 2nd Edition, p. 335.)

cido que geleiras haviam coberto vastas áreas na Grã-Bretanha e na América do Norte.[8]

Isto iniciou uma busca por uma resposta à complexa questão: Por que o clima muda, e porque muda tão drasticamente? Uma das mais importantes ideias foi apresentada na década de 1920 por Milutin Milankovitch, que observou os registros climáticos de longo prazo e começou a pensar sobre o que poderia estar correlacionado a eles. Olhando para a Figura 23.11*a* percebe-se que ciclos de aproximadamente 100.000 anos são aparentes, e que esses parecem estar também divididos em ciclos menores de aproximadamente 20.000 a 40.000 anos de duração.

Milankovitch percebeu que a explicação do fenômeno poderia estar relacionada à maneira que a Terra gira em torno de seu eixo e em volta do Sol. A Terra giratória é como um pião oscilante seguindo uma orbita elíptica ao redor do Sol. Três tipos de mudanças ocorrem. (1) A oscilação significa que a Terra é incapaz de manter seus polos em um ângulo constante em relação ao Sol (Figura 23.12*a*). Neste momento, o Polo Norte aponta para Polaris, a estrela do Norte, mas isso muda à medida que o planeta oscila. A oscilação realiza um ciclo completo em 26.000 anos. (2) O eixo da oscilação também varia ao longo de períodos de 41.000 anos (Figura 23.12*b*). (3) A órbita elíptica ao redor do Sol também muda. Algumas vezes é uma elipse mais extrema, outras vezes é mais próxima de um círculo (Figura 23.12*c*), e isto ocorre a cada 100.000 anos.

A combinação desses fatores leva a mudanças periódicas na quantidade de luz solar que chega à Terra. Algumas vezes a oscilação do Hemisfério Norte se desloca em direção ao Sol (verão do Hemisfério Norte), quando a Terra está mais próxima ao Sol, enquanto em outros momentos o oposto ocorre — o Hemisfério Norte é posicionado distante do Sol (inverno do Hemisfério Norte), enquanto a Terra está mais próxima dele. Milankovitch mostrou que essas variações estão relacionadas aos principais períodos glaciais e interglaciais (Figura 23.11*a*). Eles são agora chamados de "ciclos de Milankovitch".[9]

Enquanto os ciclos de Milankovitch eram consistentes com os tempos das variações no clima, eles não levavam em conta todas as variações climáticas de larga escala presentes nos registros geológicos. Talvez seja melhor pensar nesses ciclos como situações artificiais onde climas frios o bastante para produzir glaciações continentais eram possíveis, e outras situações onde climas que esfriam eram improváveis ou impossíveis. Esta é uma forma de **forçamento climático**, a qual é uma perturbação imposta no balanço de energia da Terra (veja o Detalhamento 23.2).[7] Os ciclos de Milankovitch são um exemplo de forçamento climático. Então os outros fatores — tais como a circulação global dos oceanos, placas tectônicas e refletividade da superfície terrestre (outro forçamento climático, o qual varia com a quantidade de gelo e neve, florestas, campos e desertos) — entram em cena para determinar se será um clima relativamente quente ou frio.

Ciclos Solares

O Sol também passa por ciclos, algumas vezes mais quentes, outras mais frios. Hoje isso pode ser observado diretamente com telescópios e outros instrumentos. Como mencionado anteriormente, as variações na intensidade do Sol que tenham ocorrido no passado podem ser determinadas devido às diferentes quantidades de radionuclídeos, tais como berílio-10 e carbono-14, cujas concentrações respondem proporcionalmente às variações das emissões solares em suas fases mais quentes em mais frias, radionuclídeos esses que ficam armazenados no gelo glacial e podem ser medidos. A contabilização dos radionuclídeos encontrados nos testemunhos de gelo extraídos das geleiras revela que, durante o período quente medieval, no intervalo aproximado de 1.100 a 1.300 d.C., a quantidade de energia solar que chegava à Terra era relativamente alta e que a menor atividade solar ocorreu durante o século XIV, coincidindo com a pequena era do gelo (Figura 23.11*d*). Dessa forma, parece que a variabilidade da radiação solar também explica uma parte da variabilidade climática.[10,11]

A Transparência da Atmosfera Afeta o Tempo e o Clima

O grau de transparência da atmosfera em relação à radiação que por ela passa, tanto vinda do Sol quanto da superfície da Terra, afeta a temperatura do planeta. Poeira e aerossóis absorvem a luz, resfriando a superfície da Terra. Vulcões e grandes incêndios florestais jogam poeira e fumaça na atmosfera, assim como o fazem várias atividades humanas, tais como a aração em áreas amplas. Cada composto gasoso possui seu próprio espectro de absorção. A composição química e física da atmosfera, portanto, pode tornar o clima mais quente ou mais frio.

Revisando, a intensidade da luz solar muda, juntamente com os padrões de alteração da órbita, rotação e revolução

Mudança Climática Durante o Auge da Última Glaciação, 22.000 Anos Atrás

O último máximo glacial ocorreu por volta de 22.000 anos atrás, quando se crê que a temperatura média da superfície foi reduzida por aproximadamente 5°C. Lembrando que um forçamento climático é uma perturbação imposta ao equilíbrio de energia da Terra; os principais forçamentos associados às glaciações são apresentados na Figura 23.13. Fatores que afetam e, por sua vez, são afetados pelas mudanças de temperatura globais e regionais incluem o aumento nas temperaturas da camada de gelo, mudanças na vegetação, mudanças nos gases atmosféricos (tais como dióxido de carbono, metano e óxido nitroso) e mudanças na intensidade da luz solar que chega à superfície. Aerossóis, tais como aqueles lançados por vulcões na atmosfera superior, refletem a luz do Sol e resfriam a superfície da Terra. Mudanças na intensidade da luz solar são causadas tanto por variações na luminosidade da luz solar quanto por mudanças na órbita da Terra. O forçamento de energia do último ápice glacial é calculado como aproximadamente 6,6 ± 1,5 W/m^2, que com uma redução de 5°C, iguala-se a 0,75°C por W/m^2. As unidades estão em energia por unidade de área. Por comparação, os Estados Unidos recebem em média aproximadamente 175 W/m^2 de energia solar hoje em sua superfície. A constante solar da energia do Sol, quando chega aproximadamente ao topo da atmosfera, é de aproximadamente 1.400 W/m^2. Dessa forma, pode-se perceber que pequenas mudanças nas quantidades de forçamentos podem alterar todo o sistema climático.

Os forçamentos agem mudando as propriedades tanto da atmosfera quanto da superfície, que, por sua vez, afetam o clima. Dessa forma, à medida que as geleiras crescem é refletida uma maior quantidade da radiação solar, o que aumenta o resfriamento. Mudanças na quantidade de área coberta por vegetação, e também no tipo de vegetação, alteram a proporção de luz solar refletida e a absorção de energia solar e absorção e liberação de gases atmosféricos. Gases atmosféricos, tais como dióxido de carbono, metano e óxido nitroso, também têm importantes papéis na regulação do clima. Por enquanto, é mais importante reconhecer que os forçamentos climáticos estão relacionados ao balanço de energia da Terra e, como tal, é uma importante ferramenta quantitativa para avaliar mudanças globais, tanto no passado geológico como em relação ao aquecimento global, o qual se refere às elevações mais recentes na temperatura média global nas últimas décadas.[12]

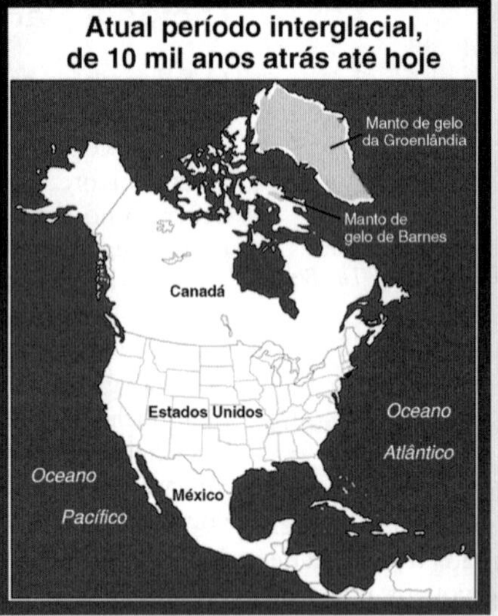

mantos de gelo e vegetação
−3,5±1

gases do efeito estufa
CO_2
CH_4
N_2O
−2,6±0,5

aerossóis
−0,5±1

Forçamento ~ 6,6 ± 1,5 W/m^2
ΔT observada ~ 5°C
0,75°C por W/m^2

Figura 23.13 ■ Forçamento climático durante as últimas principais glaciações. Aproximadamente há 22.000 anos, o forçamento foi de 6,6 ± 1,5 W/m^2, que produziu uma queda global na temperatura da atmosfera na superfície. (*Fonte*: USGS e NASA.)

da Terra ao longo do tempo geológico, criando, dessa forma, situações energéticas (forçamentos climáticos), que permitem a ocorrência de períodos frios ou quentes. Quando estas condições se combinam para fazer as coisas ficarem mais frias, então a transparência da atmosfera e as propriedades reflexivas (albedo) da superfície da Terra determinam se uma era do gelo ou um período quente (interglacial) irá ocorrer.

23.4 O Efeito Estufa

Cada gás na atmosfera tem seu próprio espectro de absorção — qual comprimento de onda ele absorve e em qual ele transmite. Do mesmo modo ocorre com o vidro, que é transparente para a luz visível, mas opaco para a maior parte dos comprimentos de onda infravermelhos. Ondas infravermelhas consistem em radiação de calor, ondas essas que, para a maior parte dos processos na Terra, transferem energia térmica de um material para outro. Certos gases na atmosfera da Terra são absorvedores especialmente eficazes de infravermelho, e, portanto, absorvem radiação emitida pelas superfícies aquecidas da Terra. Aquecidos por isso, eles reemitem essa radiação. Uma parte dela retorna à superfície, deixando-a mais quente do que seria sem esse fator. Ao armazenar o calor desta maneira, os gases agem mais ou menos com painéis de vidro em uma estufa (apesar de o processo pelo qual o calor é contido não ser o mesmo que o de uma estufa). Por consequência, o fenômeno é chamado de **efeito estufa**. Os principais **gases do efeito estufa** são vapor d'água, dióxido de carbono, metano, alguns dióxidos de nitrogênio e clorofluorcarbonos (CFCs).

O efeito estufa é um fenômeno natural que ocorre na Terra, assim como em outros planetas do sistema solar. A maior parte do aquecimento causado pelo efeito estufa natural é devido à água na atmosfera — vapor d'água e pequenas partículas de água na atmosfera produzem aproximadamente 85% e 12%, respectivamente, do efeito estufa total.

Como Funciona o Efeito Estufa

Um diagrama altamente idealizado, demonstrando alguns importantes aspectos do efeito estufa, é exibido na Figura 23.14. As setas identificadas como "entrada de energia" representam a energia solar absorvida pela superfície da Terra ou próximo

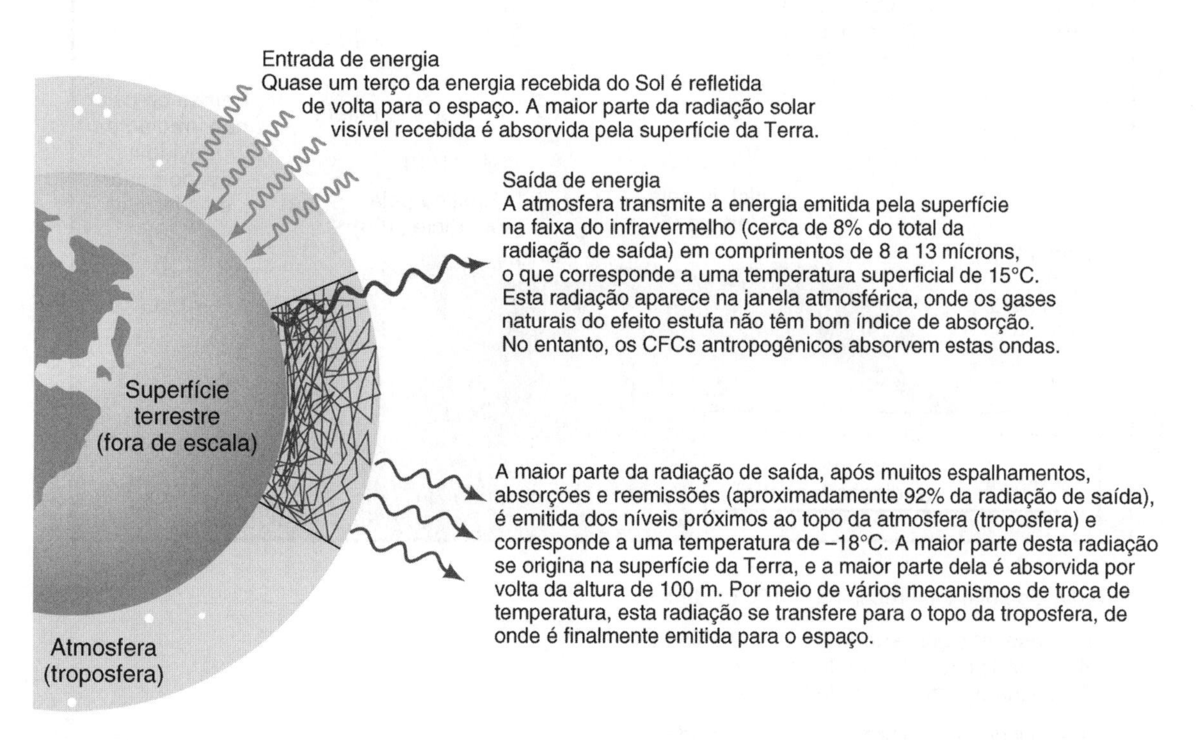

Figura 23.14 ■ Diagrama idealizado mostrando o efeito estufa. A radiação solar visível recebida é absorvida pela superfície da Terra para ser reemitida em forma de ondas infravermelhas. A maior parte desta radiação infravermelha reemitida é absorvida pela atmosfera, mantendo o efeito estufa. (*Fonte*: desenvolvido por M. S. Manalis e E. A. Keller, 1990.)

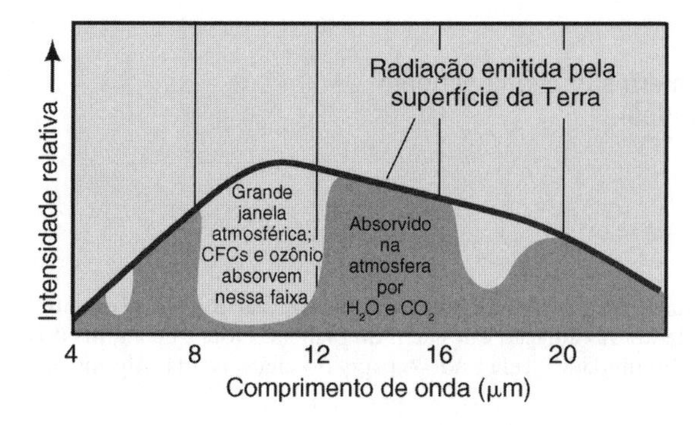

Figura 23.15 ■ O que os principais gases do efeito estufa absorvem na atmosfera da Terra. A superfície da Terra irradia principalmente na forma de infravermelho, que é o tipo de energia eletromagnética exibido aqui. Água e dióxido de carbono apresentam alta taxa de absorção de ondas com esse comprimento, o que faz deles os principais gases do efeito estufa. Os outros gases do efeito estufa, incluindo metano, alguns óxidos de nitrogênio, CFCs e ozônio, absorvem quantidades menores de energia eletromagnética, mas absorvem também ondas que não são absorvidas pela água e pelo dióxido de carbono. (*Fonte*: modificado de T. G. Spiro e W. M. Stigliani, *Environmental Science in Perspective* [Albany: State University of New York Press, 1980].)

a ela. As setas identificadas como "saída de energia" representam a energia emitida pela atmosfera superior e pela superfície da Terra, a qual se iguala à entrada de energia, mantendo o equilíbrio de energia da Terra. As linhas emaranhadas próximas à superfície da Terra representam a absorção de radiação infravermelha (IV) que ocorre e que produz a temperatura de 15°C próximo à superfície. Após muitos espalhamentos, absorções e reemissões, a radiação infravermelha emitida das camadas próximas ao topo da atmosfera (troposfera) corresponde à temperatura de aproximadamente −18°C.

A seta de saída que, sozinha, atravessa diretamente a atmosfera da Terra representa a radiação emitida através do que é chamada de *janela atmosférica* (Figura 23.15). A janela atmosférica, concentrada em um comprimento de onda de

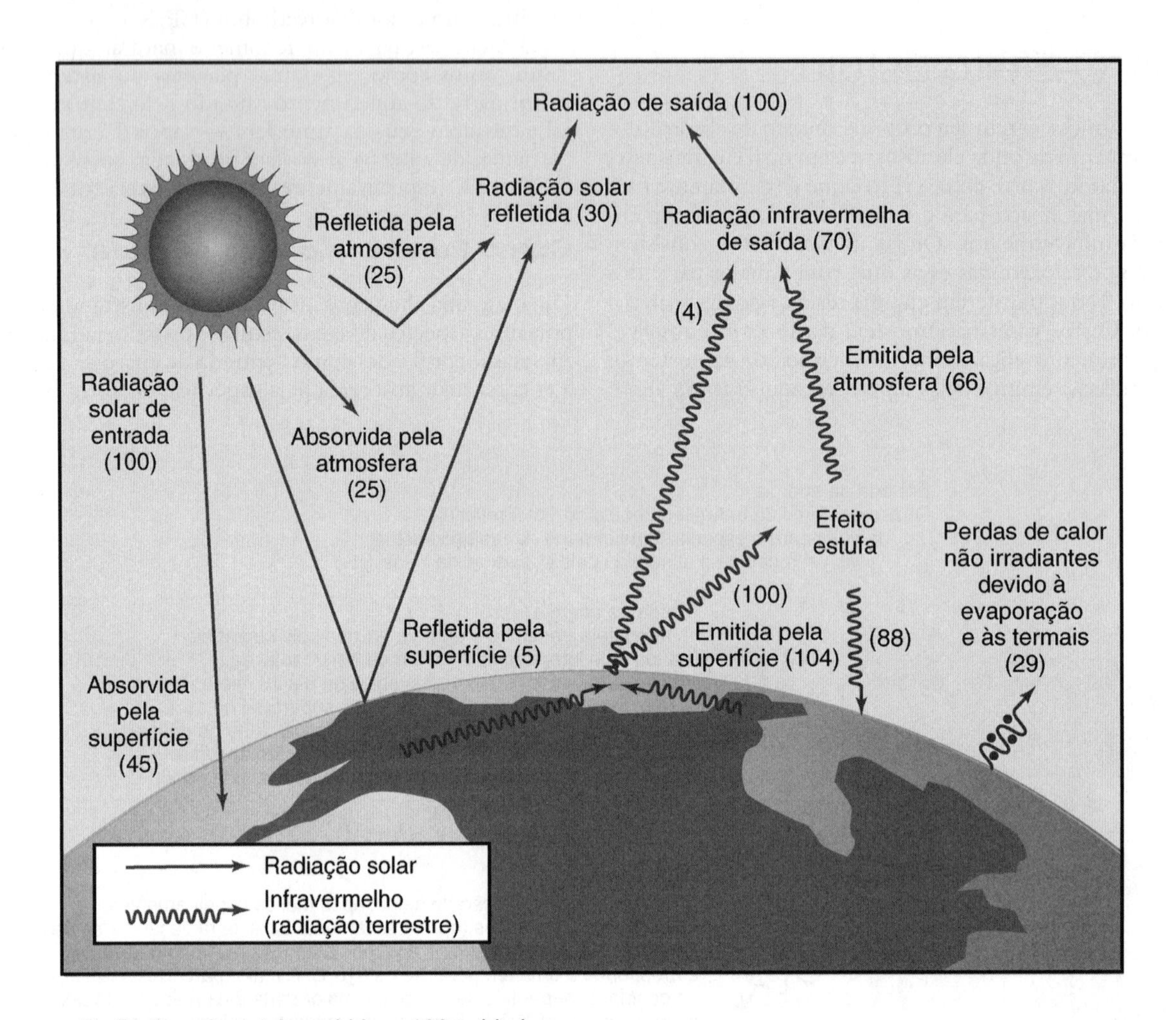

- Radiação solar total recebida = 100 unidades
- Total absorvido pela superfície = 133 unidades
  45 da radiação solar (ondas curtas)
  88 do infravermelho do efeito estufa
- Total emitido pela superfície = 133 unidades
  104 infravermelho (destes, somente 4 unidades passam diretamente para o espaço sem sofrer absorção ou reemissão pelo efeito estufa)
  29 da evaporação e das perdas térmicas (perda de calor não irradiante)
- Infravermelho total emitido pela atmosfera superior para o espaço = 70 unidades
  66 unidades emitidas pela atmosfera
  4 unidades emitidas pela superfície
- As 25 unidades de radiação solar absorvidas pela atmosfera são eventualmente emitidas em forma de infravermelho (parte das 66 unidades)
- Radiação total de saída = 100 unidades
  70 em infravermelho
  30 em radiação solar refletida.

Figura 23.16 ■ Diagrama simplificado demonstrando o balanço de energia da Terra e o efeito estufa. A radiação solar é arbitrariamente definida como equivalente a 100 unidades, e que é balanceada com as 100 unidades de radiação que saem do planeta. Note que alguns dos fluxos (taxas de transferência) da radiação infravermelha (IV) são maiores que 100 unidades, refletindo o papel do efeito estufa. Alguns desses fluxos são explicados no diagrama.

10 μm, representa um intervalo de comprimentos de onda (8–12 μm) que não é bem absorvido pelos gases naturais do efeito estufa (vapor d'água e dióxido de carbono). CFCs artificiais, no entanto, absorvem esta radiação; CFCs, portanto, contribuem significativamente para o efeito estufa dessa forma.

Observemos mais de perto a relação do efeito estufa com o balanço de energia da Terra, que foi introduzida na Figura 23.8 de forma simples. A figura demonstrou que, da radiação solar, aproximadamente 30% é refletido pela atmosfera de volta para o espaço, na forma de radiação solar de ondas curtas, enquanto 70% é absorvido pela atmosfera e pela superfície da Terra. Os 70% absorvidos são eventualmente reemitidos, na forma de radiação infravermelha (IV), de volta para o espaço. Logo, a soma da radiação solar refletida e da radiação infravermelha emitida é igual à energia que chega do Sol.

Este simples equilíbrio se torna mais complicado quando são consideradas as trocas de IV entre a atmosfera e a superfície da Terra. Em alguns momentos, estes fluxos internos de radiação podem ter magnitude maior que a quantidade de energia solar penetrando o sistema atmosférico da Terra, como pode ser observado na Figura 23.16. Um dos principais fatores causadores do acréscimo nos fluxos é o efeito estufa.

À primeira vista, pode-se pensar que seria impossível haver fluxos internos de radiação maiores que a quantidade total de radiação solar recebida (apresentada como valendo 100 unidades na Figura 23.16). Este fenômeno é possível devido ao fato de que a radiação infravermelha é rebatida várias vezes na atmosfera, resultando em elevados fluxos internos. Por exemplo, nos termos da figura, a quantidade de IV absorvida pela superfície da Terra devido ao efeito estufa é de aproximadamente 88 unidades, aproximadamente o dobro da radiação solar de ondas curtas absorvida diretamente pela superfície da Terra (45 unidades). Apesar dos elevados fluxos internos, o balanço geral de energia permanece o mesmo. Nas camadas mais elevadas da atmosfera, a radiação solar líquida recebida se iguala à IV que sai do topo da atmosfera (70 unidades).

O ponto importante aqui é reconhecer a potência do efeito estufa. Por exemplo, observe na figura que, das 104 unidades de IV emitidas pela superfície da Terra, somente quatro vão diretamente para a atmosfera superior e são emitidas. O resto é absorvido e reemitido pelos gases do efeito estufa. Dessas, 88 unidades seguem em direção à Terra e 66 unidades em direção à atmosfera superior.

Isso tudo pode parecer complicado, mas se os pontos mencionados na Figura 23.16 forem cuidadosamente lidos e estudados e os equilíbrios das várias partes dos fluxos de energia analisados, pode-se obter um entendimento aprofundado de por que o efeito estufa é tão importante. O efeito estufa mantém a atmosfera inferior da Terra aproximadamente 33°C mais quente do que ela seria sem esse efeito. Ainda, o efeito estufa possui outras funções importantes. Por exemplo, as intensas emissões de IV da atmosfera para a superfície, resultantes do efeito estufa, impedem que a temperatura da superfície varie muito do dia para a noite. Sem este efeito, a superfície iria esfriar muito mais rapidamente à noite e esquentar muito mais rapidamente durante o dia. Dessa forma, o efeito estufa não somente mantêm a temperatura da superfície aquecida de forma relativamente confortável, mas também ajuda a impedir mudanças bruscas de temperatura durante o decorrer do dia. Dessa forma, não é o efeito estufa em si que causa preocupação, e sim a mudança dos gases do efeito estufa.

O Papel dos Principais Gases do Efeito Estufa na Mudança Climática

Ninguém duvida que o efeito estufa exista e que afeta os planetas. O método de medição da concentração de dióxido de carbono no ar — na atmosfera, nas minas de carvão para segurança dos mineiros — consiste em passar o ar continuamente por um cano, através do qual uma das ondas infravermelhas absorvíveis por esse gás é transmitida. Quanto maior a concentração de CO_2, mais fraca fica a luz infravermelha que chega ao fim do cano.

O efeito estufa ocorre nos planetas vizinhos ao planeta Terra. Marte e Vênus são muito mais quentes do que seriam sem o dióxido de carbono em suas atmosferas, as quais são compostas majoritariamente por este gás. O desafio concernente à Terra surge quando procura-se entender a importância relativa dos gases do efeito estufa na determinação do clima em um planeta que possui água líquida, sólida e gasosa, placas tectônicas e vida, incluindo a vida humana. Esta é a origem da primeira controvérsia acerca do aquecimento global, que é: Ele está acontecendo? E se está, a queima de combustíveis fósseis, juntamente com outras atividades humanas, está contribuindo para ele? Seriam os seres humanos a causa primária?

A base do argumento de que o aquecimento global está acontecendo e de que as pessoas o estão causando vem do entendimento da absorção de luz infravermelha realizada pelos gases do efeito estufa, do entendimento do efeito estufa em Marte e Vênus, e, talvez mais importante, da observação dos gráficos do tipo daquele apresentado no início deste capítulo, nas Figuras 23.2 e 23.3. O papel de cada um dos principais gases do efeito estufa é discutido no Detalhamento 23.3.

Até agora, o argumento de que os gases do efeito estufa tiveram uma influência importante no clima por centenas de milhares de anos parece forte. Mas algumas recentes pesquisas científicas sugerem que a questão pode ser um pouco mais complicada. Análises das bolhas de ar presas nas geleiras da Antártica mostram que "há um intervalo de 500 a 1.000 anos entre os aumentos da concentração de CO_2 e as mudanças de temperatura".[13]

Se as mudanças nas concentrações de dióxido de carbono demoraram tanto tempo para aparecer em relação às mudanças de temperatura, então, pelo menos nessas circunstâncias elas não poderiam ter causado as mudanças de temperatura. No entanto, pode haver um intervalo entre o momento em que a neve cai e o momento em que o gelo glacial com bolhas se forma, e isto pode explicar um pouco do atraso.

Dada esta informação, como pode tantos especialistas acreditar hoje que muito do aquecimento observado é causado pelo aumento da quantidade de dióxido de carbono? Como foi explicado ao longo deste capítulo, há muitos processos em andamento na atmosfera, e as causas e os efeitos podem ser complicados. O que pode acontecer é a retroalimentação dentro e entre os grandes sistemas da Terra — oceanos, atmosfera, biota, solos e rochas. Agora serão examinados alguns dos processos de retroalimentação que podem ser importantes.

Mudança Climática e Retroalimentação

As mudanças climáticas são muito complexas, em parte porque pode haver vários tipos de retroalimentação, tanto positiva quanto negativa. Lembre-se do Capítulo 3, onde foram citados processos de retroalimentação positivos e negativos. Processos de retroalimentação negativa são autorreguláveis e ajudam a estabilizar um sistema. Processos de retroalimentação positiva aumentam a sua própria intensidade; dessa forma, quanto

DETALHAMENTO **23.3**

Os Principais Gases do Efeito Estufa

Os principais gases do efeito estufa artificiais estão listados na Tabela 23.1. A tabela também lista as recentes taxas de aumento de cada um dos gases e sua contribuição relativa para o efeito estufa antropogênico.

Dióxido de Carbono

Aproximadamente 200 bilhões de toneladas de carbono penetram e deixam, na forma de dióxido de carbono, a atmosfera da Terra a cada ano, como resultado de um número de processos físicos e biológicos: 50 a 60% do efeito estufa antropogênico é atribuído a esse gás. As medições do dióxido de carbono preso nas bolhas de ar das geleiras da Antártica sugerem que 160.000 anos antes da Revolução Industrial a concentração de dióxido de carbono na atmosfera variou de aproximadamente 200 para 300 ppm.[13] Os maiores níveis de concentração de CO_2 na atmosfera, além dos presentes, ocorreram durante um período interglacial ocorrido aproximadamente 125.000 anos atrás.

No início da Revolução Industrial, em torno de 140 anos atrás, a concentração atmosférica de dióxido de carbono era de aproximadamente 280 ppm, um valor que, aparentemente, tem sido a média dos últimos 700 anos.[16] Desde então a concentração de dióxido de carbono na atmosfera tem crescido exponencialmente. Hoje em dia, a taxa de aumento é de aproximadamente 0,5% por ano. Hoje, a concentração de CO_2 gira em torno de 380 ppm, e é previsto que esse nível terá se elevado para cerca de 450 ppm até o ano 2050, mais de 1,5 vez o nível pré-industrial.[16]

Metano

A concentração de metano (CH_4) na atmosfera mais do que dobrou nos últimos 200 anos, e acredita-se que ele tenha contribuído com aproximadamente 12–20% do efeito estufa induzido pelo homem.[17] Certas bactérias, que só podem viver em ambientes sem oxigênio, produzem e liberam metano. Estas bactérias vivem nos intestinos dos cupins e dos mamíferos ruminantes, tais como vacas, as quais produzem metano à medida que digerem seu alimento. Essas bactérias também vivem nas regiões sem oxigênio dos pântanos, onde elas decompõem a vegetação, liberando metano como um subproduto. O metano também é liberado pela infiltração dos campos de petróleo e dos hidratos de metano (veja o Capítulo 18).

As ações humanas também liberam metano. Entre elas estão os aterros sanitários (a maior fonte de emissão nos Estados Unidos), queima de biocombustíveis, produção de carvão e gás natural e a agropecuária, tal como o cultivo de arroz e a criação de gado. (O metano é liberado pela atividade anaeróbia nas terras alagadas onde o arroz é cultivado.) Assim como acontece com o dióxido de carbono, há incertezas significativas quanto ao entendimento acerca das fontes do metano na atmosfera e também sobre a forma como ele é retirado dela.

Clorofluorcarbonos

Clorofluorcarbonos (CFCs) são compostos estáveis e inertes que têm sido utilizados em latas de *spray* como propelente de aerossóis e em aparelhos de ar-condicionado. A taxa de aumento na quantidade de CFCs na atmosfera, no passado recente, foi de aproximadamente 5% por ano. Foi estimado que aproximadamente de 15 a 25% do efeito estufa induzido pelo homem esteja relacionado aos CFCs.[18] Devido ao fato de que os CFCs afetam tanto a camada de ozônio estratosférica quanto o efeito estufa, o seu uso como propelente foi banido nos Estados Unidos em 1987. Neste mesmo ano, 24 países assinaram o Protocolo de Montreal para reduzir e eventualmente eliminar a produção de CFCs e para acelerar o desenvolvimento de componentes químicos alternativos. Devido ao tratado, a produção de CFCs havia sido quase totalmente eliminada em 2000.

O potencial que os CFCs têm para aumentar o aquecimento global é considerável, pois eles absorvem na janela atmosférica, como já foi explicado anteriormente; cada molécula de CFC pode absorver centenas ou mesmo milhares de vezes mais radiação infravermelha proveniente da Terra do que é absorvida por uma molécula de dióxido de carbono. Além disso, devido à grande estabilidade dos CFCs, o tempo durante o qual residem na atmosfera é longo. Mesmo que a produção destes compostos tenha sido drasticamente reduzida, sua concentração na atmosfera irá permanecer significativa (apesar de menor que as concentrações de hoje) por muitos anos, talvez até mesmo chegando a permanecer por um século.[21, 22] (Os CFCs são discutidos em mais detalhes no Capítulo 24, o qual examina a destruição da camada de ozônio.)

Óxido Nitroso

A concentração de óxido nitroso (N_2O) está crescendo na atmosfera e provavelmente responde por 5% do efeito estufa antropogênico.[18] Fontes antropogênicas de óxido nitroso incluem a aplicação de fertilizantes na agricultura e a queima de combustíveis fósseis. Este gás também permanece na atmosfera por um longo tempo; mesmo se as emissões se estabilizassem ou fossem reduzidas, concentrações elevadas de óxido nitroso persistiriam por pelo menos várias décadas.[19]

Tabela 23.1 Principais Gases do Efeito Estufa

Gases-traço	*Contribuição relativa (%)*	*Taxa de crescimento (%/ano)*
CFC	15[a]–25[b]	5
CH_4	12[a]–20[b]	0,4[c]
O_3 (troposfera)	8[d]	0,5
N_2O	5[d]	0,2
Total	40–50	
Contribuição de CO_2	50–60	0,3[e]–0,5[d,f]

[a] W. A. Nierenberg, "Atmospheric CO_2: Causes, Effects, and Options," *Chemical Engineering Progress* 85, nº. 8 (August 1989): 27.
[b] J. Hansen, A. Lacis e M. Prather, "Greenhouse Effect of Chlorofluorocarbons and Other Trace Gases," *Journal of Geophysical Research* 94 (November 20, 1989): 16, 417.
[c] Ao longo dos últimos 200 anos.
[d] H. Rodhe, "A Comparison of the Contribution of Various Gases to the Greenhouse Effect," *Science* 248 (1990): 1218, Tabela 2.
[e] W. W. Kellogg, "Economic and Political Implications of Climate Change," artigo apresentado na Conference on Technology-based Confidence Building: Energy and Environment, University of California, Los Alamos National Laboratory, July 9–14, 1989./13.
[f] H. Abelson, "Uncertainties about Global Warming," *Science* 247 (March 30, 1990):1529.

maior a mudança agora, maior ela será no futuro. Foram discutidas primeiramente, no Capítulo 3, as retroalimentações positiva e negativa em relação aos sistemas da Terra e às suas mudanças; talvez seja necessário revisar esses conceitos.

Aqui estão alguns dos processos de retroalimentação que foram sugeridos para as mudanças climáticas.[14]

Possíveis Processos de Retroalimentação Negativa para as Mudanças Climáticas:

- À medida que o aquecimento global ocorre, o calor e o dióxido de carbono podem estimular o crescimento de algas. Elas, por sua vez, podem absorver o dióxido de carbono, reduzindo a concentração de CO_2 na atmosfera e esfriando-a.
- Um aumento na concentração de dióxido de carbono pode estimular de forma similar o crescimento das plantas terrestre, levando a uma maior absorção do dióxido de carbono e a redução do efeito estufa.
- Se as regiões polares receberem mais precipitação de ar mais quente e que carreguem mais umidade, o aumento na camada de neve e gelo poderia aumentar a quantidade de energia solar refletida pela superfície da Terra, causando resfriamento.
- Aumento na quantidade de água evaporada dos oceanos e da terra poderia levar à formação de mais nuvens (o vapor d'água se condensa), que refletiriam a luz do Sol e resfriariam a superfície.

Possíveis Processos de Retroalimentação Positiva para as Mudanças Climáticas:

- O aquecimento da Terra causa um aumento na evaporação da água dos oceanos, o que adiciona vapor d'água à atmosfera. Mas, no lugar de condensar-se e formar nuvens, grande parte dela se mantém como vapor d'água — um dos principais gases do efeito estufa — que, por sua vez, causa um aquecimento adicional.
- O aquecimento da Terra poderia derreter uma grande quantidade do permafrost localizado nas latitudes elevadas, o que iria, por sua vez, liberar o gás metano, um subproduto da decomposição de material orgânico na camada de permafrost derretido. Isto iria causar um aquecimento adicional.
- Uma redução na camada de neve do verão, substituída por vegetação e superfície do solo de colorações muito mais escuras, poderia aumentar a absorção de energia solar, aquecendo mais a superfície da Terra.
- Em regiões de climas mais quentes, as pessoas aumentam o uso de ar-condicionado. O uso adicional de combustíveis fósseis poderia aumentar a liberação de dióxido de carbono, levando, possivelmente a um aquecimento adicional do planeta.

Já que tanto os processos de retroalimentação positiva quanto negativa podem acontecer simultaneamente na atmosfera, a dinâmica das mudanças climáticas é bem mais complexa. Diversos estudos estão sendo realizados para se entender melhor os processos de retroalimentação negativa associados com nuvens e seus vapores d'água.

O Efeito dos Oceanos nas Mudanças Climáticas

Os oceanos têm um importante papel no clima, tanto devido ao fato de dois terços da superfície da Terra ser coberta por água quanto ao fato de a água ter a maior capacidade de armazenamento de calor que qualquer composto conhecido, podendo uma grande quantidade de energia térmica ser armazenada nos oceanos do mundo. Há sempre uma relação complexa, dinâmica e contínua entre os oceanos e a atmosfera. Se a quantidade de dióxido de carbono aumenta na atmosfera, ela irá aumentar também nos oceanos, os quais, ao longo do tempo, podem absorver quantidades muito grandes de CO_2. Isso pode fazer com que a água dos oceanos se torne mais ácida ($H_2O + CO_2 = H_2CO_3$) à medida que o ácido carbônico é produzido em maior quantidade.

Parte do que regula o sistema climático e suas mudanças é a "corrente transoceânica" (ou circulação termoalina) — uma corrente de circulação global das águas oceânicas caracterizada por um forte movimento em direção ao norte das águas superficiais quentes da corrente do Golfo no oceano Atlântico.

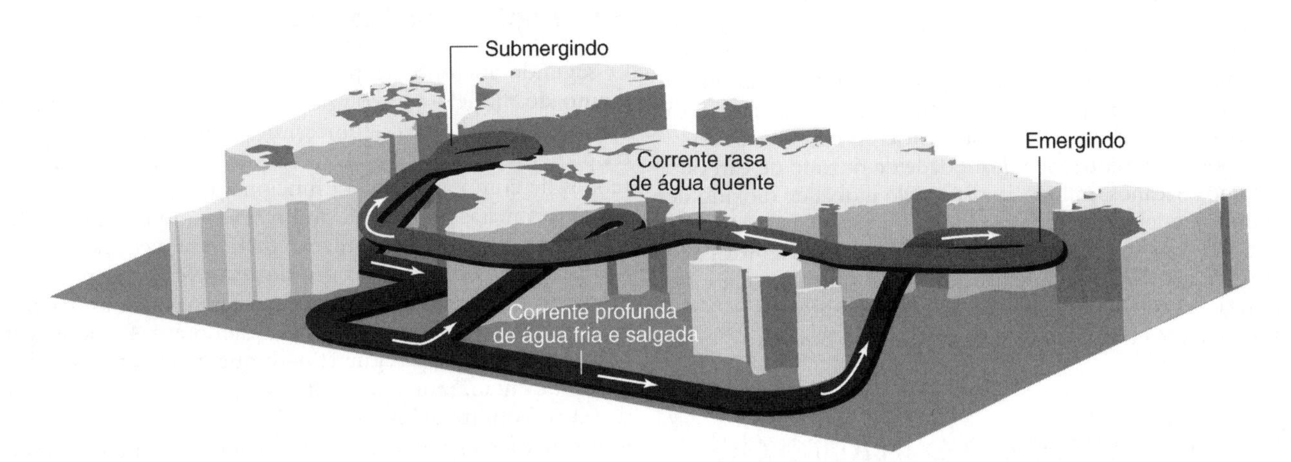

Figura 23.17 ■ Diagrama simplificado da corrente transoceânica. O sistema real é mais complexo; mas, no geral, a água quente da superfície (vermelha) é transportada para o oeste e para o norte (tendo sua salinidade aumentada devido à evaporação), indo para perto da Groenlândia, onde ela se resfria devido ao contato com os ventos frios do Canadá. Na medida em que a densidade da água aumenta, ela afunda e segue para o sul, depois para o oeste, em direção ao Pacífico, e então para o norte, onde a água novamente segue para a superfície, no Pacífico Norte. As massas de água que seguem para a superfície e que afundam se equilibram, e o fluxo total é de aproximadamente 20 milhões de m^3/s. O calor liberado pela água quente mantém o norte da Europa de 5°C a 10°C mais quente que ela seria se a corrente não existisse. (*Fonte*: modificado de W. Broker, "Will Our Ride into the Greenhouse Future Be a Smooth One?" *Geology Today 7*, nº 5 [1997]: 2–6.)

Estas águas têm a temperatura de aproximadamente 12 a 13°C quando se aproximam da Groenlândia e são resfriadas no Atlântico Norte até uma temperatura de 2 a 4°C (Figura 23.17).[15] À medida que a água se torna mais fria, ela fica mais salgada e tem sua densidade aumentada, fazendo com que afunde. A corrente fria do fundo do oceano flui em direção ao sul, depois para o leste, e então finalmente para o norte, em direção ao oceano Pacífico. A ascendência no Pacífico Norte inicia novamente a parte superficial e quente da corrente. O fluxo nessa corrente é enorme (20 milhões de m^3/s), aproximadamente o equivalente a 100 rios Amazonas.

Se a corrente transoceânica for interrompida, grandes mudanças ocorrerão no clima de algumas regiões. A Europa Ocidental iria esfriar, mas provavelmente não iria experimentar frio extremo, nem condições glaciais.[15]

O El Niño e o Clima

O termo El Niño refere-se a um certo tipo de variação periódica das correntes no oceano Pacífico, aproximadamente a cada 7 anos, mais ou menos. Sob condições isentas desse fenômeno, ventos alísios sopram para o oeste em direção à região tropical do Pacífico. As águas quentes da superfície, no Pacífico Ocidental, tendem a se aglomerar mais intensamente, resultando em uma superfície oceânica 0,5 metro superior na Indonésia, em comparação com o Peru. Em contraste, durante o El Niño, os ventos alísios se enfraquecem e podem até mesmo se reverter. Como resultado, o oceano Pacífico equatorial oriental sofre um aquecimento incomum, e a corrente oceânica equatorial, que flui em direção ao oeste, se enfraquece ou reverte. O aumento na temperatura das águas da superfície do mar na costa da América do Sul inibe a subida de águas frias, ricas em nutrientes, de níveis mais inferiores; esses nutrientes normalmente sustentam um ecossistema marinho diverso, e também grandes pontos de pesca e criação de peixes. Devido ao fato de que a precipitação segue, nos anos em que o El Niño ocorre, a água quente em direção ao leste, são observadas altas taxas de precipitação e inundação no Peru, enquanto secas e incêndios são normalmente observados na Austrália e na Indonésia. Já que as águas oceânicas quentes funcionam como uma das fontes de calor da atmosfera, o El Niño altera a circulação atmosférica global, o que causa alteração no tempo em regiões que estão bem distantes da região tropical do Pacífico.

Durante o El Niño, as condições normais das ressurgências de águas oceânicas equatoriais profundas no Pacífico Oriental são diminuídas ou eliminadas. A ressurgência das águas libera dióxido de carbono para a atmosfera, à medida que água rica em dióxido de carbono chega à superfície. As ocorrências do El Niño, portanto, reduzem a quantidade de dióxido de carbono retido nos oceanos, influenciando o ciclo global de dióxido de carbono. Modelos climáticos geralmente preveem que, à medida que a Terra se aquece, as ocorrências do El Nino se tornarão mais comuns.[20] Alguns pesquisadores têm sugerido que existem relações fortes entre as ocorrências de eventos de El Niño e as mudanças na camada de gelo em volta da Antártica.[20]

23.5 Prevendo o Futuro do Clima

A preocupação com o aquecimento global está relacionada ao futuro do clima, o qual representa um problema, pois prever o futuro sempre foi difícil e as pessoas que declaram fazer predições geralmente estiveram erradas. Há duas formas de prever o futuro em relação ao clima e seus efeitos nos seres vivos: empírica e teórica. A abordagem empírica é recorrer à ideia geológica de uniformitarismo — os processos que aconteceram no passado ocorrem hoje e irão ocorrer no futuro. Esta abordagem empírica levou a pesquisas extensivas sobre o clima e a concentração atmosférica de gases do efeito estufa em períodos passados, o que foi explorado anteriormente neste capítulo. Mas, ironicamente, o passado que desperta mais interesse é também aquele cujas informações climáticas são mais difíceis de coletar, tanto antes quanto durante a revolução tecnológica e científica — isto é, durante os três ou quatro últimos séculos. A reconstituição do clima em tempos muito mais antigos, de milhões ou dezenas ou centenas de milhões de anos atrás, são de interesse, mesmo com a resolução temporal sendo muito mais grosseira que hoje — não é necessário saber o que aconteceu em um período particular de 10 milhões ou 100 de milhões de anos atrás, ou mesmo em um século; médias de longos períodos são boas o suficiente.

O problema empírico enfrentado em relação aos séculos mais recentes é que os registros de temperatura foram mantidos, na melhor das hipóteses, apenas por alguns poucos séculos, e estes registros foram feitos somente em alguns poucos lugares. Até o advento do monitoramento via satélites, as medições da temperatura do ar acima dos oceanos foram feitas somente nos locais onde os navios iam, e isto não fornecia o tipo de amostragem que satisfaz o estatístico. Além disso, muitas partes do planeta nunca tiveram boas medições de temperatura do solo em longo prazo. Portanto, quando se deseja saber como era a temperatura no século XIX, antes do dióxido de carbono começar a aumentar na atmosfera devido à queima de combustíveis fósseis, os especialistas têm que encontrar maneiras de extrapolar, interpolar e estimar valores. O Centro Meteorológico de Hadley, na Grã-Bretanha, é um exemplo extraordinário de um grupo de cientistas que está fazendo o máximo para reconstruir tais registros de temperatura, desde a metade do século XIX até o presente. A situação melhorou bastante nos anos recentes, com o estabelecimento de plataformas oceânicas com equipamentos automatizados de monitoramento do tempo, coordenadas pela Organização Meteorológica Mundial. Devido a isso há registros bons, como os da Figura 23.2, desde o período de 1960.

Simulação por Computador

O segundo método de previsão climática é o desenvolvimento de modelos de computador sobre o clima mundial. Climatologistas teóricos começaram, pela primeira vez, a tentar prever o tempo com a antecedência de um dia, usando as teorias de como a atmosfera funcionava, no início do século XX. As primeiras previsões levavam mais tempo para serem feitas do que o tempo a ser previsto demorava a chegar. Mesmo na década de 1960, com o uso dos primeiros computadores modernos, a previsão do tempo baseada nas teorias matemáticas de como o clima funcionava demorava 48 horas para prever o clima do dia seguinte — o que não era muito útil.

Desde então, muito se melhorou, com o desenvolvimento de vários bons modelos computadorizados do clima mundial, todos baseados na ideia geral apresentada na Figura 23.18: a atmosfera é dividida em retângulos tridimensionais, cada um possuindo alguns quilômetros de altura e vários quilômetros para o norte e para o sul. Devido ao grande número de células, e também ao fato de cada célula ter seis lados, grandes quantidades de cálculos têm que ser feitas.

Estes modelos climáticos globais são chamados de "modelos de circulação global" (MCGs) pelos climatologistas que

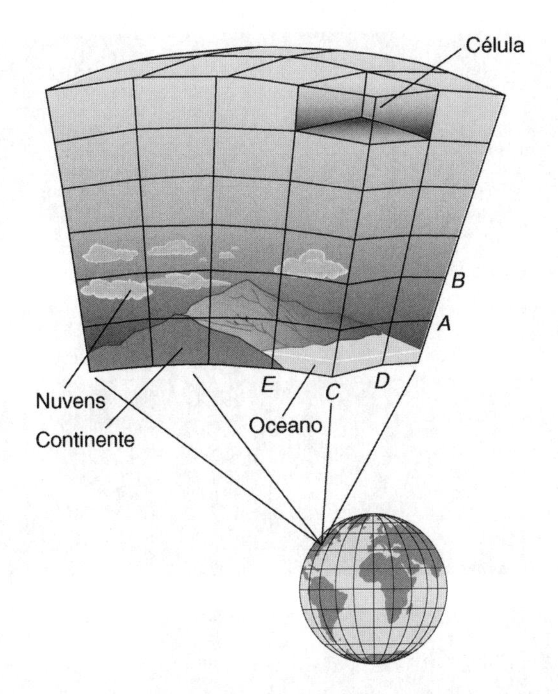

Figura 23.18 ■ Diagrama simplificado de como os grandes modelos de circulação global (modelos do clima da Terra inteira) são entendidos pelos computadores que executam os programas. A atmosfera é dividida em centenas de células retangulares, e é calculado o fluxo de energia e matéria para as transferências entre cada fronteira de cada célula para suas células adjacentes.

os desenvolvem, mas determinar quão bem eles trabalham é um grande desafio, pois o teste real é o trazido pelo futuro. Pode-se também testar os modelos observando quão bem eles preveem condições anteriores conhecidas.

23.6 Como Seria o Mundo com o Aquecimento Global

Mudanças no Clima

A temperatura média global da superfície tem aumentado aproximadamente 0,2°C por década nos últimos 30 anos.[21]

Os anos mais quentes, desde que a temperatura do ar próximo à superfície começou a ser medida, foram 1998 e 2007. Desde 1997, os oito anos mais quentes ocorreram. Um aquecimento adicional de aproximadamente 0,2°C por década está projetado para os próximos 20 anos. Mesmo se as concentrações de todos os gases do efeito estufa e dos aerossóis tivessem se mantido constantes nos níveis do ano 2000, um aquecimento de 0,1°C por década poderia ser esperado.[28, 29] Estima-se que, até 2030, a concentração de dióxido de carbono na atmosfera será o dobro das concentrações de antes da Revolução Industrial. A temperatura global média (de acordo com modelos matemáticos) irá aumentar em aproximadamente 1° a 2°C, com a previsão de um aumento maior da temperatura nas regiões próximas aos polos.[12] Os efeitos específicos do aquecimento global são difíceis de serem previstos. Há preocupação acerca do seguinte.[12]

Várias estimativas têm sido feitas sobre quais são as prováveis mudanças que ocorrerão na temperatura e na precipitação anuais devido ao aquecimento global. Assumindo que as concentrações de gases do efeito estufa estão aumentando a uma taxa de aproximadamente 1% por ano, no centro da América do Norte (a região de cultivo de grãos), espera-se que o aquecimento varie de aproximadamente 2° para 4°C, com um pequeno aumento na precipitação. Como resultado, a umidade do solo diminuirá no verão por aproximadamente 20%. Isto pode ter um efeito significativo nas áreas de cultivo de grãos nos Estados Unidos.

A temperatura do ar próximo à superfície, nas últimas décadas, tem sido maior em algumas regiões polares, em parte devido aos processos de retroalimentação positiva. À medida que a neve e o gelo derretem, o solo exposto com vegetação e água reflete muito menos energia solar que refletiria se estivesse com gelo ou neve, resultando em um maior aquecimento. A energia solar que seria refletida pelas banquisas é absorvida pela água sem gelo. Este processo é chamado de **amplificação polar**.

Agora retornando ao conceito de forçamento climático, que foi introduzido anteriormente no capítulo. A Figura 23.19 mostra os forçamentos climáticos da era industrial. Os forçamentos positivos causam aquecimento, e os negativos induzem ao resfriamento. O forçamento total, hoje, é de aproximadamente 1,6 ± 0,1 W/m², valor consistente com as mudanças observadas na temperatura do ar na superfície ao longo das últimas décadas. Discutir o aquecimento global em termos de forçamento climático é importante por fornecer uma abordagem mais quantitativa do assunto ao usar perturbações potenciais do balanço de energia da Terra.

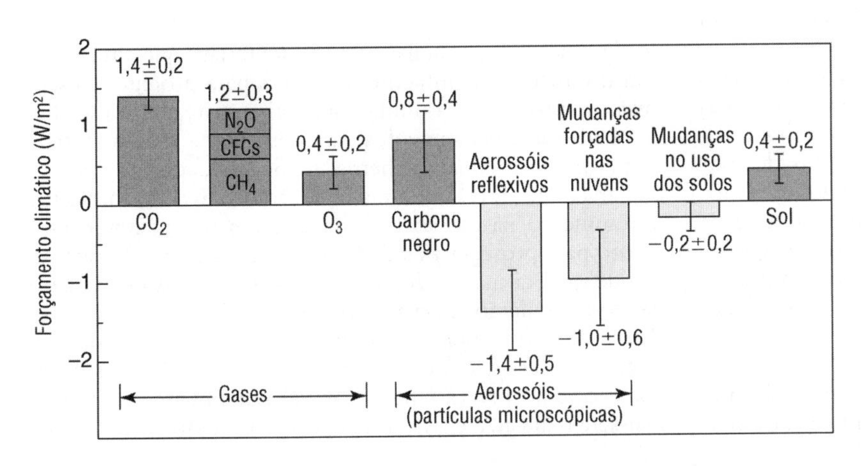

Figura 23.19 ■ Forçamentos climáticos na era industrial. Os forçamentos positivos aquecem e os negativos esfriam. Nas décadas recentes forçamentos causados pela ação antrópica influenciaram mais que os naturais. O forçamento total é de aproximadamente 1,6 ± 0,1 W/m², consistente com o aumento que se observou na temperatura do ar próximo à superfície ao longo das últimas décadas. (*Fonte*: Adaptado do Hansen, J. 2003: NASA Goddard Institute for Space Studies and Columbia University Earth Institute.)

23.7 Efeitos Potenciais Ambientais, Ecológicos e Sociais do Aquecimento Global

Mudanças na Vazão de Rios

Com a continuação do aquecimento global, antecipa-se que o derretimento do gelo glacial e a redução na cobertura de neve irão se acelerar ao longo do século XXI. Também há projeções de redução da disponibilidade de água e do potencial hidroelétrico, além de mudanças na periodicidade da vazão em regiões abastecidas por águas provenientes do derretimento da neve e do gelo das montanhas (por exemplo, Hindu Kush, Himalaia, Andes), onde mais de um sexto da população mundial vive atualmente.[14,22]

A Califórnia, que depende do gelo derretido da Serra Nevada para obter água para irrigar uma das mais ricas regiões agrícolas do mundo, terá problema para abastecer seus reservatórios. A precipitação provavelmente irá aumentar, mas também haverá menos gelo com o aquecimento. O escoamento superficial será maior do que se o gelo derreter lentamente. Consequentemente, os reservatórios irão se encher mais rapidamente e mais água irá escapar para o oceano Pacífico. Vazões menores são projetadas para boa parte do México, da América do Sul, sul da Europa, Índia, sul da África e Austrália. É importante lembrar que estas projeções são baseadas nos modelos de circulação global, que são controversos e sujeitos à variabilidade e incertezas. Independentemente disso, a maior parte dos modelos prevê mudanças nas direções indicadas, e, por causa disso, são levados a sério tanto por cientistas quanto por políticos.

Elevação do Nível do Mar

Um grande aquecimento pode elevar os níveis do mar por causa de: (1) uma expansão térmica da água líquida à medida que ela se aquece; e do (2) derretimento do gelo na terra, com a água escorrendo para o oceano. Aproximadamente metade das pessoas da Terra vive nas zonas costeiras, e aproximadamente 50 milhões sofrem anualmente com inundações devido às tempestades. Na medida em que o nível do mar sobe e a população aumenta, o número de pessoas vulneráveis a inundações costeiras cresce.

Vários modelos preveem que o nível do mar vai se elevar entre aproximadamente 20 cm e 2 m no próximo século; a elevação mais provável é de 20 a 40 cm.[24] São feitas projeções de que o nível do mar pode subir pelo menos 59 cm até o fim deste século.[14]

Este aumento no nível do mar ameaça nações insulares (Figura 23.20) e pode aumentar a erosão costeira em praias abertas em cerca de 50 a 100 metros da linha costeira atual, tornando as estruturas mais vulneráveis a danos causados por ondas. Isso pode também causar uma migração dos estuários e dos pântanos salgados em direção à terra, levando à perda das terras alagadas costeiras de água doce (veja o Capítulo 21), e exercer uma pressão adicional nas estruturas humanas da zona costeira.[32] Os suprimentos de água das comunidades costeiras serão ameaçados pela intrusão de água salgada caso o nível do mar suba (veja o Capítulo 22).

Um aumento de aproximadamente 1 m no nível do mar teria consequências ainda mais sérias, ameaçando a existência de algumas ilhas pequenas. As pessoas teriam que alterar significativamente os ambientes costeiros para proteger os seus investimentos, e as comunidades seriam forçadas a escolher entre realizar gastos pesados para controlar a erosão costeira ou permitir consideráveis perdas de propriedade.[33]

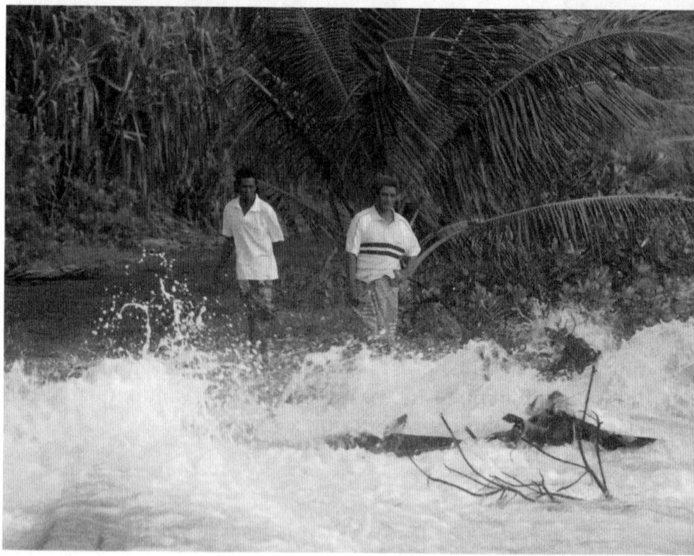

Figura 23.20 ■ A menor nação do mundo pode sucumbir à elevação do nível do mar. Tuvalu é a menor nação do mundo que consiste em nove ilhas de coral no Pacífico Sul, com uma área total menor do que Manhattan, e sua maior altitude é de 4,5 metros. O nível do mar tem subido desde o fim da última era do gelo, um fenômeno natural. Mas o aquecimento global pode aumentar a taxa da elevação, e os 12.000 cidadãos de Tuvalu podem se tornar os primeiros refugiados do mundo a serem deslocados devido ao aumento no nível do mar.

Parece inevitável que uma elevação no nível do mar cause um aumento na erosão costeira e leve a um maior investimento para proteger as cidades na zona da costa. A construção de quebra-mares, diques e outras estruturas de controle da erosão poderão se tornar mais comum à medida que a erosão costeira aumentar sua ameaça à propriedade urbana. Em áreas mais rurais, onde o desenvolvimento se dá distante da zona costeira, a reação mais provável ao aumento do nível do mar será o ajuste à erosão que ocorre. A erosão costeira é um problema complicado cuja reação demanda muito dinheiro. Em muitos casos, é melhor permitir que a erosão ocorra naturalmente e se defender contra a erosão costeira somente quando absolutamente necessário.

Geleiras e as Banquisas Polares

A quantidade de gelo na superfície da Terra se altera por meios complicados. Uma das principais preocupações é se o aquecimento global irá levar a uma maior diminuição no volume de água armazenada como gelo, especialmente porque o derretimento do gelo aumenta o nível médio do mar e porque as geleiras das montanhas geralmente são importantes fontes de água para ecossistemas de baixas altitudes. No presente, há muito mais geleiras na América do Norte, na Europa, e em outras áreas que estão recuando em vez de avançar (Figura 23.21*a*). Na cordilheira das Cascatas do noroeste pacífico e nos Alpes na Suíça e na Itália, o recuo está acelerando. Por exemplo, na Montanha Baker, ao norte da cordilheira das Cascatas em Washington, todas as oito geleiras nas montanhas estavam avançando em 1976. Hoje todas as geleiras estão recuando.[24] Se a tendência atual continuar, todas as geleiras no Parque Nacional da Geleira em Montana terão desaparecido até 2030 e a maior parte das geleiras nos Alpes europeus terá desaparecido até o fim do século.[25] Mas nem todo o derretimento de geleiras é devido ao aquecimento global. Por exemplo, o estudo da diminuição do gelo nas geleiras do monte Kilimanjaro na África mostra que a principal causa da perda de gelo não é o derretimento. As geleiras do Kilimanjaro se formaram durante o período úmido africano, aproximadamente 4.000 a 11.000 anos atrás. Apesar de ter havido períodos úmidos desde então — notavelmente no século XIX, que parece ter levado a um segundo aumento — as condições geralmente têm sido mais secas.[26]

Desde que foram observadas pela primeira vez em 1912, as geleiras do Kilimanjaro perderam aproximadamente 80%. O gelo não está desaparecendo devido às temperaturas maiores no topo da montanha, as quais estão quase sempre abaixo da temperatura de congelamento, mas porque menos neve cai e o gelo está sendo derretido pela radiação solar e pela sublimação (o gelo se transforma do estado sólido para água a vapor sem derreter). Condições mais áridas no século passado fizeram com que o ar contivesse menos umidade e, dessa forma, induziu a uma maior ocorrência de sublimação. A maior parte do gelo derretido derreteu na metade da década de 1950 (Figura 23.21*b*).[26]

Em adição ao fato de muitas geleiras estarem derretendo, a cobertura de gelo do oceano no Hemisfério Norte no período de setembro, o período da quantidade mínima de gelo, tem diminuído em média 10,7% por década desde que o monitoramento via satélite se tornou possível, nos anos 1970 (Figura 23.22). Um estudo recente previu que se a tendência atual continuar, até 2030 o oceano Ártico estará sem gelo em alguns períodos do ano.[27] Por outro lado, a camada de gelo central na Antártica tem crescido. Medições por satélite de 1992 a 2003 sugerem que a camada de gelo do leste da Antártica cresceu em massa a uma taxa de aproximadamente 50 bilhões de toneladas por ano durante o período da medição.[38] À medida que a Terra se aquece, mais neve cai na Antártica.

Mudanças nas banquisas, ou seja, água do mar congelada, não envolvem apenas a área total; também envolvem a profundidade e a idade do gelo. Quanto mais novo o gelo, mais fino ele é, e, portanto, menor é a quantidade de água congelada.

A taxa de derretimento da camada de gelo da Groenlândia dobrou desde aproximadamente 1998. À medida que o derretimento produz água superficial, ela flui para o interior da geleira e segue para a sua base, fazendo com que o gelo derreta mais rápido, desestabilizando ainda mais a geleira.[14] É claro que as regiões polares são regiões complexas da Terra. Os padrões mutáveis de circulação dos oceanos e da atmosfera nas regiões Ártica e Antártica influenciam tudo, desde nevascas até o derretimento do gelo glacial e marítimo e o movimento do gelo glacial.[28, 29]

Mudanças na Diversidade Biológica

O relatório do Painel Intergovernamental sobre Mudanças Climáticas (conhecido por IPCC, sua sigla em inglês) diz que "aproximadamente 20% das espécies identificadas até agora provavelmente terão seu risco de extinção aumentado à medida que as temperaturas médias globais excederem um aquecimento de 2° a 3°C acima dos níveis pré-industriais."[12, 14] Esta conclusão é baseada em vários tipos de modelos teóricos e é altamente controversa. Outra análise recente revelou que um número surpreendentemente pequeno de espécies foi extinto durante os últimos 2,5 milhões de anos, mesmo tendo ocorrido mudanças climáticas similares em velocidade e intensidade às previstas para o presente e para as próximas décadas, levando a crer que os métodos de previsão de risco de extinção existentes devem ser altamente aprimorados.[30]

Araus-d'asa-branca (*Cepphus grylle*), pássaros que fazem seus ninhos na ilha Cooper, Alasca, ilustra o tipo de preocupações que alguns cientistas têm em relação ao aquecimento global e certas espécies (Figura 23.23). A abundância desta espécie diminuiu. Elevações na temperatura nos anos 1990 fizeram com que as banquisas se afastassem da ilha Cooper cada vez mais a cada primavera. O recuo das banquisas ocorreu antes de os filhotes de araus-d'asa-branca estarem desenvolvidos o suficiente para sobreviverem sozinhos. Os pais se alimentam de bacalhau ártico encontrado abaixo das banquisas, e então retornam ao ninho para alimentar os filhotes. A distância entre os ninhos e a localização de alimentos deve ser menor que cerca 30 km; mas, em anos recentes, o gelo na primavera tem recuado por volta de 250 km da ilha antes de os filhotes serem capazes de deixar o ninho. Como resultado, os araus-d'asa-branca na ilha perderam uma importante fonte de alimentação. Seu futuro depende do clima das primaveras futuras. Um aquecimento muito intenso pode levar ao desaparecimento dos pássaros. Um tempo muito frio deixará poucos dias sem neve para o cruzamento; neste caso, eles também irão desaparecer. Conforme o estudo de caso no início do capítulo apontou, muitas espécies evoluíram juntamente com as mudanças climáticas, são adaptadas a elas, e algumas estão apresentando reações rápidas.[42] No entanto, acredita-se que as mudanças climáticas ocorridas durante a história da Terra tenham causado a perda de biodiversidade e até mesmo algumas extinções. Dessa forma, o rápido aquecimento que está ocorrendo agora é uma ameaça potencial àquelas espécies incapazes de migrar ou de se adaptarem rapidamente.

Produtividade agrícola. Globalmente, a produtividade agrícola provavelmente irá aumentar em algumas regiões e declinar em outras.[9] No Hemisfério Norte, algumas das regiões mais ao norte, tais como o Canadá e a Rússia, irão se tornar mais produtivas. Apesar de a possibilidade do aquecimento global mover as zonas climáticas da América do Norte mais apropriadas para a agricultura mais para o norte, do centro-oeste dos Estados Unidos para a região de Saskatchewan, no Canadá, a perda dos Estados Unidos não será simplesmente transferida como ganho para o Canadá. Saskatchewan teria o

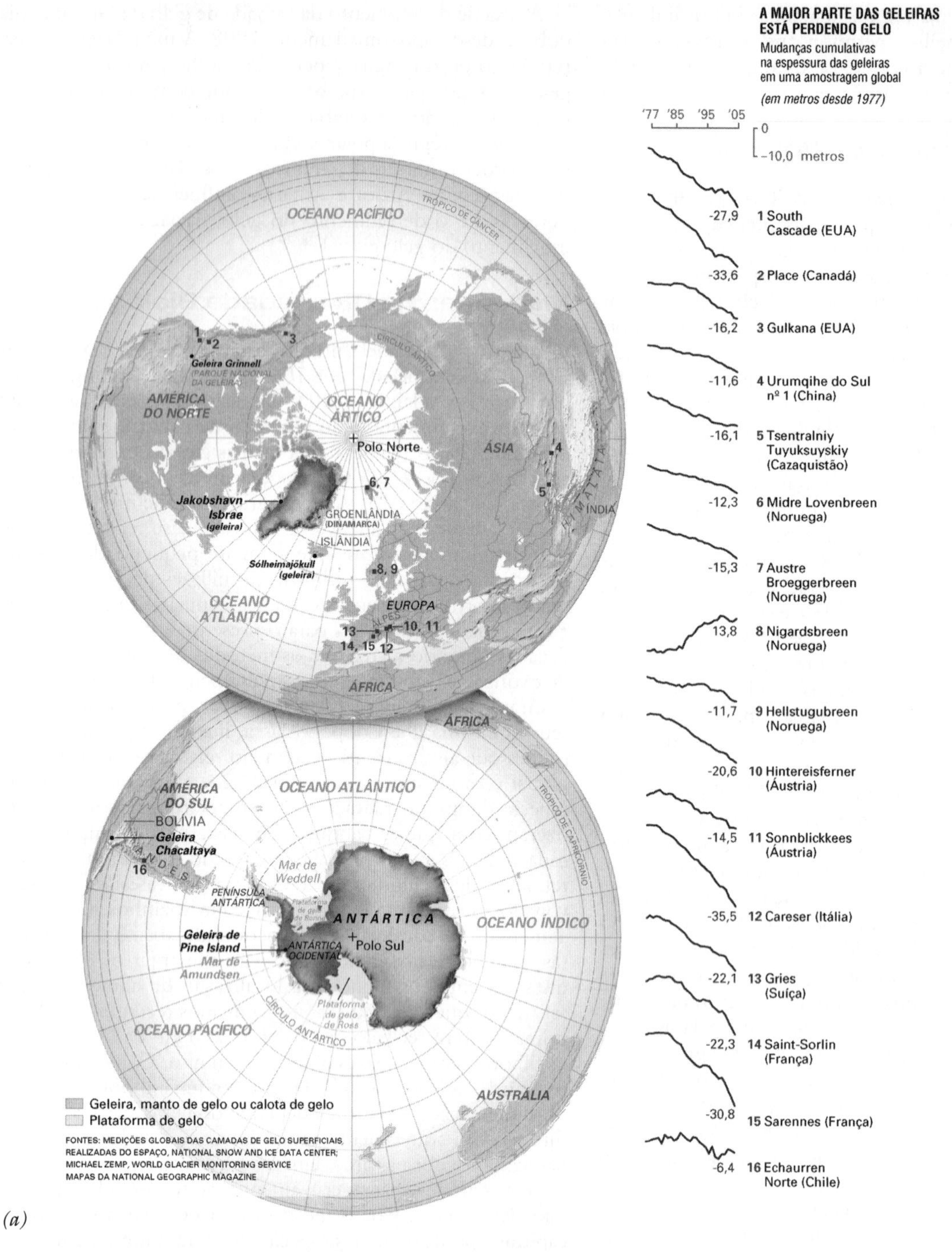

(*a*)

(*b*)

Figura 23.21 ■ (*a*) Redução na espessura de geleiras selecionadas (em metros) desde 1977. (Mapas da National Geographic) (*b*) Monte Kilimanjaro em 1993 e 2000.

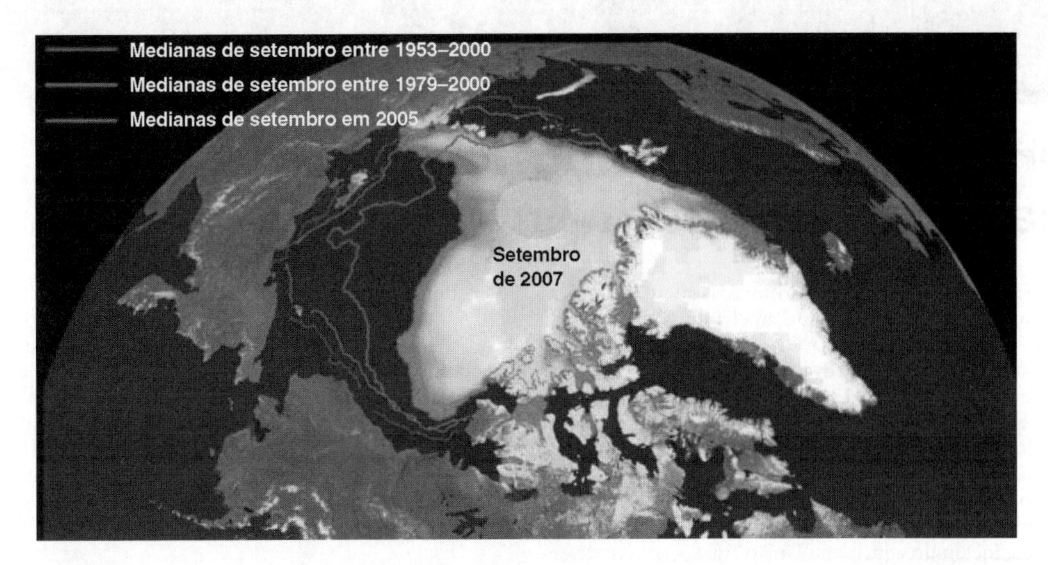

Figura 23.22 ■ Ao fim do verão, as banquisas do oceano Ártico diminuíram bastante, chegando a um mínimo em 2007 nunca antes observado desde o início do monitoramento via satélite. Aqui está exibida a extensão média da banquisa no mês de setembro, desde o ano de 1953. O rápido declínio em 2007 foi parcialmente devido à circulação atmosférica que favoreceu o derretimento. (*Fonte*: adaptado de Stroever et al. 2008. *EOS* 89 [2] 13–14.)

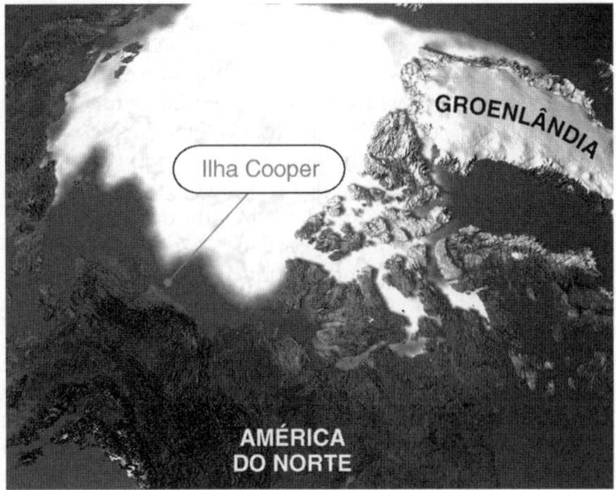

Figura 23.23 ■ Araus-d'asa-branca, pássaros de médio porte, também conhecidos como "pombos do mar", fazem seus ninhos em algumas áreas litorâneas do extremo norte (veja o mapa acima), incluindo a ilha Cooper, Alasca.

melhor clima para cultivo, mas os solos do Canadá são mais finos e menos férteis que os solos das pradarias do centro-oeste dos Estados Unidos. Portanto, uma mudança climática teria sérios efeitos negativos na produção de alimentos de latitude média. Ainda, as terras na parte sul do Hemisfério Norte se tornarão mais áridas; dessa forma, a configuração da umidade do solo mudará.

Efeitos na Saúde Humana

Sugere-se que a saúde de milhões de pessoas poderia ser afetada através, por exemplo, do aumento no nível de desnutrição; aumento no número de mortes, doenças e ferimentos devido a clima extremo; maior impacto da diarreia; e maior frequência de doenças cardiorrespiratórias em função da maior concentração de ozônio em áreas urbanas relacionadas ao aquecimento global.[12] Alguns sugerem que o aquecimento global irá aumentar a incidência de malária. No entanto, foi demonstrado que este não é o caso nas circunstâncias presentes e passadas, porque a temperatura sozinha não se relaciona bem à malária.[31] O mesmo ocorre para a encefalite transmitida por carrapatos, outra doença que alguns acreditam que irá ocorrer com mais frequência devido ao aquecimento global.[32]

23.8 Ajustes ao Aquecimento Global Potencial

Há dois tipos de ajustes que as pessoas podem fazer para enfrentar a ameaça do aquecimento global:

- Adaptação: aprender a viver com as mudanças climáticas globais futuras.
- Mitigação: tentar reduzir as emissões de gases do efeito estufa.

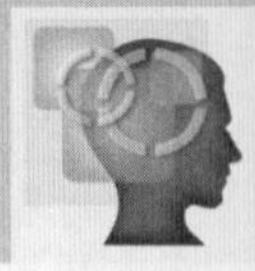

QUESTÕES PARA REFLEXÃO CRÍTICA

O Princípio da Precaução Poderia Ser Aplicado ao Aquecimento Global?

O aquecimento global está emergindo como uma das questões ambientais mais controversas do século XXI. O Painel Intergovernamental sobre Mudanças Climáticas (IPCC) da ONU prevê que em 2100 a temperatura da superfície da Terra provavelmente terá aumentado de 1,5°C a 4,5°C, e a humanidade será capaz de se adaptar às mudanças na temperatura que venham a ocorrer no próximo século somente se elas forem inferiores a 2,0°C. Mas o IPCC também prevê que efeitos adversos potenciais irão aumentar drasticamente em frequência caso um aquecimento de mais de 2°C ocorra, tornando-se problemas altamente sérios acima de 4°C.

Muitas nações, incluindo aquelas na União Europeia, têm defendido a aplicação do Princípio da Precaução em relação ao aquecimento global. Recorde do Capítulo 1 a ideia por trás do Princípio da Precaução: quando houver evidência de que há dano ambiental decorrendo de uma prática ou processo em particular, provas científicas não são necessárias para se tomar medidas de proteção com nível apropriado de custo-benefício. Resumindo, "melhor prevenir do que remediar".

Deve-se aplicar o Princípio da Precaução ao aquecimento global? Isso depende da crença, ou não, de que há evidência suficiente — incluindo evidências que estão fora do padrão das descobertas científicas — de que esse aquecimento irá danificar o ambiente, e de que soluções com bom custo-benefício existem. O Reino Unido respondeu ambas às questões afirmativamente e está buscando comprometimento internacional para que seja possível a redução das emissões de dióxido de carbono, por aproximadamente 60% das emissões, em relação aos níveis de 1990, até 2050. Portanto, o governo britânico determinou que atrasar ações contra o aquecimento global não é uma alternativa viável, e se comprometeu a uma redução de emissões consistente com as recomendações da ONU.

Por outro lado, os Estados Unidos, mesmo declarando apoio aos objetivos do Painel da ONU, se recusou a ratificar o Tratado de Quioto, o qual determinaria a redução de suas emissões, ao atestar que estudos científicos adicionais eram necessários para provar que o aquecimento global era resultado das atividades humanas e que ele causaria danos sérios. Os Estados Unidos, que produzem aproximadamente 15% das emissões de dióxido de carbono no mundo, determinaram que tomar medidas para reduzir as emissões não seria uma boa medida quanto ao custo-benefício, dada a incerteza científica em relação ao aquecimento global.

Perguntas para Reflexão Crítica

1. Qual posição você defenderia: aquela dos Estados Unidos ou aquela da União Europeia? Reveja as evidências de aquecimento global induzido pela humanidade apresentadas neste capítulo e apresente argumento a favor ou contra as seguintes afirmativas. (Note que durante o desenvolvimento de sua resposta, você pode discutir se o Princípio da Precaução é uma boa ideia para uma sociedade industrial moderna, já que muitos de seus sucessos e avanços foram baseados na ciência e no método científico.)

a. Há evidências suficientes de que o aquecimento global está ocorrendo e irá causar danos sérios e irreversíveis ao meio ambiente.

b. Soluções contra o aquecimento global com bom custo-benefício existem. (Ao responder a essa afirmativa, considere as estimativas de custo para soluções que permitam que a concentração de CO_2 na atmosfera chegue a 550 ppm, mas não se eleve mais. Esta quantidade provavelmente é o dobro da existente na era pré-industrial, e provavelmente será alcançada no final do século XXI. Os custos totais estimados até o ano de 2100 são de 4 trilhões de dólares, e você terá que pesar o custo por ano contra os potenciais benefícios econômicos e sociais. Para ajudar a responder essa questão, considere a experiência britânica: as emissões foram reduzidas por aproximadamente 12% entre 1990 e 2000, enquanto a economia cresceu 30% e o emprego pouco menos de 5%. Considere também que o Painel Intergovernamental sobre Mudanças Climáticas estimou que a estabilização do CO_2 na atmosfera em 550 ppm iria levar a um perda média no PIB dos países desenvolvidos de 1% até 2050. O IPCC sugeriu que estes custos seriam mais que compensados pelos riscos reduzidos de inundação, ondas de calor e outros problemas. O desenvolvimento de novas tecnologias para redução de emissões de carbono também faria com que dinheiro fosse investido em pesquisa e desenvolvimento e eventualmente produziria novas oportunidades de emprego.)

c. Os Estados Unidos, como líder em ciência e tecnologia, deveria adotar a abordagem britânica e aplicar o Princípio da Precaução ao aquecimento global.

Tabela 23.2 Padrões Intelectuais Selecionados

- **Clareza**: Se um argumento é incerto, não se pode dizer se ele é relevante ou preciso.
- **Exatidão**: A afirmativa é verdadeira? Pode ser verificada? Até que ponto uma medição é condizente com o valor aceito?
- **Precisão**: O grau de exatidão com o qual algo é medido. Pode a afirmativa ser mais específica, detalhada e precisa?
- **Relevância**: Quanto uma afirmativa está conectada ao problema em questão?
- **Profundidade**: Você já lidou com os pontos complexos da questão?
- **Amplitude**: Você já considerou outros pontos de vista ou encarou a questão de uma perspectiva diferente?
- **Lógica**: A conclusão faz sentido e se adéqua à evidência?
- **Significância**: A questão é importante? Por quê?
- **Justiça**: Há interesses subjacentes? Outros pontos de vista receberam atenção?

Modificado de Paul, R. e L. Elder. 2003. *Critical thinking*. Dillon Beach, CA: The Foundation for Critical Thinking.

Como as emissões de dióxido de carbono podem ser reduzidas? Um planejamento energético que se baseia fundamentalmente na conservação de energia e na eficiência de seu uso, juntamente com o uso de fontes de energia alternativa, tem o potencial para reduzir as emissões de dióxido de carbono. Alterar a relação dos combustíveis fósseis queimados para queimar mais gás natural também ajudaria bastante, pois o gás natural libera 28% menos carbono por unidade de energia do que o petróleo e 50% menos carbono do que o carvão.[33] Outras estratégias para redução de emissões de carbono incluem o uso de transporte coletivo e a consequente diminuição no uso de automóveis; fornecer maiores incentivos econômicos a tecnologias eficientes no consumo de energia; exigir maiores padrões de eficiência de combustível para carros, caminhões e ônibus; e requerer maiores padrões de eficiência energética.

O desmatamento para fins agrícolas responde por aproximadamente 20% das emissões de dióxido de carbono na atmosfera. Planos de gerenciamento focados na minimização da queima e na proteção das florestas do mundo ajudariam a reduzir a ameaça de aquecimento global. O reflorestamento também é uma estratégia em potencial: o reflorestamento iria elevar a absorção de dióxido de carbono pela natureza. Outros sumidouros naturais de dióxido de carbono — tais como os solos, as florestas e as planícies — podem ser aprimorados e melhor gerenciados para sequestrar mais dióxido de carbono do que é atualmente sequestrado.[34]

O sequestro geológico (com o uso das rochas) de carbono é outra possível medida de mitigação para o dióxido de carbono que, de outra forma, seria liberado na atmosfera. O princípio geral do sequestro geológico de carbono é bem simples. A ideia é capturar o dióxido de carbono de usinas de energia e chaminés industriais e injetá-lo em reservatórios geológicos subterrâneos. Os ambientes geológicos apropriados para o sequestro de carbono são as rochas sedimentares que contêm água salgada e rochas sedimentares localizadas em campos esgotados de gás natural ou petróleo. As localidades de rochas sedimentares, as quais existem em vários locais da Terra, têm grande capacidade ou potencial, sendo capazes de sequestrar até 1.000 gigatoneladas de carbono. Para mitigar significativamente os efeitos adversos das emissões de dióxido de carbono, das quais resulta o aquecimento global, é necessário sequestrar aproximadamente duas gigatoneladas de carbono por ano.[35]

O processo de injeção de dióxido de carbono em ambientes geológicos envolve compressão do gás e a mudança de sua configuração para uma mistura de líquido e gás, para depois injetá-lo em grandes profundidades. Os projetos individuais de injeção podem sequestrar aproximadamente um milhão de toneladas de dióxido de carbono por ano.

Um projeto de sequestro de carbono está sendo realizado na Noruega, abaixo do mar do Norte. O dióxido de carbono de uma instalação de produção de gás natural é injetado a aproximadamente 1.000 metros de profundidade, em rochas sedimentares abaixo de um campo de gás natural. O projeto, iniciado em 1996, injeta aproximadamente um milhão de toneladas de dióxido de carbono por ano. É estimado que o reservatório possua capacidade para 600 bilhões de toneladas de carbono. Para se ter uma ideia concreta da grandeza desse número, 600 bilhões de toneladas de carbono é a quantidade de carbono que as usinas de toda Europa movidas por combustíveis fósseis provavelmente produziriam em vários séculos.[36] O custo para sequestrar o dióxido de carbono abaixo do mar do Norte é alto, mas impede que a companhia pague as taxas pelas emissões de dióxido de carbono na atmosfera.

Projetos pioneiros que irão demonstrar o potencial de sequestro de carbono em rochas sedimentares foram iniciados no Texas abaixo dos campos de petróleo esgotados. O potencial para armazenamento de carbono em locais no Texas e na Louisiana é imenso. Alguns estimam que o potencial de carbono que pode ser sequestro na região seja de 200 a 250 bilhões de toneladas.[36]

Acordos Internacionais para Mitigar o Aquecimento Global

Há várias formas de se buscar cooperação internacional para a limitação de emissões de gases do efeito estufa. Duas das principais formas consistem em acordos internacionais nos quais cada nação se compromete com um limite específico de emissões e comércio de créditos de carbono. No comércio de créditos de carbono, uma nação concorda com um limite (total) de emissões de carbono. Então as corporações e outras entidades recebem permissões de emissão, que permitem uma certa quantidade de emissões. Estas permissões podem ser comercializadas. Por exemplo, uma companhia de energia que desejasse construir uma nova usina de energia movida a combustíveis fósseis poderia comprar permissões de uma companhia reflorestadora, baseado nas estimativas da quantidade de dióxido de carbono que a usina liberaria e da área de florestas que poderia absorver esse carbono. Um dos mais importantes programas desse tipo é o Mercado Europeu de Créditos de Carbono.

As tentativas de se estabelecer tratados internacionais para limitar as emissões de gases do efeito estufa começaram em 1988 em uma grande conferência científica sobre o aquecimento global realizada em Toronto, Canadá. Cientistas recomendaram uma redução de 20% nas emissões de dióxido de carbono até 2005. O encontro foi um catalisador para os cientistas trabalharem com políticos para iniciar os acordos internacionais de redução das emissões de gases do efeito estufa.

Em 1992, na Conferência da Terra, no Rio de Janeiro, Brasil, um projeto geral de redução das emissões globais foi sugerido. Alguns nos Estados Unidos, no entanto, declararam que as reduções nas emissões de CO_2 seriam muito caras. Os acordos da Conferência da Terra não incluíam cotas legais de emissão. Após os encontros no Rio de Janeiro, os governos trabalharam para fortalecer um tratado de controle climático que incluísse limites específicos para as quantidades de gases do efeito estufa que poderiam ser emitidos por país industrializado.

Limites legais de emissão foram discutidos em Quioto, no Japão, em dezembro de 1997, mas os aspectos específicos desse acordo dividiram os delegados. Os Estados Unidos eventualmente concordaram em cortar as emissões por aproximadamente 7% abaixo dos níveis de 1990. No entanto, essa redução foi bem menor do que as recomendadas pelos principais estudiosos do aquecimento global, que recomendaram reduções de 60 a 80% abaixo dos níveis de 1990. O "Protocolo de Quioto" resultou deste encontro, foi assinado por 166 nações e se tornou um tratado internacional formal em fevereiro de 2006.

Em um encontro no Japão, em julho de 2008, os líderes das nações do G-8* concordaram em "considerar e adotar" reduções nas emissões de gases do efeito estufa em pelo menos 50%, parte de um novo tratado da ONU a ser discutido em

* O grupo G-8 consiste nos sete países mais industrializados e desenvolvidos economicamente do mundo (Alemanha, Canadá, Estados Unidos, França, Itália, Japão, Reino Unido) mais a Rússia, cujas influências política, econômica e militar é muito grande em escala global. (N.T.)

Copenhagem em 2009. Esta foi a primeira vez que os Estados Unidos concordou com uma redução dessa natureza.

Os Estados Unidos, com 5% da população mundial, emite aproximadamente 25% do dióxido de carbono na atmosfera. As economias em rápido crescimento da China e da Índia estão aumentando rapidamente as suas emissões de dióxido de carbono, além de não estarem vinculadas ao Protocolo de Quioto. A Califórnia, que por si só está em 20° lugar no ranking de emissões de dióxido de carbono, aprovou, em 2006, leis que determinavam a redução de 25% de suas emissões até 2020. Alguns classificaram a ação como "destruidora de empregos", mas os ambientalistas dizem que a legislação trará oportunidades e novos empregos para o estado. A Califórnia geralmente é um líder, e os outros estados norte-americanos estão considerando como poderão controlar os gases do efeito estufa.

RESUMO

- A atmosfera, uma camada de gases que envolve a Terra, é um sistema dinâmico em constante mudança. Um grande número de reações químicas complexas acontece na atmosfera, e a circulação atmosférica ocorre em uma variedade de escalas, produzindo o clima do mundo.
- Quase todos os compostos encontrados na atmosfera ou são produzidos pela atividade biológica ou são altamente afetados pela vida.
- Os quatro principais processos que removem partículas e poluentes da atmosfera são a sedimentação, precipitação, oxidação e fotólise.
- Grandes mudanças climáticas ocorreram durante a história da Terra. É de especial interesse para a humanidade o fato de que os episódios periódicos de eras glaciais e interglaciais têm caracterizado a Terra desde a evolução da espécie humana. Além disso, durante os últimos 1.500 anos, várias tendências de aquecimento e resfriamento afetaram as civilizações.
- Durante os últimos 100 anos, a temperatura global média do ar próximo à superfície aumentou aproximadamente 0,8°C; e aproximadamente 0,5°C desse aumento ocorreu de 1960 para a frente.
- Vapor d'água, dióxido de carbono, metano, alguns óxidos de nitrogênio e CFCs são os principais gases do efeito estufa. A maior parte do efeito estufa é produzida pelo vapor d'água, o qual é um constituinte natural da atmosfera. O dióxido de carbono e os outros gases do efeito estufa também existem naturalmente na atmosfera. No entanto, especialmente após a Revolução Industrial, a atividade humana tem adicionado quantidades substanciais de dióxido de carbono à atmosfera, juntamente com outros gases do efeito estufa, como o metano e os CFCs.
- Modelos climáticos sugerem que, se a concentração de dióxido de carbono na atmosfera for dobrada, a temperatura global média aumentará de 1,0 a 2,0°C nas próximas décadas, e de 1,5 a 4,5°C até o fim do século.
- Muitos ciclos complexos de retroalimentação, positiva e negativa, afetam a atmosfera. Ciclos naturais, forçamentos solares, forçamento por aerossol, forçamento resultante de erupções vulcânicas e ocorrências de El Niño também afetam a temperatura da Terra.
- Há o temor de que o aquecimento global possa levar a mudanças nos padrões climáticos e na frequência e intensidade das tempestades, ao aumento do nível do mar, ao derretimento das geleiras e a mudanças na biosfera.
- Os possíveis ajustes ao aquecimento global incluem se adaptar e aprender a viver com as mudanças ou tentar mitigar o aquecimento reduzindo-se as emissões de gases do efeito estufa.

REVISÃO DE TEMAS E PROBLEMAS

A queima de combustíveis fósseis e árvores aumentou as emissões de dióxido de carbono na atmosfera. Na medida em que a população humana cresce e o padrão de vida aumenta, a demanda por energia também aumenta. A quantidade de gases do efeito estufa na atmosfera irá aumentar enquanto combustíveis fósseis forem usados.

Por meio das emissões antropogênicas de gases do efeito estufa, conduz-se a experimentos globais cujos resultados são difíceis de ser previstos. Devido a isso, alcançar a sustentabilidade no futuro será mais difícil. Se não se sabe quais serão as consequências ou a magnitude das mudanças climáticas induzidas pela humanidade, então é difícil prever como será alcançado o desenvolvimento sustentável para as gerações futuras.

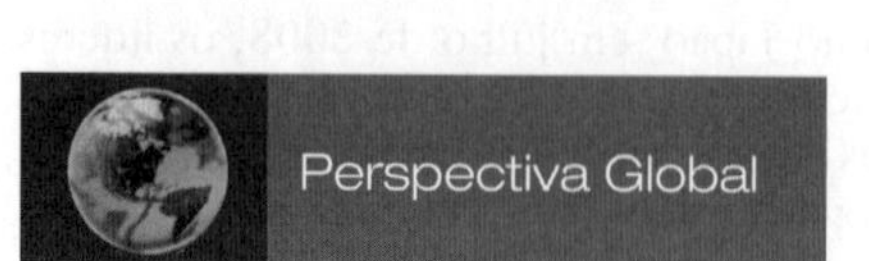

O aquecimento global é um problema global.

Se ocorrer a elevação do nível do mar que foi prevista pelos modelos, as cidades ao longo da costa serão afetadas por fortes tempestades. O aumento na temperatura do ar acentuará o efeito de ilhas de calor nos perímetros urbanos, fazendo com que a vida nas cidades se torne altamente desagradável durante o verão. Se o aquecimento global reduzir a disponibilidade de água fresca, as cidades sentirão o impacto.

Nossos ancestrais se adaptaram às mudanças climáticas naturais durante os últimos milhões de anos. Durante esse período, a Terra experimentou períodos glaciais e interglaciais mais quentes ou mais frios do que hoje. A queima de combustíveis fósseis está levando a mudanças climáticas induzidas pela humanidade que são diferentes das anteriores.

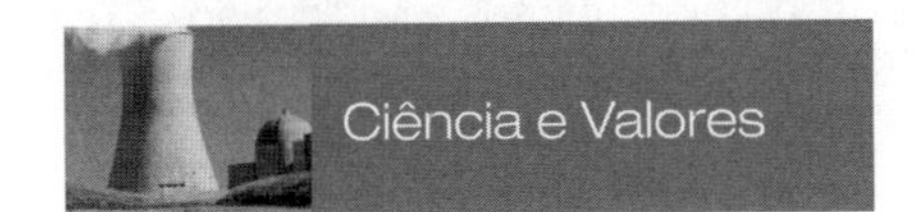

A resposta ao aquecimento global requer escolhas que se baseiam em juízos de valor. A informação científica, especialmente a baseada nas modernas simulações de computador, está fornecendo fundamentos para se crer que o aquecimento global está acontecendo. A extensão da credibilidade conferida a essas informações depende de juízos de valor.

TERMOS-CHAVE

amplificação polar
aquecimento global
atmosfera
ciência do sistema terrestre
clima
efeito estufa
forçamento climático
gases do efeito estufa
modelos de circulação global (MCGs)
tempo (meteorológico)

QUESTÕES PARA ESTUDO

1. Qual é a composição da atmosfera da Terra e como a vida afetou a atmosfera durante os últimos bilhões de anos?
2. O que é o efeito estufa? Qual é a sua importância para o clima global?
3. O que é um gás do efeito estufa antropogênico? Discuta os vários gases do efeito estufa antropogênicos quanto à questão de seu potencial para causar aquecimento global.
4. Quais são os principais ciclos de retroalimentação, positivos e negativos, que podem aumentar ou diminuir o aquecimento global?
5. Em relação ao aquecimento global, você acredita que mudanças nos padrões climáticos e na frequência e intensidade das tempestades serão mais sérias que um aumento no nível do mar? Ilustre sua resposta com problemas específicos e as áreas onde tais problemas provavelmente ocorrerão.
6. Como você refutaria ou defenderia o argumento de que a melhor reação ao aquecimento global é não fazer nada e aprender a viver com as mudanças?

LEITURAS COMPLEMENTARES

Fay, J. A. e D. Golumb. 2002. *Energy and the Environment*. New York: Oxford University Press. Veja o Capítulo 10 sobre o aquecimento global.

IPCC. 2007. *Climate Change* 2007. *The Physical Science Basis*. New York: Cambridge University Press. Um relatório feito pelo Painel Internacional que recebeu o Prêmio Nobel pelo seu trabalho acerca do aquecimento global.

Lovejoy, T. E. e Lee Hannah 2005. *Climate Change and Biodiversity*. New Haven: Yale University Press. Expõe, continente por continente, o que aconteceu com a biodiversidade no passado devido às mudanças climáticas.

Weart, S. R. 2008. *The Discovery of Global Warming*. Cambridge, MA: Harvard University Press. Mostra como a possibilidade de aquecimento global foi descoberta, e também as várias controvérsias existentes sobre este tema.

Rohli, R. V. e A. J. Vega 2008. *Climatology*. Sudbury, MA: Jones & Bartlett. Uma introdução à ciência básica do funcionamento da atmosfera.

Capítulo 24

Poluição do Ar

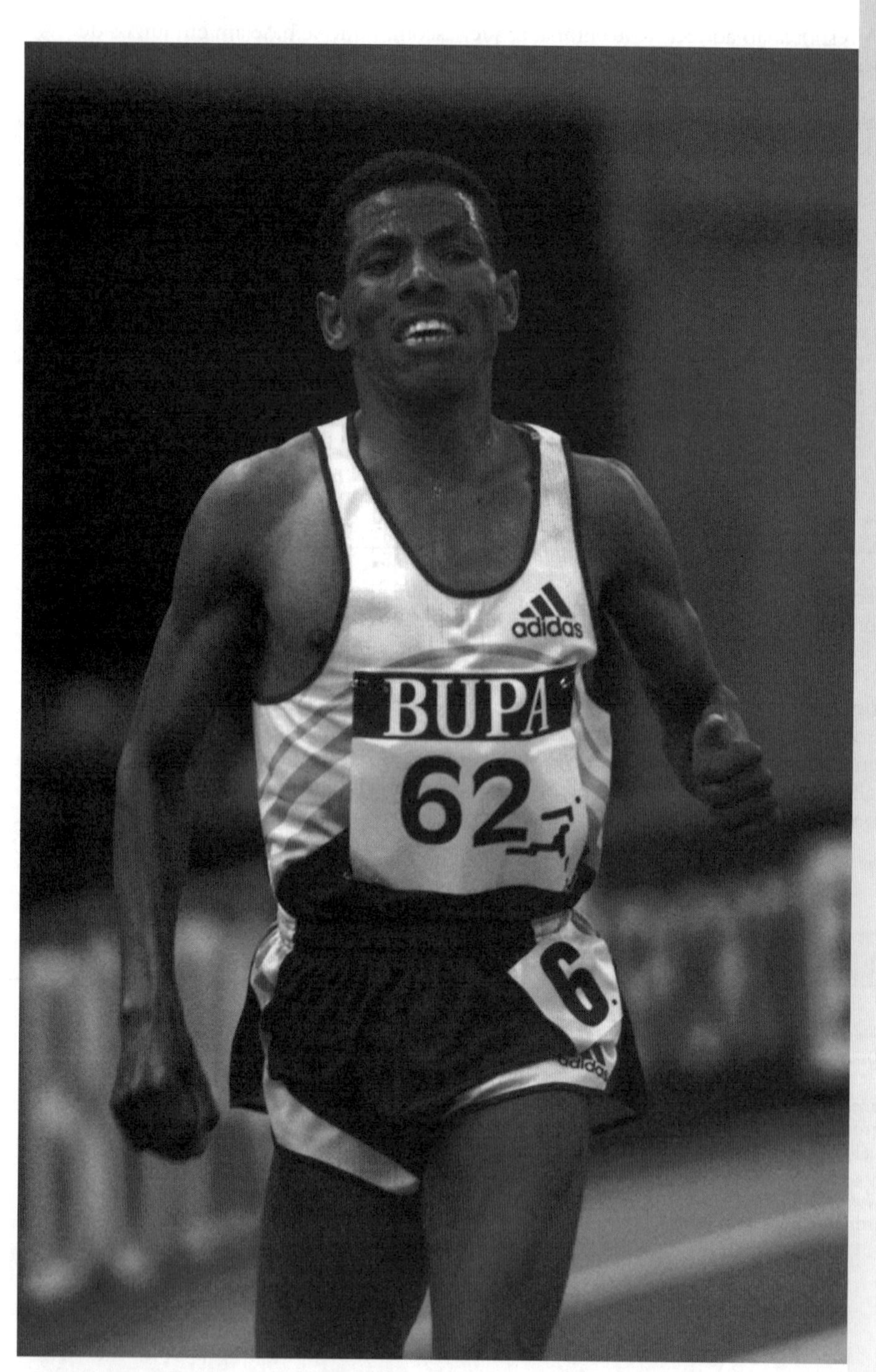

O maratonista internacional Haile Gebrselassie anunciou, em março de 2008, que não participaria da maratona nos Jogos Olímpicos de 2008, em Beijing, devido à potencial poluição do ar, que poderia causar problemas em uma corrida longa.

OBJETIVOS DE APRENDIZADO

A atmosfera sempre foi um destino – um lugar para deposição e armazenamento – de resíduos gasosos e particulados. Quando a quantidade de resíduos que entram na atmosfera em uma área excedem a sua capacidade de dispersão ou de decomposição dos poluentes, surgem os problemas. Após a leitura deste capítulo, deve-se saber:

- Por que as atividades humanas que poluem o ar, combinadas com as condições meteorológicas, podem ultrapassar as capacidades naturais da atmosfera para remover os resíduos.
- Quais são as principais categorias e fontes de poluentes do ar.
- Por que os problemas de poluição do ar variam de acordo com a região.
- O que é chuva ácida, como é produzida, quais são seus impactos ambientais e como poderiam ser minimizados.
- Quais métodos são úteis para a coleta, captura e retenção dos poluentes antes de entrarem na atmosfera.
- Quais são os padrões de qualidade do ar e por que eles são importantes.
- Por que determinar a economia da poluição do ar é controverso e difícil.
- A natureza e o grau de destruição do ozônio estratosférico relacionados à emissão de produtos químicos na baixa atmosfera.
- A ciência da destruição do ozônio.

A Poluição do Ar e os Jogos Olímpicos de Beijing em 2008

Os poluentes do ar são um problema potencial para os atletas de alto desempenho e também para os visitantes, sem falar no povo local. Os Jogos Olímpicos de Los Angeles e Atlanta tiveram programas bem-sucedidos (incluindo a limitação do uso de automóveis na cidade e a redução das emissões industriais durante os jogos) para melhorar a poluição do ar.

Beijing tem um dos piores níveis mundiais de poluição do ar (Figura 24.1); grande parte dela consiste em pequenas partículas contendo dióxido de enxofre. O ozônio (produzido nas reações entre a luz solar e as emissões de hidrocarbonetos dos veículos) também é um poluente potencial grave na cidade. Um problema para os atletas que correm muito é que eles inalam muito mais ar durante o esforço do que uma pessoa em repouso. À medida em que os atletas respiram pela boca para trazer mais oxigênio, eles evitam o filtro natural proporcionado pelas narinas e seios, de modo que seus pulmões recebem concentrações mais altas de poluentes. Caso haja dióxido de enxofre no ar, eles podem absorver em 15 minutos uma quantidade desse poluente que uma pessoa em repouso demoraria 4 horas para absorver. Eles também absorverão mais ozônio, o qual pode danificar o tecido pulmonar. O risco percebido à saúde dos corredores é tanto que um maratonista de nível internacional anunciou em março de 2008 que não participaria da corrida de longa distância nos jogos. A China reagiu com um programa para diminuir a poluição do ar durante os Jogos de Verão, um período de potencial poluição no sul da cidade onde estão localizadas grandes termelétricas à base de carvão. Se o vento soprar para o norte a partir das províncias de Hebei e Shandong e do município de Tianjin, a poluição dessas regiões pode contribuir com a maior parte da poluição de pequenas partículas (incluindo o dióxido de enxofre) de Beijing (Figura 24.2). Como resultado, Beijing tem um problema regional de poluição do ar. Cercear o uso de veículos (o uso de automóveis foi cortado em 50%) e reduzir as emissões de

Figura 24.1 ■ A China tem um problema significativo de poluição do ar. A poluição por particulados danifica o tecido pulmonar e restringe a visibilidade.

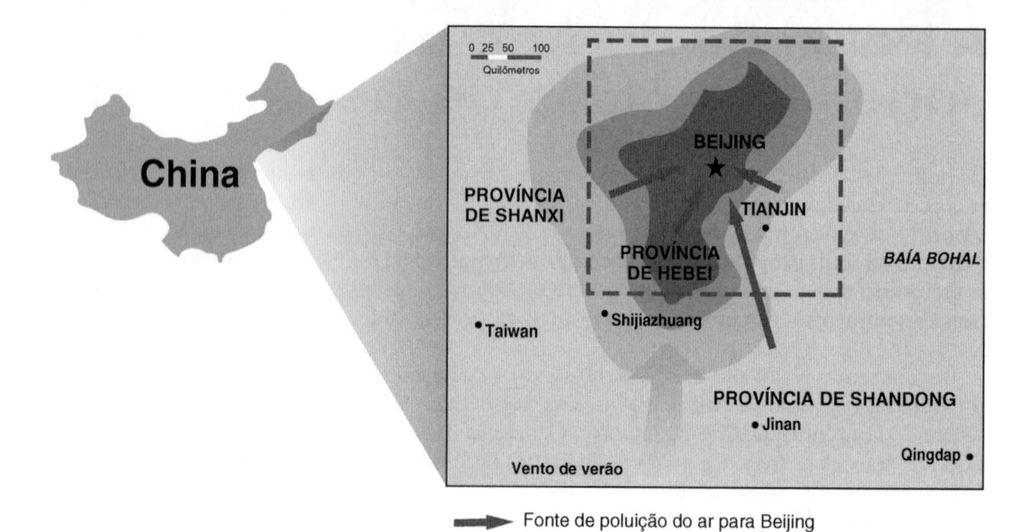

Figura 24.2 ■ O vento predominante do verão leva uma poluição do ar significativa para Beijing, que é rodeada por colinas que confinam essa poluição.

poluentes das fábricas e residências (algumas casas queimam pequenos tijolos de carvão como combustível nas partes mais antigas de Beijing) durante os jogos ajudaria, mas poderia não ser suficiente se os ventos lentos do sul trouxessem a poluição. Mesmo se todas as fontes de poluição da cidade fossem removidas, ainda poderia haver um ar de verão insalubre resultante das altas temperaturas (a luz solar aumenta a produção de ozônio a partir das emissões de hidrocarbonetos dos veículos), alta umidade, baixa velocidade do vento e confinamento dos poluentes pelas colinas que circundam a cidade. Em consequência, a gestão regional da qualidade do ar foi necessária para diminuir a poluição de Beijing.[1] Os Jogos Olímpicos chamaram atenção para as questões da qualidade do ar que espera-se que continuem após o evento em benefício do povo chinês. Apesar de ter havido alguns dias com poluição do ar durante os Jogos Olímpicos, as atividades de pista e campo durante a segunda semana tiveram uma qualidade do ar relativamente boa para Beijing. O plano para a diminuição da poluição do ar das fontes da cidade de Beijing foi bem-sucedido e o tempo colaborou.

A poluição do ar induzida pelo homem é um problema ambiental grave, contribuindo para a morte de aproximadamente 60.000 norte-americanos por ano e vários milhões de pessoas no mundo inteiro. Este capítulo discute os principais poluentes do ar, o ar urbano, a chuva ácida e o controle da poluição do ar.

24.1 Breve História da Poluição do Ar

Como meio fluido mais rápido do ambiente, a atmosfera sempre foi um dos lugares mais convenientes para a deposição de materiais indesejados. Desde que usou-se o fogo pela primeira vez, a atmosfera têm sido um destino para a deposição de resíduos.

As pessoas reconheceram há muito tempo a existência dos poluentes atmosféricos, tanto os naturais quanto os induzidos pelo homem. Leonardo da Vinci escreveu, em 1550, que se formava uma névoa azul a partir dos materiais que as árvores lançavam na atmosfera. Ele havia observado uma névoa fotoquímica natural resultante dos hidrocarbonetos desprendidos pelas árvores, cuja causa ainda não é totalmente compreendida. Esta névoa originou o nome Smoky Mountains (em tradução livre, montanhas esfumaçadas) da cadeia de montanhas no sudeste dos Estados Unidos. O fenômeno da chuva ácida foi descrito pela primeira vez no século XVII, e no século XVIII, sabia-se que a névoa e a chuva ácida danificavam as plantas em Londres. Começando com a Revolução Industrial no século XVIII, a poluição do ar se tornou mais visível. A palavra *smog* foi introduzida por um médico em uma conferência sobre saúde pública em 1905 para denotar a má qualidade do ar resultante de uma mistura de fumaça (*smoke*) e névoa (*fog*).

Um evento importante em Donora, Pensilvânia, em 1948, foi responsável pelo aumento das pesquisas sobre poluição do ar nos Estados Unidos. O evento de Donora continua a ser o pior incidente de poluição do ar causado pela indústria na história dos Estados Unidos, provocando 20 mortes e 5.000 enfermidades. O que se chamou "névoa de Donora" envolveu poluentes da fundição de metais Donora Zinc Works. Os poluentes, incluindo dióxido de enxofre, monóxido de carbono e metais pesados, ficaram aprisionados pelas condições do tempo em um vale estreito. O evento durou cerca de três dias, até que os poluentes foram lavados e dispersados pelas chuvas.

Ao evento de Donora, seguiu-se em 1952 o evento de *smog* londrino, que foi uma catástrofe ambiental que matou

4.000 pessoas no período de 4 a 10 de dezembro. O evento foi resultado da queima de carvão com condições de tempo estagnadas, quando as emissões de particulados com dióxido de enxofre ultrapassaram a capacidade da atmosfera para removê-los. Após os eventos de Donora e Londres, surgiram os regulamentos para controlar a qualidade do ar. Hoje, nos Estados Unidos e em outros países, a legislação para reduzir a emissão de poluentes do ar têm sido bem-sucedida, mas é preciso fazer mais. A exposição crônica a altos níveis de poluentes do ar continua a contribuir para enfermidades que matam pessoas em todo o mundo.

Quais são as chances da ocorrência de um outro *smog* assassino do mundo? Infelizmente, as chances são muito boas, devido à enorme quantidade de poluição do ar em algumas cidades grandes. Por exemplo, Beijing poderia ser uma candidata; a cidade usa uma quantidade imensa de carvão e a tosse é tão presente entre os residentes que muitas vezes eles se referem a ela como "tosse de Beijing". Outra provável candidata é a Cidade do México, que hoje tem um dos piores problemas de poluição do ar de qualquer parte do mundo.

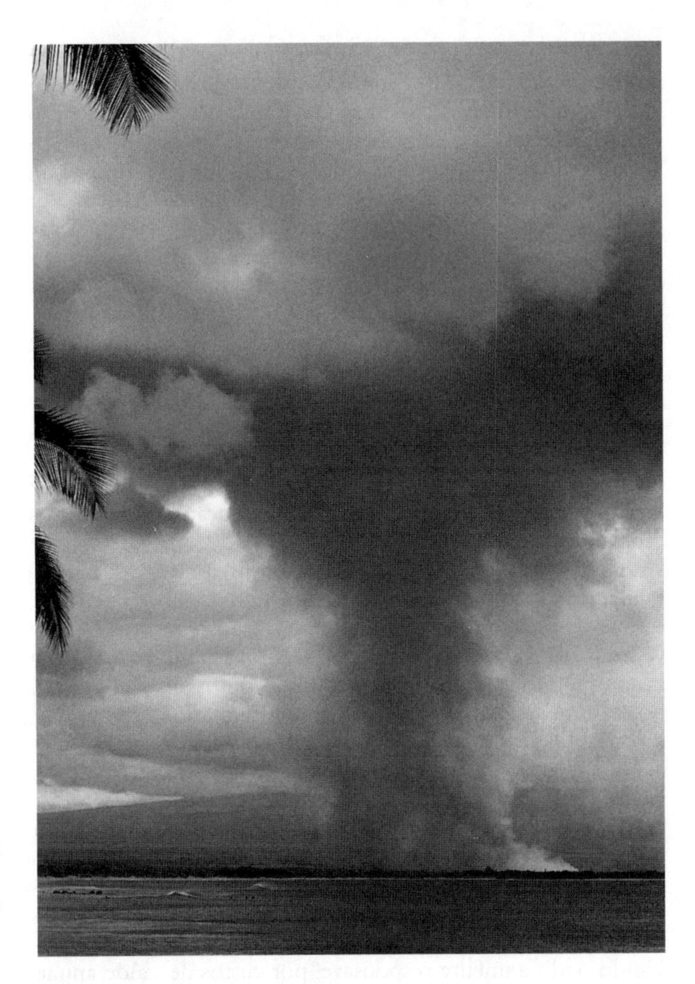

Figura 24.4 ■ Queima de canaviais, Maui, Havaí – um exemplo de fonte dispersível de poluição do ar.

24.2 Fontes Fixas e Móveis de Poluição do Ar

Quais são as fontes de poluição do ar? As duas categorias principais são as fontes fixas e as fontes móveis. As **fontes fixas** são aquelas que possuem uma localização relativamente fixa. Entre elas, existem as fontes pontuais, fontes dispersonas e fontes difusas.

- *Fontes pontuais*, como foi discutido no Capítulo 15, emitem poluentes a partir de um ou mais locais controláveis, tal como as colunas de fumaça das usinas (Figura 24.3).
- *Fontes dispersíveis* geram poluentes do ar a partir de áreas abertas expostas aos processos do vento. Como exemplos, têm-se as queimadas com finalidades agrícolas (Figura 24.4), assim como as estradas de terra, canteiros de obras, terras cultiváveis, pilhas de armazenamento, minas de superfície e outras áreas expostas das quais os particulados possam ser removidos e dispersados pelo vento. Os grandes incêndios na Indonésia em 1997, parcialmente resultantes de queimadas agrícolas que fugiram ao controle, produziram um desastre ambiental. Pelo menos 20.000 hectares foram queimados e nas cidades e na área rural cerca de 20 milhões de pessoas foram tratadas de doenças provocadas ou agravadas pela fumaça e pelas partículas de cinza.
- *Fontes difusas*, também discutidas no Capítulo 15, são áreas bem definidas dentro das quais existem várias fontes de poluentes do ar – por exemplo, pequenas comunidades urbanas, áreas de industrialização intensa dentro dos complexos urbanos e áreas agrícolas aspergidas com herbicidas e pesticidas.

Figura 24.3 ■ Esta siderúrgica em Beijing, China, é uma grande fonte de poluição do ar.

As **fontes móveis** dos poluentes do ar se movem de um lugar para o outro enquanto emitem poluentes. Entre elas, têm-se os automóveis, caminhões, ônibus, aviões, navios e trens.[2]

24.3 Efeitos Gerais da Poluição do Ar

A poluição do ar afeta muitos aspectos do meio ambiente: sua qualidade visual, vegetação, animais, solos, qualidade da água, estruturas naturais e artificiais e a saúde humana. Os poluentes do ar afetam os recursos visuais descolorindo a atmosfera e diminuindo o alcance visual e a limpidez atmosférica, de modo que o contraste visual dos objetos distantes fica reduzido. Não é possível enxergar tão longe no ar poluído e o que se consegue ver tem menos contraste de cor. Esses efeitos antes eram limitados às cidades, mas hoje se ampliaram para alguns espaços bem abertos dos Estados Unidos. Por exemplo, perto da área onde as fronteiras do Novo México, Arizona, Colorado e Utah se encontram, as emissões da termelétrica Four Courners, que queima combustíveis fósseis, estão alterando a visibilidade em uma região onde, no passado, essa visibilidade era normalmente de 80 km do alto de uma montanha em um dia claro.[2]

São muitos os efeitos da poluição do ar sobre a vegetação. Entre eles, existe o dano ao tecido foliar e aos frutos; diminuição das taxas de crescimento ou supressão do crescimento; maior suscetibilidade a várias doenças, pragas e condições meteorológicas adversas; e interrupção dos processos reprodutivos.[2]

A poluição do ar é um fator significativo na taxa de mortalidade humana em muitas cidades grandes. Por exemplo, estima-se que em Atenas, Grécia, o número de mortes é várias vezes maior nos dias em que o ar está bastante poluído; na Hungria, onde a poluição do ar tem sido um problema grave nos últimos anos, ela pode contribuir para até 1 em cada 17 mortes. Os Estados Unidos certamente não estão imunes aos problemas de saúde relacionados com a poluição do ar. O ar mais poluído do país é encontrado na área urbana de Los Angeles, onde milhões de pessoas estão expostas ao ar insalubre. Estima-se que até 150 milhões de pessoas vivam em áreas dos Estados Unidos onde a exposição aos poluentes do ar contribui para a doença pulmonar, que causa mais de 300.000 mortes por ano. A poluição do ar nos Estados Unidos é diretamente responsável por custos de saúde anuais acima dos 50 bilhões de dólares. A China, cujas maiores cidades têm problemas graves de poluição do ar, na maior parte devido à queima de carvão, o custo da saúde hoje gira em torno de 50 bilhões de dólares por ano e pode aumentar para 100 bilhões de dólares por ano em 2020.

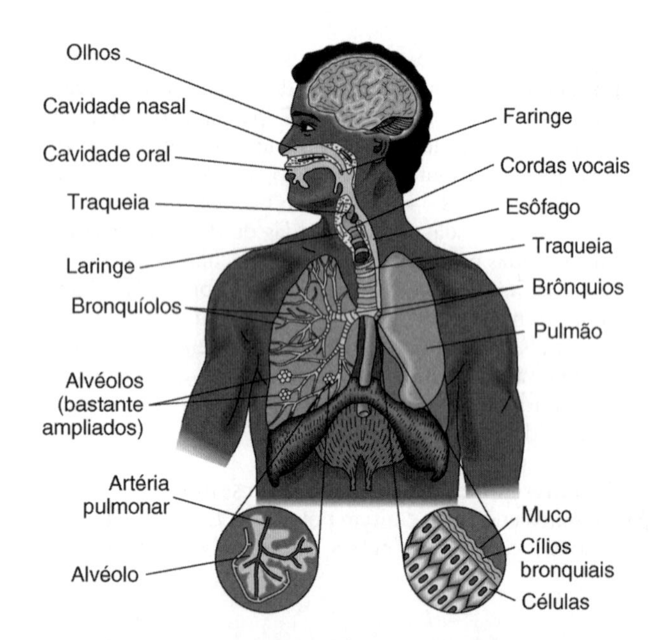

Figura 24.5 ■ Diagrama idealizado mostrando algumas partes do corpo humano (cérebro, sistema cardiovascular e sistema pulmonar) que podem ser danificadas pelos poluentes comuns do ar. Os riscos mais graves para a saúde provenientes das exposições normais estão relacionados com os particulados. Outras substâncias relevantes incluem o monóxido de carbono, os oxidantes fotoquímicos, o dióxido de enxofre e os óxidos de nitrogênio. Os produtos químicos tóxicos e o fumo também podem causar problemas de saúde crônicos ou agudos.

Os poluentes do ar podem afetar a saúde humana de diversas maneiras (Figura 24.5). Os efeitos sobre um indivíduo dependem da dose ou concentração (ver a discussão sobre dose–resposta no Capítulo 15) e de outros fatores, incluindo a suscetibilidade individual. Alguns dos efeitos primários dos poluentes do ar incluem o envenenamento tóxico, câncer, defeitos congênitos, irritação dos olhos e irritação do sistema respiratório; maior suscetibilidade às infecções virais, causando pneumonia e bronquite; maior suscetibilidade à doença cardíaca; e agravamento das doenças crônicas, tais como asma e enfisema. As pessoas que sofrem de doenças respiratórias são as mais propensas a serem afetadas pelos poluentes do ar. As pessoas saudáveis tendem a se adaptar aos poluentes em um período de tempo relativamente curto. Entretanto, esta é uma tolerância fisiológica; como foi explicado no Capítulo 15, isto não significa que os poluentes não sejam nocivos.

Muitos poluentes do ar possuem *efeitos sinérgicos* (nos quais os efeitos combinados são maiores do que a soma dos efeitos individuais). Por exemplo, sulfatos e nitratos podem se ligar a pequenas partículas no ar, facilitando sua inalação profunda no tecido pulmonar. Estando lá, eles podem causar danos maiores aos pulmões do que se poderia esperar de uma combinação dos dois poluentes com base em seus efeitos individuais. Este fenômeno traz consequências óbvias para a saúde; considere os atletas respirando profundamente os particulados à medida que correm pelas ruas da cidade.

Os efeitos dos poluentes do ar nos animais vertebrados, em geral, incluem o enfraquecimento do sistema respiratório; danos aos olhos, dentes e ossos; maior suscetibilidade a doenças, parasitas e outros perigos ambientais relacionados ao estresse; menor disponibilidade de fontes de alimentos (como a vegetação afetada pelos poluentes do ar); e menor capacidade para a reprodução bem-sucedida.[2]

A poluição do ar também pode degradar o solo e os recursos hídricos quando os poluentes do ar são depositados. Os solos e a água podem se tornar tóxicos pela deposição de vários poluentes. Os solos também podem ter os nutrientes lixiviados por poluentes que formam ácidos. Os efeitos da poluição do ar nas estruturas criadas pelo homem são a descoloração, a erosão e a decomposição dos materiais de construção. Esses efeitos serão descritos quando for explorado o tópico da chuva ácida mais adiante neste capítulo.

24.4 Poluentes do Ar

Existem quase 200 poluentes do ar reconhecidos e avaliados pela Agência de Proteção Ambiental dos Estados Unidos e listados na Lei de Ar Puro (*Clean Air Act*). Seis dos mais comuns se chamam **poluentes-padrão** e são responsáveis pela maior parte dos nossos problemas de poluição do ar. A Tabela 24.1 lista esses poluentes-padrão e dá uma breve descrição das suas características e efeitos. Esses seis, juntamente com outros importantes poluentes do ar, são discutidos após uma breve introdução à definição de poluentes primários e secundários e das emissões naturais e humanas. A maioria dos demais poluentes do ar que causam problemas é chamada de **poluentes tóxicos do ar**. Estes ainda são divididos naqueles que causam câncer ou outros problemas de saúde graves.

Tabela 24.1 Efeitos dos "Poluentes-padrão" sobre as Pessoas, Plantas e Materiais

Poluente	*Descrição*	*Efeitos sobre as Pessoas*[a,b]	*Efeitos sobre as Plantas*[a,c]	*Efeitos sobre os Materiais*[a,d]
Ozônio (O_3)	Gás incolor com odor ligeiramente doce	Forte irritante, agrava a asma; causa lesão às células do sistema respiratório, reduz a elasticidade do tecido pulmonar, tosse, desconforto no peito; irritação nos olhos	Manchas, pontilhados e/ou branqueamento do tecido vegetal (folhas, caules etc.); as folhas mais antigas são mais sensíveis; as pontas das agulhas das coníferas ficam marrons e morrem; diminuição das colheitas e danos às culturas, incluindo alface, uvas e milho	Racha a borracha; diminui a durabilidade e o aspecto da tinta, faz com que as cores dos tecidos se desvaneçam
Dióxido de enxofre (SO_2)	Gás incolor e inodoro	Aumento da doença respiratória crônica; falta de ar; estreitamento das vias aéreas nas pessoas com asma	Branqueamento das folhas; decadência e morte do tecido; as folhas mais jovens são mais sensíveis do que as mais velhas; as culturas e árvores mais sensíveis incluem a alfafa, cevada, algodão, espinafre, beterraba, pinheiro-branco, vidoeiro-branco e choupa tremedor; se oxidado para o ácido sulfúrico, provoca danos associados à chuva ácida	Se oxidado para o ácido sulfúrico, danifica prédios e monumentos, corrói metais; faz com que o papel fique quebradiço; transforma o couro em pó marrom-avermelhado; o SO_2 desvanece os corantes dos tecidos, danifica as tintas
Óxidos de nitrogênio (NO_x)[e]	A maioria é incolor e inodora; o NO_2 com partículas é marrom-avermelhado	Um gás praticamente não irritante; pode agravar infecções e sintomas respiratórios (garganta, tosse, congestão nasal, febre) e aumentar o risco de resfriado, bronquite e pneumonia nas crianças	Nenhum efeito perceptível sobre muitas plantas, mas pode suprimir o crescimento de algumas delas e pode ser benéfico em baixas concentrações; se oxidado para o ácido nítrico, provoca danos associados com a chuva ácida	Provoca o desvanecimento dos tecidos; se oxidado para o ácido nítrico, danifica prédios e monumentos
Monóxido de carbono (CO)	Gás incolor e inodoro	Reduz a capacidade do sistema circulatório para transportar oxigênio; causa dor de cabeça, fadiga, náusea; prejudica o desempenho das tarefas que requerem concentração; reduz a resistência; pode ser letal, causando asfixia	Nenhum perceptível	Nenhum perceptível
Material particulado (MP 2,5, MP 10)	Partículas muito pequenas; MP 2,5 com menos de 2,5 μm, MP 10 com menos de 10 μm de diâmetro[f]	Mais doenças respiratórias crônicas e agudas; dependendo da composição química dos particulados, pode irritar o tecido da garganta, nariz, pulmões e olhos	Dependendo da composição química das partículas, pode danificar árvores e culturas; a deposição seca do SO_2, oxidado, é uma forma de chuva ácida	Contribui para a corrosão dos metais, podendo acelerá-la; pode contaminar os contatos elétricos; danifica a aparência e a durabilidade das tintas; esvanece os corantes dos tecidos
Chumbo (Pb)	Metal pesado	Risco principalmente para as crianças; dano cerebral, problemas de comportamento, distúrbios nervosos, problemas digestivos	Pode ser tóxico nos solos; altera o metabolismo das plantas	

[a] Os efeitos dependem da dose (concentração do poluente e tempo de exposição) e da suscetibilidade das pessoas, plantas e materiais a um determinado poluente. Por exemplo, idosos, crianças e as pessoas com doença pulmonar crônica são mais suscetíveis ao O_3, SO_3 e NO_x.
[b] As perdas anuais norte-americanas ultrapassam 50 bilhões de dólares.
[c] As perdas anuais norte-americanas com as culturas vão de 1 a 5 bilhões de dólares.
[d] As perdas anuais norte-americanas ultrapassam 5 bilhões de dólares.
[e] Em NO_x, o x se refere à quantidade de átomos de oxigênio na molécula do gás, como em NO (óxido nítrico) e NO_2 (dióxido de nitrogênio).
[f] Visível como fuligem, fumaça, poeira.
Fontes: Modificado de U.S. Environmental Protection Agency; R. W. Bunbel, D. L. Fox, D. B. Turner e A. C. Stern. *Fundamentals of Air Pollution*, 3rd ed. (San Diego: Academic Press, 1994); e T. Godish. *Air Quality*, 3rd ed. (Boca Raton, Fla.: Lewis Publishers, 1997).

Poluentes Primários e Secundários, Emissões Naturais e Humanas

Os principais poluentes do ar ocorrem ou na forma de gases ou como material particulado (MP). Os poluentes de material particulado são partículas muito pequenas de substâncias líquidas ou sólidas com menos de 10 μm de diâmetro, podendo ser orgânicas ou inorgânicas. Os poluentes gasosos incluem o dióxido de enxofre (SO_2), os óxidos de nitrogênio (NO_x), o monóxido de carbono (CO), o ozônio (O_3) e os compostos orgânicos voláteis (COV) como os hidrocarbonetos (compostos contendo apenas carbono e hidrogênio, que incluem os derivados do petróleo), sulfeto de hidrogênio (H_2S) e fluoreto de hidrogênio (FH).

Os poluentes do ar podem ser classificados como primários ou secundários. Os **poluentes primários** são aqueles lançados diretamente no ar. Eles incluem os particulados, o dióxido de enxofre, o monóxido de carbono, os óxidos de nitrogênio e os hidrocarbonetos. Os **poluentes secundários** são produzidos através de reações entre os poluentes primários e os compostos atmosféricos normais. Por exemplo, o ozônio se forma sobre as áreas urbanas através de reações dos poluentes primários, luz solar e gases atmosféricos naturais. Portanto, o ozônio é um poluente secundário.

Os poluentes primários que contribuem para quase todos os problemas de poluição do ar são o monóxido de carbono (58%), os compostos orgânicos voláteis (11%), os óxidos de nitrogênio (15%), os óxidos de enxofre (13%) e os particulados (3%). Hoje, nos Estados Unidos, cerca de 140 milhões de toneladas desses materiais entram na atmosfera a partir de processos relacionados com o homem. Se esses poluentes fossem distribuídos uniformemente na atmosfera, a concentração seria de apenas algumas partes por milhão por peso. Infelizmente, os poluentes não são distribuídos uniformemente, mas tendem a ser lançados, produzidos e concentrados local ou regionalmente – por exemplo, nas grandes cidades.

Além dos poluentes de fontes humanas, a atmosfera contém muitos poluentes de origem natural. Como exemplos de emissões naturais de poluentes do ar, tem-se:

- Liberação de dióxido de enxofre das erupções vulcânicas. Por exemplo, a atividade vulcânica na ilha Havaí emite SO_2 e outros poluentes que reagem na atmosfera produzindo um *smog* vulcânico chamado de "*vog*". O *smog* pode representar um perigo para a saúde das pessoas e pode provocar chuva ácida local.
- Liberação de sulfeto de hidrogênio dos gêiseres e fontes termais, e da decomposição biológica dos pântanos e brejos.
- A liberação de ozônio na baixa atmosfera resultante de condições meteorológicas instáveis como as violentas tempestades de raios.
- Emissão de uma variedade de partículas dos incêndios florestais e vendavais.[2]
- Vazamento natural de hidrocarbonetos – por exemplo, os poços de piche La Brea, em Los Angeles.

Os dados na Tabela 24.2 sugerem que, com exceção do enxofre e dos óxidos de nitrogênio, as emissões naturais de poluentes do ar ultrapassam as emissões produzidas pelo homem. Todavia, é o componente humano o mais abundante nas áreas urbanas e que leva aos problemas mais graves para a saúde humana.

Poluentes-padrão

Existem seis poluentes-padrão: dióxido de enxofre, óxidos de nitrogênio, monóxido de carbono, ozônio, particulados e chumbo.

Dióxido de Enxofre

O dióxido de enxofre (SO_2) é um gás incolor e inodoro normalmente presente em baixas concentrações na superfície terrestre. Uma característica relevante do SO_2 é que, uma vez emitido na atmosfera, ele pode ser convertido através de reações de oxidação complexas em sulfato particulado fino (SO_4) e removido da atmosfera pela deposição úmida ou seca. A principal fonte antropogênica do dióxido de enxofre é a queima de combustíveis fósseis, principalmente o carvão nas termelétricas (veja a Tabela 24.2). Outra fonte importante consiste em vários processos industriais, variando do refino do petróleo até a produção de papel, cimento e alumínio.[2–4]

Os efeitos adversos associados com o dióxido de enxofre dependem da dose ou concentração presente (veja o Capítulo

Tabela 24.2 Principais Componentes Naturais e Sintéticos de Poluentes Atmosféricos Selecionados

Poluentes Atmosféricos	*Emissões (% do total)* *Natural*	*Sintético*	*Principais Fontes de Componentes Sintéticos*	*Percentual*
Particulados	85	15	Fontes dispersíveis (principalmente poeira)	85
			Processos industriais	7
			Queima de combustíveis (fontes fixas)	8
Óxidos de enxofre (SO_x)	50	50	Queima de combustíveis (fontes fixas, principalmente carvão)	84
			Processos industriais	9
Monóxido de carbono (CO)	91	9	Transporte (automóveis)	54
Dióxido de nitrogênio (NO_2)		Quase todo	Transporte (principalmente automóveis)	37
			Queima de combustíveis (fontes fixas, principalmente gás natural e carvão)	38
Ozônio (O_3)	Um poluente secundário derivado da reação com a luz solar, NO_2 e oxigênio (O_2)		A concentração existente depende das reações na baixa atmosfera envolvendo hidrocarbonetos e, portanto, os gases emitidos pelos automóveis	
Hidrocarbonetos (HC)	84	16	Transporte (automóveis)	27
			Processos industriais	7

Tabela 24.3	Emissões de Poluentes-padrão nos Estados Unidos de 1970 a 2007							
			Milhões de Toneladas por Ano					
	1970	*1980*	*1985*	*1990*	*1995*	*2000*	*2005*	*2007*
Monóxido de carbono (CO)	200	178	170	144	120	102	89	81
Chumbo	ND	0,074	0,023	0,005	0,004	0,002	0,003	0,002
Óxidos de nitrogênio (NO_x)	~27	27	26	25	25	22	19	17
Compostos orgânicos voláteis (COV)	~30	30	27	23	22	17	15	15
Material particulado (MP)								
MP_{10}	ND	6	4	3	3	2	2	2
$MP_{2,5}$		ND	ND	2	2	2	1	1
Dióxido de enxofre (SO_2)	32	26	23	23	19	16	15	13
Totais	ND	267	250	220	191	161	141	129

Notas:
1. Em 1985 e 1986, a Agência de Proteção Ambiental dos EUA (EPA) refinou seus métodos para a estimativa das emissões. Entre 1970 e 1975, a EPA revisou seus métodos para a estimativa das emissões de MP.
2. As estimativas para 2002 são do Inventário Nacional de Emissões de 2002, versão 2, dos EUA; as estimativas para 2003 em diante são preliminares e baseadas neste inventário.
3. Nenhum dado (ND).

Fonte: Agência de Proteção Ambiental, 2008.
Tendências do ar acessadas em 10/06/2008 em www.epa.gov.

15) e incluem a lesão ou morte de animais e plantas, bem como a corrosão de tintas e metais. As culturas como a alfafa, o algodão e a cevada são especialmente suscetíveis. O dióxido de enxofre é capaz de causar danos graves aos pulmões dos seres humanos e outros animais, particularmente na forma de sulfato. Ele também é um precursor importante da **chuva ácida**.[2-4] (Veja o Detalhamento 24.1.)

As taxas norte-americanas de emissão de SO_2 de 1970 a 2007 são exibidas na Tabela 24.3. As emissões atingiram o pico de 32 milhões de toneladas, aproximadamente, no início dos anos 1970 e desde então diminuíram para cerca de 13 milhões de toneladas, uma redução em torno de 60%, como resultado de eficientes controles de emissão.

Óxidos de Nitrogênio

Embora os óxidos de nitrogênio (NO_x) ocorram em muitas formas na atmosfera, eles são emitidos majoritariamente em duas formas: óxido nítrico (NO) e dióxido de nitrogênio (NO_2); apenas essas duas formas estão sujeitas às regras de emissão nos EUA. O mais importante dos dois é o NO_2, um gás entre o âmbar e o marrom-avermelhado. Uma grande preocupação com o dióxido de nitrogênio é que ele pode ser convertido por reações atmosféricas complexas em um íon, NO_3^{2-}, dentro de pequenas partículas de água, prejudicando a visibilidade. Tanto o NO quanto o NO_2 são contribuintes importantes para a formação do *smog* e o NO_2 é um grande contribuinte da chuva ácida (veja o Detalhamento 24.1). Quase todo NO_2 é emitido de fontes antropogênicas. As duas fontes principais são os automóveis e as usinas que queimam combustíveis fósseis.[2]

Os efeitos ambientais dos óxidos de nitrogênio nos seres humanos são variáveis, mas incluem irritação dos olhos, nariz, garganta e pulmões e maior suscetibilidade a infecções virais, incluindo o influenza (que pode causar bronquite e pneumonia).[2] Os óxidos de nitrogênio podem suprimir o crescimento das plantas. Quando os óxidos são convertidos para sua forma de nitrato na atmosfera, eles prejudicam a visibilidade. Entretanto, quando o nitrato é depositado no solo, ele pode promover o crescimento das plantas através da adubação nitrogenada.

As taxas norte-americanas de emissão de NO_x de 1970 a 2007 são exibidas na Tabela 24.3. As emissões são provenientes basicamente da queima de combustíveis nas termelétricas e veículos. Elas foram reduzidas em cerca de 30% desde 1980.

Monóxido de Carbono

O monóxido de carbono (CO) é um gás incolor e inodoro que mesmo em baixas concentrações é extremamente tóxico para os seres humanos e outros animais. A alta toxicidade resulta de um efeito fisiológico – o monóxido de carbono e a hemoglobina no sangue têm uma forte atração natural entre si. A hemoglobina em nosso sangue absorve o monóxido de carbono 250 vezes mais rápido do que o oxigênio. Portanto, se houver qualquer monóxido de carbono nas proximidades, uma pessoa vai captá-lo muito rapidamente, com efeitos potencialmente terríveis. Muitas pessoas foram asfixiadas acidentalmente pelo monóxido de carbono produzido a partir da combustão incompleta dos combustíveis em *trailers*, barracas e casas. Os efeitos dependem da dose ou concentração da exposição e variam de vertigem e dores de cabeça até a morte. O monóxido de carbono é particularmente perigoso para as pessoas com doença cardíaca conhecida, anemia ou doença respiratória. Além disso, ele pode causar defeitos congênitos, incluindo o retardamento mental e o prejuízo do crescimento do feto.[2] Enfim, os efeitos do monóxido de carbono tendem a ser piores nas altitudes mais elevadas, onde os níveis de oxigênio são naturalmente mais baixos. Hoje é comum utilizar detectores (similares aos detectores de fumaça) para alertar as pessoas caso o CO em um prédio se torne concentrado em um nível potencialmente nocivo.

Aproximadamente 90% do monóxido de carbono na atmosfera provém de fontes naturais. Os outros 10% são oriundos principalmente de incêndios, automóveis e outras fontes de queima incompleta de compostos orgânicos. As concentrações de monóxido de carbono podem se acumular e provocar sérios efeitos na saúde em uma área localizada.

As emissões de CO nos Estados Unidos de 1970 a 2007 são exibidas na Tabela 24.3. A maioria das emissões se dá através dos escapamentos dos veículos. As emissões chegaram ao máximo no início dos anos 1970, atingindo 200 milhões de toneladas. A taxa em 2007 ficou em torno de 81 milhões de toneladas, uma redução significativa de 60%, considerando o aumento da frota de veículos. As reduções resultam em grande parte da queima mais limpa dos motores dos automóveis.

Ozônio e Outros Oxidantes Fotoquímicos

Os oxidantes fotoquímicos resultam das interações atmosféricas do óxido de nitrogênio e da luz solar. O oxidante fotoquímico mais comum é o ozônio (O_3), um gás incolor com odor ligeiramente doce. Além do ozônio, uma série de oxidantes fotoquímicos conhecidos como PANs (nitratos de peroxiacetila) ocorrem com o *smog* fotoquímico (discutido mais tarde neste capítulo).

O ozônio é uma forma de oxigênio na qual três átomos de oxigênio ocorrem juntos em vez dos dois normais. O ozônio é relativamente instável e libera seu terceiro átomo de oxigênio facilmente, então ele oxida ou queima as coisas com mais facilidade e em concentrações mais baixas do que o oxigênio normal. Às vezes, o ozônio é empregado para esterilizar; por exemplo, o gás ozônio borbulhante através da água é um método utilizado para purificá-la. O ozônio é tóxico para bactérias e outros organismos na água, matando-os. Quando é lançado ou produzido no ar, o ozônio pode ferir os seres vivos.

O ozônio é muito ativo quimicamente e tem uma vida média curta no ar. Devido ao efeito da luz solar sobre o oxigênio normal, o ozônio forma uma camada natural na alta atmosfera (estratosfera). Essa camada de ozônio protege os seres vivos da nociva radiação ultravioleta do sol. Assim, embora o ozônio seja considerado um poluente na baixa atmosfera quando as concentrações estiverem acima do Padrão Nacional de Qualidade do Ar Ambiente, ele é benéfico na estratosfera. A destruição do ozônio na estratosfera está ligada aos produtos químicos, incluindo os clorofluorcarbonos (CFCs) emitidos na baixa atmosfera que levam à destruição do ozônio na alta atmosfera. Este assunto importante será discutido no final deste capítulo.

O ozônio na baixa atmosfera é um poluente secundário produzido em dias claros e ensolarados nas áreas onde há muita poluição primária. As principais fontes de produtos químicos que produzem ozônio, bem como outros oxidantes, são os automóveis, a queima de combustíveis fósseis e os processos industriais que produzem dióxido de nitrogênio. Devido à natureza da sua formação, o ozônio é difícil de regulamentar. É o poluente cujo padrão saudável é excedido com mais frequência nas áreas urbanas dos Estados Unidos.[5,6] Os efeitos ambientais adversos do ozônio e outros oxidantes, como os que compõem outros poluentes, dependem em parte da dose ou concentração de exposição e incluem danos às plantas e aos animais, além dos materiais como borracha, tinta e tecidos.

O efeito do ozônio nas plantas pode ser sutil. Em concentrações muito baixas, o ozônio pode diminuir as taxas de crescimento ao mesmo tempo em que não produz nenhuma lesão visível. Em concentrações mais altas, o ozônio mata o tecido foliar e, se os níveis de poluente continuarem altos, plantas inteiras. Acredita-se que a morte dos pinheiros brancos ao longo das autoestradas da Nova Inglaterra se deva em parte à poluição pelo ozônio. O efeito do ozônio nos animais, incluindo as pessoas, envolve vários tipos de dano, especialmente aos olhos e ao sistema respiratório. Muitos milhões de norte-americanos estão frequentemente expostos a níveis de ozônio que danificam as paredes celulares nos pulmões e vias aéreas. Isso faz com que o tecido fique avermelhado e inchado, induzindo os fluidos celulares a se infiltrarem nos pulmões. No fim, os pulmões perdem elasticidade e ficam mais suscetíveis à infecção bacteriana, podendo ocorrer a formação de cicatrizes e lesões nas vias aéreas. Até mesmo as pessoas jovens e saudáveis podem não conseguir respirar normalmente e, especialmente, nos dias poluídos, a respiração pode ser curta e dolorosa.[6]

Material Particulado (MP 10 e MP 2,5) e Partículas Ultrafinas

O material particulado (MP 10) é feito de partículas com menos de 10 μm de diâmetro. O termo é empregado para misturas variadas de partículas suspensas no ar que respiramos. As partículas estão presentes em toda parte, mas descobriu-se que altas concentrações e/ou tipos específicos de partículas apresentam um grave perigo para a saúde humana. O amianto, por exemplo, é particularmente perigoso.

A agricultura acrescenta uma quantidade considerável de material particulado na atmosfera, assim como os vendavais nas áreas com pouca vegetação e as erupções vulcânicas. Quase todos os processos industriais, bem como a queima de combustíveis fósseis, liberam particulados na atmosfera. Grande parte do material particulado é facilmente visível como fumaça, fuligem ou poeira; outros materiais particulados não são facilmente visíveis. Os particulados incluem materiais como as partículas de amianto transportadas pelo ar e as partículas pequenas de metais pesados, como arsênico, cobre, chumbo e zinco, que são emitidas normalmente pelas instalações industriais como as fundições.

Uma preocupação especial são os poluentes de partículas muito finas (MP 2,5) com menos de 2,5 μm de diâmetro (2,5 milionésimos de metro; Figura 24.6). Para efeito de comparação, o diâmetro do cabelo humano é de aproximadamente 60 μm a 150 μm. As partículas finas são facilmente inaladas dentro dos pulmões, onde podem ser absorvidas na corrente sanguínea ou continuar incorporadas por um longo período de tempo. Dentre os poluentes particulados finos mais significativos, existem os sulfatos e os nitratos. Estes são, em sua maioria, poluentes secundários produzidos na atmosfera por meio de reações químicas entre os componentes atmosféricos normais, os dióxidos de enxofre e os óxidos de nitrogênio. Essas reações são importantes na formação dos ácidos sulfúrico e nítrico na atmosfera e serão mais discutidos quando a chuva ácida for considerada.[2]

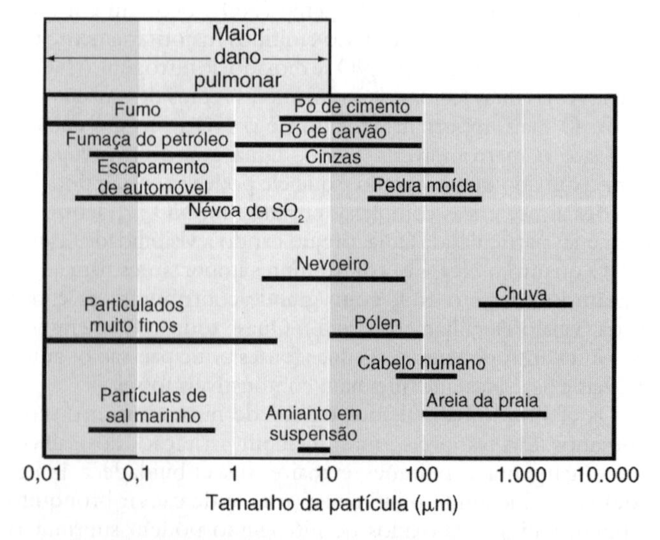

Figura 24.6 ■ Tamanhos de alguns particulados selecionados. A área sombreada mostra a faixa de tamanho que produz o maior dano pulmonar. (*Fonte:* Modificado da Fig. 7–8, p. 244 em *Chemistry, Mand and Environmental Change: An Integrated Approach*, por J. Calvin Giddings, Copyright © 1973 por J. Calvin Giddings. Reimpresso com permissão da HarperCollins Publishers, Inc.)

Partículas Ultrafinas

Partículas extremamente finas (com menos de 0,18 micrômetro de diâmetro) são liberadas no ar pelas emissões dos veículos (automóveis) nas ruas e estradas de Los Angeles. Essas partículas são ricas em compostos orgânicos e outros produtos químicos reativos. Com relação à doença cardíaca, essas partículas podem ser os componentes mais perigosos da poluição do ar. As **partículas ultrafinas** não podem ser filtradas facilmente e são tão pequenas que podem entrar na corrente sanguínea. Evidentemente, as partículas podem contribuir para a inflamação (dano celular e tecidual pela oxidação), levando à obstrução (acúmulo de placas) nas artérias que pode resultar em ataque cardíaco e acidente vascular. O processo envolvido diminui a qualidade proativa do colesterol "bom". Os que correm mais risco são os jovens, os idosos e os indivíduos que vivem perto de uma estrada, que se exercitam perto do tráfego intenso ou que passam muito tempo no trânsito (ficar sentado no tráfego lento aumenta em cerca de três vezes o risco de curto prazo de sofrer um ataque cardíaco). O risco para um indivíduo é muito pequeno, mas quando milhões de pessoas são expostas a um pequeno risco, uma grande quantidade delas é afetada. A abordagem prudente é limitar sua exposição aos poluentes. Por exemplo, evitar correr ou andar de bicicleta por longos períodos de tempo perto do tráfego intenso (Figura 24.8).[3]

Quando é medido, o material particulado é referido frequentemente como ***particulados totais em suspensão*** (PTS). Os valores de PTS tendem a ser mais altos nas grandes cidades dos países em desenvolvimento, tais como México, China e Índia, do que nos países desenvolvidos, como o Japão e os Estados Unidos (Figura 24.7).

Os particulados afetam a saúde humana, os ecossistemas e a biosfera. Nos Estados Unidos, a poluição do ar por particulados contribui para a morte de 60.000 pessoas anualmente.[7] Estudos recentes estimam que de 2 a 9% da mortalidade humana nas cidades está associada com a poluição por particulados; o risco de mortalidade é cerca e 15 a 25% maior nas

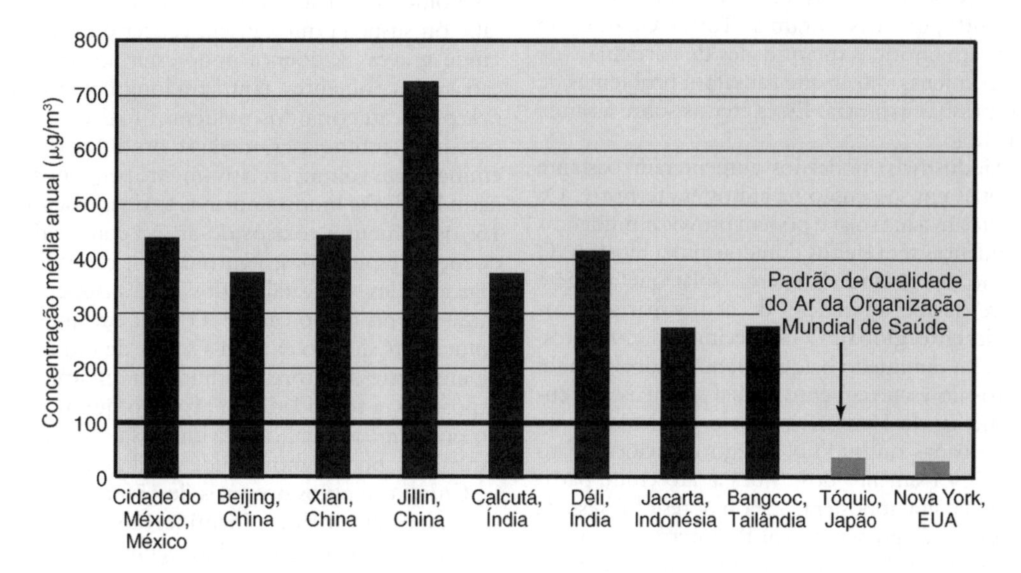

Figura 24.7 ■ Partículas totais em suspensão (PTS) em várias cidades grandes nos países em desenvolvimento (preto) e nos países desenvolvidos (cinza). O valor de 100 μg/m³ é o padrão de qualidade do ar estabelecido pela Organização Mundial de Saúde. (*Fonte:* Modificado de R. T. Watson, Painel Intergovernamental sobre Mudança Climática, apresentação na Sixth Conference of Parties to the United Nations Framework Convention on Climate Change, 13 de novembro de 2000, Figura 20.)

Figura 24.8 ■ Correr ao longo do Central Park na cidade de Nova York, no tráfego, aumenta a exposição à poluição do ar.

cidades com os níveis mais altos de poluição por particulados finos.[8] Como foi mencionado, os particulados que entram nos pulmões podem se alojar lá, com efeitos crônicos na respiração. Os particulados estão ligados ao câncer de pulmão e à bronquite. O material particulado é especialmente perigoso para os idosos e indivíduos com problemas respiratórios, como a asma. Há uma relação direta entre a poluição por particulados e o maior número de internações hospitalares por desconforto respiratório.

A poeira levantada pela construção de estradas e pela aração não só torna mais difícil a respiração dos animais (incluindo o homem), mas também pode se depositar nas superfícies das plantas verdes, onde pode interferir na absorção de dióxido de carbono e oxigênio e na liberação de água (transpiração). Em uma escala maior, os particulados associados com grandes projetos de construção, tais como loteamentos, *shopping centers* e parques industriais, podem prejudicar ou matar as plantas e animais, além de danificar as áreas no entorno mudando a composição das espécies, alterando as cadeias alimentares e, assim, afetando os ecossistemas. Os ataques terroristas em 11 de setembro de 2001, que destruíram as Torres Gêmeas em Nova York, injetaram enormes quantidades de partículas (de grandes a muito pequenas) no ar que causaram problemas de saúde graves nas pessoas expostas. Esses efeitos sobre a saúde continuam ainda hoje.

Os processos industriais modernos aumentaram bastante os particulados totais em suspensão na atmosfera terrestre. Os particulados bloqueiam a luz solar e podem provocar mudanças no clima. Tais mudanças têm efeitos duradouros na biosfera. O processo de diminuição gradual da energia solar que atinge a superfície terrestre devido à poluição do ar por particulados se chama **escurecimento global**. O escurecimento global resfria a atmosfera e tem diminuído o aquecimento global que foi previsto. Os efeitos do escurecimento global são mais aparentes nas latitudes médias do Hemisfério Norte, particularmente sobre as regiões urbanas ou onde o tráfego de aviões a jato é mais comum. O escapamento dos aviões a jato emite particulados poluentes na alta atmosfera. Esta hipótese foi testada em 2001, quando o tráfego aéreo civil foi interrompido por dois dias após os ataques de 11 de setembro em Nova York. Naqueles dois dias, a amplitude térmica diária sobre os Estados Unidos aumentou em 1°C acima do valor normal esperado.[9]

As emissões antropogênicas das partículas de MP 10 nos Estados Unidos de 1970 a 2007 são exibidas na Tabela 24.3. As emissões, desde 1970, têm sido reduzidas em cerca de dois terços (66%).

Chumbo

O chumbo é um componente importante das baterias de automóvel e de muitos outros produtos industriais. Quando o chumbo é adicionado à gasolina, ele ajuda a proteger os motores e promove o consumo de combustível mais equilibrado. O chumbo na gasolina (que ainda é usado em alguns países) é lançado no ar pelo escapamento. Através desse processo, o chumbo tem se espalhado amplamente pelo mundo e atingiu níveis elevados nos solos e águas ao longo das rodovias.

Uma vez liberado, o chumbo pode ser transportado pelo ar como particulados a serem absorvidos pelas plantas através do solo ou depositados diretamente nas folhas. Assim, ele entra nas cadeias alimentares terrestres. Quando o chumbo é transportado por cursos d'água e rios, depositado em águas calmas ou transportado para oceanos ou lagos, é absorvido pelos organismos aquáticos e entra nas cadeias alimentares aquáticas.

O chumbo chega à Groenlândia como particulados transportados pelo ar e através da água do mar, ficando armazenado no gelo glacial. A concentração de chumbo nas geleiras da Groenlândia era praticamente zero em 800 d.C. e alcançou níveis mensuráveis com o início da Revolução Industrial em meados do século XVIII. O conteúdo de chumbo do gelo glacial aumentou de forma constante de 1750 até 1950, quando a taxa de acumulação do chumbo começou a aumentar rapidamente. Essa explosão repentina reflete o crescimento rápido no uso de aditivos à base de chumbo na gasolina. O acúmulo de chumbo no gelo da Groenlândia ilustra que o uso de metais pesados no século XX chegou ao ponto de afetar toda a biosfera.

Hoje o chumbo foi removido de quase toda a gasolina nos Estados Unidos, Canadá e grande parte da Europa. Nos Estados Unidos as emissões de chumbo foram reduzidas em cerca de 98% desde o início dos anos 1980 (Tabela 24.3). A redução e eventual eliminação do chumbo na gasolina é um bom começo para a redução dos níveis de chumbo antropogênico na biosfera.

Poluentes Tóxicos do Ar

Os poluentes tóxicos do ar estão entre os poluentes que se sabe ou suspeita que causem câncer ou outros problemas de saúde graves. A doença pode estar associada com a exposição a esses poluentes, tanto em longo prazo quanto em curto prazo. A categoria dos poluentes tóxicos do ar é usada para poluentes como gases, metais e produtos químicos orgânicos emitidos em volumes relativamente pequenos em um determinado local. De modo similar às toxinas discutidas no Capítulo 15, os poluentes tóxicos do ar são conhecidos por causarem doenças respiratórias, neurológicas, reprodutivas ou imunológicas. Eles são catalogados adicionalmente em função de causarem ou não o câncer. O grau em que um determinado poluente tóxico do ar afeta a saúde de um indivíduo depende de uma série de fatores, incluindo a duração e a frequência da exposição, a toxicidade do produto químico, a concentração do poluente ao qual o indivíduo está exposto e o método de exposição, bem como a saúde geral do indivíduo.[14]

Como exemplos dos mais de 150 produtos químicos considerados para análise e identificação como poluentes tóxicos do ar, têm-se o sulfeto de hidrogênio, o fluoreto de hidrogênio, os gases de cloro, o benzeno, o metanol e a amônia. Em 2006, a Agência de Proteção Ambiental dos Estados Unidos (EPA) divulgou uma avaliação do risco de saúde nacional em relação aos poluentes tóxicos do ar. O foco foi na exposição às toxinas do ar a partir da respiração dos poluentes e não abordou outras maneiras de as pessoas se exporem.

A avaliação da EPA estimou que o risco médio de câncer devido à exposição aos poluentes tóxicos do ar gira em torno de 1 em 21.000. A exposição mais grave aos poluentes tóxicos do ar ocorre na Califórnia e em Nova York, com o Oregon, Washington D.C. e Nova Jersey completando o restante dos cinco estados mais poluídos. Os estados com o ar mais puro são Montana, Wyoming e Dakota do Sul. A avaliação concluiu que o benzeno é a toxina do ar que apresenta maior risco de câncer, contribuindo com 25% do risco médio individual de câncer dentre todos os poluentes tóxicos do ar.[14]

Padrões têm sido estabelecidos para mais de 150 poluentes tóxicos do ar; quando estiverem totalmente implementados, espera-se que esses padrões e suas regulamentações associadas diminuam as emissões anuais desses poluentes com base nos níveis de 1990. Projeta-se que mesmo com a expectativa de aumento significativo da quilometragem dos veículos em 2020, a emissão de poluentes tóxicos gasosos do ar nas rodovias venha a diminuir em cerca de 80% com base nos níveis de 1990. Agora, serão apresentados exemplos de vários poluentes tóxicos do ar.

DETALHAMENTO **24.1**

Chuva Ácida

A chuva ácida é uma precipitação na qual o pH está abaixo de 5,6. O pH de uma solução é uma expressão da acidez e alcalinidade relativas. É o logaritmo negativo da concentração do íon hidrogênio (H^+). Muitas pessoas ficam surpresas ao aprender que toda chuva é ligeiramente ácida; a água reage com o dióxido de carbono atmosférico para produzir ácido carbônico fraco. Com isso, a chuva pura tem um pH em torno de 5,6, onde 1 é altamente ácido e 7 é neutro (veja a Figura 24.9). (Em alguns casos, observou-se que a chuva natural nas florestas tropicais tinha um pH abaixo de 5,6; provavelmente isso guarda alguma relação com os precursores ácidos emitidos pelas árvores.) Como a escala de pH é logarítmica, valor 3 de pH é 10 vezes mais ácido do que um valor 4 de pH e 100 vezes mais ácido do que um valor 5 de pH. O ácido da bateria de automóvel tem um valor 1 de pH.

A chuva ácida inclui ambas as deposições ácidas úmida (chuva, neve, neblina) e seca (particulados). As deposições ocorrem próximas e a jusante das áreas onde a queima de combustíveis fósseis gera grandes emissões de dióxido de enxofre (SO_2) e óxidos de nitrogênio (NO_x). Embora esses óxidos sejam os contribuintes primários para a chuva ácida, outros ácidos também estão envolvidos. Um exemplo é o ácido clorídrico emitido pelas usinas que queimam carvão.

A chuva ácida provavelmente foi um problema pelo menos desde o início da Revolução Industrial. Nas últimas décadas, porém, a chuva ácida recebeu cada vez mais atenção; hoje, é um importante problema ambiental global que afeta todos os países industriais. Nos Estados Unidos, quase todos os estados do leste são afetados, bem como os centros urbanos da costa oeste como Seattle, San Francisco e Los Angeles. O problema também é uma grande preocupação no Canadá, Alemanha, Escandinávia e Grã-Bretanha. Os países em desenvolvimento que dependem fortemente do carvão, como a China, também estão enfrentando sérios problemas de chuva ácida.

Causas da Chuva Ácida

Como foi observado, o dióxido de enxofre (SO_2) e os óxidos de nitrogênio (NO_x) são os compostos que mais contribuem para a chuva ácida. As quantidades dessas substâncias emitidas nos Estados Unidos são exibidas na Tabela 24.3. As emissões de SO_2 atingiram seu pico nos anos 1970 em cerca de 32 milhões de toneladas por ano e caíram para cerca de 13 milhões de toneladas por ano em 2007. Os óxidos de nitrogênio nivelaram-se em cerca de 25 milhões de toneladas por ano em meados dos anos 1980 e têm caído desde 2000, totalizando 17 milhões de toneladas em 2007.

Na atmosfera, o dióxido de enxofre e os óxidos de nitrogênio são transformados por reações químicas com oxigênio e vapor d'água em ácidos sulfúrico e nítrico. Esses ácidos podem percorrer longas distâncias com os ventos predominantes para serem depositados como precipitação ácida (Figura 24.10). Conforme mencionado, essa precipitação pode assumir a forma de chuva, neve ou neblina. As partículas de sulfato e nitrato também podem ser depositadas diretamente na superfície da terra como deposição seca. Essas partículas podem ser ativadas mais tarde pela umidade, tornando-se ácidos sulfúrico e nítrico.

O dióxido de enxofre é emitido primariamente de fontes fixas, como termelétricas que queimam combustíveis fósseis, enquanto os óxidos de nitrogênio são emitidos tanto de fontes fixas quanto fontes relacionadas aos transportes, como os automóveis. Aproximadamente 80% do dióxido de enxofre e 65% dos óxidos de nitrogênio nos Estados Unidos vêm dos estados a leste do rio Mississippi.

Em algumas áreas, as fontes fixas tentaram reduzir os efeitos locais das emissões construindo chaminés mais altas. As chaminés mais altas diminuíram as concentrações locais de poluentes do ar, mas aumentaram os efeitos regionais espalhando mais a poluição. As chaminés altas aumentam o tempo médio de permanência dos poluentes emitidos na atmosfera de 1–2 dias para 10–14 dias porque os poluentes entram na atmosfera em uma altitude maior, onde a mistura e o transporte pelo vento são mais eficazes. Com isso, essa prática simplesmente criou problemas mais generalizados. Por exemplo, problemas associados com a chuva ácida no Canadá podem ser atribuídos às emissões de dióxido de enxofre e outros poluentes no vale do rio Ohio.[10]

Figura 24.9 ■ A escala de pH mostra os níveis de acidez em vários líquidos. A escala varia de menos de 1 a 14, com o valor neutro em 7. Os valores de pH abaixo de 7 são ácidos, enquanto os valores de pH acima de 7 são alcalinos (básicos). A chuva ácida pode ser muito ácida e nociva para o ambiente. (*Fonte:* http://ga.water.usgs.gov/edu/phdiagram.html. Acessado em 12 de agosto de 2005.)

Sensibilidade à Chuva Ácida

A geologia e os padrões climáticos, bem como os tipos de vegetação e a composição do solo, afetam o impacto potencial da chuva ácida. Alguns desses fatores são determinantes para afirmar quais áreas dos Estados Unidos e Canadá são sensíveis à chuva ácida. As áreas sensíveis são aquelas em que o leito rochoso ou o solo não conseguem amortecer a entrada ácida. Os materiais (produtos químicos) que têm capacidade para neutralizar os ácidos se cha-

(*Continua*)

(Continuação)

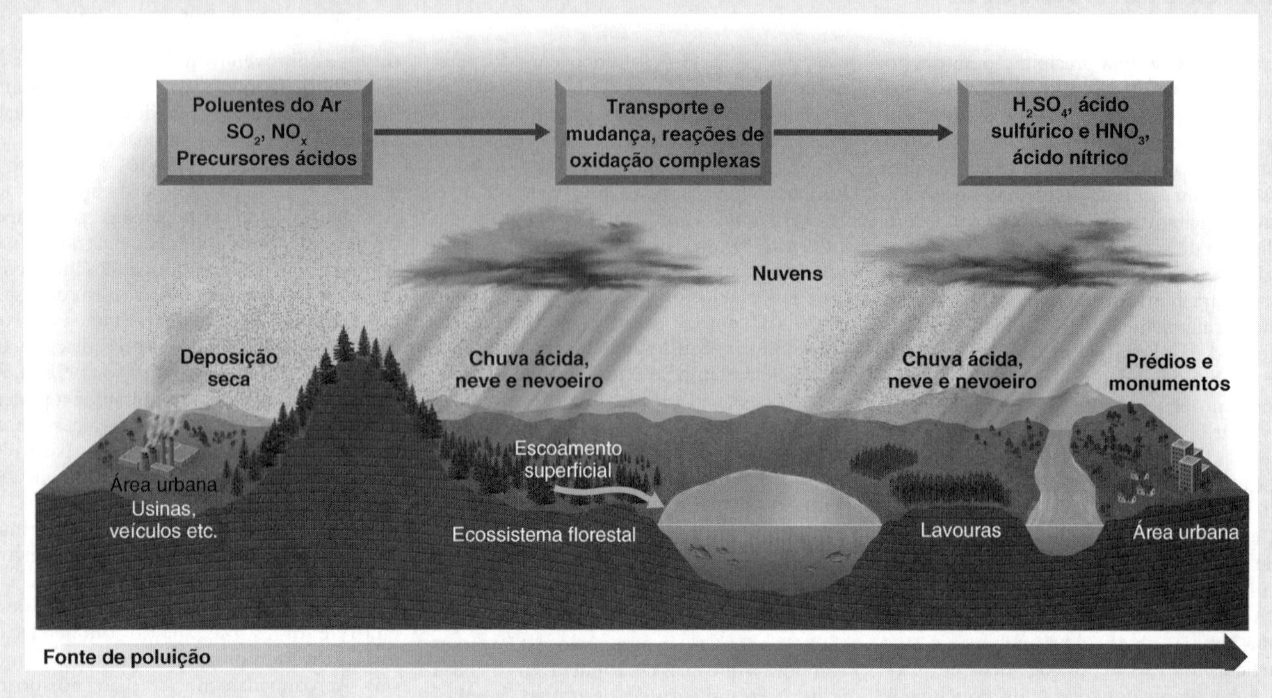

Figura 24.10 ■ Formação da chuva ácida. Diagrama idealizado mostrando aspectos selecionados da formação e dos caminhos da chuva ácida.

mam *tamponadores* ou *materiais–tampão*. O carbonato de cálcio ($CaCO_3$), o mineral calcita que existe em muitos solos e rochas (pedra calcária), é um importante tamponador natural para a chuva ácida. O hidrogênio no ácido reage com o carbonato de cálcio e a reação neutraliza o ácido. Assim, as áreas com menos probabilidade de sofrer danos pela chuva ácida são aquelas em que o leito rochoso contém calcário ou outro material de carbonato, ou onde os solos contêm carbonato de cálcio que neutraliza o ácido. Por outro lado, as áreas com rochas graníticas em abundância e as áreas em que os solos possuem pouca ação tamponante são sensíveis à chuva ácida. Os solos podem perder sua fertilidade quando expostos à chuva ácida, seja porque os nutrientes são lixiviados pela água ácida passando através do solo ou porque o ácido no solo libera elementos tóxicos para as plantas.

Ecossistemas Florestais

Há muito tempo se suspeita que a precipitação ácida, seja de neve, chuva, neblina ou deposição seca, afeta adversamente as árvores. Estudos na Alemanha levaram os cientistas a citar a chuva ácida e outros poluentes do ar como a causa da morte de milhares de acres de árvores verdes na Bavária. Estudos similares nos Montes Apalaches de Vermont (onde muitos solos são naturalmente ácidos) sugerem que em alguns locais 50% dos abetos vermelhos morreram nos últimos anos.

Ecossistemas Lacustres

Registros dos lagos escandinavos mostram um aumento na acidez acompanhado por uma diminuição da quantidade de peixes. A maior acidez foi atribuída à chuva ácida resultante de processos industriais em outros países, particularmente a Alemanha e a Grã-Bretanha.

A chuva ácida afeta os ecossistemas lacustres de duas maneiras. Primeiro, ela danifica as espécies aquáticas (peixes, anfíbios e lagostins) perturbando diretamente seus processos de vida, limitando seu crescimento ou causando sua morte. Por exemplo, os lagostins produzem menos ovos nas águas ácidas e os ovos produzidos quase sempre se desenvolvem em larvas malformadas. Segundo, a chuva ácida dissolve os elementos químicos necessários para a vida no lago. Uma vez em solução, os elementos necessários deixam o lago com o escoamento da água. Assim, os elementos que cumpriram um ciclo no lago são perdidos. Sem esses nutrientes, as algas não crescem, os animais que se alimentam de algas têm pouco o que comer e os animais que se alimentam desses animais também têm menos alimento.[11]

A chuva ácida lixivia os metais, como o alumínio, o chumbo, o mercúrio e o cálcio, dos solos e rochas em uma bacia de drenagem e os descarrega nos rios e lagos. As concentrações elevadas de alumínio são particularmente nocivas para os peixes porque o metal pode obstruir as brânquias e provocar sufocamento. Os metais pesados podem apresentar perigos para a saúde dos seres humanos porque podem ficar concentrados nos peixes e depois passados para as pessoas, mamíferos e pássaros quando os peixes forem comidos. A água potável retirada dos lagos ácidos também pode ter altas concentrações de metais tóxicos.

Nem todos os lagos são tão vulneráveis à acidificação quanto o lago no experimento de Ontário. O ácido é neutralizado nas águas com um alto conteúdo de carbonato (na forma do íon HCO_3^-). Os lagos em pedra calcária ou outras rochas ricas em cálcio ou carbonatos de magnésio podem, portanto, proteger facilmente a água do rio e do lago contra a adição de ácidos. Lagos com altas concentrações de tais elementos são chamados de lagos de água dura. Os lagos em areia ou rochas ígneas, como o granito, tendem a ser menos capazes de neutralizar os ácidos e são mais suscetíveis à acidificação.[12]

Sociedade Humana

A chuva ácida não danifica só as florestas e lagos, mas também muitos materiais de construção, incluindo o aço, o aço galvanizado, a tinta, os plásticos, o cimento, a alvenaria e vários tipos de rocha, especialmente a pedra calcária, o arenito e o mármore (Figura 24.11). As construções clássicas na Acrópole, em Atenas, e em outras cidades exibem uma decadência considerável (intemperismo químico) que se acelerou no século XX em consequência da poluição do ar. O problema cresceu a tal ponto que as construções precisam de restauração e as estátuas e outros monumentos devem ter suas coberturas protetoras substituídas com muita frequência, resultando em custos de bilhões de dólares por ano. Estátuas particularmente importantes na Grécia e em outras áreas foram removidas e colocadas em contêineres de vidro protetor, com réplicas substituindo-as em suas localizações originais ao ar livre para que os turistas as vejam.[11]

A deterioração da pedra ocorre cerca de duas vezes mais rápido nas cidades do que nas áreas menos urbanas. O dano provém principalmente da chuva ácida e da umidade na atmosfera, bem como das águas subterrâneas corrosivas.[13] Isto implica que a medição das taxas de deterioração das pedras dirão alguma coisa sobre as alterações na acidez da chuva e das águas subterrâneas em diferentes regiões e épocas. Agora é possível, onde as idades das construções de pedra e de outras estruturas são conhecidas, determinar se o problema da chuva ácida mudou no decorrer do tempo.

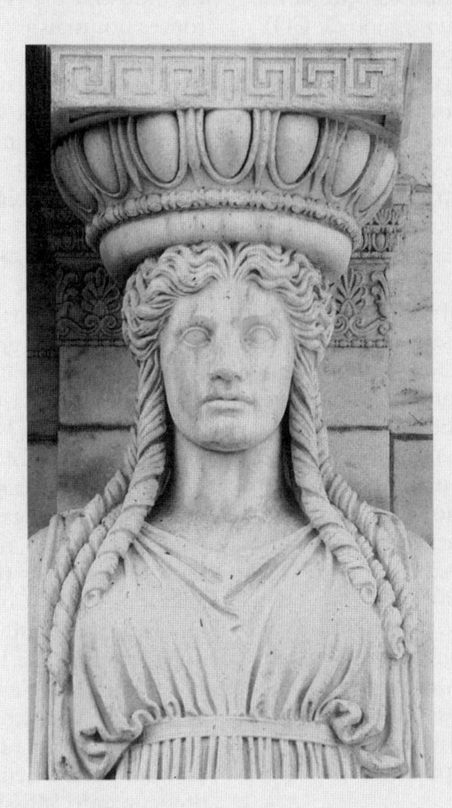

Figura 24.11 ■ Danos a uma estátua em Chicago, resultantes de uma deposição ácida (esquerda) e a mesma estátua após a restauração (direita).

Controle da Chuva Ácida

A causa da precipitação ácida é conhecida. É com a solução que se está lutando. Uma solução para a acidificação dos lagos é a reabilitação através da adição periódica de calcário, como tem sido feito no Estado de Nova York, na Suécia e em Ontário. Entretanto, isto não é satisfatório durante um período longo porque é caro e requer um esforço permanente. A solução para o problema da chuva ácida é assegurar que a produção de componentes formadores de ácido na atmosfera seja minimizada. A única solução de longo prazo envolve a diminuição das emissões de dióxido de enxofre e óxidos de nitrogênio. As emissões de dióxido de enxofre nos Estados Unidos foram reduzidas em 60% desde 1970. Esta é uma grande melhora que está reduzindo significativamente a chuva ácida.

Sulfeto de Hidrogênio

O sulfeto de hidrogênio (H_2S) é um gás corrosivo altamente tóxico identificado pelo seu odor de ovo podre. O sulfeto de hidrogênio é produzido por fontes naturais como gêiseres, pântanos e brejos, e também por fontes humanas como as instalações industriais que produzem petróleo ou que fundem metais. Os efeitos potenciais do sulfeto de hidrogênio incluem o prejuízo funcional para as plantas e problemas de saúde que variam da toxicidade até a morte de humanos e outros animais.[4]

Fluoreto de Hidrogênio

O fluoreto de hidrogênio (FH) é um poluente gasoso liberado por algumas atividades industriais como a produção de alumínio, gaseificação e queima de carvão nas termelétricas. O fluoreto de hidrogênio é extremamente tóxico. Mesmo uma pequena concentração (tão baixa quanto 1 ppb) de FH pode causar problemas para as plantas e animais. O FH é potencialmente perigoso para os animais de pastagem porque algumas plantas forrageiras podem se tornar tóxicas quando expostas a esse gás.[2]

Isocianato de Metila

Alguns produtos químicos são tão tóxicos que deve-se tomar muito cuidado para garantir que eles não sejam lançados no ambiente. Isto foi demonstrado em 3 de dezembro de 1984, quando um líquido tóxico de uma fábrica de pesticidas vazou, vaporizou-se e formou uma nuvem de gás mortal que se estabeleceu sobre uma área de 64 km² de Bhopal, Índia. O vazamento de gás durou menos de uma hora; contudo, mais de 2.000 pessoas foram mortas e mais de 15.000 ficaram feridas. O gás incolor que resultou do vazamento foi o isocianato de metila, que provoca irritação grave (queima ao contato) nos olhos, nariz, garganta e pulmões. Respirar o gás em concentrações de apenas algumas partes por milhão (ppm) causa tosse violenta, inchaço dos pulmões, sangramento e morte. Menos exposição pode provocar vários problemas, incluindo a perda de visão.

O isocianato de metila é ingrediente de um pesticida comum, conhecido nos Estados Unidos como Sevin, e também de dois outros inseticidas usados na Índia. Uma fábrica no oeste da Virgínia também fabrica o produto químico. Pequenos vazamentos que não levaram a grandes acidentes ocorreram nessa fábrica, antes e depois do acidente catastrófico em Bhopal.

Claramente, os produtos químicos que podem causar lesões catastróficas e morte não deveriam ser armazenados perto dos grandes centros populacionais. Além disso, as indústrias químicas precisam ter equipamentos confiáveis para a prevenção de acidentes e pessoal treinado para controlar e prevenir potenciais problemas.

Compostos Orgânicos Voláteis

Os compostos orgânicos voláteis (COVs) incluem vários compostos orgânicos usados como solventes nos processos industriais, tais como limpeza a seco, desengorduramento e artes gráficas. Os hidrocarbonetos – compostos que consistem em hidrogênio e carbono – formam um grupo de COVs. Existem milhares de compostos de hidrocarboneto, incluindo o gás natural ou metano (CH_4), o butano (C_4H_{10}) e o propano (C_3H_8). A análise do ar urbano identificou muitos hidrocarbonetos, alguns dos quais reagem com a luz solar produzindo o *smog* fotoquímico. São muitos os efeitos adversos potenciais dos hidrocarbonetos. Muitos são tóxicos para as plantas e animais e alguns podem ser convertidos em compostos perigosos através de alterações químicas complexas que ocorrem na atmosfera.

Em uma base global, apenas cerca de 15% das emissões de hidrocarbonetos (poluentes primários) são antropogênicas. Nos Estados Unidos, porém, quase a metade dos hidrocarbonetos que entra na atmosfera é emitida por fontes antropogênicas. A maior fonte humana de hidrocarbonetos nos Estados Unidos são os automóveis. As fontes antropogênicas são particularmente abundantes nas regiões urbanas. Entretanto, em algumas cidades do sudeste americano, como Atlanta na Geórgia, as emissões naturais provavelmente ultrapassam as dos automóveis e de outras fontes humanas.[3]

A emissão dos COVs de 1970 a 2007 são exibidas na Tabela 24.3. Como as emissões de dióxido de enxofre e óxido de nitrogênio, a emissão de COVs atingiu o pico nos anos 1970 e foram reduzidas para 50%. Conforme já foi observado, uma grande fonte de hidrocarbonetos (COV) é o automóvel. Portanto, os controles de emissão eficazes impostos pelo governo para os automóveis são responsáveis por 50% a menos de emissão.

Benzeno

O benzeno é um aditivo da gasolina e um importante solvente industrial. Geralmente, o benzeno é produzido quando materiais ricos em carbono, como o óleo e a gasolina, sofrem combustão incompleta. Ele também é um componente da fumaça do cigarro. As principais fontes ambientais de benzeno são os veículos de passeio e os utilitários (automóveis, caminhões, aviões, trens e maquinário agrícola).[14]

Acroleína

A acroleína, ou propenal, é um hidrocarboneto volátil extremamente irritante para o nariz, olhos e sistema respiratório em geral. É produzido a partir de processos industriais que envolvem a combustão de combustíveis derivados do petróleo e é um componente da fumaça do cigarro.[14]

24.5 Variabilidade da Poluição do Ar

Os problemas de poluição variam nas diferentes regiões do mundo. Há uma grande variação mesmo dentro dos Estados Unidos. Por exemplo, como será visto, na bacia de Los Angeles e em muitas cidades norte-americanas, os óxidos de nitrogênio e os hidrocarbonetos são particularmente problemáticos porque se combinam na presença da luz solar para formar o *smog* fotoquímico. A maior parte dos óxidos de nitrogênio e hidrocarbonetos é emitida pelos automóveis, que são uma coleção de fontes móveis. Em outras regiões dos Estados Unidos, como em Ohio e na região dos Grandes Lagos, os problemas de qualidade do ar também resultam das emissões de dióxido de enxofre e particulados da indústria e das termelétricas à base de carvão, que são fontes pontuais.

A poluição do ar também varia com a época do ano. Por exemplo, o *smog* normalmente é um problema majoritariamente nos meses de verão, quando há muita luz solar; os particulados são um problema nos meses secos, quando há uma maior probabilidade de incêndios florestais e durante os meses em que o vento sopra através do deserto.

Las Vegas: Particulados

A poluição por particulados é um problema nas regiões áridas onde há pouca vegetação e o vento pode captar e transportar facilmente a poeira fina. Por exemplo, a névoa marrom sobre Las Vegas, Nevada, deve-se principalmente à ocorrência natural de partículas (MP 10) do ambiente desértico. Las Vegas nos anos 1990 foi a área urbana dos Estados Unidos com o crescimento mais rápido. A população em Clark County, que inclui Las Vegas, cresceu de menos de 300.000 em 1970 para mais de 1,5 milhão em 2005. Las Vegas também tem um dos ares mais poluídos do sudoeste dos Estados Unidos (Figura 24.12). Como já mencionado, o problema principal são as quase 80.000 toneladas de partículas MP 10 lançadas no ar na região de Las Vegas. Cerca de 60% da poeira vem de novos canteiros de obras, estradas de terra e terras devolutas. O restante é poeira trazida pelo vento. Las Vegas também tem um problema de poluição com o monóxido de carbono emitido pelos veículos; porém, são os particulados que estão preocupando, possivelmente levando a sanções e restrições de crescimento no futuro por parte da Agência de Proteção Ambiental dos EUA.

Figura 24.12 ■ Nevoeiro em Las Vegas resultante da poluição por particulados (MP 10). As fontes de particulados incluem os canteiros de obras e as estradas de terra (60% do total de particulados), além das fontes naturais e outras fontes (40%).

Névoa Seca que Vem de Longe

As preocupações com a qualidade do ar não se restringem às áreas urbanas. Por exemplo, a Encosta Norte do Alasca é uma vasta faixa de terra com aproximadamente 200 km de largura considerada por muitas pessoas como uma das últimas áreas de natureza intocada que ainda restam no planeta. É lógico presumir que o ar nos ambientes árticos do Alasca seja primitivo em se tratando de qualidade, exceto talvez perto das áreas onde existe a vigorosa exploração de petróleo. No entanto, estudos em andamento sugerem que a Encosta Norte tem um problema de poluição do ar que se origina em fontes situadas na Europa Oriental e na Eurásia.

Suspeita-se que os poluentes da queima de combustíveis fósseis na Eurásia sejam transportados através da corrente de jato, deslocando-se a velocidades que podem passar dos 400 km/h, a nordeste da Eurásia e sobre o Polo Norte, e que acabam indo para a Encosta Norte do Alasca. Na Encosta Norte, a massa de ar perde velocidade, fica estagnada e produz o que se conhece como bruma seca (ou névoa seca) ártica. A concentração de poluentes do ar, que inclui óxidos de enxofre e nitrogênio, é suficientemente alta para que a qualidade do ar seja comparável com a de algumas cidades do leste dos Estados Unidos, como Boston. Os problemas de qualidade do ar em áreas remotas como o Alasca têm um significado à medida que se tenta compreender a poluição do ar em termos globais.[15]

Outro evento global ocorreu na primavera de 2001, quando uma bruma seca branca consistindo em poeira da Mongólia e poluentes particulados industriais chegou na América do Norte. A bruma seca afetou um quarto dos Estados Unidos e podia ser vista do Canadá ao México. Os particulados estavam suficientemente próximos ao solo para causarem problemas respiratórios nas pessoas. Nos Estados Unidos, os níveis de poluição apenas da bruma chegaram a dois terços dos limites federais de saúde. A bruma seca demostrou o que se acreditava antes – que a poluição da Ásia é transportada pelo vento através do oceano Pacífico.

24.6 Poluição do Ar Urbano

Onde muitas fontes emitem poluentes do ar sobre uma área ampla (sejam as emissões dos automóveis em Los Angeles ou dos fogões à lenha em Vermont), a poluição do ar pode se desenvolver. Se a poluição do ar vai ou não se desenvolver depende da topografia e das condições meteorológicas; são esses os fatores que determinam a taxa na qual os poluentes são transportados para longe de suas fontes e convertidos em compostos nocivos no ar. Quando a taxa de produção excede a taxa de degradação e transporte, podem se desenvolver condições perigosas, como ilustra o estudo de caso que abriu este capítulo.

Influências da Meteorologia e da Topografia

As condições meteorológicas podem determinar se a poluição do ar é um incômodo ou um grande problema de saúde. Os efeitos adversos básicos da poluição do ar são o dano às plantas verdes e o agravamento das doenças crônicas nas pessoas; a maioria desses efeitos se deve a concentrações relativamente baixas de poluentes por um longo período de tempo. Os períodos de poluição geralmente não causam diretamente uma grande quantidade de mortes. Entretanto, como nos casos de Londres e da Pensilvânia descritos anteriormente, podem se desenvolver eventos de poluição graves em um período de dias e levar a um maior número de doenças e mortes.

Na baixa atmosfera, a circulação restrita associada com as camadas de inversão pode levar a eventos de poluição. Uma **inversão térmica** na atmosfera ocorre quando o ar mais quente se encontra acima do ar mais frio, representando um problema particular quando há uma massa de ar estagnado. A Figura 24.13 mostra dois tipos de inversão térmica que podem contribuir para os problemas de poluição do ar. No diagrama superior, que é um tanto análogo à situação na área

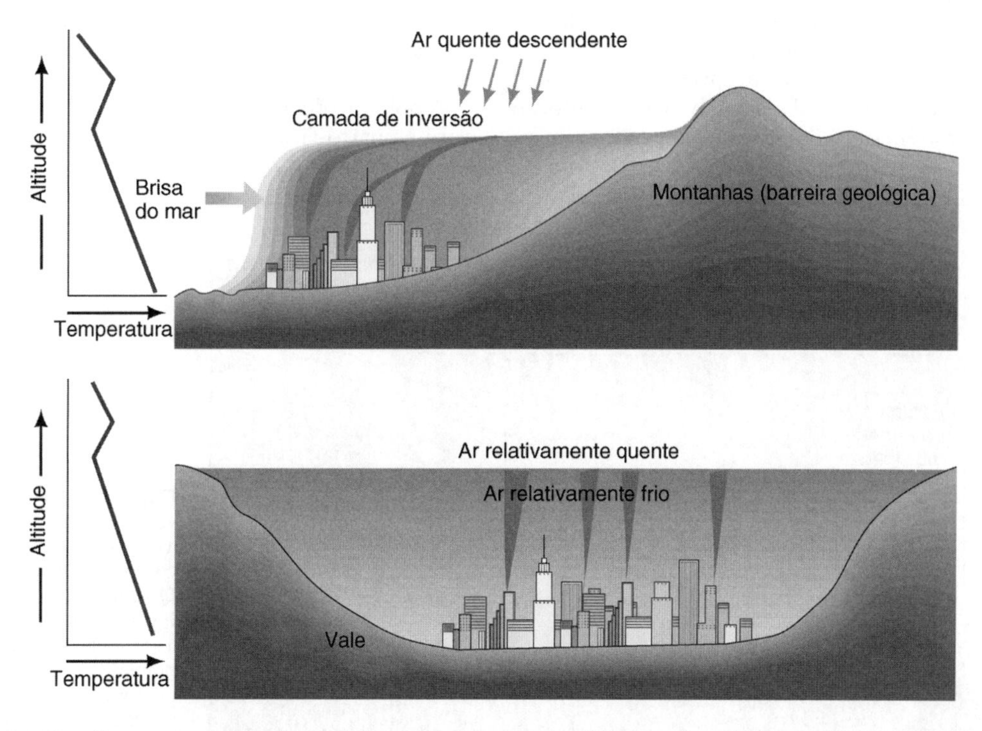

Figura 24.13 ■ Duas causas para o desenvolvimento da inversão térmica que pode agravar os problemas de poluição do ar.

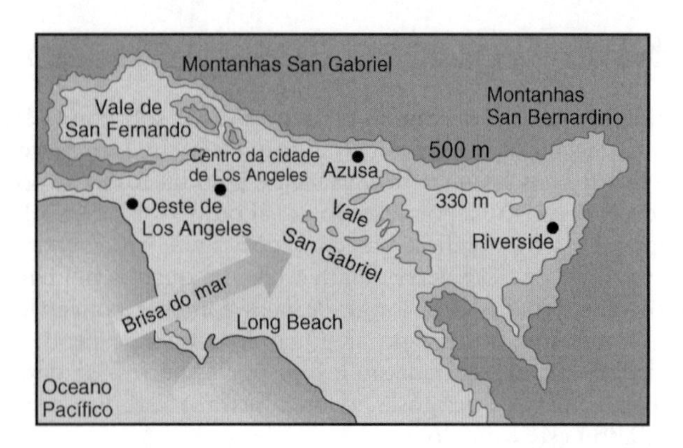

Figura 24.14 ■ Parte do sul da Califórnia mostrando a bacia de Los Angeles (bacia do ar da costa sul). (*Fonte:* Modificado de S. J. Williamson, *Fundamentals of Air Pollution*, © 1973, por Addison-Wesley, Reading, Mass.)

de Los Angeles, o ar quente descendente forma uma camada de inversão semipermanente. Como as montanhas agem como uma barreira para a poluição, o ar poluído que se desloca em resposta à brisa do mar e outros processos tende a ascender nos cânions, onde fica aprisionado. A poluição do ar que se desenvolve ocorre basicamente no verão e no outono.

A parte inferior da Figura 24.13 mostra um vale com o ar relativamente frio sobre o ar quente. Esse tipo de inversão pode ocorrer quando se desenvolve a cobertura de nuvens associada com uma massa de ar estagnado sobre uma área urbana. A radiação solar que chega é bloqueada pelas nuvens, que refletem e absorvem uma parte da energia solar e se aquecem. No solo, ou perto da superfície terrestre, o ar esfria. Se houver umidade no ar, então, como o ar esfria, o ponto de orvalho (temperatura na qual o vapor d'água condensa) é alcançado e pode se formar o nevoeiro. Como o ar está frio, as pessoas queimam mais combustíveis para aquecer suas residências e suas fábricas e, dessa forma, mais poluentes são lançados na atmosfera. Contanto que existam as condições estagnadas, os poluentes vão se acumular. Foi esse o mecanismo que causou o nevoeiro mortal de 1952 em Londres.

As cidades situadas em um vale ou bacia topográfica circundadas por montanhas são mais suscetíveis aos problemas de *smog* do que as cidades nas planícies abertas. O entorno montanhoso e a ocorrência das inversões e temperatura impedem os poluentes de serem transportados pelos ventos e sistemas meteorológicos. A produção de poluição do ar está particularmente bem documentada para Los Angeles, que possui montanhas circundando parte da área urbana e localiza-se em uma região onde o ar permanece, permitindo que os poluentes se acumulem (Figura 24.14).

Potencial para a Poluição do Ar Urbano

Foi visto que as condições topográficas e meteorológicas são importantes no desenvolvimento da poluição do ar. Mais especificamente, o potencial para a poluição do ar nas áreas urbanas é determinado pelos seguintes fatores:

1. A taxa de emissão de poluentes por unidade de área.
2. A distância a favor do vento que a massa de ar se desloca através de uma área urbana.
3. A velocidade média do vento.
4. A altura na qual os potenciais poluentes conseguem ser inteiramente misturados pelo ar naturalmente em movimento na baixa atmosfera (Figura 24.15).[16]

A concentração de poluentes no ar é diretamente proporcional aos dois primeiros fatores. Ou seja, caso a taxa de emissão ou a distância percorrida a favor do vento aumentem, também aumentará a concentração de poluentes no ar. Um bom exemplo é a bacia de Los Angeles (veja a Figura 24.16). Se houver um vento vindo do oceano, como geralmente acontece, as áreas costeiras como o oeste de Los Angeles terão muito menos poluição do ar do que as áreas internas como Riverside.

Supondo uma taxa de emissão constante de poluentes do ar, a massa de ar coletará mais e mais poluentes, na medida em que se deslocar pela área urbana. A camada de inversão age como uma tampa para os poluentes; entretanto, próximo a uma barreira geológica, tal como uma montanha, pode haver um efeito chaminé, no qual os poluentes se derramam por cima da montanha (veja as Figuras 24.13 e 24.14). Este efeito foi observado na bacia de Los Angeles, onde os poluentes podem subir vários milhares de metros, danificando os pinheiros das montanhas e outras vegetações, além de prejudicar o ar dos vales.

A poluição do ar na cidade diminui com o aumento do terceiro e quarto fatores, que são meteorológicos: a velocidade

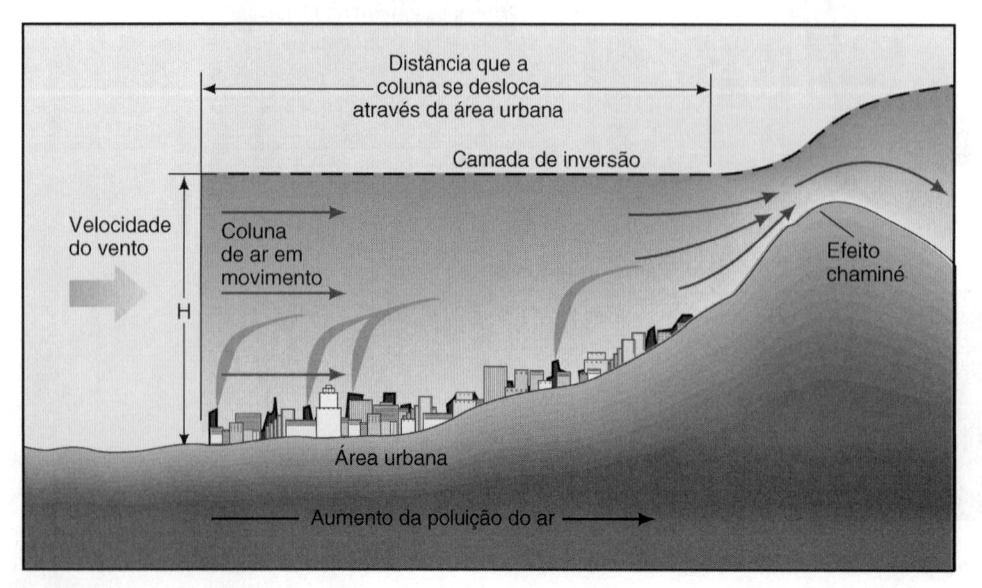

Figura 24.15 ■ Quanto maior a velocidade do vento e mais espessa a camada de mistura (exibida aqui como H), menos poluição do ar. Quanto maior a taxa de emissão e quanto maior a distância percorrida a sota-vento da cidade, maior a poluição do ar. O efeito chaminé permite que o ar poluído se desloque sobre uma montanha e para baixo em um vale adjacente.

(a)

(b)

Figura 24.16 ■ A cidade de Los Angeles, Califórnia, em um (*a*) dia limpo e (*b*) em um dia com *smog*.

do vento e a altura da mistura. Quanto mais forte o vento e mais alta a camada de mistura, menor a poluição.

Smog

O ***smog***, como mencionado antes, é um termo geral usado pela primeira vez em 1905 para uma mistura de fumaça (*smoke*) e neblina (*fog*) que produziu um ar urbano insalubre. É o termo mais reconhecido para a poluição do ar urbano. Existem dois tipos principais de *smog*: o ***smog* fotoquímico**, às vezes chamado de *smog* tipo L.A. (Los Angeles) ou ar marrom (Figura 24.16); e o ***smog* sulfuroso**, às vezes chamado de *smog* tipo Londres, ar cinza ou *smog* industrial.

A radiação solar é particularmente importante na formação do *smog* fotoquímico (Figura 24.17). As reações que ocorrem na formação do *smog* fotoquímico são complexas e envolvem tanto os óxidos de nitrogênio (NO_x) quanto os compostos orgânicos (hidrocarbonetos).

A formação do *smog* fotoquímico está relacionada diretamente com o uso de automóveis. A Figura 24.18 exibe um padrão característico em termos de como os óxidos de nitrogênio, os hidrocarbonetos e os oxidantes (na maior parte, ozônio) variam no decorrer de um típico dia de *smog* no sul da Califórnia. De manhã cedo, quando o tráfego suburbano começa a se acumular, as concentrações de óxido de nitrogênio (NO) e de hidrocarbonetos passam a aumentar. Ao mesmo tempo, a quantidade de dióxido de nitrogênio, NO_2, pode diminuir porque a luz solar o decompõe para produzir NO mais oxigênio atômico (NO + O). Depois, o oxigênio atômico (O) fica livre para se combinar com o oxigênio mole-

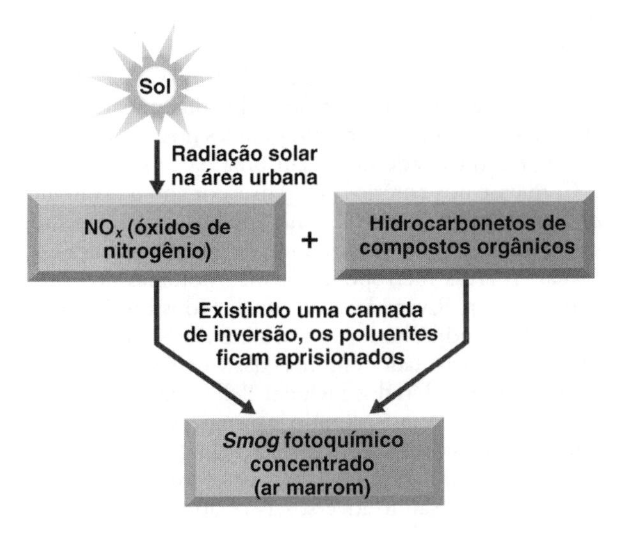

Figura 24.17 ■ Como é produzido o *smog* fotoquímico.

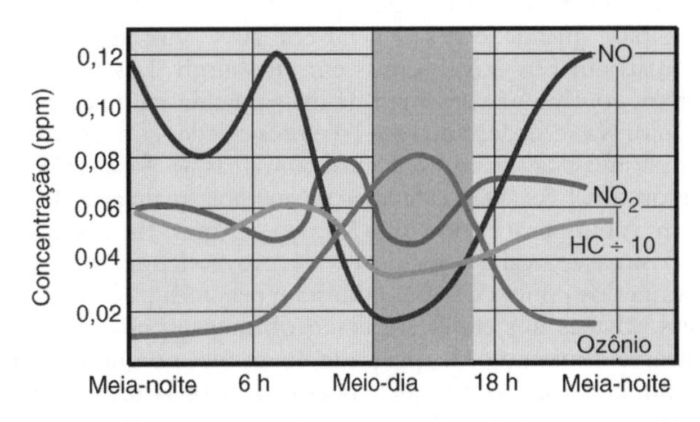

Figura 24.18 ■ Processo de formação do *smog* fotoquímico sobre a área de Los Angeles em um dia quente típico.

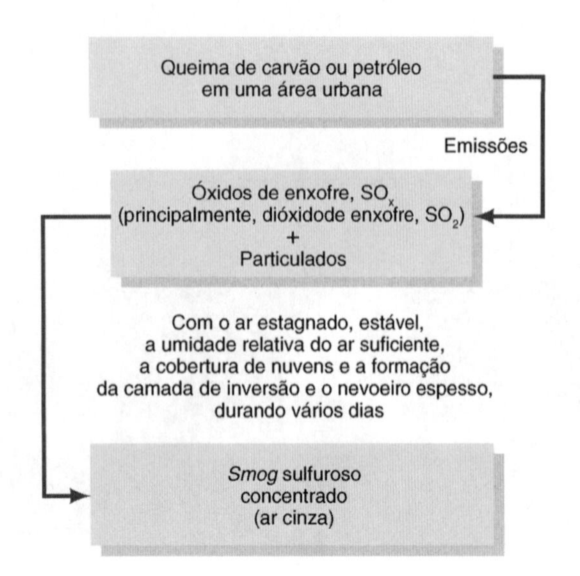

Figura 24.19 ■ Como o *smog* sulfuroso concentrado e a fumaça poderiam se desenvolver.

cular (O_2) e então formar o ozônio (O_3). Como resultado, a concentração de ozônio também aumenta após o nascer do sol. Logo em seguida, os hidrocarbonetos oxidados reagem com o NO aumentando a concentração de NO_2 no meio da manhã. Essa reação faz com que a concentração de NO diminua e permite que o ozônio se acumule, produzindo um pico de ozônio ao meio-dia e uma quantidade mínima de NO. Na medida em que o *smog* se forma, a visibilidade pode ficar bastante reduzida, já que a luz é dispersada pelos poluentes.

O *smog* sulfuroso é produzido basicamente pela queima de carvão ou petróleo nas grandes usinas de energia. Os óxidos de enxofre e os particulados se combinam sob determinadas condições meteorológicas, produzindo um *smog* sulfuroso concentrado (Figura 24.19).

Tendências Futuras para as Áreas Urbanas

O que o futuro reserva para as áreas urbanas no que diz respeito à poluição do ar? A visão otimista é que a qualidade do ar urbano continuará a melhorar, como tem acontecido nos últimos 35 anos, porque são bem conhecidas as fontes de poluição do ar e têm sido desenvolvidas maneiras eficazes de reduzi-la. A visão pessimista é que, apesar desse conhecimento, as pressões populacionais e a economia irão ditar o que acontece em muitas partes do mundo e o resultado será uma pior qualidade do ar (mais poluição do ar) em muitos locais.

A pior qualidade do ar geral em 2007, nos EUA, não era mais em Los Angeles, mas em Pittsburgh. Los Angeles, porém, continuou a ser a cidade mais poluída em relação ao ozônio. Na verdade, cinco das 10 piores cidades com poluição por ozônio estavam na Califórnia, com duas no Texas (Dallas e Houston). As duas cidades com melhor qualidade do ar foram Albuquerque, no Novo México, e Ames, em Iowa.[6]

A situação real no século XXI é provável que seja uma mistura dos pontos de vista otimista e pessimista. As grandes áreas urbanas nos países em desenvolvimento podem passar por uma diminuição da qualidade do ar, mesmo que tentem melhorar a situação, porque a população e os fatores econômicos provavelmente irão compensar a redução da poluição. As grandes áreas urbanas nos países desenvolvidos e mais ricas (particularmente, nos Estados Unidos) podem muito bem continuar a ter uma melhor qualidade do ar nos próximos anos (veja a Tabela 24.3).

Os Estados Unidos

Como um exemplo de tendências nos países desenvolvidos, considere a área urbana de Los Angeles. Esta região, que tem a pior qualidade do ar nos Estados Unidos, está lidando com o problema. As pessoas que estudam a poluição do ar na região de Los Angeles agora entendem que a redução da poluição exigirá esforços maciços muito diferentes das estratégias anteriores, que tinham uma abordagem limitada. Um plano controverso e multifacetado para a qualidade do ar, envolvendo toda a região urbana de Los Angeles, inclui os seguintes aspectos:[17]

- Estratégias para desestimular o uso de automóveis e diminuir a quantidade de carros.
- Controle de emissão mais rigorosa para os automóveis.
- Exigência de uma determinada quantidade de automóveis não poluentes (carros elétricos) e carros híbridos com célula de combustível e motores a gasolina.
- Exigência de que mais gasolina seja reformulada para que tenha uma queima mais limpa.
- Melhorias no transporte público e incentivo para as pessoas utilizarem-no.
- Obrigatoriedade do transporte solidário.
- Mais controle sobre as atividades industriais e domésticas que sabidamente contribuem para a poluição do ar.

No nível doméstico, por exemplo, materiais comuns como tintas e solventes serão reformulados de modo que a sua fumaça polua menos o ar. No fim, certos equipamentos, tais como cortadores de grama movidos a gasolina que contribuem para a poluição do ar, podem ser proibidos.

Há sinais encorajadores de melhoria na qualidade do ar do sul da Califórnia. Por exemplo, dos anos 1950 até hoje, o nível máximo de ozônio (considerado um dos melhores indicadores de poluição do ar) diminuiu. A diminuição ocorreu apesar do fato de que durante esse período a população quase triplicou e a quantidade de veículos motorizados quadruplicou.[18,6] Contudo, a exposição ao ozônio no sul da Califórnia continua sendo a pior do país. Mesmo se todos os controles supramencionados forem implementados nas áreas urbanas, a qualidade do ar continuará a ser um problema significativo nas próximas décadas, particularmente se a população urbana continuar a crescer.

É importante ressaltar a poluição do ar no sul da Califórnia, devido a sua qualidade do ar ser especialmente ruim. Entretanto, muitas cidades grandes e não tão grandes nos Estados Unidos têm uma má qualidade do ar em uma parte significativa do ano. Com base nos critérios de 30 dias por ano de ar insalubre resultante da poluição pelo ozônio, muitos milhões de norte-americanos vivem em cidades onde existe uma poluição do ar perigosa. As áreas metropolitanas mais poluídas nos Estados Unidos incluem Riverside, Califórnia; Houston, Texas; Baltimore, Maryland; Charlotte, Carolina do Norte; e Atlanta, Georgia. Por outro lado, algumas das cidades com o ar mais limpo nos Estados Unidos incluem Bellingham, Washington; Cedar Rapids, Iowa; Colorado Springs, Colorado; e Des Moines, Iowa.[6] Porém, com exceção do Noroeste Pacífico, nenhuma região dos Estados Unidos está livre de poluição do ar e dos efeitos de saúde adversos associados a ela.

Países em Desenvolvimento

Conforme anteriormente mencionado, as cidades nos países menos desenvolvidos com populações florescentes são particularmente suscetíveis hoje à poluição do ar e o serão no futuro (veja a Figura 24.7). Frequentemente elas não tem a base financeira necessária para combater a poluição do ar; estão mais preocupadas em encontrar maneiras de abrigar e alimentar suas populações cada vez maiores.

Um bom exemplo é a Cidade do México. Com uma população em torno de 25 milhões, a Cidade do México é uma das quatro maiores áreas urbanas do mundo. Carros, ônibus, indústrias e usinas na cidade emitem centenas de milhares de toneladas de poluentes na atmosfera a cada ano. A cidade se encontra a uma altitude de 2.255 m em uma bacia natural rodeada de montanhas, uma situação perfeita para um grave problema de poluição do ar. Está se tornando raro o dia em que se poderão ver as montanhas na Cidade do México, e os médicos relatam um aumento constante das doenças respiratórias. Dores de cabeça, olhos irritados e dores de garganta são comuns quando a poluição se instala. Os médicos aconselham os pais a levarem seus filhos para fora da cidade de maneira permanente. Não é preciso dizer às pessoas na Cidade do México que elas têm um problema de poluição do ar; é tudo bem evidente. No entanto, é difícil elaborar uma estratégia bem-sucedida para melhorar a qualidade do ar.

Uma grande fonte de poluentes na Cidade do México são os veículos motorizados. Existem 50.000 ônibus e táxis e vários milhões de automóveis na cidade. A maior parte é antiga e está em más condições de tráfego, lançando imensas quantidades de poluentes na atmosfera. Outra grande fonte de poluição do ar são os vazamentos de gás liquefeito de petróleo (GLP, um hidrocarboneto) usado nas casas para cozinhar e aquecer a água. O vazamento de GLP produz precursores atmosféricos para a formação do ozônio, um componente importante do *smog* fotoquímico urbano, e os vazamentos de GLP na Cidade do México podem ser responsáveis por uma parcela significativa da poluição da cidade pelo ozônio.[19]

Em uma tentativa de diminuir a poluição do ar na área urbana, funcionários públicos fecharam uma grande refinaria de petróleo. Durante quase 60 anos, a refinaria emitiu anualmente cerca de 90.000 toneladas de poluentes do ar na atmosfera. Milhares de outras instalações industriais foram intimadas a mudar de local. Embora essas medidas venham a ajudar a melhorar a qualidade do ar da área urbana, as instalações industriais não são a fonte principal dos poluentes. A poluição do ar continuará a ser um problema grave por muitos anos se a cidade não for capaz de controlar o crescimento populacional; o uso de ônibus, táxis e automóveis; e os vazamentos de gás liquefeito de petróleo. Na realidade, a Cidade do México pode acabar passando por um evento de poluição de proporções catastróficas.

Em resumo, as tendências futuras nos problemas do ar urbano a as soluções incluirão uma mistura de casos de sucesso e tragédias potenciais ou reais. O que é evidente é que a poluição do ar urbano é importante para as pessoas e estão sendo elaborados planos ambiciosos de controle da poluição do ar em muitas áreas urbanas. Se esses planos serão postos em prática dependerá de uma série de fatores: da economia global, regional e local (é caro diminuir a poluição do ar); do crescimento populacional (mais pessoas significa mais poluição do ar); da cooperação internacional (os poluentes do ar viajam através das fronteiras internacionais); e da prioridade dada à redução da poluição em relação a outras preocupações ambientais, como o saneamento e a água limpa. Com esses pensamentos em mente, volta-se para uma discussão de como reduzir a poluição do ar.

24.7 Controle da Poluição

Para ambas as fontes de poluentes do ar, fixas e móveis, as estratégias mais razoáveis para o controle têm sido diminuir, coletar, capturar ou reter os poluentes antes que entrem na atmosfera. Do ponto de vista ambiental, a diminuição das emissões através da eficiência energética e das medidas de conservação de energia (por exemplo, queimar menos combustível) é a estratégia preferida, com vantagens claras sobre as demais estratégias (veja os Capítulos 17–19). Aqui, discute-se o controle da poluição para alguns poluentes selecionados.

Controle da Poluição: Particulados

Os particulados emitidos por fontes fixas dispersíveis, pontuais ou difusas são muito mais fáceis de controlar do que os particulados muito pequenos de origem primária ou secundária lançados pelas fontes móveis, como os automóveis. Na medida em que aprende-se mais sobre esses particulados muito pequenos, terão que ser criados novos métodos para controlá-los.

Utiliza-se uma variedade de câmaras de sedimentação ou coletores para controlar as emissões dos particulados grosseiros das usinas e fábricas (fontes pontuais ou difusas) proporcionando um mecanismo que faz com que as partículas nos gases assentem em um local onde possam ser coletadas para o descarte em aterros. Nas últimas décadas, foram obtidos ganhos significativos no controle dos particulados, como a cinza das usinas e da indústria. As cidades no leste dos Estados Unidos, onde os prédios ficavam negros de fuligem e cinzas, agora são muito mais limpas. Os poluentes particulados não representam mais um sério risco para a saúde nessas cidades. Por outro lado, esse risco tem flagelado partes da Europa Oriental nos últimos anos.

Os particulados de fontes dispersíveis (como pilhas de resíduos) devem ser controlados no local para que o vento não os transporte para a atmosfera. Os métodos incluem a proteção das áreas abertas, o controle da poeira e a redução dos efeitos do vento. Por exemplo, as pilhas de resíduos podem ser cobertas com plástico ou outro material e as pilhas de terra podem receber vegetação para inibir a erosão do vento; a água ou uma combinação de água e produtos químicos pode ser aspergida para reter a poeira; estruturas ou vegetações podem ser posicionadas para diminuir a velocidade do vento perto do solo, com isso retardando a erosão das partículas pelo vento.

Controle da Poluição: Automóveis

O controle dos poluentes como o monóxido de carbono, os óxidos de nitrogênio e os hidrocarbonetos nas áreas urbanas é melhor alcançado por meio das medidas de controle da poluição dos automóveis. O controle desses materiais também irá limitar a formação de ozônio na baixa atmosfera, já que o ozônio se forma através de reações com os óxidos de nitrogênio e os hidrocarbonetos na presença de luz solar.

Os óxidos de nitrogênio dos escapamentos dos automóveis são controlados pela recirculação dos gases de escape, diluindo a mistura ar/combustível que está sendo queimada pelo motor. A diluição diminui a temperatura da combustão e a concentração de oxigênio na queima da mistura, resultando na produção de menos óxidos de nitrogênio. Infelizmente, o mesmo processo aumenta a emissão de hidrocarbonetos. Contudo, a recirculação dos gases de escape para reduzir as emissões de óxido de nitrogênio tem sido uma prática comum nos Estados Unidos por mais de 20 anos.[20]

O dispositivo mais comum para reduzir as emissões de monóxido de carbono e hidrocarbonetos dos automóveis é o conversor catalítico do sistema de escape. No conversor, o oxigênio do ar externo é introduzido e os gases da exaustão dos motores passam por um catalisador, tipicamente de platina ou paládio. Ocorrem duas reações químicas importantes: (1) o monóxido de carbono é convertido em dióxido de carbono; e (2) os hidrocarbonetos são convertidos em dióxido de carbono e água.

Na medida em que os regulamentos governamentais de controle das emissões ficaram mais fortes, ficou difícil satisfazer os novos padrões sem a ajuda dos motores controlados por computador. A injeção eletrônica controlada por computador começou a substituir os carburadores nos anos 1980 e resultou em menos consumo de combustível e menos emissões de escape.[20]

Tem-se argumentado que o plano de regulamentação das emissões dos automóveis nos Estados Unidos não tem sido eficiente na diminuição dos poluentes. Os poluentes podem ser relativamente poucos quando um carro é novo, mas muitas pessoas não cuidam bem o bastante de seus carros para assegurar que os dispositivos de controle das emissões continuem a funcionar. Algumas pessoas chegam a desconectar os dispositivos de controle do *smog*. Evidências sugerem que esses dispositivos tendem a ficar menos eficientes a cada ano após a compra.

Tem-se sugerido que as taxas de efluentes substituam os controles de emissão como método básico de regulamentação da poluição do ar por parte dos automóveis nos Estados Unidos.[21] Sob esse esquema, os veículos seriam testados todo ano em relação ao controle de emissões e as taxas seriam avaliadas com base nos resultados dos testes. As taxas proporcionariam um incentivo para a compra de automóveis que poluam menos e as inspeções anuais garantiriam que os dispositivos de controle da poluição recebam manutenção adequada. Embora haja uma polêmica considerável em relação às inspeções obrigatórias, tais inspeções são comuns em uma série de áreas e espera-se que elas aumentem na medida em que se torne essencial a diminuição da poluição do ar.

Outra abordagem para diminuir a poluição do ar urbano produzida pelos veículos envolve várias medidas voltadas para a redução da quantidade e do tipo dos veículos nas estradas. Alguns desses métodos foram mencionados anteriormente e estão sendo tentados ou discutidos em Los Angeles e outras áreas. Outras medidas incluem o desenvolvimento de combustíveis mais limpos para os automóveis através do uso de aditivos e da reformulação; a exigência de que os carros novos consumam menos combustíveis; e o estímulo ao uso de carros com motores elétricos e de carros híbridos, que têm tanto um motor elétrico quanto um motor de combustão interna.

Controle da Poluição: Dióxido de Enxofre

As emissões de dióxido de enxofre podem diminuir por meio de medidas de redução realizadas antes, durante ou depois da combustão. A tecnologia para limpar o carvão de modo que ele tenha uma queima mais limpa já se encontra disponível. Apesar de o custo de remoção do enxofre tornar o combustível mais caro, o gasto deve ser ponderado em relação às consequências de longo prazo da queima de carvão rico em enxofre.

Mudar do carvão com alto teor de enxofre para o carvão com baixo teor de enxofre parece uma solução óbvia para diminuir as emissões de dióxido de enxofre. Em algumas regiões essa mudança irá funcionar. Infelizmente, a maior parte do carvão com baixo teor de enxofre nos Estados Unidos está localizada no oeste do país, enquanto a maior parte do carvão é queimada no leste. Assim, o transporte é um problema e o uso do carvão com baixo teor de enxofre é uma solução apenas nos casos em que for economicamente viável.

Outra possibilidade é a limpeza do carvão com teor relativamente alto de enxofre lavando-o para remover o enxofre. Nesse processo, o carvão finamente moído é lavado com água. O sulfeto de ferro (mineral pirita) deposita-se devido à sua densidade relativamente alta. Embora o processo de lavagem seja eficaz na remoção do enxofre não orgânico dos minerais como a pirita (FeS_2), ele é ineficaz na remoção do enxofre orgânico ligado ao material carbonáceo. Portanto, a limpeza através da lavagem é limitada, além de ser cara.

Outra opção é a **gaseificação do carvão**, que converte carvão com teor de enxofre relativamente alto em um gás, visando a remoção do enxofre. O gás obtido do carvão é bem limpo e pode ser transportado com relativa facilidade, aumentando os estoques de gás natural. O gás sintético produzido a partir do carvão ainda é bem caro comparado ao gás de outras fontes, mas seu preço pode se tornar competitivo no futuro.

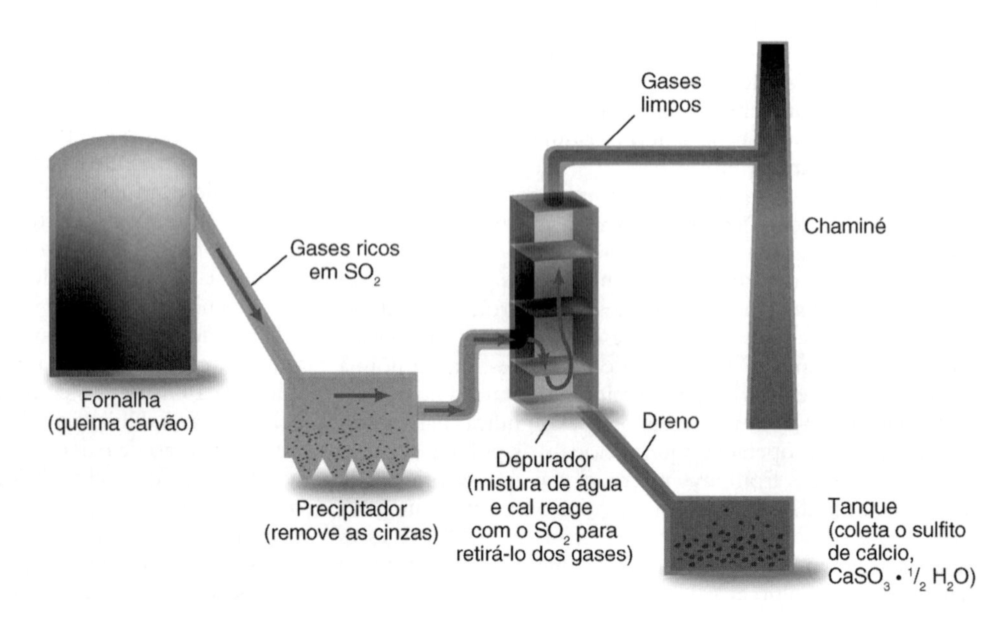

Figura 24.20 ■ Depurador utilizado para remover os óxidos de enxofre dos gases emitidos por chaminés altas.

As emissões de óxido de enxofre das fontes fixas, como as termelétricas, podem ser reduzidas pela remoção dos óxidos dos gases na chaminé antes que cheguem à atmosfera. Talvez a tecnologia mais desenvolvida para a limpeza dos gases nas chaminés seja a dessulfurização dos gases de combustão ou **depuração** (Figura 24.20). A tecnologia para depurar o dióxido de enxofre e outros poluentes nas usinas foi desenvolvida nos anos 1970, nos Estados Unidos, em resposta à aprovação do Ato do Ar Limpo. Entretanto, a tecnologia não foi implementada inicialmente nos Estados Unidos porque os reguladores decidiram permitir que as usinas dispersassem os poluentes usando chaminés altas em vez de usarem a depuração para removê-los. Isso aumentou o problema regional de chuva ácida.

A depuração ocorre após a queima do carvão. Os gases ricos em SO_2 são tratados com uma mistura fraca (uma mistura aguada) de cal (óxido de cálcio, CaO) ou pedra calcária (carbonato de cálcio, $CaCO_3$). Os óxidos de enxofre reagem com o cálcio, formando o sulfeto de cálcio que é coletado e depois descartado, normalmente em um aterro.

Em 1980, uma empresa alemã comprou a tecnologia de depuração do carvão e aprimorou-a como parte dos esforços para diminuir a poluição do ar e a chuva ácida. Em vez de descartar a lama rica em sulfeto de cálcio formado durante o processo de depuração, a empresa a processa ainda mais para produzir materiais de construção (gesso, $CaSO_4 \cdot 2H_2O$) vendidos no mundo inteiro.

Uma abordagem inovadora para a remoção do enxofre foi adotada por uma grande usina à base de carvão perto de Mannheim, Alemanha. A fumaça da combustão é resfriada e depois tratada com amônia líquida (NH_3), que reage com o enxofre produzindo sulfato de amônia. Nesse processo, a fumaça contaminada com enxofre é resfriada, em um processo de troca de calor, levando-a a uma temperatura que permita a ocorrência da reação química entre essa fumaça rica em enxofre e a amônia. A fumaça resfriada e limpa que sai é aquecida pela fumaça suja, no mesmo tipo de processo de troca de calor, para forçá-la a sair pelo cano da chaminé. O calor residual das torres de resfriamento é usado para aquecer os prédios próximos e a usina vende sulfato de amônia, em uma forma granular sólida, para os agricultores usarem como fertilizante.

Assim, a Alemanha, em resposta às rígidas regulamentações de controle da poluição, diminuiu substancialmente suas emissões de dióxido de enxofre (como também de muitos outros poluentes) e impulsionou sua economia no processo.[22]

24.8 Legislação e Padrões de Poluição do Ar

Os eventos de *smog* letais em Donora, Pensilvânia, em 1948, e Londres, Inglaterra, em 1952, foram os impulsos para a legislação de controle da poluição do ar tanto na Inglaterra quanto nos Estados Unidos.

Emendas do Ato do Ar Limpo de 1990

As **Emendas do Ato do Ar Limpo de 1990** são regulamentações abrangentes, promulgadas pelo Congresso norte-americano, que abordam a chuva ácida, as emissões tóxicas, a destruição do ozônio e as emissões dos automóveis. Ao lidar com a deposição ácida (chuva ácida), as emendas estabelecem limites máximos admissíveis para as emissões de dióxido de enxofre das empresas de utilidade pública que queimam carvão. O objetivo da legislação – reduzir essas emissões em cerca de 50%, para 10 milhões de toneladas ao ano em 2000 – foi mais do que alcançado (veja a Tabela 24.3).

Um aspecto inovador da legislação é o de fornecer incentivos para as empresas de utilidade pública reduzir as emissões de dióxido de enxofre, fornecendo permissões comercializáveis que autorizam as empresas comprarem e venderem o direito de poluir.[23] A quantidade total de poluição permitida é dividida em um determinado número de permissões. As empresas de utilidade pública com usinas limpas, que não precisam das permissões, as vendem para aquelas que precisam. Os ambientalistas também podem comprar essas permissões para evitar que elas sejam compradas pelas empresas de utilidade pública, forçando-as a usar tecnologias melhores para a redução da poluição. A compra das permissões pelos ambientalistas, porém, não tem sido um fator importante. Na medida em que as permissões são compradas e vendidas, elas podem assumir um valor econômico e os poluidores começam a ver a poluição como uma maneira cara de fazer negócio.[23] Um retrocesso na legislação de poluição do ar foi a decisão, em 2003, do presidente da Agência de Proteção Ambiental, de permitir que as empresas de utilidade pública atualizassem seus sistemas sem instalar novos controles de poluição.

As emendas de 1990 também clamam pela redução das emissões de dióxidos de nitrogênio em aproximadamente 2 milhões de toneladas em relação ao nível de 1980; a redução real foi de 10 milhões de toneladas. Essa é uma história de sucesso de controle da poluição do ar!

A legislação objetiva a redução das toxinas lançadas na atmosfera em até 90%. As toxinas escolhidas são as que se acredita que tenham o maior potencial nocivo para a saúde humana, incluindo as que provocam câncer. A redução dependerá muito dos equipamentos de controle da poluição que serão exigidos dos grandes fabricantes e das pequenas empresas. Embora essa exigência indubitavelmente vá resultar em um aumento no custo de muitos bens e serviços, deve haver uma melhoria compensadora na saúde das pessoas.

As Emendas do Ar Limpo também lidam com a destruição do ozônio na estratosfera. A meta é acabar com a produção de clorofluorcarbonos (CFCs) e outros produtos químicos de cloro em etapas até 2030.

Como tem sido visto, a poluição do ar nas áreas urbanas está comumente associada com o escapamento dos automóveis. As estratégias esboçadas na legislação incluem controles de emissão mais rigorosos sobre os automóveis e a exigência de combustíveis de queima mais limpa. O objetivo é reduzir a ocorrência do *smog* urbano. Os impactos esperados da legislação incluem aumentos de preço nos combustíveis dos automóveis e no preço dos carros novos.

Padrões de Qualidade do Ar

Os **padrões de qualidade do ar** são importantes porque estão ligados aos padrões de emissão que tentam controlar a poluição do ar. Muitos países desenvolveram padrões de qualidade do ar, incluindo França, Japão, Israel, Itália, Canadá, Alemanha, Noruega e Estados Unidos. Os Padrões Nacionais de Qualidade do Ar Ambiente (NAAQS) para os Estados Unidos, definidos em conformidade com o Ato do Ar Limpo, são exibidos na Tabela 24.4. Foram estabelecidos padrões mais rígidos para o ozônio e o MP 2,5 nos últimos anos, a fim de reduzir os efeitos adversos na saúde das crianças e idosos, que são mais suscetíveis à poluição do ar. Os novos padrões estão salvando a vida de milhares de pessoas e melhorando a saúde de centenas de milhares de crianças.

Tabela 24.4 Padrões Nacionais de Qualidade do Ar Ambiente (NAAQS) dos Estados Unidos

Poluente	*Valor Padrão*[a]		*Tipo do padrão*
Monóxido de carbono (CO)			
Média de 8 horas	9 ppm	(10 mg/m^3)	Primário[c]
Média de 1 hora	35 ppm	(40 mg/m^3)	Primário
Dióxido de nitrogênio (NO_2)			
Média aritmética anual	0,053 ppm	(100 μg/m^3)	Primário e secundário[d]
Ozônio (O_3)			
Média de 8 horas	0,075 ppm	(147 μg/m^3)	Primário e secundário[d]
Chumbo (Pb)			
Média trimestral	1,5 μg/m^3		Primário e secundário[d]
Particulado (MP 10) *Partículas com diâmetro de 10 micrômetros ou menos*			
Média aritmética anual	50 μg/m^3		Primário e secundário[d]
Média de 24 horas	150 μg/m^3		Primário e secundário[d]
Particulado (MP 2,5)[b] *Partículas com diâmetro de 2,5 micrômetros ou menos*			
Média aritmética anual	15 μg/m^3		Primário e secundário[d]
Média de 24 horas	65 μg/m^3		Primário e secundário[d]
Dióxido de enxofre (SO_2)			
Média aritmética anual	0,03 ppm	(80 μg/m^3)	Primário
Média de 24 horas	0,14 ppm	(365 μg/m^3)	Primário
Média de 3 horas	0,50 ppm	(1300 μg/m^3)	Secundário

[a] O valor entre parênteses é uma concentração equivalente aproximada.
[b] O padrão de 8 horas do ozônio e os padrões de MP 2,5 estão incluídos apenas a título de informação. Uma decisão do tribunal federal de 1999 bloqueou a implementação desses padrões, os quais foram propostos pela EPA em 1997. A EPA pediu à Suprema Corte dos Estados Unidos para reconsiderar a decisão. (*Nota:* em março de 2001, a Corte decidiu em favor da EPA e espera-se que os novos padrões surtam efeito em alguns anos.)
[c] Os padrões primários estabelecem limites para proteger a saúde pública, incluindo a saúde das populações sensíveis, como os asmáticos, as crianças e os idosos.
[d] Os padrões secundários estabelecem limites para proteger o bem-estar público, incluindo a proteção contra a visibilidade reduzida e os danos aos animais, lavouras, vegetação e construções.
Fonte: Agência de Proteção Ambiental dos Estados Unidos.

Os novos padrões foram combatidos pelos líderes empresariais norte-americanos, que argumentaram que a sua implementação custariam centenas de bilhões de dólares e até um milhão de empregos. Em 1999, um tribunal federal bloqueou a implementação dos novos padrões e a EPA solicitou que o Supremo Tribunal americano julgasse o caso. No início de março de 2001, esta corte, em uma decisão unânime, confirmou os novos padrões mais rigorosos. Os juízes consideraram que a responsabilidade da EPA era a de considerar os benefícios para a saúde pública provenientes da redução da poluição – não os custos financeiros.

Implementar os novos padrões levará anos; terão que ser encontradas maneiras de aplicá-los e a EPA terá que defender os padrões tribunais inferiores. Todavia, espera-se que os novos padrões sejam implementados. A decisão do Supremo Tribunal é um divisor de águas na luta para diminuir a poluição do ar e seus conhecidos efeitos adversos sobre a saúde. Os padrões, de agora em diante, se basearão na melhoria da saúde humana em vez dos custos econômicos da sua implementação.

O padrão do ozônio (Tabela 24.4) foi revisado em 2008. Espera-se que o fortalecimento considerável do padrão resulte em benefícios para a saúde de mais de 15 bilhões de dólares por ano.

Índice de Qualidade do Ar

Nos Estados Unidos, o Índice de Qualidade do Ar (IQA) (Tabela 24.5) é usado para descrever a poluição do ar em um determinado dia. Por exemplo, a qualidade do ar nas áreas urbanas muitas vezes é divulgada como boa, moderada, insalubre para grupos sensíveis, insalubre, muito insalubre ou perigosa, correspondendo a um código de cores do Índice de Qualidade do Ar. O IQA é determinado a partir de medições das concentrações de cinco poluentes principais: material particulado, dióxido de enxofre, monóxido de carbono, ozônio e dióxido de nitrogênio. Um valor de IQA acima de 100 é insalubre. Na maioria das cidades norte-americanas, os valores do IQA variam entre 0 e 100. Os valores de IQA acima de 100 são registrados geralmente em uma determinada cidade algumas vezes por ano. Entretanto, algumas cidades com sérios problemas de poluição do ar podem ultrapassar o IQA de 100 muitas vezes ao ano. Em um ano típico, os valores de IQA acima de 200 (em todas as cidades norte-americanas) são raros e os valores acima de 300 são muito raros. A título de comparação, nas grandes cidades urbanas fora dos Estados Unidos com populações densas e muitas fontes de poluição sem controle, os IQAs acima de 200 são frequentes.

Durante um episódio de poluição, os níveis de ozônio são divulgados a cada hora, e um episódio de *smog* começa se for ultrapassado o Padrão Nacional de Qualidade do Ar Ambiente (NAAQS) básico. Essa medição corresponde ao ar insalubre com um IQA entre 100 e 300 (Tabela 24.5). Um alerta de poluição do ar é emitido se o IQA ultrapassar 200. Uma advertência de poluição perigosa do ar é emitida se o IQA for superior a 300, um ponto em que a qualidade do ar é arriscada para todas as pessoas. Se o IQA passar de 400, é declarada uma emergência de poluição do ar e as pessoas são requisitadas a permanecerem em locais fechados e a minimizarem o esforço físico. Pode ser proibida a condução de veículos e a indústria pode ser requisitada a diminuir as emissões ao mínimo durante o episódio. Durante os incêndios na

Tabela 24.5 **Índice de Qualidade do Ar (IQA) e Condições de Saúde**

Valores do Índice	*Classificação do Ar*	*Indicação Preventiva*	*Efeitos Adversos Gerais sobre a Saúde*	*Nível de Ação (IQA)*[a]
0–50	Bom	Nenhum	Nenhum	Nenhum
51–100	Moderado	Pessoas incomumente sensíveis devem considerar a limitação do esforço físico prolongado ao ar livre	Muito poucos sintomas[b] nas pessoas mais suscetíveis[c]	Nenhum
101–150	Insalubre para grupos sensíveis	Crianças e adultos ativos e pessoas com doença respiratória, como a asma, devem limitar o esforço físico prolongado ao ar livre	Agravamento brando dos sintomas nas pessoas suscetíveis, poucos sintomas nas pessoas saudáveis	Nenhum
151–199	Insalubre	Crianças e adultos ativos e pessoas com doença respiratória, como a asma, devem evitar o esforço físico prolongado ao ar livre; todas as outras pessoas, especialmente as crianças, devem limitar o esforço físico prolongado ao ar livre.	Agravamento brando dos sintomas nas pessoas suscetíveis, sintomas de irritação nas pessoas saudáveis	Nenhum
200–300	Muito insalubre	Crianças e adultos ativos e pessoas com doença respiratória, como a asma, devem evitar o esforço físico prolongado ao ar livre; todas as outras pessoas, especialmente as crianças, devem limitar o esforço físico prolongado ao ar livre.	Agravamento significativo dos sintomas nas pessoas suscetíveis, sintomas generalizados nas pessoas saudáveis	Alerta (200+)
Mais de 300	Perigoso	*Todas as pessoas* devem evitar o esforço físico ao ar livre.	300–400: Sintomas generalizados nas pessoas saudáveis 400–500: Início prematuro de algumas doenças Mais de 500: Morte prematura das pessoas doentes e idosas; as pessoas saudáveis têm sintomas que afetam as atividades normais	Advertência (300+) Emergência (400+)

[a] Desencadeia uma ação preventiva por parte dos agentes públicos estaduais ou locais.
[b] Os sintomas incluem irritação dos olhos, nariz e garganta; dor no peito, dificuldade para respirar.
[c] As pessoas suscetíveis são os jovens, idosos e doentes, além daquelas pessoas com doença pulmonar ou cardíaca.

IQA 51–100	Advertências de saúde para os indivíduos suscetíveis.
IQA 101–150	Advertências de saúde para todos.
IQA 151–200	Advertências de saúde para todos.
IQA 200+	Advertências de saúde para todos. Desencadeia um alerta; atividades que causam poluição podem ser restringidas.
IQA 300	Advertências de saúde para todos; desencadeia uma advertência de perigo; provavelmente exigirá que as usinas diminuam sua operações e que se utilize o transporte solidário nos automóveis.
IQA 400+	Advertências de saúde para todos; desencadeia uma emergência; cessação da maioria das atividades industriais e comerciais, incluindo as usinas; proibição de quase todo uso privado de veículos.

Fonte: Agência de Proteção Ambiental dos Estados Unidos.

Indonésia de 1997–1998 o IQA foi de 800, duas vezes mais alto do que o nível que sinaliza uma emergência.

24.9 Custo do Controle da Poluição do Ar

O custo do controle da poluição do ar varia tremendamente de acordo com a indústria. Por exemplo, considere os custos de controle incrementais (custos para remover uma unidade de poluição adicional) para as empresas de utilidade pública que queimam combustíveis fósseis e para uma fábrica de alumínio. O custo do controle incremental em uma empresa de utilidade pública que queima combustíveis fósseis é de algumas centenas de dólares por tonelada adicional de particulados removida. No caso da fábrica de alumínio, o custo para remover uma tonelada adicional de particulados pode chegar a vários milhares de dólares. Alguns economistas argumentariam que é inteligente aumentar os padrões para as empresas de utilidade pública e relaxar, ou pelo menos não aumentar, os padrões para as fábricas de alumínio. Esta prática levaria ao controle da poluição com mais eficiência de custos ao mesmo tempo em que manteria a boa qualidade do ar. No entanto, a distribuição geográfica de várias fábricas obviamente irá determinar as escolhas possíveis.[24]

Outra consideração econômica é que, na medida em que aumenta o grau de controle de um poluente, alcança-se um ponto em que o custo do controle incremental é muito alto em relação aos benefícios adicionais do maior controle. Devido a isso e a outros fatores econômicos, tem-se argumentado que as taxas de cumprimento ou taxas pela emissão de poluentes poderia fazer mais sentido econômico do que tentar avaliar os custos incertos e os benefícios associados com o cumprimento dos padrões. Outra abordagem é emitir títulos que permitam às empresas lançarem certa quantidade total de poluição em uma região. Esses títulos são comprados e vendidos no mercado aberto. Todas essas alternativas econômicas são polêmicas e podem ser censuradas pelas pessoas que acreditam que não se deveria permitir que os poluidores comprassem o direito de se omitir de fazer o que é socialmente responsável (isto é, não poluir a atmosfera que é de todos).

A análise econômica da poluição do ar não é simples. Há muitas variáveis, algumas delas difíceis de quantificar. Sabe-se o seguinte:

- Com o aumento dos controles da poluição do ar, aumenta-se o custo do capital para a tecnologia de controle da poluição do ar.
- Na medida em que os controles da poluição do ar aumentam, diminui-se a perda pelos danos causados pela poluição.
- O custo total da poluição do ar é o custo do controle da poluição mais os danos ambientais da poluição.

Apesar de o custo da tecnologia de redução da poluição ser razoavelmente bem conhecido, é difícil determinar adequadamente a perda provocada pelos danos da poluição, particularmente quando se considera os problemas de saúde e os danos à vegetação, incluindo as culturas de alimentos. Por exemplo, a exposição à poluição do ar pode causar ou agravar doenças respiratórias crônicas nos seres humanos, com um custo muito alto. Um estudo recente sobre os benefícios à saúde advindos da melhoria da qualidade do ar na bacia de Los Angeles estimou que o custo anual associado com a poluição do ar na bacia é de 1.600 vidas e cerca de 10 bilhões de dólares.[25] A poluição do ar também leva à perda de receita das pessoas que optam por não visitar áreas como Los Angeles e Cidade do México devido aos conhecidos problemas de poluição do ar.

Como são determinados os benefícios reais e totais e os custos de controlar ou reduzir a poluição do ar? Conforme tem sido visto, não há respostas fáceis para essa questão. Apesar da incapacidade para determinar todos os benefícios e os custos, parece valer a pena reduzir o nível de poluição do ar abaixo de algum determinado padrão. Assim, nos Estados Unidos, os Padrões Nacionais de Qualidade do Ar Ambiente foram desenvolvidos como um nível mínimo aceitável de qualidade do ar. Entretanto, como foi discutido, também é uma boa ideia considerar alternativas, como a de cobrar taxas ou impostos pelas emissões. Se tais encargos forem determinados cuidadosamente e as emissões forem monitoradas, os encargos devem proporcionar um incentivo para a instalação de medidas de controle. O resultado final seria a melhor qualidade do ar.[26,27]

Amparados pela discussão sobre os poluentes do ar mais tradicionais, agora será considerada a ligação entre a emissão de produtos químicos na baixa atmosfera e a destruição do ozônio na estratosfera. A história está se transformando em um sucesso ambiental no nível global.

24.10 Depleção do Ozônio

O ar respirado no nível do mar é composto por aproximadamente 21% de oxigênio diatômico (O_2), consistindo em dois átomos de oxigênio ligados um ao outro. O **ozônio** (O_3) é uma forma triatômica do oxigênio na qual três átomos de oxigênio estão ligados. O ozônio é um forte oxidante e reage quimicamente com muitos materiais na atmosfera. Na baixa atmosfera, o ozônio é um poluente produzido por reações fotoquímicas envolvendo a luz solar, os óxidos de nitrogênio, os hidrocarbonetos e o oxigênio diatômico.

A estrutura da atmosfera e as concentrações de ozônio são exibidas na Figura 24.21. As concentrações mais altas estão na estratosfera, variando aproximadamente de 15 km a 40 km de altitude. Cerca de 90% do ozônio na atmosfera encontra-se na estratosfera, onde as concentrações máximas giram em torno de 400 ppb. A altitude da concentração máxima varia de 30 km próximo à linha do Equador até cerca de 15 km nas regiões polares.[28]

Radiação Ultravioleta e Ozônio

A camada de ozônio na estratosfera muitas vezes é chamada de **escudo de ozônio** porque absorve a maior parte da radia-

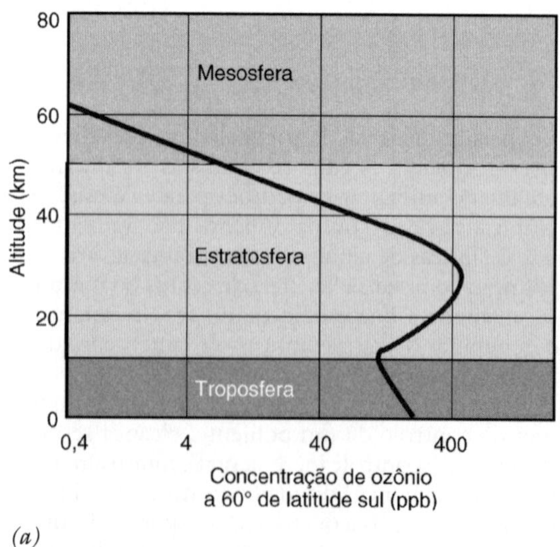

(*a*)

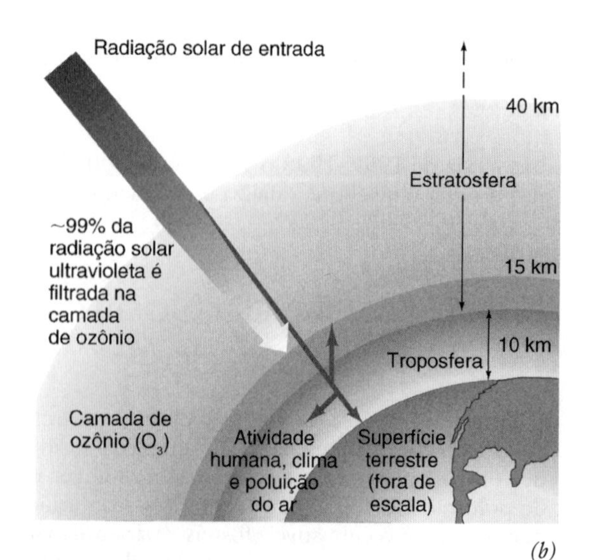

(*b*)

Figura 24.21 ■ (*a*) Estrutura da atmosfera e concentração de ozônio. (*b*) Redução da radiação ultravioleta, potencialmente mais nociva em termos biológicos, pelo ozônio na estratosfera. [*Fonte*: Concentrações de ozônio modificadas de R. T. Watson, "Atmospheric Ozone", em G. Titus, ed., *Effects of Change in Stratospheric Ozone and Global Climate*, vol. 1, *Overview*, p. 70 (Agência de Proteção Ambiental dos Estados Unidos).]

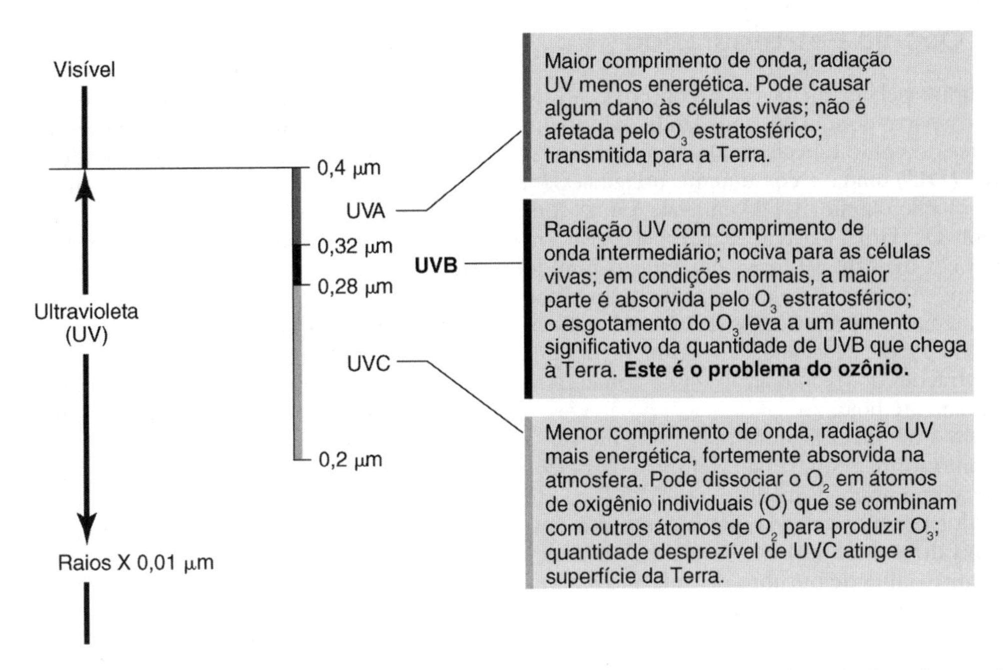

Figura 24.22 ■ Parte do espectro eletromagnético mostrando a radiação ultravioleta com comprimentos de onda entre 0,01 e 0,4 μm.

ção ultravioleta potencialmente perigosa que entra na atmosfera terrestre vinda do Sol. A Figura 24.22 mostra parte do espectro eletromagnético, discutido no Capítulo 23. A radiação ultravioleta consiste em comprimentos de onda entre 0,1 e 0,4 μm, sendo subdividida em ultravioleta A (UVA), ultravioleta B (UVB) e ultravioleta C (UVC). A radiação ultravioleta com um comprimento de onda de menos de 0,3 μm é potencialmente muito perigosa para a vida. Se grande parte dessa radiação alcançasse a superfície terrestre, danificaria ou mataria a maioria dos seres vivos.

O **ultravioleta C (UVC)** tem o menor comprimento de onda e é o mais energético de todos os tipos de radiação ultravioleta. Ele tem energia suficiente para decompor o oxigênio diatômico (O_2) na estratosfera em dois átomos de oxigênio. Cada um desses átomos de oxigênio pode se combinar com uma molécula de O_2 para criar o ozônio. O ultravioleta C é fortemente absorvido na estratosfera e quantidades desprezíveis atingem a superfície terrestre.[28,29]

A radiação **ultravioleta A (UVA)** tem o maior comprimento de onda e a menor quantidade de energia dos três tipos de radiação ultravioleta. A UVA pode causar algum dano às células vivas, não é afetada pelo ozônio estratosférico e é transmitida para a superfície da Terra.[28]

A radiação **ultravioleta B (UVB)** é energética e fortemente absorvida pelo ozônio estratosférico. O ozônio é o único gás conhecido que absorve a UVB. Consequentemente, a destruição do ozônio na estratosfera resulta em um aumento na quantidade de UVB que atinge a superfície da Terra. Como se sabe que a radiação UVB é perigosa para os seres vivos,[28,29] este aumento na quantidade de UVB é o perigo do qual se fala quando se discute o problema do ozônio.

Os processos que produzem ozônio na estratosfera estão ilustrados na Figura 24.23. O primeiro processo, ou etapa, na produção do ozônio ocorre quando a intensa radiação ultravioleta (UVC) quebra uma molécula de oxigênio (O_2) através do processo de fotodissociação em dois átomos de oxigênio. Então, esses átomos reagem com duas outras moléculas de oxigênio para formar duas moléculas de ozônio. O ozônio,

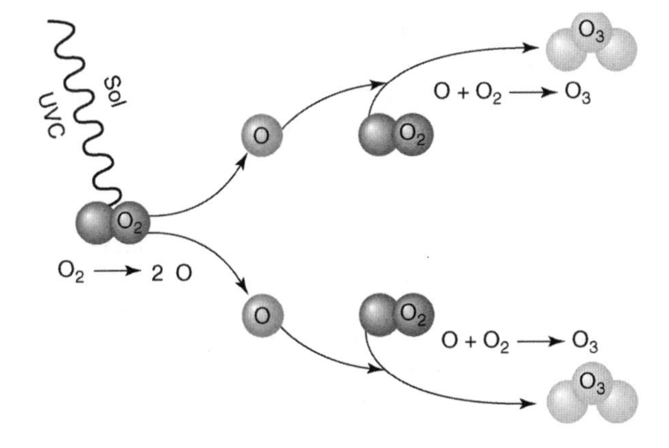

Figura 24.23 ■ Produção de ozônio (O_3) na estratosfera. A fotodissociação da molécula de oxigênio (O_2) resulta em dois átomos de oxigênio. Cada um deles se combina com uma molécula de oxigênio para formar o ozônio (O_3). (*Fonte:* Modificado de NASA-GSFC, "Stratospheric Ozone", acessado em 22 de agosto de 2000 em http://see.gsfc.nasa.gov.)

uma vez produzido, pode absorver a radiação UVC que quebra a molécula de ozônio em uma molécula de oxigênio e um átomo de oxigênio. Depois disso, ocorre a recombinação do átomo de oxigênio com outra molécula de oxigênio para formar novamente a molécula de ozônio. Como parte desse processo, a radiação UVC é convertida em energia térmica na estratosfera.[30] As condições naturais que predominam na estratosfera resultam em um equilíbrio dinâmico entre a criação e a destruição do ozônio.

Em resumo, cerca de 99% de toda a radiação solar ultravioleta (toda a UVC e a maior parte da UVB) é absorvida ou filtrada na camada de ozônio. A absorção da radiação ultravioleta pelo ozônio é uma função de serviço natural da camada de ozônio e protege os seres vivos dos efeitos potencialmente perigosos da radiação ultravioleta.

Medição do Ozônio Estratosférico

Os cientistas mediram pela primeira vez a concentração do ozônio atmosférico a partir do solo nos anos 1920, usando um instrumento conhecido como espectrofotômetro Dobson. A **unidade Dobson (DU)** ainda é comumente utilizada para medir a concentração de ozônio; 1 DU equivale a uma concentração de 1 ppb O_3. Hoje, existem registros das concentrações de ozônio em mais de 30 locais em todo o mundo por cerca de 30 anos. A maior parte das estações de medição está nas latitudes médias e a precisão dos dados varia com os diferentes níveis de controle de qualidade.[28] As medições por satélite das concentrações do ozônio atmosférico começaram em 1970 e continuam até hoje.

As medições em solo identificaram pela primeira vez a destruição do ozônio sobre a Antártida. Membros da *British Antarctic Survey* começaram a medi-lo em 1957 e, em 1985, publicaram os primeiros dados que sugeriram a destruição significativa do ozônio sobre a Antártida. Os dados são coletados durante o mês de outubro de cada ano – a primavera Antártica – e mostram que a concentração de ozônio girou em torno de 300 DU desde 1957 até cerca de 1970, e depois caiu para cerca de 200 DU em 1983. Após este período, diminuiu vertiginosamente para próximo a 150 DU em 1986. Desde então, a variabilidade da concentração mínima de ozônio tem sido considerável, com uma alta em torno de 175 DU em 1989 e uma baixa em torno de 90 DU em 1995. Em 2003, o valor era de cerca de 140 DU, mas caiu novamente para cerca de 100 DU em 2005. Apesar das variações, a direção da mudança, com pequenas exceções, é clara: as concentrações do ozônio na estratosfera durante a primavera Antártica têm diminuído desde meados dos anos 1970.[31-34]

As medições por satélite do ozônio registradas antes de 1985 também tinham indicado uma redução significativa na concentração do ozônio; contudo, os valores eram tão baixos que não se acreditou neles. Após o anúncio da diminuição do ozônio sobre a Antártida em 1985, as medições por satélite foram reavaliadas e descobriu-se que elas confirmavam as observações relatadas pela *British Antarctic Survey*. Essa depleção do ozônio tinha duplicado o *buraco na camada de ozônio*. No entanto, não existe realmente um buraco na camada de ozônio por onde todo ele é esgotado; em vez disso, o termo descreve uma redução relativa na concentração de ozônio que ocorre durante a primavera Antártica.

24.11 Depleção do Ozônio e os CFCs

A hipótese de que o ozônio na estratosfera está sendo destruído pela presença dos **clorofluorcarbonos (CFCs)** foi sugerida pela primeira vez, em 1974, por Mario Molina e F. Sherwood Rowland.[35] Esta hipótese, baseada em sua maioria nas propriedades físicas e químicas dos CFCs e no conhecimento sobre condições atmosféricas, foi imediatamente controversa. A ideia recebeu uma grande quantidade de exposição tanto nos jornais quanto na televisão e foi vigorosamente debatida pelos cientistas, empresas fabricantes de CFCs e outras partes interessadas.

O público ficou preocupado porque os produtos de uso diário, como creme de barbear, *spray* de cabelo, desodorantes, tintas e inseticidas, eram embalados em latas de *spray* que transportavam CFCs como propulsores, e os condicionadores de ar e os refrigeradores usavam CFCs como fluido de trabalho no resfriamento. A ideia de que esses produtos poderiam ser responsáveis por ameaçar sua saúde e o bem-estar do ambiente capturou a imaginação do povo norte-americano, do qual muitas pessoas reagiram escrevendo para os senadores e deputados e tomando decisões pessoais de comprar menos produtos que contivessem CFCs.[36]

Os principais aspectos da hipótese de Molina e Rowland são:

- Os CFCs emitidos na baixa atmosfera pela atividade humana são extremamente estáveis. Eles são não reativos na baixa atmosfera e, portanto, têm um tempo de permanência muito longo (cerca de 100 anos). Outra forma de colocar isso é dizer que não se conhece quaisquer destinos troposféricos significativos para os CFCs. Uma possível exceção é o solo, que evidentemente remove uma quantidade desconhecida de CFCs da atmosfera na superfície terrestre.[37]
- Como os CFCs têm um longo tempo de permanência na baixa atmosfera e como a baixa atmosfera é muito fluida, com mistura abundante, os CFCs acabam (pelo processo de dispersão) vagando para cima e entrando na estratosfera. Uma vez que tenham alcançado altitudes acima da zona mais estratosférica, eles podem ser destruídos pela radiação ultravioleta solar altamente energética. Este processo libera cloro, um átomo altamente reativo.
- O cloro reativo liberado pode entrar em reações que destroem o ozônio na estratosfera.
- O resultado da redução do ozônio é um aumento na quantidade de radiação UVB que atinge a superfície da Terra. O ultravioleta B provoca câncer de pele e acredita-se também que seja nocivo ao sistema imunológico do homem.

Emissões e Usos de Produtos Químicos Destruidores do Ozônio

As emissões de produtos químicos que se acredita que destruam o ozônio atmosférico atingiram aproximadamente 1,5 milhão de toneladas em 1989, com os CFCs contribuindo com aproximadamente 60% das emissões totais. A vida útil atmosférica aproximada do CFC-12 gira em torno de 140 anos; como resultado, ele estará presente na atmosfera por muitos anos.

Os CFCs têm sido usados como propelentes dos aerossóis em latas de *spray*, como um gás de trabalho na refrigeração e no condicionamento de ar e no processo de produção da Styrofoam.* Vários solventes de limpeza, como o tetracloreto de carbono e o metilclorofórmio, contêm cloro e, portanto, destroem o ozônio, como o halon,** que contém bromo (outro produto químico como o cloro) e que é usado em extintores de incêndio.[28,36]

Uma das primeiras restrições em relação aos CFCs incluiu o seu uso como gás propelente para latas de *spray*. Esta prática foi banida no final dos anos 1970 em uma série de países, estabelecendo uma tendência que continuou, resultando no fato de que os CFCs como propelentes de aerossóis não são mais um problema.[28] Por outro lado, o uso de CFCs como gás refrigerante aumentou drasticamente nos últimos anos, especialmente nos países em desenvolvimento, como a China.

* Espuma de poliestireno usada no isolamento de residências. (N.T.)
** Agente extintor de compostos químicos formados por elementos halogênios (flúor, cloro, bromo e iodo). (N.T.)

Química Simplificada do Cloro Estratosférico

Os CFCs são considerados os responsáveis pela maior parte da destruição da camada de ozônio observada pelos cientistas. Vejamos mais detidamente como esse efeito acontece.

Anteriormente, observou-se que não há destinos troposféricos para os CFCs. Isto é, os processos que removem a maioria dos produtos químicos na baixa atmosfera – destruição pela luz solar, lavagem pela chuva e oxidação – não decompõem os CFCs porque eles são transparentes para a luz solar, são essencialmente insolúveis e não reativos na baixa atmosfera rica em oxigênio.[38] Na verdade, o fato de os CFCs serem não reativos na baixa atmosfera foi uma das razões para usá-los como propelentes.

Quando os CFCs vagueiam para a parte superior da estratosfera, porém, ocorrem as reações. A radiação ultravioleta altamente energética (UVC) divide o CFC, liberando cloro. Quando isso acontece, podem ocorrer as duas seguintes reações:[38]

$$(1)\ Cl + O_3 \rightarrow ClO + O_2$$

$$(2)\ ClO + O \rightarrow Cl + O_2$$

Essas duas equações definem um ciclo químico que pode destruir o ozônio (Figura 24.24). Na primeira reação, o cloro se combina com o ozônio para produzir monóxido de cloro, que, na segunda reação, se combina com o oxigênio monoatômico para produzir cloro novamente. O cloro pode entrar depois em outra reação com o ozônio e causar mais destruição dessa molécula. Esta série de reações é conhecida como *reação catalítica em cadeia*. Como o cloro não é removido, mas reaparece como um produto da segunda reação, o processo pode ser repetido indefinidamente. Estima-se que cada átomo de cloro possa destruir, aproximadamente, 100.000 moléculas de ozônio ao longo de um período de um ou dois anos, antes de o cloro finalmente ser removido da estratosfera por meio de outras reações químicas e da lavagem pela chuva.[38] A relevância dessas reações se evidencia quando percebe-se quantas toneladas de CFCs foram lançadas na atmosfera.

Deve-se notar que o que realmente acontece quimicamente na estratosfera é consideravelmente mais complexo do que as duas equações mostradas aqui. A atmosfera é essencialmente uma sopa química na qual ocorrem vários processos relacionados com os aerossóis e nuvens (alguns deles são abordados na discussão sobre o buraco na camada de ozônio). Todavia, essas equações mostram a reação em cadeia química básica que ocorre na estratosfera para destruir o ozônio.

A reação catalítica em cadeia aqui descrita pode ser interpretada através do armazenamento do cloro em outros compostos na estratosfera. Seguem duas possibilidades:

1. A luz ultravioleta quebra os CFCs, liberando cloro, o qual se combina com o ozônio para formar monóxido de cloro (ClO), como já descrito. Esta é a primeira reação discutida. O monóxido de cloro pode reagir com o dióxido de nitrogênio (NO_2) para formar um nitrato de cloro ($ClONO_2$). Se essa reação ocorrer, a destruição de ozônio será mínima. Entretanto, o nitrato de cloro é apenas um reservatório temporário para o cloro. O composto pode ser destruído e o cloro novamente liberado.

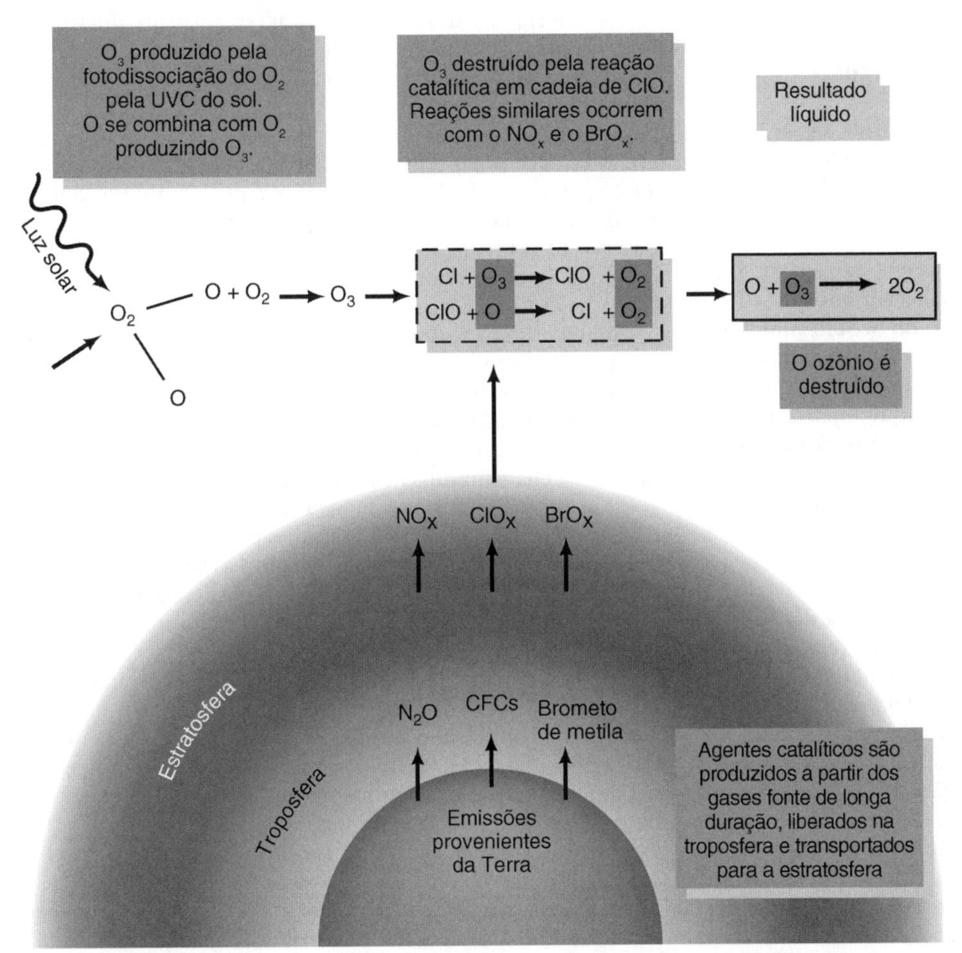

Figura 24.24 ■ Processos da formação natural do ozônio e destruição pelos CFCs, N_2O e brometo de metila. (*Fonte:* Modificado de NASA-GSFC, "Stratospheric Ozone", acessado em 22 de agosto de 2000 em http://see.gsfc.nasa.gov.)

2. O cloro liberado dos CFCs pode se combinar com o metano (CH_4) para formar o ácido clorídrico (HCl). Então, o ácido clorídrico pode se difundir descendentemente. Caso entre na troposfera, a chuva pode removê-lo, lavando também o cloro da reação em cadeia destruidora do ozônio. Este é o destino final da maioria dos átomos de cloro na estratosfera. No entanto, enquanto a molécula de ácido clorídrico está na estratosfera, ela pode ser destruída pela radiação solar, liberando o cloro para mais destruição do ozônio.

Estima-se que a reação em cadeia do cloro que destrói o ozônio possa ser interrompida até 200 vezes pelo processo que acabou de ser descrito, enquanto um átomo de cloro estiver na estratosfera.[28, 39]

Em parte como resultado das reações que destroem o ozônio, as concentrações dessa molécula diminuíram nas latitudes temperadas do norte e do sul. Embora o ozônio no equador tenha sido relativamente constante, ocorreu uma redução significativa na Antártida desde os anos 1970. A destruição maciça do ozônio identificada na Antártida constitui o buraco na camada de ozônio, que continua a ser uma fonte de preocupação.[28]

Ao discutir a distribuição global do ozônio, é importante lembrar que no Hemisfério Sul, sob condições naturais, a concentração mais alta de ozônio se encontra nas regiões polares (aproximadamente a 60° de latitude sul) e a mais baixa perto do equador. À primeira vista, isso pode parecer estranho porque o ozônio é produzido na estratosfera pela energia solar e a maior parte dessa energia se encontra perto do equador. Grande parte do ozônio mundial é produzida perto do equador, mas o ozônio na estratosfera se desloca em direção aos polos com os padrões globais de circulação do ar.[33]

O Buraco do Ozônio na Antártida

Depois que o buraco do ozônio na Antártida foi divulgado pela primeira vez em 1985, ele despertou o interesse de muitas pessoas em todo o mundo. Desde então, todo ano a destruição tem sido observada na Antártida no mês de outubro, que é a primavera local.

A espessura da camada de ozônio acima da Antártida durante a primavera tem diminuído desde meados dos anos 1970 e a área geográfica coberta pelo buraco do ozônio aumentou. O buraco do ozônio cresceu de mais ou menos um milhão de quilômetros quadrados, no final dos anos 1970 e início dos anos 1980, para cerca de 29 milhões de quilômetros quadrados em 1995, aproximadamente a área da América do Norte no ano 2000. Desde então ele se estabilizou, já que a concentração do ozônio interrompeu a sua queda vertiginosa.[40]

Nuvens Estratosféricas Polares

A concentração mínima do ozônio na Antártida desde 1980 variou de 50 a 70%, aproximadamente, em relação à concentração nos anos 1970 (300 DU). Acredita-se que a destruição mais branda em alguns anos esteja relacionada com menos nuvens estratosféricas polares sobre a Antártida. Por outro lado, nos anos em que a destruição do ozônio foi maior, as regiões com maior depleção de ozônio foram as da baixa estratosfera, a uma altitude de 14 a 24 km, onde existem nuvens estratosféricas polares. Qual é a importância dessas nuvens?

As **nuvens polares estratosféricas** têm sido observadas pelo menos nos últimos 100 anos em altitudes de aproximadamente 20 km acima das regiões polares. As nuvens têm cerca de 10 a 100 km de comprimento e vários quilômetros de espessura.[39] Elas têm uma beleza etérea e um brilho iridescente, com uma cor que faz lembrar a madrepérola (Figura 24.25).[39]

Figura 24.25 ■ Nuvens estratosféricas polares em 12 de fevereiro de 1989, fotografadas de um avião a uma altitude de aproximadamente 12 km na região polar ao norte de Stavanger, Noruega. O nevoeiro vermelho e as finas camadas laranja e marrom a baixas altitudes são nuvens do Tipo I. A coloração vermelha se deve provavelmente à dispersão de partículas de ácido nítrico. As nuvens brancas mais altas são nuvens estratosféricas polares do Tipo II, que consistem principalmente em moléculas de água congeladas.

As nuvens polares estratosféricas se formam durante o inverno polar (chamado de noite polar devido à falta de luz solar, que resulta de uma inclinação do eixo da Terra). Durante o inverno polar, a massa de ar Antártica fica isolada do resto da atmosfera e circula em volta do polo no que se conhece como **vórtice polar** Antártico. O vórtice, que gira no sentido anti-horário devido à rotação da Terra no Hemisfério Sul, se forma na medida em que a massa de ar resfria, condensa e desce.[32] O resfriamento ocorre porque a massa de ar isolada continua a perder calor através da radiação e não recebe mais calor devido à falta de luz solar.

As nuvens são formadas no vórtice quando a massa de ar chega a uma temperatura entre −78° a −83°C. Nessas temperaturas muito baixas, pequenas partículas de ácido sulfúrico (com aproximadamente 0,1 μm) são congeladas e servem como partículas sementes para o ácido nítrico (HNO_3). Essas nuvens se chamam nuvens estratosféricas polares do Tipo I.

Se as temperaturas caírem para menos de −83°C, o vapor d'água condensa em volta de algumas partículas de nuvem do Tipo I anteriormente formadas, criando as nuvens estratosféricas polares do Tipo II, que contêm partículas maiores. As nuvens estratosféricas polares do Tipo II têm uma cor madrepérola visível nas áreas polares.

Durante a formação das nuvens estratosféricas polares, quase todos os óxidos de nitrogênio na massa de ar são mantidos nas nuvens como ácido nítrico. As partículas de ácido nítrico crescem o bastante para caírem pela sedimentação gravitacional da estratosfera. Este fenômeno traz o resultado importante de deixar muito pouco óxido de nitrogênio na atmosfera nas vizinhanças das nuvens.[28,32,39] Esse processo facilita as reações e destruição do ozônio, que podem acabar diminuindo o ozônio estratosférico no vórtice polar em até 2% por dia no início da primavera, quando a luz solar volta à região polar.

A Figura 24.26*a* exibe um diagrama idealizado do vórtice polar que se forma sobre a Antártida. As reações que destroem o ozônio e que ocorrem dentro do vórtice são ilustradas pela Figura 24.26*b*. Como mostra a figura, no escuro inverno Antártico, quase todos os óxidos de nitrogênio disponíveis ficam presos nas extremidades das partículas nas nuvens estratosféricas polares ou se sedimentam. O ácido clorídrico e o nitrato de cloro (os dois destinos importantes do cloro) agem nas partículas das nuvens estratosféricas polares para formar o cloro bimolecular (Cl_2) e o ácido nítrico através da seguinte reação:[41]

$$HCl + ClONO_2 \rightarrow Cl_2 + HNO_3$$

Na primavera, quando a luz solar volta e quebra o cloro (Cl_2), ocorrem as reações de destruição do ozônio discutidas anteriormente. Os óxidos de nitrogênio estão ausentes da estratosfera Antártica na primavera; assim, o cloro não pode ser sequestrado para formar o nitrato de cloro, um de seus destinos principais. Portanto, o cloro fica livre para destruir o ozônio. No início da primavera Antártica, essas reações e depleção do ozônio podem ser velozes, produzindo a redução de 70% no ozônio observada em 1995. A destruição do ozônio no vórtice Antártico cessa no final da primavera na medida em que o ambiente se aquece e as nuvens estratosféricas polares desaparecem, liberando o nitrogênio de volta para a atmosfera, onde ele pode se combinar com o cloro e, com isso, ser removido das reações que destroem o ozônio. As concentrações de ozônio estratosférico aumentam na medida em que as massas de ar ricas em ozônio migram novamente para a região polar.

Um Buraco na Camada de Ozônio do Ártico?

Um vórtice polar também se forma sobre a área do Polo Norte, mas geralmente é mais fraco do que o vórtice polar Antártico e não dura tanto. Mesmo assim, ocorre a destruição do ozônio sobre o Polo Norte e especula-se que, se o vórtice persistir por um mês ou mais, as perdas de ozônio na massa de ar afetada podem chegar a 30–40%.

Uma grande preocupação em relação ao vórtice polar do norte é que, na medida em que se decompõe, ele envia massas de ar com deficiência de ozônio para o sul, onde podem ser levadas para cima de áreas povoadas da Europa e da América do Norte. Em janeiro de 1992, por exemplo, dados de satélite indicaram uma grande massa de ar contendo altos níveis de monóxido de cloro (ClO) estendendo-se da Grã-Bretanha para o leste, sobre a Europa.[42] (O ClO, às vezes, é chamado de "prova cabal" do problema do ozônio porque ele desempenha um papel importante na destruição dessa molécula – lembre-se da discussão anterior sobre as reações do ozônio.) Por outro lado, o vórtice polar Antártico tende a permanecer mais estacionário, apesar de em 1987 uma massa de ar desprovida de ozônio que se formou sobre a Antártida em outubro tenha sido levada para o norte, pairando sobe a Austrália e a Nova

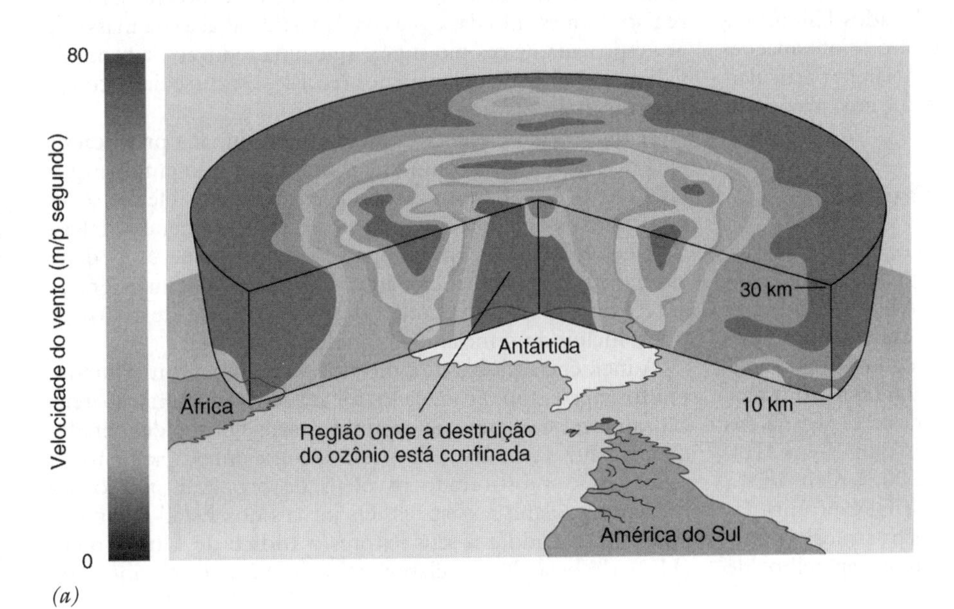

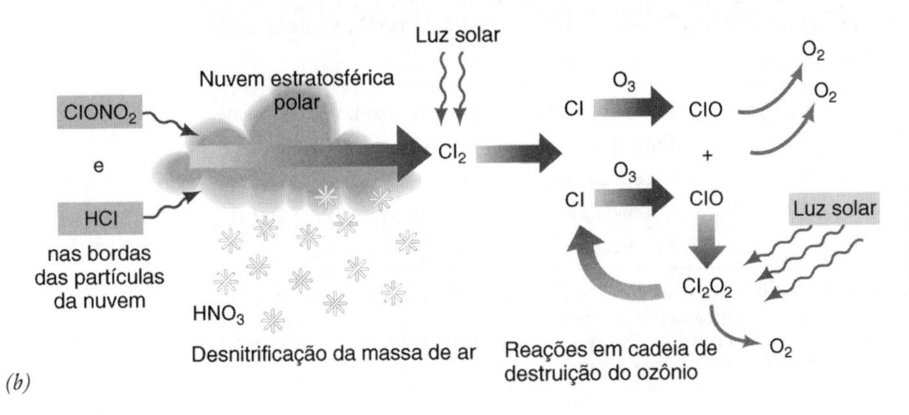

Figura 24.26 ■ (*a*) Diagrama idealizado do vórtice polar Antártico e (*b*) o papel das nuvens estratosféricas polares na reação em cadeia de destruição do ozônio. (*Fonte:* Baseado em O. B. Toon e R. P. Turco, "Polar Stratospheric Clouds and Ozone Depletion", *Scientific American*, 264, nº 6 [1991]: 68–74.)

Zelândia em dezembro e resultando em um recorde de concentrações baixas de ozônio estratosférico naquela região.[28]

Em resumo, embora não tão grave quanto o esgotamento do ozônio sobre a Antártica, a depleção do ozônio sobre o Ártico a cada inverno é problemático. Como o vórtice polar Ártico é relativamente fraco, o ar mais quente das latitudes médias normalmente é capaz de dissipar o vórtice antes que a destruição do ozônio se torne grave. Entretanto, em 1995, os níveis de ozônio chegaram a ficar 40% abaixo do normal. Os cientistas que estão estudando o buraco do ozônio especularam que o inverno Ártico anormalmente frio de 1995 disparou perdas recordes de ozônio, levando a um buraco na camada de ozônio similar ao que se forma sobre a Antártica.[43]

Destruição do Ozônio nos Trópicos e nas Latitudes Médias

Tem sido firmemente estabelecido que a depleção do ozônio nas regiões polares ocorre em consequência de reações que se processam em partículas nas nuvens estratosféricas polares. Também ocorrem partículas de gelo na estratosfera sobre os trópicos; e às vezes os aerossóis de ácido sulfúrico são abundantes na estratosfera devido à injeção de enxofre por parte das erupções vulcânicas. Essas partículas poderem provocar a destruição do ozônio é apenas uma hipótese; não há provas conclusivas.

No Polo Sul, o ozônio estratosférico foi significativamente destruído da década de 1970 até a década de 1990.[44] Evidências também sugerem uma destruição do ozônio muito menor nas latitudes médias, incluindo os Estados Unidos e a Europa. Apesar de ser conhecida a maioria das informações sobre a destruição do ozônio nas regiões polares (particularmente na Antártica), a destruição do ozônio é uma preocupação global, dos polos aos trópicos.

O Futuro da Destruição do Ozônio

Um aspecto preocupante da destruição do ozônio é que caso a fabricação, o uso e a emissão de todos os produtos químicos que esgotam o ozônio fossem interrompidos hoje, o problema não iria embora porque milhões de toneladas desses produtos químicos ainda estão na baixa atmosfera, seguindo seu caminho para a estratosfera. Vários CFCs têm vidas úteis atmosféricas de 75 a 140 anos. Portanto, espera-se que cerca de 35% das moléculas de CFC-12 na atmosfera ainda estejam lá em 2100 e aproximadamente 15% estarão lá em 2200.[28] Além disso, aproximadamente 10 a 15% das moléculas de CFC produzidas nos últimos anos ainda não foram admitidas na atmosfera porque permanecem presas em espumas isolantes, aparelhos de ar-condicionado e refrigeradores.[28] Mesmo assim, os indicadores sugerem que o crescimento nas concentrações de CFCs têm sido reduzidos e, em alguns casos, revertidos.

As concentrações de CFC-11 atingiram o pico por volta de 1992 e depois se nivelaram. O crescimento nas concentrações de CFC-12, que contribuem com quase 50% da destruição do ozônio, foi de aproximadamente 5% por ano de 1978 a 1995. Ele diminuiu para 0,5% ao ano em 1998.

Efeitos Ambientais

A destruição do ozônio tem vários potenciais efeitos ambientais graves, tais como o dano às cadeias alimentares do planeta, em terra e nos oceanos, além do dano à saúde humana, incluindo o aumento de todos os tipos de câncer e catarata, como também a supressão dos sistemas imunológicos.[45,46] Uma redução de 1% no ozônio pode acarretar um aumento de 1 a 2% na radiação UVB e um aumento de 2% na incidência de câncer de pele.[46]

Já há algum tempo tem havido especulações de que a destruição do ozônio poderia levar a uma redução da produtividade primária dos oceanos do mundo. Uma perda de produtividade do fitoplâncton (algas marinhas microscópicas e bactérias fotossintéticas que flutuam perto da superfície do oceano) teria um impacto negativo sobre vários outros organismos marinhos, porque o fitoplâncton está na base da cadeia alimentar. Como o ozônio sobre a região Antártica foi destruído em 70%, nos últimos anos, maior quantidade de radiação UVB está atingindo a superfície do oceano naquela região. Um estudo das águas da Antártida abaixo da massa de ar desprovida de ozônio sugere que uma redução da produtividade primária de pelos menos 6 a 12% está associada com a destruição do ozônio.[29]

A variedade de efeitos sobre a saúde humana provocados pela destruição do ozônio está sendo vigorosamente pesquisada e debatida. Há um acordo geral de que os efeitos serão negativos e resultarão no aumento de várias doenças, talvez a níveis epidêmicos em comparação com o que se poderia esperar. Como foi mencionado, um dos perigos mais graves antecipados é um aumento do câncer de pele de todos os tipos, incluindo o melanoma, quase sempre fatal.

A incidência global de câncer de pele aumentou. Durante muitos anos, um bronzeado foi considerado uma aparência saudável e as pessoas expunham seus corpos deliberadamente à luz solar. Hoje, as pessoas conscientes a respeito da saúde estão substituindo os óleos de bronzear por loções protetoras solares e chapéus. Os jornais nos Estados Unidos estão fornecendo aos seus leitores o **Índice de Ultravioleta (UV)** (Tabela 24.6), elaborado pelo Serviço Nacional de

Tabela 24.6 Índice de Ultravioleta (UV) para a Exposição Humana

Categoria de Exposição	*Índice de UV*	*Comentário*
Baixa	< 2	Filtro solar recomendado para todas as exposições
Moderada	3 a 5	Queimadura de sol pode ocorrer rapidamente
Alta	6 a 7	Potencialmente perigosa
Muito alta	8 a 10	Potencialmente muito perigosa
Extrema	11 +	Potencialmente muito perigosa

Nota: em exposição moderada à UV, a queimadura de sol pode ocorrer rapidamente; em exposição alta, as pessoas de pele clara podem se queimar em 10 minutos de exposição ou menos.
Fonte: modificado de Agência de Proteção Ambiental dos Estados Unidos 2004 (com o Serviço Nacional de Meteorologia). Acessado em 16 de junho de 2004 em www.epa.gov.

Meteorologia (NWS) e pela Agência de Proteção Ambiental (EPA). O índice prevê os níveis de intensidade do UV em uma escala de 1 a 11+ (veja o Detalhamento 24.2). Algumas agências de notícias também utilizam o índice para recomendar o nível de proteção solar. Especula-se que a incidência de câncer de pele provocada pela destruição do ozônio aumentará até 2060 e depois diminuirá na medida em que a camada de ozônio se recuperar em consequência dos controles sobre as emissões de CFCs.[44]

Os indivíduos podem reduzir o seu risco de sofrer de câncer e outros danos na pele a partir da exposição à radiação UV tomando as seguintes precauções simples:

- Limitar a exposição ao sol entre às 10 h e 16 h. Ou seja, evitar as horas de radiação solar intensa.
- Quando for possível, permanecer na sombra.
- Usar um protetor solar com um FPS pelo menos igual a 30. (Lembre-se de que a proteção da loção com qualquer FPS diminui com o tempo de exposição.)
- Usar um chapéu de abas largas e, sempre que possível, roupas compridas (por exemplo, algodão leve e folgado).
- Usar óculos com proteção UV.
- Evitar o bronzeamento artificial.
- Consultar o Índice de UV antes de sair (veja Tabela 24.6).

Se a sua sombra for maior do que você, como no final da tarde ou de manhã cedo, a exposição à radiação UV é relativamente baixa. Por outro lado, se a sua sombra não é tão longa quanto a sua altura, você está na parte do dia com a maior exposição à radiação UV. Tome as precauções aqui mencionadas. Segui-las pode lhe ajudar a manter a pele saudável, com menos rugas na velhice.

Além de prejudicar a pele, a radiação ultravioleta pode danificar os olhos, causando catarata, uma doença ocular na qual o cristalino se torna opaco e a visão fica prejudicada. Agora as pessoas estão escolhendo com mais frequência óculos que bloqueiem a radiação ultravioleta. Acredita-se que uma maior exposição à radiação ultravioleta também possa prejudicar ou diminuir a eficiência do sistema imunológico do homem.[45] Por sua vez, a diminuição da eficiência do sistema imunológico resultaria em quantidades maiores de várias doenças. Por fim, diversos poluentes ambientais no ar e na água poderiam ter efeitos sinérgicos, aumentando os potenciais riscos para a saúde devido à exposição à radiação ultravioleta.

Questões de Gestão

Uma questão-chave para a gestão da destruição do ozônio é se a depleção é natural ou induzida pelo homem. Se o esgotamento do ozônio estratosférico fosse um processo natural, então não se esperaria ver as reduções contínuas e drásticas desde meados da década de 1970, quando começou o impacto real da produção de CFCs. A produção mundial de CFCs aumentou significativamente de 1970 a 1994. As diminuições mais drásticas no ozônio da Antártida ocorreram desde 1980. Portanto, parece que o cloro dos CFCs é a "prova cabal" mencionada anteriormente. Apoiando esta hipótese, uma investigação determinou que a concentração do cloro estratosférico (que é responsável pela destruição do ozônio) é mais de cinco vezes a que se poderia esperar das emissões naturais dos oceanos ou de outros processos naturais. Os autores concluíram que, até prova em contrário, os CFCs são responsáveis pela destruição do ozônio na estratosfera.[48] Em seguida, volta-se para uma discussão sobre questões e estratégias de gestão para lidar com a destruição do ozônio induzida por CFC.

O Protocolo de Montreal

Uma realização diplomática de proporções monumentais foi concluída com a assinatura do Protocolo de Montreal em setembro de 1987; 27 nações assinaram o acordo originalmente e 119 outras nações assinaram depois. O protocolo esboçava um plano para a futura redução das emissões globais de CFCs para 50% das emissões de 1986. Originalmente, o protocolo clamava pela eliminação da produção de CFCs até 1999. Devido a evidências científicas de que a destruição do ozônio estratosférico estava ocorrendo mais rápido do que o previsto, o cronograma para a eliminação da produção de CFCs foi encurtado. Os países mais industrializados, incluindo os Estados Unidos, haviam parado a produção no final de 1995; o prazo imposto aos países em desenvolvimento era o final de 2005. A eliminação progressiva de todo o consumo de CFCs fazia parte do Protocolo de Montreal.

A avaliação dos efeitos do protocolo, juntamente com os efeitos de outros acordos e emendas feitos em Londres (1990) e Copenhague (1992), sugerem que as concentrações estratosféricas de substâncias destruidoras de ozônio (CFCs) voltarão aos níveis pré-1980 por volta de 2050. A taxa de crescimento das emissões de CFC já diminuiu. Mesmo assim, como já mencionado, devido aos longos tempos de permanência dos CFCs na atmosfera, espera-se que a destruição do ozônio por parte dos CFCs continue por muitos anos.[49,50] Esta é a má notícia. A boa notícia é que os níveis de ozônio na estratosfera irão diminuir lentamente nas próximas décadas.

Substitutos para os CFCs

O mais importante na busca pelos substitutos dos CFCs é encontrar os que sejam seguros e eficientes. Dois substitutos dos CFCs que estão sendo testados hoje são os **hidrofluorocarbonetos (HFCs)** e os **hidroclorofluorocarbonetos (HCFCs)**. Esses produtos químicos são controversos e mais caros do que os CFCs, mas têm vantagens.

A vantagem dos HFCs é que eles não contêm cloro, mas, em contrapartida, contêm flúor, e quando os átomos de flúor são lançados na estratosfera eles participam de reações similares às do cloro. Portanto, eles podem causar a destruição do ozônio. Porém, a destruição do ozônio não é considerada um problema significativo com o flúor porque ele é aproximadamente 1.000 vezes menos eficiente nessas reações.[28,51] Além disso, algumas misturas de HFCs não têm potencial de destruição do ozônio.

Os HCFCs contêm um átomo de hidrogênio no lugar de um átomo de cloro. Podem ser decompostos na baixa atmosfera, situação na qual eles não injetam cloro na estratosfera; entretanto, eles podem provocar a destruição do ozônio se alcançarem a estratosfera antes de serem decompostos. Apesar de a sua vida útil atmosférica ser muito mais curta do que a dos CFCs, quando os HCFCs são usados em quantidades bastante grandes eles provocam a destruição do ozônio.[28] Os HCFCs são, na melhor das hipóteses, um produto químico de transição a ser usado até que se disponibilize substitutos que não provoquem a destruição do ozônio. Os HCFCs terão seu uso gradualmente interrompido até 2030.

A diminuição ou eliminação do uso do CFC, através da substituição pelos HCFCs e HFCs, nos países em desenvolvimento, exigirá uma ajuda financeira maciça. Eles poderiam

DETALHAMENTO **24.2**

Alterações Sazonais no Índice de UV: Implicações para a Destruição do Ozônio Antártico

A ligação entre a concentração de ozônio na estratosfera e os níveis de radiação UV que atingem diferentes partes da superfície terrestre pode ser examinada pela determinação do Índice de UV nos diferentes locais e dias ao longo das estações do ano. Isto acontece porque o índice é uma medida do nível máximo de radiação UV solar em um determinado dia e local. A Figura 24.27 mostra as mudanças sazonais (de 1991 a 2001) no Índice de UV em três lugares: San Diego, Califórnia e Barrow, Alasca (ambos no Hemisfério Norte) e Palmer, Antártida (no Hemisfério Sul). San Diego, no sul da Califórnia, possui valores de índice mais altos em todas as quatro estações do que Barrow, Alasca, que é o que se poderia esperar da localização de San Diego mais próxima do equador. Poderia-se esperar que o índice, sob condições normais, fosse mais alto do que qualquer lugar da Antártida. Porém, repare que o Índice de UV na primavera de Palmer, Antártida, às vezes ultrapassa o de San Diego. Os índices mais altos sugerem níveis mais altos de radiação UV na superfície. A linha pontilhada para Palmer mostra o Índice de UV de 1978 a 1983, antes da ocorrência do buraco na camada de ozônio. Portanto, conclui-se que as diferenças de índice em Palmer (1978–1983 comparado com 1991–2001) se devem à destruição do ozônio na primavera Antártica e ao aumento do buraco do ozônio que foi observado, nesses dados, em 1991.[47]

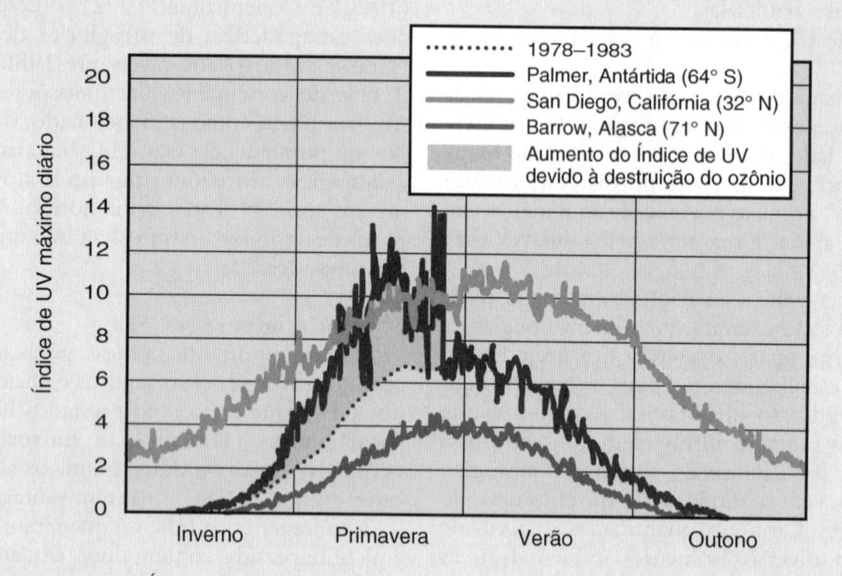

Figura 24.27 ■ Mudanças sazonais no Índice de UV de dois locais no Hemisfério Norte e um no Hemisfério Sul. Repare que geralmente San Diego tem valores de índice mais altos porque está mais perto do equador do que as outras duas cidades. Porém, durante a primavera Antártica, os valores às vezes são maiores do que os de San Diego. Isto se deve à destruição do ozônio sobre a Antártida. (*Fonte:* U.S. EPA, 2006.)

fazê-lo por conta própria se estivesse disponível uma alternativa barata e segura. Estão sendo feitas pesquisas para determinar quais produtos químicos podem ser alternativas satisfatórias.[52]

Adaptação em Curto Prazo à Destruição do Ozônio

Como se tem visto, há boas notícias na história da depleção do ozônio. As concentrações de CFCs na alta atmosfera, onde ocorre a quebra do ozônio, aparentemente chegaram ao pico. A destruição do ozônio estratosférico será uma história de recuperação gradual até meados do século XXI.[45] A recuperação acontecerá como resultado da restrição sobre a produção de produtos químicos que destroem o ozônio, especialmente os CFCs.

Em face da natureza do problema de diminuição do ozônio e das vidas úteis, atmosféricas dos produtos químicos que produzem essa redução, a grande adaptação em curto prazo por parte das pessoas será aprender a viver com níveis mais altos de exposição à radiação ultravioleta. No longo prazo, a conquista da sustentabilidade com relação ao ozônio estratosférico exigirá a gestão dos produtos químicos sintéticos que destroem o ozônio.

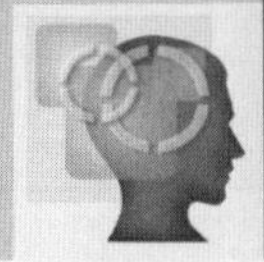

QUESTÕES PARA REFLEXÃO CRÍTICA

Produtos Químicos Sintéticos e o Buraco do Ozônio: Por que Houve Controvérsia?

Em 1993, os cientistas tinham acumulado provas suficientes para apoiar as previsões iniciais de que o ozônio estratosférico estava sendo destruído em cima da Antártida. Muitos deles atribuíram a culpa aos compostos de cloro orgânico (aqueles que contêm carbono e cloro) produzidos pelo homem, como os CFCs. Mas, o consenso entre a maioria dos cientistas nessa área não impediu uma tempestade de controvérsia sobre as descobertas. Os críticos incluíam meteorologistas, cientistas de outras áreas, cientistas amadores, jornalistas, apresentadores de programas de entrevista e autores de livros não técnicos sobre o ambiente. Os críticos cobraram que as fontes naturais de cloro, e não as geradas pelo homem, eram responsáveis pela destruição do ozônio e que as ameaças ambientais e de saúde da destruição do ozônio foram muito exageradas.

As acusações levantadas contra cientistas, funcionários da NASA e alguns industriais incluíam afirmações de que o alarme do ozônio foi uma farsa, uma fraude, um embuste ou uma conspiração. Foram enfatizadas as incertezas científicas, como as relativas às causas da destruição do ozônio no Hemisfério Norte e se a destruição estava permitindo que mais radiação ultravioleta atingisse a superfície da Terra.

Em seu discurso presidencial em 1993 para a Associação Americana para o Progresso da Ciência, F. Sherwood Rowland, principal arquiteto da hipótese de que o CFC destrói a camada de ozônio, citou a má comunicação entre os cientistas e os não cientistas como a causa da controvérsia. Seu colega, Mario Molina, afirmou que os argumentos apresentados pelos críticos sobre as causas naturais do esgotamento do ozônio haviam sido testadas; não foram encontrados resultados que apoiassem esses argumentos nos 20 anos desde a formulação da hipótese de que os CFCs eram os responsáveis pela destruição do ozônio.

Outros acharam que a controvérsia se alimentava da falta de compreensão da natureza da ciência, particularmente do desconforto com a incerteza, por parte dos não cientistas. Para apresentar essa ideia, o escritor de ficção científica Frederic Pohl citou o último Prêmio Nobel de Física Richard Feynman: "O conhecimento científico é um conjunto de declarações com graus variados de certeza – algumas mais inseguras, algumas quase seguras, mas nenhuma absolutamente segura."

Tabela 24.7 Principais Argumentos Relacionados com as Fontes de Destruição do Ozônio

As fontes naturais de cloro são tão grandes que os CFCs são insignificantes em comparação com elas.

1. Os CFCs são mais pesados do que o ar e não alcançariam a estratosfera em quantidades significativas.
2. Nenhuma medição comprovou a existência de CFCs na estratosfera.
3. Os vulcões, que produzem 20 vezes mais cloro do que os CFCs, provocaram o buraco no ozônio da Antártida. O monte Erebus, na Antártica, está em erupção desde 1973 e emite mais de 1.000 toneladas de cloro por dia.
4. A evaporação de cloreto de sódio dos oceanos é uma fonte de cloro estratosférico.
5. Os vulcões liberam cloreto de hidrogênio, que aumentou na estratosfera nos últimos 10 anos.
6. A queima libera cloreto de metila.

O homem está produzindo produtos químicos que destroem significativamente o ozônio na Antártida e possivelmente no Hemisfério Norte.

1. Dentro da atmosfera, grandes massas de ar estão se misturando constantemente.
2. Os CFCs são encontrados em amostras estratosféricas.
3. A atividade vulcânica tem se manifestado há muito tempo e as erupções recentes não têm sido incomuns. O monte Erebus não entra em erupção com força suficiente para lançar cloro na estratosfera em quantidades significativas. Além do mais, ele produz apenas 15.000 toneladas de cloro por ano.
4. O cloreto de sódio, diferentemente dos CFCs, é solúvel em água e lavado da atmosfera quando chove. Não se encontra sódio na baixa atmosfera.
5. Tanto o cloreto de hidrogênio quanto o fluoreto de hidrogênio, também solúveis em água, estão aumentando, o que seria previsto se os CFCs estivessem alcançando a estratosfera. Quase não há fontes naturais de fluoreto de hidrogênio e os aumentos dessa substância não seriam coerentes com uma fonte vulcânica de cloro. Os aerossóis de ácido sulfúrico dos vulcões que o ejetam na estratosfera promovem a destruição do ozônio.

Perguntas para Reflexão Crítica

1. A Tabela 24.7 resume os pontos principais do argumento sobre se a destruição do ozônio resulta basicamente dos produtos químicos naturais ou sintéticos. Avalie os argumentos da tabela da melhor forma que puder à luz do que você aprendeu sobre o ozônio neste capítulo. Identifique cada declaração como (a) uma hipótese, (b) uma inferência, (c) um fato confirmado pela observação ou experimento, (d) pseudociência ou (e) uma certeza absoluta. Se você achar que as informações estão incompletas, quais observações adicionais ou experimentos você sugeriria? Com base em sua análise, qual é a sua posição sobre a questão de se os produtos químicos naturais ou sintéticos estão destruindo a camada de ozônio?

2. Alguns críticos salientaram que a radiação ultravioleta aumenta em 50 vezes (5.000%) quando passamos do polo para o equador. O aumento esperado na radiação ultravioleta nas latitudes médias, dizem eles, é como se mudar de Nova York para a Filadélfia ou do nível do mar para uma altitude de 450 m. Como você reage a essas críticas?

3. Em fevereiro de 1992, cientistas da NASA relataram níveis de cloro excepcionalmente raros sobre o Hemisfério Norte e alertaram que isso poderia levar a uma perda de ozônio significativa sobre áreas muito povoadas. O Congresso dos EUA reagiu rapidamente promulgando uma legislação para acelerar a interrupção do uso de CFCs. Quando a perda de ozônio sobre o Hemisfério Norte foi muito menor do que os cientistas haviam esperado, eles foram atacados por algumas pessoas dizendo que eram excessivamente alarmistas e que usavam táticas de terror para obter mais financiamentos. Você acha que esses ataques foram justificáveis? Teria sido melhor que os cientistas apresentassem um cenário muito mais conservador?

4. F. Sherwood Rowland identificou duas fontes de desentendimento público a respeito de temas científicos: má comunicação sobre ciência e analfabetismo científico generalizado. Você concorda ou discorda de Rowland? Explique a sua posição. Se concordar, que soluções você sugere?

RESUMO

- Os poluentes do ar são agrupados em "poluentes-padrão" no Ato do Ar Limpo (ozônio, dióxido de enxofre, óxidos de nitrogênio, particulados, monóxido de carbono e chumbo) e poluentes tóxicos do ar que podem provocar problemas de saúde graves (por exemplo, benzeno, gás de cloro e fluoreto de hidrogênio).
- Os dois tipos principais de fontes de poluição são as fixas e as móveis. As fontes fixas têm uma posição relativamente fixa e incluem as fontes pontuais, fontes difusas e fontes dispersíveis.
- Existem dois grupos principais de poluentes do ar: primários e secundários. Os poluentes primários são aqueles lançados diretamente no ar: particulados, dióxido de enxofre, monóxido de carbono, óxidos de nitrogênio e hidrocarbonetos. Os poluentes secundários são aqueles produzidos através de reações entre os poluentes primários e outros compostos atmosféricos. Um bom exemplo de poluente secundário é o ozônio, que se forma sobre as áreas urbanas através de reações fotoquímicas entre os poluentes primários e os gases atmosféricos naturais.
- Os efeitos dos principais poluentes do ar são consideráveis. Eles incluem os efeitos sobre a qualidade visual do ambiente, vegetação, animais, solo, qualidade da água, estruturas naturais e artificiais e saúde humana.
- A queima de grandes quantidades de combustíveis fósseis resulta na emissão de óxidos de enxofre e nitrogênio na atmosfera, criando chuva ácida. As degradações ambientais associadas com a chuva ácida incluem a perda dos peixes e outros tipos de vida nos lagos, danos às árvores e outras plantas, lixiviação dos nutrientes dos solos e danos às estátuas de pedra e construções nas áreas urbanas.
- As condições meteorológicas afetam bastante o impacto do ar poluído em uma área urbana. Em particular, a circulação restrita na baixa atmosfera associada com as camadas de inversão térmica pode levar aos eventos de poluição.
- Existem dois tipos principais de *smog*: fotoquímico e sulfuroso. Cada tipo de *smog* traz seus próprios problemas ambientais que variam de acordo com a região geográfica, a época do ano e as condições urbanas locais.
- Do ponto de vista ambiental, o método preferido para diminuir a emissão de poluentes do ar produzidos a partir da queima de combustíveis fósseis é praticar a eficiência energética e a conservação de modo que quantidades menores de combustíveis fósseis sejam queimadas. Outra opção é aumentar o uso de fontes alternativas de energia, tais como a solar e a eólica, que não emitem poluentes do ar.
- Os métodos para controlar a poluição do ar são adaptados para fontes e tipos específicos de poluentes. Esses métodos variam de câmaras de sedimentação para os particulados a depuradores que usam cal para remover o enxofre antes de este entrar na atmosfera.
- As emissões de poluentes do ar nos Estados Unidos estão diminuindo. Nos países em desenvolvimento, a poluição do ar nos grandes centros urbanos quase sempre é um problema grave.
- A qualidade do ar nas áreas urbanas dos Estados Unidos comumente é divulgada em termos da qualidade ser considerada boa, moderada, insalubre para grupos sensíveis, insalubre, muito insalubre ou perigosa. Esses níveis são definidos em função do Índice de Qualidade do Ar (IQA).
- As relações entre o controle das emissões e o custo ambiental são complexas. O custo total mínimo é um compromisso entre o custo de capital para controlar os poluentes e as perdas ou danos resultantes da poluição.
- A concentração do ozônio atmosférico vem sendo medida por mais de 70 anos. As concentrações de ozônio na estratosfera diminuíram desde meados da década de 1970 até hoje.
- Em 1974, Mario Molina e F. Sherwood Rowland desenvolveram a hipótese de que o ozônio estratosférico poderia se esgotar como resultado das emissões de clorofluorcarbonos (CFCs) na baixa atmosfera. As características mais importantes dessa hipótese são: os CFCs são extremamente estáveis e possuem um tempo de permanência longo na atmosfera; no fim, os CFCs alcançam a estratosfera, onde podem ser destruídos pela radiação solar ultravioleta altamente energética, liberando cloro; o cloro pode entrar em uma reação catalítica em cadeia que destrói o ozônio na estratosfera. Um resultado ambiental relevante da destruição do ozônio é que mais radiação ultravioleta atinge a baixa atmosfera, onde pode danificar as células vivas.
- O buraco do ozônio antártico foi divulgado pela primeira vez em 1985, e desde então capturou a imaginação das pessoas em todo o mundo. Particularmente importante para a compreensão do buraco de ozônio são as reações complexas que ocorrem no vórtice polar e a formação das nuvens estratosféricas polares.
- Milhões de toneladas de produtos químicos com potencial para destruir o ozônio estratosférico estão agora na baixa atmosfera e seguindo seu caminho para a estratosfera. Em consequência, se toda a produção, uso e emissão desses produtos químicos fossem interrompidos hoje, o problema continuaria. A boa notícia é que as concentrações dos CFCs na atmosfera aparentemente chegaram ao pico e agora estão constantes ou em lento declínio.
- Os potenciais efeitos ambientais relacionados à depleção do ozônio incluem o dano à cadeia alimentar da Terra, tanto em solo quanto nos oceanos, e os efeitos sobre a saúde humana, incluindo aumento do câncer de pele, catarata e supressão do sistema imunológico.
- Muitas nações em todo o mundo concordaram com o Protocolo de Montreal, que reduzirá as emissões globais dos CFCs para 50% dos níveis de 1986. Os substitutos dos CFCs são mais caros do que os próprios CFCs. Portanto, parece que será necessária ajuda financeira para que as nações menos abastadas interrompam o uso de CFCs.
- Em face da vida útil dos produtos químicos que destroem o ozônio, as pessoas terão que continuar a viver com níveis mais altos de exposição à radiação ultravioleta ao longo das próximas décadas. A proibição dos produtos químicos que destroem o ozônio estratosférico é um passo na direção certa e acabará resultando na diminuição da depleção do ozônio.

REVISÃO DE TEMAS E PROBLEMAS

Espera-se que o crescimento da população humana continue a ter um efeito adverso relevante nos problemas de poluição do ar. Na medida em que a população humana aumenta, também aumenta o uso dos recursos, muitos deles relacionados com as emissões de poluentes do ar. Isto pode ser parcialmente compensado nos países desenvolvidos, onde as emissões *per capita* de poluentes do ar têm sido reduzidas nos últimos anos.

Sustentabilidade

Um objetivo importante de sustentabilidade é assegurar que as gerações futuras herdem um ambiente de qualidade com uma poluição mínima do ar. Como resultado, continua a ser um objetivo importante encontrar e desenvolver tecnologia que minimize a poluição do ar.

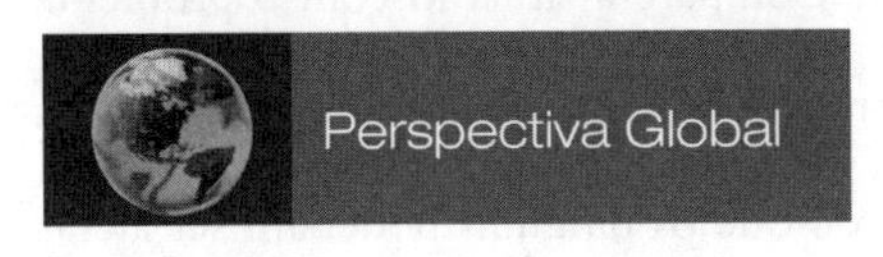

Os processos atmosféricos e a poluição da atmosfera ocorrem por sua própria natureza em escala regional e global. Os poluentes emitidos na atmosfera em um determinado local podem se juntar ao padrão de circulação global e espalhar poluentes por todo o mundo. Os poluentes do ar emitidos a partir de áreas urbanas ou agrícolas podem ser espalhados para áreas primitivas bem longe das atividades humanas. Portanto, é vital compreender os processos atmosféricos globais na busca por soluções para muitos problemas de poluição do ar, incluindo a chuva ácida.

As cidades e os corredores urbanos são locais de intensa atividade humana e muitas dessas atividades estão associadas com a emissão de poluentes do ar. Alguns dos efeitos adversos mais significativos da poluição do ar encontram-se nas áreas urbanas. Algumas cidades grandes têm problemas de poluição do ar tão graves que a saúde e as próprias vidas das pessoas estão sendo afetadas.

Frequentemente, pensa-se na natureza como algo puro e despoluído. Na realidade, porém, a natureza pode ser tóxica e poluída. Isto é especialmente verdadeiro no que diz respeito à poluição do ar – por exemplo, a maioria dos particulados e do monóxido de carbono como os que são provocados pelas erupções vulcânicas e incêndios florestais. Até mesmo os hidrocarbonetos possuem fontes locais como os escoamentos de petróleo, que em áreas como Goleta, Califórnia, emitem uma quantidade significativa de hidrocarbonetos que contribuem para a produção de *smog*.

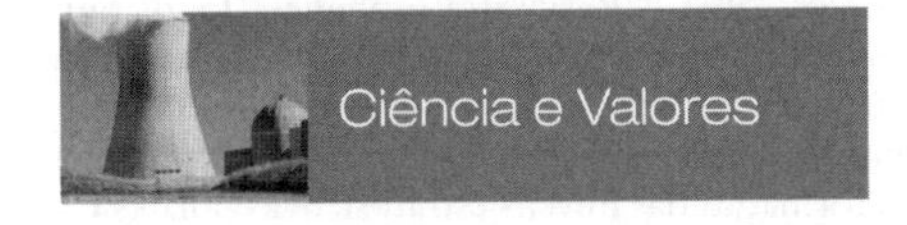

A ciência e tecnologia necessárias para reduzir a poluição do ar são bem conhecidas; o que se faz com essas ferramentas envolve um julgamento de valor. É evidente que as pessoas valorizam um ambiente de alta qualidade e o ar puro está no topo da lista. Os países desenvolvidos têm a obrigação de assumir um papel de liderança na descoberta de novas maneiras de utilizar os recursos, minimizando ao mesmo tempo a poluição do ar. É particularmente importante descobrir métodos e tecnologias que venham a permitir a diminuição da poluição do ar ao mesmo tempo em que se estimulam as economias. O que é considerado resíduo em uma parte do complexo industrial urbano pode ser utilizado como recurso em outra parte. Esta ideia está no cerne do que às vezes é chamado de ecologia industrial. A história de descoberta, compreensão e gestão dos produtos químicos que destroem o ozônio é um sucesso ambiental, refletindo o valor do ambiente.

TERMOS-CHAVE

chuva ácida
clorofluorcarbonos (CFCs)
depuração
Emendas do Ato do Ar Limpo de 1990
escudo de ozônio
escurecimento global
fontes fixas
fontes móveis
gaseificação do carvão
hidroclorofluorcarbonetos (HCFCs)
hidrofluorcarbonetos (HFCs)
Índice de ultravioleta (UV)
inversão térmica
nuvens estratosféricas polares
ozônio
padrões de qualidade do ar
partículas ultrafinas
poluentes-padrão
poluentes primários
poluentes secundários
poluentes tóxicos do ar
smog
smog fotoquímico
smog sulfuroso
ultravioleta A (UVA)
ultravioleta B (UVB)
ultravioleta C (UVC)
unidade Dobson (DU)
vórtice polar

QUESTÕES PARA ESTUDO

1. Compare e contraste o evento de neblina que ocorreu em Londres em 1952 com os problemas de *smog* na bacia de Los Angeles.
2. Por que temos problemas de poluição do ar quando a quantidade de poluição emitida no ar é uma pequena fração do total de materiais na atmosfera?
3. Qual é a diferença entre fontes pontuais e não pontuais de poluição do ar? Que tipo é mais fácil de gerir?
4. Quais são as diferenças entre poluentes primários e secundários?
5. Examine cuidadosamente a Figura 24.16, que mostra uma coluna de ar se deslocando por uma área urbana, e a Figura 24.19, que exibe as concentrações relativas dos poluentes que se desenvolvem em um dia quente típico em Los Angeles. Quais ligações entre as informações nessas duas figuras poderiam ser importantes para tentar identificar e aprender mais sobre a potencial poluição do ar em uma área?
6. Por que a deposição ácida é um grande problema ambiental e como pode ser minimizada?
7. Por que as estratégias de diminuição da poluição do ar nos países desenvolvidos provavelmente serão muito diferentes em termos de métodos, processos e resultados das estratégias de diminuição da poluição do ar nos países em desenvolvimento?
8. Por que é tão difícil estabelecer padrões nacionais de qualidade do ar?
9. Em uma sociedade altamente tecnológica, é possível ter um ar 100% limpo? Isto é viável ou provável?
10. Quão bons são os padrões de qualidade do ar usados pelos Estados Unidos? Como a sua utilidade poderia ser avaliada? Você acha que os padrões irão mudar no futuro? Se a resposta for sim, quais são as prováveis mudanças?
11. O que são poluentes tóxicos do ar e como eles são classificados?
12. Quais são as tendências nas emissões dos poluentes-padrão no Ato do Ar Limpo?
13. Você acha que sempre houve uma lacuna entre as compreensão das pessoas a respeito do problema do ozônio e a sua tomada de atitude para encontrar uma solução para o problema? Compare a situação com o problema do aquecimento global.
14. Dado que a produtividade primária é reduzida na Antártida pela destruição do ozônio, como você poderia testar a hipótese de que os pinguins poderiam ser afetados adversamente?
15. Suponha que no ano que vem toda a nossa compreensão sobre a destruição do ozônio seja modificada pela descoberta de que as concentrações de ozônio estratosférico têm ciclos naturais e que as concentrações mais baixas nos últimos anos resultaram de processos naturais em vez de induzidos pelo homem. Como você colocaria todas as informações deste capítulo em perspectiva? Você acharia que a ciência o decepcionou?

LEITURAS COMPLEMENTARES

Boubel, R. W., D. L. Fox, D. B. Turner, e A. C. Stern. 1994. *Fundamentals of Air Pollution*, 3rd ed. New York: Academic. Um livro completo que cobre as fontes, mecanismos, efeitos e controle da poluição do ar.

Christie, M. 2000. *The Ozone Layer: A Philosophy of Science Perspective*. Cambridge: Cambridge University Press. Um apanhado completo da história do buraco do ozônio, da primeira descoberta de sua existência aos estudos mais recentes do buraco sobre a Antártida.

Hamill, P., e O. B. Toon. 1991. "Polar Stratospheric Clouds and The Ozone Hole", *Physics Today* 44 (12):34–42. Uma boa análise do problema do ozônio e dos processos químicos e físicos importantes relacionados à destruição do ozônio.

Reid, S. 2000. *Ozone and Climate Change: A Beginner's Guide*. Amsterdam: Gordon & Breach Science Publishers. Uma boa olhada na ciência por trás do buraco do ozônio e das previsões futuras escritas para o público em geral a fim de tornar a ciência compreensível.

Rowland, F. S. 1990. "Stratospheric Ozone Depletion by Chlorofluorocarbons". *AMBIO* 19 (6–7):281–292. Um resumo excelente sobre a depleção do ozônio estratosférico que discute algumas questões importantes.

Stone, R. 2002. "Air Pollution: Counting the Cost of London's Killer Smog", *Science* 298:2106–2107. Um olhar em profundidade nos eventos envolvidos no estudo de caso da abertura.

Toon, O. B., e R. P. Turco. 1991. "Polar Stratospheric Clouds and Ozone Depletion", *Scientific American* 246(6):68–74. Um artigo que fornece informações valiosas com relação às nuvens estratosféricas polares e sua importância na destruição do ozônio. Oferece uma boa explicação sobre a formação das nuvens estratosféricas polares e a química que ocorre ali.

Wang, L. 2002 (Fevereiro). "Paving Out Pollution", *Scientific American*, p. 20. Discussão sobre uma abordagem inovadora para diminuir a poluição do ar.

Capítulo 25

Poluição do Ar Interior

OBJETIVOS DE APRENDIZADO

A poluição do ar interior produzida pelos seres humanos para cozinhar e para aquecer tem afetado a saúde dos mesmos por milhares de anos. Hoje, a falta de ventilação adequada em muitas casas e escritórios energeticamente eficientes aumentaram o risco de poluição. Após a leitura deste capítulo, deve-se saber:

- Por que a poluição do ar interior causa alguns dos mais sérios problemas de saúde.
- O que são os principais poluentes do ar interior e de onde eles vêm.
- Por que as concentrações de poluentes em ambientes fechados talvez sejam muito maiores do que as concentrações dos poluentes geralmente encontradas ao ar livre.
- Por que a fumaça de tabaco é um sério poluente do ar interior.
- O que é o gás radônio e por que ele pode ser considerado um dos mais graves problemas de saúde ambiental.
- Como o gás radônio entra nas casas e em outras edificações, e como esta concentração interior pode ser minimizada.
- O que é uma edificação verde e como ela pode estar ligada à poluição do ar interior.
- Quais são as maiores estratégias para controlar e minimizar a poluição do ar interior.

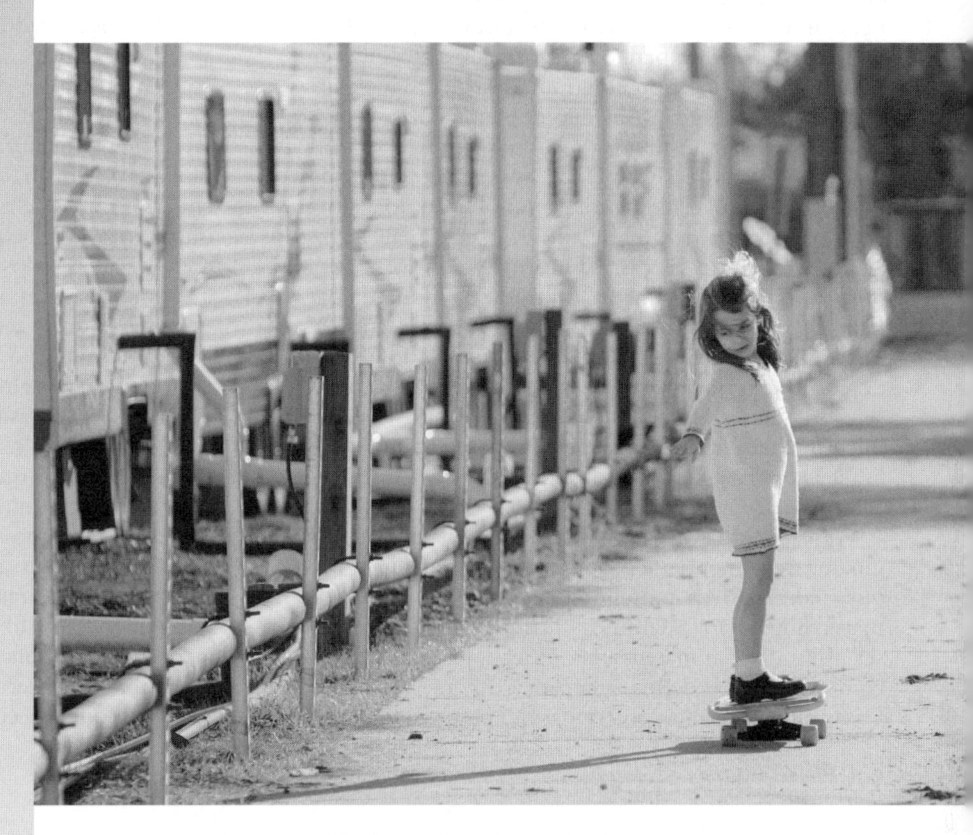

Muitas casas móveis fornecidas à população de rua depois que o furacão Katrina inundou Nova Orleans apresentaram liberação de formaldeído. A poluição do ar interior fez com que mais de 100 mil pessoas fossem removidas para outro tipo de alojamento.

ESTUDO DE CASO

Formaldeído nas Casas Móveis: Furacão Katrina

O furacão Katrina, em 2005, deixou um grande número de pessoas desabrigadas nos EUA. Em resposta, a Agência Federal de Gestão de Emergência (AFGE) providenciou milhares de *trailers* para os desabrigados continuarem as suas vidas. Isso soou como uma excelente ideia até começarem a surgir problemas de saúde entre as pessoas que neles viviam. Um estudo subsequente do Centro de Controle e Prevenção de Doenças (CCPD) confirmou que as casas móveis apresentavam poluição do ar interior, devido ao formaldeído liberado pelos materiais utilizados na construção dessas casas. O formaldeído é um composto químico amplamente utilizado na indústria para a fabricação de materiais de construção, bem como para uma série de outros produtos. O formaldeído é considerado como uma provável substância cancerígena aos seres humanos. Sintomas comuns ao composto químico incluem irritações na pele, nariz, garganta e olhos. Pessoas com asma são ainda mais sensíveis e o sintoma da asma pode se agravar.

A maior fonte de formaldeído em casas móveis se origina provavelmente de produtos feitos de madeira prensada que usam adesivos contendo o formaldeído. Os materiais mais comuns são os compensados de madeira, que podem ser utilizados em marcenarias, móveis, pisos e estantes, bem como em painéis de madeira para a decoração de paredes. Casas móveis recém-construídas são particularmente suscetíveis a apresentarem níveis elevados de formaldeído e, com o tempo, as emissões geralmente diminuem. De qualquer maneira, os moradores dos *trailers* fornecidos pela AFGE apresentaram vários sintomas compatíveis com a exposição ao formaldeído. A princípio, o governo negou o fato, mas na sequência do relatório elaborado pelo CCPD os planos rapidamente incluíram a remoção das pessoas dessas casas móveis. No início, quase 144 mil famílias foram alojadas em casas móveis e mais de 100 mil já foram removidas para outras locais. Pessoas que sofreram problemas de saúde como resultado dos elevados níveis de formaldeído nessas casas móveis entraram com ações judiciais, mas ainda não ficou decidido se caberá responsabilizar a AFGE ou os fabricantes das casas móveis.

Desde que os altos níveis de formaldeído foram encontrados em casas móveis em 2007, esforços têm sido mobilizados para remover o restante das pessoas, particularmente aquelas que apresentam sintomas de intoxicação pelo composto químico. O histórico dos casos de formaldeído em casas móveis das vítimas do furacão Katrina é um triste legado sobre a forma como todo o governo federal norte-americano respondeu ao furacão Katrina e suas consequências. Isto também é importante porque traz para a consciência pública todos os problemas da poluição do ar em ambientes internos, que muitas vezes são mais importantes do que a poluição do ar em ambientes abertos.[1,2]

As casas móveis fornecidas para as pessoas desabrigadas pelo furacão Katrina são o exemplo mais recente do problema de poluição do ar interior, apesar de esta questão estar presente na vida das pessoas há milhares de anos. O problema existe desde a construção de edifícios pelas pessoas para a proteção e a queima de combustíveis para aquecer os ambientes feitos pelos humanos. Uma autópsia detalhada em uma nativa norte-americana do século IV, congelada logo após sua morte, revelou que ela sofria da **doença do pulmão negro** (antracose) de tanto respirar ar muito poluído durante muitos anos. Os poluentes incluem partículas perigosas das lamparinas que queimavam a gordura de baleias e focas.[3] Esta mesma doença tem sido reconhecida como um perigo para a saúde dos trabalhadores das minas de carvão subterrâneas e tem sido chamada de "doença dos mineiros de carvão" (Figura 25.1). Ainda recentemente, em meados da década de 1970, estima-se que a antracose foi a responsável por cerca de 4 mil mortes por ano nos Estados Unidos.[4]

Hoje em dia, as pessoas passam entre 70% e 90% de seu tempo dentro de lugares fechados (casas, locais de trabalho, automóveis, restaurantes e assim por diante). Porém, apenas recentemente começou-se a estudar a fundo o ambiente totalmente fechado e como a poluição deste afeta a saúde do ser humano. A Organização Mundial de Saúde estima que um em cada três trabalhadores pode estar trabalhando em um prédio que faz

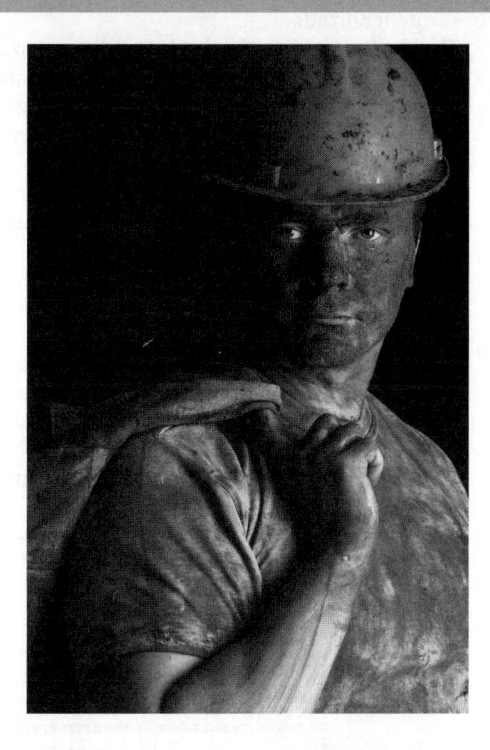

Figura 25.1 ■ Minerador de carvão, na Europa Oriental, coberto com pó de carvão prejudicial aos seus pulmões.

com que eles fiquem doentes. Além disso, 20% das escolas públicas nos Estados Unidos têm problemas relacionados à qualidade do ar interior. A Agência de Proteção Ambiental dos Estados Unidos considera que a poluição do ar interior deve ser um dos mais importantes riscos à saúde ambiental no local de trabalho das pessoas.[5]

25.1 Fontes da Poluição do Ar Interior

As fontes potenciais de poluição do ar são muito variadas (Figura 25.2). Poluentes do ar interior podem surgir a partir tanto das atividades humanas quanto dos processos naturais, conforme mostrado na Figura 25.3. Nos últimos anos, o público tomou conhecimento de várias dessas fontes, quais sejam:

- Fumaça de tabaco no ambiente (fumo passivo) é o mais comum e perigoso poluente do ar interior, associada com mais de 40 mil mortes por ano nos Estados Unidos (principalmente por doença cardíaca e câncer de pulmão).
- *Legionella pneumophila*, bactéria que vive normalmente nas águas de lagoas, que, quando inalada, provoca um tipo de pneumonia chamada de doença do legionário (legionelose). Cerca de 20 espécies de bactérias causadoras de doença já foram identificadas. Mais comumente, essa doença é transmitida por meio de equipamentos de ar condicionado, que abrigam as bactérias causadoras de doenças em reservatórios de água estagnada nos dutos de ar e filtros. As bactérias são transportadas de um edifício na forma de um aerossol bacteriano durante o aquecimento ou quando o arrefecimento das unidades está em uso. No entanto, a propagação da doença não se limita a esta única via. Uma epidemia ocorreu em um hospital como resultado da contaminação existente em um canteiro de obras adjacente. Um surto recente de legionelose, causada por bactérias no sistema de ar condicionado de um aquário, matou quatro pessoas.[5]
- Alguns bolores e mofos (crescimento de fungos) em edifícios liberam esporos tóxicos. Quando inalados por um dado período de tempo, os esporos podem causar inflamação crônica e cicatrização dos pulmões, bem como pneumonia por hipersensibilidade e fibrose pulmonar. Essas condições médicas são dolorosas, incapacitantes e podem até causar a morte. Acredita-se que os mofos podem ser responsáveis por até metade de todas as reclamações de saúde resultantes do ar interior de ambientes fechados.
- O gás radônio sai naturalmente a partir do solo e das rochas abaixo dos edifícios e é considerado a segunda causa mais comum de câncer de pulmão.
- Os pesticidas que são deliberada ou inadvertidamente aplicados na construção para controle de formigas, pulgas, traças e roedores são tóxicos para as pessoas também.
- Algumas variedades de amianto, utilizado como um material isolante e à prova de fogo em residências, escolas e escritórios, são conhecidos por causar um tipo particular de cancro do pulmão (veja o Capítulo 15).
- O formaldeído (um composto orgânico volátil, COV, de fórmula química CH_2O) é usado em alguns materiais de isolamento por meio de espuma, como um aglutinante

1. O aquecimento, a ventilação e o sistema de ar condicionado dos edifícios podem ser fontes de poluentes do ar interior, incluindo fungos e bactérias, caso os filtros e os equipamentos não recebam manutenção corretamente. Fornos a gás e a óleo liberam monóxido de carbono, dióxido de nitrogênio e partículas.
2. Os banheiros podem ser fontes de uma variedade de poluentes do ar interior, incluindo o fumo passivo, bolores e fungos que são resultantes de condições úmidas.
3. Mobílias e tapetes em edifícios, geralmente, contêm produtos químicos tóxicos (formaldeído, solventes orgânicos, amianto), que podem ser liberados ao longo do tempo no interior dos edifícios.
4. Máquinas de café, máquinas de fax, computadores e impressoras podem liberar partículas e substâncias químicas, incluindo o Ozônio (O_3), que é altamente oxidante.
5. Pesticidas podem contaminar edifícios com produtos químicos cancerígenos.
6. A entrada de ar fresco, quando mal localizada — como, por exemplo, um exaustor acima de uma doca de carregamento no primeiro andar de um restaurante — pode trazer poluentes atmosféricos.
7. Pessoas que fumam dentro de edifícios, até mesmo em restaurantes, e aquelas que fumam fora de edifícios, particularmente próximos de portas abertas ou rotativas, podem causar a poluição por fumaça ambiental de tabaco (fumo passivo), que é trazida para dentro e percorre através do prédio devido ao efeito chaminé.
8. Reformas, pinturas e outras atividades do gênero podem trazer, muitas vezes, uma grande variedade de produtos químicos e de materiais para um edifício. Gases de tais atividades podem penetrar pelo sistema de aquecimento do edifício, pela ventilação e pelo sistema de ar condicionado, causando poluição generalizada.
9. Uma variedade de produtos de limpeza e de solventes utilizados em escritórios e outras partes do edifício contêm produtos químicos prejudiciais cujo vapor ou resíduos de sua evaporação podem circular por todo o edifício.
10. As pessoas podem aumentar os níveis de dióxido de carbono; podem emitir resíduos biológicos e propagar contaminantes virais e bacterianos.
11. Cais de carga podem ser fontes de matéria orgânica dos recipientes de lixo, de partículas e de monóxido de carbono dos veículos.
12. O gás radônio pode infiltrar-se em um edifício pelo solo, pela umidade ascendente (água), o que facilita o crescimento de fungos, podendo ainda penetrar pelas fundações e subir pelas paredes.
13. Os ácaros e os fungos podem viver em tapetes e outros lugares fechados.
14. O pólen pode surgir de fontes internas e externas.

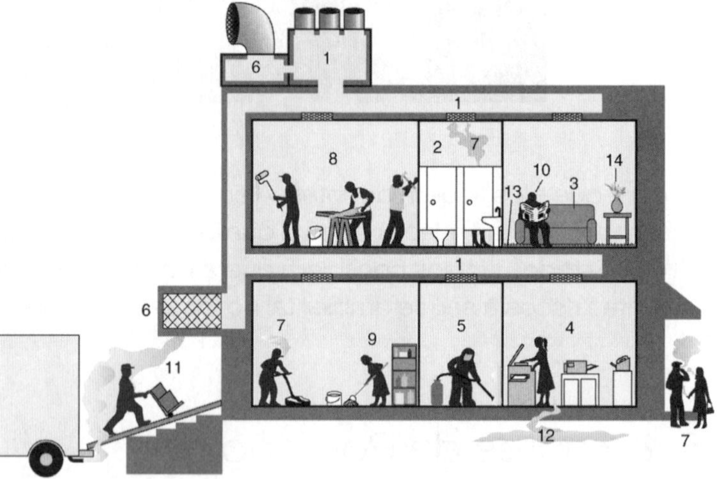

Figura 25.2 ■ Algumas fontes potenciais de poluição do ar interior.

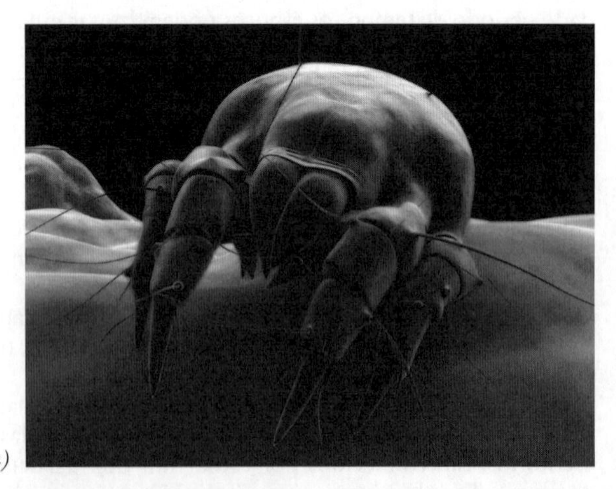
(a)

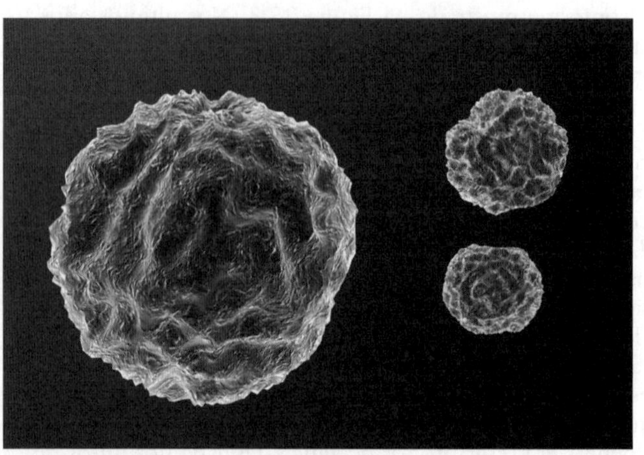
(b)

Figura 25.3 ■ (*a*) Este ácaro da poeira (ampliado cerca de 140 vezes) é um parente da aranha de oito patas. Ele se alimenta da pele humana e vive em materiais como tecidos de móveis. Ácaros mortos e seus excrementos podem provocar reações alérgicas e crises de asma em algumas pessoas. (*b*) Microscópicos grãos de pólen que, em grandes quantidades, podem ser visíveis como um pó marrom ou amarelo. O pólen mostrado é o de dente-de-leão e de castanheiro-da-índia.

de partículas e de painéis de madeira e em muitos outros materiais encontrados em casas e escritórios. Esses materiais podem emitir formaldeído na forma de gás em edifícios. Algumas casas móveis foram encontradas contendo concentrações elevadas de formaldeído, uma vez que esses produtos químicos foram utilizados em sua construção (painéis de madeira, por exemplo).

- Os ácaros da poeira e do pólen irritam o sistema respiratório, o nariz, os olhos e a pele de pessoas que são sensíveis a eles.

Poluentes comuns do ar interior e orientações para a exposição admissíveis estão listadas na Tabela 25.1. Muitos dos produtos e dos processos utilizados na maioria das residências e de escritórios são fontes de poluição. Além disso, poluentes comuns do ar interior estão, muitas vezes, altamente concentrados quando comparados com os níveis de poluição ao ar livre. Por exemplo, o monóxido de carbono, particulados, o dióxido de nitrogênio, o radônio e o dióxido de carbono são geralmente encontrados em uma concentração muito superior no interior de locais fechados do que ao ar livre. Essa importante concepção é mostrada com maiores detalhes na Figura 25.4, que fornece uma comparação entre os poluentes no interior e do exterior dos locais fechados.

Por que as concentrações de poluentes do ar interior, em geral, são maiores do que aquelas encontradas ao ar livre? Uma razão óbvia é que existem inúmeras fontes de poluição internas. Outra razão é um tanto quanto irônica: a eficácia

Tabela 25.1 Fontes, Concentrações, Ocorrências e Possíveis Efeitos na Saúde Causados pela Poluição do Ar Interior

Poluente	*Fonte*	*Limite Admissível de Exposição (Dose ou Concentrações)*	*Possíveis Efeitos na Saúde*
Amianto	Proteção contra o fogo; isolamento, piso de vinil e produtos de cimento; revestimentos de freio do veículo	0,2 fibra/mL para as fibras maiores de 5 μm	Irritações na pele, câncer de pulmão
Aerossóis biológicos/ microrganismos	Agentes infecciosos, bactérias no aquecedor, na ventilação e no sistema de ar condicionado; alérgenos	Nenhum disponível	Doenças, imunidade enfraquecida
Dióxido de carbono	Motores de veículos, aparelhos a gás, tabagismo	1.000 ppm	Tontura, dor de cabeça, náuseas
Monóxido de carbono	Motor de veículos, querosene e gás de aquecedores, fogão a lenha e a gás, lareiras e tabagismo	10.000 $\mu g/m^3$ por 8 horas; 40.000 $\mu g/m^3$ por 1 hora	Tontura, dor de cabeça, náuseas, morte
Formaldeído	Espuma de isolamento; compensados, aglomerados, forro, painéis e outros materiais de construção	120 $\mu g/m^3$	Irritação de pele, cancerígeno
Partículas inaláveis	Tabagismo, lareiras, pó, fontes de combustíveis (queimadas, incineração de lixo etc.)	55 a 110 $\mu g/m^3$, anualmente; 350 $\mu g/m^3$ por 1 hora	Irritações nas vias respiratórias e na mucosa, cancerígeno
Partículas inorgânicas			
Nitratos	Ar exterior	Nenhum disponível	
Sulfatos	Ar exterior	4 $\mu g/m^3$ anualmente; 12 $\mu g/m^3$ por 24 horas	
Partículas de metal			Tóxico, cancerígeno
Arsênico	Tabagismo, pesticidas, venenos contra roedores	Nenhum disponível	
Cádmio	Tabagismo, fungicidas	2 $\mu g/m^3$ por 24 horas	
Chumbo	Escapamentos de automóveis	1,5 $\mu g/m^3$ por 3 meses	
Mercúrio	Fungicidas velhos; queima de combustíveis fósseis	2 $\mu g/m^3$ por 24 horas	
Dióxido de nitrogênio	Aquecedores a gás e a querosene, fogão a gás e escapamentos de automóveis	100 $\mu g/m^3$, anualmente	Irritações das vias respiratórias e das mucosas
Ozônio	Fotocopiadoras, limpadores eletrostáticos de ar, ar exterior	235 $\mu g/m^3$ por 1 hora	Irritações respiratórias, causa fadiga
Pesticidas e outros produtos orgânicos semivoláteis	*Sprays* e pastilhas, ar exterior	5 $\mu g/m^3$ para o clordano	Possível cancerígeno
Radônio	Gás que vem do solo e penetra nos edifícios, materiais de construção, águas subterrâneas	4 pCi/L	Câncer de pulmão
Dióxido de enxofre	Combustão de carvão e óleo, aquecedores a querosene, ar exterior	80 $\mu g/m^3$, anualmente; 365 $\mu g/m^3$, por 24 horas	Irritações das vias respiratórias e das mucosas
Organismos voláteis	Tabagismo, cozinhar, solventes, tintas, vernizes, *sprays* de limpeza, tapetes, móveis, cortinas, roupas	Nenhum disponível	Possível cancerígeno

Fontes: N. L. Nagda, H. E. Rector e M. D. Koontz, 1987; M. C. Baechler et al., 1991; E. J. Bardana Jr. e A. Montaro (eds.), 1997; M. Meeker, 1996; D. W. Moffatt, 1997.

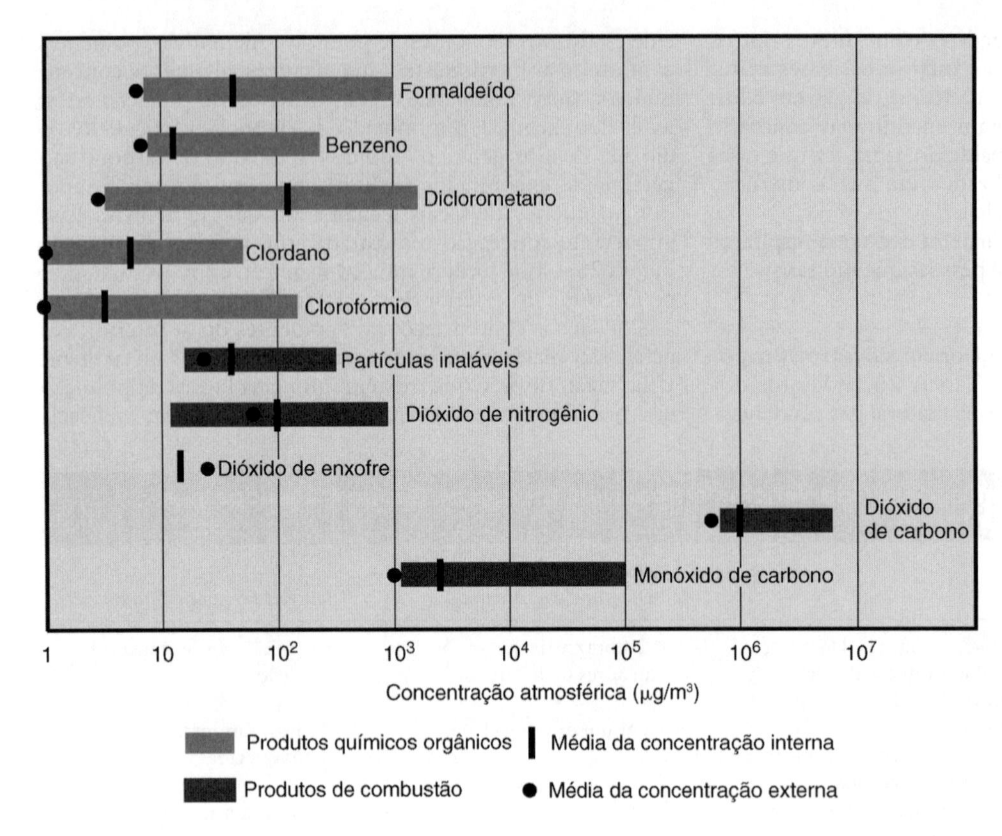

Figura 25.4 ■ Concentrações de poluentes comuns no ar interior em comparação com as concentrações do ar exterior, dispostas em uma escala logarítmica, ou seja, $10^2 = 100$; $10^3 = 1.000$; $10^4 = 10.000$; etc. (*Fonte*: A. V. Nero, Jr., "Controlling Indoor Air Pollution," *Scientific American*, 258, nº 5 [1998]: 42–48.)

das medidas que se tem tomado para conservar a energia em residências e em outras edificações levou ao aprisionamento de poluentes no interior.

Duas das melhores formas de conservar energia nas residências e em outras edificações são o aumento do isolamento e a redução da infiltração do ar exterior. A construção de edificações com janelas que não se abrem e a aplicação da calafetagem extensiva reduz o consumo de energia, todavia, também tende a afetar a qualidade do ar na edificação, reduzindo a ventilação natural. Uma importante função da ventilação é a substituição do ar interior pelo ar exterior, no qual a concentração de poluentes é geralmente muito menor. Com menor ventilação natural, tem-se que depender mais do sistema de ventilação, que forma parte do sistema de aquecimento e do ar condicionado.

25.2 Aquecimento, Ventilação e Sistemas de Ar Condicionado

Aquecimento, ventilação e sistemas de ar condicionado são projetados para proporcionar um ambiente interior confortável para as pessoas. O projeto desses sistemas depende de uma série de variáveis, incluindo o tipo de atividade que as pessoas executam no seu interior, a temperatura, a umidade e a qualidade do ar. A interação entre esses fatores determina se as pessoas estão confortáveis ou não. Se o aquecimento, a ventilação e o sistema de ar condicionado são projetados corretamente, assim como as suas funções, é possível habitar o edifício com segurança. Isso, da mesma forma, fornece a ventilação necessária (utilizando o ar exterior) e a remoção dos poluentes comuns do ar através de exaustores e filtros.[6]

Níveis pessoais de conforto em termos de temperatura e umidade variam dependendo da idade, fisiologia e nível de atividade. Além disso, diferentes partes de determinado edifício podem ter diferentes temperaturas e qualidade do ar devido a sua localização em relação às fontes de calor, superfícies frias e grandes janelas. A umidade deve ser cuidadosamente controlada. Alta umidade pode facilitar o crescimento de mofos ou bolores adversos, enquanto a baixa umidade pode ser uma fonte de desconforto para algumas pessoas.[6]

Independentemente do tipo de aquecimento, ventilação ou sistema de ar condicionado empregados em uma residência ou edifício, a eficácia dessa unidade depende do dimensionamento adequado do equipamento em relação à edificação, de uma instalação apropriada e sob condições de boa manutenção dos procedimentos operacionais.[6] Poluentes do ar interior podem ocorrer se em qualquer um desses fatores concentrarem poluentes de muitas fontes possíveis. Se os filtros se tornam conectados ou contaminados com fungos, bactérias ou outros agentes potencialmente infecciosos, problemas graves podem ocorrer. Além disso, conforme será abordado mais adiante neste capítulo, os sistemas de ventilação em geral não são projetados para reduzir alguns tipos de poluição do ar interior.[6,7]

25.3 Caminhos, Processos e Forças Motrizes

Muitos poluentes atmosféricos provenientes de edifícios podem neles se concentrar por causa da falta de ventilação adequada com o ambiente exterior. Outros poluentes atmosféricos podem penetrar em um edifício por infiltração, pelas rachaduras, assim como por outras aberturas desde as fundações e paredes ou ainda por meio dos sistemas de ventilação.

As forças motrizes que controlam ou modificam o fluxo de ar em edifícios resultam de uma variedade de processos relacionados às forças naturais e às atividades humanas. Em edifícios, ambos os processos naturais e humanos criam pressões diferenciais que acabam fazendo com que o ar contaminado circule de uma área para a outra. Áreas de alta pressão podem desenvolver-se a barlavento (lado de onde vem o vento) de um edifício, enquanto a pressão é menor a sotavento (lado oposto de onde vem o vento), ou protegida, de lado. Como resultado, o ar é sugado para um prédio pelo lado que esteja a barlavento. Abrir e fechar portas produz uma diferença de pressão no ar interior, o que induz a um movimento interno do ar nos edifícios. Logo, o vento pode afetar a circulação do ar de um edifício, particularmente se a estrutura é mal vedada.[6]

O **efeito chaminé** ocorre quando se tem uma diferença entre a temperatura do ar interior e a exterior. O ar quente se eleva no interior do edifício. Se o ar interior é mais quente do que o encontrado no exterior, assim que o ar quente sobe no interior da edificação para níveis superiores esse ar quente vai sendo substituído na parte inferior do edifício pelo ar exterior sugado através de diversas aberturas, como janelas, portas ou fissuras nas fundações e pelas paredes. Equipamentos, tais como os poços de elevadores e as escadas, fornecem corredores por meio dos quais o ar pode passar de um andar para outro.[6] A fumaça de tabaco também pode ser arrastada para dentro de um prédio pelo efeito chaminé, caso fumantes saiam para fumar, mas fiquem próximos às aberturas de portas giratórias.[5]

Como o ar é um meio fluido, as possíveis interações entre as forças motrizes e da construção são complexas, e a distribuição de potenciais contaminantes do ar e dos poluentes é extensa. Um dos resultados dessa situação é que as pessoas em várias partes de um edifício podem reclamar da qualidade do ar, mesmo que estejam separadas por distâncias consideráveis entre si e de fontes potenciais de poluição.[6]

25.4 Ocupantes de Edificações

Tipicamente, as pessoas que moram ou trabalham em um ambiente particular comum reagem aos poluentes de diferentes maneiras:

- Alguns grupos de pessoas são particularmente suscetíveis aos problemas com relação à poluição do ar interior.
- Os sintomas relatados por pessoas em um ambiente variam.
- Em alguns casos, os sintomas relatados resultam de outros fatores além da própria poluição do ar.

Pessoas Particularmente Suscetíveis

As pessoas têm diferentes suscetibilidades ou sensibilidades à poluição atmosférica. Uma pessoa pode ser prejudicada por um determinado poluente, enquanto outra, em área próxima, pode parecer não ter sido afetada. Às vezes, o problema é uma questão da concentração, em vez de sensibilidade; a pessoa mais afetada por um dado poluente do ar interior pode estar enfrentando uma maior exposição. Uma pessoa suscetível a determinados poluentes atmosféricos também depende de fatores genéticos, do estilo de vida e da idade (veja o Capítulo 15).

Tabela 25.2 Alguns Sintomas da Poluição do Ar Interior

Sintomas	*FAT*[a]	*Produtos de Combustão*[b]	*Poluentes Biológicos*[c]	*COVs*[d]	*Metais Pesados*[e]	*SED*[f]
Respiratórios						
Inflamação das membranas mucosas nasais, entupimento nasal	Sim	Sim	Sim	Sim	Não	Sim
Hemorragias nasais	Não	Não	Não	Sim	Não	Sim
Tosse	Sim	Sim	Sim	Sim	Não	Sim
Chiado e agravamento da asma	Sim	Sim	Não	Sim	Não	Sim
Dificuldade para respirar	Sim	Não	Sim	Não	Não	Sim
Doença grave do pulmão	Sim	Sim	Sim	Não	Não	Sim
Outros						
Irritação das membranas mucosas dos olhos	Sim	Sim	Sim	Sim	Não	Sim
Dor de cabeça e tontura	Sim	Sim	Sim	Sim	Sim	Sim
Letargia, fadiga e mal-estar	Não	Sim	Sim	Sim	Sim	Sim
Náusea, vômito, anorexia	Não	Sim	Sim	Sim	Sim	Não
Prejuízo cognitivo, mudança de personalidade	Não	Sim	Não	Sim	Sim	Sim
Erupções	Não	Não	Sim	Sim	Sim	Não
Febre, calafrios	Não	Não	Sim	Não	Sim	Não
Batimentos anormais do coração	Sim	Sim	Não	Não	Sim	Não
Hemorragia da retina	Não	Sim	Não	Não	Não	Não
Dor muscular, câimbras	Não	Não	Não	Sim	Não	Sim
Perda de audição	Não	Não	Não	Sim	Não	Não

[a] Fumaça ambiental do tabaco.
[b] Combustão de produtos incluindo partículas, NO_x, CO e CO_2.
[c] Poluentes biológicos incluem bolores, ácaros, pólen, bactérias e vírus.
[d] Compostos orgânicos voláteis, incluindo formaldeído e solventes.
[e] Metais pesados incluem chumbo e mercúrio.
[f] Síndrome do edifício doente.

Fonte: Modificado de American Lung Association, Environmental Protection Agency, and American Medical Association, "Indoor Air Pollution — An Introduction for Health Professionals," 523-217/81322 (Washington, D.C.: GPO, 1994).

DETALHAMENTO **25.1**

Secretaria de Veículos a Motor em Massachusetts: Síndrome do Edifício Enfermo

Funcionários do Registro de Veículos de Massachusetts mudaram-se para o prédio recém-construído em 19 de abril de 1994. Os primeiros sinais dos problemas foram detectados em junho de 1994, logo depois que o prédio foi totalmente ocupado. Os primeiros relatos mostraram uma variedade de problemas relativos à qualidade do ar, incluindo odores desagradáveis, e uma infinidade de sintomas apresentados por um grande número de trabalhadores no edifício. Alguns dos sintomas reportados estavam relacionados aos problemas respiratórios; irritações nos olhos, nariz e garganta; erupções cutâneas; e efeitos no sistema nervoso central. O sintoma com maior número de ocorrência era a fadiga, seguido de perto pela dor de cabeça e pelos problemas com as membranas das mucosas. Alguns tipos de problemas respiratórios foram relatados por 52% dos funcionários do edifício, em comparação com 17% que apresentaram problemas semelhantes antes de se mudarem para o novo edifício.[9]

Estudos feitos pelo Departamento de Saúde Pública de Massachusetts e por consultorias privadas sugeriram que o problema do edifício estava relacionado com a contaminação do ar causada pelo sistema de ventilação mal projetado. O sistema de circulação de ar do edifício capta o ar exterior em um espaço na parte superior da estrutura (chamado de câmara plenum). Lá, o ar é resfriado e bombeado através dos dutos de ventilação por todo o edifício. Isso ocasionou um problema, porque quando o ar quente proveniente do exterior era resfriado a água se condensava no forro das telhas. Um dos principais componentes desse forro era constituído de amido fermentado que, quando molhado, produzia um ácido com cheiro de vômito. Ainda mais grave foi a descoberta de que um material não inflamável, pulverizado em todas as superfícies do sistema de ventilação, também foi umedecido e estava caindo aos pedaços. Minerais e fibras do material à prova de fogo foram liberados e espalhados por todo o edifício pelo sistema de ventilação, expondo as pessoas a uma matéria particulada potencialmente perigosa. Depois de ocupar o edifício por apenas 15 meses, o pessoal da Secretaria de Veículos a Motor foi removido e o edifício fechado.[10]

Como resultado dessas diferenças individuais, a resposta de uma pessoa incomodada por um determinado poluente pode ser diferente da resposta de outro indivíduo igualmente afetado, tornando-se difícil avaliar os problemas da poluição interior.

No entanto, os idosos com a saúde comprometida e as crianças (por causa de seu nível de atividade e desenvolvimento dos pulmões) são geralmente os mais sensíveis ao ar poluído.[7] Pessoas que sofrem de doenças crônicas do pulmão e de doenças respiratórias, como bronquite crônica, alergias ou asma, são particularmente suscetíveis de serem negativamente afetadas pela má qualidade do ar interior. Outro grupo mais fortemente afetado inclui os indivíduos que têm o sistema imunológico debilitado, devido a doenças diversas ou a tratamentos médicos, como a quimioterapia ou a radioterapia.[6] Algumas pessoas, quando expostas a produtos químicos, desenvolvem o que é conhecido como sensibilidade química múltipla (SQM), uma doença controversa em que a pessoa é alérgica a qualquer material ou produto que contenha substâncias químicas produzidas pelo homem. Alguns portadores de SQM são tão sensíveis que, efetivamente, têm que viver em uma "bolha de plástico" que os mantenham fora do alcance dos produtos químicos.[5]

Sintomas de Poluição do Ar Interior

Uma grande variedade de sintomas podem ser resultados da poluição do ar interior (Tabela 25.2). Alguns poluentes químicos podem provocar hemorragias nasais, sinusite, dores de cabeça e irritação da pele ou dos olhos, nariz e garganta. Problemas mais graves incluem a perda do equilíbrio e da memória, a fadiga crônica, a dificuldade em falar e as reações alérgicas, incluindo a asma. Por exemplo, pastilhas de cloro, que são frequentemente utilizadas em piscinas e banheiras de água quente, são extremamente irritantes se o pó das pastilhas é inalado, resultando em falta de ar e tosse. Outros poluentes causam tonturas ou náuseas. A exposição ao monóxido de carbono resulta em falta de ar para baixas concentrações. Em concentrações elevadas, a extrema toxicidade pode resultar em óbito. Entre os tecidos sensíveis ao monóxido de carbono se incluem o cérebro, o coração e os músculos.[8]

Os sintomas descritos podem apenas apresentar um início rápido após a exposição. Outros poluentes, incluindo o radônio, o amianto e produtos químicos como o benzeno, podem apresentar efeitos de longo prazo, crônicos à saúde, incluindo doenças como o câncer. Devido ao longo intervalo de tempo entre a exposição e o surgimento da doença, pode ser difícil estabelecer as relações entre um determinado ar interior do ambiente e a doença de um indivíduo.

Edifícios Enfermos

Um edifício inteiro pode ser considerado enfermo devido aos problemas ambientais. Existem dois tipos de edifícios enfermos:

- Edifícios com problemas identificáveis, tais como a ocorrência de fungos tóxicos ou bactérias conhecidas por provocarem doenças. As doenças são conhecidas como *doenças relacionadas com a construção* (DRC).
- Edifícios com **síndrome do edifício doente (SED)**, onde os sintomas relatados pelas pessoas não podem ser atribuídos a nenhuma causa conhecida.

A síndrome do edifício doente é uma condição associada aos ambientes interiores que parecem não ser saudáveis. Algumas pessoas em um edifício apresentam efeitos adversos à saúde que eles acreditam não estarem relacionados à quantidade de tempo que permanecem no edifício. O leque de reclamações pode variar de odores estranhos para sintomas mais graves, como dores de cabeça, tonturas, náuseas e assim por diante. Além disso, um número de pessoas no prédio pode estar doente, ou um grupo de pessoas pode ter contraído uma doença, como câncer (veja o Detalhamento 25.1).

Em muitos casos, é difícil estabelecer o que pode causar uma síndrome particular do edifício enfermo. Às vezes, o problema foi encontrado por ser relacionado com a prática de má gestão e moral do trabalhador, em vez da exposição a toxinas no edifício. Quando os ocupantes de um edifício relatam efeitos adversos à saúde e um estudo é realizado, muitas vezes a causa não é detectada. Uma série de coisas pode estar acontecendo:[6]

- As queixas resultam dos efeitos combinados de uma série de contaminantes presentes no edifício.
- O estresse ambiental a partir de uma fonte diferente da qualidade do ar — como o ruído, umidade alta ou baixa, má iluminação, ou de sobreaquecimento — é o responsável.
- Estresse relacionado com o emprego — tais como estresse resultante das relações ruins de trabalho e de gestão, baixa moral ou a superlotação — pode conduzir aos sintomas relatados.
- Outros fatores desconhecidos podem ser responsáveis. Por exemplo, poluentes ou toxinas podem estar presentes, mas não identificados.

Naturalmente, a síndrome do edifício doente pode ser o efeito combinado de vários aspectos de alguns ou de todos estes fatores. Como se observa, um aspecto comum da síndrome do edifício doente é que muitas vezes uma doença específica ou a causa é facilmente identificada.[6]

Até o momento, foram apresentadas algumas noções básicas sobre fontes, processos e efeitos da poluição do ar interior. Em seguida, se aprofundará em dois poluentes selecionados: fumaça de tabaco e gás radônio.

25.5 A Fumaça Ambiental do Tabaco

A **fumaça ambiental do tabaco (FAT)**, normalmente conhecida como *fumo passivo*, tem origem de duas maneiras: a fumaça exalada pelos fumantes e a fumaça emitida pela queima direta do tabaco dos cigarros, charutos ou cachimbos. Pessoas que são expostas à FAT são denominadas *fumantes passivos*.[11]

A FAT é o mais conhecido dos perigosos poluentes do ar interior. É perigoso pelas razões a seguir:[11,12]

- O tabaco contém milhares de substâncias químicas, muito das quais são irritantes. Exemplos incluem NO_x,CO, cianeto de hidrogênio e outras 40 substâncias químicas cancerígenas.
- Estudos sobre trabalhadores não fumantes expostos à FAT descobriram que eles têm reduzido as funções das vias aéreas comparável ao que seria causado pelo fumo de até 10 cigarros por dia. Eles sofrem de mais doenças, tais como tosse, irritação nos olhos e resfriados, e perdem mais tempo no trabalho do que os não expostos à FAT.
- Nos Estados Unidos, por volta de 3 mil mortes por câncer de pulmão e 40 mil mortes por doença do coração no ano podem ser associadas à FAT.

A exposição à FAT depende de uma série de fatores, incluindo o número de pessoas em uma sala para fumantes, o tamanho da sala e a taxa de ventilação. Separar os fumantes dos não fumantes reduz, porém não elimina, a exposição à FAT. Assim, alguns governos estaduais e locais dos EUA têm proibido o fumo em restaurantes, bares e edifícios públicos para proteger os cidadãos da FAT.

Fumantes devem perceber que eles estão prejudicando não apenas a si mesmos, mas aos outros também, incluindo as suas famílias, seus amigos e o público em geral, por poluir o ar que os demais respiram. Na verdade, muitas pessoas consideram estarem expostas à FAT como transgressão ao seu direito de respirar ar puro em suas casas, em seus locais de trabalho e em edifícios públicos.

O número de fumantes nos Estados Unidos diminuiu, porém ainda gira em torno de 40 milhões de fumantes. A taxa é ainda mais elevada no mundo em desenvolvimento, onde as advertências de saúde são reduzidas ou inexistentes. Fumar é extremamente viciante, porque o tabaco contém nicotina, uma substância que causa dependência química. No entanto, a educação e a pressão social trabalharam, de alguma forma, para influenciar algumas pessoas previdentes para abandonarem o hábito de fumar e incentivar outras pessoas a fazerem o mesmo.

25.6 Gás Radônio

Tornou-se evidente nas últimas décadas que o gás radônio pode constituir um sério problema de saúde ambiental nos Estados Unidos (veja o Detalhamento 25.2).[13,14] Um aspecto interessante do perigo apresentado pelo gás radônio é porque ele se origina de processos naturais, e não de atividades humanas.

O **radônio** é um gás radioativo natural que existe na natureza, é incolor, inodoro e insípido. É um membro da cadeia natural de decaimento radioativo do urânio radiogênico para atingir estabilidade (Figura 25.5). O radônio-222, que tem meia-vida de 3,8 dias, é o produto do decaimento radioativo do rádio-226. O radônio decai com a emissão de uma partícula alfa de polônio-218, que tem uma meia-vida de aproximadamente 3 minutos. (A discussão sobre a radiação, de unidades de radiação, as doses de radiação e dos problemas

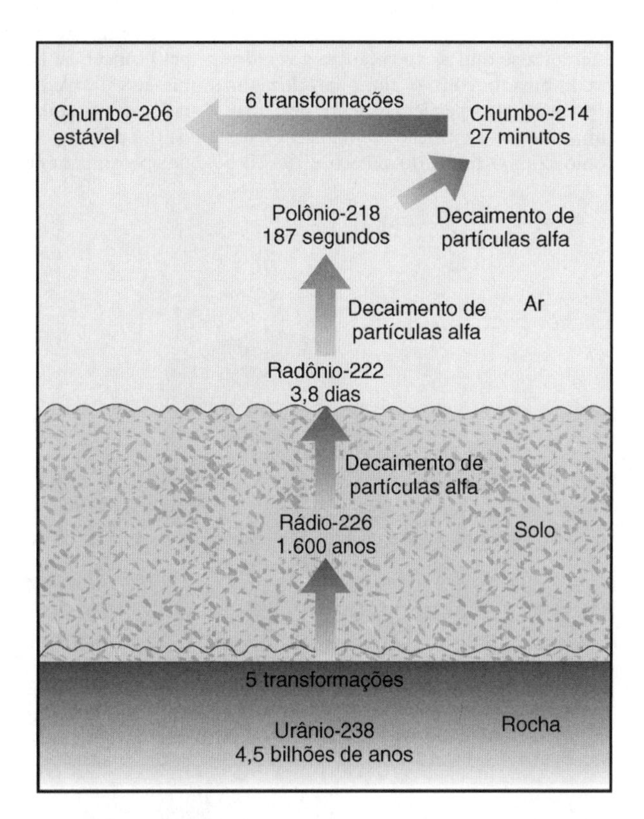

Figura 25.5 ■ Diagrama simplificado mostrando a cadeia de decaimento radioativo do radônio. Nem todos os isótopos estão identificados. Meias-vidas e tipos de decaimento são mostrados apenas para alguns. O radônio é um gás e pode se mover para cima das rochas e do próprio solo em direção ao ar. Os isótopos de polônio e de chumbo são partículas que podem ser suspensas no ar ou ainda anexadas às partículas de poeira e movendo-se com as correntes de ar. Elas também podem se estabelecer fora do ar.

DETALHAMENTO 25.2

O Gás Radônio É Perigoso?

Muitas pessoas hoje em dia estão ansiosas e preocupadas com o gás radônio em residências, porque estudos mostram que a exposição a elevadas concentrações de radônio estão associadas com o maior risco de incidência de câncer no pulmão. Acredita-se que o risco aumenta com o nível da exposição, a duração da exposição e de certos hábitos, como o fumo.[14] A Agência de Proteção Ambiental dos Estados Unidos (EPA) estima que 14 mil mortes de câncer de pulmão por ano, nos Estados Unidos, estão relacionadas à exposição ao gás radônio e aos seus produtos (produtos que resultam do seu decaimento radioativo), principalmente o polônio-218. (A estimativa realmente varia de 7 mil a 30 mil.) Em comparação, existem cerca de 140 mil mortes causadas por câncer de pulmão, a cada ano, nos Estados Unidos. Se essas estimativas estiverem corretas — e elas são controversas — cerca de 10% das mortes de câncer pulmão nos Estados Unidos podem ser atribuídas ao gás radônio. A exposição ao gás radônio também está relacionada a outras formas de câncer, como o melanoma (uma forma mortal de câncer de pele) e a leucemia, porém essas ligações são altamente controversas.[20]

Acredita-se que a exposição ao gás radônio combinado com o fumo produz um efeito sinergético particularmente perigoso. Estima-se que a exposição combinada de gás radônio com o fumo do tabaco é de 10 a 20 vezes mais perigosa do que a exposição a cada poluente isoladamente.[14]

Poucos estudos ligam diretamente a exposição ao gás radônio em residências com o aumento da incidência de câncer de pulmão. Um estudo na Suécia concluiu que a exposição ao gás radônio presente nas habitações é uma importante causa de câncer de pulmão na população em geral.[21] No entanto, a correlação entre o radônio e o câncer se baseia principalmente em estudos dos mineiros de urânio, um grupo de pessoas expostas a altas concentrações de radônio em minas.

Acredita-se que o risco para a saúde a partir do gás radônio está essencialmente relacionado com os produtos derivados, como o polônio-218, que é uma partícula e que, portanto, adere-se ao pó. Existe a hipótese de que o pó é inalado pelos pulmões, onde a radiação alfa pode prejudicar as células quando ocorre o decaimento do polônio-218 (tem uma meia-vida de cerca de 3 minutos) (Figura 25.6).

O risco relacionado ao gás radônio tem sido estimado pela EPA. A Tabela 25.3 relaciona os níveis de exposição ao gás radônio com o número estimado de mortes causadas pelo câncer de pulmão para fumantes e não fumantes.[14] A concentração média do gás radônio no ambiente ao ar livre é de cerca de 0,4 pCi/L; o nível médio no ar interior é de aproximadamente 1 pCi/L. A EPA estabeleceu o nível de atenção do radônio em 4 pCi/L. Esse nível é a concentração abaixo da qual a exposição é considerada pela EPA para ser um risco aceitável. Nas suas cartas de risco (veja a Tabela 25.3), a EPA iguala o risco associado à exposição a 4 pCi/L de não fumantes ao mesmo risco de morrer por afogamento. Para um fumante, o risco aumenta para cerca de 100 vezes o risco de morrer em um acidente de avião. Estes riscos são calculados em termos de longo prazo (período de uma vida) de exposição. A previsão do número de mortes por câncer de pulmão que resultam da exposição ao radônio é controversa. Foi alegado que não há evidências suficientes para apoiar a correlação direta do tabagismo e a exposição ao gás radônio com as mortes causadas por câncer de pulmão. Concentrações de radônio em uma parte da casa podem ser muito diferentes de outras partes da mesma casa. Se as casas têm porões, as concentrações tendem a ser mais elevadas do que nos andares de nível superior. No entanto, todos os cientistas concordam que a exposição a altos níveis de radônio pode ocasionar câncer nas pessoas.

Se os riscos calculados a partir do gás radônio são muito próximos do risco real, então o perigo é grande. O Surgeon General of the United States declarou que "o gás radônio interior é um problema de saúde nacional". Acredita-se que o risco de expo-

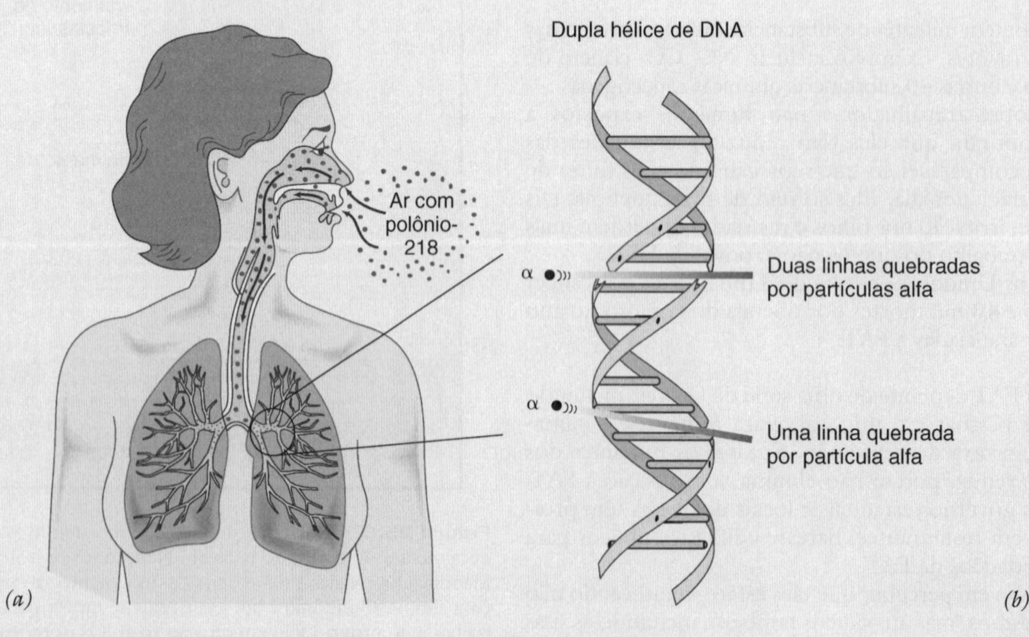

Figura 25.6 ■ (*a*) Deposição do polônio-218 nos pulmões. (*b*) Radiação alfa (partículas) quebrando um ou ambos os filamentos de DNA no nível celular. (*Fonte*: Modificado de D. J. Brenner, *Radon: Risk and Remedy* [New York: Freeman, 1989]. Reproduzido com permissão.)

Tabela 25.3	Risco Estimado Associado ao Radônio		
*Nível de Radônio (pCi/L)**	*Se 1000 Pessoas Fossem Expostas a Este Nível ao Longo da Vida*	*Risco de Câncer por Exposição ao Radônio Comparado com ...*	*O que Fazer*
Risco do Radônio para Fumantes[a]			Parar de fumar e ...
20	Cerca de 135 pessoas podem ter câncer de pulmão	100 vezes o risco de afogamento	Reformar a casa
10	Cerca de 71 pessoas podem ter câncer de pulmão	100 vezes o risco de morrer em um incêndio	Reformar a casa
8	Cerca de 57 pessoas podem ter câncer de pulmão		Reformar a casa
4	Cerca de 29 pessoas podem ter câncer de pulmão	100 vezes o risco de morrer em um acidente de avião	Reformar a casa
2	Cerca de 15 pessoas podem ter câncer de pulmão	100 vezes o risco de morrer em um acidente de carro	Considerar reformas entre 2 e 4 pCi/L
1,3	Cerca de 9 pessoas podem ter câncer de pulmão	Nível médio de radônio no interior das casas	
0,4	Cerca de 3 pessoas podem ter câncer de pulmão	Nível médio de radônio no exterior das casas	Redução dos níveis de radônio inferiores a 2 pCi/L é difícil
Risco do Radônio para Não Fumantes[b]			
20	Cerca de 8 pessoas podem ter câncer de pulmão	Risco de ser assassinado em um crime violento	Reformar a casa
10	Cerca de 4 pessoas podem ter câncer de pulmão		Reformar a casa
8	Cerca de 3 pessoas podem ter câncer de pulmão	10 vezes o risco de morrer em um acidente de avião	Reformar a casa
4	Cerca de 2 pessoas podem ter câncer de pulmão	O risco de morrer afogado	Reformar a casa
2	Cerca de 1 pessoa pode ter câncer de pulmão	O risco de morrer em um incêndio	Considerar reformas entre 2 e 4 pCi/L
1,3	Menos de 1 pessoa pode ter câncer de pulmão	Nível médio de radônio no interior das casas	
0,4	Menos de 1 pessoa pode ter câncer de pulmão	Nível médio de radônio no exterior das casas	Redução dos níveis de radônio inferiores a 2 pCi/L é difícil

[a] Para fumantes antigos, o risco será menor.
[b] Para fumantes iniciantes, o risco será maior.
Fonte: U.S. Environmental Protection Agency, *A Citizen's Guide to Radon*, 2nd ed., ANR-464, 1992.
* Ci é o símbolo de Curie, unidade de medição da radioatividade. 1 Ci = $3{,}7 \times 10^{10}$ desintegrações por segundo. 1 pCi (picoCurie) = $10^{-12} \times$ Ci. (N.T.).

sição possa ser centenas de vezes maior do que o risco resultante de poluentes presentes no ar exterior e na água. Esses poluentes são geralmente regulamentados para reduzir o risco de morte prematura e de doenças para menos de 0,001% de riscos a partir de alguns poluentes em recintos fechados, tais como produtos químicos orgânicos, que pode ser tão alta quanto 0,1%.[22] Esses riscos ainda são muito baixos quando comparados com os do radônio. Por exemplo, estima-se que pessoas que vivem em casas por 20 anos com média de concentrações de radônio em torno de 25 pCi/L tenham chance de 1% a 2% de contrair câncer de pulmão.[14,22]

relacionados à saúde ocasionados pela radiação no Capítulo 20 ajudam na compreensão dos temas seguintes.)

O radônio foi descoberto em 1900 por Ernest Dorn, um químico alemão. O uso e o mau uso de radônio tem uma história interessante. No início de 1900, tomar banho em água de radônio se tornou um modismo de saúde. Durante esse período, quando se pensava que o radônio era benéfico à saúde, muitos produtos com rádio, e assim o radônio, bateram recordes de venda no mercado. Entre estes doces de chocolate, pão e creme dental. Logo no início do ano de 1953, um contraceptivo com base em uma geleia que continha o elemento rádio foi comercializado nos Estados Unidos.[13]

Geologia e Gás Radônio

A concentração de gás radônio que atinge a superfície da Terra, e portanto pode penetrar em habitações, está relacionada com a concentração de radônio nas rochas e no solo, bem como com a eficiência dos processos de transferência das rochas ou do solo para a superfície. Algumas regiões dos Estados Unidos contêm o substrato rochoso com uma concentração acima da média de urânio natural. Uma grande área que inclui partes da Pensilvânia, Nova Jersey e de Nova York hoje é famosa por concentrações elevadas de gás radônio. Essa área, conhecida como Reading Prong, possui muitas residências com elevadas taxas de concentração de gás radônio.[13] Áreas com elevadas concentrações de radônio foram igualmente identificadas em vários outros estados, incluindo Flórida, Illinois, Novo México, Dakota do Sul, Dakota do Norte, Washington e Califórnia.

Como o Gás Radônio Entra nas Casas e em Outras Edificações?

Uma lenda sobre o gás radônio nasceu na cidade de Boyer, Pensilvânia, em 1984, quando Stanley Watres, que tinha um trabalho de consultor técnico da central de energia nuclear Limerick, disparou o alarme contra radiação no interior da fábrica. O reator na usina ainda não havia sido ativado quando o alarme soou, e extensivos testes com as roupas de Watres sugeriram que a contaminação não se originara onde ele trabalhava, mas, sim, onde ele morava. Foram os investigadores que se surpreenderam ao descobrir níveis de radiação em sua casa de 3.200 pCi/L, 800 vezes superior ao nível de atenção de 4 pCi/L estabelecido pela EPA (Agência de Proteção Ambiental dos EUA)! Até aquela época, os pesquisadores não acreditavam que o radônio pudesse ocorrer naturalmente em elevadas concentrações, o suficiente para ser perigoso para qualquer pessoa.[13,15–17] A casa de Watres detinha o recorde até a última parte da década de 1980, quando uma casa, em Whispering Hills, Nova Jersey, foi detectada com um nível de radiação de 3.500 pCi/L.[16]

O gás radônio entra nas casas e edificações de três maneiras (Figura 25.7):

1. Ele migra para cima pelo solo e pelas rochas até os porões e os pisos inferiores.
2. Dissolvidos em águas subterrâneas, é bombeado para poços e, em seguida, para as residências.
3. Materiais contaminados com radônio, como blocos, utilizados na construção.

É muito difícil estimar o número de casas nos Estados Unidos que têm uma concentração elevada de gás radônio. A EPA estima que aproximadamente 7% das casas nos Estados Unidos apresentam níveis elevados de gás radônio e recomenda que todas essas casas e escolas sejam testadas.[14] O teste é simples e barato.

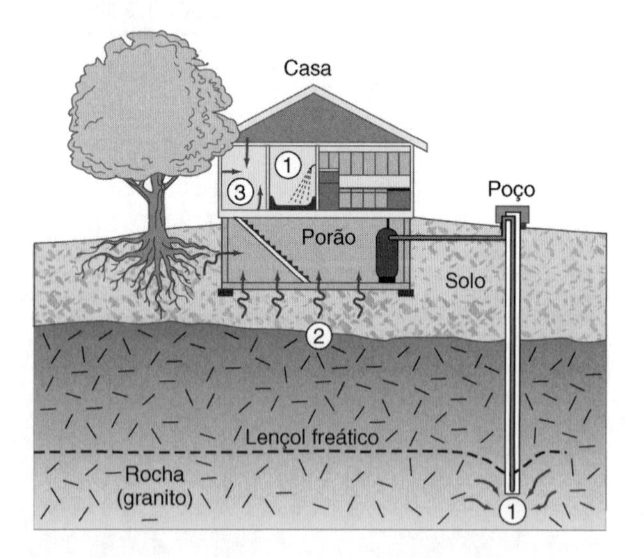

Figura 25.7 ■ Como o radônio entra nas casas. (1) O radônio nas águas subterrâneas entram em um poço e vão para uma casa, onde é utilizado para o consumo de água, lavagem de louça, chuveiros e outros fins. (2) O gás radônio nas rochas e no solo migra até o porão através de fissuras nas fundações e pelos poros das construções. (3) O gás radônio é emitido a partir da aplicação de materiais utilizados nas construções das edificações. (*Fonte*: Environmental Protection Agengy — EPA.)

Técnicas de Proteção contra o Gás Radônio para Casas e Outras Edificações

Proteção para novas casas a partir de problemas potenciais de gás radônio é simples e relativamente barata. Também é fácil

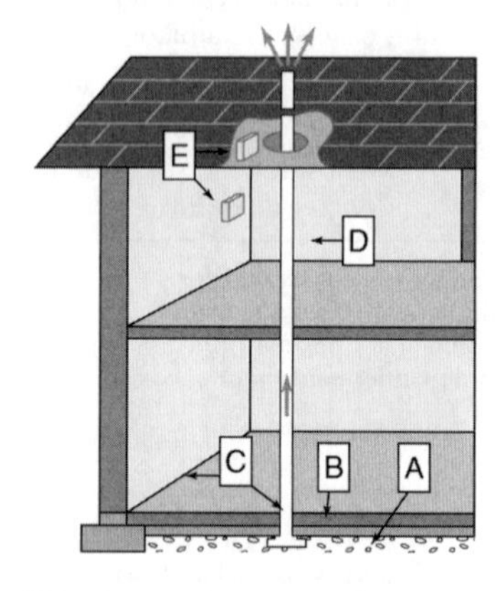

Figura 25.8 ■ Métodos comuns para reduzir a exposição ao gás radônio nas casas e em outras edificações. (*Fonte*: EPA. Radon-Resistant New Construction. Acessado 22/4/06 em www.epa.gov.)

A. Camada Permeável de Gás Uma camada (geralmente cascalho limpo) é colocada sob o sistema de laje ou piso para permitir que o gás do solo se mova livremente debaixo da casa.
B. Revestimento de Plástico Lâminas de plástico são colocadas em cima da camada permeável de gás e sob a laje para evitar que o gás do solo possa penetrar na casa. Em casas com forro, o revestimento é também colocado sobre o forro.
C. Vedação e Calafetagem Aberturas no piso de concreto da fundação são seladas para reduzir a entrada de gases do solo para as casas.
D. Tubo de Ventilação Tubos de PVC de 3 ou 4 polegadas (comumente usado para canalização), canaliza o gás radônio que se aloja na camada permeável de gás no solo e o conduz para fora da casa pelo teto ou parte superior da casa.
E. Caixa de Junção Uma caixa de junção elétrica é instalada quando uma ventilação forçada eletromecânica é necessária.

readaptar uma casa para reduzir este gás. Algumas das técnicas mais comuns para resistência das construções ao radônio são mostradas na Figura 25.8. Embora as técnicas sejam variáveis, dependendo do tipo da fundação adotado, a estratégia básica de impedir a entrada do gás radônio é garantir com segurança que ele seja removido do local de origem.[18,19]

25.7 Poluição do Ar Interior e Edifícios Verdes

Há um movimento em curso nos Estados Unidos e no mundo que visa criar construções que tenham um ambiente saudável para os seus ocupantes. A frase para este objetivo é "tornar o edifício verde". Os processos envolvem a utilização de projetos de edificações que resultam em menos poluição e melhor utilização dos recursos. Quando se refere à qualidade do ar e de outros aspectos do ambiente no interior das edificações, fala-se sobre a qualidade do ambiente interior. Essa qualidade é baseada em parte na concentração de poluentes e de outras condições que podem afetar a saúde e o conforto dos ocupantes de um edifício. Fornecer uma boa qualidade do ar interior ao ambiente é uma parte importante do conceito de **edifício verde**. Um dos objetivos básicos do projeto de construção verde é melhorar a qualidade do ar interior do ambiente por meio do projeto, da construção e da manutenção de edifícios, que minimizem os poluentes do ar interior, garantindo que o ar fresco seja fornecido e circulado; e gerenciando o conteúdo de umidade do ar para a remoção das ameaças provenientes da umidade, tais como os problemas relacionados com o mofo.

25.8 Controle da Poluição do Ar Interior

Em termos de locais de trabalho, há fortes incentivos financeiros para proporcionar aos trabalhadores um ambiente com ar limpo. Tanto que 250 bilhões de dólares por ano poderiam ser economizados por meio da diminuição de doenças e do aumento da produtividade através de benefícios no ambiente de trabalho.[5] Um bom ponto de partida seria a aprovação da legislação ambiental que exigisse um padrão mínimo de qualidade do ar interior. Isso deve incluir o aumento do fluxo de ar fresco por meio da ventilação. Na Europa, sistemas de filtros e de bombas em edifícios de escritórios circulam o ar três vezes mais do que é típico nos edifícios dos Estados Unidos. Muitas leis de edificações, na Europa, exigem que os trabalhadores tenham acesso ao ar fresco (janelas) e à luz natural. Infelizmente, para os trabalhadores norte-americanos não existem leis semelhantes e, muitos edifícios, usam ar-condicionado central com as janelas permanentemente fechadas.[5]

Pode-se pensar que o aquecimento, a ventilação e o sistema de ar condicionado, quando operando corretamente e sob estado adequado de conservação e manutenção, garantirão a boa qualidade do ar interior. Infelizmente, esses sistemas não são projetados para manter todos os aspectos da qualidade do ar. Por exemplo, os sistemas de ventilação comumente utilizados, em geral, não reduzem o gás radônio. A ventilação é uma estratégia de controle quando confrontada com concentrações elevadas de poluentes do ar interior, incluindo o radônio. Outras estratégias, apresentadas na Tabela 25.4, incluem a remoção na fonte, a modificação da fonte e a limpeza do ar.[8] Essas estratégias não constituem uma lista completa e uma combinação delas pode ser a melhor abordagem.

Um dos principais meios para o controle da qualidade do ar interior é a diluição com ar fresco do exterior através de um sistema de ar condicionado e de janelas que possam ser abertas. O ar exterior é trazido e misturado com o ar do sistema do fluxo de retorno do edifício; o ar é filtrado, aquecido ou resfriado, e distribuído à edificação. Vários tipos de sistemas de limpeza do ar interior para edifícios residenciais e não residenciais estão disponíveis para a redução dos potenciais poluentes, tais como partículas, vapores e gases. Esses sistemas podem ser instalados como parte do aquecimento, da ventilação e do sistema de ar condicionado ou como aparelhos isolados.[8]

A educação também desempenha um papel importante na compreensão e no desenvolvimento de estratégias para reduzir os problemas de poluição do ar interior; isso habilita pessoas com conhecimento necessário para tomar decisões inteligentes. Em certo nível, isso pode envolver a decisão de não instalar aparelhos com pouca ou nenhuma ventilação. Um número surpreendente (e trágico) de pessoas morrem a cada ano devido à inalação do monóxido de carbono venenoso proveniente de uma pobre ventilação em residências, acampamentos e tendas. Em outros níveis, as pessoas educadas são mais conscientes dos seus direitos legais no que diz respeito aos produtos, às responsabilidades e à segurança. Além disso, a educação proporciona as informações necessárias para tomar decisões sobre a exposição a substâncias químicas, tais como tintas e solventes, e as estratégias para evitar condições potencialmente perigosas em residências e no trabalho.[8]

Tabela 25.4 Estratégias para Controlar a Poluição do Ar Interior

Ventilação Sistema de ventilação geral; ventilação (exaustores de hélice etc.) pontual (localizada ou por setores)

Remoção da fonte Substituição de material ou de produtos; restrições sobre a utilização de fonte (por exemplo, estabelecimento de áreas para fumantes, restrições à venda de determinados itens e atividades que causam a poluição do ar interior)

Modificação da fonte Mudança no projeto de combustão (por exemplo, maximizar a eficiência de um fogão a gás); substituição de materiais (utilização de materiais que não causam poluição do ar); redução das taxas de emissão por intervenção de barreiras (por exemplo, aplicar camadas com mais revestimentos sobre pinturas com chumbo ou com amianto)

Limpeza de ar (remoção de poluentes) Filtragem de partículas; remoção de gás e vapor; varredura passiva ou de absorção

Educação Informação aos consumidores sobre produtos e materiais; informações públicas sobre saúde, produtividade e sobre efeitos perturbadores; resolução dos direitos legais e das obrigações do consumidor, locatário, fabricante e, assim por diante, relacionados com a qualidade do ar interior.

Fonte: Modificado de Committee on Indoor Pollutants, *Indoor Pollutants* (Washington, D.C., 1981), p. 489.

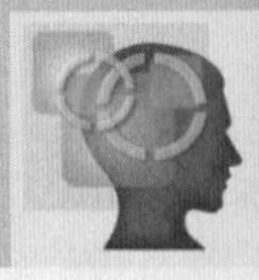

QUESTÕES PARA REFLEXÃO CRÍTICA

A Ventilação dos Aviões É Adequada?

O ambiente de 10.667 m (35 mil pés) acima da Terra, a altitude de voo típico de aviões a jato, não é adequado para os seres humanos. A temperatura é de −54°C, a umidade próxima de zero e a pressão atmosférica é pequena. Para o suprimento de ar para a tripulação e para os passageiros dentro de um avião a jato, o ar externo é comprimido e aquecido pelas turbinas do avião. Uma vez que o ar sai dos motores com uma pressão maior e temperatura superior do que a considerada confortável, o ar é então resfriado misturando-se com o ar exterior, antes de entrar na cabine, e a pressão é ajustada para a de uma altitude de 1.524 m (5 mil pés). A umidade, entre 5 e 20% na altitude de voos, é fornecida, principalmente, pela respiração e pela transpiração dos passageiros e dos tripulantes.

Até meados dos anos 1980, os voos comerciais utilizavam 100% de ar fresco, que era recirculado a cada 3 minutos. Porém, o uso de ar fresco captado pelos motores a jato para fornecer ar no interior do avião reduz a eficiência do combustível (Figura 25.9). Fornecer ar fresco a um avião custa de 22 a 37 vezes mais do que fornecer a mesma quantidade de ar para dentro de um edifício em Washington no mês de janeiro. As empresas de aviação descobriram que podiam economizar dinheiro por meio da recirculação do ar já existente dentro da própria cabine em combinação com ar fresco (geralmente na proporção de 1:1). Essa prática reduziu a taxa do fluxo de ar, de modo que ocorreria uma completa substituição do ar interior somente a cada sete minutos, ou até menos frequentemente.

O fluxo de ar é medido em pés cúbicos por minuto* (pcm), a taxa de ventilação é o fluxo de ar por pessoa (pcm/número de pessoas). A ventilação varia de aviões comerciais de 150 pcm/pessoa na cabine para 50 pcm/pessoa na primeira classe e de 7 pcm/pessoa em classe econômica. O último caso é comparável às taxas encontradas em trens e metrôs (5–7 pcm/pessoa). Funcionários das empresas aéreas apontam que a taxa de renovação do ar nos aviões é muito melhor do que a encontrada em edifícios de escritórios (10 a 12 vezes por hora, ao contrário de 1 a 2 vezes).

Muitas aeromoças e passageiros tem-se queixado sobre sintomas, como dor de cabeça, olhos secos, fadiga, náuseas e problemas respiratórios nas vias superiores, que podem estar associados à baixa qualidade do ar dentro dos aviões. O nível de dióxido de carbono, frequentemente utilizado como um indicador da qualidade do ar interior, possui médias de 1.500 ppm em aviões, mas foi medido tão alto quanto 2 mil ppm em 25% dos voos estudados. Mesmo com as taxas de ventilação tão elevadas quanto 35 pcm/pessoa, os níveis de dióxido de carbono foram encontrados a 1.200 ppm ou mais. A Sociedade Americana de Engenheiros de Aquecimento, Refrigeração e Ar Condicionado recomenda um máximo de mil ppm para o ar no interior dos edifícios e a Administração de Saúde e Segurança Ocupacional admite um padrão de 5 mil ppm para edifícios industriais. A Administração Federal de Aviação permite que os níveis de dióxido de carbono atinjam 30 mil ppm.

Alguns especialistas estão preocupados com os níveis elevados de dióxido de carbono que podem estar associados a outros componentes indesejáveis, tais como produtos químicos de líquidos de limpeza, pesticidas e combustíveis. Contaminação de passageiros por outros passageiros doentes e os animais transportados em voos é outra fonte de preocupação. Surtos de gripe foram transmitidos pelo ar no interior dos aviões. Três passageiros de um voo, em 1992, foram infectados com tuberculose, embora não pudesse ser claramente determinado que a infecção tivesse ocorrido a bordo. Esta ocorrência e o fato de a incidência da tuberculose ter aumentado em todo o mundo, desde a década de 1980, provocou uma investigação pelo Congresso dos Estados Unidos. Embora os peritos médicos concluíssem que longos períodos de contato foram necessários para que ocorresse a transmissão da tuberculose, a preocupação foi suficientemente grande para o Centro de Controle e Prevenção de Doenças de Atlanta realizar um estudo sobre o assunto, em 1993. Os resultados desse estudo confirmaram que, embora haja a possibilidade de transmissão da tuberculose a bordo de aviões, esta é muito pequena. Assim, é improvável que as normas de circulação do ar na cabine do avião sejam modificadas.

Perguntas para Reflexão Crítica

1. As companhias aéreas alegam que maiores taxas de ventilação são necessárias na cabine dos pilotos. Quais os motivos para você apoiar esse argumento? Comissárias de voo afirmam que os seus requisitos de ar são diferentes dos requisitos dos passageiros. Na sua opinião, qual é a base para essa afirmação?

2. Se a troca de ar nos aviões é tão boa ou melhor do que em trens e metrôs, há alguma razão para duvidar da qualidade do ar? Desenvolva uma justificativa para uma posição sobre esta questão.

3. Quais critérios você aceitaria para estabelecer um padrão para o nível de dióxido de carbono nos aviões?

4. As três opções existentes para reduzir os níveis de dióxido de carbono em cabines de avião: a redução das emissões, o aumento das taxas de ventilação e a absorção do dióxido de carbono do ar ambiente. Quais são as vantagens e desvantagens de cada opção?

5. Poucas pesquisas foram feitas sobre a qualidade do ar e sobre a saúde dos trabalhadores e dos passageiros. Por que, mesmo se a pesquisa fosse realizada, pode ser difícil de provar uma conexão?

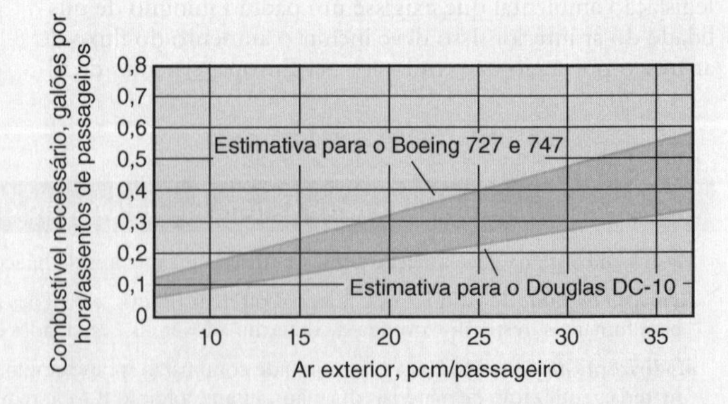

Figura 25.9 ■ Combustível necessário para a ventilação com o ar exterior em um avião a jato. (*Fonte*: Dados de National Research Council, *The Airliner Cabin Environment* [Washington, D.C.: National Academy Press, 1989, p. 61].)

* OBSERVAÇÃO: o ideal seria a conversão da unidade utilizada (pcm) para metros cúbicos por minuto, entretanto, não será tão facilmente viável, já que a Figura 25.9 está na mesma unidade (pcm). Se for realmente necessário fazer a conversão, a escala da figura precisará ser reajustada. Sugere-se a manutenção da unidade original, pois a essência do conceito expressa pelo exemplo é a mesma, independente da unidade utilizada.

RESUMO

- A poluição do ar interior está presente por milhares de anos, desde as primeiras estruturas construídas e a queima de combustíveis em espaços internos. Esse é um dos mais sérios problemas de saúde ambiental.
- Fontes de poluição do ar interior são extremamente variadas. Elas podem estar associadas aos materiais utilizados nas construções, às mobílias nelas colocadas e aos tipos de equipamentos utilizados para aquecimento e refrigeração, bem como aos processos naturais que permitem que os gases se infiltrem nos edifícios.
- Concentrações de poluentes no ar interior são geralmente maiores do que as concentrações dos mesmos poluentes encontradas ao ar livre. O método empregado para controlar a poluição do ar interior é a ventilação. No entanto, a ventilação natural tem sido reduzida nas construções com maior vedação, e normalmente os sistemas de ventilação utilizados não são capazes de reduzir certos tipos de poluentes existentes no ar interior. Além disso, esses sistemas necessitam de manutenção cuidadosa.
- Uma variedade de percursos, processos e forças motrizes afetam a qualidade do ar de uma edificação. O processo natural mais comum envolve a diferença de pressão produzida pelo vento e pelo efeito chaminé, o qual ocorre quando há uma diferença de temperatura entre o ambiente interior e o exterior.
- Poluentes do ar interior têm distintos efeitos em pessoas diferentes e alguns grupos de pessoas são particularmente suscetíveis aos problemas da poluição do ar. Muitas vezes, os sintomas relatados por pessoas que trabalham em um edifício variam. Alguns, inclusive, podem resultar de outros fatores além da poluição do ar.
- Existem dois tipos básicos de edifícios enfermos: aqueles com um problema identificável, tais como mofo ou bactérias, e aqueles com síndrome do edifício doente, em que os sintomas das pessoas não conseguem ser atribuídos a nenhuma causa determinada.
- A fumaça ambiental do tabaco, ou fumo passivo, é o mais perigoso dos poluentes do ar interior.
- O gás radônio que se infiltra nas residências é um grave perigo para a saúde ambiental nos Estados Unidos. Estudos têm sugerido que a exposição às elevadas concentrações de radônio está associada a um risco elevado de câncer de pulmão.
- O controle da poluição do ar envolve várias estratégias, incluindo a ventilação, a remoção da origem, a modificação da origem e a instalação de equipamentos de limpeza do ar, bem como a educação das pessoas.

REVISÃO DE TEMAS E PROBLEMAS

População Humana

A poluição do ar interior existe desde que se decidiu construir casas e nelas viver. Como as populações humanas cresceram e as pessoas construíram uma maior variedade de casas, elas se tornaram expostas a poluentes adicionais. Uma vez que o número de pessoas na Terra continua a aumentar, as pessoas utilizarão cada vez mais diferentes recursos para construir casas para que mais pessoas possam viver em espaços menores. Como resultado, espera-se o aumento da poluição do ar interior no futuro e que ela continue se apresentando como um problema grave de saúde ambiental.

Sustentabilidade

Se fosse aceita a premissa de que a sustentabilidade começa em casa, então a qualidade do ar em residências e nos locais de trabalho seria uma parte importante de um futuro sustentável. A saúde hoje e a das gerações futuras depende de um ar sem poluição onde se convive a maior parte do tempo, que é dentro das casas. Os conflitos podem surgir, no entanto, porque também deseja-se preservar os recursos e construir casas eficientes em termos energéticos, no âmbito da sustentabilidade. Conforme visto, isso pode levar à circulação restrita do ar e consequentemente a problemas de saúde resultantes da poluição do ar interior. Esse conflito pode ser resolvido por meio dos avanços tecnológicos que minimizem a poluição do ar, enquanto ocorre a maximização da eficiência energética.

Perspectiva Global

A poluição do ar interior ocorre em todos os lugares do mundo onde pessoas moram dentro de casas e trabalham em edificações ou qualquer outra forma construída pelo homem, que seja um ambiente fechado, assim como nas minas. Estritamente falando, a poluição do ar interior não é um problema global, mas *é uma questão importante* na abordagem de problemas e preocupações globalmente verificadas com a saúde humana. A fumaça ambiental do tabaco é um grave problema de saúde, assim como é a exposição a concentrações elevadas de gás radônio. Esses são exemplos da toxicidade e dos problemas de saúde encontrados quase em toda parte habitada pelo homem.

Poluição do ar interior pode ocorrer em qualquer lugar fechado onde as pessoas vivem. No entanto, os problemas são mais prováveis nas áreas urbanas que têm problema de poluição significativa do ar exterior. Portanto, nas cidades, caso se queira ajudar a eliminar a poluição do ar interior, é preciso também prestar atenção à qualidade do ar exterior.

A poluição do ar interior apresenta várias fontes. A maioria são produtos químicos produzidos pelo homem. No entanto, o gás radônio, um grave poluente do ar interior, é um produto natural de processos dos solos e das rochas. Assim, verifica-se que também a natureza, além das atividades humanas, também pode poluir.

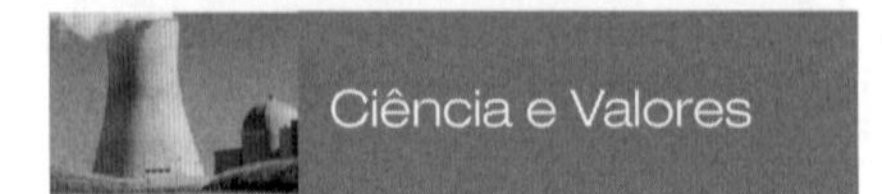

Por muito tempo, não se tem prestado muita atenção no ambiente interior e nas consequências de uma má qualidade desse ar. No entanto, essa questão hoje está para se tornar mais prioritária na vida das pessoas. Acredita-se que, no futuro, os avanços tecnológicos permitirão uma melhor concepção de casas, de edifícios e de outras estruturas para maximizar a qualidade do ar para as pessoas que nelas vivem. Pessoas valorizam o ar limpo, como se pode verificar na reação delas, quando se tornam fumantes passivos. O fumo passivo apresenta um sério risco à saúde dos não fumantes e existe uma pressão social no sentido de encorajar as pessoas a pararem de fumar.

TERMOS-CHAVE

doença do pulmão negro
edifício verde
efeito chaminé
fumaça ambiental do tabaco (FAT)
radônio
síndrome do edifício doente (SED)

QUESTÕES PARA ESTUDO

1. Quais são algumas das fontes comuns de poluentes do ar onde você vive, no trabalho ou onde estuda?
2. Desenvolva um plano de investigação para medir a qualidade do ar interior de sua biblioteca local. Como pode essa pesquisa diferir de uma auditoria similar para os prédios em seu campus?
3. O que você acha sobre o conceito da síndrome do edifício doente? Se você, trabalhando para uma grande empresa, se depara com um grupo de funcionários que declara estar ficando doente e lista uma série de sintomas e de problemas, como você reagiria? O que você poderia fazer? Desempenhe o papel de administrador e desenvolva um plano para enfrentar o problema em potencial.
4. Algumas pessoas argumentam que o risco potencial do gás radônio em residências é muito menor do que o sugerido pela Agência de Proteção Ambiental (EPA). Você concorda ou discorda? Como pode eventuais divergências de opinião serem respondidas?
5. Desenvolva uma rede local para estudar o risco potencial do radônio na sua comunidade. Onde que você começaria? Como você faria a coleta de dados e assim por diante? Se a sua comunidade já foi submetida a extensos testes, veja os resultados e decida se são necessários mais testes.
6. Você acha que o conceito de edifício verde é economicamente viável? Por quê? Por que não?

LEITURAS COMPLEMENTARES

Brenner, D. J. 1989. *Radon: Risk and Remedy*. New York: Freeman. Um livro maravilhoso relativo ao perigo do gás radônio. Ele cobre tudo, desde a história do problema que estava acontecendo em 1989, bem como as soluções. É altamente recomendado.

Brooks, B. O. e W. F. Davis. 1992. *Understanding Indoor Air Quality*. Ann Arbor, Mich.: CRC Press. A avaliação global da poluição do ar interior. Discute-se a maior parte das fontes de poluentes do ar interior, bem como os efeitos na saúde e os métodos de controle.

Marconi, M., B. Seifert e T. Lindvall. 1995. *Indoor Air Quality: A Comprehensive Reference Book*. New York: Elsevier. Um texto completo que abrange todos os aspectos da poluição e da qualidade do ar.

U.S. Environmental Protection Agency. 1991. *Building Air Quality*. EPA/400/1-91/033, DHHS (NIOSH). Publication nº 91–114. Um guia para as questões da qualidade do ar para estruturas de edifícios e seu gerenciamento. Ele tem uma boa seção sobre fatores que afetam a qualidade do ar interior e outra na resolução de problemas.

U.S. Environmental Protection Agency. 1995. *The Inside Story: A Guide to Indoor Air Quality*. Uma breve introdução aos conceitos de poluição do ar interior.

U.S. Environmental Protection Agency. www.epa.gov. *Website* completo, incluindo informações sobre a maioria dos poluentes do ar interior.

U.S. Environmental Protection Agency. 2003. A *Consumer's Guide to Radon Reduction*. EPA 402-K-03-002.Um guia para a remediação do radônio e os fundamentos da exposição ao gás radônio.

Capítulo 26

Minerais e o Meio Ambiente

OBJETIVOS DE APRENDIZADO

A sociedade moderna depende da disponibilidade de recursos minerais, os quais podem ser considerados uma herança não renovável do passado geológico. Após a leitura deste capítulo, deve-se saber:

- Que o padrão de vida da sociedade moderna está relacionado, em parte, à disponibilidade de recursos naturais.
- Quais processos são responsáveis pela distribuição de depósitos minerais.
- Quais são as diferenças entre recursos e reservas minerais.
- Quais fatores controlam o impacto ambiental da exploração mineral.
- Como os resíduos gerados pelo uso de recursos minerais afetam o meio ambiente.
- Quais os impactos sociais da exploração do minério.
- Como a sustentabilidade pode se relacionar ao uso de minerais não renováveis.

Este campo de golfe premiado, em Golden,Colorado, foi por um século uma mina a céu aberto (pedreira) de argila, utilizada na produção de tijolos.

ESTUDO DE CASO

Golden, Colorado: Mina a Céu Aberto se Torna Campo de Golfe

A cidade de Golden, no Colorado, tem uma pista de golfe premiada em uma área em que há cerca de 100 anos havia uma mina a céu aberto (pedreira) escavada sob rocha calcária.

A mina produziu argila, para fazer tijolos, fornecida pelas camadas de barro entre os leitos de calcários. Durante a vida útil da mina, a argila foi utilizada como material de construção, em muitos lugares, incluindo prédios importantes na área de Denver, tais como o palácio do governador de Colorado. Esse local incluía poços de mineração disformes com paredes de calcário verticais, assim como um aterro para depósito de resíduos. Entretanto, possuía uma vista espetacular voltada para o sopé das Montanhas Rochosas. Hoje, as falésias de calcário com a sua planta exposta e os fósseis de dinossauros foram transformadas em uma área de golfe e em um canal navegável. O nome do campo, Fossil Trace Golf Club (Campo de Golfe Vestígios de Fósseis), reflete essa herança geológica e o percurso inclui canais, pântanos construídos e, ainda, três lagos que armazenam a água que escoa por meio de enchentes, contribuindo para a proteção da cidade de Golden contra as inundações. O projeto de recuperação começou com um movimento popular da população de Golden para ter um campo de golfe público. A área recuperada é hoje um gerador de riquezas para a cidade e demonstra que locais de antigas minas podem não somente ser recuperados, mas, igualmente, transformados em propriedade valiosa.

Fossil Trace Golf Club é um local único de recuperação de uma mina. Contudo, cada reforma está baseada, de forma única, nas condições físicas, hidrológicas e biológicas do local. Este capítulo discute a origem dos depósitos de material, assim como as consequências ambientais do desenvolvimento mineral.

26.1 A Importância dos Minerais para a Sociedade

A sociedade moderna depende da disponibilidade de recursos minerais.[1-3] Muitos produtos minerais são encontrados em uma casa típica norte-americana (ver Figura 26.1). Considere um café da manhã típico. Nele provavelmente bebe-se em um copo de vidro produzido a partir da areia, come-se em pratos de argila, tempera-se a comida com sal retirado do solo, as frutas foram cultivadas com a ajuda de fertilizantes, tais como o carbonato de potássio e o fósforo, ainda utilizando utensílios de aço inoxidável, o qual se origina do processamento do ferro, conjuntamente com outros minerais. Enquanto se faz a refeição, normalmente são assistidas as notícias em uma televisão ou em uma tela de computador, ou são ouvidas músicas em um tocador *iPod*, ou então reuniões são marcadas utilizando o telefone celular. Todos estes itens eletrônicos são feitos a partir de metais e do petróleo.

Os minerais são tão importantes para as pessoas que o padrão de vida aumenta com a disponibilidade dos minerais em formas úteis. A disponibilidade de recursos é uma medida da riqueza de uma sociedade. Cresceram e prosperaram aquelas que tiveram sucesso em localizar e extrair, ou em importar e utilizar. Sem os recursos minerais para o cultivo dos alimentos, construção de prédios e estradas e manufaturas de tudo desde computadores até televisões e automóveis, não seria viável a civilização tecnológica como se conhece. Na manutenção do padrão de vida nos Estados Unidos, cada pessoa utiliza, anualmente, cerca de 10 toneladas de minerais não combustíveis.[4]

Os minerais podem ser considerados uma herança não renovável do passado geológico. Embora novos depósitos estejam ainda se formando nos processos presentes da Terra, esses processos produzem novos depósitos de minerais muito vagarosamente para serem utilizados hoje. Por estarem geralmente localizados em locais pequenos e escondidos, eles devem ser descobertos. Infelizmente, a maioria dos depósitos facilmente encontráveis já tem sido explorada; se a civilização moderna estivesse em vias de desaparecimento, as gerações descendentes teriam maior dificuldade em descobrir depósitos ricos em minerais. É interessante especular que as próximas gerações poderiam explorar os aterros atuais em busca de metais descartados pela civilização presente. Ao contrário dos recursos biológicos, os minerais não podem ser facilmente gerenciados de modo a produzir uma safra sustentável; o fornecimento é finito. A reciclagem e a conservação irão ajudar, mas, eventualmente, o fornecimento será exaurido.

26.2 Como se Formam os Depósitos Minerais?

Os metais em forma mineral são usualmente extraídos em sua forma natural, com elevadas concentrações de materiais terrosos. Quando materiais estão concentrados em enormes quantidades pelos processos geológicos, os **depósitos de minérios** são formados. A descoberta de depósitos naturais de minério permitiu que os povos primitivos explorassem cobre, estanho, ouro, prata e outros metais, enquanto vagarosamente desenvolviam habilidades no trabalho com metais.

1. Computador – inclui ouro, silício, níquel, alumínio, zinco, ferro, produtos de petróleo e cerca de 30 outros minerais.
2. Lápis – inclui grafite e argila.
3. Telefone – Inclui cobre, ouro e produtos de petróleo.
4. Livros – Inclui calcário e argila.
5. Canetas – Inclui calcário, mica, produtos de petróleo, argila, sílica e talco.
6. Filme – Inclui produtos de petróleo e prata.
7. Câmera – Inclui sílica, zinco, cobre alumínio e produtos de petróleo.
8. Cadeira – Inclui alumínio e produtos de petróleo.
9. Televisão – Inclui alumínio, cobre, ferro, níquel, silício, terra rara e estrôncio.
10. Rádio – Inclui ouro, ferro, níquel, berílio e produtos de petróleo.
11. CD – Inclui alumínio e produtos de petróleo.
12. Armário de metal – Inclui alumínio e produtos de petróleo.
13. Carpete – Inclui calcário, produtos de petróleo e selênio.
14. Parede – Inclui gipsita, vermiculita, carbonato de cálcio e micas.
15. Mapa geológico – Inclui argilas, produtos de petróleo e pigmentos naturais.
16. Fundação de concreto – Inclui calcário, argila, areia e cascalho.
17. Tinta mineral – Inclui pigmentos (tais como ferro, zinco e titânio).
18. Cosméticos – Inclui compostos químicos com minerais.

Figura 26.1 ■ Produtos minerais em um escritório doméstico. Modificado de Kropschot, S.J. e Johnson, K.M. 2006. U.S. 65. Mineral Resources Program. U.S.G.S. Circular 1289. Menlo Park, Califórnia.

A origem e a distribuição dos recursos minerais estão intimamente ligadas à história da biosfera e ao ciclo geológico como um todo (ver Capítulo 5). Quase todos os aspectos e processos do ciclo geológico estão envolvidos, de alguma forma, com a produção local de concentração de materiais úteis. Nesta seção, primeiramente será vista a distribuição de recursos minerais na Terra e então serão descritos os processos que formam os depósitos minerais.

Distribuição dos Recursos Minerais

A camada externa da Terra, ou a crosta terrestre, é rica em sílica, constituída principalmente de minerais de rochas contendo silício, oxigênio e alguns outros poucos elementos. Estes elementos não estão igualmente distribuídos na crosta: Nove elementos cobrem cerca de 99% do peso da crosta (45,2% de oxigênio; 27,2% de silício; 8,0% de alumínio; 5,8% de ferro; 5,1% de cálcio; 2,8% de magnésio; 2,3% de sódio; 1,7% de potássio; e 0,9% de titânio). Em geral, os elementos remanescentes são encontrados em concentrações-traço.

O oceano, cobrindo quase 71% da Terra, é outra reserva para muitas outras substâncias químicas além da água. A maioria dos elementos do oceano tem sido obtida pelo intemperismo das rochas da crosta no continente e transportada para o oceano pelos rios. Outros elementos são transportados para o oceano pelo vento ou geleiras. A água oceânica contém cerca de 3,5% de sólidos dissolvidos, em sua maioria, cloro (55,1% por peso). Cada quilômetro cúbico de água oceânica contém cerca de 2,0 toneladas de zinco, 2,0 toneladas de cobre, 0,8 tonelada de estanho, 0,3 tonelada de prata e 0,01 tonelada de ouro. Essas concentrações são pequenas se comparadas com as da crosta, onde os valores correspondentes (em toneladas/km^3) são: zinco, 170.000; cobre, 86.000; estanho, 5.700; prata, 160; e ouro, 5. Após a extração de depósitos ricos em minerais, provavelmente se deve extrair os metais de depósitos com menor concentração ou até mesmo de rochas comuns do que da água dos oceanos; entretanto, se a tecnologia de extração mineral se tornar mais eficiente, este prognóstico pode mudar.

Mencionou-se que a exploração ocorre em depósitos – em locais com grandes concentrações. Por que isso? Cientistas planetários agora acreditam que a Terra, como outros planetas no sistema solar, se formou por meio da condensação de matéria ao redor do Sol. A atração gravitacional juntou essa matéria dispersa ao redor da formação do Sol. Enquanto a massa da Terra primitiva aumentava, o material condensado era esquentado por esse processo. O calor era suficiente para produzir um líquido do núcleo derretido, consistido, primariamente, de ferro e outros metais pesados, os quais afundaram para o centro. A crosta, formada geralmente de elementos mais leves, é uma mistura de inúmeros e distintos elementos. Os elementos não estão uniformemente distribuídos na crosta porque os processos geológicos e alguns processos biológicos, seletivamente, dissolvem, transportam e depositam elementos e minerais. Esses processos serão discutidos em seguida.

Limites das Placas Tectônicas

As placas tectônicas são responsáveis pela formação de alguns depósitos minerais. De acordo com a teoria das placas tectônicas (ver Capítulo 5), os continentes (os quais são rochas da crosta terrestre e parte da litosfera) são compostos na maioria das vezes por rochas relativamente leves. Da mesma forma que as placas tectônicas da litosfera se movem vagarosamente através da superfície terrestre, igualmente se movem os continentes. Os depósitos metálicos são constituintes esperados na crosta, tanto onde as placas tectônicas se separam ou divergem quanto onde elas se encontram ou convergem.

Nos limites das placas divergentes, a água oceânica fria entra em contato com rocha derretida quente. A água quente é mais leve e quimicamente ativa. Ela sobe através das rochas fraturadas e carrega juntamente os metais. Os metais são levados em solução e depositados como sulfetos quando a água se esfria.

Nos limites das placas convergentes, as rochas saturadas com água do mar são forçadas uma contra outra, aquecidas e submetidas à intensa pressão, a qual causa um derretimento parcial. A combinação de calor, pressão e derretimento parcial mobilizam os metais das rochas derretidas, ou magma. A maioria dos grandes depósitos de mercúrio, por exemplo, está associada às regiões vulcânicas que ocorrem próximas aos limites das placas convergentes. A geologia acredita que o mercúrio é destilado para fora da placa tectônica quando a mesma se move para baixo; enquanto a placa se esfria, o mercúrio migra para cima e é depositado em profundidades mais rasas, onde a temperatura é menor.

Processos Ígneos

Os processos ígneos estão relacionados ao material da rocha derretido, conhecido como magma. Os depósitos de minérios podem ser formados quando o magma se esfria. Enquanto a rocha derretida se esfria, os materiais mais pesados que cristalizam (solidificam) primeiro podem vagarosamente afundar ou se estabelecer em direção ao fundo do magma, e os minerais mais leves, que cristalizam mais tardiamente, ficam por cima. Acredita-se que depósitos de um minério como o cromo, chamado de cromita, são formados dessa forma. Quando o magma contendo pequenas quantidades de carbono está enterrado profundamente e submetido à alta pressão, durante resfriamento lento (cristalização), diamantes (os quais são carbono puro) podem ser produzidos (Figura 26.2).[5]

Figura 26.2 ■ Mina de diamantes próxima a Kimberley, África do Sul. Este é a maior escavação manual do mundo.

Águas aquecidas se movendo com a crosta são talvez a fonte da maioria dos depósitos de minérios. Especula-se que águas subterrâneas circulantes são aquecidas e enriquecidas com minerais em contato com rochas profundamente enterradas. Essas águas então se movem para cima ou lateralmente para outras rochas esfriadas, onde a água fria deposita os minerais dissolvidos.[6]

Processos Sedimentares

Os processos sedimentares se referem ao transporte de sedimentos pelo vento, água e pelas geleiras. Esses processos geralmente concentram materiais em quantidades suficientes para a extração.

Enquanto sedimentos são transportados, as águas correntes e o vento ajudam a segregar os sedimentos por tamanho, forma e densidade. Essa função de triagem é útil para as pessoas. Os melhores depósitos de areia ou de areia e cascalho para propósitos de construção, por exemplo, são aqueles nos quais os materiais mais finos foram removidos pela água ou pelo vento. As dunas de areia, os depósitos em praias e os depósitos em leitos de rios são bons exemplos. A indústria que explora areia e cascalho chega a ganhar muitos bilhões de dólares anualmente, e em termos de volume total de materiais minados, é uma das maiores indústrias de minerais não combustíveis nos Estados Unidos.[4]

Os processos de cursos d'água transportam e ordenam todos os tipos de materiais, de acordo com o tamanho e a densidade. Portanto, se a rocha sã em uma bacia de um rio contém metais pesados, tais como o ouro, os rios que passam pela bacia podem concentrar os metais em áreas onde há menor turbulência ou velocidade. Essas concentrações, chamadas de depósitos de garimpo, geralmente são encontradas em fendas ou fraturas no fundo dos reservatórios de águas, no lado de dentro das curvas dos rios, ou em correntezas, onde água rasa flui pelas rochas. As minas de garimpo de ouro (antes conhecidas como um método para homens pobres, pois um garimpeiro apenas precisava de uma pá, uma panela e de costas fortes para trabalhar ao lado do fluxo d'água) tiveram um importante papel na colonização da Califórnia, do Alasca e de outras áreas dos Estados Unidos.

Rios e córregos que deságuam nos oceanos e lagos carregam tremendas quantidades de material dissolvido, derivado do desgaste das rochas. Ao longo das eras geológicas, uma bacia marinha rasa pode ter sido isolada por atividade tectônica, o que levantaria as suas bordas. Em outros casos, as variações climáticas, tais como as eras dos gelos, produziram grandes lagos interiores com nenhum exutório. Estas bacias e lagos eventualmente secaram. Como processo da evaporação, os materiais dissolvidos precipitam (saem da solução), formando uma ampla variedade de compostos minerais e rochas, que têm importante valor comercial. A maioria destes *evaporitos* (depósitos originários de evaporação) podem ser agrupados em um dos três tipos:[7]

- *Evaporitos marinhos* (sólidos) – potássio e sais de sódio, gipsita e anidrido.
- *Evaporitos não marinhos* (sólidos) – sódio e carbonato de cálcio, sulfato, borato, nitrato, iodo e compostos de estrôncio.
- *Salmouras* (líquidos derivados de poços, termais, lagos de sal e águas marinhas) – bromo, iodo, carbonato de cálcio e magnésio.

Os metais pesados (assim como cobre, chumbo e zinco) associados com as salmouras e sedimentos no Mar Vermelho, Mar de Salton e em outras áreas são importantes recursos que, no futuro, podem ser explorados. A evaporação de minerais é amplamente utilizada nas atividades industriais e na agricultura, e o seu valor anual é de mais de 1 bilhão de dólares.[7] Os recursos de evaporação e de salmoura nos Estados Unidos são substanciais, assegurando um enorme abastecimento por muitos anos.

Processos Biológicos

Alguns depósitos minerais são formados por processos biológicos e muitos deles sob as condições da biosfera, que tem sido altamente modificada pela existência da vida. Exemplos incluem fosfatos (discutidos no Capítulo 5) e depósitos de minério de ferro.

A maioria dos depósitos de minérios de ferro existentes em rochas sedimentares teve origem há mais de 2 bilhões de anos.[8] Há diversos tipos de depósitos de ferro. As rochas cinzas, um tipo importante, contêm ferro não oxidado. As rochas vermelhas contêm ferro oxidado (a cor vermelha é a cor do óxido de ferro). As rochas cinzas se formaram quando havia pouco oxigênio na atmosfera e as rochas vermelhas quando havia relativamente mais oxigênio. Embora os processos não sejam completamente entendidos, parece que os maiores depósitos de ferro pararam de se formar quando o nível de oxigênio atingiu o nível atual.[9]

Os organismos são capazes de originar muitos tipos de minerais, tais como os minerais de cálcio nas conchas e nos ossos. Alguns desses minerais não podem ser formados inorganicamente na biosfera. Trinta e um minerais diferentes produzidos biologicamente foram identificados. Os minerais de origem biológica contribuem significantemente para os depósitos sedimentares.[10]

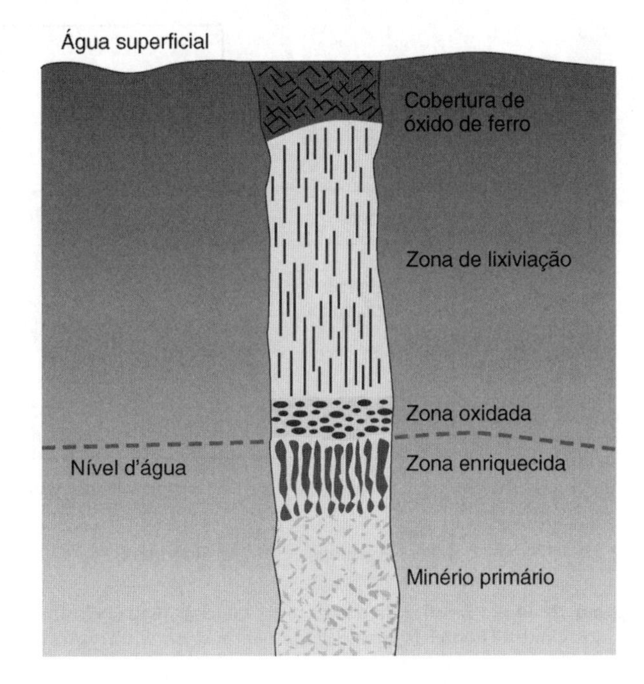

Figura 26.3 ■ Zonas típicas que se formam durante o processo de enriquecimento secundário. Minerais de sulfeto presentes na camada superior de minérios primários são oxidados e alterados e, em seguida, lixiviados na zona oxidada pela água inflitrada e depois depositados na zona enriquecida. A cobertura de óxido de ferro tem geralmente cor avermelhada e pode ser útil na localização de depósitos que foram enriquecidos. (*Fonte:* R. J. Foster, *General Geology*, 4th ed. [Columbus, Ohio: Charles E. Merrill, 1983].)

Processos de Intemperismo

O *intemperismo*, decomposição química e mecânica de uma rocha, concentra alguns minerais no solo. Quando depósitos de minérios insolúveis, tais como o ouro, sofrem a ação do intemperismo nas rochas, eles podem se acumular no solo, a não ser que sejam removidos pela erosão. O acúmulo ocorre mais rapidamente quando a rocha mãe é relativamente solúvel, tal como a rocha calcária. O intemperismo intenso de certos solos derivados de rochas ígneas, ricas em alumínio, pode conter óxidos de alumínio e de ferro. (Os elementos mais solúveis, tais como a sílica, o cálcio e o sódio, são seletivamente removidos por processos do solo e pelos biológicos.) Se suficientemente concentrado, o óxido de alumínio forma um minério de alumínio conhecido como bauxita. Importantes depósitos de níquel e de cobalto são também encontrados em solos oriundos de rochas ígneas ricas em ferro e magnésio.

O intemperismo produz depósitos de minérios de sulfato a partir de minérios primários por meio de processos de *enriquecimento secundário*. Próximo à superfície, o minério primário contendo materiais tais como sulfetos de ferro, cobre e prata está em contato com uma água presente no solo, levemente ácida, e em um ambiente rico em oxigênio. Enquanto os sulfatos são oxidados, eles se dissolvem, formando soluções ricas em ácido sulfúrico, assim como o sulfato de prata e cobre. Essas soluções migram para baixo, produzindo uma zona de lixiviados desprovida de minérios (Figura 26.3). Abaixo da zona de lixiviados e acima do lençol freático a oxidação continua, e soluções de sulfato continuam suas migrações para baixo. Sob o lençol freático, se o oxigênio não está mais disponível, as soluções são depositadas como sulfetos, enriquecendo o metal da camada primária em até 10 vezes. Dessa forma, a baixa qualidade do minério primário tende a ser mais valorizada, e o minério primário de alta qualidade se torna mais atrativo.[11,12] Por exemplo, o enriquecimento secundário de um depósito disperso de cobre em Miami, Arizona, aumentou o grau do minério de menos de 1% no minério primário para, em algumas áreas, até 5%.[11]

26.3 Reservas e Recursos

Pode-se classificar os minerais como recursos ou reservas. Os **recursos minerais** são amplamente definidos como elementos, compostos químicos, minerais ou rochas concentradas de forma que possam ser extraídos para obter uma mercadoria utilizável – algo que possa ser comprado e vendido. Assume-se que um recurso pode ser extraído economicamente ou, ao menos, que tenha potencial para extração econômica. Uma **reserva** é a porção do recurso que é identificada e das quais os materiais úteis podem ser legal e economicamente extraídos *no momento da avaliação* (Figura 26.4).

O que define se um depósito mineral é classificado como parte do recurso base ou como uma reserva é uma questão de ordem econômica. Por exemplo, se um metal importante se torna escasso, o preço pode subir, o qual encorajaria a sua exploração e a extração (mineração). Como resultado do aumento do preço, depósitos previamente não interessantes economicamente (parte da base de recursos antes da escassez e do aumento de preço) podem ser lucrativos e aqueles depósitos seriam reclassificados como reservas.

O ponto principal é que *recursos não são reservas*. Uma analogia da finança pessoal de um estudante pode ajudar a esclarecer esse ponto. As reservas de um estudante são ativos líquidos, tais como o dinheiro no banco, onde os recursos

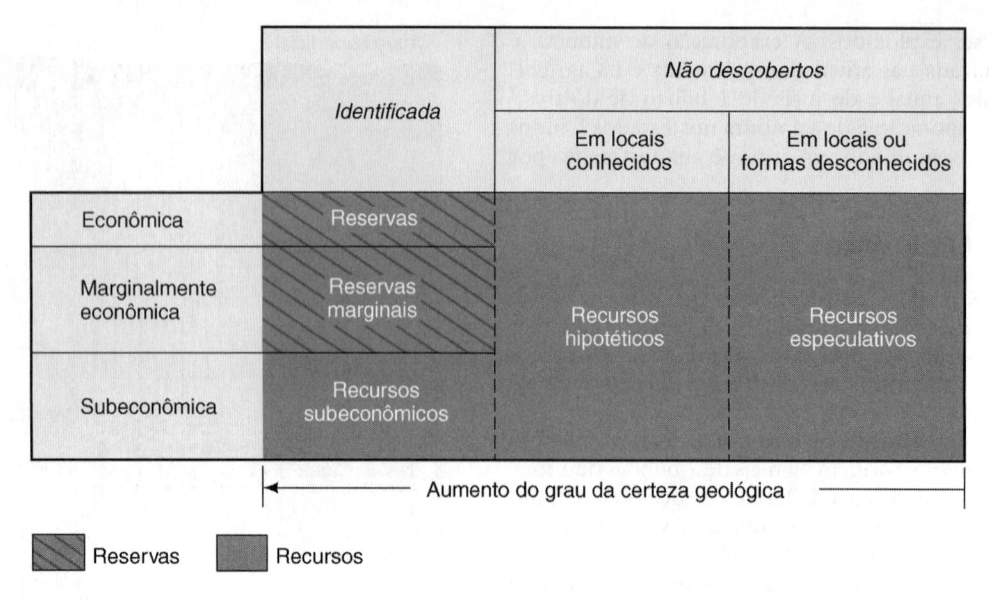

Figura 26.4 ■ Classificação dos recursos minerais usada pelo Instituto Geológico dos Estados Unidos e pela Secretaria de Mineração dos Estados Unidos (Fonte: *Principles of a Resource Preserve Classification for Minerals*, U.S. Geological Survey Circular 831, 1980.)

do estudante incluem a sua renda total, que espera ganhar durante toda a sua vida. Essa distinção é geralmente crucial para um estudante na escola, porque os recursos que podem se tornar disponíveis no futuro não podem ser utilizados para pagar as contas do mês.[13]

Independentemente de potenciais problemas, é importante planejar modos de como estimar recursos futuros. Essa tarefa requere re-análise contínua de todos os componentes do total de um recurso por meio da importância de novas tecnologias, a probabilidade de descoberta geológica e de mudanças das condições econômicas e políticas.[3]

A prata dá uma ilustração de alguns pontos importantes sobre recursos e reservas. Com base em estimativas geoquímicas da concentração de prata em rochas, a crosta terrestre (até uma profundidade de 1 km) contém quase 2×10^{12} toneladas de prata, uma quantidade muito maior do que o uso anual mundial, de aproximadamente 10.000 toneladas. Se esta prata existisse como metal puro concentrado em uma grande mina, representaria um abastecimento suficiente por muitas centenas de milhões de anos nos níveis atuais de uso. A maior parte da prata, entretanto, existe em concentrações extremamente reduzidas, muito baixas para serem extraídas economicamente e com a tecnologia atual. As reservas conhecidas de prata, refletindo a quantidade que se poderia imediatamente obter com as tecnologias conhecidas é de cerca de 200.000 toneladas ou 20 anos de abastecimento em níveis atuais de uso e sem novas reservas.

O problema com a prata, assim como com todos os recursos naturais, não é a sua abundância total, mas a sua concentração e a sua relativa facilidade de extração. Quando um átomo de prata é utilizado, não é destruído, mas se mantém na condição ou forma de um átomo de prata. Ele está simplesmente disperso e pode se tornar indisponível. Em teoria, em face da energia suficiente, todos os recursos minerais poderiam ser reciclados, porém isto não é possível na prática. Considere o chumbo, que é extraído de minerais concentrados. O chumbo que foi utilizado na gasolina por muitos anos agora está disperso nas rodovias ao redor do mundo e depositado em baixas concentrações em florestas, campos e salinas, próximas a essas rodovias. A recuperação desse chumbo é, para todos os efeitos, impossível.

26.4 Classificação, Disponibilidade e Utilização dos Recursos Minerais

Os recursos minerais da Terra podem ser divididos em várias categorias abrangentes, dependendo do seu uso: elementos para a produção de metais e tecnologia; materiais de construção; minerais para a indústria química; e os minerais para a agricultura. Os minerais metálicos também podem ser classificados de acordo com a sua abundância. Os metais abundantes incluem ferro, alumínio, cromo, manganês, titânio e magnésio. Os metais escassos incluem cobre, chumbo, zinco, estanho, ouro, prata, platina, urânio, mercúrio e molibdênio.

Alguns recursos minerais, como sal (cloreto de sódio), são necessários para vida. Povos primitivos viajavam longas distâncias para obter sal quando este não era localmente disponível. Outros recursos minerais são desejados ou considerados necessários para a manutenção de determinado nível de tecnologia.

Quando se pensa sobre recursos minerais, geralmente se pensa em metais; mas, com exceção do ferro, os recursos minerais predominantes não são metálicos. Considere o consumo mundial anual de alguns determinados elementos. O sódio e o ferro são usados em uma taxa de aproximadamente 100 a 1.000 milhões de toneladas por ano. O nitrogênio, enxofre, potássio e cálcio são usados em uma taxa de aproximadamente 10 a 100 milhões de toneladas por ano, notadamente como condicionadores de solo ou fertilizantes. Elementos como zinco, cobre, alumínio e chumbo têm taxas de consumo mundiais anuais de cerca de 3 a 10 milhões de toneladas, e o ouro e a prata têm taxas de consumo anuais de 10.000 toneladas ou menos. Dos minerais metálicos, o ferro representa 95% de todos os metais consumidos; o níquel, cromo, cobalto e manganês são usados principalmente em ligas de ferro (como no aço inoxidável). Desse modo, com exceção do ferro, os minerais não metálicos são consumidos em taxas maiores que os demais elementos metálicos utilizados por causa de suas propriedades específicas.

Disponibilidade de Recursos Minerais

A questão básica em se tratando dos recursos minerais não é o esgotamento ou a extinção atual, mas o custo para a manutenção de um estoque adequado em uma economia que é fruto da mineração e da reciclagem. Em alguns pontos, o custo da mineração excede o valor do material. Quando a disponibilidade de um determinado mineral torna-se uma limitação, há quatro soluções possíveis:

1. Encontrar mais fontes.
2. Reciclar e reutilizar o que já foi obtido.
3. Reduzir o consumo.
4. Encontrar um substituto.

A escolha ou combinação de escolhas a ser feita depende de fatores sociais, econômicos e ambientais.

A disponibilidade de um recurso mineral em forma, concentração e quantidade específicas é uma questão geológica determinada pela história da Terra. O que é um recurso e em que ponto um recurso se torna limitado são, fundamentalmente, questões sociais. Antes de os metais serem descobertos, eles não podiam ser considerados recursos. Antes de a fundição ter sido inventada, os únicos minérios de metal eram aqueles no qual o metal aparecia em sua forma pura. Por exemplo, originalmente o ouro era obtido como metal puro ou natural. Agora, as minas de ouro são profundas e abaixo da superfície, e o processo de recuperação envolve a redução de toneladas de rochas em alguns quilogramas de ouro.

Os recursos minerais são limitados, o que levanta questões importantes. Por quanto tempo um recurso durará? Quanto de deterioração ambiental em curto ou longo prazo se está disposto a aceitar para garantir que recursos sejam desenvolvidos em determinada área? Como se pode fazer o melhor uso dos recursos disponíveis? Essas questões não possuem respostas fáceis. Atualmente, existe um grande esforço em melhorar o modo de estimar a qualidade e a quantidade dos recursos.

Consumo de Minerais

Pode-se utilizar um determinado recurso mineral de várias maneiras diferentes: o consumo imediato, o consumo com conservação, ou o consumo e a conservação com reciclagem. A opção a ser selecionada depende em parte de critérios econômicos, políticos e sociais. A Figura 26.5 mostra as curvas hipotéticas de depleção correspondentes para essas três opções. Historicamente, com exceção dos metais preciosos, o consumo imediato tem dominado a maior parte da utilização dos recursos. Entretanto, como o suprimento de recursos tornou-se escasso, é esperado o aumento da conservação e da reciclagem. Certamente, a tendência com respeito à reciclagem está bem estabelecida para os metais como o cobre, o chumbo e o alumínio.

De um ponto de vista global, os limites dos recursos minerais e das reservas ameaçam o desenvolvimento humano. Na medida em que a população mundial e o desejo por um melhor padrão de vida aumentam, a demanda por recursos minerais se expande a uma taxa cada vez mais elevada. Atualmente, os países mais desenvolvidos consomem uma quantidade desproporcional de recursos minerais extraídos. Por exemplo, os Estados Unidos, a Europa Ocidental e o Japão conjuntamente utilizam a maior parte do alumínio, do cobre e do níquel que é extraído da Terra.[6] Os aumentos previstos para a utilização mundial de ferro, cobre e chumbo, quando ligados aos crescimentos esperados da população, sugerem que a taxa de produção desses metais terá de aumentar em muitas vezes, se a taxa de consumo *per capita* mundial crescer até o nível de consumo atual dos países desenvolvidos. Um crescimento como esse é muito improvável; países ricos, portanto, terão de encontrar substitutos para alguns minerais ou utilizar uma proporção menor da produção mundial anual. Essa situação assemelha-se com as previsões malthusianas discutidas no Capítulo 4: é impossível em longo prazo suportar uma população cada vez maior em uma base de recursos limitada.

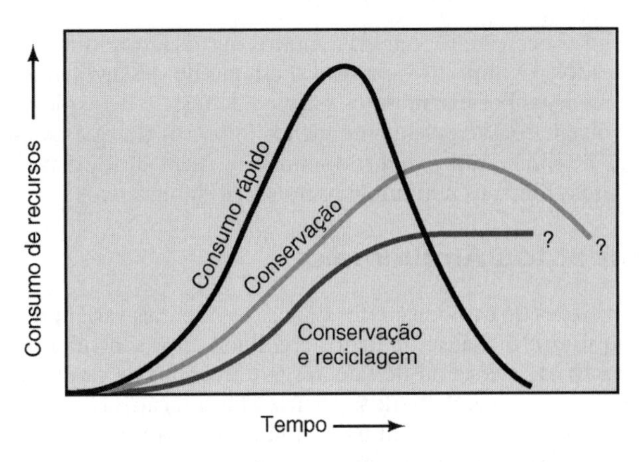

Figura 26.5 ■ Várias curvas hipotéticas de depleção.

Suprimento de Recursos Minerais nos EUA

Os suprimentos domésticos de muitos recursos minerais nos Estados Unidos são insuficientes para o uso corrente e precisam ser complementados por importações de outras nações. Por exemplo, os Estados Unidos importam muito dos minerais necessários para seu complexo militar e sistema industrial, os chamados minerais estratégicos (exemplos incluem bauxita, manganês, grafite, cobalto, estrôncio e amianto). De especial interesse é a possibilidade de que o suprimento de um mineral muito desejado ou muito necessário possa ser interrompido por instabilidade política, econômica ou militar em nações fornecedoras.

O fato de que os Estados Unidos – juntamente com muitos outros países – dependerem de um suprimento estável de importações para adequar à demanda da indústria por minerais não significa necessariamente que os minerais importados não existam no país em quantidades que possam ser exploradas. Antes, isto sugere que há razões políticas, econômicas e ambientais que fazem ser mais fácil, prático e desejável importar o material. Essa situação tem resultado em alianças políticas que de outra forma seriam improváveis. Países industriais frequentemente necessitam de minerais importados de países cujas políticas diferem em muito das adotadas pelo país importador. Como resultado, os países exportadores fazem concessões políticas em direitos humanos e em outras questões que não fariam em outra situação.[2]

26.5 Impactos do Desenvolvimento da Mineração

O impacto da exploração mineral no ambiente depende de fatores como qualidade do minério, procedimentos de mineração, condições hidrológicas locais, clima, tipos de rochas, tamanho da operação, topografia e muitos outros fatores inter-relacionados. O impacto varia com o estágio de desenvolvimento do recurso. Por exemplo, os estágios de teste e de exploração envolvem consideravelmente menos impactos do que os estágios de mineração e de processamento. Além disso, o uso de recursos minerais tem um impacto social significativo.

Impactos Ambientais

Atividades de exploração dos depósitos minerais variam desde a aquisição e análise de dados recolhidos por sensoriamento remoto, de aviões ou de satélites, até trabalho de campo que envolve o mapeamento de superfície e perfuração. Geralmente, a exploração tem um impacto mínimo no ambiente, desde que cuidados sejam tomados em áreas sensíveis, como terras áridas, pântanos e áreas cobertas por *permafrost*. Algumas terras áridas são cobertas por uma fina camada de cristais de rocha sobre sedimento fino de vários centímetros de espessura. A camada de cristais de rocha, chamada de pavimento do deserto, protege o material mais fino da erosão causada pelo vento. Quando o pavimento do deserto é perturbado pela construção de estradas ou outras atividades, o sedimento fino pode ser erodido, comprometendo propriedades físicas, químicas e biológicas do solo e, possivelmente, maculando a área por muitos anos. De maneira similar, pântanos e terras alagadas, como a tundra setentrional, são muito sensíveis até mesmo a pequenos distúrbios como o tráfego de veículos.

A mineração e o processamento de recursos minerais geralmente têm considerável impacto no solo, água, ar e nos recursos biológicos. Além do mais, à medida que se torna necessária a utilização de minérios de categorias mais e mais baixas, os efeitos negativos no ambiente tendem a se tornarem problemas maiores. Por exemplo, há certa preocupação acerca das fibras de amianto nas águas potáveis (do lago Superior) de Duluth, Minnesota, como resultado da eliminação dos resíduos da mineração (rejeitos) de minérios de ferro de baixa concentração.

Uma questão prática principal é se as minas de superfície ou subterrâneas deveriam ser exploradas em uma área. Há inúmeras diferenças entre a mineração de superfície (a céu aberto) e a mineração subterrânea:[1]

Figura 26.6 ▪ Fotografia aérea da cava da mina de cobre de Bingham Canyon, Utah, EUA. É uma das maiores escavações artificiais do mundo.

- Minas subterrâneas são muito menores que as minas a céu aberto.
- Atividades de mineração em minas subterrâneas são menos visíveis, pois áreas menores na superfície são perturbadas.
- Mineração subterrânea produz relativamente menos resíduos de rocha se comparada à mineração a céu aberto. Minas a céu aberto, frequentemente, produzem enormes volumes de resíduos de rocha, com impactos bem visíveis.
- Mineração de superfície é mais barata, entretanto produz maiores efeitos ambientais diretos.

A tendência, em anos recentes, tem-se afastado da mineração subterrânea e seguido na direção de minas a céu aberto (de superfície), como a mina de cobre de Bingham Canyon em Utah, EUA (Figura 26.6). A mina de Bingham Canyon é umas das maiores escavações humanas do mundo, cobrindo cerca de 8 km^2 com uma profundidade máxima próxima dos 800 metros.

As minas de superfície e as pedreiras atualmente cobrem menos de 0,5% da área total dos Estados Unidos. Apesar de o impacto dessas operações serem um fenômeno local, inúmeras ocorrências locais eventualmente constituirão um grande problema. A degradação ambiental tende a se estender para além das terras que são realmente mineradas. Grandes operações de mineração perturbam a área pela remoção direta de materiais de algumas áreas e o despejo de resíduos em outras, alterando, assim, a topografia. No mínimo, essas ações produzem degradações estéticas significativas. Além disso, o pó nas minas pode afetar recursos do ar, apesar de cuidados serem frequentemente tomados para reduzir a produção de pó, aspergindo água sobre estradas e outros lugares que geram pó.

Um problema em potencial associado à exploração de recursos minerais é o possível lançamento de elementos-traço prejudiciais ao ambiente. Recursos aquáticos são particularmente vulneráveis a essa degradação, mesmo se a drenagem for controlada e a poluição sedimentar reduzida. A drenagem superficial é alterada com frequência nas áreas de minas, e o escoamento da chuva pode penetrar em resíduos materiais, lixiviando elementos-traço e minerais. Elementos-traço (cádmio, cobalto, cobre, chumbo, molibdênio e outros), quando lixiviados dos resíduos de mineração e concentrados na água, solo ou plantas, podem ser tóxicos ou causar doenças em pessoas ou outros animais que bebam a água, comam as plantas ou usem o solo. Tanques especialmente construídos para coletar esse escoamento auxiliam e reduzem os impactos, mas não se pode esperar que eliminem todo o problema. As faixas brancas na Figura 26.7 são depósitos minerais aparentemente lixiviados de rejeitos de uma mina de zinco no Colorado. Depósitos de aparência similar podem cobrir rochas em rios por muitos quilômetros rio abaixo a partir de algumas áreas de mineração. Essa degradação óbvia de rios é atualmente um legado de minerações passadas nos distritos históricos de mineração dos Estados Unidos, onde resíduos de rocha ainda encontram-se na superfície e a recuperação não foi realizada. Em países onde as leis sobre mineração são brandas ou não são executadas, a degradação de ar, solo e água ainda ocorre e de maneira muito frequente.[2]

Águas subterrâneas podem ser também poluídas por operações de mineração quando resíduos entram em contato com águas superficiais que correm com baixas velocidades. A infiltração de águas superficiais ou o movimento de águas subterrâneas causa lixiviação de minerais de enxofre, que pode poluir águas subterrâneas e, finalmente, infiltrar-se em córregos para poluir águas superficiais. Problemas das águas subterrâneas são particularmente incômodos, pois a recuperação dessas águas é muito difícil e onerosa (ver Capítulo 22 para

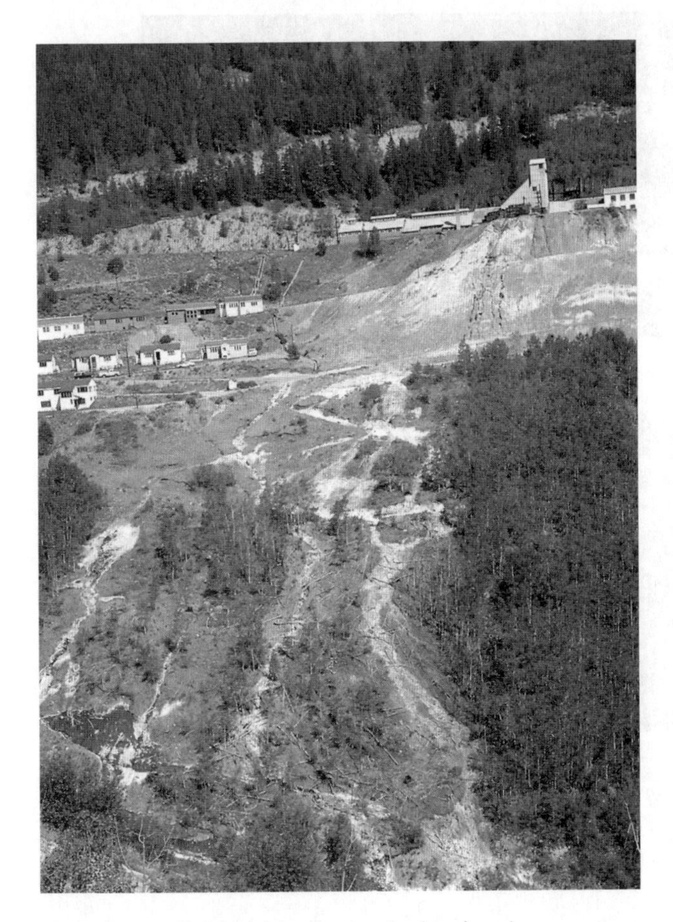

Figura 26.7 ■ Rejeitos de uma mina de chumbo, zinco e prata no Colorado, EUA. As faixas brancas na encosta são depósitos minerais aparentemente lixiviados dos rejeitos.

uma discussão sobre drenagem ácida de minas, agora chamada de drenagem ácida de rochas).

As mudanças físicas no terreno, solo, água e no ar associados com a mineração afetam direta ou indiretamente o meio biológico. Plantas e animais mortos por atividades de mineração, contato com o solo ou águas tóxicas são exemplos de impactos diretos. Impactos indiretos incluem mudanças no ciclo de nutrientes, na biomassa total, na diversidade de espécies e na estabilidade do ecossistema devido a alterações na disponibilidade ou qualidade das águas subterrâneas ou superficiais. Descargas periódicas ou acidentais de poluentes de baixo grau devido à falha de barragens, de tanques ou de desvios de água ou devido ao rompimento de barragens durante inundações, terremotos ou erupções vulcânicas podem de alguma forma causar dano aos ecossistemas locais.

Impactos Sociais

Os impactos sociais associados com mineração em larga escala resultam no rápido fluxo de trabalhadores para áreas despreparadas para crescimento. É exigido muito dos serviços locais como fornecedores de água, sistemas de esgoto e de eliminação de resíduos sólidos, escolas e moradias. O uso do solo altera-se de campos abertos, florestas e agricultura para padrões urbanos. A população adicional também exige mais das áreas de recreação e de áreas selvagens próximas, algumas das quais podem encontrar-se em um equilíbrio ecológico frágil. Atividades de construção e de urbanização afetam os córregos locais através da poluição sedimentar, redução da qualidade da água e do aumento do escoamento superficial. A qualidade do ar é reduzida como resultado de maior quantidade de veículos, pó oriundo de construções e da geração de energia.

Impactos sociais adversos ocorrem também quando minas são fechadas; cidades nos arredores de grandes minas acabam dependendo da renda dos mineiros empregados. O fechamento de minas criou as bem conhecidas cidades-fantasmas no velho oeste norte-americano. Hoje, o preço do carvão e de outros minerais afeta diretamente o sustento de muitas pequenas cidades. Essa relação é especialmente evidente na região montanhosa dos Apalaches, dos Estados Unidos, onde os fechamentos de minas de carvão estão cobrando o seu preço. Esses fechamentos são parte do resultado da diminuição do preço do carvão e parte do aumento do custo de mineração.

Uma das razões para os custos de mineração estarem subindo é o aumento das exigências das leis ambientais relativas à indústria de mineração. É claro, leis têm ajudado também a tornar a mineração mais segura e facilitado a recuperação do solo. Alguns mineiros, entretanto, acreditam que as leis não são flexíveis o bastante, e há alguma verdade em seus argumentos. Por exemplo, algumas áreas mineradas podem ser recuperadas para uso como terras cultiváveis, uma vez que as encostas originais foram aplainadas. As leis, entretanto, podem exigir a restauração do terreno para seu estado acidentado original, apesar de encostas gerarem terras cultiváveis inferiores.

26.6 Minimização do Impacto Ambiental Associado ao Desenvolvimento da Mineração

A minimização dos impactos ambientais da exploração mineral exige que seja considerado todo o ciclo de recursos minerais, mostrado na Figura 26.8. A inspeção desses diagramas revela que muitos componentes do ciclo estão relacionados à geração de resíduos. De fato, os principais impactos ambientais da utilização de recursos minerais estão relacionados aos resíduos da produção. Os restos resultam em poluição que pode ser tóxica para os seres humanos, pode prejudicar os ecossistemas naturais e a biosfera, e pode ser esteticamente indesejado. Os resíduos podem atacar e degradar recursos como o ar, água, solo e os seres vivos. Os resíduos também esgotam recursos minerais não renováveis e, quando são simplesmente eliminados, não proporcionam benefício algum para a sociedade.

As regulamentações ambientais em níveis federal, estadual e local abordam temas como resíduos, poluição do ar e da água resultantes de todos os aspectos do ciclo mineral. As regulamentações podem abordar também recuperação de solo usado para mineração. Hoje, nos Estados Unidos, aproximadamente 50% do solo utilizado pela indústria de mineração foi recuperado.

A minimização dos efeitos ambientais associados à mineração toma vários caminhos inter-relacionados:[2]

- *Recuperação* de áreas onde ocorreram distúrbios físicos, hidrológicos e biológicos. (Ver o Detalhamento 26.1.)
- *Estabilização de solos* que contêm metais, para minimizar a sua dispersão no meio ambiente. Geralmente isso requer que solos contaminados sejam removidos e acomodados em um local para resíduos.

(a)

(b)

(c)

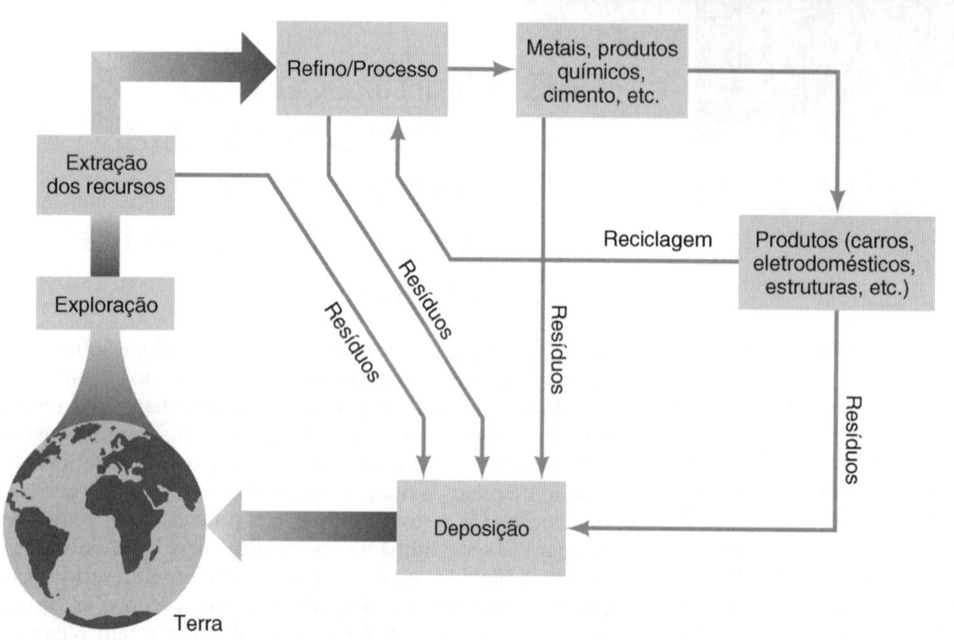

(d)

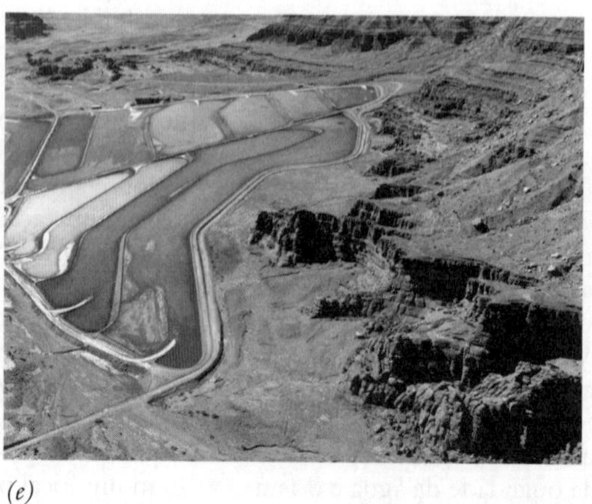

(e)

Figura 26.8 ■ Fluxograma simplificado do ciclo de recursos minerais: (*a*) mineração do ouro na África do Sul; (*b*) fundição do cobre, Montana, EUA; (*c*) folhas de cobre para uso industrial; (*d*) eletrodomésticos em parte feitos de metal; e (*e*) deposição dos resíduos da mineração de mina de ouro em Montana, em um reservatório de rejeito.

DETALHAMENTO 26.1

Jardins de Butchart do Canadá: Do Feio para o Éden

É comum ouvir que uma pessoa, no lugar certo e na hora certa, realmente pode fazer a diferença. Jenny Butchart, no começo de 1900, teve a visão de transformar a mina exaurida de seu marido em um jardim. Hoje poderia ser utilizado o termo *recuperação de mina* para um projeto assim. A história que se segue é de pura transformação. Um jardim que começou como uma pedreira monstruosa de calcário se tornou os Jardins de Butchard, uma atração turística da ilha Vancouver, Colúmbia Britânica, Canadá, visitada por quase um milhão de pessoas por ano. A história dos Jardins de Butchard oferece uma breve ilustração dos princípios de restauração ambiental e do uso sequencial do solo.

A história está intimamente ligada com a da indústria do cimento. O processo de produção do cimento Portland foi desenvolvido, em 1824, na Inglaterra. O processo inclui a moagem fina de uma mistura exata entre calcário e xisto que se aquecia até aproximadamente sua temperatura de fusão em um forno rotativo. Esse material é posteriormente moído até se tornar partículas finas de novo, que são ensacadas e vendidas aos consumidores. Adicionando agregados como cascalho ao cimento é feito o concreto, que é uma parte essencial da construção em todo ambiente urbano.

Robert Butchart foi instruído no processo de fabricação do cimento Portland durante a sua lua de mel em 1884. Em 1902, ele descobriu a existência de calcário localizado a aproximadamente 20 km ao norte da cidade de Victoria, na ilha Vancouver. Ele decidiu que o terreno era o local ideal para o estabelecimento de uma indústria de cimento e lá implantou a Indústria de Cimento da Enseada do Bacalhau, em 1904. O calcário utilizado para produzir o cimento Portland se esgotou em 1908 e o que ficou para trás foi uma escavação aberta de 20 m de profundidade, com uma paisagem desagradável à vista. As paredes da pedreira eram praticamente calcários cinzas e verticais.

Foi quando Jenny Butchard entrou em cena. Ela tinha pouca experiência com jardins, mas era fascinada com o lugar e com a ideia de transformar a pedreira em um jardim em uma cava. Seu marido apoiou este esforço e, com a ajuda de alguns trabalhadores, ela trouxe, a cavalo e de carrinho, uma quantidade maciçiva de solo para formar canteiros de jardim no chão da pedreira. O jardim que foi concluído em 1921 logo se tornou uma atração turística. Hoje o jardim cresceu e possui fontes, jardins de rosas, lagos, jardins japoneses e outras atrações, além do jardim no buraco original. A história dos Jardins de Butchart ilustra o poder da visão de uma pessoa para transformar a paisagem de um terreno degradado e feio em um lugar lindo e esteticamente agradável.

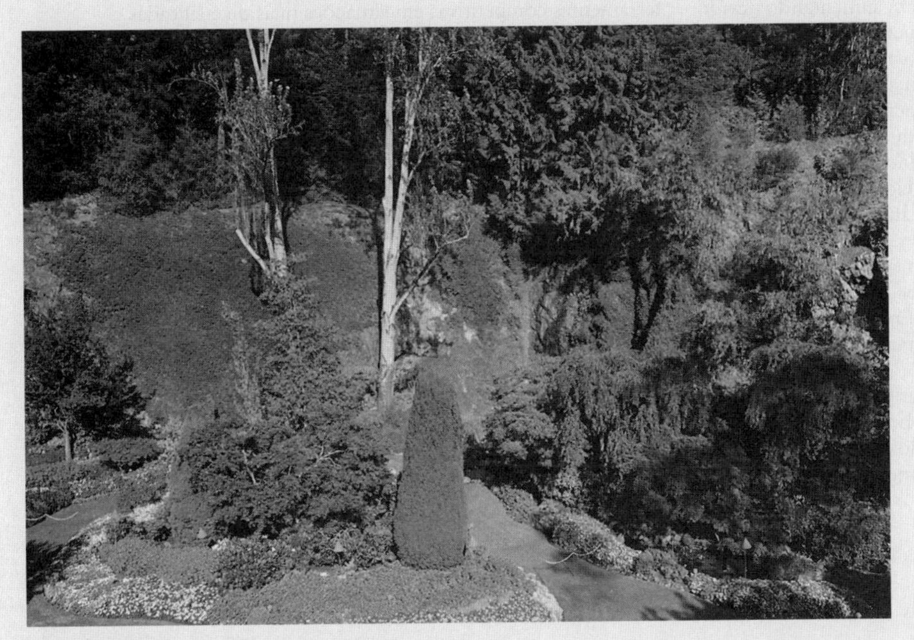

Figura 26.9 ■ Jardins de Butchart, ilha Vancouver, Canadá. O terreno desses jardins foi outrora uma pedreira de calcário.

- *Controle de emissão atmosférica* de metais e outros materiais das áreas de mineração.
- *Prevenção (por tratamento) da água contaminada em escapar ou tratamento da água contaminada que escapou do local da mina.* O tratamento mais comum para a drenagem ácida de rocha (antes denominada drenagem ácida de mina) é neutralizar a acidez potencial com um material, tal como o calcário. Isso geralmente pede a construção de uma instalação de tratamento de resíduos.
- *Tratamento de resíduos no local e fora do local.* Minimizar problemas, no local e fora dele, controlando a poluição do sedimento, da água e do ar por meio de uma boa engenharia e de práticas de conservação é um objetivo importante. De particular interesse é o desenvolvimento de processos biotecnológicos, tais como a bio-oxidação, biolixiviação e bioabsorção, bem como de engenharia genética de micróbios. Essas práticas têm enorme potencial para a extração de metal e a minimização da degradação ambiental. Por exemplo, as terras alagadas construídas (por engenharia) são usadas em vários lugares; plantas com alta tolerância à acidez em terras alagadas removem metais oriundos de águas residuárias das minas e neutralizam a acidez provocada pela atividade biológica.[14] Na mina de Homestake Gold, Dakota do Sul, a bio-oxidação é utilizada para transformar a água contaminada de operações de mineração em substâncias que são ambientalmente seguras; o processo utiliza bactérias com uma capacidade natural de oxidar cianeto para nitratos não prejudiciais.[15]
- *Praticar os três Rs da gestão de resíduos.* Isto é, reduzir a quantidade de resíduos produzidos; reutilizar materiais no fluxo de resíduos o tanto quanto for praticável; maximizar as oportunidades de reciclagem.

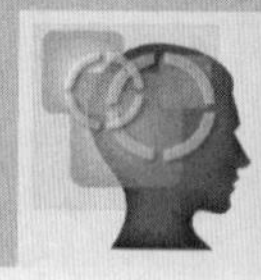

QUESTÕES PARA REFLEXÃO CRÍTICA

A Mineração com Microrganismos Protege o Meio Ambiente?

A mineração é uma prática antiga, primeiramente exercida há pelo menos 6.500 anos. Métodos modernos de mineração são mais tecnologicamente sofisticados, porém usam os mesmos processos básicos (escavação e fundição) para isolar metais valiosos. Para serem economicamente viáveis, esses métodos têm requerido tradicionalmente minérios em alta concentração e fontes baratas de energia, tanto quanto a aceitação da mina como minimamente impactante ao ambiente em sua extensão. Embora essas condições tenham prevalecido durante a maior parte da história humana, elas estão se transformando. As explorações minerais de antigamente estão conduzindo a indústria da exploração de minério para minérios de baixa concentração; energias não renováveis são onerosas e estão desaparecendo; e uma preocupação com a degradação do meio ambiente e as suas consequências para a saúde humana e animal está ganhando espaço. A demanda por minérios, no entanto, está também aumentando devido ao crescimento populacional e ao desenvolvimento tecnológico.

Por exemplo, a média do grau de pureza do minério de cobre despencou de 6 para 0,6% durante o último século, tornando as minas de cobre mais energeticamente dispendiosas e menos eficientes. Cinco toneladas de carvão são necessárias para a produção de uma tonelada de cobre, e todo quilograma de cobre produzido representa 89 kg de resíduo. Minas abertas de cobre derramam ácidos e metais pesados como arsênico em águas superficiais e subterrâneas. A fundição produz dióxido de enxofre e outros componentes gasosos, tanto como partículas, que contribuem para a poluição do ar.

Organismos microscópicos produzidos por biotecnologia oferecem uma nova perspectiva para a mineração. Em 1989, mais do que 30% do cobre extraído nos Estados Unidos dependeram de processos bioquímicos que começam com um micróbio, *Thiobacillus ferrooxidans*. Processos biológicos têm também sido utilizados na mineração de ouro e de urânio. Há pesquisas em curso sobre o uso de micróbios para remover o enxofre do cobre e o cianeto dos resíduos de mineração. A união de processos biológicos com a mineração é denominada *bio-hidrometalurgia*.

No futuro, será possível usar micróbios em minérios sem removê-los da terra. Metalurgistas se visualizam perfurando as paredes e fraturando-as e, em seguida, inserindo bactérias nessas paredes e fraturas. O minério pode ser removido por meio da injeção de água nas paredes, removendo o minério e reciclando a água. Especialistas em biotecnologia esperam que a engenharia genética possa desenvolver bactérias para a mineração específica de cada metal, quando elas já não existirem naturalmente.

A desvantagem da *bio-hidrometalurgia* é sua lentidão, requerendo décadas em vez de anos, e os métodos para quebrar minérios em partículas suficientemente pequenas para a extração ainda não estão disponíveis. Já existem, contudo, métodos biológicos possíveis para minérios de baixo grau de pureza, que superam os métodos convencionais. Futuramente as inovações tecnológicas farão deles ferramentas competitivas em situações mais diversificadas.

Perguntas para Reflexão Crítica

1. Quais são as vantagens ambientais da *bio-hidrometalurgia* em comparação com os métodos convencionais? Quais são as possíveis desvantagens?

2. Como você prevê os possíveis perigos de organismos geneticamente modificados para o uso na mineração, com base nos perigos de organismos geneticamente modificados para o uso na agricultura e na medicina?

3. Alguns especialistas acreditam que sem pressões econômicas (por exemplo, o declínio dos minérios de alto grau de pureza, aumento da energia requerida para a extração de metais, regulamentações governamentais sobre poluição, recessões econômicas), a indústria da mineração não continuaria a explorar métodos bioquímicos. Como o governo poderia encorajar a indústria da mineração a patrocinar mais pesquisas e esforços para o desenvolvimento e a expansão de processos bioquímicos? Desenvolva uma proposta para a política governamental.

Detalhando os 3Rs com mais minúcias. Os resíduos de algumas partes do ciclo mineral podem ser classificados como minérios, pois contêm materiais que podem ser reciclados e novamente utilizados para fornecer energia ou produtos úteis.[16,17] A noção de reutilizar resíduos não é nova. Esses metais como ferro, alumínio, cobre e chumbo têm sido reciclados há muitos anos e ainda o são atualmente. Por exemplo, o metal de quase todos os milhões de automóveis descartados anualmente nos Estados Unidos é reciclado.[17,18]

O valor total de metais reciclados é de cerca de 40 bilhões de dólares. Disso, o ferro e o aço correspondem aproximadamente a 90% do peso e 40% do valor total dos metais reciclados. Ferro e aço são reciclados em volume tão grande por três razões:[19] Primeira, o mercado de ferro e aço é enorme e, como resultado, há uma grande coleta de sucata e indústria de processamento. Segunda, um enorme ônus econômico resultaria da não reciclagem. Terceira, a não reciclagem criaria impactos ambientais significativos relacionados à deposição de mais de 50 milhões de toneladas de ferro e aço.

É estimado que cada tonelada de aço reciclado economiza 1.136 kg de minério de ferro, 455 kg de carvão e 18 kg de calcário. Além disso, apenas um terço da energia é necessário para produzir aço de sucata reciclada, comparando-se à energia requerida utilizando o minério em sua forma natural.[18]

Outros metais que são reciclados em grandes quantidades incluem chumbo (63%), alumínio (38%) e cobre (36%).[4] A reciclagem do alumínio reduz a necessidade de importação do minério bruto de alumínio e economiza aproximadamente 95% da energia necessária para a sua produção a partir da bauxita.[18]

26.7 Minerais e Sustentabilidade

Considerar simultaneamente o desenvolvimento sustentável e a exploração mineral é problemático. Isso porque as fontes minerais não renováveis são consumidas em um determinado período e a sustentabilidade é um conceito de longo prazo, que inclui encontrar caminhos para prover às gerações futuras de compartilhamento limpo dos recursos da Terra.

Recentemente, foi sugerido que, com a inteligência humana e tempo suficiente para a reflexão, poderão ser encontradas soluções sustentáveis para o desenvolvimento que incorporem recursos minerais não renováveis.

A inteligência humana é importante porque, muitas vezes, nem sequer precisa-se tanto do mineral, mas, sim, daquilo onde se utiliza o mineral. Por exemplo, executa-se a mineração de cobre e utiliza-se para transmitir eletricidade em cabos ou pulsos eletrônicos em cabos telefônicos. Não é o cobre por si só que se deseja, mas, sim, as propriedades do cobre que permitem essas transmissões. Podem ser utilizados cabos de fibra de vidro na telefonia, evitando o uso de cobre. As câmeras digitais eliminaram a necessidade de filmes que utilizam a prata. A mensagem é que é possível compensar um mineral não renovável pela descoberta de novos meios de se fazer as coisas. Da mesma forma, aprende-se a utilizar os minerais brutos de maneira mais eficaz. Por exemplo, quando a Torre Eiffel foi construída, ao final de 1800, 8.000 toneladas cúbicas de aço foram utilizadas. Hoje a torre poderia ser construída com um quarto desse total.

Encontrando substitutos ou meios de usar fontes não renováveis mais eficientemente requer algumas décadas de pesquisa e de desenvolvimento. Uma medida do tempo disponível para encontrar a solução para a decadência das reservas não renováveis é a **razão *R/C***, onde *R* são as reservas (por exemplo, milhares de toneladas de metais) e *C* é a taxa de consumo (por exemplo, milhares de toneladas por ano usadas pelas pessoas). A razão *R/C* é geralmente mal interpretada como o tempo que as reservas vão durar na atual taxa de consumo. Durante os últimos 50 anos, a razão *R/C* para metais como zinco e cobre flutuou em 30 anos. Durante aquela época, o consumo desses metais praticamente triplicou. Isso foi possível devido à descoberta de novos depósitos de metais. A razão *R/C* é uma análise atual de um sistema dinâmico no qual tanto a quantidade de reservas como o consumo podem mudar no tempo. No entanto, a taxa provê uma visão de como uma fonte mineral específica pode se alterar. Esses minerais, com uma razão relativamente baixa, podem ser vistos como fornecedores de curto prazo, ou seja, recursos para os quais se devem encontrar substitutos a partir das inovações tecnológicas.

Em resumo, deve-se aproximar o desenvolvimento sustentável do uso das fontes minerais não sustentáveis, encontrando meios de utilizar mais amplamente essas fontes, desenvolvendo meios eficientes de minerá-las, utilizando mais eficazmente os recursos disponíveis, reciclando mais e aplicando a inteligência humana para encontrar substitutos em cada função específica, na qual um recurso não renovável é utilizado.

RESUMO

- Os recursos minerais são normalmente extraídos de sua forma natural, em enormes concentrações de materiais terrosos. Tais depósitos naturais permitiram aos povos primitivos a exploração de minerais, enquanto vagarosamente desenvolviam as habilidades tecnológicas.
- A origem e a distribuição de recursos minerais estão intimamente ligadas à história da biosfera e ao ciclo geológico. Quase todos os aspectos e os processos do ciclo geológico estão envolvidos, de certa forma, em produzir concentrações locais de materiais úteis.
- Os recursos minerais não são reservas minerais. A não ser que sejam descobertos e explorados, os recursos não podem ser utilizados para se referir à presente escassez.
- A disponibilidade dos recursos minerais é uma medida de riqueza social. As civilizações tecnologicamente modernas não seriam possíveis sem a exploração dos recursos minerais. No entanto, é importante reconhecer que os depósitos minerais não são infinitos e que não se pode manter o crescimento exponencial da população em uma base de recursos finita.
- Os Estados Unidos e muitas outras nações influentes dependem de importações de muitos recursos minerais para o seu abastecimento. Enquanto outras nações se industrializam e se desenvolvem, tais importações podem ser mais difíceis de obter e países influentes podem ter de encontrar substitutos para alguns minerais ou utilizar uma porção menor da produção mundial anual.
- O impacto ambiental da exploração mineral depende de muitos fatores, incluindo os procedimentos de mineração, as condições hidrológicas locais, clima, tipos de rochas, tamanho da operação, topografia, entre outros fatores.
- A mineração e o processamento de recursos minerais afetam profundamente o solo, assim como a água, o ar e os recursos biológicos, causando também impactos sociais, como resultado do aumento da demanda por habitação e serviços nas áreas de mineração.
- Devido ao aumento futuro da demanda por recursos minerais, deve-se estar empenhado na diminuição dos problemas, tanto no local quanto fora dele, e em controlar o sedimento, a água e a poluição do ar, por meio da boa engenharia e das práticas de conservação.
- O desenvolvimento sustentável e a utilização de recursos não renováveis não são necessariamente incompatíveis. Reduzindo o consumo, reusando, reciclando e encontrando substitutos são maneiras ambientalmente preferíveis de atrasar ou de aliviar as possíveis crises causadas pela convergência de um crescimento rápido da população e uma base de recursos limitados.

REVISÃO DE TEMAS E PROBLEMAS

População Humana

O aumento de população é a maior questão na disponibilidade e uso dos recursos minerais. Vivenciaria-se a maior crise mineral atual se a taxa de consumo para todas as pessoas do mundo fosse de qualquer modo próxima daquela dos países desenvolvidos. Portanto, à medida que a população humana aumenta e os países desenvolvidos aumentam a sua demanda, é preciso encontrar maneiras para reduzir o consumo mineral *per capita*. Como anteriormente enfatizado, a satisfação das necessidades por minerais de uma população em crescimento, em uma base de recursos finitos, em níveis atuais, é impossível no longo prazo.

Sustentabilidade

Muitos assuntos sobre a sustentabilidade surgem do uso de recursos minerais, pois muitas etapas do ciclo mineral estão relacionadas aos problemas de gerenciamento dos resíduos, incluindo a poluição do solo, do ar e da água. Caso se queira melhorar a qualidade do meio ambiente para as futuras gerações, deve-se encontrar maneiras de minimizar os efeitos adversos da exploração, do desenvolvimento e da utilização. De importância particular serão as medidas de conservação com a finalidade de reduzir o uso de minerais, reusando materiais e reciclando sempre que possível.

Perspectiva Global

Os recursos minerais estão dispersos em várias localidades na Terra, onde foram concentrados pelos processos geológicos. Como a origem de muitos depósitos minerais está diretamente relacionada às placas tectônicas, entender como funciona o mundo permite uma perspectiva melhor dos recursos minerais.

Mundo Urbano

A utilização dos recursos minerais está concentrada em áreas urbanas, onde a maioria das pessoas vive. Portanto, as áreas urbanas são os lugares onde a reciclagem de minerais, tais como o alumínio, o ferro e o cobre, é economicamente mais viável.

Homem e Natureza

A natureza produziu os recursos não renováveis em um passado geológico distante. Eles são parte da herança da Terra. Tais recursos têm sido utilizados ao longo da história humana como ferramentas de construção de nossa civilização de acordo com sua a disponibilidade. O grande desafio dos humanos é continuar com o uso dos minerais sem danificar a natureza.

Ciência e Valores

Para os que valorizam a qualidade do meio ambiente, a mineração e outras atividades relacionadas ao ciclo mineral que podem causar grandes danos ambientais, existe atualmente um grande interesse em desenvolver o conhecimento necessário para minimizar efeitos adversos da utilização mineral. Uma variedade de novas tecnologias nesta área tem surgido nos últimos anos, incluindo a biotecnologia, a qual utiliza o meio biológico para encontrar soluções ambientais relacionadas ao ciclo mineral, particularmente no que se refere ao gerenciamento de resíduos.

TERMOS-CHAVE

depósitos de minérios
razão *R/C*
recursos minerais
reserva

QUESTÕES PARA ESTUDO

1. Qual a diferença entre um recurso e uma reserva?
2. Sob quais circunstâncias o lodo de esgoto pode ser considerado um recurso mineral?
3. Se as minas superficiais e as pedreiras cobrem menos de 0,5% da superfície dos Estados Unidos, por que há tanta preocupação ambiental com relação a elas?
4. Quando reciclar um mineral é uma opção viável?
5. Quais processos biológicos podem influenciar depósitos minerais?
6. Um mergulhador afirma que o oceano pode prover todos os recursos minerais com nenhum efeito negativo ao meio ambiente. Você concorda ou discorda?
7. Quais os fatores determinam a disponibilidade de um recurso?
8. Utilizar recursos minerais envolve quatro fases: (a) exploração, (b) recuperação, (c) consumo, (d) disposição de resíduos. Qual fase você acha que tem o maior impacto ambiental?
9. Como o uso de recursos minerais não renováveis pode ser compatível com o desenvolvimento sustentável?

LEITURAS COMPLEMENTARES

Brookins, D. G. 1990. *Mineral and Energy Resources.* Columbus, Ohio: Charles E. Merrill. Um bom resumo de recursos minerais.

Kesler, S. F. 1994. *Mineral Resources, Economics and the Environment.* Upper Saddle River, NJ.: Prentice Hall. Um bom livro sobre recursos minerais.

Capítulo 27

O Capital e a Percepção Ambiental: Economia e as Questões Ambientais

OBJETIVOS DE APRENDIZADO

Por que as pessoas valorizam os recursos ambientais? A que ponto as decisões relativas ao meio ambiente baseiam-se na economia? Outros capítulos deste livro explicam as causas dos problemas ambientais e discutem as soluções técnicas. As soluções científicas, no entanto, são apenas uma parte da resposta. Este capítulo introduz alguns conceitos básicos da economia ambiental e mostra como esses conceitos ajudam a entender as questões ambientais. Após a leitura deste capítulo, deve-se saber:

- Como a percepção do valor futuro de um bem ambiental afeta a disposição de pagar por ele agora.
- O que são "externalidades" e por que elas são importantes.
- Quanto de risco se está disposto a aceitar para o ambiente e para os seres humanos.
- Como se pode atribuir um valor aos intangíveis ambientais, por exemplo, a beleza paisagística.

Ontem e hoje. Acima: fotografia de Ashed Curtis, fornecida pela Sociedade Histórica do Estado de Washington, mostra o povo da tribo Makah caçando baleias e trazendo uma baleia cinza para a praia, aproximadamente no ano de 1900. Abaixo: fotografia de Theresa Parker (Makah) mostra a caça bem-sucedida de uma baleia, em 17 de maio de 1999.

ESTUDO DE CASO

Hambúrgueres de Baleia ou Conservação das Baleias, ou Ambos?

A atitude em relação às baleias varia amplamente ao redor do mundo. Em junho de 2005 uma cadeia de *fast-food*, no norte do Japão, iniciou a oferta de hambúrgueres de carne de baleia (com alface e maionese). Comer baleia é em parte uma prática cultural histórica no Japão. No mesmo mês, na reunião anual da Comissão Internacional da Baleia (CIB), o Japão anunciou que dobraria a captura de baleias-minke, uma baleia pequena, muito abundante. O porta-voz da Nova Zelândia chamou essa decisão de "vergonhosa" e o ministro do Meio Ambiente da Austrália, Ian Campbell, denominou-a "ultrajante". Ambos, a Nova Zelândia e a Austrália, estão ganhando cada vez mais com o turismo relacionado à observação de baleias.

A posição oficial dos Estados Unidos é de oposição a qualquer caça às baleias. Mas a CIB concordou que, por motivos de tradição cultural, os esquimós podem caçar 67 baleias-da-groenlândia por ano.[1] Na primavera de 1999, oito jovens da tribo Makah, que vivem perto da foz do estreito de Juan de Fuça, na península Olympic, no estado de Washington, EUA, lançaram-se ao mar em uma canoa da década de 1920, e em uma semana haviam matado uma baleia-cinzenta de 40 toneladas, utilizando uma combinação de arpões tradicionais e arma de fogo. "Todos se sentiram como se estivessem fazendo a história," afirmou Micah L. McCarty, um membro do conselho tribal. "Inspirou um renascimento cultural, por assim dizer. Isso motivou muitos indivíduos a aprender os trabalhos artísticos e tornarem-se mais ativos na construção de canoas; a geração mais nova ficou mais interessada em cantar e dançar."[2]

Figura 27.1 ■ Gravura medieval europeia de uma caça à baleia.

Os defensores mais ardentes da CIB querem acabar com toda a caça à baleia, enquanto a Noruega, Japão e vários grupos nativos americanos continuam a caçar baleias como uma tradição cultural. Qual é a forma "correta" de pensar sobre a caça às baleias? Quem está certo? E em até que ponto as questões econômicas entram nesse panorama? Houve época em que a caça às baleias era um negócio importante para os pescadores da Nova Inglaterra (Figuras 27.1 e 27.2). Esse negócio ainda é tão significativo para justificá-lo? E isso irá colocar as baleias em risco de extinção?

Talvez mais do que qualquer outro problema de espécies em extinção, o caso das baleias atrai debates internacionais intensos e formais. Neste capítulo, será possível ter alguma ideia sobre porque importa tanto a questão baleeira, e como a economia desempenha ou não um papel importante.

Figura 27.2 ■ Barbas da baleia-da-groenlândia (seus dentes modificados) em uma doca em São Francisco, no final do século XIX, quando essas placas flexíveis eram importantes peças de suporte dos corpetes femininos e em outras aplicações em que resistência e flexibilidade eram importantes. Elas foram substituídas por novas armações de aços e, assim, o mercado para as barbas de baleia desapareceu. A caça comercial à baleia-da-groenlândia se encerrou com o começo da I Guerra Mundial.

O estudo de caso sobre a caça às baleias ilustra a importância dos conflitos sobre os valores, incluindo os valores econômicos. Neste capítulo, será mostrado que a análise econômica pode ajudar a entender como conservar os recursos renováveis.

27.1 A Importância Econômica do Meio Ambiente

Em meados dos anos 1990, os Estados Unidos gastaram aproximadamente 115 bilhões de dólares por ano, cerca de 2% do Produto Nacional Bruto da nação, para lidar com a poluição. Estimar os custos da poluição é, claro, uma tarefa difícil, pois existem vários tipos de custos e muitos são bastante escondidos. Economistas da organização Recursos para o Futuro (*Resources For the Future* – RFF), Washington, D.C., estimam que o custo apenas dos poluentes atmosféricos mais importantes – particulados finos e grossos, dióxido de enxofre, dióxido de nitrogênio e compostos orgânicos voláteis – situa-se entre 75 bilhões e 280 bilhões de dólares por ano nos Estados Unidos. Para efeitos de comparação, o orçamento anual de defesa dos EUA é de aproximadamente 440 bilhões de dólares. O total do custo com esses poluentes é muito maior do que o orçamento de 6 bilhões de dólares da Agência de Proteção Ambiental (EPA).[3]

Baseando-se apenas nestes dados, despoluir o ambiente, embora demande altos investimentos, apresenta claros benefícios econômicos. Por exemplo, as populações que estão sujeitas aos elevados níveis de certos poluentes (habitantes de grandes cidades, por exemplo) têm menor expectativa média de vida e maiores incidências de determinadas doenças. A poluição por particulados em cidades dos EUA contribui anualmente para 60.000 mortes por ano,[4] e 2% a 9% do total da mortalidade em cidades está associada com a poluição atmosférica por material particulado.[5] Até o ano de 2010, as emendas ao Ato do Ar Limpo, aprovadas pelo Congresso norte-americano em 1990, previniram 23.000 mortes prematuras nos Estados Unidos, 1,7 milhão de episódios de asma e mais de 60.000 internações hospitalares decorrentes de problemas respiratórios. O valor dos benefícios foi estimado em 110 bilhões de dólares, em 2010, enquanto os custos foram estimados em 27 bilhões de dólares. Esses valores referem-se apenas às emendas aprovadas em 1990.

Os danos à saúde causados pela poluição atmosférica são um fator tangível – isto é, pode ser mensurado e quantitativamente detectado. Outros fatores, tais como a beleza da paisagem e constatar que as baleias-da-groenlândia estão vivas, são intangíveis. Eles são importantes, mas não se pode quantificá-los tão facilmente. A tomada de decisão em relação ao meio ambiente, frequentemente, talvez quase sempre, envolve a análise de fatores tangíveis e intangíveis. Um deslizamento de lama que resulte na alteração da declividade do terreno é um exemplo de um fator tangível; a beleza do local antes do deslizamento e a sua feiura depois são exemplos de intangíveis. Dos dois, os fatores intangíveis são os mais difíceis de lidar, pois são de difícil medição e de valoração econômica. No entanto, a avaliação de intangíveis está se tornando mais importante. Uma das tarefas da **economia ambiental** é desenvolver métodos para avaliação de intangíveis que proporcionem bons indicativos, sejam fáceis de entender e que sejam quantitativamente confiáveis. Não é um objetivo fácil!

27.2 O Meio Ambiente como Bem de Uso Comum

Frequentemente as pessoas que usam um recurso natural não agem de modo que mantenha o recurso e o seu meio ambiente em um estado renovável, isto é, elas não procuram a sustentabilidade. À primeira vista isso parece enigmático. Por que as pessoas não agem em favor de algo de seu próprio interesse? A análise econômica sugere que o lucro como motivo, por si só, nem sempre leva uma pessoa a agir no melhor interesse do meio ambiente. Aqui serão fornecidas duas razões porque isso pode acontecer.

A primeira razão baseia-se naquilo que o ecologista Garrett Hardin chamou de "a tragédia dos comuns".[6] Quando um recurso é compartilhado, o ganho pessoal do lucro da exploração do recurso normalmente é maior do que o prejuízo individual resultante da perda. A segunda razão deve-se à baixa taxa de crescimento e, portanto, da baixa produtividade de um dado recurso.

Um **bem de uso comum** é a terra (ou outro recurso) possuída pela população com acesso público para usos privados. O termo *bem de uso comum* (ou *bens comunais* ou *bens comuns*; ou simplesmente *comunais* ou *comuns*), originou-se de terras cuja propriedade era coletiva em cidades na Inglaterra e na Nova Inglaterra, especialmente separadas para que todos os fazendeiros da cidade pudessem deixar o seu gado pastar. Compartilhar a área de pastagem funcionava desde que o número de cabeças de gado fosse suficientemente reduzido para evitar o desgaste excessivo dessa área de pastagem. Parecia que os indivíduos de boa vontade entenderiam os limites de um bem de uso comum. Mas se for ponderar acerca dos benefícios e dos custos para cada fazendeiro, como se fosse um jogo, cada fazendeiro certamente tentaria maximizar o ganho pessoal e avaliar periodicamente se deveria adicionar mais gado ao rebanho de um bem de uso comum. A adição de uma vaca representa tanto um valor positivo, quanto um valor negativo. O valor positivo é o benefício obtido quando o fazendeiro vende aquela vaca e valor negativo é o pastoreio adicional daquela vaca. O benefício individual de vender a vaca para lucro pessoal é maior do que a participação pessoal na perda causada pela degradação do comum. O plano de curto prazo no jogo, então, é sempre adicionar outra vaca.

Uma vez que os indivíduos agirão para aumentar o uso do recurso comum, no final, a área de pastagem comum estará tão superpovoada com o gado, que nenhum animal conseguirá a alimentação adequada e, logo, a pastagem será destruída. No curto prazo todos parecem ganhar, mas no longo prazo todos perdem. Isso se aplica de maneira geral: A liberdade de ação em um bem de uso comum inevitavelmente provoca a ruína para todos. A implicação parece clara: sem algum gerenciamento ou controle, todos os recursos naturais tratados como um bem de uso comum serão inevitavelmente destruídos.

Como se pode lidar com a tragédia dos comuns? É um problema não resolvido. Como diversos pesquisadores escreveram recentemente "Nenhum tipo individual de propriedade – governamental, privada ou comunitária – é sempre bem ou mal-sucedida para impedir a deterioração de um recurso importante." Na tentativa de resolver esse quebra-cabeça, a análise econômica pode ajudar.

Existem muitos exemplos de bens comuns, tanto no passado quanto no presente. Das florestas dos Estados Unidos, 38% estão em terras públicas; pertencentes à população, essas florestas são bens comuns. Os recursos em regiões internacionais, tais como as reservas pesqueiras oceânicas, distantes das costas, e o leito profundo oceânico, onde se encontram depósitos de minerais valiosos, são bens comuns internacionais não controlados por apenas uma nação. O Grande Banco de Areia de Chagos, no oceano Índico, é um exemplo clássico de bem comum (Figura 27.3).

A maior parte do continente Antártico é um bem comum, embora lá existam algumas reivindicações territoriais e as nego-

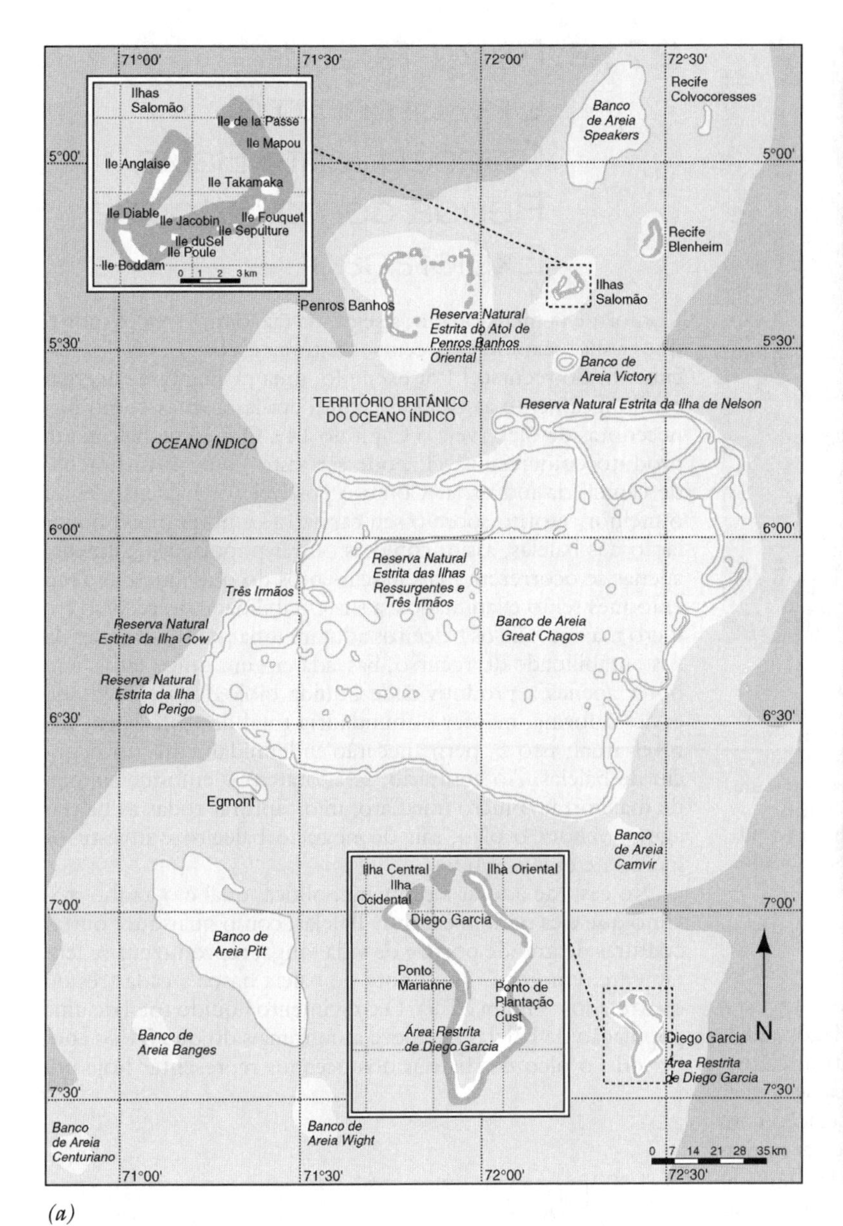

(*a*)

(*b*) Peixe nas águas dos recifes de corais de Chagos.

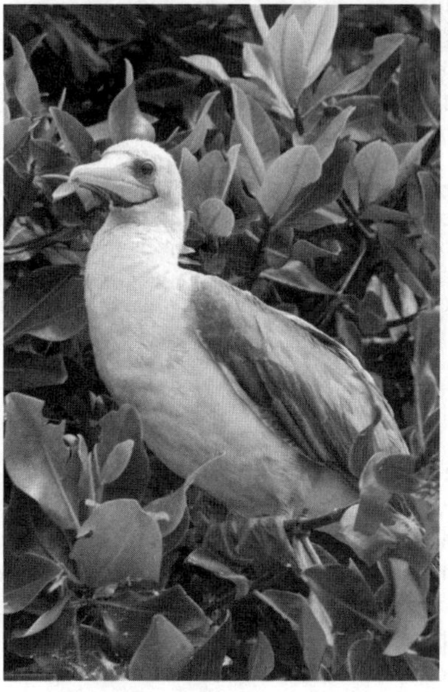

(*c*) Um atobá-de-pé-vermelho em uma árvore.

Figura 27.3 ■ Território britânico do oceano Índico: um tipo de bem comum. (*a*) Esta grande região, chamada de Arquipélago Chagos, contém o Grande Banco de Areia de Chagos, a maior estrutura de atol no mundo, cobrindo 13.000 quilômetros quadrados. Entre outros usos, ele funciona como uma grande reserva de pesca de atum e, dessa forma, é um bem comum global. (*b*) Também é o hábitat ou o lar de muitas espécies raras, tais como as belas aves aquáticas (*c*) e, assim, serve como um bem comum da biodiversidade.

ciações internacionais seguem há anos sobre a conservação da Antártica e o possível uso de seus recursos.

A atmosfera também é um bem de uso comum, tanto nacional quanto internacionalmente. Considere a possibilidade do aquecimento global. Indivíduos, corporações, serviços públicos, veículos automotores e nações adicionam dióxido de carbono ao ar por meio da queima de combustíveis fósseis. Justamente como Garrett Hardin sugeriu, as pessoas tendem a responder mais pelo benefício próprio (queimando mais combustíveis fósseis) do que pelo benefício dos bens comuns (queimando menos combustíveis fósseis). O quadro aqui é um tanto complexo, porém com muito esforço continuado para trazer cooperação a essa questão comum.

No século XIX, a queima de lenha em lareiras era a maior fonte de aquecimento nos Estados Unidos (e a lenha ainda é a principal fonte de calor em muitas nações). Até os anos 1980, o fogo de lenha em uma lareira ou em um forno à lenha era considerado um conforto simples, proporcionando calor e beleza; as pessoas gostavam de sentar-se ao redor dele e observar as chamas. Essa atividade deve ter uma longa história nas sociedades humanas. No entanto, nos anos 1980, com populações crescentes e residências de férias em estados como Vermont e Colorado, a queima de lenha em residências começou a poluir localmente o ar. Especialmente em cidades de vales, circundadas por montanhas, o ar tornou-se sujo, a visibilidade diminuiu e havia a potencialidade de efeitos adversos sobre a saúde humana e sobre as condições ambientais. Como resultado, algumas comunidades restringiram ou proibiram o uso de lareiras e de fornos à lenha. O ar local é um bem comum e a sua superutilização requereu uma transformação da sociedade.

A recreação é um problema dos bens comuns – com o excesso de visitantes em parques nacionais, áreas selvagens e outras áreas naturais de recreação. Como exemplo, cita-se o Parque Nacional Voyageurs, no norte de Minnesota. O par-

Figura 27.4 ■ O Parque Nacional Voyageurs, no norte de Minnesota, possui muitos lagos apropriados para barcos de recreação. Mas qual tipo de embarcação – quais tipos de motores, quais tamanhos de barcos – é uma controvérsia que se arrasta, ilustrando os diferentes conflitos que surgem em um parque nacional como um bem de uso comum, seus valores intangíveis (a beleza do cenário) sobre valores tangíveis (a oportunidade para pessoas ganharem a vida provendo barcos e guias). Nesta figura, ilustra-se um passeio guiado em um barco motorizado.

que, localizado no interior do bioma da floresta boreal (veja o Capítulo 8) da América do Norte, contém muitos lagos e ilhas e é um excelente lugar para pescar, caminhar, praticar canoagem e vivenciar a vida selvagem. Antes de a área se tornar um parque nacional, era utilizada para lazer e recreação com barcos a motor, motos de neve e com a prática de caça; muitas pessoas da região tiravam o seu sustento do turismo baseado nesses tipos de recreação. Alguns grupos ambientalistas argumentam que o Parque Nacional Voyageurs é ecologicamente frágil e precisa ser legalmente designado como uma área de vida selvagem dos EUA, para protegê-lo do uso exacerbado e dos efeitos adversos dos veículos motorizados. Também se argumenta que a *Boundary Waters Canoe Area* (veja o Capítulo 10), que fica próxima e possui cerca de 400.000 hectares, fornece ampla área selvagem, e que Voyageurs pode suportar um nível moderado de caçadores e de transporte motorizado, e assim esses usos deveriam ser permitidos.

No cerne desse conflito está o problema dos bens de uso comum que, nesse caso, pode ser escrito como: Qual é o uso público apropriado para as áreas ou terras públicas? Devem ser liberadas todas as áreas públicas para todos os usos públicos? Algumas áreas públicas devem ser protegidas do público? Atualmente, os Estados Unidos possuem uma política de usos diferentes para áreas diferentes. Em geral, os parques nacionais são abertos ao público para inúmeros tipos de lazer e recreação, enquanto as áreas selvagens específicas têm visitação e tipos de utilização restritos. Por exemplo, o Parque Nacional Voyageurs possui belos corpos d'água e existe uma imensa controvérsia sobre quais tipos de embarcações são apropriados, alguns argumentando que um parque nacional deve ter apenas embarcações não motorizadas, enquanto outros defendem todos os tipos (Figura 27.4).

27.3 Baixa Taxa de Crescimento e Consequente Baixa Renda como Fator de Exploração

Conforme já mencionado, a segunda razão que leva os indivíduos a superexplorar os recursos naturais é a baixa taxa de crescimento do recurso.[7] Por exemplo, uma maneira de enxergar economicamente as baleias é considerá-las apenas como fornecedoras de óleo (veja o Capítulo 14). O óleo de baleia, um produto comercializável, pode ser visto como investimento de capital da indústria. Como é possível aos baleeiros obter o melhor retorno sobre o seu capital? (Lembrar que a população das baleias, assim como as outras populações, aumenta apenas se ocorrerem mais nascimentos do que mortes.) Dois enfoques serão examinados: a sustentabilidade do recurso e o lucro máximo. Se os baleeiros adotam uma política simples de sustentabilidade do recurso, baseada em um único fator, irão obter apenas a produtividade líquida biológica de cada ano e, dessa forma, manter a abundância total das baleias em seu nível atual; isto é, permanecerão indefinidamente no negócio de baleias. Ao contrário, se adotarem o enfoque simples de maximizar o lucro imediato, irão capturar todas as baleias agora, vender o óleo, sair do negócio baleeiro e investir os lucros até então obtidos.

No caso de adotar a primeira política, qual é o ganho máximo que eles podem esperar? Baleias, como quaisquer outras criaturas de grande porte e de vida longa, reproduzem-se lentamente; em geral, um filhote de baleia nasce a cada três ou quatro anos (Figura 27.5). O crescimento líquido total de uma população de baleias não deve atingir mais do que 5% ao ano. Se todo o óleo das baleias dos oceanos representar hoje um

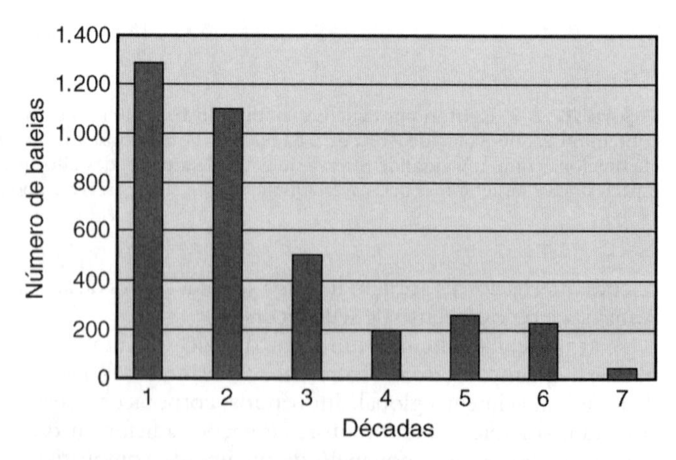

Figura 27.5 ■ Baleias-da-groenlândia mortas por baleeiros ianques (capturadas e mortas), no período de 1849 a 1914. O número de baleias mortas é mostrado para cada década. O fato de o número de baleias mortas ter diminuído rapidamente, embora a caça tenha continuado, indica que a população diminui rapidamente – ou seja, elas não foram capazes de se reproduzirem em uma taxa que poderia substituir a grandes capturas nas duas primeiras décadas. (*Fonte*: Redesenhado a partir de J. R. Bockstoce e D. B. Botkin, *The Historical Status and Reduction of the Western Arctic Bowhead Whale (Balaena mysticetus) Population by the Pelagic Whaling Industry, 1849-1914.* Final report to the U.S. National Marine Fisheries Service by the Old Dartmouth Historical Society, 1980.)

valor de 100 milhões de dólares, então o máximo que os baleeiros podem lucrar a cada ano é 5% desse valor, ou 5 milhões de dólares. Nesse intervalo, eles teriam que pagar o custo de manutenção dos navios e de outros equipamentos, juros sobre empréstimos e salários de empregados – todos esses fatores que reduzem a margem de lucro. Se os baleeiros adotarem a segunda política e capturarem todas as baleias, então eles poderão investir o dinheiro obtido com a venda do óleo. Embora o retorno sobre investimentos varie, mesmo um investimento conservador de 100 milhões de dólares resultaria em milhões de dólares anualmente e isso poderia ser obtido sem o custo de pagar uma tripulação, manutenção de navios, compra de combustível, venda do óleo e assim por diante.

É bem razoável e prático, se for considerado apenas o lucro direto, a adoção da segunda política: caçar todas as baleias, abandonar o negócio e investir o dinheiro. As baleias não são um investimento de alto lucro em prazos longos, considerando-se a política de sustentabilidade dos recursos. Nota-se que essa discussão sugere que a caça à baleia em mares abertos pode também ser vista como um problema dos bens comuns, que se agrava ainda mais pela reduzida taxa de crescimento do animal.

Não é surpresa que existam cada vez menos companhias dedicadas à pesca da baleia e que as companhias tenham deixado o negócio baleeiro quando os seus navios ficaram velhos e ineficientes. Poucas nações permitem a caça à baleia e, aquelas que a fazem estão amparadas por motivos culturais. Por exemplo, a caça à baleia é importante para a cultura dos esquimós e alguma caça de baleias-da-groenlândia ocorre no Alasca; a carne de baleia é uma comida tradicional japonesa e por essa razão ela é mantida.

Outro fator a se considerar na utilização de recursos é a escassez relativa de um dado recurso necessário, o que afeta o seu valor e, portanto, o seu preço. Por exemplo, se um baleeiro vivesse em uma ilha isolada onde elas fossem suas únicas fontes de alimento e não houvesse comunicação com outras pessoas, então o seu principal interesse em relação às baleias seria o de se manter vivo. Ele não poderia vender todas as baleias para maximizar lucro, pois não haveria ninguém para comprar. Faria sentido que ele caçasse de forma a manter a população de baleias. Ou o baleeiro poderia estimar que a sua própria expectativa de vida fosse de apenas dez anos e, para evitar inanição, ele teria que consumir as baleias acima da capacidade que elas têm de se reproduzirem. Ele poderia tentar caçar as baleias em um ritmo tal que elas seriam extintas ao mesmo tempo em que ele estivesse morto. "Já que não poderei levá-las comigo, consumirei todas enquanto vivo" seria a atitude dele.

Se navios começassem aportar regularmente em sua ilha, ele poderia negociar e começar a beneficiar-se de algum valor futuro das baleias. Se existissem direitos de propriedade sobre o oceano, de modo que ele pudesse "possuir" as baleias que vivessem dentro de uma certa distância de sua ilha, então ele poderia considerar o valor econômico de possuir esse direito sobre as baleias. Ele poderia vender os direitos sobre baleias futuras, ou emprestar, dando-as em hipoteca, assim lucrando durante a sua vida com os benefícios gerados por baleias que só seriam capturadas após a sua morte. Provocar a extinção das baleias não seria necessário.

Por meio da caça de baleias, pode-se perceber que é necessário ir além das vantagens econômicas imediatas e diretas. Políticas que parecem eticamente boas podem não ser as mais lucrativas para um indivíduo. A análise econômica esclarece como um recurso ambiental é utilizado, o que é percebido como um valor intrínseco e, portanto, o seu preço – e isso remete à questão das externalidades.

27.4 Externalidades

Uma falha no raciocínio relativo às baleias, diria um economista ambiental, é que se deve estar preocupado com as externalidades do negócio de baleias. Uma **externalidade**, igualmente conhecida como **custo indireto**, é um efeito normalmente não considerado na análise de custos-rendimentos dos produtores e, frequentemente, por eles não reconhecida como parte dos seus custos e benefícios.[7] Colocando de forma simplificada, as externalidades são custos ou benefícios que não aparecem na etiqueta de preço.[8] No caso da indústria baleeira, as externalidades incluem a perda de dividendos com barcos de turistas utilizados para observar as baleias e a perda do papel ecológico das baleias no ecossistema marinho. Classicamente os economistas concordam que uma maneira de um consumidor tomar uma decisão racional é a comparação dos custos verdadeiros contra os benefícios que o consumidor procura. Se os custos verdadeiros não são revelados, então o preço estará equivocado e os compradores não poderão agir racionalmente.

A poluição do ar e da água fornece bons exemplos de externalidades. Considere a produção de níquel a partir do refino de minério em Sudbury, Ontário, que apresenta efeitos ambientais sérios, conforme discutido no Capítulo 15. Tradicionalmente, os custos econômicos associados com a produção de níquel, de um minério, comercialmente utilizável são os **custos diretos** – isto é, aqueles pagos pelo produtor e diretamente repassados para o usuário ou comprador. Nesse caso, os custos diretos compreendem a compra do minério, a compra da energia para o funcionamento da usina, a construção das instalações e o pagamento de empregados. Enquanto isso, as externalidades incluem custos associados com a degradação do meio ambiente devido às emissões da usina. Por exemplo, antes da implementação do controle da poluição, a usina de Sudbury destruiu a vegetação em uma grande área, o que ocasionou aumento na erosão. Embora as emissões atmosféricas dos fornos tenham sido substancialmente reduzidas e os esforços de restauração tenham iniciado uma lenta recuperação da área, a poluição continua sendo um problema, e a recuperação total do ecossistema local poderá levar um século ou mais.[9] Existem custos associados com o valor das árvores, com a restauração da vegetação e do solo para um estado produtivo.

Problema número um: Qual é o verdadeiro custo de limpeza do ar em Sudbury? Os economistas dizem que existe muita discordância sobre esse valor, no entanto todos concordam que ele é maior do que zero. Apesar disso, ar e água limpos são negociados e considerados como se os seus valores fossem zero. O que se pode fazer para que o valor do ar e da água limpos e outros benefícios ambientais sejam socialmente reconhecidos como valores maiores do que zero? Em alguns casos, o valor monetário pode ser determinado. Os recursos hídricos para energia e outras aplicações podem ser determinados pela vazão dos rios e pela quantidade de água armazenada em rios e lagos; os recursos florestais podem ser valorados pelo número, tipo e pelo tamanho das árvores e o subsequente rendimento dessas árvores em madeira; e os recursos minerais podem ser valorados pela estimativa da quantidade em toneladas de mineral valioso em determinados locais. A valoração de recursos naturais tangíveis – tais como ar, água, florestas e minerais –, antes do uso ou do manejo de uma dada área em particular, é atualmente um procedimento-padrão.

Problema número dois: Quem deve arcar com esses custos? Alguns sugerem que os custos ambientais e ecológicos deveriam ser incluídos no custo de produção por meio de impostos e taxas. O custo seria pago pela corporação que diretamente se beneficia da venda do recurso (níquel, no caso de Sudbury) ou seria repassado, com o aumento do preço de venda, para os usuários (compradores) de níquel. Outros sugerem que esses custos deveriam ser repartidos por toda a sociedade e pagos pela taxação geral (tais como os impostos de venda e o imposto de renda). Em suma, a questão é se é melhor financiar o controle da poluição utilizando o dinheiro dos impostos ou um enfoque do tipo "poluidor pagador". Atualmente, os economistas geralmente concordam que o enfoque do tipo "poluidor pagador" resulta em incentivos mais fortes para a redução economicamente efetiva da poluição.

27.5 Capital Natural, Intangíveis Ambientais e Utilidades Ecossistêmicas

Funções de Utilidade Pública da Natureza

Um fator complicador na percepção da mantenção da limpeza do ar e da água é que os ecossistemas fazem parte dessa limpeza sem a ajuda humana – e isso tem sido feito desde antes da Revolução Industrial. As florestas absorvem os particulados, as marismas salinas convertem os compostos tóxicos em não tóxicos, as zonas úmidas e os solos orgânicos tratam o esgoto (veja o Detalhamento 21.4 e também o Capítulo 13). Essas são as chamadas *funções de utilidade pública* ou de serviços públicos da natureza. Por exemplo, estima-se que as abelhas polinizem plantações no valor de 20 bilhões de dólares nos Estados Unidos. O custo de polinizar manualmente essas plantações seria exorbitante, então um poluente que eliminasse as abelhas

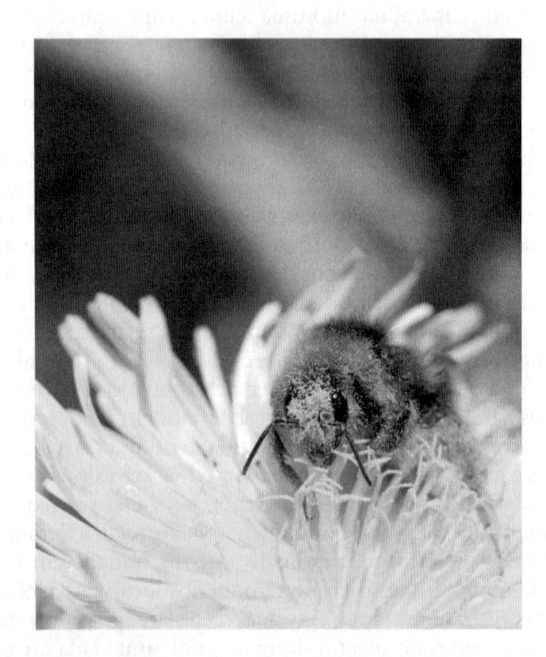

Figura 27.6 ■ Funções de serviço público de seres vivos. Criaturas selvagens e ecossistemas naturais realizam funções de utilidade pública para os humanos – executando trabalhos importantes para a sobrevivência humana que seriam extremamente dispendiosos. Por exemplo, as abelhas polinizam milhões de flores importantes para a produção de alimentos, para o suprimento de madeira e estética.

apresentaria consequências econômicas indiretas de alto montante. Raramente se pensa nesse benefício das abelhas. Recentemente, porém, uma explosão de parasitas de abelhas, nos Estados Unidos, reduziu a abundância das abelhas, trazendo esse fator intangível para a atenção do público (Figura 27.6).

Como outro exemplo, as bactérias fixam o nitrogênio nos oceanos, lagos, rios e solos. Seria imenso o custo de substituir esta função em termos de produção e de transporte dos fertilizantes nitrogenados fabricados artificialmente, porém novamente os humanos raramente pensam nessa atividade das bactérias. As bactérias também limpam a água do solo pela decomposição dos compostos químicos tóxicos.

A atmosfera realiza um serviço público ao atuar como um imenso local para deposição de gases tóxicos. Por exemplo, monóxido de carbono é convertido, ao final, em dióxido de carbono, que não é tóxico, ou por reações químicas inorgânicas ou por meio de bactérias.

Apenas quando o meio ambiente perde uma função de utilidade pública é que, usualmente, se reconhece o benefício econômico. Então, o que tem sido aceita como externalidade econômica (custo indireto) justamente pode se transformar em um custo direto.

Neste momento, consideram-se essas estimativas apenas como aproximações grosseiras, uma vez que o valor é de difícil medição. As funções de utilidade ou serviço público de seres vivos que beneficiam os humanos e outras formas de vida têm sido estimadas, fornecendo anualmente entre 3 a 33 trilhões de dólares em benefícios.[10,11] Os economistas referem-se aos sistemas ecológicos que fornecem esses benefícios como *capital natural.*

Valorando a Beleza da Natureza

A beleza da natureza – frequentemente referida pelo termo mais geral de *estética da paisagem* – é outro importante intangível ambiental. Tem sido importante para as pessoas desde quando a espécie humana existe e, certamente, tem sido importante desde quando as pessoas escrevem, pois a beleza da natureza é um tema recorrente na literatura e na arte. Uma vez mais, assim como as florestas limpam o ar, defronta-se como uma questão difícil: Como se determina um valor ou preço para a beleza da natureza? O problema é ainda mais complicado, pois dentre os inúmeros tipos de cenários que são apreciados, muitos deles foram modificados por ação humana. Por exemplo, os campos abertos das fazendas de Vermont melhoraram a visão das montanhas e das florestas à distância, e quando a atividade rural diminuiu, nos anos 1960, o estado começou a oferecer incentivos aos fazendeiros para a manutenção de seus campos abertos e, assim, auxiliar na economia do turismo.

Um dos problemas que desorientam a avaliação estética é a preferência pessoal. Uma pessoa pode apreciar um prado em uma montanha elevada, distante da civilização, uma segunda pessoa pode preferir visitar, acompanhada, um pátio de uma pousada no início de uma trilha, uma terceira pode preferir visitar um parque urbano, e uma quarta pessoa pode preferir a beleza austera de um deserto. Ao se considerar os fatores estéticos em análise ambiental, é preciso desenvolver um método de avaliação estética que leve em conta as preferências individuais subjetivas – um tópico ainda não resolvido.

Alguns filósofos sugerem que existem características específicas da beleza da paisagem, e que se pode usá-las para definir o valor dos intangíveis. Alguns sugerem que os três elementos da beleza da paisagem são a coerência, a complexidade e o mistério – mistério na forma de algo visto em parte, mas não completo, ou não totalmente explicado. Outros filósofos argumentam que as principais qualidades estéticas são a unidade, a vivacidade e a variedade.[12] *Unidade* refere-se à qualidade ou à integridade da paisagem observada – não como uma montagem, mas como uma unidade singular e harmônica. A *vivacidade* refere-se àquela qualidade da paisagem que torna uma cena visualmente impactante; está relacionada com a intensidade, novidade e clareza. As pessoas se diferem no que acreditam que sejam as principais qualidades da beleza da paisagem, mas, novamente, quase todas concordarão que o valor é maior do que zero.

27.6 Como Valorar o Futuro?

A discussão sobre a caça à baleia – explicando por que os baleeiros podem não considerar valoroso conservar as baleias – relembra o velho ditado "mais vale um pássaro na mão do que dois voando". Em termos econômicos, um lucro agora é mais valioso do que um lucro no futuro. Isto remete a outro importante conceito econômico para as questões ambientais – o valor futuro comparado com o valor presente de qualquer coisa.

Suponha, por exemplo, que você esteja morrendo de sede em um deserto e encontre duas pessoas; uma se oferece para vender a você um copo de água, agora, e a outra se oferece para vender um copo d'água caso você possa, amanhã, chegar ao poço. Quanto vale cada copo d'água? Se você acredita que morrerá hoje sem a água, o copo d'água, hoje, vale todo o seu dinheiro e o copo de amanhã não vale nada. Se você acredita que pode viver outro dia sem água, mas que morrerá em dois dias, você poderá valorizar mais o copo de amanhã do que o de hoje.

Na prática, as coisas raramente são tão simples e distintas. Todos sabem que são mortais, então se tende a valorizar mais a riqueza pessoal e os bens se eles estiverem disponíveis agora, do que se for uma promessa para o futuro. Essa avaliação é mais complexa, porém, porque se está acostumado a pensar no futuro – a planejar um pé-de-meia para a aposentadoria ou futuro para os filhos. De fato, muitos hoje argumentam que há um débito para com as gerações futuras e que se deve deixar o ambiente, pelo menos, tão bom quanto se encontrou; essas pessoas argumentam que o meio ambiente, no futuro, não deve valer menos do que agora.

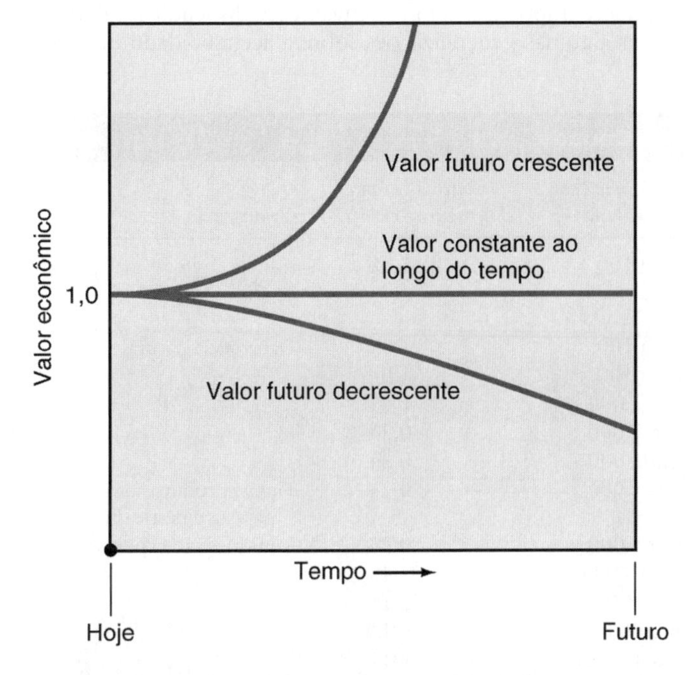

Figura 27.7 ■ Valor econômico como uma função do tempo – um modo de comparar o valor de ter alguma coisa agora com o valor de tê-la no futuro. Um valor negativo significa que existe maior valor agregado em ter alguma coisa no presente do que a ter no futuro. Um valor positivo significa que existe mais valor agregado em alguma coisa no futuro do que no presente.

Uma vez que a existência futura das baleias e de outras espécies ameaçadas de extinção tem valor para aqueles interessados na conservação biológica, surge a questão: Pode-se colocar um valor econômico (em moeda quantitativa) na existência *futura* de qualquer coisa (Figura 27.7)? O valor futuro depende de quão longo é o período de que se esteja falando. Por exemplo, os tempos futuros associados a alguns tópicos ambientais importantes, tais como a depleção do ozônio estratosférico e o aquecimento global, se estendem por mais de um século. Isso ocorre não só porque os clorofluorocarbonos (CFCs) têm um tempo de residência tão longo na atmosfera (veja o Capítulo 26), mas também devido ao tempo necessário para observar os benefícios potenciais de transformações nas políticas energéticas para mitigar a mudança climática global.

Outro aspecto do valor futuro *versus* o valor presente é que gastar no meio ambiente pode ser visto como retirar recursos de formas alternativas de investimento produtivo que irão beneficiar as futuras gerações. (Isso considera que gastar com o meio ambiente não é em si um investimento produtivo.) Por exemplo, no século XX, o amianto (crisotila) era utilizado como isolante térmico em edifícios, ao redor da tubulação de água quente e de outros dispositivos similares. Foi então descoberto que o amianto provoca câncer e o isolamento contendo amianto foi encontrado em algumas escolas. Desde que o amianto esteja contido no interior de uma camada externa, ele não representa um risco imediato. Em alguns casos, decidiu-se investir na remoção do amianto para reduzir o risco futuro dos estudantes. Outro enfoque é deixar o amianto bem protegido, não removê-lo e investir na melhoria de outras instalações da escola, interferindo apenas em relação ao amianto apenas quando ele iniciar a sua penetração no ar.

Outro fator de complicação é que, conforme se fica mais rico, o valor que se confere a muitos bens ambientais (como áreas selvagens) aumenta drasticamente. Então, se a sociedade continua crescendo em riqueza no próximo século, como cresceu no século passado, o meio ambiente terá um valor muito maior para nossos bisnetos, do que teve para avós e bisavós, pelo menos em termos da disposição de pagamento para protegê-lo. A implicação – que complica este tópico ainda mais – é que conservar os recursos e o meio ambiente para o futuro é equivalente a tomar dos pobres hoje e dar aos ricos no futuro. Quando essa análise foi feita no século XX, parecia provável que se a história fosse um roteiro, no futuro os norte-americanos estariam economicamente melhores do que os norte-americanos dos tempos atuais. Até que ponto deve-se pedir ao norte-americano médio, de hoje, para se sacrificar em função de seus tataranetos mais ricos? Como se pode saber da utilidade futura dos sacrifícios de hoje? Colocando em outros termos, o que você gostaria que seus ancestrais, em 1900, tivessem sacrificado para o seu benefício hoje? Deveriam ter aumentado a pesquisa e o desenvolvimento de transporte usando eletricidade? Deveriam ter preservado mais as pradarias ou restringido a caça à baleia?

Os economistas observam que é uma questão aberta se alguma coisa prometida no futuro terá *mais* valor então do que tem hoje. O valor econômico futuro é suficientemente de difícil previsão, pois é afetado pela forma com que os consumidores encararão o consumo no futuro. Se, porém, em adição, alguma coisa apresentar maior valor no futuro do que tem hoje, então isso conduz a uma situação matemática impossível: Em um tempo futuro muito distante, o valor se tornará infinito, o que é, claro, impossível. Portanto, em termos de futuro, as questões básicas são: (1) Estamos tão mais ricos e em melhor situação do que os nossos ancestrais que o sacrifício deles poderia ter sido inútil. (2) Mesmo que eles quisessem se sacrificar, como poderiam saber que o sacrifício deles seria importante?

Como regra geral, uma resposta a essas perguntas sobre o valor futuro é: Não jogue ou destrua alguma coisa que não possa ser reposta, se você não estiver certo de seu valor futuro. Por exemplo, caso não seja possível entender completamente o valor das espécies selvagens da família das batatas que crescem no Peru – cuja diversidade genética pode ser útil para o desenvolvimento de futuras espécies de batatas –, então é importante preservar essas espécies selvagens.

27.7 Análise de Risco-Benefício

A morte é o destino de todos os indivíduos, e todas as atividades na vida envolvem algum risco de ferimento ou de morte. Como, então, aplicar um valor de salvar uma vida pela redução do nível de um poluente? Essa questão mostra outra importante área da economia ambiental: a **análise de risco-benefício**, na qual a quantidade do risco de uma ação presente, em termos de seus possíveis resultados, é pesada contra o benefício, ou o valor, da ação. Aqui, também surgem dificuldades.

Aceitabilidade de Riscos e Custos

Em relação a algumas atividades, o risco relativo é claro. É muito mais perigoso ficar no meio de uma autoestrada movimentada, do que no meio de uma calçada. Voar de asa delta tem uma taxa de mortalidade muito maior do que fazer caminhadas em trilhas selvagens. Os efeitos de poluentes são frequentemente mais sutis, então os riscos são difíceis de serem apontados e quantificados. A Tabela 27.1 fornece o risco associado a uma variedade de atividades e de algumas formas de poluição. A tabela mostra o risco de morte durante o período de vida para cada causa. Ao examinar a tabela, nota-se que, uma vez que o destino final de todos é a morte, o risco total de morte, por todas as causas, deve ser 100%. Então, se você vai morrer de alguma coisa e você fuma um maço de cigarros por dia, você tem oito chances em cem, e que sua morte será o resultado do hábito de fumar. Ao mesmo tempo, o seu risco de morrer dirigindo um automóvel é de um em cem. O risco mostra a possibilidade de um evento, não o seu tempo de ocorrência. Então você pode fumar tudo que você quiser e morrer de um acidente automobilístico primeiro.

Uma das coisas que chamam a atenção sobre a Tabela 27.1 é que a morte por poluição ambiental externa é comparativamente baixa – mesmo quando comparada com a morte por afogamento ou em um incêndio. Isso sugere que a principal razão pela qual se valoriza a diminuição da poluição do ar é um melhoramento na qualidade de vida. Considerando o grande interesse que as pessoas agora mostram sobre a poluição atmosférica, a qualidade de vida é muito mais importante do que geralmente se imagina. Atualmente se está disposto a gastar dinheiro para melhorar a qualidade do ar, não apenas para o tempo de duração de uma vida.

Outra observação importante nesta tabela é que a poluição natural do ar *interior* é muito mais mortal do que a maior parte da poluição externa, a menos, é claro, quando se vive num local de disposição de resíduos tóxicos (veja o Capítulo 25).

As sociedades diferem entre si nos níveis social, psicológico e ético no que se refere aos ricos aceitáveis para qualquer causa de morte ou de ferimento. Acredita-se que futuras descobertas ajudarão a diminuir os riscos, talvez, no final permitindo aproximação de um ambiente de risco zero. No entanto, a eliminação completa do risco é geral ou tecnologicamente impossível ou proibitivamente dispendiosa. Pode-se fazer algumas generalizações sobre a aceitabilidade de vários

Tabela 27.1 Risco de Morte de Acordo com Diferentes Causas

Causa	*Resultado*	*Risco de Morte (por tempo de vida)*	*Risco de Morte Durante a Vida (%)*	*Comentário*
Fumar cigarro (um maço por dia)	Câncer, efeitos no coração, pulmões etc.	8 em 100	8,0%	
Respirar ar contendo radônio em casa	Câncer	1 em 100	1,0%	Ocorrência natural
Dirigir automóvel		1 em 100	1,0%	
Morte por queda		4 em 1.000	0,4%	
Afogamento		3 em 1.000	0,3%	
Incêndio		3 em 1.000	0,3%	
Substâncias químicas artificiais em casa	Câncer	2 em 1.000	0,2%	Tintas, produtos de limpeza e pesticidas
Exposição ao Sol	Melanoma	2 em 1.000	0,2%	Para quem se expõe ao Sol
Eletrocussão		4 em 10.000	0,04%	
Ar de fora em áreas industriais		1 em 10.000	0,01%	
Substâncias químicas artificiais na água		1 em 100.000	0,001%	
Substâncias químicas artificiais na comida		menos de 1 em 100.000	0,001%	
Passageiro de avião (linha comercial)		menos de 1 em 1.000.000	0,00010%	

Fonte: *Guide to Environmental Risk* (1991), U.S. EPA Region 5 Publication Number 905/91/017.

riscos. Um fator é o número de pessoas afetadas. Riscos que afetam uma pequena população (tal como os relacionados a uma usina nuclear) geralmente são mais aceitáveis do que aqueles que envolvem todos os membros de uma sociedade (como o risco de um vazamento nuclear).

Além disso, novos riscos parecem ser menos aceitáveis do que os riscos há muito tempo estabelecidos ou riscos naturais, e a sociedade tende a estar bem disposta a pagar mais para a redução de tais riscos. Por exemplo, a França gasta aproximadamente 1 milhão de dólares para reduzir a probabilidade de uma morte por tráfego aéreo, mas apenas 30.000 de dólares para a mesma redução em mortes por acidentes de automóvel.[13] Algumas pessoas argumentam que a maior segurança das viagens aéreas, quando comparada com a de automóvel, deve-se em parte à função do medo relativamente recente de voar, comparado com o medo mais comum de morrer em um acidente de automóvel. Isto é, uma vez que o risco é novo e, portanto, menos aceitável, se está disposto a pagar mais pela vida para reduzir o risco inerente de voar do que para reduzir o risco de dirigir um carro.

A disposição de as pessoas pagarem para reduzir o risco também varia com o quanto é essencial e desejável a atividade associada ao risco. Por exemplo, muitas pessoas aceitam riscos muito maiores para realizar atividades desportivas e de lazer do que aceitariam para atividades relacionadas com o transporte – ou com o trabalho (veja a Tabela 27.1). Os riscos associados com a prática de um esporte ou a utilização de um meio de transporte são considerados inerentes à atividade. Os riscos à saúde humana advindos da poluição podem ser diversos e relacionados a um grande número de mortes.

Embora os riscos resultantes da poluição sejam frequentemente inevitáveis e invisíveis, as pessoas querem um menor risco devido à poluição do que, por exemplo, dirigir um carro ou praticar um esporte.

Do ponto de vista ético, é impossível estipular um valor para a vida humana. Porém, é possível determinar quanto as pessoas estão dispostas a pagar para uma determinada redução do risco ou de uma determinada probabilidade de aumento na longevidade. Por exemplo, um estudo da *Rand Corporation* considerou as medidas que poderiam salvar a vida das vítimas de ataques cardíacos, incluindo o aumento do serviço de ambulâncias e a implementação de programas de identificação de pessoas para pré-tratamento. De acordo com o estudo, que identificou o custo provável por vida salva e a disposição da população em pagar, as pessoas estavam dispostas a pagar aproximadamente 32.000 de dólares por vida salva ou 1.600 de dólares por ano de longevidade.[13] Embora a informação esteja incompleta, é possível estimar o custo para aumentar a vida em termos de dólares por pessoa, por ano, para várias ações (Figura 27.8 e Tabela 27.1). Por exemplo, com base nos efeitos diretos sobre a saúde humana, custa mais aumentar a longevidade por meio da redução da poluição atmosférica, do que reduzir diretamente as mortes por meio da adição de um sistema de ambulâncias, com capacidade para atendimento coronário.

Tal comparação é útil como base para tomada de decisão. Claramente, contudo, quando uma sociedade escolhe reduzir a poluição atmosférica, são considerados muitos fatores, além dos benefícios à saúde. A poluição afeta diretamente mais do que apenas a saúde das pessoas, e os danos ecológicos e estéticos igualmente podem indiretamente afetar a saúde humana (veja a Seção 27.4). Pode ser que se queira escolher um risco um pouco mais alto de morte em um ambiente mais agradável (gastar o dinheiro limpando o ar em vez de aumentar o serviço de ambulâncias) do que aumentar as chances de viver mais em um ambiente ruim (gastar o dinheiro na redução de ataques cardíacos).

Tais comparações podem fazer as pessoas se sentirem desconfortáveis. Mas gostando ou não, não se pode evitar fazer escolhas desse tipo. A questão então se resume a dever aumentar a qualidade de vida para os vivos ou estender a expectativa de vida sem considerar a qualidade de vida.[14]

O grau de risco é um conceito importante no processo legal norte-americano. Por exemplo, o Ato de Controle de Substâncias Tóxicas dos Estados Unidos estabelece que ninguém pode fabricar uma nova substância química para um novo uso sem obter uma permissão da Agência de Proteção Ambiental (EPA) dos Estados Unidos. O Ato estabelece procedimentos para a estimativa de danos ao meio ambiente e à saúde humana, por qualquer novo composto químico, antes que este se torne difundido. A EPA examina os dados fornecidos e avalia o grau de risco associado a todos os aspectos da produção desse novo composto químico ou processo, incluindo a extração de matérias-primas, a fabricação, a utilização e o descarte final. O composto químico pode ser banido ou restringido, tanto com relação à fabricação quanto ao uso, caso as evidências indiquem que apresentará risco exorbitante, excessivo para a saúde humana ou para o meio ambiente.

Mas o que é excessivo?[15] Esta questão remete à Tabela 27.1 e evidencia que a decisão do que é "excessivo" envolve julgamentos sobre a qualidade de vida, assim como ao risco de morte. O nível de poluição aceitável (e, portanto, risco) é um equilíbrio sócio-econômico-ambiental. Mais ainda, o nível de risco aceitável se transforma com o tempo na sociedade, dependendo de mudanças no conhecimento científico, da comparação com os riscos por outras causas, do custo de diminuição do risco e da aceitabilidade social e psicológica do referido risco.

Por exemplo, quando o DDT foi utilizado pela primeira vez, ninguém conhecia o meio pelo qual este composto químico era transportado no interior dos ecossistemas, nem os efeitos ecológicos do composto; observações científicas revelaram posteriormente esses efeitos (veja o Detalhamento 27.1). Naquele tempo havia relativamente pouca preocupação com as questões ambientais e a sociedade não estava disposta a pagar por muitos desses custos. Agora, a população concorda amplamente que o ambiente é um problema prioritário, e existe menor disposição para aceitar os efeitos ambientais indiretos. O que eram consideradas externalidades ao uso do DDT se tornaram fatores internos de custo.

Conforme explicado no Capítulo 24, o custo total da poluição é a somatória dos custos para controlar a poluição e a perda por danos causados pela poluição. Em alguns casos, esses dois fatores apresentam tendências opostas em termos de custos econômicos (enquanto um diminui, o outro aumenta) e o seu ponto de interseção é o custo mínimo total, conforme mostrado pelo ponto *A*, na Figura 27.8. Em outros casos, os custos totais podem se estabilizar ou mesmo diminuir quando as companhias que adotam o controle da poluição se tornam mais eficientes e os custos externos, na forma de danos ambientais, são minimizados. Se o custo mínimo total envolve um nível de poluição que representa um risco muito elevado, então o controle adicional pode adicionar uma despesa considerável.

O risco associado a um poluente pode ser determinado pelos níveis de exposição existentes e perspectivas das tendências futuras. Tais tendências dependem da produção e da origem de cada poluente, da série de reações químicas que se sucedem ao longo do meio ambiente e das transformações que sofrem nesse processo. As curvas de dose-resposta estabelecem o risco para uma população a partir de um nível específico de poluição (veja o Capítulo 15). Os riscos relativos entre diferentes poluen-

DETALHAMENTO 27.1

Análise dos Riscos-benefícios e o DDT

Uma revisão da história do uso do DDT ilustra a dificuldade de eliminar completamente os perigos da poluição. Conforme observado no Capítulo 12, o DDT foi o primeiro produto amplamente utilizado, desde a década de 1940, para controlar a disseminação de doenças, tais como a malária transmitida por insetos e, posteriormente, o controle de pestes nas lavouras. Primeiramente, testes de segurança estavam voltados ao efeito na saúde humana, que se acreditava serem reduzidos. Ao final dos anos 1950, entretanto, o DDT foi encontrado no fígado de tubarões. Como o DDT não foi utilizado nos oceanos, a princípio se acreditou que essa descoberta havia sido um equívoco de medição ou o resultado de um descarte desconhecido no oceano.

Gradualmente e, para surpresa de todos, pesquisadores começaram a compreender que o DDT havia se espalhado das lavouras ou terras cultivadas por meio do escoamento superficial das águas de chuva (*runoff*) e pela circulação do ar até os oceanos, e que, além disso, o DDT havia se tornado um contaminante por todo o mundo. O DDT foi encontrado em tecidos dos pinguins na Antártica e nas focas nas ilhas Pribilof do mar de Bearing. Em meados de 1970, tornou-se patente que o DDT estava em todos os lugares e se tornara um problema ambiental de ordem global.[16] Ainda que a utilização do DDT estivesse banida nos Estados Unidos, as empresas norte-americanas permaneceram entre as maiores produtoras desse produto químico, à medida que exportavam para outros países. O DDT é ainda amplamente utilizado por toda parte, especialmente, em países em desenvolvimento na faixa tropical.

A completa eliminação dos resíduos de DDT de todos os ambientes, ao redor do mundo – e de todos os tubarões, pinguins, focas e pássaros – não parece mais factível. Além das dificuldades da eliminação dos poluentes, outra lição deste exemplo é o que parecia ser uma externalidade econômica do DDT (os seus efeitos ecológicos indiretos sobre os pássaros e espécies oceânicas) tornou-se uma questão social fundamental.

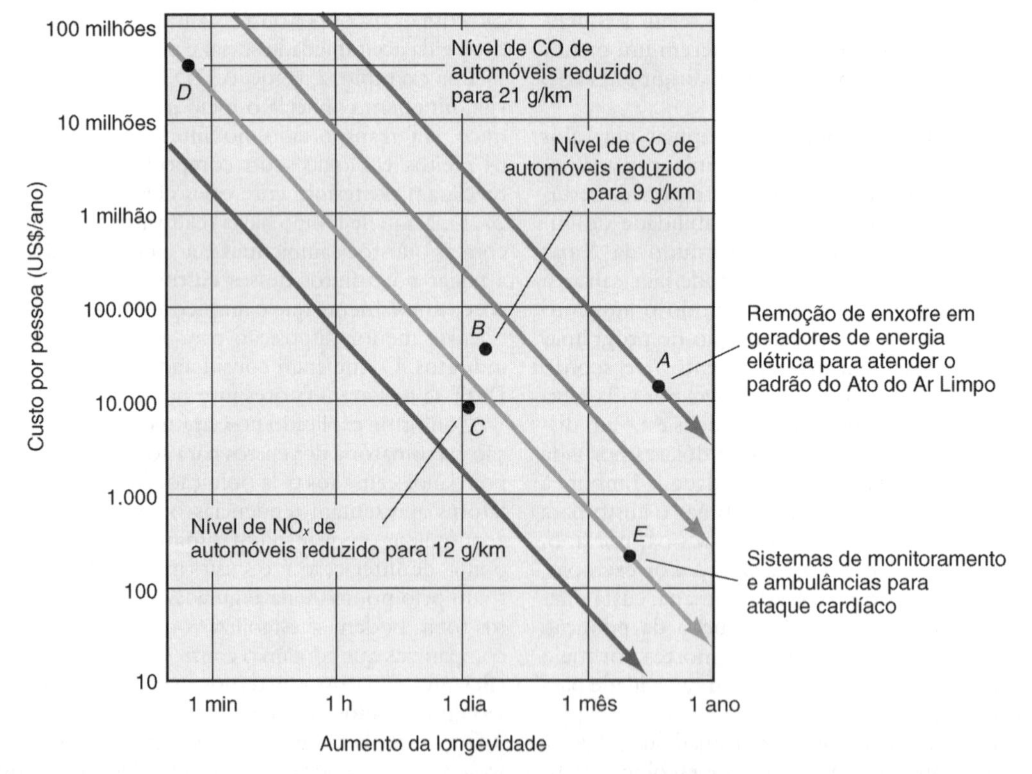

Figura 27.8 ■ Um modo de ordenar a efetividade de vários esforços para a redução de poluentes é estimar o custo, em dólares por ano, do aumento da longevidade. Este gráfico mostra que, reduzindo as emissões de enxofre das estações termelétricas, de acordo com o Ato do Ar Limpo (*A*), aumentará a longevidade, em um ano, a um custo de aproximadamente 10.000 de dólares. Restrições similares aplicadas às emissões de escapamento de automóveis (*B*, *C*) aumentariam a longevidade em um dia. Os controles aos veículos, mais restritivos, seriam muito mais caros (*D*); as unidades móveis (ambulâncias) e os programas de identificação de pacientes de risco com relação a problemas de coração seriam muito mais baratos (*E*). Este gráfico representa apenas um passo em uma análise ambiental. (*Fonte*: Baseado em R. Wilson, "Risk/Benefit Analysis for Toxic Chemicals," *Ecotoxicology and Environmental Safety* 4[1980]:370–383.)

tes podem ser determinados por meio de comparação dos níveis atuais e de suas curvas de dose-resposta.

A discussão anterior sugere que, quando dados adequados são avaliados, torna-se possível estabelecer passos científicos e tecnológicos para estimar o nível de risco e, então, estimar o custo da redução dos riscos e comparar os custos com os benefícios. Entretanto, o que constitui um risco aceitável é mais do que uma questão científica ou tecnológica. A aceitabilidade de um risco envolve atitudes éticas e psicológicas dos indivíduos e da sociedade. Deve-se então formular algumas questões: Que risco de um poluente em particular é aceitável? Quanto é importante para as pessoas o custo de uma dada redução no risco de um poluente? Quanto cada pessoa, individual ou coletivamente, ou como sociedade, está disposta a pagar por uma redução desse risco? A resposta depende não apenas dos fatos, mas também dos valores pessoais e sociais. O que também deve ser fatorado nessa equação é que custos associados com a limpeza de poluentes e de áreas poluídas e programas de restauração podem ser minimizados ou eventualmente eliminados se um poluente conhecido for inicialmente controlado. O custo total do controle de poluição não precisa aumentar indefinidamente.

Ainda que o controle de poluição possa envolver muito dinheiro, o custo médio por família nos Estados Unidos é baixo, especialmente se comparado com outros custos. Estima-se que, em média, o custo do controle de poluentes por família nos Estados Unidos esteja entre 30 e 60 dólares por ano em uma família de classe média. Além do baixo custo por família, o controle de poluição tem muitos benefícios, cujos valores podem ser estimados quantitativamente. Por exemplo, os padrões federais norte-americanos de qualidade de ar são estimados com o objetivo de reduzir o risco de asma para 3%, e o risco de bronquite crônica e enfisema para 10 a 15% em adultos expostos localmente. Estimativas do custo total dos efeitos diretos e indiretos sobre a saúde humana de fontes fixas de poluição de ar são de 250 de dólares por família ao ano. A poluição do ar contribui para a inflação, pela redução no número de dias de trabalho produtivo, reduzindo a eficiência no trabalho, além das despesas diretas com tratamentos para a saúde e reparos necessários aos danos ambientais. Nessas bases, o controle da poluição do ar, apesar dos custos efetivos, são, na verdade, economicamente benéficos.[17]

27.8 Questões Globais: Quem Arca com os Custos?

Os problemas ambientais globais fazem com que todos os indivíduos estejam mais prevenidos quanto às funções de utilidade pública relacionadas ao ambiente do planeta e toda a vida em sua volta, assim como, com o surgimento de novas questões econômicas. Uma importante questão a apontar é a possibilidade do aquecimento global. O problema advém do fato de a sociedade tecnológica emitir dióxido de carbono e outros gases que provocam o efeito estufa na atmosfera, que possui potencial capacidade para modificar e aquecer o clima.[16, 18] (Veja a discussão a respeito do aquecimento global no Capítulo 22.) A solução direta é reduzir a emissão desses gases, mas, para tanto, o mundo inteiro teria que diminuir a queima de combustível fóssil. Embora hoje em dia, a maior produção de gases que levam ao efeito estufa seja proveniente das nações industrializadas, no futuro, as nações em desenvolvimento, especialmente a China e a Índia, contribuirão com grandes quantidades desses gases.

O economista Ralph d'Arge aponta um problema econômico que surge das questões globais: os países menos desenvolvidos não participaram dos benefícios econômicos da queima de combustível fóssil durante os primeiros 200 anos de Revolução Industrial, mas eles arcam com as desvantagens dessa atividade.[19] Agora, as nações industrializadas sugerem que todas as nações, incluindo aquelas menos desenvolvidas, restrinjam o uso de combustíveis fósseis e, dessa forma, participem das desvantagens futuras sem obter o benefício da energia barata. As nações em desenvolvimento tendem a pensar que as nações industrializadas, que aproveitaram os benefícios passados, devem abarcar com a maioria dos custos futuros. Ao mesmo tempo, por que as nações em desenvolvimento não devem prosseguir no desenvolvimento e com a queima de combustíveis fósseis?

Essa perspectiva, limitada aos benefícios das nações individuais, pode ser muito restrita na ótica dos efeitos ambientais globais da civilização tecnológica. Pode ser necessário reduzir a produção global dos gases envolvidos no efeito estufa. Se assim for, então a questão econômica é: quem pagará e como? No presente, essa é uma questão não resolvida no ambiente econômico. Uma sugestão é que as nações desenvolvidas paguem pela redução da emissão de gases que provocam o efeito estufa para as nações menos desenvolvidas. Outra sugestão é que os países desenvolvidos repartam sua tecnologia com os países em desenvolvimento, auxiliando-os a reduzirem ambas as poluições, local e global. Essas questões foram a principal preocupação da Cúpula da Terra, ou ECO-92, ocorrida no Rio de Janeiro, em 1992.[20]

27.9 Como Atingir uma Meta? Instrumentos de Política Ambiental

O que faz uma sociedade alcançar uma meta ambiental, como a preservação e a utilização de um recurso, ou a redução de um poluente? Toda sociedade possui diversos métodos para atingir tais metas. Significa a implementação de políticas sociais que são conhecidas entre os economistas como **instrumentos de política** (ver Tabelas 27.2 e 27.3). Isso inclui *persuasão moral* (que os políticos chamam de "levar no papo", ou seja, influenciar indivíduos por meio do discurso, propaganda ou pressão social, com objetivo de convencimento); *controles diretos*, o que inclui as regulações; *processos comerciais*, que afetam o preço das mercadorias e compreende a taxação de vários tipos, subsídios, licenças e depósitos; e *investimentos governamentais*, que abrangem pesquisa e formação educacional. A sociedade igualmente possui mecanismos administrativos para garantir que os instrumentos de políticas escolhidos, de fato, funcionem.

Custos Marginais e Controle de Poluentes

Qual o grau de limpeza é considerado limpo o suficiente? Quando se faz o suficiente para pensar que o meio ambiente está "bom" e que se atingiu um equilíbrio razoável entre custos e benefícios? Decidido isso, tem-se que observar o custo de cada etapa adicional que se toma, dadas as etapas anteriores. Isto conduz ao conceito de **custo marginal**. No controle de poluentes, o custo marginal é o custo para a redução de uma unidade adicional de poluição. Por analogia, com a conservação de uma espécie ameaçada ou um hábitat ou ecossistema raro, o custo marginal seria o custo adicional de uma unidade a mais (entretanto, deve-se definir uma unidade) àquelas já conservadas.

Com o controle da poluição, o custo marginal normalmente aumenta rapidamente na medida em que a porcentagem de redução da poluição diminui. Por exemplo, o custo marginal para a redução da demanda biológica de oxigênio em águas residuárias do processo de refinação do petróleo aumenta exponencialmente. Quando 20% dos poluentes estiverem removidos, o custo de remoção de um quilograma adicional será de 5 centavos de dólar. Quando 80% dos poluentes forem removidos, custará 49 centavos de dólar a remoção de um quilograma adicional. Extrapolando a partir desses resultados, custará uma quantia infinita para remover toda a poluição.

As Tabelas 27.2 e 27.3 mostram três métodos comuns de controle direto da poluição: (1) estabelecimento de níveis máximos para a emissão de poluentes, (2) exigência de procedimentos e processos específicos que reduzam a poluição, e (3) estabelecimento de taxas para a emissão de poluição. No primeiro caso, uma política normativa poderia estabelecer um valor máximo para a quantidade de enxofre emitido pelas chaminés de uma indústria. No segundo, poderia ser restringido o tipo de combustível que uma indústria poderia utilizar. Inúmeras regiões têm escolhido o último método ao proibir a queima de carvão com alto teor de enxofre.

O problema da primeira abordagem – o controle das emissões – é a necessidade de um cuidadoso e indefinido monitoramento para certificação de que os níveis permitidos estão sendo respeitados. Tal monitoramento pode ser custoso e de difícil execução. As desvantagens da segunda abordagem – exigências de procedimentos específicos – são que a metodologia necessária pode impor uma severa sobrecarga financeira ao emissor dos poluentes, restringindo os métodos de produção acessíveis a uma indústria e esta tornar-se tecnologicamente obsoleta.(Veja a discussão sobre poluição do ar e leis reguladoras no Capítulo 24.) Entretanto, após um gasto inicial em procedimentos para a redução da poluição, a eficiência da produção pode ser incrementada e outros custos, tais como monitoramento e disposição de resíduos, podem ser reduzidos. Por exemplo, o Japão, cuja economia é uma das mais eficientes do ponto de vista energético do mundo, reduziu a sua poluição do ar mais que qualquer outra nação industrial. Em anos recentes, a indústria japonesa tem utilizado somente 5 megajoules para a produção de 1 dólar do Produto Interno Bruto (PIB), enquanto a indústria norte-americana necessita de 12 megajoules. Uma grande companhia química internacional, a 3M, iniciou um programa de controle preventivo da poluição e impediu a liberação de quase 500 toneladas de elementos químicos tóxicos e economizou cerca de 500 milhões de dólares.

Ainda que os Estados Unidos tenham enfatizado a aplicação de regulamentação direta para o controle da poluição, outros países têm obtido sucesso no controle da poluição por meio de taxação sobre os efluentes. Por exemplo, a taxação de efluentes no Rio Ruhr, na Alemanha, é estimada tomando-se por base tanto a concentração de poluentes, quanto a quantidade total de água poluída lançada no rio. Como resposta, as fábricas têm introduzido tratamento interno e recirculação de água para a redução de emissões.[21]

Estudos sobre a adoção de diferentes instrumentos de política ambiental têm resultado em significativa habilidade na avaliação de seu sucesso relativo (veja a Tabela 27.3). Por exemplo, a persuação moral é confiável, porém não muito duradora em seus efeitos. A venda de licenças ou de concessões tem sido praticada a ponto de constar entre os recursos mais bem-sucedidos.

Em todo o debate ambiental há, por um lado, um desejo de manutenção da liberdade de escolha individual e, por outro, de estabelecer um objetivo social específico. Na pesca

Tabela 27.2 Abordagens para Política Ambiental

Instrumentos da Política

1. Persuasão moral (publicidade, pressão social etc.)
2. Controles diretos
   a. Regulações que limitam os níveis permitidos de emissões
   b. Especificação de processos ou equipamentos obrigatórios
3. Processos de mercado[a]
   a. Tributação dos danos ambientais
      i. Taxas de imposto com base na avaliação de danos sociais
      ii. Taxas de imposto projetadas para atingir padrões preestabelecidos de qualidade ambiental
   b. Subsídios
      i. Pagamentos especificados por unidade de redução de emissões de resíduos
      ii. Subsídios para cobrir os custos dos equipamentos de controle dos danos
   c. Emissão de quantidades limitadas de licenças de poluição
      i. Venda de licenças a quem paga mais
      ii. Igualdade de distribuição de licenças com a revendas legalizadas
   d. Depósitos reembolsáveis contra danos ambientais
   e. Atribuição de direitos de propriedade para dar aos indivíduos um interesse de propriedade em uma melhor qualidade ambiental
4. Investimentos públicos
   a. Instalações de prevenção de danos (por exemplo, estações de tratamento municipais)
   b. Atividades de recuperação (por exemplo, reflorestamento, remoção de favelas)
   c. Divulgação da informação (por exemplo, técnicas de controle da poluição, oportunidades lucrativas de reciclagem)
   d. Pesquisa
   e. Educação
      i. Do público em geral
      ii. De profissionais especialistas (ecologistas, urbanistas etc.)

Mecanismos Administrativos

1. Unidade administrativa
   a. Agência nacional
   b. Agência local
2. Financiamento
   a. Pagamento por aqueles que causam os danos
   b. Pagamento por aqueles que se beneficiam das melhorias
   c. Receitas gerais
3. Mecanismo de execução
   a. Organização regulamentadora ou a polícia
   b. Denúncia de cidadãos (com ou sem partilha de multas)

[a] Subsídios e os impostos também podem ser distinguidos pelo uso de um enquadramento de direitos de propriedade. Subsídios por unidade implicitamente confere a titularidade do direito de poluir pelo agente poluidor, e esses direitos são, então, comprados pelo governo através do subsídio. Impostos, ou tributações, essencialmente querem dizer que não há posse pública dos direitos de utilização, que podem ser comprados a partir do público através do seu agente, o governo, ou por particulares mediante o pagamento do imposto (preço).

Fonte: W. J. Baumol e W. E. Oates, *Economics, Environmental Policy and the Quality of Life* (Englewood Cliffs, N.J.: Prentice Hall, 1979).

Tabela 27.3 Desempenho de Vários Instrumentos de Políticas

Instrumento Legal	*Confiabilidade*	*Desempenho*	*Adaptabilidade para o Crescimento*	*Resistência à Inflação*	*Incentivo para o Aprimoramento do Esforço*	*Economia*	*Viabilidade sem Mensuração*	*Não interferência em Decisões Privadas*	*Atração Política*	
									Real	*Potencial*
Persuasão moral	Bom[a]	Regular	Bom[b]	Bom[b]	Bom	Regular[c]	Excelente	Excelente	Excelente	—
Controles diretos										
Por quota	Bom	Regular	Bom	Excelente	Regular	Regular	Regular	Regular	Excelente	—
Pela especificação de técnica	Bom	Regular	Bom[b]	Bom[b]	Regular	Regular	Excelente	Regular	Excelente	—
Taxas	Excelente	Excelente	Regular	Regular	Excelente	Excelente	Regular	Excelente	Regular	Bom
Venda de licenças ou permissões	Excelente	Excelente	Excelente	Excelente	Excelente	Excelente[d]	Regular	Excelente	Regular	Bom
Subsídios										
Redução por unidades	Regular[b]	Bom	Regular	Regular	Excelente	Bom	Regular	Excelente	Bom	—
Para aquisição de equipamentos	Regular	Bom	Bom	Bom	Excelente	Bom	Regular	Excelente	Bom	—
Investimentos públicos	Bom	?	?	?	—	?	Excelente	—	Bom	—

[a] Para períodos curtos de tempo quando a urgência de recurso é muito clara.
[b] Julgamentos dos autores Baumol e Oates.
[c] Induz as contribuições dos tomadores de decisão que são mais cooperativos, não necessariamente daqueles que são capazes de fazer o trabalho mais efitivamente.
[d] Tende a atribuir quotas de redução entre as empresas como uma maneira de minimização de custos, mas se o número de emissões permitidas é muito pequeno isso irá forçar a comunidade a dedicar uma quantidade excessiva de recursos para a proteção ambiental.
[e] Tende a alocar quotas de redução de custos entre as empresas como uma maneira de minimização de custos, mas introduz ineficiência no processo de proteção do meio ambiente, atraindo mais empresas poluentes para a indústria subsidiada, de modo que a resposta global é questionável.
Fonte: W. J. Baumol e W. B. Oates, *Economics, Environmental Policy and the Quality of Life* (Englewood Cliffs, N.J.: Prentice Hall, 1979).

DETALHAMENTO 27.2

Fazendo a Política Funcionar: Recursos Pesqueiros e Instrumentos de Política

A pesca no oceano ilustra diferentes formas de se fazer funcionar os instrumentos de política. As águas oceânicas internacionais são bens de uso comum e, dessa forma, os peixes e os mamíferos que vivem nelas são recursos de todos, bens comuns. O conceito do que é um recurso de bem comum, no entanto, pode se transformar ao longo do tempo. O esforço de muitas nações para definir as águas internacionais começando em 325 km (200 milhas) a partir do litoral tornou a pesca de recursos de bem comum em pesca nacional, ou seja, a exploração desses recursos comuns apenas por pescadores de cada país.

Na pesca ocorrem quatro opções principais de gestão:[22]

1. Estabelecer o valor total de quotas permitidas para toda pesca e permitir que qualquer indivíduo possa pescar até que o total dessa quota seja atingido.
2. Estipular um número restrito de licenças, porém permitindo a cada pescador licenciado capturar muitos peixes.
3. Taxar a pesca (o que é pescado) ou o esforço (o custo do navio, combustível e outros itens essenciais).
4. Definir direitos ao pescador – isto é, designar a cada pescador uma quota transferível e comercializável.

Atingindo-se a quantidade total das quotas, a pesca é então encerrada. As baleias, o halibute-do-pacífico (*Hippoglossus stenolepis*), o atum tropical e as anchovas foram regulamentados dessa forma. Quando colocado em prática no Alaska, todos os halibutes foram pescados em poucos dias, o que resultou na falta de halibutes nos restaurantes durante a maior parte do ano. Esse resultado indesejado levou a uma mudança na política: a quantidade total de cada pesca foi substituída pela venda de licenças.

Ainda que a regulação da quantidade total de pesca possa ser realizada de forma a resguardar os peixes, isso tende a aumentar o número de pescadores e um aumento na capacidade das embarcações e, no final, resultar em uma adversidade para os pescadores. Análises econômicas recentes indicam que as taxas que levam em conta os custos externos podem funcionar melhor para os pescadores e para os peixes. Resultados semelhantes são obtidos pela alocação de uma quota transferível e comercializável para cada pescador.

A determinação de qual método de gestão atinge a melhor aplicação de um recurso ambiental de interesse não é tarefa simples. A resposta varia com os atributos específicos tanto dos recursos, quanto dos consumidores. As ferramentas econômicas podem ser utilizadas para determinar os métodos que melhor funcionarão dentro de um dado quadro social.

oceânica, por exemplo, como uma sociedade permite que cada indivíduo determine se é possível pescar ou não e, ao mesmo tempo, proíba a pesca de peixes em extinção?[22] Essa interação entre um bem privado e um bem de uso público está no cerne das questões ambientais. Muitos argumentam que o mercado por si só providenciará o controle apropriado. Por exemplo, pode-se argumentar que as pessoas abandonarão a pesca quando não mais houver um benefício ou lucro a ser obtido. Porém, como já se sabe, isso pode não ocorrer exatamente assim. Dois fatores interferem nesta argumentação: (1) Até que se atinja essa população diminuta de peixes que resulta em nenhum lucro para os pescadores, pode ser tarde demais para se evitar uma eventual extinção. (2) Mesmo quando não é possível realizar um ganho anual sustentado, pode ser vantajoso acabar com todo o recurso e se retirar do negócio (veja o Detalhamento 27.2).

QUESTÕES PARA REFLEXÃO CRÍTICA

Indústria da Pesca nos EUA: Como Torná-la Sustentável?

Tanto a pesca exaustiva, quanto a poluição têm sido responsabilizadas pelo declínio alarmante dos peixes que vivem no fundo do mar (bacalhau, arenque, linguado, *redfish*, pescada, merluza) distante da costa nordeste dos Estados Unidos. A maioria dos pesquisadores e dos gestores de pescarias está concentrada na pesca exaustiva (sobrepesca), no entanto as tentativas para a regulamentação da pesca têm provocado disputas implacáveis com os pescadores, a maioria dos quais afirmam que as restrições à pesca os tornam bodes expiatórios dos problemas de poluição. A controvérsia se tornou uma batalha clássica entre interesses econômicos de curto prazo e ambientais de longo prazo.

A Divisão de Pesca Marinha de Massachusetts realizou uma pesquisa em 1992 para resolver a questão da sobrepesca *versus* poluição. Chegou-se à conclusão de que as características-chave no declínio das populações de linguados ocorreram devido à sobrepesca, e não da poluição. Além disso, se a poluição foi a causa, deveria-se esperar que as populações de arraias e de cação igualmente declinassem. No entanto, S. J. Correia, o autor da investigação, alertou que o problema não deveria ser tomado como uma questão de um ou outro, e que "a sobrepesca pode atualmente encobrir qualquer restrição no crescimento da população causada pela poluição".

Problemas relacionados à aplicação das leis de pesca nos Estados Unidos eram dificilmente conhecidos em 1992. Em 1997, respondendo às preocupações sobre a sobrepesca nas águas norte-americanas por navios de pesca estrangeiros, o governo norte-americano ampliou o limite de águas territoriais de 19 para 322 km. Para incentivar os pescadores norte-americanos, o Serviço Nacional de Pesca Marinha introduziu garantias de empréstimo para a substituição de navios e equipamentos antigos por barcos novos equipados com alta tecnologia para a localização de cardumes de peixes. Ao longo do mesmo período, a procura por peixes aumentou, uma vez que os norte-americanos se tornaram mais preocupados com os níveis de colesterol existente na carne vermelha. Consequentemente, o número de barcos pesqueiros, o número de dias no mar e a eficiência da pesca aumentaram vertiginosamente e 50% a 60% das populações de algumas espécies vem diminuindo a cada ano.

Uma decisão sobre os direitos de pesca canadense e norte-americano na região de pesca chamada de Plataforma Georges, a área mais fértil do Atlântico Norte, em favor do Canadá, em 1984 pela Corte de Justiça Internacional, em Haia, Países Baixos, intensificou a competição pelas águas de pesca remanescentes entre os pescadores norte-americanos. A sobrepesca, entretanto, desconhece fronteiras; em 1992, o Canadá foi obrigado a suspender toda a pesca de bacalhau para salvar essa espécie da aniquilação total.

Em 1982, o Conselho de Gestão de Pesca de Nova Inglaterra tentou impor quotas para a pesca, porém, revogou a ordem sob pressão da indústria pesqueira. Na sequência de uma amarga polêmica, resultado dessa decisão, assim como nova diminuição na população de peixes, o Conselho posteriormente instituiu uma série de medidas proibindo a pesca em certos períodos de tempo e em determinadas áreas, estabelecendo tanto tamanhos mínimos de rede quanto quotas para a pesca.

Em 1992, o Conselho adotou um projeto ainda mais ambicioso que pretendia reduzir as atividades de pesca pela metade até 1997 – no entanto, por outros meios que não o de quotas e de remoção dos pescadores. O Conselho também decidiu emitir um número limitado de licenças de pesca, restringindo o número de dias no mar e utilizando um equipamento de monitoramento de alta tecnologia para assegurar a obediência e estabelecer limites de jornadas para a pesca. Ainda mais recentemente, regiões da Plataforma Georges foram indefinidamente fechadas para a pesca de algumas espécies de peixes, que incluiu olho-de-boi (*Seriola lalandi*), bacalhau e arenque. Desembarques de olho-de-boi em 1993 eram da ordem de 3.800 toneladas, os menores já registrados, não mais que 6% em relação ao maior valor histórico ocorrido em 1969.

O Serviço Nacional de Pesca Marinha, como alternativa defendeu um sistema de cotas individuais transferíveis (QIT), pelo qual licenças de pesca são concedidas aos proprietários de barcos fixando uma quantidade máxima anual de peixes. É possível alocar, vender ou transferir a licença para terceiros. Ainda que QITs tenham sido um sucesso em vários locais de pesca comercial nos Estados Unidos e em alguns outros países, alguns operadores da Nova Inglaterra temem que as grandes corporações comprem a maioria das licenças de pesca e dominem esse nicho de mercado.

Perguntas para Reflexão Crítica

1. Utilizando o exemplo da pesca na Nova Inglaterra, quais são alguns dos argumentos a favor e contra à proposição de que todos os recursos naturais considerados como bem de uso comum serão inevitavelmente destruídos a menos que mecanismos de controle sejam instituídos?

2. Quais medidas descritas procuram converter a indústria pesqueira de um sistema de bens comuns em propriedade privada? De que forma poderia tais medidas auxiliam na prevenção da sobrepesca? É correto instituir a propriedade privada de recursos públicos?

3. Qual abordagem, em termos de valores futuros (aproximadamente), cada uma das pessoas a seguir assume com relação à pesca?

Pescador: Se você não pescar agora, outro pescará.

Empresa de pesca: Pelo sacrifício de agora, pode-se fazer alguma coisa para a proteção do abastecimento de peixes.

4. Desenvolva uma lista das vantagens e desvantagens ambientais e econômicas das QITs. Você apoiaria a instituição de QTIs na Nova Inglaterra? Explique por que sim ou por que não.

5. Você acredita que seja possível conciliar interesses econômicos e ambientais no caso da indústria pesqueira da Nova Inglaterra? Caso afirmativo, como? Caso contrário, por que não?

RESUMO

- Uma análise econômica pode ajudar a entender por que os recursos ambientais têm sido mal conservados desde o passado e como é possível atingir, de forma mais efetiva, a conservação no futuro.
- A análise econômica é aplicada a dois tipos diferentes de questões ambientais: o uso de recursos desejáveis (os peixes no mar, o petróleo no solo, as florestas da terra) e a minimização da poluição.
- Os recursos podem ser de propriedade comum ou controlados de forma privada. O tipo de propriedade afeta os métodos disponíveis para atingir uma meta ambiental. Há uma tendência de superexplorar um recurso de propriedade comum e de consumir até a extinção dos recursos não essenciais, cuja taxa de crescimento natural é baixa, como sugerido na "tragédia dos comuns" de Hardin.
- O valor futuro em comparação com o valor presente pode ser um determinante importante do nível de exploração.
- A relação entre risco e benefício afeta a vontade de pagar por um bem ambiental.
- A avaliação de aspectos ambientais intangíveis, tais como a estética da paisagem e os recursos cênicos, está se tornando mais comum na análise ambiental. Quando quantitativas, tais avaliações equilibram a avaliação econômica mais tradicional e ajudam a separar os fatos da emoção nos problemas ambientais complexos.
- Métodos sociais para alcançar uma meta ambiental incluem a persuasão moral, controles diretos, os processos comerciais e investimentos governamentais. Muitos tipos de controles têm sido aplicados ao uso dos recursos desejáveis e no controle da poluição.

REVISÃO DE TEMAS E PROBLEMAS

A tragédia dos comuns vai piorar com o aumento da densidade da população humana, porque haverá mais e mais pessoas à procura de ganhos em detrimento dos valores da comunidade. Por exemplo, cada vez mais pessoas tentarão se sustentar na vida por meio da exploração dos recursos naturais. Como as pessoas podem utilizar os recursos e, ao mesmo tempo preservá-los, exige uma compreensão da economia ambiental.

A partir deste capítulo, aprendeu-se porque as pessoas às vezes não estão interessadas em manter um recurso ambiental a partir do qual elas sustentam suas vidas. Quando o objetivo é simplesmente maximizar os lucros, às vezes é uma decisão racional para liquidar um recurso ambiental e depositar o dinheiro ganho em um banco ou outro investimento. Para evitar tal aniquilamento dos recursos, é preciso entender as externalidades econômicas e os valores intangíveis.

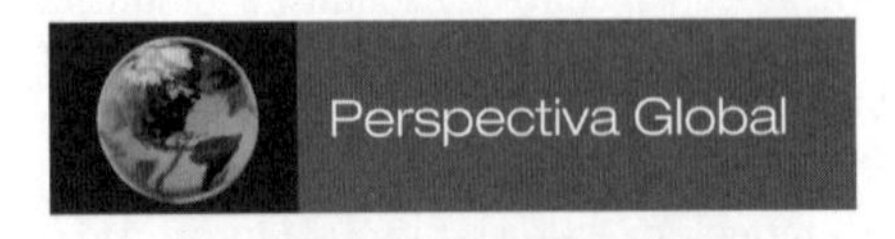

Soluções para as questões ambientais globais, como o aquecimento global, exigem que sejam compreendidos os diferentes interesses econômicos de nações desenvolvidas e em desenvolvimento. As nações podem levar a diferentes políticas econômicas e diferentes valorações das questões ambientais globais.

A tragédia dos comuns começou com direitos de pastagem em pequenas aldeias. Enquanto o mundo se torna cada vez mais urbanizado, a pressão para o uso de terras públicas para proveito econômico privado é provável que aumente. Um entendimento da economia ambiental pode ajudar a encontrar soluções para os problemas ambientais urbanos.

Este capítulo traz à tona o cerne da questão: Como é que se valoriza o meio ambiente, e quando se pode atribuir um valor monetário para os custos e benefícios de ações ambientais? As pessoas estão intimamente envolvidas com a natureza. Enquanto se buscam métodos racionais sobre como colocar um valor na natureza, os valores que são escolhidos muitas vezes derivam de benefícios intangíveis, como a apreciação da beleza da natureza.

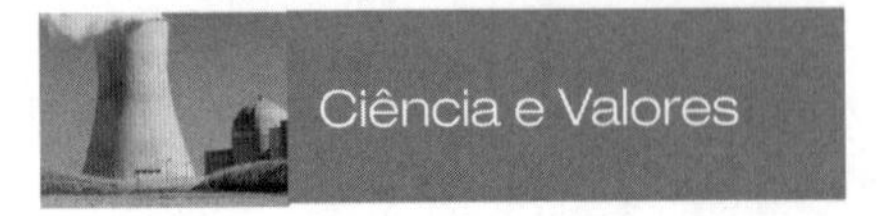

Uma das questões centrais da economia ambiental consiste em como desenvolver uma avaliação econômica equivalente para fatores tangíveis e intangíveis. Por exemplo, como se pode comparar o valor da madeira que podia ser obtida das árvores em relação à beleza que as pessoas atribuem ao cenário com as árvores intactas? Como se pode comparar o valor de uma represa que fornece água de irrigação e energia elétrica no Rio Columbia em relação ao cenário sem a barragem, onde os salmões poderiam habitar aquele rio?

TERMOS-CHAVE

análise de risco-benefício
bem de uso comum
custos diretos
custos indiretos
custos marginais
economia ambiental
externalidade
instrumentos de política

QUESTÕES PARA ESTUDO

1. O que se entende pelo termo *a tragédia dos comuns*? Qual(is) das seguintes alternativas é(são) resultado desta tragédia?
   a. O destino do condor-da-Califórnia
   b. O destino da baleia-cinzenta
   c. O alto preço da madeira utilizada em móveis de nogueira
2. O que se entende por análise de risco-benefício?
3. Árvores de cerejeira e nogueira fornecem valiosas madeiras utilizadas na fabricação de móveis finos. Baseando a sua decisão sobre as informações na tabela a seguir, em qual você investiria? (Dica: Consulte a discussão de baleias neste capítulo.)
   a. Uma plantação de cerejeiras
   b. Uma plantação de nogueiras
   c. Um plantação mista de ambas as espécies
   d. Uma floresta não gerenciada onde você vê algumas cerejeiras e nogueiras crescendo dispersamente

Espécies	*Longevidade*	*Tamanho Máximo*	*Valor Máximo*
Nogueira	400 anos	1 m	US$ 15.000/árvore
Cerejeira	100 anos	1 m	US$ 10.000/árvore

4. A gripe aviária é transmitida em parte pela migração de aves selvagens. Como você colocaria um valor em: (a) a existência de uma espécie destas aves selvagens; (b) frangos domésticos importantes para a alimentação, mas também uma fonte importante da doença; (c) o controle da doença para a saúde humana? Qual o valor relativo que você colocaria em cada um (isto é, qual é o mais importante e qual é menos)? Até que ponto uma análise econômica entraria em sua avaliação?
5. Quais dos seguintes são recursos intangíveis? Quais são tangíveis?
   a. A vista do Monte Wilson, na Califórnia
   b. Um caminho para o topo do Monte Wilson
   c. Toninhas no oceano
   d. Atum no Oceano
   e. Ar limpo
6. Que tipo de valor futuro está implícita a afirmação: "Extinção é para sempre"? Discuta como podemos abordar por meio de uma análise econômica para a extinção. (Veja o Capítulo 14 para obter informações adicionais sobre a extinção.)
7. Qual dos seguintes pode ser pensado como um bem de uso comum, no sentido entendido por Garrett Hardin? Explique sua escolha.
   a. Pesca do atum no oceano aberto
   b. Bagres em lagoas artificiais de água doce
   c. Ursos-cinzentos no Parque Nacional de Yellowstone
   d. Uma vista do Central Park em Nova York
   e. O ar sobre o Central Park em Nova York

LEITURAS COMPLEMENTARES

Daly, H. E., e J. Farley. 2003. *Ecological Economics: Principles and Applications*. Washington, D.C.: Island Press. Discute uma abordagem interdisciplinar para a economia ambiental.

Goodstein, E. S. 2000. *Economics and the Environment*, 3rd ed. New York: Wiley.

Hardin, G. 1968. "Tragedy of the Commons," *Science* 162:1243-1248. Um dos trabalhos mais citados nas Ciências e Ciências Sociais, esta obra clássica descreve as diferenças entre o interesse individual e o bem comum.

Tietenberg, T. 2003. *Environmental Economics and Policy*. New York: Addison-Wesley.

Capítulo 28

Meio Ambiente Urbano

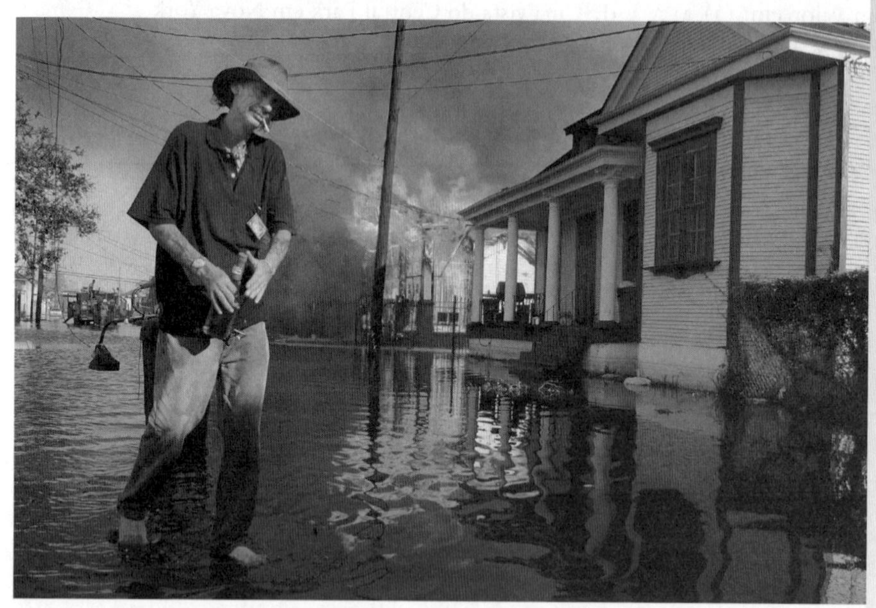

Bairro de Nova Orleans um ano depois do furacão Katrina; (abaixo) Nova Orleans sofrendo logo após o furacão Katrina.

OBJETIVOS DE APRENDIZADO

Em função de o mundo estar se tornando crescentemente urbanizado, é importante aprender como melhorar o meio ambiente urbano, com a finalidade de transformar as cidades em locais mais agradáveis e saudáveis para viver, e reduzir os efeitos indesejáveis no meio ambiente. Após a leitura deste capítulo, deve-se saber:

- Como olhar a cidade de uma perspectiva de sistema ecológico: como a localização e as condições locais determinam o sucesso, a importância e a longevidade de uma cidade.
- Como as cidades se transformaram com as mudanças da tecnologia e com as ideias de planejamento urbano.
- Como uma cidade transforma o seu próprio meio e ainda afeta as áreas ao seu redor, e como se pode planejar as cidades para minimizar alguns destes efeitos.
- Como árvores e outras vegetações não somente embelezam a cidade como também provêm hábitats para os animais, e como se pode alterar o ambiente urbano para estimular a vida selvagem e desfavorecer as pestes.
- Como cidades podem ser planejadas para promover a conservação biológica e se tornarem ambientes agradáveis para as pessoas.
- Com quais escolhas fundamentais se depara ao decidir qual tipo de futuro se deseja e qual o papel das cidades no futuro.

ESTUDO DE CASO

Deve-se Tentar Recuperar Nova Orleans?

Em 29 de agosto de 2005, o furacão Katrina atingiu violentamente Nova Orleans com ventos de até 192 km/h. Fortes tempestades destruiram os diques que protegiam os habitantes da cidade das águas da costa do Golfo, inundando 80% da cidade e 40% de residências (foto da abertura). Com tantos desabrigados e a cidade com tantos danos (Figura 28.1), o prefeito de Nova Orleans, Ray Nagin, ordenou a primeira total evacuação da cidade, uma evacuação que por si só se tornou um desastre. Algumas estimativas apontam que 80% dos 1,3 milhão habitantes da cidade evacuaram.

Katrina foi o furacão que causou o maior prejuízo na história dos Estados Unidos – entre 75 e 100 bilhões de dólares, incluindo a perda de 200 bilhões de receitas de negócios. Um ano após o furacão, a maior parte do prejuízo permaneceu e os cidadãos se mantêm frustrados pela falta de progresso em diversos serviços.[1] Estima-se que cerca de 50.000 casas deverão ser demolidas. Inúmeros dos antigos residentes continuam, espalhados pelo país. A tempestade afetou a indústria de cassino e entretenimento, já que muitos deles foram destruídos ou sofreram danos consideráveis. Nova Orleans possuía aproximadamente 115.000 pequenos negócios. Algumas estimativas sugerem que metade desses negócios não irá sobreviver.

O problema de Nova Orleans é que a cidade foi construída em uma zona úmida na desembocadura do rio Mississipi e a maior parte dela está abaixo do nível do mar (Figura 28.2). Embora um porto nesta desembocadura do rio Mississipi tivesse sido sempre uma localização importante para a cidade, não havia um local ótimo para construir a cidade. O desenvolvimento original, na região do Quarteirão Francês, estava acima do nível do mar (apenas um pouco), e era o melhor local que poderia ser encontrado.

O furacão Katrina foi categorizado como nível 3, porém as discussões sobre a proteção da cidade contra futuras tempestades se concentram em um cenário ainda pior, de um furacão de categoria 5 com ventos de até 249 km/h. Proteger Nova Orleans de um furacão de classe 5 custaria aproximadamente de 10 a 20 bilhões de dólares e levaria 10 anos. A restauração da linha costeira custaria 14 bilhões de dólares.[2] Até mesmo os reparos mais básicos requereriam aproximadamente 2,3 milhões de metros cúbicos de solo, o equivalente ao volume de um campo de futebol preenchido no qual a terra estaria a 480 m de altura.

(*a*)

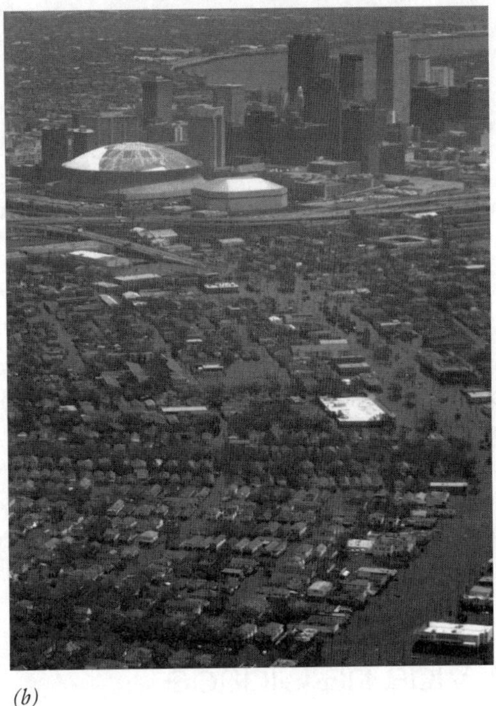

(*b*)

Figura 28.1 ■ (*a*) Fotografia aérea do horizonte de Nova Orleans antes do furação Katrina. O estádio Superdome está próximo do centro à esquerda. (*b*) Uma vista de Nova Orleans depois do impacto do furacão Katrina em 31 de agosto de 2005. É visível a inundação generalizada da cidade após a catástrofe.

Figura 28.2 ■ Mapa de Nova Orleans mostrando o quanto a cidade está abaixo do nível do mar. Originalmente, a cidade foi construída no Quarteirão Francês, que está acima do nível do mar, porém a população cresceu, os diques foram construídos para manter a água fora da cidade e esta se tornou um acidente anunciado.

Nova Orleans sobreviverá? Em caso afirmativo, sua antiga glória e importância serão restauradas? Ela continuará famosa, ainda que como uma mera sombra de seu próprio passado? Para saber como reconstruir a cidade, decidir se vale a pena fazê-lo e prever se tal restauração pode acontecer, os Estados Unidos terão que entender a ecologia das cidades, como as cidades se encaixam em um meio, o complexo relacionamento entre uma cidade e os seus arredores e como uma cidade se comporta como um meio para seus residentes.

28.1 A Vida na Cidade

Antigamente, a ênfase da ação ambiental era frequentemente nas áreas de florestas, nos animais selvagens, espécies ameaçadas de extinção e o impacto da poluição nas paisagens naturais fora das cidades. Agora é hora de voltar maior atenção para os ambientes urbanos. No desenvolvimento do movimento ambiental moderno, nas décadas de 1960 e 1970, era comum considerar que as cidades eram tudo de ruim e os ambientes selvagens tudo de bom. As cidades eram consideradas poluídas, sujas, com falta de vida selvagem e de plantas nativas, e tudo era artificial – e, devido a isso, eram ruins. As áreas selvagens eram consideradas como não poluídas, limpas, cheia de vida selvagem e de plantas nativas – e por isso eram boas.

Apesar de ter sido comum desdenhar as cidades, a maioria das pessoas vive em ambientes urbanos e tem sofrido diretamente com a sua decadência. Comparativamente, pouco do interesse público tem sido focado na ecologia urbana. Muitas pessoas urbanas veem questões ambientais como fora da sua área de interesse, mas na realidade ocorre justamente o oposto: os moradores das cidades estão no centro de alguns dos mais importantes problemas ambientais. As pessoas estão percebendo que cidade e áreas selvagens estão indissociavelmente conectadas. Não se deve priorizar somente as áreas selvagens enquanto as cidades queimam e liberam poluição por dióxido de enxofre e de óxido de nitrogênio. Felizmente, experimenta-se um renascimento do interesse pelos ambientes urbanos e pela ecologia urbana. A Fundação Nacional de Ciência incorporou duas áreas urbanas, Baltimore e Phoenix, ao seu Programa de Pesquisa Ecológica de Longo Prazo, um programa que custeia monitoramentos de longo prazo, bem como pesquisas em ecossistemas e regiões específicas.

Pelo mundo os seres humanos têm se tornado uma espécie cada vez mais urbanizada (Capítulo 4). Nos Estados Unidos, cerca de 75% da população vive em áreas urbanas e em torno de 25% vive em áreas rurais. E, talvez, ainda mais impressionante, a metade dos norte-americanos vive em uma das 39 cidades com populações maiores que 1 milhão de habitantes.[3] Entretanto, na década passada, o número de pessoas que saíram das maiores cidades nos Estados Unidos é maior do que o de pessoas que se mudaram para estas cidades, com as áreas metropolitanas de Nova York, Los Angeles, Chicago e São Francisco/Oakland, cada uma delas contabilizando uma perda líquida média de 60.000 pessoas por ano. O condado de Cook, onde se localiza Chicago, perdeu meio milhão de pessoas entre 2000 e 2004.[4,5,6,7] Hoje, aproximadamente 45% da população mundial vive em cidades e estima-se que 62% da população, 6,5 bilhões de pessoas, viverão em cidades até 2025.[6] O desenvolvimento econômico conduz à urbanização; 75% das pessoas nos países desenvolvidos vivem em cidades, mas apenas 38% das pessoas nos países menos desenvolvidos moram em cidades.[7]

Megacidades – as grandes áreas metropolitanas com mais de 8 milhões de habitantes – estão surgindo cada vez mais. Em 1950, havia apenas duas no mundo: a cidade de Nova York e uma área urbana próxima de Nova Jersey (12,2 milhões de habitantes juntas) e a grande Londres (12,4 milhões). Até 1975, Cidade do México, Los Angeles, Tóquio, Xangai e São Paulo, no Brasil, juntaram-se à lista. Até 2002, a data mais recente da qual se dispõe de dados, apenas 30 áreas urbanas possuíam mais que 8 milhões de habitantes.[5]

No futuro, a maioria das pessoas viverá nas cidades. Na maior parte das nações, a maioria dos habitantes de áreas urbanas viverá em uma única grande cidade do país. Para a maioria das pessoas, habitar um ambiente de boa qualidade significará viver em uma cidade que é cuidadosamente administrada para manter a qualidade do ambiente.

28.2 A Cidade como um Sistema

É necessário analisar as cidades como um sistema ecológico de um tipo especial, o que de fato, elas são. Como qualquer outro sistema de sustentação da vida, uma cidade deve manter um fluxo de energia, prover recursos materiais necessários e ter meios de remover resíduos. Essas funções do ecossistema são mantidas, em uma cidade, pelo transporte e pela comunicação com as áreas periféricas. Uma cidade não é um ecossistema independente; ela depende de outras cidades e das áreas rurais. A cidade assimila matérias-primas das áreas rurais próximas: comida, água, madeira, energia, minérios, tudo o que uma sociedade humana necessita. Em troca, a cidade produz e exporta bens materiais e, se for verdadeiramente uma grande cidade, exporta ideias, inovações, invenções, arte e espírito de civilização. Uma cidade não pode existir sem uma área rural para apoiá-la. Conforme já afirmado há meio século, a cidade e o campo, o urbano e o rural são uma coisa só – um sistema conectado de fluxos de energia e de matéria – e não duas coisas (Figura 28.3).[8]

Como consequência, se o ambiente da cidade declina, quase certamente o ambiente de seus arredores também declinará. O inverso também é verdadeiro: se o ambiente ao redor da cidade declina, a cidade estará ameaçada. Algumas pessoas sugerem, por exemplo, que a antiga povoação de nativos norte-americanos no Cânion Chaco, Arizona, decaiu depois que o ambiente circunvizinho ou perdeu sua fertilidade do solo devido às práticas inadequadas de cultivo ou sofreu um diminuição dos índices de pluviosidade.

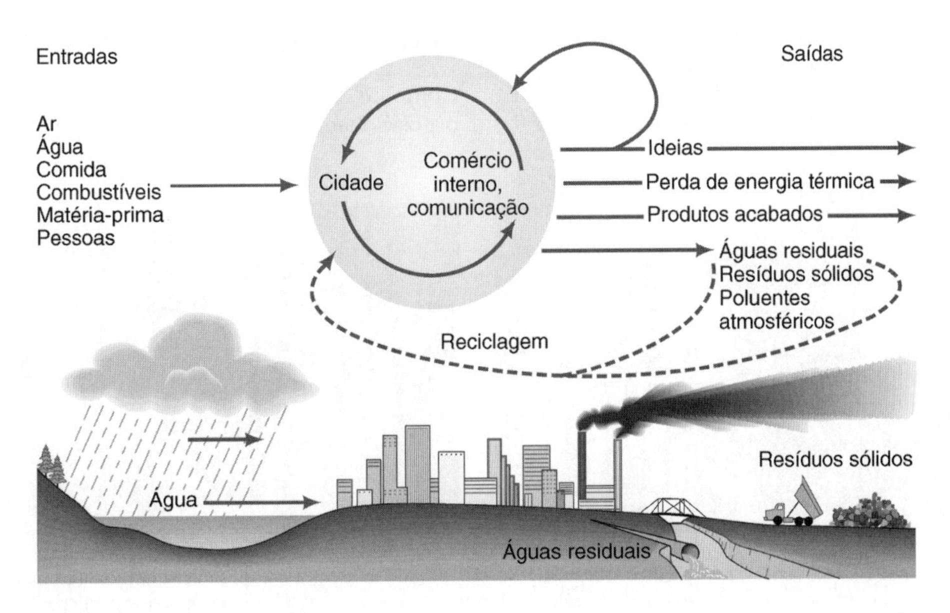

Figura 28.3 ■ A cidade como um sistema com fluxos de energia e matéria. Uma cidade deve funcionar como parte de um ecossistema cidade–campo, com uma entrada de energia e matéria, ciclo interno e uma saída de perda de energia térmica (calor) e de resíduos materiais. Como em um ecossistema natural, a reciclagem de materiais pode reduzir a necessidade de entrada e de saída líquida de resíduos.

As cidades também exportam resíduos para o campo, incluindo a água e o ar poluídos e os resíduos sólidos. Um habitante da cidade, em um país industrializado, utiliza em média anualmente (direta ou indiretamente) cerca de 208.000 kg (229 toneladas) de água, 660 kg (0,8 t) de comida e 3.146 kg (3,5 t) de combustíveis fosseis e também produz 1.660.000 kg (1.826 t) de esgoto, 660 kg (0,8 t) de resíduos sólidos e 200 kg de poluentes atmosféricos. Se estes são exportados sem maiores cuidados, eles poluirão o campo, reduzindo a sua capacidade de provisão de recursos necessários para a cidade e tornando a vida nos arredores menos saudável e menos agradável.

Com essas dependências e interações entre a cidade e os arredores, não é de se espantar que as relações entre as pessoas na cidade e as do campo sejam frequentemente tensas. Os habitantes do campo querem saber: por que eles devem lidar com os resíduos gerados pelos habitantes da cidade? A resposta é que muitos dos graves problemas ambientais ocorrem na interface entre as áreas urbana e rural. As pessoas que vivem na zona rural, porém, próximas a uma cidade, têm um forte interesse pessoal na manutenção de um bom ambiente para aquela cidade e de manter um bom sistema para administrar os recursos da cidade. Quanto mais concentrada a população humana, mais o solo fica disponível para outras finalidades, incluindo áreas selvagens, recreação, conservação da diversidade biológica e produção de recursos renováveis. Dessa forma, as cidades beneficiam as áreas selvagens, as regiões rurais, entre outros.

Se as pessoas vivem em cidades densamente povoadas, devem ser encontradas maneiras para tornar a vida urbana saudável e agradável, evitando assim que as cidades poluam o mesmo ambiente que a sua densa população humana, em teoria, libera para outros fins. Os planejadores urbanos encontraram muitas formas de tornar as cidades em ambientes agradáveis: criando parques e conectando as cidades, de maneira estética e ambientalmente agradável, aos rios e às montanhas próximas. O planejamento urbano tem uma história longa e surpreendente, com objetivos emparelhados de segurança e beleza. A vasta experiência em planejamento de cidades, combinada ao moderno conhecimento das ciências ambientais, pode produzir, no futuro, cidades mais saudáveis e satisfatórias para os seus habitantes e melhor integradas ao meio ambiente. As belas cidades não são apenas saudáveis, mas, também, atraem as pessoas, aliviando as pressões no campo.

Com o crescimento da população humana, podem-se imaginar dois futuros. Em um deles, as cidades serão agradáveis e habitáveis, utilizando os recursos vindos de fora da própria cidade, de maneira sustentável, minimizando a poluição das áreas rurais circunvizinhas e concedendo espaço para as áreas selvagens, agricultura e silvicultura. Em outro futuro, as cidades continuarão a serem vistas como ambientes negativos sujeitos a serem abandonados nas áreas centrais. As pessoas fogem para subúrbios grandiosos e amplos que ocupam grandes áreas e os pobres que restam nas cidades vivem em um ambiente não saudável e desagradável. Sem o devido cuidado para com as cidades, a sua estrutura tecnológica declina e ela passa a poluir mais que no passado. As tendências em ambos os casos parecem estar ocorrendo.

À luz de todas essas preocupações, este capítulo descreve como uma cidade pode integrar-se, utilizando e evitando destruir o sistema ecológico, do qual ela depende, e como ela pode servir às necessidades e aos desejos humanos, bem como exercer funções ambientais. Com estas informações, adquire-se um embasamento para tomar decisões, baseadas na ciência e nos valores pessoais, sobre qual o tipo de panorama urbano-rural que trará benefícios para os indivíduos e para natureza.

28.3 Local e Posição: a Localização das Cidades

Aqui está uma ideia que a vida moderna, com seus meios de transporte rápidos e seus muitos equipamentos eletrônicos, torna pouco clara: cidades não são construídas ao acaso, elas se desenvolvem principalmente por causa das condições locais e benefícios regionais. Na maioria dos casos, elas crescem em localizações cruciais de transporte (um aspecto chamado de *posição* da cidade) e que podem ser prontamente amparadas, com bom posicionamento das construções, abastecimento de água e acesso aos recursos (qualidades relacionadas ao que é chamado de *local*). As principais exceções são cidades que foram construídas essencialmente por motivos políticos. Por exemplo, Washington, D.C., foi construída por sua posição estar próxima ao centro geográfico da área original dos 13 estados; mas o local era principalmente uma área alagada e, próximo, Baltimore era o maior porto da região.

Importância do Local e da Posição

Como no caso de Nova Orleans (veja o Detalhamento 28.1), o posicionamento da cidade é influenciado por dois fatores

(*a*)

(*b*)

Figura 28.4 ■ (*a*) Condições geológicas, topográficas e hidrológicas têm grande influência em quão bem-sucedida a cidade pode ser. Se estas condições, coletivamente conhecidas como o local da cidade, são ruins, muito tempo e esforço serão necessários para criar um ambiente habitável. Conforme foi ilustrado no estudo de caso inicial, Nova Orleans tem um local ruim, mas uma posição importante. (*b*) Em contraste, Manhattan, na cidade de Nova York, é uma ilha de substrato rochoso acima das águas circundantes, fornecendo uma base resistente para construções e um solo que é suficientemente acima do lençol freático, de modo que inundações e mosquitos certamente não representam problemas.

DETALHAMENTO 28.1

O Naufrágio de Veneza

A cidade de Veneza, na Itália, está afundando lentamente, mas por um longo tempo ninguém sabia a causa ou a solução. Enchentes estavam se tornando mais e mais comuns, especialmente durante as tempestades de inverno, quando o vento direcionava águas do mar Adriático para dentro das ruas da cidade[9] (Figura 28.5). No presente, Veneza sofre 200 dias de pelo menos um pouco de enchente a cada ano; há 100 anos, a média era de sete dias por ano.[9]

Famosa por seus canais e bela arquitetura, Veneza está em perigo de ser destruída pela laguna que sustentou seu comércio por mais de mil anos. A cidade está afundando por três motivos: o nível do mar continua crescendo como consequência dos efeitos da última era glacial; o aquecimento global leva a um aumento adicional do nível do mar; e, como foi descoberto há algumas décadas, águas subterrâneas na região estavam sendo bombeadas para o abastecimento de água. Sem as águas subterrâneas, o solo começou a comprimir devido ao peso da cidade. Ao menos algo poderia ser feito quanto a esta causa. Em vez de obter água diretamente de baixo da cidade, Veneza começou a usar água do continente. Como resultado, a cidade aparentemente parou de afundar por um tempo e a taxa de afundamento desacelerou.

Veneza foi fundada por pessoas que escapavam das hordas de cidades saqueadas no fim do Império Romano. Sua localização nos pântanos junto ao mar Adriático foi facilmente defendida, e a costa também era uma boa localização para transporte e comércio. No entanto, o local de Veneza apresentou problemas ambientais que tiveram que ser resolvidos antes que a cidade pudesse tornar-se um centro maior. O solo movediço (lama) junto à costa plana significava uma fundação ruim para os prédios. Para melhorar o local, os antigos venezianos introduziram vigas (feitas de árvores das florestas do continente) dentro da lama e construíram sobre elas. Veneza ainda permanece nesta fundação, estabelecida mais de 1.000 anos atrás.

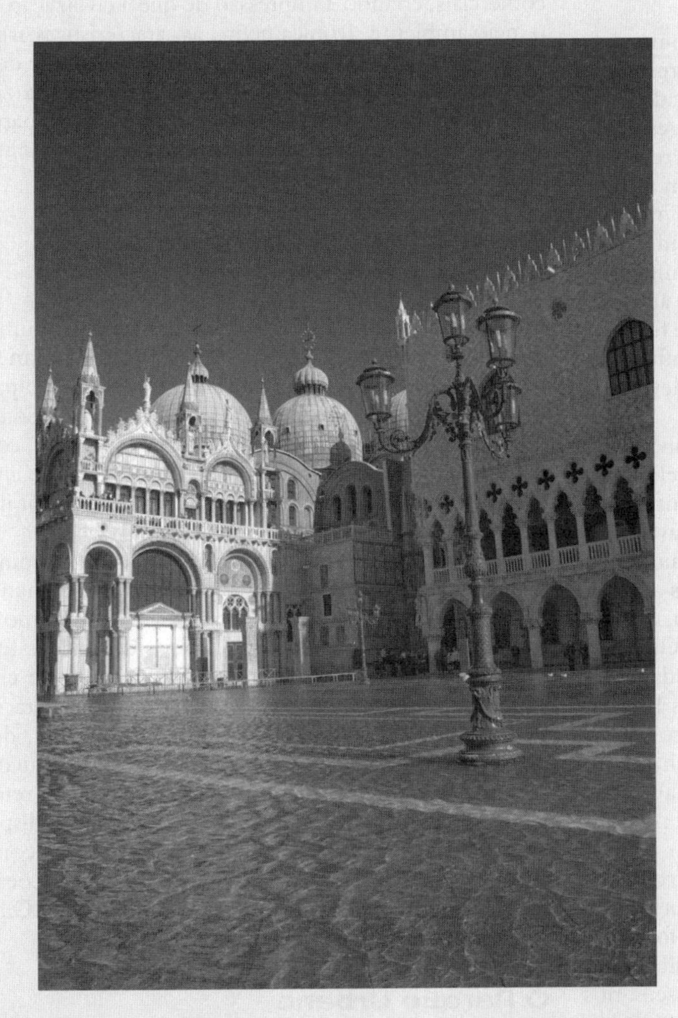

Figura 28.5 ■ Veneza sob alagamentos. Inundações cobriram mais de 90% da cidade neste incidente.

O sucesso de Veneza como uma cidade dependeu da sua posição – ou seja, sua localização relativa aos seus arredores. Áreas próximas eram uma fonte de matéria-prima e recursos para a cidade e proviam o mercado de produtos. Hoje, assim como em seu passado, Veneza é afetada pelos arredores de várias maneiras, tanto positiva quanto negativamente. A cidade recebe a maior parte dos produtos primários e necessidades de fora – alimento (exceto peixes), combustível e assim por diante. Pelo lado negativo, as construções altamente decoradas e monumentos pelos quais a cidade é famosa foram deteriorados pela chuva ácida gerada pelas indústrias tanto próximas quanto longes. Suas águas têm altas concentrações de fertilizantes das fazendas e metais pesados das indústrias no continente.[11]

Para simplificar, o problema é que a cidade continua a afundar devido ao aumento do nível do mar. O problema é exacerbado pelo aquecimento global, que faz crescer a taxa de aumento do nível do mar. Marés tempestuosas invadem a laguna e inundam a cidade. Uma série de comportas que podem temporariamente bloquear o fluxo da água do oceano foram projetadas, e depois de um longo atraso foram construídas.[12] Por exemplo, se as comportas forem bem-sucedidas, podem interromper a descarga de desperdícios da laguna, que tem permitido Veneza persistir independente das instalações antiquadas de esgoto.

Veneza sobreviverá? Nesta hora ninguém sabe ao certo. Existem algumas ideias sobre o que fazer, mas a questão real é se há a intenção política na Itália em salvar esta cidade famosa. A sobrevivência de Veneza é, portanto, uma questão de ciência e valores. A história de Veneza também deixa clara a conexão, mesmo nas cidades, entre pessoas e a natureza.

já mencionados: o **local**, que é a soma de todos os aspetos ambientais dessa localidade, e a **posição**, a qual é o posicionamento da cidade em relação a outras áreas e cidades. Um bom local inclui um substrato geológico adequado para construções, como uma base de rocha firme e solos bem drenados que estão acima do lençol freático; estar próximo a abastecimentos de água potável; estar próximo a terras boas e adequadas para a agricultura; e florestas (Figura 28.4). Entretanto, novamente como Nova Orleans ilustra, outros fatores – como a importância de criar uma cidade portuária – podem compensar um local geologicamente pobre, desde que as pessoas sejam capazes de construir uma fundação artificial para a cidade e manter esta fundação, apesar dos esforços da natureza em sobrepujá-la.

Também é mais fácil construir uma cidade onde o clima é favorável – o que significa que ele não apresenta temperaturas e pluviosidade extremas e não é sujeito a tempestades frequentes. Entretanto, muitas cidades importantes foram construídas em locais de climas severos. Por exemplo, as cidades gêmeas de Minneapolis e Saint Paul possuem invernos frios e verões quentes; enquanto Houston e Miami possuem verões quentes e úmidos. Nesses casos, um aspecto negativo foi superado com moderna tecnologia aplicada: modernos aquecimentos e resfriamentos de ambientes.

Veneza não é a única cidade a ter problemas com subsidência, ou afundamento. Isto também pode ser resultado da remoção de óleo, gás, minerais e minério. A cidade de Long Beach, Califórnia, sofreu subsidências como resultado da remoção de óleo e gás de poços, bem como a remoção de águas subterrâneas. Na Cidade do México, a remoção de águas subterrâneas levou a subsidências de mais de 7 m.

Como as pessoas de Veneza, Long Beach e Cidade do México aprenderam, as cidades influenciam e são influenciadas pelos seus ambientes. O ambiente de uma cidade afeta seu crescimento, sucesso e importância – e também pode fornecer as sementes de sua destruição. Todas as cidades são influenciadas, e quem planeja, administra e vive nas cidades deve estar ciente de todos os aspectos do ambiente urbano.

A situação ambiental afeta fortemente o desenvolvimento e importância de uma cidade, particularmente com relação ao transporte e defesa. Canais navegáveis são importantes para o transporte. Antes das ferrovias, dos automóveis e aviões, as cidades dependiam da água para o transporte. A maioria das cidades no passado era localizada junto ou próximos a canais navegáveis. No antigo Império Romano, por exemplo, todas as cidades importantes ficavam próximas a esses canais. Os canais navegáveis continuaram a influenciar na localização das cidades; a maior parte das principais cidades do leste dos Estados Unidos está situada ou nos principais portos oceânicos ou na **linha de escarpa** dos principais rios. Veja o Detalhamento 28.2 para a definição do termo *linha de escarpa* e mais informações que ilustram o quanto o ambiente influencia no posicionamento e sucesso das cidades (ver a Figura 28.6).

As cidades frequentemente são fundadas em outros tipos de pontos cruciais de transporte, crescendo ao redor de um entreposto comercial, uma travessia de rio ou um forte. As cidades de Newcastle, Inglaterra, e Budapeste, Hungria, estão localizadas nos pontos mais baixos nos cursos de seus rios onde ainda é possível construir uma ponte. Outras cidades, como Genebra, são localizadas onde um rio entra ou deixa um lago principal. Outras cidades bem conhecidas são localizadas na confluência de grandes rios: Saint Louis fica na confluência dos rios Missouri e Mississipi; Manaus (Brasil), Pittsburgh (Pensilvânia), Koblenz (Alemanha) e Cartum (Sudão) estão na confluência de vários rios. Muitas cidades famosas são localizadas em pontos estratégicos de defesa, junto ou adjacente a afloramentos de rocha facilmente defendidos. Exemplos incluem Edimburgo, Atenas e Salzburg. Outras cidades estão situadas em penínsulas – por exemplo, Mônaco e Istambul.

28.4 Planejamento Urbano e o Meio Ambiente

Uma cidade nunca pode ser livre de restrições ambientais, mesmo que as construções humanas forneçam uma falsa sensação de segurança. Lewis Mumford, um historiador de cidades, escreveu, "As cidades nos dão a ilusão de autossuficiência e independência e a possibilidade de continuidade física sem uma renovação consciente".[8] Mas esta segurança é apenas uma ilusão. (Uma breve história da relação das cidades com seus ambientes é apresentada no Detalhamento 28.3.)

Um perigo no planejamento de cidades é a tendência de transformar as características naturais de um centro urbano em características artificiais, substituindo completamente a grama e o solo por pavimentos, cascalhos, casas e prédios comerciais, criando a impressão de que a civilização dominou o meio ambiente. Ironicamente, as características artificiais da cidade que a fazem mais independente do restante do mundo, na realidade, tornam-na mais dependente da sua zona rural para todos os recursos. Apesar de uma cidade parecer para seus habitantes crescer mais forte e mais independente, ela, na verdade, torna-se mais frágil.[8]

Planejamento Urbano para Defesa e Beleza

Muitas cidades na história cresceram sem nenhum planejamento consciente. Pode-se achar vestígios de **planejamento urbano** – formalmente, planejamento consciente para novas cidades – desde no século XV. Algumas vezes, cidades eram designadas para algum propósito social específico, com pouca atenção para o ambiente; em outros casos, o meio ambiente e seus efeitos nos habitantes da cidade tiveram maior importância no planejamento.

A defesa e a beleza têm sido dois temas dominantes no planejamento formal de cidades (veja o Detalhamento 28.4). Pode-se pensar nesses dois tipos de cidade como cidades-fortalezas e cidades-parques. As ideias de cidades-fortaleza e cidades-parque influenciaram o planejamento de cidades na América do Norte. A importância das considerações estéticas é ilustrada no plano de Washington, D.C., desenhada por Pierre Charles L'Enfant. L'Enfant misturou o traçado retangular tradicional das ruas (o qual pode ser referido aos romanos) com um conjunto de largas avenidas dispostas em ângulos. O objetivo era criar uma linda cidade, com muitos parques, incluindo alguns pequenos, nas interserções das avenidas e ruas. Esse desenho fez de Washington, D.C., uma das cidades mais agradáveis nos Estados Unidos.

O Parque Urbano

Parques vêm se tornando cada vez mais importantes nas cidades. Um avanço significativo para as cidades norte-americanas foi o planejamento e construção, no século XIX, do Central Park em Nova York, o primeiro grande parque público nos Estados Unidos. O projetista do parque, Frederick Law Olmsted, foi um dos mais importantes especialistas modernos

As Cidades e a Linha de Escarpa

Uma **linha de escarpa** em um rio ocorre onde há uma queda abrupta na elevação da terra, criando quedas d'água (Figura 28.6). Uma linha de escarpa tipicamente ocorre onde fluxos passam de rochas mais duras e resistentes à erosão para rochas menos duras. No leste da América do Norte a maior linha de escarpa ocorre na transição dos substratos rochosos graníticos e metamórficos – que formam as Montanhas Apalachianas – para as rochas sedimentares, menos duras, facilmente erodidas e mais recentes. Em geral, a transição de um substrato rochoso com uma abrangência grande de cordilheiras para outro substrato rochoso forma a linha de escarpa primária nos continentes.

Cidades têm sido frequentemente estabelecidas em linhas de escarpa, especialmente nas maiores linhas de escarpa continentais, por diversas razões. A linha de escarpa provém energia hidráulica, uma fonte importante de energia nos séculos XVIII e XIX, onde as maiores cidades do leste dos Estados Unidos foram estabelecidas ou tornaram-se mais importantes. Naquela época, a linha de escarpa era por onde navios maiores chegavam mais longe dentro do continente; e apenas acima da linha de escarpa estava o fluxo d'água a jusante onde o rio poderia ser atravessado. Mas foi depois do desenvolvimento de pontes de aço no fim do século XIX que se tornou prático atravessar áreas mais largas de um rio ao longo da linha de escarpa.[13] A proximidade de uma cidade com um rio tem outra vantagem: vales de rios possuem solos ricos e sedimentados que são bons para agricultura. Em outros tempos, rios também proviam meios importantes de eliminação de resíduos, que hoje se tornou um problema sério.

Cidades são comumente fundadas próximas a um recurso mineral, tal como o sal (Salzburg, Áustria), metais (Kalgoorlie, Austrália), ou águas medicinais ou fontes termais (Spa, Bélgica; Bath, Grã-Bretanha; Vichy, França; e Saratoga Springs, Nova York). Uma cidade de sucesso pode crescer e se espalhar pelos terrenos ao seu redor,

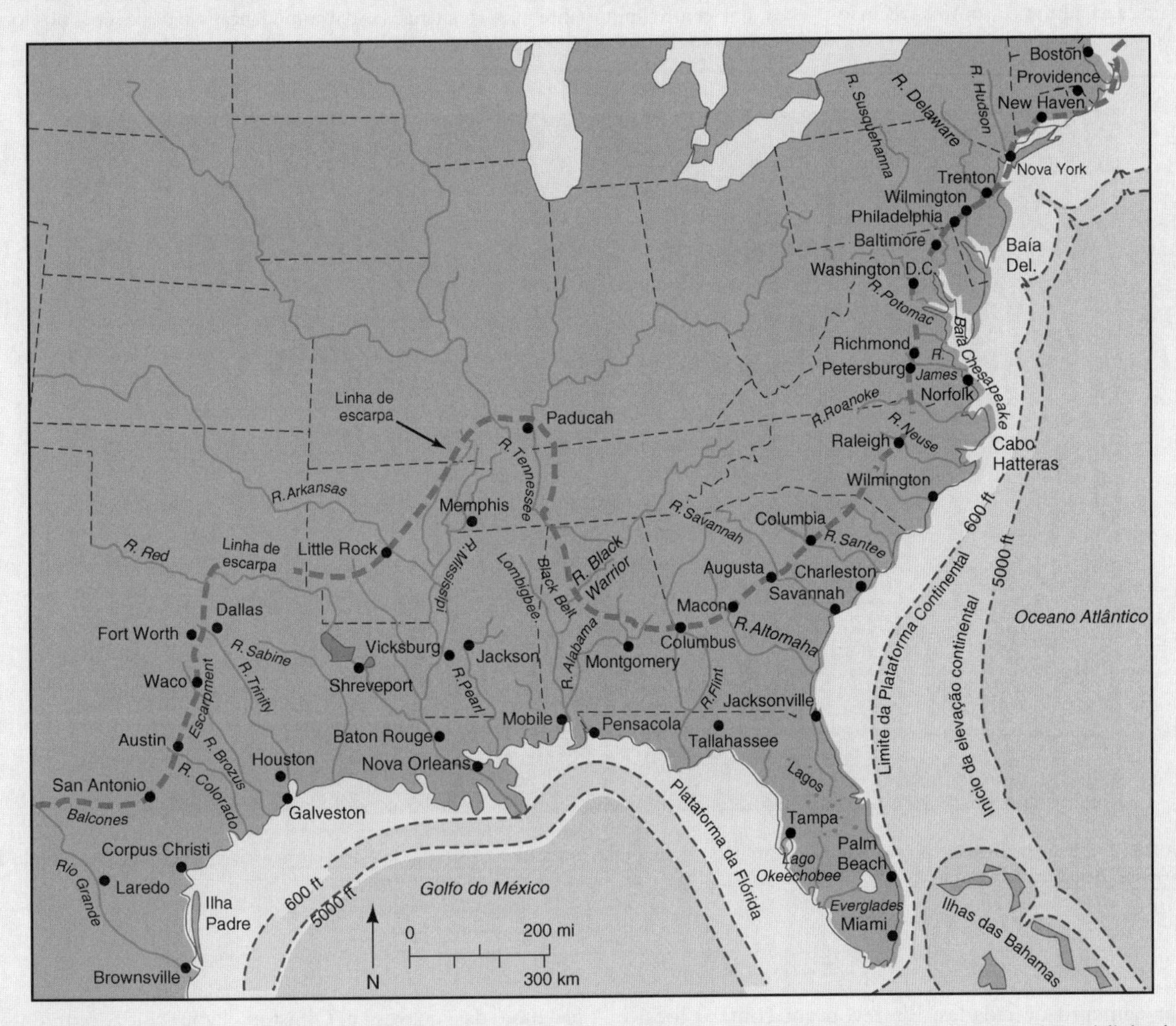

Figura 28.6 ■ A maioria das grandes cidades do leste e sul dos Estados Unidos está tanto em locais com portos quanto junto à linha de escarpa (mostrada pela linha tracejada na figura), que marca locais de quedas d'água e corredeiras em rios grandes. Esta é uma das maneiras que a localização das cidades é influenciada pelas características do ambiente. (*Fonte*: C. B. Hunt, *Natural Regions of the United States and Canada* [San Francisco: Freeman, 1974]. Direitos autorais, 1974, por W. H. Freeman & Co.)

(Continua)

(Continuação)

assim o seu propósito original pode ser desconhecido, inclusive para um residente. Seu mercado original ou forte pode ter evoluído em uma praça ou curiosidade histórica. Na maioria dos casos, porém, cidades se originaram onde a localização provia um ponto comum de encontro de pessoas.

A localização ideal para uma cidade deve ter tanto um bom local quanto uma boa posição, mas tal lugar é difícil de encontrar. Paris é talvez um dos melhores exemplos de uma localização perfeita para uma cidade – tanto com um bom local quanto com uma boa posição. Paris começou em uma ilha há mais de 2.000 anos, onde a posição provia um vale natural para defesa e canais para transporte. Nos arredores rurais, uma baixada fértil, chamada de bacia parisiense, proporcionava terra boa para agricultura e outros recursos naturais.

Modificação do Local

O local é abastecido pelo ambiente, mas tecnologia e mudanças ambientais podem alterar um local para melhor ou pior. Pessoas podem aprimorar o local de uma cidade e tem feito isso quando a posição de uma cidade torna-se importante e quando seus cidadãos podem financiar grandes projetos. Uma excelente posição pode às vezes compensar um local ruim. No entanto, melhorias são quase sempre exigidas pelo local para que a cidade possa persistir. Como o estudo de caso na introdução deste capítulo deixou claro, Nova Orleans requer melhorias custosas em seu local se for para que a cidade sobreviva.

Mudanças no local ao longo do tempo podem ter efeitos adversos numa cidade. Por exemplo, Bruges, Bélgica, desenvolveu um centro importante para comércio no século XIII, pois seu porto no canal da Mancha permitiu comércio com a Inglaterra e outras nações europeias. No século XV, no entanto, o porto foi seriamente assoreado, e a tecnologia limitada naquele tempo não tornou possível a dragagem (Figura 28.7). Este problema, combinado com eventos políticos, levaram ao declínio da importância de Bruges – um declínio que nunca foi recuperado. Contudo, hoje, Bruges ainda sobrevive, e é uma cidade bela com vários bons exemplos de arquitetura medieval. Ironicamente, o fato de estas construções nunca terem sido substituídas por outras modernas faz de Bruges um destino turístico moderno.

Grent, Bélgica e Ravenna, na Itália, são outros exemplos de cidades cujos portos assorearam. Uma vez que efeitos humanos no ambiente trazem mudanças globais, pode haver mudanças rápidas e sérias nos locais de muitas cidades.

Figura 28.7 ■ Bruges, Bélgica, no passado já foi um importante porto marítimo, mas o oceano depositou areia e deixou a cidade longe da linha costeira. Atualmente, é uma linda cidade histórica, mas não tem mais importância para o comércio.

em planejamento de cidades. Ele levou em conta o local e a localização e tentou combinar melhoramentos para a área com as qualidades estéticas da cidade.

Para Olmsted, o objetivo de um parque municipal era proporcionar alívio psicológico e fisiológico da vida da cidade através do acesso à natureza. Um meio de proporcionar alívio da vida da cidade foi a criação de beleza no parque. Vegetação foi uma das chaves, e Olmsted levou cuidadosamente em consideração os ensejos e limitações da topografia, geologia, hidrologia e vegetação.

Em contraste com a abordagem de um preservacionista, que poderia meramente ter buscado retornar a área ao seu estado natural e selvagem, Olmsted criou um ambiente natural mantendo o terreno rochoso acidentado, mas inserindo

DETALHAMENTO 28.3

História Ambiental das Cidades

O Surgimento das Cidades

As primeiras cidades emergiram no cenário mundial milhares de anos atrás durante o Neolítico (ou Idade da Pedra Polida) com o desenvolvimento da agricultura, que forneceu comida em quantidade suficiente para manter uma cidade.[8] Neste primeiro estágio, o número de pessoas por quilômetro quadrado era muito maior que nos arredores rurais, mas a densidade ainda era muito baixa para causar um distúrbio rápido e sério na terra. De fato, os dejetos dos cidadãos e de seus animais era um importante fertilizante para as fazendas dos arredores. Neste estágio, o tamanho da cidade era restringido pelos métodos primitivos de transporte de alimento e remoção de dejetos. Por causa destas limitações, nenhuma cidade medieval europeia que possuía transporte unicamente terrestre tinha uma população maior que 15.000.[14]

O Centro Urbano

No segundo estágio, o transporte mais eficiente tornou possível o desenvolvimento de centros urbanos muito maiores. Barcos, barcaças, canais e cais, bem como estradas, cavalos, carruagens e carroças permitiram que as cidades se localizassem mais longe das áreas rurais. Roma, originalmente dependente do seu local de produção, tornou-se uma cidade alimentada por celeiros e armazéns na África e no Oriente Próximo.

A população da cidade é limitada por quão longe uma pessoa pode viajar em um dia de e para seu trabalho e por quantas pessoas podem viver em uma área (densidade). No segundo estágio, a dimensão interna da cidade era limitada pelas viagens a pé. Um trabalhador deveria ser capaz de andar para trabalhar, realizar seu trabalho e voltar para casa no mesmo dia. A densidade de pessoas por quilômetro quadrado era limitada pelas técnicas de arquitetura e pela eliminação primitiva de resíduos. As cidades nunca excediam a população de um milhão, e poucas aproximavam deste tamanho, mais notavelmente Roma e algumas cidades da China.

A Metrópole Industrial

A Revolução Industrial permitiu modificações no ambiente maiores que eram possíveis anteriormente. Dois avanços tecnológicos que tiveram efeitos significativos no ambiente da cidade foram a melhoria no saneamento, que proporcionou o controle de diversas doenças, e a melhoria no transporte.

O transporte moderno torna possível uma cidade maior. Trabalhadores podem viver mais longe do seu local de trabalho e comércio, e a comunicação pode estender por áreas maiores. Viagens aéreas livraram ainda mais as cidades das suas tradicionais limitações da posição. Agora existem áreas urbanas prósperas onde antes havia transporte precário: no Extremo Norte (Fairbanks, Alasca, EUA) e em ilhas (Honolulu). Estas mudanças aumentaram o senso de separação dos moradores do seu ambiente natural.

Metrôs e trens também permitiram o desenvolvimento dos subúrbios. Em algumas cidades, no entanto, os efeitos negativos da expansão urbana trouxeram de volta muitas pessoas para os centros urbanos ou para cidades-satélites menores na região metropolitana de uma cidade. Os inconvenientes desta inversão urbana e a destruição da terra nos subúrbios fizeram surgir um novo apelo ao centro das cidades.

O Centro da Civilização

Atualmente se deu início a um novo estágio no desenvolvimento das cidades. Com as telecomunicações modernas, pessoas podem trabalhar em casa ou em locais distantes. Talvez, uma vez que a telecomunicação libertou a necessidade de certas viagens comerciais e atividades relativas, a cidade pode tornar-se mais limpa, um centro mais agradável de civilização.

Um futuro otimista para cidades requer uma quantidade abundante de energia e recursos materiais, que certamente não são garantidos, e o sábio uso destes recursos. Se recursos energéticos são rapidamente consumidos, o transporte moderno de massa pode falhar, menos pessoas poderão viver nos subúrbios e as cidades se tornarão mais inchadas. A dependência do carvão e da madeira aumentará a poluição do ar. A destruição contínua do solo dentro e próximo às cidades poderá compor problemas de transporte, tornando a produção local de alimento impossível. O futuro das cidades depende da habilidade de planejar, conservar e usar sabiamente os recursos materiais e energéticos.

lagoas onde achou que era desejável. Para acrescer variedade, ele construiu "passeios" que eram densamente arborizados e seguiam padrões sinuosos. Ele criou um "pasto de ovelhas" usando explosivos. Na parte sul do parque, onde havia campos planos, ele criou áreas recreativas. Para ajudar o parque a adequar-se às necessidades da cidade, ele construiu caminhos transversais através dele e também criou estradas em depressões, as quais permitiam que o trânsito cruzasse o parque sem depreciar o panorama visto pelos visitantes.

O Central Park é um exemplo de "projeto com natureza", um termo inventado muito depois, e seu projeto influenciou outros parques urbanos nos Estados Unidos. Olmsted permaneceu sendo uma figura importante no planejamento de cidades norte-americanas por todo o século XIX, e a empresa que ele fundou continuou a ser importante no planejamento de cidades no século XX.[15, 16, 17]

As habilidades de Olmsted em criar projetos que visam às necessidades tanto físicas como estéticas de uma cidade é mais bem visto por seu trabalho em Boston. O local original de Boston certamente oferece vantagens: uma península estreita com muitas colinas que podem facilmente ser defendidas, uma boa enseada e um bom abastecimento de água. Entretanto, à medida que Boston cresceu, aumentou a demanda por mais área para construções, por uma área maior para a ancoragem de navios, e um melhor abastecimento de água. Aumentou também a necessidade de controlar as cheias da maré e de eliminar os resíduos sólidos e líquidos. Muitas das zonas entremarés planas originais, as quais eram muito úmidas para se construir e muito rasas para se navegar, foram aterradas (Figura 28.9). As colinas foram aplainadas e as marismas aterradas. O maior projeto foi o aterramento da Back Bay, que começou em 1859 e continuou por décadas. Entretanto, após aterrado, a área sofreu com inundações e poluição da água.[18]

A solução de Olmsted para esses problemas foi um projeto de controle de água chamado de "brejos". Seu objetivo era "mitigar incômodos existentes" mantendo esgoto longe dos cursos d'água e lagoas, e construindo diques artificiais para evitar inundações – e fazer isto de maneira que ficasse com uma aparência natural. Sua solução incluía criar cursos d'água artificiais cavando depressões rasas nas planícies intertidais,

DETALHAMENTO 28.4

Breve História do Planejamento Urbano

Dois temas dominantes no planejamento formal de cidades têm sido a defesa e a beleza. Cidades da Roma antiga eram tipicamente desenhadas com simples padrões geométricos que tinham benefícios práticos e estéticos. A simetria do desenho era considerada bela, mas também provia um plano útil para as ruas.

Durante o auge da cultura islâmica, no primeiro milênio, as cidades islâmicas tipicamente continham belos jardins, frequentemente dentro dos terrenos da realeza. Dentre os jardins urbanos mais famosos no mundo estão os jardins de Alhambra, um palácio em Granada, Espanha (Figura 28.8). Os jardins foram criados quando esta cidade era uma capital moura, e eles têm sido mantidos depois que o controle islâmico em Granada terminou, em 1492. Hoje, como uma atração turística que recebe dois milhões de visitantes por ano, os jardins de Alhambra demonstram os benefícios econômicos das considerações estéticas no planejamento da cidade. Eles também ilustram que, marcando um belo parque como foco específico numa cidade, beneficia seu ambiente, provendo alívio a si mesmo.

Depois da queda do Império Romano, as cidades recém-planejadas na Europa eram projetadas para serem muradas e fortificadas para defesa. Mas mesmo nestas, os planejadores urbanos consideraram a estética. No século XV, um destes planejadores, Leon Battista Alberti, provou que cidades grandes e importantes deveriam ter ruas largas e retas; cidades menos fortificadas deveriam ter ruas sinuosas para melhorar sua beleza. Ele também defendia a inclusão de praças e áreas recreativas, que continuam sendo considerações importantes no planejamento urbano.[14] Uma das mais sucedidas destas cidades muradas é Carcassonne, no sul da França, hoje o terceiro local mais visitado no país. Atualmente, cidades muradas tornaram-se grandes atrações turísticas, novamente ilustrando os benefícios econômicos de um bom planejamento estético no desenvolvimento urbano.

A utilidade de cidades com muralhas essencialmente acabou com a invenção da pólvora. A Renascença desencadeou um interesse na cidade ideal, onde por sua vez levou ao desenvolvimento de parques urbanos. A preferência por jardins e parques, enfatizando a recreação, desenvolveu-se na civilização ocidental nos séculos XVII e XVIII. Isto caracterizou o planejamento de Versailles, França, com seus famosos parques de diversos tamanhos e caminhos arborizados, e também o trabalho do planejador urbano inglês, conhecido como Lancelot "Capacidade" Brown, que desenhou parques na Inglaterra e foi um dos fundadores da escola inglesa de paisagismo, que enfatiza jardins naturais.

Desta forma, a cidade cresce na dependência dos arredores rurais, destruindo a paisagem suburbana em que depende. Enquanto áreas próximas são arruinadas para agricultura e conforme a rede de transportes cresce, o uso, o mau uso e a destruição do ambiente aumentam. Muitas cidades foram construídas, prosperaram e decaíram desta forma.

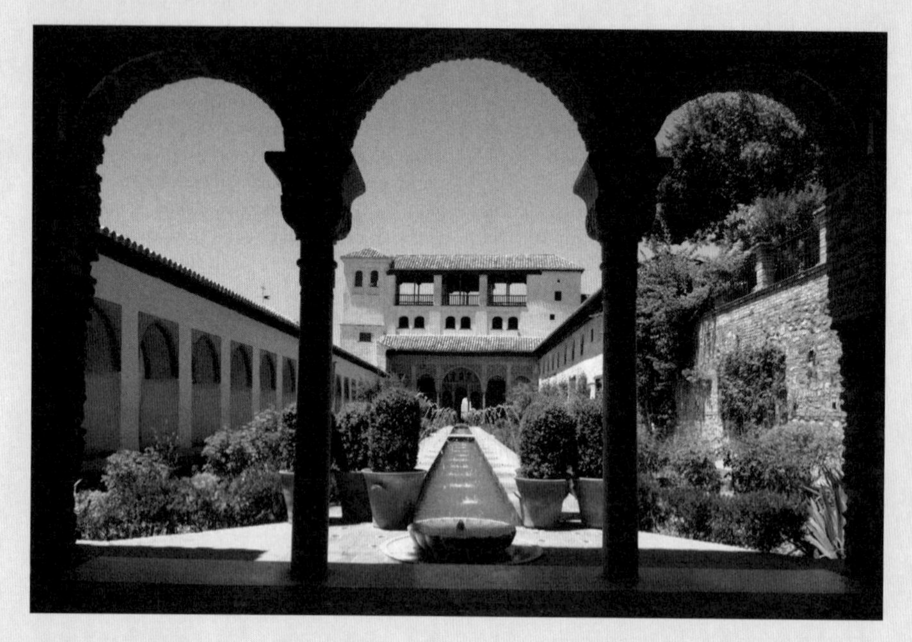

Figura 28.8 ■ Beleza planejada. Os jardins de Alhambra, em Granada, Espanha, ilustram como a vegetação pode ser usada para criar beleza em uma cidade.

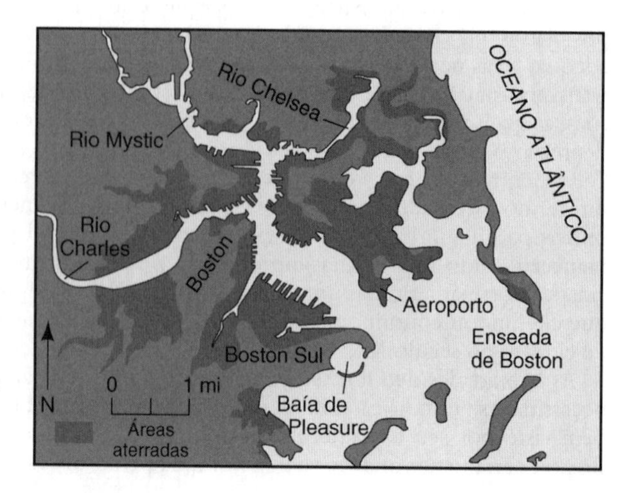

Figura 28.9 ■ Natureza integrada dentro de uma cidade. Boston foi modificada através do tempo para melhorar o ambiente e proporcionar novas áreas para construção. Este mapa de Boston mostra as áreas aterradas, desde 1982, para proporcionar novos locais para construção. Apesar de esse aterramento permitir a expansão da cidade, ele também pode criar problemas ambientais, os quais devem ser resolvidos. (*Fonte*: A.W. Spirn, *The Granite Garden: Urban Nature and Human Design* [New York: Basic Books, 1984].)

seguindo padrões sinuosos como cursos d'água naturais; deixar outras depressões artificiais como tanques de retenção para a cheia da maré; restaurar um sapal natural plantado com vegetação resistente à água salobra; e prover de vegetação toda a área para servir como um parque recreativo quando não estivesse na cheia. Ele posicionou comportas para a maré no rio Charles – o principal rio de Boston – e desviou dois grandes córregos diretamente para o Charles, de modo que eles inundassem os brejos apenas no período de cheia. Ele reconstruiu o rio Muddy, principalmente para criar um panorama novo e acessível.

O resultado da ideia de Olmsted foi que o controle de água tornou-se uma estética adicional para a cidade. A combinação de diversos objetivos fez o desenvolvimento dos brejos um ponto de referência no planejamento de cidades. Apesar de isso parecer, para um eventual forasteiro, um simples parque para recreação, a área tem uma importante função ambiental no controle de inundações. Parques próximos aos rios e oceanos estão recebendo cada vez mais atenção. Por exemplo, a cidade de Nova York está gastando varias centenas de milhões de dólares para construir dois parques ao longo da margem do rio Hudson do lado de Manhattan, onde anteriormente existiam docas e armazéns abandonados e que separavam o público do acesso ao rio.

Uma extensão da ideia do parque foi a **cidade jardim**, um termo criado por Ebenezer Howard em 1902. Howard acreditava que a cidade e o campo deveriam ser planejados conjuntamente. Uma cidade jardim era uma cidade circundada por um **cinturão verde,** um bosque denso de vegetação variada. A ideia era situar cidades jardins em um conjunto conectado por cinturões verdes, formando um sistema de panoramas rurais e urbanos. A ideia pegou, e cidades jardins foram planejadas e construídas na Grã-Bretanha e nos Estados Unidos. Greenbelt, Maryland, próximo à Washington, D.C., é uma dessas cidades, assim como é Lecheworth, Inglaterra. O conceito de cidades jardins de Howard, como o uso das paisagens naturais no projeto de cidade de Olmsted, continua a influenciar o planejamento urbano atualmente.

28.5 A Cidade como um Meio Ambiente

Uma cidade muda a paisagem e, por causa disso, ela também muda o relacionamento entre aspectos biológicos e físicos do ambiente. Muitas destas mudanças foram discutidas em capítulos anteriores como aspectos da poluição, gerenciamento de água ou clima. Eles serão mencionados novamente quando apropriado nas próximas seções, geralmente com o foco em como se podem reduzir estes problemas com um planejamento efetivo da cidade.

O Balanço de Energia de uma Cidade

Como qualquer sistema ecológico e ambiental, uma cidade possui um "balanço energético". A cidade troca energia com seu ambiente das seguintes formas: (1) absorção e reflexão de energia solar, (2) evaporação da água, (3) condução pelo ar, (4) ventos (convecção de ar), (5) transporte de combustíveis para dentro da cidade e queima de combustíveis por pessoas dentro da cidade e (6) convecção de água (fluxos superficiais e subterrâneos). Estes, por sua vez, afetam o clima dentro da cidade, e a cidade pode afetar o clima nas redondezas, um possível efeito na paisagem.

O Clima e a Atmosfera Urbana

Cidades afetam o clima local; à medida que a cidade muda, também muda o microclima local (veja o Capítulo 23). Cidades geralmente possuem menos ventos que áreas não urbanas porque prédios e outras estruturas obstruem o fluxo de ar. Mas edifícios também canalizam o vento, às vezes criando túneis de vento locais com velocidades altas. O fluxo de vento ao redor de um edifício é influenciado por edifícios próximos, e o fluxo de vento total através de uma cidade é o resultado do relacionamento entre todos os edifícios. Portanto, planos para um novo edifício devem levar em conta sua localização entre outros edifícios, assim como sua forma. Em alguns casos, quando isso não foi feito, ventos perigosos ao redor de prédios altos resultaram em janelas explodindo, como aconteceu com o edifício John Hancock em Boston, em 20 de janeiro de 1973, um exemplo famoso do problema.

Uma cidade tipicamente recebe menos luz solar que a zona rural devido aos particulados na atmosfera sobre as cidades. Frequentemente, áreas urbanas possuem 10 ou mais vezes matéria particulada que áreas adjacentes.[19] Apesar da diminuição da luz solar, cidades são mais quentes que os arredores (cidades são ilhas de calor) por duas razões. Uma é o maior aquecimento devido à queima de combustíveis fósseis e outras atividades residenciais e industriais. A outra é a menor taxa de perda de calor, em parte devido a prédios e materiais de pavimentação atuarem como coletores solares (Figura 28.10).[20]

Energia Solar nas Cidades

Até tempos modernos, era comum usar a energia solar, pelo que hoje é chamado *energia solar passiva*, para ajudar a aquecer as casas. Cidades nas antigas Grécia, Roma e China foram projetadas para que as casas e pátios se voltassem para o sul e aplicações da energia solar passiva eram acessíveis para cada família (Capítulo 19).[20] O século XX foi uma grande exceção a essa abordagem nos Estados Unidos e Europa, porque combustíveis fósseis baratos e acessíveis fizeram as pessoas esquecerem algumas lições fundamentais. Hoje, as nações industrializadas estão começando a apreciar a importância da energia solar novamente. Aparelhos fotovoltaicos solares que convertem luz solar em eletricidade estão se tornando uma visão comum em muitas cidades, e algumas decretaram leis municipais sobre energia solar que tornam ilegal sombrear o prédio de outro proprietário de tal modo que este perca a sua capacidade de aquecimento solar. (Veja o Capítulo 19 para uma discussão sobre energia solar.)

A Água no Ambiente Urbano

Cidades modernas afetam o ciclo da água, por sua vez afetando solos e consequentemente plantas e animais na cidade. Uma vez que ruas pavimentadas e edifícios impedem a infiltração da água, a maior parte da chuva corre para bueiros. Ruas pavimentadas e calçadas também impedem que a água no solo evapore para a atmosfera, um processo que esfria ecossistemas naturais; isso contribui para o efeito da ilha de calor urbano. A probabilidade de enchentes aumenta tanto dentro da cidade quanto rio abaixo fora da cidade. Métodos novos e ecológicos de gerenciar água da chuva podem reduzir estes problemas controlando a velocidade e qualidade da água correndo dos pavimentos para fluxos os d'água. Por exemplo, um projeto para o estacionamento da biblioteca central em Alexandria, Virgínia, inclui vegetação e solos permeáveis, do

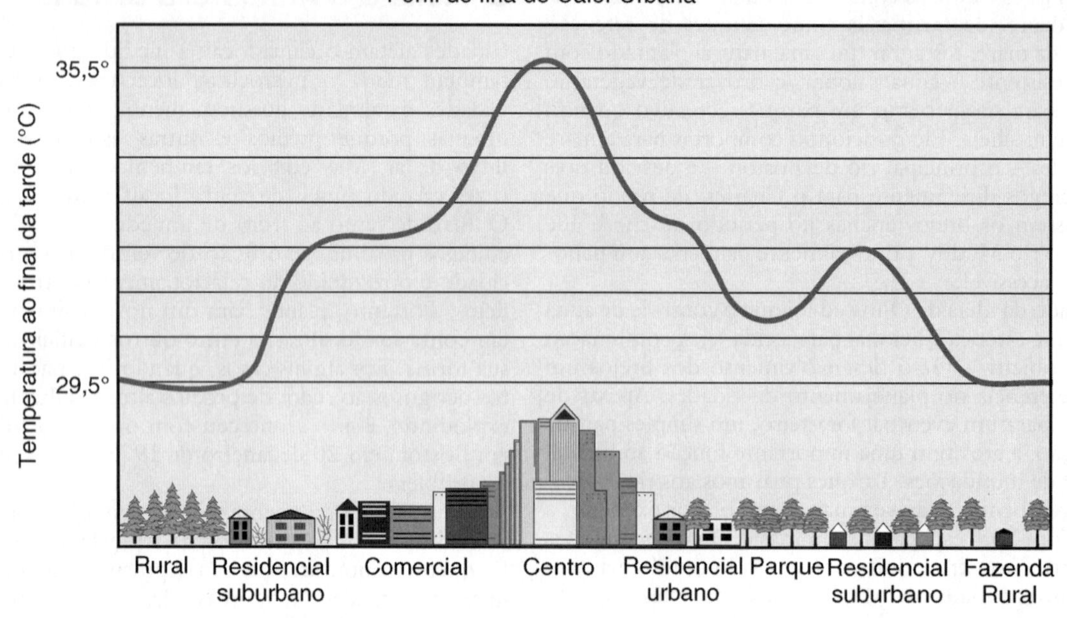

Figura 28.10 ■ Um típico perfil de ilha de calor urbano. O gráfico mostra a mudança da temperatura correlacionada com a densidade das construções e das árvores. (*Fonte:* Andrasko e Huang, in H. Akbari et al., *Cooling Our Communities: A Guidebook on Tree Planting and Light-Colored Surfacing* [Washignton, D.C.: U.S. EPA Office of Policy Analysis, 1992].)

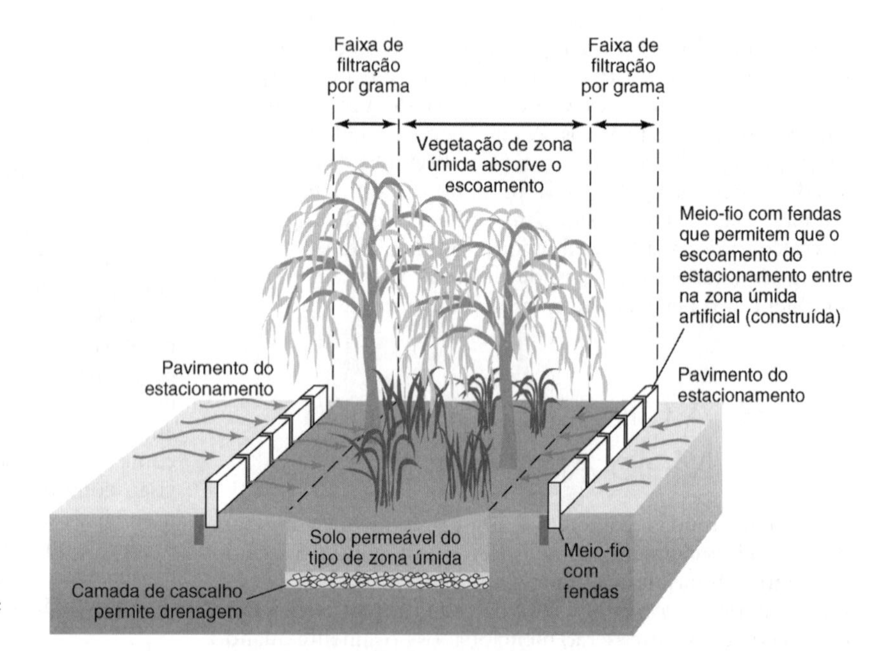

Figura 28.11 ■ Planejado para uma drenagem melhor. O plano do estacionamento da biblioteca central de Alexandria, Virginia, inclui vegetação e solos de permeáveis, semelhantes a de zonas úmidas, que temporariamente absorvem o escoamento do estacionamento (ver as setas). A firma de arquitetura de paisagem Rhodeside & Harwell planejou o projeto. (*Fonte:* Modificado de Rhodeside & Harwell Landscape Architects.)

tipo de zonas úmidas, que temporariamente absorvem o escoamento do estacionamento, remove alguns dos poluentes e desacelera o fluxo d'água (Figura 28.11).

A maioria das cidades possui um único sistema subterrâneo de esgoto. Durante épocas sem chuva ou com pouca chuva, este sistema transporta apenas esgoto. Mas durante períodos de chuva forte, o escoamento é misturado com o esgoto e pode exceder a capacidade das usinas de tratamento, resultando em esgoto lançado rio abaixo sem tratamento suficiente. Na maioria das cidades que já possuem tais sistemas, o gasto em construir um sistema novo e completamente separado para o escoamento de águas pluviais é proibitivo, então outras soluções devem ser encontradas. Uma cidade que evita este problema é Woodlands, Texas. Ela foi projetada pelo famoso arquiteto de paisagens Ian McHarg, que cunhou a frase "projeto com a natureza", o assunto do Detalhamento 28.5.[21]

Devido à evaporação reduzida, cidades em latitudes médias geralmente possuem umidade relativa menor (2% menor no inverno e 8% menor no verão) que a área rural na circunvizinhança. Ao mesmo tempo, cidades podem ter maior pluviosidade que os arredores porque a poeira sobre elas fornece partículas para a condensação do vapor d'água. Algumas áreas urbanas possuem de 5% a 10% mais precipitação e consideravelmente mais cobertura de nuvens e nevoeiros que as áreas ao redor. O nevoeiro é algo particularmente problemático no inverno e pode impedir o tráfego aéreo e terrestre.

DETALHAMENTO 28.5

Projetar com a Natureza

Ao projetar uma nova cidade, o conhecimento sobre os problemas de enchentes e escoamento de água pode ser usado para planejar um melhor fluxo d'água. A nova cidade de Woodlands, um subúrbio de Houston, Texas, ilustra tal planejamento. Woodlands foi projetada para que a maior parte das casas e rodovias estivesse na serras e, assim, as terras baixas foram deixadas como um espaço natural aberto. As terras baixas fornecem áreas para um armazenamento temporário de águas de enchente e, como o solo não é pavimentado, permitem que a chuva penetre o solo e recarregue o aquífero para Houston. Preservar as terras baixas naturais tem outros benefícios ambientais também. Nesta região do Texas, zonas úmidas em terrenos baixos são hábitats para animais selvagens nativos, como veados. Árvores grandes e atraentes, como magnólias, crescem lá, fornecendo comida e hábitat para pássaros. O plano inovador da cidade tem benefícios tanto econômicos quanto estéticos e conservacionistas. Foi estimado que um sistema de drenagem convencional teria custado 14 milhões de dólares a mais do que o montante gasto para desenvolver e manter as zonas úmidas.[21]

Um tipo de solo importante em cidades modernas é o solo que ocorre em **terrenos artificiais**, os quais são terrenos criados por aterros, às vezes como depósitos de dejetos de todos os tipos, às vezes diretamente para criar mais espaço para construções. Os solos de terrenos artificiais são diferentes daqueles da paisagem original. Eles foram feitos por todo tipo de lixo, de jornais a banheiras, e podem conter alguns materiais tóxicos. O material de aterros não é consolidado, o que significa que é um material frouxo, sem a estrutura firme de rochas. Portanto, ele não é bem adequado para a fundação de edifícios. Materiais de aterro são especialmente vulneráveis aos tremores de um terremoto. Em tais eventos, o aterro pode agir como um líquido e amplificar os efeitos dos terremotos em prédios. Contudo, alguns terrenos artificiais foram transformados em parques bem utilizados. Por um exemplo, um parque marinho em Berkeley, Califórnia, foi construído a partir de um aterro de resíduos sólidos. Ele se estende para dentro da baía de São Francisco, fornecendo um acesso público para um belo cenário. É um lugar de ventos fortes, popular para empinar pipas e passeios com a família. (Veja o Capítulo 29 para mais informações sobre eliminação de resíduos sólidos.)

Solos na Cidade

Uma cidade moderna tem um grande impacto nos solos. Em face de a maior parte do solo de uma cidade estar coberta por cimento, asfalto ou pedra, o solo não possui mais sua cobertura natural de vegetação, e a troca natural de gases entre o solo e o ar é grandemente reduzida. Como eles não são mais reabastecidos pelo crescimento das plantas, estes solos perdem matéria orgânica e os organismos que neles vivem morrem pela falta de comida e oxigênio. Ainda, o processo de construção e o peso dos edifícios compactam o solo, o que restringe o fluxo d'água. Os solos urbanos, portanto, são mais propensos de estarem compactados, saturados de água (encharcados), impermeáveis ao fluxo d'água e deficientes em matéria orgânica.

Poluição na Cidade

Em uma cidade tudo é concentrado, incluindo poluentes. Moradores de cidades estão expostos a mais tipos de substâncias químicas tóxicas em altas concentrações e a mais ruído, calor e particulados produzidos por humanos do que seus vizinhos rurais (veja o Capítulo 15). Este ambiente torna a vida mais arriscada. Vidas são encurtadas em um ou dois anos em média nas cidades mais poluídas dos Estados Unidos. A cidade com maior número de mortes prematuras é Los Angeles, com uma estimativa de 5.973 mortes prematuras por ano, seguida por Nova York com 4.024, Chicago com 3.479, Filadélfia com 2.590 e Detroit com 2.123.

Uma parte da poluição urbana vem de veículos motorizados, que contribuíram com chumbo onde ele ainda é usado na gasolina, óxidos de nitrogênio, ozônio, monóxido de carbono e outros poluentes do ar vindos da exaustão. Fontes estacionárias de energia também produzem poluição atmosférica. O aquecimento doméstico é uma terceira fonte, contribuindo com matéria particulada, óxidos sulfúricos, óxidos de nitrogênio e outros gases tóxicos. As indústrias são uma quarta fonte, contribuindo com uma ampla variedade de substâncias químicas. A fonte primária de particulados – que consiste em fumaça, fuligem e minúsculas partículas formadas pela emissão de dióxido de enxofre e compostos voláteis orgânicos – são usinas velhas movidas pela queima de carvão, caldeiras industriais e veículos movidos à gasolina e a diesel.[22]

Apesar de ser impossível eliminar completamente a exposição aos poluentes em uma cidade, é possível reduzir a exposição com projeto, planejamento e desenvolvimento cuidadosos. Por exemplo, quando o chumbo era utilizado na gasolina, a exposição a este metal era maior próximo às rodovias. A exposição poderia ser reduzida colocando casas e áreas de lazer longe das rodovias e desenvolvendo uma zona de amortecimento usando árvores resistentes a esse poluente e que possuem a capacidade de absorver poluentes em geral.

28.6 A Natureza na Cidade

Um problema prático para os planejadores e gestores urbanos é como trazer a natureza para a cidade – como fazer plantas e animais serem parte da paisagem. Isto tem se desenvolvido com diversos profissionais especializados e ramos, incluindo silvicultura urbana, arquitetura de paisagem, planejamento urbano, engenharia ambiental e engenharia civil com especialização em desenvolvimento urbano. A maioria das cidades tem um engenheiro florestal urbano na folha de pagamentos que determina os melhores lugares para se plantar árvores e as melhores espécies de árvores para se adequar ao ambiente. Estes profissionais levam em conta o clima, o solo e as influências gerais da localização urbana, como o sombreamento imposto por prédios altos e a poluição de veículos motorizados.

As Cidades e Seus Rios

Para cidades à margem de rios, um modo de trazer a natureza para a cidade é conectá-la ao seu rio. Mas, tradicionalmente,

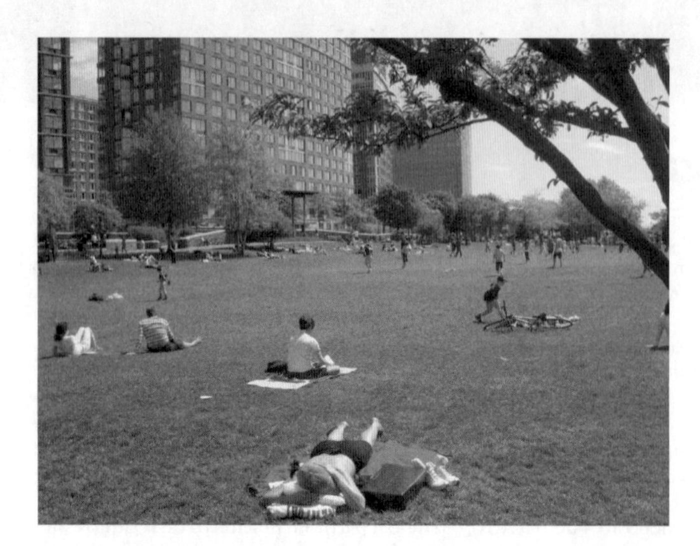

Figura 28.12 ■ O parque do rio Hudson recentemente construído no lado oeste de Manhattan ilustra a mudança de visão sobre os rios e o melhor uso das margens para recreação e embelezamento da paisagem urbana.

os rios são valorizados pela sua utilidade como meio de transporte e para eliminação de resíduos em vez de sua habilidade em tornar a vida na cidade mais agradável ou a ajudar na conservação da natureza. Rios têm sido vistos como um lugar para se jogar resíduos. A velha história era que um rio se renovava e se limpava a cada um ou cinco quilômetros, dependendo de quem contava. Isso pode ter sido relativamente correto quando havia uma pessoa ou família por quilômetro linear na beira do rio, mas não é verdade para a alta densidade das cidades ou para as substâncias químicas modernas.

A cidade de Kansas City, Missouri, localizada na confluência dos rios Kansas e Missouri, ilustra o tratamento tradicional. A várzea do rio Missouri fornecia um corredor de transporte conveniente, então sua margem sul é dominada por estradas de ferro, enquanto no centro da cidade a margem norte forma o limite sul do aeroporto da cidade. Exceto por um pequeno parque às margens do rio, ele representa pouco para a cidade como fonte de recreação e descanso para seus cidadãos, ou na conservação da natureza.

O mesmo era verdade para o rio Hudson em Nova York, mas este rio passou por uma grande limpeza desde o início do projeto *Clearwater* (Água Limpa), liderado em parte pelo cantor Peter Seeger, a também pela atividade das entidades nova-iorquinas Hudson River Foundation e Metropolitan Waterfront Alliance (Figura 28.12). Não apenas o rio está mais limpo, mas um grande parque à beira do rio Hudson está sendo terminado, transformando a margem de Manhattan de uma área industrial e pouco agradável em um parque de belo planejamento paisagístico e convidativo, estendendo-se por quilômetros, da ponta sul de Manhattan até próximo à ponte George Washington.

Vegetação em Cidades

Árvores, arbustos e flores melhoram a beleza de uma cidade. Plantas preenchem diferentes necessidades em diferentes lugares. Árvores produzem sombra, o que reduz a necessidade de ar condicionado e torna viagens muito mais agradáveis em tempos quentes. Em parques, a vegetação fornece lugares para uma contemplação silenciosa; árvores e arbustos podem bloquear alguns dos sons da cidade, e suas formas complexas e estruturas criam uma sensação de isolamento e tranquilidade. Plantas também são hábitats para animais selvagens, como pássaros e esquilos, os quais muitos habitantes consideram presenças agradáveis às cidades.

O uso de árvores em cidades tem expandido desde o tempo da Renascença. Em tempos recentes, árvores e arbustos foram postos de lado em jardins, onde eram vistos como um cenário, mas não experimentado como parte das atividades usuais. Árvores de rua foram usadas pela primeira vez na Europa no século XVIII; entre as primeiras cidades a enfileirar árvores nas ruas foram Paris e Londres (Figura 28.13). Em muitas cidades, árvores são agora consideradas um elemento essencial da visão urbana, e as maiores cidades têm grandes programas para plantio de árvores. Por exemplo, em Nova York, 11.000 árvores são plantadas por ano; em Vancouver, no Canadá, 4.000 são plantadas anualmente.[23]

Árvores são usadas cada vez mais para amenizar os efeitos do clima próximo das casas. Em climas mais frios do Hemisfério Norte, fileiras de coníferas plantadas no lado norte de uma casa podem protegê-la dos ventos de inverno. Árvores decíduas voltadas no lado sul podem proporcionar sombra durante o verão, reduzindo a necessidade de ar condicionado, e ainda permitindo que a luz do sol ilumine a casa no inverno (Figura 28.14).[24]

Cidades podem oferecer hábitat até mesmo para plantas em extinção. Por exemplo, Lakeland, na Flórida, usa espécies em extinção no paisagismo local com considerável sucesso.

Contudo, a vegetação nas cidades deve estar apta a suportar tipos especiais de estresse. Como árvores ao longo das ruas normalmente estão cercadas por concreto e dado que os solos na cidade tendem a estar compactados e a drenar pobremente, falta acesso à água e ao ar para os sistemas de raízes. Assim, as raízes ficam mais propensas a sofrer, por um lado, dos extremos de seca, e, por outro lado, também pela saturação do solo imediatamente depois de uma tempestade. A solução é pre-

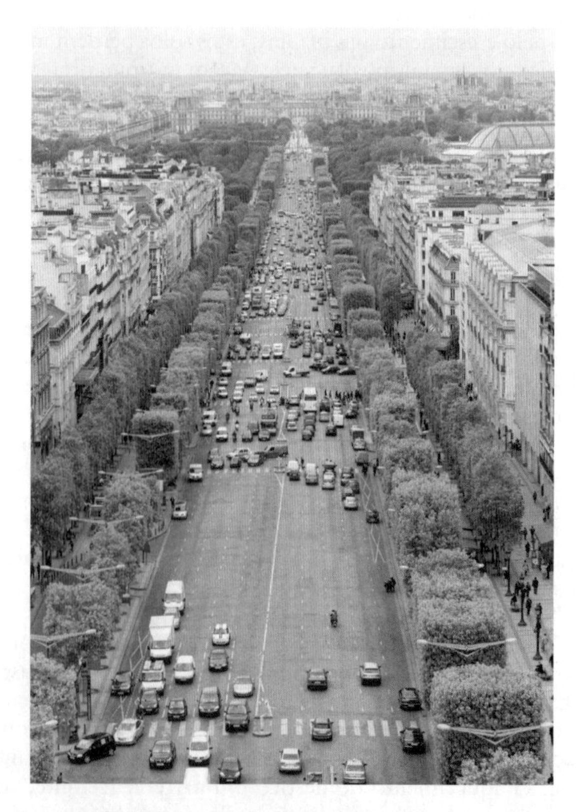

Figura 28.13 ■ Paris foi uma das primeiras cidades modernas a usar árvores ao longo de ruas para fornecer beleza e sombra, como mostrado nesta foto da famosa Champs-Elysées.

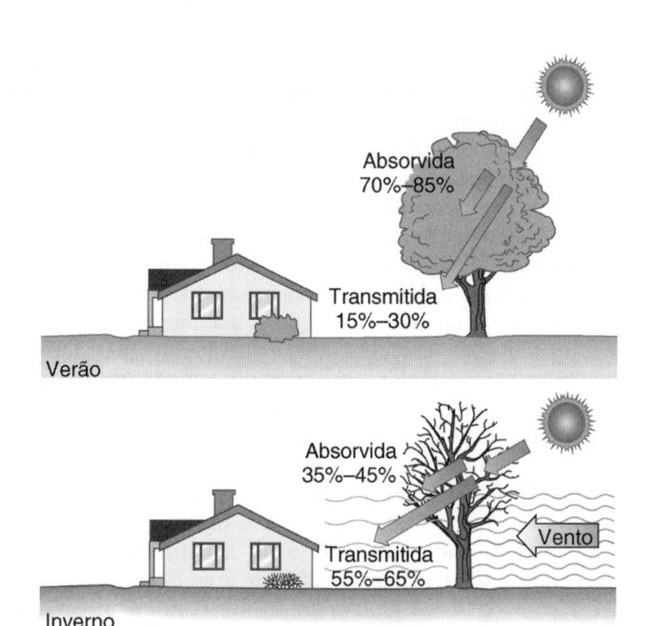

Figura 28.14 ■ Árvores resfriam as casas. As árvores podem melhorar o microclima próximo de uma casa, protegendo-a dos ventos no inverno e fornecendo sombra no verão enquanto ainda permitem a passagem de luz solar durante o inverno. (*Fonte*: J. Huang e S. Winnett, in H. Akbari et al., *Cooling Our Communities: A Guidebook on Tree Planting and Light-Colored Surfacing* [Washington, D.C.: U.S EPA Office of Policy Analysis, 1992].)

parar ruas e calçadas de modo especial para o crescimento das árvores. Um projeto de plantio de árvores foi finalizado em 1996 para o edifício do Banco Mundial em Washington, D.C. Foram tomados cuidados especiais para prover boas condições para o crescimento das árvores, incluindo aeração, irrigação e drenagem adequada para que os solos não ficassem encharcados. As árvores continuam a crescer e estão saudáveis.[24]

Muitas espécies de árvores e plantas são sensíveis à poluição do ar. Por exemplo, o "pinheiro-branco" (*Pinus strobus*) da América do Norte é extremamente sensível à poluição por ozônio e não se adéqua bem em cidades com grande tráfego de veículos motorizados ou ao longo de rodovias. A poeira pode interferir com a troca de oxigênio e dióxido de carbono necessário para a fotossíntese e respiração das árvores. Árvores também podem sofrer danos diretos na cidade, como impactos de bicicletas, carros, caminhões e atos de vandalismo. Árvores sujeitas a tal estresse são mais suscetíveis a ataques por fungos e insetos. O tempo de vida das árvores em uma cidade é geralmente menor do que em seus hábitats de floresta naturais, a menos que seja dado a elas um cuidado considerável.

Algumas espécies de árvores são mais úteis ou mais bem-sucedidas em cidades que outras. Uma árvore urbana ideal seria resistente a todas as formas de estresse urbano, ter uma bela forma e folhagem, e não produzir frutas, flores ou folhas que sujem e necessitem de limpeza. Na maioria das cidades, em parte por causa destes requerimentos, apenas umas poucas espécies são usadas para o planejamento das ruas. Contudo, confiança em uma ou umas poucas espécies resulta em um plantio urbano ecologicamente frágil, conforme se aprendeu quando a doença holandesa do ulmeiro (ou grafiose) se espalhou pelo leste dos Estados Unidos, destruindo os ulmeiros urbanos. É prudente usar uma maior diversidade de árvores para evitar surtos de pestes de insetos ou doenças arbóreas.[25]

É claro, cidades possuem muitas áreas recentemente perturbadas, incluindo lotes abandonados e corredores entre pistas em avenidas e rodovias. Áreas perturbadas fornecem hábitat para plantas pioneiras, incluindo muitas de "ervas daninhas", que são frequentemente plantas introduzidas (exóticas), como a mostarda europeia. Portanto, plantas selvagens que se adéquam particularmente bem nas cidades são aquelas características de áreas perturbadas e dos estágios iniciais da sucessão ecológica (veja o Capítulo 10). Ao lado das rodovias das cidades na Europa e na América do Norte se vê mostardas selvagens, ásteres e outras plantas pioneiras.

Animais Selvagens

Com exceção de algumas aves e pequenos mamíferos dóceis, como os esquilos, a maioria dos animais selvagens em cidades são consideradas pragas. Mas há muito mais vida selvagem nas cidades, a maior parte não percebida. Além disso, há um reconhecimento crescente de que as áreas urbanas podem ser modificadas para fornecer hábitats para a fauna que as pessoas possam aproveitar. Isso pode ser um importante método de conservação biológica.[26, 27]

Pode-se dividir a fauna das cidades nas seguintes categorias: (1) espécies que não pode persistir em um ambiente urbano e desaparecem; (2) aquelas que toleram um ambiente urbano, mas se adéquam melhor em outro lugar; (3) aquelas que se adaptaram ao ambiente urbano, são abundantes lá e neutras ou benéficas para os seres humanos; e (4) aquelas espécies que são tão bem-sucedidas que se tornam pragas.

"Selvas" Urbanas: A Cidade como Hábitat para a Fauna e para Espécies

Não se associa os animais selvagens com as cidades, mas elas fornecem um lar para muitos tipos deles. Por exemplo, em Tucson, Arizona, uma cidade com 900.000 pessoas, o falcão-do-tanoeiro (*Accipiter cooperii*) está se adequando muito bem. Este falcão é nativo do deserto de Sonora circundante, e alguns deles estão fazendo seus ninhos em bosques dentro da cidade. O sucesso dos ninhos foi de 84% em 2005; entre 2/3 e 3/4 dos falcões jovens que deixaram seu ninho ainda estavam vivos seis meses depois, e a população está crescendo (Figura 28.15). Cientistas que estudam o falcão em Tucson concluíram que "paisagem urbanizada pode oferecer um hábitat de alta qualidade".[28]

Figura 28.15 ■ Falcões-do-tanoeiro, como este, vivem, fazem ninhos e se reproduzem na cidade de Tucson, Arizona.

Como esta história mostra, cidades são um hábitat, embora artificial. Elas podem oferecer todas as necessidades – estruturas físicas e recursos necessários como comida, minerais e água – para muitas plantas e animais. Pode-se identificar cadeias alimentares ecológicas em cidades, como mostrado na Figura 28.16, para pássaros insetívoros e raposas. Estas podem surgir em áreas que tenham sido limpas de construções e abandonadas. Conforme apresentado no Capítulo 6, estas áreas logo começam a se recuperar e normalmente estão em um estágio inicial da sucessão ecológica. Para algumas espécies, as estruturas artificiais das cidades são tão parecidas com seu hábitat original que elas se sentem em casa.[28] Por exemplo, o andorinhão-migrante (*Chaetura pelagica*) vivia em árvores ocas mas agora são comuns em chaminés e outras estruturas verticais, onde eles grudam seus ninhos na parede com saliva. Uma cidade pode muito facilmente ter mais chaminés por quilômetro quadrado do que uma floresta tem árvores ocas. Cidades também incluem hábitats naturais em parques e reservas. Parques modernos fornecem alguns dos melhores hábitats para animais selvagens do mundo. No Central Park, em Nova York, aproximadamente 260 espécies de pássaros foram observadas – 100 em um único dia. Zoológicos urbanos possuem um importante papel na conservação de espécies ameaçadas, e a importância de parques e zoológicos irá aumentar assim que áreas verdadeiramente selvagens diminuírem. Finalmente, cidades que são portos marítimos muitas vezes têm muitas espécies de animais selvagens marinhos em seus litorais. As águas de Nova York incluem tubarões, anchovas, cavalas, atum, robalo listrado e cerca de 250 outras espécies de peixe.[27]

Cidades, inclusive, podem abrigar espécies raras ou em extinção. Falcões-peregrinos já caçaram pardais sobre as ruas de Manhattan. Desconhecido por muitos nova-iorquinos, os falcões faziam seus ninhos nas saliências dos arranha-céus e mergulhavam sobre suas presas em uma mostra impressionante de predação. Os falcões desapareceram quanto o DDT e outros poluentes orgânicos causaram um afinamento da casca de seus ovos e falha na reprodução, mas eles já foram reintroduzidos na cidade. A primeira reintrodução em Nova York ocorreu em 1982; hoje há 32 falcões morando na cidade.[30] A reintrodução dos falcões-peregrinos ilustra uma importante tendência recente: a compreensão crescente que ambientes urbanos podem ajudar na conservação da natureza, incluindo a conservação de espécies em extinção.

Ambientes urbanos podem contribuir para a conservação dos animais selvagens de vários modos. Hortas urbanas, jardins que fornecem vegetais comestíveis e decorativos, podem ser projetadas para fornecer hábitat – por exemplo, flores que forneçam néctar para beija-flores ameaçados ou em extinção podem ser plantadas em tais jardins. Rios e suas zonas

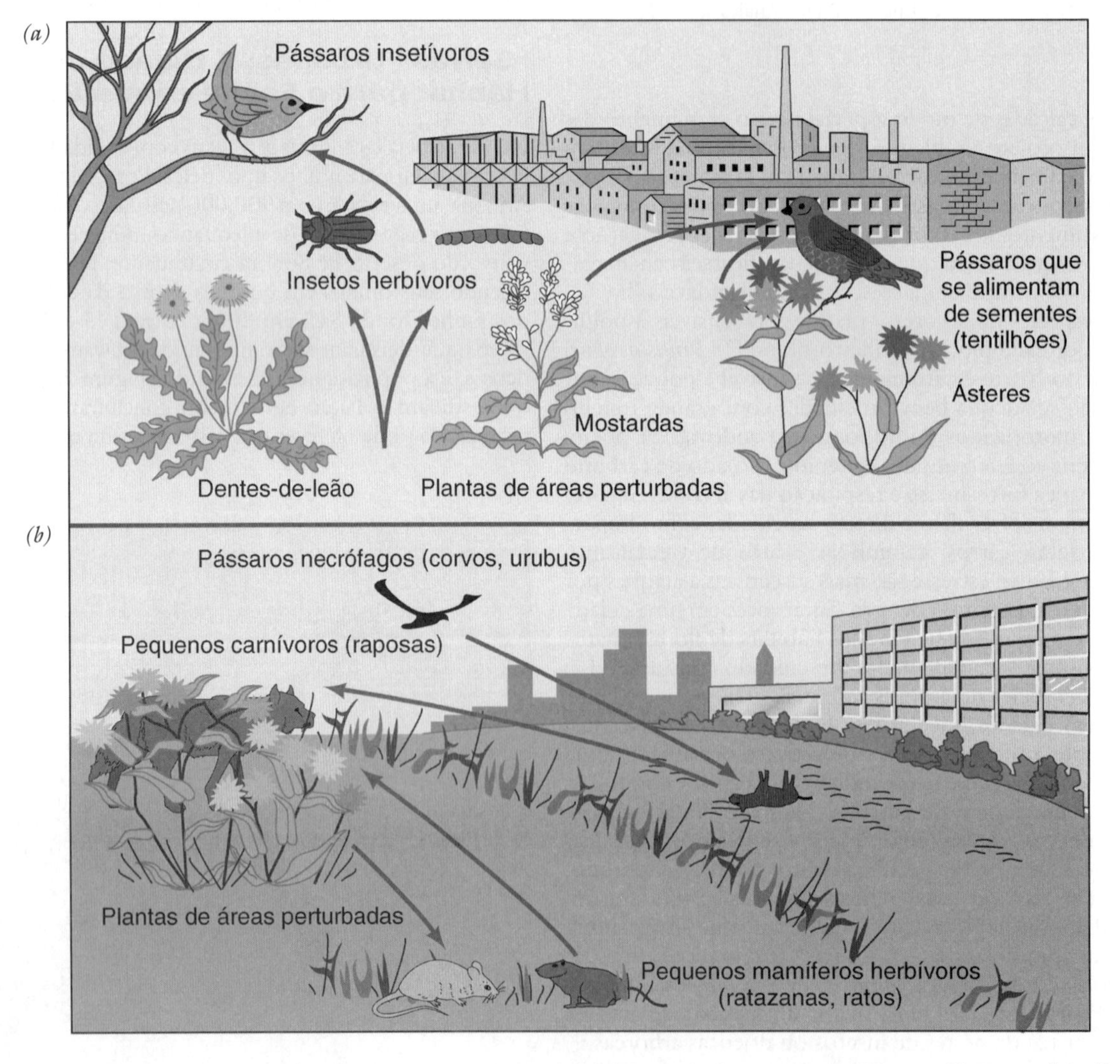

Figura 28.16 ■ (*a*) Uma cadeia alimentar urbana baseada nas plantas de locais perturbados e insetos herbívoros. (*b*) Uma cadeia alimentar baseada em um atropelamento.

Figura 28.17 ■ Como o sistema de drenagem em uma cidade pode ser modificado para fornecer hábitat para animais selvagens. Na comunidade da direita, canalizações resultam em escoamento rápido e tem pouco valor para peixes e para a vida selvagem. Na comunidade à esquerda, o córrego e brejo naturais foram preservados; a água é retida nos períodos entre as chuvas e um excelente hábitat é fornecido. (*Fonte*: D. L. Leedly e L. W. Adams, *A Guide to Urban Life Wildlife Management* [Columbia, Maryland.: National Institute for Urban Wildlife, 1984], pp. 20–21.)

ribeirinhas, costas oceânicas e parques florestais podem oferecer hábitat para ecossistemas e espécies em extinção. Por exemplo, a vegetação de pradaria, que já ocupou uma área maior que qualquer outro tipo de vegetação nos Estados Unidos, é rara hoje em dia. Uma pradaria restaurada existe dentro dos limites da cidade de Omaha, Nebraska. (Algumas reservas naturais urbanas não são acessíveis para o público ou oferecem apenas acesso limitado, como é o caso da reserva de pradaria em Omaha.)

Estruturas de drenagem urbana podem ser projetadas como hábitats para animais selvagens. Um típico projeto de escoamento urbano depende de canalizações de concreto que aceleram o fluxo d'água das ruas para lagos, rios ou o oceano. Contudo, assim como o projeto da baía de Back Bay, Boston, discutido anteriormente, estas características podem ser planejadas para manter ou criar hábitats de córrego ou brejos com meandros no curso d'água e áreas de armazenamento que não interferem com os processos da cidade. Tais áreas podem se tornar hábitats para peixes e mamíferos (Figura 28.17). Cidades modificadas para promover a vida selvagem podem fornecer corredores urbanos que permitem aos animais migrar, seguindo rotas naturais apesar da presença da cidade.[31] Corredores urbanos também servem como prevenção para alguns dos efeitos das ilhas ecológicas (veja o Capítulo 7) e são cada vez mais importantes para a conservação biológica.

Pestes Animais

Pestes são familiares para os habitantes da cidade. As pestes mais comuns são baratas, pulgas, cupins, ratos, pardais e pombos, mas há muitos mais, especialmente espécies de inseto. Em jardins e parques, pestes incluem insetos, pássaros e mamíferos que se alimentam das frutas e vegetais e destroem a folhagem das árvores e plantas que provêm sombra. Pestes competem com as pessoas por comida e espalham doenças. De fato, antes da medicina e saneamento modernos, tais doenças eram um grande fator limitante da densidade populacional humana nas cidades. A peste bubônica é espalhada por pulgas encontradas em roedores; ratos e camundongos nas cidades promoveram a propagação da peste negra (veja o Capítulo 1). A peste bubônica continua a ser uma ameaça à saúde nas cidades. A Organização Mundial de Saúde reporta muitos milhares de casos por ano.[32] Saneamento ruim e densidade populacional alta de pessoas e roedores criam uma situação onde a doença pode atacar.

Um animal é considerado uma peste para a população quando ele está em um lugar indesejado no momento indesejado fazendo algo indesejado. Um cupim nos bosques ajuda na regeneração natural da madeira ao apressar sua decomposição e o retorno dos elementos químicos para o solo, onde ele estará disponível para plantas vivas. Mas cupins em uma casa são pestes porque ameaçam a sua estrutura física.

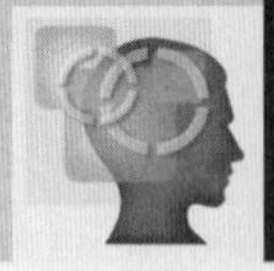

QUESTÕES PARA REFLEXÃO CRÍTICA

Como Controlar a Expansão Urbana?

Enquanto o mundo se torna cada vez mais urbanizado, cidades individuais estão crescendo em área, assim como em população. Áreas residenciais e comerciais se mudam para terrenos não desenvolvidos próximos às cidades, usurpando áreas naturais e criando um ambiente humano caótico e não planejado. O crescimento urbano se tornou uma séria preocupação em comunidades em todos os Estados Unidos. De acordo com a Agência de Proteção Ambiental do país, em um período recente de seis meses, aproximadamente 5.000 pessoas deixaram a cidade de Baltimore para viver nos subúrbios, resultando na conversão de quase 4.000 hectares de florestas e fazendas em áreas ocupadas por moradias. A esta taxa, Maryland pode usar tantos terrenos para desenvolvimento nos próximos 25 anos quanto ele usou em toda sua história como Estado.[33] Nos últimos dez anos, 22 estados dos EUA promulgaram novas leis para tentar controlar a expansão urbana.

A cidade de Boulder, Colorado, está na vanguarda deste esforço desde 1959, quando foi criada a "linha azul" - uma linha em uma elevação de 1.761 m (a cidade em si se situa a 1.606 m) acima da qual a cidade não iria estender seus serviços de água e esgoto. Os cidadãos de Boulder sentiram, porém, que a linha azul era insuficiente para controlar o desenvolvimento e manter a beleza cênica da cidade tendo em vista o rápido crescimento populacional. (A população de Boulder cresceu, na década anterior a 1959, de 29.000 para 66.000, e atingiu 96.000 em 1998.) Para prevenir o desenvolvimento descontrolado na área entre a cidade e a linha azul, em 1967, a cidade de Boulder começou a usar uma parte dos impostos sobre as vendas da cidade para adquirir terras, criando um cinturão verde 10.800 hectares ao redor da cidade propriamente dita.

Em 1976, Boulder deu um passo a mais e limitou novas residências para um aumento de 2% ao ano. Dois anos mais tarde, reconhecendo que o desenvolvimento planejado requer uma abordagem regional, a cidade e um condado circundante de Boulder adotaram um plano de desenvolvimento coordenado. No início dos anos 1990, era evidente que mais controle sobre o crescimento se fazia necessário para edifícios não residenciais. O plano finalmente adotado pela cidade reduziu a densidade permitida de muitas propriedades comerciais e industriais, mas limitando empregos e não de espaço de construção.

Os métodos de Boulder para limitar o tamanho de sua população funcionaram; no censo mais recente, de 2002, a população cresceu em cerca de 2.000 pessoas, para um total de pouco mais de 94.000.[33]

Os benefícios para as iniciativas de crescimento planejado de Boulder foram definir uma fronteira entre a área urbana e rural; desenvolvimento racional e planejado; proteção de áreas ambientais sensíveis e vistas cênicas; e amplas áreas de espaço aberto dentro e ao redor da cidade para recreação. E apesar das medidas de controle de crescimento, a economia de Boulder permaneceu forte. Mas com as restrições para crescimento residencial, muitas pessoas que conseguiram empregos em Boulder foram forçadas a procurar moradias a preços acessíveis em comunidades próximas, onde a população inchava. Por exemplo, a população de Superior, Colorado, cresceu de 225 habitantes, em 1990, para 9.000 em 2000. Além disso, como os trabalhadores pendulares – 40.000 por dia – tentavam ir e voltar para seus empregos em Boulder, congestionamentos e poluição do ar aumentaram. Mais, dado que os desenvolvedores não construíram lojas nas áreas externas, consumidores se reuniram e se aglomeravam no centro comercial da cidade. Quando planos para um centro de compras concorrente nos subúrbios foi anunciado, contudo, os governantes de Boulder temiam perda de receita se o novo estabelecimento comercial levasse os compradores para fora da cidade. Ao mesmo tempo, a expansão de Denver (distante apenas 48 km de Boulder), assim como sua infame "nuvem marrom" de ar poluído, começou a causar derramamentos ao longo da rodovia que conectava as duas comunidades.

Perguntas para Reflexão Crítica

1. A cidade é um sistema aberto ou fechado (veja Capítulo 3)? Use exemplos do caso de Boulder para embasar sua resposta.

2. À medida que Boulder dá passos para limitar seu crescimento, se torna um lugar ainda mais desejável para se viver, o que a sujeita a uma pressão por crescimento ainda maior. Quais meios você pode sugerir para evitar tal retroalimentação positiva?

3. Algumas pessoas em Boulder pensam que o próximo passo é aumentar a densidade residencial dentro da cidade. Como você pensa que as pessoas morando lá irão receber este plano? Quais são as vantagens e desvantagens de aumentar a densidade?

4. Para alguns, a história de Boulder é uma saga de uma heroica batalha contra interesses comerciais que iriam destruir os recursos ambientais e uma qualidade de vida única. Para outros, é a história de uma elite construindo uma ilha de prosperidade e de boa vida para si enquanto transferem os aspectos desagradáveis da vida moderna para outro lugar. Como você vê a história de Boulder e por quê?

Animais que melhor sobrevivem em cidades possuem algumas características em comum. Animais que são pestes urbanas normalmente são generalistas em suas opções de comida, assim eles dividem sua alimentação com as pessoas. Com fontes de alimentos abundantes, taxa de reprodução alta e um curto tempo médio de vida, facilita-se sua proliferação.

Controle de Pestes

Pode-se controlar melhor as pestes ao reconhecer como elas se encaixam em seu ecossistema natural e identificando seus fatores de controle naturais. As pessoas em geral assumem que o único meio para se controlar as pestes animais é com venenos, mas há limitações para essa abordagem. Os primeiros venenos usados no controle de pestes eram geralmente tóxicos inclusive para as pessoas e animais de estimação (veja o Capítulo 12). Outro problema é que confiar em um único componente tóxico pode fazer com que as espécies desenvolvam resistência a ele, o que pode levar a um ricochete – isto é, um aumento da peste novamente. Se um pesticida é usado uma única vez e amplamente distribuído, ele irá reduzir muito a população da peste. Contudo, quando a eficácia do pesticida se perde, a população pode aumentar rapidamente desde que o hábitat seja apropriado e exista muita comida. Esta situação pode ocorrer quando se fez uma tentativa de controlar ratos-noruegueses (*Rattus norvegicus*) em Baltimore.

Uma das chaves para controlar pestes é eliminar seus hábitats. Por exemplo, o melhor meio de controlar ratos é reduzir a quantidade de lixo aberto e eliminar áreas onde eles se escondem e criam seus ninhos. Áreas comuns de acesso usadas por ratos são os espaços entre as paredes e aberturas entre prédios, onde canos e cabos entram. Casas podem ser construídas para restringir o acesso pelos ratos. Em edifícios antigos, áreas de acesso podem ser fechadas.

RESUMO

- Como uma sociedade urbana, deve-se reconhecer as relações das cidades com o ambiente. Uma cidade influencia e é influenciada por seu ambiente e ela mesma é um ambiente.
- Como qualquer outro sistema de suporte à vida, uma cidade deve manter um fluxo de energia, prover recursos materiais necessários e ter meios de remover resíduos. Essas funções são realizadas por meio do transporte e da comunicação com áreas externas.
- Considerando que as cidades dependem de recursos externos, elas desenvolveram-se apenas quando a engenhosidade humana resultou na agricultura moderna e, deste modo, uma excessiva produção de alimentos. A história das cidades divide-se em quatro estágios: (1) o crescimento dos centros; (2) a era dos centros urbanos clássicos; (3) o período das metrópoles industriais; e (4) a época da telecomunicação em massa e novas formas de viagem.
- A localização das cidades é fortemente influenciada pelo ambiente. Está claro que as cidades não são construídas ao acaso, mas em lugares de especial importância e com vantagens ambientais. O local e a posição são ambos importantes.
- Uma cidade cria um ambiente que é diferente das áreas ao redor. As cidades alteram o clima local; os seus climas são mais nublados, mais quentes e mais chuvosos que os dos seus arredores. Em geral, a vida em uma cidade é mais arriscada devido às altas concentrações de poluentes e às doenças causadas por esses poluentes.
- As cidades favorecem certos tipos de animais e plantas. Hábitats naturais nos parques urbanos e áreas de preservação se tornarão mais importantes na medida em que as áreas selvagens encolherem.
- Árvores são uma parte importante dos ambientes urbanos. As cidades, entretanto, causam estresses a essas árvores, e deve ser dada atenção às condições dos solos urbanos e ao abastecimento de água das árvores.
- As cidades podem ajudar a conservar a diversidade biológica, oferecendo hábitat para algumas espécies raras e em risco de extinção.
- Como a população humana continua crescendo, pode-se prever dois futuros: um no qual as pessoas estão amplamente dispersas pelo campo e as cidades estão abandonadas, com exceção da população mais pobre; e outro no qual cidades atraem a maior parte da população humana, liberando bastante área para conservação da natureza, produção de recursos naturais e servindo publicamente como função dos ecossistemas.

REVISÃO DE TEMAS E PROBLEMAS

À medida que a população humana mundial cresce, ela tem se tornando uma espécie crescentemente urbana. Tendências atuais indicam que, no futuro, a maior parte dos habitantes da maioria das nações viverá em uma única e maior cidade de seus países. Assim, uma preocupação com os ambientes urbanos se tornará cada vez mais importante.

Sustentabilidade

As cidades contêm as sementes de sua própria destruição: a grande artificialidade de uma cidade dá a seus habitantes a sensação de que eles são independentes do ambiente ao seu redor. Mas o caso é exatamente o oposto: quanto mais artificial uma cidade, mais ela depende do ambiente de seus arredores para recursos, e mais suscetível a grandes catástrofes ela fica, a menos que esta suscetibilidade seja reconhecida e prevista. As chaves para uma cidade sustentável são uma aproximação do ecossistema no planejamento urbano e uma preocupação com a estética do ambiente urbano.

As cidades dependem da sustentabilidade de todos os recursos renováveis. As cidades afetam grandemente os ambientes a seu redor. Poluição urbana de rios que correm para o oceano pode afetar a sustentabilidade de peixes e pescadores. Um agrupamento urbano (conurbação) pode ter um efeito destrutivo em hábitats e ecossistemas em risco, incluindo zonas úmidas. Ao mesmo tempo, o planejamento de cidades para suportar vegetação e alguma vida selvagem pode contribuir para a sustentabilidade da natureza.

Os grandes centros urbanos do mundo produzem efeitos globais. Como um exemplo, visto que as pessoas estão concentradas em cidade e muitas cidades localizadas nas fozes de rios, a maioria dos estuários fluviais no mundo está severamente poluída.

A principal mensagem deste capítulo é que a Terra está tornando-se urbanizada e que a ciência ambiental deve lidar cada vez mais com questões urbanas.

Tem sido uma tendência moderna focar esforços para conservação ambiental de áreas selvagens, grandes parques e áreas de preservação fora de cidades. Enquanto isto, o ambiente das cidades foi deixado degradar-se. Como o mundo torna-se cada vez mais urbanizado, de qualquer modo, é necessária uma mudança nos valores. A conservação da diversidade biológica requer que se atribua grande valor aos ambientes urbanos. Quanto mais agradável os ambientes das cidades são, quanto mais lazer as pessoas conseguirem encontrar neles, menos pressão existirá sobre o campo.

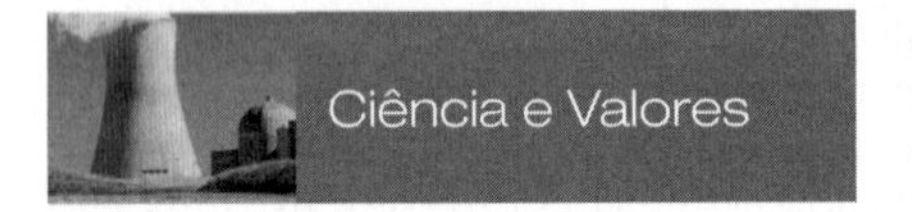

A ciência ambiental moderna diz muito do que pode ser feito para melhorar os ambientes das cidades e o efeito das cidades nos ambientes ao seu redor. O que for escolhido fazer com esse conhecimento depende dos valores. A informação científica pode sugerir novas opções e escolhas, sendo possível selecionar uma alternativa dentre essas para o futuro das cidades, dependendo dos valores considerados.

TERMOS-CHAVE

cidade jardim
cinturão verde
linha de escarpa
local
planejamento urbano
posição
terrenos artificiais

QUESTÕES PARA ESTUDO

1. Devemos tentar salvar Nova Orleans ou apenas desistir e mudar o porto na foz do rio Mississipi para outro local? Explique sua resposta em termos ambientais e econômicos.
2. Quais das seguintes cidades são mais prováveis de se tornarem cidades-fantasmas nos próximos 100 anos? Respondendo a esta questão, faça uso do seu conhecimento sobre mudanças nos recursos, transporte e comunicação.
   a. Honolulu, Havaí
   b. Fairbanks, Alasca
   c. Juneau, Alasca
   d. Savannah, Georgia
   e. Phoenix, Arizona
3. Alguns futuristas retratam um mundo que é uma gigante cidade bioesférica. Isto é possível? Se for, sob quais condições?
4. Os gregos antigos diziam que uma cidade não deve ter mais pessoas que um número no qual pode-se ouvir o som de uma única voz. Você aplicaria esta regra atualmente? Se não, como você decidiria planejar o tamanho de uma cidade?
5. Você é o gerente do Central Park da cidade de Nova York e recebe as duas seguintes ofertas. Qual você aprovaria? Explique suas razões.
   a. Uma doação de 1 bilhão de dólares para plantar árvores de todos os estados do leste.
   b. Uma doação de 1 bilhão de dólares para reservar metade do parque para ser permanentemente intocado, e assim propiciar uma vida selvagem urbana.
6. Seu estado lhe pede para posicionar e planejar uma nova cidade. O propósito da cidade é abrigar pessoas que trabalharão em uma fazenda eólica – uma grande área com muitas turbinas eólicas, todos ligadas para produzir energia elétrica. Você deve primeiro posicionar o local para a fazenda eólica e depois planejar a cidade. Como você procederia? Quais fatores você levaria em conta?
7. Visite o centro de sua cidade. Quais mudanças, se alguma, fariam melhor uso da localização ambiental? Como a área poderia tornar-se mais suportável?
8. De que maneira a viagem aérea altera a localização das cidades? E o valor da área dentro da cidade?
9. Você é incumbido de livrar as lesmas dos parques de sua cidade, as quais devoram a vegetação dos canteiros à disposição da população. Como você abordaria o controle desta peste?
10. É popularmente dito que na era da informação as pessoas podem trabalhar em casa e viver nos subúrbios e no campo, então cidades não seriam mais necessárias. Liste cinco argumentos a favor e cinco argumentos contra este ponto de vista.

LEITURAS COMPLEMENTARES

Beveridge, C. E. e P. Rocheleau. 1995. *Frederick Law Olmsted: Designing the American Landscape*. New York: Rizzoli International. A mais importante análise do trabalho do pai da arquitetura paisagista.

Howard, E. 1965. *Garden Cities of Tomorrow* (reimpressão). Cambridge, Mass.: MIT Press. Uma trabalho clássico do século XIX que influenciou o planejamento urbano moderno, como em Garden City, Nova Jersey e Greenbelt, em Maryland. Apresenta a metodologia para o planejamento de cidades com a inclusão de parques, alamedas e jardins privados.

McHarg, I. L., 1995. *Design with Nature*. New York: Wiley. Um livro clássico sobre cidades e meio ambiente.

Ndubisi, F. 2002. *Ecological Planning: A Historical and Comparative Synthesis*. Baltimore: The Johns Hopkins University Press. Uma importante discussão de uma aproximação ecológica para cidades.

Capítulo 29

Gestão de Resíduos

OBJETIVOS DE APRENDIZADO

O conceito de gestão de resíduos de "diluir e dispersar" (por exemplo, jogar o lixo no rio) é algo que permanece desde tempos remotos, quando erroneamente acreditava-se que a terra e a água tinham recursos ilimitados. Depois teve início a fase de "concentrar e conter" resíduos em lugares específicos — prática que também polui a terra, o ar e a água. Agora se enfoca a gestão de materiais para a eliminação dos resíduos. Finalmente, logra-se o modo certo! Após a leitura deste capitulo, deve-se saber:

- Quais as vantagens e desvantagens de cada um dos principais métodos que integram e constituem a gestão de resíduos.
- Como as condições físicas e hidrológicas condicionam a adequação e a colocação de um aterro sanitário.
- Quais múltiplas barreiras existem para aterros sanitários e como os aterros sanitários podem ser monitorados.
- Por que a gestão de resíduos químicos perigosos é um dos problemas ambientais mais preocupantes.
- Quais são os diferentes métodos que existem para a gestão de resíduos químicos perigosos.
- Quais são as principais maneiras pelas quais os resíduos perigosos do aterro podem penetrar no ambiente.
- Quais são os problemas relacionados à disposição oceânica e por que estes problemas persistirão por algum tempo.

Telefones celulares são uma fonte crescente de lixo eletrônico.

ESTUDO DE CASO

Tesouros do Telefone Celular

O número de pessoas que possuem cadastro para utilizar telefone celular, nos Estados Unidos, aumentou de aproximadamente 5 milhões, em 1990, para cerca de 200 milhões atualmente. Em 2005, cerca de 800 milhões de aparelhos foram vendidos no mundo. Eles têm conectado as pessoas por meio de ligações, de mensagens de texto e de vídeo, como nunca visto antes (veja a primeira fotografia do capítulo). Os telefones celulares são comumente trocados a cada dois anos, com novas funções e serviços disponíveis. É testemunha disso o popular *iphone* que, em 2008, foi lançado no mercado com os novos telefones. Cada telefone celular é pequeno, porém milhões deles são retirados, coletivamente, a cada ano, formando um baú de metais valiosos em mais de 300 milhões de dólares, sem contar o custo da reciclagem (Tabela 29.1). O ciclo de vida do telefone celular é apresentado na Figura 29.1 e é um exemplo típico para a maioria dos resíduos eletrônicos de cada aparelho descartado.[1]

Apesar de o potencial valor econômico disponível ser atrativo, uma pequena porcentagem dos telefones celulares descartados é reciclada. A maioria permanece em casas ou em depósitos de resíduos sólidos urbanos. O principal motivo pelo qual os telefones celulares não são reciclados é simples, necessita-se de um método efetivo e econômico para a reciclagem. Outros tipos de resíduos eletrônicos apresentam o mesmo problema. São também necessários programas para informar a população a respeito das opções e do valor ambiental da reciclagem, uma melhor integração dos pequenos sistemas de coleta e a melhoria nos incentivos financeiros para promover a reciclagem.

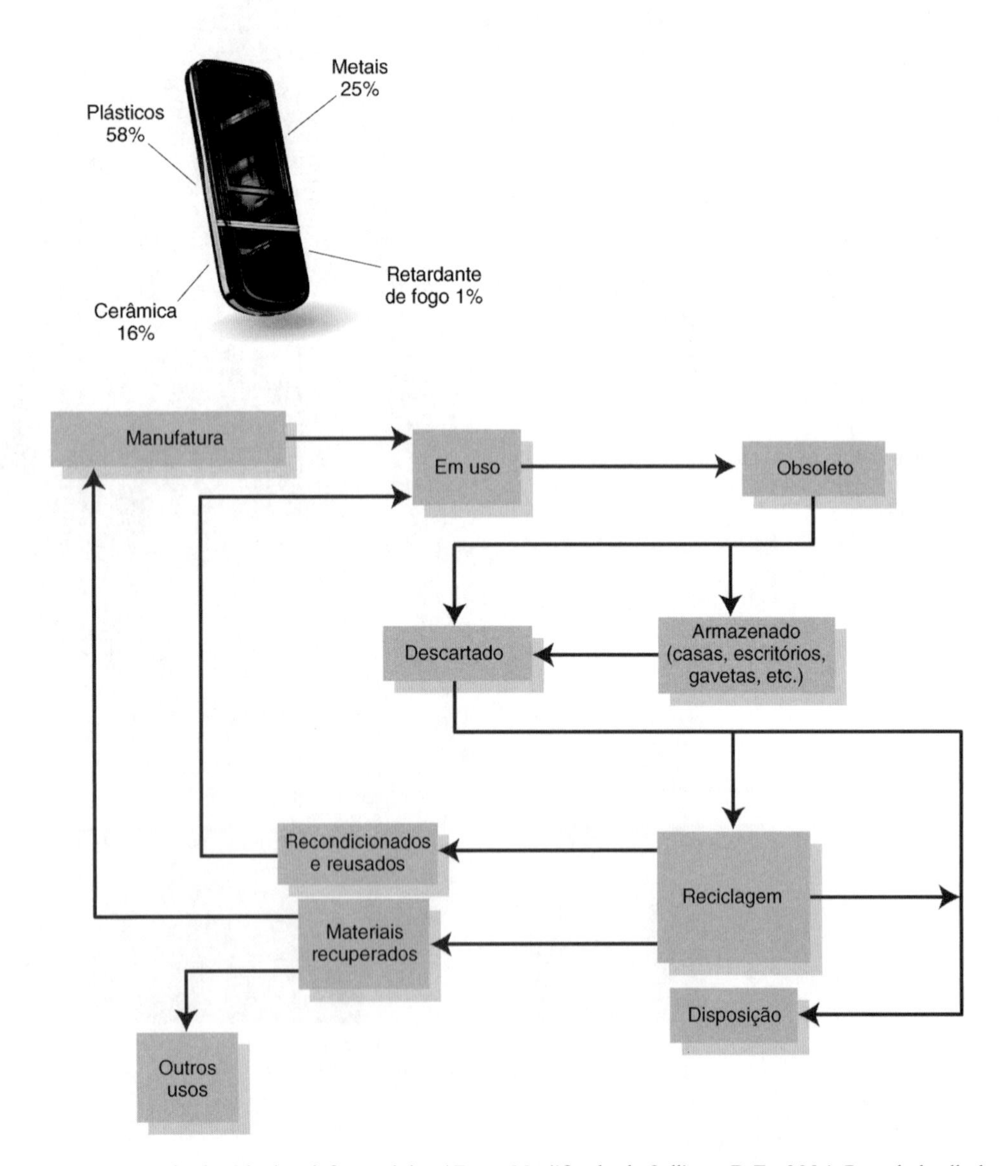

Figura 29.1 ■ Composição e ciclo de vida do telefone celular. (*Fonte*: Modificado de Sullivan, D.E., 2006. Recycled cell phones — A treasure trove of valueable metals. U.S. Geological Survey Fact Sheet 2006–3097.)

Tabela 29.1	Conteúdo Metálico e Valor dos Telefones Celulares nos Estados Unidos, sem Considerar o Custo da Reciclagem			
	Conteúdo metálico e valor estimado para um telefone celular típico		*Conteúdo metálico e valor econômico para 500 milhões de telefones celulares obsoletos armazenados em 2005*	
Metal	*Peso (g)*	*Valor (US$)*	*Peso (g)*	*Valor (US$)*
Cobre	16	US$0,03	7.900	US$17 milhões
Prata	0,35	US$0,06	178	US$31 milhões
Ouro	0,034	US$0,40	17	US$199 milhões
Paládio	0,015	US$0,13	7,4	US$63 milhões
Platina	0,00034	US$0,01	0,18	US$3,9 milhões
Total		US$0,63	8.102	US$314 milhões

Fonte: Modificado de Sullivan, D.E., 2006. Recycled Cell Phones — A treasure trove of valuable metals. U.S. Geological Survey Fact Sheet 2006–3097.

A falha no manejo dos telefones celulares e de outros tipos de resíduos eletrônicos evidencia o quanto se tem fracassado, ao longo dos 50 anos passados, ao tentar transformar uma sociedade com hábitos orientados à geração de resíduos e produtos descartáveis numa sociedade que preserva os recursos naturais, por meio da melhoria da gestão dos resíduos. Em alguns casos percebe-se alguma mobilização no sentido de produzir menos resíduos e estimular maior capacidade de reciclagem. Com isso em mente, são introduzidos, neste capítulo, os conceitos de gestão de resíduos aplicados aos ambientes urbanos, aos resíduos químicos perigosos e aos resíduos no ambiente marinho.

29.1 Conceitos Iniciais da Disposição de Resíduos

Durante o primeiro século da Revolução Industrial, o volume de resíduos produzidos nos Estados Unidos era relativamente pequeno e podiam ser manejados completamente sob o conceito de "diluição e dispersão". Indústrias foram construídas próximas aos rios porque a água fornecia vários benefícios, incluindo a facilidade do transporte de materiais em embarcações, água suficiente para processamento e resfriamento, além de uma facilidade na disposição dos resíduos nos rios. Com algumas indústrias e uma população espalhada, diluir e dispersar era o suficiente para remover os resíduos do ambiente imediato.[2]

Com a expansão das áreas industriais e urbanas, o conceito de diluir e dispersar se tornou inadequado e surgiu um novo conceito conhecido como "concentrar e conter". Contudo, ficou evidente que a retenção nem sempre é alcançada. Os contêineres, que não passam de trincheiras escavadas na terra ou tanques de metal, podem vazar ou quebrar, permitindo que os resíduos escapem. Os riscos de saúde resultaram da prática inútil da disposição de resíduos, o que levou à presente situação, onde muitas pessoas têm pouca confiança, no governo ou na indústria, para a preservação ou para a proteção da saúde pública.[3]

Os Estados Unidos, assim como em muitas outras partes do mundo, estão encarando sérios problemas na disposição dos resíduos sólidos. O problema existe porque se produz uma grande quantidade de resíduos e o espaço aceitável para a sua permanente disposição é limitada. Estima-se que dentro de alguns anos, aproximadamente a metade das cidades dos Estados Unidos pode ficar sem espaço para aterros sanitários. A Filadélfia, por exemplo, está essencialmente sem espaço para os aterros sanitários e atualmente está negociando com outros estados uma base mensal ou anual para a disposição de lixo; a área de Los Angeles tem espaço em aterro sanitário para aproximadamente 10 anos.

Hoje em dia, falar em falta de espaço para aterros sanitários não é completamente verdadeiro ou exato. A área utilizada para aterros sanitários é mínima comparada com a área dos Estados Unidos. Preferencialmente, locais já existentes estão sendo preenchidos e isso dificulta a localização de novos aterros sanitários. Apesar disso, ninguém gosta de morar próximo a um aterro, seja um aterro sanitário para resíduos municipais, um incinerador para queimar os resíduos urbanos, ou mesmo para a disposição de resíduos perigosos de elementos químicos. Esta atitude é amplamente conhecida como NIMBY (*"Not In My Backyard"* ou "Não No Meu Quintal").

Outro importante fator limitante é o custo da disposição. Uma década atrás, o custo da disposição de 1 tonelada de resíduo urbano era de aproximadamente 5 a 10 dólares. Hoje, a média do custo está próxima dos 40 dólares; algumas cidades, como a Filadélfia, pagam aproximadamente 75 dólares por tonelada na disposição de resíduos.[3,4] Estes custos são somente uma pequena parte da despesa de gestão de resíduos. A disposição ou tratamento do resíduo sólido ou líquido custa cerca de 20 bilhões de dólares por ano. Esta é uma das mais onerosas despesas ambientais.[5]

DETALHAMENTO 29.1

Ecologia Industrial

Conforme se observa no texto, a ecologia industrial pode ser definida como o estudo das relações entre os sistemas industriais e as suas ligações com os sistemas naturais. A ecologia industrial e o desenvolvimento sustentável são frequentemente relacionados. Em parte, estes resultam da analogia entre a ecologia industrial e a ecologia natural, com o seu enfoque nos ecossistemas. Assim, a sustentação da vida na Terra é uma função dos ecossistemas, a sustentabilidade na sociedade industrial é função da ecologia industrial.[6]

Para entender o conceito de resíduos de acordo com a ecologia industrial, considere os resíduos nos ecossistemas naturais. O que pode ser considerado um resíduo em uma parte de um ecossistema é, frequentemente, um recurso em outra parte. Por exemplo, o elefante come e produz resíduos, que se convertem em um recurso para o escaravelho.

Agora considerando um exemplo de ecologia industrial. Supondo que exista uma usina termoelétrica a carvão que forneça energia elétrica para uma cidade. O resíduo da produção dessa energia inclui as cinzas do carvão, o calor dos gases da combustão e os produtos dessa combustão que, por sua vez, são eliminados pela chaminé, incluindo dióxido de carbono, dióxido de enxofre e calor. Para esta hipotética usina produtora de energia e da cidade circundante, assume-se que o calor será utilizado para aquecer as casas e, assim, fornecer calor para as atividades industriais. O dióxido de enxofre é retirado do sistema por meio de um processo de purificação para produzir gesso natural, que é o principal componente para o revestimento de paredes na construção civil. O dióxido de carbono é retirado e utilizado em estufas, juntamente com o calor despendido para forçar e prolongar o ciclo de crescimento das plantas. Fica-se com as cinzas restantes do carvão, que são utilizadas na pavimentação de estradas.

Este cenário hipotético está sendo muito utilizado, atualmente, em inúmeras usinas termoelétricas produtoras de energia. Espera-se que assim que os princípios da ecologia industrial forem mais bem entendidos e aplicados, mais aplicações serão vistas em uma variedade de indústrias, assim como também na agricultura.

Almeja-se produzir desenvolvimento econômico sustentável em escala local, regional e global, entretanto, é preciso admitir que a ecologia industrial com base na aplicação da ciência e a tecnologia, por si só, não é suficiente para conseguir a sustentabilidade dos sistemas globais. Também é necessário esclarecer vários princípios. A ciência pode prover de soluções possíveis para os problemas que se enfrentam; contudo, a solução escolhida reflete os valores humanos. Este é um dos temas-chave deste livro.

29.2 Tendências Modernas

O conceito ambiental correto com respeito à gestão de resíduos é considerar os resíduos como recursos fora do lugar. Apesar de ainda não ser possível reusar e reciclar todo o resíduo, em breve, parece evidente que o incremento do custo das matérias-primas, da energia, do transporte e do solo tornará financeiramente factível o reúso e a reciclagem de mais recursos. Na direção desse objetivo significa amadurecer uma visão ambiental em que não existam resíduos. Sob este conceito, o resíduo não existe porque não é produzido ou se é produzido poderia ser um recurso a ser novamente utilizado. Esse conceito é conhecido como "desperdício zero".

O desperdício zero é a essência do que é conhecido como **ecologia industrial**, o estudo das relações entre os sistemas industriais e as suas ligações com os sistemas naturais. Sob os princípios da ecologia industrial, a sociedade industrial poderia funcionar quase como um ecossistema natural. O desperdício de uma parte do sistema poderia ser o recurso para outra parte (veja o Detalhamento 29.1).[6]

O conceito de produção zero de desperdício era até recentemente considerado irracional na área de gestão de resíduos, mas paulatinamente vem se tornando popular. A cidade de Canberra, Austrália, pode ser a primeira comunidade a propor um projeto para a obtenção do desperdício zero, uma meta que havia sido prevista para 2010. Há milhares de quilômetros de distância, na Holanda, foi definida uma meta nacional de redução de resíduos da ordem de 70% para 90%. De que maneira isso seria efetuado não estava complemente claro; mas uma grande parte do planejamento envolvia a aplicação de impostos nos resíduos em suas diferentes formas, desde emissões de chaminés até sólidos dispostos em aterros. Na Holanda, as descargas de metais pesados em afluentes aquíferos têm sido eliminadas com a aplicação de impostos por poluição. No nível familiar, estavam sendo considerados programas conhecidos como "pague por aquilo que joga fora", no qual as pessoas são cobradas pelo volume de resíduos produzidos. São aplicados impostos na eliminação de resíduos, incluindo domésticos, e assim as pessoas geram menos resíduos.[7]

De importância particular para a gestão dos resíduos é a consciência crescente de que muitos dos programas envolvem o transporte dos resíduos de um local para outro e, na verdade, não inclui o gerenciamento propriamente dito. Por exemplo, o resíduo das áreas urbanas pode ser depositado em aterros sanitários; porém, eventualmente, estes aterros provocam novos problemas pela produção do gás metano ou de líquidos nocivos que podem vazar do lugar depositado e contaminar as áreas circundantes. No entanto, gerenciar corretamente o gás metano produzido pelos aterros é um possível recurso a ser utilizado como combustível (um exemplo de ecologia industrial).

Os conceitos que envolvem a utilização dos materiais e dos resíduos produzidos estão se transformando. Noções prévias de disposição não são mais aceitas e se está repensando em como lidar com os materiais, no sentido da completa eliminação do conceito de resíduo. Nesse caminho, pode-se reduzir o consumo de matérias-primas que esgotam o ambiente e para que se possa viver em um ambiente sustentável.[7]

29.3 Gestão Integrada de Resíduos

Hoje em dia, o conceito dominante para a gestão de resíduos é conhecido como **gestão integrada de resíduos** (GIR), que é mais bem definido como um grupo de alternativas de gestão que inclui *reúso, redução na fonte, reciclagem, compostagem, disposição em aterros e incineração*.[3]

Reduzir, Reusar, Reciclar

Os três erres (R) da GIR são **reduzir, reusar** e **reciclar**. O objetivo final dos três erres é reduzir a quantidade de resíduos urbanos ou de outro tipo qualquer, que devem ser eliminados em aterros sanitários, em incineradores, ou por meio de outras formas de gestão de resíduos. O estudo do *fluxo do resíduo* produzido em áreas que utilizam a tecnologia GIR sugere que a quantidade (por peso) de lixo urbano disposto em aterros ou incinerado pode ser reduzida pelo menos em 50% e, possivelmente, até 70%. A redução de 50% por peso de resíduos urbanos pode ser facilitada por:[3]

- Melhor projeto de embalagens para reduzir o resíduo, um elemento de redução na fonte (10% de redução).
- Programas de compostagem em grande escala (10% de redução).
- Estabelecimento de programas de reciclagem (30% de redução).

Esta lista indica que a reciclagem introduz um papel importante no fluxo de resíduos urbanos. Atualmente, nos Estados Unidos, se reciclam aproximadamente 30% do resíduo sólido municipal, 10% a mais do que 25 anos atrás. Isso equivale a 99% das baterias automotivas, 63% de latas de aço, 52% de papel e papelão, 45% de latas de alumínio, 35% de pneus, 31% garrafas de plástico de leite e de água, 31% de recipientes de plástico de refrigerantes e 25% de recipientes de vidro (Figura 29.2).[8] Esta é uma notícia incentivadora. A reciclagem pode, realmente, reduzir o fluxo de resíduos em 50%? Pesquisas recentes sugerem que a meta de 50% é razoável. De fato, tem sido atingida em algumas partes dos Estados Unidos. O potencial do limite para reciclagem é consideravelmente elevado. Estima-se que cerca de 80% a 90% do fluxo de resíduos dos Estados Unidos pode ser recuperado por meio do que é conhecido como reciclagem intensiva.[9] Um estudo piloto envolvendo 100 famílias em East Hampton, Nova York, atingiu o nível de 84%. Mais realista para muitas comunidades existe a reciclagem parcial, que alcança metas de um determinado número de materiais, como vidro, latas de alumínio, materiais orgânicos e jornais. A reciclagem parcial pode prover uma redução significativa e, em muitos lugares, está se aproximando e inclusive superando 50%.[10,11]

A reciclagem é simplificada com o fluxo único de reciclagem onde o papel, o plástico, o vidro e os metais não são separados antes da coleta (o resíduo é misturado em um contêiner). Isso é mais conveniente para os moradores, reduz o custo da coleta e incrementa a taxa de reciclagem. Os diferentes materiais são separados nos centros de reciclagem. O uso de um fluxo único de reciclagem está aumentando rapidamente.

Suporte Público para a Reciclagem

Um sinal alentador associado ao suporte público para o ambiente é um incremento da boa vontade da indústria e do negócio para apoiar a reciclagem em uma variedade de escalas. Por exemplo, os restaurantes *fast-food* estão utilizando menos embalagens para os seus produtos e oferecendo lixeiras com coleta seletiva específicas para a reciclagem do papel e do plástico. Mercearias estão incentivando a reciclagem das sacolas de plástico e de papel, disponibilizando caixas para a sua coleta e reciclagem. Outras lojas de alimentos oferecem sacolas econômicas de lona em vez das descartáveis de papel e plástico. As companhias estão reprojetando produtos para que sejam desmontados mais facilmente depois de utilizados e as suas respectivas partes desmontadas possam ser recicladas. Com esse conceito popularizado, pequenos eletrodomésticos como frigideiras elétricas e torradeiras podem ser reciclados e não de acabar nos aterros sanitários. A indústria automotiva também está respondendo e projetando seus carros com partes moduladas para que possam ser facilmente desmontadas (por recicladores profissionais) e, dessa forma, recicladas, em vez de acabar enferrujando-se como sucata em cemitérios de automóveis.

Das iniciativas do consumidor, agora existe maior propensão das pessoas para a compra de produtos que podem ser

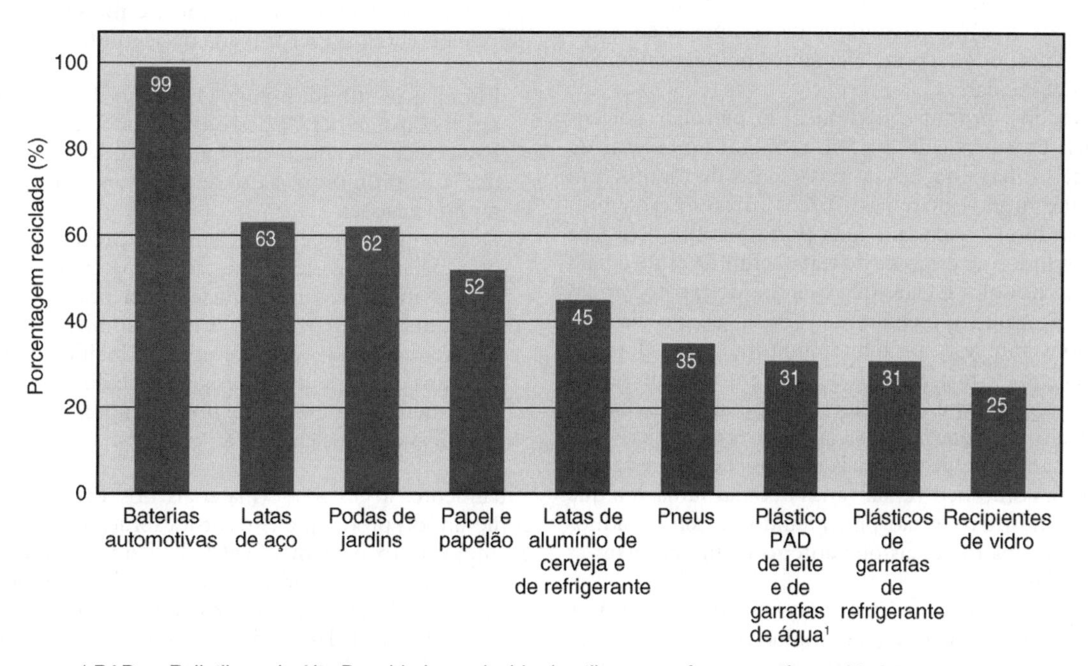

Figura 29.2 ■ Taxas de reciclagem, em 2006, nos Estados Unidos. (*Fonte*: Municipal Solid Waste. Basic Information, 2008. www.epa.gov.)

reciclados ou que vêm em recipientes facilmente reciclados ou aproveitados na compostagem. Muitos consumidores têm comprado aparelhos para esmagar garrafas e latas de alumínio, reduzindo o volume e assim facilitando a reciclagem. O cenário global está rapidamente se transformando e as inovações e as oportunidades, sem dúvida, continuarão.

Mercado para Produtos Reciclados

Assim como muitas outras soluções ambientais, a implantação do conceito de GIR pode ser exitosamente um empreendimento complexo. Em algumas comunidades onde a reciclagem tem sido implementada com sucesso, o mercado mostrou-se saturado de produtos reciclados, fazendo com que seja necessário armazenar ou suspender temporariamente a reciclagem de alguns itens. É evidente que, se a reciclagem é bem-sucedida, os mercados e as facilidades de processamento serão desenvolvidos para assegurar que esta tornou-se um empreendimento financeiro saudável, assim como uma parte importante do GIR.

Reciclagem de Esgotos

A utilização dos dejetos humanos, ou esgoto, em áreas de cultivo é uma prática antiga. Na Ásia, a reciclagem dos dejetos humanos tem uma longa história. A agricultura chinesa foi sustentada por milhares de anos, completamente, pela coleta de dejetos humanos, que eram espalhados pelos campos de cultivo. Esta prática se difundiu e, no início do século XX, a utilização do esgoto no solo foi um dos primeiros métodos de disposição em muitas áreas metropolitanas de países como o México, a Austrália e os Estados Unidos.[12] Essas primeiras aplicações de excrementos humanos na agricultura ocasionalmente propagaram doenças por meio de diversos agentes nocivos, incluindo bactérias, vírus e parasitas, aplicados no cultivo juntamente com os resíduos. Atualmente, com a globalização da agricultura, percebem-se as advertências e os surtos ocasionais de vegetais contaminados (veja o Capítulo 22).

Um dos maiores problemas da reciclagem dos dejetos humanos é que, juntamente com esses dejetos, inúmeros elementos químicos e metais circulam através do moderno fluxo de resíduos. Até mesmo os resíduos da compostagem existentes nos jardins podem conter elementos químicos nocivos, tais como os pesticidas.

Metais pesados, produtos derivados do petróleo, solventes industriais e os pesticidas podem terminar no coletor de águas residuais e nas estações de tratamento de esgoto. Em função de que muitos materiais tóxicos parecem estar presentes nos resíduos é necessária uma postura muito cética na utilização dos lodos de estações de tratamento de esgoto para a sua aplicação no solo. É claro que os lodos de esgoto variam de um lugar para outro, incluindo a variação de um dia para outro. Não obstante, estudos têm demonstrado que elevados níveis de elementos químicos tóxicos podem estar presentes nos lodos de povoados e de cidades que possuem indústrias que se utilizam de materiais tóxicos.[12] As boas notícias são que menor quantidade de materiais tóxicos chega às estações de tratamento, como ocorria há várias décadas, uma vez que agora muitas indústrias estão pré-tratando os seus resíduos para a remoção dos materiais que anteriormente poluíam as águas residuárias.

Discussões envolvendo várias agências federais, locais e outras, assim como indústrias, têm dirigido o questionamento sobre qual a quantidade de material tóxico presente no fluxo residual que constitui um problema. Essa, realmente, não é a pergunta correta a ser feita. O objetivo deveria ser garantir que o lodo do esgoto não contenha nenhum tipo de material tóxico. O problema é que as tubulações das moradias são as mesmas utilizadas pelas indústrias. Como resultado, é pouco provável que a tecnologia para a eliminação dos resíduos produza algum tipo de lodo seguro para os seres humanos ou para qualquer outro ser vivo. Uma possível solução é a separação dos resíduos urbanos dos resíduos industriais. Uma segunda possibilidade é o pré-tratamento dos resíduos de origem industrial para a remoção dos componentes perigosos antes de entrar na rede coletora doméstica. Atualmente, muitas indústrias pré-tratam os seus resíduos, conforme foi anteriormente citado. Finalmente, algumas comunidades estão considerando pequenas estações de tratamento de esgoto para a eliminação dos resíduos das moradias; o resíduo reciclado poderia ser utilizado nas fazendas da região. No futuro, com o custo do petróleo, necessário à produção de fertilizantes, continuamente se elevando, a antiga prática da reciclagem dos dejetos humanos pode novamente se tornar financeiramente viável e necessária em muito mais lugares do que ocorre hoje em dia.[12]

29.4 Gestão de Materiais

A opção pela reciclagem da GIR tem sido tentada nas últimas duas décadas. A reciclagem tem sido responsável pela geração de sistemas inteiros de gestão de resíduos, produzindo nos Estados Unidos milhares de empregos e reduzindo cerca da metade da quantidade dos resíduos urbanos enviados pelas moradias aos aterros. Muitas empresas combinaram a redução de geração de resíduos com a reciclagem, o que diminuiu significativamente a quantidade de resíduos nos aterros sanitários. De qualquer modo, apesar desse sucesso, a gestão integrada de resíduos tem sido criticada por sua ênfase na reciclagem e não tem sido efetiva na prevenção antecipada da produção de resíduos.

O futuro da gestão dos resíduos tem como meta a produção zero de resíduos, de acordo com os ideais da ecologia industrial. Essa meta visionária exigirá maior utilização sustentável dos materiais, combinada com a conservação de recursos, o que tem sido denominado **gestão de materiais**. Acredita-se que essa meta possa ser trilhada da seguinte maneira:[13]

- Eliminar os subsídios para a extração de materiais virgens, assim como minerais, petróleo e madeira.
- Estabelecer incentivos para a construção de "edifícios verdes" que promovam o uso de materiais reciclados nas futuras construções.
- Determinar sanções econômicas à produção que utilizar práticas inadequadas de gestão de materiais.
- Prover incentivos econômicos para práticas industriais e produtos que beneficiem o meio ambiente, aumentando a sustentabilidade (por exemplo, reduzindo a produção de resíduos e utilizando materiais reciclados).
- Incrementar o número de novos empregos em tecnologia de reúso e de reciclagem de recursos.

Atualmente, a gestão de materiais nos Estados Unidos está começando a produzir efeitos na localização das indústrias. Por exemplo, aproximadamente 50% do aço atualmente produzido nesse país provém de sucatas. Como resultado, as novas fábricas de aço, antes localizadas próximas às minas de carvão e de ferro, estão sendo instaladas em diferentes lugares, desde a Califórnia até a Carolina do Norte e o Nebraska, onde o suprimento local provém da sucata de aço. Por empregarem a sucata, essas novas facilidades industriais utilizam menor quantidade de energia e produzem menor poluição do que as antigas fábricas de aço, que produzem o produto a partir das minas virgens de ferro.[14] De forma similar, a reciclagem de papel está mudando a localização das novas fábricas. No passado, as fábricas de papel instalavam-se próximas às florestas, onde se extraía a madeira necessária para o processo de produção. Como resultado da reciclagem de grandes volumes de papel, as fábricas estão sendo construídas próximas às cidades, onde existe o abastecimento com papel reciclado. Por exemplo, Nova Jersey possui 13 fábricas de papel que utilizam papel reciclado e oito "minifábricas" de aço produzindo aço a partir de matéria-prima oriunda de sucata. Notável é o caso de Nova Jersey, que tem uma pequena floresta e não possui minas de ferro. Os recursos para as fábricas de papel e de aço se originam de materiais usados e exemplifica o poder da gestão de materiais.[14]

Apesar de que a gestão de materiais está fornecendo alternativas para a disposição de resíduos, precisa-se ainda lidar com os resíduos sólidos produzidos nas áreas rurais e urbanas. A seguir, discuti-se a gestão de resíduos sólidos com maior detalhamento.

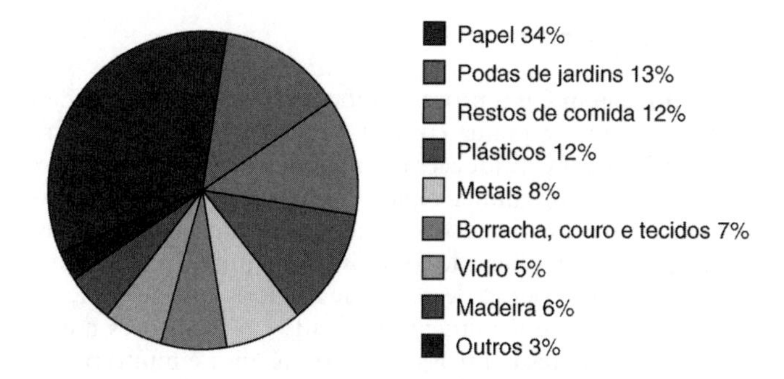

Figura 29.3 ■ Nos Estados Unidos, a geração de resíduos antes da reciclagem, em 2006, era de aproximadamente 251 milhões de toneladas, ou cerca de 2 kg por pessoa. (*Fonte*: Municipal Solid Waste. Basic Information, 2008. www.epa.gov.)

29.5 Gestão de Resíduos Sólidos

A gestão dos resíduos sólidos continua sendo um problema nos Estados Unidos, assim como em outras partes do mundo. Em muitos lugares, particularmente em países em desenvolvimento, a prática da gestão de resíduos é inadequada. Estas práticas, que incluem um controle inadequado nos lixões a céu aberto e nos depósitos ilegais de lixo em margens de estradas, podem danificar a paisagem, poluir o solo e os recursos hídricos, além de produzir riscos potenciais para a saúde.

A disposição ilegal é um problema social, assim como um problema físico, porque muitas pessoas estão simplesmente descartando os seus resíduos da forma mais barata e rápida possível. Eles podem não perceber que jogar seu lixo e seu entulho é um problema ambiental. Se for apenas isso, este é um tremendo desperdício de recursos; muito do que é queimado pode ser reciclado ou reusado. Em áreas onde a disposição ilegal tem sido reduzida, as soluções têm sido a sensibilização, a educação e outras alternativas. Os problemas ambientais da disposição perigosa e insalubre estão se tornando de conhecimento público, por meio de programas educativos e de fundos públicos que são fornecidos para a limpeza e para a realização de uma coleta e reciclagem menos onerosa dos resíduos nos locais de origem.

Ver-se-á a seguir a composição dos resíduos sólidos nos Estados Unidos e, no restante desta seção, os métodos específicos para a disposição de resíduos: disposição no local, incineração, lixões a céu aberto e aterros sanitários.

Composição dos Resíduos Sólidos

A composição geral dos resíduos sólidos antes da reciclagem e que vai ser disposto em um aterro, nos Estados Unidos, está mostrada na Figura 29.3. Não é uma surpresa que, de longe, o papel seja o mais abundante dos resíduos sólidos; de qualquer modo, esta é só uma porcentagem e pode se esperar uma grande variação baseada em fatores tais como o uso da terra, a base econômica, a atividade industrial, o clima e as estações do ano.

Os resíduos infecciosos de hospitais e de clínicas, algumas vezes, são eliminados diretamente em aterros, onde podem criar potenciais problemas de saúde, caso não tenham sido adequadamente esterilizados antes da disposição. Alguns hospitais possuem infraestruturas para incinerar os resíduos, e a incineração é provavelmente a forma mais segura de controlar resíduos hospitalares infecciosos. Além disso, nas áreas urbanas, uma grande quantidade de material tóxico pode terminar nos aterros e, como resultado, muitos desses aterros estão sendo considerados locais de resíduos perigosos que necessitam de uma limpeza que envolve custos elevados.

É normal que as pessoas tenham juízos equivocados sobre o fluxo de resíduos.[15] Muita publicidade tem sido veiculada concernente ao resíduo urbano associado com as embalagens de restaurantes *fast-food*, espuma de poliestireno e de fraldas descartáveis. Por essa razão, assume-se que esses produtos representam uma grande porcentagem do fluxo de resíduos e que são os responsáveis pelo preenchimento rápido dos aterros. De qualquer modo, as escavações em aterros modernos, utilizando ferramentas arqueológicas, têm esclarecido alguns dos juízos equivocados no que se refere a esses itens. Agora se sabe que a porcentagem de embalagens de *fast-food* representa apenas aproximadamente 0,25% da média do aterro; as fraldas descartáveis em torno de 0,8%; e os subprodutos do poliestireno cerca de 0,9%.[16] O papel é o principal elemento presente nos aterros (provavelmente 50% por volume e 40% por peso). O maior item é o jornal, responsável por 18% do volume.[15] O jornal é um dos principais itens a serem reciclados uma vez que grandes dividendos ambientais podem ser esperados. De qualquer modo (e este é um juízo valioso), a necessidade de lidar com os principais contribuintes não invalida a necessidade de diminuir o uso de fraldas descartáveis, poliestireno, entre outros produtos de papel. Além de criar a necessidade de disposição, esses produtos são fabricados a partir de recursos que podem ser gerenciados de uma melhor forma.

Disposição no Local

A seguir são apresentados alguns métodos de disposição de resíduos sólidos. Um método comum de disposição de resíduos no local de sua geração é utilizar um moedor mecânico de resíduos alimentares. Dispositivos de trituração de resíduos alimentares são instalados na tubulação de águas residuárias das pias de cozinha, onde o lixo é triturado e liberado no sistema de esgoto. Isto reduz eficazmente a quantidade de manuseio e remove rapidamente os resíduos de alimentos. A disposição final é transferida à estação de tratamento de esgoto, onde os sólidos remanescentes no lodo ainda precisam ser adequadamente dispostos.[17]

Compostagem

A **compostagem** é um processo bioquímico onde os materiais orgânicos, como a grama cortada ou resíduos de cozinha, se descompõem para enriquecer um material semelhante ao solo. O processo envolve uma rápida e parcial decomposição da maioria dos resíduos sólidos realizada por organismos aeróbios. Ainda que simples pilhas de compostos no quintal possam vir à mente como uma opção de gestão de resíduos, a compostagem em grande escala é geralmente realizada em digestores mecânicos em ambientes controlados.[17] Esta técnica é muito popular na Europa e na Ásia, onde a agricultura intensa cria uma demanda para o composto. [17] A maior desvantagem da compostagem é a necessidade de separação do material orgânico dos resíduos. Por essa razão, é provável que seja economicamente mais vantajosa somente onde o material orgânico já está separado dos demais resíduos não orgânicos. A compostagem de resíduos de capinação e de poda de plantas previamente tratadas com herbicidas podem produzir um composto tóxico. Apesar disso, a compostagem é um componente importante da GIR e a sua contribuição segue em crescimento.

Incineração

Na **incineração**, o resíduo combustível é queimado em temperaturas suficientemente altas (900 a 1.000°C) para consumir todo o material combustível, deixando somente as cinzas e os materiais não combustíveis para sua disposição nos aterros sanitários. Sob condições ideais, a incineração pode reduzir o volume dos resíduos em 75 a 95%.[17] Na prática, de qualquer modo, a diminuição real do volume é de cerca de 50%, por causa de problemas de manutenção, assim como também os problemas de suprimento dos resíduos. Além de reduzir o grande volume do material combustível para um volume muito menor de cinzas, a incineração tem outra vantagem: este processo pode ser utilizado para complementar outros combustíveis e gerar energia elétrica.

A incineração do resíduo urbano não é necessariamente um processo limpo, pois pode produzir poluição do ar e cinzas tóxicas. Por exemplo, a incineração nos Estados Unidos aparentemente é uma importante fonte de dioxina no ambiente, uma toxina cancerígena (veja o Capítulo 15).[18] As chaminés dos incineradores podem emitir óxido de nitrogênio e de enxofre, que produzem as chuvas ácidas; metais pesados como chumbo, cádmio e mercúrio; além do dióxido de carbono, que está relacionado ao aquecimento global.

Nas modernas instalações de incineração, as chaminés são providas com dispositivos especiais para interceptar e reter os poluentes; porém, o processo de redução de poluentes é caro. Além disso, o funcionamento de estações de incineração também é dispendioso e o subsídio do governo pode ser necessário para auxiliar seu estabelecimento. Avaliações recentes sobre o fluxo de resíduos urbanos sugerem que com um investimento de 8 bilhões de dólares um número suficiente de incineradores pode ser instalado nos Estados Unidos para a queima de aproximadamente 25% dos resíduos sólidos gerados. Porém, a mesma quantia de investimento aplicada em programas de redução de geração na fonte, reciclagem e compostagem pode resultar na diminuição de até 75% do fluxo dos resíduos urbanos para os aterros nos EUA.[9]

A viabilidade econômica dos incineradores depende da rentabilidade da venda da energia elétrica produzida por meio da queima dos resíduos. Como a reciclagem e a compostagem estão crescendo, elas irão competir com a incineração por uma porção do fluxo de resíduos e, logo, os resíduos suficientes (combustível) para gerar lucros na incineração podem não estar disponíveis. A principal conclusão a que se pode chegar está baseada nos princípios da GIR, que é a combinação do reúso, da reciclagem e da compostagem para reduzir o volume dos resíduos que precisam ser descartados nos aterros sanitários, no mínimo, tanto quanto por meio da incineração.[9]

Figura 29.4 ■ Lixão no Rio de Janeiro, Brasil. Neste local, as pessoas estão procurando por materiais recicláveis no lixo que podem ser reutilizados ou revendidos. Esta atividade é muito comum nos depósitos de grandes cidades nos países em desenvolvimento. Em alguns casos, milhares de catadores, inclusive crianças, revolvem toneladas de lixo para recolher latas e garrafas.

Lixões (Aterros Inadequamente Controlados)

No passado, os resíduos sólidos eram frequentemente descartados em lixões a céu aberto (agora denominados aterros), onde o lixo era empilhado sem nenhuma cobertura ou proteção. Milhares de lixões têm sido fechados, em anos recentes, e novos lixões abertos são proibidos nos Estados Unidos e em muitos outros países. Não obstante, muitos ainda estão sendo usados no mundo (Figura 29.4).

Os lixões têm sido localizados em qualquer local disponível, sem nenhuma preocupação com a segurança, com os riscos para a saúde ou com a degradação estética da paisagem. Os locais comuns são minas e pedreiras abandonadas, onde minérios, pedregulhos e rochas foram removidos (às vezes, por civilizações antigas); em áreas baixas naturais, como brejos ou várzeas; ou em ladeiras acima ou abaixo das cidades. Os resíduos são empilhados tão alto quanto possam permitir os equipamentos. Em alguns casos o fogo é ateado para queimar o entulho. Em outros, o entulho é nivelado e compactado.[17]

Como regra geral, os lixões provocam certa repugnância por serem pouco apresentáveis e por contribuírem para a geração de pestes. Criando riscos para a saúde, poluindo o ar e, às vezes, poluindo os lençóis de freáticos subterrâneos e os corpos d'água superficiais. Felizmente, os lixões a céu aberto estão cedendo espaço para os aterros sanitários, melhor planejados e controlados.

Aterros Sanitários

Os **aterros sanitários** (também chamados de aterros de resíduos sólidos urbanos) são projetados para concentrar e conter os resíduos sem provocar transtornos ou riscos à saúde ou segurança

DETALHAMENTO 29.2

Justiça Ambiental: Demografia dos Resíduos Perigosos

Um campo emergente nas ciências sociais conhecido como **justiça ambiental** enfoca a pesquisa dos problemas sociais relacionados com a localização das instalações que muitas pessoas acreditam que sejam censuráveis por motivos ambientais. Essas instalações incluem os aterros sanitários e outras instalações de resíduos, assim como fábricas de produtos químicos. As preocupações concentram-se no risco dos moradores próximos em caso de derrames acidentais, de incêndios, de explosões, ou de descargas ilegais de resíduos químicos. Particularmente, a justiça ambiental está dirigida ao potencial e injusto impacto dos riscos ambientais relacionados às instalações de resíduos e às indústrias químicas.[24]

Um estudo realizado em 1982, permitindo o tratamento de resíduos perigosos, o armazenamento e o seu descarte na cidade de Los Angeles, Califórnia, concluiu que as comunidades com maior probabilidade de conter essas instalações são as que estão localizadas próximas de atividades industriais. Essas comunidades geralmente possuem uma grande concentração residencial da classe trabalhadora afro-americana. Parece que os locais são escolhidos onde a resistência é mínima ou onde se percebe que a terra tem pouco valor.

Em geral, os moradores de locais próximos de instalações com resíduos perigosos, no município de Los Angeles, são membros de minorias raciais e étnicas, abaixo da média do país em termos de educação, renda, emprego e de participação de voto. Geralmente, essas comunidades também estão atrás da média do país em valores monetários, de casas residenciais e aluguel de propriedades. Além disso, o uso do solo para indústrias nessas áreas é, frequentemente, de quatro a dez vezes a média do município.

Em síntese, o estudo identificou dois fatores dominantes na localização de instalações de resíduos: a porcentagem das minorias morando na área e uso industrial na região. De importância secundária foi considerada a renda *per capita*. A raça parece ser o fator mais importante do que a renda na localização das instalações de resíduos. Essas descobertas em Los Angeles sugerem que os defensores da justiça ambiental têm motivos reais para se preocuparem.[25]

pública. A ideia é a de confinar o resíduo na menor área possível, reduzindo ao máximo o seu volume, cobrindo-o com uma camada de solo compactado ao final de cada dia de operação ou, mais frequentemente, caso seja preciso. Cobrir os resíduos é o que faz o aterro sanitário. A camada compactada restringe (mas não elimina) o acesso contínuo de insetos, de roedores, ou de outros animais, tais como as gaivotas. Isola também o lixo, minimizando a quantidade de água superficial infiltrada no interior, assim como a fuga do gás proveniente dos resíduos.[19]

Lixiviados

O perigo mais significativo dos aterros sanitários é a poluição das águas subterrâneas e superficiais. Se o resíduo enterrado em um aterro entrar em contato com a água que se infiltra abaixo da superfície ou com as águas subterrâneas que se movimentam através do lixo, produz-se o **lixiviado**, também conhecido como chorume — um líquido nocivo mineralizado capaz de transportar os poluentes bacterianos.[20] Por exemplo, dois aterros sanitários datados entre 1930 e 1940, em Long Island, Nova York, têm produzido trilhas subsuperficiais (plumas) dos lixiviados com várias centenas de metros de largura, que migraram quilômetros, desde o local da disposição. A natureza e a força dos lixiviados produzidos nos locais de disposição dependem da composição do resíduo, da quantidade de água que infiltra ou se movimenta através do lixo e da quantidade de tempo que a água infiltrada fica em contato com os resíduos.[17]

Escolha do Local

A localização do aterro sanitário é muito importante. Um número de fatores precisa ser levado em consideração, incluindo a topografia, a localização do lençol freático, a quantidade de precipitação, o tipo de solo e de rochas e a localização da zona de escoamento das águas superficiais, assim como do fluxo das águas subterrâneas. Uma combinação favorável de condições climáticas, hidrológicas e geológicas ajuda a garantir uma segurança razoável, contendo os resíduos e o chorume.[21]

Os melhores lugares são as regiões áridas, onde as condições de descarte são relativamente seguras porque é produzida uma pequena quantidade de lixiviado. Em um ambiente úmido, sempre se produz algum chorume; por essa razão, é preciso estabelecer uma quantidade aceitável de lixiviado para determinar os lugares mais favoráveis em tais ambientes. O que torna aceitável varia de acordo com o uso da água local, as regulamentações e a capacidade do sistema hidrológico natural para dispersar, diluir ou senão degradar o lixiviado a níveis inofensivos.

Os elementos do lugar mais desejável, em climas úmidos, com precipitações de moderada a abundante, são mostrados na Figura 29.5. O resíduo é enterrado acima do lençol freático em argila relativamente impermeável e em solos lodosos, material no qual a água não se movimenta facilmente.

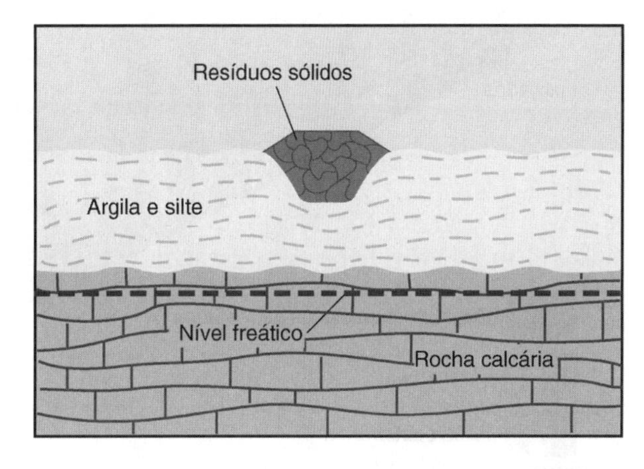

Figura 29.5 ■ O aterro sanitário mais desejável em um ambiente úmido. Os resíduos são enterrados acima do lençol freático em um ambiente relativamente impermeável. (*Fonte:* W. J. Schneider, *Hydraulic Implications of Solid-Waste Disposal*, U.S. Geological Survey Circular 601F, 1970.)

Qualquer lixiviado produzido permanece nas proximidades do lugar e se degrada pela ação de infiltração natural e das reações químicas entre a argila e o lixiviado.[22,23]

A localização das instalações do aterro também envolve considerações sociais importantes. Frequentemente, os planejadores escolhem lugares onde esperam que a resistência local seja mínima ou percebem que a terra tem pequeno valor. As instalações do aterro sanitário são localizadas, frequentemente, em áreas onde os residentes tendem a ter uma condição socioeconômica baixa ou que pertençam a um grupo étnico particular. O estudo dos problemas sociais na localização das instalações dos aterros sanitários, fábricas de produtos químicos e outros tipos de instalações, em uma área emergente, é conhecido como justiça ambiental[24] (veja o Detalhamento 29.2).

Monitoramento da Poluição nos Aterros Sanitários

Uma vez selecionado o local para o aterro sanitário e antes de começar a ser preenchido, é preciso iniciar o monitoramento do movimento das águas subterrâneas. O **monitoramento** é efetuado pela coleta periódica de amostras da água e do gás proveniente dos poços especialmente concebidos. É preciso continuar o monitoramento da movimentação do lixiviado e dos gases até que não mais exista a possibilidade de provocar poluição. Este procedimento é particularmente importante depois que o local está completamente cheio e então, finalmente, é colocado o material de cobertura permanente. É preciso manter continuamente o monitoramento, uma vez que sempre ocorre certa acomodação logo após que o aterro sanitário é completado; e se forem formadas pequenas depressões, a água superficial pode se infiltrar, coletar e produzir lixiviado. O monitoramento e a manutenção apropriada de um aterro sanitário abandonado reduz o seu potencial de poluição.[19]

Como os Poluentes Podem Penetrar no Meio Ambiente por Meio dos Aterros Sanitários

Os poluentes dos resíduos sólidos do aterro podem penetrar no meio ambiente por meio destas oito maneiras (Figura 29.6):[26]

1. Gás metano, amônia, sulfeto de hidrogênio e nitrogênio podem ser produzidos pelos compostos presentes no solo e pelos resíduos e assim ir para a atmosfera.

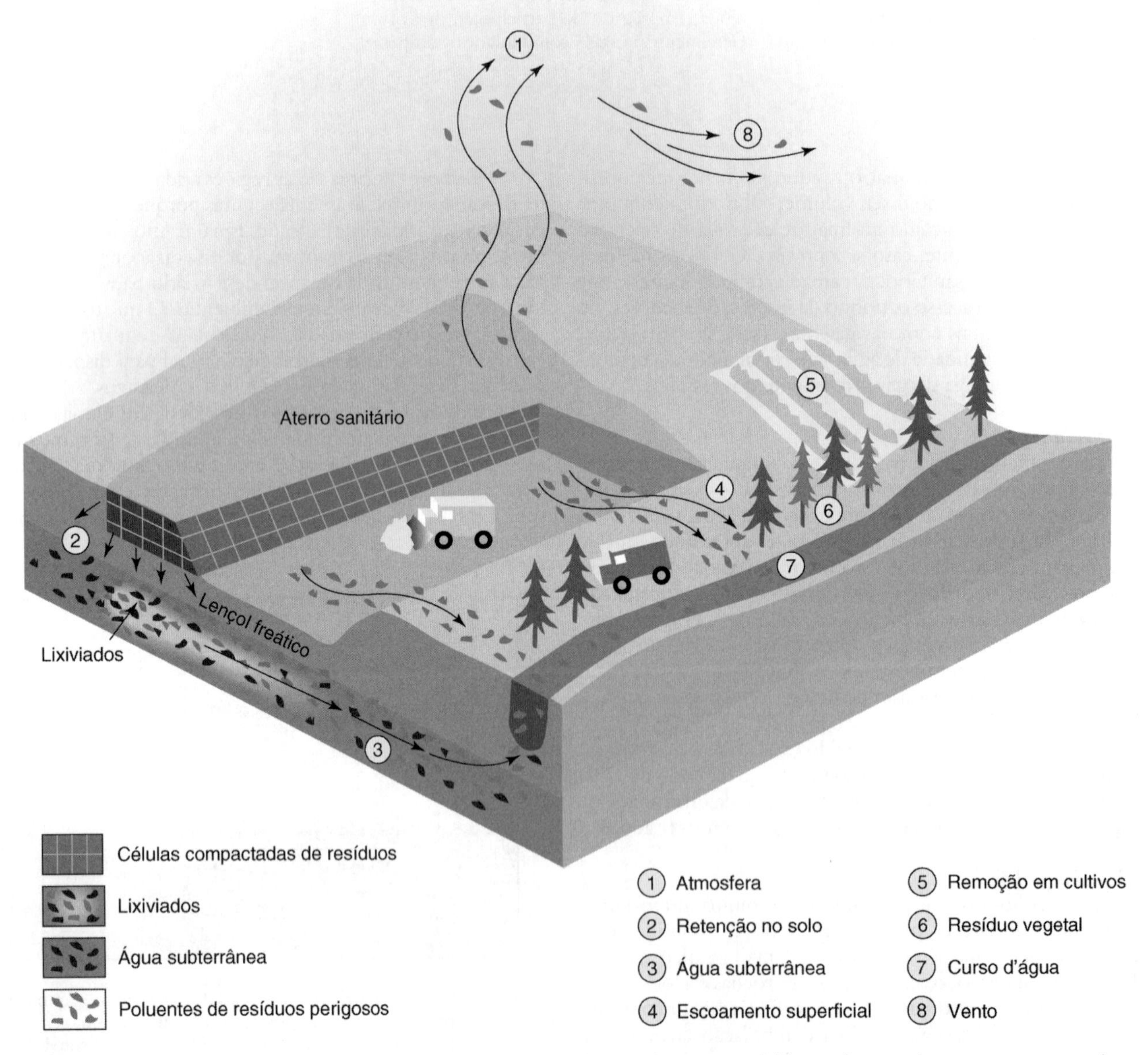

Figura 29.6 ■ Diagrama idealizado mostrando as oito maneiras que poluentes de aterros sanitários podem seguir para penetrar no meio ambiente.

2. Metais pesados tais como chumbo, cromo e ferro podem ser retidos do solo.
3. Materiais solúveis, como cloreto, nitrato e sulfato, podem passar facilmente através dos resíduos e do solo para os sistemas aquíferos.
4. O escoamento superficial pode captar o lixiviado e transportá-lo até os córregos e rios.
5. Algumas plantas (incluindo as cultiváveis) que crescem nas áreas de descarte podem coletar seletivamente os metais pesados e outros materiais tóxicos. Esses materiais são transmitidos para a cadeia alimentar onde as pessoas e os animais utilizam-nas para alimentação.
6. Se os resíduos das plantas dos cultivos abandonados nos campos contêm substâncias tóxicas, estas substâncias retornarão ao solo.
7. Córregos e rios podem ser contaminados por resíduos das águas subterrâneas por meio de infiltração no canal (3) ou pelo escoamento superficial (4).
8. Materiais tóxicos podem ser transportados pelo vento para outras áreas.

Os aterros sanitários modernos são projetados para incluir *barreiras múltiplas*: argila e revestimentos de plástico para limitar o movimento do chorume; sistema para coletar o gás metano produzido pela decomposição dos resíduos; e monitoramento das águas subterrâneas para detectar vazamentos do lixiviado na parte baixa e na parte adjacente do aterro sanitário. Um programa de monitoramento completo considera as oito maneiras possíveis por onde os poluentes penetram no meio ambiente. Na prática, contudo, raramente o monitoramento inclui todas as formas. É particularmente importante monitorar a zona acima do lençol freático para identificar problemas potenciais de poluição antes que alcancem e contaminem os recursos hídricos subterrâneos, onde a correção seria muito dispendiosa. A Figura 29.7 mostra um diagrama idealizado de um aterro sanitário que utiliza barreiras múltiplas e também uma fotografia de um aterro sanitário em construção.

Legislação Federal para Aterros Sanitários

Os novos aterros sanitários instalados nos Estados Unidos depois de 1993 precisam cumprir com rigorosos requerimentos sob o Ato de Recuperação e Conservação dos Recursos, de 1980. A legislação está planejada para fortalecer e padronizar o projeto, a operação e o monitoramento de aterros sanitários. Aterros que não cumprem com as regulamentações são fechados.

Os estados podem escolher entre duas opções:

1. Cumprir com as regulamentações federais.
2. Procurar aprovação da EPA — *Environmental Protection Agency* (Agência de Proteção Ambiental dos Estados Unidos) para os planos de controle de resíduos sólidos, que permite uma ampla flexibilidade.

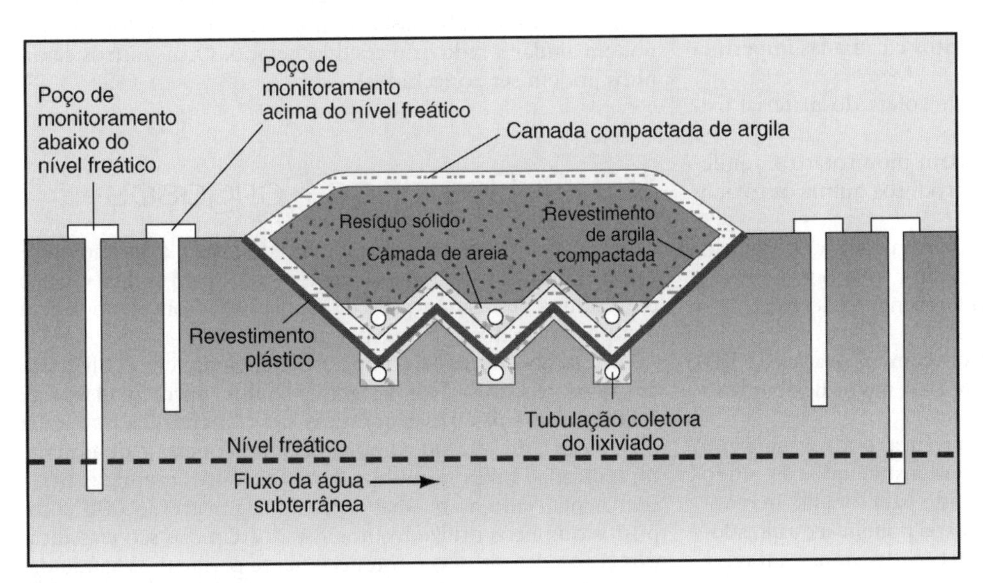

(*a*)

(*b*)

Figura 29.7 ■ (*a*) Diagrama idealizado das instalações de resíduos sólidos (aterro sanitário) ilustrando o desenho de barreiras múltiplas, sistema de monitoramento e sistema coletor de lixiviado. (*b*) Aterro, em construção, de Rock Creek, município de Calaveras, Califórnia. Este aterro de resíduos sólidos urbanos é vedado por uma camada impermeabilizante de argila compactada (encosta clara exposta na região centro-esquerda da foto). As encostas escuras, cobertas com montes de cascalho, se sobrepõem à camada de argila compactada. Estes formam uma barreira de vapor destinada a manter a umidade na argila e evitar a quebra do revestimento argiloso. A trincheira sinuosa cinza é forrada com plástico e faz parte do sistema de coleta de chorume para o aterro. O reservatório escavado quadrado (parte superior da foto) é uma lagoa de evaporação de lixiviados em construção. O aterro sanitário também é equipado com um sistema de monitoramento da zona vadosa abaixo do sistema de coleta de chorume.

Tabela 29.2	Ações que Podem Ser Utilizadas para Diminuir a Quantidade de Resíduos Produzidos

Acompanhar o resíduo que é gerado: saber a quantidade de resíduos produzidos. Esta noção pode tornar consciente o quanto pode ser reduzido.

Reciclar tanto quanto seja possível e prático: levar latas, garrafas de vidro e papel para o centro de reciclagem ou encaminhar para caminhões que realizam coletas. Levar os materiais perigosos tais como as baterias, telefones celulares, computadores, impressoras, óleo utilizado e os solventes para o centro de coleta de resíduos perigosos.

Redução da embalagem: sempre que possível comprar os alimentos em pacotes grandes ou em formas concentradas.

Utilizar produtos duráveis: escolher automóveis, lâmpadas, mobílias, equipamentos esportivos e ferramentas que durarão um longo tempo.

Reutilizar produtos: algumas coisas podem ser utilizadas muitas vezes. Por exemplo, pode-se reutilizar caixas e plásticos com "bolinhas de ar" para poupar embalagens no envio de produtos.

Adquirir produtos feitos de materiais reciclados: muitas garrafas, latas, caixas, contêineres, caixas de papelão, carpetes, roupa, piso cerâmico e outros produtos são feitos de materiais reciclados. Fazer isso sempre que possível.

Adquirir produtos projetados para serem reciclados facilmente: produtos grandes como automóveis, assim como outros muitos itens, estão sendo projetados com o conceito de reciclagem em mente. Pressionar os fabricantes na produção de itens que possam ser facilmente reciclados.

Fonte: Modificado de U.S. Environmental Protection Agency. Acessado em 21/04/06 em www.epa.gov.

Disposições de regulamentações, padrões ou normas federais incluem o seguinte:

- Aterros não podem estar situados em planícies aluviais, pantanais, zonas de tremores, terrenos instáveis ou próximos de aeroportos (as aves existentes nesses locais são um risco para aeronaves).
- Aterros devem possuir revestimentos e camadas impermeabilizantes.
- Aterros devem possuir sistemas de coleta do material lixiviado.
- Os operadores dos aterros precisam monitorar os aquíferos subterrâneos para inúmeros produtos químicos tóxicos específicos.
- Os operadores dos aterros precisam satisfazer os critérios de segurança financeira para garantir o monitoramento contínuo, por 30 anos, após do fechamento do aterro.

Conforme já mencionado, um estado com aprovação da EPA para os programas de aterros permite uma maior flexibilidade:

- O monitoramento das águas subterrâneas pode ser suspenso se o operador do aterro puder demonstrar que os componentes perigosos não estão migrando para fora do aterro.
- Tipos alternativos de cobertura diária podem ser utilizados.
- Padrões alternativos para a proteção das águas subterrâneas são permitidos.
- São permitidos cronogramas alternativos para documentação do monitoramento de águas subterrâneas.
- Sob certas circunstâncias são permitidos aterros sanitários em zonas pantanosas e zonas de falhas geológicas.
- São permitidos mecanismos alternativos de garantia financeira.

Conforme a flexibilidade adicional, parece ser vantajoso para os estados a elaboração de planos de gestão de resíduos aprovados pela EPA.

Redução dos Resíduos Produzidos

A média de resíduos produzidos por pessoa nos Estados Unidos aumentou de 1 kg em 1960 para 2 kg em 2003. Isto representa uma taxa anual de crescimento de 1,5% ao ano e não é sustentável, uma vez que dobra a produção de resíduos somente em algumas décadas. Os 236 milhões de toneladas produzidas em 2003 poderão atingir cerca de 500 milhões de toneladas em 2050 e, atualmente, já se observam problemas de disposição e manejo dos resíduos. Para reduzir o resíduo que se produz é possível começar individualmente, no nível familiar. A Tabela 29.2 lista algumas das inúmeras formas que podem ajudar a reduzir o resíduo gerado. Quais outros caminhos podem ser concebidos?

29.6 Resíduos Perigosos

Anteriormente, neste capítulo, foi discutida a gestão integrada de resíduos e a gestão de materiais para o fluxo diário de resíduos de residências e de empresas. Agora se considera a importância dos resíduos perigosos.

A criação de novos compostos químicos tem proliferado em anos recentes. Nos Estados Unidos, aproximadamente 1.000 novas substâncias químicas são comercializadas a cada ano, e cerca de 70.000 compostos químicos estão atualmente no mercado. Embora muitos destes produtos químicos tivessem beneficiado as pessoas, aproximadamente 35.000 compostos químicos utilizados nos Estados Unidos são classificados como definitiva ou potencialmente perigosos à saúde das pessoas ou dos ecossistemas.

Os Estados Unidos constantemente produzem cerca de 700 milhões de toneladas de resíduos químicos nocivos por ano, mencionados comumente como **resíduos perigosos**. Cerca dos 70% do total é gerado no leste do rio Mississippi e cerca da metade do total do peso é gerado pelas indústrias de produtos químicos, juntamente com a indústria eletrônica (veja o Detalhamento 29.3 para a discussão dos resíduos eletrônicos), e as indústrias de petróleo e de carvão contribuem com cerca de 10%.[27,28]

Outra fonte de químicos perigosos são os edifícios destruídos por eventos como incêndios e furacões. Os químicos como as tintas, solventes e pesticidas que estavam aplicados nos prédios podem ser liberados no meio ambiente, quando os escombros de edifícios estruturalmente comprometidos são queimados ou sepultados. Como resultado, a coleta de substâncias químicas potencialmente perigosas depois dos

DETALHAMENTO 29.3

Resíduo Eletrônico: Um Problema Ambiental Crescente

Milhões de computadores e de outros dispositivos eletrônicos como telefones celulares, *iPods*, televisões e jogos de computador são descartados a cada ano. A média de vida de um computador é de três anos, e ele não é construído com o conceito de reciclagem em mente.

Quando os **resíduos eletrônicos** são levados a locais que recebem computadores obsoletos, presume-se que serão tratados corretamente e que não causarão problemas ambientais. Torna-se cada vez mais claro que ainda está muito longe de isso acontecer. Os Estados Unidos, que ajudou a começar a revolução tecnológica, produz a maioria dos resíduos eletrônicos. Onde e como o resíduo é eventualmente depositado pode causar sérios problemas ambientais. Os resíduos eletrônicos incluem as caixas plásticas para computadores que, quando queimadas, podem produzir material tóxico. As peças dos computadores incluem também pequenas quantidades de metais pesados, incluindo ouro, estanho, cobre, cádmio e mercúrio, que são nocivos e tóxicos, ou que podem causar câncer se respirados, ingeridos ou absorvidos pela pele. No presente, vários milhões de computadores são eliminados por o que pode ser faturado como reciclagem. De qualquer modo, nos Estados Unidos a Agência de Proteção Ambiental não tem um processo oficial para assegurar que o resíduo eletrônico não cause problemas futuros. De fato, a maioria desses computadores está sendo exportada sob a etiqueta de reciclagem para países como a Nigéria e a China. As maiores instalações de resíduos eletrônicos na China estão na cidade de Guiyu, localizada perto de Hong Kong. As pessoas da área de Guiyu processam mais de um milhão de toneladas de resíduos eletrônicos a cada ano com pouca consideração quanto à saúde dos trabalhadores ou às regulamentações concernentes à toxicidade potencial do material que eles manipulam (Figura 29.8). Nos Estados Unidos, a reciclagem de computadores não pode ser rentável sem a cobrança de uma elevada taxa para as pessoas que os depositam. Além disso, muitas das empresas dos Estados Unidos embarcam o resíduo eletrônico para fora do país onde é possível um maior lucro. A renda para a área de Guiyu se aproxima de um milhão de dólares por ano e o governo central resiste em regulamentar a atividade. O problema é que os trabalhadores de onde os computadores são desmontados podem não estar cientes da natureza tóxica de alguns dos materiais que eles estão manobrando e, dessa forma, ter uma ocupação perigosa. Em geral, a área de Guiyu tem mais de 5.000 instalações familiares que buscam matérias-primas nos resíduos eletrônicos. Enquanto fazem isso, eles se expõem a uma variedade de toxinas e de problemas potenciais de saúde.

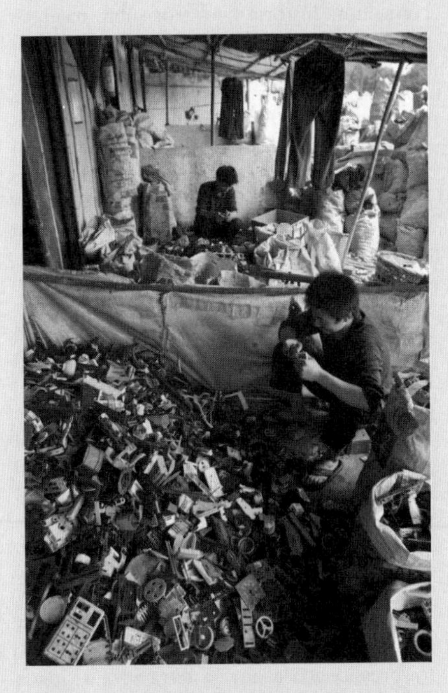

Figura 29.8 ■ Resíduos eletrônicos sendo processados na China – uma atividade perigosa.

Até o presente momento, os Estados Unidos não tem assumido uma postura proativa, no sentido de regulamentar a indústria de computadores para a redução dos resíduos produzidos. De fato, os Estados Unidos é a maior nação que não ratifica um acordo internacional que restrinja e proíba as exportações dos resíduos eletrônicos.[29]

As práticas atuais de gestão dos resíduos eletrônicos não são sustentáveis. O valor da qualidade ambiental deveria incluir a manipulação e reciclagem mais segura dos resíduos eletrônicos. Esperançosamente, esse é o caminho que deve ser tomado no futuro. Existem sinais positivos de que algumas empresas estão processando resíduos eletrônicos para a recuperação de metais como ouro e prata. Outras estão projetando computadores com menos materiais tóxicos e que sejam de fácil reciclagem. A União Europeia está assumindo a liderança e exigindo uma gestão mais responsável quanto ao destino dos resíduos eletrônicos.

desastres naturais é uma meta importante no manejo dos materiais perigosos.

Em meados do século XX, muito mais da metade do volume total dos resíduos perigosos produzidos nos Estados Unidos era indiscriminadamente depositado.[28] Alguns resíduos perigosos são ilegalmente depositados em terras públicas ou privadas, prática denominada como depósito da meia-noite. Tambores com resíduos perigosos enterrados em depósitos ilegais têm sido descobertos em centenas de lugares por onde atuam empresas de construção de edifícios e de estradas. A limpeza dos resíduos tem sido custosa e tem atrasado projetos (veja o Detalhamento 29.4).[27]

Nos Estados Unidos, existem centenas de locais de disposição de resíduos abandonados onde, no passado, havia depósitos completamente sem regulamentações. Disso resulta a existência de provavelmente mais de 1.000 locais contendo resíduos perigosos suficientes para ameaçar a saúde pública e o meio ambiente. Por esta razão, muitos pesquisadores acreditam que o manejo dos resíduos perigosos pode ser o problema ambiental mais sério dos Estados Unidos.

O despejo descontrolado de resíduos químicos tem poluído de muitas formas o solo e as águas subterrâneas:

- Quando resíduos químicos são armazenados em barris, também empilhados sobre o solo ou mesmo queimados. Os barris eventualmente corroem e vazam, poluindo as águas superficiais, o solo e as águas subterrâneas.
- Quando resíduos químicos líquidos são descarregados dentro de um reservatório sem a proteção de uma camada impermeabilizante, a água contaminada pode se infiltrar através do solo e das rochas para o lençol freático.
- Quando os resíduos químicos líquidos são despejados ilegalmente em lugares desérticos, incluindo ao longo de estradas.

DETALHAMENTO 29.4

Desastre de Love Canal

O desastre de Love Canal é bem conhecido como uma história de terror sobre resíduos perigosos. Em 1976, em uma área residencial próxima das Cataratas de Niágara, Nova York, árvores e jardins começaram a morrer (Figura 29.9). A borracha do solado dos sapatos e os pneus de bicicletas começaram a se desintegrar. Poças de sustâncias tóxicas começaram escoar através do solo. Uma piscina estourou na base e flutuou em um banho de produtos químicos.

A história do desastre de Love Canal começou em 1982 quando o canal de 8 km foi escavado por William Love como parte do desenvolvimento de um parque industrial. O desenvolvimento não precisou mais do canal quando a eletricidade atingiu um preço baixo e, por isso, nunca foi completado. O canal permaneceu sem uso por décadas e se tornou um depósito de resíduos. De 1920 a 1952, cerca de 20.000 toneladas de mais de 80 elementos químicos foram depositadas no canal. Em 1953, a companhia química Hooker, que produzia o inseticida DDT, assim como herbicidas e solventes clorados e outros produtos químicos que foram jogados dentro do canal, foi pressionada a doar a terra para a cidade de Niágara Falls por um dólar. A cidade sabia que os resíduos químicos haviam sido enterrados naquele lugar, mas não esperava nenhum problema.[27] Eventualmente, centenas de casas e uma escola foram construídas próximas ao local. Por anos, tudo parecia bem. Então, em 1976–1977, fortes chuvas e nevadas provocaram um número de eventos que converteu Love Canal em um nome amplamente conhecido.

Um estudo no local identificou muitas substâncias suspeitas de natureza cancerígena, incluindo benzeno, dioxina, dicloroetileno e o clorofórmio. Embora autoridades oficiais admitissem ter conhecimento do impacto desses produtos químicos, isso foi ocultado das pessoas que moravam nessa área. Eventualmente, a preocupação se centrava nas alegações de altas taxas de aborto, anormalidade no sangue e no fígado, defeitos de nascença e danos nos cromossomos. Apesar de um estudo realizado pelas autoridades de saúde de Nova York ter sugerido que nenhum produto químico havia causado efeitos na saúde,[30-32] tomou-se a decisão de limpar a região.

A limpeza do Love Canal demonstra a tecnologia para o tratamento dos resíduos perigosos. O objetivo foi o de conter o resíduo, interromper a sua migração através do fluxo de águas subterrâneas, remover e tratar o solo e os sedimentos contaminados no leito do ribeirão e nas tubulações de esgoto.[33] Para minimizar a contaminação, a área foi coberta com um metro de argila compactada e com polietileno plástico para reduzir a infiltração das águas superficiais, à medida que essas barreiras especialmente projetadas impedem que a água entre no local. Esse processo reduz fortemente o vazamento subsuperficial da água, e a água que vaza é coletada e tratada.[30-33]

Em 1990, 275 milhões de dólares foram gastos com a limpeza e os projetos de realocação de Love Canal e, em 1995, a companhia química concordou em pagar 129 milhões de dólares para compensar esses custos de limpeza.[34-35] As moradias de áreas adjacentes foram compradas e, aproximadamente, 200 moradias e a escola precisaram ser demolidas pelo governo. Aproximadamente 800 famílias foram realocadas e reembolsadas pelo prejuízo de suas casas. A Agência de Proteção Ambiental dos Estados Unidos declarou a área limpa e cerca de 280 moradias restantes foram vendidas.

Atualmente, a comunidade ao redor do canal é conhecida como Black Creek Village (Vila do Rio Negro), e muitas pessoas ainda moram nesse lugar.

Figura 29.9 ■ Fotografia infravermelha aérea na área do Love Canal no estado de Nova York, 30 anos atrás. A vegetação saudável é vermelho-brilhante. O canal é uma cicatriz na paisagem em que os resíduos químicos perigosos subiram para a superfície, tornando "Love Canal" um nome famoso para os problemas dos resíduos perigosos.

Alguns locais apresentam perigos particulares. Uma planície de inundação de um rio, por exemplo, não é um lugar aceitável para se armazenar resíduos químicos perigosos. Isso é o que acontece exatamente no rio Severn, perto de um vilarejo em uma das áreas com paisagens cênicas da Inglaterra. Vários incêndios nesse lugar em 1999 foram seguidos por um grande incêndio de origem desconhecida em 30 de outubro de 2000. Nesse incêndio, aproximadamente 200 toneladas de produtos químicos, incluindo solventes industriais (xileno e tolueno), solventes para limpeza (diclorometano), entre vários inseticidas e pesticidas, produziram uma bola de fogo que resplandeceu em meio ao céu noturno (Figura 29.10). O fogo ocorreu durante uma tormenta, com rajadas de vento da força de um furacão. Fumaças tóxicas e cinzas foram espalhadas nas proximidades de fazendas e de aldeias, obrigando que os habitantes fossem evacuados. As pessoas expostas à fumaça se queixaram de uma variedade de sintomas, incluindo dores de cabeça e no estômago, vômitos, dor de garganta, tosse e dificuldades para respirar. Então, alguns dias depois, no dia 3 de novembro, o lugar foi inundado (Figura 29.11) As águas da inundação interferiram na limpeza do local depois do fogo e aumentou o risco de contaminação das áreas baixas do rio pelo transporte por flutuação dos resíduos químicos perigosos. Em uma vila pequena, as águas contaminadas da enchente inundam aparentemente os cultivos, os jardins, incluindo as casas.[36] Claro que a solução deste problema é a limpeza do lugar e a transferência das instalações de armazenamento dos resíduos para outro local mais seguro.

Figura 29.10 ■ No dia 30 de outubro de 2000, o fogo devastou a planície de inundação do rio Severn, na Inglaterra, onde resíduos perigosos estavam armazenados. Aproximadamente 200 toneladas de elementos químicos foram queimadas.

Figura 29.11 ■ A inundação no dia 3 de novembro de 2000, logo em seguida ao grande incêndio do local de armazenamento de resíduos perigosos situado na planície de inundação do rio Severn, na Inglaterra (veja a Figura 29.10).

29.7 Legislações sobre Resíduos Perigosos

O reconhecimento, em 1970, de que os resíduos perigosos eram um risco para as pessoas e para o ambiente e que os resíduos não estavam sendo corretamente geridos conduziu à criação de legislações federais essenciais nos Estados Unidos.

Ato de Conservação e Recuperação dos Recursos

A gestão dos resíduos perigosos nos Estados Unidos começou em 1976 com a aprovação do Ato de Conservação e Recuperação dos Recursos (ACRR). O objetivo do ato é a identificação dos resíduos perigosos e de seus ciclos de vida. A ideia foi discutir os procedimentos e as responsabilidades de quem fabrica, transporta e deposita os resíduos perigosos. Isto é conhecido como gestão "do berço à cova". Regulamentos exigem a manutenção de registros e relatórios rigorosos para verificar se os resíduos não apresentam uma perturbação da ordem pública ou um problema de saúde.

O ACRR é aplicado aos resíduos perigosos sólidos, semissólidos, líquidos e gasosos. O resíduo é perigoso se a concentração, volume ou natureza infecciosa pode contribuir com doenças graves, ou mesmo à morte, ou se apresenta um perigo significativo para as pessoas ou ao meio ambiente como resultado de uma gestão inadequada (armazenamento, transporte ou disposição). [27] O ato classifica resíduos perigosos em várias categorias: materiais de alta toxicidade para pessoas ou organismos vivos; resíduos que possam se incendiar quando expostos ao ar; resíduos extremamente corrosivos e resíduos reativos instáveis que podem explodir, gerar gases tóxicos ou vapores quando se misturam com a água.

Ato de Responsabilidade, Compensação e Resposta Ambiental Ampla

Em 1980, o Congresso aprovou o Ato de Responsabilidade, Compensação e Resposta Ambiental Ampla (ARCRAA), que definiu políticas e métodos para a liberação de sustâncias perigosas no ambiente (por exemplo, regulamentações de aterros sanitários). Também ordenou a criação de uma lista de locais onde as substâncias perigosas provavelmente provocaram problemas ambientais muito sérios e estabeleceu um fundo rotativo (*Superfundo*) para limpar os lugares mais críticos e abandonados de disposição dos resíduos perigosos. Em 1984 e 1986, o ARCRAA foi reforçado por emendas que fizeram as seguintes modificações:

- Melhorou e fortaleceu as regulamentações para a disposição de resíduos perigosos (por exemplo, exigindo o dobro de revestimento, monitorando aterros sanitários).
- Baniu a disposição no solo de certos produtos químicos perigosos, incluindo dioxinas, bifenilas policloradas (PCBs) e a maioria dos solventes.
- Iniciou um calendário para a eliminação progressiva de todos os resíduos líquidos perigosos não tratados em aterros sanitários ou represamentos superficiais.
- Aumentou o tamanho do Superfundo. O fundo era fixado em cerca de 8,5 bilhões de dólares em 1986. O Congresso aprovou outros US$ 5,1 bilhões para o ano fiscal em 1998, quase dobrando o orçamento do Superfundo.[37]

O Superfundo tem experimentado problemas significativos de gestão e os esforços de limpeza estão distantes do programado. Infelizmente, os fundos disponíveis não são suficientes para o pagamento da descontaminação de todos os lugares contaminados. Além disso, existe a preocupação de que a tecnologia não é suficiente para todos os locais abandonados de disposição dos resíduos; e que pode ser preciso simplesmente confinar os resíduos em locais até que sejam desenvolvidos melhores métodos de disposição. Parece que os lugares de disposição abandonados persistirão como problemas ainda por algum tempo.

Outras Legislações

A legislação federal tem mudado as maneiras pelas quais o real estado de direito é conduzido. Por exemplo, existem previsões para as quais os próprios donos podem ser responsabilizados pelo custo da limpeza dos resíduos químicos presentes em suas propriedades, ainda que não tenham causado o problema diretamente. Como resultado, bancos e outras instituições de financiamento podem ser responsabilizadas pela liberação de materiais perigosos pelos seus próprios arrendatários.

O Ato de Reautorização e Emenda do Superfundo (ARES) em 1986 permite uma possível defesa contra certa responsabilização, desde que o dono da propriedade tenha concluído uma **auditoria ambiental** prévia para a compra do imóvel. Tal auditoria envolve o estudo do uso passado do solo do local, normalmente determinado pela análise de mapas antigos, fotografias aéreas e de relatórios. Pode também envolver a perfuração e a tomada de amostras do solo e das águas subterrâneas para determinar se os materiais perigosos estão presentes. Auditorias ambientais agora são completadas com uma base anterior da aquisição da propriedade para o desenvolvimento.

O ARES também exige que certas indústrias informem todas as liberações de materiais tóxicos e que se torne pública uma lista das empresas que liberam sustâncias perigosas, conhecida como "Tóxico 500". Nenhum proprietário ou indústria deseja estar nessa lista, já que este registro visa a pressionar as indústrias identificadas como poluidoras para desenvolver métodos mais seguros de manipulação de materiais perigosos.[37]

Em 1990, o Congresso dos Estados Unidos reautorizou a legislação de controle de resíduos. As prioridades incluem:

- Estabelecer quem é o responsável (sujeito a responsabilidades) pela existência de problemas com resíduos tóxicos.
- Quando for necessário, assistir ou prover financiamentos ou fundos para a limpeza de lugares identificados com problemas de resíduos perigosos.
- Prover medidas onde as pessoas que sofreram danos pela liberação de materiais tóxicos sejam compensadas.
- Melhorar os padrões necessários para a disposição e a limpeza dos resíduos perigosos.

29.8 Gestão de Resíduos Perigosos: Disposição no Solo

A gestão de resíduos químicos perigosos envolve múltiplas opções, incluindo a reciclagem, o processamento no local de geração para a recuperação de produtos com valor comercial, a decomposição microbiológica, a estabilização química, a decomposição a altas temperaturas, a incineração e a disposição em aterros sanitários seguros ou a injeção em poços profundos. Grandes avanços tecnológicos têm sido feitos na gestão de resíduos tóxicos; como a disposição no solo se torna cada vez mais dispendiosa, a tendência recente de tratamento no local provavelmente deve continuar. De qualquer modo, o tratamento no local de geração não irá eliminar todos os resíduos químicos perigosos e, portanto, a disposição de alguns resíduos ainda será necessária.

A Tabela 29.3 compara as tecnologias de redução dos resíduos perigosos para o tratamento e a disposição. Observe que todas as tecnologias disponíveis provocam alguma ruptura ambiental. Não existe uma solução simples para todos os problemas de gestão de resíduos. Nesta seção, considerou-se a disposição no solo de resíduos perigosos; na seção seguinte, são discutidos os caminhos alternativos.

Aterros Seguros

Um **aterro seguro** para resíduos perigosos é projetado para confinar o resíduo em um local particular, controlar o lixiviado que drena do resíduo, coletar e tratar o lixiviado e ainda detectar possíveis vazamentos. Esses tipos de aterros são similares aos aterros sanitários modernos; é uma extensão de aterros sanitários para resíduos urbanos. Uma vez que nos anos recentes tornou-se evidente que os resíduos urbanos contêm muitos materiais perigosos, os projetos dos aterros sanitários e de aterros seguros para resíduos perigosos convergiram em certa medida.

O projeto de um aterro seguro está mostrado na Figura 29.12. Um represamento e uma barreira impermeabilizante (feita de argila ou outro material impenetrável, como o plástico) confinam o resíduo, e um sistema interno de drenagem concentra o lixiviado em uma bacia coletora, de onde é bombeado e transportado para uma estação de tratamento de águas residuárias. O projeto de instalações modernas inclui barreiras múltiplas, consistindo em várias camadas impermeáveis, e filtros. A função das barreiras impenetráveis é a de assegurar que o lixiviado não contaminará o solo, nem as águas subterrâneas. De qualquer modo, esse tipo de procedimento de disposição dos resíduos, como o aterro sanitário que é envolvido, precisa adotar o monitoramento para um sistema de alerta caso o lixiviado vaze do sistema e ameace os recursos hídricos subterrâneos.

Recentemente se tem argumentado que não existem aterros verdadeiramente seguros, o que implica que todos possuem vazamentos em certa medida. Os revestimentos plásticos impermeáveis, filtros e camadas de argila podem falhar, mesmo possuindo vários tipos de dispositivos adicionais de segurança; e a drenagem pode entupir e provocar transbordamento. Animais como os roedores, esquilos, marmotas e os ratos podem mastigar o revestimento plástico e alguns podem escavar através do revestimento de argila, com isso promovendo ou acelerando o vazamento do lixiviado. Contudo, a implantação cuidadosa e a engenharia podem minimizar os problemas. Assim como nos aterros sanitários, os locais preferidos para implantação de um aterro seguro de resíduos perigosos são aqueles com boas barreiras naturais para a migração do lixiviado: depósitos de argila espessos, clima árido ou lençol freático profundo. Não obstante, a disposição no solo deverá ser aplicada somente com produtos químicos específicos e com métodos compatíveis e apropriados.

Aplicação no Solo: Decomposição Microbiológica

A aplicação intencional de resíduos materiais na superfície do solo é denominada **aplicação no solo**, espalhamento no solo ou *land farming*. Foi discutida no começo do capítulo a apli-

Tabela 29.3 Comparação de Tecnologias de Redução de Resíduos Perigosos

	Disposição		*Tratamento*			
Parâmetro comparado	*Aterros Sanitários e Represamentos*	*Poços de Injeção*	*Incineração e Outros Tipos de Destruição Térmica*	*Decomposição a Altas Temperaturas*[a]	*Estabilização Química*	*Decomposição Microbiológica*
Eficácia: quão bem podem conter ou destruir as características perigosas	Baixa para voláteis, alta para sólidos não solúveis	Alta para o resíduo compatível com o ambiente de disposição	Alta	Alta para muitos químicos	Alta para muitos metais	Alta para muitos metais e alguns resíduos orgânicos como óleo
Questões de segurança	Localização, construção e operação Incertezas: a integridade em longo prazo e cobertura	História local e geológica, profundidade boa, construção e operação	Monitoramento de incertezas com respeito ao alto grau de EDR: medições em duplicata, PCIs, incinerabilidade[b]	Unidades móveis; tratamento no local, evitando o risco de transporte Simplicidade operacional	Alguns inorgânicos continuam solúveis Produção incerta de lixiviado	Monitoramento de incertezas durante a construção e operação
Meio ambiente mais afetado	Águas superficiais e subterrâneas	Águas superficiais e subterrâneas	Ar	Ar	Águas subterrâneas	Solo, águas subterrâneas
Resíduos menos compatíveis[c]	Químicos persistentes altamente tóxicos	Reativo; corrosivo; altamente tóxico; móvel e persistente	Orgânicos altamente tóxicos, alta concentração de metais pesados	Alguns inorgânicos	Orgânicos	Químicos persistentes altamente tóxicos
Custos relativos	Baixo a moderado	Baixo	Moderado a alto	Moderado a alto	Moderado	Moderado
Potencial de recuperação de recursos	Nenhum	Nenhum	Energia e alguns ácidos	Energia e alguns metais	Possivelmente algum material de construção	Alguns metais

[a] Reator a sal fundido, tanque de fluido a altas temperaturas e tratamentos de plasma.
[b] EDR = eficiência de destruição e remoção; PCI = produto de combustão incompleta.
[c] Resíduos pelos quais este método pode ser menos efetivo para reduzir a exposição, relativo a outras tecnologias.
Resíduos listados não denotam necessariamente o uso comum.
Fonte: Modificado de Council on Environmental Quality, 1983.

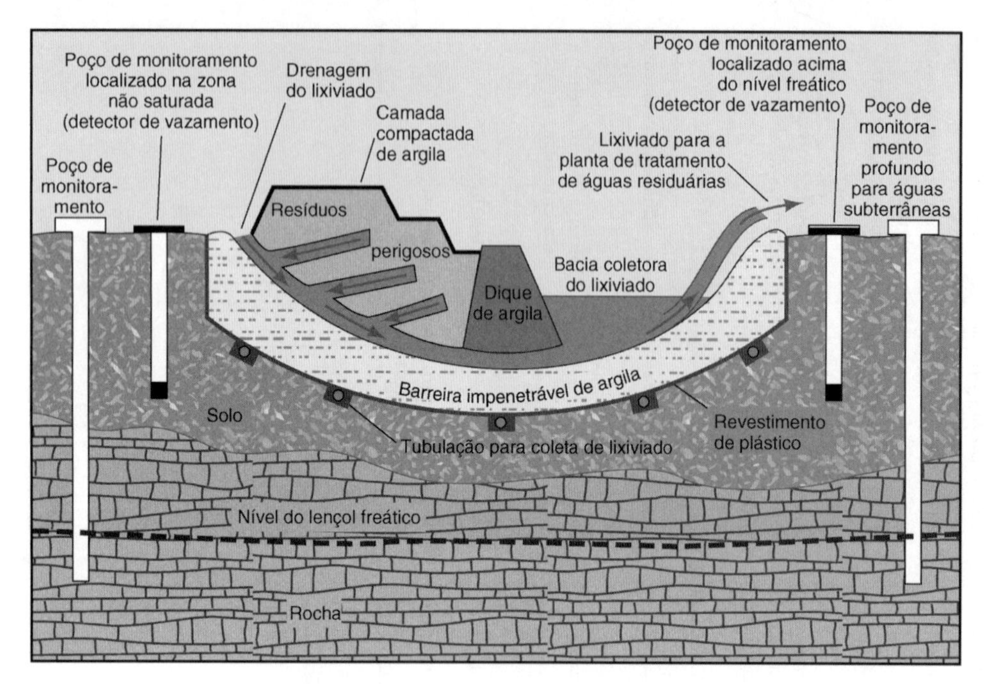

Figura 29.12 ■ Um aterro seguro para resíduos químicos perigosos. As barreiras impermeáveis, os sistemas de drenagem e os detectores de vazamento são partes integrais do sistema para assegurar que o lixiviado não escape do lugar da disposição. O monitoramento das zonas não saturadas é importante e igualmente envolve coletas e análises periódicas de amostras do solo e da água.

cação de resíduos humanos no solo. A aplicação de resíduos no solo pode ser um método proveitoso para certos resíduos industriais biodegradáveis, assim como resíduos de petróleo oleoso e de alguns resíduos orgânicos de fábricas de produtos químicos. Um bom indicador da utilidade da aplicação no solo de um resíduo em particular é a *biopersistência* do resíduo, que é a medida do tempo que o material permanece na biosfera. Quanto maior a biopersistência, menos adequados são os processos de aplicação dos resíduos no solo. A aplicação no solo não é um tratamento efetivo ou um método de disposição para sustâncias inorgânicas como os sais e os metais pesados.[38]

A aplicação no solo de resíduos biodegradáveis funciona porque quando alguns materiais são agregados no solo eles são atacados pela microflora (bactérias, fungos, mofos, bolores, leveduras ou outros organismos) que degrada o material residual pelo processo de *decomposição microbiológica*. O solo, portanto, pode ser considerado como uma fazenda microbiana que, constantemente, recicla matéria orgânica e inorgânica pela decomposição em formas fundamentais úteis para outras formas de vida no solo. Considerando que a zona superficial do solo contém a maior população microbiana, a aplicação no solo é restrita à camada superior de 15 a 20 cm de profundidade.[39]

Represamento Superficial

As depressões naturais e as escavações humanas têm sido utilizadas para reter os resíduos líquidos perigosos com o método conhecido por **represamento superficial**. As depressões ou as escavações são formadas principalmente de solo ou de outros materiais da superfície, mas elas podem ser delimitadas por outros materiais manufaturados como o plástico. Exemplos incluem fossas de aeração e de instalações com lagoas de resíduos perigosos.

Os represamentos superficiais têm sido criticados por serem propensos à infiltração, tendo como resultado a poluição do solo e da água subterrânea. A evaporação dos represamentos também pode provocar poluição do ar. Este tipo de sistema de armazenamento ou de disposição para resíduos perigosos são controversos e em muitos lugares têm sido fechados.

Disposição Profunda

A **disposição profunda**, outro método controverso de disposição de resíduos, envolve a injeção de resíduo dentro de poços profundos. Um poço profundo deve penetrar profundamente e ser completamente isolado de aquíferos de água potável, assegurando que o resíduo não contaminará ou poluirá os suprimentos aquíferos existentes ou potenciais. Tipicamente, o resíduo é injetado dentro de camadas de rochas permeáveis, a milhares de metros abaixo da superfície, envoltas por rochas relativamente impenetráveis e resistentes a fraturas, como o xisto ou depósitos de sal.[2]

A injeção de água salobra nos poços profundos de jazidas de petróleo tem sido importante no controle da poluição da água em campos de petróleo. Grandes quantidades de resíduos líquidos salinos bombeadas para cima juntamente com o petróleo têm sido injetadas de volta para dentro das rochas.[40]

As disposições em poços profundos de resíduos industriais não devem ser vistas como uma solução rápida e fácil para resolver os problemas dos resíduos industriais.[41] Mesmo onde existem condições geológicas favoráveis para a disposição em poços profundos, os espaços são limitados para a disposição de resíduo. Finalmente, os poços de disposição precisam ser cuidadosamente monitorados por poços adicionais, conhecidos como poços de monitoramento, para determinar se o resíduo se mantém no lugar em que foi injetado.

Resumo dos Métodos de Disposição no Solo

A disposição direta no solo dos resíduos perigosos ainda não é a melhor alternativa inicial. Existe um consenso de que mesmo com extensos dispositivos de segurança e de projetos avançados, a alternativa da disposição no solo não pode garantir que o resíduo contido não provocará alguma ruptura e contaminação ambiental no futuro. Essa preocupação assegura a verdade para todas as instalações de disposição no solo, incluindo aterros sanitários, represamentos superficiais, aplicação no solo e os poços de injeção profunda. A poluição do ar, do solo, das águas, superficiais e subterrâneas, pode resultar de uma falha no lugar da disposição no solo, que contém os resíduos perigosos. A poluição das águas subterrâneas é talvez o maior risco significativo, tendo em vista que as águas subterrâneas fornecem uma conveniente via para que os poluentes atinjam os seres humanos e outros organismos vivos. Alguns dos caminhos que os poluentes podem seguir, desde os lugares da disposição até a contaminação do ambiente, incluem: o derramamento e o vazamento em águas superficiais ou subterrâneas de aterros sanitários inadequadamente projetados ou mantidos; a infiltração, o vazamento ou as emissões atmosféricas de lagoas sem barreiras impermeáveis; a percolação e infiltração devido a falhas na disposição dos resíduos sólidos na superfície do solo; vazamentos em canos ou outros equipamentos associados com a injeção em poços profundos; e o vazamento em depósitos enterrados, tanques ou outro tipo de contêiner.

29.9 Alternativas para a Disposição no Solo de Resíduos Perigosos

Os métodos para manipular os resíduos químicos perigosos devem ser multifacetados. Além disso, os métodos de disposição discutidos e a gestão de resíduos químicos deveriam incluir processos de redução na fonte geradora, de reciclagem e de recuperação de recursos, de tratamento e de incineração.[42] Recentemente, tem sido argumentado que estas alternativas para a disposição nos solos não estão sendo utilizadas em seu pleno potencial, isto é, o volume de resíduos poderia ser reduzido e os resíduos restantes poderiam ser reciclados ou tratados de alguma forma, antes da disposição nos solos dos resíduos dos processos de tratamento.[42] As vantagens da redução na fonte, reciclagem, tratamento e incineração são as seguintes:

- Produtos químicos úteis podem ser recuperados e reusados.
- O tratamento dos resíduos pode torná-los menos tóxicos e, consequentemente, causará menos problemas nos aterros sanitários.
- Para fazer a disposição do resíduo é necessário eventualmente reduzi-lo a um volume muito menor.
- Porque a disposição de um volume menor de resíduo provoca menor demanda de espaço e, portanto, aumenta a capacidade e vida útil dos aterros.

Embora algumas das seguintes técnicas tenham sido discutidas como parte da gestão integrada de resíduos (GIR), as técnicas têm implicações especiais e complicações quando resíduos perigosos estão relacionados.

Redução na Fonte

O objetivo da redução na fonte de geração de resíduos na gestão dos resíduos perigosos é diminuir a quantidade de resíduos perigosos gerados pelo processo de fabricação ou de outros processos. Por exemplo, mudanças nos processos químicos envolvidos, equipamentos utilizados, matérias-primas utilizadas ou manutenção dos instrumentos podem, com êxito, reduzir a quantidade ou a toxicidade dos resíduos perigosos produzidos.[42]

Reciclagem e Recuperação de Recursos

Os resíduos químicos perigosos podem conter materiais passíveis de recuperação para uso futuro. Por exemplo, ácidos e solventes coletam contaminantes quando são usados nos processo de manufatura. Esses ácidos e solventes podem ser processados para a remoção dos contaminantes e reusados no mesmo ou em diferentes processos de manufatura.[42]

Tratamento

Os resíduos químicos perigosos podem ser tratados por uma variedade de processos para transformar a composição física ou química do resíduo e, dessa forma, reduzir a toxicidade ou as características perigosas. Por exemplo, os ácidos podem ser neutralizados, os metais pesados podem ser separados dos resíduos líquidos e os compostos químicos perigosos podem ser quebrados por meio da oxidação.[42]

Incineração

Os resíduos químicos perigosos podem ser destruídos, com sucesso, pela incineração a altas temperaturas. A incineração é considerada um tratamento de resíduos, em vez de um método de eliminação, pois o processo produz um resíduo de cinzas, que então deve ser depositado em um aterro sanitário. Os resíduos perigosos também têm sido incinerados sem regulamentação em navios, criando poluição potencial do ar e os problemas de disposição das cinzas no ambiente marinho.

29.10 Despejo nos Oceanos

Os problemas da gestão de resíduos não se restringem ao solo. Alguns resíduos são lançados também nos oceanos.

Os oceanos cobrem mais de 70% da superfície da Terra. Eles desempenham um papel na manutenção do ambiente global e têm a maior importância no ciclo do dióxido de carbono, o qual ajuda a regular o clima global. Os oceanos também são importantes nos ciclos de muitos elementos químicos fundamentais para vida, como o nitrogênio e o fósforo, e constituem um recurso valioso, uma vez que provêm necessidades humanas tais como os alimentos e os minerais.

Parece razoável que recursos tão importantes recebam trato especial, ainda que os oceanos sejam uma área onde têm sido despejados vários tipos de resíduos, incluindo resíduos industriais, restos de construção, esgoto urbano e plásticos (veja o Detalhamento 29.5). A disposição no oceano contribui para um grande problema de poluição marinha, a qual tem seriamente danificado o ambiente marinho e causado problemas à saúde. A localização dos oceanos que estão continuamente acumulando poluição, que apresentam problemas de poluição contínua ou que tem poluição potencial, causada por navios nas rotas marítimas é mostrada na Figura 29.13. Observa-se que as áreas com poluição contínua ou intermitente estão localizadas próximas à costa. Infelizmente, estas são também áreas de alta produtividade com valor na piscicultura. Têm sido encontrados moluscos portadores de organismos que produzem doenças, como a pólio e a hepatite. Nos Estados Unidos, pelo menos 20% das zonas produtoras de mariscos para o comércio nacional têm sido interditadas (a maioria temporariamente) devido à poluição. As praias e as baías têm sido interditadas (também a maioria temporariamente) para usos recreativos. Zonas sem vida têm sido criadas no ambiente marinho.

Muitas mortes de peixes e de outros organismos têm ocorrido e mudanças profundas têm tomado lugar nos ecossistemas marinhos (veja o Capítulo 22).[43,44]

A poluição marinha tem uma variedade de efeitos específicos na vida oceânica, como os seguintes:

- Morte ou crescimento, vitalidade e reprodução demorada de organismos marinhos.
- Redução gradual do oxigênio dissolvido, necessário para a vida marinha pelo incremento da demanda bioquímica do oxigênio.
- Eutrofização causada pelos resíduos ricos em nutrientes em águas rasas de estuários, baías e de partes dos recifes continentais, resultando na depleção do oxigênio e, subsequentemente, matando as algas, o que pode provocar erosão e poluir as áreas costeiras (veja o Capítulo 22 para a discussão de eutrofização no golfo do México).
- Mudanças no hábitat provocadas pela prática da disposição de resíduos que sutil ou drasticamente transformam todo o ecossistema marinho.[43]

As águas marinhas da Europa estão com problemas peculiares, em parte como resultado dos poluentes urbanos e agrícolas que têm aumentado a concentração de nutrientes nas águas marinhas. As florações (crescimento forte e súbito) de algas tóxicas estão se tornando comuns. Em 1988 na via marítima que conecta o mar do Norte com o mar Báltico, por exemplo, uma floração foi a responsável pela morte de quase toda a vida marinha até uma profundidade de 15 m. Acredita-se que os escoamentos de resíduos urbanos e da agricultura contribuíram para a floração tóxica.

Embora os oceanos sejam vastos, eles são basicamente pias gigantes de materiais dos continentes e como partes do ambiente marinho são extremadamente frágeis.[44] Uma área de preocupação é a *microcamada*, uma superfície de 3 mm de água oceânica. A base da teia alimentar oceânica consiste na vida planctônica abundante nessa microcamada. Filhotes de certos peixes e indivíduos de moluscos em estágios iniciais de vida moram na superfície de alguns milímetros de água. Infelizmente, a superfície de alguns milímetros dos oceanos também tende a concentrar poluentes, como químicos tóxicos e os metais pesados. Um estudo reportou que as concentrações de metais pesados — incluindo o zinco, chumbo e o cobre — na microcamada estão de 10 para 1.000 vezes mais elevados do que nas águas profundas. Existe o temor de que a poluição desproporcional da microcamada terá sérios efeitos peculiares nos organismos marinhos.[44] Também existe a preocupação de que alguns ecossistemas nos oceanos, como os recifes de corais, estuários, pântanos de água salgada e os manguezais, estejam ameaçados pela poluição oceânica.

A poluição marinha pode provocar grandes impactos nas pessoas e na sociedade. Os organismos marinhos contaminados podem transmitir elementos tóxicos ou doenças para as pessoas que os consumirem. Quando as baías e portos estiverem poluídos por resíduos sólidos, pelo óleo e por outros materiais, podem estar danificando a vida marinha, assim como o atrativo visual e outros encantos de beleza natural (veja o Detalhamento 29.5). A perda econômica é considerável. A perda de moluscos pela poluição nos Estados Unidos, por exemplo, representa vários milhões de dólares por ano. Além disso, uma grande parte desses recursos é gasto na limpeza dos resíduos sólidos, dos líquidos e de outros poluentes nas áreas costeiras.[42]

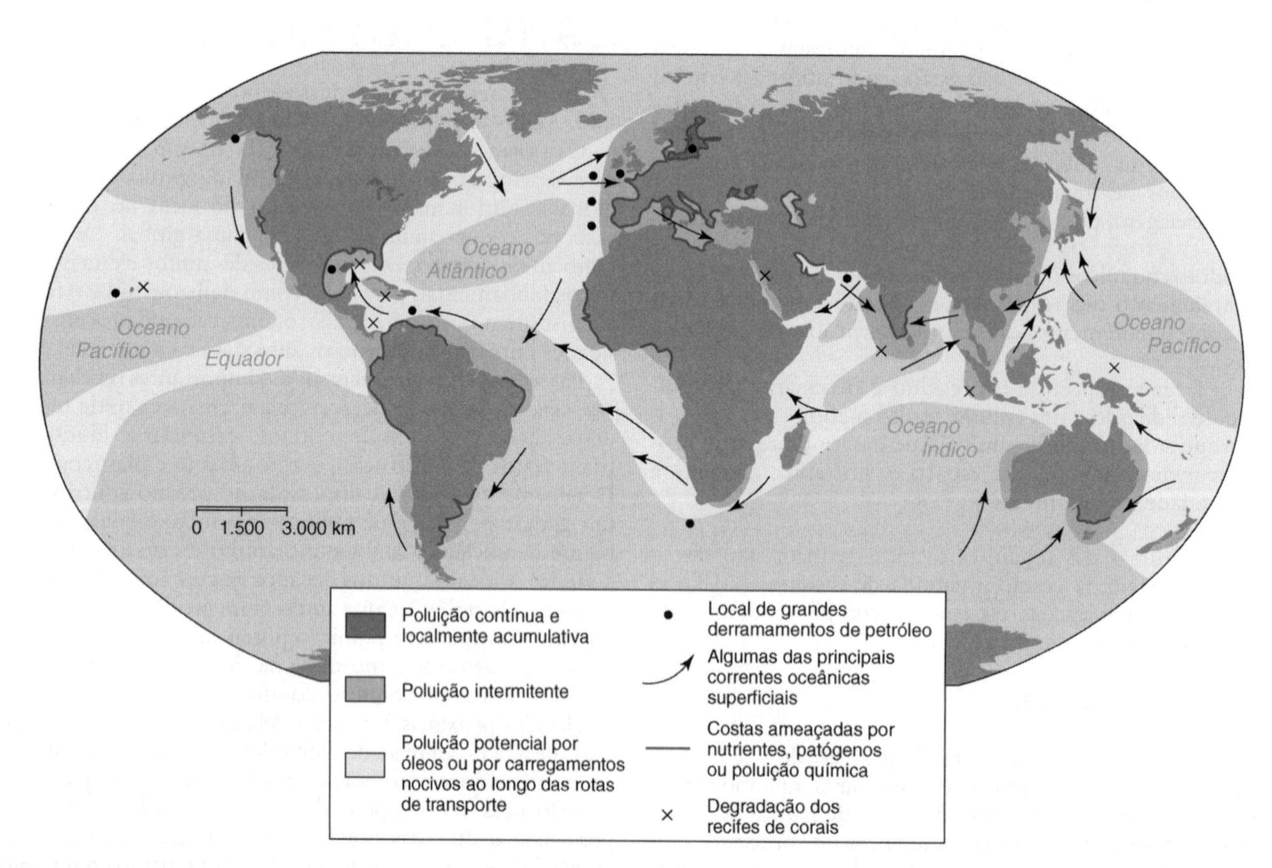

Figura 29.13 ■ Poluição oceânica no mundo. Observe as áreas de poluição contínua e localmente acumulativa, assim como as áreas de poluição intermitente nos ambientes próximos da costa. (*Fonte*: Modificado de Council on Environmental Quality, *Environmental Trends*, 1981, com dados adicionais de A. P. McGinn, "Safeguarding the Health of the Oceans," WorldWatch Paper 145 [Washington, D.C.: WorldWatch Institute, 1999], pp. 22–23.)

Plásticos nos Oceanos

Enormes quantidades de plásticos são utilizadas por uma variedade de produtos associados, desde recipientes de bebidas até os acendedores de cigarros. Por décadas os oceanos em todo mundo têm recebido plásticos jogados na águas pelos humanos. Alguns são descartados pelos passageiros durante o trânsito das embarcações, enquanto outros são abandonados ao longo das praias e transportados pelas correntes oceânicas. Uma vez no oceano, os plásticos que flutuam são transportados pelas correntes oceânicas. Estes tendem a se acumular em fragmentos nos lugares onde as correntes convergem e se concentram. As correntes convergentes do oceano Pacífico (Figura 29.14) têm um redemoinho de água cuja ação concentra os fragmentos próximos ao centro dessas zonas. Uma dessas zonas de convergências está localizada ao norte do Equador, onde estão localizadas as ilhas do noroeste do Havaí. Essas ilhas são muito remotas, com grandes quantidades de terra intacta, onde a maioria das pessoas descreveria como uma natureza remota e primitiva. Porém, nelas são encontradas, literalmente, centenas de toneladas de plásticos e de outros tipos de resíduos humanos. Recentemente, a Administração Nacional Oceanográfica e Atmosférica dos EUA coletou mais de 80 toneladas de resíduos marinhos nos atóis de Pearl e Hermes. As ilhas são o lar de ecossistemas que englobam as tartarugas marinhas, focas-monges-do-havaí e uma variedade de aves, incluindo o albatroz. Os pesquisadores marinhos Jean-Michel Cousteau e colegas têm estudado a problemática do plástico no noroeste das ilhas Havaianas, incluindo as ilhas Midway e o atol de Kure. Eles reportaram que as praias de algumas ilhas e recifes eram similares a um "depósito de reciclagem" de plásticos. Eles encontraram vários isqueiros, alguns ainda com gás, assim como tampas de garrafas plásticas e todo tipo de brinquedos plásticos, além de outros resíduos. As aves nas ilhas colhem os plásticos — atraídas por eles, mas sem saber o que são — e os consomem. A Figura 29.15 mostra um albatroz morto com resíduos no estômago que provocaram a sua morte. Anéis de plástico de diversos produtos têm sido achados ao redor do bico das gaivotas, que morrem de fome, e, também, são engolidas pelas tartarugas marítimas. Em algumas áreas, há o lixo nas carcaças do albatroz nas zonas costeiras. A solução mais consciente para o problema do plástico no oceano é a reciclagem de produtos plásticos para assegurar que não entrem no ambiente marinho. Coletando os itens plásticos nas praias onde são acumulados é um passo na direção correta, porém é uma resposta reativa mais propriamente dita do que uma atitude proativa de redução da fonte da poluição.

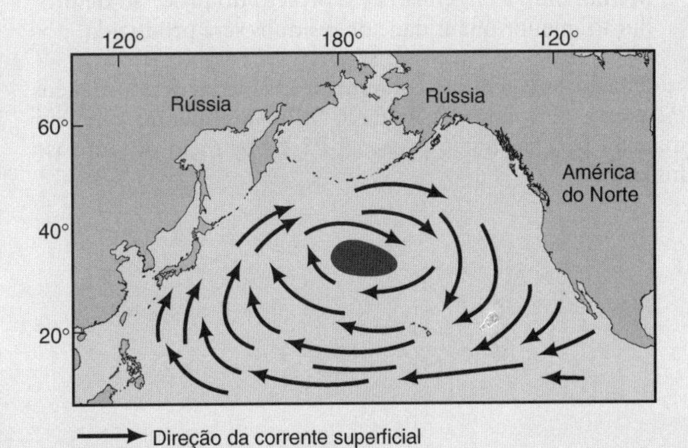

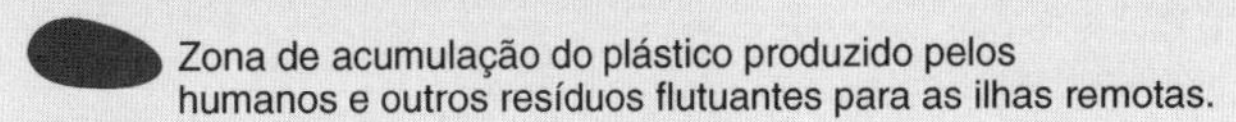

Figura 29.14 ■ Circulação geral no oceano Pacífico Norte. As setas mostram a direção das correntes. Observe a ação do modelo da espiral no sentido horário que força a movimentação dos resíduos flutuantes para ilhas remotas.

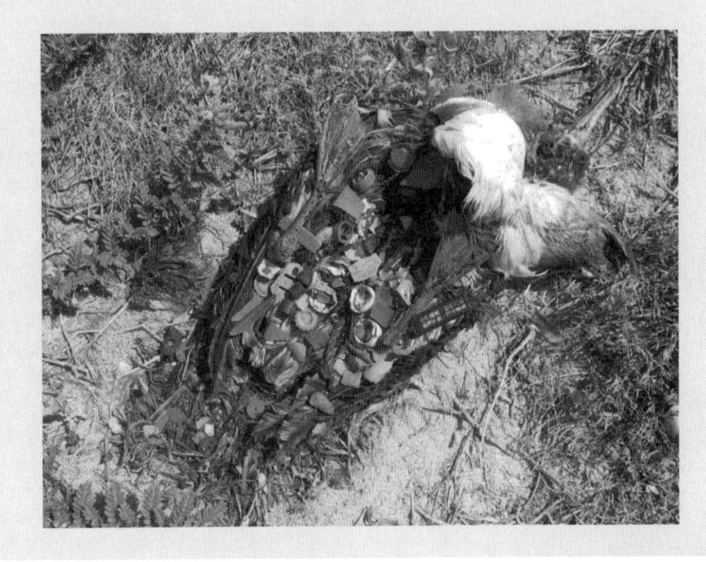

Figura 29.15 ■ Albatroz morto, em uma ilha remota no Pacífico, pela ingestão de grandes volumes de plásticos e outros resíduos trazidos pelas correntes oceânicas. A fotografia não é montagem! A ave realmente engoliu todo o plástico mostrado.

29.11 Prevenção à Poluição

Conforme já foi visto no começo do capítulo, os caminhos da gestão de resíduos estão mudando. Durante as primeiras décadas de preocupação com e gestão do meio ambiente (décadas de 1970 e 1980), os Estados Unidos introduziram a gestão de resíduos por meio de regulamentações governamentais de controle dos resíduos. O controle estava efetuado por meio de coleta (para a eventual disposição) e tratamento químico, físico ou biológico, transformação ou destruição de poluentes depois de terem sido gerados. Este foi o conceito para a maior parte do caminho custo-efetividade para a gestão de resíduos.

Com a chegada da década de 1990, cresceu a ênfase na **prevenção à poluição**, a qual envolve a identificação de vias para prevenir a geração de resíduos, assim como achar caminhos para a disposição dos mesmos. Esta abordagem, que é parte da gestão de materiais, reduz a necessidade da gestão de resíduos, porque menos resíduos são produzidos. A seguir algumas propostas de prevenção à poluição:[45]

- Adquirindo a quantidade certa de matérias-primas, não ficam excessos para ser dispostos.
- Exercendo com maior eficácia o controle dos materiais utilizados no processo de manufatura, menos resíduos serão produzidos.
- Substituindo materiais perigosos ou tóxicos atualmente em uso por produtos químicos não tóxicos.
- Melhorando a engenharia e o projeto do processo de produção, menor quantidade de resíduos será produzida.

Essas abordagens são comumente chamadas de abordagens P2 para a "Prevenção à Poluição". Provavelmente, a melhor maneira para ilustrar o processo P2 é por meio de um caso histórico.[45]

Uma empresa de Wisconsin que produzia queijo se confrontava com a disposição de aproximadamente 7.500 litros por dia de uma solução salgada, gerada como parte do processo da elaboração do queijo. Inicialmente, a empresa despejou a solução em terras de cultivo próximas — prática comum de empresas que não podem descartar águas residuais dentro de uma estação de tratamento pública. Esse método de disposição dos resíduos, quando a solução era aplicada incorretamente, provocou o aumento do nível de salinidade no solo, de modo que as colheitas foram danificadas. Como resultado, o Departamento de Recursos Naturais de Wisconsin impôs limitações no despejo desta solução rica em sal nas terras.

A empresa produtora de queijo decidiu modificar o processo de produção para recuperar o sal existente na solução e reutilizá-lo na produção. Isso envolveu o desenvolvimento de um processo de recuperação utilizando um evaporador. O processo de recuperação reduziu o resíduo de sal aproximadamente em 75% e, ao mesmo tempo, reduziu a quantidade de sal adquirido em 50%. Os custos de operação e de manutenção para a recuperação foram aproximadamente de seis centavos de dólares por quilo de sal recuperado, e o tempo necessário para recuperar o custo extra do novo equipamento foi somente de dois meses. A empresa poupou milhares de dólares por ano devido à aquisição de menor quantidade de sal.

O caso histórico da empresa de queijo sugere que, às vezes, pequenas mudanças podem resultar em grandes reduções dos resíduos produzidos. E no caso dessa história não é um exemplo isolado. Milhares de casos similares são hoje testemunhas de como passar da época do reconhecimento dos problemas ambientais e de sua regulamentação para um nível nacional de provimento de incentivos econômicos e nova tecnologia para gestão mais adequada de resíduos.[45]

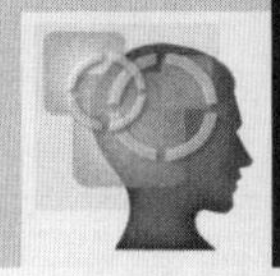

QUESTÕES PARA REFLEXÃO CRÍTICA

A Reciclagem Pode Ser uma Indústria Financeiramente Viável?

Existe atualmente um tremendo apoio para a reciclagem nos Estados Unidos. Muitas pessoas entendem que a gestão dos resíduos tem muitas vantagens para a sociedade como um todo e, em particular, ao meio ambiente. As pessoas gostam do conceito de reciclagem porque corretamente assumem que estão ajudando a conservar os recursos, tais como as florestas, que compõem grande parte do ambiente não urbano do planeta. As grandes cidades, de Nova York a Los Angeles, têm iniciado programas de reciclagem, mas permanece a inquietação contínua de que a reciclagem ainda não tem "custo-benefício". Para ter certeza, existem histórias de sucesso, como a de uma grande fábrica urbana de papel, na ilha de Nova York, que recicla mais de 1.000 toneladas de papel por dia. Afirma-se que esta fábrica de papel salva mais de 10.000 árvores por dia, utilizando 10% da eletricidade necessária para produzir papel pelo processo que utiliza madeira virgem. Na costa oeste, São Francisco possui um inovador e ambicioso programa de reciclagem que desvia 50% do resíduo urbano dos aterros sanitários para programas de reciclagem. A cidade está falando inclusive da produção zero de resíduos, esperando alcançar a reciclagem total de resíduos por volta de 2020. Em parte, isso é alcançado incentivando uma abordagem do tipo "pague por aquilo que joga fora"; empresas e indivíduos são cobrados pela disposição de lixo, mas não por materiais reciclados. Materiais residuais provenientes da área urbana de São Francisco são enviados para tão longe quanto China e Filipinas para serem reciclados, tornando-se produtos utilizáveis; resíduos orgânicos são reaproveitados nas áreas de cultivo; metais, como o alumínio, seguem para os arredores da Califórnia e de outros estados, onde são reciclados. Em contraste, Nova York recicla aproximadamente 20% dos resíduos que produz e, em julho de 2002, suspendeu toda a reciclagem de plásticos e vidros. Fazendo isto, a cidade esperava poupar mais de 40 milhões de dólares por ano. Essa poupança ocorre porque a reciclagem de metais, vidro e plástico custa aproximadamente 100 dólares por tonelada, mais do que se fossem enviadas para a disposição em aterros sanitários estaduais. As pessoas de Nova York e as cidades oficiais não são contrárias à reciclagem, mas em 2002 quando a cidade não tinha fundos econômicos, a economia simplesmente não cresceu. Tendo que decidir entre cortar os programas sociais ou cortar a reciclagem, concluíram que a reciclagem de metais, vidros e plásticos simplesmente não apresentava nenhum custo-benefício vantajoso. Em uma reviravolta, Nova York reinstalou a reciclagem de vidros e de plásticos em 2003–2004.

Para entender alguns problemas concernentes à reciclagem e aos custos gerados, considere os seguintes pontos:

- Nos Estados Unidos, o custo médio para a disposição em aterros sanitários é de aproximadamente 40 dólares por tonelada, e mesmo preços maiores, na faixa de 80 dólares/tonelada, podem ser mais baratos que o custo da reciclagem.
- Na Europa, a faixa de custos dos aterros sanitários varia entre 200 a 300 dólares/tonelada.
- A Europa tem tido maior sucesso na reciclagem, em parte porque países, como a Alemanha, tornam as empresas manufaturadoras responsáveis pelo custo de disposição das embalagens e dos produtos industriais que produzem.
- Nos Estados Unidos, as embalagens representam aproximadamente um terço de todos os resíduos produzidos pelas indústrias.
- O custo em cidades como Nova York, a qual precisa exportar os resíduos para outros estados, está em constante ascensão e espera-se que exceda o custo da reciclagem dentro de 10 anos, aproximadamente.
- Oferecer um reembolso de 10 centavos de dólar por toda garrafa de bebidas, exceto a de leite, poderia incrementar enormemente o número de garrafas recicladas. Por exemplo, estados com sistemas de depósitos têm uma média de reciclagem aproximadamente de 70 a 95% de garrafas e latas, enquanto estados que não têm sistemas de depósitos reembolsáveis possuem uma média menor do que 30%.
- Quando as pessoas pagam pelo lixo que precisa ser disposto em aterro sanitário, mas que não são cobrados por materiais — como papel, plástico, vidros e metais — que são recicláveis, o sucesso da reciclagem é ainda muito maior.
- Companhias que fabricam bebidas não estão particularmente animadas com a proposta que poderia exigir um depósito reembolsável para recipientes. Eles reclamam que o custo adicional poderia ser de bilhões de dólares, mas concordam em que as taxas de recuperação poderiam ser maiores e que isso contribuiria a um fornecimento contínuo de plástico e de metais reciclados, assim como o alumínio.
- A educação é um grande problema da reciclagem. Muitos ainda não diferem os itens de fato recicláveis dos que não são. Além disso, eles não entendem que a mistura de itens recicláveis e não recicláveis resulta em um custo muito maior para separação nos centros de reciclagem.
- O mercado global para materiais reciclados como papel e metais tem uma expansão potencial, particularmente para grandes áreas urbanas nas zonas costeiras, onde o envio dos materiais é economicamente viável. Atualmente, a reciclagem nos Estados Unidos tem uma indústria de 14 bilhões de dólares, e se for bem feita, gera novos postos de trabalhos e receita para as comunidades participantes.

Perguntas para Reflexão Crítica

1. O que pode ser feito com relação ao problema global dos resíduos eletrônicos? Delineie um plano.

2. O que pode ser feito para auxiliar as empresas de reciclagem a se tornarem mais rentáveis?

3. Quais são alguns dos benefícios indiretos da reciclagem para a sociedade e para o meio ambiente?

4. Defenda ou critique a controvérsia do seguinte caso: se quiser verdadeiramente fazer alguma coisa para melhorar o ambiente por meio da redução dos resíduos, deve-se ir além da avaliação dos benefícios da reciclagem com base simplesmente no fato de que pode custar mais caro do que jogar os resíduos em aterros sanitários.

5. Quais são as tentativas de reciclagem em sua comunidade e universidade, e como podem ser melhoradas?

RESUMO

- A história das práticas de disposição de resíduos desde a Revolução Industrial tem progredido das práticas de diluição e de dispersão para o conceito de gestão integrada de resíduos (GIR), a qual enfatiza os três erres da redução de resíduos, o reúso dos materiais e a reciclagem.
- O conceito emergente de ecologia industrial tem como objetivo um sistema no qual o conceito de resíduo não existe, porque os resíduos de uma parte do sistema podem ser recursos para outra parte.
- O método mais comum para a disposição de resíduos sólidos são os aterros sanitários. Todavia, ao redor de muitas cidades grandes, é difícil encontrar espaço para os aterros sanitários; poucos desejam morar próximo a operações de disposição de resíduos.
- As condições físicas e hidrológicas de um local afetam a sua sustentabilidade na condição de aterro sanitário. Isto inclui relevo, topografia, tipo de solo e rochas, profundidade das águas subterrâneas e a quantidade de chuvas.
- Os resíduos químicos perigosos constituem um dos problemas ambientais mais sérios nos Estados Unidos. Centenas ou mesmo milhares de locais de disposição sem controle podem ser uma bomba-relógio que, eventualmente, causará problemas sérios de saúde. Sabe-se que sempre haverá a produção de alguns resíduos químicos perigosos. Por essa razão, é imperativo o desenvolvimento e a utilização de métodos seguros de disposição.
- A gestão de resíduos químicos perigosos envolve várias opções, incluindo o processamento no local da geração para a recuperação de produtos com valor comercial, decomposição microbiológica, estabilização química, incineração e disposição em aterros seguros ou injeção em poços profundos.
- A disposição nos oceanos é uma fonte significativa de poluição. As áreas afetadas mais seriamente estão próximas às costas, onde a pesca rentável ainda existe.
- Prevenção à poluição (P2) — identificar e utilizar formas de prevenção para a geração de resíduos — é uma importante área emergente na gestão de materiais.

REVISÃO DE TEMAS E PROBLEMAS

As estratégias de gestão de resíduos estão estreitamente relacionadas com a população humana. Uma vez que a população aumenta, o mesmo ocorre com os resíduos gerados, porque a quantidade total de resíduo é o produto da geração de resíduos *per capita* pelo número total de habitantes. Além disso, em países em desenvolvimento, onde o crescimento da população é mais acentuado, o aumento dos resíduos industriais, quando acompanhado de um controle ambiental inadequado, produz ou agrava os problemas da gestão de resíduos.

O objetivo de fornecer qualidade ambiental para as gerações futuras está estreitamente relacionado com a gestão de resíduos. São de particular importância os conceitos de gestão integrada de resíduos, gestão de materiais e de ecologia industrial. Conduzida as suas conclusões naturais, as ideias inerentes a esses conceitos poderiam promover um sistema no qual o problema não seria mais a gestão dos resíduos, mas, sim, a gestão dos recursos. A prevenção à poluição (P2) é um passo nessa direção.

A gestão de resíduos está se convertendo em um problema global. A gestão inapropriada dos resíduos contribui à poluição do ar e da água, com potencial para provocar o rompimento ambiental em uma escala regional e global. Por exemplo, o resíduo gerado pelas grandes cidades do interior e jogados em sistemas fluviais pode eventualmente chegar aos oceanos, onde se dispersam pelos padrões globais de circulação das correntes oceânicas. De forma similar, os solos poluídos por materiais perigosos podem erodir e as partículas penetrar na atmosfera ou no sistema aquático, e então dispersas amplamente.

Visto que bastante resíduo é gerado no ambiente urbano, ele é considerado um foco de especial atenção na gestão dos resíduos. Onde a densidade populacional é elevada, é mais fácil a implementação dos princípios de "reduzir, reusar e reciclar". Existem grandes incentivos financeiros para a gestão dos resíduos onde estes estão mais concentrados.

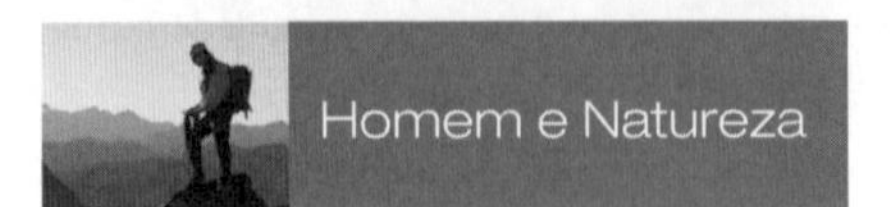

A produção de resíduos é um processo básico da vida. Na natureza, os resíduos de um organismo são recursos para outro. O resíduo é reciclado nos ecossistemas como fluxo de energia e ciclagem química. Como resultado, o conceito de resíduo na natureza é muito diferente do fluxo de resíduos gerados pelos humanos. No sistema humano, os resíduos podem ser armazenados em instalações como os aterros sanitários, onde podem permanecer por longos períodos de tempo, muito longe do ciclo natural. As atividades humanas para a reciclagem de resíduos ou para queimá-los para produzir energia podem de fato colocar em prática o conceito de transformação dos resíduos em recursos. Convertendo os resíduos em recursos aproxima os humanos da natureza, fazendo aos sistemas urbanos operarem em paralelo com os ecossistemas naturais.

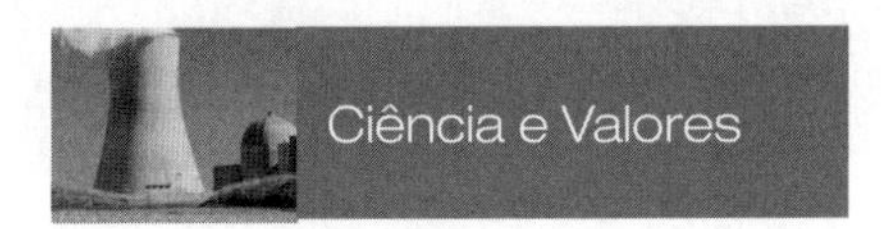

Hoje em dia, valoriza-se um ambiente de boa qualidade e livre de poluição. A maneira pela qual o resíduo tem sido gerido contribuiu e continua contribuindo para os problemas de saúde e outros problemas ambientais. O entendimento desses problemas têm resultado em uma quantidade considerável de trabalho e de pesquisa dirigida para a redução ou a eliminação do impacto dos resíduos. A forma como a sociedade administra o resíduo é um sinal de maturidade da sociedade e de sua estrutura ética. Portanto, os humanos tornam-se mais conscientes dos problemas de justiça ambiental relacionados com a gestão dos resíduos.

TERMOS-CHAVE

aplicação no solo
aterro seguro
aterros sanitários
auditoria ambiental
compostagem
disposição profunda
ecologia industrial
gestão de materiais
gestão integrada de resíduos (GIR)
incineração
justiça ambiental
lixiviado
monitoramento
prevenção à poluição
reciclar
reduzir
represamento superficial
resíduos eletrônicos
resíduos perigosos
reusar

QUESTÕES PARA ESTUDO

1. Alguma vez você contribuiu para o problema dos resíduos perigosos por meio de métodos de disposição utilizados em sua casa, laboratório da escola ou outro lugar? Qual o tamanho desse problema? Por exemplo, o quanto é prejudicial jogar solvente de tinta ou de pintura na pia?
2. Por que é tão difícil garantir a disposição segura no solo com relação aos resíduos perigosos?
3. Você aprovaria a localização de uma instalação de um aterro para a disposição de resíduos na zona da cidade em que você mora? Se não, por que não e onde você acredita que as instalações deveriam ser instaladas?
4. Por que poderia ser uma tendência em direção à disposição no local, em vez da disposição no solo dos resíduos perigosos? Considerar os aspectos físicos, biológicos, sociais, legais e econômicos da questão.
5. Os governos fazem o suficiente para limpar os lugares abandonados onde foi feita a disposição inadequada de resíduos tóxicos? Os cidadãos em particular têm um papel na escolha de onde poderiam ser distribuídos os fundos para a limpeza destas áreas possivelmente contaminadas?
6. Considerando a quantidade de resíduos que tem sido jogado nas zonas costeiras próximas do ambiente marinho, quão seguro é nadar em baías e estuários próximos a grandes cidades?
7. Você acha que os resíduos domésticos deveriam ser coletados e queimados em incineradores especiais para a geração de energia elétrica? Quais os problemas e as vantagens que você percebe nesse método, comparado às outras opções de disposição?
8. Muitos empregos estarão disponíveis nos próximos anos no campo da disposição e monitoramento de resíduos perigosos. Você aceitaria um trabalho como esse? Se não, por que não? Neste caso, você se sente seguro de que a sua saúde não seria exposta?
9. As companhias que jogaram resíduos perigosos tempos atrás, quando o problema não era entendido ou reconhecido, deveriam estar agora sendo responsabilizadas por problemas associados onde os resíduos jogados podem ter contribuído?
10. Imagine que você descobre que a casa onde você morou há mais de 15 anos estava localizada acima de um local de disposição enterrada. O que você faria? Quais tipos de estudos deveriam ser feitos para avaliar o problema potencial?

LEITURAS COMPLEMENTARES

Allenby, B. R. 1999. *Industrial Ecology: Policy Framework and Implementation.* Upper Saddle River, N.J.: Prentice Hall. Cartilha sobre ecologia industrial.

Ashley, S. 2002 (April). "It's Not Easy Being Green," *Scientific American*, pp. 32–34. Um olhar sobre a economia do desenvolvimento de produtos biodegradáveis e um pouco sobre a química envolvida.

Kreith, F. ed. 1994. *Handbook of Solid Waste Management.* New York: McGraw-Hill. Cobertura completa da gestão de resíduos urbanos, incluindo as características dos resíduos, a legislação federal e estadual, redução na fonte, reciclagem e aterros sanitários.

Rhyner, C. R., L J. Schwartz, R. B. Wenger e M. G. Kohrell. 1995. *Waste Management and Resource Recovery.* Boca Raton, Fla.: CRC, Lewis. As discussões sobre a arqueologia do lixo, geração de resíduos, redução na fonte e a reciclagem, tratamento de esgotos, instalações de incineração e recuperação energética, resíduos perigosos e os custos dos sistemas e instalações de tratamento de resíduos.

Watts, R. J. 1998. *Hazardous Wastes.* New York: John Wiley. Resíduos perigosos de A a Z.

Apêndice

A Recurso Especial: Leis da Radiação Eletromagnética (REM)

Propriedades das Ondas

- Direção de propagação das ondas

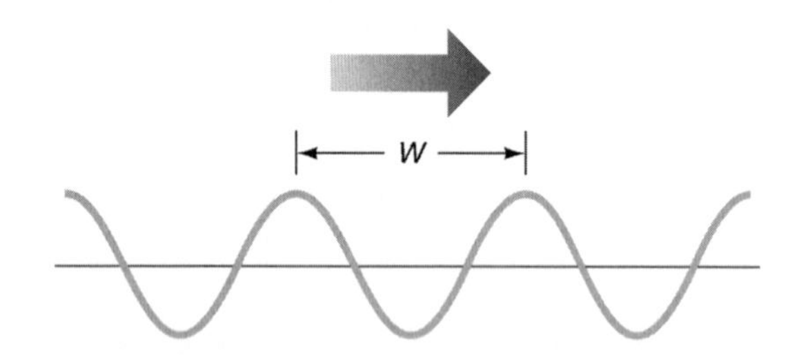

- λ = comprimento de onda (distância de uma crista de onda em relação à próxima)
- Uma onda de REM se propaga na velocidade da luz (c) no vácuo, ou a aproximadamente 300.000 km/s (3×10^8 m/s).
- O período (T) de uma onda é o tempo que a onda leva para percorrer uma distância de um comprimento de onda (λ). Desse modo, o comprimento da onda é o produto da velocidade pelo tempo, ou seja: $\lambda = cT$.
- A frequência (f) de uma onda é o número de ciclos (cada comprimento de onda que alcança um ponto é um ciclo) da onda que alcança um ponto em particular por unidade de tempo. A frequência é medida em ciclos por segundo (hertz). A frequência é o inverso de T: $f = 1/T$ e $\lambda = c/f$. Por exemplo, o período T de uma onda de 6000 hertz de um campo eletromagnético é: 6000 hertz = $1/T$ e T = 1/6000 s, ou $1{,}7 \times 10^{-4}$ s. O comprimento de onda, $\lambda = cT$, é 3×10^8 m/s vezes $1{,}7 \times 10^{-4}$ s, que é igual a $5{,}1 \times 10^4$ m, que de acordo com a Figura 23.6 é uma onda longa de rádio.

Escala de Temperatura Absoluta (kelvin, K)

- Zero é realmente zero; não existem valores negativos em K
- Temperatura em K = temperatura em °C + 273
  K = °C + 273
- Exemplo: a água congela a 0°C = 273 K
  a água ferve a 100°C = 373 K

Lei de Stefan-Boltzmann

- Todos os corpos com temperaturas maiores que zero irradiam ondas eletromagnéticas (REM). Esses corpos são denominados radiadores térmicos. A quantidade de energia irradiada por segundo pelos radiadores térmicos é denominada *intensidade* e é dada pela lei de Stefan-Boltzmann

$$E = \sigma T^4$$

em que E é a energia por segundo (intensidade), T é a temperatura absoluta e σ é uma constante (a natureza da constante envolve conceitos físicos além do escopo desse texto).

- A Lei de Stefan-Boltzmann define que a intensidade da radiação eletromagnética (REM) advinda de um radiador térmico é diretamente proporcional à quarta potência de sua temperatura absoluta.

Lei de Wien

$$\lambda_{máx} = b/T$$

em que $\lambda_{máx}$ é o comprimento de onda da intensidade máxima de um radiador térmico; T é temperatura em K; e b é uma constante. Por exemplo, a Figura 23.7 mostra que $\lambda_{máx}$ da Terra é aproximadamente 10 μm. A lei de Wien afirma, de modo geral, que quanto mais quente uma substância for, menor será o comprimento de onda da radiação eletromagnética predominante emitida. Ou seja, o comprimento de onda é inversamente proporcional à temperatura.

B Prefixos e Fatores de Multiplicação

Número	*10×, Potência de 10*	*Prefixo*	*Símbolo*
1.000.000.000.000.000.000	10^{18}	exa	E
1.000.000.000.000.000	10^{15}	peta	P
1.000.000.000.000	10^{12}	tera	T
1.000.000.000	10^{9}	giga	G
1.000.000	10^{6}	mega	M
10.000	10^{4}	myria	
1.000	10^{3}	quilo	k
100	10^{2}	hecto	h
10	10^{1}	deca	da
0,1	10^{-1}	deci	d
0,01	10^{-2}	centi	c
0,001	10^{-3}	mili	m
0,000 001	10^{-6}	micro	μ
0,000 000 001	10^{-9}	nano	n
0,000 000 000 001	10^{-12}	pico	p
0,000 000 000 000 001	10^{-15}	femto	f
0,000 000 000 000 000 001	10^{-18}	ato	a

C Fatores Comuns de Conversão

Comprimento

1 jarda = 3 pés, 1 braça = 6 pés

	in	*ft*	*mi*	*cm*	*m*	*km*
1 polegada (in) =	1	0,083	$1{,}58 \times 10^{-5}$	2,54	0,0254	$2{,}54 \times 10^{-5}$
1 pé (ft) =	12	1	$1{,}89 \times 10^{-4}$	30,48	0,3048	—
1 milha (mi) =	63.360	5.280	1	160.934	1.609	1,609
1 centímetro (cm) =	0,394	0,0328	$6{,}2 \times 10^{-6}$	1	0,01	$1{,}0 \times 10^{-5}$
1 metro (m) =	39,37	3,281	$6{,}2 \times 10^{-4}$	100	1	0,001
1 quilômetro (km) =	39.370	3.281	0,6214	100.000	1.000	1

Área

1 milha quadrada = 640 acres, 1 acre = 43.560 ft² = 4046,86 m² = 0,4047 ha
1 hectare (ha) = 10.000 m² = 2,471 acres

	in²	*ft²*	*mi²*	*cm²*	*m²*	*km²*
1 in² =	1	—	—	6,4516	—	—
1 ft² =	144	1	—	929	0,0929	—
1 mi² =	—	27.878.400	1	—	—	2,590
1 cm² =	0,155	—	—	1	—	—
1 m² =	1.550	10,764	—	10.000	1	—
1 km² =	—	—	0,3861	—	1.000.000	1

Volume

	in^3	ft^3	$jarda^3$	m^3	quarto*	litro	barril (petróleo)	galão (EUA)
1 in^3 =	1	—	—	—	—	0,02	—	—
1 ft^3 =	1.728	1	—	0,0283	—	28,3	—	7,480
1 $jarda^3$ =	—	27	1	0,76	—	—	—	—
1 m^3 =	61.020	35,315	1,307	1	—	1.000	—	—
1 quarto de galão (qt) =	—	—	—	—	1	0,95	—	0,25
1 litro (L) =	61,02	—	—	—	1,06	1	—	0,2642
1 barril (petróleo) =	—	—	—	—	168	159,6	1	42
1 galão (EUA) =	231	0,13	—	—	4	3,785	0,02	1

Peso e Massa

1 libra = 453,6 gramas = 0,4536 kg = 16 onças**

1 grama = 0,0353 onça = 0,0022 libra

1 tonelada curta*** = 2.000 libras = 907,2 kg

1 tonelada longa**** = 2.240 libras = 1.008 kg

1 tonelada = 2.205 libras = 1.000 kg

1 quilograma = 2,205 libras

Energia e Potência[a]

1 quilowatt-hora = 3.413 Btu***** = 860.421 calorias

1 Btu = 0,000293 quilowatt-hora = 252 calorias = 1055 joules

1 watt = 3,413 Btu/h = 14,34 calorias/min

1 caloria = quantidade de calor necessária para elevar a temperatura de 1 grama (1 cm^3) de água em 1 grau Celsius

1 quatrilhão Btu = (10^{15}) (aproximadamente) 1 exajoule

1 cavalo (hp) = $7{,}457 \times 10^2$ watts

1 joule = $9{,}481 \times 10^{-4}$ Btu = 0,239 cal = $2{,}778 \times 10^{-7}$ quilowatt-hora

[a]Valores extraídos de Lange, N.A., 1967, *Handbook of Chemistry*, New York: McGraw-Hill.

Temperatura

F = 9/5 C + 32

F é graus Fahrenheit (°F).
C é graus Celsius (centígrados, °C).

Fahrenheit		Celsius
32	Congelamento da água (a 1 atm de pressão atmosférica)	0
50	______	10
68	______	20
86	______	30
104	______	40
122	______	50
140	______	60
158	______	70
176	______	80
194	______	90
212	Ebulição da água (a 1 atm de pressão atmosférica)	100

Outros fatores de conversão

1 ft^3/s = 0,0283 m^3/s = 7,48 galões/s = 28,32 litros/s

1 acre-ft* = 43.560 ft^3 = 1.233 m^3 = 325.829 galões

1 m^3/s = 35,32 ft^3/s

1 ft^3/s durante um dia = 1,98 acre-ft

1 m/s = 3,60 km/h = 2,24 mi/h

1 ft/s = 0,682 mi/h = 1,097 km/h

1 atmosfera = 14,7 lb/in^2 = 2.116 lb/ft^{-2} = $1{,}013 \times 10^5$ N/m^2

*Quarto (qt), significa um quarto de galão; unidade de medida aplicada para líquidos, equivalente a 0,95 litro. (N.T.)
**Antiga unidade de massa que equivale a 28,35 gramas. (N.T.)
***Unidade de massa habitualmente utilizada nos Estados Unidos, logo também é conhecida como tonelada norte-americana. (N.T.)
****Unidade de massa que foi utilizada antigamente no Reino Unido; também conhecida como tonelada britânica. (N.T.)
*****Unidade de energia cujo símbolo é um acrônimo para *British Thermal Unit* (ou Unidade Térmica Britânica); utilizada nos Estados Unidos e Reino Unido. (N.T.)

*Volume de água que cobre uma área de 1 acre a uma profundidade de 1 pé. (N.T.)

D Escala de Tempo Geológico e Evolução Biológica

Era	*Idade Aproximada em Milhões de Anos*	*Período*	*Época*	*Formas de Vida*
	Menos que 0,01		Recente (Holoceno)	
	0,01 a 2	Quaternário	Pleistoceno	Humanos
	2			
	2 a 5		Plioceno	
	5 a 23		Mioceno	
Cenozoica	23 a 35	Terciário	Oligoceno	
	35 a 56		Eoceno	Mamíferos
	56 a 65		Paleoceno	
	65			
	65 a 146	Cretáceo		
Mesozoica	146 a 208	Jurássico		Répteis voadores, pássaros
	208 a 245	Triássico		Dinossauros
	245			
	245 a 290	Permiano		Répteis
	290 a 363	Carbonífero		Insetos
	363 a 417	Devoniano		Anfíbios
Paleozoica	417 a 443	Siluriano		Plantas terrestres
	443 a 495	Ordoviciano		Peixes
	495 a 545	Cambriano		
	545			
	700			Organismos multicelulares
	3.400			Organismos unicelulares
	4.000	Idade aproximada das rochas mais antigas descobertas na Terra		
Pré-Cambriana				
	4.600	Idade aproximada da Terra e dos meteoritos		

Glossário

Aeróbico Caracterizado pela presença de oxigênio livre.

Agentes hormonalmente ativos Substâncias químicas no meio ambiente capazes de causar anormalidades reprodutivas e de desenvolvimento em animais, incluindo os seres humanos.

Agricultura baseada em recursos Práticas agrícolas que dependem exaustivamente do uso de recursos, tanto que a produção é limitada pela disponibilidade de recursos.

Agricultura baseada na demanda Agricultura com produção determinada pela demanda econômica e limitada por esta demanda e não por recursos.

Agricultura de plantio direto Uma combinação de práticas agrícolas que não inclui arar a terra e usar herbicidas para reprimir as ervas daninhas.

Agricultura orgânica Agricultura que é mais "natural" no sentido de não envolver o uso de pesticidas artificiais e, mais recentemente, organismos geneticamente modificados. Nos anos recentes os governos começaram a definir critérios legais para o que constitui a agricultura orgânica.

Agroecossistema Um ecossistema criado pela agricultura. Tipicamente possui pouca variedade genética, poucas espécies e pequena diversidade de hábitat.

Águas subterrâneas Água encontrada sob a superfície terrestre junto à zona de saturação, embaixo do nível freático.

Alqueive Uma terra de fazenda não cultivada ou com uma vegetação rasteira sem safra por pelo menos um ano.

Ambientalismo Um movimento social, político e ético preocupado com a proteção do meio ambiente e o uso de seus recursos sabiamente.

Amianto Um termo aplicado a vários minerais que possuem a forma de pequenas partículas alongadas. Acredita-se que alguns tipos de partículas sejam cancerígenos ou que carreguem com elas materiais cancerígenos.

Amplificação polar Processos nos quais o aquecimento global causa maior aumento de temperatura em regiões polares.

Anaeróbico Caracterizado pela ausência de oxigênio livre.

Análise de riscos O processo de determinar efeitos ambientais potenciais adversos à saúde de pessoas expostas a poluentes e outros materiais tóxicos. Geralmente inclui quatro passos: identificação da ameaça, análise de resposta à dose, análise da exposição e caracterização do risco.

Análise de risco-benefício Em economia ambiental, é a análise que pesa o risco do futuro contra o valor que se dá às coisas no presente.

Aplicação no solo Método de disposição de resíduos perigosos que envolve a aplicação intencional do resíduo na superfície do solo. Útil para certos resíduos biodegradáveis, tais como óleo e resíduo de petróleo e alguns resíduos químicos orgânicos.

Aprimoramentos na eficiência Em relação à energia, faz referência a projetar o equipamento que trará maior produção, maior aproveitamento energético para uma dada energia de entrada.

Aquecimento global Crescimento, natural ou induzido pelo homem, da temperatura média global da atmosfera próxima à superfície terrestre.

Aquicultura Produção de alimentos a partir de hábitats aquáticos.

Aquífero Região subterrânea ou camada de solo ou rocha pela qual a água subterrânea pode ser obtida de um poço, a uma taxa útil.

Arborização urbana A prática e a profissão de plantar e manter árvores na cidade, incluindo árvores de parques e outras áreas públicas.

Arco insular Um grupo curvado de ilhas vulcânicas associadas a uma profunda falha oceânica e com uma zona de subducção (placas de fronteiras convergentes).

Áreas naturais representativas Parques ou áreas de preservação que representam condições de pré-assentamento de um tipo de ecossistema específico.

Areia Grãos de sedimento de 1/16 a 2 mm de diâmetro; geralmente são sedimentos decompostos de partículas de quartzo deste tamanho.

Areias betuminosas Rochas sedimentares ou areias impregnadas pelo xisto betuminoso, asfalto ou betume.

Argila Esse termo pode se referir a uma família de minerais ou a um sedimento de granulometria muito baixa. Está associado a inúmeros problemas ambientais, tais como a contração e dilatação de solos e a poluição por sedimentos.

Árvores restringidas Em silvicultura, descreve espécies crescentes de árvores no sub-bosque, com o dossel abaixo das espécies dominantes e intermediárias, estas que limitam o crescimento e desenvolvimento da copa das árvores restringidas.

Aterramento Áreas criadas artificialmente pelo homem com preenchimento, algumas vezes com resíduos de todos os tipos e algumas vezes para deixar mais espaço disponível para construção.

Aterro sanitário Um método de disposição de resíduos sólidos sem criar problemas ou ameaças à segurança ou saúde pública. Aterros sanitários são estruturas de alta engenharia com múltiplas barreiras e sistemas de coleta para minimizar problemas ambientais.

Aterro seguro Um tipo de aterro projetado especialmente para resíduos tóxicos. Similar a um aterro sanitário moderno, que inclui múltiplas barreiras e sistemas de coleta que asseguram que o chorume não contamine o solo e outros recursos.

Atmosfera Camada gasosa ao redor da Terra.

Auditoria ambiental Um processo para determinar a história passada de um local em particular, com referência especial à existência de materiais tóxicos ou rejeitos.

Autotrófico Organismo que produz o seu próprio alimento a partir de compostos inorgânicos e de uma fonte de energia. Existem os fotoautotróficos e os quimioautotróficos.

Bacia de drenagem A área que a água de superfície contribui para uma rede de fluxo particular.

Bacia hidrográfica Uma área de terra que forma a drenagem de uma fonte ou rio. Se uma gota de chuva cai em algum lugar dentro de uma bacia hidrográfica, pode apenas sair através desta fonte ou rio.

Balanço hídrico Saídas e entradas de água em um sistema particular (uma bacia de drenagem, região, continente, ou na Terra toda).

Baleeiros pelágicos Prática de baleeiros procurarem por baleias em mar aberto a partir de navios que permanecem no mar por longos períodos de tempo.

Becquerel (símbolo Bq) Unidade comumente utilizada para designar o decaimento radioativo de acordo com o Sistema Internacional (SI).

Biodiversidade Termo usado corriqueiramente como significado da variedade de vida na Terra, mas quando usado cientificamente abrange três componentes: (1) diversidade genética – o número total de características genéticas; (2) diversidade de espécies; e (3) diversidade do hábitat ou ecossistema – o número de tipos de hábitats ou ecossistemas em uma unidade de área dada. Diversidade de espécies, por sua vez, inclui três conceitos: *riqueza, uniformidade e dominância de espécies.*

Biogeografia Os padrões geográficos de larga escala na distribuição das espécies e as causas e a história dessa distribuição.

Bio-hidrometalurgia Combinação de processos biológicos e mineração, normalmente envolvendo micróbios para auxiliarem na extração de metais valiosos, como o ouro do solo. Pode igualmente ser utilizado para a remoção de poluentes dos resíduos de mineração.

Bioma Um tipo de ecossistema. A floresta tropical é um exemplo de bioma; florestas tropicais estão presentes em muitas partes do mundo, mas não estão todas conectadas umas com as outras.

Biomassa A quantidade de material vivo ou de material orgânico contida nos organismos vivos, tanto material vivo quanto morto, assim como nas folhas (vivo) e galhos e hastes de madeira de árvores (morto).

Biorremediação Um método para tratar problemas de poluição de águas subterrâneas o qual utiliza microrganismos no solo para consumir ou quebrar as moléculas dos poluentes.

Biosfera Esse termo detém inúmeros significados. Um deles é a parte do planeta onde a vida existe. Na Terra a biosfera se estende do fundo dos oceanos até o topo das montanhas, mas a maioria das formas de vida existe a poucos metros da superfície. Um segundo significado é o sistema planetário que inclui e sustenta a vida e, portanto, é constituído da atmosfera, oceanos, solos, camada de rocha superior e toda a vida.

Biota Todos os organismos de todas as espécies viventes em uma área ou região, até o nível da biosfera, como "a biota do deserto Mojave" ou "a biota daquele aquário".

Bombas de calor Dispositivos que transferem calor de um material para outro, tais como de águas subterrâneas para o ar em um prédio.

Cadeia alimentar A ligação de quem se alimenta de quem.

Camada atmosférica de poeira urbana Ar urbano poluído produzido pela combinação do ar parado e da abundância das partículas e outros poluentes na massa de ar urbano.

Caminho flexível Política de energia que depende fortemente de recursos energéticos renováveis, bem como de outros recursos que são diversos, flexíveis e adequados às necessidades de uso final.

Caminho rígido Política energética baseada na ênfase da quantidade de energia geralmente produzida por uma grande hidrelétrica.

Campos eletromagnéticos (CEMs) Campos magnéticos e elétricos produzidos naturalmente do planeta Terra e também por aparelhos como torradeiras, cobertores elétricos e computadores. Há atualmente uma controvérsia sobre os efeitos adversos que possam estar relacionados à exposição aos CEMs produzidos por fontes artificiais como linhas de transmissão de energia e aparelhos eletrônicos.

Canalização Uma técnica da engenharia que consiste em retificar, aprofundar, ampliar, desobstruir ou linearizar canais de rios existentes. O propósito é controlar as enchentes, melhorar a drenagem, controlar erosão, ou melhorar a navegação. É uma prática muito controversa que pode ter impactos ambientais significativos.

Capacidade de suporte A abundância máxima de uma população ou o número máximo de espécies que pode ser mantido por um hábitat ou ecossistema sem degradação da habilidade de este hábitat ou ecossistema manter as mesmas condições e capacidade para as gerações futuras.

Capacidade de suporte humano Estimativas teóricas do número de humanos que poderiam habitar a Terra ao mesmo tempo.

Capacidade de suporte ideal Um termo que tem inúmeros significados, mas a ideia principal é a abundância máxima de população ou espécies que podem sobreviver em um ecossistema sem degradar a capacidade de o ecossistema manter (1) aquela população ou espécie; (2) todos os processos de ecossistemas necessários; e (3) as outras espécies encontradas neste ecossistema.

Capacidade de suporte logístico Em termos de curva logística, o tamanho da população no qual nascimentos e mortes são iguais e não há nenhuma mudança líquida na população.

Capilaridade ou ação capilar É a ascensão de água ao longo de passagens estreitas ou tubos muitos finos, facilitada e causada pela tensão superficial.

Captura por unidade de esforço O número de animais pegos por unidade de esforço como, por exemplo, o número de peixes capturados por um barco de pesca por dia. Esta taxa é usada para estimar a abundância da população de espécies.

Carcinogênico Qualquer material ou substância que se saiba ser a causa de câncer em humanos ou outros animais.

Carga corporal A concentração de uma substância química tóxica, principalmente radionuclídeos, em um indivíduo.

Carnívoros Organismos que se alimentam de outros organismos vivos; termo geralmente aplicado a animais que comem outros animais.

Carvão Sólido carbonífero frágil e quebradiço que é um dos mais abundantes combustíveis fósseis do mundo. É classificado de acordo com o conteúdo energético, assim como pelo conteúdo de carbono e de enxofre.

Cascalho Fragmentos arredondados, geralmente não consolidados, de rochas e minerais maiores do que 2 mm de diâmetro.

Catástrofe Uma situação ou evento que causa grande dano às pessoas, propriedade ou sociedade, cuja recuperação é um processo longo e complexo. Também definida como um desastre muito grave.

Catástrofe natural Mudança catastrófica repentina no meio ambiente, não sendo resultado de ação antrópica.

Célula de combustível Um aparelho que produz eletricidade diretamente de uma reação química em uma célula especialmente projetada. No caso mais simples, a célula usa hidrogênio como combustível, para o qual um oxidante é fornecido. O hidrogênio é combinado com o oxigênio como se o hidrogênio fosse queimado, mas os reagentes são separados por uma solução de eletrólito que facilita a migração de íons e a liberação dos elétrons (os quais podem ser aproveitados como eletricidade).

Célula solar (fotovoltaica) Um dispositivo que converte a luz em eletricidade.

Chaparral Uma vegetação arbustiva densa encontrada em áreas com clima mediterrânico (uma longa estação quente e seca e uma estação fria e chuvosa).

Chumbo Um metal pesado que é um constituinte importante de baterias em automóveis e outros produtos industriais. O chumbo é um metal tóxico capaz de causar danos ambientais e problemas de saúde a pessoas e outros organismos vivos.

Chuva ácida A chuva pode se tornar ácida pela presença de contaminantes, particularmente por óxidos de enxofre e de nitrogênio. (A água de chuva natural é levemente ácida devido ao efeito do dióxido de carbono dissolvido em água.)

Ciclo biogeoquímico O ciclo de um elemento químico ou substância através da biosfera; seus caminhos, locais de armazenamento e composição química nos seres vivos, na atmosfera, nos oceanos, nos sedimentos e na litosfera.

Ciclo das rochas Um grupo de processos que produzem rochas ígneas, metamórficas ou sedimentares.

Ciclo de purificação e renovação de águas residuárias A prática de aplicar águas residuárias no solo. Em alguns sistemas, águas residuárias tratadas são aplicadas na agricultura, e conforme penetra na camada do solo, ela é naturalmente purificada. Reúso desta água é feito através de seu bombeamento para uso municipal e rural.

Ciclo do carbono Ciclo biogeoquímico do carbono. O carbono se agrega e é química e biologicamente ligado com os ciclos do oxigênio e do hidrogênio, que juntos formam a maioria dos componentes que constituem a vida.

Ciclo do carbono-silicato Um complexo ciclo biogeoquímico que ocorre em escalas de tempo de meio bilhão de anos. Incluídos nesse ciclo estão a maioria dos processos geológicos como: intemperismo, erosão, transporte pela água superficial e subterrânea, assoreamento e deposição de rochas terrestres. Acredita-se que o ciclo carbono-silicato fornece importantes retroalimentações negativas que controlam a temperatura da atmosfera.

Ciclo do fósforo Um grande ciclo biogeoquímico envolvendo o movimento do fósforo através da biosfera e da litosfera. Este ciclo é importante para a vida e geralmente é um ingrediente limitante para o crescimento da planta.

Ciclo do nitrogênio Um complexo ciclo biogeoquímico responsável por mover importantes componentes de nitrogênio através da biosfera e outros sistemas terrestres. Este é um ciclo extremamente importante, pois o nitrogênio é exigido por todas as criaturas vivas.

Ciclo geológico A formação e destruição de materiais da terra e os processos responsáveis por estes eventos. O ciclo geológico inclui os seguintes subciclos: hidrológico, tectônico, das rochas e geoquímico.

Ciclo hidrológico Circulação de água dos oceanos para a atmosfera e de volta aos oceanos pelo caminho da evaporação, escoamento de córregos e rios e fluxo de águas subterrâneas.

Ciclo nuclear A série de processos que começa com a mineração do urânio e processamento para o controle da fissão, reprocessamento de combustível nuclear utilizado, desativação de usinas e disposição do lixo radioativo.

Ciclo tectônico O processo que muda a crosta da Terra, produzindo formas externas como bacias oceânicas, continentes e montanhas.

Ciclos geoquímicos Os caminhos dos elementos químicos nos processos geológicos, incluindo a química da litosfera, atmosfera e hidrosfera.

Cidade jardim Planejamento de terreno que considera uma cidade e a zona rural conjuntamente.

Ciência do sistema terrestre A ciência da Terra como um sistema. Ela engloba o entendimento dos processos e ligações entre a litosfera, hidrosfera, biosfera e atmosfera.

Cinturão verde Um cinturão de parques recreativos, terras ou terras não cultivadas ao redor ou conectando comunidades urbanas, formando um sistema de paisagens da área rural e urbano.

Clima Condições representativas ou características da atmosfera em áreas particulares da Terra. O clima refere-se à média ou condições esperadas por longos períodos de tempo; o tempo (meteorológico) se refere às condições particulares momentâneas de determinado lugar.

Clorofluorcarbonos (CFCs) Uma substância altamente estável que foi ou têm sido utilizada em latas de *spray* como propelente de aerossol e em unidades de refrigeração (o gás que é comprimido e expandido em uma unidade de resfriamento). Emissões de clorofluorcarbonos têm sido associadas ao aquecimento global potencial e à redução da camada de ozônio.

Coevo Todos os indivíduos de uma população nascidos durante o mesmo período. Então todas as pessoas nascidas em 2005 representam o grupo coevo (contemporâneo, coetâneo) para aquele ano.

Cogeração A captura e uso de calor dissipado; por exemplo, uso do calor de uma fábrica para aquecer fábricas adjacentes e outros prédios.

Coletor solar Um dispositivo para coletar e armazenar energia solar. Por exemplo, o aquecimento da água residencial é feito por placas finas consistindo em uma chapa coberta por vidro sobre um fundo escuro, por onde a água circula através de tubos. Ondas solares curtas entram no vidro e são absorvidas pelo plano de fundo escuro. A radiação de onda longa é emitida pelo material escuro, que não pode escapar pelo vidro, e então a água nos tubos circulantes é aquecida, tipicamente a temperaturas de 38 a 93°C.

Coliformes fecais Bactérias (*E. coli*) que ocorrem normalmente nos intestinos humanos e são utilizadas como parâmetro para medir a poluição microbiana e como um indicador de potencial de doenças em uma fonte d'água.

Combustão de leito fluidificado Um processo utilizado durante a combustão do carvão para eliminar óxidos sulfúricos. Envolve misturar calcário fino com carvão e queimá-los em suspensão.

Combustíveis fósseis Formas de energia solar estocadas, criadas a partir da decomposição biológica incompleta de matéria orgânica morta. Inclui carvão, petróleo e gás natural.

Combustível de biomassa Um nome novo para o combustível mais antigo usado pelos humanos. Matéria orgânica tais como resíduos de plantas e animais, a qual pode ser usada como combustível.

Combustível sintético Combustível artificial que pode ser líquido ou gasoso, derivado de combustíveis sólidos, como óleo do querogênio em xisto betuminoso, ou óleo e gás de carvão.

Comércio de licenças Uma tentativa de gerenciar recursos de carvão e de reduzir a poluição por meio da compra, venda e do comércio de licenças. A ideia é controlar a poluição pelo gerenciamento do número de licenças emitidas.

Competição A situação que existe quando diferentes indivíduos, populações, ou espécies competem pelo(s) mesmo(s) recurso(s) e a presença de um tem um efeito prejudicial no outro. Cabras e vacas comendo grama no mesmo campo são competidoras.

Componentes orgânicos sintéticos Componentes de carbono produzidos sinteticamente por processos industriais humanos como, por exemplo, pesticidas e herbicidas.

Compostagem Processo bioquímico em que materiais orgânicos, como os restos de poda e de comida, são decompostos até se tornarem um composto rico e fértil, com aspecto parecido ao da terra.

Composto orgânico Um composto de carbono, originalmente usado para classificar os compostos encontrados e formados por seres vivos.

Comunais Terrenos que pertencem ao público, não aos indivíduos. Propriedades coletivas que, historicamente, representavam uma parte das cidades da velha Inglaterra e da Nova Inglaterra onde todos os fazendeiros podiam criar seus gados.

Comunidade ecológica Este termo tem dois significados. (1) Um significado conceitual ou funcional: um conjunto de interações de espécies que ocorrem no mesmo lugar (algumas vezes aumentadas para significar um conjunto que interage de alguma forma para manter formas de vida). Uma comunidade é a porção viva de um ecossistema. (2) Um significado operacional: um conjunto de espécies encontradas na área, estejam elas interagindo ou não.

Concentração na cadeia alimentar Ver **Magnificação trófica**.

Cone de depressão Uma depressão, em forma de cone no lençol freático, causada pela retirada de água por um bombeamento mais rápido do que a velocidade de reposição do fluxo de água subterrânea.

Confiança popular Garantias e limites do governo sobre áreas de reputação especiais.

Conservação Com respeito a recursos como a energia, por exemplo, refere-se à possibilidade de mudança dos padrões de consumo ou apenas viver com menos. Em um sentido pragmático, o termo significa ajustar as necessidades para minimizar o uso de um recurso em particular, como a energia.

Conservação da água Prática designada a reduzir a quantidade de água que é usada.

Consumo sustentável de recursos Uma quantidade de recursos que pode ser colhida em intervalos regulares indefinidamente.

Contaminação A presença de material indesejável que torna algo inadequado para um uso específico.

Contestação A ideia de que uma afirmação pode ser dita científica se alguém pode claramente atestar um método ou teste para o qual ela pode ser contestada, refutada.

Controle biológico Conjunto de métodos de controle de organismos prejudiciais (pestes e pragas) por meio de interações biológicas naturais, incluindo predadores, parasitas e a competição. Parte do manejo integrado de pragas.

Convecção A transferência de calor envolvendo o movimento de partículas em fluidos, por exemplo, na água fervente, em que a água quente ascende à superfície e substitui a água de temperatura inferior, que se move para o fundo.

Conversão térmica oceânica O uso direto da energia solar usando parte do ambiente natural do oceano como coletores solares gigantes.

Corredor migratório O movimento de um indivíduo, população, ou espécie permitindo a migração de inúmeras formas de vida entre inúmeras dessas áreas.

Correnteza Um trecho raso e acidentado de um rio caracterizado pelo alto fluxo superficial. Geralmente contém um banco de partículas relativamente brutas, as quais provocam a formação de ondulações e pequenas ondas.

Corte em faixa Em derrubada de árvores, é a prática de cortar fileiras estreitas da floresta, deixando corredores de madeira.

Corte protetor de árvores sementeiras Um método de derrubada de árvores onde árvores maduras com boas características genéticas e alta produção de sementes são preservadas para promover a regeneração da floresta. É uma alternativa ao corte raso.

Corte protetor progressivo Um método de derrubada de árvores onde as mortas e menos desejadas são cortadas primeiro; árvores maduras são cortadas depois. Isto assegura que as árvores jovens e vigorosas sejam deixadas na floresta. É uma alternativa ao corte raso.

Corte raso Na produção de madeira, a prática de cortar simultaneamente todas as árvores com uma máquina.

Corte seletivo Na colheita de madeira, é a prática do corte de algumas árvores, mas não todas, deixando um pouco no local. Existem muitos tipos de corte seletivo. Às vezes, as maiores árvores e com maior valor de mercado são cortadas primeiro e as árvores menores, cortadas posteriormente. Outras vezes, as melhores árvores são deixadas para fornecer sementes para as futuras gerações. Em alguns casos, as árvores são poupadas para servir de hábitat para animais selvagens e para a recreação.

Crescimento exponencial Crescimento no qual a taxa de aumento é uma porcentagem constante do tamanho atual, isto é, o crescimento ocorre a uma taxa constante por período de tempo.

Crescimento geométrico Ver **Crescimento exponencial**.

Crescimento populacional zero Resultado quando o número de nascimentos se iguala ao número de mortes, de forma que não há mudança líquida no tamanho da população.

Culturas comerciais Culturas que possam ser cultivadas e vendidas no mercado.

Culturas de subsistência Culturas usadas diretamente para alimentação do fazendeiro ou vendidas localmente onde o alimento é usado diretamente.

Culturas geneticamente modificadas Espécies de culturas modificadas pela engenharia genética para produzir maiores tipos de culturas e aumentar a resistência à seca, frio, calor, toxinas, pestes de plantas e doenças.

Curie Unidade comumente utilizada para medição do decaimento radioativo; a quantidade de radioatividade de 1 grama de rádio 226 que sofre 37 bilhões de transformações nucleares por segundo.

Curva de crescimento logístico A curva com crescimento em forma de "S" que é gerada pela equação logística de crescimento. Na curva logística, uma pequena população cresce rapidamente, mas a taxa de crescimento diminui e a população eventualmente alcança um tamanho constante.

Custo marginal Em economia ambiental, o custo para reduzir uma unidade adicional de um tipo de degradação como, por exemplo, poluição.

DE-50 A dose efetiva ou dose que causa o efeito em 50% da população na exposição de uma determinada substância tóxica. Os primeiros sintomas são perda de audição, náusea ou fala atrapalhada.

Decaimento radioativo Um processo de decrescimento de radioisótopos que muda de um isótopo para outro e emite uma ou mais formas de radiação.

Declaração negativa de mitigação Um tipo especial de declaração negativa que sugere que um aspecto ambiental adverso de uma particular ação pode ser mitigado através da modificação do projeto de modo a reduzir os impactos próximos ao nível insignificante.

Decompositores Organismos que se alimentam de matéria orgânica morta.

Definições operacionais Definições que indicam o que precisa ser visto ou feito a fim de realizar uma operação, tais como medição, construção, ou manipulação.

Demanda bioquímica de oxigênio (DBO) Medida da quantidade de oxigênio necessário para a decomposição de material orgânico em um volume unitário de água. Na medida em que a quantidade de resíduos orgânicos na água aumenta, mais oxigênio é utilizado, resultando em uma DBO ainda mais elevada.

Demanda *per capita* A demanda econômica por pessoa.

Demanda por alimento A quantidade de comida que seria comprada por um determinado preço se estivesse disponível.

Demografia O estudo de populações, especialmente seus padrões no tempo e espaço.

Demografia humana O estudo das características da população humana, tais como estrutura etária, transição demográfica, fecundidade total, população humana e relações com o meio ambiente, fatores da taxa de morte e padrões de vida.

Dependência de dose Dependência da dose ou concentração de uma substância pelo seu efeito em um organismo particular.

Depósitos de aluvião Um tipo de depósito de minério encontrado no material transportado e depositado por agentes, tais como água corrente, gelo ou vento. Exemplos incluem ouro e diamantes encontrados em depósitos de água.

Depósitos de minério Materiais terrosos nos quais há metais em alta concentração, suficiente para haver mineração.

Deriva continental O deslocamento dos continentes em reação à movimentação do fundo oceânico. O episódio mais recente de deriva continental começou por volta de 200 milhões de anos atrás com o rompimento do supercontinente Pangeia.

Deriva genética Mudanças na frequência de um gene na população como resultado probabilístico em vez de mutação, seleção ou migração.

Deriva litorânea Movimento causado pelo deslocamento próximo ao litoral e ao ambiente das praias.

Derretimento nuclear Um acidente nuclear no qual o combustível nuclear forma uma massa fundida que viola o confinamento do reator, contaminando a área externa com radioatividade.

Desastre Um evento perigoso que ocorre dentro de um pequeno período de tempo sob uma determinada área geográfica. A perda de vidas humanas e danos em propriedades são significativos.

Desbaste A prática de derrubada de madeira que remove apenas as árvores malformadas e pequenas.

Desenvolvimento de energia sustentável Um tipo de gerenciamento de energia que provém de fontes de energia confiáveis enquanto não causam degradação ambiental e enquanto asseguram que as gerações futuras terão uma parcela justa dos recursos da Terra.

Desenvolvimento sustentável A habilidade de uma sociedade de continuar a desenvolver sua economia e instituições sociais e também manter seu ambiente por um tempo indefinido.

Desertificação O processo de criação de um deserto onde não havia um antes.

Desmoronamento Termo designado para materiais terrosos movendo colina abaixo.

Desnitrificação A conversão de nitrato para nitrogênio molecular pela ação das bactérias – um importante passo no ciclo do nitrogênio.

Desnutrição A falta de componentes específicos de comida, tais como proteínas, vitaminas ou elementos químicos essenciais.

Dessalinização A remoção de sais da água do mar ou de água salobra para que possa ser utilizada na agricultura, em processos industriais ou para consumo humano.

Dinâmica populacional As causas da mudança do tamanho populacional.

Dióxido de enxofre (SO_2) Um gás inodoro e incolor normalmente presente na superfície da Terra em concentrações baixas. Um precursor importante da chuva ácida; sua maior fonte antropogênica é a queima de combustíveis fósseis.

Dioxina Um composto orgânico constituído de oxigênio, hidrogênio, carbono e cloro. Cerca de 75 tipos delas são conhecidos. Dioxina não é normalmente produzida intencionalmente, mas é um subproduto resultante de reações químicas na produção de outros materiais, tais como os herbicidas. Conhecida por ser extremamente tóxica para mamíferos, seus efeitos no corpo humano estão sendo intensamente estudados e avaliados.

Direito comum Leis advindas de costumes, julgamentos ou de decisões judiciais sem estarem estabelecidas pela legislação.

Disponibilidade *per capita* A quantidade de recurso disponível por pessoa.

Disposição profunda Método de disposição de resíduos líquidos perigosos envolvendo bombeamento do resíduo para dentro do solo de modo a isolá-lo completamente dos aquíferos com águas doces. Um método controverso de disposição de resíduos que está sendo cuidadosamente avaliado.

Diversidade de espécies Usada livremente para significar uma variedade de espécies em uma área na Terra. Tecnicamente é feita de três componentes: riqueza de espécies – o número total de espécies; uniformidade de espécies – a abundância relativa de espécies; e dominância de espécies – as espécies mais abundantes.

Diversidade de hábitat O número de tipos de hábitats em uma dada unidade de área.

Diversidade genética O número total de características de espécies específicas, subespécies, ou grupos de espécies.

DL-50 Uma aproximação da toxicidade de uma substância química, definida como a dose letal na qual 50% da população morre ao se expor.

Doença crônica Uma doença que é persistente em uma população, usualmente ocorrendo em uma pequena, porém constante, parcela da população.

Doença do pulmão negro Geralmente chamada de doença dos mineiros de carvão, pois é causada por anos de inalação do pó de carvão, resultando em danos pulmonares (pneumoconiose).

Doença epidêmica Uma doença que aparece ocasionalmente na população, afetando uma grande porcentagem, e decresce ou quase desaparece por um tempo para reaparecer somente depois.

Dolina Depressão da superfície terrestre formada pela dissolução de calcário ou pelo colapso durante um espaço vazio subterrâneo, como uma caverna.

Dominantes Em silvicultura, representam as maiores, mais numerosas e mais vigorosas árvores daquela comunidade.

Domínios (ecologia) Maiores regiões biogeográficas da Terra nas quais a maioria dos animais tem alguma herança genética comum.

Domínios de Wallace Seis províncias bióticas, ou regiões biogeográficas, divididas com base nas características herdadas fundamentais dos animais encontrados nessas áreas, sugerido por A. R. Wallace (1876). Seus domínios eram Neártico (América do Norte), Neotropical (Américas Central e do Sul), Paleártico (Europa, norte da Ásia e norte da África), Etiópico (Áfricas Central e do Sul), Oriental (subcontinente indiano e Malásia) e Australiano.

Dose de radiação absorvida (DRA) Energia retida por tecido vivo que tenha sido exposto à radiação.

Dose-resposta O princípio que o efeito de uma certa substância química em um indivíduo depende da dose ou concentração do mesmo.

Drenagem ácida de minas Água de teor ácido drenada em áreas de mineração (a maioria das minas de carvão, além das minas de metais). A água ácida pode percolar e atingir os aquíferos de águas subterrâneas, causando impactos ou danos ambientais.

DT-50 A dose tóxica definida como a dose que é tóxica a 50% de uma população exposta à toxina.

Duna de areia Um monte ou colina de areia formada pela ação do vento.

Ecologia A ciência que estuda as relações entre seres vivos e seu ambiente.

Ecologia de restauração O campo da ciência da ecologia cujo objetivo é tornar ecossistemas danificados em funcionais, sustentáveis e mais naturais em algum significado dessa palavra.

Ecologia industrial O processo de projetar sistemas industriais para se comportarem mais como ecossistemas, onde resíduos de uma parte do sistema é um recurso para outra parte.

Economia ambiental Efeitos econômicos no meio ambiente e como processos econômicos afetam aquele ambiente, incluindo seus recursos vivos.

Economia ecológica Estudo e avaliação das relações entre humanos e a economia com ênfase na saúde de ecossistemas e na sustentabilidade em longo prazo.

Ecossistema Uma comunidade ecológica e seu local, comunidade abiótica. Um ecossistema é o sistema mínimo que inclui e sustenta a vida. Ele deve englobar no mínimo um autótrofo, um decompositor, um meio líquido, uma fonte e sumidouro de energia e todos os elementos químicos requeridos pelos autotróficos e decompositores.

Ecossistema sustentável Um ecossistema que está sujeito a algum uso humano, mas em um nível que não leve à perda de alguma espécie ou de funções necessárias do ecossistema.

Ecotopia Uma sociedade baseada no desenvolvimento sustentável e planejamento ambiental amigável caracterizado por uma população humana estável de acordo com a capacidade de suporte da Terra. Ela é imaginada como um estado ideal, utopia.

Ecoturismo Turismo baseado no interesse de observação da natureza.

Efeito chaminé Um processo por onde o ar quente sobe em prédios para andares superiores e é substituído na parte mais baixa do prédio pelo ar vindo de fora, que entra por inúmeras aberturas como janelas, portas ou por rachaduras nas fundações e paredes.

Efeito da ilha de calor Áreas urbanas são muitos graus mais quentes do que suas áreas rurais adjacentes. Durante períodos relativamente calmos há um fluxo de ar ascendente sobre áreas altamente desenvolvidas, acompanhado por um fluxo decrescente sobre cinturões verdes próximos. Isto descreve um perfil da temperatura do ar que define a ilha de calor.

Efeito de borda Um efeito que ocorre seguindo a formação da ilha ecológica; nas fases iniciais, a diversidade de espécies ao longo do limite é maior do que no interior. Espécies escapam da área degradada e procuram refúgio na borda da floresta, onde algumas duram apenas um pequeno período.

Efeito de comunidade (efeito em nível da comunidade) Quando a interação de duas espécies leva a mudanças na presença ou ausência de outras espécies ou a uma grande mudança na abundância de outras espécies, então se diz que o efeito de comunidade ocorreu.

Efeito ecossistêmico Efeitos resultantes das interações entre diferente espécies, efeitos das espécies nos elementos químicos em seu ambiente e as condições do mesmo.

Efeito estufa Ocorre quando o vapor d'água e inúmeros outros gases esquentam a atmosfera terrestre quando prendem algumas das radiações de calor do sistema atmosférico terrestre.

Efeito local Um efeito ambiental que ocorre no local dos fatores causais.

Efeito sinérgico Quando a mudança na disponibilidade de um recurso afeta a resposta de um organismo em algum outro recurso.

Efeitos colaterais Um efeito ambiental que ocorre longe do local dos fatores causais.

Efeitos dependentes da densidade populacional Fatores os quais têm seus efeitos alterados dependendo da densidade populacional.

Efeitos diretos Esse termo está ligado a perigos naturais e se refere ao número de pessoas mortas, machucadas, deslocadas, desabrigadas ou de alguma outra forma prejudicadas por um evento perigoso.

Efeitos independentes da densidade populacional Mudanças no tamanho da população devido a fatores que são independentes do tamanho desta população. Por exemplo, uma tempestade que derruba todas as árvores em uma floresta, não importando quantas existam, é um efeito independente da densidade populacional.

Efeitos indiretos No que diz respeito aos perigos naturais, aos efeitos de desastres. Incluem doações de dinheiros e bens, assim como dar abrigo a pessoas e pagar impostos que vão ajudar a financiar a recuperação e aliviar a angústia emocional causada pelos eventos naturais perigosos.

Eficiência A definição primária usada no texto é a razão entre a saída e a entrada. Com máquinas, geralmente é a razão de trabalho ou potência produzida em relação à utilizada para operá-las ou abastecê-las. Com organismos vivos, eficiência pode ser definida tanto como o trabalho útil realizado quanto a energia estocada em uma forma útil comparada com a energia absorvida.

Eficiência da primeira lei Razão entre a quantidade real de energia entregue no local necessário em relação à quantidade fornecida com a finalidade de alcançar o desejado; expressa em porcentagem.

Eficiência da segunda lei Razão entre o trabalho disponível mínimo necessário para realizar uma tarefa particular em relação ao trabalho real usado para realizar tal tarefa. Representada em termos de porcentagem.

Eficiência de crescimento Eficiência de produção bruta (P/C) ou razão de material produzido (P = produção líquida) de um organismo ou população em relação ao material ingerido ou consumido (C).

Eficiência de crescimento líquido Eficiência do crescimento líquido (P/A) ou a razão entre o material produzido (P) em relação ao material assimilado (A) pelo organismo. O material assimilado é menor do que o material consumido porque alguma comida é rejeitada como resíduo (excretada) e nunca aproveitada pelo organismo.

Eficiência do nível trófico A razão da produção biológica de um nível trófico em relação à produção biológica do próximo nível trófico inferior.

Eficiência energética Refere-se tanto à eficiência da primeira lei quanto à eficiência de segunda lei, e a eficiência da primeira lei é a razão entre a quantidade real de energia final em relação à energia fornecida para atender um determinado resultado; e a eficiência da segunda lei é a razão entre o trabalho disponível máximo necessário para realizar uma tarefa em particular em relação ao real trabalho utilizado para realizar esta tarefa.

Efluente Qualquer material que flui para fora de algo. Exemplos incluem águas residuárias de hidrelétricas e águas provenientes de sistemas de tratamento lançadas em rios.

El Niño Perturbação natural do sistema físico terrestre que afeta o clima global. Caracterizado pelo surgimento de água oceânica aquecida na parte leste do oceano Pacífico tropical, um enfraquecimento ou reversão das correntes de vento e um enfraquecimento ou até reversão das atuais correntes equatoriais. Ele ocorre periodicamente e afeta a atmosfera e a temperatura global por introduzir calor na atmosfera.

Emendas de 1990 do Ato do Ar Limpo Regulamentação abrangente (lei federal nos EUA) sobre chuva ácida, emissões tóxicas, redução da camada de ozônio e emissões de automóveis.

Energia Um conceito abstrato referente à habilidade ou capacidade em realizar trabalho.

Energia alternativa Recursos energéticos renováveis e não renováveis que são alternativas aos combustíveis fósseis.

Energia calorífica Energia do movimento randômico de átomos e moléculas.

Energia cinética A energia de movimento. Por exemplo, a energia de um carro em movimento resultante da massa de um carro viajando a uma determinada velocidade.

Energia das marés Energia gerada pela maré oceânica em lugares em que a topografia favorável permite a construção de uma usina de energia.

Energia de biomassa A energia que pode ser recuperada da biomassa provém de material orgânico tais como resíduos de plantas e animais.

Energia eólica Uma fonte de energia alternativa que tem sido usada há séculos. Mais recentemente, milhares de moinhos têm sido instalados para produzir energia elétrica.

Energia geotérmica A conversão útil de calor natural do interior da Terra.

Energia hidráulica Uma fonte de energia alternativa derivada da água corrente. Uma das fontes de energia mais antigas e comuns. Fontes variam em tamanho de pequenas centrais hidrelétricas a grandes barragens e reservatórios.

Energia não renovável Fontes de energia, incluindo nuclear e geotérmica, dependentes de combustíveis, ou um recurso que pode ser usado muito mais rápido do que é reabastecido por processos naturais.

Energia nuclear A energia do núcleo atômico que, quando liberada, pode ser usada para realizar trabalho. Reações controladas de fissão nuclear ocorrem dentro de reatores nucleares comerciais para produzir energia.

Energia potencial Energia que está armazenada. Exemplos incluem a energia gravitacional da água atrás de uma represa, energia química no carvão, óleo combustível, gasolina e energia nuclear (nas forças atômicas que mantêm os átomos juntos).

Energia renovável Fontes de energia alternativas, como solar, água, vento e biomassa, que estão mais ou menos disponíveis continuamente em um tempo hábil à população.

Energia solar Energia do Sol.

Energia térmica (calor) A energia do movimento aleatório de átomos e moléculas.

Enriquecimento secundário Um processo de dissolução dos depósitos do minério de sulfeto que pode concentrar materiais desejados.

Entropia Uma medida em um sistema da quantidade de energia que não está disponível para o trabalho útil. Quanto mais a desordem de um sistema aumenta, a entropia no sistema também aumenta.

Equação logística A equação que resulta em uma curva de crescimento; ou seja, a taxa de crescimento $dP/dt = cP[(K - P)/P]$, onde c é a taxa de crescimento intrínseco, K é a capacidade suporte e P é o tamanho da população.

Equilíbrio Um ponto de repouso. No equilíbrio, um sistema se mantém em uma condição única e fixa, estando assim em equilíbrio. Compare com o **estado estacionário**.

Equilíbrio da natureza Um mito de que o meio ambiente, quando não influenciado pelas atividades antrópicas, atingirá um estado constante, inalterável ao longo do tempo e referido como um estado de equilíbrio.

Equilíbrio estacionário Uma condição na qual um sistema permanecerá se não for perturbado e para o qual retornará se deslocado.

Erros experimentais Há dois tipos de erros experimentais, aleatórios e sistemáticos. Erros aleatórios são aqueles devidos a eventos estatísticos, tais como correntes de ar empurrando uma balança e alterando a medida de peso. Em contraste, a falta de calibração de um instrumento levaria a um erro sistemático. Erros humanos podem ser tanto aleatórios quanto sistemáticos.

Erupção vulcânica Extrusão de rocha fundida (magma) na superfície da Terra. Pode vir em fluxo de lava explosivo e violento ou menos energético.

Escudo de ozônio Camada de ozônio da estratosfera que absorve radiação ultravioleta advinda do Sol.

Escurecimento global A redução da entrada de radiação solar pela reflexão de partículas suspensas na atmosfera e sua interação com o vapor d'água (especialmente nuvens).

Espécie Um grupo de indivíduos capaz de procriar entre si.

Espécie-chave Uma espécie, tal como a lontra-marinha, que tem grande efeito na sua comunidade ou ecossistema, sua retirada ou adição leva a mudanças significativas no número de muitas ou todas as outras espécies da comunidade.

Espécie cosmopolita Uma espécie com ampla distribuição, ocorrendo onde o ambiente é apropriado.

Espécie em extinção Uma espécie que enfrenta ameaça que possa levá-la a sua extinção em um curto período de tempo.

Espécie endêmica Uma espécie que se desenvolveu e vive apenas em um local específico. Por exemplo, o condor-da-califórnia é endêmico na costa Pacífica da América do Norte.

Espécies ameaçadas Espécies que experimentaram um declínio no número de indivíduos a um grau que aumenta a preocupação quanto à possibilidade de extinção da espécie.

Espécies dominantes Geralmente são as espécies mais abundantes em uma área, comunidade ecológica ou ecossistema.

Espécies exóticas Espécies introduzidas em uma nova área em que a espécie ainda não tinha evoluído.

Espécies pioneiras Espécies encontradas em estágios iniciais de sucessão.

Espécies raras Espécies com uma população total pequena ou restrita a uma área pequena, mas não necessariamente em declínio ou em perigo de extinção.

Espécies sucessoras iniciais Espécies que ocorrem somente ou principalmente em estágios iniciais de sucessão.

Espécies sucessoras tardias Espécies que ocorrem somente ou principalmente, ou são dominantes, em estágios tardios de sucessão.

Espécies ubíquas Espécies encontradas em quase qualquer parte da Terra.

Espécies vulneráveis Outro termo para *espécies ameaçadas* – espécies que experimentaram um declínio no número de indivíduos.

Espectro eletromagnético Todos os comprimentos de ondas da energia eletromagnética, consideradas como série contínua. O espectro inclui ondas de comprimento longo (usadas na transmissão de rádio), infravermelho, visíveis, ultravioleta, raios X e raios gama.

Estado estacionário Quando as entradas (*input*) são iguais às saídas (*output*) de um sistema, não há mudanças e o sistema é dito estar em estado estacionário. Uma banheira com água fluindo para dentro e para fora a uma mesma taxa mantém o mesmo nível de água e está em um estado estacionário. Compare com **equilíbrio**.

Estágio clímax (ou sucessão ecológica) O estágio final da sucessão ecológica e, por conseguinte, uma comunidade ecológica que continua a sua perpetuação ao longo do tempo.

Estrutura etária (de uma população) A população divide-se em grupos por idade. Às vezes, os grupos representam o número real de cada idade na população, às vezes os grupos representam a porcentagem ou proporção da população de cada idade.

Estrutura etária da população O número de indivíduos ou a proporção de população para cada classe etária.

Estudo de impacto ambiental (EIA) Uma avaliação escrita que avalia e explora possíveis impactos associados a um projeto particular que pode afetar o ambiente humano. A avaliação é exigida nos Estados Unidos pelo ato político de 1969, e no Brasil pela Resolução CONAMA nº 001 de 1986.

Ética ambiental Uma escola, ou teoria, na filosofia que lida com o valor ético do meio ambiente.

Ética da terra Um conjunto de princípios éticos que afirmam o direito a todos os recursos, incluindo plantas, animais e materiais da terra à existência contínua e, pelo menos em algumas localidades, a sua existência contínua no seu estado natural.

Eucarionte Um organismo cujas células têm núcleo e organelas. Os eucariontes incluem animais, fungos, vegetação e muitos organismos unicelulares.

Eutrófico Faz referência aos corpos d'água que têm uma abundância de elementos químicos necessários à vida.

Eutrofização Aumento na concentração de elementos químicos exigidos para criaturas vivas (p. ex., fósforo). O aumento da carga de nutriente pode levar a uma explosão populacional de algas fotossintéticas e cianobactérias que se tornam uma camada tão espessa que impede a luz de penetrar na água. As bactérias sem acesso à luz abaixo da superfície morrem; enquanto se decompõem, o oxigênio dissolvido no lago diminui e eventualmente uma mortandade de peixes pode acontecer. A eutrofização de lagos causados por processos humanos, tal como água de esgoto rico em nutrientes que é despejada em um corpo d'água, é chamada de eutrofização cultural.

Eutrofização cultural Eutrofização induzida pelo homem que envolve nutrientes como nitratos e fosfatos, os quais causam rápido incremento na taxa de crescimento de plantas em lagoas, lagos, rios ou o oceano.

Evaporitos marinhos Em relação aos recursos minerais, refere-se aos materiais como sais de potássio e sódio advindos da evaporação de águas marinhas.

Evaporitos não marinhos Em relação aos recursos minerais, refere-se a depósitos de materiais como o sódio e o bicarbonato de cálcio, sulfato, borato ou nitrato produzidos por evaporação nas águas superficiais nos continentes, ao contrário das águas marinhas dos oceanos.

Evolução biológica A mudança nas características herdadas de uma população de geração para geração, a qual pode resultar em novas espécies.

Evolução convergente O processo pelo qual espécies evoluem em diferentes lugares ou diferentes momentos e, embora tenham diferentes heranças genéticas, elas desenvolvem formas externas similares. A similaridade nas formas dos tubarões e golfinhos é um exemplo de evolução convergente.

Evolução divergente Organismos com a mesma herança hereditária migram para diferentes hábitats e evoluem para espécies com diferentes estruturas externas e formas, mas que de alguma forma continuam a utilizar os mesmos tipos de hábitat. Acredita-se que o avestruz e a ema são exemplos de evolução divergente.

Evolução não biológica Fora do domínio da biologia, o termo *evolução* é utilizado amplamente para significar a história e o desenvolvimento de algo.

Excesso e colapso Ocorre quando o crescimento de uma parte do sistema excede a capacidade de suporte, resultando em uma diminuição repentina em uma das partes do sistema.

Expectativa de vida A média estimada do número de anos (ou outro tempo específico usado como medida) que um indivíduo de uma idade específica pode esperar viver.

Experimento controlado Um experimento controlado é planejado para testar os efeitos de variáveis independentes em uma variável dependente pela mudança apenas de uma variável independente por vez. Para cada variável testada, há dois arranjos (um experimento e um controle) idênticos exceto pela variável independente que está sob teste. Qualquer diferença no resultado final (variável dependente) entre o experimento e o controle pode ser atribuída aos efeitos da variável independente testada.

Externalidade Na economia, um efeito normalmente não incluído nas análises de custo-benefício.

Extinção Desaparecimento de uma forma de vida; geralmente aplicado a espécies.

Extinção local O desaparecimento de uma espécie de um local, mas com sua existência mantida em outro lugar.

Facilitação Durante a sucessão, uma espécie prepara o caminho para a próxima (e até isso pode ser necessário para a ocorrência da seguinte).

Fato Algo que é conhecido baseado na experiência real ou observação.

Fator limitante A única exigência para o crescimento disponível no mínimo de suprimento em comparação às necessidades do organismo. Originalmente aplicada a culturas, mas agora geralmente aplicada a qualquer espécie.

Fertilidade do solo A capacidade de o solo suprir os nutrientes e propriedades físicas necessárias para o crescimento das plantas.

Fertilidade em nível de reposição A taxa de fertilidade requerida para a população permanecer em um tamanho constante.

Fissão A divisão de um átomo em menores fragmentos com a liberação de energia.

Fixação do nitrogênio O processo de conversão do nitrogênio inorgânico molecular na atmosfera em amônia. Na natureza isso é feito apenas por algumas espécies de bactérias, das quais dependem todas as formas de vida.

Floresta de dossel fechado Florestas nas quais as folhas de árvores adjacentes se sobrepõem ou se tocam, de tal forma que as árvores apresentam uma cobertura aparentemente contínua.

Floresta primária Termo técnico utilizado para denominar uma floresta virgem (que nunca foi cortada). Popularmente é também conhecida como floresta antiga, uma floresta que tenha permanecido intocada por um longo tempo, mas não especificado.

Floresta secundária Uma floresta que foi desmatada e se regenerou.

Floresta virgem A floresta que nunca foi cortada.

Florestas abertas Áreas nas quais as árvores são formas de vegetação dominantes, mas suas copas não se tocam ou se sobrepõem tanto, de modo que há falhas no dossel. Tipicamente grama ou arbustos crescem nas falhas entre as árvores.

Fluxo de energia É o movimento da energia através de um ecossistema a partir do ambiente externo, por meio de uma série de organismos, e o retorno novamente ao ambiente externo. É um dos processos fundamentais comuns a todos os ecossistemas.

Fluxo de energia do ecossistema O fluxo de energia através de um ecossistema – a partir do ambiente externo por meio de uma série de organismos e de volta ao ambiente externo.

Fome crônica Uma condição na qual há comida suficiente por pessoa para se manter viva, mas não o suficiente para manter uma vida satisfatória e produtiva.

Fontes difusas Por vezes também denominada fontes não pontuais. Essas são fontes difusas de poluição como o escoamento de águas superficiais urbanas (*runoff*) ou os escapamentos de automóveis. Essas fontes englobam emissões que podem estar sobre uma ampla área ou mesmo sobre toda uma região. São frequentemente difíceis de serem isoladas e corrigidas devido à natureza ampla de dispersão das emissões.

Fontes dispersíveis Tipo de fontes fixas de poluição de ar que geram poluentes em áreas abertas e expostas a processos de ventania.

Fontes fixas Fontes de poluição de ar que têm um local relativamente fixo, incluindo fontes pontuais, fontes dispersíveis e fontes difusas.

Fontes móveis Fontes de poluição do ar que se movem de lugar para lugar como, por exemplo, automóveis, caminhões, ônibus e trem.

Fontes não pontuais Fontes de poluição, difusas e intermitentes, que são influenciadas por fatores como uso da terra, clima, hidrologia, topografia, vegetação nativa e geologia.

Fontes pontuais Fontes de poluição como chaminés, tubos ou vazamentos acidentais que são facilmente identificáveis por serem estacionárias. Acredita-se que sejam geralmente mais fáceis de reconhecer e controlar do que as fontes difusas. Isto é verdade somente no senso comum, uma vez que algumas fontes pontuais emitem quantidades enormes de poluentes no meio ambiente.

Força Um empurrão ou puxão que afeta o movimento. O produto da massa e aceleração de um material.

Forçamento Refere-se às mudanças globais, processos capazes de mudar a temperatura global, como as mudanças na energia solar emitida pelo Sol ou nas atividades vulcânicas.

Fotossíntese Síntese de açúcares a partir do dióxido de carbono e água por organismos vivos usando a luz como energia. O oxigênio é devolvido como produto.

Fotovoltaica Tecnologia que converte luz do Sol diretamente em eletricidade usando materiais semicondutores.

Fumantes passivos Comumente chamados de fumantes de segunda mão de tabagistas.

Funções de utilidade pública Funções realizadas pelos ecossistemas que beneficiam outras formas de vida em outros ecossistemas. Exemplos incluem a limpeza do ar pelas árvores e a remoção de poluentes da água pela infiltração no solo.

Furacão Uma tempestade tropical com ventos rotacionais que excedem 120 km por hora que se move por águas quentes tropicais.

Fusão nuclear Combinação de elementos leves para formar elementos mais pesados com liberação de energia.

Gás natural Gases hidrocarbônicos comuns (predominantemente metano), em geral produzidos em associação com petróleo ou a partir de poços de gás; um importante combustível eficiente e com queima limpa comumente utilizado em residências e na indústria.

Gaseificação do carvão Processo que converte carvão que contém relativamente muito enxofre em gás, com a finalidade de remover o enxofre.

Gases de efeito estufa O conjunto de gases que produzem o efeito estufa, tais como dióxido de carbono, metano e vapor d'água.

Gene Uma única unidade de informação genética compreendendo um complexo segmento das quatro bases nitrogenadas do DNA.

Gene de restrição de uso Uma cultura geneticamente modificada que tem um gene que torna a planta estéril depois do primeiro ano.

Geologia ambiental A aplicação de informações geológicas em problemas ambientais.

Gerenciamento energético integrado Uso de uma gama de opções de energia que variam de região para região, incluindo uma mistura de tecnologia e fontes de energia.

Gestão de materiais Na gestão de resíduos, métodos consistentes com o ideal da ecologia industrial, fazendo melhor uso dos materiais e rumando para um uso mais sustentável dos recursos.

Gestão integrada de resíduos (GIR) Conjuntos de alternativas, incluindo reúso, redução de matéria-prima, reciclagem, compostagem, aterro e incineração.

Gradiente ecológico Uma mudança na abundância relativa de espécies ou grupo de espécies ao longo de uma linha ou dentro de uma área.

Hábitat Onde um indivíduo, população ou espécie existe; ou pode existir. Por exemplo, o hábitat da árvore-de-josué é o deserto de Mojave na América do Norte.

Herbívoro Um organismo que se alimenta de um autótrofo.

Heterótrofos Organismos que não podem produzir sua própria comida a partir de substância inorgânica e uma fonte de energia, portanto sobrevivem se alimentando de outros organismos.

Hidrato de metano Um composto branco, parecido com o gelo, feito de moléculas de metano presas em "gaiolas" de água congelada nos sedimentos localizados nos solos profundos do mar.

Hidrocarbonetos Compostos contendo somente carbono e hidrogênio. Estes compostos orgânicos incluem o petróleo, seus derivados e o gás natural.

Hidroclorofluorcarbonos Também conhecidos como HCFCs, são um grupo de substâncias químicas contendo hidrogênio, cloro, flúor e carbono, produzidos como um substituto potencial para os clorofluorcarbonos (CFCs).

Hidrofluorocarbonos (HFCs) Produtos químicos que contêm hidrogênio, flúor e carbonos, produzidos como um substituto em potencial para os clorofluorcarbonos.

Hidrologia O estudo de águas sub e superficiais.

Hidroponia A prática do crescimento de plantas em solução de água fertilizada sob um substrato completamente artificial em um ambiente artificial como em uma estufa.

Hipótese Na ciência é uma explicação estabelecida de uma maneira que possa ser testada e contestada. Uma hipótese testada é aceita até que possa ser refutada.

Hipótese de Gaia A Hipótese de Gaia afirma (1) que a vida tem alterado muito o meio ambiente global da Terra por mais de três bilhões de anos e continua até hoje; (2) que estas mudanças beneficiam a vida (aumenta sua persistência). Alguns ampliam isso, de maneira não científica, para afirmar que a vida fez isso propositalmente.

Homeostase A habilidade de uma célula ou organismo em manter um ambiente constante. Resulta da retroalimentação negativa, implicando um estado de equilíbrio dinâmico.

Horizonte do solo Uma camada no solo (A, B, C) que difere uma da outra em propriedades químicas, físicas e biológicas. A totalidade destas camadas define o perfil do solo.

Ilha-barreira (ou barra) Uma ilha separada do continente por um pântano salino. Ela geralmente consiste em um sistema múltiplo de restingas e é separada de outras ilhas-barreira por entradas que permitem a troca da água do mar com a água da laguna.

Ilha de calor Usualmente, uma grande cidade tem um ar mais quente do que o ar de áreas próximas como resultado da alta produção de calor e da baixa perda de calor devido ao fato de os materiais de construção e de pavimentação funcionarem como coletores solares.

Ilha ecológica Uma ilha biologicamente isolada de forma que as espécies existentes em uma área não possam se misturar (ou apenas raramente se misturam) com outra população da mesma espécie.

Impacto ambiental Os efeitos de alguma ação no meio ambiente, principalmente de ações realizadas pelo homem.

Incêndio florestal Queima rápida e autossustentável que libera luz, calor, dióxido de carbono e outros gases enquanto ele se move pela paisagem. Também conhecido como um fogo no meio ambiente natural que pode ser iniciado por processos naturais, tais como o trovão, ou deliberadamente provocado por humanos.

Incineração Combustão de resíduos em alta temperatura, consumindo materiais e deixando apenas cinza e materiais não combustíveis para serem dispostos em um aterro.

Inércia populacional ou efeito retardatário O contínuo crescimento de uma população depois do nível de fertilidade ser atingido.

Inferência (1) Uma conclusão derivada do raciocínio lógico de premissas e/ou evidências (observações ou fatos) ou (2) uma conclusão, baseada na evidência, dada por *insight* (constatação intuitiva) ou analogia, no lugar de derivada apenas de processos lógicos.

Informação qualitativa Informação diferenciada pelas qualidades ou atributos que não podem ser ou não são expressas em quantidades. Por exemplo, azul e vermelho são informações qualitativas sobre o espectro eletromagnético.

Informação quantitativa Informação expressa como números ou medidas numéricas. Por exemplo, o comprimento de onda de cores específicas como do azul e do vermelho (460 e 650 nanômetros, respectivamente) são informações quantitativas sobre o espectro eletromagnético.

Inibição Quando, durante a sucessão, uma espécie evita a entrada de outra espécie tardia na sucessão do ecossistema. Por exemplo, algumas gramas detêm um emaranhado tão denso que as sementes das árvores não conseguem atingir o solo a fim de germinar. Enquanto essa grama persistir, as árvores que caracterizam estágios mais avançados de sucessão não podem entrar no ecossistema.

Instrumentos de política São os meios de implementar uma política social. Tais instrumentos incluem persuasão moral (dialogar – persuadir pessoas pela fala, publicidade e pressão social); controles diretos, incluindo regulação; e processos de mercado afetando o preço das mercadorias, subsídios, licenças e depósitos.

Intemperismo Mudanças que acontecem em rochas e minerais na, ou perto da, superfície da Terra em resposta a mudanças físicas, químicas ou biológicas; a avaria física, química e biológica de rochas ou minerais.

Intervalo de variação histórica O intervalo conhecido de uma variável ambiental, tais como a abundância de espécies nas profundezas de um lago por algum intervalo de tempo.

Inundação Inundação de uma área por água, geralmente produzida por intensas tempestades, derretimento de gelo, tempestades devido a furacões ou tsunamis, ou pelo rompimento de uma estrutura de proteção à inundação, tal como um dique.

Inundação natural O processo por onde a água emerge dos seus canais e cobre parte da área de inundação. Inundação natural não é um problema até que as pessoas escolham construir casas e outras construções nas planícies de inundação.

Inversão térmica Condição na qual o ar quente se encontra abaixo de uma camada de ar frio, restringindo a circulação do ar; muitas vezes, associada aos eventos de poluição do ar em áreas urbanas.

Irrigação por gotejamento Irrigação do solo por tubos que gotejam água lentamente, reduzindo em muito o desperdício de água resultante da evaporação direta e da produção crescente.

Isolamento crônico Uma situação onde a sucessão ecológica não ocorre. Uma espécie pode substituir outra, ou um indivíduo da primeira espécie pode ser o substituto, mas nenhum padrão temporal geral e global é estabelecido. Característica de ambientes extremos como, por exemplo, desertos.

Isótopos Átomos de um elemento que tem o mesmo número atômico (o número de prótons no núcleo de um átomo), mas varia no número de massa atômica (o número de prótons mais o número de nêutrons de um átomo).

Justiça ambiental O princípio de lidar com problemas ambientais de tal forma a não discriminar pessoas baseando-se em condições socioeconômicas, raça ou grupos étnicos.

Justificativa de criatividade para a conservação da natureza Um argumento para a conservação baseado no fato de que as pessoas geralmente acham, no mundo natural intocado, fontes de criatividade artística e científicas.

Justificativa de inspiração para a conservação da natureza Um argumento para a conservação da natureza que tem como base que a experiência direta com a natureza é uma ajuda para o bem-estar mental e espiritual.

Justificativa de recreação para a conservação da natureza Um argumento para a conservação da natureza em solos onde a experiência direta com a natureza é intrinsecamente prazerosa e cujos benefícios são importantes e valiosos às pessoas.

Justificativa ecológica para a conservação na natureza Um raciocínio para a conservação da natureza baseado no fato de que as espécies, uma comunidade ecológica, um ecossistema ou a biosfera terrestre fornecem funções específicas necessárias para a manutenção da forma de vida humana ou para o benefício à vida. A habilidade das árvores nas florestas de retirar dióxido de carbono produzido na queima de combustíveis fósseis é um ato benéfico e um bom argumento para manter grandes áreas de florestas.

Justificativa estética para a preservação da natureza Um argumento para a conservação da natureza se baseia no fato de que a natureza é bela, sendo esta beleza importante e valiosa para as pessoas.

Justificativa moral para a conservação da natureza Um argumento para a conservação da natureza baseado no direito dos aspectos ambientais de existir, independentemente dos desejos dos humanos, sendo uma obrigação moral humana permiti-los continuar ou ajudá-los a sobreviver.

Justificativa utilitária para a conservação da natureza Um argumento para a conservação da natureza de terras onde o ambiente, o ecossistema, o hábitat ou as espécies provêm aos indivíduos benefícios econômicos diretos ou são diretamente necessários à sua sobrevivência.

Kwashiorkor Falta de proteínas suficientes em uma dieta, que afeta o desenvolvimento neural em crianças e, portanto, pode levar à deficiência no aprendizado.

Legislação ambiental Um campo da legislação que se preocupa com a conservação e o uso de recursos naturais e o controle da poluição.

Lei do mínimo (Lei do mínimo de Liebig) O conceito de que o crescimento ou sobrevivência de uma população está diretamente relacionado com o único requerimento ou recurso da vida que é o mais escasso (e não de uma combinação de fatores).

Lei do mínimo de Liebig Veja **Lei do mínimo**.

Lençol freático A superfície que separa a zona de aeração da zona de saturação, a superfície abaixo da qual todos os espaços entre as rochas são saturados com água.

Levantamento O processo de identificação prévia de problemas ambientais importantes que requer avaliação detalhada.

Limiar Um ponto de operação de um sistema no qual uma mudança ocorre. Em respeito à toxicologia, é o nível abaixo do qual efeitos não são observáveis e acima do qual os efeitos são aparentes.

Limite convergente de placa Um limite entre duas placas da litosfera em que uma placa penetra abaixo da outra (subducção).

Limite divergente de placas Um limite entre placas da litosfera caracterizadas pela produção de nova litosfera, encontradas ao longo de cristas oceânicas.

Linha de escarpa Um ponto em um rio onde há uma queda abrupta na elevação da terra e onde ocorrem inúmeras cachoeiras. A linha a leste dos Estados Unidos é localizada onde riachos passam de rochas mais duras para menos duras.

Litosfera A camada exterior da Terra, aproximadamente 100 km de espessura, da qual são compostas as placas que contêm as bacias oceânicas e os continentes.

Lixão Uma área onde resíduos sólidos são dispostos por simples lançamento. Geralmente causa problemas ambientais severos, tais como poluição da água, e constitui um sério risco à saúde. Ilegal nos Estados Unidos e em muitos outros países, inclusive no Brasil.

Lixiviação Infiltração de água da superfície, dissolvendo materiais do solo como parte do processo de intemperismo químico e transportando os materiais dissolvidos lateralmente ou para baixo.

Lixiviado Líquido mineralizado danoso capaz de transportar poluentes bacterianos. Produzido quando a água se infiltra através de um material residual e se torna contaminada e poluída.

Lixo radioativo Tipo de resíduo produzido no ciclo do combustível nuclear, geralmente classificado como de alto nível ou baixo nível.

Local (em relação a cidades) Características ambientais de uma localização que influenciam no estabelecimento de uma cidade. Por exemplo, Nova Orleans foi construída em uma região lamacenta, o que é um local ruim, enquanto Manhattan de Nova York foi construída em uma ilha de solos firmes, um local excelente.

Macronutrientes Elementos exigidos em grandes quantidades por criaturas vivas. Estes incluem os seis principais: carbono, hidrogênio, oxigênio, nitrogênio, fósforo e enxofre.

Magma Um derretimento natural de sílica, grande parte desta em estado líquido.

Magnificação trófica Também chamada de *concentração biológica*. A tendência de concentração de algumas substâncias em cada nível trófico. Organismos preferencialmente armazenam certas substâncias químicas e excretam outras. Quando isso ocorre sistematicamente nos organismos, as substâncias químicas armazenadas aumentam sua porcentagem em relação ao peso do corpo proporcionalmente enquanto o material é transferido ao longo de uma cadeia alimentar ou um nível trófico. Por exemplo, a concentração de DDT é maior em herbívoros do que em plantas e maior em plantas do que no meio ambiente.

Manejo integrado de pragas Controle de pragas agrícolas usando diversos métodos conjuntamente, incluindo agentes químicos e biológicos. Um objetivo é minimizar o uso de produtos químicos artificiais, outro objetivo é diminuir a resistência crescente de pragas aos pesticidas químicos.

Manejo sustentável de florestas O nome da nova prática de cultivo e colheita de madeira para aumentar a probabilidade de sustentabilidade, incluindo o reconhecimento das características dinâmicas de florestas e da necessidade de gestão num contexto do ecossistema.

Marasmo Emagrecimento progressivo causado por falta de proteínas e calorias.

Maricultura Produção de comida de hábitats marinhos.

Matéria Tudo que ocupa espaço e tem massa. É a substância da qual objetos físicos são compostos.

Material particulado Pequenas partículas de líquido ou sólido liberadas na atmosfera por muitas atividades, incluindo agricultura, erupção vulcânica e a queima de combustíveis fósseis. Particulados afetam a saúde humana, ecossistemas e a biosfera.

Mediação Um processo de negociação entre adversários guiada por um mediador neutro.

Megacidades Áreas urbanas com pelo menos 8 milhões de habitantes.

Meia-vida O tempo requerido para que metade da quantidade de uma substância desapareça; o tempo médio necessário para metade de um radioisótopo ser transformado em algum outro isótopo; o tempo necessário para metade de uma substância química tóxica ser convertida em alguma outra forma.

Meio ambiente Todos os fatores (vivos e abióticos) que afetam de fato um organismo individual ou população em qualquer ponto do ciclo de vida. *Meio ambiente* é também algumas vezes utilizado para denotar certa configuração de circunstâncias ao redor de um acontecimento particular (ambientes de deposição, por exemplo).

Metais pesados Refere-se a certos metais, incluindo chumbo, mercúrio, arsênico e prata (dentre outros) que têm relativamente alto número atômico (o número de prótons no núcleo de um átomo). Eles são geralmente tóxicos mesmo em concentrações baixas, causando uma variedade de problemas ambientais e danos à saúde humana.

Metano (CH_4) Uma molécula de carbono e quatro átomos de hidrogênio. É um gás comum na atmosfera, um dos gases causadores do efeito estufa.

Método científico Um conjunto de métodos sistemáticos pelo qual cientistas investigam fenômenos naturais, incluindo aquisição de dados, formulação e teste de hipóteses e desenvolvimento de teorias e leis científicas.

Microclima O clima de uma área bem reduzida. Por exemplo, o clima embaixo de uma árvore, próximo ao solo de uma floresta ou nas superfícies das ruas de uma cidade.

Micronutrientes Elementos químicos exigidos em pequenas quantidades por pelo menos algumas formas de vida. Boro, cobre e molibdênio são exemplos de micronutrientes.

Microusinas de energia A produção de eletricidade usando pequenos sistemas de distribuição em vez de grandes usinas centrais.

Migração O movimento de um indivíduo, população ou espécie de um hábitat para outro, ou simplesmente de uma área geográfica para outra.

Mineração a céu aberto Mineração na superfície onde a camada superficial da rocha e do solo é removida para alcançar o recurso. Grandes covas de minas a céu aberto são algumas das maiores escavações realizadas pelas pessoas do mundo.

Minerais de silicato O grupo mais importante dos minerais formadores de rochas.

Mineral Um material inorgânico comum com uma estrutura interna definida e propriedades físico-químicas que variam de acordo com limites prescritos.

Mitigação Um processo que identifica ações a se evitar, diminuir ou mesmo compensar os impactos adversos ambientais esperados.

Modelo Uma explicação deliberadamente simplificada, geralmente física, matemática, ilustrada ou simulada no computador, de fenômenos ou processos complexos.

Modelo de Circulação Global (MCG) Um tipo de modelo matemático usado para avaliar mudanças globais, particularmente relacionadas com a mudança climática. MCGs são muito complexos e requerem supercomputadores para sua operação.

Monitoramento Processo de coleta de informação regular em locais específicos para obter uma base de dados da qual se pode avaliar. Por exemplo, coleta de amostras de água debaixo de um aterro para dar um alerta antecipado caso haja algum problema de poluição.

Monocultura (Agricultura) A plantação de grandes áreas com uma única espécie ou até uma única cepa ou subespécie.

Monóxido de carbono (CO) Um gás sem cor e sem odor que mesmo em concentrações muito baixas é extremamente tóxico a humanos e animais.

Mudança climática Mudança na temperatura média anual e/ou em outros aspectos do clima por períodos de tempo, variando de décadas até centenas de anos, podendo chegar até milhões de anos.

Mutação Descrita simplificadamente, é uma mudança química em uma molécula de DNA. Isso significa que o DNA carrega uma mensagem diferente que possuía antes e esta mudança pode afetar as características expressas quando células ou organismos individuais se reproduzem.

Mutualismo Ver **Simbiose**.

Natureza selvagem Uma área não afetada agora ou no passado por ações antrópicas e sem a presença notável de seres humanos.

Nicho (1) A "profissão", ou papel, de um organismo ou espécie; ou (2) todas as condições ambientais sob as quais um indivíduo ou uma espécie podem sobreviver. O nicho ideal é composto por todas as condições sob as quais uma espécie pode sobreviver em ausência de competição, enquanto o nicho real é um conjunto de condições como elas ocorrem no mundo real com competidores.

Nicho ecológico O conceito geral é que o nicho é a "profissão" de uma espécie – o que ela faz para viver. O termo é também utilizado para se referir a um conjunto de condições ambientais com as quais uma espécie é capaz de sobreviver.

Nicho hutchinsoniano A ideia de um nicho medido, o conjunto de condições ambientais junto ao qual a espécie é capaz de sobreviver.

Nível trófico Na comunidade ecológica, todos os organismos que estão no mesmo número de etapas da cadeia alimentar a partir da fonte de energia primária. Por exemplo, em um pasto, a grama está no primeiro nível trópico, gafanhotos estão no segundo, pássaros que comem os gafanhotos estão no terceiro, e assim por diante.

Nuvens estratosféricas polares Nuvens que se formam na estratosfera durante o inverno polar.

Observações Informações obtidas através de um ou mais dos cinco sentidos ou através de instrumentos que amplificam os sentidos. Por exemplo, alguns instrumentos de sensores remotos medem a intensidade infravermelha, que não é vista pelos olhos humanos, e convertem as medidas em cores, as quais são visíveis.

Oligotrófico Refere-se aos corpos d'água com baixa concentração de elementos químicos requeridos para a vida.

Onda de calor Um período de dias ou semanas de calor incomum. Um fenômeno recorrente do clima ligado ao aquecimento da atmosfera e à movimentação das massas de ar.

Onívoros Organismos que podem comer tanto animais como plantas.

Organismos geneticamente modificados Organismos criados pela engenharia genética, alterando genes ou material genético para produzir novos organismos ou organismos com características desejadas ou eliminar características indesejadas nos mesmos.

Oxidantes fotoquímicos Resultado das interações atmosféricas do dióxido de nitrogênio e a luz do Sol. O mais comum é o ozônio (O_3).

Óxidos de nitrogênio (NO_x) Ocorrem em diversas formas: NO, NO_2 e NO_3. Mais importante como um poluente do ar é o dióxido de nitrogênio, que é um gás visível amarelo-amarronzado próximo do avermelhado. É o precursor da chuva ácida e produzido através da queima de combustíveis fósseis.

Ozônio (O_3) Uma forma de oxigênio no qual três átomos de oxigênio aparecem juntos. É quimicamente ativo e tem um curto período de vida médio na atmosfera. Forma uma alta camada natural na atmosfera (estratosfera) que protege da radiação ultravioleta danosa vinda do Sol, e é um poluente do ar quando presente na baixa atmosfera acima dos padrões nacionais de qualidade do ar.

Padrões de qualidade do ar Os níveis de poluentes do ar que delineiam as condições aceitáveis da poluição em um dado período de tempo. É valioso porque frequentemente estão vinculados aos padrões de emissão que procuram controlar a poluição do ar.

Partículas alfa Um dos mais importantes tipos de radiação nuclear, que consiste em dois prótons e dois nêutrons (um núcleo de hélio).

Partículas beta Um dos três tipos mais importantes de radiação nuclear; são elétrons emitidos quando um dos prótons ou nêutrons contidos no núcleo de um isótopo espontaneamente se transforma.

Pastagem natural Terra utilizada para alimentação de animais, sem necessiadde de aração plantio.

Pasto Terra arada e plantada para prover forragem para animais herbívoros domésticos.

Pedologia O estudo dos solos.

Perigo natural Qualquer processo natural que é um perigo em potencial à vida humana e à propriedade.

Período de rotação Tempo entre cortes de um setor ou área florestal.

Permafrost Solo permanentemente congelado.

Perspectiva de paisagem O conceito de que o gerenciamento eficaz e a conservação reconhecem que ecossistemas, populações e espécies estão interligados através de grandes áreas geográficas.

Pesticidas de amplo espectro Pesticidas que matam uma grande variedade de organismos. Por exemplo, o arsênico, um dos elementos usados como pesticida, é tóxico para muitas formas de vida, incluindo pessoas.

Petróleo bruto Ocorrência natural de petróleo, normalmente bombeado de poços em campos de petróleos. O refinamento de petróleo bruto produz a maioria dos produtos usados hoje em dia.

Piscina (em um córrego) Leito produzido por uma correnteza.

Placas tectônicas Um modelo de placas tectônicas globais que sugere que a camada mais externa da Terra, conhecida como litosfera, é composta de diversas grandes placas que se movem relativamente às outras. Continentes e bacias oceânicas são viajantes passivos nestas placas.

Planície de inundação Topografia plana adjacente ao leito de um rio em um vale que tem sido produzida pela combinação dos fluxos de assoreamento e migração lateral dos meandros.

Plano diretor Um plano oficial adotado pelo governo local formalmente atestando políticas gerais e de longo prazo sobre o desenvolvimento futuro.

Planos verdes Estratégias em longo prazo para identificar e solucionar problemas ambientais regionais e globais. O coração filosófico dos planos verdes é a sustentabilidade.

Plantações Em silvicultura, são florestas manejadas, nas quais apenas uma espécie é plantada em fileiras contínuas e colhida em tempos regulares.

Plantio em curvas de nível Terras cultiváveis ao longo de curvas de nível (contornos topográficos de mesma altitude) de forma mais plana e horizontal possível, ajudando, assim, a diminuição da taxa de erosão.

Plataforma continental Uma área de oceano relativamente rasa, compreendida entre a linha da costa e o declive continental, que se estende até a profundidade de aproximadamente 200 metros da água circundante ao continente.

Poluente Em termos gerais, é qualquer fator que tem um efeito danoso em seres vivos e/ou em seu meio ambiente.

Poluentes orgânicos persistentes (POPs) Compostos baseados em carbono, geralmente contendo cloro, que não são facilmente removíveis do meio ambiente. Muitos foram introduzidos décadas antes de seus efeitos nocivos serem totalmente compreendidos e agora estão banidos ou restringidos.

Poluentes primários Poluentes do ar emitidos diretamente na atmosfera. Inclusos estão os particulados, os óxidos sulfúricos, o monóxido de carbono, o óxido de nitrogênio e os hidrocarbonetos.

Poluentes secundários Poluentes do ar produzidos por reações entre poluentes primários e componentes normais da atmosfera. Um exemplo é o ozônio, que é formado sobre áreas urbanas a partir de reações entre poluentes primários, luz solar e gases naturais da atmosfera.

Poluição O processo pelo qual algo se torna impuro, sujo ou de qualquer outra forma não limpo.

Poluição por sedimentos Em termos de volume e massa, sedimento é o maior poluente de água. Pode barrar correntes, encher reservatórios, enterrar vegetação e geralmente cria um problema de difícil solução.

Poluição sonora Um tipo de poluição caracterizada por um som indesejável ou potencialmente danoso.

Poluição sulfurosa Produzida primariamente pela queima de carvão ou óleo em grandes usinas de energia. Óxidos de enxofre e particulados combinam sob certas condições meteorológicas para produzir uma forma concentrada desta poluição.

Poluição térmica Um tipo de poluição que ocorre quando calor é liberado na água ou no ar e produz efeitos não desejados no ambiente.

População Um grupo de indivíduos da mesma espécie vivendo na mesma área ou trocando e compartilhando informação genética.

População mínima viável O número mínimo de indivíduos que têm chance razoável de sobreviver por um período específico de tempo.

População sustentável máxima O maior tamanho de população que pode ser sustentado indefinidamente.

População Sustentável Ótima (PSO) O tamanho da população que de alguma forma seja melhor para a população, sua comunidade ecológica, seu ecossistema ou para a biosfera.

Posição (em relação a cidades) A localização geográfica de um local que faz dela um bom lugar para uma cidade. Por exemplo, Nova Orleans tem uma posição boa, pois está localizada na boca do rio Mississippi, que é utilizado como uma forma de transporte.

Potência A quantidade de energia por período de tempo.

Povoamento florestal Um termo informal usado por silvicultores para se referir a um grupo de árvores.

Povoamento florestal da mesma idade Uma floresta de árvores que começaram seu crescimento no mesmo ano ou em época próxima.

Povoamentos florestais de idades diferentes Uma área florestal com pelo menos três gerações distintas de árvores.

Predação-parasitismo Interação entre indivíduos de duas espécies no qual o resultado beneficia um em detrimento do outro.

Predador Um organismo que se alimenta de outros organismos vivos, usualmente de outras espécies. O termo é geralmente aplicado para animais que se alimentam de outros animais.

Premissas Para a Ciência, as definições iniciais e os enunciados.

Prevenção da poluição Identificação de caminhos para evitar a geração de resíduos no lugar de encontrar modos de disposição.

Previsão global Predizer ou prever futuras mudanças nas áreas ambientais tais como população mundial, utilização de recursos naturais e degradação ambiental.

Primeira lei da termodinâmica O princípio que a energia não pode ser criada ou destruída, mas sempre conservada.

Princípio da exclusão competitiva A ideia de que duas populações de diferentes espécies com exatamente as mesmas necessidades não podem coexistir indefinidamente no mesmo hábitat – uma sempre sobreviverá e a outra se tornará extinta.

Princípio da precaução A ideia de que, embora a certeza científica ainda não esteja disponível para provar causa e efeito, deve-se ter precauções de custo-benefício para resolver problemas ambientais quando existe uma ameaça aparente de dano ambiental potencial sério e irreversível.

Probabilidade A chance de que um evento ocorra.

Procarionte Um tipo de organismo que não tem um núcleo celular verdadeiro e tem outras características celulares que os distinguem dos *eucariontes*. Bactérias são procariontes.

Produção biológica A captura de energia útil do ambiente para produzir compostos orgânicos nos quais a energia é estocada.

Produção bruta (biologia) Produção antes de perdas por respiração serem subtraídas.

Produção de comida *per capita* A quantidade de comida produzida por pessoa.

Produção ecológica A quantidade crescente de matéria orgânica, geralmente medida por unidade de área de superfície de terra ou unidade de volume de água, como grama por metro quadrado (g/m^2). A produção é dividida em *primária* (aquela de autótrofos) e *secundária* (aquela dos heterótrofos). É também dividido em *líquida* (aquela que permanece armazenada após o uso) e *bruta* (aquela adicionada após qualquer uso).

Produção líquida (biologia) A produção que permanece depois da utilização. Em uma população, produção líquida é algumas vezes medida como a produção líquida nos números de indivíduos. É também medida como a produção líquida da biomassa ou em energia armazenada. Em termos de energia, é igual à energia bruta menos a energia usada na respiração.

Produção primária A produção dos autótrofos.

Produção secundária A produção de heterótrofos.

Produtividade ecológica A *taxa* de produção, isto é a quantidade de crescimento na unidade de matéria orgânica por tempo (p. ex., grama por metro quadrado por ano).

Proporção de aborto O número estimado de abortos para cada 1.000 crianças que nascem por ano.

Província biótica Uma região geográfica habitada por formas de vida (espécies, famílias, ordens) com um ancestral comum, circundada por barreiras as quais previnem tanto que diferentes tipos de vida se espalhem para outras regiões quanto a imigração de espécies exógenas.

Província fisiográfica Uma região caracterizada por uma semelhança particular com o histórico hidrológico, climático e geomorfológico.

Pseudocientífico Descreve ideias que afirmam ter validação científica, mas são inerentemente não testadas e/ou faltam suporte empírico e/ou foram aceitas por falta de argumentos ou uma metodologia científica pobre.

Purificação O processo de retirar enxofre dos gases emitidos de usinas termoelétricas a carvão. Os gases são tratados com uma solução de cal ou calcário, e os óxidos de enxofre reagem com o cálcio para formar sulfetos de cálcio insolúveis e sulfatos que são coletados e rejeitados.

Qualidade do local Usado por silvicultores como um estimador do máximo de madeira que a terra pode produzir em um dado tempo.

Quimioautotróficos Bactérias autotróficas que podem retirar energia de reações químicas de compostos inorgânicos simples.

Quimiossíntese A síntese de compostos orgânicos feita a partir da energia retirada das reações químicas.

Raciocínio dedutivo Extrair uma conclusão a partir de definições iniciais e pressupostas por meio do raciocínio lógico.

Raciocínio indutivo Obter uma conclusão geral com um conjunto limitado de observações específicas.

Radiação adaptativa Processo que ocorre quando uma espécie ingressa em um novo hábitat que possui nichos desocupados e evolui para um grupo de espécies novas, cada uma delas adaptadas a um desses nichos.

Radioisótopo Uma forma de um elemento químico que espontaneamente apresenta decaimento radioativo.

Radônio Um gás radioativo que ocorre naturalmente. Radônio é incolor, sem odor e sem gosto e deve ser identificado por meio de testes adequados.

Raios gama Um dos três maiores tipos de radiação nuclear. Um tipo de radiação eletromagnética emitida do isótopo similar aos raios X, mas mais energético e penetrante.

Razão R/C Uma medida de tempo disponível para encontrar soluções de uso dos recursos não renováveis, onde R são as reservas conhecidas (p. ex., centenas de milhares de toneladas de metal) e C é a taxa de consumo (p. ex., milhares de toneladas por ano consumidas pelas pessoas).

Reação química O processo em que substâncias e elementos químicos passam por uma transformação química para se tornarem uma nova substância ou substâncias.

Reator regenerador Um tipo de reator nuclear que utiliza entre 40% e 70% de seu combustível nuclear e converte núcleos férteis em núcleos físseis mais rápido que a taxa de fissão. Logo, reações regeneradoras produzem combustíveis nucleares.

Reator térmico Um tipo de reator nuclear que consome mais material físsil do que produz.

Reatores nucleares Dispositivos que produzem fissão nuclear controlada, geralmente para a produção de energia elétrica.

Reciclar Coletar e reutilizar recursos na cadeia de geração de resíduos.

Recurso não renovável Um recurso que faz seu ciclo tão devagar por processos naturais da Terra que, uma vez utilizado, não estará disponível em um tempo hábil.

Recurso renovável Um recurso, como madeira, água ou ar, que é naturalmente reciclado ou reciclado por processos artificiais em tempo hábil à população.

Recursos Reservas mais outros depósitos de materiais terrestres úteis que podem eventualmente tornar-se disponíveis.

Recursos minerais Elementos, componentes químicos, minerais ou rochas concentrados de uma forma que podem ser extraídos para se obter uma mercadoria útil.

Redução na fonte Um processo de gerenciamento de resíduos para reduzir as quantidades de material que devem ser manuseadas no fluxo de resíduos.

Reduzir Em respeito ao gerenciamento de resíduos, refere-se às práticas que reduzirão a quantidade de resíduos produzidos.

Reduzir, reutilizar e reciclar Os três erres (3Rs) do gerenciamento integrado de resíduos.

Registro de decisão Declaração concisa preparada pela agência designando um projeto proposto; esboça as alternativas consideradas e discute quais delas são ambientalmente adequadas.

Regra da similaridade climática Ambientes similares induzem a evolução de organismos similarmente em forma e função (mas não necessariamente com herança genética ou composição interna) e para ecossistemas similares.

Regulação populacional Ver **Efeitos dependentes da densidade populacional** e **Efeitos independentes da densidade populacional**.

Relatório de impacto ambiental (RIMA) Similar ao estudo de impacto ambiental, um relatório descrevendo impactos ambientais potenciais de um projeto particular, geralmente em nível estadual nos Estados Unidos. No Brasil, o RIMA é uma versão mais simplificada do estudo de impacto ambiental, apresentando ilustrações e uma linguagem mais acessível.

Rendimento máximo sustentável (RMS) A maior produção útil de um recurso biológico que pode ser obtida em um período específico de tempo sem decréscimo da capacidade de o recurso sustentar aquele nível de produção.

Rendimento sustentável ótimo (RSO) A maior produção de recursos renováveis alcançáveis em um longo período sem decréscimo da capacidade do recurso, seu ecossistema ou seu ambiente de manter o nível de produção. RSO difere do Rendimento Máximo Sustentável (RMS) por levar em conta o ecossistema de um recurso.

Represamento superficial Método de disposição de algum resíduo líquido tóxico. Este método é controverso, e muitos destes locais foram fechados.

Reserva natural Uma área reservada com o propósito primordial de conservar algum recurso biológico.

Reservas Depósitos de materiais terrestres conhecidos e identificados cujos materiais úteis podem ser extraídos com a tecnologia existente de maneira lucrativa, sob condições econômicas e legais presentes.

Resíduo perigoso Resíduo classificado como definitiva ou potencialmente perigoso à saúde das pessoas. Exemplos incluem líquidos tóxicos ou inflamáveis e uma variedade de metais pesados, pesticidas e solventes.

Resíduo radioativo de alto nível Resíduo nuclear altamente tóxico, tais como elementos utilizados como combustíveis em reatores comerciais.

Resíduo radioativo de baixo nível Resíduo que contém concentrações suficientemente baixas ou quantidades de radioatividade que não apresentam um perigo ambiental significativo se apropriadamente manuseado.

Resíduo transurânico Resíduo radioativo consistindo em elementos radioativos, produzidos pelo homem, mais pesados que o urânio. Inclui vestimentas, trapos, ferramentas e equipamentos que tenham sido contaminados.

Respiração Série complexa de reações químicas nos organismos que tornam a energia disponível para uso. Água, dióxido de carbono e energia são os produtos da respiração.

Retroalimentação (ou *feedback*) Um tipo de resposta de sistema que ocorre quando a saída (*output*) de um sistema também serve como uma entrada (*input*), levando a mudanças no próprio sistema.

Retroalimentação negativa Um tipo de retroalimentação (*feedback*) que ocorre quando a resposta do sistema está na direção aposta à saída (*output*). Então, a retroalimentação negativa é autorregulatória.

Retroalimentação positiva Um tipo de retroalimentação (*feedback*) que ocorre quando um aumento na saída (*output*) ocasiona um aumento posterior na própria saída do sistema. Isto algumas vezes é conhecido como ciclo vicioso, já que quanto mais se tem, mais se obtém.

Reúso da água O uso de águas residuárias após algum tipo de tratamento. Reúso de águas residuárias pode ser inadvertido, indireto ou direto.

Reutilizar Em respeito ao gerenciamento de resíduos, refere-se a encontrar maneiras de reutilizar produtos e materiais para que assim eles não precisem ser desperdiçados.

Revolução verde Nome dado aos programas agrícolas após a Segunda Guerra Mundial que levaram ao desenvolvimento de novas cepas de culturas com maior produção, melhor resistência a doenças ou melhores habilidades de crescerem sob condições desfavoráveis.

Rio efluente Tipo de rio onde o fluxo de água é mantido durante a estação seca pela alimentação do lençol freático no canal.

Rio influente Tipo de rio que está sempre acima do nível das águas subterrâneas e flui proporcionalmente à precipitação. A água do canal se move para baixo em direção ao lençol freático, formando uma trincheira de recarga.

Risco O produto da probabilidade de um evento ocorrer e de as consequências daquele evento ocorrerem.

Risco aceitável O risco que instituições, sociedade ou indivíduos estão dispostos a assumir.

Risco genético Usado na discussão de espécies em extinção a fim de significar a mudança danosa nas características não causadas pelas mudanças externas ambientais. Mudanças genéticas podem ocorrer em populações pequenas por meio de causas como variação genética reduzida, deriva genética e mutação.

Risco populacional Um termo utilizado na discussão de espécies ameaçadas de extinção para expressar a variação aleatória na população – taxas de nascimento e mortalidade – possivelmente causando a extinção de espécies pouco abundantes.

Rocha (engenharia) Qualquer material terroso que tenha que ser explodido para ser removido.

Rocha (geologia) Um agregado de mineral ou minerais.

Rochas ígneas Rochas feitas de magma solidificado. Elas são extrusivas se cristalizarem na superfície da Terra e intrusivas se solidificarem abaixo da superfície.

Rotação de culturas Uma série de diferentes culturas plantadas sucessivamente na mesma área, deixando-a por vezes em descanso ou alqueive (sem plantação) ou cultivando alguma vegetação de cobertura.

Ruminantes Animais que tem estômago com quatro câmaras, onde bactérias convertem o tecido fibroso das plantas em proteínas e gorduras que, por sua vez, são digeridas pelo animal. Vacas, camelos e girafas são ruminantes; cavalos, porcos e elefantes, não.

Salmoura Em relação aos recursos minerais, refere-se a águas com alta salinidade que contêm materiais úteis como o brometo, iodeto, cloreto de cálcio e magnésio.

Savana Área com árvores amplamente dispersas entre gramíneas densas.

Seca (ou estiagem) O período de meses ou, mais comumente, de anos com clima excepcionalmente seco.

Segunda lei da termodinâmica Um princípio fundamental da energia que afirma que a energia sempre tende a ir de uma forma mais utilizável (de maior qualidade) para uma menos utilizável (de menor qualidade). Quando se diz que a energia é convertida para uma forma menos útil, quer dizer que a entropia (a medida de energia não disponível para realizar trabalho útil) do sistema aumentou.

Seixo Um fragmento de rocha entre 4 e 64 mm de diâmetro.

Seleção natural Um processo pelo qual organismos cujas características biológicas melhor se encaixam no ambiente são representados por mais descendentes nas gerações futuras do que aqueles contendo menos características adequadas ao ambiente.

Série temporal Um conjunto de estimativas ou medições de alguma variável ao longo de anos.

Silte Sedimento com dimensões entre 1/16 e 1/256 mm de diâmetro.

Silvicultura A prática de plantação de árvores e gerenciamento de florestas, tradicionalmente com uma ênfase na produção de madeira para comércio.

Silvicultura sustentável Gerenciar uma floresta a fim de que seus recursos possam ser coletados a uma taxa que não reduza a habilidade do ecossistema da floresta de prover a mesma taxa indefinidamente.

Simbionte Cada parceiro da simbiose.

Simbiontes obrigatórios Uma relação simbiótica entre dois organismos na qual nenhum pode existir sem o outro.

Simbiose Uma interação entre indivíduos de duas espécies diferentes que beneficia a ambos. Por exemplo, liquens contêm uma alga e um fungo que requer ambos para existir. Algumas vezes este termo é usado largamente, tal que o milho e as pessoas podem ser ditos terem uma relação simbiótica – o milho não consegue reproduzir sem a ajuda das pessoas, e algumas pessoas sobrevivem uma vez que tem milho para comer.

Simbiótico Relações que existem entre organismos diferentes. Mutuamente benéfica.

Síndrome do edifício doente (SED) Uma condição associada a um ambiente interno particular que parece ser doentio às pessoas ocupantes.

Sinergismo Ação cooperativa de diferentes substâncias tal que o efeito combinado é maior que a soma dos efeitos tomados separadamente.

Sísmico Referente às vibrações na Terra produzidas por terremotos.

Sistema Um conjunto de componentes unidos e que interagem para produzir um todo. Por exemplo, o rio é um sistema composto de sedimento, água, leito, vegetação, peixe e outros seres vivos que, juntos, conseguem produzir o rio.

Sistema aberto Um tipo de sistema no qual ocorre a troca de massa ou energia com outros sistemas.

Sistema de geração de energia elétrica por luz solar Fazendas de luz solar compostas por uma usina cercada por centenas de coletores solares (espelhos curvados) que esquentam o óleo sintético, o qual flui através dos trocadores de calor que movimentam grandes geradores com turbinas de vapor.

Sistema fechado Um sistema no qual há fronteiras definidas para massa e energia, logo, a troca destes fatores com outros sistemas não ocorre.

Sistema passivo de energia solar Uso direto da energia solar por um projeto arquitetônico com vistas a melhorar ou tirar vantagem das mudanças naturais da energia solar que ocorrem em um ano sem utilizar energia mecânica.

Sistema termodinâmico Formado por uma fonte de energia, ecossistema e um dissipador de energia, onde o ecossistema é dito ser um sistema intermediário entre a fonte e o dissipador.

Sistema unificado de classificação dos solos A classificação do solo, amplamente usada na prática de engenharia, baseada na quantidade de partículas brutas, partículas finas e material orgânico.

Sistemas ativos de energia solar Uso direto da energia solar que exige potência mecânica; normalmente consiste em bombas e outros equipamentos para a circulação do ar, da água ou de outros fluidos oriundos do coletor solar para um dissipador de calor onde o calor possa ser armazenado.

Sistemas de convecção hidrotermais Um tipo de energia geotérmica caracterizada pela circulação de vapor e/ou água quente que é transferida para a superfície.

Sistemas de Informação Geográfica (SIG) Tecnologia capaz de armazenar, recuperar, transferir e exibir informação ambiental.

Sistemas geopressurizados Sistemas geotérmicos que existem quando o fluxo de calor normal da Terra é preso por camadas impermeáveis de argila que agem como um isolante eficiente.

Sistemas ígneos quentes Sistemas geotérmicos que envolvem rochas quentes e secas com ou sem a presença de rochas fundidas próximas à superfície.

Smog Um termo usado primeiramente em 1905 da mistura de fumaça (*smoke*) e névoa (*fog*) que produz uma atmosfera pouco saudável. Há vários tipos de névoa, incluindo a fotoquímica e a sulfurosa.

***Smog* fotoquímico** Algumas vezes chamado de *smog* do tipo L.A. (Los Angeles) ou ar marrom. Diretamente relacionada com o uso automotivo e à radiação solar. Reações que ocorrem no desenvolvimento da névoa são complexas e envolvem óxidos de nitrogênio e hidrocarbonetos na presença de luz solar.

Sobrepastoreio Exceder a capacidade de suporte da terra para um herbívoro, tal qual gado ou veado.

Solo A camada superior da superfície de um terreno onde rochas foram erodidas em pequenas partículas. Solos são feitos de partículas inorgânicas de diversos tamanhos, desde pequenas partículas de argila a grandes grãos de areia. Muitos solos incluem material orgânico morto.

Solo (em ciência dos solos) Material terroso modificado por processos biológicos, químicos e físicos que então sustentará plantas enraizadas.

Solo (em engenharia) Material terroso que pode ser removido sem explosões.

Subducção Um processo no qual uma placa da litosfera imerge abaixo de outra placa.

Subnutrição A falta de calorias suficientes disponível nos alimentos, que torna a pessoa impossibilitada de mover-se ou trabalhar.

Subsidência Afundamento, assentamento ou qualquer outro abaixamento de partes de uma crosta.

Substâncias tampões Materiais (químicos) com habilidade de neutralizar ácidos. Exemplos incluem o carbonato de cálcio que está presente em muitos solos e rochas. Esses materiais podem mitigar o potencial dos efeitos adversos da chuva ácida.

Sucessão O processo de estabelecimento e desenvolvimento de um ecossistema.

Sucessão ecológica O processo de desenvolvimento de uma comunidade ecológica ou ecossistema, geralmente visto como uma série de estágios – inicial, intermediário, tardio, maduro (ou clímax) e algumas vezes pós-clímax. Sucessão primária é um estabelecimento original, sucessão secundária é um restabelecimento.

Sucessão primária O estabelecimento e o desenvolvimento inicial de um ecossistema.

Sucessão secundária O restabelecimento de um ecossistema onde há remanescentes de uma comunidade biológica anterior.

Sumidouro desconhecido de carbono A localização desconhecida de quantidades substanciais de dióxido de carbono liberadas na atmosfera, mas aparentemente não reabsorvidas e então permanecendo não quantificadas.

Superexplotação Retirada de água subterrânea quando a quantidade bombeada dos poços excede a taxa de reposição.

Sustentabilidade Gerenciamento de recursos naturais e do ambiente com o objetivo de permitir a coleta de recursos para permanecer abaixo ou em determinado nível específico, e o ecossistema a manter suas funções e estrutura.

Taiga Floresta de climas frios em altas latitudes e altas altitudes, também conhecida como floresta boreal.

Tanque térmico solar Um tanque ou reservatório raso e preenchido com água, usado para gerar água em temperatura relativamente baixa.

Taxa (biologia) Categorias que identificam grupos de organismos vivos baseados em relações evolucionárias ou similaridade de características; conjunto de táxons.

Taxa de aborto O número estimado de abortos por 1.000 mulheres com idade entre 15 e 44 anos, por ano. (Idades entre 15 e 44 anos são consideradas os limites de idade para os quais mulheres podem gerar bebê. Essa é, sem dúvida, uma aproximação, feita por conveniência.)

Taxa de crescimento O crescimento líquido de algum fator por período de tempo. Em ecologia, é a taxa de crescimento de uma população, algumas vezes, medida como o incremento no número de indivíduos ou biomassa por unidade de tempo, e outras vezes, como um incremento de porcentagem no número ou na biomassa por período de tempo.

Taxa de dependência Proporção de pessoas com idade de dependência (aquelas impossibilitadas para o trabalho) em relação às com idade ativa para o trabalho. Costuma-se definir os indivíduos em idade ativa para o trabalho como aqueles com idades entre 15 e 65 anos.

Taxa de fecundidade total (TFT) O número médio de crianças que se espera nascer de uma mulher no período de sua vida. (Geralmente definido como o número provido por uma mulher entre as idades de 15 a 44 anos, tomadas convencionalmente como o menor e o maior limite da idade reprodutiva das mulheres.)

Taxa de mortalidade A taxa na qual mortes ocorrem em uma população, medida tanto como número de indivíduos que morrem por unidade de tempo ou como porcentagem da população que morre por unidade de tempo.

Taxa de natalidade A taxa na qual nascimentos ocorrem em uma população, medida como o número de indivíduos nascidos por unidade de tempo ou como a porcentagem de nascimentos por uma unidade de tempo em relação ao número total da população.

Táxon Unidade taxonômica em que são agrupados organismos de acordo com as relações evolucionárias.

Teia alimentar Uma rede de quem alimenta quem ou um diagrama mostrando quem se alimenta de quem. É um sinônimo de **cadeia alimentar**.

Tempo de duplicação O tempo necessário para dobrar a quantidade do que está sendo medido.

Tempo máximo de vida A idade máxima determinada geneticamente que um indivíduo de uma espécie pode viver.

Tempo médio de permanência (ou tempo de detenção) Medida do tempo para ser reciclada parte do reservatório de um determinado material em um sistema através desse sistema. Quando o tamanho do tanque e a vazão são constantes, o tempo médio de permanência é a razão entre o volume total do reservatório em relação à taxa média de transferência (vazão) através do tanque.

Tensão Força por unidade de área. Pode ser compressão, cisalhamento ou tração.

Teoria científica Um grande esquema que relata e explica várias observações e é auxiliado por uma grande gama de evidências, em contraste com o palpite, a hipótese, a predição, a noção e a crença.

Teorias Modelos científicos que oferecem amplas e fundamentais explicações a um fenômeno relacionado e são sustentadas por evidências extensivas e consistentes.

Termodinâmica, primeira lei de Ver **Primeira lei da termodinâmica.**

Termodinâmica, segunda lei de Ver **Segunda lei da termodinâmica.**

Terras marginais Uma área da Terra com o mínimo de precipitação ou de alguma outra forma limitada severamente por algum fator necessário, logo é um lugar pobre para a agricultura e facilmente degradado por ela. Tipicamente, estas terras são facilmente convertidas em desertos quando utilizadas para pastagem e cultivo.

Terremoto Geração de um terremoto ou ondas sísmicas quando rochas sob estresse fraturam ou quebram, resultando em deslocamento ao longo da falha.

Tolerância A habilidade de suportar tensões resultantes da exposição a um poluente ou outra condição danosa.

Tornado Uma nuvem de ar violentamente rotativo em forma de funil que se forma abaixo de tempestades de relâmpagos e acima do solo.

Torre de energia solar Um sistema de coleta de energia solar que entrega a energia a uma localização central onde ela é usada para produzir eletricidade.

Tóxico Prejudicial, mortal ou venenoso.

Toxicologia A ciência que estuda os venenos (ou toxinas) e seus efeitos em organismos vivos. O assunto também inclui problemas clínicos, industriais, econômicos e legais associados aos materiais tóxicos.

Trabalho (física) Força vezes a distância através da qual ela atua. Quando trabalho é realizado, diz-se que a energia é gasta.

Transição demográfica Uma mudança no padrão das taxas de natalidade e mortalidade enquanto um país é transformado de subdesenvolvido para desenvolvido. Há três estágios: (1) em um país subdesenvolvido as taxas de natalidade e mortalidade são altas e a taxa de crescimento é baixa; (2) a taxa de mortalidade decresce, mas as taxas de natalidade e de crescimento permanecem altas; (3) a taxa de natalidade diminui e se aproxima da de mortalidade, e a taxa de crescimento também decresce.

Tratamento avançado de águas residuárias Tratamento de águas residuárias depois dos tratamentos primário e secundário. Pode incluir filtros de areia, filtros de carvão ativado ou aplicações de produtos químicos para auxiliar na remoção de poluentes potenciais como os nutrientes dos efluentes.

Tratamento de águas residuárias O processo de tratar águas residuárias (principalmente esgoto doméstico) em estações especialmente projetadas que aceitam águas residuárias municipais. Geralmente divido em três categorias: tratamento primário, tratamento secundário e tratamento avançado (ou terciário) de águas residuárias.

Tratamento primário (de águas residuárias) Utilização de processos físicos para remoção de areia e grandes partículas e materiais orgânicos de águas residuárias. São utilizadas caixas de areia, gradeamento, caixas de gordura e sedimentadores, onde ocorre a separação por sedimentação das partículas.

Tratamento secundário (de águas residuárias) Uso de processos biológicos para degradar os compostos orgânicos da água residuária em uma estação de tratamento.

Tratamento terciário (de águas residuárias) Uma forma avançada de tratamento de águas residuárias, envolvendo tratamento químico ou filtragem avançada. Um exemplo é a cloração da água.

Tundra A área sem vegetação alta nas regiões alpinas e árticas, caracterizadas por plantas de baixa estatura, compreendendo áreas isoladas sem planta alguma e áreas cobertas por liquens, musgos, gramíneas, juncas e pequenas flores, inclusive pequenos arbustos.

Ultravioleta A (UVA) A forma de onda mais comprida da radiação ultravioleta (0,32–0,4 micrômetros) não afetada pelo ozônio estratosférico e transmitida até a superfície da Terra.

Ultravioleta B (UVB) Radiação de comprimento de onda intermediário que gera o problema do ozônio. Comprimento de onda de aproximadamente 0,28–0,32 micrômetros, é o tipo mais prejudicial da radiação ultravioleta. A maior parte desta radiação é absorvida pelo ozônio estratosférico, e a falta de ozônio tem aumentado a radiação ultravioleta B que chega à Terra.

Ultravioleta C (UVC) O comprimento de onda mais curto da radiação ultravioleta com tamanho de 0,2–0,28 micrômetros. É a radiação ultravioleta mais energética e é altamente absorvida pela atmosfera. Apenas uma quantidade desprezível do ultravioleta C alcança a superfície da Terra.

Unidade ambiental Um princípio das ciências ambientais que afirma que tudo afeta e é afetado por tudo, significando que uma ação particular poderia levar a uma série de eventos. Outra maneira de justificar essa ideia é que não se pode fazer apenas uma coisa.

Unidade Dobson Usada normalmente para medir a concentração de ozônio. Um Dobson é equivalente à concentração de 1 ppb (partes por bilhão) de ozônio.

Uniformitarismo O princípio que afirma que os processos que operam hoje operaram no passado. Portanto, observações de processos hoje podem explicar eventos que ocorreram no passado e deixam evidências, por exemplo, em um registro fóssil ou em formações geológicas.

Uso consuntivo Um tipo de uso de água que altera a quantidade disponível. Esta água é consumida por plantas e animais ou em processos industriais; ou evapora durante seu uso. Não é retornado à fonte.

Uso fora da fonte (1) Tipo de uso da água no qual a água é removida de sua fonte para um uso particular. A água pode retornar à fonte ou não; caso retorne, trata-se de um *uso consuntivo*.

Uso múltiplo Literalmente, uso da terra para mais de um propósito ao mesmo tempo. Por exemplo, uma floresta pode ser usada para produzir madeira comercial, mas ao mesmo tempo serve como hábitat para a vida selvagem e terra para recreação. Geralmente o uso múltiplo exige compromissos e negociações, tais como achar um equilíbrio entre o corte das madeiras para alcançar o ponto mais produtivo e que facilite outros usos.

Uso não consuntivo Um tipo de uso do corpo d'água que não altera a sua quantidade, tais como navegação, geração de energia hidrelétrica, hábitat de peixes e vida selvagem e recreação.

Uso ordenado da terra Um processo complexo envolvendo o desenvolvimento de um plano de uso da terra para incluir questões do uso da terra, metas e objetivos; um resumo de coleta e análise de dados, mapa de classificação do solo; e um relatório que descreve e indica o desenvolvimento apropriado em áreas de especial preocupação ambiental.

Uso sustentável da água Uso de recursos de água que não prejudique o meio ambiente e provenha água de boa qualidade para as gerações futuras.

Utilidade Valor em termos econômicos.

UVA Ver **Ultravioleta A**.

UVB Ver **Ultravioleta B**.

UVC Ver **Ultravioleta C**.

Variável de resposta Ver **Variável dependente**.

Variável dependente Uma variável que muda sua resposta às mudanças em uma variável independente; uma variável tomada como a saída de uma ou mais variáveis.

Variável independente Em um experimento, a variável que é manipulada pelo investigador. Em um estudo observacional, a variável que é dita pelo investigador afetar a variável de saída, ou dependente.

Variável manipulada Ver **Variável independente**.

Vórtice polar Massas de ar árticas que no inverso se tornam isoladas do resto da atmosfera e circulam próximas ao polo. O vórtice rotaciona em sentido anti-horário, por causa da rotação da Terra, no Hemisfério Sul.

Waldsterben Fenômeno alemão de morte de florestas como resultado da chuva ácida, ozônio e outros poluentes do ar.

Xisto betuminoso Uma rocha com baixa granulometria contendo material orgânico conhecido como querogênio. Na destilação, ele produz quantidades significativas de hidrocarbonetos, incluindo óleo.

Zona de aeração A zona ou camada sobre o lençol freático em que alguma água pode ser suspendida ou movida, em um movimento para baixo em direção ao lençol freático ou lateralmente para o ponto de descarga. Sinônimo de *zona vadosa*.

Zona de saturação Zona ou camada abaixo do lençol freático na qual todo o espaço poroso da rocha ou solo está saturado.

Zona vadosa Zona ou camada acima do lençol freático onde a água pode ser armazenada conforme se move lateralmente ou abaixo da zona de saturação. Parte da zona vadosa pode estar saturada em parte do tempo. Sinônimo de *zona de aeração*.

Zonas úmidas Um termo que compreende formas de terreno, tais como marismas de água doce, marismas de água salgada, pântanos, brejos e lagoas de primavera. Sua característica comum é ficar inundadas por pelo menos uma parte do ano e, por essa razão, têm um tipo específico de vegetação e solo. As zonas úmidas formam hábitats importantes para muitas espécies de plantas e animais, enquanto se prestam a uma variedade de funções de emprego naturais para outros ecossistemas e para as pessoas.

Zooplâncton Pequenos invertebrados aquáticos que vivem na zona iluminada de águas de córregos, lagos e oceanos e se alimentam de algas e outros animais invertebrados.

Créditos das Fotos

Capítulo 1 Ab. do Capítulo 1: John Anderson/Dreamstime.com. Fig. 1.1a: Kristina Afanasyeva/Dreamstime.com (acima). Fig. 1.1b: Edward Bartel/Dreamstime.com (abaixo). Fig. 1.4: Carl Haub, 2007 World Population Data Sheet (Washington, DC: Population Reference Bureau, 2007). Fig. 1.5a: Peter Turnley/Corbis Images (esquerda). Fig. 1.5b: dbimages/Alamy. Fig. 1.6a: Thony Belizaire/ AFP/Getty Images. Fig. 1.6b: STRDEL/AFP/Getty Images. Fig. 1.7a: NASA/©Corbis. Fig. 1.8: (acima) Xavier Marchant/ Dreamstime.com (esquerda). Fig. 1.9a: Sage78/Dreamstime.com (à esquerda, abaixo). Fig. 1.9b: Clearviewstock/Dreamstime.com (à direita, abaixo). Fig. 1.10: Cortesia de Dan Botkin (acima). Fig. 1.11: Les Palenik/Dreamstime.com (abaixo). Fig. 1.12: Richard Hulrburt/Dreamstime.com.

Capítulo 2 Ab. do Capítulo 2: Michael Ludwig/Dreamstime. com. Fig. 2.1: Mylightscapes/Dreamstime.com. Fig. 2.4a: Papros (Poland) 2005 Free Copyright IRG Torun (esquerda). Fig. 2.4b: Arzan/Dreamstime.com (direita). Fig. 2.5: Lightpoet/Dreamstime. com (acima). Fig. 2.6: Dietmar Nill/Nature Picture Library (abaixo). Fig. 2.11a: Demid/Dreamstime.com (esquerda). Fig. 2.11b: U.S. Fish and Wildlife Service (direita). Fig. 2.12: Oleg Gerasymenko/ Dreamstime.com. Fig. 2.13a. Alexey Baskakov/Dreamstime.com (esquerda). Fig. 2.13b: Suresh Shah/Dreamstime.com (direita).

Capítulo 3 Ab. do Capítulo 3: Peter Zaharov/Dreamstime.com. Fig. 3.2: Daniel Boiteau/Dreamstime.com (esquerda). Fig. 3.3: Gator/Dreamstime.com. Fig. 3.4: Kenja Purkey/Dreamstime.com. Fig. 3.5: Cortesia de Ed Keller (esquerda). Fig. 3.6a: Krzyssagit/ Dreamstime.com (direita). Fig. 3.7: Ed Keller. Fig. 3.10: Blac 16/ Dreamstime.com. Fig. 3.11: Xavier Marchant/Dreamstime.com.

Capítulo 4 Ab. do Capítulo 4: Fouquin Christophe/Dreamstime. com. Fig. 4.1: Arik Chan/Dreamstime.com. Fig. 4.11: Arne9001/ Dreamstime.com

Capítulo 5 Ab. do Capítulo 5: Tom Dowd/Dreamstime.com. Fig. 5.1a: TerraNova International/Photo Researchers (acima). Fig. 5.1b: Ed Keller (abaixo). Fig. 5.10: Greg Kieca/Dreamstime.com. Fig. 5.11: Andrea Paggiaro/Dreamstime.com. Fig. 5.21: Dmitri Melnik/ Dreamstime.com.

Capítulo 6 Ab. do Capítulo 6: Cortesia de Dan Botkin. Fig. 6.1a: Milacroft/Dreamstime.com (à esquerda, acima). Fig. 6.1b: Andre Klopper/Dreamstime.com (centro, acima). Fig.6.1c: Sebastian Kaulitzki/Dreamstime.com (à direita acima). Fig. 6.1d: Lindamore /Dreamstime.com (à esquerda, abaixo). Fig. 6.1e: Donding/ Dreamstime.com (centro abaixo). Fig. 6.1f: Xunbin Pan/Dreamstime. com (à esquerda, abaixo). Fig. 6.2a: Cortesia de Dan Botkin (acima). Fig. 6.2b: Cortesia de Dan Botkin (abaixo). Fig. 6.3: Martymetcalf/ Dreamstime.com. Fig. 6.9: 728jet/Dreamstime.com (acima). Fig. 6.10: © 2000 Airphoto, Jim Wark (abaixo).

Capítulo 7 Ab. do Capítulo 7: Helen E. Grose/Dreamstime. com. Fig. 7.1 Alain/Dreamstime.com. Fig. 7.2: The Metropolitan Museum of Art, Gift of John D. Rockefeller, Jr., 1937 (37.80.6) Photograph © 1993 The Metropolitan Museum of Art. Fig. 7.3a: Oliver Meckes/Photo Researchers (esquerda). Fig. 7.3b: Oliver Meckas/Photo Researchers (centro). Fig. 7.3c: Adam Jones/Photo Researchers (direita). Fig. 7.6a: Sa83lim/Dreamstime.com. Fig. 7.6b: Jarrodboord/Dreamstime.com. Fig. 7.11a John Weinstein/The Field Museum (esquerda). Fig. 7.11b: Piotr Marcinski/Dreamstime. com (direita). Fig. 7.13: Agustin Camacho/USP Universidade de São Paulo. Fig. 7.14a: Dr. Patricia Schultz/Peter Arnold, Inc. (acima). Fig. 7.14b: Kari Lounatmaa/Photo Researchers (abaixo). Fig. 7.15a Karen Arnold/Dreamstime.com. Fig. 7.15b: Big Stock Photo.

Capítulo 8 Ab. do Capítulo 8: Brian Dunne/Dreamstime.com. Fig. 8.1: Norman Bateman/Dreamstime.com. Fig. 8.2: Asther Lau Choon Siew/Dreamstime.com. Fig. 8.7a: Mary Lane/Dreamstime. com (esquerda). Fig. 8.7b: Sebcanuto/Dreamstime.com (centro). Fig. 8.7c. Galyna Andrushko/Dreamstime.com (direita). Fig. 8.9a: Alexshalamov/Dreamstime.com (esquerda). Fig. 8.9b: Rgbe/ Dreamstime.com (centro). Fig. 8.9c: Sergii Koval/Dreamstime. com (direita). Fig. 8.15: NASA Images. Fig. 8.17: Simone Winkler/Dreamstime.com. Fig. 8.18: David Mark/Dreamstime. com (esquerda). Fig. 8.19: Tom & Pat Leeson (direita). Fig. 8.20: Jim Parkin/Dreamstime.com (acima). Fig. 8.21: Tim Martin/ Dreamstime.com (abaixo). Fig. 8.22: Rusty Dodson/Dreamstime. com. Fig. 8.23: Superrj79/Dreamstime.com (acima). Fig. 8.24: Minik29/Dreamstime.com (abaixo). Fig. 8.25: Springview/ Dreamstime.com (abaixo).

Capítulo 9 Ab. do Capítulo 9: Lucian Coman/Dreamstime.com. Fig. 9.1: AFP/NewsCom. Fig. 9.2a: Ddnyddny/Dreamstime.com (esquerda). Fig. 9.2b: Totalpics/Dreamstime.com (direita). Fig. 9.3: Mona Lisa Production/Science Photo Library. Fig. 9.5a: Daniel Botkin (à esquerda, acima). Fig. 9.5b: Daniel Botkin (à direita, acima). Fig. 9.5c: Daniel Botkin (à esquerda, abaixo). Fig. 9.5d: Daniel Botkin (à direita, abaixo). Fig. 9.8a: Theo Allofs/Getty Images, Inc. (esquerda). Fig. 9.8b: Irisangel/Dreamstime.com (direita). Fig. 9.9: Greg Amptman/Dreamstime.com

Capítulo 10 Ab. do Capítulo 10: Albert Bierstadt, Sunset in the Yosemite Valley, 1868, The Haggin Museum. Fig. 10.1a Nik Wheeler/Corbis Images (esquerda). Fig. 10.1b: Norman Einstein (direita). Fig. 10.2: Cortesia de NASA Goddard Space Flight Center and the authors of Hall, F.G., D.B. Botkin, D.E. Strbel, K.D. Woods and S.J. Goetz, 1991, Large Scale Patterns in Forest Succession As Determined by Remote Sensing, Ecology, 72: 628–640. Fig. 10.4a: Shutterbas/Dreamstime.com. (esquerda). Fig. 10.4b: Leo Bruce Hempell/Dreamstime.com (direita). Fig. 10.5a: Igor Kharlamov/ Dreamstime.com (acima). Fig. 10.5b: Fallview/Dreamstime.com (centro). Fig. 10.5c: Titi Matei/Dreamstime.com (abaixo). Fig. 10.6: Annieannie/Dreamstime.com (acima). Fig. 10.7: Cortesia de Daniel Botkin (abaixo). Fig. 10.12: David Tomlinsin/Windrush Photos.

Capítulo 11 Ab. do Capítulo 11: Talim/Dreamstime.com. Fig. 11.2: John Vink/Magnum Photos, Inc. Fig. 11.4: Mark A. Ernste/UNEP GRID, Sioux Falls (http://na.unep.net). Fig. 11.5: © AP/Wide World Photos. Fig. 11.7a: Puma330/Dreamstime.com (esquerda). Fig. 11.7b: Luna Vandoorne Vallejo/Dreamstime.com (centro). Fig. 11.7c: Anne Power/Dreamstime.com (direita). Fig. 11.10: Jackezc/Dreamstime.com. Fig. 11.13: J. Victolero/International Rice Research Institute. Fig. 11.18: EPA/Pedro Armestre/Corbis Images. Fig. 11.19: Thor Jorgen Udvang/Dreamstime.com

Capítulo 12 Ab. do Capítulo 12: Cortesia de Conor Watkins. Fig. 12.4: Annemarie Jellema/Dreamstime.com (à esquerda, acima). Fig. 12.5a: Natalia Bratslavsky/Dreamstime.com (acima). Fig. 12.5b: Jennifer Thompson/Dreamstime.com. Fig. 12.7a: David Epstein, Integrated Pest Management Program, Michigan State University (esquerda). Fig. 12.7b Steyno/Dreamstime.com (direita). Fig. 12.11a: Simko/Visuals Unlimited (esquerda). 12.11b Cristina Deidda/Dreamstime.com (centro). Fig. 12.11c Kelvintt/ Dreamstime.com (direita). Fig. 12.12: Eyewave/Dreamstime.com (abaixo). Fig. 12.14a: Bill Bachman/Photo Researchers (acima). Fig. 12.14b: Funniefarm5/Dreamstime.com.

Capítulo 13 Ab. do Capítulo 13: Cortesia de Dan Botkin. Fig. 13.1b: Cortesia de Dan Botkin. Fig. 13.2: Kushnirov Avraham/Dreamstime. com (abaixo). Fig. 13.6: Fallsview/Dreamstime.com. Fig. 13.8: Ann Piaia/Dreamstime.com. Fig. 13.13a: Stockbyte/Dreamstime.com (esquerda). Fig. 13.13b: Matteo Vasirani/Dreamstime.com (direita). Fig. 13.14a: NASA/Science Source/Photo Researchers (esquerda). Fig. 13.14b: Chan Yee Kee/Dreamstime.com (direita). Fig. 13.15: Etherled/Dreamstime.com. Fig. 13.16: Cortesia de Dan Botkin. Fig. 13.17: Mariusz Jurgielewicz/Dreamstime.com.

Capítulo 14 Ab. do Capítulo 14: Vangelis Liolios/Dreamstime. com. Fig. 14.1b: Cortesia de USBR.gov. Fig. 14.2: Photoquest/ Dreamstime.com. Fig. 14.5: Outdoorsman/Dreamstime.com. Fig. 14.6a: Mark Bond/Dreamstime.com (esquerda). Fig. 14.6b: National Museum of American Art, Washington, D.C./Art Resource, N.Y. 1985.66.415 George Catlin, Buffalo Chase, Mouth of the Yellowstone,

1832-33 (direita). Fig. 14.7a: Paul Wolf/Dreamstime.com (acima). Fig. 14.8a: Richard Ellis/Photo Researchers (esquerda). Fig. 14.8b: James Steidl/Dreamstime.com (direita). Fig. 14.9a: Linda Bucklin/ Dreamstime.com (esquerda). Fig. 14.9b: Sburel/Dreamstime.com (direita). Fig. 14.11a: Twildlife/Dreamstime.com (esquerda). Fig. 14.11b: Lunamarina/Dreamstime.com (à direita acima). Fig. 14.11c: Steven Kazlowsk/AlaskaStock (à direita embaixo). Fig. 14.14a: Cortesia de NOAA (direita). Fig. 14.16: Ralf Kraft/Dreamstime. com. Fig. 14.17a: Judy Kennamer/Dreamstime.com (esquerda). Fig. 14.17b: Vicki Oseland/Dreamstime.com (direita). Fig. 14.18a: Ken Cole/Dreamstime.com (acima). Fig. 14.18b: Michael Beckerman/ Dreamstime.com (centro). Fig. 14.18c: Eric Isselée/Dreamstime. com (embaixo). Fig. 14.19a: Mirceaux/Dreamstime.com (esquerda). Fig. 14.19b: Martinased/Dreamstime.com (direita).

Capítulo 15 Ab. do Capítulo 15: Gilles Decruyenaere/Dreamstime. com. Fig. 15.2a: T. Orban/Corbis Sygma (esquerda). Fig. 15.2b: David & Peter Turnley/Corbis Images (direita). Fig. 15.3: Prof. Ed Keller. Fig. 15.4a: JK Enright/Alany/Other Images /Dreamstime. com (esquerda). Fig. 15.4b: © Mike Grandmaison Photography (direita). Fig. 15.7: O. Franken/Corbis Sygma. Fig. 15.8c: Jakub Cejpek/Dreamstime.com (embaixo). Fig. 15.9: Michael Yamashita (embaixo). Fig. 15.15: © AP/Wide World Photos.

Capítulo 16 Ab. do Capítulo 16: Martyn Unsworth. /Dreamstime. com Fig. 16.1: Cortesia de NOAA. Fig. 16.3: REUTERS/Allen Fredrickson/Landov LLC. Fig. 16.4: Bill Haber/© AP/Wide World Photos. Fig. 16.7: Douglas C. Pizac/© AP/Wide World Photos. Fig. 16.8: Wisky/Dreamstime.com. Fig. 16.1: Frank Balthis/Courier. Fig. 16.11b: USGS/Earth Surface Processes Team. Fig. 16.15: John Russell/Zuma Press. Fig. 16.16a: Digital Globe/Getty Images, Inc. (em cima). Fig. 16.16b: Digital Globe/Getty Images, Inc. (embaixo). Fig. 16.17a: Robert Brown/Dreamstime.com (esquerda). Fig. 16.17b Robert Brown/Dreamstime.com (direita). Fig. 16.18a: N. Banks/USGS/Earth Surface Processes Team (esquerda). Fig. 16.18b: Jacques Langevin/Corbis Sygma (direita). Fig. 16.20a: Cortesia de Ed Keller (em cima). Fig. 16.20b: Cortesia de Ed Keller (embaixo). Fig. 16.22a: Julie Flavin/Dreamstime.com (esquerda). Fig. 16.22b: Dirk Sigmund/Dreamstime.com (direita). Fig. 16.23: AFP/Getty Images, Inc.

Capítulo 17 Ab. do Capítulo 17: Abjeff/Dreamstime.com. Fig. 17.1: Andreviegas/Dreamstime.com.

Capítulo 18 Ab. do Capítulo 18: Darrin Albridge/Dreamstime. com. Fig. 18.3: Cortesia de Ed Keller. Fig. 18.7a: Alexandr Malyshev/ Dreamstime.com (esquerda). Fig. 18.7b: Tlady/Dreamstime.com (direita). Fig. 18.8: Tt/Dreamstime.com Fig. 18.9b: Alexey Zaytsev (esquerda). Fig. 18.9c: Tom Dowd/Dreamstime.com (direita). Fig. 18.13: Luis Estallo (esquerda). Fig. 18.14: Vera Kailova/Dreamstime. com (direita). Fig. 18.15a: Prof. Ed Keller (acima). Fig. 18.15b: Prof. Ed Keller (abaixo). Fig. 18.16: Lehmanphotos/Dreamstime.com Fig. 18.17: William P. Hines/The Scranton Times Tribune Library. Fig. 18.18: Davewebbphoto/Dreamstime.com.

Capítulo 19 Ab. do Capítulo 19: Joestark/Dreamstime.com. Fig. 19.1: Liane Matrisch/Dreamstime.com. Fig. 19.4a: Tom Bean. (esquerda) Fig. 19.7a: Ilfede/Dreamstime.com. (em cima). Fig. 19.7b: Prof. Ed Keller (embaixo). Fig. 19.8: T. J. Florian/Rainbow. Fig. 19.9a: Minghua Nie/Dreamstime.com. (em cima) Fig. 19.12: C. Delis/Explorer. Fig. 19.14b: Jeffrey Banke/Dreamstime.com. (embaixo) Fig. 19.15: Bem Renard-wiart/Dreamstime.com.

Capítulo 20 Ab. do Capítulo 20: Cortesia de Dan Botkin. Fig. 20.4a: Airphoto/Dreamstime.com (esquerda). Fig. 20.4b: Snille/ Dreamstime.com (direita). Fig. 20.5b: Roger Ressmeyer/Starlight/ Corbis Images. Fig. 20.8: Cortesia de the Princeton Plasma Physics Laboratory. Fig. 20.10: Corbis-Bettmann. Fig. 20.15: Igor Kostin/ Corbis Sygma.

Capítulo 21 Ab. do Capítulo 21: Cortesia de Ed Keller. Fig. 21.1: Cortesia de Ed Keller. Fig. 21.9: NASA Images. Fig. 21.10: Bizoon/ Dreamstime.com. Fig. 21.12: USGS. Fig. 21.15a: Loretta Risley/ Dreamstime.com (acima). Fig. 21.15b: Denali55/Dreamstime.com (centro). Fig. 21.15c: Chinawds/Dreamstime.com (abaixo). Fig. 21.17: Cortesia de Ed Keller. Fig. 21.19: Njcnww/Dreamstime.com.

Capítulo 22 Ab. do Capítulo 22: Richard Hoffkins/Dreamstime. com. Fig. 22.1b: © AP/Wide World Photos. Fig. 22.2: oote boe/ Alamy Images. Fig. 22.3: Ben Osborne/Stone/Getty Images. Fig. 22.4: Cortesia de Ed Keller. Fig. 22.5: Rob Thoma/Dreamstime. com. Fig. 22.6: Zack Frank/Dreamstime.com. Fig. 22.9: Michelle Barnes/Liaison Agency, Inc./Getty Images. Fig. 22.11: Gabriel Pent/Dreamstime.com. Fig. 22.12: Maxfx/Dreamstime.com. Fig. 22.13: Sylwia Blaszczyszyn/Dreamstime.com. Fig. 22.14 Irina Iglina/Dreamstime.com. Fig. 22.15 Kenneth Sponsler/ Dreamstime.com. Fig. 22.17a: Cortesia de Ed Keller (esquerda). Fig. 22.17b: Cortesia de Ed Keller (direita). Fig. 22.25a: Cortesia de John Day, Louisiana State University (esquerda). Fig. 22.25b: Cortesia de John Day, Louisiana State University (centro). Fig. 22.25c: Cortesia de John Day, Louisiana Stae University (direita). Fig. 22.26b: © Integrated Water Systmen, Inc. Fig. 22.27: Prof. Ed Keller.

Capítulo 23 Ab. do Capítulo 23: Ukrphoto/Dreamstime.com. Fig. 23.1: Edward Phillips/Dreamstime.com. Fig. 23.3b: NOAA. Fig. 23.20a: Xavier Marchant/Dreamstime.com (acima). Fig. 23.20b Ashley Cooper/Alamy (embaixo). Fig. 23.21a: NG Maps. Fig. 23.21b: Sasalan999/Dreamstime.com. Fig. 23.22: Michele Burgess/ SUPERSTOCK. Fig. 23.23a Davthy/Dreamstime.com (esquerda). Fig. 23.23b David Tipling /Getty Images (direita).

Capítulo 24 Ab. do Capítulo 24: © AP/Wide World Photos. Fig. 24.1: AFP PHOTO/Frederic J. Brown/NewsCom. Fig. 24.3: Hou Guima/Dreamstime.com (esquerda). Fig. 24.4: Cortesia de Ed Keller. Fig. 24.8: Tyler Olson/Dreamstime.com. Fig. 24.11a: Don & Pat Valenti/Stone/Getty Images (esquerda). Fig. 24.11b: Don & Pat Valenti/Stone/Getty Images (direita). Fig. 24.12: Foto de Bob Karey. Copyright © 2001, Los Angeles Times. Reprodução com permissão. Fig. 24.13: Bob Carey/Los Angeles Times. Fig. 24.16a: Photoquest/Dreamstime.com (esquerda). Fig. 24.16b: Elena Koulik/Dreamstime.com (direita). Fig. 24.25: Cortesia de NASA.

Capítulo 25 Ab. do Capítulo 25: © AP/Wide World Photos. Fig. 25.1: Anatoly Tiplyashin/Dreamstime.com. Fig. 25.3a: Sebastian Kaulitzki (esquerda). Fig. 25.3b: Ryan Pike/Dreamstime.com (direita).

Capítulo 26 Ab. do Capítulo 26: Cortesia de Fossil Trace Golf Course. Fig. 26.2: Ken Moore/Dreamstime.com. Fig. 26.6: Linda Bair/Dreamstime.com. Fig. 26.7: Ed Keller. Fig. 26.8a: Dimitar Gorgev/Dreamstime.com (esquerda). Fig. 26.8b: 728jet/ Dreamstime.com (centro). Fig. 26.8c: Fotocromo/Dreamstime. com (direita). Fig. 26.8d: Stuart Key/Dreamstime.com (à esquerda, abaixo). Fig. 26.8e: Ron Chapple Studios/Dreamstime.com (à direita, abaixo). Fig. 26.9: Cortesia de Ed Keller.

Capítulo 27 Ab. do Capítulo 27a: Theresa Parker (menor). Ab. do Capítulo 27b: Washington State Historical Society, Curtis, 1220 (maior). Fig. 27.1: New Bedford Whaling Museum. Fig. 27.2: The New Bedford Whaling Museum. Fig. 27.3b: Susanne Erhardt/ Dreamstime.com (acima). Fig. 27.3c: Burt Johnson/Dreamstime. com (embaixo). Fig. 27.4: Cortesia de Voyageurs National Park. Fig. 27.6: Gozzoli/Dreamstime.com.

Capítulo 28 Ab. do Capítulo 28: Mario Tama/Getty Images, Inc. Fig. 28.1a: Alamy Images (esquerda). Fig. 28.1b: Marc Serota/ Reuters/Landov LLC (direita). Fig. 28.2: Tim Vasquez/Weather Graphics. Fig. 28.4a: U.S. Army Corps of Engineers (esquerda). Fig. 28.4b: Andres Rodriguez/Dreamstime.com (direita). Fig. 28.5: Richard Goodrich/Dreamstime.com. Fig. 28.7: Karin Jehle/ Dreamstime.com. Fig. 28.8: Mairongib/Dreamstime.com. Fig. 28.12: Cortesia de Dan Botkin. Fig. 28.13: Dibrova/Dreamstime. com. Fig. 28.15: Steve Byland/Dreamstime.com.

Capítulo 29 Ab. do Capítulo 29: Raynald Bélanger/Dreamstime. com. Fig. 29.4: Alex Quesada/Matrix International, Inc. Fig. 29.7b: Cortesia de John H. Kramer (embaixo). Fig. 29.8: Norman Ng. Fig. 29.9: Cortesia de NY State Dept. of Environmental Conservation. Fig. 29.10: Cortesia de Gloucester Fire Service & Sandhurst Area Action Group. Fig. 29.11: Cortesia de Gloucester Fire Service & Sandhurst Area Action Group. Fig. 29.15: Cortesia de Cynthia Vanderlip/Algalita Marine Research Foundation.

Notas

Capítulo 1 Notas

1. Gordon, B. B. 1993. Pampering our coastlines. *Sea Frontiers* 39(2):5.
2. Mydans, S. 1996 (April 28). Thai shrimp farmers facing ecologist's fury. *New York Times.*
3. Pollution wiping out shrimp farms on main Indonesian Island of Java. 1996. *Quick Frozen Foods International* 37(3):50.
4. Quarto, A. 1994. Rainforests of the sea: Mangrove forests threatened by prawn aquaculture. *E* 5(1):16–19.
5. Wickramayanake, S. D. 1995. East Coast shrimp farms face trouble from both nature and protest groups. *Quick Frozen Foods International* 37(1):108–109.
6. Danielsen, F., and 11 others. 2005. The Asian tsunami: A protective role for coastal vegetation. *Science* 310–643.
7. Everett, G. D. 1961. One man's family. *Population Bulletin* 17:153–169.
8. Ehrlich, P. R., A. H. Ehrlich, and P. H. Holdren. 1977. *Ecoscience: Population, resources, environment,* 3d ed., San Francisco: Freeman.
9. Deevey, E. S. 1960. The human population. *Scientific American* 203:194–204.
10. Keyfitz, N. 1989. The growing human population. *Scientific American.* 261: 118–126.
11. Gottfield, R. S. 1983. *The Black death: Natural and human disaster in medieval Europe.* New York: Free Press.
12. Field, J. O., ed. 1983. *The challenge of famine: Recent experience, lessons learned.* Hartford, Conn.: Kumarian Press.
13. Glantz, M. H., ed. 1987. *Drought and hunger in Africa: Denying famine a future.* Cambridge: Cambridge University Press.
14. Seavoy, R. E. 1989. *Famine in East Africa: Food production and food politics.* Westport, Conn.: Greenwood.
15. Levinson, F. J., and Bassett. 2007. Malnutrition is still a major contributor to child deaths. Population Reference Bureau. Washington D.C.
16. Gower, B. S. 1992. What do we owe future generations? In D.E. Cooper and J. A. Palmers, eds., *The environment in question: Ethics and global issues,* pp. 1–12. New York: Routledge.
17. Haub, C. 2007. *World population data sheet.* Washington, D.C.: Population Reference Bureau.
18. Bartlett, A. A. 1997–98. Reflections on sustainability, population growth, and the environment, revisited. *Renewable Resources Journal* 15(4):6–23
19. Hawken, P., A. Lovins, and L. H. Lovins. 1999. *Natural capitalism.* Boston: Little, Brown.
20. Hubbard, B. M. 1998. *Conscious evolution.* Novato, Calif.: New World Library.
21. Botkin, D. B., M. Caswell, J. E. Estes, and A. Orio, eds. 1989. *Changing the global environment: Perspectives on human involvements.* New York: Academic Press.
22. Montgmery, D. R. 2007. *Dirt: the erosion of civilizations.* Berkeley: University of California Press.
23. World Resources Institute. 1998. *Teacher's guide to world resources: Exploring sustainable communities.* Washington, D.C.: World Resources Institute. http://www.igc.org/wri/wr-98-99/citygrow.htm.
24. World Resources Institute. 1999. *Urban growth.* Washington, D.C.: World Resources Institute.
25. Starke, L. (ed). 2007. *State of the world: our urban future.* 2007. Worldwatch Institute. New York, W. W. Norton & Company.
26. Foster, K. R., P. Vecchia, and M. H. Repacholi. 2000. Science and the precautionary principle. *Science* 288:979–981.
27. Easton, T. A., and T. D. Goldfarb, eds. 2003. Taking sides, environmental issues, 10th ed. Issue 5. Is the Precautionary Principle a sound basis for international policy? pp. 76–101. Guilford, Conn.: McGraw-Hill/Dushkin.
28. Union of Concerned Scientists. 2005. Early warning signs: Coral reef bleaching. Accessed 5/19/08 @ www.ucsusa.org.
29. Nash, R. F. 1988. *The rights of nature: A history of environmental ethics.* Madison: University of Wisconsin Press.

Capítulo 1 Notas das Questões para Reflexão Crítica

Bryant, Dirk, Auretta Burke, John McManus, and Mark Spalding. 1998. *Reefs at risk: A map-based indicator of threats to the world's coral reefs.* Washington, D.C.: World Resources Institute.

Coles, S. L., and L. Ruddy. 1995. Comparison of water quality and reef coral mortality and growth in southeastern Kaneohe Bay, Oahu, Hawaii, 1990 to 1992, with conditions before sewage diversion, *Pacific Science* 49(3):247–265.

Hinrichsen, D. 1997 (October). Coral Reefs in Crisis, *Bioscience* 47(9): 554–558.

Jameson, S. C., J. W. McManus, and M. D. Spalding. 1995 (May). State of the reefs: Regional and global perspectives. International Coral Reef Initiative Executive Secretariat (Background Paper).

Capítulo 2 Notas

1. Wiens, J. A., D. T. Pattern, and D. B. Botkin. 1993. Assessing ecological impact assessment: Lessons from Mono Lake, California. *Ecological Applications* 3(4): 595–609; and Botkin, D. B., W. S. Broecker, L. G. Everett, J. Shapiro, and J. A. Wiens. 1988. *The future of Mono Lake* (Report No. 68). Riverside: California Water Resources Center, University of California and http://www.monolake.org; accessed June 17, 2008.
2. Botkin, D. B. 2001. *No man's garden: Thoreau and a new vision for civilization and nature.* Washington, DC: Island Press.
3. Taylor, F. S. 1949. *Science and scientific thought.* New York: Norton.
4. Schmidt, W. E. 1991 (September 10). "Jovial con men" take credit(?) for crop circles. *New York Times,* p. B1.
5. Tuohy, W. 1991 (September 10). "Crop circles" their prank, 2 Britons say, *Los Angeles Times,* p. A14.
6. This information about crop circles is from *Crop Circle News,* http://cropcirclenews.com
7. Gibbs, A., and A. E. Lawson. 1992. The nature of scientific thinking as reflected by the work of biologists and by biology textbooks. *The American Biology Teacher* 54:137–152.
8. Pease, C. M., and J. J. Bull. 1992. Is science logical? *Bioscience* 42:293–298.
9. Lerner, L. S., and W. J. Bennetta. 1988 (April). The treatment of theory in textbooks. *The Science Teacher,* pp. 37–41.
10. Kuhn, T. S. 1970. *The structure of scientific revolutions.* Chicago: University of Chicago Press.
11. Trefil, J. S. 1978. A consumer's guide to pseudoscience. *Saturday Review* 4:16–21.
12. Hastings and Hastings. 1992. Telepathy. American Institute of Public Opinion poll from June 1990.
13. http://www.azgfd.gov/wc/california_condor.shtml; accessed June 17, 2008.
14. Feynman, R. P. 1998. *The meaning of it all: Thoughts of a citizen-scientist.* Reading, Mass.: Addison-Wesley, Perseus Books, p. 8. (From lectures at the University of Washington in 1963.)
15. Heinselman, H. M. 1973. Fire in the virgin forests of the boundary waters canoe area, Minnesota. *Journal of Quaternary Research* 3:329–382.

Capítulo 2 Referências das Questões para Reflexão Crítica

Ford, R. 1998 (March). Critically evaluating scientific claims in the popular press. *The American Biology Teacher* 60(3):174–180.

Marshall, E. 1998 (May 15). The power of the front page of *The New York Times. Science* 280:996–997.

Capítulo 3 Notas

1. Western, D., and C. Van Prat. 1973. Cyclical changes in habitat and climate of an East African ecosystem. *Nature* 241(549):104–106.
2. Dunne, T., and L. B. Leopold. 1978. *Water in environmental planning.* San Francisco: Freeman.
3. Altmann, J., S. C. Alberts, S. A. Altman, and S. B. Roy. 2002. Dramatic change in local climate patterns in the Amboseli basin, Kenya. *African Journal of Ecology,* 40:248–251.
4. Bartlett, A. A. 1980. Forgotten fundamentals of the energy crisis. *Journal of Geological Education* 28: 4–35.
5. Meadows, D. H., D. L. Meadows, and J. Randers. 1992. *Beyond the limits: Confronting global collapse; envisioning a sustainable future.* Post Mills, Vt.: Chelsea Green Publishers.
6. Wootton, J. T., M. S. Parker, and M. E. Power. 1996. Effects of disturbances on river food webs. *Science* 273:1558–1561.

7. Leach, M. K., and T. J. Givnich. 1996. Ecological determinants of species loss in remnant prairies. *Science* 273:1555–1558.
8. Lovelock, J. 1995. *The ages of Gaia: A biography of our living earth*, rev. ed. New York: Norton.
9. Gardner, G. T., and P. C. Stern. 2002. *Environmental problems and human behavior*, 2d ed. Boston: Pearson Custom Publishing.

Capítulo 3 Referências das Questões para Reflexão Crítica

Barlow, C. 1993. *From Gaia to selfish genes*. Cambridge, Mass.: MIT Press.
Kirchner, J. W. 1989. The Gaia hypothesis: Can it be tested? *Reviews of Geophysics* 27:223–235.
Lovelock, J. E. 1995. *Gaia: A new look at life on Earth*. New York: Oxford University Press.
Lyman, F. 1989. What hath Gaia wrought? *Technology Review* 92(5): 55–61.
Resnik, D. B. 1992. Gaia: From fanciful notion to research program. *Perspectives in Biology and Medicine* 35(4):572–582.
Schneider, S. H. 1990. Debating Gaia. *Environment* 32(4):4–9, 29–32.

Capítulo 3 Referência dos Exercícios de Aplicação 3.1

Bartlett, A. A. 1993. The arithmetic of growth: Methods of calculation. *Population and Environment* 14(4):359–387.

Capítulo 4 Notas

1. *Associated Press*. 2008. Helicopters Reach Myanmar Delta, June 9, 2008. Accessed online August 14, 2008.
2. Population Reference Bureau. *2005 World Population Data Sheet*.
3. Keyfitz, N. 1992. Completing the worldwide demographic transition: The relevance of past experience. *Ambio* 21:26–30.
4. Graunt, J. (1662). 1973. *Natural and political observations made upon the bill of mortality*. London, 662.
5. Dumond, D. E. 1975. The limitation of human population: A natural history. *Science* 187:713–721.
6. Zero Population Growth. 2000. *U.S. population*. Washington, D.C.: Zero Population Growth.
7. World Bank. 1984. *World development report 1984*. New York: Oxford University Press.
8. Erhlich, P. R. 1971. *The population bomb*, rev. ed. New York: Ballantine.
9. Malthus, T. R. (1803). 1992. *An essay on the principle of population*. Selected and introduced by Donald Winch. Cambridge, England: Cambridge University Press.
10. Bureau of the Census. 1990. *Statistical abstract of the United States 1990*. Washington, DC: U.S. Department of Commerce.
11. Xinhua News Agency. China's cross-border tourism prospers in 2002. December 31, 2002. From the Population Reference Bureau Web site, available at http://www.prb.org/Template.cfm?Section=PRB&template=/ContentManagement/Content_Display.cfm&ContentID=8661.
12. U.S. Centers for Disease Control Web site, available at http://www.cdc.gov/ncidod/sars/factsheet.htm and http://www.cdc.gov/ncidod/dvbid/westnile/qa/overview.htm.
13. U.S. Centers for Disease Control. "West Nile Virus Statistics, Surveilance, and Control." http://www.cdc.gov/ncidod/dvbid/westnile/surv&controlCaseCount07_detailed.htm
14. Population Reference Bureau Web site, available at http://www.prb.org/Template.cfm?Section=PRB&template=/ContentManagement/ContentDisplay.cfm&ContentID=8661.
15. Shreeve, Jamie. *New York Times*, January 29, 2006. Why revive a deadly flu virus?
16. UN World Health Organization, http://www.who.int/mediacentre/news/statements/2006/s03/en/index.html, February 12, 2006.
17. Central Intelligence Agency.1999. *The world factbook*. Washington, DC: CIA.
18. World Bank. 1992. *World development report. The relevance of past experience*. Washington, DC: World Bank.
19. Guz, D., and J. Hobcraft. 1991. Breastfeeding and fertility: A comparative analysis. *Population Studies* 45:91–108.
20. Fathalla, M. F. 1992. Family planning: Future needs. *AMBIO* 21: 84–87.
21. Alan Guttmacher Institute. 1999. *Sharing responsibility: Women, society and abortion worldwide*. New York: AGI.
22. Haupt, A., and T. T. Kane. 1978. *The Population Reference Bureau's population handbook*. Washington, DC: Population Reference Bureau.
23. Planned Parenthood Federation of America, Public Policy Division. 1997 (June). *International family planning: The need for services*. New York: Planned Parenthood Federation of America.
24. Xinhua News Agency. March 13, 2002, untitled, available at http://www.16da.org.cn/english/archiveen/28691.htm

Capítulo 5 Notas

1. Lehman, J. T. 1986. Control of eutrophication in Lake Washington. In G. H. Orians, ed., *Ecological knowledge and environmental problem solving*, pp. 302–316. Washington, D.C.: National Academy of Science.
2. Henderson, L. J. [1913] 1966. *The fitness of the environment*. Boston: Beacon.
3. Van Koevering, T. E., and N. J. Sell. 1986. *Energy: A conceptual approach*. Englewood Cliffs, N. J.: Prentice Hall, p. 271.
4. Isacks, B., J. Oliver, and L. Sykes. 1968. Seismology and the new global tectonics. *Journal of Geophysical Research* 73:5855–5899.
5. Dewey, J. F. 1972. Plate tectonics. *Scientific American* 22:56–68.
6. Botkin, D. B. 1990. *Discordant harmonies: A new ecology for the 21st century*. New York: Oxford University Press.
7. Ehrlich, P. R., A. H. Ehrlich, and J. P. Holdren. 1970. *Ecoscience: Population, resources, environment*. San Francisco: W. H. Freeman, p. 1051.
8. Post, W. M., T. Peng, W. R. Emanuel, A. W. King, V. H. Dale, and D. L. De Angelis. 1990. The global carbon cycle. *American Scientist* 78:310–326.
9. Keeling, C. D., T. P. Whorf, M. Wahlen, and J. van der Plicht. 1995. Interannual extremes in the rate of rise of atmospheric carbon dioxide since 1980. *Nature* 375:666–670.
10. Hudson, R. J. M., S. A. Gherini, and R. A. Goldstein. 1994.Modeling the global carbon cycle: Nitrogen fertilization of the terrestrial biophere and the "missing" CO2 sink. *Global Biogeochemical Cycles* 8:307–333.
11. Woods Hole. 2004. The missing carbon sink. http://www.whrc.org/science/carbon/missingc.htm. Accessed February 15, 2006.
12. Houghton, R. 2003. Why are estimates of the global carbon balance so different? *Global Change Biology* 9:500–509.
13. Houghton, R. 2003. Revised estimates of the annual net flux of carbon to the atmosphere from changes in land use and land management 1850–2000. *Tellus* 55 B:378–390.
14. Herring, D., and R. Kannenberg. 2000. The mystery of the missing carbon. http://earthobservatory.nasa.gov/cgi-bin/printall?/study/BOREAS/missing_carbon.html. Accessed July 5, 2000.
15. Chameides, W. L., and E. M. Perdue. 1997. *Biogeochemical cycles*. New York: Oxford University Press.
16. Agren, G. I., and E. Bosatta. 1996. *Theoretical ecosystem ecology*. New York: Cambridge University Press.
17. Kasting, J. F., O. B. Toon, and J. B. Pollack. 1988. How climate evolved on the terrestrial planets. *Scientific American* 258:90–97.
18. Berner, R. A. 1999. A new look at the long-term carbon cycle. *GSA Today* 9(11):2–6.
19. Carter, L. J. 1980. Phosphate: Debate over an essential resource. *Science* 209:4454.

Capítulo 5 Referências das Questões para Reflexão Crítica

Asner, G. P., T. R. Seastedt, and A. R. Townsend. 1997 (April). The decoupling of terrestrial carbon and nitrogen cycles. *Bioscience* 47 (4):226–234.
Hellemans, A. 1998 (February 13). Global nitrogen overload problem grows critical. *Science*, 279:988–989.
Smil, V. 1997 (July). Global populations and the nitrogen cycle. *Scientific American*, 76–81.
Vitousek, P. M., J. Aber, R. W. Howarth, G. E. Likens, P. A. Matson, D. W. Schindler, W. H. Schlesinger, and G. D. Tilman. 1997. Human alteration of the global nitrogen cycle: Causes and consequences. *Issues in Ecology*. http://esa.sdsc.edu/

Capítulo 6 Notas

1. Zelemental. Lyme Disease Incidents by State. April 26, 2007. http://www.swivel.com/data_sets/show/1005323.
2. Ostfield, R. S., C. G. Jones, and J. O. Wolff. 1996 (May). Of mice and mast: Ecological connections in eastern deciduous forests. *BioScience* 46(5):323–330.
3. Morowitz, H. J. 1979. *Energy flow in biology*. Woodbridge: Conn.: Oxbow Press.
4. Brock, T. D. 1967. Life at high temperatures. *Science* 158:1012–1019.
5. Brock, T. D. 1971. Life in the geysers basin. Washington, D.C.: National Park Service.
6. Lavigne, D. M., W. Barchard, S. Innes, and N. A. Oritsland. 1976. *Pinniped bioenergetics*. ACMRR/MM/SC/12. Rome: United Nations Food and Agriculture Organization.

7. Estes, J. A., and J. F. Palmisano. 1974. Sea otters: Their role in structuring nearshore communities. *Science* 185:1058–1060.
8. NOAA 2002 SEA OTTER (*Enhydra lutris*): Southcentral Alaska Stock. http://www.nmfs.noaa.gov/pr/pdfs/sars/fws2002_seaotter-sc.pdf
9. Kenyon, K. W. 1969. The sea otter in the eastern Pacific Ocean. *North American Fauna,* no. 68. Washington, D.C.: Bureau of Sports Fisheries and Wildlife, U.S. Department of the Interior.
10. Duggins, D. O. 1980. Kelp beds and sea otters: An experimental approach. *Ecology* 61:447–453.
11. Kvitek, R. G., J. S. Oliver, A. R. DeGange, and B. S. Anderson. 1992. Changes in Alaskan soft-bottom prey communities along a gradient in sea otter predation. *Ecology* 73:413–428.
12. Paine, R. T. 1969. A note on trophic complexity and community stability. *American Naturalist* 100:65–75.

Capítulo 7 Notas

1. Information for this case study comes from the following: Chris Merrill, Casper, Wyoming, *Star-Tribune* environment reporter, "Post-delisting wolf kills begin," April 1, 2008, 2:06 AM MDT. http://www.trib.com/articles/2008/04/01/news/wyoming/14df5a030a0d85438725741e00048afb.txt. Morell, V. 2008. "Wolves at the Door of a More Dangerous World." Science 319:890–892. Weeks away from being removed from the endangered species list, wolves in the northern Rockies may soon be hunted once more; Suzanne Stone, Mike Leahy, Erin McCallum, February 21, 2008. "Wolves Lose Protection Under Endangered Species Act." Defenders of Wildlife. http://www.defenders.org/newsroom/press_releases_folder/2008/02_21_2008_wolves_lose_protection_under_endangered_species_act.php. FWS (2007).
Wolf Recovery in North America. U.S. Fish_and_Wildlife_Service.
2. Cicero, *The Nature of the Gods* (44 B.C.). Reprinted by Penguin Classics. New York, 1972.
3. U.S. Centers for Disease Control. "Malaria," April 11, 2007. http://www.cdc.gov/malaria/facts.htm
4. United Nations World Health Organization. 2003. http://www.who.int/mediacentre/releases/2003/pr33/en/.
5. World Health Organization. 2000. *Overcoming antimicrobial resistance: World health report on infectious diseases 2000.*
6. James, A. A. 1992. Mosquito molecular genetics: The hands that feed bite back. *Science* 257:37–38; Kolata, G., 1984. The search for a malaria vaccine. *Science* 226:679–682; Miller, L. H. 1992. The challenge of malaria. *Science* 257:36–37; World Health Organization. 1999 (June). Using malaria information. News Release No. 59. WHO; World Health Organization. 1999 (July). Sequencing the *Anopheles gambiae genome.* News Release No. 60. WHO.
7. Darwin, C.R.1859. *The origin of species by means of natural selection or the preservation of favored races in the struggle for life.* London: Murray. (Originally published as: Darwin, C. 1859. *On the Origin of Species by Means of Natural Selection.* London: John Murray.)
8. Grant, P. R. 1986. *Ecology and evolution of Darwin's finches.* Princeton, N.J.: Princeton University Press.
9. Cox, Call., I. N. Healey, and P. D. Moore. 1973. *Biogeography.* New York: Halsted.
10. Hedrick, P. W., G. A. Gutierrez-Espeleta* and R. N. Lee. 2001. "Founder effect in an island population of bighorn sheep." *Molecular Ecology* **10**: 851–857.
11. Hutchinson, G. E. 1965. *The ecological theater and the evolutionary play.* New Haven, Conn.: Yale University Press.
12. Woese, C. R., O. Kandler, and M. L. Wheelis. 1990. Towards a natural system of organisms: Proposals for the domains Archaea, Bacteria, and Eucharya, *Proceedings of the National Academy of Sciences* (USA) 87:4576–4579.
13. Prasad, V., Caroline A. E. Strömberg, Habib Alimohammadian, Ashok Sahni. 2005. "Dinosaur Coprolites and the Early Evolution of Grasses and Grazers." *Science* **310**(5751): 1177–1180.
14. http://news.mongabay.com/2008/0429-cerrado.html
15. Hardin, G. 1960. The competitive exclusion principle. *Science* 131:1292–1297.
16. British Forestry Commission. http://www.forestry.gov.uk/forestry/Redsquirrel. May 20, 2008.
17. Rogers, C. 1996. Red squirrel: *Sciurus vulgaris.* The Wild Screen Trust.
18. Miller, R. S. 1967. Pattern and process in competition. *Advances in Ecological Research* 4:1–74.
19. Elton, C. S. 1927. *Animal Ecology.* New York: Macmillan.
20. Hutchinson, G. E. 1958. Concluding remarks. *Cold Spring Harbor Symposium in Quantitative Biology* 22:415–427.
21. Botkin, D. B. 1985. The need for a science of the biosphere. *Interdisciplinary Science Reviews* 10:267–278.
22. Mather, J. R., and G. A. Yoskioka. 1968. The role of climate in the distribution of vegetation. *Annals of the Association of American Geography* 58:29–41.

Capítulo 8 Notas

1. White, P. March 1, 2008. Two rare whooping cranes were spotted by birders at George West's farm five miles from Nashville, one of the fastest-growing regions in the United States. New York: *New York Times.*
2. *New York Times.* August 16, 1997, p. 1. The seaweed is *Caulerpa taxifolia.*
3. This text is from Botkin, D. B., and D. Challinor. (1998). "Comment la Nature colonise et recolonize la Terre depuis 3 milliards et demi d'années." *Le Temps Strategique* 80:19–34.
4. Madl, P., and Yip, M. 2005. Literature Review of Caulerpa taxifolia. Contribution for the 31st *BUFUS Newsletter.*
5. Wallace, A. R. 1896. *The Geographical Distribution of Animals.* Vol. 1. New York: Hafner. Reprinted 1962.
6. Good, R. 1974. *The Geography of the Flowering Plants,* 4th ed. London: Longman Group.
7. Takhtadzhian, A. L. 1986. *Floristic Regions of the World.* Berkeley: University of California Press.
8. Udvardy, M. 1975. *A classification of the biogeographical provinces of the world.* IUCN Occasional Paper 18. Morges, Switzerland: IUCN.
9. Lentine, J. W. 1973. Plates and provinces, a theoretical history of environmental discountinuity. In N. F. Hughes, ed., *Organisms and continents through time,* pp. 79–92. Special Papers in Paleontology 12.
10. Hallam, A. 1975. Alfred Wegener and the hypothesis of continental drift. *Scientific American* 232:88–97.
11. Hurley, P. M. 1968. The confirmation of continental drift. *Scientific American* 218:52–64.
12. Mather, J. R., and G. A. Yoshioka. 1968. The role of climate in the distribution of vegetation. *Annals of the Association of American Geography,* 58:29–41.
13. Prentice, I. C., W. Cramer, S. P. Harrison, R. Leemans, R. A. Monserud, and A. M. Solomon. 1992. A Global biome model based on plant physiology and dominance, soil properties and climate. *Journal of Biogeography* 19:117–134.
14. Botkin, D. B. 1977. The vegetation of the West. In H. R. Lamar, ed., *The Reader's Encyclopedia of the American West,* pp. 1216–1234. New York: Crowell.
15. MacArthur, R. H., and E. O. Wilson. 1967. *The Theory of Island Biogeography.* Princeton, N. J.: Princeton University Press.
16. Tallis, J. H. 1991. *Plant community history.* London: Chapman & Hall.
17. Botany in North America: In Honor of the XVI International Botanical Congress. August 1–7, 1999, St. Louis, Mo: Missouri Botanic Garden.
18. Waring, R. H., and J. F. Franklin. 1979. Evergreen coniferous forests of the Pacific Northwest. *Science* 204:1380–1386.
19. North, M. P., J. F. Franklin, A. B. Carey, E. D. Forsman, and T. Hamer. 1999. Forest stand structure of the northern spotted owl's foraging habitat. *Forest Science* 45:520–527.
20. Botkin, D. B. 2001. *No Man's Garden: Thoreau and a New Vision for Civilization and Nature.* Washington, D. C.: Island Press.
21. Botkin, D. B. 2004. *Our Natural History: The Lessons of Lewis and Clark.* New York: Oxford University Press.

Capítulo 9 Notas

1. Biran, Adam, Joanne Abbot and Ruth Mace. 2004. Families and Firewood: A Comparative Analysis of the Costs and Benefits of Children in Firewood Collection and Use in Two Rural Communities in Sub-Saharan Africa. *Human Ecology* 32(1):1–25.
2. World Energy Council. 2006. World Firewood Supply. www.worldenergy.org April 24, 2006.
3. Schrödinger, E. 1942. *What is Life?* Cambridge: Cambridge University Press.
4. Morowitz, H. J. 1979. *Energy Flow in Biology.* Woodbridge, Conn.: Oxbow Press.
5. Slobodkin, L. B. 1960. Ecological energy relations at the population level. *American Naturalist* 95:213–236.
6. Peterson, R. O. 1995. *The Wolves of Isle Royale: A Broken Balance.* Minocqua, Wis.: Willow Creek Press.
7. Jordan, J. D., D. B. Botkin, and M. I. Wolf. 1971. Biomass dynamics in a moose population. *Ecology* 52:147–152.

8. Kozlovsky, D. G. 1968. A critical evaluation of the trophic level concept: I. Ecological efficiencies. *Ecology* 49:147–160.
9. Schaefer, M. 1991. Secondary production and decomposition. In E.Rohrig and B.Ulrich, eds., *Temperate Deciduous Forests. Ecosystems of the World*, vol.7. Amsterdam: Elsevier.
10. Golley, F. B. 1989. Energy dynamics of a food chain of an old-field community. *Ecol. Monographs* 30:187–291.
11. Bagley, P. B. 1989. Aquatic environments in the Amazon basin, with an analysis of carbon sources, fish production and yield. In D. P. Dodge, ed., *Proceedings of the International Large Rivers Symposium. Canadian Special Publications in Fisheries and Aquatic Sciences,* 106:385–398.
12. Fasham, M. J. R., ed. 1984. *Flows of Energy and Materials in Marine Ecosystems: Theory and Practice.* New York and London: Plenum.
13. Gaill, F., B. Shillito, F. Menard, G. Goffinet, and J. Childress. 1997. Rate and process of tube production by the deepsea hydrothermal vent tubeworm *Riftia pachyptila. Marine Ecology Progress Series* 148:135–143.
14. Wills, J. 1996. Upwelling. *FMF Glossary.* First Millennial Foundation.

Capítulo 10 Notas

1. CNN News, Tuesday, February 22, 2005 Posted: 2:28 PM EST (1928 GMT) http://www.cnn.com/2005/TECH/science/02/22/iraq.marshes/index.html. Accessed April 10, 2006.
2. UNEP project to help manage and restore the Iraqi Marshlands, Iraqi Marshlands Observation System (IMOS). 2006. http://imos.grid.unep.ch/
3. Hall, F. G., D. B. Botkin, D. E. Strebel, K. D. Woods, and S. J. Goetz, 1991. Large-scale patterns in forest succession as determined by remote sensing. *Ecology* 72:628–640.
4. Martin, P. S. 1963. *The last 10,000 years.* Tucson: University of Arizona Press.
5. Houseal, G., and D.Smith. 2000. Source-identified seed: The Iowa roadside experience. *Ecological Restoration* 18(3):173–183.
6. Gorham, E., P. M. Vitousek, and W. A. Reiners. 1979. The regulation of chemical budgets over the course of terrestrial ecosystem succession. *Annual Review Ecology and Systematics.* 10:53–84.
7. Vitousek, P. M., and L. R. Walker. 1987. Colonization, succession and resource availability: Ecosystem-level interactions.In A. J. Gray, M. J. Crawley, and P. J. Edwards (eds.), *Colonization, succession and stability*, pp. 207–223. British Ecol. Soc. 26th Symp. Oxford: Blackwell Scientific Publications.
8. Connell, J. H., and R. O. Slatyer. 1977. Mechanism of succession in natural communities and their role in community stability and organization. *American Naturalist.* 111:1119–1144.
9. Pickett, S. T. A., S. L. Collins, and J. J. Armesto. 1987. Models, mechanisms and pathways of succession. *Botanical Review* 53:335–371.
10. Gomez-Pompa, A., and C. Vazquez-Yanes. 1981.Successional studies of a rain forest in Mexico. In D.C. West, H. H. Shugart, and D. B. Botkin (eds.), *Forest Succession: Concepts and Application*, pp.246–266.New York: Springer-Verlag.
11. MacMahon, J. A. 1981. Successional processes: Comparison among biomes with special reference to probable roles of and influences on animals. In D.C. West, H. H. Shugart, and D. B. Botkin (eds.), *Forest Succession: Concepts and Application*, pp. 277–304. New York: Springer-Verlag.
12. Wathern, Peter. 1986. Restoring derelict lands in Great Britain. In G. Orians (ed.), *Ecological knowledge and environmental problem-solving: Concepts and case studies*, pp. 248–274. Washington, D.C.: National Academy Press.

Capítulo 10 Referências das Questões para Reflexão Crítica

Malakoff, D. 1998 (April 17). Restored wetlands flunk real-world test. *Science* 280:371–372.
Pacific Estuarine Research Laboratory (PERL). 1997 (November). The status of constructed wetlands at Sweetwater Marsh National Wildlife Refuge. Annual Report to the California Department of Transportation.
Zedler, J. B. 1997. Adaptive management of coastal ecosystems designed to support endangered species. *Ecology Law Quarterly* 24:735–743.
Zedler, J. B., and A. Powell. 1993. Problems in managing coastal wetlands: Complexities, compromises, and concerns. *Oceanus* 36(2):19–28.

Capítulo 11 Notas

1. Etter, L. 2007. "With Corn Prices Rising, Pigs Switch to Fatty Snacks on the Menus: Trail Mix, Cheese Curls, Tater Tots; Farmer Jones's Ethanol Fix." New York: *Wall Street Journal.*
2. United Nations (U.N.) News Central. February 14, 2008. UN predicts rise in global cereal production but warns prices will remain high. The United Nations Food and Agricultural Organization (FAO). http://www.un.org/apps/news/story.asp?NewsID=25621&Cr=cereal&Cr1=
3. U.N. Food and Agriculture Organization (FAO). 2007. Statistics prevelence of undernourished table. http://www.fao.org/es/ess/faostat/foodsecurity/index_en.htm.
4. BBC news about a new UN FAO report. Jan. 18, 2008 http://news.bbc.co.uk/2/hi/business/7148374.stm.
5. Land Area in agriculture is from United Nations Food and Agricultural Organization Statistics 2006. http://faostat.fao.org/faostat/.
6. U.N. Food and Agriculture Organization. "EBRD and FAO call for bold steps to contain soaring food prices," UN FAO http://www.fao.org/newsroom/en/news/2008/1000808/index.html.
7. U.S. Department of Agriculture (USDA) National Agricultural Statistics Service Research and Development Division, "1997 Census of Agriculture Acreage by State for Harvested Cropland, Corn, Soybeans, Wheat, Hay, and Cotton." http://www.nass.usda.gov/research/sumpant.htm. accessed March 10, 2008.
8. Information on African Wars from Globalsecurity.org http://www.globalsecurity.org/military/world/war/index.html, accessed June 16, 2008. Information on African coups is from http://www.crisisgroup.org/home/index.cfm?id=4040.
9. Hawthorne, P. 1998 (April 3). Rebirth. *Time* 100/Africa 151(15), Time 100/Leaders and Revolutionaries.
10. U.N. Food and Agriculture Organization. 1998.FAOSTAT database. Rome. UNFAO.
11. USGS Biological Resources Division. 1998. *Historical interrelationships between population settlement and farmland in the conterminous United States, 1790–1992.* Land use history of North America.
12. Field, J. O., ed. 1993. *The challenge of famine: Recent experience, lessons learned.* Hartford, Conn.: Kumarian Press.
13. World Food Programme. 1998. *Tackling hunger in a world full of food: Tasks ahead for food aid.*
14. U.N. FAO. "FAOSTAT" 2003 Web site.
15. Field, J. O., ed. 1993. *The challenge of famine: Recent experience, lessons learned.* Hartford, Conn.: Kumarian Press.
16. U.N. FAO. 1998. (September). Global information.
17. World Food Programme. 1998. *Tackling hunger in a world full of food: Tasks ahead for food aid.*
18. U.N. FAO Statistic, April 28, 2006.
19. Bardach, J. E. 1968. Aquaculture. *Science* 161:1098–1106.
20. McConnell, Chai. 1995. Selecting new crops using strategic marketing management. The Sixth Conference of the Australasian Council on Tree and Nut Production. Available at http://www.newcrops.uq.edu.au/acotanc/papers/mcconnel.htm.
21. USDA. 2003. Alternative Farming Systems Information Center. Available at http://www.nal.usda.gov/afsic/ofp/.
22. USDA. *U.S. organic farming emerges in the 1990s.* Available at http://www.ers.usda.gov/publications/aib770/aib770.pdf
23. USDA. July 2000. Magriet Caswell interview.
24. Himnan, W. 1984. New crops for arid lands. *Science* 225:1445– 1256.
25. California Agricultural Statistics Service. 1999. *California agricultural statistics.* Sacramento, Calif.
26. U.N. FAO. 1996. *Food for all.* Rome.
27. PEW Biotechnology Initiative, Pew Charitable Trusts. Web site. http://pewagbiotech.org/resources/factsheets/display.php3?FactsheetID=2.
28. Cohen, S. J., and M. W. Waddell. 2008 (July). *Climate change in the 21st century: understanding the world's biggest crisis and why it's not just an environmental problem.* Canada: McGill Queens University Press.
29. IPCC, 2007: Climate Change 2007: Impacts, Adaptation, and Vulnerability. Contribution of Working Group II to the Third Assessment Report of the Intergovernmental Panel on Climate Change. Martin L. Parry, Osvaldo F. Canziani, Jean P. Palutikof, Paul J. van der Linden, and Clair E. Hanson (eds.). Cambridge, UK: Cambridge University Press, 1, 000 pp.

Capítulo 12 Notas

1. http://www.cedarmeadowfarm.com/PublishedArticles/Proceedings/Proceedings06.html and http://www.cedarmeadowfarm.com/Awards/98OutstandingCoopAward.html
2. FAO statistics, April 28, 2006. http://faostat.fao.org/faostat/form?collection=Production. Crops.Primary&Domain=Production&servlet=1&hasbulk=&version=ext&language=EN.

3. China.cn, Chinese Government Official Web Portal http://english.gov.cn/2005-08/08/content_27315.htm. Accessed April 28, 2006.
4. U.S. Department of Agriculture National Resources Inventory 2003 Annual NRI. http://www.nrcs.usda.gov/technical/NRI/2003/images/eros chart
5. Trimble, S. W., and P. Crosson. July 2000. U.S. soil erosion rates myth and reality. *Science* 289:248–250.
6. Trimble, S. W. 2000. Soil conservation and soil erosion in the upper midwest. *Environmental Review* 7(1):3–9.
7. USDA. 2007. National Resources Inventory 2003 Annual NRI Soil erosion report February 2007. Accessed 12/23/2008 from: http://www.nrcs.usda.gov/technical/NRI/2003/SoilErosion-mrb.pdf
8. FAO statistics. April 28, 2006. http://faostat.fao.org/faostat/form?collection=Production.Crops.Primary&Domain=Production&servlet=1&hasbulk=&version=ext&language=EN
9. Lashof, J. C., ed. 1979. *Pest management strategies in crop protection*. Vol. 1. Washington, D.C.: Office of Technology Assessment, U.S. Congress.
10. Baldwin, F. L., and P. W. Santelmann. 1980. Weed science in integrated pestmanagement. *BioScience* 30:675–678.
11. Barfield, C. S., and J. L. Stimac. 1980. Pest management: An entomological perspective.*BioScience* 30:683–688.
12. EPA (2006). 2000–2001. *Pesticide market estimates: Usage*. EPA. http://www.epa.gov/oppbead1/pestsales/01pestsales/usage2001.html.
13. Jimmie, D., J. N. H. Petty, Carl E. Orazio, Jon A Lebo, Barry C. Poulton, and Robert W. Gale. (1995). Determination of Waterborne Bioavailable Organochlorine Pesticide Residues in the Lower Missouri River. Columbia, Missouri: U.S. Geological Survey Biological Resources Division, Columbia Environmental Research Center (formerly known as U.S. Department of the Interior, National Biological Service).
14. U.S. Centers for Disease Control (CDC). 2008. "Malaria: Topic Home." Accessed 12/23/2008 at http://www.cdc.gov/malaria/
15. Cummins, 2004, GM Rice in Indian, www.i-sis.org.uk/GMRII. php.
16. U.N. Food and Agriculture Organization. 1998. The United Nations convention to combat desertification: An Explanatory leaflet. Food and Agriculture Organization of the United Nations.
17. Grainger, A. 1982. Desertification: *How people make deserts, how people can stop and why they don't* (2d ed.) London: Russell Press.
18. Accessed April 28, 2006, on China.cn, Chinese Government Official Web Portal http://english.gov.cn/2005=08/08/content_27315.htm.
19. California Farm Bureau Federation. 2006. www.cfbf.com/info/agfacts.c/m. California State Dept. Of Water Resources. 2006. California land and water use, www.landwateruse.water.ca.gov.

Capítulo 12 Referências das Questões para Reflexão Crítica

Martin, G. 1992 (June 29). Rice grower proud of his bird habitat. *San Francisco Chronicle*, pp. A1, A6.
Vogel, N. 1992 (December 6). Rice farmers change ways, reap good will. *Sacramento* Bee, pp. A1, A26.
Walker, S. L. 1992 (August 1). Rice growers sow good will. *San Diego Union-Tribune*, pp. A1, A15.
Wood, D. B. 1992 (September 3). California rice land does double duty.*Christian Science Monitor*, p. 10.
World Resources Institute. 1992. *The 1992 information please environmental almanac*. Boston: Houghton-Mifflin.
Mechanized irrigation of potato crops in Idaho illustrates the effect of modern agriculture on the environment.

Capítulo 13 Notas

1. Lloyd, E. C. 2007. Jamaica Bay Watershed Protection Plan Volume I—Regional Profile, New York City Department of Environmental Protection, Emily Lloyd, Commissioner, October 1, 2007.
2. Burrows, E. G. and Mike Wallace. (1999). *Gotham: A History of New York City to 1898*. New York, Oxford University Press.
3. United Nations Food and Agriculture Organization. 2001. Rome: UN FAO. Available at ftp://ftp.fao.org/docrep/fao/003/y0900e/y0900e02.pdf.
4. Botkin, D. B. 1990. *Discordant Harmonies: A New Ecology for the 21st Century*. New York: Oxford University Press.
5. Likens. G. E., F. H. Borman, R. S. Pierce, J. S. Eaton, and N. M. Johnson. 1977. *The Biogeochemistry of a Forested Ecosystem*. New York: Springer-Verlag.
6. The Hubbard Brook ecosystem continues to be one of the most active and long-term ecosystem studies in North America. An example of a recent publication is: Bailey, S. W., D.C. Buso, and G. E. Likens. 2003. Implications of sodium mass balance for interpreting the calcium cycle of a forested ecosystem.*Ecology* 84(2):471–484.
7. Swanson, F. J., and C. T. Dyrness. 1975. Impact of clearcutting and road construction on soil erosion by landslides in the western Cascade Range, Oregon.*Geology* 3:393–396.
8. Fredriksen, R. L. 1971. Comparative chemical water quality—natural and disturbed streams following logging and slash burning. In *Forest Land Use and Stream Environments*, pp. 125–137. Corvallis: Oregon State University.
9. Sedjo, R. A., and D. B. Botkin. 1997. "Using Forest Plantations to Spare the Natural Forest." *Environment* 39(10):14–20.
10. Kimmins, H. 1995. Proceedings of the conference on certification of sustainable forestry practices. Malaysia.
11. Jenkins, Michael B. 1999. *The Business of Sustainable Foresfry*. Washington, D.C.: Island Press.
12. United Nations Food and Agriculture Organization. 2001. Rome: UN FAO. ftp://ftp.fao.org/docrep/fao/003/y0900e/y0900e02.pdf.
13. Dombeck, M. 1997. Towards sustainable forest management. Speech to USDA Forest Service.
14. Busby, F. E., et al. 1994. Rangeland Health: New Methods to Classify Inventory and Monitor Rangelands. Washington, D.C.: National Academy Press.
15. World Resources Institute. *Disappearing Land: Soil Degradation*. Washington, D.C.: WRI.
16. World Resources Institute. 1993. *World Resources* 1992–93. New York: Oxford University Press.
17. Manandhar, A. 1997. *Solar Cookers as a Means for Reducing Deforestation in Nepal*. Nepal: Center for Rural Technology.
18. Council on Environmental Quality and U.S. Department of State. 1981. *The global 2000 report to the president: Entering the twenty-first century*. Washington, D.C.: Council on Environmental Quality.
19. Botkin, D. B., and L. Simpson. 1990. The first statistically valid estimate of biomass for a large region. *Biogeochemistry* 9:161–174.
20. Perlin, J. 1989. *A Forest Journey: The Role of Wood in the Development of Civilization*. New York: Norton.
21. World Firewood Supply, World Energy Council website. www.worldenergy.org. April 24, 2006. Accessed 6/01/08.
22. Runte, A.1997. *National parks: The American Experience*. Lincoln: Bison Books of the University of Nebraska.
23. National Park Service Web site, http://www.wilderness.net/index.cfm?fuse=NWPS&sec=fastfacts.
24. Quotations from Alfred Runte cited by the Wilderness Society on its Web site, available at http://www.wilderness.org/NewsRoom/Statement/20031216.cm.
25. Voyageurs National Park Web site, http://www.npsgov/voya/home.htm.
26. Costa Rica's TravelNet.National parks of Costa Rica. 1999. Costa Rica: Costa Rica's TravelNet.
27. Kenyaweb. 1998. *National parks and reserves*.Kenya: Kenyaweb.
28. Botkin, D. B. 1992. Global warming and forests of the Great Lakes states. In J. Schrnandt, ed., *The regions and global warming: Impacts and response sfrategies*. New York: Oxford University Press.
29. Nash, R. 1978. International concepts of wilderness preservation. In J. C. Hendee, G. H. Stankey, and R. C. Lucas, eds, *Wilderness managemen* pp. 43–59. United States Forest Service Misc. Pub. No. 1365.
30. National Park Service Web site, http://www/wilderness.net/index.cfm?fuse=NWPS&sec=fastfacts.
31. The National Wilderness Preservation System. http://nationalatlas.gov/articles/boundaries/a_nwps.html 2006.
32. Hendee, J. C., G. H. Stankey, and R. C. Lucas. 1978. *Wilderness Management*. United States Forest Service Misc. Pub. No. 1365.

Capítulo 14 Notas

1. Specific data obtained from National Marine Fisheries Service. http://swr.nmfs.noaa.gov/biologic.htm.
2. Pacific Fishery Management Council. *Preseeason Report I, Stock Abundance Analysis for 2008 Ocean Salmon Fisheries*, Chapter 2. February 2008.
3. Botkin, D. B., and L. M. Talbot, 1992. Biological diversity and forests. In N. Sharma, ed., *Contemporary issues in forest management: Policy implications*. Washington, D.C.: World Bank.
4. http://www.coralreef.noaa.gov/outreach/protect/supp_medicines.html, April 10, 2006.
5. Naess, A. 1989. *Ecology, Community, and Lifestyle*. Cambridge, England: Cambridge University Press.

6. Botkin, D. B. 2004. *Beyond the Stony Mountains: Nature in the American West from Lewis and Clark to Today*. New York: Oxford University Press.
7. Mattson, D. J., and M. W. Reid. 1991. Conservation of the Yellowstone grizzly bear. *Conservation Biology* 5:364–372.
8. The National Zoo. April 10, 2006. http://nationalzoo.si.edu/support/adoptspecies/Animalinfo/biosn/default.cfm.
9. Haines, F. 1970. *The Buffalo*. New York: Thomas Y. Crowell.
10. www.bisoncentral.com. April 10, 2006.
11. Stenn, T. Whooping Crane Report, Arkansas National Wildlife Refuge, December 10, 2003. Available at http://www.birdrockport.com/tom_stehn_whooping_crane__report.htm
12. Whooping Crane Conservation Association. 2003. Available at http://whoopingcrane.com/wccaflockstatus.htm
13. Friends of the Earth. 1979. *The Whaling Question: The Inquiry by Sir Sidney Frost of Australia*. San Francisco: Friends of the Earth.
14. Bockstoce, J. R., and D. B. Botkin. 1980. The historical status and reduction of the western Arctic bowhead whale (*Balaena mysticetus*) population by the pelagic whaling industry, 1848–1914. New Bedford, Conn.: Old Dartmouth Historical Society.
15. United Nations Food and Agriculture Organization. 1978. *Mammals in the Seas*. Report of the FAO Advisory Committee on Marine Resources Research, Working Party on Marine Mammals. FAO Fisheries Series 5, vol. 1. Rome: UNFAO.
16. NOAA. 2003. World fisheries. Available at http://www.st.nmfs.gov/st1/fus/current/04_world2002.pdf.
17. FAO Statistics. 2006. http://www.fao.org/waicent/portal/statistics_en.asp
18. Species Survival Commission. 2006. Red list of Threatened Species. Geneva: IUCN.
19. Regan, H. M., R. Lupia, A. N. Drinnan, M. A. Burgman. 2001. "The Currency and Tempo of Extinction." *American Naturalist* 157(1):1–10.
20. Martin, P. S. 1963. *The last 10,000 years*. Tucson: University of Arizona Press.
21. Ehrlich, P. R., D. D. Murphy, M. C. Singer, C. B. Sherwood, R. R. White, and I. L. Brown. 1980. Extinction, Reduction, Stability and Increase: The Responses of Checkerspot Butterfly (Euphydryas) Populations to the California Drought. *Oecologia* (Berl.) 46, 101–105.
22. NOAA delisted species, http://www.nmfs.noaa.gov/pr/species/esa.htm#delisted and U.S. Fish and Wildlife Service Threatened and Endangered Species System (TESS).
23. California Department of Fish and Game. http://www.dfg.ca.gov/news/issues/lion/lion_faq.html, mountain lion abundances.
24. Byelich, J., M. E. DeCapita, G. W. Irvine, R. E. Radtke, N. I. Johnson, W. R. Jones, H. Mayfield, and W. J. Mahalak. 1985. Kirtland's warbler recovery plan. Rockville, MD: US Fish & Wildlife Service: 78; and Mayfield, H. 1969. *The Kirtland's Warbler*. Bloomfield Hills, Mich.: Cranbrook Institute of Science, pp. 24–25.
25. Botkin, D. B. 1990. *Discordant Harmonies: A New Ecology for the 21st Century*. New York: Oxford University Press.
26. Michigan Department of Natural Resources 2008. Michigan's 2008 Kirtland's Warbler Population Reaches Another Record High. http://www.michigan.gov/dnr/0,1607,7-153-10370_12145_12202-32591–,00.html.
27. U.S. Department of Defense and U.S. Fish & Wildlife Service. 2006. Red-cockaded Woodpecker (*Picoides borealis*). http://www.fws.gov/endangered/pdfs/DoD/RCW_fact_sheet-Aug06.pdf Accessed 12/28/08.

Capítulo 14 Referências das Questões para Reflexão Crítica

Hodgson, A. 1997, July. Wolf Restoration in the Adirondacks? Wildlife Conservation Society, Working Paper No. 8.
Hopsack, D. A. 1996. Biological potential for eastern timber wolf re-establishment in the Adirondack Park. Wolves of America Conference Proceedings, November 14–16, 1996. Albany, N. Y., and Washington, D.C.: Defenders of Wildlife.
Stevens, W. K. March 3, 1997. Wolves may reintroduce themselves to East. *New York Times*.

Capítulo 15 Notas

1. Committee on Hormonally Active Agents in the Environment, National Research Council, National Academy of Sciences. 1999. *Hormonally Active Agents in the Environment*. Washington, D.C.: National Academy Press.
2. Krimsky, S. 2001. Hormone disrupters: A clue to understanding the environmental cause of disease. *Environment* 43(5):22–31.
3. Royte, E. 2003. Transsexual frogs. Discover 24(2):26–53.
4. Hayes, T., K. Haston, M. Tsui, A. Hong, C. Haeffele, and A. Vock. 2002. Feminization of male frogs in the wild. *Nature* 419:495–496.
5. Han, H. 2005. The grey zone, in C. Dawson and G. Gendreau. Healing our planet, healing ourselves. Santa Rosa, CA: Elite Books.
6. Warren, H. V., and R. E. DeLavault. 1967. A Geologist Looks at Pollution: Mineral Variety. *Western Mines* 40:23–32.
7. Evans, W. 1996. Lake Nyos. Knowledge of the Fount and the Cause of Disaster. *Science* 379:21.
8. Krajick, K. 2003. Efforts to Tame Second African Killer Lake Begin. *Science* 379:21.
9. Gunn, J., ed. 1995. *Restoration and Recovery of an Industrial Region: Progress in Restoring the Smelter-damaged Landscape near Sudbury, Canada*. New York: Springer-Verlag.
10. Blumenthal, D. S., and J. Ruttenber. 1995. *Introduction to Environmental Health*, 2d ed. New York: Springer.
11. U.S. Geological Survey. 1995. *Mercury Contamination of Aquatic Ecosystems*. USGS FS 216-95.
12. Greer, L., M. Bender, P. Maxson, and D. Lennett, 2006. Curtailing Mercury's Global Reach. In L. Starke (ed), *State of the World 2006*, pp. 96–114. New York: Norton.
13. Ehrlich, P. R., A. H. Ehrlich, and J. P. Holdren. 1970. *Ecoscience: Population, Resources, Environment*. San Francisco: Freeman.
14. Waldbott, G. L. 1978. Health Effects of Environmental Pollutants, 2d ed. Saint Louis: Moseby.
15. McGinn, A. P. 2000 (April 1). POPs culture. *World Watch*, pp. 26–36.
16. Carlson, E. A. 1983.International symposium on herbicides in the Vietnam War: An appraisal. *BioScience* 33:507–512.
17. Cleverly, D., J. Schaum, D. Winters, and G. Schweer. 1999. Inventory of Sources and Releases of Dioxin-like Compounds in the United States. Paper presented at the 19th International Symposium on Halogenated Environmental Organic Pollutants and POPs, September 12–17, Venice, Italy. Short paper in *Organohalogen Compounds* 41:467–472.
18. Grady, D. 1983 (May). The Dioxin Dilemma. *Discover*, pp. 78–83.
19. Roberts, L. 1991. Dioxin Risks Revisited. *Science* 251:624–626.
20. Kaiser, J. 2000. Just How Bad is Dioxin? *Science* 5473: 1941–1944.
21. Johnson, J. 1995. SAB Advisory Panel Rejects Dioxin Risk Characterization. *Environmental Science & Technology* 29:302A.
22. Thomas, V. M., and T. G. Spiro.1996. The U.S. Dioxin Inventory: Are There Missing Sources? *Environmental Science & Technology* 30:82A–85A.
23. U.S. Environmental Protection Agency. 1994 (June). Estimating Exposure to Dioxin-like Compounds. Review draft. Office of Research and Development, EPA/600/6-88/005 Ca-c.
24. Ross, M. 1990. Hazards Associated with Asbestos Minerals. In B. R. Doe, ed., *Proceedings of a U.S. Geological Survey Workshop on Environmental Geochemistry*, pp. 175–176. U.S. Geological Survey Circular 1033.
25. Pool, R. 1990. Is there an EMF–cancer connection? *Science* 249:1096–1098.
26. Linet, M. S., E. E. Hatch, R. A. Kleinerman, L. L. Robison, W. T. Kaune, D. R. Friedman, R. K. Severson, C. M. Haines, C. T. Hartsock, S. Niwa, S. Wacholder, and R. E. Tarone. 1997. Residential exposure to magnetic fields and acute lymphoblastic leukemia in children. *New England Journal of Medicine* 337(1):1–7.
27. Kheifets, L. I., E. S. Gilbert, S. S. Sussman, P. Guaenel, S. D. Sahl, D. A. Savitz, and G. Thaeriault, G. 1999. Comparative analyses of the Studies of Magnetic Fields and Cancer in Electric Utility Workers: Studies from France, Canada, and the United States. *Occupational and Environmental Medicine* 56(8):567–574.
28. Francis, B. M. 1994. *Toxic Substances in the Environment*. New York: John Wiley & Sons.
29. Poisons and poisoning. 1997. *Encyclopedia Britannica*. Vol. 25, p. 913. Chicago: Encyclopedia Britannica.
30. Air Risk Information Support Center (Air RISC), U.S. Environmental Protection Agency. 1989. *Glossary of terms related to health exposure and risk assessment*. EPA/450/_3-88/016.Research Triangle Park, N. C.

Capítulo 15 Referências das Questões para Reflexão Crítica

Needleman, H. L., J. A. Riess, M. J. Tobin, G. E. Biesecker, and J. B. Greenhouse. 1996. Bone lead levels and delinquent behavior. *Journal of the American Medical Association* 275:363–369.
Centers for Disease Control. 1991. *Preventing Lead Poisoning in Young Children*. Atlanta: Public Health Service, Centers for Disease Control.

Goyer, R. A. 1991. Toxic effects of metals. In M. O. Amdur, J. Doull, and C. D. Klaassen, eds., *Toxicology*, pp. 623–680. New York: Pergamon.

Bylinsky, G. 1972. Metallic nemesis. In B. Hafen, ed., *Man, health and environment*, pp. 174–185.Minneapolis: Burgess.

Hong, S., J. Candelone, C. C. Patterson, and C. F. Boutron. 1994. Greenland ice evidence of hemispheric lead pollution two millennia ago by Greek and Roman civilizations. *Science* 265:1841–1843.

Capítulo 16 Notas

1. Dokka, R. K. 2006. Modern-day tectonic subsidence in coastal Louisiana. *Geology* 34:281–284.

2. U.S. Army Corps of Engineers 2006. Performance evaluation of the New Orleans and southeast Louisiana hurricane protection system. Vol. 1, Executive summary and overview. Washington, D.C.

3. Hoyvis, P., Below, R., Scheuren, J-M, and Guha-Sapir, D. 2007. *Annual Disasters Statistical Review: Numbers and Trends 2006.* Center for Research on the Epidemiology of Disasters (CRED). Brussels, Belgium: University of Louvain.

4. Renner, M. and Chafe, Z. 2007. Beyond disasters. Washington, D.C.: World Watch Institute.

5. Knauer, K., ed. 2006. *Nature's extremes.* Time Books. Des Moines, Iowa, p. 138.

6. Floodplain Management Association. 2006. Overview of flooding; frequency of flooding and how much flood risk is acceptable? www.floodplain.org. Accessed on June 12, 2006.

7. Reuters, M. B. 2005. Elephants saved tourists from tsunami. www.savetheelephants.org. Accessed on June 13, 2006.

8. Herd, D. G. 1986. The 1985 Ruiz volcano disaster, *EOS, Transactions*, American Geophysical Union, 67(19):457–460.

9. Abramovitz, J. N., and S. Dunn, 1998. Record year for weather-related disasters. *Vital Signs Brief* 98-5. Washington, D.C.: World Watch Institute.

10. Crowe, B. W. 1986. Volcanic hazard assessment for disposal of high-level radioactive waste. In: Geophysics Study Committee, ed., *Active tectonics*, pp. 247–260. National Research Council. Washington, D.C.: National Academy Press.

11. Advisory committee on the International Decade for Natural Hazard Reduction. 1989. *Reducing disaster's toll.* National Research Council. Washington, D.C.: National Academy Press.

12. Kates, R. W., and D. Pijawka. 1977. From rubble to monument: The pace of reconstruction. In J. E. Haas, R. W. Kates, and M. J. Bowden, eds., *Reconstruction following disaster*, pp. 1–23. Cambridge, MA: MIT Press.

13. Costa, J. E., and V. R. Baker 1981. *Surficial geology: Building with the Earth.* New York: John Wiley & Sons.

14. Rahn, P. H. 1984. Flood-plain management program in Rapid City, South Dakota. *Geological Society of America Bulletin* 95:838–843.

15. Pinter, N. 2005. One step forward, two steps back on U.S. floodplains. *Science* 308:207–208.

16. Mount, J. F. 1997. *California rivers and streams.* Berkeley: University of California Press.

Capítulo 17 Notas

1. Butti, K., and J. Perlin. 1980. *A golden thread: 2500 years of solar architecture and technology.* Palo Alto, Calif.: Cheshire Books.

2. Morowitz, H. J. 1979. *Energy flow in biology.* New Haven, Conn.: Oxbow Press.

3. Ehrlich, P. R., A. H. Ehrlich, and J. P. Holdren. 1970. *Ecoscience: Population, resources, environment.* San Francisco: W. H. Freeman.

4. Feynman, R. P., R. B. Leighton, and M. Sands. 1964. *The Feynman lectures on physics.* Reading, Mass.: Addison-Wesley.

5. Cuff, D. J., and W. J. Young. 1986.*The United States energy atlas,* 2d ed. New York: Macmillan.

6. Darmstadter, J., H. H. Landsberg, H. C. Morton, and M. J. Coda. 1983. *Energy today and tomorrow: Living with uncertainty.* Englewood Cliffs, N. J.: Prentice-Hall.

7. Steinhart, J. S., M. E. Hanson, R. W. Gates, C. C. Dewinkel, K. Briody, M. Thornsjo, and S. Kambala. 1978. A low energy scenario for the United States: 1975–2000. In L. C. Ruedisili and M. W. Firebaugh, eds., *Perspectives on energy,* 2d ed., pp. 553–588. New York: Oxford University Press.

8. Olkowski, H., B. Olkowski, and T. Javits. (Farallones Institute). 1979. *The integral urban house: Self reliant living in the city.* San Francisco: Sierra Club Books.

9. Flavin, C. 1984. *Electricity's future: The shift to efficiency and small-scale power.* Worldwatch Paper 61. Washington, D.C.: Worldwatch Institute.

10. Consumers' Research. 1995. Fuel economy rating: 1996 mileage estimates. *Consumers' Research* 78:22–26.

11. Berger, J. J. 2000. *Beating the heat.* Berkeley, Calif.: Berkeley Hills Books.

12. Lovins, A. B. 1979. *Soft energy paths: Towards a durable peace.* New York: Harper & Row.

13. Brown, L. R., C. Flavin, and S. Postel (Worldwatch Institute). 1991. *Saving the planet: How to shape an environmentally sustainable global economy.* New York: W. W. Norton.

14. California Energy Commission. 1991.*California's energy plan: Biennial report.* Sacramento, Calif.

15. Flavin, C., and S. Dunn. 1999. Reinventing the energy system. In L. R. Brown et al., eds., *State of the world 1999: A Worldwatch Institute report on progress toward a sustainable society.* New York: W.W. Norton.

16. Dunn, S. 2000. *Micropower, the next electrical era.* Worldwatch Paper 151. Washington, D.C.: Worldwatch Institute.

Capítulo 17 Referências das Questões para Reflexão Crítica

Ehrlich, P. R., and A. H. Ehrlich, 1991. Healing the planet. Reading, Mass.: Addison-Wesley.

Fickett, A. P. 1990. Efficient use of electricity. *Scientific American* 263(3):65–74.

Holdren, J. P. 1990. Energy in transition. *Scientific American* 263(3):157–163.

Lean, G. 1990. *Atlas of the environment.* New York: Prentice-Hall.

U.S. Census Bureau. 1998. World population and growth rates. http://www.census.gov/ipc/www/world.html.

Capítulo 18 Notas

1. Alekett, K. 2006. Oil: A bumpy road a head. *World Watch.* 19:1, 10–12.

2. Roberts, P. 2008. Tapped Out. *National Geographic* 213(6):86-91.

3. Van Koevering, T. E., and N. J. Sell. 1986. *Energy: A conceptual approach.* Englewood Cliffs, N. J.: Prentice-Hall.

4. McCulloh, T. H. 1973. In D. A. Brobst and W. P. Pratt, eds., *Oil and gas in United States mineral resources,* pp. 477–496. U.S. Geological Survey Professional Paper 820.

5. Maugeri, L. 2004. Oil: Never cry wolf–when the petroleum age is far from over. *Science* 304:1114–1115.

6. British Petroleum Company. 2007 *B.P. statistical review of world energy.* London: British Petroleum Company.

7. Kerr, R. A. 2000. USGS optimistic on world oil prospects. *Science* 289:237.

8. Youngquist, W. 1998. Spending our great inheritance. Then what? *Geotimes* 43(7):24–27.

9. Edwards, J. D. 1997. Crude oil and alternative energy production forecast for the twenty-first century: The end of the hydrocarbon era. *American Association of Petroleum Geologists Bulletin* 81(81):1292–1305.

10. Darmstadter, J., H. H. Landsberg, H. C. Morton, and M, J. Coda. 1983. *Energy today and tomorrow: Living with uncertainty.* Englewood Cliffs, N. J.: Prentice-Hall.

11. Nuccio, V. 1997. *Coal-bed methane—an untapped energy resource and an environmental concern.* U.S. Geological Survey Fact Sheet. FS-019-97.

12. Nuccio, V. 2000. *Coal-bed methane: Potential environmental concerns.* US Geological Survey. USGS Fact Sheet. FS-123-00.

13. Wood, T. 2003. Prosperity's brutal price. *Los Angeles Times Magazines.* February 2, 2003.

14. Suess, E., G. Bohrmann, J. Greinert, and E. Lauch. 1999. Flammable ice. *Scientific American* 28(5):76–83.

15. Rahn, P. H. 1996. *Engineering geology: An environmental approach,* 2d ed. New York: Elsevier.

16. U.S. Environmental Protection Agency. 1973. *Processes, procedures and methods to control pollution from mining activities.* EPA-430/9-73-001. Washington, D.C: U.S. Environmental Protection Agency.

17. Council on Environmental Quality. 1978. Progress in environmental quality. Washington, D.C.: Council on Environmental Quality.

18. Miller, E. W. 1993. *Energy and American society, a reference handbook.* Santa Barbara, Calif.: ABC-CLIO.

19. Corcoran, E. 1991. Cleaning up coal. *Scientific American* 264:106–116.

20. Energy Information Admininistration. 1995 (February). *Coal data: A reference. Washington,* D.C.: U.S. Department of Energy.

21. Knapp, D. H. 1995. Non-OPEC oil supply continues to grow. *Oil & Gas Journal* 93:35–45. Paris: International Energy Agency.

22. Peterson, G. 2003. New statute for Canadian Oil Sands. *Geotimes* 48(3)7.

23. EIS. 2008. About tar sands. Accessed 5/27/08 @ http://ostseis.anl.gov.
24. Sachs, J. D. 2008 surging food prices and global stability. *Scientific American* 298(6):40.

Capítulo 18 Referências das Questões para Reflexão Crítica

Bleviss, D. L. 1988. *The new oil crisis and fuel economy technologies.* New York: Quorum Books.
Bleviss, D. L., and P. Walzer. 1990. Energy for motor vehicles. *Scientific American* 263(3): 103–109.
Corson, W. H. ed. 1990. *The global ecology handbook.* Boston: Beacon.
Driving down the deficit. 1993. *U.S. News & World Report* 114(2): 58–60.
Energy Information Administration. 1996 (January). *Monthly energy review.* Washington, D.C.: U.S. Department of Energy.
Greenwald, J. 1993. Why not a gas tax? *Time* 141(7):25–27.
Miller, E. W., and R. M. Miller. 1993. *Energy and American society. A reference handbook.* Santa Barbara, Calif.: ABC-CLIO.
Nadis, S., and J. J. MacKenzie. 1993. *Car trouble.* Boston: Beacon.

Capítulo 19 Notas

1. Botkin, D. B. 2009. *Energy Independence: How America Can Achivie It.* (In press with Chicago Review Press.)
2. Eaton, W. W. 1978. Solar energy. In L. C. Ruedisili and M. W. Firebaugh, eds., *Perspectives on energy,* 2d ed., pp. 418–436. New York: Oxford University Press.
3. Flavin, C., and S. Dunn. 1999. Reinventing the Energy System. In L. R. Browne et al., *State of the World 1999: A Worldwatch Institute report on progress toward a sustainable society.* New York: Norton.
4. Starke, L., ed. 2005. *Vital signs 2005.* New York: Norton.
5. Mayur, R., and B. Daviss. 1998 (October). The Technology of Hope. *The Futurist,* pp. 46–51.
6. Brown, L. R. 1999 (March–April). Crossing the Threshold. *Worldwatch,* pp. 12–22.
7. Kartha, S., and P. Grimes. 1994. Fuel Cells: Energy Conversion for the Next Century. *Physics Today* 47:54–61.
8. Piore, A. 2002 (April 15). Hot Springs Eternal: Hydrogen Power. *Newsweek,* pp. 32H.
9. Demeo, E. M., and P. Steitz. 1990. The U.S. Electric Utility Industry's Activities in Solar and Wind Energy. In K. W. Böer, ed., *Advances in Solar Energy,* Vol. 6, pp. 1–218. New York: American Solar Energy Society.
10. Schatz Solar Hydrogen Project. N. D. Pamphlet. Arcata, Calif.: Humboldt State University.
11. Johnson, J. T. 1990 (May). The Hot Path to Solar Electricity. *Popular Science,* pp. 82–85.
12. Hunt, S. C., J. L. Sawn, and P. Stair. 2006. Cultivating Renewable Alternatives to Oil. In L. Stark (ed), *State of the World 2006, Ch. 4,* pp. 61–77, New York: Norton.
13. Quinn, R. 1997 (March). Sunlight Brightens Our Energy Future. *The World and I,* pp. 156–163.
14. World Firewood Supply. World Energy Council. 2006 (April 24). www.worldenergy.org
15. Wright, P. 2000. Geothermal Energy. *Geotimes* 45(7):16–18.
16. Duffield, W. A., J. H. Sass, and M. L. Sorey. 1994. *Tapping the Earth's Natural Heat.* U.S. Geological Survey Circular 1125.
17. Showstack, R. 2003. *Re-examining Potential for Geothermal Energy in United States.* EOS 84(23):214.

Capítulo 19 Referências das Questões para Reflexão Crítica

Brown, L. R., C. Flavin, and S. Postel. 1991. *Saving the planet.* New York: Norton.
Brower, M. 1990. *Cool energy.* Washington, D.C.: Union of Concerned Scientists.
Flavin, C. 1990. Slowing global warming. In L. R. Brown et al., eds., *State of the world.* New York: Norton.
Reddy, A. K. N., and J. Goldemberg. 1990. Energy for the developing world. *Scientific American* 263(3):110–113.

Capítulo 20 Notas

1. Rosa, E. A., and R. E. Dunlap, 1994. Nuclear power: Three decades of public opinion. *Public Opinion Quarterly* 58(2):295–324.
2. Bisconti, A. S. 2003 (July). Two-thirds of Americans favor nuclear Energy; public divided on building new nuclear plants. *Perspective on Public Opinion.*
3. Worldwatch Institute. 1994. Nuclear Power Levels Peak. Worldwatch News Brief, March 5, 1994. Accessed February 9, 2001, at www.worldwatch.org/alerts/990304 html.V.16no6
4. Churchill, A. A. 1993 (July). Review of WEC Commission: Energy for tomorrow's world. *World Energy Council Journal,* pp. 19–22.
5. Duderstadt, J. J. 1978. Nuclear power generation. In L. C. Ruedisili and M. W. Firebaugh, eds., *Perspectives on energy,* 2d ed., pp. 249–273. New York: Oxford University Press.
6. Till, C. E. 1989. Advanced reactor development. *Annals of Nuclear Energy* 16(6):301–305.
7. Ehrlich, P. R., A. H. Ehrlich, and J. P. Holdren. 1970. *Ecoscience: Population, Resources, Environment.* San Francisco: Freeman.
8. Brenner, D. J. 1989. Radon: Risk and Remedy. New York: Freeman.
9. Cohen, B. L. 1990. *The Nuclear Energy Option: An Alternative for the 90s.* New York: Plenum.
10. Lake, J. A, R. G. Bennett, and J. F. Kotek. 2002 (January). Next-generation nuclear power. *Scientific American,* pp. 73–81.
11. EIA, E.I.A. 2008. Nuclear Power in South Africa. http://www.eia.doe.gov/emeu/cabs/safr_nuke.html
12. U.S. Department of Energy. 1980. *Magnetic Fusion Energy.* DOE/ER-0059. Washington, D.C.: U.S. Department of Energy.
13. U.S. Department of Energy. 1979. *Environmental Development Plan, Magnetic Fusion.* DOE/EDP-0052. Washington, D.C.: U.S. Department of Energy.
14. Waldbott, G. L. 1978. Health Effects of Environmental Pollutants, 2d ed. Saint Louis: C. V. Moseby.
15. *New Encyclopedia Britannica.* 1997. Radiation, Vol. 26, p. 487.
16. U.S. Department of Energy. 1999. Radiation (in) waste isolation pilot plant. 1999. Carlsbad, New Mexico. Accessed at www.wipp.carlsbad.nm.us
17. Greenberg, P. A. 1993. Dreams die hard. *Sierra* 78:78.
18. Stone, R. 2003. Plutonium fields forever. *Science* 300:1220–1224.
19. University of Maine and Maine Department of Human Services. 1983 (February). Radon in water and air. *Resource Highlights.*
20. MacLeod, G. K. 1981. Some public health lessons from Three Mile Island: A case study in chaos. *Ambio* 10:18–23.
21. Anspaugh, L. R. , R. J. Catlin, and M. Goldman. 1988. The global impact of the Chernobyl reactor accident. *Science* 242: 1513–1518.
22. Nuclear Energy Agency. 2002. Chernobyl Assessment of Radiological and Health Impacts: 2002 Update of Chernobyl: Ten Years On.
23. Balter, M. 1995. Chernobyl's thyroid cancer toll. *Science* 270:1758.
24. Skuterud, L., N. I. Goltsova, R. Naeumann, T. Sikkeland, and T. Lindmo. 1994. Histological changes in *Pinus sylvestris L.* in the proximal-zone around the Chernobyl power plant. *The Science of the Total Environment* 157:387–397.
25. Williams, N. 1995. Chernobyl: Life abounds without people. *Science* 269:304.
26. Fletcher, M. 2000 (November 14). The last days of Chernobyl. *Times* 2 (London), pp. 3–5.
27. Office of Industry Relations. 1974. *Development, Growth and State of the Nuclear Industry.* Washington, D.C.: U.S. Congress, Joint Committee on Atomic Energy.
28. Weisman, J. 1996. Study inflames Ward Valley controversy. *Science* 271:1488.
29. Waste_Isolation_Pilot_Plant (2007) The Remote-Handled Transuranic Waste Program.
30. Weart, W. D., M. T. Rempe, and D. W. Powers. 1998 (October). The waste isolation plant. *Geotimes.*
31. U. S. Department of Energy. 1999. Waste isolation pilot plant, Carlsbad, New Mexico. Accessed at www.wipp.carlsbad.nm.us
32. Roush, W. 1995. Can nuclear waste keep Yucca Mountain dry—and safe? *Science* 270:1761.
33. Hanks, T. C., I. J. Winograd, R. E. Anderson, T. E. Reilly, and E. P. Weeks. 1999. *Yucca Mountain as a Radioactive-Waste Repository.* U. S. Geological Survey Circular 1184.
34. *New York Times.* Nevada: A Shift at Yucca Mountain. New York, Associated Press.
35. Nuclear Regulatory Commission. 2000. NRC's high-level waste program. Accessed July 18, 2000, at http://www.nrc.gov/NMSS/DWM/hlw.htm
36. Botkin, D. B., The limits of nuclear power. *International Herald Tribune,* October 20, 2008.
37. Starke, L., ed. 2005. *Vital Signs 2005.* New York: W. W. Norton p. 139.

Capítulo 20 Referências das Questões para Reflexão Crítica

Ahearne, J. F. 1993. The future of nuclear power. *American Scientist* 81(1):24–35.
Fox, M. R. 1987. Perspectives in risk: Compared to what? *Vital Speeches of the Day* 53(23):730–732.

Greenberg, P. A. 1993. Dreams die hard. *Sierra* 78(6):78.
Rosa, E. A., and R. E. Dunlap. 1994. Nuclear power: Three decades of public opinion. *Public Opinion Quarterly* 58:295–325.

Capítulo 21 Notas

1. Frank, R. What Drought? Palm Beach. Wall Street Journal online 11-16-07, accessed 4-28-08 @ wsj.com
2. Palm Beach County. Reclaimed water. Accessed 4-28-08 @ www.pbcgov.com.
3. Henderson, L. J. 1913. *The fitness of the environment: An inquiry into the biological significance of the properties of matter.* New York: Macmillan.
4. Water Resources Council. 1978. *The nation's water resources*, 1975–2000, Vol. 1. Washington, D.C.
5. Winter, T. C., J. W. Harvey, O. L. Franke, and W. M. Alley. 1998. *Groundwater and surface water: A single resource.* U.S. Geological Survey Circular 1139.
6. Micklin, P. and Aladin, N. V. 2008. Reclaming the Aral Sea. *Scientific American*, 298(4):64–71.
7. Hutson, S. S., Barber, N. L., Kennis, J. F., Linsey K. S., Lumia, D. S. and Maupin, M. A., 2005. *Estimated use of water in the United States in 2000.* U.S. Geological Survey Circular 1268.
8. U.S. General Accounting Office. 2003. *Freshwater supply: States' view of how federal agencies could help them meet the challenges of expected shortages.* Report GAO-03-514.
9. Alexander, G. 1984 (February/March). Making do with less. *National Wildlife*, special report, pp. 11–13.
10. Gleick, P. H., P. Loh, S. V. Gomez, and J. Morrison. 1995. *California water 2020, a sustainable vision.* Oakland, Calif.: Pacific Institute for Studies in Development, Environment and Security.
11. Alley, W. M., T. E. Reilly, and O. L. Franke. 1999. *Sustainability of ground-water resources.* U.S. Geological Survey Circular 1186.
12. Leopold, L. B. 1977. A reverence for rivers. *Geology* 5:429–430.
13. Holloway, M. 1991. High and dry. *Scientific American* 265: 16–20.
14. Levinson, M. 1984 (February/March). Nurseries of life. *National Wildlife*, special report, pp. 18–21.
15. Nichols, F. H., J. E. Cloern, S. N. Luoma, and D. H. Peterson. 1986. The modification of an estuary. *Science* 231:567–573.
16. Day, J. W., Jr., J. M. Rybczyk, L. Carboch, W. H. Conner, P. Delgado-Sanchez, R. I. Partt, and A. Westphal. 1998. A review of recent studies of the ecology and economic aspects of the application of secondary treated municipal effluent to wetlands in southern Louisiana. From L. P. Rozas et al., eds., *Symposium on Recent Research in Coastal Louisiana*, February 3–5, 1998, Lousiana Sea Grant College Program, pp. 1–12.
17. Hileman, B. 1995. Rewrite of Clean Water Act draws praise, fire. *Chemical & Engineering News* 73:8.
18. Kaiser, J. 2001. Wetlands restoration: Recreated wetlands no match for original. *Science* 293:25a.
19. Gurardo, D., M. L. Fink, T. D. Fontaine, S. Newman, M. Chinmey, R. Bearxotti, and G. Goforth. 1995. Large-scale constructed wetlands for nutrient removal from stormwater runoff: An Everglades restoration project. *Environmental Management* 19:879–889.
20. Pearce, M. 1995 (January). The biggest dam in the world. *New Scientist*, pp. 25–29.
21. Zich, R. 1997. China's three gorges: Before the flood. *National Geographic* 192(3):2–33.
22. State of Maine. 2001. A brief history of the Edwards Dam. Accessed January 15, 2000 at http://janus.state.me.us/spo/edwares/timeline.htm.
23. O'Connor, J., Major, J. and Grant, G. 2008. The dams come down. *Geotimes* 53(3):22–28.
24. American Rivers. Elwha River Restoration accessed March 1, 2006 at www.americanrivers.org.
25. Booth, W. 2000 (December 12). Restoring rivers—at a high price. *Washington Post*, p. A3.
26. Graf, W. L. 1985. *The Colorado River: Instability and basin management.* Resource Publications in Geographers. Washington, D.C.: Association of American Geographers.
27. Dolan, R., A. Howard, and A. Gallenson. 1974. Man's impact on the Colorado River and the Grand Canyon. *American Scientist* 62:392–401.
28. Hecht, J. 1996. Grand Canyon flood a roaring success. *New Scientist* 151 (2045):8.
29. Lucchitta, I., and L. B. Leopold. 1999. Floods and sand bars in the Grand Canyon. *Geology Today* 9:1–7.
30. Brown, L. R. 2003. *Plan B: Rescuing a planet under stress and a civilization in trouble.* New York: Norton.

Capítulo 21 Referências das Questões para Reflexão Crítica

Baldwin, M. F. 1987. Wetlands: Fortifying federal and regional cooperation. *Environment* 29(7):16–20, 39.
Leidy, R. A., P. L. Fiedler, and E. R. Micheli. 1992. Is wetter better? *Bioscience* 40(9):58–61, 65.
National Institute for Urban Wildlife. *Wetlands conservation and use* (issue pak). Columbia, Md.: National Inatitute for Urban Wildlife.
Stevens, W. K. 1990 (March 13). Efforts to halt wetland loss are shifting to inland areas. *New York Times*, p. C1.
World Resources Institure. 1992. *The 1992 information please environmental almanac.* Boston: Houghton Mifflin.

Capítulo 22 Notas

1. Mallin, M. A. 2000. Impacts of industrial animal production on rivers and estuaries. *American Scientist* 88(1):26–37.
2. Bowie, P. 2000. No act of God. *The Amichs Journal* 21(4):16–21.
3. Morrison, J. 2005. How much is clean water worth? National Wildlife 43(2):22–28.
4. Gleick, P. H. 1993. An introduction to global fresh water issues. In P. H. Gleick, ed., *Water in crisis.* New York. Oxford University Press, pp. 3–12.
5. Hileman, B. 1995. Pollution tracked in surface and groundwater. *Chemical & Engineering News* 73:5.
6. Lewis, S. A. 1995. Trouble on tap. *Sierra* 80:54–58.
7. Smith, R. A. 1994. Water quality and health. *Geotimes* 39:19–21.
8. MacKenzie, W. R., et al. 1994. A massive outbreak in Milwaukee of *Cryptosporidium* infection transmitted through the public water supply. *The New England Journal of Medicine* 331:161–167.
9. Centers for Disease Control and Environment Protection Agency, 1995. Assessing the public health threat associated with waterborne Cryptosporidiosis: Report of a workshop. *Journal of Environmental Health* 25:31.
10. Kluger, J. 1998. Anatomy of an outbreak. *Time* 152(5):56–62.
11. Maugh, T. H. 1979. Restoring damaged lakes. *Science* 203:425–427.
12. Mitch, W. J., J. W. Day, Jr., J. W. Gilliam, P. M. Groffman, D. L. Hey, G. W. Randall, and N. Wang. 2001. The Gulf of Mexico hypoxia—approaches to reducing nitrate in the Mississippi River or reducing a persistent large-scale ecological problem. *BioScience* (in press).
13. Hinga, K. R. 1989. Alteration of phosphorus dynamics during experimental eutrophication of enclosed-marine ecosystems. *Marine Pollution Bulletin* 20:624–628.
14. Richmond, R. H. 1993. Coral reefs: Present problems and future concerns resulting from anthopogenic disturbance. *American Zoologist* 33:524–536.
15. Bell, P. R. 1991. Status of eutrophication in the Great Barrier Reef Lagoon. *Marine Pollution Bulletin* 23:89–93.
16. Hunter, C. L., and C. W. Evans. 1995. Coral reefs in Kaneohe Bay, Hawaii: Two centuries of Western influence and two decades of data. *Bulletin of Marine Science* 57:499.
17. Department of Alaska Fish and game 1918. *Alaska Fish and Game* 21(4), Special Issue.
18. Holway, M. 1991. Soiled shores. *Scientific American* 265:102– 106.
19. Robinson, A. R. 1973. Sediment, our greatest pollutant? In R. W. Tank, ed., *Focus on environmental geology*, pp. 186–192. New York: Oxford University Press.
20. Yorke, T. H. 1975. Effects of sediment control on sediment transport in the northwest branch, Anacostia River basin, Montgomery Country, Maryland. *Journal of Research* 3:487–494.
21. Poole, W. 1996. Rivers run through them. *Land and People* 8:16–21.
22. Haikin, M. 2007. Nanotechnology takes on water pollution. Business2.0 Magazine Accessed 5/30/08 @ money.cnn.com.
23. Natural Resources Defense Council. 2008. Mimicking nature to solve a water pollution problem. Accessed 5/30/08 @ www.nrdc.org.
24. Carey, J. 1984 (February/March). Is it safe to drink? *National Wildlife*, Special Report pp. 19–21.
25. Pye, U. I., and R. Patrick. 1983. Groundwater contamination in the United States. *Science* 221:713–718.
26. Newmark, J. 2008. Plastic people of the universe. Discover. Better Planet Special Issue, pp. 46–51, May.
27. Foxworthy, G. L. 1978. Nassau Country, Long Island, New York—Water problems in humid country. In G. D. Robinson and A. M. Spieker, eds., *Nature to be commanded*, pp. 55–68. U.S. Geological Survey Professional Paper 950. Washington, D.C.: U.S. Government Printing Office.
28. Van der Leeden, F., F. L. Troise, and D. K. Tood. 1990. *The water encyclopedia*, 2d ed. Chelsea, Mich.: Lewis Publishers.

29. U.S. Geologic Survey. 1997. Predicting the impact of relocating Boston's sewage outfall. UCGC fact sheet 185–97.
30. Jobling, S., M. Nolan, C. R. Tyler, G. Brighty, and J. P. Sumpter. 1998. Widespread sexual disturbance in wild fish. *Environmental Science and Technology* 32(17):2498–2506.
31. Environmental Protection Agency, Drinking Water Committee of the Science Advisory Board. 1995. *An SAB report: Safe drinking water. Future trends and challenges.* Washington, D.C.: Environmental Protection Agency.
32. Jewell, W. J. 1994. Resource—recovery wastewater treatment. *American Scientist* 82:366–375.
33. Task Force on Water Reuse. 1989. *Water reuse: Manual of practice SM-3.* Alexandria, Va.: Water Pollution Control Federation.
34. Kadlec, R. H., and R. L. Knight. 1996. *Treatment wetlands.* New York: Lewis Publishers.
35. Breaux, A. M., and J. W. Day, Jr. 1994. Policy considerations for wetland wastewater treatment in the coastal zone: A case study for Lousiana. *Coastal Management* (22):285–307.
36. Day, J. W., Jr., J. M. Rybczyk, L. Carboch, W. H. Conner, P. Delgado-Sanchez, R. I. Pratt, and W. Westphal. 1998. A review of recent studies of the ecology and economic aspects of the application of secondary treated municipal effluent wetlands in southern Louisiana. From L. P. Rozas et al., eds., Symposium on Recent Research in Coastal Louisiana, February 1998, Louisiana Sea Great College Program, pp. 1–12.
37. Breaux, A., S. Fuber, and J. Day, 1995. Using natural coastal wetland systems: An economic benefit analyis. *Journal of Environmental Management* (44):285–291.
38. Barone, J. 2008. Better Water. Discover. Better Planet Special Issue, pp. 31–32, May.
39. Hileman, B. 1995. Rewrite of Clean Water Act draws praise, fire. *Chemical & Engineering News* 73:8.

Capítulo 22 Referências das Questões para Reflexão Crítica

Allan, J. D., and A. S. Flecker. 1993. Biodiversity conservation in running water. *BioScience* 43(1):32–43.
Armour, C. L., D. A. Duff, and W. Elmore. 1991. The effects of livestock grazing on riparian and stream ecosystems. *Fisheries* 16(1):7–11.
Karr, J. R., L. A. Toth, and D. R. Dudley. 1985. Fish communities of midwestern rivers: A history of degradation. *BioScience* 35(2):90–95.
Sparks, R. 1992. The Illinois River floodplain ecosystem. In National Research Council, *Restoration of aquatic ecosystems,* pp. 412–432. Washington, D.C.: National Academy Press.
Stevens, W. K. 1993 (January 26). River life through U.S. broadly degraded. New York Times, pp. B5, B8.

Capítulo 23 Notas

1. Photo credit William Osborn / naturepl.com, Nature Picture Library, 5a Great George Street, Bristol, BS1 5RR, United Kingdom. Email: info@naturepl.com, http://www.naturepl.com
2. Charmantier, A., Robin H. McCleery, Lionel R. Cole, Chris Perrins, Loeske E. B. Kruuk, Ben C. Sheldon. 2008. "Adaptive Phenotypic Plasticity in Response to Climate Change in a Wild Bird Population." *Science* 320(5877):800–803.
3. Grime, J. P., Jason D. Fridley, Andrew P. Askew, Ken Thompson, John G. Hodgson, and Chris R. Bennett. 2008. "Long-term Resistance to Simulated Climate Change in an Infertile Grassland." *PNAS* 105(29):10028–10032. Earth System Science Committee (1988). *Earth System Science: A Preview.* Boulder, Colorado: University Corporation for Atmospheric Research.
4. Elliott, W. P., L. Machta, and C. D. Keeling. 1985. An estimate of the biotic contribution to the atmospheric CO2 increase based on direct measurements at Mauna Loa Observatory. *Journal of Geophysical Research.* D. Atmospheres. Vol. 90, no. D2, pp. 3741–3746.
5. Callendar, G. S. "The Artificial Production of Carbon Dioxide and Its Influence on Temperature." *Quarterly Journal of the Royal Meteorological Society* 64(1938):223–237; "Can Carbon Dioxide Influence Climate?" *Weather* 4(1949):310–14; "On the Amount of Carbon Dioxide in the Atmosphere." *Talus* 10(1958):243.
6. Crowley, T. J. 2000. "Causes of Climate Change Over the Past 1000 Years." *Science* 289:270–277.
7. Hansen, J., et al. 2005. "Efficiency of Climate Forcings." *Journal of Geophysical Research* 110 (D18104):45P.
8. Botkin, D. B. 1990. *Discordant Harmonies: A New Ecology for the 21st Century.* New York: Oxford University Press.
9. Bennett, K. 1990. Milankovitch Cycles and Their Effects on Species in Ecological and Evolutionary Time. *Paleobiology* 16(1):11–21.
10. Foukal, P., C. Frohlich, H. Sprint, and T. M. L. Wigley. 2006. "Variations in Solar Luminosity and Their Effect on the Earth's Climate." *Nature* 443:161–166.
11. Soon, W. 2007. Implications of the Secondary Role of Carbon Dioxide and Methane Forcing in Climate Change: Past, Present, and Future. *Physical Geography* 28(2):97–125.
12. IPCC. 2007. *Climate Change 2007: The Physical Science Basis: Working Group I Contribution to the Fourth Assessment Report*, IPCC. New York: Cambridge University Press, 989P.
13. Caillon, N., J. P. Severinghaus, et al. 2003. "Timing of Atmospheric CO_2 and Antarctic Temperature Changes Across Termination III." *Science* 299:1728–1731.
14. Intergovernmental Panel on Climate Change. 2001. *Climate Change 2001.* Series of 4 reports. New York: Cambridge University Press.
15. Steager, R. 2006. "The Source of Europe's Mild Climate." *American Scientist* 94:334–341.
16. Encyclopedia Britannica online. Accessed January 2, 2009. http://www.britannica.com/EBchecked/topic-art/175962/69345/Carbon-dioxide-concentrations-in-Earths-atmosphere-plotted-over-the-past
17. Dlugokencky, E. J., L. P. Steele, P. M. Lang, and K. A. Masarie. 1994. "The Growth Rate and Distribution of Atmospheric Methane." *Journal of Geophysical Research* 99(D8):17021–17043.
18. Hansen, J., A. Lacis, and M. Prather. 1989. Greenhouse Effect of Chlorofluorocarbons and Other Trace Gases." *Journal of Geophysical Research* 94(D13):16417–16421.
19. Rodhe, H. 1990. "A Comparison of the Contribution of Various Gases to the Greenhouse Effect." *Science* 248:1217–1219.
20. Jet Propulsion Laboratory. "El Niño—When the Pacific Ocean Speaks, Earth Listens." Accessed 9/25/08 at wmv.jpl.nasa.gov
21. Hansen, J., et al. 2006. "Global Temperature Change." *PNAS* 103 (39)1488–93.
22. Moss, M. E., and H. F. Lins. 1989. *Water Resources in the Twenty-First Century: A Study of the Implications of Climate Uncertainty.* U.S. Geological Survey Circular 1030. Washington, D.C.: U.S. Department of the Interior.
23. Titus, J. G., and V. K. Narayanan. 1995. *The Probability of Sea Level Rise.* Washington, D.C.: U.S. Environmental Protection Agency.
24. Pelto, M. S. 1996. "Recent Changes in Glacier and Alpine Runoff in the North Cascades, Washington." *Hydrological Processes* 10: 1173–80.
25. Appenzeller, T. 2007. "The Big Thaw." *National Geographic* 211(6):56–71.
26. Mote, P. W., and G. Kasen. 2007. "The Shrinking Glaciers of Kilimanjaro: Can Global Warming Be Blamed?" *American Scientist* 95(4):218–25.
27. Stroeve, J., M. Serreze, and S. Drobot. 2008. "Arctic Sea Ice Extent Plummets in 2007. EOS, Transactions." *American Geophysical Union* 89(2):13–14.
28. Parkinson, C. L. 2008. "Recent Trend Reversals in Arctic Sea Ice Extent—Possible Connections to the North Atlantic Oscillation." *Polar Geography* 31(1):3–14.
29. Morrison, J., J. Wahr, R. Kwok, and C. Perelta-Ferriz. 2006. "Recent Trends in Arctic Ocean Mass Distribution Revealed by GRACE." *Geophysical Reserve Letters.* 34:L07602.
30. Botkin, D. B., et al. 2007. "Forecasting Effects of Global Warming on Biodiversity." *BioScience* 57(3):227–236.
31. Rogers, D. J., and S. E. Randolph. 2000. "The Global Spread of Malaria in a Future, Warmer World." *Science* 289:1763–1766.
32. Sumilo, D., L. Asokliene, A. Bormane, V. Vasilenko, I. Golovijova, et al. 2007. "Climate Change Cannot Explain the Upsurge of Tick-Borne Encephalitis in the Baltics." *PLoS ONE* 2(6): e500 doi:10.1371/journal.pone.0000500
33. Dunn, S. 2001. "Decarbonizing the Energy Economy." In *WorldWatch Institute State of the World 2001.* New York: Norton.
34. Rice, C. W. 2002. "Storing Carbon in Soil: Why and How." *Geotimes* 47(1):14–17.
35. Friedman, S. J. 2003. "Storing Carbon in Earth." *Geotimes* 48(3):16–20.
36. Bartlett, K. 2003. "Demonstrating Carbon Sequestration." *Geotimes* 48(3):22–23.

Capítulo 24 Notas

1. Streets, D. G. and 12 others (2006). Air quality during the 2008 Beijing Olympic Games. Atmospheric Environment 41:480–492.
2. National Park Service. 1984. *Air resources management manual.*
3. Araujo, J. A. and 10 others. 2008. Ambient particulate pollutants in the ultrafine range promote early atherosclerosis and systematic oxidative stress. Circulation Research; 102; 589–596.

4. Godish, T. 1991. *Air quality,* 2d ed. Chelsea, Mich.: Lewis Publishers.
5. Seitz, F., and C. Plepys. 1995. Monitoring air quality in healthy people 2000. *Healthy people 2000: Statistical notes no. 9.* Atlanta: Centers for Disease Control and Prevention, National Center for Health Statistics.
6. American Lung Association, 2008. *State of the Air 2007.* www.stateofftheair.org, accessed 6/20/08.
7. Moore, C. 1995. Poisons in the air. *International Wildlife* 25: 38–45.
8. Pope, C. A., III, D. V. Bates, and M. E. Raizenne. 1995. Health effects of particulate air pollution: Time for reassessment? *Environmental Health Perspectives* 103:472–480.
9. Travis, D. J., A. M. Carleton, and R. G. Lauritsen 2002. Contrails reduce daily temperature range. *Nature* 419:601.
10. Office of Technology Assessment. 1984. Balancing the risks. *Weatherwise* 37:241–249.
11. Canadian Department of the Environment. 1984. *The acid rain story.* Ottawa: Minister of Supply and Services.
12. Lippmann, M., and R. B. Schlesinger. 1979. *Chemical contamination in the human environment.* New York: Oxford University Press.
13. Winkler, E. M. 1998 (September). The complexity of urban stone decay. *Geotimes,* pp. 25–29.
14. U.S. Environmental Protection Agency 2006. National scale air toxics assessment for 1999. Estimated emissions. Concentrations and risks. Technical Fact Sheet. Accessed April 10, 2006 at www.epa.gov.
15. Tyson, P. 1990. Hazing the Arctic. *Earthwatch* 10:23–29.
16. Pittock, A. B., L. A. Frakes, D. Jenssen, J. A. Peterson, and J. W. Zillman, eds. 1978. *Climatic change and variability: A southern perspective.* New York: Cambridge University Press.
17. Brown, L. R. ed. 1991. *The Worldwatch reader on global environmental issues.* New York: Norton.
18. Lents, J. M., and W. J. Kelly. 1993. Clearing the air in Los Angeles. *Scientific American* 269:32–39.
19. Blake, D. R., and F. S. Rowland. 1995. Urban leakage of liquefied petroleum gas and its impact on Mexico City air quality. *Science* 269:953.
20. Pountain, D. 1993 (May). Complexity on wheels. *Byte,* pp. 213–220.
21. Stern, A. C., R. T. Boubel, D. B. Turner, and D. L. Fox. 1984. *Fundamentals of air pollution,* 2d ed. Orlando, Fla.: Academic Press.
22. Moore, C. 1995. Green revolution in the making. *Sierra* 80:50.
23. Kolstad, C. D. 2000. *Environmental economics.* New York: Oxford University Press.
24. Crandall, R. W. 1983. *Controlling industrial pollution: The economics and politics of clean air.* Washington, D.C.: Brookings Institution.
25. Hall, J. V., A. M. Winer, M. T. Kleinman, F. W. Lurmann, V. Brajer, and S. D. Colome. 1992. Valuing the health benefits of clean air. *Science* 255:812–816.
26. Krupnick, A. J., and P. R. Portney. 1991. Controlling urban air pollution: A benefits-cost assessment. *Science* 252:522–528.
27. Lipfert, F. W., S. C. Morris, R. M. Friedman, and J. M. Lents. 1991. Air pollution benefit-cost assessment. *Science* 253:606.
28. Rowland, F. S. 1990. Stratospheric ozone depletion of chlorofluorocarbons. *AMBIO* 19:281–292.
29. Smith, R. C., B. B. Prezelin, K. S. Baker, R. R. Bidigare, N. P. Boucher, T. Coley, D. Karentz, S. Macintyre, H. A. Matlick, D. Menzies, M. Ondrusek, Z. Wan, and K. J. Waters. 1992. Ozone depletion: Ultraviolet saturation and phytoplankton biology in Antarctic waters. *Science* 255:952–959.
30. NASA-GSFC. 2000. Stratospheric ozone. Accessed August 22, 2000 at http://see.gsfc.nasa.gov.
31. Environmental Protection Agency. 1995. *Protection of the ozone layer.* EPA 230-N-95-00. Washington, D.C.: U.S. EPA Office of Policy, Planning, and Evaluation and Office of Air and Radiation.
32. NASA. 2004. Average Antarctic miminum ozone concentration. Accessed March 24, 2004 at http://jwocky.gsfc.nasa./gov/multi/min_ozone/gif.
33. Hamill, P., and O. B. Toon. 1991. Polar stratospheric clouds and the ozone hole. *Physics Today* 44:34–42.
34. Stolarski, R. S. 1988. The Antarctic ozone hole. *Scientific American* 258:30–36.
35. Molina, M. J., and F. S. Rowland. 1974. Stratospheric sink for chlorofluoromethanes: Chlorine-atom catalyzed distribution of ozone. *Nature* 249:810–812.
36. Brouder, P. 1986 (June). Annals of chemistry in the face of doubt. *New Yorker,* pp. 20–87.
37. Khalil, M. A. K., and R. A. Rasmussen. 1989. The potential of soils as a sink of chlorofluorocarbons and other manmade chlorocarbons. *Geophysical Research Letters* 16:679–682.
38. Rowland, F. S. 1989. Chlorofluorocarbons and the depletion of stratospheric ozone. *American Scientist* 77:36–45.
39. Toon, O. B., and R. P. Turco. 1991. Polar stratospheric clouds and ozone depletion. *Scientific American* 264:68–74.
40. Worldwatch Institute 2008. Vital Signs 2007–2008. W. W. Norton & Company, NY.
41. Webster, C. R., R. D. May, D. W. Toohey, L. M. Avallone, J. G. Anderson, P. Newman, L. Lait, M. Schoeberl, J. W. Elkins, and K. R. Chay 1983. Chlorine chemistry on polar stratospheric cloud particles in the Arctic winter. *Science* 261:1130–1134.
42. Kerr, R. A. 1992. New assaults seen on Earth's ozone shield. *Science* 255:797–798.
43. Zurer, P. 1995. Record low ozone levels observed over Arctic. *Chemical & Engineering News* 73:8.
44. Cutter Information Corp. 1996. Reports discuss present and future state of ozone layer. *Global Environmental Change Report* V, VIII, 21, no. 22, pp. 1–3. Dunster, B. C., Canada: Cutter Information Corp.
45. Shea, C. P. 1989. Mending the Earth's shield. *World Watch* 2:28–34.
46. Kerr, J. B., and C. T. McElroy. 1993. Evidence for large upward trends of ultraviolet-B radiation linked to ozone depletion. *Science* 262:1032–1034.
47. U.S. Environmental Protection Agency. 2006. Ozone depletion. Accessed April 16, 2006 at www.epa.gov.
48. Russell, J. M., M. Luo, R. J. Cicerone, and L. E. Deaver. 1996. Satellite confirmation of dominance of chlorofluorocarbons in the global stratospheric chlorine budget. *Nature* 379:526.
49. Showstack, R. 1998. Ozone layer is on slow road to recovery, new science assessment indicates. *Eos* 79(27):317–318.
50. Spurgeon, D. 1998. Surprising success of the Montreal protocol. *Nature* 389(6648):219.
51. U.S. Environmental Protection Agency. 2003. Ozone depletion: accessed October 8, 2003 at http://www.epa.gov/ozone/index.html.
52. MacKenzie, D. 1990. Cheaper alternatives for CFCs. *New Scientist* 126:39–40.

Capítulo 24 Referências das Questões para Reflexão Crítica

Khalil, M., and R. A. Rasmussen 1993. Arctic haze—patterns and relationships to regional signatures of trace gases. *Global Biogeochemical Cycles* 7(1):27–36.
Rahn, K. A. 1984. Who's polluting the Arctic? *Natural History* 93(5):31–38.
Shaw, G. E. 1995. The Arctic haze phenomenon. *Bulletin of the American Meteorological Society* 76(12):2403–2413.
Soroos, M. S. 1992. The odyssey of Arctic haze. *Environment* 34(10):6–27.
Young, O. R. 1990. Global commons: The Arctic in world affairs. *Technology Review* 93:52–61.

Capítulo 25 Notas

1. U.S. Environmental Protection Agency. Basic information: Formaldehyde. Accessed 4-28-08 @ www.epa.gov.
2. Anonymous. FEMA Hurries Hurricane Survivors Out of Toxic Trailers. Environment News Service (ENS). February 15, 2008.
3. Zimmerman, M. R. 1985. Pathology in Alaskan mummies. *American Scientist* 73:20–25.
4. Ehrlich, P. R., A. H. Ehrlich, and J. P. Holdren. 1970. *Ecoscience: Population, resources, environment.* San Francisco: Freeman.
5. Conlin, M. 2000 (June 5). Is your office killing you? *Business Week,* pp. 114–124.
6. U.S. Environmental Protection Agency. 1991. *Building air quality: A guide for building owners and facility managers.* EPA/400/1-91/033, DHHS (NIOSH) Pub. No. 91–114. Washington, D.C.: Environmental Protection Agency.
7. Zummo, S. M., and M. H. Karol. 1996. Indoor air pollution: Acute adverse health effects and host susceptibility. *Environmental Health* 58:25–29.
8. Committee on Indoor Air Pollution. 1981. *Indoor pollutants.* Washington, D.C.: National Academy Press.
9. Massachusetts Department of Public Health, Bureau of Environmental Health Assessments. 1995. *Symptom prevalence survey related to indoor air concerns at the Registry of Motor Vehicles Building, Ruggles Station.*
10. Horton, W. G. B. 1995. *NOVA: Can buildings make you sick?* Video production. Boston: WGBH.
11. Godish, T. 1997. *Air quality,* 3d ed. Boca Raton, Fla.: Lewis Publishers.

12. O'Reilly, J. T., P. Hagan, R. Gots, and A. Hedge. 1998. *Keeping buildings healthy.* New York: Wiley.
13. Brenner, D. J. 1989. *Radon: Risk and remedy.* New York: W. H. Freeman.
14. U.S. Environmental Protection Agency. 1992. *A citizen's guide to radon: The guide to protecting yourself and your family from radon,* 2d ed. ANR-464. Washington, D.C.: Environmental Protection Agency.
15. Hurlburt, S. 1989 (June). Radon: A real killer or just an unsolved mystery? *Water Well Journal,* pp. 34–41.
16. Egginton, J. 1989. Menace of Whispering Hills. *Audubon* 91:28–35.
17. University of Maine and Maine Department of Human Services. 1983 (February). Radon in water and air. *Resource Highlights.*
18. U.S. Environmental Protection Agency. 1986. *Radon reduction techniques for detached houses: Technical guidance.* EPA 625/5-86-019. Research Triangle Park, N.C.: Air and Energy Engineering Research Laboratory, Office of Research and Development, U.S. Environmental Protection Agency.
19. U.S. Environmental Protection Agency. Radon-resistance new construction (RRNC). Accessed April 22, 2006 at www.epa.gov.
20. Henshaw, D. L., J. P. Eatough, and R. B. Richardson. 1990. Radon as a causative factor in induction of myeloid leukaemia and other cancers. *The Lancet* 335:1008–1012.
21. Pershagen, G., G. Akerblom, O. Axelson, B. Clavensjo, L. Damber, G. Desai, A. Enflo, F. Lagarde, H. Mellander, M. Svartengren, and G. A. Swedjemark. 1994. Residential radon exposure and lung cancer in Sweden. *New England Journal of Medicine* 330:159–164.
22. Nero, A. V., Jr. 1988. Controlling indoor air pollution. *Scientific American* 258:42–48.

Capítulo 25 Referências das Questões para Reflexão Crítica

Castleman, M. 1995. Clean air up there. *Sierra* 80(3):16.
Douglass, W. C. 1992 (September). If you fly, don't breathe. *Second Opinion,* pp. 1–5.
Kenyon, T. A. 1996. Transmission of multidrug-resistant *Myobacterium tuberculosis* during a long airplane flight. *The New England Journal of Medicine* 334(15):933.
Manning, A. 1993 (June 22). Airborne ailments: Are diseases transmitted in flight? USA *Today,* pp. 1A, 2A.
Nagda, N. L. 1993 (July 29). Testimony before Committee on Science and Technology, U.S. House of Representatives Subcommittee on Technology, Environment and Aviation, Washington, D.C.
Nagda, N. L., M. D. Koontz, and A. G. Konheim. 1991 (August). Carbon dioxide levels in commercial airliner cabins. *ASHRAE Journal* 33:35–38.
National Research Council. 1986. *The airliner cabin environment: Air quality and safety.* Washington, D.C.: National Academy Press.
Tolchin, M. 1993 (June 21). Exposures to tuberculosis on planes are investigated. *New York Times,* p. A7.
Tolchin, M. 1993 (June 25). Inquiry will check air quality on airplanes. *New York Times,* p. A16.

Capítulo 26 Notas

1. Kropschot, S. J. and Johnson, K. M. 2006. U.S. Geological Survey Circular 1289. Menlo Park, California.
2. Hudson, T. L., F. D. Fox, and G. S. Plumlee. 1999. *Metal mining and the environment.* Alexandria, Va.: American Geological Institute.
3. McKelvey, V. E. 1973. Mineral resource estimates and public policy. In D. A. Brobst and W. P. Pratt, eds., *United States mineral resources,* pp. 9–19. U.S. Geological Survey Professional Paper 820.
4. U.S. Department of the Interior, Bureau of Mines. 1993. *Mineral commodity summaries, 1993.* I 28.149:993. Washington, D.C.: U.S. Department of the Interior.
5. Meyer, H. O. A. 1985. Genesis of diamond: A mantle saga. *American Mineralogist* 70:344–355.
6. Kesler, S. F. 1994. *Mineral resources, economics, and the environment.* New York: Macmillan.
7. Smith, G. I., C. L. Jones, W. C. Culbertson, G. E. Erickson, and J. R. Dyni. 1973. Evaporites and brines. In D. A. Brobst and W. P. Pratt, eds., *United States mineral resources,* pp. 197–216. U.S. Geological Survey Professional Paper 820.
8. Awramik, S. A. 1981. The pre-Phanerozoic biosphere—three billion years of crises and opportunities. In M. H. Nitecki, ed., *Biotic crises in ecological and evolutionary time,* pp. 83–102. Spring Systematics Symposium. New York: Academic Press.
9. Margulis, L., and J. E. Lovelock. 1974. Biological modulation of the Earth's atmosphere. *Icarus* 21:471–489.
10. Lowenstam, H. A. 1981. Minerals formed by organisms. *Science* 211:1126–1130.
11. Bateman, A. M. 1950. *Economic mineral deposits,* 2d ed. New York: Wiley.
12. Park, C. F., Jr., and R. A. MacDiarmid. 1970. *Ore deposits,* 2d ed. San Francisco: Freeman.
13. Brobst, D. A., W. P. Pratt, and V. E. McKelvey. 1973. *Summary of United States mineral resources.* U.S. Geological Survey Circular 682.
14. Jeffers, T. H. 1991 (June). Using microorganisms to recover metals. *Minerals Today.* Washington, D.C.: U.S. Department of Interior, Bureau of Mines, pp. 14–18.
15. Haynes, B. W. 1990 (May). Environmental technology research. *Minerals Today.* Washington, D.C.: U.S. Bureau of Mines, pp. 13–17.
16. Sullivan, P. M., M. H. Stanczyk, and M. J. Spendbue. 1973. *Resource recovery from raw urban refuse.* U.S. Bureau of Mines Report of Investigations 7760.
17. Davis, F. F. 1972 (May). Urban ore. *California Geology,* pp. 99–112.
18. U.S. Geological Survey. 2000. *Minerals yearbook 1998—Recycling metals.* Accessed August 21, 2000 at http://minerals.usgs.gov.
19. Brown, L., N. Lenssen, and H. Kane. 1995. Steel recycling rising. In *Vital Signs* 1995. Worldwatch Institute.
20. Wellmar, F. W., and M. Kosinowoski. 2003. Sustainable development and the use of non renewable sources. *Geotimes* 48(12):14–17.
21. The Butchart Gardens. 1998. Victoria, B.C.: The Butchart Gardens.

Capítulo 26 Referência das Questões para Reflexão Crítica

Debus, K. H. 1990 (August/September). Mining with microbes. *Technology Review* 93:50.

Capítulo 27 Notas

1. *New York Times* http://select.nytimes.com/search/restricted/article?res=FA0716F734550C7A8DDDA00894DD404482. March 13, 2006. Anger over bid to hike whale catch. June 20, 2005. CNN, http://www.cnn.com/2005/WORLD/asiapcf/06/20/whaling.meeting/index.html.
2. Roberts, L. 1991. Costs of a Clean Environment. *Science* 251:1182.
3. Fairley, P. 1995. Compromise Limits EPA Budget Cut, Removes House Riders. *Chemical Week* 157:17.
4. Moore, C. E. 1995. Poisons in the Air. *International Wildlife* 25:38–45.
5. Pope, C. A. III, D. V. Bates, and M. E. Raizenne. 1995. Health Effects of Particulate Air Pollution: Time for Reassessment. *Environmental Health Perspectives* 103:472–480.
6. Hardin, G. 1968. The Tragedy of the Commons. *Science* 162:1243–1248.
7. Clark, C. W. 1973. The Economics of Overexploitation. *Science* 181:630–634.
8. Freudenburg, W. R. 2004. Personal communication.
9. Gunn, J. M., ed. 1995. *Restoration and Recovery of an Industrial Region: Progress in Restoring the Smelter-damaged Landscape near Sudbury, Canada.* New York: Springer-Verlag.
10. Costanza, R., et al. 1997. The Value of the World's Ecosystem Services and Natural Capital. *Nature* 387:253–260.
11. James, A., K. T. Gaston, and A. Blamford. 2001. Can We Afford to Conserve Biodiversity? *BioScience* 51(1):43–52.
12. Litton, R. B. 1972. Aesthetic Dimensions of the Landscape. In J. V. Krutilla, ed. *Natural Environments.* Baltimore: Johns Hopkins University Press.
13. Schwing, R. C. 1979. Longevity and Benefits and Costs of Reducing Various Risks: *Technological Forecasting and Social Change* 13:333–345.
14. Gori, G. B. 1980. The Regulation of Carcinogenic Hazards. *Science* 208:256–261.
15. Cairns, J., Jr., 1980. Estimating Hazard. *BioScience* 20:101–107.
16. James, A., K. T. Gaston, and A. Blamford. 2001. Can We Afford to Conserve Biodiversity? *BioScience* 51(1):43–52.
17. Ostro, B. D. 1980. Air Pollution, Public Health, and Inflation. *Environmental Health Perspectives* 345:185–189.
18. Office of Technology Assessment. 1991. *Changing by Degrees: Steps to Reduce Greenhouse Gases.* Washington, D.C.: U.S. Superintendent of Documents.
19. D'Arge, R. 1989. Ethical and Economic Systems for Managing the Global Commons. In D. B. Botkin, M. Caswell, J. E. Estes, and A. Orio, eds. *Changing the Global Environment: Perspectives on Human Involvement,* pp. 327–337. New York: Academic Press.

20. Rogers, A. 1993. *The Earth Summit: A Planetary Reckoning.* Los Angeles: Global View Press.
21. Baumol, W. J., and W. E. Oates, 1979. *Economics, Environmental Policy, and the Quality of Life.* Englewood Cliffs, N.J.: Prentice-Hall.
22. Clark, C. W. 1981. Economics of Fishery Management. In T. L. Vincent and J. M. Skowronski, eds., *Renewable Resource Management: Lecture Notes in Biomathematics*, pp. 9–111. New York: Springer-Verlag.

Capítulo 27 Referências das Questões para Reflexão Crítica

Anthony, V. C. 1993. The state of groundfish resources off the northeastern United States. *Fisheries* 18(3):12–17.
Correia, S. J. 1992 (3d quarter). Flounder population declines: Overfishing or pollution! *Division of Marine Fisheries News.* Boston: Massachusetts Division of Marine Fisheries.
How to fish. 1988 (December 10). *The Economist* 309(7580):93–96.
Keen, E. A. 1991. Ownership and productivity of marine fisheries resources. *Fisheries* 16:18–22.
Lawren, B. 1992. Net loss. *National Wildlife* 30(6):47–52.
Leal, D. R .1992 (July 30). Using property rights to regulate fish harvest. *Christian Science Monitor* 84:18.
National Marine Fisheries Service. 1995. *Status of the fishery resources off the northeastern United States for 1994.* Woods Hole, Mass.: U.S. Department of Commerce, NOAA, NMFS Northeast Fisheries Science Center.
Pierce, D. 1992 (2d quarter). New England council to cut fishing effort in half over next 5 years. *Division of Marine Fisheries News.* Boston: Massachusetts Division of Marine Fisheries.
Satchell, M. 1992. The rape of the oceans. *U.S. News and World Report* 112(24):64–75.

Capítulo 28 Notas

1. Nossiter, Adam. 2008. Big Plans Are Slow to Bear Fruit in New Orleans. *N.Y. Times* April 1, 2008.
2. Steinhauer. New Orleans Is Still Grappling with the Basics of Rebuilding. *The New York Times*, November 8, 2005, p. A1.
3. World Resources Institute http://archive.wri.org/item_detail.cfm? id =2795§ion=climate&page=pubs_content_text&z=?
4. EPA. May 11, 2006. What Is Urban Sprawl? http://www.epa.gov/maia/html/sprawl.html.
5. Butler, Rhett. 2003. *World's Largest Urban Areas [Ranked by Urban Area Population]. The World Gazetteer,* http://www.mongabay.com/citiesurban01.htm
6. Neubauer, D. 2004 (September 24). Mixed Blessings of the Megacities. *Yale Global Online Magazine*, http://yaleglobal._yale.edu.
7. Haub, C., and D. Cornelius. 2000. *World Population Data Sheet.* Washington, D.C.: Population Reference Bureau.
8. Mumford, L. 1972. The Natural History of Urbanization. In R. L. Smith, ed., *The Ecology of Man: An Ecosystem Approach*, pp. 140–152. New York: Harper & Row.
9. BBC News. http://news.bbc.co.uk/go/pr/fr/-/2/hi/europe/4292374.stm. September 29, 2005.
10. Fein, Melissa. Venice is sinking and Italy is watching, so why should the U.S. help? Accessed at http://www.law.harvard.edu/faculty/martin/art_law/fien_venice.htm.
11. Pavoni, B., A. Sfriso, D. Donazzolo, and A. A. Orio. 1990. Influence of Wastewaters on the City of Venice and the Hinterland on the Eutrophication of the Lagoon. *The Science of the Total Environment* 96:325–252.
12. Poggioli, S. 2008. MOSE Project Aims to Part Venice Floods. National Public Radio. January 7, 2008. http://www.npr.org/templates/story/story.php?storyId=17855145
13. Hunt, C. B. 1974. *Natural Regions of the United States and Canada.* San Francisco: Freeman.
14. Leibbrand, K. 1970. *Transportation and Town Planning.* Translated by N. Seymer. Cambridge, Mass.: MIT Press.
15. Reps, J. W. 1965. *The Making of Urban America: A History of City Planning in the United States*, 2d ed. Princeton, N.J.: Princeton University Press.
16. McLaughlin, C. C., ed. 1977. The Formative Years: 1822–1852. Volume 1 of *The Papers of Frederick Law Olmsted.* Baltimore: Johns Hopkins University Press.
17. Miller, L. B. 1987. Miracle on 104th Street. *American Horticulturalist* 66:14–17.
18. Spirn, A. W. 1984. *The Granite Garden: Urban Nature and Human Design.* New York: Basic Books.
19. Detwyler, T. R., and M. G. Marcus, eds. 1972. *Urbanization and the environment: The Physical Geography of the City.* North Scituate, Mass.: Duxbury Press.
20. Butti, K., and J. Perlin. 1980. *A Golden Thread: 2500 years of Solar Architecture and Technology.* New York: Cheshire.
21. McHarg, I. L. 1971. *Design with Nature.* Garden City, N.Y.: Doubleday.
22. Ford, A. B., and O. Bialik. 1980. Air Pollution and Urban Factors in Relation to Cancer Mortality. *Archives of Environmental Health* 35:350–359.
23. Nadel, I. B., C. H. Oberlander, and L. R. Bohm. 1977. *Trees in the City.* New York: Pergamon.
24. Moll, G., P. Rodbell, B. Skiera, J. Urban, G. Mann, and R. Harris.1991 (April/May). Planting New Life in the City. *Urban Forests*, pp. 10–20. Washington, D.C.: American Forestry Association.
25. Dreistadt, S. H., D. L. Dahlsten, and G. W. Frankie. 1990. Urban Forests and Insect Ecology. *BioScience* 40:192–198.
26. Leedly, D. L., and L. W. Adams. 1984. *A Guide to Urban Wildlife Management.* Columbia, Md.: National Institute for Urban Wildlife.
27. Tylka, D. 1987. Critters in the City. *American Forests* 93:61–64.
28. Mannan, R. W., Robert J. Steidl, and Clint W. Boal. 2008. Identifying Habitat Sinks: A Case Study of Cooper's Hawk in an Urban Environment. *Urban Ecosystems* 11: 141–148.
29. Burton, J. A. 1977. *Worlds Apart: Nature in the City.* Garden City, N.Y.: Doubleday.
30. Department of Environmental Protection, New York. 2006. Peregrine Falcons in New York City. http://www.nyc.gov/html/dep/html/news/falcon.html
31. Adams, L. W., and L. E. Dove. 1989. Wildlife Reserves and Corridors in the Urban Environment. Columbia, Md.: National Institute for Urban Wildlife.
32. http://www.responsiblewildlifemanagement.org/bubo_nic_plague.htm
33. U.S. Environmental Protection Agency. 2006. (May 11.) http://www.epa.gov/maia/html/sprawl.html
34. www.epodunk.com/egi-bin/PopInfo.php?locIndex=936

Capítulo 28 Referências das Questões para Reflexão Crítica

Anthony, V. C. 1993. The state of groundfish resources off the northeastern United States. *Fisheries* 18(3):12–17.
Correia, S. J. 1992 (3d quarter). Flounder population declines: Overfishing or pollution! *Division of Marine Fisheries News.* Boston: Massachusetts Division of Marine Fisheries. How to fish. 1988 (December 10). *The Economist* 309(7580):93–96.
Keen, E. A. 1991. Ownership and productivity of marine fisheries resources. *Fisheries* 16:18–22.
Lawren, B. 1992. Net loss: *National Wildlife* 30(6):47–52.
Leal, D. R. 1992 (July 30).Using property rights to regulate fish harvest. *Christian Science Monitor* 84:18.
National Marine Fisheries Service. 1995. *Status of the Fishery Resources off the Northeastern United States for 1994.* Woods Hole, Mass.: U.S. Department of Commerce, NOAA, NMFS Northeast Fisheries Science Center.
Pierce, D. 1992 (2d quarter). New England council to cut fishing effort in half over next 5 years. *Division of Marine Fisheries News.* Boston: Massachusetts Division of Marine Fisheries.
Satchels, M. 1992. The rape of the oceans. *U.S. News and World Report* 112(24):64–75.

Capítulo 29 Notas

1. Sullivan, D. E. 2006. Recycled cell phones—A treasure trove of valuable metals. U.S. Geological Survey Fact Sheet 2006–3097.
2. Galley, J. E. 1968. Economic and industrial potential of geologic basins and reservoir strata. In J. E. Galley, ed., *Subsurface disposal in geologic basins: A study of reservoir strata*, pp. 1–19. American Association of Petroleum Geologists Memoir 10. Tulsa, Okla.: American Association of Petroleum Geologists.
3. Relis, P., and A. Dominski. 1987. *Beyond the crisis: Integrated waste management.* Santa Barbara, Calif.: Community Environmental Council.
4. Repa, D. W., and A. Blakey. 1996. Municipal solid waste disposal trends: 1996 update. *Waste Age* 27:42–54.
5. Council on Environmental Quality. 1973. *Environmental quality—1973.* Washington, D.C.: U.S. Government Printing Office.
6. Allenby, B. R. 1999. *Industrial ecology: Policy framework and implementation.* Upper Saddle River, N.J.: Prentice-Hall.
7. Garner, G., and P. Sampat. 1999 (May). Making things last: Reinventing of material culture. *The Futurist*, pp. 24–28.
8. U.S. Environmental Protection Agency. Municipal solid waste. Accessed April 21, 2006 at www.epa.gov.

9. Relis, P., and H. Levenson. 1998. *Discarding solid waste as we know it: Managing materials in the 21st century.* Santa Barbara, Calif.: Community Environmental Council.
10. Young, J. E. 1991. Reducing waste-saving materials. In L. R. Brown, ed., *State of the world, 1991*, pp. 39–55. New York: Norton.
11. Steuteville, R. 1995. The state of garbage in America: Part I. *BioCycle* 36:54.
12. Gardner, G. 1998 (January/February). Fertile ground or toxic legacy? *World Watch,* pp. 28–34.
13. McGreery, P. 1995. Going for the goals: Will states hit the wall? *Waste Age* 26:68–76.
14. Brown, L. R. 1999 (March/April). Crossing the threshold. *World Watch,* pp. 12–22.
15. Rathje, W. L., and C. Murphy. 1992. Five major myths about garbage, and why they're wrong. *Smithsonian* 23:113–122.
16. Rathje, W. L. 1991. Once and future landfills. *National Geographic* 179(5):116–134.
17. Schneider, W. J. 1970. Hydrologic implications of solid-waste disposal. 135(22). U.S. Geological Survey Circular 601F. Washington, D.C.: U.S. Geologiccal Survey.
18. Thomas, V. M., and T. G. Spiro. 1996. The U.S. dioxin inventory: Are there missing sources? Environmental Science & Technology 30:82A–85A.
19. Turk, L. J. 1970. Disposal of solid wastes—acceptable practice or geological nightmare? In Environmental Geology, pp. 1–42. Washington, D.C.: American Geological Institute Short Course, American Geological Institute.
20. Hughes, G. M. 1972. Hydrologic considerations in the siting and design of landfills. Environmental Geology Notes, no. 51. Urbana: Illinois State Geological Survey.
21. Bergstrom, R. E. 1968. Disposal of wastes: Scientific and administrative considerations. Enviornmental Geology Notes, no 20. Urbana: Illinois State Geological Survey.
22. Cartwright, K., and Sherman, F. B. 1969. Evaluating sanitary landfill sites in Illinois Environmental Geology Notes, no. 27. Urbana: Illinois State Geological Survey.
23. Rahn, P. H. 1996. Engineering geology, 2nd ed. Upper Saddle River, N.J.: Prentice-Hall.
24. Bullard, R. D. 1990. Dumping in Dixie: Race, class and environmental quality. Boulder, CO: Westview Press.
25. Sadd, J. L., J. T. Boer, M. Foster, Jr., and L. D. Snyder 1997. Addressing environmental justice: Demographics of hazardous waste in Los Angeles County. Geology Today 7(8):18–19.
26. Walker, W. H. 1974 Monitoring toxic chemical pollution from land disposal sites in humid regions. Ground Water 12:213–218.
27. Watts, R. J. 1998. Hazardous wastes. New York: John Wiley & Sons.
28. Wilkes, A. S. 1980. Everybody's problem: Hazardous waste. SW826. Washington, D.C.: U.S. Environmental Protection Agency, Office of Water and Waste Management.
29. Harder, B. 2005 (November 8). Toxic e-waste is conched in poor nations. *National Geographic News.*
30. Elliot, J. 1980. Lessons from Love Canal. Journal of the American Medical Association 240:2033–2034, 2040.
31. Kufs, C., and C. Twedwell. 1980. Cleaning up hazardous landfills. Geotimes 25:18–19.
32. Albeson, P. H. 1983. Waste management. Science 220:1003.
33. New York State Department of Environmental Conservation. 1994. Remedial chronology: The Love Canal hazardous waste site. New York State.
34. Kirschner, E. 1994. Love Canal settlement: OxyChem to pay New York state $98 million. Chemical & Engineering News 72:4–5.
35. Westervelt, R. 1996. Love Canal: OxyChem settles federal claims. Chemical Week 158:9.
36. Whittell, G. 2000 (November 29). Poison in paradise. (London) Times 2, p. 4.
37. U.S. Environmental Protection Agency. 2003. Key Dates in Superfund. Accessed November 6, 2003 at http://www.epa.gove/ superfund/action/law/keydates.htm.
38. Bedient, P. B., H. S. Rifai, and C. J. Newell. 1994. Ground water contamination. Englewood Cliffs, N.J.: Prentice-Hall.
39. Huddleston, R. L. 1979. Solid-waste disposal: Land farming. Chemical Engineering 86:119–124.
40. McKenzie, G. D., and W. A. Pettyjohn. 1975. Subsurface waste management. In G. D. McKenzie and R. O. Utgard, eds., Man and his physical environment: Readings in environmental geology, 2nd ed., pp. 150–156. Minneapolis: Burgess Publishing.
41. National Research Council, Committee on Geological Sciences, 1972. The earth and human affairs. San Francisco: Canfield Press.
42. Cox, C. 1985. The buried threat: Getting away from land disposal of hazardous waste. No. 115-5. California Senate Office of Research.
43. Council on Environmental Quality. 1970. Ocean dumping: A national policy: A report to the president. Washington, D.C.: U.S. Government Printing Office.
44. Lenssen, N. 1989 (July–August). The ocean blues. World Watch, pp. 26–35.
45. U.S. Environmental Protection Agency. 2000. Forward pollution protection: The future look of environmental protection. Accessed August 12, 2000, at http://www.epa.gov/p2/p2case.htm#num4.

Capítulo 29 Referência das Questões para Reflexão Crítica

Schueller, G. H. 2002. Is recycling on the skids? *Wasting Away on Earth* 24(3):21–23.

Índice

A

Abundância de vida, limite máximo da, 170
Acroleína, 522
África
  fome na, 5
  população da, 5
Agentes
  hormonalmente ativos, 298
  infecciosos, 293
Agricultura
  altera
    a biosfera?, 233
    o meio ambiente, como, 219
  de plantio direto, 224
  mudanças climáticas e, 213
  no meio ambiente, efeitos da, 217-236
  orgânica, 207
  perspectivas, 205
    ecológicas na, 203
  tradicional, métodos de, 208
Agroecossistemas, 203, 204
Água(s)
  abastecimento, 427
    em áreas urbanas, 437
  conservação, 435
  consumo, tendências, 433
  de chuvas, 45
  dessalinização como fonte de, 429
  doce, bioma de, 160
  doenças transmitidas pela, 456
  fontes e processos de poluição da, 453
  gestão, uso e abastecimento de, 422-449
  no Big Lake, tempo médio de permanência da, 48
  para uso doméstico, 467
  perspectiva mundial, breve, 424
  poluentes da, categorias, 455
  poluição da, 452
    e tratamento da, 450-479
  potável, padrões de, 453
  residuárias
    ciclo de purificação e conservação de, 471
    no solo, aplicação, 471
    tratamento, 468
      estações, 469
  reúso de, 474
  subterrâneas, 425
    poluição de, 465
    sustentabilidade das, 437
  superficial
    e subterrânea, interações entre, 427
    poluição de, 463
  transporte, 430
  tratada de Nova York?, quanto custa a, 454
  uso da, 430
    sustentável, 437
Alimentar o mundo?, é possível, 197
Alimento(s)
  altos preços, tumultos provocados por, 7
  fome e crise de, 5
  geneticamente modificados, 211
  suficientes para o mundo, produção de, 195-217
  suprimentos de, 72
Amianto, 302
Anchova, 277
Animais
  de criação, biogeografia de, 231
  selvagens
    abordagens aperfeiçoadas para o manejo de, 269
    peixes e espécies ameaçadas, 260-288
Anopheles, 122
Antrax, 293
Aquecimento global
  alguns animais e plantas estão se adaptando ao, 481
  como seria o mundo com, 499
  origem da questão, 481
  potencial, ajustes ao, 503
Aquicultura, 201, 202
Aração, o enigma da, 219
Arbustos, repouso de, 208
Áreas
  de florestas no mundo, 246, 247
  entremarés, 160
  florestadas, países com maiores, 247
Areias betuminosas, 377, 378
Árvore
  como cresce uma, 242
  nichos de, 243
  vida de uma, 242
Aterros
  inadequadamente controlados, 622
  justiça ambiental: demografia dos resíduos perigosos, 623
  sanitários, 622
  seguros, 630
Atmosfera, 484
  clima e aquecimento global, 480-507
Atobás, 222
Átomo, estrutura básica de um, 79
Atraso, 51
Atum, captura de, 275
Autotróficos, organismos, 166
Autótrofos, organismos, 106
Avanços da medicina na transição demográfica, efeitos potenciais dos, 66

B

Bacia hidrográfica, 86-87, 113
Bactéria(s)
  Bacillus thuringiensis, 230
  quimioautotróficas, 167
  quimiossintetizantes, 168
Baía dos Porcos na Carolina do Norte, 451
Baixo peso para idade, 5
"Bala mágica", 224
Balanço hídrico anual para os continentes, 427
Baleias e outros mamíferos marinhos, preservação, 272
Barragens
  meio ambiente e, 441
  remoção de, 442
Bentos, 161
Benzeno, 522
Besouro da casca do pinheiro, 284
Biocombustíveis, 393
  história humana e os, 394
Biodiversidade, bases científicas para compreender, 119
Biogeografia, 136, 142-164
  das ilhas, teoria da, 149
  de animais de criação, 231
  homem e a, 152
  insular, 149
Bioma(s), 146
  da Terra, 153
  da tundra, 155
  de florestas
    temperadas, 157
    tropicais, 158
  de pradarias temperadas, 158
  de zona úmida, 159
  deserto, 159
  intertidal, 161
Biomassa
  alterações na, 187
  fontes de energia de, 394
Biorregiões, 145
Biosfera, 49
Biota, 49
Biotecnologia, agricultura e meio ambiente, 211
Bisão norte-americano, 267
Bomba populacional, 5
Borreliose de Lyme, 293
Bosque de clima temperado, 157
Brejos, 159
Buraco do ozônio na Antártica, 536

C

Cadeia alimentar, 106
  marinha, 109
  redução da alimentação na, 210
  terrestre, 109
Cálcio, ciclo anual de, em um ecossistema florestal, 89
Calorias, consumo diário de, ao redor do mundo, 200
Campos eletromagnéticos, 302
Canais, 442
Canalização e meio ambiente, 444
Capacidade de suporte
  da Terra, 8
  de terras para pastagens, 231
  humano, 66
  logístico, 63, 266
  sustentabilidade e a, 7
Capital e a percepção ambiental, 576-593
Captura por unidade de esforço, 271
Carbono
  ciclo do, 91
  em um lago, diagrama idealizado, 93
  fluxo global de, 94
  sumidouro desconhecido de, 91, 92
Carcinógeno, 292
Carnívoros, 106
Carrapato transmissor da doença de Lyme, 103
Carunchos, experimento com, 133
Carvalho, conexão dos frutos de, 103
Carvão
  meio ambiente e a mineração do, 372
  mineral, 370
  perspectivas para o, 376
  recursos de, dos Estados Unidos, 372
  reservas mundiais de, 371
  transporte de, 376
Catástrofes, 32, 322
  impacto e recuperação, 336
Caulerpa taxifolia, alga "assassina", 143
Célula(s)
  de bactéria, 131
  de combustível, uma alternativa atrativa, 389
  eucarionte, 131
  fotovoltaicas, painéis de, 387
Centrais hidrelétricas, pequenas, 390
Certificação
  de práticas florestais, 246
  florestal, 246
Chaparrais de clima temperado, 157
Chernobyl, 414
Chinook, 11
Chumbo nos ambientes urbanos contribui para o comportamento antissocial?, 308
Chuva ácida, 28, 519
Ciclagem(ns)
  biogeoquímicas em ecossistemas, 89
  de elementos químicos em um ecossistema, 81
  química
    alterações durante uma perturbação, 189
    da floresta, corte raso na, 245
    equilíbrio da natureza e, 91
    sucessão e, 187
Ciclo(s)
  biogeoquímicos, 76-101
    conceitos gerais voltados para os, 84
    questões ambientais e, 82
  das rochas, 87, 88
  de purificação e conservação de águas residuárias, 471
  do cálcio, anual, em um ecossistema florestal, 89

do carbono, 91, 92
-silicato, 94, 95
do enxofre, anual, em um ecossistema florestal, 90
do fósforo, 96
global, 97
do nitrogênio, 95
ecossistêmicos de um metal e de um não metal, 90
geológico, 84, 85
hidrológico, 85, 87, 424
químicos, 78
fundamentais, 91
tectônico, 84
vicioso, 41
Ciclones, 56
Cidade(s)
como um meio ambiente, 605
história ambiental das, 603
linha de escarpa e as, 601
natureza na, 607
vegetação em, 608
Ciência(s)
ambiental(is)
temas
-chave em, 1-16
fundamentais da, 3
aprendendo sobre, 33
breve história sobre, 20
como forma de conhecimento, 19
pensamento crítico sobre o meio ambiente, 17-37
compreendendo o que é, 19
do sistema terrestre e a mudança global, 483
equívocos sobre a, 29
meios de comunicação e, 33
métodos das, 29
objetividade e, 29
processo de tomada de decisões e, 33
suposições na, 23
tecnologia e, 29
valores e, 3, 6, 11
Círculos em plantações, caso dos misteriosos, 22
Clima
geologia, solos, vegetações e animais, inter-relações entre, 136
prevendo o futuro do, 498
tempo e, 487
Cloração, 470
Clorofluorcarbonos, 496
Coexistência de espécies, 132
Colapso, 51
Coletores solares, 385
Coliformes fecais, 457
Combustíveis
fósseis e meio ambiente, 360-399
sintéticos, 377
Competição externa, 132
Compostagem, 622
Compostos orgânicos, 297
sintéticos, 298
voláteis, 522
Comprovações científicas, natureza das, 23
Comunidade
ecológica, 106
efeitos da, 110
interações em nível da, 110
Condor-da-califórnia, no programa de reprodução em cativeiro, 31
Conhecimento(s)
diferentes tipos de, 30
ecológicos, aplicação da recuperação de solos, 191
na vida cotidiana comparado com o conhecimento na ciência, 20
Consumo
como uma estimativa numérica, 271
da água, tendências, 433
de energia, 349
nos EUA, 350
de minerais, 567
mundial de recursos florestais, 246
sustentável de recurso, 7
Contaminação, 292
Contestação, 21
Controle(s)
biológico, 225
da poluição, 527
do ar, custo, 531
de espécies invasoras nos grandes lagos, 162
de natalidade, 70
de pestes, 612
de pragas, 224
experimentais, 30
populacional, 8
Corais no mundo, como preservar os recifes de, 13
Corte
raso
na ciclagem química da floresta, 245
testes experimentais de, 244
transversal biogeográfico da América do Norte, 150
Crescimento
da população humana, 4
breve história, 59
exponencial, 43, 44, 59
populacional
efeitos da longevidade no, 69
rápido, 4
tipos de, 59
zero, 57
como atingir?, 70
sustentável, 7
Crianças abaixo do peso com menos de 5 anos, 6
Criatividade, 28
Criptosporidose, 293
Crises energéticas na Grécia Antiga e em Roma, 345
Crossopterígeo, 126
Culturas
geneticamente modificadas, 211
rotação de, 203
Curva
de nível, plantios em, 223
dose-resposta, 305
para um fármaco específico, 306
logística de crescimento, 63
complementações sobre, 264
previsão do crescimento aplicando a, 64
problemas com a, 266

D

Dado(s)
qualitativos, 27
quantitativos, 27
DDT, 227
Decaimento
global, 172
radioativo, 403
Definições operacionais, 27
Demanda bioquímica de oxigênio, 455
Densidade populacional, 73
Depósitos minerais, como se formam, 562
Deriva genética, 123
Derretimento nuclear, 402
Desastre(s), 321
de Love Canal, 628
impacto e recuperação, 335
naturais e catástrofes, 312-342
Desertificação, 232
prevenção, 233
Deserto(s)
bioma, 159
causas dos, 232
Deslizamento de terra, 320
em La Conchita, 323
Desmasculinização e feminilização de rãs no meio ambiente, 290
Desmatamento
causas do, 249
história do, 249
indireto, 250
um dilema global, 248
Desnitrificação, 95
Desnutrição, 5
Despejo nos oceanos, 633
Dessalinização como fonte de água, 429
Destilação destrutiva, 377
Deutério-trítio, reação de fusão, 408
Diferentes tipos de, 30
Dinâmica populacional, 57
Dióxido
de carbono, 496
de enxofre, 528
Dioxina: a grande incógnita, 299
Distúrbios tomados como experimentos, 32
Diversidade
biológica, 117-141
como as pessoas afetam a, 280
conceitos, 124
o que é?, 119
de espécies, 124
de hábitat, 124
fatores
ambientais que influenciam a, 136
que tendem a
aumentar a, 137
diminuir a, 137
genética, 124
DNA, 95
alfabeto do, 120
Doença(s), 291
de Lyme, carrapato transmissor, 103
dos legionários, 293
transmitidas pela água, 456
Domínios
biogeográficos, 145
de Wallace, 144
Dose(s)
e resposta, conceito, 305
-resposta, 305
avaliação, 307
Drenagem ácida de minas, 373, 463
Duplicação, tempo de, 44
Dust Bowl, 222

E

Ecologia
de restauração, 178-194
industrial, 618
Economia
e as questões ambientais, 576-593
global sustentável, 8
Ecossistema(s), 50
características básicas dos, 106
ciclagem(ns)
biogeoquímicas em, 89
de elementos químicos em um, 81
como saber distinguir um, 113
de fontes termais no Parque Nacional de Yellowstone, 107
de Hubbard Brook, 113
e manejo de ecossistemas, 102-116
equivalência de, 170
florestal, ciclo anual de
cálcio, 99
enxofre, 90
fluxo de energia no, 170
impossível, 170
manejo de, 114
pré-agricultura, 204
sustentáculo da vida na Terra, 105
sustentável, 7
Edifícios verdes, 557
Efeito(s)
da agricultura no meio ambiente, 217-237
estufa, 493
principais gases do, 496
fundador, 123
limiares, 306
regionais e impactos globais da desertificação, 232
sinérgico, 205
Eficiência(s)
de transferência, 172
do nível trófico, 173
ecológicas, 172
para populações de animais, 172
energética, 172, 347
térmica, 348
El niño, 498
Elementos químicos, tabela periódica dos, 83

Energia(s)
algumas noções básicas, 343-359
alternativas
benefícios, 384
e o meio ambiente, 381-399
caminhos da, através de um ecossistema, 168
cinética, 346
cogeração de, 351
conservação, 351
consumo de, 349
nos EUA, 350
das marés, 391
dos oceanos, 391
eficiência, 351
elétrica, uso médio estimado da, por ano dos aparelhos eletrodomésticos, 349
eólica, 391
fundamentos, 392
meio ambiente e, 393
perspectivas, 393
equivalência de, 168
fluxo de, 169
fontes de, 349
fotovoltaica, 386
geotérmica, 395
perspectivas, 396
gestão sustentável e integrado de, 355
há, suficiente para ser utilizada?, 357
hidráulica, 390
hidrelétrica e o meio ambiente, 390
hoje e amanhã, 345
lei da conservação da, 170
matéria e, 79
microusinas de, 356
nas indústrias, 352
noções básicas, 346
nuclear
meio ambiente e a, 400-421
perspectiva, 418
problemas da, 409
qual o futuro da?, 419
sustentabilidade e, 405
para o futuro, 354
perspectivas, 345
pirâmide de, 174
potência e, 642
potencial, 346
programas de, reestruturação completa dos, 8
qualidade da, 347
renováveis, limitações, 383
solar, 383, 384
ativa, 385
meio ambiente e, 388
passiva, 385
usina de, 388
sustentável, desenvolvimento de, 355
térmica, 346
unidades de, 349
visível, tornando a, 169
Engenharia genética, 138
Enigma da aração, 219
Enxofre, ciclo anual do, em um ecossistema florestal, 90
Ephydra bruesi, 107
Epidemia em Milwaukee, 457
Equações para produção, biomassa e fluxo de energia, 167
Equilíbrio
da natureza, 47, 180
ciclagem química e o, 91
Equivalência
de ecossistemas, 170
de energia, 168
Erosão do solo, 41, 45, 220
Erros
experimentais, 25
sistemáticos, 25
Erupção vulcânica, 320
produzindo terra nova no Havaí, 325
Ervas daninhas, 224
Escala
de temperatura absoluta, 640
de tempo geológico e evolução biológica, 643
Escoamento superficial, 87
urbano, 464
Espaço, imagem, 154
Espécie(s), 57
ameaçadas
e extintas, como se tornam?, 279
quantidade de, 278
razões para a preservação, 263
relações espaciais na preservação de, 284
situação atual das, 278
-chave, 113
coexistência de, 132
de acordo com forma de vida principal, número de, 130
dominância de, 124
interações entre, 131
na sucessão, mudanças de, 188
na Terra, quantidade de, 129
novas, introdução de, 144
pioneiras preparam o caminho para espécies posteriores?, 188
rara(s)
de animais selvagens tradicionais, 262
reintrodução de uma, 143
riqueza de, 124
sucessoras
iniciais, 186
tardias, 186
uniformidade de, 124
diferenças entre, diagrama, 125
Esperança de vida ao nascer, 57
Estabilidade, 43
Estações de tratamento de águas residuárias, 469
Estado estacionário, 46
Estágio clímax, 180
Estética da paisagem, 582
Estimativas da biomassa sobre a superfície do solo na floresta boreal, 25
Estímulo, 41
Estromatólitos, 126
Estrutura etária, 57
Estuários, 160
de Long Island, 467
Estudo de caso
Baía dos Porcos na Carolina do Norte, 451
biocombustíveis e porcos, 196
camarões, mangues e caminhonetes, 2
conexão dos frutos de carvalho, 103
desmasculinização e feminilização de rãs no meio ambiente, 290
deve-se tentar recuperar Nova Orleans?, 595
fazenda Cedar Meadow, 219
formaldeído nas casas móveis, 546
furacão Katrina, 313
golden, colorado: mina a céu aberto se torna campo de golfe, 562
hambúrgueres de baleia ou conservação das baleias, ou ambos?, 577
importância da lenha, 166
Indian Point, 401
lago Washington, 77
lobos removidos da lista de espécies ameaçadas, 118
mãos que esculpiram o berço da civilização, 179
o desastre do salmão, 261
Palm Beach, 423
pássaros no lago Mono, 18
política energética nos Estados Unidos, 344
poluição do ar e os Jogos Olímpicos de Beijing, 509
refúgio nacional da vida selvagem da baía Jamaica, 239
reintrodução de uma espécie rara, 143
reserva nacional de Amboseli, 39
terremotos e ciclones, 56
tesouros do telefone celular, 616
Eutrofização, 459
cultural no Golfo do México, 460
Evento(s) perigoso(s)
conceitos, 324
e os ambientes físicos e biológicos, 331
natural, 321
podem ser minimizados, 334
que antes produziam desastres agora produzem catástrofes, 332
são previsíveis, 326
Evidência histórica, 31
Evolução
biológica, 119, 120
convergente, 147
da Terra, 128
da vida na Terra, 125
divergente, 147, 148
Exatidão, 26
Excesso, 51
Exclusão competitiva, princípio da, 131
Expansão urbana, como controlar?, 612
Expectativa de vida na Roma Antiga e na Inglaterra do século XX, 69
Experimentação direta, algumas alternativas para, 31
Experimento(s)
controlado, 27
distúrbios tomados como, 32
Explosão populacional familiar, 4
Externalidades, 561
Extinção
causas da, 281
como as pessoas provocam, 280
global, 279
local, 279

F

Facilitação, 189
Fator(es)
comuns de conversão, 641
de multiplicação, 641
limitante(s), 70, 204
vida e ciclos biogeoquímicos, 83
Fatos, 26
Fattailed mouse opossum, 130
Fazendo a política funcionar, 590
Felino dente-de-sabre, extinto, desenho de um, 280
Fertilidade, 57
Fissão
de urânio-235, 402
nuclear, reatores de, 401
Fixação de nitrogênio, 95
Flamingos, 253
Floresta(s)
antiga, 243
boreais, 156
codominantes, 243
de clima temperado, 156
decidual(is)
de clima temperado, 156
temperada, 104
dominantes, 243
e de recursos florestais, conflitos modernos a respeito de, 240
intermediárias, 243
parques e paisagens, 237-260
primária, 243
restringida, 243
secundária, 243
temperada da ilha e Vancouver, 240
tropical(is), 158
conseguem sobreviver aos pedaços?, 256
da Amazônia, devastação da, 250
sazonais, 159
Fluoreto de hidrogênio, 521
Fluxo(s) de energia, 169
anual generalizado, 351
em córregos ou rios, 173
em ecossistemas marinhos, 175
em uma cadeia alimentar de um campo abandonado, 173
exemplos de, 173
no ecossistema, 170
quimiossintética no oceano, 175
Fome
crise de alimentos e, 5
morte causada pela, como ocorre?, 199
na África, 5
Fonte(s)
alternativas de energia, 383
como avaliar?, 397
de energia, 349
difusas, 293

hidrotermais, 161
móveis, 293
não pontuais, 293
pontual(is), 293, 463
fundições de Sudbury, uma, 294
termais, 107
Foraminifera, 28
Formação geológica, recente, vulnerável a mudanças bruscas, 46
Formaldeído nas casas móveis, 546
Fósforo, ciclo do, 96
Fossas sépticas, 468
Fotossíntese, 93, 167
geral: reação química, 93
Fumaça ambiental do tabaco, 553
Funções de utilidade pública, 242
Fundições de Sudbury: uma fonte pontual, 294
Furacão(ões)
Katrina, 313
processo e formação dos, 318
Futuro, como valorar o?, 583

G

Gaia, hipótese de, 9, 50
Gambá-rato-de-rabo-gordo, 130
Gás(Gases)
do efeito estufa, 496
natural, 363, 366
efeitos ambientais do, 367
radônio, 553
é perigoso?, 554
Gene, 120
de restrição de uso, 211, 229
transferência de, 229
Genótipo, 120
Geografia da vida no planeta Terra, 155
Geradores térmicos solares, 387
Gerenciamento energético integrado, 355
Gestão
de materiais, 621
de resíduos
perigosos, 630
sólidos, 621
uso e abastecimento de água, 422-449
Giardíase, 293
Gimnospermas, 127
Glaciação, 492
Gradiente ecológico, 137, 307
Grãos
por pessoa, produção mundial, 72
produção mundial, 202
Grous-americanos, 143, 270

H

Hábitat, 132
Herbívoros, 106
Híbridos, novos, 228
Hidrelétrica de três gargantas, 444
Hidroponia, 207
Hipóteses, 26
de Gaia, 9, 50
é científica?, 52
Histórias de vida, diferenças de, 190
Homem e a natureza, 9
Honeycreepers no Havaí, divergência evolucionária entre, 123

I

Ilha ecológica, 152, 283
Incêndio(s)
florestal, 320
na Indonésia, 301
Incerteza(s)
medições e, 24
tratando, 24
Incineração, 622, 633
Indian Point, 401
Índice
de qualidade do ar, 530
de ultravioleta para a exposição humana, 538
alterações sazonais no, 540
Inferência, 26
Informação aplicável, estrutura etária como, 269
Inibição, 189
Inputs, 41
Instrumentos políticos, desempenho de vários, 589
Intemperismo, 565
Interação entre espécies, padrões de, 188
Inundação, 320
Irrigação aperfeiçoada, 207
Isocianato de metila, 521
Isolamento
crônico, 188, 190
geográfico, 122

J

Jardins de Butchart do Canadá, 571
Jessica: Ilhas Galápagos, 462
Juízos de valor, 6
Justificativa(s)
criativa, 14
ecológica, 14
estética, 14
inspirativa, 14
moral, 14

K

Kwashiorkor, criança sofrendo de, 199

L

Lago
Mono
cadeia alimentar no, 19
pássaros no: ciência para resolver um problema ambiental, 18
Washington, 77
"Lavagem de gás", 376
Lavouras geneticamente modificadas, 228
Legionelose, 293
Legislações sobre resíduos perigosos, 629
Lei(s)
ambientais e poluição da água, 475
da conservação de energia, 170
da radiação eletromagnética, 640
da termodinâmica, 170
de Stefan-Boltzmann, 640
de Wien, 640
Lenha
déficit mundial de, 250
importância da, 166
Licenças, comércio de, 377
Ligações covalentes, 80
Limite(s)
convergente, 85
divergente, 84
históricos de variação, 269
transformante, 85
ultrapassagem do, conceito de, 51
Linha de escarpa, 601
Linhagens genéticas e híbridas, 209
Liquidambar, 148
Lixiviados, 623
Lixões, 622
Lobo-cinzento da América do Norte, 118
Lobos no parque Adirondack?, devem-se reintroduzir, 285
Locais de qualidade, 243
Lógica dedutiva, regras da, 23
Longevidade, efeitos no crescimento populacional, 69
Lontras-do-mar nas algas marrons, efeito das, 112
Lontras-marinhas, 14

M

Macronutrientes, 83, 205
Magnificação trófica, 295
Malária, 293
Malthus, profecia de,67
Manejo
florestal, 244
integrado de pragas, 226
Mar
aberto, 161
de aral, 432
Marie Curie, 410
Matéria e energia, 79
Medição(ões)
do carbono armazenado na vegetação, 25
incertezas e, 24
Megacidade, 10
Meio ambiente
biocombustíveis e o, 394
breve história, 4
canalização e o, 444
combustíveis fósseis e o, 360-381
como a agricultura altera o, 219
energia
geotérmica e o, 396
hidrelétrica e o, 390
nuclear e o, 400-421
solar e, 388
sólida e o, 393
importância econômica do, 578
minerais e, 561-575
população humana e o, 55-75
urbano, 594-614
valores ao, atribuindo, 14
Meios de comunicação, ciência e, 33
Mercúrio
e o desastre de Minamata, Japão, 297
movimentação do, 296
Mergulhão-de-orelhas macho, 24
Metal(is)
e não metais, ciclos ecossistêmicos de, 90
pesados tóxicos, 293
Metano
concentração na atmosfera, 496
em camadas de carvão, 366
hidrato de, 367
Método
científico, 28
diagrama esquemático, 21
questões ambientais e o, 30
das ciências, 29
de agricultura tradicional, 208
Micronutrientes, 83, 205
Microusinas de energia, 358
Mídia, avaliando a cobertura da, 34
Migração, 122
Mina Trapper, 374
Mineração
a céu aberto, 373
com microrganismos protege o meio ambiente?, 572
com remoção do topo da montanha, 376
de areias betuminosas, 378
desenvolvimento da
impacto, 567
ambiental associado ao, minimização do, 569
subterrânea, 375
Minerais
como se formam os depósitos, 562
consumo de, 567
importância para a sociedade, 562
meio ambiente e, 561-575
sustentabilidade e, 572
Modelo, 27
Monocultura, 203
alternativas para, 208
Morbidade, 57
taxa de, 57
Mortalidade
causas da, em países industrializados e em desenvolvimento, 68
"Morte da floresta", 250
Mosca de frutas, 121
Mudança(s)
ambiental, *Kirtland's warbler* e a, 282
climática(s)
causas da, 488
durante o auge da última glaciação, 492
populacional, previsão da, 88
Mundo
urbanizado, 3, 10
urbano, 9
Muskeg, 378
Mutação, 120

N

Nanotecnologia, 464
Natalidade, controle de, 70
Naturalização, 464
Natureza das comprovações científicas, 23
Naufrágio de Veneza, 599
Nicho(s), 132
ecológico e o hábitat, 132
monitorando, 134
Nitrogênio
alterações hipotéticas no, do solo, 188
ciclo do, 95
como as atividades humanas estão afetando o ciclo do, 99
fixação de, 95
Nível trófico, 106
Nutrientes, 458
Nuvens estratosféricas polares, 536

O

O que é comido e o que é cultivado?, 201
Observação, 26
Oceanos
despejo nos, 633
o efeito dos, nas mudanças climáticas, 497
plásticos nos, 635
Off-road, 41
veículos, danos provocados por, 42
Onda(s)
de calor, 320
eletromagnéticas, tipos de, 486
propriedades das, 640
Onívoro, 109
Ordem, 172
Outputs, 41
Óxido
de nitrogênio, 96
nitroso, 496
Oxigênio, demanda bioquímica de, 455
Ozônio, depleção do, 532

P

Padrões geográficos de vida no continente, 149
Paisagem devoniana, 127
Panorama global: sistemas de mudanças, 38-54
Pantanal Tigre-Eufrates, possível restauração do, 179
Parasitismo, 135
Parque(s), 251
dimensão adequada, qual?, 254
história dos, 252
manejo dos, conflitos no, 253
Nacional Yosemite, 252
Particulados, 301, 522
Pastagem(ns)
capacidade de suporte de terras para, 231
em pastos naturais, 230
naturais, 201
tradicional de ovelhas, 230
Pasto, 201
Pastoreios, uso tradicional e industrial de, 231
Peixe(s)
capturados na baía de Chesapeake, 276
populações de, redução da, 275
Percepção sensorial, 41
Permafrost, 155
Permanência, tempo de, 47
Perspectiva global, 3, 9
Pesca
indústria da, 274
métodos modernos de, 274
nunca será sustentável?, 278
Pescados, problemas de alguns dos principais, 275
Peso e massa, 642
Pesquisa científica como um processo de retroalimentação, 28
"Pesquisadores-midiáticos", 33
Pestes
animais, 611
controle de, 612
Pesticida(s)
consumo mundial de, 226
de espectro reduzido, 224
história dos, 224
natural, 230
no meio ambiente, monitoramento, 226
Petróleo
cru, 363
descarga de, na superfície, 461
efeitos ambientais, 367
extração do, 363
importações e exportações, 365
no século XXI, 364
perfurando, 368
pico do: mito ou realidade?, 361
reservas naturais do, 364
Pica-pão tentilhão, 23
Pica-pau-de-cocar-vermelho, ameaçado de extinção, 284
Pirâmide de energia, 174
Placas tectônicas, 84
da litosfera da Terra, mapa, 86
descolamento das, 146
limites das, 563
Planejamento urbano, 604
Plantação(ões), 201
de arroz experimentais, 207
de árvores, 245
florestal, 245
misteriosos círculos em, caso dos, 22
Plantas geneticamente modificadas, 212
Plantio(s)
direto, agricultura de, 224
em curvas de nível, 223
Plasmodium, 122
Plásticos nos oceanos, 635
Platelmintos em ribeirões, 134
PNB *per capita*, 57
Política(s)
ambiental, 588
energéticas, 353
Poluentes
categorias, 293
do ar, 512
efeitos
gerais dos, 303
nos seres humanos, 304
na biodiversidade, efeitos dos, 304
orgânicos persistentes, 298
–padrão, 514
tóxicos do ar, 518
Poluição
controle, 527
da água, 452
leis ambientais e, 475
de águas
subterrâneas, 465
superficiais, 463
do ar, 508-544
breve história, 510
interior, 545-560
legislações e padrões, 529
urbano, 523
quantidade de, medição, 293
sonora, 302
térmica, 300
tratamento da água e, 450-479
urbana, 96
População
conceito, 57
da África, 5
humana
crescimento da, 4, 61
taxas atuais de, 62
meio ambiente e a, 55-75
mundial desde o ano 1000 d.C., 60
mínima viável, 264
sustentável, 266
tecnologia e, 64
Porto de Boston: limpeza de um tesouro nacional, 471
Povoamento florestais, 243
Pradarias, 30
de clima temperado, 158
recuperação de, 182
Pragas
controle das, 224
manejo integrado das, 225
Precipitação, 486
e latitude com os principais biomas terrestres, 146
Precisão, 26
Predação, 135
Prefixos de multiplicação, 641
Premissas, 23
Preservação das baleias e de outros mamíferos marinhos, 272
Primeiro parto, idade do, 70
Princípio
da exclusão competitiva, 131
da precaução, 12
poderia ser aplicado ao aquecimento global?, 504
Probabilidade, 24
Processo(s)
biológicos, 565
de intemperismo, 565
de retroalimentação, pesquisa científica como um 28
de tomada de decisões, ciência e o, 33
fluviais, 45
ígneos, 564
sedimentares, 564
Produção
biológica, 166
bruta, 168, 169
de alimentos suficientes para o mundo, 195-217
de grãos por pessoa, 72
de recursos florestais, 246
líquida, 167-169
primária, 73
mundial de grãos, 202
primária, 167
secundária, 167
Produtividade
aumento da, 207
biológica e os fluxos de energia, 165-177
Produtos químicos sintéticos e o buraco de ozônio, 541
Profecia de Malthus, 67
Proteínas, 95
Províncias bióticas, 144
Pseudocientíficas, ideias, 290

Q

Questões ambientais
e o método científico, 30
entendidas como questões de informação, 138

R

Raciocínio
dedutivo, 23
indutivo, 23
Radiação, 300
adaptativa, 122
doses
de, e saúde, 413
e unidades de, 410
recebida pelas pessoas, fonte, 411
ultravioleta, 532
Radioisótopos, efeitos, 412
Radônio, risco estimado associado ao, 556
Reação(ões)
de fusão deutério-trítio, 408
química, 80
Reator(es)
de fissão nuclear, 401
de fusão nuclear, 409
de leito de esferas, 409
experimental de fusão nuclear, 408
nuclear, componentes, 407
regenerados, 406
Reciclagem
de esgotos, 620
e recuperação de recursos, 633
pode ser uma indústria financeiramente viável?, 637

Recurso(s)
do solo, 72
hídricos, 72
sustentabilidade e gestão dos, 437
minerais, 565
classificação, disponibilidade e utilização, 565
distribuição, 563
reciclagem e recuperação de, 633
Reflexão crítica, 28
há energia suficiente para ser utilizada, 357
quais serão as consequências do pico do petróleo?, 379
questões para
a hipótese de Gaia é científica?, 52
arroz pode ser produzido em regiões secas?, 234
chumbo nos ambientes urbanos contribui para o comportamento antissocial?, 308
como as atividades humanas estão afetando o ciclo de nitrogênio?, 99
como controlar a expansão urbana?, 612
como reconstruir Nova Orleans?, 340
como rios poluídos podem ser recuperados?, 476
controle de espécies invasoras nos grandes lagos, 162
devem-se introduzir lobos no Parque Adirondack?, 285
ecossistemas construídos, como avaliar, 192
em que acreditar com respeito às questões ambientais, 35
florestas tropicais conseguem sobreviver aos pedaços?, 256
fontes alternativas de energia, como avaliar?, 397
fronteiras de um ecossistema, como são definidas as, 114
haverá água suficiente para a produção de alimentos?, 214
indústria da pesca nos EUA: como torná-la sustentável?, 591
mineração com microrganismos protege o meio ambiente?, 572
população pode comer menos na cadeia alimentar?, 174
princípio da precaução, 504
produtos químicos sintéticos e o buraco do ozônio, 541
qual a população máxima que a Terra pode suportar, 72
qual a umidade das zonas úmidas?, 446
qual o futuro da energia nuclear?, 419
recifes de corais do mundo, como preservar, 13
ursos polares e as razões para valorizar a biodiversidade, 139
ventilação dos aviões é adequada?, 558
reciclagem pode ser uma indústria financeiramente viável?, 637
Refúgio nacional da vida selvagem no ártico: perfurar ou não perfurar, 369
Regiões selvagens
conservação, 254
manejo, conflitos, 255
Regra da similaridade climática, 146
Reinos vegetais, 145
Relações
espaciais na preservação de espécies ameaçadas, 284
simbióticas, 135
Rendimento máximo sustentável, 264
Reserva(s)
Nacional de Amboseli, 39
natural, 251
recursos e, 565
Reservatório, maneiras em que um, pode se alterar, 46
Resíduo(s)
eletrônico: um problema ambiental crescente, 627
gestão de, 615-639
isolamento, projeto-piloto, 417
perigosos, 623, 626
legislações sobre, 629
redução de, comparação de tecnologias de, 631
radioativo
de alto nível, 416
de baixo nível, 416
depósito, 417
gestão do, 416
sólidos
composição, 621
gestão, 621
transurânico, 416
vegetais enterrados são transformados em carvão, processo, 371
Resistividade elétrica, 348
Respiração, 93, 168
Resposta(s)
ativa *versus* reativa, 334
não linear, 51
Ressurgências, 161
Restauração
ecologia de, 178-194
objetivos da, 180
possíveis, tipos de, 181
Restaurar, o que é necessário?, 182
Retroalimentação
negativa, 41
positiva, 41
caminhos potenciais de, 42
sistemas e, 41
Reúso de água, 474
Revolução verde, 207
Rio(s), 425
colorado, gestão dos recursos hídricos e o meio ambiente, 445
poluídos, como podem ser recuperados?, 476
Risco(s)
análise de, 307
associado ao radônio, estimado, 555
-benefício
análise, 584
DDT e, análise, 586
de morte de acordo com diferentes causas, 584
identificação de, 307
naturais, 334
oriundos de eventos perigosos, 334
Rocha(s)
ciclo das, 81, 88
de calcário, 88
Rotação de culturas, 203
Runoff, 45

S

Salmão(ões)
no rio Sacramento, 261
o desastre do, 261
-rei, 11
Salmonela, 293
Sarcopterígeos, 126
Saúde ambiental, poluição e toxicologia, 289-311
Savanas, 159
Secas, 428
Sedimentação, 486
Sedimentos, 462
Seleção natural, 121
os mosquitos e o parasita da malária, 122
Selvas na *Boundary Waters Canoe*, 180
"Sementes nuas", 127
Séries temporais, 269
Silvicultores, concepção sobre a floresta, 243
Silvicultura, 240
comunitária, 251
questões em, 241
sustentável, 245
Simbionte, 134
Simbiose, 134
Similaridade climática, regra da, 146
Simulação computacional, 27
Sinergismo, 292
Sistema(s)
aberto, 41
de mudanças, 38-54
fechado, 41
para fluxo de energia, 171
geotérmicos, 395
intermediário, 172
retroalimentação e, 41
termodinâmico, 172
Smog, 525
Solo(s), 221
erodidos, 223
erosão do(s), 41, 45, 220
sustentáveis, 223
transformação do uso, 334
Stefan-Boltzmann, lei de, 640
Substâncias radioativas, como alcançam o homem, 412
Sucessão, 106
ecológica, 183
processo de, 183
estágios de, 186
mudanças de espécies na, 188
nas dunas, 184
das margens do lago Michigan, 185
no brejo, 185
diagrama, 186
no campo abandonado, 185
padrões de, 183
primária, 183
secundária, 183
florestal, exemplo de, 184
Sulfeto de hidrogênio, 521
"Supererva daninha", 228
Suposições em ciência, 23
Sustentabilidade, 2, 3
capacidade de suporte e a, 7
energia nuclear e, 405
minerais e, 572
o objetivo ambiental, 7

T

Tabaco, fumaça ambiental do, 553
Tabela periódica dos elementos químicos, 83
Taiga, 166
Tamanho das ilhas, distância do continente e o número de espécies, relação, 151
Taxa(s)
de casos fatais, 57
de crescimento, 57
natural, 57
de fecundidade, 57
de incidência, 57
de mortalidade, 57
ascensão das sociedades industriais e a, 67
infantil, 57
de natalidade, 57
programas nacionais para redução das, 71
prevalente, 57
Táxon, 144
Tecnologia(s)
agrícolas, 206
ciência e, 29
de redução de resíduos perigosos, comparação de, 631
população e, 64
Teia alimentar, 106
da foca-da-groelândia, 109, 111
das fontes termais do Parque Nacional de Yellowstone, 108
marinha, 110
terrestre típica, 109
Temperatura, 642
da Terra, mudança na, 490
do ar ao nível do mar, 154
Tempo
clima e, 487
de duplicação, 44, 57
médio de permanência, 47, 48
Teoria(s), 27
científica, 29
da biogeografia, 144
das ilhas, 149
da evolução biológica de Charles Darwin, 144
Termodinâmica
leis da, 170
primeira lei da, 170, 346
eficiência, 348

segunda lei da, 171, 347
eficiência, 348
Terra
a vida e a, 47
como um sistema vivo, 49
população e agricultura, 197
quantas pessoas vivem na, 62
Terremotos, 55, 320
Tesouros do telefone celular, 616
Testes experimentais de corte raso, 244
Three Mile Island, 414
Tiranossauro, esqueleto de, 129
Tolerância, 307
Tomada de decisões, ciência e o processo de, 33
Tornado, 320
Torre(s)
de energia solar em Barstow, 387
de resfriamento, 301
Tower Karst, 88
Toxicologia, 292
Toxina BT, 230
"Tragédia dos comuns", 277
Transição demográfica, 64, 65
avanços da medicina na, efeitos potenciais, 66
Tsunami, 320
atingindo um centro urbano, 55
na Indonésia, 327
Tundras, 155

U

Unidade(s)
ambiental, 45
exemplo
florestal, 45
urbano, 45
de energia, 349
taxonômicas, 144
Uniformidade das espécies, 124
diferenças entre, diagrama, 125
Uniformitarismo, 45
Urso-cinzento, 266
Usina(s)
de energia solar, 388
maremotriz, 391
nucleares, acidentes em, 414
Utilidades ecossistêmicas, 582

V

Valores e ciência, 3, 6, 11
Variação
intervalo de, 269
limites históricos de, 269
Variável(is)
controle de, 27
de resposta, 26
dependente, 26
independente, 26
manipulável, 26
Vermes gigantes, 176
Vias tóxicas, 295
Vida na cidade, 596
Voçorocas em terras limpas, 232

W

Waldsterben, 250
Wien, lei de, 640

X

Xisto betuminoso, 377

Z

Zona(s)
bentônica, 161
pelágica, 161
úmida(s)
alguns tipos, 439
bioma de, 159
perda de, 182
qual a umidade das, 446
recuperação, 441
Zooplânctons, 109